T0224538

HANDBUCH

DER

INNEREN MEDIZIN

BEARBEITET VON

L. BACH-MARBURG†, J. BAER-STRASSBURG, G. von BERGMANN-MARBURG, R. BING-
BASEL, O. BUMKE-BRESLAU, M. CLOETTA-ZÜRICH, H. CURSCHMANN-ROSTOCK,
W. FALTA-WIEN, E. ST. FAUST-WÜRZBURG, W. A. FREUND-BERLIN†, A. GIGON-
BASEL, H. GUTZMANN-BERLIN, C. HEGLER-HAMBURG, K. HEILBRONNER-
UTRECHT†, G. HOTZ-BASEL, E. HÜBENER-BERLIN, G. JOCHMANN-BERLIN†,
KAUTZ-HAMBURG, P. KNAPP-BASEL, O. KOHNSTAMM-KÖNIGSTEIN†, W. KOTZEN-
BERG-HAMBURG, P. KRAUSE-BONN, B. KRÖNIG-FREIBURG†, F. KÜLBS-CÖLN,
F. LOMMEL-JENA, M. LÜDIN-BASEL, E. MEYER-BERLIN, E. MEYER-KÖNIGS-
BERG, L. MICHAUD-LAUSANNE, L. MOHR-HALLE†, C. MÖLLER-HAMBURG,
G. MODRAKOWSKI-LEMBERG, P. MORAWITZ-GREIFSWALD, ED. MÜLLER-MAR-
BURG, O. PANKOW-DÜSSELDORF, P. PREISWERK-BASEL, F. ROLLY-LEIPZIG,
O. ROSTOSKI-DRESDEN, M. ROTHMANN-BERLIN†, L. RÜTIMEYER-BASEL,
C. SCHILLING-BERLIN, H. SCHLIMPERT-FREIBURG†, K. SCHNEIDER-FREI-
BURG, H. SCHOTTMÜLLER-HAMBURG, F. SEILER-BERN, R. STAEHELIN-BASEL,
E. STEINITZ-BERLIN, J. STRASBURGER-FRANKFURT A/MAIN, F. SUTER-
BASEL, F. UMBER-BERLIN, R. von den VELDEN-BERLIN, O. VERAGUTH-ZÜRICH,
H. VOGT-STRASSBURG, F. VOLHARD-HALLE, K. WITTMAACK-JENA, H. ZANGGER-
ZÜRICH, F. ZSCHOKKE-BASEL

HERAUSGEGEBEN VON

PROF. DR. L. MOHR†   UND   PROF. DR. R. STAEHELIN
DIREKTOR DER MEDIZIN. POLIKLINIK   DIREKTOR DER MEDIZIN. KLINIK
ZU HALLE (SAALE)   ZU BASEL

SECHSTER BAND

GRENZGEBIETE — VERGIFTUNGEN — GENERALREGISTER

MIT 59 ZUM TEIL FARBIGEN TEXTABBILDUNGEN

SPRINGER-VERLAG BERLIN HEIDELBERG GMBH
1919

Copyright 1919 by Springer-Verlag Berlin Heidelberg
Ursprünglich erschienen bei Julius Springer in Berlin. 1919
Softcover reprint of the hardcover 1st edition 1919

ISBN 978-3-662-01824-8   ISBN 978-3-662-02119-4 (eBook)
DOI 10.1007/978-3-662-02119-4

Vorrede.

Zu meinem tiefsten Schmerze muß ich den letzten Band des Handbuches der inneren Medizin allein herausgeben. L. Mohr, der während des Krieges fast ununterbrochen an der Front war, ist am 31. Dezember 1918 an einer Sepsis gestorben, zu der er den Keim auf der Heimreise geholt hatte. Es ist ein tragisches Geschick, das ihn aus der Vollkraft seiner Jahre dahingerafft hat, bevor er die Vollendung des Handbuches, zu dem er die Anregung gegeben hatte, erleben durfte. Er hatte das Bedürfnis nach einem Werke erkannt, das die moderne, auf pathologisch-physiologischer Grundlage beruhende Lehre zur Darstellung bringt, und seine umfassenden Kenntnisse, sein scharfer Verstand und sein feines Verständnis befähigten ihn in hervorragendem Maße die Arbeit durchzuführen. Es war ihm noch vergönnt, bei der Drucklegung des letzten Bandes mitzuwirken und den Erfolg des Unternehmens zu schauen.

Die freundliche Aufnahme, die die schon erschienenen Bände gefunden haben, haben den Herausgebern gezeigt, daß das Werk einem wirklichen Bedürfnis entgegengekommen ist. Wenn auch äußere Umstände, vor allem der Weltkrieg, die Vollendung verzögert haben, und wenn auch die Durchführung des leitenden Grundgedankens nicht überall in dem Maße geglückt ist, wie es den Herausgebern vorgeschwebt hatte, so hat doch der Erfolg gezeigt, daß wir in der Hauptsache erreicht haben, was wir als allgemeines Bedürfnis empfunden hatten. Möge das fertige Werk dazu dienen, das Andenken L. Mohrs in Ehren zu halten.

Basel, im September 1919.

R. Staehelin.

Inhaltsverzeichnis.

Die Vergiftungen von Professor Dr. M. Cloetta-Zürich, Professor Dr. E. St. Faust-Würzburg, Professor Dr. E. Hübener-Berlin, Professor Dr. H. Zangger-Zürich.

Chirurgische Eingriffe bei inneren Erkrankungen.

Von

G. Hotz-Basel, **W. Kotzenberg**-Hamburg und **C. Möller**-Hamburg.

A. Chirurgische Eingriffe bei Erkrankungen der Thoraxorgane.

Von

G. Hotz-Basel.

Einleitung.

Die chirurgische Behandlung der im Thorax gelegenen Organe begegnet besonderen Schwierigkeiten, erstens wegen der zum Teil unzugänglichen Lage (Ösophagus, Bronchus), welche sich bereits bei der Diagnosestellung, viel mehr jedoch bei der technischen Ausführung der Operation geltend macht. Eine gewisse Gefahr ersteht zweitens dadurch, daß mit Eröffnung der Pleurahöhle, nach dem Eindringen der äußeren Luft, Druckveränderungen sich geltend machen, welche infolge der Ausschaltung der Atemtätigkeit einer oder beider Lungen zu Erstickung führen können oder durch Verlagerung des Herzens und der großen Gefäße bedrohliche Zirkulationsstörungen verursachen. Viel gefährlicher als im Peritoneum verläuft die Infektion der Pleurahöhle und der subserösen Gewebsräume (Mediastinum). Fehlt doch vor allem die anatomische Bedingung zu rascher Verklebung. Die glatten, großen Flächen, welche beim Atmen aktiv beteiligt, nicht ruhig zu stellen sind, erschweren die Abkapselung von Entzündungsvorgängen. Nicht zu unterschätzen ist schließlich bei Thoraxoperationen die oft starke Shockwirkung, ein reflektorischer Einfluß auf das zentrale Nervensystem, hervorgehend aus der Läsion mehrerer Interkostalnerven (Thorakoplastik), aus einer unbeabsichtigten, mechanischen Schädigung des Vagus. Wenn sich auch die einen der genannten Faktoren durch Vorsicht beim Operieren abwehren lassen, so haben wir doch oft nicht die Macht, den anderen wirksam zu begegnen, und zweifellos trägt auch die nach eingreifenden Thoraxoperationen natürliche, sehr große Schmerzempfindung bei der Atmung daran Schuld, daß die Widerstandsfähigkeit der durch erschöpfende Krankheiten herabgekommenen Patienten

bald aufgezehrt wird und mit der Konsumption der Kräfte, dem Darniederliegen des Lebensmutes tritt eine Stagnation ein, welche manchen anfänglichen
Erfolg des chirurgischen Eingriffes zu nichte macht.

Unzählige Mißerfolge sowohl im Tierexperiment, als auch, schwerer
empfunden, am Kranken, haben lange Zeit den Fortschritt der chirurgischen
Therapie auf diesem Gebiete gehemmt. Während in anderen Problemen die
Chirurgie eine gesicherte, auf präziser Indikationsstellung und exakter Technik
begründete Stellung einnimmt, fehlt uns in der Thoraxchirurgie heute noch
vielfach die Erfahrung, welche im speziellen Falle in der typischen Operation
den einzig rationellen Weg vorzeichnet und mit prozentualer Sicherheit den
Erfolg voraussagen läßt.

Mag aus diesen Gründen in manchen Einzelfragen die Entscheidung
offen stehen, ob die interne Therapie im Vertrauen auf eine spontane natürliche
Ausheilung des Krankheitsprozesses mit den ihr gegebenen Mitteln den Krankheitsverlauf wirksam unterstützen kann, so wissen wir andererseits doch, daß
bei rechtzeitigem chirurgischem Eingriff, solange der Kranke noch Reservekräfte zusetzen kann, durch ein relatives Risiko die günstige Entscheidung
sich mit Sicherheit erzwingen läßt. Wir kennen eine große Gruppe von Erkrankungen der Thorakalorgane, deren Prognose sich seit Einführung der
chirurgischen Therapie erheblich gebessert hat.

In die erste Reihe derselben stellen wir entzündliche, insbesondere die
eitrigen Erkrankungen der Thorakalorgane.

I. Eitrige Pleuritis.

Ätiologie. Der eitrige Erguß in der Pleurahöhle hat seine Ursache meist
in einer fortgeleiteten Entzündung benachbarter Organe. In erster Linie schließt
sich das Pleuraempyem an an Erkrankungen der Lunge, Pneumonie, Abszeß;
seltener geht es aus vom Herzbeutel oder vom Mediastinum (Ösophaguskarzinom). Ein Empyem entwickelt sich ferner sekundär bei Eiteransammlung unterhalb des Zwerchfells nach den verschiedensten entzündlichen und
perforierenden Prozessen am Magendarmtraktus und den übrigen Bauchorganen (Perityphlitis, Ulcus ventriculi, Leber-Milzabszeß, Gallenblaseneiterung,
Pankreasnekrose u. a. m.). Im ersten Falle breitet sich die Eiterung auf den
Pleuraraum aus durch direkte Kontaktinfektion. Die sekundären Empyeme
entstehen bei Durchwanderung von Toxinen und Eitererregern aus den Bahnen
der zwischen den Serosablättern, Pleura und Peritoneum anastomosierenden
Lymphgefäße (Sappey, Küttner). Auch auf embolischem Wege können bei
den zahlreichen Venenanastomosen zwischen Bauch und Thoraxraum Eite-
rungen verschleppt werden, in die Pleura, häufiger jedoch direkt in die Lunge.
Schließlich ist auch die direkte Perforation nach entzündlicher Erweichung des
Zwerchfells zu berücksichtigen.

Solche sekundäre Empyeme geben sich zunächst kund als sog. sympathi-
scher, steriler, entzündlicher Erguß, welcher bei frühzeitiger zweckmäßiger operativer Therapie des meist subphrenischen Eiterherdes sich spontan
resorbieren kann. Bei längerem Bestehen wandelt sich das Exsudat in die
bakteriell eitrige oder putride Form um. Bei dieser Entwicklung ist
das sekundär fortgeleitete Empyem für die Therapie gleichzustellen dem primären eitrigen Erguß und bedarf der lokalen Behandlung.

Primäre Empyeme finden wir selten als metastatische Infektion
bei Osteomyelitis, Gelenkeiterung, puerperaler Sepsis und Angina.

Die Therapie des akuten Pleuraempyems hat sich zu richten:
1. Nach der Dauer seines Bestandes.
2. Nach seiner mechanischen Ausdehnung und
3. schließlich nach der Entstehungsursache, dem bakteriologischen Befund und der Qualität des Eiters.

Als notwendige Bedingung für die zweckmäßige Therapie eines jeden Pleuraergusses ist die Probepunktion auszuführen. Die Einstichstelle wird uns gewiesen durch die Vorstellung, welche wir uns nach der vorausgehenden physikalischen und röntgenologischen Untersuchung des Falles über die Lage und Ausdehnung eines Exsudates gebildet haben. Als einfachstes Instrument benutzen wir die Rekordspritze und befolgen die Regel, eine längere (10 cm) und nicht zu enge (2—3 mm weite) Kanüle zu wählen, welche sich in Chloräthylanästhesie im Zwischenrippenraum einführen läßt und dann, wenn es sich um eine kleinere, schwer gefundene oder abgesackte Eiterung handelt, auch zunächst liegen bleibt, um bei der eventuell notwendigen Inzision als Wegweiser zu dienen. Die Möglichkeit der Luftaspiration ist erfahrungsgemäß eine geringe.

Bei einfachen serösen Ergüssen, bei tuberkulöser Pleuritis haben wir in der Punktion und Aspiration die Möglichkeit der Entlastung; handelt es sich dagegen um ein postpneumonisches oder auf anderem Wege entstandenes infiziertes Exsudat, so bleibt zu überlegen, ob eine einfache Aspiration, eine Dauerdrainage unter Luftabschluß oder breite Thoraxeröffnung durch Pleurotomie und Rippenresektion notwendig wird.

Zur Entscheidung führt uns die morphologische und bakteriologische Untersuchung des durch die Probepunktion gewonnen Exsudates.

1. Aspiration, Heberdrainage.

Wenn bei einem frühzeitig erkannten postpneumonischen oder fortgeleiteten Erguß die seröse bzw. hämorrhagische Form mit spärlichen Eiterzellen vorliegt, wenn sich ferner im Ausstrichpräparat keine anderen Bakterien nachweisen lassen; wenn ferner die begleitende Temperatursteigerung nicht sehr hoch ist, so daß wir eine schwere toxische Infektion ausschließen können, dann haben wir durchaus das Recht, zunächst den größeren Eingriff der Rippenresektion aufzuschieben und Punktion und Aspiration zu versuchen. Wir entlasten dadurch die Pleurahöhle vom Druck, erlauben den Lungen wieder ihre natürliche Entfaltung einzunehmen. Herz und große Gefäße werden in ihre normale Lage zurückgebracht und arbeiten unter günstigeren mechanischen Bedingungen. Nach der Aspiration beobachten wir in der Regel einen typischen Temperaturabfall infolge Verminderung der Resorption toxischen Materiales. Nach Entfernung des Exsudates legt sich die Lunge der parietalen Pleura an und gerade auf dieses Moment ist besondere Wichtigkeit zu legen, indem durch die bestehende entzündliche Auflagerung an den beiden Pleurablättern eine Verklebung eintritt, welche die Lunge in Entfaltung festhält, falls auch später eine Rippenresektion und damit ein künstlicher Pneumothorax doch notwendig wird. Bei der frühzeitig durch Aspiration nach einmaliger oder im Intervall mehrerer Tage auch öfters ausgeführten Entfernung des Exsudates sehen wir, daß unter dem Einfluß der gebesserten Herz- und Atemtätigkeit, wie auch der übrigen natürlichen Schutzkräfte des Körpers eine Neubildung des Ergusses oft unterbleibt, daß das beginnende Empyem zur Ausheilung kommt. Diese Erfahrung gilt insbesondere für die postpneumonischen Empyeme, andererseits muß festgehalten werden, daß

Streptokokken-, Typhus- oder Mischinfektionen dieser konservativen Therapie erfahrungsgemäß nicht zugänglich sind.

Durch einen dicken Troikart wird ein Drain in die Brusthöhle geleitet. An das enganliegende Gummirohr befestigen wir mittelst eines Glasstückes einen zweiten, lang-herabhängenden Schlauch; durch das Gewicht der Flüssigkeitssäule wird das Exsudat abgeleitet und in einem unter dem Bett stehenden Gefäß aufgefangen.

Eine modifizierte, für den Kranken schonendere Form der dauernden Exsudatableitung gewährt die Bülausche Heberdrainage.

Bei der Dauerdrainage ist es wesentlich, daß nicht durch ungeschickte Manipulationen oder Bewegungen des Kranken die Luft in die Pleurahöhle eindringt, da durch den nachfolgenden Lungenkollaps der wesentliche Vorteil einer Lungenentfaltung vereitelt würde.

Besser als die Bülausche Heberdrainage ist die (schon von Reverdin eingeführte) Daueraspiration. Der durch den dicken Troikart eingeführte Drain wird nach der Entfernung des Troikarts mittels Schlauchleitung und einer Saugflasche (vgl. dieses Handbuch, Bd. II) mit einer Wasserstrahlpumpe oder mit einer improvisierten Saugvorrichtung verbunden, die sich mit Hilfe von zwei Wasserflaschen leicht herstellen läßt. Die dauernde oder unterbrochene Absaugung verhindert das Eintreten eines Pneumothorax und entfernt eingedrungene kleine Luftmengen immer wieder (vgl. Massini).

Die Heberdrainage ist ebenso wie die Aspiration nur bei flüssigem Exsudat anzuwenden, also im Frühstadium, wenn noch keine größeren Fibrinflocken sich gebildet haben. Eine Gefahr bei der Heberdrainage bedeutet der Durchbruch eines Lungenabszesses in Bronchus und Pleuraraum. Wenn durch diese Kommunikation Luft in die Pleurahöhle eintritt, kann ein Pneumothorax mit Kompressionserscheinungen auftreten. Die Heberdrainage beansprucht darum besonders sorgfältige Überwachung.

2. Thorakotomie, Rippenresektion.

Bei ausgebildeten eitrigen Empyemen, insbesondere bei klumpigem Exsudat, wie es nach Pneumonie so häufig vorkommt, ist die breite Thorakotomie angezeigt. Sie soll nicht ohne Resektion einer Rippe ausgeführt werden; da der Zwischenrippenraum allein für die notwendige Drainage zu eng ist. In der Wahl der Resektionsstelle leitet uns die Lokalisation des Abszesses; oft werden wir bei kleinerer Eiteransammlung und dicker Schwarte froh sein, der glücklich geführten Punktionsnadel folgen zu können. Bei großem Pleuraempyem des unteren Brustfellraumes legen wir die Öffnung im Bereich der achten oder neunten Rippe zwischen vorderer und hinterer Axillarlinie an. Die Inzision in der Skapularlinie ist besser zu vermeiden, da bei Rückenlage das eingeführte Drainrohr zu leicht komprimiert wird.

Ausführung der Operation. Zur Anästhesie verwenden wir bei Erwachsenen die Novokaininjektion der Haut. Tiefe Injektion auf das Periost, ein Depot des Anästhetikums wird im Zwischenrippenraum am oberen und unteren Rand der neunten Rippe angelegt. Nach Inzision auf die Rippe wird das Periost abgehebelt. Mit einem oder zwei gebogenen Elevatoren lösen wir die Rippenspange aus und durchtrennen mit der gebogenen Rippenschere. Das hintere Periost, subseröse Faszie und Pleura werden durch Querschnitt eröffnet und nun der Eiter langsam entleert. Wir schieben dann ein 10 cm langes, fingerdickes Drainrohr nach oben, befestigen dasselbe durch eine Sicherheitsnadel an der äußeren Haut. Die offene Weichteilwunde wird für die ersten Tage tamponiert, um ein rasches Verkleben zu verhindern. Bei Kindern und empfindlichen Kranken ist leichter Chloroform-Ätherrausch wohl zulässig.

Die Pleurahöhle soll nicht gespült werden, da eine mechanische Läsion des organisierten Exsudates ungünstig wirkt und bei bestehender Kommunikation mit einem Bronchus durch Aspiration Erstickung eintreten kann.

Mit der breiten Inzision und Rippenresektion schaffen wir einen Pneumothorax Die Lunge kollabiert und gewinnt erst nach längerer Zeit durch fortschreitende adhäsive Pleuritis wieder ihre normale Ausdehnung. Dieser Nachteil wird mit der Bülauschen Drainage oder Aspiration vermieden. Bei flüssigem Empyem ohne stürmische Erscheinung mag deshalb im Beginn der Behandlung eine durch mehrere Tage angelegte Bülau-Drainage oder mehrmalige Aspiration empfohlen werden. Hat sich die Lunge wieder ausgedehnt, so kann später die Rippenresektion noch angeschlossen werden, und es wird dann die Lunge infolge der inzwischen entstandenen Verklebungen nicht vollständig kollabieren. Der Lungenkollaps durch den Pneumothorax bedingt eine mechanische Atemschädigung, welche allerdings gegenüber der traumatischen Form, etwa nach Stich- oder Schußverletzung wesentlich günstiger verläuft, da das Mediastinum infolge der bereits vorhandenen Entzündung starr geworden ist und nicht durch die Druckschwankungen so sehr hin- und herverschoben wird. Wir sehen, daß bei frischem Empyem infolge der natürlichen Atemtätigkeit sich die Lunge bald wieder ausdehnt, ihre untere Grenze tiefer tritt. Übrigens kann die Gefahr eines Pneumothorax durch die Kombination der Rippenresektion mit Daueraspiration erheblich. verringert werden (s. Iselin). Bei älteren Empyemen, welche bereits eine derbe entzündliche Schwarte auf der Lungenoberfläche gebildet haben, wird diese Wiederentfaltung verzögert und es ergibt sich damit die Gefahr, daß die äußere Wunde frühzeitig verklebt, der Abfluß ungenügend wird, so daß Eiterretention zur erneuter Temperatursteigerung führt.

Nachbehandlung. Die Behandlung des Empyemes hat mit der Rippenresektion erst begonnen; wesentlich ist die Nachbehandlung, welche ihr Augenmerk besonders auf zwei Punkte zu richten hat. Erstens Verhütung frühzeitiger Verklebung der Resektionswunde, das Drain soll mehrmals gewechselt und nicht vor der vierten Woche entfernt werden. Zweitens die Ausdehnung der Lunge ist künstlich zu beschleunigen.

Dies ist möglich, indem wir die Wunde mit einer luftdicht abschließenden Kapsel bedecken — Seydelscher Apparat — große Saugglocke nach Perthes, welche mit einer Wasserstrahlpumpe in Verbindung gebracht, einen mäßigen Druck entfalten, so daß die Lunge an die Pleura parietalis angesaugt wird. Diese Methode ist etwas umständlich für Arzt und Patient und hat gelegentlich Blutungen aus den Granulationen der Wunde zur Folge. Leichter befördern wir die aktive Ausdehnung der Lunge durch laute Sprechübungen, oder indem wir ein Luftkissen aufblasen lassen oder Kindern eine Trompete geben u. dgl. Systematisch und mit sicherer Wirkung erreichen wir das Ziel, indem wir z. B. mit dem Roth-Drägerschen Überdruckapparat täglich mehrmals während einer halben Stunde komprimierte Luft einatmen lassen. Treten im Verlaufe der Rekonvaleszenz Temperatursteigerungen auf, so werden wir mit einer großen gebogenen Sonde nach Verklebungen suchen und, wenn nötig, ein neues Drain einführen.

Operationsresultate. Nach der Ätiologie spielen bei einseitigem Pleuraempyem Pneumokokken die Hauptrolle; nach Beck bei Kindern in 75 %, bei Erwachsenen in 25 %; in 50 % soll es sich um Tuberkulose handeln. Die Mortalität nach Rippenresektion wird berechnet auf 22 %.

3. Doppelseitiges Empyem.

Ein doppelseitiges Empyem entsteht hauptsächlich nach Pneumonie, puerperaler Sepsis; insbesondere ist auf interlobuläre Abszesse zu achten. Bei Flüssigkeitsansammlungen in beiden Pleurahöhlen empfiehlt es sich, vorerst

die Aspiration zu versuchen.   Einige Fälle sind damit geheilt worden.   Nimmt
die Krankheit darnach keine Wendung zur Besserung, so würde man erst auf
der einen, dann auf der anderen Seite die Rippenresektion ausführen.   Den auf
beiden Seiten angelegten Pneumothorax hat man jedenfalls nicht zu fürchten.
Guichard berichtet, daß von 41 Fällen mit doppelseitiger Pleurotomie 38
genasen.   Die Mortalität schwankt nach Hellin und Fabricant zwischen
30 und 37 %.

4. Veraltete Empyeme.

Veraltete Empyeme verdanken ihre Entstehung einer verspäteten Diagnose
oder einer unzureichend ausgeführten Operation — einfache interkostale Thorakotomie, allzukleine Rippenresektion mit ungenügender Drainage.   Manche
Fälle sind, im Entstehen unerkannt, später spontan perforiert, entweder nach
außen mit Hinterlassung einer dauernd sezernierenden Fistel, oder sie sind
durch das Lungengewebe in einen Bronchus durchgebrochen — Pyopneumothorax — und führen zu einer lebhaften Eiterexpektoration.   Die spontane
Ausheilung wird hintangehalten durch die allzukleine Abflußöffnung; oft liegt
dem Empyem ein Lungenabszeß mit Gewebssequester oder eine tuberkulöse
Kaverne zugrunde, welche die Ausheilung verhindert.   Solche verschleppte
Fälle eignen sich nicht mehr für die therapeutische Punktion.   Man wird zunächst eine breite Rippenresektion von 1—2 bis 3 Rippen ausführen
und manchmal das Glück haben, daß nach einigen Wochen Ausheilung eintritt.
Die Bronchusperforation schließt sich von selbst, nach wenigen Tagen hört die
Eiterexpektoration auf, die Fistel schließt sich.   Bei chronischem Empyem
verhindern die durch lang dauernde Entzündungsvorgänge an der Thoraxwandung und an der Lunge produzierten Schwarten durch ihre starre Festigkeit
die Wiederentfaltung der Lunge.   So bleibt im Thoraxraum eine oft recht
große Granulationshöhle zurück, welche als Quelle starker Eiterproduktion
und -Resorption den Körper intensiv schädigt und unrein hält.   Veraltete
Empyeme mit Retentionsfieber sind zunächst breit zu eröffnen, man wird
2—3 Rippen auf größere Länge resezieren und die Höhle weit offen lassen, um
vorerst sicheren Abfluß zu schaffen und die weitere Intoxikation auszuschließen.
Die Verkleinerung der Empyemhöhle auf operativem Wege ist auf
einen zweiten Akt zu versparen, welcher jedoch erst dann auszuführen
ist, wenn sich der Kranke von den direkten Folgen der Infektion in mehrwöchiger
fieberfreier Periode erholt hat.
      Die chirurgische Behandlung alter Empyemhöhlen geht aus
von dem Prinzip
      1. die Lunge von den aufgelagerten Schwarten zu befreien.   Durch Ab-
schälen, Dekortikation nach Delorme und Beck wird die Lunge aus ihrer
starren Hülle befreit, und damit soll das Organ wieder an Ausdehnungsfähigkeit
gewinnen.   Der praktische Erfolg wird leider oft vereitelt dadurch, daß die
Schrumpfungsvorgänge auch auf die Lunge selbst und auf ihre Septen übergegriffen haben.   Die bei gründlicher Ausführung überaus blutige Methode
hat bei uns noch wenige Freunde gewonnen.
      2. Die Thoraxwandung wird künstlich nachgiebig gemacht und so der
natürliche Heilungsvorgang nachgeahmt, welcher bei Kindern mit weichem
Skelett zu einer Einbiegung der Rippen führt.   Zur Ausfüllung der Empyemhöhle soll nicht nur die Lunge, sondern auch das Zwerchfell und vor allem
auch die äußere Thoraxwandung herbeigezogen werden.   Wir erzielen die
Nachgiebigkeit des Thorax dadurch, daß wir sein Stützgerüst,
die Rippen auslösen — Methode von Esthlander.   Bei diesem Vor-

gehen ist es wichtig, die Größe der Empyemhöhle zu kennen. Hierüber informiert uns die Durchleuchtung vor dem Schirm in zwei Ebenen. Die Höhle läßt sich dann auf die äußere Haut projizieren. Durch Eingießen von physiologischer Kochsalzlösung können wir ihr Fassungsvermögen und damit die Größe bestimmen, mit der Sonde ihre Grenzen austasten. Wenn sich dadurch das Operationsfeld auch ziemlich sicher abgrenzen läßt, so gibt uns doch in letzter Linie der direkte Überblick und die Austastung der Empyemhöhle bei der Operation die sichere Leitung.

Nach Esthlander entfernen wir von einem großen Lappenschnitt aus 3—4 lange Rippenspangen durch subperiostale Resektion. Die weich gewordene Thoraxwandung kann nun der Lunge angedrückt werden und legt sich auch bei genügender Nachgiebigkeit von selbst auf diese an. Die Methode gibt gute Resultate da, wo die Empyemhöhle, wenn auch ausgedehnt, so doch flach ist. Sie ist ferner vorteilhaft in den Fällen, wo die spontane Heilung nicht eintreten kann, weil sich die Rippen übereinandergelegt haben und im gegenseitigen Widerstand an der genügenden Retraktion gehindert werden.

Bei alten Empyemen der Erwachsenen insbesondere ist nicht nur das Rippenskelett des Thorax, sondern vor allem auch die Schwartenbildung auf der Pleura das Hindernis, welche die gegenseitige Annäherung der Abszeßwände vereitelt. Auf Entfaltung der Lunge dürfen wir kaum mehr rechnen. Man versucht deshalb, den äußeren Thoraxmantel zu entfernen und den Weichteilmuskellappen direkt der Lunge anzulegen — Thorakoplastik nach Schede.

Von einem großen U- oder H-förmigen Schnitt aus lösen wir die Haut und Muskulatur über dem Thorax ab; dann wird mit der Rippenschere rasch die ganze Wandung in Ausdehnung von 5—10 Rippen durchtrennt und das dem Dach der Empyemhöhle entsprechende Thoraxstück entfernt, so daß der Boden der Höhle, Zwerchfell und Lunge zutage liegt. Diese Fläche decken wir durch den wieder heruntergelegten Hautmuskellappen. Die Vereinigung geschieht zum Teil durch Naht, zum Teil durch Granulationsbildung; in der Regel müssen nachträglich größere Defekte noch nach Thiersch durch Hauttransplantation epithelisiert werden. Der Umfang der Thoraxresektion richtet sich nach der Ausdehnung der Empyemhöhle. Von einzelnen Autoren wird empfohlen, von der 10. bis zur 2. Rippe heraufzugehen und die Klavikula mitzunehmen. Gibt man sich mit weniger zufrieden, so wird wohl die Basis frei, doch bleibt meist ein Hohlraum über der Spitze zurück, welcher die gewünschte Anlagerung verhindert.

Dem vom theoretischen Gesichtspunkte aus rationellem Verfahren der Thorakoplastik stehen leider große praktische Nachteile gegenüber. Der Eingriff ist überaus blutig, selbst wenn man die Interkostalgefäße vor ihrer Durchtrennung umsticht. Shockwirkung ist überaus heftig. Wir haben in dem Weichteillappen eine große frische Wundfläche, welche in der ersten Zeit viel infektiöses Material resorbiert. Diese unvermeidlichen Faktoren: Shock, Blutung, Infektion stellen an die Widerstandskraft des Operierten hohe Anforderungen und dies ist die Ursache, daß die durch die lange Eiterung geschwächten Individuen oft unterliegen. Allerdings ohne Operation sind sie verloren; aber man wird mit besonderer Sorgfalt darauf achten, die Kranken möglichst bei Kräften zu halten, ehe die schwere Operation ausgeführt wird. Es empfiehlt sich deshalb auch, die Thorakoplastik nicht einzeitig, sondern in mehreren Sitzungen auszuführen. Große Sorgfalt erfordert die Nachbehandlung wegen der gefürchteten Blutungen aus den Interkostalgefäßen und den Granulationen. Wenn die Lunge sich sehr stark retrahiert hat, wäre die Kombination der Dekortikation nach Delorme mit dem Schedeschen Verfahren zu versuchen.

Über die Resultate der operativen Behandlung von veralteten Empyemen gibt eine Statistik von Bergeat Aufschluß. Unter 135 Fällen wurde

Heilung erzielt in 56 %; die Mortalität betrug 23 %, beim tuberkulösem Empyem erhöht sich die Zahl der Todesfälle auf 43 %.

5. Tuberkulöses Empyem.

Bei tuberkulösem Empyem wird die konservative Behandlung bestrebt sein, eine sekundäre Infektion zu vermeiden. Aus diesem Grunde ist auch bei der reinen Form die Thorakotomie zu unterlassen, da erfahrungsgemäß die Mischinfektion die Prognose verschlimmert. Hat sich durch Hinzutreten pneumonischer Prozesse oder durch Perforation einer Kaverne oder, was nicht so selten zu beobachten ist, im Laufe einer langen Aspirationsbehandlung doch eine Mischinfektion eingestellt, oder kommt es zu Pneumothorax, so wird die chirurgische Therapie geboten sein und hier zeigt die einfache Rippenresektion nur schlechte Resultate. Es kommt von vornherein nur die ausgiebige Thoraxresektion in Betracht. Man darf aber nicht damit zuwarten, bis der Kranke seine Kräfte erschöpft hat. Beim tuberkulösen Empyem gibt die Thorakoplastik durch Pfeilerresektion nach Wilms, Sauerbruch gute Resultate (siehe Thorakoplastik bei Lungentuberkulose).

II. Eiterungen der Lunge.

Sie nehmen ihren Ausgang entweder vom Parenchym oder von den erweiterten Bronchien. Mit Rücksicht auf die chirurgische Therapie sind die beiden Formen Lungenabszesse und Bronchiektasen auseinander zu halten, wenn auch in der anatomischen Entwicklung mehrfache Übergänge vorkommen; so besonders die Fortpflanzung einer bronchiektatischen Eiterung auf das angrenzende Lungengewebe

1. Der Lungenabszeß.

Ätiologie und Verlauf. Der Lungenabszeß entwickelt sich: 1. aus pneumonischen Herden dadurch, daß das infiltrierte Gewebe eitrig eingeschmolzen oder in zusammenhängenden Partien ausgestoßen wird. Ein derartiger Ausgang der Pneumonie ist allerdings selten; er wird begünstigt durch die toxischen Schädigungen des Organismus infolge von Alkoholismus oder Diabetes.

2. Eine Gelegenheitsursache für Lungenabszesse bilden Fremdkörper aller Art, welche in die Bronchien aspiriert, durch mechanische Verlegung des Ausführungsganges, Druck auf das umgebende Parenchym oder als Träger infektiösen Materials zu einer umschriebenen abszedierenden Eiterung Anlaß geben. Aspiration von Flüssigkeit beim Ersticken, erbrochener Massen in Rausch und Narkose, führen regelmäßig zu pneumonischen, oft abszedierenden Herden. Zahnstücke, Gebisse, Knochensplitter, Bleistiftspitzen, Nägel u. dgl. sind als Ursache des Abszesses zu vermuten und durch Röntgenaufnahmen zu suchen da, wo eine andere Erklärung nicht gegeben ist.

3. Oft übertragen embolische Vorgänge die eitrige Entzündung in die Lunge. Das infizierte Gewebe kommt später zum Verfall. Als Quelle solcher Embolien sind bekannt die Entzündungen im Bereich der großen Kopf- und Halsvenen, Otitis, puriforme Sinusthrombose, Thrombophlebitis des Beckens und der Beine, Eiterungen der Bauchorgane. Lungenabszesse schließen sich ferner an Blinddarm-, Magen- und Gallenblasenoperationen an.

4. Eine besondere Form der Lungeneiterung sehen wir da, wo ein Empyem in die Bronchien perforiert ist. Bekannt sind die Durchbrüche subphrenischer

Abszesse nach Erweichung des Zwerchfelles und adhäsiver basaler Pleuritis direkt in den Unterlappen. Bei Entleerung solcher Abszesse wird, wenn sie von einer Cholelithiasis ausgehen, Galle ausgehustet (Gallenbronchusfistel). In solchen Fällen — das gleiche gilt für primäre Perityphlitis oder Magenulcus — bringt ausgiebige abdominelle Drainage die Lungeneiterung bald zum Stillstand. Eine besondere Form des Lungenabszesses sind die primären interlobären und basalen abgesackten Empyeme, welche bei ungenügendem Durchbruch langwierige Sekretion unterhalten; oft beruhen sie auf kortikalen Lungeneiterungen und sind zu behandeln wie Lungenabszesse.

Kleine Lungenabszesse entstehen zweifellos viel häufiger, als sie diagnostiziert werden und kommen spontan zur Ausheilung, indem nach Durchbruch in einen Bronchialast die Wandungen sich aneinander anlegen und durch Verklebung die Granulationen verschmelzen. Auch bei größeren Abszessen ist die Spontanheilung immer wieder zu beobachten, doch beträgt bei exspektativem Verhalten nach Villière die Mortalität gegen 80 %.

Im klinischen und anatomischen Sinne unterscheiden wir den einfachen Abszeß von der Lungengangrän, bei welcher das Gewebe im Gegensatz zu der eitrigen Einschmelzung als zundrige, pigmentierte Masse in toto oder in einzelnen Fetzen ausgestoßen wird. Die Gangrän hat ihre Ursache in einer Mischinfektion putriden Charakters, häufig begleitet von Saprophyten, unter deren Einfluß die Zerstörung gesunden Gewebes besonders rasch vor sich geht und eine jauchige Zersetzung stattfindet, als deren Produkt übelriechender Atem und Auswurf oft zuerst die Diagnose auf Lungenabszeß stellen läßt. Die jauchige Phlegmone bedingt infolge ihrer Progredienz und des intensiv toxischen Materiales eine vermehrte Gefahr für den Kranken, eine hohe Mortalität durch rapide Septhämie, ehe der Abszeß überhaupt diagnostiziert werden kann. Bei langer Krankheitsdauer werden die Patienten von beständigem Ekel und Widerwillen geplagt, an der Nahrungsaufnahme gehindert und gehen einem raschen Kräfteverfall entgegen.

Nimmt die Gangrän somit eine wohlcharakterisierte Sonderstellung unter den Lungeneiterungen ein, so ist es doch vom chirurgischen Standpunkte aus erlaubt, die beiden Formen der Abszedierung als eine einheitliche Erkrankung darzustellen mit dem Vorbehalt allerdings, daß in jedem Falle die Gangrän eine viel weniger günstige Prognose bietet, als eine einfache Abszedierung.

Indikationsstellung und Diagnose. Für das therapeutische Vorgehen bei frühzeitig erkannten Lungenabszessen und Gangränherden werden wir uns von der Überlegung leiten lassen, ob die Lungeneiterung bereits deutliche Symptome der spontanen Ausheilung erkennen läßt oder ob wir einem progressiven Prozeß gegenüberstehen. Ein Lungenabszeß muß eine fortschreitende, das Gewebe zerstörende Entfaltung annehmen, solange der spontane Abfluß nach den Bronchien gehemmt oder ungenügend ist in Übereinstimmung mit den Erscheinungen, die wir bei jeder peripheren Phlegmone beobachten können. Hohe anhaltende Fieberbewegungen, schwere Allgemeinstörung, zunehmende Dämpfung, hohe Leukocytenzahlen im Blute sind Beweise der Eiterresorption und der fortschreitenden Gewebsentzündung und erfordern dringend frühzeitig die operative Entlastung. Fallende Temperaturen bei sichtlicher Erholung des Patienten und reichliche Expektoration, welche auch Gewebsteile der Lunge zutage fördert, erlauben zunächst eine exspektative Behandlung. Die Ausheilung kann unter allmählicher Verkleinerung der Höhle und langsamer Abnahme der Sekretmassen bei Kräftigung des Allgemeinzustandes innerhalb von 4—6 Wochen von selbst eintreten. Ist die Lungeneiterung in das chronische stationäre Stadium eingetreten, dann ist durchaus die operative Behandlung angezeigt; weil bei der andauernden Eiterung durch Aspiration innerhalb der Bronchien stets neue Infektionsherde erzeugt werden können, weil ferner die stetige Eiterproduktion allmählich die Kräfte des Kranken erschöpft und weil erfahrungsgemäß immer wieder Exazerbationen auftreten, welche die Ausdehnung des Entzündungsherdes vergrößern und gelegentlich auch zu gefährlichen Blutungen führen können.

Die spontane Ausheilung eines Lungenabszesses kann verhindert werden durch verschiedene Ursachen. A. Die Höhle ist groß; durch bindegewebige Infiltration und starre Gewebsspannung ist ihre Wandung steif geworden und nicht mehr fähig zu kollabieren. B. Der Eiterabfluß nach spontaner Perforation in einen Bronchialast kann infolge der Engigkeit dieses Lumens nur ungenügend sein und zeitweise vom Sekret verstopft werden, oder die Perforationsöffnung liegt nicht an der tiefsten Stelle der Eiteransammlung, so daß nur stets ein Teil expektoriert werden kann. Der Kranke findet bald instinktiv die Lage von selbst heraus, in welcher die Entleerung am besten geschieht. Für Herde im Unterlappen eignet sich die Horizontallage, eventuell mit gesenktem Oberkörper; Höhlen im Oberlappen werden im allgemeinen bei aufrechter Haltung günstigeren Abfluß finden. C. Die Abszeßwandung kann nicht kollabieren, weil die physiologische Ausdehnung der Lunge in der luftleeren, starren Pleurahöhle einen Kollaps nicht zuläßt. Diese Verhältnisse sind besonders wirksam im Oberlappen, während die unteren Lungenpartien durch Nachgeben des Zwerchfelles und Rippeneinziehung der spontanen Abszeßvernarbung entgegenkommen. D. Oft verhindern auch pleuritische Verwachsungen eine Verschiebung des Lungenparenchyms.

Die Kenntnis dieser Faktoren gibt uns sichere Richtlinien für die operative Behandlung der Lungenabszesse. Eine wesentliche Vorbedingung bildet jedoch die Möglichkeit einer exakten Diagnose: erstens, ob überhaupt ein Lungenabszeß vorhanden ist. Neben der bronchitischen und bronchiektatischen Eiterquelle sind auch multiple disseminierte Herde in Betracht zu ziehen. Von der größten Wichtigkeit ist zweitens die genaue Lokalisierung der Abszeßhöhle. Außer durch einfache physikalische Untersuchungsmethoden erhalten wir genauen Aufschluß durch mehrfache Röntgendurchleuchtung und Plattenaufnahmen. So können wir feststellen, welcher Teil der Lunge einen Abszeß umschließt und zugleich erkennen, auf welchem Wege wir dem Eiterherde am leichtesten beikommen können.

Die Probepunktion ist zur Feststellung eines Lungenabszesses zu unterlassen, da dadurch leicht der Pleuraraum infiziert wird.

Die chirurgische Behandlung der Lungenabszesse hat zum Ziel, den Eiterherd von außen zu eröffnen, brandige Gewebssequester zu entfernen und die fortschreitende Einschmelzung zu koupieren; der natürliche Heilungsvorgang soll unterstützt werden. Dies ist bei frischen Abszessen möglich durch den einmaligen Eingriff der Pneumotomie-Abszeßdrainage.

Unter Lokalanästhesie wird der Thorax eröffnet, nachdem man sich durch genaue Untersuchung über den Sitz des Abszesses orientiert hat. Für den Oberlappen haben wir im allgemeinen den leichteren Zugang an der Vorderseite im Bereich der zweiten und dritten Rippe. Der Unterlappen muß je nach Lage des Abszesses selten vorne, häufiger hinten in der Höhe der 6.—8. Rippe freigelegt werden.

Von einem ausgiebigen Hautschnitt aus werden 1 bis 2 Rippen freigelegt und subperiostal reseziert. Nach Einführen des de Quervainschen Rippensperrers läßt sich die Lücke oft so weit auseinander dehnen, daß auch nach Resektion nur einer Rippe die Hand eingeführt und ein großer Teil der Lunge vorgezogen werden kann. Die Inzision eines Lungenabszesses kann eine Infektion der freien Pleurahöhle zur Folge haben und muß deshalb unter Kautelen geschehen, welche diese gefährliche Komplikation vermeiden lassen. Es ist deshalb vor der Eröffnung des Brustfells sorgfältig zu prüfen, ob bereits Verwachsungen zwischen Lunge und Thoraxwandung eingetreten sind. Durch die sorgsam freigelegte, sonst intakte Pleura können wir in der Regel die Bewegungen der Lunge leicht erkennen. Adhäsionen bedingen eine Verdickung und werden nach Durchtrennung der Pleura schonend schrittweise so weit geöffnet, daß der Finger der Lunge aufgelegt werden kann, um deren Oberfläche abzutasten.

Bei vorhandenen Verwachsungen stoßen wir oft in einen parietalen abgekapselten Abszeß mit kortikalem Lungensequester. Die genügende Eröffnung der Eiterhöhle für Austastung, Entfernung von Sequestern und nachherige weite Drainage bietet keine Schwierigkeit. Derartig günstige Fälle treffen wir etwa an der Basis des Unterlappens; ein allseitig über dem Zwerchfell abgeschlossener Abszeß wird besonders von vorne her leicht eröffnet.

Der Eingriff gestaltet sich nicht immer so einfach, weil bei dichten Verwachsungen der Sitz des Abszesses im Parenchym nicht leicht zu erkennen ist.

In diesem Falle hilft uns die Punktion weiter, indem wir eine 3 mm weite, abgerundete, mit seitlicher Öffnung versehene Nadel ins Parenchym vorstoßen nach der Richtung, in welcher wir den Abszeß vermuten. Gelingt es dann, durch Aspiration Eiter nachzuweisen, so können wir der liegengelassenen Nadel folgend mit Kornzange oder Thermokauter den Herd in der Lunge ohne Schwierigkeit eröffnen. Man wird den Thorax vorher breit eröffnen und die Lunge stets unter sorgsamer Schonung der vorhandenen Adhäsionen so weit freilegen und vorziehen, daß eine gute Übersicht möglich ist, um die bei Inzision des Parenchyms unvermeidliche, oft starke Blutung beherrschen zu können.

Besondere technische Schwierigkeiten erwachsen ferner, wenn nach Eröffnung der Pleura keine Adhäsionen gefunden werden und die Lunge noch frei beweglich ist.

Das Vorhandensein eines Abszesses in der freibeweglichen Lunge erkennen wir daran, daß an einer kortikalen Partie stärkere Injektion, leichte Fibrinauflagerungen zu sehen sind. Durch Betastung der vorgezogenen Lunge oder nach Einführen der Hand in die Pleurahöhle wird das Gefühl der Resistenz auf den Entzündungsherd hinweisen. Mit besonderem Vorteil bedienen wir uns hierbei des Druckdifferenzverfahrens. Durch Überdruck wird die Lunge aufgebläht. Die infiltrierten oder hyperämischen Partien lassen sich in dem hellroten Gewebe leicht erkennen und können auch als Resistenz durchgetastet werden. Von einer Punktion soll in diesem Stadium wegen der offenen Pleurahöhle zunächst noch Abstand genommen werden. Wir versuchen nun, die abszeßhaltige Partie der Lunge in die Thoraxbresche heranzubringen. Sollten sich hierbei Schwierigkeiten ergeben, so ist es geraten, die Rippenresektion entsprechend nach oben oder nach unten zu erweitern bzw. an einer günstiger gelegenen anderen Stelle zu wiederholen.

Um einem Pleuraempyem vorzubeugen, muß die freie Thoraxhöhle verschlossen werden, ehe sie mit eitrigem Sekret in Berührung treten kann. In dieser Absicht wird die abszeßhaltige Partie in die Lücke zwischen parietaler Pleura und Rippen eingelegt, hier festgehalten, und während man durch starken Überdruck die Lunge zu großer Entfaltung bringt, um den Pneumothorax wieder auszuschalten, wird die Lunge ringsum an die Öffnung der Pleura dicht angenäht. Wir halten uns überall 1 cm vom kranken Gewebe entfernt und verwenden die von Roux empfohlene fortlaufende Naht mit Hinterstichen, welche stets Lungenparenchym, Pleura und Interkostalmuskulatur zu fassen hat. Mit dieser Methode läßt sich unter strenger Befolgung der aseptischen Vorschriften die freie Brusthöhle mechanisch dicht und zuverlässig verschließen. Reißt infolge starken Flatterns oder geringer Widerstandsfähigkeit der Lunge und Pleura die Naht ein, so suchen wir durch chemische oder mechanische Reizung eine Verklebung der Serosablätter herbeizuführen, indem wir Jodtinktur, Chlorzink u. a. aufpinseln oder schließlich durch eine dichte Gazetamponade den Herd abgrenzen.

Ist nach dieser Methode die Fixation des in der Lunge eingeschlossenen Abszesses in die Thoraxwunde gelungen, so wird der Eiterherd eröffnet. Bei chronischem Krankheitsverlauf unter milden Erscheinungen wird man zweckmäßig die physiologische Verklebung über 4—6 Tage abwarten und nach Perthes die Höhle in einer zweiten Sitzung eröffnen, wenn sich reichlich Sekret angesammelt hat. Dieser schmerzlose zweite Eingriff kann ohne besondere Anästhesierung vorgenommen werden. Bei progredienter Eiterung wird trotz des allerdings nach Möglichkeit eingeschränkten Risikos der Pleurainfektion primär eröffnet, indem wir sogleich der Punktionsnadel folgen. Die Erfahrung zeigt, daß auch bei einzeitiger Pneumotomie die Komplikation einer Pleurainfektion recht selten beobachtet wurde.

Die Eröffnung eines Lungenabszesses soll so ausgiebig sein, daß Ausbuchtungen und Septen der Höhle ausgetastet und durchtrennt werden können; sie soll so angelegt werden, daß alles Sekret und die Blutung nach außen abfließen und nicht aspiriert werden. Sie ist in der ersten Zeit weit offen zu halten, damit nekrotische Gewebspartien leicht eliminiert werden. Spülungen sind wegen Aspirations- und Erstickungsgefahr zu unterlassen. Wird bei einer Abszeßöffnung ein Bronchiallumen freigelegt, so ist dies von untergeordneter Bedeutung. Zur Beendigung des Eingriffes wird die Höhle durch einen Gazebeutel ausgekleidet und dieser mit weitem Drain und Mullstreifen locker ausgestopft. Freie Gazeenden sollen nicht in eine Lungenhöhle eingelegt werden, weil ihre Zipfel, leicht in die Bronchien aspiriert, dort intensiven Hustenreiz auslösen.

Heilungsvorgang, Störungen des Heilungsverlaufs. Die Pneumotomie entspannt einen progredienten Eiterherd, drainiert den chronischen Abszeß und leitet die normale Ausheilung in die Wege. Bei jüngeren Abszessen kann sich die Vernarbung rasch vollziehen, indem das gesunde Parenchym allseitig herangezogen wird, bis die Höhle als spaltförmige Fistel schließlich versiegt. Dieser günstige Verlauf ist in jedem Falle zunächst abzuwarten und bei jugendlichen Individuen auch mit Sicherheit zu erhoffen.

Unter besonderen Umständen, starre Wandung, Induration des umgebenden Parenchyms, straffe Adhäsionen, emphysematischer Habitus, bleibt die Verkleinerung der Abszeßhöhle aus. Die äußere Wunde hat die Tendenz zu vernarben, während in der Tiefe die Granulationshöhle sich erhält und wieder zu Eiterretention mit Temperatursteigerungen führt. Die Untersuchung einer solchen Retentionshöhle zeigt häufig eine Kommunikation eines Bronchialastes nach außen — Bronchusfistel.

Wir sehen, daß die Abszeßhöhle von einem dünnen Schleier ausgekleidet ist, der sich, mikroskopisch untersucht, als übergewuchertes Bronchialepithel herausstellt und die Granulationsvernarbung abhält. Perthes empfiehlt bei solchen Fällen die ganze Abszeßhöhle auszuschneiden und eine neue gesunde Wundfläche zu schaffen, welche bessere Heilungstendenz zeigen wird. Starre, ausgespannte Höhlen, deren Wandung durch Adhäsionen auseinander gehalten werden, erfordern einen sekundären operativen Eingriff, welcher ähnlich wie bei veraltetem Empyem in einer Mobilisierung der Lunge nach Lösung der Adhäsionen und partieller Dekortikation besteht und der Lunge erlaubt, sich nachträglich zu entfalten und so die Lücke zu schließen. Oftmals ist es nötig, die Thoraxwölbung von außen zu verkleinern durch Resektion mehrerer Rippen, eventuell muß wie beim Empyem ein Weichteilmuskellappen auf die angefrischte Lungenwunde aufgelegt werden. Eine bestehende Bronchusfistel wird nach Garré mit einem Saum der Schwarte umschnitten. Das Bronchiallumen läßt sich dann zuverlässig vernähen und in die Tiefe versenken. Darüber wird das Lungengewebe durch Naht vereinigt. Die Versuche, derartige alte Empyemhöhlen zu plombieren, z. B. nach Tuffier durch Implantation von Netz oder eines Lipoms, können vorerst noch nicht als zuverlässige Methoden empfohlen werden (vgl. Kapitel Tuberkulose).

Operationsresultate. Über die Erfolge der operativen Behandlung von Lungenabszessen gibt uns Garré in der zweiten Auflage seiner „Lungenchirurgie" eine Statistik von 400 Pneumotomien mit 25 % Mortalität. Diesen stellt er neuere Erfahrungen gegenüber; 182 Abszesse mit 17,5 % Mortalität. Bei Gangrän — 281 Fälle — erhöht sich die Zahl der Todesfälle auf 29 %.

2. Die Bronchiektasen.

Diese stellen eine besondere vielgestaltige Form der Lungeeeiterung dar; je nachdem sie aus einer primären Erkrankung des Bronchialbaumes oder aus pneumonisch-pleuritischen Entzündungsprozessen hervorgehen. Wenn auch die diffuse Erkrankung der beiden Lungen einer chirurgischen Behandlung nicht unzugänglich ist, so interessieren uns hier vor allem doch diejenigen Fermen, welche als große solitäre Höhle oft in der Gestalt eines Lungenabszesses zu erkennen sind; ferner die Fälle, bei welcher vorzugsweise in einer Lunge, eventuell nur in einem Lappen die Bronchiektasen zur Ausbildung gelangt sind. Nach ihrer Genese handelt es sich um Bronchialerweiterungen, welche aus atelektatischen Prozessen hervorgegangen sind — fötale Atelektase und langdauernde Lungenkompression nach Pleuritis exsudativa.

Je nach dem Sitz und der Ausdehnung können die Bronchiektasen chirurgisch angegriffen werden.

1. Als solitäre Hohlräume durch Pneumotomie analog dem Lungenabszeß — zur Entleerung der Sekretretention. Oft bleiben Bronchusfisteln zurück, welche nicht immer geschlossen werden können, da sonst Sekretstauung und Verschleppung durch Aspiration eintreten kann.

2. Bei multiplen Bronchiektasen kommen in Betracht
   a) die Methoden der Lungenkompression,
   b) die Exstirpation des erkrankten Lungenteiles.

Sicherer als die physikalische Untersuchungsmethode durch Perkussion und Auskultation orientiert uns die Röntgenaufnahme — stereoskopische Momentaufnahme — über den Zustand des Höhlensystems (Brauer). Die Lungenkompression erzielt mechanisch einen Kollaps der Lunge, vermindert damit die Sekretion, erzielt vor allem eine geringere Sekretstauung und Zersetzung. Eine wirkliche Ausheilung bronchiektatischer Höhlen kommt dabei allerdings kaum zustande; wohl aber ist der funktionelle Erfolg auch für das Allgemeinbefinden ein recht günstiger. Als einfaches Verfahren, welches vor jedem größeren Eingriff versucht werden muß, kennen wir den künstlichen Pneumothorax durch Einblasen von Stickstoff in die Pleurahöhle nach Forlanini. Die Methode ist jedoch nur bei den Fällen anzuwenden, wo Pleuraverwachsungen unwahrscheinlich sind: also vor allem bei kongenitalen Bronchiektasien und hat den Nachteil, daß mehrmals im Jahre der Stickstoff nachgefüllt werden muß. Volhard berichtet über derartige, über mehr als zwei Jahre behandelte Fälle, welche günstig beeinflußt wurden.

Nachhaltiger wirken die verschiedenen Eingriffe, welche eine extrapleurale Thoraxverkleinerung herbeiführen. Resektion der Rippen, Pfeilerresektion nach Wilms, ausgedehnte Rippenresektion nach Friedrich und Sauerbruch. Als neueste Methode sei auf die Plombierung der Pleurahöhle mit Paraffin hingewiesen (Baer). Genaueres hierüber siehe im Kapitel Tuberkulose.

Der Effekt dieser, am Thorax einsetzenden Operationen ist besonders günstig, wenn es sich um zirkumskripte, wenn auch ausgedehnte Höhlen handelt. In jedem Falle empfiehlt es sich, etappenweise vorzugehen und das Kompressionsverfahren auf mehrere Eingriffe zu verteilen.

Unter den Operationen, welche die erkrankte Lunge selbst angreifen, sind zunächst zu erwähnen die Mitteilungen von Sauerbruch. Tierversuche (Sauerbruch, Tiegel, Bruns, Schumacher) zeigten, daß nach Unterbindung von Lungenvenen oder -Arterien eine starke Bindegewebswucherung eintritt — Karnifikation. Hierdurch wird das respiratorische Parenchym mit den Bronchien stark komprimiert. Sauerbruch konnte bei zwei Patienten

mit Bronchiektasen, denen er vom fünften Interkostalraum aus die zum Unterlappen führenden Äste der Lungenarterien unterbunden hatte, eine
starke Schrumpfung erzielen, so hochgradig, daß der Thorax eingezogen wurde
und eine Skoliose entstand. Dieser Eingriff der Arterienunterbindung soll
für den Kranken weniger anstrengend sein als eine Thorakoplastik. Zur Unterstützung der natürlichen Heilungstendenz wäre nachträglich noch die Resektion
mehrerer Rippen auszuführen.

Über die Resektion bronchiektatischer Lungenlappen berichten
Garré, Friedrich, de Quervain u. a. Die hierbei erzielten Erfolge sprechen
jedoch eher zugunsten der einfacheren Methode der Lungenkompression,
welche jedenfalls, wie auch aus dem Falle de Quervains hervorgeht, der
Lungenamputation vorzuziehen ist.

Wir haben in einigen Fällen mit bestem Erfolg die Thorakoplastik ausgeführt.

III. Die Chirurgie der Lungentuberkulose.

Mechanik der Heilungsvorgänge. Im Verlauf der Lungentuberkulose
können wir eine Entwicklung nach zwei Richtungen erkennen. Einmal die
progressive Infektion, welche in kontinuierlicher Folge die ganze Lunge
ergreift, diffuse Herde setzt und schließlich durch toxische Schädigung des
Organismus ebenso wie durch allmähliche Ateminsuffizienz nach Zerstörung
des Lungenparenchyms den Kranken zugrunde richtet. In diesen Fällen
beherrscht die Infektion den Krankheitsverlauf und der Körper unterliegt. Es ist Sache des Internisten und des Lungenspezialisten, durch geeignete
Prophylaxe, Hygiene, Diät und spezifische Behandlung die natürlichen Schutzkräfte des Organismus zu steigern und es gelingt bei frühzeitig erkannter Krankheit, bei zweckmäßiger Therapie und geeignetem Verhalten des Patienten in
der Mehrzahl der Fälle, die Tuberkuloseinfektion aufzuhalten, häufig auch
auszuheilen. Wir möchten hier hauptsächlich die Spitzentuberkulose hervorheben und die Tatsache der Heilung recht stark betonen.

Hat der Körper genügende Immunität erreicht, um die zuerst progrediente
Infektion aufzuhalten, so können sich nachträglich im Lungengewebe in wirksamer Weise die reparatorischen Vorgänge entfalten, welche, wie die Bindegewebswucherung, Abkapselung und Verkalkung den infektiösen Herd allmählich ersticken oder wenigstens unschädlich machen. Die Vorgänge der Narben-
bildung und Lungenschrumpfung, welche wir so oft bei Sektionen als
akzidentellen Befund erheben, zeigen, wie die Lungentuberkulose in natürlicher Weise zur Ausheilung kommt.

Wenn ein Teil der Lunge durch Infiltration, käsigen Zerfall, Expektoration oder Resorption zerstört wurde und später der Vernarbung unterliegt, muß der Defekt in dem geschlossenen Thoraxraum, welcher dem äußeren
Luftdruck untersteht, ausgefüllt werden. Ein Ersatz ist möglich 1. dadurch,
daß die noch gesunde Lunge entsprechend nachrückt, eventuell durch kompen-
satorisches Emphysem erweitert wird; 2. tritt eine Verkleinerung der Thoraxwandung ein, indem das Zwerchfell höher rückt, das Mediastinum mit seinen
Organen (Herz) nach der kranken Seite zu verschoben wird, oder indem die
äußere Thoraxwandung, das bei jugendlichen Individuen noch nachgiebige
Skelett sich abflacht. Bei der Ausheilung von Lungendefekten — sei es
auf tuberkulöser Basis oder in anderer Weise entstandener — ist die lokale
Vernarbung allerdings die Hauptsache. Die eigenartigen Lagerungs-
und Druckverhältnisse im Thorax erfordern jedoch durchaus eine Kompen-

sation des leeren Raumes: Bis zu einem gewissen Grade kann dies durch die angeführten natürlichen Vorgänge der Verschiebung geschehen; in weitgehendem Maße ist dies bei jugendlichem Organismus möglich.

Einzelne Fälle zeigen nun, nachdem sie das Stadium der initialen floriden Infektion glücklich überwunden haben, zwar durchaus die Tendenz der Verheilung und der Vernarbung; aber der reparatorische Vorgang kann nicht zum Abschluß kommen, weil räumliche Widerstände dies verhindern.

Mit diesen räumlichen Widerständen und ihrem Einfluß auf die Tuberkulose der Lunge und auf den ganzen Organismus, haben wir uns noch etwas genauer zu befassen: Die nach Zerstörung von Lungengewebe zurückbleibenden Kavernen widerstehen der Vernarbung 1. solange ihre Wandschichten noch von tuberkulösen Granulationen ausgekleidet sind. Sie können durch fortschreitenden Zerfall allmählich vergrößert werden. Als Hohlräume mit oft ungünstigen Abflußbedingungen unterhalten sie Retentionserscheinungen, deren septischer Charakter sich besonders geltend macht, wenn die unabwendbare Mischinfektion eingetreten ist. Eine gefüllte Kaverne bedeutet wie jede andere abgeschlossene profuse Eiterung eine andauernde Schwächung des Organismus durch Konsumption und Intoxikation. Sie ist die Quelle zu Neuinfektionen der Lunge, wenn das Sputum in gesunde Bronchialäste hinein aspiriert wird.

Ein Hauptgrund, weshalb eine Kaverne sich nicht durch Vernarbung von selbst schließt, liegt also in dem ungünstigen Abfluß und in der Sekretstauung. Der Kollaps wird vielfach erschwert durch die derb infiltrierte, indurierte Wandung; durch Gewebsstränge (Septen, Gefäße, Bronchialäste), welche diese Höhlen ausgespannt erhalten.

2. Eine Kaverne kann von außen her offen erhalten werden, einmal bei freiem Pleuraraum durch die Kapillarattraktion des viszeralen und parietalen Pleurablattes, ferner hauptsächlich durch die nach entzündlichen Reizungen der Lungenoberfläche zurückbleibenden pleuritischen Adhäsionen, welche in der Peripherie angreifend, das eingeschlossene Kavum auseinanderziehen. Mag bei spärlichen Strängen, etwa im apikalen Teil, gegebenenfalls auch das tiefer sitzende Lungengewebe nachgezogen werden, so ist ein solcher Ersatz doch ganz unmöglich da, wo die Pyramide einer Lungenspitze in ihrem vollen Umfange oder nach etwa vorausgegangener ausgedehnter Pleuritis ein ganzer Lungenlappen innerhalb der starren Brusthöhle suspendiert erhalten wird. Es kann dann nur von außen her durch Nachgiebigkeit der Rippen ein Ausgleich zustande kommen. Bei größeren Höhlen reicht jedoch die natürliche Elastizität des Skelettes nicht aus und gerade deshalb erhalten sich die Kavernen unverändert als eine Gefahr, welche den stationären Heilungszustand immer wieder durchbrechen kann.

Die Ausheilung der Tuberkulose geht erfahrungsgemäß dann am ehesten vor sich, wenn das erkrankte Organ ruhig gehalten wird und unter dem Einflusse der Hyperämie steht. Dieser Bedingung sind wir uns bei der Behandlung der peripheren Knochen- und Gelenkstuberkulose wohl bewußt. Bei der Lungentuberkulose erkennen wir angeblich oft eine günstige Wendung nach einer komplizierenden Pleuritis. Ein Exsudat in der Brusthöhle beschränkt bekanntlich die Respirationstätigkeit oder stellt sie für einige Zeit vollkommen ein. Gerade nach einer solchen anfangs allarmierenden Begleiterscheinung — das gleiche wie für die Pleuritis gilt auch für den spontan entstandenen Pneumothorax — beobachten wir einige Zeit später einen Rückgang des Infektionsprozesses im Lungenparenchym und eine sich anschließende allgemeine Besserung.

In dieser Erkenntnis haben Forlanini und Murphy, Brauer und später Andere mehr den künstlichen Pneumothorax durch Einblasen von Stickstoff in die Brusthöhle eingeführt, als eine zurzeit anerkannte erfolgreiche Behandlungsmethode der Lungentuberkulose. Zu einer ausführlichen Besprechung des Verfahrens ist hier nicht der Ort. Die Pneumothoraxtherapie ist längst von den Internisten aufgegriffen und auch im vorliegenden Werk von berufener Seite geschildert worden. Ihr gebührt hier nur eine Stellung als Skizze in dem ausführlichen Bild, welches die mechanisch chirurgische Therapie der Lungentuberkulose erläutern soll.

Zu Beginn unseres Kapitels ist hingewiesen worden auf den infektiös toxischen destruktiven Prozeß der beginnenden Lungentuberkulose. Wir haben im Gegensatz hierzu eine zweite Entwicklungsform kennengelernt, welche trotz guter Heilungstendenz infolge von räumlichen und mechanischen Ursachen auf Grund anatomischer und physiologischer Verhältnisse an der Ausheilung gehindert wird. Dies sind die Fälle, welche nach genügender Beobachtung und reichlicher Überlegung mit Nutzen einer chirurgischen Therapie zugeführt werden sollen.

Chirurgische Therapie. Nach dem Vorausgehenden ergeben sich Aussichten für eine wirksame operative Behandlung, wenn es ohne Gefährdung des Kranken gelingt

1. den primären noch kleinen Krankheitsherd in der Lunge zu exstirpieren — Lungenresektion oder den an ausgedehnter Tuberkulose erkrankten Lungenlappen zu entfernen — Amputation;
2. große Kavernen nach außen zu drainieren und durch geeignete Nachbehandlung zum Verschluß zu bringen;
3. Kavernen durch die Kollapstherapie der Vernarbung zuzuführen durch Lösung aus ihren Verwachsungen, Apikolyse; extrapleurale Pneumolyse mit oder ohne Plombierung;
4. Ruhigstellung und Kompression der Lungen
    a) durch Verengerung der Thoraxwandung — Rippenresektion, Pfeilerresektion, Thorakoplastik;
    b) durch künstliche Zwerchfellähmung;
    c) durch Chondrotomie.

1. Die operative Entfernung tuberkulöser Herde.

Sie ist mit Erfolg von Tuffier, Lawson und Doyen ausgeführt worden; später folgten eine Reihe von Mißerfolgen.

Die Chancen, eine beginnende Lungentuberkulose durch konservatives Verfahren auszuheilen, sind zurzeit jedenfalls so günstig, daß die chirurgische Radikaloperation nicht zu empfehlen ist. Die Amputation eines Lungenlappens mit mächtiger Kaverne und sekundärer Pyämie hat Macewen mit bestem Erfolge ausgeführt. Der Kranke lebt nach 13 Jahren noch. Einen weiteren Fall aus neuerer Zeit hat Müller mitgeteilt. Entfernung des rechten Oberlappens wegen käsiger Pneumonie. Das Kind erlag drei Wochen später einer basilaren Meningitis. Auch bei abgesacktem Empyem mit ausgedehnter Verkäsung wird man gelegentlich mit Erfolg die kranke Lungenpartie resezieren (Enderlen).

2. Chirurgische Behandlung der Kavernen.

a) Drainage.

Nachdem 1897 durch die Zusammenstellungen von Tuffier, Runeberg und Loppez eine Sammlung von ca. 50 Fällen bekannt wurde, welche sämtlich keine nachhaltige Besserung erkennen ließen, wurde die operative Behandlung der Kavernen allgemein abgelehnt. Sonnenburg konnte bei einem Kranken nach Freilegung der Spitzenkaverne und Elimination des käsigen Materials bei gleichzeitiger Tuberkulinbehandlung eine völlige Vernarbung erzielen. Der Kranke erlag aber einige Jahre später einer progredienten Tuberkulose beider Lungen. Die operative Eröffnung der Kavernen nach außen kann angezeigt sein da, wo mit Sicherheit eine große putride Retentionshöhle besteht, um einmal die Resorption zu vermindern und andererseits auch eine Entlastung der Bronchialwege herbeizuführen. In der Mehrzahl der Fälle allerdings bildet sich eine langwierige tuberkulös infizierte Fistel, andererseits aber dürfte heutzutage, wo wir neue Mittel zur Lokalbehandlung tuberkulöser Prozesse an der Hand haben, nach der Anregung von Wilms die Eröffnung einer Kaverne, ihr Freilegen und die nachträgliche lokale Beeinflussung durch Röntgen- und Lichtbestrahlung und medikamentöse Mittel doch wieder zu versuchen sein.

b) Kollapstherapie.

Der Hohlraum einer Kaverne wird gespannt erhalten durch feste, der Pleurakuppe adhärente Verwachsungen. Eine Einfaltung der Kaverne wird demnach ermöglicht, indem wir nach den Angaben von Friedrich von einer Rippenresektionswunde aus die Lungenspitze mit der Pleura parietalis aus der Pyramide des Thorax ausschälen, um durch diese Lockerung ihre Schrumpfung zu ermöglichen.

Pneumolyse. Apikolyse. Der über der Lungenspitze zurückbleibende Hohlraum wird tamponiert oder drainiert und dem sukzessiven Verschluß durch Granulationsbildung überlassen. Dieser Vernarbungsprozeß kann außerdem gefördert werden dadurch, daß wir die obersten Rippen resezieren und somit die Thoraxweichteile direkt auf die Lungenspitze anlegen. Neuere derartige günstige Erfahrungen publiziert Jessen. Nach der allgemeinen Vorstellung ist allerdings zu erwarten, daß die eingedrückte Kaverne nach Schluß der Weichteile unter dem Einfluß des intrapulmonalen Druckes sich wenigstens teilweise wieder in die Thoraxkuppe hinein ausdehnen wird. Es bleibt abzuwarten, ob bei der einfachen Pneumolyse dieser Nachteil tatsächlich eintritt. Um der Möglichkeit eines solchen Rezidivs vorzubeugen, hat Tuffier in vier ebenfalls günstigen Fällen die Pleurakuppe mobilisiert und dann den Zwischenraum plombiert. Er verwandte hierzu Lipom und Netzgewebe, welches gut toleriert und zur Einheilung gebracht wurde. Auch die Verwendung von Rippenstücken (Wilms) ist empfohlen worden. Weiter entwickelt wurde dieses Verfahren von Baer, indem er ebenfalls von einer kleinen Rippenresektionsstelle aus die Pneumolyse ausführt, den suprapleuralen Raum mit einer Mischung von Paraffin plombiert, welcher leicht antiseptische Stoffe zugesetzt werden.

Die Masse, bei 56⁰ flüssig, läßt sich bei 38⁰ mit dem Finger kneten und wird in Form von kleinen Kugeln durch die vorne über der zweiten oder dritten Rippe angelegten Thoraxöffnung nach vorausgegangener Pneumolyse eingeschoben. Die Wunde wird durch einen Weichteilhautlappen verschlossen und nicht drainiert.

Baer berichtet über sechs von ihm und Sauerbruch derartig behandelte Fälle, bei welchen bis 1100 ccm Plombenmasse verwandt wurden. Das Verfahren hat den Vorteil der technischen Einfachheit bei einer geringen Benachteiligung des Kranken und vermeidet im Gegensatz zu den unten zu besprechenden plastischen Methoden die Verstümmelung. Wesentlich ist allerdings, daß die Ablösung an der Pleura gelingt, ohne einzureißen, daß ferner ihre Ernährung nicht allzusehr leide, da bei unbeabsichtigter Eröffnung der Kaverne oder nachträglicher Nekrose ihrer Wandung die Plombe als infizierter Fremdk rper wieder entfernt werden müßte. Inzwischen sind zahlreiche weitere Plombierungen ausgeführt worden. Die praktische Erfahrung zeigt, daß menschliches Fett dem Paraffin vorzuziehen ist. Leider wird die Plombe auf die Dauer oft nicht ertragen (25%). Der Druck führt zu Dekubitus der Lungenoberfläche und die nachfolgende Infektion zwingt die Plombe wieder zu entfernen. Das Verfahren ist deshalb wieder vielfach verlassen und durch die einfache Apikolyse mit Tamponade und sekundärer Granulierung ersetzt worden.

Die **Thorakoplastik** wurde von Quinke und Spengler eingeleitet, indem sie aus mehreren Rippen größere Partien entfernten und damit eine partielle Eindellung der Brustwand erzielten. In den letzten Jahren ist das Verfahren mächtig entwickelt worden zu verschiedenen, im Grundprinzip jedoch gleichartigen Methoden (Friedrich, Sauerbruch, Wilms): Miteinander erstreben sie eine künstliche Verengerung und Nachgiebigkeit der Thoraxwandung dadurch, daß große Teile der Rippenspangen — aneinander gereiht und gemessen bis über 2 m — ausgelöst werden. Man erzielt damit einen Kollaps der erkrankten Lunge, indem die erweichte äußere Thoraxwandung aktiv nur mehr geringe Exkursionen ausführen kann und passiv bei der Inspiration vom äußeren Luftdruck an die eingeschlossene Lunge angepreßt wird. Höhlensysteme werden dadurch verengert, Kavernen dauernd entleert. Gleichzeitig wird die Atemtätigkeit der Lunge erheblich eingeschränkt, wenn nicht völlig stillgestellt, und damit sind die Grundbedingungen für eine spätere Ausheilung gegeben: Funktionsentlastung und, wie Cloetta nachgewiesen hat, dauernde günstige Blut- und Lymphzirkulation in der Lunge in Exspirationsstellung. Die Thorakoplastik bewirkt also im Grunde das gleiche, wie der künstliche Pneumothorax; erreicht aber ihr Ziel auf extrapleuralem Wege, indem sie die Thoraxwandung angreift. Der künstliche Pneumothorax muß periodenweise erneuert werden, die Thoraxwandresektion schafft einen Dauerzustand. Im Vergleich zu der einfachen Pneumolyse und Apikolyse erstreckt sie sich auf einen gr ßeren Lungenabschnitt, insbesondere auf den Unterlappen, doch reicht ihr Einfluß, wie Sauerbruch und Elving gezeigt haben, bis in die an der Spitze gelegenen Kavernen. Die Thorakoplastik kann schließlich an solchen Fällen versucht werden, bei welchen wegen Obliteration des freien Pleuraraumes durch unnachgiebige Verwachsungen der leichtere Eingriff des künstlichen Pneumothorax nicht mehr möglich ist.

Als erster hat Friedrich die ausgedehnte Thorakoplastik ausgeführt.

Von einem mächtigen U-förmigen Lappenschnitt, welcher mit seinen Schenkeln die Schulter umgreift und in seiner Rundung bis zur 10. Rippe herabreicht, wird Haut- und Schultermuskulatur in zusammenhängendem Lappen nach oben geschlagen und nun möglichst rasch die subperiostale Auslösung der 2.—10. Rippe vom Angulus bis zum Knorpelansatz ausgeführt (totale Entknochung). Nach sorgfältiger Blutstillung wird der Weichteillappen wieder angelegt und vernäht.

Der große Eingriff ist von den schwersten Folgen begleitet, so daß die hohe Mortalität — 9 Tote auf 28 Fälle — sich leicht erklären läßt. Friedrich berichtet aber andererseits wieder über zahlreiche Fälle, welche bei ganz infauster Prognose eine vorzügliche Besserung zeigten. Diese Erfahrungen legten es nahe, die auf einmal allzugroße Operation in mehrere Akte zu zerlegen und etwas besser dem Krankheitsherde anzupassen. Eine Einschränkung der totalen Entknöcherung wurde auch dringend wegen der schweren Zirkulations- und Respirationsstörungen, welche eintreten müssen, wenn die Thoraxorgane auf einer ganzen Seite großenteils ihres festen Haltes beraubt werden. Zeigt sich doch bei der Inspirationsbewegung, daß infolge der Nachgiebigkeit der Thoraxwandung auf der operierten Seite die kranke Lunge und das Mediastinum mit seinen Organen infolge der Nachgiebigkeit der Thoraxwandung durch den auf ihr lastenden Druck nach der gesunden Seite zu verlagert werden. Damit erschöpft sich die Einatmungsbewegung, ohne daß ihre Aufgabe, Luftfüllung der gesunden Lunge, völlig erreicht werden kann. Es wird also bei der Inspiration nicht nur die operierte Seite — wie beabsichtigt — ausgeschaltet, sondern auch die gewissermaßen doppelt belastete noch gesunde Lunge eingeengt und die Aufnahme frischer Luft entsprechend zu gering ausfallen. Bei der Exspiration umgekehrt rückt die kranke Hälfte mit dem Mediastinum wieder nach der anderen Richtung. Die ausatmende Thoraxseite hat ihren notwendigen Widerstand verloren, sie kann die Lunge nicht völlig entleeren und anstatt, daß die verbrauchte Luft durch die Trachea entweicht, wird sie in die druckfreie kranke Lunge eingepreßt und bei der darauffolgenden Atembewegung wieder angesaugt. Pendelluft. Ungenügende Inspiration, zum Teil mit Kohlensäure überladene Luft, ferner das für die Herzarbeit so sehr verhängnisvolle Flattern des Mediastinum, können neben Shock und intensivem Wundschmerz den Erfolg einer ausgedehnten Thorakoplastik vereiteln.

Eine Verbesserung der Methode wurde von Sauerbruch und Wilms eingeführt dadurch, daß sie die Thorakoplastik in mehrere Eingriffe zerlegten und Teile der Rippenspangen stehen ließen. Durch parasternale und paravertebrale Pfeilerresektion werden vorne und hinten Teile der Rippenspangen entfernt, so daß der Thoraxumfang je nach Länge der einzelnen Rippenstücke nach Wunsch verkleinert werden kann, ohne jedoch seinen Halt zu verlieren. Wird hierbei nach dem Vorschlage von Wilms die erste Rippe und eventuell noch die Klavikula reseziert, so sinkt gleichzeitig die Thoraxwölbung ein in dem Sinne, daß durch Drehung in den resezierten Rippengelenken der sagittale Durchmesser verkürzt wird. Sauerbruch empfiehlt in jedem Falle mit der Eindellung des Unterlappens zu beginnen, auch wenn sich die Zerstörung hauptsächlich auf den oberen Teil beschränkt, da die Immobilisierung der Lunge hauptsächlich vom Unterlappen aus erfolgen kann; dies insbesondere auch aus dem Grund, damit nicht das Sekret aus der Spitzenkaverne in den gesunden Unterlappen aspiriert werde. Über weitere Einzelheiten können wir uns hier nicht aussprechen.

Die gesammelten Erfahrungen — Chirurg. Kongreß 1914 — ergeben Sauerbruch auf 122 Fälle 3 Tote infolge der Operation, 27 erlagen nach Monaten und Jahren an Tuberkulose. 78 sind gebessert, 24 als klinisch geheilt, über 1 Jahr arbeitsfähig.

Der Krankheitsverlauf nach der Operation ist in jedem Falle in den ersten Tagen sehr schwer. Hochgradige Dyspnoe und Zirkulationsstörungen verursachen eine beängstigende Zyanose und starken Lufthunger. Die Pulsfrequenz ist enorm gesteigert — 150, der Zustand kritisch, insbesondere auch deshalb, weil wegen des starken Wundschmerzes die Kranken nur die notwendigsten oberflächlichen Atembewegungen ausführen. Anfangs finden wir Temperatursteigerungen, sei es als Retentionsfieber infolge der ungenügenden Expektoration aus den Kavernen, oder weil unter den neuen Bedingungen die Aufnahme tuberkulöser Toxine besonders lebhaft ist. Die Besserung läßt in der Regel nicht lange auf sich warten, sobald die Atmung weniger schmerzhaft geworden ist, reguliert sich alles wie von selbst. Die Temperatur fällt. Am auffallendsten ist die Wirkung auf die Expektoration. Kranke, welche vor der Operation von ständigem Husten und Auswurf geplagt waren, finden wieder ihre Ruhe. In einem von uns operierten Falle sank innerhalb von sechs Tagen die Menge des Sputums von 300 auf 20 ccm und hielt sich auch in den folgenden Wochen andauernd niedrig. Die Kranken erholen sich später sehr rasch und blühen eigentlich auf. Ein unglücklicher Ausgang kann allerdings noch die beste Hoffnung vereiteln, wenn nämlich während der Operation oder in den ersten darauffolgenden Tagen der gestörten Atmung Sputum in die gesunden Lungenabschnitte aspiriert wird und hier zu Neuinfektionen Veranlassung gibt. Aspirationspneumonien akute eitrigen und besonders auch tuberkulösen Charakters sind die in der Rekonvaleszenz gefürchtete Komplikation.

Fassen wir zum Schluß — in bezug auf definitive Heilungsresultate kann die junge Methode der Thorakoplastik noch nicht beurteilt werden — die **Indikation für die chirurgische Behandlung der Lungentuberkulose** zusammen, so dürfen wir als unbestrittene Forderung feststellen,

1. daß nur solche Fälle geeignet sind, bei welchen die Tuberkuloseinfektion einen langsamen Verlauf nimmt. Floride Lungentuberkulose ist auszuschließen. Am besten eignen sich latente Fälle.

2. Die eingreifende Methode der Thorakoplastik erfordert große Widerstandsfähigkeit, eignet sich deshalb nicht für dekrepide ältere Leute und Kinder. Sie involviert eine nicht zu unterschätzende Operationsmortalität und ist deshalb nur da zu befürworten, wo eine längere Beobachtung erwiesen hat, daß die natürliche Ausheilung durch konservative Behandlung nicht mehr möglich ist. Sie ist zu empfehlen bei solchen Kranken, welche durch septische Prozesse, reichliches Husten u. a. m. in einen Zustand gekommen sind, der ihnen die weitere Existenz zur Qual gestaltet.

3. Der künstliche Pneumothorax soll vorher versucht worden sein. Erst wenn sich seine Anwendung als undurchführbar erwiesen hat, sind die Methoden der Pneumolyse und Thorakoplastik angezeigt.

4. Die Thorakoplastik ist im allgemeinen beschränkt auf einseitige Erkrankung; der leichtere Eingriff der Apikolyse und Plombierung kann auch unter ungünstigeren Verhältnissen, gegebenenfalls auch doppelseitig ausgeführt werden.

3. Phrenikotomie, Chondrotomie.

Als weitere Methoden seien angeführt: die Zwerchfellähmung durch Phrenikotomie (Stürtz, Schepelmann). Der Nervus phrenicus wird über dem Musculus scalenus anticus aufgesucht und durchtrennt. Die Lähmung des Zwerchfells bedingt eine teilweise Ruhigstellung des Unterlappens, welche durch den Hochstand des Diaphragmas in Esxpirationsstellung jedoch auch den Oberlappen günstig beeinflußt. Das Verfahren wird von Sauerbruch, Friedrich und Wilms als Teiloperation einer Lungenimmobilisierung oder als Voroperation zu der partiellen Thorakoplastik empfohlen, hat aber nur beschränkte Bedeutung.

In einer dem besprochenen Prinzip entgegengesetzten Bahn bewegen sich die Versuche von Kausch, Bircher, Seidel, welche in Konsequenz zu der Freundschen Theorie von der Prädisposition der Thoraxstenose zu Lungentuberkulose durch Chondrotomie der ersten und zweiten Rippe eine bessere Entfaltung, Durchlüftung und Beweglichkeit der erkrankten Lungenspitze erzielen wollen und nach ihren Erfahrungen über neun Fälle auch gute Erfolge nachweisen können. Die Berechtigung des Vorgehens beleuchten auch die Versuche von Bacmeister, welcher durch künstliche Thoraxverengerung beim Tier Spitzentuberkulose erzeugte.

IV. Chirurgische Behandlung des Lungenemphysems.

Die charakteristischen, bei Lungenemphysem am Thorax hervortretenden Veränderungen bestehen in der sogenannten starren Dilatation in Inspirationsstellung.

Der bewegliche, vordere Teil des Thorax, Rippen und Brustbeins werden wie bei forcierter Inspirationsstellung gehoben, der Brustraum erweitert und in dieser Lage festgehalten. Das wesentliche dieser Fixationslage ist, daß es sich nicht um eine allgemeine Versteifung der kostovertebralen und sternokostalen Verbindung in Mittelstellung handelt, wie es etwa bei einer Arthritis deformans der Wirbelrippengelenke der Fall ist, sondern daß der Brustkorb aus der einen Phase seiner Bewegungsmöglichkeit, der Inspiration, nicht mehr in die andere, Exspiration, übergehen kann. Daraus resultiert die Unmöglichkeit eines ausreichenden Luftwechsels, eine sehr beschränkte Vitalkapazität, indem nur mit starker Anstrengung, besonders des Zwerchfells und der Hilfsmuskeln die Luftaufnahme noch möglich ist und wegen der Ausschaltung der Exspirationsfähigkeit keine Erneuerung der verbrauchten Luft eintreten kann. Als Folge dieses Zustandes resultiert starke Kurzatmigkeit bei geringer Anstrengung, welche besonders drohend werden kann, wenn sekundäre Schädigungen, Bronchitis, Herzinsuffizienz im Innern der emphysematisch geblähten Lunge die Blut- und Luftzirkulation noch stärker beeinträchtigen. Die Ursache dieser Thoraxstarre beruht nach der Theorie von Freund in krankhaften Veränderungen der Rippenknorpel, und zwar handelt es sich um

1. vorzeitige Ossifikation des ersten bis dritten oder auch weiterer Knorpel durch eine schalenförmige Verknöcherung, welche vom Sternum und den Rippen aus in Zwingenform über den Knorpel hinüberwächst und seine Elastizität zerstört. In gleichem Sinne müssen Knocheneinlagerung und faserige Degeneration seine Beweglichkeit einschränken;
2. tritt eine abnorme Verdickung und Verlängerung der Knorpelstücke auf. Sie beträgt in Durchschnittszahlen 5,5 cm, gegenüber beim Normalen 4,3 cm. Durch diese Verlängerung wird der Rippenbogen ausgedehnt und gleichzeitig im Gelenk an der Wirbelsäule gehoben. So wird das Brustbein in die Höhe gebracht und die beiden Thoraxaperturen erweitert. Der Brustkorb steht jetzt in Inspirationsstellung und kann wegen der Unnachgiebigkeit und Länge der Rippenknorpel weder zurücksinken, noch aktiv in Exspirationsstellung gebracht werden. Das Zwerchfell wird über dem erweiterten Kreis der unteren Thoraxapertur ausgespannt, deshalb seine Wölbung verflacht und mit der Kuppe tiefer gestellt.

Diese Freundsche Theorie wird keineswegs allseitig anerkannt und es mehren sich in neuerer Zeit die Autoren (Schultze, Rubaschoff), welche zeigen, daß die Knorpeldegeneration allerdings eine präsenile Erscheinung darstelle, jedoch keineswegs immer mit Emphysem verbunden ist; und ferner die Ansicht verfechten, daß die frühzeitige Verknöcherung der Rippenknorpel vielmehr als eine Folgeerscheinung der gestörten Atemtätigkeit aufzufassen sei. Überall, wo funktioneller Reiz und Leistung der Rippe gehemmt ist, tritt am Knorpel die frühzeitige Verknöcherung ein. Die Entscheidung über Ursache und Folge scheint zurzeit noch nicht möglich. Die praktischen Konsequenzen jedoch, welche Freund aus seiner Theorie gezogen und am Menschen angewandt hat, haben sich durchaus bewahrheitet. Durch eine operative Durchtrennung der Rippenknorpel läßt sich tatsächlich die Respirationsfähigkeit des Thorax wieder erheblich verbessern.

Der Eingriff kann leicht unter Lokalanästhesie ausgeführt werden. Von einem parasternalen Längsschnitt aus, wobei die dünne Pleura besonders sorgfältig zu schonen ist, muß der 2. bis 5. Rippenknorpel auf eine Länge von 3 cm — nach einigen Autoren unter Mitnahme von Rippenstücken bis auf 5 cm reseziert werden. Das Perichondrium soll mitexstirpiert oder durch Auftupfen von Säure zerstört werden, da sich sonst die hintere Knochenspange leicht regeneriert. Um einer erneuten Ankylose an der Durchtrennungsstelle vorzubeugen, kann man zweckmäßig kleine Partien des Musculus pectoralis zwischen die Resektionsstümpfe einlagern.

Der Effekt dieser Knorpelresektion wird momentan dem Kranken fühlbar, indem der Brustkorb nach Durchtrennung der vier Rippen einsinkt, die Lunge kollabiert in bessere Exspirationsstellung und damit ist die Möglichkeit einer größeren Atemtätigkeit wieder hergestellt. Dies zeigt sich denn auch ausschlaggebend an der Erhöhung der Vitalkapazität, welche in einzelnen Fällen von 400 auf 2000 vermehrt wurde. Der Erfolg gibt sich ferner zu erkennen in einer Entspannung des Zwerchfells mit besserer Verschieblichkeit der unteren Lungengrenzen. Unter 79 Fällen ist viermal Exitus bekannt worden. Die Erfolge sind meistens von der Operation ab gute, besonders wenn nach der ersten Periode der schmerzhaften Atmung eine entsprechende Lungengymnastik ausgeführt werden kann. Einzelne Kranke konnten wieder ihren Beruf als Handwerker nachgehen. Es ist nicht nur die Atmung allein, welche wesentlich erleichtert wird, sondern bald zeigt sich auch die Besserung in einem günstigen Einfluß auf die sekundäre Bronchitis und in einer regelmäßigeren Blutverteilung, welche durch Entlastung des Herzens dem ganzen Organismus zugute kommt.

Die Indikation für die Operation ist gegeben bei den Fällen, wo eine starre Dilatation besteht, welche mit Sicherheit auf Knorpelveränderungen zurückgeführt werden kann. In dieser Hinsicht geben uns Röntgenaufnahmen oft einen sicheren Aufschluß. Auszuschließen sind die mit fieberhafter Bronchitis komplizierten Fälle. Kranke, deren Herztätigkeit durch vorausgehende Behandlung nicht mehr zu kompensieren ist, werden durch die Operation allerdings gefährdet. Eine einfache Bronchitis dagegen stellt keine Gegenanzeige dar; ebensowenig wie hohes Alter. Auszuschließen sind nach Garré die Kranken, bei welchen ein Asthma auf nervöser Basis beruht, Asthma cardiale, bronchiale, bei welcher der Thorax emphysematicus nicht durch eine Ankylose bedingt ist, sondern durch tonische Anspannung der Inspirationsmuskel (tonische Dilatation).

V. Chirurgische Eingriffe bei Erkrankungen des Herzens und des Herzbeutels.

Chirurgische Erfolge am Herzen selbst beschränken sich zur Zeit noch auf die durch Verletzungen geforderten Eingriffe. Die Versuche amerikanischer Chirurgen (Cushing, Branch, Bernheim), und ähnliche Experimente von Schepelmann, bei Tieren eine Fadenschlinge um das Ostium der Mitralis umzulegen und später diese künstliche Stenose durch transkardiale Durchtrennung der Klappen in eine Insuffizienz zu verwandeln, sind noch nicht über das Versuchsstadium durchgeführt worden und können zunächst den Vorschlag von Lander-Brunton, eine Mitralstenose in die weit weniger gefährliche Insuffizienz zu verwandeln, noch nicht verwirklichen, ist doch zu bedenken, daß die Störungen hauptsächlich durch Muskelinsuffizienz bedingt sind.

1. Die Pericarditis purulenta.

In ihrer serösen Form bedingt die Perikarditis eine schwere Schädigung, indem das Herz durch große Flüssigkeitsansammlung komprimiert wird. Zur Beseitigung der großen Exsudatmengen bedienen wir uns der Punktion, welche entweder dicht an der linken, eventuell auch rechten Seite des Sternums, oder — um ein Anstechen der Arteria mammaria zu vermeiden — mindestens 3 cm weit davon entfernt ausgeführt werden muß. Nach dem Vorschlage von Curschmann wird der hauptsächlich dorsal und links vom Herzen angesammelte Erguß der Nadel besser zugänglich, wenn wir im 5. oder 6. Interkostalraum im Bereich der Mammillarlinie einstechen; allerdings muß hierbei der freie Pleuraraum perforiert werden und deshalb wird man sich bei Verdacht auf infektiöse Ergüsse lieber auf die der vorderen Brustwand direkt anliegende Fläche des Herzbeutels beschränken und einer ernstlichen Verletzung des Herzmuskels dadurch aus dem Wege gehen, daß man vorsichtshalber zur Probepunktion eine dünne Kanüle verwendet.

In höherem Maße als die rein mechanische Schädigung des Herzens durch ein Exsudat, interessiert uns der Charakter eines Ergusses insofern, als bei Anwesenheit fester Fibrinmassen, zum Teil hämorrhagischer Natur, der Ausgang der Krankheit durch die Organisation und Vernarbung beeinträchtigt werden wird.

Eine dringende Indikation zu chirurgischer Behandlung ergibt sich bei infektiösem, insbesondere eitrigem Exsudat. Zur Entfernung desselben können zwei Wege mit Erfolg eingeschlagen werden.

1. Verfahren nach Ollier: Nach Resektion des linken fünften Rippenknorpels, eventuell auch kleinerer Teile der Rippe selbst, wird die linke Pleura zur Seite geschoben, der alsdann frei vorliegende Herzbeutel breit inzidiert, entleert und durch Drain offen gehalten. Ähnlich gehen Kocher, Pels-Leusden und Rehn vor. Sie wählen die VI. oder VII. Rippe.

2. Vorgehen auf extraperitonealem, epigastrischem Wege nach Larrey und Mintz: Schnitt in der Linea alba oder schräg unterhalb des siebenten Rippenknorpels bis über den Processus xiphoideus. Nach Exstirpation des Schwertfortsatzes oder des siebenten Rippenknorpels und Durchtrennung der Bauchfaszie ohne Läsion des Peritoneums gelangt man von unten her an den Herzbeutel, welcher eröffnet und in mechanisch günstigster Weise drainiert werden kann. Adhäsionen und Taschen sind vorher stumpf zu lösen.

Der Eingriff am Herzbeutel selbst kann zu vorübergehenden Pulsstörungen führen; doch wird die Drainage, Kautschukrohr oder Docht, vom Herzen gut ertragen.

Die Erfahrungen bei Behandlung der eitrigen Perikarditis — entstanden durch Überleitung aus Lunge oder Pleura und auf hämatogenem Wege — zeigen nach einer Zusammenstellung von Venus günstige Resultate, wenn der Eiterherd in klassischer Weise freigelegt wird.

1. Punktion. 95 Fälle, 62 % Todesfälle, 31 % Heilung.

2. Einfache Inzision. 49 Fälle, 53 % Todesfälle, 47 % Heilung.

3. Perikardiotomie und Rippenresektion. 36 Fälle, 44 % Todesfälle, 55 % Heilung.

Diese Zahlen sprechen eindrücklich dafür, rechtzeitig die Probepunktion auszuführen und da, wo das Exsudat als infektiös erkannt worden ist, mit der Punktion allein keine Zeit zu verlieren. In Anbetracht der schlechten Prognose ist eine Gegenindikation zur Operation eigentlich nicht aufzustellen.

Über die Behandlung der tuberkulösen Perikarditis scheinen die Ansichten noch nicht geklärt zu sein. Mehrere drainierte Fälle sind infolge sekundär eitriger Infektion zugrunde gegangen. Beachtung verdient der Vorschlag von Jakob, auch bei diesen Formen nach Rippenresektion das Perikard zu entleeren; dann aber den Herzbeutel nicht zu schließen, sondern nur die äußere Lappenwunde zu vernähen. Souligoux macht den Vorschlag, das Perikard nach dem Peritoneum zu drainieren und die äußeren Weichteile zu verschließen (Autoimmunisation).

Rehn, Parlavecchio u. a. haben die Esxtirpation des tuberkulösen Herzbeutels vorgeschlagen.

Im Tierversuch treten weder Verwachsungen noch funktionelle Störungen zutage.

2. Mediastinoperikarditis, Kardiolyse.

Wenn im Herzbeutel ein fibrinöser hämorrhagischer oder eitriger Entzündungsprozeß zur Ausheilung kommt, so resultiert in der Regel eine flächenhafte, bandförmige, mehr oder weniger ausgedehnte Verwachsung des Herzens mit dem Perikard, welche bis zu völliger Obliteration führen kann (Syncretio cordis). Die Herztätigkeit kann dadurch in hohem Maße gehindert werden. Viel intensiver gestaltet sich noch die Schädigung, wenn die entzündlichen Vorgänge — es ist keineswegs immer nur an die eitrige Form zu denken — auch auf das umgebende Mediastinum übergegriffen haben und durch Verlötung mit den Nachbarorganen, Pleura, Zwerchfell, vordere Brustwand, eine förmliche Inkarzeration des Herzens verursachen (Pericarditis adhaesiva externa — schwielige Mediastinoperikarditis).

Die Folgen einer derartigen Schwielenbildung äußern sich an den einzelnen Organen. Lungen- und Zwerchfellbewegungen werden eingeschränkt. Wir finden Stauungszustände im Abdominalkreislauf, Leberschwellung (perikarditische Pseudozirrhose), Ascites in den Fällen, wo die Vena cava in die Verwachsungen einbezogen wurde. In höchstem Maße werden sich aber die Hemmungen am Herzen selbst geltend machen dadurch, daß dessen Bewegungen allseitig festen Widerständen begegnen.

Spitzenstoß und Dämpfungsfigur sind auch bei Lagewechsel fixiert. An der Herzspitze finden wir starke systolische Einziehungen, da durch die Verwachsungen mit Perikard und vorderer Brustwand diese starren Teile, Rippen, Interkostalräume und unteres Sternum bei jeder Kontraktion nachgeben müssen. Mit einem deutlichen Ruck federn diese Teile bei der Diastole wieder vor (diastolisches Vorschleudern). Als weitere Symptome wurden auch angeführt diastolischer Venenkollaps und das Symptom des Pulsus paradoxus, Aussetzen der arteriellen Blutwelle auf der Höhe der Inspiration. Wichtige Veränderungen zeigen sich am Herzmuskel selbst. Narbensklerose mit sekundärer parenchymatöser Degeneration. Alle diese Erscheinungen lassen sich auf die Ummauerung des Herzens durch mediastinale Schwielen, also direkt auf mechanische Einflüsse zurückführen.

1898 brachten Weill, Delorme, später Brauer, Vorschläge, den Zustand durch operative Eingriffe günstiger zu gestalten. Der Gedanke von Delorme, welcher sich anschließt an seine verwandte Operation der Dekortikation der Lunge, ging dahin, das Herz selbst aus seinen Verwachsungen herauszuschneiden und die Stränge nach dem Zwerchfell und nach der vorderen Brustwand zu durchtrennen — ein theoretisch rationeller Weg, welcher ev. durch die neueren Methoden der Fett-, Netz- und Faszientransplantation sich vervollkommnen lassen wird, ist bisher allerdings wegen der Gefahr des Eingriffes am kranken Herzen in seiner praktischen Ausführung beim Menschen unterblieben und wir wissen nur aus Tierversuchen von Parlavecchio Amerio und D'Agata, daß die Perikardiektomie vom Tier ohne besondere Schwierigkeit ertragen wird. Viel einfacher aber praktisch durchführbar ist die Methode von Brauer, welche uns unter der Bezeichnung der Kardiolyse geläufig ist. Brauer verzichtet darauf, das Herz selbst anzugreifen. Er will nur das Haupthindernis, das Knochengerüst der vorderen Brustwand beseitigt wissen und inaugurierte damit eine Methode, welche selbst bei Schwerkranken in Lokalanästhesie ohne Gefährdung ausgeführt werden kann.

Die Technik der Operation ist recht einfach. Durch einen türflügelförmigen Lappen, Basis an der vorderen Axillarlinie, freier Rand am Sternalrand, wird die 3.—6. Rippe freigelegt und von der Sternalverbindung an auf eine Länge von 12 cm reseziert; wenn nötig, ist noch ein Teil des Sternum mitzunehmen. Das Periost soll entfernt werden, um einer Neubildung von Knochenspangen vorzubeugen. Perikardiale Verwachsungen werden nicht angegriffen.

Die Befreiung des Herzens wirkt momentan, indem derjenige Teil der Herzkraft, welcher zur Bewegung der fixierten Thoraxwandung verwandt werden mußte, alsbald für die Zirkulation verfügbar wird und die genannten Symptome hochgradiger Stauung — auch Ascites — sich zurückbilden. Die Herztätigkeit wird erheblich erleichtert. Roux Berger gibt eine Zusammenstellung über 21 Fälle. In der neuen Literatur finde ich acht weitere Kardiolysen. Todesfälle, welche im Anschluß an die Operation aufgetreten wären, sind nicht bekannt geworden. Manche Kranke wurden durch die Kardiolyse in einer Weise hergestellt, welche alle Erwartungen übertraf, so daß sie, wie die nach Jahren vorgenommene Kontrolle ergab, wieder vollkommen leistungsfähig geworden sind. Bei anderen, welche bereits hochgradige Degeneration des Herzmuskels aufwiesen, ergab sich nur eine wesentliche Besserung, unterbrochen von anfallsweisen stärkeren Beschwerden. Mißerfolge sind eigentlich nur da aufgetreten, wo entgegen der Brauerschen Vorschrift solche Fälle der Operation unterzogen worden waren, welche nicht den vollen Symptomenkomplex der Mediastinoperikarditis dargeboten hatten. Die Methode zeigt ihre schönsten Erfolge nur da, wo die vordere Brustwand die Hauptursache für die Herzhemmung darstellt. Inwiefern auch andere Krankheitsprozesse des Herzens, welche mit einer starken Vergrößerung und Bewegungshemmung im Thorax verbunden sind, mit Nutzen der präkardialen Thorakolyse unterzogen werden können (Bewley, Herzhypertrophie) bleibt zunächst abzuwarten.

Wir erkennen in der Brauerschen Kardiolyse einen weiteren erfolgreichen Schritt in der Entwicklung moderner chirurgischer Bestrebungen, welche wir unter kritischer Berücksichtigung der Indikationsstellung mit Vorteil den übrigen Heilmethoden angliedern dürfen.

VI. Die Schußverletzungen des Thorax.

Unter den Brustschüssen haben wir eine kleine Gruppe von Verletzungen, welche nur die Thoraxwandung betreffen. Sei es, daß die „matten" Geschosse keine genügende Perforationskraft besitzen, sei es, daß sie als Streif- oder Ringelschüsse nur tangentiale Richtung einhalten. Derartige Verwundungen zeigen zum Teil keinerlei Symptome, welche eine Schädigung des Brustfells, der Lungen oder des Herzens erkennen lassen. Die Therapie hat sich selbst bei Splitterung von Rippen mit der einfachen Wundbehandlung zu befassen. Nicht selten gehen jedoch auch von solchen anatomisch günstig gelegenen Verletzungen Kontusionswirkungen durch die intakte Pleura auf die Lunge über. Wir kennen sichere Quetschungsfolgen, auch kleine Zerreißungen des Lungengewebes, welche mit Bluterguß in die Pleura, leichtem Pneumothorax und mit Hämoptoe verbunden sind. Daran können sich infektiöse Prozesse anschließen, die Bakterien stammen aus kleinen Bronchien. Man wird in solchen Fällen abwarten, jedenfalls nicht sondieren, eher an einer der Wunde entfernten Stelle punktieren.

Andere Thoraxwandschüsse führen zu Verletzungen der Pleura, Zerreißungen der Interkostal- und Mammaria-Arterien, bei enger Öffnung kommt es zum Spannungspneumothorax oder es handelt sich um große Breschen in der Brustwand, welche dringend chirurgischer Hilfe bedürfen und auch unter günstigen Bedingungen im Feldlazarett mit Erfolg operiert wurden; Gefäßunterbindung, Plastik unter dem Überdruckverfahren. Das Vorgehen im einzelnen ist ähnlich wie bei der Versorgung offener Lungenschüsse.

Perforierende Brustschüsse. 30% der Gefallenen auf dem Schlachtfeld betreffen vor allem Lungen und Herz.

Lungenschüsse. Gewehrgeschosse, aber auch Schrapnellkugeln und Granatsplitter (70%, 20%, 10% nach Moritz) vermögen den Thorax zu perforieren.

Vielfach sind die Ein- und Ausschußöffnungen nur unbedeutend. Das Geschoß hat die Brust geradlinig durchsetzt, sog. glatte Lungenschüsse. Ihre Folgen sind häufig und auch in der ersten Zeit nach der Verletzung sehr geringfügig. Die Verwundeten verspüren zunächst nur den Schlag gegen die Brust und können oft der Truppe noch eine Weile nachfolgen. Es hängt alles davon ab, ob das Geschoß in gerader Linie keine größeren Gefäße und Bronchien getroffen hat. Dann haben wir nur einen geringfügigen Bluterguß. Luftaustritt ist nicht immer nachzuweisen. Sehr regelmäßig werden jedoch blutige Sputa ausgehustet. Derartige Glücksschüsse können ohne jegliche Schädigung und ohne besondere Behandlung innerhalb 6 Wochen mit Wiederherstellung der Felddienstfähigkeit ausheilen.

Diesen günstigen Zufällen, welche mit etwa 25% der Geheilten einzuschätzen sind, steht eine große Mehrzahl gegenüber, bei welchen die Verletzung von ernsthaften und nachteiligen Folgen begleitet ist. Im Vordergrund steht in der ersten Zeit nach der Verwundung die Blutung und der Pneumothorax, später treten infektiöse Komplikationen hinzu, bei den letzteren spielen die Steckschüsse eine große Rolle.

Chirurgische Behandlung erfordert der rasch wachsende Hämothorax, sowohl wegen der drohenden Verblutung wie auch wegen der Verdrängungserscheinungen. Thorakotomie an der Verletzungsstelle mit Ausschneiden der Wunde, Unterbindung blutender Gefäße, Naht des Lungenrisses geben nach den Erfahrungen der Friedenschirurgie auch im Feldlazarett die günstigste Aussicht (Burkhardt und Landois).

Bei Ergüssen mittlerer Ausdehnung, welche stationär bleiben, bei welchen infolge von Kompression der Lunge, Verschluß der Gefäße oder durch einfache Gerinnung die Blutung zum Stillstand gekommen ist, wenn keine bedrohlichen Erscheinungen von seiten der Atmung und des Pulses vorliegen, wird man unter Hochsetzen mit Einhaltung absoluter Ruhe und unter Morphium und Kodein zunächst den weiteren Verlauf abwarten; vom 8. Tage ab, wo man annehmen kann, daß der Thrombus fest genug ist, wird durch Punktion, je 300—400 g, in Intervallen das flüssige Blut beseitigt.

Im Bestreben der an sich für die erste Zeit berechtigten, unter den Verhältnissen im Feld oft einzig möglichen konservativen Behandlung der Lungenschußverletzungen hat man auf die spontane Resorption bei Blutergüssen vielfach zu lange gewartet. Wenn auch nach den experimentellen Versuchen von Trousseau und Moritz Blutinfusionen in die Pleurahöhle innerhalb weniger Tage resorbiert werden und nach unseren Erfahrungen ein traumatischer Hämothorax unter günstigen Umständen in 14 Tagen bis auf geringe Reste resorbiert sein kann, so sieht man doch nach Schußverletzungen meistens einen abweichenden Verlauf, weil mit diesen traumatischen Vorgängen leichte entzündliche Komplikationen verbunden sind, welche die Resorption und Organisation dieser Höhlenblutungen verzögern.

Entzündungsprozesse haben, wie Moritz und Gerhardt betonen, hierbei eine große Bedeutung; nicht sowohl akute progrediente Eiterungen, welche im Empyem ausgehen und unten besprochen werden sollen, als vielmehr leichtere Entzündungsformen, bei welchen es nicht immer gelingt, die Bakterien im Punktat nachzuweisen. Klinisch äußert sich der Vorgang in Fieber, im Ansteigen eines entzündlichen Exsudates, welches meistens nach einiger Zeit stillsteht, jedoch leicht exazerbiert und bei spontanem Verlauf sehr langsam resorbiert wird unter Hinterlassung starker Schwarten und Einziehungen. Ätiologisch handelt es sich wohl um nicht vollvirulente Infektionen, welche entweder von der Thoraxwunde oder von Bronchialverletzungen ausgehen. Auch in diesem Falle empfiehlt sich die Punktion. Über den Ausgang ist eine sichere Prognose nicht zu stellen. Wir haben mehrmals beobachtet, daß nach anfangs negativen Punktionen schließlich doch ein infiziertes Exsudat nachweisbar wurde, welches Rippenresektion erforderte. In anderen Fällen trat im Laufe von 2—3 Monaten noch eine Resorption ein. Jedenfalls ist das Abwarten ohne Punktion gerade bei leicht fieberhaft verlaufendem Hämathorax mit sekundärer Pleuritis nicht vorteilhaft.

Eine Vereiterung erfolgt bei etwa $12^0/_0$ der Thoraxschüsse, bei großen offenen Wunden frühzeitig, dann meist mit jauchigem Charakter, auch Gasphlegmone kann vorkommen; bei kleineren Verletzungen, in $40^0/_0$ Steckschüssen, entwickelt sich das Empyem erst in einigen Tagen. Der Zustand verlangt breite Rippenresektion hinten an typischer Stelle und weite Drainage. Bei Ausräumung des infizierten Ergusses findet man mächtige Klumpen zersetzten dicken Blutes, welche bei der Operation ausgespült werden. Je besser ausgeräumt wird, um so eher treten später günstige Heilungsverhältnisse ein. Zurückgelassene Koagula können die Jauchung lange unterhalten und gefährden damit das Leben des Patienten. Nicht selten ist das Empyem verbunden mit Abszessen und Gangrän der schußverletzten Lunge, schwerste Formen, welche oft innerhalb weniger Tage zum Ende führen, günstigen Falles die Kräfte des Kranken immer sehr stark konsumieren. In der Nachbehandlung erwiesen sich tägliche Spülungen mit Dakinscher Lösung recht vorteilhaft.

Bei großen Brustwunden besteht neben der Brustwandverletzung meist auch eine Zerreißung der Lunge, häufig sind mehrfache Läsionen an Ein- und Ausschuß und Platzwunden. Zu den Gefahren der Organverdrängung durch Lungenkollaps und Lufteintritt gesellt sich Emphysem der Brustwand und des Mediastinums. Oft ist das Hautknistern weit verbreitet. Frühzeitige Revision der Wunde (Exstirpation des gequetschten, infizierten Gewebes, Naht der Lungenwunde und der Brustwand unter Überdruck) wird unter Friedensverhältnissen immer erstrebt werden müssen, hat auch im Felde unter geeigneter Einrichtung und geschulter Hilfe die beste Aussicht. Läwen berichtet unter 36 Fällen $44^0/_0$ glatte Heilungen. Ein großer Teil der Patienten geht an der schweren Verletzung und am Blutverlust zugrunde. Bildet sich nach Naht der Lunge und Brustwand in dem jetzt geschlossenen Pneumothorax ein Empyem, so wird man sekundäre Rippenresektion ausführen.

Nicht selten beobachtet man Kriegsverletzungen, bei welchen nach einem Bluterguß erst einige Wochen später Infektion und Vereiterung eintritt. Der Zustand ist meistens auf allzulanges Abwarten zurückzuführen. Der langandauernde Lungenkollaps wie auch die aus den teilweise organisierten Blutgerinnseln erwachsenen dicken Schwarten verhindern nach der einfachen Rippenresektion die Entfaltung der Lunge wie auch die Nachgiebigkeit des Thorax. Die zurückbleibenden starren Höhlen müssen dann durch weitere ausgiebige Rippenresektion oder durch Thorakoplastik verschlossen werden. Auch in solchen verschleppten Fällen sahen wir von der Pfeilerresektion gute Erfolge.

Das Heilungsresultat ist auch nach schwerem Empyem oft auffallend günstig, so daß in etwa $15^0/_0$ wieder Kriegsverwendbarkeit eintritt. Eine große Anzahl dieser Patienten behält für mehrere Jahre Atembeschwerden, bedingt durch Verwachsungen, alte Schwarten und bronchitische oder bronchiektatische Veränderungen, welche bei geringfügigen Gelegenheiten zur Verschlimmerung neigen.

Schußverletzungen des Herzens. Ein Unterschied gegenüber den im Frieden beobachteten Schußverletzungen des Herzens und des Herzbeutels besteht im Kriege hauptsächlich in der erheblich vermehrten Infektionsgefahr durch die Granatsplitter. Die Indikation zum chirurgischen Eingriff ist gegeben durch die Blutung, insbesondere in zunehmender Füllung des Herzbeutels (sog. Herztamponade). Immer ist es ein besonderer Glücksfall, wenn die Patienten im Felde rechtzeitig in geübte chirurgische Hände kommen. Nach den bisher vorliegenden Mitteilungen (Sauerbruch, Rehn, Klose) konnte die Naht sowohl am Herzen wie am Herzbeutel günstig angelegt werden. Einige Patienten sind jedoch nachher der eitrigen und jauchigen Perikarditis und Mediastinitis erlegen. Nicht so selten findet man kleine Granatsplitter eingeheilt und kann auch mit hinreichender Sicherheit den Sitz im Herzbeutel feststellen. Stärkere Beschwerden treten oft erst dann auf, wenn der Träger des Geschosses von dessen Sitz Kenntnis erlangt. Auch Geschosse im Herzen, die auf dem Wege der venösen Blutbahn z. B. von einem Oberschenkelschuß aus nach dem Zentralorgan verschleppt wurden, kamen zur Beobachtung. Die Veranlassung zu chirurgischem Eingreifen dürfte jedoch nur selten gegeben sein.

Schußverletzungen des Zwerchfells bedingen auf der linken Seite eine Kommunikation zwischen Brust- und Bauchhöhle, durch deren Öffnung Baucheingeweide in den linken Brustraum vorfallen. Rechts verhindert die Leber diese Komplikation. Die Erscheinungen der sog. chronischen Zwerchfellhernie, Atembeschwerden, Herzklopfen sind bedingt durch Verdrängung der Brustorgane und oft verstärkt nach der Nahrungsaufnahme; anderseits finden wir Schluckbeschwerden, Völlegefühl und Magenschmerzen, wenn das gefüllte Organ durch den Zwerchfellschlitz eingeschnürt an seiner ordnungsmäßigen Entleerung gehindert wird.

Für die Diagnose ist es vor allem wichtig, bei entsprechender Schußverletzung an Zwerchfellhernie zu denken. Man findet dann abgeschwächte Atmung, tympanitischen Schall und in sehr charakteristischer Weise Succussio Hippocratis, auch Geräusche fallender Tropfen. Die Röntgendurchleuchtung zeugt einen Teil des Magens mit Gasblase im Thoraxraum, oft hoch über dem Zwerchfellbogen. Durch Kontrastmahlzeit läßt sich das Bild oft sehr deutlich darstellen.

Zwerchfellhernien neigen sowohl im Anschluß an die Verletzung wie auch nach längerem unerkanntem Bestehen zu Einklemmung. Unter Erscheinungen eines Magen- oder hohen Darmverschlusses entwickeln sich rasch schwerste Symptome des Erbrechens, Kräfteverfall mit heftigen Schmerzen, dabei kann der Leib kahnförmig eingezogen sein, wie bei Meningitis. Der geblähte Magen und eine große Zahl erweiterter und strangulierter Dünndarmschlingen liegen dann in der Brusthöhle. Eine interne Behandlung der akuten Einklemmung bietet keine günstigen Aussichten, die Operation nur dann, wenn sie frühzeitig ausgeführt werden kann.

Bei chronischen Zwerchfellhernien haben wir 2 Fälle mit vollem Erfolg operiert. Die Aufgabe besteht in Lösung der nach dem Brustraum vorgefallenen Organe aus dem Zwerchfellschlitz, Reposition in die Bauchhöhle und Nahtverschluß des Zwerchfellrisses.

Wir haben dies beide Male vom Abdomen aus, von einem Schnitt längs dem 1. Rippenbogen ausführen können. Andere (Schuhmacher) empfehlen, vom Thorax aus vorzugehen oder in schwierigen Fällen die beiden Eröffnungen zu kombinieren. Eine gewisse Mühe bereitet immer der Verschluß des flatternden Zwerchfells. Die Naht wird zweckmäßig durch Auflegen der Milz gesichert.

VII. Chirurgische Erkrankungen des Mediastinums.

Vielgestaltige Krankheitsbilder werden hervorgerufen durch die verschiedenartigen Prozesse, welche im vorderen und hinteren Mittelfellraum sich ausbreiten.

1. Entzündungen des Mediastinums.

Auf die schwielige Mediastino-Pericarditis ist im Kapitel Kardiolyse bereits hingewiesen worden. Einen Übergang zu den Entzündungsvorgängen mit Erweichung und Abszeßbildung finden wir in den tuberkulösen und besonders auch in den luetischen Formen, welche primär hinter dem Sternum ihren Ausgang nehmen und sich selbst überlassen, nach der vorderen Brustwand zur Seite des Brustbeines, oder, den Rippen folgend, erst in der Mamillarlinie zum Durchbruch kommen. Gelegentlich senken sie sich auch durch das Diaphragma und treten in den Bauchdecken des Epigastriums zutage. Stürmische Erscheinungen sind bei dieser Lage chronischer Mediastinalabszesse weniger zu befürchten. Die operative Therapie findet von vorneher leichten Zugang und kann nach Entfernung entsprechender Teile aus Rippen und Brustbein die Entleerung solcher Abszesse leicht bewerkstelligen. Das Gleiche gilt auch für akute Eiterungen nach Verletzungen und eitrige Periostitis des Sternums und der Rippen. Anzuführen sind in diesem Zusammenhange ferner die subphrenischen in den vorderen Mediastinalraum perforierten Eiterungen, als deren Quelle vor allem die Magengeschwüre der kleinen Kurvatur Pankreatitis und Gallenblasenperforationen bekannt sind. Die Diagnose stützt sich auf die lokalisierte Schmerzhaftigkeit bei Druck von außen, bei forcierter Atmung; auf regionäres Hautödem und Rötung. In vollentwickelten Fällen läßt sich wohl auch Dämpfung oder zwischen den Rippen Fluktuation nachweisen. Der Abszeß kann unter den äußeren Weichteilen zum Vorschein kommen. Nach ähnlichen Gesichtspunkten behandeln wir die Abszesse am oberen Thoraxeingang. Näheres siehe unten.

2. Die Mediastinitis posterior.

Im Gegensatz zu den im vorderen Thoraxseptum verlaufenden Entzündungen bieten die im hinteren Mediastinum verborgenen Infektionen sowohl inbezug auf ihre schädigenden Einflüsse, Kompression der anliegenden Organe, Leichtigkeit einer progredienten Ausbreitung, als auch durch die Schwierigkeit der Diagnose und der chirurgischen Zugänglichkeit für eine rationelle Therapie weniger gute Aussichten.

Die akuten Eiterungen nehmen ihren Ausgang einmal von Organen, die im Thorax selbst gelegen sind. Verletzungen des Ösophagus durch Fremdkörper, chemische Verätzungen; Perforation nach Einführen der Magensonde. Seltener gehen sie aus vom Trachealrohr, von den Lymphdrüsen der Bifurkation, oder sie entstehen metastatisch bei Erysipel, puerperaler Infektion usw. Oft handelt es sich um Eiterungen, welche vom Hals her oder aus dem Bereich der oberen Thoraxapertur längs der Gefäßscheiden, der Trachea und des Ösophagus, in den Interstitien der tiefen Halsmuskulatur sich in die Brusthöhle einsenken. Besondere Bedeutung haben die Eiterungen im Gefolge einer Zahnerkrankung, Otitis purulenta und ulzeröser Vorgänge am Schlund und Kehlkopf (Strumitis), da sie erfahrungsgemäß von den schwersten Folgen begleitet sind.

Nach dem klinischen Verlauf unterscheiden wir zwei Formen:

a) Die progrediente Phlegmone, jauchige Mischinfektion (Leptothrix), welche häufig unter Gasentwickelung meist innerhalb weniger Tage infolge von Sepsis zu einem ungünstigen Ende führt, ohne daß sich größere Eiteransammlungen entwickeln.

b) Die eigentlichen Mediastinalabszesse. Sie zeigen einen mehr protrahierten Verlauf. Als Primärherde sind insbesondere auch die akute oder chronische Form der Osteomyelitis an Wirbelsäule, Brustbein, Rippen und Schlüsselbein in Betracht zu ziehen. Je nach der Virulenz und der spezifischen Natur der Infektionserreger sehen wir die Allgemeinsymptome einer eingeschlossenen Eiterung, Fieber, gesteigerte Pulsfrequenz, die funktionellen

Störungen, Schmerzen beim Schlucken und Husten, die lokalen Entzündungszeichen, Rötung, phlegmonöse Schwellung, Lymphadenitis der Fossa supraclavicularis, kollaterales Ödem an der Basis des Halses und über den Weichteilen des Thorax mehr oder weniger stark entwickelt. Als wesentliche Symptome finden wir dann die Einflüsse der Kompression auf die im oberen Thoraxeingang in kleinen Raum eng zusammengedrängten, lebenswichtigen Organe, welche unter dem Abschluß des starren Knochenringes nicht, wie an'anderen Körperstellen die Möglichkeit haben, einem andrängenden Hindernis auszuweichen. Aus diesem Grunde können auch schon relativ kleine Abszesse, prävertebrale spondylitische Senkungen, Drüsentuberkulose im Bereich der Bifurkation bedrohliche Erscheinungen hervorrufen. Die Atemnot, Dyspnoe, Stridor, Cyanose werden verursacht durch die verschiedensten Möglichkeiten des Druckes auf die Luftröhre (Verdrängung nach der Seite, Kompression von vorne nach hinten, bilaterale Einengung bei sattelförmigen Abszessen). Je nach der Festigkeit des Stützknorpels wird die Luftröhre mehr oder weniger lange Widerstand leisten können, schließlich jedoch erweichen, und ihr Lumen kann dann plötzlich kollabieren oder durch Stauungsödem und entzündliche Hyperämie, bei sekundärer Bronchitis von reichlichem Sekret, akut verlegt werden. Der Druck auf die Blutgefäße äußert sich am ehesten in einer Störung der Zirkulation in den großen Venen. Stauung im Bereich der Vena cava superior und inferior (vgl. Kardiolyse). Im Gebiet der oberen Hohlvene sehen wir die Venenerweiterung am Hals und in den Kollateralbahnen über dem vorderen Thorax. Nicht selten kommt es zu Thrombose im Bereich der oberen Extremitäten. Druck auf die Nerven kann zweifellos durch Vermittlung der Rami cardiaci die Herzbewegungen beeinflußen. Eindeutiger ist die Heiserkeit, welche auf Kompression oder entzündliche Schädigung des Nervus laryngeus inferior mit Stimmbandlähmung zu beziehen ist. In anderen Fällen begegnen wir Sympathikusstörung. Alle diese Symptome sind im wesentlichen durch die mechanischen Störungen des Abszesses zu erklären. Sie finden sich denn auch viel deutlicher ausgeprägt bei den langsam wachsenden Tumoren, doch ist ihr Nachweis gerade bei Abszessen wichtig, da wir nur selten an Hand der Perkussion und Auskultation eine zuverlässige Lokalisierung gewinnen können. Besonders wertvoll ist deshalb die Röntgendurchleuchtung, welche auf der Platte auch kleinere Herde, besonders tuberkulöse Abszesse und Drüsenschwellungen sicher zum Ausdruck bringt. Auch die Tracheoskopie zeigt uns etwa in der Verlagerung der Luftröhre und der großen Bronchialäste den Sitz eines Abszesses.

Die Behandlung der Abszesse im hinteren Mediastinum steht vor der Aufgabe, eine günstige Ableitung der Eiteransammlung zu ermöglichen. Bei den vom Halse absteigenden Prozessen ist prophylaktisch durch rechtzeitige Inzision eine tiefere Senkung aufzuhalten. Besteht eine Eiterung bereits in der oberen Thoraxapertur, so wird bei lateralem Sitz von einem Querschnitt oberhalb der Clavicula an der Außenseite des Musculus sterno- cleido- mastoideus eingegangen. Die Gefäßscheide der großen Venen ist sorgfältig zu schonen. Man dringt dorsal stumpf ein bis auf die Höhe der Pleurakuppe. Mediane Abszesse werden durch Querschnitt über dem Sternum, Spalten der geraden Halsmuskeln zugänglich und durch stumpfe Dilatation des vor der Luftröhre gelegenen Raumes eröffnet. Man wird sich nicht scheuen, mit der Knochenzange, wenn nötig, Teile des Manubrium sterni abzutrennen. Selbst bei tiefer Lage solcher Eiterungen ist es doch möglich, durch breite Tamponade und Drainage in Verbindung mit dauernder Tieflagerung des Kopfes einen genügenden Abfluß aus dem oberen Thoraxring herzustellen.

Bei Abszessen unterhalb der Höhe der zweiten Rippe müssen wir den Mittelfellraum neben der Wirbelsäule eröffnen. Wegen des linksseitigen Verlaufes der Aorta ist der Weg von rechts her bevorzugt. Ein türflügelförmiger Haut-Muskellappen in Höhe der 3.—5. Rippe legt den Rippenansatz, frei. Die Querfortsätze der Wirbel und die Rippenspangen werden auf 6—8 cm Länge reseziert. Unter stumpfem Ablösen der Pleura dringt man von der rechten Seite aus, wenn nötig über die Wölbung der Wirbelsäule in den Mediastinalraum vor und sorgt für genügend weite Eröffnung. Abszesse, welche nach dem Röntgenbild oder auf Grund vorausgehender Probepunktion sich nach links entwickelt haben, werden natürlich von dieser Seite aus leichter zugänglich. Akute Eiterungen, welche zirkumskript geblieben sind, bieten eine gute Prognose. Rapid verlaufende Phlegmonen jedoch enttäuschen meist vorzeitige Hoffnungen. Bei tuberkulösen Abszessen resultiert eine Fistel, welche durch die fast unvermeidliche Sekundärinfektion kompliziert, dem Kranken schließlich doch verderblich wird, wenn nicht eine energische Allgemeinbehandlung des Grundleidens nach modernen Prinzipien, Heliotherapie, Luft-, Seebäder, intensive Jodbehandlung usw. über Monate durchgeführt werden kann.

3. Tumoren des Mediastinums.

Im Thoraxeingang finden sich, abgesehen von den einer chirurgischen Therapie nur schwer zugänglichen Aneurysmen der großen Gefäße gutartige Geschwülste, welche sich unter Deckung der vorderen geraden Halsmuskeln bis unter das Brustbein entwickelt haben (Substernale, intrathoracische Strumen, Tauchkropf). Unter ähnlichen Erscheinungen verläuft die, besonders in der frühesten Kindheit beobachtete Thymushypertrophie.

Neben den spezifisch thyreotoxischen Symptomen der Struma sind hier kurz zu erwähnen die eigentlichen Kompressionsstörungen: Druck auf die Trachea, auf die großen Gefäße, Venenstauung im Gebiet des Halses und Kopfes, ferner die noch wenig geklärten schädigenden Störungen für Lungen und Herz, Stimmbandlähmung, Schluckbeschwerden. Bei der Thymushypertrophie liegen die Verhältnisse ähnlich. Zum Teil handelt es sich gewiss um rein mechanische Schädigungen, Kompression der Trachea und der großen Gefäße, anderseits erkennen wir in der Thymushyperplasie eine Teilerscheinung des Status lymphaticus, einer für äußere Einflüsse besonders empfindlichen Allgemeinerkrankung, welche von plötzlichem Exitus gefolgt sein kann (Mors thymica). Substernale Struma und Thymushypertrophie sind heutzutage ein dankbares Objekt für die chirurgische Behandlung; doch soll die Operation nicht aufgeschoben werden, bis höchste Atemnot eintritt.

Unter den Tumoren des Mediastinums finden wir eine Reihe gutartiger, langsam wachsender Geschwülste, Lipome, Fibrome, welche vom Mittelfell selbst, von der Pleura, aus dem interkostalen Gewebe hervorgehen. Dermoidcysten, vielleicht als bigerminale Anlage, Echinokokken können in die Bronchien durchbrechen und durch Nachweis charakteristischer Bestandteile (Hacken, Haare) im Sputum sicher diagnostiziert werden. Häufiger handelt es sich um bösartige Geschwülste, welche zum Teil primär im Mediastinum entstehen, Endotheliome, Sarkome vom Thymusrest ausgehend, ferner um Karzinome der Bronchien und des Ösophagus.

Unter den Drüsentumoren unterscheiden wir die durch Tuberkulose und Lues hervorgerufene infektiöse Anschwellung; ferner die oft großen Pakete bei Sternbergscher, Hodgkinscher Krankheit und endlich sekundäre Karzinommetastasen und Sarkomknoten, besonders von Mamma, Ösophagus, Magen, Schilddrüse und von den Extremitäten ausgehend.

Die **Diagnose** der Mediastinaltumoren stützt sich hauptsächlich auf die oben beschriebenen Kompressionssymptome. Über die Lage der Geschwulst orientiert uns die Röntgendurchleuchtung in verschiedenen Ebenen.

Therapie: Die selteneren im hinteren Mediastinum, an der Innenseite des Rippenkorbes gelegenen Tumoren, werden wir am besten seitlich neben der Wirbelsäule nach Resektion eines entsprechenden Rippenfensters aufsuchen. Die häufigeren Geschwülste des vorderen Brustraumes sind leicht zugänglich zu machen, wenn wir das Brustbein mit den Rippenknorpelansätzen entweder temporär osteoplastisch oder definitiv entfernen. Türflügelförmiges Aufklappen des Brustbeines nach der Seite (Kocher), nach unten (Poirier), mediane Spaltung des ganzen Brustbeines (Milton), quere Durchtrennung (Friedrich). Einen Schrägschnitt empfiehlt Sauerbruch. Bei allen Methoden ist es wesentlich, daß die Arteria und Vena mammaria rasch unterbunden und im weiterem Verlaufe die Pleura nicht unnötig eröffnet werde. Durch Auseinanderhalten der Knochenspalte wird die Übersicht über das vordere Mediastinum frei. Das Gelingen der Exstirpation eines Tumors hängt dann ab von seiner Begrenzung und seiner Beweglichkeit. Eine Resektion des Perikards brauchen wir nicht zu fürchten. Die Pleuraeröffnung wird unter Anwendung des Druckdifferenzverfahrens weniger gefährlich sein. Ergibt sich jedoch bei der Operation die Unmöglichkeit einer radikalen Entfernung, so bietet die Resektion des Brustbeines durch Sprengung des Thoraxgürtels doch wenigstens den Vorteil einer Druckentlastung, beseitigt damit die quälenden Zustände der Kompression und gibt uns ferner die Aussicht, durch intensive Radiotherapie den unter der Hautdecke freiliegenden Tumor günstig beeinflussen zu können. Eine ganze Anzahl von Mediastinaltumoren werden erfolgreich durch Röntgenbestrahlung beeinflußt. Bei Sarkom und Hodgkin ist ein solcher Versuch jedenfalls angezeigt eventuell nach Resektion der vorderen Brustwand zu wiederholen.

VIII. Chirurgische Behandlung von Erkrankungen des Ösophagus.

1. Fremdkörper, Divertikel.

Kein anderes Gebiet der modernen Chirurgie hat trotz eifrigsten Bemühens bisher so große Enttäuschungen gezeitigt, wie die Versuche einer operativen Therapie am Ösophagus. Sehen wir ab von den an dieser Stelle nicht näher auszuführenden, durch die Ösophaguskopie in hohem Grade erleichterten Extraktion von Fremdkörpern (Ach), so können wir zurzeit erst die operative Beseitigung der Divertikel als ein gesichertes Feld der chirurgischen Tätigkeit anerkennen. Verhältnismäßig einfach gestaltet sich die Entfernung eines solchen Blindsackes, wenn er vom Halsteil seinen Ausgang nimmt. Mag sich auch der Fundus mehr oder weniger in die obere Thoraxapertur einsenken, so können wir doch nach Freilegen des Divertikelhalses an leicht zugänglicher Stelle auch die Ausstülpungen, welche bis in den Brustraum herabreichen, vorziehen, am Pharynx abtragen und zuverlässig in einzeitiger Naht oder durch allmähliches Schrumpfenlassen des Halses zum Verschluß bringen. Bei den vollkommen intrathorakal gelegenen Divertikeln im Bereich der Trachealbifurkation muß das hintere Mediastinum nach paravertebraler Rippenresektion freigelegt und in großer Tiefe das Divertikel aufgesucht, abgetragen und verschlossen werden. Außer den Schwierigkeiten dieser Technik sind es vor allem die Gefahren der Pleuraverletzung und der Mediastinalphlegmone, welche einen solchen Eingriff gefährlich gestalten. An tiefster Stelle, über der Cardia, sind Divertikel oder Ektasien des Ösophagus wohl noch selten angegriffen worden (Heyrovsky, Enderlen). Man wird hier lieber auf eine radikale Operation verzichten und sich nach Vorziehen des Magens durch das Zwerchfell mit besserem Erfolge auf die Anastomose mit dem Divertikel beschränken. Über die Erfolge der Divertikeloperation gibt Hopf folgende Zahlen: Unter 75 Fällen sind primär geheilt 33, nach vorübergehender Fistel 28. Die Mortalität beträgt ca. 15—20 %.

2. Gutartige Stenosen.

Eine fruchtbare Anregung erhielt die Ösophaguschirurgie durch Roux, welcher bei einem Knaben mit Verätzungsstrikturen, das Problem der Neugestaltung des Schlundrohres lösen konnte dadurch, daß er eine mit dem Magen durch Anastomose verbundene Dünndarmschlinge aus ihrer Kontinuität ausschaltete, sie im Zusammenhang mit ihrem Mesenterium unter der Haut über dem Thoraxskelett bis zum Hals emporzog und den Erfolg hatte, daß die Speisen in peristaltischer Bewegung nach dem Magen befördert wurden (Herzen, Lexer). Damit war die Möglichkeit gegeben, den schwer zugänglichen intrathoracischen Teil des Ösophagus in einer Operation zu ersetzen und die etwas umständlichere Methode einer Ösophagusplastik aus der Haut (Bircher) zu umgehen. Das Rouxsche Verfahren muß zurzeit als rationeller Eingriff anerkannt werden in den Fällen, wo eine gutartige Ösophagusstriktur der Bougierung oder anderen Methoden der Dilatation nicht mehr zugänglich ist. Man darf wohl soweit gehen, zu verlangen, daß bei ausgedehnter Säureverätzung von den forcierten Versuchen einer Sondendilatation abzusehen sei. Anderseits dürfen wir die Erfolge einer sorgfältigen Bougierung namentlich in Form der retrograden Dilatation von einer Gastrostomie aus nicht gering schätzen. Guisez berichtet, er habe durch dieses einfachere Verfahren unter 88 Fällen von Ösophagusstenose 79 wieder so weit hergestellt, daß sie auf normale Weise ernährt werden konnten. Es ist wesentlich, daß wir die Zeit, bis zur Ausheilung einer Verätzung benützen, um durch eine frühzeitig angelegte Magenfistel den Patienten bei guten Kräften zu erhalten. Mit der eigentlichen Therapie, Plastik oder Dilatation, soll erst begonnen werden, nachdem die Zerstörungen durch Verätzung ausgeheilt sind, da erfahrungsgemäß bei frühzeitig ausgeführten Versuchen der Sondierung leicht eine Perforation erzeugt wird.

3. Ösophagus- und Kardiakarzinom.

Die Erfolge bei gutartigen Strikturen und andererseits die kläglichen Resultate einer palliativen Behandlung weckten von Neuem das Interesse, auch das intrathorakale Karzinom des Ösophagus und das auf die Cardia beschränkte Magenkarzinom operativ anzugreifen. Voraussetzung jeglichen Gelingens ist, daß es sich um Tumoren handle, welche noch auf den Ort ihres Entstehens beschränkt sind. Finden sich bereits nachweisbare Metastasen, so soll jeder größere Eingriff unterbleiben. Auch verdient der Kräftezustand des Kranken weitgehende Berücksichtigung.

Eine derartige Operation hat wie am übrigen Verdauungstraktus die Aufgabe,

1. das Karzinom an Ösophagus von Cardia radikal zu entfernen,
2. die Passage in irgend einer zweckmäßigen Form wieder herzustellen.

Für eine radikale Operation dieser Karzinome ergeben sich zurzeit noch fast unüberwindliche Schwierigkeiten aus der ungünstigen Lage, welche den Eingriff in jeder Hinsicht außerordentlich erschwert. Die Eröffnung der Pleurahöhle ist verbunden mit den Gefahren des Pneumothorax und der im

Brustraum besonders verderblichen Infektion. Eine mechanische Schädigung der Lungen, des Herzens und der beiden Nervi vagi ist kaum zu umgehen; dazu kommen die speziellen Schwierigkeiten der Ösophagusnaht, welche in der Längsmuskulatur sehr leicht ausreißt und häufig zu Undichtigkeit führt. Wegen des gestreckten Verlaufes des Ösophagus und wegen der übrigen angeführten Komplikationen ist das für die Resektion am übrigen Magendarmtraktus so sichere Verfahren der zirkulären Resektion und nachherigen Wiedervereinigung durchtrennter Lumina nicht durchzuführen.

Unter den verschiedenen, zur Diskussion stehenden Methoden, nach welchen ein Cardia- bzw. Ösophaguskarzinom reseziert werden kann, sind anzuführen:

Einzeitige Operation.

1. Resektion durch vorderen thoraco-peritonealen Eingriff (1907 von Enderlen ausgeführt, bekannt durch die Publikation von Wendel). Ein Schnitt, durch den linken Rektus und die 9. bis 5. Rippe eröffnet Bauchfell und Brusthöhle seitlich von der Mittellinie. Man spaltet das Zwerchfell radiär und kann so die Teile des unteren Ösophagus und des kardialen Magenabschnittes leicht auspräparieren, vorziehen, resezieren und durch eine künstliche Verbindung wieder vereinigen, indem der linksseitige Teil des Magens bis an den Ösophagusstumpf hochgezogen wird. Zum Schluß wird das Zwerchfell und die äußere Wunde vernäht. Das Vorgehen ist wohl vom Standpunkt des Technikers aus als eine unanfechtbare und klare Operationsweise anzuerkennen, doch ist bisher damit noch kein Erfolg erzielt worden.

2. Operation nach Sauerbruch. Von einem seitlichen im 7. Interkostalraum gelegenen Schnitte aus, werden die Pleurahöhle und dann das Zwerchfell eröffnet, der Magen vorgezogen, reseziert und der Ösophagusstumpf mit dem in die Pleura verlagerten Magenzipfel durch Knopfanastomose vereinigt. Bei kleinen Karzinomen der Cardia empfiehlt Sauerbruch, dieselben ringsum auszulösen, nach Art der portio uteri in den Magen einzustülpen und später von einer Gastrostomieöffnung aus abzutragen. Damit ließe sich ohne eigentliche Resektion die fatale Ösophagusnaht im Pleuraraum vermeiden.

Mehrzeitige Operation.

3. Zweizeitige Resektion nach Zaaijer. In einer ersten Operation wurde, um den Thorax einzudellen, die 6.—12. Rippe subperiostal entfernt. In einer zweiten Sitzung wurde das Cardiakarzinom mit dem Magen von einer linksseitigen Laparo-Thorakotomie aus vorgezogen, der Magen unter dem Tumor reseziert, vernäht und in die Bauchhöhle versenkt. Der Tumor selbst wurde am Ösophagusstiel nach außen vorgelagert und später abgetragen. Zwerchfell, Bauchhöhle und Brusthöhle wurden verschlossen. Die Ösophagusfistel mündete nach außen, die Ernährung erfolgte durch eine Magenfistel. Zaaijer hat die Gefahr einer intrathorakalen Ösophagusnaht, damit aber auch die Möglichkeit einer direkten Wiederherstellung der Kommunikation umgangen.

4. In dem Bestreben die Pleuraläsion zu vermeiden, empfiehlt Denk das Ösophagus- und Cardiakarzinom von der Bauchhöhle aus, von einem Schnitt parallel dem linken Rippenbogen anzugreifen. Man arbeite sich durch das Zwerchfall subpleural mit dem Finger oder einem besonderen Instrument, dem „Ösophagusstripper" empor und versuche anderseits von einer Schnittwunde am Halse aus. den Schlund freizupräparieren und stumpf auszulösen, bis die Finger von der Brusthöhle und vom Halse her einander hinter dem Ösophagus berühren. So könne das ganze Rohr mit dem Tumor mobilisiert werden. Der Ösophagus wird dann oberhalb der Cardia durchtrennt, die Magenöffnung verschlossen; das ganze obere Stück mit dem Tumor läßt sich durch die Wunde am Hals herausziehen. Pleuraeröffnung soll hierdurch vermieden werden. Eine neue Verbindung wird damit noch nicht hergestellt. Die Methode, den Ösophagus nach genügender stumpfer Mobilisierung vom Halse aus nach oben herauszuziehen, stützt sich auf die an Tierversuchen gewonnenen Kenntnisse von Lewy, auf die an Kranken erweiterten Erfahrungen von Ach und auf einen ersten nach dieser Methode erfolgreich operierten Fall von Torek.

5. Für höher gelegene Karzinome kommt in Betracht die transpleurale Ösophagusresektion nach Thoraxeröffnung. Schnitt im 7. Interkostalraum, dann parallel zur Wirbelsäule durch die 6.—4. Rippe verlängert nach oben. Man gewinnt eine gute Übersicht bis über die Bifurkationshöhe und kann den Ösophagus unter Kontrolle des Auges entfernen. Dieser Eingriff ist beim Hund einfach zu erledigen; beim kranken

Menschen sind zu berücksichtigen: a) die beiden Vagi, welche mit dem Tumor verwachsen sein können. Es empfiehlt sich dann, die Nervenstämme oberhalb zu durchtrennen. b) Die Umschlagfalte der rechten Pleurahöhle. Sie legt sich nahe an den Ösophagus an. Ihre Verletzung führt zu einem doppelten Pneumothorax, welcher während der Operation ja nicht verhängnisvoll wird, da wir unter Überdruck (Brauer-Meltzer) arbeiten; aber wenn es in den nächsten Tagen zu einem Erguß kommt, wird derselbe dann leicht in beide Pleurahöhlen ausbreiten, und falls eine sekundäre Drainage notwendig wird, entsteht nachträglich ein doppelter Pneumothorax. c) Auch bei begrenzten Ösophaguskarzinomen begegnen wir oft einer Mediastinitis posterior fibrosa, als Folge der entzündlichen Reizerscheinungen in der Umgebung eines Tumors. Ein Überwachsen der Geschwulst auf die Bifurkation oder auf die Aorta ist nicht außer acht zu lassen. Diese Mediastinitis posterior kann die Präparation der Geschwulst außerordentlich erschweren, und wenn hierbei das Lumen einreißt, folgt eine putride Infektion, welcher der Kranke sicher erliegt.

Nachdem ein Ösophaguskarzinom in Höhe der Bifurkation ohne besondere Komplikationen entfernt werden konnte, stehen wir vor der Aufgabe den oralen und aboralen Teil des Ösophagus zu versorgen. Der Verschluß beider Lumina durch zirkuläre Naht und Einstülpung ist technisch einfach. Es resultiert jedoch eine handbreite Dehiszenz der beiden Enden, welche durch eine der beim Darmtraktus üblichen Methoden der End zu End — oder Seit zu Seit — Anastomosen niemals vereinigt werden kann, da die Spannung zu groß ist.

Man hat nun versucht, die Defekte zu ersetzen:

1. Durch Hochziehen einer einfachen oder doppelten Dünndarmschlinge durch den Zwerchfellschlitz in den Pleuraraum. Eine Ösophagus Enteroanastomose ist leicht auszuführen. Man kann das Darmstück im Abdomen auch mit dem Magen in Verbindung bringen; aber die durch den Zwerchfellring durchgezogene Schlinge wird meistens gangränös.

2. Ist es möglich den Magen in seiner gebogenen Längsachse zu spalten und daraus zwei Rohre zu bilden, deren oberes, der kleinen Curvatur angehöriges, in situ verbleibt, während das andere, welches der großen Curvatur entspricht, unter dem Zwerchfell in die linke Brusthöhle gezogen und mit dem oberen Ösophagusstumpf vereinigt wird. Beim Tier läßt sich die Höhe des Arcus Aortae erreichen (Jjanu, Röpke). Es wurde sogar der ganze Magen am Duodenum abgetrennt, beidseits verschlossen, nach links hin bis zur Cardia gelöst und zur Anastomose mit dem Ösophagus in die Pleurahöhle heraufgezogen. An dem im Bauchraum zurückbleibenden Rest wird eine Gastroenterostomie angehängt.

Verf. hatte in zahlreichen mit Enderlen gemeinsam ausgeführten Tierversuchen Gelegenheit, diese verschiedenen Methoden zu studieren Abgesehen von den Gefahren des Pneumothorax, der Pleurainfektion und Inkarzeration in der Brusthöhle ergab sich bei sonst günstig verlaufenden Fällen solcher Eingeweideverlagerungen eine eigentümliche, von anderen Autoren anscheinend nicht beobachtete Erscheinung, daß nämlich dieser künstliche Ösophagusschlauch bei der Atembewegung Luft aus dem Mund ansog und dadurch außerordentlich gebläht wurde, so daß die linke Lunge eine starke Kompression erlitt. Bei der Exspiration wurde die Luft in den Magendarmtraktus weiterbefördert, so daß die Eingeweide sehr stark aufgetrieben erschienen.

Alle diese Komplikationen führten schließlich zu der Überzeugung, daß es besser ist, nach Exstirpation eines Ösophaguskarzinoms auf eine Wiedervereinigung der Lumina in irgendwelcher Form ganz zu verzichten. Den proximalen Ösophagusstumpf kann man wegen der Speichelsekretion allerdings nicht im Thorax zurücklassen, weil sein Lumen gesprengt würde. Man wird das untere Ende in den Magen einstülpen und das obere Ende, wie Lewy, Ach, Unger zu einer Halswunde herausziehen.

Der gegenwärtige Stand der Ösophaguschirurgie dürfte also folgendermaßen zu präzisieren sein. Ein tiefsitzendes Karzinom wird unter dem Diaphragma gelöst und abgetragen, der untere Stumpf in den Magen versenkt, der obere Ösophagusrest zum Hals herausgezogen. Bei Tumoren an der Bifurkation ist man genötigt, transpleural die Geschwulst freizulegen, zu resezieren und den Ösophagus zu entfernen. Gelingt es dem Kranken, diesen ersten

Eingriff zu überstehen, so kann dann später durch sekundäre Operationen eine Wiederherstellung der Passage in Angriff genommen werden.

Man würde dann den Ösophagusrest unter die Haut am Halse möglichst weit auf die Brust herabziehen und von unten her eine Leitung herstellen entweder dadurch, daß man einen Teil des Magens hierzu verwendet oder daß man nach Roux eine Dünndarmschlinge, vielleicht auch eine Colonschlinge unter der Brusthaut herauszieht. Diese läßt sich unten mit dem Magen verbinden, oben an den Ösophagusrest anschließen. Endlich kann auch aus der vorderen Brusthaut ein Kanal gebildet werden, welcher die Nahrung vom Schlund zum Magen gelangen läßt (Bircher). Die wichtigste Aufgabe ist die radikale Entfernung des Karzinoms. Damit muß man sich fürs erste begnügen und den künstlichen Ersatz des Ösophagus auf spätere Zeit verschieben.

Wir sehen, es fehlt nicht an zahlreichen Vorschlägen, diese zurzeit noch unbezwinglichen Karzinome an Schlund und Mageneingang operativ anzugreifen. Bisher sind erst zwei wirkliche Erfolge zu verzeichnen (Cardiakarzinom von Zaajier, Ösophaguskarzinom von Torek). Die Aussichten der Operation sind also noch recht ungünstig, doch dürfte kaum bezweifelt werden, daß bei Auswahl geeigneter widerstandsfähiger Patienten, deren Karzinom noch im Beginn steht, die Resultate dieser eingreifenden Operation sich günstiger gestalten werden als bisher. In Anbetracht des jammerwürdigen Zustandes, welchem die Kranken mit Ösophaguskarzinom entgegengehen, ist unter der Voraussetzung einer klaren ·Einsicht dem Wunsche zur Operation zu entsprechen, solange wir das Mittel noch nicht zur Hand haben, welches auf unblutigem Wege ein solches Geschwür zur Ausheilung bringen kann.

Literatur.

Ach, Beiträge zur Ösophagus-Chirurgie. München, I. F. Lehmann 1913. — Baer, Über extrapleurale Pneumolyse mit sofortiger Plombierung bei Lungentuberkulose. Münch. med. Wochenschr. 1913, S. 1587. — Bär, Beitrag zur Cavernenchirurgie. Berl. klin. Wochenschrift 1913, Nr. 3. — Bergeat, Über Thoraxresektion bei veralteten Empyemen. Bruns Beitr. zur. Chir. 1908, Bd. 57. — Bircher, Ein Beitrag zur plastischen Bildung des Ösophagus. Zentralbl. f. Chir. 1907, Nr. 51. — v. Bonin, Über chronische Zwerchfellhernien nach Schußverletzung. Beitr. z. klin. Chir. 1916, Bd. 103, S. 724. — Brauer, Die Herzbeutelverwachsung usw. Deutsche med. Wochenschr. 1909, S. 1863. Münch. med. Wochenschr. 1909, S. 2033. — Derselbe, Die Cardiolyse und ihre Indikation. Arch. f. klin. Chir. Bd. 71, 1903, S. 258. — Cloetta, Beiträge zur Physiologie der Lungenzirkulation. Arch. f. klin. Chir. 1912, Bd. 98, S. 835. — Curschmann, Zur Beurteilung und operativen Behandlung großer Herzbeutelergüsse. Ther. d. Gegenw. 1905, Nr. 48. — D'Agata, Experimentelle Beiträge zur Chirurgie des Pericards. Arch. f. klin. Chir. 1912, S. 460. — Danielsen, Die chronisch adhäsive Mediastinopericarditis. Bruns Beitr. 1906, Bd. 51, S. 13. — Delagénière, De la péricardiolyse ou de la thoracectomie prépéricardique. Bull. de l'acad. de méd. 1913, Bd. 69, S. 539. — Denk, Zur Radikaloperation des Ösophaguskarzinom. Zentralbl. f. Chir. 1913, S. 1065. — Enderlen, Ein Beitrag zur Chirurgie des hinteren Mediastinums. Deutsche Zeitschr. f. Chir. 1901, Bd. 61, S. 441. — Fabrikant, Über doppelseitiges Empyem. Ref. Zentralbl. f. Chir. 1909, S. 404. — Fink, Über plastischen Ersatz der Speiseröhre. Zentralbl. f. Chir. 1913, S. 545. — Finkh, Über spondylitische Abszesse des Mediastinum posticum. Bruns Beitr. 1908, Bd. 59, S. 65. — Frangenheim, Ösophagoplastik. Ergebn. deer Chir. u. Orthopädie 1912. — Friedrich, Die Chirurgie der Lungen. Arch. f. klin. Chir. 1907, Bd. 82, S. 3. — Derselbe, Die operative Brustwandmobilisierung usw. Med. Klinik 1909, Nr. 33. Internat. Chirurgenkongr. Brüssel 1911. — Derselbe, Statistisches zur Frage der Rippenresektion bei Lungenphthise. Münch. med. Wochenschr. 1911, Nr. 39. — Derselbe, Brustwandmobilisierung bei Lungentuberkulose. Arch. f. klin. Chir. Bd. 87, S. 588. — Garré und Quincke, Lungenchirurgie. 2. Aufl. Jena (Fischer) 1912. — Gerhardt, Über Pleuritis nach Brustschüssen. Münch. med. Wochenschr. 1915, S. 1693. — Hart, Thymuspersistenz und Thymushyperplasie. Sammelref. Zentralbl. f. d. Grenzgeb. 1909, S. 321. — Herzen, Eine Modifikation der Rouxschen Ösophagojejunogastrostomie. Zentralbl.

f. Chir. 1908, Nr. 22. — Hevrovsky, Kasuistik und Therapie der idiopathischen Dilatation der Speiseröhre. Arch. f. klin. Chir. 1913, Bd. 100, S. 703. — Hohmeier, Experimentelles zur Ösophaguschirurgie. Med. Klin. 1913, S. 874. — Hopf, Zur Operation der Divertikel des Ösophagus. Inaug.-Diss. Würzburg 1912. — Hotz, Die Ursachen des Thymustodes. Bruns Beitr. 1907, Bd. 55, S. 509. — Iselin, Pleuraempyembehandlung. Beitr. z. klin. Chir. 1916, Bd. 102, S. 587. — Jessen, Über Pneumolyse. Münch. med.·Wochenschr. 1913, S. 1591. — Jjanu, Gastrostomie und Ösophagusplastik. Deutsche Zeitschr. f. Chir. 1912, Bd. 118, S. 383. — Kausch, Die Freundsche Operation bei Lungenspitzentuberkulose. Arch.'f. klin. Chir. 1912, Bd. 98, S. 1093. — Klose, Klinik und Biologie der Thymusdrüse. Bruns Beitr. 1910, Bd. 69, S. 1. — Klose, Perikarditis nach Brustschüssen. Beitr. z. klin. Chir. 1916, Bd. 103, S. 556. — Külbs, Über Lungenabszesse und Bronchiektasen. Mitteil. a. d. Grenzgeb. 1913, Bd. 25, S. 549. — Landois, Primäre Lungennaht im Felde. Beitr. z. klin. Chir. 1916, Bd. 100, S. 111. — Lawrow, Die chirurgische Behandlung des Pleuraempyems. Bruns Beitr. z. Chir. 1913, Bd. 83, S. 67. Neue zusammenfassende Arbeit. — Lenhartz, Chirurgische Behandlung von Lungenkrankheiten. Handb. v. Penzold und Stintzing, 4. Aufl. Bd. 3, S. 672. — Lexer, Vollständiger Ersatz der Speiseröhre. Munch. med. Wochenschr. 1911. — Massini, Über die Therapie des akuten Empyems. Therapeut. Monatshefte 1915, Nr. 11. — Meyer, Willy, Ein Vorschlag bezüglich der Gastrostomie und Ösophagusplastik nach Jjanu-Roepke. Zentralbl. f. Chir. 1913, S. 267. — Derselbe, Der Ösophaguskrebs vom Standpunkt der thorakalen Chirurgie. Arch. f. klin. Chir. 1913, Bd. 100, S. 721. — Moritz, Brustschüsse. II. kriegschir. Tagung. Beitr. z. klin. Chir., Bd. 101, Heft 2, 1916. — Perthes, Erfahrungen bei der Behandlung des Pleuraempyems. Mitteil. a. d. Grenzgeb. 1901, Bd. 7, S. 581. — Rehn, Chirurgie des Herzbeutels. Beitr. z. klin. Chir. 1917, Bd. 106, S. 634. — Roux, L'oesophago-jejunogastrotomose, nouvelle operation usw. Semaine méd. 1907, S. 37. — Sauerbruch, Verhandlungen der deutschen Gesellschaft für Chirurgie 1914. — Sauerbruch und Bruns, Die künstliche Erzeugung von Lungenschrumpfung durch Unterbindung von Ästen der Pulmonalarterie. Mitteil. a. d. Grenzgeb. 1911, S. 343. — Sauerbruch und Schuhmacher, Technik der Thoraxchirurgie. Julius Springer, Berlin 1911. — Sauerbruch, Die Eröffnung des vorderen Mittelfellraumes. Bruns Beitr. z. klin. Chir. 1912, Bd. 77, S. 1. — Derselbe, Die Beeinflussung von Lungenerkrankung durch Phrenicotomie. Münch. med. Wochenschr. 1913, Nr. 40, S. 1913. — Sauerbruch und Elving, Die extrapleurale Thorakoplastik. Ergebn. d. inn. Med. u. Kinderheilk. 1913, Bd. 10, S. 869. — Schede, Die Behandlung der Empyeme. Verh. d. Kongr. f. inn. Med. 1900. — Schepelmann, Herzklappenchirurgie. Deutsche Zeitschr. f. Chir. 1913, Bd. 120, S. 562. — Derselbe, Tierexperimente zur Lungenchirurgie. Arch. f. klin. Chir. 1913, Bd. 100. S. 985. — Schultze, Anomalien des ersten Rippenringes. Beitr. z. Klin. d. Tuberk. 1913, Bd. 26, S. 205. — Spengler, Über Lungenkollapstherapie. Korresp.-Bl. f. Schweizer Ärzte 1913, S. 1025. — Torek, Bericht über die erste erfolgreiche Resektion des Brustteiles der Speiseröhre wegen Karzinom. Deutsche Zeitschr. f. Chir. 1913, Bd. 12, S. 305. — Tuffier, Immobilisation et compression des deux sommets du poumon etc. Bull. et mém. de la sec. de Chir. 1913, S. 1180. — Vaillet, De l'oesophagoplastie et de ses diverses modifications. Semaine méd. 1911, Nr. 45. — Venus, Die chirurgische Behandlung der Pericarditis und der Mediastinopericarditis. Sammelref. Zentralbl. f. d. Grenzgeb. 1908, S. 401. — Wendel, Verh. d. deutsch. Ges. f. Chir. 1908. — Derselbe, Zur Chirurgie der Speiseröhre. Verh. d. deutsch. Gesellsch. f. Chir. 1910. — Wilms, Eine neue Methode zur Verengung des Thorax bei Lungentuberkulose. Münch. med. Wochenschr. 1911, Nr. 15. — Derselbe, Die Pfeilerresektion zur Verengung des Thorax bei Lungentuberkulose. Therapie d. Gegenw. Januar 1913. Derselbe, Münch. med. Wochenschr. 1911, Nr. 15. — Derselbe, Welche Formen der thorakoplastischen Pfeilerresektion sind zu empfehlen? Münch. med. Wochenschr. 1913. Nr. 9. — Zaaijer, Oesophagotomia thoracalis. Bruns Beitr. 1912, Bd. 77, S. 497. — Derselbe, Erfolgreiche transpleurale Resektion eines Cardiakarzinoms. Bruns Beitr. 1913, Bd. 83, S. 419.

B. Chirurgische Eingriffe bei Erkrankungen der Abdominalorgane.

Von

W. Kotzenberg-Hamburg.

I. Krankheiten des Magens und des Duodenum.

1. Ulcus ventriculi.

Auf die Ätiologie und pathologische Anatomie des Ulcus ventriculi hier näher einzugehen erübrigt sich, da diese Kapitel in Band III dieses Handbuches zur Genüge bearbeitet sind. „Denn das Ulcus ventriculi fällt zunächst der inneren Behandlung anheim, da viele Kranke auf diesem Wege in einfacher Weise geheilt oder gebessert werden." Ein von Krönlein auf dem Chirurgenkongreß 1906 aufgestellter Fundamentalsatz, der auch heute noch seine volle Gültigkeit hat. Wann aber ist die Grenze gegeben, bei der die interne Weiterbehandlung ihre Berechtigung verliert und der chirurgische Eingriff indiziert ist? Diese Frage ist auch heute noch nach beiden Richtungen hin viel diskutiert, ohne daß noch eine volle Einigung erzielt ist.

Die Indikationsstellung zum chirurgischen Eingreifen hängt weniger ab von der anatomischen Art des Ulcus, ob simplex oder callosum, sondern sie dreht sich um die Entscheidung, wann der Zeitpunkt zum Eingreifen bei Blutungen, wann bei chronischen Ulcuserscheinungen ohne wesentliche Blutungen und deren Folgeerscheinungen gegeben ist. Was zunächst die **chronischen Ulcus- und Ulcusnarbenbeschwerden** angeht, so ist selbstverständlich zunächst eine konsequent durchgeführte und mehrfach wiederholte interne Ulcustherapie am Platze. Erst wenn eine solche — mehrfach wiederholt — keinen oder nur einen geringen Erfolg ergibt, kommt der operative Eingriff zu seinem Recht. Denn die Ulcera, auch wenn sie zum Teil vernarbt sind, verursachen dem Kranken durch Druck und Zug ihrer Narben derartige Schmerzen, erzeugen Dyspepsie, Erbrechen etc., daß die Arbeitsfähigkeit, Lebensmut und Lebensfreude dadurch stark beeinträchtigt werden. Damit ist schon darauf hingewiesen, daß in dieser Beziehung die sozialen Verhältnisse des Kranken eine große Rolle spielen. Denn ein Kranker, der in einem arbeitsamen Berufe steht, wird aus dem zwingenden „Muß" heraus eher schon selbst nach dem operativen Eingriff verlangen, wie ein anderer, der es sich leisten kann, viele Wochen im Jahre seiner Gesundheit durch Kuren zum Opfer zu bringen.

Eine weitere zwingende Indikation zum chirurgischen Vorgehen bilden diejenigen Geschwüre, die durch ihren Sitz am Pylorus zur Stenosierung führen, einerlei, ob die Stenose geringeren oder höheren Grades ist. Dasselbe gilt von erheblicher funktioneller motorischer Insuffizienz, wie sie sich in der Erweiterung des Magens (Gastrektasie und Gastroptose) ausdrückt. Hier muß allerdings die chirurgische Indikation auf die Fälle beschränkt werden — namentlich bei Gastroptose —, bei welchen die längere Zeit fortgesetzte interne Therapie nicht imstande ist, eine wesentliche Besserung zu erzielen. Für die Diagnose dieser Zustände hat die in der neuesten Zeit außerordentlich ausgebaute Röntgenuntersuchung des Magens mit Hilfe von sog. Kontrastmahlzeiten eine besondere Bedeutung gewonnen. Des näheren auf die Technik einzugehen, ist hier nicht der Ort. Die Röntgenuntersuchung gibt uns aber am besten Aufschluß über den Sitz des Geschwürs, über vorhandene Verengerungen, Magenerweiterungen und Senkungen und endlich auch über die Motilität und mechanische Arbeitskraft des Magens und ist somit ein integrierender Bestandteil jeder Magenuntersuchung geworden.

Die Operation der Wahl bei allen Arten von Magengeschwüren ist die Gastroenteroanastomose. Denn sie allein ist imstande, günstige Verhältnisse für die Vernarbung des Geschwürs zu schaffen. Durch die Gastroenterostomie werden die Säureverhältnisse des Magens, die bei dem Entstehen des Ulcus zweifellos eine große Rolle spielen, reguliert, und die Stauung des Mageninhaltes und seine Zersetzung verhindert. Eine relative Enge des Pylorus wird wohl bei allen Magengeschwüren zu konstatieren sein, und schon aus diesem Grunde ist die Schaffung eines besseren Abflußweges indiziert. Dadurch wird aber zugleich verhindert, daß der Speisebrei und der saure Mageninhalt ständig das Geschwür bespült und seine zersetzende Wirkung auf dasselbe ausübt. Aus diesem Grunde ist auch die Gastroenterostomie die gegebene Operation bei Ulcusblutungen, da dann der Reiz zu neuer Blutung infolge Ableitung des Speisebreies fortfällt. Ebenso wirksam hat sie sich beim kallösen Ulcus erwiesen. Daß sie bei den Komplikationen des Ulcus, also speziell bei den Pylorusstenosen und den durch die Ulzerationen entstandenen starken Verwachsungen der Magenwand mit den Nachbarorganen die einzig mögliche Operation darstellt, braucht kaum erwähnt zu werden.

Die Exzision des Ulcus ist vollkommen verlassen, da sie einmal der Disposition zur Ulkusbildung — Hyperazidität — nicht Rechnung trägt, besonders aber deshalb, weil die Geschwüre oft multipel auftreten und die Auffindung der kleinen runden Geschwüre bei der Laparatomie selbst mitunter sehr schwierig oder unmöglich ist. Bei großen kallösen oder mit der Umgebung stark verwachsenen Geschwüren ist aber die Exzision aus rein technischen Gründen gänzlich ausgeschlossen. Höchstens kann sie einmal unter günstigen Verhältnissen bei schwerer Blutung oder Perforation eines Ulcus rotundum in Frage kommen, sollte dann aber stets, wenn irgend der Zustand des Kranken es erlaubt, mit der Gastroenterostomie kombiniert werden.

Die Resektion des Pylorus bei hochgradiger Stenose kann dann indiziert sein, wenn das kallöse Geschwür auf Karzinom verdächtig ist. Die Entscheidung ist allerdings häufig außerordentlich schwer. Denn es gibt reine Ulcusfälle, die derartige derbe und harte Tumoren bilden, daß bei makroskopischer Betrachtung die Diagnose „Karzinom" sicher zu sein scheint. Dahin gehören die Fälle von durch Anlegen einer Gastroenterostomie, „geheiltem" Magenkarzinom wie sie zeitweise in der Literatur auftauchen. Vielleicht gibt es ein gewisses Kriterium für das Auftreten von Karzinom im Magengeschwür, wenn eine der bewährten Ulcuskuren schlecht anschlägt, oder gar zu weiterer Abmagerung führt, wenn vielleicht auch Lenhartz zu weit ging, wenn er diese Erscheinung als Frühzeichen von Karzinom gedeutet wissen wollte. Tatsächlich aber haben wir einige Fälle seiner Abteilung operiert, in denen ihm die Frühdiagnose auf Grund der Reaktion der betreffenden Patienten auf seine Ulcuskur gelungen war.

Die Pyloroplastik, welche zuerst von Mikulicz angewandt worden ist, besteht darin, daß man den Pylorus in der Längsrichtung einschneidet und, während man die Ränder so stark wie möglich auseinanderzieht, so daß sich der Längsspalt in einen Querspalt verwandelt, diesen dann sorgfältig wieder zunäht. Die meisten Chirurgen haben diese ansprechende und relativ kleine Operation jedoch aus dem Grunde verlassen, weil Rezidive sehr häufig sein sollen, und es wird deshalb von den meisten Autoren die Gastroenterostomie vorgezogen. Ein Teil der Mißerfolge ist wohl dem Umstande zuzuschreiben, daß der Längsschnitt meist zu klein angelegt wird, wodurch dann natürlich infolge der unausbleiblichen Narbenschrumpfung wieder eine Verengerung eintritt.

Für die Gastroenteroanastomie wird heute von den meisten Autoren die retrocolica bevorzugt, welche auch nach unserer Erfahrung am meisten geeignet scheint, dem sog. Circulus vitiosus, d. h. dem Eintreten des Dünndarminhaltes in den Magen vorzubeugen. Die Gastroenteroanastomia retrocolica wird entweder so ausgeführt, daß man das mit dem Magen zu verbindende Dünndarmstück entweder mit der vorderen oder der hinteren Magenwand (anterior oder posterior) vereinigt. Man schlägt das Querkolon nach aufwärts, geht unter Schonung der Gefäße stumpf durch das Mesokolon hindurch und zieht durch diesen so entstandenen Schlitz die Magenwand hindurch und vereinigt dieselbe breit mit der allerobersten Jejunumschlinge. Der zuführende Schenkel muß möglichst kurz genommen werden, doch so, daß er nicht allzu straff gespannt ist. Die Vereinigung des Darm- und Magenlumens wird so vorgenommen, daß man beide Teile mit weichen Federklammern abklemmt und zunächst in einer Ausdehnung von wenigstens 5 cm Serosa an Serosa mit fortlaufenden Seidenähten festnäht. Dann wird etwa 2 mm von dieser Nahtlinie entfernt die Serosa in der Längsrichtung eingeschnitten und eine zweite fortlaufende Seidenaht angelegt, die Serosa und Muskularis des Magens und Darms miteinander vereinigt, event. kann auch die Mucosa mitgefaßt werden. Nun wird mit Schere und Pinzette die Mucosa an Magen und Darm eröffnet und das jetzt offene Lumen sowohl des Magens wie des Darmes durch Vollendung der zweiten (Muskularis-Mucosa-Serosa) Naht durch alle Schichten schnell vollendet. Ist auf diese Weise das Lumen des nun neu angelegten Ganges geschlossen, so wird auch auf der Vorderseite die Naht der Serosa vollendet, und zwar so, daß möglichst breite Serosaflächen aneinander zu liegen kommen. Will man recht vorsichtig vorgehen, so empfiehlt es sich der Blutung wegen, die Schleimhaut in ihrer ganzen Zirkumferenz mittelst einer besonderen fortlaufenden Seidenaht zu vernähen. Den Schlitz im Mesokolon kan man an den Rändern zur Blutstillung mit Catgutnähten umsäumen, was jedoch in den meisten Fällen nicht erforderlich ist, da bei stumpfem Vorgehen eine erheblichere Blutung nicht eintritt.

Die Gastroenterostomia retrocolica läßt sich auch an der vorderen Magenwand anlegen, jedoch sind, wie es scheint, die Resultate bezüglich des Circulus vitiosus nicht so gute. Da, wo aus äußeren Gründen die Retrocolica posterior nicht möglich ist, dürfte es sich empfehlen, die Antecolica anterior vorzunehmen. Man sucht zu diesem Zwecke wiederum die oberste Jejunumschlinge auf, die ja deshalb unschwer zu erkennen ist, weil das Jejunum auf der Flexura duodenojejunalis an der hinteren Bauchwand fixiert ist. Es wird nun eine kleine Schlinge des Jejunums, welche mindestens 30 cm von der Flexur entfernt sein muß, vorgezogen und vor dem Kolon hinweg in der oben näher beschriebenen Weise mit der vorderen, event. auch hinteren Magenwand vereinigt. Da jedoch bei dieser Art der Vereinigung leichter der Circulus vitiosus eintreten kann, empfiehlt es sich, bei dieser Operationsmethode stets noch eine Enteroenteroanastomose, d. h. eine Verbindung des aufsteigenden mit dem absteigenden Schenkel der Jejunumschlinge anzulegen.

Es sind das die Hauptmethoden der Vereinigung von Magen und Darm, die naturgemäß viele Modifikationen erfahren haben, welche darauf abzielen, den Rücktritt des Darminhalts in den Magen zu verhindern, auf die aber näher einzugehen hier nicht der Ort ist. Im allgemeinen hat die Erfahrung gelehrt, daß die Retrocolica die besten Resultate ergibt allein auch sie hat einen Nachteil, der darin besteht, daß, abgesehen von den Fällen, wo sie technisch nicht möglich ist, es äußerst schwer ist, Abhilfe zu schaffen, wenn doch einmal ein Circulus vitiosus eintreten sollte, da ja der kurz aufsteigende Schenkel zu einer neuen Enteroenteroanastomose keinen Platz bietet.

Die Vereinigung des Magens und Darms geschieht am besten in der oben angegebenen Weise mittelst freier Handnaht, welche bei einiger Übung sicher und rasch ausgeführt werden kann. Es sind bekanntlich behufs Abkürzung der Operation eine große Anzahl von Anastomosenknöpfen angegeben worden, deren Anwendung ja allerdings die Operation etwas verkürzt, die aber auf der anderen Seite große Nachteile haben und deshalb von der Mehrzahl der Chirurgen heute nur noch in ganz dringenden Fällen, in denen es auf die Ersparnis von Minuten ankommt, angewandt werden. Die Knöpfe haben einmal den Nachteil, daß sie leicht in den Magen zurückfallen und dann, daß die Öffnung in der Regel nicht weit genug ist, so daß durch die Narbenschrumpfung sehr bald wieder eine Verengerung eintreten kann. Ein sehr sinnreich konstruierter Knopf ist von Boyle angegeben worden, der dadurch das Auftreten des Circulus zu verhindern sucht, daß das Lumen des Knopfes in zwei Schenkel angeordnet ist, welche rechtwinkelig zueinander stehen, so daß der Inhalt des Magens nur nach dem abführenden Dünndarmschenkel austreten kann und umgekehrt der Inhalt des zuführenden Darmschenkels nicht in den Magen gelangen kann. Aber auch dieser Knopf hat den Nachteil, daß er leicht in den Magen zurückfällt.

Der Eingriff bei blutendem Ulcus. Die Frage, ob bei einer schweren Blutung eines Magengeschwürs ein chirurgisches Vorgehen indiziert ist, muß dahin beantwortet werden, daß man unter allen Umständen zunächst eine der bekannten Ulcuskuren einzuleiten hat. Denn die Blutungen aus Magengeschwüren erscheinen in der Regel viel schwerer als sie in Wirklichkeit sind, und es würde direkt falsch sein, wenn man einen Kranken wegen einer einmaligen schweren Magenblutung, welche erfahrungsgemäß auch durch interne Mittel zum Stehen zu bringen ist, den großen Gefahren einer Magenoperation aussetzen wollte, die ja in diesem Zustand um so größer eingeschätzt werden müssen, als der Körper durch den Blutverlust und das Leiden an sich schwer geschädigt ist. Es können also für den chirurgischen Eingriff nur solche Fälle von Magenblutungen in Betracht kommen, welche trotz einer energisch durchgeführten Ulcuskur nicht zum Stehen kommen, sondern sich ein zweites oder drittes Mal wiederholen. Allerdings befinden sich derartige Fälle dann meistens in einem Zustand, der für den chirurgischen Eingriff wenig ermutigend ist. Trotzdem ist man als Chirurg nicht berechtigt, solche gewissermaßen verlorene Fälle abzuweisen, da durch einen raschen und zweckmäßigen Eingriff ein Teil derselben wenigstens am Leben erhalten werden kann. Der Zustand eines derartig heruntergekommenen Magenkranken gestattet uns jedoch nicht, eine größere Operation zu riskieren, sondern hier zeigt sich der Meister in der Beschränkung. Der Zweck des Eingriffes muß auch, wie bei den oben beschriebenen Ulcusoperationen der sein, die Schädlichkeit des stagnierenden Mageninhaltes nach Möglichkeit auszuschalten, doch dürfen wir den Kranken, die sich in einem solch trostlosen Zustand befinden, unter keinen Umständen eine größere Operation zumuten, wenn anders wir den Erfolg nicht in Frage stellen wollen. Die Ausschaltung des Magens erreichen wir am schnellsten durch Anlegung einer Jejunumfistel und verzichten dann auf die direkte Inangriffnahme des blutenden Ulcus. Denn einmal wird durch die Ausschaltung der Magenfunktion, durch die Fernhaltung jedes mechanischen Reizes vom Geschwürsgrund die Blutung zum Stehen gebracht, vor allem aber wird dadurch die Operation wesentlich abgekürzt, denn die Aufsuchung eines kleinen blutenden Ulcus bietet sehr häufig ganz außerordentliche Schwierigkeiten. Ferner möchten wir betonen, daß, selbst wenn es gelingt, das blutende Geschwür aufzufinden, häufig der Sitz für die Exzision recht ungeeignet ist, und da außerdem, wie schon früher gesagt, unseres Erachtens durchaus nötig ist, mit der Exzision des Ulcus die Gastroenteroanastomie zu verbinden, da nach dem oben Gesagten in der Enge des Pylorus mit die Grundursache der Geschwürsbildung zu suchen ist.

Die Jejunostomie wird angelegt analog der von Witzel zuerst angegebenen Magenfistel. Man zieht sich die oberste Jejunumschlinge vor und bildet durch Einstülpen des Darmrohrs eine Längsfalte und legt in diese einen etwa bleistiftdicken Gummischlauch ein; über diesem Schlauch wird die Serosa durch fortlaufende Seitennähte vernäht und das untere Ende des Magenrohrs, welches etwa 3—5 cm in diesem so gebildeten Kanal liegt, durch eine kleine Öffnung in den Darm eingeführt und die Öffnung selbst wird übernäht. Die Darmschlinge wird mit einigen Nähten an der Bauchwand fixiert. Es entsteht auf diese Weise eine Fistel, die einen Klappenverschluß bildet, der den Austritt des Darminhalts aus der Fistel verhindert. Die Ernährung des stark heruntergekommenen Kranken kann sofort nach der Operation in ausgiebigster Weise erfolgen, indem man durch den Schlauch möglichst konzentrierte flüssige Nahrung $1/2$stündig in kleinen Portionen einlaufen läßt.

In solchen Fällen, in denen der operative Eingriff wegen Blutungen vorgenommen wird, die anhaltend in geringem Grade auftreten und der internen Therapie absolut Widerstand entgegensetzen, kann man versuchen, **das Geschwür selbst aus der Magenwand zu entfernen.** Die Schwierigkeiten der Exzision eines solchen Ulcus liegen in verschiedenen Richtungen, einmal ist es der Sitz dieser Geschwüre, der häufig für die Exzision recht ungünstig gelegen ist, da ja diese Blutungen meistens bei denjenigen Geschwüren auftreten, welche in der Nähe größerer Gefäße liegen, häufig also an den Kurvaturen, oder auch angelagert am Pankreas. Weiterhin sind die Geschwüre entweder sehr klein und deshalb von außen oft nur sehr schwer oder gar nicht aufzufinden, oder sie indurieren in größerer Ausdehnung die Magenwand und bieten deshalb der einfachen Exzision große Schwierigkeit. Ein großer Teil der Geschwüre sitzt allerdings in der Nähe des Pylorus und man kann daher in solchen Fällen die Resektion des Pylorusteils vornehmen (Technik s. S. 48). Es ist das jedoch eine so eingreifende Operation, daß dieselbe bei dem blutenden Ulcus weniger in Betracht kommt als bei den Ulcera, die durch Narbenstenose eine Verengerung des Pylorus verursacht haben (s. unten). In neuerer Zeit wird namentlich von Payr die zirkuläre Resektion des Magens empfohlen, die an der Stelle des kallösen Ulcus vorgenommen wird. Die Resultate dieser Operation sind im allgemeinen befriedigend, doch handelt es sich um einen schweren Eingriff, der immerhin noch einen einigermaßen guten Kräftezustand des betreffenden Kranken zur Voraussetzung hat.

2. Ulcus duodeni.

Die **Ätiologie** des in den letzten Jahren infolge der Veröffentlichungen amerikanischer Chirurgen, besonders Moynihans und der Gebrüder Mayo in den Vordergrund des chirurgischen Interesses gerückten Duodenalgeschwürs ist ziemlich unbekannt. Wenigstens soweit das chronische Ulcus in Betracht kommt. Das akute Ulcus duodeni entsteht infolge verschiedener septischer oder toxischer Prozesse und ist für die Chirurgie deshalb nicht von praktischer Bedeutung, da der Tod des Patienten in der Regel an profuser Blutung, Perforation oder am häufigsten an der Grundkrankheit eintritt. Die Ursache des chronischen Ulcus beruht scheinbar in geringer Resistenz des Duodenums gegenüber der verdauenden Wirkung des Magensaftes. Wodurch diese verminderte Resistenz im Einzelfall veranlaßt wird, ist bisher meist unklar gewesen.

Die **Symptome** des Ulcus duodeni sind durch die Beachtung, welche die Erkrankung in jüngster Zeit gefunden hat, ziemlich genau zu präzisieren. Eine Anzahl von Fällen gibt es allerdings, die, gänzlich symptomlos verlaufend, plötzlich infolge schwerer Blutung oder Perforation erst auf dem Operationstisch erkannt werden. Das Hauptsymptom des Duodenalulcus besteht zweifellos in einem intensiven Schmerzgefühl in der Magengegend, welches nicht, wie beim Magengeschwür, direkt nach dem Essen, sondern 2—4 Stunden oder auch noch etwas länger nach dem Essen auftritt, und welches häufig durch Nahrungszufuhr kupiert werden kann (Moynihans Hungerschmerz). Der objektiv nachweisbare Druckschmerz rechts neben der Mittellinie ist häufig, aber nicht immer vorhanden. Am sichersten läßt sich Druckschmerz lokalisiert während der Schmerzanfälle auslösen. Auch Blut im Stuhl wird meist, wenn auch natürlich nicht immer, zu konstatieren sein.

Die **Diagnose** ergibt sich einmal aus dem angeführten Symptomenkomplex und gründet sich besonders auf den Hungerschmerz. Sie wird weiterhin gesichert durch das Röntgenbild nach voraufgegangener Kontrastmahlzeit. Zur besseren Füllung des Duodenums wird auch ein dünner (3 mm) Magenschlauch verwandt, mit Metallolive, der langsam verschluckt wird. Die

Durchleuchtung läßt den Eintritt der Olive in das Duodenum erkennen. Nun wird Wismutgummilösung in den Schlauch eingespritzt und auf diese Weise das Duodenum gut gefüllt. Die Röntgendiagnose des Ulcus duodeni beruht in ausgesprochenen Fällen auf einem restierenden Wismutschatten (Fleck) und erhöhter Motilität des Magens. Häufig läßt sich eine starke Verziehung des Magens nach rechts nachweisen, auch soll eine spastische Einziehung der großen Kurvatur des Magens für Ulcus duodeni typisch sein. Die Deutung der radiologischen Untersuchungsbefunde ist jedoch ziemlich schwierig und erfordert beträchtliche röntgenologische Erfahrung.

Daß die **Prognose** des Duodenalgeschwürs eine ernste ist, wird von fast allen Autoren bestätigt. Namentlich ist es die überaus große Gefahr der Perforation, die beim Duodenalulcus weit häufiger ist als beim Magengeschwür. Nach den neueren Statistiken berechnet sich die Häufigkeit der Ulcusperforation auf 50%. Dazu kommt, daß diese Geschwüre recht häufig zu schwersten tödlichen Blutungen führen. Heilt das Geschwür aus, so kann — wie es scheint in einem ziemlich hohen Prozentsatz der Fälle — Narbenstenose des Duodenums eintreten, und falls das Geschwür in der Nähe der Papille sitzt (was allerdings selten ist), kommt es zur Verlegung des Choledochus mit seinen Folgeerscheinungen oder durch Verlegung des Pankreasganges zur Atrophie der Drüse. Die Bildung maligner Tumoren auf der Basis eines Duodenalgeschwürs ist bisher, im Gegensatz zu den Verhältnissen beim Magengeschwür, nur selten beobachtet worden. Diese Gefahr scheint also nicht allzu drohend.

Die **Indikation** zum chirurgischen Eingriff beim Duodenalulcus ist vielleicht deshalb zurzeit einfacher zu begrenzen, weil größere Statistiken von interner Seite nicht allzu zahlreich vorliegen. Bei der Beurteilung der Frage scheint uns vor allem die Berücksichtigung zweier Momente von Wert. Einmal ist es sicher erschwert, durch Diät oder Medikamente einen Einfluß auf das Duodenalgeschwür auszuüben, da ja das Genossene mit der Duodenalwand nur kurze Zeit in Berührung kommt und daher nicht, wie bei der längeren Berührung mit der Magenwand, eine Wirkung ausüben kann. Dann aber ist die Wirkung interner Therapie deshalb besonders schwer zu beurteilen, weil das Ulcus duodeni die Eigentümlichkeit hat, von Zeit zu Zeit latent zu bleiben, so daß der Eintritt einer Latenzperiode, die vielleicht ganz unabhängig von der angewandten Therapie ist, sehr verzeihlich dieser zugute gehalten werden kann. Jedenfalls aber glauben wir, daß nach dem heutigen Stande unserer Erfahrungen über das Ulcus duodeni es nicht berechtigt ist, allzu lang mit interner Behandlung zu experimentieren. Wenn eine der bewährten Kuren nicht anschlägt oder sehr bald danach Rezidiv eintritt, so sollte in Anbetracht der Perforationsgefahr nicht länger mit dem operativen Vorgehen gezögert werden. Daß bei eintretender Perforation oder schwerer Blutung sofort chirurgisch vorgegangen werden muß, bedarf nach dem oben Gesagten wohl kaum der Erwähnung. Denn nicht nur liegen die anatomischen Verhältnisse bezüglich der therapeutischen Einwirkungsmöglichkeit von Medikamenten anders als bei Magengeschwür, sondern besonders sind die Blutungen deshalb gefährlicher, weil die Arrosion von durchschnittlich größeren Gefäßen in Frage steht, als es meist bei blutenden Magengeschwüren der Fall ist.

Die **Operation** des Duodenalulcus hat als Ziel die Ausschaltung des Duodenums. Ein direktes Angreifen des Geschwürs, sei es durch Resektion des Duodenums oder Exzision des Geschwürs, hat deshalb keine Berechtigung, weil die Geschwüre in der Regel multipel sind und nur durch totale Ausschaltung des Duodenums die Disposition dieses Darmabschnittes zur Geschwürsbildung erreicht werden kann. Die Ausschaltung des Duodenums wird am besten erreicht durch Gastroenterostomie und gleichzeitiger Verengerung des Pylorus. Denn bei nicht vorhandener Pylorusstenose funktioniert die Gastroenterostomie meist schlecht oder unvollkommen. Die radikalste Methode, den Pylorus undurchgängig zu machen, ist die Durchschneidung desselben (nach v. Eiselsberg). Weniger eingreifend ist es, nach dem Vorgang von Wilms, Mayo und Moynihan, das Duodenalgeschwür zu falten und zu übernähen. Der Geschwürsgrund ragt dann als Leiste in das Darmlumen hinein und wird durch Nekrose zerstört. Gleichzeitig entsteht dabei eine Verengerung des Pylorus, die der Gastroenterostomie die Wirksamkeit verleiht. Diese Faltung muß natürlich am Pylorus selbst vorgenommen werden, auch wenn das Geweiter entfernt vom Pylorus gelegen ist.

Auch eine Reihe anderer Methoden sind zur Verengerung des Pylorus angegeben worden. So näht Kelling den mehrfach gefalteten Pylorus an das Duodenum und erzielt dadurch eine Abknickung des verengerten Pylorus, andere bevorzugen eine Tabaksbeutelnaht um den Pylorus. Ferner ist vorgeschlagen, mittelst eines exzidierten Faszienstreifens den Pylorus zu umschnüren und zuzubinden (Bier) oder in ähnlicher Weise das Lig. teres hepatis zu verwenden. Welche dieser Methoden man verwenden will, ist mehr oder weniger Geschmacksache, uns scheint die Wilmssche Methode am empfehlenswertesten, vorausgesetzt, daß das Ulcus nahe am Pylorus sitzt, weil sie zugleich mit der Verengerung des Pylorus das Ulcus selbst zerstört, ohne daß dabei das Lumen des Darms eröffnet wird.

Wird die Operation wegen Perforation ausgeführt, so dürfte bei dem schlechten Zustand der Kranken erst recht eine Resektion ein viel zu eingreifendes Verfahren sein. Es genügt auch hier vollkommen, das Geschwür zu falten und durch doppelte Nahtreihe zu übernähen unter gleichzeitiger Anlegung einer Gastroenterostomie. Im übrigen muß natürlich die eingetretene Peritonitis in der S. 76 beschriebenen Weise bekämpft werden. Das Drainagerohr wird dabei am besten durch eine oberhalb der Symphyse angebrachte gesonderte Wunde in das kleine Becken vorgeschoben.

Die **Dauerresultate** der chirurgischen Behandlung des Duodenalulcus sind sehr gute. Die Heilungen schwanken zwischen 80 und 90% bei 1—7 Jahre Beobachtungszeit. Die Mortalität beträgt 2—3%.

3. Komplikationen des Ulcus ventriculi (duodeni).

Perforation des Ulcus. Kommt es zur Perforation eines Magengeschwürs, so wird unser Handeln im wesentlichen davon abhängig zu machen sein, ob es sich um eine plötzliche Perforation oder um eine solche handelt, die unter Bildung von perigastrischen Verwachsungen sich langsam vorbereitet hat.

Die erstere Form der Perforation kommt besonders bei den kleinen akuten Magengeschwüren vor. Die Kranken brechen dann unter plötzlichen heftigen Schmerzen im Epigastrium zusammen und bieten die Erscheinungen einer intraabdominellen Perforation. In diesen Fällen unterliegt es wohl keinem Zweifel, daß nur der chirurgische Eingriff noch eine Rettung bringt, und dieser auch nur dann, wenn er ohne jeden Zeitverlust ausgeführt wird. Wollte man in solchen Fällen abwarten, so würde jede Stunde der Verzögerung die Prognose auch des chirurgischen Eingriffs schwer trüben. Bei der heutigen fortgeschrittenen chirurgischen Technik ist ja auch die Gefahr einer Probelaparotomie so gering, daß sie in diesem Falle kaum in Betracht kommt. Gewiß ist auch die Probelaparotomie ein ernsterer Eingriff, dessen Gefahr aber doch wohl im wesentlichen in der notwendigen Narkose zu suchen ist, da der kleine Einschnitt, den man zur Feststellung eines Durchbruches von Gasen oder Mageninhalt in die freie Bauchhöhle bedarf, und der eventuell auch unter Lokalanästhesie ausgeführt werden kann, kaum als ein gefährlicher Eingriff zu bezeichnen ist. Demgegeüber ist die Gefahr, die wir laufen, wenn wir aus der

Befürchtung heraus, daß die Diagnose der Perforation noch nicht genügend geklärt uns erscheint, noch länger abwarten, durch den Zeitverlust eine derartig große, daß das kleine Risiko der Probelaparotomie demgegenüber überhaupt nicht ins Gewicht fallen kann. Die Perforationsstelle, speziell dieser kleinen akuten Ulcera, sitzt fast immer an der Vorderwand des Magens in der Nähe der kleinen Kurvatur und ist deshalb meist nicht allzu schwer aufzufinden. Zur Vernähung dieser Perforationsstellen zieht man sich den Magen in die Wunde vor, stopft die übrige Bauchhöhle gut mit Kompressen ab und exzidiert die ulzerierte Stelle und schließt die Wunde durch mehrfache Naht. Bei den kleinen akuten Ulcera gelingt dies in der Regel, da die Umgebung des Geschwürsgrundes nur in geringem Umfange infiltriert ist. Handelt es sich um kallöse Geschwüre, die ja auch gelegentlich akut perforieren können, so ist die Versorgung einer derartigen Perforation erheblich schwieriger, da die Exzision des Ulcus unmöglich ist. Gelingt eine exakte und sichere Naht nicht, so sucht man die Nahtstelle durch Aufnähen von Netz- oder anderen Nachbarorganen zu sichern, oder endlich, wenn auch das nicht gelingt, so wird die Perforationsstelle tamponiert und eine Jejunostomie angelegt. Es gilt natürlich in diesen Fällen von Magenoperationen, abgesehen von der exakten Versorgung der perforierten Magenwand, den durch das Loch ausgetretenen Mageninhalt möglichst ausgiebig zu entfernen. Das zu diesem Zwecke einzuschlagende Verfahren ist dasselbe wie bei der Operation der eitrigen Peritonitis und ist weiter unten (s. S. 76) näher beschrieben.

Einen anderen Indikationsstellung bedarf die Behandlung der nicht plötzlich, sondern langsam unter den Erscheinungen einer lokalen Peritonitis verlaufenden Geschwürsperforation. In diesen Fällen chronischer perforierender Ulcera bilden sich um den Geschwürsgrund herum meist starke Verwachsungen mit den Nachbarorganen, und es kann in einer Reihe von Fällen zur spontanen Ausheilung kommen. In anderen ist durch die entzündliche Verwachsung der Nachbarorgane ein natürlicher Abschluß der freien Bauchhöhle bereits eingetreten bevor die Perforation erfolgte. Es kommt dann zur Bildung eines abgesackten Exsudates resp. Abszesses. In diesen Fällen ist es zunächst geboten, abzuwarten bis der Abszeß manifestiert, da ja, wie erwähnt, eine Spontanheilung eintreten kann. Ist das Abszeßstadium eingetreten, so wird der Einschnitt gemacht und drainiert. Wollte man derartige Fälle einer radikalen Operation unterziehen, so würde der Eingriff wegen der derben Verwachsungen technisch außerordentlich schwierig sein und zudem unter Umständen durch die schwer zu vermeidende Infizierung der Bauchhöhle nach Lösung der Verwachsungen sehr gefährlich. Diese chronischen Ulcera sitzen zudem bekanntlich in der Regel an den Kurvaturen des Magens und bieten daher der Exzision die denkbar ungünstigsten Verhältnisse.

Subphrenische Abszesse. Die Mehrzahl der subphrenischen Abszesse entsteht auf die oben beschriebene Weise, abgesehen von denjenigen, welche nach der Perforation bei Appendizitis eintreten. Die genaue physikalische Diagnose, des Sitzes des Abszesses ist natürlich vor seiner Eröffnung mit dem Messer unbedingt erforderlich. Eventuell muß man in der Weise vorgehen, daß man vor dem Anlegen des Hautschnittes eine Probepunktion vornimmt und an der Stelle, an der man Eiter erhält, die Muskulatur durchschneidet und den Abszeß mit einem Schieber eröffnet, indem man an der Nadel entlang geht. Die Punktion solcher intraabdomineller Abszesse ohne vorherige Vorbereitung zur Operation ist vom chirurgischen Standpunkte im Prinzip durchaus zu verwerfen. Es ist ja zweifellos, daß einzelne, besonders in der Punktion geübte interne Mediziner, z. B. Lenhartz, der die Punktion intraabdomineller Eiterungen vielfach empfohlen hat, sehr gute Erfolge damit haben. Allein es gehört dazu, abgesehen von einer sehr exakten und guten Lokaldiagnose, eine hervorragende Übung in der Punktionstechnik selbst, wie man sie nur selten findet. Bei der damit verbundenen Gefahr der Nebenverletzungen erscheint es uns jedoch grundfalsch, ein derartiges Verfahren zu generalisieren. Sind doch Fälle bekannt, wo durch ungeschicktes Punktieren einer Pleurahöhle durch Verletzung der Art. intercostalis eine tödliche Blutung herbeigeführt wurde, wieviel mehr besteht diese Gefahr bei der Punktion des Bauchraumes in einer Gegend, in der sich massenhaft Gefäße von der Größe der Intercostalis vorfinden, und zwar in vollkommen inkonstanter Lage; ganz zu schweigen von der Gefahr der Perforation eines Darmteiles, dessen Wand durch vorausgegangene Entzündungen nicht mehr elastisch ist. Denn wenn auch die Punktion eines gesunden Darmstückes vielfach ungestraft vorgenommen werden kann, da die elastische Muskulatur die Punktionsstelle wohl meistens sofort wieder verdeckt, so ist doch die Punktion eines kranken, seiner Elastizität beraubten Darmstückes außerordentlich gefährlich.

4. Tumoren des Magens.

Unter den Tumoren des Magens nimmt das Karzinom die weitaus bedeutendste Stellung ein. Die gutartigen Geschwülste bilden gewissermaßen Abnormitäten und kommen praktisch kaum in Betracht. Die Sarkome unterscheiden sich diagnostisch und therapeutisch nicht von den Karzinomen. Die weitaus größte Mehrzahl der Karzinome, nämlich etwa 60%, nimmt der Pylorusteil des Magens ein, 10% sitzen an der kleinen Kurvatur und 20% an der Kardia. Die Operabilität der Karzinome hängt natürlich ab von ihrem Sitz. Weiterhin von ihrer Ausdehnung auf die Umgebung, namentlich die Lymphdrüsen, und endlich von der allgemeinen Kachexie des betreffenden Kranken. Vor Eröffnung des Leibes läßt sich nur in den allerschönsten Fällen eine bestimmte Aussage über die Operabilität geben. Selbst die in den letzten Jahren besonders kultivierte Röntgendiagnose gibt uns bis jetzt noch keinen absolut sicheren Aufschluß. Daß natürlich ein Magenkarzinom, bei welchem wir stärkeren Ascites und Metastasen in der Leber oder anderen Organen mit Sicherheit nachweisen können, nicht mehr operabel ist, bedarf keiner Erörterung. Andererseits aber gibt uns die physikalische und chemische Untersuchung ebenso wenig Aufschluß über die Operabilität eines Magenkarzinoms, da es nur allzu oft vorkommt, daß Tumoren von außen kaum zu fühlen sind und trotzdem bei der Laparotomie sich weit fortgeschritten zeigen, während andere durch die Bauchwand als große Tumoren palpabel sind, so daß man an der Möglichkeit ihrer Entfernung zweifelt; trotzdem zeigen sich gerade diese oft bei der Operation als durchaus radikal entfernbar. Auch das Alter spielt in dieser Frage eine ziemliche Rolle. Wie überhaupt das Karzinom bei jüngeren Personen, die noch einen größeren Turgor vitae besitzen, zu rascherem Zellwachstum und weiterer Ausbreitung neigt, so verhält es sich auch mit dem Magenkarzinom. Dagegen findet man häufig bei älteren Leuten jenseits der Sechziger ganz zirkumskripte, durch die schlaffen Bauchdecken gut palpable und verschiebliche Tumoren, deren Entfernung spielend leicht vollzogen werden kann. Also das Alter ist sicherlich keine Indikation gegen die Operation des Magenkarzinoms. Was die Kachexie angeht, so bieten nur diejenigen Fälle, in denen a priori jeder längere Eingriff des allgemeinen Marasmus wegen auszuschließen ist, eine absolute Kontraindikation. Viele Fälle schwerer Kachexie mit starker sekundärer Anämie erholen sich auffallend rasch nach der Resektion, wenn anders eine solche möglich war.

Die Indikationsstellung für einen chirurgischen Eingriff bei Magenkarzinom muß stets zwei Momente beachten, das eine ist die Frage nach der
Möglichkeit der Entfernung der Geschwulst, das andere die Notwendigkeit
einer Operation mit dem Zwecke vorübergehender Besserung vorhandener starker
Schmerzen oder Beschwerden. Die Voraussage der Möglichkeit einer Radikaloperation ist, wie bemerkt, nur in den seltensten Fällen möglich; andererseits
aber ist diese Frage von eminenter Wichtigkeit für das Leben des betreffenden
Kranken. Die einzige Möglichkeit, die wir zurzeit haben, die Operabilität
eines bestehenden Karzinoms zu entscheiden, darüber muß man sich
klar sein, ist die Probelaparotomie. Wie wir schon in einem früheren
Kapitel ausgeführt haben, beruht heute die Gefahr einer Probelaparotomie
im wesentlichen auf der Gefahr einer Narkose, denn der kleine Einschnitt,
unter aseptischen Kautelen ausgeführt, involviert unseres Erachtens keine allzu
große Gefahr. Halten wir uns für berechtigt, in anderen Fällen schwieriger
Diagnosen, z. B. bei Frauenleiden, Nierenerkrankungen und anderen die Untersuchung in Narkose vorzunehmen, so kann in einer derartig wichtigen Frage,
wie es die Möglichkeit ist, ein beginnendes Karzinom radikal entfernen zu
können, die Gefahr der Narkose nicht sehr ins Gewicht fallen. Der Vergleich
hinkt natürlich, denn selbstverständlich bedingt der Eingriff eine Komplikation der Narkose, allein es handelt sich hier auch um die Feststellung eines
Leidens, welches verschleppt, unbedingt zum Tode führen muß, bei dem aber,
wenn es rechtzeitig erkannt wird, radikale und dauernde Heilung möglich
ist. Wenn wir uns also zum Bewußtsein bringen, daß die Gefahr der Probelaparotomie lediglich in einem etwa möglichen unglücklichen Zufall beruht,
so müssen wir zu der Überzeugung kommen, daß in allen Fällen, in denen ein
einigermaßen begründeter Verdacht auf Karzinom des Magens vorliegt, die
Probelaparotomie unbedingt angezeigt ist. Leider ist die Scheu vor derselben
eine viel zu große, so daß auch heute noch manches Karzinom, welches durch
die Vornahme dieses Eingriffes rechtzeitig hätte entfernt werden können,
seinem Träger verhängnisvoll wird.

Aber auch in denjenigen Fällen, in denen schon vor Eröffnung der Bauchdecken oder durch die Probelaparotomie erkannt wird, daß Metastasen in
den Nachbarorganen bestehen, kann ein chirurgischer Eingriff indiziert sein,
und zwar einmal durch die hochgradigen Schmerzen und Beschwerden, wie
sie das stenosierte Karzinom des Pylorus mit sich bringt, dann aber durch
die Unmöglichkeit der Ernährung, wie es namentlich bei Karzinom der Kardia
der Fall ist. Umgekehrt würde es natürlich durchaus falsch sein, würde man
einen Kranken mit metastasiertem Karzinom, der jedoch wenig Beschwerden
davon hat, einer der sog. Palliativ-Operationen unterziehen.

Die Wahl der vorzunehmenden Operationsmethode ist abhängig im
wesentlichen von dem bei Eröffnung der Bauchdecken erhobenen Befund.
Handelt es sich um ein bewegliches Karzinom des Pylorusteils oder auch einer
anderen Stelle der Magenwand, so ist die Resektion der erkrankten Partie
indiziert. Die Resektion des Kardiateils des Magens gehört zu den technisch sehr schwer auszuführenden Operationen und hat praktisch aus zwei
Gründen keinen allzu großen Wert. Einmal gehen die Drüsen, die miterkrankt
sind, hoch hinauf, so daß man sie in der Regel nicht alle exstirpieren kann,
wie überhaupt das Kardiakarzinom keinen so abgegrenzten Tumor darstellt,
wie es beispielsweise das Pyloruskarzinom tut, so daß die obere Grenze des
Tumors selbst schwer zu finden ist. Zweitens ist der Erfolg einer Cardia-
resektion außerordentlich gefährdet durch die geringe Möglichkeit, den Ösophagus mit dem Magenstumpf oder dem Dünndarm durch eine exakte Naht
zu vereinigen. Es läßt sich zwar der Stumpf des Ösophagus ein wenig aus

dem Zwerchfellschnitt vorziehen, allein seine elastische Haut, die für die Naht
die ähnliche Bedeutung hat wie beim Darm, zieht sich stark zurück, so daß
sie dann nicht mitgefaßt werden kann, außerdem ist es ja bekannt, daß die
Nähte im Gewebe des Ösophagus überhaupt schlecht halten. Das ist auch
der Grund, weshalb die totale Entfernung des Magens wegen Karzinom so gut
wie unmöglich ist, wenigstens die totale Entfernung im schärfsten Sinne des
Wortes. Denn wenn von der totalen Exstirpation des Magens berichtet
wird, so ist das meistens wohl so zu verstehen, daß ein, wenn auch sehr kleiner
Rest des Magengewebes selbst bei der Operation zurückgelassen werden konnte.
An sich gelingt die Wegnahme des Magens in diesem Sinne recht gut und führt
zu keinen erheblichen Störungen. Je größer natürlich der zurückbleibende
Magenstumpf ist, desto eher wird Aussicht vorhanden sein, daß durch die
Erweiterung dieses Stumpfes sich allmählich die Verhältnisse der Norm nähern
werden. Diese totale Exstirpation des Magens kommt hauptsächlich in Frage
bei großen Karzinomen der Magenmitte, ev. bei sehr ausgedehnten Tumoren
der Pylorusgegend.

Von dem Kardiakarzinom unterscheidet sich das Pyloruskarzinom
quoad operationem dadurch, daß die Tumormasse fast immer mit dem Pylorus
abschneidet. Die karzinomatöse Infiltration geht nur selten auf das Duodenum
über, und zwar höchstens in einer Ausdehnung von $1/_2$—1 cm. Es würde zu
weit führen, hier auf diese Ausbreitungsverhältnisse näher einzugehen, die
sich an den Verlauf der Lymphgefäße des Magens halten. Die Radikaloperation beim Pyloruskarzinom ist die Resektion des Pylorusteiles, die im Prinzip
in zweierlei Form vorgenommen wird. Entweder wird der Duodenalstumpf
mit dem Magenstumpf direkt vereinigt (Methode Billroth I) oder der Duodenalstumpf ebenso wie der Magenstumpf werden durch Naht geschlossen
und der Magen mit dem Jejunum durch eine Gastroenteroanastomose vereinigt (Methode Billroth II). Diese beiden Methoden haben verschiedene
Modifikationen erfahren, z. B. die Kochersche, nach welcher der Duodenalstumpf in den zugenähten Magenstumpf eingepflanzt wird, im wesentlichen
aber werden sie in der ursprünglichen Form an den meisten Kliniken angewandt.

Das Vorgehen bei der Resektion gestaltet sich so, daß man sich zunächst davon
überzeugt, daß es möglich ist, vom Pankreas abzukommen, sodann wird das kleine Netz
in der Ausdehnung des zu rezesierenden Magenteiles von der kleinen Kurvatur stumpf
abgelöst, wobei man sorgfältigst die Äste der Arteria coronaria unterbindet und die etwa
vorhandenen sichtbaren Drüsen exstirpieren muß. Ebenso wird an der großen Kurvatur,
indem man sich dicht an die Magenwand hält, ein Teil des Netzes mit den vorhandenen
Drüsen exstirpiert. In dieser Weise wird dann stumpf weiter präpariert, der Tumor weit
abgelöst und bis zum Duodenum hin verfolgt, wobei die Lösung vom Pankreas, wenn
hier Verwachsungen vorhanden sind, erhebliche Schwierigkeiten machen kann. Ist der
Tumor vollkommen gelöst, so wird mit Quetschzangen einmal das Duodenum und auf
der anderen Seite der Magenstumpf abgetrennt und zwischen den Zangen nach vorheriger
sorgfältiger Unterfütterung und Abdeckung der übrigen Bauchorgane mittelst Kompressen
oder Tüchern durchschnitten. Die Versorgung des Duodenalstumpfes geschieht am besten
durch eine Schnürnaht, die man zuzieht. Der Stumpf wird dann in das Lumen des Duodenums eingestülpt und die Serosa darüber vernäht, wobei man besonders auf Risse achten
muß, die bei der Lösung leicht vorkommen und die, wenn sie unversorgt bleiben, sehr häufig
zu Fistelbildung führen können. Der Magenstumpf wird so versorgt, daß man hart am
Rande der Zange eine Matratzennaht durch beide Magenwände hindurchlegt. Dadurch
ist das Magenlumen bereits fest geschlossen, wenn wir die Zange abnehmen. Nach Entfernung der Zange wird dann die so den Stumpf vorstellende Schleimhaut mit der Schere
sorgfältig exstirpiert und die Wundränder der beiden Magenwände durch eine fortlaufende
Naht vereinigt. Die ganze Nahtlinie wird sodann in das Magenlumen eingestülpt und
durch eine breite Naht der Serosaflächen gesichert.

Es bleibt dann noch übrig, eine Verbindung zwischen dem so geschaffenen Magen-
blindsack und dem Darm herzustellen. Das geschieht in der oben (S. 40) beschriebenen
Weise durch Anlegung einer Gastroenteroanastomose.

Die weniger gebräuchliche Form der Magenresektion ist die I. Methode nach Billroth, d. h. die direkte Einpflanzung der Duodenalstumpfes in den Magenstumpf. Diese an sich naturgemäße Methode wird deshalb seltener ausgeführt, weil in den meisten Fällen die Stümpfe nach Wegnahme des Magens nicht beweglich genug sind, so daß bei einer direkten Einpflanzung eine zu starke Spannung der Nahtstelle entstehen würde. In den Fällen, wo es sich um sehr bewegliche, kleine Tumoren handelt, ist diese Methode deshalb vorzuziehen, weil sie die anatomischen Verhältnisse wieder herstellt. Wird doch bei der erst beschriebenen Methode das Duodenum gewissermaßen ausgeschaltet, während wir hier eine direkte Verbindung des Magenrestes mit dem Duodenum erzielen. Der Magenstumpf ist breiter wie der Duodenalstumpf und es muß daher eine Verkürzung dieses breiten Lumens hergestellt werden. Es geschieht das in einfachster Weise dadurch, daß man den Magenstumpf so weit in derselben Weise, wie vorhin beschrieben, zunäht, bis die beiden Lumina aufeinander passen. Die Lumina werden dann in derselben Weise durch eine zwei- bis dreifache Naht miteinander vereinigt, wie wir sie bei der Gastroenteroanastomie auszuführen gewöhnt sind. Noch mehr empfiehlt sich vielleicht die von Kocher angegebene kleine Modifikation dieser Methode, die darin besteht, daß man den Magenstumpf vollkommen schließt und den Duodenalstumpf in die hintere Magenwand einpflanzt.

Die Resektion des Funduskarzinoms wird in ähnlicher Weise ausgeführt. Man beginnt mit Lösung des kleinen Netzes und Exstirpation der Drüsen, legt in genügender Entfernung von dem Tumor die Quetschzangen an, nachdem man vorher das Netz von der großen Kurvatur ebenfalls so weit wie nötig entfernt hat und schneidet zwischen den Quetschzangen den Magen diesseits und jenseits des Tumors durch. Die beiden so entstandenen Lumina werden in der Weise vereinigt, daß man zunächst eine fortlaufende Serosanaht, dann eine fortlaufende Muskularis- und Mucosanaht hindurchlegt und diese Nähte in umgekehrter Reihenfolge auf der Vorderseite wiederholt.

5. Gastritis chronica und andere gutartige Affektionen.

Eine Reihe von Magenbeschwerden beruht auf **Verwachsungen des Magens** infolge lang dauernder Entzündungsprozesse und kann recht quälend werden. Ein Teil der Schmerzen beruht allerdings sicher auf nervöser Basis, denn es ist ja bekannt, daß nach eingreifenden Magenoperationen oft sehr ausgedehnte Verwachsungen eintreten, die keinerlei Beschwerden verursachen. In einem anderen Prozentsatz dürfte es berechtigt sein, an die Möglichkeit des Bestehens eine Ulcus duodeni oder seiner Narbe zu denken. Jedenfalls ist in diesen Fällen eine eingehende Röntgenuntersuchung am Platze, auch wenn klinisch kein Anhaltspunkt für Geschwürsbildung gegeben ist. Handelt es sich wirklich um durch chronische Entzündungsvorgänge entstandene Verwachsungen, so ist zunächst eine gute Massagebehandlung am Platze. Ein Urteil über die neuen Massageverfahren mit Saugglocken oder mit dem von Payr angegebenen Elektromagneten dürfte abschließend heute noch nicht gegeben werden können. Immerhin scheinen die bisherigen Erfahrungen gut zu sein. Hilft diese konservative Behandlung nicht, so muß die Lösung der Verwachsungen auf operativem Wege versucht werden. Die dabei auftretenden parenchymatösen Blutungen müssen auf das sorgfältigste gestillt werden, (zu welchem Zwecke das Kochersche Koagulen und ähnliche Präparate sehr zu empfehlen ist, da durch sie ein neuer Anreiz zum Entstehen neuer Verwachsungen gegeben ist. Bei sehr starken Verwachsungen wird gegebenenfalls auch hier die Gastroenterostomie am sichersten Hilfe schaffen.

Von besonders seltenen Erkrankungen seien noch die **Tuberkulose** und **Syphilis** des Magens erwähnt, die chirurgisch an sich wenig angreifbar sind. Dagegen kann die **Magenphlegmone** durch Freilegen der infiltrierten Partie und Tamponade mitunter zur Heilung gebracht werden. Sie tritt unter dem Bilde einer ganz akut einsetzenden Gastritis resp. eines perforierenden Magengeschwürs auf und führt auch sehr rasch zur Perforation.

Pylorusstenose. Die angeborene Stenose des Pylorus kann bedingt sein durch einen einfachen Kontraktionszustand des Pylorus, andererseits aber auch durch eine echte Hypertrophie des Pförtners, dessen Muskulatur so dick sein kann, daß er deutlich als Tumor palpabel ist. Die Symptome treten bald nach der Geburt oder in den ersten Monaten auf und bestehen in kopiösem Erbrechen von Mageninhalt. Eine Dilatation des Magens höheren Grades wird dabei selten beobachtet, weil die Kinder durch das ständige Erbrechen sehr bald die Lebensfähigkeit einbüßen. Aus diesem Grunde ist es auch falsch, die konservative Behandlung wegen Verdacht auf Pyloruskrampf allzulange fortzusetzen, die natürlich, wenn der Pylorus nicht direkt als Tumor zu fühlen ist, und da andererseits eine Differentialdiagnose zwischen Krampf und echter Hypertrophie nicht gestellt werden kann, zunächst am Platze ist. Die chirurgische Therapie besteht in der Gastroenterostomie, die sehr gute Resultate trotz des Alters der Kranken ergibt.

Die erworbene Stenose des Pylorus ist bedingt durch Verwachsungen, in der Regel infolge von Magengeschwüren, von denen ja ein großer Prozentsatz seinen Sitz im Pylorusteil hat. Sie führen durch narbige Schrumpfung der Magenwand zu immer stärkerer Stenose des Magenausganges. Die narbigen Veränderungen greifen in solchen Fällen durch reaktive Entzündungen auf die Umgebung des Pylorus, und zwar in erster Linie auf das Pankreas über. Die an sich einfachste Methode der Behebung dieses Zustandes würde bestehen in der ·Resektion des Pylorus, doch ist diese Operation aus dem oben erwähnten Umstand, daß sich meistens ausgedehnte Verwachsungen mit dem Pankreas finden, in der Mehrzahl der Fälle technisch ungeheuer schwierig, ja meist unmöglich. Wir haben außerdem ein viel einfacheres Verfahren in der Ausschaltung des Pylorus mittelst der Gastroenterostomie (s. S. 40). Zudem bietet diese Operation im Vergleich zur Pylorusresektion so erheblich geringere Gefahren, daß wohl die meisten Chirurgen heute sich auf diesen einfacheren Eingriff beschränken, besonders da die Resultate denen der Resektion kaum nachstehen.

Abgesehen von der schon oben besprochenen Wirkung der Gastroenterostomose hinsichtlich der Verminderung der Hyperazidität des Magens pflegen nach der Gastroenterostomie die reaktiven Entzündungen in der Nähe der Geschwürsnarben zurückzugehen. Wir selbst haben mehrere Fälle beobachtet, in welchen die große Ausdehnung, welche die Geschwürsnarbe in ihren reaktiven Entzündungen, in ihren Drüsenschwellungen und ihrer allgemeinen Kachexie genommen hatte, ein Karzinom des Pylorus vortäuschte. Da die Resektion wegen der schweren Verwachsungen unmöglich schien, wurde die Gastroenterostomie angelegt. Der Erfolg war, daß die Kranken sich von ihrer Kachexie außerordentlich rasch erholten. In der Hoffnung, das Karzinom entfernen zu können, wurde in einigen Wochen die Relaparotomie vorgenommen und es zeigte sich, daß das scheinbare Karzinom vollkommen verschwunden war. Solche Fälle findet man dann wohl zuweilen in der Literatur als Heilung von Karzinom durch die Gastroenterostomie beschrieben.

Tetanie. Ein Folgezustand der chronischen starken Dilatation des Magens und der dadurch bedingten Zersetzung des Mageninhalts wird in seltenen Fällen beobachtet unter den Erscheinungen von tetanischen Krämpfen. In der Regel hilft in diesem schweren Vergiftungszustand, der meistens, wenn die Leute in die Klinik eingeliefert werden, schon mehrere Tage bestanden hat, die ausgiebige Magenspülung nicht mehr, da die Magenwände derart überdehnt sind, daß eine Ernährung nicht mehr stattfinden kann. Man muß in solchen Fällen möglichst rasch die Dilatation des Magens durch eine Gastroenterostomie zu beseitigen suchen oder wenigstens, wenn der Zustand so schlecht ist, daß man dem Kranken keine Narkosenoperation mehr zumuten kann, in Lokalanästhesie eine Dünndarmfistel anlegen. Der Erfolg der Operation in diesen immerhin seltenen Fällen ist fast immer ein überraschend guter.

Sanduhrmagen. Sitzt die Geschwürsnarbe in der Mitte des Magens an einer der Kurvaturen, so kommt es bei größerer Ausdehnung desselben zu einer Verengerung in der Mitte des Magens, dem sog. Sanduhrmagen. Die

Folgen dieses Zustandes bestehen in starker Unterernährung, da durch die enge Stenose nur ein Teil der Speisen hindurchkommt, und die in der Regel starke Ausdehnung des oberen Teils des Magens zu denselben Beschwerden führt, wie wir sie bei der gewöhnlichen Dilatation kennen. Ist die Stenose nicht mehr hochgradig, resp. die sie verursachende Geschwürsnarbe nicht zu kallös, so läßt sich eine Erweiterung des stenosierten Teiles in derselben Weise erzielen, wie wir sie bei der Verengerung des Pylorus kennen gelernt haben (Gastroplastik): es wird die Stenose in der Längsrichtung inzidiert und dieser Schnitt in der Querrichtung vernäht. Bei den hochgradigen, und solchen Stenosen, die von sehr derbem Narbengewebe umgeben. sind, empfiehlt es sich jedoch mehr, eine breite Anastomose zwischen beiden Magensäcken anzulegen, da die Nähte bei der Gastroplastik in dem derben Gewebe schlecht halten und in der Regel auch nicht mehr genügend Elastizität vorhanden ist, um den Spalt breit genug auseinander ziehen zu können. Die Anastomose zwischen den Magensäcken wird genau in derselben Weise angelegt, wie es oben für die Anastomose zwischen Darm und Magen beschrieben ist, nur nimmt man die Öffnung naturgemäß so breit als es irgend möglich ist. In besonders schweren Fällen kann man auch gezwungen sein, eine direkte Anastomose zwischen dem obersten Magensack und dem obersten Dünndarm auszuführen, in welchem Falle man am besten stets eine Enteroenteroanastomose zwischen zu- und abführendem Darmteil anschließt. Des weiteren wird es mitunter Fälle geben, die keine größeren Verwachsungen mit der Umgebung zeigen, und daher für die schon erwähnte quere Resektion des stenosierten Magenteils besonders geeignet sind. Die Endresultate sind dabei im allgemeinen recht gute, nur bei den hohen Gastroenterostomien tritt leicht Circulus vitiosus auf, wenn man es versäumt, die genannte Enteroenteroanastomie anzuschließen. Natürlich bleibt es dem einzelnen Chirurgen in jedem Einzelfall überlassen, ob er diese oder jene Methode anwenden will, oder ob er verschiedene der erwähnten Methoden kombinieren will. Auf diesem Gebiet der Magenchirurgie ist den operativen Maßnahmen ein weiter Spielraum gelassen, nicht deshalb, weil keine der Methoden so recht befriedigende Resultate ergibt, sondern weil die einzelnen Fälle starke Individualisierung erfordern.

Die **Gastroptose,** ebenso wie die **allgemeine Enteroptose,** mit der sie wohl meist vergesellschaftet ist, gehört zunächst zweifellos ins Gebiet des Internen. Nur wenn eine erhebliche Dilatation im Röntgenbild besteht, ist eine operative Behandlung am Platze. Die Operation der Wahl ist dabei die Gastroenterostomie. Die einfache Annähung des Magens (Gastropexie) wird wohl auch noch als relativ ungefährlicher Eingriff zeitweise angewandt, dürfte aber nicht mehr sehr viel Anhänger haben, da die Gefahr der zweifellos wirksameren Gastroenterostomie heute nicht mehr allzu schwer einzusetzen ist.

Der **arterio-mesenteriale Duodenalverschluß** ist eine Verlegung des Duodenallumens am Übergang ins Jejunum durch plötzlich eintretende starke Anspannung der Radix mesenterii. Er gehört somit zum Begriff des hohen Strangulationsileus und entsteht dadurch, daß die Mesenterialwurzel durch irgend welche Ursachen plötzlich straff nach unten gezogen wird und dadurch das Lumen des Duodenums verlegt. Das kann z. B. eintreten, wenn bei starker Abmagerung das Fettpolster geschwunden ist und infolge der eintretenden Enteroptose die Mesenterialwurzel nach unten gezogen wird, wenn die eventerierten Eingeweide eines großen Bauchbruches einen starken Zug an der Wurzel ausüben und unter ähnlichen Verhältnissen.

Die Symptome sind ähnlich denen der akuten Magendilatation, die übrigens selbst auch zum mesenterialen Duodenalverschluß Veranlassung geben kann. Der Duodenalverschluß unterscheidet sich von der akuten Magendilatation dadurch, daß das kopiöse Erbrechen durch Magenspülungen nicht beeinflußt wird, wie bei letzterer Erkrankung. Nach von Haberer[1]), der diese Erkrankung kürzlich eingehend bearbeitet hat, gibt es vor allem zwei differentialdiagnostische Zeichen zur Unterscheidung der beiden Krankheitsformen, die sich außerordentlich ähneln. Im Anfang macht sich beim Duodenalverschluß eine starke Peristaltik im oberen Duodenum und Magen bemerkbar, die sowohl objektiv wie subjektiv beobachtet werden kann. Bei der Magendilatation ist das nicht der Fall. Ferner steigt die Pulszahl bei der Magendilatation in entsprechendem Verhältnis zum Füllungsgrad des Magens und geht nach der Magenspülung wieder zur Norm zurück, beim Duodenalverschluß nicht.

Für die einzuschlagende Therapie ist die Differentialdiagnose beider Krankheitsformen von großem Wert. Denn während bei der akuten Magendilatation, wenn die fortgesetzten Magenspülungen nicht zum Erfolge führen, die sofortige Anlegung der Gastroenterostomie absolut indiziert ist, kommt beim duodenalen Darmverschluß die Operation erst in ganz verzweifelten Fällen zur Ausführung. Zunächst beschränkt sich die Therapie auf die geeignete Lagerung des Kranken, die von Schnitzler angegeben ist. Zu diesem Zwecke wird versucht, durch längere rechte Seitenlagerung das Duodenum von der Kompression zu befreien; hilft das nicht, so wird der Kranke in Bauch- oder besser Knie-Ellenbogenlage für viele Stunden gebracht. Dadurch wird der Zug der Mesenterialwurzel aufgehoben und das Leiden beseitigt. Erst wenn diese Therapie nicht zum Resultate führt, ist ein operativer Eingriff indiziert. Das werden meistens die Fälle sein, in denen die Ursache der Erkrankung vor allem in starken Verwachsungen liegt. Sind die Patienten sehr heruntergekommen, so wird man sich mit einem kleinen Eingriff zur Entlastung des Darms, also mit Anlegen einer Magen- oder Duodenalfistel begnügen müssen. Wenn der Zustand des Kranken es gestattet, wird man zur Behebung der meist eingetretenen sekundären Dilatation des Magens eine Gastroenterostomie und eine Gastropexie vornehmen.

II. Krankheiten des Darmes.

1. Karzinome des Dünn- und Dickdarmes.

Der Sitz der Darmkarzinome ist vorzugsweise der Dickdarm in seinen verschiedenen Abschnitten. Im Dünndarm finden sich Karzinome recht selten. Bei Vergleich verschiedener Statistiken ergibt sich, daß die Dünndarmkarzinome etwa 4—5% der Darmkarzinome ausmachen.

Was die Indikation der Operation der Darmkarzinome angeht, so gilt hier ungefähr dasselbe, was oben bei den Magenkarzinomen gesagt wurde. Nur ist die Diagnose im Frühstadium des Darmkarzinoms vielleicht noch unsicherer und schwerer zu stellen als bei den Magentumoren. Denn die Fälle, in denen man — abgesehen von den Mastdarmtumoren — die beginnende Geschwulst palpieren kann, sind äußerst selten. Wenn sie palpabel ist, so ist sie in der Regel bereits nicht mehr radikal zu entfernen. Es muß daher auch für die Diagnose des Darmkrebses bzw. im Interesse der Lebensrettung der befallenen Patienten energisch betont werden, daß in nur einigermaßen zweifelhaften Fällen von der Probelaparotomie Gebrauch gemacht werden sollte.

---

[1]) Ergebnisse der Chirurgie 1913.

Macht man sich eine Vorstellung von der überaus versteckten Lage, die gerade die Prädilektionsstellen des Dickdarms auszeichnet, d. h. die Flexura coli dextra und sinistra, die ja tief unter dem Rippenbogen gelegen sind, so wird man zu der Überzeugung kommen, daß ein an dieser Stelle sitzendes Karzinom, wenn es erst palpierbar ist, kaum mehr radikal entfernt werden kann. Zur Indikationsstellung für den operativen Eingriff ist es von Wichtigkeit, zu wissen, daß die Darmkarzinome mitunter ein ziemlich langes Latenzstadium durchmachen. Aber gerade diese latenten Karzinome sind es, auf die sich unsere Bestrebungen zur frühzeitigen Stellung der Diagnose richten müssen, wenn anders wir auf Dauererfolg hoffen wollen. Die Dünndarmkarzinome treten, wie es scheint, viel plötzlicher in die Erscheinung, d. h. es kommt ohne vorausgegangene Beschwerden zu den Erscheinungen eines akuten Darmverschlusses, der entweder dadurch erfolgt, daß sich das durch den Tumor verkleinerte Darmlumen durch irgend welchen Fremdkörper verstopft, oder auch, daß sich der ganze Tumor in den unteren Abschnitt des Darmlumens invaginiert. Die Dickdarmkarzinome können natürlich auch zu einem plötzlichen Verschluß führen; in der Regel aber geht ihnen eine Latenzperiode vorauf. Die Erscheinungen, die sie in dieser Zeit machen, beruhen im wesentlichen auf Verstopfung, abwechselnd mit kolikartigen Durchfällen und auf Blutverlust mit dem Stuhl. Sind diese Erscheinungen vorhanden und kommt dazu eine erheblichere Abmagerung des Erkrankten ohne direkte nachweisbare Ursache, so würden wir unter allen Umständen die Probelaparotomie für indiziert halten, vorausgesetzt natürlich, daß man Dysenterie oder sonstige ulzeröse Erkrankungsprozesse des Darms ausschließen kann. Denn, wie gesagt, die Diagnose beginnender Dickdarmkarzinome liegt auch heute noch ziemlich im argen.

In den letzten Jahren ist allerdings die Diagnose auch im Frühstadium der Erkrankung ganz wesentlich gefördert worden durch die Fortschritte, die die Röntgentechnik gerade auf diesem Gebiete gemacht hat. Nicht nur die Beobachtung des Verdauungsmechanismus nach Kontrastmahlzeiten mittelst Schirmdurchleuchtung und Plattenaufnahme gestattet über Verlagerungen und Verengerungen im ganzen Darmverlauf sichere Schlüsse zu ziehen, sondern speziell für den unteren Abschnitt des Darms, d. h. den ganzen Dickdarm, bietet die Röntgenbeobachtung nach Wismut- oder Bariumeinlauf ein hervorragendes diagnostisches Hilfsmittel.

Für die Diagnose der Dickdarmkarzinome und anderer Erkrankungen, die den unteren Teil des Dickdarms treffen ist ferner auch die Endoskopie des Dickdarms mittels des Romanoskops eine brauchbare Methode.

Das Romanoskop ist ein etwa 30 cm langes vernickeltes Rohr, welches in seinem Inneren ein kleines Mignonlämpchen trägt. Das Rohr wird zunächst durch den Sphincter ani hindurchgeschoben; dann wird mit einem Luftgebläse durch die durchbohrte Wand des Rohres Luft eingeblasen, deren Austritt aus dem Rohr durch ein inzwischen aufgesetztes Okular verhindert wird. Nun wird unter Leitung des Auges und unter ständigem Nachblasen von Luft das Rohr hoch (bis zu 25 cm und mehr) in den Dickdarm hinaufgeschoben, wobei man durch Drehung des Rohres die ganze Darmwand übersehen und Veränderungen aller Art erkennen kann.

Für die Diagnose der Dickdarmkarzinome und anderer Erkrankungen, die den unteren Teil des Dickdarms treffen, ist die Endoskopie des Dickdarms mittelst des Romanoskops ein gutes Hilfsmittel.

Bei den vorgeschritteneren Fällen von Dickdarmkarzinom treten ganz plötzlich im weiteren Verlauf der Erkrankung die Erscheinungen des Ileus ein. Die Intensität des Ileus oder überhaupt das Eintreten des Kotes in den Magen und damit das eigentliche Kotbrechen, hängt gänzlich ab von

dem Sitze des betreffenden Tumors resp. Hindernisses (cf. unten, S. 62).
Ist es einmal zum Ileus gekommen, so darf mit der Operation keinesfalls mehr
gezögert werden, denn jede verlorene Stunde ist dabei verhängnisvoll.

Die Operationsmethoden beim Darmkarzinom hängen ab im wesentlichen von den Erscheinungen, welche den chirurgischen Eingriff indiziert
haben. Bei denjenigen Fällen, welche frühzeitig, ohne daß Ileuserscheinungen
aufgetreten sind, diagnostiziert worden sind, kommt die primäre Resektion
des betr. Darmstückes in Anwendung. Man findet bei der Eröffnung der
Bauchdecken bei denjenigen Karzinomen, welche längere Zeit schon
Stenosenerscheinung gemacht haben, ohne daß eigentlich Ileus bestand,
den zentralen Teil des Darmes oberhalb des Tumors meistens hypertrophiert
und erweitert.

Die Resektion des Dünndarmstückes gestaltet sich so, daß man weit genug
im Gesunden diesseits und jenseits des Tumors Darmzangen anlegt und nach guter Tamponade der Umgebung das Darmstück abschneidet. Das Mesenterium wird ebenfalls
mit reseziert, und zwar in Gestalt eines spitzwinkeligen Dreiecks, dessen Basis an der Stelle
des Tumors liegt. Häufig sind Drüsen des Mesenteriums karzinomatös erkrankt. Es muß
deshalb das ganze Mesenterium in der Umgegend des Tumors gut abgesucht werden und
das zu resezierende Mesenterialstück groß genug gewählt werden. Selbstverständlich
hängt davon auch ab, wieweit man mit der Resektion des zu entfernenden Darmstücks
gehen muß, da ja die ernährenden Gefäße im Mesenterium verlaufen. Die Resektion dieses
Mesenterialstücks wird in der Weise vorgenommen, daß man stumpf durch das Mesenterium an verschiedenen Stellen hindurchgeht und diese einzelnen dadurch entstandenen
Mesenterialstücke mit Zangen abklemmt und unterbindet. Auf diese Weise kann man
dann das dreieckige zu resezierende Stück ohne erhebliche Blutung entfernen. Die Ränder
des nach der Entfernung entstandenen dreieckigen Schlitzes im Mesenterialraum werden
mit Catgut aneinander genäht und nach der Resektion des Tumors die beiden Darmlumina
exakt miteinander vereinigt. Einer besonderen Sorgfalt bedarf die Serosanaht an der
Stelle des Mesenterialansatzes. Am besten sichert man diese noch besonders durch einige
Knopfnähte. Im übrigen wird die zirkuläre Darmnaht in derselben früher bereits
mehrfach beschriebenen Weise angelegt, d. h. es wird eine fortlaufende Serosanaht und
eine Naht durch Submucosa, Muskularis und Serosa (die auch die Mucosa mit fassen kann)
ausgeführt. Das Wichtigste bei allen diesen Magen- und Darmnähten ist stets, daß bei
der ersten Naht die Serosa mit einer möglichst breiten Fläche durch die Nähte vereinigt
wird, da dadurch die größtmögliche Sicherheit der Nahtstelle erzielt wird. Die, übrigens
außerordentlich seltenen, Tumoren des Duodenums, welche an der Vaterschen Papille
sitzen, werden am besten nach Eröffnung des Duodenums durch eine Querinzision exstirpiert. Die Resektion des Duodenums ist eine sehr schwierige und eingreifende Operation,
für welche eine sehr ansprechende Methode vor kurzem von Kausch angegeben worden
ist, auf die wir jedoch in Anbetracht der Seltenheit ihrer Anwendung hier nicht näher eingehen können.

Die Resektion eines Dickdarmabschnittes gestaltet sich deshalb schwieriger,
weil die Gefäßversorgung und damit die Heilungsverhältnisse am Dickdarm eine schlechtere
ist wie am Dünndarm. Wir können uns nicht zu der Ansicht bekennen, daß eine gute
Darmnaht durch einen Murphy-Knopf zu ersetzen ist. Gewiß kürzt die Anwendung
des Knopfes an Stelle der Handnaht die Operation etwas ab, und es wird deshalb in einzelnen
Fällen einmal nötig sein, den Knopf anzuwenden. Allein die Möglichkeit der Gefährdung
der Resektionsstelle dadurch, daß der andrängende Darminhalt den Knopf nicht passieren
kann oder zum mindesten ihn schräg stellt und dann, gegen die Wand andrängend, die Naht
sprengt, ist doch eine sehr große. Beim Dickdarm ist daher, da der Inhalt viel kon-
sistenter ist, der Knopf absolut zu verwerfen oder jedenfalls noch viel weniger empfehlenswert wie bei der Resektion des Dünndarmes. Auch die Resektion des Dickdarms mit nachfolgender direkter Vereinigung der beiden Lumina, wie sie mitunter angewendet wird, halten wir für keine brauchbare Methode. Am besten dürfte die Resektion
des Dickdarms in der Weise auszuführen sein, daß nach Entfernung des Tumors, analog
der Art und Weise wie wir es beim Dünndarm beschrieben haben, die beiden Lumina durch
eine Tabaksbeutel-Schnürnaht total verschlossen werden. Diese Schnürnähte werden in
das Lumen eingestülpt werden und die Serosa breit darüber vereinigt. Es wird dann in
einiger Entfernung der beiden Darmstümpfe (ca. 10—15 cm) eine breite Anastomose der
beiden Darmenden angelegt. Die beiden Darmstücke werden seitlich aneinander gelegt,
durch Streichen zwischen den Fingern von ihrem Inhalt befreit und eine weiche Feder-
klammer angebracht. Dann wird zunächst eine fortlaufende Serosanaht in der Ausdehnung
von mindestens 5 cm ausgeführt, die Serosa beider Darmstücke mit dem Messer durch

trennt, eine zweite fortlaufende Naht vereinigt jederseits Serosa und Muskularis und greift durch die Mucosa event. mit hindurch, und dann wird beiderseits das Lumen mit Schere und Pinzette eröffnet; die beiden jetzt frei gewordenen Schleimhautränder werden durch eine besondere Naht (zur Blutstillung) miteinander vereinigt und die beiden ersten Nähte alsdann vollendet. Es entsteht dadurch eine breite Kommunikation der beiden Darmstücke, die deshalb sicherer ist wie die zirkuläre Naht, weil sie den sehr breiten Mesokolon-Ansatz, d. h. die Stelle, an der der Darm vom Serosaüberzug entblößt ist, nicht berührt und daher überall durch breite Serosaverwachsung gesichert ist.

Noch empfehlenswerter ist bei der Dickdarmresektion ein zweizeitiges Vorgehen, welches die Sicherheit der Naht am besten gewährleistet. Zu diesem Zweck wird der Tumor aus seinen Verwachsungen gelöst, das Mesokolon soweit nötig reseziert und die oben beschriebene Seitenanastomose des zuführenden und abführenden Darmschenkels angelegt. Darauf wird der Tumor vor die Bauchwunde vorgelagert und die Peritonealnaht eingenäht. Bei Kranken, bei welchen bereits ein stärkerer Kräfteverfall aufgetreten ist, so daß eine Abkürzung der Operationsdauer am Platze ist, verzichtet man auf die Seitenanastomose und lagert den Tumor lediglich in der beschriebenen Weise vor die Bauchdecken. Das Abtragen des Tumors kann dann sofort geschehen, wenn man die Bauchdeckennaht vollendet hat, oder man legt durch die Bauchdecken nur einige Situationsnähte und trägt den Tumor den nächsten Tag mit dem Thermokauter ab. Es entsteht dadurch ein Anus praeternaturalis, der die größtmöglichste Sicherheit für die Anastomosennaht gewährleistet. Dieser Anus praeternaturalis wird dann später in der Weise geschlossen, daß man zunächst mit der Spornquetsche den Sporn abquetscht und dann die Fistel schließt.

Bei denjenigen Darmtumoren, welche ihrer Ausdehnung oder des allgemeinen Marasmus wegen nicht mehr exstirpierbar sind, trotzdem aber wegen der Stenosenerscheinungen einen Eingriff erfordern, kommt als Palliativoperation einmal in Betracht die Ausschaltung des erkrankten Darmteiles und dann beim Dickdarm der Anus praeternaturalis.

Die Ausschaltung des von dem Tumor befallenen Darmabschnittes kann entweder in der Weise vollzogen werden, daß man im engeren Sinne des Wortes die Darmausschaltung vornimmt, d. h. man pflanzt das zuführende, in einer genügenden Entfernung vom Tumor durchschnittene Darmstück unterhalb des Tumors wieder in den Darm und näht das zum Tumor führende, hierdurch entstandene Lumen zu, resp. in die Bauchwunde ein, so daß hier eine Fistel entsteht; oder man legt eine Enteroenteroanastomose an, welche in größerer Entfernung von dem Tumor zuführenden und abführenden Darmabschnitt miteinander verbindet. In beiden Fällen empfiehlt es sich, die Darmverbindung nicht zu nahe bei dem Tumor anzubringen, damit man sich nicht die Möglichkeit abschneidet, späterhin den Tumor noch total zu resezieren. Denn man sieht öfters, daß die reaktiven Entzündungen, die vielfach in der Umgebung dieser Darmkarzinome durch den ständigen Reiz, dem der Tumor ausgesetzt ist, entstehen, nach Ausschaltung dieses Reizes, d. h. nach Vollziehung einer solchen Darmausschaltung zurückgehen. Dazu kommt, daß nach dieser Operation sich die Kranken in der Regel wieder erholen, so daß dann nach Verlauf von 2—3 Wochen die vorher unmöglich scheinende totale Entfernung des Tumors vorgenommen werden kann.

Der Anus praeternaturalis (Technik s. unten S. 67) wird in denjenigen Fällen angelegt, in denen bei tiefer sitzenden Dickdarmkarzinomen eine Resektion gänzlich ausgeschlossen erscheint, oder als Notoperation in den Fällen von Ileus (s. unten S. 64f).

2. Entzündungen.

a) Appendizitis.

Die Ursache der Entzündungen des Wurmfortsatzes ist noch immer eine viel umstrittene Frage. Durch die zahlreichen Untersuchungen und operativen Erfahrungen der letzten Jahre scheint soviel festzustehen, daß es eine eigentliche Fremdkörperappendizitis nicht oder nur in seltenen Ausnahmefällen gibt. Wohl werden hier und da Fremdkörper, so namentlich kleine Fadenwürmer, Knochenstückchen, Zahnbürstenhaare u. a. in der resezierten Appendix gefunden, doch sind diese Befunde im Verhältnis zu der überwiegenden Zahl derjenigen Wurmfortsätze, die frei von jedem Fremdkörper sind, so gering, daß sie nur als Ausnahmen oder als Zufallsbefunde zu betrachten sind. Die wahrscheinlichste Ursache ist eine Infektion des Wurmfortsatzes durch das Bact. coli, das, an sich harmlos, erst zum Schädling wird durch akzidentelle Momente, wie Schädigung der Darmwand durch gestörte Zirkulationsverhältnisse oder durch Entzündung infolge Invasion eines anderen Mikroben (Staphylokokkus, Strepto-, Pneumokokkus oder Anaeroben aller Art). Auch ein Trauma kann prädisponierend wirken, was versicherungsrechtlich von großer Bedeutung sein kann. Es ist jedoch unbedingt zu verlangen, daß das Trauma nicht weiter als 4—6 Tage vor dem akuten Einsetzen einer schweren Blinddarmentzündung zurückliegt.

Die **Symptome** der Appendizitis sind verschieden, je nachdem es sich um akute oder chronische Appendizitis handelt. Der typische Schmerzpunkt findet sich an der Grenze zwischen äußerem und mittlerem Drittel einer Linie, die man sich von der Spina superior des Darmbeins zum Nabel gezogen denkt. Er kann aber in vielen Fällen auch 1—2 Finger breit unterhalb und in manchen Fällen ebenso oberhalb dieser Linie liegen. Dieser Mc. Burneysche Punkt ist bei der chronischen Appendizitis stets vorhanden, bei dem akuten Anfall löst Druck auf diese Gegend den heftigsten Schmerz aus. Bei der chronischen Appendizitis sind außerdem noch allerlei unbestimmte Krankheitssymptome vorhanden: Appetitlosigkeit, unregelmäßiger Stuhlgang, und zwar nach beiden Extremen hin, Übelkeit, Kopfschmerzen etc. Sehr häufig wird der Sitz der lokalen Schmerzen um den Nabel herum angegeben. Es sind das alles Beschwerden, die verursacht sind durch den Zug, der bei der Darmbewegung infolge der Verwachsungen des Wurmfortsatzes mit seiner Umgebung auf das Peritoneum ausgeübt wird. Handelt es sich um frische Entzündung, so gehen diese Beschwerden in solche über, wie wir sie bei allen Peritonealreizungen finden. Denn naturgemäß bleibt eine eitrige Entzündung des Wurmfortsatzes nicht auf diesen beschränkt, sondern geht mehr oder weniger intensiv auf das benachbarte Peritoneum über, ohne daß es deshalb direkt zu Ausschwitzungen oder gar Eiterung im Peritonealraum immer zu kommen braucht. Dem entspricht der Befund bei der Operation: Bei der chronischen Appendicitis: Verwachsungen der Appendix, die selbst strikturiert, narbig verändert oder atrophiert ist, mit der Umgebung; bei der akuten entzündliche Erscheinungen auf dem umgebenden Peritoneum, geringe Ausschwitzung bis zu größeren, klaren bis trüb-eitrigen Ergüssen. Diese Peritonealreizung bedingt eine Spannung der Bauchdecke, die auf einen markstück- bis talergroßen Bezirk am Mc. Burneyschen Punkt beschränkt sein kann, mit der Größe des Ergusses Schritt haltend, sich aber auch auf die ganze rechte Unterbauchgegend erstrecken kann. Die übrigen Krankheitserscheinungen beim akuten Anfall sind: Erbrechen, Durchfall oder Verstopfung, Fieber, Pulsfrequenz und schlechte Zunge. Das Fieber kann extraorbitant hoch sein, kann aber auch ganz fehlen. Ebenso kann der Puls sehr frequent oder auch verlangsamt sein, und hat dann meist einen leicht dikroten Anklang. Das konstanteste Zeichen ist die belegte Zunge, die mit zunehmender Peritonealaffektion an den Rändern trocken wird.

Die **Differentialdiagnose** kann auch dem Erfahrensten nicht nur bei der chronischen, sondern auch bei der akuten Appendizitis außerordentliche Schwierigkeiten bereiten. Nicht nur Gallenblasen- und Nierenerkrankungen können in beiden Fällen zu Irrtümern Veranlassung geben, sondern vor allem ist die Unterscheidung, besonders beim akuten Anfall oft schwer, ob es sich um Erkrankung der weiblichen Genitalorgane oder um Appendizitis handelt. Hier spielt die Beobachtung der Zunge und des Pulses unseres

Erachtens eine große Rolle. Die Zunge ist bei Adnexerkrankung fast nie zur Trockenheit geneigt, der Puls weder frequent noch verlangsamt. Die Unterscheidung von Typhus geschieht am sichersten durch Zählung der Leukocyten, deren Zahl bei der Appendizitis vermehrt, beim Typhus vermindert ist. Zu anderen Untersuchungen auf Typhus ist ja, wenn es sich um Frühoperation im akuten Anfall handelt, keine Zeit. Klinisch kann aber die Differentialdiagnose oft sehr schwierig sein.

Die **Indikationsstellung zur Operation** der Appendizitis hat in den letzten Jahren eine entschiedene Schwenkung zugunsten des aktiveren Vorgehens gemacht. Die mittlere Linie zwischen radikalen Anschauungen der konservativen und operativen Partei dürfte sich etwa durch folgende Grundsätze ausdrücken lassen. Beim akuten Anfall ist konservativ zu handeln, wenn es sich um eine Reizung der Appendix handelt, d. h. wenn eine Beteiligung des Peritoneums, wie sie sich in mehr oder weniger zirkumskripter Spannung der Bauchdecken ausdrückt, in nennenswertem Grade nicht vorhanden ist, namentlich wenn dabei keine schweren Allgemeinsymptome bestehen. Ist jedoch von vornherein das Peritoneum in deutlich wahrnehmbarem Grad beteiligt, so ist die Frühoperation, d. h. die Appendektomie innerhalb der ersten 48 Stunden angezeigt. In Zweifelsfällen sollte stets auch die chirurgische Ansicht eingeholt werden. Sind bereits 48 Stunden nach dem Beginn des Anfalls verflossen, so wird es der Entscheidung des Chirurgen überlassen werden müssen, ob noch die Frühoperation zulässig ist oder nicht. Diese hängt ab von dem Vorhandensein eines sog. „Darmtumors", d. h. von palpabeln Verklebungen umgebender Darmteile, vom Allgemeinzustand und anderem. Im allgemeinen hat sich die Operation im akuten Zustand nach Verlauf von 48 Stunden nicht bewährt. Denn man findet dann meist schon stärkere Verklebungen, die, zu parenchymatösen Blutungen führend, zur Tamponade und damit zu unvollkommener Bauchdeckennaht zwingen, die oft außerdem die Operation selbst außerordentlich erschweren. Es können sich aber auch im Innern der Verklebungen kleine Eiterherde finden die die Operation komplizieren, während sie bei konservativer Behandlung meist wieder ganz verschwinden und resorbiert werden.

Handelt es sich um die **chronische Form** der Appendizitis, so hängt die chirurgische Indikationsstellung von dem Grade der subjektiven Beschwerden ab. Dabei spielen natürlich soziale Momente eine Hauptrolle. Aber auch die Gefahr des Akutwerdens der Krankheit ist zu berücksichtigen. So wird man sich z. B. bei einem Manne, der infolge seines Berufs oder aus anderen Gründen häufig sich auf Reisen, namentlich in wenig kultivierten Gegenden befindet, rascher zum operativen Eingriff raten, wie bei Leuten, die, in einer Großstadt lebend, jederzeit beim akuten Anfall chirurgische Hilfe haben können. Andererseits aber darf man auch nicht vergessen, daß die Appendizitis ein rezidivierendes Leiden ist, und daß man auch bei chronischen, anscheinend sehr leicht verlaufenden Entzündungen gelegentlich das Auftreten sehr schwerer akuter Anfälle auch noch viele Jahre (bis zu 20 und mehr) nach dem ersten Anfall beobachten kann. Daß außerdem auch heute noch die Operation im Intervall, d. h. im latenten chronischen Stadium, trotz aller Erfolge der Frühoperation ungefährlicher ist als letztere, dürfte kaum zu bezweifeln sein. Denn die Mortalität bei der Intervalloperation beträgt fast genau 0%, während die im akuten Stadium doch immerhin zwischen 1 und 2% ergibt.

Die **Technik der Operation** ist folgende: Schnitt durch die Bauchdecke, so daß der Mc. Burneysche Punkt dadurch getroffen wird, und zwar entweder schräg von außen oben nach innen unten ca. 10 cm lang. Oder sog. Pararektalschnitt am äußeren Rande des Musculus rectus. Der Rektus wird nach medianwärts verzogen und das Peritoneum unter dem Rektus eröffnet. Von beiden Schnittführungen gibt es mehrere Modifikationen, die darauf abzielen, die Muskeln und Nerven zu schonen. Nach Eröffnung des Bauchfells wird die Appendix aus ihren Verwachsungen gelöst, wobei man im akuten Stadium gut tut, zuvor die freie Bauchhöhle nach allen Seiten, namentlich nach unten gut mit Kompressen abzustopfen. Nach der Lösung wird das Mesenteriolum mit Arterienklemmen in zwei bis drei Abteilungen abgeklemmt und mit Catgut unterbunden. Die Appendix wird dann an der Wurzel mit Catgut unterbunden und etwa $^1/_2$ cm distal von der Unterbindungsstelle mit einer Klemme abgeklemmt und zwischen Unterbindung und Klemme durchschnitten. Aus dem Stumpf läßt sich mit einer krummen Schere die Schleimhaut leicht herausschneiden. Der stehengebliebene Serosazylinder wird mit feiner Seide zugenäht, der Stumpf in das Cökum eingestülpt und die Serosa darüber vernäht. Manche zerquetschen auch die Mucosa mit einer schweren Quetschzange, um dadurch jede Infektion zu vermeiden. Es gibt naturgemäß bei einer so zahlreich ausgeführten Operation, wie es die Appendektomie ist, eine Unzahl von Modifikationen, die hier alle zu erwähnen, ganz unmöglich ist. Es genügt, die Grundzüge der Operation zu nennen. Sind Eiterreste oder parenchymatöse Blutungen vorhanden gewesen, so muß das Bett der Appendix tamponiert werden. Bei Exsudaten ist das Vorgehen verschieden. Wir stehen auf dem Standpunkt, nur bei wirklich eitrigem Exsudat zu tamponieren, während wir seröse Exsudate, auch getrübte, nur austupfen und die Wunde ganz vernähen. Es wird das aber immer von Fall zu Fall zu entscheiden sein; allgemein gültige Normen lassen sich dafür nicht aufstellen.

Bei der Nachbehandlung legen wir, wie übrigens bei allen Laparotomien, darauf Gewicht, durch frühzeitige Anregung der Darmtätigkeit mittelst Glyzerinklistier diese in Gang zu bringen. Nach ungefähr drei Tagen verlassen die Kranken das Bett.

Coecum mobile. Mit der Appendicitis chronica sehr übereinstimmend in den Symptomen ist eine erst in den letzten 10—15 Jahren näher bekannt gewordene Anomalie des Cökums, das sog. Coecum mobile. Es handelt sich um ein stark ausgebildetes Gekröse des Cökums, das durch Verlagerung des Blinddarms in den verschiedenen Stadien der Darmfüllung zu Kotstauung oder in schwereren Fällen sogar zu Abknickungen führen kann. Die Erkrankung verläuft gänzlich unter dem Bilde der Appendizitis; bei der Operation findet man jedoch den Wurmfortsatz ganz unverändert und nur das Cökum infolge des langen Mesenteriums stark beweglich, so daß man das ganze Cökum weit vor die Bauchdecken vorziehen kann. Die Therapie besteht in der Fixierung des Cökums an das parietale Peritoneum durch Naht.

b) Andere entzündliche Erkrankungen des Dickdarms.

Die übrigen entzündlichen Veränderungen des Dickdarms sind ebenfalls in neuerer Zeit mitunter chirurgischer Therapie unterworfen worden. Einmal handelt es sich dabei um die **allgemeine ulzeröse Colitis**, welche durch Bakterien oder Amöben verursacht ist, oder um **lokalisierte** Entzündungen bakterieller Art im Cökum und in der Flexur als Prädilektionsstellen. In letzteren Fällen kann die Entzündung auch auf die Umgebung übergreifen und wird dann als Perityphilitis und Perisigmoiditis bezeichnet. Die Lokalisierung des Entzündungsprozesses gerade in diesen beiden Darmabschnitten wird einmal auf die Kotstauung in der Flexur, das andere Mal auf die Gärungszersetzung des noch flüssigen Darminhaltes im Cökum geschoben.

Bei der Typhlitis und Perityphlitis und der Sigmoiditis und Perisigmoiditis kann es in nicht seltenen Fällen zur Perforation sowohl, wie zum Übergreifen des Entzündungsprozesses auf das Peritoneum kommen, so daß wegen eitriger Peritonitis der operative Eingriff erforderlich wird.

Aber auch ohne diese Komplikation gibt es Fälle, in denen die allgemeine und lokalisierte ulzeröse Colitis durch die innere Therapie allein nicht zur Abheilung gebracht werden kann, so daß ein operativer Eingriff die Therapie unterstützen muß. Der Zweck der Operation ist der, den Darmgasen Abfluß zu verschaffen und eine bessere Durchspülung des Darms mit

Medikamenten zu ermöglichen. Dementsprechend wird bei der allgemeinen und bei der cökalen ulzerösen Colitis eine Darmfistel nach Art der Witzelschen Schrägfistel angelegt (vergl. S. 41). Statt der künstlichen Fistel kann man auch die Appendix gewissermaßen als natürliche Fistel benutzen. Die Appendikostomie wird in der Weise ausgeführt, daß man ein Stück der Appendix reseziert und den (nicht zu kurzen) Stumpf in die Bauchdecke einnäht. Von diesen Fisteln aus lassen sich dann die den Darm stark blähenden und Schmerzen verursachenden Darmgase ableiten und der Darm kann mit verschiedenen Mitteln bequem gespült werden. Auf diese Weise hat Murmury in 8 von 18 Fällen Dauerheilung und in 9 anderen Fällen Besserung erzielt. Unter 125 in New York zusammengestellten Fällen findet sich nur ein Todesfall gegen 17 Todesfällen von 50 rein intern behandelten Fällen [1]).

Bei der Sigmoiditis ist es vorzuziehen, am Colon descendens einen Anus praeternaturalis anzulegen, der guten Zugang schafft und nicht so unangenehm störend für den Kranken ist wie der Cökalafter.

Auch bei der vorwiegend auf funktioneller Basis beruhenden **Colitis membranacea** kann infolge starker Herabsetzung der Leistungsfähigkeit des Kranken operative Behandlung erforderlich werden und scheint in annähernd 50% der bis dahin rein intern und psychisch behandelten, aber nicht beeinflußten Kranken Heilung gebracht zu haben. Wenn man in diesen Fällen eine Fistel oder einen Kunstafter anlegt, so wird in der Regel nach Schluß der Fistel das Leiden rezidivieren, da es sich ja um eine vorwiegend funktionelle Erkrankung handelt. Deshalb ist bei der Behandlung der Colitis membranacea, wenn ein operativer Eingriff mangels Erfolg der internen und psychischen Therapie indiziert erscheint, die Ileokolostomie die Operation der Wahl. Das unterste Ileum wird durchschnitten, das distale Ende vernäht und das proximale Ende in den unteren Teil der Flexur eingepflanzt.

3. Geschwüre des Darms.

Schwerere Geschwürsbildungen im Darm bilden im allgemeinen keine Indikation zu chirurgischem Eingreifen. Sie können ferner im Gefolge von Lues, Aktinomykose, Typhus und endlich von Tuberkulose auftreten, ohne daß sie an sich eine Indikation zum chirurgischen Eingriff involvieren. Chirurgisch wichtiger sind von diesen einmal die Typhusgeschwüre infolge ihrer Neigung zur Perforation, und dann die Tuberkulose, die durch Narbenbildung in nicht seltenen Fällen zu Darmstenosen führen kann. Die Perforation der **Typhusgeschwüre** stellt bekanntlich eine schwere Komplikation der Krankheit vor. Die Peritonitis breitet sich infolge der Menge und Infektiosität des bei der Perforation entleerten Darminhaltes außerordentlich schnell aus und verlangt ein sehr rasches operatives Eingreifen. Über die Technik der diffusen eitrigen Peritonitisoperation vgl. S. 76 u. 78. Leider gibt jedoch auch die verbesserte Technik der Peritonitisoperationen, wohl infolge der erwähnten raschen Ausbreitung und Schwere der Infektion, bei der durch die Perforation von Typhusgeschwüren entstandenen, eitrigen Peritonitis noch recht schlechte Resultate.

Die **disseminierten tuberkulösen Darmgeschwüre** können, wenn sie vernarben, zu schweren Stenosenerscheinungen führen, die chirurgische Hilfe erfordern. Doch ist die glatte Ausheilung von tuberkulösen Geschwüren weit häufiger, wie die mit stenosierenden Narben. Man rechnet auf 100 glatt ausgeheilte Fälle etwa 15—20 mit Stenosen ausheilende. Der Sitz der Striktur

---

[1]) Zitiert nach de Quervain.

ist vorwiegend das Ileum, auch kommen die Strikturen multipel vor. Eine Prädilektionsstelle des tuberkulösen Geschwürs ist die Gegend der Ileocökalklappe und führt hier zum Ileocökaltumor, der unten näher besprochen wird.

Die tuberkulösen Strikturen des Ileum werden, wenn es technisch möglich ist, durch zirkuläre Resektion des befallenen Darmabschnittes entfernt; in der überwiegenden Mehrzahl der Fälle werden aber wohl neben der Striktur stärkere Verwachsungen vorhanden sein, die es wünschenswert machen, sowohl aus technischen Gründen als auch wegen des meist elenden Zustandes der Kranken, das Verfahren abzukürzen. Man wird sich daher in solchen Fällen mit der Ausschaltung des stenosierten Darmabschnittes begnügen, indem man zwischen zu- und abführender Darmschlinge eine seitliche Anastomose anlegt. Dasselbe Verfahren wird gegeben sein, wenn es sich um mehrere Stenosen handelt. Die Prognose der Operation ist gut.

Außer den tuberkulösen bilden namentlich auch die syphilitischen Geschwüre infolge auftretender Stenosen mitunter Veranlassung zu operativem Vorgehen, das sich technisch natürlich in der gleichen Weise gestaltet. Erwähnt sei ferner noch das Vorkommen von Stenosen nach Dysenterie und Schnürringen nach eingeklemmten Hernien.

Die isolierte Cökumtuberkulose macht dieselben Erscheinungen wie das Karzinom des Cökums. Es handelt sich eben um eine stenosierende Geschwulst, die meistens palpabel ist und sich häufig sogar erst mikroskopisch von einem Karzinom unterscheiden läßt. Es kommt jedoch nur sehr selten, im Gegensatz zum Karzinom, zu einer Obturation mit Ileus. Die Indikation zum chirurgischen Eingriff ist deshalb so gut wie nie eine Dringlichkeitsindikation, sondern die Fälle ziehen sich jahrelang hin und sterben, wenn sie nicht operiert werden, an Marasmus oder an der auf das Bauchfell übergreifenden Tuberkulose. Selbstverständlich sind derartige Kranke, bei denen die Ernährung infolge der Darmgeschwulst außerordentlich gelitten hat, der Weiterverbreitung der Tuberkulose auf Bauchfell, Lungen und andere Organe mehr ausgesetzt wie andere.

Aus diesem Grunde muß man daher den chirurgischen Eingriff dann für indiziert erklären, wenn die Diagnose eines isolierten strikturierenden Tumors des Cökums gestellt ist.

Für die Prognose und Operabilität ist es von großer Wichtigkeit, daß es sich wirklich um einen isolierten Cökaltumor handelt, denn wenn man mit Wahrscheinlichkeit annehmen kann, daß eine ausgebreitetere tuberkulöse Erkrankung des Darmes mit Ulzerationen vorliegt, so wird der Erfolg der Operation höchstens darin bestehen, daß die Stenose beseitigt ist, während das tuberkulöse Leiden seinen Fortgang nimmt. Differentialdiagnostisch ist in dieser Beziehung von Wichtigkeit, daß bei dem eigentlichen tuberkulösen Cökaltumor im Vordergrund der Darmerscheinungen die Verstopfung steht, die zeitweise mit Durchfällen abwechselt, wie wir das bei allen stenosierenden Darmerkrankungen kennen. Leidet der Kranke jedoch an fortgesetzten Diarrhöen, so ist mit Wahrscheinlichkeit eine diffuse Darmerkrankung anzunehmen. Blut, welches ja bekanntlich bei der letzten Form der Erkrankung sehr häufig auftritt, fehlt fast immer beim tuberkulösen Iliocökaltumor. Während in solchen Fällen ausgebreiteterer Tuberkulose die Operation keinen Erfolg verspricht, sind die Resultate bei der Operation isolierter Cökaltuberkulosen ganz gute zu nennen, sei es nun, daß man die Radikaloperation oder daß man eine Darmausschaltung vornimmt. Nach den meisten Statistiken sind etwa 60% dauernde Heilungen zu verzeichnen.

Die Operation des Iliocökaltumors gestaltet sich entweder als totale Resektion des Tumors, welche am besten zweizeitig ausgeführt wird. Man legt zu diesem Zwecke zunächst eine Seitenanastomose zwischen Ileum und Colon ascendens an, nachdem man den Tumor aus seinen Verbindungen stumpf herausgelöst hat und lagert den ganzen Tumor vor die Bauchwunde vor. Am nächsten oder übernächsten Tage wird der Tumor entfernt und die verbleibende Fistel dann nach 2—3 Wochen geschlossen. Es scheint jedoch, daß die einfache Darmausschaltung durch eine Enteroanastomose auch recht gute Resultate ergibt. So berichtet Conrads über 10 Fälle von Enteroanastomse beim tuberkulösen Iliocökaltumor, von denen 9 geheilt wurden und längere Zeit geheilt blieben. Jedenfalls dürfte es sich empfehlen, in denjenigen Fällen, in denen es sich um sehr heruntergekommene Kranke handelt, zunächst die Enteroanastomose zu versuchen. Später läßt sich ja dann immer noch die radikale Resektion ausführen.

4. Embolie und Thrombose der Mesenterialgefäße.

Durch Verschluß der Mesenterialgefäße kann es zum hämorrhagischen oder anämischen Infarkt (Sprengel) von größeren oder kleineren Darmabschnitten kommen. Die Schwierigkeit einer sicheren Diagnose dieses Krankheitsbildes ist sehr groß, da es im allgemeinen unter dem Bilde ileusartiger Erscheinungen mit oder ohne profuse Durchfälle beginnt. Starker kolikartiger Leibschmerz mit Erbrechen, Meteorismus und Darmsteifung sind zu Beginn die Hauptsymptome. Führt im weiteren Verlauf der Infarkt zur Peritonitis, so treten deren Symptome mehr in den Vordergrund. Mitunter wird die Wahrscheinlichkeitsdiagnose ermöglicht durch den Nachweis der Ursache der Embolie im linken Herzen oder der Aorta, häufig tritt das Leiden auch im Anschluß an starke Anstrengung, schweres Heben und ähnliches auf. Der Verlauf der Erkrankung ist äußerst akut und führt in 48 Stunden bis zu einer Woche zum Tode. Es sind jedoch auch Fälle mit mehr chronischem Verlauf, die sich über 3 und mehr Wochen hinzogen, beobachtet worden.

Die innere Therapie ist ziemlich machtlos, da die Fälle, in denen es zur Ausbildung eines Kollateralkreislaufes kommt, nach Art der Erkrankung als besonders günstige Ausnahmefälle zu bezeichnen sind. Bei der Unsicherheit der Diagnose wird im allgemeinen so frühzeitig wie möglich die Probelaparotomie vorgenommen werden müssen. Auf diese weisen ja ohne weiteres die akuten abdominalen Symptome beim Einsetzen der Ileuserscheinung zwingend hin. Bei der Operation selbst kommt es naturgemäß darauf an, ob die Ausdehnung des Infarkts die radikale Entfernung des erkrankten Darmabschnittes gestattet, die dann in der üblichen Weise vorgenommen wird. Vor allem aber wird der Zustand des Kranken dem Operateur die größte Beschränkung auferlegen. Vorlagerung des erkrankten Darms mit Kunstafter oder Abschneiden desselben und Einnähen des Stumpfes und ähnliche rasch auszuführende Eingriffe werden sich am meisten empfehlen und bessere Resultate ergeben als kunstgerechte langdauernde Resektionen. Von Kochsalzinfusionen ist ausgiebiger Gebrauch zu machen.

5. Ileus.

Der sog. paralytische Ileus kann in einer Reihe von Fällen im Gefolge von inneren Krankheiten auftreten, z. B. bei schwerer Hysterie, bei Erkrankungen des Rückenmarks (Kompressionsmyelitis) oder infolge von Resorption bakterieller Gifte. Alle diese Fälle sind im allgemeinen nicht allzu schwer zu diagnostizieren, da die Ätiologie in der Regel bekannt ist und sie indizieren deshalb zunächst keinen chirurgischen Eingriff, sondern sind interner Therapie zugänglich. Der größere Teil der Fälle paralytischen Ileus beruht aber auf Darmlähmung infolge von Peritonitis, sei es nun, daß sie in zirkumskripter Form

im Anschluß an akute Entzündung des Wurmfortsatzes, der Gallenblase etc
aufgetreten ist, oder daß es sich um eine diffuse Peritonitis handelt. Auf die
Frage des chirurgischen Eingreifens bei Peritonitis werden wir im Abschnitt
S. 78 näher eingehen.

Sehr unangenehm und von schlechter Prognose sind die postoperativen
Ileusfälle, wie sie nach allen großen Bauchoperationen sich ereignen können.
Man führt sie zurück auf Reflexwirkung im Gebiet des Nervus splanchnicus.
Die Prognose ist dabei sehr ungünstig, da therapeutisch nicht viel zu wollen ist.
Die Relaparotomie bedeutet für diese Kranken einen sehr schweren Eingriff.
Glücklicherweise ist in den letzten Jahren dieser postoperative Ileus sehr selten
geworden, nachdem wir gelernt haben, durch frühzeitige Gaben von Glyzerinklistier, sowie rechtzeitige Anwendung von Strychnin und anderen die Darmperistaltik anregenden Mitteln, die Darmtätigkeit in Gang zu bringen. Nicht
zum wenigsten trägt auch dazu bei, daß die Operierten heute nicht mehr wochenlang im Bett in absoluter Ruhelage gehalten, womöglich festgebunden werden,
sondern sich frühzeitig bewegen und nach einigen Tagen bereits das Bett
verlassen.

Der **mechanische Ileus** kann verschiedene Ursachen haben. Allen gemeinsam ist eine mehr oder weniger plötzlich auftretende Verlegung des Darmlumens an irgend einer Stelle des Darmtraktes, die zu den stürmischen Erscheinungen führt, welche wir als Ileus bezeichnen. Diese Erscheinungen sind
verschieden je nach Höhe, in welcher das Hindernis gelegen ist, d. h. je nachdem
die Verlegung des Darms in den oberen oder den mehr analwärts gelegenen
Darmabschnitten stattfindet. In den ersteren Fällen, d. h. in denjenigen, in
denen es sich um eine Verlegung des Dünndarms handelt, treten die Erscheinungen in der Regel weit stürmischer auf. Durch die Verlegung des Dünndarms tritt sehr bald ein Zurücktreten des Darminhalts in den Magen und
Kotbrechen ein, während bei der Verlegung irgend einer Stelle des Dickdarms
längere Zeit verstreichen muß, bis es zum Kotbrechen kommt, da die Dehnbarkeit des ganzen Darmrohrs ja eine verhältnismäßig große ist, so daß es sich
hierbei zunächst im wesentlichen um vollkommene Stuhlverhaltung, um das
Fehlen jeglichen Windabgangs, verbunden mit Koliken handelt. Im weiteren
Verlauf tritt jedoch auch die Erscheinung der kolikartigen Schmerzen mehr
zurück, da eine Lähmung der zentral gelegenen Darmteile auftritt. Die große
Gefahr, welche die Erkrankung an einem inneren Darmverschluß mit sich
bringt, liegt nicht sowohl in der Tatsache des Darmverschlusses
selbst und etwaiger Gefahr des Platzens, sondern in der Resorption von
Darmgiften, mögen sie nun bakterieller oder chemischer Natur sein. Und
die Mißerfolge, die so häufig bei Ileusoperationen auftreten, haben in dieser
Vergiftung des Körpers ihre Ursache, eine Vergiftung, die mit
jeder Stunde des Zuwartens mit der Operation bei bestehendem Darmverschluß größere Gefahr in sich birgt. Der Tod tritt in solchen Fällen ganz
plötzlich ein, nachdem die Leute meist sich von der Operation gut erholt haben
und scheinbar eine Rettung zu erwarten war.

Der mechanische Ileus kann einmal seine Ursache haben in der Strangulation irgend eines Darmabschnittes, sei es nun, daß diese eintritt durch Abschnürung einer Darmschlinge in einem Bruchsack oder durch Abschnürung
infolge irgendwelcher Stränge, die sich bei voraufgegangenen entzündlichen Prozessen im Peritonealraum gebildet haben. Weiterhin tritt der Ileus auf dadurch, daß eine Achsendrehung eines Darmstückes eintritt (sog. Volvulus).

Weitere Formen, in denen es zu einem mechanischen Ileus kommen kann,
sind die Fälle von Obturation des Darms, einer Verlegung des Darmlumens,
welche auftritt bei Geschwülsten oder ulzerösen Strikturen. Dieselben Folgen

können auftreten bei einem Wachsen von Tumoren der Nachbarorgane, wie Uterus- und Ovarialgeschwülsten, Tumoren der Beckenknochen und Mesenterialdrüsen etc. Auch Fremdkörper und hier insbesondere Gallensteine von beträchtlicher Größe, können zu einem plötzlichen Verschluß des Darmlumens führen.

Ein großer Teil der Fälle von Obturationsileus haben ihre Ursache in der Invagination eines Darmabschnittes in den anderen, wie sie ganz besonders häufig in der Iliocökalgegend vorkommt.

Die **Indikation zum chirurgischen Eingriff** beim Ileus hängt im wesentlichen ab von der gestellten Diagnose. Die Fälle, in denen bei internen und Nervenkrankheiten paralytischer Ileus eintritt, sind bereits kurz erwähnt. Bei ihnen wird man ein chirurgisches Vorgehen erst dann in Erwägung ziehen, wenn die internen Mittel vollkommen erschöpft sind, doch wird in solchen Fällen auf chirurgischem Wege meist wenig zu erreichen sein. Die Art der Operation muß da vollkommen abhängen von dem Befund. Handelt es sich beispielsweise um eine Paralyse des Dickdarms, so kann man durch eine Anastomose zwischen Ileum und unterem S Romanum den Dickdarm inkomplett ausschalten und dadurch Hilfe bringen. In anderen Fällen wird man sich auf die Anlegung einer Cökalfistel beschränken müssen. Die Art und Weise des Eingriffs beim peritonitischen Ileus wird weiter unten erwähnt.

Diejenigen Fälle von Obturationsileus, deren Ursache wir diagnostiziert haben, sind unter Umständen innerer Therapie zugängig. Hierher gehören die Fälle von Ileus, die auf einer Verlegung des Darmrohrs durch außerhalb desselben sitzende Entzündungen, wie die hierhergehörigen Erkrankungen des weiblichen Genitalapparates etc. zurückzuführen sind. In allen diesen Fällen, in denen wir — es soll das nochmals betont sein — die Ursache genau kennen, ist u. E. ev. ein Zuwarten gestattet. Anders jedoch, wenn ein Ileus plötzlich auftritt und die Ursache dunkel bleibt. Hier ist jede Stunde des Zuwartens verhängnisvoll und es kommt, wenn anders man das Leben des Kranken nicht in Frage stellen will, nicht sowohl darauf an, eine genaue Diagnose zu stellen, sondern rasch zu handeln. Denn der Erfolg einer jeden Ileusoperation, sei es nun, daß es sich um eine eingeklemmte Hernie oder um eine sonstige Ursache handelt, hängt im wesentlichen davon ab, daß durch rasches Vorgehen der Darm entleert wird und dadurch die Intoxikation des Körpers vermieden wird. Es ist das ein Moment, welches u. E. viel zu wenig in den Lehrbüchern betont wird, diese Intoxikation durch den stagnierenden Darminhalt. Gewiß ist beispielsweise die Gangrän eines im Bruchsack eingeklemmten Darmstückes zu fürchten, aber schließlich läßt sich bei der heutigen vorgeschrittenen operativen Technik dieser Schaden ausbessern. Man muß aber stets bedenken, daß nicht erst ein gangränöser Darm die Gifte liefert, die das Leben des Ileuskranken bedrohen, sondern daß diese Gifte auch sich bereits entwickeln in einem Darm, der noch nicht vollkommen gangränös ist, lediglich durch die Stagnation seines Inhalts. Es ist also nicht nur die Gangrän selbst, die wir zu beseitigen haben, sondern der faulige Darminhalt.

Von diesem Gesichtspunkte aus muß man auch stets bei der Operation eines Ileus, welche Ursache er auch haben möge, sein Vorgehen einrichten. **Das leitende Moment zu unserm Handeln** muß daher einmal sein, den Inhalt des Darmes möglichst rasch zu entfernen, dann aber auch die Operation so kurz wie möglich zu gestalten, denn eine lange Narkose und eine lange Abkühlung verträgt naturgemäß ein Kranker, in dessen Säftestrom bereits diese Darmgifte überzugehen begonnen haben, nicht mehr. Handelt es sich also um einen Strangulationsileus (oder Volvulus), so läßt es sich allerdings nicht

vermeiden, daß man auf das Aufsuchen des Hindernisses, mag es nun in einem
Strang oder in einer Achsendrehung bestehen, eine gewisse Zeit verwenden muß,
dann aber sollte man es sich zur Regel machen, die Feuerdisziplin zu wahren,
d. h. sich möglichste Beschränkung im operativen Vorgehen auferlegen. Leider
kommt ja auch heute noch eine große Reihe von Fällen spät zur Kenntnis des
Arztes und noch später zur Operation. Daß dann ein solcher, vielleicht bereits
24 Stunden oder mehr abgeklemmter Darmabschnitt schon gangränös ist oder
zum mindesten die Zeichen beginnender Gangrän bietet, ist nicht zu verwundern.
Am besten wird man in solchen Fällen tun, den betreffenden verdächtigen
Darmabschnitt, nachdem man die Hautwunde geschlossen, vorzulagern und ein
dickes Gummirohr in denselben einzuschieben. Einer sofortigen Resektion
oder auch nur der Anlegung einer Enteroanastomose können wir aus den
betonten Gründen nur aufs schärfste widerraten.

In den leichteren Fällen, in denen also die Sersoa des Darms noch nicht
getrübt ist, so daß wir mit Sicherheit annehmen können, daß nach der Entlastung
des Darms die Darmwand sich wieder erholt, nimmt man nach Beseitigung
des Hindernisses die Punktion des Darms vor und entleert den flüssigen, fauligem
Inhalt. Die kleine Punktionsöffnung kann man dann mit Naht wieder ver
schließen. Die Nahtstelle wird mit steriler Kochsalzlösung abgespült und
abgetupft, das etwa vorhandene Transsudat mit Tupfern abgetupft und der
Darm wieder reponiert. Hat man dabei als Ursache des Volvulus ein zu langes
Mesenterium oder Mesokolon gefunden, so muß man zu gleicher Zeit die Fixation
dieses Gekröseteiles mittelst einiger Catgutnähte vornehmen.

Unter allen Umständen sollte man vor jeder Ileusoperation den Magen
mittelst Schlundsonde entleeren resp. ausspülen. Man gewinnt dadurch
nicht nur Platz bei der Operation, sondern, was weit wichtiger ist, man vermeidet
dadurch die Aspiration fäkulenter Massen bei der Narkose. Denn die
Narkose ist bei der Operation eines Strangileus oder Volvulus unvermeidlich,
da wir hierzu unbedingt eine vollkommene Entspannung der Bauchdecken
benötigen.

Für sehr wichtig halten wir auch die Anwendung der Kochsalzinfusion
in großen Quantitäten, wie wir sie überhaupt bei jeder Bauchoperation
gern anwenden. Bei der Ileusoperation hat die Infusion von 2—4 und mehr
Litern Kochsalz intravenös noch ganz besonders den Zweck, die Reinigung
des Blutes von den resorbierten Giften zu befördern. Selbstverständlich
muß dabei zugleich die Diurese angeregt werden, weshalb man gut tut, der
Infusionsflüssigkeit Digalen (10—15 Tropfen pro Liter) oder Suprarenin (ca.
8 Tropfen pro Liter) beizufügen. Daß bei genügender Herzkraft (die selbstverständlich dabei zu beobachten ist) die große Menge von Kochsalzlösung nichts
schadet, haben wir in einem Falle von schwerem Ileus mit einer Darmgangrän
von über 1 m gesehen, dem wir innerhalb der ersten 24 Stunden p. op.
17 Liter intravenös gegeben haben.

Sehr wichtig ist ferner, daß man sofort nach der Operation mit der Anregung der Darmtätigkeit durch größere Gaben von Strychnin beginnt. Am
besten gibt man die Tagesmaximaldosis von Strychnin auf mehrere
halbe Spritzen innerhalb der ersten 3—4 Stunden verteilt.

Der Obturationsileus erfordert aus dem Grunde eine andere Behandlung, weil wir uns in diesen Fällen mit der eigentlichen Radikaloperation, d. h.
der Operation, die bezweckt, das Hindernis zu beseitigen, Zeit lassen können.
Wir müssen hier vor allem danach trachten, die Entlastung des Darms
von seinem giftigen Inhalt vorzunehmen, während die Entfernung der Geschwulst erst dann vorgenommen zu werden braucht, wenn der Kranke sich von
den Ileuserscheinungen erholt hat. Es ist das eine große Erleichterung für

die Prognose, da wir diese kleine Operation, die zur Eröffnung des Darms nötig, d. h. die Anlegung einer Darmfistel, in lokaler Anästhesie vornehmen können.

Die Eröffnung des Darms wird naturgemäß am besten vorgenommen an denjenigen Stellen, die, möglichst nahe oberhalb der obturierten Stelle, für die Anlegung der Enterostomie geeignet ist. In günstigen Fällen gelingt es dann, wenn es sich etwa um kleine Darmkarzinome handelt, diese dabei gleich vorzulagern, so daß man den Tumor schon bei der Operation oder 1—2 Tage später entfernen kann. Ist das nicht der Fall, so tut man gut, zunächst auf die Exstirpation der Geschwulst zu verzichten und den Erfolg der Enterostomie abzuwarten.

Eine besondere Stellung nimmt der Ileus ein, der auf dem Durchtritt großer Gallensteine in den Dünndarm beruht und bei dem naturgemäß in erster Linie es sich um die Entfernung des Steins aus dem Dünndarm handelt.

Wird die Obturation des Darms verursacht durch Invagination eines Darmteils in den anderen, wie sie sich hauptsächlich in der Iliocökalgegend findet, so kann man, wenn die unblutigen Mittel, die Invagination zu reponieren (hohe Eingießungen, Aufblähungen etc.), erfolglos gewesen sind, zunächst versuchen, in frischen Fällen durch Streichen und vorsichtiges Ziehen den invaginierten Darmteil zu lösen. Der in diesen Fällen meist zu lange Gekröseteil wird an der Bauchwand mit Catgutnähten fixiert, um ein Rezidiv zu vermeiden. Hat die Invagination schon länger bestanden, so sind die Verwachsungen der Serosablätter in der Regel so fest, daß eine Lösung nicht mehr möglich ist. Man muß infolgedessen wiederum darauf achten, zunächst den Darm zu entlasten und lieber die Entfernung des invaginierten Darmteils auf spätere Zeit verschieben. Erlaubt es der Allgemeinzustand des Erkrankten, so kann allerdings in diesen Fällen aus dem Grunde eine sofortige Resektion angebracht sein, weil das invaginierte Darmstück ja gangränös wird und deshalb dem Träger gefahrbringend werden kann. Man muß also bei der Operation einer Invagination stets von Fall zu Fall genau entscheiden. So sehr hoch möchten wir die Gefahr, die aus der Gangrän entsteht, deshalb nicht einschätzen, weil ja dieses gangränöse Darmstück sich im Innern des Darmrohrs befindet und, wie aus einer Reihe von Fällen bekannt ist, sich spontan abstoßen kann. Wir erblicken deshalb auch bei der Invagination die Hauptgefahr in dem toxischen Inhalt des gestauten Darmabschnittes und glauben, daß bei der Operation auf dessen Entfernung in erster Linie unser Augenmerk gerichtet werden muß.

6. Meckelsches Divertikel.

Das Meckelsche Divertikel ist ein offengebliebener Rest des Ductus omphalomesentericus (Dottergang), der sich der Lage dieses Ganges entsprechend als däumlingartige Ausstülpung des Dünndarms etwa 1 m oberhalb der Ileocökalklappe vorfindet. Diese Divertikel können durch Verwachsungen mit dem Peritoneum der Bauchwand oder mit anderer Darmabschnitte zu Strangileus führen, indem durch die gebildeten Stränge einzelne größere oder kleinere Darmabschnitte abgeschnürt werden können. Sie fordern durch die entstehenden Ileussymptome zu raschem chirurgischem Vorgehen auf. Weit seltener sind die Fälle, in denen sich in den Divertikeln vermutlich durch Abschließung gegen das Darmlumen große Cysten entwickeln, die Entfernung durch Laparotomie erfordern. Die Diagnose des Ursprungs und Sitzes dieser Cysten ist unmöglich.

7. Hirschsprungsche Krankheit.

Die Hirschsprungsche Krankheit ist eine angeborene Weite des Dickdarms und zwar meist des unteren Teils, speziell der Flexura sigmoidea. Im weiteren Sinne wird auch das erworbene Megakolon als Hirschsprungsche Krankheit bezeichnet. Als Ursache des Megakolons finden sich meist adhäsive Abknickungen oder auch Klappenbildung im Lumen des unteren S Romanum. Umgekehrt sind Knickungen und Klappenbildung als Folgezustände bei angeborenem Megakolon jetzt ziemlich ausnahmslos anerkannt. Die Symptome der Erkrankung bestehen in den Beschwerden, die durch die enorme Vergrößerung und Erweiterung der hypertrophischen Darmteile bedingt sind. In den erweiterten Darmabschnitten bilden sich durch die Stagnation und Eindickung des Kotes Kotsteine und starke Gasansammlung. Der Stuhlgang erfolgt nur alle 5—6 Tage oder noch seltener, er kann aber auch scheinbar fast regelmäßig erfolgen, doch wird dabei nur gewissermaßen der Überschuß entleert. Die durch die Bauchdecken in verschiedener Größe tastbaren Kottumoren können zu diagnostischen Irrtümern führen; diagnostisch wichtig ist auch die, durch die großen zurückgehaltenen Kotmassen bedingte Auftreibung des Leibes, die mit Ascites verwechselt werden kann und die zu Verdrängung anderer Baucheingeweide und des Herzens führt. Auch Druck auf die Ureteren ist öfters beobachtet worden. Ein wichtiges Mittel zur Sicherstellung der Diagnose ist die Röntgenaufnahme mit Kontrasteinlauf. Sie gewinnt zugleich erhebliche Bedeutung für die chirurgische Therapie, indem es nur auf röntgenologischem Wege möglich ist, den Sitz der Knickungen nachzuweisen. Bei der Laparotomie springt die unförmige Flexur sofort aus der Wunde hervor, so daß dadurch mit einem Schlag der Sitz der Knickung aufgehoben ist. Es ist aber ohne weiteres klar, daß ein chirurgischer Eingriff nur dann Erfolg versprechen kann, wenn er die Knickungen beseitigt.

Die Therapie ist zunächst eine rein interne. Durch regelmäßige Spülungen und Ölklistiere oder dauernd eingelegtes Darmrohr sind eine größere Zahl von Fällen zur Heilung zu bringen, besonders Kranke im Säuglingsalter. Beim Ausbleiben des Erfolges der inneren Behandlung ist chirurgische Behandlung am Platze. Die weitaus besten Resultate ergibt die radikalste Operation, nämlich die Resektion des erkrankten Darmabschnittes. Es ist jedoch nicht nur wegen der Unsicherheit der Naht in dem hypertrophischen und erkrankten Gewebe, sondern auch wegen des Allgemeinzustandes der Kranken, die durch Unterernährung und Vergiftung mit Darmtoxinen heruntergekommen sind, dringend zu raten, die Resektion nicht einzeitig auszuführen. Am meisten dürfte es sich wohl empfehlen, in der ersten Sitzung einen Anus praeternaturalis anzulegen und das hypertrophierte S Romanum vorzulagern. Nach einigen Tagen wird dann die Flexur reseziert und eine Spornquetsche in die restierenden Stümpfe eingelegt. Nachdem die Kommunikation zwischen zu- und abführendem Darmschenkel gelungen ist, wird der Anus wieder geschlossen. Die mehrzeitig ausgeführte Resektion hat bisher etwa 90% Heilungen ergeben. Bei einzeitiger Resektion ist der Prozentsatz entsprechend der größeren Gefahr geringer, nämlich 50—60% Heilungen. Am ungünstigsten gestaltete sich bisher die Heilungsziffer bei einfacher Darmausschaltung durch Anlegen einer Anastomose zwischen Ileum und oberem Rektum. Dabei ist jedoch zu bedenken, daß bisher diese Operationen meist ohne die erforderliche radiologische Diagnose des Sitzes der Knickungen ausgeführt worden sind, und daß daher die Annahme nahe liegt, daß die Anastomose in manchen Fällen aus Unkenntnis oberhalb der Knickung angelegt wurde. Beim Zurückbringen des Darms trat dann die Knickung sofort wieder ein und damit

bestand die Krankheit fort. Es wird aber immer Fälle geben, wo aus technischen und Gründen der Abkürzung der Operation und des Heilverfahrens die
Anastomose der Resektion vorzuziehen ist.

Ein kleinerer Eingriff bei Vorhandensein von Klappenbildung im Lumen
des Rektums oder der Flexur ist die Durchtrennung dieser Klappen mit dem
Thermokauter unter Führung des Romanoskops. Bei sekundärem Megakolon
kann durch diesen relativ kleinen Eingriff Heilung herbeigeführt werden.

Im Anfang kann nach der Ausschaltung des Dickdarms diarrhoischer
Stuhl auftreten, doch ist das nicht bedenklich, da sich die Verdauung nach
einiger Zeit von selbst reguliert.

8. Erkrankungen des Rektums.

a) Das Rektumkarzinom.

Die Rektumkarzinome kommen wohl am häufigsten vor und sind
auch der Diagnose infolge ihres Sitzes am besten zugänglich. Die Indikationsstellung zum chirurgischen Eingriff beim Rektumkarzinom ist gleichbedeutend
mit der Stellung der Diagnose. Naturgemäß kommt dabei in Frage die Ausdehnung, die das Karzinom gewonnen hat. Handelt es sich um Tumoren, die
bereits das ganze Becken ausfüllen, die also vor allem sich ausgebreitet haben
in dem pararektalen Gewebe, ohne zu besonders heftigen Stenosenerscheinungen
zu führen, wie wir sie zeitweise sehen, so hat naturgemäß auch ein chirurgisches
Vorgehen keinen Zweck, da eine Palliativoperation wegen mangelnder Stenosenerscheinungen nicht in Frage kommt und es sich lediglich um die Behebung
der durch den Druck der Tumormassen verursachten Schmerzen im Gebiete
des Nervus ischiadicus handelt. In der überwiegenden Mehrzahl der Fälle
machen auch bereits inoperable Tumoren des Mastdarms deshalb einen chirurgischen Eingriff erforderlich, weil die Beschwerden, die derartige Geschwülste
verursachen, außerordentlich große sind, Beschwerden, die durch einen verhältnismäßig leichten Eingriff behoben werden können. Die hier in Frage
kommende Operation ist die Anlage eines Anus praeternaturalis, durch
welchen die Stenosenerscheinungen behoben werden. Die schweren Tenesmen,
Blut- und Eiterabgänge verschwinden, ebenso wie die anderen Stenosenerscheinungen und teilweise auch die durch entzündliche Vorgänge in der Umgebung
des Tumors verursachten Schmerzen. Denn alle diese Beschwerden werden
ja größtenteils hervorgerufen durch den ständigen Reiz, unter dem der Tumor
steht, da fortgesetzt die dicken Kotmassen sich durch diese engen, vom zerfallenden Tumor eingenommenen Stellen hindurchzwängen.

Die Anlegung des Anus praeternaturalis in solchen Fällen geschieht am besten in
der Weise, daß man oberhalb der linken Leistengegend, etwas nach innen von der Spina
anterior und superior, einen Schnitt durch die Bauchdecken macht von etwa 10 cm Länge.
Man überzeugt sich durch Eingehen mit dem Finger von der Ausdehnung des Tumors
und zieht dann ein Stück des Colon descendens resp. der Flexura sigmoidea in die kleine
Wunde vor. Durch das Mesokolon wird stumpf hindurchgegangen und durch dieses Loch
eine Klemme oder Zange gesteckt, die, auf den Bauchdecken aufliegend, das Zurückgleiten
des vorgezogenen Darmstückes verhindert. Über das Ganze kommt ein lockerer Verband
mit antiseptischer Gaze. Nach 1—2 Tagen sind die Verwachsungen zwischen Peritoneum
und Darmserosa bereits so fest, daß man die Klemme entfernen und das Lumen des Darms
mit dem Thermokauter eröffnen kann. Diese sicherlich wenig eingreifende Operation
läßt sich ohne Schwierigkeiten in Lokalanästhesie ausführen. Muß man den Anus
praeternaturalis sofort eröffnen, so näht man am besten die Serosa des vorgezogenen Darmabschnittes mittelst einer fortlaufenden Naht an das Peritoneum an, so daß ein von vornherein sicherer Abschluß der Bauchhöhle erzielt wird. Das Lumen des Darmes wird dann
nach guter Abdeckung der Umgebung durch einen Scherenschlag eröffnet und in diese
Öffnung ein dicker Gummischlauch eingeführt, den man mit einer Schnürnaht befestigt.

Häufig sieht man, daß nach der Anlegung eines Anus praeternaturalis
die zunächst unüberwindlich erscheinenden Verwachsungen eines großen
inoperabel scheinenden Rektumtumors zurückgehen, so daß man doch nach
einiger Zeit die Radikaloperation vornehmen kann. Auch als Voroperation
wird etwa 2 Wochen vor der radikalen Operation von einer Reihe von Chirurgen
ein Anus praeternaturalis angelegt. Man vermeidet dadurch den Reiz, den
die durchpassierenden Fäces nach der Radikaloperation auf die Wunde ausüben und verhindert bestmöglichst die Infektionsgefahr der frischen Wunde.

Die Radikaloperation des Mastdarmkarzinoms wird entweder
ausgeführt in Gestalt der Resektion des Mastdarms oder in Gestalt der
Amputation des Mastdarms. Die Resektionsmethode wird angewendet bei
den hochsitzenden Mastdarmkarzinomen, bei denen die Gegend des Sphinkters
frei von Erkrankung ist, so daß man den Sphinkter erhalten kann.

Dabei gibt es im wesentlichen zweierlei Arten des Vorgehens, und zwar einmal die
Resektion per Laparotomie oder die sog. sakrale Methode, event. auch die Kombination dieser beiden. Die Resektion des Mastdarms per Laparotomie ist in der
letzten Zeit deshalb etwas in Mißkredit gekommen, da ein wirksamer Schutz der Bauchhöhle vor Infektionen, wenigstens bei den tiefer sitzenden Karzinomen bei dieser Methode
äußerst schwer durchzuführen ist. Handelt es sich um sehr kleine, wenig verwachsene
Tumoren, so kann man dieselben, nachdem man das Mesenterium von der Bauchhöhle
aus gelöst hat, durch den Sphinkter invaginieren und außerhalb des Sphinkters die Resektion vornehmen. Unter Umständen läßt sich dann eine zirkuläre Darmnaht an-
bringen oder besser noch näht man den zentralen Stumpf an den Nates fest. Durch die
Invagination erreicht man die Exstirpation des Tumors ohne Eröffnung des Darmlumens in der Bauchhöhle und vermeidet auf diese Weise möglichst eine Infektion
derselben.

Die heute am meisten übliche Resektionsmethode ist die namentlich aus der Hochen-
eggschen Klinik empfohlene und wird in Seitenlage mittelst eines Schnittes ausgeführt,
der vom Kreuzbein bis in die Nähe des Sphinkters angelegt wird. Das Steißbein wird
reseziert und von dieser Wunde aus, die genügend Platz bietet, stumpf in die Tiefe gegangen, das Bauchfell eröffnet und der Tumor stumpf gelöst. Bei Männern muß man
sorgsam auf die Prostata und die Samenblasen achten, die häufig mit dem Tumor, wenn
auch locker verklebt sind. Es wird dann, nachdem der Tumor aus seinen Verbindungen
ausgelöst, das erkrankte Darmstück aus der Wunde vorgezogen und reseziert, der zentrale
Stumpf wird durch den peripheren Stumpf, in welchem der Sphinkter erhalten ist, hin-
durchgezogen, so daß etwa 5 cm Darm aus dem Sphinkter heraussstehen, dabei ist es sehr
empfehlenswert, die Schleimhaut des peripheren Stumpfes in der Nähe seines Wundrandes
mit der Schere zu entfernen, da dann leichter Verklebung stattfindet. Der zentrale Stumpf
verwächst mit dem Wundrande des peripheren Stumpfes und das überstehende Darmende, welches gangränesziert, wird später entfernt. Die Wunde wird tamponiert, wobei
man namentlich darauf achten muß, daß auch während der Nachbehandlungsperiode stets
der Darm vom Kreuzbeinrande durch Tampons abgedrängt wird, da an dieser Stelle sonst
leicht Fistelbildung eintritt. Während der Nachbehandlung muß man darauf achten,
falls nicht ein temporärer Anus praeternaturalis angelegt worden war, daß der Stuhlgang
dünnflüssig ist, und man muß event. durch Spülungen mit Wasser für die Entfernung des
Stuhlgangs Sorge tragen.

Die Methode ist im allgemeinen empfehlenswert und auch bei einiger Übung nicht
allzu schwer ausführbar. Jedoch ist sie nur anwendbar bei gut beweglichen Tumoren,
da die Übersicht, wenn es sich um stark verwachsene Geschwülste handelt, ziemlich erschwert ist. In diesen Fällen wird man besser tun, nach dem Vorschlag von Kraske zunächst den Tumor auf transperitonealem Wege zu lösen. Man erkennt dann bei
so großen verwachsenen Tumoren nach Eröffnung der Bauchhöhle besser die Ausdehnung,
welche die Verwachsungen des Tumors einnehmen, und ob der Tumor, der ja immerhin
an der Grenze der Operabilität steht, überhaupt noch zu entfernen ist. Man löst dann
stumpf die Verwachsungen und namentlich das Mesenterium soweit, daß man den Tumor
gut vorschieben kann. Es ist bei der Exstirpation der Rektumtumoren prinzipiell von
großer Wichtigkeit, den Darm gut zu mobilisieren und man soll sich nicht scheuen, hoch
hinauf zu gehen. Die Ernährungsverhältnisse des Colon descendens sind weit besser wie
die der Flexura oder des Rektum, so daß man, wenn man das Colon descendens oder gar
das Transversum mit herabzieht, wiel veniger eine Gangrän des Darmes zu befürchten hat.
Von dem gangränös werdenden Ende des durch den Sphinkter hindurchgezogenen Darmstückes geht mitunter eine Entzündung des Beckenbindegewebes aus, welche leicht zur

Sepsis führen kann. Man muß daher häufig die Tamponade wechseln und dieses untere Darmstück mit sterilem Wasser berieseln.

Die Amputation des Rektum ist indiziert bei denjenigen Geschwülsten, welche einen mehr disseminierten Charakter haben und bei allen den weiter vorgeschrittenen Karzinomfällen, resp. solchen Erkrankungen, die auf den Sphincter ani übergegriffen haben. Man muß eben in diesen Fällen auf die Wiederherstellung der Funktionsfähigkeit des Sphinkter ani verzichten.

Die totale Entfernung des Rektum wird ganz analog den Resektionen ausgeführt, d. h. man kann entweder die Amputation vom Perineum aus machen mit event. Resektion des Steißbeins oder per Laparotomie resp. durch Kombination beider Verfahren. Die Amputation läßt sich deshalb leichter vom Perineum aus bewerkstelligen, wie die Resektion, weil man ja den Sphinkter nicht zu schon braucht, und dadurch bedeutend mehr Platz für das Operationsfeld gewinnt. Der Sphinkter wird zirkulär umschnitten und diese Wunde soweit wie nötig nach dem Steißbein zu in der Mittellinie verlängert. Dann geht man mit der ganzen Hand in die Wunde ein und löst die Verwachsungen des Darms stumpf. Man braucht dabei kaum größere Gefäße zu unterbinden, mit Ausnahme der Arteria haemorrhoidalis superior, die man am besten mit einer großen Zange faßt und durch Massenligatur abbindet. Der Darm wird möglichst hoch hinauf mobilisiert und vor die Wunde hervorgezogen. Die Mobilisierung muß soweit erfolgen, daß noch ein gutes Stück des Darmes nach Resektion der kranken Stelle aus der Wunde hervorsieht. In derselben Weise, in der es schon oben beschrieben ist, wird dann dieses zentrale Darmstück an der äußeren Haut mit einigen Nähten fixiert, die übrige Wunde wird tamponiert. Eine gewisse Möglichkeit, die vollkommen unwillkürliche Darmentleerung nach der Heilung zu vermeiden, besteht darin, daß man das Darmende um etwa 180 Grad um seine Längsachse dreht (Gersuny), doch sind die Erfolge bei Anwendung dieses Kunstgriffes sehr wechselnd.

Der Verschluß des Darms nach Amputatio recti geschieht am besten durch eine etwas zugespitzte Gummipelotte, die nach einem Gipsabguß hergestellt werden muß. Der Verschluß sitzt um so besser, je weiter man das Darmende nach hinten zu in die Wunde eingenäht hat. Bei sehr ausgedehnten Krebsen des Rektums, die namentlich auf die Drüsen des Beckenbindegewebes übergegangen sind, dürfte es sich am meisten empfehlen, von vornherein auf jede Hinleitung des Darms nach der Analgegend zu verzichten und den ganzen Mastdarm bis hoch hinauf zum S Romanum zu exstirpieren. Man wird durch dieses Verfahren am sichersten alle erkrankten Teile des Beckenbindegewebes ausräumen. Der Darm wird dann weit oberhalb des Tumors abgeschnitten und das Ende als Anus praeternaturalis iliacus an der üblichen Stelle nahe der Darmbeinschaufel eingenäht. Diese Operationsmethode ist zweifellos die bessere in bezug auf radikale Entfernung des Erkrankten, doch stößt ihre Ausführung auf die nicht zu unterschätzende Schwierigkeit, den Kranken die Sachlage vor der Operation klar zu legen. Der Anus praeternaturalis iliacus bietet uns den Vorteil, daß wir an dieser Stelle einen sehr guten Verschluß durch Gummipelotte anwenden können.

Wir möchten noch kurz erwähnen, daß bei Frauen sich die Resektion des Rektumkarzinoms, wenn es nicht allzu groß ist, mitunter leicht ausführen läßt vom hinteren Scheidengewölbe aus, in ähnlicher Weise wie man sie bei der dorsalen Methode anwendet. Nicht unerwähnt wollen wir auch lassen, daß es unter Umständen gelingt, in den seltenen Fällen, in denen ein ganz kleiner beginnender Tumor im Anfangsstadium diagnostiziert wird, diesen Tumor nach gründlicher Dehnung des Sphinkters direkt aus der Darmwunde zu exstirpieren, nachdem man sich den Darmteil mittelst Zange in den Sphinkter vorgezogen hat. Die Wunde wird dann verschorft und mit dicken Catgutnähten vernäht, allein sehr empfehlenswert scheint uns diese Methode nicht zu sein, da man die Ausdehnung solcher kleiner Tumoren bei dieser Operationsmethode gar nicht beurteilen kann und es dann doch leicht passiert, daß in der Tiefe Geschwulstreste zurückgeblieben sind, die zum Rezidiv führen.

Was die Resultate der Mastdarmexstirpation anbetrifft, so geht bei der Gefährlichkeit der Operation ein großer Prozentsatz im Anschluß an die Operation zugrunde. Man kann nach den meisten Statistiken zwischen 10 bis 20% Operationsmortalität rechnen. Die Dauerresultate schwanken ebenfalls um 20% bei den meisten Autoren, wenn man ein dreijähriges, rezidivfreies Überleben als Dauerresultat ansieht.

In neuerer Zeit spielt die Nachbehandlung nach Karzinomoperationen mittelst Röntgenstrahlen eine große Rolle. Es scheint, daß die Wirkung

der Röntgenstrahlen auf die frische Wunde gute Erfolge ergibt, so daß
wir die Bestrahlung der frischen Wunde nach Karzinomoperationen glauben
empfehlen zu können. Es ist ja klar, daß die Strahlen da besser wirken können,
wo sie nicht erst die Haut zu durchdringen brauchen. Die Anwendung der
hohen Röntgendosen mit starker Filterung hat gerade auf diesem Gebiete in den letzten Jahren Erhebliches geleistet, so daß doch schon eine Reihe
von Fällen inoperabler Rektumkarzinome, die durch die Strahlenbehandlung klinisch geheilt worden sind, in der Literatur bekannt wurden. Wir
haben erst kürzlich einen derartigen Fall gesehen, der von uns lange Zeit mit
Röntgen behandelt worden ist. Es bildete sich allmählich eine sehr hochgradige Striktur heraus, die die Resektion erforderlich machte. Die mikroskopische Untersuchung des resezierten Darmstückes ergab nur noch ganz
spärliche Inseln einzelner Karzinomreste. Die Kombination von
Röntgen- und Radiumbehandlung ist bei den Rektumtumoren wohl auch
recht empfehlenswert, doch halten wir die Röntgentherapie der Radiumtherapie
allein aus verschiedenen Gründen für überlegen. Es ist das aber ein ganz subjektives Urteil, die Methoden sind noch zu neu und erst in der Entwicklung begriffen, als daß man eine abschließende Kritik ausüben könnte.

b) Rektumstenosen.

Die Verengerungen des Rektums beruhen, abgesehen von den angeborenen
Fällen, zum weitaus größeren Prozentsatz auf syphilitischen Erkrankungen,
ein Teil auf Gonorrhöe, Dysenterie und sind in seltenen Fällen auch die Folge
von tuberkulösen Prozessen. Die mechanische Dilatation dieser Strikturen
mit Bougies von Metall oder Gummi ist nur dann von Erfolg begleitet, wenn
die Schleimhaut größtenteils erhalten ist. Fehlt dieselbe oder ist sie sonst sehr
schwer verändert, so hat die Dilatation nur einen vorübergehenden Erfolg,
indem sie zeitweise die Kotstauung beseitigt. Die Narben haben jedoch die
Tendenz, sich stets wieder zu verengern und es treten deshalb sehr bald wieder
Rezidive auf. Die immerhin starken Beschwerden, welche die Kranken, die
mit solchen Mastdarmstrikturen behaftet sind, von ihrem Leiden haben, welche
analog den karzinomatösen Strikturen in sehr schweren und schmerzhaften
Tenesmen und Eiterstuhlabgang bestehen, nötigen daher in denjenigen Fällen,
in denen man mit der Bougierung nicht zum Ziele kommt, zu einem operativen
Vorgehen. Am radikalsten ist die Exstirpation der Striktur resp. die Resektion
des Mastdarms, die in der oben beschriebenen Weise ausgeführt werden kann.
Die Resultate der Resektion bei den Strikturen sind im allgemeinen
wesentlich günstiger wie die derselben Operation beim Karzinom,
was wohl größtenteils der hier fehlenden Kachexie zuzuschreiben ist. Immerhin
bleibt die Operation ein großer Eingriff, den man hauptsächlich für diejenigen
Fälle in Anwendung bringen sollte, bei denen die Striktur den unteren Teil
des Mastdarms einnimmt. In den Fällen, in denen derbe Entzündungsprozesse
um den Mastdarm herum und hinauf nach der Flexur zu die Mobilisierung der
Flexur unmöglich machen, kann man eine Anastomose anlegen zwischen dem
oberen Teil der Flexur und dem Rektum unterhalb der Striktur. Sind die
Verwachsungen sehr derb, so daß man auch diese Operationsmethode nicht anwenden kann, und an den unteren Rektumabschnitt nicht heran kann, oder
liegen ausgedehnte periproktische Eiterungen vor, so bleibt nichts übrig, als
die Anlegung eines Anus praeternaturalis oberhalb der Striktur an der Darmbeinschaufel. Man verzichtet dadurch allerdings auf die Erhaltung der Kon-
tinenz, aber immerhin dürfte u. E. dieser Zustand den Beschwerden, die die
Kranken von ihrer Stenose haben, doch vorzuziehen sein. Man hat geglaubt,

nach der Anlegung des Anus praeternaturalis, speziell in den Fällen syphilitischer Strikturen, durch antiluetische oder durch spezifische Behandlung der Striktur dieselbe beseitigen zu können, so daß man hoffte, später den Anus praeternaturalis wieder schließen zu dürfen, leider pflegen sich diese Erwartungen in den seltensten Fällen zu erfüllen.

Daß es bei dieser Art hochgradiger Striktur des Rektums, ebenso wie bei Verengerungen karzinomatöser Natur zu Ileuserscheinungen kommen kann, braucht wohl kaum erwähnt zu werden. Es kommt jedoch auch vor, daß bei länger bestehender Verengerung am Mastdarm eine langsam sich entwickelnde Perforation oberhalb der strikturierten Stelle eintritt, und daß es infolgedessen zu Abszessen und Eiterungen im kleinen Becken kommt. Diese sind meist abgekapselt und müssen natürlich mit dem Messer eröffnet werden.

c) Gonorrhöe des Rektum.

Bei der gonorrhoischen Erkrankung des Rektums ist die lokale Behandlung mittelst Anwendung des (S. 53) erwähnten Romanoskops häufig von Erfolg begleitet. Abgesehen von der Behandlung mit Adstringenzien ist die Einblasung von Bolus alba mit einem schwachen Höllensteinzusatz durch das Romanoskop zu empfehlen. Bei tief sitzender Erkrankung läßt sich diese Bolustherapie in einfacherer Weise auch dadurch bewerkstelligen, daß man das Präparat in Gelatinekapseln, die, bis zu 5 g haltend, in der Veterinärmedizin gebraucht werden und daher vorrätig sind, einschließen läßt. Diese Kapseln können sich die Patienten dann selbst in den Mastdarm einführen, wo sie sich auflösen und das Mittel zur Wirkung bringen.

d) Proktitis und Periproktitis.

Proktitis und Periproktitis. Die nicht spezifischen Entzündungen des Mastdarms sind nur dann Gegenstand chirurgischen Eingreifens, wenn sie auf das periproktale Gewebe übergreifen und zu Abszessen (periproktitische Abszesse) führen. Die Abszesse können in den ischiorektalen Raum hinaufgehen und sind dann wegen der Gefahr der Pyämie besonders gefährlich. Breite Inzisionen und Gegeninzision sind sobald wie möglich vorzunehmen. Auch die einfacheren submukösen Abszesse sind nicht ungefährlich, da ihre weitere Ausbreitung in dem lockeren Gewebe ziemlich rasch vor sich geht. Diese periproktitischen Abszesse können auch aus anderer Ursache entstehen, durch Entzündung von Hämorrhoiden und gar nicht selten infolge Durchtretens von spitzen Fremdkörpern, die verschluckt worden waren, namentlich von Fischgräten.

9. Krankheiten des Anus.

a) Fisteln.

Die Anusfisteln entwickeln sich am häufigsten aus derartigen Abszessen und die früher sehr verbreitete Ansicht, daß die Analfisteln fast immer tuberkulösen Ursprungs sind, ist in neuerer Zeit verlassen. Auch die Analfistel lassen sich am besten einteilen in submuköse und ischiorektale Fisteln. Die ersteren kriechen unter der Mucosa nach oben oder umgekehrt von oben nach unten und außen. Je nachdem sie einerseits die Schleimhaut, andererseits die äußere Haut erreichen und durchdringen, spricht man auch von kompletten und inkompletten Fisteln. Alle Fisteln sind unbedingt Sache exakter chirurgischer Therapie, Als Grundsatz bei der Operation gilt in erster Linie, jede Fistel, wenn sie nicht komplett ist, durch Durchstoßen der Schleimhaut in eine komplette zu verwandeln. Dann wird die Fistel in ihrer ganzen Ausdehnung gespalten, die Wundränder auseinander gezogen und unter sorgfältigem Abtupfen nach den sehr häufig von der Hauptfistel abzweigenden seitlichen Fistelgängen gesucht, die, wenn vorhanden, ebenso breit gespalten werden müssen.

Im allgemeinen lassen sich die weit häufigeren submukösen Fisteln ohne Durchtrennung des Schließmuskels spalten, da sie eben unter der Schleimhaut verlaufen. Die ischiorektalen Fisteln perforieren in der Regel zwischen Sphincter internus und externus, so daß bei deren Spaltung allerdings der Externus durchtrennt werden muß, der Internus aber unberührt bleibt. Nur in seltenen Fällen wird es erforderlich werden, auch den Internus zu spalten. Bei der Spaltung des Sphinkters muß man scharf darauf achten, daß die Muskelfasern genau quer und nicht schräg durchtrennt werden. Dann ist im allgemeinen erfahrungsgemäß ein Eintreten der Inkontinenz nicht zu befürchten, namentlich wenn nur der Externus durchtrennt worden ist. Nach Durchtrennung des Internus kann allerdings auch bei querer Durchtrennung in Ausnahmefällen Inkontinenz eintreten. Einfache, nicht oder nur sehr gering durch Seitengänge komplizierte Fisteln lassen sich in toto exstirpieren. Es wird zu diesem Zwecke die in den Fistelgang eingeschobene Sonde mitsamt der Wandung des Ganges herauspräpariert und damit die Möglichkeit einer primären Naht geschaffen, die natürlich, wenn sie gelingt, den ganzen Heilverlauf ganz wesentlich abkürzt. Nur muß durch exakte Catgutnaht jegliche Taschenbildung vermieden werden. Bei der Spaltung und Ausschabung der Fisteln ist die Nachbehandlung oft sehr langwierig und kann Wochen und Monate dauern, da man stets die ganze Wundhöhle breit und fest austamponieren muß, um eine Heilung aus der Tiefe heraus zu ermöglichen.

b) Hämorrhoiden und Fissuren.

Hämorrhoiden sind namentlich im Anfangsstadium durch interne Medikation sehr häufig gut zu beeinflussen resp. in Heilung überzuführen. Wachsen jedoch die Knoten trotzdem, so entzünden sie sich leicht und können auch zur Abszeß- und Fistelbildung Veranlassung geben. Der chirurgische Eingriff ist indiziert, sobald die Beschwerden durch innere Mittel nicht behoben werden können und gibt im allgemeinen eine sehr gute Prognose.

Die einfache Abbindung der Knoten hat nur dann Sinn, wenn es sich um vereinzelte Knoten handelt. Sind diese Einzelknoten nicht zu groß, so lassen sie sich in einfacher Weise, wenn sie äußerlich gelagert sind, durch die Glühschlinge (weißglühend), wie man sie auch zur Entfernung von Nasenpolypen verwendet, entfernen. Bei größeren Knoten und namentlich denjenigen, die sich in das Innere des Darmrohrs erstrecken, wird teils das Abbrennen, teils das Abnähen der Knoten geübt. Während man aber zu den genannten kleineren Eingriffen lokale Anästhesie anwenden kann, ist bei der Operation stärkerer Hämorrhoiden die Narkose schwer zu umgehen. Das Wichtigste ist bei diesem Eingriff die Dehnung des Sphinkters, die, unterlassen, die Ursache von Rezidiven darstellt. Man geht zu diesem Zwecke mit beiden Zeigefingern in den Anus ein und dehnt den Muskel kräftig nach allen Seiten, bis die Spannung nachläßt. Dann faßt man die einzelnen Knoten, die durch die Dehnung besser sichtbar geworden sind, mit einer Klemme, zieht sie vor und legt an ihrer Basis radiär zur Analöffnung eine einfache Kochersche Arterienklemme an. Unter dieser Klemme wird dann mit Catgut eine fortlaufende Naht angelegt, der Anfang und das Ende werden zusammengezogen und miteinander verknüpft, während man die Klemme abnimmt. Vor dem Abnehmen der Klemme durchschneidet man den abgeklemmten Hämorrhoidalknoten, auf dieser mit einem scharfen Messer entlang fahrend. Auf diese Weise kann man einen ganzen Kranz von Hämorrhoiden ohne wesentliche Blutung abtragen. Andere klemmen die Knoten in ähnlicher Weise mit der breiten Langenbeckschen Zange ab und brennen sie mit dem Thermokauter auf der Zangenfläche weg. Wir bevorzugen die erste Operation, da Nachblutungen dabei so gut wie ausgeschlossen sind und die Heilung rascher von statten zu gehen scheint. Nach beiden Operationen ist Einlegen eines mit Gaze umwickelten Gummirohrs und 3 Tage Opiumgaben (3 mal 6—10 Tropfen) erforderlich. Am vierten Tage Öleinlauf.

Ganz ähnliche Beschwerden wie die bekannten Hämorrhoidalbeschwerden verursachen die Fissuren der Analschleimhaut: stechenden bohrenden, Schmerz bei der Defäkation und Blutungen, die zum Unterschied von ersterem

Leiden jedoch sehr gering sind. Die beste Therapie ist die Dehnung des Sphinkters in der Narkose, wie sie oben beschrieben worden ist. Auch die Inzision und Exzision der Fisteln wird noch häufig ausgeführt.

III. Krankheiten des Peritoneums.

1. Peritonitis acuta.

Die akute Bauchfellentzündung kann einmal seröser Natur sein, andererseits eitriger, wobei sie sich diffus über das ganze Bauchfell ausbreiten oder, zu Abkapselungen neigend, mehr lokal auf bestimmte Prädilektionsstellen des Bauchraums beschränkt bleiben kann.

a) Peritonitis acuta bei Appendizitis.

Das Hauptkontingent der zur Beobachtung und chirurgischen Behandlung kommenden Peritonitiden stellt die bei der Appendizitis auftretende Bauchfellentzündung dar. Wie schon oben (S. 56) auseinandergesetzt wurde, besteht so ziemlich bei jedem schwereren Appendizitisanfall eine mehr oder weniger starke peritoneale Entzündung. Diese Entzündung des in der Nähe der Appendix gelegenen Peritoneums kann auf die Ileocökalgegend beschränkt bleiben oder auch auf weitere Teile des Bauchfells übergreifen. Durch die Entzündung wird der Erguß verursacht, der rein serös bis serös-eitrig sein und zu fibrinösen Auflagerungen auf den Därmen Veranlassung geben kann. Diese Transsudate bilden sich, bei nicht operativer Behandlung der Appendizitis zurück und führen unseres Erachtens nicht zur Abszeßbildung. Der Beweis dafür ist experimentell gegeben, wenn derartige Wurmfortsatzerkrankungen im Anfall operiert werden. Es ist in diesem Fall gänzlich überflüssig zu drainieren oder zu tamponieren. Tupft man nach Möglichkeit das Transsudat aus, so geschieht das mehr deshalb, um der späteren Bildung von Verwachsung etwas entgegenzuarbeiten, als daß man glaubt, durch diese Maßnahmen das Transsudat hinreichend entfernen zu können. Auch wenn man das Austupfen unterläßt, tritt keine eitrige Peritonitis auf aus dem einfachen Grunde, weil es sich bei der Bildung des Transsudats nicht um einen septischen Prozeß an sich, sondern um eine Abwehrmaßregel des Körpers gegen den septischen Prozeß in der Appendix handelt.

Ganz anders gestalten sich die Verhältnisse, wenn der Wurmfortsatz perforiert. Hier greift der septische Prozeß selbst auf das Peritoneum über, die in dem Eiter der Appendix enthaltenen Bakterien vermehren sich auf dem günstigen Nährboden, den das Transsudat ihnen bietet, sehr rasch und bedingen das schwere Krankheitsbild, das wir bei der diffusen eitrigen Perforationsperitonitis kennen, wenn anders ihrer Ausbreitung nicht durch bestehende oder schon gebildete Verwachsungen ein Ziel gesetzt ist, so daß der Eiter sich nur lokal ausbreiten kann.

Wenn nun die seröse oder sero-fibrinöse Peritonitis acuta an sich keine strikte Indikation zum chirurgischen Eingriff gibt, so ist derselbe bei der eitrigen Perforationsperitonitis absolut indiziert. Nur kann die Differentialdiagnose zwischen beiden mitunter ganz außerordentlich schwer sein. In einem sehr großen Prozentsatz der Fälle wird nur derjenige dazu befähigt sein die beiden Peritonitisformen auseinanderzuhalten, der über sehr große Erfahrung verfügt. Denn die Schulzeichen sind schon bei der Peritonitis an sich häufig verwischt, noch mehr aber bei der eitrigen Peritonitis unsicher. Deshalb ist es im Interesse des Kranken zweifellos besser gehandelt, wenn man in ehrlicher Selbsterkenntnis die Indikation weiter stellt, als daß eine eitrige Peritonitis nicht frühzeitig der Operation zugeführt wird. Denn daß eine perforierte Appendizitis so frühzeitig wie irgend möglich der Operation unterworfen werden muß, darüber dürften die Meinungen heute wohl kaum mehr auseinandergehen. Denn zweifellos ergibt die chirurgische Behandlung einer frisch perforierten Appendizitis heute recht zufriedendestellen Resultate, während der Verlauf der Erkrankung, wenn man abwartet, immerhin ein recht zweifelhafter ist, da man es nicht in der Hand hat, die weitere Entwicklung im Sinne der Abszeßbildung etwa zu beeinflussen. Und nur dann könnte ja ein Abwarten Zweck haben, wenn wir sicher erwarten können, die Erkrankung in das Abszeßstadium überzuführen und dann den abgekapselten Abszeß durch einen relativ kleinen chirurgischen Eingriff zur Ausheilung zu bringen. Allein die Beurteilung, ob eine Perforation tatsächlch auf eine lokale Entzündung des Bauchfells beschränkt bleiben wird, ist außerordentlich schwer resp. unmöglich. Sehen wir doch oft Fälle, in denen erst nachträglich sich herausgestellt hat, daß, abgesehen von dem von vorherein diagnostizierten Abszeß in der Blinddarmgegend, sich noch andere Abszesse in der Milzgegend und im subhepatischen Raum finden, Fälle, in denen anscheinend die Perforation einen rein lokalen Sitz hatte. Es ist deshalb u. E. durchaus falsch, wenn von Zeit zu Zeit darauf hingewiesen wird, daß die Appendicitis perforativa abwartend behandelt werden soll, da man die Aussicht hat, daß es zu einer abgesackten Abszeßbildung kommt und da dann der chirurgische Eingriff ein weit leichterer wäre wie die radikale Operation sofort nach der Perforation. Warten wir doch auch heutzutage bei der eingeklemmten Hernie nicht ab bis es zu einem Kotabszeß kommt, den wir dann durch einen kleinen Schnitt eröffnen können, obgleich wir nicht leugnen können, daß in einer Anzahl von Hernieneinklemmungen dieser relativ günstige Ausgang eintreten kann. Eine frisch perforierte Appendizitis soll deshalb unter allen Umständen dem Chirurgen zugewiesen werden, wenn die örtlichen Verhältnisse irgend die Möglichkeit dazu bieten.

Anders verhält sich die Indikationsstellung, wenn wir einen Appendizitisfall vor uns haben, der nach Anamnese und Befund offenbar schon einen Tag oder länger perforiert ist und bei dem wir nach eingehender Untersuchung die Überzeugung gewonnen haben, daß es sich um einen lokalen Prozeß handelt. Die Perforation zeigt sich meistens dadurch an, daß die Temperatur sinkt und die Schmerzhaftigkeit nachläßt, um wenige Stunden nach dieser scheinbaren Besserung wieder aufzutreten, zugleich mit erneutem Temperaturanstieg. Häufig treten zu gleicher Zeit Durchfälle auf oder Tenesmen. Auf die allgemeinen Zeichen einer Darmperforation, die im wesentlichen durch den Kollaps gekennzeichnet sind, ist hier nicht der Ort einzugehen, doch möchten wir nicht unterlassen darauf hinzuweisen, daß diese Zeichen bei den Patienten mit Appendizitis mitunter auch fehlen und auch meist fehlen deshalb, weil die Kranken oft schon vorher bettlägerig gewesen sind. Hat die Perforation stattgefunden, so läßt sich über der ganzen Iliocökalgegend eine starke Spannung der Muskulatur nachweisen, verbunden mit heftigem Druckschmerz — die Zeichen einer lokalen Peritonitis —. Der Puls ist frequenter, wie die oft nicht besonders hohe Temperatur das eigentlich bedingte, die Zunge trocken. In diesen Fällen ist es schwer, objektiv die Grenze zu ziehen, wann ein chirurgischer Eingriff indiziert ist oder nicht. Es wird auch die Entscheidung im wesentlichen davon abhängen, ob man über gute chirurgische Hilfe verfügt oder nicht. In letzterem Falle ist es zweifellos empfehlenswerter, abzuwarten bis der lokale Prozeß vollkommen abgekapselt ist, d. h. bis wir eine scharfe, satte Dämpfung in der Iliocökalgegend perkutieren können, denn dann ist — es wird dieser Zustand etwa 2—3 Tage nach der vermutlichen Perforation erreicht sein — der chirurgische Eingriff ein kleiner und kann unter Umständen auch ohne Assistenz in Lokalanästhesie ausgeführt werden. Wir selbst stehen auf dem radikalen Standpunkt, auch in diesen Fällen die radikale Operation zu machen, und zwar unter Lösung der Verwachsungen durch die freie Bauchhöhle hindurch und haben unter 25 mit unserer Methode operierten Fällen keinen Todesfall erlebt. Allein, wie gesagt, dieser radikale Standpunkt ist nur dann berechtigt, wenn man alle chirurgischen Hilfsmittel zur Verfügung hat und entsprechend geschulte chirurgische Hilfskräfte.

Ungefähr dieselbe Indikationsstellung möchten wir auch für die Fälle befürworten, in denen eine Perforation allem Anschein nach nicht lokal begrenzt geblieben ist, sondern in denen offenbar der Erguß sich über die ganze Bauchhöhle verbreitet hat. Wir haben in diesen Fällen die vorhin genannten Zeichen der Peritonitis diffusa über die ganzen Bauchdecken nachgewiesen: eine brettharte Spannung des Leibes, verbunden mit Druckempfindlichkeit, der Leib ist meistens diffus aufgetrieben, häufig jedoch direkt eingezogen, die Zeichen des Kollapses treten noch stärker hervor wie bei der lokalen Peritonitis, meistens besteht Erbrechen, die Zunge ist trocken, der Puls äußerst frequent. Auch hier handelt es sich darum zu entscheiden, ob voraussichtlich die Perforation schon mehrere Tage alt ist oder ob sie erst vor wenigen Stunden eingetreten ist. Bei frischer Perforation ist u. E. die operative Behandlung die einzig mögliche, während eine Perforation, die schon mehr als 3 × 24 Stunden bestanden unter Umständen durch mehr konservativere Behandlung eher zur Heilung geführt werden kann wie durch die radikale Operation. Denn es handelt sich in diesen Fällen wohl in erster Linie mit darum, die toxischen Stoffe, welche durch die Eiterung in den Säftestrom des Körpers übergegangen sind, zu entfernen, während die Eiterherde selbst nur dann zu rascher Entfernung drängen, wenn man annehmen kann, daß dieselben nicht vollkommen abgeschlossen sind und von ihnen aus immer noch starke Resorption von Giften stattfindet. Es scheint uns aber, daß in solchen veralteten Fällen, die mehr als drei Tage alt sind, der Eiter derartig abgekapselt ist, daß er wohl die Entfernung heischt, daß aber andererseits der Körper eines derartig Erkrankten durch die resorbierten Gifte bereits derart heruntergekommen ist, daß er eine radikale Operation nicht mehr aushält, sondern daß wir in solchen Fällen in erster Linie danach trachten müssen, mittelst intravenöser Infusionen und anderer Mittel die Körperkräfte zu heben, ev. die dann meistens vorhandene Darmparalyse durch Kolostomie zu beseitigen. Selbstverständlich wird an den Stellen, an denen man an die abgesackten Eiterherde herankommen kann, der Eiter durch kleine Inzisionen zu entfernen sein. Denn nach allen Statistiken sind die Fälle von eitriger diffuser Peritonitis, die nach dem 2.—3. Tage operiert worden sind, fast stets ungünstig verlaufen, was ja auch nicht wunderbar ist wenn man bedenkt, eine wie schwere Schädigung die Resorption von größeren Mengen von Eiter aus der Bauchhöhle für den Kranken mit sich bringen muß, wobei in diesen Fällen noch die Schädigung durch den paralytischen Ileus hinzuzurechnen ist. Das eigentliche chirurgische Vorgehen bei solchen desperaten Fällen von eitriger Peritonitis wird sich also darauf zu beschränken haben, den genauen physikalischen Nachweis vorhandener Eiterherde zu führen und dieselben sicher zu umgrenzen. Alsdann wird in Lokalanästhesie der Abszeß ebenso eröffnet wie jeder andere intraabdominelle Abszeß, d. h. man geht zunächst scharf durch die Bauchdecken hindurch und eröffnet dann mit einem spitzen Schieber den unter dem Peritoneum nachweisbaren Abszeß.

Ist die vermutliche Perforation noch nicht drei Tage alt, so dürfte
es sich unter allen Umständen empfehlen, die radikale Operation vorzunehmen. Denn wenn auch die Erfolge der einzelnen Autoren schwanken,
so kann man doch, wenn man die ganzen Statistiken dieser viel umstrittenen
Frage übersieht, ungefähr eine Mortalität von 20—30% als Durchschnitt für
die Operation der diffusen Peritonitis rechnen, wenn sie im Verlauf der ersten
drei Tage nach der vermutlichen Perforation vorgenommen wurden. Dieser
Prozentsatz verschiebt sich jedoch ganz enorm, wenn man über die ersten drei
Tage hinausgeht. Andererseits sind aber die Fälle, die nicht operiert werden,
doch im allgemeinen wohl als verloren zu betrachten und es ist nur
ein Glücksfall, wenn einmal der eine oder andere diese schwere Erkrankung
übersteht. Und auch nur unter diesem Gesichtspunkte möchten
wir die voraufgegangenen Erörterungen über die mehr konservative Therapie bei vorgeschrittenen Peritonitisfällen aufgefaßt
wissen, da wir bei Fällen, die diesen schweren septischen Zustand 3—4 Tage
und länger ausgehalten haben, eben eher auf einen Glücksfall rechnen können,
während andererseits die radikal-operative Therapie in diesen desolaten
Fällen nichts mehr leistet, so daß wir auch bei aktivem Vorgehen nur
auf einen Glücksfall rechnen könnten. Unter diesen Umständen aber ziehen
wir das mehr konservative Verfahren vor.

Die Resultate der Radikaloperation bei Peritonitis sind, wie gesagt, noch
schwankend und es ist die Meinung der Chirurgen bisher noch geteilt, ob man
dem sog. trockenen oder dem Spülverfahren den Vorzug geben soll. Die Erfolge
werden wohl in der Hauptsache davon abhängen, auf welches Verfahren der
betr. Operateur besonders eingeübt ist. Denn daß man sich in jede Methode
hineindenken und einarbeiten muß, ist ja ohne weiteres klar. Wir
selbst haben früher mehr das trockene Verfahren bevorzugt und sind in den
letzten Jahren zur Spülung übergegangen, womit wir entschieden erheblich
bessere Resultate erzielt haben. Wir glauben aber, daß es an sich schon falsch
ist, von einer Spülmethode zu reden, denn die „Spülung" des Leibes an
sich ist u. E. von geringerer Wichtigkeit als die ganze übrige Art der
Operation und Nachbehandlung.

Um die beiden Verfahren kurz zu skizzieren, so beruht u. E. der Vorzug der von
Rehn und Nötzel inaugurierten Spülmethode auf der Art der Drainage. Bei dem „trok-
kenen" Verfahren wird der Eiter durch Austupfen der Bauchhöhle aus den verschiedenen
Gegenden entfernt, es werden an die Stellen, wo hauptsächlich Eiterabsackungen sich
befinden, Gegeninzisionen angelegt und an diesen verschiedenen Stellen mit Gaze oder
Röhren drainiert. Bei dem „nassen" Verfahren (nach unserer Methode) eröffnen wir den
Leib nur von einem Schnitte aus und müssen dann selbstverständlich, da wir nicht die
ganze Leibeshöhle übersehen können, unter Leitung der Hand einen Schlauch überallhin,
also vornehmlich auch in die subphrenischen Räume und in das kleine Becken hinein-
führen und alle Teile der Leibeshöhle gründlich ausspülen. Wir können diese Reinigung
des Leibes deshalb nicht trocken vornehmen, weil wir Wert darauf legen (wegen
der Drainage), nur einen Schnitt anzulegen und wir von diesem einen Schnitt aus die
sämtlichen Höhlungen des Leibes nicht übersehen können. Außerdem erscheint uns auch
gerade von diesem Gesichtspunkte aus das weiche Ausspülen mit warmer Kochsalzlösung
als schonender für die Serosa des Darms als wie das Auswischen mit Gaze. Die Drainage
des Bauches wird bei unserer nassen Methode in der Weise vorgenommen, daß nach der
Reinigung des Leibes vom Eiter der Schnitt bis auf den unteren Wundwinkel vernäht wird
und dann wird von diesem kleinen Loche aus der Leib mit physiologischer Kochsalzlösung gefüllt. Durch das Loch wird dann ein unten geschlossenes Glasrohr von
ca. 2—3 cm Durchmesser bis tief in das kleine Becken hinein eingelegt. Diese Glasrohre
sind leicht gebogen und ihre Wände sind mit kleinen, 1 mm Durchmesser haltenden Löchern
versehen. In das Glasrohr wird Vioformgaze fest eingestopft und dann kommt auf den
Leib ein Verband von Kompressen. Daß diese Art der Drainage eine wirksame ist, erhellt
daraus, daß in den nächsten 2—3 Tagen nach der Operation die Kompressen häufig gewechselt werden müssen, da sie vollkommen durchnäßt sind. Wir glauben also, daß infolge
der Füllung des Leibes mit Kochsalzlösung eine Verklebung der Därme für 2—3 Tage

wenigstens verhindert wird und daß daher tatsächlich auf diese Weise eine wirksame Drainage der Bauchhöhle ausgeübt werden kann. Gerade an der Art der Drainage scheitern die meisten Versuche einer wirksamen Behandlung der eitrigen Bauchfellentzündung, sobald es sich nicht um vollkommen abgesackte Abszesse handelt. Denn das Peritoneum hat ja das intensive Bestreben, mit seinen Flächen aneinander zu kleben, so daß man schon häufig während einer Operation Verklebungen von Darmschlingen infolge des Reizes, der bei einer Operation auf sie ausgeübt wird, eintreten sieht.

Die Entfernung des Eiters muß naturgemäß zunächst eine sehr gründliche sein, sei es nun, daß man das trockene oder das nasse Verfahren bevorzugt. Man muß auf alle Fälle besonders die subphrenischen Räume revidieren, wo sich gern der Eiter ansammelt; denn die öfters nach Peritonitisoperationen entstehenden subphrenischen Abszesse sind u. E. nicht die Folge der Operation insofern, als man etwa durch diese Manipulation den Eiter in diese Räume hineinbringt, sondern sie sind die Folge mangelhaften Vorgehens bei der Operation, indem es sich eben um zurückgebliebenen Eiter in diesen Gegenden handelt.

Das zweite Erfordernis bei der Peritonitisoperation ist die Entfernung der Quelle der Eiterungen, d. h. bei der perforativen Appendizitis die Entfernung des Wurmfortsatzes, bei den übrigen Peritonitiden die Versorgung der betreffenden Perforationsstelle.

Außerordentlich wichtig ist die Nachbehandlung der operierten Peritonitisfälle. Zunächst einmal erscheint es uns von großem Wert, ebenso wie bei den Ileusoperationen mit der Infusion physiologischer Kochsalzlösung nicht zu sparen. Schon während der Operation gibt man am besten eine intravenöse Infusion von 2—3 Litern unter Zusatz von 15 Tropfen Digalen oder 8 Tropfen Suprarenin. Während der nächsten Tage müssen diese Infusionen öfters wiederholt werden und man braucht dabei durchaus nicht ängstlich zu sein, daß man etwa zuviel Infusion machen könnte. Sehr gut sind auch die Irrigationen des Mastdarms mit Kochsalzlösung. Man gibt zu diesem Zwecke entweder 4—5mal am Tage eine Einspritzung von 150 ccm Kochsalzlösung in den Mastdarm oder noch besser läßt man die Kochsalzlösung aus einem Irrigator mittelst eines Tropfhahns tropfenweise in das Mastdarmrohr einlaufen. Man kann auf diese Weise dem Kranken gut pro Tag 1—2 Liter beibringen.

Gleichzeitig mit der Kochsalzinfusion muß einhergehen die Hebung der Herztätigkeit mit Digitalis und die Anregung der Peristaltik des Darmes. Es wird leider noch sehr häufig der Fehler gemacht, daß mit den Mitteln zur Anregung der Peristaltik zu lange gezögert wird. Schon wenige Stunden nach der Operation soll ein Glyzerinklistier gegeben werden und wenn darauf die Peristaltik nicht in Tätigkeit kommt, sollte man sofort eins der Mittel anwenden, die geeignet sind die Peristaltik zu heben. Wir bevorzugen Strychnin, welches wir subkutan injizieren, und zwar die Tagesmaximaldosis innerhalb 4 Stunden auf mehrere halbe Spritzen verteilt. Wartet man mit diesen Mitteln etwa 1 Tag oder gar länger, so wird man nichts mehr damit erreichen.

Für die Nachbehandlung der mit der nassen Methode Operierten ist außerdem wichtig, die Lage auf der schiefen Ebene, d. h. man stellt das Bett mit dem Kopfende auf zwei Klötzen hoch, so daß der Körper mit seiner Längsachse schief gelagert ist, wodurch das Abfließen des Sekrets aus der Bauchhöhle in das kleine Becken gefördert wird.

b) Perforation von Magendarmgeschwüren und Meckelschen Divertikeln.

Die Perforation von akuten Magengeschwüren, ebenso wie die Perforation von Darmgeschwüren überhaupt, ergibt einen ganz ähnlichen Sym-

ptomenkomplex wie wir ihn auch bei intraabdominellen Verletzungen überhaupt
kennen. Der Leib ist in diesen Fällen meist sehr stark aufgetrieben oder bretthart eingezogen, außerordentlich druckempfindlich, der Puls klein und schnell,
und die Temperatur hebt sich innerhalb der nächsten Stunden nach der Perforation von der Kollapstemperatur, wie sie während der Perforation eintritt,
auf 38° und mehr. Bei diesen plötzlichen Ergüssen von größeren Mengen
Darm- oder Mageninhalt in den Leib haben wir naturgemäß auch die Möglichkeit, ein freies Exsudat im Abdominalraum bei Lagewechsel durch die Perkussion nachzuweisen, was bei der nach Wurmfortsatzperforation entstehenden
eitrigen Peritonitis nur sehr selten der Fall ist. Weiterhin ist ein sehr wichtiges
Symptom das langsame Verschwinden der Leberdämpfung, die bedingt wird
einmal durch den Austritt größerer Mengen von Flüssigkeit aus dem Magen
und Darm und dann aber auch durch den Austritt von Luft aus Magen und
Darm. Das Bild eines derartig Erkrankten ist ein für die Peritonitis so typisches, daß eine Fehldiagnose kaum zu fürchten ist.

Mit der Diagnose ist aber selbstverständlich in allen diesen Fällen auch
die Therapie gegeben, denn darüber kann ja wohl kein Zweifel sein, daß
derartige Fälle sobald wie nur irgend angängig operiert werden müssen,
Denn je rascher die Operation nach der Perforation ausgeführt wird, desto günstiger gestalten sich die Resultate. Doch ist bei der großen Menge infektiösen
Materials, das bei einer derartigen Perforation eines Magenulcus oder eines
Meckelschen Divertikels in die Bauchhöhle gelangt, es ganz selbstverständlich,
daß die Peritonitis sich viel schneller und intensiver ausbreitet als bei der kleinen
Perforation eines Wurmfortsatzes, wobei doch immer nur verhältnismäßig
wenig Darminhalt resp. Eiter in die Bauchhöhle gelangt. Deshalb sind auch
die operativen Erfolge im allgemeinen bei diesen Peritonitiden nach Magen-
Darmperforationen nicht so günstige wie nach der Appendicitis perforativa.
Das Verblüffende bei diesen Fällen ist, daß ein vollkommen gesunder junger
Mensch plötzlich mitten in der Arbeit zusammenbricht und nach wenigen Stunden die Zeichen einer diffusen Peritonitis bietet, so daß es begreiflich ist, wenn
der hinzugerufene Arzt seine Diagnose nach dieser oder jener Richtung hin
zu sichern bestrebt ist, bevor er den Kranken dem Chirurgen überweist. Allein
einen wirklich praktischen Nutzen für die Erhaltung des Lebens hat dieses
Abwarten absolut nicht, sondern es kann im Gegenteil höchst verhängnisvoll werden. Man sollte sich daher in zweifelhaften Fällen stets mit der
Wahrscheinlichkeitsdiagnose bescheiden und sich nur auf die Indikation beschränken, daß eben in dem gegebenen Falle die Eröffnung der
Bauchhöhle unbedingt erforderlich ist.

Die Operation gestaltet sich technisch ebenso wie bei jeder Peritonitisoperation. Nach Eröffnung der Bauchhöhle, die man in Zweifelfällen am besten
dicht oberhalb des Nabels vornimmt, erkennt man unschwer an der Art des
Inhalts der Bauchhöhle, ob die Perforation im Magen oder Darm liegt. Das
Aufsuchen der Perforationsöffnung am Magen bietet wegen der Kleinheit dieser
Öffnungen mitunter einige Schwierigkeit. Hat man die Öffnung gefunden,
so wird sie am besten exzidiert und die Magenwand in der üblichen Weise mit
zwei Etagennähten vernäht. Die Bauchhöhle wird sorgfältig mit großen Mengen
von Koschalzlösung ausgespült. Die Operationswunde schließt man vollkommen
durch Etagennaht und drainiert mittelst dicken Glasdrain (cf. Seite 76)
durch eine eigens für diesen angelegte kleine Wunde unterhalb
des Nabels nach dem kleinen Becken hin. Bevorzugt man die „trockene",,
Methode, so muß man ausgiebig nach den beiden Sinus subphrenicis hin drainieren.

Die Meckelschen Divertikel finden sich, wie erwähnt, im unteren Teil des Ileum, ungefähr 1 Meter oberhalb der Ileocökalklappe und sind daher auch nicht allzu schwer aufzufinden. Bei den Darmgeschwüren ist das Aufsuchen allerdings häufig schwierig, da man unter Umständen einen großen Teil des Darmtraktus absuchen muß.

Sehr ungünstige Resultate scheint nach unserer Erfahrung die Operation derjenigen Peritonitiden zu geben, die infolge von Perforation eines Typhusgeschwürs entstanden sind. Es sind dies ja glücklicherweise seltene Fälle, aber sie scheinen tatsächlich auch, selbst wenn sie frühzeitig im Verlauf der ersten 12 Stunden operiert werden, meist letal zu enden, was ja in Anbetracht dessen, daß der Körper durch die Typhuserkrankung schon schwer geschädigt ist, leicht erklärlich sein dürfte.

c) Peritonitis acuta nach Adnexerkrankungen.

Die Aussichten der Operation bei denjenigen diffusen Peritonitiden, die von Erkrankungen der weiblichen Geschlechtsorgane ausgehen, gestalten sich im allgemeinen ungünstiger wie die durch Appendizitis veranlaßten. Es mag das damit zusammenhängen, daß in der weitaus größten Mehrzahl der Fälle es sich bei der Appendicitis perforativa um Koliinfektionen handelt, und Streptokokken- oder Staphylokokken-Infektionen relativ selten sind, während umgekehrt diese Gruppen bei den durch Adnexerkrankungen verursachten Bauchfellentzündungen eine große Rolle spielen. Überblickt man jedoch eine größere Reihe operierter eitriger Bauchfellentzündungen, so kann man sich des Eindrucks nicht erwehren, daß die Art der Infektionskeime nicht die große Rolle spielt, die ihr meistens zugeschrieben wird. Sondern wir glauben, daß der häufigere Mißerfolg dadurch bedingt ist, daß die Fälle im allgemeinen später zur Operation kommen wie die Appendizitisfälle. Es liegt das zunächst darin begründet, daß die überwiegende Mehrzahl der Adnexperitonitiden keine diffusen, sondern Pelveoperitonitiden sind. Es handelt sich dabei um Entzündungen der inneren weiblichen Genitalien (Para- und Perimetritis, Pyosalpinx etc.), die, an sich auf das kleine Becken begrenzt, zu einer sympathischen serösen oder sero-fibrinösen Entzündung des benachbarten Peritoneums führen, die sich auch weiter hinauf im Bauchfellraum ausbreiten kann. Es ergibt sich auch hier wieder die schon oben erwähnte Schwierigkeit der Differentialdiagnose zwischen sero-fibrinöser und eitriger Peritonitis. Die hierbei am meisten zu beachtenden Symptome scheinen uns dabei zu sein: Trockenheit der Zunge hoher schwacher Puls und unwillkürliche Muskelrigidität bei eitriger Peritonitis. Gerade das letztere Symptom ist bei der Adnexperitonitis von Wichtigkeit. Bei der Pelveoperitonitis spannt die Kranke bei der Palpation infolge des Schmerzes die Muskulatur reflektorisch an, bei der eitrigen Peritonitis fühlt man bei ganz weicher und langsamer Palpation mit der flach aufgelegten Hand die unabhängig von der Schmerzempfindung gespannten Muskeln in der Tiefe.

Bei der operativen Behandlung der diffusen eitrigen Peritonitis als Komplikation von Adnexerkrankung wird es sich in der Hauptsache um solche Fälle drehen, die durch die bekannten Eitererreger entstanden sind. Die durch Gonokokken verursachten Peritonitiden sind meist sero-fibrinöser Natur und heilen auch ohne chirurgischen Eingriff. Die eitrige Adnexperitonitis ist dagegen sehr schwer infektiös und bedarf ganz besonders frühzeitig operativer Behandlung, wenn sie nicht letal verlaufen soll. Eine Zwischenstellung nehmen die Lanceolatusperitonitiden der kleinen Mädchen ein. Diese sind mehr benigner Art und bieten für die Operation daher sehr gute Aussichten.

Es ist nach dem oben Gesagten einleuchtend, daß eine strenge Indikation zur Operation in den Fällen von Adnexperitonitis bei Verdacht auf Gonokokken-infektion erst gestellt werden kann nach bakteriologischer Untersuchung des Uterussekrets, daß aber andererseits durch diese exakte Untersuchung leider sehr viel Zeit verloren geht, so daß häufig der geeignete Zeitpunkt zur Operation dadurch versäumt wird. Es dürfte sich deshalb vielleicht für die Praxis mehr empfehlen, die Indikation zum chirurgischen Vorgehen bei den Adnexperi-tonitiden so zu formulieren, daß man sich nach der Schwere des klinischen Bildes richtet, selbst auf die Gefahr hin, daß einmal eine seröse Gonokokken-peritonitis mit unterlaufen kann, denn dann wird doch andererseits die weit größere Gefahr vermieden, eine eitrige Peritonitis zu spät zu operieren. Die Technik der Operation ist auch in diesen Fällen genau dieselbe wie wir sie bei den Appendizitisperitonitiden beschrieben haben.

2. Peritonitis chronica.

Die chronische Peritonitis kann einmal in der trockenen Form auftreten, deren hervorstechendes Symptom die Adhäsionen sind, und weiterhin unter beträchtlicher Ausschwitzung serösen Ergusses, der dann durch seine Menge lästig fällt. Sowohl unter der Form der Peritonitis sicca wie unter der der exsudativa kommt die tuberkulöse Bauchfellentzündung zur Be-obachtung, die eine selbständige Stellung namentlich bezüglich der Therapie einnimmt.

Die **chronische trockene Peritonitis** entsteht meistens im Ausheilungs-stadium der serösen Peritonitis, sei es, daß es sich um eine allgemeine oder um eine sympathische Entzündung bei akuten Infektionen des Wurmfortsatzes, der Gallenblase, der weiblichen Genitalien und anderer intraabdominellen Organe handelt (cf. S. 73). Es kommt dabei zu Schrumpfung und Narben-bildung im Netz und Mesenterium und zu Adhäsionsbildungen zwischen den Serosablättern. Die dadurch entstehenden Strangbildungen können zu Ileus führen oder sie können durch unvollkommene zeitweise Abklemmungen des Darms und durch den Zug, der bei der Darmbewegung auf das parietale Peritoneum ausgeübt wird, zu sehr erheblichen Beschwerden und Schmerzen Veranlassung geben.

Die Therapie ist bei akutem Strangileus die sofortige Laparotomie (S. 63). Bei inkomplettem Ileus, sei es nun, daß die Adhäsionen durch teil-weise Verlegung des Darmlumens schwerere Symptome machen, oder daß es sich mehr um unbestimmte Obstipation und Druckbeschwerden handelt, wird zunächst einmal die innere Therapie am Platze sein. Symptomatisch durch Gaben von Atropin bei stärkeren Abklemmungserscheinungen muß die eigentliche Therapie darauf gerichtet sein, die Adhäsionen nach Möglichkeit zu lösen. Zu diesem Zwecke werden Massage und Badekuren, sowie Heißluft-behandlung mit Erfolg angewandt. Vielfach müssen diese Kuren durch psy-chische Therapie unterstützt werden, da die Erkrankung bei Neurapathen naturgemäß schon bei den minimalst vorhandenen Adhäsionen heftige Be-schwerden macht, also in einem Stadium, das der Nervengesunde überhaupt nicht oder kaum empfindet. In neuerer Zeit ist von Kroh die Behandlung der Adhäsionen durch Saugmassage mit Hilfe großer Bierscher Saugglocken angegeben. Payr hat zu demselben Zwecke einen sehr großen und starken Elektromagneten konstruieren lassen, der imstande ist, den mit Eisenoxydul gefüllten Verdauungskanal an beliebiger Stelle magnetisch anzuziehen und erzielt auf diese Weise ebenfalls eine Lockerung und Lösung der peritonealen Verwachsungen.

Der chirurgische Eingriff bei dieser adhäsiven Peritonitis ist als ultimum refugium anzusehen. Ein Erfolg ist nur dann mit Sicherheit zu erwarten, wenn es sich um schwere derbe Strangbildungen handelt, die an sich eine Gefahr wegen Strangulation bedeuten. Bei flächenhafteren Adhäsionen ist der Eingriff deshalb in der Regel ohne Erfolg, weil sich infolge der auftretenden parenchymatösen Blutungen, die nur sehr schwer zu stillen sind, neue Verwachsungen mit denselben Beschwerden bilden. Vielleicht ist das Kochersche Coagulen berufen, auch bei derartigen Operationen den Erfolg zu sichern.

Die **exsudative Form der Peritonitis chronica** befällt vorzugsweise jugendliche Individuen, besonders weiblichen Geschlechts. Die Ätiologie ist nicht bekannt. Das Hauptsymptom ist ein zunehmender Erguß im Peritonealraum der stärkere Beschwerden verursacht. Die Therapie besteht in Punktion des Ergusses, die Heilung erfolgt in der Regel spontan. Immerhin dürfte in hartnäckigeren Fällen eine Probelaparotomie in Anbetracht der Unklarheit des Krankheitsbildes am Platze sein.

Die **Tuberkulose des Peritoneums** tritt auf als eine diffuse Aussaat tuberkulöser Knötchen über das ganze Bauchfell, oder sie ist mehr zirkumskript eine Sekundärinfektion des Bauchfells in der Gegend tuberkulös erkrankter Organe, besonders der weiblichen Genitalien. Sie kann mit und ohne Erguß auftreten, der einen serösen bis sero-fibrinösen Charakter hat. Unter den einzelnen Darmschlingen und zwischen diesen und dem Bauchfell bilden sich namentlich bei der trockenen Form zahlreiche breite Verwachsungen. Die Mesenterialdrüsen erkranken und können in fortgeschrittenen Fällen in Eitersäcke umgewandelt werden.

Die Therapie ist zu Beginn der Erkrankung, ob nun die exsudative oder trockene Form vorliegt, eine konservative Antituberkulosetherapie. Höchstens erfordert der anwachsende Ascites die Entleerung durch Punktion. Eine strikte Indikation zur Laparotomie ergibt das Eintreten von Ileus oder Perforation eines Abszesses, eine relative Indikation die hauptsächliche Lokalisation auf einzelne Organe, weibliche Genitalien, Ileocökalgegend etc. Die einfache Laparotomie ohne weitere sonstige Maßnahmen als Auswischen der Bauchhöhle mit sterilen Tupfern ist lange Zeit als Heilmittel bei der tuberkulösen Peritonitis gepriesen worden, ohne daß ihre Wirksamkeit ausreichend erklärt werden konnte. Tatsächlich scheint die Eröffnung des Bauchraums, nicht nur durch die Entleerung des Ascites, wie sie in so vollkommener Weise durch die einfache Punktion nicht erreicht wird, und durch Anregen der Blutzirkulation beim Auswischen des Peritonealraums, eine die innere Therapie unterstützendes Moment darzustellen[1]). Mehr aber leistet sie sicher nicht, einerlei ob sie nur bei der exsudativen Form, wobei die Operation noch die meisten Anhänger hat, oder auch bei der adhäsiven Form angewandt wird. Dagegen ist die Laparotomie durchaus nicht so gleichgültig, da sie gar nicht so selten zu Kotfisteln und tödlichen Eiterungen geführt oder das Auftreten von Miliartuberkulose befördert hat. Wenn man sie, wie die Mehrzahl der Chirurgen auf die exsudative Form beschränkt, sind allerdings diese Komplikationen weniger zu befürchten. Ein erfolgreicher Konkurrent ist der Laparotomie bei tuberkulöser Peritonitis in der neueren Zeit in der Lichtbehandlung erstanden. Sowohl die Heliotherapie wie die Röntgenbehandlung haben gute Erfolge zu verzeichnen. Ganz besonders aber scheint der Kombination der Röntgenintensivbehandlung mit der Heliotherapie (Behandlung mit natürlicher oder künstlicher Höhen-

---

[1]) Die Dauererfolge bei operativer und konservativer Behandlung sind nicht wesentlich verschieden, immerhin bei der operativen besser.

sonne), nach unseren Erfahrungen wenigstens, wie bei vielen chirurgischen Tuberkulosen so auch bei der tuberkulösen Bauchfellentzündung die Zukunft zu gehören.

3. Ascites.

Die Flüssigkeitsansammlung im Peritoneum kann als Folgeerscheinung bei verschiedenen Erkrankungen Gegenstand eines chirurgischen Eingriffs sein. Die exsudative idiopathische Peritonitis ist in diesem Abschnitt schon kurz erwähnt. Die chirurgische Therapie bei Banti und Leberzirrhose wird im nächsten Abschnitt S. 92 besprochen. Bei chronisch adhäsiver Perikarditis wurde von Brauer die Resektion der 3—6.. Rippe über dem Herzen vorgeschlagen, um dieses zu entlasten und dadurch den sekundären Ascites zur Abheilung zu bringen.

Die Operation wird so ausgeführt, daß ein nach unten konvexer bogenförmiger Schnitt, am Sternalteil der 3. Rippe beginnend, nach unten bis zur 6. Rippe herabzieht und dann in der vorderen Axillarlinie wieder nach oben zur 3. Rippe zurückgeführt wird. Die 3.—6. Rippe werden subperiostal entfernt und dann Muskulatur und Periost vorsichtig abpräpariert. Der zurückgeklappte Hautlappen wird dann wieder vernäht.

Die Operation hat bisher sehr gute Resultate ergeben, so daß Brauer verschiedene Dauererfolge demonstrieren konnte.

Bei der Bauchwassersucht, wie sie infolge chronischer Nierenerkrankungen und vor allem bei Tumoren auftritt, handelt es sich darum, eine dauernde Drainage durch einen operativen Eingriff zu schaffen, wenn die Punktion aus irgend welchen Gründen nicht mehr angezeigt erscheint.

Die Dauerdrainage wird entweder dadurch hergestellt, daß man dünne Glasröhren in das subkutane Gewebe und den Peritonealraum einlegt und befestigt oder (Franke) man legt einen hakenförmig zusammengedrehten Silberdraht mit dem kürzeren Schenkel in den Peritonealraum, mit dem längeren in das subkutane Gewebe. Jede Einführung von Fremdkörpern hat aber den Nachteil, daß die Drainage infolge Einkapseln bald unwirksam wird. Deshalb wurde die Saphena freipräpariert und in das vorgezogene Peritoneum des Schenkelkanals eingenäht oder das Peritoneum des Schenkelkanals allein freigelegt, inzidiert und die Ränder im subkutanen Gewebe fixiert, so daß eine offene Kommunikation zwischen Schenkelkanal und subkutanen Gewebe freiblieb (Handley). Alle diese Eingriffe sind — richtig ausgeführt — geeignet, den Ascites zu bekämpfen, ohne natürlich den Verlauf der Grundkrankheit zu beeinflussen.

4. Subphrenischer Abszeß.

Der subphrenische Abszeß ist eine in der Zwerchfellkuppe lokalisierte Peritonitis, die als Komplikation bei Appendicitis perforativa, Cholecystitis, Erkrankungen der Nieren, Perforation von Magen und Duodenalgeschwüren und ähnlichen Erkrankungen entsteht. Die Symptome sind ziemlich unbestimmt und bestehen in (remittierendem) Fieber, allgemeinem Krankheitsgefühl und Gewichtsabnahme und unbestimmtem Druckgefühl in der Gegend des Abszesses. Die Diagnose stützt sich auf die Anamnese, perkussorisch nachweisbare Verschiebungen der unter dem Zwerchfell liegenden großen Organe. Bei Magenperforation tympanitischer Schall des Gasabszesses. Die Röntgenaufnahme kann die Diagnose wesentlich fördern. Endlich entscheidet die Probepunktion durch den Nachweis von Eiter. Die Behandlung besteht in breiter Eröffnung des Abszesses, die entweder von vorn, bei Magen- und Darmperforation, oder je nach Lage des Abszesses nach Resektion meist der 9. und 10. Rippe vorgenommen wird. Dabei ereignet es sich leicht, daß es nicht zu vermeiden ist, den unteren Recessus des Brustfellraums zu perforieren. Man hilft sich dabei so, daß man die beiden Pleurablätter durch feine fortlaufende Naht kreisförmig miteinander vereinigt. Gestattet es der Zustand des Kranken, so kann man die Operation abbrechen und fest mit Jodoformgaze tamponieren, um eine feste Verwachsung der Pleurablätter zu erzielen. Die Eröffnung wird dann nach etwa 48 Stunden vorgenommen. Ist Eile notwendig, so muß man die Pleuranaht bestmöglichst durch Tamponade schützen und den Abszeß sorgfältig mit Kochsalzlösung auswaschen. Sehr häufig aber wird die Pleura bereits mitinfiziert sein, so daß auch diese breiter Drainage bedarf.

IV. Krankheiten der Leber- und Gallenwege.

1. Krankheiten der Leber.

Von den Erkrankungen der Leber bieten, abgesehen von den Leberabszessen, vor allen Dingen die Geschwülste der Leber häufig Anlaß zu chirurgischem Vorgehen. Die **Leberabszesse** sind zum weitaus größten Teil eine Erkrankung, die sich anschließt an Tropenkrankheiten, besonders an Dysenterie, ein kleinerer Teil tritt auf als Teil von multiplen metastatischen Abszessen bei Pyämie. Die Diagnose wird daher, wenn nicht aus der Anamnese als Ursache eine Pyämie feststeht, durch den positiven Befund von Amöben im Darmsekret gesichert. Auch perkussorisch lassen sich die Abszesse durch die Vorwölbung des Zwerchfelles öfters nachweisen, doch ist die genaue Diagnose, besonders wenn es sich um mehrere kleine Abszesse handelt, häufig sehr schwer. Sie wird jedoch gesichert werden können durch Vornahme einer Probepunktion, die uns jedoch besonders deshalb nicht gefahrlos erscheint, weil sehr leicht Nebenverletzungen von größeren Gefäßen mit unterlaufen können. Am besten wird man unter Lokalanästhesie an der Stelle, wo man den Abszeß vermutet, eine Inzision machen und erst von der Inzisionswunde aus die Punktion und daran anschließend die stumpfe Eröffnung des Abszesses vornehmen. Doch soll diese chirurgische Therapie erst dann einsetzen, wenn wirklich ein ausgebildeter Leberabszeß vorhanden ist. Es finden sich dann meist Adhäsionen zwischen Leber und vorderer Bauchwand, so daß diese Eröffnung keine großen Schwierigkeiten macht. Ist jedoch noch keine adhäsive Peritonitis vorhanden, so muß der Eitersack durch Nähte mit der vorderen Bauchwand verbunden werden, und erst wenn im Verlauf der nächsten zwei Tage Verwachsungen eingetreten sind, kann die Eröffnung des Sackes erfolgen. Die Ausheilung der Abszesse erfordert mehrere Wochen, während welcher Zeit man ständig mit dicken Drainrohren den Abszeß drainieren muß.

Eine in unseren Breiten weit wichtigere Erkrankung ist der **Echinokokkus**, der sich mit Vorliebe in der Leber ansiedelt. Die Symptome, die eine derartige Echinokokkusblase macht, beginnen erst in die Erscheinung zu treten, wenn sie durch ihre Größe ihrem Träger lästig wird oder wenn sie, was auch zeitweise vorkommt, in Eiterung übergeht. Die Echinokokkustumoren zeichnen sich von den übrigen durch ihre gewaltige Größe aus und meistens kann man anamnestisch erfahren, daß der Tumor sich im Laufe von mehreren Jahren allmählich ausgebildet hat. Die Tumoren fühlen sich von außen sehr glatt an und sind in der Regel prall gespannt. Es ist daher nicht zu empfehlen, wenn man Verdacht auf Echinokokkuserkrankung hat, einen derartig glatten, runden Tumor der Leber probeweise zu punktieren, sondern es ist vorzuziehen, den Echinokokkus auf blutigem Wege zu entfernen. Denn da der Inhalt dieser Zysten eben unter einem sehr hohen Druck steht, so ist die Gefahr, daß der Inhalt in die freie Bauchhöhle austritt, eine außerordentlich große und damit

nicht nur die Möglichkeit einer Aussaat des Echinokokkus, sondern auch die
Gefahr einer Peritonitis gegeben. Einen guten Anhaltspunkt für die Diagnose haben wir auch in dem Umstand, daß die Echinokokkuserkrankungen
in ganz bestimmten Gegenden Deutschlands sehr häufig zu sein pflegen, so
besonders in Schlesien, in Mecklenburg und in Franken.

Besteht also der Verdacht, daß es sich bei einer prall cystischen Geschwulst
der Leber um einen Echinokokkus handelt, so ist chirurgisches Vorgehen indiziert. Der Eingriff wird sich am besten so gestalten, daß man über den
Tumor die Bauchdecken eröffnet und dann, wenn die Wandung der Zyste
eine genügende Dicke besitzt, dieselbe mit feinen Nähten an das Peritoneum
annäht, oder wenn die Wandung sehr dünn ist, durch eine feste Tamponade
die Bauchwunde offen läßt. Es verwächst innerhalb der nächsten zwei Tage
die Cystenwand genügend fest mit dem Peritoneum und kann dann durch einen
einfachen Einschnitt eröffnet werden. Die Höhle wird mit Kochsalzlösung
ausgespült und mit dicken Gummiröhren drainiert. Im Laufe der nächsten
Zeit stoßen sich dann häufig die dicken charakteristischen Membranfetzen ab,
welche die Zystenwand ausgekleidet haben. Die einzeitige Operation dieser
Art von Zysten ist wegen des leichten Einfließens des Zysteninhalts in die Bauchhöhle nicht zu empfehlen. In sehr seltenen Fällen wird es gelingen, solche
Zysten total auszuschälen, d. h. auf stumpfem Wege aus ihrem Bett heraus-
zupräparieren. Allein es sind das selten günstige Fälle und dies Verfahren
wird daher nicht häufig in Anwendung kommen. Mitunter finden sich mehrere
Echinokokkuscysten nebeneinander, die dann von der Hauptblase aus eröffnet
und drainiert werden müssen.

Auf andere Cystenbildungen in der Leber brauchen hier wir nicht näher
einzugehen wegen der Seltenheit ihres Vorkommens, der operative Eingriff
ist zudem genau derselbe wie beim Leberechinokokkus.

Den größten Raum unter den Lebergeschwülsten nehmen die Lebervergrößerungen ein, wie wir sie öfters nach Syphilis auftreten sehen. Sie
imponieren als große Tumoren, sind in der Regel äußerlich glatt und rundlich
anzufühlen und werden deshalb sehr häufig als Zysten oder Echinokokkus
diagnostiziert. Bei der Laparotomie findet man dann eine große dunkelblau-
rot verfärbte Leber, die sich scharf durch diese Färbung von dem gesunden
Teil der Leber unterscheidet und die man in der Regel, wenn man einmal diese
syphilitischen Tumoren der Leber gesehen hat, ohne Schwierigkeiten als solche
erkennt. Ein operatives Vorgehen ist dann u. E. nicht angezeigt, sondern
man beschränkt sich am besten auf eine spezifische Kur. Für die Diagnose
wichtig sind auch die in der Regel bei diesen Lueslebern auftretenden remittierenden Fiebererscheinungen, verbunden meistens mit Ikterus. In solchen
Fällen, wo Ikterus im Spiele ist kann unter Umständen auch einmal die Exstirpation der Gallenblase von Nutzen sein. Wenigstens entsinnen wir uns
eines Falles, der von Zeit zu Zeit immer wieder die remittierenden Fiebersteigerungen trotz aller antiluetischer Kuren zeigte und erst zur Ausheilung gelangte nachdem die Gallenblase, die mit Steinen gefüllt war, entfernt war.

Die malignen Geschwülste der Leber können für einen chirurgischen Eingriff nur dann in Frage kommen, wenn es sich um isolierte Geschwülste
handelt. Es sind das relativ günstige Fälle, da ja namentlich die Karzinome
der Leber häufig in der Form auftreten, daß sie an verschiedenen Stellen sehr
bald die Leber durchsetzen, während man einen isolierten Karzinomknoten
seltener antrifft. Die Möglichkeit der Resektion eines solchen Karzinoms ist
individuell verschieden, je nach der Lage des Falles. Günstige Verhältnisse
für die Operation bieten diejenigen Fälle, in denen es sich um nicht zu große
Lebern handelt und aus denen der Knoten gewissermaßen hervorgewachsen

ist, noch günstiger, wenn der Knoten in einen Schnürlappen der Leber gelagert ist. Man kann dann außerhalb der Grenze des Tumors mittelst dicker Catgutfäden, die man am besten doppelt nimmt, die Leber schrittweise umnähen und die Geschwulst resp. den Lappen mit dem schneidenden Thermokauter reserzieren. Vielleicht dürfte auch das neue Verfahren der kalten Kaustik mit hochgespannten Strömen berufen sein, uns in der Möglichkeit der Resektion von Leberabschnitten weiter zu bringen. Durch das schrittweise Anlegen von Massenligaturen gelingt es in der Regel, die Tumoren fast blutleer zu entfernen. Trotzdem auftretende Blutungen lassen sich oft durch Kompressen, deren Wirkung man dadurch verstärken kann, daß man die Kompressen in kochend heißes Wasser taucht, beherrschen.

Seltener noch als die primären Leberkarzinome sind die S a r k o m e der Leber, sie werden daher nur ganz selten zur Operation gelangen. Übrigens sind sie in der Regel so ausgedehnt, daß an eine Resektion nicht zu denken ist.

2. Cholelithiasis.

Den weitaus größten Raum in der Chirurgie der Gallenwege nehmen die Operationen ein, die wegen C h o l e l i t h i a s i s gemacht werden. Doch sind die Ansichten über die Indikationsstellung sowohl, wie über die Art der Operation bei Cholelithiasis trotz der recht zahlreichen Literatur noch außerordentlich verschieden. Von der radikalen Ansicht, daß jede diagnostizierte Cholelithiasis operiert werden müsse, bis zur konservativsten, derjenigen, die nur aus vitaler Indikation operieren wollen, schwanken die Anschauungen hin und her. Die Ursache für diese Verschiedenheit der Anschauungen ist wohl hauptsächlich darin zu suchen, daß die Gallensteinerkrankungen durch medikamentöse Therapie in ein gewissermaßen latentes Stadium übergeführt werden können, in welchem die Kranken keine besonderen Beschwerden haben. Eine H e i l u n g wird selbstverständlich durch die medikamentöse Therapie keinesfalls erzielt, aber den meisten ist ja damit geholfen, daß sie ihre Beschwerden los sind. Es spielt daher, wie in manchen anderen Fragen, ganz besonders auch für die Beurteilung der Indikationsstellung für eine Gallensteinoperation die Beurteilung d e r s o z i a l e n V e r h ä l t n i s s e eine große Rolle. Denn wenn es sich um einen Menschen handelt, der geschäftlich sehr tätig sein muß, so wird man eher geneigt sein, ihn durch die Operation von seinen Gallensteinen zu befreien, als wenn es sich um einen Kranken handelt, der die Möglichkeit hat, durch Ruhe und wiederholten häufigen Aufenthalt in den entsprechenden Bädern dafür zu sorgen, daß sein Leiden im latenten Stadium bleibt.

Eine z w i n g e n d e I n d i k a t i o n zur Operation geben u. E. nur diejenigen Fälle von Gallensteinleiden, die wegen E i t e r u n g und drohender P e r f o r a t i o n aus vitaler Indikation operiert werden müssen.

Eine r e l a t i v e I n d i k a t i o n geben ferner die Fälle, bei denen eine medikamentöse Behandlung erfolglos bleibt, sowie alle diejenigen, die trotz medikamentöser Behandlung ihre Schmerzen nicht los werden und deshalb dauernd arbeitsunfähig sind.

Endlich wären noch anzuführen diejenigen Fälle, bei denen der Verdacht auf ein Karzinom der Gallenblase vorliegt. Das Karzinom der Gallenblase läßt sich leider bisher nicht einmal als w a h r s c h e i n l i c h diagnostizieren, sondern man kann lediglich von Verdachtsmomenten reden[1]). Es ist das auch der Grund, weshalb diese Erkrankung nur in sehr seltenen Fällen so rechtzeitig zur Operation kommt, daß durch die Operation tatsächlich Heilung geschaffen wird.

---

[1]) Auch die serologische Karzinomdiagnose ist bisher noch unsicher.

Man sollte daher in den Fällen, in denen Karzinomverdacht vorliegt, die Indikation zur Operation nicht zu eng stellen und es lieber auf eine Probelaparotomie ankommen lassen.

Die Gefährlichkeit der Gallensteinoperation ist verschieden nach der Wahl der Operation. Die einfache Eröffnung der Gallenblase und Einnähung in die Bauchwunde hat mit die geringste Mortalität. Dann folgt die Exstirpation der Gallenblase und schließlich die eingreifenderen Operationen mit Choledochus-Hepaticusdrainage. Die durchschnittliche Mortalität bei diesen Arten von Operationen beträgt nach den meisten Statistiken ungefähr 3—4%. Der Prozentsatz steigt natürlich erheblich, wenn es sich um schwere Komplikationen mit anderen Bauchorganen oder um schwere Eiterungen in der Nähe der Gallenblase handelt. Was die Dauerresultate angeht, so sind dieselben sehr gute und hier steht zweifellos die in neuerer Zeit von den meisten Chirurgen deshalb bevorzugte Exstirpation der Gallenblase im Vordergrund. Rezidive nach Gallensteinoperationen sind außerordentlich selten, wenigstens wenn man den Begriff wirklich genau nimmt. Selbstverständlich kann es auch einem geübtem Operateur vorkommen, daß er Steinbildungen, Konkremente in den Gallenwegen übersieht, und daß diese dann später ein Rezidiv vortäuschen können. In der Regel aber handelt es sich, falls nach derartigen Operationen wieder Koliken auftreten, um Beschwerden, die durch die Narben oder Verwachsungen verursacht werden, also nicht um Rezidive im eigentlichen Sinne. Denn selbstverständlich fehlt ja diesen Beschwerden, wenn sie auch ähnlich sind denen vor der Operation vorhandenen, die bei allen Gallensteinen vorhandene Gefahr der Eiterung und Perforation. Nach der einfachen Eröffnung der Gallenblase kann das Übersehen von Gallensteinen leichter vorkommen wie bei der Exstirpation der Gallenblase. Vor allem aber scheint uns nach der Cholecystotomie die Fistelbildung häufiger, sowie ferner die Möglichkeit des Auftretens von Hernien.

Als Schnittführung für alle Gallensteinoperationen empfiehlt sich am meisten der sog. Wellenschnitt Kehrs. Es wird der Schnitt in der Weise geführt, daß er in der Mittellinie längs von der Magengrube etwa 5 cm lang die Bauchwand durchtrennt, dann parallel dem Rippenbogen quer durch den Rektus geht und an der Außenseite des Rektus wieder 5—6 cm nach abwärts läuft. Man erhält durch diese Schnittführung einen vorzüglichen Überblick über das Operationsgebiet und kann von hier aus bequem die tiefen Partien des Choledochus und Hepaticus übersehen und palpieren. Denn es ist ja von großer Wichtigkeit, sich bei der Operation von der Ausdehnung zu überzeugen, welche die Steinbildung in den Gallenwegen genommen hat. Denn von der Lage des Steines und dem Zustand der Gallenwege hängt die Wahl der Operationsmethode und damit der Erfolg der Operation ab.

Die Art der Operationen beim Gallensteinleiden sind schon des öfteren kurz gestreift. Es handelt sich einmal um die Entfernung von Gallensteinen aus der Gallenblase und Einnähung der Gallenblase in die Bauchwunde, die Cholecystotomie. In ganz unkomplizierten Fällen kann man die Gallenblase wieder vollkommen vernähen und versenken, das ist die sog. ideale Cholecystotomie.

Diese einfachste und ungefährlichste Operationsmethode kann nur dann Anwendung finden, wenn es sich um einen einfachen Verschluß des Cysticus durch einen Stein handelt und wenn die Wände der Gallenblase nicht entzündlich verändert sind. Sie scheidet schon dann aus, wenn der Stein im Cysticus stark eingekeilt ist, da man ihn dann in der Regel nicht mehr in die Gallenblase zurückbringen kann. Ist die Blasenwand stärker verändert, so kommt man mit der idealen Cystotomie deshalb nicht aus, weil die chronische Entzündung der Schleimhaut stets zu neuen Steinbildungen Veranlassung gibt und eine Drainage unbedingt erforderlich ist. Man muß also in diesen Fällen die Blase in das Peritoneum einnähen und drainieren. Diese Operation kann ein- und zweizeitig ausgeführt werden. Bei einzeitigem Vorgehen muß man natürlich sehr darauf achten, daß kein Inhalt der Gallenblase in die Bauchhöhle gerät, was am besten dadurch vermieden wird, daß man dieselbe zunächst mit einer Spritze entleert. Dann wird die Gallenblase an das Peritoneum angenäht und unter Anwendung eines guten Wundschutzes durch Abdecken mit Kompressen die Gallenblase mit dem Messer eröffnet und ein Gummirohr eingelegt. Die Gallenblasenwunde wird so weit verkleinert, daß das Rohr eben durch die Wunde hindurchsieht und dann die übrige Bauchwunde versorgt.

Diese Drainage der Gallenblase eignet sich nur für die Fälle, in denen es sich um die Entfernung von Steinen handelt, welche vorübergehend Entzündungen der Gallenblasenwand hervorgerufen haben. Und gerade weil bei solchen Gallenblasenkoliken fast stets Entzündungsvorgänge mitspielen, ist ja die Drainage der Gallenblase von großem Werte und diese Operation der sog. idealen Cystotomie, bei der die Inzisionsöffnung in der Gallenblase durch Naht wieder geschlossen wird, bei weitem vorzuziehen. Allein das Verfahren eignet sich nicht für die chronischen Fälle von Gallensteinleiden, die ja das weitaus größte Kontingent der Gallenblasenchirurgie bilden, einmal weil es keinen Zweck hat, solche schwer veränderten Gallenblasen zu erhalten und weil außerdem leicht Rezidive eintreten, falls es sich um chronische Entzündungen handelt. Es ist deshalb bei der chronischen Cholezystitis die Exstirpation der Gallenblase in den letzten Jahren das von den meisten Autoren geübtere Verfahren.

Die Operation wird ausgeführt, indem man mittelst des oben erwähnten Wellenschnittes sich Zugang zur Gallenblase verschafft. Man kann von diesem Schnitte aus nach ausreichender Tamponade der freien Bauchhöhle sehr gut den Choledochus übersehen und auf event. Steine fahnden. Man bringt behufs Exstirpation der Gallenblase Steine, die event. schon im Cysticus eingetreten sind, in die Blase durch Streichen und Massieren zurück oder macht wenigstens den Cysticus so weit frei, daß man ihn bequem unterbinden kann. Dann inzidiert man am besten am Fundus der Gallenblase das Peritoneum, welches von der Leber aus die Gallenblase überzieht, und dringt dann stumpf mit dem Finger resp. der geschlossenen Cooperschen Schere zwischen Peritoneum und Gallenblase resp. zwischen Gallenblase und ihrem Leberbette vor. Es läßt sich auf diese Weise bei einiger Übung die Gallenblase fast ohne Blutung aus ihrem Leberbett herausschälen. Natürlich kann bei sehr weichen Lebern es einmal zu Einrissen kommen, die zu Blutungen Veranlassung geben und deshalb sofort mit Catgut vernäht werden müssen. Die Gallenblase wird auf diese Weise bis zum Cysticus herab von der Leber gelöst und der Cysticus doppelt abgeklemmt, nachdem man zuvor die Arteria cystica vom Cysticus isoliert hat. Die Arterie und der Gallenblasengang werden isoliert unterbunden, der Gang am besten mehrfach. Auf den Stumpf des Ganges setzt man zur Sicherheit ein Gummirohr und tamponiert um das Rohr herum das Leberbett der Gallenblase mit Vioformgaze. Die Bauchdeckenwunde wird bis auf die kleine Drainöffnung schichtweise geschlossen. Es kommt in den nächsten Tagen nach der Operation mitunter zu Gallenfluß aus der Drainageöffnung, doch pflegt derselbe fast stets sehr bald von selbst zu versiegen. Die Tamponade und das Drainrohr werden im Laufe der ersten 14 Tage nach der Operation langsam und schrittweise entfernt und die Wunde schließt sich dann von selbst.

Handelt es sich um Steine im Choledochus oder Hepaticus, so ist unbedingt gleichzeitig mit der Cholezystektomie die Drainage des Choledochus vorzunehmen. Zwar wird hierdurch die Operation in nicht geringem Grade kompliziert, doch ist in diesen Fällen die Choledochusdrainage deshalb unbedingt erforderlich, weil es sich bei der Steinbildung um eine meistens in den Hepaticus hinaufreichende Entzündung der Wand dieser Gallenblasengänge handelt, die, wenn sie nicht durch Drainage zum Abklingen gebracht sind, sehr leicht zu Steinrezidiven Veranlassung geben würde. Außerdem hat die Drainage den Zweck, kleine Steine, die sich oft noch weiter zentral im Hepaticus vorfinden, durch das Drainrohr abzuführen. Zu dieser Choledochus- (Hepaticus-) Drainage bedient man sich eines von Kehr empfohlenen T-Rohrs aus Gummi, welches durch die Inzisionsöffnung im Choledochus, durch die man die Steine extrahiert hat, eingeführt wird und dessen einer Schenkel in den Hepatikus, dessen anderer in den Choledochus hineinreicht. Man muß sich natürlich, falls man bei der Operation Steine im Gallenblasensystem findet, die Gegend des Cysticus, Hepaticus und Choledochus stumpf präparierend gut freilegen. Der Choledochus ist nämlich, wenn er in seinem unteren Teil durch einen Stein versoschlsen ist, unförmig verdickt, fast so dick wie ein Dünndarmabschnitt und dann ziemlich leicht zu erkennen. Am besten findet man diejenige Stelle, an der der Zystikus in den Hepaticus einmündet. Man kann nach der Entfernung der Gallenblase von der Mündung des Cysticus aus die Inzision in den Choledochus machen und von hier aus die Steine und Steinbröckel entfernen, wobei man mit geeigneten löffelartigen Instrumenten sowohl in den Choledochus wie in den Hepaticus hinaufgehen muß. Hat man das Drainrohr dann durch die Inzisionsöffnung eingeführt; so wird rings um das lange Ende des Gummischlauches tamponiert und die Bauchwunde bis auf die Tamponöffnung geschlossen.

Das Drainrohr bleibt etwa 10—14 Tage liegen und läßt sich dann bequem entfernen. Die Fistelbildung nach diesem Verfahren ist ziemlich gering, die Fisteln schließen sich meist innerhalb verhältnismäßig kurzer Zeit von selbst.

Die Wahl der verschiedenen Operationsmethoden muß abhängig gemacht werden einmal von dem Sitz der Steine und dann von dem Zustand der Gallenblase selbst. Selbstverständlich kann man mit einer Methode nicht in allen Fällen der Steinerkrankung im Gallensystem auskommen. Die ideale Cholecystotomie ist deshalb in neuerer Zeit von den meisten Autoren verlassen oder nur noch in sehr seltenen Fällen ausgeführt worden, weil es sich bei den Operationen meistens um entzündliche Prozesse handelt, die eine Drainage erforderlich machen, und man in der Regel nicht wissen kann, ob nicht in den tiefer gelegenen Gallenwegen noch Steinkonkremente zurückgeblieben sind. Sie ist nur anwendbar bei vollkommen gesunder Gallenblase und durchgängigem Cysticus. Unsicher bleibt sie in ihren Dauerresultaten auch in diesen Fällen.

Weit bessere Dauerresultate ergibt die Einnähung der Gallenblase in die Operationswunde und ihre Drainage oder die Exstirpation der Gallenblase. Da es sich doch wohl in den meisten Fällen, in denen ein operativer Eingriff bei einer Gallensteinerkrankung überhaupt indiziert ist, um entzündliche Prozesse handelt oder um chronische Veränderungen der Gallenblasenwand, so muß eben unter allen Umständen eine Drainage stattfinden, ganz abgesehen davon, daß etwa in der Tiefe zurückgebliebene kleine Konkremente und Steinchen dann später noch durch die Drainage herausbefördert werden. Im allgemeinen glauben wir, daß in allen den Fällen, in denen es sich um eine erheblichere Entzündung der Gallenblasenwand mit Schrumpfungsvorgängen in derselben handelt, die Exstirpation der erkrankten Gallenblase die richtige Methode ist und daß man sich nicht damit aufhalten soll, derartig schwer veränderte Gallenblasen konservieren zu wollen, was gar keinen Zweck hat.

Während die beiden eben genannten Operationen in Betracht kommen in denjenigen Fällen, in denen es sich um Verschluß des Cysticus handelt, müssen wir bei denjenigen Fällen, in denen die Steine ihren Sitz tiefer im Gallensystem, also im Choledochus oder Hepaticus haben, unbedingt die Drainage dieser Gallengänge vornehmen.

Handelt es sich bei der Operation um die rasche Entfernung eines akuten eitrigen Inhalts der Gallenblase, so ist natürlich die Methode am empfehlenswertesten, welches dieses Exsudat so racsh wie möglich entfernt, also die Einnähung der Gallenblase mit nachfolgender Drainage derselben.

Noch eine Indikation zur Cholecystectomie wollen wir kurz streifen, das ist in den Fällen, in denen es sich um **Typhusbazillenträger** handelt. Man hat nachgewiesen, daß die Bazillenträger vor allem die Typhusbazillen in der Gallenblase konservieren und daß von hier aus immer wieder neue Aussaat der Bazillen in den Darm erfolgt, die der Umgebung gefährlich sind. Exstirpiert man dann die Gallenblase, so wird sicherlich der Hauptherd der Bazillen entfernt und die Gefahr für die Umgebung beseitigt. Allein die Berechtigung der Operation wird vielfach bestritten, denn sicher werden ja wohl auch die Bazillen, außer in der Gallenblase, an anderen Stellen der Gallenwege vorhanden sein, die dann ruhig weiter wuchern können. Praktisch aber dürfte es doch wohl schwer halten, die Bazillenträger, welche sich ja selbst vollkommen gesund fühlen, von der Notwendigkeit des Eingriffs zu überzeugen, denn es gehört doch schließlich eine ordentliche Menge von Edelmut dazu, sich zugunsten seiner Mitmenschen einer lebensgefährlichen Operation als ganz gesunder Mensch zu unterwerfen. Schließlich läßt sich ja auch durch geeignete Vorsichtsmaßregeln auch auf weniger gefährliche Weise die Gefahr beseitigen.

V. Krankheiten des Pankreas.

1. Akute Pankreatitis.

Über die Ätiologie der akuten entzündlichen Veränderungen, die im Pankreas beobachtet werden, ist noch wenig bekannt. Diese Entzündungen treten in verschiedenen **Formen** auf, indem einmal die Erkrankung durch starke **Hämorrhagien**, dann durch größere oder kleinere **nekrotische Stellen** charakterisiert ist. Ferner kann die Entzündung einen mehr **eitrigen** Typus haben oder endlich kann das Pankreas von **Abszessen** unterschiedlicher Größe durchsetzt sein. Wahrscheinlich sind diese verschiedenen Formen verschiedene Entwicklungsstadien ein und derselben Erkrankung.

Die **Symptome** der akuten Pankreasentzündung bestehen in ganz plötzlich einsetzendem Ileus oder peritonitisartigen Erscheinungen, die mit einem schweren Schock einhergehen. Druckschmerz und Meteorismus ist besonders links lokalisiert. Ein besonders charakteristisches Zeichen soll in Gestalt von starker **Cyanose des Gesichts** (und auch des Körpers) und von Dyspnoe fast stets vorhanden sein, ohne daß in Veränderungen des Herzens oder der Lungen dafür ein Grund nachgewiesen werden kann.

Diese Symptome zusammengenommen mit dem meistens vorhandenen Status adiposus der befallenen Kranken ergeben häufig eine fast sichere **Diagnose** des Leidens. In vielen Fällen führt auch die Angabe, daß öfters Gallenstein-anfälle anamnestisch zu verzeichnen waren, auf die Diagnose hin. Diese ist jedoch immerhin mehr eine **Wahrscheinlichkeitsdiagnose**, da es bisher noch nicht gelungen ist, ganz sichere funktionelle Ausfallserscheinungen bei akuter Pankreatitis zu fixieren.

Was die **Therapie** angeht, so sind diejenigen Fälle, welche lediglich zu einer hämorrhagischen Entzündung führen, auch ohne Operation mitunter durchgekommen. Doch beträgt die Mortalität bei **interner** Behandlung etwa 90%. Für die **Indikationsstellung** zum chirurgischen Eingriff ist besonders zu beachten, daß die Diagnose an sich schon unsicher ist, noch mehr aber naturgemäß die Entscheidung, ob es sich um einen „leichten" hämorrhagischen oder um einen **schwereren** Fall handelt. Schon die im Vordergrund des Krankheitsbildes stehenden Ileus- resp. Peritonitiserscheinungen **zwingen** zu chirurgischem Vorgehen. Da aber andererseits die akute Pankreatitis einen sehr rapiden Verlauf zu nehmen pflegt, der in 4—5 Tagen mit ziemlicher Sicherheit unter großen Qualen zum Tode führt, hat man auch **keine Zeit**, lange zuzuwarten, da sonst zuviel kostbare Stunden verstreichen. Andererseits hat sich die Prognose der akuten Pankreatitis bei chirurgischer Therapie in den letzten Jahren erheblich verbessert, so daß nach den Statistiken von **Ebner** und **Dreesmann** 45—47% Heilungen erzielt worden sind, eine Zahl, die sich mit zunehmender Verbesserung der Diagnosenstellung sicherlich noch wird erhöhen lassen. Die **Operation** selbst wird so ausgeführt, daß man nach Eröffnung des Leibes in der Mittellinie sich durch einen im Lig. hepatogastricum oder im Lig. gastrocolicum angelegten Schlitz das Pankreas zugängig macht und in seiner ganzen Länge gut mit Vioformgaze tamponiert. Handelt es sich bereits um eitrige Einschmelzungen, so müssen diese natürlich unter aseptischem Eingeweideschutz entleert werden. Dabei muß man besonders auf gefahrdrohende Arrosion von Gefäßen achten, weil hierdurch gefährliche Komplikationen entstehen können. Die Tamponade wird in der üblichen Weise langsam entfernt. Für die Nachbehandlung namentlich bei etwaigem Zurückbleiben von Fisteln kann eine **zuckerfreie** Diät von Nutzen sein.

2. Chronische Pankreatitis.

Die chronische Pankreatitis kann in selteneren Fällen aus akuten oder subakuten Formen der Erkrankung entstehen, ist aber in der überwiegenden Mehrzahl der Fälle (Gebrüder Mayo 81%) Folge bestehender Gallenstein-erkrankung. Doch kann auch von anderen Nachbarorganen her, besonders vom Duodenum, die Entzündung auf das Pankreas übergreifen. Die **Diagnose** der chronischen Pankreatitis wird in der Regel erst gestellt bei der operativen Behandlung des Grundleidens, also vorzugsweise bei der Operation der Chole-lithiasis. Man fühlt dabei den Kopf des Pankreas stark verdickt und ziemlich hart, da der Kopf der Drüse in erster Linie von der fortgeleiteten Entzündung ergriffen wird. Der Befund ist differentialdiagnostisch verschieden vom Kar-zinom des Pankreas, indem bei der Pankreatitis die Drüse als solche mit ihren Läppchen deutlich zu fühlen ist, während das Karzinom mehr eine harte knollige Masse darstellt. Die **Therapie** der chronischen Pankreatitis erstreckt sich auf möglichst gründliche Beseitigung der Ursache, also meistens auf gründliche Absuchung der Gallenwege und der Papille auf Steine und ausgiebige und längere Drainage der Gallenwege.

3. Zysten des Pankreas.

Eine nicht seltene Erkrankung des Pankreas, welche chirurgischer Therapie bedarf, sind die Cysten., die sich mitunter zu enormer Größe ent-wickeln können. Sie sind durch ihre Lage ziemlich charakteristisch, können differentialdiagnostisch schwer oder gar nicht von Echinokokkusblasen der Nachbarorgane oder des Pankreas unterschieden werden. Doch wird während der Beobachtungszeit mitunter wechselnde Füllung bei Pankreascysten be-merkt. Die physiologisch-chemische Untersuchung kann die Diagnose nach der einen oder anderen Seite hin sichern. Die **Operation** besteht in Einnähen der Cystenwand in das Peritoneum und sekundärer Eröffnung und Drainage der Cyste. Die totale Exstirpation der Cyste ist nur sehr selten bei gestielten Cysten möglich. Die wohl immer zurückbleibenden Fisteln können sehr lange bestehen bleiben, schließen sich aber fast immer von selbst. Zuckerfreie Diät ist bei der Nachbehandlung nützlich.

VI. Krankheiten der Milz.

1. Wandermilz.

Der Lagewechsel der Milz kommt vorzugsweise beim weiblichen Geschecht vor und wird zurückgeführt auf kongenitale Veranlagung, Erkrankung de Milz oder anderer Abdominalorgane (Niere, Leber) und auf Veränderungen der Bauchdeckenspannung. Die **Symptome** bestehen in Schmerzen, die ver-ursacht werden durch den Zug am Peritoneum oder den intraabdominellen Organen. Die **Diagnose** wird bei beweglicher Milz durch die Form des palpablen Tumors meist unschwer zu stellen sein, kann aber auch, wenn die Milz in ihrer abnormen Lage fixiert ist, schwierig werden. Eine Indikation zu **chirurgischem Vorgehen** ergibt die Wandermilz dann, wenn erheblichere Beschwerden vor-liegen, die die Möglichkeit einer Stieltorsion befürchten lassen. Die Operation besteht in der Fixierung der Milz von einem Lumbalschnitte (ähnlich dem Nierenschnitte) aus, indem man die Milzkapsel spaltet und die Milz mit Seiden-fäden an der hinteren Bauchwand festnäht. Eine festere Fixation erreicht

Franke dadurch, daß er das Peritoneum ein Stück weit von der Rücken-
muskulatur ablöst. Hierdurch entsteht eine retroperitoneale Tasche, in die
die Milz eingenäht wird. Für Lageveränderung bei nicht veränderter und
kleiner Milz ist das Verfahren gut brauchbar. nicht aber für stärker vergrößerte
und krankhaft veränderte Milz. Hier ist die Exstirpation der Milz absolut
indiziert, da sie einzig wirklichen Erfolg verspricht.

Die **Technik der Milzexstirpation** gestaltet sich so, daß man unter dem
linken Rippenbogen in der hinteren Axillarlinie beginnend einen Schnitt anlegt,
der vorn nach dem medialen Rektusrand zu nach abwärts läuft und je nach
der Größe des Milztumors beliebig verlängert werden kann. Auch kann ein
senkrecht daraufgesetzter Längsschnitt am Rektusrand den Zugang noch vergrößern. **Alle Adhäsionen sind wegen Blutungsgefahr aufs sorgfältigste doppelt zu unterbinden,** ebenso das Lig. gastrolienale und
phrenicoliale. Der Hilus der Milz muß ebenfalls vorsichtig und mehrfach
abgebunden werden.

2. Milztumor.

Die großen Milztumoren bei der **Malaria** können ihrem Träger durch ihre
respektable Größe mitunter sehr lästig werden. Während aber die Beschwerden
bei fixierter Milz noch erträglich sind und die Kranken sich allmählich daran
gewöhnen, werden durch den Milztumor bei Wandermilz oft derartige Schmerzen
hervorgerufen, daß die Entfernung des Tumors auf chirurgischem Wege indiziert erscheint. **Die Gefahr der Exstirpation bei großen Malariamilz-
tumoren** ist wegen der Gefahr von Nachblutungen und Embolien nach den
erforderlichen zahlreichen Unterbindungen **nicht gering.** Da zudem die
Malaria selbst durch die Splenektomie nicht nur nicht gebessert wird, sondern
im Gegenteil mitunter erst recht neu aufflammt, dürfte die oben gegebene
beschränkte Indikation zur Operation wohl begründet sein.

Als **ebenso gefährlich und deshalb nur zu begründen durch unerträgliche Schmerzen** und Beschwerden muß die Splenektomie bei **Stauungsmilz**
und **Leukämie** betrachtet werden, wenn auch bei Leukämie einzelne Erfolge
erzielt worden sind. Auch bei der **Anaemia splenica infantum** kann die Indikation zur Splenektomie trotz vereinzelter Erfolge objektiver Kritik nicht
standhalten.

3. Geschwülste und Tuberkulose der Milz.

Geschwülste der Milz werden vorzugsweise beobachtet in Form von Blut-
oder Lymphcysten, von Echinokokken und in der Form bösartiger (meist sar-
komatöser) Neubildungen, die aber sehr selten sind. Der operative Eingriff
besteht bei den cystischen Geschwülsten in Einnähen und sekundärer Eröffnung
der Cyste (wie bei Cysten des Pankreas) resp. in Splenektomie. Der erstere
Eingriff ist dann indiziert, wenn starke Verwachsungen die Splenektomie oder
die bei kleineren Cysten ebenfalls mit Erfolg ausgeführte Ausschälung der
Cysten unmöglich machen. Er fordert aber eine unangenehme und langwierige
Nachbehandlung wegen der zurückbleibenden Fistel. Die isolierte **Tuberkulose**
der Milz entwickelt sich langsam und beeinflußt im Gegensatz zu anderen
Milztumoren relativ wenig den Allgemeinzustand. Objektiv läßt sich
starker Milztumor nachweisen. Das sind aber auch die einzigen für die
Diagnose verwertbaren Symptome, außer etwaiger Tuberkulinreaktion durch
vermehrte Schwellung und Druckschmerz. Die Diagnose wird daher nur in
Ausnahmefällen per exclusionem zu stellen sein. Mortalität 25%. Die Therapie

besteht in Splenektomie und hat bisher gute Resultate geliefert, doch sind die kasuistischen Mitteilungen über dies Thema noch zu vereinzelt, um vom Wert oder Unwert der Therapie sprechen zu können.

4. Milzabszeß.

Abszeßbildungen in der Milz kommen bei verschiedenen Infektionskrankheiten, besonders bei Typhus vor. Sie können weiterhin sich aus Verletzungen und Kontusionen und bei septischen (Puerperal-) Erkrankungen bilden. Die **Symptome**, aus denen sich die Diagnose ergibt, sind ähnlich denen des subphrenischen Abszesses. Die Milz ist deutlich palpabel und druckempfindlich. Die **Diagnose** ist aber bei der Unbestimmtheit der Symptome, zumal das Blutbild nicht charakteristisch ist, sehr unsicher. Eventuell kann sie durch Röntgenaufnahme gestützt werden. Am sichersten fällt die Entscheidung durch Probepunktion, die zwar wegen der vorhandenen Adhäsionen nicht sehr bedenklich ist, immerhin aber nur, wenn alles zur Operation bereit ist, ausgeführt werden sollte. Die **Operation** besteht in der Inzision, die man eventuell, wie beim subphrenischen Abszeß, durch den Pleuraraum hindurch vornehmen muß. Die Resultate sind gut. Die Mortalität beträgt etwa 15%.

5. Morbus Banti.

Der Bantische Symptomenkomplex zerfällt in drei Perioden. Der erste Abschnitt ist charakterisiert durch langsam sich vermehrende Milzvergrößerung, verbunden mit zunehmender Anämie, Schwächegefühl, Herzklopfen und Atembeschwerden. Im zweiten Stadium sinkt die tägliche Urinmenge stark, die Konzentration steigt. Deutliche Lebervergrößerung mit glatter Oberfläche. Im dritten Stadium schrumpft die Leber, der Urin wird noch weniger und konzentrierter, keine Drüsenschwellungen. Es tritt Ascites auf. Blutungen, namentlich im Magen, führen zum Tode. Die Krankheit befällt das weibliche Geschlecht nach Banti zu 64, das männliche zu 36%, und wird meist im Alter von 15—35 Jahren beobachtet. Sie kann jahrelang dauern. Das Blutbild zeigt mäßige oder gar keine Herabsetzung der Erythrocytenzahl bei stark herabgesetztem Hämoglobingehalt und starker Leukopenie von 1500 bis 3000. Die Neutrophilen sind stark herabgesetzt, die Lymphocyten wenig, die Mononuklearen sind vermehrt.

Die **Ätiologie** der Erkrankung ist unbekannt. Für die **Differentialdiagnose** sind wichtig: Leberzirrhose, Tuberkulose der Milz, Syphilis, Hodgkinsche Krankheit, Malaria und andere parasitäre Milztumoren. Von der Leukämie unterscheidet sich die Bantische Krankheit durch das Blutbild, ebenso von der perniziösen Anämie mit Milztumor und der Anaemia splenica infantum. Vom hämolytischen Ikterus unterscheidet sich die Bantische Krankheit durch fast fehlenden Ikterus, durch positiven Bilirubinbefund im Urin und durch die starke Störung des Allgemeinbefindens. Endlich kommen differentialdiagnostisch noch Tumoren der Milz in Betracht.

Therapie. Arsen und Salvarsan soll zuweilen Erfolg gehabt haben, doch ist es zweifelhaft, ob es sich dabei wirklich um eine Bantische und nicht um luische Erkrankung gehandelt hat. Von der Röntgentherapie werden verschiedene Besserungen berichtet. Die sicherste Behandlung besteht in der möglichst frühzeitigen Exstirpation der Milz. Die Erfolge sind nach der Berechnung Bantis im ersten Stadium 25%, im zweiten 40%, im dritten 60% Mortalität. **Die durch Operation geheilten Patienten sind dauernd geheilt geblieben.**

6. Hämolytischer Ikterus und perniziöse Anämie.

Auch beim **hämolytischen Ikterus** und der **perniziösen Anämie** ist in neuerer Zeit wiederholt die Milzexstirpation ausgeführt worden. Die Diskussion über diese Thema auf dem Chirurgenkongreß 1914 hat ergeben, daß die Operation bei hämolytischem Ikterus anscheinend guten Erfolg ergibt, während bei perniziöser Anämie die Berechtigung zum operativen Vorgehen zweifelhaft erschien. Ein objektives Urteil über den Wert der Splenektomie, namentlich auch bezüglich der Dauererfolge, läßt sich zurzeit noch nicht geben.

VII. Krankheiten der Nieren und des Nierenbeckens.

1. Diagnostische Vorbemerkungen.

Die Erkrankungen der Harnwege sind in Band III dieses Handbuches bezüglich der klinischen Erscheinungen, der Ätiologie und pathologischen Anatomie und der Diagnostik in ausführlichster Weise behandelt worden. Wenn in den folgenden Zeilen die chirurgische Behandlung der Nierenkrankheiten beschrieben werden soll, so müssen wir dieser Besprechung einige Worte vorausschicken, welche diejenigen speziellen diagnostischen Hilfsmittel betreffen, ohne deren Anwendung heute ein chirurgisches Eingreifen bei Krankheiten der Harnwege als nicht nur unwissenschaftlich, sondern fast als unerlaubt bezeichnet werden muß. Es sind das die Methoden der funktionellen Nierendiagnostik, und zwar desjenigen Teiles derselben, der uns Aufschluß über die Funktionstüchtigkeit der einzelnen Niere gibt. Die Anwendung dieser Methoden erfordert allerdings eine ganz spezielle Technik, mit der man sich durch gründliche Übung erst sehr vertraut machen muß, und deren Erlernung deshalb eigentlich nur für den Chirurgen von besonderem Werte ist und für den Praktiker weniger in Betracht kommt. Trotzdem erscheint es uns nötig, daß auch der Praktiker den Wert dieser Methoden und ihre Bedeutung für die Indikationsstellung kennt. Deshalb sei auf die Besprechung in Band III, S. 1729 bis 1742 dieses Handbuches hingewiesen.

Es handelt sich vor der operativen Inangriffnahme einer Niere nach Feststellung der Diagnose im allgemeinen darum zu untersuchen, wie es sich mit der Funktionstüchtigkeit der vermutlich gesunden Niere verhält. Die allgemeine Diagnose hat uns ja nur gezeigt, daß es sich in dem betreffenden Falle um eine Nierenerkrankung handelt, bei der eine chirurgische Therapie am Platze ist. Der Chirurg soll und muß sich aber davon überzeugen, wie weit die Funktionsfähigkeit der Nieren gestört ist, und ob er nach dem Resultat seiner Untersuchungen sich mehr auf ein konservatives Verfahren beschränken muß oder im Interesse des Kranken eine radikale Operation ausführen darf.

Ureterenkatheterismus.

Schon die Feststellung, welche Seite von der Erkrankung ergriffen ist, bietet oft, so paradox es klingen mag, merkwürdige Überraschungen. Wir haben eine ganze Reihe von Fällen beobachtet, bei denen der intensive Schmerz konstant beispielsweise auf der linken Seite angegeben wurde, und daher nach der Allgemeinuntersuchung kein Zweifel über den linksseitigen Sitz der Krankheit zu bestehen scheine, und bei dem dann eine eingehende Untersuchung die rechte Niere erkrankt zeigte, was durch die Operation bestätigt wurde. Es ist das eine gerade bei Nierenerkrankungen öfters vorkommende Erscheinung falscher Lokalisation, wie sie übrigens auch bei der Appendizitis hie und da beobachtet wird. Den sichersten Aufschluß über die Seite der Erkrankung

erhalten wir durch getrenntes Auffangen des Urins der beiden Nieren. Es
würde zu weit führen, alle Methoden zu beschreiben, die darauf abzielen, den
Urin der Nieren getrennt aufzufangen. Die beste Methode ist die Einführung
zweier feiner Seidenkatheter in die Ureterenmündung unter Leitung des Auges
mittelst eines besonders konstruierten Blasenspiegels (Ureterencystoskop). Es
ist selbstverständlich, daß bei der Handhabung dieses Instrumentes die peinlichste Asepsis erforderlich ist, dann aber wird eine erheblichere Infektion
wohl stets zu vermeiden sein. Wenigstens ist mit Sicherheit kein Fall festgestellt, wo wirklich durch den Ureterenkatheterismus eine Infektion verursacht
worden wäre. Um ganz sicher zu gehen, kann man vor dem Herausziehen
der Katheter etwas 1 $^0/_{00}$ Höllensteinlösung durch die Katheter einspritzen.
Im allgemeinen ist der Ureterenkatheterismus, wenigstens in der Hand des
wohlgeübten Untersuchers, durchaus nicht mit unerträglichen Schmerzen verknüpft. Bei Frauen braucht man dazu überhaupt keine Anästhesie, bei Männern
muß man die Harnröhre mit einer $2^0/_0$igen Eukainlösung anästhesieren; ev.
kann man auch vorher eine Skopolamin-Morphiumdosis verabreichen. Der
Vorzug des Ureterenkatheterismus vor jeder anderen Methode des Auffangens
der getrennten Urine ist, daß man wirklich einen Urin erhält, der, da er direkt
der Niere entnommen, in reinster Weise uns über das Produkt der Niere Aufschluß gibt. Die Untersuchung dieses Urins ist also in keiner Weise beeinflußt
von etwaigen krankhaften Veränderungen der Blase. Finden sich in demselben
Leukozyten oder Epithelien, Blut oder sonstige Bestandteile, so kann das alles
nur aus der untersuchten Niere stammen. Das mit dem Katheter auf diese
Weise direkt von der Niere abgenommene Sekret wird in der üblichen Weise
untersucht und dient zur Sicherung der gestellten Diagnose. In den meisten
Fällen wird schon die Untersuchung dieses Sondenurins beider Nieren uns
Aufschluß geben über die Funktionstüchtigkeit oder Untüchtigkeit beider
oder einer Niere. Der Ureterenkatheterismus ist jedoch, wie oben bemerkt,
durchaus nicht leicht und in manchen Fällen, namentlich wenn es sich um
schwere Blasenerkrankungen handelt, nicht ausführbar. In diesen Fällen wird
als Ersatz der Harnscheider angewandt. Es handelt sich dabei um Instrumente,
die durch Aufrichten einer Scheidewand die Blase in zwei Teile teilen und
auf diese Weise ermöglichen, ebenfalls den Urin jeder einzelnen Niere aufzufangen. Ganz ersetzen können diese Instrumente den Ureterenkatheterismus
jedoch nie, da sie in ihrer Wirkung nicht ganz sicher sind und der entnommene
Urin naturgemäß Blasenbestandteile enthält, die bei schwerer Erkrankung
der Blase zu Irrtümern führen können.

Es gibt nun eine ganze Reihe von Fällen chirurgischer Nierenerkrankungen,
in denen auch durch die exakteste chemische, mikroskopische und bakteriologische Untersuchung der getrennt aufgefangenen Sondenurine nicht mit Sicherheit
festgestellt werden kann, ob nach Exstirpation der erkrankten Niere die vermutlich gesunde Niere imstande sein wird, die Gesamtfunktionen der Niere
zu übernehmen. Ferner müssen wir für die Fälle, in denen der Ureterenkatheterismus eben nicht oder nur unvollständig gelingt, nach anderen Methoden
suchen, die es ermöglichen die Nierenfunktion festzustellen und endlich wird
der gewissenhafte Untersucher bei so einschneidenden Eingriffen, wie es die
Exstirpation einer Niere ist, gern eine Reihe von Methoden anwenden, um
möglichst sicher zu gehen.

Funktionsprüfung.

Die Methoden, welche darauf abzielen, die Funktion der Nieren zu prüfen,
sind teils chemische, teils physikalische. Von den ersteren seien die Indigo-

karmin- und die Phloridzinreaktion genannt. welche z. Zt. wohl die gebräuchlichsten sind. Dazu käme noch die Harnstoffbestimmung der beiden Sondenurine, die jedoch nur vergleichsweise Wert hat, da ja bekanntlich der Harnstoffgehalt des Urins außerordentlich schwankt und als absolute Größe keinen
Wert hat. Dagegen bietet der Vergleich des Harnstoffgehaltes in den Urinen,
welche mittelst des gleichzeitig beiderseits ausgeführten Ureterenkatheterismus gewonnen sind, einen recht guten Anhaltspunkt für die geschwächte
Funktion der einen oder anderen Niere.

Die Indigokarminreaktion wird so ausgeführt, daß man eine bestimmte
Menge des Indigokarminfarbstoffs (80 mg) subkutan in 4 %iger Lösung dem
Körper einverleibt und mittelst des Blasenspiegels die Ausscheidungen des
Farbstoffs im Urin beobachtet. Bei kranken Nieren erscheint der Farbstoff
im Urin sehr spät oder gar nicht und die Farbe des Urins ist eine hellblaue oder
hellgrüne, während man an der gesunden Niere den Beginn der Ausscheidung
bereits nach 5 Minuten, den Höhepunkt der Ausscheidung nach 20 Minuten
beobachtet; man sieht dabei im Zystoskop den Urin auf der Höhe der Reaktion
in tief dunkelblauem Strahl die Ureterenmündung verlassen. Man kann also
schätzungsweise nach der Intensität der Färbung sowie nach dem Zeitpunkt
des Eintritts der Ausscheidung ein Urteil gewinnen über die Funktion der Nieren.
Scheidet beispielsweise die eine Niere den Farbstoff in intensiv blauer Farbe
nach 5 Minuten aus, während die andere ihn erst nach etwa 40 Minuten in hell-
blauer Farbe ausscheidet, so weiß man, daß die erstere die gesunde ist. Ein
Vorzug der Reaktion ist es, daß man nur den Blasenspiegel und nicht den Ureterenkatheterismus nötig hat.

Die andere chemische Methode ist die Phloridzinreaktion. Nach Injektion von Phloridzinlösung tritt bekanntlich nach kurzer Frist Zucker im Urin
auf, der, je nachdem es sich um kranke oder gesunde Nieren handelt, kürzere
oder längere Zeit nach der Injektion nachweisbar ist. Man bedarf zu dieser
Reaktion des Katheterismus beider Ureteren; der Sondenurin jeder Seite wird
alle 5—10 Minuten auf seinen Zuckergehalt geprüft.

Beide Methoden sind sehr gut zu verwerten, doch wird im allgemeinen
der Indigokarminreaktion der Vorzug gegeben, da man zu ihr, wie gesagt,
die Uretersondierung nicht nötig hat. Sie haben aber beide den Nachteil, daß
sie nicht absolut zuverlässig sind, da ihr Gelingen von allerhand Zufälligkeiten
abhängt, wie von der Lebensweise des Kranken, von nervösen und anderen
Momenten, deren Natur wir noch nicht vollkommen kennen. Aus diesem
Grunde hat auch die quantitative Bestimmung der Zucker- und Indigo-
karmin-Ausscheidung nicht den Wert, den man im Anfang von ihr erhofft
hatte.

Von anderen Methoden zur Untersuchung der getrennt aufgefangenen
Sondenurine seien noch kurz erwähnt die Bestimmung der Gefrierpunktserniedrigung und der elektrischen Leitfähigkeit, welche jedoch durch die Harnstoffbestimmung vollkommen ersetzt werden.

Die Bestimmung des Harnstoffgehaltes wird am besten ausgeführt durch
das Esbachsche Ureometer, welches ziemlich genau arbeitet. Der Sondenurin
beider Nieren wird gleichzeitig aufgefangen und auf seinen Harnstoffgehalt
geprüft. Wie sehr auch der Harnstoffgehalt des Gesamturins je nach der
Lebensweise des Patienten wechselt, so gibt diese vergleichsweise Bestimmung
doch gute Resultate in bezug auf die Funktionsprüfung der Nieren, da ja nicht
anzunehmen ist, daß während der wenigen Minuten der Dauer der Untersuchung
erheblichere Einflüsse mitspielen können. Handelt es sich dabei doch um
größere Unterschiede. Haben wir z. B. auf der einen Seite eine Harnstoff-
ausscheidung von 2 %₀₀, auf der anderen eine solche von 18 %₀₀, so wissen wir,

daß die eine Niere krank ist, während der hohe Gehalt des andern Sondenurins
für die Gesundheit dieser Niere spricht. Ergibt sich beiderseits der niedrige
Wert von $3^0/_{00}$, so liegt der Verdacht vor, daß es sich um eine doppelseitige
Erkrankung handelt bei normaler Ernährung und Wasserzufuhr.

Des weiteren kommt für die Funktionsprüfung der Nieren die Bestimmung
der Gefrierpunktserniedrigung des Blutes in Betracht. Bei einem Nieren-
gesunden gefriert das Blut bei 0,56—0,58° niedrigerer Temperatur wie destilliertes Wasser. Sind die Nieren in ihrer Arbeitskraft durch einen Krankheitsprozeß geschädigt, so werden harnfähige Stoffe im Blut zurückgehalten, die
diese Differenz noch weiter vergrößern, d. h. die Gefrierpunktserniedrigung
noch mehr herabdrücken, so daß man bei schwer Urämischen eine Gefrierpunktserniedrigung von 0,70 und darunter erhält. Eine tiefere Gefrierpunktserniedrigung als 0,58 sagt uns also, daß das im Körper vorhandene Nierengewebe
nicht vollkommen befähigt ist, das Blut von seinen harnfähigen Stoffen zu
reinigen. Wir wissen aber aus Erfahrung, daß bei vollkommener Nierenfunktion man ungestraft eine Niere aus dem Körper entfernen kann. Zusammen-
gehalten mit den Resultaten der Untersuchung der Sonderurine
gibt uns also die Bestimmung der Gefrierpunktserniedrigung des Blutes einen
sehr guten Anhaltspunkt über die Möglichkeit einer Nephrektomie.

2. Chirurgische Eingriffe bei Nierenerkrankungen.

a) Angeborene Erkrankungen der Nieren.

I. Nierenaplasie. Der angeborene Defekt einer Niere ist nicht so sehr
selten (nach Morris beträgt seine Häufigkeit ungefähr 3%), so daß man bei
jedem chirurgischen Eingriff unbedingt sich zunächst zu überzeugen hat, ob
wirklich beide Nieren vorhanden sind. Liegt Aplasie einer Niere vor, so ist die
vorhandene Niere meist größer und natürlich kommt eine Exstirpation in
solchem Fall nicht in Betracht. Man kann jedoch sehr wohl die Nephrotomie
oder sonstige konservative Methoden bei Einnierigen anwenden.

II. Mißbildungen bestehen entweder in dem Verwachsensein der beiden
Nieren in Form einer Hufeisenniere (bei 100 Sektionen ca. einmal) oder in
der Verlagerung einer Niere. Namentlich die letztere Mißbildung ist praktisch
von großem Wert für die Differentialdiagnose von allerhand Geschwülsten im
Abdomen. So kann eine hydronephrotisch entartete Niere, welche im Becken
oder auf der Beckenschaufel gelagert ist, leicht eine Geschwulst der weiblichen
Genitalien vortäuschen. Die Diagnose wird gesichert durch das Röntgenbild:
man legt in den Ureter einen Ureterkatheter mit Stahlmandrin ein oder einen
solchen aus Röntgen undurchlässigem Material und schiebt ihn so hoch wie
möglich vor. Auf einem guten Röntgenbild wird man erkennen können, daß
der Katheter in den Tumorschatten hineinführt, was nicht der Fall ist, wenn
es sich um einen Tumor handelt, der von einem anderen Organ der Bauchhöhle
ausgeht. Man kann auch das Nierenbecken mit einer Kollargollösung füllen
und dadurch die Niere noch deutlicher im Röntgenbild zur Darstellung bringen.

b) Nierenverletzungen.

Verletzungen der Nieren aller Art äußern sich in Hämaturie, heftigem
Urindrang und eventuell kolikartigen Schmerzen. Die Blutbeimengung des
Urins ist während des ganzen Urinierens gleich stark, während bei Blasen-
blutungen im Anfang der Urin weniger blutig, am Ende der Miktion stärker
blutig gefärbt ist.

Therapie. Steht die Blutung nicht auf Ruhiglagerung und Eis, so muß die Niere freigelegt werden. Handelt es sich um einen Riß im Nierenbecken oder im Ureter oder um kleinere Risse im Nierengewebe, so können diese vernäht werden. Bei allen größeren Verletzungen ist die Nephrektomie angezeigt, vorausgesetzt, daß die andere Niere gesund ist, da die Gefahr, daß das noch vorhandene Nierengewebe gangränös wird, eine sehr große ist und bei allzu konservativem Vorgehen den Verletzten den Gefahren einer langwierigen Eiterung, die schließlich doch noch zur sekundären Nephrektomie führt, aussetzen würde. Wenn man ganz sicher ist, daß der Bauchfellraum bei der Verletzung unbeteiligt geblieben ist, so kann die Operation von dem üblichen Lumbalschnitt (siehe unten) aus ausgeführt werden. In vielen Fällen aber wird der Bauchfellraum mitbeteiligt sein und man wird sicherer gehen, wenn hierüber Zweifel bestehen, die Nephrektomie per laparotomiam vorzunehmen und eventuell nach hinten zu drainieren.

c) Wanderniere.

Ätiologie. Das Leiden findet sich meistens bei Frauen, die infolge schlapper Bauchdecken, starken Schnürens usw. überhaupt an allgemeiner Enteroptose leiden.

Diagnose. Die Feststellung einer Wanderniere erfolgt durch bimanuelle Palpation, die bei schwer zu untersuchenden Kranken eventuell im Wasserbad oder in Narkose vorgenommen werden muß. Die Niere läßt sich meistens in ihre Lage zurückdrängen und zeichnet sich durch einen intensiven Schmerz bei bimanuellem Druck aus. Da jedoch sehr leicht eine Verwechslung mit einem Schnürlappen der Leber, mit Cysten der Leber oder Geschwülsten der Gallenblase stattfinden kann, so ist das sicherste Mittel zur Erkennung einer Wanderniere die Röntgenaufnahme der Nierengegend, nachdem man in den Ureter einen Katheter mit Mandrin eingeführt hat.

Symptome. Abgesehen von den schon im Hauptteil beschriebenen Beschwerden kann es zu plötzlichen Einklemmungen bei der Wanderniere führen dadurch, daß der Ureter abgeknickt wird und auf diese Weise eine Hydronephrose entsteht.

Therapie. Führt die innere Therapie nicht zum Ziel oder ist die betreffende Kranke durch fortgesetzte Kolikanfälle dauernd arbeitsunfähig, so kann man die Wanderniere operativ fixieren. Die Operation wird jedoch nur dann Erfolg versprechen, wenn es sich nicht gleichzeitig um eine allgemeine Enteroptose handelt, da ja die Beschwerden, durch das Allgemeinleiden veranlaßt, auch nach der Operation weiter bestehen würden. Man wird deshalb gut tun, in solchen Fällen zunächst eine Leibbinde zu beschaffen, die genau nach dem Körper gearbeitet sein muß und deren Hauptzweck es ist, die Bauchdecken zu stützen und anzuheben. Durch Pelotten irgendwelcher Art kann man eine Wanderniere nicht fixieren. Deuten fortgesetzt schwere Kolikanfälle auf die Gefahr einer Hydronephrosenbildung hin, so muß man die Nephropexie unbedingt vornehmen.

Die Niere wird zu diesem Zwecke von einem Lumbalschnitt aus freigelegt, d. h. einem Schnitte, der parallel der zwölften Rippe, dicht unterhalb derselben, am äußeren Rande des Musc. quadrat. lumb. beginnt und in einer Ausdehnung von etwa 15 cm nach vorne geführt wird und etwas nach abwärts läuft. Nach Durchtrennung von Haut und Muskeln erscheint hart am Rande des Quadrat. lumb. die Fettkapsel der Niere, welche mit einem kleinen Schnitte eröffnet wird. Die Niere wird nun unter stumpfem Vorgehen aufgesucht und vorgezogen. Zwei bis drei Seidenfäden werden durch Haut, Muskeln und womöglich auch Periost der letzten Rippe durchgeführt, die Nadel ziemlich tief durch das Nierengewebe durchgestochen und auf der anderen Seite der Wunde wieder durch Muskeln und Haut hindurchgeführt. Zur Verbesserung einer Wundfläche kann man die Capsula propria an der Konvexität der Niere etwas ablösen oder an mehreren Stellen einritzen. Die Niere wird nun an diesen Seidenfäden in die Muskelwunde hineingezogen und die Fäden, nachdem die tieferen Schichten, wie Muskeln und Faszien mit Catgut vernäht sind, über Tupfern geknüpft. Die Haut kann vollkommen vernäht werden. Man erreicht damit recht gute Resultate, soweit dieselben sich auf den Erfolg der Operation, d. h. auf die Fixierung der Niere beziehen. Manche Autoren glauben eine gute Festigung der Niere zu erzielen, indem sie die Niere nicht bis in die Wunde hineinziehen, sondern einen Tampon auf die Niere auflegen, ev. eine Ätzung der Nierenoberfläche vornehmen. Außerdem sind eine große Menge von anderen Methoden teils plastischer Art veröffentlicht worden, die alle aufzuzählen hier nicht der Ort ist. So ziemlich jeder Chirurg hat für die Nephropexie seine eigene Modifikation.

Dieses Suchen nach Operationsmethoden weist schon darauf hin, daß der Enderfolg der Nephropexie in sehr vielen Fällen unbefriedigend ist, was aber wohl kaum der angewandten Methode zugeschrieben werden darf. Die Ursache liegt vielmehr darin, daß es sich bei der überwiegenden Mehrzahl der Patienten um Konstitutionsanomalien handelt, bei denen die Wanderniere nur eine Folge ist, und rezidiviert, solange das Grundleiden besteht.

d) Hydro- und Pyonephrosen.

Die **Symptome** der Hydronephrosen sind in der Regel unbedeutend. Entweder treibt der wachsende Tumor oder die durch eingetretene Infektion entstandene Umwandlung in eine Pyonephrose erst den Kranken zum Arzt, da Schmerzen selten sind. Nur bei den Hydronephrosen mit intermittierendem Füllungsgrad treten je nach dem Grad der Retention erheblichere Schmerzen auf.

Die **Diagnose** wird, abgesehen vom Palpationsbefund, gestellt durch den Ureterkatheterismus und die Röntgenaufnahme. Bei beginnender Hydronephrose ist der Unterschied der beiden Sondenurine meist äußerst gering bzw. überhaupt nicht vorhanden. Hier zeigt das Röntgenbild mit Kollargolfüllung des Nierenbeckens die Erweiterung an. Mitunter beobachtet man auch beim Einschieben des Katheters in das Nierenbecken ein Ablaufen einer größeren Urinmenge, was auf Erweiterung hinweist. Bei länger bestehenden und größeren Retentionsnieren entsteht durch den Druck der Flüssigkeit eine Schädigung des Nierengewebes, die sich in einer mehr oder weniger erheblichen Herabsetzung des Harnstoffgehaltes der erkrankten Niere ausdrückt. Blutungen sind bei den Retentionsgeschwülsten der Niere selten und meist das Zeichen einer tuberkulösen Erkrankung (Israel). Differentialdiagnostisch kommen außer cystischen Geschwülsten die Cystennieren in Betracht. Diese sind fast immer doppelseitig und dürfen, wenn vereitert, nur konservativ chirurgisch (Inzision und Drainage) behandelt werden. Einzelne erfolgreiche Nephrektomien bei Cystennieren sind veröffentlicht, doch muß erst der Dauererfolg abgewartet werden. Als **Komplikation** ist bei den Retentionsgeschwülsten das Platzen der Geschwulst und bei den eitrigen Formen septische Erkrankung zu nennen.

Indikationen. Bei einer bestehenden Hydronephrose ist der operative Eingriff entweder dann geboten, wenn durch dauernde Druckschmerzen und immer sich wiederholende Kolikanfälle die Arbeitsfähigkeit des erkrankten Menschen dauernd erheblich herabgesetzt ist. Denn, wie schon oben bemerkt, gibt es zurzeit keine Bandage, die geeignet wäre, durch direkte Einwirkung auf eine erkrankte Niere für dieses Leiden Hilfe zu schaffen. Abgesehen von dieser relativen Indikation ist aber der operative Eingriff bei der einfachen Sackniere aus dem Grunde nicht allzuweit hinauszuschieben, damit man sich die Chancen des konservativen Vorgehens wahren kann. Es ist ja bekannt, daß die sekundäre Infektion einer Hydronephrose sehr leicht eintritt, wenn auch über die Wege, die diese Infektion nimmt, noch Meinungsverschiedenheiten herrschen. Sobald aber eine Hydronephrose sekundär infiziert ist, wird

in der überwiegenden Mehrzahl der Fälle ein konservativeres Operationsverfahren keinen Erfolg mehr versprechen, sondern man wird zur Nephrektomie
schreiten müssen. Eine weitere strikte Indikation zu operativem Vorgehen
bei Hydronephrosenbildung ist die akute Abklemmung, d. h. die meist plötzlich einsetzende, durch irgend ein Hindernis verursachte, plötzliche Behinderung
des Urinabflusses, Erscheinungen, welche vergesellschaftet sind mit einer akut
fortschreitenden Anschwellung des hydronephrotischen Tumors, welche meist
mit sehr intensiven Schmerzen in der Nierengegend verbunden ist. Weiterhin
muß betont werden, daß bei derartig plötzlicher Unterbrechung des Urinabflusses der einen Seite es gar nicht so selten zu einer Reflexanurie kommt.
Wir sind zwar persönlich der Ansicht, daß eine sog. Reflexanurie in fast allen
Fällen einer anatomischen Ursache, einem leichteren oder schwereren Erkrankungsprozeß der anderen Niere ihre Entstehung verdankt. Doch hält
eine Reihe namhafter Autoren an der Möglichkeit einer Entstehung einer Anurie
infolge Reflexbeziehungen beider Nieren fest. Wie dem auch sei, jedenfalls
sollte man es bei einer akuten Abklemmung nicht erst zur Anurie kommen lassen,
sondern durch möglichst frühzeitiges operatives Vorgehen in solchen Fällen
die Anurie beseitigen. Besteht aber bereits eine Anurie, so ist jede Stunde von
Wert und bedeutet, durch Abwarten verloren, eine schwere Schädigung des
Kranken.

Therapie. Die Art des operativen Eingriffs hängt gänzlich ab von der
Intensität der Erkrankung. Als Operationsverfahren kommt einmal in Betracht die Fixation der erkrankten Niere in der Art, wie wir es oben für die
Ren mobilis beschrieben haben, jedoch nur dann, wenn es sich um eine ganz
beginnende Hydronephrosenbildung handelt, die etwa infolge einer Wanderniere entstanden ist. In den vorgeschritteneren Fällen muß man bei der Operation darauf bedacht sein, diejenigen pathologischen Veränderungen zu beseitigen, welche man in situ als Ursache der Hydronephrosenbildung erkennt.
In sehr vielen Fällen findet sich eine Klappenbildung im Anfangsteil des Ureters,
welche man durch eine geeignete Plastik beseitigen kann. In einer weiteren
Reihe von Hydronephrosen, zu welcher besonders diejenigen Fälle gehören,
welche ohne erhebliche Prodromalerscheinungen zu einem akuten Ureterverschluß führen und eventuell zu Reflexanurie, ist die Ursache in einem Stein-
verschluß zu finden. In diesen Fällen wird durch das Röntgenbild der Sitz
des Steines im Ureter festzustellen sein, und der Stein muß entweder durch
Uretero- oder durch Nephrotomie entfernt werden. Eine weitere Anzahl von
Fällen, namentlich diejenigen, welche ohne besonders stürmische Erscheinungen
sich über eine Reihe von Jahren hinziehen und ihren Trägern durch ständigen
Druckschmerz die Lebensfreude vergällen, hat ihre Ursache in Strikturen des
Ureters, meist auf gonorrhoischer Basis. Die Behandlung dieser Fälle, die ja
meist infolge ihrer Ätiologie nicht mehr zu den rein aseptischen im strengen
Sinne des Wortes gerechnet werden können, geschieht am besten durch Bougieren
der Strikturen nach vorausgegangener Nephrotomie. Die Versuche, die Ureter-
strikturen zirkulär zu resezieren, mißlingen fast stets. So gut Längswunden
des Ureters vernarben, so schlecht verheilt eine zirkuläre Naht und führt, wenn
sie verheilt, meist zu erneuter Striktur. Dagegen haben wir in der sog. Bougierung
ohne Ende ein Mittel, welches in der neuesten Zeit von namhaften Autoren
angewandt und als sehr erfolgreich empfohlen wird. Es wird von der Nephrotomiewunde aus ein Bougie in die Blase geschoben und bleibt im Ureter liegen,
von Tag zu Tag werden dann dickere Bougies an dem ersteren befestigt und
nachgezogen und auf diese Weise eine Dehnung der Striktur erreicht. Ganz
ungefährlich ist naturgemäß ein derartiges Vorgehen nicht, da ja einmal die
Nephrotomiewunde offen bleibt, was zu Blutungen führen kann, und da weiter-

hin durch diese ständigen Manipulationen sehr leicht eine Infektion der Niere
eintreten kann. In allen denjenigen Fällen, in denen es sich um eine infizierte
Hydronephrose oder um hochgradige Strikturen handelt, deren Beseitigung
auf konservativem Wege nicht möglich ist, oder in allen den Fällen, in denen
die Hydronephrose so hochgradig ist, daß kaum noch funktionsfähiges Nierengewebe übrig geblieben ist, kann nur, vorausgesetzt, daß die andere Niere gesund
ist, die Nephrektomie in Frage kommen. Erfahrungsgemäß hat ein konservatives Vorgehen in schweren infizierten Fällen meist keinen Erfolg, sondern
man setzt die Kranken in diesen Fällen nur den Gefahren einer langwierigen
Eiterung und einer zweiten Operation aus, da die sekundäre Nephrektomie
fast immer erfolgen muß.

Bei den **Pyonephrosen** gilt alles das, was oben für die Hydronephrosen
gesagt ist, in gleicher Weise für die Indikationsstellung zum chirurgischen Handeln-
nur kommt hier noch das wichtige Moment hinzu, daß häufig der fieberhafte Zu.
stand solcher mit Eiternieren behafteten Kranken zu rascherem Handeln drängt,
Jedoch ist hier eine möglichst exakte, durch die neueren Untersuchungsmethoden
gesicherte Diagnose, speziell für die Ausdehnung der Pyonephrose, von allergrößter Wichtigkeit. Denn wenn es sich um solche Eiternieren handelt, welche
auf der Basis einer Pyelitis entstanden sind, so wird man in vielen Fällen mit
der zuerst von Albarran angegebenen Methode der Nierenbeckenspülung
häufig Erfolge haben und eines operativen Vorgehens entraten können. Es
sind das selbstverständlich nur diejenigen Fälle, in denen es sich in erster Linie
um eine Entzündung des nicht allzu hochgradig erweiterten Nierenbeckens
handelt. Diese Spülungen werden von der Blase aus mit dünnen Ureterkathetern
vorgenommen. Als Spülflüssigkeit dient eine Höllensteinlösung 1 : 1000 oder
eine Lösung von Hydrargyrum oxyanatum 1 : 5000. In allen hochgradigen
Fällen ausgebildeter Pyonephrosen, die mit palpablen Tumoren und hohem
Fieber einhergehen, kommt ein konservatives Verfahren nicht in Betracht,
sondern die schwer erkrankte Niere muß entfernt werden, wenn anders die funktionelle Prüfung der anderen Niere ein befriedigendes Resultat ergeben hat.
Ebenso wird man in den Fällen einseitiger Pyelonephritis fast stets nur durch
die Nephrektomie zum Ziele gelangen.

e) Steinkrankheit.

Die **Ätiologie** der Nierensteine, die in jedem Lebensalter beobachtet
werden, ist bisher noch vollkommen unbekannt. Es gibt zweifellos Gegenden,
in denen die Steinkrankheit gehäufter auftritt als in anderen, ohne daß deshalb
besondere klimatische Verhältnisse oder die Beschaffenheit des Wassers eine
Erklärung geben könnten. Die **chemische Zusammensetzung** der Steine ist
eine sehr verschiedene, doch hat sich gezeigt, daß nur der Kern des Steines
tatsächlich aus einem bestimmten chemischen Stoffe besteht, während die
äußeren Schichten meist verschiedene Zusammensetzung zeigen. Klinisch und
namentlich in Hinsicht auf die chirurgische Therapie unterscheidet man zwischen
aseptischen und infizierten Nierensteinen. Dabei ist jedoch zu beachten, daß
wirklich bakteriologische Sterilität des Urins bei Steinniere nur selten vorkommt, sondern daß der Urin nur zeitweise steril befunden wird. Es handelt
sich in der Regel auch bei den aseptischen Nierensteinen um nephritische oder
pyelonephritische Prozesse in der erkrankten Niere, die zuweilen in ein Latenzstadium eintreten.

Die **Symptome** der Steinkrankheit sind ziemlich wechselnd. An erster
Stelle muß der Schmerz genannt werden. Dieser ist jedoch durchaus nicht
immer in Gestalt von eigentlichen Koliken vorhanden, sondern kann in

sehr vielen Fällen sich lediglich in einem permanenten Druck oder dumpfem Schmerzgefühl in der Lumbalgegend äußern. Das zweite Kardinalsymptom ist die Hämaturie. Es ist das Verdienst Israels, darauf aufmerksam gemacht zu haben, daß bei der Steinkrankheit eine mikroskopische Hämaturie so gut wie niemals fehlt. Das heißt auch in den Fällen, in denen der Urin anscheinend von Blut chemisch frei ist, lassen sich mikroskopisch stets Blutkörperchen und Blutschatten im Urin der Steinkranken nachweisen. Im übrigen bietet der Urin mikroskopisch keinen besonders charakteristischen Befund. Mitunter wird im Verlauf der Steinkrankheit Anurie beobachtet. Über die Entstehung derselben gehen die Ansichten der verschiedenen Autoren noch auseinander.

Während ein Teil der Fälle anscheinend tatsächlich ein auf reflektorischer Basis zustande gekommenes Aufhören der Urinsekretion darstellt, dürfte wohl in einem anderen Teil doppelseitige Erkrankung die Ursache sein. Jedenfalls kann man von reflektorischer Anurie im eigentlichen Sinne nur dann sprechen, wenn wirklich objektiv nachgewiesen ist, daß die anscheinend gesunde Niere auch tatsächlich keine pathologischen Veränderungen zeigt.

Wie bei vielen Nierenkrankheiten, so stehen auch bei der Steinkrankheit die Symptome der Blasenreizung häufig mit im Vordergrund: Vermehrter und quälender Harndrang, schmerzhafte Miktion.

Diagnose. Aus den angeführten Symptomen läßt sich die Wahrscheinlichkeitsdiagnose auf Steinkrankheit stellen. An wichtigstem ist der mikroskopische Blutbefund und bei infizierter Steinniere die Differentialdiagnose gegen Tuberkulose. In weitaus der größten Mehrzahl der Fälle, namentlich der nichtinfizierten Steinerkrankungen, wäre aber die Diagnose höchst unsicher, wenn wir nicht durch die Röntgenuntersuchung in der Lage wären Nierensteine — von einzelnen Ausnahmen abgesehen — mit Sicherheit auf der Platte nachzuweisen. Diese Ausnahmen sind aber so selten, daß sie praktisch kaum in Betracht kommen. Immerhin muß man wissen, daß es Fälle geben kann, in denen die röntgenologische Darstellung eines Steines nicht gelingt.

Indikationen. Die Frage, wann man eine Steinniere operativ in Angriff nehmen soll, ist nicht so einfach zu beantworten. Im großen und ganzen kann man sagen, daß ein „aseptischer Stein" nur dann eines operativen Eingriffes bedarf, wenn er durch fortgesetzte Koliken, Schmerzen oder Blutungen dem Kranken unerträgliche Beschwerden verursacht, daß dagegen der infizierte Stein den chirurgischen Eingriff erfordert. So lange also der Urin bei einem Steinkranken klar und ohne pathologische Bestandteile bleibt, wird es darauf ankommen, die etwa vorhandenen Beschwerden in der üblichen Weise zu bekämpfen. Ein operativer Eingriff aber muß erfolgen erstens bei lebensgefährlichen Blutungen, zweitens sobald im Urin Eiter auftritt, d. h. sobald eine Infektion des Steines stattgefunden hat oder wenn die Funkt on der Niere wesentlich abnimmt. Eine absolute strikte Indikation zu sofortigem Eingreifen geben diejenigen Fälle, in denen entweder durch die sogenannte Reflexanurie die Urämie droht oder in denen infolge der Infektion des Steines ein septisches Fieber auftritt.

Therapie. Die Art des Eingriffes hängt ab einmal davon, ob man einen aseptischen oder nur gering infizierten Stein in Angriff nimmt, oder ob es sich um eine schwer infizierte Niere handelt, weiterhin davon, wie der Zustand der anderen Niere ist. Im ersteren Falle wird die Entfernung des Steines aus der Niere zum Ziele führen. Man extrahiert den Stein nach Spaltung der Niere, vielfach wird auch bei Beckensteinen die Spaltung des Nierenbeckens empfohlen. Die Nephrotomie scheint uns jedoch deshalb vorzuziehen zu sein, weil sie eine bessere Übersicht gewährt und die Feststellung, daß nur im Becken ein Stein sitzt, mitunter recht unsicher ist. Ferner glauben wir, daß eine Nieren-

beckenwunde infolge der mangelhaften Blutversorgung eine unsicherere
Narbenbildung biete wie eine Nephrotomiewunde. Handelt es sich um schwer
infizierte Steine, so ist die Exstirpation der Niere (die Gesundheit der anderen
vorausgesetzt) den konservativeren Verfahren vorzuziehen, und zwar deshalb,
weil erfahrungsgemäß bei der Nephrotomie schwer infizierter Nieren in der
Mehrzahl der Fälle Keime und Entzündungsherde zurückbleiben, die nicht nur
weiterhin zerstörend auf das Nierengewebe wirken, sondern auch durch ihre
langdauernden Eiterungen den Träger gefährden und schließlich doch zur
sekundären Nephrektomie zwingen. Trotzdem wird man in denjenigen Fällen
infizierter Steine die Nephrotomie anwenden müssen, in denen man der Funktionstüchtigkeit der anderen Niere nicht ganz sicher ist und des weiteren in
den Fällen, wo es sich bei kalkulöser Anurie in erster Linie um rasches Handeln
dreht, ohne daß man vorher genügend Zeit zu genaueren Untersuchungen
gehabt hätte. Diese Fälle beruhen zudem meistens auf doppelseitiger Steinkrankheit, die nach unserer Erfahrung durchaus nicht so selten ist wie gemeinhin angenommen wird. Daß man aber bei doppelseitiger Erkrankung, selbst
wenn der eine Stein aseptisch ist, nicht ohne zwingende Not eine Niere opfert,
braucht wohl nicht erst betont zu werden. Also auch in den Fällen doppelseitiger
Steinkrankheit wird man sich, wenn irgend möglich, auf die Nephrotomie beschränken müssen.

f) Tuberkulose der Nieren.

Indikationen. Die allgemeinen Indikationen zur Zuziehung eines Chirurgen
bei tuberkulöser Erkrankung der Nieren kann man folgendermaßen präzisieren:
Ein chirurgischer Eingriff bei der Nierentuberkulose kann nur dann in Frage
kommen, wenn die Nierenerkrankung im Vordergrund des Krankheitsbildes
steht, d. h. wenn es sich um eine wenigstens in der Hauptsache auf die Nieren
lokalisierte Erkrankung handelt, wobei andere Organe, speziell die Lungen,
entweder gar nicht oder nur in geringem Maße tuberkulös affiziert sind. Sind
diese Bedingungen erfüllt, so sollte ein solcher Fall stets einer speziellen uro-
logischen Untersuchung unterworfen werden, welche festzustellen hat, ob beide
Nieren erkrankt sind und ob daher ein chirurgischer Eingriff am Platze ist
oder nicht. Gerade die Nierentuberkulose bietet der chirurgischen Behandlung
recht günstige Aussichten, da erfahrungsgemäß eine doppelseitige Erkrankung unter den genannten Umständen außerordentlich selten vorkommt.
Die immerhin noch häufig vorkommenden Mißerfolge bezüglich Dauerheilung
bei der chirurgischen Behandlung einseitiger Nierentuberkulose sind zum weitaus größten Teil dem Umstande zuzuschreiben, daß die zur chirurgischen Behandlung kommenden Tuberkulosenfälle viel zu weit vorgeschritten sind, d. h.,
daß bereits schwere Blasentuberkulose vorhanden ist. Es steht heute unzweifelhaft fest, daß die tuberkulöse Infektion der Harnwege stets eine deszendierende
ist, d. h., daß der primäre Herd sich immer in der Niere findet. Hat allerdings
die Tuberkulose den Fundus der Blase ergriffen und ist von hier aus auf die
andere Uretermündung übergegangen, so kann infolge der jetzt auftretenden
Ureteritis eine Infektion der zweiten Niere auf aszendierendem Wege stattfinden. Es ist deshalb ohne weiteres klar, daß bei der Nierentuberkulose nur
die frühzeitige Diagnose ein rechtzeitiges Eingreifen und damit eine Heilung
ermöglichen kann. Die Tuberkulinbehandlung scheint uns bei der Nierentuberkulose aus denselben eben genannten Erwägungen kontraindiziert, denn wenn
die Harnwege von der Niere aus deszendierend indiziert werden, so muß die
Tuberkulinbehandlung, da sie mit einer lokalen Reaktion verknüpft ist, zu einer
Propagierung der Tuberkulose führen.

Die **spezielle Diagnose** bei Verdacht auf Nierentuberkulose wird durch den Ureterenkatheterismus gestellt. Der Verdacht auf Nierentuberkulose besteht stets dann, wenn, in der Regel bei jugendlichen Individuen, eine hartnäckige, sonst nicht zu erklärende Blasenreizung besteht. Die Initialsymptome sind starker Harndrang, Miktionsschmerz und eventuell eine einmalige leichtere oder schwerere Blutung, dabei braucht der Urin gar nicht besonders eiterhaltig zu sein und ist dies sehr häufig auch nicht, sondern zeigt in der Regel nur eine ganz leichte blasse Trübung. Erst der Sondenurin weist in solchen beginnenden Fällen schon durch seine Farbe und durch seine geringere Konzentration auf den Sitz der Erkrankung hin. Der Nachweis der Tuberkelbazillen ist im Sondenurin meist leichter wie im Gesamtblasenurin, da ja in letzterem der ganze Urin der gesunden Niere enthalten ist. Die beste Sicherheit für den Nachweis der Tuberkelbazillen im Sondenurin wird dadurch gegeben, daß man die Sonde bis ins Nierenbecken vorschiebt und dann wieder zurückzieht. Man streicht dadurch den Pilzrasen, der sich auf den Papillen befindet, ab und wird bei gutem Zentrifugieren fast stets die Bakterien im Sediment nachweisen können. Auch die Indigokarminreaktion ist bei der Nierentuberkulose meistens sicher, d. h. das Indigokarmin erscheint auf der kranken Seite gar nicht oder nur in sehr abgeschwächter Farbe im Urin.

Therapie. Die operative Behandlung der Nierentuberkulose besteht in der Exstirpation der erkrankten Niere, wobei man, da ja fast immer wenigstens der Anfangsteil des Ureters miterkrankt ist, den üblichen Flankenschnitt nach der Beckenschaufel zu verlängert und den Ureter soweit wie möglich exstirpiert. Trotzdem verzögert sich in der Regel die definitive Heilung dieser Wunden ziemlich lange, doch schließen sich die zurückbleibenden Fisteln spontan, wenn auch erst nach Monaten. Eine besondere Nachbehandlung bedarf die Blasentuberkulose, falls sie noch nicht über den ganzen Fundus ausgebreitet ist, meistens nicht, doch führen eine Anzahl Autoren die Nachbehandlung der Blase auch in weniger fortgeschrittenen Fällen prinzipiell durch, und zwar mittelst Spülungen mit Sublimat 1 : 100 000 oder Instillation von Jodoformglyzerin. Zur Nachbehandlung kommt weiterhin eventuell eine Tuberkulinkur in Frage, mit der man nach der Nierenexstirpation recht gut Erfolge erzielen kann.

In jüngster Zeit haben wir mit gutem Erfolge zur Bekämpfung der auch nach der Nierenexstirpation fortbestehenden Blasenbeschwerden therapeutische Röntgenbestrahlungen der Blasengegend angewandt.

g) Tumoren.

Indikationen. Die Geschwülste der Nieren gehören eigentlich in das rein chirurgische Gebiet und sollen deshalb hier nur kurz gestreift werden. Die gutartigen Tumoren geben aus dem Grunde eine Indikation zu chirurgischem Vorgehen, weil, abgesehen von den subjektiven Beschwerden, sie einen konstanten Druck auf das Nierengewebe ausüben und deshalb schädigend auf die Nieren einwirken. Als gutartige Tumoren kommen vor: neutrale Cysten, Echinokokkusblasen, Lipome, die meist von der Bindegewebe- oder Fettkapsel der Niere ausgehen und zu beträchtlicher Größe anwachsen können, und endlich Dermoide, die jedoch ganz außerordentlich selten sind. Die malignen Tumoren sind in dem Grade ihrer Bösartigkeit recht verschieden. Es werden Fälle beobachtet, wo zwischen den ersten Symptomen der beginnenden Geschwulstbildung und ihrer Feststellung bei der Operation resp. Sektion 8 und 10 und noch mehr Jahre dazwischen liegen. Andere Fälle verlaufen wieder in relativ kurzer Zeit unter zahlreicher Metastasenbildung. Wenn man auch im all-

gemeinen sagen kann, daß die Hypernephrome den gutartigeren Teil der malignen
Geschwülste bilden, während die Karzinome und Sarkome meist einen rascheren
Verlauf nehmen, so ist eine strenge klinische Unterscheidung in dieser Beziehung jedoch nicht möglich, eine Unterscheidung, die praktisch auch ziemlich
wertlos ist, da die Differentialdiagnose, ob Karzinom oder Hypernephrom,
klinisch nicht gestellt werden kann. Nur soviel kann man sagen, daß die Operation schon fortgeschrittener Hypernephrome mit Metastasenbildung mitunter noch von Wert sein kann, während Sarkome und Karzinome, wenn sie
schon metastasiert sind, als nicht mehr operabel gelten können. Damit ist
aber zugleich der Standpunkt gegeben, den wir in bezug auf die Indikationsstellung bei malignen Nierengeschwülsten einnehmen.

Therapie. Bei den benignen Geschwülsten der Nieren kann man zuweilen
die Ausschälung dieser Cysten vornehmen, oder der erkrankte Teil des Nierengewebes läßt sich keilförmig exzidieren und die Niere nähen. Bei den malignen
Formen kommt nur die Nephrektomie in Frage. Einige Chirurgen bevorzugen
dabei mehr den transperitonealen Weg, um größeren Raum zu gewinnen und
eventuell Metastasen besser übersehen zu können, man wird jedoch in den meisten
Fällen auch mit der lumbalen Operationsmethode zum Ziel gelangen.

n) Paranephritis.

Die paranephritischen Abzsesse entstehen in der überwiegenden Mehrzahl der Fälle im Anschluß an Niereneiterungen irgendwelcher Art, gar nicht
so selten auch im Anschluß an Furunkel und Panaritien. Die Diagnose ist im Anfang schwer zu stellen, da sehr häufig sympathische Ergüsse und Entzündungen
der Pleura auftreten. Die paranephritische Eiterung findet sich meistens in
der Gegend des oberen Nierenpoles, und ihr Sitz ist daher öfters sehr versteckt,
so daß man, wenn sich der Abszeß nicht gerade äußerlich schon durch Rötung
und Fluktuation dokumentiert, die Probepunktion mit einer langen Kanüle
vornehmen muß, die man dicht unter der zwölften Rippe, neben dem Quadrat.
lumb. einsticht und möglichst hoch nach oben führt. Die Inzision der Abzsesse
geschieht durch breite Eröffnung, parallel der zwölften Rippe, um eventuell
von diesem Schnitte aus gleich auf die Niere eingehen zu können.

i) Nephritis.

Die akute Nephritis im Anschluß an Infektionskrankheiten wird im allgemeinen keine Indikation zu einem operativen Eingriff bieten, immerhin
kommen mitunter Fälle vor, die infolge schwerer, lebensgefährlicher Blutungen
schließlich als ultimum refugium zu chirurgischem Vorgehen zwingen. Man
hat in solchen seltenen Fällen die von Edebohls zuerst angegebene Ent-
kapselung der Niere mit Erfolg angewandt (Sublimat- und andere Vergiftungen).
Weiterhin kommen mitunter Fälle von schweren Nierenblutungen vor oder
von Blutungen, die mehr chronisch unter dem Bilde eines Nierentumors verlaufen und die man mit dem Ausdruck: essentielle Nierenblutungen belegt
hat, dieselben beruhen wahrscheinlich (die Ansichten gehen noch auseinander)
auf einer Glomerulonephritis. Auch bei ihnen ist die Spaltung der Nierenkapsel, eventuell die Dekapsulation der Niere, meist von Erfolg begleitet. Man
muß sich jedoch hüten, in diesen Fällen die Exstirpation der blutenden Niere
vorzunehmen, da diese Erkrankung so gut wie immer doppelseitig ist, wenn
auch die Blutung häufig nur von einer Seite herkommt. Die chronische Nephritis
ist in den letzten Jahren versuchsweise natürlich nur in ganz verzweifelten
Fällen in den Bereich der chirurgischen Therapie bezogen worden. Auch hier

wurde die Dekapsulation der Niere angewandt. Die Erfolge waren jedoch im allgemeinen ungünstige, wenn auch hier und da vorübergehende Besserungen erzielt worden sind. Der Mißerfolg beruht darauf, daß die Nierenkapsel sich nach einiger Zeit (wenn auch nicht im histologischen Sinne) wieder neu bildet und diese „neue Kapsel" dann in der Regel mit viel festerem und derberem Bindegewebe die Niere umklammert wie die alte.

3. Dauerresultate bei Nephrektomien
(berechnet nach 3—5jähriger Beobachtungszeit).

Bei den wegen Hydronephrose vorgenommenen Nephrektomien stellt sich die Mortalität auf etwa 5 %.

Bei Pyonephrosen ergibt sich eine durchschnittliche Heilungsziffer von 60—70 %. Die restierenden 30—40 % betreffen nicht nur Todesfälle im Anschluß an die Operation, sondern auch solche Fälle, die durch die Operation vorübergehend gebessert wurden, aber nach längerer oder kürzerer Zeit starben. Es läßt sich bei dieser Erkrankung deshalb der Operationserfolg schwer berechnen, weil nach der Natur des Leidens es sich häufig um septische Erkrankung handelt, oder weil die andere Niere oft auch schon infiziert ist und die Kranken dann später teils an der Affektion der anderen Niere, teils an interkurrenten Krankheiten, deren Zusammenhang mit dem Grundleiden aber meist nicht von der Hand zu weisen ist, zugrunde gehen.

Bei der Tuberkulose ergibt die Nephrektomie etwa 70—80 % Heilungen (nach Wildbolz[1])). Und zwar beträgt die primäre Mortalität 4 %. Die Spätmortalität, wobei die Lungentuberkulose als Todesursache obenansteht, beträgt 15 %. Die Gesamtmortalität also ist etwa mit 20 % nicht zu niedrig genommen. Es ist das ein in die Augen springendes gutes Resultat, wenn man dem gegenüberhält die Mortalität der nichtoperierten Fälle, welche 60 % beträgt vor Ablauf des fünften Krankheitsjahres. Von den Operierten blieben 75 % viele Jahre am Leben und mehr als die Hälfte derselben blieb dauernd geheilt.

Bei der Steinkrankheit beträgt die Mortalität bei aseptischen Steinen 3—4 % und bei infizierter Steinniere 15—25 %. Diese Statistik bei Steinkrankheit bezieht sich auf Nephrotomien und Nephrektomien.

Die Resultate der Nephrektomie bei Tumoren hat kürzlich Paschen[2]) an einem größeren Material zusammengestellt und berechnet bei 268 Fällen 17 % Dauerheilungen, d. h. Rezidivfreiheit für mehr als drei Jahre. Die operative Mortalität betrug 19,7 %. An Rezidiv starben 27,13 %.

Literatur.

Bergmann, Bruns, Mikulicz, Handbuch der praktischen Chirurgie. — Bier, Braun, Kümmell, Chirurgische Operationslehre. — Gulecke, Die neueren Ergebnisse in der Lehre der akuten und chronischen Erkrankungen des Pankreas. Ergebn. d. Chir. u. Orthop. Bd. 4. — von Haberer, Der arterio-mesenteriale Darmverschluß. Ergebn. d. Chir. u. Orthop. Bd. V. — Haenisch, Über die Röntgendiagnose bei Dickdarmuntersuchungen. Verhandl. d. Deutsch. Röntgengesellsch. 1911. — Kapsammer, Nierendiagnostik und Nierenchirurgie. Wien. 1907. — Kehr, Chirurgie der Gallenwege. Neue Deutsch. Chir. Bd. 8. — Kümmell und Rumpel, Chirurg. Erfahrungen über Nierenkrankheiten unter Anwendung der neueren Untersuchungsmethoden. Beitr. z. klin. Chir. 1903. — Melchior, Chirurgie des Duodenum,. Neue Deutsch. Chir. Bd. 25. — Derselbe, Das Ulcus duodeni, Ergebn. d. Chir. u. Orthop. Bd. 2. — Neugebauer, Die Hirschsprungsche Krankheit. Ergebn. d. Chir. u. Orthop. Bd. V7.— Payr, Experimente über Magen-

---

[1]) Neue Deutsche Chirurgie. Bd. 6, 1913.
[2]) Inaug. Diss. München 1915.

veränderungen als Folge von Thrombose und Embolie im Pfortadergebiet. Deutsch. Chir. Kongr. 1907. — de Quervain, Die operative Behandlung chronisch-entzündlicher Veränderungen und schwerer Funktionsstörungen des Dickdarms. Ergebn. d. Chir. u. Orthop. Bd. 4. — Reich, Embolie und Thrombose der Mesenterialgefäße. Ergebn. d. Chir. u. Orthop. Bd. 7. — Ruge, Über den derzeitigen Stand einiger Nephritisfragen und der Nephritischirurgie. Ergebn. d. Chir. u. Orthop. Bd. 6. — Spannaus, Der Sanduhrmagen. Ergebn. d. Chir. u. Orthop. Bd. 3. — Steinthal, Die chirurg. Behandlung der Gallensteinkrankheit unter besonderer Berücksichtigung der Dauerresultate. Ergebn. d. Chir. u. Orthop. Bd. 3. — Weil, Die akute freie Peritonitis. Ergebn. d. Chir. u. Orthop. Bd. 2. Wildbolz, Chirurgie der Nierentuberkulose. Neue Deutsch. Chir. Bd. 6.

C. Chirurgische Therapie bei Erkrankungen von Drüsen mit innerer Sekretion.

Von

W. Kotzenberg-Hamburg.

I. Erkrankungen der Schilddrüse.

1. Hyperplasie der Schilddrüse.

Anatomie. Die Hyperplasie der Schilddrüse wird verursacht durch ein wahrscheinlich organisches Toxin, welches in bestimmten Gegenden im Trinkwasser enthalten ist. Einfache (weiche) Hyperplasien treten unabhängig vom Trinkwasser im Pubertätsalter, namentlich beim weiblichen Geschlecht auf und geben keine Indikation zu chirurgischem Eingreifen.

Die normale Schilddrüse besteht aus zwei Seitenlappen, welche an ihrem unteren Teil durch einen quer über den 3.—4. Trachealring gelagerten Mittellappen, den Isthmus, miteinander verbunden sind. Alle drei Lappen sind durch starke Arterien sehr reichlich durchblutet. An den oberen Polen der Seitenlappen treten die Art. thyreoideae superiores ein, auf der Rückseite etwas unterhalb der Mitte der Seitenlappen die Art. thyreoideae inferiores. Der Abfluß des Blutes geschieht durch die Begleitvenen der Art. superiores, durch die Vena thyreoidea media, welche unabhängig von der Art. thyreoidea inferior den Seitenlappen seitlich verläßt und durch die Venae thyreoideae inferiores (drei an Zahl), welche aus dem unteren Pol der Seitenlappen austreten.

Die ganze Schilddrüse liegt in einer bindegewebigen Kapsel, welche sich stumpf von der Drüse ablösen läßt. Auf der Rückseite ungefähr in der Gegend des Eintritts der Art. thyreoidea inferior finden sich jedem Seitenlappen angelagert 2 linsengroße Gebilde, die Epithelkörperchen.

In allen drei Lappen kann es zu hyperplastischen Vorgängen kommen, die meist mit degenerativen Prozessen vergesellschaftet sind. Man findet dann entweder weiche allgemeine Vergrösserung der genannten Drüse oder Knoten oder Zystenbildung in den einzelnen Lappen, die zu beträchtlicher Größe anwachsen können.

Als unangenehme Komplikation besteht auch ohne Vorhandensein einer Basedowschen Erkrankung in einer großen Anzahl von Fällen Störung der Herzfunktion (vgl. Bd. IV des Handbuches).

Indikation. Die einfache weiche Hyperplasie im jugendlichen Alter bietet keine Indikation zu chirurgischem Vorgehen, da sie in der Regel auf Jod gut zurückgeht. Wächst dieselbe jedoch trotzdem, treten Herzstörungen auf, so soll mit der Operation nicht gezögert werden. Ebenso gibt Druck auf die Trachea, welche durch die Vergrößerung der Seitenlappen bis auf einen schmalen Spalt verengert werden kann, eine absolute Indikation zur Operation.

Operationsverfahren. Die Gefahr der Operation ist auf ein sehr geringes Maß herabgesetzt durch die jetzt wohl allgemeine Anwendung der Lokalanästhesie. Bei Herzstörungen empfiehlt es sich, der Operation eine Digitaliskur voraufgehen zu lassen. In der Regel genügt die Entfernung eines Drüsenlappens mit oder ohne Isthmus. Ein Teil der Drüse (wenigstens $^1/_5$ Substanz) muß zurückgelassen werden wegen Gefahr des Eintretens von Myxödem.

Zur Anästhesierung umspritzt man mit $^1/_2$—$1^0/_0$ Novokain-Adrenalinlösung in einer Entfernung von etwa 2—3 Querfingern die Gegend des beabsichtigten Hautschnittes. Dieser wird meist als sogenannter Kocherscher Kragenschnitt angelegt, d. h. es wird die Haut in einem nach unten leicht konvexen Bogen quer am Hals durchschnitten. Der Schenkel des Bogens, der nach der zu exstirpierenden Drüsenhälfte zeigt, wird, je nach der Größe des betreffenden Lappens, durch Fortführen am Rande des Sternocleidomastoideus nach oben verlängert. Das Platysma wird durchtrennt, die Venae medianae unterbunden. Nach Durchtrennung der Halsfaszie erscheinen die langen Halsmuskeln. Sterno-hyoideus und -thyreoideus werden durch überwendige Naht doppelt abgenäht und zwischen beiden Nähten durchtrennt. Jetzt liegt die Drüsenkapsel zutage und wird ungefähr in der Richtung des Hautschnittes gespalten und von der Drüse mit stumpfem Instrument (Kochers Kropfsonde) oder dem Finger abgeschoben. Zunächst wird der obere Pol unter sorgfältiger doppelter Abklemmung der kleinen Gefäße und Unterbindung dieser freigemacht und die hier eintretende Art. thyreoidea superior mit ihren Begleitvenen unterbunden. Darauf wird die laterale Partie der Drüse freipräpariert und die hier austretende Vena thyreoidea media unterbunden. Nun zieht man den Seitenlappen nach der Mitte, worauf auf der Unterfläche die Art. infer. erscheint. Bei ihrer Isolierung und Unterbindung ist auf den quer unter ihr verlaufenden Nervus recurrens zu achten. Zu diesem Zwecke fordert man am besten bei der Manipulation vor Durchtrennung der Arterie den Kranken auf, zu phonieren, was mit klarer, nicht heiserer Stimme geschehen muß. Ist die Arterie unterbunden, so läßt sich der ganze Seitenlappen luxieren, wobei alle feineren sich spannenden Stränge unterbunden werden müssen. Dann erfolgt die Lösung des unteren Pols und die Unterbindung der Venae inferiores. Der Isthmus wird dann mit einer schweren Klemme abgeklemmt (Kochersche Kropfklemme) oder vor der Durchtrennung doppelt abgenäht und zwischen den Nähten durchtrennt. Die durchschnittenen langen Halsmuskeln werden wieder vernäht. Schichtnaht, wobei besonders das Platysma und die Faszie exakt zu vereinigen ist und Einlegen eines Glasdrains in den unteren Wundwinkel, der nach 3—4 Tagen entfernt wird.

Tetanie. Beachtenswert bei der Operation des Kropfes ist vor allem die Schonung der Epithelkörperchen, da nach ihrer Entfernung bekanntlich die gefürchtete Tetanie auftritt. Am besten vermeidet man die Zerstörung der Epithelkörperchen, wenn man die Art. thyreoidea inferior möglichst weit lateral unterbindet und dann an ihrer Eintrittsstelle in die Drüse ein Stück der Drüse samt der Kapsel stehen läßt, d. h. die Drüse nicht vollständig enukleiert, sondern reseziert, was ohne erhebliche Blutung nach voraufgegangener Ligatur der Arterie gelingt. Daß man bei der Strumektomie auf den Nerv. recurrens, der zwischen Trachea und Ösophagus verläuft, zu achten hat, ist schon erwähnt worden.

Trotz aller Vorsicht kommen aber auch bei den gewandtesten Operateuren (Kocher 0,5%, v. Eiselsberg 4%) nach Strumektomie tetanische Zustände vor, welche vermutlich darauf zurückzuführen sind, daß die Zahl der Epithelkörperchen variiert. Im allgemeinen finden sich beim Menschen zwei auf jeder Seite, welche an der Kapsel in der Gegend des Eintritts der Art. thyreoidea inferior gelagert sind. Doch kommt es anscheinend häufig vor, daß sich auf der einen Seite drei, auf der anderen Seite nur ein Epithelkörperchen befindet. Werden dann durch einen unglücklichen Zufall die drei Epithelkörperchen der einen Seite mit entfernt, so kommt es so lange zu tetanischen postoperativen Erscheinungen, bis das restierende Epithelkörperchen hypertrophiert und imstande ist, die Funktion der anderen mit zu übernehmen.

Therapie der Tetanie. Als solche kommt lediglich die Transplantation in Frage, die jedoch, da es sich meistens um artfremde Transplantation, d. h. um Überpflanzung von tierischen Epithelkörpern handelt, in ihren Erfolgen sehr unsicher ist. Organverfütterung hat keinen Erfolg.

Myxödem. Die totale Entfernung der Struma, d. h. die Exstirpation der ganzen Drüse, ist aus dem Grunde verlassen worden, weil, wenn nicht genug Thyreoideagewebe übrig bleibt, Myxödem auftritt. Man begnügt sich daher bei allen Kropfoperationen mit der Entfernung der Hälfte bis höchstens Dreiviertel der Drüse und hat damit gute Resultate erzielt.

2. Basedowsche Krankheit.

Über Begriff und Ätiologie der Basedowschen Krankheit gehen die Ansichten noch immer stark auseinander. Zum Begriff des Basedow im engeren Sinne gehören unbedingt drei Symptome: Vergrößerung der Schilddrüse, Tachykardie und Exophthalmus nebst den bekannten nervösen Augensymptomen. Die Tachykardie ist verursacht zum Teil durch Hyperthyreoidismus, zum Teil beruht sie auf nervöser Störung. Die Augensymptome sind rein nervöser Art. Die Nervenstörung kann primär sein, kann aber auch sekundär durch Einfluß des Hyperthyreoidismus auf das viszerale Nervensystem bedingt sein. Darauf beruhte die lange Zeit gültige Einteilung in primären und sekundären Basedow. Interne und chirurgische Anschauungen scheinen in dieser Beziehung und damit auch bezüglich der operativen Indikationsstellung deshalb voneinander abzuweichen, weil die Internen ganz leichte und schwere Fälle, die Chirurgen aber fast nur mittlere und schwere Fälle zu sehen bekommen. Daß aber ein großer Teil der leichten Fälle vorwiegend auf rein nervöser Basis beruht, d. h. bei neuropathisch belasteten Individuen auftritt, bei denen nur ein geringster Überschuß der zuviel produzierenden Schilddrüse schon genügt, um Basedowsymptome hervorzurufen, erscheint mir zweifellos. Daß man derartige Fälle als nervösen Basedow bezeichnet, halte ich durchaus für berechtigt, besonders im Hinblick auf die operative Indikationsstellung. Denn derartige Fälle heilen zweifellos durch geeignete interne Medikation aus. Finden sich aber die Symptome der Krankheit bei früher nervös gesunden Individuen, die auch wenig oder gar nicht belastet sind, so möchte ich diese als chirurgische Basedowfälle bezeichnen, da sie der internen Therapie widerstehen, durch die Operation aber sicher gebessert und geheilt werden. Derartige Fälle lange intern zu behandeln, ist ein schwerer Fehler, da naturgemäß die Gefahr der Operation mit dem Fortschreiten der Erkrankung wächst. Zwischen beiden Extremen gibt es natürlich eine große Zahl von Übergangsfällen, bei denen zunächst die interne Therapie zu versuchen ist.

Operation. Die früher namentlich von Jaboulay empfohlene Resektion des Sympathikus hat sich nicht bewährt und ist verlassen. Abgesehen von einer Verlagerung der Drüse vor die Wunde (Exothyreoplasie), einem Operationsverfahren, welches wegen seiner Unvollkommenheit und der undurchführbaren Asepsis nur in Notfällen angewendet werden soll, kommt es bei der Operation des Basedow darauf an, die Überfunktion der Drüse einzuschränken. Es kann das einmal geschehen durch Einschränkung der Blutzufuhr zur Drüse, d. h. durch die Unterbindung der zuführenden Arterien und dann durch Resektion der Drüsensubstanz selbst. Die Unterbindung der zuführenden vier Arterien hat an sich keine Nachteile, da genügend Kollateralen vorhanden sind, häufig auch noch eine Arteria thyreoidea ima vorkommt. Aber gerade dieser Umstand ist es wieder, der den Erfolg mehr dem Zufall überläßt. Dazu kommt, daß die technische Schwierigkeit der Unterbindung ziemlich erheblich ist (Riedel), so daß diese Methode auch von Operateuren, die zunächst gute Erfolge damit hatten, wie Trendelenburg, Mikulicz u. a., später wieder verlassen wurde. Kocher hat zur Verkleinerung der Drüsensubstanz selbst anfänglich ganz besonders in den schweren Fällen empfohlen, sich zunächst mit der Entfernung eines kleineren Stückes von Drüsengewebe zu begnügen, da größere Eingriffe bei dem schlechten Zustand gefährlich seien. Für die allerschwersten Fälle, die überhaupt an der Grenze der Operabilität stehen, ist dies Verfahren durchaus zu empfehlen. Im übrigen aber ist die Gefahr der Entfernung eines größeren Teils der Schilddrüse in einer Sitzung sehr überschätzt worden und ganz besonders bei Anwendung der Lokalanästhesie durchaus nicht so erheblich. Die meisten Operateure gehen heute deshalb ähnlich vor wie bei der Strumektomie. In Lokalanästhesie wird die eine Drüsenhälfte mit oder ohne den Isthmus entfernt (vgl. S. 107) unter Schonung der Epithelkörperchen in der beschriebenen Weise. Häufig wird dann auf der anderen Seite noch die Unterbindung der Art. thyreoidea superior vorgenommen. Eine vorbereitende Digitaliskur ist bei der Basedowoperation besonders empfehlenswert.

Die Aussichten der Operation sind um so besser, je frühzeitiger operiert wird. Die Mortalität post operationem betrug bis 1901 (Zusammenstellung von Rehn) 13,1%, im Jahre 1910 (Zusammenstellung von Melchior) 5%.

Die Heilung bzw. an Heilung grenzende Besserung schwankt bei den meisten Statistiken nach Melchior zwischen 65 und 75%.

Rezidive sind beobachtet worden, aber anscheinend sehr selten.

Was die Heilung angeht, so geht der Exophthalmus in etwa $1/3$—$3/4$ der Fälle nicht vollständig zurück. Ebenso wird trotz Schwindens der klinischen Symptome, wenigstens in den fortgeschritteneren Fällen, das Blutbild (Lymphocytose) nicht verbessert.

Blutbild (sowohl wie Basedowtod) scheint zusammenzuhängen mit einer bei Basedow in der überwiegenden Mehrzahl der Fälle beobachteten Vergrösserung der Thymusdrüse. Klose stellt in seiner „Chirurgie der Thymusdrüse" die Theorie auf, daß das Produkt der Basedowschilddrüse die Keimdrüsen schädige. Infolge des dadurch bedingten Ausfalles der inneren Sekretion der Keimdrüsen kommt es zur Hyperplasie des Thymus. Durch die wiedererwachte Tätigkeit des Thymus wird ein Reiz auf das lymphatische System ausgeübt. Klose glaubt, daß dabei nicht nur eine quantitative, sondern in vielen Fällen auch eine qualitative Veränderung des Thymus im Sinne des Status thymo-lymphaticus auftritt, wodurch der sogenannte Basedowtod sich erklärt. Für die Diagnose eines Basedowthymus ist wichtig einmal eine Lymphocytose von 40—50%, welche auf lymphatische Veränderungen hin-

deutet, aber bei akuten Fällen auch (weil noch nicht entwickelt) fehlen kann
und dann die Prüfung der Vagotonie [1])

        Injektion von 0,01 Pilocarp. hydrochl. Dann stündlich Be-
obachtung von Puls, Temperatur, Blutdruck, Blutbefund, Urin
und Pupillen.

In solchen Fällen von Basedow, wo die Wahrscheinlichkeitsdiagnose
eine Miterkrankung der Thymusdrüse ergibt, empfiehlt Klose die gleichzeitige
Mitentfernung des Thymus bei der Basedowoperation, welche vom Kragenschnitt aus ausgeführt werden kann (vgl. unten).

3. Hypoplasie der Schilddrüse.

Ätiologie und Klinik vgl. Bd. IV des Handbuches.

Die chirurgische Therapie ist in Fällen von Athyreose indiziert bei vollständigem Versagen der Organtherapie, und zwar ganz besonders bei angeborenem Fehlen der Schilddrüse. Sie besteht in Transplantation von Schilddrüsengewebe, die besonders von v. Eiselsberg, Kocher, Müller u. a. in
das Knochenmark ausgeführt wurde. Payr [2]) und Kotzenberg [3]) haben in
je einem Fall mütterliches Schilddrüsengewebe in die Milz transplantiert
und guten Erfolg damit erzielt. (Der Fall Kotzenberg ist jetzt 4 Jahre in
Beobachtung und hat sich sowohl bezüglich der Knochenbildung wie des In-
tellekts ständig gebessert.) Es kommt anscheinend bei der Transplantation
dieses empfindlichen Gewebes darauf an, nicht nur Material von derselben
Spezies, sondern auch aus derselben Familie zu überpflanzen, da das Material
sonst, wie das auch bei anderen freien Transplantationen beobachtet wird,
nach anfänglicher Einheilung der Resorption verfällt.

II. Erkrankung der Thymusdrüse.

Die chirurgischen Eingriffe bei Erkrankung der Thymusdrüse beziehen
sich in erster Linie auf Operation bei Hyperplasie der Drüse, welche häufig
einhergeht mit Überfunktion und den dadurch bedingten, als Status thymo-
lymphaticus bezeichneten Zuständen. Durch die einfache Hyperplasie karn
Druck auf die Gefäße auf mechanische Weise bewirkt werden, so daß die Entfernung der Drüse erforderlich wird. Auch beim Status thymo-lymphaticus resp.
dem Status lymphaticus, wie er sich mitunter in schweren Basedowfällen findet,
wird, wie etwa erwähnt, die Exstirpation der Thymusdrüse mit Nutzen ausgeführt.

Die Technik der Operation ist folgende: Hautschnitt mit nach unten
konvexem Bogen quer über die Incisura jugularis. Der Hautlappen wird nach
oben geschlagen, die Faszien in sagittaler Richtung durchtrennt, die langen
Halsmuskeln auseinandergezogen bzw. ebenfalls durchtrennt (vgl. S. 107).
Sorgfältige Blutstillung und Unterbindung der hier zahlreich vorhandenen
Venen. In dem dann vorliegenden prätrachealen Raum sieht man die Spitze
der Thymusdrüse liegen, die bei tiefer Einatmung sich in den Brustkorb ein-
zieht. Die Thymuskapsel wird inzidiert und entweder nur das vorquellende
Drüsengewebe oder der ganze Oberlappen nach stumpfer Lösung reseziert.

Die totale Exstirpation eines Thymuslappens, wenn sie erforderlich ist,
kann nur ausgeführt werden nach Resektion des Manubrium sterni. Es wird
dann in der Regel (nach Klose) die Entfernung des linken Drüsenlappens

---

[1]) Klose loc. cit.
[2]) Chir. Kongr. 1906.
[3]) Med. Klin. 1913.

vorzunehmen sein, trotzdem der rechte seiner Lage nach mehr auf das rechte Herz und die großen efäße wirkt. Nach den Erfahrungen der Rehnschen Klinik kann sich der rechte Lappen nach Entfernung des linken genügend entfalten, so daß seine Druckwirkung paralysiert wird.

Nach der Operation soll in der Regel Fieber auftreten, besonders dann, wenn die Wunde nicht tamponiert war. Klose führt das auf eine Überschwemmung des Körpers mit Thymusdrüsensekret zurück. Die Prognose der Operation ist günstig.

Bei Thymusaplasie kommt chirurgische Therapie nicht in Betracht. Dagegen spielt die Cysten- und Dermoidbildung der Thymushalsfisteln (restierende Thymusgänge) eine größere Rolle. Die Entfernung derselben erfordert ev. ein genaues anatomisches Herauspräparieren des ganzen Ganges bis zur Tonsille, und ist deshalb nur unter strengster Asepsis und sehr guter Technik ausführbar.

Die Tumoren der Drüse, als welche sowohl bösartige wie gutartige Tumoren aller Arten vorkommen, verlangen selbstverständlich schon infolge der Druckbeschwerden chirurgisches Vorgehen, welches auch in verzweifelten Fällen versucht werden soll. Natürlich muß der Entfernung des Tumors die Resektion des Sternums, ev. tiefe Tracheotomie voraufgehen.

Bösartige Tumoren sind bis jetzt nur in einem Falle (Sauerbruch) mit Erfolg operiert worden.

Auch Tuberkulose der Thymusdrüse kommt zuweilen vor. In neuerer Zeit wurde die nicht so seltene Tuberkulose des Sternums als sekundär auf Thymustuberkulose beruhend zurückgeführt. In der weitaus größten Mehrzahl dieser Fälle soll sich Thymustuberkulose gefunden haben, so daß diese jeder Therapie häufig trotzenden Fälle Aussicht hätten, durch Exzision des primären Thymusherdes zur Heilung gebracht zu werden [1]).

III. Erkrankungen der Hypophyse.

Die chirurgische Therapie bei Erkrankungen der Hypophyse bezieht sich hauptsächlich auf Tumoren der Hypophyse und deren Folgezustände, die Akromegalie, während die Dystrophia adiposo-genitalis, als auf Hypofunktion der Hypophyse beruhend, chirurgischer Therapie nicht zugänglich ist.

Die Tumoren betreffen fast alle den Vorderlappen und sind Adenome mit gutartigem Charakter. Ferner finden sich aus den Plattenepithelinseln hervorgehende Geschwülste, die dann entweder Karzinome oder Zysten sind. Durch Druck auf das Chiasma entstehen Sehstörungen in Form temporaler oder bitemporaler Hemianopsie, die allmählich zur Amaurose führen. Ferner tritt Kopfschmerz und Schwindel auf. Auch Liquorfluß aus der Nase ist beschrieben worden. Bei der Akromegalie kommt es zu teils gewaltigen Vergrößerungen der vorstehenden Teile des Gesichts, der Hände und Füße.

Die Technik des chirurgischen Eingriffes kann entweder der Horsley-Schlofferschen oder der Krauseschen intrakraniellen Methode folgen; die bessere scheint der transsphenoidale Weg zu sein. Das Vorgehen dabei gestaltet sich folgendermaßen: Die Nasenwurzel wird durchtrennt und der Schnitt an der einen Seite bis in die Nasolabialfalte verlängert. Dann wird die Nase durchgemeißelt und nach der Seite geklappt. Die Muscheln werden mitsamt dem Septum exzidiert und die innere Wand der linken Augenhöhle bis an das Forum opticum entfernt. Die Siebbeinhöhlen werden ausge-

---

[1]) Der Autor ist mir zurzeit nicht gegenwärtig.

räumt und die Keilbeinhöhle eröffnet. Bei allen diesen Manipulationen ist wegen der dabei auftretenden fortgesetzten teils parenchymatösen Blutung mit kräftiger Adrenalintamponade zu arbeiten. Von der Keilbeinhöhle aus gelangt man in der Mittellinie nach hinten und oben an die vordere Wand der knöchernen Sella turcica, welche durchschlagen wird. Nun liegt die Dura vor, welche gespalten wird, worauf der Tumor vorquillt und mit dem Löffel entfernt werden kann.

Die bösartigen Fälle bieten im allgemeinen wenig Aussicht auf radikale Entfernung, wenn es sich nicht zufällig um ganz kleine, begrenzte Tumoren handelt. Dagegen ist natürlich die Operation bei Zystenbildung durchaus aussichtsreich.

Eine große Vereinfachung stellt die Operationsmethode von Hirsch dar, welcher auf endonasalem Wege die Keilbeinhöhlenwand abträgt und von hier aus die knöcherne Sella turcica eröffnet. Diese Methode kann in Lokalanästhesie in mehreren Abschnitten ausgeführt werden, ist aber nur vom geübten Nasenspezialisten ausführbar.

Literatur.

Bier, Braun, Kümmell, Chirurgische Operationslehre. — Frankl-Hochwart, Die Tetanie der Erwachsenen. Wien 1907. — Gulecke, Chirurgie der Nebenschilddrüsen (Epithelkörper). Neue Deutsch. Chir. Bd. 9. — Hirsch, Über Methoden der operativen Behandlung von Hypophysistumoren auf endonasalem Wege. Arch. f. Laryngologie 1910. — Klose, Chirurgie des Thymus. Neue Deutsch. Chir. Bd. 3. — Kocher, Blutuntersuchungen bei Morbus Basedow mit Beiträgen zur Frühdiagnose und Theorie der Krankheit. Arch. f. klin. Chir. 1908. — Derselbe, Ergebnisse histologischer und chemischer Untersuchungen bei 160 Basedowfällen. Deutsch. Chir.-Kongr. 1910. — Derselbe, Einige Schlußfolgerungen aus einem Dreitausend Kropfexzisionen. Deutsch. Chir.-Kongr. 1906. — Melchior, Die Basedowsche Krankheit. Ergebn. d. Chir. u. Orthop. Bd. 1. — Derselbe, Die Hypophysis cerebri in ihrer Bedeutung für die Chirurgie. Ergebn. d. Chir. u. Orthop. Bd. 3. — Schloffer, Zur Frage der Operationen an der Hypophyse. Bruns Beitr. 1906.

D. Chirurgische Eingriffe bei Erkrankungen des Nervensystems.

Von

W. Kotzenberg-Hamburg.

I. Rückenmarkstumoren.

Indikation. Die chirurgische Behandlung von Erkrankungen des Rückenmarks hat in neuerer Zeit durch die vorgeschrittene Technik der Laminektomie Fortschritte gemacht, doch bleiben die Fälle, in denen mit Erfolg Tumoren des Rückenmarks exstirpiert worden sind, immerhin auch heute noch Einzelfälle, und zwar nicht sowohl deshalb, weil die Rückenmarkstumoren dem chirurgischen Vorgehen große Schwierigkeiten verursachen, sondern deshalb, weil ihre exakte und genaue Diagnose außerordentlich schwierig ist. Ich verweise auf das entsprechende Kapitel des internen Teiles dieses Handbuches und kann mich hier nur auf die Technik des chirurgischen Vorgehens bei der Entfernung von Rückenmarkstumoren beschränken.

Diejenigen Tumoren des Rückenmarks, die mit einem relativ dünnen Stiel zwischen Dura und Medulla sitzen und eine direkte Kompression der betreffenden Rückenmarkspartie mit ihren Folgeerscheinungen verursachen, sind chirurgisch gut zu entfernen und ergeben quoad sanationem eine gute Prognose. Allein immer ist es ja nicht möglich, die Art eines Tumors zu diagnostizieren, sondern wir erreichen höchstens eine Höhendiagnose mit der Wahrscheinlichkeit des Vorhandenseins eines Tumors, während die Operationsmöglichkeit eines derartigen Tumors erst nach der Laminektomie zutage tritt. Es bleiben daher alle diese Operationen in gewissem Sinne probatorische Laminektomien. Ein Umstand, auf den wir nicht versäumen möchten hinzuweisen, ist der, daß der eigentliche Sitz des Tumors fast stets höher zu sein pflegt als die noch so exakte Höhendiagnose bestimmt, so daß man es sich zur Regel machen kann, stets einen Wirbelbogen höher zu resezieren, als der Sitz des Tumors vermutet wird. Überhaupt empfiehlt es sich, durch Resektion einer Anzahl von Wirbelbögen einen guten Zugang zu schaffen und man braucht sich nicht zu scheuen, 5—6 Bogen fortzunehmen. Die funktionellen Störungen seitens der Wirbelsäule sind auch bei Wegnahme einer so großen Anzahl von Wirbelbögen durchaus nicht so große, wie man früher angenommen hat.

Operationstechnik. Die Ausführung der Laminektomie gestaltet sich so, daß man über die Mitte des zu resezierenden Wirbelbogens einen Längsschnitt ausführt und die Wirbelbögen von diesem Hautschnitt skelettiert, indem man die langen Rückenmuskeln von den Dornfortsätzen beiderseits mit der Schere abschiebt und so den Knochen frei bekommt. Größere Gefäße sind dabei zu unterbinden. Die ziemlich erhebliche Blutung aus den Muskeln läßt sich unschwer dadurch beherrschen, daß man während des Operierens die eine Seite fest mit Gaze ausstopft, während man auf der anderen Seite weiter in die Tiefe dringt. Dann wird wieder diese Seite ausgestopft und auf der anderen Seite weiter gegangen, bis man sämtliche Muskeln in der ganzen Ausdehnung des Schnittes von den Knochen abgeschoben hat. Die Resektion der Bogen geschieht am besten durch flache Meißelschläge, die annähernd in der Richtung der Längsachse des Körpers'ausgeführt werden. Gleichzeitig setzt ein Assistent einen schweren Haken in den Dornfortsatz ein und versucht von hier aus den Bogen herauszuziehen. Bei nicht allzu unvorsichtigem Meißeln ist eine Verletzung der Dura bei diesem Vorgehen kaum zu befürchten. Ist die Blutung aus den Weichteilen eine besonders starke, so läßt sich sehr gut die Operation auch zweizeitig ausführen, indem man zwischen Weichteilen und Knochen fest mit Vioformgaze tamponiert und die Tamponade zwei bis drei Tage liegen läßt. Hat man die Dura freigelegt, so erkennt man, wenn ein Tumor vorhanden ist, seine Lage an der aufgehobenen Pulsation. Mitunter ist es freilich auch erforderlich, nach dem Einschneiden der Dura nach oben und unten vorsichtig zu sondieren, um den Tumor festzustellen. Die Resektion des Tumors selbst macht keine besondere Schwierigkeit. Der Stiel wird vorsichtig mit dünnem Catgut unterbunden und der Tumor entfernt. Es folgt eine exakte Naht der Durawunden mittels feinster Seide sowie Naht der Muskulatur mit Catgut und Hautnaht. Eine leichte Gazedrainage der Muskelwunde ist zu empfehlen. Der Verband wird am besten so angelegt, daß man zu beiden Seiten der Wirbelsäule Kissenrollen auflegt und das Ganze mit Heftpflaster oder Binden fixiert. Nach Heilung der Wunden ist es wegen des ja immerhin ziemlich großen Knochendefektes erforderlich, daß die Operierten noch ca. 2—3 Jahre ein Stützkorsett tragen.

Handelt es sich um extraduralsitzende Tumoren, so ist das Vorgehen ganz ähnlich, die Operation selbst natürlich einfacher, da die Dura nicht eröffnet werden braucht. Auf alle Fälle sollte man es sich aber zur Regel machen, wenn extradural kein Tumor gefunden wird, die Dura zu eröffnen und durch Sondierung nach einem intraduralen Tumor zu suchen.

Prognose. Was die Prognose angeht, so ist sie, wie erwähnt, als eine gute zu bezeichnen. Natürlich ist die Mortalität bei einer derartig eingreifenden Operation keine kleine. Eine weitere Anzahl von Fällen ist ungeheilt geblieben, weil die Dura nicht eröffnet und deshalb der intradural sitzende Tumor nicht gefunden wurde. Rechnet man alle diese Fälle zusammen, so ergibt sich bei den meisten Operateuren (nach Oppenheim, Krause, Schwezze u. a.) eine durchschnittliche Heilungsziffer von 50%. In Anbetracht des schweren Leidens, um welches es sich handelt, eines Leidens, das ohne Operation zum

Tode führt, doch gewiß ein guter Prozentsatz. In der Regel handelt es sich dabei um wirklich vollkommene Heilungen, da bei der meist gutartigen Tendenz dieser Tumoren das langsame Wachstum derselben, selbst bei spät ausgeführten Operationen, nicht zu schweren Veränderungen des Rückenmarks führt und deshalb die Funktion der Nerven meistens vollkommen wieder hergestellt wird oder wenigstens keine erheblichen Ausfallserscheinungen zurückbleiben.

II. Gehirntumoren.

Die Diagnose der Gehirntumoren ist in dem internen Abschnitt dieses Buches bereits gewürdigt. Die Schwierigkeiten einer exakten Lokalisation sind bekanntlich sehr große, und von der Lokalisation hängt schließlich die Möglichkeit der operativen Entfernung in erster Linie ab. Der Eingriff selbst muß trotz aller Fortschritte operativer Technik immer noch als ein sehr erheblicher bezeichnet werden, so daß von einer probeweisen Eröffnung der Schädelhöhle keine Rede sein kann, sondern man bedarf, bevor man an die Operation herangeht, einer absolut genauen Lokalisation des Sitzes der Geschwulst. Die Tumoren des Gehirns und seiner Häute, soweit sie für die chirurgische Behandlung in Betracht kommen, sind natürlich nur solche, die, dem Messer erreichbar, möglichst an der Oberfläche des Gehirns gelegen sind. In allererster Linie sind es die Geschwülste der motorischen Regionen, die eine genaue Lokalisation ermöglichen und daher mit Erfolg operiert werden können. Es soll jedoch damit nicht gesagt sein, daß nicht auch andere Teile der Gehirnoberfläche in das chirurgische Handeln einbezogen werden können, so die Geschwülste des Kleinhirns, des Kleinhirn-Brückenwinkels und in neuester Zeit die Geschwülste der Hypophyse.

Die Art der Geschwulst, ob voraussichtlich benigner oder maligner Natur, hat für die Indikationsstellung zum chirurgischen Eingriff keine allzu große Bedeutung, da es vor allem die Hirndrucksymptome sind, die wir durch die Operation zu beseitigen trachten. Es ist deshalb, wie gesagt, die Indikation zu chirurgischem Vorgehen bei der Diagnose einer Gehirngeschwulst in erster Linie abhängig von der Möglichkeit der Lokalisation. Die beste Lokalisation gestatten bekanntlich die Geschwülste, welche in und um die Zentralwindungen herumsitzen, da sie, abgesehen von den Allgemeinsymptomen des Hirndrucks, lokalisierte Krämpfe auslösen, wie bei der Jacksonschen Epilepsie. Später treten schlaffe Lähmungen auf, in denjenigen Muskelgruppen, welche von dem Zentrum aus versorgt werden, in welchem sich der Tumor etabliert hat, während die spastischen Lähmungen mehr von den Zentren ausgehen, welche dem erkrankten Rindenabschnitt benachbart liegen.

Probepunktion. Seit einigen Jahren sind wir im Besitz einer von Neißer und Pollack zuerst angegebenen Methode, die wohl Aussicht hat, auf dem schwierigen Wege der Lokaldiagnose der Hirngeschwülste uns ein gutes Stück weiter zu bringen. Es ist das die Probepunktion des Gehirns durch die unversehrte Schädeldecke hindurch, bei der man kleine Stückchen Gehirnmasse entnimmt, welche ausreichend sind zur Stellung einer anatomischen Diagnose, ob Geschwulst oder normales Gehirn. Die Technik dieser Hirnpunktion ist kurz folgende: An der Stelle, an welcher der Sitz einer Geschwulst vermutet wird, geht man mit einem Bohrer in die Tiefe, und zwar hat man nicht nötig, die Kopfhaut einzuschneiden. Ein Assistent fixiert die betreffende Stelle der Kopfschwarte mit beiden Händen so, daß die Schwarte sich nicht über dem Schädeldach verschieben kann. Dann geht man mit einem nicht zu dünnen Drillbohrer durch die unversehrte Kopfhaut ein und bohrt Schwarte und Knochen durch. Man fühlt dabei genau das Eindringen des Bohrers in die Spongiosa des Knochens, man fühlt den erneuten Widerstand beim Anbohren der Tabula interna und kann daher bei einiger Vorsicht und Übung eine Verletzung der Dura durch zu tiefes Bohren leicht vermeiden. Nach Herausziehen des Bohrers (immer bei durch den Assistenten fixierter Kopfschwarte) wird sofort eine halbstumpfe Kanüle von der Dicke der bei den Luerschen Spritzen üblichen Kanülen in das Bohrloch eingeführt. Am besten werden dazu solche Kanülen verwendet, welche eine Zentimetereinteilung besitzen. In einer Tiefe von ungefähr $1^1/_2$ cm fühlt man (mit der stumpfen Kanüle) deutlich den leichten Widerstand der Dura, die man durchstößt und zunächst aus dem obersten Rindenabschnitte dadurch ein Stückchen herausnimmt, daß man die Luersche Spritze auf die Kanüle aufsetzt und einen schnellen, kräftigen Zug an dem Kolben ausführt. Es wird dadurch ein kleiner Zylinder aus der Gehirnmasse aspiriert, der für die mikroskopische Untersuchung genügt. Handelt es sich um abnorme Zellen (Tumor), so weiß man durch diese Methode zugleich, daß der Tumor an der Oberfläche des Gehirns, also operabel sitzen muß. In der gleichen Weise kann man bei tiefer gelegenen Partien — an der Hand der Zentimetereinstellung ist eine genaue Tiefenbestimmung möglich — kleine Hirnpartikelchen zur Untersuchung entnehmen. Selbstverständlich ist es notwendig, sich zur Vornahme dieser Punktion der strengsten Asepsis zu bedienen: dann aber scheint uns die Punktion ein relativ ungefährliches diagnostisches Hilfsmittel. Infektionen sind bei strenger Beherrschung der Asepsis sehr wohl zu vermeiden. Wir selbst haben eine sehr große Anzahl von Hirnpunktionen in der beschriebenen Weise vorgenommen und niemals irgend welche Infektionen gesehen. Der Stichkanal erwies sich in den Fällen, die später zur Sektion kamen, als absolut reaktionslos und trotz sorgfältiger Nachforschung kaum erkennbar. Was die Methode leistet, kann man erst dann würdigen, wenn man bedenkt, wie häufig bei der Differentialdiagnose zwischen Tumoren des Stirn- oder Kleinhirns selbst gewiegten Neurologen Irrtümer unterlaufen.

Ausführung der Operation. Die operative Technik der Schädeltrepanation stützt sich heute auf die sogenannte osteo-plastische Schädelresektion (Wagner-Müller). Es wird zwecks Freilegung einer bestimmten Hirnpartie ein zungenförmiger Lappen der Kopfschwarte mit entsprechend breiter Basis umschnitten und alle Weichteile bis auf den Knochen durchtrennt. Die Blutstillung geschieht dadurch, daß man entweder vor der Operation ein sehr starkes Gummiband um den Äquator des Schädels herumlegt und fest anzieht, oder in den Fällen, in denen das nach Lage des vermutlichen Sitzes der Geschwulst unmöglich ist, wird der zu umschneidende Lappen mittelst einer Schlingnaht umnäht. Die Naht wird in der Weise ausgeführt, daß man den Faden unter der Kopfschwarte etwa 1—$1^1/_4$ cm weit wieder aussticht und zwischen die vorhergehende Ein- und Ausstichöffnung wieder einsticht usw., so daß immer Partien von etwa $^1/_2$ cm der Kopfschwarte durch die Naht umschnürt werden. Man erreicht damit eine sehr gute und bequeme Blutstillung und kann so gut wie blutleer operieren. Nach Durchschneidung der Weichteile wird das Periost in der ganzen Ausdehnung des Schnittes durchtrennt und etwas auseinandergeschoben. Dann geht man mit einem kleinen Kronentrepan oder der Doyenschen Kugelfräse durch den Knochen hindurch. Von diesem Loch aus wird dann in der gleichen Ausdehnung des Hautschnittes zwischen den Periosträndern mit einer Sudeckschen Fräse der Knochenlappen umschnitten und der Knochen herausgebrochen. Verfügt man nicht über einen Motor, so läßt sich der Knochen in derselben Weise mit der Dahlgreenschen Zange umschneiden oder durch flache Meißelschläge durchtrennen. Der ganze Knochenlappen wird nach Unterschieben zweier kräftiger Rasparatorien emporgehebelt und an der Basis eingebrochen. Eine recht gute Methode zur Durchtrennung des Knochens ist auch die, daß man in dem Periostrande mehrere Löcher durch die Schädelkapsel hindurchbohrt und von dem einen zu dem nächst gelegenen Loch mittelst einer schmalen geknöpften Uhrfeder eine Giglisäge hindurchführt und so stückweise den Knochenlappen umsägt.

Handelt es sich um einen Tumor, so sieht man, daß die am gesunden Gehirn deutliche Pulsation der Dura fehlt. Die Dura wird entweder mit einem

Kreuzschnitt eröffnet oder mit einem Lappenschnitt, der ungefähr der Größe der Knochenwunde entspricht. Die meisten Tumoren des Gehirns, mit Ausnahme der Gliome, setzen sich recht gut von der gesunden Gehirnmasse ab, so daß sie gut herausgeschält werden können. Man kann dabei ziemlich rücksichtslos mit dem Stiel des Messers und sogar mit dem Finger in die Tiefe gehen und den Tumor aus den Gehirnmassen herausschälen, ohne befürchten zu müssen, daß durch dieses etwas brüske Vorgehen dauernde schwere Störungen zurückbleiben. Denn es ist ja bekannt, daß vielfach die Funktion der einzelnen Rindenzentren von den Zellen der benachbarten Zentren übernommen werden. Handelt es sich um Gliome des Gehirns, so ist in der Regel nicht viel zu machen. Man kann wohl die Hauptsache einer derartigen Geschwulstmasse ausschälen, aber da das Gliom die Neigung hat, sich diffus weiter zu verbreiten, so wird man niemals diese Art von Geschwülsten wirklich radikal entfernen können.

Nach der Exstirpation der Geschwulst wird ein Gazestreifen in das Geschwulstbett eingelegt, die Dura wird über das Gehirn gelegt und der Hautknochenlappen auf die Wunde geklappt. Den Tumor leitet man zu der Trepanöffnung heraus und vernäht die Hautwunde mit tiefgreifenden Seidennähten.

In den nächsten Tagen nach der Trepanation kommt es häufig zu vorübergehenden Steigerungen der vorher bestehenden Symptome, oder es treten neue, etwa Sprachstörungen etc. auf, die ihre Ursache haben teils in dem Druck, den der Tampon ausübt, teils in vielleicht etwas auftretenden Blutungen oder auch durch die bei der Operation gesetzten mechanischen Reize sich erklären lassen. Diese Erscheinungen gehen jedoch sehr bald wieder zurück. Nach einigen Tagen wird der Tumor entfernt und die Wunde heilt meist glatt zu.

Vielfach wird auch bei mit Sicherheit diagnostizierten inoperablen Gehirngeschwülsten, d. h. solchen, die an nicht zugänglicher Stelle des Gehirns sitzen, die Trepanation angewandt lediglich mit dem Zweck der Entlastung des Gehirns von dem übermäßigen Druck, den der wachsende Tumor erzeugt. Für diese Zwecke empfiehlt es sich, mehr die alte einfache Trepanation anzuwenden, als das Anlegen einer derartigen großen Öffnung mit osteoplastischer Schädelresektion, da infolge des starken Druckes, unter dem bei großen Tumoren das Gehirn steht, ausgedehnte Gehirnprolapse stattfinden können, die für den Kranken nicht viel angenehmer sind, als ihre vor der Operation bestehenden Beschwerden. Die mehr in früheren Zeiten geübte einfache Trepanation besteht darin, daß man nach Spaltung der Haut durch einen geraden oder bogenförmigen Schnitt ein kleines Loch von etwa 2 cm Durchmesser durch die Schädelkapsel bohrt, mittelst der entsprechenden, ja allgemein bekannten Trepankrone. Das Loch wächst nicht wieder zu und bildet ein ständiges Ventil, vorausgesetzt, daß man das Periost mit entfernt hat. Man kann in solchen schweren Fällen mehrere derartige Trepanöffnungen anlegen, was unseres Erachtens aus den oben genannten Gründen empfehlenswerter ist als eine große Öffnung.

Diese Trepanation zur Entlastung des Druckes wird auch vielfach empfohlen und angewandt bei der Behandlung der Epilepsie, auch derjenigen Form derselben, welche nicht traumatischer Ätiologie ist. Da es sich in diesen Fällen nicht um die abnormen Drucksteigerungen handelt, wie wir sie bei den großen inoperablen Tumoren beobachten, sondern wahrscheinlich um Druckschwankungen, so bedient man sich hierbei besser der osteoplastischen Lappen Es geschieht das auch besonders aus dem Grunde, weil in vielen Fällen, in denen angeblich eine idiopathische Epilepsie vorliegt, bei genauer Untersuchung doch die eine oder andere Stelle am Schädel gefunden werden kann, die den Verdacht nahelegt, daß vielleicht in der Jugend einmal ein Trauma stattgefunden hat, welches der Erinnerung des Kranken resp. seiner Angehörigen entschwunden ist, und da man diese Stellen dann bei Anlegung eines großen Knochenlappen besser überschen kann. Die Ansichten über den Wert dieser Operation sind zurzeit noch geteilte. Immerhin sind eine größere Reihe von Dauerheilungen veröffentlicht worden, so auch von dem Verfasser drei Fälle unter 13 von Kümmell operierten Fällen, die länger als fünf Jahre vollkommen ohne jede Krankheitszeichen geblieben sind. Bei der im allgemeinen traurigen Prognose der Epilepsie sind das Resultate, die immerhin zu weiteren derartigen Versuchen ermutigen.

Erwähnen möchten wir noch eine von Anton und v. Brahmann angegebene Methode, die einen Ausgleich des Druckes im Gehirn dadurch zustande bringen will, daß eine Verbindung zwischen Ventrikeln und der Subarachnoidealflüssigkeit geschaffen wird, den sogenannten Balkenstich. Es wird zu diesem Zweck eine Trepanationsöffnung auf der Höhe des Scheitelbeins angelegt, von der aus man hart am Sinus entlang eine stumpfe Hohlnadel in die Tiefe führt und den Balken durchbohrt. Bei Aspiration mit einer Spritze kann man feststellen, wann die Ventrikelflüssigkeit erreicht ist. Es wird dann durch Verschieben der Kanüle ein kleiner Schlitz in dem Balken angebracht, der zur Kommunikation der Flüssigkeiten dient. Die Operation soll nach den Berichten Bramanns bei großen Tumoren zur Beseitigung der intrakraniellen Druckerscheinungen sehr gute Dienste leisten, scheint aber bis jetzt wenig Nachahmer gefunden zu haben.

Die Technik der Trepanation ist durchschnittlich die gleiche, ob man über dem Seitenlappen, dem Stirnbein oder am Kleinhirn operiert, nur muß man, besonders am Kleinhirn, mit der Bohrung vorsichtig sein wegen der Verletzungsgefahr des Sinus. Die Trepanation des Kleinhirns bietet aus diesem Grunde nicht unerhebliche Schwierigkeiten, weil die Trepanationsöffnung über einer Hemisphäre des Kleinhirns, wenn man den Sinus schonen will, meistens recht klein ausfällt. Man tut daher besser, den Hautknochenlappen über der ganzen Ausdehnung des Kleinhirns hin zu bilden und den Sinus longitudinalis zu umstechen und zu vernähen. Dann hat man die ganze Fläche der Kleinhirnoberfläche nach Aufklappen der Dura vor sich liegen und kann die Verhältnisse besser übersehen als von einer bloß über einer Hemisphäre angelegten Trepanöffnung aus.

Die Operation der Geschwülste des Kleinhirnbrückenwinkels geschieht von einem Hautknochenlappen aus, der seitlich am Übergang von Schläfen- und Hinterhauptsbein angelegt wird. Man dringt unter Abschieben des Hinterhauptlappens in die Tiefe. Der Gehirnlappen wird mit gebogenen, breiten Spateln emporgehoben, so daß der Kleinhirnbrückenwinkel sichtbar wird. Im übrigen ist nach Entfernung der Geschwulst die Wundversorgung dieselbe wie bei den übrigen Trepanationen.

Auf die Differentialdiagnose zwischen den einzelnen Gehirngeschwülsten näher einzugehen, ist hier nicht der Ort, nur möchten wir kurz die Operation des Gummis besprechen. Von den meisten Autoren und Neurologen wird es als selbstverständlich angesehen, daß man Gummiknoten des Gehirns resp. der Dura nicht chirurgisch behandeln soll, sondern besonders in den Fällen, wo die Möglichkeit vorhanden ist, daß es sich um einen Gummi handelt, zunächst eine energische antiluetische Kur einleiten soll. Ebenso wie es jedoch bekanntlich, wenn auch vereinzelt, Fälle gibt, in denen uns die üblichen Kuren bei jeder Art von Gummi im Körper im Stiche lassen, so scheinen diese Fälle besonders für die Gummiknoten des Gehirns zuzutreffen. Auch glauben wir, daß unter Umständen solche Gummiknoten vorkommen können, in denen durch Kombination von operativer Behandlung und Traitement mixte bessere Resultate erzielt werden. Wenigstens haben wir einige derartige Fälle zu

beobachten Gelegenheit gehabt, die zunächst auf die antiluetische Kur nicht
reagierten und später durch Kombination der operativen und konservativen
Methode geheilt wurden.

Eine weitere wichtige Unterscheidung, bei der man die Berechtigung
eines operativen Vorgehens bezweifeln kann, ist das Vorhandensein von enze-
phalitischen Erweichungsherden. Dieselben können ganz ähnliche
Symptome wie ein Tumor machen und würden an sich eine Berechtigung zu
operativem Vorgehen nicht involvieren. Wenn man jedoch bedenkt, daß durch
den gesteigerten Druck die Erweichung weiter um sich greift und zu einer immer
weiteren Ausdehnung des Erweichungsherdes führt, so wird die Berechtigung
der Trepanation in geeigneten Fällen zur Beseitigung des intrakraniellen Druckes
zugegeben werden müssen.

III. Gehirnabszeß. Sinusthrombose.

Die Entwicklung der Gehirnabszesse hat ihre Prädilektionsstelle in der
Gegend der hinteren Schädelgrube, da ja die Mehrzahl dieser Abszesse von
Entzündungen und Eiterungen des Mittelohres ausgehen. Ein weiterer Teil
schließt sich an an Verletzungen der Schädelkapsel, weiterhin gibt es Abszesse,
die von der Nase und ihren Nebenhöhlen ausgehen und endlich solche, die
auf metastatische Weise entstehen.

Was zunächst die otitischen Abszesse angeht, so sollen dieselben hier nur kurz
erwähnt werden, da sie ja an anderer Stelle (S. 406) auch schon besprochen werden. Sie
sind viel häufiger nach chronischen alten Mittelohreiterungen als nach akuten, und es ist
daher ein dringliches Erfordernis in Fällen, in denen Hirnabszesse zu unserer Kenntnis gelangen, auf solche alten Veränderungen genau zu achten, durch die man sehr leicht Anhaltspunkte über den Sitz eines durch die klinische Untersuchung vermuteten Gehirnabszesses
erhält. Die Abszesse breiten sich durch das Dach der Paukenhöhle aus und bleiben teils
extradural, teils entwickeln sie sich auch intradural. Herdsymptome fehlen sehr vielfach,
im übrigen bestehen die bekannten allgemeinen Symptome des Hirndruckes mit Fieber etc.

Die operative Entfernung eines solchen otitischen Abszesses geschieht entweder, und
das erscheint uns der beste Weg, von dem eröffneten Antrum aus, indem man sich von hier
aus langsam das Gehirn freilegt, wobei natürlich eine osteoplastische Operation nicht möglich
ist, oder indem man die Schuppen des Felsenbeins trepaniert. Die osteoplastische Operation
hat in diesen Fällen vielleicht überhaupt nicht sehr viel Wert, weil es sich um Eiterungen
handelt, die der Drainage bedürfen, und infolge dieser Eiterungen doch sehr leicht Nekrose
des Knochens eintritt.

Die rhinogenen Abszesse sind verhältnismäßig seltener und außerdem
deshalb schwerer zu diagnostizieren, weil meistens jegliche lokalen Symptome
fehlen. Erst wenn diese Abszesse eine sehr große Ausdehnung angenommen
haben, kommt es durch Fernwirkung auf die motorische Region oder das Sprach-
zentrum zu Symptomen, die auch dann noch leicht zu Irrtümern führen können.
Die Behandlung besteht in der Eröffnung der Stirnhöhle und von hier aus der
meist extradural gelegenen Abszesse.

Die Entwicklung derjenigen Abszesse, welche sich an ein Trauma anschließen, kann entweder eine akute sein, indem durch Knochensplitter direkte
Eiterungen unter der Wunde erzeugt werden, oder sie kann scheinbar eine
chronische Form annehmen, indem die eiternde Schädelwunde zwar nach außen
gut sezerniert, nach innen aber nur eine geringe Kommunikation hat, so daß
sich ganz langsam an der Schädeloberfläche ein Abszess entwickeln kann. Die
Lokaldiagnose dieser traumatischen Abszesse ist ja ohne weiteres durch die
Lage des Traumas gegeben. Und die Behandlung besteht in der Trepanation
der Knochenfistel und der Entfernung eingedrungener Knochensplitter mit
anschließender Drainage der Abszeßhöhle.

Von viel größerer Bedeutung namentlich für die Diagnose sind die **meta-statischen Abszesse** des Gehirns, die besonders häufig nach Empyem der Brusthöhle aufzutreten pflegen. Aber auch nach anderen Eiterungen können dieselben auftreten und zu schweren Störungen führen. Bei ihrer Behandlung tritt naturgemäß die Lokalisation besonders in den Vordergrund.

Symptome und Lokalisation der Abszesse decken sich im wesentlichen mit der Lokalisation und der Diagnose der Gehirntumoren, nur daß bei den Abszessen meistens noch hohe Fiebersteigerungen vorhanden sind. Bei länger bestehenden Abszessen kann Fieber vollständig fehlen. Auch für die Diagnose der Gehirnabszesse bedeutet unseres Erachtens die Einführung der **Neißer-Pollackschen** Gehirnpunktion einen großen Fortschritt. Die Eröffnung des Abszesses geschieht in der üblichen Weise durch die Anlegung einer Trepanationsöffnung, Entleerung des Abszesses und Drainage.

Nach all diesen Trepanationen ist die **Nachbehandlung** naturgemäß von erheblichem Wert. Die Kranken werden flach im Bett gelagert und erhalten die üblichen Herzmittel zur Regulierung und Steigerung der in der Regel verlangsamten Pulsfrequenz. Die Verbände, welche in der Regel in den ersten Tagen mit Stärkebinden der Blutung wegen fest fixiert werden, müssen öfters gewechselt werden und zwar sämtliche Schichten des Verbandes bis auf den Tampon. Der Tampon bleibt bei aseptischen Operationen 5—6 Tage liegen und wird dann langsam gezogen. Bei den eitrigen Prozessen muß natürlich ein öfterer Wechsel der Tamponade stattfinden, zu welchem Zweck man die äußere Wundöffnung in breiterer Ausdehnung offen lassen muß.

Die **Thrombose der Blutleiter des Gehirns** ist eine außerordentlich wichtige Krankheit, die mit Erfolg auf chirurgischem Wege angegriffen werden kann. Allerdings gibt es eine Form der Thrombose, nämlich die **marantische** Sinusthrombose, welche für die chirurgische Behandlung nicht in Frage kommen kann. Diese Art von Thrombose entsteht im Anschluß an erschöpfende Krankheiten, besonders auch im Anschluß an Enteritiden kleiner Kinder und nach schwerer Chlorose. Ihr Verlauf pflegt so zu sein, daß sie sich entweder nach kurzer Zeit wieder resorbieren und Genesung erfolgt, oder daß sie sich weiter ausbreiten und Erweichungsherde der Hirnsubstanz herbeiführen.

Die hauptsächlichste Form aber der Sinusthrombose ist **infektiöser Natur** und geht aus von infizierten Wunden am Kopf, Erysipel des Gesichts oder des Kopfes, besonders aber im Anschluß an akute Erkrankungen des Ohres.

Die Behandlung dieser Thrombosen des Sinus sigmoideus ist S. 418 ff. eingehender gewürdigt. Die Allgemeinerscheinungen der Thrombose sind dieselben der allgemeinen Pyämie und zeichnen sich durch häufig wiederholte Schüttelfröste, hohe Temperaturen mit entsprechender Pulsvermehrung und die Symptome des Hirndrucks aus. Die traumatischen Thrombosen sind gegeben durch die Lokalisation der Verletzung.

Die **Entfernung eines Thrombus** geschieht nach Trepanation dadurch, daß man den Sinus in der Längsrichtung spaltet und den Thrombus mit der Pinzette herauszieht oder mit dem Löffel entfernt. Der Sinus muß natürlich vorher doppelt temporär unterbunden werden oder mit weichen Klammern abgeklemmt werden.

Der ganze Eingriff ist naturgemäß ein sehr schwerer und hat nur dann Zweck, wenn nicht anderweitige metastatische Abszesse vorhanden sind.

IV. Durchtrennung der hinteren Wurzeln.

In gewissen Fälle nspastischer Lähmungen der unteren Extremitäten ist eine Durchtrennung des Reflexbogens indiziert und wird seit einigen Jahren mit Erfolg angewandt. Es handelt sich hierbei um spastische Lähmungen besonders bei der Littleschen Krankheit, ferner um die Spasmen bei multipler Sklerose. Die Idee, zur Heilung dieser Spasmen die hinteren Wurzeln zu durchtrennen, ist schon älteren Datums, doch wurde erst im Jahre 1908 von Foerster und Dietze ein gangbarer Weg dadurch gefunden, daß intradural operiert wurde, während die früheren Versuche in dieser Richtung von amerikanischer Seite sich auf eine extradurale Durchschneidung der hinteren Wurzeln beschränkten.

Die Möglichkeit, durch orthopädische resp. chirurgisch-orthopädische Maßnahmen die Littlesche Krankheit zu bekämpfen, ist recht gering. In beginnenden und leichten Fällen kann man aber immerhin einen Versuch machen, durch Tenotonien und redressierende Verbände die Spasmen und Kontrakturen zu bekämpfen. Sind diese aber hochgradig geworden, werden die Knie dauernd flektiert und adduziert gehalten, dann wird man auch durch jahrelang fortgesetzte redressierende orthopädische Maßnahmen nicht imstande sein, dauernde Besserung zu erzielen. In solchen Fällen ist die Resektion der hinteren Wurzeln absolut indiziert.

Die Operation wird so ausgeführt, daß man zunächst feststellt, mit welchen hinteren Wurzeln die Spasmen zusammenhängen, was am besten nach dem nebenstehenden, von Förster angegebenen Schema geschieht.

Muskeln	Nervenwurzeln
Flexoren des Oberschenkels.	$L_1 L_2 L_3 L_4 L_5 S_1$
Ileopsoas $L_1 L_2 L_3$	
Sartorius $L_1 L_2 L_3$	
Gracilis $L_2 L_3 L_4$	
Tensor fasciae $L_4 L_5 S_1$	
Extensoren des Oberschenkels	$L_2 S_1 S_2$
Glutaeus maximus.	
Adduktoren des Oberschenkels	$L_2 L_3 L_4$
Abduktoren des Oberschenkels	$L_5 S_1 S_2$
Glutaeus medius et minimus.	
Außenrotatoren des Oberschenkels . . .	$L_5 S_1 S_2$
Innenrotatoren des Oberschenkels . . .	$L_3 L_4 L_5 S_1 S_2$
Adductor magnus pars inf. $L_3 L_4$	
Tensor fasciae $L_4 L_5 S_1$	
Glutaeus medius et minimus $L_5 S_1 S_2$	
Strecker des Unterschenkels	$L_2 L_3 L_4$
Beuger des Unterschenkels	$L_5 S_1 S_2$
Biceps, semimembranaceus, semitendineus.	
Dorsalflexoren des Fußes	$L_4 L_5 S_1$
Plantarflexoren des Fußes	$L_5 S_1 S_2$.

Am meisten dürfte zur Behandlung der Littleschen Krankheit, und um diese handelt es sich in erster Linie bei der Foersterschen Operation, die Resektion 2., 3., 5. Lumbal- und 2. Sakralwurzel in Anwendung kommen.

Die Technik der Operation ist dann folgende: Die Bogen und Dornfortsätze des I.—V. Lendenwirbels werden recht breit reseziert und eventuell samt einem Teil der hinteren Wand des Sakralkanals mit fortgenommen. Da diese Operation meist ziemlich blutig ist und das Meißeln an der Wirbelsäule für eine Schockwirkung nicht gleichgültig, empfehle ich die Operation nach der Freilegung der Dura abzubrechen und in einer zweiten Sitzung nach 3—4 Tagen die Eröffnung der Dura und die Resektion der Wurzeln vorzunehmen. Bei der bei Wurzelresektion unbedingt nötigen Eröffnung der Dura in der ganzen Länge der Lumbalwirbelsäule tritt natürlich sehr leicht ein Schock auf, dessen Gefahr noch vermehrt wird durch die erforderliche sehr tiefe Narkose. Ist die Narkose nicht vollkommen tief, so wird viel Liquor ausgepreßt, was man vermeiden muß.

Man lagert deshalb die Kranken so, daß das Becken hochliegt, der Kopf niedrig und der Rücken möglichst gekrümmt ist. Es wird nun in der Längsrichtung die Dura, welche man sich zweckmäßig vorher mit einigen Seidenfädenzügeln fixiert hat, gespalten und die einzelnen Wurzeln aufgesucht. Als Anhaltspunkt dient dabei der Dornfortsatz des 5. Lumbalwirbels, in dessen Höhe die 1. Sakralwurzel den Wirbelkanal verläßt. Zweckmäßig ist es deshalb, sich den Punkt des V. Lumbaldorns vorher zu fixieren, indem man seitlich von der Wirbelsäule in der Höhe des 5. Dornfortsatzes einen Nagel in das Becken einschlägt oder schonender Seidenfäden durch die Muskulatur legt, deren Enden man über dem Dorn in einer Graden kreuzt. Man reseziert nun, je nachdem die Reflexbahnen liegen, welche die Erkrankung besonders ergriffen hat, die erste Sakralwurzel über die 4. und 3. oder 4. und 2. Lumbalwurzel, möglichst jedoch so, daß immer eine Wurzel überschlagen wird. Es schadet jedoch nichts, wenn einmal zwei aufeinander folgende Wurzeln reseziert werden. Die Wurzeln werden vorsichtig am Austrittsloch aus der Dura aufgesucht aus ihren Arachnoidealverwachsungen gelöst, auf einen Schielhacken genommen und nun die motorische von der dickeren sensiblen Wurzel isoliert. Diese sensible Wurzel wird nun auf eine möglichst große Strecke — etwa 3—4 cm — reseziert. Man muß bei der Isolierung der Wurzel sehr vorsichtig zu Werke gehen, damit die motorische Wurzel nicht gequetscht und gezerrt wird. Der Ausfluß der Zerebrospinalflüssigkeit ist bei der erwähnten Lagerung des Kranken kein allzugroßer. Nur muß man wie erwähnt darauf achten, daß die Narkose eine möglichst tiefe ist. Nach der Resektion der Wurzeln wird die Dura wieder mit feinen Seidennähten vernäht und die Wunde in der üblichen Weise nach Einlegung eines Gazestreifens zwischen die Muskulatur geschlossen. Als Verband dient uns der übliche Polsterverband, den man sich auch so herstellen kann, daß man einen rechteckigen starken Pappdeckel, aus dessen Mitte man ein genügend langes und breites Loch herausgeschnitten hat, mit Watte und Binden umwickelt und diesen Rahmen so über der Trepanationswunde anlegt, daß die Wunde selbst in das Loch des Rahmens zu liegen kommt. Nach Verheilung der Wunden müssen die Kranken natürlich noch längere Zeit, mindestens aber 2 Jahre, ein Stützkorsett tragen.

Was nun die Erfolge dieser Operation angeht, so hat sie sich bei der multiplen Sklerose bisher wenig bewährt. Die direkte operative Mortalität war in den wenigen veröffentlichten Fällen eine sehr hohe. Vielleicht spielt hier der Zufall mit, jedenfalls ist es zweifelhaft, ob die Wurzelresektion für die Behandlung der multiplen Sklerose empfohlen werden kann. Dagegen sind die Erfolge bei der Littleschen Krankheit im allgemeinen recht günstige. Die bisher veröffentlichten Fälle waren fast ausnahmslos von einem vollen Erfolg in bezug auf die Lösung der Spasmen begleitet. Doch ist es natürlich, daß nach Lösung der Spasmen die paretische Komponente der Krankheit erst recht in die Erscheinung tritt. Deshalb muß unbedingt an die Operation eine länger durchgeführte Übungstherapie angeschlossen werden. Über die Dauererfolge nach dieser Operation läßt sich noch nicht viel aussagen, da die Zeit, die seit der ersten Operation verflossen ist, noch recht kurz ist. Immerhin sind bereits einige Fälle bekannt, in denen einmal die Spasmen, wenn auch in geringem Grade, sich wieder gezeigt haben, andere, in denen die Paresen stärker geworden sind. Auch in einem von dem Verfasser vor drei Jahren operierten Fall, der seinerzeit nach der Operation als vollkommen geheilt gelten mußte, hat sich jetzt an dem einen Bein eine ganz geringe Andeutung eines Spasmus beim Beugen des linken Kniegelenks gezeigt, andererseits sind die Paresen in der Peronealgruppe beider Beine noch recht erheblich. Allerdings ist vorläufig der Erfolg der Operation, wenn man den Zustand der Kranken vor derselben bedenkt, der ein äußerst schwerer war, immer noch als ein großer Erfolg zu bezeichnen. Doch dürfte sich ein endgültiges Urteil über den Wert dieser Operation erst in einigen Jahren fällen lassen.

Auch in Fällen von schweren tabischen Krisen ist die Operation bisher in einigen Fällen versucht worden mit wechselndem Erfolge. Über die Dauererfolge läßt sich naturgemäß bis jetzt auch noch kein Urteil fällen, doch scheinen dieselben nach den bisherigen Erfahrungen keine sehr günstige zu sein.

V. Periphere Neuritis.

1. Trigeminusneuralgie.

Diejenigen Neuralgien, die in erster Linie einer chirurgischen Behandlung zugängig sind, betreffen hauptsächlich die Äste des Nervus trigeminus. Es sind ja bekanntlich genau nur Druckpunkte dieser Nerven, durch die man in der Lage ist, die Neuralgie auf den einen oder anderen Ast zu beschränken. Ist nur einer der Äste des Trigeminus an seiner Austrittstelle druckempfindlich, so ist anzunehmen, daß die Neuralgie lediglich eine periphere, auf diesen einen Ast beschränkte ist. Sind aber zwei oder gar alle drei Äste ergriffen, so spricht das mehr für einen zentralen Sitz der Ursache der Erkrankung. Doch muß man bedenken, daß diese Unterscheidung durchaus nicht absolut zuverlässig ist, denn auch Geschwülste, welche den Trigeminus intrakraniell komprimieren, können eine periphere Neuralgie nur eines Astes hervorrufen.

Zu sehr häufigen Verwechslungen mit Trigeminusneuralgien des ersten Astes geben die Entzündungen und Eiterungen in den Stirnhöhlen Veranlassung, oder bei solchen des zweiten Astes Erkrankungen der Kieferhöhle. Es ist daher in diesen Fällen eine gründliche Untersuchung der Nase ein absolutes Erfordernis.

Die Indikationsstellung zu operativem Vorgehen bei Trigeminusneuralgien ist abhängig von dem Erfolg resp. Mißerfolg voraufgegangener konservativer Behandlung, die jedoch nicht allzu lange fortgesetzt werden sollte, denn häufig werden solche Neuralgien, die einer medikamentösen Behandlung Widerstand bieten, allzu lange konservativ behandelt, so daß nur eine Verschlimmerung des Leidens eintritt, das sich über andere Äste erstrecken kann, während es vorher vielleicht isoliert auf einen Ast beschränkt war.

Die Operation der Neuralgien besteht in der Extraktion des erkrankten Nervenastes. Eine einfache Durchtrennung des Nerven hat keinen Zweck, da sehr bald eine Regeneration des Nerven eintritt.

Die Resektion des ersten Astes des Trigeminus geschieht in der Weise, daß man nach Abrasieren der Augenbraue über den Orbitalrand einen bogenförmigen Schnitt anlegt, welcher der Lage der Incisura frontalis entspricht. Bekanntlich verläßt hier der Nervus supraorbitalis die Schädelhöhle, um sich in die Haut der Stirn zu verziehen. Die Inzisur ist meistens von außen gut durchzufühlen. Nach Durchschneidung der Weichteile und des Periosts am Orbitaldach wird die Austrittsstelle des Nerven sichtbar. Der Nerv wird hier durchschnitten, das periphere Stück mit einer festen Zange gefaßt und der Nerv bei langsamem aber stetigem und kräftigem Zug auf die Zange aufgewickelt. Es reißen dann die feinen Verteilungen des Nerven nacheinander ab, so daß man den ganzen Nervenbaum allmählich auf der Zange hat. Man kann bei der Operation auch noch tiefer in die Augenhöhle eindringen dadurch, daß man zwischen Periost und Knochen vorsichtig nach hinten geht und sich Periost und Orbitalfett mit einem stumpfen Haken zurückhalten läßt. Es gelingt dann den Nervus supraorbitalis zu fassen vor dem Ausgang des Supratrochlearis und des Lacrymalis. Die Hauptsache ist bei diesen Nervenextraktionen, daß man stetig zieht und den Nerv nicht zu früh abreißt.

Der zweite Ast des Trigeminus wird reseziert von einem schräg nach außen verlaufenden Schnitt aus, der etwa ¹/₂ cm unterhalb des Infraorbitalrandes angelegt wird. Der Infraorbitalis tritt hier aus dem gleichnamigen Loche, welches dicht unterhalb des Augenhöhlenrandes sitzt, aus und verzweigt sich in die Haut der Oberlippe, der Wange, Nase und des Unterlids. Nach Durchtrennung des Periosts oberhalb des Loches, also hart am Orbitalrande, wird das Periost abgehebelt, worauf der Nerv zu Gesicht kommt. Die obere Wand des Kanals, d. h. also der Boden der Augenhöhle wird mit Meißel und Knochenzange eröffnet, der Nerv aus seinem Bett herausgehoben, durchschnitten und in der vorhin genannten sorgfältigen Weise die Extraktion vorgenommen.

Der dritte Ast des Trigeminus wird aufgesucht von einem 2—3 cm langen Schnitt über der Mitte des aufsteigenden Unterkieferastes. Haut, Masseter und Periost werden in der Längsrichtung gespalten, wobei man auf Fazialisäste und den Ausführungsgang der Parotis, welcher unter der Fascia masseterica liegt, achten muß. Der zutage liegende

Knochen wird aufgemeißelt und zwar etwa 2 cm oberhalb des Kieferwinkels genau in der Mitte des aufsteigenden Astes. Man sieht hier in dem Kanal die Arteria alveolaris inferior lateral, den dicken Nervus alveolaris inferior medial im Kanal gelegen und extrahiert den Nerv in der beschriebenen Weise.

Diese peripheren Nervenresektionen sind an sich kein allzu großer Eingriff, allein man muß immer darauf gefaßt sein, daß eine Regeneration der extrahierten Nerven stattfinden kann, so daß die Beschwerden im Laufe von 2—3 Jahren wiederkehren können. Trotzdem oder gerade deshalb, weil es sich um relativ einfache Eingriffe handelt, werden sie mit Recht vielfach ausgeführt, da es doch schon als ein recht großer Gewinn anzusehen ist, wenn man imstande ist, diese enorm schmerzhaften und quälenden Affektionen für eine Reihe von Jahren zu beseitigen. Es ist deshalb in solchen hartnäckigen Fällen, die stets wiederkehren, häufig eine mehrfach wiederholte Resektion der Nervenäste vorgenommen worden. Denn der Entschluß, das Leiden an seiner zentralen Stelle anzugreifen, ist wegen der Größe des Eingriffs doch ein recht schwerer. Es kommt eigentlich auch nur dann in Betracht, wie schon oben bemerkt, wenn es sich um eine Affektion sämtlicher Äste des Trigeminus handelt, so daß man einen zentralen Sitz als Ursache des Leidens annehmen kann.

Treten nach diesen peripheren Resektionen Rezidive auf, so kann, wenigstens was den zweiten und dritten Ast angeht, eine noch wirksamere Operation dadurch vorgenommen werden, daß man die Nerven an ihrem Austritt aus der Schädelbasis aufsucht, d. h. den zweiten Ast im Foramen rotundum und den dritten Ast im Foramen ovale. Beide Nervenäste bilden hier ein Ganglion, und zwar der zweite das Ganglion spheno-palatinum und der dritte das Ganglion oticum.

Es sind verschiedene Methoden angegeben worden, um sich Zugang zu diesen ziemlich tief gelegenen Ganglien zu verschaffen. Die meisten von diesen Methoden haben den Nachteil, daß eine quere Durchschneidung von Fazialisästen infolge der Schnittführung stattfinden muß, und wir glauben deshalb uns hier auf die kurze Darstellung der von Krause angegebenen Schnittführung beschränken zu dürfen, die genügend Zugang zu den Ganglien verschafft, ohne erhebliche Nervenverletzungen zu verursachen. Der Hautschnitt wird dabei in einem nach oben offenen Bogen über dem Jochbogen angelegt. Er beginnt etwas unterhalb des äußeren Augenwinkels und endet kurz vorm Ohr. Die Faszie wird in der ganzen Ausdehnung am oberen Rande des Jochbogens durchschnitten, dann wird der Jochbogen erst am Tuberculum articulare mit Meißel oder Zange durchtrennt, worauf der Processus zygomaticus mit der Giglisäge in nach vorn schräger Richtung durchsägt wird. Der so gelöste Jochbogen wird mit den daran hängenden Muskeln nach abwärts geschoben und man gelangt so stumpf präparierend auf das Ganglien oticum, welches zwischen Musculus pterygoideus externus und Processus pterygoideus gelegen ist. Dies Ganglion wird entfernt und der periphere Teil des Nerven in der früher geschilderten Weise herausgezogen. Von derselben Schnittführung aus läßt sich zugleich auch der zweite Ast bei seinem Eintritt in das Ganglion spheno-palatinum aufsuchen. Das Ganglion liegt weiter in der Tiefe und mehr nach vorn zwischen Tuber maxillare und dem Processus pterygoideus. Nach beendigter Operation wird der Jochbogen zurückgeklappt. Periost und Faszien vernäht und die Hautnaht angeschlossen.

Sind alle drei Äste des Nerven ergriffen, so ist man gezwungen, das Ganglion semilunare (Gasseri) anzugehen. Es ist dies natürlich eine sehr große und eingreifende Operation.

Die Technik derselben ist kurz folgende: Es wird ein Haut-Periost-Knochenlappen gebildet, der ungefähr der Größe des Schläfenmuskels entspricht und dessen Basis über dem Jochbogen liegt. Der Knochenlappen soll dann ungefähr 1 cm oberhalb des Jochbogens eingebrochen werden. Man dringt nun zwischen der knöchernen Schädelbasis und der Dura mater stumpf in die Tiefe, indem man die Hirnhaut von der Schädelbasis ablöst. Man gelangt so zum Foramen spinosum, aus dem sich die Meningea media als deutlicher Strang in die Dura mater hinüberzieht. Das Gefäßbündel wird so gut wie möglich isoliert und unterbunden; nun dringt man weiter stumpf in die Tiefe, wobei das Gehirn mit einem breiten Spatel zurückgehalten werden muß, indem man weiterhin die Dura von Knochen abhebt. Die Stillung der hierbei öfters auftretenden venösen Blutungen geschieht am besten durch temporäre

Tamponade. Nun präpariert man sich, indem man das Gehirn gut nach oben halten läßt, den zweiten und dritten Ast zuerst bis zum Foramen ovale und rotundum frei. Die Dura muß zu diesem Zwecke von den Nerven abgetrennt werden, was am besten stumpf geschieht. Hat man das Ganglion frei präpariert, was man sich dadurch erleichtern kann, daß man einen Zug auf den dritten Ast ausübt, so wird der erste Ast hart an seinem Eintritt in das Ganglion durchschnitten und die beiden anderen Äste an ihrer Austrittsstelle an der Schädelbasis. Die Versorgung der Wunde geschieht dann in der üblichen Weise.

Man kann natürlich diese Operation zweckmäßig auch zweizeitig ausführen, was sich mitunter wegen der eintretenden starken Blutung empfiehlt.

Die Gefahren der Operation liegen nach Krause einmal in der Blutung und dann in dem unvermeidlichen Druck auf das Gehirn. Die operative Mortalität gestaltet sich zu ungefähr 10—15%. Im allgemeinen kann man behaupten, daß dieses radikale Verfahren das Leiden mit Sicherheit behebt. Immerhin soll erwähnt sein, daß in letzter Zeit einzelne Beobachtungen gemacht worden sind, wo auch nach der Resektion des Ganglion Gasseri sich wieder Neuralgien gezeigt haben. Es ist anatomisch allerdings kaum denkbar, daß eine Regeneration des Ganglion stattfindet und wir glauben daher, daß es sich wohl in diesen einzelnen Fällen um Störungen im Gebiet des Fazialis oder um technische Fehler, nicht vollkommener Entfernung des Ganglion etc. bei der Operation gehandelt hat.

Ein besonderes Augenmerk muß man auf die Nachbehandlung in bezug auf den Schutz des Auges richten. Namentlich in solchen Fällen, in denen infolge früherer Operationen durch Läsion des Fazialis der Lidschluß behindert ist, tritt leicht eine Austrocknung und Dekubitus der Hornhaut auf. Krause empfiehlt zur Verhütung einer Hornhautschädigung eine feuchte Kammer vor dem Auge zu bilden, die er in folgender Weise herstellt: in ein großes quadratisches Stück Zinkpflaster wird ein rundes Loch etwa in der halben Größe eines Uhrglases geschnitten und ein gewöhnliches Uhrglas aufgeklebt. Das Uhrglas wird dann mittelst des Heftpflasters vor dem Auge der kranken Seite befestigt. Die durch diesen hermetischen Verschluß infolge der Feuchtigkeit des Auges entstehende feuchte Kammer soll einen guten Schutz gegen die Austrocknung der Hornhaut bieten.

2. Ischias.

Die chirurgische Behandlung der Ischias kommt nur dann in Frage, wenn es sich um ein veraltetes Leiden handelt, bei dem die übliche Therapie bereits vollkommen erschöpft ist. Die Behandlung kann dann einmal bestehen in Freilegung des Nerven oder Injektion in die Nervenscheiden. Die Freilegung des Nerven geschieht von einem Längsschnitt aus, den man auf der Beugeseite des Oberschenkels in der Glutäalspalte beginnend etwa 10 cm nach abwärts anlegt. Zwischen der lateralen und medialen Beugegruppe dringt man in die Tiefe, zieht den fingerdicken Nerv in die Wunde vor und dehnt ihn kräftig zwischen den Fingern oder indem man ihn über ein glattes, rundes Instrument unter Zug hin- und hergleiten läßt. Die Wunde wird dann in der üblichen Weise versorgt.

Denselben Zweck verfolgt das neuere Verfahren der Injektion größerer Mengen Flüssigkeit in die Nervenscheide, nämlich die Dehnung der Nervenscheide, von der man glaubt, daß sie infolge entzündlicher Veränderung einen Druck auf den Nerven ausübt. Man zieht sich zu diesem Zwecke zwischen Tuber ossis ischii und Trochanter eine Linie und sticht an der Grenze zwischen innerem und äußerem Drittel zweifingerbreit unterhalb dieser Verbindungslinie eine spitze Kanüle in die Tiefe. Daran, daß intensiver Schmerz in dem Fuß und den Zehen angegeben wird, erkennt man, daß man die Nervenscheide mit der Nadel durchbohrt hat. Ist das erreicht, so injiziert man unter ziemlich starkem Druck 80—100 ccm eine Lösung Eucain von 1 : 1000. Man kann auch sterile Kochsalzlösung nehmen, doch scheint bei Verwendung des Eucains die Injektion weniger schmerzhaft.

VI. Kinderlähmung.

Die Spätfolgen der spinalen Kinderlähmung bedürfen in einer großen Anzahl von Fällen eines oder mehrfacher chirurgischer Eingriffe, die den Zweck haben, durch Ersetzung der einen Muskelgruppe durch die andere die Lähmung aufzuheben. Eine große Anzahl von Fällen von Kinderlähmung geht allerdings im Laufe der Zeit unter geeigneter Massage, elektrischer Behandlung, Bädern etc. von selbst wieder zurück, so daß man selbstverständlich die Indikation zu einem chirurgischen Vorgehen erst dann stellen darf, wenn der Lähmungszustand mehrere Monate trotz physikalischer Behandlungsmethoden stabil geblieben ist. Wiederum das größte Kontingent bilden diejenigen Fälle von Kinderlähmung, bei denen die Lähmungen zum großen Teil zurückgegangen sind, eine Muskelgruppe aber, und das ist meistens die peroneale, dauernd unbeeinflußt bleibt. Die Technik zur Abhilfe dieser Peroneuslähmung besteht in einer Überpflanzung einer der benachbarten Sehnen auf die Peroneussehne oder auch der Überpflanzung eines Stückes des Nervus tibialis auf den Peroneus. Die Sehnenüberpflanzung kann naturgemäß jederzeit vorgenommen werden, auch wenn die Lähmung schon eine recht alte ist. Man wählt dazu möglichst die Sehne eines benachbarten Muskels, die man in der Mitte teilt und durch Naht diesen zentralen Stumpf mit dem peripheren Stumpf der durchschnittenen Peroneussehne verbindet. Die Resultate einer solchen Sehnenüberpflanzung sind nicht besonders günstig, was ja ohne weiteres aus der Idee, die der Operation zugrunde liegt, einleuchtet. Denn wenn der Musculus tibialis zu einem Teil die Funktion des Peroneus übernehmen soll, so wird die isolierte Arbeit des Peroneus schwer möglich sein. Wir werden also als Resultat keine absolute Trennung in der Funktion dieser verschiedenen Muskelgruppen erhalten, sondern die Muskelgruppen arbeiten stets gemeinsam.

Ein weit besseres Resultat ergeben deshalb die Nervenüberpflanzungen. Allein sie haben den Nachteil, daß sie nur relativ kurz nach überstandener Krankheit anwendbar sind, zu einer Zeit also, wo man noch nicht mit absoluter Sicherheit behaupten kann, daß die Wiederherstellung der Funktion des Nerven nicht auch von selbst wieder möglich wäre. Man müßte also ziemlich kurze Zeit, höchstens sechs Wochen nach überstandener Krankheit die Operation vornehmen, wenn Aussicht auf Erfolg sein sollte, da später die Degeneration des erkrankten Nerven schon zu weit vorgeschritten ist. Die Technik der Überpflanzung ist genau dieselbe wie bei der Überpflanzung einer Sehne. Man sucht sich den Peroneus an der Stelle auf, wo er sich um das Wadenbeinköpfchen herumwindet und weiterhin, indem man den dazu notwendigen Längsschnitt bogenförmig nach der Kniekehle zu verlängert, den Stamm des Nervus ischiadicus, wo er sich in die beiden Tibialisäste teilt. Ein Teil der hinteren Fasern des Tibialis wird nun da abgezweigt, indem man den Nerv längsspaltet, der Peroneus wird in möglichster Nähe durchschnitten und der zentrale Stumpf des Tibialis mit dem peripheren Stumpf des Peroneus durch exakte Nervennaht vereinigt. Sehr bald nach der Operation muß dann eine elektrische resp. Massagetherapie einsetzen.

Es würde zu weit führen, wenn man hier alle Möglichkeiten der Sehnen- oder Nerventransplantation beschreiben wollte, zumal da die einzelnen Gruppen der bei dieser Krankheit gelähmten Muskeln von Fall zu Fall differieren. Man muß eben in jedem einzelnen Falle je nach Lage der Lähmung diese oder jene Operationsmethode wählen, die man im Einzelfalle absolut individuell gestalten muß. Als Voroperation für die schweren Fälle von spinaler Kinderlähmung, welche in ihren Spätfolgen zu hochgradigen Pes equinus führen, kommt die Durchschneidung resp. Verlängerung der Achillessehne in Betracht, ferner die Durchschneidung der Plantaraponeurose. Der deformierte Fuß wird nach dieser Operation redressiert, in Gips gelegt und erst, wenn die Deformität des Fußes in gewünschter Weise gebessert ist, kommen dann die übrigen vorhin erwähnten Operationen, Sehnen- und Nerventransplantation in Frage.

VII. Meningitis purulenta.

Die chirurgische Behandlung bei eitriger Meningitis kann einmal in Frage kommen für die Behandlung der traumatischen Meningitis und dann für die Weichselbaumsche Meningitis. In ersterem Falle handelt es sich um eitrige Meningitiden, die infolge eines Traumas entstanden sind, und man wird natürlich gut tun, sobald meningitische Erscheinungen auftreten, von der Wunde aus das Gehirn freizulegen und eventuell eingedrungene Knochensplitter etc. aus der Wunde zu entfernen. Die Eiterung pflanzt sich in solchen Fällen als eitrig-fibrinöse Leptomeningitis in den Lymphdrüsen der Dura fort, und es kann deshalb mitunter gelingen, wenn man von der Wunde aus ein möglichst großes Stück des Knochens freimacht und die Dura spaltet, um so genügenden Abfluß nach außen zu verschaffen, daß die Meningitis lokal beschränkt bleibt und Heilung eintreten kann. Zum mindesten aber werden die subjektiven Beschwerden für kürzere Zeit erheblich gebessert werden dadurch, daß vor allem der Hirndruck beseitigt wird. Allein bei schwerer Infektion wird man trotzdem die metastasierende Sepsis, an der die Kranken dann meistens zugrunde gehen, nicht vermeiden können.

Bei der infektiösen Meningitis ist unseres Erachtens bisher noch nicht der Versuch gemacht worden, durch einen operativen Eingriff dem Eiter Abfluß zu verschaffen. Die Verhältnisse bei der Entzündung der Hirnhäute liegen deshalb auch so sehr ungünstig für eine operative Behandlung, weil durch das ausgedehnte Maschenwerk der Arachnoidealräume einer multilokulären Abszedierung zu sehr Vorschub geleistet wird, als daß es möglich wäre, eine ähnliche Behandlung wie beispielsweise bei der Entzündung des Peritoneums in die Wege zu leiten. Man müßte zu diesem Zwecke ganz abnorm große Stücke der Schädelkapsel entfernen, um eine wirksame Drainage erreichen zu können, wenigstens wenn man mit Erfolg die epidemische Meningitis angehen wollte.

Daß unter Umständen eine wirksame Unterstützung bei der eitrigen Meningitis durch ausgiebige Trepanation und Drainage erzielt werden kann, ist sicher. Der von Kümmell 1906 veröffentlichte Fall, in welchem in direktem Anschluß an die Operation eine ganz erhebliche Besserung der subjektiven und objektiven meningitischen Beschwerden eintrat, und der anfangs durchaus nicht leichte Fall schließlich in vollkommene Genesung überging, spricht sehr für diese Annahme. Es handelte sich allerdings nicht um eine epidemische Zerebrospinalmeningitis, doch war der Liquor eitrig, wie mehrfache Lumbalpunktionen erwiesen hatten. Es wurde zu beiden Seiten des Schädels am Scheitelbein ziemlich tief trepaniert und ein osteoplastischer Knochenlappen von etwa Fünfmarkstückgröße umschnitten. Die beiden Wunden wurden drainiert und entleerten auch in den ersten Tagen nach der

Operation reichliche Mengen trüben Liquors. Der Kranke wurde wieder voll arbeitsfähig. Wenn man also in diesem Falle auch nicht mit absoluter Sicherheit behaupten kann, daß lediglich durch die Operation eine Heilung erzielt worden wäre, da ja gewiß solche nicht epidemischen Meningitiden in einzelnen Fällen auch ohne Eröffnung des Schädelraumes ausheilen können, so scheint uns doch, daß zum mindesten die Heilungsmöglichkeit in derartigen Fällen durch die operative Eröffnung und Drainage der Schädelkapsel erheblich vergrößert wird, und man kann hoffen, wenn hierüber erst mehr Erfahrungen gesammelt sind, auf diese Weise die an sich ja ziemlich traurige Prognose der Meningitis zu verbessern.

Literatur.

Bier, Braun, Kümmell, Chirurgische Operationslehre. — Borchardt, Diagnostik und Therapie der Geschwulstbildungen der hinteren Schädelgrube. Ergebn. d. Chir. u. Orthop. Bd 2. — Fedor Krause, Chirurgie des Gehirns und Rückenmarks. — Foerster, Die Behandlung spastischer Lähmungen durch Resektion hinterer Rückenmarkswurzeln. Ergebn. d. Chir. u. Orthop. Bd. 2. — Neisser und Pollack, Die Hirnpunktion. Grenzgebiete d. Med. 1904 u. 1907. — Oppenheim, Beiträge zur Diagnostik und Therapie der Geschwülste des zentralen Nervensystems.

E. Chirurgische Eingriffe bei septischen Erkrankungen.

Von

C. Moeller - Hamburg.

Venenunterbindung bei Otitis.

Unter den intrakraniellen gefährlichen Komplikationen bei eitrigen Erkrankungen des Mittelohrs steht an erster Stelle die otitische Pyämie, bzw. Septikämie und in einzelnen seltenen Fällen reine Sepsis.

So hat z. B. Heine bei einem großen Material neben 77 Fällen von Meningitis und 51 Hirnabszessen 118 Fälle von Pyämie zusammenstellen können; Hegener gibt in seiner Statistik folgende Zahlen:

Extraduralabszesse . .	60%
Sinusthrombose	23 „
Hirnabszeß	12 „
Meningitis	5 „

Zahlen, die sich mit anderen Beobachtungen im ganzen decken.

Krankheitsbild und Diagnose. Der Übergang der Infektion vom Ohr in die Blutbahn geschieht, von seltenen Ausnahmen abgesehen, auf dem Wege des dem Ohr benachbarten Sinus transversus und zwar hauptsächlich an zwei Stellen: 1. am Boden der Paukenhöhle direkt auf den Bulbus der Vena jugularis und 2. an der hinteren Seite des Warzenfortsatzes auf den vertikalen Teil des Sinus transversus, den Sinus sigmoideus. Entweder wird dieses Übergreifen begünstigt durch vorhandene Knochendehiszenzen, oder aber der eitrige Prozeß im Knochen führt zur Einschmelzung der Knochensubstanz, der Eiter umspült, oft ohne besondere Symptome, die freigelegte Sinuswand, letztere

erkrankt selbst und gibt die Veranlassung zur Thrombenbildung, erst wand-
ständig, später zentral- und peripherwärts wachsend und das Lumen ausfüllend.
Eine genaue Differentialdiagnose zwischen diesen Fällen mit Thromben des
Sinus und jenen oben erwähnten seltenen Ausnahmen ohne Erkrankung desselben ist nicht möglich. Für die Praxis wird die einzuschlagende Therapie
jedenfalls so zu sein haben, als ob eine Thrombose vorläge. Von diesen Thromben
aus gelangt das infizierte Material entweder selbst in kleinen Bröckelchen ab-
geschwemmt in den Kreislauf und führt zu Metastasen in Lunge, Gelenken,
Muskeln oder Schleimbeuteln — reine Pyämie — oder es werden Toxine gebildet und im Blut aufgenommen, ohne daß eine Herdaussaat im Körper stattfindet — Septikopyämie — oder, wenn im klinischen Bilde reine Vergiftungserscheinungen mit hochgradig virulenten Keimen vorherrschen — Septikämie.

So erklärt es sich, daß das Bild der Sinuserkrankung, zumal wenn sich
noch andere Komplikationen, wie Meningitis und Hirnabszeß, einstellen, ein
sehr verschiedenartiges sein muß, und daß nur sorgfältigste Beobachtung und
Abwägung aller auftretenden Symptome zur Diagnose führen kann. Am
leichtesten ist die Diagnose in ausgesprochenen Fällen mit Schüttelfrösten,
pyämischen Fieber und Metastasen, am schwierigsten in jenen wichtigsten,
weil für unser Handeln günstigsten Fällen, bei denen die Erkrankung erst im
Beginn ist.

Hier sind sowohl die einzelnen cerebralen wie äußerlich wahrnehmbaren
Symptome unsicher. Kopfschmerzen, oft mit unbestimmtem Sitz, oft lokalisiert, pflegen vorhanden zu sein, ebenso Vermehrung der Cerebrospinalflüssig-
keit und Druckempfindlichkeit am hinteren Rande des Processus mastoideus.
Bei ausgedehnter Mitbeteiligung der Vena jugularis Empfindlichkeit im Verlauf
der Vena, die bisweilen als derberer Strang zu fühlen ist.

Das wichtigste ist strenge Kontrolle der Temperatur, und zwar sollte,
wenn irgend ein Verdacht auf Komplikationen besteht, dreistündlich, auch
nachts, gemessen werden, weil nicht selten die höchsten Temperatursteigerungen
gerade in den frühesten Morgenstunden auftreten können und Verdacht auf
intrakranielle Komplikationen muß entstehen, wenn entweder im Verlauf einer
akuten Mittelohreiterung bei freiem Abfluß, besonders auch, wenn wegen Mastoiditis bereits die Antrotomie gemacht wurde, oder wenn bei chronischer Otitis
media plötzlich ohne besondere Exazerbation Fieber und Verschlechterung
des Allgemeinbefindens auftritt.

Kinder machen insofern eine Ausnahme, als bei ihnen auch bei ganz
freiem Abfluß eine einfache akute Otitis media längere Zeit noch hohe Temperatur zwischen 39 und 40° bewirken kann. Bei Erwachsenen aber ist immer,
wenn eine genaue Untersuchung des ganzen Organismus als Fieberquelle nur
die Ohrerkrankung bestehen läßt, an eine Komplikation zu denken, und zwar,
wenn Meningitis und Hirnabszeß auszuschließen sind, an eine Affektion des
Sinus. Gewöhnlich wird es sich dabei um Temperaturen über 39° handeln,
es sind aber verschiedentlich Fälle beobachtet, bei denen nur geringe Temperaturerhöhungen bis 38° eine Sinuserkrankung begleiteten, ja sogar in seltenen Ausnahmen ist überhaupt kein Fieber beobachtet worden.

Prophylaxe. Vor Schilderung der einzuschlagenden Therapie einige Worte
über die Prophylaxe, die bei akuten wie chronischen Mittelohreiterungen viel
leisten kann, aber leider noch so häufig nicht beachtet wird.

Ist im Ohr ein Eiterherd, frisch oder alt, so soll mit allen Mitteln und durch
rationelle Behandlung darauf hingewirkt werden, ihn zur Heilung zu bringen.

Paracentese, Reinigung, Desinfektion, Polypenentfernung, in geeigneten Fällen Extraktion kranker Knöchelchen, Trepanation des Warzenfortsatzes oder totale Ausräumung
der erkrankten Mittelohrräume — das sind die Maßnahmen, die in Frage kommen.

Therapie. Wie ist nun unser Handeln einzurichten, wenn wir auf Grund der Beobachtung zu der Diagnose der Sinuserkrankung gekommen sind? Wann kommt vor allem die Unterbindung der Jugularis interna in Frage? Die erste Maßnahme wird natürlich sein, den Sinus in möglichst großer Ausdehnung freizulegen, schon um durch Inspektion seiner Wand oder durch Probepunktion seines Inhalts nähere Aufklärung zu bekommen. Hiervon wird jeder weitere Eingriff abhängen müssen; jeder Fall soll individuell betrachtet und behandelt werden. Findet man bei der Aufdeckung der Sinuswand, daß diese, wenn auch von dem Eiter eines perisinuösen Abszesses umspült, selbst aber nur mit Granulation bedeckt ist, graurot aussieht und sich prall elastisch anfühlt — das Symptom der Pulsation ist unsicher — so wird der Sinus nicht weiter berührt — man wartet ruhig ab. Viele Fälle von Pyämie werden — wie die Erfahrung lehrt — dabei zur Heilung kommen. Sehr wahrscheinlich handelt es sich meistens um wandständige Thrombose. Geht aber in den nächsten Tagen die Temperatur nicht herunter, oder tritt wieder Schüttelfrost ein, so muß der Sinus operativ angegriffen werden. Inzision, und wenn sich ein anschließender Thrombus findet, breite Eröffnung mit Abtragung der lateralen Sinuswand und Ausräumung des Thrombus.

Soll nun einem Eingriff am Sinus die Unterbindung der Vena jugularis vorausgehen oder nicht? Die Ansichten über diese von Zaufal 1880 zuerst angegebene Operation sind noch sehr geteilt, die einen unterbinden vor jedem Eingriff am Sinus, hauptsächlich mit der Begründung, daß bei jeder Manipulation am Sinus auch Thrombenteilchen losgelöst und in die Blutbahn gebracht würden und unter Hinweis auf das allerdings seltene Vorkommen von Luftembolie. Andere unterbinden vor der Sinusoperation die Jugularis nur in bestimmten Fällen, in denen es nicht gelingt, den infizierten Thrombus im Sinus gründlich zu entfernen, so besonders bei Thrombose des Bulbus, ferner bei bereits festgestellter Thrombose der Vene selbst. Begründet wird diese Ansicht durch den Hinweis, daß durch die Unterbindung Stauungserscheinungen im Gehirn mit letalem Ausgang beobachtet wurden. Dabei zeigte sich, daß die Vene der gesunden Seite viel enger war als die unterbundene, ein Vorkommen, das am häufigsten die linke Vena jugularis trifft. Als weiterer Grund, die Unterbindung nicht prinzipiell in jedem Falle zu machen, wird hervorgehoben, daß ein Vordringen infektiöser Thrombenmasse peripherwärts auf Kollateralbahnen, besonders durch den Sinus petrosus inferior begünstigt wird.

Alle diese Gründe sind wohl im einzelnen Falle zu beobachten, bilden aber, wie die klinische Erfahrung zeigt, doch nur die Ausnahme, und in der Regel ist weder die Eröffnung des Sinus noch die Unterbindung der Jugularis mit einer direkten Gefahr verbunden. Nach einer statistischen Zusammenstellung Körners waren Heilungen zu verzeichnen bei Sinuseröffnung ohne Unterbindung der Jugularis in 58,3%; bei der Unterbindung der Jugularis vor dem Eingriff am Sinus in 59,6% und bei Unterbindung der Jugularis nach dem Eingriff am Sinus in 55,9%. Gewiß zeigen solche Zahlen, wie viele Fälle heilen können, ohne daß die Vena unterbunden wird, aber sie dürfen nicht dazu verleiten, in jedem Falle die Unterbindung hinauszuschieben, die, frühzeitig gemacht, den sonst unvermeidlichen letalen Ausgang umgehen kann. Wenn erst Statistiken vorliegen über ein größeres, gleichmäßig behandeltes Material, wird der Segen des erwähnten operativen Eingriffes — der Unterbindung der Jugularis — deutlicher zutage treten.

Vor Unterbindung der Vene ohne Eröffnung des Erkrankungsherdes im Knochen des Sinus oder im Bulbus muß unbedingt gewarnt werden.

Die Unterbindung der Vena jugularis geschieht in der Weise, daß wie bei der Aufsuchung der Karotis in der Malgaigneschen Zungenbeingrube ober-

halb des Omohyoideus, entsprechend dem vorderen Rande des durch Kopf-
tieflagerung gespannten Sternocleido mastoideus in der Höhe des Ringknorpels
ein ca. 6 cm langer Schnitt angelegt wird. Nach Spaltung des Platysma myoides
wird der vordere Rand des Sternocleido nach hinten gezogen und das Gefäßbündel freigelegt, in dem nach innen die Arteria, in der Mitte der Vagus und
nach außen die Vene verläuft. Letztere wird stumpf isoliert, ihre Gefäßscheide
eröffnet und das Gefäßrohr in einer Ausdehnung von ca. 3—4 cm freigelegt,
bis oberhalb der Einmündungsstelle der Vena facialis communis. Diese wie
die Jugularis, letztere im allgemeinen oberhalb des Eintrittes der Fazialis,
werden doppelt unterbunden und zwischen den Ligaturen durchtrennt. Reicht
der Thrombus in die Vene tiefer hinab, muß nach Möglichkeit sein unterstes
Ende aufgesucht und hier eine dritte Ligatur angelegt werden. In einzelnen
Fällen wurde zu diesem Zwecke die Klavikula durchsägt.

Ein Vorschlag Alexanders verdient noch besonderer Erwähnung. In
den Fällen, in denen in der Vene kein strömendes Blut mehr gefunden wird,
oder bei Thrombose der Vene selbst, läßt Alexander das obere Venenende
offen, schlitzt es in der Längsrichtung und näht es in den oberen Winkel der
Hautwunde ein, um so ein natürliches Drainrohr zu schaffen.

Die Halswunde wird offen behandelt durch leichte Tamponade mit Jodoformgaze, die Unterbindungsfäden werden, um bessere Übersicht zu behalten,
nicht zu kurz abgeschnitten.

Zur operativen Freilegung und Eröffnung des Bulbus venae jugularis, welche
größeren Schwierigkeiten begegnet, sind Vorschläge von Grunert, Riffl, Voß, Tandler
u. a. gemacht worden, auf deren eingehende Beschreibung in den unten erwähnten Zeit-
schriften hingewiesen sei.

Literatur:

Alt, Über Unterbindung der Vena jugularis bei otitischer Sinusthrombose. Wien.
klin. Wochenschr. 1901. — Denker-Brünnings, Lehrbuch der Krankheiten des
Ohres und der Luftwege einschließlich der Mundkrankheiten. Jena 1915. — Viereck,
Drei geheilte Fälle von otitischer Sinusthrombose. Münch. med. Wochenschr. 1901.

Röntgentherapie bei inneren Erkrankungen.

Von

W. Kotzenberg und F. Kautz.

I. Einleitung.

Heutiger Stand der Röntgentechnik, soweit sie der Praktiker kennen sollte.

Wenn wir es unternehmen dem Handbuch an dieser Stelle noch ein Kapitel über Röntgentherapie anzufügen, so sind wir weit davon entfernt eine ausführliche Darstellung des heutigen Standes der Strahlentherapie geben zu wollen. Der Zweck ist vielmehr der dem Praktiker, ebenso wie in den Abschnitten über die chirurgische Therapie innerer Krankheiten, einen kurzen Überblick über das zu ermöglichen, was zur Zeit mit dieser noch in der Entwicklung begriffenen Behandlungsmethode geleistet wird und zwar im wesentlichen auf dem sogenannten intern-chirurgischen Grenzgebiet und ihm zugleich eine kurze Orientierung über die heutige Röntgentechnik zu geben.

Für die Behandlung der in Frage stehenden Erkrankungen haben die Röntgenstrahlen erst Bedeutung gewonnen durch das genauere Studium der Tiefenwirkung derselben. Und diese hinwiederum war nur möglich durch die in den letzten Jahren erzielte Verbesserung der Apparate und Röhren. Denn an Apparate sowohl wie an Röhren müssen in der Tiefentherapie große Anforderungen gestellt werden und zwar aus folgendem Grunde: Die weiche Strahlung einer Röhre wird in den oberflächlichsten Hautschichten vollkommen absorbiert, so daß nur harte Strahlen in einige Tiefe des Gewebes vordringen. Jede Röhre sendet aber ein Strahlengemisch aus, was aus weichsten bis härtesten Strahlen besteht. Je nach dem Vorwiegen der harten Strahlen in diesem Gemisch bezeichnen wir eine Röhre mit weich, mittel und hart. Es ist jedoch klar, daß auch aus einer als hart bezeichneten Röhre ein Strahlengemisch ausgeschickt wird, das immer noch eine größere Menge weicher und mittelharter, also in der Tiefe unwirksamer, Strahlen enthält. Durch zahlreiche Untersuchungen ist nachgewiesen worden, daß von einer mittleren Röhre nur 25%, von einer harten Röhre etwa 50% der Gesamtstrahlung bis zu einer Tiefe von 5 cm in das menschliche Gewebe vordringt (Perthes, Dessauer, Holzknecht u. a.). Die übrigen $50-70\%$ der Strahlung werden also in der Haut absorbiert. Wenn wir also eine bestimmte Strahlenmenge auf einen in 5 cm Tiefe gelegenen Krankheitsherd schicken wollen, müssen wir es in Kauf nehmen, daß wir die doppelte bis dreifache Strahlenmenge aus unserer Röhre herausholen müssen um die wirksame Menge in der gewünschten Tiefe zu erhalten. Das können wir so erreichen, daß wir die Röhre doppelt und dreifach solange laufen lassen, wie wenn wir dieselbe Dosis auf die Oberfläche applizieren wollten oder dadurch, daß wir Röhren und Apparate benützen, die in der Hälfte bzw. ein Drittel der Zeit dieselbe gewünschte Strahlenmenge liefern, d. h. außerordentlich intensiver arbeitende Apparate. Letzteres ist schon aus dem Grunde vorzuziehen, weil dadurch die Bestrahlungsprozedur für die Kranken wesentlich abgekürzt wird.

Und so liefern denn in der Tat die modernen Apparate der verschiedenen Firmen zusammen mit den neuen hochwertigen Röhren ein Strahlengemenge, welches an Intensität der Strahlung den früheren wesentlich überlegen ist. Auf die einzelnen Apparate näher einzugehen ist hier nicht der Ort. Nur auf die neueste Apparatur der Glühkathodenröhren verschiedener Konstruktion soll hier hingewiesen werden, da diese berufen scheinen in der Therapie durch die Möglichkeit eine sehr harte Strahlung zu erzeugen größere Bedeutung zu gewinnen.

Wenn wir oben gesagt haben, daß wir zur Erzielung einer bestimmten Wirkung in 5 cm Tiefe die doppelte bis dreifache Strahlenmenge aus der Röhre herausholen müssen, wie zur Erzielung der gleichen Wirkung an der Oberfläche, so müßte die Folge davon sein, daß die Oberfläche, d. h. die Haut eine Strahlenmenge erhält, die weit über die Dosis hinausgeht, welche genügt um Zerstörung erkrankten Gewebes auf der Oberfläche zu erzielen. Eine derartige Strahlenmasse würde demnach notgedrungen eine schwere Schädigung der Haut in Gestalt schwerster Verbrennung und Geschwürserzeugung bewirken. Wir müssen daher diese weichere Strahlenmenge, welche in jeder auch der härtesten Strahlung der Glühkathodenröhren in größerer oder geringerer Masse enthalten ist, da sie für die Wirkung in der Tiefe ja überhaupt nicht in Betracht kommt, sondern nur schädigend auf die Haut wirkt, unwirksam zu machen suchen. Aus der vom Rohr entsendeten Strahlung selbst können wir diese weichen Strahlen auf technischem Wege, bis jetzt wenigstens, nicht herausbekommen. Wir müssen sie also aus der Strahlung selbst heraus abfangen. Das geschieht durch Zwischenschalten einer Metallplatte zwischen Rohr und Körper, die die Eigenschaft haben muß, die weichere Strahlung zu absorbieren und die für die Tiefenwirkung allein in Betracht kommende harte Strahlung hindurch zu lassen. Man nennt diese Platten Filter, da sie die weiche Strahlung gewissermaßen abfiltrieren. Als Material für diese Filter findet in der Regel Aluminium, Kupfer oder Zink Verwendung, und zwar benutzt man je nach der verschiedenen Tiefe, in welcher die Strahlenwirkung zur Geltung kommen soll, Filter von verschiedener Dicke. Aluminium wird in Dicke von 3—6 mm und darüber verwendet, Zink und Kupfer in Dicke von $^1/_2$—1 mm. Diese Metallplatten werden in eine an den meisten Röhrenkasten vorhandene Schiebevorrichtung direkt unter der Röhre eingeschoben.

Welches ist nun die „wirksame" Dosis, von der wir wiederholt gesprochen haben, d. h. die Dosis, welche geeignet ist ein in der Tiefe gelegenes krankhaftes Gewebe zu zerstören? Um überhaupt die Menge der den Körper treffenden Strahlenmasse zu bestimmen, bedürfen wir der Meßapparate. Die ursprünglichsten derartigen Meßmethoden beruhen auf chemischen Veränderungen gewisser Substanzen, wie der durch die Bestrahlung bei Platin-Baryumcyanürblättchen auftretenden Farbveränderung oder der Veränderung photographischen Papiers (Holzknecht und Kienböck). Diese Veränderungen werden nach bestimmten Methoden gemessen, in deren Einzelheiten wir hier nicht eingehen wollen. Diejenige Strahlenmenge, welche an einem Platin-Baryumcyanürblättchen (ursprünglich von Sabouraud angegeben) eine Farbveränderung hervorruft, welche an der kolorimetrischen Skala von Holzknecht der Nr. 3 entspricht, ist geeignet an der behaarten Kopfhaut ein Ausfallen der Haare zu bewirken, ohne die Papillen selbst zu schädigen. Sie wird daher als Epilationsdosis bezeichnet. Die Strahlenmenge, welche die der Nr. 5 entsprechende Farbveränderung des Platin-Baryumcyanürblättchens hervorruft, bewirkt Rötung der Haut und wird als Volldosis bezeichnet. Diese Dosis entspricht 10 x nach der Kienböckschen Messung und 120 F nach der Fürstenauschen Messung. Diese Bezeichnungen sind ohne Filtrierung gedacht. Da wir nun in der Tiefentherapie möglichst große Dosen in die Tiefe schicken wollen und deshalb mehr wie die Volldosis auf die Haut applizieren müssen, sind wir gezwungen, die genannten Metallfilter anzuwenden [1]).

Angenommen wir wollen auf einen in 5 cm Tiefe gelegenen Krankheitsherd eine Dosis von 5 H applizieren, so müssen wir, eine gute harte Röhre vorausgesetzt, aus unserer Röhre eine Gesamtmenge von 3 mal $5 = 15$ H herausholen, da wir oben gesehen haben, daß nur 25—50% der Strahlung die Tiefe von 5 cm erreicht. Da die Haut also eine dreifache Volldosis erhalten würde, müssen wir stark filtern, mindestens mit 4 mm Aluminium. Aber auch bei dieser starken Filterung trifft die Haut immer noch eine größere Strahlenmenge, so daß eine Applikation von 15 H bei 4 mm Aluminium erfahrungsgemäß noch sehr viel ist. Wir pflegen selten höher wie 10 bis allerhöchstens 12 H zu riskieren. Es richtet sich das auch nach den einzelnen Hautstellen, da z. B. die Haut am Hals, in den Gelenkbeugen und an ähnlichen Körperstellen empfindlicher ist. Wir müssen daher den umgekehrten Weg einschlagen und fragen, wieviel können wir der Haut bei diesem Patienten an der und der Körperstelle zumuten. Können wir also nur 10 H applizieren, so wissen wir, daß von dieser Menge nur 25% bis höchstens 50% eine Tiefe von 5 cm erreicht; größere Tiefen, und um diese wird es sich in der Tiefentherapie in sehr vielen Fällen handeln, noch weniger. Der in der Tiefe gelegene Tumor erhält also nur 2 H. Das ist jedoch eine Dosis, die noch unter der einfachen Epilationsdosis liegt, eine Dosis, die erfahrungsgemäß viel zu gering ist irgend eine zerstörende Wirkung auszuüben. Im Gegenteil ist durch üble klinische Erfahrungen im Anfangsstadium der Röntgentherapie und später durch das Experiment erwiesen, daß derartig geringe Dosen einen Reiz auf das Gewebe ausüben und speziell geeignet sind, einen bösartigen Tumor zu starkem Wachstum anzuregen, statt ihn zu zerstören.

Von einer Hautstelle aus läßt sich also nicht die ausreichende Strahlenmenge, welche genügt, eine zerstörende Wirkung auszuüben, in die Tiefe bringen, ohne die Haut der Gefahr einer Schädigung auszusetzen. Man kann sich dann so helfen, daß man die Haut über einer Geschwulst lappenförmig abpräpariert und temporär diesen Lappen zurückschlägt und dann in die dadurch geschaffene Wunde bestrahlt. Viel einfacher aber erreicht man das Ziel, wenn man von verschiedenen Hautstellen aus konzentrisch die Strahlen nach der in der Tiefe gelegenen kranken Stelle hinsendet, gewissermaßen ein Kreuzfeuer gegen diese Stelle eröffnet, daher die von der Freiburger Frauenklinik eingeführte Bezeichnung „Kreuzfeuermethode". Diese Methode ist von der Krönigschen Schule ganz besonders inauguriert und ausgebildet worden und wird als Vielfelderbestrahlung heute in der Tiefentherapie fast ausschließlich angewandt. Über dem zu bestrahlenden Tumor wird die Haut in eine möglichst große Anzahl von Feldern eingeteilt, die man mit Blaustift markiert. Von jedem Feld aus muß man die Möglichkeit haben durch bestimmte Röhrenstellung die Strahlung nach dem Tumor zu richten. Aus dieser Möglichkeit ergibt sich die Anzahl

---

[1]) Mit zunehmender Filterdicke werden alle bisherigen Meßmethoden unsicher. Ein Idealinstrument ist bis jetzt noch nicht im Handel.

der Felder. Es hat natürlich keinen Sinn, wie wir das auch schon gesehen haben, bei Mammakarzinomrezidiven, die sich auf der Brustwand zerstreuen, in einer größeren Anzahl von Feldern zu bestrahlen, da dadurch niemals eine konzentrische Bestrahlung des flächenhaften Rezidivs erzielt wird. Wohl aber können wir ein Kniegelenk beispielsweise von 4 verschiedenen Seiten bestrahlen. Die Strahlen können dabei so gerichtet werden, daß sie in der Tiefe an einem bestimmten Punkte zusammentreffen müssen. Es erhält dann jede bestrahlte Hautpartie nur die eben zulässige Dosis, sagen wir von 8 H bei 4 mm Filtrierung, der konzentrisch bestrahlte Punkt in der Tiefe des Gelenks erhält aber nicht wie bei der Bestrahlung von einer Hautstelle aus nur 2—4 H, sondern ihn trifft von jeder der vier bestrahlten Hautstellen aus diese Dosis, also im ganzen 8—16 H. Je mehr Felder wir zur konzentrischen Bestrahlung anzubringen vermögen, desto höher wird natürlich dann die Dosis der Strahlung, welche die Tiefe trifft. Gelingt es in unserem Beispiel des Kniegelenks 6 Felder anzubringen, von deren jedem aus wir die erkrankte Stelle in der Tiefe treffen können, so erhält diese Stelle eine Dosis von 6 mal 2 bis 6 mal 6 gleich 12—24 H, also eine recht respektable Strahlenmenge.

Bei der Ausführung der Bestrahlung müssen natürlich bis auf das gerade in Arbeit befindliche Feld alle anderen sehr genau und gut mit Röntgenlichtundurchlässigen Stoffen (Bleifolien, Müllerschutzstoff u. ä.) zugedeckt werden, wobei man am besten an der Grenze der einzelnen Felder eine neutrale Zone läßt, d. h. etwas über den Grenzstrich zudeckt, um Doppelbestrahlung einzelner Hautstellen zu vermeiden.

Die Dauer der Bestrahlung hängt von der Anzahl der Felder ab. Braucht man z. B. für eine Dosis von 10 H (bei neueren Apparaten) etwa 8 Minuten, so hat man für die Bestrahlung eines Tumors, bei dem wir 10 Felder markiert haben, mit den durch das Abdecken und Umschalten notwendigen Pausen die Zeit von mindestens 1$^1/_2$ Stunden nötig. Das ist eine Zeitdauer, die aus verschiedenen Gründen häufig nicht anwendbar erscheint. Wir helfen uns dann so, daß wir die Grenzen der nichtbestrahlten Felder mit einem in Glycinentwickler getauchten Höllensteinstift nachziehen und den Kranken dann in den nächsten Tagen weiter bestrahlen, bis alle Felder bestrahlt sind.

Man bezeichnet eine derartige Felderbestrahlung auch als eine Bestrahlungsserie und kann also eine Serie in einer Sitzung oder in mehreren Sitzungen applizieren. Die Wirkung der Röntgenstrahlen ist nämlich bis zu einem gewissen Grade eine kumulative, d. h. es ist ziemlich gleichgültig, ob ich die Bestrahlung an einem oder an verschiedenen Tagen vornehme. Die Grenze sind etwa 14 Tage. Nach 14 Tagen tritt bei intensiver Bestrahlung die Reaktion ein, bei hohen auf die Haut applizierten Dosen tritt etwa nach 14 Tagen Rötung der Haut auf.

Starke Bestrahlungen lösen oft, offenbar infolge der durch den Gewebszerfall bedingten Resorption der Zerfallsprodukte, Zustände aus, welche durch Appetitlosigkeit, Übelkeit, Schwächegefühl und mitunter auch hohes Fieber charakterisiert sind, und die als Röntgenkater, nicht sehr glücklich, bezeichnet werden. Der Zustand ähnelt mehr einer akuten Fleischvergiftung. Häufig haben wir sie beobachtet, wenn Kranke sehr lange Zeit hindurch mit Röntgen behandelt worden sind. In solchen Fällen tritt nach einer gewissen Zeit ein Moment ein, wo die Kranken offenbar nicht mehr die Fähigkeit haben auf die Strahlung zu reagieren. Man sieht dann gar keinen Erfolg der Bestrahlung mehr, im Gegenteil scheint das Leiden nach der Bestrahlung sich zu verschlimmern. Untersuchungen haben ergeben, daß in solchen Fällen das Unvermögen des Körpers auf die Strahlen zu reagieren sich im Blutbild äußert. Während nämlich nach jeder Röntgenbestrahlung eine Veränderung des Blutbildes im

Sinne der Vermehrung der Leukocyten eintritt, bleibt diese Veränderung nach längere Zeit fortgesetzter Röntgenbehandlung aus. Es empfiehlt sich dann für etwa 3 Monate die Behandlung auszusetzen. Nach dieser Zeit hat der Körper in der Regel seine Reaktionsfähigkeit wiedergewonnen.

Zwischen den einzelnen Serien muß der genannten kumulativen Wirkung wegen eine Pause von etwa 4—5 Wochen eingeschaltet werden.

II. Spezielle Röntgentherapie.

Lungentuberkulose.

Indikation. Das Hauptanwendungsgebiet der Röntgenbestrahlung entzündlicher Erkrankungen der inneren Organe stellt seit einer Reihe von Jahren die Lungentuberkulose dar, über deren Erfahrungen Küpferle, Bacmeister u. a. berichtet haben. Die Therapie knüpft hier an die experimentellen Untersuchungen an, die mit der Röntgenbestrahlung am Tier gewonnen wurden. Das Tierexperiment ergab als charakteristische Veränderung durch Röntgenstrahlen das Fehlen spezifischen tuberkulösen Proliferationsgewebes wie den großen Reichtum an jungem Bindegewebe im mikroskopischen Bild, somit also eine Zerstörung des tuberkulösen Granulationsgewebes und gleichzeitig einen Wachstumsreiz auf die Entwicklung des jungen Gewebes. Eine direkte Beeinflussung des Tuberkelbazillus kann nicht angenommen werden, wenn auch das Experiment eine Schädigung der Bazillenvirulenz als wahrscheinlich erscheinen ließ.

Die bisher mit der Bestrahlung gewonnenen Erfahrungen sprechen dafür, daß es von besonderem Wert ist, eine streng begrenzte Indikation unter den Fällen von Lungentuberkulose zu stellen, und zwar sind es hier diejenigen Fälle, die nach der Turbanschen Einteilung zum 1. und 2. Stadium zu rechnen sind, bei den übrigen Stadien ist eine günstige Beeinflussung zum mindesten unwahrscheinlich. Wenn auch von einzelnen Autoren hier noch günstige Wirkung beobachtet wird, ja Heilungen im klinischen Sinne erreicht wurde, so kann bei strenger Würdigung der übrigen, z. B. klimatischen Verhältnisse der günstige Einfluß doch nicht vollkommen der eingeleiteten Röntgentherapie zugesprochen werden. Wie bei der Behandlung der Lungentuberkulose überhaupt kommen neben der auf die eigentliche Erkrankung gerichteten Behandlungsmethode dem übrigen Verhalten des Patienten, den klimatischen, Ernährungs- und Aufenthaltsbedingungen die größte Bedeutung zu. So wird es zu erklären sein, daß unsere an einem großen, offenen Krankenhaus, teilweise an ambulant behandelten Patienten bei der Ungunst der klimatischen Verhältnisse Hamburgs im besonderen gewonnenen Erfahrungen nicht so günstig lauten wie die aus dem Südwesten Deutschlands, z. B. dem Schwarzwald, aus Sanatorien und Lungenheilstätten gewonnenen Erfahrungen. Auch die von den meisten übrigen Autoren fast stets betonte Beeinflussung der Temperatur im Sinne eines der anfänglichen Temperatursteigerung folgenden Abfalls in typischer Weise vermochten wir nicht regelmäßig zu beobachten. Wenn in einigen Fällen die Sputummenge eine geringe Abnahme zeigte, so war es doch nicht die Regel. Von einer Beeinflussung des eigentlichen Krankheitsprozesses konnte nur in wenigen Fällen die Rede sein. Eine günstige Wirkung auf den Allgemeinzustand konnten wir jedoch in fast allen Fällen beobachten, und da dieser Einfluß ja einer der bedeutendsten bei der Behandlung der Lungentuberkulose überhaupt ist, so käme die Röntgentherapie als Versuch stets dort in Betracht, wo bei vorwiegend proliferierenden Formen im ersten oder zweiten Stadium mit leichten Zerfallserscheinungen und solchen mit ausgesprochenen febrilen Temperaturen bei sonst günstigen äußeren Verhältnissen eine Beschleunigung des natürlichen Heilverlaufs angestrebt werden soll.

Technik. Die Behandlung erfordert neben einer exakten Indikationsstellung eine genaue, sich auf den Gesetzen der Tiefenbestrahlung aufbauende Bestrahlungstechnik. Um eine ausreichende Tiefenwirkung zu erzielen bei gleichzeitig günstiger Tiefenverteilung, da die zu bestrahlenden Herde in verschiedenen Körpertiefen liegen, muß eine möglichst homogene Durchstrahlung der ganzen erkrankten Lungenpartie angestrebt werden. Als Filter eignet sich Aluminium in einer Mindestdicke von 4 mm oder 0,6 mm Zink resp. 0,5 mm Kupfer resp. zwei dieser Filtermateriale kombiniert. Als Fokusdistanz wird eine Entfernung zwischen 20 und 30 cm gewählt. Nach dem Verhalten des Röntgenbildes werden entsprechend den Herden Feldereinteilungen vorgenommen, vorn, hinten wie seitlich am Thorax. Eine Bestrahlung aller Felder in einer Sitzung scheint nicht angebracht zu sein, da gerade bei der Bestrahlung der Lungentuberkulose die Reaktionserscheinungen, Röntgenkater, Fieber etc., in einer für den Allgemeinzustand des Patienten besonders ungünstigen Weise aufzutreten pflegen. Als Oberflächendosis pro Feld genügen im allgemeinen 20—30 x, resp. 4—6 Hk., größere Dosen scheinen unnötig und unzuträglich. Als besonders wertvoll hat sich die Kombination der Röntgenbestrahlung mit dem Sonnenbad unter der künstlichen Höhensonne und auch in klimatisch günstigeren Gegenden mit der natürlichen Sonnenbelichtung des ganzen Körpers erwiesen. Es sei hier darauf hingewiesen, daß wir die von anderer Seite wiederholt betonte Überempfindlichkeit der Haut gegenüber den Röntgenstrahlen bei gleichzeitiger Höhensonnenbehandlung an einem nach tausenden von Fällen zählenden Material nicht beobachten konnten. Zusammen mit diesen Lichtbädern stellt die Röntgenbestrahlung eine physikalische Heilmethode dar, die es verdient, unter die Behandlungsmethoden der Lungentuberkulose bei Beobachtung aller übrigen Heilfaktoren aufgenommen zu werden.

Tuberkulose der übrigen inneren Organe.

Indikation. Zu den tuberkulösen Erkrankungen innerer Organe, die mit Erfolg der Röntgenbestrahlung unterzogen werden, gehören die tuberkulösen Bauchfellentzündungen und Drüsenerkrankungen des Mesenteriums. Weniger günstig liegen die Resultate der Bestrahlung bei den tuberkulösen Darmerkrankungen, die mit Geschwürsbildung der Darmschleimhaut einhergehen. Die von verschiedenen Autoren berichteten guten Erfahrungen bei den ersteren Krankheitsformen können wir durchaus bestätigen. An einem großen uns zur Verfügung stehenden Material verfügen wir über eine Reihe von günstig beeinflußten schweren und schwersten Formen von tuberkulöser Peritonitis und Tabes mesaraica, die mit und auch ohne vorhergegangene Laparotomie einen günstigen Verlauf nahmen. Die klinischen Erscheinungen, die die Fälle boten, bestanden in durch Meteorismus und Aszites aufgetriebenem Leib, heftigen, oft kontinuierlichen Schmerzen, schweren Durchfällen, Anämie und allgemeiner Prostration. Auch hier wieder zeigte sich zunächst ein frühes Aufhören der Schmerzen und Nachlassen der Durchfälle. Im weiteren Verlauf zeigte dann auch der Hydrops Neigung zurückzugehen und ganz zu schwinden. Besonders günstig beeinflußt die Bestrahlung fistulöse Prozesse nach Bauchoperationen, eine Beobachtung, die ja aus der Bestrahlung tuberkulöser Drüsen- und Knochenprozesse seit langem bekannt ist. Auch hier können wir bezüglich der Strahlenwirkung keine Schädigung der Tuberkelbazillen selbst annehmen, sondern eher eine Veränderung des Nährbodens und fördernde Wirkung auf die

Schutzstoffbildung im menschlichen Organismus. Gewiß ist auch in diesen Fällen die Bestrahlungsbehandlung nicht stets von Erfolg begleitet, aber die bisher gewonnenen Erfahrungen lassen die Methode als berechtigt erkennen, neben den übrigen therapeutischen Verfahren herangezogen zu werden. Es kann nicht abgeleugnet werden, daß günstige Erfolge erzielt werden, und die Beobachtung hat gelehrt, daß es zweckmäßig scheint, wie bei den übrigen tuberkulösen Erkrankungen auch hier die Lichtbehandlung — natürliche Sonnenbäder oder künstliche Höhensonne — mit der Röntgenbestrahlung zu kombinieren.

Technik. Die Technik ist nicht einheitlich festgelegt; während bisweilen schon relativ kleine Dosen, die in Vielfelderbestrahlung appliziert werden, einen günstigen Einfluß zeigen, bedarf es in anderen Fällen wieder erheblich größerer Dosen, die entweder in Vielfelderbestrahlung gegeben werden, oder die gewissermaßen als Röntgenbad bei einer Fokusdistanz von 1 m einmalig in Zwischenräumen von mehreren Wochen angewandt werden. Die Filtrierung hat stets mit stärkeren Metallfiltern zu erfolgen, da es sich ja in der Regel um tiefer gelegene Prozesse handelt. Für die Vielfelderbestrahlung, die über das ganze Abdomen verteilt wird, genügen im allgemeinen 4—6 Hk. resp. 25—35 x, bei größerer Fokushautdistanz und einer das ganze Abdomen umfassenden Eintrittspforte können die einmaligen Dosen unbeschadet für die Haut auf 15—20 Hk. resp. 60—80 x bei harter Strahlung erhöht werden.

Als weitere tuberkulöse Erkrankungen innerer Organe kommen noch die Tuberkulose des männlichen und weiblichen Genitaltraktus in Betracht. Auch hier sind wiederholt mit der Bestrahlung günstige Resultate erzielt. Da Indikation und Technik in keiner Weise von den oben beschriebenen Formen abweichen, so erübrigt sich eine gesonderte Besprechung.

Maligne Tumoren.

Die Erfolge, welche mit der Röntgentherapie bei malignen Tumoren erzielt werden, datieren erst von der Zeit der Einführung der Vielfelderbestrahlung und der hohen Dosen. Operable Tumoren gehören nach wie vor dem Operateur, das Feld der Röntgentherapie sind — wenigstens nach dem heutigen Stande der Wissenschaft — die inoperablen Geschwülste und die Rezidive nach Operationen.

Anatomische Heilungen durch die Bestrahlung sind bisher nur bei solchen Geschwülsten beobachtet worden, die nahe der Körperoberfläche saßen, also der Strahlenwirkung gut zugängig waren. Dagegen werden die Berichte über klinische Heilungen über eine Reihe von Jahren hin immer häufiger. Ein nicht zu unterschätzender Erfolg, handelt es sich dabei doch, wie gesagt, um inoperable durch chirurgische Eingriffe überhaupt nicht oder nur ganz symptomatisch zu beeinflussende Leiden, deren Träger ohne das Röntgenverfahren einem qualvollen Tode verfallen sind.

Durch die intensive Röntgenbehandlung werden in günstigen Fällen die Tumoren verkleinert, der Allgemeinzustand gebessert und das Leben um Jahre verlängert, während in solchen Fällen, die wenig auf die Strahlentherapie reagieren, doch mindestens durch die schmerzstillende Wirkung der Bestrahlung, die immer eintritt, den Kranken das Leben erträglich gemacht wird; ganz abgesehen von der psychischen Wirkung, daß die Vornahme einer regelrechten Therapie die Hoffnung dieser Kranken neu belebt.

Was nun die Frage der Beeinflußbarkeit der malignen Tumoren durch die Röntgenstrahlen angeht, so muß betont werden, daß der anatomische Bau des Tumors gar keine Rolle spielt. Nur zwischen Sarkomen und Karzinomen ist in dem Sinne zu unterscheiden, daß die Sarkome im allgemeinen gute, die Karzinome schlechtere Resultate geben. Vielmehr ist die Fähigkeit auf die Röntgenstrahlen zu reagieren von der individuellen Disposition des einzelnen Menschen abhängig. Ein Tumor von genau demselben anatomischen Bau kann sich bei dem einen Kranken vollkommen refraktär erweisen, während er bei dem anderen wie Butter vor der Sonne dahinschmilzt. Vielleicht hängt das damit zusammen, daß die Röntgenstrahlen nicht nur eine elektiv zerstörende Wirkung auf die Tumorzellen ausüben, sondern daß sie gleichzeitig im Blut oder durch Zerfallsprodukte Stoffe im Körper entstehen lassen, die ihrerseits wieder Zerfall des Tumors bewirken. Daß im Blute Veränderungen vorgehen, haben wir schon oben erwähnt, nämlich die Erhöhung der Leukocytose durch die Bestrahlung. Bleibt diese aus, so bleibt auch die Wirkung der Strahlen auf den Tumor aus. Das Individuum besitzt keine Empfänglichkeit mehr, wie es fast stets nach einer längere Zeit durchgeführten Strahlenbehandlung eintritt.

Im übrigen hängt der Erfolg bei der Behandlung der malignen Tumoren von der Technik ab. Wie erwähnt kann nur bei Anwendung höchstmöglichster Dosen, wie sie die moderne Intensivtherapie appliziert, eine Beeinflussung des Tumors erwartet werden. Dabei muß man aber auf das peinlichste vermeiden, daß weiter abliegende Tumornester von einer ungenügenden Strahlenmenge getroffen werden. Denn dadurch würde auf diese eine Reizwirkung ausgeübt werden, welche diese Zellen statt sie zu zerstören, zu starkem Wachstum anregen würde. Folgerichtig müssen bei der Behandlung eines Tumors oder Rezidivs alle nur irgend in Betracht kommenden regionären Lymphdrüsen auch in größerer Entfernung mit bestrahlt werden.

Nehmen wir als einfaches Beispiel an, es handele sich um ein flächenhaftes Rezidiv in der Narbe nach Amputation der Mamma. Die Bestrahlung hat dann so zu erfolgen, daß nicht nur das Rezidiv unter starke Strahlenwirkung gesetzt wird, sondern daß auch die Gegend der Achselhöhle, unter dem Latissimus dorsi, die Supra- und Infraklavikulargrube und das vordere und hintere Halsdreieck mit intensiver Tiefentherapie behandelt wird. Wollte man in diesem Falle nur das Rezidiv bestrahlen oder eventuell noch die Achselhöhle, so würden durch abgeirrte Strahlen etwa noch in den entfernteren Drüsen gelegene Karzinomzellen zu stärkerem Wachstum und Metastasenbildung gereizt werden können.

Diese Erwägungen sind besonders am Platze bei der sogenannten prophylaktischen Nachbehandlung operierter Karzinome mit Röntgenstrahlen, wie sie in neuerer Zeit sehr in Aufnahme gekommen ist. Man versteht darunter die Röntgenbehandlung nach der operativen Entfernung eines Tumors, die die Aufgabe hat, die von der Operationsstelle entfernteren, klinisch nicht veränderten oder dem Messer nicht zugängigen, Drüsenregionen unter Strahlenwirkung zu setzen. Aus dem oben ausgeführten geht hervor, daß der Erfolg dieser prophylaktischen Nachbehandlung operierter Tumoren zum größten Teil abhängig ist von der Sorgfalt, mit der die Bestrahlungstechnik ausgeführt wird. Nur derjenige wird sie in richtiger Weise anwenden können, der über genügend klinisch-chirurgische Erfahrung und allgemein ärztliches Wissen verfügt und deshalb ist es absolut zu verwerfen, wenn die Röntgenbehandlung im allgemeinen und ganz besonders der malignen Tumoren Laien oder auch dem röntgenologischen Hilfspersonal überlassen wird. Das rein technische kann dem Personal anvertraut werden, Art der Applikation der Strahlen, d. h. das Anzeichnen der Felder und die Strahlenrichtung sowie die Dosen müssen stets von einem erfahrenen Röntgenarzt auf das genaueste vorgeschrieben werden, wenn anders durch die Bestrahlung nicht mehr Schaden wie Nutzen gestiftet werden soll.

Aber nicht nur die angewandte Technik und die individuelle Disposition des Kranken beeinflußt den Erfolg der Röntgenbehandlung bei malignen Tumoren. Ein wesentlicher Faktor ist der Ort, an welchem der Tumor sich befindet. Bei oberflächlichen Tumoren, welche den Strahlen leicht zugänglich sind, ist der Erfolg meist überraschend schnell und gut. Sitzt der Tumor aber versteckt, durch Knochen und dicke Weichteilschichten überlagert, oder ist seine Lage, wie beim Verdauungstraktus veränderlich, so wird der Erfolg der Strahlenwirkung dadurch beeinträchtigt, daß es technisch schwer, ja unmöglich sein kann, die Strahlen in genügender Menge wirklich auf den Tumor zu konzentrieren. Vergegenwärtige man sich z. B. ein Magenkarzinom, welches an der kleinen Kurvatur seinen Sitz hat, so wird zunächst der Tumor selbst durch den unteren Teil des Brustbeins verdeckt, durch welches ein großer Teil der Strahlung absorbiert wird. Die Tiefe beträgt mindestens 10 cm oder auch mehr, also eine Tiefe, in der höchstens noch $10—15\%$ der Strahlung wirksam sind. Nun wissen wir aber ferner, wie zahlreich bei dieser Erkrankung die karzinomatösen Drüsen sind und daß diese sich auch noch in weiterer Entfernung sowohl im Abdomen, wie hoch hinauf nach dem Zwerchfell erstrecken. Wenn man nun auch von vorn und vom Rücken her versucht, durch Vielfelderbestrahlung dem Tumor beizukommen, so genügt doch offenbar die den Tumor treffende Strahlung nicht. Wirkliche auch nur einigermaßen an klinische Heilung grenzende Erfolge sind bei der Röntgenbehandlung des Magenkarzinoms ganz außerordentlich selten.

Ähnlich wie beim Magenkarzinom liegen die Verhältnisse beim Darmtumor, beim Ösophagustumor, beim Lungentumor und bei den Tumoren im Inneren des Gesichtsschädels, deren Lage und Umfang schwer zu bestimmen ist, und deren Lymphwege sehr kompliziert sind.

Dagegen ist bei der Röntgenbehandlung dieser Tumoren als positiver Erfolg zu nennen eine bedeutende Abnahme der Schmerzen als Ausdruck der Reaktion des Gewebes auf die Strahlenwirkung, ein Erfolg, der auch bei diesen Tumoren die Vornahme der Röntgentherapie rechtfertigt.

Nach dem Vorschlag Werners ist eine stärkere Beeinflussung der Magen- und Darmtumoren dadurch versucht worden, daß man die Tumoren per laparotomiam extraperitoneal vorlagerte und auf diese Weise direkt den Strahlen zugängig machte. Das theoretisch an sich gute Verfahren hat den Nachteil, daß es aus äußeren Gründen sehr häufig nicht anwendbar ist, daß es zudem einen für den Kranken höchst unangenehmen Zustand schafft und wegen nicht durchzuführender Asepsis auch nicht ungefährlich scheint.

Bei den Tumoren der Mund- und Nasenhöhle liegen die Verhältnisse bezüglich der schweren Zugänglichkeit für die Strahlen ebenfalls recht ungünstig. Bei den Zungenkarzinomen bestehen für die Metastasierung sehr günstige Lymphverhältnisse, denen röntgentherapeutisch schwer beizukommen ist, so daß auch bei diesen Tumoren der erzielte Erfolg meist mäßig ist.

Bei den oberflächlicher gelegenen und für die Strahlung besser faßbaren Mediastinaltumoren, welche zudem meist Sarkome sind, ist durchschnittlich der Erfolg der Röntgentherapie ein recht guter.

Sehr gute Erfolge ergibt ferner die Behandlung der Ovarialsarkome, während die Karzinome des Ovariums nicht so gut zu beeinflussen sind.

Die Karzinome des Uterus sind den Strahlen gut zugängig und ergeben daher gute Resultate. Trotzdem sollte man die Röntgentherapie einstweilen wenigstens auch hier nur auf die inoperablen Fälle beschränken; der Standpunkt, alle Uteruskarzinome, auch die operablen, nicht operativ sondern röntgenologisch zu behandeln, ist zum mindesten nach dem heutigen Stande der Röntgentechnik noch verfrüht. Allerdings muß zugegeben werden, daß von verschiedenen

Seiten Heilungen im klinischen Sinne bei inoperablem Uteruskrebs berichtet worden sind. Wir selbst haben vor 3 Jahren unter 20 nachuntersuchten Fällen von inoperablen Gebärmutterkrebs über 2 Fälle berichten können, die länger als 4 Jahre klinisch geheilt waren. Es sind das Fälle gewesen, die rein mit Röntgenstrahlen behandelt worden sind. Nach den Berichten der Bummschen und Freiburger Klinik stellt sich die Heilungsziffer bei der Kombination der Röntgen- mit Radiumbehandlung noch günstiger. Die Frage, die Gammastrahlen des Radium durch Röntgenstrahlen zu ersetzen, ist aber eine rein technische, an der bereits durch Dessauer und andere mit Erfolg gearbeitet wird.

Diese Kombination von Röntgenstrahlung und Radium bietet gute Resultate auch bei den bezüglich der Zugänglichkeit ähnlich gelagerten Krebsen des Mastdarms. Wir verfügen über einen auf diese Weise fast als anatomisch geheilt zu bezeichnenden Fall, den wir bereits oben (Seite 70) erwähnt haben. Ein anderer Kranker mit Rektumkarzinom, welches operiert und rezidiviert war, wurde rein mit Röntgenstrahlen behandelt und ist jetzt seit 8 Jahren als Ballettmeister voll arbeitsfähig und seit 2 Jahren ohne Rezidiv.

Eine andere Kombination der Röntgenbehandlung, nämlich die mit gleichzeitig großen Arsengaben in Form von Arsazetin oder Salvarsan, die vor einigen Jahren besonders in Amerika stark befürwortet wurde, hat auf die Dauer der Kritik nicht Stand gehalten.

Erkrankungen des Blutes und der blutbildenden Organe. Myelogene und lymphatische Leukämie, Pseudoleukämie etc.

Indikation. Schon früh nach Entdeckung der Röntgenstrahlen wurde mit der Bestrahlung bei Erkrankungen des Blutes und der blutbildenden Organe begonnen und hier bemerkenswerte Erfolge erzielt. Wenn auch die anfangs an diese Methode geknüpften Erwartungen mit der Zeit nicht in vollem Maße in Erfüllung gegangen sind, so gibt es doch eine Reihe von Krankheitsbildern, die durch die Röntgenbestrahlung einer wesentlichen Besserung, mindestens einem Stillstand zugeführt werden können. Die experimentellen Ergebnisse stützen sich auf die Untersuchungen zahlreicher namhafter Autoren, als deren Resultat wir heute im allgemeinen folgende Anschauungen als anerkannt gelten lassen müssen: Die Gewebe der Lymphdrüsen, der Milz und des Knochenmarks weisen nach einer Röntgenbestrahlung oder einigen kurz aufeinander folgenden Bestrahlungen degenerative Veränderungen auf, die in der Hauptsache in einem Kernzerfall und Schwellung der Zelleiber bestehen; wiederholte Bestrahlungen verursachen eine Zunahme der degenerativen Veränderungen bis zur käsigen Nekrose des ganzen Lymphknotens bei nach und nach sich verdickender bindegewebiger Kapsel. Als Folge der degenerativen Veränderungen sehen wir besonders bei der myeloiden Form der Leukämie eine Abnahme der Leukocyten. Dagegen scheint es bei der lymphatischen Leukämie und auch bei der Hodgkinschen Erkrankung schneller zu reaktiven Veränderungen zu kommen, die durch Verminderung der degenerativen und nekrotischen Zellen in den blutbildenden Organen gekennzeichnet sind. Der destruktiven Wirkung der Röntgenstrahlen auf das lymphatische Gewebe folgt stets eine Reaktion, während welcher die Zellen eine resistentere Form annehmen. Der eigentliche leukämische Prozeß jedoch geht, wenn auch in seinem Charakter verändert, unaufhaltsam weiter. Bei allen diesen Erkrankungsformen müssen wir auch die beiden Tatsachen berücksichtigen, nämlich einmal, daß die Röntgenstrahlen wie alle Strahlenarten lokal wirken, und dann, daß die lokale Wirkung genügt, um Fernwirkungen auf Knochenmark, Drüsen und ferne Tumoren auszuüben. Ob es sich bei diesen Fernwirkungen um Giftwirkungen, Ferment-beeinflussung, Stoffwechseländerungen handelt, ob vielleicht die Verschiebung der Korrelation der Organe (Veränderung der Milz) das Ausschlaggebende ist, ist noch gänzlich unerwiesen. Vorläufig muß dahingestellt bleiben, ob, abgesehen von der mit aller Wahrscheinlichkeit anzunehmenden sicheren Einwirkung der Röntgenstrahlen auf die Leukocyten bzw. ihre Produktionsstätten, eine Einwirkung der Röntgenstrahlen auf die roten Blutkörperchen und ihre Pro-duktionsstätten statthat. Die bisher bei den Bestrahlungen leukämischer Individuen fast stets vermißten Veränderungen der Erythrocyten scheinen diese Anschauung zu stützen, zumal bisher auch eine einwandfreie Beeinflussung der Zellen des strömenden Blutes nicht beobachtet worden ist. Die Einwirkung scheint vielmehr nur die Bildungsstätten derselben zu beeinflussen. Die Wirkung der Röntgenstrahlen auf das leukämische Blut vollzieht sich in der Regel so, daß nach anfänglichem Anstieg der Leukocytenzahl eine wesentliche oft auf-fallend rasche Verminderung der weißen Blutkörperchen einzutreten pflegt, und zwar kann eine gewisse Abhängigkeit der Verminderung der Leukocyten von der Strahlendosis nicht von der Hand gewiesen werden. Gleichzeitig mit den quantitativen Veränderungen gehen qualitative einher, die durch Verminde-rung der aus dem Knochenmark stammenden pathologischen Zellformen, granu-lierten Myelocyten und durch eine geringgradigere auch der polynukleären Elemente gekennzeichnet sind. Bei der lymphatischen Form pflegen die poly-nukleären Zellen an Zahl langsam mächtiger zu werden gegenüber den Lympho-cyten, die mehr und mehr zerfallen. Während also bei der myelogenen Leukämie rasch eine qualitative Besserung auftritt, der gegenüber die quantitative sich nur langsam abspielt, weisen die der Bestrahlung unterzogenen lymphatischen Leukämien zuerst eine quantitative Besserung mit starker Regelmäßigkeit und gewisser Raschheit auf, während die qualitative erst relativ spät zu beobachten ist.

Von den makroskopischen Veränderungen steht eine regelmäßig und frühzeitig beobachtete Verkleinerung der Milz im Vordergrund, die nicht selten zur palpatorisch nicht mehr nachweisbaren Vergrößerung des Organs führt. Die energische Beeinflussung der leukämischen Milz ist von größter Wichtigkeit für die Gestaltung des Blutbildes. Eine weitere Einwirkung der Bestrahlung stellen Veränderungen des Gesamtstoffwechsels dar, dessen Ver-halten seine Erklärung im gesteigerten Abbau kernreichen Gewebes findet. Mit der Besserung des Blutbildes, dem Rückgang des Milztumors und der Drüsen-schwellungen geht meist eine sehr günstige Wendung des Allgemeinbefindens einher. Mit fast absoluter Sicherheit können wir für die dem Beginn der Be-strahlungsbehandlung folgende Zeit eine Beseitigung der körperlichen und geistigen Hinfälligkeit voraussagen. Um nur einige wenige Allgemeinsymptome herauszugreifen, erinnern wir an das Schwinden des leukämischen Fiebers, der Nachtschweiße, der Druckerscheinungen, der Appetitlosigkeit, der Dyspnoe, der anämischen Hirnsymptome, der Druckempfindlichkeit, der durch hämorrhagische Diathese entstandenen Nasen-, Netzhaut- und Nieren-blutungen, der Depressionszustände und anderer das Leben des Leukämikers verbitternder Symptome.

So günstig die anfänglichen Erfolge bei der Bestrahlung leukä-mischer Erkrankungen liegen, so ungünstig sind die Aussichten für spätere Zeiten. Gewiß gelingt es, und wohl in den meisten Fällen, eine sehr erhebliche Besserung, ja bisweilen ein völliges Schwinden der klinischen Erscheinungen zu erreichen. Diesem Stillstand pflegt jedoch in allen Fällen der Umschlag zu folgen. Das Rezidiv bleibt, wenn nicht interkurrente Erkrankungen dem Leben des Patienten schon vorher ein Ende gesetzt haben, nie aus, nur zeitlich kann es durch systematische Röntgenbestrahlung hinausgeschoben werden. Wenn auch in der Literatur vereinzelt Remissionen bis zu 5 und mehr Jahren angegeben werden, so pflegt eine Verschlimmerung des Zustandes schon nach früherer Zeit, meist nach 2—3 Jahren aufzutreten. Auch hier gelingt es bisweilen noch durch Bestrahlung, das Forts' hreiten des leukämischen Prozesses etwas aufzuhalten, jedoch nur in wenigen Fällen. Das Nachlassen der Röntgenempfindlichkeit der lymphatischen Organe scheint in gewisser Hinsicht auch hier dem günstigen Einwirken der Röntgenstrahlen bei der erstmaligen Anwendung ein Ziel zu setzen, und der Leukämiker geht dann meist an seinem ursprünglichen Leiden zugrunde. Der letale Ausgang erfolgt entweder nach einer Periode fortschreitender Verschlimmerung oder kann auch ganz plötzlich eintreten. Was wir im ganzen bei der Bestrahlung der Leukämien zu erreichen bestrebt sein können und müssen, ist die Herstellung und Erhaltung des leukozytären Gleichgewichts, d. h. eines günstigen Verhältnisses der Zahlen der roten und weißen Blutkörperchen. Daß dieses Ziel für eine gewisse Zeit erreicht werden kann, beweisen die bei der Bestrahlung leukämischer Erkrankungen stets gemachten Beobachtungen, und zwar muß hier die Röntgenbestrahlung allen übrigen medikamentösen und auch operativen (Splenektomie) Heilmethoden vorangestellt werden.

Was wir oben an den myelogenen und lymphatischen Formen der Leukämie auseinandergesetzt haben, gilt im großen und ganzen auch für die übrigen Erkrankungen der blutbildenden Organe, als welche wir nach den heutigen Anschauungen noch den Morbus Hodgkin, die pseudoleukämischen Erkrankungsformen, die Lymphomatosen und Granulomatosen, die Anaemia splenica, die schweren Anämien, die Polycythämie, die Bantische Krankheit, die Milztumoren verschiedener Genese (z. B. die nach der Malaria auftretenden Milzvergrößerungen) und die multiple Fibrosarkomatose (Mikuliczsche Krankheit) zu nennen haben. Soweit nicht schon schwerer degenerative Veränderungen in den Organen eingetreten sind, gelingt es auch bei den oben genannten Krankheitsformen, eine Rückbildung der klinischen Symptome durch die Bestrahlung herbeizuführen; jedoch liegen die Aussichten hier noch weniger günstig, so daß auffallende Besserungen und längere Remissionen nach der Bestrahlung weit weniger häufig aufzutreten pflegen.

Technik. Da wir es bei den oben genannten Erkrankungen nicht mit der Erkrankung nur eines Organs zu tun haben, und da die Fernwirkung der Röntgenstrahlen auf den allgemeinen Organismus wohl nur eine untergeordnete Bedeutung spielt, so müssen wir zur Erzielung eines Erfolges zum mindesten einen großen Teil der als erkrankt anzunehmenden Organe bestrahlen. Die größten Strahlenmengen werden natürlich der Milz verabfolgt, und zwar empfiehlt es sich, die Milz je nach der Vergrößerung des Organs in mehrere Felder einzuteilen, und ihr eine Gesamtstrahlenmenge von ca. 80—100 Hk. resp. 300 bis 400 x unter einem Filter von mindestens 3—5 mm Aluminium resp. Zink oder Kupfer in entsprechenden Filterdicken zukommen zu lassen. Es versteht sich von selbst, daß diese Gesamtmengen in einzelnen Sitzungen unter stetiger genauer Kontrolle des Blutbildes verabfolgt werden müssen, denn der nach intensiven Bestrahlungen häufig beobachtete Leukocytensturz stellt oft eine lebensgefährliche Wendung im Befinden des Leukämikers dar. Die übrigen technischen Einzelheiten der Milzbestrahlung decken sich mit den allgemeinen zur Tiefenbestrahlung gegebenen Anweisungen. Weiterhin werden der Bestrahlung unterzogen die langen Röhrenknochen, der Rücken, das Sternum und die kostalen Partien als Produktionsort der Blutkörperchen. Speziell bei der lymphatischen Leukämie und den übrigen mit Lymphdrüsenschwellung einhergehenden Erkrankungen der blutbildenden

Organe werden die erreichbaren Drüsen in der bekannten Art bestrahlt, und zwar müssen alle Drüsenpakete bestrahlt werden, da eine Verkleinerung nicht bestrahlter Drüsen bisher nicht beobachtet worden ist. Zu achten ist auf das fast stets anzunehmende Vorhandensein vergrößerter Drüsen des Mediastinums und Mesenteriums, die meist nur röntgenologisch festgestellt werden können. Auch wird von vielen Seiten eine Bestrahlung der Leber empfohlen, was bei einer palpablen Schwellung des Organs sich von selbst versteht. Die Bestrahlungen sind in der bekannten Weise in Zwischenräumen von 3—4 Wochen vorzunehmen bis zum wesentlichen Besserung des Allgemeinbefindens und deutlichen Rückgang des Milztumors und anderer etwa vorhandener Drüsenschwellungen. Es scheint jedoch geboten, nach Erreichung einer Besserung des Blutbildes im Sinne des leukocytären Gleichgewichts eine Pause in den Bestrahlungsserien eintreten zu lassen; wobei jedoch stets in bestimmten Zwischenräumen Beobachtung des Allgemeinbefindens des Patienten und seines Blutbildes zu erfolgen hat. Nur so gelingt es, durch die Röntgenbestrahlung der oben genannten Erkrankungen der blutbildenden Organe erhebliche Besserungen und langandauernde Remisionen zu erzielen.

Drüsen mit innerer Sekretion.

Die Strahlenwirkung bei der Behandlung von Drüsen mit innerer Sekretion betrifft in erster Linie die Herabsetzung der Drüsenfunktion, und nur durch sehr hohe Dosen wird eine Verkleinerung der Drüsen selbst erzielt. Das geht in besonders anschaulicher Weise hervor aus der Röntgenbehandlung bei Schilddrüsenerkrankung. Bei Hypothyreoidismus (Myxödem etc.) ist eine Röntgenbestrahlung wegen der Schädigung der an sich unzulänglichen Drüsenfunktion gänzlich kontraindiziert. Bei Struma sind die Erfolge schwankend, meist aber nicht zufriedenstellend. So hat Wetterer unter 8 Fällen nur ein befriedigendes Resultat gesehen und wir unter 14 Fällen zwei. Andere berichten über bessere Resultate. Wir haben bisher nicht gewagt, sehr hohe Dosen zu verabreichen, da durch diese leicht eine unbeabsichtigte Schädigung der Drüsensubstanz und damit myxödemartige Zustände, welche irreparabel sind, hervorgerufen werden können. Wir stehen deshalb auf dem Standpunkt, daß bei Struma die operative der Röntgentherapie überlegen ist.

Dagegen scheint bei der Basedowstruma der Erfolg besser zu sein. Wetterer gibt nach Schüler und Rosenberg völlige Heilung in 50 % der Fälle an. Uns selbst fehlen darüber größere Erfahrungen, da wir bisher die operative Therapie bevorzugten. Doch ist theoretisch die Basedowstruma sicher für die Röntgentherapie ein geeignetes Feld, da sie eine Herabsetzung der übermäßig gesteigerten Drüsenfunktion bei der echten Basedowkrankheit bewirken muß. Nur dürfte auch hier die Bemessung der zuzuführenden Strahlenmenge nicht leicht sein, denn auch hier kann ein Zuviel durch Erzeugung von Myxödem dauernde schwerste Schädigung des Kranken bewirken. Die Dosierung ist im übrigen auch deshalb sehr vorsichtig zu wählen, weil die Haut dieser Kranken außerordentlich empfindlich gegen die Röntgenstrahlen ist. Man muß daher mit mindestens 4 mm Aluminium filtrieren und nicht mehr als 5 H. auf eine Hautstelle applizieren und zwischen den einzelnen Sitzungen eine Pause von mindestens 4 Wochen einschalten.

Bei den nahen Beziehungen der Basedowstruma zur Thymushypertrophie ist in allen Fällen, in denen Basedow mit Röntgen behandelt wird, eine gleichzeitige Bestrahlung der Thymusdrüse erforderlich, um gute Resultate zu erzielen.

Der Röntgentherapie der Thyreoideaerkrankungen (ebenso wie der Thymus und Prostatahypertrophie) ist es zum Vorwurf gemacht worden, daß durch die Bestrahlungen eine stärkere Veränderung der Drüsenkapsel und Verwachsungen derselben mit der Drüsensubstanz hervorgerufen wird, die einer später doch etwa erforderlichen Operation sehr erschwerend im Wege stände. Zum großen Teil dürfte dieser Vorwurf richtig sein, doch muß zugegeben werden, daß bei Basedowstruma an sich die Kapsel mitunter sehr derb sein kann. So haben wir erst kürzlich einen Basedowfall operiert, bei dem die Drüsenkapsel bretthart und wie derbes Narbengewebe die Drüse umhüllte, ohne daß eine Röntgenbehandlung voraufgegangen wäre.

Die Röntgenbehandlung der Thymushypertrophie ist — zitiert nach Wetterer — (ebenso übrigens wie die bei Basedow) besonders von französischer Seite inauguriert und befürwortet worden. Nach Regaud und Cremieus gibt es latente Fälle, welche sich in paroxystischen Anfällen äußern, aber das Leben nicht direkt gefährden. Es soll dann eine hohe Dosis in einer oder mehreren Sitzungen kurz hintereinander verabreicht werden, worauf die günstige Wirkung sich schon nach 24 Stunden zeigen soll. Drei Wochen später wird zur Verhütung eines Rezidivs die Dosis wiederholt.

In sehr schweren Fällen von starker Cyanose und Dyspnoe bleibt jedoch die Operation die einzig mögliche Behandlung.

Bei den subakuten und chronischen Fällen wird empfohlen mit kleineren Dosen von 3 H. alle 8 Tage wiederholt bis zur Gesamtdosis von 12—15 H. vorzugehen. Auch hier ist eine totale Zerstörung der ganzen Drüse, wie wir oben schon bei der Thyreoidea betont haben, vom Übel.

Bei Hypophysentumoren ist bis jetzt anscheinend nur in vereinzelten Fällen die Röntgentherapie versucht worden, aber in allen Fällen mit durchaus befriedigendem Erfolg. Auch wir verfügen über einen solchen Fall, der — außerhalb operiert — mit großem Rezidiv und fast vollkommen erblindet zur Behandlung kam. Die Skotome sind jetzt um über die Hälfte verkleinert, die Kopfschmerzen und andere Symptome sind verschwunden und das subjektive Befinden ist ein gutes. Die Bestrahlung wurde in diesem Falle vom Rachen her mittelst Spekulum und gleichzeitig von der Schläfengegend aus in Feldern vorgenommen. Beginn der Röntgenbehandlung vor zwei Jahren. Weitere Versuche sind nach diesen Erfahrungen sehr zu empfehlen.

Die Prostatahypertrophie ist nach den heutigen guten Erfolgen, die auf operativen Wegen erzielt werden, als Gebiet des Chirurgen zu betrachten. Trotzdem gibt es Fälle, in denen die Operation kontraindiziert ist, z. B. wegen starker Arteriosklerose, Niereninsuffizienz etc. Dann ist ein Versuch mit Röntgenbestrahlung durchaus gerechtfertigt. Wenn auch die direkte Bestrahlung der Prostata nicht den erhofften Erfolg gezeitigt hat, so kann in vielen Fällen durch gleichzeitige Sterilisation auf dem Wege der Bestrahlung der Hoden Besserung geschaffen werden. In allen operablen Fällen ist die Operation absolut vorzuziehen, da die Erfolge der Röntgenbehandlung unsicher sind und die oben erwähnte Verwachsung der Kapsel mit dem Drüsengewebe die an sich einfache Operation sehr erschweren kann.

Erkrankungen des Nervensystems.

Die gelegentliche Beobachtung der Linderung von Nervenschmerzen durch die Röntgenbestrahlung führte schon frühzeitig zur systematischen Anwendung derselben bei Erkrankungen des Nervensystems. Hier sind es besonders die Neuralgien, die nach dem Versagen der übrigen therapeutischen Maßnahmen, oft noch mit Erfolg der Röntgenbestrahlung unterzogen werden

können. Es gelingt durch die Bestrahlung Druckentlastungen, soweit sie durch
peri- oder endoneuritische entzündliche Vorgänge verursacht sind, zur Rückbildung zu bringen und so die Schmerzempfindung zu lindern und auch
ganz zu beseitigen. Als erwiesen können wir ferner annehmen, daß die Röntgenstrahlen ein Nachlassen der Verwachsungen im Bereich des erkrankten Nerven
und eine Verringerung der mechanischen Reizung der Nerven bewirken und
zwar derart, daß man eine Steigerung der Zirkulation, raschere und vollstän-
digere Drainage der Gewebe und leichtere Resorption der Entzündungspro-
dukte erhält.

Wie andere verfügen auch wir über eine Reihe von Fällen der mannig-
faltigsten Neuralgien, die schon nach kurzer Bestrahlung auffallende Besserungen zeigten. Die Erkrankungen betrafen Neuralgien im Bereiche des Trigeminus, oft solche, bei denen mit nicht bleibendem Erfolg schon vorher eine
Exstirpation des Ganglion Gasseri vorgenommen wurde, des Cervikalis, die
Interkostal- und Brachialnerven und den Ischiadicus. Sind im allgemeinen hier
die Bestrahlungserfolge sehr günstig, besonders hinsichtlich länger dauernder
schmerzfreier Intervalle, so muß doch zugegeben werden, daß der Prozentsatz
der dauernden Heilungen nicht in vollem Maße den anfänglichen Erfolgen
entspricht. Eine Anzahl Fälle pflegt auch nach einiger Zeit wieder refraktär
zu werden, es hat jedoch den Anschein, als ob die Gesamtresultate, besonders
die zeitliche Ausdehnung des schmerzfreien Intervalls, hier günstiger liegen als
bei den übrigen medikamentösen Behandlungsarten, so daß die Bestrahlung
mit Recht verdient an erste Stelle unter denselben gesetzt zu werden.

Technik. Während früher im allgemeinen der Ort der Schmerzempfindung
am Nerven direkt bestrahlt wurde, so ist man heute dazu übergegangen, die
Strahlung auf die Ausgangspunkte der Rückenmarks- und Gehirnnerven zu
richten. Durch diese Wurzelbestrahlung werden nicht nur die Veränderungen des im Wirbelkanal gelegenen Nervenwurzelabschnittes beeinflußt,
sondern auch die im Kreuzungsbereich und außerhalb der Wirbelsäule gelegenen
ätiologischen Ursachen der Neuralgien und Neuritiden. Die Erfahrungen
sprechen dafür, daß Bestrahlungen des Wurzelgebietes stets vorzunehmen
sind, während die Bestrahlung des lokalen Schmerzbereiches erst in zweiter
Linie zu berücksichtigen ist. Die Technik gestaltet sich so, daß in einem oder
zwei Feldern die Röntgenstrahlen durch ein Aluminiumfilter von 3—5 mm
Dicke schräg auf die Rückenmarkswurzeln gerichtet werden. Als zu bestrah-
lende Gegenden kommen in Betracht:

für die Cervikal- und Okkipitalneuralgie der Übergang des behaarten
Kopfes zum Nacken;

für die Grigeminusneuralgie: die Gegend oberhalb des Jochbeins entsprechend dem Sitz des Ganglion Gasseri;

für Brachialneuralgie: der Bereich zwischen dem 3. Hals- und 1. Brust-
wirbel;

für Interkostalneuralgien: der Bereich zwischen dem 1. und 12. Brust-
wirbel;

für die Ischiasneuralgie: die Lendengegend vom 1. Lendenwirbel bis zur
Articulatio sacro-iliaca.

Bei lokaler Bestrahlung des Nerven im Bereich der Schmerzempfindung
wird in bekannter und ähnlicher Technik verfahren. Über die zu verabfolgenden
Dosen herrscht noch wenig Einheitlichkeit. Häufig wird die Beobachtung
gemacht, daß schon nach ganz geringen, in ihrer Wirksamkeit unwahrscheinlich
erscheinenden Strahlenmengen, eine auffallende Linderung der Schmerzen
auftritt. Wieweit hier ein suggestiver Einfluß vorliegt, muß dahingestellt

bleiben. Dosen von 3—5 Hk. resp. 10—25 x, in einmaliger oder wiederholter
Sitzung verabreicht, werden im allgemeinen genügen, um anfängliche Schmerzlinderung herbeizuführen. Um einen längerdauernden bzw. bleibenden Erfolg
zu erzielen, muß die Bestrahlung jedoch nach einer üblichen Pause von mindestens 14 Tagen bis 3 Wochen in gleicher Weise und zu wiederholten Malen
vorgenommen werden.

Zu weiteren Erkrankungen des Zentralnervensystems und des Rückenmarks, die, wenn auch bisher in den seltensten Fällen mit einigem Erfolg der
Röntgenbestrahlung unterzogen wurden, gehören die tabischen Schmerzkrisen,
multiple Sklerosen, spastische Spinalparalysen, Syringomyelien und Kom-
pressionslähmungen des Rückenmarks. Bisweilen gelingt es, bei einigen der
oben genannten Erkrankungen die Folgeerscheinungen, die in motorischen
und sensiblen Funktionsstörungen bestehen, in geringem Grade zu bessern
resp. für längere Zeit ganz auszuschalten, während jedoch ein direkter und
dauernder Einfluß auf das Grundleiden nicht erwartet werden kann.

Erkrankungen der Gelenke.

Indikation. Die günstigen Erfahrungen, die mit der Röntgenbestrahlung
tuberkulös erkrankter Gelenke gemacht wurden, führten frühzeitig zur
Bestrahlung auch anderer nicht tuberkulöser Gelenkerkrankungen. Hierher
gehören die gichtischen Gelenkerkrankungen, der akute und chronische
Gelenkrheumatismus, die gonorrhoische Gelenkentzündung und die
Arthritis chronica deformans. Die hauptsächlichste Wirkung der Bestrahlung ist das Nachlassen des Schmerzes, das im allgemeinen schon wenige Stunden
bis Tage nach Beginn der Behandlung einzutreten pflegt. Der Schmerz kann
dann dauernd fortbleiben, es ist jedoch nicht die Regel, vielmehr pflegt er sich
erst nach mehreren Bestrahlungen ganz zu verlieren. Dem Aufhören des Schmerzes, jedoch erst meist nach wiederholter Bestrahlung, folgt ein Rückgang der
Gelenkschwellung, wodurch dann wieder eine relativ bessere Beweglichkeit
des erkrankten Gelenks ersteht.

Die Erfolge, die mit der Röntgenbestrahlung bei den einzelnen Gelenkerkrankungen erzielt werden, lassen eine verschiedene Beurteilung derselben
zu. Der akute Gelenkrheumatismus pflegt in seiner Röntgenempfindlichkeit besonders gering zu sein, und in Anbetracht der erfolgreichen medikamentösen Behandlung kommt daher die Röntgenbestrahlung nicht in Betracht.
Als ein vorzügliches Hilfsmittel hat sich dagegen die Bestrahlungsbehandlung
bei den verschiedenartigst lokalisierten gonorrhoischen Gelenkerkrankungen erwiesen. Ebenso wie andere Autoren verfügen auch wir über eine
Reihe von hierher gehörigen verschiedensten Krankheitsformen, vom leichten
Rheumatismus bis zur schweren Ankylose. Die bei der gonorrhoischen Ge-
lenkerkrankung meist heftigen und hartnäckigen Schmerzen, die nicht selten
jeder anderen Behandlung, der medikamentösen wie der Serumtherapie, trotzen,
pflegen in der Regel bald nachzulassen und zu verschwinden, und in einzelnen
Fällen gelingt es daher noch, die sicher drohende Ankylose durch die schmerzstillende Wirkung der Röntgenbestrahlung zu vermeiden. Als erfolgreich
erweist sich auch in vielen Fällen die Radiotherapie der gichtischen Gelenkerkrankungen. Durch experimentelle Untersuchungen ist unter der Röntgenbestrahlung eine vermehrte Harnsäureausscheidung festgestellt. Jedenfalls gelingt es mitunter, die Schwere eines Anfalls zu mildern und zeitlich zu verkürzen.
Auch Seltenerwerden der Anfälle nach längerer Röntgenbehandlung ist beobachtet worden. In den späteren Stadien wird die Bestrahlung mit Erfolg zu verwenden sein, wenn es sich darum handelt, die gichtischen Versteifungen und

Kontrakturen zu bessern. Diese Fähigkeit der Röntgenstrahlen, hartes Narbengewebe zu erweichen, die uns aus der Weichteilbestrahlung seit langem bekannt ist, wird besonders bei der Bestrahlung der Arthritis chronica deformans zu verwerten sein. Hier sind es besonders das Nachlassen der Schmerzen und die Erzielung einer freieren Beweglichkeit der erkrankten Gelenke, die uns die Röntgenstrahlen als ein vorzügliches Hilfsmittel erscheinen lassen. Namentlich die bei der Arthritis deformans bestehenden entzündlichen Prozesse, Anschwellungen als Folge einer Entzündung und Verdickung der Gelenkkapsel und des periartikulären Bindegewebes können zum Schwund gebracht werden. Gelenke, in denen es durch Entzündungsprozesse bereits zu Zerstörungen des Gelenkknorpels und zu erheblicher Deformierung gekommen ist, werden natürlich durch eine Bestrahlung nicht mehr beeinflußt.

Wie wir bereits oben gesehen haben, wird bei der Röntgenbestrahlung erkrankter Gelenke meist nur dann ein guter Erfolg erzielt, wenn diese Behandlung möglichst frühzeitig einsetzt. Es ist nicht angezeigt, die Röntgenbestrahlung, wenn mit derselben noch ein Erfolg erwartet wird, erst nach lange fortgesetzter, erfolgloser andersartiger Behandlung, gewissermaßen als ultimo ratio anzuwenden.

Technik. Die Bestrahlungen werden in Intervallen von 4—6—8 Wochen vorgenommen und vermögen durch diese Anordnung das Wiederauftreten vermehrter Beschwerden, z. B. bei Gicht und chronischem Gelenkrheumatismus hintanzuhalten. Die Technik besteht in Vielfelderbestrahlung unter einem Filter von 4—5 mm Aluminium und einer Oberflächendosis von 4—6 Hk. resp. 20—30 x.

Gynäkologische Affektionen.

Der Vollständigkeit halber möchten wir noch ganz kurz auf die guten Erfolge hinweisen, welche bei gewissen gynäkologischen Affektionen, die in der Allgemeinen Praxis häufiger vorkommen, erzielt werden.

Die Röntgenbehandlung der Myome gehört in das Gebiet der speziellen Gynäkologie. Der Wert der Bestrahlung liegt dabei in der Herabsetzung der Funktion der Ovarien und der dadurch bewirkten Verminderung resp. Sistierung der Blutungen. Die myomatösen Tumoren selbst werden in der Regel nicht wesentlich beeinflußt. Wohl tritt eine Verkleinerung des Tumors ein, ein vollkommenes Verschwinden desselben wird aber durch die Röntgenbehandlung nicht erzielt. Die anzuwendende Technik ist die Vielfelderbestrahlung in einer oder einer Reihe von aufeinanderfolgenden Sitzungen.

Für die Praktiker von großem Wert sind die vortrefflichen Resultate, welche man in den so häufigen Fällen von klimakterischen schweren Blutungen mit der Röntgentherapie erzielt. Selbstverständlich muß vor Beginn der Röntgenbehandlung durch Untersuchung und Probekürette das Vorhandensein eines beginnenden Karzinoms ausgeschlossen werden. Denn das beginnende Karzinom gehört wie schon betont dem Chirurgen. Handelt es sich aber wirklich um reine klimakterische Blutung, so ist mit der Röntgenbehandlung — häufig genügt eine Sitzung — in kurzer Zeit eine dauernde Heilung zu erzielen. Die Bestrahlung wird in solchen Fällen mittels konzentrischer Bestrahlung der Ovarialgegend mit der Vielfeldermethode vorgenommen.

Es bleiben noch einige andere Gebiete der inneren Medizin zur Besprechung übrig, bei denen mit mehr oder weniger Erfolg die Röntgenbehandlung geübt wird. Wir erwähnen zunächst von Erkrankungen der Lunge die chronische Bronchitis, die Bronchiektasie und das Lungenasthma. Experimentelle Grundlagen fehlen noch ganz, und wenn Schilling annimmt, daß die in den Bron-

chialwandungen gelegenen Zellen, die Becherzellen oder die der kleinen Schleimdrüsen durch die Röntgenstrahlen beeinflußt werden, andererseits Gottschalk
den Schwerpunkt auf eine Einwirkung der peribronchialen Lymphdrüsen legt,
so muß auch eine rein suggestive Wirkung nicht von der Hand gewiesen werden.
In den günstigsten Fällen pflegt der Verlauf unter der Bestrahlung so zu sein,
daß nach anfänglicher Vermehrung des Sputums die Menge desselben in meß-
barer Weise abnimmt, ja vollständig verschwinden kann, bei gleichzeitigem
Aufhören der Ausscheidung von Kurschmannschen Spiralen und Kristallen
und fehlendem Nachweis der Eosinophilie im Blut. Die Indikation betrifft
nach Bachem besonders solche Fälle, die entweder refraktär gegen sonstige
Behandlung, sind bei der Unmöglichkeit des Verbringens unter günstigere
klimatische Faktoren, oder die nur geringe Schwankungen im Verlauf aufweisen
und solche, bei denen die Gefahr der Verjauchung vorhanden ist. Über die
Technik gilt im allgemeinen, je nach Lage der erkrankten Abschnitte, das für
die Bestrahlung der Lungentuberkulose Gesagte.

Auch die Erfolge beim kardialen Asthma, bei der Angina pectoris und
bei der Aortitis syphilitica sind bisher so wenig nachgeprüft und in ihrer Wirkungsweise so wenig geklärt, daß sich eine Besprechung für einen weiteren
Kreis erübrigt.

Neuerdings wird auch auf dem Gebiet der Magenerkrankungen, soweit
sie nicht bösartige Tumoren betreffen und an anderer Stelle besprochen sind,
von verschiedenen Seiten die Röntgenbestrahlung geübt. Hier ist es vor allem
eine Sekretionsbeschränkung, die nach Brügel und Wilms durch Bestrahlung
erreicht werden kann. Als Folge stellt sich eine Beeinflussung des Magenchemismus ein, so daß, wenn zunächst auch nur einige kasuistische Mitteilungen
vorliegen, die Beseitigung einer Hyperchlorhydrie durchaus auf diesem Wege in
den Bereich der Möglichkeit gerückt erscheint. Daß sich viele, sowohl auf
funktioneller wie auf organischer Basis entwickelnde spastische Zustände des
Magendarmkanals durch Bestrahlung günstig beeinflussen lassen, erklärt sich
aus dem Vorhergehenden. Die Technik entspricht den für die Tiefentherapie
allgemein gültigen Methoden.

Wir haben gesehen, daß schon heute die Röntgentherapie in vielen oft
verzweifelten Fällen segensreich zu wirken imstande ist. Wir sagen schon heute,
weil ja schließlich diese ganze Behandlungsmethode erst eben beginnt sich zu
entwickeln. Technik und ärztliche Kunst gehen dabei Hand in Hand und es
ist nicht zu bezweifeln, daß durch das Zusammenarbeiten beider und besonders
durch die Weiterentwicklung der Technik — im physikalischen wie ärztlichen
Sinne — der Röntgentherapie noch eine große Zukunft bevorsteht.

Literatur.

Allgemeine Röntgenliteratur.

Dessauer und Wiesner, Leitfaden des Röntgenverfahrens. 5. Aufl. 1917. — Gauß
und Lembecke, Die Röntgentiefentherapie. 1. Sonderband zu Strahlentherapie 1912. —
Gocht, Handbuch der Röntgenlehre. 2. Aufl. 1910. — Derselbe, Röntgenliteratur. 1911.
— Kienböck, Radiotherapie 1907. — Schmidt, Kompendium der Röntgentherapie.
2. Aufl. 1915. — Wetterer, Handbuch der Röntgentherapie. 2. Aufl. 1914.

Spezielle Röntgenliteratur.

Nerven, Gehirn, Rückenmark etc.

Babinski, Charpentier et Delherme, Radiothérapie de la sciatique. Arch.
d'électr. médic. 1911. — Beaujard, La radiothérapie dans les maladies de la moëlle épinière.
Ibid. 1910. — Béclère, Le traitement médical des tumeurs hypophysaires, du gigantisme
et de l'acromégalie par la radiothérapie. Ibid. 1909. — Beier, Über die Wirkung der

Röntgenstrahlen auf das Zentralnervensystem, insbes. das Gehirn. Fortschr. a. d. Geb. d. Röntgenstrahlen Bd. 16. — Freund, Röntgenbehandlung der Ischias. Wien. klin. Wochenschr. 1907. — Kautz, Hypophysentumor und Röntgenstrahlen. Ref. Hamb. Ärztekorresp. 1918. 15. — Schmidt, Die Röntgentherapie der Gesichtsneuralgien. Berl. klin. Wochenschr. 1909.

Gelenkerkrankungen.

Albers-Schönberg, Behandlung der inneren Erkrankungen und der Gicht. Münch. med. Wochenschr. 1900. — Dohan und Selka, Zur Röntgentherapie des chronischen Gelenkrheumatismus. Fortschr. a. d. Geb. d. Röntgenstr. 1900. — Grunmach, Die Röntgenstrahlen bei Gelenk- und Muskelrheumatismus. Deutsche med Wochenschr. 1911. — Moser, Behandlung von Gicht und Rheumatismus durch X-Strahlen. Fortschr. Bd. 9. — Wetterer, Ein radiotherapeutischer Versuch bei einem Falle von Arthritis deformans. Arch. f. phys. Med. 1907.

Drüsen innerer Sekretion.

Siemann, Kasuistischer Beitrag zur Behandlung der Basedowschen Krankheit mittels. Münch. med. Wochenschr. 1914. 43. S. 2132. — Franchetti, Thymushypertrophie und Röntgenbehandlung. Gaz. desgl. osped. 1914. — Béclère und Jaugeas, Ein Fall von Akromegalie behandelt mit Röntgenstrahlen. Journ. de radiologie 1914. — Weiland, Gesichtspunkte zur Behandlung des Morbus Basedow. Th. d. G. 1915.

Lungentuberkulose.

De la Camp, Über Strahlentherapie der experimentellen und menschlichen Lungentuberkulose. Strahlentherapie 1915. — Fränkel, Die Röntgenstrahlen im Kampf gegen die Lungentuberkulose. Ibid. 1915. — Kuepferle, Experimentelle Untersuchungen über die Röntgenbehandlung der Lungentuberkulose. Strahlentherapie 1916. — Rubow und Wuerzen, Lichtbehandlung bei Lungentuberkulose. Strahlentherapie 1916. — Bacmeister, Die Erfolge der kombinierten Quarzlicht-Röntgentiefentherapie bei der menschlichen Lungentuberkulose. Deutsche med. Wochenschr. 1916.

Tuberkulose der übrigen Organe.

Freund, Unsere Erfahrungen mit der Röntgenbehandlung chirurg. Tuberkulose. Beitr. z. klin. Chir. Bd. 87. 1914. — König, Fortschritte in Diagnose und Therapie der chirurgischen Tuberkulose Münch. med. Wochenschr. 1914. — Öhler, Zur Röntgentiefentherapie bei chirurgischen Krankheiten mit besonderer Berücksichtigung der chirurgischen Tuberkulose. Münch. med. Wochenschr. 1904.

Varia.

Brügel, Die Beeinflussung des Magenchemismus durch Röntgenstrahlen. Münch. med. Wochenschr. 1917. — Wilms, Röntgenbestrahlung bei Pylorospasmus. Münch. med. Wochenschr. 1916. — Gottschalk, Zur Behandlung des Asthma bronchiale mit X-Strahlen. Münch. med. Wochenschr. 1909. — Kotzenberg, Die Röntgenbestrahlung der bösartigen Tumoren. Bruhns Beiträge 1914. — Schilling, Die Behandlung der chronischen Bronchitis und des Bronchialasthmas durch Röntgenstrahlen. Deutsche med. Wochenschrift 1909. — Eckstein, Über einige unbekannte Wirkungen der Röntgenstrahlen und ihre therapeutische Verwendung. Berl. klin. Wochenschr. 1914.

Beziehungen der weiblichen Sexualorgane zu den Erkrankungen der übrigen Organe.

Von

B. Krönig-Freiburg †, **K. Schneider**-Freiburg, **O. Pankow**-Düsseldorf, **H. Schlimpert**-Freiburg †, **O. Bumke**-Breslau.

A. Beziehungen zwischen dem Respirationstraktus und dem Genitale.

Von

B. Krönig-Freiburg † und **K. Schneider**-Freiburg.

Einleitung.

Die Beziehungen zwischen dem Respirationstrakt und dem weiblichen Genitale sind nicht so zahlreich als die zwischen den Geschlechtsteilen und anderen Organsystemen bei der Frau. Häufig ist das Zusammentreffen ein mehr zufälliges, als daß eine innerlich begründete Abhängigkeit bestände. Die wichtigsten und umfangreichsten Wechselbeziehungen sind diejenigen, die zwischen den tuberkulösen Erkrankungen des Kehlkopfes und der Lunge einerseits und der Schwangerschaft andererseits bestehen. Sie sollen deshalb auch in einem speziellen Kapitel besprochen werden.

I. Nasenschleimhaut und Genitale.

Als relativ häufiges Vorkommnis ist die Anschwellung der Nasenschleimhaut während der Menstruation bekannt. Sie kann vor und während der Menstruation regelmäßig als akuter Schnupfen einsetzen (Bottermund). Wie wohl alle Schleimhäute des Körpers, so beteiligen sich auch die Kopfschleimhäute vieler Frauen an der allgemeinen menstruellen Hyperämie. Sicher ist das etwas gedunsene Aussehen vieler Frauen während der Menstruation auf eine Schwellung der Kopfschleimhäute, speziell auch der Nasenschleimhaut zu beziehen. Bei dem Bestehen chronischer Katarrhe kann die Schwellung unangenehme Grade erreichen. Nicht selten treten während der Menstruation Störungen der Geruchsempfindung auf, die in vollkommener Anosmie oder in Perversität der Geruchsempfindung bestehen können. Bei dem physiologischen Erlöschen der Menstruation in den Wechseljahren oder ebenfalls nach operativer Kastration sind solche Anosmien beobachtet worden. Auch dem Laien bekannt sind die als vikariierende Menstruationserscheinung beobachteten Nasenblutungen. Sie treten am häufigsten prämenstruell auf. Sie sind meistens keine echten vikariierenden Blutungen, sondern Mitblutungen, bei gleichzeitig bestehender Uterusblutung (Baumgarten). Mitunter finden sich bei derartigen Individuen Entwicklungsstörungen im Genitale, Infantilismus usw. Dabei ist zumeist die Nasenschleimhaut nicht normal, sondern zeigt variköse oder chronische katarrhalische Veränderungen.

Viel diskutiert und auch nicht klargestellt ist eine Theorie, die reflektorische Beziehungen zwischen der Nasenschleimhaut und dem weiblichen Genitale annimmt, die von Flies aufgestellte nasale Reflextheorie [1]). Nach Flies, Koblanck und anderen fanden sich sogenannte genitale Stellen in der Nasenschleimhaut, deren Berührung bei vielen Individuen typische Sensationen am Genitale auslöst. Werden diese Stellen z. B. durch das Bepinseln mit 20%iger Kokainlösung unempfindlich gemacht, so verschwinden bei Dysmenorrhoe die Schmerzen vielfach fast augenblicklich und auch andersartige schmerzhafte Empfindungen im Genitale lassen sich durch diese Bepinselung oder Ätzungen beeinflussen. Die nasale Therapie hat bei der Behandlung der Dysmenorrhoe jahrelang eine große Rolle gespielt. Man hat u. a. auch versucht, durch Kokainpinselung der Nase bei Kombination mit Sakralanästhesie die Geburtsschmerzen auszuschalten (Stöckel). Es ist höchst zweifelhaft, ob diese Wirkungen tatsächlich als Reflexwirkungen aufzufassen sind. Für die Mehrzahl der Fälle ist sicher lediglich die allgemeine Kokainwirkung der schmerzaufhebende Faktor. Durch die Bepinselung einer großen und aufnahmefähigen Resorptionsfläche wie der Nasenschleimhaut wird ein leichter Kokainrausch gesetzt, unter dessen Einfluß die Aufhebung der dysmenorrhoischen Schmerzen erfolgt. Diese Therapie wäre — auch wenn die theoretischen Grundlagen nicht stimmten, als einfach zu empfehlen. Leider ist es aber nicht zu leugnen, daß eine große Anzahl von Patienten dieser Therapie eine Gewöhnung an Kokain, d. h. leichte oder schwerere Grade von Kokainismus verdanken.

II. Kehlkopf, Luftröhre und Genitale.

Daß Beziehungen zwischen dem Genitale und dem Kehlkopf bestehen, wird schon dadurch wahrscheinlich gemacht, daß der knöcherne Kehlkopf in seiner Konfiguration beim männlichen Geschlechte typisch von dem bei der Frau, dem noch nicht geschlechtsreifen Kinde und dem Kastraten abweicht, daß also der Kehlkopf zu den von der Funktion der Keimdrüse abhängigen sekundären Geschlechtsmerkmalen gehört.

Während im Kindesalter die Winkelstellung der beiden Schildknorpel zueinander bei beiden Geschlechtern noch ungefähr die gleiche, d. h. eine ziemlich stumpfe ist, bilden beim Mann mit eintretender Pubertät die Schildknorpel einen mehr spitzen Winkel, aus dem das starke Vorspringen des männlichen Kehlkopfes, der sogenannte Adamsapfel, resultiert. Bei dem in der Kindheit Kastrierten und bei der Frau bleibt die ursprünglich beim Kinde vorhandene stumpfe Winkelstellung und ein nur geringes Vorspringen des Kehlkopfes vorhanden. Darauf beruhen die bekannten Geschlechtsunterschiede in der Stimmhöhe beim männlichen Geschlecht einerseits, beim Kind, dem weiblichen Geschlecht und Kastrierten andererseits,

---

[1]) Vgl. Bd. II dieses Handb. S. 31 ff.

Differenzen, die sich beim Gesang in ungefähr einer Oktave bemerkbar machen. (Vatikanischer Sängerchor).

Auch im Klimakterium können gewisse Änderungen vorkommen; die Stimme klimakterischer Frauen wird nicht selten schriller und schärfer. Während der Menstruation können auch an der Kehlkopfschleimhaut Hyperämien und Ödeme auftreten. Es ist bekannt, daß Sängerinnen während dieser Tage nicht im Besitz ihrer vollen Stimmgaben sind, daß eine leichte Ermüdbarkeit der Stimme, Neigung zum Detonieren und zu Heiserkeit besteht, eine Tatsache, die in der plötzlichen Indisposition der Opernsängerinnen ein Kreuz aller Opernleitungen bildet. Unter dem Einfluß der menstruellen Schwellungen können sich akute Katarrhe entwickeln und chronische Kehlkopfkatarrhe derartig verschlimmern, daß Erstickungsgefahr besteht. Vikariierende Blutungen sind in seltenen Fällen aus dem Stimmband beobachtet worden. Stets aber bestanden bereits chronische Veränderungen, die zu diesen Blutungen disponieren.

Die Kehlkopfveränderungen in der Schwangerschaft sind ähnlich denen während der Menstruation, aber im allgemeinen hochgradiger. Bei der Spiegeluntersuchung findet sich eine Rötung und Schwellung der Stimmbänder und der Arygegend (Imhofer und Hofbauer), die sich bei histologischen Untersuchungen als Pachydermie, Epithelwucherung und in den Erscheinungen einer subakuten Entzündung nachweisen läßt.

Die Luftröhre ist während der Schwangerschaft ziemlich hochgradigen Veränderungen ausgesetzt, wenn eine stärkere Struma, speziell eine substernale Form besteht. Sowohl die normale Schilddrüse, als besonders auch Kröpfe können in der Schwangerschaft, und zwar speziell in den letzten Monaten, erheblich anschwellen. Allein durch diese Vergrößerung kann es zu Kompressionen der Luftröhre und zur Bildung der sogenannten Säbelscheidentrachea kommen, dabei stellt sich chronische Atembehinderung ein, die bei einer zufälligen Schwellung der Schleimhaut zur Gefahr einer akuten Erstickung führt. Wahrscheinlich kommt aber als zweiter wichtiger Faktor noch die Verdrängung der Lunge nach oben in Betracht, wie sie in den letzten Monaten der Schwangerschaft durch das Wachstum des Uterus bedingt ist. Gerade substernale Kröpfe, die vorher vielleicht nur wenig Beschwerden verursacht haben, werden aus der Brusthöhle heraus in die obere Thoraxapertur gedrängt und können hier die Luftröhre bis zum fast völligen Verschluß komprimieren. Es tritt in solchen Fällen hochgradige Cyanose und Erstickungsanfälle, zumal bei Rückenlage auf.

Als Therapie kommt der sofort auszuführende vaginale Kaiserschnitt in Betracht. Außerdem richte man alles zum Luftröhrenschnitt. Der Erfolg nach Ausführung des Kaiserschnittes pflegt ein augenblicklich einsetzender und vollkommener zu sein. Bei Mehrgebärenden empfiehlt es sich, nach einigen Wochen die Unterbindung der Eileiter zur Verhütung einer nochmaligen Schwängerung vorzunehmen.

Wir beobachteten einen durchaus instruktiven Fall dieser Art. Bei einer 42 jährigen 6 gebärenden Frau stellten sich anfangs des 9. Monats plötzlich zunehmend schwere Atembehinderungen ein, die nachts beim Liegen auf dem Rücken zu wahren Erstickungsanfällen führten. Die Frau kam hochgradig zyanotisch in die Klinik. Es bestand eine pflaumengroße Hypertrophie des Schilddrüsen-Mittellappens, der sich unter das Sternum fortsetzte. Es wurde sofort der vaginale Kaiserschnitt in Lumbal-Anästhesie vorgenommen. Eine andere Narkosenmethode (Chloroformäther-Sakral oder Parasakralanästhesie) kam nicht in Betracht, da die Frau in der Rückenlage sofort schwerste Erstickungsanfälle bekam. Die Operation mußte an der fast aufrecht sitzenden Frau vorgenommen werden. Unmittelbar nach der Geburt des Kindes hörten fast momentan die Atembeschwerden auf und setzte anhaltendes Wohlbefinden ein. Es ist klar, daß beim Zustandekommen der Erstickungssymptome nicht die Schwangerschaftsvergrößerung der Schilddrüse, die ja nur langsam nach der Geburt sich zurückbildet, sondern die Einklemmung der substernalen Struma, die durch den Hochstand des Uterus bedingt war, die wesentlichste Rolle spielte.

Natürlich ist bei Frauen mit diesen Beschwerden wegen der hochgradigen Kohlensäureüberladung des Blutes das Kind stets in schwerster Gefahr.

III. Lunge und Genitale.

1. Beeinflussung der Lunge vom Genitale her.

a) Menstruation.

Bei den sogenannten vikariierenden Blutungen aus der Lunge, die in der älteren Literatur häufiger erwähnt wurden, hat es sich wohl nie um Blutungen aus einer gesunden Lunge gehandelt, sondern stets waren tuberkulöse oder andere destruierende Prozesse gleichzeitig vorhanden. Sicher ist, daß tuberkulöse Frauen und Mädchen während der Menstruation und einige Tage vorher außerordentlich zu Lungenblutungen disponiert sind. Nach den Beobachtungen Riebolds soll es in dieser Zeit nicht selten zum Aufflackern des infektiösen Prozesses kommen und so die prämenstruellen Temperatursteigerungen Tuberkulöser auftreten. Nicht beeinflußt durch die Menstruation soll im allgemeinen der Verlauf der krupösen Pneumonie sein, während chronische Bronchitiden und katarrhalische Pneumonien während der Menstruation Verschlimmerung erleiden können. Größere Zahlenreihen liegen über alle diese Beobachtungen nicht vor.

b) Schwangerschaft, Geburt und Wochenbett.

Der Zwerchfellhochstand im neunten Monat führt regelmäßig zu leichteren oder schwereren Behinderungen der Atemtätigkeit. Am stärksten tritt dies natürlich bei Mehrlingsschwangerschaften (Hydramnion) in Erscheinung. Trotzdem ist die Lungenkapazität in der Schwangerschaft nicht vermindert, sondern sogar erhöht (Küchenmeister).

Während der Geburt, speziell während der Austreibungstätigkeit kommt es zu einer Änderung des Atemtypus. Die Atempausen werden länger, die Inspiration kürzer, die Exspiration länger und forciert. Infolge der starken Druckerhöhung im Thorax können einzelne Alveolen platzen und so eine akute Emphysembildung zustande kommen, die sich in den bekannten Hautpolstern in der Gegend der Schlüsselbeine bemerkbar macht. Gleichzeitig tritt dabei Hyperämie der Bronchialschleimhäute auf, die sich bis zu Blutaustritten unter die Schleimhäute steigern kann. Die Stauung des Blutes in der Lunge bei extremem Zwerchfellhochstand kann zu einer Mehrbelastung und damit zu einer Hyperplasie des rechten Ventrikels führen, wie es von Gusserow, Jürgensen, Küpferle u. a. beschrieben ist.

Im Wochenbett ist die Atemfrequenz in den ersten Tagen verringert, um dann wieder zur Norm anzusteigen. Die wichtigste Störung, die im Wochenbett von seiten der Lunge auftreten kann, ist die plötzlich eintretende, in vielen Fällen tödlich verlaufende Lungenembolie. Wenn auch zugegeben werden muß, daß gelegentlich die Embolie von den Gefäßen des Plexus hypogastricus und diese wieder durch lokale Infektion bedingt entstehen mag, so ist für die weitaus größten Fälle die Entstehung aus Thrombosen der Oberschenkelvenen anzunehmen.

Die Therapie dieser höchst gefährlichen Erkrankung besteht in vollkommener Ruhiglagerung der davon befallenen Wöchnerin, eventuell mit Verabreichung leichter Morphiumgaben. Sehr schwer ist die Prognose zu stellen.

Der mit der Embolie verbundene Erstickungsanfall kann vorübergehen, kein
weiterer Anfall durch Nachschübe oder nur leichtere können wiederkehren.
Häufig genügt aber eine einzige Embolie, um unter hochgradiger Cyanose
binnen wenigen Minuten oder unter häufigen Rückfällen, die sich über längere
Zeit erstrecken, unter zunehmender Verschlechterung den Tod herbeizuführen.
Handelt es sich um Fälle der letzten Art und ist die entsprechende Ausrüstung
vorhanden, so ist ein Versuch mit der Trendelenburgschen Operation gerechtfertigt. Viel wichtiger als die Therapie ist bei der schlechten Prognose
dieser Erkrankung deren Verhütung. Hierbei spielt unbedingt das Frühaufstehen der Wöchnerin die erste Rolle. Wie durch die Untersuchung von
Aschoff, Zurhelle u. a. gezeigt ist, bildet sich bei längerem Einhalten der
Rückenlage der Thrombus rein mechanisch durch Stromverlangsamung bedingt an der Einmündungsstelle der Oberschenkelvenen in das kleine Becken,
unter dem Leistenband. Die Erfahrungen der Freiburger Frauenklinik haben
dargetan, daß durch frühzeitiges Aufstehen und aktive Muskeltätigkeit eine
Blutstauung in diesen Bezirken und damit die Bildung von Thromben und von
diesen ausgehend die Loslösung von Emboli vermieden werden kann. Ist
aber aus irgend einem Grunde längere Bettruhe nötig gewesen und eine Ober-
schenkelvenenthrombose aufgetreten, dann stellt allerdings das erste Aufstehen
nach dem Auftreten dieser Erkrankung eine Gefahr dar. Solange der Thrombus
noch nicht vollständig organisiert, d. h. die Schwellung und Schmerzhaftigkeit
des Beines noch nicht geschwunden, die Temperatur noch nicht normal ist,
muß unbedingt strengste Rückenlage eingehalten werden, um einer Loslösung
von Emboli aus dem bereits vorhandenen Thrombus vorzubeugen.

Viel überschätzt worden ist die Gefahr der sogenannten Luftembolie
bei der Geburt und im Wochenbett. Man nahm nach Analogie von Tierversuchen an, daß es zumal bei größeren Eingriffen an der Plazentarhaftstelle,
also bei manueller Lösung der festhaftenden Nachgeburt, bei Placenta praevia
und auch im Anschluß an einfache Wendungen zu einer Aspiration von Luft
in die klaffenden Uterinvenen kommen könnte. Die Luftblasen sollten dann
im rechten Vorhofe bzw. rechten Ventrikel festhaften und zu einem plötzlichen
Versagen der Herztätigkeit führen können. Gestützt wurde diese Annahme
durch gelegentliche Sektionsbefunde, bei denen sich größere Gasblasen im
Herzen oder in den großen Gefäßen finden. Es muß dagegen betont werden,
daß es wesentlich durch bakterielle Zersetzungen nach dem Tode zu derartigen
Gasbildungen kommen kann und daß auch die Eröffnung des Herzens unter
Wasser vor derartigen Irrtümern nicht schützen kann. Für viele, in der Literatur erwähnte Fälle, zumal diejenigen, die ohne Kontrolle durch die Sektion
als Luftembolien bezeichnet werden, müssen sicher andere Todesursachen, vor
allem aber Verblutung angenommen werden. Dies gilt besonders für Fälle
von Luftembolie bei Placenta praevia. Wenn sie überhaupt vorkommt, ist
die Luftembolie sicher nur ein sehr seltenes Vorkommnis, das nur angenommen
werden darf, wenn durch die Sektion wahrscheinlicher erscheinende Todesursachen, wie Verblutungen, Lungenembolie oder Gehirnapoplexie auszuschließen sind.

Im Verlauf des Wochenbettfiebers kann auch die Lunge in verschiedener Weise befallen werden. Es können septische Lungeninfarkte und davon
ausgehend Pneumonien und Lungenabszesse zustande kommen. Dies gilt besonders für die pyämische Form des Kindbettfiebers. Sehr häufig sind diese
Lungenkomplikationen allerdings nicht. Häufiger stellen sich bei längerem
Bestehen hochfiebernder Erkrankungen im Wochenbett infolge der langein-
gehaltenen Rückenlage, zumal bei älteren Individuen, hypostatische Pneumonien ein.

Von den zufällig mit Schwangerschaft zusammentreffenden Erkrankungen der Lunge verdient außer der weiter unten zu besprechenden Lungentuberkulose die croupöse Pneumonie ihrer Häufigkeit und Gefährlichkeit wegen die größte Beachtung. Die Häufigkeit des Zusammentreffens von Pneumonie und Schwangerschaft wurde von Jürgensen in allen Fällen von Pneumonie mit 2,4%, von Georgii in der Geburt mit 1,4%, in der Schwangerschaft mit 1,6 % angegeben, und zwar soll das Zusammentreffen in den letzten Monaten der Schwangerschaft häufiger sein als in den früheren.

Die Prognose für die Mutter stellt sich nach den Angaben von Chatellain folgendermaßen.

Vor dem 7. Schwangerschaftsmonat sterben von 26 Fällen 4, nach dem 7. Monat von 12 Fällen 6, nach Rockur vor dem 7. Monat von 28 Fällen 5, nach dem 7. Monat von 15 Fällen 7. Fellner berechnet auf 19 Fälle einen Todesfall während der Schwangerschaft und bei 6 Fällen unter der Geburt 2 Todesfälle.

Es ist also sicher durch das Zusammentreffen von Schwangerschaft und croupöser Pneumonie eine hohe Gefährdung für die Mutter bedingt. Von den Erklärungsversuchen für die ungünstige Prognose ist wohl am meisten befriedigend die auch von Kermauner gemachte Annahme, daß durch die Schwangerschaftsveränderungen im Körper der Frau eine geringere Resistenz gegen infektiöse Erkrankung überhaupt und auch gegen die croupöse Pneumonie bedingt ist. Die durch den Zwerchfellhochstand bedingte Atmungs- und Expektorationsbehinderung spielt gewiß dabei auch eine Rolle, aber wohl nur zweiten Grades. Das gleiche gilt auch für die stärkere Inanspruchnahme des Herzens durch die Schwangerschaft, die beim Bestehen der Pneumonie die Prognose trübt. Daß diesen mehr mechanischen Ursachen nicht die wesentlichste Beeinflussung zukommt, beweist der Umstand, daß im unmittelbaren Anschluß an die Entbindung kaum je Besserungen beobachtet werden, sondern daß in vielen Fällen der Zustand der Kranken vor und nach der Entbindung der gleiche ist; wären lediglich mechanische Momente maßgebend, so müßte durch die Entbindung eine augenfällige Besserung herbeigeführt werden, die älteren Statistiken können davon aber nicht berichten. Trotzdem muß gefordert werden, daß in der Klinik bei der ungünstigen Prognose der Erkrankung mit den neuen operativen Methoden, d. h. dem vaginalen Kaiserschnitt, die Schwangerschaft bzw. Geburt in jeder Phase sofort unterbrochen wird. In der Praxis kommt allerdings nur die Schonung der Mutter bei noch nicht genügend erweiterten Weichteilen durch die Perforation des Kindes in Betracht. Natürlich soll nebenher eine Behandlung des Herzens mit Digitalis oder Strophantus gehen.

In seltenen Fällen kann die Pneumonie auch erst im Wochenbett entstehen. Eine besondere Disposition der Wöchnerin zur Entstehung von Pneumonien ist aber nicht anzunehmen. Bei bestehender Pneumonie können gelegentlich sehr schwierige Differentialdiagnosen gegenüber Kindbettfieber sich nötig machen. Die statistischen Angaben über Pneumonie und Schwangerschaft sind des relativ seltenen Vorkommens dieser Erkrankung wegen noch nicht so ausgearbeitet, wie die über Lungentuberkulose und Schwangerschaft.

Die Bronchitis in der Schwangerschaft tritt am häufigsten in der Form der Stauungsbronchitis infolge Herzinsuffizienz und bei Trachealstenose infolge Struma in Erscheinung. Sicher ist, daß eine bestehende chronische Bronchitis durch das Empordrängen des Zwerchfells in der Schwangerschaft nicht günstig beeinflußt wird und daß wenigstens die oben erwähnten Formen meist nach der Geburt und dem Wochenbett verschwinden. Früher wurde dem Vorschlag von Eichhorst und Hertz folgend, die Geburt auch für die Entstehung des chronischen Lungenemphysems angeschuldigt. Es muß aber als fraglich bezeichnet werden, ob die kurzdauernde Schädigung der Geburt und die dabei auftretende Berstung einzelner Lungenbläschen imstande ist, die Entstehung eines chronischen Lungenemphysems einzuleiten. Sicher ist, daß ein schon bestehendes Emphysem während der Schwangerschaft verschlimmert werden hann.

Auch Bronchialasthma soll durch die Schwangerschaft ungünstig beeinflußt werden. Audebert berichtet von einem Todesfall unter sieben Frauen mit Asthma. Im allgemeinen hängt die Prognose bei den erwähnten Formen von Bronchitis, Emphysem und Asthma in erster Linie von der Beschaffenheit des Herzens ab. Das gleiche gilt für die Komplikation von Kyphoskoliose mit Schwangerschaft. Bei diesen Individuen, die in nicht schwangerem Zustande meist eine Gewöhnung an die Raumbeengung des Thorax besitzen, erzeugt das Empordrängen des Zwerchfells und die dadurch bedingte Verlagerung und Kompression von Herz, Lungen und Gefäßen oft sehr gefährliche Stauungserscheinungen und bedingt so eine starke Inanspruchnahme des rechten Herzens.

Ziemlich selten tritt eine isolierte Pleuritis während der Schwangerschaft, Geburt oder Wochenbett auf, das gleiche gilt für den Hydrothorax und Pneumothorax. Für die Pleuritis in der Schwangerschaft berechnet Fellner eine Sterblichkeit von $10^0/_0$. Diese Zahl hat keine allgemeine Gültigkeit. Es muß bei der Prognosestellung aber natürlich zwischen den einzelnen Formen der Pleuritis der septischen, der Tuberkulose und anderen unterschieden werden.

c) Genitalerkrankungen.

Erkrankungen der weiblichen Genitalorgane können rein mechanisch Störungen der Lungentätigkeit hervorrufen, z. B. die großen Geschwülste, wie Myome und Kystome, die ähnlich wie die schwangere Gebärmutter das Zwerchfell nach oben drängen und so die Atmung behindern. Besonders hochgradig tritt dies in Erscheinung, wenn gleichzeitig Aszites besteht. Es erklärt sich dies nach den Beobachtungen von Häckel und W. A. Freund in vielen Fällen durch den gleichzeitig mit dem Aszites auftretenden Hydrothorax. Für Myome speziell soll nach älteren Angaben von J. Veit das Auftreten von Asthmabeschwerden ziemlich typisch sein. Sicher ist jedenfalls, daß die hochgradige Blutarmut, die zumal bei längerem Bestehen des Myoms infolge langanhaltender Menorrhagien sich entwickeln kann, Herzmuskelveränderung und dadurch Atemstörungen bedingen kann. Die wichtigste Gefährdung der Lunge bei Myomträgerinnen stellen die gerade beim Myom nicht seltenen Lungenembolien dar. Die schwer ausgebluteten Myompatientinnen werden infolge der allgemeinen Schwäche bettlägerig. Unter dem Einfluß der Rückenlage entstehen Oberschenkelvenenthrombosen, und davon ausgehend Lungenembolien. Dies gilt nicht nur für die operativ behandelten Fälle, bei denen infolge der Anämie besonders häufig postoperative Thrombose und Lungenembolie auftritt, sondern vor allem auch für die überhaupt nicht behandelten Fälle. Es ist der Tod an Lungenembolie die häufigste Todesursache bei schweren Myomen.

Die Metastasen bösartiger Geschwülste der Genitalorgane sind nicht häufig in der Lunge etabliert, da die primären Genitaltumoren meistens Karzinome sind. Lungenmetastasen setzt das Uterussarkom und vor allem das maligne Chorionepitheliom, bei dem diese meist sehr frühzeitig sich bilden. Bei beiden Erkrankungen ist durch das Auftreten der Lungenkomplikation das ungünstige Schicksal der Patientin besiegelt.

Entzündliche Erkrankungen der Genitalorgane beeinflussen im allgemeinen ebensowenig wie Lageveränderungen die Lunge.

Speziell bei der Genitaltuberkulose, die häufig mit Lungentuberkulose vergesellschaftet ist, muß, wie weiter unten auszuführen ist, die primäre Erkrankung in der Lunge gesucht werden.

2. Einfluß von Lungenerkrankungen auf das Genitale.

Wie alle chronischen Prozesse, so führt auch die Lungentuberkulose in den meisten Fällen zu einer mangelnden Entwicklung des weiblichen Genitales und daher bei jugendlichen Individuen zu einem verspäteten Eintritt in die Pubertät. Häufig besteht als Zeichen dafür Amenorrhoe oder Oligomenorrhoe, gelegentlich können allerdings auch Menorrhagien auftreten. Ziemlich regelmäßig findet sich dabei ebenso wie bei Bleichsucht ein sehr lästiger, anhaltender Fluor albus. Gegen diese lokalen Symptome darf natürlich keine örtliche Behandlung eingeleitet werden, nur eine allgemeine Kräftigung und die Behandlung des Lungenleidens, also Liegekuren bzw. Sanatoriumsaufenthalt bieten die Aussicht, diese Beschwerden zu bessern. Auch Dysmenorrhoe soll bei Tuberkulösen besonders häufig vorkommen. Beziehungen zwischen beiden Erkrankungen wurden besonders durch die Erfolge, die Spengler, Gräfenberg und andere durch Tuberkulininjektionen bei Dysmenorrhoe erzielten, wahrscheinlich gemacht. In der Beurteilung aller therapeutischen Erfolge bei Dysmenorrhoe ist aber größte Vorsicht nötig, da ja in einem hohen Prozentsatz allgemein nervöse Störungen zur Entstehung der Dysmenorrhoe führen, und Rückschlüsse ex juvantibus auf die Ätiologie dieses vielgestaltigen Krankheitsbildes sind besser zu unterlassen. Möglich ist immerhin, daß die Tuberkulinbehandlung auf irgend einem nicht spezifischen Wege zu Erfolgen bei der Dysmenorrhoe führt.

Bei croupöser Pneumonie und anderen fieberhaften Erkrankungen der Lungen, wie Bronchitis und Bronchopneumonie kann die Menstruation beeinflußt werden und zwar tritt meist Amenorrhoe und nur in seltenen Fällen Oligomenorrhoe oder Menorrhagie ein.

Auch dem Laien bekannt sind die Beziehungen, die zwischen der Lungentuberkulose und dem Geschlechtsleben zu bestehen scheinen. Man nimmt allgemein an, daß bei Lungentuberkulösen der Geschlechtstrieb außerordentlich gesteigert ist. Einige Autoren gehen so weit, in einer Steigerung des Geschlechtstriebes ein .Frühsymptom für eine im Entstehen begriffene Lungentuberkulose zu erblicken. Sicher erklärt sich dies für viele Fälle durch den Müßiggang, den die Therapie der Erkrankung, zumal bei der Sanatoriumsbehandlung mit sich bringt. Weiter durch die reichliche Ernährung, die aus therapeutischen Gründen oft bis zur Überfütterung getrieben wird. Es werden aber auch viele Fälle von Lungentuberkulose mit erhöhtem Geschlechtstrieb beobachtet, bei denen weder Sanatoriumsbehandlung, noch Ernährungstherapie eingeleitet ist. Auch eine besondere Gemütsstimmung Tuberkulöser, die zu dem Wunsche führt, das kurze Leben möglichst reichlich noch auszukosten, kann dafür nicht verantwortlich gemacht werden, denn weitaus die meisten Lungentuberkulösen sind ja voll weitgehender, oft unbegründeter Hoffnungen; ebenso vermag auch das infolge der Empfindlichkeit gegen Temperatureinflüsse aufgezwungene Leben in der Wohnung die erwähnte Steigerung des Triebes nicht zu erklären; denn sie findet sich auch bei Individuen, wo diese Voraussetzungen nicht zutreffen. Sicher ist, daß im klinischen Bilde der Lungentuberkulose wie bei jeder chronischen erschöpfenden Krankheit sich viel Züge finden, denen wir auch bei der Erschöpfungsneurasthenie begegnen, z. B. gesteigerte vasomotorische Erregbarkeit, leichte Reizbarkeit bei schneller Ermüdbarkeit und anderes mehr. Sicher ist, daß infolge der Erschöpfung durch

die Tuberkulose Neurasthenie entsteht, diese die leichte sexuelle Erregbarkeit
entstehen lassen kann. Eine eigentliche Potenzsteigerung tuberkulöser Individuen ist nicht anzunehmen. Zusammenfassend ist zu sagen, daß alle möglichen Faktoren einzelnen und zugleich den Geschlechtstrieb der Tuberkulösen steigern können, daß aber keine Veranlassung vorliegt, etwa eine spezifische Beeinflussung durch Tuberkulosebazillentoxin anzunehmen.

Ziemlich weitgehend ist der Einfluß, den die croupöse Pneumonie
auf eine bestehende Schwangerschaft ausübt. Nach H. W. Freund
kam es unter 65 Fällen vor dem 7. Monat nur 37 mal und unter 56 Fällen nach
dem 7. Monat nur 16 mal zum ungestörten Fortgang der Schwangerschaft,
in allen übrigen Fällen trat Fehlgeburt ein. Es ist also die Schwangerschaftsunterbrechung durch die Pneumonie um so häufiger, je weiter die Schwangerschaft vorgeschritten ist. Auch Fellner gibt für die erste Hälfte der Schwangerschaft 45%, für die zweite 60% Unterbrechung an. Die Kindersterblichkeit
soll, wiederum den Angaben Fellners nach, nicht sehr bedeutend sein. Auf
19 Fälle beobachtete er ein totes Kind. Günstiger noch bezüglich der Schwangerschaftsunterbrechung steht die Pleuritis. Nach Fellner kommen auf
44 Fälle 14 Unterbrechungen, davon 7 unter 17 Fällen der letzten drei Schwanger-
schaftsmonate. Auch die Chancen für das Kind sollen bei Pleuritis günstiger
als bei Pneumonie sein.

Die bösartigen Geschwülste der Lunge metastasieren nur ausnahmsweise im
Genitale und da fast nur im Eierstock, in dem sich gelegentlich Metastasen eines Platten-
epithelkarzinoms der Lunge finden.

Die wichtigste Übertragung von Lungenerkrankungen auf das
Genitale findet bei der von einem primären Lungenherd sekundär entstehenden Lungentuberkulose statt. Durch die Arbeiten von Simmonds,
Amann, Krönig und Schlimpert ist es erwiesen, daß eine isolierte Genitaltuberkulose so gut wie nie vorkommt. Die Genitaltuberkulose ist meist mit
schwerer letaler Tuberkulose anderer Organe, und zwar in 80% mit Lungentuberkulose kombiniert. Die Übertragung von der Lunge auf das Genitale
erfolgte fast stets auf dem Blutwege. Seltener infiziert Sputum den Darm
und dieser wieder das Bauchfell und die Genitalorgane, speziell die Tuben.
Der Stand der Lungenerkrankung ist daher bei der Genitaltuberkulose auch
der wesentlichste Anhaltspunkt zur Stellung der Prognose. Denn die meisten
Genitaltuberkulösen sterben nicht an ihren genitalen Erkrankungen, sondern
an der fortschreitenden Lungentuberkulose.

3. Einfluß von Schwangerschaft, Geburt und Wochenbett auf die Tuberkulose der Lungen und des Kehlkopfs.

a) Einfluß der Schwangerschaft auf die Lungentuberkulose.

Während bis vor wenigen Jahren die Meinungen über den Einfluß von
Schwangerschaft, Geburt und Wochenbett auf die Lungentuberkulose weit
auseinandergingen, sich zum Teil diametral gegenüberstanden, haben die letzten
Jahre zwar noch keine völlige Klärung und einheitliche Anschauungen ergeben,
aber doch gewisse Richtlinien erkennen lassen. Eine wie große Bedeutung
man diesem Zusammentreffen sowohl von seiten der Gynäkologen, wie der
Internen beilegt, geht wohl am deutlichsten daraus hervor, daß sowohl auf dem
Gynäkologentag in München 1911, wie auf der 84. Versammlung deutscher
Naturforscher und Ärzte in Münster, ferner auf dem Tuberkulose-Ärztetag in
Karlsruhe 1912 und auf dem Internationalen Tuberkulosekongreß in Rom
1912 gerade dieses Thema zur Diskussion stand. Dieses rege Interesse doku-

mentiert sich weiterhin in der großen. Anzahl von Publikationen über dieses Thema, die im Anschluß an diese Kongresse erschienen und in den vielen, zum Teil sehr lebhaften Erörterungen, die sich in den verschiedensten ärztlichen Vereinen des In- und Auslandes daran knüpften. Wie weit früher die Meinungen auseinander gingen, erhellt am besten aus der Tatsache, daß von manchen älteren Autoren das Zusammentreffen von Tuberkulose und Gravidität als ein geradezu erwünschtes Ereignis angesprochen wurde, und infolgedessen lungenkranken jungen Mädchen direkt zur Ehe geraten wurde, während die Autoren der letzten Jahre fast einmütig in dem Eintreten der Schwangerschaft ein ominöses Ereignis sehen. Allerdings herrscht noch nicht volle Einstimmigkeit. Vereinzelt wird der Gravidität immer noch eine Bedeutung für die Lungentuberkulose abgesprochen. Es seien hier erwähnt von seiten der Gynäkologen Stoeckel, der sich dabei auf 52 in Marburg beobachtete Fälle stützt, und Burckhardt, der aus dem Material der Basler Frauenklinik entnimmt, daß bei keiner der Frauen eine Verschlimmerung der Lungen- oder Larynxtuberkulose durch die Gestationsvorgänge festzustellen sei. Weiter sind kürzlich zwei Arbeiten von Catherina van Tussenbroeck und Lambinon aus der Brüsseler Klinik erschienen, die sich auf den gleichen Standpunkt stellen und daher jeden Eingriff verwerfen. Auch Pinard, Paris, glaubt nach wie vor nicht an eine Verschlimmerung durch die Schwangerschaft. Von innerer Seite geben Rabenow und Reicher an der Hand von 10 Fällen aus Heilstättenbehandlung an, daß sie keine wesentliche Verschlechterung hätten beobachten können, obgleich drei ihrer Kranken, wenn auch keinen letalen Ausgang, so doch deutliches Fortschreiten der Erkrankung zeigten. Ebenso will Köhne in 16 von 22 Fällen keine Verschlechterung und siebenmal sogar Besserung bei alleiniger Heilstättenbehandlung gesehen haben.

Auf der anderen Seite finden sich Kliniker wie Maragliano, der in jedem Falle von klinisch nachgewiesener Tuberkulose, ganz gleich, ob latent oder manifest, die Unterbrechung der Schwangerschaft fordern. So auch Bandelier und Röpke in der letzten Auflage ihrer Klinik der Tuberkulose.

Die Mehrzahl der Autoren nimmt einen vermittelnden Standpunkt ein, aber fast allgemein wird jetzt die ungünstige Bedeutung der Gestationsvorgänge für die Lungentuberkulose anerkannt. So schreibt Bumm in seinem Grundriß der Geburtshilfe folgendes: „Für die phthisische Frau ist die Konzeption unter allen Umständen ein wenig wünschenswertes, schlimmes Ereignis; Schwangerschaft, Geburt und Wochenbett, mit ihren erhöhten Anforderungen an den Stoffwechsel und ihren Säfteverlusten, beeinflussen den Gang der Lungenaffektion fast immer in ungünstigem Sinne und vermögen sogar bei vorhandener erblicher Anlage den ersten Anstoß zum Ausbruch der Krankheit zu geben." Runge schreibt in seinem Lehrbuch der Geburtshilfe: „Das relative Wohlbefinden, dessen sich manche dieser Kranken in der Schwangerschaft erfreuen, hat die Meinung entstehen lassen, daß die Tuberkulose in der Schwangerschaft nicht fortschreitet. Für die meisten dieser Fälle ist dieses unrichtig. Im Wochenbett geht es gewöhnlich reißend bergab." Ahlfeld drückt sich folgendermaßen aus: „Für die Mutter ist eine Schwangerschaft bei bestehender Phthise ein sehr ominöses Ereignis". Auch Veits Referat auf dem Münchner Kongreß, das von A. Martin in Rom und Starck in Karlsruhe haben annähernd den gleichen Tenor.

Suchen wir aber Klarheit zu gewinnen über die Häufigkeit des Zusammentreffens und der Verschlimmerung der Tuberkulose, so finden wir die widersprechendsten Angaben. Wir entnehmen die folgenden Tabellen aus der Arbeit von Pankow und Küpferle.

Eine wesentliche Verschlimmerung der Lungenerkrankung sahen:

Van Ysendick	. . . .	in 100	%
Fellner - Schauta	. . . .	„ 68,3	„
Kaminer	. . . .	„ 66	„
Reiche	. . . .	„ 77	„
v. Rosthorn	. . . .	„ 100	„
Eich	. . . .	„ 75	„
Freund	. . . .	„ 38	„
Deibel	. . . .	„ 64	„
Pradella	. . . .	„ 90	„
Kiewe	. . . .	„ 92,8	„
Tecklenborg	. . . .	„ 72,3	„
Neltner	. . . .	„ 67	„
P. J. de Bruine Ploos van Amstel	.	„ 100	„
Pankow - Küpferle	. . . .	„ 94,5	„

Es finden sich also Differenzen zwischen 38% bei Eich und 100% bei van Ysendick und v. Rosthorn.

Auch die Angabe über die Häufigkeit der Todesfälle nach Geburt, Schwangerschaft und Wochenbett ist verschieden, wie aus nachfolgender Tabelle hervorgeht.

Die Mortalität betrug: bei

Grisolle	. . . .	30	%
Van Ysendick	. . . .	54	„
Kaminer	. . . .	61	„
Reiche	. . . .	45,5	„
Rosthorn	. . . .	16	„
Lebert	. . . .	72	„
Kiewe	. . . .	53,1	„
Pradella	. . . .	26	„
Tecklenborg	. . . .	22,9	„
Neltner	. . . .	21,3	„
Deibel	. . . .	50	„
Tiesler	. . . .	50	„
P. J. de Bruine Ploos van Amstel	.	100	„

Hier schwanken also die Angaben sogar zwischen 16 und 100%.

Wenn man diese Zahlen überblickt, so drängt sich einem sofort die **Frage** auf, wie ist es denn erklärlich, daß eine so große Differenz der Ansichten noch heute bestehen kann. Diese Differenz findet ihre Erklärung einmal darin, daß von verschiedenen Autoren ganz verschieden fortgeschrittene Fälle von Lungentuberkulose zur Statistik herangezogen worden sind, und zweitens, daß die Nachbeobachtung sich auf verschieden lange Zeit erstreckt, oft nur bis zur Entlassung aus der Klinik. Die meisten der bis jetzt vorliegenden Arbeiten sind jede von anderen Voraussetzungen ausgehend angelegt, eine einheitliche Gradeinteilung und völlige Nachkontrolle fehlt auch bei den meisten.

Es ist von vornherein wahrscheinlich, daß der Einfluß der Gestations-vorgänge sich verschieden stark bemerkbar machen muß bei aktiver oder inaktiver Tuberkulose. Bei aktiver Tuberkulose wiederum insofern ob weit fortgeschrittene oder weniger fortgeschrittene Fälle zur Statistik heran-gezogen worden sind. Wer in geburtshilflichen Kliniken nur ganz oberflächlich den Lungenbefund aufnimmt, dem werden die meisten der leichteren Fälle entgehen und nur die schweren zur Kenntnis kommen. Diese letzteren aber werden selbstverständlich eine weit größere Zahl von Verschlimmerungen auf-weisen, als die beginnenden Fälle von Lungentuberkulose. Es wird daher, um einen klaren Einblick in die Bedeutung der Gestationsvorgänge für die Lungentuberkulose zu gewinnen, nichts anderes übrig bleiben, als zunächst einmal zu versuchen, gewisse Gradeinteilungen des tuberkulösen Prozesses vorzunehmen. Da die Lungentuberkulose ein chronisch verlaufender Prozeß

ist, so ist es selbstverständlich, daß jede Klassifizierung auf große Schwierigkeiten stoßen muß, weiter, daß bei Gruppierungen gewisse Willkürlichkeiten
immer unterlaufen werden.

Fließende Übergänge werden immer vorkommen und es wird oft im gegebenen Falle schwierig sein, die Unterbringung in der einen oder der anderen
Gruppe einwandsfrei zu machen. Dennoch sind wir der Überzeugung, daß
bei aller Anerkennung der Fehler, die eine derartige Gruppierung nachweislich
mit sich bringt, nur auf diese Weise Klarheit in die Materie hereingebracht
werden kann. Die Beobachtung des eigenen Materials hat uns dazu geführt,
als praktisch brauchbar gerade für die Bedeutung, die die Gestationsvorgänge auf die Lungentuberkulose haben, zunächst eine Einteilung in zwei
große Gruppen vorzunehmen, nämlich einmal in die latente Tuberkulose
und weiter in die manifeste Tuberkulose. Und zwar möchten wir hier der
Definition von A. Fraenkel folgen, der unter manifester Tuberkulose
die Fälle versteht, bei denen neben objektiv nachweisbarer Tuberkulose auf
den Lungen gleichzeitig ausgesprochene subjektive Beschwerden der Patientin
bestehen, und unter latenter Tuberkulose die Fälle, bei denen objektiv nachweisbare Veränderungen auf den Lungen festzustellen sind, die Prozesse aber
wegen der Geringfügigkeit der Ausdehnung oder schon teilweisen oder völligen
Heilung klinisch symptomlos verlaufen. Unter latenter Tuberkulose können
wir dann wiederum trennen in latent aktive und latent inaktive Fälle, indem wir
unter den latent aktiven Fällen die Fälle verstehen, bei denen der Prozeß noch
nicht zur Abkapselung gekommen ist und unter latent inaktiven Fällen die,
bei denen die Kranken schon durch fibröse Prozesse vor einer weiteren Ausdehnung geschützt ist. Wir möchten nochmals betonen, daß selbstverständlich die
Übergänge hier fließend sind, und daß eine Einteilung immer etwas Erzwun-
genes hat. Aber wie die Nachuntersuchung von Pankow und Küpferle
gezeigt hat, ist tatsächlich gerade bei dieser Einteilung in zwei große Gruppen
auch ein deutlicher Unterschied in dem späteren Verhalten der tuberkulösen
Frauen zu erkennen. Es ist sofort zuzugeben, daß hierbei zum Teil subjektive
Angaben der Patienten als Gruppeneinteilung zugrunde gelegt werden, und
niemand wird leugnen wollen, daß die subjektiven Angaben oft genug unzuverlässig sind. Immerhin sind bei der manifesten Tuberkulose' die Symptome,
wie Nachtschweiße, Husten, Auswurf, blutiges Sputum so charakteristisch,
daß den anamnestischen Daten gerade bei dieser Erkrankung eine nicht zu
unwesentliche Bedeutung zugeschrieben werden kann.

Wird diese Einteilung als praktisch brauchbar speziell im Hinblick auf
die Bedeutung der Gestationsvorgänge für die Lungentuberkulose anerkannt,
so empfiehlt es sich, wie hier Pankow und Küpferle bei Bearbeitung des
großen Freiburger Materials zeigen konnten, weiter die Fälle von manifester
Tuberkulose wiederum in verschiedene Untergruppen einzuteilen. Denn auch
in dieser Gruppe ist es von vornherein wahrscheinlich, daß die Schwangerschaft ungünstiger auf einen fortgeschrittenen Prozeß manifester Lungentuberkulose, als auf einen beginnenden Prozeß Einfluß haben wird. Auch hier sind
wiederum die verschiedensten Gruppierungen angegeben und wir verweisen
auf die Abhandlungen dieses Handbuches über Lungentuberkulose. Pankow
und Küpferle haben bei Bearbeitung ihres Materials als das richtigste gefunden, die Klassifizierung der Turbanschen Stadieneinteilung festzuhalten,
und unterschieden bei manifester Lungentuberkulose wiederum leichte, schwere
und mittelschwere Fälle. Diese Einteilung ist um so wichtiger für die All-
gemeinheit, als sie ja auch der Einteilung des Reichsgesundheitsamtes in dem
Schema für Lungenuntersuchungen zugrunde gelegt ist. Die drei Stadien sind
folgende:

1. Leichte, auf kleine Bezirke eines Lappens beschränkte Erkrankung, die z. B. an den Lungenspitzen bei Doppelseitigkeit des Falles nicht über die Schulterblattgräte und das Schlüsselbein, bei Einseitigkeit vorn nicht über die zweite Rippe hinunterreichen darf.

2. Leichte, weiter als 1., aber höchstens auf das Volumen eines Lappens, oder schwere, höchstens auf das Volumen eines halben Lappens ausgedehnte Erkrankung.

3. Alle über II hinausgehende Erkrankungen und alle mit erheblicher Höhlenbildung.

Diese Turbansche Einteilung hat sich den Autoren Pankow und Küpferle besser praktisch brauchbar erwiesen, als die z. B. bei der Abwägung der Einwirkung der Gestationsvorgänge auf tuberkulöse Lungenprozesse von Rosthorn und A. Fränkel-Badenweiler, gewählte Klassifizierung in zirrhotische, infiltrative und kavernöse Prozesse. Ganz abgesehen davon, daß auch hier fließende Übergänge und Kombinationen überaus häufig sind, ließen sich bei der Unterbringung des von Pankow und Küpferle untersuchten großen Materials keine so einheitlichen Gesichtspunkte finden, wie bei der Turbanschen Einteilung.

Es mag vielleicht einseitig erscheinen und den Wert der Untersuchungen der eigenen Klinik überschätzen, wenn wir uns bei der Darstellung des Einflusses, welchen Schwangerschaft, Geburt und Wochenbett auf die Lungentuberkulose haben, eng an die Befunde von Pankow und Küpferle anschließen, aber wir glauben doch in 2 Gründen hierzu die Berechtigung zu finden. Einmal ist noch nicht, so weit wir die Literatur kennen, ein so großes und so genau von seiten des internen Klinikers mit Hilfe aller neuen Untersuchungsmethoden behandeltes Material zusammengetragen, das eine so zahlreiche, über Jahre hinausreichende Nachbeobachtung aufweist, und weiter ist es auf einem Gebiete, das so weitgehend differente Ansichten in der Literatur aufweist, dem Bearbeiter dieses Themas kaum anders möglich, als auf Grund eigener Erfahrungen Stellung zu der Frage zu nehmen. Würden hier wiederum die Ansichten der verschiedensten Autoren, die zum Teil nur auf wenige Fälle begründet ihre Ansicht aufgebaut haben, wiedergegeben werden, so würde der Leser am Schlusse der Abhandlung nur den einen Eindruck gewinnen, daß die Frage noch nicht im entferntesten spruchreif ist, so lange eine so weitgehende Differenz der Anschauungen besteht. Wir glauben aber, daß doch die Frage bis zu einem gewissen Grade zu einem Abschluß gelangt ist. Sollte es sich ermöglichen, daß andere Kliniker sich entschlössen, unter dem gleichen Gesichtspunkte ihr Material zu gruppieren und nachzubeobachten, so würde zweifellos in Bälde die Bedeutung der Gestationsvorgänge für die Lungentuberkulose und die daraus zu folgernden therapeuthischen Maßnahmen nicht mehr Gegenstand der Kontroverse sein, sondern bald zu einem einheitlichen Abschluß gekommen sein.

Diese mag als Grund dafür dienen, daß wir uns im folgenden ziemlich eng an die Darstellung unseres Materiales durch Pankow und Küpferle halten.

Das Gesamtmaterial, das Pankow zusammengetragen hat, umfaßt 222 Fälle. Davon sind 145 Frauen mit manifester Tuberkulose und 77 Frauen mit latenter Tuberkulose in dem oben angegebenen Sinne. Hierbei ist zu erwähnen, daß die Fälle von latenter Tuberkulose als Zufallsbefunde meist am Ende der Schwangerschaft gefunden wurden, indem bei einer Serie von 1400 Schwangeren am Ende der Zeit grundsätzlich der Lungenbefund von seiten des internen Klinikers (Küpferle) auf das genaueste aufgenommen wurde. In der Anamnese war entweder gar nichts auf Lungentuberkulose Nachweisbares, oder es fanden sich manchmal die Angaben, daß die betreffende Patientin früher an einem Spitzenkatarrh gelitten hatte, daß aber seit langer Zeit dieser Prozeß keine Symptome mehr bei der betreffenden Frau hervorgerufen hat.

Vornehmlich interessieren die 145 Fälle von manifester Lungentuberkulose, weil natürlich sich bei diesen der Einfluß der Fortpflanzungstätigkeit besonders bemerkbar machen wird. Die Frauen mit manifester Tuberkulose wurden zu verschiedenen Zeiten der Schwangerschaft in die Klinik eingeliefert Wir geben kurz in einer Tabelle die Gruppierung wieder.

Es boten nämlich einen Befund entsprechend

	im 1.—4. Monat	5.—7. Monat	8.—9. Monat
dem I. Stadium	90 %	47 %	30 %
dem II. ,,	8 %	33 %	45 %
dem III. ,,	2 %	20 %	25 %

Aus dieser Tabelle erkennt man sofort folgendes: Unter den Fällen mit Turban 1 findet sich der größere Prozentsatz im 1.—4. Monat, während im 8.—9. Monat nur noch ein relativ kleiner Prozentsatz mit Turban I sich vorfindet. Im II. und III. Stadium ist das Verhältnis ein umgekehrtes, d. h. fortgeschrittene Fälle von Lungentuberkulose fanden sich unverhältnismäßig selten in der ersten Hälfte der Schwangerschaft, dagegen relativ sehr häufig in der zweiten Hälfte der Gravidität. Wir glauben, daß diese Tabelle kaum eine andere Erklärung zuläßt als die, daß während der Schwangerschaft eine objektive Verschlimmerung der Tuberkulose stattfindet. Denn man kann doch kaum annehmen, daß hier nur durch Zufälligkeiten eine so weitgehende Differenz in dem objektiven Befunde der Tuberkulose in der ersten und zweiten Hälfte der Schwangerschaft bei unseren Fällen vorliegt. Ungezwungen erklärt sich die Tabelle nur so, daß während der Schwangerschaft eine Verschlimmerung auch des objektiven Befundes statthat. Diese Annahme wird auch noch dadurch unterstützt, daß von den 145 Fällen von manifester Tuberkulose nicht weniger wie 94,5 % der Frauen in der Anamnese angaben, daß sie während der Schwangerschaft eine deutliche Verschlechterung ihres subjektiven Befindens beobachteten. Dem gegenüber stehen die Fälle von latenter Tuberkulose von den Frauen, bei denen wir am Ende der Schwangerschaft als Zufallsbefund. eine latent aktive oder inaktive Tuberkulose vorfanden; wir haben hier niemals durch den Arzt erfahren, daß während der Schwangerschaft der Prozeß aus dem aktiven in das latent inaktive Stadium übergegangen wäre. Sondern bei den am Ende der Schwangerschaft latent tuberkulösen Frauen war die Schwangerschaft ohne weitere Komplikationen verlaufen. Natürlich fehlt uns hier die klinische Kontrolle vollständig, weil die Frauen ja von ihrer latenten Tuberkulose keine deutlichen klinischen Symptome hatten.

Wenn wir jetzt noch einmal die auf der Tabelle S. 160 wiedergegebenen so differenten Anschauungen über die Häufigkeit der verschlechterten Lungentuberkulose heranziehen, so können wir jetzt die so verschieden differenten Angaben uns leicht erklären, je nachdem die betreffenden Autoren zufälligerweise mehr inzipiente oder mehr fortgeschrittene Fälle von Lungentuberkulose gehabt haben. Diese Meinungsdifferenz muß um so brüsker in den prozentualen Verhältnissen hervortreten, als von den verschiedenen Autoren, die sich hierzu geäußert haben, das Prozentverhältnis der Verschlimmerung oft nur aus einer sehr geringen Anzahl von Fällen berechnet wurde.

Wenn wir auf Grund des eigenen Materials und unter Zugrundelegung der Literaturangaben die von fast allen Autoren heute vertretenen Ansichten damit als erwiesen erachten, daß durch Schwangerschaft, Geburt und Wochenbett im allgemeinen eine Verschlimmerung des tuberkulösen Lungenprozesses bedingt wird, so bedarf es noch weiter der Erörterung der Frage, in welchem Zeitpunkt des Gestationsvorganges erfahrungsgemäß die Verschlechterung des tuberkulösen Lungenbefundes statthat. Auch hierüber gehen die Ansichten in der Literatur ziemlich weitgehend auseinander. Während die einen, v. Rosthorn, Kania, Serno u. a., die Verschlimmerung hauptsächlich in den ersten Monaten der Schwangerschaft beobachteten, geben Kleinwächter, Jakob und Pannwitz hauptsächlich die zweite Hälfte der

Schwangerschaft und das Frühwochenbett als Prädilektionszeiten für ein schnelles rapides Fortschreiten der Tuberkulose an. Von sehr vielen Autoren wird besonders der ungünstige Einfluß des Wochenbettes auf den Ablauf der Tuberkulose bezeichnet. Die eigenen Erfahrungen hierüber ergaben uns folgendes: Es kann in jedem Zeitpunkt der Schwangerschaft eine akute Verschlimmerung des Lungenprozesses eintreten, doch ist im allgemeinen in der Schwangerschaft die zweite Hälfte die Periode, in der eine manifeste Lungentuberkulose schnelle Fortschritte zum Schlechten macht. Eine ganz besondere Stellung nimmt auch im eigenen Material das Frühwochenbett ein. Gerade im Wochenbett hat ein bis dahin während der ganzen Schwangerschaft ziemlich konstant gebliebener Lungenbefund sich gelegentlich sehr rapide verschlechtert. Von den verschiedensten Seiten ist auf die Entstehung einer Miliartuberkulose im Frühwochenbett hingewiesen, die dann schnell den Tod des Individuums herbeiführt. Besonders Veit macht in seinem Referat über Tuberkulose und Schwangerschaft darauf aufmerksam, daß der Tod an Tuberkulose relativ selten in der Schwangerschaft selbst eintritt, sondern daß gewöhnlich sehr früh oder sehr spät im Wochenbett die Kranken an ihrer Tuberkulose zugrunde gehen.

Fragen wir uns zunächst einmal, wie es denn erklärlich ist, daß Schwangerschaft und Wochenbett auf die Lungentuberkulose einen besonders ungünstigen Einfluß ausüben. Während der Schwangerschaft häuft die Schwangere hamsterartig Fettsubstanzen an gewissen Organen, vornehmlich in der Leber an. Auch das Blut der Schwangeren weist einen vermehrten Fettgehalt oder vielmehr einen gesteigerten Gehalt an Lipoiden, vor allem an Cholesterinestern auf. Es ist nun sehr gut denkbar, daß durch diese Anhäufung des Fettes oder von Lipoidsubstanzen in gewissen Organen und im Blute den Tuberkelbazillen besonders günstige Bedingungen für ihre Ausbreitung gegeben werden. Hofbaur hat darüber experimentelle Untersuchungen am ·Meerschweinchen angestellt. Durch Cholesterinfütterung rief er beim Meerschweinchen eine Vermehrung des Cholesteringehaltes im Blute künstlich hervor und unterwarf diese Tiere gleichzeitig mit Kontrolltieren der Inhalation verstäubter Tuberkelbazillen. Nach etwa vier Wochen wurden beide Serien der Versuchstiere getötet. Bei den Cholesterintieren war die Entwicklung der Tuberkulose eine fortgeschrittene, vor allem zeigten die Tiere gegenüber den Kontrolltieren Gewichtsverluste. Auch Thaler und Christofoletti haben im gleichen Sinne Versuche angestellt. Auch sie möchten in der beträchtlichen Zunahme des Blutes während der Schwangerschaft an Lipoiden, vor allem an der Zunahme des Cholesterinesters im Blute, wie sie u. a. durch Neumann, Hermann und Hartl nachgewiesen sind, die Erklärung für das schnelle Fortschreiten der Tuberkulose in der Schwangerschaft finden. Versetzten sie das tuberkuloseantikörperfreie Serum Neugeborener mit dem cholesterinhaltigen Alkoholextrakte des Blutes schwangerer Frauen, so konnten sie in vitro das Wachstum der Tuberkelbazillen auf diesem Serum in auffallender Weise quantitativ fördern.

Während diese Versuche in der Lage sind, uns über die klinische Beobachtung des schnelleren Fortschreitens der Lungentuberkulose in der Schwangerschaft eine plausible Erklärung zu geben, sind sie nicht in der Lage, uns die nicht selten gemachte Beobachtung zu bestätigen, daß während der ganzen Schwangerschaft die Lungentuberkulose gleichbleibt, um sich erst im Frühwochenbett zu verschlechtern. Denn nach den bisherigen Angaben verschwinden mit Beginn des Frühwochenbettes sowohl die Cholesterinämie, als auch die Vermehrung der Lipoidsubstanzen im Blute. Hier müssen also andere Faktoren mit in Betracht kommen. Vielleicht spielen die uns durch die Untersuchungen von Schmorl, Sitzenfrey, Schlimpert u. a. wiederholt konstatierten Fälle von Plazentartuberkulose eine nicht unwichtige Rolle. Es ist sehr gut denkbar, daß die an der Grenze von Mutter und Kind befindlichen tuberkulösen Veränderungen der Eihüllen durch die Ablösung des Eies in der Geburt mobilisiert werden, und daß nur eine Überschwemmung des mütterlichen Blutes mit Tuberkelbazillen statthat. Hierdurch würde sich die auffallende Häufigkeit der Entstehung einer Miliartuberkulose im Wochenbett am besten erklären.

Durch rein physikalische Vorgänge lassen sich dann schließlich auch die akute Verschlimmerung der Lungentuberkulose speziell in der zweiten Hälfte der Schwangerschaft erklären. Durch die Untersuchungen von Bacmeister ist uns die Bedeutung der mechanischen Verhältnisse der Lokalisation der Tuberkulose an der Lungenspitze verständlich geworden. Engte Bacmeister bei Versuchstieren durch einen Drahtring die obere Thoraxappertur ein, so konnte er bei seinen Versuchstieren häufiger als bei den

Kontrolltieren ein Haften der Infektion in den Lungenpartien so verengter Brusträume erzielen. Bei der Schwangerschaft wird in der zweiten Hälfte das Zwerchfell heraufgedrückt. Wenn nun auch zugegeben werden muß, daß das Atemvolumen der Schwangeren gegenüber dem Nichtschwangeren nicht wesentlich reduziert wird, so ist es doch nach Analogieschlüssen der Untersuchungen Bacmeisters wohl erklärlich, daß die Ventilation gewisser Lungenpartien, vor allem der Lungenspitzen durch die Schwangerschaft reduziert wird, wodurch ein Fortschreiten der Lungentuberkulose speziell in diesen Abschnitten begünstigt wird. Mag aber auch durch chemische und physikalische Versuche das Fortschreiten der Lungentuberkulose in Schwangerschaft und Frühwochenbett noch nicht genügend erklärt sein, so viel scheint doch sicher zu sein, und damit kommen wir auf das oben Gesagte zurück, daß im allgemeinen ein ungünstiger Einfluß der Schwangerschaft und des Frühwochenbetts auf die Lungentuberkulose kaum noch abzuleugnen ist, und weiter, daß diese Verschlimmerung des Lungenbefundes in jedem Zeitpunkt der Schwangerschaft und Frühwochenbett eintreten kann.

Damit aber leiten wir von selbst über zu den für den Praktiker so wichtigen Fragen:

1. Ist die Verschlimmerung der Lungentuberkulose durch die Schwangerschaft eine derartige, daß wir die künstliche Unterbrechung der Schwangerschaft bei der Lungentuberkulose als berechtigt anerkennen können?

2. Bessern wir denn wirklich durch eine Unterbrechung der Schwangerschaft die Resultate der Mütter wesentlich (oder können wir auch etwa durch konservative therapeutische Maßnahmen bestimmter Art gleich günstige Resultate erzielen).

3. Wird dieses zugegeben, sind wir dann vielleicht in der Lage, für bestimmte Fälle von Lungentuberkulose die Indikation zur Unterbrechung der Schwangerschaft zu finden, während wir für andere diese Indikation ablehnen, und

4. ist die Prognose der Kinder tuberkulöser Mütter eine schlechte, daß uns hierdurch der Entschluß zur Unterbrechung der Schwangerschaft noch erleichtert wird.

5. Ist die Schädigung, und auch das ist eine weitere Frage, die unbedingt aufgeworfen werden muß, die die Schwangerschaft im Ablauf der Lungentuberkulose hat, eine solche, daß die Unterbrechung der Schwangerschaft auch im Hinblick auf die Einschränkung gestattet ist, die uns hier das Deutsche Strafgesetzbuch auferlegt, und schließlich

6. welche Verfahren kommen therapeutisch in Betracht?

7. Wie können wir die Prognose bessern, resp. eine wirksame Prophylaxe üben?

Wenden wir uns zunächst der ersten Frage zu, so gehen gerade hier die Ansichten weit auseinander, wobei sich leider zum Teil bei den Autoren, man darf fast sagen, eine absichtliche Verschleierung der Indikationsstellung klar zeigt. Ich führe folgendes an. Es wird von einer großen Zahl erwähnt, daß

1. in fast allen Fällen die Lungentuberkulose durch die Schwangerschaft wesentlich verschlechtert wird und

2. daß bei der Bewertung des mütterlichen und kindlichen Lebens unter allen Umständen das Interesse der Mutter gegenüber dem des Kindes den Vorzug verdiene.

Wenn wir Punkt 1 und 2 zusammennehmen, so müßte man logischerweise jetzt die Schlußfolgerung aus diesen beiden Sätzen erwarten: Also ist in jedem Fall bei Komplikation von Tuberkulose und Schwangerschaft die Graviidtät zu unterbrechen. Aber dieser Schluß wird merkwürdigerweise nicht gezogen, sondern der Autor verschleiert sich hier unter Ausdrücken, wie: ob die Schwangerschaft unterbrochen werden soll oder nicht, muß von Fall zu Fall entschieden werden. Man soll, heißt es, individualisieren! Gewiß soll in der Medizin nicht schablonenhaft behandelt werden, aber genau wie in allen anderen Wissenschaften, so müssen auch in der Medizin Gesetzmäßigkeiten gesucht werden, unter die wir den einzelnen Fall rubrizieren können, wenn anders wir nicht in der Therapie reine Zufallstreffer erleben wollen. Leider aber wird das Wörtchen individualisieren in der Medizin so häufig gebraucht, um dadurch eine wirklich bestehende Unsicherheit in der Indikationsstellung zu vertuschen.

Bumm erzählte gelegentlich des Münchener Gynäkologenkongresses seine Erfahrungen über die verschiedene Auffassung im gegebenen Falle bei Komplikation von Tuberkulose und Schwangerschaft, wenn er Gelegenheit nahm, sich das Gutachten verschiedener Autoritäten in Berlin einzuholen. Er sagte, daß fast stets eine ganz differente Meinungsäußerung von den verschiedenen Autoren gerade in betreff der Indikationsstellung zur Unterbrechung der Schwangerschaft abgegeben würde. Es muß unter allen Umständen unser Bestreben sein, hier gewisse allgemeine Grundsätze aufzustellen.

Wir müssen daher auf unser eigenes Material zurückkommen, um an der Hand desselben zunächst einmal den Verlauf der Krankheit bei der in unserer Klinik geübten Therapie der prinzipiellen Unterbrechung zu verfolgen und daraus allgemeingültige Schlußfolgerungen zu ziehen.

Betrachten wir zunächst die Fälle, die schon im Beginn der Schwangerschaft eine manifeste Lungentuberkulose aufwiesen, so sahen wir in 94,5% der Fälle eine Verschlimmerung eintreten. Aber dieses allein würde nicht genügen, um die Schwangerschaft zu unterbrechen. Denn man kann sich vorstellen, daß die Verschlimmerung des Zustandes in der Schwangerschaft vielleicht im Wochenbett wieder gebessert wird, und daß der schließliche Ausgang wieder ein günstiger ist. Es ist infolgedesen notwendig, zur Klärung der weiteren Verhältnisse das Schicksal der Frauen im Wochenbett zu kennen. Da hat sich nun folgendes ergeben: In den Fällen, in denen die Frauen in der zweiten Hälfte der Schwangerschaft eine manifeste Tuberkulose hatten, wo also der ungünstige Einfluß der Schwangerschaft schon über Monate hinaus auf die Tuberkulose hatte einwirken können, starben schon innerhalb der nächsten Jahre 54% der Frauen an Lungentuberkulose. Ein weiterer Prozentsatz (20%) zeigte teils bei der Nachuntersuchung eine so wesentliche Verschlimmerung der Lungentuberkulose, daß nach Angabe des behandelnden Arztes das Ende der Frau bald zu erwarten stand, teils war er infolge der Lungentuberkulose arbeitsunfähig. Eben diese Erfahrungen hatten in uns den Entschluß gereift, in jedem Fall von manifester Tuberkulose die Schwangerschaft vorzeitig zu unterbrechen. Wir schließen uns also in diesem Falle ganz dem erst vor kurzem von Bandelier und Röpcke in der 5. Auflage ihrer „Klinik der Tuberkulose XX" eingenommenen Standpunkte an: „In jedem Falle von Lungentuberkulose ist die Schwangerschaft zu unterbrechen."

Es ist jetzt Pflicht zu erörtern, ob wirklich durch die Unterbrechung der Schwangerschaft das Interesse der Mutter in jeder Weise gewahrt ist, so daß wir deswegen die Opferung des kindlichen Lebens einsetzen dürfen. In der Literatur schwanken die Angaben über die Indikation zur Unterbrechung der Schwangerschaft bei Lungentuberkulose ganz außerordentlich. Während sich aber in den letzten Jahren sowohl Gynäkologen als auch Interne mehr und mehr für die Unterbrechung in der ersten Hälfte erklären, wird die Unterbrechung der Schwangerschaft in der zweiten Hälfte von fast allen Autoren für falsch erachtet, weil sie nach ihrer Ansicht hier der Mutter keinen Nutzen mehr bringt. Oft genug ist allerdings über die verschiedenen Resultate keine genügende Klarheit zu erhalten, weil leider die Ausdrücke: Einleitung eines künstlichen Aborts, der künstlichen Frühgeburt und der künstlichen Fehlgeburt nicht nach gleicher Definition gebraucht wird. Um den Einfluß der Unterbrechung der Schwangerschaft in den verschiedenen Zeiten genau zu skizzieren, haben wir uns der Winkelschen Definition angeschlossen und verstehen unter Einleitung des künstlichen Aborts die Unterbrechung der Schwangerschaft in den ersten vier Monaten derselben, unter Einleitung der künstlichen Fehlgeburt die Unterbrechung der Schwangerschaft im 5. bis 7. Monat inkl. und unter Einleitung der künstlichen Frühgeburt die Unterbrechung der Schwangerschaft im 8. und 9. Monat.

Wenn wir nun nach dieser Einteilung unser Material prüfen, so entnehmen wir der Arbeit von Pankow und Küpferle folgende Daten:

Manifeste Tuberkulose. Von 105 Frauen, bei denen in den ersten vier Monaten wegen **manifester** Tuberkulose unterbrochen wurde, konnten 68 Fälle nachuntersucht werden. Davon boten bei der ersten Untersuchung vor der Unterbrechung

$$\text{einen Befund des ersten Stadiums} = 61$$
$$\text{,,} \quad \text{,,} \quad \text{,, zweiten ,,} \quad = 5$$
$$\text{,,} \quad \text{,,} \quad \text{,, dritten ,,} \quad = 2.$$

Bei der Nachuntersuchung fanden sich aus dem

$$\text{I. Stadium günstig beeinflußt } 90\%, \text{ ungünstig } 10\%$$
$$\text{II. ,, ,, ,, } 60\%, \text{ ,, } 40\%$$
$$\text{III. ,, ,, ,, } 0\%, \text{ ,, } 100\%$$

im ganzen also $85,3\%$ Besserung resp. Heilung mit $1,5\%$ Mortalität.

Es erhellt also auch aus unserem Material die Richtigkeit des künstlichen Abortes bei manifester Tuberkulose.

Stellen wir diesen Pankows und Küpferles Resultate aus der zweiten Hälfte der Schwangerschaft gegenüber, so ergibt sich für die künstliche Fehlgeburt nach den einzelnen ·Stadien

$$\text{im I. Stadium günstig beeinflußt } = 66,6\%, \text{ ungünstig } = 33,3\%$$
$$\text{im II. ,, ,, ,, } = 20\%, \text{ ,, } 80\%$$
$$\text{im III. ,, ,, ,, } = 0\%, \text{ ,, } 100\%$$
$$\text{insgesamt ,, ,, } = 38,5\%, \text{ ,, } 61,5\%$$

mit einer Mortalität von $53,3\%$.

Ähnlich sind die Resultate bei der Einleitung der künstlichen Frühgeburt. Es fanden sich

$$\text{im I. Stadium günstig beeinflußt } = 40\%, \text{ ungünstig } = 60\%$$
$$\text{im II. ,, ,, ,, } = 28,6\%, \text{ ,, } = 70,4\%$$
$$\text{im III. ,, ,, ,, } = 20\%, \text{ ,, } = 80\%$$
$$\text{insgesamt ,, ,, } = 29,4\%, \text{ ,, } = 70,6\%.$$

In allen angeführten Tabellen springt die Korrespondenz zwischen Schwere der Erkrankung und Mißerfolg der Unterbrechung sofort in die Augen; während im ersten Stadium bis zu 90% der Tuberkulösen günstig beeinflußt wurden, ergab schon der artefizielle Abort im dritten Stadium der Erkrankung 0% Heilung. Noch wesentlich ungünstiger scheint auf den ersten Blick die Prognose bei künstlicher Fehl- und Frühgeburt, nämlich nur noch 66,6 bzw. 40% Besserung im ersten und 20 bzw. 28% im zweiten Stadium der Krankheit.

Berücksichtigen wir aus dem 5.—9. Monat aber nur die Frauen, welche erst kürzlich, d. h. innerhalb der letzten acht Wochen die ersten subjektiven Symptome ihrer Krankheit bemerkt hatten, so erhalten wir für die zweite Hälfte der Schwangerschaft viel günstigere Resultate; es starben nämlich von 11 in Betracht kommenden Frauen nur eine, während sieben eine deutliche Besserung erkennen ließen.

Wir müssen uns daher zu der Mehrzahl der Autoren in Gegensatz stellen, indem wir auch in der zweiten Hälfte der Schwangerschaft die Unterbrechung für indiziert erklären, allerdings mit der dringenden Forderung, mit

Abwarten und Beobachten keinen Tag kostbare Zeit zu verlieren, sobald die Diagnose gesichert ist. Ob man auch bei den Fällen des dritten Stadiums unterbrechen bzw. Frühgeburt einleiten soll, hängt ja zum Teil von der Bewertung des kindlichen Lebens ab, über dessen schlechte Chancen wir weiter unten berichten werden. Zum mindesten verschaffen wir dadurch der Mutter eine große Erleichterung.

Latente Tuberkulose. Wesentlich günstiger fielen unsere Beobachtungen bei der latenten Tuberkulose aus. Von den 77 Fällen konnten 29 längere Zeit, teils bis zu fünf Jahren, nachbeobachtet werden. Von ihnen waren 19 gleich oder gebessert, 6 langsam progredient und 4 gestorben. Von letzteren nur eine im Anschluß an das Wochenbett, während die anderen noch über 2, bzw. 3 Jahre am Leben blieben. Von den 6 verschlechterten waren 4 nach 3—5jähriger Beobachtung noch voll arbeitsfähig, so daß wir eine Mortalität im Zusammenhang mit der Geburt nur in 3,5%, eine Verschlechterung in 14% erhalten. Wir müssen demnach für die manifeste Tuberkulose bedingungslos und für die latente in einer großen Zahl von Fällen einen ungünstigen, zum Teil verderblichen Einfluß der Schwangerschaft anerkennen.

Es fragt sich nun, ob die Chancen für die Kinder so ungünstig sind, daß sich die Opferung des kindlichen Lebens in jedem Falle verantworten läßt. Hier finden wir, wie oben schon angedeutet, die schärfsten Gegensätze in der Literatur der letzten Jahre, und zwar geht im großen und ganzen die Tendenz dahin, im dritten Stadium die Mutter ihrem Schicksal zu überlassen, und nur noch das Interesse des Kindes im Auge zu behalten. Sehen wir uns aber einmal das Los solcher Kinder an, so erfahren wir von Petruschky, daß von 18 Kindern manifest tuberkulöser Mütter 11 = 58% an Tuberkulose gestorben sind. Auch sonst wird häufig die schlechte Prognose der Kinder bei fortgeschrittener Tuberkulose der Mutter betont. Ferner hat die Beobachtung ergeben, daß es infolge dieses Leidens gerade im dritten Stadium oft zur spontanen Frühgeburt kommt, wodurch die Aussichten für die Kinder noch weiter benachteiligt werden, zumal, wenn sie, wie oft unvermeidlich, unter den kümmerlichsten äußerlichen Verhältnissen aufwachsen müssen. In unserer Klinik wurden unter 17 Fällen manifester Tuberkulose im 8. bis 9. Monat 7mal = 41,4% die spontane Unterbrechung beobachtet, während spontane Fehlgeburten bei 14,3% der Frauen eintraten. Von den 23 lebensfähig geborenen Kindern starb eines intra partum, von den übrigen starben 12 = 54,5%, davon 5 an Lebensschwäche und 5 an Lungentuberkulose. Wir finden hier fast die gleichen Zahlen wie Petruschky.

Viel günstiger liegen die Verhältnisse bei den Kindern latent tuberkulöser Mütter. Eine Vermengung dieser und der vorigen Kategorie hat wohl genau so wie in dem Verhalten zur Schwangerschaft gelegentlich zu einer Unterschätzung der Bedeutung der mütterlichen Erkrankung für den Säugling geführt. Denn wie Pankow zeigen konnte, starben aus dieser zweiten Gruppe von 26 nicht verschollenen Kindern 1 intra partum und nur 7 = 25,9% im ersten Jahre gegen einen Jahresdurchschnitt (1900—1909) von 19,5% im Großherzogtum Baden.

Nun sahen wir oben, daß selbst in der zweiten Hälfte der Schwangerschaft bei manifest-tuberkulösen Frauen selbst in fortgeschrittenen Stadien der Erkrankung, sobald man nur frühzeitig unterbricht, die Chancen der Mutter doch besser sind, als gemeinhin angegeben wird, nämlich 64% Besserung, während nur 54% Kinder dieser Gruppe am Leben blieben. Es erscheint uns daher die Forderung wohl berechtigt im Gegensatz zu der Mehrzahl der Autoren, bei manifester Tuberkulose in jedem Falle zu unterbrechen, je früher desto besser; wenn nötig aber auch in den letzten Monaten.

Umgekehrt müssen wir aber je nach der höheren Bewertung des mütterlichen oder kindlichen Lebens bei latenter Tuberkulose in Anbetracht des Überschusses an Kindern im Gegensatz zu der relativ geringen mütterlichen Mortalität (= 74 : 3,5%) die Forderung anerkennen, zunächst einmal zuzuwarten, zumal, wenn wir die Frau ständig in Beobachtung behalten, und durch Hebung der Diät, der allgemeinen äußeren Bedingungen und der weiter unten zu besprechenden Heilstättenbehandlung für Kräftigung der Widerstandskraft Sorge tragen können. Allerdings mit dem strikten Verlangen, daß im Falle der geringsten subjektiv oder objektiv nachweisbaren Verschlimmerung sofort unterbrochen werden muß. Um auch bei manifester Tuberkulose Heilstättenbehandlung zu empfehlen, sind unseres Erachtens die Zahl der Beobachtungen noch zu gering und widersprechend, und die erzielten Erfolge nicht günstig genug.

Nach den oben mitgeteilten Resultaten, die nur zu deutlich zeigen, wie groß die Gefährdung der erkrankten Mutter ist, erübrigt sich eigentlich die Beantwortung der Frage von selbst, ob sich die Unterbrechung vor dem Strafrichter rechtfertigen läßt, die von manchen Seiten, insbesondere von Thorn und Veit aufgeworfen worden ist. Bei manifester Tuberkulose ist ja nicht nur durch die Arbeiten aus unserer Klinik der verderbliche Einfluß einer Gravidität allgemein anerkannt. Und bei latenter ist doch die Prognose im einzelnen Falle, wenn er auch noch so leicht zu sein scheint, so ungewiß und die Mortalität von 3,5% nicht so gering, daß man sie ohne weiteres vernachlässigen kann. Wenn von vielen Seiten gefordert wird, daß der Gynäkologe nicht auf eigene Verantwortung hin diesen Eingriff vornehmen soll, so entspricht das nur dem von uns befolgten Modus, in jedem Fall den Rat eines inneren Klinikers zum Zweck der Diagnosenstellung zu erbitten. Das erhellt ja am besten aus der gemeinsamen Arbeit von Pankow, dem Gynäkologen, und Küpferle, dem inneren Mediziner. Denn der Gynäkologe allein dürfte wohl nur in seltenen Fällen in der Lage sein, in den Anfangsstadien der Erkrankung mit Sicherheit eine wirklich exakte und zuverlässige Diagnose zu stellen.

Prophylaxe. Erkennen wir einmal die Berechtigung zur Schwangerschaftsunterbrechung in gewissen Fällen an, so sind wir natürlich in den gleichen Fällen verpflichtet, alles zu tun, um dies ungünstige Zusammentreffen zu verhüten; dabei haben wir drei Bedingungen zu berücksichtigen: erstens gesunde, aber prädisponierte Individuen, zweitens latent und drittens manifest Tuberkulöse.

Für tuberkulös prädisponierte Frauen fällt diese Prophylaxe gänzlich in das Gebiet des internen Mediziners; wir verweisen daher auf die einschlägigen Partien im Kapitel über Lungentuberkulose.

Für die zweite und dritte Gruppe ergeben sich nun verschiedene Voraussetzungen, je nachdem es sich um verheiratete oder nicht verheiratete Personen handelt. Bei Ledigen wird der Arzt, wenn einmal die Diagnose einer Lungentuberkulose gestellt ist, sich häufig vor die Frage gestellt sehen, ob er die Erlaubnis zur Heirat geben kann. Je nach dem Stadium der Erkrankung wird dann sein Urteil verschieden auszufallen haben Handelt es sich um einen latenten Prozeß, der schon seit längerer Zeit beobachtet ist, ohne Fortschritte gemacht zu haben, so geht im allgemeinen die Ansicht der inneren Kliniker wie Gynäkologen dahin, daß man nach einer Karrenzzeit von 2—3 Jahren nach den letzten subjektiv oder besser noch objektiv festgestellten Symptomen ohne größere Gefährdung für Mann und Frau die Ehe gestatten soll. Dabei ist noch zu erwägen, daß in den mittleren und niederen Ständen gelegentlich durch eine Verheiratung eine Hebung der äußeren Lebenslage stattfinden kann, nämlich unter der Bedingung, daß das Mädchen, welches bislang zum selbständigen

Brotverdienen in Geschäft oder Fabrik genötigt war, die Lasten des äußeren
Lebenserwerbs auf die Schultern des Mannes abwälzt. Die sehr rigorose Forderung absoluter Abstinenz für Tuberkulöse, wie sie gelegentlich aufgestellt worden
ist, hätte wohl nur den Erfolg, die Zahl der illegitim geborenen Kinder zu vermehren.

Anders bei manifester Tuberkulose. Hier ist unbedingt erst eine gründliche Behandlung und zwar bis zur Heilung mit anschließender 2—3 jähriger
Karrenzzeit zu verlangen, ehe man seine Zustimmung gibt.

Wird der ärztliche Rat nicht beachtet oder wird erst in der Ehe ein tuberkulöser Prozeß entdeckt, so hängt auch hier unser weiteres Verhalten von den
eben gegebenen Regeln ab. Es muß in jedem Falle erstrebt werden, vor der
zweijährigen Karrenzzeit eine erneute Schwangerschaft zu verhüten und bei
manifester Tuberkulose zunächst den Prozeß mit allen internen Mitteln, eventuell Heilstättenbehandlung, zur Ausheilung zu bringen. Zur Verhütung einer
Schwangerschaft stehen uns hier zwei Wege zur Verfügung: einmal die temporäre, zweitens die dauernde Sterilisierung. Außerdem wird unser Vorgehen
davon beeinflußt sein, ob es sich um Jungverheiratete oder kinderreiche Ehe-
paare handelt, weiter von der Schwere des Prozesses und schließlich auch von
dem Wunsch der Eltern nach weiterem Kindersegen. Bei Jungverheirateten
und Kinderlosen wird im allgemeinen dieser letzte Wunsch häufig so stark
betont, daß er selbst bei schweren Prozessen, wo eine dauernde Sterilisation
erwünscht erscheint, von dem gesunden ärztlichen Rat nicht zu besiegen ist.
Wir sehen uns daher genötigt, zu den temporären Mitteln der Sterilisation
zu greifen. Diese gliedern sich wieder in zwei Gruppen, eine blutige und eine
unblutige. Zur ersteren gehört das extraperitoneale Einnähen des Tuben-
pavillons entweder in den Leistenkanal, das Versenken des Pavillons zwischen
die Blätter des Lig. latum (nach Sellheim) und die einfache Unterbindung
der Tube mit einer Seidenligatur. Die beiden ersten Methoden der extraperitonealen Lagerung haben den Nachteil, daß es oft schwer ist, den Pavillon
wieder freizulegen; die einfache Unterbindung ist zu unzuverlässig, wie wir
uns erst kürzlich wieder an einem Fall überzeugen konnten, wo bereits ein
halbes Jahr post operationem eine neue Schwangerschaft eintrat. Außerdem
haftet allen drei Methoden das Omen einer zweimaligen Operation an.

Von den unblutigen Mitteln sind die sichersten der Kondom und die
Fischblase; beide absolut zuverlässig. Alle anderen Mittel, wie Okklusivpessare,
Sicherheitsovale und sonstige vaginal einzuführenden antikonzeptionellen
Mittel versagen mehr oder weniger oft. Allen ist gemeinsam, daß sie sich wegen
der Kostspieligkeit für die niederen Schichten nur schlecht eignen. Am besten
haben sich uns für die vaginale Anwendung noch die Scheidenspülungen mit
Sublamin oder in den ärmeren Kreisen mit Alaun oder Lysol bewährt. Allerdings gehört dazu auch eine richtige Technik. Es ist unseres Erachtens durchaus zu verwerfen, wenn der Arzt seine Patientin nicht genau darüber instruiert,
sondern sie mit dem billigen Rat entläßt, sie dürften jetzt aber keine Kinder
mehr bekommen. Die Spülung darf nicht im Stehen oder Hocken vorgenommen
werden. Die Frauen müssen gleich post coitum bei Rückenlage mit erhöhtem
Gesäß und tiefliegendem Kopf das Mutterrohr vorsichtig bis in das hintere
Scheidengewölbe einführen und mit reichlich Flüssigkeit, ca. 1—2 Liter, durch-
spülen. Alle diese Mittel haben, wie gesagt, den einen Hauptfehler, nicht unbedingt zuverlässig zu sein.

Unterbrechung der Schwangerschaft. Ist es aber gar schon zu einer Schwangerschaft gekommen, wenn der Prozeß festgestellt wird, oder haben die obigen
Hilfsmittel vor Ablauf der zweijährigen Karrenzzeit versagt, so bleibt uns bei manifester Tuberkulose kein anderer Weg als die Unterbrechung übrig. Bei latenten

Affektionen wird man sein Vorgehen im allgemeinen von der Länge der Latenzzeit abhängig machen. Häufig werden aber gerade bei jungen Eheleuten, insbesondere von seiten der jungen Frau, alle unsere Ratschläge in den Wind geschlagen, der mütterliche Instinkt siegt über alle bessere Einsicht und Belehrung, die Unterbrechung wird abgelehnt. Wir müssen also wohl oder übel versuchen, mit allgemeinen Heilmitteln unser Möglichstes zu tun; d. h. versuchen, die Kranke unter günstige diätetisch-hygienische Bedingungen zu bringen. Dazu gehören vor allem die Heilstätten und die Sanatorien. Zu entscheiden, wie weit oder wenig diese die daran geknüpften Hoffnungen erfüllen und schon erfüllt haben, ist nicht unsere Sache. Jedenfalls möchten wir nochmals betonen, daß wir es prinzipiell für falsch halten, bei manifester Tuberkulose, auch im I. Stadium, erst abzuwarten, ob bzw. bis sich der Prozeß verschlimmert; wir fordern hier unbedingt die Unterbrechung der Schwangerschaft, und zwar so frühzeitig wie nur irgend möglich. Nur für Fälle, in denen wir gegen unsere Überzeugung genötigt sind, die Schwangerschaft bestehen zu lassen, möchten wir empfehlen, einen möglichst ausgiebigen Gebrauch von den Heilstätten zu machen. Anders bei der latenten Tuberkulose; hier ist das Sanatorium und noch viel mehr die Heilstätte der gegebene Ort zur Behandlung und Weiterbeobachtung der schwangeren Frauen. Leider scheitert aber gerade hier unser Wollen häufig an den äußeren Umständen, weil noch viele Heilstätten Schwangere ausschließen; in anderen dauert es nach der Anmeldung infolge der Überfüllung wochen- und monatelang, bis die Aufnahme möglich wird. Inzwischen ist oft viel kostbare Zeit verstrichen, und entweder der Prozeß vorangeschritten, oder die Geburt nahe bevorstehend. Es wird daher von immer mehr Seiten die Forderung erhoben, auch Schwangere prinzipiell in Heilstätten aufzunehmen und sie anderen Kranken vorzuziehen, oder Spezialheilstätten für Schwangere einzurichten. Ersteres dürfte bei weitem der gangbarere und schneller zu verwirklichende Weg sein.

Aber damit sollte unsere ärztliche Fürsorge noch nicht erschöpft sein. Prochownik hat neuerdings darauf hingewiesen, wie wesentlich günstiger die Prognose selbst bei manifester Tuberkulose sich gestaltet, wenn man die Frauen post partum nicht einfach ihrem Schicksal überläßt, sondern auch für Nachbehandlung in einer Heilstätte und für Konzeptionsbehinderung sorgt. Seitdem er dies prinzipiell durchführte, starben ihm von 30 Frauen nur 1 an Tuberkulose, während ihm früher von 30 Fällen 20 = 66,6% nachgewiesenermaßen an Tuberkulose zugrunde gegangen waren.

Endlich müssen wir auch noch der Kinder gedenken. Auf Grund der Beobachtung, daß sie eine so hohe Mortalität zeigten, hat man nach der Ursache geforscht und gefunden, daß sie teils an Lebensschwäche infolge Frühgeburt, in einem hohen Prozentsatz aber an Tuberkulose sterben. Für die Übertragung der Tuberkulose bestehen zwei Möglichkeiten, erstens die intrauterine, also angeborene, zweitens die extrauterine Infektion. In der Tat werden beide Wege beobachtet; während man früher nur den letzten für vorhanden annahm, hat einmal der oben bereits erwähnte Nachweis von Bazillen in der Plazenta die erste Art der Übertragung wahrscheinlich gemacht. Daß sie tatsächlich stattfindet, haben dann auch gelegentliche Obduktionsbefunde Neugeborener bestätigt. Diese Befunde sind aber so selten, daß man wohl mit Recht den anderen extrauterinen Modus für den häufigeren hält. Zu erörtern, wie die Infektion zustande kommt, ist Sache der Kapitel über Tuberkulose. Wir wollen hier nur die Tatsache anführen, welche uns Direktiven für die Therapie bzw. Prophylaxe geben. Fußend auf der Annahme, daß die Krankheit extrauterin überhaupt nur durch Kontakt mit einer tuberkulösen Umgebung übertragen werden könne, hat man angefangen, die Kinder von den

Müttern getrennt aufwachsen zu lassen. So trennte Bernheim von drei Zwillingspaaren, jeweils das eine Kind ab und ließ es von einer Amme ernähren; während diese gesund blieben, starben die drei von der Mutter gestillten. Pankow erzielte bei drei isolierten Kindern gleichfalls ein günstiges Resultat. Und Cornet fand, daß von 515 Waisen mit hereditärer Belastung nur drei an Tuberkulose starben. Wir werden daher eine Isolierung der Neugeborenen von ihren Müttern zu erstreben haben. Das wird uns um so leichter fallen, als wir vom ärztlichen Standpunkte aus den Müttern in ihrem eigenen Interesse das Stillen doch untersagen müssen. Leider wird uns diese Trennung nicht immer möglich sein, teils weil die Mütter aus mangelnder Einsicht oder aus ethischen Gründen sich dagegen sträuben werden, teils wegen fehlender Mittel. Wo irgend möglich, muß es aber das Ziel unseres Strebens sein, solange der Prozeß bei der Frau nicht zur Ausheilung gelangt ist.

Über die Technik der Schwangerschaftsunterbrechung ist folgendes zu sagen: Soweit es sich um Ausführung des künstlichen Aborts handelt, haben wir denselben stets unter schonender Erweiterung des Muttermundes mit Laminariastift durch digitale Ausräumung vorgenommen. Vor der Ausräumung erhielten die Patientinnen 0,5 Veronal und in Abständen von 2 und $1^1/_4$ Stunde ante operationem je 0,01 Morphium (bzw. 0,03 Narkophin) + 0,0003 Skopolamin subkutan, um die Inhalationsnarkose nach Möglichkeit einzuschränken oder zu umgehen. Wurde diese doch nötig, so gaben wir 10 ccm Chloräthyl und eventuell noch einige Tropfen Chloroformäther. In allen Fällen von Turban II und III und bei Turban I da, wo schon eine größere Anzahl von lebenden Kindern vorhanden war, schlossen wir unmittelbar die Tubensterilisation vom Leistenkanal aus nach Menge an, eine Methode, die technisch einfach und ohne jeden Blutverlust in kurzer Zeit (15—20 Minuten) auszuführen ist. In diesen Fällen wählten wir früher zur Vermeidung der Inhalationsnarkose die Lumbal-, in den letzten Jahren die epidurale Anästhesie vom Sakralkanal aus.

Die gleiche Narkose, in Verbindung mit Skopolamin und Morphium, wurde in allen Fällen von künstlicher Fehl- oder Frühgeburt angewandt, wo wir in der Sectio vaginalis ein ungemein schonendes Verfahren zur Unterbrechung haben.

Es sind gerade in den letzten Jahren verschiedene neue Methoden angegeben, und warm empfohlen worden, welche außer dem Zweck der Sterilisation noch drei weitere Ziele erstreben, erstens totale Ausschaltung des Wochenbettes (und eventuell Partielles der Menses); so von Kroemer die vaginale Totalexstirpation des graviden Uterus, von v. Bardeleben die keilförmige Exzision der Plazentarhaftstelle aus dem Korpus in Verbindung mit vaginaler Totalexstirpation. Diese letzte Methode soll ferner eine Dissemination von Tuberkelknötchen aus der Plazenta in das mütterliche Blut und damit die Entstehung einer puerperalen Miliartuberkulose verhindern. Zweitens hat Bumm, und mit ihm Ed. Martin die vaginale oder abdominelle Totalexstirpation mit Entfernung der Ovarien, also gleichzeitige Kastration empfohlen, um einen vermehrten Fettansatz zu erzielen. Wenn diese Methoden auch in der Hand geübter Operateure im allgemeinen ein günstiges primäres Resultat ergeben, so erscheint uns doch der Eingriff unverhältnismäßig groß, zumal gerade bei den Fällen von manifester schwerer Tuberkulose, für die er erdacht ist. Auch wird er wohl stets mit einer gewissen primären Mortalität verbunden sein. Ferner müssen wir die zum Teil nicht unerheblichen Ausfallserscheinungen mit in Kauf nehmen. Auch wurde gerade von seiten der Internen (Kraus, Henius) betont, daß das Kastratenfett dem durch künstliche Mästung Tuberkulöser erzeugten keinesfalls gleichzusetzen sei. Schließlich betont Prochownik, daß noch nie im Anschluß an eine Ausräumung eine Miliartuberkulose beobachtet sei, während Christofoletti und Thaler bei kastrierten Tieren keine erhöhte Resistenz gegen Tuberkulose fanden.

Einfluß der Geburt auf die Lungentuberkulose. Wir haben schon oben erwähnt, daß es bei Lungentuberkulose häufig zu Fehl- und noch häufiger zu Frühgeburten kommt. In 14,3 und 41,4% unserer Fälle konnten wir selbst dieses Ereignis konstatieren. Ob toxische Einflüsse mit im Spiel sind, ist noch ganz ungewiß. Wahrscheinlich ist wohl in einer großen Zahl der Fälle das Fieber das auslösende Moment, ähnlich wie bei anderen fieberhaften Erkrankungen. Auch den starken intraabdominellen Druckschwankungen beim Husten muß eine gewisse Rolle zugeschrieben werden.

Wie weit andererseits die Geburt als solche von deletärem Einfluß ist, läßt sich natürlich schwer ermessen, da es sich um ein chronisches Leiden handelt. Einerseits bietet gerade die starke Belastung des Lungenkreislaufes das Moment für eine Ruptur arrodierter Gefäße, andererseits besteht natürlich die Möglichkeit einer Aspiration von tuberkulösem Material intra partum, zumal bei langdauernden Geburten und hochgradiger Erschöpfung. Über die Häufigkeit dieser Ereignisse fehlen leider alle Angaben. Der ungünstige Einfluß des Wochenbetts, insbesondere das gehäufte Auftreten einer Miliartuberkulose während desselben wurde oben bereits im Zusammenhange mit der Schwangerschaft besprochen. Wir verweisen daher auf diesen Abschnitt.

b) Einfluß der Schwangerschaft auf die Larynxtuberkulose.

Haben die Gestationsvorgänge schon einen ungünstigen Einfluß auf die Tuberkulose der Lungen, so müssen wir den auf die Larynxphthise als geradezu deletär bezeichnen. Unsere eigenen Erfahrungen auf diesem Gebiete sind leider sehr beschränkt. Wir konnten nur vier Fälle beobachten, die sämtlich mit fortgeschrittener Lungentuberkulose verbunden waren. Alle führten zum Tode, drei innerhalb eines Vierteljahrs, einer nach neun Monaten. Die beiden lebensfähigen Kinder, welche im 9. und Anfang des 10. Monats geboren wurden, wurden sofort von den Müttern getrennt und lebten noch nach vier und sechs Jahren. Im Gegensatz zu dem Thema „Schwangerschaft und Tuberkulose" besitzen wir dafür einige auf großem Material aufgebaute Arbeiten, die unsere traurigen Beobachtungen nur bestätigen und den Mangel an eigenem Material voll ersetzen. Der erste, der über eine größere Serie berichtete, war Kuttner. Er fand bei 230 Fällen von diffuser Tuberkulose des Kehlkopfs 93% Mortalität. Glas und Kraus sahen bei dieser Form unter 48 Fällen 43 Todesfälle = 86% im Frühwochenbett. Von 11 benignen zirkumskripten Fällen überlebten auch nur fünf das Wochenbett, sie hatten also insgesamt 48 = 80% Mortalität im Wochenbett. Sie kommen daher im Gegensatz zu Kuttner, der der Schwangerschaft jeden Einfluß auf die gutartigen Formen abspricht, zu dem Resultate, daß bei der Ungewißheit der Prognose in jedem Falle von Larynxtuberkulose die Unterbrechung berechtigt und indiziert sei. Denn genau so wie bei der latenten Tuberkulose der Lunge sei man bei dieser Form nicht sicher, ob sie nicht doch plötzlich zum Aufflackern komme. Ein Standpunkt, dem wir uns, ebenso wie die Mehrzahl der Autoren (Jaworski, Raspini, Hofbauer, Dufour, Hammerschlag, Wildner, Alexandrow voll anschließen, zumal, da dieser ungünstige Einfluß tatsächlich häufiger als bei der Lungentuberkulose einzutreten scheint.

Über den Zeitpunkt des Fortschreitens fehlen noch genauere Beobachtungen, doch scheint im allgemeinen in der zweiten Hälfte der Prozeß rapide fortzuschreiten, so daß die Kranken oft kaum noch das Frühwochenbett überleben. Ein Fingerzeig für die Ursache dieses rapiden Fortschrittes finden wir in den Untersuchungen Hofbaurs, der die physiologisch-anatomischen Schwangerschaftsveränderungen des Kehlkopfes in Gemeinschaft mit der Königsberger laryngologischen Klinik studierte und in 80% aller Fälle ganz charakteristische Veränderungen fand, nämlich Rötung und Auflockerung der Schleimhaut an den falschen Stimmbändern, der Vorderfläche der Aryknorpel und in der ganzen Regio interarytaenoidea. Diese Reaktion wird meist erst in der zweiten Hälfte der Schwangerschaft erkennbar, und zwar bei Pluriparen früher und deutlicher als bei Primiparen. Es liegt nun nichts näher, als in dieser Auflockerung ein prädisponierendes Moment für das Umsichgreifen der Tuberkulose zu vermuten.

Als weitere Folge der zunehmenden Schwellung gegen Ende der Schwangerschaft ist dann noch hochgradige Dyspnoe zu erwähnen, welche uns häufig zwingt, die Tracheotomie auszuführen. So ist auch die Forderung Raspinis zu erklären, dieselbe in jedem Falle jenseits des fünften Monats prophylaktisch vorzunehmen.

Literatur.

Beziehungen zwischen dem Respirationstrakt und dem Genitale.

I. Nasenschleimhaut und Genitale.

Baumgarten, Wiener med. Presse 1905, Nr. 16. Deutsche med. Wochenschr. 1892, S. 9. — Bottermund, Monatsschr. f. Geb. u. Gyn. Bd. 4, S. 436. — Flies, Die Beziehungen zwischen Nase und weiblichen Geschlechtsorganen. Leipzig und Wien, Deuticke 1897.

II. Kehlkopf, Luftröhre und Genitale.

Hofbaur, Monatsschr. f. Geb. u. Gyn. 1908, Bd. 28, S. 45. — Imhofer, Deutsche med. Wochenschr. 1910, S. 1064.

III. Lunge und Genitale.

1. Beeinflussung der Lunge vom Genitale aus.

a) Menstruation.

Riebold, Über menstruelles Fieber und die Bedeutung der Menstruation für die Ätiologie innerer Krankheiten. Ref. in Monatsschr. f. Geb. u. Gyn. Bd. 23, S. 749.

b) Schwangerschaft, Geburt und Wochenbett.

Audebert, Asthma and pregnancy. Brit. gyn. Journ. 1900. — Fellner, Die Beziehungen der inneren Krankheiten zu Schwangerschaft, Geburt und Wochenbett. 1903. — Georgii, Die Wechselbeziehungen der croupösen Pneumonie zu den Generationsvorgängen. Inaug.-Diss. Straßburg 1893. — Gusserow, Monatsschr. f. Geburtskunde. Bd. 32, S. 87. — Jürgensen, Croupöse Pneumonie. Ziemssens Handb. d. Path. u. Ther. 1877, Bd. 1, 1. Hälfte. — Kermauner, Sechstes Supplement zu Nothnagels spez. Path. u. Ther. Bd. 6, S. 243 u. ff. — Küchenmeister, Vogels Arch. f. gemeinsame Arbeiten 1854 (nach v. Rosthorn).

c) Genitalerkrankungen.

Freund, H. W., Lubarsch-Ostertags Ergebn. 1896, Bd. 3, 2. Hälfte, S. 170. — Haeckel, Die Affektionen der Pleura bei Erkrankungen der weiblichen Genitalorgane. Inaug.-Diss. Straßburg 1883. — Veit, I., Handb. d. Gyn. 2. Aufl., Bd. 1, 1907, S. 487.

2. Einfluß der Lungenerkrankungen auf das Genitale.

Freund, H. W., v. Winckels Handb. d. Geburtsh. Bd. 2, I. Teil, S. 590. — Gräfenberg, Münch. med. Wochenschr. 1910, Nr. 10. — Krönig, Genitaltuberkulose. Ref. auf der 14. Versamml. der Deutsch. Gesellsch. f. Gyn. München 1911. — Schlimpert, Die Tuberkulose der Frau. Arch. f. Gyn. 1911, Bd. 94, S. 863. — Simmonds, Arch. f. Gyn. 1909, Bd. 58, S. 29.

3. Einfluß von Schwangerschaft, Geburt und Wochenbett auf die Tuberkulose der Lungen und des Larynx.

Ahlfeld, Lehrbuch der Geburtshilfe. — Alexandrow, Wiener klin. Wochenschr. 1911, Nr. 34—36. — Bacmeister, Mitteil. a. d. Grenzgeb. d. Med. u. Chir. 1913, Bd. 26, S. 630—668. — Bandelier und Röpcke, Klinik der Tuberkulose 1911. — v. Bardeleben, Berl. klin. Wochenschr. 1912, Nr. 37. — Bernheim, Hérédité et cantagion de la tubercul. 2. Congresse interno de méd. à Rome. — Bumm, Grundriß der Geburtshilfe. — Burckhardt, Deutsche med. Wochenschr. 1905, Nr. 24. — Christofoletti und Thaler, Monatsschr. f. Geb. u. Gyn. Bd. 34, S. 313—336. — Cornet, Berl. klin. Wochenschr. 1904. — Dufner, C. R., Effect of pregnancy and laryngeal tuberculosis. Virgin. med. semimonthly. March 1911. — Fehling, Zeitschr. f. ärztl. Fortbild. 1912, Heft 4. — Fraenkel, Alb., Spezielle Pathologie und Therapie der Lungenkrankheiten. Berlin-Wien 1904. — Frese, Verein der Ärzte zu Halle a. d. Saale, 9. Juli 1909. Münch. med. Wochenschr. — Glas und Kraus, Med. Klinik 1909, Nr. 26. — Hammerschlag, Berl. klin. Wochenschr. 1910, S. 2236. — Henius, K., Monatsschr. f. Geb. u. Gyn. Bd. 33, S. 366—372. — Heimann und Kastl, Zeitschr. f. Hyg. Bd. 56. — Hofbauer, J., Deutsche med. Wochenschr. 1910, Nr. 50. — Hofbauer, Volkmanns Vortr. Gyn. Nr. 210. — Jakob und Pannwitz, Entstehung und Bekämpfung der Lungentuberkulose. Bd. 1 u. 2, Leipzig 1901/1902. — Jaworski, Jos. (Warschau), Ref. in Zentralbl. f. Gyn. 1913, S. 1861. — Kania, De l'influence de la puerpéralité sur les femmes prédisposé à la tuberculose. Thèse de Paris 1894. — Kleinwächter, Die künstliche Unterbrechung der Schwangerschaft. Berlin und Wien 1902. — Koehne, Wilh., Beiträge zur Klinik der Tuberkulose. 1913, Bd. 26, S. 71—91. — Krömer, J., Frauenarzt. 1911, Heft 3. — Kuttner, Arch. f. Laryng. Bd. 12, S. 311. — Lambinon, Journ. d'accouchement 1909, Nr. 37. — Maragliano, Bericht über den internationalen Kongreß zur Bekämpfung der Tuberkulose 1899. — Martin, A., Ref. auf dem 2. Congreß intern. de méd. à Rome 1912. — Derselbe, Samml. klin. Vortr. Nr. 665. — Martin, Ed., Münch. med. Wochensschr. 1909, Nr. 24. — Pankow und Küpferle, Die Schwangerschaftsunterbrechung bei Lungen- und Kehlkopftuberkulose. Leipzig 1911. (Daselbst auch weitere Literatur.) — Petruschky, Ref. in Monatsschr. f. Geb. u. Gyn. Bd. 33. S. 531—533. — Pinard, Revue prat. d'obstétr. et de péd. 25. Jahrg., Nr. 227. — Prochownik, Monatsschr. f. Geb. u. Gyn. Bd. 33, S. 366—373. — Rabnor und Reicher, Deutsche med. Wochenschr. 1911, S. 1019. — Raspini (Florenz), Ginecologica. 10. Jahrg., Nr. 9. Ref. in Abteil. f. Gyn. 1913, S. 1862. — v. Rosthorn und Fraenkel, Deutsche med. Wochenschr. 1909. — Runge, Lehrbuch der Geburtshilfe. — Schauta, J., Monatsschr. f. Geb. u. Gyn. Bd. 33, S. 265—276. — Sellheim, Tuberkulosis. 1913, Bd. 12, S. 271—281. — Starck, Tuberkulose und Schwangerschaft. Tuberkulose-Ärzteversammlung Karlsruhe 1910. Deutsche med. Wochenschr. S. 1255. — Van Tußenbroeck, Niederl. gyn. Gesellsch., Sitzg. vom 9. Febr. 1913. Arch. f. Gyn. Bd. 101, S. 84—99. — Veit, Referat auf dem 14. Kongreß der Deutsch. Gesellsch. f. Gyn., München 1911. — Derselbe, 84. Versamml. deutsch. Naturf. u. Ärzte in Münster 1912. — Wildner, Oscar, Inaug.-Diss. Würzburg 1911.

B. Die Beziehungen der Generationsorgane zu Herz und Gefäßen.

Von

O. Pankow-Düsseldorf.

I. Herz und Schwangerschaft.

1. Physiologische Herzveränderungen in der Schwangerschaft.

Die Beziehungen des Herzens zu den physiologischen und pathologischen Vorgängen an den Generationsorganen der Frau sind seit langer Zeit viel erörtert worden. Trotzdem werden sie auch heute noch immer recht verschieden beurteilt. Besonders ist es die Frage nach den physiologischen Verhältnissen des Herzens in der Schwangerschaft, die viel diskutiert worden ist. Eine Reihe von Autoren sprachen sich dahin aus, daß in graviditate eine Hypertrophie des Herzens vorhanden sei, während andere das Vorkommen einer physiologischen Graviditätshypertrophie des Herzens bestritten.

Seit den exakten Wägungsuntersuchungen von Müller aber gilt es als bewiesen, daß tatsächlich eine Hypertrophie des Herzens in graviditate besteht. Dreysel bestätigte die Resultate Müllers unter Anwendung der gleichen Untersuchungsmethode. Ebenso betont Hirsch das Vorkommen einer echten Hypertrophie in der Schwangerschaft. Er hebt besonders die Abhängigkeit der Größe und Funktionstüchtigkeit des Herzens von der Entwicklung der Körpermuskulatur hervor. Er erklärt daraus auch die Tatsache, daß durchschnittlich das Herz der Frau verhältnismäßig geringere Größen- und Gewichtsmasse darbietet, wie das Herz des Mannes. In einer neueren Arbeit über die Massenverhältnisse des Herzens bei pathologischen Zuständen streift Wideroe diese Frage ebenfalls. Er drückt sich dahin aus, daß er sagt: „Neben diesen vom Alter abhängigen Gewichtsveränderungen kann das Herz auch Veränderungen auf Grund genereller Momente, wie starker Muskeltätigkeit und Gravidität unterworfen sein." Er wie Dreysel und vor allem auch Müller und Hirsch weisen darauf hin, daß der Grad der Hypertrophie in direktem Verhältnis zu der Gewichtszunahme des Körpers während der Schwangerschaft stehe. Müller macht darauf aufmerksam, daß die Hypertrophie vor allem die Ventrikel und ganz besonders den linken Ventrikel betrifft. Dreysel betont, daß diese Hypertrophie eine exzentrische und am stärksten bei jungen, kräftigen Individuen sei. Speziellere Angaben über die Größenzunahme des Herzens durch die Schwangerschaft geben Blot und Curbelo, die feststellen konnten, daß das puerperale Herz durchschnittlich um 60 Gramm schwerer ist, als das der nichtgraviden Frau. Blot stellte durch histologische Untersuchungen fest, daß eine Größenzunahme der einzelnen Fasern des Herzmuskels in der Schwangerschaft nachweisbar ist, und Dreysel berechnete die Zunahme des Herzgewichtes auf durchschnittlich 0,44 Gramm pro Kilogramm Körpergewicht.

In jüngster Zeit sind nun auch auf röntgenographischem Wege Versuche gemacht worden, der Frage nach der Herzhypertrophie in der Gravidität näher zu treten. R. Müller und Jaschke kommen zu dem Resultat, daß ein mäßiges Höhertreten des Zwerchfells und eine geringe Zunahme des Transversaldurchmessers des Herzens vor der Entbindung vorhanden sei und daß das Herz im letzten Teil der Schwangerschaft gegenüber der Zeit nach dem Wochenbett annähernd gleiche Größe oder nur eine minimale Vergrößerung zeigt. Es bestätigen diese Untersuchungen also nicht so vollkommen die anatomischen Feststellungen von Müller und Anderen. Da bei solchen röntgenographischen Untersuchungen aber immer nur der Transversaldurchmesser (die Summe der Medianabstände nach links und rechts) und die Länge, nicht aber auch die Tiefe des Herzens von vorn nach hinten und auch nicht die Stärke und Massenzunahme der Wandungen selbst festgestellt werden kann, so können derartige klinische Untersuchungen natürlich nicht die Exaktheit anatomischer Beobachtungen berichtigen, die uns mit Sicherheit die physiologische Hypertrophie des Herzens in der Schwangerschaft bewiesen haben.

Es ist also zweifellos die Schwangerschaft mit einer Größenzunahme des Herzens verbunden. Sie ist aber nicht, wie man früher annahm, abhängig von der Zunahme der Gesamtblutmenge oder einer Zunahme der Gefäßbahnen im Becken (W. Müller), auch nicht von einer gehäuften Herzarbeit infolge Abnahme des intraabdominellen Drucks und einer dadurch wie durch die Spannung der Bauchdecken bedingten Kompression der Unterleibsgefäße (Lahs), und ebenso auch nicht von einer von Cohnstein angenommenen größeren Blutverdünnung in der Schwangerschaft. Unter normalen Verhältnissen entspricht sie vielmehr nur der Massenzunahme des Gesamtkörpergewichts und bleibt nach den Angaben Hirschs sogar nicht selten hinter der zu erwartenden Größe etwas zurück.

Diese Massen- und Gewichtszunahme des Herzens, die also auch in graviditate das bei der nichtschwangeren Frau bestehende physiologische Gewichtsverhältnis zwischen Herz und Gesamtkörper nicht überschreitet, ist von klinischer Seite früher vielfach überschätzt und darum auch lange als echte Hypertrophie gedeutet worden. Es lag das daran, daß die Herzperkussion in der Schwangerschaft eine ausgedehntere Herzvergrößerung vortäuschte, als tatsächlich vorhanden war. Darauf wies zuerst Gerhardt hin, daß diese perkutorisch nachgewiesene „Herzvergrößerung" keine tatsächliche, sondern nur dadurch vorgetäuscht wäre, daß infolge der Zwerchfellverschiebung, wie sie durch den wachsenden Uterus bedingt ist, das Herz mit verschoben und dabei mit der vorderen Thoraxwand in breitere Berührung gebracht wird." Diese Tatsache ist ja weiterhin vielfach bestätigt worden. Die Verschiebung des Herzens, die einmal klinisch eine echte und auffallende Hypertrophie des Herzens vortäuschte, gab aber auch weiterhin noch Veranlassung zu einem anderen Irrtum, der lange eine Rolle in der Pathologie des Herzens in graviditate gespielt hat, nämlich zu der falschen Bewertung der sog. akzidentellen Herzgeräusche in der Schwangerschaft. Hierunter verstehen wir Geräusche über dem Herzen schwangerer Frauen, die weder durch krankhafte Veränderungen des Herzmuskels noch durch Klappenfehler bedingt sind, die aber leicht mit wirklichen Herzfehlern verwechselt werden können. Fromme schätzt sie bei Schwangeren in der zweiten Hälfte der Gravidität auf 10—15%. Jacquemier fand sie in 24%, Marx in 11%, Riese in 3% und Gerhard bei mehr als ¹/₃ der von ihm untersuchten schwangeren Frauen. Sohler konstatierte, daß unter 67 Wöchnerinnen mit Geräuschen am Herzen 15 dieses Geräusch schon in der Schwangerschaft aufwiesen. An einem größeren Material der Freiburger Frauenklinik hat Link bei 330 Schwangeren Untersuchungen über die akzidentellen Herzgeräusche angestellt. Die Frauen kamen in den letzten Monaten vor und am 7.—11. Tage nach der Geburt zur Untersuchung. Von diesen 330 Schwangeren hatten 41 = 12,4% ein als akzidentell zu deutendes Herzgeräusch. Am lautesten war das Geräusch an der Basis des Herzens, links vom Sternum im zweiten Interkostalraum zu hören und in der nächsten Umgebung dieser Stelle. Dagegen war es, wenn überhaupt, an der Herzspitze nur als ein wesentlich leiseres Geräusch wahrnehmbar. Die Art des Geräusches war hauchend oder blasend, nicht kratzend, der zweite Pulmonalton war nicht akzentuiert; die Herztöne waren im übrigen rein. Von diesen 42 Frauen konnten nach der Geburt aus äußeren Gründen nur 29 nachuntersucht werden; 26 mal war das Geräusch nach der Geburt verschwunden und nur bei drei Wöchnerinnen bestand es fort. Von diesen hatte die eine eine stark ausgesprochene Chlorose.

Küpferle setzte diese Untersuchungen an dem Material der Freiburger Frauenklinik fort. Im Gegensatz zu Link fand er an seinem Material, daß 49,2% aller Frauen ein akzidentelles Geräusch hatten und daß nur in 2,8% wirkliche Herzfehler bestanden. Für die Diagnose der akzidentellen Geräusche weist Küpferle auf zwei Punkte hin.

1. Fast bei allen Schwangeren findet sich eine Verbreiterung der relativen Herzdämpfung nach links, auch bei Frauen ohne Geräusche. Es findet sich aber keine Verbreiterung nach rechts, die nur bei wirklichen Herzfehlern nachweisbar ist.

2. Beim Vitium ist das Geräusch anders. Bei den akzidentellen Geräuschen kommt der erste Ton rein heraus, dann folgt eine ganz kurze Pause, dann erst das Geräusch. Beim Vitium ist der erste Ton teilweise durch das Geräusch verdeckt, das sich auch noch an ihn anschließt und einen großen Teil der Systole ausfüllt.

Nach Küpferle sind die akzidentellen Geräusche am deutlichsten im dritten linken Interkostalraum zu hören, oder über der dritten Rippe dicht am Sternum.

Die Entstehung solch akzidenteller Herzgeräusche ist noch umstritten. Um anämische Geräusche kann es sich nicht handeln, weil die Schwangerschaft als solche keine anämisch-chlorotischen Zustände erzeugt. Dazu kommt, daß man sonst auch gerade nach der Geburt mit ihrem oft reichlichen Blutverlust diese Geräusche viel häufiger hören müßte als in der Schwangerschaft, aber gerade das Umgekehrte ist der Fall. Auch die Annahme einer durch Muskelatonie hervorgerufenen Insuffizienz der Mitralklappe, wobei diese infolge von Innervations- oder Nutritionsstörungen der Papillarmuskeln nach dem Vorhof zurückschlagen sollte, besteht wohl nicht zu Recht, da ja, wie Link an den Fällen der Freiburger Frauen-Klinik nachgewiesen hat, eine Verstärkung des zweiten Pulmonaltones niemals zu hören war. Link selbst neigt mehr der Annahme zu, daß mechanische Momente für die Entstehung des akzidentellen Herzgeräusches herangezogen werden müßten. Schon C. Gerhardt hatte diese Geräusche in die große Gruppe der Herzgeräusche eingereiht, bei denen eine umschriebene Kompression eines der beiden

Ventrikel oder eines der beiden Aortenursprünge stattfindet, die bei der
graviden Frau als durch die Zwerchfellverschiebung entstanden zu denken
wäre. Auf andere Weise erklärt Link ihr Entstehen. Er nimmt an, daß sie
dadurch hervorgerufen würden, daß infolge des Hochdrängens des Herzens
und seiner stärkeren Anlagerung an die Thoraxwand speziell die Arterie pulmonalis eine leichte Abknickung erführe, „indem der Winkel zwischen dem Septum
und der Arterie pulmonalis dabei ein etwas spitzerer wird als in der Norm“.
Wie durch eine solche Abknickung ein systolisches Geräusch entstehen kann,
zeigt eine Erklärung Albrechts, die er allerdings speziell für anämische Geräusche entwickelt. Während in der Norm das Blut mittelst der sich windenden
Längswülste zentriert in die Arteria pulmonalis einströmt, falle es, wenn die
Umformung des Konus in einen engen Kanal unvollkommen sei, unter einem
Winkel in die Arteria pulmonalis ein und pralle an der Wand ab, wodurch
ein Geräusch zustande kommen müsse. Während nun bei Anämie nach
Albrecht eine solche auf muskulärer Insuffizienz beruhende mangelhafte
Kontraktion des Konus stattfindet, walten offenbar ganz analoge Verhältnisse
ob bei rein mechanischer leichter Abknickung des Gefäßursprungs.

Die Erklärung Links erscheint in der Tat recht plausibel, um so mehr,
als an einer Verschiebung des Herzens, besonders gegen Ende der Schwangerschaft, nicht zu zweifeln ist und nach der Geburt, nach Wegfall dieses ver-
schiebenden Momentes, das Geräusch in so vielen Fällen wieder verschwunden
ist. Auch Küpferle ist der Ansicht, daß die akzidentellen Geräusche in der
Pulmonalis entstehen.

Die klinische Bedeutung dieser Herzgeräusche liegt in der Verwechslungsmöglichkeit mit einem echten Vitium cordis, der Mitralinsuffizienz. Wegen
der durch die Gravidität bedingten physiologischen Herzverschiebung ist mit
einer nachweisbaren Verbreiterung der Herzdämpfung, wenn sie nicht eine
ganz besonders auffallende ist, und mit der Verschiebung des Herzspitzen-
stoßes nach außen differentialdiagnostisch bei diesen Zuständen nichts gewonnen. Wichtiger dagegen ist, worauf Küpferle hinweist, die Verbreiterung
der relativen Herzdämpfung nach rechts, die er nur bei wirklichen Vitien beobachten konnte. Die Hauptsache bei der Diagnose bleibt die Auskultation.
Hört man an der Spitze das Geräusch am deutlichsten und nimmt es nach der
Arteria pulmonalis hin an Intensität ab, so ist eine Mitralinsuffizienz wahrscheinlich, ist das Geräusch an der Herzspitze und an der Arteria pulmonalis
gleich laut zu hören, so kann es sich ebenfalls um eine Mitralinsuffizienz handeln,
da solche Geräusche durch das linke Herzohr nach oben fortgeleitet werden
können. Ist dagegen das Geräusch auf die Arteria pulmonalis und ihre nächste
Umgebung beschränkt und an der Spitze nur leise oder gar nicht hörbar,
so ist die Wahrscheinlichkeit sehr groß, daß es sich um ein akzidentelles
Geräusch handelt. Dazu kommt das Verhalten des zweiten Pulmonaltones.
Eine erhebliche Akzentuierung spricht mehr für eine Mitralinsuffizienz.
Doch macht Küpferle darauf aufmerksam, daß auch ausgesprochen laute
Geräusche als akzidentelle Geräusche vorkommen können und daß eine Akzen-
tuation des zweiten Pulmonaltones durchaus nichts Seltenes dabei ist. Selbst-
verständlich wird es auch unter Berücksichtigung dieser Momente in manchen
Fällen nicht ganz leicht sein, von vornherein die Diagnose zu stellen, ob man
es im gegebenen Falle mit einem Vitium cordis oder nur mit einem akzidentellen
Geräusch zu tun hat, so daß manchmal erst die weitere Beobachtung im Wochenbett über die wirklichen Verhältnisse Aufschluß geben kann.

2. Herzfehler und Schwangerschaft.

Das Kapitel Herzfehler und Schwangerschaft ist ebenso wie die Frage Tuberkulose und Schwangerschaft lange Zeit ein viel umstrittenes gewesen, in das erst in den letzten Jahren einige Klarheit hineingebracht worden ist. Auch hier liegt das wiederum, genau wie auch bei dem Thema Tuberkulose und Schwangerschaft, daran, daß planmäßige Untersuchungen in größerem Umfange über die Frage, wie oft denn überhaupt eine Komplikation von Herzfehlern und Gravidität vorkommt, bis vor kurzem überhaupt noch nicht vorlagen. Einzelarbeiten über diese Frage beschäftigten sich zumeist mit ausgesuchten und wegen der Schwere der Erscheinungen klinisch besonders auffallenden und weit fortgeschrittenen Fällen. Hieraus wurden dann verallgemeinernde Schlüsse gezogen, die deshalb auch so lange Zeit zu einer vollkommen falschen Bewertung der Herzfehler in der Schwangerschaft führten.

Kompensierte Herzfehler machen ja bei beiden Geschlechtern, worauf von den internen Klinikern vielfach hingewiesen ist, oftmals gar keine subjektiven Beschwerden. Das gleiche gilt auch von den kompensierten Herzfehlern in der Schwangerschaft, solange das Vitium kompensiert bleibt. Dann verläuft für solche herzkranken Frauen die Schwangerschaft für gewöhnlich ebenfalls ohne jedes subjektive Symptom und derartige Kranke kommen als Fälle von Schwangerschaft und Herzfehler gar nicht in die Beobachtung und Behandlung. Das ist der Grund, warum so viele derartiger Fälle von Vitium cordis in graviditate bei nichtsystematischer Untersuchung aller Schwangeren unerkannt und darum auch in der Bewertung dieser Komplikation unberücksichtigt bleiben. Das muß dann aber unbedingt zu Fehlschlüssen bei der prognostischen Beurteilung der Herzfehler in graviditate führen. Von einzelnen Autoren sind nun aber in letzter Zeit planmäßige Untersuchungen über das Zusammentreffen von Schwangerschaft und Herzfehlern angestellt worden.

So hat Fellner in einer Reihe von 900 Schwangeren fortlaufend die Herzen untersucht. Er fand darunter 22 Vitien = 2,4%. Vinay untersuchte ebenfalls sämtliche auf seiner Abteilung aufgenommenen Schwangeren auf Herzfehler und fand dabei, daß 1,6% ein Vitium cordis aufwiesen. Wir selbst haben an der Freiburger Frauenklinik gemeinschaftlich mit dem internen Kliniker in einer großen fortlaufenden Serie von 1166 Hausschwangeren ebenfalls die Herzen untersucht, und zwar meistens vor und nach der Geburt, um so die akzidentellen Herzgeräusche, die in der Gravidität verhältnismäßig häufig sind und fälschlicherweise zu der Diagnose eines Herzfehlers führen können, mit Sicherheit ausschließen zu können. Von unseren 1166 untersuchten Fällen zeigten 33 ein Vitium cordis = 2,83%. Fromme gibt die Häufigkeit der Komplikation von Herzerkrankungen mit Schwangerschaft und Geburt mit 1,5—2,5% an. Fellner hat weiterhin aus dem Journal der Wiener Klinik unter 30 613 Geburten die herausgesucht, die mit der Diagnose „Herzfehler" geführt wurden, zu einer Zeit, wo noch nicht planmäßig auf den Herzbefund hin untersucht wurde. Er fand im ganzen 94 Fälle von Vitium cordis = 0,37%. Aus dem Vergleich seiner beiden Zahlen von 2,4% bei planmäßiger Untersuchung und von 0,37% Herzfehlern, die ohne planmäßige Untersuchungen in dem Journal vermerkt wurden, folgert Fellner wohl nicht mit Unrecht, daß im allgemeinen ca. 6/7 aller Herzfehler überhaupt in der Schwangerschaft übersehen werden. Da ist es natürlich klar, daß dann, wenn man seine Schlüsse über die prognostische Bedeutung des Vitium cordis in graviditate nur aus solchen Arbeiten zieht, die eine Reihe besonders schwerer Einzelfälle publiziert haben, die Komplikation von Herzfehlern und Schwangerschaft viel zu pessimistisch beurteilt werden muß. Darum ist es dann auch kein Wunder, wenn wir in den früheren Arbeiten lesen, daß bei diesem Material von Einzelfällen die Sterblichkeit bei den einzelnen Autoren 20—40—60%, ja selbst bis 100% betrug. Fromme berechnet aus diesen Angaben eine Durchschnittsmortalität von 38,5%. Daß diese Zahlen nicht stimmen können, darauf hat schon Fellner hingewiesen, der aus dem in der Literatur niedergelegten und seinem eigenen Materiale eine Mortalität von 6,3% feststellte. Da nun aber nach Fellners eigenen Angaben die hierbei berücksichtigten Herzfehler überhaupt nur 1/7 aller Fälle von Herzfehler und Schwangerschaft betreffen, so würde danach, worauf auch Fellner selbst schon hinweist, die Mortalität überhaupt nur

0,9% erreichen. In besonders eingehender Weise hat sich neuestens Jaschke mit der Frage der Komplikation von Herzfehler und Schwangerschaft beschäftigt. Er hat an dem großen Material der II. Wiener Frauenklinik unter 37 014 Geburten 546 Herzfehler gefunden = 1,47%. Er berechnet aus allen seinen Fällen eine Mortalität von 0,39 bzw. 0,32%. Auch Fromme betont die weit günstigere Prognose der Herzfehler in graviditate, als es nach früheren Arbeiten anzunehmen war. Wir selbst können diese Tatsache ebenfalls nur vollauf bestätigen.

Aus diesen Zahlen folgt ohne weiteres, daß wir die Komplikation von Herzfehler und Schwangerschaft ganz anders bewerten müssen, als dies bisher im allgemeinen in der Literatur geschehen ist. Solche eklatanten Unterschiede von einer Mortalität von 60—100% auf der einen Seite, wie sie aus der Mitteilung von einzelnen Fällen früher gewonnen wurden, und einer Mortalität von 0,3—0,9% auf der anderen Seite, wie sie bei planmäßig durchgeführter Beobachtung aller Schwangeren jetzt festgestellt ist, beweist auf das schlagendste die absolute Wertlosigkeit solcher ausgesuchten Einzelfälle für die ganze prognostische Bewertung von Komplikation von Schwangerschaft und Herzfehler.

Entsprechend diesen neuen Feststellungen hat sich natürlich auch die Ansicht über den Einfluß des Herzfehlers auf den Ablauf der Gravidität erheblich geändert. Früher nahm man an, daß eine Unterbrechung der Schwangerschaft durch den Herzfehler in etwa 40—50% eintreten könne, Zahlen, wie sie durch v. Leyden Guérard, Schell u. a. angegeben sind. Peter Müller nahm eine Unterbrechung der Schwangerschaft in 25%, Fellner und Schauta in etwa 20% an. Demgegenüber sah Jaschke an seinem großen Materiale nur etwa in 4% einen spontanen Abort und in 4,5% eine spontane Frühgeburt eintreten. Diese Zahlen und die von Vinay, der nur in 3,4% eine spontane Frühgeburt sah, berechtigen uns nicht mehr, in den Herzfehlern als solchen eine häufige Ursache für eine spontane Unterbrechung der Schwangerschaft zu sehen. Anders liegen natürlich die Verhältnisse dann, wenn es sich um dekompensierte Herzfehler handelt. Dann ist die Möglichkeit einer Spontanunterbrechung der Schwangerschaft natürlich viel leichter gegeben und in diesen Fällen sah z. B. Jaschke eine spontane Unterbrechung der Schwangerschaft in 32%, Baisch ebenfalls in 32%, Fromme in 30%, Fellner in 26% der Fälle. Sie kann einmal dadurch bedingt sein, daß es zu Stauungen im retroplazentaren Kreislauf und damit zu retroplazentaren Blutungen und Eiablösung kommt. Es kann aber auch die Kohlensäureüberladung des mütterlichen Blutes direkt wehenerregend wirken oder durch den Sauerstoffmangel den Tod des Kindes und dadurch den Eintritt der Frühgeburt verursachen.

In gleicher Weise wie der Einfluß der Schwangerschaft ist auch der ungünstige Einfluß des Geburtsaktes auf den Herzfehler weit überschätzt worden. Verschiedene Momente spielen ja dabei mit, daß gerade unter der Geburt die Herzanstrengung eine besonders große ist. Es ist das einmal der Abfall des Blutdruckes nach Abfluß von reichlichem Fruchtwasser wie bei Hydramnios und vor allem nach schneller Ausstoßung des Kindes, besonders von Zwillingen. Es ist das weiterhin die durch das Tiefertreten des Zwerchfells bedingte Stauung in den Lungen und schließlich die intrathorakale Drucksteigerung, durch die die Aspiration des Blutes in die Venen bei forcierter Exspirationsstellung, wie sie bei den Preßwehen eintritt, äußerst erschwert wird. Fast überall findet man deshalb auch in der älteren Literatur den Rat, die Geburt möglichst abzukürzen und gleich beim Beginn der Preßwehen durch einen operativen Eingriff zu beenden. Aber auch hier ist auf Grund eines ungeeigneten Materials die Gefährlichkeit des Geburtsverlaufes bei Vitium cordis im allgemeinen erheblich überschätzt worden. Die Geburtsbeobachtung an dem großen Wiener Material hat gezeigt, daß eine derartige prinzipielle operative Abkürzung der Geburt nicht nötig ist. Es überrascht, wenn man bei Jaschke liest, daß bei seinem Material von 1525 Geburten bei Herzfehlern 1493 = 97,8% ganz ungestört verlaufen sind und daß nur in 32 Fällen = 2,2% ein Einfluß des Geburtsablaufes auf das Herz nachweisbar war. Auch Fromme hebt in seinem Referat zum Gynäkologenkongreß „Über die Beziehungen der Erkrankungen des Herzens zu Schwangerschaft, Geburt und Wochenbett" hervor, daß bei 100 Geburten bei Herzkranken etwa 98 ohne irgend welche Beschwerden von seiten des Zirkulationsapparates verliefen. Ausdrücklich betont auch Fromme hierbei, daß eine Neigung zu atonischen Blutungen bei herzkranken Frauen durchschnittlich nicht häufiger sei als sonst. Jaschke konnte an seinem Material feststellen, daß überhaupt nur in 0,6% aller Fälle von Herzfehler und Schwangerschaft wegen bedrohlicher Erscheinungen eine Indikation zur operativen Beendigung der Geburt gegeben war. Daß auch das Mitpressen, selbst bei stärkster Dyspnoe, nicht verschlechternd auf den Zustand der Frau zu wirken braucht, hat Meyer-Ruegg schon hervorgehoben. Auch wir selbst haben solche Frauen beobachtet, bei denen wir mit großer Sorge nach dem Blasensprung eine ganz enorme Preßarbeit einsetzen sahen, ohne daß die Frau dadurch gefährdeter erschien als vorher und bei denen die Austreibungzeit glatt überstanden wurde. Aus alledem folgt, daß in der Tat die ganze Beurteilung der Frage nach dem Einfluß von Schwangerschaft, Geburt und Wochenbett auf die Herzfehler früher auf Grund eines besonders ausgesuchten Materials von schweren Fällen eine zu pessimistische gewesen ist, die dann auch zu einer viel zu aktiven Therapie bei dieser Komplikation geführt hat.

Interessant ist die Frage, wie sich die verschiedenen Arten der Klappenfehler verhalten. Die Ansichten über die prognostische Bedeutung der einzelnen Arten der Herzfehler, die in der Literatur hierüber niedergelegt sind, sind ganz außerordentlich verschieden. Die einen nennen die Mitralinsuffizienz als besonders ungünstig, die anderen die Stenose, die dritten schließlich die Aortenfehler. Im allgemeinen aber gewinnt man aus der Literatur doch den Eindruck, daß die reine Mitralstenose oder die Kombination von Mitralinsuffizienz und -Stenose eine besondere Gefährdung für die schwangere Frau bedeutet. Auch Fromme kommt in seinem Referat aus der Gesamtliteratur zu dem Schluß, daß das Hauptkontingent der an Herzfehler in der Schwangerschaft und in der Geburt zugrunde gehenden Frauen der Mitralstenose allein oder ihrer Kombination mit Mitralinsuffizienz zur Last zu legen ist. „Obgleich die reine Mitralstenose oder ihre Kombination mit Mitralinsuffizienz nur in 28,8% aller Mitralfehler gesehen wird, sterben an ihr doch 75% aller an ihren Mitralfehlern überhaupt zugrunde gehenden Frauen." An unserem Material haben wir ebenfalls die gleichen Erfahrungen machen können, daß in prognostischer Hinsicht die Mitralstenosen am ungünstigsten gestellt sind. Es ist das auch von vornherein zu verstehen, da sie ja gerade den kleinen Kreislauf am meisten belasten, und darum auch leichter zur Dekompensation neigen. Es kommt dazu, daß die Mitralstenose von Anfang an nur mit der an sich geringen Reservekraft des rechten Ventrikels arbeitet. Demgegenüber hat die Mitralinsuffizienz zunächst die größere Reservekraft des linken Ventrikels hinter sich und darum sind auch, nach unseren Erfahrungen wenigstens, die Aortenfehler, die anfänglich den kleinen Kreislauf nicht belasten, im allgemeinen als prognostisch günstiger anzusehen. Selbstverständlich spielt natürlich auch die Größe des Klappenfehlers eine sehr erhebliche Rolle, und es wird darum unter Umständen eine Mitralinsuffizienz mit größerer Defektbildung für die schwangere Frau gefährlicher werden können als eine Mitralstenose mit geringerem Defekt.

Fromme gibt folgende tabellarische Übersicht von 91 Fällen von tödlichem Vitium.

Art des Vitiums	Anzahl
Insuff. mitr.	18
Stenosis mitr.	25
Insuff. + Stenosis mitr.	29
Insuff. aortae	3
Stenosis aortae	1
Insuff. et Stenosis mitr. + Insuff. aortae	4
Stenosis mitr. + Insuff. aortae	2
Insuff. mitr. + Insuff. aortae	1
Insuff. mitr. + Insuff. et Stenosis aortae	1
Stenosis mitr. + Stenosis aortae	2
Insuff. et Stenosis aortae	1
Insuff. mitr. + Stenosis aortae	1
Insuff. et Stenosis mitr. + Stenosis aortae	1
Insuff. et Stenosis mitr. + Insuff. et Stenosis aortae	1
Stenosis mitr. + Insuff. et Stenosis tricuspidal.	1
	91

Besonders wichtig für die Prognose des einzelnen Klappenfehlers ist aber, wie Jaschke an seinem großen Material nachweisen konnte, vor allen Dingen der Zustand des Herzmuskels. Er sowohl wie Fellner weisen darauf hin, daß ältere Frauen und Mehrgebärende durch ihren Herzfehler durchschnittlich stärker gefährdet sind und zwar deshalb, weil bei ihnen durch das Alter und die früheren Geburten die Herzkraft bereits in gewisser Weise erschöpft ist. Ist das aber einmal der Fall, dann kann bei jeder Art von Herzfehlern der Verlauf ein ungünstiger sein, wenn nun noch eine bedeutende Mehrleistung während des Geburtsaktes an den Herzmuskel gestellt wird. Es kommt dazu, daß oft schon durch die Krankheitsursache, die die Affektion der Klappe bedingt hatte, auch der Herzmuskel geschädigt worden ist. Darum ist bei der prognostischen Bewertung des Herzfehlers in graviditate und bei der Frage einer eventuellen Therapie vor allem immer der Zustand des Herzmuskels in erster Linie zu berücksichtigen.

Aus der Schwierigkeit der Prognosenstellung im einzelnen Falle von Herzfehler ergibt sich von vornherein auch die große Schwierigkeit für die Entscheidung der Frage, ob man im gegebenen Falle wegen eines Herzfehlers die Schwangerschaft vorzeitig unterbrechen und die Geburt abkürzen soll oder nicht.

Wie sehr die Ansichten der einzelnen Autoren bei der Beurteilung der Herzfehler in der Schwangerschaft noch auseinander gehen, dafür spricht folgende Beobachtung: Frau Dr. R., 34 Jahre, Zweitgebärende, erste Geburt vor sechs Jahren mit Herzbeschwerden und angeblich leichtem Kollaps verbunden gewesen; das Kind $1/4$ Jahr nach der Geburt gestorben. Jetzt besteht Schwangerschaft im dritten Monat. Der durch die erste Geburt sehr ängstlich gewordene Hausarzt hat dem Manne die künstliche Unterbrechung der Schwangerschaft nahegelegt, obwohl Patientin zurzeit völlig beschwerdefrei und der Herzfehler kompensiert ist. Es wird eine Autorität am Gebiete der Herzerkrankungen konsultiert, die auf Grund des Befundes des gut beobachteten Ablaufes der ersten Geburt die Unterbrechung der Schwangerschaft anrät. Da die Frau selbst gerne ein Kind hätte und von ihrem Manne in diesem Wunsche bestärkt wird, sucht die Frau eine zweite, ebenfalls bekannte Autorität auf, und es wird ihr angeraten, zunächst ruhig abzuwarten und die Schwangerschaft nicht unterbrechen zu lassen. Diese Widersprüche der beiden anerkannten Kapazitäten bewogen die Frau und ihren Mann, nun noch einen dritten Kliniker zu Rate zu ziehen, der sich nach einigen Bedenken für Abwarten aussprach. Da der Wunsch nach einem Kinde wie gesagt ein äußerst lebhafter war, gehen die Eltern gerne auf den Rat der beiden Autoren, die für Abwarten waren, ein und am Ende der Zeit wird ohne jedes Zeichen von Dekompensation und ohne erhöhte subjektive Beschwerden nach sechs Stunden Wehentätigkeit ein ausgetragenes, reifes, lebensfähiges Kind geboren. Ganz ähnlich verlief ein zweiter Fall, den wir ebenfalls zu beobachten Gelegenheit hatten. Hier handelte es sich um eine Arztfrau mit nur mäßig kompensiertem Herzfehler, so daß dem Arzt von einem Spezialisten ebenfalls die Unterbrechung der Schwangerschaft angeraten wurde. Auch hier wird auf Wunsch der Mutter abgewartet. Beim Beginn bittet der Arzt, sich bereitzuhalten, um, wenn nötig, sofort zu ihm zu kommen und die Geburt zu beendigen. Nach fünf Stunden gibt er selbst die Nachricht, daß ein lebendes Kind, ohne ernste Erscheinungen seitens des Herzens der Mutter, geboren worden ist.

Diese Fälle sind doch äußerst instruktiv und sie zeigen, daß man früher im allgemeinen, verängstigt durch die Mitteilung einzelner besonders schwerer Fälle die Indikation zur künstlichen Unterbrechung der Gravidität viel zu freigebig gestellt hat.

Gewiß ist es richtig, daß durchschnittlich die Mitralstenose und die Mitralinsuffizienz in Kombination mit einer Mitralstenose prognostisch ungünstiger ist als andere Herzfehler, aber ebenso steht auch fest, daß selbst in solchen Fällen von Herzfehlern Schwangerschaft, Geburt und Wochenbett ungefährdet für die kranke Frau überstanden werden können. Es ist deshalb auch zweifellos richtig, wenn man bei der Komplikation von Herzfehler und Schwangerschaft die Entscheidung darüber, ob man die Gravidität unterbrechen soll oder nicht, nur von Fall zu Fall trifft. Trotzdem aber erscheint es wichtig, wenigstens allgemeine Richtlinien zu geben, die sich auf einem größeren Material aufbauen und aus dem Studium der Literatur und der eigenen Beobachtung herzkranker Frauen gewonnen sind. Ich möchte vielleicht folgende allgemeine Richtlinien geben:

1. Wird eine herzkranke Frau gravid und treten Insuffizienzerscheinungen des Herzens im Laufe der Gravidität nicht ein, so darf die Schwangerschaft in Rücksicht auf die bevorstehende Geburt nicht unterbrochen werden, da dann auch Komplikationen intra und post partum mit allergrößter Wahrscheinlichkeit nicht zu erwarten sind.

2. Treten bei einer herzkranken Frau schon in der ersten Hälfte der Gravidität Insuffizienzerscheinungen der Herzarbeit auf, zeigt sich also, daß die geringe Mehrbelastung des Herzens um diese Zeit die Reservekräfte bereits erschöpft, dann soll man bei jeder Art von Vitium die Schwangerschaft unterbrechen, da die gesteigerte Mehrbelastung gegen Ende der Gravidität und intra partum dann immer zu einem plötzlichen Versagen des Herzens führen kann. Das gilt besonders dann, wenn schon früher außerhalb der Gravidität Dekompensationserscheinungen bestanden haben.

3. Machen sich erst gegen Ende der Schwangerschaft Dekompensationserscheinungen geltend, so soll bei der Mitralstenose, besonders wenn deutliche Anzeichen einer erheblichen Myokarderkrankung vorliegen, die Schwangerschaft unterbrochen werden. Bei der Mitralinsuffizienz kann abgewartet werden, wenn unter entsprechender Behandlung die Dekompensationserscheinungen schwinden und dauernd ausgeglichen bleiben. Bleiben die Dekompensationserscheinungen trotzdem bestehen oder setzen sie gleich nach Aussetzen der Therapie wieder ein, dann ist es zweckmäßiger, in Hinsicht auf die Geburtsüberlastung des Herzens die Schwangerschaft zu unterbrechen.

Das häufige Zusammentreffen von Mitralstenose mit Insuffizienz kann das Vorgehen erheblich erschweren, das sich aber vornehmlich nach dem Grade der Mitbeteiligung der Stenose und des Myokards richten muß.

Zwar hat Jaschke gezeigt, daß auch durch eine medikamentöse Behandlung die Dekompensation gehoben werden und die Geburt glatt verlaufen kann. Auch Ad. Schmidt als interner Kliniker betont auf dem Gynäkologenkongreß in Halle: „Nicht jede Dekompensation des Herzens hat dieselbe schlimme Bedeutung für die Prognose". Es besteht aber in solchen Fällen immer noch die Gefahr, daß solch ein Herz, das bereits einmal in graviditate versagt hat, nun plötzlich in der Geburt und vor allen Dingen in der Austreibungsperiode wiederum versagen kann. Wie plötzlich das aber geschehen und wie rasch der Tod der Frau dadurch bedingt sein kann, das ist eine bekannte Tatsache. Darum ist es richtiger, in diesen wenigen Fällen nicht auf die Möglichkeit eines bleibenden, durch Medikamente erzielten Dekompensationsausgleiches zu rechnen, sondern hier insofern eine sichere Prophylaxe zu treiben, als man es auf diese Möglichkeit gar nicht mehr ankommen läßt und lieber prinzipiell die Schwangerschaft unterbricht. Es sind diese Fälle ja auch so selten, daß sie volkswirtschaftlich gar nicht in Betracht kommen.

4. Machen sich erst intra partum Dekompensationserscheinungen geltend, so kann man bei voraussichtlich nur noch kurzer Geburtsdauer abwarten, resp. durch Extraktionen bei erfüllten Vorbedingungen die Geburt beendigen. Ist aber z. B. bei älteren I para eine längere anstrengende Geburtsarbeit zu erwarten, so soll ebenfalls die Geburt operativ beendigt werden.

Entschließt man sich zu der Unterbrechung der Schwangerschaft bei eintretender Dekompensation oder aus dem gleichen Grunde zu der Beschleunigung und Beendigung der Geburt, so soll man darauf achten, daß die Entleerung des Uterus langsam geschieht, um plötzliche Blutdruckschwankungen auszuschließen. Gut wird es immer sein, auch bei kompensierten Herzfehlern, gleich bei Eintritt der Wehen durch Digitalis oder Strophantus das Herz zu kräftigen, damit ein unerwartetes und plötzliches Versagen nach Möglichkeit vermieden wird.

Noch einmal sei ausdrücklich betont, daß diese therapeutischen Vorschläge nur allgemeine Richtlinien und keine „Gesetzestafeln" sein sollen. Sie wollen dem, der derartige Fälle zu beobachten und verantwortlich zu leiten hat, nur einen Hinweis auf die durchschnittlich zweckmäßige Therapie geben und ihn veranlassen, bei solchen Kranken die Mitbeobachtung durch einen internen Spezialisten zu fordern.

3. Entstehung von Herzkrankheiten durch Schwangerschaft, Geburt und Wochenbett.

Außer diesen Beziehungen zwischen schon bestehendem Herzfehler und Gravidität, deren Bedeutung in der Frage liegt, ob bei einem Vitium cordis die Gravidität ausgetragen werden kann und wie wir die Frage nach der Schwangerschaftsunterbrechung zu beantworten haben, bestehen noch in umgekehrter Weise Wechselbeziehungen zwischen Herz und Schwangerschaft derart, daß erst durch, resp. während der Schwangerschaft, Geburt oder dem Wochenbett ein Herzfehler oder eine Herzerkrankung entstehen kann. Sowohl von der Myokarditis wie von der Endokarditis wurde früher vielfach behauptet, daß die unkomplizierte Gravidität als solche imstande sei, sie hervorzurufen.

Vor allem Virchow, Dürr, W. H. Freund und von den Franzosen Olivier sprachen sich dahin aus, daß durch die Gravidität allein eine Endokarditis entstehen könne, die in mehr akuter oder mehr chronischer Form ablaufen könnte. Da sich nun aber zu einer Endokarditis besonders bei chronischem Verlauf eine Myokarditis nicht selten hinzugesellt, so ist auch diese als Folge des Graviditätszustandes hingestellt worden. Andere Autoren wiederum, wie Peter Müller und Olshausen, sehen das Wochenbett und zwar das unkomplizierte Puerperium als eine Ursache für die Entstehung der Myokarditis an, zumal Virchow, Lebert, Ponfick u. a. eine fettige Degeneration des Herzmuskels bei normaler Schwangerschaft haben nachweisen können. Auf dem Gynäkologenkongreß in Halle hat Ad. Schmidt darauf hingewiesen „daß die leichten Formen der Myokarditis nach Anginen und anderen Infekten bakteriell-toxischen Ursprungs sind." Er schnitt die Frage an, ob Herzkranke in der Schwangerschaft nicht mehr durch toxische Momente geschädigt wurden als durch mechanische Inanspruchnahme. Er sowohl wie Adler weisen auf die Störungen im Gleichgewicht der innersekretorischen Drüsen während der Gravidität hin, die ja auch für die Frage der Schwangerschaftstoxikosen von Bedeutung sind. Ließe man solche Beziehungen zum Herzen von herzkranken Frauen gelten, dann müßte die Möglichkeit der Beeinflussung des gesunden Herzmuskels ebenfalls wohl als vorhanden angesehen werden. Die Herzveränderungen, die man bei Autopsien Eklamptischer und bei den schweren Formen der Hyperemesis gefunden hat, deuten jedenfalls auch auf solche Möglichkeiten hin.

Bei dem Nachweis einer Endokarditis in graviditate bleibt es aber immer fraglich und klinisch schwer zu entscheiden, ob es sich um eine erst in der Schwangerschaft neuentstandene Erkrankung handelt, oder nicht vielmehr nur um ein schnelleres Fortschreiten eines schon vorher vorhandenen, älteren, aber unerkannt gebliebenen Prozesses. Ebenso ist es durchaus noch nicht entschieden, ob es sich bei den Fettbefunden des Herzmuskels wirklich um eine Fettdegeneration und nicht vielmehr zumeist um eine nicht pathologische Fettinfiltration gehandelt hat. Es ist ja bekannt, daß in der Schwangerschaft eine allgemeine Fettmästung des Körpers stattfindet, die wir selbst im Blute als eine Vermehrung der Lipoide nachweisen können. Da liegt es dann sehr nahe, anzunehmen, daß derartige Fettbefunde, die ebenso in anderen Organen erhoben werden, auch am Herzen als Zeichen einer allgemeinen Fettmästung und nicht als eine fettige Degeneration der Muskulatur angesehen werden müssen. Dann wäre natürlich dieser Befund ganz anders zu bewerten. Immerhin scheint doch die Möglichkeit einer auf toxischem Wege enstandenen, durch die Gravidität als solche bedingten Schädigung des Herzens zu bestehen. Ganz anders ist es natürlich mit den septischen Erkrankungen der Herzklappen und des Herzmuskels im Wochenbett. Wenn man bedenkt, daß Lenhartz angibt, es bestehe in 21% aller Sepsisfälle eine Endokarditis und wenn man sich weiterhin die Tatsache vor Augen hält, daß abgeheilte Endokarditiden bei Frauen beinahe doppelt so oft erhoben werden wie bei Männern, so liegt die Bedeutung der Gestationsvorgänge für die Entstehung der Herzerkrankungen offensichtlich zutage, um so mehr, als andere Ursachen als die puerperalen septischen Infektionen für die Häufiggkeit solcher Befunde bei der Frau gegenüber dem Manne nicht in Betracht kommen. Noch größer ist die Bedeutung der puerperalseptischen Prozesse bei solchen Frauen, die bereits einen Klappenfehler besitzen. Erkrankt eine solche Frau an Sepsis, so meint Romberg, könne man mit Sicherheit auch auf die Entstehung einer frischen septischen Endokarditis rechnen, wenngleich Jaschke darauf hingewiesen hat, daß auch Ausnahmen von dieser Regel vorkommen können. Die Diagnose solcher Zustände wird meistens gar nicht in den Fällen gestellt, bei denen der Verlauf der Sepsis ein sehr rapider und schnell zum Tode führender ist. Bei den mehr chronisch verlaufenden Formen hingegen, besonders bei der Thrombophlebitis, entwickelt sich aber die Endokarditis nicht selten erst nach einiger Zeit. Dann wird die beschleunigte Herzaktion, die beschleunigte Atmung, der kleine Puls, vor allem auch die Dilatation des Herzens und das Geräusch, das gewöhnlich an der Herzspitze am deutlichsten ist, die Diagnose Endocarditis septica sehr wahrscheinlich machen. Dann ist aber auch sofort die Prognose der Erkrankung erheblich ernster zu stellen und die Frauen gehen, besonders bei den Streptokokkeninfektionen, nicht selten daran zugrunde. Die Therapie ist natürlich, wenn überhaupt die Frau mit dem Leben davon kommt, keine andere wie die der Endokarditis überhaupt.

II. Herz und Generationsorgane außerhalb der Schwangerschaft.

Von weit geringerer Bedeutung als Schwangerschaft, Geburt und Wochenbett sind die anderen funktionellen Vorgänge und die gynäkologischen Er-

krankungen für das Herz und seine Funktionen. Daß **Beginn und Erlöschen
der Menstruation** nicht selten bei Frauen mit Störungen der Herztätigkeit,
lebhafter Pulsbeschleunigung, starkem Herzklopfen, Herzangst etc. verbunden
sein können, ist eine bekannte Tatsache. Die Ursache dafür liegt wohl vor
allem in dem Einfluß des Ovariums, dessen sekretorische Tätigkeit ja gerade
im Beginn der Pubertät wie auch zur Zeit der Klimax funktionellen Störungen
unterworfen ist, die dann entweder direkt oder auf dem Wege über andere
gleich oder antagonistisch wirkende Drüsen mit innerer Sekretion zu merkbaren
Störungen auch der Herztätigkeit führen können. Zweifellos spielen bei den
oben erwähnten Symptomen aber nervöse Einflüsse aller Art mit, und es ist
ja auch eine bekannte Tatsache, daß diese Symptome gerade bei Frauen mit
labilem Nervensystem am stärksten ausgesprochen sind. Perkutorisch sind bei
solchen Frauen, selbst wenn die subjektiven Beschwerden der „Herzbeklemmung und Herzangst" sehr starke sind, Veränderungen am Herzen nicht
nachweisbar. Auch im Röntgenbilde fehlen Vergrößerungen und Verschiebungen völlig. Auskultatorisch sind die Befunde wechselnd. Zuweilen fehlt
jede Veränderung In anderen Fällen findet man nur eine Arrythmie. In
einer dritten Gruppe sind mehr oder minder deutliche blasende Geräusche
an der Spitze und an der Basis vorhanden. Das betrifft bei den jugendlichen
Personen in der Zeit des Beginns der Menstruation meist die anämisch-chlorotischen Individuen, bei den Frauen in der Zeit des Erlöschens der Geschlechtsfunktionen meist die mit starken Blutverlusten. Die Befunde sind deshalb
auch als sog. anämische Geräusche aufzufassen, Bestehen wirkliche Herzfehler,
so stehen sie meist in keinen ätiologischen Beziehungen zu den menstruellen
Vorgängen. Nur bei den hochgradigen lange Jahre hindurch bestehenden
Blutungen der Wechseljahre muß die Möglichkeit gegeben werden, daß es
infolge der häufigen, starken, vom Körper nicht mehr ersetzbaren Blutverluste
auf dem Umwege über die allgemeine Schwächung des Gesamtorganismus auch
zu dauernden Schädigungen und wirklichen Fehlern des Herzens (braune
Atrophie, fettige Degeneration) kommt. Hier liegen die Verhältnisse dann ähnlich wie bei dem sog. Myomherzen (s. dort).

Inwieweit **Herzfehler** einen Einfluß auf den Beginn und das Erlöschen
der menstruellen Tätigkeit haben, ist noch immer nicht genügend geklärt.
Manche Autoren geben an, daß der Eintritt der Menstruation bei Herzfehlern
häufig verspätet erfolge und daß ebenso häufig auch die Menopause früher
eintrete. Wie ein Einfluß kompensierter Herzfehler auf Eintritt, Ablauf und
Erlöschen dieses physiologischen Vorganges zu erklären sein soll, ist unklar.
Für dekompensierte Herzfehler jedoch ist eher anzunehmen, und von manchen
Autoren auch behauptet, daß die menstruelle Tätigkeit eine verstärkte und
längerdauernde sei. Derartige Blutungen wären als Stauungsblutungen ja
auch ohne weiteres zu verstehen.

So hat Verfasser den Uterus eines an Herzfehler gestorbenen 14 jährigen Mädchens
untersucht, bei dem die Gefäße der Uterusschleimhaut und auch noch die Venen des inneren
Drittels der Muskelwand enorm erweitert und auch die Drüsenzwischenräume der Mukosa
stellenweise weitgehend durchblutet waren.

Am häufigsten suchte man indessen in der Gynäkologie Beziehungen
zwischen **Herz und Myomen** zu konstruieren und der Begriff des sog. **Myomherzens** spielt ja auch heute noch in der Pathologie der benignen Uterus-
geschwülste eine große Rolle.

Sänger, Rose, Hofmeier, Fehling, Leopold u. a. haben schon vor Jahren
auf die Häufigkeit von Herzkomplikation bei myomkranken Frauen hingewiesen und
ihr in der Indikationsstellung zur operativen Behandlung dieser Geschwülste eine große
Bedeutung beigemessen. Sie sahen die Herzerscheinungen zumeist als eine Folge der
myomatösen Erkrankung des Uterus an. Straßmann und Lehmann betonten an der

Hand klinischer und pathologisch-anatomischer Untersuchungen ebenfalls die Abhängigkeit der Erkrankung des Herzens von dem Myom. Sie nahmen an, daß die Myome imstande seien, degenerative Vorgänge des Muskels hervorzurufen, die das Bild der Myokarditis abgeben sollten. Keßler und Dehio fanden als vermeintliche anatomische Grundlage dieses Myomherzens eine Myofibrosis cordis, eine Vermehrung des intermuskulären
Bindegewebes. Demgegenüber glaubte Fleck, daß es sich bei Myomherzen nur um eine
braune Atrophie handele, und zwar bei den nichtblutenden Myomen, während bei den
blutenden auch noch eine fettige Degeneration, die Keßler und Dehio nicht nachweisen
konnten, vorhanden sein sollte. Sie sollte klinisch das Bild der mit Herzinsuffizienz einhergehenden Myokarditis geben, ohne indessen anatomisch mit der Myokarditis wirklich
identisch zu sein. Winter ging mit besonderer Sorgfalt der Frage nach der Bedeutung
des sog. Myomherzens nach und kam zu dem Schluß, daß ein für das Myom allein charakteristischer Befund am Herzen nicht existiere. Winter ließ die Myomkranken planmäßig von dem internen Kliniker untersuchen und soweit es ging, die Befunde auch nach
der Operation wieder nachkontrollieren. Er fand unter 266 Kranken 60% mit normalem
Herzbefund, 30% mit Geräuschen, die als anämische gedeutet wurden. 6% zeigten eine
Hypertrophie und Dilatation des Herzens, wobei Myokarditis und Klappenfehler ausgeschlossen blieben. Nur 1% zeigte primäre Herzfehler und 1% Veränderungen am
Myokard.

Diese Befunde Winters stehen in deutlichem Gegensatz zu den Befunden
früherer Untersucher, und man geht wohl nicht fehl, wenn man annimmt, daß
ebenso wie früher häufig die akzidentellen Herzgeräusche in graviditate irrtümlich als Herzfehler gedeutet wurden, daß so auch die Bewertung der Herzbefunde
bei Myomkranken früher teilweise eine nicht richtige gewesen ist. Winter
selbst weist darauf hin, daß ganz ähnlich, wie wir das auch bei den Nachuntersuchungen gravider Frauen im Wochenbett gesehen hatten, die Befunde bei
wiederholter Untersuchung nach der Operation sich geändert hatten, so daß
zum Beispiel unter sieben nachuntersuchten Fällen, bei denen mit mehr oder
minder größerer Wahrscheinlichkeit vor der Operation die Diagnose auf Herzfehler gestellt war, von demselben Untersucher nach der Operation ein normales Herz konstatiert wurde. Das deckt sich, wie gesagt, vollständig mit
den Beobachtungen, die wir an unserem eigenen Schwangerenmaterial mit der
Deutung der Herzgeräusche vor und nach der Geburt erlebt haben. Den Klappen-
fehlern gegenüber verhält sich Winter demnach bezüglich der Frage des Zusammenhanges mit den Myomen äußerst skeptisch. Dagegen hält auch er das
Vorkommen der braunen Atrophie für erwiesen und bringt sie auch mit den
Myomen in ätiologischen Zusammenhang. Den Zusammenhang nimmt Winter
in der Weise an, daß er nicht direkt das Myom als die schädigende Noxe für
das Herz ansieht, sondern daß infolge des Myoms, sei es durch die Blutung,
sei es durch mangelnde Nahrungsaufnahme etc., zunächst eine Schädigung
des Gesamtorganismus einträte, die dann ihrerseits erst die braune Atrophie
bedingt. Daß es bei Myomen mit stärkeren Blutungen auch zu fettiger Degeneration des Herzmuskels kommen kann, ist ohne weiteres verständlich,
dann ist aber nicht die Geschwulstbildung des Uterus als solche, sondern der
hierdurch bedingte Blutverlust als Ursache für die Veränderung des Herzens
anzusehen. Wie oben schon gesagt, fand Winter auch in einer Reihe von
Fällen eine Dilatation des Herzens, ohne Klappen- oder Herzmuskelverände-
rungen. Diese Herzdilatation wird verschieden gedeutet und entweder auf
die Anämie zurückgeführt oder als Erschlaffung der schlecht ernährten Wand
angesehen. Alles in allem kommt also Winter zu dem Schlusse, daß eine
spezifische Herzveränderung, die durch das Myom als solches bedingt sei, nicht
existiert. Diese Auffassung ist zweifellos richtig. Das ändert aber nicht, daß
Myomkranke klinisch häufig Erscheinungen von seiten des Herzens zeigen,
die auf eine verminderte Leistungsfähigkeit des Herzmuskels hindeuten und
daß man deshalb bei der operativen Inangriffnahme der Geschwülste derartiger
Patientinnen den Zustand des Herzens mit besonderer Sorgfalt kontrollieren

muß. Von manchen Operateuren wird darum auch prinzipiell vor der Operation eine Digitaliskur eingeleitet, um das Herz prophylaktisch für den Eingriff selbst zu kräftigen.

Heute sieht man aber besser, wenn nicht Verdrängungserscheinungen die Herausnahme des Tumors unbedingt nötig machen, wenn vielmehr, wie gewöhnlich, die Blutungen die Indikation zur Therapie geben, von einer Operation ganz ab. Das sind gerade die Fälle, bei denen die Röntgen-Tiefentherapie der Gynäkologie so hervorragende Resultate erzielt. Ist doch bei dem heutigen Stande der Bestrahlungstechnik die gewünschte Amenoirhoe mit Sicherheit in allen Fällen zu erreichen.

III. Gefäße und weibliche Sexualorgane.

Für das Gefäßsystem gilt im allgemeinen dasselbe wie für das Herz, nämlich, daß sich auch hier die Wechselbeziehungen zwischen ihm und den weiblichen Genitalorganen am offensichtlichsten bei den Generationsvorgängen bemerkbar machen.

Unterscheiden müssen wir hier zwischen den Veränderungen der Gefäße, die allein das Gefäßsystem der Generationsorgane und in erster Linie des Uterus betreffen und den Veränderungen, die auch die Gefäße des übrigen Organismus, Arterien wie Venen, befallen können.

Untersucht man Uteri von Frauen, die geboren haben, mikroskopisch, so findet man an ihren Gefäßen typische Bilder, die früher vielfach als arteriosklerotische Veränderungen angesprochen wurden. Sie erlangten eine besondere klinische Bedeutung dadurch, daß man sie mit den gynäkologischen Blutungen, besonders in den präklimakterischen und klimakterischen Jahren in ätiologischen Zusammenhang bringen wollte. In neuerer Zeit, vor allem auf Grund der Arbeiten von Szasz-Schwarz und Pankow, haben diese Veränderungen eine andere Deutung und Bewertung erfahren. Pankow hat diese Veränderungen besonders eingehend an einem großen Material mit entsprechenden Kontrolluntersuchungen studiert und fand durchgehend bei allen Frauen, die geboren hatten, in der Gefäßwandung eine eigenartige Anordnung, Vermehrung und Umwandlung des elastischen Gewebes der Gefäßwände, die Hand in Hand geht mit der Gesamtvermehrung der elastischen Fasern im Uterus überhaupt. Auch an den Venen waren ähnliche Veränderungen, wenn auch nicht in so ausgesprochener Weise, vorhanden. Demgegenüber fehlten in den Uteri solcher Frauen, die nicht geboren hatten, diese Veränderungen in den Gefäßen der Wand jedesmal vollständig.

Pankow hebt deshalb zwei Punkte als besonders wichtige Resultate seiner Untersuchungen hervor, nämlich

1. daß es sich bei diesen Veränderungen nicht um eine echte Arteriosklerose handele, sondern um physiologische Rückbildungsvorgänge nach dem Wochenbett, die man am besten als Graviditätssklerose bezeichnet, und

2. daß diese Gefäßveränderungen mit den Blutungen absolut nichts zu tun haben, weil sie eben bei allen, auch bei nichtblutenden Frauen, die geboren haben, in gleicher Weise und Ausdehnung nachweisbar sind und weil sie bei blutenden Nulliparen ebenfalls regelmäßig fehlen.

Ähnliche Veränderungen wie die der Graviditätssklerose nach Geburten fast in der ganzen Wand des Uterus sind nach Aborten auch in den Gefäßen der inneren Muskelschicht und in der Schleimhaut nachgewiesen worden. Auch bei Nulliparen findet man allein in der Mukosa ganz ähnliche, auf gleicher Ursache beruhende Befunde. Es sind das eben nur graduelle Unterschiede und sie zeigen, daß die Auffassung richtig ist, die diese Veränderungen auf die funktionelle Inanspruchnahme der Gefäße in der Gravidität und bei der Menstruation zurückführt. Das ist um so sicherer, als die gleichen Veränderungen, wie Böshagen, Sohma und Pankow hervorheben, auch in den Ovarien ovulierender Frauen, besonders in der unmittelbaren Umgebung der Corpora lutea nachweisbar sind. Speziell für das Ovarium waren diese Befunde lange Zeit falsch gedeutet worden, indem Bulius und Kretschmar sie als eine Angiodystrophia ovarii klinisch hoch bewerteten und sie als ein spezielles Krankheitsbild ansahen. Das aber ist falsch, da diese Veränderungen genau wie im Uterus und übrigens ebenso wie auch in den Gefäßen der Mamma von Frauen, die gestillt haben, jedesmal nachweisbar sind, sobald das Ovarium seine Funktion aufgenommen hat. Praktisch haben diese Veränderungen deswegen weder am Uterus noch an den Ovarien irgend eine Bedeutung und vor allen Dingen darf man sie nicht, wie das früher vielfach geschehen ist, mit den Menorrhagien und Metrorrhagien der Frauen in ursächlichen Zusammenhang bringen.

Außer diesen Veränderungen finden sich dann aber im Uterus der Frau, besonders im höheren Alter, auch deutliche arteriosklerotische Veränderungen, die dann gelegentlich auch zu Blutungen in die Uterushöhle Veranlassung geben können. Solche Blutungen findet man in der Tat gelegentlich und man ist, wenn man solche Uteri abradiert, meistens erstaunt über die vollständig atrophische Schleimhaut, aus der man sich eine Entstehung der Blutung überhaupt nicht erklären kann. Noch häufiger wie diese Blutungen nach außen sind aber auf arteriosklerotischer Grundlage Blutungen in die Schleimhaut des Uterus hinein, wie sie von Rokitanski, Klob und anderen schon vor langen Jahren beschrieben wurden, die sie als Apoplexia uteri bezeichnet haben und die später durch v. Kahlden noch genauer studiert worden sind.

Praktisch viel wichtiger sind dagegen für den Geburtshelfer wie für den Gynäkologen vor allem die thrombotischen Veränderungen der Gefäße. Gerade die Erkrankungen des Genitalapparates der Frauen und die pathologischen und physiologischen Vorgänge in Schwangerschaft, Geburt und Wochenbett hat man vielfach ganz besonders mit der Entstehung der Venenthromben der unteren Extremitäten in Beziehung gebracht, die ja meistens den Ausgangspunkt für die schwere Erkrankungsform der Embolie abgeben. Ja es gibt Autoren, die die gefährlichste der Unterschenkelthrombosen, die Thrombose der Vena femoralis, fast regelmäßig auf Vorgänge in den Generationsorganen zurückführen wollen.

So sagt Latzko z. B.: „Die Thrombose der Vena femoralis kann fast immer auf Vorgänge oder Manipulationen an den Gefäßen des Beckens oder des Genitales zurückgeführt werden." Das aber ist nicht richtig, denn Schenkelvenenthrombosen kommen auch bei nichtgynäkologischen Manipulationen häufig vor. So fand Lubarsch unter 932 Sektionen Thrombenbildungen in den Blutadern überhaupt in 583 Fällen, von denen 241 Thromben der Vena femoralis waren. Daraus geht hervor, daß auch ohne Vorgänge am weiblichen Genitale die Thromben der Vena femoralis verhältnismäßig häufig nachweisbar sind. Wir haben es auch bei der Frage nach der Ursache dieser Thrombenbildungen mit ganz anderen Faktoren zu tun, die allerdings heute noch umstritten sind.

Zwei Anschauungen stehen sich gegenüber, die eine, die die Ursachen ausnahmslos auf eine Infektion zurückführen will, die andere, die nicht eine infektiöse, sondern eine mechanische Ursache annimmt. Sie führt die Thrombenbildung auf eine Stromverlangsamung zurück, zu der als begünstigendes Moment noch Gefäßwandschädigungen und Blutveränderungen hinzutreten können.

Für die infektiöse Ursache der Thromben haben sich in jüngster Zeit von den Geburtshelfern vor allem Schauta, Latzko, Veit und Bumm ausgesprochen, für die mechanische dagegen Krönig, Fritsch, Zurhelle und Klein. Eine eingehende Erörterung dieser Frage gab Aschoff auf der Naturforscherversammlung in Karlsruhe 1911, indem er als pathologischer Anatom die Frage nach der Ursache, der Art der Entstehung und dem Bau der Thromben in sehr ausgiebiger Weise behandelte. Aschoff wies vor allem darauf hin, daß die Frage deshalb schwer zu diskutieren sei, weil der Kliniker vielfach den Begriff der Thrombose ganz falsch deute, indem er ihn einfach als Blutgerinnung bezeichne, obwohl Thrombose und Gerinnung ein wesentlicher Unterschied seien. Allerdings sind bei der Gefäßverstopfung beide Vorgänge gewöhnlich beteiligt, aber stets so, daß das Primäre der Thrombus, das Sekundäre erst die Gerinnung ist, die sich an den verstopfenden Blutpfropf anschließt. Diese Tatsache der Unterschiede von Thrombose und Gerinnung, auf die schon Eberth und Schimmelbusch sehr eindringlich hingewiesen haben, ist schon deshalb sehr wichtig, weil wir daraus folgern können, daß eine Steigerung des Fibringehaltes des Blutes an sich noch keinen Grund abzugeben braucht für die häufigere Entstehung einer Thrombose, wie das speziell von klinischer Seite behauptet worden ist. Es ist deshalb auch der Vorschlag, durch Einverleibung gerinnungshemmender Substanzen die Thrombenbildung zu verhindern oder zu erschweren, auf falschen Voraussetzungen begründet. In der Tat konnte auch Schwalbe experimentell nachweisen, daß bei Tieren, deren Blut durch Behandlung mit Hirudin gerinnungsunfähig gemacht war, doch noch Thrombosen entstanden. Erst die richtige Kenntnis von dem Aufbau des Thrombus ermöglicht es uns, die Bedingungen zu erkennen, unter denen es zu echten Abscheidungsthrombosen der Gefäße kommen kann. Über den Bau des Thrombus steht nun heute als sicher bewiesen folgendes fest: An einem fertigen Thrombus muß man zwei Teile unterscheiden, den Kopfteil, der eine wirkliche Thrombose darstellt und den Schwanzteil, der durch eine sekundäre Gerinnung des hinter dem Thrombus zum Stillstand kommenden Blutes entstanden ist, der also etwas Sekundäres, Akzidentelles darstellt. Der Kopfteil hat eine helle Farbe (weißer Thrombus), der Schwanzteil eine rote und zwischen beiden liegt noch ein gemischtfarbener Übergangs- oder Halsteil. Das Wichtigste, der primäre Kopfteil, also der wirkliche Thrombus, ist aufgebaut aus einer feinkörnigen Masse, einem feinen Balkensystem von Blutplättchen, die von einem Saum gelapptkerniger Leukozyten umgeben sind. Je allmählicher durch ihn der Verschluß des Gefäßrohres eintritt, je länger also der verlangsamte Blutstrom erhalten bleibt, je mehr Blutplättchen und Leukozyten demnach durch den Blutstrom an die Stelle der Thrombenbildung herangeführt werden können, um so größer wird der Kopfteil werden. Erst wenn das Blut zum Stillstand gekommen ist, dann diffundieren die in dem Kopfteil freiwerdenden Fermente in die dahinter stagnierende Blutsäule und verursachen nun hier eine sekundäre Gerinnung. Dadurch wird dann ein mehr oder minder großes Stück des Gefäßrohres vollkommen verlegt.

Aus dieser ganz kurz skizzierten Art des Aufbaues ergibt sich zugleich, daß der eigentliche Thrombus, der weiße Kopfteil, sich im fließenden, der rote Schwanzteil dagegen sich im ruhenden Blute bildet. Die Ursache, warum es zu solcher Ablagerung zunächst von Blutplättchen kommt, führt Aschoff und viele andere Untersucher mit ihm, auf eine Stromverlangsamung und Stromveränderungen, wie vor allen Dingen Wirbelbildungen des Blutes, zurück und auf die Agglutinationsfähigkeit der Blutplättchen, die sich dadurch in immer größeren Mengen anhäufen. Ist durch die zunehmende Ansammlung von Blutplättchen der Strom noch mehr verlangsamt worden, dann tritt ein Vorgang ein, den Eberth und Schimmelbusch zuerst beschrieben haben. Die spezifisch leichteren weißen Blutkörperchen gelangen in die Randzone des Blutstromes und damit an die Gefäßwand, so daß sie also nun die Blutplättchenbalken umspülen und sich, wie das auch im histologischen Bilde des weißen Thrombus zu erkennen ist, an sie ablagern.

Von allen Autoren wird nun die Prädilektion des Venensystens bei der Verlangsamung des Blutstromes hervorgehoben. Im Venensystem sind es wiederum ganz bestimmte Stellen, an denen sich die Thromben mit Vorliebe bilden, so die Unterschenkelvenen, die proximalen Klappengebiete der Vena femoralis, die Beckenvenen, die Venen der harten Hirnhäute und die Herzohren. Auf vier Momente weist Aschoff besonders hin, um die häufigere Entstehung der Thromben gerade an diesen Stellen zu erklären, einmal auf „die immer wiederholte Belastung der Venenwand, wie sie an den Unterschenkelvenen durch den Druck der Blutsäule im aufrechtstehenden Körper, in dem Venengebiet des Diaphragma pelvis durch die Bauchpresse ausgeübt wird und zur physiologischen Erweiterung und schließlich zur physiologischen Thrombenbildung führt." Das zweite Moment sieht er in der umschriebenen Erweiterung, wie sie in den Herzohren und in den Klappentaschen der Venen gegeben sind. Das dritte Moment ist die Möglichkeit des Rückstoßes des Stromes, „wie sie sich im Venenpuls offenbart, dessen Rückstoßwelle erst in den proximalen Klappen der Vena femoralis aufgefangen wird." Als vierte Ursache erwähnt er schließlich die Tatsache, „daß bei liegendem Körper die zu Thrombosen neigenden Venen, z. B. die Vena femoralis dicht unterhalb des Ligamentum Poupartii, d. h. gerade im Bereich der Klappen, wo wir die Thrombenpfröpfe finden, eine nicht zu unterschätzende Steigung zu überwinden haben, die sich an der Iliaka kurz nach der Einmündung der Hypogastrika noch einmal wiederholt und auch am queren Blutleiter zu berücksichtigen ist". Gleich im Anschluß daran betont Aschoff in Hinblick auf die Frage der infektiösen Ursache der Thrombose, daß gerade für die genannten Stellen eine hämatogene Infektion der Venenwand eine Seltenheit ist, während demgegenüber die Eingeweidevenen von tuberkulösen und syphilitischen Prozessen häufiger befallen werden und doch viel seltener thrombotisch erkranken. Es wäre auch in der Tat gar nicht zu verstehen, warum gerade an solchen bestimmten Stellen immer die Thrombose entstehen sollte, wenn man ihre Genese auf eine Infektion zurückführen müßte. Sehr wunderbar wäre es weiter, daß man gerade die Thrombosen der Unterschenkelvenen bei den akuten septischen Entzündungen im Becken, wo doch auch der Bakteriengehalt des Blutes am größten ist, so relativ selten sieht, sie dagegen viel häufiger findet, wenn die akute Entzündung bereits in das chronische Stadium übergegangen ist. Wie oft sieht man nicht akut-septische Prozesse des Uterus, der Tuben, des Ligamentum latum und der Parametrien im Puerperium ohne Thrombose gerade in den ersten kritischen Tagen der unsicheren Prognose einhergehen, in denen man täglich annimmt, daß der Organismus mit der Infektion nicht fertig werde. Geht dann aber der Prozeß allmählich in Heilung über, verschwindet allmählich das Fieber und treten nun die Schrumpfungen im Parametrium und im Ligamentum latum ein, dann sieht man nicht selten, wie nun erst die Thrombose auftritt, zu einer Zeit, wo also der Keimgehalt des Blutes ein wesentlich geringerer ist als vorher, und wo auch ein direkter Übergang der Entzündung von der Nachbarschaft auf die Gefäßwände kaum noch anzunehmen ist. Hier ist dann eben nicht mehr der infektiöse Prozeß, sondern es ist die durch die Schrumpfung entstandene Stromverlangsamung in den großen Beckenvenen, die zur Stauung auch in dem Venengebiet der Beine und damit zur Thrombose führen kann.

Das sind Erfahrungen, die durchaus gegen die Annahme einer infektiösen Ursache der Thrombose sprechen. Aber auch neuere anatomische Untersuchungen, wie sie Aschoff durch Duffek hat anstellen lassen, sprechen dagegen. Aschoff weist darauf hin, wie schwer es ist, Thrombose und bakterielle Infektion des Thrombus zeitlich gegeneinander abzugrenzen, kommt aber doch auf Grund seiner Untersuchungen zu dem Resultat, daß sowohl für die Infektion lokaler wie auch vom Uterus entfernter Thromben im Wochenbett die Verhältnisse überwiegend so liegen, daß der Thrombus das Primäre, die Infektion das Sekundäre ist. Die Infektion des Thrombus kann durch ein direktes Eindringen der Keime vom Uteruskavum in die Thrombenmassen oder dadurch entstehen, daß von Eiterprozessen der Nachbarschaft ein Thrombus durch die Gefäßwand hindurch infiziert wird und schließlich dadurch, daß im Blut kreisende Bakterien sich in dem Thrombus ansiedeln und ihn infizieren.

Zusammenfassend kommt Aschoff schließlich zu folgenden Sätzen:

1. „Eine lokale infektiöse Thrombose im Operationsgebiet oder im Gebiet der Plazenta kann bedingt sein

a) durch Infektion bereits bestehender Thromben, wodurch eine Entzündung der Wand sekundär hervorgerufen wird (Thrombophlebitis),

b) durch auf die Gefäßwand fortschreitende Infektion, welche eine primäre Phlebitis mit sekundärer Abscheidungsthrombose erzeugt (phlebitische Thrombose);

c) durch toxisch entzündliche Stromverlangsamung und Thrombenbildungen im Venenwurzelgebiet, wodurch in den Hauptvenen Abscheidungsthromben entstehen, die nachträglich infiziert werden.

2. Eine entfernte infektiöse Thrombose wird in der Mehrzahl aller Fälle durch eine primäre gutartige Thrombose eingeleitet und erhält ihren infektiösen Charakter erst sekundär durch Vermehrung der in dem Thrombus eingeschlossenen, aus dem Blut abgefangenen Mikroorganismen. Primäre Ansiedelung der Entzündungserreger aus dem strömenden Venenblut mit Wandinfektion und sekundärer Thrombose sind bis jetzt nur in Ausnahmefällen wahrscheinlich gemacht.

3. Alle septischen Thromben können durch die sich über den Thrombus heraus erstreckende, durch die Fernwirkung der Bakteriengifte bedingte entzündliche Wandveränderung ein Wachstum erfahren, müssen es aber nicht."

Wird durch diese Ausführungen schon die Bedeutung der Infektion für die Entstehung der Thromben sehr wenig wahrscheinlich gemacht, so ist meines Erachtens die Ansicht entschieden abzulehnen, die dem gewöhnlichen Keimgehalt der Scheide eine Bedeutung für die Entstehung der postoperativen Thromben zuerkennen will, wie das Zweifel, Bumm, Franqué u. a. tun. Dem widerspricht außer den allgemeinen Erwägungen, die wir oben angestellt haben, ganz entschieden auch die klinische Erfahrung. Wir haben z. B. bei allen unseren vaginalen Operationen wegen Metropathie und Myomen, die ja besonders bei entbluteten Frauen in erster Linie zur Thrombenbildung neigen, seit Jahren schon nicht mehr eine Desinfektion der Vagina vorgenommen. Ganz abgesehen davon, daß wir dadurch keine Steigerung unserer postoperativen Mortalität erlebt haben, haben wir auch keine Erhöhung der Zahl unserer Thrombosen gesehen. Im Gegenteil, da wir entschiedene Anhänger der mechanischen Theorie sind, haben wir trotz Aufgabe jeder Scheidendesinfektion durch prophylaktische Übungstherapie sogar eine Besserung unserer Thrombosenstatistik erzielt. Aber auch gegenüber anderen Operateuren ist die Zahl unserer Thrombosen und Embolien deshalb durchaus keine höhere. So hatten wir an der Freiburger Klinik unter 391 Myomoperationen im ganzen 5 Schenkelvenenthrombosen = 1,3% mit 2 tödlichen Embolien = 0,5%. Demgegenüber berechnete Zurhelle an dem Bonner Material 2,75% Thrombosen, Burckhardt 4,6% Thrombosen und 12 Embolien = 0,5%.

Gegen die Auffassung der Infektion als Ursache der Thrombose sprechen auch die experimentellen Untersuchungen von Bardeleben, der gezeigt hat, daß es nicht gelingt, durch direkten Import von Streptokokken in die Blutbahn eine Thrombenbildung hervorzurufen.

Alles in allem müssen wir uns also heute auch als Kliniker der Ansicht anschließen, daß es in erster Linie mechanische Momente sind, die die Entstehung der Thrombenbildung begünstigen. Es wird uns das um so leichter, wenn wir uns vor Augen halten, wie ja gerade alle diese Momente nach Operationen in der Schwangerschaft und im Puerperium besonders in Wirksamkeit treten können. Der Blutverlust, die Schwächung der Herzkraft, die vielfach durch die Operation bedingt ist, die Bettruhe, vielleicht auch die durch den Blutverlust bedingte stärkere Vermehrung der Blutplättchen im strömenden Blute, sind Momente, die in diesem Sinne wirken. Dazu kommt, daß es ja gerade in erster Linie bereits entkräftete und entblutete Frauen sind, die hauptsächlich von der Thrombenbildung getroffen werden. Sind es doch vor allem die Myome und dann die Karzinome, die den größten Prozentsatz in allen Thrombenstatistiken bilden.

Die Auffassung von der mechanischen Ursache ist aber auch die einzige, die uns eine Therapie resp. eine entsprechende Prophylaxe ermöglicht. Ständen wir heute noch auf dem Standpunkt, daß die Thrombose stets auf einer Infektion beruhe, die, wie die meisten Autoren immer besonders betonen, gar nicht einmal durch voll virulente Keime, sondern gerade durch die harmloseren Bakterien hervorgerufen werden soll, so müßten wir hinsichtlich der Therapie überhaupt absolute Nihilisten werden. Haben uns doch die bakteriologischen Untersuchungen bei Gebärenden und bei Operierten und auch die Dreitupferprobe unter der Operation gezeigt, daß wir eine Keimfreiheit unserer Wunden überhaupt nicht erzielen können und daß Bakterien stets in sie hineingelangen. Lägen die Dinge wirklich so, wie die Anhänger der infektiösen Theorie meinen, so müßte man sich eigentlich wundern, daß die Thrombose nicht ein viel häufigeres Ereignis ist, und man müßte, da man, wie gesagt, eine Keimfreiheit der Wunden überhaupt kaum erreichen kann, die Hände resigniert in den Schoß legen und auf jeden Versuch, die postoperativen und puerperalen Thrombosen zu bessern, einfach verzichten. Das brauchen wir nun aber zum Glück nicht zu tun, sondern wir sind heute wohl imstande, eine Besserung der Thrombosenstatistiken zu erzielen, wenn wir uns von der infektiösen Theorie freimachen und unter Anerkennung der mechanischen Ursache eine Behandlung eintreten lassen, die die Stromstörungen, wie sie in graviditate, in puerperio und post operationem so häufig vorhanden sind, durch eine entsprechende Übungstherapie ausschalten. Zu dieser Behandlungsmethode die auch an unserer Klinik bei Wöchnerinnen, Operierten und schwerkranken Bettlägerigen getrieben wird, haben sich heute schon eine ganze Reihe von Autoren bekannt, so Krönig, Ries, Boldt, Kümmell, Witzel, Wertheim, Klein, Fritsch, Zurhelle u. a. Die Methode beruht vor allen Dingen darauf, daß man durch aktive und passive Bewegungen den Blutstrom in den unteren Extremitäten zu regulieren sucht. Es ist entschieden notwendig, daß man sich, wenn es in der Schwangerschaft zur Ausbildung stärkerer Varizen gekommen ist, wenn irgend möglich, nicht nur darauf beschränkt, durch Wickelung der Beine und durch Tragen von elastischen Binden eine stärkere Erweiterung der Gefäße hintanzuhalten, sondern es ist, wenigstens bei den Frauen der wohlhabenderen Bevölkerungsschichten, bei denen eine Behandlung möglich ist, dafür zu sorgen, daß schon in der Gravidität mit entsprechenden Übungen und vor allen Dingen auch mit einer täglichen Massage eingesetzt wird. Wir haben eine Reihe von Frauen beobachtet, bei denen im Anschluß an die erste Geburt eine Thrombose eines oder beider Beine eingetreten war und wo nun in der zweiten Schwangerschaft, die der ersten verhältnismäßig rasch gefolgt war, schon vom 5.—6. Monat ab sich Stauungserscheinungen bemerkbar machten, die auf die alte Thrombose zurückgeführt werden mußten. In diesen Fällen haben wir wochen- und monatelang vor der Geburt durch täglich wiederholte Handmassage und Beuge- und Streckübungen im Hüft-, Knie- und Fußgelenk in allen Fällen erreicht, daß wir ohne Thrombenbildung bis zur Geburt und, bei Fortsetzung dieser Therapie und bei sofortigem Aufstehenlassen der Wöchnerin vom ersten Tage p. p. an auch durch das Wochenbett hindurchkamen. Nach der Geburt und nach der Operation sehen wir eben in dem vorhin erwähnten Frühaufstehen der Wöchnerin und der Operierten und ebenfalls in den gleichen Übungen, wie ich sie oben erwähnte und wie sie leicht einfach und durchzuführen sind, das beste Prophylaktikum gegen die Entstehung der Thromben. Bei schwerkranken bettlägerigen Frauen muß die passive Behandlung hauptsächlich angewandt werden.

Krönig hat seit prinzipieller Einführung dieser Übungstherapie in der Freiburger Klinik 2884 Operationen ausgeführt. Unter diesen befinden sich 2265 Laparotomien und 619 vaginale Operationen. Die Schenkelvenenthromben finden sich ausschließlich bei Laparotomien, und zwar 13 = 0,6%. Davon führten 3 zu tödlichen Embolien = 0,1%. Klein hatte unter 5881 gynäkologischen Operationen der Wiener Klinik vor der Übungstherapie 70 Thrombosen = 1,2% und Franz unter 1646 Operationen vor der Übungstherapie 30 Thrombosen = 1,8%. Klein, dem nur erst ein kleines Material nach der Übungstherapie zur Verfügung stand, konnte konstatieren, daß die Schenkelvenenthrombosen viermal seltener auftraten wie früher. Nach Einführung der Übungstherapie hatte Ries 0,4% postoperative Thrombosen, Boldt 0,27%.

Auch diese therapeutischen Resultate scheinen die Richtigkeit der Anschauung zu beweisen, daß wir die Ursachen der Thrombenbildung im Wochenbett und nach Operationen in mechanischen Momenten zu suchen haben und daß wir in der Tat imstande sind, durch eine planmäßig durchgeführte Übungstherapie die Entstehung solcher Thromben herabzumindern. Um die Frauen, besonders nach Operationen, früher aufstehen lassen zu können, ist es zweckmäßig, sich mehr und mehr der Lumbal-, Sakralanästhesie und Leitungsanästhesie, anstatt der Inhalationsnarkose zu bedienen, um so mehr, als die Inhalationsnarkose nicht selten mit Störungen der Atmungstätigkeit verbunden ist, die dann post operationem ihrerseits wieder eine Mehrbelastung des Herzens und des Blutstromes bedingen und damit begünstigend auf die Entstehung der Thrombosen wirken können.

Weniger bedeutungsvoll wie die Thrombose der Venen ist die Thrombenbildung in den Arterien. Im anatomischen Bau gleichen sich die echten Thromben der Arterien und der Venen, in ätiologischer Hinsicht scheinen aber bei den Arterienthromben die Wandveränderungen, insonderheit die arteriosklerotischen Veränderungen eine große Rolle zu spielen. Es wird dadurch einmal eine bessere Haftfläche für die Blutplättchen gegeben, andererseits aber, und das ist vielleicht auch hier die Hauptsache, wird dadurch eine Verengerung des Gefäßlumens verursacht, die wiederum eine Stromverlangsamung des Blutes zur Folge hat. Dieses Moment spielt ja vor allem auch bei der Entstehung aneurysmatischer Thromben die größte Rolle. Diese beiden Arten der Thrombenbildung, die durch atheromatöse Wandveränderung und die durch Aneurysmabildung, haben aber mit den Gestationsvorgängen keinen speziellen Zusammenhang und haben auch mit irgend welchen pathologischen Vorgängen an den Geschlechtsorganen ätiologisch nichts zu tun. Anders ist es dagegen mit den Arterienthromben, die wir als arteriitische Thrombosen auffassen müssen, wie man solche nach Aschoff besonders in den entzündeten Amputationsstümpfen als syphilitische und tuberkulöse und dann vor allem als endokarditische Thromben sieht, und die der Geburtshelfer in puerperio gelegentlich ebenfalls beobachten kann. Ob hier in erster Linie die Gefäßwandveränderungen als solche die Anhäufung der Blutplättchen bedingen, indem nach dem Endothelverlust das freigelegte Muskelbindegewebe im Sinne eines Fremdkörpers als benetzbare Fläche das Haften der Blutplättchen unterstützt, wie Morawitz annimmt, oder ob auch hier hauptsächlich die Alterierung des Blutstromes im Gebiete der Wundfläche es ist, die die Ablagerung der Blutplättchen herbeiführt, ist noch nicht geklärt. Jedenfalls sehen wir in puerperio zuweilen eine echte arteriitische Thrombose auftreten, und zwar auch hier wiederum zumeist in den Arterien der unteren Extremitäten, die dann eine Gangrän des betroffenen Gliedes zur Folge haben kann. Da häufig auch zugleich venöse Thromben vorhanden sind, ist es indessen nicht immer leicht zu entscheiden, ob es sich in einem solchen Falle um eine echte arteriothrombotische Gangrän handelt, oder ob nicht embolische Prozesse vorhergegangen sind, die erst die Entstehung der Thromben veranlaßt haben. Haben die Thromben ihren Sitz, wie bei den septischen Prozessen häufiger, an dem Endokard, so kann ja von hier aus leicht eine Verschleppung von Thrombenteilen stattfinden, die dann wiederum zu solchen Arterienembolien führen und schließlich in allen Organen, auch in den Generationsorganen, zu schweren Veränderungen, wie anämischen Infarkten, Erweichung, hämorrhagischer Infarzierung usw. führen können. Gelegentlich findet man eine Verstopfung in Arteriensystemen auch nach Verschleppung von Massen eines venösen Thrombus, nämlich dann, wenn solche abgerissenen Partikel durch ein offenes Foramen ovale in den arteriellen Kreislauf hineingelangen konnten.

Das Typische nach dem Loslösen von Bestandteilen eines Venenthrombus ist aber die Verstopfung der Lungenarterie, die Lungenembolie. Hat die Embolie nur kleinere Äste betroffen, so geht sie oft ganz symptomlos vorüber, oder die Frauen klagen vorübergehend nur über plötzlich auftretende Stiche in der Seite oder im Rücken und leichten, ebenfalls rasch vorübergehenden Hustenreiz. Gelegentlich kann man bei solchen Frauen derartige, kaum auffallende Attacken mehrmals sich wiederholen sehen, ohne daß eine Embolie eines größeren Arterienstammes folgt. Zuweilen aber tritt plötzlich nach solchen ganz leichten, man könnte sagen alarmierenden embolischen Vorgängen eine schwere Embolie ein, die zur Verstopfung größerer Arterienstämme führt. Dann ist natürlich die Prognose sehr ernst und der Tod pflegt mehr oder minder rasch einzutreten, wenn es nicht doch noch gelingt, durch die Trendelenburgsche Operation den verstopfenden Pfropf zu extrahieren. Bis jetzt aber ist ein Dauererfolg nach dieser Operation noch nicht bekannt geworden. Handelt es sich bei der Verschleppung auch kleinerer Thrombosenpartikelchen um einen infizierten Thrombus, so können sich gangränöse Veränderungen in den Lungen ausbilden, die ebenfalls noch zur Heilung kommen, aber auch durch fortschreitende Entzündung den Tod der Frau bedingen können.

Werden von einem solchen infizierten Thrombus aus nur Bakterien in die Blutbahn überführt und verschleppt, dann entsteht das klinische Bild der Pyämie. Gerade für solche Fälle hat man ja eine Zeitlang versucht, auf operativem Wege die Heilung dadurch herbeizuführen, daß man entweder das thrombosierte Venenstück exzidierte oder zentralwärts vom Thrombus unterband. Diese Operation wurde vielfach ausgeführt und man hatte anfänglich den Eindruck, als ob es gelänge, dadurch die Prognose, vor allem der puerperalen Thrombose, zu bessern. Überblickt man aber das ganze Material, das bis heute vorliegt, so sieht man doch, daß das Gesamtresultat durch diese Therapie nicht gebessert, daß zwar in manchen Fällen die Frauen durch solche Eingriffe gerettet wurden, daß zweifellos aber auch in manchen Fällen durch diesen Eingriff eine Ausbreitung der Infektion entstanden ist, die dann erst den Tod der Frau veranlaßt hat. Man ist deshalb auch von der anfänglich häufiger geübten operativen Inangriffnahme dieser Thrombenbildung wieder mehr und mehr zurückgekommen, obwohl man, wie gesagt, zweifellos auch bei manchen Fällen den Eindruck hat, daß hier die Operation rettend gewirkt hatte.

Von sehr großer klinischer Bedeutung für den Geburtshelfer ist auch die Venenentzündung, die Phlebitis, die als **Thrombophlebitis septica puerperalis** bezeichnet wird. Über die Häufigkeit und Art ihrer Entstehung sind die Ansichten noch verschieden. Die Autoren, die auf dem Standpunkt stehen, daß die Thrombose stets auf infektiöser Ursache beruhe, nehmen auch stets die Mitbeteiligung der Venenwand selbst an diesem Prozesse an und würden somit eigentlich in jeder Thrombose eine Thrombophlebitis sehen müssen. Aber auch, wenn tatsächlich eine Thrombophlebitis vorhanden ist, so bleibt immer noch die Frage schwer zu entscheiden, ob hierbei die Entzündung des Thrombus oder die Entzündung der Vene das Primäre war.

Beide Möglichkeiten sind denkbar und beide kommen häufig vor. Das klassische Beispiel der primären Entzündung der Thromben und der sekundären der Venenwand ist der puerperale Uterus. Das klassische Beispiel für die primäre Entzündung der Venenwand und die sekundäre Infektion des Thrombus ist die infizierte Sinusthrombose. Bei der Sinusthrombose ist die Ursache eine Otitis media, die zur Karies des Felsenbeins und damit zur Entzündung der Sinuswand und hierbei wiederum zur Bildung von Thromben führt, die dann meist rasch ebenfalls infiziert werden. Bei dem Uterus besteht der Blutstillungsmechanismus nach der Geburt darin, daß ein Teil der Venen an der Plazentarstelle dadurch zum Verschluß kommt, daß sich in ihnen teils Gerinnungs-, teils Abscheidungsthromben und zwar zeitlich sehr rasch bilden. Diese nach dem Uteruslumen zu gewissermaßen offen daliegenden Thromben werden nun bei einer Endometritis puerperalis nicht selten mitinfiziert und die Infektion greift dann vom Thrombus aus sekundär auf die Venenwand selbst über. Auf diese Unterschiede weist Aschoff besonders hin. Er konnte an entsprechenden Objekten nachweisen, daß die Streptokokken von der Oberfläche her im frisch puerperalen Uterus in die Pfröpfe einwanderten, dann erst stellte sich eine lebhafte Reaktion der Gefäßwand ein, Unmassen von Leukozyten wanderten aus der Umgebung in die Venenwand hinein und das Bild der Phlebitis gesellte sich sekundär zur primären Thrombenentzündung hinzu. Dieser Vorgang ist es wahrscheinlich, der zumeist zu der Thrombophlebitis führt, sowohl der lokalen, wie der entfernten isolierten Thrombose der Beinvenen. Wie schon oben einmal erwähnt, kommt in solchen Fällen die Infektion wahrscheinlich dadurch zustande, daß die Infektionserreger aus dem kreisenden Blute in die Thromben hineingelangen, sich hier vermehren und zu einer Einschmelzung des Thrombus und zu einer Entzündung der Venenwand führen.

Jedenfalls sind bei dem Bilde der Thrombophlebitis stets zwei Entstehungsmöglichkeiten gegeben, indem entweder wie gewöhnlich der Thrombus, oder wie seltener die Venenwand primär entzündet ist. Im letzteren Falle handelt es sich dann zumeist um Übergreifen entzündlich-eitriger Prozesse der Nachbarschaft auf die Gefäße selbst. Für den Effekt ist aber schließlich der Entstehungsmodus gleichgültig. Zerfällt der Thrombus, so kann es durch die Verschleppung der Thrombenstückchen zu infektiöser Embolie der Lunge führen, die entweder ebenso wie die aseptische Thrombose sofort den Tod der Patientin zur Folge haben oder bei kleineren Embolien zu Entzündungsherden und Gangränen der Lunge führen kann. Werden dagegen nicht Partikel des zerfallenen Thrombus selbst, sondern nur die Infektionserreger immer wieder in die Blutbahn begeben, dann entsteht das typische Bild der Pyämie, wie es oben schon einmal erwähnt worden ist.

Eine besondere Form der „Phlebitis" hat in der Geburtshilfe noch ihre eigene Bedeutung erlangt. Das ist die sogenannte **Phlegmasia alba dolens.** Der Begriff dieser Phlegmasia ist aber in der Literatur durchaus kein einheitlicher. Es sind vielmehr früher die verschiedenartigsten Zustände als Phlegmasia alba dolens bezeichnet worden, die mit diesem Krankheitsbilde gar nichts zu tun haben, wie vor allen Dingen die bösartige Oberschenkel-Phlegmone, die eine ganz andere und prognostisch weit ungünstigere Komplikation darstellt. Schon W. A. Freund hat eindringlich auf diese Unterschiede hingewiesen und in neuerer Zeit haben Bumm und Krömer wieder ausdrücklich betont, daß es notwendig ist, die verschiedenen Zustände, die man gemeinhin in der Literatur als Phlegmasia alba dolens bezeichnet, zu trennen. Wir verstehen unter dem echten Krankheitsbilde der Phlegmasia alba dolens heute eine pralle Schwellung des Oberschenkels, die meist ein weißes oder gelbliches Aussehen zeigt und zu einer unförmigen Verdickung des Oberschenkels führt, während der Unterschenkel, wenigstens im Anfang der Erkrankung, kaum merklich angeschwollen ist. Bei dieser Anschwellung des Oberschenkels handelt es sich aber nicht wie bei dem gewöhnlichen Stauungsödem der Beine um eine Transsudatansammlung im Unterhautzellgewebe, sondern um eine mächtige Erweiterung der Lymphbahnen des Oberschenkels und um eine echte Lymphstauung in diesem Gebiete, ohne daß die Lymphe dabei die Gefäße verlassen hat und in das Unterhautzellgewebe ausgetreten ist. Hervorgerufen wird diese Lymphstauung durch entzündliche Vorgänge im Becken, die hier zur Kompression der Lymph- und der Blutbahnen führen und durch die Abflußbehinderung das typische Stauungsbild am Oberschenkel hervorrufen. Infolge der Kompression der Blutgefäße kommt es dann meistens in den abführenden Venen zu einer mechanischen Thrombose, die sich aus den Beckenvenen auch in die Oberschenkelvenen fortsetzen kann. Ist das geschehen, dann tritt auch eine Stauung im ganzen Beine ein, die in typischer Weise, wie bei der Schenkelvenenthrombose überhaupt, vom Knöchel her beginnt. Die Folge ist, daß sich zu dem bereits bestehenden Bilde der reinen Phlegmasia alba dolens am Oberschenkel das Bild des gewöhnlichen thrombotischen Stauungsödems am Fuß und am Unterschenkel hinzugesellt.

W. A. Freund hat bereits darauf hingewiesen, daß man in solchen Fällen die Verschiedenartigkeit der Schwellungszustände am Ober- und Unterschenkel leicht durch eine Punktion beweisen kann. Aus dem Oberschenkel, dem Gebiet der Phlegmasia alba dolens erhält man reine oder mit Blut untermischte Lymphe, aus dem Stauungsödeme des Unterschenkels dagegen ein seröses Transsudat. Bumm und Krömer fassen die Krankheit ebenfalls als eine Folge entzündlicher Vorgänge im Becken auf. Sie nehmen aber an, daß das Primäre eine vom Uterus auf die Beckengefäße übergreifende Venenerkrankung ist und zwar eine Endophlebitis, die dann zu Reizzuständen der die Venen umspinnenden Lymphbahn führt, dadurch das typische Bild der Phlegmasia alba dolens hervorruft und schließlich auch eine Thrombose der Becken- und Beinvenen zur Folge haben kann.

Ob die Auffassung von Bumm und Krömer richtig ist, die als primäre Ursache des Krankheitsbildes immer die fortschreitende Endophlebitis mit sekundärer Thrombenbildung ansehen, oder ob das Krankheitsbild dadurch entsteht, daß zunächst eine Exsudatbildung zur Kompression der Gefäße und dann erst hierdurch zu einer mechanischen Thrombose führt, das sei noch dahingestellt. Jedenfalls müssen wir daran festhalten, daß das reine Bild der Phlegmasia alba dolens nichts weiter darstellt,· als eine aseptische Lymphstauung, die gewöhnlich an der großen Labie der betreffenden Seite beginnt und dann unter Verstreichen der Inguinalfalte auf die Innenseite und schließlich auf die ganze obere Hälfte des Oberschenkels sich ausdehnt.

Daraus geht ohne weiteres hervor, daß dieses reine Bild der Phlegmasia alba dolens mit der Phlegmone des Oberschenkels ebenso wenig zu tun hat, wie mit dem gewöhnlichen Stauungsödem des Beines bei der Thrombose der großen Oberschenkelvenen. Bei der echten **Phlegmone** handelt es sich vielmehr um eine eitrige Gewebseinschmelzung, Diese setzt sich entweder von dem Becken her auf den Oberschenkel fort, oder sie entsteht bei einer septischen Endophlebitis und Thrombose der Becken- und Beinvenen, durch Überwandern der Keime aus den Venen in das Nachbargewebe gleichzeitig im Becken und am Oberschenkel und zeigt dann meist einen sehr progredienten Verlauf.

Die Prognose dieses Krankheitsbildes der Phlegmone ist zumeist eine außerordentlich ungünstige, weil wir es hierbei meistens auch mit eitrigen Prozessen zu tun haben, die von sehr virulenten und invasionsfähigen Keimen hervorgerufen werden.

Demgegenüber ist die Prognose der Phlegmasia alba dolens, die wir ja nicht als eigenes Krankheitsbild, sondern nur als ein Symptom eines anderen Prozesses auffassen dürfen, vollständig abhängig von der primären Ursache, die die Lymphstauung im Oberschenkel hervorruft. Therapeutisch ist deshalb auch in erster Linie diese Ursache zu bekämpfen. Daneben muß man durch Ruhigstellung des Beines und gegebenenfalls durch schmerzstillende Mittel dafür sorgen, daß die durch die Phlegmasia alba dolens selbst hervorgerufenen Schmerzen gelindert werden. Geht der ursächliche Prozeß in Heilung über, so pflegt sich dann auch die schmerzhafte weißliche Schwellung des Oberschenkels, wenn auch meist erst allmählich, zurückzubilden.

Eine besondere Erwähnung verdient noch eine Art der Embolie, die der Geburtshelfer gelegentlich erlebt, die aber verhältnismäßig sehr selten ist, das ist die **Luftembolie.** Besonders bei der Placenta praevia, wo infolge der Erweiterung der Venen in dem schlecht kontraktionsfähigen Gewebe des unteren Uterinsegmentes die Gefäßlumina weit klaffen und intrauterine Eingriffe im Gebiet der Plazentarstelle besonders häufig sind, wo also auch die Luft leichter an die offenen Gefäßrohre herantreten kann, scheinen die seltenen Luftembolien noch relativ am häufigsten vorzukommen. Überhaupt scheint die Weite und die Verschlußfähigkeit der Venen von einer großen Bedeutung für die Entstehung der Luftembolie zu sein. Aber auch ohne einen besonderen Venenreichtum und besondere Dilatation der Gefäße hat man bei normalen Geburten in ganz vereinzelten Fällen einmal allein nach der Umlagerung der Frau und nach intrauterinen Spülungen eine Luftembolie beobachtet. Die Symptome sind ganz die einer gewöhnlichen Embolie. Die Prognose der Luftembolie richtet sich nach der Menge der angesaugten Luft. Kleinere Luftmengen werden zweifellos ganz symptomlos ertragen, große können den unmittelbaren Tod zur Folge haben.

Die häufigste und an sich harmloseste Gefäßveränderung, die wir gerade bei Frauen häufiger sehen und deren Entstehung wir oft genug in graviditate beobachten können, sind die **Varizen.** Die Tatsache, daß die Gravidität von so weitgehender Bedeutung für die Entstehung der Varizen ist, bringt es mit sich, daß Frauen sehr viel häufiger an Varizen erkranken, deren Sitz gewöhnlich der Unter- und Oberschenkel ist, die aber auch oftmals an den Labien, der Blase und in der Bauchhöhle sich finden. Als Ursache für die Entstehung der Varizen nahm man früher fast durchweg mechanische Momente an, so vor allen Dingen den Druck des graviden Uterus auf die großen Venenstämme des Beckens. Hierdurch sollte der Rückfluß aus den Beinvenen, die ja in allererster Linie und am stärksten von den varikösen Veränderungen befallen werden, behindert werden. Damit stimmt aber die Tatsache nicht überein, daß man in einer Reihe von Fällen eine relativ erhebliche Erweiterung der Gefäße schon in den ersten Monaten der Schwangerschaft sieht, zu einer Zeit also, wo von einer mechanischen Behinderung des Abflusses noch nicht die Rede sein kann. Man neigt deshalb auch heute mehr zu der Annahme, daß primäre, wahrscheinlich durch toxische Schädigungen bedingte Wandveränderungen, auf die Bernhard Fischer vor allem hingewiesen hat, es sind, die in erster Linie die Entstehung der Varizen begünstigen. Ihre weitere Ausbildung wird dann allerdings erst später durch das Hinzutreten der oben genannten mechanischen Ursache erheblich gefördert. Für die Existenz solcher Gefäßwandschädigungen sprechen auch die Fälle von Hydrops graviditatis, auf die Cramer hingewiesen hat. Es sind das Fälle, bei denen ohne erhöhte Flüssigkeitsaufnahme und ohne jedes mechanische Moment starke Ödeme an den Beinen bestehen, die nur durch eine erhöhte Durchlässigkeit der Gefäßwände erklärt werden können. Die Varizen, so harmlos sie im allgemeinen sind, können aber doch Veränderungen erfahren, die sie zu gefährlichen Komplikationen stempeln können. Es sind das zunächst die Zerreißungen, die an den erweiterten Gefäßen der Beine, der Vulva, der Vagina usw. eintreten und vor allen Dingen, wenn sachverständige Hilfe fehlt, gelegentlich einmal zu tödlichen Blutungen führen können. Immerhin ist ein solcher Zufall bei der enormen Zahl der Frauen mit Varizen etwas ganz außerordentlich Seltenes. Die andere Bedeutung, die die Varizen zu einer unangenehmen Komplikation machen kann, ist die, daß sie die Entstehung einer Thrombose begünstigt. Solange es sich nur um Thrombosen der oberflächlich gelegenen Venen handelt, die auch schon in der Schwangerschaft sehr häufig nachweisbar sind, pflegt dadurch eine ernste Komplikation nicht aufzutreten. Handelt es sich aber um tiefergehende Thromben, die auf die größeren Gefäßstämme übergreifen, so können natürlich alle die Folgen sich bemerkbar machen, die wir oben bereits besprochen haben. Dort ist bereits erwähnt, daß die Behandlung der Varizen vor allen Dingen eine prophylaktische sein muß, daß man schon in der Schwangerschaft durch Massage und Bandagen die weitere Ausbildung der Gefäßerweiterungen aufhalten soll und daß man in der Gravidität und im Wochenbett durch eine entsprechende Übungstherapie der Thrombenbildung vorbeugen soll.

IV. Blutdruck und Herzarbeit während Schwangerschaft, Geburt und Wochenbett.

Was nun schließlich noch den **Blutdruck** in der Schwangerschaft, Geburt und im Wochenbett betrifft, so liegen auch darüber eine große Reihe von Untersuchungen vor, so von Wießner, Fellner, Schroeder etc., die den Blutdruck gegen Ende der Schwangerschaft etwas erhöht fanden, während Queirel und Reynaud vom achten Monat ab ein Sinken des Blutdruckes konstatierten, und Petini, Beaux, Vaquez den Blutdruck in der Schwangerschaft unverändert fanden und jede Erhöhung desselben für pathologisch erklärten. In neuester Zeit hat Jaschke diese Frage mit besonderer Sorgfalt bearbeitet. Er bediente sich des Recklinghausenschen Apparates und kam dabei zu folgenden Schlüssen:

Der Blutdruck zeigte in der Schwangerschaft in der ersten Hälfte keine besonderen Abweichungen, in der zweiten Hälfte Tendenz zur Steigerung aller Werte, bis in die oberste Grenze des normalen oder etwas darüber. Zur Pulsfrequenz bestehen ähnliche Beziehungen. Individuelle Verschiedenheit der einzelnen, die Blutdruckerhöhung erzeugenden Faktoren bedingen zuweilen stärkere Abweichungen von diesem durchschnittlichen Verhalten.

Für das Verhalten des Blutdruckes während der Geburt sind charakteristisch die stärkeren und rascheren Blutdruckschwankungen, abhängig von den verschiedenen Phasen des Geburtsvorganges.

Im Wochenbett zeigte der Blutdruck absteigende Tendenz aller Werte, bei einer gewissen Labilität im allgemeinen. Zwischen Frühaufstehenden und längere Bettruhe Bewahrenden bestehen keine charakteristischen Unterschiede.

Die **Herzarbeit** ist in der zweiten Hälfte der Schwangerschaft erhöht, besonders gegen Ende derselben.

Während der Geburt wird das Herz am stärksten beansprucht, wobei die sehr rasch und in weiten Grenzen wechselnden Ansprüche charakteristisch sind.

Im Wochenbett ist die Herzarbeit beträchtlich niedriger als in der Schwangerschaft.

Literatur.

Literatur hierüber s. Erkrankungen des weiblichen Genitale in Beziehung zur nneren Medizin Wien-Leipzig 1912. — Aschoff, v. Beck, de la Camp, Krönig, Beiträge zur Thrombosefrage. Leipzig 1912. Verhandlung der Versammlung deutscher Naturf. u. Ärzte in Karlsruhe 1911. — Pankow, Metropathia haemorrhagica. Zeitschr. f. Geb. u. Gyn. Bd. 65. — Zurhelle, Experimentelle Untersuchungen über die Beziehungen der Infektion etc. Jena, 1910, Fischer.

C. Beziehungen zwischen Genitalerkrankungen und Erkrankungen des Intestinaltraktus.

Von

H. Schlimpert-Freiburg † mit einem Beitrag von **O. Pankow**-Düsseldorf.

Die Beziehungen zwischen dem Genitale und dem Intestinaltraktus sind verschiedenartig in dei Häufigkeit des Vorkommens und der Art der Übertragung in den einzelnen Abschnitten des Intestinaltraktus. Während in dem unteren im kleinen Becken liegenden Anteil, dem Mastdarm, zahlreiche direkte Beziehungen nach dem und vom Genitale herüber und hinüber spielen, können sich in dem Anfangsteil des Ernährungsschlauches im Mund und im Magen Einflüsse vom ferngelegenen Genitale aus nur indirekt auf dem Wege des nervösen Reflexes oder auf der Blut- und Lymphbahn, die Stoffwechselprodukte speziell der inneren Sekretion vermitteln, bemerkbar machen. Die Beeinflussungen sind infolge dessen seltener. Daß sie aber auch vorhanden sind, dokumentiert die selbst Laien bekannte Tatsache der Magenstörung während der Menstruation, des Erbrechens in der Schwangerschaft und anderes mehr.

Unter Intestinaltraktus verstehen wir im vorliegenden Kapitel die Verdauungsorgane vom Mund bis zum After mit Ausnahme der Appendix und des Peritoneums, deren Erkrankungen in Beziehung zum Genitale besondere Kapitel darstellen.

I. Beziehungen der Organe des Mundes und der Rachenhöhle zum Genitale und umgekehrt.

a) Lippen.

Während der Menstruation kommt es bei dazu disponierten Individuen nicht ganz selten zu dem Ausbruch eines Herpes labialis auf der Höhe des Menstruationstermins, oder kurz vorher. Es kann dies ohne Temperaturschwankungen oder mit gleichzeitiger Temperatursteigerung wie im Falle Riebolds vor sich gehen. Auch in der Schwangerschaft und im Wochenbett stellt sich häufig ein Herpes labialis ein, eine bestimmte Regelmäßigkeit läßt sich dabei aber nicht konstatieren.

Zu den unangenehmen Begleiterscheinungen der Periode gehören die von Hauptmann einmal beobachteten menstruellen Lippenblutungen. Sie traten seit dem 14. Jahre vor dem erstmaligen Eintritt der Periode regelmäßig alle vier Wochen und vom 16. Jahr an stets einige Tage vor dem Menstruationstermin auf, um mit der Menstruation aufzuhören. Sie ergriffen nacheinander Unter- und Oberlippe, die dunkel-blaurote Farbe und rüsselförmige Gestalt annahmen. In der Zwischenzeit zwischen zwei Perioden war außer einzelnen Borken unmittelbar nachher und bräunlichen Verfärbungen nichts zu sehen.

b) Mundschleimhaut und Zahnfleisch.

Auch die Mundschleimhaut und das Zahnfleisch können sich durch Schwellungen und Hyperämie ebenso wie andere Organe des Körpers an den Menstruationsvorgängen beteiligen. Nach den Beobachtungen, die wir Gynäkologen (Freund u. a.) und den Zahnärzten verdanken, kann das Zahnfleisch und die Mundschleimhaut so aufgelockert und blutgefüllt sein, daß sie schon bei der leichtesten Berührung bluten. Man bezeichnet dies als katarrhalische Stomatitis ohne entzündliche Erscheinungen. Sie ist vorwiegend auf die Interdentalpapille der beiden oberen und unteren Zentralschneidezähne beschränkt (Scheff). Bei längerem Bestehen einer derartigen Stomatitis, also bei langdauernden oder häufig sich wiederholenden Perioden kann es zu echten Stomatitiden und Gingivitiden kommen, das Periost sich entzünden und schließlich Gefahr vorhanden sein, daß die Zähne gelockert werden und ausfallen.

Auch Blutungen aus dem Zahnfleisch treten vikariierend oder als Begleiterscheinung während der Menstruation auf; in einem Falle (Dunlap) wurde sogar von tödlichem Ausgang berichtet.

Ähnlich in der Erscheinung, aber ausgesprochener sind die Veränderungen an Mundschleimhaut und Zahnfleisch während der Schwangerschaft. Auch hierbei kommt es zu Anschwellung, Blutungen und Lockerungen des Zahnfleisches und bei längerem Bestehen zu Hypertrophieen (Pinard, H. W. Freund) und leichter als in der Menstruation schließen sich fieberhafte Stomatitiden und Periostitiden bis zum Verlust des betreffenden Zahnes an. Besonders häufig befallen sind auch hier die Schneide- und Eckzähne, seltener die Molarzähne. Die Wucherung des Zahnfleisches kann einen so hochgradigen Charakter erreichen, daß die unteren Schneidezähne davon vollständig bedeckt werden und die leicht blutenden Wucherungen Kauterisation und Exzision nötig machen (Zeutler).

Diese Hypertrophien sind sicher spezifisch für die Gravidität. Darüber aber, ob die gewöhnlichen in der Schwangerschaft auftretenden Gingivitiden und Stomatitiden, die ja auch außerhalb der Schwangerschaft beobachtet werden, als für diese spezifisch anzusehen sind, gehen die Ansichten auseinander. Autoren, die dafür eintreten (Kiefer), stehen andere gegenüber, die für ihr Auftreten lediglich die reichliche Zahnsteinbildung und mangelnde Mund- und Zahnpflege in der Schwangerschaft verantwortlich machen (Rosenstein, Preiswerk-Maggi).

Im Wochenbett pflegen sich die geschilderten Veränderungen zur Norm zurückzubilden, ausnahmsweise kann eine Hypertrophie noch höhere Grade

annehmen (Roelants). In späteren Schwangerschaften sind Rezidive beobachtet, während in der Zwischenzeit normale Verhältnisse bestehen.

Die Diagnose der während Menstruation und Wochenbett auftretenden
Veränderungen ist natürlich leicht.

Die ursächliche Therapie wäre eine Ausschaltung der Menstruations-
vorgänge (Kastration, Bestrahlung), doch wird man sich dazu bei der relativen
Geringfügigkeit der Beschwerden bei jüngeren Frauen und Mädchen und bei
älteren kaum jemals aus dieser Indikation allein entschließen. Darreichung
von Organpräparaten, Schilddrüsen oder Ovarialtabletten käme aber wohl
als therapeutischer Versuch in Betracht. Als symptomatische Behandlung
sind in erster Linie adstringierende Mundwässer oder Pinselungen des Zahn-
und Mundfleisches in Betracht zu ziehen (Tinctura myrrhae und Tinctura
Ratanhiae u. a.).

Bei Erscheinungen von seiten der Zähne oder Zahnwurzeln überweise
man die Patienten zahnärztlicher Behandlung. Zur Entfernung der Wucherungen
in der Schwangerschaft ist Exzision oder Kauterisation zu empfehlen.

Die Prognose ist trotz des erwähnten Todesfalles günstig zu stellen.
Das Bedenklichste sind die subjektiven Beschwerden (Blutungen, Foetor ex
ore) und die Gefährdung der Zähne.

c) Zähne.

Während und besonders vor der Menstruation kommt es nicht selten
zu Zahnschmerzen. Wahrscheinlich haben diese ihre Ursache in einer hyperämischen Schwellung der Pulpagefäße und dadurch bedingten Druck auf die
Nerven. Häufiger noch findet sich diese Erscheinung in der Schwangerschaft
(H. W. Freund, Marshall).

Viel behauptet und viel bezweifelt worden ist die Häufigkeit des erstmaligen
Auftretens und der besonderen Disposition Schwangerer zur Entstehung
der Zahnkaries. Einwandsfreie statistische Untersuchungen darüber liegen
aber nicht vor. Analog dazu ist auch von Frauen mit lang auftretenden und
häufig wiederholten Menstruationsblutungen, speziell solchen mit dreiwöchent-
lichem Menstruationstermin eine besondere Disposition zur Zahnkaries angenommen worden (Nessel) und schließlich soll auch der Laktationsprozeß
im gleichen Sinne wirken können.

Diejenigen Autoren, die an eine Prädisposition in der Schwangerschaft glauben,
suchen dafür verschiedene Gründe anzugeben, einmal eine Veränderung des Mundspeichels.
Er soll sauer reagieren. Nachprüfungen ergaben aber die Unrichtigkeit dieser Annahmen
(H. W. Freund). Sodann soll der Mundspeichel Schwangerer dem durch Reizung des
Sympathicus sezernierten gleichen, vorwiegend dem der Glandula submaxillaris und
weniger dem der Parotis entsprechen (Kraus). Letzterem wird aber nach Clairmont
gerade eine besondere bakterientötende Kraft nachgesagt. Weiter soll es infolge der
Häufigkeit des Erbrechens leicht zu saurer Zersetzung des Mundinhaltes und damit nach
der Millerschen Theorie zur Karies kommen. Schließlich soll der Fötus zum Aufbau
seiner Knochensubstanz viel Kalk benötigen und dieser den Zähnen entzogen werden, die
dann brüchig und morsch werden (Kirk, Ely).

Die modernste und wohl auch am meisten ansprechende Theorie ist die von Fleisch-
mann, der an eine innersekretorisch bedingte Störung des Kalkstoffwechsels in der
Schwangerschaft denkt, ähnlich dem bei der Osteomalazie und bei parathyreoidektomierten
Tieren beobachteten.

Im Gegensatz dazu stehen die Autoren, die zwar ein häufiges Vorkommen
der Karies in der Schwangerschaft nicht leugnen, dafür aber äußere Umstände und nicht spezifisch Schwangerschaftsvorgänge anschuldigen (Rosenstein, Tanzer), und zwar einmal die schlechte Mundpflege und dann die Scheu
der Frauen, in schwangerem Zustand den Zahnarzt aufzusuchen.

Die Prophylaxe der Zahnkaries Schwangerer wird sich nach den letzterwähnten Theorien zu richten haben. Der Mund- und Zahnpflege soll in der Schwangerschaft besondere Sorgfalt zuteil werden und in den letzten Schwangerschaftsmonaten soll wegen des nachfolgenden Wochenbetts, das an die Mutter besonders starke Forderungen stellt, jeweils das Gebiß in Ordnung gebracht werden. Vielfach hat allerdings der Arzt mit dem alten Volksaberglauben, daß eine Zahnbehandlung für Mutter und Kind schädlich sei, zu kämpfen. Rosenstein berichtet von einer Frau, die an einer von Wurzeleiterung ausgehenden Sepsis starb, weil sie sich getreu dem erwähnten Aberglauben eine Zahnextraktion in der Gravidität nicht ausführen lassen wollte. Aber auch von ärztlicher Seite hat man vor Eingriffen an den Zähnen gewarnt, aus Furcht so Aborte und Fehlgeburten zu provozieren. Neuere Untersuchungen konnten die Haltlosigkeit dieser Anschauungen dartun, bei verspätetem Durchbruch der Weisheitszähne konnte sogar eine entsprechende zahnärztliche Behandlung in einem Falle einen drohenden Abort aufhalten. Natürlich sollen die vorzunehmenden Operationen, Extraktionen usw. nach Möglichkeit unter Lokalanästhesie ausgeführt werden.

d) Speicheldrüsen.

Vor und während der Menstruation kann es zu einem Ptyalismus, zu einer vermehrten Absonderung des Sekrets der Speicheldrüsen, ähnlich der in der Schwangerschaft beobachteten Erscheinung kommen. Dieser Speichelfluß vermag vikariierend an Stelle der Uterusblutung aufzutreten. Auch Schwellung und Entzündung speziell der Ohrspeicheldrüse teils doppelt, teils einseitig werden im Anschluß an die Menstruation beobachtet.

Klinisch ungleich wichtiger ist der Speichelfluß in der Gravidität, der Ptyalismus gravidarum. Bereits in den ersten Schwangerschaftsmonaten stellt sich ein vom Willen völlig unabhängiger, mehr oder weniger reichlicher Ausfluß von Speichel ein. Die Patienten leiden darunter sehr, in schweren Fällen fließt der Speichel kontinuierlich aus beiden Mundwinkeln. Wie hochgradig diese Speichelabsonderung werden kann, beweist ein Fall Audeberts, bei dem ein Liter täglich ausgeschieden wurde. Zum Teil wird der ausgeschiedene Speichel verschluckt und kann so gleichzeitig Schwangerschaftserbrechen, Hyperemesis gravidarum hervorrufen.

Die Ätiologie der Erkrankung ist wahrscheinlich nicht einheitlich. Einer ist sie in vielen Fällen nervös reflektorisch bedingt, das beweist einmal, daß die Fälle von hochgradigem Ptyalismus vorwiegend Privatpatienten, also meist sensible Individuen betreffen (Wagner) und andererseits der Erfolg an sich harmloser therapeutischer Eingriffe, z. B. der Ätzung einer Portioerrosion (Lwoff), Aufrichtung eines retroflektierten graviden Uterus (Audebert), oder nur die Vorbereitung zur Ausführung des künstlichen Abortes. Zweitens kann es wahrscheinlich noch auf innersekretorischem Wege, ähnlich wie zur Hyperemesis gravidarum auch zum Ptyalismus kommen. Es sind dies wohl vorwiegend die schweren Fälle, bei denen es unabhängig von der Menge des ausgeschiedenen Speichels zu einer fortschreitenden Kachexie kommt, die auf Unterbrechung der Schwangerschaft oder nach der Geburt prompt schwindet. Man ist wohl berechtigt, jene Formen von Ptyalismus unter die Graviditätstoxikosen einzureihen.

Bei der Therapie wird man beiden Entstehungsmöglichkeiten Rechnung tragen müssen und zunächst versuchen suggestiv einzuwirken. Für die wenigen Fälle, die als ausgesprochene Graviditätstoxikosen unter Abmagerung und Anämie bedrohlich einhergehen, kommt allerdings die Unterbrechung der Schwangerschaft in Betracht. Als symptomatisch wirkendes Mittel ist besonders Atropin empfohlen worden in Pillen von 0,001 g. Natürlich soll man auch Nervina wie Baldrian, Brompräparate und ähnliches versuchen.

Die Prognose ist im allgemeinen günstig für die nervösen Formen und auch für die zu den Toxikosen zu zählenden nicht ungünstig. Ein Todesfall an Inanition (Cramer) und ein merkwürdiger Fall, bei dem es nach Unterdrückung des Ptyalismus zu Apoplexie kam, werden erwähnt.

Eine weitere auffällige Beziehung zwischen Speicheldrüse und Genitale ist die relativ häufige Erkrankung der Ohrspeicheldrüse nach Exstirpation der Eierstöcke (Moericke, Bumm). Es treten zwar auch nach anderen gynäkologischen und chirurgischen Operationen Parotitiden auf, besonders bei kachektischen Individuen, wo es zum Daniederliegen der Speichelsekretion und dann zu aszendierender Infektion kommen kann, ferner nach langedauernder Chloroformnarkose oder als Metastase eitriger Prozesse. Trotzdem scheint aber die Entfernung der Ovarien eine spezifische Schädigung wohl durch innersekretorische Einflüsse auf die Ohrspeicheldrüse auszuüben, denn im Gegensatz zu den Erfahrungen nach anderen Operationen tritt die Parotitis nach der Kastration auch bei kurzer Operationsdauer und auch bei kräftigen Individuen auf. Es stellt sich vielleicht kompensatorisch entsprechend etwa der Thyreoideaanschwellung nach Kastration eine Hypertrophie und Anschwellung der Parotis ein. Die Parotisschwellung tritt meist am 5.—7. Tag nach der Operation auf und führt häufig zu eitriger Einschmelzung. Ihre Prognose ist nicht günstig. Wagner berechnet eine Mortalität von 30,2 % nach Abzug der Fälle, wo es zu einer reinen Metastase bei anderswo bestehender Infektion kam.

Die Therapie ist ziemlich machtlos. Man verordne heiße Leinsamenumschläge im Anfang, und bei eingetretener Abszedierung Inzision. Häufig aber tritt eine diffuse Phlegmone des Drüsengewebes ein, bei der eine Inzision nutzlos bleibt. Neueren Anschauungen zufolge sind sämtliche Mundspeicheldrüsen nicht nur die Parotis als Organe mit innerer Sekretion anzusehen. Mohr konnte nachweisen, daß bei Erkrankungen des innersekretorischen Apparates, bei Infantilismus, Basedow, Status thymico-lymphaticus und endogener Fettsucht auf thyreogener hypophysärer oder genitaler Basis es zu kompensatorischen Anschwellungen sämtlicher Mundspeicheldrüsen kommen kann.

Auch zu therapeutischen Versuchen, allerdings noch sehr unklarer Art hat die vermutete innersekretorische Bedeutung der Speicheldrüsen geführt; amerikanirche Autoren versuchten Extrakte der Parotis bei gynäkologischen Leiden, Dysmenorrhoe, Beckenexsudaten, Nephritis, und berichten über allerdings noch nicht nachgeprüfte günstige Erfolge (Schober und Mallet).

Die Tonsillen können sich ebenfalls an den Menstruationsvorgängen durch vakiierende Blutungen beteiligen, und umgekehrt die Erkrankungen der Tonsillen, z. B. eitrige Angina zur Unterdrückung der Menstruationsblutungen führen (Sehlbach) oder, Metastasen im Eierstock in Form einer isolierten eitrigen Oophoritis setzen. Schließlich ist die vor allem für den Geburtshelfer wichtige Tatsache zu betonen, daß es in der Schwangerschaft und im Wochenbett von einer Angina ausgehend zu einer Bakteriämie und von dieser aus zu einer Sekundärinfektion an der Placentarhaftstelle kommen kann (Merkel).

Während der Geburt wurde einmal eine bedrohliche Anschwellung der Uvula und Tonsillen beobachtet, die zu Erstickungsanfällen führte und nach Beendigung der Geburt sofort zurückging (H. W. Freund).

II. Magen und Genitale.

a) Einfluß des Genitales auf den Magen.

1. Menstruation.

α) Magenfunktion.

Daß Störungen der Magentätigkeit während der Menstruation bestehen, ist auch dem Laien bekannt. Die häufigsten Symptome sind Übelkeit, Aufstoßen, Druck in der Magengrube, schlechter Geruch aus dem Munde, Idiosynkrasien gegen einzelne Speisen oder vollkommene Appetitlosigkeit. Meist treten diese Erscheinungen kurz vor der Periode auf, bleiben während der Periode bestehen und verschwinden mit ihr wieder.

Trotzdem in neuerer Zeit mehrfach funktionelle Magenuntersuchungen während der Menstruation ausgeführt worden sind, ist doch ein einheitliches Bild über die vermuteten Funktionsänderungen noch nicht erzielt. Nur einzelne Autoren konnten eine konstante Veränderung in den Sekretionszuständen des Magens feststellen, und zwar eine Steigerung der Azidität und Vermehrung des ausgeschiedenen Sekretes (Wölpe). Weitaus die meisten (Elsner, Kehrer, Pariser, Lewisohn) fanden aber unregelmäßige Schwankungen, teils Steigerungen, teils Herabsetzungen der Säureproduktion. Nach der einen Ansicht (Pariser, Lewisohn) ist dabei die Gesetzlosigkeit Gesetz, nach der Ansicht anderer (Kehrer, Elsner) besteht eine Abhängigkeit vorwiegend von der Dauer und der Stärke der menstruellen Blutungen: die Salzsäuresekretion des Magens während der Menstruation ist herabgesetzt nach starken Blutungen, unverändert oder leicht herabgesetzt bei gesunden Individuen mit menstrueller Blutung mittlerer Intensität, etwas gesteigert bei nervösen Frauen mit schwacher oder nur mäßig starker Periode.

Einheitlicher ist das Verhalten der Magenmotilität während der Menstruation. Sie ist in dieser Zeit herabgesetzt. Als Ursache für die sekretorischen und motorischen Magenerscheinungen werden nervös-reflektorische, zirkulatorische und innersekretorische Einflüsse angenommen. Außerdem muß eine Disposition durch Bestehen einer Neurasthenie oder Hysterie, eine erworbene oder angeborene Form- und Lageveränderung des Magens oder ein chronisches Magenleiden, ein Ulkus oder eine Dyspepsie vorhanden sein. Ploenies erblickt erst in dem Zusammentreffen zirkulatorischer Störungen, hauptsächlich der Blutentziehung vom Magen während der Periode mit schon bestehendem Magenleiden die Ursache der menstruellen Magenstörungen. Für ihn ist es ausgeschlossen, daß es bei intaktem Magen zu den erwähnten Störungen während der Periode kommt.

Daß die Diagnose von reinen Menstruationsstörungen des Magens ohne Kombination mit einer chronischen Magenerkrankung nur mit größter Vorsicht zu stellen ist, erhellt schon aus den erwähnten Anschauungen von Ploenies, der das Vorkommen unkomplizierter Menstruationsstörungen überhaupt leugnet. Man fahnde daher genau nach einem etwa bestehenden Ulkus, einer chronischen Dyspepsie, einer Form oder Lageveränderung des Magens u. a. m. Und erst wenn dies alles durch funktionelle chemische Magenuntersuchung und Röntgendurchleuchtung ausgeschlossen ist und die Beschwerden in typischer Weise sich an den Menstruationstermin halten, nehme man ein reine menstruelle Magenstörung an. Ergibt die Magenuntersuchung Anhaltspunkte für das Bestehen einer Erkrankung, dann ist der während der Menstruation beobachtete Vorgang als menstruelle Verschlimmerung des betreffenden Grundleidens anzusehen und zu behandeln.

Die Therapie rein menstrueller Magenstörungen besteht nur in der Verabreichung einer leichten Diät und bei nervösen und erschöpften Individuen in ein oder mehreren Tagen Bettruhe.

Die wichtigste klinische Folgerung, die wir aus den Ergebnissen der bis jetzt vorliegenden Untersuchungen ziehen müssen, ist die, in der Zeit während der Menstruation keine funktionelle Magenprüfung anzustellen, da die so gewonnenen Resultate inkonstant und trügerisch sind.

β) Blutungen.

Bei den während der Menstruation auftretenden Magenstörungen müssen unterschieden werden:

1. vikariierende Blutungen, die aus der Magenschleimhaut erfolgen, ohne daß zugleich solche aus dem Uterus statthaben, und
2. menstruelle Magenblutungen oder sog. Mitblutungen bei gleichzeitig vorhandener Menstruationsblutung aus dem Uterus.

Die rein vikariierenden Blutungen sind sicher sehr selten; neuere Autoren bezweifeln überhaupt ihr Vorkommen (Lenhartz, Rosthorn, Riebold). Sie können absolut typisch verlaufen, d. h. an Stelle der Uterusblutung treten, während der Schwangerschaft ausbleiben, um nach dem Wochenbett wieder aufzutreten. Häufiger ereignet es sich, daß die Blutungen aus der Magenschleimhaut ein oder zwei Tage vor dem Eintritt der Periode erfolgen und mit deren Einsetzen dann wieder verschwinden.

Bedeutend häufiger sind menstruelle Mitblutungen aus der Magenschleimhaut. Unter ihnen sind wieder solche aus einer normalen unveränderten Schleimhaut und solche aus einer an Ulcus erkrankten oder in seltenen Fällen aus einer varikösen Schleimhaut zu unterscheiden. Die Erkennung der Blutungen ist in allen den Fällen leicht, wo es zum Blutbrechen, zur Hämatemesis kommt. Mitunter fehlt dieses und das Blut läßt sich nur im Stuhl oder besser noch im ausgeheberten Mageninhalt nachweisen. Die wichtigste Differentialdiagnose ist natürlich die zwischen Magenulcus mit periodisch rezidivierenden Blutungen, Mitblutungen und vikariierenden Blutungen aus einer normalen Schleimhaut. Auch hier sind die ersteren bei weitem die häufigsten und von der letzten Kategorie ist es unsicher, ob sie überhaupt einwandsfrei vorkommen. Die Anamnese und die funktionelle Untersuchung im Menstruationsintervall ev. auch die Röntgendurchleuchtung können hier Klarheit bringen.

Die Prognose aller dieser Arten von Blutungen ist mit Vorsicht zu stellen. Zum mindesten erfordern sie Schonung und strenge Diät in der kritischen Zeit. In einem Falle (Queirolo) erfolgte die Verblutung aus dem Magen während der Menstruation, ohne daß sich bei der Sektion Veränderungen im Magendarmkanal fanden. In einem anderen Fall (Fischel) mußte aus vitaler Indikation die Kastration ausgeführt werden.

Natürlich sind die Fälle von Mitblutung aus einem Magenulkus der Perforationsgefahr wegen prognostisch am ungünstigsten.

Als Therapie ist bei schweren Fällen und bei älteren Frauen eine Ausschaltung der Eierstockstätigkeit durch Röntgenbestrahlung oder Kastration vorzunehmen, bei jüngeren ein Versuch mit der Darreichung von Ovarial-, Thyreoidtabletten oder anderer Extrakte der innersekretorischen Organe zu machen. Rein symptomatisch kommt Schlucken von Eisstückchen und das Einnehmen von Stypticis oder Gelatine in Betracht.

Besteht Verdacht auf Ulcus, so ist unbedingt strengste Diät und Bettruhe einzuhalten, eine Vorsichtsmaßregel, die nach Pariser für jede Ulcuskranke während der Menstruation auch noch in der Rekonvaleszenz zu beobachten ist.

2. Schwangerschaft, Geburt und Wochenbett.

Daß die Schwangerschaft Beziehungen zum Magen hat, dafür sprechen die zahlreichen **Magenbeschwerden Schwangerer**. Man teilt sie am besten dem Vorgang Stillers folgend ein in Anorexie, Hyperorexie und Parorexie. Die Anorexie, die Appetitlosigkeit kann sich als vollständiger Mangel an Appetit, vorwiegend aber als Abneigung gegen gewisse Nahrungsmittel, besonders gegen Fleisch, aber auch gegen saure oder alkalische Speisen bemerkbar machen. Die

Hyperorexie, der Heißhunger kann ebenfalls allgemein als vermehrtes Nahrungsbedürfnis und noch häufiger als eine spezifische Vorliebe für einzelne Speisen auftreten. Hierbei sind es besonders die sauren Speisen, die sauren Salate, saure Heringe usw., die bevorzugt werden. Es bildet dies schon die Überleitung zu der Parorexie, den perversen Gelüsten, die in ihrer Eigenartigkeit auch dem Laien bekannt sind, und gelegentlich als frühestens Schwangerschaftszeichen auftreten können, z. B. das Bedürfnis Kreide und Kalk zu sich zu nehmen, der Appetit auf alle möglichen ekelhaften Speisen aus dem Tier- und Pflanzenreich. Außer diesen Störungen des Appetit- und Hungergefühls kommt noch in der Schwangerschaft vermehrtes Ekelgefühl und Brechreiz als subjektives Magensymptom hinzu. Brechreiz und Brechen kann bei Schwangeren z. B. von Geruchsempfindungen, Geruch gekochten Kaffees usw. ausgelöst werden, der die betreffenden Patienten sonst nicht im geringsten belästigt. Weiter kommt es häufiger als in der nichtschwangeren Zeit zu Sodbrennen, zum Aufstoßen und schließlich, worauf später einzugehen sein wird, zu dem Erbrechen der Schwangeren.

Bei der Frage nach den anatomischen und mechanischen Veränderungen, die der Magen während der Schwangerschaft eingeht, können wir uns leider noch nicht auf ein größeres, exakt beobachtetes Material stützen. Der Magen wird durch den schwangeren Uterus am Ende der Zeit disloziert, vorwiegend nach der Seite gedrängt und von unten her abgeflacht.

Ausführliche Kenntnisse über die Funktion des Magens in der Schwangerschaft verdanken' wir den Sekretuntersuchungen und Prüfungen der Magenmotilität (Kehrer). In den ersten sechs Monaten ist die Sekretion der Salzsäure in der Regel nur wenig vermindert. Im 7.—10. Monat besteht geringgradige Hyperchlorhydrie und Subazidität. Die Absonderung des Labfermentes erleidet keine Veränderung. Die Motilität ist meist unverändert. Nur in 16,6 % der Fälle fand sich eine Herabsetzung. Tierexperimentelle Untersuchungen von Borodenko an trächtigen Hündinnen, denen zwei Monate vor dem Wurf eine Magenfistel nach Pawlow angelegt wurde, ergaben anfangs normale sekretorische Magenfunktion, die aber gegen Ende der Gravidität mehr und mehr nachließ. Dabei wurde die Azidität und Verdauungskraft geringer. Borodenko erklärt dieses Abnehmen durch Verarmung des Organismus an Salzen, die zum Aufbau der Frucht benötigt werden.

Zusammengefaßt ist als wesentlichstes eine geringe Herabsetzung der Säurewerte in der Schwangerschaft zu konstatieren.

Die bekannteste Erscheinung von seiten des Magens in der Schwangerschaft stellt tatsächlich ein Symptom dar, das in weitaus den meisten Fällen sicher nicht ursächlich mit einem Magenleiden zusammenhängt, es ist das das Erbrechen der Schwangeren, der Vomitus gravidarum bzw. die Hyperemesis gravidarum.

Der Vomitus gravidarum setzt fast immer am Morgen, meist unmittelbar nach dem Aufstehen, seltener nach dem Essen ein. Er tritt fast ausschließlich in der ersten Hälfte der Schwangerschaft, meist in der 10.—11. Schwangerschaftswoche auf, und verschwindet mit dem Einsetzen der ersten Kindsbewegungen in der Regel wieder. In seltenen Fällen bleibt er bis zum Ende der Gravidität bestehen, und ebenfalls selten beginnt er erst in der zweiten Hälfte der Schwangerschaft, angeblich besonders bei Vorhandensein von wenig Fruchtwasser als Antwort auf einen durch die Kindsbewegungen gesetzten Reiz. Am häufigsten findet sich der Vomitus bei Erstgeschwängerten, seltener bei Zweitgeschwängerten und am wenigsten bei Mehrgeschwängerten. Er kann in jeder Schwangerschaft rezidivieren, tritt aber im allgemeinen in späteren Schwangerschaften nicht in Erscheinung, wenn er in der ersten fehlte. Dem eigentlichen Erbrechen geht eine Nausea nicht voraus und auch beim Erbrechen leidet das Allgemeinbefinden kaum. Ohnmachtsanfälle u. a. fehlen. Der Brechakt selbst fördert reichlich wäßrige, meist nur Magensaft enthaltende und daher sauer reagierende Flüssigkeit ohne Speiserest zutage. Genau so schnell und

ohne Nebenwirkung wie der Vomitus gekommen ist, geht er auch wieder vorüber. Er wird von den meisten Frauen ohne Belästigung ertragen.

Für die Entstehung des Vomitus gravidarum wird die frühmorgens im Bett vorhandene zerebrale Anämie und Anämie des Magens als Folge der Plethora der Unterleibsorgane angeschuldigt (Kehrer). Deshalb soll der Vomitus unmittelbar nach dem Aufstehen nach Art zerebral bedingten Erbrechens sich einstellen. Andere Autoren (Graefe)
bestreiten diese Annahme.

Weit ausgeprägter in ihren klinischen Erscheinungen und auch viel
schwerer in ihren Folgen ist die Hyperemesis gravidarum, das unstillbare
Schwangerschaftserbrechen oder wie es von anderen Autoren genannt wird, der
Vomitus gravidarum perniciosus (vgl. auch S. 246). Es ist nicht möglich, eine
scharfe Grenze zwischen beiden Formen zu ziehen. Das Wesentlichste ist
das Verhalten des Allgemeinbefindens. Während es beim Vomitus zu keiner
ernstlichen Störung des Allgemeinbefindens kommt und das Erbrechen hierbei meist nur einmal am Tage, meist morgens auftritt, und in der Regel nur
Magensaft und keine Speisen erbrochen werden, kommt es bei der Hyperemesis gravidarum unabhängiger von der Tageszeit, wenn auch vorwiegend
am Morgen zum Erbrechen alles Genossenen. Es kann so weit gehen, daß
Speisen jeglicher Art sofort wieder ausgebrochen werden. In anderen Fällen
werden nur bestimmte Speisen erbrochen, mitunter findet eine Auswahl des
Erbrochenen in dem Sinne statt, daß z. B. von Milchkaffee nur die Koagula,
nicht aber die Flüssigkeit ausgebrochen werden. Die Folgen dieser dauernden
Störung machen sich dann auch in einer fortschreitenden Inanition und in
schweren Fällen in einer schweren Kachexie bemerkbar. Während der Vomitus
matutinus gegen Mitte der Schwangerschaft nachläßt, kann die Hyperemesis
weiter bestehen und fortschreitend zu vollständigem Kräfteverfall, einhergehend mit Pulsbeschleunigung und Somnolenz, und schließlich, wenn nicht
eingegriffen wird, zum Exitus führen.

Für die Häufigkeit des Vorkommens von Vomitus und von Hyperemesis gravidarum
und daher auch für die zahlenmäßige Prognose dieser Erkrankung lassen sich die bis jetzt
vorliegenden statistischen Angaben nicht sicher verwerten, weil es nicht immer möglich ist,
streng zwischen dem Vomitus und der Hyperemesis zu trennen und ja auch beide Formen
ineinander übergehen. Die Häufigkeit von regelmäßigem Erbrechen in der Schwangerschaft überhaupt wird verschieden angegeben. Es schwankt zwischen 60 % (Horwitz),
20,92 % (Perilliet-Botonet), 40 % (H. W. Freund). Niedere Volksschichten sollen
weniger davon befallen werden (16 % [Biro]). Es scheinen ausgesprochene geographische
Dispositionen zu bestehen, z. B. konnte Horwitz unter 1000 Anstaltsschwangeren in
Petersburg keine einzige mit Hyperemesis beobachten, während Hyperemesis in Frankreich, Amerika und England relativ häufig sein soll. Bei nichtzivilisierten Völkern, z. B.
den Negern Südkarolinas und anderen Naturvölkern soll es überhaupt nicht vorkommen,
Angaben, denen jedoch mit einer gewissen Vorsicht zu begegnen ist, da andererseits. z. B.
bei den Anamitenfrauen in Cochinchina im Anfang der Schwangerschaft Erbrechen häufig
auftritt. Der Angabe Freunds nach soll es nie bei Tubargravidität vorkommen, aber
sowohl Horwitz wie Kehrer und Wagner berichten von Fällen typischen Schwangerschaftserbrechens auch bei abnormen Insertion des Eies.

Die anatomische und funktionelle Untersuchung des Magens bietet bei Vomitus
und Hyperemesis im allgemeinen keine Anhaltspunkte. Nach H. W. Freund kann eine
angeborene und erworbene Form- und Lageveränderung des Magens zwar eine Disposition
zur Hyperemesis erzeugen und auch Baisch nimmt an, daß in seltenen Fällen ein chronisches Magenleiden die Ursache der Hyperemesis sein kann, meist tritt aber doch bei vollkommen magengesunden Individuen das Schwangerschaftserbrechen in Erscheinung.
Auch in den übrigen Organen ist der Sektionsbefund im allgemeinen negativ. Ausgenommen
sind nach den neueren Untersuchungen (Hofbauer und Schickele) die schwersten tödlich verlaufenden Formen von Hyperemesis gravidarum. Hierbei können sich in Leber
und Niere typische, an Eklampsie erinnernde degenerative Prozesse vorfinden. Die
funktionelle Magenuntersuchung ergibt sowohl beim Vomitus, wie bei den
schwersten Formen von Hyperemesis keinen konstanten Befund. Chemische und mikroskopische Befunde, die durchaus denen bei Karzinom gleichen (H. W. Freund), Anazidität
(Schneider), stehen andere (Jaffee, Riegel) gegenüber, wo durchaus normale oder
wechselnde Werte des Säuregehaltes und der Sekretmenge überhaupt sich finden (Kehrer).

Auch die Stoffwechseluntersuchungen, Blut- und Urinuntersuchungen ergeben kein klares Bild.

Die Ätiologie des Schwangerschaftserbrechens ist nicht einheitlich zu fassen, zumal ja der Vomitus gravidarum und die Hyperemesis nicht scharf voneinander abgrenzbar sind. Über das Zustandekommen der Hyperemesis bestehen im wesentlichen drei Theorien: einmal, das ist die älteste Theorie, faßt man das Erbrechen als hysterisches Stigma, „als eine Folge, als eine Äußerung von Hysterie" auf (Kaltenbach), als „zentrale Form der Hysterie" (H. W. Freund).

Als Beweis dafür wurde auf die Ähnlichkeit mit hysterischem Erbrechen außerhalb der Gravidität und auf die Häufigkeit, mit der hysterische, nervöse und schwächliche Personen davon auch bei eingebildeter Schwangerschaft (Grossesse nerveuse) befallen werden, hingewiesen. Aus demselben Grunde kann wochenlang sich wiederholendes Erbrechen nach dem Anblick widerlicher Vorgänge auftreten, wie z. B. bei den Hausschwangeren Kehrers, die beim Magenaushebern zuschauten. Ja sogar der hysterisch veranlagte Ehemann beteiligte sich in einem Fall am Schwangerschaftserbrechen seiner Frau mit.

Die eben geschilderte Theorie konnte aber nicht befriedigen. Beobachtungen wie, daß das Erbrechen sich einstellt, ohne daß die betreffenden Patientinnen wissen, daß sie schwanger sind, daß nicht selten Mädchen zunächst die Sprechstunde der Medizinischen Klinik des Erbrechens wegen aufsuchen und dort oder von dem zu Rate gezogenen Gynäkologen zu ihrem Schrecken erfahren, daß sie schwanger sind, spricht gegen diese Theorie; weiter aber noch das Eintreten von Kachexie, Fieber usw. bei schweren Formen von Hyperemesis und schließlich vor allem die Beobachtung, daß durchaus nerventüchtige Frauen an Hyperemesis erkranken. Es bleiben dann als weitere konkurrierende und sich wahrscheinlich ergänzende Theorien diejenigen, die die Hyperemesis als Reflexneurose, und diejenige, die sie als Intoxikationsvorgang, als Schwangerschaftstoxikose oder wie wir sie vielleicht besser nennen, als Störung der inneren Sekretion auffassen.

Die Anhänger der Reflextheorie nehmen an, daß es auf dem Wege über das Frankenhäusersche Ganglion, den Plexus solaris, das Ganglion cervicale usw. vom Genitale und speziell vom Uterus her zu einem reflektorisch ausgelösten Brechakt kommt. Die allerseltsamst anmutenden und wohl meist recht unschuldigen Anomalien und Varietäten des Genitales sind als der Ausgangspunkt des Reflexes angeschuldigt worden. Lageveränderungen des Uterus, Entzündungen, alte Risse an der Portio, Nabothseier, kleine Leistenhernien und alle die kleinen und kleinsten Abweichungen von der Norm, die in der Geschichte der Gynäkologie eine so große, wenn auch oft recht beklagenswerte Rolle gespielt haben, werden hierbei immer wieder erwähnt. Weiter schuldigte man auch die zunehmende Größe des Uterus und den dadurch bedingten Druck auf die Nerven an. Ein angebliches Mißverhältnis zwischen Wachstum der Frucht und des Uterus und dadurch bedingte Spannung in letzterem, eine Zerrung des Plexus solaris durch Verwachsungen in der Gegend des Promontorium, eine Reizung des Frankenhäuserschen Ganglion durch Entzündungen des Uterus, Reizung des Ganglion cervicale durch tiefe Implantation des Eies bei Placenta praevia und sogar der anfangs der Schwangerschaft noch geübte Koitus! Auch durch Veränderungen außerhalb des Genitales sollten wirksame Reflexe ausgelöst werden können, durch chronische Obstipation, durch abnorme Enge der Aorta usw.

Im ganzen genommen, ist die Möglichkeit der Reflexentstehung sicher überschätzt worden und der Eindruck, daß oft recht unkritisch nach den entferntesten Möglichkeiten gesucht wurde, nicht von der Hand zu weisen.

Die Reflextheorie ganz abzulehnen, ist wohl nicht möglich. Sicher ist aber, daß die am meisten einleuchtende Erklärung diejenige ist, die in einer Intoxikation oder einer Störung der inneren Sekretion, die letzte Ursache der Hyperemesis erblickt, und diese als eine Graviditätstoxikose, ähnlich dem Ptyalismus, der Eklampsie, den Graviditätsdermatosen usw. ansieht und den Vomitus matutinus als rudimentäre Form der Hyperemesis betrachtet. Ob eine Kombination beider Entstehungsmöglichkeiten, indem eine

Intoxikation als primäres Agens der Entstehung von Reflexen den Boden ebnet, wie es Kehrer annimmt, oder umgekehrt der Beginn des Leidens mit einer Reflexneurose und der Übergang bei schweren Fällen in eine toxische Form (Winter) möglich ist, muß noch unentschieden bleiben.

Ausschließliche Geltung muß die Auffassung der Hyperemesis als Graviditätstoxikose für jene schwersten Formen haben, die unter Kachexie, Fieber usw. mit Leberveränderungen zum Tode führen. Für die Intoxikationstheorie spricht weiter die merkwürdige Tatsache, daß das Erbrechen nach Aufhören der Schwangerschaft anhalten kann, so lange noch einzelne Placentarreste im Uterus sind und aufhört, sobald diese (Mangiagalli) entfernt werden. Sie erklärt zum mindesten ebensogut wie die Reflextheorie das Auftreten der Hyperemesis in den ersten Monaten, ohne daß die davon Befallene Kenntnis von ihrer Schwangerschaft hat.

Die Intoxikations-Theorie fand ihre Stütze vor allem in den Untersuchungen Schmorls und Weichardts, die einen Übergang von Chorionzotten ins Blut in seltenen Fällen beobachten konnten und neuerdings in den Untersuchungen Abderhaldens, der Entstehung von Fermenten als Reaktion auf Störungen im Eiweißstoffwechsel der Schwangeren mittels seiner optischen Methode und seines Dialysierverfahrens nachweisen konnte. Die Erklärung des Zustandekommens der Hyperemesis auf dem Wege der inneren Sekretion nimmt eine Insuffizienz der Schilddrüse und dadurch bedingt eine Intoxikation an (Siegmund).

Der Vomitus gravidarum gibt eine absolut günstige Prognose, da er meist in der zweiten Hälfte der Schwangerschaft von selbst verschwindet. Für die Hyperemesis werden von den einzelnen Autoren enorm hohe Mortalitätsziffern angegeben, Joulin 44 %, Gueniot 33 % Mortalität, Erisman unter 51 Fällen sechs Todesfälle.

Für Deutschland ist dieser Mortalitätsprozent sicher zu hoch, während in Frankreich, wie es scheint, die schweren Hyperemesisfälle häufiger sind. Es hängt natürlich alles noch von der Zusammensetzung des klinischen Materials ab. Aber auch vielbeschäftigte Kliniken in Deutschland bekommen jahrelang keinen einzigen schweren Fall von Hyperemesis zu Gesicht.

Als prognostisch ungünstig wird vor allem die Steigerung der Frequenz des Pulses und dessen Kleinerwerden bezeichnet. Ebenso das Auftreten von Albuminurie und Zylindern im Harn (Flaischlen). Auch für das Kind ist die Prognose den französischen Statistiken nach ungünstig. Guéniot zählt auf 118 Fälle 27 spontane Aborte. Jedoch kann auch bei Hyperemesis das Kind bis zum Ende der Zeit voll ausgetragen werden.

Nicht für die Stellung der Prognose bewährt hat sich die von Williams angegebene Bestimmung des Ammoniumkoeffizienten. Während Williams ursprünglich einen erhöhten Ammoniumkoeffizienten unbedingt als Anzeichen einer schweren, letal verlaufenden Hyperemesis ansah, zeigten Untersuchungen anderer Autoren und seine eigenen Nachuntersuchungen, daß diese Erhöhung in vielen Fällen nur der Ausdruck einer Inanition, also eventuell auch einer Folgeerscheinung der Hyperemesis ist.

Bei der **Diagnose** des Vomitus und der Hyperemesis gravidarum ist vor allen Dingen hysterisches Erbrechen auszuschließen. Bei den vielen Ähnlichkeiten, die beide Krankheitsbilder miteinander haben, ist auf kleine Nebenumstände scharf zu achten. Das Eintreten des Erbrechens, ohne daß die betreffende Patientin von dem Bestehen der Schwangerschaft weiß, das Versagen suggestiver Behandlung, das Freisein von sonstigen hysterischen Stigmata und das spontane Aufhören gegen Mitte der Schwangerschaft sprechen für Vomitus gravidarum. Die bei Hyperemesis vorhandenen Allgemeinerscheinungen, die Abnahme des Körpergewichts, die Beschleunigung des Pulses und die allgemeine Erschöpfung können bei Erbrechen infolge Magenulcus und vor allem bei Magenkarzinom ebenfalls vorhanden sein. Bei Ulcus läßt sich aber Blut im Erbrochenen und im Stuhl nachweisen, während es bei der Hyperemesis so gut wie immer fehlt. Bei der Hyperemesis wird jede Art von Nahrung vollkommen wiedererbrochen, während beim Ulcus häufig gewisse Speisen zurückgehalten werden (Anderodias). Schwieriger ist die Abgrenzung gegen Magenkarzinom (Wagner, Olshausen). Die chemische und mikroskopische Prüfung des Mageninhalts versagt zur Differentialdiagnose gegen Hyperemesis vollständig. Die meiste Klärung verspricht dabei eine Röntgendurchleuchtung, die eine typische Aussparung an der Stelle des Karzinoms oder gar schon eine Stenose aufdecken kann.

Die **Therapie** spiegelt die Vielheit der Anschauung über die Ätiologie des Vomitus gravidarum und der Hyperemesis wieder. Gegen den Vomitus gravidarum wurde langsames Erheben aus dem Bett, um so den Einfluß der Anämie des Gehirns teilweise auszuschalten, empfohlen, weiter eine kleine Mahlzeit ½ Stunde vor dem Aufstehen und schließlich Magenausspülung im Bett (Kehrer). Ebenfalls von der Annahme einer Hirnanämie als Ursache ausgehend, verordnet Talma Nitroglyzerin, das ja Hyperämie der Kopfgefäße und demnach auch des Gehirns erzeugt. Von Medikamenten ist besonders Tinctura nucis vomicae (Roth) beinahe als Spezifikum empfohlen worden.

Bei Behandlung der Hyperemesis müssen wir Maßnahmen unterscheiden, die gegen die Hyperemsis als Teilerscheinung der Hysterie, weiter solche, die gegen die reflektorischen entstandenen gerichtet sind, und schließlich diejenigen, die auf der Theorie der Intoxikation bzw. der Störung der inneren Sekretion basieren. Die Hyperemesis als hysterisches Stigma soll mit Suggestion zu beeinflussen sein. Zahlreiche Angaben existieren über das vollständige Verschwinden der Hyperemesis nach Ortswechsel und nach rein suggestiven Maßnahmen, nach Elektrisieren mit Apparaten, die keinen Strom führten u. a. mehr. Die Anhänger der Reflextheorie berichten über Erfolge bei der Reposition des retroflektierten Uterus, bei der Applikation elektrischer Ströme geringer Spannung (Kathode oberhalb des Nabels, Anode in der Klavikulargegend, oder Anode auf der Portio und im Vaginalgewölbe und Kathode in der Gegend des 8.—12. Brustwirbels), nach Ätzung der Portio, Kokainpinselung der Portio u. a. mehr. Die Anhänger der Intoxikationstheorie empfehlen Magenauswaschung mit Borsäure und Natr. biacarbonicum-Lösung und schließlich die Schwangerschaftsunterbrechung. Gute Erfolge wurden ausgehend von einer thyreogenen Entstehung der Hyperemesis mit Thyreoidin von Siegmund und in der Annahme einer Hypofunktion der Nebenniere von Rebaudi mit Adrenalin täglich 20 Tropfen erzielt.

Mit allen drei Theorien verträglich sind die Maßnahmen, die auf eine allgemeine Hebung des Körperzustandes oder eine lokale Behandlung des Magens und schließlich auf eine Unterbrechung der Schwangerschaft hinzielen. Als Anregung des Magendarmkanals empfiehlt Menge kühle Ganzwaschungen des Körpers, die früh morgens vorgenommen werden, nach denen die Patientin Bettruhe halten muß. Vollkommene absolute Ruhe ohne Erhöhung des Kopfes, Abhaltung aller körperlichen und geistigen Anregung, Aufenthalt im verdunkelten Zimmer, entsprechend der Theorie von der Ausschaltung der Reize, wurde ebenfalls empfohlen. Kehrer sucht eine Prophylaxe durch eine geeignete Diät in der Schwangerschaft anzustreben. Er verordnet eine modifizierte Weir-Mitchelsche Kur, die im wesentlichen in der Verabreichung von ¼ Liter Milch mit Zusatz mehrerer Eßlöffel Rademannschen Rahmgemenges besteht, alle zwei Stunden zwischen den Hauptmahlzeiten. Zur Anregung der Magensekretion sind Ausspülungen des Magens mit Erfolg angewendet worden (Muret). Weiter wurde empfohlen die Applikation von Eisblasen auf das Epigastrium. Sehr groß ist die Reihe von Arzneien, die gegen die Hyperemesis im Gebrauch sind. Bromkali, Kokain in 10%iger Lösung dreimal täglich zehn Tropfen. Auch Jodtinktur, große Dosen von Natr. bicarb. und vor allem das Orexin, das geradezu als Spezifikum angesehen wurde. Sehr umstritten ist die Frage, wann und in welchen Fällen eine Unterbrechung der Schwangerschaft einzusetzen hat. Ältere Statistiker, wie Cohn, Stein sprechen gegen die Schwangerschaftsunterbrechung und berichten, daß unter 200 Fällen bei 40 % auch nach Ausstoßung der Frucht das Erbrechen nicht aufhörte, und warnen deshalb, von der Schwangerschaftsunterbrechung alles zu erwarten, da die ganz schwer verlaufenden Formen, ähnlich einer akuten gelben Leberatrophie auch nach der Geburt oder Frühgeburt noch unaufhaltsam weitergehen. Französische Autoren empfehlen die Schwangerschaft zu unterbrechen, wenn der Puls dauernd über 100 steigt und beträchtlicher Gewichtsverlust stattgefunden hat.

Zusammenfassend ist zu sagen, daß, solange wir noch nichts Exaktes über die Ätiologie der Hyperemesis wissen, jede Therapie, die auf einigermaßen logischer Grundlage beruht, in solchen Fällen probiert werden muß. Man wird mit rein suggestiven Mitteln anfangen und diätetische Vorschriften, Magenausspülungen usw. versuchen, dann symptomatische Arzneimittel (Orexin) und das theoretisch besser fundierte Thyreoidin geben. Sollte trotz allem aber das Erbrechen nicht zu stillen sein, besteht starke Gewichtsabnahme, Eiweiß im Urin und Steigerung der Pulsfrequenz, dann muß unbedingt eine Unterbrechung der Schwangerschaft, und zwar baldmöglichst, vorgenommen werden. Man wird sich um so leichter dazu entschließen, da, wie oben erwähnt ist, ein Rezidivieren der Hyperemesis in späteren Schwangerschaften nicht die Regel ist.

Enthält der in der Schwangerschaft erbrochene Mageninhalt Blut, so spricht man von der **Hämatemesis** in der Gravidität. Nach der Berechnung Fellners aus der Klinik von Schauta kam unter 38 000 Geburtsfällen 22 Fälle von Hämatemesis vor. Unentschieden bleibt, wieviel davon in den überhaupt berichteten Fällen auf Blutungen aus Magenulzera und ähnliche Erscheinungen zu beziehen sind. Einzelne Fälle sind von P. Müller und Preiss berichtet, bei denen ein Ulcus nicht anzunehmen war und Blutungen aus einem objektiv nicht veränderten Magen, bzw. aus einer varikösen Schleimhaut erfolgten. Häufiger führt aber wohl sicher die Kombination von Ulcus ventriculi mit Schwangerschaft zur Hämatemesis. Hierbei kann es zur Perforation des Magengeschwürs kommen (M. Cohn, Gille, de la Tourette). Hinter der Hämatemesis kann sich auch ein Magenkarzinom in der Schwangerschaft verbergen (Kehrer, H. W. Freund, Wagner). Als seltene Metastasen eines Magenkarzinoms in der Schwangerschaft verdienen die von Senge in den intervillösen Räumen der Placenta und von Gobiet im Ovarium, Uterus und Appendix beobachteten Erwähnung.

Als Rarität ist auch die in einem Fall beobachtete **Magenphlegmone** in der Schwangerschaft (Kermauner) anzusehen. Es handelte sich um ein tuberkulöses Mädchen am Ende der Gravidität. Die klinischen Erscheinungen deuteten auf Peritonitis hin, der Tod trat kurze Zeit nach der Geburt ein. Bei der Sektion fand sich eine ausgedehnte Phlegmone der Magenwand und von ihr ausgehend eine beginnende Peritonitis ohne sonstige Veränderungen im Körper.

Während der **Geburt** ist die häufigste Erscheinung von seiten des Magens das Erbrechen, die Dystokia vomitaria, die wohl in erster Linie mechanisch ausgelöst durch Druck des sich kontrahierenden Uterus auf den Magen, in einigen Fällen auch durch Angst oder Schreck, oder durch unzweckmäßiges Verhalten, z. B. übermäßiges Einnehmen aller möglichen Kräftigungsmittel, hervorgerufen ist. Das Erbrechen während der Geburt erfolgt plötzlich ohne stärkere Nausea und reichlich im Strahl den Mageninhalt entleerend. Die Überfüllung des Magens kann die Wehentätigkeit ungünstig beeinflussen, es entsteht die sog. gastrische Wehenschwäche, da nach F. A. Kehrer und E. Kehrer reflektorisch Uteruskontraktionen von der Magenschleimhaut aus gelöst und gehemmt werden können. Auch Hämatemesis während der Geburt wurde beobachtet (P. Müller). Bei dem Vorhandensein von Magenulzera besteht die Gefahr, daß unter dem Einfluß der Druckerhöhung bei den Preß-

wehen eine Perforation erfolgt (Andérodias, Le Lorier). Schließlich kann
es während der Geburt zu akuter Magendilatation mit schwersten klinischen
Erscheinungen kommen.

Auf die Funktion des Magens im **Puerperium** wirken als wesentlichste Faktoren einmal die plötzliche Erschlaffung des Magens, die durch
Beseitigung des Uterusinhaltes und dadurch bedingte Druckentlastung erzielt
wird und andererseits der mehr oder weniger große Blutverlust bei der Geburt.

Die plötzliche Ausdehnung des Magens führt den Untersuchungen Kehrers nach
zu einer Herabsetzung der Motilität in den ersten Tagen des Wochenbettes. Der bei der
Geburt stattfindende Blutverlust bleibt ohne Einfluß auf die Motilität. Wohl wird dadurch
aber die sekretorische Funktion des Magens erheblich beeinträchtigt. Entsprechend dem
physiologischen Blutverlust bei der Geburt findet eine Herabsetzung der sekretorischen
Funktion im Anfang des Wochenbettes statt. Die Chlorhydrie wird etwa am fünften Tage
nach der Geburt, die Gesamtazidität am siebenten Tage wieder normal, bis zum 11. Tage
findet ein kontinuierliches Ansteigen der Säurewerte statt. Haben aber starke Geburts-
blutungen stattgefunden, so ist die Säuresekretion noch wesentlich herabgesetzt. Besonders hohe Grade von Säuremangel bis zur vollständigen Achlorhydrie kommen zugleich
mit hochgradiger Subazidität bei fiebernden Wöchnerinnen zur Beobachtung.

Trotz dieser Abweichungen der Magenfunktion von der Norm sind die
Magenerscheinungen im Puerperium im ganzen gering. Es ist deshalb die alte
Wochenbettsdiät, die auf der Annahme einer besonderen Magenempfindlichkeit
sich aufbaute und 1—2 Wochen größtenteils in Suppen bestand, zu verwerfen.
Die Untersuchungen Kehrers ergeben, daß ja schon ziemlich früh normale
Werte wieder erreicht werden, es könnte daher außer bei Fieber und schwer
Entbluteten gleich am ersten oder zweiten Tage leichtere Kost, vom dritten bis
fünften Tage an aber die volle Beköstigung wie sonst, zumal bei stillenden
Frauen und in Rücksicht auf die Darmtätigkeit gegeben werden. Auch im
Wochenbett kann es zur spontanen Perforation bestehender Magen- oder
Duodenal-Ulzera kommen und die so entstehende Peritonitis mit einer solchen
puerperaler Art verwechselt werden.

3. Einfluß von Genitalerkrankungen auf den Magen.

Daß Beeinflussungen des Magens durch Genitalerkrankungen möglich
sind, ist über jeden Zweifel erhaben. Es muß aber sofort einschränkend hinzugefügt werden, daß es bei weitem nicht so häufig der Fall ist, wie es — wenigstens
in der älteren Literatur — angenommen wird. Wenn ältere Autoren spezifische,
von den Genitalien ausgelöste Magenleiden, Dyspepsia uterina (Kisch) als
selbständiges Krankheitsbild konstruierten, und wenn z. B. Eisenhart Gastro-
Intestinalstörungen als die häufigste Begleiterscheinung genitaler Erkrankung
annimmt, so entspricht das nicht mehr den heutigen Anschauungen. Der
verhängnisvolle, durch alle diese Beobachtungen sich hindurchziehende Irrtum
ist der, daß der Begriff der genitalen Erkrankung falsch und zwar zu weit gefaßt ist. Betrachtet man die Untersuchungsergebnisse an den Genitalien,
auf Grund deren die Zusammenhänge angenommen und die betreffenden Krankheitsbilder konstruiert sind, so finden sich in vielen Fällen überwiegend, in
manchen ausschließlich sogenannte Genitalerkrankungen angegeben, die wir
als solche nicht mehr anerkennen können: Retroflexio und Retroversio uteri,
spitzwinklige Anteflexio, Portioerosionen, Lazerationsektropium, Parametritis
posterior, Retentionscysten, chronische Oophoritis, chronische Metritis und Endometritis, Parenchymschwellungen des Uterus u. a. mehr, sind die „Genitalerkrankungen", mit denen das Magenleiden ursächlich in Zusammenhang
gebracht wurde — also alles Befunde am Genitale, die als Zeichen einer Erkrankung des Genitales heute nicht mehr anerkannt werden, die wir günstigen-
falls als Variationen, in vielen Fällen als ad hoc geschaffene Lokalbefunde

zur Erklärung funktioneller Störungen ansehen. Stets ist es der nervöse Reflex, der den Zusammenhang zwischen diesen Leiden und den Magenerkrankungen erklären muß. Gewiß liegen eine große Anzahl mehr oder minder einwandfreie Beobachtungen vor, die für das Bestehen eines Reflexvorganges sprechen und diese Zusammenhänge zu erklären scheinen. Meist sind aber die Autoren dem Irrtum verfallen, nebeneinander bestehende Prozesse oder auch ihnen anormal dünkende Befunde an dem Genitale mit den Magenstörungen in Beziehung zu bringen.

Wenn wir aus den sich vielfach widersprechenden Berichten uns einen Überblick über die Möglichkeit der Beeinflussung des Magens vom Genitale aus zu schaffen suchen, so kommen folgende Arten der Beeinflussung in Betracht: 1. rein mechanische; 2. solche, die durch das Peritoneum — sei es auf dem Wege einer entzündlichen, sei es auf dem Wege einer mechanischen Reizung fortgeleitet werden; 3. Einflüsse, die vom Genitale auf den Magen vermittelst des Blutweges, also im allgemeinen wohl durch Produkte der inneren Sekretion wirken und 4. schließlich als letzte Möglichkeit, die auf reflektorischem Wege, abgesehen von der Peritonealreizung vermittelte Übertragung. Außer diesen Beziehungen bestehen aber noch andere und das sind wohl die allerhäufigsten, bei denen Magen und Genitalleiden der Ausdruck eines gemeinschaftlichen Grundleidens sind, der z. B. einer Neurasthenie, Hysterie oder einer allgemein neuropathischen Anlage des Individuums und schließlich solche, wo Magen- und Genitalleiden nebeneinander bestehen, ohne in irgend einem ursächlichen Zusammenhang sich zu befinden.

Mechanische Verdrängungen des Magens und dadurch bedingte Abänderungen seiner Funktion können durch große Tumoren des Genitales, vor allem also durch Uterusmyome, Ovarial- und Parovarialkystome, bedingt sein. Die Erscheinungen am Magen sind ähnlich denen der Verdrängung durch den schwangeren Uterus; im allgemeinen ist man erstaunt, zu konstatieren, wie trotz hochgradig raumbeengender Genitaltumoren der Magen in seinen Funktionen relativ wenig in Mitleidenschaft gezogen ist. Wesentlich anders liegen die Verhältnisse, ·sobald Verwachsungen zwischen dem Tumor und dem Magen vorliegen. Kommt es infolge entzündlicher Reizung an der Serosaoberfläche der betreffenden Tumoren zu Verwachsungen mit dem Magen oder zu Netzverwachsungen, so kann der Magen abgeschnürt werden, es können Sanduhrformen entstehen und die bekannten durch Stenose des Pylorus hervorgerufenen Störungen der Verdauung daraus resultieren.

Nach Entfernung dieser Tumoren können Zustände ähnlich den im Wochenbett beschriebenen eintreten, es kann die Magenmotilität und auch die Säuresekretion herabgesetzt sein und entsprechende Störungen in der Magentätigkeit vorliegen.

Die von entzündlichen Prozessen des Genitales, z. B. Pyosalpingen oder Pyovarien oder Parametritiden auf den Magen fortgeleiteten Prozesse gehören nicht zu den häufigen Vorkommnissen.

Von einer Genitaltuberkulose aus kann es zu einer Ausbreitung der Tuberkulose auf das ganze Peritoneum und damit auch zu einer Erkrankung des Magens und seiner Nachbarschaft, zu Verwachsungen und Abschnürungen kommen. Meist ist allerdings der umgekehrte Weg, nämlich der, daß es von der Peritonealtuberkulose zur Genitaltuberkulose kommt, der begangene.

Häufiger pflanzen sich mechanische auf das Peritoneum applizierte Reize auf den Magen allerdings durch einen lokalen Reflex bedingt fort. Die Folge ist sofortiges Erbrechen. Wenn z. B. also nach Aufrichtung eines retroflektierten Uterus oder nach Uterusausspülung Erbrechen auftritt, so ist mit ziemlicher Sicherheit anzunehmen, daß im ersten Fall ein starker Zug am Peritoneum ausgeführt wurde, oder daß im zweiten Fall die Spülflüssigkeit auf das Peritoneum kam und so den Brechakt auslöste, ähnlich etwa wie bei einer beginnenden Peritonitis. Dies gilt auch für die Stieldrehung beim Ovarialkystom, wo es fast konstant zum Erbrechen kommt und für die Ruptur tubarer Fruchtsäcke, die ebenfalls häufig von einer Magenreizung begleitet ist. Es müssen die durch Reizung des Peritoneums zustande kommenden sehr einfachen Reflexvorgänge im Magen von den so komplizierten unterschieden werden, die von der Portio oder vom Scheideneingang oder sonst einem im Genitale gelegenen Punkte ausgelöst werden sollen. Sehr häufig wird fälschlich eine derartige schwierige Reflexbahn angenommen, wenn es bei Eingriffen am Genitale, vor allem denen, die mit Fixierung und Herunterziehung der Portio verbunden sind, zu einem Zug am Peritoneum kommt.

Daß Übertragungen vom Genitale auf den Magen auf dem Blutwege vermittelst innersekretorischer Sekretionsprodukte möglich sind, beweisen schon die während der Menstruation auftretenden Magenstörungen, Magenblutungen usw., die nach Ploenies durch bei der Menstruation gebildeten Stoffe verschlimmerte chronische Leiden darstellen. Vielleicht erklären sich so auch einzelne Beobachtungen, wie die von Wagner, daß es bei verhältnismäßig kleinen Myomen öfters zu Erbrechen kommt. Wieweit die bei Karzinomkranken beobachtete Übelkeit und Erbrechen durch das allgemeine Darniederliegen der Kräfte bedingt oder durch Stoffe irgendwelcher Art im Blute hervorgerufen wird, muß dahingestellt bleiben. Von den infektiösen Erkrankungen pflegen weder Syphilis noch Tuberkulose den Magen häufig zu befallen und auch Metastasen bösartiger Neubildungen des Genitales am Magen kommen sehr selten vor. Bei 255 Fällen von ulzeriertem Uteruskarzinom des Virchowschen Instituts fand sich nur viermal eine Metastase im Magen.

Die schwierigste Frage ist natürlich die, wieweit und ob überhaupt rein reflektorisch, z. B. nur durch Erkrankung einzelner Abschnitte im Genitale es zu Magenstörungen, in erster Linie zu Erbrechen kommen kann.

Wie schon erwähnt, müssen sehr viele Fälle, die dies zu beweisen schienen, deshalb ausgeschaltet werden, weil bei den Versuchen zumal den therapeutischen, die dieses beweisen sollten, es zu einer ausgedehnten Bauchfellreizung kommt. Weiter muß eine große Menge wegfallen, weil mit den Eingriffen, dem Elektrisieren, Kauterisieren, Pessareinlagen usw. eine suggestive Beeinflussung sehr gut möglich und in den meisten Fällen wahrscheinlich ist. Es trifft das vielleicht auch für manche Fälle zu, bei denen die Autoren z. B. durch vorsichtiges und unbemerktes Einführen des Pessars glaubten, die Patientin im unklaren über die therapeutischen Maßnahmen zu lassen. Und selbst, wenn man an das Bestehen zahlreicher Reflexbahnen vom Genitale zum Magen glaubt, so muß es doch immer noch sehr fraglich bleiben, ob so geringfügige Veränderungen, wie z. B. Erosionen an der Portio, alte Cervixrisse, imstande sind, Reflexe auszulösen.

Man wird wohl besser den größten Teil der sog. reflektorisch ausgelösten Magenerscheinungen in die nächste Kategorie, die eine gemeinsame Abhängigkeit der Genital und Magenbeschwerden von einer dritten, außerhalb gelegenen Ursache annimmt, einreihen. Am meisten trifft dies für die neuropathische Anlage eines Individuums, die Neurasthenie oder Hysterie zu. Hier finden sich häufig Genital- und Magenbeschwerden unabhängig voneinander. Es zeigt in diesen Fällen die Magenstörung den Typus der Sekretionsneurose. Auch die Chlorose äußert sich nicht selten am Genitale in Form von Menstruationsstörungen und am Magen in Dyspepsie und Ulcusbildung. Schließlich kann es noch zu einem Nebeneinander der Prozesse am Magen und am Genitale kommen, es kann z. B. ein Ulcus vorliegen und gleichzeitig ein Myom am Uterus, oder die Narbe eines früher operierten Cervixkarzinoms bei gleichzeitig vorhandenem Pyloruskarzinom (Krönig), ohne daß beide in ursächlicher Beziehung stehen.

Alle diese Erwägungen haben auch bei der Diagnose des Zusammenhanges zwischen Genital- und Magenerkrankung Berücksichtigung zu finden.

Daß an einem Zusammenhang nicht geglaubt werden darf, wenn unkomplizierte Retroflexionen, wenn „Parametritis posterior", Erosionen oder Ektropien vorliegen, braucht wohl nicht erst auseinandergesetzt zu werden. Der Begriff der Genitalerkrankung muß eng gefaßt werden. Nur die wirklich exakt, für den Tastsinn oder den Gesichtssinn nachweisbaren Veränderungen und klinisch sicher gestellten Symptomenkomplexe haben als Anzeichen einer Genitalerkrankung zu gelten. Einfach liegen die Verhältnisse für die Diagnose bei den mechanisch bedingten Magenveränderungen und bei den fortgeleiteten Entzündungen und Verwachsungen. Hier kann die Röntgendurchleuchtung des Magens nach Wismutmahlzeiten die Diagnose sichern. Vorsicht ist schon bei der Annahme einer innersekretorischen Beeinflussung am Platze, und die größte Skepsis ist bei der Diagnose der sog. reflektorischen Magenerkrankungen geboten.

Leider bringt auch die funktionelle Magenuntersuchung kaum Aufschlüsse. Bei richtiger Fassung des Begriffes Genitalleiden fanden sich keine für diese typischen Abweichungen der Sekretions- und Motilitätsverhältnisse von der Norm (Kehrer, Lewisohn).

Die **Prognose** ist bei den erwähnten Magenerkrankungen günstig zu stellen, sie ist im allgemeinen die des Grundleidens.

Die **Therapie** hat in den Fällen mechanischer Magenbeeinflussung durch Genitaltumoren in Operation oder in Bestrahlung zu bestehen. Vom Peritoneum fortgeleitete entzündliche Prozesse können durch eine Operation, die den Entzündungsherd, eine Pyosalpinx, ein Pyovarium oder die sekundär entstandenen Verwachsungen entfernt, behoben werden.

Bei den reflektorisch bedingten Erscheinungen und bei denen, wo ein Nervenleiden die gemeinsame Grundlage bildet, soll eine suggestive oder besser allgemeinkräftigende Behandlung eingeleitet werden. Ausdrücklich gewarnt muß aber vor einer genitalen Behandlung bei angeblich reflektorisch bedingten Fällen werden: also vor Portioexzisionen, Portiobädern, Ätzungen, Massagen usw., die den betreffenden behandelnden Arzt mit Recht dem Vorwurfe unbegründeter gynäkologischer Polypragmasie (Lenhartz) aussetzen und auf das Nervensystem der betreffenden Patientin meist auch nicht günstig wirken.

Leichter zu kontrollieren und einwandsfreier beobachtet sind Beeinflussungen, die vom Magen auf das Genitale gehen.

b) Einfluß von Magenerkrankungen auf das Genitale.

Magenerkrankungen können einmal durch Beeinträchtigungen des Allgemeinbefindens, durch Erschöpfung und Anämie zu Störungen in der Funktion der Genitalorgane, vor allem zu denen der Menstruation führen und zweitens können primäre Magentumoren ins Genitale metastasieren. Die Beeinflussung der Genitalfunktion durch Magenerkrankungen stellt ein häufiges Vorkommnis dar. Nach Ploenies ruft die Magenerkrankung Unterernährung und Anämie und diese wieder Unregelmäßigkeiten der Periode, ev. monatelanges Sistieren oder im Gegenteil Menorrhagien hervor; ferner sollen die Gärungstoxine, die bei schlechter Magenfunktion durch Stauung des Speisebreies entstehen, eine lähmende Wirkung auf die Muskulatur des Uterus und seiner Gefäße ausüben können. Auch hier wird in vielen Fällen die gemeinschaftliche Ursache in einem dritten Krankheitsprozeß, in einer Anämie oder Chlorose, einer allgemeinen Erschlaffung, Neurasthenie oder Hysterie zu suchen sein.

Das gleiche gilt für eine andere häufige Beobachtung: für das Vorhandensein von Senkungserscheinungen gleichzeitig am Magen und am Genitale.

Bei hochgradigen Fällen von Gastrektasien finden wir nicht selten Senkungen auch am Genitale, Prolapse der Scheide und Descensus uteri. Es handelt sich dabei um Frauen mit allgemeiner Splanchnoptose, einer Erkrankung, die sicher in vielen Fällen angeboren, aber auch durch häufige Geburten, Unterernährung, Anämie und Chlorose bedingt sein kann. Wenn außerdem bei Fällen allgemeiner Splanchoptose noch verstärkte Menstruationsblutungen und starke Schmerzen beobachtet wurden und diese wieder auf Verlagerungen der Ovarien in den Douglas bezogen wurden (Reed), so ist wohl auch hier anzunehmen, daß eine gemeinschaftliche, zur Splanchnoptose disponierende Ursache, in Erschöpfungszuständen, Chlorose usw., zu suchen ist.

Die **Diagnose** eines der besprochenen, vom Magen erzeugten Genitalleidens, hat in erster Linie ein beide Organsysteme beeinflussendes Grundleiden auszuschließen. Besonders suche man durch eine Funktionsprüfung des Magens auf chemischem Wege und durch Röntgenaufnahmen sich zu vergewissern, ob überhaupt ein Magenleiden vorliegt oder nur Organempfindungen und Störungen, z. B. bei einer funktionellen Neurose oder einer Chlorose. Besteht ein derartiges Grundleiden, so behandle man mit allgemein kräftigenden Mitteln, mit Regelung der Darmtätigkeit, Freiluftkuren u. a., und versuche so dieses und damit auch das Magen- und Genitalleiden zu beeinflussen. In vielen Fällen wird eine Besserung der Genitalbeschwerden nicht ausbleiben. Auch hier gilt wieder die Warnung, nicht zu oft Beziehungen anzunehmen und lieber einmal an ein Nebeneinander beider Prozesse zu denken.

Ziemliche Einigkeit herrscht jetzt über das früher viel diskutierte Thema der Metastasierung von Magenkarzinomen im Ovarium. Durch die Beobachtungen der operierenden Gynäkologen und Chirurgen und durch Sektionsbefunde ist es erwiesen, daß in vielen Fällen Metastasen von Magenkarzinomen bei der Frau sich in einem oder beiden Ovarien etablieren (Runge, Amann, Glockner, Sitzenfrey und Schuch, Polano u. a.). Früher sah man diese Ovarialtumoren als Primärtumoren, als sog. Kruckenbergsche Fibrosarkome an und Pfannenstiel u. a. beschrieben sie als eine besondere Tumorenart.

Über die Möglichkeit des Entstehens der teils ein-, teils doppelseitigen Ovarialmetastasen bei Magenkarzinomen existieren zwei Ansichten, einmal die Implantationstheorie: es brechen die Krebszellen durch die Magenserosa durch und rücken auf dem Peritoneum herunter bis zum Ovarium, dringen durch dessen Oberfläche und metastasieren dort, — die andere Theorie ist die, daß es auf retrogradem Transport durch die Blutbahn zur Metastase im Ovarium kommt. Eine Einigung darüber ist noch nicht erzielt, wahrscheinlich sind beide möglich. Es kann aber sicher auch zu einem unabhängigen Nebeneinander von Ovarial- und Magenkarzinom kommen, wie im Fall Geipels, bei dem im Becken ein typischer Hornzellenkrebs und im Magen ein kleinzelliger Drüsenkrebs bestand. Schließlich soll als Seltenheit auch noch die Metastase eines Magenkarzinoms in die Plazenta und im Uterus erwähnt werden (Gobiet, Senge).

Die wichtigsten Folgerungen, die die neueren Kenntnisse über die Häufigkeit der Metastasierung des Magenkarzinoms im Ovar gebracht haben, ergeben sich für die Diagnosestellung. Man denke bei Tumoren des Ovariums, die auf Karzinom verdächtig sind, also besonders bei solchen, die mit Ascites einhergehen, und solchen jugendlicher Individuen stets an die Möglichkeit, daß sie die Metastase eines primären Magenkarzinomes sind und führe daher die chemische Funktionsprüfung des Magens und nach Möglichkeit die Röntgendurchleuchtung aus. Ebenso soll bei der Diagnose eines Magenkarzinoms stets eine vaginale Untersuchung vorgenommen werden, um etwaige Ovarialmetastasen rechtzeitig zu erkennen. Bei der Operation maligner Tumoren am Magen soll einmal die Bauchhöhle nach Ovarialmetastasen und das andere Mal bei der Operation von Ovarialkarzinomen der Magen auf das Vorhandensein eines Karzinoms abgetastet werden.

Die **Therapie** war bisher für beide Erkrankungen die möglichst frühzeitige Operation und zwar erst die Magenoperation, dann die Ovariotomie (Runge). Die Prognose· beider Tumoren ist auch nach Radikaloperation sehr ungünstig. Hier wird die neu einsetzende Röntgen- und Mesothorium bzw. Radiumbehandlung vielleicht Wandel bringen.

III. Darm und Genitale.

a) Einfluß des Genitales auf den Darm.

1. Menstruation und Klimax.

Vikariierende Blutungen oder menstruelle Mitblutungeu aus dem Darm treten nicht so häufig auf wie solche aus dem Magen. Jedoch sind einzelne — wie es scheint — einwandsfreie Fälle von Blutungen beschrieben, die jedesmal während der Menstruation auftraten, dann im Intervall und ebenso in der Schwangerschaft und während der Laktation ausblieben. Einmal führten die vikariierenden Blutungen sogar zum Tode (Holmes). Bei Typhuskranken besteht zuzeiten der Menstruation eine ausgesprochene Prädisposition zu erneuten Darmblutungen und damit die Gefahr einer Verschlimmerung der Krankheit und einer Perforation (Pariser).

Häufiger noch als die Blutung aus dem oberen und mittleren Darmabschnitt werden solche aus den untersten Abschnitten, aus Hämorrhoiden während der Menstruation beobachtet.

Bei der Diagnose rein vikariierender Darmblutungen sind Darmtuberkulose und bösartige Tumoren auszuschließen.

Als Therapie kommt eine leichte Diät während der Menstruation und nur in den schwersten bedrohlichen Fällen operative Kastration oder Bestrahlung in Betracht.

Ziemlich konstant werden Störungen der Darmtätigkeit während der Menstruation beobachtet und zwar häufiger Diarrhöen (in 49% der Fälle), als Obstipationen (in 30%). Besonders betroffen von beiden Störungen sind chlorotische und nervöse Individuen, und solche, die schon an Darmerkrankungen leiden. Es kann auch während der Periode zu einer vorübergehenden Besserung der Erkrankung, zu einer Art Korrektur kommen. Bei chronischer Obstipation tritt vor und während der Periode mitunter regelmäßige spontane Stuhlentleerung ein. Daß diese Beeinflussungen nervös bedingt sein müssen, beweisen die Beobachtungen, daß bei jungen Frauen im unmittelbaren Anschluß an die Hochzeit entweder bestehende Obstipationen schwanden, oder daß es bei vorher normalem Stuhlgang zu hartnäckiger Verstopfung kam. Bei bestehenden Darmkatarrhen können aber während der Menstruation bedrohniserregende, typhusähnliche Zustände mit Fieber eintreten (Fièvre, ménorrhagique Trousseau).

Bei der Diagnose einer menstruellen Darmstörung müssen natürlich chronische Darmkatarrhe und vor allem Typhus und Neubildungen ausgeschlossen werden.

Eine Behandlung ist nötig, besonders bei dem menstruellen Aufflackern chronischer Darmkatarrhe. Man wird die betreffenden Patientinnen während der Menstruation und am besten auch einige Tage vorher ins Bett legen, strengste Diät verordnen usw. Bei den unkomplizierten Fällen, seien es Obstipationen, seien es Diarrhöen, ist bei eintretender Störung der Darm nicht symptomatisch mit Abführ- oder Stopfmitteln zu reizen, sondern nur in der Diät entsprechende Rücksicht zu nehmen.

Die Prognose aller dieser Erkrankungen ist, abgesehen von den Fällen, wo schwere Darmkatarrhe schon bestehen und vom Typhus, quoad vitam günstig; quoad sanationem zeigen sie sich als sehr hartnäckig und kommen oft erst im Klimakterium zur Ausheilung.

Im Klimakterium stellen sich aber auch häufig bei bis dahin darmgesunden Frauen Störungen der Darmtätigkeit ein, wie wohl anzunehmen ist, durch abnorme Vorgänge der inneren Sekretion ausgelöst. Es können Diarrhöen und Obstipationen auftreten (Singer). Die Diarrhöen setzen bei bis dahin darmgesunden Frauen, wie bei den nervösen Achylien im Anschluß an die Nahrungsaufnahme mit wässeriger Entleerung ein, als Anzeichen, daß eine Sekretionsneurose im Darm besteht.

Obstipationen in der Klimax haben im allgemeinen den Charakter spastischer Obstipationen; sie sind hartnäckig und lassen Kennzeichen, die sonst bei hartnäckigen Obstipationen vorhanden sind, Koliken, Tenesmus u. a. vermissen. Dafür besteht aber ein starker Meteorismus, typische Stauungen der Venen der Rektalschleimhaut, kleinere und größere Blutpunkte und kapilläre Blutungen in dieser. In vielen Fällen treten diese Erscheinungen erst in der Klimax auf, mitunter gehen sie aber dieser voraus und deuten an, daß die Funktion der Ovarien nicht mehr mit Regelmäßigkeit erfolgt.

Als Therapie wurden von Singer Ovarialtabletten empfohlen und damit auch günstige Erfolge erzielt (Wagner).

2. Schwangerschaft und Geburt.

Trotz der großen Raumbehinderung, die durch den vergrößerten Uterus im Abdomen und damit auch auf den Darm ausgeübt wird, kommt es in der Schwangerschaft nur selten zum vollständigen Darmverschluß, zum Ileus. Der Statistik van der Hoevens nach sind bis jetzt erst 94 Fälle veröffentlicht. Man kann sie einteilen in gravide, paragravide und retrogravide Formen (Romanenko). Gravide Formen des Ileus sind solche, bei denen der Uterus direkt die Darmpassage verhindert; diese sind die seltensten. Paragravide entstehen dadurch, daß die Schwangerschaft in der Bauchhöhle veränderte Bedingungen gesetzt hat, die einen Ileus begünstigen, z. B. durch die Bildung von Hernien, in die sich der Darm einklemmen kann, oder durch Anspannung von Adhäsionssträngen, die Darmteile abschnüren. Diese Formen sind die häufigsten. Sie können in jedem einzelnen Abschnitt des Darms vorkommen, sie können entstehen im Anschluß an brüske Bewegungen, nach denen es dann zu einem Volvulus oder zu Abschnürung durch Drehung der Mesocola kommt, und zwar scheint besonders das Mesosigma zu Volvulus disponiert zu sein. Bei den retrograviden Formen handelt es sich um solche, die unabhängig von der Schwangerschaft entstehen und lediglich zeitlich mit dieser zusammenfallen. Wie z. B. bei einem Ileusfall Viannays, bei dem ein stenosierender zirkulärer Szirrhus im Colon transversum saß.

Die Diagnose ist nicht immer leicht zu stellen, es kommen differentialdiagnostisch Koprostase, Koliken und Peritonitis von Appendicitis ausgehend, in Betracht. Wenn es sich um Volvulus der Flexur handelt, so tritt die starke, geblähte Flexurschlinge deutlich hervor und ist bis zum Rippenbogen mannsarmdick aufgebläht.

Die Prognose ist sowohl für die Mutter, als für das Kind ernst; mit nicht operativer Therapie wird nur in seltenen Fällen Behebung des Darmhindernisses erzielt. Wenn keine Hilfe, d: h. Frühentbindung oder Enterostomie oder Lösung der Verwachsungen ausgeführt wird, folgt in weitaus den meisten Fällen der Tod.

Aber auch bei Einleitung einer operativen Therapie sind die Chancen nicht günstig. Man berechnet auf 70 Fälle, von denen 46 operiert wurden, eine Mortalität von 46 % und bei 24 nichtoperierten eine solche von 81 % (van der Hoeven).

Die strittige Frage ist, ob erst die Schwangerschaftsunterbrechung durch Kaiserschnitt und dann die Enterostomie oder Lösung der Verwachsung zu machen ist, oder umgekehrt. Zunächst soll ein Versuch mit Abführmitteln, Magenspülungen, Darmeinläufen gemacht werden; führen diese zu keinem Resultat, so soll damit nicht kostbare Zeit versäumt und die Schwangerschaft sofort unterbrochen werden. Genügt die Entleerung des Uterus nicht, um das Hindernis zu beseitigen, dann muß entweder die Laparotomie, mit Lösung der Verwachsungen, oder die Enterostomie ausgeführt werden. Man wird sich zur Schwangerschaftsunterbrechung um so leichter entschließen, als in vielen Fällen die Kinder bei der abdominalen oder vaginalen Sectio schon abgestorben angetroffen werden.

Die weitaus häufigste Funktionsstörung des Darms in der Schwangerschaft ist die Obstipation, die sich bis zur Kotstauung, zur Koprostase steigern und in seltenen Fällen das Bild einer Intoxikation mit Kopfschmerzen, Mattigkeit und Zyanose annehmen kann, um sofort nach Entleerung des Darms zu schwinden.

Seltener treten Diarrhöen in der Schwangerschaft auf, sie können aber sehr heftig verlaufen und den Kräftezustand außerordentlich reduzieren.

Bei der Diagnose einer hochgradigen Obstipation ist an die Möglichkeit eines Ileus, bei den Diarrhöen — besonders den unstillbaren — an die Möglichkeit des Bestehens eines Darmkarzinoms oder einer Darmtuberkulose, die in der Schwangerschaft sich verschlimmert hat, zu denken. Bei den Obstipationen versuche man durch gelinde Abführmittel, Karlsbader Salz, Regulin, Feigenpräparate und ähnliches den Stuhlgang zu regeln. Bei den schweren Formen unstillbarer Diarrhöen kommt nach Versagen der üblichen Medikation eine Schwangerschaftsunterbrechung in Betracht.

Auch schwere Blutungen aus dem Darm in der Schwangerschaft sind beobachtet worden, die zu hochgradiger Anämie der Mutter und zum Tode des Kindes führten (Ehrendorfer, Preiß).

Während der Geburt veranlassen besonders die tieferen Abschnitte des Darmes Komplikationen. Hochgradige Koprostase kann ungünstig auf die Wehentätigkeit einwirken und direkt ein Geburtshindernis abgeben. Das gleiche gilt für Tumoren des Rektums und zwar besonders für die bösartigen, die das Vordringen des Kopfes hindern können. Die gutartigen, mit Ausnahme der Syphilis geben nur selten ein Geburtshindernis ab. Auch in der Nachgeburtsperiode kann es durch hochgradige Koprostase und dadurch bedingten Hochstand des Uterus zu atonischen Blutungen kommen.

Die Therapie der Koprostase ist natürlich die in der Klinik ebenso wie im Privathause übliche Entleerung des Rektums durch Klysma vor der Geburt. Als Vorschrift für die Behandlung der Rektumtumoren gibt Hochenegg folgende: bei inoperabelm Karzinom kommt nur die Erhaltung des Lebens der Frucht in Frage, daher Abwarten und am Ende der Zeit Sectio. Bei operablem Karzinom in der ersten Hälfte der Schwangerschaft ist künstlicher Abort und nach Ablauf des Wochenbetts Radikaloperation, bei fortgeschrittener Schwangerschaft Sectio, nach Heilung und Ablauf des Wochenbetts Operation vorzunehmen. Natürlich wird auch hier die Indikationsstellung durch die Strahlenbehandlung des Krebses modifiziert.

Die höhergelegenen Abschnitte des Darmes sind nur selten bei der Geburt in Mitleidenschaft gezogen. Ein Duodenalulcus kann bersten und wenn Adhäsionen zwischen dem Uterus und den Därmen bestehen, können in seltenen Fällen Einrisse in den betreffenden Teilen der Darmwand mit darauffolgender Peritonitis entstehen.

3. Wochenbett.

Die häufigste Störung von seiten des Darmes im Wochenbett ist die Stuhlträgheit, die Obstipation. Infolge der Erschlaffung der Bauchdecken und der Ausdehnung der Därme, die vorher durch die Gebärmutter zusammengedrückt waren, tritt eine Verlangsamung der Darmtätigkeit ein, die dadurch noch besonders unterstützt wird, daß die betreffende Wöchnerin meist lange Zeit ohne körperliche Bewegung im Bett liegt. In seltenen Fällen kann die Stuhlverhaltung im Wochenbett allerschwerste Grade erreichen, mit Meteorismus einhergehen und schließlich von einem wahren Ileus kaum zu unterscheiden sein. Von echtem Ileus sind, wenn auch selten, aber doch sichere Formen im Wochenbett beobachtet. Als Folge hochgradiger Koprostase im Wochenbett kann eine Sigmoiditis und Perisigmoiditis (Lehmann) entstehen, indem es durch den Druck der Kotmassen zu kleinen Einrissen in der Rektumschleimhaut und von da aus zur Infektion kommt. Der klinische Verlauf ist folgender: Es stellt sich meist in der 2.—3. Woche Druckempfindlichkeit in der Gegend der linken Fossa iliaca und Erbrechen ein. Bei der Untersuchung fühlt man eine wurstförmige Schwellung im Gebiet des S-romanum. Dabei kann hohes Fieber und Schüttelfrost bestehen.

Die Prognose ist günstig, das Eintreten einer Sepsis dabei wurde bisher nicht beobachtet.

Als Therapie werden vorsichtige Rizinusgaben und hohe Öleinläufe empfohlen.

Diarrhöen im Wochenbett sind seltener als Obstipation, abgesehen von den Fällen, wo sie als Teilerscheinung einer allgemeinen Sepsis auftreten.

Eine eigenartige Form von Wochenbettsdiarrhöe ist die in Vorderindien auftretende Sutica, die Pearce in Kalkutta beschrieben hat. Hier treten 2—3 Wochen nach der Geburt Diarrhoen auf, die ein halbes bis ein Jahr dauern können. Die Mortalität bei dieser Erkrankung ist hoch. Von allen Frauen, die in Kalkutta entbunden hatten, starben in einem Jahr 1,3 % an Sutica. Auch im Wochenbett kann es zu einer Perforation eines Ulcus duodeni und damit zu tödlicher Peritonitis kommen.

Die Therapie der Obstipation im Wochenbett ist eine milde Anregung der Darmtätigkeit. Es kommen dafür vorwiegend vegetabilische Kost, milde Abführmittel und tiefe Einläufe in Betracht. Die wichtigste therapeutische bzw. prophylaktische Maßnahme zur Anregung der Darmtätigkeit im Wochenbett ist das Frühaufstehen. Man läßt die Wöchnerin innerhalb der ersten 24 Stunden nach der Geburt zum ersten Mal aus dem Bett sich erheben; sie geht dann, gestützt von ein oder zwei Pflegerinnen nach einem Sopha oder Liegestuhl und liegt dort 10—15 Minuten. Unterdessen wird das Bett in Ordnung gebracht. Danach kehrt die Wöchnerin ins Bett zurück. Das gleiche wird am nächsten Tage vormittags und nachmittags wiederholt, nur daß an den Gang nach dem Liegestuhl noch ein kurzer Rundgang durch das Zimmer angeschlossen wird. Je nach dem Allgemeinbefinden wird der Spaziergang in den nächsten Tagen länger und weiter ausgedehnt. Am 4.—6. Tage kann bei gutem Befinden das Zimmer verlassen und ein kurzer Spaziergang auf dem Korridor angeschlossen werden. Auch die Mahlzeiten können schon außerhalb des Bettes am Tisch eingenommen werden. Vom 6. Tag an sind die Wöchnerinnen schließlich den größten Teil des Tages außer Bett. Aus den Mitteilungen der Kliniken, die das Frühaufstehen methodisch betrieben haben, wird durchgehends von dem günstigen Einfluß, den diese Maßnahmen auf die Darmtätigkeit im Wochenbett haben, berichtet. Wenn auch die schwereren Formen der Obstipation nicht vollkommen auszuschalten sind, wenn auch leichtere Darmträgheit häufig noch vorkommt, so erkennen doch alle Autoren an (Krönig, Gauß, Wagner, Opitz, Martin u. a.), daß eine Abnahme der Darmträgheit bei den frühaufstehenden Frauen gegenüber denen, die spät aufstehen, vorhanden ist. Die günstige Wirkung des Frühaufstehens auf den Darm wird noch wesentlich unterstützt, wenn ebenfalls von den ersten Wochenbetttagen an regelmäßig gymnastische Übungen, Aufsitzen im Bett, Rumpfheben, Beugen, Knieteilen, Beinspreitzen und ähnliches mehr vorgenommen werden.

4. Einfluß von Genitalerkrankungen auf den Darm.

Unter den Einflüssen, die von den Genitalerkrankungen auf den Darm wirken, müssen erstens direkte, zweitens indirekte unterschieden werden. Die direkten betreffen vorwiegend die im Becken gelegenen Endteile des Darmes, den Mastdarm und das S-romanum. Tumoren und sonstige raumbeengenden Prozesse, vor allem Uterusmyome und Kystome können zur Abklemmung des Rektum und des S-romanum mit vollständigem ileusartigem Verschluß führen. Ebenso kann der Enddarm sich zwischen großen Pyosalpinxsäcken, parametranen Exsudaten und Hämatocelen einklemmen, wobei allerdings meist nur ein inkompleter Darmverschluß erzielt wird. Schließlich können Verwachsungen den Darm umschnüren oder er sich in hernienartigen Verwachsungen verfangen und abschnüren, z. B. in einer geplatzten Ovarialcyste.

Kommunikationen zwischen Darm und Genitale entstehen nach Durchbruch entzündlicher meist tuberkulöser und maligner Neubildungen. Tiefsitzende Herde von Scheidentuberkulose, ebenso Hämatocelen brechen gelegentlich durch; als Kuriosum ist der Fall von Kroph zu erwähnen, wo der Zahn einer Dermoidcyste die Darmwand perforierte.

Sicher ist, daß durch die Gestationsvorgänge, Schwangerschaft, Geburt und Wochenbett und die dadurch bedingte Schwächung der Bauchmuskulatur in vielen Fällen eine Disposition zur chronischen Obstipation gegeben wird. Ob außerdem reflektorisch von Genitalleiden in größerem Maße eine lähmende Wirkung auf den Darm ausgeübt wird, muß unentschieden bleiben. Mehr Wahrscheinlichkeit bietet die Ansicht, daß wenigstens bei Tumoren des Beckens die Defäkation wegen der dabei entstehenden Schmerzen häufig unterdrückt, die Ampulle durch die zurückgehaltenen Kotmassen gedehnt, und so chronische Obstipation erzeugt wird.

Natürlich gehen auch Entzündungen vom Genitale auf die Darmwand über. Eine Pyosalpinx oder eine Parametritis kann auf das paraproktale und parasigmoidale Gewebe übergreifen und dadurch eine Paraproktitis und Parasigmoiditis erzeugen. Als eine Form direkten Übergreifens ist auch das infiltrierende Wachstum der sog. Adenomyome des Uterus (Rosthorn, Schickele, Meyer, Kleinhans, Sitzenfrey) anzusehen. Während man früher diese Tumoren als gutartige Neubildungen auffaßte und aus ihrem Übergreifen auf die Nachbarorgane den Beweis erbracht sah, daß auch gutartige Tumoren infiltrativ wachsen können, gelten heute diese Bildungen als rein entzündliche, als „Adenomyositis".

Diesen direkten Beziehungen stehen andere indirekte gegenüber. Ehe es zum Durchbruch eines eitrigen Exsudates kommt, können wohl durch die entzündliche Reizung kollaterale Hyperämie und stärkste Darmblutungen sich einstellen. Auch Colitis membranacea soll nach v. Rosthorn durch entzündliche Genitalleiden ausgelöst werden und chronische Obstipationen lediglich durch die Fortpflanzung eines entzündlichen Reizes von den Adnexen auf das Peritoneum und von diesem auf die Darmmuskulatur entstehen. Als Beweis ex juvantibus für die zuletzt erwähnte Annahme wird das Aufhören der Obstipation nach Entfernung des Entzündungsherdes angeführt. Früher wurde das häufige Auftreten der Obstipation bei Frauen auf reflektorischem Wege mit Genitalleiden in Zusammenhang gebracht. Aber auch hier gilt das oben bei den Magenkrankheiten auseinandergesetzte, daß der Begriff „Genitalleiden" zu weit gefaßt wurde.

Klinisch wichtige Beziehungen zwischen Darm und Genitalleiden werden schließlich dadurch noch hergestellt, daß die Erkrankungen beider zu diagnostischen Verwechslungen untereinander Anlaß geben. Besonders häufig werden Kotballen im Rektum für Genitaltumoren gehalten. Das differentialdiagnostisch wichtigste Zeichen für Kottumoren ist ihre Eindrückbarkeit und das sog. Gersunysche Klebesymptom, d. h. die durch den Finger eingedellte Darmwand hebt sich nach Zurückziehen des Fingers langsam von der Kotmasse wieder ab. Andererseits können auch Tumoren des Darmes (Karzinome des Rektums und S-romanum) für Adnex- speziell Ovarialtumoren gehalten werden und umgekehrt.

Bei der Diagnosestellung der Erkrankungen im Beckenteil des Darmes, die Beziehungen zum Genitale haben, ist außer der exakten Tastuntersuchung zur Klarlegung der Genitalbefunde die Inspektion des Mastdarmes und S-romanum durch das Rektoskop bzw. Sigmoidoskop zuzuziehen.

Bezüglich der reflektorisch vom Genitale ausgelösten Darmerkrankungen gilt das gleiche wie für die Magenerkrankungen, es muß große Skepsis in der Annahme dieser Beziehungen geübt werden.

In der Prognose trübt jede Kommunikation zwischen Darm und Genitale die Heilungsaussichten bedeutend, dies trifft besonders zu bei Tuberkulose und Karzinom, weniger bei anderen Prozessen, wie Tubargravidität und Dermoidkystomen.

Die Therapie hat sich natürlich nach dem genitalen Grundleiden zu richten, wird also bei entzündlichen Vorgängen konservativ und nur in hartnäckigen Fällen operativ sein und bei Tumoren in Operation, bzw. Röntgen- und Radiumbestrahlung bestehen.

b) Einfluß von Darmerkrankungen auf das Genitale.

Die Ansichten über die Beeinflussung von Genitalerkrankungen durch Darmleiden sind noch ziemlich weitgehend different. Während viele Autoren bei der Entstehung von Genitalleiden entzündlicher Art eine direkte Übertragung vom Darm her nicht annehmen, schuldigen andere, wie z. B. A. Müller chronische Obstipationen als Ursache für die meisten entzündlichen Frauenleiden (90 %) an. Es soll durch Darmkatarrh und Kotstauung zu einer Schädigung der Darmschleimhaut und Darmwand und dadurch zum Auswandern pathogener Keime auf die verschiedenen Teile des Genitales kommen. Diese Entzündungsprozesse flackern dann in Schwangerschaft und Wochenbett wieder auf. Die Annahme Müllers geht wohl zu weit, sicher ist aber, daß in vielen Fällen direkt und auch gelegentlich indirekt es zu einer Einwirkung von Darmerkrankungen auf das Genitale kommen kann.

Die Scheidentuberkulose kann direkt durch den Durchbruch eines tuberkulösen Ulcus des Mastdarms entstehen. In weitaus den meisten Fällen wird allerdings nicht diese direkte Übertragung, sondern die indirekte mit dem Umweg über das Peritoneum das Übliche sein (Krönig, Schlimpert). Auch entzündliche Prozesse vom S-romanum und Rektum greifen auf die Genitalorgane über. Die sog. Parametritis posterior, die in den Arbeiten älterer

Kliniker eine so große Rolle spielte, sollte in vielen Fällen durch Auswanderung von Kolibakterien hervorgerufen sein. Schließlich führt ein erst neuerdings mehr beachteter Prozeß, die Diverticulitis, die appendicitisähnliche Entzündung der Divertikel des S-romanum, zur Perforation der Divertikel und so zum Übergreifen auf das Genitale. Es kommt zu lokalen Peritonitiden und zum Übertritt der eitrigen Prozesse auf die Adnexe (Oldfield).

Einen rein mechanischen Einfluß übt der jeweilige Füllungszustand des Darmes auf die Lage des Uterus aus, wie Sellheim demonstrieren konnte.

Auch indirekte Beziehungen mannigfacher Art gehen vom Darm aus auf das Genitale über. Bei chronischen Darmerkrankungen stellen sich Ernährungsstörungen, Erschöpfungen und Anämie ein, und dadurch wird wieder die Ovarialtätigkeit beeinflußt und Menstruationsanomalien, Amenorrhoe und Menorrhagien ausgelöst. Auf dem Reflexwege sollen nach Legendre und Theilhaber bei chronischen Obstipationen Dysmenorrhoen entstehen, die nach Behandlung der Obstipation ausheilen. Natürlich muß auch hier entgegengehalten werden, daß sehr gut das Darm- und das Genitalleiden als Folgen eines allgemeinen Grundleidens, einer funktionellen Neurose, oder einer Chlorose gedacht werden können. Schließlich metastasieren in seltenen Fällen Tumoren des Darmes in das Genitale, speziell in das Ovarium, ähnlich den Metastasen primärer Magenkarzinome (Brunner, Ammann u. a.).

Für die **Diagnose** vom Darm aus entstandener genitaler Erkrankungen muß Zurückhaltung empfohlen und in erster Linie ein drittes beide Organsystem beeinflussendes Grundleiden ausgeschlossen werden. Die Diverticulitis ist gegen Appendicitis abzugrenzen. Bei beiden können sich Exsudate finden, während diese aber bei appendicitischen Exsudaten so gut wie stets rechts von der Mittellinie liegen, finden sie sich bei Diverticulitis in der linken Fossa iliaca.

Die **Therapie** hat bei den vom Darm entstandenen Genitalleiden auch am Darm einzusetzen. Meist wird es sich um eine Reglung des Stuhlganges (Diät, Ölklysmen, Regulin usw.) handeln. Bei Tuberkulose ist auch eine exspektative Behandlung, allgemeine Kräftigung, ev. Liegekur indiziert. Bei den von Diverticulitis fortgeleiteten Prozessen kommt allerdings nach Abklingen der akut entzündlichen Erscheinungen eine Exstirpation des erkrankten Divertikels, bei den Darmtumoren, die ins Genitale metastasieren, Operation oder bei deren schlechter Prognose Röntgen- oder Radiumbehandlung in Betracht. Die Prognose richtet sich nach der Natur des zugrunde liegenden Darmleidens, sie ist bei chronischen Katarrhen und entzündlichen Prozessen quoad vitam günstig, quoad sanationem wenigstens für die chronischen Darmkatarrhe unbestimmt. Bei Tumoren richtet sie sich nach der Natur der primären Geschwülste.

Die Appendizitis und ihre Beziehung zu den weiblichen Generationsorganen.

Von

O. Pankow-Düsseldorf.

Die Beziehung der Appendizitis zu den weiblichen Generationsorganen hat in den letzten Jahren eine lebhafte Erörterung gefunden, die vor allen Dingen auf die ausgezeichneten anatomischen Untersuchungen zurückzuführen ist, durch die Aschoff und seine Schüler uns das Krankheitsbild der Appendizitis erst richtig kennen gelehrt haben. Es würde zu weit führen, wenn ich hier auf die Arbeiten über die Lage, die Entwicklung und auf die Frage nach der physiologischen Bedeutung des Processus vermiformis näher eingehen wollte. Kurz streifen dagegen muß ich des besseren Verständnisses halber die pathologische Anatomie der Wurmfortsatzentzündung, wie sie uns als Gynäkologen in der akuten Form und vor allen Dingen in den chronischen Folgezuständen der Entzündung am häufigsten gegenüber tritt.

Bei der akuten Appendizitis findet man die ersten Anfänge der Entzündung in den Schleimhautvertiefungen. Da diese Krypten am tiefsten an dem dem Mesenteriolum gegenüber gelegenen Wandabschnitt sind, so ist es auch erklärlich, warum der Prozeß gerade hier häufig seinen Anfang nimmt und bei weiterer Ausbreitung so rasch in die freie Bauchhöhle übergreift. Schon ungefähr 10 Stunden nach dem ersten Anfall kann man an dieser Stelle eine Abstoßung des oberflächlichen Epithels, eine Ansiedlung eosinophil und neutrophil gekörnter Leukozyten und eine Fibrinausscheidung nachweisen. Aus diesen Anfängen heraus entwickelt sich dann die weitere Entzündung, bei der man zwei Formen unterscheiden kann, die phlegmonös-abszedierende und die pseudomembranös-nekrotisierende, „die eine dem Tonsillarabszeß, die andere der Diphtherie vergleichbar". Weit wichtiger als diese Veränderungen bei der akuten Entzündung sind speziell für den Gynäkologen die Folgezustände, die wir nach der Ausheilung der Appendizitis oft schon makroskopisch, sehr häufig aber erst mikroskopisch nachweisen können. Hält man sich die Ausbreitung und den Verlauf der akuten Entzündung vor Augen, so sind die restierenden Alterationen leicht zu verstehen. Tritt der akute Anfall leicht auf, klingt er rasch wieder ab, so kann eine vollständige Restitutio ad integrum erfolgen. Anders, wenn es sich um ausgedehnte Schleimhautzerstörungen und Zerstörungen der Wand, oder sogar um eine mehr oder minder große Perforation in die freie Bauchhöhle hinein gehandelt hat. Dann werden wir Veränderungen an der Mukosa, Submukosa, Muskularis und Serosa als dauernde Folgezustände nachweisen können. Finden wir z. B. eine totale oder eine partielle Obliteration des Wurmfortsatzes, die durch eine Schleimhautzerstörung beim akuten Anfall bedingt war, so ist die Diagnose einer abgelaufenen Entzündung sehr leicht und sicher zu stellen, um so mehr, als wir heute wissen, daß derartige Veränderungen nicht, wie man früher glaubte, auf eine physiologische Obliteration zurückgeführt werden können. Wesentlich schwieriger ist aber die Diagnose dann, wenn die Mukosa intakt ist und wenn sich die Veränderungen, wie das zumeist der Fall zu sein pflegt, in der Submukosa, in der Muskularis und wohl auch in der Serosa vorfinden. Das Charakteristischste dieser Veränderungen ist, daß es bei der Ausheilung der akuten Entzündung vor allem in der Muskularis zu einer Vermehrung des intermuskulären Bindegewebes kommt. Dadurch erfährt die in einem normalen Appendix regelmäßig angeordnete Zeichnung der Muskulatur eine deutliche Veränderung, die man als eine Aufsplitterung der Muskulatur bezeichnet hat. Sie entsteht dadurch, daß das in dem entzündlichen Gebiet entstandene Granulationsgewebe durch reichliche Einwanderung von Fibroblasten im Bindegewebe umgebildet wird, das um so zellärmer wird, je mehr die Ausheilung fortschreitet. Dieser Zustand bleibt dann bestehen und noch jahrelang nach dem ersten akuten Anfall kann man an der dadurch bedingten Felderung der Muskularis die abgelaufene Entzündung erkennen. Daneben findet man nicht selten noch größere Narben in der Wand, die uns die Stelle zeigen, an der einmal die Perforation stattgefunden hatte. Zu diesen Veränderungen der Muskularis gesellt sich dann oft noch Sklerosierung der Submukosa und eine Verdickung der Serosa. Mit der Beurteilung der Serosaveränderungen muß man aber vorsichtig sein, da Untersuchungen von Schridde und Moritz ergeben haben, daß bei einer fortgeleiteten Entzündung, z. B. nach einer Pyosalpinx gonorrhoica auf den Processus vermiformis hin gleiche Veränderungen hervorgerufen werden können, die dann aber meist nur die Serosa und Subserosa, selten auch die äußere Muskelschicht, nicht aber die innere Muskelschicht und die Submukosa betreffen. Aus dieser Lokalisation kann man zumeist eine sichere Diagnose stellen und nachweisen, ob es sich um eine primäre Appendizitis oder um von außen fortgeleitete chronische Wandveränderungen des Wurmfortsatzes handelt. Natürlich sind solche Diagnosen manchmal äußerst schwer und es bedarf oftmals der ganzen Erfahrung und sachverständigen Kritik eines Fachmannes, um hier mit wenigstens annähernder Sicherheit eine Entscheidung über die Art der nachgewiesenen Veränderungen zu treffen. Fortlaufende Untersuchungen von Wurmfortsätzen, die wir früher zum Teil unter Aschoff selbst durchgeführt haben, haben uns aber immer wieder die oben angegebenen Befunde bestätigt, so daß wir wohl berechtigt sind, sie als charakteristische Merkmale der abgelaufenen Wurmfortsatzentzündung anzusehen.

Durch diese Untersuchungen ist nun unsere Auffassung von der Bedeutung der Appendizitis für die Bedeutung der weiblichen Generationsorgane doch eine erheblich andere geworden als früher.

Zunächst haben sie uns gezeigt, daß die Vorstellungen, die man sich früher über die **Häufigkeit der Appendizitis beim Weibe** gemacht hat, nicht zu Recht bestehen. In der älteren Literatur findet man ja immer wieder die Angabe, daß die Blinddarmentzündung beim weiblichen Geschlecht seltener sei als beim Manne. Erst in den letzten Jahren haben sich die Angaben hierüber geändert. Aus älteren Statistiken berichtet Sprengel noch, daß von insgesamt 1870 Fällen dem männlichen Geschlecht 1362 und dem weiblichen 508 Fälle angehören, ein Prozentverhältnis von 73 : 27. Aus seinem eigenen Material gewann Sprengel den Prozentsatz von 64 : 36, aus dem Material der städtischen Krankenhäuser Berlins berechnet Hermes ein Verhältnis von 64 : 40%. Demgegenüber stehen nun die Resultate neuerer Autoren. Lenander fand unter 74 Fällen 41 männliche und 33 weibliche, Kümmel unter 55 Fällen 30 männliche und 25 weibliche, Gersuny unter 43 Kranken 17 männliche und sogar 26 weibliche. Oxner fand unter 257 Fällen 129 männliche und 128 weibliche und genau das gleiche Verhältnis (auf 30 Fälle 16 männliche und 14 weibliche) im kindlichen Alter. Unter seinem 1896 publizierten Material hatte Rotter noch 44 Männer und 24 Frauen, 1900 stehen an seinem Material 199 Männern bereits 172 Frauen gegenüber und für die Fälle, die im Intervall operiert wurden, hatte sich der Unterschied sogar vollständig ausgeglichen: 44 Männer und 41 Frauen. Aus alledem geht also hervor, daß die Appendizitis bei der Frau eine ebenso häufige Erkrankung ist, wie bei dem Manne, eine Auffassung, die heute auch wohl von den meisten Chirurgen und Gynäkologen geteilt wird.

Auch die Frage nach der absoluten Häufigkeit der Appendizitis beim Weibe hatte in der älteren Literatur eine ganz andere Beantwortung gefunden als wie heute. Die Zahlen waren im allgemeinen recht klein. So fand Dührssen bei seinen Laparotomien den Wurmfortsatz in 3% der Fälle erkrankt, Edebohls in 4%, Amann in 6%, Shömaker in 10% und Kelly in 12%. Nur Hermes gab Veränderungen des Wurmfortsatzes in 53% seiner operierten Frauen an. Wir selbst haben bei unseren fortlaufenden Untersuchungen folgendes feststellen können: Unter 150 Fällen, bei denen wir gelegentlich gynäkologischer Operationen den Wurmfortsatz mitentfernt hatten, fanden wir: sichere Zeichen einer abgelaufenen Appendizitis in 56%, sichere Zeichen einer von außen auf den Wurmfortsatz fortgeleiteten Entzündung in 3,3%, unveränderte Wurmfortsätze in 24,7%, und Befunde, die auch mikroskopisch nicht sicher zu deuten waren, in 16%. Alles in allem gehen wir also nicht fehl, wenn wir sagen, daß von allen Frauen im geschlechtsreifen Alter etwa 60% eine Blinddarmentzündung durchgemacht haben. Das scheint ein außerordentlich hoher Prozentsatz zu sein. Nun hat aber z. B. Ribbert bei Menschen über 60 Jahren in über der Hälfte aller Sektionen den Wurmfortsatz obliteriert gefunden. Da wir aber, wie oben auseinandergesetzt, die Obliteration stets als das Zeichen einer vorübergegangenen Entzündung auffassen müssen und da ja bei weitem nicht alle Wurmfortsatzentzündungen zu einer Obliteration führen, so stimmt unsere Zahl von 60% überstandener Appendizitiden bei Frauen im geschlechtsreifen Alter mit den Befunden an der Leiche doch sehr weitgehend überein. Scheinbar steht demgegenüber die klinische Erfahrung der Gynäkologen, die früher so relativ selten in die Lage gekommen sind, die Diagnose auf eine Appendizitis zu stellen. Es lag das aber nur an der fehlerhaften Diagnostik, die solche Erkrankungen früher zumeist als „Unterleibs-" oder „Eierstocksentzündung" deutete. Wie weit die Mißdeutung derartiger Erkrankungen bei den Gynäkologen ging, sieht man am besten aus der Tatsache, daß Veit noch vor wenigen Jahren in dem von ihm herausgegebenen Handbuch der Gynäkologie die Appendizitis als Ursache eines Douglasabszesses beim Weibe überhaupt ablehnte, obwohl doch, wie Rotter hervorhebt, bei einem Drittel aller appendizitischen Eiteransammlungen Douglasabszesse entstehen! Heute aber, wo die akute Appendizitis eine der bestbekanntesten Erkrankungen ist, liegen die Verhältnisse anders und jeder Gynäkologe hat reichlich Gelegenheit, derartige Fälle zu sehen. Auffallend aber ist, daß die **Folgezustände einer solchen Appendizitis** auch bis heute noch in der gynäkologischen Literatur so wenig oder gar keine Berücksichtigung gefunden haben. Es liegt das ebenfalls wieder daran, daß der Gynäkologe mit seinen auf das Genitalsystem gerichteten Untersuchungsmethoden alle Veränderungen, die er im Becken der Frau nachweisen kann, auch ätiologisch mit den ihn besonders interessierenden Organen in Zusammenhang zu bringen sucht. Ganz entschieden ist es in der Gynäkologie noch zu wenig beachtet, daß die nahen topischen Beziehungen, die unter den Bauchorganen bestehen, es schlechterdings mit sich bringen müssen, daß Erkrankungen des einen Organbezirkes gelegentlich auch auf den anderen übergreifen. Es kommt noch ein weiteres dazu. Die Veränderungen, die man nach dem Übergreifen appendizitischer Prozesse auf die Generationsorgane bei Laparotomien an den Adnexen und dem Wurmfortsatz der Frau findet, lassen von vornherein nicht unbedingt einen ätiologischen Zusammenhang zwischen diesen Veränderungen erkennen. Es ist nämlich für die abgelaufene Appendizitis, die zum Übergang auf die Adnexe geführt hat, typisch, daß für gewöhnlich die Verwachsungen, die sich an beiden Organen gebildet haben, nicht ein einheitliches großes Konvolut bilden, das ineinander übergeht, sondern daß wir gewöhnlich die Adnex- und die Wurmfortsatzveränderungen scheinbar für sich bestehend ohne sichtbaren Zusammenhang nachweisen können. Ja — und das erschwert die Diagnose derartiger Zustände noch ganz besonders — die Rückbildungstendenz appendizitischer Veränderungen, auch wenn sie zu schweren Exsudaten geführt hatte, ist oftmals eine so große, daß wir bei einer späteren Laparotomie makroskopisch am Wurmfortsatz überhaupt keine Veränderungen mehr nachweisen können, während wir im Douglas, besonders zwischen Rektum und hinterer Cervixwand und vielleicht auch noch an den Adnexen mehr oder minder breite Adhäsionen sehen. Als geradezu typisch für die vorausgegangene Appendizitis möchte ich vor allen Dingen zwei Arten von Befunden bezeichnen. Bei dem einen ist der Uterus durch breite Fixation an seiner Hinterfläche stark nach hinten gezogen und bei der Eröffnung der Bauchhöhle findet man im übrigen das Corpus uteri und die Adnexe vollständig intakt. Hier ist es infolge des Douglasabszesses, der ja am längsten in der Tiefe der Bauchfelltasche sich erhalten hatte, allmählich zu breiten Verklebungen gekommen, die nun den Uterus dauernd und fest nach hinten gegen das Rektum ziehen. Den zweiten für die abgelaufene Appendizitis charakteristischen Befund bilden die Veränderungen an den Adnexen, die wir besonders auf der rechten, nicht selten aber auch auf beiden Seiten nachweisen können und die zuweilen die Sterilität der Frau zur Folge haben. Charakteristisch für eine so bedingte Sterilität ist es, daß wir bei der Eröffnung der Bauchhöhle die Tuben selbst vollständig schlank und unversehrt sehen und daß eben nur durch Verklebungen um das abdominelle Ende herum dem Ei der Eingang in die sonst offene und durchgängige Tube versperrt ist. Diese Befunde sind typisch für die Appendizitis und unterscheiden sich wesentlich von den Befunden, die wir bei der gonorrhoischen Sterilität nachweisen können. Denn während es sich bei der postappendizitischen Sterilität um perisalpingitische Adhäsionen handelt und die Endosalpinx von dem Prozeß vollständig freigeblieben ist, sehen wir, daß es bei der Gonorrhoe neben den perisalpingitischen ganz besonders auch endosalpingitische Prozesse sind, die zu einer Verklebung der Tubenfalten und damit zu einer Verlegung des Weges durch die Tube hindurch geführt haben. Dadurch wird natürlich dann die Entstehung einer Gravidität unmöglich gemacht. Das aber ist ein ganz prinzipieller Unterschied. Er besteht vor allen Dingen darin, daß wir bei gonorrhoischer Sterilität trotz Lösung der Verwachsungen eine Schwangerschaft für gewöhnlich infolge der endosalpingitischen Veränderungen doch nicht zu erwarten haben. Bei einer Appendizitis können wir nach Lösung der Verwachsungen aber sehr wohl noch mit einer erneuten Gravidität rechnen, weil hierbei ja nur der Eintritt in das Lumen verlegt, dieses selbst aber durchgängig ist. Wir selbst haben drei derartige Fälle beobachtet, wo nach vorausgegangener Appendizitis eine teilweise Obliteration des Douglas und Verwachsungen um die Tubenostien herum entstanden waren und bei denen nach operativer Lösung dieser Verwachsungen eine Gravidität erfolgt ist. Es ist natürlich ohne weiteres verständlich, daß bei besonders schweren Krankheitsprozessen diese Veränderungen an den Adnexen auch schwererer Art sein und zu dauernden Beschwerden und dauernder Sterilität der Frau führen können, ähnlich wie wir das nach einer gonorrhoischen doppelseitigen Pyosalpinx sehen. Die Diagnose derartiger Zustände wird immer ganz besonders schwierig und manchmal trotz genauester Anamnese unmöglich sein. Sie wird sich vielfach erst durch die histologische Untersuchung der entfernten Adnexe und des Wurmfortsatzes sicher stellen lassen, um so mehr, als wir heute auch in der histologischen Erkenntnis der gonorrhoischen Tubenerkrankungen vor allen Dingen durch die ausgezeichneten Untersuchungen von Schridde weitergekommen sind. Allerdings ist diese Ansicht und Lehre von Schridde über die Diagnose der gonorrhoischen Tubenveränderungen nicht unwidersprochen geblieben. Wir selbst aber haben in jahrelangem Zusammenarbeiten mit diesem Autor sehr häufig seine an ihm unbekanntem Material gestellten histologischen Diagnosen durch eine sorgfältige klinische Anamnese kontrollieren und bestätigen können. Wir zweifeln deshalb nicht daran, daß man heute imstande ist, auch bei ganz veralteten Prozessen in einem großen Teil der Fälle histologisch zu erkennen, ob den Veränderungen eine Gonorrhoe, die ja als Differentialdiagnose hauptsächlich in Betracht kommt, zugrunde liegt, oder nicht. Unseres Erachtens wird die Häufigkeit der Gonorrhoe als Ursache der entzündlichen Adnexerkrankungen mancherorts doch überschätzt und die Appendizitis als ätiologischer Faktor zu wenig berücksichtigt. Eigene Untersuchungen, die wir hierüber angestellt haben, zeigten uns an dem Material der Freiburger Frauenklinik, daß wir von allen entzündlichen Adnexerkrankungen, die in unsere Behandlung kamen und die wir dann operiert und histologisch kontrolliert haben, 44% auf einer Gonorrhoe, 23% auf einer Tuberkulose, 23% auf einer Appendizitis und etwa 14% auf vorausgegangenen, meist puerperal septischen Prozessen beruhten. Es ist selbstverständlich, daß die Art des Materials in den verschiedenen Städten und Gegenden wechselt, und man wird von vornherein in den Großstädten und den tuberkuloseärmeren Gegenden eine kleinere Zahl von Tuberkulose und eine weit größere Zahl von Gonorrhoe zu erwarten haben, eine Tatsache, die ich z. B. an dem Düsseldorfer Material voll bestätigt finde. Immerhin dürfen wir sagen, daß wir nicht mehr berechtigt sind, wie man es früher getan hat, 90—95% allen entzündlichen Adnexerkrankungen ohne weiteres auf eine Gonorrhoe zurückzuführen, sondern daß wir auch den Wurmfortsatz als ätiologischen Faktor bei der Beurteilung dieser Zustände berücksichtigen müssen.

Ist somit an den ätiologischen Beziehungen der akuten Appendizitis zu den weiblichen Generationsorganen und an der Bedeutung der Blinddarmentzündung für den Gynäkologen nicht zu zweifeln, so treffen diese Beziehungen in gleicher Weise auch den Geburtshelfer. Für ihn hat sogar die

Wurmfortsatzentzündung noch eine viel ernstere Bedeutung, weil wir heute wissen, daß ihre Prognose sich **wesentlich ungünstiger** gestaltet, **wenn die Appendizitis eine schwangere Frau trifft.** Während man die Mortalität der Mütter bei der akuten Appendizitis durchschnittlich auf etwa $8-9\%$ berechnet hat — eine Berechnung, die meines Erachtens viel zu hoch greift und die auf Grund unseres histologisch untersuchten Materials vielleicht nur auf 1% zurückzuführen ist —, wird die Mortalität sofort eine viel höhere bei der Komplikation von Schwangerschaft und Appendizitis. Die Sterblichkeit der Mütter wird hier von **Rosner** auf 59%, von **Heaton** auf 50%, von **Abrahams** auf 53% berechnet, während die Mortalität der Kinder noch höher und sogar bis auf 100% angegeben wird. Die Ursache, warum die Prognose der Appendizitis gerade in der Schwangerschaft eine so außerordentlich ungünstige ist, liegt daran, daß infolge des wachsenden Uterus schon relativ früh eine Verschiebung des Cökums nach oben hin stattfindet. Dann aber ist bei eingetretener Eiterung und Perforation die Senkung des Eiters ins kleine Becken und die Ausbildung eines Douglasabszesses, wie er so typisch für die Frau ist, sehr viel schwerer möglich. Vielmehr breitet sich dann der Eiter in der freien Bauchhöhle aus und die allgemein septische, oft schnell zum Tode führende Peritonitis ist die Folge. Diese Veränderungen haben die Appendizitis in graviditate zu einem Krankheitsbilde gestempelt, das zu den gefährlichsten gehört, das die schwangere Frau treffen kann. Ihre **Diagnose** ist nicht immer ganz einfach. Gerade in der Schwangerschaft sind Verwechslungen vor allen Dingen mit einer Pyelitis dextra recht häufig. Zur Klarstellung der Diagnose genügt hier die Urinentnahme und die Feststellung der Trübung des Urins durchaus nicht, weil wir wissen, daß gerade im Beginn der Appendizitis eine Koliurie, die zur Trübung des Harnes führt, sehr häufig nachweisbar und oft sogar eines der frühesten Zeichen der Appendizitis ist. Will man also bei trübem, Bakterien enthaltendem Urin mit Sicherheit die Diagnose stellen, ob es sich um eine Pyelitis oder um eine Appendizitis handelt, so muß man unter allen Umständen beide Ureteren katheterisieren und den Urin beider Nieren gegeneinander vergleichen. Bei der Koliurie, die durch Appendizitis bedingt ist, wird der Harn beider Nieren gleichmäßig bakterienhaltig und trübe sein, bei der Pyelitis dagegen werden die Veränderungen sich nur auf der rechten Seite finden. Erwähnen will ich noch kurz, daß man gelegentlich selbst bei ganz jungen Individuen daran denken muß, daß das Fieber, die Schmerzen und die Spannung der Bauchdecken auch auf einer akuten Erkrankung der Gallenblase beruhen können, auch wenn kein Ikterus besteht. Beispiel:

Fräulein G., 18 Jahre alt, Grav. Mes. 7., keinerlei Schwangerschaftsbeschwerden seit zwei Tagen krampfartige Schmerzen im Unterleib mit mehrfachem Erbrechen. Temperatur früh: 37,9, Puls 84, kein Ikterus. Stuhlgang gut gefärbt. Deutliche Spannung der Bauchdecken und Druckempfindlichkeit in der Appendixgegend. Diagnose: Appendicitis acuta in graviditate. Die Operation am selben Tage ergibt: Appendix unversehrt, die Gallenblase ist in einen länglichen, gurkenförmigen Tumor umgewandelt, der bis in die Appendixgegend herunter reicht, nicht mit der Bauchwand verwachsen und außerordentlich gespannt ist. Erweiterung des Schnittes nach oben, Einnähen der Gallenblase in das Peritoneum der Bauchwand und Eröffnung am nächsten Tage, wobei zahlreiche Steine entfernt wurden.

Ist die Diagnose aber sichergestellt, so fragt es sich, wie wir **therapeutisch** verfahren sollen. Bei der akuten Appendizitis der nichtschwangeren Frau stehen wir ja wohl heute alle auf dem Standpunkt, im Beginn der Erkrankung, d. h. in den ersten zweimal 24 Stunden, ehe es zu einer Abszedierung gekommen ist, den Wurmfortsatz zu entfernen. Wir tun das, obwohl wir wissen, daß die größte Mehrzahl der Frauen auch ohne Operation am Leben bleiben würde, weil wir nicht imstande sind, durch irgend welche prognostischen

Merkmale die Fälle im voraus zu erkennen, die sicher günstig oder sicher ungünstig verlaufen würden. Handeln wir so schon bei der Appendizitis der
nichtschwangeren Frau, so wird bei der Appendizitis in graviditate, wo wir,
wie gesagt, mit etwa 50% Morbidität der Mütter rechnen müssen, erst recht
der Grundsatz aufzustellen sein, sofort im Beginn der Erkrankung die Appendektomie auszuführen.

Schwieriger dagegen ist es, eine richtige Therapie dann zu wählen, wenn
es bei der Appendizitis in graviditate bereits zur Ausbildung eines Exsudates gekommen ist. Die Schwierigkeit und die Gefahr für die Frau liegt
darin, daß bei diesen Abszeßbildungen die Abszeßwand zumeist von der Wand
des Uterus mit gebildet wird. Treten nun, wie das nicht selten der Fall ist,
Wehen ein, wird das Kind geboren, verkleinert sich dann der Uterus, so kann
die Verklebungsstelle mit dem Uterus zerrissen werden und aus dem abgekapselten harmlosen Abszeß eine tödliche Allgemeininfektion des Peritoneums
entstehen. Findet man bei der Aufnahme einer solchen Frau, daß eine Abszedierung nachweisbar ist, hat die Geburt aber noch nicht begonnen, dann kann
und wird man zunächst ruhig abwarten. Ist der Verlauf günstig und hat die
Appendizitis den Geburtseintritt nicht zur Folge, so kann man hoffen, daß
noch vor Beginn der Wehen der Prozeß zur Ausheilung kommt. Treten jedoch
bei bestehender Abszedierung Wehen ein, so werden wir uns unter allen Umständen zu einem schnellen operativen Eingriff entschließen müssen. Am
zweckmäßigsten verfährt man dann so, daß man zunächst die Laparotomie
ausführt, den Abszeß entleert und ihn durch Vernähung der Nachbargebilde
untereinander sorgfältig von der freien Bauchhöhle abdeckt. Die Bauchhöhle
wird dann nur provisorisch mit einigen durchgreifenden Nähten geschlossen
und nun nach dem Wechsel der Handschuhe die sofortige Entbindung durch
den vaginalen Kaiserschnitt ausgeführt. Ist das geschehen und ist die Schnittwunde im Uterus und der Scheide wieder versorgt, so wird das provisorisch
geschlossene Abdomen noch einmal geöffnet und kontrolliert, ob die künstlich
hergestellten Abdeckungen der Abszeßhöhle gehalten haben oder nicht. Ist
es nicht der Fall, so werden sie von neuem hergestellt, ist es der Fall, so
wird nun das Abdomen dauernd durch Etagennaht bis auf eine ev. Drainageöffnung geschlossen. Das ist das Verfahren, das sich uns am zweckmäßigsten
bei der Behandlung der abszedierenden Appendix in graviditate erwiesen hat.

Eine besondere Bedeutung erlangt schließlich auch für den Gynäkologen
ein Krankheitsbild, das in der Diagnostik des internen Klinikers wie auch des
Chirurgen eine große Rolle spielt, nämlich die **chronische Appendizitis**. Eine
Appendicitis chronica in dem Sinne, daß man darunter eine langsam fortschreitende interstitielle Entzündung versteht, die zum Verlust des Ober-
flächenepithels und zur Obliteration des Wurmfortsatzes führt, gibt es nicht.
Wenn wir also von einer chronischen Entzündung sprechen, so verstehen wir
darunter Zustände am Appendix, die zu chronischen Beschwerden Veranlassung
geben und die auf Verwachsungen, Zerrungen, Kotstauungen im Appendix
oder auch auf vielfach rezidivierenden leichten akuten Anfällen beruhen können,
denen also ein einheitlicher anatomischer Befuud nicht zu G unde liegt.
Es ist vielmehr das Bild der chronischen Beschwerden in der Appendixgegend,
dessen eigentliche Ursache durch die klinische Untersuchung so häufig kaum
oder gar nicht zu bestimmen ist. Speziell der Gynäkologe hat sehr vielfach
Gelegenheit, bei Frauen Beschwerden feststellen zu müssen, die vornehmlich
auf der rechten Seite lokalisiert sind und für die in der Literatur ein ganzes
Heer von Ursachen bezeichnet worden sind; so z. B. der Ren mobilis dexter,
die Oophoritis chronica, die Ovarie, die Retroflexio uteri mobilis, die Ovarial-
neuralgie, die Viszeralneuralgie und schließlich noch das Coecum mobile und

die chronische Appendizitis. Es sind darum Fehldiagnosen bei diesen Zuständen außerordentlich häufig und es bedarf einer sorgfältigen Beobachtung der Kranken und einer genauesten Anamnese, um schließlich herauszufinden, auf welche der eben genannten Ursachen wir eigentlich die Beschwerden zurückführen müssen. Dazu kommt, daß es Patientinnen gibt, die von einem Operateur zum Andern gehen, denen die Gallenblase entfernt, die rechte Niere angenäht, der Uterus nach vorn fixiert, das rechte Ovarium herausgenommen, der Wurmfortsatz exstirpiert ist und die nach wie vor doch immer über die gleichen rechtsseitigen Beschwerden klagen. Das beruht darauf, daß wir hier einen Beschwerdekomplex vor uns haben (außer den vorherrschenden rechtsseitigen Schmerzen mehr oder minder starke Alteration des Allgemeinbefindens, Schmerzen im Kreuz und Rücken, Obstipation, Beschwerden beim Stuhlgang, Kopfschmerz, Appetitlosigkeit und eine gesteigerte Erregbarkeit des gesamten Nervensystems), den wir nicht bloß bei der Trägerin derartiger Veränderungen finden, sondern vor allen Dingen auch bei solchen Frauen, die an einer Hysteroneurasthenie erkrankt sind. Wenn wir zu den oben erwähnten ursächlichen Momenten noch die Hysteroneurasthenie hinzugesellen und bedenken, daß solche Beschwerden vielfach rein psychogener Natur sind, so erhellt daraus ohne weiteres, wie ganz außerordentlich schwer es für den Kliniker ist, in solchen Fällen die richtige Diagnose zu stellen und die richtige Therapie einzuleiten. Gewiß werden wir bei sorgfältiger Beobachtung nicht selten sehen, daß nach irgend einem operativen Eingriff, sei es nun, daß er den Uterus, den Eierstock, den Appendix, die Niere oder die Gallenblase betrifft, die Beschwerden bei solchen Frauen verschwinden und die Patientinnen dauernd geheilt sind. Nur zu oft sehen wir aber auch, daß es die Suggestion des Eingriffs allein gewesen ist, die eine Besserung der Beschwerden herbeigeführt hat und daß nach kurzer Zeit mit einem Schlage das alte Krankheitsbild wieder hergestellt ist, sobald irgend ein psychisches Trauma die Auslösung der alten Beschwerden bedingt hat. Daraus folgt für uns als Kliniker, daß wir mit der Bewertung derartiger Klagen und damit auch mit der Diagnose Appendicitis chronica höchst vorsichtig sein müssen, daß wir am besten zunächst immer eine allgemeine, auch die Psyche berücksichtigende Therapie einschlagen müssen und daß wir uns erst dann zu einem operativen Eingriff entschließen dürfen, wenn die längere Beobachtung uns zu der Annahme berechtigt, daß wir tatsächlich lokale Veränderungen am Appendix annehmen müssen, die das Gesamtbild der Beschwerden bie der Frau hervorrufen. Immerhin müssen wir auch dann noch gelegentlich damit rechnen, daß wir nach solchen operativen Eingriffen die alten Beschwerden fortbestehen sehen und daß unsere Maßnahmen vollkommen vergeblich und zwecklos gewesen sind.

Alles in allem kann man dennoch sagen, daß wir in der Gynäkologie die Appendizitis als Ursache sogenannter gynäkologischer Leiden weit mehr berücksichtigen müssen wie früher, und zwar vor allen Dingen den akuten Anfall selbst, besonders in graviditate, und die Folgezustände der akuten eitrigen Entzündung. Mit Sicherheit ist ein nicht unerheblicher Teil der entzündlichen Adnexveränderungen der Frau auf eine Appendizitis zurückzuführen und charakteristisch sind bestimmte Formen von Sterilität, die auf periap lizitischen Adhäsionen beruhen. Die Bewertung der chronischen Appendizitis muß mit großer Vorsicht vorgenommen werden. Man soll bei der Analysierung der unbestimmten rechtsseitigen Unterleibsbeschwerden der Frau neben der Retroflexio uteri mobilis, der Ovarie, der Oophoritis chronica, dem Ren mobilis dexter, dem Coecum mobile und der Appendicitis chronica stets auch die Hysteroneurasthenie berücksichtigen und seine Therapie vor allen Dingen zunächst darauf einstellen.

Literatur.

Allgemeines.

Fellner, Die Beziehungen innerer Krankheiten zu Schwangerschaft, Geburt und Wochenbett. Leipzig und Wien 1903, S. 107. — Freund, H. W., Lubarsch-Ostertags Ergebn. IIIa., S. 170. — Kehrer, Die physiologischen und pathologischen Beziehungen der weiblichen Sexualorgane zum Tractus intestinalis. Berlin 1905. Verhandl. des XXV. Kongr. f. innere Med. 1908. — Wagner, G. A., „Digestionstrakt" in Nothnagels spez. Pathologie und Therapie. Supplement 6. Bd. 1. S. 903.

I. Mund- und Rachenorgane.

Audebert, Revue mensuelle de gyn. d'obst. 1912, Nr. 7. Ref. Zentralbl. f. Gyn. 1912, S. 1414. — Bumm, Münch. med. Wochenschr. 1887, Nr. 16. — Clairmont, Wiener klin. Wochenschr. 1906, Nr. 47. — Cramer, Schmidts Jahrbücher. 1837, Bd. 14, S. 314. — Ely, Ref. Zentralbl. f. Gyn. Nr. 48, S. 1647. — Fleischmann, Österr. Zeitschr. f. Stomatologie. 1913, Heft 5. — Freund, H. W., Gingivitis, Salivatio und Parotitis bei Schwangeren. v. Winckels Handb. d. Geburtsh. II, 1. — Derselbe, Lubarsch-Oster-tag, Ergebn. III, 2, S. 170. — Derselbe, Deutsche med. Wochenschr. 1907, Nr. 40, S. 1625. — Hauptmann, Münch. med. Wochenschr. 1909, Nr. 41. — Kiefer, Mund- und Zahn-krankheiten in Schwangerschaft und Wochenbett. Straßburger med. Zeitg. 1909. — Kraus, Nothnagels spez. Path. u. Therapie. 1902, Bd. 16, 1, S. 48. — Derselbe, Monats-schrift f. Geb. u. Gyn. Bd. 14, S. 1. — Lwoff, Presse méd. 1896, Nr. 82. — Mallet, Amer. gyn. and obst. Journ. Vol. 15. — Merkel, Münch. med. Wochenschr. 1907, Nr. 26. — Moericke, Zeitschr. f. Geb. u. Gyn. 1880, Bd. 5. S. 348. — Mohr, Ref. Münch. med. Wochenschr. 1913, Nr. 24, S. 1348. — Nessel, Deutsche Monatsschr. f. Zahnheilk. 1905, Heft 8, S. 509. — Pinard, De la gingivite des femmes enceintes. Paris 1877. — Preis-werk-Maggi, Mundhöhle und Gesamtorganismus. Schweiz. Verein. f. Zahnheilk. 1912, Heft 1. — v. Preuschen, Deutsche med. Wochenschr. 1885, S. 51. — Riebold, Deutsche med. Wochenschr. 1906, S. 1116. — Roelants, Ein Fall von Gingivitis hypertrophica. Ref. Intern. Zentralbl. f. Laryng. 1911. — Rosenstein, Deutsche Monatsschr. f. Zahn-heilk. 1913, Heft 3. — Schober, Amer. Journ. of Obst. Vol. 39. — Scheff, Handbuch d. Zahnheilk. 3. Aufl. Wien und Leipzig 1910. — Sehlbach, Münch. med. Wochenschr. 1905, S. 1510. — Virchow, Zitiert aus H. W. Freund. — Wagner, Wiener klin. Wochen-schrift 1904, Nr. 52. — Zeutler, Dental Cosmos. 1912, Heft 10.

II. Magen.

a) Einfluß des Genitales auf den Magen.

1. Menstruation.

Elsner, Arch. f. Verdauungskrankh. Bd. 5, S. 467. — Fischel, Prager med. Wo-chenschr. 1894, Nr. 12. — Kaltenbach, Zentralbl. f. Gyn. 1891, S. 329. — Lenhartz, Verhandl. des XXV. Kongr. f. innere Med. — Lewisohn, Berl. klin. Wochenschr. 1909, Nr. 24. — Pariser, Verh. d. XXV. Kongr. f. innere Med. — Ploenies, Verh. d. XXV. Kongr. f. inn. Med. — Queirolo, Il Morgagni. 1897, Nr. 5. — Riebold, Deutsche med. Wochenschr. 1906, S. 1116. — v. Rosthorn, Verh. d. XXV. Kongr. f. innere Med. — Roth, Zentralbl. f. Gyn. 1877, S. 321.

2. Schwangerschaft, Geburt und Wochenbett.

Abderhalden, Abwehrfermente. Berlin 1913. — Andérodias, Revue mens. gyn. d'obst. 1911, Nr. 1, 2, 4. Ref. Zentralbl. f. Gyn. 1911, S. 1137. — Baisch, Berl. klin. Wochenschr. 1907, Nr. 11, S. 297. — Biro, Ref. Frommels Jahresber. XIII, Jahrg. 1900. — Borodenko, Berl. klin. Wochenschr. 1910, S. 1060. — Cohn, M., Therapeut. Monats-hefte 1894, S. 211. — Cohnstein, Zit. nach Kehrer. S. 148. — Eismann, Zit. nach Kehrer, S. 131. — Flaischlen, Zeitschr. f. Geb. u. Gyn. Bd. 1890, S. 91. — Gille de la Tourelle, Journ. des Soc. scientif. 1885, Nr. 12. — Gobiet, Wiener klin. Wochenschr. 4, 1909. — Graefe, Sammlung zwangloser Abhandlungen aus dem Gebiet der Geburts-hilfe. Bd. 3, 7. — Gueniot, Zit. nach Kehrer. S. 131. — Horwitz, Zit. nach Kehrer, l. c. Jaffé, Über Hyperemesis gravidarum. Volkmanns Samml. klin. Vortr. 1888. Nr. 305. — Hofbauer, Zeitschr. f. Geb. u. Gyn. 1908, Bd. 61. — Joulin, Zit. nach Kehrer, S. 131. — Kaltenbach, Zeitschr. f. Geb. u. Gyn. 1903, Bd. 48, S. 576. — Kermauner, Mit-teilungen a. d. Grenzgeb. 1907, S. 625. — Le Lorier, Ref. Zentralbl. f. Gyn. 1908, N.r 16, S. 539. — Mangiagalli, Berl. klin. Wochenschr. 1894, Nr. 21, S. 491. — Menge,

Bericht über die 75. Versamml. deutsch. Naturf. u. Ärzte in Cassel. — Muret, Zit. nach Kehrer, S. 147. — Olshausen, Ref. Zentralbl. 1907, S. 156. — Perilliet-Botonet, Contributions à l'étude des vomissements de la grossesse. Thèse de Paris. — Preiß, Gyn. Rundschau. Jahrg. 1, Heft 18. — Rebaudi, Ref. Zentralbl. f. Gyn. 1909, S. 1523. — Riegel, Nothnagels spez. Path. u. Ther. 1897, Bd. 16, 2. — Roth, Zentralbl. f. Gyn. 1877, S. 321. — Schickele, Arch. f. Gyn. Bd. 92, Heft 2. — Schmorl, Pathologisch-anatomische Untersuchungen über Puerperaleklampsie. Leipzig 1893. Verhandl. d. Vers. deutsch. Naturf. Halle 1891. — Schneider, Virchows Arch. 1897, Bd. 148, S. 243. — Senge, Münch. med. Wochenschr. 1912, S. 2524. — Siegmund, Zentralbl. f. Gyn. 1910, S. 1349. — Talma, Zeitschr. f. klin. Med. Bd. 7, 415. — Weichardt, Hygien. Rundschau. 1903, Nr. 10. Münch. med. Wochenschr. 1901, Nr. 52. Deutsche med. Wochenschr. 1902, Nr. 35. — Williams, Journ. of Obst. and Gyn. 1912, S. 245. — Winter, Zentralbl. f. Gyn. 1909, S. 1497.

3. Einfluß von Genitalerkrankungen auf den Magen.

Eisenhart, Die Wechselbeziehungen zwischen internen und gynäkologischen Erkrankungen. Stuttgart 1895, S. 118. — Kisch, Berl. klin. Wochenschr. 1883, S. 263. — Krönig, Monatsschr. f. Geb. u. Gyn. Bd. 15, Heft 6, S. 894. — Lenhartz, Verhandl. des XXV. Kongr. f. innere Medizin. — Lewisohn, Berl. klin. Wochenschr. 1909, Nr. 24. — Ploenies, Verhandl. d. XXV. Kongr. f. innere Medizin.

b) Einfluß von Magenerkrankungen auf das Genitale.

Amann, Münch. med. Wochenschr. 1905, S. 2414. — Geipel, Ref. Zentralbl. f. Gyn. 1906, S. 958. — Gobiet, Wiener klin. Wochenschr. 1909, 4. — Pfannenstiel, Veits Handbuch. — Ploenies, Verhandl. d. XXV. Kongr. f. innere Medizin. — Polano, Würzburger Abhandl. Bd. 4, Nr. 11. — Reed, Journ. of Obst. and Dis. of women. 1912, Jan. Ref. Zentralbl. f. Gyn. 1912, Nr. 17, S. 584. — Runge, Prakt. Ergebn. d. Geburtsh. Wiesbaden 1909/10, S. 106, Jahrg. 1. — Senge, Münch. med. Wochenschr. 1912, S. 2524. — Sitzenfrey und Schenk, Zeitschr. f. Geb. u. Gyn. Bd. 60, Heft 3.

III. Darm.

a) Einfluß des Genitales auf den Darm.

1. Menstruation und Klimax.

Holmes, Boston med. and surg. Journ. 31. Jan. 1889. — Pariser, Verhandl. d. XXV. Kongr. f. innere Medizin. — Singer, Med. Klinik. 1908, S. 658.

2., 3. Schwangerschaft, Geburt und Wochenbett.

Ehrendorfer, Monatsschr. f. Geb. u. Gyn. 1897, S. 369. — Gauß, Verhandl. d. deutsch. Gesellsch. f. Geb. u. Gyn. 1907, Dresden. — Hochenegg, Wiener klin. Wochenschr. 1907, S. 332. — Van der Hoeven, Zentralblatt f. Gyn. 1912, Nr. 46, S. 1534 — Krönig, Verhandl. d. deutsch. Ges. f. Geb., Genitaltuberkulose. München 1911. — Lehmann, Berl. klin. Wochenschr. 1908, Nr. 15. — Martin, Monatsschr. f. Geb. u. Gyn. 1908, Bd. 27. — Opitz, Diskussion zum Vortrag Krönigs. — Pearce, Lancet. 1908, Nov. — Preiß, Gyn. Rundschau 1907. Bd. 1, S. 725. — Romanenko, Occlusion intestinale et grossesse. Thèse de Montpellier 1907, Ref. Zentralbl. f. Gyn. 1907. S. 990. — Viannay, La Presse méd. 1910, Nr. 101, S. 587. Ref. Frommels Jahresber. 1910, S. 480.

4. Einfluß von Genitalerkrankungen auf den Darm.

Hartung, Wiener klin. Wochenschr. 1896, Nr. 40. — Kleinhans, Zeitschr. f. Geb. u. Gyn. Bd. 52, S. 266. — Krönig, Naturforscherversamml., Köln 1908. Ref. Zentralbl. f. Gyn. 1908, S. 632. — Kroph, Münch. med. Wochenschr. 1907, Nr. 18. — Meyer, Virchows Arch. Bd. 195, S. 487. — v. Rosthorn, Monatsschr. f. Geb. u. Gyn. Bd. 20, S. 1151. — Schickele, Beitr. z. Geb. Bd. 6, S. 460. — Schlimpert, Arch. f. Gyn. Bd. 94, Heft 3. — Sitzenfrey, Zeitschr. f. Geb. Bd. 64, S. 538.

b) Einfluß von Darmerkrankungen auf das Genitale.

Amann, Zentralbl. f. Gyn. 1908, S. 798. — Münch. gyn. Ges., Sitzg. vom 23. Okt. 1909. — Brunner, Zeitschr. f. Geb. u. Gyn. Bd. 61, Heft 1. — Le Gendre, Zit. nach Wagner, l. c. S. 964. — Müller, A., Über die Beziehungen zwischen Frauenleiden und Darmleiden. 29. Versamml. deutscher Naturf. u. Ärzte, Abt. f. Gyn. S. 195. — Oldfield, Journ. of Obst. 1913, S. 43.

Die Appendizitis und ihre Beziehungen zu den weiblichen
Generationsorganen.
Fabrius, Med. Klinik 1914, Nr. 21 u. 22. — Pankow, Die Appendizitis beim
Weibe und ihre Bedeutung für die Geschlechtsorgane. Hegars Beiträge, Bd. 13. —
Schridde, Die eitrigen Entzündungen des Eileiters. Jena 1910. — Sprengel, Die
Appendizitis. Deutsche Chirurgie, Lief. 46 d. Stuttgart 1906.

D. Beziehungen der Erkrankungen von Leber und Gallenwegen zum weiblichen Genitale.

Von

H. Schlimpert-Freiburg †.

Einleitung.

Die Leber und deren Anhangsgebilde, die Gallenwege und die Gallenblase gehören nicht zu den Organen, die auf Grund engnachbarlicher Beziehungen häufig gemeinschaftlich mit dem Genitale erkranken, wie etwa die Appendix und die Harnwege. Weite Räume der Bauchhöhle mit ihrem Inhalt liegen einer unmittelbaren Berührung beider Organsysteme und damit einer Übertragung von Krankheiten per contiguitatem hindernd im Wege. Aber diese Schranke ist keine absolute. Schon unter physiologischen Verhältnissen können sich beide Organsysteme bis zur vollständigen Berührung nähern: der schwangere Uterus rückt in den letzten Monaten bis dicht an die Leber und die Gallenwege heran, und auch unter pathologischen Verhältnissen kann diese Annäherung zustande kommen: Tumoren einzelner Teile des Genitales, Myome und Kystome können in unmittelbarer Nachbarschaft direkte Berührung und Verklebung mit der Leber und ihren Anhangsgebilden geraten.

Diesen direkten mechanischen Beziehungen beider Organsysteme stehen andere indirekte gegenüber, die auf dem alle, auch die fernsten Organe verknüpfenden Blutwege vermittelt werden und diese sind vielleicht die innigeren, sicher die interessanteren. Die immer mehr erweiterte Lehre von der inneren Sekretion und die feinere Beobachtung der Stoffwechselvorgänge haben mit großer Wahrscheinlichkeit gezeigt, daß mannigfaltige Beziehungen zwischen dem Genitale und der Leber mit ihren Anhangsgebilden bestehen. Vorwiegend ist es das in Funktion befindliche, das menstruierende und das schwangere weniger das ruhende Genitale, das diese Verbindungen aufweist. Die Betrachtung der Zusammenhänge wird dadurch erschwert, daß ein großer Teil der anatomischen und physiologischen Grundlagen noch fehlen. Sie wird weiter dadurch erschwert, daß es bei den Generationsvorgängen des Weibes fast unmöglich ist, das Normale von dem Pathologischen mit allen seinen Übergängen zu trennen. Daher müssen auch die Zusammenhänge, die physiologischerweise zwischen beiden Organsystemen bestehen, erwähnt werden, um ein Verständnis für ihre gleichzeitigen Erkrankungen zu bekommen. Wir betrachten nacheinander folgende Beziehungen, die direkten und indirekten.

1. Beziehungen zwischen den Menstruationsvorgängen und den Erkrankungen der Leber und der Gallenwege.
2. Beziehungen zwischen Schwangerschaft und Erkrankungen der Leber und der Gallenwege.
3. Beziehungen zwischen gynäkologischen Erkrankungen und Erkrankungen der Leber und der Gallenwege.

I. Beziehungen zwischen den Menstruationsvorgängen und den Erkrankungen der Leber und der Gallenwege.

a) Menstruation und Leber.

Die Menstruation löst, wie aus tausendfältiger Erfahrung bekannt ist, im allgemeinen nicht häufig Erscheinungen von seiten der Leber und der Gallenwege aus. Während es nur wenige Frauen gibt, die bei sonst normalem Menstruationsverhalten frei von allgemein nervösen Beschwerden bleiben, so zählen die Fälle, bei denen zum Menstruationstermine Erscheinungen von seiten der Leber und der Gallenwege bestehen, zu den Seltenheiten. Speziell das erstere, die Koinzidenz von Leberstörungen mit der Menstruation muß selten sein, das beweisen die nur spärlichen Berichte darüber in der Literatur. Es sind im wesentlichen nur zwei Erscheinungen an der Leber während der Menstruation beobachtet und näher beschrieben: einmal eine Anschwellung der Leber, eine „fluxionäre Hyperämie (Niemeyer) und zweitens der „menstruelle Ikterus".

Die **menstruelle Leberanschwellung** wurde schon von älteren Autoren (Niemeyer, Frerich, Henoch, Senator) beobachtet, ausführlich beschrieben und klinisch exakt nachgewiesen erst von Chvostek, der bei 27 von 30 Patientinnen durch genaue Perkussion vor und während der Menstruation stets eine bis zweiquerfingerbreite Vergrößerung des unteren Leberrandes feststellen konnte. Der Eintritt der Schwellung fiel zeitlich mit dem Einsetzen der Menstruation zusammen oder ging ihr nur kurze Zeit voraus. Ebenso erfolgte das Abklingen der Schwellung unmittelbar mit dem Nachlassen der Menstruation oder einige Tage später. Die oben erwähnten älteren Autoren konstatierten besonders in den Tagen vor dem Eintritt der Menstruation das Vorhandensein dieser Schwellung. Nach ihren Beobachtungen war bei schwacher Menstruation oder Ausbleiben der Periode die Schwellung besonders stark. Einige Autoren (Quinke, Senator) fassen diese Schwellung direkt als vikariierende Erscheinung analog den Blutungen von Schleimhäuten, Anschwellung der Schilddrüse usw. auf. Im Zusammenhang damit stehen auch die Beobachtungen über „klimakterische Leberanschwellungen" (Frerichs, Henoch, Kisch). Mit dem Schwächerwerden bzw. dem völligen Erlöschen der Menstruation treten klinisch nachweisbare Lebervergrößerungen auf, die während der klimakterischen Jahre anhalten.

Die Ätiologie dieser Leberanschwellung, der menstruellen und der klimakterischen, wird verschieden gedeutet. Darüber, daß die Vergrößerung des Organs auf Hyperämie zu beziehen ist, sind sich alle Autoren einig, über die Ursache dieser Hyperämie gehen aber die Ansichten auseinander. Rein mechanisch fassen die einen (Quinke, Schickele) sie als Stauungshyperämie im Pfortadergebiet auf, bedingt durch die gleichzeitige Blutfülle der Genitalien, andere, meist ältere Autoren (Senator, Frerichs, Niemeyer), sprechen von einer „vikariierenden Hyperämie", die durch „Unterdrückung habitueller Einflüsse" zustande kommen. Sie stützen ihre Ansicht auf die Beobachtung, daß bei schwacher oder fehlender Menstruation diese Schwellung besonders stark auftritt, daß sie in der Klimax sich einstellt und vikariierend für habituell vorhandene Hämorrhoidalblutung gelegentlich auftritt. Die Theorien der neueren Zeit weisen natürlich auf den Zusammenhang der Leberhyperämie mit der inneren Sekretion (Chvostek, Fellner). Produkte des Stoffwechsels der Ovarien und der Placenta werden angeschuldigt. Chvostek stützt sich dabei auf die Untersuchungen von Halban, der experimentell nachwies, daß den Stoffen der Placenta und der Ovarien Hyperämie und Hämorrhagien hervorrufende Eigenschaften zukommen. Gewiß erscheinen uns die neueren Anschauungen über den Einfluß der inneren Sekretion auf die Leber am wahrscheinlichsten, aber gerade in letzter Zeit ist diese Anschauung auch wieder bestritten (Schickele, Rißmann) und dafür die erwähnte mechanisch-zirkulatorische Theorie betont worden. Leider fehlen für alle diese Theorien noch die exakten anatomischen und experimentellen Unterlagen. Es existiert kein Bericht über die histologischen Untersuchungen der Leber zur Zeit der Menstruation oder in der Klimax; nur so könnte entschieden werden, ob die menstruelle Leberschwellung wirklich durch Hyperämie oder ob durch andere Vorgänge (Ödem, Verfettung) bedingt ist. Auch physiologische Untersuchungen, Funktionsprüfungen der Leber während der Menstruarion sind nicht angestellt. Nur Chvostek wies bei einer seiner Patientinnen, die sonst keine Erscheinungen von seiten der Leber darbot, während der Menstruation Urobilin im Harn nach. Es bleibt also als einzig feststehende Tatsache der Nachweis der menstruellen Lebervergrößerung bestehen; die Erklärungen dafür gehören noch in das Gebiet der Hypothesen.

Der menstruellen Leberschwellung verwandt und meist zugleich mit ihr beobachtet ist der **menstruelle Ikterus**. Es wurden darunter mit der Menstruation auftretende leichtere Formen von Ikterus verstanden, die meist mit Schwellung der Leber einhergehen. In der Zwischenzeit sollen die betreffenden Frauen frei von Ikterus und bei völligem Wohlbefinden sein. Diese von Senator als erstem Beobachter gegebene Definition ist, wie ein Blick auf Senators eigene Fälle zeigt, nicht genügend streng. Zweifellos besteht bei vielen der beschriebenen Fälle von menstruellem Ikterus, vor allem den weit zurückliegenden eine Verwechslung mit Gallensteinanfällen während der Menstruation. Darauf weisen deutlich die dabei beobachteten Schmerzanfälle im Leib und im Kreuz hin. Es muß also scharf geschieden werden zwischen in der Menstruation als Folge von Gallensteinanfällen oder sonstigen Leber- oder Gallenblasenerkrankungen (chronische Cholecystitis) auftretendem Ikterus und dem „menstruellen Ikterus" im engeren Sinne, bei dem Erkrankungen der Leber und Gallenwege auszuschließen sind. Die erste Form ist klinisch sicher beobachtet (s. weiter unten). Für das Vorkommen der zweiten Form, des „menstruellen Ikterus", steht der exakte Nachweis noch aus.

Zur Aufklärung der Ätiologie des menstruellen Ikterus sind im wesentlichen zwei Hypothesen aufgestellt worden, einmal eine mechanische: der Ikterus ist ein Stauungs- oder Resorptionsikterus, hervorgerufen entweder durch die menstruelle Hyperämie der Leber und die dadurch bedingte Anschwellung in den Gallengängen, die zur Gallenstauung führt (Senator). Die zweite Theorie nimmt eine innersekretorische Beeinflussung der Leber bzw. des Blutes an. Die Ovarialstoffe sollen entweder auf dem Umwege über die von ihnen erzeugte Leberhyperämie oder durch toxische Beeinflussung der Leberzellen oder schließlich durch Änderung der Blutbeschaffenheit überhaupt Ikterus erzeugen. Alle diese Theorien müssen als unsicher gelten, solange das Bestehen der Krankheitsform als solche nicht sichergestellt ist und exakte Unterlagen noch fehlen, d. h. genaue physiologische Untersuchungen, Funktionsprüfungen der Leber zur Zeit der Menstruation und anatomische Untersuchungen der Leber, zum mindesten, wie es Schickele und Rißmann fordern, ein Autopsiebefund, der bei einem Falle von Ikterus menstrualis das Fehlen von Leber- und Gallenblasenerkrankungen, besonders von Gallensteinen dokumentierte.

Noch seltener beobachtet als der menstruelle Ikterus ist eine Krankheitsform der Leber während der Menstruation, die von Quincke und vor allem von Frerichs beschrieben wurde, die **menstruelle Leberneuralgie**. Regelmäßige Schmerzanfälle in der Lebergegend treten zumal bei bleichsüchtigen und hysterischen Mädchen auf und werden als Reizzustand des Plexus hepaticus gedeutet. In neuerer Zeit fehlen Angaben über diese Erkrankung. Quinke fordert selbst mit Recht sorgfältigsten Ausschluß von Cholelithiasis bei Stellung der Diagnose.

Die **Diagnose** der erwähnten Leberstörungen während der Menstruation ist nicht ganz leicht. Ein wesentlicher Punkt, das zeitliche Zusammentreffen der Störungen mit der Menstruation ist natürlich relativ leicht zu konstatieren.

Es muß aber hierbei gefordert werden, daß auch tatsächlich dieses Zusammentreffen häufiger und nicht nur bei ein oder zwei Perioden statthatte, um Zufälligkeiten auszuschließen. Bei der Diagnose der Leberschwellung speziell ist eine Vergrößerung des unteren Leberrandes perkutorisch oder im Röntgenbilde nachzuweisen und dabei nach Möglichkeit störende Irrtümer, wie veränderter Füllungszustand des Darmes, veränderte Lage und Bauchdeckenspannung auszuschließen. Die größte Schwierigkeit bereitet das Ausschließen von Gallensteinerkrankungen oder chronischen Entzündungen der Gallenblase, mit oder ohne Adhäsionsbildungen bei der Diagnose der menstruellen Leberschwellungen, dem menstruellen Ikterus und der menstruellen Leberneuralgie. Wenn irgendwie auf Gallensteine hinweisende Beschwerden, Koliken, zumal nach dem Essen sich in der Anamnese finden, beziehe man lieber die erwähnten Lebererscheinungen auf die Gallensteine als Grundleiden. Man wird damit der Wahrscheinlichkeit nach Fehldiagnosen vermeiden und so auch eher die richtige Therapie einschlagen.

Die **Prognose** der menstruellen Leberstörungen ist nach den bis jetzt vorhandenen Berichten günstig. Jedenfalls liegen keine Beobachtungen über schwere Erkrankungsformen oder tödlichen Ausgang vor.

Von der **Therapie** dieser Erkrankungen ist nicht viel zu sagen. Stellen sich bei einer Frau regelmäßig in mit der Menstruation zusammenfallenden Intervallen Erscheinungen der Lebervergrößerung oder des Ikterus ein und sind Gallensteine auszuschließen, so kommt natürlich in erster Linie die innermedizinische Behandlung, Diät, ev. Bettruhe in Betracht. Bei Fällen von Leberneuralgie sind schmerzstillende Mittel, Aspirin, Melubrin und ähnliches zu reichen. Sollte alles fehlschlagen, so wäre bei Frauen nahe dem Klimakterium an eine Ausschaltung der innersekretorischen Einflüsse des Ovariums durch eine Röntgen- oder Radiumbestrahlung zu denken.

b) Menstruation und Gallenwege.

Beobachtungen über das Zusammentreffen von Erkrankungen der Gallenwege und Menstruation lassen sich häufiger anstellen als die über die Koinzidenz von Menstruation und Lebererkrankungen. Wenn sich überhaupt eine strenge Trennung zwischen Erkrankung der Leber und Erkrankung der Gallenwege durchführen läßt, so muß, wie oben gezeigt, sicher ein großer Teil der als Lebererkrankungen gedeuteten Fälle auf Veränderungen der Gallenwege zurückgeführt werden, und zwar ist es vorwiegend ein einziger Abschnitt der Gallenwege, die Gallenblase und eine bestimmte Erkrankung dieses Organes, die **Cholelithiasis**, die mit der Menstruation Beziehungen aufweist.

Daß Gallensteinanfälle, die während der Menstruation auftreten, nicht selten sind, beweist schon der Umstand, daß auch ältere Autoren (Naunyn, Naxera u. a.) darüber Beobachtungen anstellen konnten. Volle Klarheit brachte aber erst die operative Ära der Behandlung der Cholelithiasis und wird sie noch weiter bringen. Zwar läßt sich in vielen Fällen aus den Symptomen der Kolik, aus dem Abgang von Steinen mit den Fäces und schließlich durch eine ev. Sektion die Diagnose Gallensteine sichern, größere Erfahrung brachte aber erst die Operation und die damit mögliche Autopsia in vivo. So wurde bei vielen Fällen die Differentialdiagnose Gallensteine gesichert und andererseits zeigte es sich, daß Fälle, die als Dysmenorrhoe, als Unterleibsbeschwerden oder als nervöse Beschwerden aufgefaßt wurden, tatsächlich während der Menstruation ausgelöste Gallensteinanfälle waren. Die größte Serie operativ kontrollierter Fälle ist von Hermann aus der Freiburger Frauenklinik veröffentlicht. Er fand unter 63 Fällen von Gallensteinoperationen bei Frauen 6 mal die präzise

Angabe, daß die Gallensteinanfälle während der Periode oder kurz vorher
auftreten. Vielleicht sind diese Zahlen noch zu niedrig, da bei vielen dieser
Fälle nicht eine ad hoc angestellte Nachfrage nach dem Zusammentreffen der
Anfälle mit der Menstruation angestellt wurde.

Auch die Klimax scheint ähnlich wie die Menstruation auslösend auf
Gallensteinanfälle einzuwirken, die Beobachtungen darüber sind sehr spärlich;
wir verfügen über einen Fall.

Die Ätiologie des Gallensteinanfalles während der Menstruation kann zurzeit
nur vermutet werden, da ja die pathologisch-anatomischen Untersuchungen über die Veränderung der Leber und Gallenwege während der Menstruation noch ausstehen; es gilt
hier das gleiche wie das für den menstruellen Ikterus und die menstruelle Leberhyperämie
Gesagte. Im allgemeinen werden zwei Momente für das Auslösen des Gallensteinanfalles
während der Menstruation angeschuldigt: einmal die menstruelle Hyperämie der
Gallengänge und der Schleimhaut der Gallenwege und eventuell auch des Darmes, die einen
lockerbeweglichen Stein sich einklemmen läßt und so zu Schmerzanfällen führt, eine Theorie,
die natürlich innersekretorische Einflüsse voraussetzt. Als zweites Moment sind nervöse
Reize während der Menstruation angeführt. Es soll zu Kontraktionen der Muskulatur
im Gebiet der Gallenwege kommen, die in diesen allein oder reflektorisch von diesen fortgeleitet entstehen und sollen so bewegliche Steine in den Ductus cysticus oder Choledochus
eingekeilt werden (Metzger, Hoppe-Seyler).

Die **Diagnose** einer während der Menstruation auftretenden Gallensteinkolik ist nicht ganz leicht. Finden sich alle typischen Bilder des Gallensteinanfalles, kolikartige Schmerzen, Druckempfindlichkeit im rechten Oberbauch,
Ikterus usw., so läßt sich die Diagnose sicherstellen. Erschwerend für die differentialdiagnostische Abgrenzung wirkt, daß viele Frauen während der Menstruation alle möglichen dysmenorrhoeischen Beschwerden, Kreuz-, Leib- und
Bauchschmerzen empfinden. Vielleicht werden häufiger als allgemein vermutet
wird, dadurch Gallensteinkoliken übersehen und als Dysmenorrhoe oder nervöse Beschwerden vom Unterleib ausgehend, aufgefaßt. Es berichten darüber
Frank, Sitzenfrey, Gobiet u. a. Auch an der Freiburger Frauenklinik
wurden drei Fälle beobachtet, bei denen Unterleibs- und Bauchbeschwerden
gerade wegen ihres Zusammentreffens mit der Menstruation als Dysmenorrhoe
oder ähnliche genitale Erkrankungen gedeutet wurden, vergeblich Zeit und Mühe
an erfolglose therapeutische Versuche verschwendet und erst später im Verlauf
der Behandlung oder bei der Operation entdeckt wurde, daß tatsächlich Gallensteine die Ursache der menstruellen Schmerzempfindungen waren. Es darf
allerdings nicht erwartet werden, daß die menstruellen Gallensteinanfälle mit
jeder Periode sich einstellen. Gerade dieser Umstand ist differentialdiagnostisch
wichtig gegenüber den regelmäßig sich einstellenden Dysmenorrhoen. Es liegen
oft Jahre zwischen den einzelnen Gallensteinanfällen, das typische ist nur,
daß die Anfälle entweder ausschließlich oder vorwiegend zur Zeit der Menstruation auftreten.

Für die **Therapie** ist natürlich die Diagnosestellung das ausschlaggebende.
In den meisten Fällen wird die Operation die Therapie der Wahl sein und zwar
die radikale Operation, die Cholecystektomie, da ja alle konservierenden Operationsmethoden nicht genügend vor Rezidiven schützen. Natürlich kommt
zumal in leichten Fällen und bei Abneigung gegen die Operation innermedizinische Behandlung, ein Aufenthalt in Karlsbad usw. in Betracht. Wenn
die Anfälle sich streng an den menstruellen Typ halten und eine Gallenblasen-
operation strikte abgelehnt würde, käme bei Frauen am Ende der Geschlechtsreife noch als Versuch eine Ausschaltung der menstruellen Einflüsse, durch
Unterdrückung der Ovarialfunktion mit Röntgen- oder Radiumbestrahlung
in Betracht. Erfahrungen über diese Therapie liegen noch nicht vor.

Die **Prognose** der Erkrankung ist natürlich die des jeweils vorhandenen
Gallensteinleidens. Es ist noch nicht zu sagen, ob die Cholelithiasis mit Ein-

haltung des menstruellen Typus eine schlechtere Prognose gibt, als diejenige, die sich nicht an diesen Typus hält.

Über **andere Erkrankungen der Gallenblase** oder der übrigen Gallenwege und ihre Beeinflussung durch die Menstruation fehlen noch jegliche Angaben. So ist vor allem noch nicht erwiesen, ob chronische Cholecystiden ohne Steinbildung, entzündliche Verwachsungen der Gallenblase mit den Nachbarorganen während der Menstruation subakute Erscheinungen aufweisen können. Die Möglichkeit ist durchaus zuzugeben und manche klinische Erfahrungen scheinen dafür zu sprechen.

Ebenfalls noch unentschieden ist der Einfluß, den während der Menstruation auftretende Gallensteinanfälle auf den Verlauf der Menstruation selbst haben können. Es liegt nur eine Beobachtung Naxeras vor, der bei Schmerzanfällen in der Gallenblasengegend jedesmal das Auftreten unregelmäßiger Menstruation konstatierte.

II. Beziehungen zwischen Leber und Schwangerschaft.

a) Schwangerschaftsveränderungen an Leber und Gallenwegen.

1. Schwangerschaftsleber.

Ehe es möglich ist, pathologische Vorgänge, die sich im Anschluß oder während der Schwangerschaft an der Leber und deren Anhangsgebilden abspielen deutlich zu erkennen, muß zunächst betrachtet werden, ob und in welcher Weise die Leber durch die Schwangerschaft in ihrem Bau und ihren Funktionen beeinflußt wird.

Anatomie. Von älteren französischen Autoren, deren Material allerdings nicht einwandsfrei ist, da es größtenteils von anseptischen Prozessen Verstorbener stammte, wurde zuerst eine Parenchymschädigung und eine Verfettung der Leber während der Schwangerschaft angenommen. In Deutschland schuf Hofbauer auf Grund von Untersuchungen der Leber von vier an nicht septischen Prozessen verstorbenen Schwangeren und Wöchnerinnen den Begriff der Schwangerschaftsleber. Die wesentlichsten anatomischen Merkmale beschreibt er wie folgt: 1. Fettinfiltration und Glykogenmangel in den zentralen Azinusabschnitten. 2. Gallenstauung mit nachfolgender Pigmentablagerung in den inneren Läppchenbezirken und Erweiterung der Gallenkapillaren. 3. Ektasie der Zentralvenen und der zuführenden Kapillaren. Hofbauer schließt sich also den französischen Autoren an, die eine Schädigung oder zum mindesten eine Verfettung des Leberparenchyms in der Schwangerschaft annehmen. Seinen Ausführungen trat Schickele entgegen, der ebenfalls auf Grund von Sektionsmaterial die Befunde Hofbauers nicht bestätigen konnte, die Gallenstauung und die Fettinfiltration als nicht typisch für die Schwangerschaft ablehnt. Seiner Ansicht nach ist der reichliche Fettgehalt der Leber Schwangerer nicht ein für Schwangerschaft typischer Befund, sondern lediglich der Ausdruck einer starken Fettzufuhr, wie sie auch bei übermäßiger Fettaufnahme der Nahrung sich experimentell erzeugen läßt. Zur Klärung der Frage sind auch Untersuchungen an Lebern von Tieren herangezogen worden. Hofbauer konnte bei einer trächtigen Häsin und bei trächtigen Mäusen starke Fettablagerung in der Leber konstatieren, das gleiche wies Viola bei graviden Meerschweinchen und Hunden nach. Schickele hingegen zeigte, daß dieser Fettreichtum sich durch Fettfütterung in derselben Weise wie bei graviden wie bei nichtgraviden Tieren erzeugen läßt, daß der Befund also nicht für die Schwangerschaft charakteristisch ist.

Auf Grund der histologischen Untersuchungen ist die Frage, ob die Schwangerschaft Veränderungen an der Leber hervorruft, ob es seine typische Schwangerschaftsleber gibt, durchaus noch unentschieden.

Das gleiche gilt für die physiologischen Untersuchungen über die Funktionen der Leber während der normalen Gravidität.

Physiologie der Schwangerschaftsleber. Entsprechend der Bedeutung, die der Leber für den Gesamtstoffwechsel zukommt, sind Untersuchungen über den von der Leber erwiesenermaßen oder möglicherweise abhängigen Eiweiß-, Kohlehydrat- und Fettstoffwechsel und über die in ihr vermuteten antitoxischen Fähigkeiten in der Gravidität angestellt worden.

Der Eiweißstoffwechsel scheint den bisher vorliegenden Untersuchungen nach ziemlich weitgehend beeinflußt zu sein, vor allem in dem Sinne, daß ein nicht vollständiger Abbau der Eiweißspaltprodukte zum Harnstoff auftritt. Per os gereichte Aminosäuren treten ähnlich wie bei schweren Lebererkrankungen auch bei einem hohen Prozentsatz der Graviden (40 %) in zwei- bis dreimal so hohem Wert im Harn Gravider auf, als beim nichtschwangeren Weibe (van Leersum). Außer der Bildung von Aminosäuren ist die von Polypeptiden eine Funktion der Leber. Nach den Untersuchungen von Falk und Hesky finden sich bei Schwangeren nur ungenügend abgebaute Eiweißendprodukte in hohem Prozentsatz im Harn, während bei nichtgraviden Frauen der Peptidstickstoffwert durchschnittlich 1½ bis 6,9 % beträgt, steigt er bei graviden Frauen auf 3½ %. Schließlich findet sich eine Vermehrung der Oxyproteinsäuren, den Polypeptiden nahestehender Körper, im Harn (Salomon und Saxl), und als Zeichen unvollkommenen Glykokollabbaues Glyoxylsäure. Auch die Verhältniszahlen des Ammoniakstickstoffes zum Gesamtstickstoff sind höher als die Zahlen, die allgemein bei gemischter Kost als normale angenommen werden. Es erscheint damit nachgewiesen, daß in etwa drei Viertel der Fälle Abänderungen im normalen Eiweißstoffwechsel vorhanden sind und zwar derart, daß der Organismus Peptidketten, die er anscheinend sonst in der Leber spaltet, unzersetzt ausscheidet und daß die Aminosäuren, die er sonst wahrscheinlich im Darm und in der Leber desamidiert oder zur Eiweißsynthese verwendet, in größerem Maße im Harn ausschwemmt (Falk und Hesky). Noch nicht geklärt ist die Bedeutung, die Schwankungen der Kreatinin- und Kreatinausscheidungen im Harn während der Gravidität beigemessen werden soll. Es besteht zweifellos eine gesteigerte Kreatininausscheidung in der Schwangerschaft und im Wochenbett. Es ist aber nicht sicher, ob sie ausschließlich auf eine Insuffizienz der Leber zu beziehen ist, da auch in anderen Organen die Kreatinbildung vor sich geht (Heynemann). Die vermehrte Kreatinausscheidung im Wochenbett kann auch durch die Rückbildung des Uterus bedingt sein.

Auch über das Verhalten des Kohlehydratstoffwechsels in der Schwangerschaft ist noch keine Einigung erzielt. Während auf der einen Seite Autoren auf die bei Schwangeren beobachtete alimentäre Glykosurie als Zeichen einer Leberinsuffizienz hinweisen (Brocard, Falk und Hesky u. a.), können andere (Magnus-Levy) eine besondere Schwäche des Kohlehydratstoffwechsels bei Schwangeren nicht feststellen. Der Blutzuckergehalt Schwangerer zeigte sich entweder nicht oder nur unwesentlich vermehrt und auch die auf reichliche Zuckerzufuhr eintretenden Steigerungen waren nicht so hochgradig, daß eine Insuffizienz der Leber in der normalen Schwangerschaft angenommen werden müßte.

Nur wenige Untersuchungen sind über Änderungen im Fettstoffwechsel, die durch Insuffizienz der Leber in der Schwangerschaft bedingt sein könnten, angestellt worden. Außer einer Beobachtung von Bar, der auf den bei Schwangeren häufigen Fettgehalt des Serums aufmerksam machte, liegen nur tierexperimentelle Erfahrungen, und zwar sich direkt widersprechende von Capaldi und von Mansfeld vor, von denen der erste vor der Geburt bei Hündinnen die doppelte Menge Fett im Blut im Vergleich zu nichtträchtigen Tieren nachwies, während letzterer eine Fettvermehrung im Blut trächtiger Hunde nicht feststellen konnte. Dagegen konstatierte Fosatti eine Herabsetzung des Fettspaltungsvermögens der Leber bei trächtigen Ziegen. Wie weit für diese Störungen eine direkte Beeinflussung des Fettstoffwechsels der Leber oder nur eine Beeinträchtigung der glykogenfixierenden Tätigkeit der Leber oder lediglich vermehrte Fettaufnahme in Betracht zu ziehen ist, bleibt noch nicht geklärt. Ebenfalls ins Bereich der Hypothese gehören die Äußerungen über die gleichförmig mit der Steigerung des Fettgehaltes der Leber einhergehende Herabsetzung der antitoxischen Fähigkeiten und die Parallelen, die zwischen Glykogengehalt und antitoxischem Vermögen gezogen wurden. Schließlich ist noch ein Stoffwechselvorgang zu erwähnen, der auf eine Leberinsuffizienz in der Schwangerschaft bezogen werden kann, das Auftreten von Urobilin im Harn, wie es von französischen Autoren in den letzten Monaten der Gravidität beschrieben wurde.

Zusammenfassend ergibt sich also, daß die Stoffwechseluntersuchungen über den Leberhaushalt in der Schwangerschaft noch kein klares Bild geben, daß aber vieles darauf hinweist, daß eine Mehrbelastung und dadurch bedingte Störungen in der Leberfunktion auch während der normalen Schwangerschaft auftreten können.

2. Schwangerschaftsveränderungen an den Gallenwegen und der Gallenblase.

Die Schwangerschaftsveränderungen, die sich an den Anhangsgebilden der Leber bemerkbar machen, sind fast ausschließlich mechanisch bedingt; durch die Kompression, die der Uterus in den letzten Monaten auf die Gallengänge ausübt, kommt es zu Stauungen in den Gallengängen. Dadurch können natürlich sekundär Erscheinungen an der Leber, Hyperämie, Ikterus usw. hervorgerufen werden. Ob eine gewisse Kompression der Gallengänge durch den schwangeren Uterus physiologisch ist, steht noch dahin. Schickele z. B. glaubt dieses ablehnen zu müssen.

Schließlich kann es in der Gallenblase während der Schwangerschaft zu reichlicher Cholestearinausfällung kommen, dies beweist die Häufigkeit der Entstehung von Cholestearin in der Schwangerschaft. Die Ursache dazu findet sich wohl in erster Linie in der von französischen Autoren Hermann und Neumann, Schlimpert und Huffmann und andere festgestellten beträchtlichen Vermehrung der Lipoide und vor allem der Cholestearine im Blute Schwangerer.

b) Erkrankungen der Leber und der Gallenwege in der Schwangerschaft.

Die Erkenntnis, daß Beziehungen zwischen Erkrankungen der Leber und der Schwangerschaft bestehen, ist der nicht seltenen Beobachtung eines der wichtigsten Symptome von Lebererkrankungen, des Ikterus, zu verdanken. Die ältere klinische Klassifizierung blieb aber bei diesem Symptome stehen und teilte die Erkrankungen in Icterus gravis und Icterus levis-graviditatis ein. Diese Einteilung läßt sich natürlich nicht mehr aufrecht erhalten, sondern muß einer ätiologischen Gruppierung der Erkrankungen weichen. Aber auch diese kann heute noch nicht genau gegeben werden. Fehlt doch noch der Nachweis des Bestehens und die Umgrenzung eines der wichtigsten Begriffe, des eigentlichen Schwangerschaftsikterus, als Symptom einer durch die Schwangerschaft hervorgerufenen Leberschädigung. Die am meisten auf diesem Gebiet gearbeitet haben, Hofbauer und Schickele, sind direkt entgegengesetzter Ansicht. Soviel scheint jedenfalls jetzt schon sicher zu sein, daß die mechanischen Verhältnisse bei dem Zustandekommen der verschiedenen Ikterusformen und die Rolle, die den Gallenwegen, speziell der Gallenblase bei der Entstehung des Ikterus zukommt, unterschätzt worden sind, während Theorien, die sich vorwiegend mit der Entstehung des Ikterus auf dem Umwege über Graviditätstoxikosen befassen, zu sehr zugestimmt wurde. Daß aber auch in diesen Theorien ein brauchbarer Kern steckt, bezeugen einmal die ebenerwähnten Stoffwechseluntersuchungen, die in der normalen Schwangerschaft Veränderungen im Stoffhaushalt der Leber nachweisen konnten und andererseits die pathologischen Befunde an der Leber bei hochgradigen Formen von Schwangerschaftstoxikosen, vor allem bei der Eklampsie. Es kann also die Schwangerschaft an vorher normalen Lebern Veränderungen hervorrufen, sie kann aber außerdem eine schon bestehende Erkrankung der Leber oder der Gallengänge beeinflussen. Man teilt daher am besten die im Verlauf der Schwangerschaft eintretenden Leber- usw. Erkrankungen in folgender Weise ein:

1. Erkrankungen der Leber und deren Anhangsgebilde, die infolge der Schwangerschaft entstehen.
2. Erkrankungen der Leber und deren Anhangsgebilde, die schon vor der Schwangerschaft bestanden, durch diese aber noch beeinflußt wurden.

1. Erkrankungen der Leber und deren Anhangsgebilde, die infolge der Schwangerschaft entstehen:

Bei dieser Gruppe müssen wieder unterschieden werden:

a) mechanisch bedingte Erkrankungen,
b) durch Stoffwechseländerung in der Schwangerschaft bedingte Erkrankungen.

a) Mechanisch bedingte Erkrankungen.

α) Hyperämie und Ikterus.

Die mechanischen Faktoren spielen bei der Entstehung der Erkrankungen der Gallenwege und der Gallenblase eine größere Rolle, als bei denen der Leber selbst. Von letzteren ist nur die Hyperämie zu erwähnen, wie sie von Hofbauer u. a. als Teilerscheinung einer allgemeinen Plethora graviditatis beschrieben ist. Sie kann durch den Druck der geschwellten Blutgefäße auf die in der Leber gelegenen Gallengänge zu einer Gallenstauung und so zu einem Resorptionsikterus Veranlassung geben.

Viel häufiger wird die Gallenstauung durch Verschluß der außerhalb der Leber gelegenen Gallengänge, des Ductus cysticus und Choledochus hervorgerufen. Die Ursache dafür kann hyperämische Schwellung der Schleimhaut der Gallenwege oder die katarrhalische Anschwellung der Schleimhaut des Duodenums, vor allem aber der Druck des in der Schwangerschaft wachsenden Uterus auf die Gallenausführungsgänge sein. Durch diese rein mechanischen Einflüsse und die von ihnen sekundär abhängige Bildung von Gallensteinen werden weitaus die meisten jener Formen von Gelbsucht in der Schwangerschaft, die nicht · akut tödlich verlaufen, erklärt. Schon Virchow erblickte in dem Druck auf die Leber und der dadurch herbeigeführten Leberkantenstellung in der Schwangerschaft ein ätiologisches Moment für das Zustandekommen des Ikterus. Außer den auf die Leber direkt wirkenden mechanischen Einflüssen, die die Vergrößerung des Uterus bedingt, werden noch andere während der Schwangerschaft auftretende mechanische Veränderungen als Ursache einer Gallenstauung in Betracht gezogen. So wurde die Koprostase, die sich häufig im Verlauf der Schwangerschaft ausbildet, als Ursache für die Gallenstauung angesehen und im gleichen Sinne von Ponfick die Auftreibung des Quercolon beschuldigt. Einen großen Raum in der Diskussion nimmt die Bewertung des mechanischen Einflusses der Behinderung der Zwerchfellatmung, wie sie durch den graviden Uterus bedingt sein soll, ein. Während auf der einen Seite Autoren wie Naunyn der Atmungsbehinderung einen großen Einfluß auf die Hyperämie und Schwellung der Gallengangsschleimhäute zuweisen, leugnen andere (Kehrer) diesen Einfluß entweder völlig oder suchen ihn nur für ganz wenig Fälle zu reservieren.

Die **Diagnose** der mechanisch durch Kompression zur Gallenstauung führenden Leber- und Gallengangserkrankung in der Schwangerschaft ist einfach. Differentialdiagnostisch sind in erster Linie Gallensteine auszuschließen, in zweiter Linie schwere möglichenfalls durch Stoffwechselveränderung hervorgerufene Ikterusformen, also akute gelbe Leberatrophie und ähnliches. Spezifisch für den mechanisch bedingten Ikterus ist, daß er erst in der zweiten Hälfte der Schwangerschaft, wenn der Uterus seine raumbeengende Größe erreicht hat, einsetzt, und daß er besonders stark bei Hydramnion, Zwillingen oder Riesenkindern in Erscheinung tritt.

Die **Prognose** ist natürlich günstig. Bedenklich kann es nur in den Fällen werden, wo es infolge der Gallenstauung zu einer Infektion und damit zu einer eitrigen Cholangitis kommt.

Die **Therapie** ist Abwarten und ev. Einhalten einer reizlosen fettarmen Diät. Meist bringt Entleerung des Uterus durch die Geburt Raum genug, um die regelrechte Gallenausscheidung wieder in die Wege treten zu lassen. Gesellt sich zu einer durch Gallenstauung bedingten Ikterusform Fieber als Zeichen einer infektiösen Cholangitis hinzu, dann kommt eine sofortige Entleerung des Uterus durch Sectio vaginalis in Betracht.

β) Gallensteine.

Weitaus die wichtigste mechanische Beziehung, die zwischen Schwangerschaft und Erkrankungen der Leber und Gallenwege besteht, ist die zur Bildung von Gallensteinen führende Kompression der Gallenausführungsgänge durch den graviden Uterus. Die besondere Häufigkeit, mit der das Gallensteinleiden die Frauen im Gegensatz zu den Männern betrifft, hatte schon frühzeitig darauf hingewiesen, daß besondere mechanische Einflüsse beim weiblichen Geschlecht sich geltend machen müssen, die zur Bildung von Gallensteinen führen. Dies konnte nicht so sehr in der Kompressionswirkung durch das Schnüren der Kleidung seine Erklärung finden, da ja auch bei Frauen, die sich nicht schnürten, Gallensteine häufig vorkamen, sondern mußte in erster Linie in der durch die Schwangerschaft bedingten mechanischen Veränderungen liegen.

Die Angaben über die Häufigkeit des Gallensteinbefundes bei Frauen im Vergleich zu Männern schwanken ziemlich weit. Bei Sektionsmaterial, das ja die allein richtigen Anhaltspunkte geben kann, zwischen 1 : 2 bis 1 : 5. Über die Entstehung der Gallensteine bei durch Schwangerschaft bedingter Gallenstauung existieren im wesentlichen zwei Theorien. Die eine, die vor allem von Naunyn vertreten wird, nehmen eine Zwischenwirkung von Bakterien, vor allem von Bacterium coli an, die den gallensteinbildenden Katarrh erzeugen, während auf der anderen Seite Aschoff und Bacmeister eine Einteilung der Genese nach den verschiedenen Gallensteinformen vornehmen und für den am häufigsten im Anschluß an die Schwangerschaft auftretenden Cholesterinstein lediglich die Gallenstauung ohne Mitwirkung von Bakterien als Ursache annehmen, wohl aber für andere Formen von Gallensteinen, Cholestearinkalksteine und Bilirubinkalksteine auch die Mitwirkung von Bakterien anerkennen. Der Ort der Gallensteinbildung wird von den meisten Autoren, so auch von Aschoff und Bacmeister, in die Gallenblase selbst verlegt. Nur ausnahmsweise kommt es durch die Stauung auch zur Bildung von Gallensteinen in den Lebergängen. Als Hilfsmomente werden neben der Stauung und der dadurch bedingten Ausfällung der Galle der gesteigerte Fettansatz in der Schwangerschaft und die vermehrte Bildung und Ausscheidung des Cholestearins angeführt. Hofbauer weist speziell noch darauf hin, daß die insuffiziente Leberzelle die Neigung habe, Cholestearin ausfallen zu lassen; eine vermehrte Cholestearinausscheidung der Galle soll weiter durch den Zerfall roter Blutkörperchen, der in der Schwangerschaft stärker sei, bedingt werden.

Bei der **Diagnose** ist es nicht immer leicht zu entscheiden, ob vorhandene Gallensteine in der betreffenden Schwangerschaft erst entstanden sind, oder ob sie schon vorher entstanden waren bzw. einer früheren Schwangerschaft entstammen. Denn auch die durch die Schwangerschaft bedingten mechanischen Veränderungen lösen bei Steinträgern, die ihre Steine bis dahin beschwerdelos getragen haben, in einer großen Zahl der Fälle Gallensteinkoliken aus.

Nicht nur die Schwangerschaft erzeugt eine mechanische Disposition für die Entstehung der Gallensteine, sondern auch das Puerperium. Durch den plötzlichen Wegfall des Druckes des schwangeren Uterus auf die Gallenwege kann es zu einer Abknickung der Gallengänge und damit zu einer Behinderung des Abflusses und rückläufiger Stauung kommen. Auch die im Puerperium vorhandene Schlaffheit der Baucheingeweide, speziell das Tiefertreten der Leber infolge Erschlaffung des peritonealen Aufhängeapparates und mangelhafter Darmperistaltik können im gleichen Sinne wirken.

Die **Therapie** der während der Schwangerschaft und im Wochenbett entstandenen Gallensteine muß während dieser Zeit möglichst konservativ sein. Meist macht sich das Leiden ja erst in der zweiten Hälfte der Schwangerschaft bemerkbar. Eine Operation löst dann aber sehr leicht eine Unterbrechung der Schwangerschaft aus. Sollten sich schon in den ersten drei Monaten starke Gallensteinkoliken einstellen, so käme bei sehr starken Beschwerden allerdings eine Operation in Betracht.

Die konservative Behandlung besteht in fettarmer reizloser Diät, Karlsbader Salz, am besten einer Kur in Karlsbad selbst und vor allem reichlicher Bewegung.

Für die Operation nach Ablauf der Schwangerschaft und des Wochenbettes gelten die gleichen Vorschriften wie für die Operation der Gallensteine überhaupt. Im allgemeinen haben die während der Schwangerschaft entstandenen Steine eine gute Prognose. Sie sind sehr häufig solitär. Es kann also eine Cholecystostomie in manchen Fällen Heilung bringen. Trotzdem wird man sich doch lieber zu der radikalen Cholecystektomie entschließen, um vor Rezidiven dauernd gesichert zu sein.

b) Durch Stoffwechselveränderungen in der Schwangerschaft bedingte Erkrankungen der Leber und der Gallenwege.

Als die wichtigsten Erkrankungen sind folgende vier zu nennen:

α) die Leberveränderungen bei Eklampsie,

β) die akute gelbe Leberatrophie,

γ) die Leberveränderungen bei Hyperemesis gravidarum,

δ) der rezidivierende Schwangerschaftsikterus.

Die ersten drei Krankheitsbegriffe wurden früher als klinisch wohl voneinander unterschieden in den Lehrbüchern registriert. Die neuere Zeit scheint eine Annäherung dieser Begriffe aneinander zu bringen, ja ein Teil der neueren Autoren wie Schickele und Hofbauer versuchen, diese drei Krankheitsformen unter einen Begriff, den der Eklampsie, bzw. der atypischen Eklampsie zu bringen. Allen dreien Krankheiten gemeinsam ist als auslösendes Moment die Graviditätstoxikose einerseits und die dadurch hervorgerufene Leberschädigung andererseits. Wir folgen hier noch der alten Einteilung und gehen auf die einzelnen Erkrankungsformen getrennt ein.

α) Die Eklampsie

ist, wenn auch reichlich durchforscht und bearbeitet — so brachte das letzte Jahr allein 300 Arbeiten über Eklampsie — doch noch immer die „Krankheit der Theorien", sie ist aber diejenige der Graviditätstoxikosen, deren anatomische und physiologische Grundlagen und deren Beziehungen zur Leber speziell am exaktesten studiert sind.

Anatomie der Leberveränderungen bei Eklampsie. Schmorl und Lubarsch verdanken wir die ersten Beschreibungen der Leberveränderung bei Eklampsie. Speziell die Schmorlschen Untersuchungen sind bahnbrechend gewesen und gelten heute noch. Er fand als typisch für Eklampsie Hämorrhagien, Thrombosen und Degenerationsherde im Leberparenchym, bei einigen Fällen auch hochgradige Verfettung der Leberzellen. Ähnliche Veränderungen wie in der Leber zeigten sich bei der Eklampsie auch in den anderen Organen. Aber sowohl der Intensität, als auch der Häufigkeit des Vorkommens nach ist die Leber das bevorzugte Organ. Schmorl unterscheidet in seiner letzten Monographie die über 70 Fälle berichtet, zwischen hämorrhagischen und anämischen Nekrosen. An den Nekrosen sind besonders charakteristisch ihre typische Lage in der Peripherie des Leberazinus, die Fibrinausscheidung und die sowohl die hämorrhagische, wie die anämische Form stets begleitenden, ihnen vorangehenden Thrombosen in den kleinsten Pfortaderästen. Die Befunde Schmorls sind von den nachprüfenden Autoren bestätigt worden; so von Konstantinowitsch aus dem Institut von Marchand und auch von Hofbauer und Schickele. Schickele betont besonders einen schon von Schmorl präzisierten Begriff, den der Eklampsie ohne Krämpfe. Er unterscheidet zwei Gruppen von Leberveränderungen: die erste ist charakterisiert durch miliare, selten konfluierende anämische und hämorrhagische Nekrosen in der Leber. Die Leberzellen dabei können gut erhalten und mit Fett beladen sein. Dieser anatomische Befund soll besonders bei der typischen Eklampsie auch in den ohne Krämpfe verlaufenden Fällen und bei schweren Formen von Hyperemesis bestehen. Bei der zweiten Gruppe finden sich ausgedehnte Degenerationen des Leberparenchyms; es sind nur noch Inseln von Parenchymzellen um die Pfortaderverzweigungen herum erhalten und die degenerierten Bezirke intensiv mit Fett beladen. Diese Leberveränderungen können bei typischer Eklampsie vorkommen, aber auch bei solchen Fällen ohne Krämpfe, die klinisch als schwere Intoxikation imponieren. Es wird noch eines größeren Materials bedürfen, um speziell die von Schickele angedeuteten Unterschiede nachzuprüfen. Vorderhand kann gesagt werden, daß für die reine Eklampsie die Befunde von Schmorl unverändert bestätigt worden sind und die von den meisten Autoren angenommene Theorie der Graviditätstoxikose durch die anatomisch nachweisbare Leberschädigung eine Stütze erhält.

Physiologische Untersuchungen über die Leberschädigung bei Eklampsie. Pinard und andere französische Autoren erblicken als das wesentlichste bei der Eklampsie eine Funktionsstörung der Leber, die sie durch deren Insuffizienz zu erklären suchen. Diese sollte auch die von vielen Autoren angenommene übermäßige Säurebildung bei der Eklampsie, die Bildung von Milchsäure (Zweifel, Zangemeister u. a.) erklären. In neuerer Zeit hat sich vor allem Hofbauer mit diesen Untersuchungen befaßt und ist dazu gekommen, eine partielle, intra vitam akut einsetzende Leberautolyse als den wichtigsten pathologischen Vorgang bei der Eklampsie anzunehmen. Seine Theorien stützen sich auf chemische Untersuchungen von Lebern an Eklampsie Verstorbener, von Harn, Blut und anderen Körperflüssigkeiten und schließlich von Plazenten Eklamptischer. Er fand dabei, daß die Eklampsieleber viele Stoffe, wie Milchsäure, Ameisensäure, Bernsteinsäure und Aminosäuren, die auf regressive Stoffwechselprozesse hinwiesen, enthält. Diese Stoffe lassen sich allerdings auch dann nachweisen, wenn die Leber länger Zeit gelegen hat und es so zu Fäulnis leichten Grades kommt. Zweifellos aber sind diese Stoffwechselabbauprodukte reichlicher in den eklamptischen, als in den normalen Lebern vorhanden. Auch im Harn konnte er verschiedene, dem regressiven Stoffwechsel angehörige Körper, wie Albumosen, Aminosäure u. a. m., allerdings in einem gegenüber der Norm nur wenig erhöhten Prozentsatz nachweisen. Die wichtigsten Aufschlüsse gaben die Untersuchungen an der Placenta. Hier fanden sich bei drei frisch untersuchten Eklampsieplacenten Ameisensäure, Milchsäure und Bernsteinsäure gegenüber 20 normalen Placenten reichlich vermehrt. Die Theorie Hofbauers von der intravitalen Leberautolyse scheint durch die Befunde Abderhaldens bestätigt zu werden, der bei Eklampsie einen Abbau von Lebergewebe durch den Nachweis der gegen Leber wirkende Schutzfermente im Blut erbringen konnte.

Das Krankheitsbild der Eklampsie ist trotz all der erwähnten Untersuchungen noch so wenig geklärt und die theoretischen Grundlagen noch so schwankend, daß es nicht möglich ist, sich jetzt auf eine bestimmte Theorie festzulegen. So viel scheint sicher, daß einmal die anatomischen Untersuchungen und andererseits auch die physiologischen Untersuchungen mit Sicherheit dartun, daß einen wesentlichen Anteil, wenn auch nicht an dem Zustandekommen der Eklampsie, so doch aber an einem großen Teil ihrer Symptome, eine schwere degenerative Leberschädigung hat. Bezüglich **Diagnose, Prognose, Therapie** der Eklampsie muß auf die Lehrbücher der Geburtshilfe verwiesen werden. Hier sollen nur die diagnostisch wichtigen Symptome, die auf eine Beteiligung der Leber bei Eklampsie hinweisen, besprochen werden. Das ist einmal der Druckschmerz in der Lebergegend. Nach den Angaben älterer französischer Autoren soll dem Ausbruch eklamptischer Symptome nicht selten ein umschriebener Druckschmerz in der Lebergegend vorausgehen. In den neueren Lehrbüchern finden sich diese Angaben nicht wieder.

Als zweites auf Untersuchung der Leber beruhendes Diagnostikum ist die funktionelle Probe auf die Leistungsfähigkeit der Leber zu nennen. Hofbauer empfahl die von Strauß erfundene Lävuloseprobe, die darin besteht, daß eine Probedosis von 60 g Lävulose genommen und danach beobachtet wird, ob Zucker im Urin auftritt. Geschieht dies, so ist daraus auf eine Insuffizienz der Leber zu schließen und die Möglichkeit einer vorstehenden Eklampsie anzunehmen. Bei stark positivem Ausfall ist die Prognose ungünstig zu stellen.

β) Akute gelbe Leberatrophie.

Sehr umstritten und von neueren Autoren stark eingeengt ist das Krankheitsbild der akuten gelben Leberatrophie bzw. des Ikterus gravis in der Schwangerschaft. Daß diese gelegentlich auch bei Männern vorkommende

Erkrankung besonders leicht durch die Schädigung der Schwangerschaft ausgelöst werden kann, beweisen die Statistiken, die ein Überwiegen des weiblichen Geschlechtes über das männliche (8 : 5) und unter den davon betroffenen
Frauen wieder ⅓ als schwanger dartun. Die Erkrankung ist selten. Nach
Braun, Späth u. a. kommt erst auf 28 000—10 000 Schwangere ein Fall von
akuter gelber Leberatrophie.

Die **anatomischen und physiologischen Veränderungen** weisen das Bestehen einer
schweren parenchymatösen Leberschädigung nach und ähneln, wie Schickele, Schmorl
u. a. nachweisen, sehr den bei Eklampsie beobachteten Befunden, so daß z. B. Schickele
— wie oben schon erwähnt — geneigt ist, diese Fälle als Eklampsie ohne Krämpfe zu registrieren und damit den Begriff der selbständigen akuten gelben Leberatrophie während
der Schwangerschaft ganz fallen zu lassen. Wie weit sich diese theoretische Spekulation
bewahrheiten wird, ist noch abzuwarten. Sicher ist, daß der Krankheitsbegriff der akuten
gelben Leberatrophie während der Schwangerschaft einzuengen ist. Wahrscheinlich ge-.
hören viele Fälle, die früher unter diesem Namen gegangen sind, anderen Kategorien an.

Für die **Diagnose** muß gefordert werden, daß septische Erkrankungen mit
sekundärer Leberschädigung ausgeschlossen werden. Der Befund reichlicher
Mengen von Bakterien im Blut spricht gegen eine durch Graviditätsintoxikation
ausgelöste akute gelbe Leberatrophie. Weiter dürfen keine Phlegmonen und
ähnliche Prozesse, die an der Leber von den Gallenwegen aus fortgeleitet entstehen, vorliegen. Übrig bleiben also nur Fälle, die eine Steigerung der hypothetischen Leberinsuffizienz während der Schwangerschaft darbieten.

Die **Prognose** der Erkrankung ist nach allen vorliegenden Berichten sehr
ungünstig. Nur wenige Berichte erzählen von Heilung.

Die **Therapie** derjenigen, die in der akuten gelben Leberatrophie eine
durchaus ungünstige Erkrankung sehen, ist natürlich Abwarten, da auch eine
Schwangerschaftsunterbrechung den tödlichen Ausgang nicht aufhalten kann.
Dies ist wohl zu pessimistisch. Von der Überlegung ausgehend, daß die akute
gelbe Leberatrophie eine Graviditätstoxikose sein kann, ist doch das Rationellste,
die Schädigung der Schwangerschaft auszuschalten. Wenn es der Zustand
der Frau überhaupt noch erlaubt, soll eine Unterbrechung der Schwangerschaft vorgenommen werden. Als weitere Behandlung käme dann die für die
akute gelbe Leberatrophie in der inneren Medizin vorgeschriebene Therapie
in Betracht. Der Eingriff der Unterbrechung wird sehr durch die infolge der
Leberschädigung fast unstillbar auftretende Blutung erschwert und dadurch
die Prognose noch ganz wesentlich getrübt.

γ) Hyperemesis gravidarum.

Die dritte Erkrankung, die als eine Graviditätstoxikose mit dem Hauptan-
griffspunkt an der Leber angesehen wird, ist die schwere Form der Hyperemesis
gravidarum (vgl. auch S. 208 ff.). Ihre Symptome sind bei den leichten
Fällen Erbrechen, das zumal morgens ohne nachweisbaren Grund auftritt und
ohne größere Beschwerden ertragen wird. Bei den schwereren Fällen kommt es zu
häufigem Erbrechen, sog. unstillbarem Erbrechen, Abmagerung, ja sogar zu
Delirien und zu Krämpfen. Gestützt auf die Beobachtung dieser Formen haben
Schickele und Hofbauer vor allem in neuerer Zeit darauf hingewiesen,
daß die Hyperemesis nur einen schwächeren Grad von Eklampsie darstelle.
Hofbauer konnte die schon von älteren Autoren angegebenen anatomischen
Befunde an der Leber bei schweren Fällen von Hyperemesis gravidarum
bestätigen, das sind: hochgradige, auch in der Peripherie der Acini sichtbare
Rarefizierung des Zellplasmas, Fettinfiltration, in einzelnen Fällen Nekrosen.
Von den physiologisch-chemischen Untersuchungen weist die oben schon erwähnte, von Strauß angegebene Lävuloseprobe, die in Fällen schwerer Hyper-
emesis schon bei 60 g positiv sein soll, auf eine Leberinsuffizienz hin.

Die **Diagnose** hat vor allem das Bestehen einer schweren Hyste ie auszuschließen. Die älteren Autoren (Ahlfeld u. a.) haben die Hyperemesis
gravidarum als eine hysterische Reflexneurose aufgefaßt. Schon Olshausen
hat dagegen protestiert und heute ist die Auffassung der Hyperemesis als Reflexneurose wohl allgemein fallen gelassen worden. Zweifellos gibt es Fälle, bei
denen nervöse Überempfindlichkeit in den frühen Monaten der Schwangerschaft,
zumal wenn Magenstörungen anderer Art noch vorliegen, hyperemesisähnliche
Bilder vortäuschen kann. Ist dies aber mit einiger Sicherheit auszuschließen,
dann hätte eigentlich nur die Abgrenzung der schwereren Form von Hyperemesis, gegen die schon zur Eklampsie überleitende Form, der Eklampsie ohne
Krämpfe zu erfolgen. Und ob diese Abgrenzung überhaupt möglich und berechtigt ist, muß unentschieden bleiben.

Die **Prognose** hat sich nach der Schwere des Falles zu richten. Nur kurze
Zeit und nicht sehr intensiv eintretende Hyperemesis ist natürlich günstig zu
beurteilen. Sicher scheint zu sein, daß die Fälle mit Leberschädigung eine
ungünstige Prognose geben. Vielleicht erweist sich die von Strauß und Hofbauer angegebene Lävuloseprobe wichtig für die Indikationsstellung in der
Therapie. Wenn es sich um schwere Fälle handelt, vor allem, wenn hepato-
toxische Symptome, also Bewußtseinsstörungen, Krämpfe und Ikterus hinzutreten, kommt natürlich nur eine Unterbrechung der Schwangerschaft in
Betracht.

δ) Rezidivierender Schwangerschaftsikterus.

Schließlich ist noch einer mit Leberschädigung einhergehender Graviditätstoxikose zu gedenken, der von Benedikt Mayer u. a. beschriebene rezidivierende
Schwangerschaftsikterus. Es treten bei ein und derselben Frau in jeder Gravidität mitunter sechs-, siebenmal und öfter nacheinander leichtere und schwerere
Ikterusformen auf, die entweder ohne wesentliche Beeinträchtigung des Allgemeinbefindens oder mit Juckreiz und Urobilinurie und in den schwersten
Fällen mit Bewußtseinsstörungen und Krämpfen einhergehen. Sicher sind in
dieser Rubrik manche Fälle mit untergebracht, die in Wirklichkeit rezidivierende
Gallensteinleiden sind. · Es ist aber trotzdem wohl anzunehmen, daß in Hinsicht
auf die anatomischen und physiologischen Veränderungen, die in der Leber
während der Schwangerschaft stattfinden können, es sich hierbei um eine
Leberinsuffizienz, die in jeder Schwangerschaft manifest wird, handelt. Je
nachdem man annimmt, daß die vermuteten toxischen Produkte der Schwangerschaft an den Blutkörperchen angreifen, Hämoglobinurie und so Überproduktion
an Galle erzeugen, oder daß sie die Leberzelle selbst zerstören, spricht man
von einem polycholischen oder einem paracholischen Ikterus. Der polycholische
Ikterus scheint den Angaben in der Literatur nach bei weitem der seltenere
zu sein, während der paracholische Ikterus öfter beobachtet wird.

Die **Diagnose** hat im wesentlichen darauf auszugehen, septische Erkrankungen und Gallensteinerkrankungen auszuschließen.

Die **Prognose** ist für leichte und auch für die schweren Formen verhältnismäßig günstig.

Die **Therapie** besteht in schweren Fällen in Unterbrechung der Schwangerschaft und ev. Tubensterilisation.

2. Einfluß der Schwangerschaft auf bestehende Erkrankungen der Leber und der Gallenwege.

a) Erkrankungen der Leber.

Auf zahlreiche schon bestehende Erkrankungen der Leber übt die Schwangerschaft mit den hohen mechanischen und funktionellen Anforderungen, die

sie gerade an dieses Organ stellt, natürlich einen ungünstigen Einfluß aus. Die Wanderleber, die bei allgemeiner Enteroptose auftritt, wird durch die Schwangerschaft zwar zunächst günstig beeinflußt, da durch den wachsenden Uterus die Leber von unten emporgedrängt wird. Bei der der Schwangerschaft und dem Puerperium folgenden allgemeinen Erschlaffung der Bauchorgane nimmt die Lebersenkung aber meist höhere Grade an, als vor der Schwangerschaft bestanden. So wird die Wanderleber also schließlich durch die Schwangerschaft ungünstig beeinflußt. Chronisch indurative Prozesse an der Leber, Leberzirrhosen, scheinen den spärlichen Mitteilungen nach, die darüber in der Literatur vorhanden sind, auch ungünstig beeinflußt zu werden. So sind mehrere Fälle mitgeteilt, bei denen eine bei jeder Schwangerschaft eintretende Verschlimmerung der Leberzirrhose beobachtet wurde (Benedikt, Löhlein). Daß so wenig Material vorliegt, mag daran liegen, daß die Leberzirrhose vorwiegend eine Erkrankung der höheren Lebensalter ist, in denen eine Schwängerung nur selten noch vorkommt. Das Gleiche gilt für das Leberkarzinom. Auch dieses wird, wie überhaupt die Karzinome, durch die Schwangerschaft ungünstig beeinflußt und entwickelt sich meist rapid weiter, so daß es spontan zur Schwangerschaftsunterbrechung kommen kann.

Weiter kann die Schwangerschaft noch durch infektiöse Lebererkrankungen, vor allem durch Echinokokkus kompliziert sein. Mitunter platzt die Echinokokkusblase schon in frühen Schwangerschaftsmonaten und wird dadurch ein operativer Eingriff nötig. Schließlich können Lebertumoren, Karzinome und Echinokokken bis in das kleine Becken hinabreichen und so in seltenen Fällen ein Geburtshindernis abgeben.

b) Erkrankungen der Gallenwege.

Klinisch viel wichtiger als der Einfluß der Schwangerschaft auf die Leberkrankheiten ist der, den sie auf schon bestehende Erkrankungen der Gallenwege, vor allem auf die der Gallenblase ausübt. Einmal werden durch die Schwangerschaft häufiger als gewöhnlich Gallensteinanfälle ausgelöst und zweitens kann die Entstehung von entzündlich-infektiösen Prozessen an den Gallengängen begünstigt werden.

Während wohl allgemein Einigkeit darüber herrscht, welch bedeutenden Einfluß die Schwangerschaft auf die Entstehung von Gallensteinen hat, ist es nicht so mit der Einschätzung über den Einfluß, den sie auf die Auslösung von Gallensteinanfällen hat. Auf der einen Seite berichten Autoren, wie Fellner aus der Schautaschen Klinik, daß bei 40 000 Frauen nur fünfmal Gallensteinkoliken unter der Geburt beobachtet wurden, auf der anderen Seite weisen aber Autoren, zumal neuerer Zeit (Plöger), darauf hin, daß mit der verbesserten Diagnostik häufiger als man früher annahm, sich Gallensteinanfälle in der Schwangerschaft beobachten lassen. Es kommen hierbei natürlich dieselben anatomischen und physiologischen Bedingungen ursächlich in Betracht, die das Entstehen von Gallensteinen in der Schwangerschaft auslösen, also die Hyperämie der Leber und der Gallengänge, die Kompression der Ausführungsgänge durch den vergrößerten Uterus und die Erschlaffung und dadurch mögliche Abknickung der Ausführungsgänge nach erfolgter Geburt im Frühwochenbett. Auch bei der Geburt selbst können durch die Anspannung der Bauchmuskeln beim Mitpressen Kompressionen der Gallengänge zustande kommen und die Gallensteine fester in die Schleimhaut, die in vielen Fällen hyperämisch ist, eingekeilt werden. Die in Verbindung mit der Schwangerschaft auftretende Behinderung des Gallenabflusses kann auch zur Entstehung von Infektionen in den Gallenwegen Anlaß geben. In der gestauten Galle kommt es zur bakteriellen Zersetzung, dann zur Infektion der Gallenblasenwand und schließlich zum Empyem der Gallenblase, zu Cholangitiden und Leberabszessen. Darüber ist in neuerer Zeit mehrfach berichtet worden (Arnsperger, Neu, Christiani, Sitzenfrey).

Die **Diagnose** des Gallensteinanfalls in der Schwangerschaft ist durch die Verwechslungsmöglichkeit mit appendicitischen Anfällen erschwert, da auch die Appendicitis häufig in der Schwangerschaft rezidiviert. Als wichtiges differentialdiagnostisches Merkmal ist bei der Appendicitis die Schmerzempfindlichkeit des Mac-Burneyschen Punktes und bei der Cholelithiasis ein Zusammenhang der schmerzempfindlichen Stelle mit der Leber bzw. der rechten Oberbauchgegend anzusehen. Weiter ist auf das Bestehen eines Ikterus zu fahnden. Dieser spricht natürlich für Gallensteine. Für das Vorhandensein einer Cholangitis oder eines Gallenblasenempyems im Gegensatz zu aseptischen Steinbeschwerden spricht Beschleunigung des Pulses und Temperatursteigerung. Ein ausgesprochenes Empyem der Gallenblase läßt sich häufig auch perkutorisch und palpatorisch nachweisen. Im Wochenbett auftretende entzündliche Prozesse an den Gallengängen und Empyem, führten — wie ja leicht erklärlich — bei einzelnen Fällen zu Verwechslung mit puerperaler Sepsis und Pyämie.

Die **Prognose** des Gallensteinanfalles in der Gravidität ist im allgemeinen nicht verschieden von der der Gallensteinanfälle außerhalb der Gravidität. Nicht das Gleiche gilt für die infektiöse Cholangitis, das Gallenblasenempyem und die Leberabszesse. Es scheint, als ob durch die Schwangerschaft eine geringere Resistenz der Leber gegen infektiöse Schädigungen bedingt wäre und daher die Prognose dieser Erkrankungen etwas schlechter als bei Nichtschwangeren gestellt werden müsse. Weiter kann es bei fieberhafter Cholangitis zum spontanen Abort kommen. Sehr vorsichtig ist die Prognose bei Empyem der Gallenblase zu stellen. Es sind Fälle berichtet, bei denen es während der Geburt zu einem Platzen des Empyems und nachfolgender tödlicher Peritonitis kam.

Bei der **Therapie** des Gallensteinanfalls ist im Auge zu behalten, daß im Gegensatz zu der Appendicitis fast nie eine akute Perforationsgefahr besteht. Die einzige Gefahr beruht in der bei Steineinklemmung möglichen Infektion der Gallengänge und im Anschluß daran der Bildung von Leberabszessen. Wenngleich von verschiedenen Autoren über mit Erfolg ausgeführte Cholecystektomie und Cholecystostomie, transduodenale Cholecystostomie und andere Operationen bei Gallensteinanfällen während der Schwangerschaft berichtet wird, so ist doch im allgemeinen von einer Operation während der Gravidität außer in den ersten vier Monaten abzuraten, das Ende der Gravidität abzuwarten und erst im Spätwochenbett unter günstigeren Bedingungen als Operation der Wahl die Cholecystektomie auszuführen.

Schwieriger ist die Entscheidung, ob bei fieberhaften Prozessen, bei Empyemen und Cholangitiden ein operativer Eingriff vorzunehmen ist. Solange Fieber und Ikterus bestehen, ist natürlich von einem größeren Eingriff unbedingt abzuraten. Bei schwerem Empyem der Gallenblase und der Gefahr der aufsteigenden Cholangitis und Leberabszeß kommt eine Spaltung der Gallenblase, eine Cholecystostomie mit Fistelbildung in Betracht.

Die künstliche Unterbrechung der Schwangerschaft wegen Gallensteinanfällen wird nur selten indiziert sein. Sie kommt in Betracht, wenn die Anfälle nachweisbar durch die Schwangerschaft ausgelöst sind und die betreffende Patientin dadurch schwer im Allgemeinzustand heruntergekommen ist.

III. Beziehungen zwischen gynäkologischen Erkrankungen und Erkrankungen der Leber und der Gallenwege.

Zwischen den Erkrankungen der Genitalorgane und der Leber und der Gallenwege können 4 verschiedene Arten von Beziehungen bestehen:

a) Kann eine·direkt mechanische Beeinflussung der Leber und der Gallen-wege durch Genitalerkrankungen stattfinden.

So können z. B. Tumoren der Eierstöcke oder des Uterus einen Druck auf die Gallengänge ausüben und dadurch zur Gallensteinbildung führen.

b) Kann die Übertragung einer Genitalerkrankung auf die Leber indirekt über den Blutweg oder Lymphweg erfolgen.

c) Können beide Organsysteme dadurch in Beziehung gebracht werden, daß sie in eine Erkrankung z. B. eine Appendizitis die primär von einem dritten Organ ausgeht, mit einbezogen werden.

d) Können Beziehungen zwischen den beiden Organsystemen dadurch hergestellt werden, daß Symptome von einem fälschlich auf das andere bezogen werden. Es bildet also der diagnostizierende bzw. der fehldiagnostizierende Arzt die Brücke zwischen den Erkrankungen beider Systeme.

a) Mechanische Beeinflussung der Leber und der Gallenblase durch Genitalerkrankungen.

Direkte mechanische Beziehungen zwischen den Erkrankungen beider Organsysteme sind natürlich nur bei solchen Genitalerkrankungen möglich, die eine so weitgehende Vergrößerung einzelner Teile des Genitales bedingen, daß diese die Leber und Gallenblase berühren können, z. B. Myome des Uterus, Kystome des Ovariums und Kystome des Parovariums. Diese Tumoren können eine Stellungsänderung der Leber bedingen. Es kommt durch den Druck von unten zu einer Kantenstellung. Denselben Effekt können indirekt auch relativ kleine Eierstockkarzinome haben, die zur Bildung von Peritonealmetastasen und Ascites führen und durch den Druck der Ascitesflüssigkeit die Leber in Kantenstellung bringen.

Weiter kommt es nicht selten bei sehr großen Tumoren der Genitalien, vor allem bei Ovarialkystomen zu direkter Druckeinwirkung auf das Lebergewebe. Die so erzeugten Eindrücke und Dellen im Lebergewebe lassen sich gelegentlich am Sektionstisch nachweisen.

Schließlich kann es auch zu Verwachsungen zwischen der Unter-fläche der Leber und den Genitaltumoren kommen, zumal dann, wenn sich entzündliche Vorgänge bei nekrotisierenden Tumoren an deren Oberfläche abspielen. Häufig scheint dies nicht einzutreten. Freund beschreibt einen Fall, wo sich eine feste Verwachsung des linken unteren Leberlappens mit einem Myom gebildet hatte und gefäßreiche Stränge von einem Organ zum anderen zogen.

Wichtiger sind schon die mechanischen Beziehungen, in die die Gallen-wege, vor allem die Gallenblase, zu den raumbeengenden Tumoren des Genitales treten können. In der Gallenblase entstehen auf diese Weise einmal Steinbildungen und im Anschluß an diese, ev. durch diese hervorgerufen, Empyeme. Alle die Faktoren, die in der Schwangerschaft durch Druck auf die Gallenwege zur Gallenstauung und dadurch zur Steinbildung führen, können natürlich auch bei der Entstehung von Gallensteinen durch raumbeengende Genital-tumoren wirksam sein. Natürlich fehlen bei den Tumoren des Genitales die-jenigen Stoffwechseleinflüsse, die bei der Schwangerschaft das Entstehen von

Gallensteinen, d. h. das Ausfallen von Cholesterin aus der Galle besonders begünstigen, also vor allem der Cholestearinreichtum des Blutes. Daß trotzdem in einem relativ hohem Prozentsatz bei Genitaltumoren Gallensteine gefunden werden, spricht für die überwiegende Bedeutung, die den mechanischen Einflüssen bei ihrer Entstehung zukommt.

Dies wird außer durch Sektionsbefunde vor allem durch die Statistiken amerikanischer Operateure bestätigt. So konnten die Mayos bei einer Serie von 1244 abdominellen Myomoperationen 90 mal gleichzeitig Steinbildungen in der Gallenblase beobachten. Gegen die ätiologischen Schlußfolgerungen aus dem Zusammentreffen von Genitaltumoren und Gallensteinen ist natürlich der Einwand zu machen, daß durch vorhergegangene Schwangerschaften Disposition zur Steinbildung abgegeben wurde. Wissen wir ja aus großen Zahlenreihen, daß Gallensteine bei Frauen zwei- bis dreimal häufiger sind, als bei Männern. Aber gerade die Myomstatistiken sind ziemlich beweisend für die ätiologische Rolle der Genitaltumoren, da ja Myome in einem hohen Prozentsatz der Fälle bei Nulliparen beobachtet werden.

Über die Art der bei Genitaltumoren gleichzeitig gefundenen Gallensteine fehlen meist die Angaben. Doch gehen wir wohl nicht fehl, wenn wir entsprechend den Erfahrungen von Aschoff und Bacmeister, die in den meisten Fällen bei aseptischer Gallensteinbildung Cholesterin- also Solitärsteine, fanden, annehmen, daß diese auch zumeist bei Genitaltumoren vorkommen. Multiple Steinbildungen werden sich natürlich dann finden, wenn es durch die Stauung zu einer Infektion des Gallenblaseninhaltes gekommen ist. Auf diese Weise kann durch die Genitaltumoren zu erst eine Solitärsteinbildung, dann durch Infektion eine multiple Steinbildung und schließlich ein Empyem der Gallenblase veranlaßt werden.

Die **Diagnose** der Gallensteinerkrankung bei Genitaltumoren ist ziemlich schwer. Man kann wohl annehmen, daß meist die Diagnose erst bei der Operation oder bei der Obduktion gestellt wird. Es liegt das daran, daß in vielen Fällen eine Infektion fehlt und daß die Solitärsteine überhaupt symptomarm getragen werden.

Die **Therapie** kann erst dann einsetzen, wenn durch die Operation des Genitaltumors die Diagnose „Cholelithiasis" gesichert ist. Die wichtigste Frage dabei ist eine rein technische, in das Gebiet des operierenden Gynäkologen bzw. Chirurgen schlagende, und lautet: Soll gleichzeitig mit einer ev. Radikaloperation des Kystoms oder Myoms auch die steinhaltige Gallenblase entfernt werden? Im allgemeinen ist dies zu verneinen; einmal schon weil die Schnittführung bei der Operation des Genitalleidens meist nicht eine Entfernung der Gallenblase gleichzeitig gestattet und ein weiter sofort angeschlossener Schnitt eine erhöhte Gefährdung des Individuums in der Rekonvaleszenz darstellt. Es ist deshalb zu verlangen, daß wenigstens 4—6 Wochen Pause zwischen beiden Operationen eingeschaltet wird. Treten in dieser Zeit nach Entleerung des Abdomens keine Gallensteinanfälle mehr ein, so kann versucht werden, überhaupt konservativ weiter zu behandeln. Hat die Betastung der Gallenblase einen einzigen Solitärstein und keine Wandveränderung der Gallenblase ergeben, so käme als Operation neben der Cholecystektomie auch noch einfache Cholecystostomie in Betracht. In allen Fällen, wo multiple Gallensteine gefühlt wurden, ist die Cholecystektomie die Operation der Wahl.

Einen gewissen Rückschritt in der Diagnosestellung und damit auch in der Therapie der Cholelithiasis wird die Abnahme der Operationen in der Gynäkologie bringen. Die moderne Therapie der Myome mit Röntgen und mit Radiumstrahlen wird außer für wenige Ausnahmefälle die Myomoperation unnötig machen. Es wird damit auch die Autopsia in vivo und eine häufigere Stellung der Diagnose Cholelithiasis wegfallen. Natürlich muß infolgedessen der die Röntgen- oder Radiumbehandlung eines Myoms leitende Arzt mit besondere Sorgfalt Symptome, die auf ein Gallensteinleiden hindeuten könnten, beachten.

Die **Prognose** der mit Genitaltumoren einhergehenden Erkrankungen an Cholelithiasis ist, weil es sich meist um aseptische Steinbildung in der Gallenblase handelt, günstig zu stellen.

Jedenfalls ist kein Fall in der gynäkologischen Literatur bekannt, bei dem es zu tödlicher Phlegmone der Gallenblase oder zu schwerem Choledochusverschluß bei gleichzeitigem Bestehen eines Genitaltumors gekommen wäre.

b) Indirekte Übertragung von Erkrankungen der Genitalorgane auf die Leber und die Gallenwege auf dem Blut- oder Lymphwege.

Die gegenseitige Beeinflussung beider Organsysteme auf dem Umweg über die innere Sekretion des Ovariums ist schon in dem Kapitel über Menstruation abgehandelt worden. Außerdem sind als wesentlichstes zwei Erkrankungsformen der auf dem Blut- bzw. Lymphwege vom Genitale nach der Leber verschleppten Krankheiten zu nennen, einmal die Metastasenbildung bei malignen Neubildungen, die vom Genitale ausgehen, und zweitens die Übertragung von Tuberkulose des Genitales auf die Leber und Leberanhangsgebilde.

Metastasen maligner Tumoren der Genitalien in der Leber sind nicht allzu häufig, da die Lymphgefäßverbindung zwischen beiden Organsystemen sehr indirekte sind. Meistens treten diese Metastasen erst im Endstadium der Erkrankung auf. Sarkome des Genitaltraktus, die ja an und für sich relativ selten sind, metastasieren nur in Ausnahmefällen in die Leber. Am häufigsten metastasieren die Karzinome des Uterus und da wieder die Portiokarzinome; die Korpuskarzinome zeigen ja überhaupt wenig Tendenz zur Metastasenbildung. Wagner, Blau und Dybowski fanden bei 225 Sektionen von an Uteruskarzinom, sowohl Portio- als Korpuskarzinom gestorbenen Frauen 24 mal = 70% Metastasen in der Leber. Dabei ist zu bedenken, daß es sich hier um einen terminalen Prozeß handelte. Im Beginn der Erkrankung pflegen Lebermetastasen meist zu fehlen. Etwas häufiger scheinen Beziehungen zwischen malignen Tumoren der Ovarien und der Leber, bzw. den Gallenwege zu bestehen. Allerdings im umgekehrten Sinne wie bei den Karzinomen des Korpus und der Portio uteri. Es sind die Ovarialkarzinome oft Metastasen von Leber- oder Gallenblasenkarzinomen. Schlagenhaufer fand unter 79 Fällen von malignem Ovarialtumoren 7 mal gleichzeitig Tumoren der Gallenwege, die ihrem histologischen Bau nach Karzinome und mit größter Wahrscheinlichkeit die Primärtumoren waren.

Auch die entzündlich-infektiösen Erkrankungen des Genitales können auf dem Umweg über das Blut oder die Lymphgefäße Metastasen in der Leber setzen. Für die häufigste entzündliche Erkrankung des Genitales allerdings, für die Gonorrhoe, hat sich dieser Zusammenhang nicht nachweisen lassen. Er besteht bei der Lues, insofern, als durch einen an den Genitalien befindlichen Primäraffekt es zu einer Generalisierung des Virus und dann im sekundären Stadium der Lues auch zu einer Lebererkrankung kommen kann. Diese Erkrankungsformen werden aber selten nebeneinander vorhanden sein und man tut wohl besser, diese Teilerscheinung als den Ausdruck einer Gesamterkrankung des ganzen Organismus anzusehen. Das gleiche gilt von den vom Genitale fortgeleiteten septischen Erkrankungen. Diese können zumal im Wochenbett, schließlich auch zu Abszeßbildungen in der Leber führen und zwar besonders die chronisch schleichenden, als Pyämie bezeichneten Formen puerperaler Erkrankung. Aber auch hier findet die Metastasenbildung meist in vielen Organen außer der Leber gleichzeitig statt und ist mehr der Ausdruck einer Allgemeininfektion des Körpers.

Etwas ähnliches ist schließlich dann auch noch von der Tuberkulose zu sagen. Neueren Statistiken nach tritt die Genitaltuberkulose so gut wie nie primär und isoliert im Organismus auf. Wenn also eine Lebertuberkulose neben Genitaltuberkulose besteht, so kann mit einer gewissen Wahrscheinlichkeit angenommen werden, daß ein Herd an drittem Ort den Ursprung für beide Erkrankungen abgegeben hat. Zumal bei fortgeschrittener Genitaltuberkulose ist aber immer mit der Möglichkeit zu rechnen, daß die Infektion der Leber hämatogen vom Genitale aus erfolgt. Es kommen auch bei der Genitaltuberkulose häufig die kleinsten miliaren Tuberkel in der Leber, die wir sie bei der fortgeschrittenen Tuberkulose nicht selten antreffen vor. Schlimpert fand sie bei 73 Fällen von Genitaltuberkulose 32 mal = 43,8 %. Größere Tuberkelherde in der Leber, die auf eine Genitaltuberkulose zu beziehen wären, sind nicht beobachtet.

Die **Diagnose** der auf dem Blut- oder Lymphwege vom Genitale fortgeleiteten Lebererkrankungen wird in einigen Fällen — wie bei Tuberkulose direkt unmöglich, in anderen Fällen — wie bei den malignen Tumoren schwer zu stellen sein. Das gleiche gilt auch für die septischen Erkrankungen, die vom Genitale auf die Leber übertragen werden. Bei den Karzinommetastasen der Leber kann das Bestehen eines Ikterus, und bei schlaffen Bauchdecken ev. die Palpation die Diagnose sichern. Auch für die septischen Lebermetastasen bildet der Ikterus das Hauptsymptom.

Die **Prognose** wird durch die Feststellung einer Karzinommetastase in der Leber natürlich außerordentlich getrübt und beinahe ebenso ungünstig ist die Feststellung von Eiterherden im Verlauf einer Sepsis in der Leber.

Als **Therapie** kommt bei Karzinommetastasen der Leber eine Operation nicht mehr in Betracht. Die Zukunft wird zeigen, wieweit durch konservative Maßnahmen Röntgen-, Radium- und Mesothoriumbestrahlung hier Heilungen noch möglich sind. Bei septischen sekundären Leberabszessen kann, falls es sich um einen großen konfluierenden Abszeß handelt, eine Punktion Erleichterung bringen. Meistens wird allerdings das ganze Lebergewebe diffus von Eiterherden durchsetzt sein und deshalb ein derartiger Eingriff keinen Erfolg versprechen.

c) Leber- und Genitalerkrankungen zugleich bei Erkrankung eines dritten Organes.

Es können Beziehungen zwischen Erkrankungen der Leber nebst den Gallenwegen und der Genitalorgane auch dadurch entstehen, daß eine Allgemeinerkrankung eines zwischen beiden oder fern von ihnen gelegenen Organes die Brücke zwischen den Erkrankungen beider Organsysteme bildet. Die erste Kategorie, das Befallensein beider Organsysteme bei Vorhandensein einer ferngelegenen primären Ursache wurde schon gelegentlich bei Besprechung der tuberkulösen, syphilitischen und septischen Erkrankungen erwähnt. Weiter ist anzuführen, daß bei allgemeiner **Enteroptose** gleichzeitig eine Senkung der Leber und Senkungserscheinung im Genitale bestehen können, die beide auf eine allgemeine Schlaffheit des Bindegewebes zurückzuführen sind. Dies Nebeneinander der Erkrankungen ist nicht nur theoretisch interessant, sondern auch praktisch wichtig wegen der Diagnosestellung. Je nach dem Standpunkt des Untersuchers werden dann Beschwerden fälschlich auf das eine oder andere Organ bezogen werden, die vielleicht am besten auf beide zurückzuführen sind. Bei Vorhandensein von Senkungserscheinungen am Genitale suche man durch Perkussion und ev. durch Röntgendurchleuchtung festzustellen, ob nicht auch eine Hepatoptosis besteht. Die Therapie hat sich dann nicht nur gegen Senkungserscheinungen am Genitale zu richten, sondern auch eine Lagekorrektur der Leber durch die Hepatopexie zu erstreben.

Wichtiger noch als die Beziehungen zwischen Leber und Genitale bei allgemeiner Enteroptose sind diejenigen, die durch Vermittlung der **Appendix** zustande kommen. Früher kaum beachtet, ist in der neueren Literatur das Thema Appendicitis und Adnexerkrankungen reichlich behandelt. Dabei ist nachgewiesen, daß die Übertragung der Erkrankung nicht nur in der Richtung

von der Appendix auf das Genitale, speziell die Adnexe, sondern auch — wenngleich in Ausnahmefällen von den Tuben aus auf die Serosa der Appendix
übergehen kann (Moritz). Da nun weiter erwiesen ist, daß in einem hohen
Prozentsatz der Fälle entzündliche Prozesse der Appendix auch auf die Gallenblase als benachbartes.Organ, übergreifen, so ist mit der Appendix als Brücke
die Verbindung zwischen Genitale und Gallenblase möglich; von der erkrankten
Appendix können Wandphlegmonen direkt auf die Gallenblase fortgeleitet werden. Wichtiger sind Adhäsionsbildungen, die so entstehen und zu Abknickungen
und Steinbildungen Anlaß geben können. Die Differentialdiagnose dieser
Erkrankungen, bei denen der Hauptherd in der Mitte, in der Appendix gelegen
ist und die ausstrahlende Entzündung sowohl Symptome an den Genitalien
wie an der Gallenblase, also den an der Peripherie gelegenen Organen auslösen kann, ist natürlich nicht leicht, da eine genaue Lokalisation des Schmerz-
punktes nicht möglich ist. Die Therapie wird in den Fällen, wo die Erkrankung von der Appendix noch nicht weitgehend auf die Genitalien und
die Gallenblase übergegriffen hat, in der Hauptsache in der Herausnahme der
erkrankten Appendix bestehen. Sind schon stärkere Veränderungen an der
Gallenblase, Steinbildungen oder schwere Adhäsionen vorhanden, so kommt
eine Cholecystektomie in Betracht. Die Veränderungen am Genitale — meist
wird es sich um eine Perisalpingitis handeln — gehen meist auf konservative
Behandlung zurück und nur in den Fällen von Sterilitas matrimonii konnte
eine Lösung der Verwachsungen und ev. die Eröffnung des Tubenlumens
durch Salpingostomie in Erwägung gezogen werden.

d) Beziehungen zwischen Gallenblase und Genitale durch Ver- wechslung der Symptome ihrer Erkrankungen.

Die klinisch wichtigste Beziehung zwischen Gallenblase und Genitale
besteht in der Ähnlichkeit einiger von beiden ausgehender Krankheitssymptome,
vor allem der Schmerzlokalisation, die den untersuchenden Arzt zu Verwechslungen führen können. Es bestehen zwei Möglichkeiten differentialdiagnostischer
Irrtümer: einmal ein Gallenblasenleiden täuscht eine gynäkologische
Erkrankung vor und zweitens umgekehrt, eine gynäkologische Erkrankung imponiert als Gallenblasenleiden.

Das zuerst erwähnte ist bei weitem das häufigere und findet sicher
in der Diagnose und Therapie noch zu wenig Beachtung. Erst die fortschreitende Entwicklung der Gynäkologie, die zur Ausdehnung der Operationen
auf das Gebiet des gesamten Abdomens führte, hat darüber einige Klarheit
gebracht. Bis dahin pflegten die Patienten streng gesondert nach den Spezialitäten eine Zeitlang vom Gynäkologen und dann vom Chirurgen behandelt zu
werden. Die gegenseitige Kontrolle und Berichterstattung fehlte oft zwischen
den beiden behandelnden Ärzten. So konnte keiner von beiden sich ein
einheitliches Bild konstruieren und mußte vom Standpunkt seiner Spezialität
verleitet, Fehldiagnosen stellen.

Ein Gallenblasenleiden kann ein gynäkologisches Leiden vortäuschen,
indem

1. die objektiven Symptome bei beiden die gleichen oder ähnliche
sind. Dies trifft vor allem für die Fälle von großem Empyem oder großem
Hydrops der Gallenblase zu. Die Gallenblase kann dabei so ausgedehnt sein
und so weit in das kleine Becken hineinreichen, daß bei der Betastung von
der Vagina aus sie nur schwer vom Uterus und den Adnexen zu differenzieren ist (Olshausen, Frank u. a.), oder daß infolge von Verwachsungen

die Differentialdiagnose überhaupt erst bei der Operation gestellt werden kann (Freund).

2. Können die subjektiven Beschwerden bei Erkrankungen beider Organe die gleichen sein. Hier sind die Verwechslungsmöglichkeiten schon viel zahlreicher. Sicher gibt es eine größere Anzahl als allgemein angenommen wird, von angeblich gynäkologischen Patienten deren Beschwerden in Wirklichkeit auf ein chronisches Gallensteinleiden zurückgeführt werden müssen. Ganz typische Krankengeschichten werden von mehreren Autoren als Beweis dafür angegeben (Gobiet, und neuerdings Hermann aus der Freiburger Frauenklinik). Die Hauptbeschwerden bei solchen Patientinnen sind Kreuzschmerzen, die nicht selten direkt auf den Unterleib bezogen werden und entweder in regelmäßigen Abständen wiederkommen oder auch dauernd vorhanden sind. Die gynäkologische Untersuchung solcher Fälle ergibt keinen abnormen Befund. Älteren Anschauungen entsprechend wurde allerdings mitunter eine Verlagerung des Uterus, die kleincystische Degeneration eines Ovariums, Erosionen an der Portio oder ähnliche veraltete Krankheitsbegriffe, für diese Beschwerden verantwortlich gemacht. Nicht selten gelten solche Patientinnen sehr zu Unrecht als hysteroneurasthenische Personen, oder es werden Erkrankungen an der Appendix angenommen. Die Folge ist, daß ein, zwei und noch mehr Operationen ausgeführt werden, an der Portio, an den Adnexen, an der Appendix, bis endlich durch Betastung gelegentlich einer Laparotomie der steingefüllte Zustand der Gallenblase entdeckt wird und schließlich die Entfernung der Gallenblase Heilung bringt. Natürlich kann man in dem Verdacht auf Vorliegen von Gallenblasenerkrankungen bei gynäkologischen Beschwerden z. B. Dysmenorrhoen auch zu weit gehen, und jeder beide Organensysteme berücksichtigende Operateur wird über Fehldiagnosen in diesem Sinne berichten können.

Bei Stellung der **Diagnose** kommt es in erster Linie darauf an, objektiv nachweisbare gynäkologische Erkrankungen exakt zu erkennen oder auszuschließen. Natürlich muß sich der betreffende diagnostizierende Arzt von Anschauungen, wie denen, daß durch Verlagerung des Uterus, durch Erosionen an der Portio, Schmerzen ausgelöst werden müssen und ähnliches, frei machen und die erwähnten Befunde nicht als wichtig ansprechen. Weiter muß der psychische Zustand der Patientin berücksichtigt werden. Patientinnen mit typisch hysterischen Stigmata sind natürlich sehr verdächtig auf nervöse Organempfindungen, die gelegentlich auch einmal in der Gallenblasengegend angegeben werden können. Schließlich wird bei Stellung der Diagnose „Cholelithiasis" gefordert werden müssen, daß wenn auch nicht alle, so doch wenigstens einige wichtige Symptome für dieses Leiden vorhanden sind. Also Ikterus, Schmerzen vorwiegend nach dem Essen, Druckempfindlichkeit in der Gallenblasengegend, und wenn irgend möglich, Nachweis von Steinen im Stuhl. Sehr wirksam kann die Röntgendurchleuchtung des Magendarmkanals nach Wismutmahlzeit der Diagnosestellung zu Hilfe kommen, zumal dann, wenn sich außer der Steinbildung oder ohne diese Verwachsungen an der Gallenblase gebildet haben. Die Röntgendurchleuchtung ist besonders wichtig zur Ausschaltung der am leichtesten möglichen Fehldiagnose, der Verwechslung der Cholelithiasis mit einem altem Ulcus ventriculi. Denn auf Grund der subjektiven Beschwerden und des Tastbefundes ist es oft kaum möglich, beide Erkrankungen voneinander zu differenzieren. Erst die typische Einschnürung des Magens im Röntgenbilde kann darüber Klarheit schaffen und der Patientin eine falsche Operation ersparen.

Die **Therapie** ist natürlich die des zugrundeliegenden Gallensteinleidens, also die Cholecystektomie als Operation der Wahl, oder wenn eine Operation abgelehnt wird, eine Karlsbader Kur.

In ihrer klinischen Bedeutung sicher überschätzt ist die zweite Möglichkeit, Gallenblasen- und Genitalerkrankungen miteinander zu verwechseln die Stellung der Diagnose Cholelithiasis oder etwas ähnlichen, wenn ein gynäkologisches Leiden vorliegt. Gewiß ist zuzugeben, daß bei Erkrankungen der Unterleibsorgane die Schmerzen auch in die Gallenblasengegend ausstrahlen können, und daraufhin gelegentlich auch Fehldiagnosen gestellt werden. Frank und Sitzenfrey gehen aber mit ihren Warnungen vor diesen Fehldiagnosen zu weit, und die von ihnen mitgeteilten Krankengeschichten sind nicht absolut beweisend. Die Erfolge bei sog. gynäkologischer Behandlung sind zum mindesten mit Vorsicht aufzunehmen, da wir ja wissen, daß diese meist sehr indifferenten Maßnahmen bei nervösen Individuen oft überraschende Heilungen, die lediglich auf Suggestion beruhen, erzielen können.

Daß seltener Genitalerkrankungen als Gallenblasenerkrankungen bei der Differentialdiagnose übersehen werden, liegt daran, daß das Genitale durch die vaginalen Untersuchungsmethoden viel leichter zugänglich ist als die Gallenblase. Sind die Beschwerden, über die geklagt wird, unsicher oder nur verdächtig auf eine Erkrankung der Gallenblase, und ist bei der vaginalen Untersuchung eine deutliche Veränderung der Genitalien zu fühlen, dann behandle man natürlich zuerst das gynäkologische Leiden, dessen Fortschritte und Besserungen leicht durch den Tastbefund zu kontrollieren sind; und erst wenn dieses behoben oder keine Besserung eingetreten ist, gehe man an eine konservative oder operative Behandlung des mutmaßlichen Gallenblasenleidens heran.

Literatur.

Zusammenfassende Werke.

Blau, Die Beziehungen der weiblichen Genitalorgane zur Leber. Supplement zu Nothnagels spez. Pathol. u. Therapie. Erkrankungen des weiblichen Genitales in Beziehung zur inneren Medizin. 1912. Bd. 1.

I. a) Menstruation und Leber.

Chvostek, Wiener klin. Wochenschr. 1909, Nr. 9. — Fellner, Die Beziehungen innerer Krankheiten zu Schwangerschaft, Geburt und Wochenbett. 1903. — Frerichs, Klinik der Leberkrankheiten. 1861. — Halban, Arch. f. Gyn. Bd. 75. — Henoch, Klinik der Unterleibskrankheiten. Berlin 1852. — Kisch, Das klimakterische Alter der Frauen. Erlangen 1874. — Niemeyer, Pathologie und Therapie. 1863. — Quincke, Nothnagels Handbuch. Bd. 18. — Rißmann, Zeitschr. f. Geb. u. Gyn. Bd. 65. — Schickele, Arch. f. Gyn. Bd. 92, Heft 2. — Senator, Berl. klin. Wochenschr. 1872, S. 615.

b) Menstruation und Gallenwege.

Frank, Monatsschr. f. Geb. u. Gyn. 1903, Bd. 17. — Gobiet, Gyn. Rundschau. 1908, S. 629. — Hermann, Inaug.-Diss. Freiburg i. Br. 1913. — Hoppe-Seyler, Nothnagels Handb. Bd. 18. — Metzger, Zeitschr. f. klin. Med. 1904, Bd. 53. — Naxera, Wiener klin. Rundschau. 1904. — Naunyn, Klinik der Cholelithiasis. 1892. — Sitzenfrey, Prager med. Wochenschr. 1907, Nr. 28, 29, 30.

II. Leber und Schwangerschaft.

Zusammenfassende Arbeiten.

Hofbauer, Zeitschr. f. Geb. u. Gyn. 1908, Bd. 61. — Derselbe, Med. Klinik 1909, Nr. 7. — Derselbe, Volkmanns Vorträge. 1910, Nr. 586. — Derselbe, Gynäkologie. Nr. 210. — Derselbe, Deutsche med. Wochenschr. 1910, Nr. 36. — Derselbe, Zeitschr. f. phys. Chem. Bd. 52, S. 425. — Schickele, siehe I. a.

a) 1. Schwangerschaftsleber.

Bar, Verh. der Soc. d'Obstétr. de Paris. 1903. — Brocard, La glycosurie de la grossesse. Thèse de Paris. 1898. — Capaldi, Zit. aus Bar. — Falk und Hesky, Zeitschrift f. klin. Med. 1910, Bd. 71, S. 261. — Fosatti, Verh. d. 40. Kongr. d. ital. Vereins f. Geburtsh. 1906. — Heynemann, Zeitschr. f. Geb. u. Gyn. 1912, Bd. 71. — Van Leersum, Biochem. Zeitschr. 1908, Bd. 11. — Magnus-Levy, v. Noordens Handb. d. Path. d. Stoffwechsels. Bd. 1, 1. — Mansfeld, Pflügers Arch. 129. — Salomon und Saxl, Beiträge zur Karzinomforschung. 1910, Heft 2. — Viola, Lo sperimentale. 1901, zit. nach Schickele.

a) 2. Schwangerschaftsveränderungen an den Gallenwegen.

Neumann und Hermann, Wiener klin. Wochenschr. 1911, Nr. 12. — Schlimpert und Huffmann, Deutsche med. Wochenschr. 1913, S. 583.

b) 1. Erkrankungen der Leber infolge der Schwangerschaft.

aa) Mechanisch bedingte.

Aschoff und Bacmeister, Die Cholelithiasis. Fischer, Jena. — Kehrer, Handbuch der Geburtshilfe. Bd. 1. — Naunyn, Siehe I. b. — Ponfick, Ziemßens Handb. VIII, 1. — Virchow, Monatsschr. f. Geburtskunde. Bd. 30., S. 90.

bb) Durch Stoffwechselveränderungen bedingte Erkrankungen der Leber und Gallenwege.

α) Eklampsie.

Abderhalden, Hofmeisters Beitr. Bd. 48. — Konstantinowitsch, Zieglers Beitr. Bd. 40. — Pinard, Zentralbl. f. Gyn. 1910, S. 56. — Schmorl, Arch. f. Gyn. 1893, Bd. 65 und Kongr. d. deutsch. Gesellsch. f. Gyn. 1891 u. 1901. — Strauß, Deutsche med. Wochenschr. 1901, Nr. 44. — Zangemeister, Arch. f. Gyn. Bd. 66 und Zeitschr. Bd. 49 u. 50. — Zweifel, Arch. f. Gyn. Bd. 72 u. 76.

β) Akute gelbe Leberatrophie.

Braun, Allg. med. Zeitg. 1863. — Späth, Wiener med. Wochenschr. 1854, Nr. 49.

γ) Hyperemesis gravidarum.

Ahlfeld, Lehrbuch d. Geburtsh. 1903, 3. Aufl. — Olshausen, Zeitschr. f. Geb. u. Gyn. Bd. 40, S. 524.

δ) Rezidivierender Schwangerschaftsikterus.

Benedikt, Deutsche med. Wochenschr. 1902, Nr. 10. — Mayer, Med. Klinik. 1906, Nr. 45.

2. Einfluß der Schwangerschaft auf bestehende Leber- usw. Erkrankungen.

a) Lebererkrankungen.

Benedikt, Siehe oben 1. δ. — Löhlein, Berliner Beiträge II, S. 118.

b) Erkrankungen der Gallenwege.

Arnsperger, Med. Klinik. 1908. Nr. 11. — Christiani, Monatsschr. f. Geb. u. Gyn. 1905, Bd. 21. — Fellner, Die Beziehungen innerer Krankheiten zu Geburt. Schwangerschaft und Wochenbett. — Neu- Arch. f. Gyn. 1906, Bd. 80. — Ploeger, Beitr. z. klin. Chir. Bd. 69, Heft 2.

III. Beziehungen zwischen gynäkologischen Erkrankungen und Erkrankungen der Leber und Gallenwege.

a) Mechanische Beziehungen.

Aschoff und Bacmeister, Siehe II, 1. — Freund, Deutsche med. Wochenschr. 1898, Nr. 18. — Mayo, Journ. of the Amer. med. Assoc. 1912, Nr. 18.

b) Indirekte Übertragung.

Schlagenhaufer, Zit. aus Döderlein-Krönig, 3. Aufl. ,S. 644. — Schlimpert, Arch. f. Gyn. 1911, Bd. 94, Heft 3. S. 863. — Wagner, Blau und Dybowski, Arch. f. Gyn. p. 557.

c) Leber- usw. Krankheiten bei Erkrankungen eines dritten Organs.

Moritz, Zeitschr. f. Geb. u. Gyn. Bd. 70, S. 404.

d) Beziehungen zwischen Gallenblase und Genitale durch Verwechslung.

Frank, Siehe unter I. b. — Gobiet, Siehe unter I. b. — Hermann, Inaug.-Diss. Freiburg i. Br. 1913. — Olshausen, Zeitschr. f. Geb. Bd. 40, S. 524. — Sitzenfrey, Siehe unter I. b.

E. Beziehungen zwischen Erkrankungen des uropoetischen Systems und Genitalerkrankungen beim Weib.

Von

H. Schlimpert-Freiburg. †

Die Beziehungen zwischen dem uropoetischen System und dem Genitale sind bei der Frau nicht so eng wie beim Manne. Es fehlt hier der für die Sekrete der Geschlechtsorgane und die Exkrete des Harnapparates gemeinsame Ausführungsgang, wie er in der männlichen Harnröhre verkörpert ist, denn beide Kanäle sind bei der Frau getrennte Gebilde. Daß trotzdem enge Beziehungen zwischen dem Genitalsystem der Frau und dem harnbildenden Organ bestehen, erklärt sich aus der gemeinschaftlichen entwicklungsgeschichtlichen Anlage, und aus der unmittelbaren Nachbarschaft der beiden Systeme zueinander. Die Beeinflussung, die von dem Harnsystem auf das Genitale einwirkt, ist nicht gleichwertig der vom Genitale auf das Harnsystem. Da einerseits das weibliche Genitale durch seinen reichen Funktionswechsel inkonstant gemacht, leichter die Grenze des Pathologischen überschreitet, andererseits der weibliche Harnapparat einfacher und daher weniger zu schweren Erkrankungen disponiert ist als der des Mannes, so machen sich bei der Frau auch mehr Einflüsse vom Genitalsystem auf das Harnsystem als umgekehrt geltend. So erklärt es sich auch, daß erst in den letzten 10 Jahren die Behandlung der Erkrankung des weiblichen Harnsystems eine Domäne der Gynäkologen und nicht umgekehrt die Behandlung der genitalen Erkrankungen ein Teilgebiet der Urologie geworden ist. Die bei der Frau überhaupt vorkommenden Erkrankungen des Harnsystems sind ohne Kenntnis der Eigentümlichkeiten und Erkrankungsformen des weiblichen Genitales nicht zu verstehen. Sie werden jedoch für den Gynäkologen erst richtig erkennbar, als er sich die Kenntnis des Baues der weiblichen Harnorgane mit den der Urologie entlehnten Methoden, in erster Linie der Kystoskopie und der funktionellen Nierendiagnostik zu eigen gemacht hatte.

Es sollen nun zuerst die Eigentümlichkeiten der weiblichen Harnorgane erwähnt, dann die beiden gemeinschaftlichen Entwicklungsstörungen und Fistelbildungen, darauf die Beeinflussung der Harnorgane durch Genitalerkrankungen und zuletzt die der Genitalorgane durch Erkrankungen des uropoetischen Systems besprochen werden.

I. Eigentümlichkeiten der weiblichen Harnorgane.

Die weibliche Harnröhre ist bedeutend kürzer als die männliche. Ihr Lumen klafft auch bei jugendlichen Individuen, besonders aber bei alten Frauen bedeutend mehr als das des Mannes. Dadurch erklärt sich die Leichtigkeit, mit der Entzündungsprozesse, zumeist solche infektiöser Art von der Scheide und deren Umgebung durch die Harnröhre nach der Blase fortgeleitet werden.

Für die Diagnostik bedeutet diese Beschaffenheit der weiblichen Harnröhre eine Erleichterung. Nierenbecken- und Ureteruntersuchungen sind bei der Frau um vieles leichter als beim Manne und auch therapeutische Anwendungen, Spülungen, Einträufelungen lassen sich bei der Frau leichter als beim Manne ausführen. Während die männliche Harnblase ein grosses Anpassungsvermögen außer an die verschiedenen Füllungszustände nicht nötig hat, werden an die weibliche Blase in der Beziehung weitgehende Ansprüche gestellt. Je nach der Lage des Uterus wird die Blase auch unter normalen Verhältnissen mehr oder weniger von diesem Organ eingedellt, es bildet sich die sog. Impressio uterina am Blasengrund. Die durchschnittliche Normalkapazität der weiblichen Blase beträgt 250 ccm, gegenüber 300 ccm beim Mann. Bei nicht wenigen Frauen finden sich aber Blasenkapazitäten bis 1000 ccm und noch mehr. Das ist nur selten bei Männern. Es ist daran nicht nur die Erziehung schuld, die oft ein gewisses Training in der Harnzurückhaltung bedingt, sondern auch eine grössere Anpassungsfähigkeit der weiblichen Blase im Gegensatz zur männlichen. Schwangerschaft, Geburt und Wochenbett bedingen Gestalt und Lagerungsveränderungen der Harnblase, die Elastizität und Beweglichkeit des Organs zur Voraussetzung haben.

An den Ureteren der Frau sind die drei physiologischen Verengerungen, am Abgang vom Nierenbecken, am Eintritt ins kleine Becken und an der Mündung in der Blase schärfer ausgeprägt als beim Manne (Schwalbe, Seitz). Dadurch kann es bei der Frau leichter zur Einkeilung von Steinen kommen als beim Manne.

Die Nieren bieten keine für die Frau typischen Abweichungen von der Norm. Auffallend ist bei ihr nur das häufige Vorkommen von Senkungserscheinungen. Sie sind durch eine beim weiblichen Geschlecht nicht seltene Schwäche des Nierenaufhängeapparates und des Nierenpolsters als Teilerscheinung einer allgemeinen Enteroptose bedingt.

II. Gemeinschaftliche Entwickelungsstörungen am Harn- und am Genitalapparat.

1. Mißbildungen der Harnröhre.

Die wichtigsten Entwicklungsstörungen an der weiblichen Harnröhre sind:
Vollständiges Fehlen der Harnröhre bei Persistenz des Sinus urogenitalis.
Hypospadie.
Epispadie.
Angeborene Verengerungen.
Verdoppelung der Harnröhre.

Das vollständige Fehlen der Harnröhre und die höchsten Grade der Hypospadie gehen bei der Frau ineinander über. Sie entstehen durch ein Fehlen oder eine mangelhafte Entwicklung des Septum urethro-vaginale. Bei Persistenz des Sinus urogenitalis findet sich keine eigentliche Harnröhre und kein eigentlicher Scheideneingang, sondern ein gemeinsames Vestibulum, in das die Blase mit einer flachen Delle sich öffnet. Bei diesen Fällen klafft der Blaseneingang weit, es ist leicht möglich, mit dem tuschierenden Finger in das Blaseninnere vorzudringen, auch die Immissio penis kann in solchen Fällen regelmäßig ausgeführt werden und es so zur Ejakulation in die Blase kommen. Man hat dies fälschlich als Coitus in die Harnröhre bezeichnet, tatsächlich findet er in das Vestibulum statt. Auffallend ist, daß bei diesen Fällen meist keine Inkontinenz besteht. Es muß also genügend funktionierende Sphinktermuskulatur vorhanden sein.

Von dieser ausgeprägtesten Form der Hypospadie gibt es bis zu den geringsten Graden fließende Übergänge; das gemeinschaftliche aller dieser Formen ist ein mehr oder weniger großer Defekt der hinteren Harnröhrenwand. Eine Therapie kommt nur dann in Betracht, wenn Inkontinenz besteht und das ist glücklicherweise nicht häufig der Fall; die Therapie ist dann natürlich eine operative und besteht in einer Plastik der Harnröhre.

Der höchste Grad der Epispadie ist mit der Ectopia vesicae verknüpft. Bei geringen Graden fehlt nur ein Teil der vorderen Harnröhrenwand, bei den leichtesten

Formen besteht nur eine Spaltung der Klitoris. Bei den schweren Formen ist meist Inkontinenz vorhanden, sie erfordern daher operative Behandlung. Eine Störung der Genitalfunktionen tritt dabei nur selten ein. Es liegen sogar Berichte über normal verlaufene Schwangerschaften und Geburten bei Epispadie vor.

Angeborene Verengungen der Harnröhre als Totalerscheinung eines Infantilismus beschreibt Stöckel. Sie betreffen ausschließlich die Urethralmündung; der Saum des Orificium externum war scharfkantig. Dabei ist natürlich das Einführen von Glaskathetern erschwert und nur unter gleichzeitigen Einrissen der Urethralwand möglich.

Verdoppelung der Urethra kommen bei doppelter Anlage des gesamten Urogenitalapparates und auch isoliert vor. Entweder ist die Urethra im ganzen Verlauf gedoppelt oder gabelt sich in ihrem vorderen Abschnitt. Eine operative Therapie ist nur dann nötig, wenn Inkontinenz einer der beiden Urethralöffnungen besteht.

2. Mißbildungen der Blase.

Die wichtigste Form, die Blasenektopie, kommt meist gleichzeitig mit Mißbildungen am Genitale vor.

Sie ist nach der älteren Anschauung durch eine Berstung der Harnblase im embryonalen Leben zu erklären. Die durch Urinretention ausgedehnte Blase soll den Beckenring und die Bauchdecken auseinanderdrängen und schließlich selbst platzen. Eine neue und besser fundierte Theorie (Keibel, Reichel, Enderlen) nimmt eine mesodermale Hemmungsmißbildung durch ein Nichtverschmelzen der Ränder der Primitivrinne, oder eine abnorme Aufteilung der Kloakenmembran als Ursache an. Daraus erklärt sich auch das gleichartige Ergriffensein einzelner Teile des Genitales. Das knöcherne Becken klafft in der Schamfuge in einer Ausdehnung von 5—12 cm, der Mons veneris, die Klitoris und die großen Schamlippen sind ebenfalls gespalten, die Harnröhre fehlt vollständig, die Scheide endigt blind oder fehlt völlig. Zu den sehr zahlreichen Urinbeschwerden, die mit der Ectopia vesicae verknüpft sind, kommen im allgemeinen keine spezifisch genitalen hinzu. Es wird sogar von Fällen berichtet, bei denen Schwangerschaft und normal verlaufende Geburten vorkamen. Die Therapie ist in den meisten Fällen eine symptomatische, Tragen von Urinalen usw. Als operative Therapie kommt nur die Transplantation von Hautstücken und die Versenkung der ektopierten Blase nach Verschluß des Symphysenspaltes in Betracht.

Verdoppelungen der Blase entstehen entweder als gedoppelte Anlage mit zwei Harnröhren oder durch Septumbildungen. Bei der ersten Form sind meist auch doppelte Anlagen der Genitalorgane vorhanden. Ein besonders eigenartiger Fall ist der von Gemell und Petersen mitgeteilte, bei dem zwei funktionierende Blasen und Harnröhren, zwei Uteri, zwei Vaginen und drei Ovarien vorhanden waren und es zur Schwangerschaft und Geburt eines lebenden Kindes erst in einem und dann im anderen Uterus kam.

Mit infantilem Genitale vergesellschaftet ist auch eine typische Blasenform, die infantile Blase (Tukahasi und A. Mayer). Diese steht sehr hoch und hat eine länglich spindelförmige Gestalt. Geburtshilflich wichtig kann die angeborene intraligamentäre Lage der Blase werden. Das gefüllte Organ wölbt dann die vordere Scheidenwand zystenartig vor und hindert das Tiefertreten des Kopfes, das erst nach mehrmaliger Urinentleerung mit dem Katheter möglich wird.

Schließlich ist eine Verwechslung von Urachuszysten mit Genitaltumoren möglich. Bestehende Urachuszysten können durch Druck während der Schwangerschaft spontan am Nabel eröffnet werden und so Urachusfisteln entstehen (Kubinyi, Todd).

3. Mißbildungen der Ureteren.

Ureterverdoppelungen kommen meist ohne gelegentlich aber auch zugleich mit Verdoppelungen des Genitales vor. Entweder sind beiderseits die Ureteren verdoppelt im ganzen, also vier, oder häufiger nur auf einer Seite, also drei Ureteren vorhanden. Diese Anomalie kann bei gynäkologischen Operationen wesentliche technische Bedeutung gewinnen.

Einseitiges Fehlen eines Ureters und zugleich einer Niere kommt meist auch mit dem Fehlen der Genitalorgane der betreffenden Seite vor. Es soll daher bei dem Vorhandensein einer Uterusmißbildung stets auf die Möglichkeit des Fehlens einer Niere mit Kystoskopie und Indigkarminreaktion gefahndet werden. Klinisch am wichtigsten sind die Mündungsanomalien der Ureteren. Der normale oder überzählige Ureter kann entweder blind unter die Blasenschleimhaut, oder in die Urethra, Vagina und Vulva münden. Trotzdem Individuen mit dieser Mißbildung an dauernder Inkontinenz leiden, ist es ihnen meist möglich, die Blase in Intervallen zu entleeren (Enuresis ureterica).

Diese Fälle bereiten diagnostisch große Schwierigkeiten. Kystoskopische Untersuchung und Indigkarminreaktion können allein Aufschluß über die abnorme Mündungsstelle verschaffen. Besonders kompliziert ist der Sachverhalt, wenn es infolge der blind oder mit sehr engem Lumen in die Harnblase einmündenden Ureteren zu zystenartigen Auftreibungen des Harnleiters, zu vesikalen Ureterozelen kommt (Stöckel). Diese können durch die Harnröhre hindurch sich bis vor die Vulva erstrecken und zu schweren diagnostischen Irrtümern führen. Die Therapie aller dieser Störungen ist natürlich eine operative.

4. Mißbildungen der Niere.

Von den in Beziehungen zum Genitale stehenden Mißbildungen der Nieren ist einmal das vollständige Fehlen einer Niere, wie es meist zugleich mit Hemmungsmißbildungen am inneren Genitale vorkommt und vor allem die kongenitale Dystopie der Niere, die Beckenniere, zu erwähnen.

Merkwürdigerweise tritt sie häufiger links als rechts, in Ausnahmefällen beiderseits auf. Die dystopische Niere liegt entweder im tiefsten Teile des Abdomen, oder bei hochgradigen Fällen direkt zwischen den Blättern des Ligamentum latum. Ihre Form ist platt und scheibenförmig, nicht selten finden sich Pyo- und Hydronephrosen. Die Symptome sind wenig eindeutig. Obstipation und dysmenorrhoische Beschwerden werden angegeben (Kermauner). Die Diagnose ist schwer, die Verwechslung bei der Palpation mit Adnex-, speziell Ovarialtumoren naheliegend. Aufschluß können Röntgenaufnahmen nach Einlegen von Quecksilberureterenkatheter geben. Nach den Angaben Kermauners soll auch die nach einer Nierenpalpation auftretende 12 Minuten bis zwei Stunden anhaltende Albuminurie beweisen, daß der getastete Tumor tatsächlich eine Niere war.

Gefährlich kann diese Entwicklungsstörung natürlich bei der Geburt werden. Die Geburt kann verlängert, der Eintritt des Kopfes sehr erschwert sein. Bei gynäkologischen Operationen besteht die Gefahr, daß die dystope Niere, die mitunter zugleich solitär ist, für einen Ovarial- oder Adnextumor gehalten und entfernt wird.

Eine Therapie der Erkrankung ist nicht möglich. Ist ihr Bestehen sicher nachzuweisen, so müssen im Fall der Schwängerung Gravidität und Geburt unter ärztlicher Beobachtung und Leitung stehen.

III. Urogenitalfisteln.

Eine beiden Organsystemen gemeinschaftliche Erkrankung sind die Fistelbildungen. Man unterscheidet solche, die von der Blase, und solche die von der Ureteren ausgehen. Ihre Entstehung ist in weitaus den meisten Fällen mechanisch bedingt, in seltenen Fällen wird sie durch krankhafte Prozesse verursacht.

1. Blasen-Genitalfistel.

Ätiologie. Die überwiegende Mehrzahl der Blasen-Genitalfisteln ist auf ein geburtshilfliches Trauma oder auf eine Verletzung bei gynäkologischen Operationen zurückzuführen. Es entstehen Fisteln sowohl durch das Handeln des Arztes wie durch das Nichthandeln des Arztes (Fritsch). So kann es durch langdauernden Druck des vorliegenden Kindesleibes auf die Blasenwand zu spontaner Gangrän kommen. Aber ebenso können geburtshilfliche Eingriffe wie hohe Zange, die Perforation, Symphysiotomie, Pubeotomie, Anlegen des Steißhaken, Einleitung des Aborts, speziell des kriminellen Aborts mit ungeeigneten Instrumenten zu einer Perforation der Blase und dadurch bedingten Fistelbildung führen. Während die geburtshilflich entstandenen Blasen-Genitalfisteln früher den weitaus größten Anteil stellten (95%), sind sie mit den Verbesserungen der geburtshilflichen Maßnahmen im Rückgehen, dagegen die als Folge von gynäkologischen Operationen entstandenen Fisteln mit dem Zunehmen der operativen Eingriffe in der Gynäkologie häufiger geworden. Besonders zur Fistelbildung Veranlassung geben die abdominellen und vaginalen

Totalexstirpationen, die vaginalen Kaiserschnitte, Kolporhaphien, vor allem die abdominelle Radikaloperation des Cervixkarzinoms nach Freund-Wertheim. Außer durch Operationen können Fisteln auch durch Tragen von zu engen Pessaren, onanistische Manipulationen und durch Pfählungsverletzungen entstehen. Nur in seltenen Fällen brechen primär in der Blase gelegene krankhafte Prozesse in die Scheide durch und erzeugen so Fisteln. Es tritt dies ganz selten bei Tuberkulose, häufiger bei Karzinom der Blase ein. Öfter kommt es umgekehrt zu einer Fistelbildung, indem im Genitale gelegene Prozesse Tuberkulose oder Karzinom in die Blase durchbrechen und so Fisteln setzen.

Pathologische Anatomie. Die Blasen-Genitalfisteln werden in Blasenscheidenfisteln und Blasenuterusfisteln eingeteilt. Reicht eine Blasenscheidenfistel nach vorn bis in die Harnröhre hinein, so spricht von man einer Harnröhren-Blasenscheidenfistel, reicht sie bis zum inneren Muttermund, von einer Uterus-Scheidenblasenfistel. Die Größe der Blasengenitalfisteln ist sehr verschieden. Es gibt solche, die eben nur für eine Sonde durchgängig sind, bis zu solchen, in die vier Finger hineingesteckt werden können. Ebenso schwankt die Form. Einige sind kreisrund, andere oval, andere vollständig unregelmäßig.

Symptomatologie. In dem Symptomenkomplex unterscheiden sich ganz wesentlich die Fisteln, die durch eine Verletzung während der Operation entstehen, von denjenigen, die sich erst einige Tage nachher durch Gangrän bilden. Bei den durch eine Nebenverletzung bei der Operation gesetzten Fisteln fehlt so gut wie immer Fieber, während die durch gangräneszierende Prozesse entstehenden stets mit Fieber einhergehen, das erst nach Durchbruch der Fistel abklingt. Das wichtigste Symptom der Urogenitalfisteln ist der ständige unwillkürliche Abgang von Urin durch die Scheide, der von penetrantem Geruch begleitet, die äußeren Geschlechtsteile und die Haut in deren Umgebung in höchst unangenehmer Weise verätzen kann. Bei der einseitigen Ureterfistel geht im Gegensatz zur Blasenfistel nur ein Teil des Harns unwillkürlich ab, während der andere Teil durch die Urethra entleert werden kann.

Diagnose. Die wichtigste Differentialdiagnose ist die gegen Inkontinenz des Blasensphinkters. Bei Sphinkterinkontinenz ist der Abgang von Urin bei Druckschwankungen im Abdomen, bei Nießen, Husten und starker Bewegung vermehrt, bei Ruhelage kann dies aber fehlen; bei Fisteln jedoch findet ein dauerndes Harnträufeln statt. Sicher wird die Diagnose aber erst durch den Nachweis der Fistel selbst.

Zum Sichtbarmachen von Blasenscheidenfisteln stellt man sich dazu die Scheidenwände im Spekulum ein, füllt dann die Blase mit ungefärbter oder besser mit gefärbter Flüssigkeit, mit Methylenblau oder ähnlichem an und beobachtet, an welcher Stelle der Scheidenwand die Flüssigkeit hervorquillt. Empfehlenswert ist auch die von Kuestner angegebene Methode, in die Scheide einen mit Liquor ferri sesqui chlorati getränkten Wattetampon zu legen und die Blase mit ganz dünner Karbollösung zu spülen. An der Stelle der Fistel bildet sich auf dem Tampon ein violetter Fleck.

Bei Blasenuterusfisteln fließt bei Füllung der Blase die gefärbte Flüssigkeit nicht selten durch den Zervikalkanal aus dem Uterus heraus. Versagen diese Proben vollständig, so kommt schließlich die Kystoskopie, am besten in Knie-Ellenbogenlage, in Betracht.

Komplikationen. Als Nebenerscheinungen bei vollständiger Blasenfistel ist die Verengerung der nicht mehr benutzten Urethra zu erwähnen. Eine eigenartige aber häufig beobachtete genitale Begleiterscheinung der Blasenfisteln ist die Amenorrhoe (Kroner, Stöckel). Plaßmann fand unter 41 Fistelfällen der Olshausenschen Klinik allerdings nur bei 21 ein Ausbleiben der Menstruation. Daß Schwangerschaften aber trotz der Fisteln zustande kommen, beweist, daß **Fritsch** Fistelträgerinnen operierte, die mit ihrer Fistel drei und fünf Geburten durchgemacht hatten.

Die **Prognose** der Blasenfisteln ist quoad vitam im allgemeinen günstig; da ein freier Abfluß des Urins garantiert ist, kommt es nur selten zu aufsteigender Infektion. Der äußerst üble Geruch und das ständige Erythem an den Oberschenkeln und Geschlechtsteilen quälen aber die davon befallenen Individuen sehr und nötigen ihnen ein so zurückgezogenes Leben auf, daß sie tatsächlich von der Arbeit und dem Vergnügen vollständig ausgeschlossen sind. In dieser Beziehung stellen die Blasenscheidenfisteln und Blasenuterusfisteln ein sehr schweres Leiden dar.

Therapie. Blasenscheiden- und Blasenuterusfisteln können in seltenen Fällen spontan heilen. Man unterlasse vor allem jede Ätzung der Fisteln in der Hoffnung damit den Schluß einer Fistel zu erzielen. Unterstützend für die spontane Heilung wirkt vor allem das Einlegen eines Katheters in der Blase, da so eine Entlastung des Blaseninneren erzielt wird, und außerdem vorsichtige Blasenspülungen am besten mit Kamillentee. In weitaus den meisten Fällen ist eine Heilung aber nur durch eine Operation möglich, vor allem für alle veralteten Fälle und solche, wo größere Risse vorhanden sind. Über die Technik der Operation, die Prognose der Operation, die Wahl der Operationsmethode muß auf die in Betracht kommenden gynäkologischen Lehrbücher verwiesen werden.

2. Uretergenitalfistel.

Für die **Genese** der Uretergenitalfisteln gilt das gleiche wie für die Blasengenitalfisteln. Auch hier nehmen die bei der Geburt entstehenden mit der Besserung der geburtshilflichen Technik ab. Je nachdem der Ureter mit der Scheide oder mit dem Uterus kommuniziert, unterscheidet man **Ureterscheiden- und Ureteruterusfisteln.** Außer durch geburtshilfliche Traumen kann es durch gynäkologische Operationen und durch das Tragen von Pessarien und Ringen, die in die Scheide und den Ureter sich hineinscheuern und schließlich durch das Durchbrechen von Karzinomen des Genitales in die Ureteren zu den erwähnten Fisteln kommen.

Die **Diagnose** dieser Fisteln ist nicht immer leicht zu stellen. Es muß beachtet werden, daß dabei auch noch durch die Urethra Urin abfließen kann. Aus der Lage der Fistel rechts oder links in der Scheidenhöhle soll nicht das Bestehen einer angenommenen Ureterfistel und eine Blasenfistel ausgeschlossen werden. Das einzig sichere diagnostische Hilfsmittel ist die Einstellung der Ureteröffnung im Kystoskop. Die Seite, an der der Ureter verletzt ist, zeigt keine oder bei sog. wandständigen Fisteln wesentlich verringerte Aktion des Ureterostiums. Der eingeführte Ureterkatheter stößt an der Fistelstelle auf ein meist unüberwindliches Hindernis.

Die **Prognose** der Uretergenitalfistel ist bedeutend schlechter quoad vitam als die der Blasengenitalfistel. Es kommt sehr häufig infolge der Urinstagnation zu einer aufsteigenden Pyelitis und Pyelonephritis.

Bei der **Therapie** ist zu berücksichtigen, daß zumal bei nur seitlichen Läsionen des Ureters Spontanheilungen auftreten können. Ätzungen der Fisteln sind natürlich zu unterlassen. Ist innerhalb sechs Wochen nach der Fistelbildung keine Heilung eingetreten, dann kommt nur die operative Therapie, entweder die Einpflanzung des Ureters in die Blase oder, wenn die andere Niere funktioniert, die Exstirpation der betreffenden Niere in Betracht.

Außer in die Scheide und den Uterus kann die Ureterfistel sich noch in die freie Bauchhöhle oder in das subperitoneale Gewebe oder schließ-

lich in die vordere Bauchwand ergießen. Bei dem Eintritt in die Bauchhöhle
kommt es häufig durch Bakterienzersetzung des Urins zu Peritonitis. Eine
reine aseptische Urinperitonitis muß nicht eintreten. Bei dem Eintritt des
Urins in das subperitoneale Gewebe entstehen Urininfiltrationen, die sich
den Ausweg in einer Scheide schaffen und nur selten durch die vordere Bauchwand nach außen durchbrechen.

Bezüglich der Technik der Operation siehe die betreffenden Lehrbücher der Gynäkologie.

IV. Beeinflussung der Harnorgane vom Genitale her.

1. Harnröhre.

Über Veränderungen der Harnröhre während der Menstruation liegen noch
keine Beobachtungen vor. Man geht aber wohl nicht fehl, eine allgemeine Hyperämie
und Anschwellung auch der Urethra während der Menstruation anzunehmen, zumal ja
auch häufig während der Menstruation über leichte Harnröhrenbeschwerden geklagt wird.

Wichtiger sind die Veränderungen während der Schwangerschaft.
Hier kommt es zu beträchtlichen aktiven und passiven Hyperämien, die eine
Auflockerung und infolgedessen leichte Hypertrophie erzeugen können. Die
Harnröhre fühlt sich bei der Betastung dicker an als normal. Ziemlich weitgehenden Änderungen unterliegt die Harnröhre bei Retroflexio uteri gravidi.
Sie ist hierbei meist in die Länge gezogen und zwischen Uterus und Symphyse
komprimiert, oft auch abgeknickt und ödematös geschwollen. Dadurch kommt
es zu erschwerter Urinentleerung, eventuell sogar zu Ischuria paradoxa. Richtet
sich der Uterus nicht spontan auf und mißlingt auch eine manuelle Aufrichtung
in Narkose, so bleibt in diesen Fällen nur eine Unterbrechung der Schwangerschaft übrig. Nicht selten entwickeln sich in der Schwangerschaft auch Varicen
in der Harnröhre, die gelegentlich platzen und zu Blutungen Anlaß geben können.

Mannigfachen Schädigungen ist die Harnröhre während der Geburt,
der spontanen sowohl wie der operativen, ausgesetzt. Es kommt zumal bei
großen Köpfen, zu Verletzungen in der Umgebung der Harnröhrenmündung,
Blutaustritten und Sphinktereinrissen. Besonders häufig treten Druckschä-
digungen der Harnröhre bei engem Becken und da wieder vornehmlich beim
plattrhachitischen auf, bei dem der größte Widerstand im geraden Durchmesser überwunden werden muß und die Harnröhre daher besonders lange
dem Druck ausgesetzt ist. Maßgebend für die Intensität der Muskelzerreißungen
und Drucknekrosen ist die Zeitdauer, während derer der Kopf gegen die Symphyse drückt.

Die Erkrankungen der Urethra im Wochenbett sind zumeist die Folgeerscheinungen der Schwangerschaftseinwirkung und der Geburtstraumen.
Die Muskelläsionen, die im Gebiet des Sphinkter und der Harnröhrenmuskulatur
während der Geburt eintreten, bedingen in vielen Fällen die Urininkontinenz
im Wochenbett.

Aber auch die gegenteilige Erscheinung, die viel häufigere oder teilweise
Harnverhaltung im Wochenbett, die Ischuria puerperalis, kann nach der
Ansicht einiger durch bei der Geburt gesetzte Quetschungen und Ödemen
bedingt sein. Mehr Wahrscheinlichkeit bietet die Erklärung Zangemeisters
dafür, der ebenfalls in puerperalen Veränderungen der Harnröhre einen wesentlichen Grund dafür erblickt. Durch das Herabsinken der Blase und Linksdrehung
der in der Schwangerschaft nach rechts gedrehten Urethra im Wochenbett
kann es zu Abknickung und Anschwellung der Harnröhre kommen, die ganz
oder teilweise die Harnpassage verschließen. Für diese Formen puerperaler

Ischurie genügt das einmalige Einführen eines Katheters, um die Harnentleerung wieder in Gang zu bringen. Durch die so erzielte Auseinanderfaltung der Harnröhre ist die Passage für den Urin dann dauernd frei.

Die als Folge der Schwangerschaftsauflockerung und der während der Geburt stattfindenden Risse erweiterte und klaffende Harnröhrenmündung ermöglicht das Aufsteigen von Keimen aus der Vagina nach der Urethra. Dies Aufsteigen wird noch besonders begünstigt, wenn nach der Geburt für längere Zeit Bettruhe und damit die wagerechte Körperhaltung eingenommen wird. Das beweisen bakteriologische Untersuchungen, die konstant einen erhöhten Keimgehalt in der Urethra von Wöchnerinnen nachweisen konnten. So kann es zu Urethritiden und dann zu Cystitiden im Wochenbett kommen. Die unter der Geburt auftretenden Traumen können schließlich durch Bildung von Fisteln und Narben in der Harnröhre im Wochenbett und dauernd Störungen hinterlassen. Den gleichen Effekt haben natürlich auch Fisteln und Narben, die nach akzidentellen Verletzungen oder bei gynäkologischen Operationen zurückbleiben. Charakteristisch für das Vorhandensein dieser Harnröhrennarben ist das sog. Nachträufeln (Kolischer). Infolge des Widerstandes, den die verengte Harnröhre bietet, bedarf es bei der Miktion einer energischen Milthilfe der Bauchpresse. Nachdem der Urin zunächst in dünnem Strahl ausgepreßt ist, kommt es dann infolge der Anspannung der Bauchdecken noch zum Nachträufeln. Die Behandlung hat in Dehnung zu bestehen.

Mit dem Abklingen der Geschlechtsreife in der Klimax stellen sich zugleich mit der senilen Involution der Genitalien entsprechende Veränderungen an der Urethra ein. Durch die Schrumpfung der Vulva und Vagina wird die Öffnung der Harnröhre nach rückwärts gezogen und zugleich erweitert. Von der senilen Schrumpfung werden fast ausschließlich die Wände der Urethra, nicht aber die Harnröhrenschleimhaut befallen. Es kommt daher zu einem Prolaps der Schleimhaut, die entweder teilweise oder vollständig ringförmig prolabiert. In hochgradigen Fällen kann eine zirkuläre Abtragung der prolabierten Schleimhaut in Betracht kommen.

Von den Lageveränderungen der Genitalorgane wird die Harnröhre besonders beim Prolaps der vorderen Scheidenwand und gleichzeitig vorhandener Cystocele mitbetroffen. Zugleich mit dem Blasenboden wird in diesem Falle die Harnröhre nach unten verlagert und verkürzt, oder sogar Sförmig abgebogen. Eine Stagnation und Zersetzung des Urins in der Urethra und eventuell eine aufsteigende Cystitis sind dann häufig die Folgen.

Klinisch am wichtigsten sind die Beziehungen, die zwischen der Gonorrhoe der Geschlechtsteile und der Gonorrhoe der Urethra bestehen. Im Grunde genommen sind beide Erkrankungen Teilerscheinungen der gonorrhoischen Infektion; diese macht aber die ersten Symptome meistens in der Harnröhre. Es kommt hier zu Entzündung, Schwellung und reichlicher schleimig-eitriger Sekretion. Für die Diagnose ist das Wesentlichste der Nachweis der Gonokokken. Auch bei der gonorrhoischen Vulvovaginitis kleiner Kinder kommt es häufig zu einer Erkrankung der Urethra. Neben der Urethra erkranken bei der allgemeinen Gonorrhoe vor allem auch die Anhangsgebilde der Harnröhre, die Bartholinischen Drüsen und die vulvaren Krypten, in denen es zu Abszeßbildungen kommen kann. Die gonorrhoische Erkrankung der Harnröhre des Weibes führt im Gegensatz zu der des Mannes nur in den seltensten Fällen, außer wenn schwere therapeutische Fehler, z. B. Verätzungen, vorkommen, zu Strikturen. Die Behandlung besteht in Ruhe, Mineralwässern und Einnehmen von Gonosan. Eine örtliche Behandlung hat am besten zu unterbleiben. Ist es zu einem suburethralen Abszeß gekommen, so wird dieser am besten von der Scheide aus gespalten

Von Geschwülsten der Harnröhre, die fortgeleitet vom Genitale entstehen, sind vor allem die sog. vulvären Karzinome zu nennen. Diese, meist
an den Übergangsstellen des Epithels von der Harnröhre zur Vulva entstehenden
Karzinome können schließlich die ganze Harnröhre und deren Umgebung
zerstören. Eine andere Form sind die periurethralen, die mehr in der Gegend
der Klitoris und des Harnröhrenwulstes entstehenden Karzinome. Auch entsprechende Sarkomformen sind, wenn auch selten, beobachtet. Als Behandlung kommt bei allen diesen Formen neben der Operation nach den neusten
Erfahrungen (Krönig, Bumm) unbedingt auch die konservative Therapie
mit Mesothorium, Radium oder Röntgenstrahlen in Frage.

Schließlich gibt es noch eine beiden Organen, dem Genitale und der
Urethra, gemeinschaftliche Erkrankung, die sehr seltene als Esthiomène oder
Ulcus rodens vulvae bezeichnete Affektion. Hierbei bestehen Geschwürsbildung, elephantiastische Anschwellung und Ödeme am äußeren Genitale,
von denen auch die Harnröhre befallen ist und zerstört wird. Die Ätiologie
soll Lues sein.

2. Harnblase.

a) Beziehungen zur Menstruation.

Unter dem Einfluß der Menstruation kommt es auch an der Harnblase
zu mehr oder weniger starken Hyperämien. Bei der Besichtigung mit dem
Kystoskop erscheinen die Schleimhautvenen geschwellt, geschlängelt, mitunter können sogar leichte Grade von Ödem der Blasenwand festgestellt werden.
Nicht selten kommt es auch zu eienr Reizbarkeit der Blase. Zuckerkandl
führt einzelne Formen der Reizblase auf die Menstruationshyperämie zurück.
Meist geht die Hyperämie ohne Folgen vorüber. Bestehen normalerweise
schon Teleangiektasien, so kann es unter dem Einfluß der menstruellen Hyperämie zu Blutungen aus der Blasenschleimhaut kommen. Bei schon bestehenden chronischen Entzündungen führen Menstruationshyperämien leicht zu einer
Verschlimmerung des Prozesses und auch bei vorher gesunder Blase können
die menstruellen Veränderungen, wie es scheint, einen günstigen Boden für
eine Infektion abgeben. Denn ziemlich häufig fällt der Beginn einer Cystitis
mit dem Menstruationstermin zusammen. Eine besondere Therapie erheischen
die mit der Menstruation sich verschlimmernden oder in ihr auftretenden Cystitiden nicht. Natürlich ist eine Lokalbehandlung durch Spülungen streng
kontraindiziert. Bei starken Beschwerden gebe man warme Wickel auf die
Blasengegend und innerlich alkalische Wässer, Fachinger, Wildunger, eventuell
auch Kamillentee in reichlichen Mengen.

b) Schwangerschaft.

Die Schwangerschaft wirkt in erster Linie mechanisch auf die Blase
ein. Der vergrößerte Uterus und der vorangehende Kindsteil bedingen eine
Änderung der Form, Gestalt und Lage der Blase. Die Blase wird schließlich
am Ende der Zeit durch das Wachstum des aus dem Becken emporsteigenden
Uterus vollkommen in zwei Teile geteilt: Die Impressio uterina tritt immer
mehr vor, so daß im 4. bis 5. Monat schon die Vorder- und Hinterwand der
Blase sich gegenseitig berühren können. Die Blase nimmt dann auf dem Querschnitt eine bohnen- oder sichelförmige Gestalt (Stöckel, Gauß) an. Durch
den aus dem Becken nach oben strebenden Uterus wird einmal die Blase im
ganzen aus dem Becken herausgehoben und schwebt am Ende der Schwangerschaft schließlich mit ihrem gesamten Volumen vollkommen oberhalb des

Beckenringes dicht der vorderen Bauchwand anliegend, außerdem wird aber der Blasenboden aufgerichtet und gestreckt, so daß er schließlich parallel der Symphyse verläuft. Dadurch erhält die ursprüngliche tangential in die Blase einmündende Harnröhre schließlich eine mehr radiäre Richtung (Zangemeister). Analog den Veränderungen an anderen Organen des Körpers stellen sich auch an der Harnblase in der Schwangerschaft, zumal am Ende der Zeit, Hyperämien und Ödeme ein. Im kystoskopischen Bild erscheint die Schleimhaut stark hyperämisch und zumal in den letzten Monaten der Schwangerschaft schimmern die angeschwollenen Venen als breite dunkelblaue Bänder durch die gerötete Schleimhaut hindurch, ein für die Schwangerschaft charakteristischer Befund. Trotz der Raumbeengung und Formveränderungen der Blase in der Schwangerschaft findet sich keine entsprechende Kapazitätsverringerung der schwangeren gegenüber der nichtschwangeren Harnblase. Neuere Untersuchungen haben sogar ergeben, daß in der zweiten Hälfte der Schwangerschaft das Fassungsvermögen der Blase beträchtlich vermehrt ist und auf 500 bis 800 ccm ansteigt. Wenn es trotzdem in der Schwangerschaft ziemlich häufig — nach Kehrer in 57% der Fälle — zu einem vermehrten Urindrang kommt, so ist dafür wohl in erster Linie die Hyperämie der Blase anzuschuldigen. Auch die gelegentlich auftretenden Inkontinenzerscheinungen, zumal beim Husten und Nießen, sind wohl nicht auf eine Raumbeengung der Blase, sondern auf ein Ödem und dadurch bedingte Parese des Sphinkters zurückzuführen. Während also trotz der weitgehenden mechanischen und zirkulatorischen Veränderungen der Blase in der Schwangerschaft in den meisten Fällen eine Störung der Funktion nicht eintritt, kommt es in einem gewissen Prozentsatz der Fälle infolge der Schwangerschaftsveränderungen zum Ausbruch typischer Erkrankungen der Harnblase, bzw. werden bestehende Erkrankungen in typischer Weise beeinflußt.

Schon normalerweise findet sich ein leicht „katarrhalischer" Zustand der Blase in der Schwangerschaft, wenn man die vermehrte Gefäßinjektion und Abschuppung des Epithels und daneben den reichlichen Leukozytenbefund im Harn als Zeichen eines Katarrhs auffaßt. Es kann sich dies aber zu einer wirklichen Cystitis steigern, die damit in der Schwangerschaft ihren Anfang nimmt. Ebenso können schon bestehende alte Cystitiden in der Schwangerschaft akut sich verschlimmern. Nicht selten wird daher in den Krankengeschichten von Patienten, die jahrelang cystitische Beschwerden haben, der erste Anfang in eine Schwangerschaft verlegt.

Die bakteriologischen Untersuchungen über den Keimgehalt der Cystitis in der Schwangerschaft widersprechen sich zum Teil. Sicher scheint zu sein, daß entgegen der sonstigen Cystitisflora verhältnismäßig wenig Bact. coli vertreten ist und die Eitererreger Staphylokokken und Streptokokken überwiegen.

Alle Schwangerschaftscystitiden zeichnen sich durch eine ziemliche Hartnäckigkeit aus. Für die Therapie dieser Erkrankung gilt das gleiche wie für die menstruellen Blasenbeschwerden. In vielen Fällen wird mit dem Aufhören der Schwangerschaft die Cystitis verschwinden. Daher soll vor allzu eingreifenden Maßnahmen, allzu reichlichen Spülungen gewarnt und nur die milden, lokal angreifenden und intern wirkenden Medikationen empfohlen werden.

Auch die gonorrhoischen Cystitiden scheinen in der Schwangerschaft häufiger vorzukommen als außerhalb dieser. Es könnte dies ja aus der Auflockerung des Gewebes und der dadurch bedingten besseren Haftbarkeit des Gonococcus erklärt werden. Jedenfalls klagen gonorrhoisch infizierte Frauen in der Schwangerschaft häufig über cystitische Beschwerden, ohne daß allerdings dabei Gonokokken in der Blase nachzuweisen wären. Da nun das Vorkommen einer echten Gonokokkencystitis, selten ist; so ist es nicht ausgeschlossen, daß die Gonorrhoe zumeist nur den Boden für eine sekundäre Infektion ebnet.

Auch tuberkulöse Cystitiden und tuberkulöse Ulzera können wie alle tuberkulösen Erkrankungen in der Schwangerschaft eine ganz bedeutende Verschlimmerung erfahren.

Über den Einfluß der Schwangerschaft auf bestehende unbehandelte oder durch Naht geschlossene Fisteln liegen von Kroner und Spiegelberg Beobachtungen vor; es sollen bestehende Fisteln sich in der Schwangerschaft geschlossen haben, andererseits aber auch geschlossene Fisteln wieder aufgebrochen sein. Nach Zangenmeister erleiden die vorher regelrecht vernähten und verheilten Fisteln in der Schwangerschaft im allgemeinen keine Kontinuitätstrennung.

Nicht selten kommt es unter dem Einfluß der venösen Stauung in der Blase während der Schwangerschaft zu richtiger Varizenbildung oder, wenn schon Varizen bestanden, zu deren Verschlimmerung, und in seltenen Fällen zu Blutungen. Diese Blutungen bereiten differentialdiagnostische Schwierigkeiten, da gelegentlich auch Blutungen aus der Niere auftreten. Meistens wird das kystoskopische Bild Klarheit verschaffen.

Blasensteine können in der Schwangerschaft durch die mechanische Veränderung der Blase bedingt, erstmals in Erscheinung treten. Sie können spontan ausgestoßen werden, aber auch eine Operation nötig machen. Von Blasentumoren sind Karzinome und Fibromyome beobachtet worden.

Bedeutend mehr gefährdet als bei der normalen ist die Blase bei der ektopischen Schwangerschaft, z. B. bei der Tubargravidität, besonders dann, wenn es zum Absterben der Frucht und zur Vereiterung des Fruchtsackes gekommen ist. Es wird von Fällen berichtet, bei denen die vereiterte Hämatozele in die Blase hineingebrochen war, und die in die Blase entleerten Knochenstückchen und sonstigen Kindesteile oft erst nach Monaten und Jahren zu Steinbildungen Anlaß gaben.

Weitaus die größte Bedeutung für die Pathologie der Blase in der Schwangerschaft besitzt aber die Retroflexio uteri gravidi, bei der „der Uterus nichts, die Blase alles bedeutet" (Pinard und Granier). In der Regel am Ende des vierten Monats, mitunter etwas früher oder etwas später, setzt unter anfänglich leichten Blasenerscheinungen ziemlich plötzlich eine vollständige Ischurie ein. Meist folgt dann innerhalb 24 Stunden, spätestens nach einer Woche, das Symptom der Ischuria paradoxa, des Harnverschlusses bei starkem Harndrang und beständigem unwillkürlichen Abgehen weniger Tropfen Urin. Die Ursache, daß gerade im vierten Monat die Rückwärtsverlagerung der Gebärmutter schwere Blasenstörungen auslöst, liegt darin, daß der Uterus, der in dieser Zeit das kleine Becken vollkommen ausfüllt, am Emporsteigen durch seine Rückwärtsverlagerung gehindert wird und sich mit dem Fundus am vorspringenden Promontorium verfängt. Bei weiter fortschreitender Vergrößerung des schwangeren Uterus kommt es infolge der Raumbeengung zum Druck auf die Blase. Wird der Zustand nicht erkannt, oder gelingt es nicht, den retroflektierten graviden Uterus aufzurichten, so treten bald schwere Druckerscheinungen an der Blase auf. Es wird nicht nur die Blasenschleimhaut verletzt, sondern auch tieferliegende Teile, die Muskularis usw. werden nekrotisch und können in ausgedehnten Partien abgestoßen werden. Durch die Urinstauung und die meist vergeblichen Katheterversuche kommt es zur Infektion. Es schließt sich dann eine eitrige, jauchige Cystitis an, die durch Pyelonephritis und Pyelitis zum Tode führen kann. In anderen Fällen entsteht eine Gangrän der Blasenwand, die zum Durchbruch oder zur Verklebung mit Darmschlingen führen kann. Die Blasengangrän entwickelt sich oft in wenigen Tagen, mitunter dauert es aber eine Woche bis zum vollständigen

Eintritt der Gangrän. Es wird dann die Blasenwand in einzelnen Fetzen oder als Tumor bis zu Kindskopfgröße abgestoßen und kann so ventilartig die Harnröhrenmündung verlegen. Dabei treten Blutungen aus den arrodierten Gefäßen auf. Und auch nach der Aufrichtung der retroflexierten Uterus und der Entleerung der reichlichen, angesammelten Urinmengen können Blutungen eintreten, da es infolge des Absinkens des Blaseninnendruckes zu einem Bersten der bis dahin stark geschwellten Venen kommt. Die Therapie ist einfach, sobald die Diagnose durch die bimanuelle Palpation entschieden ist. Handelt es sich um eine eingeklemmte Retroflexio uteri gravidi, so muß unter allen Umständen, am besten in tiefer Narkose, die Aufrichtung des eingekeilten Uterus ausgeführt werden.

c) Geburt.

Während der Geburt steigern sich die während der Schwangerschaft vorhandenen typischen, mechanischen und zirkulatorischen Veränderungen bis zum Höhepunkt.

Mit dem Tiefertreten des vorangehenden Teiles wird die Blase vollständig aus dem Becken nach oben und flach an die Bauchwand gedrückt und dabei fast immer vollständig extramedian gelagert. Nach Martin wird in weitaus den meisten Fällen (21 : 1) die Blase nach rechts verschoben. Das Fassungsvermögen der Blase bleibt im allgemeinen während der Geburt das gleich hohe, wie während der Schwangerschaft. Nur selten kommt es zum spontanen Abträufeln des Urins, häufiger jedoch durch den Druck auf die Urethra und die Anschwellung der Schleimhaut zur Urinverhaltung. Sowohl durch die spontane, wie durch die operative Geburt werden Quetschungen in der Vorderwand der Blase und am Blasenboden ausgelöst. Es zeigen sich dann im kystoskopischen Bilde Blutextravasate und Schleimhautanschwellungen. Wirkt diese Schädigung genügend lange Zeit und genügend intensiv, so kann es zur Bildung von Fisteln kommen (s. vorhergehendes Kapitel).

Sind schon während der Schwangerschaft Blasensteine vorhanden, so kann eine Einklemmung der Steine in den Blasenhals oder in die Urethra, und auch durch Druck eine Fistelbildung in der Blasenwand eintreten. Schließlich können ebenso wie während der Schwangerschaft auch in der Geburt varikös erweiterte Blasengefäße zerreißen und starke, lebensgefährliche Blutungen die Folge sein. Mit der Vollendung der Geburt nimmt die Blase die normale Form fast vollständig wieder an. Es bleibt von den Schwangerschaftsveränderungen für längere Zeit nur eine gewisse Abplattung zurück.

d) Wochenbett.

Im Wochenbett ist im Gegensatz zur Schwangerschaft die Blase häufig ausgesprochen nach links verlagert. Die in der Schwangerschaft bestehende Schleimhauthyperämie bleibt auch im Wochenbett noch längere Zeit bestehen. Die Steigerung des Fassungsvermögens der Blase erreicht in den ersten Tagen nach der Geburt ihre größten Werte. Für den ersten Tag wird die Kapazität auf 2000 mit einer Spannungsempfindlichkeit von 1000 ccm angegeben (Zangemeister). Diese Werte wachsen noch um 100—200 ccm an, bis sie dann am 10. Tage auf gleicher Höhe verbleiben und von da ab langsam zur Norm zurückkehren.

Die Kapazitätssteigerung der Blase, die von der serösen Durchtränkung des Organs und dadurch bedingten größeren Dehnbarkeit herrührt, erklärt den geringen Urindrang der Wöchnerin. Es erfolgt daher meist erst 12 oder 24—36 Stunden nach der Geburt die Entleerung des Urins. Viele Wöchnerinnen entleeren die Blase überhaupt nicht vollständig, es bleibt dann Residualharn zurück (Zangemeister, Holste).

Die wichtigste Störung in der Blasenfunktion im Wochenbett ist die Harnverhaltung, die puerperale Ischurie. Zangemeister unterscheidet zwischen essentiellen Formen und solchen, bei denen die Harnverhaltung im Anschlusse an akzidentelle Ereignisse, geburtshilfliche Operationen, Scheidentamponade, parurethrale Hämatome und Tumoren sich einstellt. Meist tritt die Harnverhaltung am ersten oder zweiten Wochenbetttage auf.

Auf die eigenartige Tatsache, daß ein einmaliger Katheterismus allein oft genügt, um die Ischurie zu beheben, wurde schon bei den Erkrankungen der Urethra hingewiesen und dabei erwähnt, daß durch eine Knickung der Urethra die Entstehung der Harnhaltung zum Teil verursacht sein könnte. Als weitere Ursache ist nach Schwarz und Zangemeister der verminderte Inhaltsdruck der Blase anzusehen, der wieder durch das Absinken des abdominellen Druckes nach der Entleerung des Uterus bei der Geburt zustande kommt.

Die Häufigkeit des Auftretens der puerperalen Ischurie wird verschieden angegeben; Zangemeister berechnet sie, wenn er nur die Fälle essentieller puerperaler Ischurie einbezieht, auf 2,4%. Langdauernde Geburten von Kindern mit großen Köpfen disponieren besonders dazu. Die hauptsächlichste Gefahr der puerperalen Harnverhaltung liegt in der Disposition zur Infektion durch die Harnstauung und weiter in dem sich häufig nötig machenden Einführen des Katheters in die Blase zum Ablassen des gestauten Urins.

Die Diagnose der puerperalen Ischurie ist einfach zu stellen. Mitunter verbirgt sich hinter der Entleerung nur geringer Mengen Urins eine inkomplette Ischurie.

Wichtiger als die Therapie ist die Prophylaxe der puerperalen Ischurie. Die moderne Wochenbettbehandlung, die die Wöchnerin schon am ersten oder zweiten Tag außer Bett bringt, wirkt dem Entstehen der puerperalen Ischurie erfolgreich entgegen. Der mit dem Aufstehen gesteigerte abdominelle Druck erleichtert rein mechanisch die Entleerung der Blase. Tritt trotz Frühaufstehens oder bei längerer Bettruhe Ischurie ein, so läßt sich in vielen Fällen zunächst der Katheterismus entbehren, leichter Druck auf die Blase durch die Bauchdecken oder warme Umschläge in der Gegend der Blase vermögen oft eine Urinentleerung zustande zu bringen. Zu empfehlen sind weiter auch die alten Hausmittel, die Wöchnerin auf mit warmem Wasser gefüllte Unterschieber zu setzen und über die Vulva warmes Wasser rieseln zu lassen, die Urinentleerung im Stehen vornehmen zu lassen und, da mitunter nervöse Hemmungen vorhanden sind, diese durch Suggestion auszuschalten, indem man Wasser im Zimmer plätschern, oder die Wasserleitung laufen läßt. Führen diese Maßnahmen und schließlich noch das Trinken von reichlichen Mengen Kamillentee nicht zum Ziel, so soll unter den nötigen aseptischen Vorkehrungen katheterisiert werden. Auch dann gelingt es in den weitaus meisten Fällen, eine Blaseninfektion zu verhüten. Neuerdings empfiehlt Esch aus der Zangemeisterschen Klinik dabei prophylaktisch Myrmalyd intern zu geben und berichtet über günstige Resultate.

Die Entzündung der Blase im Wochenbett, die puerperale Cystitis, kann entweder die Fortsetzung einer Schwangerschaftscystitis sein oder im Wochenbett als Folge bestimmter Dispositionen (puerperale Harnverhaltung, bei der Geburt gesetzte Schleimhautläsionen) erstmalig auftreten oder schließlich als eine von den Nachbarorganen fortgeleitete Entzündung entstehen. Im Gegensatz zur Schwangerschaftscystitis ist bei der puerperalen Cystitis häufiger das Bacterium coli, der Erreger, und auch in den Fällen, wo, wie Bumm nachwies, Staphylokokken, zumal Staphylococcus aureus auftraten, werden diese schneller als in der Schwangerschaft durch die Koliflora ersetzt. Die unkomplizierte puerperale Cystitis kann mit Fieber einhergehen (Zangemeister). Ihre Prognose ist im allgemeinen günstig. Sie neigt eher zur spontanen Ausheilung als die Schwangerschaftscystitis.

Als Therapie kommen die schon bei der Schwangerschaftscystitis erwähnten Maßnahmen in Betracht. Für alle die Fälle, wo es durch langdauernde Geburten, oder durch operative Eingriffe zu Verletzungen und Quetschungen der Harnröhre und Blase und dadurch zur Harnstauung kam, ist unbedingt für die ersten 2—3 Wochenbettstage der Gebrauch des Dauerkatheters zu empfehlen, der eine regelmäßige Entleerung der Blase garantiert. Auch für die Vermeidung der Wochenbettcystitis ist das Frühaufstehen von einschneidender Bedeutung. Tritt trotzdem eine solche ein, so gebe man Urotropin, Hexal, Folia uvae ursi usw. Versagen diese Mittel, so sind Blasenspülungen, entweder 3%ige Borlösung oder 1 : 5000 Arg. nitr. ein bis zweimal täglich in Mengen von 100 bis 200 ccm anzuwenden.

Die von eitrigen Prozessen puerperaler Art der Nachbarorgane, von parametritischen Exsudaten, Pyosalpingen usw. fortgeleitete Cystitis ist im ganzen selten. Meist kommt es zu einer Pericystitis und zu Exsudaten in der Nähe der Blase, die sich neben der Blase oder vor ihr, prävesikal oder paravesikal ausbreiten können. Am meisten Beschwerden verursachen diejenigen, die sich zwischen Blasenboden und Vaginal- bzw. Cervixwand entwickeln. Hierbei bestehen lebhafte Schmerzen bei der Harnentleerung und Harndrang. Das kystoskopische Bild zeigt meist ein typisches bullöses Ödem, in seltenen Fällen entstehen punktförmige Perforationen und tritt Eiter in die Blase über. Nur selten aber entwickelt sich aus diesem Eiterübertritt eine Cystitis, und zwar nur dann, wenn auch andere Vorbedingungen dazu, Stauung und Blasenschleimhautverletzungen gegeben sind.

Bestehende Blasensteine können im Wochenbett Beschwerden machen, zumal dann, wenn die Blasenschleimhaut durch die Geburtsvorgänge gequetscht und ödematös ist. Gelegentlich bilden sich Blasensteine im Wochenbett, um Seiden oder Catgutfäden, die bei geburtshilflichen Operationen die Blase mitfaßten.

e) Klimakterium.

Die Menopause ruft ebenso wie am Genitale auch an der Harnblase typische Veränderungen hervor. Es findet eine Atrophie der einzelnen Wandschichten und der Schleimhaut, die im kystoskopischen Bilde glatt und gefäßarm erscheint, statt. Die Muskulatur wird schwächer, infolgedessen ist die Harnentleerung nicht mehr so ausgiebig, nicht selten bleibt Residualharn zurück, Nachträufeln und Stagnation des Harns in der Harnröhre stellen sich ebenfalls ein. Diese letzteren werden noch besonders durch die oben erwähnten senilen Schrumpfungen an der Harnröhre erleichtert. Diese Veränderungen begünstigen zumal bei bettlägerigen älteren Frauen die Entstehung der typischen Cystitis vetularum. Die subjektiven Beschwerden auch bei starkem Eitergehalt des Urins können relativ gering sein und die Frauen selbst nicht gefährden. Bei anderen Fällen kann aber außerordentlich lästiges Brennen beim Wasserlassen, und stark vermehrter Harndrang, der besonders die Nachtruhe stört, bestehen. Für die Prognose ist die wichtigste Frage die, ob die Erkrankung der Blase die einzige ist, oder ob sie nur die Teilerscheinung allgemeiner sonstiger Leiden darstellt. Im ersten Falle ist die Voraussage günstig, im zweiten ungünstiger und von dem Charakter des Allgemeinleidens abhängig. Bei der Behandlung der Cystitis vetularum suche man die Patientinnen außer Bett zu bringen, um eine regelmäßige Entleerung des Harns durch den Druck der Baucheingeweide auf die Blase zu erzielen und trachte möglichst mit innerer Medikation, d. h. mit der Darreichung alkalischer Wässer, Fachinger und Wildunger Helenenquelle, mit Kamillentee und Urotropin auszukommen. In schweren Fällen wird man Narkotika geben müssen.

f) Lageveränderungen der Genitalorgane.

Bei Lageveränderungen des beweglichen Uterus pflegt die Blase in keiner Weise in ihrer Funktion gestört zu werden. Natürlich macht sich bei einer ausgesprochenen spitzwinkligen Anteflexio die Impressio uterina an der Hinterwand der Blase deutlicher bemerkbar als bei einer Retroversio, und bei der Retroflexio wird durch den Zug der Cervix der Blasenboden teilweise angehoben. Alle diese Veränderungen, die durchaus im Bereich des Normalen liegen, pflegen aber keine Folgen für die Funktion der Blase zu haben.

Wenn früher Blasenbeschwerden gelegentlich unter die Symptomatologie der Retroflexio mobilis gezählt wurde, so fiel das in weitaus den meisten Fällen unter den verbreiteten Irrtum, daß allgemein nervöse Beschwerden auf die Rückwärtslagerung der Gebärmutter bezogen wurden. Wohl aber können Störungen der Blasentätigkeit von nicht mobilen Lageveränderungen des Uterus, von fixierten Retroflexionen oder Anteversionen, und zwar vorwiegend von letzteren ausgelöst werden. Diese sind ja meist nicht die Folge einer Erkrankung, sondern bilden sich im Anschluß an Operationen, weniger im Anschluß an Ventrifixuren und Alexander Adamsscher Operation als an die Interpositions-Operationen. Durch den starken Druck, den der interponierte, oder der stark nach vorn gelagerte Uterus nach diesen Operationen auf die Blase ausübt, kann es zu Buchtenbildungen und zu Erschwerung der Harnentleerung kommen.

Ziemlich im Vordergrund stehen die Symptome von der Blase bei den Genitalprolapsen. Zugleich mit der Senkung der vorderen Scheidewand tritt die Blase tiefer und buchtet sich vor, es entsteht die Cystocele. Die Ätiologie der Senkung wird heutzutage nach den Untersuchungen von Halban und Tandler in erster Linie auf eine Insuffizienz der Muskulatur des Beckenbodens, der Musculi levatores und des Trigonum urogenitale bezogen. Die Ausdehnung der Cystocele schwankt von Taubeneigröße bis zur Größe einer Orange und noch darüber hinaus. Die Beschwerden rühren hauptsächlich von der Abknickung der Harnröhre her, die, wie oben gezeigt, S-förmige Form annehmen kann. Dadurch kommt es zur Erschwerung der Urinentleerung, der in der prolabierten Blase zurückbleibende Residualharn zersetzt sich leicht und schließlich bildet sich durch die Infektion eine Cystitis mit ihren typischen Beschwerden aus. Ein Teil der Frauen, zumal diejenigen mit Totalprolaps, können die Blase nur dann vollkommen entleeren, wenn sie den Prolaps mit der Hand selbst reponieren.

Die Prognose dieser Cystitiden ist natürlich die des Prolapses. Besteht Verdacht, daß eine Cystocele vorliegt, so stellt man die Diagnose durch Einführen eines Metallkatheters in die Blase. Die Richtung, die der Katheter annimmt, zeigt die Lage der Blase an. Bei Cystocelen gleitet der Katheter mit seiner Spitze nach unten und dadurch wendet sich das freie Ende, das außerhalb der Urethra liegt, nach oben. Im kystoskopischen Bilde fällt bei Cystocelen der Tiefstand des Trigonums und häufig eine ziemlich intensive Verzerrung des Ligamentums und der Ureteren auf (Zangemeister).

Die besten Chancen zur Heilung bietet die operative Therapie. Wird die Operation von der Kranken abgelehnt, oder ist sie wegen eines Allgemeinleidens kontraindiziert, dann kommt die Pessartherapie mit Hart- oder Weichgummiringen in Betracht. Glückt es, den Prolaps mit Pessaren zurückzuhalten, so pflegen die Blasenbeschwerden damit auch zu schwinden. Zur Unterstützung dieser Therapie und zur Vorbereitung vor der Operation macht sich oft die Behandlung des Blasenkatarrhs nötig, die nach den oben schon zitierten

Grundsätzen mit internen Mitteln, gegebenenfalls mit milden Blasenspülungen durchzuführen ist.

g) Genitalerkrankungen.

α) Gonorrhoe.

Meistens treten die gonorrhoischen Erkrankungen der Harnorgane gleichzeitig mit denen des Genitales auf. Es können aber beide Organsysteme auch unabhängig voneinander bleiben, z. B. es kann die Gonorrhoe des Genitales ausheilen und nur noch in der Harnröhre und Blase bestehen bleiben oder umgekehrt. In der Mehrzahl der Fälle erkrankt vom Harnsystem nur die Urethra an Gonorrhoe. Relativ selten ist die gonorrhoische Infektion der gesamten Blase, die Cystitis gonorrhoica. Einzelne Autoren bezweifeln ihr Vorhandensein überhaupt, während andere, z. B. Stoeckel und Zangemeister, ihr Vorhandensein zwar zugeben, aber betonen, daß sie außerordentlich selten ist. Sicher ist, daß die Gonokokken sehr bald im Urin abgetötet werden und daß eine Cystitis nur bei besonderer Disposition sich halten kann. Auch dann kommt es nur ganz selten zu einer Cystitis gonorrhoica universalis, meist etabliert sich die Infektion nur am Blasenhals und in der Gegend des Trigonums, es entsteht die Cystitis colli und trigoni. Bei der Feststellung der Symptome ist es außerordentlich schwer, die von der Urethra ausgehenden von denen, die der Blase entstammen, zu sondern. Wahrscheinlich sind die von der Urethra ausgehenden weitaus die stärkeren und werden von den Patientinnen nur fälschlich in die Blase verlegt. Es besteht vermehrter Harndrang, Ischurie und Brennen beim Wasserlassen. Für die Diagnose ist der Nachweis der Gonokokken in der Urethra mittelst der Gramfärbung zu erbringen. Bei der Therapie der gonorrhoischen Blasenerkrankung, die ja meist nur auf das Kollum und Trigonum beschränkt ist, empfiehlt es sich nicht, mit allgemeinen Blasenspülungen vorzugehen. Man bringe, dem Vorgang Kolischers folgend, jeden 2.—3. Tag einige Tropfen einer $2-10\%$igen Arg. nitricum-Lösung in die leere Blase ein. Meist wirkt schon die erste oder zweite Injektion. Es hat keinen Zweck, eine allzulang ausgedehnte Behandlung fortzuführen, weil es sonst gelegentlich zu Strikturen kommen kann. Das wichtigste ist die Behandlung der Harnröhrengonorrhoe. Versagt die Argentum nitricum-Behandlung, so soll nach Stoeckels Erfahrungen die Instillation von 1 ccm einer $0,01\%$igen Adrenalinlösung Erfolg versprechen.

β) Tuberkulose[1]).

Bei den tuberkulösen Erkrankungen der Blase müssen zwei Formen unterschieden werden, solche mit nur geringfügigen tuberkulösen Veränderungen in der Blase und vorwiegend entzündlichen Erscheinungen der Cystitis tuberculosa — und solche, bei der die entzündlichen Erscheinungen im Hintergrund stehen und Ulzera und Knötchen in der Blase sich finden, die Blasentuberkulose. Die Diagnose beider Erkrankungen hat durch den Nachweis der Tuberkelbazillen im Ausstrich und Tierversuch und bei der Blasentuberkulose noch durch die Feststellung der typischen Ulzerationen in der Blase zu erfolgen. Die klinischen Erscheinungen beider Formen können sehr verschieden sein. Man kann im allgemeinen durchaus akut verlaufende Fälle von milderen chronischen unterscheiden. Bei den Formen reiner Blasentuberkulose ist das Fassungsvermögen der Blase stark reduziert, 50—100 ccm Spülflüssigkeit werden oft nur für wenige Minuten gehalten. Bei der Cystitis tuberculosa können diese Schrumpfungserscheinungen fehlen oder nur gering vorhanden sein. Die Therapie hat bei beiden Formen in erster Linie an der Niere, als dem Organ, von dem aus die Blasenerkrankungen fast immer deszendierend entstehen, anzusetzen, d. h. die einseitig erkrankte Niere muß bei Intaktsein der anderen Niere exstirpiert werden. Blasenspülungen sind zumal bei Blasentuberkulose direkt kontraindiziert. Von

---

[1]) Vgl. Bd. IV, S. 34.

Guyon wird 1⁰/₀₀ige Sublimatlösung in Mengen von 10—20 ccm als Instillation empfohlen. Bei den schweren Formen tuberkulöser Schrumpfblase, die gelegentlich auch bei fortgeschrittener Genitaltuberkulose als Nebenbefund vorkommen können, wird man ohne Narkotika nicht auskommen können. In ganz verzweifelten Fällen empfiehlt Krönig die Exstirpation der tuberkulösen Blase; in einem Falle, bei dem die tuberkulöse Blase entfernt und die Ureteren ins Rektum eingepflanzt wurden, konnte ein über fünf Jahre bestehendes, funktionell durchaus befriedigendes Resultat erzielt werden!

γ) Tumoren.

Die gutartigen Tumoren des Genitales, die Kystome und vor allem die Myome rufen außerordentlich häufig Erscheinungen an der Blase hervor. Im allgemeinen ähneln sie den Beschwerden, die bei Schwangerschaft, und zwar besonders denen, die bei Retroflexio uteri gravidi auftreten; sie sind um so größer, je ausgedehnter und je weniger beweglich der Tumor ist. Sie sind am schlimmsten bei den intraligamentären Myomen, die eine hochgradige Verdrängung der Blase hervorrufen können und am geringsten bei den subserösen, gestielten Myomen, die ja der Blasenwand ausweichen können. Im kystoskopischen Bild finden sich beim Vorhandensein von Genitaltumoren in der Blase Verzerrungen und bei knolligen Tumoren unregelmäßig bucklige Vorwölbungen der Wand. Nach den Angaben Zangemeisters leiden ungefähr ²/₃ der myomkranken Frauen an Blasenbeschwerden, d. h. vermehrten Tenesmus, Dysurie und Strangurie. Infolge der Druckerscheinung treten ausgedehnte Epitheldesquamationen der Schleimhaut auf, die sich bis zu Nekrosen steigern können. Die häufig sich einstellende Urinstauung kann zu echter Cystitis führen.

Die Diagnose der Blasenstörungen bei Myomen ist meistens durch die Koinzidenz beider Erkrankungen leicht zu stellen. Die Therapie besteht in der operativen, oder in neuerer Zeit fast ausschließlich in der Röntgen- bzw. Radiumbehandlung der Myome. Muß aus irgend einer Indikation, z. B. wegen Inkarzeration des Tumors, die Operation ausgeführt werden, so ist vorher durch Blasenspülungen und Einnehmen von Harndesinfizientien ein Abklingen des Blasenkatarrhs zu erstreben, denn bei noch bestehender Cystitis kommt es erfahrungsgemäß leicht zu einer Infektion der Scheidenwunde und auch zu Peritonitis.

Viel seltener als die Myome verursachen die gestielten Kystome Blasenstörungen, da sie infolge ihrer großen Beweglichkeit leicht aus dem Becken heraustreten können. Ungünstiger sind die nicht gestielten, die intraligamentär und pseudointraligamentär entwickelten Ovarial- und Parovarialkystome, die bei ihrem Wachstum die Blase verdrängen. In seltenen Fällen kommt es hierbei durch Entzündung oder durch eine Druckfissur zur Verklebung eines Ovarialtumors, meist eines Dermoids mit der Blasenwand und schließlich zu einem Durchbruch. Dabei entleert sich der Dermoidbrei in die Blase, der Urin erscheint dann infolge des Gehalts an Dermoidbrei eitrig getrübt und im kystoskopischen Bilde zeigt sich deutlich eine Perforationsöffnung, aus der auf Druck der typische Dermoidbrei hervorquillt. Die Therapie hat hierbei in Entfernung des Ovarialtumors und Verschluß der Perforationsöffnung in der Blase zu bestehen.

Von den malignen Tumoren des Genitales greifen die Korpuskarzinome und Korpussarkome nur selten auf die Blase über. Am häufigsten befallen wird die Blase bei Cervix- und Portiokarzinom, gelegentlich auch bei Scheiden- und Ovarialkarzinom. Bei letzterem kann der Ovarialtumor in die Blase durchbrechen und so eine Kommunikation der Blase mit der Bauchhöhle herstellen. Bei dem Scheiden- und Portiokarzinom bilden sich in fortgeschrittenen Fällen von den Blasenmetastasen ausgehend Kommunikationen zwischen Blase und

Scheide. Das tödliche Ende tritt dann meist durch aufsteigende Pyelonephritis auf.

Über die Häufigkeit des Ergriffenseins der Blase bei Portiokarzinom gehen die Ansichten auseinander, je nachdem Sektionsmaterial, also fortgeschrittene Fälle, oder klinische Patientinnen, unter denen auch beginnende Erkrankungen waren, untersucht wurden.

Unter 87 Sektionen bei Portiokarzinom fand Blau 43 mal makroskopisch sichtbare Blasenerkrankungen. Bei $^2/_3$ der Fälle bestand bereits in der letzten Zeit des Lebens eine Blasenscheidenfistel. Bei klinischen Untersuchungen fanden Schottländer und Kermauner unter 124 Karzinomen 6 mal sichere Metastasen in der Blase. In vier Fällen Pankows, bei denen wegen Verdacht auf Metastasen Resektionen der Blase ausgeführt worden waren, ließ sich nur einmal histologisch Karzinom nachweisen.

Die Diagnose des Ergriffenseins der Blasenwand von Karzinom ist schwer, denn die reaktive Entzündung, die sich häufig um Karzinome ausbildet, kann auch die Blasenwand ergreifen und dadurch Urinbeschwerden und im kystoskopischen Bild ein bullöses Ödem entstehen lassen und so eine Karzinommetastase vortäuschen. Sicher diagnostizieren lassen sich Karzinommetastasen in der Blase daher nur, wenn diese in der Blasenwand als weiße blumenkohlartige Wucherung mit dem Kystoskop zu erkennen sind, oder wenn auch ohne kystoskopische Untersuchung der dauernde Abgang von Blut und Gewebsfetzen das Vorhandensein eines zerfallenden Tumors in der Blase anzeigt.

Die Therapie war bis jetzt für die meisten Fälle von Blasenmetastasen der Genitalkarzinome ausschließlich operativ, d. h. die Resektion der erkrankten Blasenteile oder der gesamten Blase. Die Prognose der operativen Behandlung soweit fortgeschrittener Karzinome ist schlecht. Ob und wie weit hier die Strahlentherapie die Resultate bessern kann ist eine Frage der Zukunft.

δ) Mechanische Schädigungen.

Schließlich sind zuletzt noch eine Reihe von mechanischen Schädigungen des uropoetischen Systems bei Eingriffen am Genitale, z. B. onanistischen Manipulationen, konservativen und chirurgischen Prozeduren zu erwähnen. Es ist ein nicht seltenes Ereignis, daß bei onanistischen Versuchen die zur Verwendung kommenden Instrumente versehentlich in die Harnröhre eingeführt werden, plötzlich in die Blase gleiten, dort liegen bleiben und zu Steinbildungen den Grundstock abgeben. Die Haarnadel ist beim weiblichen Geschlecht das Instrument der Wahl. In jeder Klinik finden sich gelegentlich Fälle, wo Beschwerden von seiten der Blase zumal bei jungen Individuen erst auf alles mögliche andere bezogen werden, bis schließlich die Kystoskopie und Röntgenuntersuchung einen Blasenstein ergibt, dessen Kern eine Haarnadel bildet. Natürlich kommen auch noch andere Instrumente in Betracht, Holzstäbchen, Bleistifte und schließlich scheinbar unmögliche Sachen, wie Tannenzweige und anderes mehr. Bei der Diagnose ist natürlich jeder Verlaß auf die Anamnese unmöglich. Die Therapie wird in leichteren Fällen mit endovesikalen Operationsmethoden auskommen. Wenn das betreffende Instrument aber sehr groß ist und sich schon reichliche Inkrustationen gebildet haben, so wird am besten die Eröffnung der Blase von der Vagina aus vorgenommen und so der Fremdkörper entfernt.

Auch die Pessartherapie führt nicht selten zu Blasenschädigungen, besonders dann, wenn die Pessare und Ringe monate- oder gar jahrelang ohne Wechsel getragen werden. Es kann dann zu schwerem Druck auf die Blase, zur Epithelabstoßung, schließlich zur Gangrän der Blasenschleimhaut und Fistelbildung nach der Scheide kommen. Groß ist die Zahl der Blasenverletzungen, die bei geburtshilflichen und bei gynäkologischen Operationen gesetzt werden. Es handelt sich da um alle Grade von leichter Serosaverletzung bis zur vollständigen Durchtrennung aller Wandschichten. Unter den chirurgisch-geburtshilflichen Operationen ist vor allem der vaginale Kaiserschnitt, bei dem die Abschiebung der Blase vorgenommen werden muß, ungünstig belastet, geringer ist die Gefahr bei dem extraperitonealen und noch geringer bei dem cervikalen transperitonealen Kaiserschitt. Unter den nicht chirurgischen geburtshilflichen Operationen wird besonders häufig bei der Perforation eine Blasenverletzung gesetzt. Von den gynäkologischen Operationen zeichnen sich besonders die vaginalen Methoden, d. h. die vaginale Totalexstirpation des gesamten Uterus oder seiner Adnexe durch Blasenverletzungen aus. Bei der Kolporrhaphie und der Raffung der Cystocele kann es gelegentlich bei Ablösung der Blase zu Einrissen kommen. Häufiger kommt es hierbei nur zu einer partiellen Wandverletzung, am häufigsetn aber werden durch unzweckmäßige Raffung weite Taschen und Buchten gebildet, in denen es zu Harnstauung und damit zu Cystitis kommen kann. Von den abdominellen Methoden besteht bei der Wertheim-Freundschen Totalexstirpation in den Fällen, wo das Karzinom bis dicht an die Blase herangeht, die Gefahr der Blasenverletzung. Es reißt hierbei beim Versuche, die Blase loszulösen, das morsche Gewebe leicht ein.

Die Prognose aller dieser Blasenverletzungen hängt davon ab, ob die betreffende Blase cystitischen oder nichtcystitischen Urin enthielt. Ist der Urin bei bestehender Cystitis zersetzt und bakterienreich, so kommt es leicht zur Vereiterung der Wunde und fortschreitender Infektion. Bei der Wertheimschen Totalexstirpation geben im allgemeinen die Blasenverletzungen eine schlechte Prognose, während bei den vorher erwähnten Operationen die Blasenverletzungen keinen lebensgefährlichen Zwischenfall darstellen.

3. Ureteren und Nierenbecken.

a) Menstruation.

Daß auch der Ureter und das Nierenbecken sich an den Menstruationsvorgängen beteiligen, ist sehr wahrscheinlich. Exakte Untersuchungen liegen darüber noch nicht vor. Im kystoskopischen Bild macht sich während der Menstruation ebenso wie im Bereiche der gesamten Blasenschleimhaut auch in der Gegend der Ureterenmündung eine verstärkte Injektion bemerkbar. Dafür, daß menstruelle Kongestionen am Nierenbecken statthaben, spricht die von Lenhartz, Scheidemantel u. a. gemachte Beobachtung, daß Pyelitiden, Entzündungen des Nierenbeckens zum Beginn oder einige Tage vor der Menstruation typisch rezidivieren. Auch die Hydronephrose wird von Michaelski und Mirabeau mit der durch die Menstruation bedingten Anschwellung der Blasen- und Ureterenschleimhaut in Verbindung gebracht.

b) Schwangerschaft.

Die Schwangerschaftsveränderungen am Ureter und in seiner Umgebung erzielen als hauptsächlichste Wirkung eine Verengerung seines Lumens und dadurch bedingt Urinstauung im Ureter selbst und im Nierenbecken.

Die wichtigste Schwangerschaftsveränderung am Ureter ist die Anschwellung seiner Schleimhaut, zumal in den unteren Teilen; die Ureterostien erscheinen infolgedessen im kystoskopischen Bilde stärker gewulstet und der Ureter selbst ist von der Vagina aus deutlicher zu tasten. Die von der Umgebung auf die Ureteren in der Schwangerschaft einwirkenden Faktoren führen in typischer Weise zu Druck und Abknickungen. Der Blasenboden steigt in der Schwangerschaft nach oben, der Ureter kann dieser Bewegung nicht vollkommen folgen, da er an der Beckenwand zum Teil fixiert ist, so entsteht eine Abknickung. Die Ureterschleife wird spitzer, schließlich kommt es zu einer Behinderung des Urinabflusses, zu Stauung und zur Dilatation.

Von diesen Veränderungen ist ganz überwiegend der rechte Ureter befallen (nach Jolly haben 13,6% aller Schwangeren überhaupt eine Ureterdilatation, und zwar 10,3% im rechten, 1,8% im linken, 2,5% in beiden Ureteren). Der Grund für die Bevorzugung ist in der physiologischen Dextrotorsion des Uterus und der dadurch bedingten Rechtsverlagerung der Blase zu sehen.

Die eben geschilderten physiologischen Veränderungen am Ureter und Nierenbecken bedingen die Entstehung der wichtigsten Erkrankung dieser Organe in der Schwangerschaft, der

Pyelitis gravidarum.

Die Pyelitis, die Entzündung des Nierenbeckens, sowohl die während als die außerhalb der Schwangerschaft, ist ein Krankheitsbild, dessen Kenntnis wir erst den letzten Jahrzehnten verdanken. Man bezeichnet sie am besten einfach als Pyelitis und nicht, wie vielfach geschieht, als Pyelonephritis, wobei auf den mitunter vorkommenden Zusammenhang mit Nierenerkrankungen hingewiesen wird, oder gar als eine Pyelocystitis, indem ein Zusammenhang mit Erkrankungen der Blase wohl meist fälschlich angenommen wird.

Verlauf. Plötzlich, ohne daß Zeichen von seiten der Blase vorausgehen, setzen kolikartige Schmerzen im Ureter ein. Meist geht eine längerdauernde Obstipation der Erkrankung voraus. Es besteht Fieber, eventuell Schüttelfrost, Erbrechen und ziemliches Darniederliegen des Allgemeinbefindens. Die Temperatur kann plötzlich bis 39° und 40° ansteigen. Der Urin ist anfangs häufig normal, sogar bakterienfrei, meistens sind aber zahlreiche Eiterkörperchen darin enthalten. Bei der Kystoskopie ist die Blase selten ganz gesund. Meist zeigt sie zystitische Veränderungen. Der erkrankte Ureter aber arbeitet in vielen Fällen gar nicht, in anderen entleert er einen trüben Urin. Der normale Verlauf der Krankheit ist der, daß die Temperatur ein bis zwei Wochen erhöht bleibt, es können auch noch intermittierende und remittierende Steigerungen mit Schüttelfrost auftreten, aber dann fällt das Fieber kritisch oder lytisch ab. Rezidive treten bei der Menstruation oder in neuen Schwangerschaften gelegentlich wieder auf.

Die Pyelitis ist eine Erkrankung, die fast ausschließlich das weibliche Geschlecht befällt.

Lenhartz fand unter 80 Fällen 74 Frauen; unter diesen sind wieder ein hoher Prozentsatz Schwangerer und Wöchnerinnen, unter 59 Frauen 11 Schwangere und 9 Wöchnerinnen. Bezogen auf sämtliche Schwangeren größerer Kliniken beläuft sich die Häufigkeit der Pyelitis auf ungefähr 0,7% (Gaifami, Albeck).

Es kann gelegentlich auch eine andersartige Pyelitis, z. B. eine gonorrhoische oder eine tuberkulöse in der Gravidität auftreten. Dann handelt es sich aber nicht um die Pyelitis gravidarum, sondern um eine in der Schwangerschaft zufällig auftretende Pyelitis, eine Pyelitis in graviditate.

Die Pyelitis gravidarum tritt meist im fünften Monat bis achten Schwangerschaftsmonat auf und befällt in der Mehrzahl der Fälle das rechte Nierenbecken. Bei den Pyelitisformen außerhalb der Schwangerschaft erkranken beide Nierenbecken gleich häufig. Die doppelseitige Erkrankung des Nierenbeckens in der Schwangerschaft wird aber nur halb so oft beobachtet, als außerhalb der Schwangerschaft. Dies weist auf eine spezifische, in der Schwangerschaft gelegene und die rechte Niere bevorzugende Entstehungsursache der Pyelitis hin.

In dem großen Streit der Meinungen, der bezüglich der Ätiologie der Pyelitis in der Schwangerschaft noch besteht, können zwei Tatsachen als gesichert gelten. Einmal eine in der Schwangerschaft auftretende Stauung im rechten Ureter und damit im Nierenbecken, und zweitens der fast regelmäßige Nachweis des Bact. coli als des Erregers der Pyelitis. Die eine Tatsache kann die Prädisposition zur Infektion, die andere deren Zustandekommen erklären.

Darüber, wie die Stauung im rechten Ureter und im Nierenbecken zustande kommt, sind die Ansichten noch sehr verschieden. Die Erweiterung des Harnleiters beginnt meist oberhalb seines Eintritts ins kleine Becken. Die einen glauben, daß die Kompression durch den Druck des wachsenden Uterus auf den Ureter bei seinem Eintritt ins Becken zustande kommt. Dagegen spricht aber, daß meistens Kompressionserscheinungen erst im 5. und 6. Monat auftreten, wo der Uterus in seinem größten Umfange schon oberhalb des Beckeneinganges steht. Auch der Druck des vorangehenden Teils auf den Ureter kann nicht das auslösende Moment sein, da er sich erst gegen Ende der Schwangerschaft bemerkbar machen müßte. Es bleibt schließlich als die am meisten wahrscheinliche Theorie die von Opitz, Zangemeister u. a. vertretene übrig, daß es zu einer Abknickung, zu einem Spitzerwerden der Beckenschlinge des Ureters infolge der Elevation des Blasenbodens kommt. Schließlich wird dafür auch noch die Schwellung der Ureterschleimhaut, die als Schwangerschaftserscheinung schon erwähnt wurde, angeschuldigt.

In der Frage des Zustandekommens der Infektion stehen sich zwei Theorien gegenüber; die einen nehmen einen aszendierenden Modus an, die anderen einen deszendierenden. Aszendierend soll die Infektion des Nierenbeckens entweder direkt von der Blase her durch den Ureter, oder indirekt auf den Lymphbahnen des Ureters stattfinden. Hiergegen ist allerdings anzuführen, daß die Pyelitis oft auftritt, ohne daß subjektive zystitische Erscheinungen vorhergegangen sind.

Besser fundiert ist die in Deutschland zuerst von Mirabeau betonte deszendierende Theorie. Hierbei bestehen zwei Möglichkeiten. Einmal: das Bact. coli gelangt aus der Blutbahn direkt in die Niere und wird in das Nierenbecken ausgeschieden, oder es tritt durch die intakte Darmwand auf dem Wege der Lymphbahnen vom Mesenterium nach dem Nierenlager und von dort nach der Niere. Für die letzte Theorie sprechen die meisten klinischen Beobachtungen, vor allem der so häufige Beginn der Erkrankung mit Stuhlverstopfung und Darmbeschwerden. Daß der Durchtritt von Bact. coli durch den intakten Darm erfolgen kann, ist tierexperimentell nachgewiesen und auch die Möglichkeit des Übertretens auf der Lymphbahn ist anatomisch sichergestellt.

Kurz zusammengefaßt muß folgendes gesagt werden: Die Möglichkeit einer aszendierenden Infektion besteht und dieser Infektionsweg wird vielleicht in manchen Fällen beschritten. Die größere Wahrscheinlichkeit aber für weitaus die meisten Fälle bietet die deszendierende Infektion. Ob sie ausschließlich vom Blutweg oder direkt vom Darm aus stattfindet, muß einstweilen noch unentschieden bleiben.

Schließlich ist noch einer eigenartigen Theorie zu gedenken. Kermauner betrachtet auf Grund des häufigen Vorkommens von Pyelitis bei neugeborenen Mädchen die in der Schwangerschaft auftretenden Pyelitiden lediglich als Rezidive einer latenten, in der Kindheit erworbenen Infektion.

Die **Diagnose** der Pyelitis gravidarum ist nicht leicht. Differentialdiagnostisch kommen vor allem Appendizitis, Cholecystitis, Typhus und Enteritisformen in Betracht. Es gibt daher nur wenige Erkrankungen, bei denen soviel fehldiagnostiziert wird wie bei Pyelitis. Für die Diagnose Pyelitis spricht folgendes: Das Auftreten in der zweiten Hälfte der Schwangerschaft, das Befallensein der rechten Seite, steiler Temperaturanstieg, Schüttelfröste, Empfindlichkeit der rechten Niere, Schmerzen in der Gegend des Ureters, eine ausgesprochene Hyperleukozytose in seltenen Fällen allerdings auch eine Leukopenie. Der Urin kann anfangs bakterienfrei sein, schließlich mengt sich aber Eiter, Fibrin und zahlreiche Leukozyten bei. Eiweiß kann infolge des Eitergehaltes bis 10 % vorhanden sein. Bakteriologisch läßt sich Bact. coli fast immer in Reinkultur nachweisen. Gesichert wird die Diagnose durch Kystoskopie und den Ureterenkatheterismus Die Blasenschleimhaut zeigt sich dabei unverändert. Der erkrankte Ureter läuft, wenn es zu hochgradigen Stauungen und Abknickung gekommen ist, leer oder es entleert sich schubweise trüber Urin.

Die **Prognose** der Pyelitis gravidarum ist nicht ungünstig. Opitz gibt unter 69 Erkrankungen aus der Literatur einen Todesfall an. Albeck eine unter 52, wahrscheinlich verbessern sich aber die Chancen noch bei der modernen Behandlung.

Sekundäre Erkrankungen der Blase und Niere bei Pyelitis sind selten. Am meisten wird die Prognose dadurch getrübt, daß eine Anzahl der akuten Pyelitiden in die chronische Form übergeht. Einige Autoren nehmen dies bei 50 % an (Opitz), andere wie Zangemeister, stellen die Rezidivprognose günstiger. Typisch ist, daß während der Menstruation und bei neuen Schwangerschaften Rezidive auftreten können.

Die **Therapie** kann sich einmal gegen die Urinstauung und Ureterenkompression und andererseits gegen die Nierenbeckeninfektion richten. Um die Hindernisse in und am Ureter zu beseitigen, ist empfohlen worden, Patientinnen auf die gesunde Seite zu lagern, weiter die Blase mit 150 ccm Borlösung anzufüllen und nach Möglichkeit diese Lösung lange in der Blase halten zu lassen. Oft erzielt auch ein einmaliger Ureterenkatheterismus vollen Erfolg, weil durch den Katheter die Knickung im Ureterrohr ausgeglichen und so ein vollständiges Entleeren des gestauten Urins im Nierenbecken ermöglicht wird.

Eine Durchspülung des Nierenbeckens von der Niere her soll durch reichliches Geben von Kamillen- oder Lindenblütentee angestrebt werden. Als Harnantiseptikum wird Urotropin etc., dreimal 0,5 g täglich, viel verwendet. Am meisten empfohlen und aber auch am meisten kritisiert ist die lokale Therapie durch Nierenbeckenspülungen nach Völkers. Es werden 1—2%ige Kollargollösungen oder Argentum nitricum 1 : 4000 1—2mal wöchentlich gegeben. Sicher ist, daß diese Spülungen nur als letztes Mittel versucht werden dürfen und zu unterbleiben haben, sobald reichlicher Eiweißgehalt darauf hinweist, daß das Nierengewebe mit ergriffen ist. Andererseits sind die Besserungen danach oft auffallend.

Schließlich ist noch mit Erfolg die Wrightsche Vakzinebehandlung mit Kolivakzine, zumal von englischen Autoren, angewendet worden. Eine Unterbrechung der Schwangerschaft kommt nur in den Fällen mit chronisch-schleichendem Verlauf, wochenlang sich hinziehendem Fieber und schweren Koliken in Betracht. Die Schwangerschaftsunterbrechung ist dann mit dem Metreurynther oder besser mit dem vaginalen Kaiserschnitt auszuführen. Zuweilen kommt es übrigens, besonders in den Fällen mit lange anhaltendem hohen Fieber und Schüttelfrösten, zu einer spontanen Unterbrechung der Gravidität.

c) Klimakterium.

Es sind bis jetzt keine spezifischen Veränderungen des Ureters während der Menopause beschrieben. Doch gehen wir wohl nicht fehl, anzunehmen, daß es in dieser Zeit auch an den Ureteren und deren Umgebung ähnlich wie an anderen Organen zu senilen Schrumpfungen kommt.

d) Genitalerkrankungen.

Bei Prolaps sind in den Fällen, wo es zu einer starken Cystocele kommt, die Ureteren, wie aus den Untersuchungen von Halban und Tandler hervorgeht, stark in Mitleidenschaft gezogen. Der Blasenboden ist nach unten verlagert, dadurch die Ureteren in die Länge gezogen und an der Stelle, wo sie durch den Hiatus genitalis hindurchgehen müssen, abgeknickt und komprimiert. Oberhalb dieser Stelle kann sich je nach der Stärke des Prolapses eine mehr oder weniger hochgradige Erweiterung ausbilden. Viel umstritten ist auch noch die Frage, ob eine gonorrhoische Ureteritis oder Pyelitis aufsteigend sich bilden kann. Jedenfalls darf auf das Vorhandensein einer gonorrhoischen Pyelitis ohne Nachweis des Gonococcus nicht geschlossen werden. Häufiger ist die tuberkulöse Erkrankung des Ureters; sie entsteht meist unabhängig von tuberkulösen Erkrankungen am Genitale deszendierend von einer Tuberkulose der Niere. In Beziehung zu gynäkologischen Leiden steht auch nicht selten das Auftreten von Uretersteinen. Ein eitriger Prozeß am Genitale oder an der benachbarten Appendix, eine puerperalseptische Peritonitis oder eine Extrauteringravidität geben gelegentlich den ersten Anlaß zur Entstehung der Uretersteine. Sie werden bei Frauen bedeutend häufiger als bei Männern angetroffen, weil — wie man annimmt, die physiologischen Strikturen der Urethra bei ersteren besser ausgebildet sind. Die Prädilektionsstellen sind die Partie vor der Einmündung in die Blase, dann die Gegend unterhalb des Nierenbeckens, am seltensten die Kreuzungsstelle der Ureteren mit der Linea innominata.

Die Diagnose Uretersteine ist nicht leicht zu stellen. Unter heftigen Koliken kann es zu vollständiger Steineinklemmung und dadurch zur Anuria calculosa und zu einer reflektorischen Anurie auch am Ureter der gesunden Seite kommen. Häufig treten dabei Blutungen aus der Schleimhaut, mitunter auch Blasenbeschwerden auf, in seltenen Fällen, wenn es zu einer Infektion kommt, werden gewebeähnliche Massen aus dem Ureter entleert (sogenannte Pyelitis pseudomembranacea). Die Diagnose kann bei tiefsitzenden Steinen durch die Palpation von der Scheide oder vom Rektum aus gestellt werden. Das sicherste Verfahren ist die Röntgendurchleuchtung, die meist über den Stein und seine Lage und Größe genau Auskunft geben kann.

Als Therapie ist die Durchspülung von oben durch reichliches Trinken von 3—4 Liter Wasser, am besten Fachinger oder Wildunger Wasser, und erst wenn dieses versagt, die operative Therapie empfohlen.

Puerperal-septische Eiterherde, vor allem Eiteransammlung in den Parametrien, brechen in seltenen Fällen in die Ureteren durch. Meist widersteht aber der Ureter dieser Zerstörung.

Weit wichtiger sind die Beziehungen, die zwischen Erkrankungen der Ureteren und **Genitaltumoren** bestehen. Die benignen Tumoren, Myome und Kystome, vor allem erstere, wirken rein mechanisch durch Verlagerung und durch Kompression. Die Therapie dieser Beschwerden hat natürlich in der Entfernung des Grundleidens, also Exstirpation der Kystome oder Exstirpation oder Röntgenbehandlung der Myome zu bestehen.

Klinisch sehr wichtig ist das Verhalten der Ureteren bei bösartigen Tumoren des Genitales, vor allem beim **Collumkarzinom.** Hierbei können einmal die in den Parametrien sich entwickelnden Krebsmassen den Ureter umwachsen und so sein Lumen verschließen, sie können aber auch durch die Wand des Ureters in diesen hineinwachsen und so einen Ureterverschluß herbeiführen. Bei beiden Krankheitsformen kann schließlich Anurie und so der Tod eintreten. Häufig entwickelt sich ein von **Offergelt** und **Frerichs** geschildertes Krankheitsbild, eine Art chronischer Urämie infolge verminderten Harnabflusses. Die Diagnose der Ureterstenose ist vor der etwa nötigen Operation schwer zu stellen. Ein Steckenbleiben des Ureterkatheters im Ureter besagt noch nicht, daß es zu einem Verschluß oder einer Verengerung des Lumens gekommen ist. Die Therapie hat in der Operation zu bestehen, bei der dann unter Umständen die Resektion eines oder beider Ureteren und die nachfolgende Implantation in die Blase nötig ist; wenn man nicht die Strahlenbehandlung vorzieht.

An letzter Stelle ist schließlich noch auf die relativ sehr häufig bei **gynäkologischen Operationen** gesetzten **Ureterenverletzungen** hinzuweisen. Vor allem ist damit die vaginale und die abdominelle Totalexstirpation des karzinomatösen Uterus nach **Freund-Wertheim** belastet. Bei diesen Operationen kann einmal primär der Ureter verletzt werden, es kann aber auch sekundär durch Nekrose zum Einbruch in das Ureterlumen und dadurch zur Fistelbildung kommen. In allen den Fällen soll zunächst ein spontaner Schluß der Fistel abgewartet werden. Bleibt dieser aus, so hat es meist keinen Zweck, die Ureterenimplantation in die Blase zu versuchen, sondern es empfiehlt sich, zur Vermeidung einer aufsteigenden Infektion bei guter Funktion der anderen Nieren die Exstirpation der zum verletzten Ureter gehörigen Niere vorzunehmen.

4. Niere und Genitale.

a) Menstruation.

Zwischen der Menstruation und der Nierenfunktion bestehen keine weitreichende Zusammenhänge. Während es in den tieferen Teilen des Harnsystems, in der Blase und in der Urethra durch die Hyperämien der benachbarten Genitalorgane leichter zu Störungen kommt, finden sich nur wenige Erscheinungen an der Niere, die als typisch für die Menstruation aufgefaßt werden können. Nach Mannaberg und Pribram soll es gelegentlich zum Auftreten einer Menstruationsalbuminurie kommen, die zwei Tage vor Eintritt der Periode einsetzt. Auch Christin gibt an, daß bei Frauen mit leichter Nierenerkrankung im Anschluß an die Periode Albuminurie vorkommen. Schließlich berichtet Kapsammer von einer Art vikariierender Blutung aus der Niere; bei einer Frau stellte sich 7 Monate hindurch jedesmal während der Menstruation eine Nierenblutung ein. Die schließlich vorgenommene Operation ergab eine interstitielle Nephritis. Alle diese Beobachtungen sind noch sehr wenig gut fundiert und erfordern noch weiteres Studium.

b) Schwangerschaft.

Viel ausgedehnter und auch besser durchforscht ist die Beeinflussung der Niere durch Schwangerschaft, Geburt und Wochenbett.

In der Schwangerschaft treten an der Niere ganz bestimmte anatomische und funktionelle Veränderungen auf. Auf Durchschnitten durch das Organ zeigt sich eine Blässe und Verbreiterung der Rindensubstanz und im mikroskopischen Bild eine trübe Schwellung der Epithelien zum Teil mit Verfettung, während das interstitielle Gewebe unverändert bleibt. Diese Veränderungen finden sich bei allen Schwangeren in mehr oder weniger hohem Maße und nehmen gegen Ende der Schwangerschaft an Intensität zu. Die hochgradigen Formen dieser an und für sich physiologischen Veränderung beschrieb Leyden als „Schwangerschaftsniere". Nachdem wir heute über größere Beobachtungsreihen verfügen, empfiehlt es sich nicht mehr, diesen Begriff uneingeschränkt aufrecht zu erhalten, sondern, wie Zangemeister vorschlägt, eine Scheidung in folgender Weise vorzunehmen:

Mit Schwangerschaftsniere bezeichnet man nicht mehr die schweren Formen von Nierenveränderungen, sondern die typischen Veränderungen der Niere in der Schwangerschaft. Die schweren Formen aber, die eine pathologische Steigerung der normalen Schwangerschaftsveränderungen darstellen und sich auch klinisch als von der Norm abweichend manifestieren, werden Nephropathia gravidarum genannt.

α) Die Schwangerschaftsniere.

Die Nierenfunktion in der normalen Schwangerschaft — also die der Schwangerschaftsnieren — erleidet folgende charakteristische Veränderungen: Die Harnmenge ist gegen Ende der Schwangerschaft erhöht, während die molekulare Konzentration verringert ist; bei einer Gesamtausscheidung von 24 Stunden bleibt daher die Harnsalzmenge trotz der größeren Harnmenge hinter der Norm zurück. Die Gesamtstickstoffausscheidung ist gegen Ende der Schwangerschaft erhöht. Der Harnstoffanteil vom Gesamtstickstoff ist normal oder sogar etwas verringert. Ziemlich starke Schwankungen kommen zumal in den letzten Monaten der Schwangerschaft in der Diurese vor, sowohl was die Menge des Harnwassers als die der ausgeschiedenen Harnsalzmengen betrifft.

Nicht selten ist der Urin in den letzten Monaten eiweißhaltig. Die Häufigkeit dieser Albuminurie wird verschieden angegeben. Zangemeister berechnet, daß sie in der 32. bis 36. Woche annähernd 10% beträgt, während sie in den letzten Wochen auf etwa 26% ansteigt. Diese Zahlen haben natürlich nur vergleichenden Wert und sind von der Feinheit der Eiweißreagentien

abhängig, da es ja möglich ist, bei Anwendung eines hochempfindlichen Eiweiß-
reagens auch bei normalen Individuen geringe Eiweißmengen nachzuweisen.
Man hat dann weiter zur Entscheidung, ob die Nierenfunktion in der Schwangerschaft gestört ist oder nicht, auf den Nachweis von Harnzylindern besonderes
Gewicht gelegt. Nach Zangemeister finden sich bei 4% sämtlicher Schwangeren im Urin echte, meist granulierte Harnzylinder; da nun die Harnzylinder
auch gelegentlich bei Gesunden gefunden werden können, ist dieser Nachweis
auch unzuverlässig. Es ist daher zurzeit weder mittelst des Nachweises von
Eiweiß, noch von Zylindern möglich, eine genaue Abgrenzung der Nierenveränderungen in der Schwangerschaft zu geben.

Über die **Ätiologie** der Schwangerschaftsalbuminurie sind die Ansichten sehr geteilt. Schon Leyden wies mit Recht darauf hin, daß eine entzündliche Ätiologie nicht
anzunehmen sei. Später wurde dann Krampf der Nierenarterien, vermehrter intraabdomineller Druck, Druck auf die Ureteren, mangelnde Durchblutung der Nieren (Zangemeister)
und anderes mehr als Entstehungsursache angenommen. In neuerer Zeit ist zu diesen Hypothesen als eine sehr wahrscheinliche noch die hinzugekommen, die in toxischen Stoffwechselprodukten oder von der Plazenta aus gelösten Fermenten die Ursache für die eben geschilderten Veränderungen sieht. Für diese Annahme spricht, daß die degenerativen Verfet-
tungsprozesse sich nicht nur an der Niere, sondern auch anderen Organen, Leber und Herz,
in der Schwangerschaft finden, daß also eine gemeinschaftliche Ursache für diese Veränderungen in der Schwangerschaft gegeben sein muß. Es ist noch strittig, wie weit die in der
Schwangerschaft häufig beobachteten Ödeme, zumal der unteren Extremitäten und
die ödematöse Schwellung des Gesichtes auf eine Nierenveränderung zurückgeführt werden
müssen.

Die Möglichkeit, daß ein Zusammenhang besteht, ist nicht von der Hand zu weisen;
es ist aber dabei zu berücksichtigen, daß schließlich auch durch rein mechanische Prozesse,
Kompression auf die Lymphgefäße, Stauungen in den unteren Extremitäten, es zu Ödemen
kommen kann, und daß in einem hohen Prozentsatz dieser Fälle die Ödeme ohne nachweisbaren Eiweißgehalt im Urin auftreten.

Die **Differentialdiagnose** der reinen Schwangerschaftsniere gegenüber
echten Nierenschädigungen in der Schwangerschaft oder dem Aufflackern
chronischer Prozesse in der Schwangerschaft ist recht schwer. Man wird nicht
damit auskommen, sich nur auf die Höhe des Eiweißgehaltes als Kriterium
verlassen zu können. Es versagen als Hilfsmittel auch die Nebenerscheinungen,
wie Ödem, auch die Erscheinungen am Herzen, das systolische Geräusch an
der Spitze, die Akzentuation des zweiten Aortentones und Hypertrophie des
linken Ventrikels, da sie schon als Schwangerschaftserscheinungen vorhanden
sein können. Kermauner macht mit Recht darauf aufmerksam, daß bei
Eiweißbefund in der Schwangerschaft und stark bakterienhaltigem Urin erst
noch die Diagnose einer Pyelitis ausgeschlossen werden muß, weil der Eiweißgehalt des Urins und auch die Formelemente, Leukozyten usw. durch eine Pyelitis bedingt sein können. Zur Präzisierung der Diagnose Schwangerschaftsniere wird sich daher im allgemeinen folgendes sagen lassen: wenn sich Pyelitis
ausschließen läßt und wenn keine schwereren Ödeme, keine schweren Allgemeinerscheinungen, Kopfschmerzen usw. auftreten, dann kann man einen
geringen Eiweißgehalt des Urins mit eventuellen Beimengungen lediglich als
Albuminurie in der Gravidität, als Schwangerschaftsniere auffassen.

Die **Prognose** dieser einfachen Form ist absolut günstig. Sie geht nach
der Geburt zurück. Die Möglichkeit besteht allerdings in seltenen Fällen,
daß der Prozeß im Anschluß an die Schwangerschaft chronisch werden kann.

Von einer **Therapie** der Schwangerschaftsniere kann füglich nicht gesprochen werden, wohl aber von einer Prophylaxe zur Vermeidung der Entstehung schwererer Nierenschädigungen. Man wird stark reizende Speisen,
Überanstrengung und Erkältung vermeiden u. a. m.

Die Veränderungen in der Funktion der Niere während der Geburt
sind weitgehend abhängig von der Geburtsarbeit, von der Wehentätigkeit.

Die Diurese ist zu Beginn der Geburt regelmäßig stark vermehrt, sinkt aber bis unter die Norm, sobald gute Wehen eintreten. Im Durchschnitt berechnet ist aber die Harnausscheidung unter der Geburt größer als unter normalen Verhältnissen, sie hängt aber in erster Linie davon ab, ob eine starke oder nur eine geringe Wehentätigkeit eingesetzt hat. Die Eiweißausscheidung zeigt gegen Ende der Geburt einen ganz erheblichen Anstieg. In 70% der Fälle beträgt sie nach Zangemeister über $0,1^0/_{00}$, und in 9% sogar über $1^0/_{00}$. Erstgebärende werden wohl infolge der stärkeren Geburtsarbeit mehr davon befallen als Mehrgebärende. Harnzylinder kommen bei Erst- und Mehrgebärenden gleich häufig, in ca. 40% der Fälle vor. Diese Änderungen in der Nierenfunktion sind ähnlich der nach angestrengter Muskelarbeit. Es ist die Kenntnis der Geburtsalbuminurie wichtig, um bei Untersuchungen, die während der Geburt vorgenommen werden, nicht fälschlich die Diagnose auf parenchymatöse Nephritis zu stellen.

Im Wochenbett setzt unmittelbar nach der Geburt und am ersten Tag eine Harnflut ein, der dann ein kurzdauernder Abfall der Diurese folgt. Im weiteren Verlauf des Wochenbetts ist die Harnausscheidung auch meistens noch erhöht, allerdings können da Fehler in der Berechnung sich leicht einschleichen, da große Flüssigkeitsmengen durch starke Schweißsekretion und Milchabsonderung ausgeschieden werden. Die Schwangerschaftsalbuminurie verschwindet nach der Geburt um so schneller, je geringer Grade sie in der Schwangerschaft und bei der Geburt hatte. Es zeigen aber 30% der Kreißenden, die Eiweiß während der Geburt im Harn hatten, am 10. Tage des Wochenbetts immer noch leichten Eiweißbefund.

Auch hierbei ist natürlich von einer **Behandlung** der Albuminurie nicht die Rede, sondern nur von einer **Prophylaxis**. Diese besteht in Vermeidung reizender Speisen und Vorsicht mit Erkältung. Eine Kontraindikation gegen das Stillen oder gegen das Frühaufstehen ist in dieser Eiweißausscheidung nicht zu erblicken.

β) Nephropathia gravidarum.

Von der Schwangerschaftsniere und der Schwangerschaftsalbuminurie zu trennen ist die Nephropathia gravidarum. Wir sprechen, dem Beispiel Zangemeisters folgend, von einer Nephropathia gravidarum, sobald klinische Erscheinungen von Nierenstörungen in der Gravidität sich bemerkbar machen. Es ist ferner eine Abgrenzung der Nephropathia gravidarum gegenüber der Nephritis in graviditate, gegen eine in der Schwangerschaft akut einsetzende Nierenentzündung und gegen die chronische Nephritis in der Schwangerschaft nötig. Schließlich ist eine völlige Trennung der höheren Grade der Nephropathia gravidarum von der sich häufig daraus entwickelnden Eklampsie nicht leicht.

Wenn aus allen Berechnungen ungefähr das Mittel gezogen wird, findet sich eine **Häufigkeit** der Nephropathia graviditarum von ungefähr $2,5\%$. Zangemeister fand bei $1,5\%$ von 271 Schwangeren eine Albuminurie über $0,1\%$. Eine durchschnittliche Häufigkeit der Zylindrurie in $1,8\%$. Im Gegensatz zu den Verhältnissen bei der physiologischen Albuminurie in der Schwangerschaft, die bei Erst- und Mehrgebärenden nahezu gleich häufig vorkommt, ist die Erstgebärende von der Nephropathia graviditarum außerordentlich stark bevorzugt ($2,7\%$ bei Erstgebärenden zu $1,7\%$ bei Mehrgebärenden). Außerdem sind Frauen mit Schwangerschaftskomplikationen, mit Mehrlingsschwangerschaft und Hydramnios in höherem Grade zu Nephropathie disponiert.

Symptome. Die Schwangerschaftsnephropathie tritt meist unbemerkt auf und entwickelt sich vorwiegend in der zweiten Hälfte der Schwangerschaft. Die wichtigsten Symptome sind Ödeme, stärkerer Eiweißgehalt des Urins und Allgemeinerscheinungen wie Übelkeit, Erbrechen und Sehstörungen (Amaurose,

Flimmern vor den Augen, Verschleierung oder Verdunkelung des Gesichtsfeldes).

Die **anatomischen Veränderungen** an der Niere bei Nephropathia gravidum zeigen
das Organ auf dem Durchschnitt etwas getrübt und leicht geschwollen. Die Rinde ist
blaß, grau, die Marksubstanz dunkelbraunrot. Mitunter sind Blutungen an der Oberfläche und in der Nierensubstanz vorhanden. Im allgemeinen sind alle Veränderungen
nicht entzündlicher, sondern degenerativer Art.

Die Harnmenge ist im Durchschnitt ungefähr auf die Hälfte verringert,
die molekulare Konzentration um die Hälfte vermehrt. Eiweiß findet sich
im Urin, nach Zangemeister und Büttner im Mittel 16%, und außerdem
fast konstant Zylinder. Diese Erscheinungen werden noch gesteigert, wenn
Wehen auftreten, sie werden vermindert bei länger eingehaltener Bettruhe,
bei Absterben der Frucht und Entleerung des Uterus.

Zur Erklärung der Ätiologie der Nephropathia gravidarum sind verschiedene
Beobachtungen angeführt worden. Man wies darauf hin, daß Erstgebärende häufiger
daran erkranken wie Mehrgebärende, Städterinnen häufiger als Landbewohnerinnen.
Weiter sollten früher überstandene Nephritiden zu der Erkrankung an Nephropathia gravidarum disponieren. Dieses letztere hat sich nicht bestätigt. Weiter wurden die veränderten Zirkulations- und Druckbedingungen der Schwangerschaft herangezogen und
Zangemeister z. B. nimmt an, daß die Nephropathie aus einer mehr oder weniger ausgeprägten transudativen Diathese entsteht, die zu einer Nierenschwellung und damit
zu mangelhafter Blut- und Sauerstoffversorgung der Niere führe. Die neuere Ansicht
macht auch für die Entstehung der Nephropathie allgemein-toxische Einflüsse haftbar,
mögen sie nun von plazentaren Fermenten ausgelöst werden, wie sie durch die Abder-
haldenschen Untersuchungen mit Serum wahrscheinlich gemacht sind, oder mögen sie,
was vielleicht noch wahrscheinlicher ist, in Störungen der Drüsen mit innerer Sekretion
während der Schwangerschaft, speziell der Schilddrüse, ihre Erklärung finden.

Die wichtigste **Komplikation**, die bei Nephropathia gravidarum sich ereignen kann, ist der Ausbruch einer **Eklampsie**. Sie ist fast ausnahmslos kombiniert mit der Nephropathie. Es brauchen nicht gerade schwere Fälle von
Nephropathie diejenigen zu sein, die zum Ausbruch einer Eklampsie führen.
Die Nierenveränderungen bei der Eklampsie stellen eine graduelle Steigerung
der typisch bei der Nephropathie beschriebenen dar. Die molekulare Konzentration des Urins und der Eiweißgehalt sind dabei stärker erhöht, die Wasser-
ausscheidung ist verringert und kann schließlich zur vollständigen Anurie
kommen.

Für die spezielle Diagnose und Therapie der Eklampsie muß auf die geburtshilflichen Lehrbücher verwiesen werden.

Während der Geburt steigern sich zunächst die Erscheinungen der
Nephropathia gravidarum unter dem Einfluß der Wehentätigkeit und der
Steigerung des Drucks, die, wie Zangemeister annimmt, zu einer Nierenschwellung führt. Auch in der Beziehung zur Eklampsie tritt eine Verschlimmerung auf, gerade während der Geburt sind Frauen mit Nephropathie besonders
zum Ausbruch einer Eklampsie disponiert. Im Wochenbett klingen dann
die Erscheinungen der Nephropathie langsam zur Norm ab, aber doch so, daß
wie oben schon erwähnt, Frauen mit Eiweiß im Urin während der Geburt noch
am 10. Tage Eiweiß im Urin aufweisen.

Für die **Diagnose** der Nephropathie kommt vor allem die Abgrenzung
des Krankheitsbegriffes gegenüber der physiologischen Schwangerschaftsalbuminurie der Schwangerschaftsniere auf der einen Seite und den chronischen
Nephritiden, akutem Morbus Brightii und Eklampsie auf der anderen Seite
in Betracht. Die einfache Schwangerschaftsalbuminurie ist durch das
Bestehen von Ödemen und Allgemeinerscheinungen, Kopfschmerzen usw. auszuschließen. Gegen einen Morbus Brightii ist die Abgrenzung durch den
reichlichen Zylindergehalt, und gegenüber Eklampsie schließlich durch das
Fehlen von zerebralen und speziell von Krampfsymptomen möglich.

Die **Prognose** der Nephropathia gravidarum wird vor allem durch ihr nicht seltenes Zusammentreffen mit der Eklampsie getrübt, weiter aber noch dadurch, daß in einem hohen Prozentsatz im Anschluß an die Schwangerschaftsnephropathie chronische Nephritiden zurückbleiben und schließlich eine Frau, die in einer Schwangerschaft eine Nephropathie durchgemacht hat, auch noch zu Rezidiven in einer neuen Schwangerschaft prädisponiert.

Die **Therapie** der Nephropathia gravidarum hat in erster Linie wieder in allgemeinen vorbeugenden Maßnahmen, reizloser Ernährung, Vermeidung von Erkältung und Überanstrengung zu bestehen. Bei höherem Eiweißgehalt kommt eine längere Bettruhe in Betracht, da, wie oben gezeigt, ja der Eiweißgehalt und Ödeme danach abzuklingen pflegen. Schließlich ist das wichtigste, den Ausbruch einer Eklampsie zu vermeiden bzw. rechtzeitig zu erkennen. In den Fällen, wo der Eiweißgehalt im Urin konstant ansteigt und sich Spasmophilie zeigt und beginnende Zuckungen im Gesicht, empfiehlt es sich vor allem nach den neueren Erfahrungen mit einer ganz fleischfreien, nur Milch enthaltenden Diät, oder sogar mit Hungerkuren eine Entlastung des Stoffwechsels zu erzielen. Eine Schwangerschaftsunterbrechung wird nur dann in Betracht kommen, wenn sehr schwere Ödeme und Erscheinungen von seiten des Herzens oder Erscheinungen einer schweren Nierenschädigung, reichlicher Zylindergehalt nachweisbar sind.

Schließlich ist für solche Fälle wie für Schwangerschaftsnephropathien überhaupt ein Versuch mit Jodothyrin nach Lange (zweimal täglich eine Tablette á 0,1 mg Jod) zum Ersatz des angenommenen Reaktionsmangels der Schilddrüse zu empfehlen.

γ) Komplikationen der Schwangerschaft mit Nierenerkrankungen anderer Art.

Über akute Nephritis in der Schwangerschaft liegen nicht viel und vor allem nicht sichere Mitteilungen vor. Es ist natürlich sehr schwer, eine akut einsetzende Schwangerschaftsnephropathie von einer akuten Nephritis in der Schwangerschaft zu unterscheiden, oder einen subakuten Prozeß einer chronischen Nephritis von einer akuten. Differentialdiagnostisch wichtig ist folgendes: Die akute Nephritis kann in der ganzen Schwangerschaft auftreten und nicht nur wie die Nephropathie die späteren Monate bevorzugen. Weiter findet sich bei der akuten Nephritis die Einwirkung gewisser Noxen angegeben, vor allem eine Intoxikation mit Phosphor usw., oder gelegentlich eine fieberhafte Krankheit.

Für die Prognose läßt sich noch nichts Sicheres sagen, im allgemeinen geht die Ansicht dahin, daß die akute Nephritis ungünstiger in der Schwangerschaft verläuft als außerhalb derselben. Falls eine Unterbrechung der Schwangerschaft nicht spontan zustande kommt, ist daher eine künstliche Unterbrechung nach allen Anschauungen, die wir über die Mehrbelastung der Niere in der Schwangerschaft haben, indiziert, wenn trotz Ruhe- und strenger Diätbehandlung eine Verschlimmerung des Leidens festzustellen ist. Hofmeier allerdings verwirft die Unterbrechung, weil sie nicht die Ursache der Nierenaffektion beseitige.

Bei Komplikation der Schwangerschaft mit chronischer Nephritis kann der Verlauf entweder ein ungestörter sein, die beiden Prozesse beeinflussen sich nicht, oder — und das ist das häufigere — es kommt zu einer Beeinflussung des Nierenleidens und zwar meist zu einer erheblichen Verschlimmerung der Krankheitssymptome. Kreislaufstörungen, Ödeme, Anasarka, Retinitis albuminurica und Netzhautablösung können sich einstellen. Diesen Beobachtungen gegenüber stehen Fälle, in denen die chronische Nephritis durch die Schwangerschaft sogar gebessert sein soll. Wesentlich für die Stellung der Prognose ist, ob das Myokard schon schwer geschädigt ist oder noch nicht (Jaschke). Es kann auch der Tod noch nach der Geburt im Wochenbett auftreten. Für die Diagnose kommt vor allem die Abgrenzung gegen die Nephropathie in Betracht. Charakteristisch für die Komplikation chronische Nephritis und Schwangerschaft sind einmal die Anamnese, die auf frühere Nierenerkrankungen hinweisen muß, der Eiweißgehalt, hyaline Zylinder und am Herzen Hypertrophie des linken Ventrikels. Die Verschlimmerung der Symptome tritt meist in der ersten Hälfte und nicht in der zweiten Hälfte der Schwangerschaft ein.

Die betreffenden Patienten sehen bleich, gedunsen und wachsartig aus. Für die **Therapie** und für die Prophylaxe gilt das für die Nephropathie Gesagte. Anregung der Hauttätigkeit, eventuell Packungen, leichte Kost, Milchdiät und in schweren Fällen auch Bettruhe, sind zu empfehlen. Ferner hat sich die Chlornatriumentziehung gut bewährt. In schweren Fällen zumal, wenn Ödem und Herzerscheinungen hinzukommen, muß natürlich die Unterbrechung der Schwangerschaft, d. h. in der ersten Hälfte die Ausräumung, in der zweiten Hälfte der vaginale Kaiserschnitt ausgeführt werden.

Ein seltenes Krankheitsbild ist das von Brauer zuerst beschriebene der **Graviditätshämoglobinurie.** Dabei kommt es zu einer in mehreren Graviditäten sich wiederholenden Hämoglobinurie mit Ikterus, Milzvergrößerung und Leberschwellung. Auch bei Eklampsie kommt es nach Zangemeister häufig zur Schwangerschaftshämoglobinurie, wahrscheinlich infolge Auslaugung der Blutextravasate in Leber und Niere. Auch zu essentiellen, nur in der Schwangerschaft auftretenden bzw. wiederkehrenden Nierenblutungen kann es kommen, ohne daß eine Erkrankung der Niere, die die Blutung bedingte, vorliegt. Außerdem können natürlich Nierenblutungen auch in der Schwangerschaft bei den entzündlichen (tuberkulösen) und den bösartigen Erkrankungen der Niere vorkommen und schließlich können sie durch Varizen im Nierenbecken bedingt sein und gelegentlich zu Ureterkoliken Veranlassung geben.

Die Diagnose essentieller Nierenblutungen in der Schwangerschaft muß vor allem eine Blasenblutung und ein bestehendes Nierenleiden ausschließen. Nimmt die Blutung einen bedrohlichen Charakter an, dann kann eine Unterbrechung der Schwangerschaft in Betracht kommen, da erfahrungsgemäß nach Unterbrechung der Schwangerschaft diese Blutungen aufhören.

Noch nicht geklärt ist der Einfluß, den die Schwangerschaft auf eine bestehende **Nierentuberkulose** ausübt. Die Komplikation beider Prozesse ist nicht häufig. Auf der einen Seite sprechen Autoren wie Israels der Schwangerschaft einen bedeutend verschlimmernden Einfluß zu, während andere wie Hofbauer und Zangemeister dies leugnen. Nach Analogie der Beobachtungen über den Einfluß der Schwangerschaft auf die tuberkulösen Prozesse der Lunge muß allerdings eine höhere Gefährdung der tuberkulösen Niere durch die Schwangerschaft im Sinne Israels angenommen werden.

Die **Prognose** des Leidens ist daher etwas schlechter als die der unkomplizierten Nierentuberkulose zu stellen. Bei Einseitigkeit des Leidens kann die Nephrektomie auch in graviditate gemacht werden. Der Verlauf der Schwangerschaft ist bei Einnierigen nach Nephrektomie nach den bis jetzt vorliegenden Berichten im allgemeinen dann günstig, wenn die zurückgelassene Niere intakt ist. Nach Hornstein soll allerdings eine größere Disposition zur Nephropathie bestehen und nach Hartmann auch eine größere Disposition zur Eklampsie. Doch sind auch entgegengesetzte Ansichten durch entsprechendes Material begründet.

Sehr gefährdet ist natürlich ein Individuum in der Schwangerschaft dann, wenn nach Entfernung der einen Niere die andere z. B. auch tuberkulös erkrankt ist. Daraus ergibt sich, daß die Heirat Nephrektomierten nur dann gestattet werden darf, wenn die zurückgebliebene Niere sicher gesund ist. Frauen mit Tuberkulose beider Nieren ist natürlich unbedingt die Heirat abzuraten, bei einseitiger Nierentuberkulose eine Operation vorzuschlagen und erst eine sich mindestens über zwei Jahre erstreckende Beobachtungszeit einzuschalten, um zu sehen, ob nicht die zweite Niere auch noch erkrankt. Ebenso wie beim Intaktsein einer Niere, wenn die andere durch Operation entfernt ist, durch kompensatorische Hypertrophie alle Anstrengungen der Schwangerschaft getragen werden können, so kann auch die Schwangerschaft ohne Störung verlaufen, wenn kongenital nur eine Niere vorhanden ist.

Lageveränderungen der Niere, die Wandernieren, werden im allgemeinen durch die Gravidität günstig beeinflußt, und zwar deshalb, weil durch den wachsenden Uterus die Niere wieder nach oben an ihre richtige Stelle gebracht wird. Ernstere Komplikationen treten nur dann ein, wenn die Niere soweit disloziert ist, daß Einklemmungs-, Drehungs- und Strangulationserscheinungen am Ureter möglich sind. Auch während der Geburt erleidet im allgemeinen die ektopische Niere, auch die außerhalb des kleinen Becken liegende, eine Schädigung.

Wesentlich mehr Schaden entsteht im Wochenbett. Die Entstehung der Wanderniere wird vielfach gerade ins Wochenbett verlegt, weil die allgemeine Erschlaffung, die die puerperalen Rückbildungsvorgänge mit sich bringen, eine Auflockerung des Nierenbettes und so eine Senkung der Niere bedingen können. Es ist auch festgestellt, daß die Zahl der überstandenen Entbindungen die Disposition zur Entstehung der Wanderniere erhöht.

c) Genitalerkrankungen.

So ausgedehnt die Beziehungen zwischen Niere und Schwangerschaft, Geburt und Wochenbett sind, so wenig ausgedehnt sind die zwischen Nierenleiden und Genitalerkrankungen.

Von den entzündlichen Erkrankungen des Genitales kann allerdings auf dem Wege über die Harnblase eine gonorrhoische Nephritis zustande kommen. Sie ist öfters beschrieben und noch öfters angezweifelt worden. Wenn sie überhaupt vorkommt, stellt sie jedenfalls eine große Seltenheit dar. Auch paranephritische, gonorrhoische Abszesse sind von Miyata und Albrecht beschrieben worden. Ihr Zustandekommen wird am besten wohl hämatogen anzunehmen sein.

Die Tuberkulose der Niere zugleich mit einer Tuberkulose des Genitales ist relativ selten. Unter 73 Fällen von Genitaltuberkulose fand Schlimpert sechs mit Tuberkulose der Nieren. Wie schon oben auseinandergesetzt wurde, handelt es sich dabei aber meist nur um ein Nebeneinander von Prozessen, die sich gegenseitig nicht beeinflussen.

Viel häufiger sind allerdings bei Genitaltuberkulose kleinste miliare Aussaaten, die im gleichen Material bei 73 Fällen 32 mal, gleich 43%, beobachtet wurden. Allerdings ist es fraglich, ob die miliare Aussaat auf dem Blutweg von der Genitaltuberkulose oder von einem primären Lungen- oder Knochenherd aus sich entwickelte.

Auch die Metastasierung von Tumoren in der Niere ist selten. Gutartige Tumoren am Genitale pflegen die Niere nicht zu beeinflussen, es sei denn, daß durch Kompression bei sehr großen Myomen oder Kystomen Nierenschädigungen ausgelöst werden. In der Literatur ist darüber nichts bekannt. Auch Genital-, speziell Uteruskarzinome metastasieren nur sehr selten in die Niere. Wagner, Blau und Dybowski fanden bei

255 Sektionen nur in 3,5% Nierenmetastasen, Speziell bei Korpuskarzinom fand Blau in sechs Fällen nur einmal eine Metastase in der Niere. Wichtiger ist die indirekte Beteiligung der Niere bei Uteruskarzinom, wenn es durch Umwachsung und Metastasierung eines oder beider Ureter zur Stauung des Urins und aufsteigender Pyelitis und Pyelonephritis kommt. In Fällen dieser Art gibt die Erkrankung der Niere die Prognose der Gesamterkrankung ab und entscheidet, ob der tödliche Ausgang früher oder später eintritt.

V. Einfluß der Krankheiten der Harnorgane auf das Genitale.

Bedeutend geringer an Zahl und klinisch weniger wichtig in ihrer Bedeutung sind die Einflüsse, die vom Urogenitalsystem der Frau auf das Genitale übergehen.

Über den Einfluß der Urogenitalfisteln auf die Menstruation, die sich in der relativ häufigen Amenorrhoe der Fistelkranken dokumentiert, wurden weiter oben schon Ausführungen gemacht. Ist es trotz einer bestehenden Blasenscheidenfistel zu einer Schwangerschaft gekommen, so kann die Schwangerschaft ein vorzeitiges Ende unter dem Einfluß infektiöser Prozesse, zu deren Entstehung die Fistel ja disponiert, erleiden. Auch während der Geburt besteht die Möglichkeit, daß es von einer Fistel aus zu einer Infektion kommt, wenngleich in der Literatur darüber wenig berichtet wird. Das gleiche gilt vom Einfluß der Fisteln auf das Wochenbett.

.Blasensteine können eine Komplikation der Schwangerschaft abgeben und zum Abort führen. Öfters verursachen sie Geburtsstörungen durch den Druck und die damit verbundene Schädigung, die sie auf die Blasenwand ausüben. Schließlich können sie ein mechanisches Geburtshindernis bilden und zu Verwechslungen bei der Untersuchung mit dem vorangehenden Teil oder mit Tumoren Veranlassung geben.

Wichtig ist der Füllungszustand der Blase für den Verlauf der Geburt und der Nachgeburtsperiode. Es ist eine allbekannte Tatsache, daß Wehen sowohl wie Preßwehen bei einer allzu stark gefüllten Blase in ihrer Intensität beeinträchtigt werden und daß sofort nach der Blasenentleerung eine geordnete Wehentätigkeit eintritt. Wahrscheinlich haben wir es hier mit reflektorischen Vorgängen zu tun. Auch die Ausstoßung der Nachgeburt kann auf diese Weise verhindert werden, allerdings wohl nicht auf reflektorischem Wege, sondern dadurch, daß die gefüllte Blase auf die Scheide drückt und so der Ausstoßung der schon gelösten Nachgeburt aus dem Uterus in die Scheide entgegenwirkt. Der unregelmäßige Abfluß der Lochien soll nach Zangemeister durch eine Harnverhaltung im Wochenbett begünstigt und so einer genitalen Infektion Vorschub geleistet werden. Endlich sind auch Fälle beobachtet, wo von einer eitrigen infektiösen Cystitis aus eine Infektion puerperaler Wunden entstand.

Von den entzündlich-infektiösen Erkrankungen der Blase und der Urethra ist es vor allem die Gonorrhoe, die Einflüsse auf die Genitalorgane aufweist. An den Genitalorganen kann eine Erstinfektion oder eine Reinfektion mit Gonokokken eintreten, die vorher in der Urethra bzw. im Blasenhals vegetierten. Die Übertragung der Tuberkulose der Blase auf das Genitale ist im allgemeinen selten. Eine Ausnahme bilden die, bei denen ein tuberkulöses Geschwür der Blase durchbricht und eine Metastase in der Scheide setzt.

Das gleiche gilt für bösartige Tumoren der Blase, die nur selten durchbrechen und auch selten im Genitale selbst metastasieren.

Die wichtigste Erkrankung des Ureters und des Nierenbeckens, die Pyelitis, bleibt in vielen Fällen nicht ohne Einfluß auf den Verlauf der Schwangerschaft. Nach Opitz trugen unter 53 Fällen nur 20 = 38% der mit Pyelitis behafteten Frauen ihre Schwangerschaft zu Ende und auch die Zahl der abgestorbenen Kinder ist bei dieser Erkrankung relativ hoch. Wie die Schwangerschaftsunterbrechung zustande kommt, ist nicht sicher zu sagen, vielleicht lediglich durch die fieberhaften Temperatursteigerungen. Natürlich kann auch der Wochenbettsverlauf durch eine Pyelitis gestört werden, indem es zu einer Infektion der genitalen Organe von dem infektiösen Pyelitisurin kommt.

Weitaus die wichtigsten Einflüsse gehen von der Niere auf die Genitalorgane in ihren ruhenden und funktionierenden Zuständen aus. Bei chronischen Nierenkrankheiten kann es zu Störungen der Menstrualblutungen kommen und zwar meist zu einer Verstärkung. Es finden sich aber auch Angaben (Mannaberg) über das Ausbleiben der Periode bei manchen Formen chronischer Nephritis. Sehr ungünstig ist der Einfluß, den Nierenkrankheiten, sowohl die einfache Nephropathia gravidarum als vor allem deren schwere Formen, auf die Schwangerschaft haben. Es kommt infolge dieser Nierenerkrankungen häufiger als bei normalen Schwangerschaften zur vorzeitigen Ausstoßung der Frucht. Auch die Kinder sind bedeutend mehr gefährdet, sowohl in der Schwangerschaft als vor allem intra partum ist deren Mortalität größer.

Noch ungünstiger für den Verlauf der Schwangerschaft ist die chronische Nephritis. Diese und auch die Nephropathia gravidarum führen häufig zu anatomischen Veränderungen an der Plazenta, in erster Linie den weißen Infarkten, bei denen ausgedehnte Bezirke der Plazenta nekrotisch entartet sind. Auch für die vorzeitige Ablösung der Plazenta, einer der unheilvollsten Schwangerschafts- und Geburtskomplikationen, schafft die chronische Nephritis eine besondere Disposition. Ferner kommt bei Nephritis nicht selten ein universeller kongenitaler Hydrops vor; es werden meist lebensunfähige Kinder, die einen ausgedehnten Hydrops aller Organe haben, geboren (Himmelheber, Sitzenfrey und Schridde).

Schließlich ist als sehr häufiges Ereignis bei der Geburt Nierenkranker noch die atonische Nachgeburtsblutung zu erwähnen. Wie diese zustande kommt, ist noch unklar, es wird u. a. eine hyaline Entartung der Uterusmuskulatur angeschuldigt.

Von sonstigen Erkrankungen der Niere, die auf das Genitalsystem einwirken können, sind noch die Tuberkulose und die Tumoren zu erwähnen, beide scheinen keinen wesentlichen Einfluß auf den Verlauf der Schwangerschaft zu besitzen. Als rein mechanische Schwangerschafts- und Geburtskomplikation ist die kongenitale Nierendystopie zu nennen. Es kommt dadurch zu einer Verengerung des Beckenrings und in der Schwangerschaft zum Abweichen des vorliegenden Teiles und dadurch bedingter Schräg- oder Querlage und bei der Geburt zu Verzögerungen und Erschwerungen, bei schweren Fällen sogar zu unüberwindlichem Mißverhältnis zwischen Kopf und Becken und zu Uterusruptur (Albers-Schönberg).

Eingriffe an den Nieren, Nephrektomie, Nephrostomie, sollen im allgemeinen in der Schwangerschaft gut ertragen werden und keine Unterbrechung herbeiführen, ebenso wird die Schwangerschaft nicht ungünstig beeinflußt, wenn nur eine gut funktionierende Niere nach einer Nephrektomie oder Nephrostomie vorhanden ist.

Nierentumoren beeinflussen mechanisch oder durch Metastasen nur höchst selten das Genitale. In Betracht kämen Karzinome, Sarkome, Hypernephrome und Zystennieren. Häufiger machen sie differentialdiagnostische Schwierigkeiten, vor allem die Zystennieren, die zu Verwechslungen mit Kystomen oder anderen Genitaltumoren Anlaß geben können. In vielen Fällen wird auch hier die Kystoskopie und der Ureterenkatheterismus über das anormale Verhalten der Niere Aufschluß geben, eventuell kann eine Röntgendurchleuchtung der Niere Pyelographie und eine Röntgendurchleuchtung des Darms die erwünschte Klarstellung bringen.

Literatur.

Uropoetisches System.

Zusammenfassendes.

Kermauner, Beziehungen zwischen dem Harnapparat und den weiblichen Geschlechtsorganen. Supplement 6 zu Nothnagels spez. Path. u. Therap. 1912, Bd. 1. — Stöckel, Die Erkrankung der weiblichen Harnorgane. Veits Handb. d. Gynäk. 1907, Bd. 2. — Zangemeister, Beziehungen der Erkrankungen der Harnorgane zu Schwangerschaft, Geburt und Wochenbett. Verhandl. d. deutsch. Gesellsch. f. Gynäk. Bd. XV. 1, S. 64.

I. Eigentümlichkeiten der weiblichen Harnorgane.

Schwalbe, Zur Anatomie der Ureteren. Verh. d. Anat. Gesellsch. 1896, Bd. 12. — Seitz, Zit. nach Kermauner.

II. Entwicklungsstörungen.

Enderlen, Arch. f. klin. Chir. Bd. 71, Heft 2. — Gemell und Peterson, Journ. of Obst. and Gyn. 1913, S. 25. — Keibel, Zur Entwicklungsgeschichte des menschlichen Urogenitalapparates. Arch. f. Anat. u. Physiol. 1896, Anat. Abt. — Kubinyi, Zentralbl. f. Gyn. 1907, S. 1146. — A. Mayer, Monatsschr. f. Geb. u. Gyn. Bd. 23, Heft 6. — Reichel, Beiträge zur klin. Chir. Bd. 14, Heft 1. — Takahasi, Arch. f. Anat. u. Physiol. — Todd, Brit. med. Journ. 2. Juli 1910.

III. Fisteln.

Fritsch, Veits Handbuch, I. Auflage: Harnfisteln. — Kroner, Arch. f. Gyn. Bd. 19, S. 140. — Küstner, Zeitschr. f. Geb. u. Gyn. Bd. 48, S. 453. — Plaßmann, Über Urogenitalfisteln. Inaug.-Diss. Berlin 1898, S. 146.

IV. Einfluß des Genitales auf die uropoetischen Organe.

1. Harnröhre.

Kolischer, Ref. Zentralbl. f. Gyn. 1900, Nr. 47.

2. Blase.

a) Menstruation.

Zuckerkandl, Die Erkrankung der Harnblase. Handb. d. Urologie. 1905, Bd. 2, S. 546.

b) Schwangerschaft.

Gauß, Naturforschervers. 1906. — Kehrer, In Sänger und v. Herff Enzyklop. d. Geb. u. Gyn. II, S. 261. — Kroner, Arch. f. Gyn. Bd. 19, S. 140.

c) Geburt.

E. Martin, Arch. f. Gyn. Bd. 88, S. 391.

d) Wochenbett.

Bumm, Verh. d. Deutsch. Gesellsch. f. Geb. u. Gyn. 1886, S. 102. — Esch, Zeitschr. f. gyn. Urol. Bd. 3, S. 1. — Holste, Inaug.-Diss. München 1906. — Schwarz, Zeitschr. f. Geb. u. Gyn. Bd. 12, S. 86.

e) Klimakterium.

f) Lageveränderungen der Genitalorgane.

Halban und Tandler, Anatomie und Ätiologie der Genitalprolapse. Wien und Leipzig 1907.

g) Genitalerkrankungen.

Blau, Zit. nach Kermauner, l. c. S. 205. — Bumm, Die gonorrhoischen Erkrankungen der weiblichen Harn- und Geschlechtsorgane. Veits Handb. Bd. 2. — Guyon,

Klinik der Krankheiten der Harnblase. Deutsch von M. Mendelsohn. Berlin 1893. — Kolischer, Erkrankungen der weiblichen Harnröhre und Blase. Wien 1898, Deuticke. — Krönig, Zit. aus Döderlein und Krönig, Operative Gynäkologie, III. Aufl. — Pankow, Arch. f. Gyn. 1905, Bd. 76, S. 337. — Schottländer und Kermauner, Zur Kenntnis des Uteruskarzinoms. Berlin 1912.

3. Ureteren und Nierenbecken.

a) Menstruation.

Lenhartz, Münch. med. Wochenschr. 1907, Nr. 16. — Michalski, Beitr. z. klin. Chir. Bd. 35. — Mirabeau, Zeitschr. f. gyn. Urol. 1909, Bd. 1, S. 15. — Scheidemantel, Deutsche med. Wochenschr. 1908, Nr. 31.

b) Schwangerschaft, Geburt und Wochenbett.

Albeck, Zeitschr. f. Geb. u. Gyn. Bd. 60, S. 466. — Gaifami, Ginecol. 1910, J. 15. Ref. Zangemeister, l. c. S. 132. — Jolly, Volkmanns Samml. klin. Vortr. Gyn. 202/203. — Kermauner, Wiener klin. Wochenschr. 1911, Nr. 20. Zeitschr. f. gyn. Urol. 1911, Heft 6. — Lenhartz, Münch. med. Wochenschr. 1907, Nr. 16. — Mirabeau, Wochenschr. f. Gyn. Bd. 82, S. 485. — Opitz, Zeitschr. f. Geb. u. Gyn. 1905, Bd. 55, S. 209. — Volhard, Handbuch der inneren Medizin, Bd. 3, Julius Springer, Berlin 1918.

c) Klimakterium.

d) Genitalerkrankungen.

Halban und Tandler, 1 IV, B. f. — Offergeld, Arch. f. Gyn. 1910, Bd. 91, S. 173.

4. Niere.

a) Menstruation.

Christin, Zit. nach Kermauner. — Kapsammer, Zit. nach Kermauner. — Mannaberg, Zit. nach Kermauner, — Pribram, Zit, nach Kermauner.

b) Schwangerschaft, Geburt und Wochenbett.

Abderhalden, Die Abwehrfermente. Julius Springer, Berlin 1913. — Albers-Schönberg, Zentralbl. f. Gyn. 1894, S. 1223. — Brauer, Münch. med. Wochenschr. 1902, S. 825. — Büttner, Arch. f. Gyn. Bd. 79, S. 421. Wochenschr. d. deutsch. Gesellsch. f. Gyn. Bd. 12, S. 823. — Hartmann, Annales des mal. des org. gen.-ur. 1911, T. 1, Nr. 2. — Hofbauer, Naturforschervers. 1910, Bd. 2, II, S. 162. — Hofmeier, Monatsschr. f. Geb. u. Gyn. Bd. 50, S. 519. — Hornstein, Zeitschr. f. gyn. Urol. Bd. 2, S. 220. — Jaschke, In Frankl-Hochwart-Nothnagels spez. Pathol. u. Therap. Suppl. 6, S. 15. — Israel, Chir. Klinik d. Nierenkrankheiten. Hirschwald 1901. — Lange, Zit. nach Kermauner. — Leyden, Zeitschr. f. klin. Med. 1881, Bd. 2, S. 171, 1886. Bd. 11, S. 26. Charitéannalen 1889, S. 129.

c) Genitalerkrankungen.

Albrecht, Zit. nach Kermauner. — Blau, Zit. nach Döderlein-Krönig, Operative Gynäkologie. III. Aufl. S. 557. — Dybowski, Zit. nach Döderlein-Krönig, Operative Gynäkologie. III. Aufl., S. 557. — Migata, Zit. nach Kermauner. — Schlimpert, Arch. f. Gyn. Bd. 94, Heft 3. — Wagner, Zit. nach Döderlein-Krönig, Operative Gynäkologie. III. Aufl., S. 557.

V. Einfluß der Krankheiten der Harnorgane auf das Genitale.

Himmelheber, Monatsschr. f. Geb. u. Gyn. Bd. 32, S. 370. — Mannaberg, Zit. nach Kermauner. — Opitz, S. IV. C. b. — Schridde, Münch. med. Wochenschr. 1910, S. 398. — Sitzenfrey, Zentralbl. f. Gyn. 1910, S. 1381.

F. Die Beziehungen des Blutes zu den weiblichen Generationsorganen.

Von

O. Pankow-Düsseldorf.

I. Der Einfluß der weiblichen Generationsorgane auf das Blut.

1. Das Blut während Schwangerschaft, Geburt und Wochenbett.

Die Beziehungen des Blutes zu den physiologischen und pathologischen Vorgängen in den Generationsorganen sind mannigfaltiger Natur. Speziell die Gestationsepoche bildet ein reiches und viel bearbeitetes Feld für die Ergründung dieser Beziehungen. Gleich hier muß aber gesagt werden, daß wir uns bei dem Studium über diese Vorgänge noch ganz in den Anfängen befinden, daß unsere Kenntnis noch im Werden und Wachsen ist und daß es feinster Methoden und größter Kritik in der Arbeit bedarf, wenn man in der Erkenntnis dieser Dinge wirklich weiter kommen will. Liest man die zahllosen Arbeiten über Blutuntersuchungen in Schwangerschaft, Geburt und Wochenbett, so ist man erstaunt über ihre Ergebnisse, die vielfach in derselben Frage zu ganz entgegengesetzten Resultaten und Schlußfolgerungen geführt haben. Auch heute noch müssen wir deshalb die meisten Fragen über die Blutveränderungen in der Gestationsepoche und ihrer Bedeutung für die Physiologie und Pathologie der Schwangerschaft und Geburt als ungelöst ansehen. So unsicher demnach im einzelnen noch unsere Erkenntnis über die Blutveränderungen sind, so kann das Eine doch als sichere Tatsache gelten, daß durch die Implantation des Eies in den mütterlichen Körper ein selbständig arbeitender Organismus eingeschaltet wird, dessen zellige Bestandteile sowohl, wie vor allem seine Stoffwechselprodukte in mehr oder minder ausgedehnter Weise in die mütterliche Blutbahn übergehen und dadurch die Beschaffenheit des Blutbildes selbst beeinflussen.

Noch sind ja die sicher festgestellten Tatsachen über die Biologie des Eies sehr gering und es ist deshalb auch verständlich, daß die Frage, wie weit die Frucht selbst oder die Plazenta die in die mütterliche Blutbahn überführten Stoffe liefert, bis heute noch nicht eindeutig hat entschieden werden können.

Seitdem Schmorl zuerst bei der Eklampsie Plazentarteile, nämlich synzytiale Elemente und Zottenpartikel in den mütterlichen Gefäßen gefunden hatte, die er dann, wenn auch in weniger ausgesprochener Weise bei normaler Schwangerschaft ebenfalls nachweisen konnte, schien die Annahme von der plazentaren Herkunft der Stoffe, die in der Schwangerschaft im Blute der Mutter kreisen und für mancherlei physiologische und pathologische Erscheinungen verantwortlich gemacht werden, festen Boden zu gewinnen. Veit baute darauf seine bekannte, viel bearbeitete und viel bestrittene Lehre von der Zottendeportation auf. Sie gipfelt in der Annahme, daß durch die Aufnahme synzytialer Elemente in die mütterliche Blutbahn aus den roten Blutkörperchen Stoffe frei werden mit der Fähigkeit, das Synzytium aufzulösen (Synzytiolysine), während aus dem Synzytium Stoffe frei werden mit der Fähigkeit, die Erythrozyten aufzulösen (Hämolysine).

Unter normalen Verhältnissen sollte die Bildung der Synzytiolysine ausreichen, um die fötalen Elemente im mütterlichen Blute in ihrer Wirkung unschädlich zu machen. Würde die Masse der in die mütterliche Blutbahn importierten Zottenbestandteile aber eine zu große, so sollten die Schutzkräfte des Organismus nicht imstande sein, sie zu vernichten, und dann sollten sie die Ursache abgeben für pathologische Organveränderungen, für Hämoglobinämie, Hämaturie, Albuminurie und schließlich Eklampsie.

Etwas anders suchte Weichhardt die Vorgänge im mütterlichen Blute zu erklären. Auch er nahm die Bildung von Synzytiolysinen im Blute der Mutter an, die die Fähigkeit haben sollten, die Zottenelemente aufzulösen. Durch diese Auflösung aber sollten dann aus dem Synzytium Gifte frei werden, die er als Synzytiotoxine bezeichnet. Gegen diese Synzytiotoxine wiederum sollte das Blut der Mutter Gegengifte bilden, die unter normalen Verhältnissen imstande sein sollten, die Synzytiotoxine unschädlich zu machen. Reichte dagegen die Bildung der Gegengifte nicht aus, um alle Synzytiotoxine zu vernichten, danh sollten auch nach dieser Theorie wiederum pathologische Organveränderungen, Hämoglobinämie, Hämaturie, Albuminurie und Eklampsie die schließliche Folge sein.

Diese Theorie von der Überschwemmung des mütterlichen Blutes mit fötalen Zellelementen, bzw. ihren Toxinen, ist der Ausgangspunkt für eine unendliche Fülle experimenteller Arbeiten geworden, deren Ziel vor allem die **Ergründung der Ätiologie der Eklampsie** bildete. Die Resultate widersprechen sich vielfach direkt und haben aus der Klärung dieser wichtigen Frage bisher nicht näher gebracht. Sofern die Untersuchungen mit artfremdem Material am Versuchstier ausgeführt wurden, wie meist, sind ihre Resultate ja überhaupt von vornherein mit den Vorgängen im Blute der Mutter bei der Eklampsie nicht in Parallele zu setzen, da artfremdes Material bei den Vorgängen zwischen Mutter und Ei nicht in Frage kommt. Gerade in neuerer Zeit ist überdies von verschiedenen Untersuchern, Hamburger, Ott, Hofbauer, Franke u. a. wiederholt darauf hingewiesen, daß der menschliche Organismus auch auf die Einfuhr von artfremdem Eiweiß durchaus nicht in gleichem Sinne reagiert wie die Versuchstiere, und daß deshalb die Resultate tierexperimenteller Untersuchungen nicht ohne weiteres auf den Menschen übertragen werden dürfen. Das zeigte sich auch beim Studium über die anaphylaktischen Vorgänge beim Menschen, auf die man ebenfalls die Entstehung der Eklampsie zurückzuführen suchte. Auch sie haben bis heute zu keinem eindeutigen Resultate geführt und uns ebenfalls noch keine Klärung über die feineren Vorgänge im mütterlichen Blute gebracht, die sich zweifellos dort abspielen.

Eine andere Richtung in der modernen Forschung über die Schwangerschaftsveränderungen des mütterlichen Organismus, bei der ebenfalls wiederum das Blut als Träger der fraglichen Stoffe eine große Rolle spielt, ist die, die nicht in dem Hineingelangen fötaler Zellelemente in den mütterlichen Kreislauf die Ursache der physiologisch-pathologischen Schwangerschaftsveränderungen sieht, sondern sie vielmehr in der **Tätigkeit des plazentaren Stoffwechsels** glaubt suchen zu müssen. Hofbauer hat ja in seinen Grundzügen der Biologie der menschlichen Plazenta darauf hingewiesen, und von anderer Seite sind seine Untersuchungen vielfach bestätigt und erweitert worden, daß sich in der Plazenta Fermentvorgänge abspielen, die sich im wesentlichen als Spaltungen der Nährstoffe des umgebenden Blutes mit nachfolgender Synthese der Spaltprodukte darstellen. Der Nachweis eines diastatischen, glykolytischen und proteolytischen, sowie eines plazentaren Oxydationsfermentes, die Erkenntnis der Eisenaufnahme des Fötus aus den Erythrozyten der Mutter, der Nachweis der Fett- und Eiweißassimilation in der Plazenta, und schließlich die Erkenntnis, daß die Plazenta ähnlich wie die Leber eines erwachsenen Menschen als Entgiftungsorgan aufzufassen ist, sind Tatsachen, die uns an einer hochentwickelten Stoffwechseltätigkeit der Plazenta nicht mehr zweifeln lassen können. Sie machen es aber auch verständlich, daß bei dieser Tätigkeit Stoffe in die mütterliche Blutbahn übergehen müssen, die geeignet sind, dem

Schwangerschaftsblute Eigenschaften zu geben, die es sonst nicht hat, und die, wenn sie in gesteigertem Maße und im Übermaße auftreten, das Bild einer Toxinämie hervorrufen. Diese Toxinämie, deren Ursache höchstwahrscheinlich keine einheitliche ist, ist es auch, die man heute, hauptsächlich für die Entstehung bestimmter Schwangerschaftsreaktionen des Organismus, für die Schädigung der parenchymatösen Organe, und schließlich auch für die Entstehung der Eklampsie verantwortlich machen möchte. Gelingt es uns erst einmal, tiefere Einblicke in die biochemische Tätigkeit der Plazenta zu tun, dann werden· wir vielleicht auch weiterkommen in der Erkenntnis der Veränderungen des Schwangerschaftsblutes. Von einzelnen Blutbestandteilen wissen wir ja auch schon, daß sie in graviditate eine Änderung erfahren, und es ist uns z. B. bekannt, daß in der Schwangerschaft der Fettgehalt des Blutes bei den meisten Frauen erhöht ist, Veränderungen, die wahrscheinlich wohl Hand in Hand gehen mit der allgemeinen Fettmästung der schwangeren Frauen, wie man sie so oft auch als Fettablagerungen in den Zellen der parenchymatösen Organe mikroskopisch und makroskopisch und als Fettablagerung unter der Haut besonders an Brüsten und Hüften nachweisen kann.

Neumann und Hermann, Hofbauer, Thaler und Christofoletti haben in jüngster Zeit darauf hingewiesen, daß in der Gravidität auch eine Cholesterinämie vorhanden ist, der von diesen Autoren insofern eine große klinische Bedeutung beigemessen wird, als sie annehmen, daß dadurch die geringere Widerstandsfähigkeit Schwangerer gegen tuberkulöse Prozesse erklärt werden könne. Hofbauer meint deshalb, weil das lipämische Blut nicht so gut imstande sei, die wachsartigen Hüllen der Tuberkelbazillen aufzulösen und diese zu vernichten, Christofoletti und Thaler glauben darum, weil überhaupt die Tuberkelbazillen in der Lipoidämie günstigere Wachstumsbedingungen fänden. Diese Herabsetzung der Widerstandsfähigkeit schwangerer Frauen gegen die Tuberkulose könnte man aber auch auf eine andere Weise erklären, bei der wiederum das Blut die Hauptrolle spielt. R. Stern konnte nachweisen, daß die kutane wie die konjunktivale Tuberkulinreaktion bei schwangeren Frauen besonders in der zweiten Hälfte der Gravidität auffallend abnimmt. Aus diesem negativen Ausfall der lokalen Tuberkulinreaktion hat Stern auf eine Verminderung der Antikörper im Blut geschlossen, aus der man dann wiederum die herabgesetzte Widerstandsfähigkeit schwangerer Frauen gegen eine tuberkulöse Infektion herleiten kann.

Geht schon aus allen diesen Ausführungen hervor, in wie außerordentlicher Weise das Blut in seinen feineren Funktionen und Reaktionen eine Änderung erfährt, so deuten auch gewisse, mit der Gravidität verbundene Organveränderungen, die durch die vermittelnde Tätigkeit des Blutes ausgelöst werden, darauf hin, daß auch in dem Gehalte des Blutes an den Stoffen, die durch die Tätigkeit innersekretorischer Drüsen gebildet werden, eine bestimmte Änderung eintreten muß. Das Aufhören der Ovulation, die Vergrößerung der Nebennierenrinde, der Hypophyse und oft auch der Schilddrüsen lassen annehmen, daß in der Schwangerschaft gewaltige Änderungen in der innersekretorischen Leistung der einzelnen Drüsen eintreten müssen, die ebenfalls wiederum mit erheblichen Veränderungen der feineren Zusammensetzung des Blutes als des Trägers solcher Stoffe verbunden sein muß.

Die Annahme Neus jedoch, daß im Blute Schwangerer eine Vermehrung des Adrenalins bzw. adrenalinähnlicher Substanzen vorhanden sei, die er mit dem Eintritt der Geburt in ursächlichen Zusammenhang bringen wollte, ist durch neuere Untersuchungen von Broeking und Trendelenburg, sowie von Neubauer und Novak nicht bestätigt worden. Die spezielle Frage also, ob im Blute Schwangerer von einer Veränderung der innersekretorischen Drüsentätigkeit abhängig Substanzen kreisen, die den Eintritt der Geburt bedingen, ist bis heute noch nicht gelöst.

Wesentlich älter als die bisher erwähnten Arbeitsgebiete sind die Untersuchungen über das Verhalten der morphotischen Elemente, des Hämoglobins, des Wassergehaltes des Blutes und seiner Druckverhältnisse in der Schwangerschaft. Aber obwohl hierbei die Untersuchungsmethoden weit einfacher und leichter anzuwenden sind, sind doch auch in diesen Fragen die Resultate bei den einzelnen Untersuchern teilweise noch sehr verschieden. Man hat gerade in neuerer Zeit mit Recht darauf hingewiesen, daß man früher zu wenig auf die individuellen Verschiedenheiten und die wechselnden Ernährungsbedingungen der untersuchten Frauen Rücksicht genommen hat.

So erklärt es sich auch, daß die alte Lehre Nasses von der Schwangerschaftshydrämie bis heute noch keine einheitliche Beantwortung gefunden hat. Anfangs wurden seine Befunde durch eine große Reihe von Untersuchern bestätigt. Erst auf Grund der Spiegelberg-Gscheidelschen Untersuchungen an Hunden, die eine Zunahme der gesamten Blutmenge in der Schwangerschaft feststellten, kam man zu der Anschauung, daß auch beim Menschen in gleicher Weise die Gesamtmasse des Blutes vergrößert sei. Die Beobachtung Geßners, daß die Gewichtszunahme schwangerer Frauen in den drei letzten Monaten mehr beträgt, als das Gewicht des Eies und der wachsenden Gebärmutter ausmachen könnten, und die klinische Tatsache, auf die Ahlfeld hinwies, daß so auffallend hohe Blutverluste ohne merkbare Wirkung auf den Organismus vertragen werden könnten, schienen eine Bestätigung dieser Annahme zu geben. In neuerer Zeit hat Zangemeister die Frage nach der Hydraemia graviditatis nochmals angegriffen und kommt dabei zu einem Resultate, das beiden Anschauungen gerecht wird. Auch er nimmt eine Vermehrung der Gesamtblutmenge an. Seine Untersuchungen des Serums allein aber, ohne Blutkörperchen, ergaben, daß das spezifische Gewicht und der Eiweißgehalt des Blutserums Schwangerer nicht unbeträchtlich niederer sind als sonst. „Das Schwangerenblut ist demnach insofern verdünnt, als das Plasma wasserreicher ist. Betreffs der roten Blutkörperchen aber eher etwas konzentrierter als das Blut Nichtschwangerer. Wir können dafür den Namen Hydrämie beibehalten, wenn es sich auch eigentlich mehr um eine Hydroplasmie handelt."

Gelegentlich dieser Untersuchungen konnte Zangemeister auch eine Verminderung der Alkaleszenz des Blutes Schwangerer nachweisen gegenüber Blumreich, der bei trächtigen Tieren ständig, bei schwangeren Frauen in der Regel höhere Alkaliwerte gefunden hatten, während von Rosthorn ebenso wie Zangemeister eine Verminderung leichten Grades nachweisen konnten.

Zu ganz ähnlichen Differenzen haben auch die Untersuchungen über die Zahlen der roten Blutkörperchen und des Hämoglobingehaltes in Schwangerschaft, Geburt und Wochenbett geführt. Ein Teil der Autoren, Nasse, Meyer, Dubner, u. a. sahen eine Verminderung aller Werte in der Gravidität eintreten. Andere hingegen fanden eine Vermehrung der Erythrozyten und des Hämoglobins, die nach Zangemeister, Payer, Wild u. a. vornehmlich die letzten Wochen der Schwangerschaft betreffen soll. Cohnstein und Fehling konnten wohl eine Verminderung der Zahl der roten Blutkörperchen, zugleich aber auch eine Vermehrung des Hämoglobingehaltes nachweisen. Schließlich stellte eine Reihe von Untersuchern, Jugerslew, Reinl, Schröder, Ehrlich, v. Rosthorn u. a. fest, daß Veränderung der Erythrozyten und des Hämoglobins gegenüber dem Blute Nichtschwangerer nicht nachweisbar ist. Untersuchungen von Veit in der Freiburger Frauenklinik an Frauen, die schon einige Zeit in der Anstalt waren und unter gleichen Lebensbedingungen standen, auch keine Zeichen einer Bluterkrankung boten und in letzter Zeit auch keine Blutverluste erlitten hatten, ergaben Folgendes:

Durchschnittswert für nichtschwangere Anstaltsinsassen:

Rote Blutkörperchen 5 416 000

Hämoglobin . . . . 77,3 %

Durchschnittswert für schwangere Anstaltsinsassen:

Rote Blutkörperchen 4 611 000

Hämoglobin . . . . 66,3 %

Die weitere Beobachtung dieser Werte bei diesen Schwangeren und auch bei anderen, die mehr oder minder große Blutverluste intra partum gehabt hatten, führte zu folgendem Ergebnis:

1. Bei Hochschwangeren ist die Menge des Hämoglobins und die Zahl der roten Blutkörperchen etwas vermindert.

2. Die Geburt bewirkt eine weitere Verminderung dieser Werte, die dem Blutverlust proportional ist und durchschnittlich am dritten Wochenbettstage ihren Höhepunkt erreicht.

3. Im weiteren Verlaufe des Wochenbetts ist das Blutbild das gleiche wie im Regenerationsstadium der posthämorrhagischen Anämie, d. h. die roten Blutkörperchenwerte steigen schneller als die Hämoglobinwerte.

4. Die Rückkehr des Blutbildes zur Norm dauert um so länger, je größer der Blutverlust unter der Geburt war.

Auch die Form und das Aussehen der einzelnen roten Blutzelle erfährt in der Gravidität häufig bestimmte Änderungen. Cohnstein wies darauf hin, daß die Schwangerschaftserythrozyten nicht selten eine deutliche Volumenzunahme zeigten. Dasselbe bestätigt Payer, nach dem die Erythrozyten oft wie gequollen aussehen und anstatt der runden eine mehr ovale Form annehmen können. Er wie eine Reihe anderer Autoren konnten auch eine deutliche Poikilozytose nachweisen und Schaeffer wies darauf hin, daß diese Zellen in graviditate eine ausgesprochene Jodophilie zeigen können.

Auch die Frage nach dem Verhalten der Leukozyten in Schwangerschaft, Geburt und Wochenbett hat vielfache Bearbeitung gefunden. Die alte Annahme Virchows, daß die Zahl der weißen Blutkörperchen von Monat zu Monat anstiege, ist von späteren Untersuchern nicht bestätigt worden. Hibbard, White, Rieder, Albrecht, Pankow u. a. fanden nur bei einem Teile der Schwangeren eine meist geringgradige Leukozytose in der Gravidität. Hingegen wurde eine Erhöhung der Leukozytenwerte während der Geburt von den meisten Untersuchern nachgewiesen. Pankow untersuchte die Leukozytenwerte von Hausschwangeren, die längere Zeit in der Klinik unter gleichen Ernährungsbedingungen gehalten wurden und verfolgte dann auch bei denselben Frauen das Verhalten der weißen Blutkörperchen unter der Geburt und im Wochenbett, wobei er sich, um Fehler auszuschalten, der neunteiligen Türckschen Kammer bediente. Er kam zu folgendem Resultate: In der Schwangerschaft ist bisweilen eine Vermehrung der weißen Blutkörperchen vorhanden, meist aber nur gegen Ende der Gravidität, und dann bei Mehrgebärenden ebenso wie bei Erstgebärenden. Eine progressive Zunahme im Schwangerschaftsverlaufe konnte jedoch trotz wiederholter Zählungen bei denselben Frauen niemals beobachtet werden.

Unter der Geburt und im Wochenbett war der weitere Ablauf der Leukozytenkurve folgender:

Bei jeder Geburt trat zunächst bis zum Blasensprung regelmäßig eine Vermehrung der Leukozyten ein, die nach dem Blasensprung fortdauerte und von der Stärke der Wehen und der Geburtsdauer abhängig war. Nach der Geburt des Kindes stieg die Leukozytenzahl weiter und erreichte ihre höchste Zahl in den ersten Stunden nach Ausstoßung der Plazenta. Schon in den ersten 12 Stunden post partum erfolgte dann wiederum ein jäher Absturz der Leukozyten, und im Durchschnitt wurden am dritten Wochenbettstage die alten Werte wiedergefunden (siehe Kurve).

Die von manchen Autoren nachgewiesene Vermehrung der Leukozyten in der Schwangerschaft hat in letzter Zeit auch dadurch an Interesse gewonnen, als man sie mit der Eklampsie in ätiologischen Zusammenhang bringen will. Dienst glaubt nämlich, daß durch den Zerfall der weißen Blutkörperchen in der Schwangerschaft reichliche Mengen von

Fibrinfermenten im Blute der Mutter gebildet werden, die mit dem in der Schwangerschaft ebenfalls vermehrten Fibrinogen zur Fibrinbildung führten. Dadurch sollte es dann zu den zahlreichen Thromben und Nekrosen neben schwerer fettiger Degeneration des Organparenchyms kommen. Die Bewertung, die Dienst hier jetzt der Leukozytenvermehrung in der Gravidität, die wie oben gezeigt, nicht einmal eine häufige und wirklich ausgesprochene ist, zuerkennt, hat eine beweiskräftige Stütze in anderen, vor allem experimentellen Arbeiten, bisher noch nicht gefunden.

Eine größere Bedeutung glaubte man hingegen dem Verhalten der Leukozytenkurve in der Diagnose- und Prognosestellung beim **pathologischen Wochenbettsverlauf** beilegen zu dürfen. Himmelheber, Zangemeister, Gans u. a. sehen eine Verminderung des Leukozytengehaltes, bzw. eine schnelle Abnahme

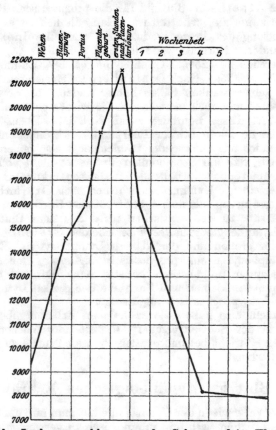

Verhalten der Leukozytenzahlen unter der Geburt und im Wochenbette.

aller Formen derselben als prognostisch besonders ungünstig an. Demgegenüber teilt Gräfenberg mit, daß er eine soche rasche Abnahme der Leukozyten unter 11 tödlich verlaufenden Fällen nur einmal sah, öfters dagegen auch in solchen Fällen, die in Genesung übergingen. Andere Untersucher hinwiederum glaubten sehr hohe Leukozytenwerte (25000—30000) als prognostisch ungünstig ansehen zu müssen.

Die Differenzen sind also sehr große und im allgemeinen ist die Prognosenstellung im Puerperium durch diese Leukozytenzählung nicht gefördert worden. Das gilt auch für die Bewertung des Arnethschen Blutbildes. Arneth nimmt bekanntlich an, daß die einkernigen Formen der weißen Blutkörper-

chen die jüngsten sind, daß bei der Reife und Alterung der Zelle der Kern mehr-
teiliger wird, so daß die mit fünf und mehrkernigen Formen die ältesten und
für den Schutz des Körpers wichtigsten Zellen darstellen. Die Befunde, die
in dieser Beziehung von den einzelnen Autoren erhoben worden sind, gehen
nun ebenfalls wiederum sehr weit auseinander. Nach den meisten Autoren,
Busse, Gräfenberg u. a. tritt eine Verschiebung des Blutbildes nach links
ein und eine dauernde und steigende Kernzahlkurve soll prognostisch günstig
sein. Horwath hingegen fand bei tödlichen Erkrankungen eine bedeutende
Vermehrung der Kerne und Smith und Lassing sagen, daß der Kernzahl
irgend eine Bedeutung für die Prognosenstellung überhaupt nicht zukommt,
so daß auch das Arnethsche Blutbild für die prognostische Beurteilung puerperaler Prozesse kaum zu verwerten ist. Ganz ähnlich ist es schließlich auch
bei der Betrachtung der Prozentverhältnisse der einzelnen Leukozyten-
formen zueinander. Normalerweise ist das Verhältnis ja so, daß auf 100
weiße Blutkörperchen $20-25^0/_0$ Lymphozyten, ca. $5^0/_0$ Eosinophile und 65 bis
$75^0/_0$ Neutrophile entfallen. Nach Gräfenberg sollen sich nun niedrige Neutro-
philenwerte bei schwerkranken Fällen häufig finden, aber sowohl bei solchen,
die zugrunde gehen, wie auch bei solchen, die wieder genesen, so daß also der
prognostische Wert dieses Befundes gleich Null ist. Ebenso ist es mit den
Eosinophilen, die im Blute schwer Puerperalfieberkranker verschwinden und
im Blute Sterbender wie Genesender in gleicher Weise fehlen. Hingegen behauptet Kirstein, daß die Eosinophilen überhaupt nicht völlig verschwinden
und fand in einem tödlich verlaufenden Falle sogar kurz ante mortem noch
einen Anstieg derselben. Nur insofern scheinen nach Gräfenberg die Eosinophilen von Interesse zu sein, als sie bei gonorrhoischer Erkrankung auch schwerster
Natur im Gegensatz zu den septischen nicht aus dem Blute verschwinden.
Bezüglich des Lymphozytengehaltes unterscheidet Gräfenberg zwischen der
Verlaufskurve der großen und der kleinen Lymphozyten. Eine Vermehrung
der großen Lymphozyten soll prognostisch ungünstig, eine Vermehrung der
kleinen Lymphozyten prognostisch günstig sein. Blumenthal behauptet,
daß eine Abnahme der kleinen und Zunahme der großen Lymphozyten ebenso
wie das Umgekehrte prognostisch ungünstig sei.

Alles in allem also haben die zahlreichen Arbeiten über das Verhalten
des Blutbildes in der Schwangerschaft, Geburt und Wochenbett wenigstens
in prognostischer Hinsicht bei puerperalen Prozessen nur eine sehr untergeordnete Bedeutung erlangt.

2. Das Blut bei gynäkologischen Erkrankungen.

In gleicher Weise wie in der Geburtshilfe hat man nun auch in der Gynäkologie das Blutbild diagnostisch und prognostisch zu verwerten gesucht. Dützmann, Waldstein und Zangemeister, Pankow, Busse u. a. haben sich
eingehend mit dieser Frage beschäftigt. In erster Linie galt es natürlich, das
Verhalten bei den entzündlichen Adnexerkrankungen festzustellen. Die
Untersuchungen haben zu dem Resultate geführt, daß wenn man palpatorisch
entzündliche Veränderungen festgestellt hat, dann wiederholt gefundene Werte
über 10 000 mit Wahrscheinlichkeit darauf schließen lassen, daß noch Eiter
vorhanden ist. Speziell bei den älteren gonorrhoischen Pyosalpingen hat Pankow darauf hingewiesen, daß hier im allgemeinen nur geringere Grade von
Leukozytenvermehrung vorhanden sind, gewöhnlich nur zwischen 12 000 bis
16 000, die dann aber immer noch auf Eiter schließen lassen. Besonders interessant ist es, daß bei den tuberkulösen Veränderungen diese Leukozytenvermehrung zumeist fehlt, so daß also dieses Moment bei der Schwierigkeit der

Diagnose tuberkulöse Adnexerkrankungen eine differentialdiagnostische Bedeutung erlangen kann. Besonders hohe Leukozytenwerte fanden Pankow, Wallstein und Fellner u. a. auch bei intraabdominellen Blutungen nach Tubenruptur. Pankow erklärt diese Vermehrung der weißen Blutkörperchen teilweise als eine posthämorrhagische, teilweise aber auch als eine durch den starken Peritonealreiz bedingte, der ja stets bei einer intraabdominellen Blutung vorhanden ist. Dafür spricht wenigstens die Tatsache, die von Dützmann, Pankow u. a. beobachtet worden ist, daß im Anschluß an die Stieldrehung eines Kystoms, auch ohne daß es dabei etwa zu Blutungen in den Tumor gekommen ist, eine sehr erhebliche Vermehrung der Leukozytenzahl bedingt wird, die nur durch die peritoneale Reizung erklärt werden kann. In anderen gynäkologischen Krankheitsbildern ist das Verhalten der Leukozytenkurve nicht von Bedeutung. Myome, wenn sie nicht mit frischen entzündlichen Adnextumoren kombiniert sind oder kurz vorher schwere akute Blutungen durchgemacht haben, gehen ohne Leukozytose einher. Dagegen sieht man gerade bei den chronischen Blutverlusten myomkranker Frauen das Bild der sekundären Anämie sehr häufig auftreten, das sich besonders dadurch auszeichnet, daß, wenn einmal diese Blutverluste über Jahre hinaus bestanden hatten, eine Regeneration des Blutbildes auch post operationem und trotz Ausschaltung der Blutung überhaupt nicht oder nur sehr langsam und teilweise wieder eintritt. Bei der jetzt üblichen Behandlung der Myome mit Röntgenstrahlen scheint sich indessen auch das Blutbild schneller und vollkommener zu regenerieren und es hat den Anschein, als ob die Röntgenstrahlen neben ihren zum Aufhören der Blutungen führenden Wirkungen auf Ovarium und Uterus zugleich auch einen Anreiz auf die blutbildenden Organe abgeben. Bei Karzinomen findet man meist eine Erhöhung des Leukozytengehaltes. Die Vermehrung der weißen Blutkörperchen ist aber nach Pankows Beobachtung nicht, wie Limbeck annimmt, davon abhängig, daß Krebsmassen zur Resorption gelangen, sondern hängt wahrscheinlich mit der bei vielen Karzinomen verbundenen, mehr oder weniger hochgradigen Jauchung zusammen. Jedenfalls ergab sich das eine als ganz sicher, daß das Vorhandensein einer Leukozytose ganz unabhängig war von der Ausdehnung des Karzinoms auf die Parametrien und die Drüsen, deren histologische Untersuchung post operationem jedesmal vorgenommen wurde.

3. Das Blut während der Menstruation.

Zu erwähnen bleibt schließlich noch das Verhalten des Blutes bei den menstruellen Vorgängen. Bekannt ist ja, daß das bei der Menstruation abfließende Blut nicht oder nur langsam gerinnt. Schickele hat diese Frage in jüngster Zeit besonders studiert und kommt zu dem Schluß, daß vor allem im Corpus luteum, aber auch in den wachsenden Follikeln der Ovarien überhaupt und auch im Uterus selbst gerinnung- und blutdruckherabsetzende Substanzen gebildet wurden, die die charakteristische Gerinnungsveränderung des menstruellen Blutes bedingen. Ein ganz besonders starkes gerinnunghemmendes Vermögen fand Schickele in den Uteris und vor allem in der Schleimhaut der Uteri blutender Frauen, und er glaubt so die anatomisch nicht erklärbaren Blutungen bei Frauen mit sonst normalem Uterus deuten zu können. Die gerinnunghemmende Substanz ist alkohollöslich „vom Charakter der sogenannten Lipoide".

Daß während der Menses andere sonst nicht vorhandene Substanzen im Blute kreisen, dafür spricht auch die Tatsache, daß ähnlich wie in graviditate Stoffwechselveränderungen eintreten, Veränderungen der körperlichen und geistigen Funktionen sich einstellen und zuweilen bestimmte Erscheinungen, Schilddrüsenvergrößerung, Hautausschläge, Herpes etc. sich bei den Menses regelmäßig wiederholen.

Was die morphologischen Elemente anlangt, so soll, gewöhnlich nach vorübergehender prämenstrueller Vermehrung der Erythrozyten während der Periode eine geringe Verminderung der roten Blutkörperchen, vorhanden sein. Bei den Leukozyten wird von den Autoren teilweise eine Vermehrung, teilweise eine Verminderung bei der Periode verzeichnet.

II. Die Beziehungen zwischen den Blutkrankheiten und den weiblichen Sexualorganen.

1. Hämophilie.

Auch für die Pathologie des Blutes sind gerade die Gestationsvorgänge von einer gewissen Bedeutung, da sie durch die Schwangerschaftsveränderungen des Organismus selbst, wie auch der Blutzusammensetzung eine Steigerung erfahren oder aber bei den physiologischen Geburtsvorgängen verhängnisvoll werden können. Hierher gehört in erster Linie die Hämophilie.

Das Vorkommen der Hämophilie, die neuerdings von Sahli, Morawitz und Lossen „als eine ererbte Ableitung des Protoplasmas der geformten Elemente des Blutes, vielleicht aber auch der Zellen des gesamten Organismus" betrachtet wird und die als eine erworbene und als angeborene Form vorkommen soll, wurde früher bei Frauen vollkommen geleugnet, soweit es sich wenigstens um eine kongenitale Hämophilie handelte.

In der Tat ist in der neuen Statistik Lossens über die bekannte Bluterfamilie Hampel, die sich auf 207 Mitglieder, 111 männlichen und 96 weiblichen erstreckt, nur das männliche Geschlecht mit 37 Blutern vertreten. Von diesen gingen 18 an Verblutung zugrunde. Auch Sahli konnte bei vier Familien nur eine Erkrankung der männlichen Familienmitglieder beobachten. Es schienen demnach diese neuen Beobachtungen das alte Nassesche Vererbungsgesetz zu bestätigen, wonach die Frauen bei dem Krankheitsbilde der Hämophilie nur als vermittelnde Medien fungieren, selbst aber nicht erkranken sollten. Grant glaubte deshalb sogar einen schützenden Einfluß der Ovarien auf dieses Krankheitsbild annehmen zu sollen.

In neuerer Zeit ist indessen doch wiederholt auf das Vorkommen der Hämophilie auch beim weiblichen Geschlechte hingewiesen worden. Die Häufigkeit der männlichen Hämophilie gegenüber der weiblichen wird von den verschiedenen Autoren auf 11 : 1 bis 4 : 1 angegeben. Speziell von gynäkologischer Seite sind eine Reihe von Fällen auch von kongenitaler Hämophilie mitgeteilt worden. Fraenkel und Boehm haben das Material in einer ausführlichen Arbeit zusammengestellt. Es sind im ganzen 151 Fälle, von denen bezüglich der Erblichkeit 99 positiv, 34 negativ und 18 zweifelhaft waren. In 121 Fällen sind Angaben über abnorm starke Genitalblutungen gemacht worden. Der Beginn der Menses und der Eintritt der Menopause waren zeitlich unabhängig von der Hämophilie. Die alte Annahme, daß die Hämophilie erst mit der Menarche in die Erscheinung trete, bestätigte sich nicht. Besonders interessant ist, daß die Beteiligung des Uterus an den Blutungen nicht durch das ganze Leben, ja nicht einmal durch die ganze Gestationszeit anhalten muß. Es wurden Fälle beobachtet, bei denen die Blutungen erst einige Zeit nach Beginn der menstruellen Tätigkeit einsetzten. Ebenso wird über Kranke berichtet, bei denen die uterinen Blutungen im Laufe der Jahre mit und ohne Behandlung besser wurden, während die Hämophilie als solche weiter bestand.

In 10 Fällen erfolgte der Tod an menstrueller Verblutung, in 6 weiteren Fällen waren die Frauen mehrmals stark ausgeblutet und eben noch dem Tode entgangen. Eine erhöhte Neigung zu Aborten oder Frühgeburten scheint nach dem vorliegenden Materiale nicht zu bestehen. Dagegen endeten von 10 Aborten 2 tödlich, während 5 mal sehr heftige Blutungen erfolgten.

In 56 Fällen, in denen sich Angaben über die Nachgeburtsperiode fanden, trat jedesmal während und nach der Plazentarlösung heftige Blutung auf, von denen wiederum 5 tödlich verliefen. Auch aus Rissen, und im Spätwochenbett aus dem Uterus sind plötzliche Verblutungen beobachtet worden.

Alles in allem folgt daraus, daß zwar die Geburt sehr oft mit stärkeren Blutungen einhergeht, aber doch nicht so oft tödlich verläuft, wie man von vornherein annehmen sollte.

Es sei ferner darauf hingewiesen, daß wiederholte Geburten auch nicht immer in gleich bedrohlicher Weise zu verlaufen brauchen. Insgesamt betrug die Mortalität aus Genitalblutungen allein oder in Gemeinschaft mit anderen Blutungen 20%. Es ist also die Verblutungsgefahr aus dem Genitale nicht einmal so groß, wie man a priori erwarten könnte.

Neben den Verblutungen der Mütter sind auch Verblutungen hämophiler Neugeborener aus Nabelblutungen beobachtet worden. Besonders interessant ist ein Fall von Konjunktivalverblutung eines hämophil belasteten Mädchens, im Anschluß an eine Höllensteineinträufelung. Bemerkenswert ist, daß niemals Ovulationsblutungen als Ursache hämophiler Verblutungen angegeben sind. Hingegen ist ein Fall bekannt, in dem bei der Defloration eine tödliche Blutung erfolgte.

Die **Therapie** der Hämophilie ist natürlich im allgemeinen bei der Frau keine andere wie beim Manne. Wie gegen die gynäkologischen Blutungen überhaupt sind auch bei der Hämophilie Gelatinekuren empfohlen worden, bei denen das Mittel entweder durch Injektionen oder per os in Gelatinelösungen und Puddingform verabreicht werden kann. Busse empfahl für die Therapie der gynäkologischen Blutungen besonders Menschenseruminjektionen unter die Haut oder in das Uteruskavum und andere Autoren haben auch Versuche mit den verschiedenen therapeutischen Seris, mit Pferdeserum und Seris anderer Tierarten angestellt. In gleicher Weise wurde bei schweren Blutungen auch defibriniertes Blut in Dosen von 20 ccm injiziert. Bei allen diesen Versuchen sind teilweise sehr gute Resultate erzielt worden. Per os wird man die gewöhnlichen Mittel, Ergotin, Stypticin, Styptol etc. versuchen. Lokal wirkt bei Genitalblutungen am sichersten eine feste Tamponade des Uterus und der Vagina, bei gleichzeitiger subkutaner Einverleibung von Pituitrin, Pituglandol oder Tenosin. Indes muß man immer bedenken, daß auch die Injektionswunde unter Umständen gefährlich werden kann. Ätzende Mittel, wie Chlorzink, Liq. ferr. sesqu. zur Blutstillung in den Uterus ist nicht empfehlenswert, weil bei der Abstoßung des Schorfes unter Umständen neue gefährliche, wenn nicht gar tödliche Blutungen erfolgen können. Aus diesem Grunde ist auch die Verwendung der heißen Luft oder auch des heißen Dampfes zur Blutstillung nicht zu empfehlen, weil auch hier regelmäßig große, sich später abstoßende Schorfe gesetzt werden.

Abrasionen der Schleimhaut, die man sonst noch vielfach wegen Blutungen ausführte, sind natürlich deshalb ebenfalls bei der Hämophilie nicht angezeigt. Ist die Blutung eine so bedrohliche, daß man mit der Verabreichung obengenannter Mittel (Tamponade, Pituitrin, Stypticin, Styptol etc.) nicht zum Ziele kommt, so blieb als letztes Mittel früher schließlich nur die Totalexstirpation des Uterus. Selbstverständlich war sie immer eine Gefahr für die Frau und verlangte allerpeinlichste und sorgfältigste Blutstillung. Heute aber können wir, wenn nicht augenblickliches radikales Handeln nötig ist, auf die Operation verzichten.

Gerade bei dieser Art der Blutungen ist heute das Verfahren der Wahl die Strahlentherapie, weil sie auf absolut unblutigem Wege eine sichere Dauerheilung gewährleistet.

2. Perniziöse Anämie.

Die Frage nach der Bedeutung der Gestationsvorgänge für den Ablauf der perniziösen Anämie ist deshalb schwer zu beantworten, weil der Begriff der perniziösen Anämie kein einheitlicher ist. Nägeli, Schridde, Meyer-Ruegg u. a. z. B. fassen als perniziöse Anämie nur solche Fälle auf, bei denen Myeloblasten und Myelozyten im Blute nachweisbar sind und sehen als charakteristische Krankheitsbilder die an, die starke Verminderung der roten Blutkörperchen, Erhöhung ihrer Färbekraft, Vorkommen vieler Myelozyten und Myeloblasten, Abnahme der Leukozyten und besonders der Neutrophilen zeigen. Bei solchen Befunden ist dann die Prognose in jedem Fall absolut ungünstig. Grawitz hingegen hält die Begriffsbestimmung der perniziösen Anämie nach den Befunden der Myeloblasten und Myelozyten nicht für zweckmäßig. Er versteht darunter vielmehr alle Formen schwerer Anämie, die im Gefolge einer Erkrankung entstehen und in ihrem Endstadium höchste Verarmung an roten Blutkörperchen und Hämoglobin darbieten und unter Umständen zum Tode führen können. Nach Grawitz ist also von vorneherein die perniziöse Anämie nicht ein prognostisch absolut ungünstiges Krankheitsbild. Soweit unsere Erfahrungen über die perniziöse Anämie reichen, die in der Literatur nicht immer so geschildert ist, daß man weiß, ob man in dem einzelnen Falle eine perniziöse Anämie im Sinne Nägelis oder im Sinne von Grawitz vor sich hat, ist sie doch vornehmlich eine Erkrankung des weiblichen Geschlechts.

So fand Meyer-Ruegg unter 79 258 männlichen und 69 012 weiblichen Leichen, 200 Männer und 396 Frauen, die der perniziösen Anämie erlegen waren. Ebenso wurden in der Züricher medizinischen Klinik unter 6337 männlichen Kranken 33 Fälle, und unter 3768 weiblichen Kranken 60 Fälle von perniziöser Anämie beobachtet. Lazarus fand unter 274 Fällen von perniziöser Anämie 172 Frauen und nur 102 Männer, und Grawitz sah in seinem eigenen Materiale die Frauen mit 70% beteiligt. Eine örtliche Disposition im Auftreten der perniziösen Anämie ist unverkennbar. Im Kanton Zürich ist sie, wie schon das Züricher Material Meyer-Rueggs zeigt, verhältnismäßig recht häufig, ebenso in bestimmten Gegenden Italiens. In Deutschland kann man nirgends von örtlicher Disposition sprechen, wie überhaupt die Erkrankung in Deutschland sehr selten ist.

Wie weit die Schwangerschaft selbst in ätiologischer Hinsicht eine Rolle spielt, ist noch ungewiß. Es sind jedoch Fälle beobachtet worden, bei denen die perniziöse Anämie erst in graviditate, und zwar dann meist gegen Ende derselben manifest wurde. Meyer-Ruegg sah unter 8515 Schwangeren der Züricher Klinik 19 Fälle von perniziöser Anämie. A. Bertino konnte 27 Fälle von perniziöser Anämie in der Schwangerschaft in der geburtshilflichen Klinik in Parma beobachten. Die Autorin weist auf die Häufigkeit der Erkrankung in der dortigen Gegend hin und glaubt die Ursache in lokalen Dispositionen suchen zu müssen, da zumeist Landarbeiterinnen aus der Flußniederung daran erkrankten (Malaria?). Der Schwangerschaft als solcher will sie eine begünstigende Rolle nicht zuerkennen. Auch Grawitz hält es für wahrscheinlich, daß die Schwangerschaft an sich ohne Einfluß auf Entstehung und Ablauf der perniziösen Anämie ist. Er glaubt vielmehr, daß alle die Momente, die auch sonst den Ausbruch des Leidens begünstigen und die anämisierend wirken, ungenügende Ernährung, allgemeine Erschöpfung, die Ursache sind, die auch in der Schwangerschaft eine Rolle spielen.

Meyer-Ruegg hingegen hält es nicht für unmöglich, daß auch die Schwangerschaft begünstigend auf den Ausbruch der Erkrankung wirke, wenn die physiologische Vermehrung der roten Blutkörperchen und des Hämoglobins in graviditate ausbleibt, und die Frucht dann auf Kosten des an sich schon ungenügenden mütterlichen Blutes sich entwickeln müsse. Da tatsächlich ein Zerfall roter Blutkörperchen der Mutter zwecks Eisenaufnahme der Frucht stattfindet, wie Hofbauer u. a. bewiesen haben, so läßt sich eine solche Annahme nicht ohne weiteres von der Hand weisen.

Verständlich ist, daß bei fortschreitender Krankheit in graviditate ein derartiger Sauerstoffmangel des mütterlichen Blutes eintritt, daß das Kind gefährdet werden und absterben und daß auch die spontane Frühgeburt eintreten kann. Solche Fälle sind beobachtet, und es hat sich durch die Blutuntersuchung der Mutter und des Neugeborenen gezeigt, daß eine Übertragung der Krankheit auf die Frucht weder bei Frühgeburten noch bei rechtzeitigen Geburten stattfindet.

Von weit größerer Wichtigkeit als die Schwangerschaft ist dagegen das Puerperium für den Ablauf der perniziösen Anämie. Nach einer alten Zusammenstellung von Eichhorst fanden sich unter 67 Sektionen von an perniziöser Anämie verstorbenen Frauen 29 Fälle, bei denen die Krankheit nach einer Geburt sich entwickelt hatte. In der oben erwähnten Statistik von Lazarus ist dagegen ein solcher Zusammenhang nicht zu erkennen. Vielfach wird aber im Wochenbett und zwar meist unmittelbar nach der Geburt eine deutliche Verschlimmerung des Leidens bemerkbar, bedingt durch die Anstrengungen der Geburt und vor allem natürlich durch den mit der Geburt verbundenen Blutverlust.

Diagnose: Die auffallende Blässe der Frau ist das hervorstechendste Symptom, das zu einer genauen Untersuchung Veranlassung geben muß. Daneben bestehen gewöhnlich mehr oder minder ausgesprochene Herzbeschwerden, Schwindelanfälle, Müdigkeit, Ohrensausen, eine ausgesprochene allgemeine Schwäche, Appetitlosigkeit und häufig finden sich auch Ödeme an den Beinen und Anasarka.

Die **Prognose** der perniziösen Anämie im Sinne Nägelis ist ja immer eine absolut infauste, nach der Definierung von Grawitz können aber auch bei der perniziösen Anämie Heilungen vorkommen. Nach den älteren Arbeiten beträgt die Gesamtmortalität der Anaemia perniciosa in graviditate zwischen 20 und 100%. Sehr häufig gehen die Frauen in mehr oder minder kurzer Zeit nach der Geburt zugrunde, während der Geburtsverlauf selbst für gewöhnlich überraschend günstig und zumeist sogar ohne abnorme Blutverluste vor sich geht.

Erwähnt sei noch, daß v. Noorden eine perniziöse Anämie nach wiederholten schweren gynäkologischen Blutungen eintreten sah, ein Ereignis, das aber zu den allergrößten Seltenheiten gehört und das wir selbst nach den oft jahrelangen, schwersten Blutungen myomatöser Frauen bisher niemals eintreten sahen.

Die allgemeine **Therapie** ist natürlich in graviditate keine andere wie auch sonst. Eisen- und Arsenkuren sowie die Verabreichung von Kalziumsalzen, Ovarial- und Schilddrüsentabletten sind empfohlen worden. Clivio will durch Verfütterung von frischem rotem Knochenmark (täglich 10—15 g) Heilungen erzielt haben. Ebenso sind Versuche mit Injektion von defibriniertem und frischem Menschenblut und schließlich auch Transfusionsversuche von Mensch zu Mensch gemacht worden, die auch teilweise Erfolg gehabt haben sollen. In der Schwangerschaft speziell wird von manchen Autoren, wie Gräfenberg, Bertino, Gusserow, Graefe, Seitz u. a. die künstliche Unterbrechung der Schwangerschaft, und zwar in einem möglichst frühen Stadium der

Gravidität befürwortet. Andere Autoren, wie Olshausen, Zweifel, Bauer-
eisen, lehnen die künstliche Unterbrechung der Schwangerschaft ab.

3. Leukämie.

Die Leukämie, eine generalisierte Wucherung des lymphatischen Gewebes, stellt im Gegensatz zur perniziösen Anämie hauptsächlich eine Erkrankung des männlichen Geschlechtes dar. So berichtet Tovelin über 77
Fälle, 44 Männer und 33 Frauen. Eichhorst über 21 Fälle, 12 Männer und
9 Frauen, Meyer über 21 Fälle, 11 Männer und 10 Frauen. Von 7 Fällen der
Gerhardtschen Klinik waren 4 Männer und 3 Frauen, Grawitz hingegen
sah unter 54 Fällen 25 Männer und 29 Frauen. Ältere Autoren, Virchow,
Mosler, M. Ehrlich, Westphal u. a. wollten die Entstehung der Leukämie
beim weiblichen Geschlechte früher auf die Sexualorgane zurückführen
und wollten alle möglichen Anomalien der Generationsorgane, besonders die
Amenorrhoe und die Menorrhagien, die beide bei solchen Kranken beobachtet
werden, damit in Zusammenhang bringen. Dem widersprach vor allem Sänger,
der gerade umgekehrt Amenorrhoe und profuse Menses auf die Leukämie zurückführen wollte. So einfach liegen aber vielleicht die Beziehungen nicht und
es entzieht sich unserer Kenntnis, wie weit etwa eine gemeinschaftliche Ursache
für beider Erscheinungen in Frage kommt.

Ätiologische Beziehungen zwischen Leukämie und Schwangerschaft
scheinen ebenfalls nicht zu bestehen und die alte Angabe Vidals, daß in 40 %
der Fälle die Leukämie durch Schwangerschaft verursacht werde, besteht nicht
zurecht. Es handelt sich vielmehr bei den Fällen der Leukämie und Schwangerschaft um ein zufälliges Zusammentreffen beider, zumal erfahrungsgemäß die
Konzeption bei der Leukämie nicht ausgeschlossen ist. Indessen meint French,
daß der Ablauf der Krankheit bei solch zufälligem Zusammentreffen doch
ein rapiderer sei als bei der nicht schwangeren Frau, und daß deshalb doch
ein ungünstiger Einfluß der Schwangerschaft, wenn auch nicht auf die Entstehung, so doch wenigstens auf den Verlauf der Krankheit bemerkbar sei.
Einen besonders raschen Verlauf in graviditate haben auch Bostetter und
Greene gesehen, während andererseits Cameron bei derselben Frau drei
Graviditäten nacheinander beobachten konnte.

Immerhin ist das Zusammentreffen von Leukämie und Schwangerschaft
ein recht seltenes und betrifft nur ausnahmsweise einmal Erstgebärende, für
gewöhnlich Mehr- resp. Vielgebärende.

Wiederholt ist auch der Ausbruch des Leidens im Wochenbett beobachtet worden, so von Asch, Litten, Jaggard.

Ist eine Kombination von Schwangerschaft und Leukämie vorhanden,
so tritt auch hier meistens eine frühzeitige Unterbrechung der Schwangerschaft ein. Eine intrauterine Übertragung der Krankheit von der Mutter
auf das Kind findet nicht statt.

Interessant ist das Zusammentreffen von Dührssen, der eine angeborene
Leukämie bei dem Kinde einer nichtleukämischen Erstgebärenden sah, dessen Vater
aber ebenfalls leukämisch erkrankt war.

Trotz der auch bei der Leukämie erhöhten Neigung zu Blutungen, die
Mosler unter 81 Fällen 64 mal feststellen konnte, sind speziell Blutungen
intra- und post partum bei Leukämischen nicht beobachtet worden. Die Prognose des Leidens gestaltet sich im allgemeinen deshalb in graviditate auch
nicht anders wie sonst. Bei den Versuchen der therapeutischen Beeinflussung
der Erkrankung muß vor allem die Unterbrechung der Schwangerschaft

erwogen werden, die auch von den meisten Autoren empfohlen wird, um die
bei wachsendem Uterus sich steigernden Beschwerden der Frauen zu lindern.

Der Gegengrund der künstlichen Schwangerschaftsunterbrechung, daß
man bei einer doch mehr oder minder längeren Zeit, die bei der chronischen
Leukämie 2—10 Jahre beträgt, sicher verlorenen Mutter auch das Kind opfere,
trifft heute insofern nicht mehr zu, als wir hoffen können, nach der frühzeitigen
Vornahme der Schwangerschaftsunterbrechung die Röntgenbehandlung einzuleiten. Bei dieser Behandlung, die erfahrungsgemäß am besten eine klinische
ist, verbunden mit möglichster Ruhe, guter Ernährung und gleichzeitiger Arsen-
verabreichung, braucht doch die Prognose nicht mehr als so absolut ungünstig
angesehen zu werden.

4. Chlorose.

Am ausgesprochensten in ihren Beziehungen zu den Generationsvorgängen
ist von allen pathologischen Zuständen des Blutes die Chlorose, die ja vornehmlich eine Erkrankung junger Mädchen und Frauen darstellt. Während aber
für die perniziöse Anämie und Leukämie gerade die Gestationsepoche es ist,
die für den Ablauf der Erkrankung von Bedeutung ist, spielen bei der Chlorose
Schwangerschaft, Geburt und Wochenbett nur eine untergeordnete Rolle und
die Wechselbeziehungen liegen mehr auf gynäkologischem Gebiete. Schon
die Frage nach der **Ursache der Chlorose** zielt nach den neueren Auffassungen
in dieses Gebiet hinüber. Die Erkrankung, die neben einer Vermehrung des
Wassergehaltes des Blutes vor allem charakteristisch ist durch den abnorm
geringen Hämoglobingehalt der roten Blutkörperchen, bei mehr oder minder
deutlicher Herabsetzung der Zahl der Erythrozyten, ist bezüglich ihrer Ätiologie ja immer noch ungeklärt. Die alten Theorien, daß die Chlorose eine essentielle Blutkrankheit darstelle oder durch eine Erkrankung des Knochenmarks
bedingt sei, daß sie zurückzuführen sei auf anatomische Veränderungen des
Genitales oder des Zirkulationsapparates (verkleinertes Herz, enges Gefäß-
rohrsystem nach Virchow), oder daß sie sich schließlich als eine vom Magendarmtraktus ausgehende, durch abnorme Funktionsvorgänge oder durch Zerrungen im sympathischen Geflecht bedingte Erkrankung aufzufassen sei, haben
allen neueren Forschungen und klinischen Erfahrungen nicht mehr Stand
halten können. Speziell gilt das auch für die Auffassung, die die Chlorose
mit Veränderungen der Geschlechtsorgane, oder mit Störungen der
menstruellen Tätigkeit in ätiologischen Zusammenhang bringen will. Die
Hypoplasie der Geschlechtsorgane, die man hauptsächlich zur Erklärung herangezogen hat, findet sich nicht allein bei chlorotischen Frauen, sondern auch sonst.
Man sieht auch nicht selten, wie diese Anomalie trotz Ausheilens der Chlorose
fortbesteht, und dann z. B. auch Ursache einer dauernden Sterilität der Frau
werden kann. Die andere Erklärung, daß verstärkte menstruelle Blutungen
die Ursache für die Entstehung der Chlorose abgeben, ist ebenfalls nicht stichhaltig. Ist doch das menstruelle Verhalten der chlorotischen Mädchen und
Frauen ein durchaus wechselndes. Wir sehen Amenorrhoe ebenso häufig wie
Menorrhagien, und ein normaler Ablauf der Menses ist bei Chlorose durchaus
nichts Seltenes. Derartige Wechselbeziehungen also, daß man die Chlorose
als Folge der profusen Menorrhagien und der Amenorrhoe, oder umgekehrt
die Amenorrhoe wie die profusen Menorrhagien als Folge der Chlorose ansehen
dürfte, bestehen sicherlich nicht. Vielmehr spricht alles dafür, daß Chlorose
und Menstruationsstörung auf eine gemeinschaftliche Ursache zurückgeführt werden müssen, daß also beide Vorgänge nur Symptome ein und desselben ursächlichen Momentes darstellen.

Von Noorden war der erste, der die Chlorose, die ja eine typische Erscheinung der Pubertätsjahre ist, mit der funktionellen Tätigkeit der Ovarien in Zusammenhang bringen wollte, deren Funktionseintritt ebenfalls in diese Jahre fällt. Er nahm an, daß das Ovarialsekret einen Reiz auf die blutbildenden Organe ausübe, und daß bei Fehlen der Ovarialsekrete die Chlorose entstünde. Nach ihm ist also eine Hypofunktion der Ovarien die Ursache des Leidens. Im Gegensatz dazu glaubt Lloyd Jones, daß durch eine Hyperfunktion der Eierstöcke viel Ovarialsekret in die Blutbahn gelange und die Blutbildung störe. So einfach aber scheinen die Dinge doch nicht zu liegen. Schon früher haben Wunderlich, Chvostek, Luzet und v. Noorden darauf hingewiesen, daß bei sicher chlorotischen Mädchen nicht selten Zeichen einer vermehrten oder abnormen Schilddrüsenfunktion beobachtet sei. Fand doch v. Noorden z. B. unter 255 Fällen in über 10% Symptome von Basedowscher Krankheit. In neuerer Zeit hat Morawitz darauf aufmerksam gemacht, daß eine Anschwellung der Schilddrüse und Hyperthyreoidismus bei chlorotischen Frauen häufiger vorkomme. Morawitz kommt deswegen zu dem Schlusse, daß nicht nur das Ovarium, sondern daß auch die Tätigkeit der anderen innersekretorischen Drüsen für den Ausbruch der Chlorose von Wichtigkeit seien. Auf ganz anderem Wege wie Morawitz war Pankow bereits zu den gleichen Anschauungen gekommen. Denn Untersuchungen über die Blutungen in der Klimax und in den Pubertätsjahren hatten ihm gezeigt, daß es nicht gelingt, an dem Uterus histologische Veränderungen nachzuweisen, die man für die Entstehung dieser Blutungen verantwortlich machen könne. Ebenso zeigen sich auch in den Ovarien keine anatomisch nachweisbaren Merkmale, die man mit diesen oft so starken Blutungen hätte in Zusammenhang bringen können.

Pankow kommt deswegen zu dem Schlusse, daß diese Blutungen auf funktionellen Störungen der ovariellen Tätigkeit oder auf Störungen im physiologischen Gleichgewicht der verschiedenen Drüsen mit innerer Sekretion beruhen müssen und weist ebenfalls darauf hin, daß das überaus wechselnde Verhalten der menstruellen Tätigkeit bei chlorotischen Frauen es verbiete, einen ursächlichen Zusammenhang zwischen Chlorose und Menstruationstätigkeit anzunehmen. Er meint vielmehr, daß man alle diese Erscheinungen, Menorrhagien, Oligomenorrhoe, Amenorrhoe einerseits und Chlorose andererseits nur als verschiedene Symptome des gleichen Leidens, nämlich einer Störung in dem Gleichgewicht der verschiedenen innersekretorischen Drüsen ansehen müsse, die gerade in den Jahren des Beginnes und des Erlöschens der Geschlechtsreife besonders leicht eintreten könne.

Beweise für diese theoretischen Annahmen sind bisher noch nicht erbracht, aber die Studien über die innere Sekretion und den Parallelismus bzw. Antagonismus der verschiedenen Drüsengruppen macht die hypothetische Annahme doch sehr wahrscheinlich.

Daraus folgt, daß man heute auch in der **Therapie** besonderen Wert darauf legt, durch eine Allgemeinbehandlung den ganzen Organismus der Frau zu kräftigen. Daneben wird aber nach wie vor die Eisentherapie das souveräne Mittel in der Behandlung der Chlorose sein, dessen Wirksamkeit sicher erwiesen, dessen Wirkungsart aber noch nicht hinreichend bekannt ist.

Morawitz hebt mit Recht hervor, daß die neuen Untersuchungen gezeigt haben, daß ein direkter Einfluß des Eisens auf die blutbildenden Organe und auf das Blut selbst wohl nicht besteht, sondern daß seine Wirkung höchstwahrscheinlich so zu erklären ist, daß das Eisen auf die innersekretorischen Drüsen wirke und daß durch die erhöhte Steigerung das durch diese Organe gebildete Sekret nun erst auf die Blutbildung fördernd einwirke.

Literatur

hierüber findet sich in:

Die Erkrankungen der weiblichen Genitalien in Beziehung zur inneren Medizin. Wien-Leipzig 1912. — Handbuch der Geburtshilfe. — Handbuch der Gynäkologie. — Dieses Handbuch der inneren Medizin. Bd. 4, 1912. (Morawitz', Erkrankungen des Blutes).

G. Beziehungen zwischen Genitalerkrankungen und den Organen mit innerer Sekretion.

Von

H. Schlimpert-Freiburg i. Br. †

Einleitung.

Noch vor wenigen Jahren würde über die Beziehungen des Genitales zu den Organen mit innerer Sekretion sich nur wenig haben sagen lassen. Die Forschungen der letzten Jahre haben darin einen vollkommenen Wandel geschaffen und heute müssen wir annehmen, daß die Beziehungen, die das Genitale zu den übrigen Organen der Frau unterhält, in erster Linie innersekretorischer Art sind. Diese Kenntnis verdanken wir zahlreichen anatomischen und experimentellen Untersuchungen. Die dabei gewonnenen Erfahrungshypothesen fanden dann schließlich ihre Bestätigung in therapeutischen Versuchen, die sich auf ihnen aufbauten und zwar: 1. den Operationen an den Organen mit innerer Sekretion, mochten diese radikal oder partiell dabei entfernt sein oder Transplantationsversuche mit ihnen vorgenommen werden. 2. Der Organtherapie, sei es in der Form der Organfütterung oder der Behandlung mit Organextrakten, und 3. der Röntgen- und Radiumbestrahlung innersekretorischer Organe.

Als „innere" Sekretion sehen wir die von Organen oder Organteilen im Körper ausgeübte Produktion bestimmter chemischer Substanzen an, die nach Bayliss und Starling als Hormone bezeichnet werden. Die sezernierenden Organe selbst werden als „Organe mit innerer Sekretion" oder als „endokrine Organe" bezeichnet.

Der Begriff der Hormone (Reizstoffe) wird folgendermaßen definiert: es sind physiologische Stoffe, die als Vermittler zwischen verschiedenen Körperteilen dienen und normale Körperfunktionen zu unterhalten oder giftige Stoffwechselprodukte zu entgiften imstande sind. Früher wurde die hormonbildende Tätigkeit nur für bestimmte Organe, sogenannte Blutdrüsen angenommen. Den heutigen Anschauungen nach sind dazu aber alle Organe des ganzen Körpers, im letzten Sinne jede einzelne Körperzelle befähigt. Wenn wir trotzdem bestimmte Organe als besonders hormonbildende, als innersekretorische Organe bezeichnen, so meinen wir damit solche, die vorwiegend hormonbildend im Sinne der inneren Sekretion tätig sind bzw. solche, bei denen diese Tätigkeit experimentell und klinisch am besten durchforscht ist.

Die Beziehungen zwischen Genitalorganen und innerer Sekretion sind zweifacher Art; einmal sind die wichtigsten Teile des weiblichen Genitales im

20*

ruhenden, im menstruierenden und im schwangeren Zustand selbst außerordentlich wirksame Organe innerer Sekretion und beeinflussen so den übrigen Körper. Und andererseits wird das Genitale in seinen verschiedenen Funktionszuständen von einzelnen Organen oder von der Zusammenarbeit mehrerer Organe mit innerer Sekretion beeinflußt. Schließlich zeigt die Forschung gerade der letzten Jahre, daß alle Drüsen mit innerer Sekretion, darunter auch das Genitale durch enge Verbindungen miteinander verknüpft ein kompliziertes Organsystem darstellen, dessen einzelne Teile sich wechselseitig hemmend und fördernd beeinflussen und deren Zusammenarbeit erst das physiologische Funktionieren des Körpers garantiert.

In dem folgenden Kapitel werden zunächst nur die Einflüsse besprochen, die auf dem Wege der inneren Sekretion vom Genitale aus auf den übrigen Körper sich geltend machen.

Die Beziehungen, die zwischen den endokrinen Organen des Genitales und den übrigen Drüsen mit innerer Sekretion bestehen, werden bei den betreffenden Kapiteln (s. Schilddrüse, Nebenniere usw.) erwähnt werden.

Wir beginnen mit dem wichtigsten endokrinen Organ des Genitales, dem Ovarium.

I. Einfluß des Genitales als innersekretorischen Organes auf den übrigen Körper.

a) Innere Sekretion des Ovariums.

Daß sowohl der männlichen wie der weiblichen Keimdrüse gewisse auf die Gesamtentwicklung des Individuums und auf den Stoffhaushalt im Körper maßgebende Einflüsse zukommen, wissen wir aus tausendfältigen Erfahrungen. Die an Tieren zu Mastzwecken ausgeführte Kastration auf der einen Seite und die aus sozialen oder rituellen Gründen vorgenommene Kastrierung gewisser meist männlicher Individuen auf der anderen Seite, bewiesen die große Bedeutung, die die Keimdrüsen für den Organismus haben. Daß es vorwiegend das männliche Geschlecht war, sowohl bei Tieren als beim Menschen, an dem diese Beobachtungen angestellt werden konnten, ist durch den rein mechanischen Grund bedingt, daß die männlichen Keimdrüsen operativen Eingriffen günstiger, weil oberflächlicher, gelegen sind. Es wurde auch an Tieren, z. B. Hühnern zur Züchtung von Poularden die Entfernung der weiblichen Keimdrüsen versucht, aber es ist höchst zweifelhaft, ob dies immer radikal ausgeführt wurde. Ebenso ist es nicht sichergestellt, ob vor Beginn der operativen Bestrebungen einwandsfreie Kastrationen an Frauen ausgeführt wurden. Die Kastrationen, die gewisse Sekten in Indien dadurch vorzunehmen glaubten, daß Teile der weiblichen äußeren Scham amputiert wurden, können natürlich nicht als eine Entfernung der Keimdrüse gelten. Als dann die operative Kastration bei Frauen häufiger geübt wurde, war zum erstenmal Gelegenheit gegeben, exakt Beobachtungen über den Einfluß, den die Entfernung der Eierstöcke auf den Gesamtorganismus des Weibes hat, anzustellen. Die nach der Kastration bei Frauen auftretenden Erscheinungen wurden zunächst auf nervöse Reflexvorgänge, die durch Herausnahme der Ovarien bedingt wären, bezogen. Diese Theorie konnte erst verlassen werden, nachdem sicher erwiesen war, daß diese Störungen nicht auftraten, wenn einmal die Ovarien operativ von allen Nervenverbindungen befreit wurden und zweitens, nachdem durch die Transplantationsversuche erwiesen war, daß fern vom Lageort eingeheilte Ovarien imstande waren, die nach der Kastration auftretenden Allgemeinerscheinungen hintanzuhalten. Dies alles ließ sich nur durch die Annahme einer inneren Sekretion des Ovariums erklären.

1. Anatomische Untersuchungen.

Auch am Ovarium ist es nicht möglich, weitergehende Aufschlüsse über die innere Sekretion auf Grund anatomischer Untersuchungen zu erhalten. Im wesentlichen ist es eine Frage in der Lehre von der inneren Sekretion, die durch die histologische Untersuchung des Ovariums beantwortet werden kann, nämlich die: in welchem histologisch wohldifferenzierten Teil des Ovariums findet die innere Sekretion statt? Die drei Organteile, die dafür in Betracht kommen könnten, sind: 1. der Follikelapparat, 2. das Corpus luteum, 3. die sogenannte interstitielle Drüse.

Über die Bedeutung, die der Follikelapparat für die innere Sekretion besitzt, fehlen fast vollständig alle Angaben. Es existiert nur eine Beobachtung (Bucura), der bei scheinbar vollständiger Kastration eine Atrophie des Uterus, die für gewöhnlich der Kastration folgt, nicht nachweisen konnte. Bei genauerer Untersuchung fand sich, daß noch einige Follikel stehen geblieben waren. Danach scheinen die Follikel imstande zu sein, allein diejenigen Komponenten der inneren Sekretion des Ovariums zu liefern, die die Ernährung des Uterus regulieren.

Mehr Beachtung fand der zu zweit erwähnte Bestandteil des Ovariums, das Corpus luteum, in seiner Beziehung zur inneren Sekretion. Schon rein histologisch erscheint dies annehmbarer. Das Corpus luteum mit seinen großen, blassen Granulosaluteinzellen und den zahlreichen in diese hineinwuchernden Blutgefäßen hat den typischen Bau einer Drüse mit innerer Sekretion, wie z. B. auch die Nebenniere u. a. Experimentell ist oft versucht worden, diese Beziehung nachzuweisen, die Frage ist aber noch nicht endgültig entschieden. Am meisten diskutiert wird die von L. Fränkel auf Grund der Untersuchungen des Breslauer Anatomen Born aufgebaute Theorie. Fränkel nimmt an: das Corpus luteum ist eine Drüse mit innerer Sekretion, die beim Menschen alle vier Wochen neu gebildet wird und die Aufgabe hat, in zyklischer Weise die Ernährung des Uterus so zu regeln, daß ein Zurücksinken in das kindliche Stadium und ein Vorauseilen in das Greisenalter verhindert und die Schleimhaut für die Aufnahme eines befruchteten Eies vorbereitet wird. Es stellt also nach Fränkels Theorie das Corpus luteum ein einzigartiges Organ dar, eine nur periodisch in Erscheinung tretende und periodisch funktionierende Drüse mit innerer Sekretion. Zur Stütze seiner Theorie führte Fränkel viele Versuche an, in denen er durch Exzision oder Ausglühen der Corpora lutea beim Menschen und beim Tier Schwangerschaft verhindern oder das Ausbleiben von Menstruation erzielen konnte. Seine Angaben blieben nicht unwidersprochen. Ein Teil der Nachuntersucher, Halban, Schauta u. a. waren geneigt, die von Fränkel beobachteten Wirkungen auf unkontrollierbare Schädigungen des Ovariums, mechanischer oder entzündlicher Art zurückzuführen. Ganz neue Ausblicke eröffneten die Untersuchungen von L. Loeb. Er konnte bei Meerschweinchen im Uterus Bildung von Dezidua anregen, wenn er 2—9 Tage nach der Ovulation unspezifische Reize auf die Uterusschleimhaut, wie z. B. Einschnitte, Einlegen von Glasröhren in das Uteruskavum einwirken ließ. Diese rein mechanisch angeregte Deziduabildung blieb aber aus, wenn die Ovarien und das Corpus luteum oder beide exstirpiert waren. Loeb schließt daraus, daß vom Ovarium und speziell vom Corpus luteum ein Hormon sezerniert wird, das den Uterus in der Weise sensibilisiert, daß er auch auf verschiedenartige, nichtspezifische Reize mit Deziduabildung antwortet. Alle diese Experimente sind noch nicht definitiv anerkannt, zum Teil sind auch Gegenbeweise vorgebracht worden. Sicher ist jedenfalls, daß der histologische Aufbau des Corpus luteum Ähnlichkeit mit einer Drüse mit innerer Sekretion hat und daß das Corpus luteum einen Einfluß auf die Menstruation und auf den Verlauf der Schwangerschaft zu haben scheint.

Ebenfalls noch viel umstritten ist die Frage, welche Bedeutung dem interstitiellen Abschnitt für die innere Sekretion des Ovariums zukommt. Dieser Anteil ist bei einigen Tierarten weit stärker entwickelt als beim Menschen und schwankt auch bei diesem in weitgehenden Grenzen. Auffallend ist die Ähnlichkeit, die er mit der Nebennierenrinde im histologischen Bau zeigt. Es ist anzunehmen, daß die interstitielle Drüse einen regulierenden Einfluß auf die Ovulation, Menstruation und Schwangerschaft ausübt und daß sie vielleicht vikarriierend für das Corpus luteum eintreten kann, dafür sprechen die durchaus eindeutigen Befunde von Seitz, Wallart, die nachwiesen, daß die interstitielle Drüse während der erwähnten Funktionszustände und zu Beginn der Pubertät besonders stark hypertrophiert. Wahrscheinlich geht der Wachstumsreiz während der Schwangerschaft von den Placentarzotten aus; dafür spricht die Tatsache, daß bei Blasenmole und Chorionepitheliom eine auffallend starke Wucherung der interstitiellen Drüse statthat, die schon bei der Betastung nachweisbare Vergrößerungen des Ovariums entstehen läßt.

2. Untersuchungen des inneren Sekretes.

Über die physiologische Beschaffenheit des inneren Sekrets der Ovarien ist bis jetzt so gut wie nichts Sicheres bekannt. Es ist noch nicht gelungen, irgend einen chemischen Körper als innersekretorisches Produkt des Ovariums zu identifizieren. Zur Zeit wissen wir Näheres nur über die biologische Wirksamkeit der Ovarienextrakte (Schickele). Danach scheint es erwiesen, daß diesen eine blutdrucksteigernde Wirkung zukommt. Vielleicht erklärt sich dadurch ein Teil der Erscheinungen bei der Menstruation. Aber auch hier ist wohl bei der vielfachen Deutung, die Versuche mit Organextrakten zulassen, noch nicht das letzte Wort gesprochen. Klarere Aufschlüsse über die innere Sekretion der Ovarien ergeben sich aus der Beobachtung der Erscheinungen, die nach Ausschaltung des Ovariums, also nach Kastration oder bei kongenitaler Aplasie bzw. Hypoplasie auftreten.

3. Kastration.

Die Erscheinungen, die der Entfernung der Ovarien und damit dem Aufhören der inneren Sekretion folgen, sind einmal Änderungen in der Funktion und Beschaffenheit des Genitales und andererseits ein allgemeiner, als „Ausfallserscheinungen" bezeichneter Symptomenkomplex. Beide Vorgänge haben Ähnlichkeit mit denen, die sich in der Klimax am Ende der Geschlechtsreife einstellen, wenn die Natur selbst auf weniger stürmischer Weise die Kastration ausführt. Beide Erscheinungen treten um so intensiver auf, je jugendlicher das Individuum im Augenblicke der Kastration ist. Aus den schon erwähnten Gründen liegen keine sicheren Beobachtungen über Kastration bei sehr jugendlichen Mädchen vor. Klinisch sicher erforscht sind infolgedessen nur die Folgeerscheinungen nach Kastration von Frauen im geschlechtsreifen Alter.

Durchaus eindeutig ist der Einfluß der Kastration auf das Verhalten der Menstruation. Bei vollständig ausgeführter Kastration hört die Menstruation stets auf, ein Zeichen dafür, daß nur durch die innersekretorische Tätigkeit der Ovarien die regelmäßige Menstruation unterhalten wird. In allen den Fällen, wo nach ausgeführter Kastration noch Menstruation bestanden haben soll, war entweder die Operation nicht radikal ausgeführt, d. h. versprengte Teile des Eierstocksgewebes noch im Körper zurückgelassen, oder die Blutung war nicht eine Menstrualblutung, sondern stammte aus Geschwulstgewebe oder entzündlichen Veränderungen an der Gebärmutter bzw. deren Nachbarorganen.

Die anatomischen Veränderungen, die durch den Ausfall der Sekretion des Ovariums in den einzelnen Teilen des Genitales hervorgerufen werden, treten sehr bald auf. Fast nie fehlt eine Atrophie des Uterus; meist — bei jugendlichen Individuen, mitunter sehr plötzlich — stellt sich eine Atrophie der Scheide ein, die so hochgradig werden kann, daß der Eingang kaum für einen Finger durchgängig ist, schließlich kann auch — wenngleich seltener — die äußere Scham atrophieren.

Die sekundären Geschlechtsmerkmale, die Behaarung der Scham, die Form und Größe der Mammae werden durch die Kastration bei erwachsenen Individuen fast nicht beeinflußt. Über die Wirkung der Kastration auf den Geschlechtstrieb waren die Ansichten geteilt. Während ein Teil der älteren Beobachter sogar von einer Steigerung der Libido sexualis nach Kastration berichteten, kann jetzt wohl als sicher gelten, daß diese anfängliche Steigerung nur vorübergehender Art ist und daß es schließlich immer zu einem Erlöschen des Geschlechtstriebes kommt. Es sind also auch die Geschlechtsempfindung und der Geschlechtstrieb durch die innere Sekretion der Ovarien bedingt. Dies bestätigen auch die Tierexperimente Bukuras: die Kaninchenhäsin läßt fast augenblicklich nach erfolgter Kastration den Bock nicht mehr zu.

Nicht immer scharf zu trennen von den bereits besprochenen Kastrationsfolgen sind die sog. **Ausfallserscheinungen.** Sie bilden aber einen klinisch so brauchbaren Begriff, daß es sich empfiehlt, sie gesondert zu besprechen. Man teilt sie am besten ein:

1. allgemein nervöse Störungen,
2. vasomotorische Störungen,
3. trophoneurotische Störungen.

Es ist nicht angängig, wie man es früher tat, die Symptomengruppe der Ausfallserscheinungen in erster Linie als nervös bedingt zu betrachten. Sicher folgen gewisse Ausfallserscheinungen als nervöse Reaktionsvorgänge dem Ausfall anderer Funktionen, vor allem der Menstruation. Die kastrierten und daher amenorrhoischen Frauen fühlen sich als geschlechtlich minderwertig und sind daher zu depressiven Stimmungen geneigt. Diese indirekte Einwirkung auf die Psyche ist aber nicht die einzige auch dann, wenn den Frauen die Kastration verheimlicht wird und der Menstruationsausfall als nur vorübergehend bezeichnet wird, können Depressionen durch innersekretorische Beeinflussung des Großhirns bedingt auftreten.

Außerordentlich markant sind die als Wallungen bekannten vasomotorischen Ausfallserscheinungen nach Kastration. Sie ähneln den in der Klimax auftretenden, nur sind sie häufiger und intensiver. Es gibt Frauen, die durch die Wallungen nach der Kastration nachts aus dem Schlaf geschreckt werden, die plötzlich wie von einer Hitzwelle überflutet im Bett liegen. Die Therapie ist ziemlich machtlos. Die meisten Narcotica nützen nichts, ebenso nicht Abkühlungen, Auflegen von Eis u. a. mehr. Die Wallungen lassen sich auch vom Beobachter leicht wahrnehmen; das vorher blasse oder nur wenig gerötete Gesicht der Frau wird plötzlich dunkelrot und kehrt in wenigen Minuten wieder zur normalen Farbe zurück. Häufig mit den Wallungen vergesellschaftet kommt es ebenfalls durch vasomotorische Störungen bedingt zu Schweißausbrüchen.

Die trophoneurotischen Störungen nach Kastration wurden zum Teil schon unter den Störungen am Genitale erwähnt. Außer diesen örtlichen Veränderungen treten aber auch am Gesamtkörper und im Gesamtstoffwechsel Störungen auf, die sich in erster Linie in vermehrtem Fettansatz äußern. Schon wenige Wochen nach der Kastration macht sich eine außerordentlich starke Fettablagerung zumal an den Hüften und am Bauch bemerkbar. Frauen, die vorher schlank, oder nur mäßig fett gewesen sind, können in wenigen Monaten lästige und unschöne Grade allgemeiner Fettsucht erreichen. Es hat nicht an Stoffwechseluntersuchungen gefehlt, die diesen enormen Fettansatz nach der Kastration zu erklären versuchten. Einzelne machten eine gewisse Bequemlichkeit, einen Mangel an Lebhaftigkeit der nach der Kastration eintreten und allein dadurch zum Fettansatz disponieren sollte, verantwortlich. Auf der anderen Seite beobachteten aber einzelne Autoren eine Herabsetzung des Ruhegaswechsels von 10—20 % bei Hunden und sehen in der herabgesetzten Oxydationsenergie eine Erklärung für den starken Fettansatz. Weiter wurde eine Lipoidämie, analog der Schwangerschaftslipoidämie, bei Kastrierten beschrieben. Auch in der sonstigen Blutbeschaffenheit und im Blutbild sollten Veränderungen zu finden sein, die den gesteigerten Fettansatz erklären; die einen konstatierten eine Vermehrung des Hämoglobins und der roten Blutkörperchen, andere stellten im Gegensatz dazu eine Verminderung fest. Vorderhand müssen die Stoffwechseluntersuchungen nach Kastration als noch nicht abgeschlossen gelten.

4. Radiologische Erfahrungen.

Den Wirkungen der Kastration ähnlich, aber diesen unterlegen, ist die elektive Schädigung des Ovariums durch strahlende Energie,

d. h. durch Röntgen-, Radium , bzw. Mesothoriumbestrahlung. Gerade die
Erfahrungen der Röntgentherapie seit Einführung der Röntgenstrahlentherapie
durch Albers-Schönberg und ihre Verbesserung durch Krönig und Gauß
haben gezeigt, welche wichtige Rolle die innere Sekretion des Ovariums im
gesamten Körperhaushalt spielt.

Für die innere Sekretion des Ovariums hat die Röntgentherapie als wich-
tigstes folgende beiden Ergebnisse gezeitigt: einmal wird die Menstruation
durch die elektive Schädigung des Ovarialgewebes zum Schwinden gebracht
und andererseits werden Tumoren des Uterus, deren Wachstum mit der
Funktion der Ovarien in Beziehung steht, die Myome, teils im Wachstum gehemmt, teils verkleinert, teils zu vollständiger Schrumpfung geführt. Von
vereinzelten Autoren wurde die sog. Röntgenkastration der operativen Kastration in Parallele gesetzt (v. Herff). Dieser Vergleich ist zweifellos falsch.
Wenn es auch durch die experimentellen Untersuchungen noch nicht bis zum
letzten Punkte bewiesen ist, welcher Anteil des Ovarium durch seine Sekretion
den Ausfallserscheinungen entgegenarbeitet, so scheint es nach den Untersuchungen von Reifferscheidt u. a. erwiesen, daß bei der Röntgenbestrahlung vor allem der Follikelapparat im Ovarium geschädigt wird, und die interstitielle Drüse nicht oder nur wenig getroffen wird. Die Erscheinungen nach
der Röntgenkastration sind daher auch bedeutend milder als nach der operativen
Kastration. Vor allem fehlen die Wachstumseinflüsse auf die Geschlechtsorgane und die Störungen im Geschlechtsleben. Im allgemeinen findet
weder sekundäre Atrophie des Uterus noch eine Schrumpfung der Scheide
oder der äußeren Genitalien statt. Auch der Geschlechtstrieb bleibt nach
den bis jetzt vorliegenden Untersuchungen in allen seinen Qualitäten erhalten.
Wohl aber kommt es zu leichten Ausfallserscheinungen vasomotorischer
Art. In wechselnder Stärke treten beim einen Individuum intensiver beim anderen schwächer, Wallungen, Schweißausbrüche und ähnliche vasomotorische
Erscheinungen auf. Auch leichte trophische Störungen, vermehrter Fettansatz sind mitunter beobachtet worden. Störungen nervöser Art kommen
vor. Das klinische Bild der Röntgenausfallserscheinungen entspricht dem, was
auf Grund der anatomischen Untersuchung angenommen werden konnte, der
elektiven Schädigung einzelner Teile des Ovariums. Sie ähneln denen, die
nach Totalexstirpation des Uterus unter Belassung der Ovarien bei Frauen
im geschlechtsreifen Alter beobachtet werden, den Ausfallserscheinungen uteri-
privierter Frauen.

5. Aplasie und Hypoplasie der Ovarien.

Dieselben Erscheinungen wie bei kastrierten Individuen können natürlich
bei denen auftreten, die kongenital eine mangelhafte Anlage oder ein
völliges Fehlen der Ovarien haben. Leider sind die meisten Fälle dieser
Art in der Literatur nicht sicher zu verwerten, weil keine genaue histologische
Durchforschung der Ovarialreste vorgenommen wurde. Sehr mit Vorsicht
aufzunehmen ist auch alles, was über den Einfluß der Hypoplasie oder Hypertrophie der Ovarien auf den Gesamtstoffwechsel mitgeteilt ist. Mit den palpa-
torischen Methoden der Gynäkologie ist es nicht immer möglich, genau festzustellen, ob eine Abweichung in der Größe des Ovariums vorliegt. Außerdem
gehen auch Größe und Leistungsfähigkeit des Ovariums nicht immer parallel.
Soviel scheint sicher zu sein, daß zwei Krankheitserscheinungen durch eine
mangelhafte, oder durch eine fehlerhafte innere Sekretion des Ovariums bedingt
sein können: einmal der Infantilismus, das Stehenbleiben der gesamten
Körperentwicklung, vor allem der Geschlechtsentwicklung auf kindlicher

Stufe. Bei dieser Anomalie, deren Trägerinnen auch eine gewisse Prädisposition für Tuberkulose zu haben scheinen, kann fast immer eine Hypoplasie der Ovarien festgestellt werden. Und zweitens deuten manche Anzeichen bei der Chlorose darauf hin, daß eine Hypofunktion bzw. Dysfunktion der Ovarien hier eine Rolle spielt. Wie weit dabei die vermutete Störung in der Ovarialfunktion das Primäre und die Chlorose das Sekundäre ist, muß noch ebenso unentschieden bleiben wie die Frage, ob außer der Störung der Ovarialfunktion nicht auch noch Störungen im Haushalt der übrigen Drüsen mit innerer Sekretion bestehen. Die wesentlichste Stütze für das Bestehen der Beziehungen zwischen Chlorose und Ovarium ist das Auftreten der Erkrankung zum Beginn der Geschlechtsreife.

6. Ovarientransplantation.

Die wesentlichste experimentelle Stütze erfuhr die Theorie der inneren Sekretion des Ovariums durch die Transplantationsversuche. Man versuchte entweder einem Tiere eines seiner oder seine beiden Ovarien an einer anderen Körperstelle, oder das Ovarium der gleichen Tierart einem Tier aus der gleichen Spezies einzupflanzen, oder man pflanzte einem Tiere das Ovarium einer ihm ferne stehenden Tierart ein. Bei Verwendung der Ovarien der gleichen Tierart glückte es in vielen Fällen, im Tierexperiment die Folgen der Kastration völlig auszuschalten; dadurch war bewiesen, daß vom Ovarium sezernierte Stoffe den Folgeerscheinungen der Kastration entgegenarbeiten und somit alle nervöse Theorien, die über die Folgeerscheinungen der Kastration aufgestellt waren, widerlegt.

Bei den Experimenten am Menschen hat sich kurz folgendes ergeben: Es glückt durch Transplantation von Ovarien, die vom gleichen Menschen oder von einem anderen Individuum stammen, Ausfallserscheinungen eine gewisse Zeit aufzuhalten. Das implantierte oder transplantierte Ovarium atrophiert nach Verlauf einige Wochen und die Ausfallserscheinungen treten dann schließlich doch noch auf. Im allgemeinen läßt sich heute sagen, daß die großen Erwartungen, die man an die Transplantation der Ovarien geknüpft hat, nicht in Erfüllung gegangen sind, und daß vorderhand die Ovarientransplantation keine Aussicht hat, als therapeutisches Hilfsmittel wesentlich herangezogen zu werden.

b) Therapie der Störungen der inneren Sekretion des Ovariums.

Die therapeutische Bewertung des radikalsten Mittels der Beeinflussung innersekretorischer Störungen des Ovariums, der Kastration hat eine vollständige Umwandlung im Lauf der Jahrzehnte erfahren. Während früher unter dem Einfluß von Hegar und seiner Schule nicht nur in Deutschland, sondern besonders auch in Amerika zur Beseitigung aller möglichen nervösen Beschwerden in erster Linie der Hysterie und außerdem bei „Neuralgie des Ovariums", bei „chronischer Oophoritis" und ähnlichen klinischen Symptombegriffen, die heute der Geschichte angehören, außerordentlich häufig die Kastration ausgeführt wurde, ist die moderne Gynäkologie von dieser radikalen Therapie vollständig abgekommen. Einmal schreckten die quälenden Ausfallserscheinungen nach der Kastration von deren Ausführung ab, und andererseits zeigten kritische Nachuntersuchungen, daß die Erfolge, die der Operation nachgesagt wurden, meist nur vorübergehend und Suggestionserfolge waren. Vor allem aber hielt von der Anwendung der Kastration die Kenntnis von der Wichtigkeit des Ovariums für den Körperhaushalt zurück. Wenn heute noch Kastrationen ausgeführt werden, so geschieht dies nicht mehr in der

Absicht nervöse Reflexbahnen auszuschalten, sondern in dem Bewußtsein, durch die Entfernung eines wichtigen endokrinen Organes den allgemeinen Stoffwechsel hochgradig zu beeinflussen. Zwei Indikationen kommen außer den Operationen bösartiger Geschwülste dafür in Betracht:

1. Die Osteomalacie, die meist in der Schwangerschaft einsetzende Knochenerweichung, seitdem durch die Untersuchungen Fehlings nachgewiesen ist, daß die Kastration in vielen Fällen die Osteomalacie zur Ausheilung bringen kann. Auch heute noch ist bei der Behandlung der schweren Formen von Osteomalacie die Kastration die erfolgreichste Therapie, wenngleich die Erfolge nicht so konstant sind, wie man anfangs annahm.

Wie weit und ob die Kastration durch Strahlenbehandlung zu ersetzen ist, kann jetzt noch nicht gesagt werden.

2. Die Lungentuberkulose, nach dem Vorgehen von Bumm und seinen Schülern. Sie empfahlen die Kastration neben der Herausnahme des gesamten übrigen Genitales, um bei Tuberkulösen auf trophoneurotischem Wege einen gesteigerten Fettansatz zu erzielen und hofften, dadurch oder durch eine Umstimmung des Stoffwechsels überhaupt die in der Lunge sich abspielende Prozesse günstig zu beeinflussen. Die Akten darüber sind noch nicht geschlossen, da es noch an großen Serien, die diese Behauptung nachprüfen, fehlt. Jedenfalls muß darauf hingewiesen werden, daß ein gesteigerter abnormer Fettansatz mit einer Besserung des Allgemeinbefindens durchaus nicht parallel Hand in Hand geht, und daß Operationen auch leichterer Art als die Entfernung des gesamten Genitales für Tuberkulöse, zumal in fortgeschrittenerem Stadium immer eine hohe Gefährdung darstellen. Der Blutverlust, die Narkose, das der Operation folgende Krankenlager, sind allen Erfahrungen nach so schwere Schädigungen für Tuberkulöse, daß man sie lieber nicht für den doch so fraglichen Vorteil der Fettmast in Kauf nehmen sollte.

Eine zweite Art weniger radikaler spezifischer Behandlung von Störungen der inneren Sekretion des Ovariums ist die mit Röntgen , Radium- oder Mesothoriumbestrahlung. Wenngleich noch in der Entwicklung begriffen, wird diese Therapie imstande sein, einen großen Teil der Sekretionsstörungen des Ovars zu beeinflussen. Die Erfolge, die bei Myomen und klimakterischen Blutungen, Erkrankungen, die ebenfalls auf eine Störung in der inneren Sekretion des Ovariums zu beziehen sind (Pankow) erzielt wurden, haben die Bestrahlung hierbei schon zur Therapie der Wahl gemacht. Noch nicht abgeschlossen sind die Erfahrungen mit der Strahlentherapie bei den mutmaßlichen Ovarialstörungen jüngerer Individuen, der Dysmenorrhoe und den profusen Menorrhagien, wie sie zumal bei Chlorotischen so häufig auftreten. Hier verspricht eine schonende Radiumemanationstherapie (Trinkkur und Emanatorium, Brambacher Wasser) Erfolge.

3. Die unzureichenden Erfolge der Ovarientransplantation bei der Behandlung der Ausfallserscheinungen wurden schon oben erwähnt. Auch zu anderen Zwecken vorgenommene Transplantationen z. B. zur Beseitigung von Dysmenorrhoe, Autotransplantationen für kurze Zeit bestrahlter Ovarien und anderes mehr haben vollkommen versagt, so daß bei dem jetzigen Stand der Technik die Ovarientransplantation als Therapie bei innersekretorischen Ovarialstörungen nicht in Betracht kommt.

4. Organotherapie. Seitdem Brown-Séquard durch seine Selbstversuche die Wirkung von Hodenextrakten auf den alternden Mann dargetan hatte, wurde auch in der Gynäkologie die Behandlung aller möglichen Störungen der Ovarialtätigkeit durch Ovariensubstanzen versucht. In erster Linie richtete sich die Behandlung gegen die Erscheinungen, die bei der natürlichen und bei der operativen Klimax nach Kastration auftraten. Die Industrie hat zahl-

reiche Ovarialpräparate, meist gewonnen von Ziegenovarien oder von Hammelovarien in den Handel gebracht, zum Teil mit Beimengungen gleichzeitig wirkender Substanzen wie Eisen und Arsen versehen. Als Beispiel seien erwähnt Ovaradentriferrin, Oophorin, usw. Erfolge sind damit erzielt worden, wenngleich nicht sehr augenfällige. Sicher ist, daß gegen die schweren Ausfallserscheinungen, die der operativen Klimax folgen, die Ovarialpräparate ziemlich wirkungslos sind. Nicht aufgehalten werden die Atrophien des Uterus, die Schrumpfungserscheinungen der Scheide und der pathologische Fettansatz. Wohl aber können in manchen Fällen durch Darreichung von Ovarialpräparaten die vasomotorischen Störungen etwas gelindert werden. Sehr auffällig sind aber auch hierbei die Erfolge nicht. Etwas günstiger, allerdings auch bedeutend schwieriger zu kontrollieren sind die Erfolge, die mit Ovarialpräparaten bei den Ausfallserscheinungen am Ende der Geschlechtsreife, den klimakterischen Beschwerden erzielt werden. Auch hier werden vor allem die vasomotorischen Erscheinungen, die Wallungen und Hitzegefühle günstig beeinflußt. Die Ovarialpräparate werden weiterhin empfohlen gegen Dysmenorrhoe, gegen Chlorose, verstärkte Menorrhagien, Amenorrhoe usw. Alle Resultate, über die berichtet wird, sind mit großer Vorsicht aufzunehmen, uns selbst sind augenfällige Erfolge nicht bekannt. Es werden diese Tabletten meist 2—3 mal täglich 2—3 Stück genommen. Sie stellen im allgemeinen keine sehr differente Medikation dar. Es kann daher mit der Dosis ziemlich weitgehend variiert werden. Eine neuere Modifikation ist die von Fränkel auf Grund seiner Theorie über die Bedeutung der Sekretion des Corpus luteums bei Tieren aufgebaute Therapie mit „Lutein", einem Präparat, das den wirksamen Bestandteil des Corpus luteum der Ziege enthält. Fränkel empfahl sie besonders gegen Beschwerden in der Schwangerschaft. Die Erfolge werden von einigen Autoren bestätigt, von anderen bestritten.

5. Schließlich ist noch zuletzt als recht wirksam die pharmakologische Therapie bei gewissen Störungen der inneren Sekretion des Ovariums, besonders bei den Ausfallserscheinungen nach operativer Kastration und in der Klimax zu erwähnen. Vor allem die Arsenpräparate haben sich bei vasomotorischen Störungen sehr gut bewährt. Man verordnet sowohl bei klimakterischen Beschwerden als auch bei Ausfallserscheinungen nach operativer Kastration das Arsen am besten in Form des Levicowassers und beginnt mit dem Levico-Schwachwasser (ein Weinglas voll Wasser nach der Mahlzeit zweimal täglich zu nehmen) und geht dann zu Levico-Starkwasser über, um nachher wieder zum Levico-Schwachwasser zurückzukehren. Meist pflegt schon eine gewisse Wirkung nach Einnehmeh von 1—2 Flaschen einzutreten. Natürlich kann Arsen auch in anderen Formen, per os, durch subkutane Injektion usw., gegeben werden, es scheint aber die Medikation mit Levicowasser am günstigsten zu sein; sie hat vor den auch gut wirksamen Injektionen den Vorzug der Schmerzlosigkeit.

Auch bei anderen Störungen der inneren Sekretion des Ovariums, Menorrhagien, Dysmenorrhoen, hat sich die symptomatische pharmakologische Therapie in manchtn Fällen bewährt, man verordnet die Eisenpräparate und Styptica (Hydrastis canadensis, Secale, Stypticin usw.) gegen die ersteren und gegen die zweiten, vor allem Salicylpräparate Aspirin, Novaspirin, neuerdings Melubrin u. a. m.

c) Die innere Sekretion des Uterus.

Über die innere Sekretion des Uterus sind die Ansichten zurzeit noch sehr geteilt. Während z. B. Novack jede Existenz einer inneren Sekretion des Uterus abstreitet, wird diese von anderen doch als bestehend anerkannt; sicher ist, daß ihr qualitativ und quantitativ nicht die Bedeutung wie der des Ovariums zukommt. Für das Bestehen einer innersekretorischen Funktion des Uterus könnten Extraktversuche (Schickele, Fellner u. a.) sprechen, bei denen eine blutdrucksenkende Wirkung des Uterus und der Uterusschleimhaut konstatiert wurde. Es läßt sich dagegen aber der Einwand erheben, daß Organextrakte überhaupt depressive Wirkungen auslösen können. Sicher beweisend für das Vorhandensein einer inneren Sekretion sind die Erfahrungen bei Frauen, denen der Uterus operativ entfernt, die Ovarien aber belassen wurden. Bei diesen uteriprivierten Frauen treten typische Ausfallserscheinungen ein, die zwar mit denen nach Kastration eine gewisse Ähnlichkeit zeigen, aber doch in ihrer Ausdehnung von diesen verschieden sind. Es kommt bei den uteriprivierten Frauen nicht zur Entwicklung des oben geschilderten Symptomenkomplexes der Ausfallserscheinungen. Die trophoneurotischen Störungen fehlen völlig und auch die nervösen depressiven Beschwerden stellen sich seltener ein, fast stets aber findet sich ausgesprochen das vasomotorische Symptombild. Es kommt zu Wallungen, zu fliegender Hitze und vor allem zu recht lästigen Herzpalpationen, die von den Patientinnen als „Herzangst" angegeben werden. Merkwürdigerweise tritt diese Ausfallserscheinung nicht so sehr bei jugendlichen uteriprivierten Individuen nach Beraubung des Uterus als vielmehr bei Frauen auf, die nahe der Klimax stehen. Die Therapie ist in allen den Fällen eine rein symptomatische. Die besten Erfolge werden hier ebenfalls bei Darreichung von Levicowasser erzielt.

d) Die innere Sekretion des Parovariums.

Auch dem Parovarium ist eine innersekretorische Bedeutung zugesprochen worden. Bucura suchte festzustellen, daß, je nachdem bei der Operation das Parovarium mitentfernt oder belassen wurde, sich ein verschiedenes Verhalten von Bindegewebe und Muskulatur des zurückgebliebenen Uterus bemerkbar machte. Nähere Untersuchungen stehen noch aus.

II. Hypophyse und Genitale.

a) Einleitung[1]).

Historisches. Im Gegensatz zu anderen endokrinen Organen wurde die Hypophyse frühzeitig als drüsiges Gebilde erkannt. Schon im Mittelalter traute man ihr gewisse mystische Fähigkeiten zu, sie sollte nach Galen die Exkretion des im Gehirn angesammelten Schleimes besorgen, in späterer Zeit brachte man sie dann mit der Sekretion des Liquor cerebrospinalis in Beziehung. Als Drüse mit innerer Sekretion erkannt wurde sie durch ihre Beziehungen zur Schilddrüse. Rogowitsch wies als erster auf den Zusammenhang hin, der zwischen Schilddrüsenexstirpation und der darauffolgenden Hypertrophie der Hypophyse bestand. Das größte Aufsehen erregte aber die Entdeckung Maries (1886), daß die Akromegalie ihre Ursache in krankhaften Veränderungen der Hypophyse, meist in einer Tumorbildung dieses Organes hat. Von nun an wurden in rascher Aufeinanderfolge durch Tierexperimente, physiologische Untersuchungen und kühne Operationen die Funktionen dieses Organes zu erforschen getrachtet. Den letzten und wichtigsten Fortschritt stellte schließlich der Nachweis der eigenartigen Wirkung des wäßrigen Hypophysenextraktes dar (Oliver und Schäfer 1894). Auf ihre Beziehungen zum weiblichen Genitale führte einmal der Nachweis der typischen Schwangerschaftsveränderungen und andererseits die auffällige Wirksamkeit ihrer Extrakte auf den Uterus.

Anatomisches. Die Hypophyse, der Hirnanhang, ist ein rundliches, erbsen- bis kirschkerngroßes Organ, das in der Sella turcica gelegen und mit der Hirnbasis durch einen

---

[1]) Vgl. dieses Handb. Bd. IV, S. 475 ff.

dünnen Stiel, das Infundibulum verbunden ist. Sie besteht aus einem größeren härteren Vorderlappen, dem epithelialen oder drüsigen Anteil, der Glandula pituitaria, und einem kleineren weicheren weißen Hinterlappen, dem nervösen oder infundibulären Anteil (der eigentlichen Hypophysis).

Histologisch zeigt sich der Vorderlappen als aus einem Bindegewebsgerüst bestehend, in dem epitheliale Zellstränge eingelagert sind. Diese enthalten zwei verschiedene Zellarten, die nach ihrem färberischen Verhalten Chrom gegenüber eingeteilt werden in

1. chromophile und
2. chromophobe oder Hauptzellen.

Unter den chromophilen werden wieder eosinophile und basophile Zellarten unterschieden.

Die chromophoben Hauptzellen, auf deren Beziehung zur Schwangerschaft noch näher einzugehen sein wird, haben bei nichtgraviden Individuen unscharfe Zellgrenzen, ein bröckliges, schwer darzustellendes Protoplasma und einen großen Kern.

Der Häufigkeit des Vorkommens nach stehen die Eosinophilen an erster, die Hauptzellen in der Norm an letzter Stelle. Die Eosinophilen finden sich meist im hinteren, die Basophilen zumeist im vorderen Abschnitt des Vorderlappens. Bei alten Frauen kommt es nicht sehr selten zu einem reichlichen Einwachsen von basophilen Zellen in den Hinterlappen.

Im hinteren Teil des Vorderlappens, der sog. Markschicht, finden sich eigenartige Bildungen: eine mit zylindrischen Flimmerzellen besetzte Spalte, der Rest der embryonalen Hypophysenhöhle und zwei verschiedene Arten von Follikeln, die in ihrem Bau an Schilddrüsengewebe erinnern.

Der Hinterlappen zeigt histologisch einfachere Bilder. Er besteht größtenteils aus Glia und Ependymzellen und enthält außerdem noch gewisse Pigmentablagerungen. Das Vorkommen von Nervenfasern im Hinterlappen ist noch strittig. Basophile Epithelzellen können in den Hinterlappen einwandern, es ereignet sich dies aber erst mit Beginn der Geschlechtsreife. Nach neueren Untersuchungen entstehen diese Zellen im Spalt der Markschicht oder den dort befindlichen Cysten (Tölken). Obgleich also der Hinterlappen seiner Struktur nach sich dem Nervenstützgewebe nähert und kaum etwas von einer sezernierenden Drüse vermuten läßt, haben die Untersuchungen der Extrakte gerade dieses Organteiles überraschenderweise hochwirksame spezifische Stoffe ergeben, die stärker wirksam als die aus dem drüsigen Vorderlappen gewonnenen sind; ob aus dem Befunde von wirksamer Extraktsubstanz auf eine innersekretorische Funktion auch des scheinbar nicht drüsigen Hinterlappens geschlossen werden darf, muß noch unentschieden bleiben.

Physiologisches. Über die Physiologie der Hypophyse haben erst die letzten Jahre einige Aufschlüsse gebracht. Wenngleich schon die klinische Betrachtung der Akromegalie die Beziehungen der Hypophyse zum Körperwachstum dartat, so brachten, wie bei allen anderen Drüsen mit innerer Sekretion, erst die Exstirpationsversuche und die Untersuchungen der Organextrakte sichere Anhaltspunkte für ihre physiologische Funktion. Den Versuchen mit der Exstirpation standen bis vor wenigen Jahren technische Unvollkommenheiten im Wege, die Extraktexperimente litten lange Zeit unter Nichtbeachtung der Tatsache, daß die Hypophyse aus zwei funktionell verschiedenen Abschnitten besteht.

Die Mehrzahl der Hypophysenexstirpationen älterer Autoren gestatten keine bindenden Schlüsse, da infolge der mangelnden Technik einmal die Hypophyse nicht vollständig entfernt wurde, und andererseits schwere Schädigungen nach der Operation, Meningitiden oder sonstige septische und infektiöse Prozesse das klinische Gesamtbild nach der Exstirpation beeinträchtigten. Schließlich glückte es auch erst in den allerletzten Jahren, eine isolierte Exstirpation sowohl des Vorderlappens, als auch des Hinterlappens der Hypophyse bei den Versuchstieren durchzuführen. Die experimentelle Methodik kam auf eine brauchbare Höhe, als von Paulesco (1907) der laterale Zugang zur Hypophyse unter dem Temporallappen als typisches Verfahren zur Hypophysektomie angegeben wurde. Erst seit dieser Zeit konnten einwandsfreie Totalexstirpationen der Hypophyse ohne größere Schädigung des gesamten Gehirns ausgeführt werden. Die Versuche mit dieser verbesserten Methode, die in der Folgezeit von den meisten Autoren (Cushing, Biedl und Silbermark, Ascoli und Legnani) ausgeführt wurden, ergaben nach Biedl zusammenfassend folgendes: Die Hypophyse zeigt sich als ein lebenswichtiges Organ, dessen vollständige Entfernung mit der Fortdauer des Lebens unvereinbar ist. Es ist gleichgültig, ob die gesamte Hypophyse herausgenommen wird, oder ob man sie nach Durchtrennung des Hypophysenstiels im Schädel beläßt. Das Wesentlichste scheint die Durchtrennung des Hypophysenstieles zu sein. Nach dieser Operation allein tritt der Tod unter ähnlichen Erscheinungen ein wie nach Herausnahme des gesamten Organes. Wird die Hypophyse exstirpiert, so tritt jedenfalls bei älteren Tieren sehr bald der Tod ein, während jüngere unter Umständen noch längere Zeit am Leben bleiben können. Die verschiedene Wertigkeit der beiden Hypophysenlappen wird durch folgendes dargetan. Die Entfernung des Hinter-

lappens bleibt monatelang ohne nachteilige Folgen, die Herausnahme des Vorderlappens
führt bei älteren Tieren zum Tode, jüngere Tiere können den Eingriff längere Zeit überleben. An ihnen lassen sich dann am besten Beobachtungen über die Ausfallserscheinungen
nach totaler oder teilweiser Zerstörung des Vorderlappens anstellen. Als wesentlichste Folgeerscheinungen treten dann bei diesen auf: eine erhebliche Zunahme des Körper-
fettes (bis zu ⅓ des Körpergewichtes gegenüber ¹/₁₆ bei Normaltieren [Ascoli und Leg-
nani]). In neuerer Zeit wurden dann von Achner mit verbesserter Methode ausgedehnte
Versuche der Hypophysenresektion und Exstirpation vom Munde aus gemacht, die zu
ungefähr gleichen Resultaten führten, zu einer Adipositas universalis, einer plötzlichen
vollständigen Wachstumshemmung, infantilem Habitus und schließlich hochgradiger Hypoplasie der Keimdrüsen und der Genitalorgane.

Aus den Organfütterungs- und Extraktversuchen war es nicht möglich, genaue Anhaltspunkte über die pharmakodynamische Wirksamkeit der Substanzen der Hypophyse und ihrer einzelnen Anteile zu erhalten, solange anfangs nur mit trockenen oder
frischen Hypophysen, mit wässrigen und Glyzerinextrakten aus dem gesamten Organ
experimentiert wurde. Erst seitdem die einzelnen Teile des Organs getrennt verarbeitet
wurden, haben sich klarere Einblicke in die Physiologie der Hypophyse tun lassen. Als
das Überraschendste zeigte sich dabei, daß die wirksamen Extrakte von dem aus Nervenstützgewebe bestehenden Hinterlappen und nicht aus dem drüsigen Vorderlappen gewonnen
wurden. Diese wirksamen Substanzen treten schon in frühesten Embryonalmonaten in
Erscheinung (Schlimpert). Mit dem Hinterlappenextrakt wurden auch die Mehrzahl
der Untersuchungen angestellt, die folgende Resultate ergaben: auf die Einverleibung
von Hypophysenextrakten folgt eine hochgradige Blutdrucksteigerung, die sich von
der Adrenalinwirkung durch eine geringere Intensität aber längere Dauer unterscheidet
und in erster Linie durch periphere Gefäßverengerung zustande kommt. Die Herztätigkeit wird verstärkt und verlangsamt. Für gynäkologische und geburtshilfliche Zwecke
besonders wichtig ist der Effekt, den das Extrakt des Hinterlappens auf die glatte Muskulatur hat. In dieser werden Kontraktionen ausgelöst. So kommt ein Teil der erwähnten
Herzwirkung durch direkte Beeinflussung des Herzmuskels zustande; und auch die Beeinflussung der Gefäße im Sinne der Vasokonstriktion greift an der Gefäßmuskulatur an.
Das Gleiche gilt über die Einwirkung auf die Pupille und auf die Harnblase und den
Darm. Das praktisch Wichtigste ist aber die Einwirkung auf den Uterus. Durch
Hypophysenextrakte lassen sich am Uterus maximale Kontraktionen erzielen. Dies wurde
sowohl am überlebenden Uterus (Kehrer), als am Uterus des lebenden Tieres beobachtet.
Die auch am Tier gemachten Erfahrungen wurden durch zahlreiche klinische Versuche
am Menschen bestätigt. Bei der schwangeren und gebärenden Frau ist es möglich, mit
Hypophysenextrakten in unschädlichen Dosen kräftige und regelmäßige Kontraktionen
des Uterus zu erzeugen. Die Folge dieser Feststellung (Hofbauer und anderer) war natürlich von enormer praktischer Bedeutung, da so zum ersten Male ein wirklich sicher wirkendes
Mittel zur ungefährlichen Anregung der Wehen und Beschleunigung der Geburt gegeben
war. Die chemische Großindustrie hat sich auch sofort auf die Fabrikation dieser Präparate
mit Eifer und Energie geworfen. Die gebräuchlichsten Präparate sind zurzeit Pituitrin
(Parke, Davis & Co.) und Pituglandol (Roche), beides wässrige Extrakte aus dem Hinterlappen der Hypophyse und nach den bis jetzt vorliegenden Erfahrungen unschädlich
und zwar nicht konstant, aber in vielen Fällen wirksame Präparate. Interessant sind die
Beobachtungen über die Wirkungen mehrerer Injektionen von Hinterlappenextrakten.
Nach Oliver und Schäffer bleibt nach der zweiten Injektion nicht nur die Blutdrucksteigerung aus, sondern es tritt sogar eine Senkung des Blutdruckes ein. Pankow fand,
daß kleine, an sich unwirksame Dosen eine mehrere Tage anhaltende Sensibilisierung erzeugen kann, so daß wiederholte Injektionen mit Pituitrin maximale Wirkungen ergaben.
Es ist noch nicht geglückt, die wirksamen Substanzen im Extrakt zu isolieren und analog
dem Adrenalin synthetisch herzustellen. Auch der von Fühner beobachtete Parallelismus in der Wirkung von Hinterlappenextrakt und B-Imidoazolyläthylamin, einem
Eiweißabbauprodukt, zeigt nur, daß die wirksame Substanz diesem Körper nahestehen
muß, führte aber noch nicht zur Entdeckung dieses Körpers selbst.

Den größten Fortschritt stellt die Isolierung der vier wirksamsten Basen des
Hinterlappens dar, die von den Höchster Farbwerken ausgeführt und als Präparat unter
dem Namen Hypophysin in den Handel gebracht wird. Der Vorteil des Präparates,
das alle wesentlichen Wirkungen des Hypophysenextraktes zeigt, ist die Konstanz seiner
Zusammensetzung. Die bis jetzt vorliegenden experimentellen und klinischen Erfahrungen
sind günstig.

Die Untersuchungen der Extrakte des Vorderlappens ergeben im allgemeinen
nur eine geringe physiologische Wirkung, über die Wirkung des Extraktes aus dem Medullar-
teil sind die Ansichten noch geteilt, sie scheinen jedenfalls nicht an die des Hinterlappens
zu reichen.

b) Einfluß der Genitalfunktionen auf die Hypophyse.

1. Veränderungen der Hypophyse in der Schwangerschaft.

Auch bei der Hypophyse sind wir ebenso wie bei den anderen Organen mit innerer Sekretion noch weit entfernt davon, alle Zusammenhänge, die mit Genitalfunktionen bestehen, zu überschauen. Die versteckte Lage des Organes und sein noch ungenügend erforschter chemischer Aufbau lassen einzelne Punkte noch vollständig unaufgeklärt, so z. B. die Beziehungen zwischen Menstruation und Hypophyse, die Funktionsänderungen der Hypophyse bei Schwangeren und Kastraten u. a. m. Einzelne morphologische Fragestellungen sind ausgiebig durchforscht. Als wichtigste Ergebnisse und wohl als der auffallendste Beweis für die funktionelle Zusammengehörigkeit von Genitale und Hypophyse sind die typischen Schwangerschaftsveränderungen, die sich bei systematischer Untersuchung stets in der Hypophyse nachweisen lassen, (Erdheim und Stumme) anzusehen.

Schon makroskopisch sind diese Veränderungen in die Augen springend. Die Schwangerschaftshypophyse ist im ganzen vergrößert und hat eine abgerundete plumpe und pralle Form. Die Größenzunahme findet ausschließlich im Vorderlappen statt, der Hinterlappen wird mitunter sogar durch den schnell wachsenden Vorderlappen komprimiert. Die ersten Anfänge der Hypertrophie machen sich im 4. Monat der Gravidität bemerkbar, ihren Höhepunkt erreicht sie gegen Ende der Schwangerschaft, um nach der Geburt wieder abzuklingen. Bei dem Eintritt neuer Schwangerschaften erfolgt dann wieder eine nunmehr immer beträchtlichere Größenzunahme, so daß mit der Zahl der Schwangerschaften die absolute Größe der Hypophyse immer höhere Werte erreicht. Wie groß die Unterschiede sind, beweisen folgende Zahlen:

Beim Manne und der Frau, die nicht geboren hat, zeigt die Hypophyse eine konstante, dem Lebensalter entsprechende Größenzunahme vom 2. Lebensdezennium, in dem sie 56,3 cg durchschnittlich wiegt, bis auf 64 cg im 4. Lebensdezennium, um dann wieder im 6. Dezennium auf 60 cg abzusinken.

Diese für Männer und nullipare Frauen geltenden Durchschnittswerte werden durch das Dazwischentreten von Schwangerschaften ganz erheblich gesteigert. Bei Erstgeschwängerten ist das Durchschnittsgewicht der Hypophyse bereits 84,7 cg bei einem Minimalgewicht von 65 cg und einem Höchstgewicht von 110 cg. Bei der Multipara steigt das Durchschnittsgewicht am Ende der Schwangerschaft aber schon auf 106 cg, und das Maximalgewicht sogar auf 165 cg. Es wird also das Dreifache des Gewichtes im 2. Dezennium erreicht.

Auch in der Konsistenz und Farbe zeigt sich schon makroskopisch die Schwangerschaftshypophyse von der Norm abweichend. In der zweiten Hälfte der Schwangerschaft wird das Organ weicher, von der Schnittfläche quillt ein milchiger Saft und die Färbung des Vorderlappens zeigt nicht mehr das normale Braunrot bis Graurot, sondern einen helleren weißlichen Farbton.

Die makroskopisch sichtbaren Veränderungen sind bedingt durch gewisse Abänderungen in der histologischen Struktur. In erster Linie sind die Hauptzellen verändert, die sich zu sog. Schwangerschaftszellen, Zellen mit intensiv granuliertem und sich gut färbendem stark aufgetriebenem Protoplasma umwandeln. Diese Schwangerschaftszellen finden sich ausschließlich im Vorderlappen und hier größtenteils in den seitlich gelegenen weiß erscheinenden Partien. Durch die Wucherung der Schwangerschaftszellen werden die eosinophilen Zellen fast vollständig verdrängt. Sie nehmen in der Schwangerschaftshypophyse der Zahl nach nur noch die zweite Stelle ein und die basophilen rücken sogar an die dritte Stelle. Am stärksten ausgesprochen sind diese Zellverschiebungen im 8. Monat. Nach der Geburt verschwinden langsam die Schwangerschaftszellen und wandeln sich wieder in gewöhnliche Hauptzellen um. Das Zahlenverhältnis der einzelnen Zellarten bleibt aber gestört, so daß die eosinophilen Zellen erst nach zwei Jahren und die basophilen Zellen erst sogar nach sieben Jahren wieder den ihnen normaliter gebührenden Platz an 1. bzw. 2. Stelle in der Häufigkeitsskala einnehmen. Dauernd bleibt die absolute Zahl der Hauptzellen vermehrt, trotzdem eine vollständige Involution der Schwangerschaftszellen zu Hauptzellen statthat. Tritt dann eine neue Schwangerschaft ein, so findet zugleich mit der schneller einsetzenden Vergrößerung des Organes auch eine reichlichere Bildung von Schwangerschaftszellen als in der ersten Gravidität statt.

Nicht so leicht wie die anatomischen Veränderungen sind die Änderungen der Funktion der schwangeren Hypophyse festzustellen. Eine Änderung im wirksamen Extraktgehalt tritt weder im Hinterlappen noch in der Gesamthypophyse ein (Schlimpert). Wir sind zur Beantwortung im wesentlichen auf klinische Beobachtungen angewiesen und diese sprechen für eine Funktionssteigerung der Hypophyse in der Schwangerschaft.

So wurde von Tandler und Groß die mitunter stärker, mitunter weniger stark sich bemerkbar machende Plumpheit der Gesichtszüge Schwangerer als Symptom aufgefaßt, das in abgeschwächter Form an die Erscheinungen bei Akromegalie erinnere und auf eine erhöhte Funktion der Hypophyse zurückzuführen sei.

Ebenso werden Knochenveränderungen, periostale Auflagerungen, die sog. puerperalen Osteophyten angeschuldigt, im Zusammenhang mit den Schwangerschaftsveränderungen der Hypophyse zu stehen. Das gleiche wurde von der Hypertrophie der Schilddrüse während der Schwangerschaft behauptet. Die Beobachtungen Aschners, daß nach Exstirpation der Hypophyse regelmäßig Abort eintrat, ist ebenfalls als Beweis für den funktionellen Einfluß der Hypophyse auf die Schwangerschaft angeführt worden, ebenso die mitunter konstatierte Entstehung einer Akromegalie im Anschluß an die Geburt.

Viel umstritten war die Frage, ob die Hypophysenvergrößerung in der Schwangerschaft als eine kompensatorische Hypertrophie zum Ersatz des Ausfalles der Keimdrüsentätigkeit zu gelten habe, die Hypophysenveränderung also sekundär bedingt sei, oder ob durch die Hypophysenvergrößerung primär eine Hemmung auf die Ovarialfunktion ausgeübt wurde. Diese Frage erscheint nach den Untersuchungen von Fichera gelöst. Er fand, daß es nach Kastration, also vollständiger Ausschaltung der innersekretorischen Einflüsse der Ovarien, stets zu einer Vergrößerung der Hypophyse, ähnlich der Schwangerschaftshypertrophie kommt. Daraus schloß er, daß auch in der Schwangerschaft die Hypophysenvergrößerung kompensatorisch für die erloschene Ovarialfunktion auftritt; daß also für den primär vorhandenen Ausfall der Ovarialtätigkeit sekundär die kompensatorische Hypertrophie der Hypophyse sich einstellt.

Schließlich ist noch eine Erscheinung zu erwähnen, die durch die Schwangerschaftsveränderung der Hypophyse hervorgerufen sein könnte. Von einigen Autoren (Reuß, Holzbach) wird angenommen, daß gewisse am Ende der Gravidität auftretende Sehstörungen durch die Vergrößerung der Hypophyse und den dadurch bedingten Druck auf das Chiasma opticum verursacht werden könnten. Theoretisch ist diese Möglichkeit nicht auszuschließen, praktisch ist sie noch nicht bewiesen, da keiner dieser Fälle durch Sektion kontrolliert ist.

2. Hypophysenveränderung nach Kastration.

Was an den Hypophysenveränderungen nach Kastration besonders interessiert, ist der Parallelismus mit den Erscheinungen bei der Schwangerschaft, auf die oben schon hingewiesen wurde. Dadurch werden einmal die Beziehungen zwischen Schwangerschaft und Hypophyse beleuchtet, andererseits aber auch die für die Lehre von der inneren Sekretion des Ovariums wichtige Tatsache gestützt, daß in der Schwangerschaft die innersekretorische Tätigkeit des Ovariums ähnlich wie nach Kastration herabgesetzt ist. Bei den Sektionsbefunden Kastrierter wurde ziemlich übereinstimmend eine Hypertrophie der Hypophyse konstatiert, mochte es sich um kastrierte Tiere oder, wie bei den Untersuchungen von Tandler und Groß, um menschliche Kastraten (Skopzen) handeln, oder wie in einem Fall (Stumme) auf natürlichem Wege die Kastration durch sarkomatöse Degeneration des Hodens zustande gekommen sein. Auch ovariprivierte Frauen und in einem Falle auch eine Uteriprivierte sollen — letztere bereits vier Tage nach der Uterusexstirpation (Rößle) — eine beträchtliche Schwellung der Hypophyse zeigen.

Diese Sektionsergebnisse werden auch durch die Befunde, die Tandler und Groß an skelettierten Skopzenschädeln und an lebenden Skopzen mit Röntgendurchleuchtung erheben konnten, bestätigt. Es fand sich ebenso wie am skelettierten Schädel auch im Röntgenbild eine deutlich nachweisbare Vergrößerung der Sella turcica, des Hypophysenbettes, als Zeichen der Hypertrophie des Organes.

c) Einfluß der Hypophyse auf die Genitalorgane.

Besser studiert als die Einwirkung der Genitalfunktionen auf die Hypophyse ist umgekehrt die Beeinflussung der Genitalorgane durch die Hypophyse. Es ist dies auch leicht erklärlich: liegt doch das Genitale als das Organ, an dem sich die Beeinflussung geltend macht, der Beobachtung günstiger zur Hand als die im Schädelinnern eingeschlossene Hypophyse.

1. Einfluß der Hypophysenexstirpation auf das Genitale.

Welche tiefgreifenden Veränderungen im gesamten Körper nach der radikalen Ausschaltung der Hypophysenfunktion durch Totalexstirpation eintreten, wurde schon oben auseinandergesetzt. Eine der sinnfälligsten dieser Teilerscheinungen sind die dem Eingriff folgenden Genitalveränderungen.

Es muß dabei scharf zwischen den Beobachtungen bei älteren, also geschlechtsreifen und jüngeren Tieren, zwischen Operationen am Vorder- und Hinterlappen, und schließlich zwischen totalen und partiellen Exstirpationen unterschieden werden. Ältere Tiere überleben die totale Exstirpation des Vorderlappens oder die der ganzen Hypophyse meist nur kurze Zeit, so daß sich keine Beobachtungen über Genitalveränderungen anstellen lassen.

Der Entfernung des Hinterlappens folgen bei alten und jüngeren Tieren keine Genitalerscheinungen. Nach partieller Entfernung des Vorderlappens tritt bei älteren Tieren regelmäßig ein merkbares Nachlassen der sexuellen Tätigkeit ein, der Genitaltraktus atrophiert, in den Hoden und Ovarien läßt sich auch anatomisch diese Atrophie nachweisen (Cushing). Bei einer drei Jahre alten Hündin war die Atrophie des gesamten Genitalapparates so hochgradig, daß die Ovarien und der Uterus dieses Tieres genau denselben Anblick bot, wie die Genitalorgane eines nur wenige Wochen alten Tieres der gleichen Art (Biedl).

Am auffälligsten sind die Ausfallserscheinungen bei Exstirpationsversuchen an jugendlichen Tieren. Mag bei ihnen nur der Vorderlappen partiell oder total zerstört sein, oder die ganze Hypophyse entfernt sein, so zeigt sich bei den wenigen überlebenden Tieren stets eine Hemmung der geschlechtlichen Reife (Ascoli und Legnani). Die äußeren Geschlechtsteile und die sekundären

Geschlechtsmerkmale bewahren kindlichen Typus, die inneren Geschlechtsteile
entwickeln sich nicht weiter. Es kommt nicht zur Differenzierung des Samen-
epithels bei männlichen Tieren, bei weiblichen verharrt die Eibildung auf dem
Stadium des Primitivfollikels. Auch im Temperament gleichen diese Tiere
nicht ihren geschlechtstüchtigen Altersgenossen. Sie bellen nicht, sie sind
stumpf und apathisch. Mit diesen experimentell am Tier gefundenen Ausfallserscheinungen am Genitale stimmen durchaus diejenigen überein, die beim
Menschen beobachtet werden, wenn es durch Erkrankungen zu einer vollständigen oder teilweisen Zerstörung der Hypophyse oder Änderung ihrer
Funktion kommt. Folgende Krankheitsbilder kommen hierbei in Betracht:
die Akromegalie, der Riesenwuchs und die hypophysäre Fettsucht.

2. Genitalveränderungen bei Akromegalie.

Wie die Akromegalie die erste Erkrankung war, bei der die Beziehungen
der Hypophyse zur inneren Sekretion entdeckt wurden, so war sie auch die erste
der hypophysären Erkrankungen, bei der die Mitbeteiligung des Genitales
auffiel. Meist beginnt die Akromegalie mit Erscheinungen im Nervensystem,
Kopfschmerzen, Mattigkeit, frühzeitig treten aber auch schon Störungen der
Sexualtätigkeit, bei Männern Versagen der Potenz, und Nachlassen der
Menstruation bei Frauen auf.

Diese Erscheinungen können zunächst so in den Vordergrund treten, daß
die eigentliche Krankheitsursache nicht erkannt wird und eine lokale Behandlung der gynäkologischen Beschwerden vorgenommen wird. Wegen des
gleichzeitig mit der Amenorrhoe vorhandenen Kreuzschmerzes wurde z. B.
in einem Fall (Sternberg) die Kastration ausgeführt. Daß es nicht nur zum
Aufhören der menstruellen Blutung, sondern auch zum Erlöschen der Ovulation kommt, beweist der Umstand, daß bei Amenorrhoe infolge Akromegalie
nie Konzeption eintritt. Bei der inneren Untersuchung zeigt sich, daß Scheide
und Uterus im Beginn der Erkrankung zunächst vorübergehend hypertrophisch,
dann aber vollständig atrophisch werden. Auch die anatomischen Untersuchungen an den Genitalorganen, vor allem an den Ovarien bestätigen die
klinischen Beobachtungen. Es ließ sich deutliche Atrophie der Ovarien histologisch nachweisen (Tandler und Groß). Die gleichen Vorgänge können sich
auch an den sekundären Geschlechtsorganen, vor allem an der Brust, bemerkbar machen; die Brüste sind atrophisch. Bei Frauen kann sich Bartwuchs im
Gesicht einstellen, ähnlich dem als Alterserscheinung der Frauen häufiger
beobachteten. Schließlich soll es zur Anlehnung an den heterosexuellen Typ
kommen können. Daß diese atrophischen Veränderungen am Genitale tatsächlich durch die Hypophysenveränderungen bedingt waren, zeigt auch das Zurückgehen derselben nach Ausführung von Exstirpationen des erkrankten Organes (Stumme).

Die histologische und anatomische Untersuchung der Hypophyse bei Akromegalie ergibt bis auf wenige Ausnahmen, die noch dazu nicht sicher geklärt sind, eine hypertrophisch hyperplastische Zunahme des Organs, und zwar in erster Linie eine Vermehrung
der Drüsenepithelien im Vorderlappen. In der Mehrzahl sind es echte Geschwülste: Adenome,
Adenokarzinome, Sarkome, seltener Teratome, die sich an der Hypophyse bei Akromegalie
finden. Es war lange strittig, ob man die Allgemeinerscheinungen bei Akromegalie als
eine Hypo- oder Hyperfunktion des Organes ansehen sollte. Heute wird fast allgemein
bei der Ähnlichkeit dieser Befunde mit den Schwangerschaftsveränderungen an der Hypophyse und den nach Kastration auftretenden Umwandlungen angenommen, daß es sich
bei der Akromegalie um eine Hyperfunktion der Hypophyse handelt.

Viel diskutiert worden ist ferner die Frage nach dem Primum agens, nach der
eigentlichen Ursache der Akromegalie, ob man diese primär in Veränderungen der Hypophyse zu suchen habe, oder ob andere endogene Ursachen dafür anzuschuldigen seien.
Eine viel diskutierte Hypothese ist auch die, daß das Primum agens in der Keimdrüse,

in deren Über- oder Dysfunktion zu suchen sei. Man wies darauf hin, daß eine Chlorose, die ja abhängig von Störungen der Ovarialtätigkeit zu sein scheint, häufig der Akromegalie vorausgeht. Man hat dann weiter aus den vor der eigentlichen akromegalischen Erkrankung einsetzenden Störungen der Menstruation und auf den gelegentlich beobachteten scheinbaren Zusammenhang zwischen Schwangerschaft und Krankheitsbeginn hingewiesen und deshalb die Hypothese aufgestellt, daß in den Sexualdrüsen der Anreiz zur Entstehung der Akromegalie gegeben werde. Vorderhand sind diese Spekulationen noch unbewiesen und als sicher nur zu konstatieren, daß wechselseitige Beziehungen zwischen Keimdrüsen und Hypophyse bei der Akromegalie bestehen.

Wie weit auch noch endokrine Organe, Thymus und Schilddrüse mit verantwortlich zu machen sind, entzieht sich erst recht der Erkenntnis; ebenso natürlich die Frage, ob die ganze Erkrankung als eine polyglanduläre aufzufassen ist.

3. Verhalten der Genitalorgane bei Riesenwuchs.

Nachdem durch die Arbeiten älterer Pathologen, Langer, Sternberg, Bollinger u. a. nachgewiesen war, daß der Riesenwuchs nicht einer gesteigerten Tüchtigkeit des Organismus entspricht, sondern als pathologischer Vorgang aufzufassen ist, nachdem weiter an den Schädeln von Riesen eine Ausbuchtung der Sella turcica, die auf eine Vergrößerung der Hypophyse schließen ließ, gefunden wurde, konnten dann schließlich Launois und Roy in 10 zur Sektion gelangten Fällen von Riesenwuchs eine mehr oder weniger hochgradige Vergrößerung der Hypophyse nachweisen. Es handelte sich in ihren Fällen meist um Hyperplasien und Adenombildungen, in einigen Fällen um Sarkom und Epitheliom. Das typische Bild des Riesenwuchses ist das starke Längenwachstum der Extremitäten, vor allem der unteren und die verhältnismäßig geringe Größe des Schädels im Vergleich zum übrigen Körper. Im Gesicht ist das Vorspringen der Jochbögen, die Prognathie des Unterkiefers und die Verdickung der Schädelknochen noch außerordentlich charakteristisch, alles Merkmale, die an das Längenwachstum bei Kastraten, die Veränderungen aber im Gesicht, an den Händen und Füßen Eigentümlichkeiten die an Akromegalie erinnern können. Auch die Genitalveränderungen sind ähnlich denen, die bei Akromegalie beschrieben wurden. Wie der ganze Habitus der Riesen männlichen und weiblichen Geschlechts häufig den infantilen Charakter bis ins hohe Alter hinein behält, so zeigen sich auch die Keimdrüsen von vornherein ziemlich atrophisch. Dies gilt bei der Frau nicht nur für die Ausbildung der Ovarien, sondern auch für die des Uterus und der Vagina und für die Behaarung des Schambogens. Die sexuelle Betätigung ist stark eingeschränkt, meist besteht Zeugungsunfähigkeit, Fehlen der Menstruation und Mangel der Libido.

Theoretisch interessant sind die Beziehungen, die zwischen Gigantismus und Akromegalie bestehen. Zweifellos sind beides verwandte Prozesse und gehen häufig ineinander über. Nach Launois und Roy ist der Gigantismus die Akromegalie der Wachstumsperiode, also die Akromegalie derjenigen Individuen, deren Epiphysenknorpel noch nicht verknöchert sind, die Akromegalie aber der Riesenwuchs nach beendetem Wachstum. Launois und Roy unterscheiden daher zwei Formen des Riesenwuches, einen akromegalischen und einen infantilen. Speziell für die infantile werden Veränderungen in der Funktion des Genitales als ursächliches Moment angeführt, indem auf die ähnlichen Erscheinungen bei der präpuerperalen Kastration hingewiesen wird. Der akromegale Typ des Gigantismus aber scheint nach allen bis jetzt vorliegenden Untersuchungen im wesentlichen auf einer Hyperfunktion des Hirnanhanges zu beruhen. Für die Theorie, daß beim infantilen Gigantismus Funktionsstörungen am Genitale ätiologisch in Betracht zu ziehen sind, scheinen auch die therapeutischen Erfahrungen zu sprechen. Nach Maisonave u. a. wurden bei dieser Form des Gigantismus mit der Darreichung von Ovarien- und Hodenextrakten gute therapeutische Erfolge erzielt.

4. Verhalten der Genitalorgane bei hypophysärer Fettsucht.

Ein in seiner Beziehung zur Hypophyse und zum Genitale noch nicht genügend geklärtes Krankheitsbild ist das der hypophysären Fettsucht, die zuerst von Fröhlich (1901) bei einem 14jährigen Knaben und dann in der Folgezeit auch mehrfach bei weiblichen Individuen beobachtet wurde.

Das wichtigste Symptom im Krankheitsverlauf ist eine hochgradige Fettablagerung zumal an der Brust und am Bauch. Dabei können trophische Störungen an den Haaren und Nägeln und verminderte Schweißsekretion bestehen. Als weiteres Symptom treten Erscheinungen von Hirndruck, die auf einen Tumor im Schädelinnern hinweisen, und schließlich ziemlich markant auch Veränderungen am Genitale auf. Hier findet sich eine Hypoplasie des gesamten Genitals und sämtlicher Geschlechtsmerkmale zugleich mit infantilem Habitus, an der Hypophyse können sich Veränderungen finden, sie können aber auch fehlen.

Der Streit hat sich bei diesem Krankheitsbild vor allem darum gedreht, ob primär einer Funktionsänderung der Hypophyse die Schuld für die Krankheitsentstehung beizumessen sei oder ob die Fettsucht als eine sekundäre Folge primärer Genital , d. h. Ovarienatrophie zu denken sei. Es wurde zur Begründung der zuletzt erwähnten auf den normalen Hypophysenbefund bei manchen dieser Fälle und auf den fetten aufgeschwemmten Habitus mancher Kastraten und infantiler Individuen beider Individuen mit aufgehobener oder gestörter Ovarialtätigkeit, hingewiesen. Dagegen ist aber mit Recht geltend gemacht worden, daß einmal im Beginn der Erkrankung sich nicht immer genitale Atrophien nachweisen lassen und zweitens, daß von 32 Fällen hypophysärer Adipositas überhaupt nur 12 Genitalatrophie zeigten (Biedl). Es muß also die Ursache für das Zustandekommen der Adipositas in einer Erkrankung der Hypophyse zu suchen sein. Dafür spricht auch der Fall Madelungs, der bei einem neunjährigen Mädchen im Anschluß an eine Schußverletzung der Hypophyse das typische Bild der hypophysären Fettsucht sich entwickeln sah. Auch in Tierversuchen glückte es Cushing, Ashner und Biedl, durch teilweise Hypophysektomie eine auffällige Fettsucht und Genitalatrophie festzustellen. Daraus und aus den günstigen Beobachtungen nach Operationen, die die Hypophyse komprimierende Tumoren entfernten, wurde geschlossen, daß es sich bei der hypophysären Fettsucht um eine Unterfunktion der Hypophyse handelte. Dafür könnten auch die therapeutischen Erfolge, die durch Zufuhr von Hypophysenpräparaten einen günstigen Einfluß auf die Fettsucht und vor allem auf die darniederliegende Keimdrüsentätigkeit erzielt haben sollen, sprechen.

III. Zirbeldrüse und Genitale.

Die Zirbeldrüse oder Epiphyse liegt beim Erwachsenen als abgeplatteter dreiseitiger Körper über der Decke des Mittelhirns. Eine Einsenkung an ihrer Basis, der sog. Recessus pinealis, wird von zwei Markblättern begrenzt, von denen das untere mit den Sehhügeln in Verbindung steht, das obere in die Vierhügelplatte übergeht. Die Zirbeldrüse besteht histologisch aus einem Bindegewebsgerüst, das in sich zum Teil dichtgedrängte Epithel-, also Drüsenzellen trägt. Schon vor der Pubertät, vom siebenten Lebensjahre an, stellen sich Involutionserscheinungen in der Epiphyse ein, es kommt zur Ablagerung von Konkrementen von kohlensaurem und phosphorsaurem Kalk, die als Hirnsand, als Azervulus bezeichnet werden. Die Involution des Organs schreitet mit zunehmendem Alter immer weiter vor, so daß im höchsten Lebensalter oft nur noch wenige Drüsen im Bindegewebe vorhanden sind.

Über die Funktion der Epiphyse ist man lange im Zweifel gewesen. Es scheint, nach den bis jetzt vorliegenden Tierversuchen Biedls und nach den klinischen Beobachtungen bei Epiphysentumoren, daß die Zirbeldrüse zwar für das erwachsene Tier keine Bedeutung mehr hat, bei den heranwachsenden Tieren aber eine Funktion ausübt, die in einem Antagonismus gegen die Wirkung der Keimdrüse neben einer Hinderung der Entfaltung sexueller Merkmale besteht. Die Versuche mit Extrakten der Epiphyse, die in kleinen Dosen die Zahl der Herzschläge beschleunigen, in größerer verlangsamen sollen, sind noch nicht hinreichend bestätigt.

Am meisten Klarheit über die Funktion des Organs und seine Beziehungen zum Genitale haben die Beobachtungen bei Individuen erbracht, die an Tumoren der Epiphyse erkrankten. Die Art und Form dieser Geschwülste ist sehr verschieden. Es kommen Sarkome, Karzinome, Gliome, vor allem aber teratomähnliche Bildungen vor. Die dabei beobachteten klinischen Symptome sind außerordentlich prägnant und charakteristisch. Bei vollkommener Zerstörung des Organs durch maligne Tumoren wurde schwere Kachexie mit trophischen Störungen und Dekubitus beobachtet. Dabei bestand abnorm starke Fettentwicklung, die später in schwere Fettatrophie überging.

Diese pineale Adipositas (Marburg) soll sich von der hypophysären durch das Fehlen von Genitalatrophien unterscheiden. — Besonders interessant und für die Frage nach der Beeinflussung des Genitales wichtig sind die Beobachtungen, die bei Zirbeldrüsenerkrankungen jugendlicher Individuen, allerdings Knaben, gemacht sind. Nach Frankl-Hochwart sind folgende Symptome für Epiphysentumor charakteristisch: bei einem sehr jugendlichen Individuum treten neben allgemeinen Tumorsymptomen und neben Symptomen der Vierhügelerkrankung, abnormes Längewachstum, ungewöhnlicher Haarwuchs, Verfettung, Schlafsucht, prämature Genital- und Sexualentwicklung eventuell geistige Frühreife auf. Diese klinischen Beobachtungen zeigen, daß der Zirbeldrüse eine innersekretorische Bedeutung zukommt und zwar wohl in dem Sinne, daß das Organ in der frühen Jugend, die sich etwa bis zum siebenten Lebensjahre erstreckt, seine stärkste Funktion ausübt, die darin besteht, der vollen Entwicklung, wie sie durch die Entwicklung der Keimdrüse bedingt ist, entgegenzuarbeiten. Störungen in der Funktion des Organes in diesem Lebensalter führen zu einer körperlichen und geistigen Frühreife. Vorderhand sind diese Beobachtungen allerdings nur an Knaben gemacht und deshalb nur mit Einschränkungen auf die Verhältnisse bei weiblichen Individuen zu übertragen.

Therapeutische Versuche mit Zirbeldrüsenextrakten und Zirbeldrüsendarreichung, die in Beziehungen zu Veränderungen am Genitale gesetzt werden könnten, sind noch nicht gemacht.

IV. Schilddrüse und Genitale.

Daß Beziehungen zwischen der Schilddrüse und den Genitalorganen bestehen, war auch schon den älteren Versuchern aufgefallen: Die Häufigkeit von Kropfbildung beim weiblichen Geschlecht, die periodische An- und Abschwellung der Schilddrüse während der Menstruation, die Vergrößerung des Organs bei der Schwangerschaft und während der Geburt war schon in ältesten Zeiten beobachtet worden. Ihr lagen Volksgebräuche, z. B. die Messung des Halses bei der Braut, um ihre Jungfräulichkeit festzustellen und anderes mehr zugrunde; sie hatte zu manchen komisch anmutenden Hypothesen, z. B. daß die Schilddrüse eine Wiederholung des Uterus am Halse sei, geführt. Andererseits war es auch schon den älteren Beobachtern aufgefallen, welche Änderungen in den Menstruationsvorgängen bei Schilddrüsenerkrankungen, wie Basedow auftraten. Aber erst das im Anschluß an die Schilddrüsenoperation einsetzende Studium ihrer Funktion (Kocher), die chemischen Untersuchungen vor allem Baumanns über die wirksamen Substanzen der Schilddrüse, und die moderne tierexperimentelle Durchforschung der Organe mit innerer Sekretion haben einigermaßen Klarheit in die zahlreichen Beziehungen zwischen beiden Organsystemen gebracht.

a) Einfluß des Genitales auf die Schilddrüse.

1. Menstruation und Schilddrüse.

Als wesentlichstes Symptom der Beteiligung der Schilddrüse am Menstruationsvorgang hat zu allen Zeiten die Anschwellung des Halses während der Menstruation gegolten. Diese Anschwellung beruht aller Wahrscheinlichkeit nach auf einer reinen Hyperämie, denn sie tritt entweder zugleich mit der Menstruation oder 2—3 Tage vorher ein und schwindet meistens mit dieser. Die Intensität der Anschwellung ist bei den einzelnen Individuen sehr verschieden. Während bei einigen eine Vergrößerung des Organes kaum zu konstatieren ist, kommt es bei anderen während der Menstruation zu einer sichtbaren Kropfbildung. Es kann die menstruelle Anschwellung der Ausgangspunkt für eine dauernde Kropfbildung sein. Das Eintreten der Menstruation zu Beginn der Geschlechtsreife beim Mädchen ist in vielen Fällen mit einer deutlichen Vergrößerung der Schilddrüse verbunden.

In der Schule zu Lauterbrunnen wurde bei Knaben im Alter von 15—16 Jahren in 26,2% und bei den Mädchen in 66,6% ein Kropf festgestellt. Auch Untersuchungen, die im Kanton Bern angestellt wurden, ergaben ähnliche Resultate: bei den Knaben und Mädchen war zu Beginn der Geschlechtsreife die Anlage zur Kropfbildung ungefähr gleich groß. Beim Eintritt der Geschlechtsreife aber überholten die Mädchen die Knaben in auffallender Weise. Es stellte sich bei ihnen in der überwiegenden Mehrzahl eine richtige Kropfbildung ein.

2. Kastration und Klimax in Beziehung zur Schilddrüse.

Nicht so sichergestellt sind die Einflüsse, die das Aufhören der Menstruation in der Klimax und der gleichzeitig vorhandene Wegfall der inneren Sekretion des Ovariums auf die Schilddrüse und damit auf die Kropfbildung haben. Einige Autoren behaupten, daß im Klimakterium eine verstärkte Kropfbildung einträte, andere, und diesen möchten wir uns anschließen, haben eher das Gegenteil beobachten können. Vorderhand sind Einigungen darüber noch nicht erzielt. Auch der Einfluß der Kastration auf die Schilddrüse ist noch nicht ganz sichergestellt. Den Angaben älterer Autoren, die bei kastrierten Tieren nie einen Kropf beobachteten, stehen die von Parhon und Goldstein gegenüber, die bei einer Frau sechs Monate nach der Kastration eine bedeutende Vergrößerung der Schilddrüse konstatieren konnten. Gleichsinnig lauten auch die Beobachtungen Biedls, der nach Ausschaltung der Ovarialfunktion durch Röntgenbestrahlung häufig eine leichte Kropfbildung auftreten sah.

3. Schwangerschaft, Geburt und Wochenbett in Beziehung zur Schilddrüse.

Auch in der Gravidität ist ebenso wie bei der Menstruation das wesentlichste Symptom, das einen Zusammenhang zwischen der inneren Sekretion der Ovarien und der Schilddrüse dartut, die Anschwellung der Schilddrüse. Meist sind es Anschwellungen leichteren und mittleren Grades, die ohne Beschwerden getragen werden und nach der Schwangerschaft verschwinden. Mitunter bleibt allerdings die Schilddrüsenvergrößerung bestehen und kann zu echter Kropfbildung führen. In einigen Fällen wurde die Anschwellung noch nicht bei der ersten Schwangerschaft, sondern erst bei der zweiten oder dritten beobachtet. Die Schwangerschaftsvergrößerung der Schilddrüse kann aber auch stärkere Grade erreichen und direkt bedrohliche Formen annehmen, namentlich dann, wenn bei schon vorhandenem Kropf noch eine so beträchtliche Anschwellung während der Schwangerschaft auftritt, daß es zu einer Kompression der Trachea und damit zu Atembehinderung kommt. Es kann dadurch eine Schwangerschaftsunterbrechung nötig werden; die der Unterbrechung folgende Abschwellung der Schilddrüse beseitigt dann die Beschwerden.

Auch während der Geburt selbst kommt es, vor allem in der Austreibungsperiode rein mechanisch zu einer oft recht beträchtlichen Anschwellung der Schilddrüse. Die bei dem Mitpressen eintretende venöse Stauung im Gebiete des Halses und Kopfes führt sekundär auch zur Stauung in der Schilddrüse. Im allgemeinen ist dies ungefährlich, nur bei stärkeren Graden von Schilddrüsenanschwellung, vor allem bei Kropf, kann es zur Kompression der Trachea kommen.

Klinisch wichtiger ist eine andere Beziehung zwischen Schilddrüse und Schwangerschaft: bei stärkerer Kropfbildung entsteht häufig, wohl auf innersekretorischem Wege, eine Schädigung des Herzens, die durch die mechanischen Anforderungen der Schwangerschaft nicht erklärt werden kann. Solche Frauen sind den Anstrengungen der Geburtsarbeit, zumal der Preßwehen, nicht gewachsen und sind außerdem auch wenig resistent gegen Narcotica, besonders gegen Chloroform. Es muß daher bei Frauen mit starkem Kropf eine allzulange und damit das Herz gefährdende Austreibungsperiode durch eine geburtshilfliche Operation abgekürzt werden und bei der Wahl des Narcoticums Chloroform tunlichst ausgeschaltet werden.

Im Wochenbett pflegt sich die Schwangerschaftsanschwellung der Schilddrüse meist ziemlich rasch zurückzubilden. Nach den Angaben Freunds soll dieser Rückgang bis zum 3. Wochenbettstage bei allen Frauen gleichmäßig vor sich gehen. Bei stillenden Frauen soll es vom 3. Tage an wiederum auf innersekretorischem Wege zur Anschwellung der Schilddrüse kommen, während bei nichtstillenden die Rückbildung ungestört weitergeht. Andere Autoren konnten diesen Einfluß des Stillens nicht feststellen. Schließlich kann es im Wochenbett zu Erkrankungen der Schilddrüse auf embolischem Wege kommen: bei allgemeiner Sepsis oder Pyämie bilden sich nicht selten Abszesse auch in der Schilddrüse.

4. Myom und Schilddrüse.

Von gynäkologischen Erkrankungen, die in Beziehung zur Schilddrüse stehen, ist bis jetzt nur das Uterusmyom zu erwähnen. Es fiel schon älteren Beobachtern, vor allem Freund auf, daß bei Frauen mit Uterusmyom relativ häufig Verdickungen des Halses und echte Strumenbildungen an der Schilddrüse zu konstatieren sind. Und zwar sollte dies besonders beim interstitiellen Myom, seltener beim subserösen und beim submukösen Myom vorkommen. Neuere Untersucher konnten das Zusammentreffen von Myom und Schilddrüsenschwellung ebenfalls bestätigen. Die jungen Erfahrungen mit der Röntgenbestrahlung und die älteren Erfahrungen mit der Kastration als Therapie des Myoms beweisen den engen Zusammenhang zwischen Ovarialfunktion und Myombildung. Man geht daher wohl nicht fehl, auch innersekretorische Beziehungen zwischen Ovarialtätigkeit und Schilddrüse bei Myom anzunehmen. Nicht sicher sind die Angaben über das Zurückgehen der Schilddrüsenschwellung nach Entfernung des Myoms. Jedenfalls scheint ein, wenn auch geringer Rückgang der Schilddrüsenschwellungen stattzufinden. Dafür spricht auch die Beobachtung Fränkels, der nach Röntgenbestrahlung von Myomen einen Rückgang gleichzeitig bestehender Strumen konstatieren konnte. Auch die Erfahrungen der Freiburger Frauenklinik bestätigen dies.

b) Einfluß der Schilddrüse auf das Genitale.

1. Hypo- und Athyreoidismus.

Man unterscheidet die verschiedenen Anomalien und Erkrankungen der Schilddrüse in solche, die mit einer Aufhebung oder Herabsetzung der Schilddrüsenfunktion, Hypo- und Athyreoidismus, und solche, die mit einer Steigerung, einem Hyperthyreoidismus einhergehen. Natürlich ist bei dieser Einteilung manches hypothetisch. Jedenfalls erweist es sich klinisch als praktisch, die einzelnen Schilddrüsenerkrankungen nach diesem Gesichtspunkte zu ordnen.

α) Einfluß der Schilddrüsenexstirpation auf das Genitale.

Der gewaltige Symptomenkomplex, der nach der operativen Radikalentfernung der Glandula thyreoidea auftritt, äußert sich auch ganz wesentlich am Genitale. Wird die Beraubung der Schilddrüse im jugendlichen Alter ausgeführt, so sind die Erscheinungen stärker, als wenn sie bei Erwachsenen vorgenommen wird. Im Experiment tritt bei jugendlichen Tieren eine Hemmung der Geschlechtsreife ein. In den Ovarien lassen sich bei Kaninchen, und nach den Untersuchungen von Hofmeister auch bei menschlichen Frauen De-

generationsvorgänge nachweisen. Ist im Augenblicke der Exstirpation der
Thyreoidea die Geschlechtsreife schon erreicht, so wird wenigstens nach den
bis jetzt vorliegenden Tierversuchen nur die Zeugungsfähigkeit nachteilig
beeinflußt. Nach Kocher sollen allerdings auch strumektomierte Frauen
konzipieren. In der Schwangerschaft verschlimmern sich dann aber die Symptome der Cachexia thyreopriva ganz bedeutend.

Ein fast konstant die Beraubung der Schilddrüse begleitendes Symptom
von seiten des Genitales sind die starken Menorrhagien, die sich dem Eingriff
meist unmittelbar anschließen. Eine weitere, wenn auch indirekt vom Genitale
ausgehende Beeinflussung ist die nach der Entfernung der Schilddrüse deutlich
auftretende Vergrößerung der Hypophyse. Es ist bei der Besprechung der
inneren Sekretion dieses Organes gezeigt, wie weitgehend die Volumenschwan-
kungen desselben vom Genitale abhängig sind.

Schließlich kann sich die Entfernung der Schilddrüse auch bei den Lak-
tationsvorgängen bemerkbar machen. Nach Untersuchungen, die an thy-
reoektomierten Ziegen angestellt wurden, kommt es sofort nach der Thyreoid-
ektomie zu einem Versagen der Milchsekretion.

Die therapeutische Konsequenz, die aus den Beobachtungen in der
nach Schilddrüsenexstirpation folgenden Schwangerschaft ist die, daß bei Fällen
von operativer Cachexia thyreopriva auf jeden Fall eine Schwängerung zu verhindern, am besten also eine operative Tubensterilisation vorzunehmen ist.

β) Kongenitales bzw. infantiles Myxödem und Genitale.

Ähnliche Beziehungen, wie zwischen dem Genitale und der operativ
erzeugten Athyreosis bestehen auch zwischen dem kongenitalen Fehlen der
Schilddrüse, der Thyreoaplasie, dem kongenitalen Myxödem und dem Genitale.
Beim echten kongenitalen Myxödem, das Biedl treffend als das reinste durch
die Natur ausgeführte Experiment eines totalen Schilddrüsenausfalls bezeichnet,
läßt sich auch durch die Sektion niemals das Vorhandensein irgend einer Schild-
drüsenanlage nachweisen. Bei den betreffenden Individuen kommt es außer
zu hochgradigen Wachstumshemmungen und Hemmung in der Entwicklung
des Intellektes, stets zu einer hochgradigen Verkümmerung der Geschlechtsorgane und auch in der mit dem Genitale eng verbundenen Hypophyse entstehen Zellformen, die an die Schwangerschaftszellen dieses Organes erinnern.

Das kongenitale Myxödem findet sich häufiger bei weiblichen, als bei männlichen
Individuen. Auffallend ist, daß die Erkrankung sich in vielen Fällen nicht sogleich bei
der Geburt bemerkbar macht. Durch den Plazentarkreislauf scheinen also innersekretorische Stoffe von der mütterlichen Schilddrüse zugeführt zu werden. Auch während
der Ernährung an der Mutterbrust pflegen bei den betreffenden Kindern die Erscheinungen
noch nicht deutlich aufzutreten. Erst nachdem ein von der Mutter vollständig getrennter
Stoffwechsel besteht, treten die beschriebenen Ausfallserscheinungen auf. Sie machen
sich allerdings auch während der Brusternährung schon geltend, wenn die Mutter oder die
Amme selbst an irgend einer Form von Hypothyreoidismus, speziell einem Kropf mit herabgesetzter Funktion der Schilddrüse leidet.

Ähnliche Verhältnisse wie beim kongenitalen Myxödem liegen auch bei
dem infantilen Myxödem vor.

Im Gegensatz zum kongenitalen tritt das infantile Myxödem erst im fünften bis
sechsten Lebensjahre auf. Auch hier findet sich eine stärkere Beteiligung des weiblichen
als des männlichen Geschlechts. Bei den erkrankten Individuen besteht schon eine wohl-
entwickelte Schilddrüse, aus ätiologisch noch unbekannten Faktoren kommt es aber zu
einer Störung der Schilddrüsentätigkeit, die ihren Einfluß auch auf das Genitale ausübt.

Die Geschlechtsorgane bleiben auf kindlicher Entwicklungsstufe stehen.
Anatomische Untersuchungen über die Beschaffenheit der Ovarien und des
Uterus bei dieser Krankheit liegen nicht vor. Das infantile Myxödem stellt

nur eine Unterstufe oder einen Vorläufer des bedeutend häufigeren Myxödems der Erwachsenen dar. Dieses wird ebenfalls auf eine Hypofunktion der Schilddrüse zurückgeführt.

Auch hier ist das starke Überwiegen des weiblichen Geschlechts an der Erkrankung auffällig. Die Erkrankung beginnt sehr häufig während einer Schwangerschaft oder zugleich mit Störungen in der Funktion des weiblichen Genitales. Auch Erschöpfungen, z. B. durch schwere Blutung intra partum, durch gehäufte Geburten und anderes mehr werden ätiologisch angeschuldigt. Die klinischen Symptome dieser Erkrankung sind die gleichen, wie die der Cachexia strumipriva.

In den meisten Fällen besteht Amenorrhöe, nicht selten allerdings auch Menorrhagien. Der anatomische Befund am Genitale ist in manchen Fällen absolut negativ, in anderen Fällen findet sich eine hochgradige Atrophie der Genitalorgane.

Dem Myxödem verwandt, aber bedeutend geringfügiger in den klinischen Symptomen sind einige Krankheitsbilder, die noch nicht scharf präzisiert sind, die als spontan entstehende Krankheit von Hertoche „Hypothyroïdie bénigne chronique" und von Kocher nach Operationen als „thyreoprive Äquivalente" bezeichnet worden sind. Bei dieser Symptomengruppe ist ein gemildertes Auftreten meist nur einzelner Symptome der Cachexia thyreopriva zu beobachten. Am Genitale zeigt sich bei beiden Krankheitsformen eine Neigung zu stärkeren Blutungen, zu Menorrhagien und Metrorrhagien. Kocher hat dann noch als eine thyreoprive Äquivalente die morgendlich ohne nähere Ursache auftretenden Kreuzschmerzen der Frauen angegeben.

γ) Genitalveränderungen beim endemischen Kretinismus.

Ebenfalls auf eine Hypofunktion der Schilddrüse zu beziehen ist ein Krankheitsbild, das auch Beziehungen zum Genitale aufweist, der endemische Kretinismus.

Über die Ätiologie dieser Erkrankung sind die Ansichten noch nicht geklärt. Auffallend ist ihr gehäuftes Auftreten in einzelnen Gegenden, in Steiermark, Kärnten usw. Es scheint, daß dies bestimmten Gesteinsschichten entspricht und daß der Genuß von Wasser, das diesem Boden entspringt, zur Entstehung des Kretinismus disponiert. Die anatomischen Befunde an der Schilddrüse sind schwankend. Es fanden sich teils Atrophien, teils Hypertrophien, in einzelnen Fällen fast vollständiger Defekt des Organs. Die klinischen Symptome sind charakterisiert durch Wachstumsstörungen, Blödsinn, Sprach- und Gehörstörungen und Störungen in der geschlechtlichen Entwicklung.

Das Genitale bleibt gewöhnlich auf kindlicher Entwicklungsstufe stehen. Auch die sekundären Geschlechtsmerkmale sind meist nur kümmerlich entwickelt. Eine Schwängerung von weiblichen Kretinen wurde früher für unmöglich gehalten, sie kommt aber doch vor. Wenn sie selten eintritt, so liegt das, wie Rübsamen betont, an der mangelnden Libido infolge des geistigen Stumpfsinnes dieser Individuen. Die Geburt kann sich bei der meist hochgradigen Enge des kretinischen Zwergbeckens schwer gestalten und erfordert in vielen Fällen den abdominellen Kaiserschnitt.

Schließlich sind noch zwei Krankheitsformen zu erwähnen, die Beziehungen zum Genitale aufweisen und durch Funktionsausfall bzw. Funktionsherabsetzung der Schilddrüse erklärt werden sollen, der Infantilismus und die senile Involution. Einer ziemlich weitgehenden Hypothese nach soll das Altern überhaupt durch den Ausfall der Schilddrüsenfunktion bedingt sei. Es wären daher auch die altersatrophischen Erscheinungen am Genitale in letzter Linie auf innersekretorische Einflüsse von der Schilddrüse her zu beziehen. Beide Theorien über das Zustandekommen des Infantilismus und des Alterns harren noch einer endgültigen Bestätigung.

2. Hyperthyreoidismus.

Die Steigerung der inneren Sekretion der Schilddrüse, der Hyperthyreoidismus, beeinflußt ebenfalls die Genitalorgane in deren Funktionen.

Durch reichliche Zufuhr von Schilddrüsenpräparaten künstlich erzeugter Hyperthyreoidismus führte im Tierexperiment zu Fehlgeburten trächtiger Tiere und zu Veränderungen in der Thymus und den Nebennieren der Nachkommen. Die klinisch wichtigsten Formen von Hyperthyreoidismus sind α) der Kropf und β) der Morbus Basedow.

α) Genitalveränderungen bei Kropf.

Leider läßt sich sowohl anatomisch als auch physiologisch der Begriff des Kropfes noch nicht genau definieren. Die Untersuchungen von Aschoff und seinen Schülern (Klöpfel, Krämer), die als wesentlichstes die Adenomknoten in der Schilddrüse bezeichnen und alle die verschiedenen Formen des Kropfes als Entwicklungsstufen dieser Bildungen ansehen, führen einer Einigung entgegen. In der Frage, ob beim Kropf eine Über- oder Unterfunktion der inneren Sekretion der Schilddrüse besteht, ist noch keine Einigung erzielt. Im allgemeinen wird eine Überfunktion angenommen.

Die anatomischen und physiologischen Bilder bei der einfachen Struma diffusa ähneln denen, die bei der Vergrößerung des Organes, während der Menstruation und während der Schwangerschaft auftreten. Dies wurde bereits bei Besprechung der Menstruationseinflüsse auf die Schilddrüse erwähnt. Dafür, daß eine besondere Beeinflussung von der Schilddrüse auf das Genitale bei Kropfträgerinnen stattfinden kann, ist als Beispiel das häufige Vorkommen von Kropf zugleich mit Uterusmyom zu erwähnen. Doch muß es hierbei natürlich fraglich bleiben, ob eine Beeinflussung des Genitales durch die krankhaft veränderte Schilddrüse zur Myombildung führt oder umgekehrt.

β) Genitalveränderungen bei Morbus Basedowi.

Viel ausgedehnter sind die Beziehungen, die zwischen einer sicher auf Hyperthyreoidismus beruhenden Erkrankung — dem Morbus Basedowi und dem Genitale bestehen. Es erhellt das schon daraus, daß der Morbus Basedowi in überwiegendem Prozentsatz bei Frauen auftritt und mitunter im Anschluß an Funktionsänderungen der Keimdrüse, Menstruation, Pubertät, Gravidität und Laktation sich einstellt. Die Theorie über das Zustandekommen der Basedow ist noch nicht vollständig geklärt. Wohl ganz erledigt ist die alte neurogene, am meisten jetzt anerkannt die thyreogene, neuerdings von einzelnen (Biedl) angenommen eine thyreoneurogene Theorie. Sicher ist, daß der Schilddrüse beim Zustandekommen des bekannten klassischen Basedow eine wesentliche Rolle zukommt.

Am Genitale treten beim Morbus Basedowi vor allem Atrophien auf, die zugleich mit Amenorrhoe oder Oligomenorrhoe einhergehen. Auch die sekundären Geschlechtsmerkmale, die Mammae, können atrophieren. Setzt die Krankheit bei ganz jugendlichen Individuen ein, so kann es überhaupt nicht zur Entwicklung regelmäßiger Menstruation kommen. Die Konzeptionsfähigkeit der Basedowkranken ist etwas herabgesetzt.

Der Einfluß der Schwangerschaft auf den Morbus Basedowi wird verschieden gedeutet. Autoren, die eine Verschlimmerung der Erscheinung beobachteten (F. W. Freund, P. Müller, Novak) und daher sogar zur Schwangerschaftsunterbrechung bei schweren Fällen raten, stehen andere gegenüber (Kocher, Rübsamen), die einwandsfrei Besserungen während der Schwangerschaft und eine Rückkehr der Symptome nach der Geburt beobachten konnten.

Nach der von Seitz eingeleiteten Sammelstatistik erscheint aber der ungünstige Verlauf des Morbus Basedowi in der Schwangerschaft und Wochenbett (60 %) häufiger zu sein, als eine günstige Beeinflussung bzw. ein Unbeeinflußtsein (40 %) durch diese Gestationsperioden.

In einem Falle Mathieus entwickelte sich im Anschluß an die Kastration ein Basedow. Im Gegensatz dazu steht eine Beobachtung Wettergreens, der nach der Operation eines submukösen Myoms Besserung der Basedowbeschwerden sah. Für die gynäkologische und geburtshilfliche Indikationsstellung ist es von Wichtigkeit, auf die große Empfindlichkeit hinzuweisen, die Basedowkranke gegenüber operativen Eingriffen zeigen. Gynäkologische Operationen sollten an Basedowkranken nur unter dringender Indikation ausgeführt werden. Lagekorrektur- und ähnliche, nicht streng indizierte Operationen unterlasse man am besten völlig. Besondere Beachtung verdient die Wahl des Nahtmaterials. Jodhaltiges Katgut oder jodhaltige Seide können bei der großen Empfindlichkeit der Basedowkranken gegenüber auch kleinsten Jodgaben schwerste Intoxikationserscheinungen auslösen.

Noch offen ist die Frage, wie sich der Arzt zur Frage des Heiratskonsens und bei Bestehen einer Schwangerschaft verhalten soll. Nach den zweifellos günstigen Beobachtungen Kochers u. a. besteht kein Grund einer leicht Basedowkranken die Ehe zu verbieten. Die Schwängerung direkt als Heilmittel zu empfehlen, wird man sich allerdings bei der noch ungenügenden Erfahrung hüten müssen. Eine Unterbrechung der Schwangerschaft kommt natürlich auch nicht prinzipiell, sondern nur dann in Betracht, wenn zunehmende Verschlimmerung der Basedowsymptome mit der Gravidität auftritt.

c) Therapie.

1. Beeinflussung von Schilddrüsenerkrankungen durch Behandlung des Genitales.

Die therapeutisch wichtigste Tatsache, die für die Möglichkeit einer Beeinflussung von Schilddrüsenerkrankungen vom Genitale aus spricht, ist die Rückbildung von Kröpfen bei Röntgenbestrahlung der Ovarien Myomkranker.

Es liegen noch zu wenig Erfahrungen über die Intensität der Erfolge vor, um ein abschließendes Urteil darüber zu bilden, ob eine Behandlung schwerer Strumen von den Ovarien Aussicht auf Erfolg hat. Bei jugendlichen Individuen würde es sich natürlich wegen der Ausfallserscheinungen als unangenehme Zugabe verbieten.

Daß Beeinflussung von Schilddrüsenerkrankung auf dem Wege über die Ovarien möglich sind, wenn auch in unerwünschtem Sinne, beweist der schon erwähnte Fall Mathieus bei dem im Anschluß an eine doppelseitige Kastration sich Basedow entwickelte.

Die Einwirkung von Ovarialextrakten auf die Schilddrüse im Sinne einer Vasodilatation ist verschiedentlich behauptet worden. Bei Morbus Basedow wurde eine interne Medikation mit Ovarialextrakten verschiedentlich ohne Erfolg versucht. Im ganzen ist die Behandlungsmöglichkeit von Schilddrüsenerkrankungen vom Genitale aus ziemlich gering.

Klinisch wichtiger und aussichtsreicher ist die Therapie der Genitalerkrankungen von der Schilddrüse aus. Sie kommt bei all den sekundär am Genitale im Verlauf von Schilddrüsenerkrankungen und Funktionsanomalien der Schilddrüse sich einstellenden Störungen in Betracht.

2. Therapie der Genitalerkrankungen von der Schilddrüse aus.

Chirurgische. Bei Hyperthyreosen (Kropf, Morbus Basedowi) können durch partielle Resektionen der Schilddrüse Besserungen der Genitalbeschwerden, vor allem der Amenorrhoe erzielt werden, in vielen Fällen kann dies allerdings, wie es wenigstens für operierte Kropfpatientinnen von Kocher erwiesen ist, in das Gegenteil umschlagen. Bei den Hypothyreosen müßten von der

Transplantation normalen Schilddrüsengewebes günstige Einflüsse auf die Genitalorgane erwartet werden. Leider sind aber die Resultate der Transplantationsversuche, möge eine Auto-, Homoio- oder Heterotransplantation vorgenommen worden sein, ungünstige. Auch bei Ausführung Carellscher Gefäßnaht, wie es Enderlen bei drei Fällen tat, und Einpflanzung des transplantierten Organes in die Milzpulpa oder in das Knochenmark, wurde nie eine anhaltende Besserung der hypothyreotischen Symptome erzielt. Nur in einem Falle Payrs stellte sich bei einem infantilen Myxödem nach Einpflanzung der Schilddrüse in der Milz eine drei Jahre anhaltende Besserung ein. Ähnliche Beobachtungen nur mit Einpflanzung in das Knochenmark der Tibia hat Bramann gemacht. Wenn also überhaupt der Transplantation eine therapeutische Bedeutung zukäme, so wäre es nur die, als letztem Mittel nach Fehlschlagen aller anderen. Da aber schließlich bei diesen schweren Erkrankungsformen die Genitalveränderungen nur eine sekundäre Rolle spielen, wäre sie ihrer Behandlung kaum in Betracht zu ziehen.

Die Röntgentherapie des Morbus Basedowi überhaupt und die dabei mögliche Einwirkung auf die bestehenden Genitalstörungen ist noch so im Beginn, daß abschließende Urteile sich noch nicht fällen lassen. Erfolge sind von den verschiedenen Autoren erzielt worden. Fränkel konnte durch Schilddrüsenbestrahlungen Menstruationsstörungen (Dysmenorrhoen, Menorrhagien) günstig beeinflussen und in einem Fall als Zeichen des engen Zusammenhanges beider Organsysteme durch abwechselnde Bestrahlung der Schilddrüse und der Ovarien einen Abort erreichen. Vorderhand sind die Berichte über die zu dem erwähnten Zwecke ausgeführten Röntgenbestrahlungen noch zu spärlich, um ein abschließendes Urteil zu gestatten.

Die größte Bedeutung hat vorderhand noch die Organotherapie bei Behandlung der zahlreichen Symptome der Schilddrüsenerkrankungen und besonders der Hypothyreosen. Mit dieser Therapie ist es in vielen Fällen möglich, zugleich Sekretionsstörungen am Genitale zu bessern.

Viel Gebrauch wird von der Darreichung von tierischen Schilddrüsen per os gemacht. Man gibt Puree aus frischen oder getrockneten Schilddrüsen. Als Spender kommen Kalb und Ziege in Betracht.

Noch häufiger als die Fütterung tierischer Schilddrüsen werden, da bequemer zu beschaffen, die zahlreichen von der Industrie gelieferten Präparate verwendet. Es existieren eine Unzahl mehr oder weniger reiner Schilddrüsenextrakte oder Extrakte bestimmter Stoffe aus Schilddrüsen.

Als Beispiele für Schilddrüsenpräparate seien Thyreoidin (3—5 Tabl. täglich), Jodothyrin (Pulv. 1,0, 2—6 mal täglich) und Thyraden (1,0—5,0 täglich) angeführt, die alle getrocknete Extrakte von tierischen Schilddrüsen enthalten.

Als Beispiele für Präparate, die nur gewisse Bestandteile der Thyreoidea in reiner Form führen, seien das von Parke, Davis & Cie. in den Handel gebrachte Thyreoprotein (1 u. 2% oder 5% Tab. 3 mal täglich) (Beebe) genannt, das Thyreoprotein und Thyreoalbumin enthalten soll und weiter das jodfreie phosphorhaltige Nukleoprotein des Schilddrüsenkolloids, mit dem in der Kocherschen Klinik gute Erfolge bei Basedow erzielt wurden.

Schließlich gehört hierher noch das Antithyreoidin Möbius, das Serum thyreoidektomierter Hammel und Rodagen, ein trockenes Dauerpräparat, aus der Milch thyreopriver Ziegen.

Zur Behandlung gynäkologischer Beschwerden bei den mit Hypofunktion einhergehenden Schilddrüsenerkrankungen kommen in erster Linie die Schilddrüsenfütterung und die Darreichung von Thyreoidin in Betracht. Bei konsequenter Darreichung von tierischen Schilddrüsen wurden bei Kachexia strumipriva die vorhandenen Amenorrhoen behoben.

Die bei teilweiser Resektion der Schilddrüse außerordentlich profusen Menorrhagien lassen sich durch Thyreoidinpräparate günstig beeinflussen. Auch bei der konsequenten Behandlung des Myxödems der Erwachsenen und des endemischen Kretinismus mit Schilddrüsenextrakten, wie es in Österreich, Steiermark, Mähren von Staats wegen durchgeführt wurde, ließ sich zugleich mit der Besserung der sonstigen Ausfallserscheinungen, die bei diesen Erkrankungen typische Entwicklungshemmung der Genitalien beseitigen.

Direkt kontraindiziert ist die Behandlung von Menstruationsstörungen oder anderen gynäkologischen Leiden mit Schilddrüsenpräparaten bei den als Hyperthyreosen gedeuteten Krankheitsformen, dem Kropf und dem Morbus Basedowi. Hier ist, wie schon erwähnt, die operative bzw. die Röntgentherapie indiziert.

Die günstigen Beeinflussungen von Menstruationsstörungen bei Schilddrüsenerkrankungen durch Darreichung von Thyreoidin führten auch dazu, diese Therapie bei Fehlen von Schilddrüsensymptomen lediglich gegen die gynäkologischen Erkrankungen, die als „thyreogene Äquivalente" angesehen wurden, zu versuchen. Auch die Beziehungen zwischen Schwangerschaft und Schilddrüse, die nach den Ansichten älterer Autoren in einer entgiftenden Funktion dieses Organes während der Gravidität bestanden, wurden zur Basis therapeutischer Versuche gemacht, um bei Schwangerschaftstoxikosen eine Entgiftung zu erzielen. So wurden nach Angaben der Autoren Eklampsie, Hyperemesis gravidarum und Puerperalpsychosen mit Schilddrüsenpräparaten erfolgreich behandelt. Auch die Milchsekretion wurde verschiedentlich durch Darreichung von Thyreoidin auf innersekretorischem Wege zu beleben versucht.

Die Schilddrüsentherapie bei genitalen Störungen wurde mit wechselndem Erfolg bei Hämorrhagien, bei Eklampsie, bei Hyperemesis u. a. vorwiegend von englischen Autoren angewendet, neuerdings hat Sehrt auf die thyre gene Entstehung von Uterusblutungen aufmerksam gemacht. Er hat vermittels der Kocherschen Blutuntersuchung bei einem Teil dieser Kranken eine Unterfunktion der Schilddrüse nachweisen und mit Jodothyringaben Besserung der Blutungen erzielen können.

Schließlich wurden noch Versuche gemacht, Myome und sogar Karzinome mit Thyreoidin zu behandeln.

Zusammenfassend ist zu sagen, daß bei den mit Schilddrüsenveränderungen einhergehenden Genitalstörungen mit der Schilddrüsentherapie Besserungen sich sehr gut erzielen lassen, daß aber bei gynäkologischen und geburtshiflichen Erkrankungen, deren Beziehungen zur Schilddrüse nicht offenkundig sind, entweder die Organtherapie schon überholt (Myom, Karzinom) oder noch so in der Entwicklung ist, daß sich ein abschließendes Urteil noch nicht fällen läßt.

V. Parathyreoidea und Genitale.

a) Einleitung[1]).

Die Kenntnis der Glandulae parathyreoideae als wohl charakterisierte anatomische Gebilde und ihre phsyiologische Bedeutung als Drüse mit innerer Sekretion ist verhältnismäßig jungen Datums. Sandstroem beschrieb sie 1880 als Glandulae parathyreoideae, Gley stellte dann 1891 ihre physiologische Bedeutung fest und 1896 zeigten Vasalle und Generali, daß ihrer vollständigen Entfernung die thyreoprive Tetanie folgt. In der Folgezeit wurde ihre Bedeutung durch Tierexperimente, Sektionsbefunde und Nachbe-

---

[1]) Vgl. dieses Handbuch Bd. IV, S. 460.

obachtung an operierten Patienten immer schärfer umrissen und vor allem ihre Funktion von der der Schilddrüse immer deutlicher abgegrenzt.

Als wesentlichste Funktionen sind ihre Beziehungen zur Tetanie und zum Kalkstoffwechsel anzusehen. Außerdem üben sie gewisse trophische Beziehungen auf das Zahnwachstum u. a. m. aus.

Beziehungen zum Genitale, speziell zur Keimdrüse sind natürlich vorhanden, da ja sämtliche Drüsen mit innerer Sekretion Verbindungen untereinander aufweisen. Sie sind aber nicht so eng, zahlreich und auffällig, wie etwa die Beziehungen zwischen Schilddrüse und Genitale und auch noch nicht so ausführlich studiert.

Beeinflussungen des Genitales durch Funktionsausfall der Parathyreoidea, z. B. nach deren Exstirpation, sind bis jetzt noch nicht beobachtet; über den Einfluß der Kastration auf diese Organe wurden noch strittige Beobachtungen angestellt. Am wichtigsten sind die Beziehungen, die zwischen der Parathyreoidea und einigen während der Schwangerschaft auftretenden Erkrankungen, der Maternitätstetanie, der Eklampsie und der Osteomalazie bestehen.

b) Kastration und Parathyreoidea.

Der Einfluß der Kastration soll nach Angaben älterer Autoren sich dadurch bemerkbar machen, daß die kastrierten Tiere die Exstirpation der Parathyreoidea anstandslos ertragen, ohne daß tetanische Krämpfe dem Eingriffe folgen. Diese Angaben bestätigten sich aber nicht. Weder bei Hunden noch bei Kaninchen konnten Nachuntersuchungen diesen Einfluß konstatieren.

c) Tetanie in Beziehung zur Parathyreoidea und zum Genitale. Maternitätstetanie.

Das wichtigste, auf innersekretorische Störung der Parathyreoidea beruhende Krankheitsbild, die Tetanie, weist mannigfache Beziehungen zum Genitale auf. Die Symptome der Tetanie beim Menschen sind tonische, meist die oberen Extremitäten bevorzugende, oft schmerzhafte Krämpfe.

Bei chronischen Formen der Tetanie pflegen sich auch gewisse trophische Störungen an den ektodermal entstandenen Organen (Haare, Nägel, Zahnschmelz usw.) einzustellen.

Nach Frankl-Hochwart und Biedl werden acht verschiedene Formen von Tetanie unterschieden. Eine von ihnen ist die Maternitätstetanie, d. h. Tetanie bei Schwangeren, Gebärenden und Säugenden.

Vorkommen. Wie eng die Beziehungen zwischen Maternitätstetanie und Genitalorganen sind, beweist das häufige Entstehen dieser Krankheit in Schwangerschaft, Geburt und Wochenbett. Nach Frankl-Hochwart lag bei 76 Tetaniefällen überhaupt 28 mal der Beginn in der Gravidität, 18 mal nach der Geburt, 29 mal während der Stillperiode. Es ist dies um so beachtenswerter, als die Tetanie an und für sich keine häufige Erkrankung ist. Nach Adler und Thaler kommen auf 30 000 geburtshilflich-gynäkologische Fälle erst 9 Tetaniefälle zur Beobachtung.

Die ersten Anfälle der Tetanie treten meist im Verlauf einer zweiten oder dritten Schwangerschaft, seltener schon in der ersten Schwangerschaft auf und wiederholen sich dann in der nächsten oder übernächsten Gravidität. Es können auch Schwangerschaften übersprungen werden, schließlich kann auch der Beginn erst bei der dritten oder vierten Schwangerschaft überhaupt stattfinden. In besonders ungünstigen Fällen findet die Wiederholung der Tetanie bei jeder neuen Schwangerschaft statt.

Der Zeitpunkt des Einsetzens liegt meist in der zweiten Hälfte der Schwangerschaft, mitunter sogar erst im Wochenbett. Hierbei werden die stillenden Frauen weitaus häufiger befallen als die nichtstillenden. Auch andersartige Tetanien, die vor der Schwangerschaft entstanden, vor allem postoperative

Tetanien nach Exstirpation der Epithelkörper, rezidivieren häufig und meist unter sehr schwerer Form in der Schwangerschaft.

Als auslösendes Moment wurden von einigen Autoren die Uteruskontraktionen angesehen und auf das Auftreten im Anschluß an Wehen, an Abrasionen, Kurettagen und auch an das Stillgeschäft, bei dem es reflektorisch zu Uteruszusammenziehungen kommt, hingewiesen. Andere Autoren konnten diesen Zusammenhang aber nicht konstatieren. Seitz hat neuerdings nachgewiesen, daß in weitaus den meisten Fällen das Einsetzen der Tetanie schon während der Schwangerschaft erfolgt und daß viele der „Laktationstetanien'' Fälle von Tetanie sind, deren Auftreten in der Schwangerschaft übersehen wurde.

Symptome. Eine Graviditätstetanie unterscheidet sich dadurch von den anderen Tetanieformen, daß bis dahin gesunde Frauen ohne irgend eine sonst nachweisbare Ursache (Beruf, Operation, allgemeine Nervosität, Darmstörungen) während der Schwangerschaft plötzlich an tetanischen Krämpfen erkranken.

Die einzelnen Anfälle sind nach Frankl-Hochwart durch auffallende Schwere, durch Ausbreitung und viele Muskelgruppen und durch intensive Schmerzhaftigkeit gekennzeichnet.

Als Begleiterscheinungen können zumal bei den rezidivierenden Formen von Graviditätstetanie trophische Störungen (Verlust der Fingernägel, Haarausfall) auftreten. Auch Temperatursteigerungen im Anschluß an die Krämpfe wurden beobachtet.

Prognose. Der Verlauf der Maternitätstetanie ist in den meisten Fällen zwar günstig, doch mahnen mehrere in der Literatur erwähnte Todesfälle zur Vorsicht bei der Prognosestellung. Besonders ungünstig sind die Fälle von postoperativer Tetanie, die in der Schwangerschaft rezidivieren. Weiter wird die Prognose dadurch getrübt, daß die Graviditätstetanie sehr häufig die Neigung zeigt, in späteren Schwangerschaften zu rezidivieren und von der akuten in die chronische Form überzugehen. Auch Schädigungen der Nachkommenschaft kommen nicht selten vor; dies beweisen die mehrfach mitgeteilten unter Krampferscheinungen einsetzenden Todesfälle von Neugeborenen bei Graviditätstetanie der Mutter. Auch Fehlgeburten und Geburt mazerierter Kinder werden bei Tetanie beobachtet, allerdings ist es zum mindesten für die letzteren schwer auszuschließen, ob nicht Lues im Spiele war.

Ätiologie der Maternitätstetanie. Die Theorie über die ätiologische Zusammengehörigkeit der Maternitätstetanie und der Veränderungen der Epithelkörper nimmt an (Biedl), daß bei den betreffenden Individuen eine Insuffizienz der Epithelkörper und dadurch bedingt eine latente Tetanie besteht; durch die veränderte Tätigkeit der Geschlechtsorgane in der Gestation und die damit verknüpften Stoffwechselumstimmungen werden Bedingungen geschaffen, die die bis dahin latente Tetanie manifest werden lassen.

Zum Beweis dafür sind zunächst einige anatomische Untersuchungen anzuführen. Schon bei normal verlaufender Gravidität wurden von einzelnen Untersuchern gewisse Veränderungen in den Epithelkörpern gefunden, starke Hyperämie, Vermehrung der oxyphilen Zellen, Ansammlung kolloidaler Substanz (Seitz), weitgehender Ersatz des Epithelgewebes durch Fett (Zanfrognini), cystische Degeneration (Pepere).

Für den Zusammenhang zwischen Tetanie und Veränderung an dem Epithelkörper läßt sich vorderhand allerdings erst ein anatomisch untersuchter Fall anführen (Haberfeld).

Bei einer 31 jährigen Frau kam es in der siebenten Schwangerschaft zu schwerster Tetanie mit tödlichem Ausgang, nachdem vier normale und danach zwei durch leichte Tetaniefälle getrübte Graviditäten vorausgegangen waren. Bei der histologischen Untersuchung zeigten zwei Epithelkörperchen strahlige Narben mit Parenchymschwund und

Cystenbildung in der Umgebung, ein drittes war so hochgradig atrophiert, daß die Epithelzellen geschwunden und nur noch interstitielles Gewebe vorhanden war. Soweit aus dem
einen Falle also Schlüsse gezogen werden können, spricht das anatomische Bild für eine
Schädigung der Epithelkörper und gestattet so den Rückschluß auf deren Insuffizienz
und damit die Möglichkeit, daß die Tetanie in dem Fall durch einen Hypoparathyreoidismus
bedingt war.

   Reichlicher als das beim Menschen gewonnene anatomische Material ist
das, was zum Beweis auf Grund der Tierversuche für die Auffassung der Tetanie
als ein Hypoparathyreoidismus angeführt werden kann. Alle angeführten Versuche ergeben eindeutig, daß gerade die schwangeren und stillenden Tiere in
einem höheren Grade zur Erkrankung an Tetanie nach vorausgegangener künstlicher Schädigung der Epithelkörper disponiert sind als nicht gravide Tiere.
Die Ausführung des Experimentes war fast bei allen Tieren die gleiche. Es
wurde bei Hündinnen (Vasalle), Katzen (Zanfrognini) oder Ratten (Erdheim) eine unvollständige Exstirpation der Epithelkörper vorgenommen, d. h.
nur zwei oder drei dieser Organe exstirpiert. Es trat bei schwangeren Tieren
dann sofort Tetanie, bei den nichtschwangeren Tieren zunächst aber keine Erscheinungen auf, erst bei dem Eintritt einer Schwangerschaft oder beim Stillgeschäft stellte sich dann auch bei diesen regelmäßig Tetanie ein. Diese Beobachtungen führten zur Aufstellung des schon oben erwähnten Begriffes der
latenten Tetanie. Diese Anschauungen wurden durch die Untersuchungen der
Seitzschen Klinik, die bei 80% der untersuchten Schwangeren erhöhte galvanische Erregbarkeit nachweisen konnten, betätigt. Seitz bezeichnet den
Zustand, in dem sich derartige Gravide befinden, als untertetanisch.

   Therapie. Von der Überlegung ausgehend, daß die Maternitätstetanie
auf einer Hypofunktion der Epithelkörper beruhe, wurde versucht, einmal durch
Transplantation normaler Parathyreoidea und sodann durch organothera-
peutische Versuche die Krankheit günstig zu beeinflussen. Zu den äußeren
Schwierigkeiten in der Technik und der Materialbeschaffung, die sich Transplantationen homoioplastischer Art überhaupt entgegenstellen, kommt bei
der Entnahme von gesunden Epithelkörperchen noch eine hohe Gefährdung
für den Spender als hinderndes Moment hinzu. Böse und Lorenz beobachteten,
daß in zwei Fällen bereits nach Exstirpation von nur einem Epithelkörperchen
eine postoperative Tetanie auftrat. Diese Erfahrung und die durch Tierexperimente gewonnene Anschauung von dem Eintreten einer latenten Therapie
bei partieller Epithelkörperchenexstirpation müßten zur größten Vorsicht
mahnen, auch wenn die Transplantationsversuche günstig für die Empfänger
ausfielen. Es liegen noch keine Berichte über Behandlung von Graviditäts-
tetanien mit Transplantation vor, wir sind daher auf Analogieschlüsse von
den mit postoperativen Tetanieformen gemachten Erfahrungen angewiesen.
Bei diesen hat sich aber gezeigt, daß unabhängig vom Ort der Einpflanzung
und von der verwendeten Technik eine Dauerheilung der Tetanie nicht erzielt
wurde. Anfangs auftretende Besserung war wohl den mitübertragenen innersekretorischen Stoffen des gesunden Epithelkörpers zuzuschreiben. Nach
deren Verbrauch traten wieder Tetanieerscheinungen auf. Die histologische
Untersuchung zeigte in den zur Sektion kommenden Fällen eine Degeneration
der überpflanzten Parathyreoidea.

   Bessere Erfolge wurden mit der in ihrer Anwendung unbedenklichen
Organotherapie erzielt. Merkwürdigerweise ist es nicht so sehr die Therapie
mit Epithelkörperpräparaten, als die mit Schilddrüsenstoffen, die im Tierexperiment und beim Menschen die günstigsten Wirkungen aufwies. Es liegen
zwar auch Berichte über Heilerfolge mit dem Parathyreoidin Vasalles, mit Para-
thyreoidtabletten aus der Fabrik von Freund und Redlich und neuerdings mit
dem von Beebe durch Essigsäurefüllung gewonnenen Parathyreoidpräparat

vor. Auch mit Verfütterung frischer Epithelkörperchen vom Pferd konnte Aufhören der Tetanie erzielt werden. Aber diesen günstigen Berichten stehen tierexperimentelle und klinische Beobachtungen, die das Gegenteil aussagen, gegenüber und schließlich ist der sehr hohe Preis dieser schwer darzustellenden Präparate ein unangenehmes Hindernis für die Therapie. Weit günstiger lauten die Angaben über die Erfolge, die im Laboratorium und am Krankenbett mit Schilddrüsenpräparaten erzielt wurden. Man hat dies anfangs dadurch zu erklären gesucht, daß in diesen Präparaten mehr oder weniger reichliche Beimengungen von Parathyreoideagewebe sich fanden und daher der Heilaffekt bedingt sei. Aber einmal läßt sich durch die geringe Masse des zufällig beigemengten Epithelkörperchengewebes die Wirkung nicht erklären und andererseits sind auch mit sicher epithelkörperchenfreien Schilddrüsenpräparaten die gleich günstigen Erfolge zu erzielen. Wie die therapeutische Wirkung theoretisch zu erklären ist, muß dahingestellt bleiben, wenngleich die Hypothese, daß es sich um ein vikariierendes Eintreten der Schilddrüsenstoffe etwa im Sinne einer Entgiftung handeln könne, sehr naheliegend ist. Über die größten Erfahrungen verfügt Kocher, der unter energischer Darreichung von Thyraden und Jodothyrin in hohen Dosen raschen Rückgang und bei langem Gebrauch auch langes Ausbleiben der Tetaniesymptome beobachten konnte. Auch Biedl konnte im Tierexperiment eine günstige Wirkung der Schilddrüsenpräparate bei künstlich erzeugter Tetanie feststellen. Es ist also auf jeden Fall auch bei Schwangerschaftstetanie ein Versuch mit einem der zahlreichen Schilddrüsenpräparate zu empfehlen.

Fehlgeschlagen sind die Versuche, mit einem analog dem Antithyreoidin Möbius hergestellten Serum parathyreoidektomierter Tiere therapeutische Erfolge zu erzielen.

Beim Versagen einer spezifischen Therapie läßt sich doch zum mindesten Linderung mit rein symptomatischer Behandlung erzielen.

Während der Anfälle verabreiche man Sedativa, Brom, Skopolamin, Chloralhydrat; auch dem Kurare wird eine günstige Wirkung nachgesagt. Gewisse Medikamente sind unbedingt zu vermeiden. Am meisten zu warnen ist vor Ergotinpräparaten und Adrenalin. Auch Morphium und Chloroform soll Anfälle auslösen können, und daher Äther zur Narkose am meisten zu empfehlen sein. Noch nicht genügend geprüft ist der von McCallum ausgehende Vorschlag, durch Zuführung von Ca-Salzen die Krämpfe hintanzuhalten, vor allem ist es noch unentschieden, ob die dabei beobachteten günstigen Erfolge auf eine den Kalksalzen eigene sedative Wirkung oder auf einer spezifischen Beeinflussung der Parathyreoidea beruhen.

Bei der Graviditätstetanie ist zweifellos das wichtigste therapeutische Hilfsmittel die sofortige Unterbrechung der Schwangerschaft, wie es von Frank u. a. empfohlen und ausgeführt wurde. Bei der Schwere der Erkrankung und der häufig konstatierten Schädigung der Kinder hat es keinen Sinn, allzuviel Rücksicht auf das kindliche Leben zu nehmen. Man wird daher eine möglichst schnelle und schonende Entbindung, also den vaginalen Kaiserschnitt befürworten und sich nicht scheuen, bei technischen Schwierigkeiten die Perforation auch lebender Kinder vorzunehmen. Bei der Häufigkeit der Rezidive der Maternitätstetanie mit dem Eintritt neuer Schwangerschaften ist natürlich eine Sterilisation durch Tubenexstirpation unbedingt zu empfehlen.

d) Parathyreoidea und Eklampsie.

Sehr hypothetisch sind die Zusammenhänge, die man zwischen Eklampsie und Epithelkörperchen unter Hinweis auf gewisse ähnliche Züge im klinischen

Bilde der Eklampsie und der Tetanie hat konstatieren wollen. Vasalle machte nicht gerade glücklich auf die Ähnlichkeit der sog. Eklampsie der Mäuse, einer von der Eklampsie des Menschen prinzipiell verschiedenen Erkrankung und der Tetanie aufmerksam. Auch von der Norm abweichende Befunde an den Epithel-körperchen Eklamptischer sollten eine Brücke bilden; es konnte aber mehrfach nachgewiesen werden (Seitz), daß diese Bilder durchaus nicht für Eklampsie spezifische, sondern rein akzidentell oder Schwangerschaftsveränderungen waren. Eine spezifische Therapie der Eklampsie mit Parathyreoidinpräparaten, wie sie anfänglich von französischen Autoren empfohlen wurde, hat sich daher nicht dauernd bewährt, und bei systematischen Untersuchungen (Seitz) als vollständig wirkungslos gezeigt.

e) Parathyreoidea und Osteomalazie.

Besser theoretisch und experimentell fundiert sind die Annahmen über Beziehungen zwischen Parathyreoidea und Osteomalacie.

Zunächst existieren sichergestellte anatomische Untersuchungen an den Epithelkörperchen, die bei Osteomalazie und einigen dieser nahestehenden Er-krankungen gleichartige pathologische Befunde dartun konnten. Erdheim fand bei 5 unter 6 und Schmorl bei 1 unter 4 Fällen von Osteomalazie Adenom-bildung und Hyperplasien in einzelnen Epithelkörperchen. Schließlich zeigten sich bei genauer Durchforschung ähnliche Veränderungen auch bei anderen nicht osteomalazischen schweren Knochenmarkserkrankungen, bei senilen Osteo-porosen, bei Rachitis tarda, Knochensarkomen und Ostitis deformans (Schmorl, Erdheim u. a.). Über die Deutung dieser Befunde ist noch nichts Sicheres bekannt. Erdheim erblickt in den Wucherungsvorgängen weniger den Aus-druck einer Hyperfunktion der Parathyreoidea als den einer erhöhten Inan-spruchnahme.

Neben den anatomischen Befunden an den Epithelkörpern bei Osteomalazie spricht vor allem die Beziehung zum Kalkstoffwechsel dafür, daß Osteomalazie und Epithelkörperchen in Wechselwirkung stehen können. Es ist zwar noch nicht endgültig zu entscheiden, welche Rolle den Epithelkörperchen bei der Be-einflussung des Kalkstoffwechsels zukommt; daß solche vorhanden sind, ergeben Tierversuche an normalen und parathyreopriven Ratten (Leopold und v. Reuß) und die Beobachtungen beim Menschen, die im Anschluß an Entfernung oder Erkrankung der Parathyreoidea Änderung im Kalkstoffhaushalt (Veränderungen an den Nägeln, den Knochen, den Zähnen) zeigten.

Therapeutische Versuche bei Osteomalazie, die auf der Beeinflussung des Kalkstoffwechsels auf dem Umwege über die Parathyreoidea aufgebaut wären, analog den zur Beseitigung der Tetanie empfohlenen, liegen noch nicht vor.

Ob und wie die seit Fehlings Empfehlung geübte Kastration bei Osteo-malacie in ihrer Wirkung an den Epithelkörpern direkt oder etwa durch Auf-hebungen antagonistischer Beeinflussungen angreift, ist zurzeit noch nicht zu entscheiden.

VI. Thymus und Genitale.

Daß Beziehungen zwischen Thymus und Genitale bestehen, wurde schon, ehe dahingehende Tierexperimente ausgeführt waren, durch die zur Pubertäts-zeit konstatierte Involution des Organes wahrscheinlich gemacht. Experimen-telle Forschungen haben dann den Nachweis von der inneren Sekretion des Organes erbracht und zugleich den direkten Nachweis der Veränderungen am Genitale in diesen Zusammenhang dargetan.

a) Anatomie der Thymus[1]).

Der histologische Aufbau der Thymus ist ein lange heiß umstrittenes Diskussionsthema gewesen und ist es auch noch in der Gegenwart.

Die Thymus besteht aus zwei Lappen, die durch weitverzweigte Bindegewebssepten in einzelne Läppchen geteilt werden. An jedem Läppchen läßt sich schon makroskopisch eine Rinden- und eine Markschicht unterscheiden. Der Grunsdtock des Läppchens wird von dem Thymusretikulum, einem Epithelgewebe gebildet, das sowohl die Rinde, wie das Mark durchsetzt. In das Retikulum sind dann für die Thymus spezifische, in Rinde und Mark verschiedene Zellgebilde eingelagert.

In der Rinde liegen die sog. kleinen Thymuszellen, in der Form und dem färberischen Verhalten den Lymphocyten des Blutes und der Gewebe ähnliche Gebilde.

In der Markzone finden sich als spezifische Bestandteile im Retikulum lagernd die sog. Hassalschen Körperchen. Es sind dies oft schon mit bloßem Auge sichtbare geschichtete, sphärische Körperchen, die aus mehreren zusammengeballten epithelialen Zellen bestehen und mehrere konzentrisch gelagerte verhornte Hüllen besitzen. Man hat ihnen schon frühzeitig eine Bedeutung für die innere Sekretion des Organs vindiziert und sie in Verbindung mit den Involutionsvorgängen an der Thymus gebracht. Das erste ist noch nicht exakt bewiesen, das letztere als nicht bestehend festgestellt. Sicher ist nur, daß ein Parallelismus zwischen der Zellstruktur des Thymusparenchyms und den Hassalschen Körperchen besteht. Beide zeigen zu gleicher Zeit die stärkste Massenentwicklung. Es ist daher als möglich anzunehmen, daß die Hassalschen Körperchen der morphologische Ausdruck irgend einer funktionellen Wirksamkeit der Thymus sind (Biedl).

Eosinophile Zellen finden sich besonders in der Rinde. Nach Schridde sind sie am häufigsten im siebenten Fötalmonat vorhanden und sind im 12. Lebensjahre auf dem Nullpunkt. Bei Lymphatismus soll dieses Absinken langsamer stattfinden und keinen absoluten Nullpunkt erreichen.

Involution der Thymus. Schon den alten Anatomen fiel die Inkonstanz in der Größe der Thymus und ihre verschiedene histologische Beschaffenheit in den einzelnen Lebensaltern auf. Man sprach von Thymuspersistenz, wenn bei Individuen jenseits der Pubertät noch größere Thymusreste vorhanden waren, von Thymushypertrophie, wenn das Organ größer als bei dem Durchschnitt gleichaltriger Individuen war. Dem histologischen Aufbau nach unterschied man ein epitheliales, ein lymphocytäres und ein fettiges Stadium.

Bei allen diesen Beobachtungen schlichen sich Fehler infolge Nichtbeachtens vieler äußerer Einflüsse auf die Thymus ein, die teils eine Hypertrophie, meist eine Involution verursachen konnten. Erst seitdem man den Begriff der Altersinvolution scharf von dem der akzidentellen scheiden konnte, waren systematische Untersuchungen möglich, die Klarheit zunächst über die physiologische, d. h. die Altersinvolution bringen konnten.

Für den Menschen ergab sich, daß das Wachstum der Thymus bis zum Pubertätsalter anhält und zu dieser Zeit sowohl der höchste Gewichtswert, als auch der Höchstwert des Parenchymgehaltes erreicht wird. Es setzt dann die Involution ein, die vor allem durch ein Überragen des Bindegewebes charakterisiert ist. Aber noch im 60. Jahre findet sich Parenchym und kommt es zur Bildung von Hassalschen Körperchen.

Die physiologische Involution der Thymus kann jederzeit verstärkt werden durch die akzidentelle Involution. Als wesentlichste Ursachen dafür sind Hungerzustand, Röntgenbestrahlung und Infektionskrankheiten zu nennen. Auch der Schwangerschaft kommt, wie weiter unten zu zeigen sein wird, ein ähnlicher Einfluß auf die Thymus zu.

b) Physiologie der Thymus[2]).

1. Exstirpationen des Organes zeigen je nach der Tierart und dem Zeitpunkt, an dem sie ausgeführt wurden, einen verschieden starken Einfluß. Die Frage nach der Lebenswichtigkeit des Organs ist verneinend zu beantworten. Bei niederen Tieren, z. B. Fröschen, wird der Eingriff anstandslos ertragen und auch bei höheren Tieren ist das Leben dadurch nicht unmittelbar bedroht, wohl aber treten schwere Störungen im Gefolge dieser Operation als Beweis dafür auf, welche große Rolle dieses Organ auf dem Wege der inneren Sekretion im Körperhaushalt spielt.

Die Resultate dieser Thymektomien, die wir Klose, Vogt u. a. die an jungen Hunden experimentierten, verdanken, führen nach Biedl zu der Auffassung, daß die Thymus ein Organ ist, das während der Periode seiner fortschreitenden Entwicklung ein

[1]) Vgl. dieses Handbuch Bd. IV, S. 472.
[2]) Vgl. dieses Handbuch Bd. IV, S. 473.

inneres Sekret an die Blutbahn abgeben muß, das das Wachstum der Knochen, die Ossifikation des Skelettes, die geistige Entwicklung und die Entwicklung der Keimdrüse beeinflußt.

2. Die Transplantationsversuche mit Thymus haben keine eindeutigen Resultate gezeitigt. Nach Klose und Vogt soll die Thymusüberpflanzung die am wenigsten gefahrvolle Art der Thymuszufuhr bei thymuslosen Tieren darstellen. Das Organ verfällt aber auch bei homoioplastischer Einpflanzung der Resorption.

3. Wirkung der Thymusextrakte. Svehla wies als erster nach, daß wässrige Extrakte des Thymus verschiedener Tierarten intravenös injiziert eine Senkung des Blutdruckes und eine Beschleunigung des Herzschlages veranlassen. Die Thymus des menschlichen Embryo enthält diesen Stoff noch nicht, er bildet sich erst nach der Geburt. Seine Versuchsresultate wurden zwar zum Teil bei Nachprüfungen bestätigt, nur erblickt man heute in diesen Extrakten nicht mehr einen spezifisch wirksamen Bestandteil, sondern einen den Gewebsextrakten aller Art gemeinsamen Stoff, der durch Erzeugung ausgedehnter Gerinnungen wirken soll und nach neueren Ansichten mit dem Cholin identisch ist.

c) Einfluß von Genitalfunktionen auf die Thymus.

Die Wahrscheinlichkeit, daß der Thymus von der Keimdrüse aus beeinflußt werden kann, wurde in erster Linie durch die Tatsache nahegelegt, daß mit dem Einsetzen der Keimdrüsentätigkeit in der Pubertät sich Rückbildungsvorgänge an dem Thymus einstellen. Dieser Antagonismus der Wirkung beider Drüsen wird auch durch Beobachtungen während anderer Funktionszustände der Keimdrüse bestätigt.

1. Kastration und Thymus.

Bei kastrierten Individuen haben alle Untersucher, mochten sie an Tieren oder an Eunuchen ihre Studien angestellt haben, ein höheres Gewicht des Thymus nachweisen können als beim normalen.

Im Gegensatz dazu soll aber nach Henderson bei reger Funktion des Genitales bei Stieren, die zu Zuchtzwecken verwendet wurden und bei graviden Kühen die Atrophie des Thymus schneller als normaliter vor sich gehen.

Die theoretische Deutung der konstatierten Thymusvergrößerung erfolgte verschiedentlich, teils faßte man sie lediglich als Verzögerung der normalen Altersinvolution auf, teils als echte Hypertrophie (Soli, Squadrini).

Die Kastrationserscheinungen an dem Thymus hängen wesentlich von dem Zeitpunkte der Kastration ab. Nach Gellin läßt sich bei vor der Pubertät kastrierten Tieren eine Vergrößerung des Thymuskörpers und eine Parenchymvermehrung dann nachweisen, wenn sie nach Eintritt der Geschlechtsreife getötet und untersucht wurden. Geschieht dies aber vor Erlangung der Geschlechtsreife, so lassen sich keine Veränderungen an dem Thymus konstatieren. Wird die Kastration erst nach dem Eintritt der Geschlechtsreife ausgeführt, so kann der Thymus als Ganzes und speziell auch das Parenchym hypertrophieren, ein Vorgang, der nicht lediglich als Persistenz des Parenchyms gedeutet werden darf, sondern in gewissem Grade als Neubelebung. Mit dem zunehmenden Alter bildet sich dann auch diese Hypertrophie zurück. Gellin schließt daraus, daß unter den innersekretorischen Einflüssen der von den Geschlechtsdrüsen auf den Thymus wirkende zwar der stärkste, nicht aber der einzig wirksame sei.

2. Schwangerschaft und Thymus.

Nach Henderson erfährt die physiologische Rückbildung des Thymus eine Verzögerung bei Kühen, die mehrere Monate gravid sind. Die gleiche Erscheinung beobachtete er allerdings auch bei Stieren, die zu Zuchtzwecken verwendet wurden, bei denen also eine rege geschlechtliche Betätigung statthatte.

Über den Einfluß der Gravidität auf den menschlichen Thymus liegen noch keine Angaben vor.

d) Einfluß von Thymusveränderungen auf das Genitale.

1. Verhalten des Genitales nach Thymusexstirpation.

Es ist keine Beobachtung über ein angeborenes Fehlen der Thymus und ein dadurch erzeugtes Krankheitsbild vorhanden. Thymusextirpationen am Menschen zu therapeutischen Zwecken werden nicht ausgeführt. Wir sind daher bei Beurteilung der Ausfallserscheinungen nach Thymusexstirpation ausschließlich auf die Tierexperimente angewiesen.

Über die Genitalveränderungen nach der Thymektomie lauten die Angaben einander widersprechend. Die größte Anzahl der Tierexperimente sind an männlichen Tieren gemacht und gestatten nur Analogieschlüsse auf das Verhalten beim weiblichen Geschlecht. Noel Paton fand bei Meerschweinchen, denen vor Eintritt der Geschlechtsreife der Thymus entfernt wurde, ein rapides Wachstum der Hoden, während diese Erscheinung bei der Thymektomie nach erlangter Geschlechtsreife ausblieb. Im Gegensatz zu ihm konstatierten andere Untersucher (Soli) bei thymuslosen Hähnen eine Verminderung des Hodengewichtes und bei weiblichen Kaninchen, denen der Thymus entfernt war, ein Zurückbleiben in der Entwicklung des Eierstockes. Auch bei weiblichen Hunden wurde eine auffallend geringe Menge von Follikelzellen im Ovarium konstatiert (Lucien und Parisot). Es scheint, als ob nicht ein einfacher Antagonismus zwischen Keimdrüse und Thymus bestünde, sondern als ob einige Drüsen mit innerer Sekretion einen hemmenden Einfluß auf den Thymus (Ovarien, Nebenniere), andere (Schilddrüse, Hypophyse, Epithelkörperchen) einen anreizenden Einfluß ausübten (Hammar), und sich aus diesem Wechselspiele die verschiedenartigen Beeinflussungen erklärten.

Auffallend ist die milchtreibende Wirkung von Thymusextrakten. Bei Ziegen trat schon 5 Minuten nach Injektion von Thymusextrakt eine Steigerung der Milchsekretion auf das 4fache ein (Ott und Scott).

2. Status thymolympathicus und Thymustod.

Die neueren Anschauungen sehen in dem Status thymolymphaticus nicht mehr ein lediglich durch Erkrankung der Thymus bedingtes Krankheitsbild, sondern ein Insuffizientsein oder antagonistisches Arbeiten mehrerer Drüsen, also wie auch bei anderen innersekretorischen Störungen eine polyglanduläre Erkrankung.

Auch am Genitale finden sich dabei weitgehende Veränderungen und zwar im Sinne einer Hypoplasie. Die äußeren Genitalien sind schwach behaart, wenig fettreich, die Vagina ist eng, der Uterus klein und infantil, die Ovarien sind platt, groß und glatt. Während der Menstruation und Gravidität stellen sich mehr als bei normalen Individuen Beschwerden und Unregelmäßigkeiten ein. Histologische Untersuchungen von Ovarien (Bartel und Hermann) zeigten bei diesen Patientinnen Vergrößerung der Ovarien, die hauptsächlich auf eine Zunahme des Bindegewebes, besonders der Rindenschicht, zu beziehen waren. Die Anzahl der Primordialfollikel war herabgesetzt. Corpora lutea wurden in den Ovarien nur wenig getroffen, um so häufiger aber Narben, kurz, eine Hypoplasie der Keimdrüsen, die durch Überwuchern der Bindegewebselemente und Zurückdrängen der spezifischen Elemente zustande kommt. Ob diese Anomalien an den Genitalien durch eine spezifische Therapie, etwa durch

Adrenalin oder andere Präparate von Drüsen mit innerer Sekretion sich heilen
oder bessern lassen, ist noch nicht festgestellt.

Der Status thymolymphaticus muß bei der Behandlung gynäkologischer
oder geburtshilflicher Leiden besonders beobachtet werden, nicht nur weil
Individuen mit diesen Status wenig resistent gegen Anstrengungen, Infektionen,
Erkältungen usw. sind, sondern auch weil sie meist psychisch abnorm
sind — es ist bekannt, daß die Individuen mit Status lymphaticus eine große
Zahl von Selbstmördern stellen und deshalb besondere Rücksicht erfordern —,
und schließlich weil diese Individuen zu plötzlichen Todesfällen, zum sog.
Thymustod disponiert sind. Über diese plötzlichen Todesfälle existiert eine
reichliche Literatur. Besonders leicht tritt der Thymustod während der Narkose,
zumal der Chloroformnarkose auf. Solange man noch an eine mechanische Entstehung des Thymustodes glaubte, schrieb man die Ursache auf eine Kompression der Trachea und dadurch bedingte Erstickung in der Narkose. Seit
Paltaufs Untersuchungen nimmt man beim thymolymphatischen Individuum
eine weitgehende Störung des allgemeinen Stoffwechsels und dadurch herabgesetzte Widerstandskraft gegen die Narcotica an. Bei den in der Literatur
aufgezählten Fällen ist es nicht immer sicher zu ersehen wieweit tatsächlich bei
den Narkosetodesfällen mit Recht oder Unrecht ein Status thymolymphaticus
bzw. eine große Thymus für den tödlichen Ausgang verantwortlich gemacht
worden ist. Es ist menschlich naheliegend, daß bei Unglücksfällen jeder Einzelne gern nach einer unbekannten Ursache sucht, die ihn entschuldigen könnte
und daß man gern nach einer Thymuspersistenz fahndet, doch abgesehen davon ist die Häufung der Zufälle gerade bei den thymolymphatischen Individuen
auffallend. Es empfiehlt sich daher, vor jeder Narkose und vor größeren, das
Allgemeinbefinden stark beeinträchtigenden operativen Eingriffen sowohl in
der Gynäkologie, als in der Geburtshilfe die Patienten auf das Bestehen eines
Status thymolymphaticus hin anzusehen. Lymphdrüsenschwellungen, zahlreiche adenoide Vegetationen, kurzer Hals, Atembehinderung, werden immer
bis zu einem gewissen Grade zur Vorsicht mahnen. Da die Todesfälle fast
immer bei Chloroformnarkose vorgekommen sind, so ist in diesen Fällen
natürlich von Chloroformnarkose abzuraten und einem anderen Verfahren,
Äthernarkose, oder besser den lokalen Anästhesierungsverfahren, Lumbal-,
Sakral- und Leitungsanästhesie der Vorzug zu geben.

VII. Nebenniere und Genitale.

a) Anatomie und Entwicklungsgeschichte der Nebenniere[1]).

Vergleichend anatomische und entwicklungsgeschichtliche Studien haben gezeigt,
daß die beim Menschen und Säuger jederseits ein Organ bildenden Nebennieren tatsächlich zwei völlig getrennten Organsystemen entstammen. Die auch beim Menschen vorhandene Einteilung der Nebenniere in Rinde und Mark zeigt noch diese Zweiteilung an.
Die Nebennierenrinde entsteht aus dem Interrenalsystem, einem Abkömmling des Mesoderms. Das Nebennierenmark entstammt einem Abkömmling des Ekto-
derms, dem Adrenalsystem, und zwar den sog. Sympathicusbildungszellen. Diese
Beziehungen zum Sympathicus behält die Nebenniere bei. Grobanatomisch erscheint
zwar die Nebenniere als ein Organ, histologisch aber und funktionell läßt sie auch beim
Menschen ihre komplizierte Abkunft erkennen.
Freie Anteile des Interrenalsystems, die im Laufe der Entwicklung versprengt
wurden, können als sogenannte akzessorische Interrenalkörper oder Beizwischennieren in der Nähe der eigentlichen Nebennieren, Nieren oder Geschlechtsorgane vorhanden
sein. Sie ähneln histologisch der Nebennierenrinde und stellen einen sehr häufigen Befund
dar (nach Schmorl in 92% der menschlichen Leichen).

---

[1]) Vgl. dieses Handbuch Bd. IV, S. 490.

Ihre Ablagerungsstellen im weiblichen Genitale finden sich nach Poll im Lig. latum (sog. Marchandsche akzessorische Nebennieren), an der Tube und in den Ovarien. Die Beizwischennieren der Genitalorgane sollen im Gegensatz zu den in der Umgebung der Nebenniere gelegenen Organen gleicher Art relativ häufig im jugendlichen und selten im höheren Alter angetroffen werden.

Auch vom Adrenalsystem können freie Anteile abgeschnürt und versprengt werden. Sie sind durch ihren Gehalt an chromaffinen Zellen charakterisiert und finden sich fast in allen Ganglien des Grenzkörpers und in zahlreichen Ganglien der peripheren sympathischen Geflechte (Plexus coeliacus etc.). Sie sind beim Embryo ausgedehnter vorhanden als beim Erwachsenen. Die größeren von ihnen treten als selbständige Gebilde, Paraganglien auf; die bekanntesten sind Paraganglion suprarenale, intercaroticum, aorticum abdominale.

Schließlich sind in seltenen Fällen echte Beinebennieren, d. h. Körper, die beide Schichten der Nebenniere, Rinde und Mark, zeigen, im Paroophoron und der Paradidymis Neugeborener (Aschoff) beschrieben. Bei Erwachsenen sind echte Beinebennieren außerordentlich selten beobachtet.

Das Auftreten all der erwähnten akzessorischen Organe, vor allem der akzessorischen Nebenniere, ist bei den einzelnen Tierarten verschieden häufig. Bei Meerschweinchen z. B. kommen sie nur in 4 %, bei Hunden und Katzen relativ selten, bei Kaninchen in 15—20 %, bei Ratten in fast 50 % der Fälle vor.

b) Physiologie der Nebenniere[1]).

1. Exstirpationsversuche an Tieren. Die Entdeckung Addisons, daß eine Erkrankung der Nebenniere das nach ihm benannte Krankheitsbild auslöst, regte natürlich die Untersucher der damaligen Zeit auch schon zu Exstirpationsversuchen an. Aber mangelnde anatomische Einsicht, vor allem über die Häufigkeit akzessorischer Organe, die kompensatorisch hypertrophieren könnten, bedingten das Ausbleiben der Erfolge oder erzeugten so unklare Resultate, daß die Arbeit vieler Jahrzehnte dazu gehörte, um aus diesem Wirrwarr der Ansichten brauchbare Schlußfolgerungen zu ermöglichen. Wenn man jetzt das Résumé aus allen den Versuchen, besonders den von Stilling und Biedl angestellten zieht, so ergibt sich als feststehend folgendes: Exstirpation einer Nebenniere kann symptomlos ertragen werden; es tritt vikariierend die andere Nebenniere, die dann eine starke Hypertrophie eingeht, für sie ein. Die Exstirpation beider Nebennieren führt bei allen untersuchten Tierarten in kürzester Zeit zum Tode. Auffallend ist es, daß junge Tiere, die noch von der Mutter gesäugt werden, die Exstirpation längere Zeit, 11—15 Tage, überstehen. Die Nebennieren sind also als lebensnotwendige Organe anzusehen und zwar ist nach den Untersuchungen Biedls an Selachiern der dem Interrenalsystem entstammende Teil der Nebenniere — die Rinde — der lebenswichtigste Bestandteil des Organs.

2. Extraktversuche. Die wichtigsten Aufklärungen über die Physiologie der Nebenniere sind durch Versuche mit Nebennierenextrakten erzielt worden. Dieses Gebiet ist das am besten studierte in der ganzen Lehre von der inneren Sekretion.

Die erste Stufe der Entwicklung bezeichnet die Entdeckung von Oliver und Schäfer, daß den wässerigen Extrakten aus Nebennieren eine hohe Toxizität und gewisse charakteristische Wirkungen, vor allem Steigerung des Blutdruckes, Beschleunigung der Atmung, Dyspnoe und schließlich der Tod zukamen. Es wurden weiter dann Versuche von Biedl und anderen angestellt, die an Fischen dartun konnten daß diese spezifisch wirksamen Stoffe dem Suprarenalkörper entstammen. Den wichtigsten Fortschritt bedeutete die Reindarstellung des Adrenalins, als den wirksamen Bestandteil der Nebennierenrinde durch Takamine 1901. Schließlich gelang es dann auch noch, das Adrenalin auf synthetischem Wege darzustellen (Stolz).

Die Wirkungen des Adrenalins bzw. Suprarenins ähneln im allgemeinen denen der wässerigen Nebennierenextrakte. Die wesentlichsten sind Vasokonstriktion, Blutdrucksteigerung und Auslösung von Kontraktionen an der glatten Muskulatur.

Die Erklärung für die scheinbar verschiedenartigsten Effekte der Adrenalinwirkung liegt in der Tatsache, daß es ausschließlich auf den Sympathicus wirkt und ohne Wirkung auf das autonome System bleibt.

So kommt es durch Erregung der die Herztätigkeit fördernden sympathischen Nervenapparate zu einer Verstärkung und Beschleunigung der Herzkontraktionen. Analoge Beobachtungen, die die Gemeinsamkeit aller Adrenalinwirkungen durch die Reizung des Sympathicus dartun, lassen sich am Magen, Darm, der Harnblase, den Bronchien und wie weiter unten zu zeigen sein wird, auch am Uterus anstellen.

---

[1]) Vgl. dieses Handbuch Bd. IV, S. 493 ff.

c) Allgemeines über die Beziehungen zwischen Nebenniere und Genitale.

Die wechselseitigen Beziehungen zwischen Nebenniere und Genitale sind nicht so eng wie etwa die zwischen Hypophyse und Genitale. Daß trotzdem Beziehungen zwischen beiden Organsystemen vorhanden sind, erklärt sich allein daraus, daß in frühen Entwicklungsstadien beide dicht benachbart liegen. Als auffallend wurde in diesem Zusammenhang schon von Meckel betont, daß beim Acardiacus beide Organsysteme fehlen. Auch bei anderen Mißbildungen findet sich verhältnismäßig häufig ein Fehlen sowohl der Nebenniere, als auch des Genitales. Für einen Zusammenhang spricht auch das gelegentliche Vorkommen von Nebennierengeschwülsten gleichzeitig mit Pseudohermaphrodismus oder mit frühzeitiger Geschlechtsentwicklung und das häufige Vorkommen akzessorischer Nebennieren im Genitale. Schließlich hat man versucht, wohl auf falschen Voraussetzungen basierend, Zusammenhänge zwischen der Größe der Nebenniere und der Intensität des Geschlechtslebens ausfindig zu machen, so sollten Tiere mit größerem Zeugungstrieb größere Nebennieren besitzen als solche mit geringem, Neger größere Nebennieren haben als Angehörige der weißen Rasse.

d) Einwirkung des Genitales auf die Nebenniere.

1. Kastration und Nebenniere.

Auch die Nebenniere antwortet wie die anderen Drüsen mit innerer Sekretion auf den Ausfall der Ovarialtätigkeit durch Kastration mit einer Hypertrophie. Diese Tatsache ist nicht immer bekannt gewesen, Nagel z. B. konnte keinen Unterschied zwischen Nebennieren kastrierter und normaler Tiere finden. Aber der größte Teil neuerer Autoren, Ciaccio u. a. wiesen eine Vergrößerung der Nebenniere, speziell der Nebennierenrinde nach Kastration nach. Man erblickte darin eine kompensatorische Hypertrophie. Hultgren und Anderson beobachteten sogar, daß kastrierte Tiere die Nebennierenexstirpation länger überlebten als nichtkastrierte, eine Beobachtung, die allerdings auch durch zufälliges Vorhandensein akzessorischer Nebennieren erklärt werden könnte.

Durch die bei Osteomalazischen ausgeführte Kastration wird nach Angaben von Christofoletti die vorher sehr hohe Toleranz gegen Adrenalin ganz wesentlich herabgesetzt. Alle diese Beobachtungen gestatten noch keine bindenden Schlüsse etwa in dem Sinne, daß es eine Funktion des Ovariums wäre, das chromaffine System zu hemmen; sie beweisen nur, daß Beziehungen zwischen beiden Organsystemen bestehen.

2. Schwangerschaft und Nebennieren.

Ähnlich den nach Kastration beobachteten sind die Befunde an den Nebennieren bei der Schwangerschaft als einem Funktionszustand des Genitales, der nach den zur Zeit geltenden Theorien mit Hypofunktion oder vollständigem Versiegen der Ovarialtätigkeit einhergeht, im Sinne einer Hypertrophie gedeutet worden. Außer Gotschau, der bei schwangeren Tieren die Nebennieren kleiner fand als bei normalen, konnten nach ihm alle Untersucher Hypertrophien der Nebenniere in der Schwangerschaft fast konstant nachweisen. Über die Beteiligung der einzelnen Nebennierenabschnitte an dieser Hypertrophie gehen die Ansichten auseinander. Von den meisten wird die Rinde als hypertrophisch angegeben, während andere, wie Aschoff, von einer Hypertrophie des Markes berichten.

Der anatomisch erbrachte Nachweis einer Hypertrophie der Nebenniere in der Gravidität legte den Gedanken nahe, daß eine Überfunktion des Organes statthätte die sich mit biologischen Methoden nachweisen lassen müßte. Die Aufmerksamkeit der Untersucher wandte sich dem Nachweis des spezifischen Stoffes der Nebenniere, des Adrenalins, im freien Blute zu. Ein großer Teil der bis jetzt vorliegenden Untersuchungen krankt daran, daß sie noch mit ungenügenden, Fehlerquellen enthaltenden Methoden ausgeführt sind. Die Methode war für die meisten Untersucher die Prüfung am ausgeschnittenen Froschauge (Ehrmann). Mit dieser konnte Hofbauer bei 8 % der von ihm untersuchten Schwangeren eine pupillenerweiternde Substanz des Blutserums, die er für Adrenalin hielt, nachweisen. Ähnliche Befunde erheben Diehm u. a. Sehr ausgedehnte Untersuchungen stammen von Neu, der mit dem Kaninchenuterus als Tastobjekt eine Vermehrung des Adrenalin im Blute bis auf das 10 und 12fache fand. Neu schloß daran ziemlich weitgehende Hypothesen von einer „Adreninämie" der Schwangeren, brachte die alimentäre Glykosurie der Schwangeren und schließlich den Geburtseintritt mit dem vermehrten Adrenalingehalt des Blutes in einen kausalen Zusammenhang. Diese Annahmen Neus konnten von van der Velden, Neubauer und Novak u. a., die mit der gleichen Methode arbeiteten, nicht bestätigt werden. Vor allem aber wurden sie durch neuere Untersuchungen mit Verwendung von Plasma an Stelle von Wasser und der von Trendelenburg stammenden Methode der Messung der Durchblutungsgeschwindigkeit der hinteren Froschextremität als Indikator für Adrenalin und vasokonstriktorische Substanzen überhaupt als nicht bestehend zurückgewiesen werden. Auch exakt ausgeführte Untersuchungen auf Kokainmydriasis mit kleinsten, normalerweise unterschwelligen Kokaindosen zeigten keine Steigerung des Adrenalingehaltes im Blute Schwangerer an. Damit fallen auch die von Neu gezogenen Schlußfolgerungen in sich zusammen. Es muß also die Frage, ob die Hypertrophie der Nebenniere in der Schwangerschaft einer Überfunktion bzw. Überproduktion von Adrenalin entspricht, vor der Hand als noch unentschieden gelten.

e) Einwirkung der Nebenniere auf das Genitale.

1. Verhalten des Genitales nach vollständiger Nebennierenexstirpation.

Die operative Entfernung der Nebennieren führt nach Cesa - Bianchi u. a. zu einer Zunahme und auffälligen Fettanfüllung der interstitiellen Zellen im Ovarium, während das Follikelgewebe unverändert bleibt. Auch der Verlauf der Schwangerschaft scheint durch Herausnahme schon einer Nebenniere beeinflußt werden zu können. In Versuchen von Silvestri und Tosatti trat bei graviden Kaninchen und Meerschweinchen schon nach Entfernung einer Nebenniere konstant ein Abort auf. Es scheint also eine genügende Funktion der Nebenniere für normalen Ablauf der Gravidität nötig zu sein. Diesen etwas spärlichen Untersuchungsberichten über die künstlich erzeugte Ausschaltung der Nebenniere und ihren Einfluß auf das Genitale stehen zahlreichere Beobachtungen über das Verhalten der Genitalorgane bei der spontanen Ausschaltung der Nebennieren durch Zerstörung beim Morbus Addison gegenüber.

2. Verhalten des Genitales beim Morbus Addison.

Die Häufigkeit des Vorkommens des Morbus Addison zeigt nicht eine Bevorzugung des weiblichen, sondern des männlichen Geschlechts. Übereinstimmend wird angegeben, daß drei bis viermal soviel Männer als Frauen an Morbus Addison jeder Form erkranken. Wohl aber wird die Geburt als disponierendes Moment beschrieben, und die Schwangerschaft als ein das Leiden verschlimmernder Umstand betrachtet, was ja auch bei dem Einfluß der Schwangerschaft auf tuberkulöse Prozesse, die dem Morbus Addison meist zugrunde liegen, verständlich ist. Im Beginn der Erkrankung finden sich häufig Störungen im Genitale; es bleibt die bis dahin bestehende Periode aus, bei jugendlichen Individuen kommt es überhaupt nicht zur Menstruation. Eine Schwangerschaft tritt daher bei Bestehen eines Addison nur sehr selten ein, und endigt dann zumeist frühzeitig durch eine spontane Unterbrechung.

Das Auftreten von Menorrhagien und Dysmenorrhöen gehört zu den Seltenheiten. Für diese Störungen in den Genitalfunktionen werden von einzelnen
Autoren entsprechend anatomische Veränderungen des Ovariums angeschuldigt.

Einen sinnfälligen Beweis für die Beziehungen zwischen Genitale und
Morbus Addison stellen gewisse abnorme Pigmentationen dar. Es kann
beim Morbus Addison infolge der starken Prädilektion, die gerade das Genitale
für Pigmentablagerungen hat, am äußeren Genitale zu sehr starken Pigmentablagerungen kommen, die kleinen Labien und sogar die Vaginalschleimhaut
sind dabei intensiv braun gefärbt. Als Gegenstück dazu verdient ein Fall
Försterlings Erwähnung, in dem ein Ovarialkarzinom Nebennierenmetastasen
gesetzt hatte und durch diese Nebennierenerkrankung leichte Pigmentationen
der Haut erzeugt wurden.

3. Einfluß des Adrenalins auf das Genitale.

Schon bei den Versuchen mit den wäßrigen Extrakten der gesamten Nebenniere fiel der starke vasokonstriktorische und kontraktionserregende Einfluß
dieser Extrakte auf den lebenden und überlebenden Uterus auf. Als dann
im Adrenalin das wirksame Prinzip des Nebennierenextraktes gefunden war,
konnten damit die früheren mit wäßrigen Effekten erhobenen Befunde bestätigt und das Adrenalin als das die Uterusmuskulatur beeinflussende Mittel
nachgewiesen werden. Bei keinem Organ ließen sich derartige intensive Kontraktionen auslösen wie gerade beim Uterus. Es führte das dazu, daß ein
großer Teil experimenteller Versuche über Adrenalin und seine Wirkung, und
auch der biologische Nachweis des Adrenalins zunächst vorwiegend am überlebenden Uterus ausgeführt wurden. Diese Methode, die von Fränkel angegeben wurde, gestattet es, Adrenalin noch in der Konzentration von
1 : 20 000 000 nachzuweisen; sie auch zum Nachweis des Adrenalins in Körperflüssigkeiten und vor allem zum Nachweis von Adrenalin im Blute zu verwenden, hat sich aber nicht als vorteilhaft gezeigt. Für das Blut speziell
hat es den Nachteil, daß auch im normalen Serum Stoffe vorhanden sind,
die Kontraktionen des Uterus auslösen, ähnlich den durch Adrenalin bedingten. Es müssen daher Untersuchungen über Adrenalinnachweis, die mit
dieser Methode ausgeführt sind, mit Vorsicht aufgefaßt werden. Die Beeinflussungen des Uterus durch Adrenalin treten am stärksten am schwangeren Uterus in Erscheinung, ebenfalls stark beim nichtträchtigen Uterus des
nicht virginellen Tieres, am geringsten bei dem virginellen Tier. Bei intravenöser Zufuhr von Adrenalin lassen sich vermittels dieser Kontraktionen bei
schwangeren Tieren sogar Frühgeburten erzeugen (Biedl) und andererseits
Blutungen, die bei Frühgeburten schwangerer Tiere auftreten, stillen. Wie
außerordentlich empfindlich der schwangere Uterus auf Adrenalin mit Kontraktionen reagiert, wies Kehrer am überlebenden Kaninchenuterus nach;
bei einer Verdünnung des Adrenalins von 1 : 350 000 000 wurden noch stärkster
Tetanus uteri erzeugt.

Die Eigenschaft des Adrenalins am Uterus und der Vagina Kontraktionen
und Anämien zu erzeugen, wurde auch für die Therapie verwendet. Dabei zeigte es sich, daß es möglich war, Erfolge zu erzielen, nur standen sie
anderen in Konkurrenz kommenden Mitteln an Intensität und Sicherheit nach.
Neu empfahl Adrenalin in Form von Injektionen in den Uterus zur Stillung
schwerer postpartaler Blutungen und hatte mit dieser Methode, die eine hochgradige Kontraktion des Uterus hervorrief, Erfolge. Daß sich diese Therapie
nicht einbürgerte, lag an der noch sicherern Wirksamkeit der gereinigten Er-
gotinpräparate bei postpartalen Blutungen. Die von Neu an zweiter Stelle

empfohlene Verwendung des Adrenalins zur Erzielung von Geburtswehen hat sich ebenfalls nicht bewährt, sie wurde durch die besser wirkenden und weniger giftigen Hypophysenextrakte verdrängt. Die Verwendung des Adrenalin in Form von Duschen, Pinselungen und Tamponaden bei Metrorrhagien und Menorrhagien hat sich ebenfalls nicht dauernd halten können, da damit nur vorübergehende Beeinflussungen erreicht werden, nicht aber das den Blutungen zugrunde liegende Leiden behoben wird.

Auch die Behandlung der Osteomalazie mit Adrenalin wurde empfohlen (Bossi). Ausgehend von der Überzeugung, daß die Osteomalazie mit einer Unterfunktion des chromaffinen Systems einhergehe, hoffte man durch Adrenalinzugabe Besserung zu erzielen. Es sind wohl Erfolge erzielt worden, sie können sich aber nicht mit denen nach Kastration messen. Die Adrenalinbehandlung kommt daher nur als Versuch vor der Ausführung der Kastration in Betracht.

Die ausgedehnteste, einwandsfreieste und jeder Kritik standhaltende Verwendung aber, die das Adrenalin sowohl in der Geburtshilfe wie in der Gynäkologie findet, ist die als anämisierendes und kontrahierendes Mittel in Kombination mit Lokalanästhetizis wie Kokain und dessen Derivaten. Es kann an dieser Stelle nicht auf die einzelnen Arten der Lokal- und sonstigen Anästhesien eingegangen werden, die sich entweder überhaupt nicht in vollendeter Form ohne Adrenalin ausführen lassen oder durch Verwendung des Adrenalins überhaupt erst möglich wurden. Hier ist wohl auch für lange Jahre hinaus die Hauptanwendung des Adrenalins in der Geburtshilfe und Gynäkologie gegeben.

Literatur.

Beziehungen zwischen Genitalerkrankungen und den Organen mit innerer Sekretion.

Zusammenfassende Werke.

Aschner, Die Blutdrüsenerkrankungen des Weibes und ihre Beziehungen zur Gynäkologie und Geburtshilfe. Wiesbaden 1918. — Biedl, Innere Sekretion. Wien 1910 u. 1912. — Bayliß und Starling, Die chemische Koordination der Funktionen des Körpers. Ergebn. d. Physiol. 1906. 5. — Novak, Die Bedeutung des weiblichen Genitales für den Gesamtorganismus. 1. Bd. d. Supplemente zu H. Nothnagels Spezielle Pathologie u. Therapie, herausgeg. v. Frankl-Hochwart. — Seitz, Störungen der inneren Sekretion in ihrer Beziehung zur Schwangerschaft. Verhandl. d. deutsch. Gesellsch. f. Gyn. XV. 1.

I. Einfluß des Genitales auf den übrigen Körper.

a) Innere Sekretion des Ovariums.

Albers-Schönberg, Zentralbl. f. Gyn. 1904, Nr. 49, 1909, S. 716. Die Röntgentechnik. Hamburg 1906. — Bucura, Beiträge zur inneren Funktion des weiblichen Genitales. Zeitschr. f. Heilk. 1907, Bd. 28 (N. F. Bd. 8). — Derselbe, Über die Bedeutung der Eierstöcke. Volkmanns Samml. klin. Vortr. Nr. 513/514. (Gynäkol. Nr. 187/188). — Fränkel, Berl. klin Wochenschr. 1911, Nr. 2, S. 60. — Derselbe, Vortrag in der gyn. Gesellsch. in Wien. Ref. Zentralbl. f. Gyn. 1904, Bd. 20, S. 621. — Derselbe, Arch. f. Gyn. 1910, Bd. 91, S. 705. — Derselbe, Zentralbl. f. Gyn. 1908, S. 142. — Gauß und Lembke, Röntgentiefentherapie. Berlin 1912. — Halban, Diskussion zum Vortrag Fränkels. Ref. Zentralbl. f. Gyn. 1904, S. 628. — v. Herff, Münchn. med. Wochenschr. 1912, Nr. 1. — Loeb, L., Zentralbl. f. Physiol. 1910, Nr. 6, S. 203 und frühere Arbeiten. — Reifferscheid, Die Röntgenstrahlen in der Gynäkologie. Leipzig 1911. — Schauta, Diskussion zum Vortrag Fränkels. Ref. Zentralbl. f. Gyn. 1904, S. 660. — Schickele, Münchn. med. Wochenschr. 1911, Nr. 3, S. 123. — Seitz, Arch. f. Gyn. 1905, Bd. 77, S. 201. — Wallart, Arch. f. Gyn. 1907, Bd. 81, S. 271.

b) Therapie der Störungen der inneren Sekretion des Ovariums.

Bumm, 14. Kongreß der deutsch. Gesellsch. f. Geb. u. Gyn. in München. — Fehling, Arch. f. Gyn. 28, 1890 und 29, 1891. — Fränkel, Siehe oben unter a. — Hegar

Die Kastration der Frauen. Volkmanns Samml. klin. Vortr. Nr. 136—138. (Gynäk. Nr. 42). — Pankow Zeitschr. f. Geb. u. Gyn. 1909, S. 336.

c) Die innere Sekretion des Uterus.

Fellner, Die wechselseitigen Beziehungen der innersekretorischen Organe, insbesondere zum Ovarium. Volkmanns Samml. klin. Vortr. Nr. 508. — Schickele, Siehe unter a.

d) Die innere Sekretion des Parovariums.

Bucura, Siehe unter a.

II. Hypophyse und Genitale.

a) Einleitung.

Historisches.

Marie, Revue de méd. 1886, S. 298. — Oliver und Schäfer, Journal of Physiol. 1895, V. 18, S. 277.

Anatomie.

Tölken, Mitteil. a. d. Grenzgeb. 1912, Bd. 24.

Physiologie.

Aschner, Pflügers Arch. 1912, Bd. 146, Heft 1, S. 1. — Ascoli und Legnani, Münchn. med. Wochenschr. 1912, S. 518. — Cushing, Amer. Journ. Med. Sc. Philadelphia 1910, Nr. 4. Ref. Münchn. med. Wochenschr. 1910, Nr. 35, S. 1852. — Fühner, Münchn. med. Wochenschr. 1912, Nr. 16. Deutsche med. Wochenschr. 1913, Nr. 11. — Hofbauer, Zentralbl. f. Gyn. 1911, Nr. 4. — Kehrer, Arch. f. Gyn. 1907, Bd. 81, S. 129. — Pankow, Arch. f. d. ges. Physiol. 1912, Bd. 147, S. 89. — Paulesco, Journ. de Physiol. 1907, Bd. 9, S. 441. — Schlimpert, Monatsschr. f. Geb. u. Gyn. 1913, Juni.

b) Einfluß der Genitalfunktionen auf die Hypophyse.

1. Veränderung der Hypophyse in der Schwangerschaft.

Erdheim und Stumme, Zieglers Beitr. 1909, Bd. 46. — Fichera, Arch. ital. de Biol. Bd. 43, S. 105. — Holzbach, Zentralbl. f. Gyn. 1908, Nr. 21, S. 709. — v. Reuß, Wiener klin. Wochenschr. 1908, Nr. 31, S. 1116. — Schlimpert, Siehe I. a. — Tandler, Untersuchungen an Skopzen. Wiener klin. Wochenschr. 1908. — Tandler und Groß, Beschreibung eines Eunuchenskeletts. Arch. f. Entwicklungsmechanik. 1909, Bd. 27. — Dieselben, Die Skopzen. Arch. f. Entwicklungsmech. 1910, Bd. 30.

2. Hypophysenveränderung nach Kastration.

Rößle, Über Hypertrophie und Organkorrelation. Münchn. med. Wochenschr. 1907. — Stumme, Arch. f. klin. Chir. 1908, Bd. 87, S. 437. — Tandler und Groß, Siehe unter 1.

c) Einfluß der Hypophyse auf die Genitalorgane.

1. Hypophysenexstirpation.

Ascoli und Legnani, Siehe unter Physiologie. — Cushing, Siehe unter Physiologie.

2. Akromegalie.

Sternberg, Die Akromegalie. Nothnagels Handbuch. Wien 1897, Bd. 7, 2. — Stumme, Siehe unter A, b.

3. Riesenwuchs.

Bollinger, Über Zwerg- und Riesenwuchs. Samml. gemeinverständl. Vorträge, herausgegeb. von Virchow und Holtzendorff, Berlin 1885, Heft 455. — Langer, Wachstum des menschlichen Skelettes mit Bezug auf den Riesen. Denkschrift d. kais. Akad. d. Wissensch. zu Wien. 1872, Bd. 31, S. 1. — Launois et Roy, Etude biologique sur les géants. Paris 1904. — Maisonare, Contribution à l'étude de l'opothérapie orchitique. Thèse de Lyon 1903. — Sternberg, Vegetationsstörungen und Systemerkrankungen der Knochen. Wien 1899. Nothnagels Handbuch. Bd. 7, 2.

4. Hypophysäre Fettsucht.

Aschner, Siehe unter Physiologie. — Cushing, Siehe unter Physiologie. — Fröhlich, Wiener klin. Rundschau 1901, S. 883. — Madelung, Arch. f. klin. Chir. 1904, Bd. 73, S. 1066.

III. Zirbeldrüse und Genitale.

v. Frankl-Hochwart, Wiener med. Wochenschr. 1910, S. 506. — Marburg, Zur Kenntnis der normalen und pathologischen Histologie der Zirbeldrüse. Die Adipositas cerebralis. Arbeiten a. d. neurol. Institut d. Wiener Universität. 1909, Bd. 17, S. 217.

IV. Schilddrüse und Genitale.

Baumann, Zeitschr. f. phys. Chemie. 1895, Bd. 21, S. 319 und Münchn. med. Wochenschr. 1896, Nr. 14, S. 309.

a) Einfluß des Genitales auf die Schilddrüse.

1. Menstruation.

2. Kastration und Klimax.

Parhon und Goldstein. Ref. Schmidts Jahrbücher 1907, Bd. 294, S. 33.

3 Schwangerschaft, Geburt und Wochenbett.

Freund, W. A., Deutsche Zeitschr. f. Chir. 1883, Bd. 18.

4. Myom und Schilddrüse.

Fränkel, Gyn. Rundschau. 1910, Heft 22, S. 828. — Freund, W., Deutsche Zeitschr. f. Chir. 1891, Bd. 31, S. 1446.

b) Einfluß der Schilddrüse auf das Genitale.

1. Hypo- und Athyreoidismus.

α) Schilddrüsenexstirpation.

Kocher, Arch. f. klin. Chir. Bd. 29, S. 254. — Derselbe, Verhandl. d. 23. Kongr. f. inn. Med. München 1906.

β) Kongenitales und infantiles Myxödem.

Hertoghe, Die Rolle der Schilddrüse bei Stillstand und Hemmung des Wachstums. Übersetzung durch Spiegelberg, München 1900.

γ) Endemischer Kretinismus.

Rübsamen, Arch. f. Gyn. 1912.

2. Hyperthyreoidismus.

α) Kropf.

Klöppel, Inaug. Diss. Freiburg 1911. — Kraemer, Inaug. Diss. Freiburg 1910.

β) Morbus Basedow.

Freund, H. W., Deutsche Zeitschr. f. Chir. 1883, S. 213. — Kocher, Siehe unter b) 1. α. — Mathieu, Zentralbl. f. Gyn. 1891, Nr. 15. — Müller, P., Die Krankheiten des weiblichen Körpers in ihren Wechselbeziehungen zu den Geschlechtsfunktionen. Enke, Stuttgart 1888. — Rübsamen, Siehe unter b) 1. γ. — Wettergreen, Zentralbl. f. Gyn. 1891, S. 189.

c) Therapie.

1. Beeinflussung der Schilddrüse durch Behandlung des Genitales

Mathieu, Siehe unter b) 2. β.

2. Therapie der Genitalerkrankungen von der Schilddrüse aus.

Enderlen und Borst, Münchn. med. Wochenschr. 1910, Nr. 36, S. 1865. — Kocher, Siehe unter b) 2. α. — Payr, Arch. f. klin. Chir. 1906, Bd. 80. — Fränkel, Zentralbl. f. Gyn. 1907, Nr. 31. — Sehrt, Münch. med. Wochenschr. 1913, S. 961.

V. Parathyreoidea und Genitale.

a) Einleitung.

Gley, Comptes rend. de la Soc. de Biol. 1891. — Sandstroem, Ref. Schmidts Jahrb. 1880, Heft 187, S. 114. — Vasalle und Generalli, Arch. ital. de Biologie. 1896. Vol. 25 u. 26.

b) Kastration und Parathyreoidea.

c) Tetanie.

Frankl-Hochwart, Die Tetanie. Nothnagels Handb. Wien 1909.
Adler und Thaler, Zeitschr. f. Geb. u. Gyn. 1908, Bd. 62, S. 194. — Boese und Lorenz, Wiener med. Wochenschr. 1909, Nr. 38. — Erdheim, Mitteil. a. d. Grenzgeb. 1906, Nr. 16, S. 632. — Frank, Monatsschr. f. Geb. u. Gyn. Bd. 32, Heft 4. — Haberfeld, Wiener med. Wochenschr. 1910, S. 2391. — Kocher, Kongr. f. inn. Med. München 1906, S. 79. — Pepere, Clinica moderna. 13. Fasc. 16. — Seitz, Verhandl. d. deutsch. Gesellsch. f. Geb. u. Gyn. zu Straßburg 1909. — Zanfrognini, Bolletino della Acad. d. Med. di Genova 1905.

d) Parathyreoidea und Eklampsie.

Seitz, Arch. f. Gyn. Bd. 89, Heft 1, S. 53. — Vasalle, Ref. Münchn. med. Wochenschr. 1906, Nr. 33, S. 1644.

e) Parathyreoidea und Osteomalazie.

Erdheim, Sitzungsber. d. Kais. Akad. zu Wien. 1907, 116. — Leopold und v. Reuß, Wiener klin. Wochenschr. 1908. — Schmorl, ref. aus Biedl, Innere Sekretion.

VI. Thymus und Genitale.

a) Anatomie.

Schridde, Lehrbuch der pathologischen Anatomie von Aschoff. Bd. 2, V. Thymus. Jena 1909.

b) Physiologie.

Klose und Vogt, Beiträge zur klinischen Chirurgie. 1910, Bd. 69, Heft 1. — Svehla, Arch. f. exper. Pathol. 1900, 43.

c) Einfluß von Genitalfunktionen auf die Thymus.

1. Kastration.

Gellin, Zeitschr. f. exp. Pathol. 1910, S. 71. — Henderson, Journ. of Physiol. 904, Vol. 31, S. 221. — Soli, Presse méd. 1907, S. 264. — Squadrini, Pathologica II. Nr. 28.

2. Schwangerschaft und Thymus.

Henderson, Siehe unter c) 1.

d) Einfluß von Thymusveränderungen auf das Genitale.

1. Thymusexstirpation.

Hammar, Anatom. Anzeiger. Bd. 27. — Noel Paton, Journ. of Physiol. 1904, 32. S. 59. — Ott and Scott, Journ. of exper. Med. Vol. 11, 2, S. 326. — Parisot et Lucien. Comptes rendus de la Soc. de Biol. 64, 1908, S. 747. — Soli, Siehe unter A, a.

2. Status thymolymphaticus.

Bartel und Hermann, Monatsschr. f. Geb. u. Gyn. 1911, Bd. 33, Heft 1 u. 2. — Paltauf, Wiener klin. Wochenschr. 1896, Nr. 16 und frühere Arbeiten.

VII. Nebenniere und Genitale.

a) Anatomie.

Aschoff, Orth-Festschrift. 1903, S. 1—9. — Poll, Berl. klin. Wochenschr. 1909. S. 648, 1886 u. 1973. — Schmorl, Zieglers Beitr. 1891, 9.

b) Physiologie.

Addison, Thomas, On the constitutional and local effects of disease of the suprarenal bodies. London 1855. — Olivier and Schäfer, Journ. of Physiol. 1895, Vol. 18,

S. 277. — Stilling, Zieglers Beitr. 1908, Bd. 43, S. 263 und frühere Arbeiten. — Stolz, Berichte der deutschen chem. Gesellsch. 1904, Bd. 37, S. 4149. — Takamine, Amer. Journ. of Physiol. 1901, Vol. 73.

c) Beziehungen zwischen Nebenniere und Genitale.

Meckel, Abhandlungen aus der menschlichen und vergleichenden Anatomie und Physiologie. 1836, S. 365.

d) Einwirkung des Genitales auf die Nebennieren.

1. Kastration.

Ciaccio, Anatom. Anzeiger. Bd. 23, S. 95. — Christofoletti, Gyn. Rundschau. 1911, Nr. 4 u. 5. — Hultgren und Anderson, Skandinav. Arch. f. Phys. 1899, Bd. 9.

2. Schwangerschaft.

Aschoff, ref. aus Biedl, „Innere Sekretion". — Diehm, Arch. f. klin. Med. 1908, Bd. 94. — Ehrmann, Arch. f. exp. Pharm. u. Path. 1905, Bd. 54, S. 96. Deutsche med. Wochenschr. 1909. — Gottschau, Biolog. Zentralbl. 1883, III. S. 565—576. Arch. f. Anat. u. Entwickl. Anat. Abt. 1883, S. 412. — Hofbauer, Volkmanns Samml. klin. Vortr. N. F. Nr. 586, Gyn. 210. — Neu, Med. Klinik 1910, Nr. 46, S. 1813 und frühere Arbeiten. 82. Vers. deutscher Naturf. u. Ärzte in Königsberg. Suppl. 1910. — Neubauer und Novak, Deutsche med. Wochenschr. 1911, Nr. 49. — Trendelenburg, Paul, Arch. f. exp. Path. u. Pharm. 1910, 630, 161. Deutsches Arch. f. klin. Med. 1911. 103, S. 168.

e) Einwirkung der Nebennieren auf das Genitale.

1. Nebennierenexstirpation.

Cesa-Bianchi, Arch. die Biologia. 4, S. 6. — Silvestri e Tosatti, Soc. med. chir, Modena. 7. Dez. 1908. Pathologica 1909.

2. Morbus Addison.

Försterling, Inaug.-Diss. Berlin 1898.

3. Adrenalin.

Bossi, Zentralbl. f. Gyn. 1907, Nr. 3, S. 69. — Fränkel, A., Arch. f. exp. Pharm. u. Path. 1909, 60, S. 395. — Kehrer, Arch. f. Gyn. 1907, 81, S. 129. — Neu, Monatsschr. f. Geb. u. Gyn. Bd. 23, S. 826.

H. Beziehungen von Erkrankungen des Nervensystems zum weiblichen Genitale[1]).

Von

O. Bumke-Breslau.

Die Beziehungen zwischen den Genitalorganen und dem Nervensystem haben, wie allein der Name und die Geschichte der Hysterie beweisen, von jeher für besonders innige gegolten. Bei allem Wandel der Anschauungen im einzelnen hat sich diese Voraussetzung selbst immer wieder als richtig erwiesen, und fraglich ist auch heute wieder lediglich die Art des Zusammenhanges, der zwischen psychisch-nervösen und gynäkologischen Störungen an sich unzweifelhaft be-

---

[1]) Abgeschlossen im Februar 1913.

steht. Wenn bei der Erörterung dieser Frage jetzt wie früher auffallend unversöhnliche Gegensätze zutage treten, so ist das nur die Teilerscheinung einer sehr viel allgemeineren Erfahrung, nach der hinsichtlich der Ätiologie funktionell nervöser Störungen vorzeitige Verallgemeinerungen und kühne Hypothesen besonders häufig und besonders nachdrücklich vertreten zu werden pflegen. Der Wunsch, das Wesen und die Ursachen der psychischen Krankheiten so bald wie möglich aufzuklären, wird besonders durch die therapeutischen Aufgaben gerechtfertigt, die hier noch zu lösen bleiben; aber die Dringlichkeit dieser Aufgaben ändert nichts an der historischen Tatsache, daß allzu stürmische Attacken in das den meisten Ärzten doch ziemlich fremde psychiatrische Gebiet den wirklichen sachlichen Fortschritt niemals gefördert, zuweilen aber aufgehalten haben. Um so notwendiger ist eine möglichst objektive Kritik des vorhandenen Tatsachenmaterials, wie sie die hier folgende Darstellung anstreben wird.

Die Mannigfaltigkeit der überhaupt möglichen Auffassungen über die Beziehungen zwischen Frauen- und Nervenleiden ergibt sich aus der einfachen Gegenüberstellung der Extreme, die entweder die psychischen Störungen den somatischen oder umgekehrt die körperlichen Beschwerden einem nervösen Grundleiden unterordnen möchten. Die ursprünglichere Auffassung ist — ganz allgemein in der Medizin — natürlich die erste; sie hat der Psychiatrie bekanntlich außer dem verhängnisvollen Wort Hysterie auch die harmloseren Bezeichnungen Hypochondrie und Melancholie hinterlassen. Das Gegenstück, eine mehr oder weniger weitgehende psychologische Erklärung lokalisierter Organbeschwerden, ist bekanntlich sehr jungen Datums; die Entwicklung, die in dieser Hinsicht die Ansichten von Gynäkologen und Neurologen in den letzten Jahrzehnten erfahren haben, ist den Wandlungen auf anderen Gebieten, wie denen der Pathologie des Herzens und des Magens z. B., durchaus parallel verlaufen [1]. Abgeschlossen jedoch ist sie noch nicht, und gerade in unseren Tagen stehen sich die somatische und die psychologische Betrachtungsweise, wenn gynäkologische und nervöse Störungen zusammentreffen, wieder ziemlich schroff gegenüber. Als leitender Gesichtspunkt wird uns also im folgenden die Frage zu dienen haben, ob und wieweit jede von beiden Anschauungen recht hat, und ob sie sich wirklich überall in dem Maße ausschließen, als es nach gelegentlichen Erörterungen polemischer Art der Fall zu sein scheint.

Eines freilich ist heute nicht mehr zweifelhaft: daß psychische Einflüsse funktionelle Störungen in der Genitalsphäre hervorrufen können, steht ganz fest. Ein plötzlicher Schreck führt zuweilen zum Aufhören der schon eingetretenen Periode oder er läßt auch die sonst regelmäßig erfolgenden Menses zu früh oder zu spät einsetzen. Jede Aufregung, insbesondere jede gespannte Erwartung kann in dem gleichen Sinne wirken, und mehrfach endlich hat auch die zielbewußte ärztliche Suggestion, ob mit ohne oder Hypnose (Brunnberg, Forel, Kohnstamm u. a.), den Eintritt und die Dauer der Menstruation willkürlich zu regeln verstanden.

Wir haben wohl nur eine quantitative Steigerung ähnlicher und an sich normaler Reaktionen vor uns, wenn bei psychopathischen Frauen gemütliche Insulte zu einer Steigerung der Schwangerschaftswehen, zu Abort und Frühgeburt den Anlaß zu geben vermögen. Auch die Symptomatologie der grossesse nerveuse gehört, soweit sie wirklich körperliche Veränderungen in sich einschließt, hierher. So erhebt sich ohne weiteres die Frage, ob nicht überhaupt zahlreiche Klagen über Unterleibsbeschwerden auf psychogenem Wege zustande kommen, und weiter, ob nicht auch ein Teil der objektiv nach-

---

[1] Insofern sei hier auf die grundsätzlichen Ausführungen Heilbronners (Bd. 5 dieses Handbuches), denen wir vollständig beitreten, ausdrücklich verwiesen.

weisbaren körperlichen Anomalien, die bisher als Grundlage dieser Klagen gedeutet wurden, richtiger als die Folge bestimmter nervöser Störungen angesehen werden muß.

Beide Fragen werden heute von vielen Gynäkologen — genannt seien besonders Krönig und Walthard — in Übereinstimmung mit wohl allen Neurologen bejaht, und nur die Grenzen dieses nervösen Einflusses auf die Genitalsphäre sind noch strittig. Um sie feststellen zu können, werden wir die häufigsten Fälle kurz betrachten müssen, in denen physiologische oder pathologische Veränderungen innerhalb des Genitalapparates von nervösen Beschwerden begleitet werden.

Das gewöhnlichste Vorkommnis dieser Art ist das Auftreten ausgesprochen nervöser Erscheinungen in zeitlicher Verbindung mit der **Menstruation**[1]). Namentlich der Eintritt der ersten Periode ist relativ oft mit Kreuzweh, Druckschmerzen und Ziehen im Unterleib und wenigstens zuweilen mit funktionellen Herzstörungen (Tachykardie) und mit psychischer Erregung verbunden. Daß die Periode auch späterhin für den Durchschnitt der Frauen eine gewisse Beeinträchtigung des Wohlbefindens und der Leistungsfähigkeit mit sich bringt, geht aus der populären Bezeichnung Unwohlsein so deutlich hervor, daß wir heute wenigstens die Fälle als ungewöhnlich ansehen müssen, in denen solche Störungen überhaupt nicht beobachtet oder richtiger: nicht beachtet werden. Es ist ja möglich, was vielfach behauptet wird, daß erst eine gewisse Kulturstufe diese Überempfindlichkeit der Frauen erzeugt habe. Sicher ist jedenfalls, daß die Fälle leichtester Müdigkeit und die schwerster nervöser und psychischer Störungen durch so unmerkliche Übergänge verbunden werden, daß sich eine scharfe Grenze zwischen den physiologischen und den pathologischen Begleitsymptomen der Menstruation schlechterdings nicht ziehen läßt. Außer über lokale Beschwerden wird am häufigsten geklagt über Müdigkeit, Kopfdruck, Kopfschmerz, Schwindel, Appetitlosigkeit, Übelkeit, Erbrechen, Obstipation und Diarrhöe, Kardialgien, Mastodynien, Herzpalpitationen, vasomotorische Störungen, kalte Hände und Füße, Wallungen und Schweißausbrüche. Daß hysterische und epileptische Anfälle, Ohnmachten, Migräne, Trigeminus- und andere Neuralgien ausgesprochen pathologische Begleiterscheinungen der Menstruation sind, versteht sich von selbst. Das gleiche gilt für das Auftreten von Zwangszuständen und Impulsen, für Warenhausdiebstähle, Pyromanien, Dipsomanien und für die Psychosen[2]), die sich am häufigsten in Form einer melancholischen Verstimmung, einer Verworrenheit oder einer pathologischen Eifersucht (Ziehen) äußern und 2—14 Tage durchschnittlich zu dauern pflegen. Leichtere gemütliche Veränderungen, also gesteigerte Erregbarkeit und Gereiztheit, die Neigung zum Weinen, zu ängstlichen Verstimmungen usw. sind wohl zu häufig, als daß ihr gelegentlicher Nachweis zur Diagnose einer schweren neuropathischen Veranlagung allein ausreichen könnte. Erwähnt sei in diesem Zusammenhange jedoch, daß nach Pilcz und Heller 35—36 % der Selbstmörderinnen zur Zeit ihres Suicids menstruiert waren[3]).

Die Erklärung der eben besprochenen Tatsachen wird keine einheitliche sein können. Für die Auslösung von Psychosen und von epileptischen

---

[1]) Vgl. Loewenfeld, Krönig, Windscheid, Walthard.

[2]) Bei diesen handelt es sich wohl fast immer entweder um die Exacerbation einer schon lange bestandenen und von den Angehörigen übersehenen Seelenstörung (Hebephrenie z. B.) oder häufiger um eine Phase im Verlaufe des periodischen (manisch-depressiven) Irreseins (Kraepelin). Jedem Irrenarzt ist die Erfahrung geläufig, daß die Erregbarkeit geisteskranker Frauen zur Zeit ihrer Menstruation ganz allgemein — ohne Abhängigkeit von der Form der Psychose — zunimmt.

[3]) Eine einfache Überlegung ergibt, daß eine Frau zwischen der Pubertät und dem Klimakterium etwa 14 % ihres Lebens unwohl ist.

Anfällen z. B. wird zumeist ein körperlicher Einfluß verantwortlich gemacht
werden müssen, den die Menstruation auf das Gehirn ausübt. Zum Beweise
dieser Behauptung ist es vielleicht nicht einmal notwendig, die Fälle Fried-
manns heranzuziehen, in denen Verwirrtheitszustände periodisch vor der
ersten Blutung auftraten, um mit dem ersten Unwohlsein zu verschwinden.
Ganz allgemein wird ja angegeben, daß psychische Störungen bei relativer
Amenorrhöe häufiger sind als bei gewöhnlichem oder vermehrtem Blutverlust
(Löwenfeld). Aber auch ein Teil der „normalen" psychischen Begleiterscheinungen der Menstruation wird ähnlich erklärt werden müssen. Schon die
von Schüle u. a. zur Zeit der Menstruation nachgewiesene Erhöhung der Temperatur, der Pulsfrequenz und des Stoffwechsels war geeignet, eine solche Annahme zu stützen. Noch mehr gilt das für die Ergebnisse von Schickele,
die uns dem Verständnis dieser Zusammenhänge wesentlich näher gebracht
haben. Schickele sieht mit guten Gründen in der periodischen Menstruation
das Ergebnis einer inneren Sekretion der Ovarien. Die Eierstöcke produzieren Stoffe, die die Gerinnung verzögern, den Blutdruck herabsetzen und
eine lokale Gefäßerweiterung hervorrufen. Die menstruelle Blutung kommt
nach dieser Anschauung dann zustande, wenn der chemische Vorgang, gewissermaßen durch Summation, eine bestimmte Höhe erreicht hat. Es ist klar,
daß sich auf diese Weise auch abnorme Menstruationstypen, Verschiebungen
des Termins usf. ebenso zwanglos erklären lassen wie bestimmte körperliche
Begleiterscheinungen der Periode (Anschwellen der Schilddrüse z. B.).

Trotzdem werden wir nicht alle abnormen psychischen Begleiterscheinungen der Menstruation als Folge einer chemischen Reizung des Nervensystems
deuten können. In Fällen mit starken subjektiven Beschwerden tritt die psychogene Entstehung oft so deutlich zutage, daß über das Vorkommen auch dieses
Zusammenhanges nicht gestritten werden kann[1]. Ja, der Häufigkeit nach
spielen diese leichteren („neurasthenischen" und „hysterischen" Störungen)
sicher eine sehr viel größere Rolle als die schweren oben besprochenen Formen.
Schon die Tatsache, daß manche Frauen überhaupt keine nervösen Begleiterscheinungen des „Unwohlseins" kennen, legt die Vermutung nahe, daß eine
besondere Intensität derartiger Beschwerden auf einer kortikalen (psychischen)
Hyperästhesie (Martius, v. Romberg), oder wie Mathes es ausdrückt,
auf einer erhöhten Bereitschaft des zentralen Nervensystems zur Wahrnehmung
von Organempfindungen beruht. So finden diese subjektiven Störungen dieselbe
Erklärung, die uns das Wesen aller echten neurasthenischen, hypochondrischen
und hysterischen Mißempfindungen überhaupt verständlich gemacht hat. Sie
legt den Nachdruck auf die gesteigerte Aufmerksamkeit, die den von der Peripherie kommenden Reizen zugewandt wird oder die ev. sogar nach ihnen sucht,
und auf die abnorm lebhafte gemütliche Reaktion, die an sich geringfügige
Sensationen auszulösen vermögen. Walthardt faßt neuerdings diesen psychologischen Mechanismus bekanntlich in der kurzen Formel: „gesteigerte Affek-
tivität" zusammen.

Für die Fälle endlich, in denen die Menstruation nicht nur von nervösen
Beschwerden begleitet, sondern selbst abnorm ist, werden wir noch ein Drittes
annehmen müssen: eine Wechselwirkung von psychischen und somatischen Momenten.

Unzweifelhaft führen seelische Anomalien ebensowohl zu dysmenorrhoischen

---

[1]) Besonders klar liegen die Dinge in den viel besprochenen Fällen, in denen vikariierende Blutungen aus der Nasenschleimhaut usf. beobachtet worden sind, oder in denen
eine Dysmenorrhöe durch Behandlung der Nasenschleimhaut (auf Grund älterer Reflex-
theorien) geheilt worden ist. Dieselbe Wirkung wird ja heute, wie erwähnt, ob mit oder
ohne Hypnose, durch bloße verbale Suggestion erreicht.

Beschwerden wie umgekehrt Menstruationsstörungen zu Veränderungen des nervösen Gleichgewichtes. Insofern liegen die Dinge nicht einmal in den Fällen ganz einfach, in denen die Dysmenorrhöe zunächst organisch (mechanisch durch eine Stenose oder etwa durch eine Gonorrhöe) bedingt ist. Die nervösen Folgen, die hier beobachtet werden, sind selbstverständlich sekundär (nur daß wir heute wieder an psychologische Zusammenhänge und nicht wie Hegar an eine „Reflexneurose", ein Überspringen des nervösen Reizes von den Beckennerven auf das übrige Nervensystem, zu denken gewohnt sind); die einmal entstandene Nervosität jedoch kann ihrerseits den Ablauf der Menstruation noch weiter schädlich beeinflussen. Noch verwickelter wird die Sachlage, wenn nervöse Störungen und Dysmenorrhöen ursprünglich Folgen derselben Ursache, also z. B. einer Chlorose, waren. Die große Mehrzahl der Dysmenorrhöen aber fassen Teilhaber, Vedeler, Wille, Menge, Hofmeier, Krönig und Walthardt überhaupt geradezu als Teilerscheinung einer hysterischen oder einer neurasthenischen Konstitution auf. Sicher ist, daß dysmenorrhoische Beschwerden überwiegend häufig bei nervösen Frauen beobachtet werden. Bei ihnen kommt es zu vorzeitigen Blutungen, zur Vermehrung oder zur Verzögerung des menstruellen Abflusses, zum Abgang kleinerer Blutmengen im Intermenstruum (Walthardt), zu vorübergehender Amenorrhöe. Die therapeutischen Erfolge, die in solchen Fällen durch eine Besserung des Allgemeinbefindens, durch eine Badereise oder auch durch bloße Suggestion (ev. Hypnose) erzielt werden, sind nur unter der Annahme einer rein psychogenen Entstehung verständlich.

Aber wieder wird natürlich das schwankende nervöse Gleichgewicht dieser Frauen durch die Dysmenorrhöe noch weiter geschädigt werden, und so können dann gelegentlich somatische und psychische Faktoren eine recht verhängnisvolle Wechselwirkung entfalten. Eine alte Erfahrung lehrt, daß insbesondere beruflich tätige Frauen, Gouvernanten, Lehrerinnen, Konservatoristinnen, Studentinnen und Ladnerinnen, besonders häufig an Dysmenorrhöe leiden. Man hat — und das wird für sehr viele Fälle gewiß zutreffen — darin häufig nichts anderes sehen wollen, als ein Symptom der durch den Beruf bedingten allgemeinen nervösen Schwäche. Aber es wäre doch auch denkbar, daß eine wesentliche Ursache der Dysmenorrhöe in solchen Fällen gerade in der Unmöglichkeit gegeben wäre, sich während des Unwohlseins genügend zu schonen. Manche Einzelerfahrungen sprechen sehr entschieden dafür, daß ein unzweckmäßiges Verhalten während einer Periode — eine Erkältung, eine körperliche Überanstrengung oder eine seelische Aufregung — gelegentlich den Verlauf der nächsten Menstruation ungünstig beeinflußt. Bei der nachgewiesenen Abhängigkeit des ganzen physiologischen Vorganges von psychischen Faktoren könnte man auch dabei an Autosuggestionen denken; aber wenn Schickele mit seiner Theorie der Menstruation überhaupt recht hat, so würde eine andere Erklärung zum mindesten ebenso nahe liegen. Hat die menstruelle Blutung die Aufgabe, die Produkte einer periodisch anschwellenden inneren Sekretion aus dem Körper zu entfernen, so muß die Störung dieses Vorganges im Sinne einer Autointoxikation wirken. Ein plötzlicher Schreck z. B., der ein Unwohlsein unterbricht, könnte auf diesem Wege den Zeitpunkt und den Ablauf der nächsten Periode beeinflussen. Auch dabei wäre die Annahme einer psychopathischen Anlage wenigstens insofern notwendig, als bei nervös ganz gesunden Frauen diese Wirkung eines Schreckes kaum eintreten dürfte. Die übrigen Glieder in der Kette der Erscheinungen jedoch würden somatischer Natur sein [1]), und erst am Ende der Reihe — mit dem Eintritt der nächsten

---

[1]) Dabei ist zu bedenken, daß die Annahme eines rein psychologischen Mechanismus zur Erklärung der funktionellen Neurosen (einschließlich der Hysterie) überhaupt nicht

Periode — würden wieder psychische Erscheinungen als Foge der Dysmenorrhöe auftreten [1]).

Zusammenfassend wäre zu sagen, daß sich weder die rein somatische noch die psychologische Erklärung der nervösen Menstruationsstörungen als ausreichend erweisen. Es wäre auffallend, wenn eine so eingreifende Veränderung des Stoffwechsels im Verein mit dem Blutverlust das Allgemeinbefinden nicht direkt, auf körperlichem Wege beeinflussen würde. Die Schwierigkeiten, die hier liegen, beruhen zum Teil darauf, daß ein objektives Maß der dadurch bedingten Beschwerden natürlich nicht gewonnen werden kann. Gewiß ist aber, daß die meisten Klagen über schwerere lokale Schmerzen und lebhaftere allgemein-nervöse Störungen entweder auf einer Exazerbation an sich vorhandener nervöser Leiden beruhen, wie sie durch kleine Störungen des Allgemeinbefindens (Schnupfen etc.) bei Psychopathen auch sonst hervorgerufen wird, oder aber auf einem psychischen Umwege zustande kommen. Sowohl eine neurasthenische Überempfindlichkeit, wie die hysterische Idee, Beschwerden haben zu müssen, können sich in dieser Weise äußern. Sehr häufig endlich haben derartige nervöse Konstitutionen außer subjektiven Sensationen noch eine objektiv nachweisbare Veränderung der Menstruation, eben dysmenorrhoische Störungen zur Folge.

Die **Therapie** der nervösen Dysmenorrhöe sowie der nervösen Störungen bei der normalen und bei der pathologischen Menstruation ergibt sich aus den Erörterungen über die Pathogenese von selbst. Walthardt hat gewiß recht, wenn er jede lokale Behandlung verwirft und anstatt dieser (die ja doch nur die Idee, genitalkrank zu sein, verstärken kann) eine zielbewußte Psychotherapie empfiehlt. Rosenfeld, der diesem Vorschlag nicht vollkommen beigetreten ist, mag zugegeben werden, daß nicht jede Form der Psychopathie auf suggestivem Wege beeinflußt werden kann. Wenn eine manisch-depressive Anlage zur Zeit der Periode manifest wird, so sind wir in der Tat außerstande, daran etwas zu ändern; aber daß die Psychotherapie hier und da versagt, ändert nichts daran, daß sie die einzige Behandlungsart ist, die überhaupt Erfolge verspricht. Die Formen, die eine solche Suggestivtherapie anzunehmen hat, sind natürlich je nach der Persönlichkeit der Patientin und des Arztes außerordentlich mannigfaltige. Ihre allgemeinen Ziele sind Hebung des körperlichen und des nervösen Gesamtzustandes neben einer speziellen psychischen Beeinflussung der Organbeschwerden. Zur Hypnose wird man sich dysmenorrhoischer Beschwerden wegen wohl nur ausnahmsweise entschließen wollen; um so notwendiger sind Wachsuggestionen, die am zweckmäßigsten an die Verordnung allgemeiner diätetischer Maßregeln geknüpft werden und jedenfalls die Anwendung lokaler Scheinbehandlungen nicht notwendig machen.

Therapeutische Vorschläge im einzelnen lassen sich für alle Fälle nicht wohl geben. Bei vielen nervösen Frauen ist es gewiß nicht nur nicht notwendig, sondern geradezu schädlich, wenn bei jeder Menstruation Bettruhe verordnet wird. Auch das wirkt suggestiv im Sinne einer Verschlechterung des Befindens. Auf der anderen Seite drängen die oben erwähnten Erfahrungen bei beruflich tätigen Frauen doch zu der Forderung, eine gewisse Schonung zur Zeit der Periode möglichst allgemein anzustreben.

---

ausreicht. Ohne die Annahme einer abnormen Erregbarkeit subkortikaler nervöser Apparate lassen sich zahlreiche Erscheinungen (vasomotorische Vorgänge, Peristaltik, Pupillen etc.) in der Symptomatologie dieser Krankheiten schlechterdings nicht verstehen.

[1]) Daß noch andere Erklärungen dieser Wechselwirkung möglich sind, beweist die Hypothese von Theilhaber, nach der bei nervösen Frauen abnorm starke Zusammenziehungen des Muttermundes den Abfluß des Blutes auf mechanischem Wege hindern sollen.

Klimakterium [1]**.** Ganz ähnliche Schwierigkeiten hinsichtlich der Deutung der Erscheinungen, wie wir sie eben bei Besprechung der nervösen Dysmenorrhöen und der von der Periode abhängigen nervösen Störungen kennen gelernt haben, bestehen für das Klimakterium. In gynäkologischen Kreisen wurde vor noch nicht sehr langer Zeit den nervösen Folgen der Involution (der physiologischen ebensowohl wie der künstlich herbeigeführten) keine allzu große Bedeutung beigelegt. Diese Auffassung ist heute nahezu überall aufgegeben worden. und an ihre Stelle ist die Überzeugung getreten, daß kaum eine Frau die Rückbildungsjahre ganz ohne allgemeine nervöse Beschwerden durchmacht. Wallungen, fliegende Hitzen ev. mit Hautrötung, Schweißausbrüche, Gefühl von Engigkeit im geschlossenen Raum, Herzklopfen, Pulsbeschleunigung, Gesichtsrötung, eine gewisse Adipositas, sowie auf psychischem Gebiete Reizbarkeit, melancholische und hypochondrische Verstimmungen leichtester Art, müssen geradezu als noch normale Symptome des Klimakteriums gelten. Bekanntlich beginnen sie gewöhnlich schon einige Jahre vor der definitiven Menopause und überdauern sie gelegentlich ebensolange Zeit (Börner). Pathologische Reaktionen sind dagegen außer den ausgesprochenen Psychosen große Körperschwäche, stärkere Schlafstörungen, Angstzustände und Schwindelanfälle — Symptome, die zum Teil wohl auf Rechnung einer beginnenden Atherosklerose, zum Teil auf die einer schon vorher vorhandenen nervösen Anlage gesetzt werden müssen.

Für das Verständnis dieser Krankheitserscheinungen ist nun die Tatsache wichtig, daß sie im künstlich herbeigeführten Klimakterium auch beobachtet werden. Bei 98% der kastrierten Frauen beobachtete Pfister z. B. Wallungen, bei 50% Kopfweh; viel seltener wurde über nervöses Erbrechen, Neuralgie, Herzklopfen und Schlaflosigkeit, dagegen wieder häufiger über eine Abnahme des Gedächtnisses geklagt. Gemütliche Veränderungen, insbesondere Depressionen, die auch in diesen Fällen relativ häufig festgestellt werden konnten, lassen sich hier eher als bei der natürlichen Involution als normale psychologische Reaktionen auf die überstandene Krankheit und die Operation erklären.

Im übrigen ist die Melancholie eine bei klimakterischen Frauen so häufige Psychose, daß sie eine Zeitlang als eine eigene Form der Geisteskrankheit von den Depressionszuständen anderer Lebensalter abgegrenzt worden ist (Kraepelin). Allerdings steht fest, daß in einem Teil dieser Fälle eine angeborene Anlage zum manisch depressiven Irresein schon vor der Menopause bestanden hatte [2].

Ganz allgemein lehrt die Erfahrung von Gynäkologen und Neurologen gleichmäßig, daß die Klagen, die während des Klimakteriums erhoben werden sehr wesentlich von der nervösen Verfassung abhängig sind, in der sich die betreffenden Frauen vor dem Eintritt in die Wechseljahre befunden haben.

Wir werden eben dem Klimakterium für die Entstehung nervöser und psychischer Störungen erheblicher Art doch nur eine auslösende Rolle zuschreiben dürfen. Wie diese Rolle im einzelnen zu denken ist, entzieht sich heute noch unserer Kenntnis. Immerhin haben auch hier die Anschauungen Schickeles viel Licht verbreitet. Oben wurde schon erwähnt, daß nach diesem Autor von den Ovarien Stoffe geliefert werden, die den Blutdruck herabsetzen. Schickele hat nun bei klimakterischen Frauen (und zwar im normalen Klimax sowohl wie im künstlichen) eine erhebliche Erhöhung des Blutdruckes

---

[1] Krönig, Walthard, Loewenfeld, Kraepelin, Windscheid, Schickele.
[2] Weniger fällt gegen die Annahme einer auslösenden Rolle des Klimakteriums die Tatsache ins Gewicht, daß die Neigung zu Depressionszuständen in dieser Lebensperiode auch unter den Männern zunimmt. Wir würden dann eben auch bei ihnen analoge Involutionsvorgänge als Ursache dieser Erscheinungen anzuschuldigen haben.

(160—170 gegenüber von 125—130) in 80 % der Fälle nachgewiesen. Er ist geneigt, dafür eine Wirkung der Antagonisten, die von den Nebennieren geliefert werden, verantwortlich zu machen, und er kann zur Stütze dieser Ansicht die therapeutische Erfahrung anführen, daß die Verabreichung von Ovarialextrakt sowohl den Blutdruck, wie die übrigen Ausfallserscheinungen zu vermindern pflegt.

Schickele hat dann seine Theorie weiterhin noch auf Fälle ausgedehnt, die zunächst dem Klimakterium fernzustehen scheinen, deren Symptomatologie aber wiederum den Neurologen ebenso wie den Gynäkologen interessiert. Es handelt sich dabei um relativ junge Frauen (zwischen 29 und 40 Jahren) [1], von denen Schickele meint, daß bei ihnen bisher meist eine Endometritis diagnostiziert und behandelt worden sei. Die Beschwerden, über die diese Kranken klagen, sind den klimakterischen recht ähnlich: Kopfschmerzen, Hitzewallungen, Schweißausbrüche, Herzklopfen, Engigkeit, Schlaflosigkeit, Arbeitsunlust, Depression, Aufgeregtheit. Objektiv lassen sich gewöhnlich abnorme Rötung des Gesichts, Tremor, Dermographie, frequenter Puls, feuchte Haut, ein Blutdruck von 150—180, sowie zuweilen Lymphocytose und Eosinophilie feststellen. Auch bei diesen Patientinnen, bei denen sich eine lokale Behandlung als zwecklos erweist, führt die Darreichung von Ovarialextrakt zur Milderung der Beschwerden.

Es braucht kaum gesagt zu werden, daß Schickele auch in diesen Fällen primär eine Funktionsstörung der Ovarien annimmt, durch die eine Erhöhung des Sympathicustonus bedingt wurde. Insofern berühren sich seine Feststellungen eng mit den Beobachtungen von Heß, Eppinger und Pötzl, die ganz allgemein behaupten, daß während der klimakterischen Melancholie (und des manisch-depressiven Irreseins) die Erregbarkeit des sympathischen und autonomen Nervensystems durch Arzneimittel verändert wäre. Der Tonus dieses Systems nähme sowohl an der Hemmung bei der Depression wie an der Erregung bei der Manie teil.

Diese Theorien bedürfen noch der experimentellen und klinischen Nachprüfung. Die Feststellung des wirklichen Sachverhaltes begegnet auch hier wieder deshalb großen Schwierigkeiten, weil das psychogene Moment sich sehr häufig als mitwirksam nachweisen, sehr selten dagegen vollkommen ausschließen läßt. Jedenfalls ist hier zum erstenmal ein Weg beschritten worden, um in exakter wissenschaftlicher Form die Frage zu beantworten, welche Rolle den Generationsvorgängen des Weibes bei der Entstehung der Nerven- und Geisteskrankheiten zukommt.

Die Frage ist wiederholt gestellt und sehr verschieden beantwortet worden. Noch Esquirol war der Meinung, daß die Menstruationsstörungen den sechsten Teil aller physischen Ursachen des weiblichen Irreseins ausmachten; und Hood vertrat die Ansicht, daß von 697 weiblichen Geisteskranken 149 infolge von Uterinleiden erkrankt waren. Den kritischen Bemühungen der neueren Zeit haben diese Behauptungen natürlich nicht standhalten können. Trotzdem tauchen vereinzelt hie und da wieder Anschauungen auf, die den eben erwähnten mehr oder minder nahe verwandt sind.

Das ist insofern berechtigt, als die Möglichkeit eines Zusammenhanges zwischen psychischen Störungen und Veränderungen der Genitalorgane

---

[1] Über den durchschnittlichen Beginn des Klimakteriums geben folgende Zahlen, die Loewenfelds Darstellungen entnommen sind, Auskunft. Danach begann die Menopause bei 48 Frauen zwischen dem 35. und 40. Lebensjahre
„ 141 „ „ „ 41. „ 45. „
„ 177 „ „ „ 46. „ 50. „
„ 89 „ „ „ 51. „ 55. „

a priori nicht abgelehnt werden kann. Eine andere Frage ist, ob irgendwelche Tatsachen aus dieser Möglichkeit eine Gewißheit oder wenigstens eine Wahrscheinlichkeit gemacht haben. Wir wollen diese Frage jetzt an der Hand des bisher angesammelten Materials zu beantworten suchen und dabei zunächst zu zwei Anschauungen Stellung nehmen, die sich, trotz mancher Gegensätze im einzelnen, in der Hauptsache innig berühren.

Die eine von beiden ist älteren Datums und knüpft sich an den Namen Alfred Hegar. Wir haben sie oben, als wir die Reflexneurosen erwähnten, bereits kurz gestreift und dabei schon betont, daß die Annahme von reflektorischen Beziehungen zwischen den erkrankten Genitalorganen und dem Nervensystem modernen neurologischen Anschauungen wenig entspricht. Noch vor einigen Jahrzehnten spielten diese Reflexneurosen eine sehr erhebliche Rolle, und die Idee, daß irgendwelche Organerkrankungen auf diese Weise zu nervösen Störungen auch in weit entfernten Gebieten des Körpers führen könnten, enthielt damals nichts Ungewöhnliches. Erinnert sei nur an die Reflexepilepsien und ähnliches, sowie daran, daß bestimmte Zusammenhänge, wie sie z. B. in den sekundären Schwangerschaftsveränderungen (Brustdrüsen etc.) zum Ausdruck kommen, erst in neuerer Zeit auf chemische anstatt wie früher auf nervöse Einflüsse zurückgeführt worden sind[1]).

Ähnlich würde man wahrscheinlich heute die Beobachtung von Kretschy und Fleicher deuten wollen, nach der die physiologische Menstruation von einer Verlangsamung der Magenverdauung begleitet sein sollte. Theilhaber und Crämer fanden übrigens bei 44 von 45 gynäkologisch kranken Frauen, die über gastrische Beschwerden klagten, die Sekretion und die Verdauungskraft des Magens ganz unverändert. Für die Mehrzahl derartiger Fälle werden wir natürlich ohnehin an eine psychogene Entstehung denken müssen, genau so, wie für ausgesprochene Tachykardien, Pseudoangina pectoris, für funktionelle Akkommodationsstörungen usf.

Wie sehr sich unsere Grundanschauungen in diesen Fragen gewandelt haben, ergibt der Vergleich mit den Lehren, die Hegar vor bald 30 Jahren vertreten hat, in der Tat sehr deutlich. Dieser Autor beschrieb unter dem Namen der „Lendenmarkssymptome" einen Symptomenkomplex, der sich ausschließlich in den Zweigen des Plexus lumbalis und sacralis abspielen sollte. Zu diesen Krankheitserscheinungen gehörten: „Wehegefühl und Abgeschlagenheit im Kreuz, Schmerzen in den Regiones iliacae, Ziehen und Reißen in den Hüften und Beinen, die Halblähmung der unteren Extremitäten, die Coccygodynie, die Anästhesie und Hyperästhesie des Introitus vaginae, Beschwerden bei der Harn- und Stuhlentleerung u. a. Selten findet man eine Neurose in Körperteilen, welche entfernt von den Sexualorganen liegen, ohne daß gleichzeitig solche Symptome ebenfalls vorhanden sind. Erscheinungen in Nerven, welche aus höheren Abschnitten des Rückenmarks entspringen, besonders aber solche in Organen, welche vom Vagus und reichlich vom Sympathikus versorgt werden, schließen sich jenem Komplex an oder sind auch wohl von Anfang an da. Dahin gehören Interkostalneuralgien, Mastodynie, Kardialgie, Erbrechen, Globus, Aphonie, Husten, Asthma, Delirium cordis u. a." Schon dieses Zitat zeigt ziemlich deutlich, welcher Art die Fälle waren, die Hegars Auffassung zugrunde lagen. Noch klarer werden die Dinge durch manche Einzelheiten der Lehre, die noch kurz erwähnt sein mögen. So legte Hegar bei dem Nachweis eines Zusammenhanges zwischen den Fernsymptomen und den Genitalleiden besonderen Wert auf die Beobachtung, daß sich die Erscheinungen der Neurose gewöhnlich zunächst auf der dem Krankheitsherd entsprechenden Körperhälfte ausbildeten und höchstens erst später auf die andere Seite übersprangen. Man würde diese Entwicklung heute auch dann anders deuten müssen, wenn aus den mitgeteilten Krankengeschichten die hysterische Natur dieser Fälle nicht ohne weiteres hervorginge. Hingewiesen sei nur auf die häufigen Erwähnungen von Kontrakturen, halbseitigen und doppelseitigen Krampfanfällen, Krampfhusten, von Halbseitenlähmungen und besonders darauf, daß nahezu alle diese Erscheinungen seinerzeit durch

---

[1]) Daß reflektorische Beziehungen zwischen dem Uterus und den übrigen Organen des Körpers überhaupt bestehen, ist in neuerer Zeit von E. Kehrer durch zielbewußte Experimente sichergestellt worden. Aber diese Reflexe, die vom Magendarmkanal, von der Harnblase, den peripheren Rückenmarksnerven, der Haut und der Schleimhaut auf die Gebärmutter einwirken, haben mit der Lehre von den „Reflexneurosen" schlechterdings gar nichts zu tun.

das Aufrichten eines retroflektierten Uterus, durch eine Amputation der Gebärmutter oder durch die Kastration geheilt wurden.

Damit ist das Urteil über diese vor drei Jahrzehnten viel diskutierte Kastration in der Hauptsache schon ausgesprochen. An und für sich wird man der Formulierung, die Hegar für die Indikation zu dieser Operation gegeben hat, auch heute nichts entgegenstellen können, nur daß diese Vorbedingungen für unsere modernen ätiologischen Anschauungen eben niemals erfüllt zu sein scheinen. Hegar lehrte: „Die Kastration ist bei einer Neurose, welche abhängig ist von einer pathologischen Veränderung der Sexualorgane, dann indiziert, wenn andere Behandlungsweisen ohne Erfolg angewandt worden sind oder solchen durchaus nicht erwarten lassen. Das Leiden muß lebensgefährlich sein oder die psychische Gesundheit entschieden gefährden oder jede Beschäftigung und jeden Lebensgenuß unmöglich machen. Die Ursache der Neurose muß durch die Operation entfernt, oder ein ursächlicher Faktor muß dadurch weggeschafft werden, ohne dessen Beseitigung an eine Heilung oder Besserung nicht gedacht werden kann. Im letzteren Falle sollen die übrigen ätiologischen Momente ebenfalls der Therpaie zugänglich sein."

Es hat eine Zeit gegeben, „in der kaum eine Frau zumal aus den besseren Ständen der Irrenanstalt zugeführt wurde, ohne daß dieselbe entweder schon gynäkologisch behandelt wurde oder wenigstens als mutmaßlich unterleibsleidend von Arzt und Verwandten argesehen war" (Peretti). Kroemer und nach ihm Windscheid konnten (1897) über 100 angeblich mit Erfolg ausgeführte Kastrationen zusammenstellen. Seitdem sind die Äußerungen über diese Behandlungsmethode mehr und mehr verstummt, und es scheint, als hätte die von Hegar als naiv zurückgewiesene Meinung von Spencer Wells schließlich doch recht behalten, daß nämlich Eierstockaffektionen selten die Ursache von Nervenleiden sind, und daß diese folglich auch durch gynäkologische Operationen nicht geheilt werden können. Die letzten Operationsergebnisse hat meines Wissens Raimann mitgeteilt, der bei 12 Fällen von funktionellen Psychosen, bei denen eine Beziehung zu Genitalerkrankungen vermutet wurde, die Kastration ohne Resultat bleiben sah.

Eine eigentümliche Ironie will, daß in dem Augenblick, in dem die Kastration als Heilmittel von Nerven- und Geisteskrankheiten allgemein aufgegeben worden ist, zu demselben Zweck andere gynäkologische Behandlungsarten empfohlen werden, vor denen Hegar seinerzeit ausdrücklich gewarnt hatte. Hegar hatte in seiner Schrift über die Kastration bei Neurosen mit vollem Recht betont, daß „durch das ewige Sondieren und Herumschmieren an dem Muttermund mehr Unheil gestiftet worden sei, als durch die seltenen großen Operationen". Ganz ähnlich haben neuerdings der Gynäkologe Walthardt und der Psychiater E. Meyer gerade die sog. kleine Gynäkologie bei nervösen Frauen für kontraindiziert erklärt.

In schroffem Gegensatz zu diesen Auffassungen stehen die überraschenden Behauptungen, durch die Bossi neuerdings die Diskussion über den Zusammenhang von Frauen- und Geisteskrankheiten wieder in Fluß zu bringen versucht hat. Auch Bossi ist ein Gegner der Kastration bei Psychosen. Er nimmt für sich sogar das Verdienst in Anspruch, „gegen das unsinnige Operieren, gegen das Exstirpieren des Uterus oder der Ovarien ohne absolute Indikation, sowie auch gegen jede Behandlung des gesunden Genitales bei nervösen Frauen" besonders energisch protestiert zu haben. Aber er erklärt wiederholt: „daß er Patientinnen, die bereits im Irrenhaus waren oder in dasselbe aufgenommen werden sollten oder die Selbstmordversuche angestellt hatten oder die an der Grenze des Verbrechens standen bzw. es schon ausgeübt hatten, welche ihre ganze Umgebung unglücklich machten, lediglich durch die Heilung bestehender Genitalleiden auch von ihren psychischen Störungen geheilt" habe. Und zwar wären es nicht die schwereren Formen der Genitalerkrankungen, nicht die Myome, Karzinome, Ovarialcysten usw., die psychische Störungen hervorriefen, „sondern gerade diejenigen, die anscheinend geringfügige und deshalb schwer diagnostizierbare anatomische Veränderungen hervorrufen, die deshalb auch am leichtesten der subjektiven Beobachtung der Patientin selbst entgehen. Es sind dies die chronisch infektiösen Metritiden mit Deformität und Lageveränderung des Uterus, mit Retention der Sekrete in der erweiterten Uterushöhle, die Cervixmetritiden usw." Auch Bossi gibt zu, daß nicht alle Patientinnen, die an derartigen Genitalerkrankungen litten, psychisch abnorm würden, und meint, nur die neuropathisch Veranlagten träfe dieses Schicksal. Bei ihnen aber sollen chronisch infektiöse Genitalprozesse recht häufig als auslösendes Moment wirken. „Durch letztere wird einerseits die Funktion der Organe mehr oder weniger gestört resp. aufgehoben, und ferner liefert der Infektionsherd ständig Toxine an das Blut ab. Es stellt sich eine chronische Toxämie ein, ähnlich wie chronisch infektiöse Läsionen des Magens, des Darmes, des Ohres, der Nase, der Prostata, der Urethra beim Manne, wie beim Typhus, der Influenza, der Malaria, dem Alkoholismus." Nur sei der „reflektorische Einfluß des Genitales, sowohl beim Manne als auch — und das in noch viel höherem Maße — bei der Frau auf die psychische Sphäre ein weit größerer als der anderer Organe. Der Genitalapparat der Frau" sei „nicht bloß die Basis ihres physischen und psychischen Lebens, sondern, biologisch streng genommen, eigentlich ihr Daseinszweck".

Bossi und sein Schüler Ortenau haben diese Thesen durch die Veröffentlichung einiger Krankengeschichten zu stützen gesucht, die eine Kritik ihrer von allgemeinen Erfahrungen sehr abweichenden Ansichten erlauben. Eine solche Kritik ist von den Psychiatern Siemerling, Schubart und Wagner von Jauregg und von den Gynäkologen Walthardt und Mathes schon in so vollständiger und überzeugender Weise geübt worden, daß neue Gründe gegen die Richtigkeit der von Bossi vertretenen Theorien nicht wohl mehr angeführt zu werden brauchen und auch nicht angeführt werden können. Immerhin mag es erlaubt sein, da ähnliche Anschauungen in periodischem Wechsel wiederzukehren scheinen, einige grundsätzliche Gesichtspunkte auch hier zu berühren.

Der Grundirrtum, der sich durch Bossis Arbeiten zieht, ist derselbe, der die ätiologischen Anschauungen aller Laien charakterisiert, und dem wir aus ähnlichen psychologischen Motiven in den Anfangsstadien jeder klinischen Entwicklung wieder begegnen: aus dem Zusammentreffen auffallender Erscheinungen wird ohne weiteres auf eine ursächliche Beziehung geschlossen. Speziell aus der Geschichte der Psychiatrie und mehr noch aus dem jedem Irrenarzt geläufigen Verkehr mit den Angehörigen geisteskranker Personen läßt sich leicht erkennen, wie nahe dieser Fehlschluß liegt, und weshalb jeder, der einmal auf eine falsche Fährte dieser Art geraten ist, immer neue Beweise für seine vorgefaßte Meinung notwendig finden muß. Bei der langsamen Entstehung, die den meisten psychischen Krankheiten eigentümlich ist, und angesichts der prinzipiellen Möglichkeit, durch physische und durch psychische Ursachen geisteskrank zu werden, versteht es sich von selbst, daß eine genügend sorgfältige Anamnese stets zahllose Momente — körperliche und seelische Schädlichkeiten — aufdeckt, von denen eine jede eine ursächliche Bedeutung besitzen könnte, und keine sie zu besitzen braucht. Solange wir die ätiologischen Zusammenhänge zwischen syphilitischer Infektion auf der einen und der Erkrankung an Tabes und Paralyse auf der anderen Seite nicht kannten, mußten Verletzungen, Erkältungen, sexuelle Überanstrengungen, Onanie, Alkoholismus, Bleiintoxikation, geistige und körperliche Überarbeitung, Gemütsbewegungen usf. mit Naturnotwendigkeit als gelegentliche oder häufige Ursachen beider Krankheiten angeschuldigt werden.

Es ist fast peinlich, betonen zu müssen, daß vor Entgleisungen dieser Art nur die selbstverständliche Vorsicht zu schützen vermag, ätiologische Anschauungen stets nur auf klare pathogenetische Erkenntnisse zu stützen. Daß Bossi diesen Nachweis eines ursächlichen Zusammenhanges zwischen Genitalerkrankungen und Psychose erbracht hätte, wird er selbst nicht behaupten wollen. Seine Toxintheorie hat gewiß nichts aufgeklärt, und durch die seltsame Vermischung dieser Theorie mit der alten Reflexlehre wird die ganze Beweisführung noch um vieles unklarer. Wenn es wirklich Giftstoffe wären, die das Gehirn schließlich erkranken ließen, so müßte es doch gleichgültig sein, ob sie nun gerade in den Genitalorganen entstünden oder irgendwo sonst. Bossi erwähnt nun freilich auch Geisteskrankheiten, die vom Magen, vom Darm, vom Ohr, von der Nase usf. ausgelöst sein sollen. Aber er ist uns den Nachweis schuldig geblieben, wo, außer in seiner Phantasie, die Belege für ihr Vorkommen zu finden sind. Die Frage liegt doch nahe, weshalb denn die Chirurgen nicht noch viel häufiger, als es angeblich die Frauenärzte tun sollen, Geisteskrankheiten beobachten, und umgekehrt, warum sich bei psychisch abnormen Menschen nicht häufiger chronische Eiterungen etc. herausstellen, als es in Wirklichkeit der Fall ist.

Sehr viel durchschlagender scheint auf den ersten Blick ein anderes Argument Bossis zu sein, dessen Zugkraft namentlich in Laienkreisen gewiß nicht versagen wird. Bossi behauptet, Geisteskrankheiten durch die Behandlung von Genitalleiden heilen zu können und geheilt zu haben. In Wahrheit steht auch diese Behauptung auf sehr schwachen Füßen. Selbstverständlich dürfte eine solche Heilung, wenn sie beweiskräftig sein sollte, nicht auf psychogenem Wege zustande gekommen sein. Daß bestimmte nervöse Leiden schlechthin durch jede Maßnahme geheilt werden können, an deren Wirksamkeit die betreffende Patientin glaubt, das ist so selbstverständlich, daß Bossi diesem Einwand mit zwingenden Gründen hätte begegnen müssen. Er begnügt sich, zu schreiben: „Daß ich dabei rein suggestiv wirke, bin ich mir nicht bewußt." Gerade darin liegt wahrscheinlich das Geheimnis seiner Erfolge. Jede Suggestion setzt den Glauben des Patienten an die Zuversicht des Arztes notwendig voraus und sie muß deshalb um so wirksamer sein, je mehr dieser Glaube durch eine, wenn auch irrtümliche Überzeugung des Arztes wirklich begründet ist. Es ist gewiß kein Zufall, daß gute Beobachter über die Heilwirkung des elektrischen Stromes bei den verschiedensten Krankheiten jahrelang berichtet haben, während schon die nächste Generation von Neurologen diese Erfolge nahezu überall vermißt. Die Ärzte sind es, die den Glauben an diese Methoden verloren haben, und so ist die Rückwirkung auf die Patienten nicht ausgeblieben. Nun meint Bossi freilich, seine Resultate könnten schon deshalb nicht auf Suggestion beruhen, weil sie niemals in den Fällen beobachtet würden, bei denen andere Operateure früher schon die Kastration ausgeführt hatten. Auch in dieser Bemerkung liegt eine vollkommene Verkennung der Suggestivtherapie. Eine Patientin, bei der so eingreifende Operationen ergebnislos verlaufen sind, oder die sogar von der Exstirpation ihrer Genitalorgane selbst weiß, ist natürlich kein geeignetes Objekt für eine psychische Behandlung, die an eben diesen Genitalorganen einzusetzen vorgibt.

So darf aus Bossis eigenen Krankengeschichten geschlossen werden, daß ein Teil seiner Beobachtungen im Prinzip denen analog ist, die Hegar mit der Kastration bei hysterischen Kontrakturen und Halbseitenkrämpfen schon 30 Jahre vorher gemacht hat. Aber darum soll nicht behauptet werden, daß alle von Bossi verarbeiteten Krankenjournale hysterische Frauen betrafen. Bei einigen von diesen Kranken war von psychiatrischer Seite die Diagnose Dementia praecox gestellt worden. Auch diese Fälle will Bossi auf dem gleichen Wege geheilt haben. Wieder haben alle Psychiater die von ihm mitgeteilten Beobachtungen durchaus anders gedeutet. Der Widerspruch läßt sich wohl nur durch die Annahme aufklären, daß Bossi den für unsere heutige Einsicht oft sehr überraschenden Verlauf der jugendlichen Verblödungsprozesse nicht kennt. Jeder Irrenarzt wird die Sätze bestätigen, in denen sich Bleuler[1]) in seiner grundlegenden Monographie über den Verlauf dieser Krankheit äußert: „Definitive oder vorübergehende Besserungen kommen teils spontan vor, teils im Anschluß an eine psychische Einwirkung, eine Versetzung, eine Entlassung, einen Besuch, einen Wickel, ja nach einer Chloroformnarkose."

Derartige plötzliche Zustandsänderungen sind in der Tat so häufig, daß Bossi auch dadurch getäuscht worden sein könnte. Aber es wäre nicht einmal notwendig, diese eigentümlichen Erfahrungen zur Erklärung seiner Beobachtungen heranzuziehen. Gleichviel, ob er Hysterien, Dementia praecox-Fälle oder andere Psychosen „behandelt" hat — alle diese Krankheiten haben die Eigentümlichkeit, gelegentlich zu heilen oder doch wenigstens ihren stürmischen Charakter zu verlieren. Auch hier liegt eine Ursache von Bossis Erfolgen, die er selbst wohl kennt, aber wieder unrichtig deutet. Er spricht von der Geduld und der Zeit, die er seinen Patienten widmete und die andere Ärzte nicht aufbrächten. Die Vermutung liegt nahe, daß in den Fällen, in denen Bossi nicht suggestiv gewirkt hat, diese Zeit — es handelt sich um Wochen und Monate — eine Heilung bzw. Besserung auch dann herbeigeführt haben würde, wenn sie nicht durch eine konservative gynäkologische Therapie ausgefüllt worden wäre.

Somit müssen alle Beweise, die Bossi für die Abhängigkeit bestimmter Seelenstörungen von gynäkologischen Erkrankungen angeführt hat, als vollkommen wertlos zurückgewiesen werden. Aber daraus, daß bestimmte spezielle Beweisführungen sich nach modernen psychiatrischen Anschauungen als unzutreffend erwiesen haben, kann natürlich nicht gefolgert werden, daß Beziehungen zwischen Genitalleiden und Geisteskrankheiten nicht überhaupt bestehen.

B. S. Schultze[2]) hat vor drei Jahrzehnten in sehr maßvollen, klaren und kritischen Ausführungen das Problem so gestellt: „Wenn von allen Frauen ein pro mille geisteskrank, vielleicht 50 pro mille genitalkrank, von den geisteskranken Frauen aber 500 pro Mille oder nach den angeführten Zahlen noch weit mehr genitalkrank sind, so ist das in der Tat ein sehr bestimmter Beweis dafür, daß zwischen beiderlei Erkrankungen irgend eine ätiologische Beziehung besteht". .... Wo beiderlei Erkrankungen gleichzeitig existieren, werden die Kausalbeziehungen beider zueinander natürlich sehr verschieden sein; in manchen Fällen wird das Zusammentreffen ein rein zufälliges, in anderen ein durch gleiche Ursachen bedingtes sein; in vielen mag auch die (durch die Psychose gesetzte) allgemeine Ernährungsstörung zur Erkrankung des Genital-

---

[1]) Bleuler gehört zu den Autoren, die von Heilungen bei Schizophrenen grundsätzlich nicht sprechen. Dazu ist zu bemerken, daß die leichten Defekte bei erheblich gebesserten Kranken dieser Art oft nur für den geschärften Blick des geübten psychiatrischen Beobachters erkennbar sind.

[2]) Anmerkung bei der Korrektur: der heute von Bossi sehr weit abrückt.

apparates führen. In vielen Fällen aber ist das Genitalleiden Ursache der psychischen Störung. Diese Fälle zu ermitteln ist eine wissenschaftlich und praktisch gleich wichtige Aufgabe."

Gegen diese Sätze wird kaum etwas einzuwenden sein, wenn nur ihre Voraussetzung zutrifft, und wenn geisteskranke Frauen wirklich sehr viel häufiger genitalkrank sind, als andere. Denn selbst eine Koordination beider Störungen auf der Basis einer gemeinsamen Ursache würde doch nur relativ selten in Frage kommen. Eine Abhängigkeit palpabler Genitalveränderungen von der Psychose aber müßte vollends als ganz außergewöhnliches Vorkommnis angesehen werden. Daß — um ein Beispiel zu geben — eine hochgradige follikulärcystische Entartung beider Ovarien mit Wucherung des Stromas sekundär infolge funktionell nervöser Beschwerden (auf Grund fruchtloser Kohabitationsversuche eines impotenten Mannes) entstehen könnte, wie es noch Hegar glaubte, wird heute kein Gynäkologe mehr annehmen. Somit könnte aus der Tatsache eines gehäuften Zusammentreffens von Frauen- und Nervenleiden wirklich nur auf eine Abhängigkeit der (sekundär entstandenen) Psychosen von den (primär vorhandenen) Genitalleiden geschlossen werden. Wie diese Beziehungen im einzelnen zu denken wären, hätte eine zielbewußte Erforschung der Pathogenese dann erst festzustellen.

Nun ist es in der Tat nicht leicht, absolut zuverlässige zahlenmäßige Unterlagen für die Erörterung des von Schultze gestellten Problems zu gewinnen. Gewiß nicht deshalb, weil die weiblichen Insassen der Irrenanstalten nicht oft genug gynäkologisch untersucht worden wären. Selbstverständlich besteht wenig Veranlassung, negative Ergebnisse derartiger Prüfungen zu veröffentlichen, und so könnte schon aus dem Fehlen positiver Resultate ohne wesentliche Gefahr des Irrtums vermutet werden, daß Schultzes Voraussetzung keine Bestätigung gefunden hat. Meines Wissens liegt nur eine einzige positive Angabe im Sinne dieser Voraussetzung vor, das ist die von Hoobs, der unter 1000 weiblichen Geisteskranken 253 mal Erkrankungen der Genitalien gefunden und der durch operative Eingriffe den Prozentsatz der Entlassungen aus der betreffenden Irrenanstalt von 37,5 auf 52,7 % erhöht haben will. Die Mitteilung ist 11 Jahre alt und noch von keiner einzigen Seite bestätigt worden. Dagegen hat Lähr schon vor 30 Jahren erklärt, daß er bei 436 geisteskranken Frauen der besseren Stände nur dreimal Anlaß gefunden hätte, einen Gynäkologen zuzuziehen. Neuerdings hat Schubart aus Gansers Klinik das berichtet, was wahrscheinlich in den meisten Irrenanstalten üblich ist, daß nämlich alle Genitalleiden spezialärztlich untersucht und gegebenenfalls behandelt werden. Von irgendwelchen Erfolgen dieser Behandlung oder von irgendeiner Bereicherung unserer ätiologischen Kenntnisse durch diese Untersuchungen hat man dagegen niemals etwas gehört. Somit spricht E. Meyer die auf vielfältige Beobachtungen gestützte allgemeine Überzeugung seiner Fachgenossen aus, wenn er die Vermutung als unbegründet zurückweist, daß bei geisteskranken Frauen gynäkologische Affektionen irgendwie häufiger seien, als bei anderen.

Immerhin haben wir — natürlich nicht auf Grund einer eigenen wissenschaftlichen Überzeugung, sondern lediglich zur Vereinfachung der weiteren Diskussion — eine nochmalige Prüfung dieser statistischen Frage für angezeigt gehalten. Herr Dr. Schneider[1] von der Freiburger Universitäts-Frauenklinik hat mit der freundlichen Genehmigung des Herrn Geheimrat Professor Krönig einen großen Teil (55 der weiblichen Insassen der Freiburger psychiatrischen Klinik untersucht und dabei folgendes festgestellt.

---

[1] dem ich auch an dieser Stelle verbindlichst danken möchte.

Von gröberen Störungen wurde einmal ein Myoma uteri, einmal ein Ovarialkystom konstatiert. Der erste Befund wurde bei einer 51 jährigen katatonischen, der zweite bei einer 40 jährigen paralytischen Patientin erhoben. Endometritis ist keinmal festgestellt worden, Fluor albus zweimal, dagegen fand sich bei 17 Patientinnen ein retroflektierter Uterus. Das ist etwas mehr, als der durchschnittlichen Häufigkeit (25%) dieser Abweichung entspricht; aber auch diese an sich unbedeutende Differenz klärt sich durch die Feststellung auf, daß das Durchschnittsalter der mit einer Retroflexio behafteten Frauen 44 Jahre betrug.

Somit wird man dieses Argument in Zukunft fallen lassen und pathogenetische Beziehungen, die etwa zwischen Genitalleiden und Geisteskrankheiten bestehen sollten, auf anderen Wegen aufsuchen müssen. Für die unbefangene Beurteilung sprach ja von vornherein gegen einen solchen Zusammenhang die jetzt neuerdings von Bossi besonders betonte und früher schon von Spencer Wells und Krönig hervorgehobene Tatsache, daß nicht die schwersten Leiden, wie Gebärmutter- und Eierstockskrebse, sondern gerade die leichteren Anomalien der Genitalorgane (Erosionen am Muttermunde, Lageveränderungen, Krämpfe im Parametrium, im Ligamentum latum, kleincystische Degenerationen der Ovarien usf.) besonders häufig mit nervösen Störungen zusammentreffen sollen.

E. Meyer hat noch einen anderen Grund gegen die Annahme eines solchen Zusammenhanges angeführt. Nur 43% der Aufnahmen in die Irrenanstalten betreffen Frauen, 57% dagegen Männer. In der Bevölkerung aber überwiegt bekanntlich das weibliche Geschlecht (im Verhältnis von 106 zu 100). Diese Zahlen sprechen noch deutlicher, wenn man dazu hält, daß die Frauen gerade zwischen dem 20. und 40. Jahre seltener psychisch krank werden, als die Männer, und daß sich das Verhältnis erst nach dem 50. Lebensjahre ändert. Für das Überwiegen der Frauenpsychosen im sechsten Jahrzehnt freilich muß wohl das Klimakterium verantwortlich gemacht werden. Hier hätten wir also in der Tat eine Beziehung zu den Generationsvorgängen, nur daß aus der gelegentlichen Schädlichkeit dieser an sich doch physiologischen Vorgänge selbstverständlich nicht auf eine ätiologische Bedeutung der eigentlichen Genitalerkrankungen geschlossen werden darf. Zudem erkranken Männer in dem gleichen Lebensalter zwar seltener, aber doch unter den gleichen Formen seelischer Erkrankung, und schon deshalb können die Involutionspsychosen nicht mit einer spezifischen Erkrankung gerade der weiblichen Genitalorgane in Zusammenhang gebracht werden.

Dieser Gesichtspunkt wird bei der Erörterung der ganzen Frage viel allgemeiner berücksichtigt werden müssen, als es von gynäkologischer Seite zuweilen geschehen ist. Wir kennen gar keine Unterschiede in der symptomatologischen Gestaltung der Psychosen bei Männern und Frauen, die sich nicht auf allgemeine, normal-psychologische Differenzen ohne weiteres zurückführen ließen. Daß die Hysterie bei Frauen häufiger ist, ist gewiß zuzugeben, aber wiederum muß ein Zusammenhang auch dieser Krankheit mit den weiblichen Sexualorganen allein auf Grund der Tatsache geleugnet werden, daß sie bei Männern auch beobachtet wird. Andere ältere Argumente, die den Namen Hysterie doch immer wieder zu rechtfertigen versucht haben, können heute füglich unbeachtet bleiben. Als Paradigma dieser Beweisführung mag nur die viel besprochene Druckempfindlichkeit der „Ovarien" genannt sein, die bekanntlich bei hysterischen Männern auch vorkommt und die deshalb schon in diesem Zusammenhange niemals hätte erwähnt werden sollen, weil mit der zur Prüfung dieses Symptoms angegebenen Methode (Charcot) nach der Ansicht kompetenter Beurteiler (Krönig) die Eierstöcke überhaupt gar nicht getastet werden können. Somit wird denn also die „törichte Meinung, daß der Uterus etwas mit der Hysterie zu tun habe" (Moebius), nun endlich einmal definitiv begraben werden dürfen.

Ganz allgemein wird man sich die ursächlichen Beziehungen, die etwa zwischen Genitalleiden und Psychose bestehen sollten, unmöglich als so grob vorstellen dürfen, wie es bisher am häufigsten geschehen ist. Wieder sei an die Theorien Schickeles erinnert und darauf hingewiesen, daß die innere Sekretion der Ovarien ja möglicherweise viel häufiger gestört sein könnte, als wir es heute vermuten. Hier findet die ätiologische Forschung in der Tat eine dankbare Aufgabe, nur daß sie wieder ihren Blick nicht einseitig auf die weiblichen, sondern auf die Geschlechtsorgane überhaupt wird richten müssen. Kraepelin hat schon vor vielen Jahren in sehr vorsichtiger hypothetischer Form eine Beziehung der jugendlichen Verblödungsprozesse zu irgendwelchen Anomalien der Geschlechtsorgane vermutet. Diesen Gedanken hat Abderhalden neuerdings aufgenommen und damit Untersuchungen angeregt, die zuerst von Fauser ausgeführt worden sind. Wenn sich die Ergebnisse dieses Autors bestätigen sollten [1]), so würde den Geschlechtsdrüsen wirklich irgend eine Rolle in der Pathogenese dieser Psychosen zukommen. Nach Fausers bisherigen Resultaten soll das Blutserum von Dementia praecox-Kranken (im Gegensatz zu dem von gesunden Menschen) die Ovarien, wenn es sich um weibliche, und die Hoden, wenn es sich um männliche Kranke handelt, abbauen. Wie diese Befunde zu deuten sein würden, steht heute noch dahin; sicher ist nur, daß diese Deutung mit den ätiologischen Anschauungen von Hegar oder von Bossi gar nichts gemein haben würde [2]).

Nun läge es nahe, zur Lösung dieser Fragen noch eine Tatsache heranzuziehen, die jedem Irrenarzte geläufig ist und die zunächst sehr viel beweiskräftiger zu sein scheint, als alles, was z. B. Bossi an Beobachtungen veröffentlicht hat. Bei einem sehr erheblichen Teil der weiblichen Geisteskranken versiegt die Menstruation für mehr oder minder lange Zeit. Wieder wäre an und für sich eine Koordination beider Erscheinungen — der Amenorrhöe und der Psychose — ebenso denkbar, wie eine Abhängigkeit des einen Vorganges von dem anderen. A priori läßt sich also auch die Möglichkeit nicht zurückweisen, daß die Geisteskrankheit die Folge der Störung ist, die in der Amenorrhöe zum Ausdruck gelangt. Eine solche Vermutung würde besonders dann naheliegen, wenn das Auftreten der Amenorrhöe an bestimmte Formen seelischer Erkrankung gebunden wäre.

Die einfache Beobachtung der Tatsachen jedoch beseitigt diese Voraussetzung ohne weiteres. Ältere (Schröter, Schäfer) und insbesondere neuere Untersuchungen, die Haymann an dem Material der Freiburger psychiatrischen Klinik angestellt hat, lassen darüber keinen Zweifel offen. Nach Haymann kann die Amenorrhöe in allen Stadien der Geisteskrankheit auftreten; zuweilen wird sie vor den psychotischen Symptomen, häufiger erst mehr oder minder lange Zeit (ein bis zwei Monate) nach dem Ausbruch der Geisteskrankheit beobachtet. Bei einer einzigen sehr seltenen Form, der chronischen Paranoia, hat Haymann niemals Amenorrhöe konstatiert. Bei den psychopathischen Konstitutionen (Hysterie, degeneratives Irresein usf.) ist sie relativ selten, häufiger bei zirkulären Psychosen (33 %), bei Epileptischen (50 %) und bei Verblödungsprozessen (66 %). Ein Unterschied zwischen den jugendlichen Verblödungsprozessen und der progressiven Paralyse z. B. besteht nicht, dagegen

---

[1]) Die Frage ist durchaus noch nicht spruchreif; hier sollten diese Untersuchungen nur als Beispiel für die überhaupt denkbaren Möglichkeiten erwähnt werden.

[2]) Anm. bei der Korrektur: geschrieben unmittelbar nach Fausers ersten Veröffentlichungen.

hat sich ganz allgemein die Tatsache ergeben, daß das Sistieren der Menses die schwersten Formen jeder einzelnen Krankheit begleitet. Dem entspricht auch der Parallelismus, der zwischen diesem Symptom und der Gewichtsabnahme besteht, die ebenfalls bei allen Formen seelischer Erkrankung und wieder in einem der Schwere der Psychosen ungefähr entsprechenden Grade zu erfolgen pflegt.

Aus diesen Tatsachen kann wohl ohne weiteres gefolgert werden, daß die Psychosen jedenfalls nicht von der Amenorrhöe abhängig sind. Dagegen wäre immer noch eine Entstehung beider Erscheinungen auf gemeinsamer Grundlage möglich, und solange wir die Pathogenese der meisten Seelenstörungen nicht kennen, hat es gar keinen Sinn, behaupten zu wollen, daß die Amenorrhöe erst durch die Gehirnkrankheit selbst ausgelöst wird. Das hindert nicht, daß die Annahme eines solchen Zusammenhanges immerhin die natürlichste und wahrscheinlichste bleibt.

So unsicher und hypothetisch, wie unsere Anschauungen über die somatischen Zusammenhänge, die möglicherweise zwischen Sexualorganen (bzw. sexuellen Vorgängen) und dem Nervensystem bestehen, so klar sind vielfach die psychologischen Beziehungen zwischen Frauen- und Nervenleiden. Wir begegnen hier denselben Möglichkeiten des Zusammenhanges, die wir schon bei Besprechung der Menstruationsanomalien kennen lernten, nur daß der dritte denkbare Fall — eine Abhängigkeit der gynäkologischen Erkrankung von nervösen Einflüssen — hier keine erhebliche Rolle spielt. Anomalien, die über Menstruationsstörungen hinausgehen, lassen sich durch nervöse oder gar durch psychische Einflüsse kaum erklären, und selbst in dem bei nervösen Frauen ja besonders häufigen Fluor werden wir wohl richtiger eine auf gleicher Basis entstandene Begleiterscheinung als ein Folgesymptom der Nervosität erblicken dürfen.

Um so gewisser und zugleich um so selbstverständlicher ist die Tatsache, daß Frauenkrankheiten auf psychologischem Wege das nervöse Gleichgewicht und damit das Lebensglück ebensowohl stören können, wie viele andere (namentlich chronische) Erkrankungen. Bei manchen gynäkologischen Leiden, wie z. B. bei denen, die mit Blutungen einhergehen, werden wir nicht einmal nur an psychische Zusammenhänge, sondern ebensowohl an die unmittelbare Beeinträchtigung des Allgemeinbefindens denken müssen. In anderen wieder, deren Existenz gelegentlich den ehelichen Frieden untergräbt oder Kinderlosigkeit mit Recht oder Unrecht befürchten läßt, sind leichte seelische Depressionen so selbstverständlich, daß nur ihr Ausbleiben überraschen könnte. Ob aus solchen Voraussetzungen ernstere nervöse Störungen von mehr neurasthenischer oder hysterischer Färbung auch bei ursprünglich nicht psychopathischen Frauen entstehen können, ist eine andere Frage.

Ihre Beantwortung ist wiederum deshalb schwierig, weil der gewöhnlichste Zusammenhang zwischen Nervosität und Frauenleiden genau wie bei den Menstruationsanomalien in der größeren Empfindlichkeit gelegen ist, die neurasthenische Individuen ihren Organbeschwerden gegenüber an den Tag zu legen pflegen. An eine „uterine Dyspepsie" (Kisch und Jaffé) und an eine „genitale Herzneurose" wird man heute nach den Arbeiten von Strümpell, Krehl und Dreyfuß über die allgemeinen Beziehungen der Dyspepsie und der Herzneurose zu psychischen Störungen nicht mehr glauben wollen; aber darum könnten nervöse Verdauungsbeschwerden und nervöse Pulsanomalien immer noch die körperlichen Begleiterscheinungen derselben Veranlagung darstellen, die zugleich die von der Genitalsphäre kommenden Sensationen überwertig werden läßt.

Wer das Wesen neurasthenischer, hysterischer und hypochondrischer Mißempfindungen kennt, wird als selbstverständlich voraussetzen müssen, daß subjektive Beschwerden dieser Art auch in anatomisch durchaus normale Geschlechtsorgane verlegt werden können. Schon Hegar gab an, daß bei .15 % seiner Patientinnen, die an „Lendenmarkssymptomen" litten, gynäkologische Veränderungen nicht nachweisbar gewesen seien. Krönig hält nach seinen eigenen Erfahrungen diese Zahl für viel zu niedrig gegriffen, eine Angabe, die noch dadurch an Wert gewinnt, daß nach der Ansicht gerade dieses Autors die örtlichen Erkrankungen im Bereich der Genitalorgane zum mindesten ebenso häufig sind, wie die funktionellen Nervenleiden.

Ganz analog sind die Resultate, die neuerdings Walthard an einem sehr reichen Material von funktionell nervösen Frauen gewonnen hat. Er fand bei diesen Patientinnen, die ihn doch gerade ihrer „gynäkologischen" Beschwerden wegen konsultiert hatten, Veränderungen der Genitalorgane in kaum 10 % der Fälle, und in diesen 10 % handelte es sich um harmlose Anomalien (Portioerosionen, chronische Endometritis, Retroflexio mobilis, Descensus ovarii). Derartige Beobachtungen lassen nur den Schluß zu, daß die eigentliche Grundlage von gynäkologischen Beschwerden dieser Art in der psychopathischen Konstitution erblickt werden muß, gleichviel, ob ein an sich harmloser oder überhaupt kein abnormer gynäkologischer Befund erhoben wird. Heilbronner hat ja schon im fünften Bande dieses Handbuches ganz allgemein darauf aufmerksam gemacht, daß der Nachweis somatischer Veränderungen nicht ohne weiteres gegen die psychogene Entstehung der in das betreffende Organ verlegten subjektiven Beschwerden verwertet werden dürfe. Echte Herzneurosen können sich auch einmal mit einem leichten Klappenfehler kombinieren.

Im einzelnen hält Walthard, dessen Beobachtungen sich mit den früheren Feststellungen Krönigs im wesentlichen decken, Pruritus, das Gefühl von Vorfall, Kreuz- und Steißbeinschmerzen, die Schmerzhaftigkeit bei der Sondierung des Uterus und endlich auch den Vaginismus für psychisch bedingte Erscheinungen. Man wird ihm darin vom neurologischen Standpunkte aus ebenso beistimmen müssen, wie in der Auffassung, daß die sexuelle Abstinenz und daß ebenso Abnormitäten des Geschlechtsverkehrs nur dann nervöse Schädlichkeiten nach sich ziehen, wenn sie zu Enttäuschung, Sorge oder Gewissensbissen Anlaß geben. Vielleicht wird man die gleiche Betrachtungsweise, die ja für die männliche Masturbation längst allgemein anerkannt ist, auch auf die meisten Fälle der übrigens an sich wohl nicht sehr häufigen (Krönig) weiblichen Onanie ausdehnen müssen.

Für die **Diagnose** aller nervöser Genitalbeschwerden ist ein Gesichtspunkt zu beachten, auf den wiederum Walthard mit besonderem Nachdruck hingewiesen hat. Frauen, die ihrer gynäkologischen Beschwerden wegen ihren Hausarzt oder einen Spezialisten aufsuchen, berichten selbstverständlich zunächst nur über diese ihre lokalen Sensationen. Daß eine Angesichts-Diagnose neuropathischen Individuen gegenüber nicht immer möglich ist, versteht sich von selbst, und so vergeht nicht selten eine gewisse Zeit, bis das nervöse Grundleiden durch die Erwähnung andersartiger Beschwerden klar zutage tritt. Eine allzu energische Exploration birgt natürlich auch gewisse Gefahren in sich, die in dem Wesen der Hypochondrie begründet sind. Nicht selten werden so Suggestionen gegeben, die dann durch die schleunige Nachlieferung der Beschwerden beantwortet werden. Die alte Methode, beim Verdacht der Hysterie nach Analgesien, Hyperästhesien oder nach reflexogenen Zonen zu fahnden, um so hysterische Anfälle auszulösen, ist geradezu unerlaubt. Schon heute sind ja die Lendenmarkssymptome Hegars ebenso selten geworden, wie die klassi-

schen großen Hysterien Charcots. Die zunehmende Erkenntnis psychogener
Störungen hat bei den Ärzten eine Zurückhaltung gezeitigt, die den Patienten
zugute gekommen ist.

Therapie. Nach den bisherigen Ausführungen über das Wesen und die
Ursache nervöser Störungen, die mit Genitalleiden zusammenhängen, braucht
über ihre Behandlung kaum noch viel hinzugefügt zu werden. Von der Verabreichung von Ovarialextrakt bei klimakterischen Beschwerden und bei bestimmten Fällen ähnlicher Genese wurde oben schon gesprochen. Selbstverständlich befinden wir uns bei diesem Versuch einer Kausaltherapie noch in den
ersten Anfängen, und vorläufig werden wir speziell den Involutionsstörungen
gegenüber eine symptomatologische Behandlung nicht entbehren können, auf
die im einzelnen hier nicht eingegangen zu werden braucht.

Die große Mehrzahl der Klagen jedoch, die nach der Meinung der Patientinnen mit gynäkologischen Erkrankungen zusammenhängen, muß nach
denselben Gesichtspunkten behandelt werden, die für die Bekämpfung aller
psychogen entstandenen Beschwerden gelten. Krönig hat schon 1902 angegeben, daß nicht bloß profuse Blutungen und lokale Schmerzen, sondern
auch Magendruck, Dyspepsie, Meteorismus, Herzklopfen, Kopfschmerzen,
Migräne, Ermüdbarkeit, Aphonie, Konvulsionen und Depressionen, die bei
wirklich oder angeblich genitalkranken Frauen auftreten, der Suggestion zugänglich wären. Vielleicht werden lokale Maßnahmen bei Patientinnen, die
von einer organischen Erkrankung ihres Geschlechtsapparates überzeugt sind,
nicht immer ganz vermieden werden können; aber als ideales Ziel muß jedenfalls der Ersatz dieser alten und nicht ungefährlichen Methode durch eine rein
psychische Behandlung gelten, die im wesentlichen eine Aufklärung der Patientinnen über das Wesen ihres Leidens anstrebt. Freilich setzt das eine gewisse Intelligenz und den Willen der Patientin, gesund zu werden, voraus.
Ist ausnahmsweise durch besonders ungünstige häusliche Verhältnisse einmal
ein wirklicher „hysterischer Charakter" gezüchtet worden, so bleibt nur übrig,
entweder die Waffen von vornherein zu strecken, oder Formen der Suggestion
zu wählen, die bei anderen Kranken geradezu kontraindiziert sein würden.

Wie bei allen funktionell-nervösen Leiden wird neben der Psychotherapie
recht häufig eine Hebung des Allgemeinzustandes, z. B. durch die Weir-Mit-
schellsche Kur, durch Anwendung von Nährpräparaten oder auch durch
eine Badereise, angezeigt erscheinen.

Nach alter Erfahrung gibt das Generationsgeschäft des Weibes relativ
häufig zu nervösen Störungen Anlaß. Auch dabei werden körperliche und
seelische Ursachen ineinander greifen, denn daß die Umgestaltung des
Stoffwechsels und die Änderung des Blutdruckes z. B. während der Schwangerschaft, daß Blutverluste, Temperatursteigerungen, Infektionen, Thrombosen
und Embolien bei und nach der Geburt das Nervensystem in Mitleidenschaft
ziehen können, ist ebenso verständlich, wie die psychische Wirkung von Schwangerschaft, Entbindung und Wochenbett auf ein von Hause aus nicht widerstandsfähiges Seelenleben.

Die bedrohlichste Komplikation des Generationsgeschäftes, die Geisteskrankheit, ist in den letzten Jahren wiederholt eingehend studiert worden
(Siemerling, E. Meyer, Anton, Raecke, Runge[1]). Als das prinzipiell
wichtigste Ergebnis dieser Untersuchungen kann der von Runge formulierte
Satz gelten: „Es gibt während des Generationsgeschäftes des

---

[1]) deren Arbeiten der folgenden Darstellung zugrundegelegt sind.

Weibes keine Psychose, die nicht auch unabhängig von demselben, ja auch beim Manne vorkommen kann." Gravidität und Puerperium sind also in der Regel nur als Gelegenheitsursachen für die Entstehung dieser Krankheiten zu betrachten.

Wie dieser ätiologische Zusammenhang zu denken ist, geht aus der Tatsache hervor, daß die Generationspsychosen an Häufigkeit abgenommen haben. Runge fand unter 4945 Wöchnerinnen nur noch 10 oder aber 0,2 %, Engelhardt unter 19910 nur 0,25 %, die psychische Störungen aufwiesen. Diese Abnahme mag zum Teil eine scheinbare gewesen sein und auf der heute üblichen relativ frühen Entlassung der Wöchnerinnen aus den Frauenkliniken beruhen. Im wesentlichen jedoch wird eine tatsächliche Besserung der Verhältnisse durch die Fortschritte der geburtshilflichen Technik, insbesondere der Asepsis erreicht worden sein.

Wir wollen die nervösen Erkrankungen der Schwangerschaft, des Puerperiums und der Laktationsperiode besonders besprechen und nach alter Konvention die Grenze zwischen Wochenbett und Stillungsperiode sechs Wochen nach der Entbindung festsetzen. Zunächst sollen nur einige allgemeine Gesichtspunkte, soweit sie für die ärztliche Praxis wichtig sind, vorausgenommen werden. Siemerling beobachtete 30 Graviditätspsychosen gegenüber 86 Puerperal- und 11 Laktationskrankheiten; nach Runge kommen auf 100 Psychosen im ganzen 20, die während der Schwangerschaft, 68, die im Wochenbett und 10,9, die später als sechs Wochen nach der Entbindung entstanden sind [1].

Die Gesamtprognose ergibt sich aus folgender Tabelle (Runge):

	Gravidität	Puerperium	Laktation
geheilt	42,86	44,82	54,54
gebessert	21,04	17,24	9,17
ungünstig	7,14	20,69	36,76
gestorben	28,67	17,24	—

Zählen wir die Zahlen zusammen, so sind im ganzen 62,65 % aller Generationspsychosen ausgeheilt oder gebessert, 20,48 % ungünstig verlaufen und 16,87 % sind durch den Tod der Patientinnen beendet worden.

Die nervösen Störungen während der Gravidität. Leichtere nervöse Störungen während der Schwangerschaft sind bekanntlich außerordentlich häufig. Insbesondere vasomotorische Anomalien wie Warm- und Kaltwerden der Hände und Füße, Frösteln, sodann Wadenkrämpfe, Übelkeit, Appetitmangel, Brechreiz und die Abneigung gegen manche Speisen (Fleisch), dazu ein gewisses verträumtes und zerstreutes Wesen, Stimmungswechsel, Reizbarkeit und leichte melancholische und hypochondrische Anwandlungen sind wohl zu häufig, als daß sie als ausgesprochen pathologische Symptome gedeutet werden dürften. Dagegen sind als ohne weiteres krankhaft anzusprechen: Schwindelanfälle, schwere Neuralgien (Ischias, Mastodynien, Trigeminusneuralgien), heftiges oder gar unstillbares Erbrechen, ausgesprochene Charakterveränderungen, Angstzustände, sodann die „Gelüste" (Sand, Kreide, Kaffeebohnen), kleptomanische und pyromanische Neigungen und Dämmerzustände. Die meisten Störungen der zweiten Kategorie beweisen schon durch ihre Eigenart die psychopathische und ev. spezifisch hysterische Grundlage, auf der sie entstanden sind. Dementsprechend ist das gefürchtetste Symptom dieser Art, das unstillbare Erbrechen, der Suggestion sehr zugänglich (Alzheimer).

Im übrigen ist gerade von den an sich nervösen Frauen bekannt, daß sich ihr Allgemeinbefinden während der Schwangerschaft zuweilen sogar deutlich

---

[1] Ganz ähnlich sind die Zahlen von Engelhardt, der unter 19 910 Geburten 0,14 % rein akute Psychosen und unter diesen 31 % Graviditätspsychosen und 38,9 % Puerperalpsychosen beobachtete.

bessert, und nicht ganz selten hört man von den Angehörigen, daß die Patientinnen jedesmal während der Gravidität besonders umgänglich und gleichmäßig gewesen seien.

Trotzdem werden, wie gesagt, gewisse psychische Erscheinungen der Schwangerschaft als normale und zugleich auch als nicht rein psychologisch bedingte Begleiterscheinungen angesehen werden müssen. Die weitgehende Umgestaltung des Stoffwechsels macht das ohne weiteres verständlich, und insofern wäre es nicht einmal nötig, die Möglichkeit einer echten Autointoxikation heranzuziehen oder das von Schmorl nachgewiesene Kreisen von Chorionzotten für eine regelmäßig vorhandene Schädlichkeit zu halten (Veit, Weichhardt, Opitz). Die Giftigkeit des Placentaserums ist ja durch Freund und Mohr nachgewiesen worden, und in der Vergrößerung der Schilddrüse, sowie in der größeren Lebhaftigkeit der Patellarreflexe (Neumann) kommt die Beteiligung des ganzen Körpers einschließlich des Nervensystems an den Veränderungen der Schwangerschaft deutlich zum Ausdruck.

So wird es ohne weiteres verständlich, daß manche organische Nervenleiden wie die multiple Sklerose durch die Schwangerschaft verschlechtert zu werden pflegen. Die Tabes wird allerdings in der Regel so gut wie gar nicht beeinflußt, wirkt dagegen selbst ev. im Sinne einer Verzögerung der Geburt. Eine ernste Gefährdung der Entbindung wird übrigens dadurch nicht bedingt; denn experimentelle und klinische Erfahrungen (Reingolth und Ewald, Langley und Anderson, Balbint und Benedict) haben bewiesen, daß Frauen normal (nur schmerzlos) gebären können, deren letzte Sakralelemente total zerstört sind.

Viel erörtert sind die Beziehungen der Schwangerschaft zur Epilepsie. Sicher ist wohl, daß die Epilepsie ausnahmsweise während der Gravidität erstmals manifest werden kann; umgekehrt hören gelegentlich die Anfälle während der Schwangerschaft auf; am häufigsten endlich nehmen sie zu. Daß die Schwangerschaft auch für die erste Kategorie von Fällen mehr als ein auslösendes Moment darstellt, wird man ebensowenig annehmen dürfen, wie man heute an die früher manchmal behauptete Heilung der Epilepsie durch die Gravidität glaubt.

Dagegen müssen manche Apoplexien, die während der Schwangerschaft vorkommen, ihr selbst zur Last gelegt werden. v. Hößlin, der diese Frage eingehend behandelt hat, unterscheidet drei Formen, deren eine (die genuine) auf eine Herzhypertrophie und eine toxische Gefäßwanderkrankung zurückgeführt werden muß, während die beiden anderen durch eine Nephritis (Urämie) oder aber durch eine exazerbierende Endocarditis verursacht werden.

Das Vorkommen einer wirklich rein durch die Schwangerschaft veranlaßten Myelitis scheint uns durch einen allerdings verdächtigen Fall (v. Hößlin) nicht exakt bewiesen zu sein.

Eine ernste Komplikation der Schwangerschaft dagegen, die nicht als zufällig betrachtet werden kann, ist die der Neuritis. Diese ähnelt symptomatologisch durchaus der Alkoholneuritis und muß somit wohl auf eine Autointoxikation zurückgeführt werden, vorausgesetzt, daß nicht wirklich Alkoholmißbrauch oder eine Infektion mit im Spiele gewesen sind. Auch wenn diese Komplikation nicht vorliegt, vereinigt sich die Neuritis übrigens oft mit Gedächtnisstörungen von Korssakowschem Typus. Häufig ist auch das Zusammentreffen mit unstillbarem Erbrechen.

Die Prognose ist nicht ganz günstig. 20% der Fälle sterben vor der Entbindung, und nicht selten besteht die Neuritis nach der Geburt noch längere Zeit fort.

Psychosen in der Gravidität. Während nun leichtere nervöse Störungen im ersten Teil der Schwangerschaft häufiger sind, fallen ausgesprochene Psychosen gewöhnlich in ihre zweite Hälfte. Auffallenderweise betreffen sie zumeist nicht ganz junge Frauen. Alle schweren Psychosen sah Runge jenseits des 25. Lebensjahres auftreten, und nur hysterische und choreatische Seelenstörungen wurden bei jüngeren Frauen beobachtet. Damit hängt zusammen, daß die ernstesten Erkrankungen (Katatonie, Melancholie) fast ausschließlich bei Mehrgebärenden auftreten.

Über die Ätiologie dieser Störungen wissen wir wenig. Die Feststellung, daß 59 % von Runges Patientinnen erblich belastet waren, beweist nach modernen ätiologischen Anschauungen so gut wie gar nichts. Dagegen ist die negative Tatsache von erheblichem Wert, daß unehelich Geschwängerte nicht mehr gefährdet sind als Ehefrauen. Die besonderen psychischen Momente, die bei der ersten Kategorie vermutet werden dürfen, können also nicht ausschlaggebend sein.

Die Prodrome der meisten Graviditätspsychosen sind sehr unbestimmt. Reizbarkeit, Stimmungswechsel, Depressionen und Mattigkeit werden angegeben.

Im weiteren Verlaufe erweisen die einzelnen Fälle ihre Zugehörigkeit zu sehr verschiedenen Formen der Geisteskrankheit. Eine ätiologische Sonderstellung und zugleich eine besondere praktische Bedeutung kann eine Form beanspruchen, die besonders E. Meyer abgegrenzt hat und die als echte Psychogenie aufgefaßt werden muß. Hier ist die Idee, schwanger zu sein, das letzte psychologische Motiv der krankhaften Symptome: Selbstanklagen, Angstgefühl, Abneigung gegen den Gatten, Haß gegen das entstehende Kind, Selbstmordneigung. Natürlich setzt die Entstehung solcher Ideen eine psychopathische Anlage von Hause aus voraus, auf ihrem Boden aber entwickelt sich die Störung gelegentlich so sehr nach rein psychologischen Gesetzen ohne körperliche Beeinflussung, daß ausnahmsweise einmal sogar die nur scheinbar begründete, in Wahrheit aber unrichtige Annahme der Gravidität die gleiche Psychose nach sich ziehen kann (E. Meyer).

Eine große praktische Schwierigkeit liegt nun darin, daß die Fälle von echt psychogener Entstehung nicht immer von solchen unterschieden werden können, in denen die Depression nur eine Phase im Verlaufe des manisch-depressiven Irreseins (Kraepelin) darstellt (Aschaffenburg). In diesen Fällen sind Ideen von ganz ähnlicher Färbung viel eher die Folge als die Ursache der depressiven Verstimmung (Alzheimer).

Eine dritte, besonders große Gruppe von Fällen endlich gehört den jugendlichen Verblödungsprozessen an, und zwar unterscheiden sich diese Fälle in ihrer Symptomatologie und ihrem Verlauf so wenig von den übrigen Fällen dieser Krankheit, daß der Gravidität höchstens die Rolle einer Gelegenheitsursache zugewiesen werden kann.

Anders müssen die Fälle von choreatischem Irresein beurteilt werden, die von jeher besonders gefürchtet worden sind. Die Chorea der Schwangeren besitzt ja an sich keine ganz einheitliche Ätiologie. Manche Fälle, die in der Literatur hierher gezählt worden sind, gehören wohl sicher der Hysterie an, und bei den echten Choreaerkrankungen werden wir immer noch zwischen denen unterscheiden müssen, in denen schon früher in der Kindheit ein Veitstanz überstanden worden ist, oder die doch sonst Anhaltspunkte für eine rheumatische Ätiologie bieten, und den anderen, in denen nach dem heutigen Stand unserer Kenntnisse in der Tat eine spezifische toxische Wirkung der Gravidität selbst angeschuldigt werden muß.

In 151 Fällen, die Görner zusammengestellt hat, handelte es sich 48 mal um das Rezidiv einer früher überstandenen Chorea, 31 mal um eine frühere rheumatische Infektion. Aus derselben Statistik sei hervorgehoben, daß 77 Patientinnen oder aber 69 % aller Fälle Erstgebärende waren und daß die Häufigkeit der Chorea während der nächsten Schwangerschaften dann sehr abnimmt.

Allgemein bekannt ist der stürmische Verlauf, den die Chorea bei Schwangeren fast immer zu nehmen pflegt. Leichte Fälle sind hier sehr viel seltener als beim Veitstanz der Kinder. Auch psychische Störungen werden hier nicht nur ebenso regelmäßig, sondern zugleich in sehr viel schwererer Form beobachtet; Reizbarkeit, dann heftige Erregung, Verwirrtheit und schließlich Benommenheit oder tiefe Verworrenheit (Siemerling) sind die Hauptsymtome dieser Psychose. Ihre Intensität geht der der choreatischen Bewegungen nicht immer parallel.

Der Ernst der Krankheit geht aus dem statistischen Nachweis hervor, daß 12—32 % aller Fälle (Löwenfeld) und bis zu 75 % der choreatischen Psychosen (Siemerling, Raecke) zum Tode führen. Außerdem disponiert die Krankheit zum Absterben der Frucht und zum Abort. Nach der erwähnten Statistik von Görner sind 47 (von 151 Patientinnen) vor, 31 nach der Geburt geheilt worden, 3 blieben nach dem Partus unverändert, 9 mal trat die Heilung durch einen spontan erfolgenden, 8 mal nach einem künstlich herbeigeführten Abort ein, und 8 mal schloß sich die Besserung an eine spontan eintretende, 5 mal an eine künstlich herbeigeführte Frühgeburt an.

Im übrigen ist die Prognose quoad vitam natürlich von der Grundursache abhängig und sie wird besonders häufig erst durch die gleichzeitig bestehende Endocarditis erheblich verschlechtert.

Noch ernster sind die Aussichten in den Fällen von Eklampsie, die heute bekanntlich als eine Vergiftung des mütterlichen Organismus durch irgendwelche während der Schwangerschaft gebildete Stoffe aufgefaßt wird. Die früher schon erwähnte Giftigkeit des Placentaserums scheint sich in diesen Fällen abnorm stark zu gestalten. Bekannt sind ja die Beziehungen der Eklampsie zu Nierenerkrankungen.

Eingeleitet werden die Krämpfe oft durch Übelkeit, Erbrechen, Schwindel, Schmerzen im Epigastrium und Muskelzittern. Auch Augensymptome, Flimmern, Sehstörungen bis zur Amaurose (mit an sich günstigem Verlauf) treten relativ früh auf. Die Krämpfe hinterlassen oft isolierte Lähmungen im Gebiete des Lendengeflechtes und des Peronaeus.

Eine Komplikation der Eklampsie mit Psychosen ist nicht übermäßig häufig. Olshausen sah 31 Geistesstörungen bei im ganzen 515, Kutzinski 44 bei 726 Krankheitsfällen. Diese Fälle betrafen alle Erstgebärende und begannen gewöhnlich in der zweiten Hälfte der Gravidität. Sehr eigentümlich ist die Beobachtung von Olshausen und Siemerling über die periodische Häufung von Eklampsiepsychosen.

Die psychischen Störungen beginnen gewöhnlich 3—6 Tage nach den Krämpfen, schließen sich zuweilen aber auch unmittelbar an sie an und können ihnen endlich auch noch viel später folgen. Ein von Kutzinski beobachteter Fall, der am 20. Tage anfing, zeigte allerdings eine Komplikation mit Epilepsie und Nephritis.

Als Prodrome sind zu nennen Abgeschlagenheit, Schwindel, Schlaflosigkeit, Parästhesien, dann folgt ein Zustand von Verwirrtheit und Erregung, der durch die massenhaften Sinnestäuschungen auf allen Sinnesgebieten, durch eine eigentümliche Aufmerksamkeitsstörung, durch die ängstliche Stimmung (Suizid, Kindsmord!) und vor allem eben durch die starke motorische Erregung einigermaßen charakterisiert wird. Im ganzen scheint das Bild dieser Psychose dem des postepileptischen Dämmerzustandes nahezustehen, eine Analogie, die sich auch auf das nachherige Auftreten von Amnesie und retrograder Amnesie erstreckt.

Die Prognose der Eklampsiepsychose ist, wenn das Leben erhalten bleibt, gut. Siemerling sah nur zwei ungeheilte Fälle.

Therapie. Eine spezifische Therapie der Schwangerschaftspsychosen existiert selbstverständlich nicht. Die Behandlung muß nach den allgemeinen, durch die spezielle Symptomatologie gebotenen Indikationen erfolgen. Bei der großen Suizidneigung vieler Fälle und zum Schutze des Kindes wird die Behandlung besonders häufig in der Irrenanstalt erfolgen müssen.

Besonders wichtig ist eine präzise Stellungnahme zu der viel umstrittenen Frage des künstlichen Aborts bei Schwangerschaftspsychosen. Jolly, Friedmann, Hoche, Alzheimer, E. Meyer, Raecke und Sänger haben sich in den letzten Jahren zu dieser Frage geäußert, und das Ergebnis ist eine ziemlich vollständige Einigung der Fachgenossen über die allgemeinen Prinzipien dieser Entscheidung, die natürlich individuellen Auffassungen in konkreten Fällen immer noch genügend Spielraum läßt. Ohne weiteres geboten ist die Beendigung der Schwangerschaft bei der Eklampsie, während schon die Chorea eine relative Indikation darstellt. Hier wird der Nachweis einer durch schwere Ernährungsstörungen bedingten direkten Lebensgefahr eine notwendige Voraussetzung für den Eingriff darstellen müssen (Jolly, Krönig). In den leichteren Fällen wird man je nach der Ätiologie des Falles mit antirheumatischen Mitteln, Brom, Zink und Arsenpräparaten (Romberg) und ausnahmsweise auch mit geringen Morphiumdosen auszukommen suchen. Ebenso wird bei der Polyneuritis die Entscheidung von Fall zu Fall getroffen werden müssen; sie erfordert die Beendigung der Schwangerschaft nur bei lebensgefährlichen Fällen, insbesondere also dann, wenn der Vagus und die Atemnerven oder aber der Opticus ergriffen werden.

Noch seltener wird die Epilepsie den Abort rechtfertigen, da sie nur in der Form des Status epilepticus eine ernstliche Gefährdung der Mutter bedeutet (Alzheimer).

Das unstillbare Erbrechen ist, wie erwähnt, häufig suggestiv beeinflußbar und kann somit erst, wenn jeder Versuch dieser Art gescheitert ist, das Opfer des Kindes notwendig machen.

Am schwierigsten ist die Entscheidung in den Fällen, die leider zugleich die häufigsten sind, ,,in denen in den ersten Monaten der Schwangerschaft unter körperlichen Erscheinungen von Blutarmut, Schwäche u. dgl. gemütliche Verstimmungen von melancholischer Färbung auftreten" (Hoche). Diese Fälle sind, wie oben erwähnt wurde, ätiologisch nicht einheitlich. Ein Teil, in dem die Summe der psychischen Störungen die Annahme einer Geisteskrankheit im technischen Sinne nicht rechtfertigt, scheidet für unsere Fragestellung von vornherein aus. Ein anderer wird einen geburtshilflichen Eingriff deshalb nicht veranlassen dürfen, weil die melancholische Verstimmung ihrer Natur nach nicht als direkte Folge der Schwangerschaft angesehen werden kann. Das gilt für depressive Attacken im Verlauf des manisch depressiven Irreseins ebensowohl wie für Phasen der jugendlichen Verblödungsprozesse. In Fällen der zweiten Kategorie bleibt der Abort ohnehin ohne gesetzmäßige Wirkung. Bei denen der ersten Gruppe kann ihm eine Besserung oder gar eine Heilung der Psychose allerdings folgen; da diese Heilung aber früher oder später ohnedies erwartet werden muß, ist die Tötung des Kindes wiederum nicht zulässig. Nun existiert aber noch eine dritte Gruppe von Fällen, bei denen die Depression tatsächlich mit der Schwangerschaft kommt und geht. Diese Gruppe umfaßt die Patientinnen, die oben schon erwähnt wurden, und die namentlich Meyer von den übrigen, symptomatologisch ähnlichen Fällen abgegrenzt hat. Bei ihnen führt die Idee der Gravidität (sogar wenn sie ungerechtfertigt ist) auf psychogenem Wege zu ängstlichen Verstimmungen. Wenn diese Verstimmungen erhebliche Grade erreichen, stellen die dadurch bedingte Suizidgefahr und die unter Umständen doch auch sonst zweifelhafte Prognose in der Tat dringende Indikationen zum ärztlichen Eingreifen dar.

Sehr viel weiter wird selbstverständlich der Kreis derjenigen Krankheitsfälle zu ziehen sein, in denen psychische Störungen während einer Gravidität das Verbot weiterer Schwangerschaften als prophylaktische Maßnahme notwendig machen. Hierbei kann dann auch der Gesichtspunkt mitsprechen, der bei der Frage des künstlichen Aborts selbstverständlich ausgeschaltet werden muß: der der möglichen Gefährdung der Nachkommenschaft durch erbliche Einflüsse.

Die **Geburt** selbst führt sehr selten zu psychischen Störungen, eine Tatsache, die angesichts ihres forensischen Interesses (Kindsmord) oft untersucht und somit sichergestellt worden ist. Saxinger sah unter 12215 und Sarwey unter 10 000 Geburten nur je einen Fall von Geisteskrankheit. Ja selbst Ohnmachten infolge der Schmerzen kommen nicht oft zur Beobachtung, und so scheint die Vermutung, daß dieses Moment ausgesprochene Verwirrtheitszustände auslösen könnte (Anton), doch nicht ganz gerechtfertigt. Aber natürlich kommen bei psychopathischen Individuen gelegentlich auch während der Entbindung Erregungszustände mit Wutanfällen gegen den Arzt und ev. gegen das Kind zum Ausbruch. Außerdem sind zufällige Komplikationen möglich, wie z. B. die durch epileptische Dämmerzustände (Hoppe, E. Meyer, Siemerling, Raecke).

Insofern werden therapeutische Maßnahmen, die in der Verabreichung von Beruhigungsmitteln und im Notfalle in der Abkürzung der Geburt bestehen könnten, nur ausnahmsweise notwendig werden.

Puerperalpsychosen. Schon oben wurde erwähnt, daß nach Engelhardts Statistik (19910 Geburten!) im ganzen nur 0,14% der Wöchnerinnen psychotisch werden, und von dieser Zahl kommt noch der dritte Teil, als durch die Schwangerschaft bedingt, in Abzug. Noch wichtiger ist die von Meyer hervorgehobene statistische Tatsache, daß nur etwa ebensoviel Puerperalpsychosen auf die Gesamtzahl der überhaupt vorkommenden Geisteskrankheiten bei Frauen entfallen wie Geburten auf die Zahl der Frauen überhaupt. Damit wird die Wahrscheinlichkeit eines ätiologischen Zusammenhanges erheblich eingeschränkt, und manche Fälle dieser Art werden einfach auf ein zufälliges Zusammentreffen von Wochenbett und manifester Geistesstörung zurückgeführt werden müssen.

Allerdings gilt diese Erwägung in voller Ausdehnung nur für unsere Zeit. Die Wochenbettspsychosen haben, wie erwähnt, in offenbarer Abhängigkeit von dem Fortschreiten der Asepsis an Häufigkeit abgenommen. Während früher 13,08 % aller in eine Irrenanstalt aufgenommenen Patientinnen Wöchnerinnen waren, machen diese heute nur noch 2,08 % aus (Meyer, Runge).

Aus allen diesen Gründen werden wir mit Olshausen dem Satz Hansens zustimmen dürfen: „Es ist also Grund vorhanden, um anzunehmen, daß das Plus von Geistesstörungen, das sich bei Frauen findet, welche unlängst geboren haben, im Vergleiche mit anderen Frauen in gleicher Altersklasse der puerperalen Infektion und — zu einem weit geringeren Teile — der während der Geburt vorkommenden Eklampsie zu verdanken sei." Hansen stützt seine Behauptung auf die Beobachtung, daß 42 von 49 geisteskranken

Wöchnerinnen somatische Symptome von puerperaler Infektion aufgewiesen hatten.

In der Tat sind denn in neuerer Zeit alle übrigen exogenen ätiologischen Faktoren immer mehr zurückgetreten, und bei Wochenbettspsychosen, die ihrer Form und ihrem Verlauf nach nicht als infektiöse Störung aufgefaßt werden können, handelt es sich wieder einfach um Phasen im Verlauf des manisch depressiven Irreseins oder der Dementia praecox, deren Beginn höchstens durch das Puerperium ausgelöst worden ist. Sehen wir von diesen Fällen ab, so bleibt natürlich für die eigentliche Wochenbettspsychosen immer noch zu fragen, ob nicht endogene Momente, wie erbliche Belastung und psychopathische Anlage, bei der Entstehung der Krankheit doch mitgewirkt haben. Nach dem Stande unserer heutigen ätiologischen Kenntnisse sind wir selten in der Lage, diese Frage bestimmt zu beantworten. Die Feststellung von Runge, daß 47 % der geisteskranken Wöchnerinnen hereditäre Belastung aufwiesen, bringt über diesen Punkt jedenfalls keine Klarheit, weil gesunde Menschen oft genug ebenso stark belastet sind. Wichtiger ist, daß 13 % der von demselben Autor beobachteten Patientinnen schon früher psychisch krank gewesen waren; aber diese Fälle werden eben sehr wahrscheinlich nicht zu den eigentlichen exogen bedingten Wochenbettspsychosen gehören.

Selbstverständlich ist bei dem oben zitierten Satz Hansens der Nachdruck auf das „Plus" (von Geistesstörungen) zu legen. Schon die absolute Häufigkeit, mit der die einzelnen Formen geistiger Störung im Wochenbett beobachtet werden, macht es zum mindesten wahrscheinlich, daß nicht einmal die Hälfte der überhaupt vorkommenden Fälle auf ein neues, bei anderen Frauen nicht wirksames Moment zurückgeführt zu werden braucht. Nur in diesem Zusammenhang soll hier die klinisch-systematische Stellung der Puerperalpsychosen durch den Hinweis auf Runges Angaben berücksichtigt werden, nach denen 36,84 % seiner Fälle der Dementia praecox, 19,74 % dem manisch depressiven Irresein, 25 % der Amentia und den Fieberdelirien, 7,89 % dem hysterischen Irresein und 6,68 % den eklamptischen Psychosen angehörten. Von diesen Formen werden wir manisch-depressive Anfälle überhaupt kaum, Dementia praecox-Erkrankungen doch nur mit großem Vorbehalt auf spezifische exogene Schädlichkeiten im Sinne Hansens zurückführen dürfen. Die Krankheiten mit hysterischer Färbung werden sich in dieser Hinsicht nicht einheitlich verhalten. Sie sind gewiß zumeist Folgen einer endogenen Anlage; aber auf der anderen Seite führen gelegentlich auch Vergiftungen zu ganz hysterisch aussehenden Zustandsbildern. Umgekehrt steht der exogene Charakter für die eklamptischen Psychosen fest, und für die Fälle, die Runge der Amentiagruppe zurechnet, besitzt die gleiche Auffassung wenigstens große Wahrscheinlichkeit. Diese Meynertsche Amentia, das akute halluzinatorische Irresein anderer Autoren ist seinerzeit von Fürstner geradezu als spezifische Wochenbettspsychose beschrieben. Sie ist dann lange Zeit ganz allgemein als gelegentliche Folge schwerer körperlicher Schädlichkeiten aufgefaßt und somit auch auf Blutverluste und andere erschöpfende Momente zurückgeführt worden. Neuere Forschungen, namentlich von Bonhöffer, haben aber gezeigt, daß diese Form nur in Begleitung von Temperatursteigerungen vorkommt, und damit ist die prinzipielle Trennung zwischen der Amentia und den eigentlichen Fieberdelirien beseitigt worden. Das ist auch deshalb ohne weiteres einleuchtend, weil die Symptomatologie dieser Psychose, die Tage bis Monate dauern kann und dann gewöhnlich heilt, sich psychologisch am besten als ein protrahiertes Fieberdelir definieren läßt. Im Vordergrunde stehen eben auch hier Bewußtseinstrübungen, Sinnestäuschungen, namentlich des Gesichtssinnes, und motorische Erregungen. Der Beginn aller Wochenbettspsychosen fällt am häufigsten

in die erste Woche, und die erste und die zweite zusammen umfassen 75 %
aller überhaupt vorkommenden Fälle (Runge). Nahezu 40 % der Kranken
sind Erstgebärende gewesen.

Die Prognose ist natürlich von der Krankheitsform abhängig. Hysterische
Erregungszustände und echte delirante (Amentia-)Erkrankungen geben eine
durchaus gute Prognose. Die Anfälle des manisch depressiven Irreseins nehmen
ihren gesetzmäßigen Verlauf, heilen und hinterlassen wie immer die Gefahr
eines späteren Rückfalles. Ungünstig dagegen sind natürlich die Aussichten
bei der Dementia praecox und, was die Voraussage für den Arzt erschwert:
gerade diese Fälle sind in der ersten Zeit außerordentlich schwer von denen
der Amentiagruppe zu unterscheiden. Der erste Beginn eines solchen jugendlichen Verblödungsprozesses kann einer akuten halluzinatorischen Verworrenheit zum Verwechseln ähnlich sehen, und umgekehrt kommen auch bei deli-
ranten Zuständen, deren exogene Natur später durch eine restlose Heilung erwiesen wird, vorübergehend „katatonische" (das sind für die Dementia praecox
verdächtige Symptome) vor. Im ganzen sah Aschaffenburg über 53 %
Heilungen.

Die Therapie wird sich in vielen Fällen zunächst auf das körperliche Grundleiden erstrecken müssen und im übrigen nach rein psychiatrischen Gesichtspunkten eiuzurichten sein. Bei der heftigen motorischen Unruhe bei den meisten
echten infektiösen Psychosen wird die Überführung in ein psychiatrisches
Institut sobald als irgend möglich durchgeführt werden müssen.

Von anderen nervösen Erkrankungen des Wochenbetts sind in erster
Linie cerebrale Lähmungen zu nennen, die entweder — bei dazu disponierten
Frauen — durch eine Blutung, durch Thrombose oder endlich durch Embolie
bedingt werden. Die Pathogenese der beiden letzten Ereignisse ist aus dem
Wesen der häufigsten Wochenbettserkrankungen ohne weiteres abzuleiten.
Symptomatologisch handelt es sich in der überwiegenden Mehrzahl der Fälle
(23 von 24 v. Hößlin) um Hemiplegie; außerdem kommen Sprachstörungen,
Hemianopsien und ausnahmsweise auch einmal eine Amaurose durch Embolie
der Arteria centralis retinae zur Beobachtung.

Häufiger sind auch im Wochenbett Neuritiden. v. Hößlin unterscheidet eine traumatische Neuritis, eine, die durch fortgeleitete Entzündung entsteht, und endlich solche, die auf einer allgemeinen Infektion
oder Intoxikation beruhen. Die traumatische Neuritis ist in ihren leichtesten
Formen so häufig, daß Ernst unter 800 Gebärenden 90 mal eine Neuritis cru-
ralis beobachtete. Gewöhnlich handelt es sich um Schmerzen oder Parästhesien, die übrigens oft auch an der Außenseite der Unterschenkel, an den Waden
und Füßen, sowie an der Hinterseite des Oberschenkels auftreten (Anton).
Als besonders hartnäckig gelten die Erkrankungen des Peronaeus. Ein direktes
Übergreifen entzündlicher Beckenprozesse schädigt natürlich am häufigsten
den Plexus sacralis.

Im Gegensatz zu diesen beiden Formen treten die toxischen und infektiösen
Neuritiden gewöhnlich multipel auf, und zwar recht oft an symmetrisch
gelegenen Nerven Eine strenge Grenze zwischen diesen beiden ätiologischen
Kategorien läßt sich natürlich nicht ziehen, ebenso wie die Schwangerschafts-
und die Wochenbettsneuritiden selbstverständlich ineinander übergehen. v. Hößlin stellte 36 Fälle von Polyneuritis zusammen, die vor der Geburt, und 56,
die nach der Entbindung aufgetreten waren. Besonders häufig werden die
Endäste des Ulnaris und des Medianus betroffen (Moebius). Aber auch der
Axillaris und Muskulocutaneus (Küster), der Fazialis und der Opticus sind
gefährdet; selten erkranken Trigeminus und Vagus (Sänger). Gelegentlich
kann hier, wie in Fällen anderer Ätiologie, durch eine ausgedehnte Polyneu-

ritis das Bild der Landryschen Paralyse zustande kommen. Noch gefürchteter ist selbstverständlich ein Übergreifen auf die Bulbärnerven.

Nicht ganz selten komplizieren sich auch diese Formen der Polyneuritis mit allgemeinen cerebralen Symptomen. Eine echte Korssakowsche Psychose wird nicht ganz selten beobachtet (Löwenfeld u. a.).

Somit ist die Prognose, wenn wir von denen leichtester traumatischer Neuritis und ganz allgemein von allen lokal ausgelösten Neuritiden absehen, sehr ernst. 90 % der von v. Hößlin zusammengestellten 46 Fälle allgemeiner Polyneuritis sind gestorben, und unter den übrigen ist die Heilung naturgemäß außerordentlich langsam fortgeschritten.

Therapeutisch empfiehlt Anton gegen die Schmerzen in frischen Fällen die Anwendung von Kälte (in Form von Eis, Äther, Alkohol-Spray, Chloräthyl) oder von Wärme (feucht-warme Umschläge, Heißluftstrom etc.). Gelegentlich erweisen sich auch lokale Blutentziehungen, Senfpapiere und Schwitzbäder als wirksam, während die Massage doch nur nach Ablauf der akuten Entzündung zur Bekämpfung der Atrophien angebracht ist. Nicht selten wird man gegen die Schmerzen Kokain, Morphium oder Pantopon verabreichen müssen.

Laktationspsychosen. Auch die Psychosen, die jenseits der sechsten Woche nach der Entbindung beginnen, haben gegen früher an Häufigkeit abgenommen. Sie machen etwa 1,6 % der Geisteskrankheiten bei Frauen überhaupt aus (E. Meyer). Am häufigsten beginnen diese Geistesstörungen im zweiten bis zum fünften Monat nach der Entbindung. Merkwürdigerweise erkranken hier besonders jüngere Frauen und zugleich überwiegend häufig Mehrgebärende. 91,77 % von Runges Fällen betrafen Multiparae. Diese Beobachtung läßt daran denken, daß eine allzu schnelle Folge von Schwangerschaften bei jungen Frauen als ätiologischer Faktor in Betracht kommt. Der Form nach verteilen sich diese Psychosen ziemlich gleichmäßig (mit über 41 %) auf die jugendlichen Verblödungsprozesse und das manisch depressive Irresein, während Amentiaähnliche Bilder hier nur noch in 16,6 % (Runge) beobachtet werden. Symptomatologisch handelt es sich gewöhnlich um chronische Wahnbildungen, die häufig eine melancholische Färbung zeigen. Etwa ein Drittel der Fälle, die L. Hoche zusammengestellt hat, sind ungeheilt geblieben, die übrigen wurden gesund oder doch wesentlich gebessert. Zu beachten ist aber, daß diese Psychosen alle durchschnittlich länger dauern, als wie die des Puerperiums. Ihre Behandlung muß nach rein psychiatrischen Gesichtspunkten erfolgen.

Literatur[1]).

Abderhalden, Deutsche med. Wochenschr. 1912, Nr. 48. — Anton, Über Geistes- und Nervenkrankheiten in der Schwangerschaft etc. Veits Handb. d. Gynäk. V. 1. — Aschaffenburg, A., Zeitschr. f. Psych. Bd. 58, S. 337 und Münch. med. Wochenschr. 1906, Nr. 37. — Behr, A., Zeitschr. f. Psych. Bd. 56, S. 802. — Biedl, A., Innere Sekretion. Urban u. Schwarzenberg, 1910. — Bossi, Meine Ansicht über die reflektorischen Psychopathien und die Notwendigkeit der Verbesserung des Irrenwesens. Wiener klin. Wochenschr. 1912, Nr. 25, S. 1868. — Derselbe, Die gynäkologischen Läsionen bei der Manie des Selbstmordes etc. Zentralbl. f. Gyn. 1911, Bd. 35. Nr. 36. — Derselbe, Die gynäkologische Prophylaxe bei Wahnsinn. Coblenz, Berlin, 1912. — Campbell Clark, Journ. of ment. scienc. 1887, Juli. S. 169. — Danillo, Recherches cliniques sur la fréquence des maladies sexuelles chez les aliénées. Arch. d. Neur. 1882, Tome 4. — Dost, A., Zeitschr. f. Psych. Bd. 59, S. 876. — Engelhard, J., Über Generationspsychosen etc. Zeitschr. f. Geburtsh. 1912, Bd. 70, S. 727. — Eppinger und Heß, Vagotonie. Noordens I. Samml. klin. Abhandl. 9 u. 10. Hirschwald 1910. — Frank, Zentralbl. f. Naturheilk.

---

[1]) Das Verzeichnis, das auf Vollständigkeit keinen Anspruch erhebt, ist mit dem **Januar** 1913 abgeschlossen worden.

1880, Nr. 60. — Friedmann, A., Zeitschr. f. Psych. Bd. 51, S. 228. — Derselbe, Münch. med. Wochenschr. Bd. 94. — Fürstner, Arch. f. Psych. Bd. 5, S. 505. — Hansen, Th. B., Über das Verhältnis zwischen der puerperalen Geisteskrankheit und der puerperalen Infektion. Zeitschr. f. Geburtsh. 1888, Bd. 15, S. 61. — Hegar, A., Der Zusammenhang der Geschlechtskrankheiten und nervösen Leiden und die Kastration bei Neurosen. Stuttgart, Enke, 1885. — Derselbe, Allg. Zeitschr. f. Psych. 1899, Bd. 56, S. 885. — Derselbe, Allg. Zeitschr. f. Psych. Bd. 58, S. 351. — Hergt, Frauenkrankheiten und Seelenstörungen. Allg. Zeitschr. f. Psych. 1871, Bd. 27. — Hobbs, Buffalo Med. Journ. Febr. 1902. — Holst, Arch. f. Psych. 1888, Bd. 11, S. 678. — Hoppe, H., Symptomatologie und Prognose der im Wochenbett entstehenden Geistesstörungen. Arch. f. Psych. 1893, Bd. 25, S. 136. — Hoche, L., Arch. f. Psych. Bd. 24, S. 612. — Jakob, Journ. f. Psych. u. Neurol. 1909, Bd. 14. — Kehrer, E., Experimentelle Untersuchungen über nervöse Reflexe auf den Uterus. Arch. f. Gyn. Bd. 90, S. 1. — Klix, Über die Geistesstörungen in der Schwangerschaft und im Wochenbett. Samml. zwangl. Abhandl. a. d. Gebiete d. Frauenheilk. etc. Halle, Marhold, 1904. — v. Krafft-Ebing, Die transitorischen Störungen des Bewußtseins. Erlangen, Enke, 1863. — Derselbe, Allg. Zeitschr. f. Psych. Bd. 31, 4. — Derselbe, Arch. f. Psych. Bd. 8, 1. — Kroenig, Über die Bedeutung der funktionellen Nervenkrankheiten für die Diagnose und Therapie in der Gynäkologie. Leipzig, Thieme, 1902. — Kutzinski, A., Über eklamptische Psychosen. Charité-Annalen. 1909, Bd. 33, S. 216. — Laehr, Allg. Zeitschr. f. Psych. 1869, Bd. 26, S. 368. — Loewenfeld, Sexualleben und Nervenkrankheiten. Bergmann, 1906. — Mathes, Infantilismus. Asthenie. — Mayer, C. E. Louis, Die Beziehungen der krankhaften Zustände und Vorgänge in den Sexualorganen des Weibes zu Geistesstörungen. Berlin, Hirschwald, 1869. — Meyer, H. H., Med. Klinik. 1912, Nr. 44. — Meyer, E., Die Beziehungen der funktionellen Neurosen etc. zu den Erkrankungen der weiblichen Genitalorgane. Monatsschr. f. Geb. 1906. — Derselbe, Die Ursachen der Geisteskrankheiten. Jena, Fischer, 1907. — Derselbe, Die Puerperalpsychosen. Arch. f. Psychiatrie. Bd. 48, Heft 2. (Hier siehe Literatur.) — Münzer, Monatsschr. f. Psych. Bd. 19, S. 362. — Naecke, Einfluß von Schwangerschaft etc. auf den Verlauf einer chronischen Psychose. Zeitschr. f. Psych. Bd. 68, 1, S. 1. — Obersteiner, H., Über Psychosen im unmittelbaren Anschluß an die Verheiratung. Jahrb. f. Psych. 1902, Bd. 22, S. 313. — Derselbe, Monatsschr. 1902, Bd. 22, S. 313. — Ohlshausen, R., Beitrag zu den puerperalen Psychosen. Zeitschr. f. Geburtsh. 1891, Bd. 21, S. 370. — Ortenau, Münch. med. Wochenschr. 1902. Nr. 44. — Peretti, Gynäkologische Behandlung nach Geistesstörungen. Berl. klin. Wochenschr. Nr. 10, S. 141. — Powers, E. F., Beiträge zur Kenntnis der Menstruationspsychosen. Inaug.-. Diss. Zürich 1883. — Quensel, Med. Klinik. 1907, S. 1509. — Raecke, Über Schwangerschaftspsychosen. Med. Klin. 1912. Nr. 36. — Raimann, Beiträge zur Geburtshilfe und Gynäkologie. 1903. Chrobak-Festschrift. — Rosenfeld, M., Die Beziehungen des manisch depressiven Irreseins zu körperlichen Krankheiten. Allg. Zeitschr. f. Psych. 1913. — Runge, W., Die Generationspsychosen des Weibes. Arch. f. Psych. Bd. 48, 2. — Schäfer, Allg. Zeitschr. f. Psych. Bd. 50, S. 384. — Schickele, Die Lehre von der Menstruation. Arch. f. Gyn. Bd. 37, 3. — Derselbe, Zur Deutung seltener Hypertonien. Med. Klin. 1912, Nr. 31. — Derselbe, Die sog. Ausfallserscheinungen. Monatsschr. f. Geb. u. Gyn. 1912, Bd. 36, 1. — Schmidt, Arch. f. Psych. 1911, S. 75. — Schröter, Allg. Zeitschr. f. Psych. Bd. 30, S. 551, Bd. 31, S. 234. — Schüle, Allg. Zeitschr. f. Psych. Bd. 47, S. 1. — Schultze, B. S., Gynäkologie in Irrenhäusern. Monatsschr. f. Geburtsh. Bd. 20. — Derselbe, Gynäkologie und Irrenhaus. Zentralbl. f. Gyn. Bd. 35, Nr. 45. — Derselbe, Gynäkologische Behandlung und Geistesstörung. Berl. klin. Wochenschr. 1883, 20. Jahrg. Nr. 23. — Senator-Kaminer, Krankheit und Ehe. 1904. — Siegenthaler, E., Beitrag zu den Puerperalpsychosen. Jahrb. f. Psych. 1898, Bd. 17, S. 87. — Siemerling, Graviditäts-, Puerperal- und Laktationspsychosen. Die deutsche Klinik. VI, 2. — Derselbe, Münch. med. Wochenschr. 1904, S. 417. — Derselbe, Bemerkungen zu dem Aufsatz von Prof. L. M. Bossi in Genua etc. Zentralbl. f. Gyn. 1912, Bd. 36, Nr. 2, S. 33. — Sigwart, Arch. f. Psych. Bd. 42, S. 249. — v. Wagner-Jauregg, J., Bemerkungen zu dem voranstehenden Aufsatze des Herrn Prof. Bossi. Wiener klin. Wochenschr. 1875, Nr. 25, S. 1875. — Walthard, Die psychogene Ätiologie und die Psychotherapie des Vaginismus. Münch. med. Wochenschr. 1909, S. 1908. — Walthard, M., Psychoneurose und Gynäkologie. Monatsschr. f. Geb. u. Gyn. Bd. 36. Ergänz.-Heft, 1912, S. 249. — Derselbe, Zentralbl. f. Gyn. Bd. 36, S. 16. — Werth, Über Entstehung von Psychosen im Gefolge von Operation am weiblichen Geschlechtsapparat. Verhandl. d. deutsch. Gesellsch. f. Gyn. 1888. — Wille, Nervenleiden und Frauenkrankheiten. Enke, Stuttgart, 1902. — Windscheid, Neuropathologie und Gynäkologie. 1897.

Krankheiten des Ohres im Zusammenhang mit der inneren Medizin.

Von

K. Wittmaack-Jena.

Mit 7 Abbildungen.

A. Die Erkrankungen des äußeren Ohres im Zusammenhang mit der inneren Medizin.

Wenn wir berücksichtigen, daß das „äußere Ohr", nämlich Ohrmuschel und Gehörgang, im wesentlichen aus Haut und Knorpelgewebe aufgebaut ist, so ergibt sich hieraus ohne weiteres, daß die Beziehungen, die diese Gebilde zu inneren Erkrankungen haben können, nicht wesentlich von denen abweichen können, die die in Betracht kommenden Gewebsarten auch an anderen Stellen des Körpers zu ihnen zeigen. Ich kann mich daher mit einer kurzen Aufzählung der in Betracht kommenden Berührungspunkte begnügen, zumal sie zum Teil höchst selbstverständlich, zum anderen Teil wiederum bereits an anderen Orten erwähnt sind.

So kann es kaum verwunderlich erscheinen, wenn über den ganzen Körper sich ausbreitende Exantheme, wie wir sie bei einer Reihe von Infektionskrankheiten beobachten, zuweilen auch den äußeren Gehörgang mit befallen. Solche Effloreszenzen sind vereinzelt beobachtet worden: bei Masern, Scharlach, Typhus, Varizellen und bei Variola. Bei der letztgenannten Infektionskrankheit können sie zuweilen durch ulzerösen Zerfall und Borkenbildung recht unangenehme Folgezustände hervorrufen. Sonst kann ihnen indessen eine größere klinische Bedeutung nicht zugesprochen werden, da sie weder für den klinischen Verlauf der in Frage kommenden Infektionskrankheit, noch für ihre Diagnose von Bedeutung sind.

An dieser Stelle wäre noch die allerdings äußerst selten vorkommende Mitbeteiligung des äußeren Gehörganges bei der typischen Diphtherie zu erwähnen. Sie gibt sich zu erkennen durch Auskleidung der Gehörgangswände mit Kruppmembranen unter gleichzeitigem Auftreten starker ödematöser Schwellung in der Umgebung des Ohres, vor allem über dem Warzenfortsatz, während Trommelfell und Mittelohr intakt bleiben. Diese Affektion ist nicht zu verwechseln mit dem weit häufiger vorkommenden Übergreifen eines diphtherischen Erkrankungsprozesses vom Mittelohr aus auf den Gehörgang, der zuweilen im Verlaufe schwerer Mittelohrkomplikationen nach Skarlatina erfolgt. Von sonstigen Miterkrankungen des äußeren Ohres im Verlaufe akuter Infektionskrankheiten wäre noch das Übergreifen eines Erysipels auf die Ohrmuschel und den Gehörgang zu nennen, bzw. die primäre Lokalisation desselben an der Ohrmuschel, meist in der leichteren, relativ schnell abklingenden und auf die Ohrmuschel beschränkt bleibenden Form des Erysipeloid auftretend. Falls sich in solchen Fällen zu der starken Rötung und Schwellung der Haut noch Blasenbildung hinzugesellt (Erysipelas bullosum), können unter

Umständen Verwechselungen mit einer ebenfalls hier anzuführenden Affektion — dem Herpes zoster der Ohrmuschel — unterlaufen, zumal auch dieser zuweilen unter gleichzeitiger Temperatursteigerung auftritt. Letzterer zeigt indessen zum Unterschied von der unregelmäßigen oder gleichmäßigen Ausbreitung der Bläschen beim Erysipel typische Gruppierung der Effloreszenzen, entsprechend dem Verlauf der befallenen Nerven-ästchen. Der Herpes zoster oticus zeichnet sich vor allem dadurch aus, daß relativ häufig gleichzeitig andere Hirnnerven miterkranken. So findet sich vor allem als Begleiterscheinung häufig Fazialislähmung und die Zeichen einer Akustikuserkrankung — Schwerhörigkeit und Vestibularsymptome.

Eine etwas größere praktische Bedeutung kommt den Beziehungen zu den Er-krankungen des Zirkulationsapparates zu, die sich durch Störungen in der Blutver-sorgung der Ohrmuschel zu erkennen geben. Von den in Betracht kommenden Anomalien der Blutzirkulation treten sowohl die Blutüberfüllung (Hyperämie), als auch die Blut-stauung (Zyanose) zuweilen in ganz besonders ausgesprochener Weise an der Ohrmuschel hervor. Hyperämie beobachten wir, wenn wir von dem durch lokale mechanische oder thermische Reize bedingten Blutandrang absehen, als Zeichen einer Angioneurose des Nervus sympathicus meist einseitig, zuweilen auch beiderseitig, in rasch vorübergehenden unregelmäßigen Zwischenräumen auftretend und mit einer Reihe eigenartiger Sensationen (Schwindel, Brennen, Ohrensausen, Kopfschmerz etc.) verknüpft. Zyanose tritt zu-weilen als rein lokale Affektion angioparalytischer Natur meist bei jugendlichen In-dividuen während der Pubertät auf, ist indessen viel häufiger durch allgemeine Blutstauung infolge von Herzklappenfehler bedingt. Sie bildet hier ein Glied in der Kette des als Akrozyanose bekannten Symptomenkomplexes.

Auch bei den durch Sekretionsanomalien bedingten Zuständen, bzw. bei den sich häufig an diese anschließenden entzündlichen Prozessen im äußeren Gehörgang, finden wir einige Berührungspunkte mit der inneren Medizin. Der meist mit verminderter Sekretion der Zeruminaldrüsen einhergehende Juckreiz im äußeren Gehörgang ist eine häufige Begleiterscheinung des Pruritus cutaneus und kann auch, wenn er für sich allein auftritt, ebenso wie dieser mit einer Reihe innerer Erkrankungen (Diabetes mellitus, chro-nische Nephritis, Ikterus, Senium, Kachexie etc.) in ursächlichem Zusammenhang stehen. Gesellen sich — oft infolge artefizieller Reizung — entzündliche Prozesse im Gehörgang, Ekzem und vor allem Furunkulose hinzu, so darf eine Untersuchung auf eines der genannten Leiden niemals unterbleiben. Eine Reihe solcher Erkrankungsfälle — vor allem Diabetes-fälle — kommen zuweilen erst auf diesem Wege zur Kenntnis des Arztes.

Selbst das Kapitel der Tumoren der Ohrmuschel entbehrt nicht ganz der Berüh-rungspunkte mit inneren Erkrankungen. Es sind hier die durch Arthritis urica be-dingten Uratablagerungen zu nennen, die zuweilen auch an der Ohrmuschel erfolgen können. Die Unterscheidung dieser Bildungen von kleinen Atheromen, Fibromen oder Keloiden ist nicht immer allein durch Inspektion und Palpation möglich. Die Diagnose auf Gicht-knoten ist vielmehr nach Ebstein erst dann als gesichert anzusehen, wenn durch das Mikroskop die Anwesenheit von Uratnadeln festgestellt ist.

Wenn ich zum Schluß noch erwähne, daß auch die bei Akromegalie auftretenden Hyperplasien zuweilen Ohrmuschel und Gehörgang in Mitleidenschaft ziehen können, so hätte ich damit wohl die Aufzählung der Beziehungen, die sich zwischen den Erkrankungen des äußeren Ohres und der inneren Medizin ergeben, erschöpft.

B. Die Erkrankungen des Trommelfelles und des Mittelohres in ihren Beziehungen zur inneren Medizin.

1. Das Trommelfellbild.

Da die große Mehrzahl der pathologischen Veränderungen des Trommel-felles im Verlaufe der Erkrankungsprozesse der gesamten Mittelohrschleimhaut aufzutreten pflegen und somit in direkter Abhängigkeit von diesen stehen, be-dürfen sie kaum einer besonderen Besprechung. Es sollen hier nur einige wenige Bemerkungen darüber eingeflochten werden, ob und inwieweit das Trommel-fellbild als solches uns in Berührung mit der inneren Medizin bringen kann. Anomalien der Blutversorgung und auch der Blutzusammensetzung pflegen sich nicht in besonders charakteristischer Weise am Trommelfellbild erkenntlich zu machen, da die individuellen Schwankungen in der Färbung des Trommelfelles zu groß sind. Dagegen beobachten wir zuweilen auch am nicht entzündlich veränderten Trommelfell rhythmische Bewegungen, die unter normalen Verhältnissen mit bloßem Auge nicht zu erkennen sind. Sie treten besonders deutlich an solchen Trommelfellen hervor, die atrophische Partien bzw. alte atrophische Narben aufweisen. Sobald der Rhythmus dieser Bewegungen dem der Respirationsbewegung entspricht, sind sie allermeist durch lokale Veränderungen — Offenstehen der Tuba Eustachii — bedingt und unabhängig von Erkrankungsprozessen des Respirationstraktus; sobald sie aber synchron mit dem Pulsschlag auftreten, müssen sie den Verdacht auf Störungen im Zirkulationsapparat wachrufen und zu einer genauen Untersuchung desselben in allen seinen Teilen auffordern, da sie sowohl durch Herzerkrankungen (Myokarditis, Vitium cordis), als auch durch pathologische Prozesse am peripheren Kreislauf (pulsierende Struma u. dgl.) bedingt sein können. Freilich sind sie auch, ohne daß der Nachweis einer Erkrankung im Zirkulationsapparat gelang, beobachtet worden. Bezüglich der zuweilen gleichzeitig mit diesen Veränderungen auftretenden pulsierenden subjektiven Geräusche verweise ich auf das Kapitel Schwindel und Ohrensausen.

2. Die akute Otitis media und die Mastoiditis.

Einteilung und Ätiologie. Von allen Erkrankungen des Mittelohres, ja von allen Erkrankungen des Gehörorgans überhaupt, steht, was die Beziehungen zur inneren Medizin anbelangt, die akute Otitis media bei weitem an erster Stelle. Würde an sich schon die Tatsache, daß es sich hier um eine Erkrankung handelt, deren genaue Kenntnis auch für den in der allgemeinen Praxis stehenden Kollegen unerläßlich ist, da er sich ihrer Behandlung oft nicht durch Überweisung an den Spezialisten entziehen kann, eine eingehendere Besprechung auch im Rahmen des vorliegenden Werkes vollauf gerechtfertigt erscheinen lassen, so wird diese dadurch geradezu zur Notwendigkeit, daß dieser akute Entzündungsprozeß der Mittelohrschleimhaut unter Umständen in Form einer genuinen Infektionskrankheit eigener Art auftreten kann.

Um die mannigfachen Beziehungen, die zwischen akuter Otitis und innerer Medizin bestehen, dem Verständnis näher zu rücken, ja um überhaupt die große Variabilität in der Schwere und der Verlaufsart dieser Erkrankung zu verstehen, ist es notwendig, vorauszuschicken, daß die akute Otitis kaum mehr als ein völlig einheitlicher Erkrankungsprozeß angesehen werden kann. Die Tatsache, daß eine akute Otitis media unter Umständen in wenigen Tagen abklingen und die denkbar leichteste Verlaufsform aufweisen, unter anderen Umständen dagegen sich über viele Wochen erstrecken und schließlich noch zu ernsten Komplikationen führen kann, ist nur damit zu erklären, daß wir es hier nicht mit ein und derselben, sondern mit einer Reihe von differenten, wenn auch einander nahestehenden Erkrankungsformen zu tun haben, für die die Bezeichnung „akute Otitis media" ein Sammelname ist, wie beispielsweise die Bezeichnung „Pneumonie" ebenfalls eine Reihe von differenten Erkrankungsprozessen umfaßt, die trotz der Berührungspunkte, die durch die ihnen gemeinsame Lokalisation in demselben Organe gegeben sind, sich dennoch bezüglich der Art der Entstehung, des Verlaufes und ihrer Schwere wesentlich voneinander unterscheiden.

Wollen wir eine weitere Klassifizierung der akuten Otitis media, wie sie mir vor allem auch für das Verständnis der Beziehungen zur inneren Medizin ganz unerläßlich erscheint, in zusammengehörige, bis zu einem gewissen Grade gesetzmäßig verlaufende Erkrankungsformen vornehmen, so ist dies nur

möglich unter eingehender Berücksichtigung der für Entwicklung, Ablauf und
Schwere des Prozesses maßgebenden Faktoren.

  Als ersten und meines Erachtens für die Einteilung auch wichtigsten
Faktor nenne ich den Infektionsmodus und die zu diesem in inniger Beziehung stehende Lokalisation und Ausbreitung des Prozesses innerhalb der Mittelohrräume. Die Bedeutung dieser Punkte für die Beurteilung
des in Frage stehenden Erkrankungsprozesses läßt sich am klarsten unter
Heranziehung eines Vergleiches mit dem Verhalten des Respirationstraktus
den genannten Faktoren gegenüber vor Augen führen. Dieser Vergleich erscheint mir insofern besonders treffend, als wir den Mittelohrtraktus sehr
wohl als einen Appendix des Respirationstraktus auffassen können,
der im wesentlichen denselben Infektionsbedingungen und ebenso großen
Schwankungen in der Lokalisation und Ausdehnung entzündlicher Prozesse
seiner Schleimhautauskleidung unterworfen ist, wie dieser. Wir müssen uns

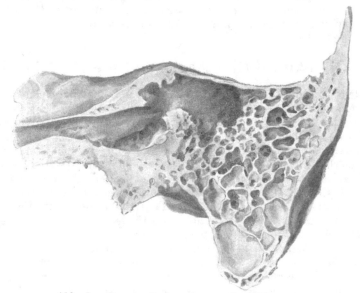

Abb. 1.   Pneumatisches System des Mittelohres.

hierbei nur stets vor Augen halten, daß sich das Mittelohr keineswegs bloß aus
Tube und Paukenhöhle zusammensetzt, sondern daß sich an diese noch die
pneumatischen Zellen des Warzenfortsatzes, ein System weitverzweigter, blind-
sackartig erweiterter pneumatischer Hohlräume — den Alveolen der Lunge
vergleichbar — anschließen die ins Antrum mastoideum münden und durch
dieses und den Recessus epitympanicus mit der Paukenhöhle kommunizieren
(Abb. 1). Dazu kommt, daß auch die Luft innerhalb dieser Räume nicht
stagniert, sondern sich durch Vermittlung des Schluckaktes in stetigem Ausgleich
mit der Außenluft befindet.

  Wie wir nun bei den Entzündungen der Schleimhaut im Respirationstraktus
zwischen den auf den Anfang, bzw. die oberen Teile, beschränkt bleibenden
Erkrankungen (Rhino-, Pharyngo, Tracheo-Bronchitis) und den sich bis in die
letzten Endigungen dieses Traktus fortsetzenden (kapilläre Bronchitis und
Broncho-Pneumonie), bzw. den von vornherein in diesen lokalisierten Prozessen
(lobäre, kruppöse Pneumonie), unterscheiden müssen, so sehen wir auch im

Mittelohrtraktus die Schleimhauterkrankung bald ausschließlich auf seinen Anfang beschränkt bleiben, bald sich bis in die letzten Endigungen hinein erstrecken, bzw. von vornherein sich innerhalb dieser festsetzen. Der Grund für dieses verschiedenartige Verhalten ist in erster Linie in den anatomischen Bedingungen zu suchen. Wir wissen jetzt, daß zur Erkrankung an entzündlichen Prozessen der Mittelohrschleimhaut nur solche Gehörorgane disponieren, die infolge latenter Entzündungsprozesse des Säuglingsalters einen anormalen Entwicklungsgang durchgemacht haben, und deren Schleimhautcharakter und Pneumatisationszustand daher deutliche Abweichungen vom ganz normalen Zustand aufweisen. Je nach Art und Intensität dieser Veränderungen, und im besonderen je nach der Ausdehnung des pneumatischen Zellnetzes werden bald anatomische Dispositionen zur ausschließlichen Lokalisation des Prozesses in Tube, Pauke und Antrum, bald solche zur Ausbreitung desselben im pneumatischen Zellnetz selbst geschaffen. Es wird also bei der Beurteilung der Fälle von akuter Otitis in erster Linie darauf ankommen, den vorwiegenden Sitz und die Ausbreitung des Entzündungsprozesses im Mittelohrtraktus zu bestimmen. Wenn dies auch natürlich niemals mit völliger Schärfe möglich ist, so gelingt es doch in der Regel, auch klinische Anhaltspunkte für die Trennung der im wesentlichen auf Pauke und Tube beschränkten Entzündungen

Abb. 2. Trommelfellbild bei tubo-tympanaler Otitis.   Abb. 3. Trommelfellbild bei epitympanaler Otitis.

(tubomesotympanalen Otitiden) von den sich bis in die Nebenräume des Mittelohres hinein erstreckenden bzw. primär in diesen beginnenden Formen (epiretrotympanale Otitiden) zu gewinnen. Sie stützen sich in erster Linie auf das Trommelfellbild und zweitens auf das Verhalten des Prozcessus mastoideus bei Prüfung auf Druckempfindlichkeit und im Röntgenbild.

Symptome der einzelnen Formen der Otitis media acuta. Die bei den tubotympanalen Otitiden durch den Entzündungsprozeß der Mittelohrschleimhaut ausgelösten Veränderungen des Trommelfelles bestehen in der Regel in einer über das ganze Trommelfell gleichmäßig verbreiteten Vorbauchung desselben. Der Verlauf des Hammergriffes ist daher trotz starker entzündlicher Veränderungen allermeist noch andeutungsweise an der stärkeren Injektion des entlang des Hammergriffes verlaufenden Gefäßbündels zu erkennen. Falls es zur Perforation des Trommelfelles kommt, so erfolgt diese in seinen unteren und vorderen Partien (Abb. 2). Der Processus mastoideus ist auf Druck unempfindlich.

Bei den epiretrotympanalen Formen hingegen zeigt das Trommelfell eine die unteren Partien des Trommelfelles überragende Vorwölbung, exquisit im hinteren oberen Quadranten. Der Verlauf des Hammergriffes ist daher meist nicht mehr zu erkennen, da er von der Vorwölbung verdeckt ist. Sind die Veränderungen am Trommelfellbild besonders ausgesprochene, so bleibt häufig nur noch ein schmaler Spalt zwischen überhängenden hinteren oberen

Quadranten und vorderer Gehörgangswand bestehen. Falls es zur Perforation kommt, liegt diese in der Regel auf der abhängigen Partie der Vorwölbung selbst (Abb. 3). Diese Lagerung kann für den in der Otoskopie weniger Bewanderten insofern zu Täuschungen führen, als bei stark überhängender Vorwölbung das Sekret aus dem zwischen dieser und der vorderen Gehörgangswand bleibenden Spalt hervorquillt und dadurch den Eindruck einer im vorderen unteren Quadranten liegenden Perforation erwecken kann. Beim Zurückgehen der Vorwölbung gibt sich dann dieser Irrtum dadurch deutlich zu erkennen, daß nun die Perforation mehr und mehr von vorn nach hinten oben zu wandern scheint, um schließlich in der Regel nach gänzlichem Zurückgang der Vorwölbung etwas oberhalb und hinter dem Umbo in konstanter Lage zu beharren bzw. hier eine kleine atrophische Narbe zu hinterlassen. Bei der großen Mehrzahl der Fälle epiretrotympanaler Otitiden besteht außerdem wenigstens in den ersten Tagen des Erkrankungsprozesses eine deutliche Druckempfindlichkeit des Processus mastoideus. Es muß indessen schon hier hervorgehoben werden, daß das Fehlen einer solchen bei Erwachsenen und besonders bei älteren Individuen niemals das Vorliegen einer epiretrotympanalen Form der akuten Otitis ausschließt, da sie in einem gewissen Prozentsatz der Fälle, nämlich dann, wenn eine besonders derbe und verdickte Cortikalis den Warzenfortsatz bedeckt, infolge dieser anatomischen Verhältnisse nicht hervortreten kann. In solchen Fällen ist für die Diagnose in erster Linie das Trommelfellbild ausschlaggebend. Ferner kann die Röntgenaufnahme des Strukturbildes des Warzenfortsatzes wertvolle Hinweise geben. Sie klärt uns einerseits über die Ausdehnung des Zellnetzes auf und ermöglicht zweitens auf Grund der mehr oder weniger verwaschenen Zeichnung der Zellstrukturen ein Urteil über die Mitbeteiligung dieser am Entzündungsprozeß, bzw. über die Stärke der Schleimhauthyperplasie und der hierdurch bedingten anatomischen Dispositionen.

Schließlich spielt auch noch die Art der Entwicklung der akuten Otitis eine auch diagnostisch nicht zu unterschätzende Rolle. Die tubomesotympanalen Formen entwickeln sich nämlich ganz vorwiegend im Anschluß an die entzündlichen Schleimhauterkrankungen der oberen Luftwege. Entsprechend den anatomischen Verhältnissen, nämlich der relativen Kürze und Weite der Tube, treten sie mit besonderer Vorliebe bei Kindern auf, doch bleiben auch Erwachsene nicht von ihnen gänzlich verschont. Von den ätiologisch in Betracht kommenden Erkrankungen der oberen Luftwege sind an erster Stelle die akuten und chronischen katarrhalischen und eitrigen Entzündungen der Schleimhaut der Nase und des Nasenrachenraumes zu nennen. Unzweckmäßige Prozeduren — Hochziehen von Salzwasser in die Nase — sowie Unvorsichtigkeit beim Schneuzakt geben oft den ersten Anstoß zum Übergreifen der Entzündung von Nase und Nasenrachenraum auf Tube und Mittelohr. Außerdem spielt namentlich bei Kindern auch der Hustenstoß für die Verschleppung infektiösen Sekretes durch die Tube in das Mittelohr eine große Rolle. Daher sehen wir die auf diesem Wege entstehenden Komplikationen häufig auch im Anschluß an Pertussis oder im Verlauf akuter und chronischer Bronchitiden, Bronchiektasien und Bronchopneumonien sich entwickeln. Nicht selten vermitteln auch die Schleimhautentzündungen der oberen Luftwege die Entwicklung der komplizierenden akuten Otitiden bei den Infektionskrankheiten des kindlichen Alters (Masern, Scharlach und Diphtherie). Daß diese Komplikationen indessen nicht immer auf diesem Wege entstehen, werde ich weiter unten noch besprechen.

Schließlich sei noch erwähnt, daß in vereinzelten Fällen auch der Brechakt zur Infektion der Tube und des Mittelohres führen kann, wenn nämlich der Abschluß des Gaumensegels gegen den Nasenrachenraum durchbrochen und der Mageninhalt auch durch Nasenrachenraum und Nase entleert wird.

Auch ein Teil der epiretrotympanalen Otitiden entwickelt sich aus den soeben besprochenen tubomesotympanalen Prozessen dadurch, daß in einem gewissen Prozentsatz der Fälle dieser Art sich die Entzündung bis auf die höher gelegenen Bezirke fortsetzt, bzw. von vornherein bis in diese hinein verschleppt wird; ganz analog, um bei dem mehrfach herangezogenen Vergleich zu bleiben, der Entwicklung der katarrhalischen Pneumonien aus Tracheo-Bronchitiden. Wir können sie als aszendierende epiretrotympanale Otitiden bezeichnen. Entsprechend der gleichartigen Entwicklung haben sie auch die Eigentümlichkeit mit den tubotympanalen Otitiden gemein, daß sie besonders häufig bei Kindern auftreten. Hierher gehören auch diejenigen Formen der akuten Otitis, die durch sekundäre Infektion anfangs steriler, infolge von Tubenabschluß entstandener Mittelohrtranssudate entstehen.

Die zweite Gruppe der akuten epiretrotympanalen Otitiden bilden die sekundären Formen. Sie entwickeln sich ganz analog den sekundären Pneumonien im Verlaufe einer Reihe von Infektionskrankheiten (Typhus, Scharlach, Masern, Röteln, Diphtherie, Influenza etc.). Auch bei sonstigen infektiösen mit Allgemeinerscheinungen einhergehenden Erkrankungen — Angina, Gelenkrheumatismus, phlegmonösen, septischen oder puerperalen Prozessen — bilden sie eine nicht gar so selten auftretende Komplikation. Ferner müssen wir auch die nach Art der hypostatischen Pneumonien bei Schwerkranken, Kachektischen und senilen Individuen sich entwickelnden Formen der akuten Otitis dieser Gruppe zuzählen.

Wir können uns ihre Entstehung entweder durch direkte Verschleppung der Infektionserreger auf dem Blutwege erklären. Sicher nachgewiesen ist freilich dieser Infektionsmodus meines Erachtens nicht. Es erscheint vielmehr, namentlich falls es sich um differente Erreger handelt, reichlich so wahrscheinlich, daß auch bei diesen „sekundären" Otitiden die Infektion entlang des Tubenkanales erfolgt und teils durch begleitende Affektionen der oberen Luftwege, teils durch die bei Schwerkranken gesteigerte Neigung zum Verschlucken u. dgl. ausgelöst wird. Daneben wird auch bei einem Teil der Fälle derselbe Infektionsmodus wie bei den primären genuinen Otitiden in Betracht kommen, da durch zirkulatorische Störungen (Hypostase etc.) die Disposition hierzu erhöht werden muß.

Es gibt nämlich zweifellos noch eine dritte Gruppe der akuten epiretrotympanalen Otitiden, die unabhängig von Affektionen der oberen Luftwege und ohne daß irgendeine sonstige fieberhafte Erkrankung vorhergegangen wäre, durch primäre Lokalisation der Entzündung in den Nebenräumen, bzw. Endigungen des Mittelohrtraktus, entsteht. Die zu dieser Gruppe gehörigen Fälle müssen wir als primäre oder genuine akute epiretrotympanale Otitiden bezeichnen und können sie, um den bereits herangezogenen Vergleich mit den Lungenerkrankungen fortzuspinnen, in Parallele setzen den akuten lobären bzw. kruppösen Pneumonien. Wie diese Form der Pneumonie, so muß auch diese Form der akuten Otitis als genuine Infektionskrankheit — allerdings wegen der Verschiedenartigkeit der in Betracht kommenden Erreger nur im weiteren Sinne — aufgefaßt werden, zumal sie regelmäßig mit erheblicher Beeinträchtigung des Allgemeinbefindens und hohen Temperaturen einzusetzen pflegt. Auch bezüglich der Einschleppung der Infektionserreger müssen wir wohl die gleichen Annahmen gelten lassen wie bei der kruppösen Pneumonie; genaue Kenntnis hierüber besitzen wir indessen noch nicht. Im Gegensatz zu dem Verhalten der aszendierenden Otitiden finden wir diese genuinen Formen weit häufiger bei Erwachsenen und ganz besonders häufig sogar bei älteren Individuen — eine Tatsache, die sich zwanglos aus den Unterschieden im anatomischen Verhalten des Warzenfortsatzes, bzw. des Mittelohres, während der verschiedenen Lebensalter erklärt.

Da, wie schon oben erwähnt, die Schwere des Entzündungsprozesses auch von der Virulenz der Erreger abhängig ist, so muß ich an dieser Stelle auf die Bedeutung der verschiedenen in Betracht kommenden Erreger eingehen. Dieser Punkt spielt indessen nur bei einem Teil der akuten Otitiden eine Rolle. Bei allen Fällen mit leichter Verlaufsform — es sind dies ca. 70% — gleichgültig ob tubotympanal oder epitympanal, ist der bakteriologische Befund unwesentlich. Allermeist sind wir überhaupt nicht in der Lage, ihn zu erheben, da es nicht zur Spontanperforation des Trommelfells kommt und eine Indikation zur künstlichen Perforierung nicht gegeben ist.

Auch bei den tubomesotympanalen Otitiden schwerer Verlaufsform kann ich der Feststellung des zugrundeliegenden Erregers nach unseren Erfahrungen keine besondere Bedeutung zuschreiben. Der Verlauf dieser Form ist in der Regel nicht vom bakteriologischen Befund, sondern vom Verhalten der ätiologisch in Betracht kommenden Affektion der oberen Luftwege abhängig, worauf ich ja schon oben hingewiesen habe. Es läßt sich daher für diese Fälle wegen der außerordentlichen Schwankungen und Verschiedenheiten, die diese Erkrankungen zeigen, auch nicht annähernd eine durchschnittliche Verlaufsdauer angeben.

Dagegen ist der Einfluß der zugrunde liegenden Erreger auf den Verlauf der Erkrankung bei den schweren epiretrotympanalen Formen nach neueren bakteriologischen Untersuchungen und eigenen Erfahrungen hierüber ganz unverkennbar. Wenn auch die Zahl der im Sekret bei akuter Otitis gefundenen Keime eine ziemlich große ist — ich nenne Staphylokokken, Streptokokken, Diplococcus pneumoniae, Meningococcus, Gonococcus, Bacillus pyocyaneus, Pneumoniebazillus, Bacterium coli, Typhusbazillus und Influenzabazillus —, so überwiegen doch für die in Frage stehende Form der Otitis die Eiterkokken so stark, daß wir sie in der Praxis fast ausschließlich zu berücksichtigen brauchen. So sprechen auch einige neuere Beobachtungen dafür, daß selbst die im Verlaufe typischer Infektionskrankheiten, z. B. Diphtherie und Typhus, auftretenden akuten epiretrotympanalen Otitiden meist durch die genannten Eitererreger, zuweilen allerdings in Kombination mit den spezifischen Keimen, bedingt sind. Dies gilt noch viel mehr für die sog. Influenzaotitiden, bei denen wir fast durchgehends Eiterkokken als Erreger finden. Der Schwerpunkt der bakteriologischen Untersuchung liegt daher in der Bestimmung der vorliegenden Eiterkokkenart. Während noch bis vor einigen Jahren eine charakteristische Abhängigkeit des klinischen Verlaufes von der Art des zugrunde liegenden Erregers nicht mit Sicherheit zu konstatieren war, haben die letzten Jahre einen wesentlichen Umschwung herbeigeführt. Die von Schottmüller eingeführte weitere Zergliederung der Streptokokkenstämme mit Hilfe ihrer Wachstumseigentümlichkeiten auf bluthaltigen Nährböden ist auch für die Bakteriologie der akuten Otitis von Bedeutung geworden. Sie hat uns die Abtrennung eines neuen, bisher teils als gewöhnlichen Streptococcus, teils wohl auch als Pneumococcus aufgefaßten Eitercoccus, nämlich des sog. Streptococcus mucosus, ermöglicht, so daß wir demnach im wesentlichen mit vier Kokkenarten — dem Staphylococcus, Diplococcus lanc., Streptococcus erysipelatos und Streptococcus mucosus — zu rechnen haben. Ohne mich auf die rein bakteriologische Frage der Klassifizierung des Streptococcus mucosus einlassen zu können, möchte ich nur hervorheben, daß wir klinisch unbedingt die durch ihn hervorgerufenen Otitiden in eine besondere Gruppe neben den durch die anderen drei genannten Kokkenarten bedingten zusammenfassen müssen. Es hat sich sogar gezeigt, daß der Mucosus entschieden der malignste von allen in Betracht kommenden Eiterkokken ist. Nicht nur, daß die durch ihn bedingten Otitiden durchschnittlich die längste Verlaufsdauer zeigen, sie führen auch bei weitem häufiger zu schweren Komplikationen. Nur bei ca. 25% der Fälle können wir auf einen glatten Verlauf hoffen; 75% (!) führen zu einer Mastoiditis, ja gar nicht so selten sind sie mit noch weit schwereren Komplikationen (Hirnabszeß, Sinusphlebitis oder Meningitis). Unter diesen Umständen dürfte es von nicht zu unterschätzender klinischer Bedeutung sein, daß wir allermeist schon in einer für die Praxis ausreichend zuverlässigen Weise mit Hilfe einer einfachen, leicht zu erlernenden Färbungsmethode des Eiter-Ausstrichs, die auf einer spezifischen Farbreaktion der die Kokken einschließenden Kapseln beruht, den Nachweis dieses Erregers im Ohreiter erbringen können [1] (Abb. 4).

---

[1] Färbung des durch Erwärmen über der Flamme fixierten Eiterausstriches auf einem Objektträger durch Übergießen einer kalt gesättigten, dann filtrierten wässerigen Thioninlösung (Grüblers Thionin), der zweckmäßig kurz vor der Färbung noch ein Tropfen Eisessig auf 5—10 ccm Färbeflüssigkeit hinzugesetzt wird, während einiger Minuten unter mäßiger Erwärmung, Abgießen und Abspülen, Trocknen zwischen Fließpapier. Schnell hintereinander einige Male mit absolutem Alkohol übergießen. Trocknen und direkt untersuchen mit homogener Immersion bei intensivster künstlicher Beleuchtung, bzw. vorher Einbetten mit Xylol in Balsam unter einem Deckgläschen. Kapseln leuchtend rot, Kokken dunkelblauviolett (Abb. 4).

Verschiedene Arten des Verlaufs. Wir hätten hiermit eine Reihe von Beziehungen der akuten Otitis zu inneren Erkrankungen kennen gelernt, die nicht allein ätiologisch für diese von Bedeutung sind, sondern unter Umständen auch auf den weiteren Verlauf des Erkrankungsprozesses einen wesentlichen Einfluß ausüben können. Bald handelt es sich um Einwirkungen mehr lokaler Natur, wenn z. B. die Erkrankungen der oberen Luftwege infolge ihres Fortbestehens immer wieder von neuem Gelegenheit zur Reinfektion der Tube bieten und damit den Entzündungsprozeß im Mittelohr, der an sich Tendenz zur Heilung zeigt, immer wieder von neuem anfachen und unterhalten; bald aber auch, wie bei den akuten Infektionskrankheiten und sonstigen infektiösen Prozessen, um solche allgemeiner Art. Nicht immer ist es gerade ein nachteiliger Einfluß, den die betreffende Allgemeinerkrankung auf den Ablauf der akuten Otitis ausübt. So beobachten wir zuweilen, falls es sich hier und dort um denselben Erreger handelt, einen auffallend günstigen Ablauf der komplizierenden Otitis — vielleicht infolge Anhäufung von der primären Infektion herrührender immunisierender Stoffe im Kreislauf. Häufiger freilich ist das Umgekehrte der Fall, nämlich, daß durch Reduktion des Kräftezustandes und der allgemeinen Widerstandsfähigkeit des Organismus, die durch die schwere Allgemeininfektion hervorgerufen wird, auch die Ausheilung der Otitis verzögert, bzw. die Entwickelung von weiteren Komplikationen begünstigt wird, zumal wenn der die Otitis

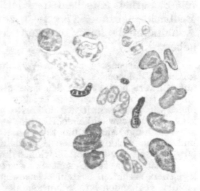

Abb. 4.   Streptococcus mucosus bei Thioninfärbung.

bedingende Erreger mit dem der Allgemeininfektion nicht identisch ist, wie dies z. B. meist beim Typhus und vor allem wohl auch bei der Skarlatina der Fall ist.

Außer der Lokalisation und dem Infektionsmodus ist selbstverständlich noch die Schwere des Entzündungsprozesses für den Verlauf einer akuten Otitis ausschlaggebend. Diese hängt einerseits von der Virulenz der Erreger und andererseits von der Summe jener zum Teil noch unerforschten Faktoren ab, die wir mit der Bezeichnung der individuellen Disposition zusammenzufassen pflegen. Eine große Rolle spielt unter ihnen der Schleimhautcharakter und der anatomische Aufbau des Warzenfortsatzes. Klinisch beurteilen wir meist die Intensität einer Schleimhautentzündung nach der Menge und der Beschaffenheit des Sekretes und unterscheiden dementsprechend zwischen Entzündungen mit seröser, serösschleimiger, schleimiger, schleimigeitriger, eiteriger und eiterighämorrhagischer Sekretion. Alle diese Sekrettypen finden sich auch bei der Entzündung der Mittelohrschleimhaut. Bei den vielen Übergangsformen, die es indessen zwischen ihnen gibt, ist die Unterscheidung so vieler Intensitätsgrade in der Praxis kaum durchführbar. Die bisher üblichen Unterscheidungen begnügen sich daher mit einer Zweiteilung in purulente und non purulente, bzw. — wohl weniger glücklich — in perforative und non perforative Formen. Für noch zweckmäßiger würde ich es halten, von einer leichten (ev. auch abortiven) und einer schweren Verlaufsform zu sprechen, da hiermit noch weniger Gewicht auf einzelne, aber nicht immer allein ausschlaggebende Punkte gelegt wird. Der Unterschied zwischen leichter und schwerer Verlaufsform tritt in der Regel, zumal, wenn wir den Ablauf nicht durch vorzeitige operative Eingriffe beeinflussen, ebenso eklatant hervor wie der zwischen nicht absze-

dierenden und abszedierenden Entzündungsprozessen der Weichteile. Während
nämlich im ersten Fall ca. am dritten Tage, zuweilen auch schon einen Tag
früher oder später, ein plötzlicher Umschlag mit Rückgang sämtlicher Erscheinungen eintritt, ohne daß es zu einer nennenswerten Absonderung durch das
Trommelfell kommt, sehen wir bei den Fällen mit schwerer Verlaufsform eine
fortschreitende Zunahme der Beschwerden und entzündlichen Veränderungen,
die in der Regel schon nach wenigen Tagen zum Auftreten einer profusen,
meist wochenlang anhaltenden Absonderung führt. Freilich die Frage,
ob eine frisch einsetzende akute Otitis die leichte oder schwere Verlaufsform
annehmen wird, läßt sich häufig in den allerersten Tagen ebensowenig wie die
Frage, ob eine Weichteilentzündung zur Abszedierung kommen wird oder nicht,
mit Sicherheit entscheiden. Klarheit hierüber erhalten wir dann erst nach einer
Beobachtungsdauer von 2—3, zuweilen sogar erst nach 3—5 Tagen. Gewisse
Anhaltspunkte kann uns zuweilen auch hier das Röntgenbild des Prozessus
geben.

Im Gegensatz zu dem Verhalten des Mucosus haben sich die typischen Pneumokokken (Diplococcus lanceolatus) und die Staphylokokken, die bezüglich ihres Einflusses
auf Schwere und Verlauf des Erkrankungsprozesses annähernd auf gleicher Stufe stehen,
als die relativ gutartigsten Erreger entpuppt. Die durch sie bedingten Otitiden zeigen
meist die durchschnittlich kürzeste Verlaufsdauer und nur ganz ausnahmsweise — bei
kleinen und schwächlichen Kindern — kommt es zur Ausbildung einer Mastoiditis. Eine
Mittelstellung nehmen die Erysipelstreptokokken ein, die eine zwischen der der Mucosus
und Pneumokokkenotitiden gelegene durchschnittliche Verlaufsdauer bedingen und in ca.
30% der Fälle zu Komplikationen im Warzenfortsatz führen.

Ein scharfer Gegensatz zwischen primären und sekundären Otitiden im bakteriologischen Verhalten besteht ebensowenig, wie er zwischen primären und sekundären Pneumonien vorhanden ist. Sämtliche der genannten Erreger können sowohl primäre als auch
sekundäre Formen hervorrufen. Immerhin ist nicht zu verkennen, daß doch die primären
genuinen Otitiden weit häufiger durch Lanceolatus und Mucosus, die sekundären und
aszendierenden dagegen mit besonderer Vorliebe durch Erysipelstreptokokken verursacht
werden. Dementsprechend finden wir den Erysipelatus besonders häufig bei den Otitiden
und Mastoiditiden der Kinder, während in ganz unverkennbarem Gegensatz hierzu der
Mucosus im kindlichen Alter nur höchst selten, vielmehr fast ausschließlich bei Erwachsenen
und ganz besonders häufig bei älteren Individuen beobachtet wird.

Eine besondere Besprechung erfordert noch ein dritter Typus der Verlaufsform bei akuten Entzündungsprozessen der Mittelohrschleimhaut, der dadurch
charakterisiert ist, daß die Schleimhaut auf die Einwirkung der Erreger nicht
vorwiegend mit Produktion entzündlichen Sekretes, sondern mit den schwersten
Veränderungen reagiert, die wir überhaupt bei solchen Anlässen auftreten sehen,
mit dem Gewebstot — der Nekrose. Diese nekrotisierenden Entzündungen
finden wir fast ausschließlich im Verlauf der Skarlatina, und zwar allermeist
bei solchen Fällen, die innerhalb der ersten bis zweiten Woche einsetzen. Sie
sind sehr häufig verknüpft mit den analogen Prozessen am weichen Gaumen
und an den Tonsillen und wie diese hervorgerufen durch Mischinfektion des
Scharlachvirus mit virulenten Erysipelstreptococcen. Wie leichte und schwere
Verlaufsform, so kommt auch die nekrotisierende Form sowohl mit rein tubo-
mesotympanaler als auch mit epiretrotympanaler Lokalisation des Prozesses vor.
Sie beansprucht insofern eine Sonderstellung, als es bei ihr im Gegensatz zu
den beiden übrigen Formen, die in der Regel ausheilen, ohne nennenswerte
Residuen zu hinterlassen, zu ausgedehnten Zerstörungen im Gehörorgan kommt.
Bei tubomesotympanalem Sitz bestehen sie in der Regel in meist schon in den
ersten Tagen stattfindendem nekrotischen Zerfall des Trommelfelles, ev. mit
Ausstoßung der abgestorbenen Gehörknöchelchen, der zu dauernd bestehen-
bleibenden großen Defekten des Trommelfelles führen muß. Bei weiterer Ausbreitung des Prozesses bis in die Nebenräume hinauf greifen die Nekrosen
außerdem häufig noch auf die knöchernen Wandungen über, so daß es zu aus-

gedehnten Sequestrierungen kommt, die sich zuweilen bis auf große Teile des knöchernen Labyrinthes, ja unter Umständen sogar auf die ganze Labyrinthkapsel erstrecken können. In solchen Fällen wird außer den weitgehenden Zerstörungen im Mittelohr, die dann häufig zu chronischer Eiterung mit Cholesteatombildung führen, noch ein völliger Verlust des Hörvermögens zurückbleiben, wenn der Patient überhaupt die Erkrankung übersteht und nicht weiteren Komplikationen — einer Meningitis oder einer Sinusphlebitis, die sich an sie anschließen — erliegt.

Indessen zeigen glücklicherweise nicht sämtliche Scharlachotitiden diesen nekrotisierenden Verlaufstypus; ein Teil der im Frühstadium und die große Mehrzahl der in den späteren Stadien einsetzenden nimmt nur die oben besprochene schwere Verlaufsform an; ab und zu kann aber auch eine relativ spät einsetzende Otitis noch zu einer nekrotisierenden werden.

Wir kämen demnach auf folgende Klassifizierung der akuten Otitis media: (Folgt Tabelle Seite 390—393.)

Bemerkungen über Diagnose und Prognose. Ich hätte damit die Aufzählung derjenigen Faktoren, die sich für eine Klassifizierung der verschiedenen Formen der akuten Otitis eignen, weil wir uns auch im klinischen Krankheitsbild über sie ein Urteil bilden können, beendet. Die Art der sich hieraus ergebenden Einteilung ist aus den obigen Ausführungen und aus dem beigegebenen Schema gut ersichtlich, so daß ich hierauf, ebenso wie auf die Diagnose und die Verlaufseigentümlichkeiten der verschiedenen Formen, soweit sie schon oben besprochen sind, nicht mehr einzugehen brauche, um unnötige Wiederholungen zu vermeiden. Nur auf einige mir besonders wichtig erscheinende Punkte möchte ich noch hinweisen.

Nicht immer gelingt es, schon beim ersten Beginne einer akuten Otitis die Frage, ob eine tubomesotympanale oder epiretrotympanale Form vorliegt, definitiv zu entscheiden, da wir zuweilen bei aszendierenden Formen die für epitympanalen Sitz des Entzündungsprozesses charakteristischen oben aufgezählten Erscheinungen erst nach einigen Tagen deutlich hervortreten sehen. Allermeist freilich sind auch bei aszendierendem Typus die Unterschiede von vornherein so deutlich ausgesprochen, daß die Entscheidung nicht schwer fällt. Gewisse Anhaltspunkte erhalten wir in zweifelhaften Fällen auch noch aus der Intensität der Symptome. Sowohl die subjektiven Beschwerden, als auch die mit Beginn der Otitis einsetzenden Allgemeinerscheinungen pflegen in der Regel bei den reinen tubomesotympanalen Formen wesentlich geringere Intensitätsgrade zu zeigen, als dies bei den epiretrotympanalen der Fall ist. Ferner ist auch, entsprechend der wesentlich größeren Oberfläche der sezernierenden Schleimhautpartien, bei Mitbeteiligung der Nebenräume die Sekretion in der Regel bei den epitympanalen Otitiden wesentlich profuser als bei den tubomesotympanalen, falls es zum Übergang in die schwere Verlaufsform kommt.

Auch die Unterscheidung der schweren von der leichten Verlaufsform ist nur dann schon von Beginn der Otitis an mit Sicherheit durchführbar, wenn es schon am ersten oder zweiten Tage zur Spontanperforation mit profuser, in den ersten Tagen dann meist dünnflüssiger, seröseitriger, zuweilen auch etwas hämorrhagischer Absonderung kommt — eine Erscheinung, die von vornherein den Erkrankungsprozeß als schweren charakterisiert. Dagegen erscheint es mir nicht zulässig, auf Grund sonstiger, mit Beginn des Erkrankungsprozesses einsetzender schwerer lokaler und allgemeiner Erscheinungen schon die Diagnose mit Sicherheit auf schwere Verlaufsform zu stellen. Wir sehen auch dann noch zuweilen, namentlich wenn es sich um die genuine nach Art einer Infektionskrankheit eigener Art einsetzende Form handelt, trotz intensiver Schmerzen,

Tabellarische Übersicht der verschiedenen

Art der Eiterung nach Lokalisation, Ausdehnung und Schwere	Infektionsmodus	Otoskopischer Befund	Processus mast.
Ia. Tubo-mesotympanale, leichte Form (levis, non purulenta bzw. non perforativa).	Meist nach akuten Katarrhen der oberen Luftwege. Zuweilen auch bei chron. Nasen-, Rachen-, Kehlkopfaffektionen u. dgl.	Leichte diffuse Rötung mit andeutungsweise noch erkennbaren Konturen des Hammergriffes, keine Vorwölbung, keine Perforation.	O. B.
Ib. Tubo-mesotympanale, schwere Form (gravis, purulenta bzw. perforativa).	Wie bei Ia besonders bei chronischer Rhinitis, Pertussis, Laryngitis, Bronchitis und Bronchopneumonien der Kinder bei Ozäna, chron. Naso-Pharyngitis, Phthise und sonstigen chron. Affektionen der oberen Luftwege und der Lungen.	Stärkere diffuse Rötung, gleichmäßige Vorbauchung, keine zirkumskripte Vorwölbung, Konturen häufig andeutungsweise erkennbar, Perforation meist vorn, seltener hinten unten.	O. B.
Ic. Nekrotisierende Form.	Aufsteigend von Nase und Nasenrachenraum bei nekrotisierender Scharlachangina.	Nekrosen, Totaldefekte im Trommelfelle.	O. B.
IIa. Epiretrotympanale, leichte Form (levis, non purulenta bzw. non perforativa).	1. Aszendierend wie Ia, 2. durch Infektion von Mittelohrtranssudaten, 3. sekundär nach Infektionskrankheiten und septischen Prozessen, 4. genuin.	Starke oder mäßig starke Rötung, Vorwölbung hinten oben, Konturen häufig noch angedeutet, zuweilen Hämorrhagien, meist keine deutliche erkennbare Perforation.	Allermeist druckempfindlich in den ersten Tagen, besonders stark häufig bei Kindern.
IIb. Epiretrotympanale, schwere Form (gravis, purulenta oder perforativa).	Wie IIa. 1. aszendierend wie Ib, 2. nach Mittelohrtranssudaten, 3. sekundär nach Infektionskrankheiten, 4. genuin.	Häufig starke Desquamation der Trommelfellkutis, darunter intensive Rötung, Vorwölbung hinten oben, Perforation auf der Höhe dieser, Hammergriffkonturen nicht erkennbar.	Meist starke Druckempfindlichkeit in den ersten Tagen, dann allmählich abklingend (Ausnahmen bei dicker Kortikalis und atypischem Verlauf bei Erwachsenen).
IIbα. Epiretrotympanale, schwere Form mit Streptococcus erysipelatos.	Häufiger sekundär und aszendierend bzw. nach Transsudaten, seltener genuin.	Wie oben IIb beschrieben.	Wie oben IIb beschrieben, zuweilen kein Druckschmerz bei dicker Kortikalis.
IIbβ. Epiretrotympanale, schwere Form mit Diplococcus lanceolatus oder Staphylococcus.	Bei Lanceolatus relativ häufig genuin oder sek. bei kruppöser Pneumonie, sonst auch wie IIb beschrieben.	—	—
IIbγ. Epiretrotympanale, schwere Form mit Streptococcus mucosus.	Relativ häufig genuin bei Erwachsenen (Durchnässung, „Erkältung!"), seltener sekundär oder aszendierend.	Teils wie oben IIb beschrieben. Bei typischem Verlauf zuweilen auffallend geringfügige Veränderungen am Trommelfell, Ausbleiben der Perforation oder auffallend schneller Schluß derselben („blasse Infiltration").	Wie oben IIb, zuweilen kein Druckschmerz (dicke Kortikalis!).

Formen akuter Mittelohrentzündung.

Exsudation	Allgemeinsymptome	Verlauf
Serös bis serös-schleimig ohne Entleerung durch den Gehörgang.	Mäßige Ohrschmerzen, sonst abhängig vom akuten bzw. chronischen Katarrh der oberen Luftwege.	Wenige Tage, sonst Übergang in Ib.
Schleimig bis schleimig-eitrig (bakteriologisch, meist Erysipelatus, Lanceolatus oder Staphylokokken und reichliche Mischkeime).	Mäßige Schmerzen, sonst abhängig von der ätiologisch in Betracht kommenden Affektion der Luftwege.	Sehr wechselnd, je nach Verlauf der zugrunde liegenden Erkrankung der Luftwege, fast niemals Komplikationen im Processus, häufig Übergang in rezidivierende und chronische Eiterung.
Eitrig, oft fötid, bakteriologisch, meist Erysipelatus und reichlich Mischkeime.	Vom Scharlach abhängig.	Mindestens einige Wochen, häufig Übergang in rezidivierende und chronische Eiterung.
Keine Exsudation bzw. sehr geringe serös oder serös-sanguinolente.	Allgemeinbefinden meist stark beeinträchtigt, starke Schmerzen, häufig hohe Temperaturen namentlich bei Kindern.	Zirka 6—10 Tage dauernd, allermeist kritischer Abfall am 3. bis 5. Tage, sonst Übergang in IIb.
Sehr profus serös-eitrig, schleimigeitrig bis rein-eitrig bzw. rahmig.	Allgemeinbefinden meist stark beeinträchtigt, häufig hohe Temperaturen und starke Schmerzen in den ersten Tagen, bei regulärem Verlauf bald abklingend.	Mehrere Wochen je nach Art des Erregers und der Entwickelung, ev. Übergang in Mastoiditis.
Wie oben IIb beschrieben, bakteriologisch: Streptococcus erysipelatos.	Außer von der Otitis auch noch von primärer Infektionskrankheit abhängig.	Zirka 3—4 Wochen in 25—30% der Fälle Übergang in Mastoiditis.
Häufig dauernd dünnflüssig, serös bis serös-eitrig, bakteriologisch: Diplococcus lanceolatus oder Staphylococcus aureus, citreus oder albus.	Allgemeinsymptome bei Kindern häufig wie bei akuter Infektionskrankheit.	Zirka 2—3 Wochen nur ausnahmeweise Übergang in Mastoiditis.
Wie oben IIb, bei atypischem Verlauf zuweilen auffallend gering, bakteriologisch: Streptococcus mucosus, im Eiterausstrich bei Thioninfärbung rote Kapseln!	Bei atypischem Verlauf anfangs oft wenig beeinträchtigtes Allgemeinbefinden. Periodische Schwankungen!	Zirka 4 Wochen und länger, bei Intervallform zuweilen einige Monate! in zirka 75% der Fälle Übergang in Mastoiditis (und endokranielle Komplikationen).

Art der Eiterung nach Lokalisation, Ausdehnung und Schwere	Infektionsmodus	Otoskopischer Befund	Processus mast.
IIc. Epiretrotympanale, nekrotisierende Form.	Nach Skarlatina (Frühstadium) meist mit nekrotisierender Entzündung am Gaumen und Tonsillen.	Starke Desquamation, Ausstoßung nekrotischer Gewebsfetzen und zuweilen der nekrotischen Gehörknöchelchen.	Stets druckempfindlich.
Mastoiditis.	Nach epiretrotympanal, IIbα (β)γ und IIc.	Wie IIb beschrieben, hierzu noch „Senkung der hinteren oberen Gehörgangswand".	Anhalten des Druckschmerzes über die ersten Tage hinaus, oder Wiederkehr nach vorübergehendem Abklingen, späterhin, Ödem, Infiltration, Abszeß. Bei atypischem Verlauf auch ohne Druckschmerz ev. mit Durchbruch ins Kranium.

starker Vorwölbung, ausgesprochener Druckempfindlichkeit des Processus mastoideus und hoher Temperatur nach wenigen Tagen einen kritischen Abfall unter schnellem Abklingen sämtlicher Erscheinungen eintreten, ohne daß es zu tiefergehenden entzündlichen Veränderungen der Schleimhaut und damit zur Produktion so großer, bzw. mit so intensiver Eiterbeimischung versehener Sekretmengen kommt, daß eine Spontanentleerung durch die Tube, bzw. eine Spontanresorption, nicht erfolgen kann. Besonders im kindlichen Alter tritt dieser plötzliche Abfall und abortive Verlauf der akuten Otitis trotz anfänglich besonders intensiver Symptome zuweilen auffallend deutlich hervor. Andererseits geben sich häufig die schwere Verlaufsform annehmenden schweren akuten Otitiden nicht von Anfang an durch besondere Schwere der Symptome als solche zu erkennen, sondern zeigen uns erst durch sukzessive Zunahme der Symptome im Verlaufe der nächsten Tage ihren wahren Charakter. Völlige Klarheit erhalten wir daher oft erst durch eine sorgfältige Beobachtung aller Erscheinungen während der ersten 3—5 Tage des Erkrankungsprozesses. Sie zeigt uns, falls am 3., 4. oder 5. Tage ein Abfall ohne Einsetzen stärkerer Sekretion erfolgt, daß wir die leichte Form vor uns haben, oder, falls unter weiterer Zunahme der Beschwerden nach einigen Tagen eine profuse Sekretion einsetzt — sei es nach Spontanperforation, sei es nach Durchschneidung des Trommelfelles mit Parazentesemesser, daß die schwere Verlaufsform vorliegt. Auch im letzten Falle gehen in der Regel mit Einsetzen der profusen Absonderung bald sämtliche Erscheinungen (Schmerzen, Druckempfindlichkeit und Fieber) bei unkompliziertem Verlauf schnell zurück.

Den weiteren Verlauf dieser schweren Formen werde ich ebenso wie die namentlich bei Mucosusotitiden häufig vorkommenden atypischen Verlaufsformen später bei Besprechung der Mastoiditis noch berücksichtigen.

Schließlich kann auch die Frage, ob eine vorliegende akute epiretrotympanale Otitis als aszendierende, sekundäre oder genuine aufzufassen ist, zuweilen einige Schwierigkeiten bereiten. Das gleichzeitige Vorhandensein einer Affektion der oberen Luftwege beweist noch keineswegs immer, daß der Entzündungsprozeß im Mittelohr durch direkte Fortleitung durch die Tube entstanden sein muß. Es können vielmehr sehr wohl beide Affektionen in gleicher Weise in sekundärer Abhängigkeit von einer außerdem vorliegenden akuten

Exsudation	Allgemeinsymptome	Verlauf
Anfangs häufig gering, später rein eitrig und meist fötid, bakteriologisch: Streptococcus erysipelatos und Mischkeime.	Meist abhängig von der Skarlatina bzw. Allgemeininfektion, Sepsis!	Vier Wochen und länger, häufig vorher Mastoiditis mit Knochennekrosen und Labyrinthsequester!
Wie IIb, späterhin rein eitrig, rahmig-eitrig oder sanguinolent-eitrig.	Wie IIb mit Fortbestehen der Symptome über eine Woche hinaus, ev. erneutes und verstärktes Auftreten nach vorübergehendem Abklingen, dazu ev. später halbseitige Kopfschmerzen oder Zeichen endokranieller Komplikation bei atypischem Verlauf mit Durchbruch ins Kranium!	Einsetzen meist in 2.—4. Woche, namentlich bei Erysipelatus, zuweilen auch später. Bei Mucosus häufig noch nach Wochen und Monaten bei annähernd ausgeheilter Paukenhöhle!

Infektionskrankheit stehen. Falls eine solche nicht vorliegt, wäre es weiterhin möglich, daß sowohl die Affektion der oberen Luftwege als auch die des Mittelohres sich gleichzeitig unabhängig voneinander nur durch denselben Infektionsmodus bedingt entwickelten. Gewisse Anhaltspunkte für die Entscheidung dieser Frage erhalten wir unter Umständen durch eine genaue Bestimmung des Beginnes der einzelnen Affektionen, bzw. die Feststellung eines wesentlich späteren Einsetzens der Mittelohrerkrankung gegenüber der der oberen Luftwege. Immerhin wird es doch für eine Reihe von Fällen persönlicher Auffassung überlassen bleiben müssen, welchen Infektionsweg man annehmen will.

Die Diagnose der nekrotisierenden Form gelingt meist leicht. Während der ersten Tage, solange das Krankheitsbild unter dem Zeichen der Nekrosenbildung steht, ist die Sekretion meist gering. Der Gehörgang ist in der Tiefe ausgefüllt mit weißen nekrotischen Gewebsfetzen, die es zunächst unmöglich machen, ein klares Trommelfellbild zu gewinnen. Ferner zeichnet sich das Sekret dieser Form durch einen Fötor aus, der durch sekundäre Zersetzung der meist noch nicht völlig abgestoßenen nekrotischen Partien bedingt wird und sich daher niemals bei den übrigen Formen der akuten Otitis findet, es sei denn, daß die Reinigung des Gehörganges von Sekret in ganz grober Weise vernachlässigt worden wäre. Auf den späterhin, sobald die Abstoßung der Nekrosen erfolgt ist, hervortretenden Unterschied im Trommelfellbild, der durch die ausgedehntere Zerstörung desselben gegeben ist, habe ich schon oben hingewiesen.

Wenn trotz des relativ gleichmäßigen Verhaltens der auf Grund der genannten Faktoren aufgestellten verschiedenen Gruppen der akuten Otitis dennoch der Verlauf kein völlig gesetzmäßiger ist, was sich besonders bei den epiretrotympanalen Formen daran zu erkennen gibt, daß ein gewisser Prozentsatz ohne, ein anderer mit Übergang in Komplikationen verläuft, so erklärt sich dies daraus, daß selbstverständlich noch weitere Faktoren hineinspielen, die wir aber leider im klinischen Krankheitsbild zurzeit noch nicht erkennen können, bzw. die überhaupt nur auf zufälligem Zusammentreffen beruhen. Hierher gehören vor allem die großen individuellen Unterschiede in der Ausbreitung, Weite und Lagerung der pneumatischen Zellen des Warzenfortsatzes, die bald eine besondere anatomische Prädisposition für die Entwickelung weiterer

Komplikationen bedingen, bald wiederum für den Ablauf des Prozesses besonders günstige anatomische Verhältnisse schaffen können. Daß daneben auch die sogenannte individuelle Disposition eine Rolle spielen kann, habe ich schon oben erwähnt.

Schließlich ist es auch keineswegs gleichgültig, ob die akute Otitis ein an sich gesundes und widerstandsfähiges oder ein bereits durch andere Krankheiten geschwächtes Individuum befällt. Überall, wo abgesehen von den ätiologisch in Betracht kommenden Erkrankungen, deren Einfluß ich schon oben besprochen habe, noch eine sonstige Konstitutionskrankheit vorliegt, ist die Prognose namentlich der schweren epiretrotympanalen Formen von vornherein wesentlich ernster anzusehen. Unter diesen Erkrankungen steht an erster Stelle der Diabetes mellitus. Die bei allen eitrigen Entzündungsprozessen der Diabetiker hervortretende Tendenz zu besonders kartnäckigem und malignem Verlauf macht sich auch bei den akuten Entzündungen der Mittelohrschleimhaut in ausgesprochenstem Maße geltend. Der Prozentsatz der sich im Warzenfortsatz entwickelnden Komplikationen ist erfahrungsgemäß bei Diabetikern wesentlich höher als bei gesunden Individuen — eine Tatsache, die sich nicht etwa durch besondere individuelle lokale Disposition, sondern ausschließlich durch die geringe Widerstandsfähigkeit der Schleimhaut einerseits und die besseren Fortpflanzungsbedingungen für die Eitererreger infolge der veränderten Säftemischung andererseits erklärt. Schon mancher Diabetesfall ist erst dadurch erkannt worden, daß die ungewöhnlich reichliche und rahmige Absonderung und die besonders intensiven und andauernd bestehen bleibenden entzündlichen Veränderungen im Verlauf einer akuten Otitis den Verdacht auf das Vorliegen dieser Konstitutionskrankheit erweckten. Der Umschwung, den bei solchen bisher unerkannt gebliebenen Diabeteskranken eine rationelle diätetische Behandlung am Entzündungsprozeß hervorzurufen pflegt, ist so unverkennbar, daß man es sich stets zur Regel machen sollte, bei allen schweren Formen der akuten Otitis niemals die Untersuchung des Urins auf Saccharum zu unterlassen. In ähnlicher Weise wie der Diabetes üben auch einige Erkrankungen des Blutes und der blutbildenden Organe — die Leukämie und die perniciöse Anämie — eine besonders nachteilige Rückwirkung auf den Verlauf eines akuten Entzündungsprozesses der Mittelohrschleimhaut aus. Die bei diesen Krankheiten auch sonst hervortretende geringe Widerstandsfähigkeit der Gewebe septischen Infektionen gegenüber gibt sich auch an dem protrahierten Verlauf der akuten Otitis und der relativen Häufigkeit weiterer Komplikationen deutlich zu erkennen. Daß außerdem alle sonstigen chronischen konstitutionellen Krankheiten (Nephritis, Leberleiden, Karzinom, Tuberkulose usw.), sobald sie zu allgemeiner Körperschwäche oder zu Änderungen der Blutbeschaffenheit führen, ebenso wie die einfache Altersschwäche, entsprechend der Herabsetzung der allgemeinen Widerstandfähigkeit, auch die Widerstandsfähigkeit der Mittelohrschleimhaut infektiösen Prozessen gegenüber einschränken müssen, bedarf kaum noch besonderer Erwähnung.

Komplikationen. Nicht immer kommt die akute Entzündung der Mittelohrschleimhaut zur Ausheilung. Während ein Teil der Fälle, ohne weitere Komplikationen hervorzurufen, durch ein subakutes Stadium in eine chronische Eiterung übergeht, auf deren Besprechung ich später zurückkommen werde, endigt ein anderer Teil, und zwar der epiretrotympanalen Otitiden schwerer Form, mit Übergang in Mastoiditis.

Mit der Erkennung der Tatsache, daß gewisse Formen der akuten Otitis — nämlich die epiretrotympanalen — schon von vornherein auch die Schleimhaut der pneumatischen Zellen in Mitleidenschaft ziehen, hat sich der Krankheitsbegriff der Mastoiditis gegenüber den früher gültigen Anschauungen hierüber etwas verschoben. Wir verstehen jetzt unter Mastoiditis nicht mehr die einfache Mitbeteiligung der Schleimhaut der pneumatischen Zellen des Warzenfortsatzes, sondern müssen vielmehr diese Bezeichnung ausschließlich für die im Anschluß hieran zuweilen, aber keineswegs regelmäßig auftretende Komplikation reservieren, die dadurch charakterisiert ist, daß der Entzündungsprozeß auf das submuköse Gewebe und den anliegenden Knochen übergreift, um hiermit entweder in die spongiösen Zellen einzubrechen, falls solche, wie dies meist bei den kindlichen Warzenfortsätzen der Fall ist, noch in größerer Menge vorhanden sind oder durch Einschmelzen der knöchernen Zwischenwände, die die einzelnen pneumatischen Zellen voneinander trennen, eine Umwandlung des Warzenfortsatzes in mehrere oder auch eine einzige größere Eiterhöhle herbeizuführen. Die klinische Bedeutung dieser Komplikation liegt darin, daß sie eine Ausheilung durch konservative Behandlung unmöglich macht, so daß, falls diese nicht auf operativem Wege rechtzeitig herbeigeführt wird, sich der Eiter neue Wege bahnen muß, die unter Umständen zur Entwickelung weiterer unheilbarer Folgezustände führen.

Erfolgt der Durchbruch des Eiters nach außen durch die Cortikalis unter Bildung eines subperiostalen Abszesses oder durch die Spitze des Warzenfortsatzes unter die Muskulatur des Musculus sternocleidomastoideus, so können wir noch von einer relativ günstigen Lösung sprechen. Das gleiche gilt von dem etwas seltener vorkommenden Durchbruch durch die hintere Gehörgangswand. Erfolgt er indessen an der Innenwand des Prozessus durch die Tabula vitrea, so wird nun der eitrige Entzündungsprozeß in die Schädelhöhle verschleppt und damit der Ernst der Situation wesentlich erhöht, da nun die Grundlagen für weitere endokranielle Komplikationen (Sinusphlebitis, Hirnabszeß, Meningitis) geschaffen sind. Hieraus erhellt, wie außerordentlich wichtig es ist, die Entwicklung der Komplikation schon in ihren Anfangsstadien zu erkennen und zu behandeln, ehe Zeichen endokranieller Komplikationen auftreten.

Freilich mit der Verschiebung des Krankheitsbegriffes mußte sich auch eine Änderung in der diagnostischen Bewertung der vorhandenen Symptome vollziehen. Das für Mitbeteiligung des Warzenfortsatzes besonders charakteristische Symptom der Druckempfindlichkeit über dem Processus mastoideus ist an sich noch nicht beweisend für Mastoiditis in engerem Sinne, da es sich auch bei der großen Mehrzahl der ohne Komplikation verlaufenden epiretrotympanalen Otitiden findet. Es wird es vielmehr erst dann, wenn wir den Zeitpunkt seines Auftretens genau berücksichtigen. Daher gelingt die frühzeitige Erkennung der Entwickelung dieser Komplikation am sichersten und zuverlässigsten durch eine genaue Beobachtung und Verfolgung des ganzen Verlaufs der Erkrankung von ihren ersten Anfängen an. Die im Beginn jeder typisch verlaufenden akuten epiretrotympanalen Otitis nachweisbare Druckempfindlichkeit des Warzenfortsatzes fällt nämlich, falls der Entzündungsprozeß auf die Schleimhaut beschränkt bleibt, in der Regel schon vom 3., 4. oder 5. Tage meist mit Einsetzen der Sekretion gleichzeitig mit den anderen Symptomen (Schmerzen und Fieber) mehr und mehr ab, um dann einem an sich sonst beschwerdefreien Stadium einer meist einige Wochen hindurch anhaltenden Sekretion Platz zu machen, das schließlich unter weiterem Zurückgehen der entzündlichen Veränderungen am Trommelfell und unter allmählichem Nachlassen der Sekretion mit einer völligen Ausheilung endigt, ohne daß irgendwelche nennenswerte Symptome der genannten Art sich wieder eingestellt hätten. Beobachten wir dagegen auch über den 5. Tag hinaus ein unverändertes Fortbestehen, bzw. sogar eine weitere Zunahme der Druckempfindlichkeit trotz Einsetzen reichlicher, ev. durch Parazentese herbeigeführter

Sekretion mit gleichzeitigem Anhalten, bzw. weiterer Zunahme der Temperatur und der subjektiven Beschwerden, so deutet dieses Verhalten mit recht großer Bestimmtheit darauf hin, daß auf einen unkomplizierten Verlauf der Otitis kaum mehr zu rechnen ist. Noch charakteristischer gibt sich die Entwickelung der Komplikation häufig dadurch zu erkennen, daß man nach einem in der typischen Weise erfolgten Abklingen der Symptome meist in der zweiten oder dritten Krankheitswoche, zuweilen auch noch Monate später, dieselben Erscheinungen wie im Beginn der Otitis — spontane Schmerzen, Temperatursteigerungen, wenn auch meist nicht sehr erheblicher Art, und vor allem auch der Druckschmerz über dem Warzenfortsatz — von neuem auftreten, bzw., falls sie noch nicht gänzlich geschwunden waren, wesentlich an Intensität zunehmen.

Selbstverständlich sind alle Temperaturerhöhungen, die im Verlaufe einer akuten Otitis auftreten, nur dann diagnostisch zu verwerten, wenn sie ausschließlich auf den lokalen Entzündungsprozeß im Mittelohr zurückgeführt werden müssen und ein Zusammenhang mit sonstigen, vor allem den ätiologisch in Betracht kommenden Erkrankungen mit Sicherheit auszuschließen ist. Sie erfolgen daher auch fast immer gleichzeitig mit dem Auftreten anderer Zeichen drohender Komplikation, von denen ich die Zunahme der subjektiven Beschwerden (Ohr- oder halbseitiger Kopfschmerzen) und des Druckschmerzes über dem Prozessus schon genannt habe. Hierzu gesellt sich allerdings als nicht konstantes Symptom das der „Senkung der hinteren Gehörgangswand". Es gibt sich durch eine auf Infiltration in der Tiefe des knöchernen Gehörganges beruhende, also unmittelbar vor der Vorwölbung des Trommelfelles gelegene Verengerung des Gehörganges zu erkennen und steht in direkter Abhängigkeit von dem Entzündungsprozeß in den Nebenhöhlen. Zuweilen ist auch eine Veränderung in der Sekretion insofern deutlich zu erkennen, als das Sekret noch reichlicher wird und mehr rahmig-eitrige ja ev. sogar hämorrhagische Beschaffenheit annimmt.

So leicht im allgemeinen die Diagnose der Mastoiditis für den aufmerksamen Beobachter des Verlaufes der akuten Otitis wird, falls die genannten Erscheinungen klar hervortreten, so schwer kann sie andererseits dann werden, wenn die Symptome unscharf ausgesprochen sind, bzw. die akute Otitis von vornherein eine atypische Verlaufsform zeigt. Diese Verlaufsform ist dadurch charakterisiert, daß ein großer Teil der für die Diagnose besonders wichtigen Veränderungen ausbleibt. So zeigen die hierher gehörigen Fälle häufig keine Druckempfindlichkeit über dem Processus mastoideus, die Vorwölbung und die entzündlichen Veränderungen des Trommelfelles sind oft wenig ausgesprochen,

Abb. 5. Trommelfellbild bei blasser Infiltration nach Mucosus-Otitis.

es kommt nicht zur Spontanperforation oder, falls sie doch eintritt, bzw. eine künstliche Perforation durch Pa·azentese angelegt wird, schließt sie sich oft bald wieder spontan, nachdem nur wenige Tage hindurch eine geringe Absonderung bestanden hatte. Statt dessen bildet sich eine eigentümliche charakteristische „blasse Infiltration" des Trommelfelles aus, die zuweilen wochenlang bestehen bleiben kann (Abb. 5). Auch die subjektiven Beschwerden pflegen anfangs häufig relativ geringfügig zu sein und steigern sich häufig erst im späteren Verlauf der Erkrankung, oft im auffallenden Kontrast mit dem Zurückgehen der entzündlichen Erscheinungen im Trommelfell, so daß sie leicht auf neurasthenische Veranlagung geschoben werden. Vorübergehenden Attacken stärkerer Beschwerden pflegen dann wiederum längere Intervalle auf.allend guten Befindens zu folgen, bis plötzlich meist ohne Einsetzen stärkerer Sekretion aus dem Gehörgang, bald unter Ausbildung einer intensiven Senkung der hinteren oberen Gehörgangswand, bald aber auch bei annähernd abgeblaßtem Trommelfell und anscheinend ausgeheiltem Mittelohr, außerordentlich heftige Erscheinungen einsetzen, die entweder durch einen sich vorbereitenden Durchbruch nach außen, oder was gerade bei die en Fällen wesentlich häufiger vorkommt, bereits durch beginnende endokranielle Komplikationen (extradurale oder perisinöse Abszesse), ja zuweilen sogar schon durch beginnende Sinusphlebitis oder Hirnabszeß, bedingt werden.

Wenn auch bei der Entwickelung dieser atypischen Verlaufsform (häufig auch als „Intervallform" bezeichnet) anatomische Verhältnisse und durch sie bedingte Lokalisation der Entzündungsherde eine große Rolle spielen, so muß doch die klinisch außerordentlich wichtige Tatsache hervorgehoben werden, daß es sich bei der großen Mehrzahl hierher gehöriger Fälle um Streptococcus mucosus-Otitiden handelt, und daß sie sich dementsprechend nur bei Erwachsenen und besonders häufig bei älteren Individuen entwickeln. Es kann daher nicht dringend genug empfohlen werden, um von vornherein auf die Möglichkeit eines derartigen Verlaufes vorbereitet zu sein, bei allen schweren Formen der epiretrotympanalen Otitiden wenigstens ein Eiterausstrichpräparat mit der oben beschriebenen Färbung anzufertigen, bzw., falls erst im späteren Verlaufe durch einen auffallenden Kontrast zwischen entzündlichen Veränderungen und objektivem Befund einerseits und subjektiven Beschwerden andererseits der Verdacht auf Vorliegen der atypischen Verlaufsform gelenkt wird, durch eine Untersuchung des Eiters in der beschriebenen Weise, ev. nach einer zu diesem Zwecke ausgeführten Parazentese, sich weitere Anhaltspunkte zu beschaffen, da ja gerade diese besonders schwer rechtzeitig zu erkennenden Mastoiditiden besonders häufig zu endokraniellen Komplikationen führen.

Auf den Einfluß, den sonstige Erkrankungen auf den Verlauf der akuten Otitis und dementsprechend auch auf die Entwickelung der Mastoiditis ausüben, habe ich bereits hingewiesen. Desgleichen habe ich schon erwähnt, daß auch ein Teil der Scharlachmastoiditiden, ebenso wie die nekrotisierende Form der Otitis, insofern eine Sonderstellung einnehmen, als sie sich durch besonders schnelle Entwickelung und vor allem durch ausgedehnte Nekrosenbildung und Sequestrierung im Warzenfortsatz auszeichnen und daher auch relativ häufig weitere Komplikationen, vor allem Meningitis oder Sinusphlebitis, nach sich ziehen.

Außerdem muß ich hier noch einer Komplikation gedenken, der wir namentlich im kindlichen Alter zuweilen begegnen, nämlich der Kombination einer bisher häufig latent gebliebenen Tuberkulose mit einer akuten epiretrotympanalen Otitis, die ebenfalls in der Regel zur Mastoiditis führt. Diese Form der Mastoiditis unterscheidet sich meist schon klinisch von den ausschließlich durch Eitererreger bedingten Mastoiditiden dadurch, daß sie sich viel schleichender entwickelt als diese. Die meist weit fortgeschrittene Einschmelzung des Warzenfortsatzes und die auffallend intensive blasse Schleimhautschwellung, bzw. Granulationsbildung, die bei der Eröffnung des Processus mastoideus zum Vorschein kommt, bringen häufig weitere Hinweise auf die Natur des Leidens, das sich dann durch eine mikroskopische Untersuchung der entfernten Granulationen leicht mit Sicherheit als tuberkulös feststellen läßt. Die Prognose dieser Form ist natürlich etwas ernster zu stellen, als die der rein eitrigen Mastoiditis. Immerhin pflegt auch die große Mehrzahl solcher Fälle nach gründlicher Ausräumung auffallend gut und schnell zu heilen.

Therapie. Bei der Therapie der akuten Otitis und Mastoiditis interessiert uns in erster Linie die Frage, ob und inwieweit wir über Hilfsmittel verfügen, den Verlauf der Erkrankung spezifisch zu beeinflussen. Daß hierbei lokale Applikationen keine Rolle spielen können, ergibt sich ohne weiteres aus den anatomischen Verhältnissen. Aber auch durch intern verabreichte

Medikamente sind wir zurzeit noch nicht imstande, bestimmte spezifische Wirkungen auf den Entzündungsprozeß der Schleimhaut auszuüben. Trotzdem empfiehlt es sich, nicht völlig von der Darreichung solcher Mittel abzusehen, von denen besonders das Natrium salicylicum und seine Ersatzpräparate (Aspirin etc.) genannt werden sollen, da wir hierdurch in Verbindung mit allgemeinen hygienischen Maßnahmen (Bettruhe, Regelung der Diät etc.) wenigstens die mit dem lokalen Entzündungsprozeß verbundenen Allgemeinerscheinungen günstig beeinflussen können. So sehr auch zu wünschen und zu hoffen ist, daß es noch gelingen wird, spezifisch wirksame Sera gegen die verschiedenen in Betracht kommenden Erreger zu finden — zurzeit sind unverkennbare Erfolge mit den bereits vorhandenen Antistreptococcen- und Pneumococcensera leider noch nicht zu verzeichnen. Unter diesen Umständen kann es nicht verwunderlich erscheinen, wenn die Hoffnungen auf spezifische Beeinflussung immer noch auf chirurgischen Maßnahmen und zwar in erster Linie auf der Parazentese des Trommelfelles beruhen. Unter Trommelfellparazentese versteht man bekanntlich eine Durchschneidung diese Membran mittelst besonders hierzu konstruierter feiner Nadeln oder Messerchen, die in der Regel entweder im hinteren unteren Quadranten oder, falls eine deutliche Vorwölbung des Trommelfelles vorhanden ist, auf der Höhe diese vorgenommen wird, nachdem man das Trommelfell zuvor durch Auflegen eines in 40%iger, mit Adrenalinzusatz versehener Kokainlösung getränkten kleinen Wattebäuschchens oder mit einer in einem Tropfen Suprareninlösung angefertigten Alypinaufschwemmung für 10—15 Minuten nach Möglichkeit anästhesiert hat. Indessen sind die Ansichten über die Zweckmäßigkeit dieses Eingriffes und vor allem über die Rückwirkung, die er auf den Verlauf der akuten Otitis auszuüben imstande ist, auch unter den Fachgenossen noch recht geteilt. Die Indikationsstellung zur Vornahme der Parazentese ist daher noch keineswegs eine einheitliche. Es sollen hier nur die wichtigsten Gesichtspunkte, die für die Beurteilung dieser Frage in Betracht kommen, hervorgehoben werden.

Halten wir, wie dies noch von verschiedenster autoritativster Seite gefordert wird, daran fest, die Parazentese und — zwar so früh als möglich in allen Fällen vorzunehmen, wo Druckempfindlichkeit, Vorwölbung, Fieber und Schmerzen bestehen, so müssen wir damit rechnen, daß wir einen relativ großen Prozentsatz auch der Fälle mit leichter Verlaufsform überflüssigerweise diesem Eingriff unterwerfen und dementsprechend eine relativ große Zahl sog. „trockener" Parazentesen ausführen, denn ich habe schon oben darauf hingewiesen, daß sich keineswegs immer die Art der Verlaufsform schon aus der Schwere der Initialsymptome erkennen läßt, daß die Entscheidung vielmehr häufig erst durch eine einige Tage hindurch fortgesetzte Beobachtung getroffen werden kann. Diese Erwägung dürfte uns dennoch nicht von diesem Standpunkt abbringen, falls es als erwiesen angesehen werden könnte, daß erstens eine Parazentese niemals Nachteile nach sich ziehen kann, und vor allem, daß zweitens die besonders frühzeitige Vornahme derselben eine ganz besonders günstige Rückwirkung auf den Verlauf der Otitis und auf die Verhütung weiterer Komplikationen ausübt. Bezüglich des ersten Punktes ist zu sagen, daß wir mit gefährlichen Nebenverletzungen bei der Ausführung dieses Eingriffes — vorausgesetzt, daß keine direkten Kunstfehler begangen werden — nicht zu rechnen brauchen, daß aber die Befürchtung, wir könnten mit diesem Eingriff Gelegenheit zur Mischinfektion vom Gehörgang aus geben und vor allem einen neuen Reiz setzen, frische Blutkoagula in der Paukenhöhle hervorrufen und damit gerade die Weiterentwickelung der Erreger und den Umschwung von einer leichten in eine schwere Form begünstigen jedenfalls ohne weiteres nicht als unbegründet bezeichnet werden darf. Über den zweiten Punkt, die Verhütung von weiteren Komplikationen, lassen die Statistiken zurzeit noch kein abschließendes Urteil zu. Es sind sowohl solche für, als auch solche gegen diese Annahme aufgestellt. Bei der großen, oben ausführlich auseiandergesetzten, durch Art des Erregers, der Entwickelung usw. bedingten Variabilität der einzelnen Fälle ist dies kaum verwunderlich, da es sicher einer mindestens jahrzehntelangen Sammelarbeit bedürfen würde, um wirklich eine genügende Zahl einwandfrei mit einander vergleichbarer Fälle zu beschaffen. Es wird daher auch dieser Punkt, ebenso wie der erste, zurzeit noch Ansichtssache bleiben. Wenn wir indessen berücksichtigen, daß sich die Mastoiditis immer erst sekundär aus einem bereits in der Schleimhaut der pneumatischen Zellen lokalisierten Entzündungsprozeß heraus entwickelt, und daß die von vornherein — primär — in den pneumatischen Zellen lokalisierten Entzündungsprozesse ganz besonders für die Entwickelung einer Mastoiditis in Betracht kommen, so dürfen wir unsere Hoffnungen, durch eine Parazentese eine w i r k s a m e Verhütung einer „Sekretretention" erreichen zu können, nicht arg hoch schrauben, da in erster Linie die Retention beim Übergang des Sekretes durch die feinen Kanälchen, die die Mastoidzellen mit dem Antrum verbinden, in zweiter Linie am Aditus ad antrum und erst in dritter Linie in der Paukenhöhle hinter dem Trommelfell erfolgt. Es gehört daher immerhin schon ein gewisser Grad von Optimismus dazu, sich von einem Einschnitt ins Trommelfell eine Rückwirkung bis auf die Retention in den pneumatischen Kanälen zu versprechen, und es erscheint begreiflich, wenn nicht jeder geneigt ist, diese Anschauung sich zu eigen zu machen, vielmehr die Gründe für die Entwickelung einer Komplikation nicht in der Unterlassung oder zu späten Vornahme der Parazentese, sondern in dem Verhalten der oben aufgezählten, für den Ablauf einer akuten Otitis ausschlaggebenden Faktoren sieht. Bedenken wir ferner, daß die Trommelfellparazentese ein, wenn auch harmloser, so doch trotz aller Anästhesierungsversuche zuweilen recht schmerzhafter Eingriff ist, der namentlich bei Kindern die Grundlage für ein dauernd fortbestehendes Mißtrauen gegen den Arzt schafft und häufig daher von energischstem Sträuben gegen jede weitere Behandlung gefolgt ist, so ist der Wunsch nach einer strengeren Indikationsstellung, die alle unnötigen Parazentesen nach Möglichkeit verhütet, wohl zu verstehen. Es wird daher von anderen Autoren eine unbedingte Indikation zu der Parazentese erst dann angenommen, wenn mit der Möglichkeit eines kritischen Abfalles unter Verbleiben der akuten Otitis bei der leichten Verlaufsform nicht mehr zu rechnen und trotzdem eine Spontanperforation des Trommelfelles nicht erfolgt ist. Diese Frage entscheidet sich meist, wie oben bereits angeführt wurde, am 3. oder 4. Tage. Länger als bis zum 5. Tage auf einen kritischen Abfall oder spontanen Rückgang zu hoffen, ist im allgemeinen nicht ratsam. Bestehen vielmehr die in Betracht kommenden Symptome noch bis zum 5., bzw. über den 5. Tag hinaus, in schwankender, aber nicht wesentlich verminderter Intensität, ohne daß eine Spontanperforation erfolgte, fort, so muß nun unbedingt die Parazentese ausgeführt werden und zwar auch, wenn man sich große therapeutische Wirkungen von ihr nicht versprechen kann, als „Probeparazentese", aus diagnostischen Gründen zur Feststellung, ob eitriges Sekret hinter dem Trommelfell vorhanden, und welche Erreger sich in ihm finden, weil dies für die ganze Beurteilung der Erkrankung von größter Bedeutung sein kann.

Ob wir bei bereits bestehenden Perforationen zur Erweiterung der Öffnung eine Parazentese vornehmen sollen oder nicht, ist eine sekundäre Frage, die sich nur von Fall zu Fall entscheiden läßt, und die je nach der Anschauung über den therapeutischen Effekt dieses Eingriffes verschiedenartig beantwortet werden muß. Das gleiche gilt für die frühzeitige Parazentese zum Zweck der Schmerzlinderung. Daß zuweilen durch diesen Eingriff die Schmerzen wesentlich früher beseitigt werden können, soll nicht geleugnet werden. Wenn wir bei Kindern im Chloräthylrausch, bei Erwachsenen unter lokaler Anästhesie ev. durch subperiostales Einspritzen Braunscher Lösung von der hinteren oberen Gehörgangswand bis in die Trommelfellschicht diesen Eingriff schmerzlos ausführen können, ist daher gegen eine frühzeitige Vornahme desselben nichts einzuwenden. Nur muß ich noch einmal davor warnen, den therapeutischen Effekt bezüglich des Ablaufes der ganzen Erkrankung zu überschätzen. Zuweilen werden sich freilich auch die Erwartungen, die wir bezüglich der Schmerzlinderung gehegt hatten, nicht sofort erfüllen.

Damit sind wir aber bereits bei der rein symptomatischen Behandlung angelangt, die allerdings in den ersten Stadien der Erkrankung ganz vorwiegend die Linderung der Schmerzen zu erwirken hat. Wir können sie, wenn wir von der Parazentese absehen wollen, erreichen durch Einträufelungen lauwarmer Lösungen in den Gehörgang, von denen unseres Erachtens das Karbolglyzerin (5—10%) den Vorzug vor kokainhaltigen Lösungen verdient, durch Applikation thermisch wirkender Prozeduren, von denen nach eigener Erfahrung die Eisblase, wenn überhaupt, dann meist nur in den ersten ein bis zweimal 24 Stunden angenehm empfunden, sonst aber Kataplasmen meist bevorzugt werden und ferner durch innerliche Darreichung von Morphium, ev. sogar in Verbindung mit Skopolamin, wenn nicht schon die zuvor angewandten Salizylpräparate, speziell das Aspirin, auch in dieser Hinsicht sich wirksam genug zeigen. Anwendung von Blutentziehungen über dem Processus mastoideus, Jodtinkturpinselungen, Applikation ableitender Pflaster od. dgl. ist nicht zu empfehlen, da hierdurch oft Reizungen der bedeckenden Weichteilschichten hervorgerufen werden, die die Prüfung auf Druckempfindlichkeit außerordentlich erschweren und damit die frühzeitige Erkennung der Entwickelung einer Mastoiditis verhindern können.

Sobald im weiteren Verlauf die Erkrankung in das Stadium stärkerer Sekretion aus dem Gehörgang eingetreten ist, tritt nun die Versorgung des Gehörganges meist in den Vordergrund der symptomatischen Behandlung. Hierbei sind vor allem folgende Punkte zu berücksichtigen: die Säuberung des Gehörganges von Sekret, die Verhütung von Mischinfektionen vom Gehörgang aus und vor allem die Vorbeugung der Entwickelung weiterer Komplikationen, nämlich des Ekzems und der Furunkulose des Gehörganges. Welche Art der Versorgung des Gehörganges die zweckmäßigste ist, darüber sind die Ansichten wiederum noch recht geteilt. Indessen dürfte es wohl nicht gerechtfertigt sein, diesen Meinungsverschiedenheiten eine gar zu große Bedeutung beizumessen. Hier, wie bei allen Manipulationen im Gehörgang, kommt es zweifellos mehr darauf an, wie die betreffenden Maßnahmen ausgeführt werden, als welche von den in Betracht kommenden Wegen man einschlagen will. Was zunächst die Säuberung des Gehörganges anbelangt, so wird vorsichtiges, von geübter Hand ausgeführtes Ausspritzen mit wirklich indifferenten und exakt vorgewärmten Lösungen, falls sofort nachher die Tiefe des Gehörganges vom Spülwasser peinlich trocken getupft wird, häufig eine gründlichere Reinigung auch ohne stärkere Reizung erwirken, als das Austupfen allein. Andererseits ist bei ungeschickter Handhabung der Spritze, bei Verwendung ungenügend erwärmter oder reizender Lösungen, zu denen auch das reine Wasser gehört, ohne sorgfältiges Nachtupfen die Gefahr, Ekzeme und Furunkel hervorzurufen, zweifellos ungleich größer, ganz besonders, wenn es sich um die empfindliche und besonders zarte Haut von Kindern handelt. Es ist daher für alle Fälle, wo keine Garantie dafür gegeben ist, daß das Ausspritzen kunstgerecht erfolgt, der ausschließlich durch Austupfen des Gehörganges bewirkten Reinigung desselben der Vorzug zu geben. Ähnlich steht es mit der Frage, ob man sich zum Verschluß des Gehörganges eines Gazestreifens oder eines Wattepfröpfchens bedienen soll. An sich wäre wohl das Einlegen eines mit der Pinzette bis in die Tiefe des Gehörganges vorsichtig eingeführten Gazestreifchens mit gewebter Kante das bessere Verfahren; es hat nur wiederum den Nachteil, daß es, falls es ungeschickt ausgeführt wird, viel leichter Reizungen der Haut hervorruft und damit der Entwickelung von Ekzem und Furunkel Vorschub leistet, so daß mir für den Fall, daß die Patienten selbst die Einlagen wechseln müssen, der Verschluß mit nicht zu kleinen Wattepfröpfchen das schonendere Verfahren zu sein scheint.

Auch die Wahl der medikamentösen Maßnahmen zur Verhütung von Mischinfektionen ist mehr oder weniger Geschmacksache. Vielfach wird empfohlen die ev. schon mit Antiseptizis imprägnierten Gaze- oder Wattetampons noch mit Borglyzerin (5—10%) zu tränken, da das Karbolglyzerin wegen der großen Neigung, bei längerer Anwendung Ekzeme zu verursachen, nur für wenige Tage, solange noch keine Sekretion besteht, zu verwenden ist. Andere Autoren empfehlen Imprägnation mit essigsaurer Tonerde oder ähnlicher Lösungen; einer besonderen Beliebtheit erfreut sich auch vielfach die Behandlung mit Einblasungen austrocknender Pulver (fein pulverisierter Borsäure, Bolus alba und dgl.); ich selbst bevorzuge seit einiger Zeit die Applikation einer weichen, stark borsäurehaltigen Salbe (Acid. boric. pulv. 3,0 Lanolin anhydr. und Paraffin. liquid. aa. 15,0), die in der Weise erfolgt, daß, nach vorherigem Austupfen des Gehörganges, mit dieser Salbe reichlich beschickte, etwas keilförmig gedrehte Wattetampons in den Gehörgang eingeschoben, und sobald sie von Sekret durchtränkt sind, sofort durch neue ersetzt werden. Ich glaube auf diese Weise noch am sichersten der Entwickelung von Ekzemen und Furunkulose vorbeugen zu können — einem Punkt, dem ich von den genannten die größte praktische Bedeutung zu erkennen möchte.

Entsprechend der weiten Verbreitung, deren sich die Stauungs- und Saugbehandlung nach Bier bei eiterigen Prozessen verschiedenster Art erfreut, liegen auch eine Reihe von Mitteilungen über Anwendung dieser Behandlungsmethode bei der Otitis media vor. Zur Saugbehandlung bedient man sich besonderer, mit Saugballon verbundener, luftdicht in den Gehörgang eingesetzter Glasansätze (nach Kümmel oder Muck), während man zur Stauungsbehandlung eine für Stauung der Kopfregionen angegebenen Halsbinden benutzt. Gegen die letztere Methode sind von verschiedenster Seite gewichtige Bedenken erhoben worden, so daß sie zurzeit zur allgemeinen Anwendung nicht empfohlen werden kann. Die Saugbehandlung hat sich dagegen als durchaus unschädlich und zur besseren Entfernung des Sekretes auch häufig als recht nützlich erwiesen.

Unter dieser symptomatischen Behandlung pflegt die Mehrzahl der akuten Otitiden zu heilen; bleiben noch Hörstörungen nach Abblassen des Trommelfelles und nach Schluß der Perforation zurück, so müssen diese durch systematische Anwendung der Luftdusche, bzw. durch Katheterismus der Tube, beseitigt werden. Einige Autoren empfehlen die Vornahme der Lufteinblasungen auch schon für die früheren Stadien der akuten Otitis, während andere wiederum hiervor warnen.

Wie man auch die Behandlung der akuten Otitis gestalten mag, so viel steht fest, daß trotz aller therapeutischen Bemühungen bei einem gewissen Prozentsatz der Fälle akuter epitympanaler Otitis schwerer Form die Entwickelung einer Mastoiditis nicht zu verhüten ist. Der Schwerpunkt der Behandlung liegt häufig viel weniger in der Entscheidung über diesen oder jenen der berührten strittigen Punkte, als vielmehr in der rechtzeitigen Erkennung dieser Komplikation, da sie regelmäßig auch die Indikation zur operativen Eröffnung des Processus mastoideus abgibt. Durch welche Erscheinungen sich die Entwickelung einer Mastoiditis in der Regel zu erkennen gibt, ist bereits oben ausführlich besprochen worden. Außerdem ist die Aufmeißelung des Prozessus auch noch für jene Fälle von epitympanaler Otitis anzuraten, die, ohne daß deutliche Symptome einer Mastoiditis auftreten, dennoch nach einem wochenlang anhaltenden Stadium starker Sekretion nicht ausheilen, bei denen vielmehr die Sekretion auch noch über die sechste bis achte Krankheitswoche hinaus in unverminderter Stärke und mit rein eiteriger Beschaffenheit fortbesteht. Hier handelt es sich durchgehends um eine so schleichende Entwickelung einer Mastoiditis, daß manifeste Symptome ausbleiben. Es ist daher über kurz oder lang doch das Auftreten weiterer, ev. bereits durch beginnende endokranielle Komplikation bedingter Erscheinungen, die dann eine dringende Indikation zur Operation abgeben, mit Sicherheit zu erwarten. Dazu kommt, daß bei zu langem Fortbestehen einer solchen starken eiterigen Absonderung leicht persistente Perforationen des Trommelfelles und dauernde Hörstörungen zurückbleiben können.

Auf die Mastoidoperationen selbst einzugehen, würde hier zu weit führen. Es soll nur hervorgehoben werden, daß es sich um einen an sich ungefährlichen Eingriff handelt, mit dem wir im Gegensatz zur Parazentese des Trommelfelles den Ablauf einer akuten Otitis absolut sicher beherrschen.

3. Die chronischen Mittelohreiterungen.

Diagnose und Verlauf. Bei den mannigfaltigen und innigen Beziehungen, die die verschiedenen Gruppen der akuten Otitis media zu den inneren Erkrankungen aufweisen, kann es nicht verwunderlich erscheinen, wenn solche Beziehungen sich auch bei den chronischen Mittelohreiterungen deutlich geltend machen. Es ist hier in erster Linie eine Form der akuten Mittelohreiterung zu nennen, die wir besonders häufig durch ein subakutes Stadium in die chronische Eiterung übergehen sehen, nämlich die schwere Form der tubomesotympanalen Otitis. Diese chronischen tubomesotympanalen Schleimhaut-eiterungen sind bekanntlich charakterisiert durch ein im allgemeinen nicht fötides, infolge starken Schleimgehaltes fadenziehendes Sekret und durch mehr oder weniger große, meist im Verlaufe der Krankheit noch an Größe zunehmende, vorwiegend in den unteren Trommelfellquadranten gelegene sog. zentrale Trommelfellperforationen, hinter denen man die entzündete Mittelohrschleimhaut bloßliegen sieht. Ebenso wie schon im akuten Stadium der ganze Verlauf dieser Form der Mittelohreiterung in erster Linie von dem Verhalten der zugrunde liegenden Affektion der oberen Luftwege abhängt, ist auch der Übergang in das chronische Stadium ganz vorwiegend hierdurch bedingt. Wir sehen diese Formen der chronischen Mittelohreiterung daher mit besonderer Vorliebe nach allen jenen Erkrankungen der oberen Luftwege sich entwickeln, die selbst einen protrahierten Verlauf nehmen, oder von vornherein sich durch eine exquisit chronische Verlaufsform auszeichnen. Hierher gehören also die große Zahl chronisch entzündlicher Prozesse in Nase und Nasenrachenraum, die chronischen Katarrhe des Larynx, der Keuchhusten, die chronischen Tracheo-Bronchitiden und Bronchiektasien und auch die chronischen Erkrankungen der Lunge. Wie bei den akuten tubomesotympanalen Otitiden die Überleitung des Entzündungsprozesses in der Regel durch die Tube erfolgt, so beruht auch der Übergang ins chronische Stadium entweder auf ununterbrochener Unterhaltung des Entzündungsprozesses, bzw. auf häufig wiederkehrender Reinfektion auf diesem Wege. Wir können dementsprechend häufig zwischen den wirklich chronischen, d. h. ununterbrochen fortbestehenden

Formen dieser Eiterung und den in mehr oder weniger schnell aufeinander folgenden Attacken auftretenden, rezidivierenden Formen unterscheiden.

Hier wie dort ist die anatomische Beschaffenheit der Tube für die Entwicklung und die Unterhaltung der Entzündung von großer Bedeutung. Wir sehen daher auch die chronischen tubomesotympanalen Otitiden auffallend viel häufiger bei Kindern, die sich ja, wie schon oben erwähnt, durch relative Kürze und Weite ihres Tubenkanales auszeichnen, und wo wir bei Erwachsenen auf diese Form der Eiterung stoßen, können wir ihren Anfang meist bis ins Kindesalter zurückführen. So bildet beispielsweise recht häufig dies chronische tubo-mesotympanale Otitis — „die laufenden Ohren", zusammen mit der chronischen Rhinitis — „der laufenden Nase" — und der hierzu gehörigen Konjunktivitis — „den laufenden Augen" — bei schwächlichen anämischen Kindern eine außerordentliche charakteristische Symptomtrias im Krankheitsbild der sogenannten „Skrofulose". Auch eine große Zahl der nach akuten Infektionskrankheiten des kindlichen Alters zurückbleibenden chronischen Eiterungen entwickeln sich aus akuten tubomesotympanalen Otitiden, die, wie beispielsweise bei Masern, durch die gleichzeitig auftretenden hartnäckigen Tracheo-Bronchitiden unterhalten werden. Wie bei der akuten Otitis, so nehmen auch die sich aus ihnen entwickelnden chronischen Formen der Eiterung bei schwerer Scharlach-infektion häufig insofern eine Sonderstellung ein, als sie sich infolge des starken nekrotischen Zerfalles des Trommelfelles, der meist schon in den ersten Tagen der Erkrankung auftritt, durch die auffallende Größe ihrer Perforation, bzw. sogar durch Totaldefekt des Trommelfelles, ev. kombiniert mit Fehlen der Gehörknöchelchen, auszeichnen, ein Umstand, der ja schon von vornherein den Übergang der akuten in die chronische Eiterung begünstigen mußte. Wenn auch bei der großen Mehrzahl dieser chronischen Eiterungen die Entwickelung bereits im Kindesalter erfolgt, so kommt natürlich ihr Auftreten auch noch bei Erwachsenen gar nicht so selten vor. Auch hier spielen sicher die anatomischen Verhältnisse der Tube als prädisponierendes Moment eine große Rolle. Häufig bedingen die hier ätiologisch besonders in Betracht kommenden, mit Atrophie der Schleimhaut einhergehenden Erkrankungen der Nase und des Nasenrachenraumes (atrophische Rhinitis, Ozäna u. dgl.) dadurch, daß sie sich auf die Schleimhaut des Tubenostiums fortsetzen, eine abnorme Weite derselben und schaffen damit besonders günstige Infektionsbedingungen; häufig wird auch eine leichtere Durchgängigkeit der Tube durch Schwund des Fettpolsters und Atrophie der Tubenmuskulatur hervorgerufen. Diese letztgenannten Veränderungen finden sich besonders im höheren Alter und bei heruntergekommenen, abgemagerten kachektischen Individuen. So erklärt es sich wohl auch, daß eine große Reihe der chronischen Mittelohreiterungen bei Phtisikern zunächst als tubomesotympanale, auf Mischinfektion mit Kokken beruhende Schleimhauteiterung einsetzen, um dann erst allmählich, wenigstens zum Teil durch Hinzutreten der auf spezifischer Infektion beruhenden Prozesse, in wirklich tuberkulöse Eiterung überzugehen.

Therapie. Was nun die Therapie dieser Eiterungen anbelangt, so ist. wie bei der akuten Form, der zu erzielende Erfolg in erster Linie abhängig von dem Verhalten der ätiologisch in Betracht kommenden Affektion der oberen Luftwege. Es ist daher, solange diese noch nicht zur völligen Ausheilung gebracht ist, ihre gleichzeitige Behandlung ganz unerläßlich. Andererseits hat indessen ihre ausschließliche Berücksichtigung ohne gleichzeitige lokale Behandlung der Mittelohreiterung auch wenig Zweck. Ich muß daher auf die Therapie dieser Form der Eiterung hier noch etwas ausführlicher eingehen, zumal sie auch allermeist ohne kompliziertere spezialistische Technizismen durchführbar ist und daher für jeden, der sich nur einigermaßen mit der Untersuchung der Ohren vertraut gemacht hat, ein dankbares Objekt therapeutischer Betätigung darstellt.

Die lokale Therapie der chronischen tubomesotympanalen Eiterungen fußt im allgemeinen auf denselben Grundsätzen, die bei der Besprechung der Behandlung der akuten Otitis schon hervorgehoben sind. Vor zu häufigen Ausspülungen des Ohres ist bei diesen Formen deswegen besonders zu warnen, weil gerade hier infolge der großen Perforationsöffnungen die Spülflüssigkeit bis in die Paukenhöhle eindringen muß und selbst indifferente Lösungen, die im Paukenboden zurückbleiben und hier stagnieren, reizend wirken. Auf keinen Fall ist es zulässig, das Ausspritzen als einzige Therapie den Patienten selbst zu überlassen! Wie bei allen Schleimhautentzündungen empfiehlt es sich, außer von den bei der Behandlung der akuten Otitis bereits aufgezählten medikamentösen Maßnahmen (Pulvereinblasungen, Salbenbehandlung etc.) noch von Adstringentien Gebrauch zu machen, die hier im Gegensatz zur akuten Otitis ihre volle Wirkung entfalten können, da sie infolge der größeren Perforationsöffnungen schon bei einfachen Eingießungen in den Gehörgang, die in der Regel einmal täglich, ev. auch nur jeden zweiten oder dritten Tag, vorzunehmen sind, direkt auf die Paukenhöhlenschleimhaut und in den Tubenwinkel gelangen müssen. Zu diesen Eingießungen in den Gehörgang sind die Argentum nitricum-Lösungen wegen der Schwärzung der Kutis, die sie hervorrufen, weniger zu empfehlen. Hierzu bedient man sich besser der Resorzin- oder der Zinklösungen, welch letztere zweckmäßig in steigenden Konzentrationen Anwendung finden können (Zinc. sulf. ½%, 1%, Zinc. chlorat. ½%, 1%, ev. weiter steigend bis 1½—2%). Die Stärke der jedesmal zu wählenden Konzentration richtet sich meist nach der Dauer der Eiterung und der Empfindlichkeit der Schleimhaut. Sie ist empirisch zu bestimmen in der Weise, daß man, mit schwachen Lösungen beginnend, allmählich in der Konzentration ansteigt bis sie ev. ein leichtes, aber durchaus erträgliches Brennen verursachen. Mit der Verordnung alkoholischer Lösungen (Bor.-Alcohol, Resorzin-Alkohol etc.) muß man bei Schleimhauteiterungen vorsichtig sein, da sie bei empfindlicher Schleimhaut sehr stark brennen und reizen; sie eignen sich daher nur für stark verschleppte Fälle. Daneben ist häufig Gebrauch von weichen Salben (s. o.), ev. noch von kombinierten Pulvereinblasungen (Acid. boric. pulv., Aristol, Bor-Airol etc.) zu machen, um die Entwickelung von Ekzemen zu verhüten. Sollte dennoch ein Reizungszustand der Haut sich ausbilden, so ist periodisch mit den Eingießungen auszusetzen. Bei größeren Perforationen sind auch direkte Betupfungen der Schleimhaut mit Argentum nitricum-Lösungen in höheren Konzentrationen (2—10%) zweckmäßig. Daneben können alle diese medikamentösen Prozeduren wirksam unterstützt werden durch physikalische Hilfsmittel (heiße Luft, Bestrahlung etc.), falls diese zur Verfügung stehen. In ganz besonders hartnäckigen Fällen — bei Erwachsenen — kommen ev. noch Durchspülungen des Mittelohres von der Tube aus mit adstringierenden Lösungen in Betrach, die aber schon wegen ihrer komplizierten Technik in rein spezialistisches Gebiet fallen. Eine unbedingte Indikation zum operativen Eingriff geben im allgemeinen diese Fo men der Eiterung nicht ab. Wir können weder den Übergang einer akuten tubotympanalen Otitis in eine chronische durch eine Operation verhüten, noch zurzeit durch eine Radikaloperation mit Sicherheit die Vernarbung gerade der medialen Promontorialwand und des Tubenwinkels herbeiführen, ganz abgesehen davon, daß, falls diese gelingen sollte, wir bei den reinen tubotympanalen Eiterungen, bei denen das Gehör meist wenig herabgesetzt ist, dies meist nur durch eine erhebliche Einschränkung des Hörvermögens würden erkaufen können. Bei gewissenhafter, konsequent durchgeführter Pflege und bei geschickter Auswahl der in Betracht kommenden medikamentösen Maßnahmen gelingt es indessen nach einiger Zeit fast regelmäßig, diese Form der chronischen Eiterung zur Ausheilung zu bringen. — Freilich das Auftreten von Rezidiven, die auch im späteren Leben sich immer von neuem bemerkbar machen, ist bei den charakteristischen Residuen in Form der großen Perforationen, die dauernd einen Locus minoris resistentiae unterhalten, häufig nicht zu verhüten. Bei jeder frischen entzündlichen Affektion der oberen Luftwege — und sei es nur ein einfacher Schnupfen — neigt der Entzündungsprozeß dazu, den von früher her gangbar gemachten Weg durch die Tube wieder zu verfolgen, zumal infolge der vorhandenen Perforation die Druckverhältnisse im Mittelohr einer Verschleppung entzündlichen Sekretes durch die Tube weniger Widerstand entgegensetzen können, als dies bei intaktem Trommelfell der Fall ist — ganz abgesehen davon, daß außerdem noch eine weitere Infektionsmöglichkeit für die Schleimhaut durch diese Perforation hindurch vom Gehörgang aus geschaffen ist.

Antrum-, Rezessuseiterung. So klar und durchsichtig durchgehends der Zusammenhang zwischen akuter und chronischer Eiterung bei den tubomesotympanalen Formen ist, so unklar und verwaschen ist er für eine große Zahl der Fälle, die ihren Sitz in den Nebenräumen des Mittelohres haben — den Antrum-, Rezessus- und Cholesteatomeiterungen. Diese Formen der chronischen Eiterungen sind bekanntlich charakterisiert durch ihr meist trotz aller therapeutischen Bemühungen fötid bleibendes, eitrig-rahmiges Sekret, die starke Ausstoßung von desquamierten Epithelmassen, die Lagerung der Perforationen in der Gegend der Shrapnellschen Membran oder im hinteren oberen Quadranten des Trommelfelles, bezw., falls es sich um größere Defekte handelt, das „randständige" Hinaufreichen dieser bis unmittelbar an den hinteren oberen Rand des Annulus tympanicus oft unter partieller Arrosion desselben in dieser Gegend und schließlich durch die Umwandlung des Schleimhautepithels der Mittelohrräume in ein derbes, meist geschichtetes Plattenepithel, analog dem des Kutisüberzuges des Trommelfelles, bezw. der Gehörgangswände. Diese Eiterungen interessieren uns hier nur insoweit, als Abhängigkeiten ihrer Entwickelung, bzw. ihres Verlaufes, von inneren Erkrankungen in Betracht kommen.

Daß dies bei den akuten Prozessen mit gleicher Lokalisation der Fall ist, habe ich bereits besprochen, trotzdem vermissen wir diese Beziehungen bei der chronischen Eiterung fast gänzlich.

Es erscheint daher überhaupt noch fraglich, ob wirklich sämtliche Formen der chronischen, in den Nebenräumen des Mittelohres lokalisierten Eiterungen aus akuten epiretrotympanalen Otitiden entstehen, wie dies noch vielfach angenommen wird, oder ob nicht doch ein Teil von ihnen auf ganz anderer Basis sich entwickelt. Wir sehen nämlich im Gegensatz zu dem Verhalten der tubomesotympanalen Otitiden fast niemals eine akute epiretrotympanale Otitis schwerer Form in eine chronische Antrum-, Rezessus- oder Cholesteatomeiterung übergehen, da sie entweder im Verlauf von ca. 6—10 Wochen bei konservativer Behandlung ausheilt oder zu weiteren Komplikationen führt, die nun entweder auf operativem Wege gleichzeitig mit der Eiterung zur Heilung gebracht werden oder einen letalen Ausgang durch Hinzutreten weiterer endokranieller Komplikationen bedingen. Nur bei einer Form, die wir schon wiederholt als besonders bösartig kennen gelernt haben, nämlich der nekrotisierenden Form bei Scharlachinfektion, ist der Übergang ins chronische Stadium auch bei epitympanalem Sitz ebenso sicher und häufig zu verfolgen wie beim analogen tubomesotympanalen Typus. Er ist bedingt durch die Größe und die Randständigkeit der Defekte im Trommelfell und durch die ausgedehnte Nekrose des Schleimhautepithels, beides Faktoren, die das Hineinwachsen des Plattenepithels in die Nebenräume des Mittelohres vom Gehörgang aus und damit die Entwickelung eines „Cholesteatoms" begünstigen müssen.

Auch auf den weiteren Verlauf dieser chronischen Eiterungen, gleichgültig auf welchem Wege sie entstanden, pflegen innere Erkrankungen meist keinen ausschlaggebenden Einfluß auszuüben. Nur zuweilen macht es den Eindruck, als ob die Entwickelung weiterer Komplikationen durch sonstige innere Erkrankungen (Herzfehler, Nierenerkrankungen, Diabetes etc.) begünstigt und die Wundheilung nach Vornahme der Radikaloperation verzögert würde. Immerhin sind diese Beziehungen so inkonstante und lockere, daß eine weitere Besprechung des Verlaufes und der Behandlung an dieser Stelle nicht mehr angezeigt erscheint, da es sich hier um rein spezialistisches Gebiet handelt.

Eine Sonderstellung unter den chronischen Eiterungen nehmen die **tuberkulösen Formen** ein. Auch für die tuberkulösen Eiterungen gilt der Satz, daß sie sich ausschließlich in solchen Schläfenbeinen entwickeln, in denen eine, durch latente Beeinflussung in frühester Kindheit entstandene, hyperplastische Schleimhaut vorliegt, die sich bei ganz normaler ungestörter Entwickelung des Schläfenbeines nicht findet. Die Entwickelung der Mittelohrtuberkulose ist demnach an bestimmte anatomische Dispositionen in Form typischer Veränderungen des Gewebscharakters der Schleimhaut gebunden. Nur wo diese sich finden, sehen wir eine Mittelohrtuberkulose auftreten, wo sie fehlen und eine völlig normal zusammengesetzte Schleimhaut vorliegt, bleibt das Mittelohr gesund! Wie schon oben erwähnt, entwickelt sich ein Teil von ihnen aus nicht spezifischen tubomesotympanalen Schleimhauteiterungen. Solange der Entzündungsprozeß auf die Schleimhaut beschränkt bleibt, ist die Entscheidung darüber, ob und inwieweit spezifisch-tuberkulöse Veränderungen mit im Spiel sind, oft recht schwer. Wir haben zwar im Auftreten multipler Perforationen des Trommelfelles, die sich bei nichtspezifischen Eiterungen in der Regel nicht finden, zuweilen deutliche Hinweise auf den Charakter der Eiterung; wo diese indessen fehlen, kann die Diagnose häufig einige Zeit zweifelhaft erscheinen. Erst wenn der Prozeß schwere Formen annimmt, zu ausgedehnten ulzerösen Veränderungen der Schleimhaut mit den charakteristischen grauweißen Belegen oder zu Nekrosen des Knochens, ev. mit nachfolgender Sequestrierung, führt, erhält das Krankheitsbild charakteristisches Gepräge. Wir können die hierdurch gesetzten Veränderungen mit den bei der nekrotisierenden Form der akuten Otitis zuweilen auftretenden in Parallele setzen, nur mit dem Unterschied, daß bei den letzteren sich die Zerstörungen oft in wenigen Tagen, bzw. Wochen, entwickeln, während bei den tuberkulösen Eiterungen sich ihre Entwickelung über eine ganze Reihe von Wochen und Monaten erstreckt. In solchen schweren Fällen stößt die Erkennung der spezifisch tuberkulösen Natur des Prozesses allermeist auf keine Schwierigkeiten, zumal wenn man eine Untersuchung der ganzen Menschen mit heranzieht, die fast immer charakteristische tuberkulöse Herde auch in anderen Organen — Lungen, Drüsen, Knochen, Gelenken etc. — aufdeckt. Fälle von anscheinend primärer Mittelohrtuberkulose kommen höchst selten vor. Es handelt sich dann meist um Kombinationen einer latenten Tuberkulose mit einer von Beginn an nicht spezifischen Eiterung, auf die ich schon oben bei Besprechung der Mastoiditis hingewiesen habe. Weitere Stützen für die Diagnose können auch in solchen Fällen durch die histologische Untersuchung der meist vorhandenen Ohrgranulationen, bzw. durch Anstellung spezifischer Impfungen, erhalten werden. Die Therapie deckt sich mit der bei Schleimhaut-, bzw. Knochentuberkulose allgemein üblichen. Ob eingreifendere operative Maßnahmen angezeigt sind oder nicht, hängt selbstverständlich in erster Linie mit von den sonstigen tuberkulösen Veränderungen und dem Kräftezustand der Patienten ab.

4. Die otogenen endokraniellen Komplikationen.

Die Berührungspunkte, die sich zwischen den otogenen endokraniellen Komplikationen und der inneren Medizin ergeben, betreffen einerseits vorwiegend die Genese gewisser eiteriger Erkrankungen des Hirns und der Hirnhäute und andererseits die häufig hiermit in Zusammenhang stehende Diagnose dieser Erkrankungen. Da die hierbei in Betracht kommenden otiatrischen Gesichtspunkte, die hervorzuheben allein an dieser Stelle angezeigt ist, sich für die verschiedenen Affektionen auch etwas verschiedenartig gestalten, so müssen diese einzeln nacheinander behandelt werden.

a) Der Hirnabszeß.

Am schwierigsten gestalten sie sich meistens bei den umschriebenen Eiterherden im Gehirn — dem Hirnabszeß. Was zunächst die Genese dieser Komplikation betrifft, so ist hervorzuheben, daß ca. $\frac{1}{3}$ sämtlicher zur Sektion kommender Hirnabszesse otogenen Ursprungs sind. Von ihnen entstehen ca.

20% im Anschluß an die akute, die übrigen 80% im Verlaufe chronische Mittelohreiterungen. Fast durchgehends kommen als auslösende Formen für die
Entwickelung von Hirnabszessen die schweren in den Nebenräumen des Mittelohres lokalisierten Eiterungen in Betracht, also von den verschiedenen Formen
der akuten Otitis die schweren epiretrotympanalen Formen, namentlich wenn sie
zur Mastoiditis führen, und von den chronischen Eiterungen vor allem die
sog. Cholesteatomeiterungen. Auch durch Auslösung eines Hirnabszesses nach
akuter Otitis hat sich der Streptococcus mucosus als besonders maligner
Keim entpuppt. Bei dem im Verlaufe chronischer Eiterungen auftretenden
Hirnabszeß tritt als Erreger ebenfalls der Stroptococcus — aber wohl vorwiegend als Erysipelatos — in den Vordergrund. Er findet sich in ca. 50%
aller Fälle, wenn auch nicht immer in Reinkultur. Die übrigen 50% verteilen
sich auf eine ganze Reihe anderer Keime: Diplococcus, Staphylococcus, Bacillus pyocyaneus, Typhusbazillus, Pseudodiphtheriebazillus, Proteus, Bacterium coli und vor allem auch noch anaërobe Kokken und Stäbchen. Für
alle otogenen Hirnabszesse gilt der von Körner aufgestellte Satz,
„daß sie stets in nächster Nähe des erkrankten Ohres oder Knochens
liegen". Wir finden sie daher entweder in der mittleren Schädelgrube in den
dem tegmen tympani et antri anliegenden Partien des Schläfenlappens oder in
der hinteren Schädelgrube innerhalb der der hinteren Pyramidenfläche, bzw.
dem Sinus sigmoideus anliegenden Partien des Kleinhirns. Andere Lokalisationen
kommen für otogene Hirnabszesse im allgemeinen nicht in Betracht; die Lagerung
im Schläfenlappen ist ca. doppelt so häufig als die im Kleinhirne.

Über die Wege, auf denen das Eindringen der Erreger vom Mittelohr aus in die
Hirnsubstanz erfolgt, herrscht für sämtliche Fälle noch keine völlige Klarheit. Zuweilen
und zwar in einem relativ großen Prozentsatz läßt sich ja die Eintrittspforte sehr deutlich
an den Veränderungen des der Dura anliegenden Knochenbezirkes und dann meist auch
an der Dura selbst schon makroskopisch erkennen. Dies gilt für einen Teil der Schläfen-
lappenabszesse und für diejenigen Kleinhirnabszesse, die durch Vermittelung einer Sinusphlebitis entstehen und dementsprechend meist in nächster Nähe der medialen Sinuswand
gelagert sind. Hier handelt es sich um einen per continuitatem fortkriechenden eiterigen
Einschmelzungsprozeß, der zunächst den Knochen, dann ev. unter Bildung eines Extra-
duralabszesses die Dura arrodiert, bzw. auch ohne makroskopisch erkennbare Arrosion
durchsetzt und schließlich meist unter Bildung von Adhäsionen in seiner Umgebung sukzessive auf das Hirn übergreift. In anderen Fällen, für die eine Fortleitung per continuitatem
nach dem Operations- bzw. Obduktionsbefund nicht in Betracht kommen kann, läßt sich
die Verschleppung auf präformierten Lymphbahnen klinisch und anatomisch genau verfolgen. Dies gilt vor allem für die zweite Gruppe der Kleinhirnabszesse, bei denen sich das
Eindringen der Infektion in die für die Überleitung in betracht kommenden Lymphbahnen —
nämlich die endo- und perilymphatischen Räume des Labyrinthes, von denen aus dann
die weitere Fortleitung entlang der Lymphwege des Nervus acusticus bzw. Aquaeductus
vestibuli erfolgt — durch das Auftreten sehr charakteristischer „Labyrinthsymptome",
auf die ich gleich noch zu sprechen kommen werde, zu erkennen gibt und auch bei einer
ev. später vorgenommenen anatomischen Untersuchung noch in voller Deutlichkeit nachzuweisen ist. Die dieser Gruppe angehörenden Kleinhirnabszesse pflegen dementsprechend
wesentlich näher der Pyramidenspitze zu liegen als die durch Vermittelung einer Sinusphlebitis entstandenen. Daneben aber gibt es noch eine nicht geringe Zahl von Fällen,
bei denen uns bei makroskopischer Besichtigung die Art der Überleitung auf das Hirn unklar bleibt. Es sind dies jene Fälle von Hirnabszeß — vor allem Schläfenlappenabszeß —,
bei denen wir keinerlei charakteristische Veränderungen weder am Knochen, noch an der
Dura selbst feststellen können. Die Überleitung erfolgte bei diesen Fällen entlang präformierten Gefäßbahnen, am Tegmen tympani und antri und ist nur durch mikroskopische
Untersuchung festzustellen.

Die **Diagnose** der otitischen Hirnabszesse stützt sich natürlich im wesentlichen auf dieselben Faktoren wie die Diagnose der Hirnabszesse überhaupt,
gleichgültig welcher Genese. Es kommt mir daher nicht zu, dieselben hier
ausführlich zu erörtern, da sie bereits an anderer Stelle des Werkes berücksichtigt sind. Ich muß mich damit begnügen, auf einige speziell otiatrische

Gesichtspunkte, die für die Diagnosenstellung von Bedeutung sein können, hier hinzuweisen und nur die Symptome hervorzuheben, denen von den Otiatern in der Regel besondere Beachtung geschenkt wird.

Ich nenne von ihnen bei Lokalisation des Abszesses im Schläfenlappen, außer den für alle Hirnabszesse gültigen Allgemeinsymptomen: den halbseitigen Kopfschmerz, die Perkussionsempfindlichkeit des Schädels, vor allem die sensorische Aphasie, deren charakteristische Symptomatologie ja ebenfalls an anderer Stelle bereits ausführlich behandelt worden ist. Wenn es auch für den otogenen Hirnabszeß als Regel zu betrachten ist, daß dies Symptom nur bei linksseitiger Lagerung vorhanden zu sein pflegt, so sind doch immerhin einige — wenn auch sehr wenige — Ausnahmen von dieser Regel bekannt geworden, bei denen trotz Rechtshändigkeit der Kranken eine typische sensorische Aphasie durch einen rechterseits im Schläfenlappen gelagerten Abszeß bedingt war. Zu diesen Symptomen kommen dann häufig durch Läsion der inneren Kapsel bedingte Erscheinungen: Paresen der gekreuzten Extremitäten, gekreuzte Spasmen und Konvulsionen, tonischer Krampf auf der gekreuzten Seite, Paresen seltener Spasmen im Gebiete des gekreuzten Fazialis, in vereinzelten Fällen auch Hypoglossus und gekreuzte Hemianästhesie. Schließlich verdienen auch noch die durch sog. Fernwirkung der Abszesse bedingten Symptome von seiten der Hirnnerven an der Schädelbasis besonderer Beachtung. Am häufigsten von ihnen wird der Okulomotorius in Mitleidenschaft gezogen. Der Funktionsausfall dieser Nerven betrifft indessen meist nur die Pupillenfaser und den Heber des oberen Lides und gibt sich dementsprechend in einer gleichseitigen Mydriasis und Ptosis zu erkennen. Zuweilen gesellt sich noch gleichzeitige Abduzenslähmung hinzu, während Trochlearislähmung nur höchst selten beobachtet wurde. Außerdem treten zuweilen auch deutliche Zeichen einer Trigeminusreizung auf, die sich in Form von neuralgiformen Schmerzen im Bereiche seiner verschiedenen Äste zu erkennen geben.

Als das bei weitem wichtigste Herdsymptom der im Kleinhirn lokalisierten Abszesse gilt allgemein die zerebellare Ataxie und der mit ihr verbundene Kleinhirnschwindel. Gerade dieses Symptom bedarf indessen einer speziell otiatrischen Erläuterung, da namentlich den der Otiatrie ferner Stehenden recht häufig Verwechslungen mit den durch Erkrankung des inneren Ohres hervorgerufenen Labyrinthsymptomen unterlaufen. Es kann gar nicht scharf genug hervorgehoben werden, daß ein dem häufig von neurologischer Seite als typisch für zerebellare Ataxie angesehenen Symptomenkomplex zum Verwechseln ähnlicher und daher schwer scharf von ihm zu differenzierender Symptomenkomplex auch durch die eiterigen Erkrankungen des Labyrinthes hervorgerufen werden kann, auf die ich hier nicht weiter eingehen kann, da sie ein rein spezialistisches Gebiet darstellen. Diese große Ähnlichkeit der Symptome erklärt sich aus der Tatsache, daß es sich hier wie dort zweifellos um Funktionsstörungen innerhalb ein und derselben Bahn bzw. zweier in innigen Konnex zueinander stehender Bahnen handelt, deren Verlauf im verlängerten Mark und Kleinhirn freilich in allen Einzelheiten noch nicht völlig sichergestellt ist. Der Unterschied ist nur darin gelegen, daß der Sitz der Funktionsstörung in dem einen Fall in den Endapparaten, bzw. in der peripheren Aufsplitterung dieser Bahn, im anderen Falle dagegen in der zentralen Endigung, bzw. innerhalb der dem Zentrum näher gelegenen Strecken zu suchen ist. Wir sehen diese Labyrinthsymptome in besonders eklatanter Weise im Anschluß an alle akut einsetzenden Labyrintherkrankungen auftreten, von denen uns hier die Labyrintheiterungen und besonders die plötzlich erfolgenden Einbrüche einer Mittelohreiterung ins Labyrinth interessieren, da diese als Komplikationen derselben Formen von Mittelohreiterung zu erfolgen pflegen, die auch für die Auslösung der Hirnabszesse in Betracht kommen. Auch diese Kranken mit Labyrintheiterung zeigen die häufig nur als charakteristisch für Kleinhirnaffektion angesehenen Erscheinungen des Drehschwindels mit Neigung, nach einer Seite zu fallen, starker Übelkeit, Erbrechen usw. Hierzu kommt regelmäßig noch ein objetikv wahrnehmbares Phänomen an den beiden Augäpfeln, nämlich das Auftreten rythmischer, nystagmischer Zuckungen, die sich aus einer raschen und einer langsamen Komponente zusammensetzen und besonders bei seitlicher Blickrichtung hervortreten. Mit dem genauen Studium dieser Symptome haben sich die Otiater in den letzten Jahren besonders intensiv befaßt und eine Reihe von Gesetzmäßigkeiten im Verhalten des Nystagmus aufgedeckt, auf die ich b i Besprechung der nicht eiterigen Erkrankungen des Labyrinths noch ausführlicher eingehen werde. Für die Eitereinbrüche im Labyrinth können wir es als Regel betrachten, daß die nystagmischen Zuckungen immer beim Blick nach der ler kranken entgegengesetzten, also der gesunden Seite, am deutlichsten hervortreten, wobei die schnelle Komponente im Sinne der Blickrichtung, die langsame Rückbewegung im entgegengesetzten Sinne erfolgt. Intelligente Kranke machen bei dieser Richtung des Nystagmus die Angaben, daß sie sich, wenn beispielsweise infolge rechtsseitiger Erkrankung des Labyrinthes ein Nystagmus mit schneller Komponente und vorwiegend beim Blick nach links besteht, selbst nach links gedreht fühlen, während die Umgebung nach rechts auszuweichen scheint, und zeigen dementsprechend anfangs deutlich die Tendenz nach rechts abzuweichen, bzw. umzufallen, vorausgesetzt, daß keine Überkompensation auf Grund der Erkennung der Situation nach der anderen Seite erfolgt. Bei linksseitigem Sitz ist selbstverständlich das Umgekehrte der Fall.

Aus dieser Schilderung geht deutlich hervor, daß es sich auch bei Labyrintherkrankungen im wesentlichen um denselben Symptomenkomplex wie bei Kleinhirnaffektionen handelt. Bedenken wir ferner, daß die im Anschluß an Mittelohreiterung auftretende Komplikation mit Labyrintheiterung ungleich — ca. zehnmal — häufiger ist als die mit Hirnabszeß, und daß ferner wiederum ca. 50% aller Kleinhirnabszesse sich erst an Labyrintheiterungen anschließen, so wird es wohl ohne weiteres einleuchten, wie schwer unter Umständen die Deutung des Symptomenkomplexes werden kann und wie unerläßlich gerade hierbei die Mitwirkung des Otiaters ist. Vom Standpunkt des Otiaters aus müssen wir beim Auftreten dieser Symptome immer zunächst in erster Linie eine Labyrintheiterung als Ursache derselben vermuten, andererseits muß die Tatsache, daß 50% der Kleinhirnabszesse sich aus diesen Labyrintheiterungen heraus durch Fortkriechen des Entzündungsprozesses entlang der präformierten Lymphbahnen des Porus acusticus oder der Aquädukte entwickeln, und daß gerade diese Abszesse im Gegensatz zu den mehr in der Peripherie des Kleinhirns gelegenen, durch Vermittelung einer Sinusphlebitis entstandenen, die meist keine Herdsymptome auslösen, es sind, die das Symptom der zerebellaren Ataxie hervorrufen, dazu anspornen, nach weiteren Unterscheidungsmerkmalen zwischen Labyrintheiterung und Hirnabszeß, bzw. nach charakteristischen Zeichen für das Übergreifen einer Eiterung des Labyrinthes auf das Kleinhirn, zu suchen. Daß diese unter Umständen durch Hinzutreten sonstiger allgemein zerebraler Symptome (Hirndruck, Stauungspapille etc.) gegeben sein können, brauche ich hier nicht weiter auszuführen. Da indessen alle diese Zeichen trotz Bestehens eines Hirnabszesses häufig ausbleiben, so erscheint es wertvoll zu wissen, daß wir weitere Anhaltspunkte schon durch die genaue Beachtung der Art und der Dauer des Nystagmus gewinnen können. Während, wie schon oben hervorgehoben, der auf eiteriger Zerstörung des Labyrinthes beruhende Nystagmus vorwiegend beim Blick nach der entgegengesetzten gesunden Seite hervortritt, sehen wir bei den endokraniell gelegenen Erkrankungsherden, die die zentralen Bahnen in Mitleidenschaft ziehen, den Nystagmus allermeist beim Blick nach der kranken Seite besonders deutlich auftreten, und dementsprechend ist auch seine schnelle Komponente nach dieser gerichtet. Dazu kommt, daß der Nystagmus bei allen schweren Erkrankungsprozessen des Labyrinthes, die zu seiner völligen Zerstörung und zum völligen Funktionsausfall führen, in der Regel, da er ausschließlich als Dekompensationserscheinung durch Überwiegen der anderen Seite aufzufassen ist, in relativ kurzer Zeit — meist in einer Reihe von Tagen — unter allmählicher Abnahme der Itensität abzuklingen pflegt, während im Gegensatz hierzu der Nystagmus bei endokraniellen Komplikationen erst in den vorgeschrittenen Phasen des Erkrankungsprozesses auftritt, meist längere Zeit hindurch bestehen bleibt und häufig sogar allmählich noch an Intenistät zunimmt. Von großer Wichtigkeit ist ferner die Funktionsprüfung des Labyrinthes, und zwar sowohl seines Cochlearteiles, d. h. also die Feststellung, ob eine Ertaubung vorliegt oder nicht, als auch seines Vestibularteiles, auf die ich ebenfalls weiter unten noch ausführlicher eingehen werde. Völliger Funktionsausfall bei erst kurze Zeit bestehendem Nystagmus nach der gesunden Seite deuten auf eine Labyrintheiterung und rechtfertigen an sich den Verdacht auf Kleinhirnabszeß noch nicht. Besteht indessen bei völligem Funktionsausfall des Labyrinthes andauernd Nystagmus zur kranken Seite, oder schlägt ev. ein anfangs nach der gesunden Seite gerichteter Nystagmus zur kranken Seite um, so ist damit die Diagnose eines Kleinhirnabszesses nach Labyrintheiterung so gut wie gesichert. In anderen Fällen freilich, bei denen die Art des Nystagmus und die Funktionsprüfung noch Zweifel darüber bestehen lassen, ob es sich nur um eine Labyrintheiterung oder gleichzeitig noch um einen Kleinhirnabszeß handelt, klärt häufig erst die Totalaufmeißelung mit anschließender Labyrinthoperation die Situation auf. Nach Vornahme der Labyrinthausräumung muß nämlich nun entsprechend der hierbei erfolgten völligen Zerstörung des Labyrinthes der Nystagmus, nachdem er ev. noch kurze Zeit nach der gesunden Seite gerichtet gewesen ist, verklingen, falls er nur durch die Labyrintherkrankung bedingt war. Zeigt er dieses Verhalten nicht, bleibt er vielmehr unverändert bestehen, oder nimmt er gar ev. wiederum unter Umkehrung seiner Richtung zur kranken Seite an Itensität zu, so muß außerdem noch ein Kleinhirnabszeß vorliegen.

Wenn nun auch bei einer Reihe von Fällen auf Grund der beschriebenen Herdsymptome im Verein mit der Art der Entwickelung des Leidens und gleichzeitig vorliegenden allgemeinen Hirnsymptome die Diagnose eines Hirnabszesses — sei es im Schläfenlappen, sei es im Kleinhirn — keine Schwierigkeiten bereitet, so bleibt doch noch ein recht großer Prozentsatz übrig, bei denen die Erkennung eines Abszesses auf erhebliche Schwierigkeiten stößt, teils weil unzweideutige Herdsymptome nicht vorhanden sind, teils auch weil, falls solche vorliegen, Zweifel über die Art des Herdes bestehen. In solchen Fällen läuft die Mitwirkung des Otiaters meist auf die Beantwortung zweier Fragestellungen hinaus: Entweder handelt es sich um die Entscheidung, ob und inwieweit bei unklaren oder zweideutigen zerebralen Symptomen, die, weil sie im Verlaufe einer Mittelohreiterung auftreten, den Verdacht auf Hirnabszeß wachrufen, die Diagnose durch eine eingehende spezialistische Untersuchung und ev. auch Behandlung gefördert werden kann, oder es handelt sich um die Frage, ob bei zweifellos zirkumskriptem Erkrankungsprozeß im Hirn ev. mit charakteristischen Herdsymptomen, Anhaltspunkte für die Art des Krankheitsherdes — ob Abszeß, Tumor, Tuberkel etc. — durch eine Ohruntersuchung zu erhalten sind.

Was nun zunächst die erste Frage anbelangt, so spielt für ihre Beantwortung die genaue Feststellung der Art der zugrunde liegenden Eiterung eine große Rolle. Handelt es sich um diejenigen Formen der akuten und chronischen Eiterungen, in deren Verlauf erfahrungsgemäß Komplikationen nicht aufzutreten pflegen, nämlich um die rein tubomesotympanalen, so kann der otiatrische Befund zur Bestärkung eines ev. vorhandenen Verdachtes nicht herangezogen werden, weil die Entwickelung eines Abszesses von dieser Eiterung aus, wenn auch nicht mit völliger Sicherheit auszuschließen ist, so doch im höchsten Grade unwahrscheinlich erscheint. Sollte sich doch einmal ein Hirnabszeß bei diesen Formen der Eiterung finden, so dürfte es sich dann nur um ein zufälliges Zusammentreffen, ev. auf Grund einer dritten gemeinsamen Basis, nicht aber um eine direkte Abhängigkeit dieser Erkrankungen voneinander handeln. Findet sich aber die schwere Form einer akuten epiretrotympanalen Otitis mit Mastoiditis — ev. sogar mit Streptococcus mucosus im Eiter — oder eine sog. Cholesteatomeiterung mit Knocheneinschmelzung so muß dem aufgeworfenen Verdacht durch operative Freilegung der Mittelohrräume weiter nachgegangen werden. Hierbei kommt es vor allem darauf an, diejenigen Partien der Wundhöhle, an denen in der Regel die Überleitung auf das Gehirn zu erfolgen pflegt, sowohl bezüglich des Verhaltens des Knochens, als auch des Aussehens der an dieser Stelle freigelegten Dura einer genauen Inspektion zu unterwerfen. Finden wir hier eine deutliche Wegeleitung durch den Knochen auf die Dura, diese ev. selbst pathologisch verfärbt und verändert, so wird allerdings hierdurch der vorher bereits vorhandene Verdacht wesentlich verstärkt und unter Umständen sogar je nach Stärke und Art der vorhandenen Symptome die Indikation für eine sofortige Probeexploration des Hirns gegeben. Denn die Erfahrung hat uns gelehrt, daß ein relativ großer Prozentsatz von Hirnabszessen nur auf diesem Wege frühzeitig genug für eine erfolgreiche Behandlung zur Aufdeckung kommt, ohne daß bereits für Hirnabszeß charakteristische Symptome vorgelegen hätten, und ohne daß eine vorherige sichere Diagnose auch bei noch so eingehender neurologischer Untersuchung möglich gewesen wäre. Die Entscheidung, ob eine Probeexploration angezeigt ist oder nicht, ist natürlich häufig in solchen Fällen schon außerordentlich schwer zu treffen. Ganz besonders schwer aber wird sie für die Fälle, in denen auch die Hinweise, die durch die Veränderungen des Knochens und der Dura gegeben sind, wegfallen, der Knochen und die Dura sich makroskopisch intakt erweisen und als einziger Hinweis nur uncharakteristische Allgemeinsymptome — vor allem hartnäckige Kopfschmerzen — bestehen. Daß auch solche Fälle, namentlich bei Abszessen im Schläfenlappen, gar nicht so selten vorkommen, habe ich bereits oben hervorgehoben. Die Möglichkeit, gerade bei diesen Fällen mit intakter Dura durch eine Probeexploration, namentlich falls sie negativ ausfallen sollte, eine Eiterung vom Ohr aus in die Schädelhöhle, vor allem auf die Meningen zu übertragen, ist zweifellos gegeben. Immerhin ist bei der entsprechenden Vorsicht die Gefahr keineswegs so groß, als man auf Grund theoretischer Überlegungen leicht anzunehmen geneigt ist. Andererseits ist ein Hirnabszeß, der nicht eröffnet und entleert wird, als eine über lang oder kurz zum Exitus führende, also absolut tödliche Komplikation zu betrachten. Wollten wir in solchen zweifelhaften Fällen regelmäßig mit dem operativen Eingriff so lange warten, bis neurologisch die Diagnose völlig gesichert ist, so würden wir einen relativ großen Prozentsatz von Fällen an vorherigem Durchbruch des Abszesses in die Ventrikel oder an eiteriger Meningitis zuvor verlieren, die wir bei frühzeitig auf Grund gewisser Verdachtsmomente vorgenommenen Probeexplorationen noch retten können. Bestimmte Vorschriften, ob und wann unter diesen Umständen eine Probepunktion oder Inzision

vorgenommen werden soll, lassen sich freilich nicht aufstellen, es bedarf vielmehr von Fall zu Fall der sorgfältigen Abschätzung des Für und Wider,
wobei außer den lokalen Erscheinungen auch der allgemeine Ernährungszustand des Individuums insofern mit zu berücksichtigen ist, als häufig ein
auf keine andere Weise zu erklärender zunehmender Verfall der Kräfte bei
fahler und blasser Gesichtsfarbe ein nicht zu unterschätzendes Verdachts-
moment darstellen kann.

Für die Aufwerfung der oben angedeuteten zweiten Fragestellung,
ob durch eine Ohruntersuchung Anhaltspunkte für die Natur eines zirkumskripten Krankheitsherdes des Gehirns zu erhalten sind, ist Vorbedingung, daß die vorhandenen Herdsymptome sich mit der Annahme einer
wenigstens annähernd typischen Lokalisation im Schläfen- (bzw., ev. ausnahmsweise auch Hinterhaupts-)lappen oder im Kleinhirn in Einklang bringen
lassen.

Für die Entscheidung der Frage ist ausschlaggebend die Feststellung,
ob überhaupt eine Mittelohreiterung vorliegt, und falls dies der Fall ist,
welcher Art sie ist. Es kommen hierbei die gleichen Gesichtspunkte in
Betracht, die ich schon bei der ersten Fragestellung besprochen habe. Nur
die schweren Formen der Eiterung, die erfahrungsgemäß Tendenz zur Kom-
plikationsbildung zeigen, berechtigen zu einem Rückschluß auf einen Abszeß.
Freilich ist auch dieser nur mit einem mehr oder weniger hohen Grade von
Wahrscheinlichkeit und nicht mit völliger Sicherheit zulässig, und nur unter
der Bedingung, daß auch die sonstigen hierbei noch in Betracht kommenden
Faktoren — die Allgemeinerscheinungen, die Art der Entwicklung und des
vorherigen Verlaufes — hiermit nicht im Widerspruch stehen; denn es ist eine
bekannte Tatsache, daß in vereinzelten Fällen auch andersartige Erkrankungsherde des Gehirns — Tumoren, Cysten, Tuberkel — sich Mittelohreiterungen
hinzugesellen, ohne daß es bisher gelungen wäre, die Frage zu entscheiden,
ob und inwieweit hierbei eine Abhängigkeit ihrer Entwicklung von der Eiterung
im Spiele ist. Eine zu einseitige Hervorkehrung der Tatsache, daß eine Mittelohreiterung besteht, ohne Berücksichtigung aller sonst in Betracht kommenden
Faktoren, könnte in solchen, allerdings recht seltenen Fällen gerade zu diagnostischen Fehlschlüssen führen.

Aus den obigen Ausführungen geht deutlich hervor, wie schwierig unter
Umständen die frühzeitige Erkennung eines otogenen Hirnabszesses sein kann
und wie symptomlos sein Verlauf lange Zeit hindurch sich gestalten kann —
eine Tatsache, die einer besonderen Hervorhebung bedarf, da sie dem Otiater
zuweilen insofern große Überraschungen bereitet, als plötzlich bei Kranken,
die aus anderen Gründen einer Radikaloperation sich unterwarfen, unmittelbar
nach dieser infolge des Operationstraumas manifeste Symptome eines Hirnabszesses auftreten, von dessen Existenz man zuvor mangels jeglicher charakteristischer Symptome nichts ahnen konnte. Solche Fälle geben zuweilen, namentlich wenn es sich um Schläfenlappenabszeß mit halbseitiger Lähmung handelt,
Veranlassung zu Verwechselungen mit Apoplexien oder Embolien.

Prognose und Therapie. Daß eine erfolgreiche Therapie des Hirnabszesses
nur durch operative Entleerung desselben möglich ist, bedarf wohl kaum der
besonderen Hervorhebung. Freilich ist auch hiernach die Prognose noch keineswegs als günstig anzusehen, da ein relativ großer Prozentsatz auch der mit
Erfolg operierten Hirnabszesse noch an sekundärer Meningitis oder anderen
Komplikationen zugrunde geht. Nur bei zirka der Hälfte der aufgefundenen
und operativ entleerten Abszesse können wir auf dauernde Wiederherstellung
rechnen.

b) Die Meningitis purulenta.

Pathogenese. Wesentlich einfacher gestalten sich die Beziehungen der Ohreiterung zur eiterigen Meningitis. Auch bei dieser endokraniellen Komplikation spielen die Ohreiterungen insofern eine große Rolle, als sie recht häufig als Eintrittspforte für die Erreger in Betracht kommen, und zwar sind bei der Auslösung der Meningitis akute und chronische Eiterungen in annähernd gleichem Maße beteiligt. Die Überleitung vom Ohr auf die Meningen erfolgt hierbei in erster Linie auf den präformierten Lymphbahnen, nur selten auch durch direkten Kontakt des Eiterherdes mit den Hirnhäuten. Die Dura vermag in der Regel lange Zeit hindurch dem Durchtreten der Erreger einen erheblichen Widerstand entgegenzusetzen; sonst würde die Zahl der im Anschluß an Ohreiterung auftretenden Meningitiden eine enorm viel größere sein, als es tatsächlich der Fall ist, da das Vordringen einer Mittelohreiterung bis an die Dura ein recht häufig vorkommendes Ereignis darstellt. Dazu kommt, daß, falls die Eiterung erst einige Zeit hindurch die Dura umspült, ganz nach Analogie der pathologischen Prozesse am Peritoneum Verklebungen zwischen Dura und zwischen Hirnhäuten einzutreten pflegen, die ihrerseits eher die Entwickelung eines zirkumskripten Eiterherdes im Gehirn, als eine diffuse Ausbreitung entlang der Lymphwege zulassen. Von den präformierten Lymphbahnen, die als anatomisch angelegte Lücken in der Dura zur Durchtrittspforte der Eitererreger durch diese werden können, sind auch hier an erster Stelle die Lymphbahnen des Labyrinthes und des Porus acusticus zu nennen. Namentlich die momentanen Einbrüche einer Mittelohreiterung ins Labyrinth durch die Labyrinthfenster, denen keine Abkapselung oder Verwachsungen vorhergingen, führen in einem recht großen Prozentsatz der Fälle durch sofortige Fortleitung der Erreger innerhalb der Lymphbahnen des Porus acusticus bzw. der Aquädukte, auf die Meningen zur diffusen eiterigen Basilarmeningitis mit fast durchgehends tötlichem Ausgang, allermeist in wenigen Tagen. Dieser plötzliche Einbruch ins Labyrinth gehört daher zu den ernstesten und tragischsten Ereignissen, die überhaupt im Verlaufe einer Mittelohreiterung eintreten können — zumal er häufig auch bei Eiterungen erfolgen kann, oft infolge eines leichten traumatischen Insultes, bzw. therapeutischer Manipulationen, Ätzungen od. dgl. die an sich gar keinen besonders schweren oder gefährlichen Eindruck machten. Sonst kommen natürlich auch für die Auslösung der eiterigen Meningitis vorwiegend die gleichen Formen der Eiterung in Betracht wie beim Hirnabszeß und sämtlichen anderen Komplikationen.

Außer durch Vermittelung der perilymphatischen Räume kann in vereinzelten Fällen auch auf dem Wege des Fazialkanales die Überleitung der Eiterung in den Porus acusticus und von da auf die Meningen erfolgen. Zuweilen sehen wir sogar die Eitererreger auf recht beträchtlichen Umwegen in die Schädelhöhle eindringen. Diese etwas schwieriger zu verfolgenden und zu erkennenden Überleitungen erfolgen, soweit unsere bisherigen Kenntnisse hierüber reichen, entweder durch den Carotis-Kanal bzw. entlang der an der Pyramidenspitze durch die Dura tretenden Nervenstämme des Trigeminus und des Abduzens, oder entlang der Lymphbahnen des Nervus glossopharyngeus, vagus und accessorius durch das Foramen jugulare. Der Einbruch in die letztgenannten Bahnen erfolgt dann wohl meist durch den Paukenhöhlenboden.

Größere Bedeutung als den erwähnten normal-anatomischen Nerven- und Gefäßdurchtritten kommt indessen nach neueren Untersuchungen abnormen präformierten Gefäßbahnverbindungen zu, deren Entwickelung in direkter Beziehung zu den Abweichungen im Schleimhautcharakter und Pneumatisationszustand steht, die die anatomische Disposition zu entzündlichen Erkrankungsprozessen der Mittelohrschleimhaut abgeben. Wir finden sie demnach im ganz normalen Mittelohr meist nur andeutungsweise erhalten, während sie bei hyperplastischem Schleimhautcharakter und entsprechender Pneumatisationsstörung häufig ganz auffallend weite Verbindungen zwischen Dura und Mittelohrschleimhaut bilden.

Diagnose. Was nun die Diagnose de⁻ eiterigen Basalmeningitis anbelangt, so brauche ich hier ebensowenig auf die gesamte Symptomatologie derselben einzugehen, wie bei der Besprechung des Hirnabszesses, da sie in dem entsprechenden Kapitel über die Erkrankungen der Hirnhäute ausführlich berücksichtigt ist. Ich begnüge mich daher auch hier mit der Aufzählung einiger differentialdiagnostisch und therapeutisch in Betracht kommender otiatrischer Gesichtspunkte und muß zunächst hierbei die Tatsache hervorheben, daß zuweilen, namentlich bei Kindern, ein eine Meningitis vortäuschender Symptomenkomplex auftreten kann, der ausschließlich durch eine bestehende akute Otitis media bedingt ist. In solchen Fällen ergibt sich die Diagnose einerseits aus dem otoskopischen Befund und andererseits aus dem schnellen Rückgang sämtlicher Erscheinungen nach Beseitigung der Sekretretention durch Parazentese. Kommt diese Möglichkeit der ausschließlichen Vortäuschung einer Meningitis durch eine akute Otitis infolge der vorliegenden Symptome und der Dauer der Erkrankung nicht mehr in Betracht, so handelt es sich für den Otiater zunächst wiederum um die Beantwortung der Frage, ob das Ohr als Eintrittspforte anzusehen ist oder nicht. Für die Beantwortung dieser Frage sind im wesentlichen dieselben Erwägungen ausschlaggebend wie bei der analogen Fragestellung beim Hirnabszeß. Nur dürfen wir der Form der Eiterung hierbei kein so großes Gewicht beilegen, weil Meningitiden, namentlich im kindlichen Alter, zuweilen auch nach relativ gutartigen Formen von Mittelohreiterungen sich entwickeln können, wahrscheinlich infolge der erwähnten besonderen anatomisch bedingten Prädisposition. Gesichert wird die Entscheidung dieser Frage, falls deutliche Symptome von seiten der in Betracht kommenden Überleitungsbahnen vorliegen; also in erster Linie durch das Auftreten von Labyrinthsymptomen, die ja bereits oben ausführlich geschildert sind.

Ich muß hier nur nochmals auf die Gefahr einer Verwechselung einer Labyrintheiterung mit einem Kleinhirnabszeß auf Grund dieser Symptome hinweisen. Wie ich ebenfalls oben schon hervorhob, ist für den Otiater beim Auftreten dieses Symptomkomplexes die Annahme eines plötzlichen Einbruches einer Eiterung in das Labyrinth mit anschließender eiteriger Meningitis, zunächst die näherliegende und erst, wenn die charakteristischen Einzelheiten im Verhalten des Nystagmus sich mit dieser Annahme nicht völlig vereinbaren lassen, kommt in zweiter Linie die Möglichkeit eines Kleinhirnabszesses als auslösendes Moment der Meningitis in Betracht.

Für den Fall, daß die Überleitung nicht durch das Labyrin h erfolgte, sondern auf einer der oben aufgezählten Lymphbahnen, geben uns häufig Lähmungen, bzw. Reizzustände, im Gebiete der in Betracht kommenden Nerven (Fazialis, Abduzens, Trigeminus, Vagus, Glossopharyngeus und Akzessorius) deutliche Hinweise auf den Zusammenhang der vorliegenden Meningitis mit dem Ohrenleiden. Trotzdem bleiben immer noch eine Reihe von Fällen, bei denen ein derartiger Zusammenhang zweifelhaft erscheint. Bei ihnen müssen wir versuchen, durch Aufdeckung der Mittelohrräume und Feststellung des Operationsbefundes weitere Aufklärungen zu erhalten. Die Eröffnung der Mittelohrräume schützt uns gleichzeitig häufig vor Verwechselungen mit anderen differentialdiagnostisch in Betracht kommenden endokraniellen Komplikationen (Extraduralabszeß, Hirnabszeß etc.) und sollte daher auch aus diesem Grunde in allen auch nur etwas zweifelhaften Fällen niemals unterbleiben. Freilich immer gibt auch sie nicht die erhoffte Auskunft, und Irrtümer sind daher auch bei der Diagnose der eitrigen Meningitis nicht immer mit Sicherheit zu vermeiden. Sie laufen besonders dann unter, wenn die Lumbalpunktion, deren große diagnostische Bedeutung ja jetzt allgemein anerkannt und gewürdigt wird, aus diesem oder jenem Grunde versagt. Die hierbei auftretenden Verwechselungen mit anderen endokraniellen Erkrankungen betreffen teils die sog. Meningitis serosa, teils auch die tuberkulösen Meningitiden, die sich ganz analog wie der Hirntuberkel ab und zu ebenfalls einer Mittelohreiterung hinzugesellen können, und bei Kindern sogar nach Ansicht einiger Autoren häufiger im Verlaufe einer Ohreiterung auftreten als die eiterige otogene Meningitis.

Bei besonders fulminanten Fällen von Konvexitätsmeningitis mit sofort einsetzenden schwerem Koma und halbseitiger Körperlähmung sind Verwechselungen mit Apoplexia cerebri vorgekommen.

Die **Prognose** der otogenen eiterigen Meningitis gilt im allgemeinen als ebenso infaust, wie die der eiterigen Meningitis überhaupt, da sie in der großen Mehrzahl der Fälle rapid fortschreitend schon innerhalb weniger Tage den Tod herbeizuführen pflegt. Nur bei einem relativ kleinen Prozentsatz der Fälle scheint der Prozeß vorübergehend zur Abgrenzung zu kommen, was sich durch periodische Remissionen zu erkennen gibt, die dann freilich allermeist von neuen, durch weiteres Fortschreiten bedingten Attacken gefolgt werden, um schließlich, mit nur geringer Ausnahme, ebenfalls noch zum tödlichen Ausgang zu führen. Diese intermittierende Verlaufsform, die eine Eigentümlichkeit der otogenen Meningitis zu sein scheint, kann sich unter Umständen über Wochen erstrecken. Ihre Diagnose stößt häufig auf ganz besondere Schwierigkeiten, da einerseits Verwechselungen mit Hirnabszeß besonders nahe liegen und andererseits, namentlich, falls das Lumbalpunktat in solchen Fällen klar bleibt oder nur geringe Trübungen aufweist, die Annahme einer einfachen ,,serösen Meningitis'' häufig gerechtfertigt erscheint.

Was die **Therapie** der otogenen eiterigen Meningitis anbelangt, so hat sich hierin in den letzten Jahren insofern ein Umschwung vollzogen, als man sich zu den Versuchen mit operativem Eingriffen, namentlich auch mit Rücksicht auf die Erfahrungen der Chirurgen bei nicht otogenen Meningitiden, nicht mehr so absolut ablehnend verhalten kann, wie dies früher vielfach der Fall war. Andererseits dürfen die Hoffnungen auf Erfolge nicht zu hoch geschraubt werden, da uns die allgemein chirurgische Erfahrung lehrt, daß alle eiterigen Prozesse, die auf präformierten Bahnen sich ausbreiten, sobald sie erst etwas größere Ausdehnung angenommen haben, nicht mehr aufzuhalten sind. Begründete Aussichten auf Erfolg liegen dementsprechend nur bei solchen Fällen vor, bei denen es sich entweder um abgegrenzte, bzw. von vornherein zur Abgrenzung neigende Prozesse handelt, was sich freilich aus dem klinischen Krankheitsbild nicht immer vorhersehen läßt, oder falls es gelingt, so frühzeitig die Operation vorzunehmen, daß man den Eitererregern gewissermaßen noch den Weg abschneiden, bzw. ihrer Bahn eine rückläufige Richtung geben kann. Vorbedingung für diese zweite Möglichkeit ist die frühzeitige Erkennung der drohenden Gefahr und die genaue Kenntnis des Überleitungsweges, beides Bedingungen, die allermeist nur für die durch das Labyrinth übergeleiteten Formen der eiterigen Meningitis zutreffen. So erklärt es sich, daß gerade diese Formen in letzter Zeit verschiedentlich mit Erfolg operativ behandelt wurden, weil einerseits die charakteristischen Prodromalsymptome und frühzeitige Untersuchung des Lumbalpunktates schon die ersten Anfänge derselben erkennen ließen und andererseits auch die Technik so weit ausgebildet ist, daß unüberwindliche Schwierigkeiten einer Eröffnung des Porus acusticus von hinten her mit nachfolgender Spaltung der Dura und Drainage in der Richtung des Hörnerven nicht entgegenstehen. Wo eine frühzeitige Erkennung der Entwickelung einer diffusen Meningitis nicht möglich ist und die Stelle der Überleitung unklar bleibt, werden alle operativen Erfolge mehr Zufallserfolge bleiben; immerhin scheint auch bei diesen Fällen bei der gänzlichen Aussichtslosigkeit für eine Spontanheilung ein Versuch mit einer operativen Behandlung nicht ungerechtfertigt.

c) Die Meningitis serosa.

Außer der eitrigen Leptomeningitis sehen wir nicht selten auch sog. „seröse Meningitiden" im Anschluß an Ohreiterungen auftreten.

Über das **Wesen** dieses Erkrankungsprozesses herrscht noch keine völlige Klarheit. Die unter den Otiatern verbreitetste Auffassung sucht die Ursache für seine Entwicklung in toxischen Einflüssen, die von den in der Umgebung der Hirnhäute bestehenden eiterigen Entzündungsprozessen ausgehen, aber nicht in einer eigentlichen Infektion, wenn auch mit relativ gutartigen Erregern. Die auch bei dieser Entzündungsform gleichzeitig mit den Allgemeinerscheinungen auftretenden **Herdsymptome** (Aphasie, halbseitige Lähmungen etc.) lassen sich am ungezwungensten durch eine Miterkrankung der Hirnrinde in Form einer auf gleicher Ursache basierenden serösen Enzephalitis erklären und haben zur zusammenfassenden Bezeichnung dieses Krankheitsbildes als „Meningo-Encephalitis serosa" geführt.

Gerade diese Kombination von allgemeinen zerebralen, bzw. meningealen Symptomen mit typischen Herdsymptomen bei klarem Lumbalpunktat erschwert die **Differentialdiagnose** gegenüber Hirnabszeß oder zirkumskripter Meningitis außerordentlich, ja macht sie zuweilen direkt unmöglich, da keinerlei charakteristische differentialdiagnostische Unterscheidungsmerkmale bisher gefunden sind. Auffallend ist die relative Häufigkeit der Stauungsneuritis des Sehnerven bei diesen Fällen; doch läßt sich dieser Punkt zur differentialdiagnostischen Trennung gegenüber Hirnabszeß oder ev. auch zirkumskripter Meningitis nicht mit Sicherheit verwerten.

Eine sichere **Diagnose** dieser Erkrankungsform der Hirnhäute auf Grund des klinischen Krankheitsbildes allein gelingt daher meistens nicht. Die große Mehrzahl der hierher gehörigen Fälle entpuppen sich als solche erst im Verlauf der Operation, die wegen Verdachtes meist auf Hirnabszeß oder Extraduralabszeß, zuweilen auch auf eiterige Meningitis, vorgenommen wurde.

Die **Prognose** dieses Erkrankungsprozesses ist im allgemeinen recht günstig. so daß bisher nur relativ wenig Sektionsbefunde vorliegen. Ob die **Therapie** mit Duraspaltung immer notwendig ist oder nicht, läßt sich schwer bestimmt entscheiden, da bei der meist vorliegenden Unsicherheit in der Diagnose und wegen der Möglichkeit einer Verwechslung mit Hirnabszeß oder Meningitis wohl fast regelmäßig bei anhaltenden Symptomen die Explorativoperation indiziert ist.

d) Die otogene Pyämie.

Als letzte der hier aufzuzählenden endokraniellen Komplikationen, die uns in Berührung mit der inneren Medizin bringen, nenne ich die durch Thrombose und Phlebitis der venösen Blutleiter ausgelöste otogene Pyämie.

I. Thrombophlebitis des Sinus sigmoideus.

Von den in Betracht kommenden Blutleitern wird bei weitem am häufigsten der Sinus sigmoideus betroffen. Ich möchte daher auch zunächst das von diesem Sinus ausgehende Krankheitsbild der Thrombophlebitis ins Auge fassen.

1. Schwere Formen.

Die **Entwickelung** dieser Komplikation erfolgt in der gleichen Weise wie die der bereits genannten, entweder durch Übertragung des Entzündungsprozesses durch kontinuierliches Fortschreiten unter zunehmender Knocheneinschmelzung oder durch Überleitung auf präformierten Bahnen, und zwar sowohl bei den schwereren Formen der akuten, als auch bei chronischen Eiterungen. Der erstere Weg ist der häufigere, und der hierbei sich abspielende pathologische Prozeß deckt sich vollkommen mit dem bei der Entwickelung der Extradural- und Hirnabszesse in Betracht kommenden. Ein Unterschied ist nur dadurch gegeben, daß der Eiterherd, von dem aus die Übermittelung auf den Sinus erfolgt, die Dura zunächst an derjenigen Stelle erreicht, an der der venöse Blutleiter in sie eingeschaltet ist, so daß er bei der Durchsetzung der Dura zunächst diesen in Mitleidenschaft ziehen muß. Daß es im weiteren Verlauf eine fortschreitende Durchdringung auch der medialen Sinuswand noch zur Entwickelung eines Kleinhirnabszesses kommen kann, ist bereits oben hervorgehoben. Die Überleitung auf präformierten Bahnen erfolgt selbstverständlich entlang der in den Sinus einmündenden Knochenvenen. In solchen Fällen zeigt dann zuweilen der den Sinus bedeckende Knochen keinerlei Zeichen einer stärkeren Einschmelzung.

Symptome. Der erste Beginn dieser Komplikation gibt sich recht häufig nicht durch lokale Symptome, sondern vorwiegend, bzw. ganz ausschließlich durch charakteristische Allgemeinerkrankungen — nämlich durch die charakteristischen Schüttelfröste und pyämische Temperatursteigerungen zu erkennen. Bei Kindern treten in der Regel die Schüttelfröste nicht deutlich hervor, so daß bei ihnen ausschließlich die schnell aufeinander folgenden Temperaturschwankungen die pyämische Infektion anzeigen. Sie werden bekanntlich wie bei allen pyämischen Prozessen dadurch ausgelöst, daß von dem eiterig zerfallenden Thrombus abbröckelndes Material plötzlich den Blutkreislauf überschwemmt, und zeigen das gleiche Verhalten wie bei den analogen Prozessen an anderen Stellen des Körpers. Außerdem bestehen zuweilen noch Kopfschmerzen oder Erbrechen als Zeichen einer allgemeinen zerebralen Reizung, während das Vorkommen einer Stauungsneuritis bei Thrombose nur eines Sinus ein recht seltenes Ereignis darstellt. Das Auftreten dieses Symptomes muß vielmehr den Verdacht wachrufen, daß sich entweder bereits noch weitere Komplikationen im Anschluß an die Phlebitis des Sinus entwickelt haben, namentlich wenn sich noch schwerere Bewußtseinsstörungen hinzugesellen (Hirnabszeß, Meningitis etc.), oder daß die Thrombose weiter aufsteigend bereits die Mittellinie erreicht, bzw. diese sogar überschritten, und somit noch zu einer Verlegung auch der venösen Blutbahnen der anderen Seite geführt hat.

Die sonst noch in Betracht kommenden lokalen Symptome sind häufig, namentlich im Beginn des Erkrankungsprozesses, noch nicht deutlich erkennbar oder so wenig charakteristisch, daß ihr Fehlen keinerlei Rückschluß zuläßt. Dies gilt sowohl von dem Griesingerschen Symptom, das im Auftreten eines zirkumskripten Ödems und umschriebener Druckempfindlichkeit am hinteren Rande des Warzenfortsatzes in der Gegend der Mündung des Emissariums besteht, als auch von dem Gerhardtschen Symptom, das sich durch eine ungleich, und zwar auf der kranken Seite geringere Füllung der Vena jugularis zu erkennen gibt. Auch die vergleichende Auskultation des Venengeräusches beider Seiten, oder die vergleichende Palpation der Gefäßfurche, die zuweilen, allerdings meist nur in bereits weit vorgeschrittenen und prognostisch besonders ungünstigen Fällen, die thrombosierte Jugularis als harten Strang hervortreten läßt, können nur bei positivem Ausfall diagnostisch verwertet werden. Selbst die lokalen Beschwerden von seiten des Ohres können unter Umständen bei schleichender Entwickelung der Knocheneinschmelzung so stark zurücktreten, daß sich die Kranken selbst des Zusammenhanges ihrer schweren Allgemeininfektion mit ihrem Ohrenleiden gar nicht bewußt werden. Gerade solche Fälle verdienen die besondere Beachtung der inneren Kliniker, da sie leicht, wenn man sich nicht die Untersuchung der Ohren bei allen Fällen von pyämischem Fieber zur Regel macht, der Gruppe der kryptogenetischen Infektionen zugezählt werden.

In ein neues Stadium tritt der Erkrankungsprozeß, sobald die im Blute zirkulierenden infektiösen Partikelchen an anderen Stellen des Körpers haften bleiben und hier in Form von Metastasen neue Eiterherde hervorrufen. In der Mehrzahl der Fälle erfolgt das Auftreten solcher Metastasen erst, nachdem eine Reihe von Schüttelfrösten und Temperaturanstiegen gewissermaßen als drohende Vorboten vorhergegangen sind, eine Tatsache, die wegen der hierdurch gegebenen Möglichkeit durch frühzeitige Operation der Entwickelung dieser Metastasen vorzubeugen, besonders hervorgehoben werden muß. Nur relativ selten und bei prognostisch besonders ungünstigen Fällen folgt schon dem ersten Schüttelfrost auch die erste Metastase. Bei den schweren Formen typischer obturierender Sinusthrombose sind die ersten Metastasen fast durchgehends in den Lungen gelegen. Besonders häufig und ausgedehnt finden wir diese Lungenmetastasen in den Fällen, bei denen die Thrombose vom Sinus sigmoideus bis in die Vena jugularis hinabsteigt, ein Ereignis, das immer von ernster prognostischer Bedeutung ist, da der in der Bulbuskrümmung sitzende Thrombus häufig lange Zeit einer Verschleppung infektiöser Partikelchen durch die Vene einen gewissen Widerstand entgegensetzt, der unter Umständen zur Abgrenzung des Erkrankungsprozesses an dieser Stelle führt. Entsprechend der Feinheit der verschleppten Partikelchen finden sich zunächst meist nur kleine Infarkte innerhalb des Lungengewebes. Sofort tödlich wirkende Embolien in den Lungenarterien, wie wir sie z. B. bei langen Schenkelvenenthromben beobachten, sind äußerst selten. Diese Infarkte wandeln sich dann meist bald in kleine, allmählich an Umfang zunehmende Eiterherde um und können durch Konfluieren auch zur Entstehung größerer Lungenabszesse führen, wenn nicht, was allermeist der Fall ist, zuvor der Durchbruch in die Pleura mit nachfolgendem Pleuraempyem erfolgt. Je nach der Schwere der Infektion zeigt auch der Lungenprozeß verschiedenartige Intensitätsgrade. Vom einfachen, durch einen nicht infizierenden Thrombus hervorgerufenen Infarkt bis zu den schwersten putridgangränescierenden Einschmelzungen des Lungengewebes finden sich zahlreiche Übergänge.

Neben den allgemein verbreiteten Eiterkokken spielen offenbar bei den allerschwersten gangränösen Prozessen auch Anaerobier, die sich in der Tiefe der abgeschlossenen Cholesteatomhöhlen entwickelt haben und von da aus in den Sinus eingedrungen sind, als Erreger eine große Rolle. Sie scheinen sich auch vor allen anderen Erregern durch die Erzeugung besonders deletär wirkender Giftstoffe auszuzeichnen.

Die Metastasen an den sonstigen Organen und Geweben des Körpers sind bei dieser typischen obturierenden Form der Sinusphlebitis im allgemeinen wesentlich seltener als die Lungenmetastasen. Noch relativ häufig werden die Gelenke, die Schleimbeutel und die Muskulatur befallen. Recht selten sind dagegen die pyämisch-metastatisch entstandenen Hirnabszesse und die Metastasen in den Organen der Bauchhöhle.

Der lokale anatomische Befund am Sinus, den wir ja allermeist schon bei der Operation aufzunehmen pflegen, ist bei diesen Fällen höchst charakteristisch. Wir finden die Eiterung meist bis an die Sinuswand heranreichend, häufig sogar diese von einem perisinösen Abszeß umspült, und auch da, wo die Übertragung ohne stärkere Knocheneinschmelzung auf präformiertem Wege erfolgte, deutlich verfärbt oder mit Granulationen besetzt, häufig auch schon völlig erweicht und das Lumen mit einem eitrig zerfallenden Thrombus ausgefüllt, so daß also der lokale Befund eine völlig befriedigende Erklärung für die Entwickelung des vorliegenden Krankheitsbildes abgibt.

Die **Prognose** dieser Formen von Sinusphlebitis ist stets als ernst zu bezeichnen. Ein nicht unerheblicher Prozentsatz der Erkrankten erliegt dem Leiden, vor allem infolge der Veränderungen in der Lunge. Je länger der Prozeß besteht, um so ungünstiger gestaltet sich im allgemeinen die Prognose.

Die **Therapie** muß stets eine operative sein und einerseits die Ausschaltung des Eiterherdes durch Operation der Mittelohrräume und andererseits die Beseitigung des zerfallenen Thrombus durch Spaltung des Sinus, Ausräumung und Unterbindung der Vena jugularis erstreben.

2. Leichtere Formen.

Neben dieser Gruppe von Fällen mit deutlichen, sofort in die Augen springenden Veränderungen am Sinus findet sich indessen noch eine andere ebenfalls wohlcharakterisierte Gruppe, die sowohl bezüglich des klinischen Verhaltens als ganz besonders durch den lokalen Befund am Sinus sich von der erstgenannten wesentlich unterscheidet. Klinisch geben sich die zu dieser Gruppe gehörigen Fälle häufig schon dadurch zu erkennen, daß sich entweder im Anschluß an die auftretenden Schüttelfröste mit nachfolgendem Temperaturanstieg auch bei häufigerer Wiederholung keine Metastasen entwickeln, oder, falls es zur Ausbildung solcher kommt, dadurch, daß diese dann nicht zunächst in den Lungen, sondern vielmehr in den Gelenken, Schleimbeuteln oder in der Muskulatur auftreten, während die Lungen meist dauernd frei bleiben. Diese Erkrankungsform findet sich ganz vorwiegend bei Kindern oder jugendlichen Individuen und tritt allermeist nur im Anschluß an akute Otitiden, bzw. im Anschluß an akute Rezidive früherer Schleimhauteiterungen auf, meist sogar, ohne daß es zu einer stärkeren Knocheneinschmelzung im Processus mastoideus kommt. Der lokale Befund am Sinus nach operativer Freilegung ist in der Regel ein gänzlich negativer. Die Sinuswand selbst zeigt keine nennenswerten Veränderungen, sein Lumen ist für den Blutstrom durchgängig.

Die **Prognose** dieser Fälle ist im Gegensatz zu der der typischen obturierenden Thrombosen in der Regel relativ günstig, so daß die große Mehrzahl der Erkrankten ihre Erkrankung übersteht.

Hieraus erklärt es sich, daß die Ansichten der Autoren darüber, wie bei diesen Fällen die Infektion vom Ohr aus auf den Blutkreislauf übertragen wird, noch recht geteilte sind, da überzeugende anatomische Befunde noch nicht in genügender Zahl vorliegen. Während Körner für diese Fälle das Vorliegen von thrombophlebitischen Prozessen innerhalb des feinen, in den Sinus abführenden Venenplexus des Knochens annimmt und dementsprechend von einer „Osteophlebitis-Pyämie" spricht, vertritt Leutert die Anschauung, daß es sich auch in solchen Fällen um Thrombenbildungen an der Sinuswand, vor allem im Bulbus der Jugularvene, handelt, die aber im Gegensatz zu den obturierenden Thromben sich durch dauernde Wandständigkeit auszeichnen und daher nicht zu charakteristischen Veränderungen an der Außenwand des Sinus und auch nicht zu einer Verlegung der Blutbahn führen. Einen dritten Erklärungsversuch hat Brieger aufgestellt, der in der Annahme gipfelt, daß Allgemeininfektionen auch durch direkte Invasion der Erreger in die Blutbahn innerhalb des Primärherdes zustande kommen können, ohne Vermittelung thrombophlebitischer Prozesse, bzw., falls solche vorliegen, auch unabhängig von diesen. Wie dem auch sein mag, so viel scheint festzustehen, daß die Verschleppung der Erreger in feinster Suspension im Gegensatz zu den etwas gröberen Thrombenpartikelchen bei obturierenden Thrombosen erfolgt, denn nur so läßt sich die Tatsache erklären, daß sie die Lungenkapillaren passieren können und erst in den besonders engen Kapillaren der Gelenke oder Muskeln haften bleiben, um hier zu Metastasen zu führen, falls es überhaupt zur Bildung metastatischer Herde kommt. Ferner erscheint es kaum mehr zweifelhaft, daß die Entwickelung dieser Form von pyämischer Allgemeinerkrankung ebenfalls an bestimmte anatomische Dispositionen in Form reichlicher Gefäßdurchsetzung des hyperplastischen Schleimhautpolsters und abnorm weiter und reichlicher Gefäßkommunikationen zwischen Bulbus bzw. Sinus und Mittelohrschleimhaut gebunden ist.

Bezüglich der **Therapie** bestehen noch Meinungsverschiedenheiten. Vielfach wird prinzipiell auch bei dieser leichteren Form sofortiges operatives Vorgehen, in der gleichen Weise, wie bei den schweren Formen, angeraten. Obwohl wir meist keine obliterierende Thrombose finden, wird dennoch die Schlitzung des blutführenden Sinusrohres und die Unterbindung der Jugularis vorgenommen. Demgegenüber steht eine mehr konservative Richtung, die zunächst einen exspektativen Standpunkt, unter Heranziehung der bei pyämischer Erkrankung üblichen Allgemeinbehandlung (Serum-, Kollargolinjektion etc.) befürwortet, und nur im Ausnahmefall, falls nach einiger Zeit konservativer Behandlung ein Rückgang nicht erfolgt, die Sinusoperation vornimmt.

3. Rein septische Allgemeininfektion.

Die dem soeben geschilderten Typus zugehörigen Fälle bilden, was die feine Suspension der Erreger im Blutkreislauf anbelangt, gewissermaßen ein Zwischenstadium zwischen den obturierenden Formen mit typischer Pyämie und den rein septischen Allgemeininfektionen. Diese letztgenannten unterscheiden sich indessen insofern wesentlich von den pyämischen Formen, namentlich der zweiten Gruppe, als sie eine wesentlich ungünstigere, ja direkt infauste Prognose haben. Daß im Verlauf einer anfangs rein pyämischen Allgemeininfektion Zeichen einer allgemeinen Sepsis hinzutreten, die zu einem Krankheitsbild der Septiko-Pyämie führen, ist bei der Natur des pathologischen Prozesses selbstverständlich. Wir können daher solche Fälle kaum in eine besonders zu besprechende Gruppe zusammenfassen. Die Gruppe der Fälle rein septischer Verlaufsform umfaßt vielmehr ausschließlich solche Erkrankungen, bei denen von vornherein das ganze Krankheitsbild ausschließlich von den Zeichen einer schweren Allgemeininfektion, verbunden mit einer hohen Febris continua beherrscht wird, oft unter gänzlichem Zurücktreten der von dem Ausgangspunkt ausgelösten Erscheinungen.

Wir können uns die Entstehung dieser schweren Infektionen in ganz ähnlicher Weise vorstellen, wie die der nicht mit obturierenden Thromben einhergehenden Formen der Pyämie, nur mit dem auch die infauste Prognose bedingenden Unterschied, daß die infektiösen Keime schon bei ihrer ersten Aussaat in feinster Suspension wegen ihrer besonders hohen Virulenz, bzw. wegen der besonders geringen Widerstandsfähigkeit des Organismus, nicht wie bei den pyämischen Formen von den natürlichen Schutzkräften des Organismus in ihrer Entwickelung gehemmt, bzw. sogar gänzlich vernichtet werden, sondern mit unverminderter Lebenskraft sich von vornherein fortentwickeln und ihre deletären Wirkungen entfalten. Diese beruhen wohl zweifellos auf der Anhäufung von Giftstoffen, die zu einer schweren Beeinträchtigung der Funktionen sämtlicher Organe, in erster Linie aber der den Bakterientoxinen gegenüber besonders empfindlichen — nämlich des Hirns und des Herzens — zu führen pflegen. Indessen trifft die Auffassung, daß es sich bei diesen Fällen um eine reine, nur von dem Eiterherd im Mittelohr ausgehende Toxinämie handelt, für alle hierher gehörigen Fälle wohl kaum zu. Es dürfte vielmehr allermeist eine Toxinämie infolge gleichzeitiger Bakteriämie vorliegen. Wenn trotzdem keine metastatischen Herde zu finden sind, so erklärt sich dies teils aus der feineren Suspension der Keime und vor allem wohl zumeist daraus, daß der tödliche Ausgang schon so schnell erfolgte, daß es noch gar nicht zur Ausbildung makroskopisch erkennbarer Eiterherde in den Organen kommen konnte.

Daß wir es bei diesen Fällen septischer Verlaufsform mit den allerschwersten Formen der Allgemeininfektion zu tun haben, geht auch aus den sonstigen Befunden an den übrigen Organen mit großer Deutlichkeit hervor. Es finden sich fast regelmäßig Blutungen in der Muskulatur, Ekchymosen am Endokard, Endokarditis, Netzhautblutungen, Nephritis, Hepatitis mit Ikterus, septischer Milztumor u. dgl.

Die **Prognose** dieser Form von Allgemeininfektion ist dementsprechend stets infaust.

Therapeutisch kommt außer Freilegung des Entzündungsherdes und eventuell versuchsweiser — aber meist erfolgloser — Schlitzung des Sinusrohres mit nachfolgender Jugularisunterbindung nur die bei generalisierter Sepsis (siehe dort) auch sonst allgemein übliche interne Therapie in Betracht.

Diagnose und Differentialdiagnose aller drei Formen. Die kurze Skizzierung der verschiedenen Verlaufsformen der vom Ohr ausgehenden Allgemeininfektionen zeigt, daß sich auch in diesem Kapitel eine Reihe von namentlich **differentialdiagnostisch wichtigen Berührungspunkten** mit den inneren Erkrankungen ergeben muß. Wenn wir einerseits vom Standpunkt des Otiaters aus die regelmäßige Berücksichtigung der Ohren bei allen Fällen, die zweifelhafte pyämische Erscheinungen oder Zeichen einer septischen Allgemeininfektion aufweisen, nicht dringend genug anraten können, so dürfen wir andererseits bei Auftreten der genannten Erscheinungen im Verlaufe einer Ohreiterung die Möglichkeit, daß es sich um eine Kombination mit sonstigen infektiösen Erkrankungen handeln könnte, auch nicht unerwogen lassen. Diese Überlegung ist ganz besonders dann angezeigt, wenn es sich um **akute Otitiden** handelt. Wissen wir doch, daß diese sich recht häufig als Komplikation von Infektionskrankheiten und sonstigen infektiösen Prozessen entwickeln, die mit den gleichen Allgemeinerscheinungen — Schüttelfrost, Temperatursteigerungen, bzw. Schwankungen usw. — einhergehen wie die vom Ohr ausgehenden Allgemeininfektionen. Von den differentialdiagnostisch besonders in Betracht kommenden Infektionskrankheiten nenne ich an erster Stelle die **Malaria**. Die große Ähnlichkeit der Temperaturkurven bei Malaria einerseits und Pyämie andererseits und die beiden Affektionen gemeinsame Erscheinung des schnellen Temperaturanstieges unmittelbar im Anschluß an einen heftigen Schüttelfrost machen es durchaus begreiflich, daß die Differentialdiagnose zwischen Malaria mit komplizierender akuter Otitis und otitischer Pyämie häufig erst mit Hilfe des Nachweises spezifischer Plasmodien im Blute gelungen ist, zumal auch im Verlauf einer otitischen Pyämie, wenn auch nur ausnahmsweise, ein harter palpabler Milztumor vorhanden sein kann.

Auch die Kombination einer Mittelohreiterung mit anderen fieberhaften Erkrankungen, die mit schnell aufeinander folgenden Temperaturschwankungen einhergehen, kann zuweilen zur fälschlichen Annahme einer otogenen Pyämie führen. Solche Erkrankungen, bei denen derartige Verwechselungen unterlaufen können, sind vor allem die **Tuberkulose**, die septische **Endokarditis** und septischpyämische Prozesse an **anderen Organen**. So kann es zuweilen geradezu unmöglich werden, auf Grund des klinischen Krankheitsbildes eine sichere Entscheidung darüber zu fällen, ob im **Puerperium** auftretende Schüttelfröste und pyämische Temperaturen, wenn gleichzeitig eine schwere akute Otitis oder auch eine chronische Cholesteatomeiterung vorliegt, durch diese oder durch puerperale Prozesse ausgelöst sind.

Bei den Fällen septischer Verlaufsform, die sich durch eine hohe Febris continua, verbunden mit einem schweren Allgemeinzustand, auszeichnen, kommt unter Umständen die Differentialdiagnose mit **Typhus abdominalis** in Betracht. Es kann hierbei die Tatsache verwertet werden, daß in der Regel die akuten Otitiden im Verlaufe des Typhus abdominalis nicht sofort mit Beginn der Infektionskrankheit, sondern meist erst einige Zeit später, vom Ende der zweiten Woche an, einzusetzen pflegen.

Daß auch Verwechselungen bei anderen Infektionskrankheiten — z. B. Pneumonie oder Erysipel — vorgekommen und in der Literatur beschrieben sind, soll hier nur der Vollständigkeit halber noch erwähnt werden.

Wenn es nun auch in der großen Mehrzahl der Fälle durch eine eingehende klinische Untersuchung unter Berücksichtigung aller in Betracht kommenden Faktoren gelingt, Klarheit über die Art der Erkrankung zu erhalten und damit auch der Behandlung bestimmte Direktiven zu geben, so bleibt dennoch ein gewisser Prozentsatz von Fällen bestehen, bei denen dies auf keine Weise zu erreichen ist. Die weitere Aufklärung bei solchen Fällen vom weiteren Verlauf zu erwarten, kann unter Umständen höchst verhängnisvolle Folgen nach sich ziehen, insofern als zwar, falls es sich um eine otitische Pyämie handelt, durch das Auftreten von Metastasen die Diagnose gesichert, damit aber gleichzeitig die Prognose erheblich verschlechtert werden kann. In diesen Fällen ist daher statt einer exspektativen Behandlung die explorative Eröffnung der Mittelohrräume mit Freilegung des Sinus sigmoideus dringend indiziert, da dieser Eingriff einerseits als ungefährlich zu bezeichnen ist, während andererseits bei weiterem Abwarten der Entwickelung einer Sinusphlebitis Vorschub geleistet und der günstigste Zeitpunkt zum operativen Eingreifen verpaßt werden kann. Erheben wir hierbei am Sinus einen unzweifelhaft positiven Befund, so ist damit die Situation geklärt und selbstverständlich die Indikation zur Sinusoperation, ev. mit Unterbindung der Vena jugularis, gegeben, ebenso wie bei den von vornherein als Sinusphlebitis erkannten Fällen. Auf die Einzelheiten dieser Operation und die über sie noch bestehenden Meinungsverschiedenheiten einzugehen, würde hier zu weit führen. Es soll nur hervorgehoben werden, daß über die Wirksamkeit dieses Eingriffes bei ausgebildeter Thrombose keine Zweifel mehr bestehen, da es bei inzipienten Fällen fast durchgehends gelingt, das Fortschreiten der Thrombose und die Verschleppung der Infektion in den Blutkreislauf zu verhüten, und auch noch eine große Zahl bereits weiter fortgeschrittener Fälle auf diesem Wege zur Ausheilung kommen.

Zeigt aber die freigelegte Sinuswand keine wesentlichen Veränderungen, und führt der Sinus selbst Blut, so bleibt das diagnostische Dilemma unverändert bestehen, da ja damit das Vorliegen einer otitischen Pyämie bei nicht obturierender Thrombose noch nicht ausgeschlossen erscheint.

Eine Möglichkeit, in der Diagnose weiter zu kommen, scheint es nach Leutert auch für diese Fälle noch zu geben — nämlich mit Hilfe der vergleichenden bakteriologischen Untersuchung des durch Punktion entleerten Sinusblutes und einer aus der Armvene entnommenen Blutprobe. Ob wir freilich zu diesem diagnostischen Hilfsmittel greifen sollen oder nicht, muß von der Art und der Schwere des vorliegenden Falles abhängig gemacht werden; denn wir müssen hierzu einen ev. erforderlichen operativen Eingriff mindestens einen Tag hinausschieben. Immerhin dürfte, da erfahrungsgemäß gerade diese ohne obturierende Thrombose einhergehenden Fälle meist eine wesentlich günstigere Prognose haben, allermeist auch dieser kleine Aufschub zur weiteren Sicherung der Diagnose durchaus gerechtfertigt erscheinen, da, falls es sich nicht um otogene Pyämie handeln sollte, wir diesen immerhin nicht ganz gleichgültigen Eingriff am Sinus und der Vena jugularis dann zwecklos unternommen haben würden. Das Resultat der bakteriologischen Untersuchung kann die Diagnose insofern fördern, als das Überwiegen des Streptokokkengehaltes des Sinusblutes gegenüber dem einer peripheren Vene in Fällen, bei denen es zweifelhaft ist, ob bestehendes hohes Fieber auf die Ohrerkrankung oder irgend eine andere infektiöse Krankheit bezogen werden muß, die Differentialdiagnose zugunsten der otogenen Entstehung entscheidet. Ein negativer Befund im Sinusblut und in dem einer peripheren Vene entnommenen beweist nach Leutert zwar nicht mit absoluter Sicherheit, daß eine otogene Pyämie nicht vorliegt, da man bei isolierter Thrombose des Bulbus venae jugularis, falls man nicht an einer ganz tiefen Stelle punktiert, trotz Vorliegen eines infizierten Thrombus ein kulturell negatives Resultat erhalten könnte, spricht aber doch in solchen zweifelhaften Fällen eher für das Vorliegen einer anderen, mit hohem Fieber einhergehenden Erkrankung und berechtigt damit sicherlich dazu, zunächst noch von weiterem operativen Vorgehen am Sinus abzustehen in der Hoffnung, daß weitere Beobachtung innerhalb der nächsten Tage, bzw. eine Wiederholung der bakteriologischen Untersuchung, ohne wesentliche Nachteile für den Kranken hervorzurufen, völlige Klarheit in die Situation bringen wird. Freilich ist auch dies nicht immer der Fall. Wir begegnen vielmehr zuweilen Fällen, namentlich wenn es sich um akute Otitis handelt, und wenn der oben an zweiter Stelle beschriebene, meist spontan zur Ausheilung kommende Typus der otogenen Pyämie in Betracht kommt, bei denen dauernd Unklarheit darüber bestehen bleibt, ob die vorhandene Allgemeininfektion auf die vorliegende akute Otitis oder eine gleichzeitig mit ihr einsetzende infektiöse Erkrankung anderer Art — z. B. Angina lacunaris, Endokarditis od. dgl. — zu beziehen ist.

Auch bei der septischen Verlaufsform empfiehlt es sich, zur Sicherung·der Diagnose gegenüber sonstigen Infektionskrankheiten, z. B. Typhus abdominalis, Blutuntersuchungen vorzunehmen. Freilich ist hierbei zu berücksichtigen, daß, wie ein von Kümmel beschriebener Fall zeigt, trotz unzweifelhaft vorhergegangener Bakteriämie und schwerster

Toxinämie der Keimgehalt des Blutes an Streptokokken sehr gering sein kann, da offenbar eine einmalige Aussaat besonders virulenter Erreger genügen kann, dies schwere Krankheitsbild hervorzurufen, auch ohne daß die Erreger dauernd in reichlicher Menge im Blute zirkulieren. In solchen Fällen können, falls die Aussaat bereits erfolgt ist und das Krankheitsbild schon unter dem Zeichen der schweren Toxinämie steht, auch weitgehende Eingriffe am Sinus und an der Vena jugularis keine Heilung mehr erzielen und werden daher am besten wohl gänzlich unterlassen.

II. Phlebitis anderer Sinus.

Die vom Ohr aus entstandene **Phlebitis anderer Sinus** tritt gegenüber 'der des Sinus sigmoideus und transversus, wegen ihrer großen Seltenheit stark zurück. Die Phlebitis des Sinus petrosus ist klinisch in der Regel nicht zu diagnostizieren. Ob und inwieweit sie bei den Fällen von Pyämie mit zweifelhaftem Befund am Sinus sigmoideus eine Rolle spielt, ist daher schwer zu entscheiden.

Dagegen gibt sich das Übergreifen eines Entzündungsprozesses vom Ohr aus auf den Sinus cavernosus in der Regel durch dieselben eklatanten Symptome zu erkennen, die auch beim Auftreten einer Sinus cavernosus-Thrombose aus anderer Ursache aufzutreten pflegen. Sie bestehen bekanntlich in Erscheinungen von seiten der Augen — Ödem der Lider, Chemosis, Stauungserscheinungen an den Gefäßen des Augenhintergrundes und Neuritis des Nervus opticus. Hierzu gesellen sich häufig noch Lähmungen der in der Nähe des Sinus verlaufenden Nervenstämme und zwar in erster Linie des Abduzens, ferner des Okulomotorius und Trochlearis. Auch Neuralgien im ersten Aste des Trigeminus können gleichzeitig auftreten. Zuweilen kombinieren sich diese Erscheinungen mit den Zeichen einer eiterigen Leptomeningitis, wenn nämlich der vom Ohr ausgehende eiterige Entzündungsprozeß gleichzeitig auf den Sinus cavernosus und durch die an dieser Stelle die Dura durchsetzenden Lymphbahnen auch auf die weichen Hirnhäute übergreift. Besondere diagnostische Schwierigkeiten pflegen sich bei diesen Fällen kaum zu ergeben. Der Symptomkomplex ist in der Regel so charakteristisch, daß er keine Zweifel in der Diagnose zuläßt. Ob ein Zusammenhang mit dem Ohr besteht oder nicht, ist in der Regel ebenfalls leicht aus dem Ohrbefund ersichtlich, namentlich unter Heranziehung ganz analoger Erwägungen, wie sie bereits oben bei Besprechung der Beziehungen zu den anderen endokraniellen Komplikationen ausgeführt sind. Die Therapie erweist sich diesem chirurgisch besonders schwer zugänglichen Sinus gegenüber allermeist als machtlos.

5. Die Beziehungen der Mittelohrkatarrhe, Adhäsivprozesse und der Otosklerose zur inneren Medizin.

Während bei den Mittelohrentzündungen innere Erkrankungen nicht nur in ätiologischer Hinsicht, sondern auch unter Umständen für den Ablauf der Ohrerkrankung von größter Bedeutung sein können, sind die Berührungsflächen zwischen den leichten Katarrhen der Tube und des Mittelohres und den inneren Erkrankungen viel lockerer. Die ätiologisch für die Entwickelung dieser Affektionen in Betracht kommenden Entzündungsprozesse bzw. Verschwellungen und Verlegungen des Tubeneinganges verdanken ihre Entstehung allermeist in Nase und Nasenrachenraum lokalisierten, also schon in rein spezialistisches Gebiet gehörigen Erkrankungen, die ihrerseits auch wiederum fast ausschließlich ausschlaggebend sind für den Ablauf dieser Affektionen. Nur eines ins neurologische Gebiet fallenden Zusammenhanges muß hier gedacht werden, nämlich des gleichzeitigen Auftretens einer sog. „rheumatischen" Fazialis-

lähmung im Anschluß an Tuben-Mittelohrkatarrhe. Die relativ häufig fest-
zustellende Koinzidenz dieser Lähmung mit katarrhalischen Veränderungen im
Mittelohr hat zu der Auffassung geführt, daß die Stelle, an der die Läsion des
Nerven erfolgt, in der Paukenhöhle zu suchen ist, da er hier, zumal wenn De-
hiszenzen im knöchernen Kanal bestehen, sehr nahe der Oberfläche verläuft
und daher schädigenden Witterungseinflüssen am stärksten ausgesetzt ist, eine
Annahme, die gerade mit Rücksicht auf das gleichzeitige Auftrten der auf
gleicher Basis beruhenden katarrhalischen Veränderungen der Paukenhöhlenschleimhaut durchaus plausibel erscheint.

Das gleiche negative Verhalten inneren Erkrankungen gegenüber wie die akuten
Katarrhe zeigen auch die sich aus ihnen entwickelnden chronischen Katarrhe, bzw.
Adhäsivprozesse im Mittelohr, so daß ich auf sie gar nicht weiter einzugehen brauche.

Auch für die diesen Prozessen wegen der Ähnlichkeit der klinischen Symptome
nahestehende sogenannte „Otosklerose" oder „Spongiosierung der Labyrinthkapsel"
ist ein bestimmter Zusammenhang mit inneren Erkrankungen bisher noch nicht erwiesen.
Daß bei der außerordentlich unklaren Ätiologie dieses bekanntlich durch ganz eigenartige
Veränderungen der knöchernen Labyrinthkapsel charakterisierten Erkrankungsprozesses,
bei der häufig unverkennbar vorhandenen erblichen Belastung und dem langsamen meist
stetig progredienten Verlauf immer wieder die Vermutung eines Zusammenhanges mit
konstitutionellen Erkrankungen auftauchen muß, ist kaum verwunderlich. Indessen ist
der Nachweis regelmäßig vorhandener konstitutioneller Anomalien im Verlauf dieses
Erkrankungsprozesses bisher nicht gelungen, und auch der in letzter Zeit vor allem von
Habermann betonte kausale Zusammenhang mit Lues ist wohl keinesfalls für alle Fälle
zutreffend.

C. Die Erkrankungen des inneren Ohres und des Hörnerven in ihren Beziehungen zur inneren Medizin.

a) Einleitung.

Bot die Gruppe der im Mittelohr lokalisierten, vorwiegend durch
das Symptom der Hörstörung hervortretenden Erkrankungsprozesse wenig
Anziehungspunkte für Internisten und Neurologen, so zeigen im schroffsten
Gegensatz hierzu die auf nichteiterigen Entzündungsprozessen beruhenden und
daher ebenfals vorwiegend durch das Hervortreten charakteristischer Funktionsstörungen gekennzeichneten Erkrankungen des inneren Ohres eine Fülle interessanter und wichtiger Beziehungen zur inneren Medizin und Neurologie, die
bisher allermeist noch nicht die ihnen gebührende Berücksichtigung gefunden
·haben. Die Beziehungen ergeben sich freilich erst aus einer genauen Erkenntnis
des Wesens der in Betracht kommenden pathologischen Prozesse, die sich erst
in letzter Zeit mehr und mehr Bahn zu brechen scheint. Ähnlich wie bei der
Besprechung der akuten Mittelohrentzündungen, so halte ich es auch hier für
zweckmäßig, um das Verständnis auch für die Notwendigkeit einer schärferen
Klassifikation, als sie bisher üblich war, zu wecken, ein wesentlich besser be-
kanntes und durchforschtes Sinnesorgan, das Auge — und speziell die Erkrankungen des Augenhintergrundes — zum Vergleich heranzuziehen. Sowohl
bei den Erkrankungen des Augenhintergrundes, als auch bei denen des inneren
Ohres haben wir es, von groben allgemein medizinischen Gesichtspunkten aus
betrachtet, vorwiegend mit zwei Gewebsformationen zu tun, die als Träger des
Erkrankungsprozesses in Betracht kommen, nämlich einmal mit dem von der
Schädelhöhle her eintretenden Nerven, seiner Aufsplitterung und Endigung
in den zugehörigen Sinnesendapparaten und ferner mit dem gewissermaßen
als Stützgerüst dienenden bindegewebigen Hüllen bzw. serösen Häuten.
Es wird daher, ebenso wie dies bei den Erkrankungen des Augenhintergrundes

üblich ist, unser Bestreben darauf gerichtet sein müssen, auch bei den Erkrankungen des inneren Ohres zunächst eine Zergliederung der in Frage
kommenden Erkrankungsprozesse in diese beiden Gruppen: nämlich die
eigentlichen Erkrankungen des Nervus acusticus. bzw. der ihn zusammensetzenden Neurone einerseits und die Erkrankungen des häutigen Labyrinthes andererseits. durchzuführen. Die Notwendigkeit einer derartigen Zergliederung ergibt sich gerade für die hier anzustellenden Betrachtungen auch
daraus, daß die genannten Gewebsarten — der Nerv mit Sinnesepithel einerseits und die serösen Häute mit ihrem Gefäßnetz und den sie umgebenden
Lymphräumen andererseits — ganz bestimmten, durch ihre Gewebseigentüm-
lichkeiten bedingten, ich möchte beinahe sagen gesetzmäßig auftretenden
pathologischen Prozessen unterworfen sind, die dementsprechend sich überall
im Organismus, wo sich die gleichen Gewebstypen finden, in analoger Weise ab-
zuspielen pflegen. Sie müssen daher auch, gleichgültig wo sie auftreten, dieselben Berührungspunkte und Abhängigkeiten zur inneren Medizin zeigen. Die
Betrachtung der Erkrankungen des inneren Ohres von diesen allgemein medizinischen Gesichtspunkten aus hat uns außer einigen nicht uninteressanten
Analogien mit den Erkrankungen verwandter Gewebsarten an anderen Organen, vor allem einige diagnostisch wichtige Tatsachen aufgedeckt, die uns
auch klinisch, wenigstens für die große Mehrzahl der Fälle, die Durchführung
der oben geforderten Zweiteilung der Erkrankungsprozesse ermöglichen. Ich
werde daher auch im folgenden zunächst an der Zerlegung der Erkrankungen
des inneren Ohres in die Gruppe der Hörnervenerkrankungen und in die
der Labyrintherkrankungen festhalten und auf die für jede Gruppe sich
weiterhin ergebenden Zergliederungsmöglichkeiten bei der Besprechung derselben hinweisen.

b) Vorkommen und Verlauf der Labyrintherkrankungen.

Was zunächst die Erkrankungen des häutigen Labyrinthes anbelangt, so kommen hier, wenn wir von den rein eitrigen im Anschluß an Mittelohreiterung auftretenden Prozessen, die ja bereits unter den Komplikationen
dieser besprochen sind, absehen, nach Analogie mit den Erkrankungsformen
der „serösen Häute" im allgemeinen folgende Erkrankungsmöglichkeiten in
Betracht. Es kann sich um plötzlich einsetzende, seröseiterige oder
serösfibrinöse Entzündungsprozesse handeln, also um eine „akute
Labyrinthitis sero-purulenta" bzw. „sero-fibrinosa". Sie entwickelt sich entweder im Anschluß an entzündliche Prozesse in der Umgebung des Labyrinthes — sei es nun durch direkte Fortleitung des Entzündungsprozesses in die lymphatischen Räume, sei es durch Einwirkung
von aus den Entzündungsherden in die lymphatischen Räume verschleppten
toxischen Stoffen — oder wohl auch durch Übertragung auf dem Blutwege.
Wir sehen dementsprechend diese Form der Labyrinthitis bald bei entzündlichen Prozessen des Mittelohres, vor allem auch bei der akuten Otitis media,
auftreten, nämlich sobald es sich nicht um einen direkten Durchbruch einer
Eiterung ins Labyrinth handelt, bald als Begleiterscheinung meningitischer Prozesse, und zwar ganz besonders häufig im Anschluß an
Zerebrospinalmeningitiden, sich entwickeln oder schließlich sich als
Komplikation der verschiedenen Infektionskrankheiten (z. B. Typhus,
Parotitis epidemica, Lues etc.) oder sonstiger infektiösseptischer und
verwandter Prozesse (Osteomyelitis, Phlegmone etc.) hinzugesellen. Klinisch
und anatomisch bei weitem am genauesten durchforscht sind vor allem die

Labyrinthentzündungen bei Leukämie. Der Verlauf dieser Erkrankungsform ist ein relativ schnell progredienter, sich zuweilen nur über wenige Tage erstreckender. Sie endet meist mit Hinterlassung starker, dauernder Funktionsstörungen infolge sekundärer Degenerationen der Sinnesendapparate und der Nerven, meist verbunden mit Zurückbleiben von Verklebungen und Adhäsionen zwischen den zarten Membranen des häutigen Labyrinthes oder mit Ausfüllung der Labyrinthräume mit Organisationsgewebe, bzw. sogar mit neugebildeten Knochen (Labyrinthitis ossificans).

Die zweite der in Betracht kommenden Erkrankungsformen ist charakterisiert durch ihren langsam, aber meist kontinuierlich progredienten Verlauf. Es handelt sich hier meist um einen von vornherein schleichend sich entwickelnden Prozeß rein degenerativer Art, den wir im Gegensatz zu entzündlichen Labyrintherkrankungen als Labyrinthdegeneration bezeichnen können (auch als chronische progressive labyrinthäre Schwerhörigkeit bezeichnet). Auch er steht vielfach in inniger Beziehung zu konstitutionellen Erkrankungen und tritt im allgemeinen häufiger auf als die Labyrinthitis. Wir finden ihn vor allem bei Erkrankungsprozessen, die mit sog. Azidose des Blutes einherzugehen pflegen (Kachexie, Sarkomatose, chronische Nephritis, Tuberkulose, tertiäre Lues u. dgl.). Er verursacht auch in der Regel die das dritte Glied der Hutchinsonschen Trias bildende Hörstörung bei hereditärer Lues und liegt meist auch den Formen sog. hereditärer, degenerativer Taubheit zugrunde, wie sie vor allem beim endemischen Kretinismus auftreten.

Er ist anatomisch gekennzeichnet durch einen rein degenerativen Zerfall der Sinnesendstellen des Labyrinthes, und zwar sowohl im Kochlear- als auch im Vestibularteil, häufig verbunden mit stärkerer Schrumpfung der Labyrinthhüllen.

Als dritter Typus der Labyrintherkrankungen wäre noch eine anfallsweise sich wiederholende akut einsetzende Funktionsstörung des gesamten Labyrinthes mit Auftreten starker Dekompensationserscheinungen zu nennen. Diese Erkrankung wurde früher als die Menièresche Erkrankung bezeichnet und auf Blutungen ins Labyrinth zurückgeführt. Auf Grund eigener Untersuchungen halte ich es indessen für wahrscheinlicher, daß es sich hier vielfach wenigstens um anfallsweise auftretende Steigerungen der Liquorsekretion mit nachfolgender Erhöhung des endolabyrinthären Druckes handelt. Sie wird durch den Übertritt von Liquorsekretion erregenden Stoffen aus der Nachbarschaft (Mittelohr oder Meningen) bzw. aus dem Blute (z. B. bei Nephritis) hervorgerufen. Der Funktionsausfall beruht demnach wahrscheinlich in erster Linie auf einer Drucklähmung der Sinnesendstellen, bzw. der Nervenendigungen. Hiermit steht in Einklang, daß nach Abklingen des Anfalles die Funktion meist in erheblichem Maße wiederkehrt. Wir können demnach diese Affektion in eine gewisse Parallele setzen zu dem Glaukomanfall des Auges. Ich möchte sie als rezidivierenden Hydrops Labyrinthi bezeichnen.

Für alle diese Erkrankungsprozesse müssen wir es als Regel ansehen, daß sie sich über sämtliche Teile des Labyrinthes in annähernd gleichem Maße ausdehnen, bzw. sie gleichzeitig in Mitleidenschaft ziehen. Die anatomischen Verhältnisse des häutigen Labyrinthes lassen keinen Grund für die Annahme eines Beschränktbleibens der in Frage kommenden Prozesse auf nur einen Teil desselben erkennen; die weite Kommunikation der perilymphatischen Räume untereinander muß vielmehr eine Ausbreitung dieser über das ganze häutige Labyrinth, also sowohl über den der Hörfunktion dienenden Teil — die Schnecke — als auch über den gleichgewichtsregulierenden Teil — das Vestibulum — von vornherein begünstigen.

c) Vorkommen und Verlauf der Erkrankungen des Hörnerven.

Wesentlich anders liegen die Verhältnisse bei den Erkrankungen des Hörnerven, soweit sie für unsere Betrachtungen hier in Frage kommen. Bei ihnen haben wir es im wesentlichen mit degenerativen Veränderungen der Nervenelemente selbst zu tun, mögen sie nun rein atrophischer oder entzündlicher Natur sein, ganz ähnlich wie bei den auch an anderen Nerven sich abspielenden Erkrankungen. Daß bei diesen, von vornherein im Nerven selbst lokalisierten Erkrankungsprozessen, die wir hier allein ins Auge zu fassen brauchen, häufig gewisse Nervenbündel, bzw. Fasersysteme, aus diesem oder jenem Grunde gegenüber anderen eine erhöhte Disposition zur Erkrankung zeigen können, ist eine uns ganz geläufige Tatsache — ich erinnere nur beispielsweise an die elektive Vulnerabilität der Rekurrenzfasern und an das Verhalten des Nervus opticus bei Tabaksamblyopie. Es kann daher auch nicht verwunderlich erscheinen, wenn uns sowohl klinische Beobachtungen, als auch pathologisch-anatomische und experimentelle Untersuchungen der letzten Jahre mit großer Deutlichkeit gezeigt haben, daß von den beiden im Stamm des Nervus acusticus vereinigten Nervenzweigen der Cochlearisast offenbar eine wesentlich größere Vulnerabilität besitzt als der Vestibularis, vor allem, wenn es sich um Erkrankungsprozesse handelt, die in der Aufsplitterung des Nerven ihren Anfang nehmen und durch allgemeine constitutionelle Ursachen bedingt sind. Wir müssen dementsprechend unter den Erkrankungen des Hörnerven dieser isolierten peripheren Cochlearisdegeneration eine Sonderstellung einräumen und sie an erster Stelle hier besprechen, da sie ein in jeder Hinsicht gut abgrenzbares und scharf charakterisiertes Krankheitsbild darstellt.

Es beruht auf meist rein degenerativen Veränderungen aller drei das Neuron zusammensetzenden Elemente — der Sinneszellen, der Nervenfasern und der Nervenzellen des Ganglion spirale — und ist besonders gekennzeichnet durch sich hieran anschließende eigentümliche Rückbildungsvorgänge des Cortischen Organes, die in schweren Fällen zum völligen Schwund desselben führen können. Eine weitere Zergliederung dieser Erkrankungsform in Fällen von isolierter Degeneration der Sinneszellen und des Cortischen Organes einerseits und Fälle von gleichzeitiger Atrophie des Nerven andererseits ist bei dem innigen Zusammenhang der genannten Elemente und ihrer direkten Abhängigkeit voneinander, zumal mit Rücksicht auf die kontinuierlichen Übergänge zwischen den genannten Veränderungen, weder durchführbar, noch auch erstrebenswert.

Dies Krankheitsbild muß uns hier insofern besonders interessieren, als es besonders innige Beziehungen zur internen Medizin und Neurologie aufweist. Mit der Erkennung der Tatsache, daß gewisse Formen sog. ,,nervöser Schwerhörigkeit" in erster Linie auf Nervendegeneration oder, noch richtiger gesagt, auf Neurondegeneration — also auf einer Systemerkrankung des nervösen Apparates — beruhen, mußte die Aufdeckung eines Zusammenhanges mit inneren, bzw. sonstigen Nervenerkrankungen ebenso untrennbar verbunden sein, wie dies bei den degenerativen Neuritiden anderer Nervenzweige schon seit langem der Fall ist. In der Tat hat sich gezeigt, daß auch für die Entwickelung dieses Erkrankungsprozesses im wesentlichen genau die gleichen auslösenden Faktoren in Betracht kommen, die auch bei der Entstehung der multiplen degenerativen Neuritis eine große Rolle spielen. Wir sehen diese Form der Akustikuserkrankung dementsprechend auftreten bei einer Reihe von Erkrankungen des Zentralnervensystems selbst, vor allem im Verlaufe der Tabes dorsalis, zuweilen sogar als Frühsymptom, ferner bei progressiver Paralyse und Lues cerebri. Ferner sind als auslösende Erkrankungen die akuten und die chronischen Infektionskrankheiten zu nennen. Vor allem die mit Ausklingen der Infektionskrankheit auftretenden Hörstörungen dürften wohl meist auf einer Erkrankung des Cochlearisneurons infolge toxisch - infektiöser Einflüsse beruhen. In dieser Weise zu d utende Fälle wurden auch bei Scharlach, Masern, Diphtherie, Influenza, Typhus exanthematicus und Febris recurrens beobachtet und w rden zweifellos auch bei sonstigen Infektionskrankheiten vorkommen können.

Von den chronischen Infektionskrankheiten kommt sowohl die Tuberkulose als auch die Lues bei der Auslösung des in Frage stehenden Erkrankungsprozess's in besonderem Maße in Betracht. Die im Verlauf der Tuberkulose auftretenden Cocleardegenerationen befallen meist bereits stark heruntergekommene und schwer kachektische Individuen und sind daher auch prognostisch von übler Bedeutung. Cochlearisdegenerationen bei Lues finden wir sowohl im sekundären als auch im tertiären Stadium derselben. Sie sind zuweilen die Vorboten weiterer, auf gleicher Basis beruhender Erkrankungen des Zentralnervensystems (Myelitis, Enzephalitis etc.).

Weiterhin sind als auslösende Faktoren für die Entwickelung der Cochlearisdegenerationen die Intoxikationen anzuführen. Von den akuten Vergiftungen stehen hier die mit Chinin und Salizylsäure bei weitem im Vordergrund. Daß die nach Einverleibung größerer Mengen dieser Substanzen, bzw. bei besonderer Idiosynkrasie, auftretenden Hörstörungen und subjektiven Geräusche nicht, wie man früher annahm, auf endolabyrinthäre Blutungen zurückzuführen sind, sondern vielmehr auf einer Alteration des Cochlearisneurons beruhen, ist durch eine Reihe von experimentellen Untersuchungen sichergestellt. Analoge Beweisführungen liegen neben einer Reihe charakteristischer klinischer Beobachtungen auch für die bei chronischen In toxikationen die größte Rolle spielenden Gifte — Alkohol und Nikotin — vor. Von sonstigen Giftstoffen, bei deren Einverleibung neben anderen Vergiftungserscheinungen auch in der gleichen Weise zu deutende Hörstörungen beschrieben wurden, nenne ich noch: Arsen, Phosphoröl, Blei, Quecksilber, Silber, Chloroform (?), Kohlenoxyd, Schwefelkohlenstoff, Chenopodiumöl und Anilin. Es kann indessen wohl kaum zweifelhaft sein, daß im Laufe der Zeit sich die Zahl der in Betracht kommenden Substanzen noch vergrößern wird.

Schließlich tragen auch die Konstitutionskrankheiten bei einem nicht unbeträchtlichen Teil der Fälle zur Entwickelung der Cochlearisdegeneration bei, so besonders z. B. der Diabetes mellitus und die Arthritis urica. Hier tritt sie vielfach combiniert auf mit der bereits oben erwähnten Labyrinthdegeneration. Im Gegensatz zu dem meist mehr oder weniger schnell progredienten Verlauf bei Infektionskrankheiten und Intoxikationen schreiten die auf konstitutioneller Anlage beruhenden Degenerationen meist nur langsam fort. Dies gilt auch für die große Mehrzahl der ebenfa ls hierher zu rechnenden Fälle von sogenannter Altersschwerhörigkeit, die zweifellos ebenfalls auf degenerativen Veränderungen im Cochlearisneuron beruhen und an Häufigkeit ihres Vorkommens die auf anderer Basis entstandenen analogen Prozesse erheblich übertreffen. Ob diese Form der Cochlearisdegeneration ausschließlich im Sinne Edingers als typische Aufbrauchkrankheit aufzufassen ist, oder ob wenigstens für einen Teil der Fälle ein Zusammenhang der Nervendegeneration mit der meist gleichzeitig nachweisbaren Art riosklerose anzunehmen ist, diese Frage läßt sich wohl kaum für jeden Fall mit Si herheit entscheiden. Für einen gewissen Prozentsatz der hierher gehörigen Fälle ist wohl eine Abhängigkeit von arteriosklerotischen Zirkulationsstörungen deshalb anzunehmen, weil sie schon auffallend frühzeitig zusammen mit unverkennbar f ühzeitiger Entwickelung der Arteriosklerose einsetzen.

Zuletzt muß noch des Traumas als eines auslösenden Momentes für die Entwickelung einer Cochlearisdegeneration gedacht werden. Es kommt hier insofern in Betracht, als wir im Anschluß an länger dauernde Bewußtseins-störungen bei Commotio cerebri zuweilen Degenerationen am Cochlearisast sich ausbilden sehen, die auch vielfach als Residuum einer gleichzeitigen „Commotio labyrinthi" angesprochen werden. Daß auch die sog. „Berufsschwerhörig-keiten" zur Gruppe der peripheren Cochlearisdegenerationen zu rechnen sind, sei hier am Schluß der Aufzählung der ätiologisch in Betracht kommenden Fak-toren nur beiläufig noch mit erwähnt.

Die Mehrzahl dieser Cochlearisdegenerationen entwickelt sich ohne gleich-zeitige Miterkrankung anderer Nerven — als isolierte Erkrankung des Coch-learisneurons — eine Tatsache, die sich ungezwungen aus den besonderen anatomischen Verhältnissen des Cochlearisastes während seines Verlaufes in der Schneckenspindel erklären läßt.

Ob eine dieser peripheren Cochlearisdegeneration analog zu setzende, auf gleicher Basis beruhende isolierte periphere Vestibulardegeneration vorkommt, erscheint noch recht fraglich. Bisher liegen erst ganz vereinzelte Beobachtungen vor, die in dieser Weise gedeutet werden könnten. Jedenfalls tritt sie an Häufigkeit ihres Vorkommens enorm hinter dieser zurück, so daß ihr praktisch keine besondere Bedeutung zukommen dürfte. Bei Auftreten isolierter Symptome von seiten des Vestibularteiles liegt vielmehr, wie ich dies noch weiter unten ausführen werde, die Annahme einer Alteration der supra-nukleären Bahnen wesentlich näher.

Außer diesen rein degenerativen Prozessen des Kochlearteiles, die in der Regel peripher einsetzen und sich erst später ev. über den Nervenstamm aus-breiten, gibt es noch eine zweite, meist plötzlich einsetzende Form von Kochlear-nervenerkrankung, die mit deutlich entzündlichen, exsudativen Erschei-nungen im Nervenstamm selbst einhergeht und daher die Bezeichnung der Stammneuritis verdient. Sie tritt fast ausschließlich im Höhestadium schwerer Infektionskrankheiten, ganz besonders bei Typhus oder bei schwer kachek-tischen, tuberkulösen Individuen bzw. bei anderen zur Kachexie führenden Erkrankungsprozessen (Karzinom etc.) meist kurz vor dem Tode auf. Sie führt meist in kurzer Zeit zu hochgradiger Schwerhörigkeit ev. auch zur Ertaubung, zeichnet sich aber im Gegensatz zu den rein degenerativen Prozessen, falls das befallene Individuum die Infektion übersteht, z. B. beim Typhus, durch eine auffallend starke Regenerationsfähigkeit des erkrankten Nerven mit wenigstens teilweiser Wiederkehr der Funktion aus. Auch diese Erkrankungsform befällt meist ausschließlich oder vorwiegend den Kochlearteil des Hörnerven.

Schließlich wäre hier noch die Mitbeteiligung des Hörnerven bei der Polyneuritis cerebralis anzuführen. Bei ihr ist meist Kochlear- und Vestibularteil gleichzeitig erkrankt, so daß Erscheinungen von seiten beider Nerventeile auftreten. Bezüglich dieses Krankheitsbildes muß im übrigen auf die Ausführung im neurologischen Teil dieses Handbuches verwiesen werden. Auf Grund otiatrischer Erwägungen müßte man den Sitz der Erkrankung in den Nervenkernen, bzw. in den unmittelbar ihnen anliegenden Nervenbahnen vermuten.

Auch bei dieser Form scheint der Cochleariszweig sich insofern durch eine größere Vulnerabilität auszuzeichnen, als er weniger regenerationsfähig ist als die beiden anderen im Porus acusticus verlaufenden Stämme des Vestibularis und des Fazialis, ein Umstand, der sich wohl ebenfalls aus den komplizierten anatomischen Verhältnissen dieses Nerven und seines Endapparates erklärt. Seine Mitbeteiligung führt daher allermeist zu einer dauernden Funktionsstörung, selbst wenn die sonst noch mit erkrankten Nervenstämme sich wieder völlig erholen. Was die Ätiologie dieser Polyneuritis anbelangt, so ist sie von otia-trischer Seite besonders häufig auf sog. „rheumatischer" Grundlage beobachtet worden.

Über die Häufigkeit des Vorkommens der eben aufgezählten Erkrankungsformen des inneren Ohres — der Labyrinthitis, der Labyrinthdegeneration, der peripheren Cochlearisdegeneration und der Stammneuritis — lassen sich bei der Neuheit dieser Klassifikation genauere statistische Angaben zurzeit noch nicht machen. Indessen scheint soviel festzustehen, daß die Labyrinthdegeneration am häufigsten vorkommt und relativ häufig mit Cochleardegeneration zusammen auftritt und daß die isolierte Cochlearisdegeneration an Häufigkeit des Vorkommens auch die Labyrinthitis noch um ein Erhebliches übertrifft, namentlich wenn wir von den uns hier weniger interessierenden sekundär nach Mittelohrerkrankung entstandenen Fällen absehen und nur die mit sonstigen inneren Erkrankungen in Zusammenhang stehenden ins Auge fassen. Die Stammneuritis, bzw. Atrophie, ist die bei weitem am seltensten vorkommende von den genannten Affektionen.

d) Klinische Diagnostik.

So weit, wie die Ophthalmologie mit Hilfe ihrer Spiegeluntersuchungen in der Diagnose der Augenhintergrundserkrankungen ist freilich die Otiatrie noch nicht fortgeschritten. Immerhin sind wir doch schon jetzt in der Lage, die große Mehrzahl dieser Fälle auch im klinischen Krankheitsbilde richtig zu beurteilen. Die Grundlage unserer Diagnostik dieser Erkrankungen bildet, da uns die otoskopische Untersuchung keine zuverlässigen Anhaltspunkte gibt, die genaue Funktionsprüfung. Sie hat selbstverständlich die Funktion beider das Labyrinth zusammensetzenden Teile, also sowohl die des der Hörfunktion dienenden Cochlearisteiles, als auch die des bei der Gleichgewichtsregulierung beteiligten Vestibularteiles, zu berücksichtigen.

1. Technik der Funktionsprüfung.

Mit Hilfe der **Funktionsprüfung des Gehörs** entscheiden wir vor allem die Differentialdiagnose den ebenfalls nicht durch charakteristische Veränderungen am Trommelfellbild erkennbaren Mittelohrerkrankungen (Adhäsivprozeß und Otosklerose) gegenüber. Es interessiert uns hierbei weniger der Grad der Hörstörung — nur da, wo es sich um Feststellung absoluter Ertaubung handelt, kann auch er von diagnostischer Bedeutung sein — als vielmehr die Art der vorliegenden Hörstörung. Es ist eine schon seit längerer Zeit bekannte Tatsache, daß sich die im Mittelohr lokalisierten Erkrankungsprozesse von denen des inneren Ohres durch eine Reihe charakteristischer Eigentümlichkeiten der hierbei auftretenden Hörstörungen unterscheiden, die sich teils im Verhalten des Perzeptionsvermögens für sog. Knochenleitung, teils bei Bestimmung des qualitativen und quantitativen Hörvermögens für Töne verschiedener Höhe deutlich zu erkennen geben. Die Feststellung des ersten Punktes geschieht unter Anstellung einer Reihe typischer Versuche, die nach dem Namen ihres Autors bezeichnet zu werden pflegen. Sie beruhen teils auf vergleichender Prüfung des Perzeptionsvermögens für Knochen- mit dem für Luftleitung des erkrankten Ohres (Rinnescher Versuch), teils auf vergleichender Prüfung des Perzeptionsvermögens für Knochenleitung des erkrankten mit dem des gesunden Ohres desselben Individuums — geprüft durch Aufsetzen der Gabel in der Mittellinie auf den Scheitel und nur bei einseitiger Hörstörung verwendbar — (Weberscher Versuch) und teils auf vergleichender Prüfung des Perzeptionsvermögens für Knochenleitung zwischen dem zu untersuchenden erkrankten und einem gesunden Durchschnittsohr, bzw. dem Ohre des Untersucher selbst (Schwabachscher Versuch).

Die Prüfung auf qualitatives Hörvermögen für Töne verschiedener Höhe geschieht mit Hilfe der Bezoldschen kontinuierlichen Tonreihe, der Edelmannschen Galtonpfeife, bzw. des Schultzeschen Monochords. Sie bezweckt in erster Linie die Festsetzung der unteren und der oberen Tongrenze, sodann zuweilen auch die Aufdeckung sog. Toninseln oder Tonlücken. Das quantitative Hörvermögen für Töne verschiedener Höhe wird in der Regel bestimmt durch einen Vergleich der Hördauer eines erkrankten Ohres für eine bestimmte Serie von Stimmgabeln verschiedener Höhe (z. B. C, c, c^1, c^2, c^3 und c^4) mit der eines gesunden Durchschnittsohres unter Umrechnung der erhaltenen Werte auf Prozente der Normal-Hördauer.

Die Verwertung der erhaltenen Resultate fußt auf der Tatsache, daß einerseits in der Regel Mittelohrerkrankungen keine Verkürzung des Perzeptionsvermögens für Knochenleitung bedingen, zuweilen sogar mit einer Verlängerung derselben einhergehen, während bei den Erkrankungen des inneren Ohres die Herabsetzung des Hörvermögens annähernd in gleichem Maße für Luft- und Knochenleitung stattfindet, und daß andererseits bei Mittelohrprozessen der Tonausfall und dementsprechend auch die Verkürzung bei quantitativer Prüfung für Töne verschiedener Höhe die tieferen Tonlagen weit intensiver ergreift als die höheren, während bei Erkrankungen im inneren Ohre in der Regel gerade das umgekehrte Verhalten zu verzeichnen ist.

Auf die Einzelheiten dieser Prüfungsmethoden einzugehen, würde hier zu weit führen. Es soll hier nur hervorgehoben werden, daß es mit ihnen in der Tat, wenn es sich nicht um sehr weit fortgeschrittene und veraltete Fälle handelt, gelingt, bei entsprechender Berücksichtigung aller in Betracht kommender Faktoren den Sitz einer Hörstörung, ob im Mittelohr oder im inneren Ohr gelegen, mit recht großer Sicherheit zu bestimmen. Freilich bedarf es hierzu einer größeren Erfahrung und Übung in der Verwertung der erhaltenen Resultate, die nur durch eine systematische Ausbildung zu erhalten ist, wenn wir zu keinen Trugschlüssen kommen wollen. Wir müssen ihre Bedeutung, namentlich wenn es sich um scheinbare Widersprüche handelt, ebenso gegeneinander abschätzen lernen, wie dies beispielsweise auch mit den mit Hilfe von Auskultation, Perkussion etc. festgestellten Befunden bei der Untersuchung des Thorax notwendig ist, um zu einer exakten Diagnose zu gelangen.

Zum weiteren Ausbau unserer Diagnose verhilft uns dann, nachdem der Sitz der Erkrankung als im inneren Ohr, bzw. Hörnerven gelegen festgestellt ist, die **Funktionsprüfung des Vestibularapparates**. Sie hat gerade in letzter Zeit sehr an Bedeutung gewonnen und muß hier auch aus dem Grunde besonders berücksichtigt werden, weil sie, wie wir noch sehen werden, unter Umständen auch bei der Diagnose gewisser Erkrankungen des Zentralnervensystems eine Rolle spielen kann.

Daß der im Vestibulum gelegene, vom Vestibularnerven versorgte Teil des häutigen Labyrinthes, wenn nicht ausschließlich, so doch in erster Linie als Gleichgewichtsorgan dient, wird jetzt wohl allgemein auch von den Physiologen angenommen. Wir erhalten von seiner Mitwirkung bei der Erhaltung des Körpergleichgewichtes nur dann eine richtige Vorstellung, wenn wir alle sich hierbei abspielenden Vorgänge ins Auge fassen. Wir müssen berücksichtigen, daß sich außer dem Vestibularapparat auch noch verschiedene andere Sinnesapparate (Gesichtssinn, sog. Muskel- und Gelenksinn, bzw. „kinästhetischer" Sinn usw.) an der Erhaltung des Körpergleichgewichtes beteiligen. Die von den peripheren Endorganen aller dieser Sinnesapparate ausgehenden Impulse bewirken teils auf rein reflektorischem Wege, teils wohl auch durch Auslösung gewisser Lage-, Bewegungs- und Widerstandsempfindungen eine ständige Äquilibrierung unseres Körpers, ohne daß uns die hierzu notwendigen Innervationsvorgänge bei regulärer Abwickelung dieses Aktes zum Bewußtsein kommen. Von einer völlig ungestörten Harmonie aller den höheren Bahnen von der Peripherie her zufließender Impulse hängt zweifellos in erster Linie die Erhaltung des Körpergleichgewichtes ab. Auf ihr beruht das Zustandekommen einer richtigen und klaren Vorstellung über die jeweilige Körperlage (Kopf-, Gliederstellung usw.) und die ideale Kompensation aller zur Er-

haltung des Gleichgewichtes erforderlichen — vorwiegend reflektorisch ausgelösten — zentrifugalen Innervationsvorgänge. Es ist demnach ferner zum
mindesten recht wahrscheinlich, daß zwischen den den höheren Bahnen von
der Peripherie her zugeführten Impulsen und den durch sie ausgelösten Innervationsvorgängen bald ein gewisser Antagonismus, bald aber auch ein bestimmter Synergismus besteht, beispielsweise derart, daß die rechtsseitig ausgelösten durch analoge linksseitige kompensiert werden und umgekehrt, bzw.
derart, daß die von einem Sinnesapparat ausgehenden Impulse die des anderen
ergänzen — und dementsprechend auch mehr oder weniger völlig zu ersetzen
imstande sind.

Jede Störung im harmonischen Zusammenwirken aller für die Gleich-
gewichtserhaltung in Betracht kommenden Sinnesendapparate muß sich daher
durch Irregularitäten in der Äquilibrierung des Körpers zu erkennen geben.
Die Störungen werden je nach den speziellen Eigentümlichkeiten des Sinnes-
apparates, von dem sie ausgehen, auch gewisse charakteristische Zeichen aufweisen. Dies gilt besonders auch von den vom Vestibularapparat ausgelösten
Erscheinungen. Die besondere Eigenart dieser ergibt sich aus der dem Vestibularapparat speziell zufallenden Rolle bei der Erhaltung des Körpergleichgewichtes.
Wir können ihn nämlich durchaus im Sinne Breuers als ein spezifisches Sinnesorgan für Lageempfindung und Empfindung der Progressivbewegung einerseits
und für Empfindung der Beschleuigung von Drehbewegung (Winkelbeschleu-
nigung) andererseits auffassen. Gleichzeitig mit der Übermittlung solcher Empfindungen erfolgt die reflektorische Auslösung einer Reihe von Innervationsvorgängen, die eine sofortige Anpassung der Augen- und Körpermuskulatur an
die jeweilige Körperlage bzw. an die übermittelten Veränderungen bedingen.
Die Abwickelung dieser Funktion erfolgt unter normalen Verhältnissen kontinuierlich automatisch, d. h. also unter der Schwelle des Bewußtseins, und ohne daß objektiv wahrnehmbare Erscheinungen hierbei auftreten.
Den Vestibularapparat als ein in der Regel im Ruhezustand befindliches Organ
aufzufassen, das nur ausnahmsweise bei bestimmten ungewöhnlich intensiven Erregungen (schnellen Umdrehungen u. dgl.) in Funktion tritt, ist nicht
durchführbar, da dann eine plötzliche Ausschaltung niemals derartig intensive
und längere Zeit anhaltende Erscheinungen auslösen könnte, wie dies tatsächlich bei Mensch und Tier der Fall ist.

Sobald wir uns der Existenz des Vestibularapparates bewußt werden, geschieht dies immer auf Grund einer Störung in der regulären Abwickelung der
Funktion, die eine Disharmonie im Zusammenwirken aller bei der Regulierung
des Körpergleichgewichtes mitspielenden Impulse zur Folge haben muß. Diese
wiederum muß unbedingt eine Störung in der idealen Kompensation
aller von der Peripherie her zur Ausbildung einer richtigen Vorstellung über
jeweilige Körperlage bzw. Bewegung in den höheren Bahnen zusammenfließender
Impulse und dementsprechend auch eine Störung in der Kompensation aller
zur Erhaltung des Körpergleichgewichtes erforderlichen — reflektorisch ausgelösten — Innervationsvorgänge verursachen.

Diese durch die Disharmonie im Zusammenwirken aller voneinander ab-
hängiger Faktoren bedingten Störungen in der Erhaltung des Körpergleichgewichtes geben sich uns durch ganz typische, subjektiv und auch objektiv
wahrnehmbare Erscheinungen zu erkennen, die wir unter der Bezeichnung der
Dekompensationserscheinungen zusammenfassen können. Sie können
ausgelöst werden: durch abnorme — ungewöhnlich intensive oder lang-
währende — Erregungen der Sinnesendapparate einerseits oder auch durch
den Ausfall der unter normalen Verhältnissen stattfindenden Erregungen andererseits.

Nach dieser Auffassung wäre demnach die Auslösung der in Frage stehenden Erscheinungen gleichzeitig auch von der unveränderten Übermittelung der von den übrigen bei der Erhaltung des Körpergleichgewichtes und bei der Empfindung der Körperlage beteiligten Sinnesapparate ausgehenden Impulse abhängig.

Das subjektive Symptom bei Einsetzen einer Dekompensation von seiten des Vestibulars ist der Drehschwindel. Von den objektiv wahrnehmbaren Symptomen stehen in erster Linie die höchst charakteristischen Erscheinungen von seiten beider Augäpfel. Sie bestehen im Auftreten typischer vestibulärer nystagmischer Zuckungen, denen eine ausschlaggebende diagnostische Bedeutung zukommt, zumal eine genaue Analysierung der gleichzeitig auftretenden Gleichgewichtsstörungen zurzeit noch nicht möglich ist. Dieser vestibuläre Nystagmus setzt sich aus rhythmischen Bewegungen der Bulbi mit einer schnellen und einer langsamen Komponente zusammen und zeichnet sich fernerhin dadurch von den übrigen Formen des Nystagmus aus, daß er in der Regel beim Blick in der Richtung der schnellen Bewegung am frühesten und stärksten hervortritt. Wir beobachten diese auf Dekompensation zurückzuführenden Erscheinungen besonders deutlich bei solchen Fällen, bei denen es infolge von akut einsetzenden Erkrankungsprozessen des Labyrinthes, gleichgültig welcher Art, zum Totalausfall seiner Funktionen, speziell also auch der des Vestibularapparates kommt. Die hierbei auftretenden nystagmischen Zuckungen zeigen insofern durchaus gesetzmäßiges Verhalten, als sie sich regelmäßig vorwiegend in der Horizontalebene bewegen und stets mit ihrer raschen Komponente nach der gesunden Seite gerichtet sind und dementsprechend auch überhaupt erst beim Blick nach der gesunden Seite, oder jedenfalls bei dieser Blickrichtung, besonders deutlich hervortreten. In besonders schweren Fällen ist der gleichzeitig auftretende Schwindel so heftig, daß die Kranken nicht in der Lage sind, sich ohne fremde Hilfe aufrecht zu erhalten. Diese Erscheinungen sind seit längerer Zeit der Ärztewelt als Zeichen der sog. „Menièreschen Erkrankung" gut bekannt. Die Otiater lassen indessen diesen Krankheitsbegriff mehr und mehr fallen und fassen die zuerst von Menière besonders beobachteten Zeichen ausschließlich als einen Symptomenkomplex jeder plötzlich und besonders heftig einsetzenden Erkrankung des Vestibularteiles (des Labyrinthes bzw. des Vestibularnerven) auf.

Diese bei Funktionsausfall auftretenden, durch Nystagmus nach der gesunden Seite charakterisierten Dekompensationserscheinungen beruhen in erster Linie auf Überwiegen der Impulse der gesunden Seite und pflegen daher allermeist nur relativ kurze Zeit bestehen zu bleiben, da sie allmählich durch Gewöhnung an die veränderten Verhältnisse meist so vollkommen wieder ausgeglichen werden, daß ohne besondere Prüfung der Funktionsausfall eines Labyrinthes späterhin gar nicht zu erkennen sein würde. Die Tatsache, daß sie offenbar durch Überwiegen des gesunden Labyrinthes hervorgerufen werden, berechtigt uns zu der auch durch klinische Beobachtungen zu begründenden Schlußfolgerung, daß im Gegensatz zum Totalausfall die Totalerregung eines Labyrinthes vorwiegend horizontal gerichteten Nystagmus mit der schnellen Komponente nach der erkrankten, bzw. erregten Seite, und dementsprechend auch beim Blick nach dieser Seite hervortretend, zur Folge haben muß. Es kann daher ein und derselbe Symptomenkomplex entweder durch Ausfall des der Richtung des Nystagmus entgegengesetzten oder durch Erregung des gleichseitigen Labyrinthes, bzw. Vestibularnerven, oder seiner höher gelegenen Bahnen verursacht sein, wobei freilich zu beachten ist, daß die erstgenannte Möglichkeit (Ausfallsdekompensation) klinisch, wenn es sich um Labyrinthaffektionen handelt, offenbar fast

ausschließlich vorkommt, während die zweite wiederum bei
Alteration der höher gelegenen Bahnen überwiegt. Die Entscheidung darüber, ob es sich um Ausfalls- oder Erregungsnystagmus handelt,
ergibt sich zuweilen schon daraus, daß, wie schon erwähnt, der Ausfallnystagmus
und die mit ihm verbundenen Dekompensationserscheinungen in der Regel
relativ schnell unter stetiger Abnahme der Intensität wieder abklingen, während
der Erregungsnystagmus lange Zeit hindurch in ungeschwächter Intensität
fortbestehen kann. Außerdem ist sie indessen mit recht großer Sicherheit
mit Hilfe einer genauen Funktionsprüfung des Vestibularapparates
zu fällen.

Die hierzu zur Verfügung stehenden Methoden beruhen im wesentlichen
sämtlich auf demselben Prinzip, nämlich durch artefizielle Erregungen
vorübergehende Dekompensationserscheinungen auszulösen.
Während wir aber bei den uns hier interessierenden pathologischen Prozessen
in der Regel bei spontanem Auftreten von Dekompensationserscheinungen mit
Totalausfall des Labyrinthes zu rechnen haben, beziehen sich die mit Hilfe
unserer Funktionsprüfungsmethoden ausgelösten Erregungsdekompensations-
erscheinungen meist nur auf Erregung einzelner Ampullen und sind bedingt
durch experimentell innerhalb der Endolymphe der gereizten Bogengänge hervorgerufene Strömungen. Die hierbei auftretenden Dekompensationserscheinungen
speziell die nystagmischen Zuckungen, gleichen zwar den bei Totalausfall, bzw.
Erregung auftretenden vollkommen; nur unterliegen sie anderen Gesetzmäßigkeiten, die einerseits von der Richtung der Endolymphbewegungen innerhalb
der erregten Bogengänge und andererseits davon abhängen, welche der drei
Ampullen bei der Auslösung der Erscheinungen ausschließlich oder vorwiegend
in Frage kommt, d. h. also, innerhalb welches Bogenganges, bzw. Bogengang-
paares vorwiegend oder ausschließlich infolge der jeweils vorliegenden physikalischen Bedingungen Strömungsmöglichkeit gegeben ist. Das hierbei in Betracht kommende Gesetz lautet dahin, daß die langsame Bewegung des
Nystagmus in derselben Richtung verläuft, in welcher die Flüssig-
keitsverschiebung stattfindet, und daß die Augenbewegungen in
einer Ebene erfolgen, die parallel mit der des bei der Erregung in
Betracht kommenden Kanales liegt. Außerdem muß als feststehendes
Gesetz angenommen werden, daß, wenigstens bei dem für die praktische Prüfung in erster Linie in Betracht kommenden horizontalen Bogengang, die
ampullopetale Strömung im allgemeinen stärkere Wirkung entfaltet als die
ampullofugale, und daß daher, wo gleichzeitig die beiden korrespondierenden
Bogengänge der rechten und der linken Seite erregt werden, die desjenigen
Bogenganges, in dem die Strömung in ampullopetaler Richtung erfolgt, die des
anderen übertrifft.

Zur Hervorrufung solcher, auf artefiziell erzeugter Strömung innerhalb
der Bogengänge beruhender nystagmischer Zuckungen stehen uns mehrere
Methoden zur Verfügung. Wir können sie erzeugen: erstens durch Drehungen
des Körpers um seine Längsachse (Drehnystagmus), zweitens durch sog.
Abspritzungen des Gehörganges mit über- oder untertemperiertem Wasser
(kalorischer Nystagmus) und drittens mit Hilfe des galvanischen Stromes
(galvanischer Nystagmus). Durch jede dieser drei Methoden lassen sich
auf Grund der oben aufgezählten Gesetzmäßigkeiten eine große Reihe typischer
Nystagmusformen hervorrufen, die teils von der bei Anstellung des Versuches
eingenommenen Kopfstellung, d. h. also von dem jeweils besonders in Anspruch
genommenen Bogengang, bzw. Bogengangpaar, abhängig sind, teils wiederum
je nach der angewandten Methode von der Richtung der Drehung, von der Art
des Temperaturunterschiedes im Vergleich zur indifferenten Temperatur oder

von der zur Erregung verwandten Polart bedingt werden. Auf die große Zahl der sich hierbei ergebenden interessanten Eventualitäten einzugehen, würde hier viel zu weit führen. Je nach der gewählten, durch die eben aufgezählten Punkte gegebenen Versuchsanordnung können wir namentlich den Dreh- und den kalorischen Nystagmus, letzteren sogar von jedem Ohre aus innerhalb jeder der drei in Betracht kommenden Ebenen — also als horizontalen, als vertikalen oder als rotatorischen — und mit jeder der beiden außerdem noch in Betracht kommenden Richtungen erzeugen. Ja noch mehr: wir können einen durch die eine der genannten Methoden hervorgerufenen Nystagmus von bestimmtem Typus (z. B. horizontal nach links) mit Hilfe einer der beiden anderen durch Erzeugung eines genau entgegengesetzten Typus (z. B. horizontal nach rechts) von demselben, bzw. auch von dem anderen oder ev. sogar von beiden Ohren aus vollständig kompensieren.

Die Tatsache, daß diese Kompensation auch mit Hilfe des galvanischen Stromes durch Auslösung entgegengesetzter Impulse in vollkommener Weise gelingt, spricht entschieden für die auch noch durch andere Momente zu stützende Annahme, daß auch der galvanische Nystagmus durch Strömungen innerhalb der Bogengänge oder wenigstens durch analoge Einwirkungen auf die Kupula der Ampullen ausgelöst wird, wie sie auch bei den durch Dreh- oder kalorischen Nystagmus hervorgerufenen Strömungen auftreten, und nicht durch direkte Nervenreizung bedingt ist. Wenn eine Abhängigkeit der Art des Nystagmus von der Kopfstellung bei dieser Form der Auslösung nicht besteht, so erklärt sich dies wohl daraus, daß bei den durch Kataphorese bedingten Strömungen Strömungsmöglichkeiten nicht, wie dies beim Dreh- und kalorischen Nystagmus der Fall ist, nur bei bestimmten Stellungen der einzelnen Bogengänge, sondern für jede Kopf- bzw. Bogengangsstellung gegeben sind, da sie auf ganz anderen physikalischen Grundlagen entstehen.

Für die Praxis empfiehlt es sich, diese Prüfungsmethoden möglichst mit konstanter und immer gleichmäßiger Versuchsanordnung vorzunehmen. Hierbei ist zu berücksichtigen, daß wir zweckmäßig da, wo die Erregung vorwiegend nur eines einzelnen Bogenganges in Betracht kommt, diese immer an demselben und zwar wegen der Korrespondenz beider Seiten am besten am horizontalen auslösen. Außerdem empfiehlt es sich, möglichst solche Formen des Nystagmus zu wählen, die den unter pathologischen Verhältnissen auftretenden gleichen; denn wir müssen, falls wir klinische Fälle im Stadium der Dekompensation untersuchen, die Erregbarkeit, bzw. Unerregbarkeit der einzelnen Labyrinthe daraus beurteilen, ob wir mit Hilfe der hierzu geeignet erscheinenden Prüfungsreaktionen eine Verstärkung, Abschwächung oder Kompensation der bestehenden Erscheinungen hervorrufen können oder nicht.

Wir prüfen daher den Drehschwindel in der Regel bei leicht nach vorn gebeugtem Kopf — einer Kopfhaltung, die dem horizontalen Bogengang die für Auftreten von Strömungen bei dieser Form der Einwirkung günstigste, nämlich horizontale — Stellung gibt, und richten unser Augenmerk vorwiegend auf den beim Anhalten nach ca. zehnmaliger, mäßig schnell hintereinander ausgeführter Umdrehung auftretenden Nachnystagmus. Er schlägt bei dieser Art der Versuchsanordnung entsprechend dem oben aufgeführten Gesetze vorwiegend horizontal und ist mit seiner schnellen Komponente nach der der Drehungsrichtung entgegengesetzten Seite gerichtet, wobei das der Richtung der schnellen Komponente gleichnamige Labyrinth stärker als das der anderen Seite erregt wird. Zur Erläuterung möge folgende schematische Darstellung dienen (Abb. 6).

Bei der Prüfung des kalorischen Nystagmus, die vor der des Drehnystagmus den Vorzug hat, daß sie die ausschließliche Erregung nur eines Labyrinthes ermöglicht, verwenden wir zweckmäßiger kühles (25—27° C) als heißes Wasser, teils aus Gründen der bequemeren Handhabung, teils mit Rücksicht auf die geringeren Unannehmlichkeiten für den Geprüften. Zur Ausführung dieser Untersuchung hat sich uns der von Brünings hierzu konstruierte,

handliche kleine Apparat sehr gut bewährt, zumal er auch vergleichend
quantitative Messungen des Grades der Erregbarkeit gestattet. Auch der
von Brünings modifizierte Baranysche Blickfixator leistet gerade bei dieser
Prüfung gute Dienste. Außerdem empfiehlt es sich, hierbei den Kopf ziemlich
stark nach hinten auf eine Kopfstütze überzulegen, da hierdurch der horizontale

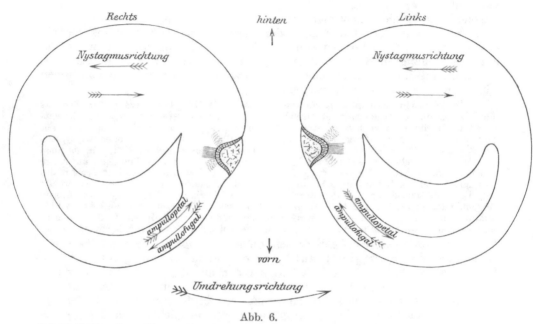

Abb. 6.

Schematische Darstellung der Endolymphbewegung und der Kupulaverbiegung im
rechten und linken horizontalen Bogengang bei Drehung von rechts nach links (großer
Pfeil außerhalb der Bogengangslumina). Der blaue Pfeil und die blau punktierte
Kupula stellt Endolymphströmung der Kupulaverlagerung mit Beginn der Drehung dar,
der rote Pfeil und die rot punktierte Kupula nach plötzlichem Anhalten der Drehung
(Nachschwindel). Roter und blauer Pfeil außerhalb des Bogenganges geben die der
Endolymphbewegung entsprechende Richtung des Nystagmus an.

Bogengang in die für Anstellung dieser Reaktion günstigste vertikale Stellung
gebracht wird. Der ausgelöste, ebenfalls horizontale Nystagmus ist bei Verwendung kühlen Wassers mit seiner raschen Komponente nach der der geprüften entgegengesetzten Seite, bei Verwendung heißen Wassers (48—50⁰)
dagegen nach der gleichnamigen Seite gerichtet (Abb. 7).

Bei der Prüfung des galvanischen Nystagmus spielt, wie schon oben
erwähnt, die Kopfhaltung keine nennenswerte Rolle. Auch die galvanische Erregung ermöglicht, die Prüfung jedes Labyrinthes einzeln vorzunehmen. Der
hierbei auftretende, ebenfalls vorwiegend horizontal schlagende Nystagmus ist
bei Verwendung der Kathode als differente, auf den Warzenfortsatz aufgesetzte
Elektrode mit seiner schnellen Komponente nach der erregten, bei Verwendung
der Anode nach der entgegengesetzten Seite gerichtet. Bei querer Durchleitung
von einem Warzenfortsatz zum anderen tritt dementsprechend infolge Summation der rechts und links ausgelösten Impulse ein nach der Kathodenseite gerichteter Nystagmus auf. Besonders zu beachten ist bei Anstellung dieser
galvanischen Reaktion, daß die charakteristischen Erscheinungen nicht etwa bei
momentanem Schließen und Öffnen des Stromes besonders deutlich hervor-

treten, sondern, entsprechend der kataphoretischen Wirkungsweise des Stromes, vielmehr bei **mäßig schnellem kontinuierlichen Ansteigen** bis zu der für den Geprüften noch gut erträglichen Stromstärke, die allerdings, je nach der individuellen Empfindlichkeit, innerhalb beträchtlicher Grenzen schwankt.

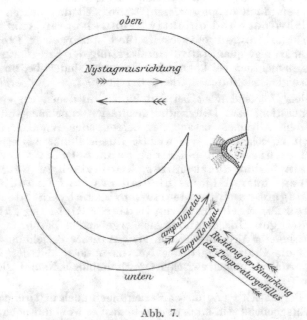

Abb. 7.

Schematische Darstellung der kalorischen Endolymphbewegung im rechten horizontalen Bogengang bei vertikaler (Optimum-) Stellung. Der rote Pfeil und die rot punktierte Kupula zeigen die Veränderungen bei Kälte-, der blaue Pfeil und die blau punktierte Kupula die bei Wärmeeinwirkung (vgl. hierzu Abb. 6).

Auch zur richtigen Deutung der verschiedenen, bei diesen Prüfungen auftretenden Befunde gehört eine größere klinische Übung und Erfahrung und eine genaue Kenntnis aller in Betracht kommenden Eventualitäten, die ebenfalls nur durch systematische Ausbildung zu erreichen ist.

2. Differentialdiagnose auf Grund der Funktionsprüfung.

Die Verwertung der bei der Funktionsprüfung sowohl des Gehör- als auch des Gleichgewichtsorgans sich ergebenden Resultate für die spezielle Diagnose der oben genannten Gruppen von Erkrankungsprozessen des inneren Ohres, bzw. des Hörnerven, ergibt sich aus den ebenfalls bereits hervorgehobenen besonderen Eigentümlichkeiten dieser Erkrankungsformen ohne weiteres.

Bei allen jenen Fällen, bei denen wir auf Grund des Ausfalles der Hörprüfung einen unzweifelhaft im inneren Ohr lokalisierten Erkrankungsprozeß annehmen müssen, während Erscheinungen von seiten des Vestibularapparates völlig fehlen und die Funktionsprüfung seine völlige Intaktheit ergibt, können wir mit annähernd absoluter Sicherheit die Diagnose auf **periphere isolierte Cochlearisdegeneration**, bzw. Stammneuritis, stellen, da, wenigstens soweit unsere bisherigen Kenntnisse reichen, ein anderer Erkrankungsprozeß, der zu einem analogen Symptomenkomplex führt, nicht bekannt ist.

Es käme höchstens eine Verwechselung mit Ertaubung durch Erkrankungen des Hörzentrums in Betracht. Indessen ist, wie wir noch sehen werden, dies ein so seltenes Ereignis und wird obendrein stets durch so schwere allgemeine zerebrale Symptome eingeleitet, daß schon durch das Fehlen dieser für die große Masse der Fälle die differentialdiagnostische Entscheidung gegeben ist.

Die Labyrinthdegeneration können wir mit an Sicherheit grenzender Wahrscheinlichkeit dann diagnostizieren, wenn sich das Leiden ohne Auftreten von Schwindel und objektiv nachweisbaren Ausfallsdekompensationserscheinungen entwickelte und außer einer typischen Hörstörung eine nur mäßige quantitative Herabsetzung der Erregbarkeit des Vestibularapparates, namentlich bei kalorischer Erregung findet, bei noch erhaltener qualitativer Erregbarkeit durch stärkere Erregung.

Unter allen Umständen ist bei den Fällen, in denen wir eine periphere Cochlearisdegeneration, bzw. Labyrinthdegeneration annehmen, unbedingt notwendig, auch dem Allgemeinzustand des betreffenden Kranken unsere ganze Aufmerksamkeit zu schenken. Wie wichtig dieser Punkt ist, erhellt aus der Tatsache, daß es uns schon bei einer ganzen Reihe von Fällen gelungen ist, ein bisher unerkanntes, ätiologisch in Betracht kommendes Nerven- oder Allgemeinleiden erst auf Grund der ohrenärztlichen Diagnose auf Cochlearis-, bzw. Labyrinthdegeneration, die den Anstoß zur Nachforschung in dieser Richtung gab, zur Aufdeckung zu bringen. Die hierdurch sich ergebenden Berührungspunkte mit Neurologie und innerer Medizin gleichen also in dieser Beziehung außerordentlich den durch die Erkrankungen des Nervus opticus und des Augenhintergrundes gegebenen Beziehungen zwischen Ophthalmologie, Neurologie und innerer Medizin.

Daß die Berücksichtigung dieser Beziehungen auch in therapeutischer Hinsicht ausschlaggebend sein muß, darauf bedarf es wohl nur noch eines kurzen Hinweises. Selbstverständlich liegt bei allen Fällen, die auf einem der obengenannten inneren oder Nervenleiden beruhen, der Schwerpunkt der Therapie in der Allgemeinbehandlung, und der Erfolg ist meist von der therapeutischen Zugänglichkeit des zugrunde liegenden Leidens abhängig. Wenn es trotz aller Nachforschungen bei einer allerdings relativ kleinen Zahl von Cochlearisdegenerationen nicht gelingt, ein ätiologisch in Betracht kommendes Grundleiden festzustellen, so kann dies mit Hinblick auf das analoge Vorkommen bei degenerativen Neuritiden auch anderer Nerven kaum verwunderlich erscheinen. Zur symptomatischen Behandlung kommt in Betracht: die Darreichung von Jod- oder auch Arsenpräparaten in üblicher Dosis und Form, Schwitzkuren, sei es mit, sei es ohne Pilokarpin, und eventuell ein Versuch mit Strychnininjektionen in der bekannten Weise.

Für die Fälle, bei denen außer einer mit Bestimmtheit auf das innere Ohr zu beziehenden Hörstörung auch noch manifeste Symptome von seiten des Vestibularapparates vorliegen, schwankt die Differentialdiagnose zwischen Labyrinthitis, Labyrinthhydrops und Polyneuritis. Denn auch die Labyrinthitiden können wir auf keine andere Weise, als durch Feststellung charakteristischer Funktionsstörungen diagnostizieren, die an sich den bei Cochlearisdegeneration auftretenden vollkommen gleichen, da ja stets, wenn auch erst sekundär, die Nervenendapparate in Mitleidenschaft gezogen werden, und zwar, wie schon oben erwähnt, in der Regel sowohl im Cochlear- als auch im Vestibularteil. Das Höhestadium und der Beginn dieser Labyrinthitiden ist in der Regel und im Gegensatz zu den schleichend entstehenden Labyrinthdegenerationen durch das Auftreten typischer Ausfallsdekompensationserscheinungen, die je nachdem, ob es sich um einen ganz akuten oder mehr subakuten Entwickelungsgang handelt, besonders intensiv oder weniger intensiv hervortreten. Nach Rückkehr der Kompensation durch Anpassung an den Funktionsverlust des einen Labyrinthes bleibt eine totale Unerregbarkeit des Vestibularapparates bzw. eine so hochgradige Herabsetzung zurück, daß hierdurch meist auch nach Abklingen des Prozesses und der typischen Vestibularsymptome noch eine Unterscheidung von der Labyrinthdegeneration ermöglicht wird. Die Entscheidung, ob es sich um eine Labyrinthitis oder um Polyneuritis handelt, läßt sich meist schon auf Grund einer Wahrscheinlichkeitsrechnung fällen, insofern als, wie schon oben erwähnt, die Labyrinthitis die häufiger vorkommende dieser beiden Erkrankungsformen ist, sodann aber auch durch die Feststellung, ob noch sonstige Hirnnerven, besonders der Fazialis, miterkrankt sind oder nicht. Ist dies nicht der Fall, so ist die Annahme einer Labyrinthitis die bei weitem wahrscheinlichste. Das Stadium, in dem sich die Erkrankung befindet, erkennen wir häufig daran, ob sich die Störungen in der Funktion des Vestibularapparates noch durch Dekompensationserscheinungen (spontaner Nystagmus etc.) oder nur durch Ausfallserscheinungen nach bereits wieder erfolgter Kompensation, d. h. also durch Ausbleiben der typischen Reaktionen bei Prüfung auf Drehschwindel, auf kalorischen und galvanischen Nystagmus, zu erkennen geben. Bei besonders plötzlich einsetzenden seröseiterigen oder serösfibrinösen Labyrinthitiden gestaltet sich dementsprechend der Symptomenkomplex meist derartig, daß in den ersten Tagen heftige Dekompensationserscheinungen mit spontanem Nystagmus nach der gesunden Seite auftreten — spontaner, nach der kranken Seite gerichteter Nystagmus als Zeichen eines Erregungszustandes ist, wenn überhaupt, nur ganz vorübergehend bei dieser Erkrankungsform in der allerersten Zeit der Erkrankung nachweisbar — die dann nach ihrem Abklingen den typischen Symptomen des Funktionsausfalles des erkrankten Labyrinthes, verbunden mit mehr oder weniger intensiver Hörstörung, Platz machen. Diese pflegen als Zeichen eines annähernd oder völlig abgelaufenen Erkrankungsprozesses dauernd bestehen zu bleiben. Bei den langsamer sich entwickelnden Labyrinthitiden, z. B. bei Leukämie, sehen wir dagegen zuweilen längere Zeit hindurch spontanen, nach der gesunden Seite gerichteten, aber relativ schwachen Nystagmus mit dauerndem leichtem Schwindelgefühl fortbestehen. Das Endstadium gleicht aber auch bei dieser Erkrankungsform bezüglich des Symptomenkomplexes dem der zuvor angeführten.

Bei dem oben an dritter Stelle genannten Typus der Labyrintherkrankungen, dem Hydrops labyrinthi, wechseln die Stadien vorübergehender Dekompensation zunächst bei noch erhaltener Erregbarkeit mit beschwerdefreien Intervallen in unregelmäßiger Weise miteinander ab, um schließlich, allerdings meist ebenfalls mit einem Stadium des völligen oder wenigstens annähernd völligen Funktionsausfalles, abzuschließen. Im Beginn und im Höhepunkt dieses Symptomenkomplexes ist dementsprechend eine weitere Entscheidung darüber, ob eine Labyrinthitis oder nur ein Hydrops vorliegt, meist nicht zu fällen. Hier kann höchstens eine Vermutungsdiagnose auf Grund der auslösenden Faktoren gestellt werden. Falls nach Abklingen der Dekompensation die Funktion des Labyrinthes wieder auffallend gut wiederkehrt und eventuell späterhin ein zweiter und ein dritter Anfall erfolgt, oder falls aus der Anamnese hervorgeht, daß bereits ein oder mehrere Anfälle gleicher Art vorhergegangen sind, gewinnt die Annahme eines rezidivierenden Hydrops (bzw. „Menierescher Erkrankung") erheblich an Wahrscheinlichkeit.

Die Diagnose der Polyneuritis ergibt sich aus den bereits angestellten differentialdiagnostischen Erwägungen. In den Fällen, bei denen eine gleichzeitige Miterkrankung anderer zerebraler Nerven und speziell des Nervus facialis und trigeminus zu konstatieren ist, müssen wir bei kombiniertem Auftreten von charakteristischen Hörstörungen und vestibularen Erscheinungen in erster Linie den Sitz des pathologischen Prozesses im Hörnervenstamm bzw. Kern selbst vermuten, zumal kein Zweifel mehr darüber bestehen kann, daß die durch Reizung sowohl als auch durch Funktionsausfall desselben bedingten Symptome denen bei Alteration der peripheren Endapparate auftretenden so vollkommen gleichen. bzw. ähneln, daß wir zurzeit noch keine differentialdiagnostisch verwertbaren Unterschiede kennen. Da die verschiedenen Nervenstämme keineswegs stets in gleich starkem Maße ergriffen sind, können wir zuweilen neben Ausfallserscheinungen des einen, z. B. Fazialislähmung, noch Reizerscheinungen an anderen, z. B. Dekompensation mit Nystagmus nach der erkrankten Seite infolge eines Erregungszustandes des Nervus vestibularis, beobachten. Hieraus erklärt sich wohl auch die Tatsache, daß zuweilen der eine oder der andere der Nervenstämme erst einige Tage später erkrankt und auch die Rückbildung häufig bei dem einen wesentlich früher einsetzt und in vollkommenerem Grade erfolgt als bei dem anderen. Bezüglich der sonst noch in Betracht kommenden differential diagnostischen Erwägungen verweise ich auf das Kapitel Polyneuritis cerebralis.

Die gleichen otiatrischen Gesichtspunkte, die für die Polyneuritis. bzw. Stammdegeneration, des Nervus acusticus in Betracht kommen, müssen wir auch bei den sekundären Degenerationen, die auf Übergreifen von in der Nähe des Nervenstammes sich entwickelnden Erkrankungsprozessen beruhen, heranziehen. Von den hier in Betracht kommenden Erkrankungen sind besonders zu nennen: die Tumoren des Akustikus selbst (Fibrom, Sarkom, Neurom etc.), die in der Nähe des Porus acusticus oder in diesem selbst sich entwickelnden Neubildungen (Osteome, Osteosarkome etc.) und ferner gummöse oder tuberkulöse Herde, bzw. meist auf gleicher Basis beruhende zirkumskripte meningitische Prozesse. Auch für die Erkennung dieser Erkrankungsprozesse gegenüber Labyrintherkrankungen und isolierter Cochlearisdegeneration ist vor allem die Tatsache entscheidend, ob sich Miterkrankungen anderer Hirnnerven, speziell des Nervus facialis, oder sonstige auf endokranielle Herde hinweisende Veränderungen allgemeiner Natur (Stauungspapille etc.) finden. In den äußerst seltenen Fällen, in denen ausschließlich der Cochlearisast oder dieser und der Vestibularis einige Zeit hindurch allein in Mitleidenschaft gezogen sind ohne sonstige Zeichen einer endokraniellen Erkrankung. bleibt daher die Diagnose so lange unklar, bzw. wird ev. fälschlicherweise auf isolierte Cochlearisdegeneration oder Labyrinthdegeneration gestellt werden müssen, bis das Übergreifen des Prozesses auf weitere Nervenstämme (Fazialis, Abduzens, Okulomotorius, Trigeminus, Glossopharyngeus, Vagus, Akzessorius oder Hypoglossus) oder sonstige Herd- oder Allgemeinsymptome von seiten des Zentralnervensystems weitere Anhaltspunkte zur Klärung der Sachlage geben. Wir müssen hierbei indessen bedenken, daß derartige Degenerationen im peripheren Apparat, besonders die Labyrinthdegeneration, auch als Begleiterscheinung von endokraniellen Erkrankungsprozessen verschiedenster Art vorkommen ohne daß das Labyrinth, bzw. der Hörnerv direkt mitbetroffen ist, und daß daher diese Diagnose durchaus zutreffend sein kann. Dies gilt namentlich für Fälle mit leichteren und mittelschweren Funktionsstörungen, da die direkte Miterkrankung des Hörnerven durch die in Frage stehenden Prozesse meist in relativ kurzer Zeit zum völligen Funktionsausfall führt.

Meist stößt indessen die Deutung von im Verlaufe der genannten Erkrankungsprozesse auftretenden Hör- und Gleichgewichtsstörungen infolge von Nervenstammdegeneration deswegen auf keine größeren Schwierigkeiten, weil entweder gleichzeitig mit dem Auftreten dieser oder schon vorher die Diagnose auf Grund der sonst noch vorliegenden Symptome von seiten anderer Nerven oder Fasersysteme zu stellen ist. bzw. schon gestellt war, so daß der otiatrische Befund nur noch zur Ergänzung, aber kaum mehr zur weiteren Aufklärung herangezogen werden kann.

e) Therapie.

Auch bei den Labyrinthitiden und den Labyrinthhydrops müssen wir ebenso wie bei den Hirnerkrankungen den ev. zugrunde liegenden Allgemeinerkrankungen unsere volle Beachtung schenken, zumal auch hier häufig die Behandlung in erster Linie einzusetzen hat. Außerdem kommen die gleichen allgemein therapeutischen Maßnahmen in Betracht, die wir auch sonst zur Begünstigung der Resorption entzündlicher Exsudate verordnen — Schwitzkuren, Arsen- oder Jodkuren u. dgl.

Die Therapie wird, falls ein zugrunde liegendes Allgemeinleiden nicht nachweisbar ist und eine „rheumatische" Basis angenommen werden muß, vorwiegend in einer allgemeinen antirheumatischen Behandlung (Schwitzkuren, Salizylpräparate etc.) zu bestehen haben.

D. Erkrankung der supranukleären Bahnen.

Wesentlich anders liegen die Verhältnisse zuweilen bei den Läsionen, die die supranukleären Bahnen betreffen. Von den in Betracht kommenden pathologischen Prozessen, die zu derartigen Störungen führen können, stehen die Kleinhirnbrückenwinkeltumoren obenan. Sie können aber selbstverständlich auch durch alle sonstigen zirkumskript bleibenden Erkrankungsformen des Zentralnervensystems, die diese Regionen befallen, hervorgerufen werden. Hier sind es vor allem die Symptome von seiten der Vestibularbahnen, denen eine unter Umständen gewichtige diagnostische Bedeutung zukommen kann. Sie geben sich im wesentlichen durch analoge Dekompensationserscheinungen zu erkennen, wie die Alterationen des Vestibularstammes oder des Vestibularteiles im Labyrinth. Wie indessen schon bei der Diagnose des Kleinhirnabszesses (vgl. S. 408 u. f.) hervorgehoben wurde, ist der als Zeichen einer Dekompensation auftretende Nystagmus bei Läsion der supranukleären Bahnen meist nach der erkrankten Seite gerichtet und bleibt auch im Gegensatz zu dem — durch Ausfall der peripheren Bahnen bedingten — nach der gesunden Seite gerichteten Nystagmus in der Regel längere Zeit hindurch in ungeschwächter Intensität bestehen. Gerade dieser letztere Umstand spricht für die Annahme, daß es sich hierbei in der Regel um einen Erregungsnystagmus handelt, zumal wir auch häufig gleichzeitig Erregungszustände anderer Fasersysteme hierbei beobachten (Spasmen etc.), und daß somit die für Stamm und Peripherie geltenden Gesetzmäßigkeiten bezüglich der Richtung des Nystagmus auch für die supranukleären Bahnen zutreffend sind, wenn auch die bisher vorliegenden Beobachtungen und experimentellen Untersuchungen noch keine absolut sicheren Schlüsse in dieser Richtung zulassen. Es bleibt daher auch die andere Möglichkeit zur Erklärung dieses Verhaltens, nämlich daß es auf Kreuzungen der supranukleären Bahnen beruht, als durchaus berechtigter und plausibler Erklärungsversuch bestehen.

Außer bei den Kleinhirnbrückenwinkeltumoren wäre vor allem noch das Auftreten von Vestibularsymptomen bei der multiplen Sklerose zu nennen.

Auch hier handelt es sich wahrscheinlich um Herde in den supranukleären Bahnen.

Die Symptome von seiten der supranukleären Vestibularbahnen treten häufig ohne gleichzeitige Hörstörungen auf und bleiben auch relativ häufig längere Zeit bestehen, ohne daß sich Hörstörungen einstellen. Ich habe daher schon oben hervorgehoben, daß bei isoliert auftretenden Vestibularsymptomen die Annahme einer supranukleären Läsion näherliegend ist, als die einer isolierten peripheren Vestibulardegeneration. Berücksichtigen wir ferner, daß diese Erscheinungen und der mit ihnen in direktem Zusammenhang stehende Schwindel zuweilen die ersten Symptome eines in der Kleinhirnbrückenwinkelregion gelegenen Erkrankungsherdes sein können, so geht hieraus die Wichtigkeit und Notwendigkeit einer genaueren Analysierung dieses Symptomenkomplexes mit Hilfe der otiatrischen Untersuchung der Vestibularbahnen ohne weiteres hervor. Dazu kommt, daß in zweifelhaften Fällen auf Grund der oben hervorgehobenen Gesetzmäßigkeiten im Verhalten des Nystagmus durch eine genaue spezialistische Untersuchung zuweilen auch Anhaltspunkte für die Lokalisation, speziell für die Entscheidung über rechts- oder linksseitigen Sitz der Erkrankung gewonnen werden können.

Eine wertvolle Unterstützung bei der Diagnose supranukleärer Vestibularaffektionen gewährt zuweilen die Feststellung der Reaktionsbewegungen. Sie ist als sogenannter Baranyscher Zeigeversuch zu einer brauchbaren diagnostischen Methode ausgebildet. Dieser Versuch beruht auf einer Ausnutzung der Störungen in der Lageempfindung bei Erkrankungen des Vestibularapparates bzw. des Kleinhirns zu diagnostischen Zwecken. Die Grundlage ist dementsprechend die gleiche, wie bei den Prüfungen der Reaktionsbewegungen des ganzen Körpers, die nach Art des Rombergschen Versuches angestellt werden. Sie geben sich auch bei Erkrankungen des Vestibularapparates, besonders bei solchen des Labyrinthteils dadurch deutlich zu erkennen, daß der Patient bei aufrechter Kopfhaltung im Stadium der Dekompensation deutlich das Bestreben zeigt, nach einer Seite zu fallen, was bereits auf S. 409 hervorgehoben wurde. Besondere diagnostische Bedeutung kommt indessen dieser Form der Prüfung von Reaktionsbewegungen nicht zu, zumal bei supranukleären Läsionen häufig keine gesetzmäßigen Beziehungen zwischen Fallrichtung und Richtung des Nystagmus bestehen. Anders steht es mit dem Baranyschen Zeigeversuch. Es handelt sich hierbei gewissermaßen um eine verfeinerte Methode zur Feststellung der Reaktionsbewegungen, insofern als nicht die relativ plumpen Reaktionsbewegungen des ganzen Körpers, sondern die einzelner Extremitäten bei bestimmten, fein abgestuften Innervationsvorgängen, nämlich beim Zeigen auf einen bestimmten Gegenstand, als Indikator benützt werden. Der Zeigeversuch wird so ausgeführt, daß die untersuchte Person bei geschlossenen Augen den Auftrag erhält, einen vor sie hingehaltenen Zeigefinger mit dem Zeigefinger einer oberen oder den Zehen bzw. Ballen einer unteren Extremität periodisch zu berühren, und hiernach wieder von der Berührung abzulassen, und zwar in der Weise, daß die hierzu erforderlichen Innervationsvorgänge möglichst ausschließlich durch Beugung und Streckung nur eines Gelenkes bei Fixierung in den übrigen Gelenken vorgenommen werden. Zuvor wurde unter Führung der Extremität durch die Hand des Untersuchers die erforderliche Bewegung einige Male passiv vorgemacht. Wir können auf diese Weise die Bewegungen in den einzelnen Gelenken getrennt prüfen, wobei für die oberen Extremitäten sämtliche drei Gelenke (Hand-, Ellenbogen- und Schultergelenk), für die unteren dagegen praktisch nur das Hüftgelenk in Betracht kommt. Eine Durchprüfung in dem genannten Gelenke ist deswegen erforderlich, weil zuweilen nur die Bewegungen in dem einen oder dem anderen die noch zu besprechenden Störungen zeigen. Bei Anstellung eines derartigen Versuches wird in der Regel bei völlig normalen Verhältnissen kein Fehler gemacht. Im Stadium der Dekompensation erfolgt namentlich bei peripherer Labyrintherkrankung Vorbeizeigen in typischer Weise analog dem Abweichen bzw. Umfallen des ganzen Körpers bei Gehen oder Stehen mit geschlossenen Augen und zwar bei nach rechts gerichtetem Nystagmus nach der linken Seite und umgekehrt. Das Auftreten der Reaktionsbewegung ist also bei dieser Prüfung an eine willkürliche Innervation geknüpft.

Nach wieder eingetretener Kompensation fällt bei kompletter Ausschaltung des Vestibularapparates dieses Phänomen wieder fort, nur bei leichterer und teilweiser Läsion der höheren supranukleären Bahnen kann es zuweilen in abgeschwächter Form dauernd bestehen bleiben. Die Diagnose der peripheren Vestibularerkrankungen kann indessen durch diesen Versuch nicht wesentlich gefördert werden, da gleichzeitig typischer Nystagmus auftritt als wesentlich charakteristischeres und leichter feststellbares Symptom. Seine klinische Bedeutung ist vielmehr darin zu sehen, daß er uns bei intaktem peripheren Apparat unter Umständen eine Unterbrechung in der supranukleären Leitung, bzw. eine Läsion der im Kleingehirn gelegenen Zentren bei der Auslösung dieser Reaktion dadurch anzeigen kann, daß während eines artifiziell hervorgerufenen typischen Dekompensationszustandes durch Erregung des peripheren Apparates mit Rotation oder Abspritzen trotz Auftretens des typischen Nystagmus die Reaktion des Vorbeizeigens ausbleibt. Dieses Symptom können wir bei Akustikustumoren und Abszessen, Schädeltraumen, die das Kleinhirn mitbetreffen und ähnlichen Affektionen beobachten. Es kann unter Umständen (namentlich nach traumatischer Läsion) das einzigste Symptom sein, das auf eine frühere Verletzung des Kleinhirns bzw. der höheren supranukleären Bahnen hindeutet.

Auch zur Erkennung des Sitzes von Augenmuskellähmungen kann nach Barany die genaue Funktionsprüfung der Vestibularbahnen behilflich sein, und zwar auf Grund folgender Erwägungen. Es scheint als feststehend angesehen werden zu können, daß die langsame Bewegung des vestibulären Nystagmus in den primären Augenmuskelkernen ausgelöst wird. Die Auslösung der raschen Bewegung muß in dem allerdings bezüglich seiner Lage noch hypothetischen Blickzentrum vermutet werden. Eine Unterbrechung der peripheren Nerven oder eine Zerstörung der primären Kernregion läßt demnach nach Barany die vestibulären Augenbewegungen, soweit sie trotz Lähmung der befallenen Augenmuskeln durchführbar sind, unbeeinflußt. Eine doppelseitige Unterbrechung der Vestibularfasern vor ihrer Endigung in den primären Kernen dagegen muß die vestibularen Augenbewegungen vollständig aufheben. Eine Unterbrechung zwischen Kernen und Blickzentrum, bzw. im Blickzentrum selbst, läßt die langsame vestibuläre Augenbewegung ungestört, so daß dementsprechend bei geeigneten vestibulären Reizen eine unwillkürliche Drehung der Augen bis zur maximalen Seitenwendung eintritt. Eine oberhalb des Blickzentrums gelegene, selbst doppelseitige Unterbrechung übt auf das Auftreten vestibularer Augenbewegungen keinerlei Einfluß mehr aus.

Im Gegensatz zu dem Verhalten der supranukleären Vestibularbahnen pflegen halbseitige Läsionen der supranukleären Hörleitung keine charakteristischen Erscheinungen hervorzurufen. Durch Alteration der supranukleären Bahnen bedingte Hörstörungen spielen daher klinisch eine durchaus untergeordnete, bzw. überhaupt keine Rolle. Auch die zentralen Hörstörungen sind deswegen recht selten, weil sie, wie uns klinische Beobachtungen und experimentelle Untersuchungen gezeigt haben, nur bei doppelseitiger Läsion der Schläfenlappen auftreten. Sie erfolgen regelmäßig mit oder nach Einsetzen schwerer allgemeiner zerebraler Symptome, da sie ja meist durch apoplektische Insulte oder durch sonstige ausgedehnte endokranielle Erkrankungsherde (Tumoren etc.) bedingt sind, und kommen infolgedessen relativ selten in die Behandlung, bzw. Beobachtung, des Otiaters. Die Zahl der bisher bei solchen Fällen vorgenommenen ausführlichen Funktionsprüfungen ist daher noch recht klein und läßt noch nicht die Aufstellung gewisser gesetzmäßig vorhandener Eigentümlichkeiten zu. Es scheint indessen bei diesen Fällen eine auffallende Differenz zwischen Hörvermögen für Töne, Geräusche, einzelne Laute einerseits und zusammenhängende Worte und Sätze andererseits besonders charakteristisch zu sein, falls überhaupt noch Hörvermögen vorhanden ist. Es kann dies kaum verwunderlich erscheinen, wenn man bedenkt, daß diese Hörstörung recht häufig in eine rein sensorische, bzw. amnestischen Aphasie übergeht, die ja durch Läsion der in der Nachbarschaft des Hörzentrums gelegenen W.ndungen des linken Schläfenlappens hervorgerufen wird (vgl. Bd. V, Erkrankungen des Großhirns). Zur Sicherung der Diagnose sollte indessen in den Fällen, bei denen eine zentrale Taubheit angenommen wird, falls sie zur Sektion kommen, die genaue histologische Untersuchung des Gehörorganes, die dann einen negativen Befund liefern müßte, niemals unterlassen werden.

E. Schwindel und Ohrensausen.

Schwindel und Ohrensausen sind zwei Symptome, die bei Erkrankungen verschiedenster Art als Begleiterscheinungen auftreten können und auch, wenn sie mit Hörstörungen kombiniert sind, häufig stärkere Belästigung für die befallenen Kranken bedingen als diese. Es dürfte daher trotz der bei Besprechung der einzelnen Affektionen zum Teil schon erfolgten Hinweise manchem der Leser erwünscht sein, anhangsweise noch einen kurzen zusammenhängenden Überblick über die wichtigsten bei Vorwiegen dieser Symptome anzustellenden Erwägungen zu erhalten.

Beim **Schwindel** interessiert uns vor allem eine genaue Feststellung der Art desselben. Wir können auf Grund einiger charakteristischer Eigentümlichkeiten fast stets den Ohrschwindel — oder richtiger gesagt, den von den vestibulären Bahnen ausgelösten Schwindel — von den sonstigen oft ebenfalls von den Patienten als Schwindel bezeichneten Schwächezuständen, Ohnmachtsanwandlungen und ähnlichen Zuständen unterscheiden. Er gibt sich häufig schon in der Schilderung der Kranken als Dreh- oder Karusselschwindel zu erkennen, insofern als die betroffenen Kranken, namentlich bei aufrechter Körperhaltung, die Empfindung haben, entweder sich selbst in Drehung zu befinden, oder daß ihre Umgebung sich um sie zu drehen, bzw. nach einer Seite auszuweichen scheint. Hieraus entspringt dann die auch objektiv nachweisbare Neigung der Kranken, nach der einen oder der anderen Seite abzuweichen oder umzufallen. Wir können ferner, falls wir in der Lage sind, die Kranken während eines derartigen Schwindelanfalles zu beobachten, die bereits oben ausführlich beschriebenen als Begleiterscheinungen der Dekompensation aufzufassenden nystagmischen Zuckungen der Augäpfel feststellen (vgl. S. 433). Sie stehen insofern meist in einem gesetzmäßigen Konnex mit der Richtung des Schwindels, als die scheinbare Drehung der Umgebung in der Regel im Sinne der langsamen Komponente des Nystagmus zu erfolgen scheint und zu einem Abweichen oder Umfallen in der gleichen Richtung führt.

Das subjektive Schwindelgefühl und die hierdurch bedingten Desorientierungen bleiben indessen auch nach Abklingen der nystagmischen Zuckungen häufig noch längere Zeit bestehen, zumal falls sie durch Ausfall einseitiger oder auch doppelseitiger Impulse bedingt waren. Ihre Abhängigkeit von einer Läsion der Vestibularbahnen ist in diesem Stadium durch die ebenfalls oben ausführlich besprochenen Prüfungen auf Reaktionsfähigkeit dieser Bahnen zu erkennen, die entweder den Ausfall der normalen Erregung von einer oder auch beiden Seiten aus ergeben oder zuweilen auch eine deutliche, meist einseitig gesteigerte Erregbarkeit erkennen lassen. Das letztere beobachten wir manchmal auch ohne gleichzeitige Hörstörungen, aber häufig kombiniert mit Ohrensausen und halbseitiger, ev. gekreuzter gesteigerter Reflexerregbarkeit bei zerebralem Sitz der Läsion infolge leichter apoplektischer Insulte, nach Commotio cerebri u. dgl. Für die Lokalisation der den Schwindel auslösenden Erkrankungsherde gelten im übrigen die gleichen Erwägungen, die bei Besprechung der Erkrankungen des inneren Ohres und der zugehörigen Nervenbahnen ausführlich erörtert wurden.

Sonstige Schwindelanfälle, die ohne die genannten charakteristischen Eigentümlichkeiten auftreten, dürfen nicht auf das Ohr oder die vestibulären Bahnen bezogen werden.

Bei den Klagen über **subjektive Geräusche** ist in erster Linie die Frage zu entscheiden, ob die vorhandenen Geräusche als Begleiterscheinung einer lokalen Erkrankung des Gehörorganes, bzw. des Hörnerven, auftreten oder unabhängig von solchen Erkrankungsprozessen sind. Wir können die Entscheidung hierüber meist mit recht großer Sicherheit mit Hilfe einer genauen Funktionsprüfung des Gehörorganes fällen, und zwar insofern, als bei normalem Hörvermögen auftretende Geräusche in der Regel nicht durch ein lokales Ohrleiden bedingt sind — es sei denn, daß es sich um die allerersten Anfänge eines solchen Leidens handelt, was sich ja allermeist nach relativ kurzer Beobachtungszeit entscheiden läßt.

Betrachten wir zunächst diese Gruppe subjektiver Geräusche, die nicht auf einem organischen Ohrenleiden beruhen und daher gerade für die hier anzustellenden Betrachtungen von besonderem Interesse sind, so kommt, nachdem ihre Unabhängigkeit von einem Ohrenleiden festgestellt ist, zunächst eine genaue Bestimmung des Charakters der Geräuschempfindungen in Betracht. Diese hat weniger die akustischen Eigentümlichkeiten als die Feststellung ihres Rhythmus zu berücksichtigen. Hierbei ergeben sich zwei Möglichkeiten: entweder es handelt sich um in regelmäßig rhythmischen Unterbrechungen an- und abschwellende Geräusche, die bald als Klopfen, pulsierendes Sausen geschildert, dem Schwungrad einer Maschine oder ähnlichen regelmäßig intermittierenden Geräuschen verglichen werden, oder die Geräusche werden mehr als kontinuierlich fortklingende, nur durch unregelmäßige Intervalle ab und zu unterbrochen empfunden.

Die erste Form der Gehörsempfindungen mit pulsierendem Charakter beruht wohl zweifellos auf Perzeption eines innerhalb der Gefäßbahnen entstehenden Tones oder Geräusches und muß daher zu einer genauen Untersuchung in dieser Richtung Veranlassung geben. Zuweilen handelt es sich um ein Vitium cordis, speziell Aortenfehler, oder auch um Myokarditis mit Aortenerweiterungen, häufiger um Kompressionen der in Frage kommenden Arterien, vor allem der Karotis und ihrer in die Umgebung des Ohres ausstrahlenden Äste durch Drüsenschwellungen am Halse, Strumen oder ähnliche Prozesse. Auch auf Arteriosklerose beruhende Erkrankungen und Verengerungen des Gefäßrohres, deren Sitz allerdings meist nicht genau zu bestimmen ist, spielen bei der Auslösung dieser Geräusche eine große Rolle.

Bei einigen solcher Fälle von sich in besonders hohem Grade quälend bemerkbar machenden pulsierenden Geräuschen ist auch die Annahme eines Aneurysmas einer der in nächster Nähe des Gehörorganes, bzw. intrakraniell, verlaufenden Arterien gemacht worden, meist mit Rücksicht auf die Tatsache, daß das Geräusch auch objektiv bei Auskultation wahrnehmbar war. Charakteristisch für diese Form der Ohrgeräusche ist meist, daß sie bei Kompression der Karotis aufhören oder wenigstens in ihrer Intensität herabgesetzt werden und andererseits zuweilen durch Stauungen innerhalb der venösen Bahnen — sei es infolge von leichter Kompression oder infolge bestimmter Körperhaltungen und Kopfstellungen (Bücken, forcierte Seitendrehung oder Neigung des Kopfes nach hinten) — verstärkt zu werden pflegen.

Der zweite Typus dieser ohne Hörstörungen einhergehenden Gruppe subjektiver Gehörsempfindungen ist, wie schon erwähnt, dadurch charakterisiert, daß die Geräusche zwar meist nicht dauernd in gleicher Intensität anhalten, vielmehr bald etwas nachlassen oder gänzlich schwinden, bald wiederum in besonderer Intensität hervortreten, daß sie aber während ihres Bestehens sich durch ihr gleichmäßiges ununterbrochenes Forttönen auszeichnen. Sie werden dementsprechend häufig dem Geläut von Glocken oder Klingeln, dem Tosen eines Wasserfalles, dem Siedegeräusch kochenden Wassers, dem Gang einer Maschine oder ähnlichen im täglichen Leben unterlaufenden, kontinuierlich anhaltenden Geräuschen verglichen, wobei allerdings meist solche mit relativ hohem Toncharakter bevorzugt werden. Diese Form pflegen wir als „nervöses Ohrensausen" zu bezeichnen. Es steht entweder im Zusammenhang mit einer auf organischen Veränderungen beruhenden gesteigerten Erregbarkeit des Nerven, meist verbunden mit erhöhter Reizbarkeit des gesamten Nervensystems, oder tritt als typische Begleiterscheinung der Neurasthenie auf. Nachdem durch Zwaardemaker der Nachweis erbracht ist, daß in einem absolut geräuschlosen Zimmer in jedem menschlichen Ohre physiologische Geräusche (Sausen, Klingen u. dgl.) wahrnehmbar sind, liegt es nahe, die Erklärung für das Auftreten des „nervösen Ohrensausens" in einem abnorm starken Hervortreten dieser an sich physiologischen Geräusche zu suchen — sei es infolge einer erhöhten Reizbarkeit des Nerven selbst, sei es, weil die befallenen Personen infolge ihrer pathologischen psychischen Verfassung diesen von ihnen als krankhaft angesehenen Geräuschen ihre ganze Aufmerksamkeit in abnormer Weise zuwenden.

Daß zuweilen auch kontinuierlich anhaltende Geräusche objektiv durch Auskultation wahrnehmbar sind, nämlich wenn sie auf Kontrakturen der Tubenmuskulatur oder des Tensor tympani beruhen, soll wegen der großen Seltenheit dieses Ereignisses hier nur beiläufig mit erwähnt werden.

Eine lokale Therapie erscheint dieser Gruppe von subjektiven Gehörsempfindungen gegenüber zwecklos. Bei dem an zweiter Stelle beschriebenen Typus ist vor ihr, namentlich wenn es sich um Neurastheniker handelt, direkt zu warnen, da sie in der Regel mehr schadet als nützt, weil gerade hierdurch die Aufmerksamkeit nur noch stärker auf das Ohr und die in ihm empfundenen Geräusche gelenkt wird. In den Vordergrund der Behandlung muß selbstverständlich die zugrunde liegende Zirkulationsstörung beim pulsierenden und der Zustand des Nervensystems beim nervösen Ohrensausen treten. Die hierbei in Betracht kommenden therapeutischen Maßnahmen ergeben sich aus der Art der vorhandenen Störung meist ohne weiteres und sind in den diese Leiden behandelnden Kapiteln nachzusehen. Symptomatisch wird außerdem bei nervösem Ohrensausen empfohlen: Bromkali, Valerianapräparate, Chinin, auch Schwitzkuren und Pilokarpin, hydrotherapeuische Prozeduren (heiße Fußbäder, heiße Einpackungen der Füße und Beine), Gymnastik und Massage.

Die zweite große Gruppe subjektiver Gehörsempfindungen ist gepaart mit mehr oder weniger intensiven Einschränkungen des Gehörs und beruht wie diese auf im Gehörorgan selbst lokalisierten Erkrankungsprozessen verschiedenster Art. Hier prädominieren bei ihrer Auslösung die nicht mit eiteriger Entzündung der Schleimhaut einhergehenden akuten und chronischen Erkrankungsprozesse des Mittelohres und die nicht eiterigen Erkrankungen des inneren Ohres (Mittelohrkatarrh, Adhäsivprozeß und Otosklerose einerseits, Nerv- und Labyrintherkrankungen andererseits). Soweit diese Erkrankungsprozesse Berührungspunkte zur internen Medizin aufweisen, sind diese schon bereits in den betreffenden Kapiteln ausführlich besprochen. Wo dies nicht der Fall ist, handelt es sich um rein spezialistisches Gebiet, dessen Besprechung nicht mehr hierher gehört. Auch diese Geräusche können sowohl pulsierenden Charakter zeigen (vor allem bei der Otosklerose), als auch kontinuierlich fortklingen und werden dann in ganz analoger Weise geschildert, wie die kontinuierlich ohne Hörstörung auftretenden. Bei diesen Formen des Ohrensausens spielen selbstverständlich neben einer ev. ebenfalls in Betracht kommenden Allgemeinbehandlung auch die lokalen therapeutischen Prozeduren (Luftdusche, Tubenbougierung, Tubenelektrolyse, Pneumo-Massage, sonstige galvanische, bzw. elektrolytische Behandlung, Heißwasser- oder Heißluftapplikation u. dgl.) eine große Rolle. Welche von den in Betracht kommenden Methoden im gegebenen Fall anzuwenden ist, das hängt von den Eigentümlichkeiten des vorliegenden Falles ab, vor allem auch von der Art der vorliegenden Ohrerkrankung selbst. Die Entscheidung hierüber muß, ebenso wie die Feststellung dieser, dem spezialistisch geschulten Arzte überlassen bleiben.

Auch bei dieser Form der Ohrgeräusche ist regelmäßig in Erwägung zu ziehen, daß es sich bei der Auslösung des Geräusches um kombinierte Vorgänge handeln kann. Neben dem vorliegenden organischen Leiden spielt auch hier häufig eine besondere psychische — speziell neurasthenische — Veranlagung eine große Rolle. Sie kann unter Umständen sogar derartig in den Vordergrund treten, daß auch in therapeutischer Hinsicht die für die rein neurasthenischen Geräusche angegebenen Gesichtspunkte bei der Bestimmung der anzuwendenden Therapie den Ausschlag geben müssen.

Literatur.

Die Erkrankungen des äußeren Ohres im Zusammenhang mit der inneren Medizin.

Die Lehrbücher der Ohrenheilkunde von Politzer, Körner, Bezold, Urbantschitsch, Denker-Brünings, Bönninghaus, Ostmann u. a.

Varizellen.
Bürkner, Arch. f. Ohrenheilk. Bd. 18, S. 300.

Variola.
Wendt, Arch. f. Heilk. Bd. 13.

Primäre Diphtherie.
Treitel, Deutsche med. Wochenschr. 1893, S. 1388.

Gichttophie.
Ebstein, Deutsch. Arch. f. klin. Med. Bd. 80.

Akromegalie.
Sternberg, Zeitschr. f. klin. Med. Bd. 27, S. 86.

Herpes zoster oticus.
Jaehne, Arch. f. Ohrenheilk. Bd. 93, S. 178.

Die Erkrankungen des Trommelfelles und des Mittelohres in ihren Beziehungen zur inneren Medizin.

1. Das Trommelfellbild.

Großmann, Berl. klin. Wochenschr. 1901.
Wolf, Monatsschr. f. Ohrenheilk. 1908, S. 88.
Fiedler, Arch. f. Ohrenheilk. Bd. 76, S. 256.

2. Die akute Otitis media und die Mastoiditis.

Zusammenfassende Bearbeitungen.

Die bereits zitierten Lehrbücher.
Körner, Erkrankungen des Schläfenbeines. Bergmann, Wiesbaden, 1899.
Kümmel, Verhandl. d. Deutsch. otolog. Gesellsch., Bremen 1907.

Bakteriologie.

Verhandl. d. Deutsch. otolog. Gesellsch., Bremen 1907.
Süpfle, Zentralbl. f. Bakteriol., Parasitenk. u. Infektionskrankh. Bd. 42, 1906.
Stütz, Passows Beiträge. Bd. 7, S. 100 (Mukosus-Otitis).
Urbantschitsch, E., Monatsh. f. Ohrenheilk. 1916, Bd. 50 (Typhus-Otitis).

Therapie.

Verhandl. d. Deutsch. otolog. Gesellsch. 1902 (Trier).
Verhandl. der otolog. Sekt. auf der 74. Versamml. deutsch. Naturforsch. u. Ärzte in Karlsbad 1902.

3. Die chronischen Mittelohreiterungen.

Die zitierten Lehrbücher und Körner, Erkrankungen des Schläfenbeins l. c.

4. Die otogenen endokraniellen Komplikationen.

Die bereits zitierten Lehrbücher.
Körner, Die otitischen Erkrankungen des Hirns, der Hirnhäute und der Blutleiter. Bergmann, Wiesbaden, 1902, mit Nachträgen von 1908.
Macewen, Pyogenic infective Disaeses of the Brain and spinal cord. Glasgow, James Madehose and Sons. (Deutsche Übersetzung von Rudloff, Wiesbaden.) 1893.

Hirnabszeß, rechtseitig mit Aphasie.

Heine, Verhandl. der Deutsch. otolog. Gesellsch. 1903, Wiesbaden.
Wittmaack, Arch. f. Ohrenheilk. Bd. 73.

Differentialdiagnose gegenüber Tumor etc.

Schwartze, Arch. f. Ohrenheilk. Bd. 38, S. 283.
Heßler, Arch. f. Ohrenheilk. Bd. 36.
Schultze, Arch. f. Ohrenheilk. Bd. 59.

Meningitis. Differentialdiagnose gegenüber tuberkulöser.

Schwartze, Arch. f. Ohrenheilk. Bd. 81.

„Intermittierende" Form.

Brieger, Verhandl. d. Deutsch. otolog. Gesellsch. 1899.

Operative Behandlung.

Preysing, Verhandl. d. Deutsch. otolog. Gesellsch. 1912 (Hannover).

„Seröse"

Körner l. c.
Merkens, Deutsche Zeitschr. f. Chir. Bd. 59.

Sinusphlebitis.

Verhandl. d. Deutsch. otolog. Gesellsch. 1901 (Breslau).
Verhandl. d. Deutsch. otolog. Gesellsch. 1907 (Bremen).
Leutert, Münch. med. Wochenschr. 1909, Nr. 45.

**5. Die Beziehungen der Mittelohrkatarrhe, Adhäsionsprozesse und der Oto-
sklerose zur inneren Medizin.**

Fazialislähmung.

Stenger, Deutsch. Arch. f. klin. Med. 1904, Bd. 81.
Moskovitz, Wien. med. Wochenschr. 1913, Nr. 34.
Konf. außerdem die zitierten Lehrbücher.

Die Erkrankungen des inneren Ohres usw.

Cochlear- und Labyrintherkrankungen.

Manasse, Zeitschr. f. Ohrenheilk. Bd. 52.
Wittmaack, Arch. f. Ohren-, Nasen- u. Kehlkopfheilk. Bd. 99 und Beitr. z. Klin. d.
Infektionskrankh. etc. 1916, Bd. 5, 2.
Alexander, Lymphomatöse Ohrerkrankungen. Zeitschr. f. Heilk. Bd. 27.

Polyneuritis.

Hammerschlag, Arch. f. Ohrenheilk. Bd. 52, S. 12.
Hegener, Zeitschr. f. Ohrenheilk. Bd. 55.
Schönborn, Münch. med. Wochenschr. 1907, Nr. 20.

Vestibularapparat.

Barany-Wittmaack, Referat, Verhandl. d. Deutsch. otolog. Gesellsch. 1911 (Frankfurt a. M.).

Zentrale Hörstörung.

Bönninghaus, Zeitschr. f. Ohrenheilk. Bd. 49.
Panse, Arch. f. Ohrenheilk. Bd. 70.
Rothmann, Passows Beiträge zur Anatomie, Pathologie etc. des Ohres, der Nase und
des Kehlkopfes. Bd. 1, Heft 3.

Schwindel und Ohrensausen.

Die zitierten Lehrbücher und die unter Erkrankungen des inneren Ohres angeführten
Arbeiten.

Subjektive Geräusche.

Hegener und Schäfer, Verhandl. d. Deutsch. otolog. Gesellsch. 1909, Basel.
Wittmaack, Deutsche med. Wochenschr. 1912, Nr. 39.
Stein und Pollack, Arch. f. Ohrenheilk. Bd. 96, S. 216.

Krankheiten des Auges im Zusammenhang mit der inneren Medizin.

Von

L. Bach-Marburg †.

Nach des Verfassers Tode bearbeitet

von

P. Knapp-Basel.

Mit 44 Abbildungen.

A. Allgemeiner Teil.

Ich beginne mit der Schilderung des Ganges einer methodischen Untersuchung zur Feststellung der Augenbefunde, die für die Diagnose eines Allgemeinleidens und der Erkrankung fernabliegender Organe von Wichtigkeit, ja nicht selten von ausschlaggebender Bedeutung sein können.

In Anbetracht des mir knapp zubemessenen Raumes muß ich die äußerste angängige Kürze der Darstellung wählen. Sehr seltene und schwierig zu deutende Befunde, die den Rat erfahrener Augenärzte erheischen, sowie unwichtige Anomalien werde ich nur kurz streifen oder ganz übergehen.

Kenntnis und hinreichende Übung in der Technik der Untersuchungsmethoden (umgekehrtes und aufrechtes Bild, durchfallendes Licht, seitliche Beleuchtung, Sehschärfe- und Refraktionsbestimmung, Perimetrieren, Farbensinnprüfung etc.) muß ich voraussetzen.

Objektive Untersuchung.

Die objektive Untersuchung beginnt stets mit der äußerlichen Betrachtung der Augen. Ihr folgt in der Regel die Untersuchung bei schiefer Beleuchtung, im durchfallenden Licht, im umgekehrten und ev. auch aufrechten Bild, die Feststellung der Pupillenweiten und -reaktionen, die objektive Bestimmung der Refraktion, am besten unter Zuhilfenahme von Skiaskop und Ophthalmometer, die Prüfung der zentralen Sehschärfe, des Gesichtsfeldes, ev. des Farben- und Lichtsinns.

Lidspalte.

Zunächst hat man sich davon zu überzeugen, ob die Lidspaltenhöhe beiderseits gleich ist und in den physiologischen Grenzen sich bewegt oder ob nennenswerte Differenzen zwischen beiden Augen bestehen. Ist die Lidspaltenhöhe abnorm niedrig, so ist in erster Linie an eine Lähmung der Lidheber zu denken und zwar des vom Nerv. oculomotorius versorgten Musc. levat. palp. sup. oder des vom Sympathikus innervierten Musc. palp. sup.

Bei der Entscheidung der Frage, welcher dieser beiden Muskeln gelähmt ist, spielt einmal der Grad der Ptosis eine Rolle — der höhere Grad pflegt bei Lähmung des Musc. lev. palp. sup. vorhanden zu sein —, dann die Kombination mit anderen Störungen. Bei der Lähmung des Musc. palp. sup. muß auf andere Sympathikusstörungen, z. B. einseitige Störung der Schweißabsonderung, Miosis, Enophthalmus, Herabsetzung des intraokularen Druckes geachtet werden.

Eine Ptosis kommt auch bei der Myasthenie vor infolge Erschlaffung des Musc. levat. palp. sup. selbst. Bei dieser Sachlage ist der Grad der Ptosis ein wechselnder, indem er bei Ermüdung wesentlich zuzunehmen pflegt. Dieser Angabe begegnen wir übrigens manchmal auch bei der auf Sympathikusstörung beruhenden Ptosis. Vorgetäuscht kann eine Ptosis werden durch Herabhängen der stark vergrößerten Deckfalte des Oberlides. Zu beachten ist ferner, daß eine Verkleinerung der Lidspalte in vertikaler Richtung auch bedingt sein kann durch einen Krampfzustand des vom Fazialis innervierten Orbikularis, der meist reflektorisch durch Trigeminus- oder Netzhautreiz ausgelöst ist. Ist die Verkleinerung der Lidspalte bedingt durch eine Lähmung der Lidheber, so ist die Stirnhaut in horizontale Falten gelegt, indem der Patient durch Kontraktion der Stirnmuskeln die Lider zu heben sucht, besteht hingegen ein Orbikulariskrampf, so sehen wir vertikal gestellte Falten in der Mitte der Stirn über dem Nasenrücken.

Erwähnt sei noch, daß eine Verkleinerung der Lidspalte ihre Ursache auch in einer Verdickung und Schwellung des Oberlides infolge von entzündlichen Affektionen der Lider, des Tränensackes, des Auges, der Augenhöhle, sowie auch infolge von Nephritis haben kann.

Als Ursache der Lähmung des Musc. levat. palp. sup. kommen angeborene Störungen, Infektionen, Intoxikationen, Traumen, als Ursache der Lähmung des Musc. palp. sup. kommen direkte Läsionen des Halssympathikus oder Druckwirkung auf denselben durch geschwollene Drüsen, Strumabildung etc. in Betracht.

Bei der Untersuchung der Lidspaltenverhältnisse ist ferner stets die Frage zu entscheiden, ob ein normaler Lidschluß möglich ist. Ist dies nicht der Fall, so liegt, von mechanischen Verhältnissen abgesehen, eine Lähmung der Orbikularisäste des Fazialis vor. Dieselbe spricht in erster Linie für eine periphere Läsion des Fazialis, da bei peripheren Lähmungen des Fazialisstammes das ganze Gebiet des Nerven (Lippen-, Wangen-, Augen- und Stirnteil) betroffen ist. Einseitige supranukleäre Läsion der Fazialisbahn lähmt nur den unteren Teil (Lippen und Wangen) der Gesichtsmuskulatur, weil die Stirnmuskeln und die Lidschließer nicht nur von einer, sondern von beiden Hemisphären her innerviert werden, als in der Regel synergisch wirkende Muskeln. Eine doppelseitige supranukleäre Leitungsunterbrechung und ebenso die Zerstörung eines Fazialiskernes, in dem die Fasern beider Hirnhemisphären bereits zusammengelaufen sind, führt aber wieder zu einer Lähmung sämtlicher Muskeln. Bei nukleären Fazialislähmungen werden zudem meist der Abduzens weiterhin auch Pyramiden- oder sensible Bahnen mitbetroffen.

Die Ursachen der Fazialislähmung sind bei den Erkrankungen des Nervensystems nachzusehen.

In seltenen Fällen beobachten wir eine relativ weite Lidspalte und es handelt sich dann, von mechanischen Verhältnissen abgesehen, vermutlich um Reizzustände im Sympathikus. Dieser Zustand wird am häufigsten bei Basedowkranken und bei Paralytikern festgestellt.

Ferner ist zu erwähnen, daß das normalerweise bei der Blicksenkung erfolgende Herabsinken der oberen Lider ein- oder doppelseitig fehlen kann (sog. Graefe'sches Symptom). Als Ursache dieses Symptoms, insbesondere des doppelseitig auftretenden, kommt in erster Linie die Basedowsche Erkrankung in Betracht. Das einseitig auftretende Graefesche Symptom habe ich bisher nur als Residuum einer zurückgegangenen Lähmung des Musc. levat. palp. sup. beobachtet.

Lage der Augäpfel in der Orbita.

Hat man sich über das Verhalten der Lider und der Lidspalte Klarheit verschafft, so sucht man die Frage zu entscheiden, ob die Lage der Bulbi in der Orbita beiderseits eine gleiche ist und zwar interessiert zunächst die Frage, ob ein Bulbus weiter zurück- oder weiter vorliegt, weiterhin die, ob beide Bulbi verhältnismäßig weit aus der Orbita hervortreten oder in sie zurückgesunken sind.

Dabei ist zu berücksichtigen, daß in bezug auf den Bau beider Gesichtshälften somit auch in bezug auf den Bau beider Orbita weitgehende Asymmetrien vorkommen. Bei nicht sehr ausgesprochenen Differenzen in der Lage der Bulbi kann es deshalb Schwierigkeiten bieten, ja bei einer einmaligen Untersuchung unmöglich sein, mit Bestimmtheit anzugeben, ob ein pathologischer Zustand vorliegt. Eine fortgesetzte Beobachtung wird meist eine sichere Entscheidung ermöglichen, besonders wenn man sich über die Lage des Augapfels zu dem äußeren Orbitalrand durch Messung, am besten durch sog. Exophthalmometer Gewißheit verschafft. Aus eigener Erfahrung kenne ich den Hertelschen Exophthalmometer und glaube ihn empfehlen zu dürfen [1]).

Steht ein solches Instrument nicht zur Verfügung, so empfehle ich nach dem Vorschlag von Schmidt-Rimpler ein mit Teilstrichen versehenes Metallineal, an welchem ein verschiebbares Stäbchen angebracht ist, zu benutzen. Man setzt das Lineal auf den äußeren knöchernen Orbitalrand auf und schiebt das Stäbchen so weit heran, bis es nahezu den Hornhautscheitel berührt.

Bei einseitigem Exophthalmus hat man zunächst an orbitale Neubildungen zu denken. Neubildungen, die nicht im hinteren Abschnitt der Orbita ihren Sitz haben, verdrängen den Augapfel nicht nur nach vorn, sondern auch in der dem Sitze der Geschwulst entgegengesetzten Richtung.

Von bösartigen Neubildungen der Orbita nenne ich die vom Orbitalgewebe, manchmal vom Optikus ihren Ausgang nehmenden Sarkome, die von den Orbitalwänden ausgehenden Osteome sowie die Karzinome, welch letztere zwar primär in der Orbita von der Tränendrüse aus vorkommen, in der Regel aber als metastatische Tumoren beobachtet werden.

Die gutartigen Neubildungen sind entweder angeboren (Dermoidcyste, Encephalocele, Bulbuscysten) oder erworben (Echinokokken, Cysticerken, Gefäßgeschwulste, Neurome, Lymphome).

Bestehen neben dem Exophthalmus entzündliche Erscheinungen in der Orbita, die sich in der Regel sehr bald in einem entzündlichen Ödem der Bindehaut und Lider äußern, so kann man an einen luetischen oder tuberkulösen Prozeß in der Orbita denken, in der Mehrzahl der Fälle handelt es sich jedoch, wenn wir von dem sekundären Exophthalmus bei Panophthalmie und von den infizierten Verletzungen des Orbitalgewebes absehen, um Entzündungsprozesse, die von den Nebenhöhlen (Stirnhöhle, Kieferhöhle, Siebbeinzellen, Keilbeinhöhle) oder von primären Zahnaffektionen auf die Augenhöhle übergegriffen haben. Selten kommt es zu Orbitalphlegmonen bei Infektionskrankheiten, insbesondere bei Scharlach und Masern.

---

[1]) Er ist durch die Firma Zeiß in Jena zu beziehen.

Entzündliche Ergüsse in den Tenonschen Raum mit Exophthalmus sind bei Influenza, Rheumatismus und Gicht beobachtet. Erwähnt sei, daß sowohl eine septische, als eine marantische Thrombose des Sinus cavernosus auf die Venen der Orbita ein- oder doppelseitig sich fortpflanzen und Exophthalmus hervorrufen kann. Von anderen Ursachen des einseitigen Exophthalmus seien noch Blutungen in die Augenhöhle, Ophthalmoplegia externa und sehr selten Basedowsche Krankheit genannt.

Einen pulsierenden Exophthalmus beobachten wir bei Verletzungen der Carotis interna, z. B. durch abgesplitterte Knochensplitter bei Basisfrakturen, selten nach spontanen Rupturen der Karotis, wobei das Blut der Carotis interna sich in den Sinus cavernosus und die damit in Verbindung stehenden Orbitalvenen ergießt.

Ein intermittierender Exophthalmus, der zum Beispiel beim Bücken hervortritt, beruht auf variköser Erweiterung der Orbitalvenen.

Doppelseitiger Exophthalmus hat weitaus am häufigsten seine Ursache in Basedowscher Erkrankung, selten in dem Vorhandensein von Leukämie und Pseudoleukämie. Ausnahmsweise beobachtet man auch geringfügigen Exophthalmus bei Hirntumoren.

Erwähnt sei, daß der bei hoher Myopie vorkommende Langbau des Auges auch ein Hervortreten der Augen bewirkt, ferner, daß Exophthalmus bei Turmschädel beobachtet wird.

Motorische Störungen.

Die motorischen Störungen sind häufig und mannigfaltig, da fünf Nerven (Okulomotorius, Trochlearis, Abduzens, Fazialis, Sympathikus) in Betracht kommen.

1. Reizungen.

Auf Reizerscheinungen weist der Nystagmus hin. Dabei pendeln die Augen rhythmisch um einen fixen Punkt hin und her. (Echter Nystagmus, „Pendelnystagmus" nach Bartels). Er ist in der Regel doppelseitig. Am häufigsten erfolgt die pendelnde Bewegung der Augen in horizontaler, selten in vertikaler Richtung. Öfters finden daneben Rollbewegungen der Augäpfel statt. Es kommt vor, daß der Nystagmus nur bei intendierter Blickrichtung eintritt oder dabei an Intensität zunimmt.

Neben dem echten Nystagmus werden häufig nystagmusartige Zuckungen beobachtet, die in der Regel nur auftreten, wenn das Auge in eine extreme Blickrichtung gebracht wird. Dabei lassen sich nach Uhthoff mehr oder weniger deutlich zwei Phasen unterscheiden, eine kurze ruckartige, gefolgt von einer entgegengesetzten, langsamer verlaufenden. („Rucknystagmus" nach Bartels.)

Der Nystagmus wird hauptsächlich bei angeborener oder frühzeitig erworbener Amblyopie und bei Daltonismus beobachtet. Im Falle der Einseitigkeit ist meist Schwachsichtigkeit nur auf diesem Auge vorhanden.

Erworben kommt der Nystagmus bei den verschiedenen Erkrankungen des Zerebrospinalsystems vor, so bei der disseminierten Sklerose, bei der Friedreichschen Krankheit, bei Hirntumoren und Abszessen, insbesondere bei solchen der Kleinhirn- und der Vierhügelgegend, bei Meningitis sowie bei Gehörorganleiden als Folge der labyrinthären Vestibularisreizung. An eine Reizung des N. vestibularis oder seiner Verbindungen mit den Augenmuskeln ist auch in manchen Fällen von Gehirnleiden zu denken.

Künstlich kann man den Nystagmus durch mehrmalige rasche Drehungen um die Körperachse hervorrufen, weiterhin durch Ausspritzen des Ohres mit kaltem oder heißem Wasser. (Baranyscher Versuch.) Ausspritzen mit kaltem Wasser bewirkt beim Menschen Nystagmus nach der anderen Seite, nimmt man heißes Wasser, so tritt dagegen Nystagmus nach der Seite des ausgespritzten Ohres auf. Diese Temperaturdifferenzen bewirken eine Bewegung der Endolymphe, welche ihrerseits auf das Labyrinth reizend wirkt.

Als Berufskrankheit sehen wir den Nystagmus bei den Bergleuten auftreten, welche gezwungen sind, bei der Arbeit den Blick in einer bestimmten Richtung, in der Regel nach oben zu halten, und außerdem bei schlechter Beleuchtung arbeiten müssen. Gleichzeitig damit kommt es manchmal zu einem spastischen Krampf des Akkommodationsmuskels und des Schließmuskels der Pupille, und ganz besonders häufig sind Krämpfe des Orbicularis oculi. Diese Störungen schwinden bei Aufgabe der Grubenarbeit.

Forcierte Seitwärtswendung beider Augen meist kombiniert mit nystagmusartigen Zuckungen (Déviation conjuguée) ist als Symptom einer Hirnreizung anzusehen, namentlich dann, wenn damit eine Drehung des Kopfes nach derselben Seite und Kontraktionserscheinungen in der angeblickten Seite vorhanden sind. Wird z. B. das Linkswenderzentrum in der rechten Gehirnhälfte gereizt, dann blicken beide Augen nach links, sie „sehen vom Herd weg" (s. Blicklähmungen S. 459).

2. Lähmungen [1]).

Die Lähmungen der Lidmuskulatur sind schon besprochen.

An eine Lähmung eines äußeren Augenmuskels ist zu denken, wenn beim Blick geradeaus ein Auge von der Parallelstellung abweicht (Strabismus). Wir haben dabei immer die Frage zu entscheiden, ob es sich um das im Kindesalter so häufig auftretende konkomitierende Schielen oder um Lähmungsschielen handelt. Beide Arten unterscheiden sich dadurch, daß bei dem konkomitierenden Schielen die Blicklinie bei allen Blickrichtungen um einen bestimmten, stets gleichbleibenden Winkel von der Blicklinie des fixierenden Auges abweicht. Beim Lähmungsschielen wechselt dagegen der Schielwinkel an Größe und zwar wird er immer größer, je mehr die Blickrichtung in den Funktionsbereich des gelähmten Muskels fällt. Außerdem ist der sekundäre Schielwinkel (Ablenkung des verdeckten normalen Auges bei Fixation mit dem Schielauge) beim konkomitierenden Schielen gleich, beim Lähmungsschielen dagegen größer als der primäre. Klinisch macht sich eine Augenmuskellähmung hauptsächlich auch durch das Auftreten sehr störender Doppelbilder bemerkbar, während beim konkomitierenden Schielen solche nicht beobachtet werden.

Die Größe des Schielwinkels wird am besten in Graden angegeben, und kann leicht am Perimeter bestimmt werden. Der Patient sitzt am Perimeter und fixiert die Fixationsmarke. Sein schielendes Auge wird dabei eine andere Richtung einnehmen; diese Abweichung kann leicht in Graden gemessen werden, indem man ein Licht dem Bogen des Perimeters entlang führt bis zu dem Punkt, wo dieses Licht direkt von der Pupillenmitte des schielenden Auges aus reflektiert wird. An diesem Punkt liest man am Gradbogen des Perimeters die Größe des Schielwinkels ab.

Die Kranken mit Augenmuskelstörungen halten oft den Kopf in eigentümlicher Weise schief, indem sie versuchen durch die Kopfhaltung den Funktionsausfall des Muskels auszugleichen, z. B. drehen sie den Kopf nach rechts bei einer Lähmung des Rectus externus des rechten Auges. Zur Prüfung der willkürlichen Beweglichkeit des Muskels fordern wir den Kranken

---

[1]) S. a. Bd. 5, Veraguth, Krankheiten der peripheren Nerven.

auf, nach den verschiedenen Richtungen zu blicken oder wir lassen ihn seinen vorgehaltenen Finger fixieren und führen dann diesen Finger nach den verschiedenen Seiten hin.

Geringe Lähmungen von Augenmuskeln lassen sich jedoch auf diese Weise nicht mit Sicherheit nachweisen. Man muß dabei in eine Analyse der bei Augenmuskellähmungen fast stets vorhandenen Doppelbilder eintreten. Allerdings wird nicht immer über ausgesprochenes Doppelsehen geklagt, sondern hier und da sind die Klagen etwas unbestimmt, speziell wird gelegentlich nur Schwindelgefühl angegeben, welches beim Schließen eines oder beider Augen verschwindet. Man wird deshalb bei ganz allgemein gehaltenen Klagen über Sehstörungen manchmal auf Doppelbilder zu prüfen haben. Auch ist zu beobachten, daß Doppelbilder natürlich fehlen, wenn ein Auge nichts sieht oder hochgradig amblyopisch ist, aber auch sonst können sie zuweilen unterdrückt werden. In solchen Fällen kann, namentlich bei frischen Lähmungen, der sog. Tastversuch guten Aufschluß bringen. Man verdeckt das eine Auge und for-

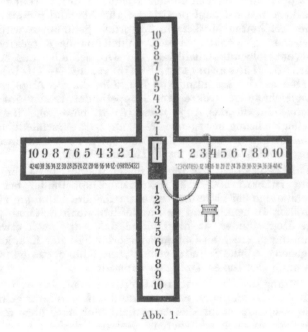

Abb. 1.

dert den Kranken auf, rasch nach einem vorgehaltenen Gegenstand mit dem Finger zu stoßen. Ein Kranker mit einer Augenmuskellähmung stößt mit dem Finger vorbei und zwar auf der Seite, die der Wirkungssphäre des gelähmten Muskels entspricht, z. B. bei einer Lähmung des linken Auswärtswenders nach links.

Zur Feststellung des Doppelbildes empfiehlt es sich, vor ein Auge ein rotes Glas oder ein Maddoxstäbchen halten zu lassen, wodurch dem Kranken die Unterscheidung der Doppelbilder erleichtert wird.

Zur genaueren Festlegung des Grades und der Art der Doppelbilder bedient man sich mit Vorteil des Hirschbergschen Blickfeldmessers oder eines Maddoxkreuzes (Abb. 1).

Der Patient fixiert die im Kreuzungs- (Null-) Punkte des Maddoxkreuzes befindliche Lichtquelle (Abb. 1), die er bei Muskelstörungen doppelt sieht, zumal wenn durch

Vorhalten eines Maddoxstäbchens vor das eine Auge das Doppelbild desselben zu einem Lichtstreifen verändert und somit der Zwang der beidäugigen Verschmelzung ausgeschaltet wird. Die Stellung und Lage der Doppelbilder wird bei den verschiedenen Blickrichtungen und Kopfhaltungen unter Bezug auf die Gradeinteilung des Maddoxkreuzes notiert und gibt so einen Maßstab für Grad und Wirkungsrichtung der Bewegungsstörung. Die größeren Zahlen geben Winkelgrade für 5 Meter, die kleineren für 1 Meter Distanz an.

An dieser Stelle kann nicht in eine genaue Analyse der bei einer Lähmung der einzelnen Muskeln vorkommenden Qualitäten der Doppelbilder eingetreten werden, noch weniger können Kombinationen von Lähmungen mehrerer Muskeln hier besprochen werden. Wer sich darüber orientieren will, sei auf die Lehr- und Handbücher der Augenheilkunde verwiesen, insbesondere auf die vorzügliche knappe Darstellung dieses Gegenstandes von Bielschowsky in dem Axenfeldschen Lehrbuch. Ich beschränke mich hier auf die wichtigsten Hinweise zur Analyse von Doppelbildern, die für viele Fälle der Praxis genügen dürften.

Die Doppelbilder werden in der Richtung des Wirkungskreises des gelähmten Muskels in den Raum projiziert. Ihr Abstand nimmt zu, je mehr die Tätigkeit des gelähmten Muskels in Anspruch genommen wird. Man unterscheidet zwischen gleichnamigen und ungleichnamigen (gekreuzten) Doppelbildern und hat folgende Qualitäten der Doppelbilder auseinanderzuhalten: Seitenabstand, Höhenabstand, Schiefstand. — Gleichnamige Doppelbilder treten auf bei Lähmung von Muskeln, die das Auge nach außen bewegen. Ungleichnamige (gekreuzte) Doppelbilder treten auf bei Lähmung von Augenmuskeln, die das Auge nach innen bewegen. Bei den das Auge in nur seitlicher Richtung bewegenden Muskeln tritt ausschließlich Seitenabstand der Doppelbilder hervor, bei den das Auge nach oben und unten bewegenden Muskeln vornehmlich Höhen- resp. Tiefenabstand.

Demnach beobachten wir reinen Seitenabstand bei Lähmung der Musc. externi und interni und zwar gekreuzte Doppelbilder bei Lähmung der interni, gleichnamige bei Lähmung der externi. Bei Lähmung eines Obliquus tritt vornehmlich Höhenabstand auf, außerdem noch Seitenabstand und zwar gleichnamige Doppelbilder, da die Obliqui das Auge auch etwas abduzieren. Bei der Lähmung des rechten Obliquus superior hält der Kranke den Kopf für gewöhnlich gegen die linke Schulter geneigt, das Kinn etwas gesenkt, umgekehrt bei der Lähmung des linken Obliquus superior.

Bei Lähmung der Musc. recti inferiores resp. superiores tritt gleichfalls neben Höhenabstand auch Seitenabstand auf und zwar gekreuzte Doppelbilder, da die Recti sup. et inf. das Auge nicht bloß nach oben resp. nach unten bewegen, sondern es auch adduzieren. Bei den das Auge rollenden, d. h. um die Sagittalachse bewegenden Muskeln, es sind dies die beiden Obliqui sowie der Rect. sup. et inf. tritt auch Schiefstand der Doppelbilder ein. Ich unterlasse es, im Rahmen dieser knappen Darstellung hierauf näher einzugehen.

Bemerkt sei nur noch, daß in den Fällen, wo bei Lähmung eines Augenmuskels eine sekundäre Kontraktur des Antagonisten eingetreten ist, Doppelbilder auch in dem der Tätigkeit des gelähmten Muskels entgegengesetzten Blickfeld vorhanden sind.

Die Augenmuskellähmungen kommen in den allerverschiedenartigsten Variationen vor. Einige besondere Krankheitsbilder sollen hier Erwähnung finden.

Die Lähmung sämtlicher äußeren Augenmuskeln nennt man Ophthalmoplegia externa, die Lähmung des Sphinkter pup. und des Musc. ciliaris Ophthalmoplegia interna, die Lähmung sowohl der äußeren als der inneren

Augenmuskeln Ophthalmoplegia totalis. Bei der häufiger vorkommenden Lähmung aller Zweige des Okulomotorius besteht Ptosis, der Augapfel steht nach außen (Wirkung des vom Abduzens innervierten Externus) sowie nach unten (Wirkung des vom Trochlearis innervierten Musc. obliq. sup.).

Symmetrische Lähmungen. Unter symmetrischen Augenmuskellähmungen verstehen wir die Lähmung der gleichen Augenmuskeln auf beiden Seiten, z. B. des Rectus sup. beiderseits. Der Grad der Lähmung kann dabei auf beiden Seiten ein verschiedener sein.

Blicklähmungen. Unter Blicklähmungen verstehen wir die Lähmungen synergisch wirkender Muskeln beider Augen, also den Ausfall der Beweglichkeit beider Augen nach rechts oder links, nach oben oder nach unten.

Konvergenzlähmung. Manchmal kommt es vor, daß die Augen ganz normal nach den verschiedenen Richtungen sich bewegen können und nur die Unmöglichkeit zu konvergieren, d. h. einen nahen Gegenstand anzusehen, besteht.

Divergenzlähmung. Dabei geht die Seitenbewegung der Augen in normaler Weise vor sich, sie können auf einen nahen Gegenstand eingestellt werden, aber die für die Ferne nötige „relative" Divergenz ist nicht möglich.

Rezidivierende Lähmungen. Ein Krankheitsbild für sich stellt die rezidivierende Okulomotoriuslähmung dar (s. S. 525).

Sitz der Lähmungsursachen. Bei dem Versuche, den Sitz der Lähmungsursachen zu bestimmen, müssen wir auf das sonst bei Lähmungen in Betracht kommende diagnostische Hilfsmittel der Entartungsreaktion verzichten. Dafür gibt die Gruppierung der Lähmungen und die Verbindung mit Lähmungen anderer Hirnnerven öfters wichtige Anhaltspunkte für die Lokalisation.

Die Lähmungsursache kann
1. in der Orbita,
2. an der Hirnbasis,
3. zwischen Hirnbasis und Kerngebiet (faszikuläre Lähmung 1. Ordnung),
4. im Kerngebiet,
5. zwischen Kerngebiet und Hirnrinde (faszikuläre Lähmung 2. Ordnung),
6. in der Hirnrinde
ihren Sitz haben.

1. Bei den orbitalen oder peripheren Lähmungen handelt es sich um Lähmungen einzelner oder mehrerer benachbarter Muskeln.

2. Bei den basalen Lähmungen liegen meist einseitige Lähmungen mehrerer oder aller Augenmuskeln, häufig kombiniert mit Lähmungen anderer Hirnnerven (Fazialis, Trigeminus, Optikus) vor. Lähmungen aller Augenmuskeln mit Sensibilitätsstörungen sprechen für Erkrankung der Gegend des Sinus cavernosus. Tritt dazu noch eine Sehstörung, so liegt meist ein Prozeß in der Gegend der Fissura orbitalis superior vor.

3. Bei den faszikulären Lähmungen 1. Ordnung handelt es sich um Lähmung einzelner oder mehrerer Okulomotoriusäste einer Seite. Da zwischen Kern und Hirnbasis die zu den einzelnen Muskeln gehörigen Nervenstämmchen räumlich getrennt voneinander verlaufen, so kann es bei wenig ausgedehnten Läsionen in dieser Gegend leicht zu isolierten Lähmungen einzelner Augenmuskeln kommen.

Häufig besteht neben der Okulomotoriuslähmung eine gekreuzte Körperlähmung oder halbseitiges Zittern auf der gekreuzten Seite, besonders beim Sitz der Erkrankung im Hirnschenkelfuß. (Webers und Benedikts Symptom).

Besteht neben der Okulomotoriuslähmung eine gekreuzte Ataxie ohne Extremitätenlähmung, so haben wir den Sitz der Lähmung in der Schleife zu denken.

4. Bei den Kernaffektionen — über die Lagebeziehungen der Augenmuskelkerne gibt Abb. 2 Auskunft — kann es zu isolierten Lähmungen einzelner Augenmuskeln kommen, häufiger aber wird eine Lähmung mehrerer Muskeln, nicht selten verschiedenen Grades, zu beobachten sein. Ferner ist anzunehmen, daß es bei Kernaffektionen zu sog. symmetrischen, ausnahms-

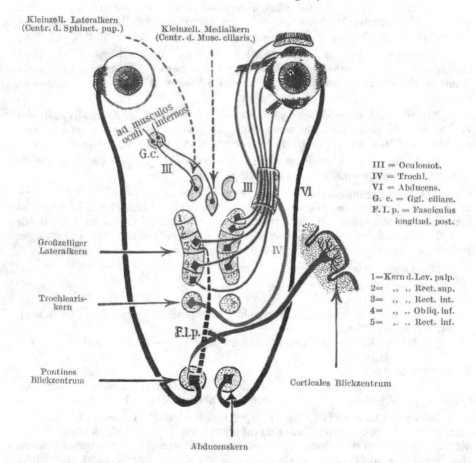

Abb. 2. Die Innervationsverhältnisse der Augenmuskeln (aus Bing, Kompendium der topischen Gehirn- und Rückenmarkdiagnostik).

weise auch zu assoziierten (Blick-) Lähmungen kommt. Dieses Vorkommnis erklärt sich bei einseitiger Affektion dadurch, daß einzelne Kernabschnitte zu den gleichen Muskeln beider Seiten Fasern senden, bei größeren doppelseitigen Herden dadurch, daß bei beiderseitiger Lage des Herdes auch die beiden gleichen Muskeln betroffen werden. Der Grad der Lähmung kann auf beiden Seiten ein verschiedener sein.

Bemerkt sei, daß sich Lähmungen der meisten oder aller Augenmuskeln nur einer Seite schlecht aus Kernaffektionen erklären lassen, da der Nervus

oculomotorius seine Fasern aus beiden Kernhälften bezieht. Wie aus Abb. 2
ersichtlich ist, entspringen die Fasern für Levator palp. sup. und Rectus sup.
auf der gleichen Seite, diejenigen für Rectus int. und Obliq. inf. von beiden
Kernen und endlich die Fasern für den Rectus inf. nur von der anderen
Seite.

5. und 6. Bei den faszikulären Lähmungen 2. Ordnung und bei den
kortikalen Lähmungen werden einzelne oder mehrere und zwar häufig synergisch
arbeitende Muskeln betroffen.

Letztere Lähmungen nennt man wie oben erwähnt assoziierte oder
Blicklähmungen. Ihr Sitz bedarf einer genaueren Besprechung.

Denkbar ist, daß beiderseits im Kerngebiet oder im Bereich der Hirnschenkel die
Zellen oder Fasern zerstört werden, welche zu den Muskeln gehören, die für die verschiedenen Blickrichtungen in Betracht kommen. Bei dieser Sachlage würden sowohl die willkürlichen, als auch die reflektorischen Blickbewegungen unmöglich sein. Ein solches Vorkommnis dürfte jedoch zu den größten Seltenheiten gehören.

In der Regel handelt es sich um Affektionen der in den Großhirnhemi-
sphären am Fuß der 2. Stirnwindung gelegenen Blickzentren. Nehmen wir
an, es sei das in der rechten Großhirnhälfte gelegene Zentrum für die Blick-
wendung nach links zerstört, so würden beide Augen nach rechts abweichen
und es wäre nur die reflektorische subkortikal zustande kommende, nicht aber
die willkürliche Linkswendung des Blickes möglich. Am häufigsten läßt sich
dies nach Apoplexien beobachten, indem der Betroffene in der ersten Zeit
nach dem Anfalle nach der Richtung seines Krankheitsherdes blickt. Dieses
Symptom pflegt aber bald zu schwinden, indem andere Bahnen vikarierend
eintreten. Nehmen wir an, es bestände statt der Lähmung des Linkswende-
zentrums eine Reizung desselben, so würden beide Augen nach links abweichen.

Blicklähmungen und zwar solche nach rechts und links werden auch beobachtet bei Ponsaffektionen. Bei einer Lähmung der rechten Ponshälfte
würden die Augen nach links abweichen, bei einer Reizung der rechten Ponshälfte nach rechts. Es besteht somit das entgegengesetzte Verhalten wie bei
kortikalen Affektionen, bei pontiner Blicklähmung sieht der Patient von
seinem Herd weg. Dieser Gegensatz hat darin seinen Grund, daß sich in
der Ponsgegend die Bahnen für die Blickbewegung schon gekreuzt haben.

Ursachen der Lähmungen. Als häufige Ursachen von Augenmuskellähmungen sind Lues, Tuberkulose, Diphtherie, Alkohol-, Nikotin-, Blei-Intoxikationen, Botulismus, Tabes, Paralyse, multiple Sklerose zu nennen. Augenmuskellähmungen gelangen auch als allgemeines Hirndrucksymptom zur Beobachtung.

Über die primäre Angriffsstelle der hierbei in Betracht kommenden Schädlichkeiten
gehen die Ansichten noch etwas auseinander. Man denkt vor allem an den Kern und an
die Peripherie. Die anatomische Untersuchung, besonders älterer Fälle, bringt hier nur
schwer Aufklärung, da bei peripherem Angriff der Schädlichkeit sekundär der Kern und
umgekehrt angegriffen wird.

Bei den peripheren (orbitalen) Lähmungen kommen folgende Ursachen
in Betracht: Periphere Traumen, periphere Entzündungen der Muskeln und
der Nerven bei sog. Erkältungskrankheiten, bei Infektionen sowie Intoxikationen,
öfters ist die Entzündung von einer Nebenhöhle fortgeleitet. Bei den basalen
Lähmungen haben wir an Meningitis, gummöse und tuberkulöse Prozesse,
Frakturen der Schädelbasis zu denken. Bei den faszikulären, nukleären
und kortikalen Lähmungen kommen Blutungen, Erweichungsherde infolge
Arteriosklerose, Neubildungen und Entzündungsherde hauptsächlich in Betracht.

Nicht unerwähnt soll bleiben, daß Augenmuskellähmungen auch angeboren vorkommen; am häufigsten ist die angeborene Lähmung des Rectus externus, dann die Lähmung sämtlicher Äste des Okulomotorius für die äußeren Augenmuskeln und die Lähmung aller äußeren Augenmuskeln. Charakteristisch für die angeborene Lähmung ist das Intaktbleiben der inneren Augenmuskeln.

Sensibilitätsprüfung.

Störungen der Sensibilität der Bindehaut und Hornhaut werden bei Trigeminusaffektionen häufiger beobachtet.

Bei der Prüfung der Sensibilität ist zu beachten, daß der Schmerzsinn über die Bindehaut und Hornhaut in großer Dichte lokalisiert ist, während die Temperaturempfindung sich auf die Bindehaut und die Randteile der Hornhaut beschränkt. Des Drucksinnes entbehren diese beiden Membranen. In der Regel benutzt man zur Prüfung des Schmerzsinnes Watteröllchen oder Papierstreifen; zu genaueren Untersuchungen gebraucht man „Reizhaare" (von Frey).

Von großer Wichtigkeit ist es zu wissen, daß die Sensibilität der Bindehaut und Hornhaut individuell bedeutende Abweichungen zeigt. Man wird deshalb nur erheblichere Herabsetzung und nennenswerte Differenzen zwischen beiden Seiten diagnostisch berücksichtigen dürfen. In der Regel sind ja auch die Trigeminusaffektionen einseitig.

Anästhesie der Bindehaut und Hornhaut wird hervorgerufen durch Affektionen des Ramus ophthalmicus des Trigeminus, des Ganglion Gasseri und ciliare, ferner durch Erkrankungen des Gebietes des Pons und der Medulla oblongata. Die häufigste Ursache von Sensibilitätsstörungen an der Bindehaut und Hornhaut geben Anomalien an der Hirnbasis ab.

Aus dem Verhalten der Bindehaut- und Hornhautreflexe kann man erschließen, ob die Trigeminusaffektion im Kerngebiet und peripher davon oder kortikal davon ihren Sitz hat. Im letzteren Falle muß man an Herde in dem hinteren Bereich der innern Kapsel, in der Schleife, im unteren Scheitellappen und in der Zentralwindung denken. Bei gleichzeitig vorhandener gekreuzter Hemianästhesie liegt ein Herd im Pons vor.

Neben den organisch bedingten Sensibilitätsstörungen kommen funktionelle bei der Hysterie vor. Es tritt dabei nur sehr selten eine vollständige Gefühlslähmung auf.

Bei den organisch bedingten Läsionen stellen sich öfters trophische Störungen ein, bei den funktionellen bleiben sie aus.

Bindehaut.

Die in diesem Rahmen diagnostisch wichtigen Bindehauterkrankungen beanspruchen keinen breiten Raum.

Bei allen Infektionskrankheiten mit akuten Exanthemen, insbesondere bei Masern, wird das Auftreten einer Konjunktivitis beobachtet, die gelegentlich zu schweren Folgezuständen führt.

Die Gonoblennorrhöe der Bindehaut verursacht selten Endokarditis und Gelenkmetastasen. Umgekehrt kann eine und zwar meist doppelseitige, in der Regel wenig heftige Konjunktivitis auch metastatisch bei Gelenkmetastasen und Endokarditis infolge Urethralgonorrhöe auftreten. In diesem Falle fehlen Gonokokken im Sekret.

An eine Diphtherie der Bindehaut schließt sich in seltenen Fällen eine Diphtherie der Nase und Rachenschleimhaut an; auch der umgekehrte Infektionsmodus kommt vor.

Bei Affektionen der oberen Luftwege, nahezu regelmäßig beim Heufieber, tritt eine Mitbeteiligung der Konjunktiva ein.

Bei Personen, besonders bei Kindern, die schwer und rasch in ihrem Ernährungszustand heruntergekommen sind, kommt es zum Auftreten der Xerosis conjunctivae, d. h. zu weißlichen, trocken aussehenden Schüppchen in dem Lidspaltenbereich. Auch in Gefangenenanstalten, Arbeitshäusern und Waisenhäusern ist diese Affektion der Bindehaut zusammen mit Keratomalazie und Hemeralopie öfters beobachtet worden und zwar kam es daselbst in der Regel zu epidemischem Auftreten.

Sehr häufig beobachten wir Blutungen der Bindehaut und nenne ich von den hier interessierenden Ursachen: Erbrechen, Husten, insbesondere Keuchhusten, Niesen, Morbus maculosus Werlhofii, Arteriosklerose etc.

Die Gelbfärbung bei Ikterus fällt oft zuerst an der Bindehaut und Lederhaut auf.

Lederhaut.

Die Entzündung der Lederhaut, bei der es zum Auftreten unverschieblicher Knoten kommt, die sich durch ihren tiefen Sitz und den düsteren violetten Ton der sie umgebenden Injektion in der Regel leicht von den Effloreszenzen der Bindehaut unterscheiden lassen, hat fast ausnahmslos ihre Ursache in Allgemeinstörungen. Für diese kommen in Betracht: Rheumatismus, Lues, Tuberkulose, Lepra, Gicht, Diabetes.

Auch die abgelaufene Skleritis ist meist leicht zu diagnostizieren, da in der Regel bei den tiefergreifenden Entzündungen eine schiefergraue Färbung der Lederhaut zurückbleibt, für die differentialdiagnostisch eigentlich nur die angeborene fleckige oder mehr diffuse Graufärbung der Lederhaut in Erwägung zu ziehen ist.

Hornhaut. Iris.

Die entzündlichen Erkrankungen der Hornhaut haben fast ausschließlich spezialistisches Interesse.

Einer kurzen Erwähnung scheinen mir jedoch die herpetischen Affektionen der Hornhaut zu bedürfen, die hauptsächlich bei fieberhaften Krankheiten der oberen Luftwege, seltener aus anderer Ursache (Erkrankungen des Ganglion Gasseri, der Meningen und des Gehirns, Intoxikationen) beobachtet werden. Sie äußern sich in dem Auftreten von charakteristischen, häufig baumartig verästelten Defekten und Infiltrationen und hinterlassen ebensolche Narben.

Auch die bei Lähmungen des Trigeminus zur Beobachtung kommende Mitbeteiligung der Hornhaut: die Keratitis neuroparalytica soll eine kurze Schilderung erfahren. Die aus der Trigeminuslähmung resultierende Anästhesie der Hornhaut bewirkt wahrscheinlich im Verein mit trophischen Störungen eine eigenartige Degeneration der mittleren Bezirke des Hornhautepithels (mattes Aussehen, Abschilferung) und des angrenzenden Parenchyms, das sich trübt und einschmilzt. Auffallend ist die geringe Ziliarinjektion. Der Schutz vor äußeren Schädlichkeiten ist im Gegensatz zu den Beobachtungen bei der Keratitis e lagophthalmo in der Regel nicht imstande, das Auftreten der Erkrankung zu verhüten (s. Keratomalazie S. 497 u. 557).

Die so überaus häufigen Hornhautflecken interessieren hier, weil sie oft in Zusammenhang mit Störungen des Allgemeinzustandes zu bringen sind. So wissen wir, daß die skrofulöse Diathese zu Geschwürsprozessen der Hornhaut disponiert, daß die Keratitis parenchymatosa (interstitialis), die nicht so

selten zentrale, tiefsitzende, mancherlei Formen darbietende Trübungen hinterläßt, als der Ausdruck einer hereditär luetischen, seltener einer tuberkulösen
Infektion anzusehen ist, ferner daß die zungenförmig vom Hornhautrand hereinragenden dichten Trübungen gleichfalls häufig Lues und Tuberkulose zur
Ätiologie haben.

Tiefsitzende oder der Hinterwand der Hornhaut aufliegende Trübungen
haben öfters ihre Ursache in einer Iritis oder Iridozyklitis. Dabei ist auch
das Kammerwasser mehr oder minder stark getrübt, die Regenbogenhaut oft
verfärbt und glanzlos, das Relief der Vorderfläche verschwommen.

Die nicht durch Erkrankung anderer Augenteile ausgelöste Iritis und
Zyklitis ist fast ausnahmslos als der Ausdruck einer vorhandenen Infektions-
oder Stoffwechselkrankheit anzusehen. In ursächlicher Hinsicht kommen
besonders in Betracht: Lues, Tuberkulose, Rheumatismus, Influenza, Pneumonie, Typhus, Febris recurrens, Gonorrhöe, Gicht, Diabetes.

Neben den Entzündungen der Iris sei hier noch der metastatischen Tumoren
der Iris (Sarkome, Karzinome) gedacht.

Seitliche Beleuchtung.

Bei der Feststellung der Hornhautverhältnisse, des Vorderkammer- und
Irisbefundes genügt häufig die einfache Betrachtung bei Tageslicht nicht,
sondern wir müssen zur Untersuchung mit konzentriertem Licht unsere Zuflucht nehmen.

Die seitliche Beleuchtung orientiert uns weiter über manche Anomalien
der Linse sowie auch über Veränderungen im vorderen Glaskörperbereich.

Der Untersuchung mittelst seitlicher Beleuchtung folgt die im durchfallenden Licht, umgekehrten und aufrechten Bild.

Durchfallendes Licht.

Das durchfallende Licht dient gleichfalls der Feststellung von Trübungen
der Hornhaut, hauptsächlich aber von solchen der Linse und des Glaskörpers.
Bei letzteren ist daran zu denken, daß die beweglichen Trübungen meist am
Boden des Glaskörpers liegen und erst durch Bewegungen des Auges aufgewirbelt
werden müssen. Sie erwecken, falls keine hohe Myopie vorliegt, den Verdacht
einer Zyklitis, die hauptsächlich bei Infektionskrankheiten auftritt.

Umgekehrtes Bild.

Zur Feststellung der Verhältnisse des Augenhintergrundes bedient man
sich in erster Linie am zweckmäßigsten der Untersuchung im umgekehrten Bild
unter Benutzung einer Konvexlinie von 13 Dioptrien. Man hat dabei auf Form
und Färbung der Papille, auf Niveauveränderungen an derselben, auf etwaiges
Verwischtsein ihrer Grenzen zu achten.

Bei der Betrachtung der Gefäße ist festzustellen, ob ausgesprochene
pulsatorische Phänomene vorhanden sind, wie ihr Füllungszustand und ihre
Wandungen sich verhalten und ob Kaliberschwankungen vorhanden sind; des
weiteren achte man auf Trübungen der Netzhaut, auf das Vorhandensein
von Blutungen und weißen oder gelben Flecken besonders in der Makulagegend,
auf Niveauveränderungen (Ablösungen und Rupturen der Netzhaut).

Ferner wende man seine Aufmerksamkeit der Aderhaut, besonders auch
in ihren peripheren Abschnitten zu und stelle fest, ob herdförmige oder diffuse
Erkrankungen in derselben vorhanden sind.

Aufrechtes Bild.

Das aufrechte Bild benutzt man vornehmlich zur Beobachtung feinerer Veränderungen des Augenhintergrundes besonders der Gefäße, ev. zur Bestimmung von Niveaudifferenzen und der Refraktion.

Die für den internen Mediziner besonders wichtigen Krankheitsbilder sind S. 483 ff. zusammengestellt.

Den eben besprochenen Untersuchungen schließt sich zweckmäßigerweise die Untersuchung der Form und Weite sowie insbesondere der Reaktionen der Pupille an, da auch sie am besten im Dunkelzimmer vorgenommen wird.

Pupillenuntersuchung.

Bei der Untersuchung der Pupillen sind folgende Fragen zu beantworten:

1. Sind die Reaktionen der Pupillen
    a) bei Lichteinfall, direkt und indirekt (konsensuell),
    b) bei der Naheinstellung,
    c) auf psychische und sensible Reize normal?
2. Liegt die Pupillenweite innerhalb normaler Grenzen?
    Als Durchschnittsweite der Pupillen bei mittlerer Beleuchtung betrachtet man bei Personen unter 20 Jahren eine Weite von $3\frac{1}{2}$ mm, bei solchen über 50 Jahren von $2\frac{1}{2}$ mm.
3. Haben die Pupillen gleiche Weite oder besteht Anisokorie?
4. Haben sie normale Form?

Die Entscheidung dieser Fragen kann bei Tageslicht versucht werden. Zur Erzielung genauerer Resultate und zur Feststellung geringfügiger Störungen ist jedoch die Untersuchung im Dunkelzimmer unerläßlich.

Im ersteren Falle geht man folgendermaßen vor: Man setzt den zu Prüfenden in ungefähr 1 m Entfernung vom Fenster und fordert ihn auf, gegen die Zimmerdecke zu blicken. Der übliche Modus, zum Fenster hinaus sehen zu lassen, ist unpraktisch, weil die dabei auf der Hornhaut entstehenden Spiegelbilder dis Beobachtung der Pupille erschweren. Nach ungefähr einer Minute[1]) tritt man seitlich derart heran, daß keine Änderung der Beleuchtung eintritt, stellt durch Vergleich mit einer Meßskala die Weite der einen und dann in gleicher Weise die Weite der anderen Pupille fest. Hierauf läßt man beide Augen mit der Hohlhand zuhalten derart, daß kein Druck auf das Auge ausgeübt wird. Nach ungefähr 10 Sekunden wird die Hand von dem einen Auge weggezogen und die direkte Pupillenreaktion desselben — Geschwindigkeit und Ausgiebigkeit — beobachtet. Hierauf läßt man wieder beide Augen bedecken und nach weiteren 10 Sekunden die Hand von dem anderen Auge wegziehen, um dessen direkte Lichtreaktion zu bestimmen.

---

[1]) Bevor man die Untersuchung der Pupillenreaktionen beginnt, soll das Auge an den Helligkeitsgrad, bei dem man die Untersuchung vornimmt, adaptiert sein. Läßt man den Adaptationszustand der Netzhaut außer acht, so können falsche Resultate resultieren. War z. B. die Netzhaut für eine Belichtung von 400 Meterkerzen adaptiert, so wird bei einer Belichtung mit 300 Meterkerzen eine Pupillenerweiterung eintreten. War hingegen die Netzhaut auf 200 Meterkerzen adaptiert, so wird bei Belichtung mit 300 Meterkerzen eine Verengerung eintreten. Für die Fälle der Praxis genügt es fast ausnahmslos, wenn beim Übergang von einem helleren in einen dunkleren Raum $\frac{1}{2}$ Minute, umgekehrt ungefähr 1 Minute abgewartet wird.

Will man die indirekte Lichtreaktion prüfen, so wird das eine Auge ganz bedeckt, das andere nur soweit, daß man von der Seite oder unten her die Pupille noch genügend deutlich beobachten kann. Das verdeckte Auge wird nach einigen Sekunden plötzlich freigegeben und gleichzeitig die Pupille des anderen Auges beobachtet.

Nach der Feststellung der Lichtreaktion prüft man die Naheinstellungsreaktion der Pupille, indem man den Kranken auffordert, seinen eigenen ausgestreckten Zeigefinger zu fixieren. Derselbe wird bei mäßig gesenkter Blickrichtung zunächst in eine Entfernung von ungefähr 40 cm gebracht und dann allmählich dem uge mehr und mehr genähert, wobei der zu Prüfende wiederhol zur Fixation ermuntert wird. Die Beleuchtung der Augen darf bei der Prüfung der Konvergenzreaktion nicht wechseln.

Zur Feststellung gröberer Störungen ist diese Prüfungsmethode ausreichend. Feinere Störungen können jedoch damit schlecht oder überhaupt nicht festgestellt werden. Besonders störend wirken bei der Tageslichtuntersuchung die Hornhautreflexe, immerhin können diese bei dem oben angegebenen Untersuchungsmodus ausgeschaltet werden. — Als weitere Mißstände führe ich an: die häufig wechselnde Lichtintensität, die Abhängigkeit von bestimmten Tagesstunden, sowie öfter eintretende Bewegungen der Augen beim Blick durch das Fenster.

Von mir wird so gut wie ausschließlich folgende Untersuchungsmethode, die sich mir seit Jahren bewährt hat, ausgeübt. Sie erhebt nicht den Anspruch auf wissenschaftliche Exaktheit, genügt aber den Ansprüchen der Praxis vollkommen.

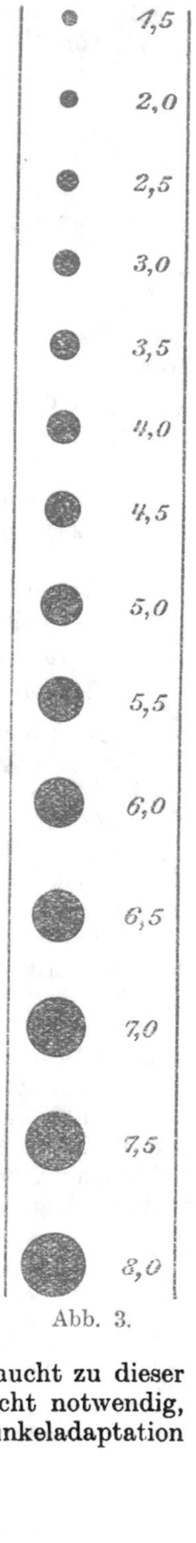

Beschreibung der Untersuchungsmethode.

Im Dunkelzimmer wird bei durchfallendem Licht die Weite beider Pupillen festgestellt. Ein gewöhnlicher Gasargandbrenner, ein elektrisches Glühlämpchen mit Mattbirne oder auch eine Petroleumlampe steht etwas hinter dem Kopf des Patienten, derselbe wird aufgefordert, über den Kopf des vor ihm sitzenden Untersuchers hinweg in die Ferne zu sehen. Der Untersucher wirft aus einer Entfernung von ca. 40 cm mit dem Augenspiegel — ich benutze einen Konkavspiegel von 17 cm Brennweite — Licht in rasch wechselnder Folge bald in das eine, bald in das andere Auge, die Weite beider Pupillen miteinander vergleichend, belichtet dann öfters nacheinander mehrere Sekunden das eine und das andere Auge, die Weite der beiden Pupillen mit einer neben den Kopf gehaltenen Pupillenmeßskala (Abb. 3) vergleichend.

Man bestimmt so die Pupillenweite bei herabgesetzter Beleuchtung, bei mangelnder Konvergenz und erschlaffter Akkommodation und ist in der Lage, Pupillendifferenzen von ¼ mm und weniger mit Leichtigkeit festzustellen. Man braucht zu dieser Prüfung in der Regel nicht mehr als eine Minute. Es ist nicht notwendig, ja nicht einmal immer zweckmäßig, erst nach längerer Dunkeladaptation die Untersuchung zu beginnen.

Abb. 3.

Hat sich bei der Untersuchung im durchfallenden Licht Pupillengleichheit ergeben, so genügt es, die Lichtquelle etwas nach vorne zu schieben und mit einer stärkeren Konvexlinse — ich nehme eine Konvexlinse von 13 Dioptrien die ich auch zur Untersuchung im umgekehrten Bild benutze — aus ungefähr 7 cm Entfernung einen Lichtkegel in das der Lichtquelle zunächst befindliche Auge zu werfen. Der Patient sieht dabei über den Kopf des Untersuchers weg in die Ferne. Dabei sind einige kleine Vorsichtsmaßregeln zu beobachten. Bevor man den Lichtkegel in das Auge lenkt, soll man mit der Hand, die die Linse hält, etwas die Lichtmenge verringern, die in das der Lichtquelle zunächst befindliche Auge fällt. Man bekommt dadurch etwas weitere Pupillen und erleichtert sich für manche Fälle, z. B. bei alten Leuten mit engen Pupillen, die Wahrnehmung der Lichtreaktion. Nun läßt man plötzlich den Lichtkegel auf das Auge fallen und zwar soll man dabei mit der Hand von der temporalen nach der nasalen Seite zu vorgehen, um nicht gleichzeitig auch die Lichtmenge zu vergrößern, die in das der Lichtquelle entfernter befindliche Auge einfällt, denn es soll zunächst nur die direkte Lichtreaktion des der Lichtquelle näher befindlichen Auges, sowie die indirekte Lichtreaktion des der Lichtquelle entfernter befindlichen Auges geprüft werden.

Es liegt ein ganz bestimmter Grund vor, weshalb ich diesen Gang der Untersuchung empfehle. Man muß so nämlich zur Feststellung der ungemein wichtigen reflektorischen Pupillenstarre, auch wenn sie nur einseitig vorhanden ist, kommen.

Erfolgt bei dieser Prüfung die Lichtreaktion nicht prompt und ausgiebig, so empfiehlt es sich, bei verdecktem einen Auge die Lichtreaktion des anderen Auges zu prüfen. Der Patient wird aufgefordert, über den Kopf des Untersuchers hinweg in die Ferne zu sehen, man stellt mehrmals die Lichtquelle geräuschlos mit einer Reguliervorrichtung bis zur Erkennbarkeit der Pupillenweite ab und läßt sie dann rasch wieder aufleuchten.

Bei sehr stark herabgesetzter Lichtreaktion empfiehlt es sich, den Nachweis der noch vorhandenen Reaktion dadurch zu führen, daß man eine Gasglühlichtlampe in eine Entfernung von ungefähr 25 cm derart vor das Auge bringt, daß eine direkte Belichtung der Makula erfolgt.

Hat man bei der Untersuchung im durchfallenden Licht gleiche Pupillenweiten erhalten, ergab sich bei der seitlichen Beleuchtung prompte und ausgiebige direkte und indirekte Reaktion, so kann man — von Ausnahmefällen abgesehen — zumal wenn man vorher sich von der normalen Sehschärfe und dem normalen Augenhintergrund überzeugt hat, die Pupillenuntersuchung für beendet ansehen.

Besser und vorsichtiger und daher dem weniger Geübten ratsam ist es allerdings, wenn er sich erst noch von dem Vorhandensein prompter und ausgiebiger Reaktion des der Lichtquelle entfernter befindlichen, sowie von prompter und ausgiebiger indirekter Reaktion des der Lichtquelle näher befindlichen Auges überzeugt. Man braucht dazu nicht die Stellung der Lichtquelle oder den Platz des Patienten zu ändern. Es ist nur zweckmäßig, den Kopf etwas mehr nach links zu drehen, bei links stehender Lichtquelle. Man geht dann bei der Prüfung der direkten Reaktion des rechten Auges, der indirekten des linken Auges in gleicher Weise wie bei der umgekehrten Prüfung vor.

Liegt Veranlassung vor, sich genauere Kenntnis von dem Vorhandensein der Pupillenunruhe, von dem Verhalten der Pupille bei Einwirkung sensibler, sensorischer und psychischer Reize zu verschaffen, so ist es zweckmäßig, diese Untersuchung nun anzuschließen. Da die Pupillenerweiterung auf sensible Reize fehlen, auf psychische Reize vorhanden sein kann und umgekehrt, so muß immer die Wirkung beider Reize getrennt untersucht werden. Man verbleibt im Dunkelzimmer, läßt die Lichtquelle seitlich vor dem Patienten stehen, fordert den Patienten auf, über den Kopf des Untersuchers in die Ferne zu sehen, richtet einige Fragen an ihn, läßt ev. einige Rechenaufgaben lösen, macht dann zunächst einige oberflächliche, dann tiefere Nadelstiche an der Haut der Wangen, am Naseneingang oder den Handrücken und setzt dann plötzlich durch lautes Anrufen den Patienten in Schrecken. Man beobachtet dabei fortwährend die Augen des Patienten und bekommt bei dieser Prüfung meistens hinreichend Aufschluß über das Verhalten der Pupillen bei den genannten Reizen. Erreicht man so dieses Ziel nicht, so muß man mit der binokularen Lupe untersuchen.

Hat sich bei der Untersuchung im durchfallenden Licht und bei seitlicher Beleuchtung ergeben, daß die Verhältnisse nicht ganz normal liegen, so gehe ich zur Untersuchung mit Gasglühlicht über. Ich benutze einen Normalauerstrumpf. Derselbe soll sich stets in gutem Zustande befinden. Man kann natürlich auch elektrisches Licht benutzen, ja es genügt eine gut brennende Petroleumlampe. Es kommt darauf an, bei einer Belichtung von mindestens 100 Meterkerzen zu untersuchen. Benutzt man Gasglühlicht oder z. B. Nernstlicht, so kann man, von großen Ausnahmefällen abgesehen, sicher sein, daß man die Augen einer viel stärkeren Belichtung aussetzt als vor der Untersuchung. Gasglühlicht in 25 cm vor das Auge gehalten, gibt eine Lichtintensität von mehr als 1000 Meterkerzen. Man braucht bei starker Belichtung weniger lang adaptieren zu lassen, kürzt somit die Zeitdauer der Untersuchung ab.

Der Patient wird aufgefordert, über den Kopf des Untersuchers weg in der Richtung eines an der mindestens einen Meter weit entfernten Wand angebrachten Zeichens oder einfach geradeaus zu sehen. Der Untersucher sitzt vor dem Patienten, hält das Licht in 30 cm Entfernung vor die Augen des Patienten derart, daß das Flammenbild von unten oder von der Seite her etwas in das Pupillargebiet hineingeschoben wird. Die Belichtung dauert so lange an, bis eine gewisse Gleichmäßigkeit der Pupillenweite eingetreten ist. Ganz gleichbleibende Weite kann die Pupille unter normalen Verhältnissen und auch unter manchen pathologischen Zuständen wegen der Psychoreflexe nicht bekommen. In der Regel genügt eine Belichtungsdauer von ca. 30 Sekunden. Die Pupillenweite beider Augen wird mit einer etwas seitlich von dem Auge gehaltenen Pupillenmeßskala verglichen und notiert. Hierauf hält der Patient das eine Auge mit dem Handballen zu und es wird bei gleicher Untersuchungsanordnung die Pupillenweite eines jeden Auges für sich bestimmt [1]).

Angaben über die Promptheit und Intensität der Lichtreaktion sind wegen der weitgehenden individuellen Schwankungen im allgemeinen nicht nötig, nur wenn die Lichtverengerung und ebenso die nachfolgende Erweiterung sehr langsam erfolgt, empfiehlt sich eine entsprechende Notiz.

Nachdem so die Pupillenweite binokular und unokular bei einer allerdings nicht direkt auf die Makulagegend einwirkenden großen Lichtintensität festgestellt wurde, wird bei seitlich vor dem Patienten stehendem Lichte die Konvergenzreaktion geprüft. Der Patient wird aufgefordert, einen ausgestreckten Zeigefinger zu fixieren, der aus einer Entfernung von ungefähr 30 cm allmählich angenähert wird; dabei wird der Patient stets energisch zur Fixation ermahnt. Man erhält so das Maximum der Konvergenzverengerung, welches notiert wird.

Ausnahmsweise muß in besonderer Weise untersucht werden, wenn es sich z. B. um die Entscheidung der Frage handelt, ob hemianopische Starre vorhanden ist.

---

[1]) Man findet gelegentlich die Angabe, es bedinge das Bedecken des Auges mit der Hand usw. eine Fehlerquelle. Die vorgebrachten Bedenken sind theoretischer Natur, wie mir jeder zugeben wird, der hinreichende Erfahrung in der Pupillenuntersuchung besitzt.

Zur Erhaltung einwandfreier Resultate ist es dabei nötig, besondere Apparate [1]) zur abwechselnden Belichtung der beiden Netzhauthälften anzuwenden.

Im Interesse der Vollständigkeit sei noch das Graefesche Orbikularisphänomen genannt, d. h. eine Verengerung der Pupille beim Versuch die Lider zuzukneifen. Es ist dies eigentlich kein Pupillarreflex, sondern nur eine Mitbewegung, und hat mehr wissenschaftliches als praktisches Interesse.

Nach der detaillierten Beschreibung könnte die empfohlene Methode als umständlich und langwierig, somit für die Praxis unbrauchbar erscheinen. Es ist dies keineswegs der Fall. Bei einiger Übung ist die meist nur notwendige Untersuchung im durchfallenden Lichte und bei seitlicher Beleuchtung in ungefähr zwei Minuten, die bei Anomalien anzustellende vollständige Untersuchung durchschnittlich in fünf Minuten beendet.

An einer Reihe von Beispielen, die sich auf das normale Verhalten und häufiger vorkommende Störungen beziehen, sei nun dargetan, was die Methode leistet.

Normales Verhalten der Pupillen.

	Rechts	Links	
Durchfallendes Licht . . .	5,5	5,5	mm
Gasglühlicht binokular . .	2,75	2,75	,,
Gasglühlicht unokular . .	3,0	3,0	,,
Konvergenz	2,5	2,5	,,
Pupillenerweiterung a. sensible, sensorische u. psychische Reize vorhanden.	+	+	

Rechtsseitige Unterbrechung der zentripetalen Leitung — rechtsseitige amaurotische Starre —

Fehlen der direkten und indirekten Lichtreaktion bei Belichtung des amaurotischen Auges, Erhaltensein der direkten und indirekten Lichtreaktion bei Belichtung des anderen Auges.

	Rechts	Links	
Durchfallendes Licht . . .	6,0	5,5	mm
Gasglühlicht binokular . .	3,25––3,0	3,0	.,
Gasglühlicht unokular . .	6,0	3,0	,,
Konvergenz	2,75—2,5	2,5	,,
Sensible u. psych. Reize . .	+	+	,,

Charakteristisch ist die Differenz in der Pupillenweite der beiden Augen bei unokularer Belichtung.

Rechtsseitige Paralyse der zentrifugalen Bahn — absolute Pupillenstarre —

Erloschensein der Pupillenreaktion bei direktem und indirektem Lichteinfall, bei der Konvergenz und auf sensible, sensorische und psychische Reize.

	Rechts	Links	
Durchfallendes Licht . . .	5,5—5,75	5,5	mm
Gasglühlicht binokular . .	5,5	2,75	,,
,, unokular . .	5,5	3,0	,,
Konvergenz	5,5	2.75	,,
Sensible u. psych. Reize . .	—	+	

Charakteristisch ist die vollständige oder nahezu vollständige Übereinstimmung der vier Werte für die rechte Pupille.

Rechtsseitige reflektorische Starre — Fehlen der direkten und indirekten Lichtreaktion, sowie der Pupillenerweiterung auf sensible, sensorische und psychische Reize bei prompter und ausgiebiger Konvergenzreaktion.

	Rechts	Links	
Durchfallendes Licht . . .	2,0	4,75	mm
Gasglühlicht binokular . .	2,0	2,75	,,
,, unokular . .	2,0	3,0	,,
Konvergenz	1,5—1,0	2,5	,,
Sensible u. psych. Reize . .	—	+	

---

[1]) Aus eigener Erfahrung kann ich den von Hess angegebenen, bei Dörffel & Färber in Berlin zu beziehenden Hemikinesimeter empfehlen.

Charakteristisch ist die gleiche Weite bei Verdunkelung und bei unokularer und binokularer Belichtung, sowie die ausgiebige Verengerung bei der Konvergenz. Die Erweiterung der rechten Pupille auf sensible, sensorische und psychische Reize fehlt. Es fällt damit die normale „Pupillenunruhe" weg. Die Mydriatika und Miotika wirken meist prompt und ausgiebig.

Rechtsseitige Lähmung der okulopupillären Fasern des Halssympathikus.

	Rechts	Links	
Durchfallendes Licht . . .	3,5	5,0	mm
Gasglühlicht binokular . .	2,25	2,75	„
„ unokular . .	2,5	3,0	„
Konvergenz	2,25	2,75	„
Sensible u. psych. Reize . .	etwas	+	
	herabgesetzt		

Gewöhnlich besteht dabei Ptosis und Enophthalmus rechts. Die Lichtreaktion ist prompt und nur die Amplitude relativ klein. — Atropin und Eserin entfalten ausgiebige Wirkung, Kokain wirkt in schwacher Konzentration rechts nicht, in etwas stärkerer Konzentration wirkt es.

Angeborene rechtsseitige geringere Pupillenweite.

	Rechts	Links	
Durchfallendes Licht . . .	4,0	4,5	mm
Gasglühlicht binokular . .	2,75	3,25	„
„ unokular . .	3,0	3,5	„
Konvergenz	2,75	3,25	„
Sensible u. psych. Reize . .	+	+	

Die Anisokorie ist bei allen Werten die gleiche, alle Reaktionen erfolgen in normaler Weise; Mydriatika und Miotika wirken in der Regel in normaler Weise.

Sitz der Störung bei Pupillenanomalien.

Das Verhalten der Pupillen bei Läsionen der verschiedenen Abschnitte der Reflexbahn soll an der Hand beistehenden Schemas (Abb. 4) besprochen werden.

Dieser Besprechung muß ich einige Bemerkungen vorausschicken. Die Aufstellung eines auf volle Gültigkeit und damit auf volle Anerkennung rechnenden Schemas der Pupillenreflexbahn ist zurzeit unmöglich, da der Verlauf der Reflexbahn zwischen der Abzweigung des zum vorderen Vierhügel hinziehenden Traktusastes einerseits und dem Nervus oculomotorius andererseits noch nicht sicher bekannt ist.

Das beigegebene Schema nimmt außer der sensorischen Chiasmakreuzung in der zentripetalen Bahn auch noch eine motorische Kreuzung an.

Zu dieser Annahme scheint das Verhalten der Lichtreaktion bei Tieren mit totaler Sehnervenkreuzung zu zwingen, sie wird ferner wahrscheinlich gemacht durch die Tatsache, daß bei allen Wirbeltieren mit einer vorhandenen totalen oder partiellen sensiblen Kreuzung eine zweite Kreuzung in der motorischen Bahn vorhanden ist. Von anderer Seite wird eine Kommissur zwischen rechtem und linkem Okulomotoriuskern angenommen. Sie entbehrt der anatomischen Basis. Ein Überfließen von Erregungen der einen Seite auf die andere ist allerdings auch ohne die Annahme einer Kommissur mittelst der weitverzweigten Dendriten der Ganglienzellen möglich.

Läsionsstelle 1. Nehmen wir an, der linke Sehnerv sei bei 1 vollständig durchtrennt, so wird die linke Pupille wegen des Überwiegens der direkten Lichtreaktion etwas weiter sein als die rechte. Bei Belichtung des linken Auges wird weder die Pupille dieses noch des anderen Auges reagieren (amaurotische Starre), hingegen werden sich bei Belichtung des rechten Auges beide Pupillen verengern. Die Konvergenzreaktion und die Reaktion auf sensible und psychische Reize ist vorhanden, bei Verdecken der rechten erweitert sich die Pupille des linken Auges maximal.

Läsionsstelle 2. Bei der Durchtrennung eines Tractus opticus soll neben der Hemianopsie hemianopische Pupillenstarre vorhanden sein. Besteht diese zurzeit noch bestrittene Annahme zu Recht, so würde im Falle einer Durchtrennung des linken Traktus die Lichtreaktion der Pupille bei Belichtung der linken Netzhauthälften weniger ausgiebig erfolgen als bei Belichtung der rechten Netzhauthälften. Die Konvergenzreaktion und die Erweiterung der Pupillen auf sensible und psychische Reize dürfte in normaler Weise erfolgen.

Läsionsstelle 3. Bei einer Läsion in 3 verhalten sich die Pupillenreaktionen wie bei einer solchen in 2. Der Unterschied liegt in dem Mangel der Hemianopsie, da sich hier bereits Pupillenreflex- und Sehbahnen getrennt haben.

Läsionsstelle 4 und 4 a. Bei einer Läsion des Nervus oculomotorius bzw. der motorischen Wurzel des Ganglion ciliare (Läsion 4) sowie bei einer Zerstörung des Ganglion ciliare selbst (Läsion 4 a) tritt absolute Pupillenstarre auf, d. h. die erweiterte rechte Pupille reagiert weder direkt noch indirekt auf Lichteinfall, noch bei der Konvergenz, noch auf sensible und psychische Reize. Außerdem besteht Akkommodationslähmung.

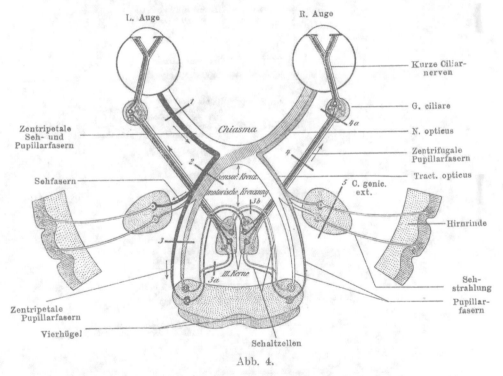

Abb. 4.

Läsionsstelle 5. Eine Zerstörung des Ganglion geniculatum externum würde den Pupillenreflex unbeeinflußt lassen, da dabei nur Sehfasern und keine Pupillenreflexfasern zerstört werden, immerhin unter der Voraussetzung, daß die Annahme richtig ist, wonach die zentripetalen Pupillenbahnen bereits vor dem Corpus geniculatum laterale abzweigen.

Die diagnostisch wichtigste Reaktion, die **reflektorische Pupillenstarre,** kann weder in diesem Schema noch in den sonst üblichen Schemen durch eine einzige Läsionsstelle erklärt werden. Eine linksseitige reflektorische Starre ließe sich erklären durch eine Läsion sowohl bei 3 a als bei 3 b.

Nach dem derzeitigen Stande unseres Wissens erscheint es überhaupt noch etwas zweifelhaft, ob der reflektorischen Starre eine Störung in dem dargestellten Reflexbogen zugrunde liegt. Zur näheren Orientierung muß ich auf meine „Pupillenlehre" verweisen. Immerhin sei betont, daß von der Mehrzahl der Autoren die Ursache für die reflektorische Pupillenstarre in der Gegend zwischen Vierhügel und Kerngebiete des Okulomotorius gesucht wird. Dort im zentralen Höhlengrau des Aquaeductus Sylvii sind von verschiedenen Forschern Veränderungen gefunden worden, jedoch konnten solche nicht in allen Fällen nachgewiesen werden. Trotz der vielen auf Lösung dieser Streitfrage verwendeten Arbeit ist man also noch nicht zu einer überein-

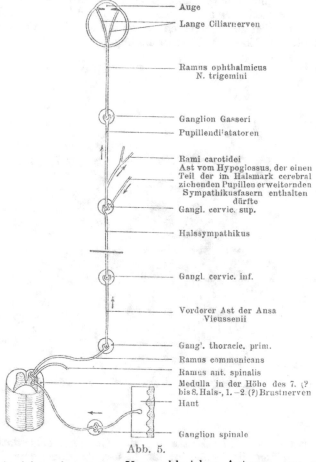

Abb. 5.

stimmenden Ansicht gekommen. Von zahlreichen Autoren, was auch Uhthoff betont, werden Veränderungen im Halsmark als Hauptursache der reflektorischen Pupillenstarre angesehen.

Aktive Pupillenerweiterungsbahn. Beistehendes Schema (Abb. 5) illustriert die sog. aktive Pupillenerweiterungsbahn (Sympathikusbahn). Einer Durchtrennung der Bahn bei 1, sowie diesseits und jenseits davon, würde zur Folge haben, daß die Pupille der betreffenden Seite enger ist als die der anderen. Die Lichtreaktion und die Erweiterung der Pupille auf sensible und psychische Reize würde prompt vorhanden, aber in ihrer Ausgiebigkeit herabgesetzt sein. Das gleiche darf in bezug auf die Konvergenzreaktion gesagt werden. Außer der

Verengerung der Pupille würde Ptosis, Enophthalmus und vorübergehende Herabsetzung des intraokularen Druckes auftreten.

Passive Erweiterungsbahn. Durch Reizung irgend eines sensiblen Nerven kann reflektorisch eine Erweiterung·der Pupille erfolgen.

Die Bahn läuft hier in den betreffenden sensiblen Nerven zum Großhirn, von da zum Okulomotoriuskern, dessen Tonus gehemmt wird, weiter im Nervus oculomotorius, Ganglion ciliare und den kurzen Ziliarnerven zum Sphincter pupillae.

Vielleicht kommt für die passive Pupillenerweiterung auch die Medulla oblongata in Betracht.

Unentschieden ist noch, ob eine rein passive Pupillenerweiterung überhaupt vorkommt.

Bei der reflektorischen Pupillenerweiterung auf psychischen Reiz nimmt die Reflexbahn in der Hirnrinde ihren Anfang und geht in der oben angegebenen Weise weiter.

Ursachen der Pupillenanomalien.

Die amaurotische Pupillenstarre beobachten wir bei einer Leitungsunterbrechung in dem Sehnerven durch ein Trauma, durch toxische oder infektiöse Prozesse, sowie nach verschiedenen Augenerkrankungen, z. B. Netzhautablösung, Glaukom u. a.

Die reflektorische Starre beruht in 80—90 % der Fälle auf Tabes oder Taboparalyse, manchmal wird sie auch bei Hirnlues, bei Neubildungen im Gehirn, bei multipler Sklerose, sowie nach einem Trauma beobachtet.

Die absolute Pupillenstarre hat sehr mannigfache Ursachen. Sie wird häufig beobachtet bei den syphilitischen, seltener bei den metasyphilitischen Erkrankungen des Nervensystems, bei verschiedenen anderen Infektionen und Intoxikationen (Influenza, Diphtherie, Rheumatismus, Atropin-, Fleisch-, Fisch-, Austern-Vergiftung, Alkohol- und Blei-Intoxikationen).

Herabsetzung oder Fehlen der Pupillenerweiterung auf sensible und psychische Reize (der sog. reflektorischen Erweiterung) beobachtet man bei doppelseitiger amaurotischer Starre, bei reflektorischer und absoluter Starre, sowie für sich allein in ungefähr der Hälfte der Fälle von Dementia praecox. Über das Verhalten dieser Erweiterung bei dem sog. Hornerschen Symptomenkomplex (Miosis, leichte Ptosis, Enophthalmus) infolge von Sympathikuslähmung durch Struma, Halstumoren, Drüsenaffektionen, Wirbelläsionen, Syringomyelie, Myelitis cervicalis etc. müssen noch weitere Erfahrungen gesammelt werden. Als feststehend dürfen wir jetzt schon ansehen, daß die Erweiterung auf sensible und psychische Reize wesentlich eine Folge von Hemmung des Okulomotoriustonus, weniger eine Folge von Sympathikusreizung ist.

Auffällig weite Pupillen werden, von lokaler und innerlicher Atropin- und Kokainanwendung und Erkrankungen des Auges selbst abgesehen, hauptsächlich bei den akuten Psychosen, bei starker psychischer Erregung, infolge von Schmerzen, Schreck, Freude, Angst usw., durch eine große Zahl von Vergiftungen, z. B. durch Kohlensäurevergiftung, bei zu starker Chloroformnarkose, überhaupt bei der Asphyxie beobachtet.

Hochgradige Miosis finden wir, abgesehen von der durch Reizzustände des Auges selbst bewirkten, abgesehen von der Sympathikuslähmung und der senilen Miosis, sowie der bei der lokalen Anwendung der Miotika auftretenden, bei Vergiftungen mit Morphium, Opium, Nikotin, Brom, bei der Tabes, der Taboparalyse sowie häufig bei der Dementia senilis.

Die in der Praxis hauptsächlich vorkommenden Ursachen der Anisokorie sind nach meinen Erfahrungen folgende:

1. Ungleiche Belichtung wegen des Überwiegens der direkten Lichtreaktion über die indirekte.
2. Ungleicher Adaptionszustand beider Netzhäute.
3. Einseitige oder beiderseits ungleich starke Störung in der zentripetalen Lichtreflexbahn.
4. Einseitige oder beiderseits verschieden starke Störung in der zentrifugalen Verengerungsbahn.
5. Einseitige oder beiderseits verschiedene Störung in der aktiven Pupillenerweiterungsbahn — Sympathikusbahn.
6. Angeborene Anomalien, in der Regel auf verschiedene Entwickelung der Iris zurückzuführen.
7. Verschiedene Refraktion, verschiedener Grad einer Refraktionsanomalie.
8. Einseitiges oder beiderseits verschieden ausgeprägtes Lidschlußphänomen.

Formveränderung der Pupille.

Formveränderungen der Pupille werden beobachtet infolge von hinteren Synechien, von Sphinktereinrissen, von Abreißung der Iris an ihrem ziliaren Ansatz, bei Glaukom sowie bei Tabes und Paralyse.

Bestehen hintere Synechien, so sehen wir nach Atropinisation dreieckige Zacken nach der Pupille zu vorspringen, die Spitze des Dreiecks der Pupillenmitte zugerichtet. Bei Sphinkterrissen bestehen dreieckige Einkerbungen am Pupillarrand, die Spitze des Dreiecks dem ziliaren Teil der Iris zugewandt. Bei der Iridodialyse hat die Pupille ihre runde Form verloren, indem nach der Seite der Iridodialyse hin der Pupillenrand sich vom Bogen auf die Sehne verkürzt hat, weil der abgelöste Iristeil durch Verkürzung des Sphinkter sich geradlinig anspannt. — Die Ursache der Entrundung bei Glaukom sowie bei Taboparalyse ist noch nicht sicher ergründet.

Inhalt der Pupille.

Trübungen innerhalb des Bereiches der Pupille haben entweder ihren Grund in Exsudation bei Iritis oder Schwartenbildung nach Iritis oder in Trübungen der Linse, ev. in Nachstar.

Einen eigentümlich gelben Reflex hinter der Pupille beobachten wir beim Gliom der Netzhaut, bei großen Tuberkeln im Augeninnern und bei Glaskörperabszessen. Letztere treten nach penetrierenden Verletzungen sowie bei der metastatischen Ophthalmie auf.

Seltene Pupillenstörungen.

In aller Kürze seien hier einige seltener vorkommenden Pupillenerscheinungen erwähnt:

1. Die myotonische und neurotonische Reaktion. Es handelt sich dabei um charakteristische Abweichungen von dem typischen Verhalten der Pupillen bei Störungen in der zentripetalen und zentrifugalen Lichtverengerungsbahn. Das Wesen derselben besteht in einem relativ langen Verharren der Pupille in den Endstellungen. Der Übergang von einer Endstellung in die andere kann dabei in normaler oder in verlangsamter Weise erfolgen. Selten kommen diese Reaktionen ohne sonst nachweisbare organische Störungen vor. Meist handelt es sich bei der neurotonischen Reaktion um eine Störung in der zentripetalen, bei der myotonischen um eine Störung in der zentrifugalen Reflexbahn derart, daß erst bei längerer Einwirkung eines Lichtreizes oder eines Konvergenzimpulses die

Reaktion eintritt. Beide Störungen bedürfen noch weiterer Aufklärung durch exakte Untersuchungen.

2. Paradoxe Lichtreaktion. Darunter versteht man das Auftreten einer Pupillenerweiterung bei Belichtung, einer Pupillenverengerung bei Beschattung des Auges. Der paradoxen Lichtreaktion kommt zurzeit keine pathognostische Bedeutung zu. Ihre Erklärung wurde in der verschiedensten Weise versucht. Bei der Mehrzahl der bis jetzt mitgeteilten Fälle hat es sich um falsche Diagnosen infolge unzureichender Untersuchungen und mangelhafter Kenntnis der Pupillenphänomene, insbesondere der sehr ausgeprägten Lidschlußreaktion gehandelt.

3. Springende Pupillen. Ein gleichfalls selteneres Phänomen stellen die sog. „springenden Pupillen" dar. Mit diesem Namen bezeichnet man zurzeit klinisch und sicher auch genetisch verschiedene Krankheitsbilder. Man kann ungezwungen 3 Gruppen unterscheiden:

Zur 1. Gruppe gehören die Fälle, bei denen die eine Pupille in ganz bestimmten Zwischenräumen, und zwar in Bruchteilen einer Minute unabhängig von der Beleuchtung und Konvergenz so beträchtlichen Schwankungen ihres Durchmessers unterworfen ist, daß sie bald erheblich weiter, bald erheblich enger als die normale Pupille ist. Dieses Krankheitsbild ist beobachtet an Augen mit einer angeborenen oder in frühester Kindheit entstandenen Okulomotoriuslähmung. Es bestehen gewisse Beziehungen dieses Krankheitsbildes zur posthemiplegischen Form der Hemiathetose.

Bei der 2. Gruppe wechselt ebenfalls nur die Weite einer, und zwar hier der normalen Pupille mit der Änderung der Untersuchungsbedingungen, während die andere pathologische Pupillenweite konstant bleibt. Die Pupillengleichheit dieser Gruppe beruht zumeist auf einer einseitigen Lähmung des Sphincter pupillae.

Bei der 3. Gruppe handelt es sich um eine innerhalb kleinerer oder größerer Zwischenräume stattfindende Umkehr der Größenverhältnisse verschieden weiter Pupillen. Da es sich gewöhnlich um eine auffällige Weite der einen Pupille — z. B. heute der linken, morgen der rechten — handelt, wurde auch die Bezeichnung „springende Mydriasis" üblich. Die ersten Beobachtungen wurden bei Tabes und progressiver Paralyse gemacht, und man war anfänglich geneigt, die "springenden Pupillen" als ein Symptom übelster Prognose anzusehen. In neuerer Zeit haben sich die Beobachtungen gehäuft, die das Symptom als harmlos erscheinen lassen, indem dasselbe auch bei funktionellen Nervenkrankheiten, sowie bei anscheinend Gesunden konstatiert wurde.

Der Erwähnung der „springenden Pupille" reiht sich zum Schluß meiner Ausführungen eine kurze Erörterung des Hippus iridis an, der verwandte Züge mit der 1. Form der „springenden Pupille" trägt.

Hippus iridis. Der Begriff „Hippus iridis" ist zurzeit noch nicht genügend festgelegt. Aus der Durchsicht der Literatur schließe ich, daß die normalen Oszillationen der Iris oft als Hippus bezeichnet wurden, indem man übersah, daß schon physiologischerweise der Grad dieser Oszillationen in ziemlich weiten Grenzen schwankt. In Anlehnung an Gaupp spreche ich mich für folgende Definition aus: Unter Hippus iridis verstehen wir rhythmisch erfolgende, im Verlaufe von 1—3 Sekunden durchschnittlich auftretende Verengerungen und Erweiterungen der Pupille, die meist ganz unabhängig von der Belichtung, von der Konvergenz und den psychischen und sensiblen Einflüssen sind. Die Exkursionen sind annähernd gleich groß und betragen in der Regel 2—3 mm.

Der Hippus kommt in der Regel doppelseitig, selten einseitig vor. Er wurde bei den allerverschiedensten Erkrankungen des Zerebrospinalsystems festgestellt und hat zurzeit keine pathognomonische Bedeutung. Über die Art seines Zustandekommens besteht keine Klarheit.

Sehstörungen.

Im allgemeinen wird sich die Feststellung der Sehschärfe dem vorgenannten Gang der Untersuchung angliedern, bei besonderer Sachlage kann es jedoch angezeigt sein, diese Prüfung früher vorzunehmen.

Keiner näheren Besprechung bedürfen an diesem Orte die Sehstörungen, die bedingt sind durch Anomalien der Refraktion. Bleibt nach Korrektion der mit dem Ophthalmometer, der Skiaskopie oder im aufrechten Bild bestimmten Refraktionsanomalie noch eine Sehstörung (Amblyopie) zurück, so muß in eine genauere Analyse dieser Störung eingetreten werden, insbesondere auch die Frage entschieden werden, ob es sich lediglich um eine Herabsetzung der zentralen oder auch um eine solche der peripheren Sehschärfe (Gesichtsfeldanomalie) handelt.

Eine genauere Feststellung der **Gesichtsfeldstörungen** ist nur mit dem Perimeter möglich, da jedoch seine Anwendung am Krankenbett sowie bei geistig Minderwertigen und bei Kindern auf große Schwierigkeiten stößt oder gar unmöglich ist, so muß man oft zu Prüfungsmethoden seine Zuflucht nehmen, die nur die Feststellung gröberer Gesichtsfelddefekte gestatten.

Man stellt oder setzt sich dem zu Untersuchenden in einer Entfernung von ungefähr ⅓ m gegenüber und fordert ihn auf, in das Auge des Untersuchers hineinzusehen, während man von der Peripherie nach dem Zentrum eine Kerzen-flamme oder einen anderen leicht erkennbaren Gegenstand hereinführt und den Kranken angeben läßt, wann er den hereinbewegten Gegenstand zu er-kennen vermag. Die Wahrnehmungen des eigenen Auges geben einen Maß-stab, in welchem Grade eine Störung vorliegt. Falls dem Kranken die Fixation des Auges des Untersuchers wegen starker Herabsetzung seiner zentralen Seh-

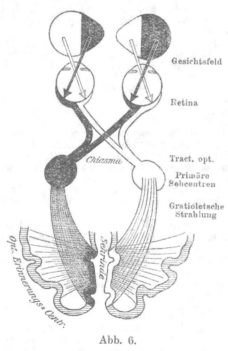

schärfe nicht mehr möglich ist, so läßt man ihn nach seiner eigenen, in kurzer Entfernung vor seinem Auge befindlichen Hand sehen und geht weiterhin in der genannten Weise vor.

Ist das Sehvermögen auf Finger-zählen in nächster Nähe oder noch stärker herabgesetzt, so muß die Prü-fung des Gesichtsfeldes, die sich dann nurmehr auf die Feststellung der Lichtperzeption und -Projektion er-strecken kann, im Dunkelzimmer er-folgen. Man hält eine abwechselnd verdeckte und freigegebene Kerze in den verschiedenen Richtungen des Raumes vor das Auge oder wirft mit einem Augenspiegel aus den verschie-denen Richtungen Licht in das Auge und fordert den zu Untersuchenden auf, anzugeben, einmal ob er den Unterschied von hell und dunkel wahrnehme und vor allem, ob er angeben könne, wo sich im Raume die Lichtquelle befinde.

Gelingt es einem nicht, den Kranken dazu zu bringen, den Blick andauernd geradeaus zu richten, so gewinnt man gelegentlich noch An-haltspunkte über das Vorhandensein grober Gesichtsfeldstörungen dadurch, daß der Kranke den an verschiedenen Stellen abwechselnd befindlichen Lichtquellen seinen Blick zuwendet oder nicht.

Die Prüfung des Gesichtsfeldes hat in der Regel für jedes Auge einzeln, bei gut verdecktem anderen Auge zu erfolgen.

Sehstörungen ohne Gesichtsfelddefekte beobachten wir bei Hornhaut-, Linsen- und Glaskörpertrübungen sowie bei entzündlicher Veränderung des Kammerwassers. Die Sehstörungen mit Gesichtsfeldstörungen — siehe Abb. 6 — treten auf bei Erkrankungen der Netzhaut und des Sehnerven, beziehungs-weise der Sehbahn, in deren ganzem Verlauf, vom Sehnervenbeginn bis zum Hinterhauptslappen. Die Art der Gesichtsfeldstörung ist oft von großer lokal-diagnostischer (topischer) Bedeutung.

Labels in figure: Gesichtsfeld · Retina · Chiasma · Tract. opt. · Primäre Sehcentren · Gratioletsche Strahlung · Opt. Erinnerungs-Centr. · Sehrinde

Abb. 6.
Frei nach Bing.

Die hauptsächlichsten Störungen der Außengrenzen des Gesichtsfeldes sind:

1. Die sektorenförmige Einschränkung, die öfters bei der tabischen Sehnervenatrophie beobachtet wird. (Abb. 7.)

2. Die halbseitigen Gesichtsfelddefekte (Hemianopsien), die gleichseitige, d. h. beiderseits rechts oder beiderseits links gelegene Defekte oder ungleichseitige und zwar bitemporale oder binasale Defekte darstellen können.

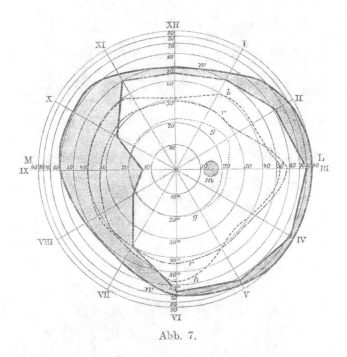

Abb. 7.

Gleichseitige Hemianopsien, mit normaler zentraler Sehschärfe beobachten wir bei Erkrankungen eines Traktus, des äußeren Kniehöckers, der Sehstrahlung und der optischen Zentren (Gegend der Fissura calcarina). Macht die Trennungslinie der sehenden und nicht sehenden Gesichtsfeldhälfte um den Fixierpunkt herum eine geringe Ausbuchtung nach der sehenden Hälfte, die sog. Aussparung der Makula, so haben wir in erster Linie an eine Erkrankung der Sehstrahlung oder des Hinterhauptlappens zu denken (Abb. 8); geht hingegen die Trennungslinie durch die Mitte des Fixierpunktes hindurch, so ist eine Erkrankung des Kniehöckers und des Traktus wahrscheinlicher. (Abb. 9.)

Binasale Hemianopsie beobachten wir bei doppelseitiger Affektion des seitlichen Chiasmawinkels, bitemporale bei einer Läsion der Mitte des Chiasma.

Aufschluß über die zur Hemianopsie führende Sehstörung kann ev. auch die Prüfung auf hemianopische Pupillenstarre geben (s. S. 466).

Bemerkt sei noch, daß nicht immer die ganze Gesichtsfeldhälfte bei den in Rede stehenden Läsionen ausfällt, sondern daß es sich gelegentlich nur um gleichartige Quadrantdefekte handelt, denen dann aber die gleiche diagnostische Bedeutung zukommt.

3. Die konzentrische Einschränkung der Außengrenzen des Gesichtsfeldes. Dieselbe beobachten wir in den seltenen Fällen von doppelseitiger
Zerstörung der optischen Zentren mit zentraler Aussparung des Gesichts-

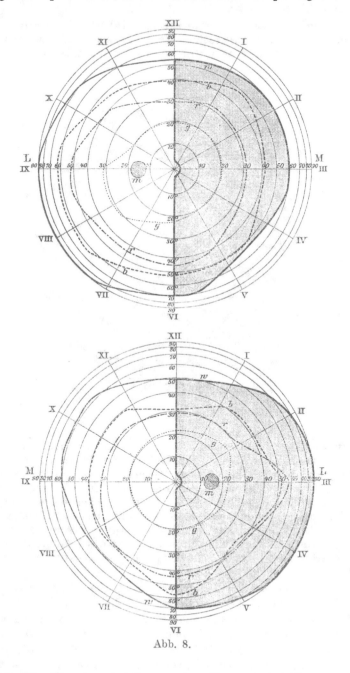

Abb. 8.

feldes (Abb. 10), fernerhin bei Stauungspapille sowie bei Hysterie und Neurasthenie. Erwähnt sei auch das Vorkommen bei Retinitis pigmentosa (Abb. 11).

Von den inselförmigen Defekten innerhalb der Außengrenzen des Gesichtsfeldes, den sog. Skotomen, die wir in zentrale (Abb. 12) und periphere (Abb. 13) trennen, kommt für Allgemeindiagnosen besonders dem

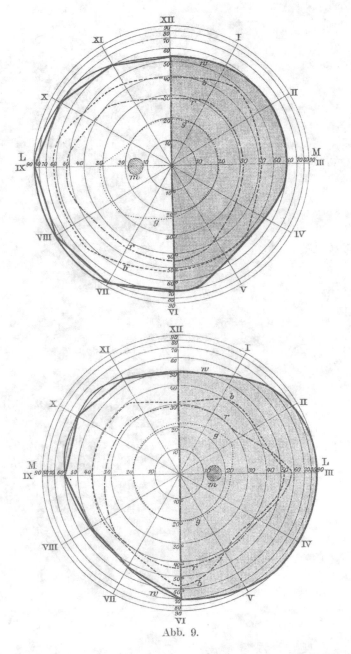

Abb. 9.

zentralen Skotom eine größere Bedeutung zu. Wenn zwar diese Skotome auch nicht ohne weiteres einen Rückschluß auf den Sitz der Läsion zulassen, da sie sowohl bei Netzhaut- als bei Optikuserkrankungen vorkommen, so lenkt doch — nach Ausschluß der Makulaerkrankung — das Vorkommen des zentralen Skotoms unsere Gedanken sofort auf ganz bestimmte Erkrankungen.

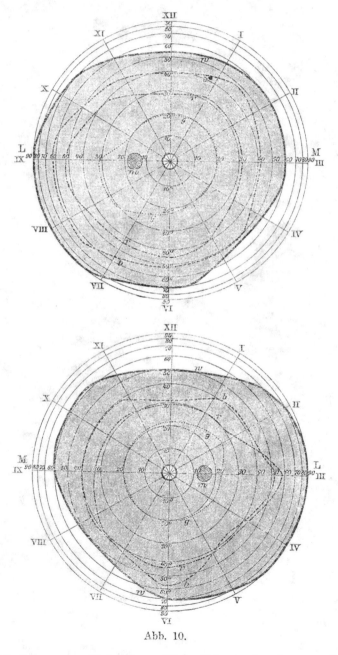

Abb. 10.

Ich habe dabei in erster Linie die multiple Sklerose im Auge, weiterhin die chronische Vergiftung durch Tabak und Alkohol, die häufig zum zentralen Skotom infolge von retrobulbärer Neuritis führen. Allerdings sind die genannten Erkrankungen nicht die einzigen Ursachen des zentralen Skotoms, sondern gelegentlich kommen auch noch andere Erkrankungen und zwar bei den einseitigen zentralen Skotomen hauptsächlich die Nebenhöhlenerkrankungen in Betracht. Kortikale Läsionen können homonyme zentrale Skotome verursachen.

Seelenblindheit. Das Wesen der Seelenblindheit besteht darin, daß Gegenstände zwar noch wahrgenommen, aber nicht mehr erkannt und geistig verwertet werden. Vorgehaltene Gegenstände erwecken nicht mehr die frühere Vorstellung, sondern sind völlig fremd geworden. Häufig ist auch das optische Erinnerungsvermögen stark beeinträchtigt, so daß der Kranke sich von bekannten Personen, Gegenden und Gegenständen keine Vorstellung mehr machen kann. In vielen Fällen war die Seelenblindheit mit doppelseitiger gleichnamiger Hemianopsie verbunden.

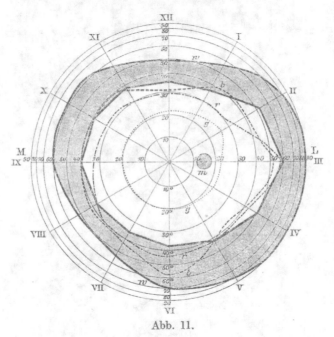

Abb. 11.

Nach Wilbrand beruht die Grundlage der Seelenblindheit in einer Läsion der optischen Erinnerungsbilder oder der diese mit den optischen Wahrnehmungszentren verbindenden Assoziationsfasern. Wie die doppelseitige Hemianopsie a priori wahrscheinlich macht, liegen der Seelenblindheit meist doppelseitige Erkrankungen des Hinterhauptshirns zugrunde.

Die Seelenblindheit kann durch einen Zustand von erheblicher Sehschwäche mit gleichzeitiger Achromatopsie (König, Siemerling) vorgetäuscht werden.

Optische Aphasie. Mit der im vorigen Abschnitt beschriebenen Seelenblindheit darf die optische Aphasie nicht verwechselt werden. Sie besteht darin, daß vorgehaltene Gegenstände zwar gesehen und erkannt werden, aber nicht bezeichnet werden können, obgleich der Kranke im übrigen sprechen und das Wort auch finden kann, wenn der Reiz von einer anderen Sinnessphäre aus geweckt wird.

Beispiel. Er findet das Wort „Uhr" nicht, wenn man sie ihm vorhält, weiß aber, daß es eine Uhr ist. Er findet das Wort, wenn man sie ihm vors Ohr bringt oder in die Hand gibt. (Nach Oppenheim.)

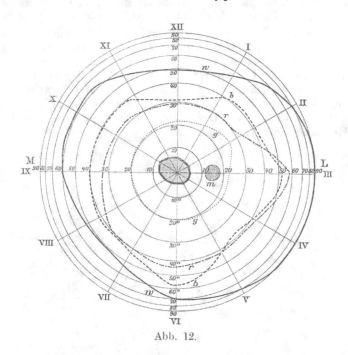

Abb. 12.

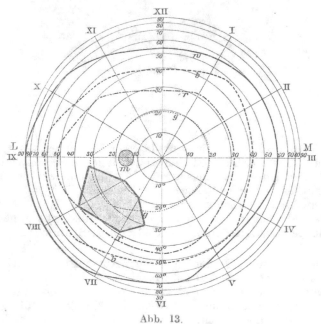

Abb. 13.

Bei der optischen Aphasie soll es sich meist um Herde handeln, die an der Grenze der linken Hinterhaupts- und Schläfengegend gelegen und so ausgedehnt sind, daß sie die von beiden Hinterhauptslappen zum Klangbildzentrum ziehenden Leitungsbahnen unterbrechen. Manchmal besteht gleichzeitig Hemianopsie.

Dyslexie. Als Dyslexie (Berlin) ist eine Störung beschrieben worden, die darin besteht, daß der Kranke nur ein paar Worte oder Sätze lesen kann, dann aber ermüdet und unter Unlust nicht weiter fortfahren kann. Der Sitz der Störungen ist unbekannt.

Wortblindheit oder isolierte Alexie. Man versteht darunter die Unfähigkeit zu lesen, bei erhaltener Sprache und erhaltenem Sprachverständnis. Sehr häufig war damit rechtsseitige Hemianopsie verbunden. Der Sitz der Störung wird in den linken Gyrus angularis verlegt. Fälle von Dyslexie, d. h. von auffallender Schwierigkeit, das Lesen zu erlernen, werden auch nicht allzu selten bei Kindern beobachtet, und dürften ihre Ursache in einer kongenitalen oder intra partum entstandenen Schädigung des Lesezentrums haben.

Farbensinn. Einwandfreie Resultate können auch von weniger Geübten unter Benutzung von passend ausgewählten Wollbündeln [1]) oder der für die Bahnärzte obligatorischen Nagelschen Täfelchen erzielt werden.

Die Farbensinnstörungen kommen partiell und total, angeboren und erworben vor. Erworben werden sie bei Erkrankungen der Netzhaut, der optischen Bahnen und der optischen Zentren beobachtet. Ein lokalisatorischer Wert kommt der Störung nicht zu.

Siehe Gesichtsfeldstörungen S. 475 ff.

Lichtsinn. Die Prüfung des Lichtsinns ist nur selten notwendig und wird dann, schon weil die dazu nötigen Apparate den Internisten fehlen dürften, vom Augenarzt vorzunehmen sein.

Lichtsinnstörungen in Form der Hemeralopie oder Nachtblindheit werden vornehmlich bei Retinitis pigmentosa, bei schweren Ernährungsstörungen, bei Karzinomatose, Leberzirrhose beobachtet. Auch während des Krieges haben solche Störungen bei den Soldaten eine erhebliche Rolle gespielt. Neben schweren Anstrengungen, psychischer Depression, Überblendung und vielleicht auch unzweckmäßiger Kost haben hierbei wohl früher schon vorhandene chorioretinitische Veränderungen vielfach prädisponierend mitgewirkt.

Siehe: Bindehauterkrankungen, S. 461.

B. Spezieller Teil [2]).

Infektionskrankheiten.

Akute Exantheme. Bei den **Masern** ist häufig zu Beginn der Erkrankung schon vor dem Ausbruch des Exanthems eine Konjunktivitis vorhanden mit erheblicher Lichtscheu. Als Komplikation derselben kann ein Hornhautgeschwür auftreten.

Bei sehr schweren Epidemien kommt es manchmal zur Membranbildung auf der entzündeten Bindehaut oder auch zu nekrotischer Zerstörung derselben; in diesen Fällen

---

[1]) Frl. Letty Oldberg in Upsala liefert ein Sortiment nach Holmgrens Angabe zusammengestellt, das namentlich an den charakteristischen Verwechslungsfarben sehr reich ist. Preis 5½ M.

[2]) Im Interesse der Übersichtlichkeit und leichteren Orientierung habe ich meine ursprüngliche, von der vorliegenden abweichende Disposition fallen lassen und die von den Redakteuren aufgestellte „Allgemeine Disposition" zugrunde gelegt.

wird dann auch meist bald und sehr schwer die Hornhaut affiziert unter rasch fortschreiten-
der Geschwürbildung, die häufig zur Erblindung des Auges führt. Bei diesen schweren
Konjunktivitisformen sind häufig massenhafte hochvirulente Staphylokokken, seltener
Streptokokken im Bindehautsack gefunden worden.

Öfters kommt es auch noch während der Rekonvaleszenz zum Auftreten
der Conjunctivitis simplex oder Conjunctivitis ekzematosa; letztere Form pflegt
sehr zu Rezidiven zu neigen.

Häufig wird nach Masern eine latente Neigung zu Strabismus manifest,
in dem die allgemeine Körperschwäche den zum Ausgleich des gestörten Muskel-
gleichgewichts nötigen Innervationsimpuls nicht mehr ermöglicht.

Bei **Scharlach** wird Konjunktivitis seltener beobachtet, jedoch sind bei
sehr schweren Epidemien häufiger die oben erwähnten membranösen und
nekrotisierenden Bindehauterkrankungen aufgetreten mit sekundärer Mitbeteiligung der Hornhaut und Ausgang in Erblindung.

Bei Scharlach werden auch eiterige Entzündungen des Augeninneren
meist primär vom Uvealtraktus ausgehend beobachtet. (Metastatische Ophthalmie.)

Zu beachten ist, daß bei Scharlach besonders häufig die Nieren ergriffen
werden und daß es dann zur urämischen Amaurose und Neuroretinitis albuminurica kommen kann.

Bei den **Blattern** und zwar sowohl bei der Variola als auch bei Variolois
und **Varizellen** werden sehr oft die Lider mitbeteiligt und zwar am häufigsten
und schwersten bei den echten Blattern. Auch auf der Bindehaut kommt
es zum Auftreten von Blasenbildung, während auf der Hornhaut Blasen fast
nie beobachtet werden. Allein es kommt an der Hornhaut nicht selten zu
schweren eiterigen Infiltrationen und zwar noch während des Rückbildungs-
stadiums der Blattern, die oft eine schwere Schädigung des Sehvermögens,
ja Erblindung, bedingen. Vor Einführung der Schutzpockenimpfung kamen
die meisten Erblindungen auf das Konto der Blattern. Selten werden Entzündungen im Innern des Auges (Iritis, Chorioretinitis, Neuritis optica) bei
Blattern beobachtet.

Bei Variolois und Varizellen erkranken die Augen meist in leichterer
Weise, doch ist auch hierbei Lidgangrän beobachtet.

Bei Übertragung von **Lymphe** kommt es zum Auftreten von Pusteln an
den Lidern und dem Auge selbst. Häufig geben die Eltern der Kinder an,
daß nicht spezifische Blatternerkrankungen, sondern gewöhnliche oder ekzema-
töse Bindehautkatarrhe oder andere Entzündungen nach der Impfung aufgetreten seien. Es läßt sich nicht von der Hand weisen, daß gelegentlich die
Impfung infolge vorübergehender Störung des Allgemeinbefindens als disponierendes Moment für diese Erkrankungen anzusehen ist.

Cerebrospinalmeningitis. Die häufigste Augenkomplikation stellt die
eitrige Entzündung des Augeninnern dar. Sie führt fast immer zur Erblindung. Die Infektion erfolgt entweder per continuitatem oder metastatisch.
Manchmal wird die Retina, manchmal der Uvealtraktus primär affiziert.

Eine Eigentümlichkeit der meningitischen Ophthalmie besteht nach
Axenfeld darin, daß die Augenentzündung mit einer mittleren Allgemeinerkrankung einhergeht.

Die Statistik der Todesfälle bei meningitischer Ophthalmie beträgt höchstens 5 %.
Häufiger wurde Konjunktivitis mit mäßiger Schwellung der Bindehaut beobachtet. Bei stärkerer Affektion des Trigeminus wurde Keratitis neuroparalytica

beobachtet. In seltenen Fällen kam es zu Exophthalmus infolge von Orbitalphlegmonen. Stauungspapille und Entzündung des Optikus sind seltene Vorkommnisse. In einer Reihe von Fällen wurde Thrombose der Zentralvenen der Netzhaut beobachtet.

Erblindung findet sich (Axenfeld): 1. mit Neuritis optica, 2. bei normalem Augenhintergrund. In dem letzteren Fall ist die Lokalisation vorwiegend kortikal. Basale Meningitiserblindungen können sich noch nach Monaten zurückbilden.

Nystagmus und Augenmuskellähmungen wurden häufiger beobachtet. Das Verhalten der Pupillen war wechselnd. Irgend ein bestimmter Typus läßt sich nicht aufstellen.

Miliartuberkulose. In ungefähr 80 % der Fälle von allgemeiner Miliartuberkulose, häufig allerdings erst in den letzten Stadien der Allgemeinerkrankung beobachten wir zahlreiche graugelbliche Knötchen, besonders in der Aderhaut, manchmal auch in der Netzhaut. (Abb. 14.)

Ihr Auftreten besitzt öfters differentialdiagnostische (Typhus, Meningitis) Bedeutung.

Im Anschluß an die bei der Miliartuberkulose zu beobachtende Augenaffektion sollen die tuberkulösen Erkrankungen des Auges überhaupt ihre Besprechung finden.

Tuberkulose des Auges. Nach den Erfahrungen der letzten zwei Dezennien darf es als feststehend gelten, daß tuberkulöse Erkrankungen des Auges ungleich viel häufiger vorkommen, als man früher anzunehmen geneigt war.

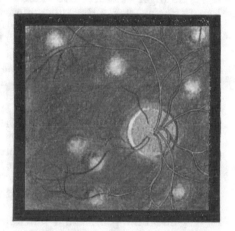

Abb. 14.   Miliartuberkel der Chorioidea.

Besondere Verdienste um die Klärung der Frage der Häufigkeit, der klinischen Erscheinungen und der Art des Zustandekommens der Tuberkulose des Auges haben sich v. Michel durch seine klinischen und anatomischen, Stock durch seine experimentellen Beobachtungen erworben.

Entweder besteht gleichzeitig eine nachweisbare Tuberkulose anderer Organe oder es ist die Augenerkrankung die erste nachweisbare Manifestation der tuberkulösen Infektion. Die Tuberkulose des Augeninnern dürfte fast regelmäßig von der Blutbahn aus erfolgen.

Es können alle Teile des Auges tuberkulös erkranken.

Die Tuberkulose der **Bindehaut** ist nicht häufig. Sie bietet im allgemeinen das gleiche Bild wie die Schleimhauttuberkulose an anderen Körperteilen. Seltener kommt es zum Auftreten von graugelblichen multiplen Knötchen, so daß ein ähnliches Krankheitsbild wie beim Trachom entstehen kann. In einer anderen Gruppe von Fällen kommt es zu Wucherungen in der Lidbindehaut, die Neigung zum Zerfall besitzen, so daß daraus speckig aussehende Geschwüre sich bilden können. Auch eine lupöse Erkrankung der Konjunktiva ist beobachtet und sieht man dabei die charakteristischen Geschwüre mit wulstigen Rändern und einem mit leicht blutendem Granulationsgewebe bedeckten Grunde.

Durch Infektion der Bindehaut mit dem bovinen Typus der Tuberkelbazillen (Wessely) kann es zu großen körnig-papillären Wucherungen von derber Konsistenz und oft gelblichem Zentrum kommen. Gleichzeitig schwellen unter Fieber die Präaurikulardrüse und die Kieferdrüsen an und abszedieren manchmal (Parinaudsche Konjunktivitis).

Die tuberkulöse Infektion der Bindehaut erfolgt in der Regel in der Mehrzahl der Fälle von außen, selten ist sie von der Schleimhaut der tränenableitenden Wege fortgeleitet.

Tuberkulöse **Liderkrankungen** kommen, abgesehen von dem auf die Lider übergreifenden Gesichtslupus, selten vor. Ausnahmsweise ist das Chalazion tuberkulöser Natur.

Selten sind auch tuberkulöse Erkrankungen des **Tränensackes** und der **Tränenwege.** Die Erkrankung kann von der Schleimhaut der Nase und der Bindehaut sowie auch von den umgebenden Knochen ausgehen. Die Diagnose ist, falls nicht eine Erkrankung der eben genannten Teile vorhanden ist, nur schwer mit Sicherheit zu stellen, da lediglich die Erscheinungen einer gewöhnlichen Dakryocystoblennorrhoe bestehen.

Die **Tränendrüse** erkrankt nur ausnahmsweise tuberkulös. Es kommt dabei zu einer Verhärtung und Vergrößerung der Drüse meist ohne Schmerzen.

Häufiger als die Tuberkulose der Bindehaut kommen Hornhauterkrankungen vor. Die tuberkulösen Erkrankungen der Hornhaut treten in zweierlei Formen auf, einmal unter dem Bilde der **sklerosierenden Keratitis,** dann unter dem typischen Bild der **Keratitis parenchymatosa.**

Bei dem ersteren Krankheitsbild treten an einer oder an mehreren Stellen der Randzone der Hornhaut unter mäßigen und manchmal nur zirkumskripten Entzündungserscheinungen graugelbliche Trübungen auf, die sich zungenförmig 1—3 mm weit in dem Parenchym der Hornhaut vorschieben. Nach Wochen klingen die entzündlichen Erscheinungen ab und es tritt mehr und mehr an Stelle der entzündlichen Trübung eine weißliche Narbe.

Das Krankheitsbild kommt dadurch zustande, daß in der Regel vom Ligamentum pectinatum aus ein tuberkulöses Knötchen sich in das Hornhautgewebe vorschiebt. Nur ganz selten sitzt ein solches Knötchen primär in der Hornhaut oder schiebt sich von der Sklera in die Hornhaut vor.

Das viel seltenere typische Bild der Keratitis parenchymatosa wird dann beobachtet, wenn gleichzeitig oder rasch hintereinander multiple Knötchen im Ligamentum pectinatum auftreten und nun von verschiedensten Stellen aus Tuberkelbazillen oder Toxine in das Hornhautparenchym eindringen. Auch im Anschluß an eine primäre Iridozyklitis kann bei Schädigung des Endothels der Hornhaut eine typische Keratitis parenchymatosa auftreten.

Eine derartige Keratitis parenchymatosa ist auch experimentell bei Injektionen lebender Tuberkelbazillen in die Blutbahn von Kaninchen beobachtet worden, ohne daß es zur Knötchenbildung in der Hornhaut kam und ohne daß in derselben Tuberkelbazillen sich nachweisen ließen.

Die **Sklera** erkrankt manchmal in der Form einer mit Knötchenbildung einhergehenden Skleritis oder Episkleritis, sekundär erkrankt sie im Anschluß an primäre Tuberkulose der Aderhaut und des Strahlenkörpers.

Über die Rolle, die die Tuberkulose in der Ätiologie der **Iritis** spielt, gehen die Ansichten noch weit auseinander. Es ist ein Verdienst von v. Michel, nachdrücklich auf die Bedeutung der Tuberkulose für die Entstehung der Iritis hingewiesen zu haben.

Die Tuberkulose der Iris dürfte wohl ausnahmslos von der Blutbahn aus entstehen und es ist daher anzunehmen, daß sie auch in den Fällen, wo sie die erste Manifestation der Tuberkulose darstellt, als eine sekundäre, d. h. auf Metastase beruhende Erkrankung anzusehen ist. Sie wird nur selten im Anschluß an Lungenphthise und Knochentuberkulose beobachtet, häufiger kommt sie bei Drüsentuberkulose vor. Umgekehrt wird auch Lungen- und Knochentuberkulose selten nach einer Tuberkulose des Auges, insbesondere nach Aderhauttuberkulose beobachtet.

Die tuberkulösen Knötchen der Iris sind öfters wegen ihrer Kleinheit und ihrer tiefen Lage klinisch nicht sichtbar. Andererseits ist zu bemerken,

daß durchaus nicht immer eine im Irisgewebe zu beobachtende Knötchenbildung auf eine tuberkulöse Infektion zurückzuführen ist, speziell auch bei
Lues werden solche beobachtet. In zweifelhaften Fällen kann die Allgemeinuntersuchung und eventl. auch der Erfolg der Therapie Aufschluß bringen.
Ein solcher wurde auch gelegentlich erhalten durch den mikroskopischen oder
experimentellen Nachweis von Tuberkelbazillen im Kammerwasser.

Bei dem isolierten Auftreten eines größeren Tuberkels der Iris tritt die
Versuchung heran, den Tuberkel operativ zu beseitigen. Ich muß davor im
Hinblick auf eigene Erfahrungen und Mitteilungen aus der Literatur warnen,
da durch diesen Eingriff eine rapide Dissemination des tuberkulösen Virus
erfolgen kann.

Die Tuberkulose der **Aderhaut** tritt in verschiedenen Formen auf. Einmal als miliare bei allgemeiner Miliartuberkulose (S. 483). Weiter kommt es
zu herdförmigen oder mehr diffusen tuberkulösen Entzündungen der Ader-

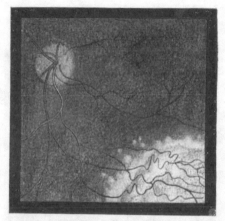

Abb. 15.　Chorioiditis tuberculosa.　　　Abb. 16.　Solitärtuberkel der Chorioidea.

haut, die zu dem ophthalmoskopischen Bild der Chorioiditis disseminata et
diffusa führen (Abb. 15). Im jugendlichen Lebensalter treten gelegentlich
auch große Solitärtuberkel auf, die ähnliche klinische Erscheinungen wie
das Gliom hervorrufen (Abb. 16).

Die tuberkulöse Aderhauterkrankung kann sich auf die Netzhaut und
auf die Sklera fortsetzen. In ersterem Falle kommt es meist zunächst zur
Ablösung der Netzhaut, weiterhin zur Knötchenbildung in der Netzhaut selbst.
In letzterem Falle kann das tuberkulöse Granulationsgewebe die Sklera perforieren.

Der **Sehnerv** kann in allen seinen Abschnitten von Tuberkulose ergriffen
werden. Es kommt dann öfters ophthalmoskopisch das Bild der Entzündung
(Abb. 17) oder entzündlichen Atrophie zustande (Abb. 18). In der Regel handelt
es sich bei den Sehnervenerkrankungen primär um eine tuberkulöse Basilarmeningitis, diese setzt sich auf die Sehnervenscheiden fort und von da aus greift
die Erkrankung auf die Sehnerven selbst über. Betont sei, daß auch das
Krankheitsbild der akuten und chronischen retrobulbären Neuritis infolge tuberkulöser Sehnervenaffektion auftritt.

Auch in der **Orbita** kommt es zu tuberkulösen Prozessen, die meist vom
Knochen, insbesondere von den Orbitalrändern ihren Ausgang nehmen.

Kurze Erwähnung soll hier auch die **Konjunktival-** (Ophthalmo-)
Reaktion, die mehrere Stunden nach der Einträufelung von Tuberkulin in
den Bindehautsack eintritt, finden. Trotz der diagnostischen Bedeutung, die
ihr zweifellos zukommt, wird sie wegen der Gefahr, die sie auch bei Beobachtung aller Kautelen für das Auge birgt und weil die subkutane Tuberkulin-
injektion für die Feststellung des tuberkulösen Charakters einer verdächtigen
Augenerkrankung mehr leistet, von den Augenärzten kaum mehr angewendet.
Gegen die konjunktivale Anwendung des Tuberkulins spricht bei den Augenärzten auch das Zurückbleiben einer gesteigerten lokalen Überempfindlichkeit, die eine nachträgliche Tuberkulinbehandlung geradezu unmöglich
machen kann.

Letztere wird bei den tuberkulösen Erkrankungen, besonders des Augeninneren, vielfach in vorsichtiger Weise, um womöglich eine Herdreaktion am
Auge ohne allgemeine Reaktion zu erhalten, geübt, bedarf aber noch des
weiteren Ausbaues.

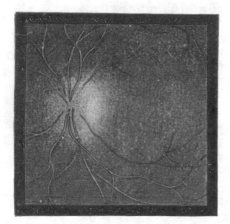 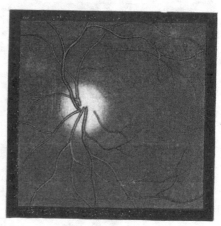

Abb. 17. Neuritis optica tuberculosa.　　Abb. 18. Tuberkulöse entzündliche Seh-
　　　　　　　　　　　　　　　　　　　　　　nervenatrophie.

Andere für die Diagnosenstellung in Betracht kommenden spezifischen Reaktionen
sind die Komplementbindungsmethode und die Bestimmung des opsonischen Index.

Therapie. Außer der Tuberkulinbehandlung kommt besonders bei den
tuberkulösen Erkrankungen der Lider und Bindehaut eine chirurgische Behandlung, bestehend in Exzision und Kauterisation, ferner Strahlenbehandlung
(Röntgen, Finsen) in Betracht. Bei tuberkulösen Granulationsgeschwülsten im
Augeninneren, die meist zur Zerstörung des Auges führen und in hohem
Grade die Gefahr der Verschleppung der Tuberkelbazillen in sich bergen, ist
die Enukleation in Erwägung zu ziehen.

Die kleineren Tuberkelknoten im Inneren des Auges heilen recht häufig
unter symptomatischer Therapie und durch Besserung des Allgemeinzustandes
aus. Diese Tatsache wird meines Erachtens zu wenig beachtet bei den Berichten über die Erfolge neuer Behandlungsmethoden. Daneben kommen
Fälle vor, wo das erkrankte Auge immer wieder von neuen Entzündungsfällen
betroffen wird und schließlich schrumpft.

Typhus. Augenerkrankungen treten im allgemeinen bei Typhus selten auf. Während
der Erkrankung oder als Nachkrankheit sind beobachtet: Konjunktivitis, Abszeßbildung

in der Hornhaut, entzündliche Erkrankungen des Uvealtraktus und der Orbita und Muskellähmungen.

Mit am häufigsten sind Amblyopien, gelegentlich sogar Erblindungen beobachtet. Der ophthalmoskopische Befund war teils negativ, teils kam es zum Auftreten einer Sehnervenatrophie. Die Sehstörung kann durch direkte Einwirkung des spezifischen Giftes auf die Sehnerven zustande kommen oder im Anschluß an meningitische Prozesse auftreten.

Septische Erkrankungen. In ungefähr 30—40 % der Fälle von Sepsis kommt es zum Auftreten von markweißen Herden mit und ohne Blutungen in der Netzhaut, ganz selten auch zu Blutungen in der Aderhaut. Zu ihrer Erklärung nimmt man teils eine durch Toxine entstandene Gefäßwandveränderung, teils Gefäßverstopfungen durch Mikroorganismen an. Die Feststellung dieser Herde ist von differentialdiagnostischer Bedeutung gegenüber dem Typhus und der Miliartuberkulose, wo sie zu fehlen pflegen. Ihr Auftreten soll prognostisch günstig sein.

Bei der Septikopyämie kommt es ferner nicht selten zum Auftreten von eiterigen Prozessen verschiedener Intensität im Innern des Auges und zwar häufiger einseitig, seltener doppelseitig. (Metastatische Ophthalmie.)

Das klinische Bild äußert sich in der Regel zunächst in einer eiterigen Iritis. In den schweren Fällen kommt es dann zu einer Vereiterung des ganzen Augeninnern (Panophthalmie), zu entzündlichen Ergüssen in die Tenonsche Kapsel mit Vortreibung des Augapfels und hochgradiger entzündlicher Schwellung der Bindehaut und der Lider. Der Ausgang ist fast immer eine mehr oder minder hochgradige Schrumpfung des Augapfels.

Während man früher annahm, daß der Prozeß von der Aderhaut seinen Ausgang nehme, haben neuere Untersuchungen (Axenfeld) gelehrt, daß besonders bei doppelseitigen metastatischen Ophthalmien die septischen Emboli, die das Krankheitsbild auslösen, nicht in den Aderhautgefäßen, sondern in den Netzhautkapillaren sich ansiedeln.

Ätiologisch handelt es sich um verschiedene Erreger und zwar kommen bei den schweren Fällen hauptsächlich Streptokokken und Staphylokokken, bei den leichteren öfters Pneumokokken, Influenzabazillen und andere in Betracht. Als Mittelglied zwischen der primären septischen Erkrankung und der okularen Metastase findet sich häufig eine Endokarditis ulcerosa. Axenfeld gibt an, daß bei den doppelseitigen Ophthalmien in 50 %, bei den einseitigen in 22 % Endokarditis vorkomme.

Die metastatische Ophthalmie und zwar ganz besonders die doppelseitigen, die ein Drittel der Fälle darstellen, geben quoad vitam eine sehr üble Prognose.

Außer der Retinitis septica und der metastatischen Ophthalmie kommen bei der Septikämie noch Orbitalphlegmonen zur Beobachtung. Die Lider und die Bindehaut sind dabei stark entzündlich geschwellt, es besteht Protrusio bulbi mit Beweglichkeitsbeschränkung bei zunächst intaktem Augeninnern. Sekundär kommt es dann zur Thrombosenbildung und Entzündungserscheinungen im Augeninnern und im Optikus mit häufigem Ausgang in Erblindung.

Primär soll bei dieser Erkrankung eine bakterielle Thrombose der Orbitalvenen vorliegen, ev. fortgeleitet von einer Sinusthrombose. Neuerdings hat sich mehr und mehr die Überzeugung durchgebrochen, daß die septischen Prozesse der Orbita häufig ihren Ausgang von infektiösen Erkrankungen der Nebenhöhlen der Orbita nehmen.

Erysipel. Erysipel der Lidhaut, Abszesse und mehr diffuse Entzündung des Unterhautzellgewebes werden bei Gesichtserysipel öfters beobachtet. Rezidivierendes Lidererysipel gibt häufig Anlaß zu chronischem Lidödem. —

Nur selten greift die Entzündung auf die Augenhöhle und den Augapfel selbst über.

Wird die Orbita ergriffen, so tritt eine phlegmonöse Entzündung mit Exophthalmus auf, es kommt dann meist zur Thrombophlebitis mit ihren gefährlichen Folgen und zwar kann die Entzündung nach dem Tenonschen Raum und von da in das Augeninnere, sowie nach dem Sehnerven und den Hirnhäuten zu fortschreiten. Auch kann die Thrombophlebitis von der Orbita auf die Gehirnsinus übergreifen.

Der vordere Bulbusabschnitt wird bei Erysipel nur ausnahmsweise mitergriffen. Beschrieben ist das Auftreten von Entzündungen der Bindehaut, von Ulcus serpens und Keratitis neuroparalytica, sowie neuerdings das Auftreten von winzig kleinen bis über mohnkopfgroßen oberflächlich gelegenen rundlichen Bläschen mit zunächst klarem Inhalt im Zentrum der Hornhaut (Elschnig).

Höchst selten kommen Augenmuskellähmungen bei Erysipel vor. Eine posterysipelatöse Sepsis kann zum Auftreten einer metastatischen Ophthalmie Anlaß geben.

Ruhr. Bei der Ruhr kommen nur ausnahmsweise Augenaffektionen vor. Es wurden Entzündungen der Bindehaut, der Lider und der Tränendrüse damit in Zusammenhang gebracht.

Akuter Gelenkrheumatismus. Bei dem akuten Gelenkrheumatismus ist ein akut entzündlicher Prozeß des Uvealtraktus meist im Anschluß an eine Endokarditis mehrfach beobachtet. Die Erkrankung ist oft doppelseitig. Ihre Prognose ist nicht ungünstig. Ausnahmsweise wurden Entzündungen der Tenonschen Kapsel und Sehnervenentzündungen bei dem akuten Gelenkrheumatismus festgestellt.

Diphtherie. Bei der Diphtherie kommt es manchmal zu schweren Erkrankungen der Bindehaut in der Form der Conjunctivitis membranacea und Conjunctivitis necrotica.

Bei der ersteren Form werden leicht abziehbare, grauliche Membranen auf stark geschwollener und geröteter Bindehaut gebildet, bei der zweiten Form treten graugelbliche, durch Gewebsnekrose entstandene Inseln in der stark injizierten und geschwollenen Bindehaut auf oder die Bindehaut und zwar vorzugsweise die Lidbindehaut ist in ganzer Ausdehnung in eine schmierige, graugelbliche Fläche umgewandelt.

Es ist durchaus nicht notwendig, daß dem Auftreten der Diphtherie der Bindehaut eine solche des Rachens vorausgeht, auch ist es umgekehrt nicht die Regel, daß einer Diphtherie der Bindehaut eine solche des Rachens folgt.

Zu beachten ist, daß durchaus nicht alle Fälle von Conjunctivitis membranacea und necrotica auf einer Infektion der Bindehaut mit Diphtheriebazillen beruhen, sondern daß auch andere Erreger dabei beobachtet wurden (Streptokokken, Pneumokokken, Gonokokken u. a.). Störungen des Allgemeinbefindens und Fieber können bei der Bindehautdiphtherie fast ganz fehlen.

In therapeutischer Hinsicht kommt, sobald die bakteriologische Diagnose feststeht, zuerst das Diphtherie-Heilserum in Betracht. In schweren Fällen empfiehlt es sich nicht erst, die bakteriologische Diagnose abzuwarten, sondern schon vorher mit der Serumbehandlung zu beginnen. Lokal ist die Behandlung mit Xeroform-, Bor- und schwacher Zinksalbe von Nutzen.

Als Nachkrankheit der Diphtherie kommt es öfters zum Auftreten einer fast immer doppelseitigen und meist vollständigen Akkommodationslähmung. Sie ist unabhängig von dem primären Sitz der Diphtherie und wird in der Regel 3—8 Wochen nach Beginn der Erkrankung beobachtet. Die

Schwere der Diphtherie steht durchaus nicht immer im Verhältnis zur Häufigkeit der Akkommodationslähmungen. Zu beachten ist, daß auch nach ganz leichten Fällen von Diphtherie Akkommodationslähmung beobachtet wurde. Die Lähmung ist als der Ausdruck einer Vergiftung mit den Diphtherietoxinen aufzufassen.

Manchmal beruhen die bei der Naharbeit hervortretenden Beschwerden nicht auf einer Akkommodationslähmung, sondern auf dem Manifestwerden einer latenten Hypermetropie.

Therapeutisch ist auf eine Hebung des allgemeinen Ernährungszustandes hinzuarbeiten und es pflegen dabei die Lähmungen in einigen Wochen sich zurückzubilden. In den Fällen, wo der Grad der Lähmung eine Naharbeit unmöglich macht, ist vorübergehend ein Konvexglas zu ordinieren, das die Naharbeit ermöglicht.

Außer der Lähmung des Akkommodationsmuskels können auch Lähmungen anderer Muskeln, insbesondere der Rachen- und Gaumenmuskeln sowie äußerer Augenmuskeln auftreten. Bemerkenswert ist, daß selbst bei schweren Lähmungen des Akkommodationsmuskels der Schließmuskel der Pupille fast immer intakt bleibt. Es ist dies um so auffälliger, als die einen zur Erklärung der Akkommodationslähmungen eine direkte Einwirkung der Toxine auf die Ziliarnerven annehmen und somit die elektive Erkrankung der zu den Ziliarmuskeln hinziehenden Ziliarnerven nur schwer zu verstehen ist. Erklärlicher wird diese Tatsache, wenn man eine direkte Toxinwirkung auf das Kerngebiet der Akkommodationsmuskulatur annimmt, welches von den Sphinkterkernen räumlich getrennt ist (siehe Abb. 2).

Ganz vereinzelt wurden entzündliche Affektionen des Sehnerven ein- und doppelseitig beobachtet, die im allgemeinen eine gute Prognose bieten, jedoch auch schwere dauernde Sehstörungen, ja Erblindung, wie ich aus eigener Erfahrung weiß, herbeiführen können.

Influenza. Während der Influenzaepidemien sind zweifellos viele Augenerkrankungen in ursächliche Beziehungen zur Influenza gebracht worden, die nur einen losen oder gar keinen Zusammenhang damit hatten. Keineswegs aber will ich leugnen, daß die Influenza in der Ätiologie der Augenerkrankungen eine Rolle spielt.

Sicher steht, und zwar erhärtet durch bakteriologische Untersuchungen, daß Conjunctivitis simplex darauf beruhen kann. Ebenso dürfte es keinem Zweifel mehr unterliegen, daß Erkrankungen des Uvealtraktus, aber im allgemeinen keine schweren Formen, bei der Influenza vorkommen. Auch bei den ursächlichen Momenten des Herpes corneae spielt die Influenza eine Rolle.

Tenonitis mit sekundärer Iridocyclitis und Glaskörpereiterung ist vereinzelt im Gefolge der Influenza aufgetreten. Es besteht dabei Exophthalmus sowie starke Schwellung der Konjunktiva und der Lider (Fuchs).

Schwächezustände, ja auch Parese von äußeren und inneren Augenmuskeln gehören gleichfalls zum Bild der Influenza. Bei der Grippeepidemie 1918 wurden häufig Netzhautblutungen beobachtet.

Febris ephemera. Bei der Febris ephemera kommen, abgesehen von geringgradiger Konjunktivitis und herpetiformen Erkrankungen der Hornhaut Augensymptome nicht zur Beobachtung.

Parotitis epidemica. Eine charakteristische und öfters bei der Parotitis epidemica beobachtete Erkrankung stellt die meist doppelseitige Tränendrüsenentzündung dar. Es kommt dabei zu einer erheblichen Schwellung der Drüsen und des Nachbargebietes, insbesondere auch des Oberlides, die sich erst allmählich wieder verliert. Es sind auch Fälle von doppelseitiger Schwellung der Tränendrüse ohne Schwellung der Parotis beobachtet worden, für die man die gleiche Ätiologie verantwortlich macht.

Wie bei allen Infektionskrankheiten kam es gelegentlich während der Parotitis oder nach Ablauf derselben zu Entzündungen des Augeninnern und zu Augenmuskellähmungen.

Keuchhusten. Der am häufigsten vorkommende, oft sehr bedrohlich aussehende Befund bei Keuchhusten besteht in ausgedehnten Blutungen in der Lidhaut und in der Bindehaut. Seltener sind Netzhautblutungen, überhaupt Blutungen im Innern des Auges sowie Orbitalblutungen mit Exophthalmus beobachtet worden.

Einzelne Beobachter berichten über Entzündungen des Sehnerven mit erheblicher sekundärer Atrophie, sowie über vorübergehendes Auftreten von Stauungspapille mit starker, aber rasch vorübergehender Funktionsstörung.

Tetanus. Die in der Regel beim Kopftetanus sehr bald eintretende Fazialislähmung kann infolge des Lagophthalmus zur Geschwürsbildung in der Hornhaut Anlaß geben. Gelegentlich bildeten Augenverletzungen die Eintrittsstelle des Tetanusbazillus. In mehreren Fällen der Art trat der Exitus letalis ein.

Cholera asiatica. Die Lider werden oft zyanotisch, die Lidspalte steht etwas offen und es kommt infolgedessen leicht zu Vertrocknungsprozessen in der Bindehaut und Hornhaut. In der Bindehaut und im Augeninnern treten gelegentlich Blutungen auf. In der Lederhaut werden nicht selten bei meist letal verlaufenden Fällen dunkelviolette oder grauschwarze Flecken von etwas verschiedener Größe beobachtet. Sie haben Ähnlichkeit mit den Leichenflecken, und entstehen vermutlich durch Wasserverlust. Die Augäpfel sind, in der Regel eingesunken infolge des Wasserverlustes, an dem auch das orbitale Zellgewebe teilnimmt.

Ophthalmoskopisch sieht man im Stadium algidum eine Kaliberherabsetzung der Arterien sowie eine dunkelrote Farbe der Blutsäule der Arterien und Venen.

Pest. Die primäre Augenaffektion der Pest ist meist eine Hyperämie der Bindehaut, der in der Regel eine typische Konjunktivitis folgt. Die Pest-Konjunktivitis ähnelt sehr der Blennorrhöe, nur die Sekretion ist bei ihr geringer, das Sekret dünn eiterig und infolge der Blutaustritte in den Bindehautsack manchmal bräunlich. Das Sekret enthält eine kolossale Menge von Pestbazillen. In den meisten Fällen wurde die Präaurikulardrüse, Parotis oder Submaxillardrüse bald nach dem Auftreten der Konjunktivitis mit affiziert.

Ausnahmsweise trat eine Dakryocystitis acuta als primäre Affektion auf.

Die Mitbeteiligung des Auges bei der Pest ist ziemlich häufig. Die Augenkomplikationen treten bei 4,3% aller Pestfälle auf und zwar meist am vierten Krankheitstage. Ziemlich oft — 34,6% — werden beide Augen befallen. Diese Fälle haben eine bedeutend schlechtere Prognose. — Unter den Augapfel-Komplikationen folgen sich inbezug auf Häufigkeit Panophthalmie, Ringabszeß der Hornhaut und Hornhautgeschwür.

Der Sitz des primären Bubo scheint keine Bedeutung für das Auftreten der Augenkomplikationen zu haben.

Ich bemerke noch, daß die Pestbazillen vom Bindehautsack aus, ohne oder mit einer Augenaffektion, allgemeine Infektion erzeugen können (Mizuo).

Typhus exanthematicus. Die Erscheinungen beim Typhus exanthematicus unterscheiden sich nicht von denen des gewöhnlichen Typhus.

Febris recurrens. Im Anschluß an Febris recurrens und zwar in der Regel eine bis mehrere Wochen nach dem letzten Anfall kam es häufiger zum Auftreten von entzündlichen Erkrankungen des Uvealtraktus beider Augen. Diese Beobachtungen wurden insbesondere bei schweren Epidemien gemacht. Die Erkrankung pflegt sich über Wochen hinzuziehen, gibt aber eine günstige Prognose, wenn auch in einzelnen Fällen schwere Folgezustände der entzündlichen Uvealtraktuserkrankungen, ja sogar Erblindung mit Phthisis bulbi beobachtet wurden.

Malaria. Während der akuten Fieberanfälle kommt es zu leichten Erkrankungen des Sehnerven, der Netzhaut und des Uvealtraktus. Öfters wurden bei schweren Malariafiebern periodische, zum Teil hochgradige Amblyopien beobachtet; dieselben waren entweder abhängig von Erkrankungen des Sehnerven oder von Glaskörpertrübungen. Außerdem wird das Auftreten von Herpes corneae und Supraorbitalneuralgie angegeben.

Auch bei der Malariakachexie kommt periodische Herabsetzung des Sehvermögens zur Beobachtung. In manchen dieser Fälle bestand ein Ödem der Papille und der angrenzenden Netzhaut. Der Sehnerv erwies sich dabei öfters dunkelrot gefärbt. Diese Dunkelfärbung der Papille soll auf Pigmentablagerung beruhen. Längs der Netzhautgefäße wurden schwarze Streifen beobachtet. Netzhautblutungen bilden einen seltenen Befund.

Die Prognose der Augenaffektionen ist im allgemeinen günstig, wenn die Kranken in eine fieberfreie Gegend sich begeben.

Gelbes Fieber. Während der ersten hoch fieberhaften Periode erscheinen die Augen gerötet, tränend und glänzend, was ganz charakteristisch sein soll. Später tritt ikterische Verfärbung auf, anderweitige Komplikationen sind selten.

Zoonosen.

Milzbrand. Der Milzbrand tritt bisweilen an den Augenlidern auf. Wir sehen dann eine hochgradige Entzündung und Infiltration der Lider mit Blasenbildung. Die Infiltration schreitet von dem zunächst befallenen Lid hie und da auf das andere Lid fort und ergreift dann in der Regel auch die Konjunktiva. Ausgedehnte Gangränbildung ist nicht selten die Folge. In den Fällen, wo eine stärkere Mitbeteiligung der Bindehaut auftrat, erkrankt öfters auch die Hornhaut. In einzelnen Fällen kam es zu vollständiger Nekrose derselben.

Therapeutisch ist feuchte Wärme anzuwenden, unter Umständen sind tiefe Entspannungsschnitte anzulegen. Beim Übergang der Infektion auf die Hornhaut empfiehlt sich die Anwendung der Glühhitze.

Lyssa. Bei der Lyssa scheint nur außerordentlich selten das Auge mitbeteiligt zu sein und zwar nur dann, wenn der Biß die Lider oder den Augapfel selbst betraf. In einem derartigen Falle sollen intensive Augenschmerzen in der Prodromalperiode bestanden haben.

Experimentell wurde festgestellt, daß die Infektion mit Lyssavirus bei kornealer Skarifikation aufgehalten werden kann, wenn die Hornhaut innerhalb von 6 Stunden abgetragen oder sonstwie zerstört wird. Anderenfalls dringt das Lyssavirus in das Auge ein und die Infektion führt durch den Sehnerven. Durchschneidet man rechtzeitig den Sehnerven, so wird die Lyssainfektion verhütet (Königstein und Holobut).

Rotz. Rotz ist an den Lidern mehrfach beobachtet. Es kam zu erheblicher Schwellung mit Geschwürsbildung. Sekundär können die tränenableitenden Wege erkranken. Einmal kam es zu einer Infiltration des Orbitalzellgewebes mit Exophthalmus und tödlichem Ausgang.

Aktinomykose. Ziemlich häufig ist Aktinomykose an den Tränen-kanälchen, insbesondere den unteren beobachtet. Es kommt dabei zu ent-zündlichen Erscheinungen und oft erheblicher Ausdehnung der Kanälchen ohne perforative Zerstörung der Haut. Der Inhalt der Kanälchen läßt sich nicht ausdrücken. Es muß eine Inzision gemacht werden, worauf sich die Aktino-myzesmassen entleeren lassen und rasche Heilung eintritt.

Auch in der Orbita wurde primär Aktinomykose beobachtet. Sie kann von da aus auf die Lider übergreifen. Letztere können auch sekundär von der Wangenhaut aus erkranken. Die Behandlung ist auch hier eine chirurgische.

Bei der **Maul- und Klauenseuche** wurden Augenerkrankungen selten beobachtet, speziell Bläschen auf der Konjunktiva werden angegeben.

Trichinosis. Ödem der Lider und Bindehaut ist als Symptom der Trichi-nosis mehrfach beobachtet. Da bei der Trichinosis Schmerzhaftigkeit und Schwäche der Körpermuskulatur zu bestehen pflegt, so sind auch häufig die Augenbewegungen schmerzhaft, indem oft auch die äußeren Augenmuskeln befallen werden. Als Folge der Allgemeinerkrankung sollen auch die Be-obachtungen von Lähmungen des Musc. sphincter pupillae und des Akkommo-dationsmuskels aufzufassen sein.

Erkrankungen der Zirkulationsorgane.

Von dem abnormen Aussehen des Inhalts der Gefäße soll hier abgesehen werden, da hiervon bei der Besprechung der Stoffwechsel-, Konstitutions- und Infektionskrankheiten sowie bei den Intoxikationen die Rede ist. Es beschäf-tigen uns hier nur die Abnormitäten der Blutfüllung und der Blutbewegung sowie die Herzfehler und die Gefäßerkrankungen.

Bei allgemeiner Anämie und Hyperämie ist das Auge oft nicht merklich mitbeteiligt, gelegentlich finden wir bei Anämie sogar eine Bindehaut-hyperämie, da bei der Anämie Konjunktivalbeschwerden nicht so selten auf-treten.

Eine allmähliche Abnahme des Blutgehaltes und Blutdruckes pflegt ohne ophthalmoskopischen Befund zu bleiben, nur wenn der Blutdruck erheblich oder sehr rasch sinkt, kommt es zu okularen Phänomenen. Es bildet dann die Spannung des Auges ein solches Hindernis für den Eintritt des Blutes ins Auge, daß kein gleichmäßiger Blutstrom erhalten bleibt, sondern rhythmisch mit der Herzsystole und -diastole die Netzhautarterien an- und abschwellen.

Differentialdiagnostisch sei bemerkt, daß Arterienpuls nicht nur bei gesunkenem allgemeinem Gefäßdruck beobachtet wird, sondern im Gegenteil auch auftritt bei abnorm hoher, weit in die Peripherie sich fortpflanzender, den Augendruck überwindender Pulswelle, wie wir sie bei Aorteninsuffizienz, bei Aortenaneurysma, bei angeborenen Herzfehlern und bei Basedowscher Krank-heit beobachten.

Des weiteren sehen wir Arterienpuls in Fällen, wo zwar der allgemeine Ge-fäßdruck normal ist, aber eine bestehende Kompression der Zentralarterie wäh-rend der Herzdiastole das Gefäßrohr etwas kollabieren läßt. Es ist dies bei manchen Orbitalerkrankungen, bei der Stauungspapille sowie beim Glaukom der Fall.

Der Venenpuls gehört zu den normalen Erscheinungen, falls er nur auf der Papille an der Stelle zu sehen ist, wo die Zentralvene im Papillengewebe verschwindet.

Bei pathologischen Zuständen nimmt man gelegentlich den Venenpuls bis weit in die Peripherie der Netzhaut wahr. Dieser „progressive periphere

Venenpuls" findet sich bei Aorteninsuffizienz, bei Arteriosklerose, bei Anämie und Chlorose.

Herzfehler können, wie vorhin erwähnt, zu Netzhautarterienpuls Anlaß geben. Tritt infolge eines schweren Herzfehlers Zyanose auf, so äußert sich diese auch in einer Stauungshyperämie des Augenhintergrundes sowie der Bindehautgefäße. Bei Fettherz kommen öfters ausgedehnte Blutungen im Augenhintergrund zur Beobachtung.

Gefäßwandveränderungen finden oft frühzeitig ihren Ausdruck in den Gefäßen der Netzhaut. Es ist diese Tatsache von um so größerer Bedeutung, als die Erkrankung der Netzhautgefäße auf eine gleichartige Erkrankung der Hirngefäße hinweist; hingegen gestattet die Sklerose der Aderhautgefäße nie einen Rückschluß auf die Beschaffenheit der Hirnarterien. Selbstverständlich laufen die Erkrankungen der Netzhaut- und Gehirngefäße nicht miteinander parallel. Es gestattet daher ein normaler Augenhintergrund keinen Rückschluß auf gesunde Hirnarterien und umgekehrt.

Bei der Arteriosklerose ist das Gefäßkaliber meist normal. Der mittlere Reflexstreifen nimmt einen mehr intensiv weißen Ton an und ist oft etwas verbreitert. Die Arterien erfahren eine mehr und mehr zunehmende Schlängelung.

Bei der Periarteriitis besteht normales Kaliber, die rote, oft schmale Blutsäule wird von zwei weißen „Begleitstreifen" umgeben; der mittlere Reflexstreifen ist etwas verwischt.

Mit der Periarteriitis ist häufig eine Endarteriitis vergesellschaftet. Sie äußert sich zunächst oft in einer Verbreiterung des mittleren Reflexstreifens. Beim Fortschreiten der Endarteriitis wird das Gefäßrohr dünner, der Reflexstreifen immer schmäler und die Wand immer mehr undurchsichtig und weiß. (Abb. 19.)

Die Peri- und Endophlebitis setzen analoge Veränderungen wie die gleichen Erkrankungen der Arterien.

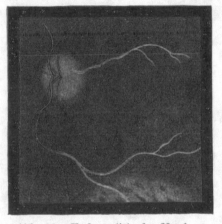

Abb. 19.   Endarteriitis der Netzhaut.

Ausschluß größerer Gefäßgebiete, z. B. der Karotis verursacht bei allmählicher Kompression überhaupt keinen ophthalmoskopischen Befund, bei plötzlicher Ausschaltung, z. B. bei der Unterbindung kommt es nur zu einer rasch vorübergehenden Abblassung der Papille, da die Verbindungsäste zwischen den Blutgefäßen beider Seiten einen raschen Ausgleich schaffen.

Sowohl im Anschluß an diese eben besprochenen Zirkulationsbehinderungen als insbesondere im Anschluß an schwere Herz- und Gefäßerkrankungen kommt es zum Auftreten von Embolien und Thrombosen am Auge.

Sind die Emboli infektiös, so kommt es an der Stelle, wo der Embolus sich festsetzt, zu einer zirkumskripten Entzündung oder es breitet sich die Entzündung mehr und mehr über das ganze Auge aus und es tritt das Krankheitsbild der Panophthalmie ein.

Handelt es sich um einen blanden Embolus, so ist das Verhalten ein verschiedenes. Embolien in die Aderhautgefäße machen meist nur geringe funktionelle Störungen und der ophthalmoskopische Befund besteht lediglich in dem Auftreten eines weißlichen Herdes.

Eine etwas ausführlichere Besprechung erheischen die interessanten und wichtigen Krankheitsbilder der Embolie und Thrombose der Zentralarterie und der Thrombose der Zentralvene.

Die klinischen Erscheinungen der Embolie und der Thrombose der Zentralarterie (Abb. 20) sind folgende: Die Macula lutea scheint in ihrem ganzen Umfange weißlich oder gelblich-weiß, und inmitten der Trübung hebt sich die Fovea centralis als ein scharf abgegrenzter, kleiner, rundlicher, kirschroter Fleck ab, die Arterien sind mit einer fadenförmigen Blutsäule gefüllt, die Venen verschmälert, doch in geringerem Grade als die Arterien. Die Sehnervenpapille erscheint anfänglich blaß und trübe, ihre Begrenzung etwas verwischt und die anstoßende Netzhaut getrübt. In dem Augenblicke der Verschließung tritt eine Erblindung auf, höchstens ist noch quantitative Lichtempfindung oder Erkennung von Handbewegungen vorhanden. Die Sehstörung ist in der Regel eine dauernde. Im Verlaufe stellt sich bald eine stärkere Füllung der Gefäße, besonders der Venen, ein. Die Füllung der Venen bleibt aber unter der Norm und manchmal erscheinen sie, bald in größerer, bald in geringerer Ausdehnung,

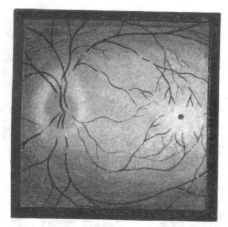
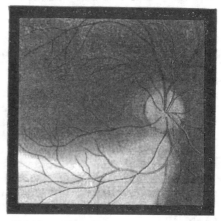

Abb. 20.   Embolie der Arteria centralis retinae.

Abb. 21.   Verschluß eines Astes der Arteria centralis retinae.

als weiße Linien. Innerhalb von 2—3 Wochen geht die Trübung der Netzhaut, ebenso der rote Fleck in der Makula zurück; die Sehnervenpapille wird mehr und mehr atrophisch.

Bei einer Verschließung von Ästen der Arteria centralis retinae (Abb. 21) ist in der Regel an einer Stelle des Gefäßes eine kleine spindelförmige Anschwellung sichtbar, jenseits derselben erscheint es plötzlich fadenförmig oder blutleer. Die Netzhaut ist im Bereiche der verstopften Arterie grau oder selbs' stark weißlich getrübt und in manchen Fällen von Blutungen durchsetzt: dabei sind die dazu gehörigen Venen stark geschlängelt und ausgedehnt. Später ist die verstopfte Arterie von deutlichen weißen Streifen begleitet oder in einen weißen Strang verwandelt. Die plötzlich eintretenden Sehstörungen bestehen im wesentlichen in einem dem Verbreitungsbezirke der verstopften Arterie entsprechenden Gesichtsfeldausfall.

Bei einer vollständigen Verschließung des Stammes der Vena centralis (Abb. 22) erscheinen die Venen ungemein stark geschlängelt und verbreitert, dabei von ungleicher Füllung, so daß schmälere und breitere Stellen mit dazwischen gelegenen Einschnürungen abwechseln. Die Sehnervenpapille ist wie von einer Blutlache überzogen und die Netzhaut mit einer ungemein großen Menge klumpiger, streifenförmiger, tief dunkelroter oder schwarz-roter Blutungen bis in die äußerste Peripherie wie übersät. Die Arterien sind fadenförmig und manchmal gar nicht oder nur schwer sichtbar. Die in der Regel plötzlich auftretenden Sehstörungen bestehen in einer oft bedeutenden Herabsetzung der Sehschärfe, jedoch niemals in Erblindung wie bei der Verstopfung der Zentralarterie.

Eine vollständige oder unvollständige Thrombose dieses oder jenes Astes der Zentralvene (Abb. 23) ist ausgezeichnet durch eine große Zahl nebeneinander liegender, streifenförmiger und klumpiger Blutungen, entsprechend der Ausbreitung dieser oder jener erkrankten venösen Hauptverzweigung.

Die plötzlich einsetzende Sehstörung besteht in einer mäßigen Herabsetzung der Sehschärfe, sowie in einer Gesichtsfeldstörung entsprechend dem thrombosierten Gefäßbezirke.

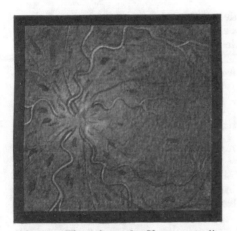

Abb. 22.   Thrombose der Vena centralis retinae.

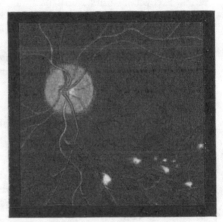

Abb. 23.   Thrombose eines Astes der Vena centralis retinae.

Im Verlaufe kann eine teilweise oder gänzliche Wiederherstellung des venösen Kreislaufes eintreten, besonders bei unvollständiger Verschließung und solcher einzelner Verzweigungen, während dies bei vollständigem Verschluß der Vena centralis nur äußerst selten zu erwarten ist.

Die Behandlung besteht, abgesehen von einer entsprechenden allgemeinen, lokal in einer medikamentösen Behandlung. Bei Embolie der Zentralarterie wird speziell noch rasche Herabsetzung des intraokularen Druckes durch Punktion der Vorderkammer oder energische Massage empfohlen.

Nicht unerwähnt möchte ich zum Schlusse lassen, daß spastische Verengungen der Arterien der Sehzentren und der Netzhaut vorkommen, die zu vorübergehender schwerer Sehstörung, event. zur Hemianopsie führen.

Erkrankungen der oberen Luftwege.

Bei dem Schnupfen wird fast regelmäßig das Auge mitbeteiligt, indem es reflektorisch zu Reizerscheinungen und Tränenträufeln kommt. Nicht selten greift auch die katarrhalische Entzündung auf die Bindehäute über durch Verschleppung der Ursache des Schnupfens auf die Bindehaut. Die Übertragung erfolgt in der Regel nicht auf dem Wege des Tränennasenkanals, sondern indirekt durch die Finger, Taschentücher etc.

Auch bei den Erkrankungen der Nebenhöhlen der Nase (Stirnhöhle, Siebbeinzellen, Keilbein- und Oberkieferhöhle) wird häufig das Auge mitbeteiligt. Bei den akuten Entzündungen dieser Höhlen treten oft heftige Neuralgien im Bereiche des ersten und zweiten Trigeminusastes auf. Speziell bei Siebbeinaffektionen kann auch der Sehnerv in der Gegend des Canalis opticus befallen werden, und zwar leidet in erster Linie das makuläre Bündel. Infolgedessen pflegt die Sehstörung mit einem zentralen Skotom zu beginnen. Der ophthalmoskopische Befund ist trotz ausgesprochener Sehstörung häufig anfänglich normal, späterhin können wir mit dem Augenspiegel eine Entzündung oder Atrophie des Sehnerven wahrnehmen.

Die Entzündung der Nase und ihrer Nebenhöhlen greift gelegentlich auch auf das Orbitalzellgewebe über, wobei es dann frühzeitig zum Auftreten eines Exophthalmus kommt.

Bei den chronischen Katarrhen der Schleimhäute der Nasen-Nebenhöhlen, die zu Hygrombildungen (Mukocelen) führen, tritt eine Verdrängung des Orbitalzellgewebes und insbesondere des Bulbus ein. Eine solche wird auch zu erwarten sein, wenn Neubildungen der Nebenhöhlen auf die Orbita übergreifen. An dem Sehnerven gewahren wir dann häufig das Bild der Stauungspapille.

Erkrankungen der Bronchien, Lungen und Pleura.

Die akuten Erkrankungen der Bronchien sind eine häufige Ursache des Herpes corneae.

Bei der Pneumonie können multiple zirkumskripte Herde in der Ader- oder Netzhaut oder auch das Bild der metastatischen Ophthalmie ein- und doppelseitig auftreten. Erstere pflegen abzuheilen, ohne wesentliche Störungen zu hinterlassen.

Bei Leuten, die an Lungenemphysem leiden, ist das Auftreten konjunktivaler Blutungen ein häufiges Vorkommnis.

Sowohl bei den entzündlichen Prozessen in der Lunge als auch bei Neubildungen tritt oft eine Pupillendifferenz durch Mitbeteiligung des Halssympathikus, hauptsächlich wohl infolge Druck auf ihn, auf.

Erkrankungen der Mundhöhle und Speiseröhre.

Bei Erkrankungen der Zähne findet sich öfters Herabsetzung der Akkommodationsleistung und zwar soll sie auf der Seite der erkrankten Zähne öfters stärker herabgesetzt sein. Zur Erklärung der Akkommodationsstörung wird ein reflektorischer Einfluß auf die Sekretionsnerven der Augen mit Drucksteigerung angenommen, wodurch eine Behinderung der Krümmungszunahme der Linse bewirkt werde (Schmidt-Rimpler).

Von verschiedenen Autoren wurde in Zahnschmerzen der auslösende Faktor für einen Glaukomanfall gesehen. Fernerhin sind Krampfzustände des Akkommodationsmuskels, des Schließmuskels der Lidspalte sowie nach dem Auge ausstrahlende Schmerzen mit Lichtscheu beobachtet worden. Manchmal geht die Entzündung von den Zähnen auf die Highmorshöhle über und kann von da aus eine entzündliche Schwellung oder Phlegmone der Orbita sich hinzugesellen.

Bei gangränöser Mandelentzündung kam Panophthalmie, Phlegmone der Orbita und Thrombose des Sinus cavernosus zur Beobachtung.

Ösophagus-Karzinome üben öfters einen Druck auf den Halssympathikus aus und geben dadurch zur Pupillendifferenz Anlaß.

Erkrankungen des Magens, Darms und Peritoneums.

Chronische Magen- und Darmkatarrhe führen bei kachektisch gewordenen kleinen Kindern manchmal zur Keratomalazie. Außerdem können Magen- und Darmerkrankungen durch die in ihrem Gefolge auftretenden anämischen Zustände zu okularen Veränderungen Anlaß geben. Es sind darüber die Abschnitte: „Sekundäre perniziöse Anämie" und „Sehstörungen nach Blutverlusten" nachzusehen.

Bei der Anwesenheit von Würmern im Darmkanal kommt es reflektorisch und auf der Basis von konsekutiver Anämie zu Störungen am Auge, insbesondere zu periodischen Muskelzuckungen speziell im Orbikularis. Auch Sehstörungen sollen dabei aufgetreten sein.

Aus dem Darmkanal gelangen die Parasiten manchmal durch die Blutbahn in das Auge und dessen Umgebung. So sind Cysticerkusblasen im Auge beobachtet worden, ferner Filariaarten in der Konjunktiva, in den Lidern und im Augeninnern. Echinococcusblasen kamen in der Orbita zur Beobachtung.

Spezielle Beziehungen zwischen den Erkrankungen des Peritoneums und den Augen sind nicht bekannt geworden.

Erkrankungen der Leber und des Pankreas.

Der bei Lebererkrankungen auftretende Ikterus zeigt sich oft am frühzeitigsten an der Konjunktiva und der Sklera.

Schwere Lebererkrankungen, insbesondere die Leberzirrhose bedingen bei starkem Darniederliegen des Allgemeinzustandes Hemeralopie mit oder ohne Xerosis conjunctivae.

In der Netzhaut wurden bei Leberleiden Blutungen sowie kleine weißliche Punkte, vereinzelte Pigmentherde (Baas u. a.) festgestellt.

Bei der Leberruptur treten öfters einige Tage nach der Verletzung bzw. Operation Veränderungen im Fundus auf, die denen der Retinitis albuminurica gleichen. Ihre Prognose ist eine gute.

Spezielle Beziehungen zwischen Erkrankungen des Pankreas und Augen sind bisher nicht festgestellt.

Erkrankungen der Nieren, des Nierenbeckens und der Harnleiter.

Bei den Erkrankungen der Nieren werden Augenaffektionen, insbesondere Veränderungen der Netzhaut und des Sehnerven, oft beobachtet.

Am häufigsten kommen sie bei den chronischen Formen der Nephritis, insbesondere bei der genuinen Schrumpfniere, zur Beobachtung; jedoch auch bei der diffusen, chronischen, parenchymatösen Nephritis sowie bei den akuten Entzündungen der Nieren treten Schädigungen des Auges auf. Selten gesellt sich eine Retinitis zu den nach Intoxikationen und Infektionen sich einstellenden Nierenentzündungen; nur bei der nach Scharlach auftretenden Nephritis tritt sie öfters auf.

Erwähnt sei auch das Vorkommen bei der intermittierenden Albuminurie (Pavysche Krankheit).

Der Prozentsatz des Vorkommens von Neuroretinitis albuminurica schwankt in den vorliegenden Statistiken nicht unerheblich; bezüglich der chronischen Nierenerkrankungen kann man sagen, daß sie in 20—25% der Fälle das Auge mitbeteiligen.

Der Augenspiegelbefund (Abb. 24 und 25) hat weder für die Nephritis überhaupt etwas Markantes, noch viel weniger bieten die verschiedenen Formen der Nephritis typische Bilder dar. Auch der Grad der Eiweißausscheidung und die Schwere der Netzhautveränderungen verlaufen keineswegs proportional, wie schon das häufige Vorkommen der Retinitis gerade bei der genuinen Schrumpfniere beweist, wobei wir manchmal längere Zeit überhaupt kein Eiweiß nachweisen können. Am charakteristischsten sind die Veränderungen in der Gegend der Macula lutea und zwar kommt es daselbst zum Auftreten ganz feiner, allmählich an Größe zunehmender, glänzend weißer Punkte und Striche, die in vielen Fällen radiär rings um die Makula herum angeordnet sind, manchmal aber auch nur an einer Seite deutlich hervortreten. Man beobachtet sie isoliert oder untermischt mit Blutungen.

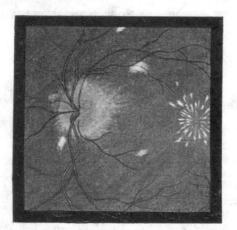 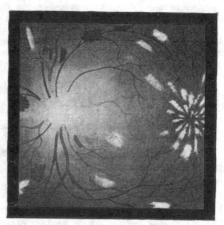

Abb. 24. Neuroretinitis albuminica.   Abb. 25. Neuroretinitis albuminurica.

Die Papille zeigt oft eine ödematöse Schwellung und Verwischung ihrer Grenzen. Die arteriellen Gefäße sind dabei subnormal gefüllt, die Venen verbreitert. Manchmal werden die Gefäße streckenweise unsichtbar durch darübergelagertes ödematöses Gewebe und zeigen einen stark geschlängelten Verlauf.

In den Fällen, wo der Sehnerv ödematös geschwellt ist, besteht fast ausnahmslos auch ein Ödem der Netzhaut in der Umgebung der Papille. Weiterhin werden häufig mehr oder minder ausgedehnte Blutungen auf der Papille und in dem umgebenden Netzhautbezirk wahrgenommen.

Die eben beschriebenen Veränderungen an der Papille und deren Umgebung kommen auch bei der sog. Stauungspapille zur Beobachtung und es ist manchmal nicht möglich, lediglich aus dem Augenspiegelbefund eine sichere Differentialdiagnose in den genannten Richtungen zu stellen.

Sind die oben beschriebenen Veränderungen in der Makula gleichzeitig vorhanden oder sehen wir auf oder in der Umgebung der Papille kreideweiße Herde, so steht die Diagnose Neuroretinitis albuminurica so gut wie sicher. In vorgeschrittenen Fällen sehen wir die Papille und einen weiten Bezirk der umgebenden Netzhaut nahezu völlig in eine kreideweiße Zone umgewandelt.

Manchmal fehlen markante Veränderungen völlig und es kommt nur zum Auftreten von zerstreut auf dem Augenhintergrund liegenden Blutungen.

Die Retinitis bezüglich Neuroretinitis albuminurica kommt fast immer doppelseitig zur Beobachtung.

Sie bildet sich manchmal teilweise, ja völlig zurück. Nach kürzerer oder längerer Zeit kann dann ein Rezidiv der Erkrankung auftreten. In den Fällen, wo die Schwellung der Papille längere Zeit bestanden hatte, bleibt auch bei der Rückbildung des Ödems ein blasses und leicht trübes Aussehen der Sehnerveneintrittsstelle, sowie ein leichtes Verwischtsein ihrer Grenzen zurück. Die Gefäße zeigen dabei ein geringeres und wechselndes Kaliber und öfters Veränderungen ihrer Wandungen.

Die Funktionsstörungen stehen nicht selten in einem gewissem Widerspruch zu den ophthalmoskopisch sichtbaren Veränderungen insofern, als trotz schwerer Veränderungen die Sehschärfe keine Einbuße zu erleiden braucht. In der Regel sinkt die Sehschärfe ganz allmählich und beobachten wir Ausnahmen von diesem Verhalten fast nur in den Fällen, wo es zu schweren Makulaveränderungen kommt. Gesichtsfeld, Farbensinn und Lichtsinn sind meist nicht gestört.

Erblindungen infolge von Neuroretinitis albuminurica kommen kaum vor, da wegen des langsam fortschreitenden Zerfalles der Netzhaut in der Regel vorher das Nierenleiden zum Exitus letalis führt.

In zwei Fällen beobachtete ich infolge thrombotischen Verschlusses der Zentralarterie bei länger bestehender Neuroretinitis albuminurica eine plötzlich eintretende einseitige Erblindung. Solche Beobachtungen sind auch von anderer Seite gemacht.

Von Komplikationen sind noch zu nennen: Netzhautablösung, Glaskörperblutungen und hämorrhagisches Glaukom. Erstere kommt relativ häufig bei der Graviditätsnephritis zur Beobachtung und gibt dabei eine gute Prognose. Im Gegensatz dazu ist bei den anderen Formen der Nephritis die Aussicht auf Wiedererlangung der abgelösten Netzhaut eine geringe, auch trübt ihr Auftreten die Prognose quoad vitam.

Erwägen wir die Prognose quoad vitam, so hängt dieselbe natürlich in hohem Grade von der Art der der Retinitis albuminurica zugrunde liegenden Nephritis ab. Im allgemeinen darf gesagt werden, daß das ausgesprochene Bild der Neuroretinitis albuminurica bei Kranken mit Schrumpfniere den Tod in wenigen Monaten, selten erst in einigen Jahren wahrscheinlich macht. Natürlich wird dieser Termin auch durch äußere Umstände beeinflußt und wird daher die Prognose bei Kranken der besseren Stände, die sich entsprechend pflegen und schonen können, günstiger sein, als bei denen der ärmeren Klassen.

Die Frage nach der Art der Entstehung der Sehnerven-Netzhautveränderungen hat ebenso wie ihre pathologische Histologie eine große Literatur gezeitigt.

Während einige Autoren der Nephritis und der Neuroretinitis albuminurica die gleiche primäre Ursache zugrunde legen, sie somit als koordinierte Zustände betrachten, nimmt, wie ich glaube, die Mehrzahl der Fachkollegen zurzeit den auch von mir vertretenen Standpunkt ein, daß die Augenerkrankung einen Folgezustand des Nierenleidens darstellt.

Viel erörtert ist auch die Frage, ob die nephritische Netzhauterkrankung durch Vermittlung einer ihr vorausgehenden Veränderung der kleinen Gefäße der Aderhaut und Netzhaut zustande kommt. Meines Erachtens haben die neueren Untersuchungen es wahrscheinlich gemacht, daß Gefäßveränderungen für die Entstehung der Neuroretinitis albuminurica nicht notwendig sind. Öfters treten die Gefäßveränderungen erst nachträglich ein, sind also Folge, nicht Ursache des krankhaften Prozesses in der Netzhaut.

Die oben erwähnten weissen Herde in der Netzhaut werden wohl in der Hauptsache von den in die verschiedenen Netzhautschichten eingewanderten Pigmentepithelzellen, die aus dem sero-fibrinösen Exsudat des Netzhautgewebes vom Blute herstammendes Fett aufgenommen haben, gebildet (Leber). Neben der Fettinfiltration der Pigmentepithelzellen ist bei der Erklärung der weißen Herde der Netzhaut noch eine Fettinfiltration des Gliagewebes zu berücksichtigen. Die Fettkörnchenzellen finden sich vorzugsweise in den mittleren und äußeren Netzhautschichten, die freie Fettinfiltration des Stützgewebes dagegen in der inneren, namentlich in der Nervenfasern- und Ganglienzellenschicht.

　　　Alle Gewebsveränderungen der Neuroretinitis albuminurica sollen sich durch eine hochgradige Zirkulationsstörung erklären lassen; auch zum Zustandekommen der Verfettung sei eine direkte Gewebsschädigung nicht notwendig, wenn man diesen Vorgang nur als Fettinfiltration und nicht als Fettdegeneration auffasse (Leber).

　　　Die Behandlung hat in erster Linie die Grundursache des Nierenleidens zu berücksichtigen. Da die Retinitis ein sehr ernstes Symptom darstellt, so weist sie auf strengste Einhaltung der ärztlichen Vorschriften hin. Eine lokale Therapie ist meist nicht nötig und kann nur eine symptomatische sein.

　　　Bemerken möchte ich, daß ich einmal im Anschluß an eine Dekapsulation der Niere einen weitgehenden Rückgang des objektiven Augenbefundes und eine erhebliche Funktionsbesserung gesehen habe. Bei relativ raschem Zerfall der Sehschärfe und verhältnismäßig gutem Allgemeinbefinden könnte diese Therapie in Frage kommen. Diese Beobachtung ist nebenbei bemerkt auch von Bedeutung für die oben angeschnittene Frage, ob die Augenerkrankungen koordinierte oder konsekutive Erscheinungen der Nephritis darstellen, indem sie für letztere Anschauung spricht.

　　　Urämische Amaurose. Außer den im vorigen Abschnitt besprochenen Sehstörungen bei der Neuroretinitis albuminurica kommt es bei Nierenleiden noch zu einer anderen Schädigung des Sehapparates, zu dem seltenen Krankheitsbild der urämischen Amaurose. Sie kommt stets doppelseitig vor und tritt plötzlich oder im Laufe weniger Stunden auf. Die Augen bieten dabei äußerlich sowie bei der Augenspiegeluntersuchung einen normalen Befund. Eine Ausnahme machen nur die Fälle, wo vor dem Eintritt der Urämie bereits eine Neuroretinitis albuminurica bestand.

　　　Die Pupillen reagieren prompt auf Lichteinfall, nur in den Fällen, wo die urämische Amaurose mit Bewußtlosigkeit einhergeht, ist manchmal die Lichtreaktion herabgesetzt.

　　　Nicht immer kommt es bei der Urämie zur Amaurose, sondern gelegentlich nur zu vorübergehendem Flimmern und Herabsetzung der Sehschärfe. Dem Eintritt der Sehstörung gehen Krämpfe, Kopfschmerzen, Übelkeit, Erbrechen voraus oder folgen ihr, öfters kommt es zur Benommenheit des Sensoriums, ja zum Koma. In diesen Fällen wird dann öfters die Blindheit erst nach Rückgang dieser Erscheinungen festgestellt.

　　　Gelegentlich war die urämische Amaurose das erste Zeichen eines bisher latenten Nierenleidens. — Sie ist bei den verschiedensten Nierenaffektionen, am häufigsten bei der akuten Nephritis nach Scharlach, bei der Graviditäts-Nephritis sowie bei der genuinen Schrumpfniere beobachtet worden. Die Dauer der urämischen Amaurose beträgt selten länger als 24 Stunden, worauf dann im Laufe von 1—2 Tagen das Sehvermögen wieder normal zu werden pflegt. Rezidive der urämischen Amaurose kommen vor.

　　　Der normale Augenhintergrund und die intakte Lichtreaktion sprechen für einen zentralen und wohl kortikalen Sitz der Störung. Welcher Art die Störung ist, steht noch nicht mit Sicherheit fest, sicher dürfte sein, daß es sich um eine Vergiftung durch Urinbestandteile handelt und zwar werden außer dem Harnstoff die Kalisalze und das Kreatinin angeschuldigt. Man denkt an eine durch die Harngifte hervorgerufene direkte Reizung der Hirnrinde oder eine Anämie derselben infolge Krampfes der Blutgefäße.

　　　Die Behandlung der urämischen Amaurose hängt mit der des Grundleidens zusammen.

　　　Anderweitige Augenaffektionen bei Nephritis. Häufig wird ein Ödem der Augenlider mit oder ohne anderweitige Hautwassersucht beobachtet.

Das häufige Vorkommnis hängt mit dem außerordentlich lockeren Zellgewebe der Lidhaut zusammen. Diese Ödeme haben nicht selten einen flüchtigen Charakter und es besteht große Neigung zu Rezidiven. Nicht so selten treten Hämorrhagien in und unter der Bindehaut bei Nierenerkrankungen auf.

Nach manchen Autoren sollen die Nierenerkrankungen auch in der Ätiologie der Iritis und der Katarakt eine große Rolle spielen. Es gilt bei den Augenärzten als Regel, bei diesen Erkrankungen eine Urinuntersuchung vorzunehmen.

Eine nicht so selten zur Beobachtung kommende Augenmuskellähmung dürfte fast immer auf eine zerebrale Blutung infolge von Nephritis zurückzuführen sein.

Erkrankungen des Nierenbeckens und der Harnleiter. Über spezielle Beziehungen der Erkrankungen des Nierenbeckens und der Harnleiter zu solchen des Auges ist nichts bekannt.

Erkrankungen der Blase, der Prostata, des Hodens und des Nebenhodens.

Besondere Beziehungen zwischen den Erkrankungen der Blase, der Prostata, des Hodens und des Nebenhodens scheinen nicht zu bestehen. Erwähnt sei hier nur, daß bei Mumps neben der Entzündung der Parotis solche der Nebenhoden und der Tränendrüse gleichzeitig vorkommen.

Funktionelle Sexualstörungen. Wenn sich auch ziemlich allgemein die Überzeugung Bahn gebrochen hat, daß Beziehungen der Geschlechtsorgane zum Auge sowohl bei deren physiologischen Funktionen als besonders bei Störungen dieser Funktionen bestehen, so muß doch andererseits gesagt werden, daß diese Beziehungen von manchen Autoren stark übertrieben wurden.

Bei der Masturbation kommen allerlei subjektive Beschwerden (Lichtscheu, Lichterscheinungen, mangelhafte Ausdauer bei der Naharbeit), Blinzeln und andere Störungen mehr zur Beobachtung. Insbesondere sei darauf hingewiesen, daß schon bestehende Asthenopie dadurch gesteigert, daß die Beschwerden eines chronischen Bindehautkatarrhs (Jucken, Brennen der Augen, rasches Ermüden bei der Naharbeit) dadurch wesentlich zunehmen können.

Glaubhaft erscheinen auch die Mitteilungen, daß bei der Masturbation, wie überhaupt bei geschlechtlichen Erregungen, Blutungen in die Bindehaut sowie in das Innere des Auges auftreten. Solche Zufälle werden natürlich öfters bei älteren Leuten auftreten, aber sie kommen auch bei jungen vor.

Viele weitere Augenleiden (Sehnervenentzündung, Sehnervenatrophie, Regenbogenhautentzündung, Augenmuskellähmungen etc.) sind in Abhängigkeit von Reizungszuständen der Geschlechtsorgane gebracht worden. Eine große Zahl dieser Beobachtungen hält aber einer schärferen Kritik nicht stand.

Während der Menstruation treten recht häufig Erscheinungen am Auge und in seiner Umgebung auf. Es sind beobachtet: akute Schwellungen der Lider und der Bindehaut, Bläschenbildung an den Lidrändern, die jedesmal kurz vor oder während der Menstruation rezidivieren. Das Auftreten blauer Ringe an den Augenlidern wird gleichfalls in Zusammenhang mit dem Auftreten der Menses gebracht.

Sehr häufig erfahren bestehende asthenopische Beschwerden zur Zeit der Menses eine wesentliche Vermehrung. — Das Flimmerskotom stellt sich häufig gerade während dieser Zeit ein. — Gelbsehen einhergehend mit Gelbsucht wurde jahrelang während der Menstruation wahrgenommen (Hirschberg).

Öfters ist das Auftreten von Blutergüssen in das Innere des Auges (Augenkammern oder Glaskörper) zur Zeit sowie auch an Stelle der Menses beobachtet. Bei einer eintretenden Gravidität sistieren diese Blutungen. Als seltene Beobachtungen sind ferner zu erwähnen das Auftreten von Herpes der Hornhaut und Bindehaut sowie das Aufflackern oder die Verschlimmerung bestehender Augenentzündungen.

Übermäßig starke menstruelle Blutungen können Anlaß zur Erblindung geben. In einem dieser Fälle trat späterhin beiderseitige Sehnervenatrophie auf (Abadie).

Mit Störungen der Menstruation sind sehr häufig Augenerkrankungen (Entzündungen des Uvealtraktus, des Sehnerven, der Lederhaut etc.) in Verbindung gebracht worden. Einmal ist das Auftreten reichlicher Blutungen aus dem Bindehautsack in Beziehungen zu Menstruationsanomalien gebracht worden (Perlia). Die Beweisführung ist jedoch in sehr vielen der Fälle nicht schlüssig. In manchen Fällen, wo Sehstörungen auf Sehnervenaffektionen, insbesondere auf retrobulbäre Neuritis infolge von Uterusanomalien bezogen wurden, dürfte es sich um multiple Sklerose oder Nebenhöhlenerkrankungen gehandelt haben.

Mit der Cessatio mensium wurden einige Fälle von Erblindung in Zusammenhang gebracht.

Vielfache Mitteilungen liegen auch in der Literatur vor, die Sehnervenerkrankungen in Abhängigkeit von dem gänzlichen Fehlen der Menstruation bei infantilem Uterus brachten. Bei mancher dieser Beobachtungen hat es sich meiner Meinung nach um eine Hypophysenerkrankung gehandelt, die sowohl die Störung der Geschlechtsfunktionen als das Augenleiden verursachte.

Bekannt ist die Tatsache, daß sowohl in der Zeit der Pubertät als besonders im Klimakterium die nervösen Augenstörungen, aber auch manche Augenerkrankungen, z. B. das Glaukom, eine Steigerung erfahren.

Erkrankungen der Drüsen mit innerer Sekretion, Stoffwechsel- und Konstitutionskrankheiten.

Morbus Basedowii. Bei der Diagnose des Basedow kommt den okularen Symptomen eine sehr grosse Bedeutung zu, da sie häufig frühzeitig auftreten und sehr sinnfällig sind.

Im Anfang der Krankheit wird öfters über Tränenträufeln. Verschleierung des Sehens, Trockenheit der Bindehaut und andere vage Erscheinungen geklagt.

In vielen Fällen tritt frühzeitig eine Erweiterung der Lidspalte auf; der Grad der Erweiterung pflegt besonders im Anfang etwas zu wechseln. Gleichzeitig damit stellt sich gewöhnlich eine Verminderung der Blinzelfrequenz ein (Stellwagsches Phänomen). Ich bemerke, daß normalerweise der Lidschluß 5—10 mal in der Minute erfolgt.

Außerdem sieht man oft einen eigentümlichen, spezifischen, starren Ausdruck im Auge, der nicht auf die Erweiterung der Lidspalte zu beziehen ist, weil man ihn auch ohne solche beobachten kann. Auf der anderen Seite vermißt man nicht selten diesen charakteristischen Blick, obgleich die Lidspalte bedeutend erweitert ist; er kann bei demselben Kranken in einer verhältnismäßig kurzen Zeit verschwinden und wiederkommen, ohne daß eine Veränderung der Lidspaltenweite auftritt. Dieser eigentümliche Blick soll oft das allererste Augensymptom darstellen. Er kann sich als völlig momentan erweisen, z. B. wenn der Blick hastig zur Seite geworfen wird, oder wenn der Kranke zwecks Untersuchung der Augen einen Gegenstand fixieren soll (Landström). Um den starren Blick hervorzurufen, empfiehlt es sich, eine Hand vor die Augen des Kranken zu halten und scharf fixieren zu lassen, während sie schnell nach oben geführt wird (Kocher).

Beim Fortschreiten der Erkrankung stellt sich ein Zurückbleiben des Oberlides (Abb. 26) und ruckweises Folgen bei der Blicksenkung ein (v. Gräfesches Symptom), siehe: Allgemeiner Teil S. 452. Im Gegensatz dazu pflegt bei der Blickhebung das obere Lid stärker in die Höhe zu gehen, worauf ebenfalls v. Gräfe zuerst aufmerksam gemacht hat.

An diese Symptome schließt sich dann als markanteste Erscheinung der Exophthalmus an, der in ungefähr 80 % der Fälle in der Regel allmählich, nur selten rasch, ja plötzlich sich einstellt. Er betrifft beide Augen, nur ausnahmsweise wird er einseitig beobachtet. Wie alle Basedowsymptome, so ist auch der Grad des Exophthalmus periodischen Schwankungen unterworfen.

Verschiedenheiten des Grades des Exophthalmus auf beiden Seiten haben nicht selten ihren Grund in einem asymmetrischen Bau der beiden Augenhöhlen und Gesichtshälften. Der Exophthalmus läßt sich durch Druck auf die Augen etwas verringern.

Abb. 26. Graefesches Symptom bei Morbus Basedowii.

Funktionelle Beschwerden werden durch ihn lediglich bei der Naharbeit hervorgerufen. Sie bestehen in einer mangelhaften Ausdauer und beruhen auf einer Insuffizienz der Konvergenz (Möbiussches Symptom). Bei richtiger Untersuchung, gehöriger Berücksichtigung des Refraktionszustandes und Ausschluß eines höheren Grades von dynamischer Divergenz der Augenachse kommt das Möbiussche Symptom nur in ungefähr 8 % der Fälle vor (Sattler).

Die Sehschärfe bleibt normal, abgesehen von den Fällen, wo infolge eines außerordentlich hohen Grades des Exophthalmus der Schluß der Lidspalte unmöglich wird und es zur Vertrocknung des Hornhautepithels und anschließender Geschwürsbildung kommt. Um dieser Komplikation vorzubeugen, empfiehlt sich eine Verkleinerung der Lidspalte durch teilweises Vernähen der Lidränder, sowie Auflegen von Salbenläppchen zur Nachtzeit. Für schwerere Fälle wurde auch die Resektion der temporalen Orbitalwand empfohlen.

Differentialdiagnostisch von Bedeutung ist, daß es noch andere Allgemeinerkrankungen und Vergiftungen gibt, bei denen wir, wenn auch als Seltenheit das Symptom des Exophthalmus antreffen, so beispielsweise die Akromegalie und die Vergiftung mit Thyreoidinpräparaten, siehe S. 504 und 522.

Ich wende mich nun der Schilderung einiger seltener Augenbefunde bei der Basedowschen Erkrankung zu und nenne zunächst einen hie und da bestehenden Tremor der Lider und ein Zittern der Augäpfel.

Eine ein- oder doppelseitig auftretende Verkleinerung der Lidspalte beruht auf einem Ödem entweder nur des Oberlides oder beider Lider und Umgebung. Diese Erscheinung tritt in der Regel erst auf, wenn die Krankheit ihren Höhepunkt überschritten hat. Falls die Ödeme längere Zeit bestehen, führen sie zu Pigmentschwund in der Haut der Lider, zur Vitiligo.

An den Netzhautgefäßen kommt es zu Arterienpuls. Er ist manchmal nur periodisch vorhanden.

Die Augenmuskeln und Pupillen zeigen in der Regel keine Besonderheiten. Nur bei sehr schweren Fällen traten Augenmuskellähmungen auf und zwar kamen vor: Ophthalmoplegia externa, dissoziierte Blicklähmung, Lähmungen einzelner Muskeln.

Endlich muß noch erwähnt werden, daß in gleichfalls schweren Fällen rasch eintretende eiterige Einschmelzung beider Hornhäute beobachtet wurde. Wahrscheinlich handelt es sich dabei um im Blute kreisende toxische Stoffe, die den Ernährungszustand des Hornhautgewebes schädigen und die Widerstandskraft gegen bakterielle Infektionen herabsetzen (Sattler).

Die Deutung der Entstehungsart der Augensymptome verursachte nicht geringe Schwierigkeiten und hat zur Aufstellung vieler Hypothesen geführt.

Die neuesten Untersuchungen (Fründ, Sattler, Krauß) führen zu folgender mir plausibel erscheinenden Erklärung der wichtigsten Augensymptome:

Die Lidsymptome, stärkeres Zurücktreten des oberen Augenlides, Zurückbleiben des oberen Augenlides beim Senken der Blickebene, Seltenerwerden des spontanen Lidschlages sind auf einen Krampfzustand des Tarsalis (Palpebralis) sup. zurückzuführen. Das manchmal zu beobachtende Tiefertreten des unteren Augenlides (Kocher) ist auf eine stärkere Kontraktion des Tarsalis (Palpebralis) inf. zu beziehen.

Der Exophthalmus kommt (Fründ, Krauß) durch eine Stauung der Venen, in der Orbita zustande, die bewirkt wird durch eine Kompression der zahlreichen kleinen und der ein bis zwei größeren Venenäste, die durch die Fissura orbitalis inferior die Orbita verlassen und besonders durch die Verengerung des Lumens der beiden Hauptvenen kurz vor ihrer Einmündung in den Sinus cavernosus.

Diese Kompression der Venen wird bedingt durch den vom Sympathikus innervierten Musculus orbitalis, der bei dem Morbus Basedowii unter der Einwirkung des Schilddrüsentoxins in einem erhöhten Erregungszustande sich befindet.

[Für diese Erklärung des Zustandekommens des Exophthalmus spricht auch indirekt der häufig zu erhebende Befund eines Enophthalmus bei Lähmung der okulopupillären Fasern des Halssympathikus.]

Als eine sekundäre Folge der venösen Hyperämie tritt eine Vergrößerung des retrobulbären Fettkörpers ein.

Ist diese Hypertrophie des Fettgewebes einmal ausgebildet, so wird weder eine Ausheilung des Basedow noch eine Durchschneidung des Halssympathikus irgendeine sofortige Einwirkung auf den Exophthalmus haben können und hierin liegt die Erklärung für die häufig gemachte klinische Erfahrung des Fortbestehens eines Exophthalmus selbst nach dem Verschwinden aller übrigen Basedowsymptome.

Alle Augensymptome des Morbus Basedowii lassen sich somit auf eine einheitliche Ursache zurückführen und stehen im kausalen Zusammenhange mit der Ursache des Grundleidens

Myxödem. Bei dem Myxödem schwellen auch die Augenlider an, und zwar soll die Schwellung der Lider eins der frühzeitigen Krankheitssymptome darstellen. Mit der Schwellung der Lider geht eine besonders durch das Herabsinken des Oberlides bedingte Lidspaltenverkleinerung einher.

Von manchen Seiten ist auch auf eine Verminderung der Tränensekretion bei dem Myxödem aufmerksam gemacht worden. Sehnervenatrophie und zwar meist beiderseitige, ist öfters festgestellt worden, hie und da auch ein Ödem der Netzhaut sowie als extreme Seltenheit Neuroretinitis.

Akromegalie. Bei der Akromegalie ist in einer Reihe von Fällen bitemporale Hemianopsie und Sehnervenatrophie, vereinzelt auch Stauungspapille beobachtet worden. Des weiteren kamen Augenmuskellähmungen, Nystagmus und Exophthalmus vor. Nahezu ausnahmslos wird eine Verdickung der Lider wahrgenommen.

Siehe die bei Erkrankungen der Hypophyse (Bd. 5, S. 466 u. Bd. 4, S. 475) beobachteten okularen Symptome.

Nebennieren. Beim Morbus Addisonii pflegt die Bindehaut nicht an der Bronzefärbung der Haut teilzunehmen; nur ganz ausnahmsweise treten bräunliche Flecke an der Konjunktiva und Sklera auf. Öfters wird eine gewisse Schwäche der Augenmuskeln, besonders der vom Sympathikus versorgten, beobachtet.

Thymus. Bei der Hyperplasie und den Geschwülsten der Thymusdrüse kann es zu Druck auf den Sympathikus und somit zu Reiz- und Lähmungserscheinungen der okularen Sympathikusfasern kommen.

Karotisdrüse, Fettleibigkeit, Alkaptonurie, Cystinurie, Phosphaturie, Oxalurie, Osteomalazie. Über okulare Symptome in Abhängigkeit von diesen Krankheiten ist mir nichts bekannt.

Gicht. Während man früher der Ansicht war, die Gicht spiele in der Ätiologie der Augenkrankheiten, insbesondere des Glaukoms eine große Rolle, ist heutzutage ihre ursächliche Bedeutung bei den Augenaffektionen mehr in den Hintergrund getreten.

Der Gichtanfall des Auges soll das erste klinische Zeichen der Gicht darstellen können; in der Regel tritt aber die Augengicht im Anschluß oder gleichzeitig mit anderer Gicht auf.

Gelegentlich kommt für die Auslösung eines Gichtanfalles ein Trauma in Betracht. Am häufigsten sieht man die gichtischen Augenaffektionen, insbesondere die des vorderen Uvealtraktus im Anschluß an Gelenkentzündung auftreten.

Auch für die okulare Gicht ist in gewissem Grade das anfallsweise Auftreten — der Gichtparoxysmus — und die enorme Schmerzhaftigkeit typisch (Krückmann). Die Schmerzen beginnen öfters in der Nacht und klingen im Laufe des Tages ab. Eine Eigenart der Gicht kann jedoch darin nicht erblickt werden.

In bezug auf die klinischen Erscheinungen der Gicht an den Adnexen und dem Auge selbst ist folgendes zu sagen:

An dem Lidknorpel bilden sich in seltenen Fällen Tophi aus, die in ihrem klinischen Bild weitgehende Ähnlichkeit mit dem Chalazion darbieten.

An der Bindehaut und in dem episkleralen Gewebe sehen wir zirkumskripte, mit starker Chemosis conjunctivae und Lidschwellung einhergehende Entzündung.

In der Ätiologie der Skleritis spielt die Gicht eine nicht unbedeutende Rolle und zwar kann es in den verschiedensten Abschnitten der Sklera zu kleineren und größeren Gichtknoten kommen. In dem Knoten wurden amorphe Kalkablagerungen, jedoch bis jetzt keine Harnsäure nachgewiesen.

Der Skleritis folgen nach meiner Erfahrung an Häufigkeit die akuten Entzündungen der Regenbogenhaut und des Strahlenkörpers. Sie treten ein- und doppelseitig auf und führen zu enormer Schmerzhaftigkeit des Augapfels. Hie und da beobachtete ich eine Neigung zu Blutungen in die vordere Augenkammer und Hypyonbildung.

Im Anschluß an eine rezidivierende Iridozyklitis sah ich ein zentrales, tiefliegendes graugelbes Hornhautinfiltrat auftreten, das allmählich an die Oberfläche rückte, es stießen sich sequesterartig krümelige kalkige Massen ab.

Auch chronisch entzündliche Prozesse treten infolge der Gicht in der Regenbogenhaut und im Ziliarkörper auf.

An der Aderhaut scheint die Häufigkeit der chronischen Entzündungen die der akuten zu überwiegen.

Rezidivierende Blutungen in den Glaskörper mit sekundärer Netzhautablösung und Retinitis proliferans habe ich bei einer an chronisch atonischer Gicht leidenden älteren Dame beobachtet. Bei derselben war längere Zeit vorher eine sehr eigenartige Retinitis punctata albescens aufgetreten, d. h. man sah zunächst in der äußersten Peripherie, späterhin nach hinten sich ausbreitend zahlreiche rundliche, weißglänzende Herde von Stecknadelkopf- bis Hirsekorngröße (Abb. 27).

Ob die Gicht bei der Ätiologie des Glaukoms sowie bei den Sehnervenentzündungen eine Rolle spielt, ist noch zweifelhaft. Die Möglichkeit ist sicherlich zuzugeben. Die Differentialdiagnose zwischen einem akuten Gichtanfall und einem Glaukomanfall kann erhebliche Schwierigkeiten bieten, insbesondere wenn die Druckprüfung wegen der enormen Schmerzhaftigkeit unmöglich ist.

Zu diagnostischen Zwecken wäre bei geeigneter Sachlage Purinfütterung anzuwenden.

Die Prognose der gichtischen Augenaffektionen ist insofern eine ungünstige, als eine große Neigung zu Rezidiven besteht; im übrigen ist sie günstig, da nur selten schwere Gewebs- und Sehstörungen zurückbleiben.

Abb. 27.   Retinitis punctata albescens bei Gicht.

In der Therapie sind die gegen Gicht empfohlenen diätetischen Maßnahmen, Colchicum, sowie Salzschlirfer-, Karslbader-, Salzbrunner und andere Wässer zu empfehlen. Außer der üblichen ätiologischen und symptomatischen Behandlung der gichtischen Augenaffektionen hat sich mir lokale Wärmeanwendung sehr bewährt.

Diabetes mellitus. Die Kenntnis des Vorkommens von Sehstörungen bei Diabetes war längst vor der Entdeckung des Augenspiegels bekannt. Die Feststellung ihres Wesens und ihre genaue Analyse wurde aber erst durch die Augenspiegeluntersuchung ermöglicht.

Die Sehstörungen haben verschiedene Ursachen und zwar können sie bedingt sein durch Veränderungen in der Linse, in der Netzhaut und im Sehnerven. Außer diesen Störungen kommen noch Entzündungen der Iris, des Corpus ciliare und der Chorioidea, sowie Augenmuskellähmungen zur Beobachtung.

In bezug auf die Häufigkeit des Vorkommens von Augenaffektionen bei Diabetes gehen die Statistiken weit auseinander, was zum Teil darin begründet ist, daß das zugrunde liegende Material ein höchst verschiedenartiges war, zum Teil dadurch, daß nicht der gleiche Untersuchungsmodus geübt wurde, d. h. häufig versäumt wurde, bei künstlich erweiterter Pupille den Befund zu erheben. Nimmt man einen Durchschnitt der verschiedenen Statistiken, so ergibt sich für die okularen Komplikationen eine Häufigkeit von ca. 15%. Dieser Prozentsatz verringert sich ganz wesentlich, sobald die Statistik sich nur auf die Zahl von Diabetikern bezieht, die wegen Sehstörungen zum Augenarzt kommen. Am häufigsten ist die Kataraktbildung ($^1/_4$—$^1/_3$ der Fälle), dann schließt sich Retinitis an (ca. $^1/_5$ der Fälle), dann Affektionen des Sehnerven und der optischen Leitungsbahnen überhaupt (ca. $^1/_{10}$ der Fälle), endlich Augenmuskellähmungen in etwa $^1/_{20}$ aller Fälle von Diabetes mit Augensymptomen.

Das Auftreten der okularen Komplikationen bei Diabetes wird häufiger mit zunehmendem Alter und wesentlich beeinflußt durch die Schwere der Erkrankung, jedoch auch diese Regel erleidet nach meiner persönlichen Erfahrung häufige Ausnahmen.

Ich lasse nun eine Besprechung der einzelnen Störungen folgen:

Katarakt. Der Star bei Diabetikern zeigt in bezug auf seine klinischen Erscheinungsformen und seine pathologische Anatomie in der Regel keine Differenzen von den aus anderer Ursache auftretenden Linsentrübungen. Er ist ebenso wie diese in der Regel doppelseitig und kommt bei beiden Geschlechtern annähernd gleich häufig vor.

Bemerkenswert ist die Tatsache, daß bei Diabetikern die Starbildung ziemlich häufig in verhältnismäßig jugendlichem Alter auftritt, sowie daß der Zerfall der Linsenfasern relativ rasch fortzuschreiten pflegt.

In einer Reihe von Fällen bietet die Ausbildung der Linsentrübung bei Diabetes einen eigenartigen Charakter dar, indem es zu einer Ausbildung der Trübung direkt unter der vorderen Kapsel kommt, in ganzer Ausdehnung der Vorderfläche, wodurch diese einen bläulich grauen Hauch bekommt. (Förster).

Besonders deutlich sieht man die Veränderungen der Linse bei Betrachtung mit dem Lupenspiegel. Man erkennt dann eine große Anzahl sektorenförmiger, noch mehr oder minder stark durchscheinender, außerordentlich fein gekörnelter Trübungen, die nicht selten bei dieser Untersuchung einen gewissen Glanz darbieten. Es sind an Stelle dieser Trübungen wohl die Linsenfasern auseinander gedrängt und wird der Zwischenraum durch eine feinste Körner enthaltende Flüssigkeit ausgefüllt. Bei diabetischer Katarakt sind nicht nur Fälle bekannt, wo sich in wenigen Tagen sehr starke Linsentrübungen entwickelten, sondern auch solche, wo sich unter Diät vorhandene Trübungen wieder wesentlich aufhellten.

Die schwankenden Angaben über Häufigkeit der Katarakt haben, wie schon einmal erwähnt, ihren Grund darin, daß die einen Autoren ihren Statistiken Fälle zugrunde gelegt haben, die größtenteils bei Mydriasis untersucht wurden, während die anderen Autoren in der Regel bei einer normalen Pupillenweite untersuchten; ein weiterer Grund für die Differenz kann in den Altersunterschieden gefunden werden, insofern als auch ohne Diabetes bei älteren Leuten sehr häufig beginnende Starbildung vorliegt, die sich von diabetischer Katarakt nicht unterscheiden läßt. Natürlich spielen noch andere Unterschiede des Materials eine Rolle.

Die Starbildung kann gleichzeitig mit anderen diabetischen Augenaffektionen vorkommen.

Man hat daran gedacht die Ausbildung des Stares bei Diabetes in Abhängigkeit von dem Zuckergehalt der flüssigen Augenmedien zu bringen; die experimentellen Untersuchungen sowie auch die Untersuchungen beim Menschen haben jedoch dieser Anschauung nahezu völlig den Boden entzogen. Jedenfalls gehört zur experimentellen Erzeugung von Katarakt ein viel größerer Zuckergehalt der Augenmedien als ihn das Auge bei Diabetes je aufweist. Auch bei hochgradiger Diabetes finden sich stets nur Spuren von Zucker im Auge, und die Linse enthält meistens keinen, jedenfalls selten chemisch nachweisbare Mengen von Zucker.

Als Ursache der Kataraktbildung bei Diabetes dürften somit Ernährungsstörungen in Betracht kommen, die in ihrem Wesen noch nicht geklärt sind.

Netzhauterkrankungen. Ziemlich häufig findet man bei Diabetes in der Umgebung der Papille und auch über den ganzen Augenhintergrund zerstreute Blutungen, daneben kommen weißliche Herde vor und es wird auch eine Umwandlung von Blutungen in weiße Herde beobachtet. Die Veränderungen sind meist doppelseitig (Abb. 28).

Sie sind nicht derart, daß man aus ihnen allein die Diagnose: „Diabetes" stellen kann. Die Netzhautblutungen bei Diabetes sind in der Regel Vorläufer von Gehirnapoplexien. Eine nennenswerte Funktionsstörung pflegen sie nicht zu verursachen. Hingegen kommt es bei der nachfolgend zu beschreibenden Netzhautveränderung, die nach Hirschberg für Diabetes in gewissem Grade typisch ist, öfters zum frühzeitigen Auftreten eines zentralen Skotoms oder ohne dieses zu allmählich fortschreitendem Zerfall der Sehschärfe.

Die Erkrankung, die als Retinitis[1] centr. punctata bezeichnet wird und häufig einseitig auftritt, führt zum Auftreten kleiner, glänzender, weißer Herde, von unregelmäßiger Form in der Gegend der Makula und im Umkreis der Papille, besonders stark aber zwischen Papille und Makula, daneben kommt es öfters zu kleinen Blutungen und ausnahmsweise durch Zusammenfluß der weißen Herde zu gelegentlich gewundenen Streifen oder größeren, weißen Flecken, die hier und da auch präretinal liegen. Die bekannte weiße Sternfigur der Retinitis albuminurica wurde nicht beobachtet.

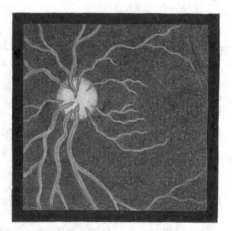

Abb. 28. Augenhintergrundblutungen
bei Diabetes.

Abb. 29. Lipaemia diabetica.

Differentialdiagnostisch kommt gegenüber letzterer Erkrankung der völlige oder nahezu völlige Mangel eines Ödems der Netzhaut und des Sehnerven wesentlich in Betracht. Die Unterschiede in dem Gepräge der diabetischen und nephritischen Netzhautveränderungen verwischen sich bei gleichzeitigem Bestehen von Diabetes und Nephritis.

Ungefähr die Hälfte aller Kranken mit Retinitis diabetica gelangt innerhalb 2—3 Jahren zum Exitus.

Netzhautablösung ist bei Diabetes selten beobachtet.

Gelegentlich ist Thrombose der Zentralvene oder Zentralarterie im Anschluß an diabetische Gefäßerkrankungen der Netzhaut festgestellt worden. Der ophthalmoskopische Befund bot dabei keine Besonderheiten.

Eine Reihe von Beobachtungen melden das Auftreten von hämorrhagischem Glaukom bei Diabetes.

---

[1] Um eine Entzündung der Netzhaut handelt es sich dabei kaum, sondern mehr um eine Degeneration, die wohl den toxischen Formen nahe stehen dürfte.

Für das Zustandekommen der Netzhautblutungen ist man geneigt eine auf der Basis des Diabetes entstandene sog. glykogene Gefäßwanderkrankung anzunehmen, die eine erhöhte Durchlässigkeit der Gefäßwand bedingt.

In den Fällen, wo es bei schwerem Diabetes zu **Lipämie** kommt, konstatiert man bei 4—5% Fettgehalt des Blutes eine ausgesprochen weißliche Färbung der Blutsäule der Netzhautgefäße. Dieser Befund ist um so bemerkenswerter, als die Lipämie klinisch sonst ganz symptomlos verlaufen kann (Heine) (Abb. 29).

Erkrankungen des Sehnerven. Primäre Erkrankungen des Sehnerven sind bei Diabetes eine Seltenheit. Am häufigsten kommen sie noch in der Form der chronisch retrobulbären (axialen) Neuritis vor, welche prognostisch quoad vitam von ganz besonders schlechter Bedeutung sein soll.

Bei der Prüfung der Funktion läßt sich ein, manchmal allerdings nur sehr kleines, doppelseitiges zentrales Skotom für Rot und Grün oder auch für alle Farben nachweisen. In seltenen Fällen ist das Skotom zunächst parazentral.

Der ophthalmoskopische Befund ist dabei anfangs normal und erst allmählich kommt es zu einer temporalen Abblassung des Sehnerven. Pathologisch anatomisch handelt es sich um eine Degeneration des sogenannten papillomakularen Bündels, wie wir sie in ähnlicher Weise bei der Alkohol-Nikotin-Intoxikation finden.

Primäre Atrophien des ganzen Optikusquerschnittes sind bei Diabetes äußerst selten, häufiger sieht man sie sekundär im Anschluß an die Netzhautveränderungen.

Nicht so selten wird die optische Bahn in ihrem zerebralen Verlauf durch Blutungen geschädigt. Es kommt dann gelegentlich zum Auftreten von Hemianopsien.

Man ist geneigt für die Atrophie des Optikus und den Zerfall der zentralen optischen Bahn in erster Linie Blutungen anzuschuldigen, die durch mechanische Zertrümmerung oder Einleitung von degenerativen Prozessen ihre Wirkung entfalten. Bei dem gleichzeitigen Vorhandensein von Gehirnleiden, Sehstörungen und Diabetes ist auch daran zu denken, daß ein primäres Gehirnleiden unmittelbar oder mittelbar zu Diabetes und Sehstörungen führen kann.

Augenmuskellähmungen. Lähmungen von Augenmuskeln sind bei Diabetes vielfach beobachtet worden. Sie betrafen entweder nur einen oder mehrere Muskeln zugleich, sind ein- und doppelseitig festgestellt. Zur Erklärung ihres Zustandekommens ist in erster Linie an zerebrale Blutungen in der Gegend der Augenmuskelkerne oder an andere mit der Augenmuskelinnervation in Beziehung stehende Teile des Gehirns zu denken.

Störungen der **Akkommodation.** Die Akkommodationsleistung (-Breite) ist bei Diabetes häufig herabgesetzt, insbesondere in den Fällen, wo der Diabetes eine Allgemeinentkräftung oder Muskelschwäche hervorgerufen hat. Außer der Akkommodationsschwäche kommen auch wirkliche Lähmungen vor und dürfte ein gleitender Übergang von ersterer zur letzteren bestehen.

Die subjektiven Beschwerden werden je nach dem Refraktionszustande und dem Alter des Kranken verschieden angegeben. Bei Myopen treten sie weniger hervor als bei Hypermetropen. Mit der Besserung des Allgemeinbefindens bessern sich auch wieder die Akkommodationsverhältnisse.

Auftreten von **Kurzsichtigkeit.** Das Auftreten von Kurzsichtigkeit ist bei Diabetikern öfters beobachtet worden. Da bei beginnendem Altersstar auch häufiger Myopie sich entwickelt resp. zunimmt, so sei betont, daß bei Diabetes auch Myopie ohne Kataraktbildung beobachtet wird. Gelegentlich hat das Auftreten von Myopie ohne Katarakt zur Feststellung von Diabetes geführt.

In manchen Fällen wechselte der Grad der Myopie, auch kann sie sich wieder vollständig zurückbilden. Es ist höchst wahrscheinlich, daß die Myopie bei Diabetes auf einer Zunahme der Brechkraft der Linse beruht, welche im wesentlichen durch eine Erhöhung des Brechungsindex bedingt ist.

Ähnlich wird man auch das mehrfach beobachtete Auftreten einer transitorischen **Hypermetropie** erklären müssen.

Entzündungen des Uvealtraktus. Die Entzündungen des Uvealtraktus, insbesondere der Iris, sind ein häufiges Vorkommen bei dem Diabetes. Die Iritis führt relativ häufig zur Hypopyonbildung.

Öfters scheinen bei Diabetes sich Veränderungen, insbesondere in der Pigmentschicht der Regenbogenhaut, des Strahlenkörpers und der Retina einzustellen und zwar in Form einer Lockerung und ödematöser Aufquellung. Es kommt leicht zur Löslösung von Pigmentzellen, die bei Vornahme von operativen Eingriffen, z. B. bei der Vornahme einer Iridektomie massenhaft erfolgen und im Augenblicke zu einer Schwarzfärbung des Inhalts der vorderen Augenkammer führen kann.

Hypotonie der Bulbi. Ein sehr charakteristisches Symptom an den Augen zeigt das diabetische Koma, indem eine sehr starke Hypotonie der Augen auftritt.

Liderkrankungen. Rezidivierende, schwer heilende, eiterige Prozesse an den Lidern stehen gelegentlich in Beziehung zu Diabetes.

Prognose und Therapie. Das Auftreten okularer Komplikationen wird als ein ungünstiges Zeichen angesehen, jedoch kommt den okularen Symptomen nicht dieselbe ungünstige Prognose zu wie bei der Nephritis. Bei entsprechender Ernährung tritt nicht selten eine weitgehende Rückbildung des objektiven Befundes und der funktionellen Störungen ein.

Neben der kausalen Therapie muß bei einigen der genannten okularen Erkrankungen eine symptomatische Behandlung Platz greifen.

Diabetes insipidus. Ein Einfluß des Diabetes insipidus auf das Auge ist bislang nicht sicher festgestellt.

Exsudative Diathese. Bei der exsudativen (lymphatischen) Diathese sind Augenerkrankungen außerordentlich häufig zu beobachten.

An den Lidrändern kommt es zu chronisch entzündlichen, mit Schuppen-, Borken- und Pustelbildung einhergehenden Prozessen. An der Bindehaut der Sklera, besonders an ihrer Übergangsstelle in die Hornhaut, dem sog. Limbus, seltener an der Tarsalbindehaut nahe dem Lidrande, ferner an der Hornhaut, treten kleine Bläschen, Pusteln, Knötchen oder Infiltrate auf. Gewöhnlich sind gleichzeitig starke Reizerscheinungen am Auge vorhanden.

Die Augenerkrankung zeigt eine hohe Neigung zum Auftreten von Rezidiven.

Die Behandlung muß eine allgemeine, d. h. gegen die exsudative Diathese gerichtete, sowie eine lokale sein. Bei letzterer spielt der Gebrauch der sorgfältigst bereiteten gelben Präzipitatsalbe, sowie die Fernhaltung äußerer Reize die Hauptrolle.

Ein näheres Eingehen auf das klinische Bild und die Therapie ist an dieser Stelle nicht am Platze, es muß vielmehr auf die Lehrbücher der Augenheilkunde verwiesen werden.

Rachitis. Eine Beziehung der Rachitis zum Auge ist dadurch gegeben, daß kraniotabische Kinder zu Schichtstar veranlagt sind. Auch Exophthalmus infolge abnormer Verkleinerung der Augenhöhlen wurde beobachtet.

Erkrankungen des Blutes und der blutbildenden Organe.

Amämie und Chlorose. Die bei der Anämie und der Chlorose vorkommenden Augenerscheinungen fasse ich zusammen, da sie in allen wesentlichen Punkten übereinstimmen. Ich schicke voraus, daß bei den leichteren Krankheitsfällen der objektive Befund an den Augen meist nicht aus dem physiologischen Rahmen heraustritt, daß sich somit die nachfolgende Schilderung in der Hauptsache nur auf die schwereren Fälle bezieht; aber auch dabei sind okulare Erscheinungen ein seltener Befund.

Bei der **äußeren Betrachtung** der Augen erregt manchmal eine auffallende Blässe der Bindehaut unsere Aufmerksamkeit, auch im **Augenhintergrunde** kann sich eine solche dokumentieren.

In den Fällen, wo der Hämoglobingehalt des Blutes unter 40% sinkt, beobachten wir neben der Blässe des Fundes oft auch eine leichte Trübung und eine auffallende Erscheinung an den Blutgefäßen der Netzhaut, indem diese an der Grenze der Papille „abzubrechen" scheinen (Heine) (Abb. 30). Man nimmt zur Erklärung dieser Beobachtung an, daß die schwach gefärbte Blutsäule von dem weißlichen Licht, das die Papille zurückgibt, teilweise durchstrahlt wird.

An der **Papille** fiel mir neben der Blässe häufig ein leichtes Ödem auf. War das Ödem etwas stärker, so erschien die Papille meist nicht blaß, sondern ziemlich gleichmäßig gerötet und es bestand eine Stauung und Schlängelung der Netzhautvenen. In seltenen Fällen tritt das typische Bild der Stauungspapille auf; es können dadurch, wie ich aus eigener Erfahrung weiß, erhebliche diagnostische Schwierigkeiten entstehen, da bei der Anämie und

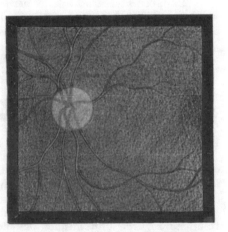

Abb. 30. Augenhintergrund bei Chlorose.

Chlorose ebenso wie bei zerebralen Leiden nicht selten Kopfschmerzen, Schwindelgefühl, Erbrechen, leichte Krampfzustände etc. auftreten.

Pulsatorische Erscheinungen in der Netzhaut und zwar mit Lokomotion des Gefäßrohrs eingehender Arterienpuls, sowie weit in die Peripherie hinaus wahrnehmbarer Venenpuls sind öfters beobachtet. Sie scheinen darauf zu beruhen, daß die Pulswelle in den Arterien teils infolge abnormer Zirkulationsverhältnisse, teils infolge mangelhafter Elastizität der Gefäßwandungen, oder endlich infolge veränderter Blutbeschaffenheit weiter als normal fortgepflanzt und dann durch die Kapillaren auf die Venen übertragen wird (Dimmer).

Weiterhin kommt es bei den in Rede stehenden Krankheitsbildern zu Blutungen und weißlichen Herden in der Netzhaut, die denen bei der Leukämie und Diabetes gleichen, aber im allgemeinen weniger häufig und weniger zahlreich vorkommen.

In der Regel bedingen die Hintergrundsveränderungen nur geringe Funktionsstörungen, falls sie nicht gerade ihren Sitz in der Makula haben. Gelegentlich jedoch ist die Funktionsbehinderung bei der Chlorose und Anämie eine hochgradige, ja es kann mehrere Tage hindurch, wovon ich mich selbst überzeugen konnte, zu nahezu vollständiger Erblindung mit amaurotischer

Pupillenstarre kommen, ohne daß der Augenhintergrund, abgesehen von einer blassen Färbung der Papille und sehr geringer Gefäßfüllung Veränderungen darbietet.

Einige Autoren berichten von dem Auftreten einer retrobulbären Neuritis. Der ophthalmoskopische Befund pflegt dabei zunächst normal zu sein. Die zentrale Sehschärfe ist stark herabgesetzt, das periphere Sehen dagegen normal. Bei längerem Bestand der Neuritis tritt eine Atrophie, vornehmlich temporal auf. Ob man bei derartigen Krankheiten eine reine Anämie verantwortlich machen darf, oder ob in diesen Fällen nicht vielleicht andere nicht auffindbare Krankheitsursachen bestanden, dürfte etwas zweifelhaft sein.

Ein recht häufiges Vorkommnis bilden bei Anämie und Chlorose die asthenopischen Beschwerden an den Augen. Die allgemeine Mattigkeit hat auch eine Schwäche der Augenmuskeln zur Folge, die sich besonders bei der Akkommodation und Konvergenz geltend macht, so daß anhaltende Naharbeit ganz unmöglich wird.

Daneben laufen oft allerlei nervöse Beschwerden, wie Flimmern, Schwarzwerden vor den Augen etc. einher. Häufig treten ferner klonische Zuckungen an den Lidmuskeln mit oder ohne Konjunktivalbeschwerden auf.

Die Neigung zum Auftreten von Papillenödem habe ich oben schon erwähnt und möchte hier nur noch darauf hinweisen, daß auch Ödeme an der Lid- und Bindehaut, die morgens am stärksten sind, beobachtet werden.

Juvenile rezidivierende Glaskörperblutungen. Eine besondere Erörterung verdienen die bei anämischen, jugendlichen Individuen rezidivierend auftretenden Glaskörperblutungen, die gewöhnlich beide Augen nacheinander befallen und vorwiegend bei jungen Männern beobachtet werden.

Die Blutungen können wieder vollständig resorbiert werden, doch kommt es in der Regel schon nach den ersten Rezidiven zu bleibenden Glaskörpertrübungen, die allmählich an Zahl und Dichtigkeit zunehmen.

Beim Beginn der Erkrankungen treten in manchen Fällen weiße über den Augenhintergrund zerstreute, auch die Makula einnehmende, hie und da eigentümliche Figuren und Bänder bildende Herde auf.

Im Laufe der Zeit entwickelt sich oft das Krankheitsbild der Retinitis proliferans, indem die aus den Netzhautgefäßen erfolgenden Blutungen zu weißlicher Strangbildung in Netzhaut und Glaskörper führen. Während anfänglich nach der Resorption der Glaskörperblutungen das Sehvermögen nur geringgradige Störungen aufweist, sinkt es mit der Ausbildung stärkerer, bleibender Glaskörpertrübungen und dem Auftreten der genannten Netzhautveränderungen auf einen geringen Grad herab, ja es kann ganz erlöschen.

Für das Auftreten dieser Blutungen macht man einmal eine angeborene, abnorme Durchlässigkeit der Gefäßwandungen, sowie veränderte Blutbeschaffenheit verantwortlich. Hauptsächlich scheint auch Tuberkulose ätiologisch sehr in Frage zu kommen, in anderen Fällen handelte es sich um luetische Gefäßveränderungen.

Therapie. Die bei der Chlorose und Anämie beobachteten okularen Erscheinungen gehen bei einer auf das Grundleiden gerichteten Therapie in der Mehrzahl der Fälle zurück oder zeigen wenigstens Besserung.

Gegen die rezidivierenden Glaskörperblutungen und ihre Folgezustände ist häufig die Therapie ganz machtlos. In verzweifelten Fällen ist man nach dem erfolglosen Gebrauch von Jod verbunden mit Bettruhe und Ruhigstellung der Augen zur Unterbindung der Carotis geschritten, um das Neuauftreten von Blutungen wenigstens hinauszuschieben. Tuberkulinbehandlung ergab z. T. auch gute Resultate.

Primäre und sekundäre perniziöse Anämie. Das Auftreten massenhafter Blutungen bei blassem Aussehen der Papille und der Netzhautgefäße und Vorhandensein von Arterienpulsation sind bei der primären perniziösen Anämie sehr häufige, ja auf der Höhe der Erkrankung fast regelmäßige Befunde (Abb. 31). — Die auftretenden Funktionsstörungen hängen von der Ausdehnung und dem Sitz der Blutungen ab. Neben den Blutungen bilden sich häufig auch weiße Herde, so daß das Bild einer Retinitis albuminurica gleichen kann.

In vereinzelten Beobachtungen kam es auch zu schweren Veränderungen an den Augenmuskeln, die blaß und lehmfarbig aussahen, deren Muskelfasern eine Trübung darboten und mit braunem Pigment erfüllt waren. Die Folge dieser Muskelveränderungen waren z. T. erhebliche Funktionsveränderungen.

Die gleichen Erscheinungen können sich auch bei den sekundären Anämien infolge von Darmparasiten (Ankylostomum duodenale, Botriocephalus latus, Peitschenwurm) und bei der Karzinomkachexie einstellen.

In neuerer Zeit haben diese Netzhautblutungen eine diagnostische Bedeutung gewonnen bei der „Wurmkrankheit" der Erd- und Tunnelarbeiter und Ziegelbrenner.

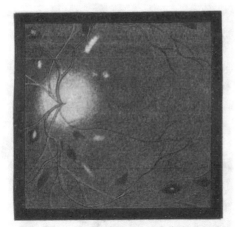

Abb. 31.   Augenhintergrund bei perniziöser Anämie.

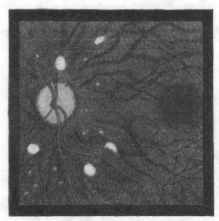

Abb. 32.   Augenhintergrund bei Magenkrebs.

Eine besondere Besprechung erheischt der Magenkrebs, bei welchem neben den oben genannten Veränderungen wiederholt eine helle Färbung der Papille, mattes Aussehen derselben und leichtes Verwischtsein ihrer Grenzen beobachtet wurde (Abb. 32). Auch da treten neben Blutungen häufig weiße Herde von verschiedener Größe und Intensität auf.

Dieses Krankheitsbild, das ich selbst zweimal gesehen habe, soll bei 30% der infolge von Magenkrebs, von anderen schweren Magen- und Darmaffektionen, ferner infolge von Krebs der Leber, des Uterus, von Zirrhose stark heruntergekommenen Kranken vorkommen (Pick). Dem Auftreten dieser okularen Erscheinungen folgt meist sehr bald der Exitus letalis.

Polyzythämie. Die Polyzythämie führt öfters zu charakteristischen ophthalmoskopischen Veränderungen, denen eine pathognomonische Bedeutung nicht abzusprechen ist (Abb. 33). Die Venen sind sehr stark erweitert, dunkelblau gefärbt und zeigen Unregelmäßigkeiten in ihrem Kaliber. Die Netzhaut

kann in toto eine bläuliche Verfärbung darbieten. Eine Abnahme der Elastizität der Gefäßwände zusammen mit der Vergrößerung ihrer Oberfläche und
der Verlangsamung der Zirkulation soll den Anlaß zu einem abnormen Austritt von Blutplasma in die Netzhaut und den Sehnerven abgeben (Behr).

Auf diese Weise könne eine Lymphstauung im Sehnerven sich einstellen,
die zunächst das ophthalmoskopische Bild der Neuritis optica, späterhin das
der Stauungspapille hervorzubringen vermöge.

Abgesehen von den Veränderungen im Augeninnern beobachten wir eine
venöse Hyperämie der Lider und der Bindehaut, manchmal auch eine bläuliche Verfärbung der Lidhaut, bedingt durch die hochgradige Erweiterung
der venösen Gefäße.

Ich habe in einem Fall in sehr ausgesprochener Weise die Veränderungen an den Lidern, in der Bindehaut und im Augenhintergrund beobachten können, bei einer anderen Patientin, bei der die Krankheit ebenfalls
schon längere Zeit bestand, war jedoch nur die venöse Hyperämie der Lider
und der Bindehaut, sowie eine etwas stärkere Füllung und dunklere Farbe
der Venen der Netzhaut bei einem leicht rötlichen Aussehen der Papillen
vorhanden.

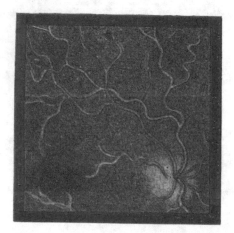

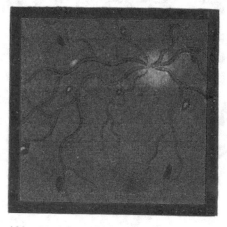

Abb. 33.   Augenhintergrund bei Poly-   Abb. 34.   Augenhintergrund bei Leuk-
zythämie.   ämie.

Leukämie. Pseudoleukämie. Charakteristische Augenhintergrundsveränderungen werden vornehmlich bei der myelogenen, aber auch bei der lympho-
iden Form der Leukämie beobachtet (Abb. 34), doch bilden sie durchaus kein
konstantes Symptom bei dieser Krankheit.

Die Arterien und Venen der Netzhaut unterscheiden sich nur wenig in
Farbe und in ihrem sonstigen Verhalten, indem beide ein gelblichbraunes Aussehen darbieten, indem beide stark gefüllt und geschlängelt sind und einen
undeutlichen Reflexstreifen, sowie unscharfe Begrenzung bei streckenweiser
weißlicher Einscheidung zeigen. Die Netzhaut ist öfters leicht getrübt, besonders
in der Umgebung der Papille und enthält Blutungen oder weißliche, blutig
umrandete, manchmal leicht erhabene Herde (Abb. 34). Der ganze Augenhintergrund zeigt in seltenen Fällen eine helle, orangegelbe Färbung, die ihren
Grund in der leukämischen Beschaffenheit des Blutes hat. In einigen Fällen

ist eine starke Verbreitung der Venen um das Drei- bis Fünffache neben einer nur geringfügigen Erweiterung der Arterien beobachtet.

Diese Tatsache sei differentialdiagnostisch gegenüber der Chlorose: Netzhautgefäße mäßig erweitert und blaß aussehend, Fehlen der Blutungen in der Mehrzahl der Fälle — gegenüber der perniziösen Anämie: geringe Erweiterung der blassen Gefäße, zahlreiche über den Augenhintergrund zerstreute Blutungen, sowie gegenüber der Sepsis: normales Verhalten der Gefäßweite bei dunklem Aussehen der Blutsäule und Anwesenheit von Blutungen, von Bedeutung (Elschnig).

Die Sehnerveneintrittsstelle sieht etwas blaß aus, ihre Grenzen sind leicht verwischt, selten besteht ausgesprochene Neuritis optica oder Stauungspapille.

Ausdrücklich bemerkt sei, daß die beschriebenen Veränderungen des Augenhintergrundes keineswegs immer in markanter Weise auftreten, sondern daß wir auch Verhältnisse finden, die sich nicht von denen unterscheiden, wie wir sie bei Chlorose und Anämie sehen, insbesondere kann die helle Färbung des Augenhintergrundes, die Trübung der Netzhaut und der Papille vollständig fehlen.

Sehstörungen nennenswerten Grades pflegen nur bei dem Vorhandensein stärkerer Veränderungen in der Makula oder bei abundanten Blutungen, die dann meist auch in den Glaskörper durchbrechen, aufzutreten.

In seltenen Fällen kam es bei der Leukämie zu Blutungen in die vordere Kammer aus Iris und Ziliarkörper, zu blutigen Abhebungen der Netzhaut sowie zu Blutungen in die Lider und in die Bindehaut.

Die pathologisch anatomischen Befunde leukämischer Augen ergaben im wesentlichen eine erhebliche Vermehrung der weißen Blutkörperchen sowohl innerhalb wie außerhalb der Gefäße, im übrigen sie keine Besonderheiten dar.

Für das Zustandekommen der weißlichen und weißrötlichen Flecken, die manchmal kleine Knötchen (leukämische Pseudotumoren) bilden, macht man eine starke Diapedese der Blutkörperchen verantwortlich, deren Ursache in der veränderten Zusammensetzung des leukämischen Blutes zu suchen ist. Die sehr zahlreichen weißen Blutkörperchen gruppieren sich längs der Gefäßwände, durchsetzen die intakte Gefäßwand allmählich und schaffen dabei auch Durchtrittspforten für die roten Blutkörperchen. Die schwere Gerinnbarkeit des leukämischen Blutes trägt dazu bei, daß diese Pforten nur langsam sich schließen. Da diese Pforten sehr eng sind, erklärt sich das sehr allmähliche Entstehen und Wachstum der Extravasate.

Lymphombildung. Sowohl bei der Leukämie als besonders bei der Pseudoleukämie kommen symmetrische Lymphome in den Augenlidern, unter der Bindehaut und in der Orbita zur Beobachtung. Öfters waren die Tränendrüsen in erster Linie befallen. Die Lider zeigen sich bei dieser Erkrankung verdickt, die Lidhaut ist gespannt, glänzend, von ausgedehnten Venen durchzogen und zeigt keine Verwachsung mit den darunter liegenden Gechwülsten. Diese sind als kleine Knötchen oder als größere elastische Massen mit leicht lappiger Oberfläche zu fühlen (Leber). Auf Druck ist manchmal Schmerzhaftigkeit vorhanden.

Mikroskopisch bestehen sie aus dicht gedrängten einkörnigen Rundzellen in einem weitmaschigen Bindegewebe mit nicht sehr zahlreichen Gefäßen.

Beim Sitz der Lymphome in der Orbita kommt es zum Auftreten von Exopthalmus, sowie zu Stauungspapille bei Ausbreitung derselben nach hinten.

Eine sich auf 10 Fälle beziehende Statistik von pseudoleukämischen Orbita- und Lidtumoren ergab 4 mal einen tödlichen Ausgang, 3 mal Besserung, 2 mal anscheinend dauernde Heilung, 1 mal fehlten weitere Nachrichten.

Therapie. In den meisten Fällen von Leukämie erwies sich die Behandlung machtlos. Vor operativen Eingriffen ist wegen der Gefahr unangenehmer Blutungen zu warnen.

Bei der Behandlung der pseudoleukämischen Lymphome erwies sich öfters die innere Darreichung von Arsenik wirksam, auch die chirurgische Entfernung der Lymphome hatte manchmal guten Erfolg. Auch Röntgenbehandlung dürfte mit Vorteil zur Anwendung kommen.

Hämophilie. Bei der Hämophilie sind Blutungen ins Innere des Auges, in die Orbita und Bindehaut beobachtet. Blutungen aus der Bindehaut endeten mehrfach mit tödlichem Ausgang.

Über die nach starken Blutverlusten bei Hämophilie auftretenden Augenstörungen ist im folgenden Abschnitt nachzusehen.

Sehstörungen nach Blutverlusten. Starke und rasch eintretende Blutverluste hatten in seltenen Fällen Sehstörungen, ja völlige Erblindung zur Folge. Hauptsächlich wurden die Sehstörungen nach Blutungen in den Verdauungstraktus, bei Uterusblutungen, sowie bei künstlichen Blutentziehungen beobachtet. In der Regel hat es sich um Personen gehandelt, deren Allgemeinzustand schon vor der Blutung schwer darniederlag und die meist schon in vorgerückten Jahren sich befanden. Die Störung befiel beide Augen und zwar meist in gleichem Grade, dabei waren die schweren Sehstörungen häufiger als die leichteren. Sie schlossen sich in der Mehrzahl der Fälle unmittelbar oder bald darauf den Blutungen an.

Die Dauer der Sehstörung war eine verschiedene; manchmal bildete sie sich schon nach kurzer Zeit vollständig zurück, öfters aber gingen Tage und Wochen darüber hin. In ungefähr der Hälfte der Fälle war die Störung eine dauernde.

In den Fällen, wo kurze Zeit nach Eintritt der Sehstörung die Augenspiegeluntersuchung vorgenommen werden konnte, ergab sie manchmal eine leicht geschwellte Papille mit verwaschenen Grenzen; die anschließende Netzhaut war auf eine weite Strecke hinaus weißlich getrübt, manchmal von kleinen Blutungen durchsetzt (Abb. 35). In anderen Fällen bestand nur Blässe der Papille, schwache Füllung der Gefäße oder auch ein ganz normaler Fundusbefund.

Nach längerem Bestand der Sehstörung stellt sich das Bild der neuritischen Atrophie ein.

Die Therapie erwies sich wenig einflußreich, sie hat in roborierender Ernährung zu bestehen. In Betracht kommt eine Punktion der vorderen Kammer, um eine möglichst starke Füllung der Augengefäße herbeizuführen.

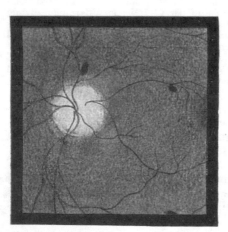

Abb. 35. Augenhintergrund bei posthämorrhagischer Amblyopie.

Der Sitz der Sehstörung kann zerebral in der optischen Bahn und was häufiger der Fall ist und wofür auch die experimentellen Untersuchungen sprechen, peripher liegen.

Als Ursache der Netzhaut-, Sehnervenveränderungen nimmt man eine ischämische Degeneration an.

Skorbut, Purpura, Morbus maculosus Werlhofi, Peliosis rheumatica. Beim Skorbut kommen häufig Blutungen unter die Bindehaut und die Lidhaut zur

Beobachtung, deren dunkelrote Farbe auffällt. Ihre Resorption erfolgt meistens sehr langsam. Einige Autoren wollen parenchymatöse Keratitis sowie schwere eiterige Hornhautprozesse infolge von Skorbut beobachtet haben. Des weiteren wird über Blutungen in die vordere Kammer und in die Netzhaut, in die Orbita, sowie über Ödem der Papille berichtet.

Häufiger traten Xerosis conjunctivae und Hemeralopie als Ausdruck des darniederliegenden allgemeinen Kräftezustandes beim Skorbut auf.

Eine auf die Hebung des Allgemeinbefindens gerichtete Therapie bewirkte Heilung der skorbutischen Augenaffektionen und zwar abgesehen von den schweren eiterigen Hornhautprozessen ohne Folgezustände zu hinterlassen.

Bei den untereinander und mit dem Skorbut verwandten Erkrankungen werden dieselben okularen Störungen beobachtet, wie wir sie beim Skorbut kennen gelernt haben.

Barlowsche Krankheit. Bei Barlowscher Krankheit kommen relativ selten Exophthalmus infolge von Blutungen in die Orbita bei blutiger Abhebung der Periorbita, etwas häufiger Lidblutung zur Beobachtung. Die Lidblutungen treten meist flächenhaft, selten in Form von Petechien auf. Sie haben eine dunkelblaue Farbe und schließen scharf mit dem oberen Augenhöhlenrand ab. Meist treten sie nach heftigem Schreien auf. In der Regel werden die Blutungen rasch resorbiert. Als große Seltenheiten sind bei Barlowscher Krankheit Blutungen in die Bindehaut, die vordere Kammer und in die Netzhaut vorgekommen.

Distomum und Filaria. Ich verweise auf Band 3, 7, sowie auf Band 4, 12 bei „Primäre und sekundäre Anämie".

Milzerkrankungen. Spezielle Beziehungen der Milzerkrankungen zum Auge sind nicht bekannt.

Vergiftungen.

Bei der Zusammenstellung der okularen Erscheinungen nach Vergiftungen habe ich keine Vollständigkeit angestrebt, sondern mich auf die häufiger vorkommenden und interessanteren Vergiftungen beschränkt.

Ich bemerke, daß bei fast allen schweren Vergiftungen okulare Symptome auftreten, die jedoch nicht immer spezielle Bedeutung besitzen, sondern als Ausdruck der schweren Allgemeinstörung aufzufassen sind.

Alkohol. Schädigungen des Sehorgans durch Alkohol, insbesondere durch Äthylalkohol und seine Verunreinigungen mit Fuselöl kommen häufig vor, insbesondere bei älteren und ärmeren, in ihrer Körperernährung herabgekommenen Leuten. In erster Linie treten Sehstörungen auf und zwar weniger bei einmaligem, übermäßigem Alkoholgenuß, als bei dem chronischen Mißbrauch.

Als seltenes Vorkommnis wurde bei dem übermäßigen Alkoholgenuß eine schnell sich entwickelnde, hochgradige Sehstörung, ja völlige Erblindung bei negativem ophthalmoskopischen Befund beobachtet.

Die chronische Alkoholamblyopie bietet ein ziemlich markantes Krankheitsbild dar.

Die Entwickelung der Sehstörung ist meist eine allmähliche. Die subjektiven Störungen sind verschiedenartig, sie bestehen meist in „Nebel", „undeutlich und verwischt Sehen". Das Sehvermögen sinkt auf beiden Augen auf $1/_{10}$ und weniger. Relativ häufig besteht Nyktalopie, d. h. die Kranken sehen in der Dämmerung besser als bei heller Beleuchtung, selten Hemeralopie mit und ohne Xerosis conjunctivae. Letztere Störungen treten besonders dann auf, wenn der allgemeine Ernährungszustand sehr darniederliegt.

Frühzeitig pflegt ein zentrales und zwar meist ein relatives Skotom aufzutreten. Die Peripherie des Gesichtsfeldes bleibt im wesentlichen frei. Manchmal kommt es nicht zu einem zentralen, sondern zu einem parazentralen Skotom.

Bei den auf Grund des Alkoholismus auftretenden Geistesstörungen
spielen Gesichtshalluzinationen und -Illusionen eine Hauptrolle.

Die Prognose der Alkoholamblyopie ist in bezug auf Erblindung günstig
zu stellen. In den Fällen zwar, wo die Amblyopie längere Zeit bestand, ist
eine völlige Wiederherstellung des Sehvermögens selten.

Der ophthalmoskopische Befund besteht in erster Linie in einer
partiellen und zwar temporalen Sehnervenatrophie. In ungefähr 10% der
Fälle geht dem Auftreten der Atrophie eine deutliche Neuritis vorauf. In
ungefähr $1/_3$ der Fälle bleibt länger, ja dauernd, der ophthalmoskopische Befund
negativ.

In pathologisch-anatomischer Hinsicht steht noch nicht völlig sicher, ob
durch den Alkohol primär eine Schädigung der Ganglienzellen der Netzhaut und der
Sehnervenfasern, wie experimentelle Untersuchungen vermuten lassen, herbeigeführt wird,
oder ob es sich primär um eine interstitielle Neuritis optica handelt.

Bei der Therapie kommt natürlich in erster Linie die Abstinenz in Betracht. Ihr Einfluß pflegt ein unverkennbarer und prompter zu sein. Jedoch
auch bei Fortdauer des Alkoholmißbrauches kommt es öfters zu einer Besserung
der funktionellen Störung. Außer der Schädigung des Sehvermögens sind
beim Alkoholismus Einwirkungen auf die Pupille und die Augenmuskeln festgestellt worden.

Bei der Einwirkung des Alkohols auf die Pupille müssen wir gleichfalls
die akuten und chronischen Formen der Alkoholvergiftung auseinander halten.
Bei der akuten Vergiftung kann der Pupillenreflex völlig normal bleiben,
nur bei sinnlos Betrunkenen ist die Pupillenreaktion träge, ja manchmal ganz
erloschen. Bei der chronischen Alkoholintoxikation sind die Pupillen öfters
relativ eng, ihre Reaktionen träge und wenig ausgiebig.

Von besonderer Bedeutung ist die Frage, ob auch reflektorische Starre
infolge von Alkoholismus vorkommt. Auf Grund der vorliegenden Literatur
und nach eigener Erfahrung beantworte ich sie dahin, daß reflektorische Starre
infolge von Alkoholismus als extreme Seltenheit vorkommt.

Augenmuskellähmungen sind bei der Alkoholintoxikation seltene Vorkommnisse. Bei schwerem Alkoholismus wurde eine Ophthalmoplegia externa,
kompliziert mit schweren bulbären Erscheinungen und meist tödlichem Ausgang beobachtet. Siehe Polioencephalitis superior S. 556.

Methylalkohol. Der in der Industrie viel benützte Methylalkohol gab besonders in den letzten Jahren zu häufigen und oft recht schweren Intoxikationen
Anlaß, indem er absichtlich oder unabsichtlich getrunken wurde. Auch das
Einatmen von Dämpfen, ja selbst das häufige Waschen der Hände mit diesem
Mittel kann schon schwere Vergiftungserscheinungen hervorrufen. Neben zahlreichen Todesfällen nach einmaligem Genuß von Methylalkohol wurden besonders
auch akut auftretende Amaurose oder weniger starke Sehstörungen mit Zentral-
skotomen beobachtet. Einzelne Fälle führten zu dauernder Erblindung.
Ophthalmoskopisch fand sich in schwereren Fällen Trübung der Papillen, mikroskopisch wurden Veränderungen in der Ganglienzellenschicht der Retina und
im retrobulbären Teil des Sehnerven festgestellt.

Nikotin. Die okularen Erscheinungen bei der Nikotinvergiftung decken
sich fast vollständig mit denen der Alkoholvergiftung. Da häufig beide Noxen
gleichzeitig einwirken, ist die Frage aufgeworfen worden, welcher der beiden
Schädlichkeiten die größte Bedeutung beizumessen sei. Im allgemeinen wird
die Frage dahin beantwortet, daß dem Alkoholismus die größere Bedeutung

zukommt. Es unterliegt aber keinem Zweifel, daß Nikotin allein retrobulbäre Neuritis verursachen kann. Gastrische Störungen pflegen dabei prädisponierend zu wirken.

Bleivergiftung. Die Bleivergiftung führt seitens des Sehorgans in erster Linie zu Sehstörungen, in zweiter Linie zu Affektionen der äußeren und inneren Augenmuskeln.

Der Grad der Sehstörung wird sehr unterschiedlich angegeben, er schwankt zwischen ganz geringfügiger Herabsetzung und Amaurose. Die vielfach bei der Bleivergiftung vorkommenden vorübergehenden Amaurosen sind meist als urämische, d. h. von der gleichzeitigen Nephritis abhängige, aufzufassen. Nach vollständiger Rückbildung der Amaurose kam es öfters zu einer langsam, selten rasch fortschreitenden Bleiamblyopie.

Der ophthalmoskopische Befund ist dabei entweder negativ oder es besteht Sehnervenatrophie. Manchmal traten Gefäßveränderungen in der Netzhaut und Blutungen auf.

In bezug auf das Gesichtsfeld ist zu erwähnen, daß am häufigsten zunächst eine periphere Einschränkung des Gesichtsfeldes sich einstellte; in seltenen Fällen kam es in erster Linie zu einem zentralen Skotom. Gleichzeitige Hemianopsie wurde bei der Encephalopathia saturnina beobachtet.

Sehstörungen und ophthalmoskopische Veränderungen treten fast regelmäßig doppelseitig auf.

Die Prognose der Sehstörung pflegt beim Wegfall der schädlichen Ursachen keine ungünstige zu sein.

Die Ergebnisse der pathologisch anatomischen und experimentellen Untersuchungen weisen darauf hin, daß die Sehstörungen meist eine periphere Ursache haben und zwar in dem Auftreten interstitiell neuritischer Veränderungen bedingt sind. In zweiter Linie werden primäre Gefäßalterationen als Ursache der Sehstörung angeschuldigt. In dritter Linie wird auch, besonders für die Fälle von plötzlich auftretender Amaurose, eine direkt toxische und funktionshemmende Wirkung des Bleis auf die Nervensubstanz angenommen.

Stets zu beobachten bleibt dann ferner, daß durch die Bleivergiftungen Organveränderungen entstehen, insbesondere Nierenschrumpfungen, die Sehstörungen im Gefolge haben können.

Die Störungen im Bereiche der Augenmuskeln kommen manchmal in recht eigenartiger Gruppierung ein- und doppelseitig zur Beobachtung. Sie beziehen sich auf alle äußeren Augennerven und haben wohl ihre Ursache in einer peripheren Neuritis mit sekundärer Degeneration.

Die bei der Bleivergiftung auftretenden Pupillenanomalien können einmal bedingt sein durch eine Einwirkung des Bleies auf den Sphincter pupillae und zwar in lähmendem Sinne, weiterhin abhängig sein von der Sehnervenaffektion.

Optochin. Das in den letzten Jahren bei Pneumonie viel verwendete Optochinum hydrochlor. hat in vielen Fällen zu vorübergehenden oder dauernden, z. T. sehr schweren Sehstörungen geführt.

Ophthalmoskopisch findet man nach Uhthoff selbst bei schweren Sehstörungen in einzelnen Fällen normalen Befund, in anderen Fällen Rötung und Verschleierung der Papille mit etwas erweiterten Gefäßen, später tritt Atrophie ein.

Häufig wurde im Anfangsstadium völlige Amaurose konstatiert, diese schwindet allerdings in der Regel, doch blieben mehrfach dauernde Zentralskotome zurück. Optochin bewirkt Degeneration der Nervenfasern, und zwar mit Vorliebe des papillomakulären Bündels. Mehrfach sind dauernde Sehstörungen nach Dosen beobachtet worden, welche man als harmlos erachtete. Weniger gefährlich soll Optochinum basicum sein.

Chinin. Bei dem Vorhandensein einer Idiosynkrasie, sowie nach der Einverleibung etwas größerer Dosen von Chinin treten öfters Sehstörungen auf.

Manchmal sind sie nur von kurzer Dauer und bestehen lediglich in Flimmern und Nebelsehen. Häufig ist es aber zu schweren und zwar doppelseitigen Störungen der zentralen Sehschärfe, manchmal sogar zur doppelseitigen Erblindung gekommen.

Das Gesichtsfeld zeigt meist eine starke konzentrische Einschränkung. Die ophthalmoskopischen Veränderungen sind äußerst markant. Es handelt sich vornehmlich um Alteration des Gefäßsystems mit ihren Folgezuständen und zwar treten ausgesprochen ischämische Erscheinungen auf. Die Netzhautgefäße sind außerordentlich verengert, die Papille ist blaß, ihre Grenzen etwas verwischt, es besteht eine diffuse weißliche Trübung der Netzhaut in der Gegend des hinteren Poles mit einem der Fovea entsprechenden rotbraunen Fleck.

Die Prognose der Sehstörung ist insofern günstig, als eine völlige dauernde Erblindung nur ausnahmsweise zurückbleibt. Schwere Sehstörungen persistieren indessen nicht selten.

In therapeutischer Hinsicht ist der günstige Einfluß aller die Zirkulation bessernden Momente zu beachten.

Salizylsäure. Die Vergiftungen durch Salizylpräparate ähneln in klinischer Hinsicht außerordentlich denen der Chininvergiftung. Die Sehstörungen pflegen allerdings seltener aufzutreten und nicht ganz so intensiv zu sein.

Die Prognose ist günstig, indem die Störungen sich meist völlig zurückbilden.

Santonin. Bei Einverleibung von Santonin wurde kurze Zeit darauf Gelb- und Grünsehen beobachtet. Die Ursache der Störung dürfte peripher zu suchen sein.

Arsenvergiftung. Bei Arsenvergiftungen kommt es höchst selten zu Symptomen seitens des Sehorgans.

Berichtet ist von dem Auftreten von Bindehautkatarrh mit Lidödem, von Herpes zoster des Lides, von Sehnervenentzündung, die primär manchmal das makuläre Bündel befällt sowie von Netzhautblutungen und Ödem der Netzhaut. Aus eigener Erfahrung kann ich hinzufügen, daß auch eine Lähmung der inneren Augenmuskeln bei Arsenvergiftung vorkommt.

Die Schädigung des Auges durch Atoxyl. Das Atoxyl besitzt eine besondere Affinität zu dem Sehorgan und es beherrschen daher die Augensymptome, bei deren Beschreibung ich Birch-Hirschfeld und Köster (v. Graefes Archiv, Bd. 76) folge, das klinische Bild der Atoxylvergiftung.

Wie bei anderen Vergiftungen spielen individuelle Faktoren eine gewisse Rolle. Dies geht am besten aus der Höhe der toxisch wirksamen Dosis hervor, welche in weiten Grenzen schwankt.

Was der Atoxylamblyopie in klinischer Hinsicht ganz besonderes Interesse verleiht, ist der eigenartige Charakter der Entwickelung der Sehstörung, der verhängnisvolle Verlauf und die Schwierigkeit der Diagnosestellung in den ersten Stadien.

Die Sehstörung setzt auch nach Anwendung kleiner Dosen innerhalb eines Zeitraumes von Wochen oder Monaten plötzlich ein und zeigt eine rapide Progression, die sich weder durch Aussetzen des Mittels, noch durch interne Behandlung (Schwitzkuren, Diurese, Amylnitrit, Strychnin, Jodkali) aufhalten läßt. Das traurige Schicksal des Kranken, d. h. die Erblindung is meist bereits entschieden, wenn die ersten Zeichen von Sehstörung einsetzen. Dieser Verlauf ist geradezu typisch.

Die Atoxylamblyopie ist von Geschlecht und Lebensalter fast unabhängig, ein gewisser prädisponierender Faktor scheint allerdings in dem höheren Lebensalter zu liegen, und zwar ist in erster Linie dabei an Gefäßveränderungen infolge von Arteriosklerose, Alkoholabusus oder tertiärer Lues zu denken.

Charakteristisch ist weiterhin der negative ophthalmoskopische Befund zu einer Zeit, wo bereits erhebliche Sehstörung besteht. Erst nach Wochen oder Monaten lassen sich die Erscheinungen der Optikusatrophie (graue oder porzellanweiße Verfärbung der Papille, Verengerung der Arterien) nachweisen. Nur ausnahmsweise wird graurötliche Färbung der Papille und venöse Hyperämie sowie leichte Unschärfe der atrophischen Papille erwähnt.

Das Gesichtsfeld war in den meisten Fällen, wo das Sehvermögen überhaupt eine Prüfung zuließ, hochgradig eingeengt, und zwar konzentrisch oder mit vorwiegender Beteiligung der nasalen Gesichtsfeldhälfte. Ausnahmsweise blieb ein minimaler zentraler Gesichtsfeldbezirk relativ verschont. Ein zentrales Skotom, wie es bei der Alkoholtabaksamblyopie das wesentliche Symptom darstellt, ist bei der Atoxylamblyopie niemals festgestellt worden.

Sehr eigenartig ist bei der Atoxylamblyopie das Verhalten der Pupillenreaktion, wie es in vielen Fällen festgestellt wurde. Erweiterung und Starre auf Licht kommt nur selten zur Beobachtung, in den meisten Fällen ist die Pupille eng oder von mittlerer Weite und reagiert auffallend stark auf Licht, auch bei fast völliger Amaurose. Dieses Verhalten ist vielleicht dadurch zu erklären, daß bei der anatomischen Untersuchung die Zellen des besonders pupillomotorisch wirksamen makulären Bezirkes sich verhältnismäßig gut erhalten zeigten.

Neben den Augensymptomen sind in vielen Fällen noch andere Vergiftungssymptome nachgewiesen: Schwindel, Übelkeit, Erbrechen, Trockenheit im Halse, kolikartige Schmerzen im Leib, Mattigkeit, Ohrensausen, Schmerzen im Kopf, Brust und Rücken und in den Waden, allgemeine Schwäche, Nervosität und depressive Gemütsstimmung, Katarrhe der Atmungswege und der Bindehaut, Durchfälle. Retention oder Inkontinenz für Urin und Stuhl, Steigerung der Patellarreflexe, Schwankungen bei Augenfußschluß, Sensibilitätsstörungen, vollentwickelte Neuritis, Taubheit durch Labyrinthatrophie und Abmagerung. Diese Symptome können ohne Augensymptome vorkommen und andererseits können sie ganz oder teilweise fehlen. Es kann keinem Zweifel unterliegen, daß ein Zusammenhang zwischen diesen Störungen und der Augenerkrankung nicht besteht, sondern daß es sich um verschiedene Lokalisationen der Giftwirkung handelt.

Von Interesse ist ein Vergleich des klinischen Bildes der Atoxylamblyopie mit demjenigen der übrigen bekannten Intoxikationsamblyopien.

Er zeigt, daß die Atoxylamblyopie in ihren klinischen Erscheinungen mit keiner der anderen Intoxikationsamblyopien identisch ist, wohl aber in der einen oder anderen Hinsicht mit ihnen übereinstimmt. Nach der Schwere der Schädigung und dem Endausgang in Sehnervenatrophie und Erblindung steht sie der Methylalkoholamaurose nahe, von der sie sich aber durch das Fehlen eines zentralen Skotoms und durch den negativen ophthalmoskopischen Befund in den ersten Stadien unterscheidet. Nach der frühzeitig auftretenden Einengung des Gesichtsfeldes ähnelt sie der Chininamblyopie, nur daß diese viel günstiger zu verlaufen pflegt und Gefäßveränderungen der Netzhaut darbietet.

Das Fehlen ophthalmoskopischer Veränderungen bei hochgradiger Sehstörung im Anfangsstadium erinnert an manche Fälle von Bleiamblyopie und Filixamblyopie, doch findet sich bei der Bleivergiftung nicht selten ein zentrales Skotom, bei beiden Vergiftungen Veränderungen der Netzhaut.

Die pathologisch - anatomischen Untersuchungen ergaben sowohl beim Menschen als auch bei der experimentell erzeugten Atoxylamblyopie der Tiere hochgradige Veränderungen, und zwar Zerfall und Schrumpfungsvorgänge in der Ganglienzellen- und Nervenfaserschicht der Netzhaut. Geringe Schrumpfungsvorgänge ließen sich auch in der inneren und Zwischenkörnerschicht sowie in der äußeren Körnerschicht nachweisen. In der äußeren Körnerschicht fiel eine eigenartige Differenz in dem Aussehen der Stäbchen und Zapfenkörner auf. Während erstere stärkere Degeneration zeigten, waren letztere relativ intakt. Es scheint also dem Atoxyl eine Art von elektiver Wirkung auf die Stäbchenkörner zuzukommen. In dem Optikus fand sich primäre Degeneration, die — im Einklang mit dem zunächst negativen ophthalmoskopischen Befund — nicht in der Nähe der Papille, sondern mehr fernab zu beginnen pflegt und in der Regel den ganzen Optikusquerschnitt ergreift.

Eine gegenseitige Abhängigkeit der Veränderung in der Netzhaut und dem Sehnerven von der Gehirnzellenentartung besteht anscheinend nicht, sondern es scheint das im Blut kreisende Gift überall da gleichzeitig anzugreifen, wo je nach der individuellen Disposition ein Angriff möglich ist.

Die Atoxylamblyopie ist nicht als Arsen oder Anilinamblyopie aufzufassen, sondern wird hervorgerufen durch das im Blut kreisende unzersetzte Atoxyl oder sein noch giftigeres Reduktionsprodukt, während die abgespaltenen anorganischen Arsenmengen viel weniger in Betracht kommen (Igersheimer).

Anilin. Es liegen Berichte über Anilinamblyopie, Iritis und Sehnervenentzündung mit vorwiegender Beteiligung des makularen Bündels und demzufolge häufigem Auftreten von zentralem Skotom vor.

Naphthalin. Beim Menschen kamen bisher nur Hornhautveränderungen durch Naphthalin zur Beobachtung, und zwar bei Arbeitern, die mit dieser Substanz zu tun hatten. Experimentell ist die Wirkung des Mittels eingehend studiert worden, insbesondere beim Kaninchen. Es wurden durch Naphthalinfütterung Kataraktbildung, Aderhaut-, Netzhaut- und Glaskörperveränderungen hervorgerufen.

Phosphor. Bei den Phosphorvergiftungen des Menschen sind spezielle okulare Erscheinungen nicht beobachtet. Experimentelle Vergiftungen beim Tiere ergaben Blutungen und Ödem, sowie Degeneration der Netzhaut, insbesondere auch fettige Degeneration der Netzhautgefäße.

Thyreoidin. Infolge des Gebrauches von Thyreoideapräparaten wurden Sehstörungen beobachtet, die in klinischer Hinsicht der Alkohol- und Tabakamblyopie nahe stehen. Die Sehstörung trat meist gleichzeitig mit einer Störung des Allgemeinbefindens auf. Wahrscheinlich handelt es sich um eine primäre Schädigung der Netzhautganglienzellen mit sekundärer Sehnervendegeneration. Auch Exophthalmus wurde beobachtet.

Die Prognose ist günstig, indem beim Aussetzen des Mittels eine weitgehende Besserung sich einstellt.

Botulismus. Unter Botulismus versteht man die Vergiftung durch Fleisch, Wurst, Fische, Muscheln, Austern, Krebse, Käse etc. Die nach diesen Vergiftungen beobachteten Augenerscheinungen haben unter sich große Ähnlichkeit. Sie sind wahrscheinlich bedingt durch Toxine, nicht durch Mikroorganismen; insbesondere kommt ein aus dem Bacillus botulinus stammendes Toxin in Betracht. Außerdem wird noch anderen giftigen Substanzen (Ptomainen, Kadavergiften) eine ursächliche Rolle zugeschrieben.

In erster Linie kommt es bei diesen Vergiftungen zu doppelseitigen Lähmungen des Sphincter pupillae und des Akkommodationsmuskels, in zweiter Linie zu einer Beteiligung der äußeren Augenmuskeln. Die inneren Augenmuskeln werden in der Regel gleichzeitig, wenn auch in verschiedenem Grade befallen.

Experimentelle Untersuchungen lassen den Schluß zu, daß das Toxin primär die Nervenkerne schädigt.

Seltene Mitteilungen berichten von Sehstörungen ohne ophthalmoskopischen Befund.

Die Prognose der Sehstörungen ist eine gute.

Vergiftungen durch Schwämme. Die bei Schwammvergiftung auftretenden okularen Symptome sind identisch mit den bei Botulismus beobachteten Störungen.

Miotika. Bei der Vergiftung mit Eserin und ähnlich wirkenden Mitteln sind außer dem Krampfzustand des Sphincter pupillae und des Akkommodationsmuskels keine okularen Symptome beobachtet.

Mydriatika. Bei den Vergiftungen mit Atropin und dessen Ersatzprodukten beobachten wir völlige Ophthalmoplegia interna. Unter den Allgemeinerscheinungen spielen Gesichtshalluzinationen eine Rolle.

Bei Vergiftungen mit Suprarenin und ähnlich wirkenden Stoffen kommt es zur Mydriasis und zu Erscheinungen der Sympathikusreizung (Protrusio bulbi, Lidspaltenerweiterung etc.).

Bei der Kokain- und Kurare-Vergiftung sind Lähmungserscheinungen der inneren, ausnahmsweise auch der äußeren Augenmuskeln beobachtet.

Narkotika. Die Narkotika (Morphium, Opium, Codein etc.) haben alle eine ausgesprochen pupillenverengernde Wirkung, die in der Regel eine Reihe von Stunden anhält. Die Lichtreaktion der Pupille bleibt dabei erhalten, es müßte denn sein, daß sie schon vorher aus anderer Ursache stark herabgesetzt war.

Gesichtshalluzinationen werden sowohl bei den Vergiftungen mit Narcoticis als bei den Abstinenzkuren beobachtet.

Inhalations-Narkotika. Bei der Chloroformnarkose ist das Verhalten der Pupillen von größter Wichtigkeit. Im Exzitationsstadium sind die Pupillen erweitert und die Lichtreaktion erhalten; im Stadium der Tiefnarkose sind die Pupillen sehr eng und die Lichtreaktion erloschen. Plötzlich eintretende Mydriasis deutet auf schwere Asphyxie hin. Langsam eintretende Erweiterung bedeutet Nachlassung der Narkosenwirkung und Wiederkehr des Bewußtseins.

In der Äthernarkose zeigen die Pupillen ein ähnliches, doch nicht ganz so markantes Verhalten.

Gasförmige Gifte. Das wirksame Prinzip bei den Gasvergiftungen stellt das Kohlenoxyd dar. Bei Vergiftungen damit wurden Augenmuskellähmungen festgestellt.

Filix mas. Bei schwerer und mittelschwerer Filixvergiftung kommt es in mehr als einem Drittel der Fälle zu ein- oder doppelseitiger, bleibender Erblindung. Seltener ist die Erblindung nur vorübergehend. Dauernde ein- und doppelseitige Herabsetzung der Sehschärfe tritt bei ungefähr 7% der Kranken auf; ausnahmsweise besteht die Amblyopie nur vorübergehend.

Die Sehstörungen haben ihre Ursache in einer frühzeitig in die Erscheinung tretenden Atrophie des Optikus. Da in zahlreichen Fällen eine Veränderung der Gefäße (Kaliberveränderung, Wandveränderung) beobachtet wurde, ist man geneigt, primär eine Wirkung auf die Netzhautgefäße anzunehmen und die Atrophie davon abhängig zu machen.

Auf Grund experimenteller Untersuchungen bei Tieren scheint jedoch auch die Anschauung berechtigt, daß die Giftwirkung primär auch die optische Leitungsbahn und die Ganglienzellen der Netzhaut schädigen kann.

Sowohl die klinischen Erscheinungen wie die Ergebnisse der anatomischen Untersuchung rechtfertigen jedenfalls die Annahme, daß die Sehstörung peripher bedingt ist.

Augenmuskellähmungen sind nicht beobachtet.

Cortex granati. Die Granatwurzel scheint ganz gleiche Veränderungen an den Augen bewirken zu können wie Filix mas.

Secale cornutum (Ergotismus). Mutterkornvergiftungen rufen öfters Augenerscheinungen hervor, insbesondere ist das Auftreten von Star häufiger beobachtet.

Maidismus. Auf den Genuß von verdorbenem Mais kam es zuweilen zu Sehnervenatrophie mit schweren Sehstörungen; ferner wurde Hemeralopie öfters festgestellt.

Das eigentlich schädigende Moment bei der Maisvergiftung ist noch nicht festgestellt.

Muskel- und Gelenkerkrankungen.

Bei den akuten und chronischen Gelenkentzündungen aus verschiedener Ursache, insbesondere auch bei der Arthritis gonorrhoica wird öfters eine doppelseitige Entzündung des Uvealtraktus, besonders Iritis beobachtet.

Bei den Gelenkleiden luetischen Ursprungs kommt es neben der Iritis auch zum Auftreten von Keratitis parenchymatosa.

Seltener treten im Verlaufe von Gelenkentzündungen Entzündungen der Sklera und Episklera, Tenonitis, sowie Sehnervenentzündung, häufiger Augenmuskellähmungen auf.

Erkrankungen des Nervensystems.

1. Erkrankungen der peripheren Nerven.

Unter peripheren Affektionen der Augenmuskeln versteht man die, welche den Nerven in seinem extrazerebralen Verlaufe, also an der Hirnbasis oder in der Augenhöhle treffen.

Die peripheren Augenmuskellähmungen und Entzündungen sind öfters Teilerscheinungen einer Erkrankung des Zentralnervensystems oder einer Allgemeinerkrankung; sehr häufig gesellen sie sich sekundär den verschiedensten Krankheitsprozessen der Hirnbasis sowie der Nebenhöhlen der Orbita hinzu.

Unter den **Ursachen** der peripheren Augenmuskellähmung spielte früher die Erkältung mit die Hauptrolle. Dieses ursächliche Moment hat mit der fortschreitenden Erkenntnis der Ursachen der Lähmungen überhaupt und der der Augenmuskeln insbesondere an Bedeutung sehr verloren, wenn auch fast alle Autoren darin übereinstimmen, daß es zur Zeit nicht angängig sei, die Erkältungsursache vollständig fallen zu lassen. Die auf dieser Basis entstehenden Lähmungen treffen entweder nur einzelne oder mehrere Zweige und Nerven und gehen meist nach einem akuten Verlauf in Genesung über.

Am häufigsten liegt den Augenmuskellähmungen eine Infektion zugrunde und unter diesen steht an erster Stelle die Lues. Wenn auch primäre selbständige Entzündung und Atrophie der Augenmuskelnerven auf luetischer Basis vorkommt, so schließen sich doch die auf luetischer Basis beruhenden peripheren Augenmuskellähmungen meist an eine luetische Meningitis, Periostitis oder an ein Gumma an.

Ich will hier gleich anschließen, daß die so häufigen Augenmuskellähmungen bei Tabes anscheinend viel seltener durch eine periphere als durch eine zerebrale Läsion bedingt sind. Ich muß jedoch auf Grund eigener Erfahrungen dafür eintreten, daß peripher bedingte Lähmungen bei Tabes vorkommen.

In zweiter Linie steht unter den infektiösen Ursachen die Diphtherie. Die Augenmuskellähmungen bei der Diphtherie stellen meist eine Nachkrankheit dar, am häufigsten handelt es sich um eine Akkommodationslähmung, selten um solche der äußeren Augenmuskeln.

Von weiteren Ursachen der peripheren Augenmuskelentzündungen und Lähmungen sind zu nennen: Herpes zoster ophthalmicus, Influenza, Masern, Pneumonie, akuter Rheumatismus, Tuberkulose etc.

Außer den genannten Ursachen kommt Giftwirkung in Betracht. So sollen manchmal peripher bedingte Erkrankungen der Augenmuskelnerven bei Fisch-, Fleisch-, Wurst- und Austernvergiftungen, bei Autointoxikationen vom Darm aus, bei chronischer Alkoholintoxikation, bei Bleivergiftung etc. vorkommen. Besonders häufig werden bei den Lähmungen toxischen Ursprunges die inneren Augenmuskeln befallen.

Von weiteren Ursachen der peripheren Lähmungen sind zu nennen: Orbitale Verletzungen und Entzündungen, Geschwülste, Metastasen.

Die Beantwortung der Frage, ob eine periphere oder eine zentral bedingte Augenmuskellähmung vorliegt, ist deshalb so schwer, weil die Augenmuskelnerven einer elektrischen Prüfung nicht zugänglich sind und weil auch in den Fällen, wo eine anatomische Untersuchung vorgenommen werden konnte, die Entscheidung der Frage, ob die Noxe peripher oder zentral angegriffen hat, nur sehr schwer mit Sicherheit zu treffen ist, da bei peripherem Angriff sehr rasch die Kerne und umgekehrt erkranken.

Über die **Symptome** ist im „Allgemeinen Teil" nachzusehen S. 454 ff.

Therapie. Bei der Therapie spielen neben der ev. Bekämpfung des ursächlichen Momentes Schwitzkuren mit die Hauptrolle. Außerdem kommt die Anwendung der Elektrizität in Frage, besonders in den Fällen, wo ein ursächliches Moment sich nicht feststellen läßt. Es ist sowohl die Faradisation als besonders die Galvanisation empfohlen. Bei letzterer wird die Kathode auf die geschlossenen Lider, die Anode in der Regel auf dem Nacken aufgesetzt. Man steigt am besten mit dem Strom allmählich an und elektrisiert anfänglich fünf Minuten, später die doppelte und dreifache Zeit.

Um die störenden Doppelbilder auszuschließen, läßt man vor dem einen Auge ein mattes Glas tragen. Bei nur geringem Abstand der Doppelbilder kann das Tragen schwacher Prismen in Betracht kommen.

Mit der operativen Behandlung soll man ziemlich lang zögern, da auch noch spät ein Rückgang der Lähmung erfolgen kann. Bemerkt sei, daß zur Beseitigung der Ptosis auch verschiedene Vorrichtungen, die zum Teil an Brillengestellen angebracht werden, empfohlen sind.

Die periodische rezidivierende Okulomotoriuslähmung. Die Mehrzahl der Autoren erblickt in der periodischen Okulomotoriuslähmung einen peripheren, den Okulomotoriusstamm betreffenden Krankheitsprozeß. Einzelne denken an eine nukleare Erkrankung.

Bei der periodischen Okulomotoriuslähmung kommt es bald in gleichen, bald in ungleichen Zwischenräumen zu einer rasch sich entwickelnden Lähmung aller oder nur einzelner Äste eines Okulomotorius. Fast ausschließlich werden jugendliche Individuen befallen. Nahezu regelmäßig stellt sich gleichzeitig mit der Ausbildung der Lähmung des Okulomotorius ein migräneartiger Kopfschmerz ein.

Nach meiner Erfahrung muß man, wie das auch von anderer Seite betont wird, Fälle von reiner periodischer Okulomotoriuslähmung und von periodisch exazerbierender unterscheiden. Bei den ersteren Fällen gehen bei dem Intervall die Lähmungserscheinungen völlig zurück, bei den anderen bleibt in der Zwischezeit ein geringerer Grad der Lähmung oder eine sich auf einzelne Äste beschrän-

kende Lähmung zurück. Mit dem erneuten Anfall nehmen dann die Lähmungserscheinungen wieder zu.

Die **Ursache** der Erkrankung bedarf noch weiterer Aufklärung. In
einzelnen Fällen konnte ein objektiver Befund am Okulomotoriusstamm (Exsudat, Neubildungen) nachgewiesen werden. Wegen der verwandten Züge
mit der Migräne hat die Auffassung viel für sich, daß es sich um vasomotorische
Vorgänge handelt, die im Laufe der Zeit zu entzündlichen und degenerativen
Prozessen führen.

Der **Verlauf** der Krankheit ist in der Regel ein progressiver. Es können
aber auch die Erscheinungen sich völlig rückbilden und zum Stillstand kommen.

Im ersteren Falle dürfte die **Prognose** ernst zu stellen sein, zumal da
an die Möglichkeit des Vorliegens einer Geschwulst zu denken ist.

Die **Therapie** lehnt sich im allgemeinen an die bei Migräne üblichen Maßnahmen an; bei den progressiven Fällen wird gelegentlich ein operatives Vorgehen zu erwägen sein.

Trigeminusaffektionen. Bei der Trigeminusneuralgie beobachten wir meist
eine leichte Hyperämie des Auges, Tränenträufeln und geringe Schwellung
der Lider.

Differentialdiagnostisch kommen das akute Glaukom und die akute Iritis
in Betracht.

Manchmal treten bei den Erkrankungen des Trigeminus Bläschen am
Auge, besonders an der Hornhaut sowie auch an den Lidern und deren Umgebung auf: Herpes zoster ophthalmicus.

Bei den Lähmungen des Trigeminus kann es zum Auftreten der sog.
Keratitis neuroparalytica kommen. Diese Erkrankung ist besonders
nach der operativen Entfernung des Ganglion Gasseri und im Anschluß an
Schädelverletzungen studiert worden. Bezüglich der klinischen Erscheinungen
verweise ich auf S. 461. Bei ihrem Zustandekommen dürften im wesentlichen
trophische Störungen eine Rolle spielen.

Fazialisaffektionen. Bezüglich der klinischen Erscheinungen bei der peripheren Fazialislähmung verweise ich auf S. 451.

2. Erkrankungen des Rückenmarkes und seiner Häute.

Tabes dorsalis. Bei der Tabes kommt im wesentlichen eine Trias von
okularen Erscheinungen zur Beobachtung: Pupillenanamalien, und zwar speziell
reflektorische Starre, Augenmuskellähmungen und Sehnervenatrophie.

Reflektorische Pupillenstarre und andere Pupillenanomalien. Die Pupillensymptome können bei der Tabes das frühzeitigste und lange Zeit hindurch
das einzige somatische Symptom darstellen.

Gar mannigfach sind die Erscheinungen, die wir dabei an den Pupillen
wahrnehmen können, von hervorragender semiologischer Bedeutung ist jedoch
nur ein Phänomen, die reflektorische Pupillenstarre.

Das Verhalten der Pupille bei der reflektorischen Starre ist S. 467 nachzusehen. Wiederholt sei jedoch hier die Definition des Begriffes. Eine Pupille
ist reflektorisch starr, wenn die direkte und indirekte Lichtreaktion sowie die
Erweiterung auf sensible und psychische Reize ausbleibt, dagegen die Konvergenzreaktion in prompter und ausgiebiger Weise erfolgt. Die reflektorisch
starre Pupille ist in der Regel verengt.

Die Ausbildung der reflektorischen Starre erfolgt bei der Tabes meist
langsam, aber stetig fortschreitend; es können Jahre vergehen, bis das Krank-

heitsbild auf der Höhe ist. Nur selten ist der Verlauf kein stetig fortschreitender, sondern es treten Remissionen auf, ja in Ausnahmefällen ist ein vollständiges Intermittieren der Erscheinungen beobachtet worden. Solche Fälle können meines Erachtens bei der Tabes vorkommen, sie werden aber an und für sich schon selten sein und um so seltener werden, je weiter vorgeschritten das Krankheitsbild war. Ich möchte glauben, daß gelegentlich derartige Beobachtungen auf mangelhafte Untersuchung zurückzuführen sind und erachte es deshalb für notwendig, daß zur Würdigung der Sachlage die Untersuchungsmethode angegeben wird.

Wegen der meist ungemein langsamen Ausbildung der reflektorischen Starre kann ich es nicht, wie dies von einigen Seiten geschieht, für richtig halten, der Pupillenstörung erst dann eine diagnostische Bedeutung zuzumessen, wenn sie voll ausgeprägt ist. Eine genaue Untersuchung und eine richtige Abwägung des Pupillenbefundes wird sehr häufig schon lange vor diesem Stadium die richtige Diagnose ermöglichen. Es besitzt die Diagnose der in Ausbildung begriffenen Störung nicht nur den gleichen, sondern meiner Meinung nach einen höheren Wert, weil wir in diesem Falle in therapeutischer Hinsicht oft noch freiere Hand haben.

Kommt z. B. eine Quecksilberkur bei der Tabes in Betracht, so wird der Erfolg um so unsicherer und die Gefahr einer ev. Verschlimmerung um so größer, je weiter vorgeschritten die Krankheit ist. Es muß deshalb unser ganzes Bestreben darauf gerichtet sein, möglichst frühzeitig die Diagnose zu stellen; diese Diagnose wird in vielen Fällen, schon viele Jahre, bevor andere frühzeitige Symptome auftreten, durch eine genaue sachgemäße Untersuchung der Pupillen möglich sein.

Differentialdiagnostisch kommen gegenüber der reflektorischen Starre die doppelseitige amaurotische sowie die absolute Starre in Betracht.

Zur Differentialdiagnose mit doppelseitiger amaurotischer Starre bemerke ich, daß bei der doppelseitigen amaurotischen Starre nahezu ausnahmslos Amaurose, bei der reflektorischen Starre in nur ungefähr 12% der Fälle Amaurose vorhanden ist. Bei der doppelseitigen amaurotischen Starre sind ferner die Pupillen meist weit (ca. 5—7 mm), bei der doppelseitigen reflektorischen Starre meist eng, kaum je weiter als 4 mm, sehr häufig nur 2,0—3,5 mm weit. Die Miosis pflegt nach meinen sich allerdings auf wenige derartige Fälle erstreckenden Erfahrungen auch vorhanden zu sein, wenn doppelseitige totale Sehnervenatrophie gleichzeitig vorhanden ist.

Im Gegensatz zur amaurotischen Starre ist die Konvergenzreaktion bei der reflektorischen Starre oft frappierend prompt und ausgiebig und ein gewisses Verharren in der größten Enge bemerkenswert.

Bei der Differentialdiagnose mit der absoluten Starre ist zu berücksichtigen, daß bei letzterer die Pupillen weit sind und die Konvergenzreaktion aufgehoben oder doch stark herabgesetzt ist.

Nach meinen Erfahrungen wird sich in der weitaus größten Zahl der Fälle die richtige Diagnose stellen lassen, besonders wenn sich Gelegenheit bietet, den Fall in gewissen Zeitabständen kontrollierend zu untersuchen.

Nach den vorliegenden Statistiken wird die reflektorische Starre in ungefähr 70—80% der Fälle von Tabes beobachtet.

Die Angaben der einzelnen Statistiker sind verschieden, da das untersuchte Material nicht gleichartig war. Der Prozentsatz wird höher sein bei Statistiken, die sich hauptsächlich auf der Untersuchung vorgeschrittener Fälle aufbauen als bei denen, die sich auf Fälle im Frühstadium beziehen. Damit soll aber keineswegs gesagt sein, daß die reflektorische Starre ein Spätsymptom der Tabes darstellt, da vielmehr das Gegenteil richtig ist.

Ich möchte die Vermutung aussprechen, daß mit der Zunahme der Kenntnisse und Erfahrungen in der Analyse der Pupillenphänomene und der damit wachsenden Erkenntnis des Wertes derselben der Prozentsatz des Vorhandenseins von reflektorischer Starre bei der Tabes wahrscheinlich noch zunehmen wird.

Die Ausbildung der reflektorischen Starre kann bei der Tabes lange Zeit rein einseitig bleiben. Nach den Statistiken trifft dies für ungefähr 6—10% der Fälle zu.

Sehr häufig ist nach meinen Erfahrungen ein nicht ganz gleicher Grad der Störung auf beiden Augen. Damit steht im Zusammenhang eine ungleiche Weite der Pupillen. Die Statistiken ergeben das Vorhandensein von Anisokorie in 30—40% der Fälle von Tabes. Berücksichtigt man ganz geringe Differenzen in der Pupillenweite, so dürfte der Prozentsatz nach meiner Zusammenstellung noch höher anzusetzen sein.

Die Anisokorie kann jedoch nicht nur durch einen ungleichen Entwickelungsgrad der reflektorischen Starre bedingt sein, sondern sie kann ihren Grund auch in der Tatsache haben, daß auf der einen Seite reflektorische, auf der anderen Seite absolute Starre besteht. Ferner können einseitige oder beiderseits verschiedenartige Störungen im Halssympathikus die Ursache der Anisokorie abgeben. In anderen Fällen wird eine angeborene Differenz, eine einseitige zentripetale Leitungsstörung zur Erklärung der Anisokorie in Betracht zu ziehen sein.

Die Fassung des Begriffes „Miosis" ist keine einheitliche; damit stehen in Zusammenhang die verschiedenen Angaben über den Prozentsatz des Vorkommens. Ich halte es für richtig, nur dann von Miosis zu sprechen, wenn eine Pupillenweite von 2,5 mm und darunter vorliegt. Faßt man den Begriff in dieser Weise, so wird Miosis in ungefähr 40—50% der Fälle beobachtet. Bezüglich der Verwertung der Pupillenweite zur Feststellung der Diagnose „reflektorische Starre" möchte ich jedoch bemerken, daß man bei einem jugendlichen Individuum auch schon eine Pupillenweite von 3 mm zur Stütze der Diagnose heranziehen kann, insbesondere wenn auch bei der Verdunkelung diese Weite nicht nennenswert zunimmt, daß man dagegen bei alten Leuten nach dieser Richtung erhöhte Ansprüche stellen muß.

Bei den Tabesfällen mit Miosis wird fast immer die Erweiterung der Pupillen auf psychische und besonders auf sensible Reize vermißt, eine Erscheinung, auf die besonders Erb und Moeli mit Nachdruck hingewiesen haben. Ja selbst wenn man durch derartige Reize solche Kranke aus dem Schlafe weckt, werden ihre Pupillen nicht weiter. Man vermutet denn auch die Gesamtursache der Miosis in dem Ausfall der sensiblen Reize infolge Erkrankung der betreffenden Bahnen.

Weitere Untersuchungen hätten sich mit der Frage zu beschäftigen, ob bei der Ausbildung der Miosis die Reaktion auf sensible und psychische Reize ganz gleichmäßig abnimmt oder ob zuerst die Reaktion auf die einen, dann auf die anderen Reize schwindet.

Mit der Ausbildung der Miosis — gelegentlich schon früher — geht häufig Hand in Hand eine Entrundung der Pupille, derart, daß die Form mehr oval wird oder der Pupillenrand ein zackiges Aussehen erhält. Geringere Grade der Entrundung haben keine semiologische Bedeutung, da man dieselben nicht selten bei normalen Menschen findet, stärkere Grade der Entrundung aber werden — von Erkrankungen des Auges selbst: Glaukom, Iritis abgesehen — fast nur bei Tabes und Paralyse, nach Angabe einiger Autoren auch bei Syphilis, gefunden.

Über die Entstehung existieren verschiedene Anschauungen. Ich möchte darauf hinweisen, daß Entwicklungshemmungen der Iris in der Regel viel deutlicher bei enger als bei weiter Pupille hervortreten. Man könnte im Hinblick darauf daran denken, daß bei der Ausbildung der Miosis gewisse Ungleichheiten in der Entwickelung der Iris besonders deutlich in die Erscheinung treten. Gegen diese Annahme spricht aber nach meiner Erfahrung die Tatsache, daß bei der Miosis infolge Lähmung des Dilatators oder Spasmus des Sphinkters eine Entrundung der Pupille meist viel weniger hervortritt.

Man könnte auch annehmen, daß der Entrundung eine ungleiche Schädigung der Ziliarnerven zugrunde liege und sich stützen auf die Ergebnisse der experimentellen Reizung einzelner Ziliarnerven, die zu partiellen Ausbuchtungen der Pupille führt.

Mehr Beachtung ist in Zukunft dem Verhalten des Irisgewebes selbst zu schenken, nachdem von verschiedenen Seiten auf das Vorkommen eigentümlicher partieller Irisatrophien hingewiesen wurde (Sänger, Dupuy-Dutemps).

Zurzeit dürfte jedenfalls das Zustandekommen der Pupillenentrundung bei der Tabes noch unaufgeklärt sein.

Weit seltener als Miosis wird eine Mydriasis bei Tabes beobachtet. Die Erweiterung kann zweierlei Ursache haben; einmal wird eine Mydriasis beobachtet bei noch unvollständiger reflektorischer Starre, wenn nämlich zwar schon die direkte und indirekte Lichtreaktion erloschen, aber die Erweiterung auf sensible und psychische Reize noch erhalten ist, weiterhin sehen wir Mydriasis bei Tabes infolge eines Vorhandenseins einer absoluten Pupillenstarre.

Die Mydriasis aus ersterer Ursache ist recht selten; aus letzterem Grunde kommt sie sowohl doppelseitig als einseitig häufiger vor und zwar in ungefähr 8 % der Fälle.

Es ist nicht zweckmäßig, das Vorhandensein einer absoluten Starre bei der Tabes als „totale reflektorische Starre" zu bezeichnen, da es sich nicht nur um klinisch verschiedene, sondern wahrscheinlich auch um topisch verschiedene Prozesse handelt.

Neben der absoluten Pupillenstarre kann eine Akkommodationsstörung bestehen (Ophthalmoplegia interna) und zwar wird eine solche in 7—8 % beobachtet. Aber auch Lähmungen der äußeren Augenmuskeln können zu einer absoluten oder reflektorischen Starre hinzutreten und zwar kommen nach meiner Erfahrung alle möglichen Kombinationen vor. Umgekehrt kann zu bestehenden oder im Rückgang begriffenen Lähmungen der äußeren Muskeln sich eine Lähmung der inneren Augenmuskeln oder eine reflektorische Starre hinzugesellen.

Mehrmals wurde bei der Tabes die sogenannte „springende Mydriasis" festgestellt.

Auch „paradoxe Lichtreaktion", d. h. eine Erweiterung der Pupillen bei Lichteinfall wurde in einigen Fällen von Tabes beobachtet. Bei Vermeidung der Fehlerquellen dürften derartige Fälle große Raritäten sein. Als häufigste Fehlerquellen kommen sehr ausgeprägte Lidschlußreaktion, noch lebhafte sensible und psychische Reflexe bei schon vorhandener Starre oder bei nahezu vollständiger amaurotischer Starre in Betracht.

Gleichfalls selten kam bei Tabes „neurotonische Reaktion" und „Hippus" vor. Die Beobachtungen von Hippus halte ich nicht für einwandfrei.

Relativ häufig ist bei der Tabes die Lidschlußreaktion in ausgeprägter Weise vorhanden und zwar sowohl bei reflektorischer als absoluter Starre. Ich habe einzelne Fälle beobachtet, wo schon bei minimaler Orbikulariskontraktion eine rasch einsetzende ausgiebige Pupillenverengerung eintrat. Die Kenntnis dieses Vorkommnisses ist zur Vermeidung falscher Diagnosen wichtig. Eine pathognomonische Bedeutung kommt aber diesem Phänomen keineswegs zu. Der Grund, weshalb es bei der Tabes relativ häufig und deutlich beobachtet wird, liegt darin, daß bei Tabes so sehr häufig reflektorische Starre vorhanden ist und deshalb die Lidschlußverengerung nicht wie beim Gesunden durch den Lichtreflex verdeckt wird.

Vereinzelte Mitteilungen betonen das Vorkommen einer isolierten Konvergenzstarre bei Tabes. Ich selbst habe nie etwas Derartiges bei Tabes gesehen und möchte a priori glauben, daß dieses Symptom eher bei Paralyse als bei Tabes vorkommt.

Von einigen Autoren wird angegeben, daß die Wirkung der Miotika und Mydriatika bei Tabes hinter der Wirkung bei Gesunden zurückbleibe (Antonelli, Levinsohn, Arndt). Ich halte ein spezielles Studium dieser Frage an einem großen Material für dringend wünschenswert im Hinblick auf die Erklärung der Miosis bei der Tabes und zur Aufklärung des Verhaltens der Irismuskulatur dabei. Die Untersuchung muß sich auf den Zeitpunkt des Eintretens und der Dauer der Reaktion sowie auf die Ausgiebigkeit der Wirkung erstrecken.

Vor der Prüfung der Wirkung dieser Mittel muß eine genaue Pupillenanalyse vorgenommen werden, aus welcher das Verhalten der Pupillen bei herabgesetzter und starker Belichtung, bei der Konvergenz und bei der Einwirkung sensibler und psychischer Reize zu ersehen ist.

Sehnervenatrophie. Das Vorkommen von Sehnervenatrophie bei Tabes ist seit mehr als 100 Jahren bekannt. Ihre Häufigkeit wurde früher viel geringer angegeben, als dies heutzutage der Fall ist. Nach den Statistiken der letzten Dezennien scheint es gerechtfertigt zu sagen, daß bei ungefähr 10—15 % der Tabiker Sehnervenatrophie vorkommt. Die Statistiken der Augenkliniken geben natürlich einen höheren Prozentsatz, da hier nur oder hauptsächlich die Fälle zur Beobachtung kommen, die okulare Erscheinungen, insbesondere Sehstörungen zeigen.

Ebenso wie andere okulare Erscheinungen kann auch die Sehnervenatrophie viele Jahre (bis zu 20 Jahren, Gowers) anderen Tabeserscheinungen vorausgehen. Jedoch wäre es nach meinen Erfahrungen verkehrt, die Sehnervenatrophie als ein Frühsymptom der Tabes zu bezeichnen. Nach Berger entstehen die meisten Sehnervenatrophien im präataktischen Stadium, nach seinem Ablauf sei die Gefahr des Auftretens einer Atrophie viel geringer.

Die männlichen Tabeskranken erkranken häufiger an Sehnervenatrophie als die weiblichen. Jüngere Leute häufiger als ältere.

Im **ophthalmoskopischen** Befund bietet die Tabesatrophie eine grauweiße bis kreideweiße Farbe dar, die Papille hat ihren Glanz nicht eingebüßt,

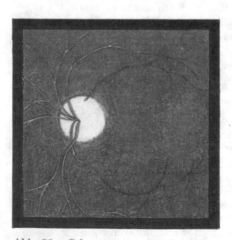

ihre Grenzen sind meist scharf und sie hebt sich wegen des Kontrastes in der Farbe ungemein deutlich von der Umgebung ab (Abb. 36). Bei den reinen Formen von Tabesatrophie zeigen die Netzhautgefäße in bezug auf die Beschaffenheit der Wandungen und der Gefäßfüllung normale Verhältnisse. Nur sehr selten treten nach langem Bestand der Atrophie Gefäßveränderungen auf. Sie sind wohl mehr als luetische denn als tabische Veränderungen aufzufassen. Ich habe nie ein entzündliches Stadium der Sehnervenerkrankung dem degenerativen vorausgehen sehen.

Öfters war ich überrascht, trotz einer relativ deutlich in die Erscheinung tretenden atrophischen Verfärbung der Papille noch ein gutes, ja normales

Abb. 36. Sehnervenatrophie bei Tabes.

Sehvermögen zu finden, hingegen vermißte ich nie bei etwas beträchtlicherer Funktionsstörung den deutlich ausgesprochenen atrophischen Zustand an der Papille.

Andere Veränderungen des Augenhintergrundes als die Atrophie der Papille sind dem Krankheitsbild der Tabes nicht eigen.

Die **Sehstörung** entwickelt sich bei der Tabesatrophie fast immer ganz allmählich, gelegentlich treten stärkere subjektive Beschwerden auf, insbesondere haben mehrere meiner Kranken über lästige Blendungserscheinungen geklagt. Von anderen Autoren (Leber, Berger, Rieger und v. Forster, Uhthoff) sind noch andere subjektive Beschwerden beobachtet worden: Licht- und Farbenerscheinungen, Funkensehen, intensive Nebel etc. Diese und ähnliche Erscheinungen können auch nach völliger Erblindung durch die Atrophie noch fortbestehen.

Das Auftreten von Erblindung und zwar von doppelseitiger, ist leider die Regel bei der Tabesatrophie; meist vergehen einige Jahre, selten eine kürzere Zeit, bis dieses traurige Endresultat erreicht ist.

Häufig befällt der Prozeß nicht beide Augen gleichzeitig, doch ist nur selten ein sehr erheblicher Unterschied in der Funktionsbeeinträchtigung zwischen beiden Augen vorhanden, nur äußerst selten kommt der degenerative Prozeß an den Sehnerven, nachdem bereits eine mehr oder minder starke Funktionsbeeinträchtigung eingetreten ist, doppelt oder einseitig zum Stillstand.

Die Gesichtsfeldstörungen zeigen bei der Tabesatrophie kein absolut typisches Verhalten, immerhin darf gesagt werden, daß sektorenförmige Ausfälle der Gesichtsfeldperipherie, also eine Zickzackform der Außengrenzen, verhältnismäßig häufig vorkommt. Gelegentlich beschränkt sich der Ausfall längere Zeit auf einen Sektor, dieses Verhalten kann auch doppelseitig und symmetrisch vorkommen.

Nicht gerade selten wird auch eine nahezu konzentrische Einschränkung des Gesichtsfeldes beobachtet.

Bis zu einem gewissen Grad charakteristisch ist die Tatsache, daß das Unterscheidungsvermögen für Farben, insbesondere für Rot und Grün dem absoluten, peripheren Gesichtsfelddefekt oft einige Zeit vorausgeht. — Skotome, insbesondere zentrale Skotome, kommen bei der Tabesatrophie im Gegensatz zur multiplen Sklerose höchst selten zur Beobachtung. Die Farbensinnstörungen treten bei der Tabesatrophie öfters frühzeitig auf und geben im allgemeinen eine schlechte Prognose, da in diesen Fällen meist von vorneherein der ganze Sehnerv erkrankt ist. Die Störung äußert sich zunächst in der Rot- und Grünempfindung, erst dann in der Gelb- und Blau-Empfindung.

Die Mehrzahl der Autoren nimmt an, daß die Atrophie des Sehnerven in der Regel in der Peripherie und zwar höchstwahrscheinlich in den Ganglienzellen der Netzhaut beginnt. Abgesehen von der Ganglienzellen- und Nervenfaserschicht bleibt die Netzhaut normal. Erst nach dem Zerfall der Nervenfasern pflegt eine mäßige Wucherung der Neuroglia einzutreten.

Die **Therapie** der Tabesatrophie ist eine trostlose. Wir kennen kein einziges Mittel, das den Prozeß zu heilen oder auch nur mit Sicherheit aufzuhalten vermag. Was speziell die antiluetische Therapie anlangt, so weichen über deren Zweckmäßigkeit die Ansichten auseinander. Jedenfalls sind Hgkuren nur mit Vorsicht anzuwenden, forcierte Kuren können den Zufall des Sehvermögens stark beschleunigen.

Etwas besser sind die bisherigen Erfahrungen mit Salvarsan, es wirkt anscheinend nicht schädlich und kann gelegentlich den deletären Prozeß wenigstens verlangsamen. Selbst vorübergehende Besserungen wurden damit beobachtet.

Trigeminusbeteiligung. Störungen im Trigeminusgebiet werden auffälligerweise bei Tabes nur höchst selten beobachtet. Nur ganz ausnahmsweise sind Reizzustände, etwas häufiger Herabsetzungen der Sensibilität festgestellt worden. Das Auftreten der Keratitis neuroparalytica ist ein äußerst seltenes Vorkommnis.

Sympathikusaffektionen. Eine Erkrankung der Augenäste des Sympathikus kommt nur selten bei der Tabes zur Beobachtung und es fällt deshalb auf, daß sich so lange die Anschauung halten konnte, die Miosis bei der Tabes sei durch Lähmung der Sympathikusfasern des Dilatator pupillae bedingt.

Neuerdings hat man angefangen, auf engere Beziehungen des Sympathikus zur Tabes hinzuweisen und das Krankheitsbild „Sympathikustabes" aufgestellt. Weitere Erfahrungen dürften abzuwarten sein.

Augenmuskellähmungen. Über die Häufigkeit der Augenmuskellähmungen gehen die einzelnen Statistiken weit auseinander. Begreiflicherweise bringen die aus den Augenkliniken stammenden Zusammenstellungen auch hier die höchsten Prozentsätze. Uhthoff gibt nach Untersuchungen eines größeren Krankenmaterials aus Nervenkliniken, Polikliniken und Krankenhäusern den Prozentsatz der äußeren Augenmuskellähmungen zu 20 bis 22 % an.

Derselbe Autor ist auf Grund seines Beobachtungsmaterials zu der Überzeugung gekommen, daß jede fünfte überhaupt vorkommende Augenmuskellähmung tabischen Ursprunges ist. Was die relative Häufigkeit des Befallenseins der einzelnen Augennerven betrifft, so fand Uhthoff in 21 % der Fälle den Okulomotorius, in 13 % den Abduzens, in 3 % den Trochlearis befallen; in 2 % bestand Ophthalmoplegia exterior resp. totalis, in 5 % Ophthalmoplegia interior.

Meine eigenen Erfahrungen über das klinische Verhalten der tabischen Lähmungen decken sich mit denen der meisten Autoren insofern, als auch ich unvollständige und vollständige, in ihrer Intensität wechselnde und oft nur kurze Zeit bestehende Lähmungen beobachtet habe. Ein Zufall mag es sein, daß ich verhältnismäßig häufig einseitige vollständige und dauernde Lähmung, teils nur der äußeren, teils auch der inneren Augenmuskeln gesehen habe.

Relativ häufig ist der **Levator palpebrae superioris** isoliert befallen. Es soll eine gewisse Neigung zum **Rezidivieren** bei den tabischen Augenmuskellähmungen bestehen, indem bald derselbe Muskel wiederholt befallen wird, bald nach seiner Heilung andere Augenmuskeln ergriffen werden. Ich selbst habe nur einmal ein rezidivierendes Befallenwerden ein- und desselben Muskels gesehen. Die **Dauer der Lähmung** schwankt zwischen Tagen und Jahren. Jedenfalls muß man relativ lange mit der Rückbildungsfähigkeit rechnen, was in therapeutischer, d. h. in operativer Hinsicht von Bedeutung ist.

Als primärer Sitz der Schädigung wird von den meisten Autoren besonders im Hinblick darauf, daß häufig nur einzelne Muskeln befallen werden, das Kerngebiet angenommen. Immerhin ist zu berücksichtigen, daß die anatomischen Befunde sich fast ausnahmslos auf ältere Lähmungen beziehen, bei denen nur schwer mit Sicherheit zu sagen ist, wo der Prozeß begonnen hat, was nicht wundernehmen darf, da die experimentelle Forschung ergeben hat, daß sowohl nach Zerstörung des Kerns der zugehörige Nerv als auch nach Atrophie des Nerven der dazu gehörige Kern degeneriert.

Neuerdings ist man etwas mehr geneigt, den Angriff der Noxe bei den Augenmuskellähmungen ebenso wie bei der Sehnervenatrophie in die Peripherie zu verlegen. Mich bestimmte in einem Falle zu dieser Annahme die Tatsache des gleichzeitigen Vorhandenseins einer Tarsitis luetica.

Spastische Spinalparalyse. Bei der reinen spastischen Spinalparalyse steht bislang die Beobachtung von Augensymptomen aus.

Kombinierte Systemerkrankung. Die bei der kombinierten Erkrankung der Hinter- und Seitenstränge des Rückenmarks beobachteten okularen Symptome decken sich vollständig mit denen der Tabes und dürften daher wohl ausschließlich von der Erkrankung der Hinterstränge abhängen. Der einzige Unterschied besteht darin, daß sie bei der in Rede stehenden Krankheit seltener beobachtet werden als bei der Tabes.

Bezüglich der Symptome selbst verweise ich auf den Abschnitt „Tabes dorsalis".

Auffällig ist die Tatsache, daß bei der Seiten- und Hinterstrangdegeneration auf der Basis einer Leukämie, perniziösen Anämie, Septikämie, Diabetes, Karzinom, Kachexie die okularen Symptome zu fehlen pflegen.

Etwas anders liegen die Verhältnisse bei den Rückenmarksveränderungen nach Pellagra, die meist hauptsächlich die Hinter- und Seitenstränge betreffen (Tuczek u. a.), indem dabei die tabischen Augensymptome beobachtet sind.

Spinale Kinderlähmung. Poliomyelitis anterior acuta. Bei der spinalen Kinderlähmung kommen Augensymptome selten zur Beobachtung; am häufigsten finden wir sie noch bei der sog. bulbären Form, manchmal auch bei der zerebralen Form der Kinderlähmung.

Weitaus am meisten kommen die pontinen Fazialislähmungen, dann die Abduzensparesen vor. Die Okulomotoriusäste werden nur ganz ausnahmsweise einzeln oder zu mehreren ergriffen. Im Krankheitsbeginn tritt bei vereinzelten Fällen Nystagmus auf.

Pupillendifferenzen, wohl im wesentlichen als Sympathikusstörung aufzufassen, wurden öfters beobachtet, dahingegen liegen keine einwandfreien Mitteilungen über Störungen der Licht- und Konvergenzreaktion vor.

Öfters schwindet frühzeitig auf beiden Seiten der Lidreflex infolge einer Trigeminusläsion. Es kann dann, besonders wenn gleichzeitig eine Fazialisparese besteht, zur Keratitis neuroparalytica kommen.

Veränderungen an der Sehnerveneintrittsstelle und dem übrigen Augenhintergrund gehören zu den größten Seltenheiten und sprechen mit großer Wahrscheinlichkeit gegen die spinale Kinderlähmung.

Multiple Sklerose. Die außerordentliche Bedeutung der okularen Symptome für die Diagnose der multiplen Sklerose ist durch die Untersuchungen des letzten Dezenniums, insbesondere durch die Arbeiten von Uhthoff und E. Müller außer Zweifel gestellt. Dabei hat sich ergeben, daß die früheren klassischen Symptome dieser Krankheit: der eigentliche Nystagmus, die skandierende Sprache, der Intentionstremor von eigenartigen Sehstörungen an Häufigkeit und Bedeutung übertroffen werden.

Sehstörungen treten in ungefähr der Hälfte der Fälle von multipler Sklerose auf und zwar stellen sie mit das wichtigste Frühsymptom dar, sie können oft viele — bis zu 18 — Jahre dem Ausbruch der übrigen Krankheitserscheinungen vorausgehen. Sie bieten wechselnde Grade dar und besitzen häufig einen flüchtigen Charakter. Entweder entwickeln sie sich ganz plötzlich oder allmählich. Sie sind häufiger ein- als doppelseitig. Bei doppelseitigem Auftreten der Sehstörung erkrankt manchmal das eine Auge früher und intensiver, als das andere. Die Sehstörung kann sich bis zur vollkommenen, dann meist einseitigen Erblindung steigern, kurze Zeit auf dieser Höhe bleiben und dann rasch wieder besser werden. Nur ausnahmsweise kommt es zu länger dauernder völliger Erblindung. In der Regel tritt eine weitgehende Besserung des Sehvermögens ein, auch Restitutio ad integrum ist durchaus nicht selten. Rezidive der Sehstörung kommen vielfach vor.

Die erheblichen Schwankungen in den Sehstörungen bei der multiplen Sklerose laufen oft dem wechselnden Allgemeinbefinden parallel. Verschiedene äußere und innere Vorgänge können das Sehvermögen beeinträchtigen, insbesondere kann eine erhebliche Verschlechterung durch starke körperliche Ermüdung herbeigeführt werden.

Bemerkt sei, daß dem Eintritt der eigentlichen Sehstörung vielfach mehr unbestimmte Klagen: Kopf- und Augenschmerzen, Schwindelgefühl, Nebelsehen, Flimmern, Blitz- und Funkensehen vorausgehen.

Das Verhalten des **Gesichtsfeldes** ist bei der multiplen Sklerose kein ganz typisches. Am häufigsten wird ein zentrales Skotom beobachtet; es kommt doppelseitig und einseitig und zwar öfters als relatives, denn als absolutes vor. Manchmal ist das zentrale Skotom kompliziert durch periphere Gesichtsfeldeinschränkung entweder für alle Farben oder nur für Rot und Grün.

Selten treten lediglich periphere Einschränkungen auf. Bei dem Vorhandensein einer konzentrischen Einschränkung des Gesichtsfeldes bestand häufig als Komplikation Hysterie. Ausnahmsweise kommt Hemianopsie vor. Auch die Gesichtsfeldeinschränkungen bieten häufig einen flüchtigen und wechselnden Charakter dar.

Die Eigenart der **Farbensinnstörungen** bei der multiplen Sklerose soll darin liegen, daß in der Mehrzahl der Fälle im Gegensatz zur Hysterie die Empfindung für Rot und Grün schwindet, für Gelb und Blau dagegen erhalten bleibt.

Der **ophthalmoskopische Befund** steht oft im großen Mißverhältnis zu den Funktionsstörungen seitens des Sehnerven. Es liegt in dieser Tatsache bis zu einem gewissen Grade etwas Charakteristisches für die multiple Sklerose. Manchmal ist trotz langdauernder hochgradiger Amblyopie der Augenspiegelbefund völlig normal, manchmal finden wir Papillenveränderungen ohne Sehstörung.

Bezüglich des ophthalmoskopischen Befundes ist zu sagen, daß nach den vorliegenden Statistiken in ungefähr $1/5$ der Fälle eine unvollständige

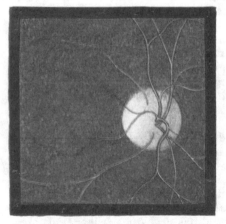 

Abb. 37.   Temporale Abblassung der   Abb. 38.   Temporale Abblassung der
Papille bei multipler Sklerose.   Papille bei multipler Sklerose.

atrophische Verfärbung der ganzen Papille, nur sehr selten dagegen eine vollständige Atrophie der Papille beobachtet wird. In ungefähr $1/4$ der Fälle kommt es zu einer temporalen Abblassung der Papille (Abb. 37 u. 38). Ich bemerke dazu, daß man mit dieser Diagnose zurückhaltend sein muß in den Fällen, wo eine nach der temporalen Seite hin sich erstreckende physiologische Exkavation vorhanden ist. Auch ist zu beachten, daß schon normalerweise die temporale Hälfte des Sehnerven blasser ist, als die nasale.

Manchmal ist auf dem einen Auge eine über den ganzen Optikusquerschnitt sich erstreckende unvollständige Atrophie, auf dem anderen nur eine temporale Atrophie vorhanden.

In einem geringen Prozentsatz der Fälle kommt es zu einer vorübergehenden Neuritis optica, auch das typische Bild der Stauungspapille ist in einer Reihe von Fällen beobachtet. Sie kann wieder zurückgehen, wie ich aus eigener

Erfahrung weiß, ohne daß erhebliche ophthalmoskopische oder funktionelle Störungen zurückbleiben.

Ganz besonders häufig gibt die multiple Sklerose Anlaß zum Auftreten der sog. Neuritis retrobulbaris. Ungefähr die Hälfte bis 2 Drittel der Fälle dieses Krankheitsbildes soll ursächlich davon abhängen. Auch die Neuritis retrobulbaris (S. 478) stellt ein Frühsymptom der multiplen Sklerose dar. Sie wurde häufiger bei Frauen als bei Männern beobachtet. Die meisten Kranken standen im Alter von 15—35 Jahren.

Zur Differentialdiagnose bemerke ich, daß für die retrobulbäre Neuritis Nebenhöhlenerkrankungen, Intoxikationen und sog. Erkältungen öfters in Betracht kommen.

Die Sehstörungen haben bei dem Krankheitsbild der multiplen Sklerose eine solche Bedeutung erlangt, daß man stets den Verdacht dieser Erkrankung hegen muß, wenn bei jüngeren, sonst durchaus gesunden Individuen ohne erkennbare Krankheitsursache eine rapid sich entwickelnde und rasch sich wieder bessernde Störung der Sehfunktion auftritt (Bruns und Stölting, E. Müller und eigene Beobachtungen).

Gegenüber der großen Bedeutung der Sehstörungen und der ophthalmoskopisch sichtbaren Sehnervenveränderungen treten die übrigen Augenstörungen wesentlich zurück.

Das nächstwichtigste Symptom ist der Nystagmus, wobei man den eigentlichen Nystagmus von den nystagmusartigen Zuckungen unterscheiden muß (s. S. 453). Der Wert der nystagmusartigen Zuckungen für die Diagnose der multiplen Sklerose ist nur gering, da sie auch bei anderen Nervenerkrankungen, ja auch bei Gesunden vorkommen, dahingegen ist dem eigentlichen Nystagmus eine ziemlich große diagnostische Bedeutung beizumessen, weil er bei anderen Erkrankungen des Zentralnervensystems relativ viel seltener vorkommt.

Der eigentliche Nystagmus kommt bei der multiplen Sklerose in ungefähr 12 % der Fälle, die nystagmusartigen Zuckungen in ungefähr 60 % vor (Uhthoff, E. Müller und Windmüller).

Außer dem Nystagmus werden noch andere Störungen an den Augenmuskeln und zwar Lähmungen beobachtet. Meist handelt es sich nur um leichte, unvollkommene, passagere Paresen. Komplette, dauernde Lähmungen sind sehr selten. Nach ophthalmologischen Statistiken kommen sie in 17—20 % (Uhthoff), nach neurologischen in 70 % der Fälle vor (Windmüller). Bei dem letzteren Prozentsatz sind alle leichteren Beweglichkeitsbeschränkungen, sowie alle Fälle von anamnestischem Doppelsehen mitgerechnet.

Die Lähmungen betreffen am häufigsten den Abduzens, dann einzelne Äste des Okulomotorius, manchmal handelt es sich um Blicklähmung und zwar hauptsächlich um Lähmungen in seitlicher Richtung (s. S. 459). Auch Konvergenzparesen werden öfters festgestellt. Ausnahmsweise kam es zur chronischen Ophthalmoplegia externa (s. S. 456).

Außer den genannten okularen Erscheinungen werden noch häufiger Pupillenanomalien beobachtet.

Trotz der Häufigkeit, mit der Pupillenstörungen bei der multiplen Sklerose auftreten — sie kommen in 20—30% der Fälle vor —, spielen sie diagnostisch keine besondere Rolle, da sie wenig Charakteristisches darbieten. Am häufigsten werden lediglich Änderungen in der Pupillenweite nachgewiesen, während die Reaktionsstörungen eine mehr untergeordnete Rolle spielen. Änderungen der Pupillenweite kommen aber so häufig und aus so verschiedener Ursache vor, daß ihnen für die Differentialdiagnose kaum eine Bedeutung zukommt.

Welcher Art im einzelnen die Störungen sind, sei kurz hier angeführt:

1. *Zentripetale Pupillenstörungen* und zwar vollständige oder unvollständige amaurotische Starre.

Da der Optikus sehr häufig bei der multiplen Sklerose ergriffen ist, so kommen auch öfters Störungen in der zentripetalen Reflexbahn zur Beobachtung. In seltenen Fällen stellen sie das einzige objektiv nachweisbare Symptom dar und sind dann von höchstem diagnostischem Wert. Die zentripetale Reflexstörung ist meist nur eine unvollständige und nur selten wurde ein völliger Verlust des Lichtreflexes beobachtet. In manchen Fällen besteht ein auffälliges Mißverhältnis zwischen dem Grade der Sehschwäche und der Pupillenstörung.

2. *Zentrifugale Pupillenstörungen*: Absolute Starre und Konvergenzstarre. Absolute Pupillenstarre wurde ein- und doppelseitig beobachtet. Meist war die Mitbewegung der Pupillen bei der Konvergenz noch in geringem Grade vorhanden und nur die Lichtreaktion erloschen.

Vereinzelt kam eine isolierte, nahezu vollständige Konvergenzstarre zur Beobachtung; fast immer war dabei auch die Konvergenzbewegung selbst erheblich beschränkt.

Die sog. myotonische Reaktion (S. 472) soll auch bei der multiplen Sklerose vorkommen.

3. *Reflektorische Starre* kommt nach dem allgemeinen Urteil der Autoren bei der multiplen Sklerose nur ausnahmsweise vor. Ich selbst habe sie nie dabei beobachtet.

Hippus. Ein stürmischer Wechsel der Pupillenweite wird unter dem Namen „Hippus" (s. S. 473) von vielen Autoren als ein häufigeres Symptom der multiplen Sklerose angeführt. Meiner Meinung wurde der Begriff „Hippus" öfters zu weit gefaßt, indem lebhafte Oszillationen der Pupille, die noch in das Gebiet des Normalen gehören, mit diesem Namen belegt wurden.

Springende Mydriasis (s. S. 473) wurde von mehreren Autoren bei der multiplen Sklerose beobachtet, teils mit Störungen der Lichtreaktion, teils ohne solche.

Pathologische Anatomie. Die pathologisch-anatomische Untersuchung ergab, daß in den Sehnervenherden häufig nur die Markscheiden schwanden, dagegen die Achsenzylinder großenteils erhalten blieben.

Myelitis. In erster Reihe steht bei den im ganzen seltenen okularen Symptomen der Myelitis die Neuritis optica.

Die hierdurch veranlaßten Sehstörungen setzen öfters plötzlich ein und erreichen in der Mehrzahl der Fälle hohe Grade. Amaurose ist dabei kein seltenes Ereignis. Sie ist jedoch in der Regel nur eine vorübergehende und es tritt bald wieder eine wesentliche Besserung, ja vollständige Herstellung des Sehvermögens ein.

Meist werden beide Augen befallen, jedoch häufig nicht zu gleicher Zeit. Die vorkommenden Gesichtsfeldstörungen zeigen kein markantes Verhalten.

Der ophthalmoskopische Befund bietet bei dem Vorhandensein von Sehstörungen in der Regel die typischen Erscheinungen der Neuritis dar, nur selten ist er zunächst negativ. Im Verlaufe der Erkrankung kommt es dann sehr häufig zur entzündlichen Atrophie.

In einem gewissen Prozentsatz der Fälle treten gleichzeitig mit den Sehstörungen Schmerzen in der Tiefe der Augenhöhle und in der Umgebung derselben ein.

Die entzündliche Affektion des Optikus kann tage-, ja monatelang den spinalen Krankheitssymptomen vorangehen.

Die pathologisch-anatomischen Befunde am Sehnerven bieten weitgehendste Übereinstimmung mit dem Befunde am Rückenmark und sind daher in dem entsprechenden Abschnitt der Erkrankungen des Nervensystems nachzusehen.

Von anderen okularen Symptomen sind bei der Minderzahl der Fälle Augenmuskellähmungen, Nystagmus und Anisokorie festgestellt worden, letztere hauptsächlich bei dem
Sitz der Erkrankung im Hals- oder Dorsalmark.

Rückenmarksabszeß. Sitzt der Abszeß in den oberen Abschnitten des Rückenmarks,
so können die zum Auge ziehenden Sympathikusfasern notleiden.

Entzündungen des Optikus werden sich besonders in den Fällen hinzugesellen, wo
der Prozeß auf die Meningen übergreift.

Vereinzelt kam das Krankheitsbild der retrobulbären Neuritis dabei zur Beobachtung.

Syringomyelie. Die Augensymptome der Syringomyelie sind relativ
häufig und haben in mancher Hinsicht ein etwas eigenartiges Gepräge. Sie
sind besonders in differentialdiagnostischer Hinsicht nicht von unerheblichem
Werte.

Pupillenweite. Am häufigsten sind die recht mannigfaltigen Pupillenstörungen.

Bei den Störungen der Pupillenweite kommt es nahezu regelmäßig zum
Auftreten von Pupillenungleichheit. Nur sehr selten ist unkomplizierte Miosis
beobachtet (Sydney, Schlesinger). Pupillenungleichheit wird nach der übereinstimmenden Angabe der Autoren in ungefähr 30 % der Fälle beobachtet.
In der Mehrzahl handelt es sich um einseitige Sympathikusstörungen.

Eine Störung der Sympathikusinnervation wird sich bemerkbar machen,
sobald die Syringomyelie die oberen Rückenmarksabschnitte ergreift und entweder die aus dem Centrum ciliospinale inferius entspringenden und zum achten
Zervikalnerven und ersten Dorsalnerven hinziehenden okulopupillären Fasern
selbst schädigt oder zur Leitungsunterbrechung von Faserzügen führt, die Verbindungen mit Pupillenzentren höherer Ordnung in der Medulla oblongata
bzw. der Hirnrinde herstellen.

Sehr häufig liegt eine vollständige Lähmung des Halssympathikus vor.
Es kommt zu vasomotorischen, trophischen und sekretorischen Veränderungen
der gleichen Gesichtshälfte und zu dem Hornerschen Symptomenkomplex,
der in Miosis, Verkleinerung der Lidspalte und Zurückgesunkensein des Bulbus
besteht infolge einer Lähmung des M. dilatator pupillae, der beiden Mm. tarsales
und der glatten Muskelfasern der Orbita.

Die Störung ist fast immer einseitig, selten doppelseitig; im letzteren
Falle sind meistens beide Seiten ungleich stark betroffen.

Nur höchst selten scheint bei der Syringomyelie auch einseitige Reizung
des Halssympathikus vorzukommen.

Störungen der Pupillenreaktion. Reflektorische Pupillenstarre ist
bis jetzt nicht mit Sicherheit als Folge der Syringomyelie festgestellt worden.
In den Fällen, wo sie vorhanden war, ließ sich fast regelmäßig eine Komplikation
mit Hirnlues, Tabes oder progressiver Paralyse nachweisen.

Zentripetale und zentrifugale Störungen der Lichtverengerungsbahn. Ihr
Vorhandensein spricht für das Vorliegen einer Komplikation.

Reaktion auf sensiblen und psychischen Reiz. Die Reaktion auf sensiblen
und psychischen Reiz habe ich öfters etwas herabgesetzt, aber nie erloschen
gefunden.

Optikuserkrankungen. Von Optikuserkrankungen sind Neuritis optica,
Stauungspapille und einfache Sehnervenatrophie als seltene Erscheinungen
beobachtet.

Nur dann, wenn zu der Syringomyelie tabische Erscheinungen hinzu-
traten, wurden öfters Sehnervenatrophie, sowie die anderen tabischen Augensymptome beobachtet.

Über das Zustandekommen der Optikuserkrankungen bei der Syringomyelie existieren bis jetzt nur Hypothesen.

Konzentrische Gesichtsfeldeinschränkung bei normaler Sehschärfe und normalem ophthalmoskopischen Befund wurde mehrmals, auch ohne daß gleichzeitig Hysterie bestand, gefunden.

Augenmuskellähmungen sollen in ungefähr 11% der Fälle vorkommen und zwar am häufigsten einseitige und nur ausnahmsweise doppelseitige Abduzenslähmung.

Es hängt diese Tatsache mit der am weitesten kaudalen Lage des Abduzenskerns zusammen.

Die Lähmungen der Augenmuskeln sind manchmal nur vorübergehend vorhanden; sie können rezidivieren und dauernd bestehen bleiben.

Nystagmus kommt häufig und frühzeitig bei der Syringomyelie vor, es ist jedoch zu beachten, daß der echte Nystagmus und die in keiner Weise pathognomonischen nystagmusartigen Zuckungen meist nicht auseinander gehalten werden.

Trigeminus. Affektionen des Trigeminus kamen öfters zur Beobachtung, ausnahmsweise auch in Zusammenhang damit eine Keratitis neuroparalytica.

Fazialis. Lagophthalmus wurde in vereinzelten Fällen auf der Basis einer Fazialisschädigung festgestellt. In der Regel bleibt aber der Augenfazialis frei.

Hämatomyelie. Bei der Hämatomyelie kann es, falls die Erkrankung in den oberen Abschnitten des Rückenmarks ihren Sitz hat, zu Reizungen und Lähmungen der zum Auge ziehenden Sympathikusfasern kommen.

Pseudosklerose. In den seltenen Fällen von Pseudosklerose sind Erscheinungen am Auge nicht zur Beobachtung gelangt.

Landrysche Paralyse. Bei der Landryschen Paralyse stehen die Augenmuskellähmungen im Vordergrund der okularen Symptome.

Sie betreffen den Abduzens ein- oder doppelseitig und nur höchst selten andere Augennerven. Ganz vereinzelt wird das Vorkommen von Nystagmus mitgeteilt. Die Augenmuskelaffektionen dürften ihren Grund in Kernläsionen haben, womit es wohl auch zusammenhängt, daß der am meisten kaudal liegende Abduzenskern am häufigsten befallen wird.

Einzelne Autoren berichteten über Optikusaffektionen entzündlicher und atrophischer Natur.

Amyotrophische Lateralsklerose. Bei der amyotrophischen Lateralsklerose kommt es zur Mitbeteiligung des Auges nur in den Fällen, wo die Symptome der Bulbärparalyse sich hinzugesellen. Wir beobachten dann Augenmuskellähmungen und zwar am häufigsten und frühzeitigsten Fazialis- und Abduzenslähmungen.

Von differentialdiagnostischer Wichtigkeit ist, daß der Optikus fast regelmäßig dabei verschont bleibt.

Tumoren des Rückenmarks. Bei den Tumoren des Rückenmarks sind öfters Sehstörungen infolge von Optikusaffektionen beobachtet worden. Wenn nun auch festzustehen scheint, daß entzündliche Affektionen des Optikus und Stauungspapille in direkter Abhängigkeit von den Rückenmarksgeschwülsten, besonders wenn diese im oberen Teil des Rückenmarks ihren Sitz haben, vorkommen, so sind in der Mehrzahl der Fälle doch die auftretenden Sehnervenerkrankungen durch zerebrale Komplikationen bedingt. Manchmal soll ein Hydrocephalus internus das Bindeglied darstellen.

Bei Sitz der Tumoren in den oberen Partien des Rückenmarks kommen Pupillenanomalien, besonders Pupillenungleichheit vor, die im wesentlichen zurückzuführen sind auf Lähmungen und Reizungen des Halssympathikus. Ausnahmsweise treten auch Augenmuskellähmungen auf.

Rückenmarksverletzungen. Ziemlich häufig kommen bei Verletzungen des oberen Rückenmarksabschnittes Ptosis, Miosis, Enophthalmus und Herabsetzung des intraokularen Druckes zusammen oder vereinzelt infolge Affektion des Sympathikus vor.

Optikusveränderungen treten nur ausnahmsweise auf.

Kommt es infolge der Rückenmarkserschütterung zu einer traumatischen Neurose, so werden die hierbei auftretenden okularen Störungen (s. S. 576) manchmal beobachtet.

Es liegen ferner eine Reihe von Mitteilungen vor, nach denen eine Halsmarkläsion irgendwelcher Art reflektorische Pupillenstarre zur Folge gehabt haben soll. Sämtliche Beobachtungen sind jedoch nicht mit allen Kautelen untersucht.

3. Erkrankungen des Großhirns, des Kleinhirns, der Brücke, des verlängerten Marks und der Hirnhäute.

a) Allgemeiner Teil (Hirndrucksymptome).

Bei einer großen Anzahl von Hirnkrankheiten treffen wir eine Reihe von Symptomen, die zwar nicht ausschließlich, aber doch im wesentlichen auf einer Steigerung des intrakraniellen Druckes beruhen.

1. In erster Linie steht hier die doppelseitige **Stauungspapille**, die in mehr als Dreiviertel aller Fälle durch eine Geschwulst des Gehirns oder Kleinhirns hervorgerufen wird.

 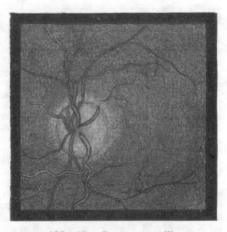

Abb. 39. Stauungspapille.   Abb 40. Stauungspapille.

Das ophthalmoskopische Bild der Stauungspapille stellt sich folgendermaßen dar:

Die Papille ist pilzförmig, glasig ödematös geschwollen, prominiert über die umgebende Netzhaut und erscheint von größerem Durchmesser. Die Papillengrenzen verwischen sich mehr und mehr. Die Pupille nimmt einen schmutzig grau-rötlichen Farbenton an und erscheint öfters durch Blutextravasate oder weißliche Flecken gesprenkelt. Die Blutgefäße der Netzhaut sind derart verändert, daß die Arterien dünner, die Venen dagegen überfüllt und geschlängelt sind und eine mehr dunkle Farbe zeigen (Abb. 39). An dem überhängenden Rande der geschwollenen Papille sind die Gefäße abgeknickt und verschwinden eine kurze Strecke (Abb. 40).

Nach Monaten pflegen sich die Schwellungserscheinungen an der Papille zurückzubilden (Abb. 41); die Papille wird blässer und ihre Grenzen werden wieder deutlicher sichtbar. (Atrophisches Studium.)

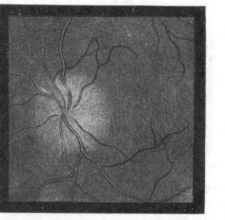

Abb. 41.   Atrophische Stauungspapillen.

Das zentrale Sehvermögen bleibt bei der Stauungspapille oft ziemlich lange intakt. Es ist das diagnostisch wichtig gegenüber neuritischen Sehnervenveränderungen, bei denen in der Regel das Sehvermögen rasch sinkt. Am frühzeitigsten tritt eine Störung des indirekten Sehens in Form einer konzentrischen Gesichtsfeldeinschränkung ein (Abb. 11 und 10). Erst allmählich sinkt mehr und mehr die zentrale Sehschärfe. In vielen Fällen von Stauungspapille treten in charakteristischer Weise plötzliche und nur für Augenblicke anhaltende Verdunkelungen, welche sich oft wiederholen, auf.

Über das Zustandekommen der Sehnervenaffektion bei intrakraniellen Neubildungen sind eine Reihe von Theorien aufgestellt worden, die hier in aller Kürze Erwähnung finden sollen. Eine ausführliche und kritische Darstellung der Lehre von der Genese der Stauungspapille wurde neuerdings von Schieck[1]) gegeben, auf die ich verweisen möchte.

Die älteste Theorie läßt die Stauungspapille durch eine Stauung der venösen Abflüsse zustande kommen. Über Art und Ort des Zustandekommens der venösen Stauung gehen die Ansichten der Verfechter dieser Theorie auseinander. Sie dürfte durch die Beobachtungen, die in neuester Zeit bei der Thrombose der beiden Sinus cavernosi gemacht wurden (s. S. 453) endgültig widerlegt sein.

Der Stauungstheorie folgte die Lymphraum- oder Transporttheorie. Sie knüpft an die Entdeckung Schwalbes an, daß bei einer Einspritzung einer Lösung von Berliner Blau in den Arachnoidealraum des Gehirns eine Füllung des Zwischenscheidenraums des Optikus durch den knöchernen Kanal hindurch gelingt. Dadurch wurden Schmidt-Rimpler und Manz veranlaßt, die Erklärung der Stauungspapille in einer Anhäufung von Liquor cerebrospinalis am blinden Ende des Zwischenscheidenraumes zu suchen.

In weiterer Folge trat die Entzündungstheorie auf, für die insbesondere Gowers und später Leber und Deutschmann eintraten.

„Die intrakraniellen Tumoren sind zwar mit Gefäßkongestion, Ventrikelhydrops und Druckerhöhung verbunden; die eigentliche Ursache der Papillenaffektion ist jedoch darin zu suchen, daß die Stoffumsatzprodukte dieser Neubildungen, welche sich mit den entzündlichen Transsudationen vermengen, als Entzündungsreiz wirken und die Veranlassung zu Neuritis und Papillitis geben, indem sie mit der Zerebrospinalflüssigkeit in den Intervaginalraum des Optikus bis an das bulbäre Ende gelangen.“

Gegen die Entzündungstheorie sprechen die Fälle, wo die Stauungspapille nach Trepanation ohne Eröffnung der Dura verschwand und die Fälle, wo der Erfolg der Operation ein augenblicklicher war. Auch in den Fällen, wo die Dura eröffnet wurde, läßt sich der Rückgang der Stauungspapille nur schwer erklären, da nach der Trepanation doch ein mit den hypothetischen Toxinen beladener Liquor — wenn auch in verringerter Menge und Konzentration — im Schädelraum erhalten bleibt und weiter Zutritt zum Sehnerven hat. Es ist aber nicht denkbar, daß eine durch Toxine entstandene hochgradige Entzündung rasch zur Heilung kommt, wenn dieselben Toxine — nur an Menge verringert — dauernd weiter auf den Sehnerven einwirken.

[1]) „Die Genese der Stauungspapille“, Wiesbaden. Verlag von J. F. Bergmann, 1910.

Sehr mit Recht werden gegen die Entzündungstheorie auch die in ziemlicher Zahl vorliegenden Fälle angeführt, wo besonders bei kurzem Bestand der Stauungspapille die anatomische Untersuchung völliges Fehlen von entzündlichen Veränderungen nachwies.

Als Theorien, die eine Übertragung auf nervöser Basis annehmen, kann man die ansehen, welche auf die Stauung der Lymphe in den Optikusscheiden ebensowenig Gewicht legen wie auf die entzündungserregenden Eigenschaften der Zerebrospinalflüssigkeit und auf die Stauung in den Blutgefäßen, dafür aber entweder eine Reizübertragung auf nervösem Wege oder eine Fortleitung des krankhaften Prozesses innerhalb des Sehnervenstammes selbst glaubhaft machen wollen. Diese Theorien haben nie eine größere Anhängerzahl gefunden und dürften als verlassen zu betrachten sein.

Neuerdings ist von Levinsohn und Schieck eine in manchen Punkten übereinstimmende Theorie aufgestellt worden.

Schieck sieht in dem Auftreten der Stauungspapille lediglich den sichtbaren Ausdruck davon, daß die Flüssigkeit in den perivaskulären Lymphscheiden des Axialstranges des Sehnerven angestaut wird.

Die weitere Ausführung der Theorie und ihre Anwendung auf die Erklärung der klinischen Erscheinungen bringe ich mit Schiecks eigenen Worten. „Bei dieser Annahme gewinnt man ohne weiteres ein Verständnis dafür, daß in einer Reihe der Fälle sich zuerst die Imbibition der Papille mit Lymphe geltend macht, in einer anderen dagegen die venöse Stase eher auf der Papille wahrnehmbar wird als die Stauung sich distal auf den Hilus des Opticus fortsetzt.

Die Differenz hängt eben lediglich davon ab, ob die Zentralvene früher oder später von den anschwellenden Lymphbahnen im Axialstrange komprimiert wird. Selbstverständlich werden die meist eintretenden Retinalhämorrhagien auf die Behinderung des venösen Blutabflusses, die Degenerationsherde dagegen auf die mit der Lymphstauung und der venösen Stase zusammenhängende Unterernährung zurückzuführen sein. Die nach mehr oder weniger langer Zeit manifest werdende Optikusatrophie wiederum ist die Folge des Zugrundegehens der Nervenfasern, der Hyperplasie der Stützsubstanz und der Organisation der in die Papille von rückwärts eingepreßten Flüssigkeitsmenge, wodurch sich die sogenannte papillitische Atrophie in einer immer prominierenden und verbreiterten Scheibe ausprägt."

Nach Schieck ist die Erhöhung des Schädelbinnendruckes allein nicht imstande eine Stauungspapille auszulösen, sondern es muß gleichzeitig eine Vermehrung des Liquor cerebrospinalis, also Hydrocephalus externus oder internus dabei sein. Diese Flüssigkeitszunahme vermittle die Übertragung des intrakraniellen Druckes auf den Sehnervenkopf.

Im Gegensatz zu Schieck ist Levinsohn der Ansicht, daß die Verlegung der perivaskulären Lymphräume an den Zentralgefäßen nicht einfach durch den erhöhten Druck, unter dem die zerebrospinale Lymphe stehe, bedingt sei, sondern daß daneben eine entzündliche Veränderung der zerebrospinalen Lymphe in Betracht komme. Trifft diese Annahme zu, dann ist es etwas auffallend, daß bei den Tumoren des Gehirns in einem größeren Prozentsatz der Fälle Sehnervenveränderungen angetroffen werden als bei den Abszessen (Krafft, Inaug.-Diss. Marburg 1906).

Demgegenüber sei noch der Theorie von Behr gedacht, nach welcher die Stauungspapille aus einem im Sehnervenstamm selbst entstandenen Ödem hervorgeht.

Nach seiner Theorie fließt beständig ein Lymphstrom innerhalb des Nerven von der Papille gegen die Schädelhöhle zu. Wird dieser normale Abfluß durch Drucksteigerung im Schädelinnern gestört, so tritt eine rein passive Lymphstauung im peripheren Sehnervenstamm ein.

Papillenveränderungen spielen besonders auch bei Hirnverletzungen eine wichtige und für die Therapie oft ausschlaggebende Rolle. Nach Verletzung der Dura treten solche in einem erheblichen Bruchteil der Fälle auf, und zwar ganz besonders bei infektiösen Komplikationen.

v. Szily verlangt daher, daß das Auftreten von Papillenveränderungen den Augenarzt veranlassen soll, dem Chirurgen eine radikale Revision der Wunde anzuraten. Es sei noch betont, daß bei den Hirnverletzungen meist nicht das klassische Bild einer richtigen Stauungspapille zur Beobachtung kommt, meist bestehen nur mäßige Schwellung und verwaschene Grenzen, wobei aber mikroskopisch doch ein richtiges Ödem ohne wesentlichere Entzündungserscheinungen gefunden wurde. Ausdrücklich sei hervorgehoben, daß in solchen Anfangsstadien ophthalmoskopisch ein Unterschied zwischen Stauungspapille und richtiger Neuritis oft nicht gemacht werden kann. Das sollte aber nicht dazu führen, diese Bezeichnungen unnötig zu wechseln und durcheinander zu werfen, wie es bisher vielfach geschieht.

2. Als zweites allgemeines Hirndrucksymptom sind **diffuse Blickbeschränkungen** zu erwähnen, die bei benommenen Kranken hohe Grade annehmen können. Dabei hängen auch die Lider etwas herab und das Öffnen der Lidspalte erfolgt nur reflektorisch, nicht spontan.

3. Der gesteigerte Hirndruck führt manchmal ferner zu **Augenmuskelparesen** und zwar wird am häufigsten der Abduzens, seltener der Okulomotorius betroffen. Typisch scheinen gewisse Pupillenstörungen zu sein. Bei einseitigem Hirndruck, z. B. bei Hämatom, ist die Pupille der betreffenden Seite meist weit und starr, wohl infolge Schädigung des Okulomotorius. Bei allgemeinem Hirndruck erweitern sich beide Pupillen.

4. Ein weiteres allgemeines Hirndrucksymptom können die **konjugierten Deviationen** darstellen (s. S. 459).

5. Außerdem haben wir hier und da als Ausdruck einer Steigerung des intrakraniellen Druckes **intermittierende,** manchmal höchstgradige **Sehstörungen,** die besonders bei stärkerer Füllung des unmittelbar mit dem dritten Ventrikel bzw. mit den Seitenventrikeln des Gehirns zusammenhängenden Rezessus über dem Chiasma eintreten, sowie einige funktionelle Gesichtsfeldstörungen: Konzentrische Einschränkung, leichte Ermüdbarkeit bei Untersuchung des zentralen und peripheren Gesichtsfeldes anzusehen.

6. Kommt als Folge des gesteigerten Hirndrucks ein leichter Grad von doppelseitigem **Exophthalmus** zur Beobachtung.

Therapie. Die Frage nach der Therapie der intrakraniellen Erkrankungen, die zu einer Steigerung des intrakraniellen Drucks führen, ist für den Ophthalmologen von größter praktischer Wichtigkeit, da er öfters in die Lage versetzt wird, entscheidenden Rat zu erteilen. Besonders trifft dies für die Fälle zu, wo die Stauungspapille ein Frühsymptom des intrakraniellen Leidens darstellt und zunächst die einzige Indikation für einen operativen Eingriff abgibt.

Bei einer solchen Sachlage ist die genaue Feststellung der Sehstörungen für die Stellungsnahme des Augenarztes entscheidend, indem er in den Fällen, wo das Sehvermögen eine nennenswerte Einbuße erlitten hat, im allgemeinen zur Vornahme eines operativen Eingriffs raten muß im Hinblick auf die Erfahrung, daß bei bereits vorhandener Störung des Sehvermögens die Prognose für den Visus eine absolut schlechte ist, falls es nicht gelingt, die Ursache der Stauungspapille zu beseitigen.

Weit weniger wichtig und verantwortungsvoll sind für den Augenarzt die Fälle, wo es sich nicht um eine Palliativtrepanation handelt, sondern wo sich der Krankheitsherd genau lokalisieren läßt und die Möglichkeit einer radikalen Operation vorliegt, denn bei dieser Sachlage ist der operative Eingriff zweifellos indiziert und die Feststellung der Stauungspapille und die Untersuchung des Sehvermögens kommt im allgemeinen nur für die Entscheidung der Frage in Betracht, ob der operative Eingriff beschleunigt werden muß oder hinausgeschoben werden darf.

Bis vor kurzem fehlte eine zusammenfassende Darstellung der Erfahrungen über die Beeinflussung der Stauungspapille durch die Palliativtrepanation.

Diese empfindliche Lücke ist durch eine sorgfältige kritische Studie von E. von Hippel ausgefüllt worden [1]).

Er faßt die Ergebnisse seiner Literaturstudien über die Erfolge der Trepanation, sowie der Lumbal- und Ventrikelpunktion in einer Reihe von Leitsätzen zusammen:

---

[1]) v. Graefes Arch. f. Ophth. Bd. 69.

1. Die Palliativtrepanation (einschließlich der osteoplastischen Operation) bringt in der Mehrzahl der Fälle die Stauungspapille zur Rückbildung und zwar für längere Zeit oder für die Dauer. — Als Palliativoperationen haben sowohl diejenigen zu gelten, bei denen der vermutete Krankheitsherd aus irgendwelchen Gründen nicht entfernt werden konnte, als auch die, bei welchen von vornherein nur eine Druckentlastung beabsichtigt war.

2. Die Aussichten, das Sehvermögen zu erhalten bzw. zu bessern, sind günstige, wenn die Operation zu einer Zeit gemacht wird, wo das Sehvermögen im praktischen Sinne noch brauchbar ist, d. h. erst abzunehmen beginnt. Sie sind sehr geringe, wenn es bereits praktisch unbrauchbar ist, und nahezu absolut ungünstige, wenn die völlige oder fast die völlige Erblindung bereits längere Zeit besteht. Es ist deshalb absolut notwendig, wenn man Erfolge erzielen will, frühzeitig zu operieren. Eine brauchbare, auf große Zahlenreihen gestützte Statistik über die Erfolge bei frühzeitiger Operation kann zurzeit noch nicht aufgestellt werden. Eine sehr große Zahl — wahrscheinlich die Mehrheit — der bisher mitgeteilten Fälle ist zweifellos viel zu spät operiert worden.

3. Unter den mit Tumorsymptomen (Stauungspapille) Erkrankten ist eine nicht unbeträchtliche Zahl von Fällen, in denen kein Tumor vorhanden ist (chronischer Hydrozephalus, Pseudotumor, Gehirnschwellung, Meningitis serosa). In diesen kann die rechtzeitige Operation zu dauernder, vollständiger Heilung führen, während bei zu später oder unterlassener Operation sonst völlige Heilung, aber Erblindung eintreten kann. Wie oft sich solche Fälle unter Tumorsymptomen verbergen, kann vorläufig gar nicht angegeben werden.

4. Die Lebensdauer der erfolgreich Trepanierten ist auch bei sicheren Tumorfällen in einem relativ hohen Prozentsatz der Fälle eine solche, daß die Ergebnisse der Trepanation auch in dieser Hinsicht als durchaus lohnende bezeichnet werden müssen. Dies gilt besonders, weil in den meisten Fällen gleichzeitig mit der Stauungspapille Kopfschmerz und Erbrechen, oft auch andere, z. B. psychische Symptome beseitigt werden.

5. Die Gefahr der Palliativtrepanation ist durchaus nicht zu gering anzuschlagen. Über die Größe derselben lassen sich, wenn die Operation zur Erhaltung des bedrohten Sehvermögens, d. h. relativ frühzeitig gemacht wird, auf Grund des bisher vorliegenden Materials keine brauchbaren zahlenmäßigen Angaben machen.

6. Da die Stauungspapille in einer größeren Zahl von Fällen ein Frühsymptom des Hirnleidens ist, während sie sich bei anderen erst relativ spät, d. h. in vorgeschrittenem Stadium der Krankheit einstellt, so ist anzunehmen und auch auf Grund des vorliegenden Materials wahrscheinlich, daß die Gefahr, an der Operation zu sterben, im allgemeinen in den Fällen geringer sein wird, wo das Sehvermögen noch praktisch brauchbar ist und im übrigen keine schweren Lokalsymptome vorliegen. Dies sind aber gerade die Fälle, in welchen der Ophthalmologe besonders berufen ist, die rechtzeitige Operation zu veranlassen.

7. Die unmittelbare Gefahr des operativen Eingriffs kann durch zweckmäßige Technik wesentlich herabgesetzt werden. Dahin sind zu rechnen: Chloroform (nicht Äther), zweizeitige Operation, Kokainisierung der Dura, Vermeidung brüsker Entleerung großer Liquormengen, sofortiger vollständiger Verschluß der Wunde durch Weichteilnaht, Vermeidung von Hammer und Meißel bei Eröffnung des Schädels, Vermeidung der osteoplastischen Methode.

8. Bei der beabsichtigten Palliativoperation ist die Trepanation gegenüber der osteoplastischen Resektion das zweckmäßigere Verfahren; der Knochen soll stets beseitigt und nicht wieder reponiert werden.

9. Eine dauernde ausreichende Herabsetzung des intrakraniellen Druckes kann in einer Anzahl von Fällen durch die Trepanation ohne Eröffnung der Dura erreicht werden; für die Mehrzahl der Fälle scheint dies aber nicht auszureichen, sondern die Beseitigung der Dura nötig zu sein. Bei dem zweizeitigen Verfahren kann die sorgfältige Kontrolle von Stauungspapille und Sehvermögen während der ersten Tage ev. Anhaltspunkte dafür geben, ob eine Entfernung der Dura nötig sein wird.

10. Die bei den Tumoren sich sehr häufig einstellenden Hirnhernien sind zur Erreichung des Zieles notwendig, daher darf man sie nicht bekämpfen, sondern nur ihre beliebig große Entwicklung durch geeignete Operationsmethoden beschränken.

11. Die Wahl des Ortes der Trepanation kann allgemein gültig nur angegeben werden, wenn jeder Anhaltspunkt für eine Lokalisation fehlt. Dann ist die rechte Scheitelgegend zu wählen. Ist eine Lokalisation mit Wahrscheinlichkeit möglich, so ist in der Gegend des Tumors zu operieren, wenn nicht bestimmte Gründe dagegen sprechen.

12. Trotz aller Sorgfalt in der Technik und Auswahl von Fällen, bei denen für das Sehvermögen wirklich etwas zu erreichen ist, werden sich Todesfälle im Anschluß an die Operation, sowie Mißerfolge in bezug auf die Beeinflussung der Stauungspapille nicht vermeiden lassen. Letztere werden aber, wenn nur wirklich geeignete Fälle, d. h. frühe Stadien (in bezug auf die Stauungspapille), operiert werden, selten sein. Die Zahl der Todesfälle wird — soviel kann man wohl auf Grund des vorliegenden Materials schon jetzt behaupten — sicher viel geringer sein, als es z. B. Bergmann unter Benutzung aller Fälle von beabsichtigter oder nicht beabsichtigter palliativer Trepanation (gleichgültig, in welchen Stadien operiert wurde) angibt, nämlich 47,7 %.

13. Wegen den zweifellosen, nicht unerheblichen Gefahren wäre ein kritikloser Enthusiasmus auf Grund einiger Erfolge sehr verfehlt, es besteht auch die Verpflichtung, den Angehörigen die Möglichkeit eines ungünstigen Ausganges wahrheitsgemäß auseinander zu setzen.

14. Trotzdem besteht die Pflicht, bei beginnender Herabsetzung des Sehvermögens durch Stauungspapille dringend zur Operation zu raten. Denn a) bei Unterlassung derselben ist die Erblindung fast immer unvermeidlich. b) die Aussichten für das Sehvermögen sind relativ günstige; c) das Leben wird durch die Operation sicher öfter verlängert als verkürzt; vor allen Dingen erträglich gemacht; d) im Falle des Todes an der Operation ist ein qualvolles Dasein abgekürzt worden; e) es wird vermieden werden, daß Patienten blind bleiben, die sonst für lange oder für die Dauer von ihrer Krankheit geheilt sind.

15. Die Lumbalpunktion ist, wenn die Diagnose mit Wahrscheinlichkeit auf Tumor gestellt wird, als therapeutisches Verfahren im allgemeinen nicht angezeigt, zu unterlassen ist sie bei Neubildungen der hinteren Schädelgrube. Bei anderen mit Drucksteigerung einhergehenden Prozessen kann sie besonders bei wiederholter Anwendung auch für die Stauungspapille sehr günstige Resultate liefern und ist daher als der harmlosere Eingriff zunächst zu versuchen.

16. Die Ventrikelpunktion kann durch vorübergehende Druckentlastung günstig wirken und bei den mit intrakranieller Drucksteigerung verlaufenden Krankheiten, wie Meningitis serosa, direkte Heilwirkung haben. Als dekompressives Verfahren bei Tumoren hat sie, soweit ich sehe, erhebliche Dauererfolge bisher nicht in größerer Zahl geliefert, und es ist auch wohl nicht besonders wahrscheinlich, daß sie dazu berufen ist.

18. Es ist zu hoffen, daß wenn erst die Neissersche diagnostische Hirnpunktion ganz allgemeine Anwendung finden wird, die Zahl der erfolgreich radikal operierten Tumorfälle erheblich zunehmen und das Gebiet der Palliativ-

trepanationen damit eine wesentliche Einschränkung erfahren wird. Die Erfolge werden natürlich auch der Verhütung der Erblindung durch Stauungspapille zugute kommen. Sollten sich aber die Einwände derer, welche die Neissersche Punktion für zu gefährlich erklären, als berechtigt erweisen, so würden die voranstehenden Sätze ihre Gültigkeit behalten.

In neuester Zeit ist von Anton und von Braman bei Hydrozephalus, Tumoren und Epilepsie der Balkenstich empfohlen worden. Die Operation bezweckt die Herstellung einer offenen Verbindung zwischen dem Ventrikel und dem subduralen Raum, wodurch für ausreichende Abführung des Liquor gesorgt werden soll. Die Wirkung der Operation war insofern eine günstige, als Kopfschmerz, Schwindel, Erbrechen, psychische und ataktische Störungen sich besserten und einmal eine Stauungspapille zurückging. Die Autoren schlagen die Operation für Hydrozephalus, Tumoren mit Hydrozephalus und Stauungspapille, sowie für sog. Hypertrophien des Gehirns und den Pseudotumor vor, ganz besonders mit der Rücksicht auf Verhütung der Erblindung in Fällen, die nicht oder zunächst nicht operiert werden können.

Es bleibt abzuwarten, ob durch diesen Eingriff eine Dauerheilung der Stauungspapille erzielt werden kann. Sie würde dann natürlich den Vorzug vor der Trepanation verdienen, weil bei ihr nur ein Bohrloch angelegt zu werden braucht.

Es wurde bereits betont, wie wichtig die ophthalmologische Kontrolle bei Hirnverletzungen ist. Jeder Hirnverletzte sollte regelmäßig auf seinen Papillenbefund kontrolliert werden, infektiöse Prozesse verursachen dort oft frühzeitig Veränderungen und können dann noch rechtzeitig erkannt und bekämpft werden.

b) Spezieller Teil.

Zirkulationsstörungen des Gehirns. Bei der **Hirnanämie** kommt es zum „Schwarzwerden vor den Augen", ja manchmal zur vorübergehenden Erblindung. Die Pupillen sind dabei erweitert, wahrscheinlich infolge einer zentripetalen Leitungsstörung. Höchst selten besteht ein blasses Aussehen der Papillen nebst geringer Füllung der Netzhautgefäße.

Bei der **Hirnhyperämie** treten keine Augensymptome von irgend markantem Gepräge auf. Die Kongestionen nach dem Kopf sind öfters mit Augenflimmern verbunden. Manchmal soll dabei ein rötliches Aussehen der Papillen und eine relativ starke Füllung der Netzhautgefäße bestanden haben.

Bezüglich des **Flimmerskotoms** verweise ich auf den Abschnitt: **Hemikranie.**

Hirnsinusthrombose. Klinisches Bild. Die okularen Symptome bei der Thrombose des Sinus cavernosus sind folgende:

Es besteht eine venöse Stauung und ödematöse Schwellung der Lider, der Bindehaut und des orbitalen Zellgewebes. Auch im Innern des Auges sind die Venen blutüberfüllt. Es tritt Exophthalmus ein und die Beweglichkeit des Auges leidet mechanisch Not.

Selten treten Augenmuskellähmungen auf. Ausnahmsweise kommt es durch Druck auf den Trigeminus zu einer Anästhesie der Hornhaut mit Keratitis neuroparalytica.

Oft besteht ein teigiges Ödem in der Regio mastoidea, welches daher rührt, daß hier ein Emissarium Santorini in den Sinus transversus führt, weshalb bei Fortsetzung der Thrombose vom Sinus cavernosus in den Sinus transversus auch diese Gegend Stauungserscheinungen zeigt. Das Vorhandensein dieses Ödems bildet ein wichtiges Unterscheidungsmerkmal zwischen der Sinusthrombose und der retrobulbären Cellulitis, bei welcher es fehlt (Fuchs). Ein weiterer Unterschied liegt darin, daß die Sinusthrombose häufig sich auf die andere Seite fortsetzt, was bei den Orbitalentzündungen selten der Fall ist.

Über das Verhalten des Optikus bei der Sinusthrombose gingen bislang die Ansichten weit auseinander. Weitgehende Klärung der Sachlage brachten Beobachtungen, die M. Bartels[1] anstellen konnte. Er kam zu folgenden Ergebnissen: „Die völlige Behinderung der Blutbahn in beiden Sinus cavernosi braucht keine Stauungspapille zu bedingen, auch nicht, wenn ein großer Teil der Orbitalvenen gleichzeitig thrombosiert ist.

Die septische Natur der Thrombose ändert an dem Resultat wenigstens in den ersten Wochen nichts. Eine Feststellung, die auch in bezug auf die Erklärung der Stauungspapille durch Toxine von Wichtigkeit ist.

Tritt eine Stauungspapille bei Thrombose der Sinus cavernosi auf, so deutet sie auf eine raumbeengende intrakranielle (ev. operable) Komplikation (Hirnabszeß, Meningitis) hin.

Die ausgesprochene postoperative Stauungspapille bei otitischer Sinusthrombose hat in bezug auf den allgemeinen Krankheitsverlauf keine schlechte Prognose. Sie bildet sich spontan zurück, ohne das Sehvermögen zu schädigen.

Diese postoperative Stauungspapille kann bei völligem Fehlen anderweitiger subjektiver oder objektiver Krankheitserscheinungen auftreten. Eine Erklärung der Stauungspapille in solchen Fällen ist bis jetzt nicht möglich."

Jansen fand bei reiner Thrombose in ca. 50% der Fälle den Befund an der Papille negativ.

Hier und da führt die Sinusthrombose und die sich anschließende Thrombose der Orbitalvenen zur Thrombose der Vena centr. retinae, sowie zu sekundärer Thrombose der Arteria centr. retinae (Gutmann).

Entzündungen und Abszesse, Tumoren, Parasiten. Die okularen Symptome bei den Entzündungen und Abszessen, bei den verschiedenen Tumoren und Parasiten des Gehirns weichen im großen und ganzen nicht wesentlich voneinander ab. Eine getrennte Besprechung würde daher so vielfache Wiederholungen bedingen, daß sie besser unterbleibt und eine gemeinsame Abhandlung an ihre Stelle tritt.

Außer den im allgemeinen Teil erwähnten okularen Symptomen können je nach dem Sitz der Störung noch verschiedene andere Krankheitserscheinungen auftreten.

Die nachfolgende Betrachtung soll zeigen, inwieweit diese anderweitigen Symptome im Verein mit den im allgemeinen Teile erwähnten eine topische Diagnose ermöglichen. Gemäß der mir gestellten Aufgabe müssen sich meine Feststellungen im wesentlichen auf die okularen Symptome beschränken. Im übrigen ist auf Bd. V, 15 zu verweisen.

Die bei Erkrankungen der einzelnen Hirnteile beobachteten okularen Symptome.

Stirnlappen. Einen lokaldiagnostischen Wert besitzt die konjugierte Deviation der Augen und des Kopfes. Wenn sie nur in ungefähr 18% der Fälle beobachtet ist, so hat dies darin seinen Grund, daß bei weitem nicht alle Affektionen die für die Auslösung dieses Symptomes in Betracht kommende Gegend des Stirnhirns, das ist die Gegend der zweiten Stirnwindung, betrafen.

Die Deviation ist entweder nach der kranken oder nach der gesunden Seite gerichtet. Deviationen nach der kranken Seite kommen bei Lähmungserscheinungen, Deviationen nach der gesunden Seite bei Reizerscheinungen

---

[1] Zeitschrift f. Augenheilkunde. Bd. 21. S. 23.

zur Beobachtung. Bei einer Deviation nach rechts infolge zentraler Lähmung ist der Rectus internus des rechten Auges, der Rectus externus des linken Auges gelähmt.

Während eine Schädigung an irgend einer Stelle des rechten Hirns eine Beeinträchtigung der Linkswender beider Augen (Rectus externus des linken, Rectus internus des rechten Auges) bedingt und infolgedessen die Augen nach rechts abweichen („sie sehen den Herd an"), liegen bei Erkrankungen des Pons die Verhältnisse genau umgekehrt, da sich hier die Bahnen schon gekreuzt haben.

Stauungspapille und ihre Folgezustände kommen in ungefähr 70 % der Fälle zur Beobachtung und zwar scheint sie nicht sehr frühzeitig aufzutreten. Pupillenstörungen kommen nur in Abhängigkeit von der Sehnervenaffektion und der Hirndrucksteigerung vor.

Nystagmus und Lähmungserscheinungen an den Augenmuskelnerven sind gelegentlich beobachtet, ohne daß ein gesetzmässiges Verhalten zu erkennen war.

Bei der Erkrankung der 3. linken Stirnwindung (Broca) kommt es zur motorischen Aphasie, zur Agraphie und bisweilen Alexie.

Schläfenlappen. Ist bei einer Erkrankung des Schläfenlappens eine Unterbrechung der Bahnen, die das Klangbildzentrum mit den optischen Zentren verknüpfen, eingetreten, so kommt es zur optischen Aphasie. Liegt eine Erkrankung der linken oberen Schläfenwindungen vor, so kommt es zur Worttaubheit, sensorische Aphasie. (Über den aphasischen Symptomenkomplex s. Bd. 5.) In $1/_5$ der Fälle von Erkrankungen wurde gleichseitige Hemianopsie festgestellt. Sie stellt keineswegs ein charakteristisches Zeichen der Schläfenerkrankung dar, sondern ein Symptom, das durch die Läsion der das tiefe Mark des Schläfenlappens durchziehenden optischen Leitungsbahn bedingt ist.

Ausnahmsweise wurden bei Schläfenlappenerkrankungen konjugierte Deviationen der Augen und des Kopfes, sowie Nystagmus beobachtet. Die festgestellten Pupillenstörungen standen fast immer in Abhängigkeit von den Sehnervenerkrankungen. Letztere und zwar Stauungspapille und ihre Folgezustände fanden sich in nahezu 65 % der Fälle von Geschwülsten und Abszessen der Schläfenlappen.

Die anderweitigen, zur Beobachtung gelangten Hirnnervenerkrankungen sind lediglich auf die Drucksteigerung zu beziehen.

Scheitellappen. Stauungspapille und ihre Folgezustände wurde bei den Tumoren in 40 % beobachtet, bei den Abszessen nur in 12 % der Fälle. Ganz ausnahmsweise kam Hemianopsie durch die Beteiligung der optischen Bahn auf ihrem Weg durch die innere Kapsel, Schläfen- und Scheitellappen oder durch direkte Läsion des Tractus opticus zur Beobachtung.

Vereinzelt begegnen wir der Angabe vom Auftreten einer konjugierten Deviation der Augen und von Augenmuskellähmungen.

Häufig ist bei Erkrankung der Scheitelwindungen besonders des Gyrus angularis Alexie oder Wortblindheit beobachtet.

Hinterhauptlappen. Nahezu regelmäßig wurde dabei gleichseitige Hemianopsie beobachtet und zwar bei rechtsseitiger Affektion linksseitige gleichseitige Hemianopsie und umgekehrt. Bei doppelseitigem Bestehen der Hemianopsie war fast stets ein kleines zentrales Feld frei und funktionsfähig, allerdings in der Regel die Sehschärfe etwas herabgesetzt. In den wenigen Fällen, wo bei Hinterhauptserkrankungen keine Hemianopsie bestand, war an ihrer

Stelle totale Erblindung eingetreten. Hemiachromatopsie fand sich in ungefähr $\frac{1}{3}$ der Fälle.

Ungefähr 25 % der Fälle weisen Seelenblindheit verschiedenen Grades, besonders häufig unter dem Bilde der Orientierungsstörung auf. Diese fehlte nie und war besonders hochgradig in den Fällen von doppelseitiger Hemianopsie.

Alexie und optische Aphasie wurde in ungefähr $\frac{1}{3}$ der Fälle beobachtet und wird durch Verletzung der im tieferen Mark liegenden Assoziationsfasern erklärt.

Gesichtshalluzinationen der verschiedensten Art traten in fast $\frac{1}{3}$ der Fälle auf.

Konjugierte Ablenkung der Augen nach der kranken Seite wurde in seltenen Fällen beobachtet und wird auf eine Mitbeteiligung des benachbarten Gyrus angularis bezogen. Man könnte daraus auf ein zweites kortikales Blickzentrum schließen. Doch ist der Gyrus angularis nur die Durchgangsstelle einer Faserung, welche das optische Rindenfeld mit dem Augenmuskelzentrum im Stirnhirn verbindet.

Allgemeine Hirndruckerscheinungen traten verhältnismäßig selten auf. Damit hängt es zusammen, daß nur in ungefähr $\frac{1}{4}$ der Fälle Stauungspapille beobachtet wurde.

Eine von meinem Schüler Becke unter Benutzung der v. Monakowschen Gehirnpathologie zusammengestellte Statistik, in der nach der veranlassenden Ursache drei verschiedene Gruppen unterschieden wurden, ergab folgendes:

1. Traumatische Erkrankungen des Hinterhauptlappens: 20 Fälle. Sie ergaben: Hemianopsie: 18 mal, Erblindung: 2 mal, Stauungspapille: 3 mal, Gesichtshalluzinationen 5 mal, Seelenblindheit, Alexie und optische Aphasie: je 1 mal, konjugierte Augenablenkung: 1 mal, Kopfschmerz: 5 mal, Hemiplegie und Hemianästhesie: je 3 mal.

2. Tumoren des Hinterhauptlappens: 45 Fälle. Hier fanden sich folgende okulare Symptome: Hemianopsie: 35 mal, Erblindung: 5 mal, Stauungspapille: 25 mal, Gesichtshalluzinationen: 13 mal, Seelenblindheit: 4 mal, Alexie: 5 mal, Störungen der Augenbewegungen: 2 mal.

Ferner folgende allgemeine Hirndruckerscheinungen: Kopfschmerz: 32 mal, Hemiplegie: 15 mal, Hemianästhesie: 6 mal, außerdem einige Male Schwindel, Erbrechen und Konvulsionen.

3. Erweichungsherde und Abszesse des Hinterhautlappens: 110 Fälle. An okularen Symptomen traten in Erscheinung: Hemianopsie: 98 mal, Erblindungen 6 mal, Stauungspapille: 15 mal, Seelenblindheit: 36 mal, Alexie und optische Aphasie: 27 mal, Gesichtshalluzinationen: 40 mal, Augenbewegungsstörungen: 6 mal.

An allgemeinen Hirndruckerscheinungen fanden sich: Kopfschmerz: 20 mal, Hemiplegie: 48 mal und Hemianästhesie: 16 mal. Außerdem bestanden auch hier einige Male Schwindel, Erbrechen und Konvulsionen.

Erwähnt sei zum Schluß noch, daß in ca. 75 % aller beobachteten Fälle sich der Krankheitsherd auf die medialen Partien des Hinterhauptlappens erstreckte, daß er in nur 6 Fällen allein die lateralen Partien des Okzipitallappens einnahm. Auch in diesen letztgenannten Fällen wurden Hemianopsie und andere okulare Symptome beobachtet. Diese Tatsache spricht etwas dafür, daß auch die lateralen Partien des Okzipitallappens zur Sehsphäre hinzuzurechnen sind.

Die Kriegserfahrungen haben neuerdings ein überaus reiches Material von Verletzungen der kortikalen Sehsphäre geliefert. Es ergibt sich daraus, daß die Netzhaut in der Umgebung der Fissura calcarina sich direkt projiziert findet, indem die obere Lippe jeder Fissura calcarina die entsprechenden oberen Netzhautquadranten versorgt, die untere Lippe die unteren Quadranten. Auch die vielumstrittene Frage der Makulaversorgung scheint nun so beantwortet werden zu müssen, daß sich am hinteren Ende der Fissura calcarina ein Makulazentrum befindet. Schußverletzungen der kortikalen Sehsphäre bewirken sehr oft in der ersten Zeit völlige Blindheit, dieselbe schwindet aber in der Regel unter Zurückbleiben von entsprechenden Gesichtsfelddefekten.

Sehhügel. Bei reinen Sehhügelerkrankungen fehlen Sehstörungen und führt somit der Sehhügel zu Unrecht seinen Namen.

Die gelegentlich dabei beobachtete Hemianopsie ist auf eine Mitbeteiligung des Pulvinar und des Corpus geniculatum externum zu beziehen. Auch Störungen der inneren und äußeren Augenmuskeln sind nicht in direkte Abhängigkeit von der Sehhügelerkrankung zu bringen, sondern als Fernwirkung besonders auf die Haubenregion aufzufassen, die von Herden im hinteren Thalamusdrittel direkt berührt wird.

Stauungspapille kommt bei den Geschwülsten der Sehhügel in ungefähr 30 %, bei den Sehhügelerkrankungen überhaupt in 18 % der Fälle zur Beobachtung und tritt in der Regel verhältnismäßig spät auf.

Corpus striatum. Die Ausbeute an okularen Symptomen bei Herden im Gebiete des Corpus striatum ist eine sehr kärgliche, indem unter 54 reinen Fällen (28 Erweichungsherden, 5 Zysten, 6 Hämorrhagien, 3 Tuberkeln, 10 z. T. großen Tumoren, 1 Zystizerkus, 1 Syphilom) nur 1 mal Stauungspapille, 2 mal Hemianopsie und 3 mal konjugierte Deviation beobachtet wurde.

Für eine Läsion des Corpus striatum typische okulare Störung gibt es nicht.

Corpus callosum. Stauungspapille und ihre Folgezustände kommen verhältnismäßig selten und zwar selbst bei den Tumoren nur in 34 % vor.

Vereinzelt beobachtet wurden Augenmuskellähmungen und Deviationen der Augen, ohne daß ihnen ein lokaldiagnostischer Wert für die Corpus callosum Erkrankungen zukäme.

Vierhügel und Zirbeldrüse. — Gesichtssinn. Die Störungen des Gesichtssinnes haben immer bei den Vierhügelerkrankungen eine wichtige Rolle gespielt, allerdings, wie mir scheint, nicht sowohl auf Grund der klinischen und pathologisch-anatomischen Befunde, als vielmehr auf Grund der experimentellen Forschung.

Zu der Annahme, daß Zerstörung der Vierhügel Erblindung hervorrufe, haben vor allem die Ergebnisse der experimentellen Erforschung der physiologischen Funktion derselben geführt; außer diesen Experimenten scheinen aber auch klinische Beobachtungen, insbesondere der Fall von Charlton Bastian dafür zu sprechen. Wenn trotzdem heute die Anschauung mehr und mehr sich Bahn bricht, daß die isolierte Zerstörung der Vierhügel keine Erblindung hervorruft, so gründet sich dieselbe sowohl auf die Resultate der anatomischen Forschung, als auch auf eine große Zahl klinischer Beobachtungen und Sektionsbefunde.

Verfasser muß sich auf Grund eigener experimenteller und anatomischer Befunde zu der Ansicht derer bekennen, die bestreiten, daß durch eine Zerstörung der Vierhügel Erblindung hervorgerufen wird, ja es scheint ihm bislang sogar der Beweis noch nicht einmal erbracht, daß überhaupt eine Sehstörung durch eine isolierte Zerstörung der Vierhügel hervorgerufen wird.

Indirekt wird allerdings das Sehvermögen bei Vierhügelerkrankungen häufig geschädigt, indem bei mindestens der Hälfte der Fälle eine Sehnervenveränderung gefunden wurde. Dieser Prozentsatz ist aber sicherlich zu niedrig, insofern als öfters versäumt wurde, einen ophthalmoskopischen Befund zu erheben.

Verhalten der Pupillen. Das Verhalten der Pupillen war ein äußerst wechselndes. Leider ist der weitaus größte Teil der Fälle für die besonders interessierende Frage, ob Zerstörung der oberflächlichen Vierhügelpartien reflektorische Pupillenstarre hervorruft, gar nicht verwertbar, teils wegen der vorhandenen Komplikationen, vor allem der Sehnervenaffektionen, teils weil überhaupt nicht oder doch nur in sehr mangelhafter Weise die Pupillenreaktion geprüft wurde.

In mehr als der Hälfte der Fälle von Vierhügelerkrankungen waren Augenmuskelstörungen vorhanden. Ihr häufiges Auftreten dabei ist ganz selbstverständlich, wenn man bedenkt, daß dazu führen: 1. Kompression und Zerstörung der den Kern mit der Hirnrinde verbindenden Bahnen, 2. Kompression und Zerstörung des Kernes selbst und 3. der austretenden Wurzelbündel der Nerven.

Sehr bemerkenswert ist das überaus häufige Auftreten von vollständig symmetrischen oder doch mehr minder symmetrischen Lähmungen; die Zahl der symmetrischen Lähmungen wäre wahrscheinlich noch größer, wenn bei einigen Fällen frühzeitiger das Verhalten der Augenmuskeln hätte untersucht werden können, nicht erst, nachdem vollständige Lähmung eingetreten war. Ganz besonders sind Blicklähmungen nach oben und unten bei Vierhügelerkrankungen relativ häufig, diese Gegend scheint also für die Augenbewegungen nach oben und unten von Wichtigkeit zu sein, dagegen nicht für seitliche Bewegungen. — Relativ häufig wurde Ptosis beobachtet. Sollte dabei nicht die Tatsache in Betracht zu ziehen sein, daß das Auftreten der Ptosis sehr auffällig ist? Im Gegensatz dazu steht die seltene Beobachtung von Trochlearislähmungen. Vielleicht liegt in umgekehrter Weise der Grund hierfür darin, daß die Feststellung der Trochlearislähmung etwas schwierig ist. Sie müßte doch speziell bei Erkrankung der hinteren Zweihügel sowohl ein- als doppelseitig ein häufiges Vorkommen sein!

Das Auftreten von symmetrischen Lähmungen steht im Einklang mit den Ergebnissen der anatomischen Untersuchungen des Baues und der experimentellen Erforschung der Gliederung und Lokalisation im Okulomotoriuskern (v. Koelliker, Bernheimer, Schwabe, van Gehuchten, Verf.).

Ich glaube deshalb, daß auf die Beobachtungen von symmetrischen Lähmungen, wobei der Grad der Lähmung auf beiden Seiten ein verschiedener sein kann, für die Diagnose der Vierhügelerkrankungen noch mehr Wert zu legen ist, denn bei jedem anderen Sitz der Lähmungsursache — vielleicht abgesehen von der Hirnrinde — ist das Auftreten symmetrischer Lähmungen schwerer zu erklären.

Bei einseitiger Vierhügelerkrankung können doppelseitige, in dem Grade verschiedene symmetrische Lähmungen auftreten.

Neben den symmetrischen Lähmungen dürfte für die Diagnose der Vierhügelerkrankung die Kombination von Trochlearis- und Okulomotoriuslähmung zu verwerten sein, besonders wenn nur einzelne der vom Okulomotorius versorgten Muskeln betroffen sind. Dahingegen spricht das gleichzeitige Vorhandensein einer Lähmung des Abduzens und der nach abwärts von diesem liegenden Hirnnerven gegen die Vierhügelaffektion, speziell des vorderen Abschnittes.

Isolierte Lähmungen von Augenmuskeln wurden bislang mit Vorliebe als Kernaffektionen gedeutet und dienten der Diagnose „Vierhügelaffektion" als Stütze. Mit der genaueren Feststellung des Baues und Faserverlaufes des Okulomotoriuskernes hat diese Auffassung nicht unbeträchtlich an Berechtigung verloren. — In Anbetracht der Tatsache, daß die aus dem Kerngebiet austretenden Wurzelbündel des Okulomotorius bis zur Hirnbasis getrennt voneinander verlaufen, können wir uns bei Hirnschenkelaffektionen viel leichter das Auftreten isolierter Lähmungen erklären. Als Frühsymptom eines auf die Vierhügelgegend wirkenden Druckes (z. B. bei Tumoren der Zirbeldrüse) wird auch vertikaler aufwärts gerichteter Nystagmus beschrieben.

Bezüglich des Wertes der Augenmuskellähmungen für die Lokaldiagnose sei übrigens hier wiederholt, daß sie gar nicht selten als indirektes Symptom bei Hirntumoren vorkommen.

Hirnschenkel. Bei den Hirnschenkelerkrankungen, insbesondere bei denen des Hirnschenkelfußes finden wir einen typischen Symptomenkomplex. Es ist die Hemiplegia alternans superior. Sie kommt auch, aber nur seltener, als eine „Hemianaesthesia alternans", d. h. eine mit einer III. Parese verbundene gekreuzte, sensible Hemiplegie bei Haubenerkrankungen vor. Wo sie nicht zur vollen Ausbildung gelangte, bestanden auf motorischem Gebiet Zittern oder Chorea der gekreuzten Extremitäten. Mit als pathognomonisch, aber eben nur in Verbindung mit der Hemiplegia alternans superior kann man für linksseitige Pedunculusläsionen Sprachstörungen ansehen

Die Okulomotorius-Parese ergreift mit Vorliebe die einzelnen Äste in folgender Reihe: Levator palpebrae sup., Rectus int., Rectus sup., Obliquus inferior. In den meisten Fällen bleiben auch die inneren Zweige nicht verschont.

Von Interesse sind auch die Beobachtungen, die reflektorische Pupillenstarre feststellten. Wegen der mangelhaften Untersuchungsmethode und lückenhaften Art der Mitteilung des Befundes können jedoch diese Beobachtungen nicht als einwandfreie bezeichnet werden.

Selten ist der Okulomotorius einer Seite ganz gelähmt. Oft handelt es sich um nur vorübergehende Ausfallerscheinungen. Bei Sitz des Herdes in der Kernregion einer Seite bleibt der Okulomotorius der anderen Seite fast nie frei, nicht nur infolge direkter Einwirkung auf die andere Seite, sondern auch wegen des z. T. bilateralen oder gekreuzten Ursprungs der Okulomotoriusfasern (s. Abb. 2).

Auch große Herde im Hirnschenkel können (sehr selten) ohne merkliche Schädigung des III. oder der motorischen Bahnen verlaufen.

Stauungspapille ist sehr selten. Sehstörungen sind meist durch die Beteiligung des Tractus opticus und die Stauungspapille bedingt.

Die übrigen Erscheinungen bei Pedunculuserkrankung sind „Nachbarschaftssymptome".

Kleinhirnhemisphären. Optikusaffektionen. Da die allgemeinen Hirndrucksymptome in der Regel früh zur Entwickelung kommen und meist — wohl wegen der Kompression der venösen Hirngefäße und des oft beträchtlichen Hydrozephalus — einen hohen Grad erreichen, so ist a priori zu erwarten, daß Stauungspapille, Sehnervenatrophie, sowie durch Sehnervenaffektion bedingte funktionelle Störungen sehr häufig festgestellt werden und die Diagnose einer Kleinhirnaffektion zu unterstützen vermögen. Während sie natürlich bei reinen Ausfallserkrankungen fehlen, kommen die genannten Erscheinungen bei Tumoren, überhaupt bei raumbeschränkenden Affektionen in ca. 70 % der Fälle vor, und es erscheint mir nicht zweifelhaft, daß bei wiederholten Untersuchungen von fachmännischer Seite dieser Prozentsatz noch steigen würde. Nicht unerwähnt will ich lassen, daß auch bei den Tuberkeln des Kleinhirns in über 50 % der Fälle Sehnervenaffektionen festgestellt wurden.

Manchmal wurde schnelle, ja plötzliche Erblindung beobachtet. Dieselbe kommt wohl dann vor, wenn das Chiasma durch den vorgetriebenen Boden des III. Ventrikels resp. durch starke Füllung des über dem Chiasma vorhandenen Rezessus, der ja mit dem III. Ventrikel in Verbindung steht, stark komprimiert wird. Hält die Kompression des Chiasma länger an so kann es zu beiderseitiger Sehnervenatrophie kommen, ohne daß eine Stauungspapille vorausbestand.

Die **konjugierte Deviation** ist bei den Affektionen des Kleinhirns kein seltenes Vorkommnis. Die für gewöhnlich beobachtete konjugierte Deviation nach rechts oder links darf jedoch nicht als ein direktes
Kleinhirnsymptom angesehen werden, sondern hängt wohl von einer Störung,
einer Kompression des im Pons gelegenen Zentrums für die Seitwärtswendung
der Bulbi ab. Es ist in bezug auf das eben Gesagte nicht ohne Bedeutung,
daß speziell bei Tumoren der Hemisphären konjugierte Deviation häufiger
beobachtet wurde als bei Wurmaffektionen und vollständigem reinem Ausfall
des Kleinhirns.

Wenn nun auch die konjugierte Deviation nicht direkt auf eine Klein-
hirnerkrankung hinweist, sondern bei Erkrankungen der verschiedensten
Hirnteile vorkommt, so muß doch zugegeben werden, daß die assoziierten
Blicklähmungen nach rechts oder nach links für die Diagnose einer Klein-
hirnerkrankung von hohem Werte sind, besonders auch für die Bestimmung
der Seite der Affektion und das um so mehr, wenn eine gekreuzte Hemiplegie
gleichzeitig vorhanden ist. Wir werden z. B. auf einen Tumor der linken Klein-
hirnhälfte hingewiesen, wenn eine linksseitige assoziierte Blicklähmung gleichzeitig mit einer rechtsseitigen Hemiplegie vorhanden ist (gleichseitige Läsion
der Pyramiden oberhalb der Kreuzung).

Neben der konjugierten Deviation kommt bei Kleinhirnerkrankungen
auch eine **dissoziierte Deviation** vor, z. B. das eine Auge weicht nach oben,
das andere Auge nach unten ab.

Zu unterscheiden von den konjugierten Deviationen sind die sog. **assoziierten Lähmungen**; so können z. B. beide Augen nach links abweichen bei
einer Lähmung des M. rectus externus des rechten Auges und einer Lähmung
des M. rectus internus des linken Auges. Speziell bei den Erkrankungen des
Kleinhirns ist auf diesen Unterschied zu achten. Es kommen nämlich anscheinend bei Läsionen des Abduzenskernes, der unter dem Kleinhirn im Pons
gelegen ist, Paresen (vielleicht richtiger Hemmungen!) des entgegengesetzten
M. rectus internus gleichzeitig damit und wahrscheinlich davon direkt abhängig
vor. In der Regel ist die Störung des M. rectus internus geringgradiger als die
des M. rectus externus. Auf das Erhaltensein der Konvergenzbewegung wäre
hierbei in Zukunft noch speziell zu achten.

Das Auftreten von **Nystagmus** wird in den Ergebnissen der experimentellen Forschung relativ öfter erwähnt als in der Kasuistik. In
der Regel war er aber nur anfänglich nach den an verschiedenen Klein-
hirnteilen vorgenommenen Experimenten vorhanden und ging bald
dauernd zurück.

Luciani gibt an, daß nach einseitiger Kleinhirnhemisphärenläsion late-
raler Nystagmus — Oszillationen von der gesunden nach der kranken Seite —, dagegen
bei den Läsionen des Mittellappens öfters unregelmäßiger oder rotatorischer Nystagmus auftrat. — Annähernd gleiche Resultate erhielt Thomas. — Russell sah nach Entfernung des hinteren Teiles des Mittellappens unregelmäßigen Nystagmus
in vertikaler Richtung auftreten, auch Thomas erhielt bei Exstirpation des Mittellappens vertikalen Nystagmus.

In der Kasuistik finde ich bei nahezu 160 Fällen nur 22 mal Nystagmus angegeben, und zwar handelte es sich fast ausnahmslos um Nystagmus horizontalis. Öfters
bestand bei geradeaus gerichtetem Blick kein Nystagmus, sondern nur nystagmusartige
Zuckungen (S. 453) bei extremer Blickrichtung, wie sie unter verschiedenartigsten Verhältnissen beobachtet werden.

Die **Kasuistik** stützt die Anschauung, daß die Kleinhirnläsion selbst
keinen Nystagmus hervorruft, sondern daß derselbe wohl eine Folge der Reizwirkung auf die Umgebung und zwar besonders auf die Brücke und die Vierhügel darstellt; speziell das Zentrum für die Seitwärtswendung des Blickes in
der Brücke scheint öfters affiziert zu werden, wie das ja auch ganz erklärlich

und natürlich ist. Immerhin könnte man durch die Tatsache, daß der Nystagmus bei Läsionen verschiedener Teile des Kleinhirns verschiedenartig war — einmal ein horizontaler, das andere Mal ein vertikaler —, weiterhin durch den Umstand, daß das Kleinhirn zur Erhaltung des Körpergleichgewichtes dient und nicht nur auf diejenigen Muskeln einen Einfluß ausübt, die an der Erhaltung des Gleichgewichtes beteiligt sind, sondern auch auf diejenigen Muskeln, z. B. Augenmuskeln, die einen lenkenden Einfluß bei der Fortbewegung des Körpers ausüben, zu der Annahme geführt werden, daß eine Kleinhirnläsion an sich Nystagmus hervorbringen könne.

Augenmuskellähmungen sind ziemlich häufig und zwar bei den Erkrankungen der verschiedensten Kleinhirnpartien beobachtet. Es handelt sich hier ausnahmslos um indirekte, um Drucksymptome, was zum Teil daraus erhellt, daß wir bei den experimentellen Ausschaltungen einzelner Kleinhirnteile nichts von Augenmuskellähmungen hören.

Weitaus am häufigsten ist der Abduzens ein- oder doppelseitig paretisch oder paralytisch — was wegen der Lage des Abduzenskernes im Pons selbstverständlich ist — vereinzelt der Trochlearis und mehrere oder vereinzelte Äste des Okulomotorius.

Anderweitige okulare Symptome sind selten beobachtet, z. B. Sensibilitätsstörungen an dem vorderen Bulbusabschnitt, einmal linksseitige temporale Hemianopsie — es möge hier darauf hingewiesen werden, daß die Arteria profunda cerebri die Vierhügel, großenteils die optischen Ganglien und die gesamte Rinde des Hinterhauptlappens versorgt —, einmal Protrusio bulbi. Sollten Sensibilitätsstörungen am Bulbus nicht häufiger vorkommen im Hinblick auf Ursprung und Verlauf des Trigeminus? Etwas häufiger natürlich ist die Mitbeteiligung der okularen Fazialisäste durch Kompression der Medulla oblongata.

Die beobachteten Pupillenstörungen haben mit den Kleinhirnaffektionen direkt nichts zu tun. Sie sind in der Regel ohne weiteres zu erklären durch die vorhandenen Optikusalterationen, teilweise vielleicht auch auf Mitbeteiligung der Medulla oblongata zu beziehen.

Brücke. Da die allgemeinen Hirndrucksymptome in der Regel erst spät zur Entwickelung kommen und selten einen hohen Grad erreichen, so wurde die Stauungspapille nur in $\frac{1}{3}$ der Fälle beobachtet und zwar nur bei Brückengeschwülsten.

In ungefähr $\frac{3}{4}$ aller Fälle war der Abduzens mitbetroffen. Es handelte sich dabei um direkte Läsionen des Abduzenskernes oder um Druck auf denselben. Meist war der Abduzens bei einseitiger Brückenerkrankung (90%) einseitig auf der Tumorseite, in 10% beiderseitig gelähmt und zwar war die Lähmung fast immer eine vollständige.

Nur in wenigen Fällen kam es zu Abduzensreizungen.

In 71% der Fälle von Abduzenslähmung war auch eine Funktionsstörung des M. internus der anderen Seite vorhanden. In 12% der Fälle fand sich die Erscheinung, daß der Internus nur bei binokularen Blickwendungsversuchen versagte, bei monokularen Bewegungen dagegen normal funktionierte. Manchmal war trotz der Störung der Seitwärtsbewegung die Konvergenzstellung der Augen möglich. Der Abduzenskern scheint demnach als pontines Blickzentrum zu funktionieren, vielleicht ist ihm auch ein solches eng angeschlossen.

Zu der Lähmung des Musculus rectus externus des einen und des Musculus rectus internus des anderen Auges kann eine Reizung der Antagonisten hinzutreten, so daß alsdann eine Deviation beider Augen nach der gesunden Seite stattfindet. Diese Deviation beider Augen wurde nahezu in $\frac{1}{3}$ der Fälle beobachtet. Sie bleibt konstant, während die bei Erkrankung anderer Hirnteile beobachteten konjugierten Deviationen häufiger einen vorübergehenden Zustand bilden.

Nystagmus und Ptosis wurden vereinzelt gefunden, ebenso Lagophthalmus. Öfters kam es infolge von Trigeminusaffektion zu Keratitis neuroparalytica.

Medulla oblongata. Während bei der Erkrankung der Brücke die okularen Symptome für die Herddiagnose mit die wichtigste Rolle spielen, treten sie bei den Erkrankungen des verlängerten Marks sehr in den Hintergrund.

Bei 53 Fällen, die Hirsch auf meine Veranlassung zusammengestellt hat, fanden sich:

Stauungspapille in ca. 30%, Abduzenslähmung in ca. 35% der Fälle infolge direkter oder indirekter Schädigung des in der Brücke gelegenen Abduzenskernes.

Mydriasis mit Lichtstarre bei normalem Augenhintergrund in 15% der Fälle.

Ausnahmsweise wurden Ungleichheit der Pupillen, Ptosis und Exophthalmus beobachtet.

Hypophyse. Bei den Hypophysenerkrankungen stehen Sehstörungen im Vordergrunde der Erscheinungen. Am häufigsten findet sich bitemporale Hemianopsie, vereinzelt einseitige temporale Hemianopsie mit oder ohne konzentrische Einschränkung des erhaltenen Gesichtsfeldes. In mehreren Fällen war auf dem einen Auge eine temporale, auf dem anderen Auge eine nasale Hemianopsie vorhanden. In wenigen Fällen kam es lediglich zur konzentrischen Einschränkung des Gesichtsfeldes. Größere Ausbreitung der Hypophysenerkrankung kann doppelseitige Amaurose zur Folge haben. Gelegentlich wurde auch ein auffälliger Wechsel der Sehstörung beobachtet, indem nach Amaurose sich plötzlich wieder gute Sehschärfe einstellte. Man erklärte dies durch Nachlassen des Druckes auf das Chiasma infolge Platzen einer Zyste.

Ophthalmoskopisch findet sich in ungefähr $^1/_3$ der Fälle zunächst Stauungspapille, die allmählich in Atrophie übergeht; in ungefähr $^2/_3$ der Fälle kommt es direkt zu Sehnervenatrophie, ohne daß Stauungspapille voraufgeht.

Die beobachteten Sehstörungen und ophthalmoskopischen Veränderungen sind in erster Linie bedingt durch den Druck der vergrößerten Hypophyse auf das Chiasma, in zweiter Linie durch den gesteigerten Hirndruck.

Augenmuskellähmungen und zwar hauptsächlich Okulomotorius- und Trochlearislähmungen sind häufig beobachtet. Die Pupillenstörungen bieten nichts Charakteristisches, erklären sich vielmehr aus den vorhandenen Störungen der Sehbahn und den Läsionen des Okulomotorius. Vereinzelt ist Exophthalmus beobachtet.

Knöcherner Schädel. Bei Schädel miß bildungen ist die häufigste Komplikation die Sehnervenatrophie.

Von chronischen Schädelerkrankungen können Neubildungen, Tuberkulose und entzündliche Karies Augensymptome hervorrufen.

Verhältnismäßig häufig sind Augenmuskellähmungen, Sehnervenatrophie und Exophthalmus bei den Ex- und Hyperostosen.

Beim **Turmschädel** finden sich öfters neuritische Optikusatrophie als Folge einer präexistierenden Stauungspapille. Intrakranielle Drucksteigerung besteht sowohl bei den meisten abgelaufenen wie auch bei frischeren, mit Stauungspapille einhergehenden Fällen. Sie sei nicht ursächliches, sondern nur unterstützendes Moment für die Entstehung der Optikusveränderung und daher sei vor der Palliativoperation zu warnen (Behr). Nicht selten wurde eine Verengerung des Canalis opticus als Ursache der Sehstörungen und Optikusveränderungen gefunden.

Neben den Sehnervenveränderungen besteht beim Turmschädel oft Exophthalmus infolge der Deformation des vorderen Teiles der Schädelbasis mit Verkürzung der Orbitalfrontalstellung der großen Keilbeinflügel (Uhthoff).

Nach Schädelfrakturen treten in gewissem Grade typische Erscheinungen auf. Am äußeren Auge zeigen sich Lidödem, Suffusionen, Keratitis neuroparalytica, Exophthalmus und Exophthalmus pulsans. Störungen der Pupillenreaktion sind häufig nur in Verbindung mit anderen Augenaffektionen, z. B. als amaurotische Starre bei Optikusläsionen diagnostisch und prognostisch zu verwerten. Die Motilitätsstörungen ermöglichen oft eine genaue typische Diagnose. Am häufigsten sind Abduzenslähmungen, seltener Okulomotoriuslähmungen beschrieben. Fälle von isolierter Trochlearislähmung fanden sich nicht. Von den Veränderungen am Augenhintergrunde ist die Sehnervenatrophie durch Optikusverletzung nach Basisfraktur die häufigste und wichtigste. Bei Querfrakturen kamen doppelseitige Optikusläsionen zur Beobachtung. Erwähnt sei auch, daß gelegentlich die Optikusverletzung eine halbseitige war und demgemäß funktionell einseitige Hemianopsie vom Charakter der Traktushemianopsie auftrat. Seltener sind Neuritis optica, Netzhautblutungen und Stauungspapille.

Erworbener Hydrozephalus. Bei dem erworbenen Hydrozephalus treten die gleichen Erscheinungen wie bei Hirngeschwülsten auf. Es pflegen jedoch dabei Herderscheinungen dauernd auszubleiben.

Fast konstant beobachten wir Stauungspapille mit sekundärer vollständiger Atrophie. Auch die anderen basalen Hirnnerven leiden durch die Kompression, insbesondere frühzeitig der Okulomotorius. Es kommt zu Nystagmus und zu Augenmuskellähmungen.

Die akute (apoplektische) Bulbärparalyse. Bei den Vorboten dieser Erkrankung wird Augenflimmern erwähnt. So lange sich die Krankheit auf die Medulla oblongata beschränkt, kommen am Auge meist nur Lähmungen der okulopupillären Fasern des Halssympathikus und Sensibilitäts-(Trigeminus-) störungen, sowie sehr selten Nystagmus zur Beobachtung. Beim Übergreifen der Erkrankung auf die Brücke treten Lähmungen des Fazialis, Abduzens und assoziierte Blicklähmung auf. Reichen die Krankheitsherde bis in die Vierhügelgegend, so werden auch die vom Trochlearis und Okulomotorius versorgten Muskeln gelähmt.

Progressive Bulbärparalyse. Beim Fortschreiten des Krankheitsprozesses nach oben werden bei der echten progressiven Bulbärparalyse in seltenen Fällen auch die Augenmuskeln befallen, insbesondere der Abduzens und der Lidheber. Manchmal kommt es zu ausgedehnten Augenmuskellähmungen, ja zu vollständiger Ophthalmoplegia exterior. Die Lähmungen sind in der Regel doppelseitig, nicht selten symmetrisch. Die inneren Augenmuskeln und der Augenast des Fazialis bleiben fast immer verschont.

Differentialdiagnostisch kommen hauptsächlich die asthenische Bulbärparalyse und die Pseudobulbärparalyse in Betracht.

Für erstere ist neben dem häufigen Befallensein des motorischen Trigeminus und des Augenfazialis vor allem die Häufigkeit der Augenmuskellähmung charakteristisch, ferner die stete Beteiligung der Lidheber und das Verschontbleiben der inneren Augenmuskeln. Typisch ist hierbei auch die rasche Zunahme der Muskelstörung durch Ermüdung.

Die Differentialdiagnose gegen die Pseudobulbärparalyse wird besonders durch die Augenstörungen ermöglicht. Lähmung einzelner Augenmuskeln spricht für die Bulbärlähmung, eine Störung der assoziierten Seitenbewegung für Pseudobulbärlähmung, auch eine etwaige Beteiligung des Optikus spricht für letztere (O. Schwarz).

Kompressionsbulbärparalyse. Bei den durch Geschwülste, Aneurysmen und Wirbelerkrankungen bedingten Kompressionsbulbärparalysen treten Abduzens- und Fazialislähmungen sowie Trigeminusstörungen auf. In den Fällen, wo Geschwülste das ursächliche Moment abgeben, kann auch eine Stauungspapille auftreten, wozu ich bemerken möchte, daß im allgemeinen Geschwülste der Medulla oblongata selten zur Stauungspapille führen.

Die Pseudobulbärparalyse. Die willkürliche Einstellung der Augen nach den verschiedenen Richtungen ist gelegentlich erschwert, während die Kranken einem Gegenstand mit den Augen folgen und Blickbewegungen durch Geräusche ausgelöst werden können (Pseudoophthalmoplegia nach Wernicke). Eigentliche Augenmuskellähmungen pflegen im Gegensatz zur echten und zur asthenischen Bulbärparalyse zu fehlen.

Optische Aphasie, Seelenblindheit, Orientierungsstörungen, Hemianopsie kamen nicht selten vor.

Am Optikus wurde gelegentlich Atrophie oder Neuritis beobachtet.

Bulbäre Myasthenie. (Myasthenia gravis pseudoparalytica Oppenheim. Asthenische Bulbärparalyse Strümpell. Hoppe-Goldflamscher Symptomkomplex etc.). Bei dieser Form der Bulbärparalyse sind die Augenmuskeln viel öfter betroffen wie bei der echten Bulbärparalyse. Die Augenmuskellähmungen pflegen frühzeitig aufzutreten, sich entweder auf einzelne Muskeln zu beschränken oder weitere Ausdehnung anzunehmen. Fast regelmäßig sind die Lidheber beteiligt, während die inneren Augenmuskeln stets frei bleiben.

Der Fazialis ist oft befallen, insbesondere sein oberer Ast.

Charakteristisch ist für die Augenmuskelstörungen, daß sie schon durch geringe Ermüdung sich rasch steigern, daher nach dem Erwachen am wenigsten ausgesprochen sind.

Differentialdiagnostisch kommen die echte Bulbärparalyse, die Pseudoparalyse, die Kompressionsbulbärparalyse und die Polienzephalitis in Betracht.

Poliencephalitis acuta haemorrhagica. 1. Poliencephalitis superior haemorrhagica (Wernicke). Die Haupterscheinungen sind neben den Allgemeinsymptomen doppelseitige, symmetrische, rasch sich entwickelnde Augenmuskellähmungen, wobei fast immer die inneren Augenmuskeln und die Lidheber verschont bleiben. Sehnervenentzündungen mit sekundärer Atrophie stellen einen öfters erhobenen Befund dar.

2. Polienzephalitis mit vorwiegend bulbären Symptomen. Bei diesem Krankheitsbild bleiben die Augenmuskeln entweder ganz verschont oder es kommt nur zu Lähmungen des Abduzens und Fazialis. In anderen Fällen werden jedoch auch hierbei fast sämtliche Augenmuskeln gelähmt. Während die inneren Augenmuskeln auch bei dieser Form der Polienzephalitis gewöhnlich verschont bleiben, pflegt der Lidheber mitzuerkranken. Falls Augenmuskellähmungen auftreten, wird in der Regel das Krankheitsbild damit eingeleitet.

Die akute primäre, hämorrhagische Enzephalitis. (Strümpell-Leichtenstern.) Bei dieser in der Regel infolge von Infektionskrankheiten auftretenden Enzephalitis kommen Augenstörungen recht selten vor. Beobachtet sind nystagmusartige Zuckungen. Blepharospasmus, Augenmuskellähmungen. konjugierte Deviation des Auges und des Kopfes und Neuritis optica.

Progressive Ophthalmoplegie. Bei der progressiven Ophthalmoplegie kommt es ohne das Hinzutreten von anderen Hirn- und Rückenmarkssymptomen zu einer langsam fortschreitenden doppelseitigen Augenmuskellähmung. Typisch ist dabei das nahezu regelmäßige Freibleiben der inneren Augenmuskeln, sowie die unvollständige Lähmung der Lidheber.

Das reine Bild der progressiven Ophthalmoplegie, das manchmal schon im jugendlichen Alter beginnt, ist selten.

Differentialdiagnostisch kommen hauptsächlich Taboparalyse und Syphilis in Betracht.

Die bei Erkrankungen der Meningen beobachteten okularen Erscheinungen.

A. Meningitis cerebrospinalis epidemica. Die okularen Erscheinungen der Zerebrospinalmeningitis sind in Anlehnung an die allgemeine Disposition des Handbuches bereits auf Seite 482 abgehandelt.

B. Einfache eiterige Meningitis. Pupillen. Über das Verhalten der Pupillen läßt sich keine Regel aufstellen. Häufiger kommt Ungleichheit der Pupillen sowie öfterer stärkerer Wechsel in der Weite der Pupille und träge Lichtreaktion vor.

Motilität. Öfters ist konjugierte Deviation beobachtet worden, seltener fand sich Nystagmus. Augenmuskellähmungen bilden einseitig oder ungleich stark auf beiden Seiten ein häufiges Symptom. Am häufigsten ist der Okulomotorius, etwas weniger häufig der Abduzens befallen.

Vereinzelt kam es zu Orbitalentzündungen mit Thrombosenbildung in den Venen.

Die Häufigkeit der Veränderungen im Augenhintergrund wird verschieden angegeben. Hansen kam zu dem Schluß, daß sich bei komplizierten Extraduralprozessen in 20 % Veränderungen im Augenhintergrund finden und zwar in 10 % leichte Papillentrübung, in 10 % Neuritis optica; bei der Meningitis purulenta fand er in 50 % ophthalmoskopisch nachweisbare Veränderungen, nämlich in 25 % leichte Papillentrübung, in 25 % Neuritis optica. Stauungspapille und ihre Folgezustände wurden öfters festgestellt.

Metastatische Ophthalmie trat selten auf.

C. Die Meningitis serosa und verwandte Zustände. In bezug auf das Verhalten der Pupillen läßt sich kein bestimmter Typus der Störung angeben. Sie werden bald als eng, bald als erweitert, öfters als ungleich, entweder träge oder überhaupt nicht auf Licht reagierend, angegeben.

Nystagmus fand sich häufig. Lähmungs- oder Krampfzustände von Augenmuskeln, konjugierte Deviation sind selten. Am häufigsten wurde Lähmung des Abduzens festgestellt. In ganz seltenen Fällen kam es zur Lähmung aller inneren und äußeren Augenmuskeln.

Ausnahmsweise trat Exophthalmus, Lagophthalmus und Keratomalazie auf.

Augenhintergrunderkrankungen sind sehr häufig, viel häufiger als bei anderen meningealen Erkrankungen, von den leichtesten Graden venöser Hyperämie bis zur hochgradigsten Stauungspapille und ihrer Folgezustände.

Öfters wurden Fälle plötzlicher Erblindung ohne ophthalmoskopischen Befund beobachtet.

D. Meningitis tuberculosa. Die tuberkulöse Meningitis ist die häufigste Erkrankung der Meningen, besonders bei Kindern.

Das Verhalten der Pupillen hat nichts Charakteristisches. In vorgerücktem Stadium werden sie gewöhnlich als weit und lichtstarr angegeben. In zwei Fällen, in denen das Cheyne - Stokessche Atemphänomen bestand, waren während der Atempause die Pupillen mittelweit, bei Beginn der Atmung erweiterten sie sich langsam und stark, um nach Aufhörung der Atmung rascher als die Erweiterung erfolgte, zurückzufallen; während der Pause reagierten die Pupillen auf Lichteinfall und auf Hautreize überhaupt nicht. Einmal bestand paradoxe Pupillenreaktion, insofern als die Pupillen in der Dunkelheit sich auf Stecknadelkopfgröße zusammenzogen und sich bei Lichteinfall erweiterten.

Konjugierte Deviation wurde öfters beobachtet, ebenso Nystagmus. Augenmuskellähmungen kommen in den verschiedensten Variationen vor. Vereinzelt wird Lagophthalmus und Exophthalmus angegeben.

In bezug auf die Augenhintergrundsveränderungen werden assoziierte und konsekutive unterschieden. Von den assoziierten ist der in 15—20 % vorkommende Tuberkel der Chorioidea zu nennen, in zweiter Linie das Auftreten einer ein- oder doppelseitigen Entzündung des Sehnerven. Bei meningitischen Erscheinungen wird durch den Befund von Chorioidealtuberkeln die Diagnose der tuberkulösen Form der Erkrankung zweifellos. Von konsekutiven Veränderungen des Augenhintergrundes fand sich öfters Stauungspapille und Entzündung des Sehnerven sowie Atrophie.

Bei der tuberkulösen Konvexitätsmeningitis sind Erscheinungen am Optikus nicht beobachtet.

E. Meningitis syphilitica. Die syphilitische Affektion der Meningen tritt in drei verschiedenen Formen auf. Man kann unterscheiden: die gummöse Infiltration, disseminierte Miliargummata, die entzündliche oder sklerosierende Meningitis (Teissier - Roux).

Das Verhalten der Pupillen bietet hier noch weniger als bei den anderen meningitischen Krankheitsformen einen bestimmten Typus dar. Bei dem gewöhnlich chronischen Verlauf, bei dem verschiedenen Sitz der Affektionen, bei der sprungweise eintretenden Besserung ist ein wechselndes Verhalten der Pupillen, deren Präzisionsmechanismus so leicht auf die verschiedenartigsten Störungen gerade der Meningen reagiert, selbstverständlich. Bald sind sie weit und zeigen träge oder aufgehobene Reaktion, bald sind sie eng und einseitig oder doppelseitig reflektorisch starr. Ausnahmsweise wurden Hippus iridis, paradoxe Pupillenreaktion und hemianopische Starre beobachtet.

Nystagmus wurde öfters beobachtet, Augenmuskellähmungen kommen sehr häufig vor und zwar ist weitaus am häufigsten der Okulomotorius, dann der Trochlearis, dann der Abduzens befallen.

Konjugierte Deviation, Augenmuskelkrampf, Lagophthalmus, Keratitis neuroparalytica gleichzeitig mit Versiegen sowohl der psychischen als reflektorischen Tränensekretion, Exophthalmus wurden ausnahmsweise beobachtet.

Optikusveränderungen verschiedenen Grades von der leichten Hyperämie bis zur Stauungspapille sind öfters festgestellt worden. Ausnahmsweise bestand das Bild der Neuroretinitis syphilitica.

Von den funktionellen Störungen bemerke ich, daß Hemianopsie beobachtet wurde mit und ohne hemianopische Starre.

F. Pachymeningitis haemorrhagica interna. Sie kommt vorzüglich in den vorgerückten und mittleren Lebensjahren, selten bei Kindern zur Beobachtung.

Veränderungen an den Pupillen ohne irgendwelches charakteristisches Gepräge wurden häufig festgestellt. Konjugierte Deviation und Augenmuskellähmungen sind öfters, Nystagmus selten beobachtet. Manchmal fand sich Stauungspapille ohne Atrophie des Optikus.

Tumoren der Meningen. Die zirkumskripten Tumoren können in klinischer Hinsicht nicht von den Gehirntumoren getrennt werden, vielleicht ist späterhin eine Trennung der diffusen Neubildungen davon möglich, da diese zuweilen ein ganz eigentümliches Symptomenbild gaben.

Veränderungen der Weite und der Reaktion der Pupillen wurden öfters beobachtet ohne irgendwie charakteristisch zu sein. Augenmuskellähmungen und Sehnervenveränderungen, Stauungspapille und Atrophie traten häufig auf.

Syphilis cerebrospinalis.

Es sollen hier nicht alle Veränderungen des Auges besprochen werden, die infolge einer spezifischen Infektion sich einstellen können. In diesem Falle müßten auch die auf Syphilis beruhenden entzündlichen Affektionen des vorderen Bulbusabschnittes usw. in den Kreis der Betrachtung gezogen werden. Vielmehr sollen nur die Beziehungen der Syphilis des Nervensystems zum Auge eine Besprechung finden. Es wird dabei den Erscheinungen der „konstitutionellen" Syphilis insoweit Berücksichtigung geschenkt werden müssen, als sie nach allgemeiner Annahme Ausdruck einer spezifischen Erkrankung nervöser Elemente sind.

Die Syphilis ergreift die peripheren Nerven und die nervösen Zentralorgane. Die erstere Form interessiert hier nur, sofern primär und hauptsächlich die Augenmuskelnerven betroffen werden. Die primäre Erkrankung der peripheren Nerven wird im allgemeinen als selten angegeben; nach der herrschenden Annahme soll sie gegenüber der Erkrankung des zentralen Nervensystems weit zurücktreten. Letztere kann sich entweder auf das Gehirn oder auf das Rückenmark beschränken oder sie befällt beide Abschnitte zugleich. Für die vorliegenden Erhebungen bleibt es belanglos, ob eine primäre Erkrankung der Meningen oder der Gefäße oder der nervösen Substanz vorliegt, es handelt sich lediglich darum, ob die Erkrankung eine direkte oder indirekte Schädigung der Augennervenbahnen, der optischen Bahnen und der Pupillenbahnen zur Folge hat.

A. Erkrankungen der Augenmuskeln. Absolute Pupillenstarre. Am häufigsten wird bei der Syphilis die absolute Pupillenstarre sowohl einseitig als auch doppelseitig beobachtet. Der Grad der Störung kann auf beiden Augen verschieden sein.

Sie kommt vor bei einer Alteration der im Nervus oculomotorius verlaufenden zentrifugalen Pupillenfasern, und zwar sowohl bei intraorbitaler als bei basaler und faszikulärer Läsion; sie tritt weiterhin auf bei einer Schädigung, die im Ganglion ciliare oder in dem dem Sphincter pupillae zugehörigen Abschnitt des Okulomotoriuskernes ihren Sitz hat. (Abb. 2.)

Der Okulomotorius erkrankt primär und sekundär in ähnlicher Weise wie wir dies noch bezüglich des Sehnerven bei der Besprechung der zentripetalen Pupillenstörung sehen werden.

Zwischen dem pathologisch-anatomischen Bilde und den klinischen Erscheinungen braucht kein Parallelismus zu bestehen. So kann trotz vollständiger Durchwucherung des Nervenstammes mit syphilitischem Granulationsgewebe die Lähmung sich auf einen oder einzelne Muskeln beschränken, während umgekehrt bei geringfügiger mikroskopischer Veränderung wiederholt sich alle Muskeln ergriffen zeigten (Oppenheim, Uhthoff, Nonne).

Die Erkrankung des dem Sphinkter zugehörigen Teiles des Okulomotoriuskerns kann auf der verschiedensten pathologisch-anatomischen Basis beruhen. Neuere Untersuchungen haben ergeben, daß die Kernlähmung gegenüber der Läsion des Okulomotoriusstammes weit zurücktritt (Wilbrand, Sänger, Nonne).

In den Fällen, wo eine Erkrankung der eben genannten Teile des Nervensystems vorliegt, ist bei vorhandener absoluter Starre die Pupille nahezu ausnahmslos erweitert.

In seltenen Fällen soll aber auch bei der Syphilis eine absolute Starre mit Miosis sowohl doppelseitig als einseitig beobachtet sein.

Man denkt bei dieser Sachlage an einen Krampf des Sphinkter, bedingt durch eine syphilitische Konvexitätsmeningitis, die in der Regel mit anderen Symptomen der Rindenreizung verbunden ist (Köppen, Weygandt).

Für die Fälle, wo die absolute Starre mit Miosis viele Jahre bestand (Nonne), dürfte die eben gegebene Erklärung wohl kaum zutreffen.

Die absolute Pupillenstarre kommt bei der Syphilis isoliert vor oder zusammen mit einer Lähmung des Akkommodationsmuskels.

Besteht sowohl eine Lähmung des Sphincter pupillae als des Akkommodationsmuskels, so ist das Krankheitsbild der Ophthalmoplegia interna gegeben.

Es kommt beiderseits, und zwar in gleichem oder verschiedenem Grade, viel häufiger aber einseitig vor.

Die Pupillen sind dabei immer mehr oder minder stark erweitert.

Die Lähmung braucht die beiden Binnenmuskeln nicht gleichmäßig stark zu treffen. In der Regel ist beim Bestehen einer Differenz der Ziliarmuskel weniger geschädigt (Schanz, Bechterew, Nonne, Bach).

Die Ursache dieses Krankheitsbildes soll meist in einer Kernerkrankung zu suchen sein (Uhthoff, Fejér), seltener in einer Läsion des Okulomotoriusstammes (Bumke, Oppenheim), jedoch hat es nicht an Widerspruch gegenüber dieser Anschauung gefehlt (Wilbrand, Sänger, Nonne).

Die Angaben über die Häufigkeit der Ophthalmoplegia interna bei der Syphilis zeigen keine Übereinstimmung. Betont muß werden, daß dieser Symptomenkomplex nach Ansicht vieler Autoren, denen ich mich auf Grund eigener Beobachtungen anschließe, häufiger infolge Syphilis als infolge von Paralyse und besonders von Tabes vorkommt.

Sowohl die absolute Starre als die Ophthalmoplegia interna sind einer spezifischen Therapie zugänglich.

Die Prognose ist jedoch keine günstige und es muß betont werden, daß auch in den Fällen, wo ein Rückgang der genannten Störungen erfolgte, zuweilen nachträglich, manchmal allerdings erst nach Jahren Tabes oder Paralyse eintrat.

Außer der Kombination: Lähmung des Sphincter pupillae und des Ziliarmuskels soll bei der Syphilis auch eine solche von reflektorischer Starre und Akkommodationslähmung vorkommen (Nonne).

Etwas häufiger, aber gleichfalls selten kommt eine gleichzeitige Erkrankung der inneren Augenmuskeln zusammen mit den äußeren zur Beobachtung.

B. Erkrankungen der Netzhaut und der optischen Bahnen. Nach der Häufigkeit des Vorkommens dürften wohl die Störungen der Sehbahn in zweiter Reihe stehen.

Der Nervus opticus erkrankt primär und sekundär.

Die primäre Neuritis in Form der Heubnerschen Gefäßerkrankung oder in Form von gummösen Einlagerungen in die nervöse Substanz ist im allgemeinen selten. In der Regel handelt es sich um eine sekundäre Schädigung des Nerven durch Gummata oder meningitische Entzündung, die zu den verschiedenartigsten Veränderungen des Nerven durch Druck und Entzündung führen kann.

Noch häufiger als der Nervus opticus werden das Chiasma und die Tractus optici von den syphilitischen Wucherungen ergriffen und erkranken im Gegensatz zu jenem vielfach primär.

In der Netzhaut kommt es bei der Syphilis zu diffusen oder circumscripten Entzündungen. Im ersteren Falle ist die Netzhaut im ganzen, hauptsächlich in der Umgebung der Papille getrübt (Abb. 42). — Auch Syphilis hereditaria kann zu Retinitis führen. In der Regel sieht man infolge der abgelaufenen Entzündung zahlreiche kleine schwarze oder helle Flecke (Abb. 43).

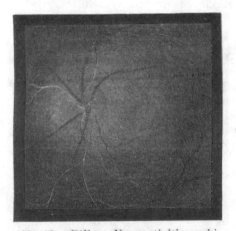

Abb. 42. Diffuse Neuroretinitis syphilitica.

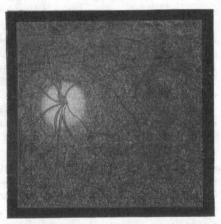

Abb. 43. Neuroretinitis bei Syphilis hereditaria.

In der Regel leiden die Sehfasern und Pupillarfasern in gleichem Grade, doch können die einzelnen Fasersysteme auch verschieden schwer, ja isoliert befallen werden.

Eine Schädigung des Sehnerven in seinem ganzen Querschnitt führt zur amaurotischen Starre, eine bei der Syphilis des Nervensystems nicht seltene Erscheinung. Sie ist häufiger einseitig als doppelseitig.

Fast regelmäßig ist die amaurotisch starre Pupille erweitert; ausnahmsweise soll Miosis eintreten.

Bei einem solchen Zusammentreffen ist zu beachten, daß neben der amaurotischen Starre und unabhängig von ihr reflektorische Starre bestehen und die Erklärung für die Miosis abgeben kann.

Bei Erkrankungen des Chiasma und der Tractus optici wird Hemianopsie und eventuell damit verbundene hemianopische Pupillenstarre eintreten können (Friedländer, Kempner, Demicheri, Lenz, Nonne).

C. Reflektorische Starre. Der Streit, ob die reflektorische Pupillenstarre ein syphilitisches oder ein metasyphilitisches Symptom darstellt, ist noch immer unentschieden. Die Mehrzahl der Autoren stimmt darin überein, daß die Tabes und die progressive Paralyse weitaus den größten Anteil an ihr haben, doch scheint festzustehen, daß auch bei reiner Syphilis reflektorische Pupillenstarre vorkommt.

Die Häufigkeit des Vorkommens wird außerordentlich verschieden angegeben. Einige fanden sie keineswegs selten, ja Babinsky geht sogar soweit, ihr Auftreten stets auf eine spezifische Erkrankung der nervösen Organe zurückzuführen. Die Mehrzahl der Autoren, denen Verfasser auf Grund seiner Beobachtungen sich anschließt, bezeichnet ihr Vorkommen bei der reinen Syphilis als selten.

Höchstwahrscheinlich gehen die Anschauungen über diesen Punkt deshalb soweit auseinander, weil der Begriff der reflektorischen Starre verschieden gefaßt wird. Es sind häufig Fälle von unvollkommener absoluter Starre mitgerechnet worden, ja es sind, soweit ich ersehe, auch Verwechslungen mit der amaurotischen Starre untergelaufen.

Die Entscheidung, ob die reflektorische Starre ein syphilitisches oder metasyphilitisches Symptom ist, wird dadurch erschwert, daß bei Tabes und der progressiven Paralyse so außerordentlich häufig eine syphilitische Infektion nachgewiesen werden kann. Es soll dabei der Prozentsatz der vorausgegangenen Infektion und der reflektorischen Starre sich nahe kommen, ein Umstand, der zugunsten der Anschauung verwertet wird, daß die reflektorische Starre ein syphilitisches Symptom sei. Zur Stütze dieser Anschauung wird auch darauf aufmerksam gemacht, daß die reflektorische Starre bei Aortenaneurysmen nur deshalb so häufig anzutreffen sei, weil beide Erscheinungen in der spezifischen Infektion ihre gemeinsame Ursache hätten. Endlich wird gesagt, daß bei angeblich gesunden Personen mit reflektorischer Starre bei der Sektion wiederholt eine syphilitische Erkrankung nachgewiesen worden sei.

Es sei nicht angängig, in allen diesen Fällen die Kombination von reflektorischer Starre und Syphilis für einen Zufall erklären und ihr einen inneren Zusammenhang absprechen zu wollen.

Eine große Schwierigkeit für die Entscheidung der Frage, ob die reflektorische Starre als syphilitisches oder metasyphilitisches Symptom aufzufassen ist, liegt darin, daß dem Auftreten der reflektorischen Starre gelegentlich erst nach 10 Jahren oder noch längerer Zeit anderweitige tabische oder paralytische Symptome folgten.

Ob daraus gefolgert werden darf, daß auch die reflektorische Starre von vornherein ein metasyphilitisches und kein syphilitisches Symptom gewesen sei, erscheint zweifelhaft.

Meiner Meinung nach ist aus dem Vorhandensein der reflektorischen Starre nicht mehr als die hohe Wahrscheinlichkeit einer Infektion zu entnehmen und in den positiven Fällen die Folgerung erlaubt, daß die Syphilis, wie Erb sagt, ihre Wirkung auf das Zentralnervensystem zu entfalten beginnt. Bezüglich der Prognose der Erkrankung des Nervensystems sagt sie nichts aus, jedenfalls aber gibt sie eine energische Mahnung ab, bezüglich des ferneren Schicksals des Kranken auf der Hut zu sein.

Ihre möglichst frühzeitige Feststellung bei früher syphilitisch Infizierten ist deshalb von so eminenter Bedeutung, weil dann noch meist die anderweitigen Erkrankungen des Nervensystems gering sind und wir damit freiere Hand für unsere therapeutischen Maßnahmen haben.

Bezüglich des Zeitpunktes des Auftretens der reflektorischen Starre bei der Syphilis ist zu sagen, daß das Symptom in der Regel den späteren Stadien des Leidens angehört, höchst selten ist es in der Frühperiode beobachtet.

Irgendwelche Besonderheiten des klinischen Bildes speziell bei der Syphilis sind nicht festgestellt.

Relativ selten kommt die Kombination der reflektorischen Starre mit einer Lähmung äußerer Augenmuskeln zur Beobachtung. Man hat in dieser Kombination einen für Hirnlues charakteristischen Befund erblickt (Bumke, Uhthoff).

Meine Beobachtungen fordern zu weiteren Untersuchungen in der Richtung auf.

D. Störung der reflektorischen Erweiterung der Pupille auf psychische und sensible Reize. Untersuchungen über den Einfluß psychischer und sensibler Reize auf die Pupille bei der Syphilis des Zentralnervensystems liegen erst aus jüngster Zeit vor. Es wurde festgestellt, daß, ebenso wie bei der Tabes und progressiven Paralyse, die Erweiterung der Pupille auf Schmerzreize, von ganz wenigen Ausnahmen abgesehen, gleichzeitig mit der Lichtreaktion erlischt.

So lange der Lichtreflex noch vorhanden, wenn auch herabgesetzt ist, braucht die sensible Reaktion keine Veränderung zu zeigen, mit Eintritt der reflektorischen Starre aber ist auch sie nicht mehr auslösbar.

Die Pupillenunruhe die am feinsten die Schwankungen der sensiblen Einflüsse und des psychischen Lebens wiederspiegelt, fehlt dagegen oft schon zu einer Zeit, wo das Spiel der Irismuskeln noch normal erscheint. Ihr Schwinden hat eine hohe Bedeutung, da daraus zu folgern ist, daß eine Störung in der Irisinnervation eingetreten ist.

Charakteristisch ist allerdings das Ausbleiben der Pupillenunruhe für die Syphilis des Zerebrospinalsystems keineswegs, da es z. B. auch bei der Tabes und der progressiven Paralyse und besonders bei der Dementia praecox beobachtet wird, es erweckt lediglich den Verdacht eines organischen Nervenleidens.

E. Entrundung der Pupille. Anisokorie. Im Anschluß an die Besprechung des Vorkommens der reflektorischen Starre und der Störung der reflektorischen Erweiterung der Pupille auf psychische und sensible Reize möchte ich der Entrundung der Pupille, die ja häufig gleichzeitig mit diesen Störungen beobachtet wird, ferner der Anisokorie Erwähnung tun.

Vorübergehende oder dauernde Unregelmäßigkeiten des Pupillenrandes sollen eine hohe diagnostische und prognostische Bedeutung besitzen und häufig oder fast ausnahmslos das Zeichen einer syphilitischen oder metasyphilitischen Erkrankung sein (Dufour, Joffroy, Schramek, Piltz).

Ich will keineswegs die diagnostische Bedeutung der Entrundung der Pupille in Zweifel ziehen, doch geht der eben angegebene Standpunkt viel zu weit. Gar nicht selten stellt die Entrundung der Pupille — und zwar gilt dies besonders von den geringeren Graden — ein harmloses, gelegentlich angeborenes Symptom dar.

Nach dem im allgemeinen Teile Gesagten braucht nicht des näheren angeführt zu werden, daß der Anisokorie ohne Reaktionsstörung keine spezielle Bedeutung als syphilitisches Pupillensymptom zukommt — eine Anschauung, welche früher viele Anhänger hatte und immer wieder auftaucht.

F. Intermittierende Pupillenstarre. Erholungsreaktion der Pupillen. Paradoxe, neurotonische und myotonische Pupillenreaktion. Springende Mydriasis. Zum Schluß sei noch einiger seltener Pupillenphänomene gedacht, die bei der Syphilis festgestellt wurden.

Die intermittierende Pupillenstarre, d. h. die Wiederkehr einer vorher erloschenen Lichtreaktion wurde wiederholt bei der Syphilis des Zerebrospinalsystems beobachtet (Landesberg, Klinkert, Buttersack, Oppenheim, Siemerling, Oestreicher u. a.). Die Wiederkehr der Lichtreaktion erfolgte meist nach Einleitung einer spezifischen Behandlung, woraus mit größter Wahrscheinlichkeit auch auf die spezifische Ursache der vorher vorhandenen Starre geschlossen werden darf.

Der intermittierenden Pupillenstarre kommt eine gewisse differentialdiagnostische Bedeutung zu, indem sie im Zweifelsfalle für eine syphilitische und gegen eine metasyphilitische Erkrankung spricht.

Der intermittierenden Pupillenstarre ist die Erholungsreaktion der Pupillen (Sänger) an die Seite zu stellen. Es handelt sich dabei um die vorübergehende Wiederkehr eines vorher fehlenden Lichtreflexes nach verschieden langem Aufenthalt im absoluten Dunkelraum. Diese Erscheinung ist wiederholt bei Kranken mit Hirnsyphilis festgestellt worden. Bei Tabikern wurde die nur herabgesetzte Lichtreaktion auf diese Weise ebenfalls gebessert; war sie aber vorher vollständig geschwunden, so vermochte eine noch so lange Verdunkelung des Auges keine Rückkehr des Lichtreflexes zu erzielen. Sollte dieser Befund durch weitere Untersuchungen bestätigt werden, so wäre er ein wertvolles Hilfsmittel, um in Fällen von isolierter reflektorischer Pupillenstarre die Frage, ob Hirnsyphilis oder Tabes vorliegt, zu entscheiden. Immerhin wollen neuerdings verschiedene Autoren dieses Phänomen auch bei Tabes beobachtet haben.

Der Vollständigkeit halber sei hier noch erwähnt, daß bei der Syphilis des Nervensystems auch paradoxe Pupillenreaktion beobachtet wurde (Bechterew, Frenkel, Wilbrand, Saenger). Ferner hat man die neurotonische und myotonische Pupillenreaktion, sowie den Hippus und die „springende Mydriasis" in Beziehung zu syphilitischen Erkrankungen gebracht (Straßburger, König, Clarke, Homèn).

Dementia paralytica.

Bei der Dementia paralytica werden eine Reihe von Veränderungen am Auge beobachtet. Seltene Vorkommnisse stellen Lähmungen der äußeren Muskulatur und konjugierte Deviationen dar, etwas häufiger werden Optikusatrophien und Netzhautveränderungen beobachtet, sehr häufig kommen Pupillenanomalien (absolute und reflektorische Starre, Pupillenungleichheit) etc. vor.

Auch ohne ophthalmoskopischen Befund treten nicht selten Sehstörungen auf, die meist ihren Grund in Erkrankungen des Hinterhauptlappens haben.

Es handelt sich bei diesen Sehstörungen entweder um einfache Amblyopien verschiedenen Grades, um Amaurose, um Hemianopsie oder auch um sog. Seelenblindheit (siehe S. 479).

Den Gesichtssinn betreffende Halluzinationen und Illusionen sind nicht selten beobachtet.

Über die Häufigkeit der Optikusatrophie bei der Dementia paralytica gehen die Angaben der einzelnen Statistiken nicht unerheblich auseinander. Die von einigen Autoren gemachte Angabe eines Vorkommens in ungefähr 6—10 % der Fälle stimmt mit meinen eigenen Erfahrungen überein, wobei ich betonen möchte, daß die Sehnervenatrophie bei der reinen Paralyse seltener auftritt als bei der Taboparalyse.

Manche Autoren fanden öfters eine gleichmäßige, mehr oder weniger intensive ausgedehnte Trübung der Netzhaut und der Papille. Ich habe diesen Befund nur ganz ausnahmsweise erhoben.

Scheibenförmige Makulatrübungen und gelbe bis gelbrote Flecken in der Fovea centralis ohne nennenswerte Sehstörung sind bei der Dementia paralytica und anderen Geisteskrankheiten manchmal beobachtet (Kuhnt und Wokenius).

Wie schon oben erwähnt, sind **Pupillenanomalien** bei der Dementia paralytica ein recht häufiges Vorkommnis. Da ihnen auch eine erhebliche diagnostische Bedeutung zukommt, sollen sie ausführlicher besprochen werden.

Die bei der Dementia paralytica beobachteten Pupillenerscheinungen sind recht mannigfaltig; eine hervorragende semiologische Bedeutung kommt aber nur der **reflektorischen Starre** zu. Gesellt sich diese Störung zu vorhandenen geistigen Anomalien, oder auch nur zu unbestimmten nervösen Symptomen, so steht die Diagnose „progressive Paralyse" so gut wie sicher. Die Mannigfaltigkeit der Pupillenstörungen bei der Paralyse kann nicht wundernehmen, da in neuerer Zeit die Beweiskette sich schließt, daß das ganze Nervensystem bei der Paralyse Sitz eines chronischen Entzündungsprozesses sein kann.

Stellen wir den naheliegenden Vergleich mit dem Verhalten der Pupillen bei der Tabes an, so verstehen wir leicht dieses relativ variable Verhalten der Pupillen bei der Paralyse, da bei ihr der der Tabes eigentümliche Krankheitsprozeß neben anderweitigen Veränderungen im Nervensystem, insbesondere Veränderungen an der Hirnrinde und an den von da ausgehenden, zu Pupillenzentren hinziehenden Bahnen bestehen kann.

Die Angaben über den Prozentsatz des Vorkommens reflektorischer Starre bei der progressiven Paralyse weichen nicht unerheblich voneinander ab. Den Grund hierfür dürfen wir zum Teil in der verschiedenen Auffassung des Begriffes „Reflektorische Starre" suchen. Die einen Autoren zählen nur solche Fälle mit, bei denen vollständige direkte und indirekte Lichtstarre besteht, während andere auch die Fälle mit einrechnen, wo diese Reaktionen nur herabgesetzt sind. Wieder andere rechnen zu der reflektorischen Starre auch die absolute Starre und verschieben auf diese Weise den Prozentsatz. Meiner Meinung nach müssen die Fälle, wo die direkte und indirekte Lichtreaktion, wenn auch nur einseitig, herabgesetzt ist, mitgezählt werden, während es mir zunächst richtiger erscheint, die Fälle von absoluter Starre auszuschalten. Nach Uhthoff findet sich ausgeprägte reflektorische Starre bei der progressiven Paralyse in 35%. Daneben notiert er träge bis ganz minimale Pupillenreaktion bei total 24%.

Typische Fälle reflektorischer Starre sollen dann besonders häufig vorkommen, wenn Tabeserscheinungen das Bild der Paralyse begleiten. Mit diesen Angaben stimmen im allgemeinen meine Beobachtungen überein, jedoch will ich nicht verschweigen, daß ich auch typische reflektorische Starre ohne irgendwelche anderweitige Tabessymptome bei der Paralyse sah. Man kann sich darüber im Hinblick auf die Tatsache, daß die reflektorische Starre viele Jahre isoliertes Tabessymptom bleiben kann, nicht wundern.

Mit der Ausbildung der Lichtstarre geht meist ein Schwund der Reaktion auf sensible Reize Hand in Hand. Ist der Lichtreflex völlig erloschen, so beobachtet man nur noch ausnahmsweise eine Erweiterung auf Hautreize (Hübner, Verfasser).

Eine Rückbildung der reflektorischen Starre nebst den anderen Krankheitssymptomen ist bei der Paralyse beobachtet, dürfte aber außerordentlich selten vorkommen; meist hat es sich bei diesem Vorkommnis wohl um sog. Pseudoparalyse gehandelt (Fürstner, Gaupp). Ich verfüge auch über eine derartige Beobachtung.

Die zweithäufigste Pupillenstörung bei der Paralyse ist die **absolute Starre**. Uhthoff fand diese in 9%.

Die Pupillen können dabei hochgradig erweitert sein, und zwar soll diese hochgradige Erweiterung hie und da beim Beginn der Paralyse auftreten (Hoche, Wollenberg). Öfter wurde eine auffällige Weite im paralytischen Anfall beobachtet, und zwar auch dann, wenn vorher enge und reflektorisch starre Pupillen vorhanden waren. Es wäre von Wichtigkeit festzustellen, ob bei solchen Fällen in der Remission die reflektorische Erweiterung erloschen ist.

Außer der absoluten mydriatischen Starre soll bei der Paralyse auch eine absolute miotische Starre in der Anfallsperiode vorkommen.

Man faßt dieselbe als einen Sphinkterkrampf auf, und zwar besonders deshalb, weil häufig damit Spasmen anderer Muskeln, besonders der Augenmuskeln verbunden sind; als Ort der Auslösung nimmt man die Hirnrinde an.

Neben der absoluten Starre infolge Sphinkterlähmung, wobei eine partielle Atrophie der Iris ausnahmsweise beobachtet wurde, kann eine Lähmung des Akkommodationsmuskels bestehen (Ophthalmoplegia interna). Der Grad der Lähmung beider Muskeln kann ein verschiedener sein. Über die Häufigkeit des Vorkommens einer Akkommodationslähmung bei der Paralyse lassen sich nur schwer ganz zuverlässige Angaben machen, da sehr häufig die Aufregung und die Demenz der Kranken eine Prüfung der Akkommodation unmöglich machen.

Nach meinen persönlichen Erfahrungen kommt die Ophthalmoplegia interna hauptsächlich bei solchen Fällen zur Beobachtung, wo die Differentialdiagnose zwischen Paralyse und Lues cerebri schwankt. Zurzeit neige ich auf Grund meiner Erfahrungen der Ansicht zu, daß sie mehr als syphilitisches wie als paralytisches Symptom anzusehen ist. Es scheint nicht ausgeschlossen, daß infolge der Verschiedenheit des Materials die Statistiken der Psychiater und Augenärzte etwas auseinander gehen werden.

Die Tatsache, daß bei der Paralyse auch die reflektorisch starren Pupillen öfters mittelweit, ja mehr als mittelweit gefunden werden, erschwert sehr häufig die Differentialdiagnose zwischen reflektorischer und absoluter Starre.

Die Entscheidung wird gebracht durch das Verhalten der Konvergenzreaktion; da jedoch die Bemühungen, die Paralytiker zum Konvergieren zu bringen, häufig nur einen mangelhaften Erfolg haben, indem es nicht gelingt, die Konvergenz in der notwendigen Nähe festzuhalten, so ist die Entscheidung schwer, ja gelegentlich wenigstens bei einmaliger Untersuchung unmöglich.

Ich will nicht unterlassen zu bemerken, daß die manchmal auch bei absoluter Starre deutlich vorhandene Lidschlußreaktion zu Täuschungen Anlaß geben kann.

Man versäume bei der Feststellung der Differentialdiagnose zwischen absoluter und reflektorischer Starre nie das Verhalten der Pupillen auf sensible und psychische Reize zu prüfen. Fehlt z. B. bei einer Pupillenweite von 4 mm und darüber die Reaktion der Pupillen auf diese Reize, so spricht dies in gewissem Grade für absolute Starre, ist sie vorhanden, so kann man diesen Umstand im Sinne der Diagnose einer unvollständigen reflektorischen Starre verwerten.

Bei dem Vorhandensein einer im Rückgang begriffenen oder nicht voll ausgebildeten absoluten Starre wird gelegentlich die sog. myotonische Reaktion beobachtet.

Nicht ausgeschlossen ist natürlich auch das Vorkommen der neurotonischen Reaktion. Während diese jedoch nur ganz ausnahmsweise vorkommen wird, soll in 96 % der Fälle eine andere Anomalie der Lichtreaktion sich zeigen, nämlich das Fehlen der sog. sekundären Lichtreaktion (Weiler).

Als Ausnahme wurde bei der Paralyse Konvergenzstarre bei erhaltener Lichtreaktion beobachtet.

Ein recht häufiger Zustand bei der Paralyse ist die **Anisokorie**; auch soll nach Albrand der Grad der Anisokorie wie überhaupt die Pupillenweite, sowie die Form und Lagerung der Pupillen außerordentlich häufig wechseln.

Wegen der Mannigfaltigkeit der Innervationsstörungen der Iris bei der Paralyse und ihres oft zweifellos einseitigen Vorkommens dürften diese Beobachtungen nicht überraschen.

Irgend ein diagnostischer Wert für die Paralyse kommt selbstverständlich nach dem im allgemeinen Teil Gesagten der Anisokorie nicht zu, ihre Bedeutung liegt lediglich darin, daß sie häufig den Anlaß zu einer genauen Pupillenanalyse abgibt.

Die **„springende Mydriasis"** hat man zunächst als ein spezifisch paralytisches Symptom angesehen, sich aber bald überzeugt, daß dem nicht so ist. Immerhin möchte ich diesem Symptom nicht jede diagnostische Bedeutung für die Paralyse absprechen.

Das gleiche ist über den **„Hippus iridis"** zu sagen.

Ob auch der **„paradoxen Reaktion"** irgend ein diagnostischer Wert für die Paralyse zukommt, müssen weitere Untersuchungen erst entscheiden.

Relativ häufig wird bei der Paralyse **Entrundung** der Pupille beobachtet.

Soweit ich die Wirkung der Mydriatika und Miotika bei Paralytikern studieren konnte, sah ich keine nennenswerte Abweichung von dem normalen Verhalten, zu gleichem oder analogem Resultat sind auch andere Autoren gekommen.

Zum Schlusse bringe ich noch einige statistische Bemerkungen, wobei ich mich an Retzlaff anlehne (Inaug.-Diss. Berlin 1907). Retzlaff hat das Material der psychiatrischen und Nervenklinik der Charité untersucht.

Eine vergleichende Zusammenstellung von Retzlaff über die Häufigkeit der Pupillenstörungen bei Tabes und Paralyse ergibt folgendes Bild:

	gute Lichtreaktion	keine	träge
Paralyse	23,1 %	47,6 %	26,4 %
Tabes	9,4 %	78,1 %	10,4 %.

4. Kongenitale und heredofamiliäre Erkrankungen.

Der Begriff der Vererbung ist hier im Sinne der Übertragung körperlicher Eigenschaften auf die direkten oder indirekten Nachkommen, aber nicht im Sinne der Übertragung von Infektionskrankheiten gefaßt.

Bei der direkten Vererbung geht die Erkrankung des Vaters oder der Mutter oder beider ohne weiters auf die Kinder über; bei der indirekten werden eine oder mehrere Generationen übersprungen.

Von kollateraler Vererbung spricht man, wenn auf Grund einer kongenitalen Anlage bei mehreren Geschwistern dasselbe Leiden auftritt.

Bei der nachfolgenden Besprechung müssen alle vererbten Augenleiden, die ein fast ausschließlich spezialistisches Interesse darbieten, so die Kolobome der Iris, des Strahlenkörpers, der Aderhaut, des Sehnerven und der Linse, die exzentrische Lage der Pupille, die Pupillarmembran, die Verlagerung und die verschiedenartigen Trübungen der Linse etc. in Wegfall kommen. Erwähnung soll die Tatsache finden, daß auch im späteren Lebensalter Starbildung auf ererbter Anlage auftreten kann.

Die größte Rolle spielt bei der Vererbung von Augenleiden die kollaterale Vererbung; bei der indirekten Vererbung erfolgt in der Regel die Übertragung durch gesunde Mütter auf die männlichen Deszendenten.

Eine der interessantesten Erscheinungen stellen die erblichen Sehnerven- und Netzhauterkrankungen dar und soll deshalb deren Besprechung vorangestellt werden.

A. Kongenitale und heredofamiliäre Ophthalmopathien.

Die hereditäre Sehnervenatrophie beginnt in 80—90 % der Fälle als Neuritis retrobulbaris. Sie wird nur ausnahmsweise im ersten Lebensdezennium, in der Regel gegen Ende des 2. Jahrzehntes beobachtet.

Die Sehstörung pflegt ziemlich plötzlich sich einzustellen, einige Wochen zuzunehmen und dann meist stationär zu bleiben. Der Grad der dauernden Herabsetzung der Sehschärfe ist ein sehr verschiedener, er schwankt zwischen S = ½ und Fingerzählen in 1—2 m.

Die Sehstörung beginnt fast ausnahmslos mit einem relativen oder absoluten zentralen Skotom, während die Gesichtsfeldaußengrenzen zunächst normal bleiben und erst späterhin eine geringe Einschränkung zeigen.

Auffällig ist, daß trotz der hervorragenden Beteiligung des papillomakularen Bündels die Lichtreaktion der Pupille normal zu bleiben pflegt.

In den seltenen Fällen, wo es in kurzer Zeit zur Erblindung kam, trat fast immer wieder eine geringe Besserung des Sehvermögens ein. Im allgemeinen besteht bei den einzelnen befallenen Familien in bezug auf den Verlauf des Leidens, insbesondere auch in bezug auf den Grad der Herabsetzung des Sehvermögens eine weitgehende Übereinstimmung. Ausnahmsweise kommen aber auch, wie ich aus eigener Erfahrung weiß, erhebliche Differenzen vor. Fast regelmäßig erkranken beide Augen, jedoch nicht immer ganz gleichzeitig.

Der Augenspiegelbefund ist anfangs oft ganz negativ, hier und da zeigen sich leichte Entzündungserscheinungen an der Papille. Nach einiger Zeit kommt es zu einer zunächst temporalen, dann über den ganzen Optikusquerschnitt sich erstreckenden Atrophie. Die Papille nimmt meist ein weißgraues, leicht trübes Aussehen an. Manchmal kontrastiert das noch ziemlich gute Sehvermögen mit dem hohen Grad der atrophischen Verfärbung der Papille.

Die Behandlung des Leidens ist z. Zt. eine ziemlich aussichtslose.

Manchmal finden sich gleichzeitig noch andere Störungen im Nervensystem, Herzklopfen, Schwindel, Kopfschmerzen, Migräne, epileptische Anfälle etc.

Die Ursache des Leidens ist völlig unbekannt. Aktive Lues ist durch den negativen Ausfall der Serumreaktion recht unwahrscheinlich. Höchst auffällig ist die Bedeutung des weiblichen Geschlechts für die Anlage resp. die Vererbung der hereditären Sehnervenatrophie. Durch den mütterlichen Anteil der Keimzelle wird die Krankheitsanlage übertragen. Von der Krankheit befallen werden fast ausschließlich die männlichen Deszendenten. Die Tatsache der Übertragung durch die Mutter wird dadurch auch schlagend bewiesen, daß von einer Mutter stammende Stiefbrüder von dem Leiden befallen werden.

In neuester Zeit hat Behr ein Krankheitsbild beschrieben und mit dem Namen: Komplizierte infantile, familiäre Optikusatrophie belegt, das zweifellos eine innere Verwandtschaft mit der vorstehend beschriebenen Erkrankung zeigt. Behr beschreibt zusammenfassend das von ihm entdeckte Krankheitsbild folgendermaßen:

„In dem ersten Lebensjahr, möglicherweise sogar auch schon kongenital tritt ein ganz charakteristischer Symptomenkomplex auf, welcher in bezug auf den Augenbefund vollkommen übereinstimmt mit der familiären Optikusatrophie Lebers, außerdem aber noch leichte Störungen von seiten der Pyramidenbahn (Hypertonie und Reflexsteigerung), der Koordination (Ataxie und unsicherer Gang), Blasenstörungen und eine geringe geistige Minderwertigkeit aufweist. Die Augenveränderungen stehen bei weitem im Vordergrunde des ganzen Krankheitsbildes. Dieser Zustand bleibt durch viele Jahre hindurch vollständig stationär und ist bis jetzt nur bei Knaben beobachtet worden".

Differentialdiagnostisch kommen für die komplizierte infantile familiäre Optikusatrophie die Friedreichsche hereditäre Ataxie, die Hérédoataxie cérébelleuse (Pierre Marie), die familiäre Form der spastischen Spinalparalyse (Strümpell), die zerebrale Kinderlähmung und die hereditäre Form der kombinierten Erkrankung der Seiten- und der Hinterstränge, die hereditäre Lues cerebrospinalis, die kongenitale Myelitis und die multiple Sklerose in Betracht (Behr).

Retinitis pigmentosa.   Bei der Retinitis pigmentosa finden wir eine große Anzahl sternförmiger oder klumpiger schwarzer Pigmentflecken, die durch feine Ausläufer miteinander verbunden sind, ausschließlich oder vorzugsweise in der Peripherie des Augenhintergrundes.   In vorgeschrittenen Fällen erscheinen die Gefäße verschmälert, ja selbst in weiße Stränge umgewandelt und die Papille nimmt ein gelbliches und atrophisches Aussehen an.

An der Linse finden wir häufig den hinteren Polarstar oder eine sternförmige Trübung in der hinteren Kortikalis.

Die Sehstörung ist äußerst typisch, indem sich mit einer Nachtblindheit die hochgradigste konzentrische Gesichtsfeldeinschränkung verbindet.   Die zentrale Sehschärfe pflegt lange normal zu bleiben.

Häufig besteht Nystagmus.

In ursächlicher Hinsicht spielt Blutsverwandtschaft der Eltern eine erhebliche Rolle.   Sie kommt in ungefähr 30 % der Fälle vor.   Die männlichen Deszendenten sind mehr gefährdet wie die weiblichen.

Gleichzeitig mit der Retinitis pigmentosa findet sich häufig Taubstummheit, ferner Idiotismus, Mikro- und Hydrozephalus, überzählige Finger und Stottern.

Die Behandlung ist aussichtslos.

Subkonjunktivale Kochsalzinjektionen, Strychnin, Jodkali etc. bringen wohl etwa vorübergehende Besserung, aber weder Heilung noch dauernden Stillstand.

Angeborene Nachtblindheit.   Die angeborene Nachtblindheit ist eine ausgesprochen erbliche Affektion, bei der die Blutsverwandtschaft der Eltern eine erhebliche, aber keine so große Rolle spielt wie bei der Retinitis pigmentosa. Es erkranken in der Regel mehrere Geschwister derselben Familie und zwar die männlichen häufiger als die weiblichen.   Manchmal wird eine Generation vollständig übersprungen.

Albinismus.   Bei Personen mit allgemeinem Pigmentmangel besteht fast immer auch ein solcher im Augeninnern, sowie an den Wimpern und Augenbrauen.

Meist ist die Sehschärfe etwas herabgesetzt, es besteht eine Refraktionsanomalie und Nystagmus.

Charakteristisch ist außerdem das Fehlen der Fovea centralis.

Farbenblindheit.   Beim sogenannten Daltonismus (Rot-Grün-Blindheit, Dichromatie) und bei der seltenen totalen Farbenblindheit ist die Rolle der Erblichkeit eine sehr auffällige.   Bei dem Daltonismus herrscht der indirekte Vererbungsmodus mit besonderer Beteiligung des männlichen Geschlechtes vor. Es sind 3 % aller Männer und nur 0,3 % aller Frauen rot-grün-blind.

Bei der totalen Farbenblindheit spielt die kollaterale Vererbung die Hauptrolle.   Auch bei der Vererbung der Farbenblindheit finden wir die auffällige Tatsache, daß die Vererbung von normalen Töchtern auf männliche Erben erfolgt.

Glaukom.   Bei den verschiedenen Formen des Glaukoms, einschließlich des juvenilen Glaukoms des sog. Buphthalmus oder Hydrophthalmus congenitus, spielen erbliche Verhältnisse eine wichtige Rolle. Von erheblicher Bedeutung ist auch die Rasse. In großer Häufigkeit erkrankt z. B. die jüdische Bevölkerung.

Der Vererbungsmodus ist hier meist der direkte: Vater auf Sohn, Mutter auf Tochter, aber auch Vater auf Tochter usw. Die Erkrankung ist durch fünf Generationen hindurch auf diese Weise beobachtet. Indirekte und kollaterale Vererbung kommen gleichfalls vor.

Refraktionsanomalien. Bei den Refraktionsanomalien ist der Vererbungsmodus derselbe wie bei dem Glaukom, d. h. meist der direkte. Sämtliche Refraktionsanomalien werden unmittelbar oder in ihrer Anlage vererbt. Bei der Vererbung der Refraktionsanomalien kommt der Gestalt des Gesichtsschädels und der Augenhöhle eine gewisse Bedeutung zu.

B. Angeborene pathologische Zustände des Nervensystems.

Anenzephalie. Amyelie. Bei der Anenzephalie und Amyelie sind die Augäpfel im ganzen wohlgebildet, es fehlt nur die Ganglienzellen- und Nervenfaserschicht der Netzhaut und damit auch die normale Ausbildung des Optikus. In die Augen springt der kolossale Gefäßreichtum der mittleren Augenhaut. Höchst auffällig ist die normale Ausbildung der Muskulatur des Auges. Sie beweist ein anderes Abhängigkeitsverhältnis von Nerven und Muskeln im fötalen, als im postfötalen Leben. Die F u n k t i o n sei das Moment, das im postfötalen Leben die stärkere Abhängigkeit des Muskels vom Nerven bedinge.

Erbliche Augenmuskelstörungen. Idiopathischer N y s t a g m u s, in der Regel mit Amblyopie verbunden, aber auch ohne solche, kommt angeboren vor. Manchmal handelt es sich nicht um den echten Nystagmus, sondern um nystagmusartige Zuckungen, die gelegentlich nur bei bestimmten Blickrichtungen auftreten.

A u g e n m u s k e l l ä h m u n g e n kommen relativ oft angeboren zur Beobachtung. Am häufigsten wird Ptosis, dann Abduzenslähmung, weiterhin Lähmung sämtlicher äußerer Äste des Okulomotorius mit oder ohne gleichzeitige Lähmung des Abduzens und Trochlearis beobachtet. Es ist die Regel, daß dabei die inneren Augenmuskeln vollständig intakt bleiben.

Bei der Lähmung aller äußeren Augenmuskeln (Ophthalmoplegia externa) ist manchmal auch eine eigentümliche Schwäche der Fazialisinnervation zu bemerken, wodurch ein maskenartiger Gesichtsausdruck entsteht.

Bei den angeborenen Abduzenslähmungen trat öfters bei der Einwärtswendung des Blickes eine Retraktion des Augapfels ein.

An Stelle des Muskels wurde bei der angeborenen Lähmung einigemal ein bindegewebartiger Strang gefunden.

C. Progressive Muskelatrophien.

Bei der spinalen progressiven Muskelatrophie kommen in Ausnahmefällen Augenmuskellähmungen vor und zwar ist am häufigsten der Orbikularis befallen.

Bei der neurotischen Form der progressiven Muskelatrophie kommt außer und neben Augenmuskelstörungen neuritische Sehnervenatrophie zur Beobachtung.

Hérédoataxie cérébelleuse (P i e r r e M a r i e). Bei der Hérédoataxie cérébelleuse wurde eine Erkrankung des Optikus in der Form der totalen, einfachen (?) Atrophie beobachtet. Häufig war der Abduzens paretisch, nicht selten trat eine doppelseitige Ptosis auf.

D. Weitere heredofamiliäre Organopathien.

1. Hereditär-familiäre Ataxien.

Hereditäre Ataxie. Als fast konstantes Symptom treffen wir bei der hereditären Ataxie nystagmusartige Zuckungen. Beim Blick geradeaus pflegen die Augen ruhig zu stehen. Läßt man ein Objekt fixieren und bringt dies in die verschiedenen Blickrichtungen, so treten starke unregelmäßige Zuckungen der Augen ein, insbesondere bei den seitlichen Blickrichtungen.

In den seltenen Fällen, wo die nystagmusartigen Zuckungen fehlen, können sie hervorgerufen werden durch mehrmalige Drehung des Kranken um seine vertikale Achse (Mendel, Geigel). Diese Tatsache ist jedoch nicht für die hereditäre Ataxie pathognomonisch, indem man auch bei normalen Individuen durch Drehung solche Zuckungen hervorrufen kann.

Bei Drehung nach rechts weichen die Augen nach der rechten Seite ab und kehren nach dem Aufhören der Drehbewegung in zuckenden Bewegungen nach der Primärstellung zurück (Verf.).

Als sehr seltene Komplikation wurde Optikusatrophie beobachtet.

Névrite hypertrophiante et progressive de l'enfance. Bei dieser Erkrankung ist Atrophie der Lidschließmuskel zur Beobachtung gelangt. In den Fällen, wo die Bulbusmuskeln befallen wurden, kam es zu multiplen, unvollständigen Beweglichkeitsbeschränkungen, wobei die inneren Augenmuskeln fast immer verschont blieben. Es handelte sich bei dieser Erkrankung wahrscheinlich um primäre Degeneration der Augenmuskeln.

Atrophie olivo-ponto-cérébelleuse. Zuweilen bestanden Augenmuskellähmungen oder abnorme Augenstellungen oder auch Nystagmus. Ferner wurde einmal einfache Sehnervenatrophie beobachtet.

2. Hereditär-spastische Symptomenkomplexe.

Heredofamiliäre Form der spastischen Spinalparalyse und Littlesche Krankheit. In erster Linie steht hier das Bild des konkomitierenden Schielens; es soll in 30—40 % der Fälle vorkommen. In seltenen Fällen sind echter Nystagmus und nystagmusartige Zuckungen und Augenmuskelparesen beobachtet. Des weiteren tritt Sehnervenatrophie dabei auf. Ich habe dieselbe bei zwei Geschwistern zusammen mit Nystagmus und in dem einen Fall auch mit Strabismus gesehen.

Heredofamiliäre Form der amyotrophischen Lateralsklerose. Die okularen Erscheinungen sind die gleichen, wie bei „amyotrophischer" Lateralsklerose. S. Bd. 5, S. 3.

Hereditäre Form der kombinierten Erkrankungen der Seiten- und der Hinterstränge. Bei dieser Erkrankung ist als große Seltenheit Optikusatrophie beobachtet, die den klinischen Charakter der tabischen Atrophie trug.

Heredofamiliäre Form der Bulbusparalyse. Bei diesem Krankheitsbild sind, soweit ich sehe, okulare Symptome bisher nicht beobachtet worden.

Kongenitale Myelitis. Hierbei wurden Augenmuskelparesen, sowie Neuritis optica mit sekundärer Atrophie beobachtet.

3. Amaurotische familiäre Idiotie.

1. Progressive familiäre amaurotische Idiotie (Tay-Sachs). **2. Juveniler (Vogtscher) Typ der amaurotischen Idiotie.** Die in frühester Kindheit vorkommenden Fälle von Tay-Sachsscher amaurotischer Idiotie sowie die in den späteren Kinderjahren auftretenden Fälle des Vogtschen Typs stimmen in allen wesentlichen Punkten überein und sollen daher diese Krankheitsbilder zusammen und vergleichsweise besprochen werden. Ich halte mich dabei an das Resümee, das Kuffler (Beiträge zur Augenheilkunde, L. Voß, Hamburg 1910, S. 49) gegeben hat und verweise auch bezüglich der Literatur auf diese Arbeit.

A. Ätiologie. Die Krankheit ist für beide Formen exquisit familiär; der hereditäre Charakter ist durch Stammbaumfeststellungen in beiden Gruppen übereinstimmend erwiesen. Verwandtenehen spielen eine disponierende Rolle. Viele Individuen stammen aus neuropathisch und psychopathisch belasteten Familien. Lues ist nirgends festgestellt, Potatorium der Erzeuger mehrfach.

B. Symptome. Die charakteristische Gruppierung der Symptome ist in allen Fällen: Blindheit, Lähmung und Verblödung.

Die Blindheit ist zuweilen das erste Symptom. Sie beginnt langsam und schreitet allmählich fort, wird nach und nach eine vollständige.

Die Lähmung beginnt mit motorischer Schwäche, steigert sich bald zu völliger Gebrauchsunfähigkeit der Glieder. Sie ist bald schlaff, bald spastisch, ihr Typus stets zerebral, Beginn und Verlauf nie plötzlich, sondern allmählich.

Die Abnahme der psychischen Qualitäten geht Hand in Hand mit den vorstehenden Symptomen.

Als weniger charakteristisch, aber gelegentlich beobachtet sind zu erwähnen bulbäre Symptome: Sprach- und Schluckstörungen, ferner Pupillenanomalien und Augenmuskelstörungen, schließlich Inkoordination und Muskelatrophie, Gehörstörungen.

C. Verlauf. Der Verlauf ist exquisit progredient. Die Krankheit befällt bisher normale und gesunde Kinder. Blindheit, Lähmung und Demenz werden absolut vollständig. Zuletzt stellt sich ein Stillstehen der körperlichen Entwickelung ein. Hochgradiger Marasmus (Pädatrophie) führt schließlich zum Tode.

Dieses ganze Bild gilt für die Fälle der Sachsschen Form ebenso wie für die zweite Gruppe. Der Unterschied der beiden Formen liegt in folgenden Momenten:

a) Die für die Sachssche Form sichergestellte Prädisposition der jüdischen Rasse (61 von 86 Fällen) scheint für die Fälle der zweiten Gruppe nicht in dem Maße zu existieren.

b) Im ophthalmoskopischen Bilde zeigen die Fälle der Sachsschen Form außer Atrophia nervi optici den charakteristischen Makulabefund (Fig. 44). Die zweite Gruppe läßt letzteren durchaus vermissen, hier besteht nur Papillenatrophie. Vielleicht handelt es sich um eine durch den Altersunterschied bedingte

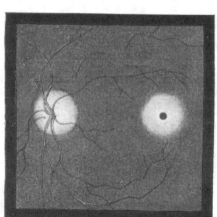

Abb. 44. Augenhintergrund bei amaurotischer familiärer Idiotie (Typus Fay-Sachs).

Erscheinung. Eine conditio sine qua non ist der Makulabefund auch für die Sachssche Form nicht.

c) Unterschied nach Alter und Verlauf. Die Fälle der Sachsschen Form treten im ersten Lebensjahre auf. Sie erreichen bald eine bedeutende Höhe und enden gegen Beginn des dritten Lebensjahres (oder zu Ende des zweiten) tödlich. Die Fälle der Gruppe 2 setzen später ein (14.—16. Lebensjahr). Innerhalb derselben Familie erkranken die Kinder meist im gleichen Alter. Ihr Verlauf ist ein mehr protrahierter.

Übergänge nach Alter und Verlaufsart zwischen beiden Gruppen existieren. Wesentlich ist, daß die Kinder erst normal sind, das Leiden beginnt nie von Geburt an. Die Sachssche Gruppe stellt sich als die intensivere Form dar, einmal insofern sie in früherem Alter einsetzt (das Gehirn versagt rascher), zweitens insofern der Verlauf mehr foudroyant ist.

Die trennenden Momente sind nur Modifikationen eines einheitlichen Typus. Die Sachssche Form und die Fälle unserer Gruppe 2 sind Repräsentanten einer gemeinsamen einheitlichen Krankheitsgruppe.

Die Affektion stellt sich als eine familiäre Erkrankung dar. Sie beruht demnach auf einer endogenen Ursache. Ihr bestimmendes Moment ist erst das Versagen, Insuffizientwerden bestimmter, meist zerebraler Systeme und Zentren. Später erkrankt das ganze Organ.

Für die Sachssche Form und die Fälle der zweiten Gruppe sind es das optische und motorische System, die primär versagen. Die Charakteristik der Krankheit liegt

      a) in dieser Kombination der anfangs betroffenen Systeme,

      b) in der Allgemeinbeteiligung des Zentralorgans (progredienter Charakter, der sich in der Demenz und raschem Verfall ausdrückt).

Die Idiotie spielt eine koordinierte Rolle. Sie ist nicht der Ausdruck der Schädigung, die dem Zerebrum durch Ausfall der bereits erkrankten Systeme erwächst, sondern der Ausdruck einer selbständigen Beteiligung des gesamten Zentralorgans am Krankheitsprozeß.

Für die Fälle der Sachsschen Gruppe kann die bisherige Bezeichnung beibehalten werden. Sie können durch die photographische Genauigkeit, mit der das Bild in den einzelnen Fällen sich wiederholt, als ein geschlossener Typus innerhalb der Gesamtgruppe gelten. Die Fälle der Gruppe 2 charakterisieren sich als familiäre zerebrale Diplegien von progressivem Verlauf, mit Blindheit und Demenz, einsetzend nicht im Säuglingsalter, sondern in den späteren jugendlichen Jahren. Vielleicht kann man sie als die juvenile Form der infantilen (von Sachs) gegenüberstellen.

Zwischen den einzelnen voll umgrenzten Krankheitsbildern kommen fließende Übergänge vor.

Typisch für die Sachssche Form ist weiterhin das fast ausschließliche Vorkommen bei polnisch-jüdischen Emigranten und zwar vorzugsweise in Amerika, für die juvenile Form gilt diese ethnologische Prädilektion nicht.

Pathologische Anatomie. Die Krankheit entwickelt sich an einem makroskopisch völlig normal veranlagten und entwickelten Zentralorgan, das keine Spuren von Entzündung, Ventrikelektasie u. Liquoransammlung zeigt. Das histopathologische Wesen der Erkrankung besteht in einem allörtlichen zytopathologischen Prozeß, welcher sich in der allgemein-kolossalen Schwellung des Zellkörpers und der Dendriten kundgibt.

In der Netzhaut findet man schwere Veränderungen in der Ganglienzellenschicht, an den Horizontalzellen, leichtere Veränderungen im Neuroepithel und an anderen Stellen. Die Achsenzylinder der Sehnervenfasern sind relativ gut erhalten.

Es handelt sich um eine primäre und elektive Zellerkrankung, welche bei dem völligen Fehlen exogener Noxen nur auf Grund einer abnormen Veranlagung aller nervenzelligen Elemente des Zentralnervensystems verständlich wird.

Die histopathologische Stereotypie ist ein so bezeichnender Zug dieser Krankheit, daß diese allein mit dem Mikroskop, namentlich mit Hilfe der Fibrillenfärbung zu diagnostizieren ist (Schaffer).

Die *Therapie* erwies sich bisher machtlos.

E. Angeborene und familiäre Dyskinesien.

Bei den dieser Gruppe angehörenden Krankheitsbildern sind die Augenmuskeln in der Regel unbeteiligt.

Den Fällen, die eine Beteiligung der Augenmuskeln zeigen, kommt anscheinend keine besondere Bedeutung für die Differentialdiagnose und Prognose zu.

5. Psychoneurosen.

Hysterie. Bei der Hysterie kommen häufige und äußerst mannigfache Störungen im Bereiche des Sehorgans vor. Sie lassen sich oft nur schwer von Simulation und Aggravation unterscheiden, besonders deshalb, weil eben die Übertreibung zum Bilde der Hysterie gehört.

Sehr oft begegnen wir Klagen, die größte Ähnlichkeit haben mit den Beschwerden, die eine chronische Konjunktivitis verursacht: Gefühl von Druck, Wärme oder Kälte, von Trockenheit, Brennen, Jucken, rasche Ermüdung, Schwere in den Augenlidern, Lichtscheu etc. Diese Beschwerden treten entweder nur bei Anstrengung der Augen oder auch in der Ruhe auf.

In bezug auf die Bindehaut ist ferner zu sagen, daß sehr häufig Anästhesie oder Hypästhesie bei der Hysterie beobachtet wird. Bei schwerer Sensibilitätsstörung pflegt auch die Hornhaut mit betroffen zu sein. Manchmal werden druckempfindliche Stellen in der Bindehaut oder der Umgebung der Augen angegeben, die besonders dann bedeutungsvoll für die Diagnose Hysterie sind, wenn die Druckpunkte den Austrittsstellen und dem Verlauf der Nervenäste nicht entsprechen.

Subjektive Lichtempfindungen werden sehr häufig geklagt: Lichtfunken, farbige Kugeln oder Kreise, fliegende Mücken und anderes.

Störungen der direkten und indirekten Sehschärfe werden von Hysterischen sehr häufig angegeben und zwar ein- und auch doppelseitig. Der Grad der Sehstörung ist ein sehr verschiedener, betont sei, daß auch ein- und doppelseitige Amaurose bei Hysterie vorkommt. Die Lichtreaktion der Pupille ist dabei normal. Die Sehstörung erstreckt sich auf Stunden und Tage, selten auf längere Zeit. In vielen Fällen erweist sich die Sehstörung durch ihre leichte suggestive Beeinflußbarkeit als hysterisch. Oft genügt das Vorsetzen von Plangläsern, um weitgehendste Besserung des Sehvermögens zu erzielen.

Der quantitative Farbensinn ist bei der hysterischen Amblyopie häufig verändert. Am frühesten und stärksten pflegt die Empfindlichkeit für Blau, am wenigstens für Rot herabgesetzt zu sein. Herabsetzung der Beleuchtung beeinflußt nur wenig die vorhandene Störung des Farbensinns. Typisch für Hysterie ist die manchmal erfolgende Angabe, daß nur eine bestimmte Farbe nicht oder sehr schwer erkannt werde.

Die Prüfung des indirekten Sehens ist nicht selten von Bedeutung für die Feststellung der Hysterie. Besonders wird konzentrische Gesichtsfeldeinengung für Weiß und für Farben in ungefähr gleichem Grade, selten konzentrische Einschränkung für Farben allein oder für Weiß allein festgestellt. Letztere Störung spricht in besonders hohem Grade für Hysterie. Ebenso wie die Störungen des direkten Sehens sind auch die des indirekten Sehens der Suggestion sehr zugänglich.

Störungen des Bewegungsapparates der Augen sind häufiges Vorkommnis bei der Hysterie. Sie äußern sich als Krampfzustände der äußeren und inneren, sowie als Lähmungen der inneren Augenmuskeln. Das Vorkommen hysterischer Lähmungen der äußeren Augenmuskeln ist noch zweifelhaft. Am häufigsten sind der Konvergenz- und der Akkommodationskrampf.

Bei dem hysterischen Akkommodationskrampf tritt die Erscheinung der Mikropsie, bei der Akkommodationslähmung die der Makropsie auf.

Bis vor kurzer Zeit hielt man hysterische Pupillenstörungen für unmöglich, da die Pupillenbewegungen nicht dem Willen unterworfen seien.

Ganz besonders skeptisch verhielt man sich gegenüber den Angaben von Lähmungen der **inneren Augenmuskeln**. Es dürfte jedoch jetzt sicher stehen, daß Lähmungen der inneren Augenmuskeln, insbesondere des Schließmuskels der Pupille bei der Hysterie vorkommen. Es soll sich dabei um eine von der Hirnrinde ausgelöste Hemmung des Sphinktertonus handeln (Bumke).

Ausgeschlossen ist es, eine reflektorische Starre in ursächlichen Zusammenhang mit der Hysterie zu bringen.

Außer den Störungen der Muskeln des Augapfels selbst, kommen auch solche der Schutzorgane vor und zwar wird öfters ein klonischer als ein tonischer Krampf des Orbikularis beobachtet. Der Lidkrampf ist manchmal recht schmerzhaft und kann, wenn er nicht frühzeitig erkannt und behandelt wird, recht hartnäckig sein. Der tonische Lidkrampf tritt auch in der Form einer Scheinlähmung des Lidhebers auf; dabei fehlt die Fältelung der Lidhaut, aber von einer wirklichen Lähmung des Lidhebers unterscheidet sich diese Form dadurch, daß die Augenbraue des betreffenden Auges tiefer steht als die der gesunden Seite, sowie dadurch, daß beim passiven Heben des Lids Zittern und Zucken desselben sichtbar wird und der Hebung ein Widerstand sich entgegenstellt.

Neurasthenie. Bei der Neurasthenie wird insbesondere über rasche Ermüdungserscheinungen der Augen geklagt. Besonders häufig kehren die Symptome, die wir unter dem Begriff der nervösen Asthenopie zusammenfassen, wieder: Mangelhafte Ausdauer bei der Naharbeit, Schwarzwerden vor den Augen, Schmerzen in den Augen, Stirnkopfschmerzen etc.

Manchmal kommt es besonders im Hungerzustand zum Auftreten des Flimmerskotoms, siehe S. 578.

Anderweitige, öfters wiederkehrende Klagen der Neurastheniker sind: Blendungserscheinungen, Lichtscheu, Mückensehen, Zuckungen in den Augenlidern.

Fordert man einen Neurastheniker auf, die Lider zu schließen, so erfolgt der Lidschluß häufig mangelhaft und es tritt Zittern der Lider ein (Rosenbachsches Symptom).

Epilepsie. Manchmal wird der epileptische Anfall von Sehstörungen, zumal mit allerlei Licht- und Farbenerscheinungen und optischen Halluzinationen eingeleitet (optische Aura).

Im allgemeinen sind während des Anfalles die **Pupillen** weit und starr für alle auf die Pupille normalerweise einwirkenden Reize. Nur bei schwachen Anfällen reagiert die Pupille während der ganzen Dauer des Anfalls auf sensible Reize und Lichtreiz. In seltenen Fällen tritt zu Beginn des Anfalles eine kurzandauernde starke Verengerung der Pupillen ein. Im klonischen Stadium des Anfalles treten hie und da klonische, nicht ganz gleichmäßige Zuckungen an der Iris auf.

In der anfallsfreien Zeit wurde das Verhalten der Pupillen sehr verschieden gefunden.

Als Ursache der Pupillenerscheinungen im Anfall darf man wohl kortikale Vorgänge ansehen. „Der klonische epileptische Anfall steht in seiner Wirkung gleich der Faradisation oder chemischen Reizung der gesamten Hirnrinde und diese hat mydriatische Starre zur Folge."

Der **Augenhintergrund** pflegt sowohl während als außerhalb des Anfalles normal zu sein.

Nach dem Anfall werden öfters Blutungen in die Lid- und Bindehaut, selten in das Augeninnere beobachtet.

Kongenitale Anomalien (Astigmatismus, hochgradige Hyperopie und Myopie, Nystagmus) wurde bei ungefähr $20^0/_0$ der Epileptiker gefunden (Siemerling).

Die Differentialdiagnose zwischen idiopathischer und symptomatischer (Jacksonscher) Epilepsie wird manchmal durch die Untersuchung der Augen erleichtert. Augenmuskellähmung, Sehstörungen mit oder ohne Befund am Sehnerven sprechen für symptomatische Epilepsie.

Traumatische Neurose. Die **okulare Symptomatologie** der traumatischen Neurose ist recht mannigfaltig.

Es kommen öfters isolierte Muskelkrämpfe entweder an der Bulbusmuskulatur oder an den Muskeln der Lider vor; sie sind manchmal tonischer, häufiger klonischer Art.

Als Ausdruck einer trophischen Störung tritt Pigmentschwund der Augenbrauen und Zilien auf.

Vasomotorische Störungen, sich kennzeichnend durch leichte zyanotische Verfärbung der Haut der Lider und besonders durch das Auftreten von Dermographie an verschiedenen Körperstellen habe ich öfters beobachtet.

Hyp- und Anästhesien der Konjunktiva und Kornea, seltener Hyperästhesien bilden einen relativ häufigen Befund.

Pupillenungleichheit habe ich ziemlich oft feststellen können. Da jedoch Anisokorie ohne Reaktionsstörung ein häufiges Vorkommnis darstellt, bin ich nicht geneigt, dieser Anomalie die gleiche diagnostische Bedeutung beizumessen, wie dies von mancher Seite geschehen ist. Pupillenungleichheit mit Reaktionsstörung hingegen tritt meiner Erfahrung und Meinung nach aus dem Rahmen der Neurosen heraus, was ich anderer Anschauung gegenüber mit besonderem Nachdruck betonen möchte. Bei diesem Befund bin ich geneigt, stets eine organische Läsion anzunehmen, mit welcher natürlich die Erscheinungen der Neurose vergesellschaftet sein können.

Eine auffällige Weite der Pupillen — meist psychisch bedingt — kommt öfters vor, außerdem eine gewisse Lebhaftigkeit aller Reaktionen.

Sehstörungen mannigfacher Art geben die Traumatiker häufig an. Sie gleichen außerordentlich denen der Hysterischen. Die Kranken klagen über Blendungserscheinungen, Flimmern, anfallsweise auftretende Abnahme der Sehschärfe, rasches Ermüden der Augen und anderes mehr. Der Wechsel der Angaben, besonders aber der außerordentliche Einfluß der Suggestion fällt sehr häufig bei dem Traumatiker gegenüber dem Simulanten auf und macht die Unterscheidung oft leicht.

Konzentrische Einschränkung des Gesichtsfeldes wird öfters bei Traumatikern festgestellt. Ich glaube, daß die Häufigkeit ihres Vorkommens von neurologischer Seite etwas übertrieben angegeben und ihre Bedeutung überschätzt wird. Gleich anderen habe auch ich die Erfahrung gemacht, daß, je geübter der Untersucher im Perimetrieren ist, um so seltener eine konzentrische Einschränkung des Gesichtsfeldes festgestellt wird.

Bekanntlich geben auch Simulanten öfters eine konzentrische Einschränkung des Gesichtsfeldes an. Simulant und Traumatiker pflegen sich aber bei der Prüfung etwas verschieden zu verhalten. Der Simulant fingiert in der Regel ein hochgradig verengtes Gesichtsfeld, das bei wiederholten Untersuchungen meist ganz gleich bleibt. Der Traumatiker hingegen gibt öfters auch geringe Grade der konzentrischen Einschränkung an und wechselt mehr mit seinen Angaben. Er gibt sich oft Mühe, das Prüfungsobjekt möglichst früh zu erkennen und ist betrübt darüber, daß er es erst so spät zu erkennen vermag. Ebenso wie bei der Prüfung der zentralen Sehschärfe fällt auch bei der

Gesichtsfeldaufnahme auf, daß der Traumatiker im Gegensatz zum Simulanten äußerst suggestibel ist. — Die Aufnahme des Gesichtsfeldes in verschiedener Entfernung bringt nach unseren Beobachtungen nicht mit Sicherheit die Entscheidung zwischen Traumatiker und Simulant. Dem Försterschen Verschiebungstypus kommt nach meinen Erfahrungen eine diagnostische Bedeutung für die traumatische Neurose nicht zu.

In prophylaktischer Hinsicht kann das Verhalten des behandelnden Arztes von großer Wichtigkeit sein. Derselbe soll es sich zur Pflicht machen, Unfallverletzten, besonders bei vorhandener neuropathischer oder toxischer Diathese, keine weitgehenden Schilderungen über den Krankheitszustand zu machen, auch soll er eine Besprechung des Zustandes des Kranken mit anderen in seiner Gegenwart vermeiden. Läßt man diese Vorsicht außer acht, so bestärkt man die Kranken in ihren Krankheitsvorstellungen, und man kann nicht selten nachher feststellen, daß sie zufällig erhobene, interessante, aber ganz harmlose Nebenbefunde mit ihrem Unfall in Beziehung bringen und sehr geängstigt über diese Befunde sind. Man kann so eine traumatische Neurose geradezu züchten und nachträglich sich vergeblich bemühen, die Kranken wieder von ihren Vorstellungen abzubringen.

Aber auch gegenüber den Angaben und Ansprüchen der Kranken ist das Verhalten des Arztes von größter Wichtigkeit. Der Arzt darf weder zu entgegenkommend und nachgiebig, noch zu schroff sein; er muß ohne Vorurteil an die Untersuchung herantreten und zunächst vorgehen, wie bei jedem anderen Kranken.

Von Wichtigkeit ist es ferner, daß die ev. Begutachtung und Rentenfestsetzung nicht zu lange hinausgeschoben wird.

Mit der Festsetzung der Rente kommen wir zur **Therapie der traumatischen Neurose.**

Ich schlage in der Regel die Bewilligung einer mittelhohen, d. h. einer über den Durchschnitt etwas hinausgehenden Rente vor und suche von vornherein auf die Kranken in beruhigendem Sinne einzuwirken und sie zu bewegen, sich mit der Rente zufrieden zu geben.

Nehmen die Krankheitserscheinungen zu, dann befürworten wir nach einiger Zeit eine mäßige Erhöhung der Rente und schlagen längeren Aufenthalt in einer gut geleiteten Nervenheilanstalt vor. Ev. empfiehlt sich eine wiederholte Steigerung der Rente; dahingegen soll man mit der Bewilligung einer Vollrente zurückhaltend sein, weil nicht selten eine gewisse Beschäftigung von Vorteil für den Kranken ist. Es gibt jedoch auch Fälle, wo selbst eine geringe Arbeitsleistung schädlich wirkt.

Für ganz verkehrt und oft schädlich muß ich nach meiner Erfahrung die Tendenz halten, die Rente nach einer gewissen Zeit herabzusetzen. Meist wird zur Begründung der Herabminderung der Rente angegeben, daß Gewöhnung an die veränderten Verhältnisse eingetreten sei, sowie der Umstand, daß der Kranke seine Beschwerden übertreibe. Letzteres ist zweifellos oft richtig, allein der Kranke überschätzt seine Beschwerden wirklich, wir haben es, wie das schon wiederholt betont wurde, gewissermaßen mit einer pathologischen Übertreibung zu tun. Bevor eine projektierte Rentenherabsetzung wirklich vorgenommen wird, sollte dem Traumatiker zunächst von der großen Wahrscheinlichkeit einer Herabsetzung gesprochen werden und durch eine klinische Beobachtung festgestellt werden, wie dieser Gedanke auf ihn einwirkt.

Die **Prognose** der traumatischen Neurose erwies sich im allgemeinen auch bei unseren Patienten als eine ungünstige. Wir haben zwar nicht unerhebliche Besserung, aber keine Heilung beobachtet.

Zweckmäßiger als Renten dürfte eine einmalige Kapitalabfindung wirken, welche das Interesse an weiterem Kranksein von vornherein aufhebt.

6. Neurosen.

Paralysis agitans. Abgesehen davon, daß durch das Kopfschütteln die Naharbeit erschwert wird, und durch Zwangsbewegungen das Lesen nahezu unmöglich werden kann, wurden Störungen seitens der Augen so gut wie nicht beobachtet.

Chorea minor. Es wird angegeben, daß im Anfall eine Unruhe in den Augenbewegungen und manchmal Krampfzustände aufträten. Auch Entzündung, sowie Atrophie des Sehnerven soll vorkommen.

Athetose. Man hat dabei in vereinzelten Fällen Spasmen der Augenmuskeln, Nystagmus, sowie Neuritis optica festgestellt.

Tetanie. Bei Tetanie sind Krämpfe an den äußeren und inneren Augenmuskeln sowie des Augenfazialis öfters beobachtet. In vereinzelten Fällen soll es zu Entzündungen und Atrophie des Sehnerven gekommen sein. Neuerdings wird das Auftreten von Linsentrübungen in Zusammenhang mit Tetanie gebracht (Peters).

Bei Kindern entsteht dabei Schichtstar, bei Erwachsenen vorwiegend Nuklearkatarakt.

Tic-Krankheit. Bei der Tic-Krankheit treten fast regelmäßig klonische Zuckungen des M. orbicularis palpebrarum auf.

Die Therapie ist keine lokale, sondern eine allgemeine, siehe Bd. 5.

Tremor. Beim Tremor sind häufig die Augen beteiligt in Form des Pendelnystagmus (S. 53), der sich gewöhnlich bei intendierten und extremen Blickrichtungen verstärkt. Meist handelt es sich um Nystagmus horizontalis oder um Zuckungen sowohl in horizontaler Richtung als um Raddrehungen.

Die Therapie ist keine lokale, siehe Bd. 5.

Beschäftigungsneurose. Als eine funktionelle Neurose ist der bei manchen Arbeitern in Bergwerken infolge Überanstrengung der Augenmuskeln auftretende Nystagmus anzusehen. Die Leute sehen bei ihrer Arbeit in Rückenlage oder kauernd nach oben. Diese Blickrichtung ist auf die Dauer sehr ermüdend, besonders wenn man bedenkt, daß die Anstrengung durch die Dunkelheit noch vermehrt wird. Der Nystagmus tritt zuerst nur anfallsweise bei Blickhebung, später anhaltend auf. Die infolge der Scheinbewegungen der Außendinge durch Schwindelgefühl stark belästigten Kranken sind zum Aufgeben ihrer Arbeit gezwungen, worauf Heilung eintritt.

Kopfschmerz. Schwindel. Bei Kopfschmerzen und Schwindelgefühl ist daran zu denken, daß Refraktionsanomalien, Augenmuskelstörungen speziell die Konvergenzinsuffizienz und Bindehautkatarrhe die Ursache darstellen können. Die Beschwerden treten fast nur bei der Naharbeit auf, erfahren jedenfalls dadurch eine erhebliche Steigerung.

Hemikranie. Bei dem Migräneanfall finden wir in der Regel, abgesehen von vermehrter Lichtscheu und Tränenabsonderung, die Augen normal.

Nach schweren Migräneanfällen bleiben zeitweise Lähmungen sowohl der inneren als der äußeren Augenmuskeln zurück (Migraine ophtalmoplégique).

Eine besondere Form der Migräne bildet die Augenmigräne, das sog. Flimmerskotom. Dabei tritt ein am Fixierpunkt beginnendes Flimmern auf, das gewöhnlich in Form einer Zickzacklinie sich über das ganze Gesichtsfeld oder auch nur einen Teil, insbesondere eine Hälfte desselben ausbreitet. Im letzteren Fall kommt es zu typischen hemianopischen Gesichtsfelddefekten. Nach ¼ bis spätestens 1½ Stunden bildet sich der Gesichtsfeldausfall zurück. Meist folgen dann länger oder kürzere Zeit anhaltende Kopfschmerzen.

Das Flimmerskotom tritt ein- und doppelseitig auf. Es begleitet zuweilen gewöhnliche Migräneanfälle, zuweilen tritt es bei zu Migräne geneigten Personen an Stelle der gewöhnlichen Migräneanfälle. Es kommt aber auch bei Leuten vor, die nicht an Migräne leiden.

Zwischen den einzelnen Anfällen können Tage, ja Jahre liegen, manchmal tritt eine Häufung der Anfälle auf, so daß mehrere Anfälle an einem Tage sich einstellen.

Zu Flimmerskotomen neigen neurasthenische, anämische und hysterische Individuen. Es kommt aber auch bei ganz gesunden Leuten vor, hauptsächlich nach starken geistigen oder körperlichen Anstrengungen oder bei Hungerzustand.

Zum Schluß sei noch darauf hingewiesen, daß öfters Glaukomanfälle mit Migräneanfällen verwechselt werden.

Vasomotorisch-trophische Neurosen. Bei den vasomotorisch-trophischen Neurosen wird nicht so selten auch das Auge befallen, insbesondere die Bindehaut und die Lidhaut.

Speziell das **akute angioneurotische Ödem** tritt manchmal vorzugsweise an der Lidhaut auf. Nach wiederholtem Ödem bleibt die Haut andauernd gedehnt und geht ihrer Elastizität verlustig. Ihre Oberfläche ist in feine Fältchen gelegt und gleicht zerknittertem Seidenpapier (E. Fuchs). Des öfteren sehen wir gleichzeitig an der so veränderten Haut einen rötlichen Farbenton hervortreten.

Bei der **Sklerodermie** kann es zu monströser Verdickung der Lider, besonders der Oberlider kommen. Das Oberlid hängt dann über das Unterlid herab und kann wegen seiner Schwere nicht gehoben werden.

Als **Chromhidrosis** wird eine sehr seltene Affektion bezeichnet, bei welcher der Schweiß der Lidhaut blau gefärbt ist. Es kommt dabei zum Auftreten blauer Flecken auf den Lidern, die sich wegwischen lassen, aber in kurzer Zeit wieder erscheinen. Die Krankheit wird vorzüglich bei Frauen beobachtet. Simulation scheint mir bei den beobachteten Fällen nicht mit hinreichender Sicherheit ausgeschlossen zu sein.

Immerhin muß die Möglichkeit einer kutanen Ausscheidung von Indikan und Bildung von Indigo zugegeben werden.

Hemiatrophia facialis progressiva. Bei der Hemiatrophia facialis progressiva sind alle oder einzelne Symptome der Lähmung, ganz selten auch der Reizung der okulopupillären Fasern des Halssympathikus beobachtet.

Im ersteren Falle also Ptosis, Miosis und Enophthalmus, im letzteren Falle Erweiterung der Lidspalte, Gräfesches Symptom, Pupillenerweiterung und Exophthalmus, einmal auch Drucksteigerung und Akkommodationsbeschränkung.

Literatur.

Außer der im Text angegebenen ist besonders folgende Literatur benutzt worden und wird auf sie behufs genauerer Information verwiesen:

Bach, L., Pupillenlehre. Berlin 1908, Verlag S. Karger. — Groenouw, A., Beziehungen der Allgemeinleiden und Organerkrankungen zu Veränderungen und Krankheiten des Sehorgans. Handb. d. gesamt. Augenheilk. 2. Aufl. Leipzig, Verlag W. Engelmann. — Heine, Anleitung zur Augenuntersuchung bei Allgemeinerkrankungen. Jena 1906, G. Fischer. — Hertel, E., Augenuntersuchung zur Erkennung innerer und Nervenkrankheiten. Sonderabdruck a. d. Lehrb. d. klin. Diagnostik von P. Krause. Jena 1906, Verlag G. Fischer. — Knies, Augen- und Allgemeinerkrankungen. Wiesbaden 1893, J. F. Bergmann. — v. Michel, Lehrbuch der Augenheilkunde. 2. Aufl. Wiesbaden, J. F. Bergmann. — Derselbe, Jahresberichte für Ophthalmologie. Tübingen, Lauppscher Verlag. — v. Monakow, Gehirnpathologie. 2. Aufl. Wien 1903, A. Holders Verlag. — Oppenheim, H., Lehrbuch der Nervenkrankheiten. Berlin 1905, Verlag S. Karger. — Schmidt-Rimpler, Die Erkrankungen des Auges im Zusammenhang mit anderen Krankheiten. Wien 1905, Verlag A. Hölder. — Schwarz, O., Die Bedeutung der Augenstörungen für die Diagnose der Hirn- und Rückenmarkskrankheiten. Berlin 1898, Verlag S. Karger. — Uhthoff, W., Beziehungen der Allgemeinleiden und Organerkrankungen zu Veränderungen und Krankheiten des Sehorgans. Handb. d. gesamt. Augenheilk. 2. Aufl. Leipzig, Verlag W. Engelmann.

Die Vergiftungen.

Von

M. Cloetta-Zürich, **E. St. Faust**-Würzburg, **E. Hübener**-Berlin
und **H. Zangger**-Zürich.

Wir teilen die körperfremden Substanzen, die durch chemische oder physikalisch-chemische Wirkungen im menschlichen Organismus Krankheiten erzeugen, in folgende Gruppen ein:

 I. Die anorganischen Gifte (im wesentlichen die Wirkung chemischer Elemente oder einfacher Verbindungen). (Prof. Zangger.)

 II. Die organischen Gifte.

  A. Die Ausgangsprodukte, die synthetischen medizinischen und technischen Produkte. (Prof. Zangger.)

  B. Alkaloide, Pflanzengifte, Giftpilze, Giftpflanzen. (Prof. Cloetta.)

 III. Die Sekrete der giftigen Tiere. (Prof. Faust).

 IV. Die Fleisch-, Wurst-, Fisch-, Muschel-, Krebs- und andere Nahrungsmittelvergiftungen auf bakterieller Basis. (Prof. Hübener.)

Allgemeine Übersicht.

Von

H. Zangger-Zürich.

Unter Vergiftungen versteht man Störungen der normalen Lebensfunktionen, die durch physikalische, physikalisch-chemische oder chemische Wirkungen der einzelnen gelösten Moleküle eines in den Körper gelangenden oder eines im Körper entstehenden Stoffes (Autointoxikation) bedingt sind.

Die Definition des Giftes ist eine etwas willkürliche: Fast alle Stoffe, die einigermaßen löslich sind, sind in hohen Konzentrationen genommen giftig, oder sind giftig, wenn isoliert, d. h. wenn sie nicht in Gemeinschaft mit anderen Substanzen mit dem lebenden Protoplasma in enge Berührung kommen, wie z. B. das Kochsalz.

„Gifte sind chemische, nicht organisierte Stoffe (oder chemische Stoffe abscheidende organisierte Gebilde), die an oder in den menschlichen Leib gebracht, hier durch chemische Wirkungen unter bestimmten Bedingungen Krankheit oder Tod veranlassen" (Lewin).

In erster Linie ist jede Vergiftungswirkung in direkter Abhängigkeit von der Zahl der wirksamen Moleküle, also der Konzentration, die bei gleichem Stoffe jeweils der Menge der aufgenommenen und resorbierten Substanz entspricht.

Bei jeder Vergiftung kommen außer der chemischen Wirkung physikalische Vorbedingungen in Betracht:

Die Gifte wirken akut nur in ihrer unmittelbaren Nähe, d. h. sie müssen an diejenigen Zellen herangelangen, deren Funktion sie durch ihre Anwesenheit in pathologischem Sinne beeinflussen. Eine weitere Voraussetzung der Giftwirkung ist also die Fähigkeit dieser Stoffe ohne weiteres in den Organismus aufgenommen zu werden oder Oberflächenläsionen zu erzeugen.

Wir müssen jedoch bei allen Stoffen zwei Wirkungen unterscheiden: Die lokale Wirkung, die sehr wesentlich bedingt ist durch die Konzentration und physikalisch-chemischen Eigenschaften, und die allgemeine Wirkung, die Wirkung nach der Resorption, die Wirkung vom Zirkulationssystem, in erster Linie vom Blut aus.

Bei einer großen Zahl von Giften sind im Symptomenbild die Effekte der lokalen und der allgemeinen Wirkung gleich wichtig, treten oft auch fast gleichzeitig auf.

Die lokalen Wirkungen vom Magendarmkanal aus sind im allgemeinen weniger charakteristisch, die allgemeinen Wirkungen gestatten meist erst die Diagnose aus den Symptomen zu stellen.

Die allgemeine Giftwirkung setzt sich also aus drei Faktoren zusammen, das heißt, eine Vergiftung kommt nur zustande, wenn alle drei eine bestimmte Größe erreichen:

I. Die physikalisch-chemische Bedingung der Lösbarkeit in den verschiedenen Milieus (Darminhalt, Blut und den Zellmembranen ev. Haut).

II. Der chemischen oder physikalisch-chemischen Wirkung der einzelnen Moleküle auf lebenswichtige Zellen (Veränderung des Austausches oder Veränderung des inneren Chemismus etc., vorübergehend oder dauernd).

III. Als dritter Faktor kommt die Dosis in Betracht, das heißt, die Wirkung ist von der Zahl der in den Körper aufgenommenen Moleküle des Giftes abhängig.

Da wir es bei den Vergiftungen meistens mit einheitlichen chemischen Stoffen zu tun haben, also gleichartigen Molekülen mit gegebenen physikalisch und chemisch konstanten Eigenschaften, ist medizinisch die Frage der Dosis in erster Linie von Bedeutung, wenn es sich um eine einzige, in einem bestimmten Moment erfolgte Giftaufnahme handelt. (Viel komplizierter wird die Frage der Dosen bei häufig wiederholter Giftaufnahme in den Körper, wie in der Regel bei den sog. gewerblichen Vergiftungen, aber auch bei den nicht seltenen kriminellen Vergiftungen, durch verteilte Giftdosen.)

Die Dosen. Bei genügend großen Dosen können die gewöhnlichen löslichen Nahrungsstoffe, wie Zucker und Salz, giftig wirken: Tödlich kann eine einmalige Aufnahme von 300—500 Gramm Kochsalz wirken (Selbstmord-Methode bei den Chinesen). Es töten zirka 200—300 Gramm reiner Alkohol, Kali chloricum in 5—25 Gramm, Salpeter in etwas höheren Dosen, Cyankali, Arsenik in Dosen von $^{1}/_{10}$—$^{1}/_{20}$ Gramm, in kleineren Dosen eine Reihe von Alkaloiden, Strychnin in zirka $^{1}/_{20}$ Gramm, Akonitin, Nikotin in wenigen tausendstel Gramm.

Einzelne Menschen erkranken schon bei Bruchteilen der durchschnittlichen medizinischen Dosis unter ausgesprochenen Krankheitssymptomen, sie zeigen gegen eine Substanz eine ausgesprochene und zwar oft vorübergehende hohe Empfindlichkeit, eine Idiosynkrasie.

Sicherung der Diagnose durch Nachweis des Giftes. Die Mehrzahl der chemisch bekannten Gifte sind so genau in ihrer biologischen und chemischen Eigenschaften festgelegt, daß sie in den geringen Mengen, die im Körper von Vergifteten vorhanden sind, mit Sicherheit nachgewiesen werden können. Die Schwierigkeiten steigen, wenn die Dosen sehr klein waren, und das Gift vielleicht zum Teil schon durch die Atmung, Erbrechen und Harn ausgeschieden ist oder durch Oxydation (Phosphor) und Fäulnisprozesse ze stört wurde.

Sehr schwer oder unmöglich ist der Nachweis bei chemisch vollständig unbekannten Giften, hauptsächlich bei tierischen Giften, wie den Schlangengiften.

Da die Bedeutung der Kenntnis der Vergiftungen bei den akuten Formen in der schnellen Diagnose und im schnellen therapeutischen Handeln besteht, werden besonders diejenigen Gruppen von Frühsymptomen und Nebenerscheinungen zusammengestellt, die die Art und Weise der notwendigen therapeutischen Eingriffe am ehesten charakterisieren.

Bei den chronischen Vergiftungen kommt es für die innere Medizin, wie für die rechtlichen Fragen durchaus darauf an, die Ätiologie in der Form eines bestimmten Giftes sicher zu stellen, weil die wesentlichste Therapie die Vermeidung der Wiedervergiftung ist, und die eventuelle Anzeige des Falles an die Behörde meist nur nach Sicherstellung des ursächlichen Giftes erfolgen wird.

In diesem Sinne müssen wir auch hervorheben, daß die gesamte gesetzlich normierte Prophylaxe nur dann zur Wirkung kommen kann, wenn wir die Gifte sicher nachweisen.

(Für den Giftnachweis werden hier nur die Prinzipien der Methoden und event. Vorsichtsmaßregeln, das Material betreffend, angegeben. Die Einzelheiten der Analyse müssen in Spezialwerken nachgesehen werden.) —

Bei den Untersuchungen von Vergiftungen waren von jeher die psychologischen Voraussetzungen, die Veranlassungen, resp. Anlässe, äußerst wichtig:

1. Ob die Vergiftung die Folge der Betätigung einer Absicht gegen Leben und Gesundheit Dritter, oder gegen sich selbst bedeutet (Mord oder Selbstmord). Mord durch Gift hat in den letzten 100 Jahren bedeutend abgenommen, dagegen der Selbstmord durch die Narcotica sehr zugenommen.

2. Viel häufiger sind die zufälligen Vergiftungen, deren psychologische Voraussetzungen in Überlegungsfehlern, betreffend die Konsequenzen der Herstellung, Aufbewahrung, Aufstellung, Etikettierung von Präparaten, die unter Umständen giftig sein können, ihren Grund haben. (Medizinische Verwechslungen, Verwechslung von Präparaten in Fabriken, speziell Strychnin, Barium, Nitrite und Arsenik, Verwechslungen im Haus, falsche Flaschen, wie Bierflaschen für Cyankalilösung, giftige Stoffe in Essenzen etc., Verwechslung von Früchten, Beeren, Pilzen.)

Vergiftungen durch Defekte der Leitungen giftiger oder gifthaltiger Gase, in erster Linie Kohlenoxyd CO.

Sodann die unter Vergiftungssymptomen verlaufenden Nahrungsmittelvergiftungen.

a) Infolge bakterieller Zersetzung und Gärung resp. Gärungsprodukten (vergl. Kap. Hübener).

b) Infolge von Zusätzen von giftigen Konservierungsmitteln.

c) Infolge Verwechslung oder unrichtiger Wahl der Ingredienzen (Backpulver mit Arsenik, Klären des Weines mit Blei, Bier- und Zuckerfabrikation mit arsenhaltigen Säuren.)

3. Vergiftungsgefahren, die nicht zufällig auftreten, sondern bestimmten Arbeitsgebieten fast als Norm zukommen, wo die Vergif-

tung nur durch systematische Erziehung und ausgedachte sicher funktionierende Spezialschutzmaßnahme vermieden werden kann (gewerbliche Risiken).

Akute Steigerung der Gefahren erfolgt in Fabriken, Lagerräumen, Transportanstalten durch Zufall (Röhrenbruch, Explosionen, Gasbombenbruch, undichte Behälter, Reinigung von Behältern etc.).

Chronische Vergiftungen entstehen durch unbewußte und unbemerkte sukzessive Aufnahme durch die Nahrung, durch den Staub, durch die Atmungsluft, durch die Haut.

4. Vergiftung durch Tierbiß, tierische Gifte (vgl. Kap. Faust).

Die Einteilung der Gifte. Für die Einteilung der Gifte können ganz verschiedene Gesichtspunkte maßgebend sein.

1. Nach ihrer Zugehörigkeit zum chemischen System sind zu unterscheiden: anorganische, organische, tierische Gifte, bakterielle Gifte.
2. Nach den in erster Linie geschädigten Organen (lokale Ätzung und Verbrennung, Blutgifte, Nervengifte etc.)
3. Nach physikalischen Eigentümlichkeiten (flüchtige Gifte, wasserlösliche, öllösliche (die Haut durchdringende schwerlösliche Gifte, die unter Hervorrufung von Begleitprozessen die Haut oder Schleimhaut passieren).
4. Nach der Art der Aufnahme: durch die Lungen, durch die Haut, durch den Darm.
5. Nach den Anlässen, die zu ihrer Aufnahme führen: Absicht zu verbrecherischen Zwecken, oder zum Zweck des Selbstmordes, oder ferner als Genußmittel bei der chronischen Aufnahme: Morphium, Cocain, Alkohol, Äther etc., Genuß aus Versehen (Verwechslung von Flaschen), medizinische Versehen, Versehen bei Apothekern; Wirkung von suggestiven Namen technischer Produkte; ähnliche Gerüche und Farben sind psychologische Gründe, die zu Verwechslung verleiten. Patent- und Phantasienamen, die die Zusammensetzung absichtlich verdecken, oder direkt zu betrügerischer Verwendung reizen (Essenzen, Fälschungen etc.) oder technische Verwendung von Substanzen, die in kleinen Quantitäten bei chronischer Einwirkung die Gesundheit stören (Aufnahme als Staub, wie Blei etc.), Verunreinigungen der Nahrung, oder als Gas in der Luft, wie Schwefelkohlenstoff, Arsenwasserstoff, Kohlenoxyd etc. oder auch in seltenen Fällen durch die Haut (Anilin, Nitrobenzol, etc.).

In erschreckendem Maße nehmen die Vergiftungen durch Zufall und durch technische Produkte zu. Auch wenn heute bereits in vielen Industrien, in denen giftige Substanzen bekannt sind, die Vergiftungen selten werden, so nehmen sie in den Kleinbetrieben und am Ort der Verwendung ständig zu, werden jedoch heute noch meist verkannt, hauptsächlich die kombinierten Vergiftungen mit mehreren gleichzeitig wirkenden Giften.

Die Voraussetzungen der Vergiftungen. Die Voraussetzungen der Vergiftungen, die Vergiftungsursachen, die Gründe, die Umstände, unter denen die Gifte in den Körper gelangen, sind sehr variabel, weil die Gifte ungeheuer verschiedene Wege haben, während die meisten ansteckenden Infektionen schon dadurch gleichartiger sind im Ausbruch der Symptome, weil zwischen den ersten kranken Menschen und den späteren Erkrankungen ein mehr oder weniger leicht sichtbarer, auf kürzere Zeit beschränkter Weg von bestimmten Eigentümlichkeiten besteht, während die meisten giftigen Substanzen lange versteckt bleiben können, ohne ihre Eigenschaften zu verlieren; auch werden die meisten giftigen Substanzen irgendwie in der Technik unter ganz verschiedenen äußeren Erscheinungen und zu verschiedenen technischen Zwecken erzeugt und verwendet.

Ferner entstehen durch die Schaffung und Umgestaltung neuer chemischer Körper immer wieder neue Substanzen, die auf den menschlichen Körper infolge der Kombination von physikalischen und chemischen Eigenschaften giftig wirken.

Zur Frage der Therapie und der Gegengifte: Die Wirkung der meisten giftigen Substanzen ist eine komplizierte. Eine spezifische Gegengiftwirkung glauben wir in den biologisch entstehenden Antitoxinen gegen bakterielle und tierische Gifte zu kennen, sobald einmal das Gift im Blute kreist.

Die Behandlung der Vergiftungen (physikalisch und durch chemisch definierte Substanzen) hat vier Wege:

I. Der rationellste und wirksamste ist die Entfernung des Giftes, z. B. aus dem Magen[1]), oder lokale Behandlung, wie Exzision und Verbrennung von Bißstellen und eventuell auch Injektionsstellen bei schlecht löslichen Substanzen (z. B. bei eintretender Giftwirkung nach Injektion von schlecht löslichen Quecksilberverbindungen bei zu großen Dosen).

II. Da die rationelle vollständige Entfernung aus dem Körper meist unmöglich ist, versucht man den zweiten Weg mit dem ersten zu kombinieren, indem man die z. B. noch im Magen und Darm im unresorbierten Zustand vorhandenen Anteile durch chemische Umsetzung unschädlich zu machen versucht, z. B. Bindung der Quecksilbersalze an Eiweiß, Gelatine, der Alkaloide an Tannin, des Arseniks an Eisenhydroxyd und Magnesiumhydroxyd — von Barium und Blei durch Überführung in unlösliche Sulfate durch Bitterwasser, Abführsalze resp. Sulfate. Gefährlich ist schon die Verwendung von Schwefelwasserstoffwasser oder Schwefelammon bei Metallvergiftungen. In den meisten Fällen ganz zwecklos bei schnell resorbierten Giften sind lokal wirkende Gegengifte so bei Cyanvergiftungen Alle diese Schutzwirkungen können nur zustande kommen, wenn die Substanz noch im Darm erreichbar und die Schädigung noch nicht vollzogen ist.

III. Bei ganz wenigen Giften können wir nach der Resorption durch andere Substanzen ihre so wie so nur vorübergehende Wirkung vermindern dadurch, daß wir Substanzen einführen, die die Gegenfunktionen anregen, z. B. Atropin bei Morphiumvergiftung.

IV. In der Mehrzahl der Fälle besteht die Behandlung in der Bekämpfung bedrohlicher Symptome, da es sich bei den meisten Giften um vorübergehende Störungen handelt, wenn die Lebensfunktionen erhalten werden können, weil die Gifte im Organismus entweder ausgeschieden, gebunden werden (wie z. B. die Phenole), oder zerstört werden in kürzerer Zeit, so daß die symptomatische Behandlung, falls dadurch für den Organismus Zeit gewonnen wird zur Vollziehung dieser Vorgänge, doch eine nach den Umständen rationelle Vergiftungsbehandlung ist.

Hier als in einer Zusammenfassung über für eine bestimmte Zeit wichtigen Gifte und Vergiftungen sollen natürlich nur Wirkungen von solchen Substanzen behandelt werden, die nach der Erfahrung in relativ geringen Mengen ausgesprochene Schädigungen der physiologischen Funktionen des Körpers bedingen, und zwar Schädigungen, die einer Verkürzung des Lebens oder schweren Funktionsstörungen gleichkommen.

In der Neuzeit sind die Vergiftungen durch die neuen Gesetzgebungen für den Praktiker wie für den Kliniker nicht nur diagnostisch und therapeutisch, sondern auch

---

[1]) Brechen kann im allgemeinen nicht erregt werden bei physikalisch-narkotisch wirkenden Giften, wie Karbol, Lysol, Kresol, Anilin, Nitrobenzol etc.

durch ihre rechtlichen Konsequenzen wichtig geworden, da in vielen Staaten die akuten, wie auch die chronischen gewerblichen Vergiftungen Rechtsfolgen haben, die nur dann wirksam werden, wenn die Ärzte die Anzeigepflicht erfüllen (hauptsächlich mehrfache Erkrankungen im gleichen Betrieb — ohne Fieber und Rezidive müssen den Gedanken auf gewerbliche Vergiftungen lenken). Es werden deshalb die **gewerblichen Vergiftungen** infolge der neuen Gesetzgebungen eine ganz spezielle medizinische Bedeutung bekommen, die sie früher nicht hatten; da die Ärzte bei der Entwicklung der legislativen Bekämpfung ein Urteil haben müssen, werden diese Vergiftungen im ersten und zweiten Abschnitt eingehender behandelt werden. Dagegen kann auf die spezielle Prophylaxe nicht eingegangen werden.

I. Die anorganischen Gifte[1].

Von

H. Zangger-Zürich.

Übersicht.

Einleitung:
   A. **Die metallischen Gifte** (inklusive die einfachen metallorganischen Verbindungen).
   B. **Die Metalloide.**
       1. **Ätzgifte, Alkalien, Säuren.**
       2. **Salze, einfache anorganische** und organische Verbindungen.
       3. **Die reizenden und giftigen Gase,** als eigenartige spezielle Vergiftungsursachen.

Einleitung.

Von den anorganischen Stoffen haben nur einzelne eine große praktische Bedeutung, diese einzelnen sind als die Typen der schwersten Gifte seit dem Altertum bekannt. Als Ursachen von akuten Vergiftungen kommen in Betracht: sowohl verbrecherische Absicht (Mord, hauptsächlich As, Hg), wie auch zufällige Vergiftungs-Unglücksfälle, in erster Linie CO, As, Hg-Vergiftungen, ebenso die chronische und gewerbliche Vergiftung durch Pb, Hg, As. In der Neuzeit sind dann eine Reihe anderer anorganischer Verbindungen und Elemente als Vergiftungsursachen bekannt geworden; ich erwähne den Phosphor, die Cyanverbindungen, die flüchtigen Schwefelverbindungen (H_2S, CS_2 etc.), Bariumverbindungen, Manganverbindungen.

Einige der längst bekannten Gifte haben infolge bestimmter technischer Entwicklungen zeitweise eine sehr große Rolle gespielt. Das Kohlenoxyd CO ist z. B. als zufällige und absichtliche Vergiftungsquelle die letzten 50 Jahre

---

[1] Die Technik hat — infolge Rohprodukten-Mangel und Anpassung — die chemischen Prozesse, damit die Nebenprodukte und die Verunreinigungen seit 1914 stark geändert.
   Die vorliegende Arbeit wurde bereits im Frühjahr 1914 in der ersten Korrektur dem Verlag übergeben. In der Zwischenzeit sind sehr viel wichtige Erfahrungen gemacht worden; leider sind sie nur zum Teil zugänglich und zum andern Teil dürfen sie noch gar nicht publiziert werden.

stark in den Vordergrund getreten, weil gerade in den gemäßigten Zonen die billigen Heizeinrichtungen in den Handel kamen und weil fast gleichzeitig CO-haltige Gase (Leuchtgase, Generatorgase, Sauggas, Gaz pauvre, Mischgas, Dowsongas) eingeführt und in Röhrensystemen sowohl in Industrie- wie in Wohnräume verteilt wurden.

Die anorganischen Gifte sind in den letzten Dezennien unter sich toxikologisch sehr differenziert und pharmakologisch interessant geworden. Die praktische Wichtigkeit der einzelnen Stoffe als Vergiftungsursachen ist jedoch äußerst ungleich, auch wenn sie sich chemisch und theoretisch sehr nahe stehen. Es werden hier nur die für den praktischen Mediziner wichtigen und häufigen exogenen Vergiftungsursachen eingehend besprochen.

Die anorganischen Gifte sind in ihren Wirkungsmechanismen nicht nur unter sich, sondern auch gegenüber den organischen Stoffen sehr verschieden. Die neuesten Untersuchungen in der Pharmakologie, der physikalischen Chemie, speziell der Kolloide, haben einige Einsicht gebracht. Hierüber können hier nur wenige, für das Verständnis der Vergiftungen wichtige Gesichtspunkte angeführt werden.

Die physikalisch-chemische Seite ist fast bei allen recht kompliziert, wie die Ionenwirkungen; mindestens ist ein so durchgreifend wichtiges Prinzip, wie es die Lipoidlöslichkeit für die organischen Stoffe zu sein scheint, hier noch nicht gefunden.

Am leichtesten verständlich ist die Giftwirkung derjenigen Stoffe, die chemisch sehr aktiv sind, die sich leicht einlagern, umsetzen, oder die ungesättigt sind und sich anlagern.

Hauptsächlich lokale Wirkungen (typ. Abtötung, Verschorfung, in erster Linie Verätzungen im Magen und Mund) haben die starken mineralischen und anorganisch substituierten organischen Säuren, sowie das Phenol etc. und die Alkalien (Laugen). Analoge Wirkungen, d. h. Zerstörung, Abtötung von lebenden Zellen, haben die sehr stark wasserentziehenden Substanzen (physikalisch ausgedrückt: Flüssigkeiten, die als konzentrierte Lösungen wirken und Wasser sehr gewaltsam anziehen). Die Vorgänge sind: Auflösung, Fällung resp. Erstarrung der Strukturen (Plasma und Membranen), Zerreissung der Zellen durch osmotische Wirkungen.

Die physikalische Wirkung des osmotischen Druckes (der bekanntlich bedingt ist bei gegebenen Temperaturen durch die Summe der in der Raumeinheit gelösten Moleküle) kommt nur in wenigen Spezialfällen durch Wasserentziehung und Reizung als eine akut schädigende lokale Wirkung in Betracht.

Die große Mehrzahl der anorganischen Substanzen besteht, im Gegensatz zu den meisten organischen, aus zwei ganz differenten Bestandteilen, dem Kation und dem Anion, die den Zustand des Protoplasmas durch ihre Anwesenheit modifizieren. Die Kationen, hauptsächlich die mehrwertigen Schwermetalle, haben die Eigenschaften, langsam verfestigend, ev. in großen Dosen fällend zu wirken; die Anionen wirken lösend, quellend, verflüssigend, und zwar die einwertigen im allgemeinen bedeutend mehr als die zweiwertigen, Nitrate, Chlorate, Bromide, Jodide bedeutend mehr als die Chloride und Sulfate. Da diese giftigen Ionen unter Umständen die normal anwesenden Ionen verdrängen und ersetzen, je nach ihrer Diffusibilität, kann die Wirkung kompliziert werden.

Über die spezielle Ionenwirkung ist wohl als Wesentlichstes zu sagen, daß von einem im Organismus schon gelöst vorhandenen Ion erst hohe Konzentrationen die Funktionen stören und als Gift wirken, während chemisch ganz nahe verwandte Ionen, wenn sie im Organismus nicht vorhanden sind (gelöst als Ionen), schon in sehr geringen Mengen giftig wirken (Barium gegenüber Magnesium und Calcium, insofern gut lösliche Salze vorliegen oder entstehen oder andere verdrängt oder ausgefällt werden).

Mit den Ionenwirkungen in engem Konnex steht die ungleiche Giftigkeit der verschiedenen Valenzstufen: Des allgemeinen Interesses wegen sei z. B. erwähnt, daß das fünffach abgesättigte Antimon fast ungiftig ist, während das dreifach (organisch) gesättigte giftig ist und dem Arsen nahe verwandt wirkt. Vielleicht gehört in dieselbe Gruppe die differente Giftigkeit der Nitrate und der Nitrite etc.

Die anorganischen Verbindungen können natürlich ferner durch ihre chemische Umsetzung und Anlagerung, wie auch katalytisch und antikatalytisch wirken, indem sie die Prozesse beschleunigen oder hemmen.

Bei den anorganischen Vergiftungen können wir also unterscheiden zwischen Wirkungen der Elemente, wie bei Quecksilber, Blei, Arsen und den Wirkungen der Salze, bei denen eine Kombination der verschiedenen Ionenwirkungen das Resultat bestimmt; doch kann natürlich ein Ion die spezifisch giftigen Eigenschaften bestimmen, wie bei Cyankali, Säuren, Alkalien etc. Die Wirkung nach der Resorption, die allgemeine Wirkung ist meist überwiegend von einem Anteil bedingt, der schneller wirkt.

In der Gruppierung wurde auf die praktischen Bedürfnisse, speziell Differentialdiagnose, Rücksicht genommen.

A. Metallische Gifte (inkl. die einfachen metallorganischen Verbindungen).

1. Quecksilber und Quecksilber-Verbindungen.

a) Akute Vergiftung.

Die akuten Vergiftungen sind Folgen löslicher Quecksilbersalze mit Lokal- und Allgemeinwirkungen und Störungen der Sekretion. Die Wirkungen des Quecksilbers als Element sind für die Wirkung auf die Sekretionsorgane und für die Störungen im Nervensystem (speziell bei chronischer Quecksilberaufnahme, bei Schmierkur und gewerblicher Quecksilbervergiftung) charakteristisch.

Seltener erfolgt die Aufnahme von akut vergiftenden Mengen durch schnelle Verdampfung von Quecksilber und dessen Salzen auf erhitzten Gegenständen beim Vergolden oder bei Explosionen von Knallquecksilber in geschlossenen Räumen oder durch die flüchtigen, sehr giftigen, organischen Quecksilberverbindungen; auch durch die sogenannten Pharaoschlangen (Quecksilberrhodanat) können akute Vergiftung erfolgen.

Die hauptsächlichsten akuten Vergiftungen erfolgen durch Sublimat $HgCl_2$, Calomel $HgCl$, Quecksilbercyanid und Oxycyanid, seltener durch andere lösliche und ionisierende Quecksilberverbindungen, auch durch kolloidales Quecksilber. (Die Lösung der weniger leicht löslichen Oxydverbindungen erfolgt durch Vermittlung des Natriumchlorides.)

Lösliche Quecksilbersalze, speziell Sublimat.

Als Herkunft des Giftes lassen sich heute in der weitaus größten Zahl der Fälle Vorräte zu medizinischen Zwecken nachweisen. Häufig wird Sublimat zu Zwecken des Selbstmordes eingenommen, besonders von medizinischem Hilfspersonal und auffällig häufig von jungen Mädchen. (Verwechslungen von Lösungen sind des herben Geschmackes wegen seltener.)

Andere Aufnahmewege von Sublimat sind regelmäßig medizinischer Art: Die subkutane Injektion, die Uterusspülung, besonders in dem gefäßreichen puerperalen Uterus, und bei der Wundspülung (heute seltener geworden).

Symptome. Beim Genuß von Sublimat per os sind in erster Linie der metallische Geschmack und Leibschmerzen charakteristisch; dann folgen die akuten reaktiven Symptome von seiten des Magen und Darmes, oft Erbrechen, Durchfälle, je nach den Dosen in einigen Stunden selten erst in zwei, drei Tagen. Auch bei sehr kleinen Dosen treten die allgemeinen Wirkungen: Schneller Puls mit Herzschwäche, starkes Krankheitsgefühl, Hinfälligkeit, ängstliche Aufregung ein, Symptome, welche noch komplizierter werden dadurch, daß das Sublimat in den Dickdarm sezerniert wird und dabei starke, blutige Infiltration der Schleimhaut bedingt, mit Abstoßen der Schleimhaut, kleinen Blutungen, starkem Tenesmus; ferner Störungen der Nierensekretion bis zur vollständigen Anurie mit den entsprechenden schweren Folgezuständen. Der erste Harn ist oft nur leicht eiweißhaltig, es folgen dann sehr konzentrierte eiweißreiche Harne mit granulierten Zylindern, verfetteten Nierenepithelien und Blut. Sehr häufig ist Speichelfluß.

Die Stomatitis kann in einer Schwellung des Zahnfleisches, in oberflächlichen, oft graubelegten Geschwürsbildungen an Zahnfleisch und Wangen, Schwellung der Zunge und Angina bestehen. Größere Dosen wirken als Blutgift (Blutkörperchenzerfall, Thrombosierungen), Neigung zu septischen Prozessen (Eichhorst). Bei langsamen Verlauf erfolgt auch eine fettige Degeneration der Organe. Die schweren, resorptiven Symptome treten bei Vergiftungen nach Uterusspülungen oft schon nach wenigen Minuten ein, mit starken Herzstörungen, Angstzuständen, Leibschmerzen.

Größere Dosen Cyan-Quecksilber-Verbindungen können auch vom Magen aus sehr schnell tödlich wirken durch die in einem stark sauren Magensaft freiwerdenden Cyanverbindungen (vgl. Cyan S. 616).

Das Krankheitsbild enthält mit großer Regelmäßigkeit, ob das Sublimat per os durch Scheiden-, Uterus- oder Blasenspülung, Wundresorption oder Injektion aufgenommen worden ist, folgende nach Auffälligkeit oder nach dem Auftreten geordneten Symptome:

Speichelfluß, Tenesmus mit blutigem Stuhl, zunehmender Eiweißgehalt und Abnahme der Harnmenge, Schwächegefühl, Herzschwäche, Angst. Häufig sind Wadenkrämpfe.

Die Menschen sind ungeheuer ungleich empfindlich auf alle Quecksilberverbindungen.

Die Dosen, die zu Vergiftungen führen, sind deshalb außerordentlich verschieden. In erster Linie sind Nierenkranke empfindlich. Eine ganze Reihe,·auch eigener Beobachtungen beweisen, daß weniger als ein Zentelgramm zu tödlichen Vergiftungen bei scheinbar gesunden Personen führen kann. So erfolgte Todesfall sogar nach 0,02 g Quecksilber-Salicylat, während in vielen Fällen 0,5 g, selbst mehrere Gramm Sublimat zu heilbaren Vergiftungen führten. Das weniger lösliche Kalomel hat in einzelnen Fällen schon bei Dosen von 0,1 g tödlich gewirkt, während Dosen bis 0,5 g bei den meisten Erwachsenen per os keine Resorptivsymptome machen und nur Durchfall erzeugen.

Es soll besonders hervorgehoben werden, daß ausgesprochene Quecksilbervergiftungen schon nach einmaliger Anwendung von Quecksilberpräzipitatsalben (sog. Ekzemsalben) beobachtet worden sind. Da solche Präparate im Handel sind, von denen die Zusammensetzung nicht angegeben ist, kann die Quelle solcher Vergiftungen übersehen werden.

Der Tod erfolgt meist im Laufe einiger Tage, kann aber schon nach wenig Stunden eintreten. Sektion: Bei tödlichem Ausgang nach mehreren Tagen sind in erster Linie kleine herdförmige Nekrosen mit Verkalkungen in der Niere charakteristisch und die blutige Infiltrierung der Dickdarm- und zum Teil der unteren Dünndarmschleimhaut.

Therapie. Die akute Sublimatvergiftung per os. Wenn eine Magenentleerung nicht sofort möglich ist, sind größere Mengen frische, in Wasser geschlagene Eier, Milch recht wirksam. Es sind Fälle von Vergiftungen mit über 10 g Sublimat, wenn in wenigen Minuten Eiweiß gegeben werden konnte, ohne schwere Symptome geheilt worden. Sonst ist symptomatische Behandlung angezeigt. Nach längerer Zeit besteht bei Magenspülung Gefahr der Perforation.

Das Wichtigste ist die Prophylaxe der akuten Vergiftung. Das Sublimat soll immer gut bezeichnet, verschlossen sein, so daß es nicht in die Hände der Kinder kommen kann und nicht verwechselt werden kann mit anderen Flüssigkeiten (Bierflaschen).

Bei Auftreten von Quecksilbererscheinungen bei der Schmierkur, spez. Darm- oder Nierenerscheinungen, ist Unterbrechung der Kur notwendig.

Viele Menschen können in unserer Zeit dem Arzt angeben, daß sie auf Sublimat stark empfindlich sind (Stomatitis und Exantheme bei geringen Sublimat-Dosen), da ist Vermeidung von Hg-Präparaten geboten.

Die flüchtigen organischen Quecksilberverbindungen (Quecksilberdimethyl, Diäthyl etc.) sind sehr stark wirkende Gifte; die Nerven- und Herzwirkungen treten oft sofort auf; der Verlauf ist meist sehr schwer bei größeren Dosen, bei kleineren Dosen sind die Nachwirkungen auf das Nervensystem oft erst nach Wochen und Monaten in der schweren Prostration von verschiedener Dauer erkennbar. (Schwierig durch Schutzmaske zu absorbieren.)

b) Die chronische Quecksilber-Vergiftung.

Wenn das Quecksilber über Monate und Jahre täglich in sehr kleinen Mengen (mmg) aufgenommen wird, tritt bei einem relativ großen Prozentsatz ein ganz typisches Krankheitsbild auf, das in erster Linie das Nervensystem betrifft. Da die Erkrankung bei der Mehrzahl im Laufe der ersten Monate eintritt, muß der Arzt die frischen Arbeiter in solchen Betrieben kontrollieren.

Vorkommen. Da Kußmaul u. a. die größte Zahl von Erkrankungsfällen in der Spiegelbelegerei (Fürth, Venedig) beobachten konnten, findet sich heute auch in den modernen Büchern diese Angabe. Diese Spiegelbelegerei ist seit Jahrzehnten nahezu vollständig verdrängt und spielt bei einer Quecksilbererkrankung keine Rolle mehr. Die meisten Erkrankungen finden sich heute bei den Arbeitern an den Schmelzöfen der Bergwerke (Monte Amiata in Italien, im Ural), ferner in den Bergwerken Istriens und Spaniens und in den Hutfabriken (Sekretage). Das Quecksilber erzeugt relativ häufig Vergiftungen in einigen neuartigen Industrien: Bei Arbeit mit Quecksilber-Luftpumpen, spez. zur Erzeugung luftleerer Räume für die Herstellung elektrischer Lampen, Röntgenröhren etc., als Katalysator in der chemischen Industrie, als Amalgamierungsmittel (in der Goldindustrie), in der Alkali-Chlorindustrie (bei dem sog. Amalgamverfahren) neuerdings auch wieder bei Feuervergolden, beim Sublimatisieren von Sammlungen (Herbarien z. B.), bei Holzimprägnation mit Sublimat.

Das Feuervergolden war eine Zeitlang die Hauptursache in den verschiedensten Städten, es wurde nach und nach ersetzt durch die Galvanoplastik und kommt heute wieder wegen der Dauerhaftigkeit bei Schmuckgegenständen und Wetterfahnen in Aufschwung.

Quecksilber ist nicht selten ein Bestandteil bei kombinierten Vergiftungen mit CO, Pb, CS_2. (Kustoden, Abwärter.)

Symptome. Die ersten Symptome sind recht variabel. Bei vielen Kranken tritt zuerst eine Stomatitis auf, die Zähne werden wackelig. Es entstehen Geschwüre am Zahnfleisch. Bei andern zeigen sich gleichzeitig Verdauungsstörungen und eine psychische Erregbarkeit (Erethismus mercurialis). Die Arbeiter werden aufgeregt, wenn sie spüren, daß ihnen jemand zusieht. In diesem Stadium treten nachts manchmal grobe, stoßweise, schmerzlose Muskelzuckungen auf. Bei einem Teil der Arbeiter schwindet diese Schreckhaftigkeit sehr bald, bei der Mehrzahl gesellt sich zu diesen Symptomen ein sehr feinschlägiger, sehr hartnäckiger Tremor der Hände, sowie der Muskeln in der Umgebung des Mundes beim Beginn einer Unterhaltung. In einzelnen Fällen nimmt das Zittern typisch intentionellen Charakter an.

Die Kranken werden fast regelmäßig fahl; es zeigen sich Verdauungsstörungen der verschiedensten Art. In diesen Stadien kommen heute die Arbeiter meist zum Arzt. Die ungeheuer schweren Krankheitsbilder, die Kußmaul beschreibt, kommen kaum mehr zur Beobachtung. Die statistischen Erhebungen ergeben, daß der Prozentsatz der dauernden psychischen Störungen kein großer sein kann, währenddem der Tremor z. B. oft jahrzehntelang, auch nach Änderung der Arbeit, in seinen ziemlich charakteristischen Formen bleibt.

Die **Diagnose** muß in vielen Fällen gerade vom praktischen Arzt ohne jede Anamnese gestellt werden, da Quecksilberverbindungen oft dem Arbeiter unbekannt sind, wie ich wiederholt beobachten konnte. Auf chronische Quecksilbervergiftung weist in erster Linie Stomatitis, Speichelfluß, Zuckungen, besonders ein sehr feinschlägiger Tremor und unmotivierte Durchfälle hin.

Der Tremor bei Quecksilbervergiftung besteht bei Nichtalkoholikern als Frühsymptom in einem äußerst schnellen und sehr feinen Zittern, meist mit Bevorzugung einer Bewegungsebene. Das Zittern wird am Beginn einer zielbewußten Bewegung stark gesteigert. Ebenfalls ein Frühsymptom sind unkoordinierte, stoßartige Zuckungen, wie kleine Flexionsbewegungen. (Diese Form scheint besonders bei organischen Quecksilberverbindungen aufzutreten.)

Recht auffällig und charakteristisch sind zitternde zuckende Bewegungen des Mundes bei Verlegenheit, bei der Absicht zu sprechen; es kann zu Stottern führen. Wenn die allgemeinen stoßweisen Bewegungen häufiger werden, wird der Gang ataktisch. Die Zuckungen werden in seltenen Fällen so langsam, wie bei Tetanie, doch folgt bald Muskelschwäche, ohne Atrophien und ohne E. A. R. (im Gegensatz zu Blei). Die Sehnenreflexe sind meist erhöht, Hautreflexe meist normal.

Sphinkterstörungen und Schluckstörungen fehlen immer.

Bei Arbeitern in Quecksilberbetrieben leitet natürlich die Anamnese (wie z. B. die Sekretage in der Pelzbeizerei, das Schneiden und Bearbeiten der gebeizten Pelze und Haare etc. bei Kürschnern, Hutmachern, ebenso der Aufenthalt in Schießständen mit Knallquecksilberkapseln und schlechter Ventilation).

Da die Quecksilberverbindungen nicht immer typische Krankheitsbilder erzeugen, speziell die Symptome von seiten des Nervensystems fast fehlen können, während Abmagerung und Verdauungsstörungen in den Vordergrund treten, ist in frischen Fällen bei zweifelhafter Diagnose der chemische Nachweis von Quecksilber im Harn notwendig, der monatelang gelingen kann.

Durch Eindampfen des Harns mit einer starken mineralischen Säure bei größeren Mengen zeigt sich bei der Reduktion des Rückstandes mit dem Lötrohr auf Kohle das Quecksilber in Form von kleinen Quecksilbertropfen, oder besser, man schlägt das Quecksilber auf reine Kupferfolie auf elektrolytischem Wege nieder, indem man entweder die Kupferfolie als negativen Pol in eine Gleichstromquelle von geringem Potential schaltet, ev. auch, indem man ein Stück Eisen mit dem Kupferblatt leitend verbindet und beide in die saure quecksilberhaltige Lösung eintaucht. Bei größeren Mengen Hg wird das Kupfer, so weit es in die Flüssigkeit eintaucht, hell beschlagen, bei geringen Mengen ist die Verfärbung undeutlich. Dann bringt man den Teil des Kupferblattes zusammengerollt an einem Ende in eine zu einer Kapillare ausgezogenen Glasröhre und erhitzt nach Verschluß der Röhre die Stelle, an welcher sich das Kupferblatt befindet, stark. Die sich entwickelnden Dämpfe kühlen sich in der Kapillare ab und können als feinste Quecksilbertröpfchen erkannt werden; weiter kann man diese Hg-Spuren durch Joddämpfe, die man durch die Kapillare schickt, in das charakteristische rote Jodquecksilber verwandeln. Da das Quecksilber im Organismus normalerweise nicht vorkommt, ist der Nachweis auch von geringsten Spuren für die einzuleitende Therapie wichtig.

Die Symptome von seiten des Nervensystems können jahrelang bestehen, also auch zu Zeiten da Quecksilber im Harn nicht mehr nachgewiesen werden kann.

Prognose und Therapie der chronischen Quecksilbervergiftung. In den meisten Fällen ist eine Entfernung aus dem Quecksilberbetrieb notwendig (jedoch ist zu beachten, daß es Individuen gibt, die, wenn keine Ernährungsstörungen vorhanden waren, nur eine bestimmte Erregbarkeit, Ängstlichkeit zeigten, später nicht mehr erkranken, resp. sich angewöhnen.

In erster Linie werden gute Ernährung, leichte Bewegung im Freien, warme Bäder, speziell Schwefelthermen, empfohlen. Innerlich gilt als Hauptmittel Jodkali und Jodnatrium in steigenden Dosen.

2. Blei und Bleiverbindungen.

a) Die akute Bleivergiftung.

Die akute resp. einmalige Aufnahme, von größeren Mengen Blei und Bleiverbindungen, sind recht selten. Nur die etwas löslicheren Verbindungen, wie Blei-Acetat und Bleiweiß wirken leicht ätzend, führen zu starken Magenschmerzen, analog wie bei einer leichteren Vergiftung mit ätzenden Substanzen. Selbst bei einmaligen Dosen von 20—30 g ist der Verlauf gutartig.

Selten, aber sicher beobachtet, ist das Auftreten von chronischen Vergiftungen mit Ausbruch der Krankheit nach vielen Monaten, nach einer einmaligen Aufnahme von Blei und Bleiverbindungen, wie auch nach Schrotschüssen. (Die letzten Jahre scheinen die akuten Bleivergiftungen eher häufiger zu werden: Die statistische Beobachtung, daß bei chronischen Bleivergiftungen leicht Aborte eintreten, veranlaßt hie und da schwangere Frauen, das ihnen leicht zugängliche Gift zur Provokation des Abortes zu genießen.)

Die **Therapie** besteht in erster Linie in Magenspülung, eventuell Brechen und Anregung von Darmentleerung zur schnellen Entfernung des Giftes. Bitterwasser [1]), Fol. Sennae, Rizinusöl; reizende Drastika werden besser vermieden. Wenn die Bleisubstanzen längere Zeit im Körper verblieben, so wird man zur Vermeidung der Nachwirkungen des Blei nach Abheilung der akuten Darmsymptome eine leichte Kur mit Jodsalzen anordnen.

Prophylaktisch läßt sich nur durch Aufklärung und eindeutige Bezeichnung etwas tun, da die Bleiverbindungen, besonders in der Technik, leicht zugänglich sind und bleiben.

b) Die chronische Bleivergiftung.

Die chronische Bleivergiftung ist überhaupt die häufigste (**gewerbliche**) Vergiftung in allen Kulturstaaten und verlangt deshalb vom praktischen, spez. diagnostischen Gesichtspunkt aus große Aufmerksamkeit. Denn die Vergiftungsgelegenheiten sind sehr vielgestaltig und verdeckt, selbst den damit Beschäftigten oft unbekannt und vor allem im Lauf der Zeit sehr variabel, da Bleiprodukte verschwinden und andere auftauchen. So sind zurzeit in über 150 verschiedenen Industrien dauernd oder zeitweise bleihaltige Produkte in Verwendung. Die größte Zahl der Bleivergiftungen liefert heute der Malerberuf und Lackiererberuf [2]).

Das Anstreichergewerbe von heute hat jedoch noch eine Reihe von Intoxikationsgefahren außer den Gefahren des Bleiweißes. Es schleichen sich z. B. immer wieder Farben ein, die Arsenik enthalten. Man vergißt zu häufig, daß das Lösungsmittel nicht mehr allein Leinöl und Terpentinöl ist, sondern daß in großen Mengen andere flüchtige Stoffe als Verdünnungs- und Suspensionsmittel von Farben und zu Lacken verwendet werden. Bei einer einfachen fraktionierten Destillation sehr vieler technischer Terpentinöle findet man 10—20% Destillat vom Siedepunkt 60—80°, daneben existieren eine große Zahl von Terpentinölersatzmitteln unter Phantasienamen, welche in großen Mengen Benzin, Benzol und ähnliche Produkte enthalten, auch Azeton, Methylalkohol, kurz die billigen, unreinen, Fette und Harze lösenden technischen Lösungsmittel (Chlor-Verbindungen z. B).

---

[1]) Die schwefelsauren Alkalien verwandeln das gelöste Blei gleichzeitig in das schlecht lösliche Bleisulfat und wirken abführend. Statt Bitterwasser kann man auch schwefelsaures Natrium, 2—4 mal je einen Teelöffel in einem halben Glas Wasser gelöst im Verlauf von einigen Stunden nehmen.

[2]) Die Aufnahme von Blei erfolgt in erster Linie bei allen staubentwickelnden Arbeiten mit Bleiweiß und vielen oft mit Bleiweiß gemischten Substanzen (auch Zinkweiß). So beim Anreiben der Farbpulver mit Öl und beim trocknen Abkratzen alter bleihaltiger Anstriche. Auch das Malerleinöl ist heute oft bleihaltig bis zu mehreren Prozenten. Häufig sind am Arbeitsplatz keine Waschgelegenheiten oder die Arbeiter sind zu bequem oder werden nicht dazu angehalten, vor dem Essen Hände und Mund zu reinigen. So gelangen die Bleibestandteile an die Speisen und in den Magen. Auch beim Rauchen erfolgt ähnliches. Der im Rachen abgefangene Bleistaub wird verschluckt. An den Kleidern tragen die Arbeiter Bleistaub nach Hause. So werden auch dort Gelegenheiten für Bleiaufnahmen geschaffen. (Ob auch Blei durch die Haut eindringt in größeren Mengen, ist nicht sichergestellt. Lehmann fand, daß fettsaure Bleiverbindungen im Experiment durch die Haut dringen; da im Schweiß Fettsäure vorhanden ist, also fettsaure Verbindungen auf der Haut entstehen, wird der Durchtritt von Blei durch die Haut auch beim Menschen wahrscheinlich.)

Wenn man beachtet, wie sehr der Alkoholgenuß die Bleierkrankung begünstigt und den Symptomenkomplex modifizieren kann, wird man diese erwähnten, überaus häufigen und sich immer mehr verbreitenden Einwirkungen in Berücksichtigung ziehen müssen.

Die früher häufigen Berufsvergiftungen im Buchdruckereigewerbe sind stark zurückgegangen, seit die Staubabsaugung aus den Setzerkasten besteht und die Lettern nicht mehr regelmäßig in den Mund genommen werden. Bei gut konstruierten Setzmaschinen, ebenso bei der Linotype, wo die gesetzte Linie abgegossen wird, werden Bleivergiftungen selten angegeben. Dagegen kommen gewerbliche Vergiftungen mit bleihaltigen Bestandteilen häufiger vor beim Putzen, Bronzieren, Abschleifen der Lettern.

Von modernen Betrieben haben Bleierkrankungen geliefert: Die Akkumulatoren, speziell die Formierung der Bleiplatten von Hand, das Verzinnen und Verbleien in der elektrischen Industrie, Arbeiten mit Mennigkitten (z. B. bei Isolatoren, wasserdichten Dächern, Schiffen etc.), Verwendung von bleihaltigen Glasuren in der Töpferei, besonders wenn sie als Staub verwendet resp. nicht gefrittet aufgetragen werden, Verwendung von staubenden bleihaltigen Glasuren in Spezialfabrikationen, wie bei gewissen Glasperlen.

Bleierkrankungen wurden ferner beobachtet bei Verzinnern, Spenglern, in Kabelfabriken, Feilenhauereien und Walzwerken, bei Verwendung von Blei, bleihaltigen Legierungen: Gießen von Schroten, Kugeln. Beim Bleigießen gehen mit der steigenden Luft Bleioxyde mit, reines Blei gibt unter 800 bis 1000° kein Blei an die Luft, dagegen unreines Blei (Lewin). Häufig ist heute die Verwendung von bleihaltigen Dichtungsmitteln aller Art. Bleihaltige Farben und Beschwerungsbeizen haben auch in der Textiltechnik und Strohhutfabriken zu Vergiftungen geführt, ebenso Verwendung von Bleigewichten in der Jaquardweberei, von Bleiweiß als Puder in der Stickereiindustrie, als Beschwerungsmittel in der Papier- und Kautschukindustrie, speziell bei Gummischuhen, Reifen. Ferner sind viele Wachstuche bleihaltig etc.

Blei wird analog wie Mangan oft in großen Mengen zu Leinöl zugesetzt als Oxydations-, das heißt in dem Fall als Trocknungsmittel. Da die moderne Technik die Beschleunigung der Prozesse auf das Maximum treibt, sind diese Zusätze bei Lacken, Sikkativen und natürlich auch in der Linoleumtechnik gebräuchlich.

Bleivergiftungen außer dem Beruf. Bleischädigungen außerhalb der Berufsarbeit sind relativ häufig, werden aber meist übersehen. Solche Vergiftungsgelegenheiten sind: Verwendung von Bleisalzen als sogenannte Schönungs- und Fällungsmittel, wie sie hie und da wieder in der Weinindustrie verwendet werden; die in den Lehrbüchern häufig erwähnte Gefahr, daß Blei durch das Ausgießen der Lücken in den Mühlsteinen in das Mehl kommt, ist heute wohl ausgeschlossen. Dagegen sind Vergiftungen mit Mehl durch Zusätze von Bleiweiß bekannt geworden. Ebenso, wenn auch seltener, kam Verwendung von bleihaltigen Farben in der Confiserie, Verwendung von Schrot als Putzmittel für Flaschen etc. vor oder stark bleihaltige Küchengeräte,

Stark bleihaltige Glasuren an Küchengeräten geben, wenn sie längere Zeit mit sauren Nahrungsmitteln in Berührung sind, Blei ab (Vergiftung von Kindern in den letzten Jahren).

Bleivergiftungen können auch zustande kommen durch Lösung von im Körper zurückgebliebenen Schroten nach Schrotschüssen (besonders von Bleinatrium), ferner durch Wasserleitungen aus Bleiröhren, speziell wenn weiches Wasser darin länger liegen bleibt.

Seltenere Bleivergiftungen können erfolgen durch Schnupfen von bleihaltigem Tabak aus bleiernen Dosen. (Solche Fälle beweisen die große Multiformität der Gefahr). Ebenso selten, aber für die Vielgestaltigkeit charakteristisch, ist eine chronische Bleivergiftung durch Darstellung und Handhabung von aus Blei gemachten kleinen Fetischen, Amuletten.

Vergiftungsgelegenheiten bei Kindern sind recht versteckt und unübersichtlich. Die Einzelfälle werden meist übersehen und erst bei schweren Rezidiven oder bei Erkrankungen von Geschwistern etc. diagnostiziert (vgl. Symptome).

Früher kamen viel leichte Vergiftungen durch Spielsachen zustande, da sowohl reines metallisches Blei, wie vor allem bleihaltige Farben in der Spielsachenindustrie sehr verbreitet waren (Vogel) und es scheint, daß neuerdings wieder zunehmend bleihaltige Spielgegenstände in den Handel kommen. Persönlich bekannt sind mir Fälle von Vergiftungen durch alte bleihaltige Eßgeräte, Trinkgeschirre, durch wochenlanges Spiel mit Blei (Gießen von Kugeln, Gravieren etc.); Spielen in einem Magazin mit Bleiweiß, das die Kinder verpackten, sich anbliesen etc.; Belecken von bleiweißbestrichenen Kinderbettstellen, die nicht lackiert waren.

Allgemein zu beachten ist die Möglichkeit von Bleivergiftungen bei Kindern, wenn die Eltern einen Beruf treiben, in dem Bleibestandteile, speziell Bleistaub, vorkommen, hauptsächlich bei der Heimarbeit (Chyzer, Turner u. a.). Bemerkenswert ist ferner, daß Arbeiter ihren Kindern zum Spiel Bleibleche, Drahtstücke mitbringen, Geräte mit Bleifarben anstreichen.

Wirkungsweise. Alle chronischen anorganischen Vergiftungen haben die viel zu wenig beachtete Eigentümlichkeit, daß die Symptome stark variieren, so daß kein einheitliches Krankheitsbild aufgestellt werden kann; vor allem sind die ersten Symptome sehr variabel. Eine schnelle Diagnose und damit Vermeidung der weiteren Vergiftung ist aber gerade hier entscheidend, und zwar nicht nur therapeutisch, sondern ist oft auch von rechtlicher Bedeutung. Weil aber die Ätiologie häufig verdeckt ist, so daß sie auch dem Arbeiter nicht erkennbar und da die Anamnese auf falsche Fährten führt, wird die objektive Untersuchung in diesen Kapiteln eingehender als gewöhnlich besprochen werden.

Die Gründe der ungleichen Symptome sind im Prinzip folgende: Einmal sind die Jugendlichen und die älteren Personen mit Organschädigungen ganz ungleich empfindlich und zeigen regelmäßig andere Erscheinungen als die erwachsenen Männer von 20 bis 40 Jahren. Ferner schwanken die Wirkungen je nach der Aufnahme sehr stark, indem die ersten Dosen schon Funktionsstörungen verschiedenster Art gemacht haben können, wenn weitere Einwirkungen erfolgen. Ferner sind die Ausscheidungskräfte gegenüber vielen anorganischen Substanzen recht ungleich und die Giftempfindlichkeit durch Alkoholmißbrauch, andere Gifte, schlechte Ernährung, Konstitutionskrankheit erhöht.

Auf tiefliegende Störungen im Chemismus deutet das relativ frühzeitige Auftreten von Hämatoporphyrin im Harn (Sternberg u. a.) (vgl. Sulfonalvergiftung). Über die Häufigkeit und die Bedeutung dieser Erscheinung ist heute kaum ein abschließendes Urteil möglich, ebenso wenig über die Bedeutung der Läsion der Drüsen (Parotis). Die Nebennieren sind oft vergrößert (Cesa Bianchi, Pezzola). Straub, Erlenmeyer haben experimentell gefunden, daß bei Resorption von Blei aus Depot 0,00004 mg pro Stunde auf 1 kg Körpergewicht Katzen in 60 Tagen tötet an Bulbärparalyse, die manchmal morphologisch feststellbare Veränderungen bietet. Das Blei wurde in den Fällen nicht retiniert, wirkte also im Vorbeigehen.

Symptome. Die Symptome der chronischen Bleivergiftung sind von Fall zu Fall variabel. Sie setzen sich aus drei Hauptkategorien zusammen.

1. Anwesenheit des normalerweise körperfremden Bleies in den Schleimhäuten (Bleisaum = schiefergraue Verfärbung[1]) des Zahnfleisches in einem schmalen Saum, hauptsächlich um die Schneidezähne und eventuell grauen Flecken in der Wangenschleimhaut).

Blei im Blut zirkulierend (das als Bleichromat nachgewiesen werden kann, unter Umständen in wenigen Tropfen Blut).

---

[1] Nicht zu verwechseln mit den schwarzen Wismut- oder Kupfersäumen gleicher Topographie, ebenfalls ein schmaler Saum, der wie ein Kragen die Schneidezähne umgibt, oder dem schwarzen Zahnstein an den Zahnhälsen der Kranken.

Blei in den Sekreten (im Harn meist nur in sehr geringen Mengen. Die Hauptsache wird, wie bei allen Schwermetallen durch die untere Darmschleimhaut ausgeschieden).

Erwähnenswert ist auch, daß im Eiter relativ viel Blei enthalten ist und daß Bleidepots auch nach vielen Jahren durch Krankheiten und starke Jodwirkung wieder mobilisiert werden können (T. Oliver).

2. Die zweite Gruppe umfaßt die Störungen des Wohlbefindens und der Arbeitsfähigkeit: Verdauungsstörungen, Appetitlosigkeit bis zur schweren Kolik oft mit eingezogenem Leib, seltener Brechen und Durchfälle; Störungen von seiten des Nervensystems, wie ziemlich frühes, nicht sehr gleichmäßiges Zittern der Finger.

Bei Erwachsenen meist rein motorische Lähmungen der vom N. radialis versorgten Muskeln. Intakt bleibt die Supinatorgruppe.

Bei Kindern treten die Nervenstörungen meist zuerst in den Beinen auf und sind oft mit Schmerzen verbunden.

Schwere Veränderungen im Zentralnervensystem folgen meist erst in späteren Stadien oder bei den heute sehr seltenen brutalen Vergiftungen bei sehr schädlicher Arbeit. Frühzeitig treten noch Anämien auf bis zur schweren Kachexie und entsprechendem Gefühl der Müdigkeit. Der Blutdruck ist in vielen Fällen in den Anfangsstadien nur vorübergehend leicht erhöht, in späteren Stadien, hauptsächlich bei Nierenläsionen, dauernd.

3. Mikroskopische, anatomische, morphologische Veränderungen:

a) Transitorische. Das Auftreten von sog. basophilen Granulationen in einzelnen roten Blutkörperchen (vgl. Blutkrankheiten), die auch bei anderen, mit Blutregeneration einhergehenden Krankheiten auftreten (Phenyl-Hydrazin- und Benzolderivatvergiftungen, Anämien, Blutverluste etc.).

Veränderung der roten Blutkörperchen: Basophile Granulationen und Polychromasie kommen häufig vor bei Malaria, bei Kachexien, Blutkrankheiten, wiederholten Blutungen im Darm, auch bei Abortblutungen, auch bei Vergiftungen mit Paraphenylendiamin und anderen Anilin-Derivaten, bei dem starken Wechsel der Produkte sehr zu beachten.

Die systematische Verfolgung der Blutveränderungen bei Bleikranken in den verschiedensten Ländern zeigte die letzten Jahre, daß auch das Vorkommen dieser Blutveränderungen früher stark überschätzt wurde, so daß man heute in höchstens 10 % der Bleikranken eine größere Menge (über 1000) pro Million Blutkörperchen angibt, in etwa 20—30 % etwa 300. (Die Angaben sind sehr verschieden. 100 pro Million soll in der Mehrzahl beobachtet werden können [Schmidt]). Gerade bei schweren Fällen mit chronischen Veränderungen der Organe sind in späterer Zeit die basophilen Körnelungen in roten Blutzellen selten.

Auch bei Gesunden finden sich etwa in 2 % bis 300 gekörnte Erythrocyten pro Million (Schmidt). Naegeli fand dagegen bei den frischen schweren Fällen mit Koliken und Anämie ca. 90 % stark positiv, sehr wenige Fälle negativ oder in 10 Minuten nur 1—2 basophile Zellen zu finden, in atypischen leichten Fällen mit nur wenigen und wenig ausgesprochenen Symptomen fand er nur etwa in 10 % in jedem Gesichtsfeld eine basophile Zelle, in ca. 60 % nur eine bis mehrere Zellen auf ca. 10 000 rote Blutkörperchen, ca. 30 % ganz negativ.

In Anfangsstadien kann (speziell bei jungen Mädchen, die in kurzer Zeit ziemlich viel Blei aufgenommen haben) eine starke Lymphocytose und Leukocytosereaktion im Liquor cerebrospinalis beobachtet werden (Mosny), doch schwindet diese Reaktion bald.

b) Die bleibenden anatomischen Veränderungen und die Lokalisation des Bleies, speziell Blutgefäße, Nieren und Gelenke betreffend.

Das Blei wird zur Hauptsache ausgeschieden, kleine Mengen werden zurückgehalten.

Bleidepots finden sich in der Leber, aber auch im Gehirn; in schweren Fällen bis zur auffälligen Grauverfärbung des Gehirns, ebenso findet man Bleidepots in den Haaren.

Charakteristik und Übersicht über die einzelnen häufigen typischen und schweren Symptome: Bleikolik ist das längst bekannte und meist früh eintretende Symptom einer chronischen Bleivergiftung. In typischen Fällen ist der Leib eingezogen, mäßig kräftiger Druck wirkt im Gegensatz zu den gewöhnlichen, entzündlichen Zuständen eher erleichternd. Diese Beobachtung spricht stark für eine Bleikolik; dabei besteht meist hartnäckige Verstopfung, der Puls fühlt sich oft hart an, der Blutdruck ist dabei hie und da etwas erhöht, manchmal sogar erniedrigt. Die Anfälle von Kolik wiederholen sich in ziemlich ungleichen Intervallen und schwinden bei Behandlung und eintretender Darmbewegung meist in wenigen Tagen.

Als zweites typisches Symptom ist ein ziemlich gleichmäßiger feinschlägiger Tremor der Finger zu erwähnen, bei ausgestreckten Händen und gespreizten Fingern (nach Kuppermann und Nägeli ist häufig bei Rechtshändigkeit, resp. Linkshändigkeit das Zittern einseitig stärker ausgesprochen und dann charakteristisch, selten ist Zittern der Füße, des Kopfes, choreatische Bewegung und Koordinationsstörung).

Als weiteres typisches Symptom von seiten des Nervensystems ist die sog. Bleilähmung des Radialisgebietes beider Hände zu betrachten. Auch hier tritt häufig die Erscheinung zuerst in der stärker angestrengten Hand auf. Sie ist charakterisiert durch das Intaktbleiben der Supinatoren und der Daumenmuskeln und der Interossei.

Die Hand kann also im Handgelenk nicht aktiv resp. nicht mit Kraft gestreckt werden. Die Lähmung ist eine rein motorische; Sensibilitätsstörungen, wie Schmerzen, sind manchmal in geringem Grad anfangs vorhanden, fehlen aber doch in den meisten Fällen. E.A.R. ist anfangs häufig zu konstatieren. Diese Symptome sind oft begleitet von einer Schwellung des Handrückens.

In seltenen Fällen, speziell bei jugendlichen Personen, sind die Unterschenkelmuskeln im Peroneusgebiet getroffen: Hier sind die Schmerzen häufiger Begleiterscheinungen und die Atrophien treten ebenfalls schneller ein. Der Eintritt der Symptome ist oft so schnell, daß an eine Poliomyelitis anterior gedacht wird. (Dagegen spricht natürlich die Symmetrie und die vollständige Fieberlosigkeit auch im Anfange der Krankheit und das häufige Freibleiben des M. tibialis ant. bei Bleivergiftung.)

Andere Lähmungen sind recht selten: Beobachtet sind Augenmuskellähmungen, Stimmbandlähmungen; immer frei bleiben Blase und Mastdarm.

Ausgedehnte nervöse Störungen mit peripheren Lähmungen der verschiedensten Art leiten über zu dem heute relativ seltenen Krankheitsbild des Encephalopathia saturnina, einhergehend in bestimmten Fällen mit schweren Depressionszuständen, Aufregungszuständen, Verkennung der Umgebung, doch sind diese Kranken nie so urteilsschwach wie Paralytiker.

In anderen Fällen treten mehr motorische Krampfzustände in den Vordergrund, Epilepsia saturnina. Kranke gehen meist in einer Folge schwerer Anfälle zugrunde.

Eine Gruppe von weiteren Störungen sind auf die früh eintretenden Arterienveränderungen zurückzuführen: in erster Linie die häufigen Nierenerkrankungen, Augenstörungen, Gelenkerkrankungen (speziell Unterschenkel, Fußgelenk).

Man kann häufig schon bei sonst gesunden kräftigen Arbeitern von 20—25 Jahren ohne Blutdruckerhöhung und ohne manifeste Nierenerkrankung eine auffällige Härte der Gefäße finden. Die Gefäße fühlen sich an wie mittelharte Kautschukschläuche, die unter dem Finger rollen und ausweichen.

Die **Amblyopia saturnina** hat recht oft ihre Ursachen in Gefäß-störungen, kann auch Begleiterscheinung sein einer Nierenerkrankung oder der psychischen ·Veränderungen infolge des Bleies, eventuell von vorüber-gehenden meningealen Störungen, die oben erwähnt wurden.

Die **Bleigicht.** Gichtische Erscheinungen sind entschieden häufig bei Bleikranken, hauptsächlich bei Männern. Ihr Zusammenhang mit **Stoff-wechselstörungen** und **Sekretionsstörungen** ist nicht abgeklärt, eben so wenig die häufig ausgesprochenen Anämien (die Blässe ist oft eine Folge der Kontraktion der Hautgefäße und entspricht nicht immer einem geringen Hämoglobingehalt des Blutes).

Nierenerkrankungen als Folge von Bleiwirkungen sind sehr häufig. Akute Nierenreizungen mit Eiweiß- und ·Zylinderausscheidung begleiten oft die Koliken, auch in den frühesten Stadien. Bei angeborenen Nierenstörungen, z. B. Zystenniere, ist das Leben bald gefährdet. Die große Mehrzahl der Bleikranken zeigt später alle Symptome der sog. **Schrumpfniere.**

In seltenen Fällen tritt eine beidseitige harte Schwellung der Parotis auf.

Die **vergleichende Pathologie** gibt uns auch hier einiges Verständnis für die große Variation des Krankheitsbildes (Trousseau, Chyzer, Haarstick, Broemstrup, eigene Beobachtung). Zufällige Vergiftungen durch Nahrung von Wiesen, über die Abwässer von Bleibergwerken und Pochwerken flossen, zeigen, daß das Pferd in erster Linie Lähmungen des N. laryng. inf. bekommt (sog. Pfeiferdampf); Ernährungsstörungen, Darmstörungen wurden nicht beobachtet.

Dagegen traten bei Wiederkäuern Steifheit in den Gliedern, speziell Hinterbeinen, Zittern, Zuckungen, Erregung, sensible Störungen, in erster Linie stellenweise Anästhesien, ausgesprochene Sehstörung mit weiten Pupillen, Appetitmangel, Salivation, Kaukrämpfe, Obstipation, verlangsamter Puls als häufige Krankheitserscheinungen auf.

Bei Heimarbeitern, hauptsächlich in der Töpferei, erwiesen sich die kleinen Vögel als außerordentlich auf Blei empfindlich, Katzen zeigten die Zeichen von Darmkoliken; Experimente beim Hund ergaben das Auftreten von Bleisaum, ausgesprochene Anämie, Poikilocytose, Aphonie, Anästhesie, selten Albuminurie und Verdauungsstörungen, Knochen und Nieren besonders waren bleireich, während Straub bei chronischen Vergiftungen von Katzen aus einem Bleidepot im Körper, in den Organen nur sehr wenig Blei fand.

Diagnose. Die große Mehrzahl der Erkrankten zeigen über-haupt nur einzelne wenige Symptome und die Diagnose muß durch die Blutuntersuchung Nachweis von Blei oder auch durch Untersuchung des Milieus und der Arbeitsweise festgestellt werden. Die häufigsten Symptome sind Koliken, Zittern, Anämien und basophile Granulationen. (Bleisaum, sogar Blei im Harn kann ohne Störung der Arbeitsfähigkeit vorkommen, spricht aber natürlich für Bleivergiftung, wenn andere Symptome vorliegen.) In den **Spätstadien** mit Organveränderungen fehlen häufig diese erwähnten, für die **Frühdiagnose** wichtigen Symptome.

Bei der Diagnose der durch Blei ausschließlich bedingten oder mindestens durch Blei mitbedingten Krankheiten sind nach den neuesten Erfahrungen folgende Gruppen auseinanderzuhalten:

1. **Bleikrankheiten mit mehreren typischen Symptomen,** wie Blei-kolik, Radialislähmung, Zittern, basophile Granulation der roten Blutkörperchen, Hämatoporphyrin im Harn, Bleisaum; es existieren aber auch eine Reihe von Krankheitsbildern, die nach den Erfahrungen in Bleibetrieben ebenfalls von Blei bedingt sind, wie ausgesprochene Appetitlosigkeit und Anämie ohne Fieber, oder parallel der Bleiaufnahme sukzessiv eintretende starke Ermüdbarkeit und Schwäche oder Steifigkeit in den Gliedern, Zittern, Kopfschmerzen (Symptome, wie sie besonders bei Gebildeten, z. B. Chemikern, zur Beobachtung kommen nach längeren Bleieinwirkungen.)

2. Von den typischen Bleikrankheitsbildern stark **abweichende Initial-symptome** und Verlaufsarten finden sich fast regelmäßig vor bei Bleiwirkungen ausgesetzten **Kindern** und jugendlichen Arbeiterinnen in der Zeit der Entwickelungsjahre. Kinder zeigen sehr häufig, ja meist, keine Koliken, dagegen ein Heer anderer Verdauungsstörungen, ferner sind die Nervensymptome nicht in den Streckmuskeln der Hand zu suchen, sondern in der Mehrzahl in den Beinen und zwar werden meist gleichzeitig motorische, trophische und sensorische Störungen beobachtet.

Die Erfahrung lehrt, daß die meisten Bleivergiftungen bei Kindern übersehen werden und die diagnostizierten Fälle bis heute meist erst nach Eintreten chronischer Schädigungen, Rezidiven und multiplen Erkrankungen diagnostiziert worden sind. Die Giftgefahr ist in diesen Fällen gar nicht evident und wird nur bei genauer Analyse des Milieus überhaupt entdeckt.

Analog verhält es sich bei Bleierkrankungen jugendlicher Arbeiterinnen, die oft nur zeitweise, aber dann über viele Monate mit einem bleihaltigen Spezialartikel zu tun haben, der zu Vergiftungen führt.

3. Sicher ist, daß Blei eine **mitkonkurrierende Ursache** bei einer relativ großen Zahl von atypischen Erkrankungen, die durch andere schädigende Momente plötzlich ausgelöst werden. So sieht man Fälle von traumatischen Lähmungen mit dem Charakter der Bleilähmung. Hie und da brechen Koliken etc. nach Exzessen aus. Alle Gutachter auf diesem Gebiet betonen immer und immer wieder, daß alle Intoxikationen, natürlich speziell der Alkoholismus, aber auch viele gewerbliche Gifte, die Toleranz des Bleies ungeheuer herabsetzen und damit der Ausbruch einer toxisch bedingten Krankheit beschleunigen.

Die Diagnose dieser kombinierten Vergiftung gehört in vielen Fällen zu dem Schwierigsten, was die innere Medizin kennt.

Auf eigenartige Bleierkrankungen bei Kindern haben hauptsächlich **Putnam, Dufour, Labastide, Oliver, Variot, Escherich** 1903, **Zappert** 1904, **Teleky** 1906, **Mauthner** 1906, **Bernhard, Niemann, Chyzer** 1908, **Turner-Jefferies** 1909, **Zangger** 1910, **Hirsch** 1910, **Meillére, Balthazard** 1913 hingewiesen.

Ätiologisch kamen bei Kindern ganz verschiedene, oft recht versteckte Bleiquellen in Betracht, es kamen Fälle in den verschiedensten Bevölkerungsklassen vor:

Natürlich in erster Linie in der Heimarbeit mit Blei, wie bei der Töpferei, dann als Folge bleihaltiger Eßgeschirre, auch heute noch durch bleihaltiges Spielzeug; sogar in rein landwirtschaftlichen Gegenden sah ich durch lange dauerndes Spiel mit Schroten, Bleikugeln, durch Schmelzen, Gießen, Verbrennen von Bleiabfällen, Bleigravieren, durch Anstriche, verbleite Geländer, Terrassen, Spiel mit Farbpulvern veranlaßte Fälle.

Fast alle diese Vergiftungen hängen unmittelbar mit den Industrien zusammen, weil in den meisten Fällen das Blei durch den Vater aus der Fabrik heimgebracht wurde, oder weil Farben verwendet wurden, deren Herkunft nicht bekannt war, und die ohne Lacke aufgetragen wurden etc.

Die Differentialdiagnose. Verwechslungen mit anderen Krankheiten sind schon bei relativ typischen Bleivergiftungen möglich und umgekehrt wird die Diagnose einer Bleierkrankung bei ganz anderer Ätiologie nicht selten gestellt. Verwechselt worden sind in erster Linie Gallensteinkolik, Nierensteinkolik und Blinddarmentzündung, auch Perforativperitonitis im Beginn und recht oft luetische Manifestationen (akute Bleierkrankungen können auch positiven Wassermann geben).

Verwechslungen dieser Art sind um so eher möglich, weil es Bleierkrankungen gibt, die, wie schon erwähnt, nicht dem Schulbild folgen. Vor allem ist die Verteilung der Kolikschmerzen im Leib recht ungleich, der Leib ist in manchen Fällen nicht eingezogen und auf Druck leicht empfindlich, die Hautberührung kann schmerzen, ebenso wird nicht selten Schmerzhaftigkeit angegeben bei Anfassen einer Hautpartie des Bauches ohne Druck in die Tiefe.

Die Differentialdiagnose ist bedeutend schwerer bei atypischen Erkrankungen. Wo Blei infolge der beruflichen Tätigkeit, in Betracht kommen kann, sollte man es gewissenhaft ausschließen, weil die letzten Jahre gezeigt haben, daß Dauerschädigungen und schwerere Dauer-Zustände sich häufig an Intoxikationen mit atypischem Krankheitsbild anschließen.

Zu den schweren Frühsymptomen gehören speziell bei jugendlichen Arbeiterinnen, starker Kopfschmerz, Arthralgien, Myalgien, ausgesprochene schnell eintretende Anämien, oft mit Parästhesien in den Gliedmaßen, früh eintretende Albuminurie und Blutdruckerhöhung.

Wenn man Gelegenheit hat, solche Fälle über Jahre zu verfolgen, wird man häufig mit Schrecken konstatieren, wie schlecht sich diese jungen Leute erholt haben.

Unter dieser Gruppe finden sich diejenigen, die oft sehr früh Zeichen der Bleiniere, der Bleigicht zeigen, kombiniert mit nervösen Symptomen.

Daß eine relativ große Zahl der atypischen Bleierkrankungen bei jugendlichen Personen auftritt, zwingt diese Krankheitsbilder hervorzuheben, besonders, weil sie in den Lehrbüchern der inneren Medizin meist gar nicht erwähnt werden. Die relative Häufigkeit dieser Fälle wurde hauptsächlich denjenigen Ärzten bewußt, die neben anderen Industrien spezifische Bleiindustrien mit einer großen Zahl jugendlicher Arbeiterinnen in ihrem Beobachtungsgebiet haben.

Über die **Dosen**, die zu chronischen Intoxikationen führen, ist naturgemäß wenig genaues bekannt: Bald werden zufällig in wenigen Minuten größere Mengen durch die Atmung in Form von Staub aufgenommen oder auch durch mit bleihaltigem Staub verunreinigte Nahrung. Andererseits ist die Toleranz und Ausscheidungskraft des Organismus sehr verschieden und die Empfindlichkeit wird durch momentane Zustände, wie Verdauungsstörungen, Traumen, Intoxikationen aller Art stark erhöht. So scheinen die Kinder im Durchschnitt größere Dosen ohne schwere Erkrankung zu ertragen, als schon irgendwie geschädigte Erwachsene. Durchschnittliche tägliche Aufnahme von 10 bis 20 Milligramm scheinen in wenigen Monaten bei empfindlichen Individuen zu schweren Störungen zu führen.

Prognose. Eine vollständige Wiederherstellung ist im allgemeinen nur zu Beginn der Vergiftung möglich, deshalb ist die Stellung der ätiologischen Diagnose und die Feststellung der Herkunft des Giftes für das Schicksal des Falles oft entscheidend.

Die Koliken und Verdauungsstörungen bleiben meist am schnellsten aus, die Lähmungen lassen oft für Jahre eine Schwäche zurück und können wieder auftreten nach Traumen und Krankheiten ohne Bleiaufnahme. Überhaupt ist zu beachten, daß die Bleidepots im Organismus jahrelang bleiben können, und daß durch eine Mobilisation des Bleies wieder neue Krankheitserscheinungen, wenn auch selten, nach Jahren noch ausbrechen können (Oliver u. a.).

Gefäßerkrankungen und die interstitiellen Veränderungen in den Nieren trüben die Dauerprognose stark, speziell in bezug auf die Erwerbsfähigkeit und deren Dauer, weil die Prozesse häufig trotz Behandlung vorwärtsschreiten.

Eine ungünstige Prognose, selbst nach kurzer Arbeitszeit, gaben diejenigen Fälle, bei denen schon im Frühstadium eine der folgenden Symptomkombinationen vorkommen: Sehr starker Kopfschmerz mit Arthralgien, Myalgien; atypische Lähmungen mit starker Anämie und Ikterus; Albuminurie und Blutdruckerhöhung, hauptsächlich, wenn Cardialgien und harte Gefäßwände gleichzeitig bestehen.

In manchen Fällen, hauptsächlich bei Gießarbeit, kommen noch andere Gifte mit in Betracht, in erster Linie CO, dann auch Arsen, Antimon etc. (vgl. kombinierte Vergiftungen S. 682).

Therapie. Neben Vermeidung von weiterer Bleiaufnahme ist gute Ernährung, Jodkali in Dosen von 2—5 Gramm pro Tag angezeigt, und zwar über längere Zeit. Gute Dienste leisten auch warme Bäder, Schwefelbäder. Die Koliken werden am besten mit Opium oder Morphium innerlich behandelt. (His empfiehlt Tinct. opii 2,5, Kal. Brom 10,0 auf 200, zweistündlich ein Eßlöffel.) Auch Opium mit Belladonna kombiniert wirkt günstig. Keine Drastika.

Gegen die Verstopfung empfiehlt sich nach Abklingen der Kolik Bitterwasser und vor allem gekochte Früchte.

Es werden auch neuerdings Salzbäder unter gleichzeitiger Verwendung von galvanischem Strom event. unterbrochenen Gleichstrom empfohlen, Zellenbad: Handbad: negativen Pol, Fußbad: positiven Pol, in Strömen bis 20 Milliampères.

Im übrigen ist symptomatische Therapie angezeigt: Bei leichten Koliken feuchte heiße Überschläge, in bezug auf Lähmungen vgl. Krankheiten der peripheren Nerven, ebenso Kapitel Arteriosklerose, Nephritis etc.

Prophylaktisch ist reichlicher Milchgenuß sehr wirksam. (In manchen Fabriken wurde mit großem Erfolg Milch verabreicht, vor dem Krieg.)

Bleiäthyl, Bleimethyl sind schon sehr lange als sehr schwere Nervengifte bekannt, die, in größeren Dosen eingeatmet, sehr schnell zum Tode führen.

3. Zink.

Das Metall kann sich in geringen Mengen in Essigsäure etc., neutralen und Chloride enthaltenden Flüssigkeiten lösen. Vergiftungen sind dadurch nicht bekannt, hingegen wird eine Krankheit als Zinnfieber oder Gießfieber beschrieben, die hauptsächlich bei Messinggießereien beobachtet wurde (starkes Unwohlsein, Fieber, katarrhalische Zustände, Brechen mit Niedergeschlagenheit) von ca. 24—48 Stunden ohne Nachwirkungen.

Vergiftungen durch Zinksalze, speziell Zinkchlorid, Zinksulfat kamen durch Verwechslungen zustande, hauptsächlich von Zinkchloridlösungen (das auch in großen Mengen im Lötwasser enthalten ist), ferner durch Verwechslung von Zinksalzen mit Backpulver, Abführmitteln, Konservierungssalzen.

Symptome. In größeren Dosen Magen- und Darmreizung.

Allgemeine Wirkungen sind äußerst selten, da es nur wenig resorbiert wird. Die Wirkung ist abhängig von der Menge und sehr stark von der Konzentration.

Chronische Zinkvergiftungen werden angegeben nach langem äußeren Gebrauch von Zinkoxyd (Verdauungsstörungen, die den Bleiwirkungen sehr ähnlich sind).

Bei Verdacht auf gewerbliche Vergiftungen ist vor allem zu beachten, daß das Zink sehr häufig Blei enthält (z. B. bei der Verzinkerei, in der elektrischen Industrie) und sehr häufig auch Arsenik.

Zinn, Zinnäthyl, Zinnmethyl sind weniger giftig als die entsprechenden Bleiverbindungen, sie erzeugen bei geringen Konzentrationen rasende Kopfschmerzen und greifen bei chronischer Einwirkung das Nervensystem, vor allem die Sehnerven an — Neuroretinitis optica.

4. Thallium.

Thallium wurde medizinisch bei Phthisikern gegeben. Es scheint schon in Dosen von 0,5 Gramm schwere Verdauungsstörungen, Nephritis, sehr schmerzhafte neuritische Lähmungen und starken Haarausfall zu erzeugen.

5. Chrom und Chromsäure.

Die chromsauren Salze, speziell das doppelchromsaure Kalium, aber auch das Bleichromat, haben vielseitige Verwendung in der Färberei, Bleicherei, Druckerei als Beizen in der Gerberei, spez. der Schnellgerberei, als Farbmittel für Holzgegenstände (Maßstäbe, Stöcke), Zündholzindustrie, Essigsäureerzeugung.

Die Vergiftungen erfolgen selten absichtlich (Selbstmord, Abortivversuch). Am häufigsten und wichtigsten sind die gewerblichen chronischen Vergiftungen durch Chromsäureverbindungen (Herstellung der Chromverbindungen).

Die akute Vergiftung erfolgt schon durch sehr kleine Dosen. 0,5 bis 1 Gramm bewirken tödliche Vergiftung. Die Symptome: Reizung, Gelbfärbung von Mund, Rachen, Magen (bis zur Bildung orangegelber Schorfe), akute Nephritis, meistens mit Blut im Harn und häufige Entzündungen in den unteren Darmabschnitten.

Die Diagnose kann am schnellsten aus den frisch orangegelben Verfärbungen im Mund gestellt werden. (Die Schorfe von Salpetersäure, Pikrinsäure sind gelblich gefärbt), dazu gesellen sich Brechen, Durchfälle, wenig

Blut enthaltender Urin. — Das Erbrochene ist meist nicht mehr gelb, sondern durch Umsetzungen grün.

Die Therapie: Schnelle Entfernung durch Brechen, Magenspülung und Überführung in unlösliche Chromverbindungen durch Alkalien; im Notfalle Kreide, Kalk der Wände, Soda, frisch alkalisch gefälltes Eisenoxyd, Magnesia usta.

Die Prognose ist wegen der Nephritis dubiös, da die akute Reizung in eine chronische, diffus interstitielle Erkrankung übergehen kann.

Die chronische Chrom-Vergiftung setzt sich aus einer Oberflächenreizung (Geschwürsbildungen) an der Stelle der Einwirkung und den selteneren schweren Allgemeinwirkungen zusammen. Der Staub von Chromverbindungen reizt in erster Linie die Nasenschleimhaut, ziemlich häufig sind in den unteren Abschnitten des Nasen-Septums Geschwüre zu sehen bis zur Durchlöcherung (analoge Prozesse sieht man übrigens auch durch Arsentrioxyd beim Erzrösten etc.). Die Geschwüre sind meist kleiner als die gleich lokalisierten luetischen. Weitere Reizungen finden sich im hinteren Nasen-Rachenraum, auch im Mund. Chronische Nephritis soll bei Chromarbeitern prozentual häufiger beobachtet werden als bei anderen.

Die Diagnose der Ursache der Allgemein-Erscheinungen erfolgt meist durch die lokalen Reizsymptome und die Anamnese.

Prognose und Therapie. Die Prozesse verlaufen meist sehr langsam, die Chrom-Nephritis hat wenig Tendenz zur Heilung, doch kann bei Vermeidung von Reizmitteln und Alkohol und Genuß von Milch die Arbeitsfähigkeit meistens lange erhalten bleiben. Nach Lehmann haben die Verbesserungen etc. die chronischen Chromerkrankungen auf die Nasengeschwüre und seltene Hautgeschwüre reduziert.

Uran.

Die allgemeinen Uran-Wirkungen sind denen des Chrom analog. Die neuzeitliche starke Steigerung der Uranproduktion wird voraussichtlich mehr gewerbliche Erkrankungen bringen.

6. Kupfer.

Die Kupfersalze werden sehr schlecht resorbiert, die Wirkung beschränkt sich deshalb meist auf eine lokale Reizung im Magendarmkanal. Eine reine chronische gewerbliche Kupfervergiftung mit allgemeinen Symptomen ist nicht bekannt. Als Vergiftungsgelegenheit kommt in erster Linie der berüchtigte Grünspan in Frage (fettsaure und hauptsächlich essigsaure Kupferverbindungen in schlecht verzinnten Kupferpfannen; doch handelt es sich in den allermeisten Fällen, wenn Grünspan als Vergiftungsursache angegeben wird, um falsche Interpretationen bei eigentlichen Fleisch- und Fischvergiftungen auf bakterieller Grundlage).

Die Verwendung von Kupfer zur Erhaltung der grünen Gemüsefarbe der konservierten Gemüse ist heute in den meisten Staaten in bestimmten Grenzen gesetzlich erlaubt; da sich im grünen Gemüse ziemlich unlösliche Verbindungen bilden, wirkt das Kupfer nicht und wird nicht resorbiert. Nicht grüne Nahrungsmittel entgiften das Kupfer nicht.

Kupfervitriol und Kupfersulfat wurde aus Versehen und sehr selten zu Selbstmordzwecken genossen.

Akute Kupfervergiftungen. Lösliche Kupfersalze bewirken Brennen, Brechen, Schmerzen im Magen, blutige Durchfälle.

Wird die Magen-Darmschleimhaut stark verändert, erfolgt auch eine Resorption des Kupfers (welches durch die unveränderte Schleimhaut nicht aufgenommen wird: Ausgesprochene starke Müdigkeit, Kältegefühl, Beschleunigung der Herzaktion, Schwindel, sogar Konvulsionen, Koma, Tod im Lauf des ersten Tages. Daneben die typischen Schwermetallwirkungen: Nierenreizung, Blutungen in den Dickdarm. Es kann auch zu solchen akuten Erscheinungen kommen bei Einatmung von kupferhaltigem Staub, so bei der Bearbeitung von Kupfergegenständen mit Metallbürsten.

Bei diesen Fällen kommen zu den oben erwähnten Symptomen Schmerzen auf der Brust, Husten (die Arbeiter zeigen einen hie und da mit grünlichen Partikelchen versetzten Auswurf).

Die chronischen Einwirkungen sind wenig gefährlich, wenn die Dosen nie so groß werden, daß die oben erwähnten lokalen Reizungen entstehen.

7. Wismut.

Wismut in Form von basischem salpetersaurem Salz (Bismutum subnitricum, Magisterium Bismuti) kommt fast nur als Medikament in Betracht, ist in Dosen bis zu 8—10 Gramm fast immer unschädlich, gab aber in einzelnen Fällen zu ausgesprochenen, an Schwermetallsalze erinnernden Vergiftungen Anlaß, sowohl bei Genuß per os, wie auch namentlich durch Ausstopfung von Abszeßhöhlen und Fistelgängen; viel höhere Dosen werden zu Röntgenaufnahme zusammen mit Kartoffelbrei meist ohne Schädigung verwendet (vgl. Barium), doch wird das Nitrat heute meist durch Karbonat ersetzt, weil man Nitritsymptome (vgl. S. 615) beobachtet hat.

Symptome und Diagnose. In erster Linie starke Symptome von seiten des Dickdarmes, Durchfall, Tenesmus, Stomatitis, öfter mit schwarzer Umränderung der Schneidezähne am Zahnfleisch (in der Form analog dem Bleisaum). Selten tritt schwere Nephritis hinzu.

Da die Wirkung und die toxische Dosis äußerst ungleich, da ferner häufig knoblauchartiger Geruch der Atmungsluft angegeben wird, und da wir wissen, daß Wismut schwer von Arsenik und Tellur zu reinigen ist, so ist in dieser Richtung auch an eine Inkonstanz der Präparate zu denken, ferner an eine Reduktion des weniger giftigen Nitrates zu den giftigeren Nitriten.

8. Osmium.

Bis jetzt kam als toxische Substanz die sog. Osmiumsäure, das Osmiumtetroxyd in Betracht, bei dessen Darstellung und Verwendung als Beize und Fixierungsmitteln, früher auch für Glühlampenfäden.

Es wird selten zu Injektionen bei hartnäckigen Neuralgien verwendet.

Symptome: Es reizt (schon 1 mg auf 100 m³ verdampft) vor allem, da es flüchtig ist, die Atmungsorgane und die Augen. Die Reizzustände sind sehr hartnäckig (chronische Hyperämie, meist wenig Sekretion). Genossen wirkt es als Schwermetallsalz. Da es sich sehr schnell zersetzt, ist eine Medikation von zweifelhaftem Wert.

Man gibt als Gegengift Schwefelwasserstoffwasser zur Reduktion der Säure an.

9. Arsen und Arsenverbindungen.

a) Akute Arsenverbindung.

Das Gift wird meist als arsenige Säure, resp. Arsentrioxyd, Arsensäure, als Arsen in Substanz oder als Arsenkupferverbindungen in Farben aufgenommen oder aber in den medizinalen Lösungen (Liquor Kal. ars. Fowleri = 1% Kal. ars., seltener die Pearson'sche Lösung) und zwar: In neuerdings wieder zunehmender Zahl zu verbrecherischen Zwecken (Mord, Mordversuch). Recht häufig sind Vergiftungen durch Verwechslung, Verwendung arsenhaltiger Substanzen zu Nahrungsmitteln (vgl. Anmerkung) und zum

Zwecke des Selbstmordes, da das Gift ungeheuer leicht zugänglich ist, (Rattengift, Farben etc.) [1]).

Symptome der akuten Arsenvergiftung. Die akuten Arsenwirkungen sind durch eine starke Erweiterung, resp. Lähmung der Kapillaren, hauptsächlich der Darmschleimhaut, charakterisiert, mit meist kleinen Blutungen. Auch die übrigen Schleimhäute sind oft in einem Reizzustand. Die typischsten Erscheinungen sind Brechen, Durchfälle (sog. Reiswasserstühle, wie bei Cholera) mit starkem Tenesmus.

Werden z. B. mehrere Gramm arsenige Säure As_2O_3 in feiner pulverförmiger Verteilung genossen, wie oft zu Selbstmordzwecken, dann treten in wenig Stunden zu den Erscheinungen des schwersten Darmkatarrhs eine ausgesprochene motorische Schwäche, Schwindel, starke Hinfälligkeit, manchmal kurz vor dem Tod vollständige Lähmungen.

In solchen akuten Fällen, die meist in wenigen Stunden akut tödlich verlaufen, findet man im Erbrochenen oft weiße harte Krümel (Arsentrioxyd) auch grüne Farbstoffe, hie und da riecht der Atem etwas nach Knoblauch.

Wird sog. Arsenikpulver, Rattengift, mit wenig Flüssigkeit genommen, so kann das Material sich zu einer festen Masse ballen und die Wirkung ist relativ langsam. Ich sah einen Fall, wo bei der Sektion über 300 Gramm arsenige Säure in Klumpen gefunden wurden, bei dem die ersten schweren Symptome erst nach mehreren Stunden eintraten.

Die meisten Arsenikvergiftungen, hauptsächlich die heute wieder häufiger werdenden kriminellen Arsenvergiftungen, werden durch relativ geringe Dosen bewirkt, die nicht selten wiederholt gegeben werden [1]).

Wenn diese Art Vergiftungen einzelne Personen treffen, wird regelmäßig die Diagnose „Darmkatarrh" gemacht und die Vergiftung übersehen. (Durch zufällige Umstände habe ich in wenig Jahren drei solcher Fälle durch nachträgliche Untersuchung nachweisen können. Keiner der Ärzte hatte an Vergiftung gedacht.) Viele subakute Vergiftungen mit Arsenik sind zufällige Folgen von Verwechslungen, z. B. Verwechslung von arseniger Säure mit sog. Backpulver, Salz etc. Sie haben dann meist Erkrankungen von mehreren Personen zur Folge. Diese Tatsache legt dann den Gedanken an Vergiftung nahe.

Bei diesen subakuten Fällen gehen auf Opium die Darmerscheinungen und Schmerzen etwas zurück, treten aber tagelang immer wieder auf. Der Tod erfolgt meist unter zunehmender Herzschwäche. Hie und da zeigen sich Leberschwellung, Ikterus, die mit der Herzschwäche oft parallel gehen und darauf bezogen werden, statt auf Arsenik.

Die **Diagnose am Lebenden** ist in erster Linie möglich durch Untersuchung des Erbrochenen (grüne Farbbestandteile, weiße, harte, unlösliche Bröckel). (Hat man einmal Verdacht, wird man das Erbrochene, ev. Magenspülwasser und Harn und Stuhl auf Arsenik untersuchen, siehe Sektion.) Aber in kriminellen Fällen wird natürlich das Erbrochene weggeschüttet. Klinisch auffällig ist manchmal der Tenesmus, der schon in den ersten Stunden einsetzen kann. Die Schleimhautreizungen sind leider nicht charakteristisch, und ein verdächtiger knoblauchähnlicher Geruch nicht sehr häufig.

An der Leiche finden sich keine äußeren Symptome. Sie faulen manchmal recht langsam. Der ganze Darm und der Magen zeigen stärkste Erweiterung der Gefäße, das Darmepithel fehlt in großer Ausdehnung, es flattern kleine abgehobene Schleimhautfetzen an meist nur leicht ulzerierten Stellen herum. (Im Gegensatz zur Wirkung der eigent-

---

[1]) Für Giftmord ist das Arsenik (die arsenige Säure) deshalb das Prädilektionsmittel, weil es geruchlos und geschmacklos ist und leicht in der Nahrung in krankmachenden und tödlichen Dosen beigebracht werden kann. Ferner sind Arsenpräparate heute die zugänglichsten Gifte, sei es als Rattengift, neuerdings gegen Pflanzenschädlinge, und als arsenikhaltige Farbpulver, wie Schweinfurtergrün und Scheelesgrün.

lichen Ätzgiftwirkungen auf den Magen und die oberen Darmpartien ist bei Arsenik die Wirkung fast über den ganzen Magen-Darmkanal verteilt und nirgends sehr tiefgreifend.) In den tieferen Falten der Magenschleimhaut findet man oft noch die verdächtigen Farbbestandteile und weißen Körnchen, die man in erster Linie zur Untersuchung aufhebt. Häufig finden sich bei akutem Verlauf kleine Blutungen im Perikard, auch im Endokard, seltener in der Pleura und nur bei jüngeren Individuen. Bei subakut tödlich verlaufenden Fällen kann man eine Vergrößerung, Verfettung der Leber, hie und da mit Blutungen, und eine Verfettung des Herzens beobachten.

Es muß jedoch noch für die in ca. 6—12 Tagen verlaufenden Fälle speziell erwähnt werden, daß der Sektionsbefund im Darm sehr gering und wenig typisch sein kann, resp. ganz fehlen kann.

Für die sichere Diagnose mit ihren rechtlichen Konsequenzen ist der Nachweis von Arsenik im Magen und Darminhalt und ev. in verschiedenen Organen, wie Leber, Nieren, Milz, Blut, Knochen, Haare, Nägel notwendig, und auch mit großer Sicherheit quantitativ zu führen, selbst bei sehr langsam verlaufenden Fällen und lange, fast unbeschränkte Zeit nach dem Tode (spez. in den Beckenknochen, Wirbeln etc.).

Der Nachweis erfolgt am einfachsten im Marshschen Apparat, indem durch sicher arsenfreie Säure und Zink, Wasserstoff entwickelt wird, der aus den gelösten Arsenikverbindungen Arsenwasserstoff erzeugt, AsH_3, welcher als Gas mit dem Wasserstoff entweicht. Dieser Arsenwasserstoff wird durch Erhitzung zersetzt und der Arsenik schlägt sich als braungrauer, glänzender Niederschlag fest. (Bei quantitativen Bestimmungen in an einer Stelle gekühlten Glasröhre.) Zum qualitativen Nachweis wird das Gas an einer feinen Spitze der Glasröhre angezündet und in den obersten Teil der Flamme am besten eine kalte Porzellanschale, resp. Scherben gehalten, auf welche sich der Arsenikspiegel niederschlägt.

Man beachte folgende Vorsichtmaßregeln:

I. Es muß konstatiert werden, bevor der Verdacht laut wird, ob die betreffende Person in der letzten Zeit irgend eine arsenikhaltige Medizin eingenommen hat und was für Nahrung. (Grenzen des normalen Arsenikgehaltes.)

II. Wer das Erbrochene weggeschüttet hat, was ev. dabei beobachtet wurde, wie oft erbrochen wurde, in welchen Intervallen?

III. Der Mageninhalt, der Magendarmkanal, große Stücke von Leber, Niere, ev. Herz und Milz, Haare sind in gut gereinigten Geschirren aufzubewahren, zu versiegeln etc.

Bei Exhumationen sind Beckenwirbel und auch Erde der Umgebung wegen event. Arsengehaltes und Beigaben zur Leiche (wie künstliche Blumen) ebenfalls aufzuheben (Zustand des Sarges etc. angeben).

IV. Wenn nicht makroskopisch isolierbare verdächtige Teile vorliegen, die man direkt auf Arsenik untersuchen kann, muß das organische Gewebe durch Säuren und Oxydationsmittel, wie Chlorate, zerstört werden, da der Arsenik fest an kolloidales Material haftet und durch Wasserstoff nicht herausgelöst wird.

V. Der Wasserstoffapparat muß erst längere Zeit leer laufen (damit keine explosiven Wasserstoffluftgemische mehr im Apparat sind). Dann untersucht man auf Arsenfreiheit der Reagentien und erst wenn man z. B. nach einer halben Stunde keine Spur eines Niederschlages beobachtet, gibt man langsam die verdächtige Lösung zu.

Wenn es sich nur um qualitativen Nachweis handelt, kann man die Entwicklung des knoblauchartigen Geruches durch Pilze, speziell Pennizillium brevicaule u. a. verwenden. Man macht mit dem zerkleinerten oder gelösten Untersuchungsmaterial, wie z. B. von verdächtigen grünen Tapeten, Stoffen, Pulvern und Brotkrümeln oder Kartoffeln oder Agar einen Brei, neutralisiert und sterilisiert, impft die erkaltete Masse mit den Pilzen, verschließt gut. Im Brutschrank beginnt sich, entsprechend dem Wachstum, schon nach 10 bis 12 Stunden der Knoblauchgeruch zu entwickeln und erreicht meistens ein Maximum nach mehreren Tagen. Diese Methode ist zur Orientierung bei chronischen Arsenikvergiftungen im täglichen Leben äußerst brauchbar.

Therapie. Das Rationellste ist sofortiges Erregen von Brechen oder man macht wiederholte Magenspülung unter leichter Bewegung. Antidotum arsenici gibt man sobald es erhältlich, oder an dessen Stelle Magnesia usta mit Wasser, das ja oft in Familien vorrätig, am besten als dünner Brei, löffelweise: zuerst alle 5 Minuten, nachher in größeren Intervallen. Die dadurch entstehenden leichten Leibschmerzen und Durchfälle entfernen in den Darm gelangtes Gift.

(Eisenvitriol mit überschüssiger Magnesia usta geben: das eigentliche Antidotum arsenici.)

Die **Prognose** ist fast immer ernst, wenn nicht sofort eingeschritten werden konnte. Der Tod kann in wenigen Stunden unter den schwersten Magendarmerscheinungen erfolgen, bei geringen Dosen erst nach mehreren Tagen, mehr unter dem Bilde der allgemeinen Schwäche und Herzschwäche. Die Erholung ist immer recht langsam und in einem großen Prozentsatz treten im Verlauf der folgenden Monate äußerst schmerzhafte neuritische Erscheinungen auf, mit Lähmungen, Atrophien, speziell der Hände und Unterschenkel (vgl. chronische Arsenikvergiftungen).

b) Chronische Arsenvergiftung.

Quellen. Arsenik kommt als begleitendes verunreinigendes Metalloid in sehr vielen Erzen, speziell Schwefelerzen, vor; Arsenoxyd findet sich deshalb in vielen Flugstaubarten der Hütten (Zink, Silber, Blei, Wismut, auch Nickel, Kobalt, Eisen). Die Verwendung des Arseniks ist eine ziemlich vielgestaltige, neuerdings werden Bleiarseniate in großen Mengen, speziell in Amerika, gegen Pflanzenschädlinge verwendet.

In der Feuerwerkerei und der Markenfabrikation, bei der Fabrikation von Zeichenutensilien sind Arsenik und Arsenikverbindungen immer noch in Gebrauch, und viele Farben bekommen eine größere Brillanz und Echtheit durch Arsenzusatz, so daß Verbotbestimmungen in dieser Hinsicht immer wieder umgangen werden. Arsenikverbindungen werden auch neuerdings als Katalysatoren in der Technik verwendet.

Relativ selten kommen heute Vergiftungen zustande in der Farbenfabrikation, in der Druckerei, beim Konservieren von Fellen, in der Kürschnerei, Gerberei, in zoologischen Museen, trotzdem relativ viel Arsenik (als Arsenikseife) verwendet wird; ebenso durch arsenhaltige gefärbte Papiere, künstliche Blumen, Grabkränze etc.

Seltenere Ursachen subakuter und chronischer Vergiftungen kommen infolge der starken Verbreitung des Arseniks zufällig vor und werden häufig oder meistens übersehen. Es wird z. B. Arsenik mit Mehl verwechselt, oder gelangt zufällig in Salz. Ganz unabsehbar scheinen mir die Folgen der großen Anwendung von arsenikhaltigen Präparaten zum Schutz der Pflanzen gegen Ungeziefer. Einerseits sind Fälle beschrieben, wo aus arsenikhaltigem Boden und von Flugstaub bedeckten Früchten ziemlich akute Arsenikvergiftungen auftraten. Andererseits wird angegeben, daß Tiere, die Futter von arsenikhaltigem Boden bekommen, sehr häufig stark arsenhaltig sind, auch im Fleisch. Wenn auch die arsenige Säure im Boden wahrscheinlich zur Hauptsache an die Bodenkolloide gebunden wird, kann sie doch in die Grundwasser gelangen und in die Brunnen, wie in den Fällen von Reichenstein, Schlesien. Ähnliche Situationen könnten sich in ebenen Geländen mit wenig Wasserfluß auch anderwärts ereignen. Natürlich können Verwechslungen von arsenikhaltigen Farben mit unschädlichen Farben zu Vergiftungen führen, speziell in der Zuckerbäckerei (mit farbigem Zuckerzeug). Seltene Vergiftungen kamen zustande durch Schwefeln der Fässer mit arsenikhaltigem Schwefel, oder Zusatz von arsenikhaltigem Zucker. In Südfrankreich wurde eine Vergiftungsepidemie durch arsenikhaltigen Wein beobachtet. Der Arsenik kam dadurch in den Wein, daß arsenik- oder arsenikhaltiger Gips oder arsenikhaltige Bordeaubrühe zur Bestreuung von den Reben gegen Ungeziefer verwendet worden war. Wenn arsenhaltige Schwefelsäure für die Nahrungsmitteltechnik verwendet wird, ist es klar, daß Arsenik in die Nahrungsmittel gelangen kann. So entstand eine große Epidemie durch arsenikhaltiges Bier in England, indem Stärke mit Schwefelsäure von hohem Arsenikgehalt hydrolysiert worden war. Andere durch Säurewirkung hergestellte Substanzen, wie z. B. Glyzerin, können arsenhaltig sein; da Glyzerin zu Likören zugesetzt wird, ist auch dadurch eine Zufuhr von Arsenik möglich. Arsenikhaltige Produkte wurden auch als Putzzeug verwendet und tauchen hie und da auch heute wieder auf, besonders für metallische Gegenstände. Dadurch kann natürlich auch Arsenik in die Nahrungsmittel kommen. Inwiefern arsenikhaltige Schwefelsäure den Arsengehalt vieler Papiere bedingt, ist heute nicht genau untersucht; sicher enthalten aber recht viele Papiere kleinere oder größere Mengen Arsenik.

Neuerdings scheinen auch Arsenverbindungen in die Bleiweißersatzprodukte zu gelangen (Livingston) Arsen und Antimon scheint auch heute noch hie und da zur Emailefabrikation verwendet zu werden. (Chem. Zeitung 1910).

Die häufigste Ursachen von Arsenikvergiftungen waren die letzte Zeit arsenhaltige Tapeten, grün überzogene Polstermöbel und Draperien und massenhaftes Legen von sog. Maus- und Rattengiften, z. B. hinter Getäfel in bewohnten Räumen (ich sah in einem Fall, daß bis 500 g Arsentrioxyd verwendet worden war).

Die chronische medizinische Arsenikvergiftung ist viel häufiger, als man gewöhnlich annimmt. Das Symptomenbild ist auch hier nicht einheitlich. Am typischsten sind starke Kopfschmerzen, Gefühl von Pelzigsein in den Beinen, Händen, mit später auftretenden lanzinierenden Schmerzen, die sehr heftig werden können, seltener sind Zuckungen, Schwächezustände oder Lähmungserscheinungen, die anfangs schlaff, aber Kontrakturen weichen können. Diese typischen Erscheinungen werden regelmäßig begleitet von unmotivierten Verdauungsstörungen (Erbrechen, Verstopfung, abwechselnd mit Durchfall), meist ohne ausgesprochene Schmerzsymptome. Relativ häufig sind diese Erscheinungen begleitet von Bronchialkatarrh, Heiserkeit, Braunverfärbungen der Haut, manchmal mehr allgemein, manchmal herdförmige Hauterruptionen verschiedener uncharakteristischer Art.

Die Empfindlichkeit der verschiedenen Menschen auf chronische Arsenwirkung ist sicher eine sehr verschiedene, das sieht man bei Arsenarbeitern in den Hütten, ebenso wie bei den ökonomischen und medizinalen Arseneinwirkungen. Arsen wird als Medikament heute wohl am häufigsten genommen, neben den Nervina und Narkotika, oft mehrere Jahre. Plötzliche starke Steigerung oder Verminderung der Dosen oder Entzug bringen analoge Allgemeinsymptome zum Ausbruch (vgl. Arsenesser in Steiermark).

Symptome und Diagnose. Die typischsten Erscheinungen, die fast regelmäßig erst den Gedanken auf Arsenikvergiftung bringen, sind Erkrankungen von seiten des Nervensystems: Starke Kopfschmerzen, spez. starker frontaler Kopfschmerz, Parästhesien, Gefühl des Pelzigseins, Kribbeln, Ameisenlaufen an den Händen, lanzinierende Schmerzen in Armen und Beinen, hauptsächlich Druckempfindlichkeit der Nerven, Schwäche der Extensoren (also analog der Alkohol- und Absinth-Neuritis). Die Sehnenreflexe fehlen sehr oft (im Gegensatz zu Hg). Sehr bald folgen Atrophien, manchmal mit Kontrakturen.

Für chronische Arsenwirkung sprechen vor allem auch das Auftreten von dunkeln Flecken in der Haut, Haarausfall, trophische Störungen im Nagelwachstum und Geschwürsbildungen, pustulöse, ulzeröse mit indurierten Rändern, die luetischen Geschwüren sehr ähnlich sind. (Diese Symptome scheinen am deutlichsten ausgeprägt bei Aufnahme von Arsenik in kurzer Zeit. Je langsamer die Aufnahme, desto diffuser und unbestimmter die Störungen. Solche Fälle können manchmal mit sehr geringen Schmerzen verlaufen, es treten etwa in einzelnen Muskeln der Hände und im Peroneusgebiet Schwäche und Atrophien ein.)

Die übrigen Symptome: Verdauungsstörungen, Neigungen zu Katarrhen sind ganz uncharakteristisch. Sehr selten sind schwere psychische Symptome mit sukzessiver Verblödung, Attaken von Bewußtlosigkeit.

Therapie: symptomatisch.

Organische Arsenverbindungen werden heute nur medizinisch verabreicht. Ihre Darstellung und der Handel ist so gut kontrolliert, daß gewerbliche und zufällige Vergiftungen bis jetzt nicht beobachtet wurden. Die Arsenwirkung wird durch die Absättigung der Valenzen mit großen organischen Radikalen gemildert und vor allem die Lokalisation im Organismus durch die Veränderung der Löslichkeit weitgehend modifiziert. Die Arsenwirkung kommt natürlich dann zustande, wenn der organische Anteil angegriffen und abgebaut wird. Über die Grenzen dieser Abbaufähigkeit sind wir noch nicht genügend orientiert.

Ihre Giftigkeit scheint wesentlich bedingt durch die von Individuum zu Individuum schwankende Zersetzung. Die Einhüllung des Arseniks in aliphatische, speziell aber die Verbindung mit aromatischen Radikalen zwingt der Substanz infolge ihrer Lösungseigenschaften eine bestimmte eigenartige Lokalisation auf. Alle organischen Arsenverbindungen, Kakodyl, Atoxyl, Arsacetin, Arsenophenylglycin, das Salvarsan Neosalvarsan verursachen nicht die schnell eintretenden Arsenwirkungen. Die den Injektionen folgenden variabeln Reaktionen sind Übelsein, Brechen, Durchfälle, etwas Fieber, jedoch sind schwere Symptome (Neigung zu Blutungen im Zentralnervensystem) in einzelnen Fällen beobachtet worden, die vielleicht auf eine persönliche Eigentümlichkeit in der Zersetzung der organischen Anteile zurückzuführen sind.

Die Sehstörungen mit Atrophien des Sehnerven scheinen bedeutend bei einmaligen größeren Dosen (vgl. Syphilis, Salvarsantherapie etc.).

10. Arsenwasserstoff.

(Vgl. auch giftige und reizende Gase S. 620).

Arsenwasserstoff ist ein sehr giftiges Gas. Die Vergiftungen nehmen in der letzten Zeit zu (Glaister 120 Fälle): Einerseits, weil viele Metalle durch Arsen häufig verunreinigt sind, wie Zink, Silber, Blei, Wismut, Kupfer, aus denen es als Arsenwasserstoff frei gemacht wird; auch technische Säuren, die ja gerade zur Wasserstoffentwicklung aus Metallen verwendet werden, sind nicht selten mit Arsenik verunreinigt, hauptsächlich die Schwefelsäure. Auch Vergiftungen erfolgten oft in der letzten Zeit in Lagerräumen, Schiffsäumen, durch Entwicklung von AsH_3 und PH_3 aus Ferrosilicium (unter 70% Gehalt). Es kann auch im Wasserstoff-Luftgebläse bei Wirkung auf arsenhaltige Metalle und Überschuß von Wasserstoff entstehen.

Dubitzin fand Arsenwasserstoff 10—20mal giftiger als Kohlenoxyd, Giftgrenze 0,01%.

Symptome. Bei Aufnahme von größeren Dosen tritt schnell Kopfschmerz, Kältegefühl, starke Oppression, Nausea und Ängstlichkeit ein, nach wenigen Stunden schon Schmerz im Epigastrium oder das Gefühl von Hohlsein in der Lebergegend, sodann Hämoglobinurie, weil Blutkörperchen zerfallen, später Ikterus.

Bei häufiger Arsenwasserstoffaufnahme in kleinen Dosen, resp. geringen Konzentrationen beobachtete ich Anämie, stark eingenommenen Kopf, Druckempfindlichkeit der Leber, Appetitlosigkeit, die sich bei Arbeitswechsel in beiden Fällen in wenigen Wochen besserte.

Therapie nur symptomatisch. — Prophylaxe: Für Wasserstoffherstellung sollten möglichst arsenfreie Substanzen verwendet werden. Ventilation der Lagerräume von Ferrosilicium, trockene Lagerung schützt vor Entwicklung des Giftes.

Sektion. Bei akuten Einwirkungen größerer Mengen, wie in den Ferrosilicium-Fällen, zeigt die Sektion braunschwarzes Blut, analoge Verfärbungen zeigt Leber und Milz, ebenso die Lungen. Es wird eine schmutzig graue Verfärbung der weißen und grauen Hirnsubstanz angegeben.

11. Antimon Sb.

Die akuten Antimon-Vergiftungen kommen fast ausschließlich durch Brechweinstein zustande (zu große Dosen, über 0,05, Verwechslungen, Attrapen und Schabernack), Verwendung von Antimonverbindungen in der Feuerwerkerei, als Stahlbeize, selten mehr bei der Emailldarstellung, neuerdings als Beize für Kunstseidefärbung. (Ich habe solche Vergiftungen beobachtet).

Symptome. Brechen, Enteritis, Kältegefühl, Schwächegefühl, Krämpfe, Schweisse. Puls klein, langsam, Gefühl des Druckes auf der Brust. Wenn kein Brechen erfolgt, können schon Dosen von ca. 1—2 g töten.

Giftig sind hauptsächlich die dreiwertigen Antimonsalze, die fünfwertigen sind weniger giftig (Brunner, Cloetta). Antimontriphenyl ist jedoch wenig giftig, wirkt sehr langsam (Kaufmann).

Die **chronische Antimonvergiftung** ist meist kombiniert mit Arsenik-vergiftung, z. B. in der Schriftgießerei, Emailfabrik, Glasurenfabrik, auch in Beizen.

Auch der Antimonwasserstoff SbH$_3$ hat giftige Wirkung (Egli).

Symptome: Hauptsächlich Verdauungsstörungen und allgemeine und psychische depressive Wirkung treten in den Voidergrund, weniger die peripheren Nerven-Symptome als bei Arsenik. Neuerdings wird eine ausgesprochene Eosinophilie als Begleiterscheinung angegeben (Zabel und Schrumpf). In einem eigenen Fall war das Symptom nicht ausgesprochen, dagegen Atemnot, Schluckbeschwerden, Husten, kleine Geschwüre im Mund (halb chronischer Fall).

Therapie und Prognose (vgl. Arsenik).

12. Phosphor (gelber Phosphor).

Die Phosphorvergiftungen, die früher recht häufig waren, gehören heute zu den größten Seltenheiten (infolge des internationalen Verbotes der Zündhölzchenfabrikation mit gelbem Phosphor. Leider ist der rote Phosphor auch nicht immer vollständig frei von gelbem Phosphor).

Vergiftungsgelegenheiten sind heute noch phosphorhaltige Rattengifte und die medizinalen Phosphoremulsionen, hauptsächlich, wenn nicht umgeschüttelt resp. durchgeschüttelt wird, ferner die Phosphordarstellung.

Schwere Vergiftungen erfolgen schon in Dosen von unter 0,1 g.

Die **Symptome** sind ganz abhängig vom Mageninhalt. So können große Mengen relativ langsame, erst in vielen Stunden einsetzende Vergiftungen erzeugen, meistens folgt jedoch in wenig Stunden starkes Aufstoßen (knoblauchartiger Geruch), Brechen, oft nur geringe Darmschmerzen, in den folgenden Tagen erscheinen bei wechselndem Befinden, Leberschmerzen, Schwellungsgefühl, Ikterus; Gallenfarbstoffe, Eiweiß, Zylinder, Blut im Harn. Neigung zu Blutungen im Darm, Genitalien (Phosphor wurde deshalb häufig als Abortivum verwendet). Kleiner weicher Puls.

Bei **akuten Vergiftungen** zeigen sich sehr frühe Störungen des Bewußtseins und Neigung zu Somnolenz.

Die **Diagnose** ist sicher zu stellen durch den ausgesprochenen knoblauch-ähnlichen Geruch (vgl. Arsen), das Leuchten des frisch Gebrochenen im Dunkeln, hauptsächlich beim Umschütten (vgl. Nachweis)

In späteren Stadien stehen der schnell auftretende Ikterus, geschwellte Leber, Neigung zu Blutungen, Somnolenz im Vordergrund. Gegen akute gelbe Leberatrophie sind meistens die Umstände und der oft lange bestehende Geruch differential-diagnostisch entscheidend.

Die **Diagnose der Phosphorvergiftung an der Leiche.** Da der Tod meist erst nach ca. 5—12 Tagen eintritt, finden sich typische Organveränderungen, ikterische Verfärbungen, Verfettung von Herz, Niere und hauptsächlich der Leber, die bei späterem Tod oft auf-fällig weich und verkleinert ist. Fast konstant finden sich kleinere, oft in Gruppen angeordnete Blutungen in der Pleura, im Herzen, nicht selten in Leber, Nieren, den weiblichen Genitalien; im Magen und Darm sind sie ungleich verteilt. Der Magen- und Darminhalt hat den charakteristischen Geruch, er wird am besten zur ev. chemischen Untersuchung in gut verschließbaren Gefäßen aufgehoben, mit möglichst wenig Luft, damit sich der Phosphor nicht zu der auch in normaler Weise im Körper vorkommenden Phosphorsäure oxydieren kann. Der Nachweis erfolgt am einfachsten, indem ein in Silbernitrat getränktes Papier in unmittelbare Nähe gebracht wird (Schwärzung), oder mittels einer sichereren Methode, indem man das Material kocht und die Dämpfe in einem Glasrohr im Dunkeln sich kondensieren läßt; es entsteht bei Anwesenheit von Phosphor ein 0,5—1 cm breiter im Dunkeln phosphoreszierender Ring im Kondensations-rohr. Zu ev. gerichtlichen Untersuchungen muß das Material sehr schnell entsprechend etikettiert und versiegelt dem Untersuchungsinstitut zugestellt werden.

Da die häufig verwendeten Medikamente den Ausfall gerade der Oxydationsreaktion durch den Luftsauerstoff modifizieren oder aufheben, soll die angewandte Therapie dem Untersuchungsamt angegeben werden, so wirken in erster Linie Jod, Terpentinöl, auch

Alkohol antikatalytisch, so daß der Phosphoreszenzring nicht entsteht — auch bei Anwesenheit von reinem, unverbranntem Phosphor.

Therapie. Brechen, häufig wiederholte Magenspülung. Da der Phosphor oft sehr lang zum Teil im Magen bleibt und an den Wänden klebt, kann der Rest dadurch etwas entgiftet werden, daß man ihn durch Kalium - Hypermanganicum-Zusatz zum Spülwasser (ca. $1^0/_{00}$) zu oxydieren sucht.

Da Phosphor in Fetten gelöst und damit fein verteilt und schneller resorbierbar wird, dürfen keine Fette und fettähnlichen Substanzen gegeben werden, auch keine Milch.

Seit jeher wird altes, nicht rektifiziertes Terpentinöl gegeben, bis zu mehreren Gramm p. d. in den ersten Tagen. Man nahm früher eine Oxydation des Phosphors an. Wahrscheinlicher ist die Entstehung einer weniger löslichen Verbindung (s. o.).

Nach dem zweiten Tag sind speziell die Herzfunktion und bedrohliche anderweitige Symptome systematisch zu behandeln.

Die **Prognose** ist, auch bei subjektiv gutem Befinden, erst nach ca. acht Tagen sicher zu stellen.

Die **chronische Phosphorvergiftung** ist heute eine große Seltenheit. Sie entsteht hauptsächlich bei der Arbeit mit gelbem Phosphor bei kariösen Zähnen.

Die Symptome beschränken sich zuerst auf periostitische Erscheinungen in der Umgebung der Zähne, die sich weiter ausdehnen bis zu Fistelbildungen, periostalen Wucherungen mit sekundären, nekrotischen und Abstoßungsprozessen an Unter- und Oberkiefer; begleitet sind diese Prozesse meist allgemein von Ernährungsstörungen und Anämien.

Der **Phosphorwasserstoff** ist ein sehr starkes Gift, analog dem Arsenwasserstoff. Er kommt nach der Erfahrung meistens mit Arsenwasserstoff zusammen vor, so daß die Vergiftungsbilder meist gemischte sind (vgl. Arsenwasserstoff S. 606), Ferrosilicium.

Symptome: Schnelle Betäubung, unsicherer Gang, Zuckung der Extremitäten unter Pupillenerweiterung. — Bei kleinen Dosen Bronchitis (z. B. Karbid resp. Azetylen von P-haltigen Kohlen).

Sektion: Lungen und Trachea sind hyperämisch mit Blutungen, ebenso Verfettung der Organe. Bei ganz akuten Fällen treten auch Lungenödem und Pleuritis auf. Im Blut werden sehr kleine stark lichtbrechende Körnchen als häufiger Befund angesehen.

Phosphortrichlorid. Schon Bruchteile eines Milligramm pro Liter verdampftes Phosphortrichlorid erzeugen Hustenreiz, Nießen, Speichelfluß, sehr bald starke Unruhe mit Dyspnoe mit gestörtem spastischen unregelmäßigen Atmen.

Nach dem Tod findet man starke Entzündung der gesamten Respirationsschleimhäute bis zu Nekrosen, Ekchymosen, Hepatisation in den Lungen, auch Pleuritis (analog Phosgen — und anderer Lungengifte).

13. Bor.

Bor, Borsäure, Borax wurde, und wird heute noch, wenn auch unerlaubterweise, häufig als Konservierungsmittel verwendet, speziell als Bestandteil von sog. Konservesalzen.

Weitere Vergiftungsgelegenheiten: Genuß von Borsäurelösungen infolge von Verwechslung, auch als Abortivum.

Die Symptome: Schon ca. 1 g pro dosi erzeugt Darmerscheinungen und Nierenreizung. Größere Einzeldosen, aber auch wiederholte kleine Dosen, erzeugen Schwächezustände mit kleinem unregelmäßigem Puls und Neigung zu Blutungen.

Die Diagnose könnte wahrscheinlich häufiger gestellt werden, wenn man den Harn auf Bor untersuchen würde. Grünfärbung der Flamme (analog wie Barium), wenn man den mit Salpeter und Soda kurz geglühten Harnrückstand in die Flamme hält oder z. B. mit Alkohol mischt und anzündet, verrät die Gegenwart dieses Elementes.

14. Mangan.

(Akute Mangan-Vergiftung: wenig wichtig.)

Die chronische Manganvergiftung wurde beobachtet in Braunsteinmühlen, beim Darstellen, Trocknen, Pulverisieren, Packen von Manganverbindungen, Kaliumpermanganat etc.

Ich sah einen Fall in einer Lackfabrik, wo Mangan mit größter Wahrscheinlichkeit einen Anteil am Krankheitsbild hatte, weil der Betreffende ungeheuer unvorsichtig mit fein pulverisiertem Braunstein umging, den er in ganz verschiedenen Mengen zu Lacken, Sikkativen, Leinöl als Trocknungs- resp. Oxydationsmittel zusetzen mußte.

Die Diagnose wurde fast immer nur bei gehäuften Fällen gemacht. Neben Verdauungsstörungen treten in erster Linie Sensibilitätsstörungen mit Kribbeln in den Beinen, Schwindelgefühl, auch Zittern, Sprachstörungen (Emden), psychische Labilität, Angstzustände, Herabsetzung der Intelligenz, Gangstörungen (Wechseln der Arbeit), auf. (Jaksch).

Therapie symptomatisch.

15. Kobalt, Kobalterze.

Ihre Verwendung ist heute sehr groß in der Ultramarinindustrie. Nur in den Bergwerken von Schneeberg, Österreich, sind schon längere Zeit in einem merkwürdig hohen Prozentsatz als sekundäre ungeklärte Folgen der Kobalterzeinwirkung (Arsen-kobaltverbindungen) Lungentumoren lympho-sarkomatöser Art aufgetreten (Hessen, Arnstein).

Auch die seltenen Erden dürften als Gifte in bestimmten Fabriken Bedeutung bekommen.

B. Die Metalloide.

1. Die Ätzgifte.

Die mineralischen Säuren und Alkalien.

Alle diese Gifte haben die Eigentümlichkeit, in kurzer Zeit die Zellen, mit denen sie in höherer Konzentration in Berührung kommen, abzutöten: Physikalisch durch Koagulation, Wasserentzug, durch Auflösung und meist auch chemisch durch chemische Umsetzungen und Bildung von Additionsprodukten mit dem Zell-Eiweiß. Sekundär treten dann sowohl Störungen durch Resorption dieser Substanzen auf, nachdem die schützenden Epithelien zerstört sind, als auch die Folgen der verätzten Schleimhäute im allgemeinen.

Wir sprechen von Vergiftungen [1]), wenn diese Substanzen per os aufgenommen werden. Sie kommen alle in erster Linie als Selbstmordmittel in Betracht und als Mordmittel bei Kindern und Geschwächten.

a) Vergiftungen durch ätzende starke Säuren in Konzentrationen von zirka 3—5 % an:

In erster Linie stehen die starken Mineralsäuren, Salzsäure (Lötwasser), Salpetersäure (rauchende Salpetersäure, Scheidewasser etc.), Schwefelsäure (Vitriolöl). Verwandte lokale Wirkungen haben die mehrfach anorganisch substituierten organischen Säuren, speziell die Trichloressigsäure, währenddem die reinen organischen Säuren und die einfach substituierten mehr allgemeine (Herz-) Wirkungen zeigen, als lokale Ätzwirkungen (da sie in konzentrierter Form selten zu Vergiftungszwecken verwendet werden).

Die aromatischen Säuren und die sauren Phenole machen in konzentrierter Form ebenfalls weiche Ätzschorfe in Mund und Hals, doch überwiegt infolge der schnellen Resorption dieser Substanzen die allgemeine speziell narkotische Wirkung im akuten Vergiftungsbild. Dies gilt für Karbolsäure, resp. Phenol (Acid. Carbol. liquefact. = 90 % Phenol) und Salizylsäure, die

---

[1]) Die Wirkung auf die äußere Haut und Wunden vgl. Hautkrankheiten. (Die Unterscheidung der verschiedenen Verletzungs-Ursache ist manchmal gerichtlich von großer Bedeutung.)

beide auch technisch eine sehr große Rolle spielen. Hierher gehören auch die Kresole und deren Mischungen mit Seifen: Lysol und seinen Verwandten, siehe S. 667.

Die Verwendung der (Schwefelsäure H_2SO_4, Salpetersäure HNO_3, Salzsäure HCl): Ihre Verwendung ist eine außerordentlich vielseitige, sowohl in der Technik als auch in der Hauswirtschaft (hauptsächlich als Putzmittel) und in sehr vielen kleinen Handwerken.

Sie sind in großen Mengen und in konzentrierter Form erhältlich. Sie sind auch als schwere Gifte bekannt und werden hauptsächlich zu Selbstmordzwecken und als Abortivum in der Arbeiterbevölkerung verwendet, seltener zu Mord (nur etwa bei Schlafenden, Betrunkenen, Kindern, da die momentane Wirkung auf die Mundorgane warnt).

Die zufälligen Vergiftungen erfolgen meist durch Verwechslungen, hauptsächlich durch Kinder, aber auch Erwachsene, speziell nachts, indem im Haushalt solche Säuren, z. B. in Bierflaschen, aufbewahrt werden.

Bei Genuß per os, also bei den eigentlichen Vergiftungen durch diese Säuren, ist die unmittelbare Wirkung sehr von der Konzentration abhängig. Konzentriertere Säure macht schon lokal und im ersten Moment starke Reizwirkungen. Auf der Mundschleimhaut entsteht, wenn die Säure nicht liegend direkt in den Rachen geschüttet wurde, hauptsächlich unter der Zunge weißliche Verfärbung (bei Salpetersäure gelblich). Der Reiz im Rachen ist häufig so stark, daß es zu reflektorischer Inspirationen und Husten kommt; Kehlkopf und Bronchialschleimhäute sind auf diese Säuren sehr empfindlich (Glottisödem).

Symptome. Kommen nur wenig Kubikzentimeter ganz konzentrierte Säure in den leeren Magen, so treten sehr schnell schwere Symptome ein: Nekrosen bis zur Perforation (speziell bei Schwefelsäure), Würgen, Brechen von schwärzlichen (Hämatin), blutigen, schleimigen Massen.

Bei Genuß größerer Mengen verdünnter Säuren tritt ebenfalls Brennen und Würgen im Hals und im Magen auf (die Zeit bis zum Auftreten der Symptome ist jedoch ziemlich variabel). Die gebrochenen Massen werden meist sukzessive schwärzer oder blutig.

Bei der Mehrzahl der Vergifteten stellt sich sehr bald eine große Unruhe ein: Angst, zumal wenn Atemnot sich zeigt. Andere seltene Fälle werden motorisch erregt, der Puls wird in den ersten Stunden schon frequenter.

Als Resorptionserscheinung müssen die schweren Symptome von seiten des Nervensystems aufgefaßt werden, wie Krämpfe, starke Pupillenerweiterung, Ohnmachten, motorische Schwäche. In einzelnen Fällen bleibt das Bewußtsein sehr lange erhalten.

Die Diagnose der Säurevergiftungen. Wenn die Anamnese und eine verdächtige Substanz fehlt (wie bei Verbrechen), sind in erster Linie Schorfe und Verfärbungen in den Mundwinkeln zu beachten, als Folge von herunterfließender Säure (die auch Anhaltspunkte geben können für die Lagerung im Moment des Eingießens der konzentrierten Säure in den Mund), ebenso Flecken auf der Wäsche, den Kleidern und in der Umgebung. Das Erbrochene ist meist kaffeesatzartig dunkel. Hat man die Flüssigkeit, so beobachtet man, daß die Säuren etwa auf Stein oder Metall Gasblasen (Kohlensäure, Wasserstoff) entwickeln.

Die Symptome selbst variieren sehr stark: Große Empfindlichkeit des Leibes, Brechen resp. Würgen lassen oft an Ileus und Perforationsprozesse denken, die ja auch speziell bei Schwefelsäurevergiftung vorkommen.

Zur Sicherung der **Diagnose** der verursachenden Säure und deren wahrscheinliche Konzentration und Herkunft aus den Ätzwirkungen sind folgende Eigentümlichkeiten zu beachten[1]):

Die konzentrierte Schwefelsäure, die rohe und rauchende Schwefelsäure, das Vitriolöl, die sog. englische Schwefelsäure machen anfangs helle, später dunkelbraun bis schwarz werdende Schorfe auf der Haut, weniger auf den Schleimhäuten.

Die verdünnte Schwefelsäure (unter 20%) ätzt die Haut meist sehr wenig, wenn sie nicht sehr lange liegen bleibt und eintrocknet; die Symptome von seiten der Magenschleimhaut sind bis zu ca. $2—3\%$ hinunter charakteristisch durch die früh eintretende braunschwarze Färbung (Hämatin) des Mageninhalts. Schwefelsäure über 70% macht in Wäsche, in weniger als einer Stunde, regelmäßig Löcher.

Die rauchende Salpetersäure, die salpetrige Säure enthält, macht auf der Haut immer und auf der Schleimhaut anfangs gelbe Schorfe von der Farbe des Xanthoproteinreaktion, im Magen tritt auch sehr bald (durch Hämatin) eine schwarze Verfärbung ein, aber lange nicht so ausgesprochen, wie bei Schwefelsäure; der gelbliche Ton ist fast immer sichtbar; die Flecken auf Wäsche sind deutlich gelb.

Die Dämpfe der Salpetersäure, der salpetrigen Säure vgl. Nitrosegase (S. 635). Diese Gifte entstehen aus Salpetersäure, z. B. beim Mischen mit Salzsäure, (Königswasser), bei allen Reduktionsprozessen durch organische Stoffe, Metalle, beim Nitrierverfahren, besonders bei Betriebsstörungen beim „Gelbbrennen".

Die Salzsäure (im Handel ca. $30—40\%$), mit Zinkchlorid gemischt als Lötwasser. Auf der intakten Haut entstehen für gewöhnlich keine Schorfe, dagegen auf den Schleimhäuten (meist weißliche membranöse Schorfe, die schon mit diphtherischen Membranen, Aphten, Soor verwechselt worden sind). Das Salzsäuregas ist sehr flüchtig, kann auch zu akuten Inhalationswirkungen, Bronchitis etc. führen (vgl. auch Chlor, Phosgen, S. 634).

Die **Therapie** ist bei allen Mineralsäurenvergiftungen identisch: Neutralisierung der Säure, weil durch die Neutralisation ungiftige Produkte entstehen. Da jedoch der Magen, speziell bei längerer Schwefelsäurewirkung, perforieren kann, sind, wenn möglich, Karbonate zu vermeiden, um keine Dehnung des Magens durch Kohlensäure zu veranlassen. Also sind in erster Linie angezeigt Präparate, wie Magnesia usta in Aufschwemmung, und erst in zweiter Linie, wenn solche nicht sofort zugänglich, Kreide, Soda, Mauerkalk; bis Gegenmittel zur Stelle, gibt man ev. geschlagenes Eiweiß, das die Säuren ebenfalls, wenn auch nicht so kräftig, absorbiert.

Symptomatische Behandlung der Folgezustände. Bei starkem Würgen und Husten von seiten des Kehlkopfes Eisstückchen, Eiskravatte, ev. Pinseln mit Anästhetika. Bei Anurie, Fieber Wasserklysmen, anfangs nichts per os.

Die große Mehrzahl der Säurevergiftungen bewirkt im Verlauf der Abheilung irgend welche funktionelle Schwierigkeiten infolge der Narbenkontrakturen, da alle Verbrennungswunden durch Säuren durch unangenehm stark sich zusammenziehende Narbenbildungen ausgezeichnet sind, deren Wirkung von der Lokalisation abhängt. (Auf der Haut wie in Speiseröhre und Magen.)

Die **Prognose** ist, besonders bei konzentrierteren Säuren, recht unsicher. Der Tod kann sehr akut, shockähnlich, erfolgen, oder im Verlauf der ersten 24 Stunden mit Herzschwäche, Krämpfen, Koma; oder infolge von Perforationen ins Peritoneum oder Mediastinum. Nach der Statistik sterben zwischen 30 und 50%. Dazu kommen die Nachkrankheiten, wie Stenosen, Nephritis.

---

[1]) Die ätz- und nekrotisierenden Wirkungen auf der Haut und den Augen durch konzentrierte Alkalien und Säuren und ihre charakteristischen Schorfe liegen außerhalb des Gebietes der Vergiftungen; nur organische Stoffe können bei intakter Haut so stark resorbiert werden, daß die typischen allgemeinen Vergiftungssymptome auftreten.

Die **Sektion** zeigt folglich recht verschiedene Befunde; typisch sind nur die Ätzschorfe und die Verfärbung im Magen. Schwefelsäure kann leicht als Bariumsulfat nachgewiesen werden (vgl. Fettsäurevergiftungen, S. 661).

b) Die Laugen.

Von den Alkalien, Erdalkalien etc. kommen als Vergiftungsursachen
hauptsächlich die eigentlichen Alkaliwirkungen (die Wirkungen der OH-Ionen)
in Betracht, und zwar Kalilauge, Natronlauge, Kalkwasser, gelöschter Kalk als
lokal wirkende **Ätzgifte**, währenddem als resorptive Wirkung der Kationen,
in bezug auf schwere Vergiftung nur **Kalium** und **Barium** in Frage kommen
(vgl. S. 618).

Die Wirkung der Ätzalkalien (Natronlauge, Kalilauge, Ammoniak) ist
ebenfalls eine Abtötung der Zellen durch Zerstörung der Struktur. Es entsteht anfangs regelmäßig ein milchigweißer, ziemlich weicher Schorf, der sich
später, wie jedes abgestorbene Gewebe, durch Imprägnation verfärben kann.
Schwächer als die Ätzalkalien wirken die löslichen kohlensauren Alkalien:
Soda, Pottasche, alkalische Seifen.

Symptome. Im Mund meist keine oder geringe Nachwirkung, dagegen
starke Verätzung im Magen und im Ösophagus mit späterer Geschwürsbildung,
und infolge davon starke Leibschmerzen, Entzündungen und sekundäre Allgemeinsymptome. (Von diesen Alkalien hat das Kalium eine allgemeine Giftwirkung auf das Herz. Ammoniak wirkt erregend, event. als Krampfgift).

Infolge der Flüchtigkeit haben wir bei Ammoniak zwei Formen von Vergiftungen,
die seltenere durch Verschlucken mit Ätzwirkung auf den Magen mit Herzstörungen,
und die relativ viel häufigere durch Ammoniakgase als Beimischung zur Respirationsluft.

Akute Vergiftungen erfolgen speziell beim Platzen von Ballons oder Röhren, z. B.
bei Ammoniak-Kältemaschinen.

Die Symptome sind im wesentlichen Reizung des Halses, der Bronchien, Husten-
anfälle, darauf folgendes Lungenödem, seltener Glottisödem und broncho-pneumonische
Prozesse (vgl. giftige und reizende Gase, S. 620). Plötzlicher Tod ist selten.

2. Salze, einfache anorganische und organische Verbindungen.

a) Halogene und Halogenverbindungen.

1. Fluor (Flußsäure, Fluorwasserstoffsäure HFl, Kaliumfluorid KFl).

Die Fluoride haben im allgemeinen eine starke Wirkung auf das Nervensystem,
speziell das Mittelhirn, die Medulla und auf das Herz. Es kommen fast nur zufällige
Vergiftungen in Betracht durch Verwendung von Fluoriden unter Phantasienamen zu
Konservierungszwecken, auch von Nahrungsmitteln, trotz aller Verbote. Die Anwendung
der Flußsäure zu Glasätzung ist heute fast verlassen und damit die Gelegenheit zu
akuten und vor allem chronischen Vergiftungen selten geworden.

Es kommen deshalb nur chronische Wirkungen in Betracht; schon bei wenig Milli-
· grammen pro m³ in der Luft über längere Zeit wiederholt, sind Magenstörungen, nervöse
Störungen angegeben. Sehr bösartig sind die organischen Fluorverbindungen.

2. Chlor.

Chlor ist das im Organismus am meisten vorkommende Säureradikal (NaCl), als
Ion ist es ungiftig, seine Giftwirkung ist an die anderen Formen seines Auftretens gebunden: Als Chlorgas, als Salzsäure, als Chlorate, Hypochlorite, Eau de Javelle, Chlorkalk und in seinen zahlreichen organischen Bindungen.

Die akuten Vergiftungen sind heute meist gewerblicher Art. Das Chlorgas riecht
zwar schon bei 0,001⁰/₀₀, die Vergiftungen erfolgen durch zufällige massige Einwirkung
z. B. aus Bomben, in Bleichereien etc., in den Chlorkammern bei der Kochsalzelektrolyse,
der Chlorkalkdarstellung.

Symptome. Tränen, Schnupfen, Husten, besonders bei Ungewohnten. Bei längerer
Atmung ziehende Schmerzen unter dem Sternum, Brustbeklemmung. In Konzentrationen
von 0,1—1⁰/₀₀ erfolgt momentan starke Atemnot und Atembehinderung (reflektorisch).

Es sind ganz akute Todesfälle beobachtet worden, wenn einige Atemzüge hochkonzentrierter Chlorgase geatmet wurden.

Bei häufigen Einwirkungen in geringen Konzentrationen, ca. 0,01°/₀₀ findet man häufig Bronchitis und andere Reizungszustände der Respirationsorgane.

Chlorakne. Hauptsächlich in Fabriken mit Kochsalzelektrolyse, Natronlauge und Chlorkalkdarstellung wurde eine ausgesprochene Talgdrüsenerkrankung mit Komedonen und Aknebildungen beobachtet, die Jaquet mehr auf Reizung durch verstaubtes Alkali bezieht, als auf Chlor. Vielleicht ist hier auch der Teerkitt am Abdichten der Räume mit beteiligt. (Chlorverbindungen vgl. Chlorate, Kalichloricum S. 615, Phosgen, S. 634, aromatische Chlorverbindungen S. 668).

3. Brom.

Häufige Verwechslungen durch Ärzte machen es notwendig, hier zu betonen, daß je nach Art der chemischen Bindung drei grundverschiedene Krankheitsbilder von Brom und Bromverbindungen sich ableiten: I. das elementare Brom ist eine braune, schwere Flüssigkeit, die leicht braune, stark ätzende, die Respirationschleimhaut stark reizende Dämpfe abgibt und ein Krankheitsbild erzeugt, das sehr ähnlich ist wie bei Chlorgas, Salzsäuregase, Nitrosengase, Phosgen, Thiophosgen, auch Dimethylsulfat etc. II. **Bromsalze**, Bromkalium, Bromnatrium, Bromammonium liefern Bromionen und erzeugen den sog. Bromismus bei Bromkalikuren mit der Verlangsamung der geistigen Funktionen, Herabsetzung der Reflexe, Hemmung der Motilität. III. Bromäthyl, Brommethyl, die **organischen Bromverbindungen** im allgemeinen machen akute schwere nervöse Störungen mit sehr variabeln Nachkrankheiten und zwar fast ausschließlich in organisch-chemischen Fabriken und Laboratorien. Sie sind flüchtig, können also eingeatmet werden, oder können auch zufällig genossen werden, z. B. in methylalkoholischen Lösungen. Dabei ist zu beachten, daß das Brommethyl im allgemeinen viel schwerere Störungen gibt als das Bromäthyl, schnell eintretende schwere Symptome bei Allylbromid (vgl. S. 672).

α) Brom.

Das reine **Brom**, eine dunkelbraune Flüssigkeit, entwickelt einen sehr stark reizenden Dampf, der die Ursache von Vergiftungen werden kann.

Als Flüssigkeit wirkt es ätzend, macht gelbe, bald schwindende Flecken. Innerlich genossen wirkt er analog wie die starken Säuren.

β) Die Bromsalze, Bromide, der Bromismus.

Akute Vergiftungen sind sehr selten und nur in sehr großen Dosen tödlich. Dagegen sind einzelne Menschen schon auf wenige Gramme, wenn sie über längere Zeit genossen werden, sehr empfindlich. Die Bromsalze werden relativ leicht resorbiert und schwer ausgeschieden. Sie cumulieren ihre Wirkung im Organismus, indem sie das Chlor verdrängen.

Symptome. In erster Linie tritt eine Abstumpfung und Indolenz und Herabsetzung der Reflexe ein, Schlafsucht, in einzelnen Fällen motorische Schwäche, sehr häufig begleitet von Reizungen des Darmes und der Respirationsschleimhäute (analog wie bei Jod).

Bei längerer Einwirkung treten Störungen des Gedächtnisses und der Intelligenz, vor allem Mangel an jeder Impulsivität ein, meist begleitet mit Störungen der Ernährung und mit Impotenz.

In ganz seltenen Fällen folgen Lähmungen, Zittern, zeitweise Erregungszustände. (Natürlich ist zu beachten, daß neben Brom z. B. eine Kaliumwirkung, S. 616, eintreten kann.)

Die **Therapie** besteht im wesentlichen in einem Ersatz des Bromes durch das Chlor und guter Ernährung

Brommethylvergiftung S. 672.

4. Jod, Jodsalze, Jodismus.

α) Jod.

Metallische glänzende graue Kristalle, die schon bei gewöhnlicher Temperatur reizende Dämpfe abgeben. Als Jodtinktur, 10 °/₀ in Alkohol gelöst, oder Lugol'sche Lösung (Jod mit Jodkali zusammen gelöst) im Gebrauche.

Vergiftungsgelegenheiten: Selten Verwechslungen und medizinische Applikationen, spez. Infektionen.

Symptome. Akute Vergiftungen erfolgen durch Trinken oder Eingießen von Jodtinktur. Braunfärbung des Mundes bei hochkonzentrierten Lösungen, sogar Verätzung, Schmerzen im Magen, Brechen, starke Nierenreizung, psychische Erregung, aber klares Bewußtsein.

Viele schwerere Zustände kommen bei Injektion von Jodlösung, hauptsächlich in gefäßhaltige Tumoren zustande; ganz akute Kollapszustände, sehr schlechter Puls, Schüttelfröste, nicht selten mit tödlichem Ausgang.

Jodpinselungen können, besonders bei auf Jod empfindlichen Menschen, die Symptome des Jodismus annehmen (Jodidiosyncrasien).

Therapie. Alkalien bei Vergiftung per os, sonst symptomatisch.

β) Jodsalze (Jodkalium. Jodnatrium).

Vergiftungen sind fast ausschließlich medikamentöse. Die Empfindlichkeit ist ungeheuer ungleich. Es können schon Dosen von 0,5—1 g Kopfschmerzen, Schlaflosigkeit, Unruhe, schlechten Puls, Zittern und Angstzustände verursachen, meist mit Neigung zu Depressionen. Diese Idiosynkrasie ist jedoch nicht konstant beim gleichen Individuum (Lewins Auffassung ist, daß intermediär die Schilddrüse eine große Rolle spiele, also akuter Thyreoidismus).

In anderen Fällen können wochenlang mehrere Gramm pro Tag ohne schwere Störungen genommen werden.

Symptome. In der Mehrzahl tritt bei längerem Gebrauch Schnupfen, Neigung zu Katarrhen, Speichelfluß auf. Kompliziert werden diese Erscheinungen bei den einen Individuen mit Körpergewichtsabnahme, blassem Aussehen, Müdigkeit, in anderen Fällen mehr mit Exanthemen und Neigung zu Fieber oder mit den oben erwähnten nervösen Symptomen (Jodismus).

Therapie. Gute Ernährung und symptomatische Therapie. Aussetzen des Jod.

(Die organischen Jodverbindungen, die auch durch das Element Jod wirken, dürfen nicht sofort als Ersatz gegeben werden.)

b) Schweflige Säure und deren Salze.

Natrium, Kalium sulfurosum.

Die schweflige Säure resp. das Schwefeldioxyd entsteht in Rauchform bei Verbrennung von Schwefel, natürlich zusammen mit ev. den Schwefel häufig verunreinigenden anderen Verbindungen.

Vergiftungsgelegenheiten. Akute Vergiftungen erfolgen in ganz kurzer Zeit bei ca. 1⁰/₀₀ schwefliger Säuren der Atmungsluft.

Symptome. Ganz akute Bronchitis mit schnell eintretenden Bewußtseinsstörungen, Methämoglobinbildung. Schon $1/_{100}$⁰/₀ macht starken Hustenreiz, Konjunktivitis und bei chronischer Einwirkung bronchitische Zustände.

Die Sektion zeigt ungeheuer stark gerötete Trachea und Lungen, die Schleimhaut ist hie und da leicht abhebbar, mit Blutungen durchsetzt, natürlich besteht starkes Ödem, blutig verfärbt mit Emphysem.

Die Salze werden immer noch häufig mit Borsäure zusammen als Konservierungsmittel gebraucht, unter sehr verschiedenartigen Phantasienamen. Ferner kommen sie in den Wein durch das sog. Einbrennen oder Schwefeln von Fässern. Gewerblich werden die Salze verwendet in Bleichereien, hauptsächlich wo Chlor stark schädigt (Wolle, Seide, Schwämme), in Strohhut-fabriken, Holzstoffabrikation.

Fleischwaren, auch zur Erhaltung der Farbe, aber auch Obst, Gemüse werden mit diesen Substanzen behandelt.

Symptome. Schon wenige Milligramm erzeugen Leibschmerzen. Größere Mengen bewirken starke Darmstörungen, Kopfschmerzen, überhaupt depressive Symptome von seiten des Nervensystems und des Herzens, auch Veränderung des Blutfarbstoffes (Methämoglobin), ferner Nephritis, Neigungen zu Blu-tungen — sie sollen auch gelegentlich abortiv wirken.

c) Die salpetrigsauren Salze, die Nitrite. Kalium und Natrium nitrosum. KNO_2 und $NaNO_2$.

Diese Vergiftungen haben seltener medizinalen Ursprung (infolge von zu großen Dosen oder Verwechslung), häufiger sind sie Folgen von Verwechslung mit Kochsalz in der Industrie, speziell Färberei, z u m a l d i e s e S u b s t a n z e n u n t e r d e m N a m e n S a l z g e h e n u n d g e n a u w i e K o c h s a l z a u s s e h e n. — Auch Verwechslungen mit Salpeter zu Konservierungsmitteln kommen vor.

Im Organismus können Nitrite entstehen aus Nitraten (vgl. Bismut sub. nitr. Vergiftungen). Durch bestimmte Bakterien, z. B. diejenigen der Cholera, entstehen Nitrite.

Bei größeren Dosen (ein bis mehrere Gramm), treten Unruhe, Herzklopfen, Beklemmung, klopfender Puls im Kopf, Schweiß auf, infolge Gefäßlähmung; bei schwereren Vergiftungen, Schwindel, Unmöglichkeit zu gehen, Sehstörungen.

Besonders wiederholte Dosen erzeugen Methämoglobinbildung und ent-sprechend cyanotisches Aussehen.

Diagnose. Eine Vergiftung liegt in den meisten Fällen bei dem schnellen Eintreten der Symptome, der Kongestion zum Kopf, der schnell eintretenden Herzstörung sehr nah. Die Anamnese führt dann meist rasch auf das Gift.

Neben Nitriten kommt natürlich Amylnitrit, S. 676, Nitroglyzerin, Nitro-zucker etc. in Frage, hauptsächlich bei Kindern, da die letzt erwähnten Präparate süßlich schmecken.

Bismut-Subnitricum kann Intoxikationen erzeugen durch Reduktion des Nitrats zu Nitrit (vgl. S. 601); Herabsetzung des Blutdruckes, sehr schlechtes Befinden, Übel-keit etc. sind die Folgen.

d) Kaliumchlorat, Kali chloricum, chlorsaures Kali. $KClO_3$.

Es ist ein exquisites Blutgift, dessen Wirkungsmechanismus nicht klar ist. Es löst die roten Blutkörperchen, das Hämoglobin tritt ins Serum, es wird dunkel, schokoladenfarbig (Methämoglobin). Daran schließen sich die schweren allgemeinen Störungen, Atemnot, schwere Übelkeiten, Nephritis, Oligurie bis zur Urämie in schweren Fällen.

Bei großen Dosen oder konzentrierten Lösungen treten anfangs Reiz-symptome von seiten des Darmkanals in den Vordergrund, Brechen, Durch-fälle, denen sich in wenig Stunden die schweren allgemeinen Symptome an-schließen.

Bei stark verdünnten Lösungen können die Magendarmsymptome sehr gering sein.

Vergiftungsgelegenheiten. Die meisten bekannten und eigenen Beob-achtungen beruhen auf falsch verstandenen medizinischen Anweisungen, indem chlorsaures Kali, statt zum Gurgeln, intern genommen wurde. Das chlor-saure Kali wird heute selten innerlich verordnet (früher viel häufiger).

Da die toxischen **Dosen** im allgemeinen ziemlich groß, sind die schweren Vergiftungen nicht häufig (sicher tödlich etwa von 12—15 Gramm an, in einzelnen Fällen töteten aber schon 5—10 Gramm. Bei Kindern, Nierenkranken und stark Fiebernden können schon Dosen von 1—2 Gramm ausgesprochene Vergiftungssymptome erzeugen).

Symptome und Diagnose. Schon 1—2 Stunden nach Genuß von großen Dosen stellt sich eine sehr auffällige blaugrüne Färbung der Lippen und speziell der Stirnhaut ein, wie schwerer Ikterus. Dabei ist anfangs das Befinden mit Ausnahme der Leibschmerzen und Brechen nicht sehr gestört.

Neben diesen typischen Symptomen ist eine braune Färbung des Harnes, stark zunehmender Ikterus für die Diagnose und Prognose entscheidend. Chlorkalium ist im Harn übrigens nachweisbar.

Prognose und Therapie. Erregung von Brechen und starken Durchfällen ist Hauptaufgabe, wenn nicht schon Kollaps droht, oder schon mehr als vier, fünf Stunden seit der Aufnahme vergangen sind. Angezeigt sind Steigerung der Diurese, Herzmittel, bei kräftigen Personen größerer Aderlaß. Solange die Diurese einigermaßen gut bleibt, ist die Prognose nicht letal und die Ausheilung kann merkwürdig schnell und ohne Nachwirkungen erfolgen.

Tritt länger dauernde Anurie ein, folgt der Tod infolge von Urämie, meistens im Lauf von wenigen Tagen, auch wenn z. B. die Hautfarbe wieder besser wird.

Bei der Sektion zeigt sich auffällig bräunlicher Ton des Blutes recht verschiedenen Grades, die Meningen sind manchmal grünlich braun, die Gefäße der drüsigen Organe sind stark mit verfärbtem Blut gefüllt, Trübung der Niere mit Hämoglobinablagerung etc. Die Zeichen der Magendarmreizung sind oft bei der Sektion kaum mehr zu finden.

e) Kalisalpeter. KNO_3.

Sehr große Verwendung in der chemischen Industrie und zu Sprengstoffen, auch zur Konservierung des Fleisches, zwecks Erhaltung der Farbe.

Vergiftungsgelegenheiten: Akute Vergiftungen mit Dosen über 10 bis 20 Gramm in konzentrierter Lösung erfolgen durch Verwechslungen mit Abführsalzen. Verwendung von Schießpulver als Medikament.

Symptome. Konzentrierte Lösungen bewirken in erster Linie Magenschmerzen, Brechen, Durchfall, auch starke Harnsekretion, Nierenreizung. Bei Dosen von ca. 20 Gramm kann man schwere Vergiftungen beobachten (Lewin) mit schweren Störungen von seiten des Nervensystems und des Herzens. Diese Wirkungen setzen sich wahrscheinlich aus der Kaliwirkung, der Nitratwirkung und aus im Körper entstandenen Nitritwirkungen zusammen.

f) Kalium.

Die Giftwirkung des Kalium kommt hauptsächlich bei protrahierter Medikation mit Kalisalzen, KJ KBr etc. vor. Die motorischen Nerven werden anfangs gereizt; in großen Dosen wirkt es lähmend auf das Mittelhirn und das Herz. Es erhöht die Diurese und bedingt starke Chlorausscheidungen. Die Symptome schwinden meist beim Ersatz des Kaliums durch Natrium. Genuss von Kalisalpeter durch Verwechslung mit bitterem Glaubersalz und als Abortivum und Konservierungsmittel für Fleisch ist die häufigste Vergiftungsursache.

g) Ammonium.

Ammoniumverbindungen haben alle eine stark erregende Wirkung auf das Zentralnervensystem, führen bei großen Dosen unter Krampfzuständen zum Tod.

h) Cyan und Cyanverbindungen.

Blausäure, Cyanwasserstoffsäure, Dicyan, Cyankali.

Diese Vergiftungen werden eher häufiger, da die Herstellung der gasförmigen Cyanverbindungen aus Nebenprodukten im Zunehmen begriffen ist und die Cyanverbindungen in der Galvanoplastik, als Lösungsmittel, speziell von Gold und neuerdings als Konservierungs- und Desinfektionsmittel (gegen Pflanzenparasiten), aber auch gegen fermentative Prozesse, sogar bei Nahrungsmitteln (Früchten) als Ersatz der Kälte zur Konservierung verwendet werden.

Neue Verfahren und Darstellung aus Luftstickstoff.

Das Cyan, resp. das Dicyan, das in geringen Mengen überall da entsteht, wo stickstoffhaltige Kohlenstoffverbindungen hoch erhitzt werden (Destillation und Erhitzung organischer Stoffe durch Explosionsgase, Hochofen, Zelluloidverbrennungen, ev. Leuchtgas) und auch in der Galvanoplastik auftritt, macht der Blausäurevergiftung ähnliche Symptome.

Die Hauptursache von Vergiftungen ist das Cyankali, das technisch viel gebraucht wird (Photographie, Galvanoplastik, Goldwäscherei), ferner als Antiparasitikum bei Pflanzen und als Tötungsmittel für Insekten, und deshalb zugänglich ist. Cyan in der Form von Blausäure kommt vor in Bittermandelöl und in der Aqua laurocerasi, Aqua amygdal. amar. (0,1 % Blausäure).

Die tödliche Dosis reiner Blausäure ist ca. $1/20$ Gramm. Da das gewöhnliche technische Cyankali viele Karbonate enthält und daher stark alkalisch ist, ist die tödliche Dosis etwa $1/4$ Gramm. Bei Herzkranken scheint sie bedeutend geringer.

Eine Reihe von verbrecherischen und zufälligen Vergiftungen der letzten Zeit mit Cyankali beweisen die Unrichtigkeit der Vorstellung, daß der Geruch und auch der Geschmack so auffällig seien, daß eine solche Lösung nicht aus Versehen genossen werden könne. Zufällige Vergiftungen in photographischen und galvanoplastischen Ateliers durch Verwendung von nicht gereinigten Cyankaligläsern als Trinkgefäß. Ein' Dieb hat während des Einbruches aus einer Bierflasche Cyankalilösung getrunken — der Hausbesitzer wurde wegen fahrlässiger Tötung verurteilt.

In erster Linie können Cyanlösungen in Likören unversehens beigebracht werden (Kirschwasser, Curaçao).

Zufälliger Genuß von sog. Kirschwasseressenzen und Aqua lauro cerasi.

Die Wirkung des Cyans, resp. der Blausäure und auch der Cyanwasserstoffsäure besteht in einer Verbindung des Cyans mit dem Hämoglobin, analog wie das Kohlenoxyd, und in einer Hemmung der fermentativen Prozesse.

Symptome. Bei großen Dosen, z. B. über ein Gramm, wie meist bei Selbstmord, ist die Wirkung ungeheuer schnell. Es treten Beengungsgefühle auf, oft mit Aufschreien. Die Vergifteten sinken zusammen, es treten Krämpfe ein und Tod in wenigen Minuten, unter aussetzendem Atem und starker Pupillenerweiterung. (Bei stark saurer Reaktion des Mageninhaltes erfolgt die Befreiung der wirksamen Blausäure aus Cyankali sehr schnell.)

Bei Vergiftungsdosen von ca. 0,1—0,2 Cyankali sah ich die ersten Symptome nach ca. 10 Minuten in Schwanken, Schwindel, Unsicherheit, ängstlichen Bewegungen, Herzklopfen, Schnürgefühl in der oberen Brust- und Halsgegend, Erweiterung der Pupille, quälende Dyspnoe, Atmungs- und Herzstillstand nach ca. 40 Minuten.

Diagnose. Relativ rosiges Aussehen bei schnell eintretender Atemnot, Schwindel, Schwäche, ev. Würgen und Brechen, Geruch nach Bittermandelöl (vgl. Nitrobenzol S. 681) macht die Diagnose an Lebenden äußerst wahrscheinlich (vgl. Nitrobenzol, Dunkelblaufärbung der Lippen und Bewußtseinsstörungen, langsamer Verlauf und bessere Prognose).

Die Therapie kommt meist zu spät wegen der ungeheuer schnellen Resorption. Spezifische Gegenmittel gibt es nicht. Es werden angeraten, Wasserstoffsuperoxyd in 1—3 %igen Lösungen, ebenso Kaliumpermanganat in 1 bis 2 %₀igen Lösungen, Sauerstoffinhalationen.

Versucht werden kann Natriumthiosulfat, als subkutane oder auch intravenöse Injektionen 0,1—0,3. Natürlich auch künstliche Atmungsversuche, zumal die Diagnose bei bewußtlos Aufgefundenen nicht ganz sicher sein kann.

Die Situation, die Dringlichkeit des Verlaufes lassen meist nur Zeit zur Anwendung der gebräuchlichen Exzitantien Kaffee, Kampfer etc.

Sektionsbefund und Leichenschau bei akuten Vergiftungen. In den meisten Fällen von Cyankalivergiftung beschränkt sich die Aufgabe des Arztes auf eine Leichenschau oder Sektion zur Feststellung der Todesursache. Für die Rekonstruktion ist hier öfters leitend der Bittermandelgeruch aus dem Mund, die manchmal auffällig rote Färbung, analog wie bei gefrorenen Leichen und Kohlenoxydvergiftungen. Doch ist dieser Befund nicht regelmäßig.

Bei der Sektion finden sich die Zeichen der Erstickung: flüssiges Blut, starke Hyperämie der Hirnhäute.

Bei großen Dosen auffällige Ätzwirkungen im Magen, fast immer auffällige hellrote Färbung der Schleimhaut und starke Hyperämie. Bittermandelgeruch des Mageninhaltes, leicht festzustellen ist der spezifische charakteristische Geruch im Gehirn, währenddem er im Magen häufig verdeckt ist durch andere Gerüche. Andere Organveränderungen fehlen meist.

Der Nachweis ist einfach. Guajakterpentingetränktes Fließpapier bläut sich in wenig Sekunden, währenddem es sich an der reinen Luft nur langsam bläut. Bei Destillation in saurer Lösung geht aus dem Cyankali und den Blausäureverbindungen die flüchtige Blausäure mit dem Wasserdampf über (Berlinerblaureaktion). In Silbernitratlösung aufgefangen bildet sich weißes Silbercyanid.

Chronische Vergiftungen durch flüchtige Cyangase, Blausäure, werden in neuerer Zeit häufiger beobachtet, hauptsächlich in Industrien. Die Cyanempfindlichkeit ist eine ziemlich variable, viele Menschen leiden unter starkem Kopfweh, Brechneigungen, Oppressionsgefühl auf der Brust, in der Magengegend, hauptsächlich gegen Abend. Diese Einwirkungen werden häufig verwechselt mit genuiner Neurasthenie. Zur Unterscheidung ist hauptsächlich notwendig, zu bedenken, daß das Cyan im ganzen keine ausgesprochenen Nachwirkungen hat und die Herstellung schnell erfolgt, wenn kein Cyan mehr aufgenommen wird.

i) Barium.

Akute Vergiftungen erfolgten hauptsächlich bei Verwechslungen von löslichen Bariumsalzen mit dem unlöslichen Bariumsulfat zu röntgenologischen Magendarmuntersuchungen und bei Verwendung löslicher Bariumsalzen zu Fälschungszwecken, Zucker, Mehl etc. Technisches Bariumsulfat, das meistens in verschiedenen Prozentsätzen Bariumkarbonat enthält, wird als Beschwerungsmittel und Farbpulver sehr häufig gebraucht (Bleiweißersatz). Selten ist wohl die Verwendung von Bariumkarbonat als Maus- und Rattengift. Bariumoxyd scheint neuerdings in der Strohhutindustrie stellenweise verwendet zu werden und ev. auch chronische Vergiftungen zu erzeugen.

Symptome der akuten Vergiftung sind in erster Linie Brechen, sehr bald Durchfälle, starkes Unbehagen in der Herzgegend. (Ob Blutdruckerhöhung beim Menschen wie beim Tier auftritt, ist bis jetzt nicht festgestellt.) Nach wenig Stunden treten Schluckbeschwerden, Krämpfe und Lähmungen, speziell in den Beinen auf. Das Bewußtsein bleibt meistens intakt, dagegen treten nicht selten Störungen in den Sinnesorganen auf, Ohrengeräusche, Verminderung der Sehkraft. Schwere tödliche Vergiftungen können durch wenige Gramme erfolgen.

Die **Diagnose** und **Differentialdiagnose** ist ohne Anamnese sehr schwierig, weil in den einen Fällen die Lähmungen, in den anderen Fällen die schweren intestinalen Symptome, in weiteren Fällen Herzbeklemmung, Verlangsamung des Pulses oder Beschleunigung des Pulses längere Zeit im Vordergrund der schweren Erscheinungen stehen, neben den uncharakteristischen Symptomen der Angst, Durstgefühl, Dyspnoe. Das schnelle Eintreten eines von diesen Symptomen muß den Verdacht an Barium nahe legen, besonders wenn die Herzerscheinungen früh auftreten. Die Sicherstellung der **Diagnose erfolgt**

durch Nachweis von Barium: Im salzsauren Filtrat des Erbrochenen, wie im
Filtrat von einer Aufschwemmung der verdächtigen Substanz fällt Schwefel
säure und jedes schwefelsaure Salz einen weißen Niederschlag, auch die Grün
färbung der Flamme durch Barium ist charakteristisch.

(Zum Schutz gegen Verwechslung von reinem Bariumsulfat mit unreinem, resp.
mit löslichen Bariumsalzen vermischten Präparat ist eine leicht salzsaure Aufschwemmung
der Präparate zu filtrieren; fällt im klaren Filtrat durch eine Sulfatlösung ein weißer
Niederschlag aus, so ist das Bariumsulfat unrein, resp. giftig.)

Der Tod erfolgt meist durch Herzlähmung.

Therapie. Schon bei Verdacht auf Bariumvergiftung sind Lösungen
von irgendwelchen Sulfaten (wie die meisten abführenden Salze enthalten)
angezeigt. Wenn Vergiftungen durch andere Herzgifte nicht ausgeschlossen
sind, wird man sich mit Coffein und Kampfer behelfen.

(Bei der S e k t i o n von akut Vergifteten findet man nicht selten Blutungen
in den verschiedensten Organen, vor allem in den serösen Häuten.)

Bei chronischen Bariumvergiftungen wurden Pulsirregularitäten, Atemnot, Verdauungsstörungen und allgemeine Schwäche beobachtet. (Bei einem
eigenen Fall: Hoher Blutdruck, ohne Nephritis und Lues bei zunehmender
Schwäche, sehr wechselndem Appetit, starkem Durst, Blutungen im Magen
und kurz darauf Apoplexie ohne Lueszeichen bei 33 Jahren.)

3. Giftige und reizende Gase und Dämpfe.

Eine spezielle Aufmerksamkeit verdienen diejenigen Gifte,
die in der Atmungsluft aufgenommen werden, sowohl wegen der
großen Häufigkeit, der Schwierigkeiten der sicheren ätiologischen
Diagnose und Therapie, als vor allem auch der neuerdings für die Ärzte
sehr wichtigen versicherungsrechtlichen Fragen, weil viele dieser Vergiftungen den Definitionen des Unfalles entsprechen. Leider werden sehr
viele dieser Vergiftungen als Spontankrankheiten betrachtet.

In den flüchtigen chemischen Stoffen liegen große Gefahren.

Es gibt farblose, geschmacklose, g a r   n i c h t   r i e c h e n d e ,   w e n i g   r i e
c h e n d e giftige Gase, wie das Kohlenoxyd und viele seiner Gemische: Generatorgas, Sauggas, Wassergas, Mischgas, Kohlendunst, durch Erde filtriertes
Leuchtgas, die sehr stark giftig sind. Übersehen wegen schwachem Geruch
wird auch Diazomethan.

R i e c h e n d e Gase und Dämpfe sind Benzin-, Benzoldämpfe, Nitrobenzoldämpfe (Dinitrobenzolstaub), Chloroform, Tetrachlorkohlenstoff und Analoge,
Schwefelwasserstoff, Schwefelkohlenstoff, chlorierte und bromierte, flüchtige,
gesättigte und ungesättigte Kohlenwasserstoffe in grosser Zahl (S. 620), Arsenwasserstoff, Phosphorwasserstoff, S. 607, Antimonwasserstoff, S. 608, Blausäure etc. (vgl. Cyankalium S. 616).

Die Schleimhäute s t a r k   r e i z e n d e giftig und r i e c h e n d e Gase und
Dämpfe sind Schwefeldioxyd, resp. schwefelige Säure, Oxyde des Stickstoffes,
sog. Nitrosegase, die sich aus rauchender Salpetersäure entwickeln, Ammoniak,
hauptsächlich beim Platzen von Flaschen, Platzen von Röhren, z. B. bei Kältemaschinen, Fluorwasserstoffsäure (beim Glasätzen), Chlor (Bleichprozesse, in
der Papierfabrikation, Strohhutfabrikation, Bleicherei, Chlorkalkdarstellung,
(Phosgen, S. 634, Kochsalzelektrolyse), Salzsäurenebel, Bromdämpfe etc.
Nickelkarbonyl, S. 635), auch Jod, Brom, Jodmethyl, Jodäthyl, Brommethyl,
Bromäthyl, Zinnäthyl etc.

Hierher gehören auch einige organische Verbindungen, wie Formalin,
Akrolein, Dimethylsulfat, Diazomethan, Senfgas etc.

Wenn die Erkrankten noch bei Bewußtsein sind, sind ihre Angaben meistens für die Diagnose und die Wahl des Weges zur Feststellung der Ursache leitend. (Milieu, Arbeitsweise, Art der Technik, Betriebsstörung etc.)

Bei nicht oder wenig riechenden Giften und vor allem bei Bewußtlosen oder Vergifteten, die keine Auskunft geben können, ist die Diagnose nur unter Zuhilfenahme aller Umstände, speziell auch der Untersuchung des Arbeitsmilieus etc. möglich.

Tabelle über die Wirkungen reizender und giftiger Gase und Dämpfe hauptsächlich nach Lehmann in mg pro L. und nach einer Zusammenstellung der neuen Resultate von Hess und eigenen Versuchen.

Name	pag	sofort tödlich	in ½ bis 1 Stunde sofort oder später tödlich	nach Hess ½—1 St. lebensgefährliche Erkrankung	½—1 St. erträglich ohne sofortige oder spätere Folgen	nach Hess mehrstündiger Einwirkung minimal wirken	6 Stunden ohne wesentliche Symptome
Chlor	—	2,5	0,1—0,15	0,04—0,06	0,01	0,001	0,003—0,005
Brom	—	3,5	0,22	0,04—0,06	0,022	0,001	0,005
Salzsäure	—	—	1,84—2,6	1,5—2,0	0,6—0,13	0,01	0,013
Schweflige Säure	—	—	1,4—1,7	0,4—0,5	0,17—0,64	0,02—0,03	0,06—0,1
Ammoniak	—	—	1,5—2,7	2,5—4,5	0,18	0,1	0,06
Schwefelwasserstoff	—	1,2—2,8	0,6—0,84	0,5—0,7	0,24—0,36	0,1—0,15	0,12—0,18
Nitrosegase / Salpetersäure / Salpetrige Säure	—		0,6—1,0	—	0,2—0,4	—	(0,2)
Blausäure	—	0,3	0,12—0,15	0,12—0,15	0,05—0,06	0,02—0,04	0,02 (0,04)
Arsenwasserstoff	—	5,0	0,05	0,02	0,02	0,01	0,01?
Phosphorwasserstoff	—	—	0,56—0,84	0,4—0,6	0,14—0,26	(in 6 Stunden noch tödlich)	—
OsniumAetrocyd O_8O_4	—	—	—	—	0,001	0,000001	—
Kohlensäure	—	4,5	90—120	60—80	60—70	20—30	30—45
Kohlenoxyd / Rauch 0,1—0,5% / Leuchtgas 5—10% / Generatorgas 24% / Sprenggas 30—60%	—	—	2—3	2—3	0,5—1,0	0,2	0,1
Phosgen	—	—	—	0,24	—	—	—
Benzin	—	—	30—40	25—30	10—20	5—10	10
Chloroform	—	—	200	—	30—40	—	20—30
Tetrachlorkohlenstoff	—	—	400—500	150—200	60—80	10	60
Schwefelkohlenstoff	—	—	15	10—12	3—5	1—1,2	1,5—2,6
Anilin, Toluidin	—	—	—	—	0,5	—	0,15—0,2
Nitrobenzol	—	—	—	—	1,0—1,5	—	0,3—0,5
für Akrolein / „ Formaldehyd / „ Dimethylsulfat / „ Diazomethan / „ Dinitro-dichlor / „ Kohlenstoff / „ Brommethyl / „ Quecksilbermethyl / „ Kakodylchlorid / „ Dimethylarsinfluorit / liegen keine Daten vor		—	—	—	—	—	—

Diese Grenzen sind individuell sehr verschieden.

Über eine Reihe sehr gefährlicher, wenig bekannter giftiger Gase und Dämpfe liegen keine quantitativen Versuche vor. Die Beobachtungen wurden teils ganz zufällig gemacht, oder bei Laboratoriumsversuchen. Die unangenehmsten Stoffe hat man verlassen, sobald sie durch andere weniger gefährliche ersetzt werden konnten. Der Krieg hat in ständiger Ablösung auf Grund verschiedener physiologischer Ziele immer wieder neue gasförmige Gifte in den Vordergrund gebracht und vor allem Kombinationen von Giften, ebenso hat die Entwicklung der Technik als solche neue Gefahren gebracht. Schon jetzt könnte darüber sehr viel mitgeteilt werden. Neben den in der Tabelle erwähnten kommen in Betracht: vor allem Homologe wie Fluorwasserstoff, Bromwasserstoff, dann Kombinationen von zwei giftigen Stoffen wie Chlorcyan, Phosgen, Cyanphosgen, das außerordentlich träge ist, schwer mit Chemikalien reagiert und sehr schwer durch Schutzmasken absorbiert wird. Stoffe, die mehrere Wirkungen haben, wie z. B. lokale Reizung, aber auch zentrale Wirkung (hauptsächlich Wirkung auf die Medulla), sind die organischen Chlor- und Bromverbindungen, Derivate des Tetrachlorkohlenstoffes, Tetranitrokohlenstoff, der bei der Nitrierung entsteht (vgl. Kölsch: Beobachtungen in SprengstoffFabriken), und zwar, soweit ich sehe, in allen Staaten. Die Zwischenglieder dieser beiden Stoffe scheinen ganz besonders unangenehm zu sein als Reizstoffe, wie als medulläre Gifte, die sich ebenfalls schwer absorbieren ließen, die wie SO_2-Kautschuk-Stoffe durchdringt (CCl_3NO_2-Chloroform bei dem Wasserstoff durch NO_2 ersetzt, Trichlornitromethan, Dibrom-Dinitromethan sind Typen solcher Reihen).

Andere, hauptsächlich die Schleimhäute reizende Chlor-, Brom-, Nitroverbindungen sind abgeleitet durch Brom- und Chlorsubstitution von der Essigsäure, Ameisensäure, Aceton, Amyl-Äthylenverbindungen, wie Senfgas, Benzylbromid, Benzoylbromid. In der Technik wenig untersuchte Verbindungsgruppen leiten sich vom Arsenik und vom Kakodyl ab: Dimethylarsin, Kakodylchlorid, Dimethylarsinfluorit, Diphenylarsinfluorit, die zu den allerbösartigsten Giften gehören, die bis jetzt bekannt sind. Sehr gefährlich, speziell wegen Dauerwirkungen, sind Quecksilberäthyl, Quecksilbermethyl.

a) Kohlensäure, Kohlendioxyd. CO_2.

Ohne andere Beimischungen ist die Giftigkeit des CO_2 sehr gering. Erst von etwa 4% CO_2 Gehalt an beginnt man schwerer zu atmen. Man kann sich aber auch an 5% noch gewöhnen. Bei Konzentration über 8% tritt Erstickung ein. (Bei dieser Konzentration verlöschen die Lichter in geschlossenen, windgeschützten Räumen.)

Vergiftungsgelegenheiten mit reiner Kohlensäure sind Kohlensäuregaseinbrüche in Minen, Gruben (sog. schwere Wetter) und Tunnelbauten und etwa in Gärkellern, während bei Hüttenanlagen, bei Fäulnisprozessen (von Kloaken, Gräbern) die Begleitgase CO, H_2S etc. eine wesentliche Rolle spielen, indem CO_2 die Giftigkeit jener Gase stark erhöht.

Symptome. Ohrensausen, Schwindel, drückende Kopfschmerzen, Schwergefühl auf der Brust, Erregung, schnelle Atmung: Bei hohen Konzentrationen folgt schnell Bewußtlosigkeit und Tod.

Therapie und Prognose. Die Heilung tritt spontan ein bei Entfernung aus der Kohlensäureatmosphäre bis zur vollständigen Erholung. Waren die Konzentrationen sehr hoch und besonders andere Gase (Kloakengase) beigemischt, sind dagegen Wiederbelebungsversuche meist erfolglos, oder es können schwere Nachkrankheiten folgen.

Prophylaxe. Nur wenn sicher kein Leuchtgas oder explosives Gas in Frage kommt (auch ev. bei Gärung) darf ein brennendes Licht in die Tiefe gehalten werden. Erlöscht es, oder brennt es schwächer, so besteht Gefahr!

b) Kohlenoxyd. CO.

Das Kohlenoxyd ist das wichtigste Gift, sowohl in bezug auf die Zahl der Vergiftungen (kriminelle resp. Mord, Selbstmord, Vergiftungen, zufälliger und gewerblicher Art), ferner wegen der Polymorphität und der ungeheuren Verbreitung der Vergiftungsgelegenheiten, wie wegen der Schwere der akuten Symptome und der chronischen Nachkrankheiten und der chronischen Vergiftung.

Die meisten Kohlenoxydvergiftungen erfüllen die Voraussetzungen des Unfallereignisses, sie sind auch zum Teil in die Privatversicherung aufgenommen.

I. **Vorkommen des Kohlenoxydes.** Das Kohlenoxyd entsteht überall, wo kohlenstoffhaltiges Material unter geringem Luftzutritt verbrennt oder mit wenig Sauerstoff erhitzt wird. Es entsteht auch sehr häufig durch Reduktion der Kohlensäure und bei einer Reihe neuerer technischer Prozesse.

Die größten Mengen Kohlenoxyd sind in den technischen Gasen und im Leuchtgas vorhanden. Die Gefährlichkeit des Leuchtgases und spez. der nicht riechenden Industriegase sucht man dadurch zu vermindern, daß man einen Geruchstoff beigibt, der das Auftreten der Gase dem Geruchsinn verraten soll. Das Leuchtgas enthält etwa 5—10% Kohlenoxyd (also genügt ca. 1% Leuchtgas in der Atmungsluft zur Vergiftung und zwar zur ziemlich schnellen Vergiftung mit tödlichem Ausgang). Viel gefährlicher sind die technischen Gase, das Wassergas, das Halbwassergas, das Sauggas, das Generatorgas, das Gaze pauvre, weil sie viel mehr CO enthalten.

Die technische Darstellung von kohlenoxydreichen Gasen ist gegenwärtig sehr ausgedehnt. Das Kohlenoxyd kommt fast ausschließlich mit andern Gasen zusammen zur Wirkung und zwar mit schädlichen Gasen, z. B. Kohlensäure, Spuren von Schwefelwasserstoff, ferner Stickstoff, Wasserstoff im Wassergas, im Generator- und Sauggas, Methan im Leuchtgas.

Das Wassergas enthält bis zu 50% Kohlenoxyd und ist vollständig geruchlos. (An vielen Orten wird es deshalb auch mit Geruchstoffen, wie Isonitril, versetzt, oder mit Leuchtgas gemischt). Es existieren Statistiken, die beweisen, daß die Vergiftungen in Städten mit Wassergas 10—12 mal so häufig seien, als in Städten mit gewöhnlichem Leuchtgas. Das beweist der häufige Austritt solcher Gase in nicht akuttoxischen Mengen. Auch das Generatorgas enthält sehr viel Kohlenoxyd, die Hauptverbrennungsenergie in diesem Gas liegt im Kohlenoxyd. Die moderne Technik sucht natürlich in den Gasen möglichst wenig nicht mehr verbrennbare Substanzen mitzuführen (so wird die Kohlensäure neuerdings vollständig aus diesen Gasen entfernt oder zu Kohlenoxyd reduziert, nach neueren patentierten Verfahren).

Die Gefahren dieser Gase sind also recht große; Vergiftungen entstehen hauptsächlich durch Offenlassen von Hahnen, durch Röhrenbruch etc., besonders gefährdet scheinen die Nachtarbeiter.

Durch komplizierte Röhrensysteme kommt diese Gefahr auch in die **Privatwohnungen** etc., so daß also bei Entweichen von Leuchtgas in Räume Kohlenoxydvergiftungen entstehen können [1]).

Das Leuchtgas kann aber auch bei schlechter Verbrennung noch Kohlenoxyd erzeugen, als Verbrennungsprodukt, das bei schlechtem oder mangelndem Abzug in die Wohnungen oder Arbeitsräume gelangen kann.

II. Längst bekannt ist die Wirkung des **Rauches**, überhaupt der gewöhnlichen Verbrennungsgase (0,1—0,5% und mehr CO).

Diese Vergiftungen erfolgten vor einigen Jahrzehnten infolge der Einführung billiger Heizeinrichtung und der Ofenklappen sehr häufig (so daß man heute noch, auch in gebildeten Kreisen, die Kohlenoxydvergiftung mit der Ofengasvergiftung bei zu früh geschlossener Ofenklappe identifiziert).

---

[1]) In Wien erfolgten in einer Woche, Oktober 1913, in fünf verschiedenen Häusern zufällige Leuchtgasvergiftungen überall mit Todesfällen. In Essegg 1914 sukzessive im Verlauf einiger Zeit sechs Todesfälle im gleichen Haus infolge Undichtigkeit der städtischen Gasleitung in der Straße neben dem Haus.

Heute erfolgen die Vergiftungen viel mehr aus anderen Gründen, z. B. Defekte in Kaminen, durch Einführung verschiedener Öfen (speziell Füllöfen) in den gleichen Kaminzug, wodurch bei plötzlicher Erwärmung der Außenatmosphäre, Föhn etc. und Umkehrung der Rauchgasbewegung (nach dem Gesetz der kommunizierenden Röhren) diese CO-haltigen Gase auch durch nicht geheizte Öfen, Lücken in den Kaminen in bewohnte Räume gelangen können.

Sehr selten, aber auch beobachtet, sind Vergiftungen durch zufälligen Verschluß und Verengerung von Rauchabzügen, durch Hineinsinken von Rauch aus unmittelbar benachbarten Kaminen. Das CO entsteht in großen Mengen in Kohlenbecken, Kokskörben, wie sie z. B. in Neubauten und nach Umbauten zum Trocknen aufgestellt werden, durch Diffusion des CO gelangt dieses selbst durch den Boden. Von den Zentralheizungen hat nur die Luftheizung zu häufigen Vergiftungen geführt, die Dampf- und Warmwasserheizung jedoch nur bei defekten Kaminen und Zügen.

Durch die große Ausnützung der Wärme, die Regulierung des Luftzutrittes in den modernen Heizungsanlagen, werden nicht nur die Verbrennungsgase stark abgekühlt, sondern es entsteht auch zeitweise viel mehr Kohlenoxyd als bei Verbrennung mit gleichmäßigem vollem Luftzutritt der alten Öfen für Holzheizung. Die Verbrennungsgase sind also in der Neuzeit noch gefährlicher geworden.

III. Das Auftreten des Kohlenoxydes bei Explosionen.

Die Explosionsgase enthalten oft sehr große Mengen (30—50%) Kohlenoxyd, das natürlich dann am meisten Gefahren bringt, wenn es z. B. in unterirdischen oder geschlossenen Räumen entsteht, aus denen es sich nicht verflüchtigen kann. So bildet das Kohlenoxyd die größte Gefahr nach schlagenden Wettern in Gruben und Grubenbränden. Alle modernen Explosivstoffe, Dynamit, Sprenggelatine und Verwandte, Pulver, die ja ebenfalls oft unterirdisch [1]) in großen Mengen verwendet werden, ebenso wie die Explosionsmotoren (Autoprüfung in geschlossenen Räumen und Benzin-Lokomotiven in CO_2-reicher Atmosphäre, z. B. in Tunnelbauten) und die Explosionskatastrophen (durch brennbare Gase, auch Zelluloid und Staub) geben stark kohlenoxydhaltige Gase.

Gefährliche Eigenschaften. Erst ein Zusammenwirken vieler Eigenschaften bedingt die große Gefährlichkeit:

1. Das Kohlenoxyd ist schon in geringen Mengen giftig, schon 1 Teil Kohlenoxyd auf 10 000 Luft macht Vergiftungserscheinungen und 1 Teil Kohlenoxyd auf 1000 Teile Luft macht schon bewußtlos und tötet in $1/2$—1 Stunde.

2. Das Kohlenoxyd hat die verhängnisvolle physikalische Eigenschaft, daß es durch die feinen Poren etc. durchdringt und durch Schichten diffundiert, in denen die riechenden Begleitkörper hängen bleiben resp. abfiltriert werden, so daß die allgemein bekannten warnenden Eigenschaften des Rauches und des Leuchtgases fehlen können, während gerade der giftige Bestandteil des Gases, das Kohlenoxyd, in seiner ganzen Menge durchdringt.

3. Das giftige CO selbst ist vollständig geruchlos und reizt keinen Sinn, es kann ganz unbeachtet aufgenommen werden, bis zur schweren Vergiftung, sogar von wachen Menschen.

Wir riechen nur seine Begleiter im Leuchtgas und in den Rauchgasen. Diese begleitenden Gase können leicht absorbiert werden, z. B. durch die Erde. (Das wird immer vergessen.)

Auch Ärzte sind in vielen Fällen im wachen Zustande tödlich vergiftet worden. Das gefährliche Gas spüren wir so wenig, daß ein früher nicht tödlich Vergifteter, ohne es zu ahnen, ein zweites Mal sich vergiften kann.

---

[1]) Luftverhältnisse im Tunnelbau in 3600 m Höhe 10 Minuten nach der Sprengung (22 kg Sprenggelatine) ca. 80 m vor Ort

Kohlensäure	1,20 %
Sauerstoff	19,66 %
Kohlenoxyd	1,05 %
Stickstoff	78,09 %.

Nitrosegase in Spuren. (Beobachtungen am obersten Jungfrautunnel.)

4. Die ersten Vergiftungssymptome sind oft recht uncharakteristisch und abhängig von der Konzentration, d. h. der Schnelligkeit der Aufnahme, von den Begleitstoffen und vor allem von dem Zustand des Betroffenen beim Eintritt der Vergiftung.

Die Symptome treten meist plötzlich ein. Intensiv geistig Arbeitende werden oft schwer vergiftet, bevor sie auf die in ihnen sich entwickelnden Veränderungen aufmerksam werden, so daß plötzlich und unversehens Bewußtseinsstörungen und Lähmungen eintreten und die Kraft nicht mehr ausreicht, sich zu retten. Wenn die Aufmerksamkeit nicht konzentriert ist, wird meist Druckgefühl im Kopf, Ohrensausen ev. Herzklopfen und Brechreiz wahrgenommen, jedoch häufig falsch gedeutet, weil die Sinne unsere Aufmerksamkeit nicht auf eine äußere Gefahr lenken.

5. Seine große Verbreitung wegen seiner Entstehung bei den verschiedenartigsten Prozessen erhöht die Zahl der Vergiftungsmöglichkeiten und damit die Wahrscheinlichkeit der Vergiftungen.

Die hauptsächlichsten Vergiftungsgelegenheiten, die Situationen, mechanische Hauptursachen. Im Privathaus treten die meisten Vergiftungen infolge mangelhafter Abzüge bei Heizeinrichtungen ein: Versteckte, verschlossene Kamine: Ruß, hereingefallene Steine etc., Klappen, Verwendung falscher Kamine für neue Öfen, Badeöfen Defekte in den Rauchabzügen und Kommunikation eines Zuges mit verschiedenen Öfen (starke Abkühlung der Gase in kalten Mauern bei plötzlicher Temperaturerhöhung der umgebenden Luft, Umkehrung des Luftzugs; Aspiration durch einen geheizten Ofen, der Luft aus kommunizierenden Zimmern aspiriert und Rauch durch nicht geheizte Öfen hereinziehen kann. In Zimmer ohne Ofen kann Kohlenoxyd aus Kaminen treten, wenn z. B. bei Umbau, Bodenlegen, Legung elektrischer Leitungen etc. die Kamine beschädigt worden sind, so daß unter dem Boden und dem Holzwerk sich Rauch verteilen kann, der langsam in die Wohnräume hinein diffundiert; durch ganze Stockwerke hindurch kann sich das Kohlenoxyd auf diese Weise verteilen. Analog wirken Feuerung ohne Abzug, Koksofen, die zum Austrocknen von Neubauten verwendet werden, japanische Wärmedosen und analoge Wärmeeinrichtungen für Wagen, auch Bügeleisen, schlechtziehende Lampen[1]).

Selten sind heute Kohlenoxydvergiftungen infolge mottender Feuer (Balken, Blindboden mit Sägespänen gefüllt, die durch Kamine, ölgetränktes Material, Zündbomben angesteckt werden.)

Das Leuchtgas. Die Spezialursachen dieser Vergiftungen sind undichte Röhren (Reparaturarbeiten), offene Gashahnen bei ausgegangener Stichflamme, Schlauchbrüche, die bei den neuen schlechten Kautschukqualitäten besonders zu beachten sind, dann (seltener) Bruch von großen Zuleitungsröhren im Boden in der Nähe der Häusern.

Das Leuchtgas kann aber auch als verbranntes Gas sehr viel Kohlenoxydgefahren bringen. Die Entwicklung und die Bequemlichkeit hat eine Reihe von Erwärmungsapparaten konstruieren lassen, die in sehr kurzer Zeit große Mengen von Wärme produzieren, speziell die Gasbadeofen. Bei geringem Luftzutritt und schlechter Abfuhr der Verbrennungsgase (Verstopfung von Kaminen, Fehlen der Abzugsrohre etc.) können in wenigen Minuten in dem kleinen Baderaum außerordentlich hohe Konzentrationen von Kohlenoxyd zustande kommen, so daß Vergiftungen während der Zeit des Badens eintreten. Diese Ätiologie ist heute in ungeheurem Zunehmen begriffen. Selbstredend besteht diese Gefahr bei einer Reihe analoger Einrichtungen im Haus wie in technischen Etablissements (Trockenofen etc.).

---

[1]) Relativ häufig werden Ärzte das Opfer von Kohlenoxydvergiftungen, z. B. in Laboratorien durch Brutschränke, in Operationssälen und die Vergiftungen im Haus scheinen nach meiner Erfahrung in Ärztefamilien mindestens so häufig wie sonst, trotzdem die Ärzte die Kohlenoxydgefahr fürchten.

Technische Vergiftungsgelegenheiten. Wegen großem Kohlenoxydgehalt sind ferner die Abgase fast aller Hoch- und Brennofen, die sog. Gichtgase, gefährlich, die neuerdings, sobald sie etwas reich sind an verbrennbaren Gasen, abgeführt und zu Wärmeerzeugung verwendet werden. Bei Kalköfen ist relativ wenig Kohlenoxyd vorhanden, jedoch sind eine ganze Reihe von tödlichen Unfällen in Kalköfen vorgekommen. Gefährlich sind natürlich alle Ofeneinrichtungen, in denen die heißen Abgase direkt zur Trocknung etc. verwendet, oder wo Verbrennungsgase direkt zu irgendwelchen Zwecken durch begangene Räume geleitet werden (vergl. unten.)

Trocknung von Erzen, Vortrocknen bei der Zementbrennerei, Trocknung in chemischen Fabriken mit möglichst kohlensäurereicher und sauerstoffarmer Luft (zur Verminderung der Explosionsgefahr), bieten oft CO-Gefahren. Vor allem scheint es sehr wichtig, daß die Ärzte daran denken, daß die Rettungsmannschaft nach allen (speziell unterirdischen) Brandunglücken der akuten Kohlenoxydvergiftung ausgesetzt ist. Sehr viele technische Prozesse, bei denen die Kohlen als Reduktionsmittel verwendet werden, erzeugen Kohlenoxyd. Hierher gehören die Vergiftungen in der Nähe von Hochöfen und die Rauchvergiftungen bei Brandunglücksfällen, beim Gießen etc.

Die Gefahren werden natürlich gesteigert, wenn durch irgendwelche Umstände die Lufterneuerung in den Arbeitsräumen sehr stark gehemmt ist, in erster Linie also bei unterirdischen Arbeiten. Die Kohlenoxydgefahr bei diesen Arbeiten besteht hauptsächlich in den Sprenggasen, in Gasexplosionen von schlagenden Wettern, aber auch bei Grubenbränden, überhaupt allen Verbrennungen mit schlechter Luftzufuhr.

Neuerdings werden zur Trocknung von leicht brennbaren kristallisierenden organischen Substanzen und zur Sublimation gereinigte Verbrennungsgase verwendet, die die Explosionsgefahr außerordentlich stark heruntersetzen; falls aber ein solcher Raum betreten wird vor der Lüftung, ist die Vergiftungsgefahr durch Kohlenoxyd gegeben.

Die Gefahr der Kohlenoxydvergiftung ist besonders groß in geschlossenen Räumen, die ohne Ventilation sind, infolge dessen hauptsächlich bei unterirdischen Bauten, Minen, Tunnelbau, Caissonarbeit, sobald irgend ein Prozeß große Mengen Kohlenoxyd entstehen läßt, wie z. B. jeder Brand in Minen und die Explosionen (Sprengstoffgase). Die Auspuffgase von Benzinmotoren enthalten besonders viel CO (bis über 5%), wenn in engen, geschlossenen Räumen ohne Lufterneuerung der Kohlensäuregehalt steigt und der Sauerstoffgehalt der Luft entsprechend sinkt.

Es soll hier noch einmal besonders erwähnt werden, daß alle modernen Nitrosprengmittel große Mengen von Kohlenoxyd geben, bei guter Explosion (bis 50 Volum-Proz [Lewin]), ferner daß vor allem die schlagenden Wetter und die Staubexplosionen sehr viel Kohlenoxyd liefern und meist eine große Zahl von Menschen umbringen. In Industrien entsteht Kohlenoxyd bei der Azetondestillation aus Essigsäure, Kalk, Bleizucker etc. Beim Leblancschen Sodaverfahren, bei organischen Schmelzen tritt CO, allerdings fast immer zusammen mit einer Reihe anderer ungesättigter Substanzen, auf.

An die Kohlenoxydvergiftungen schließen sich eine ganze Reihe von Fragen an, zu deren Beantwortung die Erhebungen des ersten Arztes oft entscheidend sind (Herkunft des Kohlenoxydes, Mord, Selbstmord, Zufall, entschädigungspflichtiger Unfall, Fahrlässigkeit etc.). Das Kohlenoxyd ist infolge der oben erwähnten Eigenschaften, speziell wegen der Geruchlosigkeit, der intensiven Giftigkeit, der leichten Zugänglichkeit etc. Grund von Unfällen, wie sehr häufig Mittel zu Mord und Selbstmord.

Die **absichtliche** Kohlenoxydvergiftung verwendet meist ganz einfache Mittel, neuerdings in erster Linie das Leuchtgas durch Öffnen von Hahnen, Abziehen der Gasschläuche etc., oder es werden in seltenen Fällen eigens Leitungen in die Zimmer gemacht. Ein gewöhnlicher Gasbrenner läßt erst in mehreren Stunden genügend Gas zur tödlichen Vergiftung in ein Zimmer entweichen, wenn nicht Mund und Nase in der Nähe der Öffnungen sind.

Die Feststellung dieser Vergiftungen ist im allgemeinen leicht. Viel schwieriger wird die Situation, wenn die Frage aufgeworfen werden muß, ob die Vergiftung durch Drittpersonen eingeleitet worden ist, oder ob es sich um unglückliche Zufälle oder um schuldhafte Fahrlässigkeit handelt, oder ob ein Verbrechen anderer Art durch eine solche Situation zugedeckt werden sollte. Die allgemeine Kenntnis der Gefährlichkeit des Leuchtgases und des Kohlenrauches ist der Grund, daß diese Mittel die weitaus häufigsten sind, die zur Verdeckung von Verbrechen verwendet werden, also vornehmlich zur Tötung Dritter, zu Familienmord etc. (Verstopfen von Kaminen etc.).

Der innere Mechanismus der CO-Vergiftung ist ein sehr komplizierter: Einmal wird das Hämoglobin in CO-Hämoglobin verwandelt bei langsamer Vergiftung bis über $50-60\%$; auch das Muskelhämoglobin und das Herz absorbieren CO und, wie es scheint, auch das Nervensystem (Wachholz). Ferner werden die Endothelien der Gefäße angegriffen, speziell die Hirngefäße scheinen sich erst zu erweitern, dann zu kontrahieren; es treten Blutungen im Gehirn per diapedesin und größere Blutungen durch Gefäßrupturen, im Herzen und den serösen Häuten auf.

Es besteht eine verschiedene Empfindlichkeit der Menschen auf Kohlenoxyd, auch bei vollständig gesunden Menschen.

Man findet sehr oft in einem und demselben Zimmer den einen Menschen überlebend, bewußtlos, andere tot; bei Fällen von Familienmord kann man beobachten, daß der eine Erwachsene vollständig ruhig, wie im Schlaf, im Bette liegt, während z. B. junge Individuen am Boden gefunden werden, oder in sonstigen Stellungen, die beweisen, daß sie Fluchtversuche gemacht haben. Eine besondere Kohlenoxydempfindlichkeit spricht Brouardel den Pleuritikern zu.

Auch in der Rekonvaleszenz (Brouardel) findet man bei Massenvergiftungen bei gleichartigen, gleichkräftigen Individuen, z. B. Soldaten, ungeheuer große Unterschiede, — sowohl in bezug auf die ersten Symptome und hauptsächlich in bezug auf die Nachkrankheiten. Personen, die schon der CO-Wirkung ausgesetzt waren, scheinen eine erhöhte Empfindlichkeit zu haben, ebenso Infektionskranke.

Symptome. Die akuten Symptome sind abhängig von der Konzentration und der Zeit der Einwirkung. Hohe Konzentrationen wirken blitzartig. (Eine Reihe von Todesfällen bei Chemikern.)

Die Mehrzahl der Menschen bekommt auch bei langsamen Vergiftungen meist ganz plötzlich das Gefühl von starkem Druck in den Schläfen, Ohrensausen, Brechreiz, Herzklopfen.

Bei längerer Einatmung und Konzentrationen von $1\%_0$ bis 1% folgt Schwindel, Schwäche, speziell in den Beinen, und Bewußtlosigkeit.

Bleiben die Bewußtlosen in der CO-Atmosphäre, tritt der Tod schnell ein, nach den meisten Beobachtungen an Atemlähmung.

Das Kohlenoxyd kann speziell bei intensiv geistig Arbeitenden ohne sehr evidente Vorsymptome plötzlich zu Lähmungen, zur Bewußtlosigkeit, mit oder ohne vorangehende Erregung und Verwirrung führen. Die Fehldiagnose „Rausch" wird nicht selten gemacht infolge der Schwäche in den Beinen und der nicht seltenen Verwirrung; — verhängnisvoll sind solche Verkennungen besonders bei Familienvergiftungen.

Regelmäßig besteht nach Erholung eine vollständige oder lückenhafte Amnesie, in allen Fällen von Bewußtlosigkeit, auch in sehr vielen Fällen, bei denen kein vollständiger Bewußtseinsverlust eingetreten war. Das Aussehen der Überlebenden ist meist blaß, seltener rosarot oder kongestioniert.

Die schwer akut Vergifteten zeigen regelmäßig hämmernden klopfenden Herzschlag bei kleinem Puls (nachdem zu Beginn der Vergiftung der Puls voll und weich ist).

Der Tod erfolgt unter sukzessiver Temperaturerniedrigung, bald mit, bald ohne Krämpfe in voller Ruhe als reine Narkose, oder aber es kann ein Halberwachen mit Rettungsversuchen oder ein Krampfstadium dem Tod vorangehen. Es scheint, daß kohlensäurehaltige Atmosphäre die Krämpfe begünstigt.

In einem relativ großen Prozentsatz (nach eigenen Beobachtungen 20—30%) findet sich unmittelbar nach der Vergiftung reduzierende Substanz im Harn. Selten bleibt dieses Symptom; es entsteht ein recht schwer verlaufender toxo-traumatischer Diabetes, selten ist auch Eiweiß im Harn, meist nur vorübergehend.

Differentialdiagnose am Lebenden. Da Bewußtseinsstörungen oder Bewußtlosigkeit regelmäßig sind, und da die vergiftenden Gase häufig nicht riechen oder sich verflüchtigt haben, muß die Diagnose ohne Anamnese gestellt werden. Manchmal ist allerdings die rötliche Hautfärbung bei schlechtem Puls und stertoröser Atmung auffällig, diese Färbung kommt aber auch bei Cyan- und Benzolvergiftung vor, auch etwa bei Vergiftung durch Nitrite und im Coma diabeticum, und fehlt wieder sehr häufig bei Kohlenoxydvergiftung bei Überlebenden.

Beim Auffinden von Bewußtlosen in Zimmern und abgeschlossenen Räumen kommen in erster Linie in Frage Vergiftungen durch Narkotika, auch Alkohol, Methylalkohol, komatöse Zustände infolge von Autointoxikationen bei Diabetes und Urämie, schwere epileptische Anfälle, speziell bei Atembehinderung, aber auch Apoplexien, Blutungen in das Schädelinnere (auch bei Kohlenoxydvergiftungen beobachtet man ausgesprochene Hemiplegien und Monoplegien). Ferner kommen gewerbliche Vergiftungen in Betracht, die nach einem Latenzstadium zu tödlichen Erkrankungen führen, so nach eigener Beobachtung Nitrosegase, Nitrobenzol.

Außerhalb von Wohnungen, hauptsächlich in industriellen Etablissements, chemischen Fabriken, in der Gärungsindustrie, in der Nähe von Abfallstoffen kommen noch andere Ursachen in Betracht, der Häufigkeit nach geordnet: Schwefelwasserstoff mit Kohlensäure-Überschuß und Mangel an Sauerstoff, Kältewirkung, narkotische Dämpfe aus Rohpetrol, Benzin, aromatische Substanzen, künstlicher Kampfer etc.

Wenn angegeben wird, die rote Hautfarbe von in Häusern Aufgefundenen sei als wegweisend für die Annahme von Kohlenoxyd zu betrachten, so ist diese rote Farbe einerseits wohl bei Leuchtgasvergiftungen meist recht ausgesprochen, aber da, wo gleichzeitig Kohlensäure und Kohlensäure-Dyspnoe auftreten, ist die hellrote Farbe des Kohlenoxyd-Hämoglobin durch die dunkle des Kohlensäureblutes überdeckt. Eine deutliche Rotfärbung läßt jedoch eine Reihe anderer, zu sehr schweren Störungen, auch Bewußtseinsstörungen führenden schweren Giften ausschließen. In erster Linie die Wirkung der aromatischen gewerblichen Produkte, Anilin, Mononitrobenzol, Dinitrobenzol, Paraphenylendiamin und nitrierte Sprengstoffe, ferner Chlorate, den Arsen- und Phosphorwasserstoff (Ferrosilizium). Für die Differentialdiagnose gegen Morphium kommt bei Jugendlichen und bei schwerem Koma die Enge der Morphium-Pupillen in Betracht; bei nicht sehr schweren Kohlenoxydvergiftungen und bei alten Leuten fand ich oft im Kohlenoxyd-Koma eine sehr starke Verengerung der Pupillen. Gegenüber Cyanvergiftung, bei welcher schon Koma eingetreten ist, kommt der Bittermandelgeruch und vor allem der schnelle tödliche Verlauf der Cyanvergiftung in Betracht, der ein therapeutisches Eingreifen meist gar nicht mehr gestattet. Bei Strychninvergiftung, bei welcher schon erhöhte Reflexerregbarkeit und Krämpfe bestehen, ist der Verlauf ja auch ein sehr akuter und eine so starke Erhöhung der Reflexe finden wir bei Kohlenoxydvergiftung nie. Sehr schwierig kann die Differentialdiagnose zwischen Coma diabeticum oder Urämie werden, doch hilft dem Praktiker in vielen Fällen der Geruch, der das Koma des Nierenkranken und des Zuckerkranken meist begleitet, momentan die Wahrscheinlichkeitsdiagnose zu stellen. (Natürlich kann ein Nierenkranker und ein Zuckerkranker durch Kohlenoxyd vergiftet werden, und diese sind nach meiner Erfahrung recht empfindlich.) Es weisen aber zum Glück oft äußere Umstände auf die richtige Spur, welche die Diagnose stellen helfen.

Der wesentliche Teil der Differentialdiagnose ist meistens eine richtige Interpretation der Umstände. Im ersten Moment ist der Geruch im Zimmer, Rauch, Leuchtgasgeruch ev. Unwohlsein anderer und die Art desselben, wie Ohrensausen, Brechreiz, Schwächegefühl in den Beinen etc. unter Umständen die Selbstbeobachtung im verdächtigen Milieu, herumstehende Fläschchen etc. von großer Bedeutung. ·Gegenüber Apoplexie kann bei nicht ganz schwer Bewußtlosen die Ungleichheit der Reflexe leitend sein, jedoch natürlich nur bei Abwesenheit aller Symptome, die für Kohlenoxyd sprechen, weil eine ungleiche Affizierung der verschiedenen Gehirnteile durch das Kohlenoxyd ebenfalls beobachtet wird.

Die Differentialdiagnose zwischen Kohlenoxydvergiftung in der Form von Kohlendunst und Rauch, (Verbrennungsgasen) einerseits und Leuchtgas andererseits ist in vielen Fällen recht leicht aus dem Geruch. Es darf aber nicht vergessen werden, daß das Kohlenoxyd des Leuchtgases geruchlos in Wohnräume gelangen kann, wenn es infolge Röhrenbruch in der Straße und Durchfiltrieren des CO durch die Erde in die Häuser tritt, was hauptsächlich im Winter vorkommt.

Das Kohlenoxyd spielt ferner bei den prozentual so sehr zunehmenden plötzlichen verdächtigen Todesfällen alleinstehender Menschen (in Hotel Garnis, aber auch in Familien) eine so große Rolle, daß die Frage nach dem Kohlenoxyd als Todesursache in jedem Fall von Leichenfund in Zimmern ohne äußere Verletzung gestellt werden muß. Auch in großen industriellen Etablissements, bei Heizungen, Hochofen, Gasanstalten spielt das Kohlenoxyd eine immer größere Rolle. Bei der Differentialdiagnose leiten in einzelnen Fällen mehr die äußeren Erscheinungen und Umstände, in anderen Fällen die Symptome am Erkrankten oder an der Leiche.

Es ist nicht zu vergessen, daß das Kohlenoxyd bei vielen Vergiftungen das Entscheidende ist für einen schlimmen Ausgang. Andererseits ist aber zu betonen, daß es in der Praxis kaum eine reine Kohlenoxydvergiftung gibt, und daß die das Kohlenoxyd begleitenden Gase die Symptome außerordentlich stark mitbedingen und modifizieren können.

Verlaufsformen und Nachwirkungen. Die Kohlenoxydvergiftungen verlaufen äußerst ungleich: Die bewußtlos Aufgefundenen können in frischer Luft relativ schnell erwachen. Die Mehrzahl erwacht langsam, es folgt Übelbefinden, Brechen, kleiner Puls, Angstzustände, Schwierigkeiten im Schlucken und sehr häufig Neigung, wieder einzuschlafen. Einzelne dieser Symptome heilen in vielen dieser Fälle erst in Wochen und Monaten vollkommen aus.

Eine weitere Zahl von bewußtlos Aufgefundenen erwacht erst nach mehreren Stunden oder Tagen mit den oben erwähnten Symptomen, während ein relativ großer Prozentsatz nachträglich stirbt.

Dieselben lange andauernden Symptome können sich auch entwickeln bei Vergifteten, die sich selber retten konnten und bei denen keine Bewußtlosigkeit eintrat.

Störungen im peripheren und zentralen Nervensystem. (Mit und ohne Störungen im Gefäßsystem.) Eine für CO charakteristische Nachkrankheit sind sehr schmerzhafte, oft multiple Neuritiden, lange dauernde Interkostalneuralgien, ferner Herpes, Pemphigus, Hautgangrän, seltener sind trophische Störungen, wie lokale Ödeme, Eiterungen, Muskeleinschmelzungen, dagegen relativ häufig sekundäre **Lungenerkrankungen.**

Regelmäßig ist eine psychische Veränderung in den ersten Stunden bis Tagen nach der Vergiftung zu beobachten. In einzelnen seltenen Fällen geht dieser Zustand mit oder ohne Lokalsymptome in einen Zustand schwerer Asthenie über mit Verdauungsstörungen, Sekretionsstörungen (so daß man an einen Addison denkt) ohne die Möglichkeit irgend einer Anstrengung. Sehr häufig besteht Erhöhung der Reflexe, Zittern, starke **Herz- und Vasomotorenerregbarkeit,** auffallende Interesselosigkeit, Gleichgültigkeit bei erhaltenem Urteil. **Sensibilitätsstörungen, Gesichtsfeldeinschränkung** wurden **nicht** beobachtet. Solche Fälle heilen zum Teil in mehreren Monaten, andere blieben jahrelang ohne wesentliche Veränderung.

Das Kohlenoxyd kann alle Arten Psychosen auslösen. Diese treten meist direkt im Anschluß an die Vergiftung auf.

Daß in vielen Fällen die allgemeinen und nervösen Symptome im Verlauf der Krankheit auf sekundäre Zirkulationsstörungen im Liquor, Verwachsungen, serös meningitische Prozesse zurückzuführen sind, ist wahrscheinlich; es sind eine Reihe von Fällen ausgesprochener seröser Menigitis zur Beobachtung gekommen (Weber, Zieler).

Daß Symptomenkomplexe auftreten können, die der multiplen Sklerose entsprechen, ist auch anatomisch verständlich. Der manchmal maskenartige Gesichtsausdruck und die veränderte Mimik würden sich leicht aus Störungen der zentralen Ganglien erklären; viele andere Symptome mehr funktioneller Art erklären sich aus der fast konstant starken Labilität der Gefäße.

Die neueren Untersuchungen durch französische Autoren machen hauptsächlich auf Gefäßläsionen diffuser Art aufmerksam.

Wie aus den anatomischen Befunden (vgl. auch oben) hervorgeht, erfolgen lokale, nekrotische Prozesse im Gehirn (speziell in den zentralen Ganglien) seltener im Rückenmark; häufig finden sich kleinere, mehrfache Blutungen in der Pia.

Bei später Verstorbenen fand man frische Blutungen. Diese Tatsachen erklären zum Teil die schweren und in den Symptomen sehr verschiedenartigen Folgekrankheiten mit Lokalsymptomen und allgemeinen Symptomen von seiten des Nervensystems, der Sinnesorgane, der weniger häufigen von seiten anderer Organe wie des Herzens. Solche Blutungen sind im Laufe des ersten Monats auch bei weniger schwer Vergifteten und bei Kranken, die sich ziemlich erholt hatten, aufgetreten (Tod oder Lähmungen, Taubheit etc., Sehnervenatrophie), selten sekundäre Verblödungsprozesse.

Versuch einer schematischen Übersicht der **Verlaufsformen** der CO-Nachkrankheiten des Nervensystems (nach physikalisch-chemischen Grundlagen und funktionellen Störungen).

Physikalisch-chemisch	Anatomische (Blutung, Nekrosen infolge Gefäßläsionen)		Vorwiegend **funktionelle** Störungen		
Fixierung des Hämoglobins in Blutkörperchen, Muskulatur, Herz	primär	sekundär (durch Vermittlung der Gefäße, oder durch Blutungen)	vasomot.	neurot.	psychisch
ebenso event. wahrscheinlich Gehirn - Mechanismus unbekannt	Blutungen diffuser Zelltod (zentr. Ganglien etc.)	Ernährungsstörungen (CO-Blut durch Blutungen) sekundäre Blutungen und sekundäre Nekrosen	Konstriktion der Gefäße (Schmerzhaftigkeit der Kopfgefäße)	I. primär toxisch	Amnesie verminderte Merkfähigkeit selten Katatonische, Zustände, Verwirrung
wahrscheinlich gehören auch die akuten und sekundären Gefäßläsionen zum Teil hierher	Resorption der Blutungen, Nekrosen mit Narbenbildung primäre lokale Reizung sekundäre (Verwachsungen) Zirkulationsstörungen im Liquor und im Blut (Störungen der Liquorsekretion, Plastische Form der Meningitis serosa)		Reizbarkeit Neigung zur Kontraktion	II. sekundär a) parallele Zirkulationsstörungen b) periphere Folgezustände zentraler Störungen — zentraler Reize — (kombiniert mit den Folgen d. Lokal-Wirkung des Giftes)	Mangel an Impuls bis zur ausgesprochensten Asthenie

Sekundäre Lungenerkrankungen nach Kohlenoxydvergiftungen sind sehr häufig: Einmal natürlich infolge von Aspiration, dann aber auch infolge von Blutungen und wahrscheinlich als Folge der Gefäßläsionen.

(Auch bei Tieren findet man sekundäre entzündliche und gangränöse Prozesse sehr häufig als Nachkrankheit von akuter Kohlenoxydvergiftung.)

Diese schweren Nachkrankheiten haben für die medizinisch-rechtliche Beurteilung der Fälle und damit in bezug auf unfallrechtliche Fragen große Bedeutung: Einmal, weil die Vergiftungsmöglichkeit, wenn sie nicht sofort bewiesen worden ist, später regelmäßig bestritten wird, zweitens, weil der Verlauf der Krankheit sehr häufig Ähnlichkeit mit anderen Erkrankungsprozessen hat, und weil diese Krankheiten viel zu wenig bekannt sind; drittens sind die Angaben des Vergifteten infolge der Amnesie unbestimmt und die psychischen Fähigkeiten und die Initiative z. B. zur Klageerhebung, Anmeldung des Unfalles reduziert (vgl. Obergutachten Lewin und analoge eigene Erfahrungen Hauser Diss. Zürich 1915).

Therapie. Die erste Hilfe ist Entfernen aus dem kohlenoxydhaltigen Raum, oder mindestens Zufuhr frischer Luft. Da die Bindung des Kohlenoxydes mit dem Hämoglobin keine sehr feste ist (Nicloux), kann durch Überschuß von Sauerstoff das Kohlenoxyd aus dem Blute ausgetrieben werden.

Aus diesen Gründen ist die Anwendung von Sauerstoff, ev. unter Zuhilfenahme künstlicher Atmung eine wertvolle Kausaltherapie. (5—10 Minuten Sauerstoffinhalation in Pause von ca. 10 Minuten, einige Stunden wiederholt.)

Bei denjenigen Kranken, die spontan atmen, ist das Einlegen eines Röhrchens in den Mund, durch welches Sauerstoff aus der Bombe eingeführt wird, das Einfachste: Durch den Überdruck wird der Mund mit Sauerstoff gefüllt und in der Ausatmungspause auch die Nasenräume. Masken zur künstlichen Atmung durch Druckvariation sind ja meist nicht schnell zugänglich.

Wenn keine Aufregungszustände bestehen, dagegen Neigung zu Somnolenz, sind Injektionen von Kampfer, Coffein in Intervallen von einigen Stunden angezeigt, zumal das Schlucken wegen Verschlucken sehr häufig gefährlich ist. Neben diesen mehr spezifischen Anwendungen ist natürlich eine symptomatische Behandlung der Einzelsymptome am Platz.

Eine Hauptpflicht des Arztes ist, das Pflegepersonal darauf aufmerksam zu machen, daß die Kohlenoxyd-Vergifteten noch lange zeitweise ausgesprochene Schwächezustände in den Beinen haben und nicht selten bei Gehversuchen hinstürzen, so daß man sie die ersten Tage immer begleiten resp. stützen sollte. Vorsicht ist geboten beim Erbrechen, bei der Nahrungsaufnahme, da die Kranken, auch wenn sie bewußt scheinen, sich leicht verschlucken. Am meisten Aufmerksamkeit braucht in den ersten Tagen und Stunden Herz und Lunge, da der Puls oft langsam, oft aber schnell ist, regelmäßig klein. Tee, Kaffee, ev. Aderlaß. Alkohol wirkt schlecht und verzögert sicher das volle Erwachen, ebenso soll nicht unerwähnt bleiben, daß bei nachfolgenden Aufregungszuständen oder Schlaflosigkeit, die gar nicht selten sind, die gewöhnlichen Narkotika unangenehme Nebenwirkungen zeigen. Tinct. Val. 30—40 Tropfen wirken meist bedeutend besser. Kalte Abwaschungen, Milieu- und Klimawechsel.

Die Behandlung der Nachkrankheiten richtet sich im wesentlichen nach den Symptomen. Es scheint, daß Herz und Gefäßsystem eine spezielle Aufmerksamkeit verdienen.

Kombinierte Vergiftungen von CO mit anderen giftigen Stoffen. Gerade im Anschluß an die CO-Vergiftungen möchte ich eine mir sehr wichtig erscheinende allgemeine Erfahrung erwähnen: Daß die Ärzte im allgemeinen viel zu wenig daran denken, daß das CO selten allein einwirkt, noch viel häufiger wird übersehen, daß CO als geruchloser und unbemerkbarer Begleiter anderer Gifte auftritt, z. B. kann man sehr oft beobachten, daß ein riechendes oder stinkendes Material als Gift beschuldigt wird (Benzin, Gasolin, Teergeruch etc.) und die Ärzte geben ihre Meinung und Gutachten über diese ihnen genannten gewerblichen Gifte ab. Untersucht man die Sache genauer, so steckt hinter allem zur Hauptsache CO und das die verdächtigen Gerüche verbreitende Material war nur ein Indikator, z. B. einer Betriebsstörung. So erlebt man Fälle, in denen von einer Reihe von Ärzten auf „Benzinvergiftung" untersucht wurde und niemand dachte auch nur daran, selbst bei recht typischen Symptomen, daß bei einer Beschäftigung, bei welcher Benzin verbrannt wird (Luftgas oder Heizung für Glätteofen z. B.) auch Verbrennungsprodukte in Frage kommen. Wenn Chauffeure beim Ausprobieren von Motoren in geschlossenen Räumen sterben, lautet das Zeugnis auf „Tod durch Benzinvergiftung", sogar bei der durchsichtigen Situation vergißt man, daß die Explosionsgase, besonders bei schlechter Explosion, große Mengen CO enthalten, (enge, geschlossene Räume).

Diese Situationen wiederholen sich bei schlecht brennenden Lampen (Gasolinlampe, Lewin, Puppe).

Bei Zelluloidbränden und Katastrophen beachtet man zwar die reizenden Nitrosegase, übersieht leicht die große Mengen Kohlenoxyd, und das Cyan hat man lange ganz unbeachtet gelassen.

Eigentliche kombinierte Vergiftungen von Kohlenoxyd mit anderen gasförmigen Giften: Im Rauch und Kohlendunst haben wir vor allem CO_2, im Leuchtgas Methan, Wasserstoff, aber auch hie und da Schwefelwasserstoff, seltener Spuren von Arsenwasserstoff, Phosphorwasserstoff und Cyan. Die Hochofengase enthalten neben CO, CO_2 auch SO_2, seltener Cyanverbindungen. Die Explosionsgase, nach Sprengungen, bestehen aus 30 bis 50% CO, daneben enthalten sie N, CO_2, manchmal Cyan, bei schlechten Schüssen NO_2, N_2O_4, ferner durch verdampftes Nitroglyzerin Nitrite. Es ist also nicht zu verwundern, wenn das Krankheitsbild, trotzdem CO das Hauptgift ist, variiert.

Daß CO beim Gießen, z. B. von Legierungen aus Blei, Antimon, Zink usw. eine ev. chronische Vergiftung durch diese Metalle modifiziert, ist selbstverständlich. Gerade so wie chronischer Alkoholismus die Giftempfindlichkeit erhöht und die Krankheitsformen beeinflußt.

Die Frage nach der **Verteilung des Kohlenoxydes in Räumen** kann meist nur durch die Mitarbeit des Arztes erfolgen.

Sehr häufig erfolgen Vergiftungen in Räumen, in welchen sich mehrere Personen und Tiere befinden (Tod von Zola), hauptsächlich bei Vergiftungen ganzer Familien. Falls einzelne getötet werden und andere überleben, ist die Frage nach der Ursache gegeben, ev. sehr wichtig bei Verdacht auf Mord, zumal durch die Amnesie und den rauschartigen Zustand der Überlebenden, der Verdacht der Laien geweckt wird. Eine sofortige Untersuchung des Blutes des Verdächtigen gestattet eine sichere naturwissenschaftliche Entscheidung der Frage, währenddem der Kohlenoxydnachweis, wenn ihn nicht der erste Arzt sofort anordnet, schon nach wenigen Stunden unmöglich sein kann.

In solchen Situationen drängt sich die Frage der Verteilung des Kohlenoxydes im Raum auf.

Diese ist manchmal eine recht komplizierte. An kalten Stellen sinkt das vorher erwärmte Gas zu Boden und trifft so leicht Menschen, die in der Nähe von kalten Wänden oder Fenstern schlafen, manchmal reichlicher als solche, die im selben Zimmer aber an anderer Stelle waren.

Die Rekonstruktion der Verteilung kann man ev. mit Rauch versuchen, hauptsächlich auch, wenn man Undichtigkeiten in den Kaminen erwartet, z. B. Verbrennen von Lumpen bei zugedecktem Kamin.

In vielen Fällen sind meteorologische Verhältnisse entscheidend (starker plötzlicher Temperaturumschlag, Föhn), derart, daß Kohlenoxydaustritt nur unter diesen Bedingungen möglich war, so daß man gut tut, diese Verhältnisse immer zu berücksichtigen. Überhaupt muß z. B. bei Fund von Bewußtlosen oder Leichen im Zimmer, wenn die Verhältnisse nicht sofort klar sind, an Kohlenoxyd gedacht werden, einmal natürlich, weil die Feststellung der Diagnose die Therapie in ganz bestimmter Weise leitet, und andererseits, weil die Sicherheit des Nachweises von Kohlenoxyd sehr bald immer kleiner wird, denn das flüchtige Kohlenoxyd und die dasselbe begleitenden Gerüche schwinden und ferner ev. vorhandene Ofenfeuer (verschlossene Klappen) gehen aus etc. oder es droht weitere CO-Gefahr — und ohne Entdeckung der Ursache besteht die Gefahr weiter.

Vermeidung der Kohlenoxydgefahr resp. weiterer Vergiftungen. Die Untersuchung auf Anwesenheit von Kohlenoxyd ist auch Pflicht des Arztes, weil weitere Unglücksfälle vermieden werden können (in Essegg wurden sukzessive sechs Personen im gleichen Haus tödlich vergiftet, in welches Gas aus einer gebrochenen Röhre der städtischen Gasleitung gelangte. In einer Fabrik wurde erst bei der 36. Gasvergiftung die Quelle in einer Undichtigkeit der Wassergasleitung gefunden).

Eine bestehende Kohlenoxydgefahr festzustellen ist natürlich auch eine medizinische Aufgabe nach Explosionen und besonders bei schlagenden Wettern zum Schutze der Rettungsmannschaft.

Die momentan bestehende Anwesenheit von unmittelbar gefährlichen Konzentrationen kann durch kleine Tiere und Vögel nachgewiesen werden (vgl. ferner Nachweis des CO S. 634). Unter gewöhnlichen Verhältnissen in Wohnhäusern, wo die wahrscheinliche Ursache in einer Heizung, resp. Kamindefekten liegt, sind speziell technische Untersuchungen notwendig, zu denen aber der Arzt raten muß.

Die Feststellung des Vorhandenseins und der Quelle des Kohlenoxydes gehört zu einer vollständigen Kohlenoxyddiagnose mindestens so sehr, wie etwa die Feststellung eines bestimmten Bakteriums bei Infektionskrankheiten. Sie ist für die Behandlung in vielen Fällen nicht absolut notwendig, sie wird es aber immer mehr, sobald sich an die Quelle des Kohlenoxydes rechtliche Folgen der Vergiftung knüpfen (Haftpflichtgesetze und Unfallversicherung etc.). Die Erfahrung lehrt auch, daß die Techniker der Variation der Umstände meist viel zu wenig Rechnung tragen, daß sie geneigt sind, die Möglichkeit einer Kohlenoxydvergiftung in Abrede zu stellen, wenn nicht der Mediziner mit aller Sicherheit die Kohlenoxydvergiftung behauptet und die Umstände mitanalysiert. Die Konstatierung einer Kohlenoxydvergiftung beweist, daß der Raum, in welchem die Kohlenoxydvergiftung erfolgte, entweder mit einer Feuerung in Verbindung steht, die manchmal recht kompliziert und recht wenig offensichtlich sein kann, oder aber mit einer (Leucht-)gasleitung in direkter Verbindung steht. Es gelingt aber in den allermeisten Fällen den Weg festzulegen und damit weitere Vergiftungen zu vermeiden. Die anderen Kohlenoxydvergiftungen nach Explosionen von Gasgemischen, schlagenden Wettern, Sprengstoffen etc. sind in bezug auf die Analyse der Umstände einfacher. Bei Sprengstoffexplosionen, Zelluloidbränden darf jedoch nicht vergessen werden, daß speziell gleichzeitig mit CO nitrose Gase (siehe dort) mit dem Kohlenoxyd zusammen entstehen und andere Symptome (Lungenödem) erzeugen können.

Die Vergiftungen durch chronische Kohlenoxydwirkungen.

Es ist gewiß von vornherein wahrscheinlich, daß das Kohlenoxyd in geringen
Konzentrationen heute verbreiteter ist, als zu irgend einer Zeit (schon nach den
Untersuchungen über die Atmosphäre der Städte). Die zu eigentlichen Krankheitssymptomen führenden Konzentrationen finden sich aber meist nur in
Räumen, in welchen Kohlenoxyd ständig in kleiner Menge produziert wird,
also einmal, wo irgendwie schlechtziehende Kamine oder offenes Kohlenfeuer
im Gebrauch sind (Glätterei, Hutformfabrikationen, Papierhülsenfabriken), aber
selbstredend kann z. B. in jedem Zimmer, in welchem Gas vorhanden ist oder
oft gebrannt wird, Kohlenoxyd in geringen Konzentrationen auftreten.

Die neueren Untersuchungen (speziell französischer Autoren) ergeben in
bestimmtem Milieu schwere Gesundheitsstörungen, die an chronische CO-Wir-
kungen, speziell in Betrieben, gebunden erscheinen.

Die Symptome der chronischen Einwirkungen sind außerordentlich verschieden, hauptsächlich treten Kopfschmerzen und eine Reihe nervöser
Symptome in den Vordergrund, wie Herzklopfen, Beklemmungen, klappende
Herztöne, Pendelschlag, schlechter Schlaf, Mangel an Energie, rigide Gefäße,
in schwereren Fällen Sprachstörungen, sogar Störungen der Pupillen, Gedächtnisstörungen so daß das Bild, wenn auch sehr selten, der Paralyse gleicht. Sehr
häufig sind diese allgemeinen Erscheinungen begleitet von Appetitlosigkeit,
Magenbeschwerden und Anämie   Es scheint, daß dieser Symptomenkomplex
hauptsächlich auch bei jugendlichen Arbeiterinnen beobachtet werden kann.
Es ist speziell dann Pflicht, an Kohlenoxyd zu denken, wenn mehrere Individuen in einem Betrieb in kürzeren Intervallen an diesen Symptomen erkranken,
und wenn die Symptome Sonntags oder bei warmem Wetter und offenen
Fenstern bedeutend geringer sind oder fehlen.

Befunde an der Leiche. Bei Leuchtgasvergiftungen und bei Kohlenoxydvergiftungen ohne große Mengen von Kohlensäure fällt eine ausgesprochene
rötliche Färbung der Totenflecken auf, weniger der Lippen und Schleimhäute.
Die Muskulatur hat die Farbe von gebrannten roten Ziegelsteinen, das Blut ist
zur Hauptsache flüssig, die Gehirngefäße von Blut strotzend. Im Blut kann
Kohlenoxyd bei tödlichem Ausgang im Hämoglobin nachgewiesen werden, das
meist über 50% mit Kohlenoxyd gesättigt ist, doch verflüchtigt sich das
Kohlenoxyd oder verschwindet auch in der Leiche zur Hauptsache in wenigen
Tagen, manchmal, wenn auch selten, ist Kohlenoxyd merkwürdigerweise in
wenigen Stunden schon nicht mehr spektroskopisch nachweisbar.

Die Kohlenoxydvergiftung kann aber auch bei der Sektion mit anderen Dingen
verwechselt werden. Die Kasuistik beweist das. Es ist den wenigsten Ärzten be-
wusst, daß auch Vergiftungen bekannt sind, die eine auffällige Hellrotfärbung des
Blutes bedingen, und die auch sehr rasch verlaufen, z. B. Benzolvergiftung, seltener
Cyanvergiftung. Ferner ist die Tatsache viel zu wenig bekannt, daß die sonst anfangs
blauen Totenflecken bei in der Kälte aufbewahrten Leichen ohne CO auffällig hellrot
werden können.

Umgekehrt finden sich bei Sektionen oder bei Leichen, wo die Todesursache zweifellos Kohlenoxyd ist, oft einige sehr auffällige Sektionsbefunde, die ohne genaue Kenntnis
der Kohlenoxydvergiftung ganz anders gedeutet werden, zumal die praktischen Ärzte im
allgemeinen gar keine Sektionen von Kohlenoxydfällen machen können, weil diese Fälle
entweder meist rätselhaft sind, oder Schuldfragen, Versicherungsfragen involvieren oder
ganz klar scheinen und an die Amtsärzte übergehen.

Es treten nicht selten Blutungen im Darm auf, die der nicht genügend Erfahrene
auf eine Lokalwirkung eines Giftes bezieht. Als ein solches Gift wird dann meistens
ein Ätzmittel oder Arsenik angenommen, welche im Verdauungskanal Blutungen provozieren. Die Annahme des Genusses eines solchen Mittels führt also auf falsche Spur. Ein
weiterer Befund, der relativ häufig erhoben wird, ist das Vorhandensein von Zucker

und Spuren von Eiweiß im Harn. Da man bei der Sektion von Kohlenoxydtodesfällen, zumal wenn gleichzeitig viel Kohlensäure in der betreffenden Luft vorhanden war, oder wenn die Vergiftung sehr akut verlief, die allgemein bekannte rote Färbung des Blutes nicht findet, ist für den sezierenden Arzt eine falsche Deutung naheliegend, wenn er Zucker und Eiweiß im Harn der Harnblase findet. Die übrigen Befunde sind nicht typisch oder ganz inkonstant.

Der Nachweis des Kohlenoxydes. Das Kohlenoxyd muß im Gegensatz zu vielen andern Giften vom medizinischen Praktiker sehr häufig nachgewiesen werden und zwar aus folgenden Gründen:

Erstens ist das Kohlenoxyd im Blut von Überlebenden nur kurze Zeit nachzuweisen. Ferner wird in der Leiche speziell der spektroskopische Nachweis durch die spätere Entstehung von Methämoglobin sehr erschwert.

Zweitens ist der beigezogene Arzt bei Unglücksfällen durch Kohlenoxyd oder bei auf Kohlenoxyd irgendwie verdächtigem Milieu oft der einzige, der einen bestimmten Verdacht auf Kohlenoxyd resp. eine noch bestehende Gefahr durch Kohlenoxyd voraussehen kann (bei Bränden und Explosionen). Die Feststellung der Art dieser Gefahr in möglichst kurzer Zeit ist die Voraussetzung der Rettungsarbeiten; denn bei bestehender Kohlenoxydgefahr erliegen die Rettungsmannschaften dem Gift, wenn kein Schutz vorgesehen wird. Umgekehrt sind Rettungen vielleicht möglich, weil kein oder nur sehr wenig Kohlenoxyd vorhanden ist. Die Diagnose, daß Kohlenoxyd in der Luft eines Milieus vorhanden ist, ist vielleicht die praktisch wichtigste und wird am besten dadurch erreicht, daß man kleine Tiere, wie Mäuse, kleine Vögel, in das Milieu bringt: Wenn diese kleinen Tiere nicht in kurzer Zeit Bewegungsstörungen und Bewußtseinsstörungen zeigen, ist im Moment eine größere Gefahr für den Menschen nicht vorhanden.

Ein schneller Nachweis des Kohlenoxydes ohne Tiere kann in folgender Weise vorgenommen werden. Man bringt Blut (mit Wasser ca. 10 fach verdünnt) von irgend einem Tier in eine geschlossene Flasche und steckt zwei Glasröhren durch den Stopfen, das eine Rohr bis fast an den Boden reichend. Bei dieser Einrichtung kann man dann durch die andere Röhre Luft durch das Blut aspirieren in beliebig großer Menge. Zu quantitativen Untersuchungen verbindet man das Aspirationsrohr mit einer analogen Flasche, die mit Wasser gefüllt ist und läßt das Wasser ausfließen, welches dann Luft in die Flasche nachzieht im gleichen Mengenverhältnis wie es ausfließt. Fehlen Einrichtungen, so kann man auch so vorgehen, daß man eine mit Wasser gefüllte Flasche an der verdächtigen Stelle ausgießt, dadurch wird Luft von dieser Stelle in die Flasche eingesogen; man macht an dieser Stelle die nun mit Luft gefüllte Flasche zu und gibt dann irgendwo, z. B. zu Hause, eine geringe Menge Blut zu, das man mit Wasser verdünnen kann und schüttelt diese Luft mit dem Blut durch, welches das Kohlenoxyd absorbiert. Doch ist diese Methode praktisch nur bei relativ großen Mengen von Kohlenoxyd anwendbar und dadurch wird das Auffangen des Gases an solchen Stellen, wie ich aus eigener Erfahrung weiß, gefährlich: bei geringen, aber noch gefährlichen Mengen kann die Probe negativ sein.

Untersuchung des Blutes auf Kohlenoxyd: Frisches Blut zeigt mit Luft durchgeschüttelt in bestimmten Konzentrationen (Wasserzusatz bis zur Farbe des Rotweins) auch mit den einfachsten Spektroskopen zwei deutlich getrennte Absorptionsstreifen im Spektrum, die in der Gegend rotgelb und grün liegen. Frisches Blut bekommt bei Zusatz z. B. von frischem Schwefelammonium im Verlauf weniger Minuten (dieses Experiment kann man direkt am Spektralapparat durchführen) statt zwei nur noch einen breiten queren Streifen, der etwas weniger dunkel ist als die beiden Streifen des frischen unbehandelten Blutes, und der fast die ganze Breite der beiden ersten Streifen umfaßt. (Umwandlung des Oxyhämoglobins in reduziertem Hämoglobin). Ist dagegen in diesem Blute Kohlenoxyd vorhanden, so verschwinden die beiden Streifen des frischen Blutes nicht oder mindestens nicht vollständig. (Eine leichte Verschiebung resp. Verschmälerung auf der Rotseite kann mit den gewöhnlichen in der Praxis zugänglichen Spektroskopen nicht festgestellt werden.) Es entsteht eine leichte Verdunklung zwischen den beiden Streifen, die beiden Streifen selbst werden etwas schmäler und weniger dunkel. Es haben sich durch das Schwefelammonium zwei Spektren ausgebildet, das eine ist das Spektrum, des reduzierten Hämoglobins, das die Mitte zwischen den dunkeln Streifen im Gelb etwas verdunkelt und zwei dunkle schmälere Streifen, die durch das Oxyhämoglobin zugedeckt waren, diese beiden bleibenden schmäleren Streifen zeigen das nicht reduzierbare Kohlenoxyd-Hämoglobin an. Sie treten natürlich um so stärker hervor, je mehr Prozent des Gesamt-Hämoglobins mit Kohlenoxyd gesättigt waren; je größer die Sättigung mit Kohlenoxyd, desto weniger reduzierbares Hämoglobin entsteht, desto weniger verdunkelt sich die Verbindungsstrecke der beiden Kohlenoxyd-Hämoglobinstreifen im Gelb durch reduziertes Hämoglobin. Alle diese spektroskopischen Befunde können nur bei frischem Blut erhoben werden. Denn faulendes Blut läßt ebenfalls Streifen, von schwarzen Absorptionen in der Gegend von Gelb und Grün auftreten, die auf Schwefel-Ammoniumzusätze nicht verschwinden. Auf die Verteilung der drei Streifen des

Methämoglobins auf die verschiedenen Wellenlängen, deren Breite und den Verlauf der Absorptionskurve wird hier, da für die praktischen Verhältnisse das Angegebene fast immer ausreicht und die komplizierten Mittel nicht zur Verfügung stehen (wie die ultravioletten Absorptionen) nicht eingegangen.

Die Anwesenheit von Kohlenoxyd in einem Blut verrät sich durch andere, hauptsächlich physikalische Eigenschaften des Blutes. Das Blut ist hellrot, ziegelrot, hellkirschrot. Diese Farbe verrät sich weniger an der hell-rosa Hautfarbe, Farbe der Lippen, als an den Totenflecken; besonders auffällig ist sie bei Verteilung des Blutes in dünne Schichten, auf der weißen Haut, auf Porzellan und kommt vor allem zur Geltung nach Koagulierung und Fällung des Hämoglobins. Darauf beruhen die Fällungsmethoden von Kunkel, bezw. Wachholz u. A.

Kohlenoxydhaltiges Blut ergibt, je nach der Konzentration des Kohlenoxydes einen mehr oder weniger roten Niederschlag mit 1%iger Tanninlösung. Der rötliche Ton des Niederschlages kommt noch zur Geltung, wenn etwa 10 bis 15% des Hämoglobins mit Kohlenoxyd gesättigt sind. Kohlenoxydfreies Blut gibt einen grauen Ton, ohne Spur von rot, wenn etwa drei Teile 1%ige Tanninlösung auf einen Teil verdünntes Blut verwendet wird. Etwas empfind-licher ist die Probe von Wachholz: Es werden 2 ccm Blut auf 10 ccm Wasser verdünnt, dazu gießt man 20%ige Ferricyankalilösung. Es werden zwei solche Proben gemacht, von denen die eine sofort verschlossen wird, nach 10 Minuten werden einige Tropfen Schwefelammonium zugesetzt und geschüttelt und zu der Masse 10% Tanninlösung zugesetzt. Die zweite Probe wird in offenen Schalen gerührt oder umgegossen (das Kohlenoxyd entweicht), dann wird dieselbe Menge Tanninlösung zugesetzt, und es entsteht bei kohlen-oxydhaltigem Blut ein Niederschlag, der in der Probe 1 rötlich, in der Probe 2 grau ist.

Der Nachweis mit chemischen Reagentien, quantitative Methoden. Für die Praxis kommen diese Methoden weniger in Betracht. In der Luft kann das CO quantitativ absorbiert werden durch ammoniakalisches Kupferchlorür oder man bestimmt es, indem man $0,5\%$ neutrale Palladium-Chlorürlösung reduzieren läßt.

Im Blut: z. B. indem man Luft zuerst durch eine Lösung von Palladium-Chlorür von CO befreit. Diese gereinigte Luft treibt man ca. 1 Stunde lang durch das mit destilliertem Wasser verdünnte, auf ca. $60-70^{\circ}$ erwärmte Blut (Wasserbad), dann durch eine Bleiacetat- und eine verdünnte Schwefelsäurelösung, dann durch destilliertes Wasser und durch eine titrierte Palladiumchlorürlösung.

Der schwarze Niederschlag wird auf gehärteten Filtern abfiltriert, mit stark ver-dünnter Salzsäure nachgewaschen bis im Filtrat keine Färbung mit Jodkali mehr ein-tritt; der Niederschlag in Königswasser gelöst, bis zur Eintrocknung eingedämpft, dann mit heißem destilliertem Wasser ausgezogen und heiß mit titrierter Jodkalilösung titriert (nach Fodor 1,486 g JK pro Liter, davon entspricht 1 ccm 0,1 CO).

Acetylen und ähnliche ungesättigte Körper schwärzen ebenfalls Palladiumchlorür.

Direkte Isolierung des CO: Ausziehen im Vakuum, Absorption durch ammoniaka-lische Kupferchlorürlösung, aus der man das CO unter Ansäuerung und Erwärmung aus-zieht (Absorption von CO_2 in Barytwasser, Sauerstoff durch ammoniakalische Pyrogallol-lösung). Das CO kann man volumetrisch messen und durch die blaue Verbrennungs-flamme charakterisieren.

c) Phosgen. $(COCl_2)$.

Bei der Darstellung besteht CO-Gefahr, da es aus $CO + Cl_2$ gebildet wird.

Bei der Zersetzung in Anwesenheit von Wasser entsteht $HCl + CO_2$ (es zersetzt sich langsam bei gewöhnlicher Temperatur). Da es flüchtig ist und starkt reizt, er-folgen die Vergiftungen meist nur bei Massenaustritten. Durch Bruch der Leitungen, hauptsächlich auch Bruch der Bomben, in denen es verschickt wird.

Symptome und Diagnose. Es erzeugt akute Reizung der gesamten Atemschleim-haut mit schnell folgender ödematöser Schwellung, Entzündung, Schleimhautblutungen infolge der Ätzwirkung (durch die nitrosen Gase resp. Salzsäure). Die Wirkung ist jedoch viel bösartiger als bei Chlor allein; es treten nach neuesten Untersuchungen (Staehelin) vor allem Thrombosen in den verschiedensten Organen auf. Gefährlicher noch ist Cyanphosgen $CO(CN)_2$, ebenfalls schwer durch Masken zu absorbieren; (eine spezielle Verfärbung der Atmungsöffnungen ist nicht zu beobachten, im Gegensatz zu der Gelbfärbung durch die analog wirkenden häufigen nitrösen Gase resp. Salpetersäuredämpfe).

Therapie: Wie Nitrosegase.

Prognose: Ungünstig. Der Tod ist häufig; bei Überlebenden folgen oft Nachkrankheiten von seiten der Lungen.

d) Das Nickelkarbonyl. $Ni(CO)_4$.

Nickelkarbonyl besteht aus Nickel und Kohlenoxyd. Es ist eine sehr flüchtige Flüssigkeit, die nach dem Verfahren von Mond bei der Extraktion des Nickels entsteht. Die Wirkung und Nachwirkung ist im wesentlichen bedingt durch das daraus entstehende Kohlenoxyd (vgl. S. 622).

e) Die nitrosen Gase.

Unter diesem Namen versteht man das Stickoxyd NO und das durch den Luftsauerstoff daraus entstehende Stickstoffdioxyd NO_2 bzw. N_2O_4 [1]).

Die gesamten Oxyde des Stickstoffes kommen in der rauchenden Salpetersäure vor und bewirken Vergiftungen beim zufälligen Verschütten derselben, beim Bruch von Behältern, Leitungen etc.

Viel intensiver ist ihre Entwicklung, wenn konzentrierte Salpetersäure mit Metallen wie Kupfer, mit organischen Stoffen wie Holz, Stroh etc. in Berührung kommt, was bei Beschädigungen von Salpetersäureflaschen auf dem Transport etc. leicht eintritt.

Als Zwischenprodukte und auch als Abgase kommen sie bei allen Prozessen in Betracht, die zur Salpetersäure führen, oder bei denen Salpetersäure, Nitrate und Nitrite angewendet werden, so bei der Salpetersäuredarstellung aus Salpeter, bei der elektrischen Luftoxydation zu Salpetersäure, beim Schwefelsäureprozeß nach dem Kammerverfahren, bei allen Nitrierungen, insbesondere dann, wenn infolge schlechter Reaktionsführung die Reaktion zu heftig wird, oder sich sogar die Masse entzündet (Nitrobenzol, Nitrophenole, Pikrinsäure, Nitrokörper der Sprengstoffindustrie, Nitroglyzerine, Nitrozellulose etc.).

Während die beschriebenen Bildungsweisen der nitrosen Gase hauptsächlich in chemischen Betrieben lokalisiert sind, wo deren Gefährlichkeit bekannt ist, ist die Entwicklung nitroser Gase bei der Einwirkung von Salpetersäure auf Metalle infolge der vielfachen Anwendung der Salpetersäure zum Metallreinigen und zum Metallätzen in einer Unzahl großer und kleiner Betriebe verbreitet. Abgesehen von der Metallscheidung (Silber von Gold) und der Metallätzerei kommt hier hauptsächlich das sogenannte Gelbbrennen in Betracht.

Unter Gelbbrennen versteht man die Reinigung hauptsächlich von Messingbestandteilen durch kurzes Eintauchen in eine Mischung von rauchender Salpetersäure, Schwefelsäure, meist mit Zusatz von Kochsalz und Kienruß. Bei der Reaktion dieses Gemisches mit Metallbestandteilen werden dicke rostbraune Dämpfe frei (Stickoxyde, auch Unterchlorigsäure etc.), die sich der Atmungsluft beimengen, wenn diese Dämpfe nicht mit starkem Luftzug direkt abgesogen werden. Die Erfahrung zeigt, daß diese einfache Poliermethode neuerdings auch in ganz kleinen Betrieben und in den primitivsten Einrichtungen ausgeführt wird; da die Dämpfe die Maschinen angreifen, wird meistens ein kleiner Raum zur Aufstellung der Säuretöpfe verwendet (Abtritt, kleiner Verschlag, oft ohne jede Ventilation; diese Räume werden meistens bei schlechtem Wetter und im Winter verwendet, im Sommer wird die Arbeit im Freien ausgeführt). Gewöhnlich müssen die Einzelarbeiter ihre Stücke selbst gelbbrennen, so daß sie höchstens einige Minuten in diesen Räumen sich aufhalten und deshalb keine akuten Schädigungen erleiden. Bei Zunahme der Arbeit wird oft ein etwas indolenter Arbeiter als Gelbbrenner bestimmt, ohne daß die Einrichtungen verbessert werden, der dann stundenlang den Dämpfen ausgesetzt ist. Wir sahen in wenig Wochen drei auf diese Weise zustande gekommene tödliche Vergiftungen. Weder die Arbeiter, noch die Betriebsleiter wußten, daß diese Gase nicht bloß widerwärtig und zum Husten reizend, sondern giftig sind. Ein Fall wurde von mehreren Ärzten, und zwar ohne jeden positiven Anhaltspunkt, als Kohlenoxydvergiftung angesprochen und damit eine nicht im Betriebe zugezogene Vergiftung, das heißt, kein entschädigungsberechtigter Betriebs-Unfall angenommen.

Die nitrosen Gase werden ausnahmslos durch die Luft aufgenommen und wirken in erster Linie ätzend auf die Nasen-, Rachen-, Luftröhren- und Lungenschleimhäute. Zuerst

---

[1]) N_2O. Stickoxydul, Lachgas hat stark narkotische Wirkungen, keine lokalen Reizwirkungen.

tritt ein zusammenziehendes Gefühl ein, schon bei geringen Konzentrationen mit Husten-
anfall, nachher folgt sehr häufig eine Zeit der relativen Unempfindlichkeit, selbst wenn
die Konzentration der Gase sukzessive steigt. Es wurden uns Fälle bekannt, wo viele
Stunden nach der Arbeit erst die schweren Symptome von seiten der Lunge aufgetreten
sind. In anderen Fällen, bei großen Konzentrationen, kann wenige Minuten nach dem
Einatmen schon Bluthusten und bald die Zeichen von Lungenödem eintreten. Bei geringen Konzentrationen und längerer Einwirkung wurde das Auftreten von Schwächegefühl, Atemnot, Auswurf von blutigen, schleimigen Massen nach 2 bis 12 Stunden beobachtet. Selten treten die schweren Symptome erst nach längerer Zeit auf. Die
Wirkung auf die Schleimhäute ist bedingt einerseits durch eine Zersetzung der Stickoxyde, andererseits wahrscheinlich durch eine verflüssigende Wirkung der Nitrate und
Nitrite auf die kolloiden Zellbestandteile. Weiter ist zu beachten, daß ein Stickoxyd
(das Lachgas) ganz ausgesprochen narkotische Eigenschaften hat, so daß wir die sicher
nachgewiesene Verminderung der Empfindlichkeit auf eine Nervenwirkung der Stickoxyde
zurückführen können.

Symptome. Die Reaktionen des menschlichen Körpers auf die
Nitrosegase bestehen erstens aus der anfänglichen starken Reizwirkung auf
die Respirationsschleimhäute, Hustenreiz etc., dann folgt wahrscheinlich auch
eine Wirkung auf das Nervensystem. Bei plötzlicher Einwirkung von Nitrosegasen tritt regelmäßig starker, unüberwindlicher Hustenreiz auf (bei bestimmten Menschen kann man eine außerordentlich starke Empfindlichkeit
gegen diese Gase wahrnehmen). Nach einiger Zeit tritt eine Art Entspannung
ein, die Menschen husten nicht mehr, aber sie sehen blaß aus und scheinen
etwas indolent. Das Befinden ist etwas gestört, aber nicht sehr ausgesprochen.

Wenn nur wenig Nitrosegase geatmet worden sind, der Betreffende das
Lokal verläßt, in die frische Luft geht, so bleiben oft einige Stunden nur
leichter Hustenreiz und Spuren von Auswurf, die Erholung ist vollständig.
In anderen Fällen, besonders bei Arbeitern, die frisch in eine Atmosphäre mit
reichlichen Nitrosegasen kommen, die sich längere Zeit diesen Gasen aussetzen,
kann sukzessive, in vielen Fällen aber erst nach einigen Stunden, ein starkes
Schwächegefühl mit ausgesprochener Atemnot und schaumigem Auswurf eintreten. Die meisten Erkrankten, bei welchen es, wenn auch erst nach Stunden,
zu so schweren Symptomen kam, sind bis heute den Vergiftungen erlegen.

Die experimentellen Untersuchungen und die Wirkung der Nitrosegase bei Tieren
gaben nach unserer Erfahrung ungleiche Resultate. Bei den kleinen Tieren tritt
schnell Atemnot und Husten ein und sehr häufig folgt sofort das Lungenödem und Zirkulationsstörungen. Bei größeren Tieren beobachtet man häufiger das erwähnte Latenzstadium zwischen dem Einatmen und den schweren Lungensymptomen. Von den großen
Tieren scheint das Pferd stark empfindlich zu sein.

Diagnose. Die nitrosen Gase reizen zuerst stark zum Husten und erzeugen ein beängstigendes, bedrückendes Gefühl auf der Brust. Man gewöhnt
sich aber relativ leicht daran, denn zweifellos haben auch diese Stickoxyde,
wie das sog. Lachgas (N_2O), eine narkotische Wirkung auf das Nervensystem.

Bei Menschen mit etwas empfindlichen Respirationsschleimhäuten tritt
nach kurzer Zeit, meist aber erst nach mehreren Stunden (manchmal erst
viele Stunden nach Unterbrechung der Arbeit), Atemnot, Schwächegefühl, blutig tingierter Auswurf auf. In der Mehrzahl der Fälle, die dann
in Behandlung kommen, findet man bereits die Symptome eines ausgesprochenen
Lungenödems und stark beschleunigte Herzaktion, große Atemnot bei meist
freiem Bewußtsein. Es werden in einzelnen Fällen ungeheure Mengen schaumig
rosarot gefärbten Schleims in wenig Stunden ausgeworfen. Diese Vergiftungen
enden meist tödlich.

Da es sich häufig um alleinstehende Arbeiter handelt und die schweren Symptome
erst im Laufe der Nacht auftreten, kommen die Ärzte oft zu Bewußtlosen und Sterbenden.
Da aber diese Vergiftung den Definitionen des Betriebsunfalles entspricht, ist auch die
sichere Diagnose der Todesursache von Bedeutung, z. B. gegenüber einem urämischen
Tod oder Kohlenoxydtod in der Nacht. Da können in erster Linie eine gelbe Verfärbung

der vorderen Kopfhaare, der Vibrissae in der Nase, die gelben mazerierten Flecken an den Händen auf die Diagnose leiten. Der Nachweis von den Nitrosengasen resp. deren Verbindungen mit Diphenylamin in Schwefelsäure kann gelingen, wenn man den erst ausgehusteten Schleim untersuchen kann, doch ist das wohl selten. Der Nachweis des Kausalzusammenhanges ist gewöhnlich nur durch Zeugenaussagen über das Befinden, die Klagen, die Symptome und die Art der Arbeit am Tag vorher bei Fehlen anderer pathologischer Prozesse zu erbringen.

Therapie. Nach Eintritt der Erkrankung kennen wir bis jetzt nur symptomatische Mittel, die das Aushusten und die Herztätigkeit anregen, Kampfer, Coffein, Acid. bencoic.

Können wir eingreifen, bevor die schweren Symptome aufgetreten sind, also bald nach der Vergiftung, scheinen Sauerstoffinhalationen und Ruhe das Eintreten des Lungenödems zu verhindern. Periodische Inhalation von 10 bis 15 Minuten und entsprechenden Pausen scheinen bis jetzt die rationellste Anwendungsform.

Zuverlässige Techniker gaben mir wiederholt an, auch in der allerletzten Zeit, daß sie bei sehr schweren Fällen, wo die gewöhnlichen Herzmittel etc. versagten, mit 5—7 Tropfen Chloroform in Wasser gegeben, jede halbe Stunde (bis sechsmal) überraschende Heilresultate gesehen hätten. Demgegenüber hält Curschmann die Wirkung des Chloroforms für eine mehr suggestive, die auf anderem Wege besser erreicht werde.

Prognose. Der Tod an Lungenödem ist häufig. Nachkrankheiten, wie Kehlkopfstörungen, Bronchiolitis, Tuberkulose selten, bedeutend seltener als z. B. bei Phosgen.

Schutzmaßnahmen. Der beste Schutz ist auch hier die Absaugung der Dämpfe durch entsprechend angebrachte Ventilatoren. Leider ist eine Arbeit wie Gelbbrennen in abgeschlossenen Kapellen bis heute nur in ganz großen Betrieben möglich, während in kleinen Betrieben, wo recht verschiedene Gegenstände behandelt werden müssen, höchstens eine Aspirationseinrichtung angebracht ist, oder im Freien gearbeitet wird. Die Entfernung der Dämpfe muß naturgemäß entweder durch einen so starken Zug erfolgen, daß die schweren Dämpfe nicht über den Rand der Tröge sinken und so in den Arbeitsraum gelangen können und vor allem sollen sie weggezogen werden, bevor sie an die Atmungsorgane der Arbeiter gelangen. Es werden verschiedene Systeme verwendet, starke Aspiration auf der Seite und hinten an den Trögen, in einzelnen Fällen kombiniert mit Pulsations-Ventilation, die so gerichtet wird, daß sie die Gase vom Arbeiter weg dem Aspiratoren zutreibt (Holz, Blei, Aluminiumflügel in Aspirator).

Bei Unglücksfällen, Verschütten von großen Mengen Salpetersäuren, in geschlossenen Räumen ist in erster Linie daran zu denken, daß die Atmungsöffnungen gegen den Eintritt der Nitrosengase geschützt werden müssen, sei es durch Respirationshelm oder mindestens durch stark durchfeuchtete, dann ausgepreßten Schwämme etc., da sich die giftigen Nitrosengase in Wasser absorbieren.

Für die Schutzmaske eignet sich eine Imprägnation mit Natriumhyposulfit oder Soda, resp. ein Gemisch von beiden.

f) Schwefelwasserstoff-Vergiftungen. H_2S.

Schwefelwasserstoff ist äußerst giftig, bereits in sehr geringen Dosen. Die reinen Schwefelwasserstoffvergiftungen kommen hauptsächlichst in chemischen Laboratorien und Fabriken vor. Die Mehrzahl der Vergiftungen sind kombinierte Vergiftungen, in denen der Schwefelwasserstoff der giftigste Bestandteil ist: Fäulnis, Gärungsgase von schwefelhaltigem Material, Abwässer von Cyanfabriken neben Cyan, Abwässer von Gerbereien mit CO_2, selten in Hochofengasen mit CO etc.

Vergiftungsgelegenheiten bilden in erster Linie Betriebsstörungen, zufällige offene Hahnen, Versagen der Ventilation in Betrieben, in denen Schwefelwasserstoff entsteht: In erster Linie in der Bariumindustrie, bei Verarbeitung des

Schwefelbariums. Ebenso bei Zusammentreffen von Säuren mit Schwefelbarium, anderen Schwefelalkaliverbindungen und Schwefelmetallen, Pyrit, beim Riechen an solchen Apparaten, bei der schnellen Reduktion in der Gerberei, der Verarbeitung der sog. Gaswässer auf Ammonsulfat, Befreiung der Schwefelsäure von Metallen, resp. Arsen, schließlich bei der Leuchtgasdarstellung aus schwefelhaltigen Kohlen und bei der Verarbeitung der Sodarückstände.

Die weitaus häufigste Vergiftungsgelegenheit (zusammen mit anderen Gasen) ist bei der Arbeit unter Tag: Caissonarbeit in gärendem Schlamme, Kloaken mit organischen Abfallstoffen. Hier ist meist viel Kohlensäure, wenig Sauerstoff und Schwefelwasserstoff in sehr variabeln Verhältnissen vorhanden.

Mehr Schwefelwasserstoff enthalten die Gase in Abwässerkanälen von Fabriken, speziell Gerbereien, Cyanfabriken (das Wasser enthielt in einem Fall, nach Oliver, 12 Volumprozent Schwefelwasserstoff), speziell Abwässer von Sulfitverfahren. Besonders häufig erfolgen Unfälle beim Öffnen von versteckten Abzügen der „fosses d'aisances" etc., wobei unter Druck stehende Gärungsgase ausbrechen. Ebenso beim Durchführen von Leitungen neben Abortgruben und Kloaken sind durch solche Gase in den letzten Jahren vielfach schwere, tödliche Vergiftungen erfolgt.

Seltenere und leichtere Vergiftungen sind als Folgen von Genuß von sog. Schwefelwässern in größeren Dosen und von Schwefelwasserstoffvergiftung bei intestinalen Gärungen und Abszessen; sie sind hauptsächlich bei Kindern beschrieben worden.

Schwefelwasserstoff kann sich auch bei Verwendung von Schwefelleberpulver, Kaliumthiosulfat zu Schwefelbädern bis zum Auftreten von Brechen und sogar Respirationsstörungen in gefährlicher Weise entwickeln.

Eigenschaften des Gases. Schwefelwasserstoff riecht sehr stark nach faulen Eiern, schwärzt die meisten Metalle, Silber, Kupfer, Blei etc. Es ist schwerer als Luft, sinkt also zu Boden. Diese Eigenschaft bedingt, daß stark giftige Konzentrationen in tief liegenden Hohlräumen, wie Schächten und Gruben, entstehen können, und daß die hinstürzenden Arbeiter erst recht in giftige Konzentrationen fallen.

Häufig tritt Herzklopfen nach anfänglicher Verlangsamung des Pulses auf und ausgesprochene Neigung zu erregter Herzaktion. Die Empfindlichkeit nimmt durch frühere Vergiftungen zu. Die Leistungsfähigkeit nimmt durch starke Vergiftungen ab; es besteht Neigung zu Fieber, Schüttelfrösten.

Es wird auch angegeben, daß nach einem relativ beschwerdefreien Intervall in frischer Luft noch schwere Symptome auftreten können.

Symptome und Diagnose. In geringen Konzentrationen unter $0,01\%$ reizt H_2S etwas die Schleimhäute. $0,05\%$ ist nach Lehmann gefährlich.

Die akute schwere, tödliche Vergiftung. Bei größeren Mengen reinen H_2S treten sehr schnell Bewußtseinsstörung, Bewußtlosigkeit, Krämpfe und Tod durch endgültige Atmungslähmung ein (während bei Kloakengasvergiftungen Wiederbelebungen der Bewußtlosen relativ häufig möglich sind).

Subakute Vergiftungen: Übelkeit, Schwindel, Brechneigungen, Ängstlichkeit, Bewußtseinsstörungen, in einzelnen Fällen Aufregungszustände, Flucht mit Verkennung der Umgebung. Bei langsamen oder wiederholten Vergiftungen treten neben nervösen Störungen, wie Neigung zu Ohnmachten, Schwindelgefühl, Gedächtnisschwäche, Störungen von seiten der Schleimhäute auf, unmotivierte Diarrhöen in erster Linie, Katarrhe, Konjunktivitis.

H_2S geht mit dem Blutfarbstoff eine Verbindung ein, das sog. Sulfhämloglobin. Es zeigt im frischen Blut einen Absorptionsstreifen im Rot (analog dem Methämoglobin), aber näher an den Hämoglobinstreifen im Gelb

und Grün. Der Streifen ist beständig auf Luft- und Schwefelammonein-
wirkung (vgl. Kohlenoxydvergiftung).

Diese Untersuchung kann zur Differentialdiagnose gegen akuten Kohlenoxydtod verwendet werden.

Die gleichen Symptome werden bei chronischer Vergiftung angegeben.
Die Anamnese, resp. die Untersuchung des Arbeitsmilieus, ist in Fällen von
wahrscheinlicher H$_2$S-Vergiftung absolut notwendig. (Da die Sektion fast
ausnahmslos keine Anhaltspunkte gibt, auch bei sicherer H$_2$S-Vergiftung, und
da die tödlichen Vergiftungen der heutigen Auffassung des Unfallereignisses
entspricht, ist die Beiziehung aller, auch anamnestischer Mittel, geboten.)

Die hauptsächlichste kombinierte Vergiftung, in welcher H$_2$S eine kleinere
oder größere Rolle spielt, ist die sog. Kloakengasvergiftung. Infolge der
Gärung, des Mangels an Luftströmung, treten die schweren Gase CO$_2$ teils
H$_2$S bei gleichzeitiger Abnahme des Sauerstoffs auf. Bei höheren Konzen-
trationen sehen wir den sog. „Coup de plomb", schnelles Hinstürzen, Blässe,
Krämpfe, Pupillenstarre, in seltenen Fällen vorangehende Angstzusände,
Schreien, auch Lachen. Die Wiederbelebung gelang nur in seltenen Fällen.
Nachkrankheiten sind sehr häufig, teils von seiten des Nervensystems, vor
allem aber infolge Aspiration von faulendem Material, wenn die Vergifteten
in Flüssigkeit fallen.

Bei geringen Konzentrationen treten chronische Vergiftungen auf,
die Empfindlichkeit steigert sich. Schwächezustände bei schlechtem Aussehen, langsamem, aber erregbarem Herzschlag, Neigung zu Ohnmachten und
Schwindelanfällen, daneben chronische Störungen verschiedener Art von seiten
des Magens, Darmes, große Neigung zu den verschiedenartigsten Infektionen,
also Schaffung von Dispositionen, deren Ursache natürlich leicht übersehen
wird und auch schwer zu beweisen ist. Diese Erkenntnis ist eine mehr
statistische.

Die **Therapie** ist rein symptomatisch: Künstliche Atmung, Kampfer und
Sauerstoff bei Bewußtlosigkeit. Berufswechsel ist nötig, wenn als ganze oder
Teilätiologie unvermeidbarer H$_2$S nachgewiesen werden kann.

Prognose. Alle Schwefelwasserstoff-Erkrankungen haben eine relativ
schlechte Prognose — langsame Ausheilung, Steigerung der Empfindlichkeit,
lange dauernde Störung von seiten des Herzens und vor allem des Nervensystems.

g) Schwefelkohlenstoff. CS$_2$.

Der Schwefelkohlenstoff schien bis ca. 1900 eines der gefährlichsten technischen Gifte werden zu wollen. Er ist neuerdings zur Hauptsache durch die
chlorierten Derivate Tetrachlorkohlenstoff (S. 670), Trichloräthylen etc. ersetzt
worden. Er wird hauptsächlich noch verwendet in der Kautschukindustrie,
für kalte Vulkanisation, seltener in der Fettextraktion aus Pflanzensamen und
Knochen, zu technischen Klebemitteln, Injektionsmassen, Kitten, hauptsächlich für wasserdichte Arbeiten; gefährlicher scheint seine Verbreitung heute
als Mittel gegen Ungeziefer im Weinbau, Tabakbau und als Bremsenmittel bei
Tieren.

Diese Verwendung durch ganz uneingeweihte Menschen (Knechte etc.) zusammen
mit der Flüchtigkeit, der Giftigkeit und der Explosionsgefahr, Entzündungsgefahr ist
bedenklich.

Die Gefährlichkeit des Schwefelkohlenstoffes setzt sich aus folgenden
Eigenschaften zusammen: Seine große Flüchtigkeit (Siedepunkt 46°), seine große Giftigkeit, indem schon 1,5 mg pro Liter Luft in sehr kurzer Zeit schwere Vergiftungen erzeugen und nach den neuesten Untersuchungen bei monatelanger Einwirkung schon

0,15 mg pro Liter Vergiftungen erzeugen, und ferner, daß sein Geruch wohl recht auffällig, aber doch vielen Menschen nicht sehr unangenehm ist.

α) Die akute Vergiftung.

Die akuten Schwefelkohlenstoff-Vergiftungen sind sehr selten, kommen beim Platzen von Röhren und Überspritzen der Kleider und bei Reinigung von Reservoiren vor; sie ist different von der chronischen Einwirkung, als eine physikalisch-chemische Narkosewirkung, ähnlich Tetrachlorkohlenstoff und Chloroform, er hat jedoch länger dauernde Nachwirkungen, sogar akute, lange bleibende Sehstörungen und zentrales Skotom können sich anschließen.

Die **Symptome** sind durchaus abhängig von der einwirkenden Konzentration und der Zeit.

Bei großen Konzentrationen entwickeln sich akute Bewußtseinsstörungen, Delirien, Bewußtlosigkeit, Pupillenlähmungen (im Gegensatz zu chronischer Vergiftung).

Die **Diagnose** ergibt sich meistens am schnellsten aus Situation und Anamnese. **Therapie** symptomatisch.

β) Die chronische Schwefelkohlenstoff-Vergiftung.

Die häufigste Vergiftungsgelegenheit ist heute noch das Vulkanisieren (vgl. oben).

Symptome. Zuerst fallen psychische Symptome auf, meist eine auffällige Müdigkeit und Apathie abends, die einer starken Reizbarkeit folgt, welche die erste Zeit in freier Luft schwindet. Oft treten gleichzeitig Schwindelgefühl, seltener Kopfschmerzen, auch etwa Erbrechen und Durchfälle auf. Krank fühlen sich die Arbeiter aber meist erst, wenn die Reizbarkeit stark zunimmt und der Umgebung die Erregtheit auffällt (die selten sich in vorübergehendem Übermut äußert, häufiger depressiven Charakter hat). Solche Aufregungsstadien können zu impulsivem Selbstmord führen (häufig, vorkommender Sturz durch das Fenster der Fabrik, Oliver).

Die nun folgenden Symptome scheinen stark von der Individualität bedingt. Bei der Mehrzahl treten periphere nervöse Störungen auf, meist zuerst Schwäche in den Fuß- und Handextensoren, ausgesprochener rechts, mit variabeln sensiblen Störungen. (Von Ameisenlaufen und Kribbeln, Gefühl der fremden Hand, wenn sie sich selber berühren, bis zu starker Hyperästhesie, Zucken und reißende Schmerzen in den Muskeln, häufig in den Pektoral-Muskeln, recht früh Verminderung der Akkomodation (Heim) und Sehstörungen, Nebelsehen (analog der Tabak- und Alkoholvergiftung) auch Skotome.

In diesem Stadium sind die Sehnenreflexe vermindert. (Häufig stellt sich schon vor der Muskelschwäche und den Koordinationsstörungen ein ziemlich grobes, schnelles Zittern der Hände ein, das speziell bei Anstrengung manchmal stark zunimmt.) Später treten Atrophien und Degenerationsreaktionen auf. Seltener sind schwerere psychische Störungen, wie manische und melancholische Zustände lange dauernder Art und Auslösungen von latenten Psychosen durch Schwefelkohlenstoff. Sehr häufig dagegen besteht eine große Ängstlichkeit, Suggestibilität, so daß man von einer Schwefelkohlenstoff-Hysterie gesprochen hat.

Bei jugendlichen Personen und besonders bei Unterernährten treten die allgemeinen Symptome, wie Verdauungsstörungen, große Schwäche, Blutarmut, neben den nervösen Störungen stark in den Vordergrund. Das Krankheitsbild variiert also sehr stark.

Bei Verwendung von Schwefelkohlenstoff zu Kittmassen etc. und als Farblösungsmittel kommen noch andere Gifte in Betracht, die das Krankheitsbild sehr komplizieren können. (Azeton, Chlorkohlenstoffverbindungen etc. speziell während des Krieges.)

Die **Diagnose** stützt sich in erster Linie auf die Sehstörungen, die leichte Akkomodationsermüdung, Herabsetzung der Reflexe bei Schwäche der Beugemuskeln und relativ grobes, schnelles, manchmal ungleiches Zittern bei gleichzeitiger, erst seit der Aufnahme einer bestimmten Arbeit eingetretenen Labilität der Stimmung. Hysteriforme Symptome sind bei Schwefelkohlenstoff am häufigsten von allen gewerblichen Vergiftungen.

In ganz erster Linie für die Differentialdiagnose stehen die Symptome von seiten der Augen. Das Nahesehen ermüdet, Undeutlichsehen infolge Akkomodationsstörungen, Abnahme der Sehschärfe, Nebelsehen, oft Skotome, auch zentraler Art für Farben, Zeichen der retrobulbären Neuritis, manchmal mit früher Abblassung der temporalen Papillenhälfte. Die Pupillen reagieren, wenn auch manchmal träge.

Sehr häufig ist natürlich die Angabe über die Arbeit leitend für die Diagnose. Jedoch sah ich selbst mehrere Kranke, die überhaupt nichts von Schwefelkohlenstoff wußten.

Die Differentialdiagnose bei beginnender Schwefelkohlenstoff-Vergiftung stützt sich wesentlich auf die Augenstörungen. Bei Methylalkohol ist Neuroretinitis optica, jedoch ohne motorische Störungen, ebenfalls recht häufig. Bei Dinitrobenzol, seltener bei Anilin, und anderen organisch flüchtigen, ungesättigten Verbindungen finden sich neben den übrigen nervösen und Blutzersetzungs-Symptomen auch unbestimmte Sehstörungen in sehr vielen Fällen.

(Gemische von verschiedenen derartigen Substanzen kommen heute in Putzmitteln, Lösungs-, Schmier- und Einfettungsmitteln sehr häufig in den Handel und haben die letzte Zeit eine sehr große Zahl von Vergiftungen, speziell auch bei Kindern, verursacht. Viele analoge Vergiftungen sind aber sicher übersehen worden.)

Von den organischen Verbindungen machen bei chronischer Einwirkung Bromäthyl und hauptsächlich Brommethyl ausgesprochene Sehstörungen, wenn auch nicht sehr häufig, analog wie Atoxyl etc. Blei kann in den Frühstadien schon Retinitis mit ödematösen Schwellungen und zentralen Störungen, ebenso Sehnervenatrophie bedingen, Quecksilber seltener. Nach meiner Erfahrung kommt unreiner Schwefelkohlenstoff häufig mit Bleiverbindungen zusammen, seltener mit Quecksilberverbindungen zu Kitten, plastischen, hauptsächlich zu Isolatoren verwendeten Massen bei Kabeln, in zoologischen, anatomischen Instituten zur Verwendung, und kann recht schwer zu diagnostizierende kombinierte Vergiftungen erzeugen.

Seltener kommen sekundäre progressive Erkrankungen nach akuter Kohlenoxyd- und Cyanvergiftung vor, die analog den Alkohol- und Nikotinwirkungen sind, die auch mit chronischen CS_2-Wirkungen verwechselt werden können.

Prognose und Therapie. Bei schnellem Eintreten, speziell der Symptome von seiten der Augen, ist eine dauernde Entfernung von den Schwefelkohlenstoffquellen geboten. Dann heilen bei guter Ernährung, frischer Luft, warmen Bädern die meisten frischen Fälle, wenn auch relativ langsam, aus.

Bei schweren Fällen mit organischen Störungen, wie Abblassen der Papille, Retinitis, starken Gedächtnisstörungen, depressiven Verwirrungszuständen, ist die Therapie symptomatisch.

(Vgl. Tetrachlorkohlenstoff, Trichloräthylen etc.)

Während des Krieges sind in der chemischen Technik jedes Landes eine Reihe früher wohl bekannte, aber wenig verwendete Produkte in den Vordergrund getreten, die hier nicht mehr besprochen werden können.

II. Die organischen Gifte.

A. Die Ausgangsprodukte, die synthetischen, medizinischen und technischen Produkte.

Von

H. Zangger-Zürich.

Übersicht.

1. Verbindungen die nur Kohlenstoff und Wasserstoff enthalten.
   Die aliphatische oder Fettreihe (Methan, Äthylen, Amylen, Benzin, Ligroin, Petroleum, Paraffin und Schmieröl, Vaseline und Paraffine).
   Die aromatische Reihe oder Benzolreihe (Benzol, Toluol, Xylol).
2. Alkohole, Ester, Äther, Aldehyde, Ketone und Säuren der aliphatischen Reihe.
3. Aromatische Alkohole, Ester, Säuren.
4. Substitutionsprodukte der aliphatischen Reihe, Halogenverbindungen, Amine, Nitrokörper.
5. Substitutionsprodukte der aromatischen Reihe, Nitrokörper, Amidokörper, Halogenverbindungen.

1. Die reinen Kohlenwasserstoffe.

Verbindungen, die nur Kohlenstoff und Wasserstoff enthalten.

Alle diese Stoffe haben das Gemeinsame, daß sie im Organismus gar nicht oder sehr wenig verändert werden, keine chemischen Verbindungen eingehen (event. Anlagerung ungesättigter Körper) und in derselben Form, in welcher sie aufgenommen worden sind, wieder den Körper verlassen. Ihre Wirkung ist also eine rein physikalisch-chemische, indem die Moleküle durch ihre Anwesenheit den physikalischen Zustand von Körperbestandteilen ändern. Infolge ihrer ausgesprochenen Fettlöslichkeit werden sie hauptsächlich in die Fettbestandteile der Blutkörperchen und das Nervensystem aufgenommen und wirken als indifferente Narcotica, mit relativ geringen Nachwirkungen.

Die aromatischen Stoffe sind nicht ganz so indifferent, wie die Substanzen der sog. Paraffinreihe: Sie haben längere Nachwirkungen, werden im Körper zum Teil auch angegriffen und nähern sich so etwas den später zu besprechenden ungesättigten Verbindungen.

Diese beiden Gruppen werden hier zusammen besprochen, weil bei sehr vielen Untersuchungen die Paraffinsubstanzen aus dem Petroleum (Ligroin, Petroläther, Benzin) mit den physikalisch ähnlichen, aromatischen Substanzen: Benzol, Toluol, Xylol verwechselt werden, vor allem aber, weil viele Vergiftungen akuter und chronischer Art durch Mischungen dieser Substanzen, wie sie in der Technik oft und immer mehr verwendet werden, entstehen. Typus: Solventnaphta.

Die aliphatische Reihe. Die ersten Angehörigen (das Methan, das Äthan, das Äthylen, das Azetylen) sind Gase und haben in den vorkommenden

Konzentrationen keine schweren toxischen Wirkungen. Die Substanzen von drei Kohlenstoffen an aufwärts haben deutlich narkotische Wirkung, Rausch-gefühl, Schwindel mit nachträglichen Kopfschmerzen und Depressionszuständen.

Von fünf Kohlenstoffen an (Amylen) haben wir diese Stoffe bei gewöhn-licher Temperatur im flüssigen Zustand. (Benzin, Petroleum, Petroläther, Ligroin, Paraffinöle, Paraffinum liquidum, Vaseline. Die Vaseline bilden den Übergang zu den festen Paraffinen.)

Mit dem flüssigen Zustand treten die narkotischen Wirkungen stark in den Vordergrund, gleichzeitig machen sich lokale Reizwirkungen am Ort des Eintrittes in den Körper geltend. (Schleimhaut der Respirationsorgane und des Magen-Darmkanals und bei chronischen Wirkungen auch auf der äußeren Haut.)

Diese akuten Wirkungen treten zurück und damit die Giftigkeit, sobald die Flüchtigkeit geringer wird und ist gleich Null bei den reinen Vase-linen und Paraffinen.

In der technischen Praxis werden zwar zu einzelnen Zwecken reine einheitliche Substanzen verwendet. Die große Menge dieser unter einem Namen gehenden Substanzen sind jedoch Gemische und enthalten fast ausnahmslos mindestens Verunreinigungen durch verwandte Stoffe, aber auch durch aromatische, sogar oft stickstoffhaltige Stoffe, denn die Hauptmenge dieser organischen Flüssigkeiten wird zu Verbrennungs- und Extraktions-zwecken, zur Lösung, zur Verdünnung von Harzen, Fetten, Kautschuk usw. und Terpentinöl-ersatzprodukten verwendet, wo nur die physikalisch-chemische Eigenschaft verwendet wird, so daß Beimischungen von Verwandten diese technisch wichtigen Eigenschaften nicht wesentlich vermindern.

Diese Substanzen finden sich alle zusammen gemischt in der Natur vor, in den sog. Petrolquellen und zwar je nach der Quelle in verschiedenem Ver-hältnis. Die russischen Quellen enthalten eine relativ große Menge aromatischer Substanzen. Die Trennung dieser Substanzen erfolgt durch fraktionierte Destillation in die Anteile verschiedener Flüchtigkeit, resp. verschiedenen Siede-punktes, weil durch diese Eigenschaften die technische Verwendbarkeit bedingt ist. Wir haben es also in der großen Mehrzahl der Fälle von akuten absichtlichen oder zufälligen Vergiftungen durch derartige Substanzen mit der Wirkung solcher Gemische zu tun.

Alle die Vergiftungen mit diesen Produkten und speziell deren Gemischen nehmen sehr stark zu und zwar parallel der ungeheuren Steigerung des Konsums, spez. als Ersatzprodukte.

Die Vergiftungsgelegenheiten durch Kohlenwasserstoffe. Die wichtig-sten gasförmigen Kohlenwasserstoffe, gesättigte, wie unsättigte (Methan, Äthan, Äthylen, Azetylen sind die praktisch wichtigen) spielen eine sehr geringe Rolle als Vergiftungsursachen. Das Azetylen ist jedoch häufig verunreinigt mit Phosphor-Wasserstoff, Kohlenoxyd und Spuren von Ammoniak (s. d.).

a) Vergiftungen mit flüssigen, aber flüchtigen Kohlenwasser-stoffen.

α) Amylen.

Das Amylen, β-Isoamylen, wurde früher als Inhalations-Narkotikum ver-wendet. Es reizt sehr stark die Schleimhäute, erzeugt einen starken Aufregungs-zustand und starke Nachwirkungen, viel Erbrechen, Neigung zu Ohnmacht, Schwindel, auch Hämoglobinurie. Da es nicht mehr verwendet wird, sind auch die technischen Vergiftungen außerordentliche Seltenheiten.

Um so häufiger sind die Vergiftungsgelegenheiten mit

β) Benzin und seinen Verwandten:

I. Hauptsächlich kommen Vergiftungen durch Einatmung verdampften Benzins, das in ungeheuren Quantitäten technisch verwendet wird, vor.

Die Vergiftungen schwerer Art ereignen sich bei der Reinigung von großen Behältern, die nicht genügend gelüftet worden sind, dann vor allem in Fabriken, die heißes Benzin zu Reinigungs- und Extraktionszwecken verwenden.

Unter solchen Umständen gehen beim Abdecken von Gefäßen und bei Undichtwerden von geschlossenen Apparaten große Mengen Benzindämpfe in die Luft.

II. Benzinähnliche Flüssigkeiten werden nicht so selten aus Versehen oder zufällig genossen: zum Beispiel infolge Verwechslung von Flaschen, Aufbewahrung von Benzin in Bierflaschen, auch in einzelnen Fällen zum Zweck des Selbstmordes.

III. Akute Vergiftungen durch Aufnahme durch die Haut allein kommen kaum vor.

Weitere Gefahren: In seltenen Fällen bewirkt die erste Vergiftung Gleichgewichtsstörungen, Bewußtseinsstörungen und so können Arbeiter in den Benzinkessel fallen.

Diagnose der akuten Vergiftung. Der Geruch aus Mund und Nase, oder die Angaben über die Arbeit sind bei diesen flüchtigen Substanzen meist sofort vollkommen leitend für Diagnose.

Symptome. Bei akuten Vergiftungen treten hauptsächlich Lähmungssymptome von seiten des Nervensystems in den Vordergrund: Schwindel, Kopfschmerzen, aber auch angenehme rauschartige Zustände; häufig sind Herzklopfen, Schwächezustände, Zittern, Cyanose, bei Inhalation auch Hustenreiz.

Genuß von mehr als 20 g oder Inhalation analoger Mengen in wenigen Minuten bewirkt sehr schnelle Bewußtlosigkeit, Muskelstarre oder Krämpfe und Zittern, bläuliche Verfärbung, kleinen, unter Umständen unregelmäßigen Puls, Erniedrigung der Haut- und Innentemperatur; das Pupillenverhalten ist nicht charakteristisch.

Nach Genuß von benzinähnlichen Substanzen von 20 g (bis 50 g) kommen zu diesen erwähnten Symptomen die subjektiven Lokal-Symptome hinzu: Ein brennendes Gefühl in Hals, Brust, den Armen, sobald die Bewußtseinsstörungen zurückgegangen sind; bei tödlichem Ausgang findet man kleine Blutaustritte, blutigen Inhalt im Magen und obern Darm, bei starken Inhalationen auch in den Lungen.

Als Nachkrankheiten sind Reizungen der Nieren zu beachten und nach Inhalationsvergiftungen akut entzündliche Zustände in den Lungen.

Die chronischen Vergiftungen durch benzinähnliche Produkte sind zur Hauptsache Inhalationsvergiftungen kombiniert mit Aufnahme durch die Haut.

Die Allgemeinerscheinungen psychischer Art sind Schweregefühl im Kopf, Neigung zu Angst- und Depressionszuständen, Schwere in den Gliedern, Zittern, Gefühl „der fremden Hand," wenn die Vergifteten sich selber anfassen.

Symptome in peripheren Nerven treten meist an denjenigen Gliedmassen auf, die mit Benzin intensiver in Berührung kommen: Druckempfindlichkeit der Nerven.

Die rauschähnlichen, angenehmen Sensationen im Beginn der akuten Inhalationsvergiftungen verführen hie und da Arbeiter und Kinder dazu, Benzininhalationen als gewohnheitsmäßigen Genuß zu verwenden. (Benzinsucht.)

γ) Vergiftungen durch Benzol.

Das Benzol, obwohl wesensdifferent vom Benzin, wird doch von den medizinischen Begutachtern häufig als identisch betrachtet; es kommt hauptsächlich im Teer, aber auch in den russischen Benzinen vor. Seine technisch wichtigen physikalischen Eigenschaften sind außerordentlich ähnlich dem Benzin. Es hat aber ausgesprochenere Lösungseigenschaften und ist deshalb für bestimmte Substanzen der pharmazeutisch-chemischen, der Kautschuk- und Farbenindustrie als Lösungs- und Kristallisationsmittel sehr verbreitet. Ferner ist es Ausgangsmaterial für viele pharmazeutische Produkte, Farben und Sprengstoffe, speziell wenn Phenol fehlt.

Die Wirkung ist dem Benzin analog; es wirkt aber zerstörend auf die weißen und auch auf die roten Blutkörperchen. Bei akuten tödlichen Vergiftungen bestehen meist kleine Blutungen. Die Hautfarbe an tödlich Vergifteten ist oft auffällig rot. (Differentialdiagnose CO.)

Chronische Benzolvergiftungen. Gegen chronische Benzoleinwirkung sind jugendliche Personen, Anämische und Herzkranke empfindlich. Die Zahl der Leukozyten sinkt, bei weiterer Einwirkung auch die Zahl der roten Blutkörperchen. In einzelnen Fällen tritt auch nach Aussetzen der Arbeit keine Besserung ein. Die unter der Einwirkung der Benzoldämpfe hervorgerufenen Blutveränderungen bleiben in den meisten Fällen, machen noch weiter Fortschritte bis zum Exitus.

(In dieser Dauerwirkung besteht auch die Gefahr der therapeutischen Anwendung bei Leukämie, s. d.)

Die Gefahren der gewerblichen chronischen Vergiftungen liegen weniger in den Großbetrieben, in denen große Mengen verwendet werden, da das teuere Material schon aus technischen Gründen in gut verschlossenen Apparaten gehalten wird. Zur Einatmung von Benzoldämpfen gibt in erster Linie Veranlassung, daß viele Stoffe sich außerordentlich gut in Benzol lösen, deren Lösungen heute häufig zu Anstrichen, speziell von kleinen Metallteilen, verwendet werden, wobei das Benzol verdunstet und zwar bei dem genauen Zusehen bei der Arbeit, in unmittelbarer Nähe der Atmungsöffnung, so daß der Dampf so eingeatmet wird.

(Benzol wird heute auch häufig als Verdünnungsmittel des teueren Terpentinöls angewendet und ist Bestandteil mancher Terpentinersatzmittel.)

b) Vergiftungen durch wenig flüchtige flüssige Kohlenwasserstoffe.

Vergiftungen durch wenig flüchtige Kohlenwasserstoffe sind (außer den Dauersymptomen) im wesentlichen bedingt durch Verunreinigungen mit flüchtigen Bestandteilen und Oxydationsprodukten. Giftig wirken in erster Linie die Rohöle (Rohpetroleum, Masut). Ihre Wirkungen sind naturgemäß analog den Giftwirkungen der Kohlenwasserstoffe. Doch enthalten die Rohöle noch Schwefel- und Stickstoffverbindungen, die die Giftigkeit erhöhen resp. spezielle Giftwirkungen bedingen (speziell amerikanische Quellen).

Vergiftungsgelegenheiten und -Dosen. Gutgereinigtes Petrol, wie es heute als solches im Handel ist, ist sehr wenig giftig. Mehrere hundert Gramm innerlich genommen sind meist ohne sehr schwere Folgen.

Absichtliche Verwendung als Abortmittel, oder auch zu Klystieren scheint heute ganz aus der Mode zu sein.

Als Ursache gewerblicher Vergiftungen kommen die Arbeiten in geschlossenen Behältern in Betracht.

In einer Zeit, die geradezu charakterisiert ist durch die Schaffung billiger technischer Substitutions- und Ersatzprodukte, welche dann so häufig speziell in unintelligenten

Händen zu Fälschungen ausarten, ist es naheliegend, daß die billigen Erdöle und Erdöl-produkte da und dort physikalisch ähnliche Stoffe, also speziell Fette ersetzen sollen.

So wurden Schmieröle und gereinigte Maschinenöle zu Kochzwecken verwendet (Dunbar), als Zusatz zu Butter und als sog. Patentbrotöl. Durch Emulgierung mit billigen organischen Kolloiden wurden butterähnliche und Butterersatzprodukte zu schaffen versucht und diese Frage taucht in technischen Kreisen immer wieder auf. (Oft rechnet man noch ausschließlich mit den unglücklichen Kalorienwerten — die in der Nahrungs-physiologie vor ca. 20 Jahren eine ausschließliche Rolle spielten —, und dabei wird der Schwerpunkt: die Unverbrennbarkeit im Organismus und die Nebenwirkungen in Form von Gesundheitsschädigungen, außer Acht gelassen, wie so oft in der Technik der Ersatz-produkte, die die Kriegsnot in so erschreckender Ausdehnung schuf.

Diagnose und Symptome. Je reiner (also je weniger flüchtige Substanzen enthaltend) das Petrol, Vaselin, Paraffinöl sind, desto weniger ausgesprochen sind die nervösen Symptome wie Schwindel, Bewußtseinsstörung, Koma, desto ausgesprochener hingegen die intestinalen Symptome, Brechen, (selten Blut-brechen mit Magenschmerzen, gelegentlich auch blutige Stühle).

Selbstredend kommen bei vielen Produkten ganz verschiedene Reinigungsmittel, Bleichungsmittel in Verwendung. Diese Substanzen können ihrerseits Schädigungen er-zeugen sowohl bei der Bearbeitung, als auch wenn sie in den fertigen Produkten zurück-bleiben (Schwefelsäure, Chromate, Chlorverbindungen usw.). Doch sind das verschwindend kleine Mengen; ob sie chronisch schädigende Wirkung haben, weiß man nicht.

Die festen Paraffine, die zu kosmetisch-plastischen Zwecken injiziert werden, sind als solche ungiftig und nachfolgende Störungen sind im wesentlichen auf Embolien zu beziehen, also auf mechanische Wirkungen, ebenso Injektion mit Paraffinölen.

Die Ursachen der Hauterkrankungen, spez. des sog. Paraffinkrebses, die als Folge sehr langer Beschäftigung mit Rohparaffinen bekannt sind, sind in ihrer Wirkungsweise nicht aufgeklärt.

Pathologische Befunde. Am auffälligsten sind wohl die Reizungen und Rötungen im Darmkanal, als Folge der lokalen Einwirkung. Selten Blutungen in anderen Organen.

Therapie. Entfernung durch Spülungen, Emulgierung mit Eiweißlösungen, sonst symptomatisch.

2. Alkohole, Äther, Ester, organische Säuren der Fettreihe.

a) Die Alkohole.

Bei dieser Gruppe tritt zu dem Kohlenwasserstoffkomplex Sauerstoff in der Form der OH-Gruppe hinzu.

Diese sog. Hydroxylgruppe bedingt eine Reihe neuer chemischer und physi-kalischer Eigentümlichkeiten, die den Vergiftungsmechanismus und die Art der Vergiftung in typischer Weise modifizieren. Zu der Fettlöslichkeit tritt eine äußerst ausgesprochene Veränderung der Oberflächenspannung des Wassers und der wässerigen Lösungen, die mit dem Molekulargewicht (soweit die Stoffe überhaupt in Wasser löslich sind) äußerst schnell zunimmt. Chemisch bedingt die OH Gruppe die Reaktionsfähigkeit mit Körperbestandteilen, ganz besonders aber die Verbrennbarkeit im Organismus und die Verwendung durch Abbau, Koppelung und zur Wärmeerzeugung.

Die Giftigkeit der Alkohole für die verschiedensten Lebewesen nimmt ungefähr in derselben Progression zu, wie die herabsetzende Wirkung auf die Oberflächenspannung des Wassers (Czapek, Höber, Traube).

Die primären Alkohole sind weniger giftig als die sekundären und tertiären.

Die zu technischen und Genußzwecken verwendeten Alkohole sind selten rein; gewisse Verunreinigungen und Zusätze sind jedenfalls mindestens ebenso gefährlich als die Alkoholwirkungen an und für sich.

Verunreinigungen der technischen Alkohole sind niedere, vor allem aber auch kohlenstoffreichere Homologe, wie das Fuselöl, daneben aber auch Aldehyde und Ketone, Ester von Fettsäuren usw.

Künstliche Zusätze von Verunreinigungen: Denaturierung von Spiritus durch einige Prozent Methylalkohol je nach dem Land verschieden und ca. ½% Pyridin, Zusätze von Geruchsessenzen, Bukettessenzen, erregenden und narkotisierenden ätherischen Ölen; vgl. Methyl- und Äthylalkohol. Bei der Alkoholdestillation sollen gleichzeitig eine Reihe ungesättigter Verbindungen entstehen, ferner Azetaldehyd und ähnliche Aldehyde, Furfurol; manchmal werden verunreinigte alkoholische Lösungsmittel ohne Vorsichtsmaßregeln verkauft, welche in der Technik nicht mehr gebraucht werden können. Alle diese Substanzen modifizieren die physiologische Wirkung der Handelsprodukte.

α) Der Methylalkohol $CH_3 OH$.

Der Holzgeist.

Verwendung und Vergiftungsgelegenheiten. Die Verwendung des sog. Holzgeistes ist eine viel ausgedehntere als man gewöhnlich annimmt, da er oft unter dem Titel Alkohol geht.

Durch die Alkoholsteuern hat überall die Methylalkoholindustrie mächtig an Ausdehnung gewonnen.

Der unreine Methylalkohol (hauptsächlich azetonhaltig) wird schon lange in vielen Industrien verwendet: als Lösungsmittel für Farben, Lacke, Firnisse in der Holzindustrie, als Putzmittel (Drechsler, Tischler, Bleistiftfabrikation), in der Färberei (speziell Seidenfärberei, Hutfärberei etc.). Genuß von denaturiertem Alkohol ist häufig (Denaturierung von Spiritus mit Methylalkohol).

Reiner Methylalkohol wird heute häufig als Lösungsmittel in der pharmazeutischen Industrie gebraucht, als Extraktionsmittel für Pflanzenessenzen, die zur Darstellung von Likören, Aperitifs verwendet werden oder zu Haarwassern, Toilettenartikeln; sogar eine Reihe innerer Mittel haben als Lösungsvehikel Methylalkohol (Spezialitäten).

Veranlaßt durch die Besteuerung des Äthylalkohols, werden immer höhere Prozentsätze Methylalkohol in schlechten Schnäpsen, aber auch in Likören verwendet, wie die Vergiftungsepidemien in Ungarn, Rußland und Berlin beweisen. In Amerika soll eine große Zahl der stark alkoholischen Getränke sehr große Mengen Methylalkohol enthalten.

Die ungleiche Giftigkeit des Methylalkohols und die sprunghaft und relativ selten auftretenden eigenartigen Epidemien können aber ihren Grund auch darin haben, daß sehr verschiedenartig verunreinigter Methylalkohol verkauft wird, der in wechselnden Mengen schädliche Produkte enthält (z. B. der bei der Formaldehyddarstellung nicht verbrauchte Methylalkohol mit zum Teil ungesättigten Kondensationsprodukten oder aber Methylalkohol, der irgendwelche giftige Substanzen enthält und der in der pharmazeutischen Technik nicht mehr verwendet werden kann, der aber z. B. zur Denaturierung von Brennspiritus vollständig geeignet wäre. Durch die Darstellung des Holzgeistes kommen ungesättigte Produkte der Destillation in relativ großen Mengen mit (Allylalkohol, Azeton etc.), andererseits wird der Methylalkohol von chemischen Fabriken als Lösungsmittel gebraucht und nicht selten verunreinigt verkauft, zumal wenn flüchtige, nicht durch Destillation leicht abzutrennende Substanzen darin gelöst sind; da Methylalkohol zur Denaturierung, Lösung von Farben und Lacken etc. durch diese geringen Verunreinigungen nicht beeinträchtigt werden, scheint darin keine Gefahr zu liegen, die erst bei Verwendung zu Fälschungen von Genußmitteln sich zeigt).

Die Vergiftung kommt bei Methylalkohol, der sehr flüchtig ist, in den verschiedenen Gewerben häufig durch Inhalation zustande. Nicht selten wurde Methylalkohol von Arbeitern auch genossen oder zu ihren Getränken zugeschüttet. Eine Aufnahme durch die Haut ist sicher. Bei den Vergiftungen in den Holzgewerben handelt es sich immer um unreinen Methylalkohol, der Azeton und flüchtige Verbrennungsprodukte enthält.

Symptome und Diagnose. Die Menschen sind außerordentlich ungleich auf Methylalkohol empfindlich. Die Differenzen von Mensch zu Mensch sind entschieden größer als gegen den gewöhnlichen Äthylalkohol.

Die narkotische Wirkung ist geringer, die intestinale Wirkung und die Wirkung auf die Organe und Herz häufig viel stärker und vor allem immer viel länger anhaltend als bei gewöhnlichem Alkohol.

Die Symptome der akuten Vergiftungen, die bei einzelnen Menschen schon bei Dosen von 5—10 g ausgesprochen sein können, sind inkonstant; das wichtigste Symptom ist der Geruch der Atmungsluft, ferner Sehstörungen; auch bei sehr schweren Fällen sind Pupillar- und Kornealreflex meist erhalten. Innerlich genommen treten oft Leibschmerzen auf, nach den neuesten Beobachtungen oft erst nach vielen Stunden (bis 24 und mehr), Brechneigung, sehr häufig Schwindel, intensive Kopfschmerzen, vor allem Schmerzen in den Augen und die für Methylalkohol fast charakteristischen Sehstörungen (die sich in ähnlicher Intensität als Frühsymptom eigentlich nur bei Schwefelkohlenstoff und Nitrokörpern wiederfinden, s. dort). Alle anderen Symptome, wie Kältegefühl, Atembeschwerden, Kollapszustände und Delirien sind nicht charakteristisch; noch relativ häufig treten nach zufälligen Methylalkoholvergiftungen Herzschwächen, Harnbeschwerden auf (wahrscheinlich infolge der Zersetzungsprodukte des Methylalkohols, speziell Ameisensäure).

Die chronischen Vergiftungen sind bei Methylalkohol außerordentlich wichtig, weil der Methylalkohol sehr ausgesprochen und sehr bald chronische Schädigungen erzeugt, vor allem Augenstörungen, in einzelnen Fällen auch verschiedenartige Nervenstörungen (lokale und allgemeine Neuritis).

Die akuten wie die chronischen Methylalkoholwirkungen bedingen eine lange Erholungszeit und lassen in relativ vielen Fällen lange anhaltende Sehstörungen zurück, wie Skotome, Neuritis retrobulbaris etc.

Bei gewohnheitsmäßiger Inhalation treten Reizungen der Respirationsschleimhäute auf, Neigung zu Bronchitis und akuten Lungenerkrankungen, in seltenen Fällen Neigung zu Lungenödem.

Daneben bestehen drückende Schmerzen im Kopf, manchmal Ohrensausen, Zittern. Über die chronischen Veränderungen in psychischer Hinsicht ist wenig bekannt.

Es wird darauf hingewiesen, daß der Ameisensäurenachweis im Harn zur Stützung der Diagnose verwendet werden könne.

Bei der Berliner Epidemie ist in erster Linie die oft lange dauernde Inkubation bis zum Auftreten der sehr starken Leibschmerzen betont worden, währenddem die Sehstörungen, die anderweitig beobachtet wurden, relativ selten waren. Die nervösen Symptome: Schwindel, Ohrensausen, Zittern, intensive Kopfschmerzen, scheinen hauptsächlich bei wiederholten Aufnahmen beobachtet zu werden. Dagegen ist Reizung der Bronchien auch nach den Sektionsbefunden recht häufig.

Sektionsbefund. Starke Cyanose des Kopfes häufig: Meist zeigt sich starke Hyperämie der Gehirnhäute; doch scheinen Blutaustritte sehr selten. Das Blut ist überwiegend flüssig. Im Magen und Darm in den oberen Abschnitten sind auch nach einigen Tagen noch leicht gereizt, mit Schleim belegt, mit seltenen oberflächlichen Blutungen. Die Gedärme sind oft maximal kontrahiert. Schleimige Sekretion in die Lungen, Reizung der Blase (Straßmann) sind regelmäßige Befunde.

Der Methylalkohol ist zersetzlich, diffundiert sehr leicht. Sein Zersetzungsprodukt, die Ameisensäure, konnte in Gehirn und Leber nachgewiesen werden. In einer Reihe von Fällen fand man auch nach Tagen auffälligerweise noch Methylalkohol selbst im Magen.

Zur **Differentialdiagnose gegen Botylismus** scheinen demnach die Sehstörungen bei Intaktbleiben der Augenmotilität nach allen Richtungen klinisch sehr wichtig, vielleicht auch der Nachweis von Ameisensäureverbindungen im Harn.

Prophylaxe ist selbstverständlich. **Therapie** symptomatisch nach Magenentleerung.

β) Der Äthylalkohol, der gewöhnliche Alkohol C_2H_5OH.|

Vorkommen und Vergiftungsgelegenheiten. Der Umstand, daß für ca. 100 bis 150 Milliarden Alkohol in den Kulturländern von Europa, Amerika und Australien pro Jahr produziert wird, gibt die beste Vorstellung von der Wichtigkeit dieser Konsumartikel. Als Genußmittel kommt der Alkohol so zu sagen nie rein zur Verwendung. Die meisten alkoholischen Getränke enthalten infolge ihrer Zubereitung noch andere Reizstoffe, speziell Ester, wie die Weine, Bitterstoffe und Harze, wie die Biere; Fuselöle, wie die gewöhnlichen Schnäpse.

Der am besten rentierende Teil der Alkoholindustrie besteht in der Beimischung bestimmter Substanzen zu Alkohol. So arbeitet z. B. die Industrie der Liköre, der Aperitifs etc. (Zusätze von ätherischen Ölen, resp. alkoholischen Pflanzenextraktionen, wie Thymian, Mentha, Rosmarin etc., Anethol, aber auch von giftigen Stoffen, wie Aloe und sogar Pikrotoxin, Strychnin, Nitrobenzol, Blausäure für bestimmte künstliche Branntweine, Kirschwasser-Essenzen.)

Neben diesen Mitteln kommen natürlich sog. Schönungsmittel in Betracht, wie Farbstoffe, Klärungsmittel (wie Bleizucker u. a.), Konservierungsmittel, die sehr häufig — nicht regelmäßig, sondern nur zum Export oder zu bestimmten, z. B. gefährdeten oder verdorbenen Mengen zugegeben werden[1]).

Eine toxikologisch in unserer Zeit wichtige Form des Alkohols ist der durch Zusatz von Methylalkohol, Azeton, Pyridin — denaturierte Alkohol.

Weniger bekannt sind die Gelegenheiten zu Vergiftungen in der Technik. Auch reine Alkoholdämpfe bedingen bei Wochen und Jahre langer Einwirkung ausgesprochene Störungen, die hauptsächlich durch die Verwendung der reinen Alkohole bei der Fabrikation von rauchlosem Pulver bekannt geworden sind. Reiner Alkohol wird noch verwendet in der pharmazeutischen Industrie und der Industrie feiner Parfüms.

Die Mehrzahl der gewerblichen Vergiftungen erfolgt entschieden durch verunreinigte denaturierte Alkohole, wo dann der Methylalkohol und die Fuselöle resp. ungesättigte Körper einen Hauptanteil an der Vergiftung haben.

Neben den individuellen Differenzen in der Empfindlichkeit ist besonders zu beachten, daß eine große Zahl, — speziell gewerblicher — Vergiftungen die Alkoholempfindlichkeit außerordentlich erhöhen, so Quecksilber, Blei, wahrscheinlich auch Antimon und Arsen, sicher auch Schwefelkohlenstoff, Anilin, Nitrobenzol etc. Umgekehrt disponiert chronischer Alkoholgenuß zu Erkrankungen durch diese gewerblichen Gifte.

Akute tödliche Vergiftungen durch Alkohol. Recht empfindlich sind Kinder auf konzentrierte Alkohole. 100—200 g Schnaps sind für Kinder unter 5—6 Jahren schon gefährlich. Tödliche Vergiftungen von Erwachsenen erfolgten auch nach eigenen Beobachtungen bei Genuß von $\frac{3}{4}$ Liter bis 1 Liter Branntwein, $\frac{3}{4}$ Liter denaturiertem Spiritus (Selbstmord, Trinkwetten).

Sehr erwähnenswert erscheint mir, daß chronische Alkoholvergiftungen auf eine andere Weise viel häufiger zu tödlichem Ausgang führen, nämlich dadurch, daß die Alkoholvergiftung Grund des Erfrierungstodes wird einerseits infolge Unempfindlichkeit, Schlaffheit, eventuell Koordinationsstörungen andererseits infolge der starken Erweiterung der Hautgefäße und Störung der Wärmeregulation.

---

[1]) Literatur vgl. **Zangger**, Ergebn. d. inn. Med. Bd. 5.

Symptome und Diagnose. Die Alkoholwirkungen sind auf den Schleimhäuten lokal reizende. Die Allgemeinwirkung besteht anfangs in einer Erhöhung der Pulsfrequenz, Erweiterung der Gefäße, Vertiefung der Atmungsgröße, denen sich gleichzeitig eine Neigung zu psychomotorischen Erregungen anschließt: der ·beginnende Rausch.

Die psychischen und nervösen Störungen als Folgen der akuten Alkoholintoxikation sind durchaus nicht bei allen Menschen gleich. Der Durchschnitt der Menschen reagiert bekanntlich mit einer größeren Freiheit, erhöhtem Selbstgefühl, das sich Luft macht in Bewegungen, Kraftprahlereien oder Singen, häufiges stoßweises unmotiviertes Lachen etc. Bei Wirkungen größerer Mengen treten die individuellen Differenzen schon sehr stark in den Vordergrund; gerade bei den Menschen, die unter Alkoholwirkung zu Fröhlichkeit neigen, treten Koordinationsstörungen auf, speziell beim Heben.

Bei gebildeten, disziplinierten Menschen bleibt die Sicherheit der Bewegung viel länger erhalten. Allgemein werden die anerzogenen Rücksichten und die sog. Hemmungen gelockert; zusammen mit der motorischen Erregtheit kommt es zu rücksichtslosen Handlungen, wie Gewalttätigkeiten, Körperverletzungen, leichtsinnigen oder brutalen Handlungen in sexueller Beziehung. Bei noch größeren Dosen tritt die motorische Lähmung, Störung der Empfindung, bis zur Bewußtlosigkeit ein.

Neben dem Rausch des normalen Menschen ist für jeden Arzt die Kenntnis des pathologischen Rausches wichtig, weil derartige Individuen gefährlich sind, sobald sie Alkohol zu sich nehmen. Der typische pathologische Rausch unterscheidet sich von der oben geschilderten gewöhnlichen akuten Intoxikation dadurch, daß er oft bei relativ geringen Dosen ohne Vorzeichen schnell unvermittelt eintritt, daß die Zeichen der Verkennung der Umgebung bei normaler, präziser Motilität auftreten. Die Kraft und die Koordinationssicherheit macht diesen Zustand zu einem gefährlichen, da die Individuen auf die verkannte Umgebung reagieren (Totschlag-, Sittlichkeitsverbrechen etc.). Zum typischen pathologischen Rausch gehört, daß ausgedehnte Erinnerungslücken aus der Zeit des Rausches und der Rauschhandlungen bestehen.

Im typischen pathologischen Rausch sind also die psychischen Vorgänge ausgesprochen gestört, währenddem die motorischen erhalten bleiben. Prädispositionen zu solchen psychischen Störungen werden naturgemäß in erster Linie geschaffen durch vorhergehende psychische Erregungen, Ärger etc., sexuelle Exzesse, Ermüdung, Überanstrengung. Die äußere Erscheinung variiert (vgl. Kapitel über exogen bedingte Geisteskrankheiten) [1]).

Plötzlich aufgenommene größere Mengen Alkohol führen schnell zu Bewußtseinsstörungen und motorischen Lähmungen, zu Verminderung des Blutdruckes bei schnellem Puls. (Diese schweren Trunkenheitsformen können durch akute Herzschädigungen und Lähmung des Nervensystems zum Tode führen. Es kann Lungenödem auftreten, oder die Betroffenen ersticken an Erbrochenem, erfrieren auch außerordentlich leicht).

Die unmittelbaren Nachwirkungen (Übelsein, Kopfschmerzen, Erbrechen) können bei schon vorher lädierten Organen sehr vielgestaltig und schwer sein.

Nach akuten Alkoholvergiftungen treten nicht selten Zeichen einer vorübergehenden Nephritis auf, Zylinder und Leukocyten im Harn, sowie Glykosurie.

Akute Alkoholwirkungen bei Kindern sind sehr oft verhängnisvoll. Bei Kindern treten manchmal Krämpfe auf. Einzelne Kinder sind ungeheuer alkoholempfindlich.

---

[1]) Vgl. auch E. Meyer, dieses Handb. Bd. 5, S. 1051.

Die Empfindlichkeit gegen den Alkohol ist nicht nur beim Gehirn, sondern auch bei den verschiedenen Organen ungleich. Auch der einzelne Mensch wechselt seine Alkoholempfindlichkeit stark. So scheint Alkohol im Fieber leichter ertragen zu werden, als in gesundem Zustand.

Die chronischen Vergiftungen. Die allgemeinen Organ- und Gefäßschädigungen stehen hier im Vordergrund. Es besteht eine allgemeine Neigung zu Gefäßerweiterungen (kleinen Blutungen, Acne rosacea, Eiterungen), häufig besteht Magenkatarrh mit Vomitus matutinus. Bekannt sind die Arteriosklerose und Leberzirrhose und Erkrankungen des Herzmuskels. Der Puls wird kleiner, unregelmäßig, häufig sind auch Störungen der Niere und chronische Nephritis als Folgezustände zu beobachten. Die libido sexualis wird speziell in psychischer Richtung anfangs erhöht, währenddem die Potenz zuerst stark schwankt und nachher zurückgeht.

Viel charakteristischer als die rein körperlichen Symptome sind die Störungen des Nervensystems[1]): Feinschlägiges Zittern, speziell der ausgestreckten Finger und der Zunge, das nach Alkoholgenuß zurückgeht, ist das wertvollste körperliche Symptom. Daneben gehen einher allgemeine Schwächezustände und motorische Störungen einzelner Gebiete speziell Neuritis und Lähmungen des Peroneus bis zur allgemeinen Polyneuritis. (Es ist hier jedoch hervorzuheben, daß diese schweren Formen peripherer Störungen geradezu ausnahmslos als Folgen von aromatischen Zusätzen, also von Likören, Aperitifs eintreten).

Anmerkung: Die äußerst schmerzhafte sogenannte Alkohol-Neuritis, die hauptsächlich den N. peroneus betrifft (Steppergang) kommt mit folgenden Krankheiten in Differentialdiagnose: mit allen schmerzhaften Neuritiden auf Grund von Diabetes und Infektionskrankheiten, speziell mit der Arsen-Neuritis, selten und meistens nur bei jugendlichen Personen mit schmerzhaften Blei-Neuritiden, Schwefelkohlenstoff-Neuritis. Die Alkohol-Neuritis und die Arsen-Neuritis zeigen eine konstante sehr starke Schmerzhaftigkeit, die anfallsweise und auf Druck stärker werden. Für Alkohol spricht die Lokalisation in den Beinen, für Genuß von Likören, speziell Absinth die große Empfindlichkeit auf Kitzeln an den Fußsohlen. Die Arsen-Neuritiden neigen stärker zu Kontraktionen und Atrophien.

Von charakteristischen Störungen der Sinnesorgane kommen Sehstörungen in Betracht, die charakterisiert sind durch zentrale Farben-Skotome, hauptsächlich für grün, und objektiv feststellbarer Abblassung der temporalen Seite der Papilla nervi optici im Augenspiegelbild. (Vgl. Tabak.)

Bei chronischen Trinkern kommen Störungen in allen Sinnesorganen vor, die hauptsächlich den Charakter früh seniler Störungen zeigen.

Veränderungen des Charakters und die akut auftretenden psychischen Störungen auf Grund des Alkoholismus. Diese Veränderungen sind hauptsächlich wegen ihrer zivilrechtlichen und strafrechtlichen Konsequenzen für jeden Arzt wichtig, weil die Frühdiagnose eine Reihe von präventiv wirkenden Maßnahmen ermöglicht.

Der Charakter des chronischen Alkoholikers verändert sich im Sinne des rücksichtslosen Egoismus gegen die Familie in auffälliger Weise, währenddem in der Öffentlichkeit mit Rücksichten, Opferwilligkeit, Gerechtigkeitsgefühl geprahlt wird. Die schlimmsten Ausbrüche kehren sich im wesentlichen gegen die Familie, bis zu Brutalitäten, daneben zeigen sich Vernachlässigungen in jeder Hinsicht bis zu Unterschlagung fremden Geldes etc.

Im Charakter der chronischen Alkoholwirkung, in der Verminderung der sexuellen Potenz zusammen mit den Brutalitäten und widerwärtigen Zumutungen, entwickelt sich die Tendenz zum Eifersuchtswahne, der sehr zu beachten ist, da er, bei der großen Rücksichtslosigkeit gegenüber den Eigenen zu schweren Familien-Verbrechen führen kann. Bei ausgesprochenem Zeichen von Eifersuchtswahn ist eine Sicherung, meist Internierung, ev. mit Polizeigewalt durch jeden Arzt indiziert.

---

[1]) Vgl. auch E. Meyer, dieses Handb. Bd. 5, S. 1051.

Neben den konstanten, sich immer betätigenden Charakterveränderungen schafft der chronische Alkoholismus Dispositionen für akute Psychosen ganz bestimmter Form und Dignität, die recht häufig durch Krankheit (Infektion und Trauma oder andere Vergiftungen) ausgelöst werden, in erster Linie das Delirium tremens.

Das Delirium tremens ist charakterisiert durch Desorientierung in Ort und Zeit, sowie durch Verkennung der Umgebung mit massenhaften Halluzinationen von sich bewegenden — meist kleinen — beängstigenden verfolgenden massenhaften Lebewesen. (Mäuse, Ratten, Käfer; aber auch Polizei, persönliche Feinde). Diese Halluzinationen sind meist auf visuelle Dinge beschränkt und notwendige Begleiterscheinungen werden nicht gleichzeitig halluziniert, z. B. sieht der Delirant einen Feind in sein Zimmer herunterspringen, hört ihn aber nicht. Dieser Umstand scheint das angsterregende Moment in diesen Halluzinationen noch ganz wesentlich zu steigern. In ruhigen Momenten kommen Beschäftigungsvorstellungen wie Fadenziehen, aus der Luft ziehen etc. mehr in den Vordergrund.

Dieser ängstliche motorisch erregte Zustand bedingt Gefährlichkeit für den Kranken und andere. Der fieberkranke oder verwundete Delirant macht Fluchtversuche, reißt Verbände ab, verteidigt sich gegen den vermeintlichen Feind, so kann es zu Selbstbeschädigungen, Selbstmord, Mord kommen, wenn der behandelnde Arzt die Gefährlichkeit resp. einen akuten Ausbruch des Delirium tremens nicht voraussieht. Oft ist das Delirium nur zur Zeit des Ausbruches gefährlich, weil die Krankheit später so schädigend auf den Organismus wirkt, daß der Kranke nicht mehr die Kraft hat, auf die Angstvorstellungen wirksam zu reagieren.

Frühdiagnose des drohenden Deliriums: Bei Verdacht auf chronischen Alkoholismus, bei Unruhe in der Nacht, Anzeichen von Verkennung der Umgebung besteht schon beim noch latentem Delirium eine sehr große Suggestibilität, die zur Diagnose verwendet werden muß: Wenn der Arzt plötzlich auf den Boden zeigt und mit erschreckter Miene tut, als ob er Käfer zertrete und fragt, was sind denn das für Käfer und mit dem Fuß suggestiv erregt die Bewegung des Zertretens lange hastig ausführt, macht der beginnende Delirant häufig die Bewegung mit. Der Arzt kann auch durch leichtes Pressen auf die geschlossenen Augen ähnliche Gesichtsbilder auslösen.

Dieser Kunstgriff ist von großer Bedeutung, da der praktische Arzt nicht die Zeit hat, die Symptome abzuwarten, die in der Nacht Ursache eines durch Frühdiagnose vermeidbaren Unglücks werden können. Der Deliriumkranke ist in den meisten Fällen „weckbar" d. h. durch Suggestionen etwas zu leiten, und bei lautem Anfahren und Wiederholung eher einer Behandlung durch die Ernährung zugänglich, als andere Psychosen ähnlicher Schwere. Die somatischen Erscheinungen beim Delirium tremens verlangen besondere Aufmerksamkeit, weil sie das Schicksal des Kranken bedingen, kleiner, fliegender Puls, drohende Herzschwäche, häufig Albuminurie und Glykosurie. Daraus ergibt sich die spezielle Therapie des Delirium tremens: Bewachung, Diurese mit guter Ernährung; flüssige Diät, speziell Milch, die dem Bedürfnis Flüssigkeit zu schlucken noch entgegenkommt und bei gestörter Magenverdauung doch resorbiert wird. Im Privathaus sind meist Beruhigungsmittel nicht zu umgehen: Chloralhydrat 3—4 g, jedoch nicht bei Herzschwäche. Von Opiaten scheint Pantopon am zweckentsprechensten, Paraldehyd 3—5 g gelöst in viel Flüssigkeit. Narcotica sind meist nur für die Nacht nötig. Der Ausgang des Delirium tremens ist in der Mehrzahl der Fälle nach 6—10 Tagen kritisch. Die früher sehr häufigen Todesfälle, bis über 20 %, sind bei unkomplizierten Fällen stark zurückgegangen, seitdem zielbewußte Milchdiät angewendet wird.

Der Tod tritt meist unter Erscheinungen der Herzschwäche ein. Selten geht das Delirium in eine protrahierte chronische Wahnsinnsform über mit Halluzinationen der verschiedenen Sinne und Angstzuständen (in der Mehrzahl der Fälle auf Grund einer psychopathischen Konstitution oder einer Form der Frühverblödung.)

Andere Alkoholpsychosen sind selten; Alkoholepilepsie, Alkoholparalyse haben praktische Bedeutung, weil die Behandlung große Erfolge zeitigt, resp. Heilung bringen kann.

Beide Krankheiten lassen sich häufig bei einer einmaligen Untersuchung nicht von genuiner Epilepsie und progressiver Paralyse unterscheiden, haben aber gute Prognose, sobald nur der Alkohol dauernd vermieden wird.

Für Alkoholepilepsie spricht lange dauernder Alkoholgenuß, hauptsächlich von Aperitifs, die häufig krampferregende Substanzen enthalten, feinschlägiges Zittern, für Alkohol charakteristische visuelle Halluzinationen und Eifersuchtsvorstellungen.

Für Alkoholparalyse sprechen dieselben Symptome. Es scheint nicht unwichtig, daß der gewöhnliche Paralytiker selten über Kopfschmerzen klagt, während die Alkoholparalyse häufig von Kopfschmerzen begleitet ist. Die Urteilsfähigkeit ist oft nicht so extrem gestört, wie bei der gewöhnlichen Paralyse.

Wenn irgend welche Zeichen von überstandener Syphilis vorhanden sind, ist natürlich eine progressive Paralyse nicht auszuschließen, denn häufig wird der Ausbruch einer solchen durch Alkohol provoziert.

Die Korsakowsche Krankheit, eine symptomatisch nahe Verwandte der Alkoholparalyse, ist häufig verursacht durch Alkohol zusammen mit einer Infektion: vollständige Unorientiertheit, Unmöglichkeit die Erfahrungen zu registrieren, Ausfüllen der Gedächtnislücken durch Konfabulation, kombiniert mit den Zeichen der Neuritis.

Die Therapie der akuten Alkoholvergiftungen. In erster Linie: Magenentleerung, Magenspülung, event. Wärmezufuhr bei Neigung zum Sinken der Innentemperatur, Vermeidung der Aspirationsgefahr. (Kaffee, Hautreize.)

Bei Neigung zu Lungenödem und sehr weiten Gefäßen: Aderlaß, Senfpapier etc.

Die Therapie der chronischen Alkoholkrankheiten. In allen akuten Zuständen (als Folge des chronischen Alkoholismus), ist eine sofortige vollständige Entziehung des Alkohols unter Ersatz durch nahrungsmittelreiche Flüssigkeiten, in erster Linie Milch, geboten, wenn die Ernährung einigermaßen gut ist und ebenso der Blutdruck.

Fast regelmäßig sind die erwähnten alkoholischen Organkrankheiten bei der Leitung der Therapie stark zu berücksichtigen, so die schlechte Ernährung, Magenstörungen, die Sekretionsstörungen, Nephritis.

(Die Spezialbehandlung einzelner akuter Zustände auf Grund der chronischen Wirkung, vgl. Del. trem. etc.)

γ) Höhere Alkohole.

Mit der Zunahme der CH_2-Gruppen, also mit der Vergrößerung des Molekulargewichtes nimmt die giftige Wirkung der Alkohole zu, solange das Molekül nicht über 6 Kohlenstoff enthält.

Alle diese Alkohole bewirken Herzstörungen, Gefäßstörungen (akute Lähmungen der Gefäße), dann Kopfschmerzen, Bewußtseinsstörungen, Beengungsgefühle. Die Reaktion ist individuell stark verschieden. Nach der Erfahrung in der Technik treten häufig Erregungen, speziell Jaktationen, auf mit Depressions- und Müdigkeitsgefühl gegen Abend, Zustände wie sie z. B. bei

Schwefelkohlenstoff angegeben werden. Alle diese Stoffe sind flüchtig und können durch Inhalation und durch Genuß in den Körper gelangen. Die Gefäße der Aufnahmestellen werden stark erweitert, sie haben also lokale Reizwirkungen.

Vorkommen und Vergiftungsgelegenheiten. Von den höheren Alkoholen ist speziell der Amylalkohol (Isoamylalkohol) ein Hauptbestandteil des Fusels (der höher siedenden Fraktionen bei der Destillation von Kartoffel-spiritus). Er wird als Lösungsmittel in der pharmazeutischen und chemischen Industrie verwendet (Darstellung von Fruchtäthern und Salpeterigsäure-amylester) und ist ein ausgezeichnetes Extraktionsmittel für viele Alkaloide.

Symptome und Diagnose. Wie erwähnt treten Herzklopfen, Gefäß-störungen, Kopfschmerzen, Erbrechen, Schwindel etc. und zwar schon bei sehr geringen Mengen ein (intern genommen bei 0,5 g nach Lewin). Die Diagnose läßt sich wohl nur auf Grund des Geruches und der Angaben sicher machen.

Die chronischen Wirkungen treten relativ schnell ein, sicher schneller als bei Äthylalkohol. Zu den erwähnten akuten Symptomen gesellen sich Ver-dauungsstörungen, wie Erbrechen und Durchfälle, also kein typisches Krank-heitsbild (vgl. Schwefelkohlenstoff).

Zu den Amylalkoholen gehört auch das Amylenhydrat, ein tertiärer Alkohol, der als Schlafmittel früher verwendet wurde. Die Wirkung ist sehr lange anhaltend, bedingt schwere Schlafzustände, Erweiterung der Gefäße, kleinen, weichen, langsamen Puls und sehr langsames Erwachen.

Der einzige hier in Betracht kommende ungesättigte Alkohol dieser Reihe, der Allylalkohol (C_3H_5OH) wirkt infolge seines ungesättigten Charakters weniger narkotisch als sehr stark reizend. Er bedingt zum Teil die Reizwirkungen des rohen Holzgeistes, in welchem er in kleinen Mengen enthalten ist.

δ) Glyzerin.

Vom Magen aus sind selbst große Mengen Glyzerin unschädlich. In dem leeren Darm (Clysma) bewirkt das Glyzerin Wasserentzug und damit Reizung. Sehr große Dosen ca. 100 g und darüber erzeugen Erbrechen und Kopf-schmerz. Unangenehmere Wirkungen beobachtet man bei Injektionen unter die Haut: Es wird schnell eintretendes Fieber, Schüttelfrost, sogar Auflösung von roten Blutkörperchen, Hämoglobinurie, auch akute Nierenreizung angegeben.

Neuerdings wird Glyzerin gelegentlich von Hebammen und Berufs-abtreibern zur Einleitung des künstlichen Abortes verwendet. In solchen Fällen wurden analoge Beobachtungen gemacht (ganz andere Wirkung haben die Nitroderivate (Salpetersäureester) des Glyzerins, das Nitroglyzerin, vgl. Kap. Nitrokörper).

b) Die Äther und Ester.

a) Die Äther.

b) Die Verbindungen der Alkohole mit organischen Säuren.

c) Die Verbindungen der Alkohole mit anorganischen Säuren, Schwefelsäure, Salpetersäure, Halogenwasserstoffsäuren.

Die Ester haben die Eigentümlichkeit, daß sie meist viel flüchtiger sind als die Alkohole und Säuren, aus denen sie sich zusammensetzen.

Die Gründe physikalischer Art für die Wirksamkeit sind nicht bekannt, sind jedoch wohl in der Größe assozierter Molekularkomplexe und der Wir-kung auf die Oberflächenspannung zu suchen[1]).

---

[1]) So ist auch die etwas überraschende Tatsache verständlich, daß der kompli-zierte Anthranilsäure-äthylester in Quantitäten in die Luft geht, die langsam zu sehr schweren psychischen Störungen führen.

An solche flüchtige Äther muß man bei vielen gewerblichen Intoxikationen denken. Man läßt sich im allgemeinen zu leicht verleiten, die Vergiftung auf ein in großen Mengen vorhandenes Lösungsmittel zurückzuführen, ohne daß man daran denkt, wie häufig solche esterförmige Nebenprodukte, die in methyl- und äthylalkoholischen Lösungen entstehen können, die wahre Ursache sind.

α) Der Äthyläther, Schwefeläther, gewöhnlicher Äther. $(C_2H_5)_2O$.

Der Äthyläther ist viel flüchtiger als der Alkohol, er siedet schon bei 37 Grad.

Vorkommen, Verwendung und Vergiftungsgelegenheiten. Die Flüchtigkeit des Äthers stellt die Vergiftung durch Inhalation in erste Linie, doch wird Äther ziemlich häufig als Zusatz zu bestimmten erregenden alkoholischen Getränken verwendet, als Zusatz von Schnäpsen speziell in Rußland und Irland.

Die Verwendung des Äthers als Genußmittel ist eine sehr verbreitete und hat sich gleichzeitig mit dem Genuß des Methylalkohols überall da mehr oder weniger eingebürgert, wo die Besteuerung des Äthylalkohols eine sehr hohe wurde und der gewohnheitsmäßige Branntweingenuß verbreitet war. Nach dem Konsum und den allgemeinen Angaben scheint Äthergenuß hauptsächlich in Rußland und Irland verbreitet zu sein, aber auch in Österreich und Ungarn häufig rein oder als Zusatz zu Schnäpsen genossen zu werden.

In gefährlichen resp. schädlichen Konzentrationen treten die Ätherdämpfe in der Technik heute selten mehr auf, da schon aus ökonomischen Gründen für die Ätherdestillation und Extraktion mit Äther geschlossene Apparate verwendet werden. In diesen Betrieben gelangt Äther nur in die Luft bei Betriebsstörungen und beim Einfüllen und bei Entleerung, dann ev. beim Polieren und Trocknen von Cellulosegegenständen (doch wird heute meist das billigere Azeton verwendet) vor allem kommen Ätherdämpfe- in die Trocknungsräume der Kunstseidefabriken, er wird auch etwa verwendet in der Glasschleiferei.

Die Hauptverwendung des Äthers ist heute eine medizinische, zur Inhalationsnarkose, zur Lösung von Collodium[1].

Symptome der akuten und chronischen Wirkungen. Zusammenstellung der Vorteile und Gefahren der Äthernarkose gegenüber andern Narcotica. Die Bevorzugung des Äthers gegenüber Chloroform ist darin begründet, daß der Äther die Respiration eher tiefer macht, den Blutdruck erhöht, und das Schlagvolumen nicht vermindert, sondern eher vergrößert; eine Gefäßlähmung tritt nicht ein. Der Äther wirkt also auf die vital wichtigen Prozesse entweder erregend oder mindestens nicht unmittelbar lähmend.

Die Anthranilsäure selbst hat die Eigenschaft, daß sie in geringen Quantitäten Dauerwirkungen zu erzeugen imstande ist, weil sie chemisch aktive Gruppen enthält, die sich dauernd mit dem Nervensystem in Verbindung setzen, also im Gegensatz z. B. zum gewöhnlichen Äthyläter kumulativ wirken. Sie wirkt nämlich nicht wie dieser hauptsächlich durch die Anwesenheit physikalisch und wird nicht wieder ausgeschieden. Es sind eine Reihe solcher Ester im Gebrauch als Medikamente, von denen die Grundkomponente z. B. stickstoffhaltig ist, in denen die Alkohol- oder Säuregruppen durch ein Methylen- oder Äthylkomplex verbessert sind, die ihrerseits die große Flüchtigkeit und die Fettlöslichkeit und damit die Durchdringungsfähigkeit der Gewebe bewirken.

[1] Eine der Hauptgefahren des Äthers, auf die man zur Zeit des Studiums viel zu wenig aufmerksam gemacht wird, ist die Explosionsgefahr. Diese Gefahr besteht natürlich in den modernen Spitälern mit elektrischer Beleuchtung nicht, sie ist aber für den Arzt sofort vorhanden, speziell in der Landpraxis, im Moment, wo er nachts bei offenem Licht eine Äthernarkose, eine Kollodiumapplikation oder eine Ätherabwaschung macht. Diese Gefahr ist begründet in dem niederen Siedepunkt und der großen Flüchtigkeit. Die Dämpfe sind schwer und sinken zu Boden, und so sind denn auch die meisten Explosionen dann erfolgt, wenn in irgendeiner kritischen Situation ein Licht auf den Boden gestellt wurde.

Gegenüber dem Chloroform wirkt er bei einer kürzeren Einwirkungszeit von einigen Stunden nicht dauernd schädigend auf das Herz und die parenchymatösen Organe, speziell die Nieren und die roten Blutkörperchen, während das Chloroform wahrscheinlich infolge seiner Anlagerungstendenz bekanntlich alle diese unangenehmen Nebenwirkungen hat. Die geringere Gefährlichkeit für die Narkose liegt natürlich auch darin, daß die Differenz der Narkosekonzentration und der tödlichen Konzentration eine viel größere ist, als bei Chloroform.

Die Nachteile und die sich daraus ergebende Komplikationen sind wesentlich in der Reizwirkung an der Eintrittsstelle in den Körper zu suchen, also bei den Narkosen in der Reizwirkung auf die Lungen und ev. daran sich anschließenden Entzündungsprozessen. Die Nachwirkungen nach der Äthernarkose sind, ausgenommen die Reizwirkungen auf die Lungen, viel geringere als bei Chloroform.

Äther ändert die Blutalkaleszenz und den Eiweißumsatz nicht.

Todesfälle als Folge der Ätherwirkung sind selten. (Vornahme und Beurteilung der Stadien der Äthernarkose gehört in die Chirurgie) [1]).

Innerlich genommen bedingt Äther Brennen in Mund und Magen, bald folgt Rötung des Gesichtes, erregtere Herzschläge, größeres Wohlbefinden. Dosen von einem Eßlöffel bedingen bei nicht gewohnten Personen einen Erregungszustand (der nicht dem Gefühl des Rausches entspricht), der in eine Lähmung und schlafartigen Zustand übergeht. Nach dem Erwachen bestehen Kopfschmerzen, oft deprimierte Stimmung.

Die Ätheromanie, die Äthersucht. Diese einleitende Erregung und das vorübergehende Wohlbefinden und Kraftgefühl verleiten nicht selten Menschen, Äther als Genußmittel und Erregungsmittel zu verwenden, wie Alkohol, zumal seine Wirkung schneller ist und bei geringen Dosen eintritt und sich auch eine geringere Nachwirkung zeigt. Die Wirkungen sind verschieden je nach der Aufnahmeart: Durch den Mund aufgenommen bewirkt er hauptsächlich von seiten des Darmkanals katarrhalische Erscheinungen, analog wie bei Trinkern; bei Inhalation Reizzustände der Lungen.

Auf psychischer und nervöser Seite zeigen sich schneller als nach Alkoholwirkung chronische Störungen, wie allgemeine Schwäche, Energielosigkeit, Reizbarkeit, Schlaflosigkeit, Unruhe, depressive Anwandlungen, Rücksichtslosigkeit gegenüber den Eigenen und eine ganze Reihe von Charaktereigentümlichkeiten, die dem chronischen Alkoholismus sonst zukommen. An körperlichen Symptomen fallen sehr häufig weite Gefäße auf, doch ist dies nicht konstant, es gibt auch ausgesprochen blasse Äthersüchtige. Sehr bald scheint auch das Herz zu leiden, es tritt eine leichtere Ermüdbarkeit des Herzens bei großen Anstrengungen ein und das Herz erholt sich schlechter.

Auch die Störungen der Organe, wie Niere, Leber, Gefäßsystem mit den sich daranschließenden allgemeinen Störungen sind analog wie beim chronischen Alkoholismus. Doch muß hier hervorgehoben werden, daß eine große Zahl der Erscheinungen oft auf gleichzeitige andere Schädlichkeiten, speziell auf andere Gifte zurückgeführt werden muß.

---

[1]) Todesfälle in der Narkose durch Äther sind beobachtet bei den ersten Atemzügen, wie auch bei den anderen Inhalationsnarcotica als eine Folge der Schokwirkung, „mort par inhibition" der Franzosen; natürlich auch bei zu großen Mengen, die in zu kurzer Zeit gegeben werden. Meistens ist Atemstillstand das erste schlimme Zeichen, wenn nicht die Pupillen beobachtet werden. Daneben kann selbstredend die Narkose den Tod mit bedingen, wenn andere Ursachen mit wirksam sind.

β) Essigäther, $CH_3 COO C_2 H_5$.

Vorkommen und Verwendung. In sehr geringen Mengen kommt dieser Ester und seine Homologen als Bukettstoff im Wein vor. Er wird auch künstlich zu diesem Zweck verwendet, ebenso in der Konditorei als Geruchsessenz, speziell für gefärbte Naschartikel für Kinder, Limonadenessenzen, Konfitüren etc.

Technisch ist er als Lösungsmittel für Collodium und ähnliche Stoffe im Gebrauch (aber weniger als sein Verwandter, der Essigsäureamylester.)

Symptome. Als Ursache akuter Vergiftungen ist dieser Äther kaum bekannt, er wirkt in geringen Dosen wie Äther anregend, reizt den Magen und stört sicher bei vielen, speziell bei Kindern, schon in geringen Dosen die Magensekretion für längere Zeit.

Größere Dosen, schon 1—2 g, haben sehr unangenehme Nachwirkungen in starkem Unbehagen in der Magengegend, drückendes widerwärtiges Gefühl im Hinterkopf.

Diagnose. Eine Diagnose ist nur mit Hilfe der Anamnese resp. des Geruches zu stellen.

γ) Amylazetat.

Wie der Amylalkohol wirkt dieser höhere Ester schon in geringen Dosen.

Sein **Vorkommen** und seine **Verwendung** nimmt stark zu mit der Verwendung der Nitrozellulose als Klebemittel und Lack (speziell für Metallteile, Zaponlack).

Symptome. Die jugendlichen Arbeiterinnen, die sich hauptsächlich noch am guten ätherartig — esterartigen Geruch freuen, leiden in der ersten Zeit an Müdigkeits- und Abspannungsgefühl gegen Abend, einzelne an Ohrensausen, ausgesprochener Appetitlosigkeit, doch sind mir dauernde Störungen bei der gegenwärtigen Verwendungsart nicht bekannt geworden.

δ) Sonstige Ester.

(Vgl. auch Salpetersäureester etc. S. 675 und Veronal S. 678.)

Von allen Estern anorganischer Säuren, mit organischen Alkoholen haben in erster Linie Nitroglyzerin (Dynamit), Nitrozucker, Amylnitrit, Amylnitrat, gefährlichere Wirkung. Dimethylsulfat reizt, zerstört sogar die Lungen.

Türkisch-Rotoel und andere schwefelsaure Ester der Fettsäuren, ferner Äthylschwefelsäure, Monomethylschwefelsäure sind wenig flüchtig und kommen als Vergiftungsursache aus diesem Grund nicht in Betracht.

Als Ester von Alkoholen sind auch die Fette zu betrachten. Vergiftungen durch Fette und Fettsubstitutions- und Ersatzprodukte können verschiedene Gründe haben:

1. Zersetzung der Fette, Ranzigwerden der Fette und damit Gehalt an reizenden Fettsäuren. Die Zersetzungen gehen vor sich unter Mitzersetzung der immer in Spuren vorhandenen Eiweißkörper, so daß auch noch die daraus entstehenden Produkte mitwirken.

2. Durch Zusätze von Konservierungsmitteln und Farben; heute werden nur selten akut wirkende Stoffe verwendet, sondern meist Borax, Salizylsäure, als Farben Safranin.

Es ist auch schon die Idee geäußert worden, Nahrungsfette, die das Kochen nicht vertragen, statt unter Kältewirkung unter Wirkung von Blausäuredämpfen zu transportieren; dies wäre eine neue Gefahr, da die Blausäure lange absorbiert bleibt, sich auch polymerisiert und schwerer verdampft.

Wie sich die durch die neuen Reduktionsmethoden (z. B. Nickelkatalyse) aus Ölen etc. entstehenden festen Fette physiologisch verhalten, ist noch unbekannt. Akute Störungen werden nicht beobachtet; Fettersatzfragen spielen eine große Rolle.

3. Zusätze fremdartiger pflanzlicher Fettsubstanzen zur Kunstspeisefettbereitung. Bei Verwendung stark ungesättigter Fette, (Marattifett) treten Vergiftungssymptome auf, resp. Reizsymptome vom Magen und Darm aus, sicher auch Schädigung der Leber.

Margarinevergiftungen. Die neue Technik sucht einerseits für industrielle Zwecke, andererseits für die Nahrungsmittel, die verschiedenartigsten Glyzerin-Fettsäure-Verbindungen, zweckentsprechend zu verändern und zu verbinden.

Die Variationsmöglichkeit der Fettsäuren ist eine äußerst große, besonders wenn man die ungesättigten Fettsäuren berücksichtigt. Eine Reihe von Fettsäuren, speziell solche pflanzlicher Abkunft, reizen, wie erwähnt, hauptsächlich die Magenschleimhaut und erzeugen Erbrechen und vergiftungsähnliche Symptome in Dosen von wenigen Gramm. Daß dabei kleine Mengen stickstoffhaltiger Verunreinigungen eine Rolle spielen können, ist klar. — Dieser Umstand erklärt auch die Verschiedenheit der Erscheinungen. (**Margarinevergiftungen** in Norddeutschland durch Zusatz von Marattifett von Hydnocarpus.)

Diese Vergiftungen verlaufen im allgemeinen gutartig und ziemlich schnell im Gegensatz zu den Nahrungsmittelvergiftungen auf Grund von Paratyphus und ähnlichen Bazillen.

c) Aldehyde und Ketone.

Durch den doppelt an Kohlenstoff gebundenen Sauerstoff bekommen die Aldehyde und Ketone ihre große Reaktionsfähigkeit und zwar eine solche von der Größenordnung, daß sie im Organismus und an den Eintrittsstellen in den Organismus in schnelle Reaktion mit den Geweben treten. Je kürzer die Kohlenstoffkette, um so intensiver ist die chemische Reizwirkung. Bei höheren Kohlenstoffketten, auch bei Aldehyden und besonders bei den Ketonen tritt diese Eigenschaft gegenüber der neurotropen Wirkung stark in den Hintergrund.

α) Formaldehyd[1]).

(Im Handel als 35—40 % Lösung genannt Formalin.)

Vorkommen und Verwendung. Die Darstellung des Formalins im Großen (durch Überleiten eines Gemisches aus Luft und Methylalkohol über glühendes Kupfer) ist eine moderne Industrie[1]). Es wird hauptsächlich verwendet als Konservierungsmittel, speziell für anatomische Präparate, als Desinfektionsmittel im großen Maßstab für Zimmer und als unerlaubtes, schädliches Konservierungsmittel für eiweißhaltige Substanzen wie Milch (unglücklicherweise von Behring empfohlen) und Wurstwaren. In der Technik wird Formalin immer mehr verwendet: In der Farben- und Arzneimittelindustrie, der Gerberei, der Industrie der plastischen Massen (Galalith = Formaldehyd + Casein, Bakelit = Phenole + Formaldehyd etc., als Zelluloid und Elfenbein-Ersatz).

Die Vergiftungen erfolgen durch Formalingase, da sich der Formaldehyd aus dem Wasser leicht verflüchtigt, ebenso auch bei Formalinverwendung wie z. B. bei Zimmerdesinfektion. In einzelnen Fällen erfolgten durch Verwechslung einer formalinhaltigen Flasche Vergiftungen.

Die meisten, aber häufig nicht diagnostizierten und nicht bewiesenen Schädigungen erfolgen sicher durch Verwendung von Formalin als Konservierungsmittel. Doch sind das im wesentlichen indirekte Giftwirkungen, weil das Formalin schon in Lösungen bis 1 : 1000, bis 1 : 10 000 die Resorptionsfähigkeit

---

[1]) Bei der Darstellung des Formaldehydes, vor allem bei längerem Stehen der Lösung, setzt sich eine weiße flockige Masse ab, die ein Kondensationsprodukt aus 3 Molekülen Formaldehyd darstellt, den Paraformaldehyd.

der Eiweißkörper sehr stark reduziert. Bei höheren Konzentrationen, die bis zum Genuß nicht vollständig mit den vorhandenen Eiweißkörpern in Reaktion getreten sind, kann dann noch direkt der freie Formaldehyd schädlich wirken. Er soll auch die Gefäße lädieren.

Symptome und Diagnose. Formaldehyd wirkt in sehr geringen Konzentrationen reizend auf die Konjunktiva der Augen. Die einzelnen Menschen sind sehr ungleich empfindlich. Bei etwas größeren Konzentrationen in der Luft treten Hustenreiz, Beengungsgefühl in der Brust auf, Schweregefühl im Kopf, speziell Druck in den Schläfen; auch an diese Symptome scheint man sich relativ leicht zu gewöhnen. Formaldehydekzeme an Gesicht und Händen.

Interner Genuß von größeren Mengen bewirkt Brennen im Rachen, im Hals Würgkrämpfe, Kupierung der Atmung, Husten, starke ängstliche Erregung, Magenschmerzen, Brechen, Störung des Bewußtseins bis zum Koma. (Dosen von ca. 10—15—30 g.)

Auch schon bei Genuß von geringeren Dosen bleiben starke enteritische Symptome zurück, vor allem werden Reizungen der Nieren und Herzstörungen angegeben.

Über die Schädigung von Säuglingen durch mit Formalin konservierte Milch: Verminderung der Resorption, Entzündung der Darmschleimhaut, liegen eine Reihe von Beobachtungen vor.

Eine große Zahl von Formaldehyd-Additionsprodukten (Urotropin, Formamint usw.) erzeugen bei empfindlichen Personen hauptsächlich nach längerem Gebrauch Nierenreizungen und speziell bei Kindern Appetitlosigkeit, Kopfschmerzen.

β) Azetaldehyd.

Azetaldehyd. CH_3CHO ist äußerst leicht flüssig, siedet schon bei 21⁰.

Vorkommen und Vergiftungsgelegenheiten. Da er ein Zwischenprodukt bei der Oxydation des Alkohols zu Essig ist, tritt er häufig in derartigen Betrieben auf, findet sich ferner im Rohspiritus und im jungen Wein. Auch in der Farbenfabrikation findet er Verwendung. Zu drei Molekülen kondensiert entsteht aus dem Azetaldehyd der Paraldehyd.

Die chronischen Einwirkungen erfolgen hauptsächlich in den Schnellessigfabriken durch Verdampfen des Aldehyds. Die meisten Einwirkungen auf den menschlichen Organismus kommen durch Paraldehyd zustande, welcher als Narcoticum verwendet wird.

Paraldehyd über längere Zeit genommen, bewirkt sehr bald chronische Zustände, sowohl körperlicher, wie psychischer Art, indem er alle Organe anzugreifen imstande ist.

Symptome und Diagnose. Bei akuten Vergiftungen, die etwa infolge von Verwechslungen sich ereignen können, ist die Diagnose hauptsächlich durch den Geruch möglich. Häufig tritt etwas Brennen im Hals und Magendrücken auf und sehr bald erfolgen Erweiterungen der Gefäße und der Pupille sowie Schlaf. Die Nachwirkungen sind nach einmaligem Genuß medizinaler Dosen sehr gering. Größere Dosen bis 20 oder 30 g bringen komatöse Zustände, unter Umständen Herzschwäche, Atembeschwerden, Erwachen nach 12—24 Stunden mit längerer dauernder Übelkeit und manchmal Druck in der Herzgegend; erst Dosen über 50—100 g bedingten nach den bekannten Fällen den Tod.

Wichtiger sind die chronischen Vergiftungen, hauptsächlich nach internem Gebrauch, die heute, nachdem die Gefahren der schnellen Angewöhnung allgemeiner bekannt sind, seltener geworden sein dürften. Bei innerem Gebrauch über längere Zeit entstehen regelmäßig infolge des chemisch aktiven Charakters Magen- und Darmstörungen, Appetitstörungen, Appetitlosigkeit abwechselnd mit Hungergefühl und daran anschließend Ernährungsstörungen, Sinken des Hämoglobingehaltes, schlechte graue Hautfarbe, allgemeine Schwäche, häufig Albuminurie, Druckgefühl in der Herzgegend, unregelmäßige Herzaktion. Nach längerem Gebrauch stellen sich äußerst unangenehme psychische Nachwirkungen oder besser gesagt Abstinenzwirkungen, wie Schlaflosigkeit, Aufregungszustände mit mehr oder weniger Angstgefühlen und ausgesprochene Schwächezustände ein.

Auch akute ängstliche Halluzinationszustände, Zittern, analog wie bei chronischer Alkoholwirkung kamen zur Beobachtung.

Therapie. Gegen die akuten Vergiftungen sind natürlich Magenspülungen und Analeptika angezeigt, bei chronischen Vergiftungen langsamer Entzug bei stark forcierter Ernährung.

γ) Akrolein.

Akrolein $CH_2 = CHCHO$ ist ein Verwandter des Azetaldehyds, aber noch weiter ungesättigt und deshalb von äußerst unangenehmer akuter Wirkung infolge der großen Reaktionsfähigkeit.

Vorkommen und Vergiftungsgelegenheiten. Das Akrolein entsteht bei starker Erhitzung von Glyzerin und daher auch aus fettartigen Substanzen. (Schwefelsäureverseifung, Firnißsiedereien, auch bei der Linoleum- und Wachstuchfabrikation). (Entsteht auch bei unvorsichtigem Rösten des Kaffees!)

Es riecht so äußerst widerwärtig und reizt so stark die Augen und Nase und Rachenschleimhäute, daß es nicht innerlich genommen wird. Zudem ist es rein sehr schwer darzustellen und nur teuer im Handel zu erhalten. Es neigt zu Kondensationsprodukten. Das Akrolein ist einer der organischen Stoffe, der als Ursache von gewerblichen Erkrankungen längst bekannt ist (Fettindustrie etc. aber regelmäßig mit Begleitkörpern zusammen zur Wirkung kommt).

Symptome. Reizung der Augen und Luftwege.

δ) Ketone.

Das **Azeton** CH_3COCH_3 verdampft relativ leicht; es siedet bei 56 Grad.

Vorkommen und Vergiftungsgelegenheiten. Das Azeton kommt selten rein zur Verwendung. Durch die Besteuerung des Alkohols hat es aber eine relativ große Verwendung zum Denaturieren; in erster Linie wird es in der Technik der Nitrozellulosen und der Kunstseide (und Zelluloid) benützt, aber auch sonst als Lösungs-, Fällungs- und Fixierungsmittel.

Unter dem Namen Azetoniol ist während des Krieges ein Azetonersatz in den Handel gekommen (zur Lösung von Zelluloid) aus Azeton, Methylalkohol, Tetrachlorkohlenstoff, Nitrobenzol, in welchem durch Umsetzung sehr giftiger Produkte enstanden, wie Azetonchlorid.

(Bekanntlich tritt das Azeton häufig im Stoffwechsel auf, bei Fieber, Diabetes und manchen Vergiftungen).

Symptome und Diagnose. Bei den vorkommenden Vergiftungen und bei Azetongehalt des Blutes riecht die Ausatmungsluft nach Azeton, resp. wie gärende Früchte.

Das Azeton wirkt sehr wenig narkotisch, etwa wie der Methylalkohol oder Alkohol. Seine chemische Agressivität ist nicht sehr ausgesprochen, immerhin kommen in den Räumen mit viel Azeton in der Atmosphäre (Trocknung von Celluloidgegenständen, Polieren etc.) Krankheitserscheinungen zustande, in erster Linie Reizung des Halses und der Bronchien, dann aber Kopfschmerzen und Schwere im Kopf, schlechte Erholung in der Nacht und schwere Träume.

Von weiteren Ketonen kommen noch in Betracht das Phenyl-Methyl-Keton, Azetophenon, das als Narcoticum **Hypnon** im Handel ist; innerlich genommen reizt es die Schleimhäute des Magens und wirkt stark narkotisch.

Auch alle andern Ketone haben diese Eigenschaften, aber sie werden alle weder technisch noch medizinisch ausgedehnter verwendet. Diesbezügliche Gefahren bestehen deshalb vorläufig heute nicht.

d) Fettsäuren (vgl. auch Fette S. 657).

Die freien Fettsäuren sind alle in größeren Dosen giftig, vor allem reizen sie lokal. Die niedrigen Fettsäuren, die resorbiert werden, wirken auch ausgesprochen lähmend auf Herz, Atmungszentren und Nervensystem, in ganz geringen Dosen sind sie erregend. Besonders empfindlich auf Fettsäuren und fettsaure Derivate sind die Kinder.

Die höheren Fettsäuren wirken nur lokal. Im allgemeinen werden die Säuren von der Haut und den Schleimhäuten weniger leicht resorbiert, als die entsprechenden Aldehyde und Alkohole.

Die Salze der höheren Fettsäuren sind die Seifen, die im allgemeinen weniger resorbiert werden als die Fettsäuren.

α) Ameisensäure.

Die **Ameisensäure** ist flüchtig, Siedepunkt 100°.

Vorkommen und Verwendung. Die Ameisensäure ist ein Oxydationsprodukt des Formaldehyds und entsteht in geringer Menge bei der Darstellung derselben. Sie wird heute wenig mehr zur Konservierung von Fruchtsäften verwendet[1]; dagegen neuerdings in verschiedenen Industrien (Textilindustrie) als Essigsäureersatz. Die Ameisensäure wirkt auch als Abbauprodukt bei der Methylalkoholvergiftung.

Seltener wird die Ameisensäure als Anregungsmittel bei den verschiedensten Krankheiten verwendet und zwar zur subkutanen Injektion. Es erfolgen heftige lange dauernde Schmerzen.

Symptome. Reizung der Nasenschleimhaut, bei der Inhalation Brennen auf der äußeren Haut, hauptsächlich bei kleinen Wunden. Auf das Nervensystem scheint die Flüssigkeit erregend zu wirken. Vergiftungen sind kaum bekannt.

β) Essigsäure.

Die **Essigsäure** ist außerordentlich verbreitet, durch Essiggärung des Alkohols. Sie ist hauptsächlich zu besprechen in der Form des **Essigs**, der eine Lösung von Essigsäure 2—5 % und Spuren von Essigäther ist und weiter als **Essigessenz**, die 80—90 % Essigsäure enthält. (Neue Herstellungsverfahren ausgehend von Azetylen.)

Verwendung und Vergiftungsgelegenheiten. Der gewöhnliche Essig kann zu Verdauungsstörungen, Magenschmerzen, Leibschmerzen, Koliken und Durchfällen führen. Gewohnheitsmäßiges Trinken von Essig bewirkt Abmagerung und Anämie, führt höchstwahrscheinlich in einzelnen Fällen zu Störungen in der Herztätigkeit sowie Verlangsamung der Herztätigkeit und der Atmung. Viel häufiger und gefährlicher sind die **Vergiftungen** mit Essigessenz, also konzentrierter Essigsäure.

---

[1] Unter dem Phantasienamen Fruktol, Alacet, Verderol (1—2%) zur Konservierung von nur wenig eiweißhaltigen Flüssigkeiten wie Trinksäften usw., ebenfalls auch heute noch im Gebrauch unter recht verschiedenen Namen und in Gemischen.

Konzentrierte Essigsäure wirkt verätzend auf die Schleimhäute, sie dringt auch durch die äußere Haut hindurch. Die Vergiftungen sind deshalb häufig, weil Essigessenz in sehr vielen Haushaltungen vorrätig ist, so daß sie zu Verwechslungen, böswilligen Streichen und Wetten, selbst zu Mord, speziell bei Kindern, verwendet wird.

Die Essigsäure kann auch in großen Mengen in die Luft gelangen, in Industrien, wo Azetate als Beizen und als Lösungsmittelzusätze verwendet werden, die hauptsächlich bei der Trocknung, beim „warmen Druck" auftreten, in Druckereien, Färbereien, auch in Linoleumfabriken. Darstellung von Azetylzellulose.

Bis heute selten beobachtet ist die Verwendung von Essigessenz in den schwangeren Uterus injiziert. Tod unter schnellen Bewustseinsverlust bei ca. 60—80 g nach eigener Beobachtung.

Die Essigsäure reizt die Schleimhäute und soll Mattigkeit bedingen.

Essigsäureanhydrid wirkt analog wie Essigsäure, aber in viel stärkerem Grade, z. B. auch auf die zentrale Wirkung auf das Nervensystem.

Die Anwendung ist sehr verbreitet: Azetylierung in der pharmazeutischen Industrie, Darstellung der Azetylzellulose.

Symptome und Diagnose. In erster Linie leitet der Geruch zur Diagnose. Sofort nach dem Genuß treten starke Reizerscheinungen auf, starke Leibschmerzen, Blutbrechen, Herzschwäche, Bewußtseinsstörungen, nachher schwere Gastroenteritis, ähnlich wie z. B. bei Oxalsäure, oxalsauren Salzen und Arsenvergiftungen, Cholchicin, Pilzen usw. Es wird darauf aufmerksam gemacht, daß zur Differentialdiagnose die Alkalinität des Harns verwendet werden könne.

Salze der Essigsäure speziell das Kaliumazetat wirken bekanntlich diuretisch, doch ist diese Wirkung im wesentlichen eine Salzwirkung.

γ) Höhere Fettsäuren, substituierte Säuren.

Die höheren Fettsäuren sind wenig flüchtig, haben einen sehr widerwärtigen Geschmack, kommen als Vergiftungsursachen kaum in Frage, wohl aber als Ursache gewerblicher Hautkrankheiten.

Die Alkalisalze dieser Fettsäuren, die Seifen, haben stark ätzende Wirkung. Nach der Resorption wirken sie hauptsächlich lähmend auf Herz und Atemzentren. Wahrscheinlich wirken sie auch, speziell die ölsauren Seifen, hämolytisch auf die roten Blutkörperchen.

Bei subkutaner Beibringung haben alle Salze der Fettsäuren eine lähmende Wirkung auf das Nervensystem.

Die Mono-, Di- und Trichloressigsäuren wirken viel stärker ätzend, besonders die Trichloressigsäure. Diese wird schwer resorbiert, während die Mono- und Dichloressigsäure stark lähmend auf das Nervensystem wirken.

δ) Die mehrwertigen Fettsäuren.

1. Die Oxalsäure.

Die Oxalsäure, das saure Kaliumsalz der Oxalsäure und das neutrale Kaliumoxalat haben analoge Wirkungen. (Kleesäure, Zuckersäure, Kleesalz.)

In dieser Säure häufen sich eine ganze Reihe von Eigenschaften, die der Wirkung der Oxalsäure usw. in bezug auf die Giftigkeit eine besondere Rolle verleihen [1]). Die Giftigkeit ist schon sehr lange und allgemein bekannt, so daß

---

[1]) Die Oxalsäure zeigt die Eigenschaften der Fettsäuren in gesteigerter Form lokal stark reizend zu wirken und das Herz akut stark zu schädigen, ebenso die Nieren. Eine weitere ·Wirkung, die bei den Fettsäuren sonst wenig zur Geltung kommt, liegt

die absichtlichen Vergiftungen eine größere Rolle spielen, andererseits ist der süßlich saure Geschmack nicht unangenehm und verleitet speziell Kinder zum Genuß oxalsäurehaltiger Pflanzen.

Vorkommen und Verwendung, Vergiftungsgelegenheiten. Oxalate kommen in einer Reihe von Pflanzen vor, in erster Linie im Sauerampfer (Rumex acetosella), auch in Rhabarberarten usw. Die Oxalate werden vor allem in der Farbenindustrie verwendet, auch als Farbbeizen, in der Bleicherei, in Reinigungsanstalten, im Haushalt zum Entfernen von Flecken; vielerorts werden Oxalate zum Putzen der Metallgegenstände verwendet. (Verwechslung mit Abführmitteln!) Die Dosen, die schon schwere Symptome machen, sind variabel — 1,0 bis mehrere Gramm.

Die Oxalsäure kann wahrscheinlich auch in tödlichen Dosen durch die Haut aufgenommen werden.

Symptome und Diagnose. Das Krankheitsbild variiert ziemlich stark. In erster Linie ist die Anamnese zu berücksichtigen. Im Vordergrund des Krankheitsbildes stehen anfangs die Magenschmerzen, Brechen schwärzlicher Massen, sehr schnell folgt die Resorptionswirkung, die sich in einer Verlangsamung des Herzschlages bei schlechtem, kaum fühlbaren Puls geltend macht, Atemnot, in einzelnen Fällen treten Krämpfe auf, Schmerzen und Anästhesien in den Gliedern mit Kopfschmerz. Bei größeren Dosen folgt Zittern, Krämpfe, Schweiß, Angstgefühl, die Reflexe sind manchmal erhöht. Der Tod kann bei großen Dosen (10 g) unter diesen Symptomen recht schnell eintreten, oft in wenigen Minuten.

Bei weniger schweren Vergiftungen machen sich bald Organläsionen geltend, im Vordergrund stehen Niere und Magendarmkanal. In der Nierengegend treten fast regelmäßig Schmerzen auf, man findet viel oxalsauren Kalk im Harn („Briefcouvert Kristalle"), mit Eiweiß, Cylindern und oft Blutkörperchen. Schmerzen in der Blase und beim Urinieren. Die Harnmenge geht in fast allen Fällen anfangs stark zurück, gleichzeitig treten oft starke Ödeme auf, auch bei Kindern. Blutige Durchfälle, Nasenbluten usw. sind häufig.

Für akute Oxalsäurevergiftung spricht das rasche Eintreten schwerer Symptome: sehr schlechter, langsamer Puls mit Leibschmerzen und Nierenschmerzen und vor allem die Oxalate im Harn. (Pilzvergiftungen können in Frage kommen, wohl selten technische Produkte, ätzende Salze, Barium usw.)

Nachkrankheiten der akuten Vergiftung sind sehr häufig. In erster Linie bleiben die Magendarmsymptome lange bestehen; im Gegensatz zu den Mineralsäuren usw., bestehen im Rachen und Kehlkopf keine Verätzungen, und es folgen daher keine Narbenkontrakturen und Stenosen.

Die Nephritis kann sehr schnell wieder zurückgehen; in anderen Fällen bleibt Anurie bestehen oder eine chronische Nephritis folgt nach. Die Störungen von seiten des Nervensystems halten in einzelnen Fällen (wie es scheint speziell in gewerblichen Fällen) längere Zeit in der Form von erhöhten Reflexen an bei allgemeiner Schwäche, schmerzhaften, schwerbeweglichen Muskeln

---

darin, daß sie einen im Körper nur in geringer Menge in gelöster Form vorliegenden wichtigen Salzbestandteil, das Kalzium, an sich reißt und dasselbe aus dem Ionen-Gleichgewicht ausschaltet, weil das Kalziumoxalat in den Körpersäften fast vollständig unlöslich ist. Damit treten zwei neue Vergiftungsfaktoren auf, der Kalziummangel, der seinerseits eine Reihe schwerer Störungen macht, speziell die Ungerinnbarkeit des Blutes bedingt und die Kontraktionsfähigkeit der Muskeln ändert, und ferner die Wirkung der scharfen Kalziumoxalatkristalle, die überall entstehen können und in erster Linie die Nieren reizen. Je nachdem der eine oder andere der Wirkungsfaktoren in den Vordergrund tritt, variiert das Vergiftungsbild. Deshalb besteht häufig eine Unsicherheit in der Diagnose.

mit anfallweisen Verschlimmerungen. Bei solchen Fällen können auf Besserungen Verschlimmerungen folgen, die nachträglich zum Tod führen.

Therapie. Kreide, Kalkwasser (Kalzium in gelöster Form), Eiweiß, Milch.

Die chronischen Vergiftungen mit Oxalsäure und oxalsauren Salzen. Subakute und chronische Vergiftungen in Gewerben, in denen mit bloßen Händen in Oxalsäure geabreitet wird, sind wahrscheinlich häufiger als sie diagnostiziert werden, da entweder die Nierenstörungen in den Vordergrund treten oder mehr neurasthenische Störungen. In Fällen, in welchen die Anamnese Anhaltspunkte wegen Verwendung von Oxalsäure gibt (Bleichereien, Strohhutfabriken, Fleckwäscherei, Tintenlöschmittelfabriken, bestimmte photographische Prozeduren) wird man auf Oxalsäure im Harn untersuchen.

Chronische Vergiftungen durch Oxalsäure enthaltende Nahrungsmittel, Sauerampfer, Spargeln, saure Früchte usw., machen sehr unbestimmte Symptome: Gefühl der Abgeschlagenheit, Reizbarkeit, anfallweise Nierenschmerzen und Tenesmus. Es gelingt in manchen Fällen durch mikroskopische Untersuchung des Harns die Patienten auf übermäßigen Spargel- und Rhabarbergenuß usw. aufmerksam zu machen.

2. Die Weinsäure.

Vorkommen und Verwendung und Vergiftungsgelegenheiten. Die Weinsäure ist im Handel und wird neben vielfacher technischer Anwendung zu Reinigungs- und Färbezwecken, zur Bereitung künstlichen Weines verwendet. Die Vergiftungen erfolgen fast regelmäßig durch Verwechslung.

Symptome und Diagnose. Da die Substanz vollständig im Organismus verbrannt wird, ist die Diagnose nur auf Grund der Anamnese und der Symptome zu stellen. Wie alle Säuren, treten in erster Linie die Magendarmsymptome: Erbrechen und Durchfall in den Vordergrund. Schwere Symptome treten schon nach 10 g auf. Nachher folgen Resorptionserscheinungen, schwacher Puls, Störungen des Bewußtseins.

Beim Weinstein, einer zur Hälfte mit Kalium gesättigten Weinsäure, sind die Wirkungen sehr ähnlich.

Beim sog. Seignettesalz, dem Kalium-Natrium Tartrat, treten die schweren Störungen allgemeiner Art etwas zurück. Es erfolgen bei großen Dosen, z. B. 20 g und mehr, starkes Erbrechen und Herzsymptome, ausgesprochen schwacher Puls. In Dosen von ca. 10—15 g, wurde es früher als Abführmittel verwendet.

3. Die Zitronensäure.

Vorkommen, Vergiftungsgelegenheiten. Die Zitronensäure wird heute hauptsächlich zu Genußmitteln verwendet und kommt in großen Mengen durch die Zitronen in den menschlichen Körper. Auch für Fleckenreinigung, Tintenlöschkombinationen und in der Färberei wird sie viel angewendet.

Vergiftungen sind speziell bei kleinen Kindern beobachtet; nach 1 bis 2 Zitronen kann schlechter Puls auftreten und Bewußtlosigkeit (ätherische Öle?). In einem Falle trat nach ca. 25 g trotz reichlichem Erbrechen der Tod ein; die Zitronensäure wurde als Abortivum genommen.

Symptome und Diagnose. Die Symptome sind Erbrechen, eventuell Magendarmblutungen (Herabsetzung der Gerinnbarkeit des Blutes). Die Diagnosen sind bis heute fast ausschließlich auf Grund der Anamnesen gemacht worden.

3. Die Alkohole, Ester, Säuren der aromatischen Reihe.

Die Besonderheiten der aromatischen Substanzen sind bei diesen Stoffgruppen noch ausgesprochener, als die Differenzen der aliphatischen und aromatischen Kohlenwasserstoffe und zwar in der Richtung, daß die aromatischen Stoffe, soweit sie löslich sind, viel stärkere Gifte sind.

a) Die Phenole [1]).

α) Die Karbolsäure.

Mono-Oxybenzol oder Hydroxybenzol oder Karbolsäure ist der Hauptvertreter der aromatischen Phenole.

Vorkommen, Verwendung, Vergiftungsgelegenheiten. Die Karbolsäure wird in zwei Richtungen verwendet, früher sehr viel, jetzt viel weniger als Desinfektionsmittel in der Medizin, und heute vor allem in der chemischen Industrie als Ausgangsprodukt vieler aromatischer Substanzen, hauptsächlich der Salizylsäure, die in ungeheuren Mengen technisch und pharmazeutisch verwendet wird, und zu Sprengstoffen. Die Karbolsäure kommt im Steinkohlenteer vor, aus welchem sie gewonnen wird (Rohkarbol).

Dieses Rohkarbol wird weiter, hauptsächlich durch Destillation, bis zum reinen kristallisierbaren Phenol gereinigt, das farblose Kristalle gibt. Diese wandeln sich durch Wasseranziehung in eine beim Stehen sich rötlich färbende Flüssigkeit um. Auch synthetisch wird viel Phenol hergestellt, besonders während des Krieges.

Das medizinisch häufig verwendete Acidum carbolicum liquefactum ist kristallisierte Karbolsäure in wenig Wasser gelöst.

Die medizinischen Anwendungsformen: In kaltem Wasser, d. h. in gewöhnlichem Leitungswasser ist die Karbolsäure zu 4—5% löslich. Größere Mengen lösen sich nicht. Die konzentrierte Karbolsäure schwimmt in öligen Tröpfchen in der Flüssigkeit, setzt sich zu Boden als Öl und kann verätzend wirken. Für die Laien ist die Karbolsäure als Karbolwasser der Pharmakopöe zugänglich. Dieses enthält je nach dem Land 1—3% Karbolsäure. Dieses Karbolwasser, ebenso das Karbolöl kommen zum Glück außer Gebrauch, sie haben zu vielen Vergiftungen (speziell bei Kindern) und auch lokalen Nekrosen Veranlassung gegeben.

Der Karbolspray der früheren Zeit ist wohl ganz verlassen.

Konzentrierte Lösungen, hauptsächlich von Rohkarbol und Rohkresol werden heute zur Desinfektion von Sputum, Wäsche, Ställen usw. verwendet und können bei äußerem Gebrauch zu Vergiftungen Veranlassung geben. (Stalldesinfektion mit Karbol sollte unterlassen werden, da die Milch Karbolgeruch annimmt und auch durch die Milch Karbol ausgeschieden wird.) Das Rohkresol oder Rohkarbol wird in konzentrierter Form zur Imprägnation von Holzbestandteilen, wie Eisenbahnschwellen, Pfählen, Telegraphenstangen verwendet.

Die häufigsten Vergiftungen erfolgen durch Unkenntnis und Fahrlässigkeit, die bei der allgemeinen Verbreitung des Karbols seit ca. 1880 zu vielen Vergiftungen Veranlassung gaben: so durch Verwechslungen, indem Karbolwasser oder konzentrierte Karbolsäure in Trinkgefäßen oder Bierflaschen aufbewahrt wurde und von Kindern genossen werden konnten. In einzelnen Fällen haben Mütter kleinen Kindern aus Unkenntnis Karbol zu trinken gegeben, in anderen Fällen zur Tötung des Kindes. Analog gefährlich ist die Verwendung zu Klystieren. Häufig wurde nicht beachtet (und gerade in der letzten Zeit scheint die Kenntnis abhanden gekommen zu sein), daß die Karbolsäure durch die Haut sehr leicht resorbiert wird, so daß keine großen, sog. feuchten Karbolverbände angelegt werden sollten; vor allem bringt ein solcher Verband die Gefahr der Karbolnekrose, wie sich wieder im Balkankrieg gezeigt hat.

In der Technik kommen Karbolvergiftungen durch Inhalation heute selten mehr vor, weil die Technik Vorsorge trifft, daß das teure Produkt nicht in großen Mengen in die Luft geht.

---

[1]) Alle Phenole und Kresole sind starke Gifte. Sie wirken in konzentrierter Form auf die Schleimhäute ätzend und resorbiert hauptsächlich lähmend auf das Nervensystem.

Vergiftungen durch Handhabung von Rohkarbolen und Rohkresolen sind häufiger, machen aber hauptsächlich nur Symptome an den Händen, wie Eingeschlafensein, Gefühlsstörungen und Ekzeme.

Symptome und Diagnose. Die Diagnose wird in vielen Fällen durch den Geruch der Ausatmungsluft sichergestellt werden können.

Innerlich genommen macht Karbolsäure ein brennendes Gefühl im Rachen, Brennen im Magen, nach wenigen Minuten steigert sich die Übelkeit zu Unruhe, zu Schwindel mit schlechtem Puls. Bei Dosen von ca. 10—15 g an, bei Kindern schon bei Bruchteilen von Grammen, kommt es zur Bewußtlosigkeit, Sinken der Temperatur, häufig zu Krämpfen mit tödlichem Ausgang in wenigen Stunden.

Tritt der Tod nicht ein, so beobachtet man sehr häufig Nachkrankheiten: ausgesprochene Schwäche, Gefühl der geistigen Lähmung, manchmal Temperaturschwankungen, außerdem als direkte Folge Reizungen der Nieren mit Albuminurie, Hämaturie, Reizungen der Blase.

Die Symptome bei geringen Dosen und bei der Inhalation sind Schwächegefühl, Schwindel, Ohrensausen, Neigung zu Schweiß, selten Aufregungszustände.

Wirkungen auf der Haut: Von der Haut aus treten durch Resorption dieselben allgemeinen Wirkungen ein, dazu kommt anfangs leichtes Brennen, dann Gefühlloswerden mit dem Gefühl der dicken Haut, der pelzigen Haut usw. Dann schließen sich Weißwerden und Absterben der Oberhaut an, je nach der Disposition starke seröse Sekretion, Blasenbildungen, ekzemähnliche Eruptionen, sogar tiefgehende Gangräne. Speziell sind diese Giftwirkungen der Karbolsäure beobachtet worden an Fingern, Zehen, Ohren und Genitalien bei laienhafter Anwendung, die oft aus Scham nicht zugegeben wird [1]).

Für die Karbolvergiftung ist das schnelle Einsetzen von Bewußtseinsstörungen charakteristisch, das analog ist, wie etwa bei Oxalsäure und bei Cyanvergiftungen (Cyankali) in geringen Dosen.

Da das Karbol im Harn ausgeschieden wird, ist es bei Fällen mit geringen Mengen, auch wo der Geruch nicht aufdringlich ist und der Tod nicht schnell erfolgt, sehr bald im Urin nachzuweisen (Eisenchloridreaktion und als Bromverbindung).

In der Hauptsache wird das Karbol als Schwefelsäureester und als Oxydationsprodukte des Phenols ausgeschieden, die sich an der Luft durch Oxydation schwarz färben. Wenn man diese Eigentümlichkeit nicht berücksichtigt, kann man die akute Vergiftung natürlich mit anderen Vergiftungen verwechseln, die Ätzwirkungen und Bewußtseinsstörungen machen, aber auch mit Urämie, diabetischem Koma, sogar mit einem epileptischen Anfall.

Chronische Vergiftung ist selten. Bei chronischer Aufnahme durch die Haut und durch die Atmungsorgane kommt es vor allem zu eingenommenem Kopf, Müdigkeit, unmotiviertem Brechen, Schlaflosigkeit, Abmagerung, häufig begleitet von Gefühlsstörungen. Diesem Symptomenkomplex scheinen eine Reihe Chirurgen der Listerschen Zeit erlegen zu sein und ein ähnliches Bild ist, wenn auch selten, in Karbolfabriken beobachtet worden.

Die chronische wie die akute Vergiftung schädigen die parenchymatösen Organe und zwar nicht nur die Nieren, sondern auch Leber und Herz.

Therapie. Bei akuten Karbolvergiftungen ist Anwendung der Magenspülung geboten (Brechmittel wirken bei Eintritt der Narkose nicht mehr). Empfohlen wird Magnesia usta eventuell Kalkwasser. Ferner Eiweiß, Schleime, Stimulantien (eventuell per Klysma), künstliche Atmung. Schutz vor Wärmeverlust bei sinkender Körpertemperatur.

---

[1]) Das Gegenstück hat man Gelegenheit bei auf Unfall versicherten Patienten zu beobachten, die neuerdings neben anderen Säuren, auch die Karbolsäure dazu verwenden, um die Heilung einer kleinen Wunde schmerzlos hinauszuziehen.

β) Die Methylphenole, Kresole, Saprole, Lysole etc.

Die Kresole werden weniger leicht resorbiert und haben auf Bakterien infolge der Methylierung eine eher stärkere Wirkung, als das Phenol.

Das Ortho- und das Parakresol sind kristallisierbar, das Metakresol ist flüssig und giftiger.

Vorkommen und Verwendung, Vergiftungsgelegenheiten. Die Kresole kommen hauptsächlich im Rohkarbol vor. Das frühere Roh-kresol ist heute fast frei von Karbol, währenddem es früher sehr viel Karbol enthielt. (Verwendung vgl. Phenol.)

Eine ganze Reihe von Desinfektionsmitteln (Kreolin, Saprol, Lysol) sind Kombinationen von Rohkresol mit anderen Kohlenwasserstoffen, Seifen usw. und werden wie die Kresole verwendet.

Als Vergiftungen kommen fast nur Selbstmorde vor und recht selten medizinische Vergiftungen.

In den meisten Fällen von Vergiftungen waren die Symptome vollständig analog der Karbolsäurevergiftung. In vielen Fällen wurde auch Karbolsäure im Harn nachgewiesen.

Die Diagnose wird wie bei Karbol nach dem Geruch und den schnell eintretenden Bewußtseinsstörungen, Kollaps, Temperaturerniedrigung und ev. dem Harn gemacht werden müssen.

Lysol. Ein Kresolprodukt, das toxikologisch eine Rolle spielt, ist das Lysol, das durch sein Renommee eine Art Modegift geworden ist.

Lysol und lysolähnliche Präparate, Kreolin, Saprol, Solveol, Salutol, Trikresol, die in einer sehr großen Zahl in den Handel gekommen sind, charakterisieren sich chemisch und toxikologisch dadurch, daß sie zur Hauptsache aus Rohkresolen bestehen, denen zur Erzielung der Wasserlöslich-keit Seifen, speziell ungesättigte Seifen und Alkalien beigemischt werden, so daß es sich um eine gleichzeitige Giftwirkung stark alkalischer Seifen und Kresole handelt.

Die Vergiftungsgelegenheiten sind ganz analog wie beim Karbol, nur daß eben hier konzentrierte Lösungen in Handverkauf sind oder waren. Ver-wendung der konzentrierten Flüssigkeit zu Verbänden, zu Abwaschungen, auch als Abortivum, Verwechslungen mit Likören usw. wurden Vergiftungs-ursachen.

Symptome und Diagnose. Die Symptome sind kombiniert aus der Wir-kung der Alkalien, der Seifen, der Kresole und des Phenols. In erster Linie treten auf: die Reizsymptome von seiten des Magens, Brechen brauner blutiger Massen, intensive Leibschmerzen und Bewußtseinsstörung, fliegender Puls, seltener Krämpfe, starke Schmerzen im Hals, bei intensiver Rötung, manchmal weichen schmierigen Belegen. (Bei Kindern, denen Lysol zwangsweise gegeben wurde, auch in den Mundwinkeln und unter der Zunge.) Starke Herabsetzung der Temperatur.

Ortho-, Meta- und Parakresol haben verschiedene Schicksale im Körper und infolgedessen verschiedene Wirkungen. Das Ortho- und das Parakresol werden oxydiert und als Ätherschwefelsäuren oder Paraoxybenzoesäure aus-geschieden, mit Schwefelsäure oder Glykuronsäure gepaart. Das Metakresol scheint direkt an Schwefelsäure oder Gykuronsäure gebunden ausgeschieden zu werden.

Bei der langsamen Resorption der Kresole kommt die Lähmungswirkung langsam zustande, dagegen beobachtet man eine ausgesprochene Exzitation. Der Tod erfolgt unter den Erscheinungen der Herzschwäche und Lähmung.

Weitere Symptome sind: Herabsetzung der Temperatur, die Nierentätigkeit wird stark lädiert, der Harn ist dunkel, enthält Eiweiß, Blut, Blutfarbstoff, ferner tritt Degeneration der Leberzellen auf.

Die Läsionen der Organe, speziell von Darm und Nieren, sind viel ausgesprochener als nach Karbol, ebenso ist die Wundheilung eine äußerst schlechte, wenn größere Konzentrationen länger eingewirkt haben.

Die häufigen Vergiftungen, speziell Selbstmorde haben ihren wesentlichen Grund darin, daß Lysol im Handverkauf in konzentrierter Form erlaubt war, daß ferner vielerorts die Hebammen Lysol abgeben, welches dann bei Gelegenheit verwendet wird.

Therapie vgl. Karbol. — Zu beachten ist ev. Glottisödem (Eiskravatte, wie bei starken Säurewirkungen.)

γ) Mehrwertige Phenole.

Pyrogallol, Trioxybenzol wirkt nach der Resorption (hauptsächlich auch von der Haut aus) auflösend auf die roten Blutkörperchen und bildet Methämoglobin, analog in der Wirkung wie Kaliumchlorat und Nitrobenzol. Der Ester mit Essigsäure ist bedeutend weniger giftig.

Die Dioxybenzole. Das giftigste ist das Paradioxybenzol, das Hydrochinon. Es steht in der Wirkung dem Pyrogallol nahe. Bedeutend weniger giftig sind die Meta- und Orthodioxybenzole — Resorcin, Benzkatechin.

Einfache Metyllierung des Benzkatechin gibt Guajakol, das narkotisch wirkt und Magenreizungen verursacht.

b) Salizylsäure.

Orthooxybenzoesäure oder Salizylsäure hat in großen Dosen narkotische Wirkung, macht Ohrensausen und bei Dosen von ca. 10 Gramm an hie und da Dispnoe, Somnolenz und vorübergehende Albuminurie, selten Hämaturie. Salizylsäure bildet kein Methämoglobin. Salizylsäure, weniger das Natriumsalz, machen oft in Dosen von mehreren Gramm starke, ziemlich andauernde, hartnäckige Magenstörungen, weniger die Äther und Ester Salol, Diplosal etc. Alle diese Substanzen werden sehr schnell im Harn ausgeschieden.

4. Substationsprodukte der Fettreihe.

a) Chlorverbindungen der Fettreihe.

Alle Chlorsubstitutionsprodukte der aliphatischen Körper wirken, sofern sie resorbiert werden, narkotisch und haben eine ausgesprochene Wirkung auf das Herz. Das wichtigste ist das Chloroform, dann folgt der Tetrachlorkohlenstoff (mit sehr vielseitiger technischer Anwendung), Tetrachloräthan, Trichloräthylen und Dichloräthylen, alle neuerdings als Lösungsmittel in der Technik in ausgedehnter Verwendung, hauptsächlich zum Ersatz der explosiblen resp. leicht brennbaren Stoffe, wie Benzin, Benzol, Schwefelkohlenstoff.

Diese Substanzen können in erster Linie Ursache von gewerblichen Vergiftungen werden (leicht verdünstende Lösungsmittel).

α) Chloroform.

Verwendung und Vergiftungsgelegenheiten. Die Verwendung des Chloroforms ist heute eine fast ausschließlich medizinische. In erster Linie zur Inhalationsnarkose, früher und zum Teil auch heute noch als Wurmmittel, als Bestandteil von sog. schmerzstillenden Linimenten, als sterilisierender Zusatz und relativ häufig als Lösungsmittel bei medizinisch-chemischen Untersuchungen.

Gewerbliche Vergiftungen werden in erster Linie beobachtet bei der Darstellung, bei Reinigungsverfahren und dem Abfüllen von Chloroform. Absichtliche verbrecherische Vergiftungen betreffen in erster Linie Kinder, resp. weniger kräftige Personen, die sich nicht wehren können. Natürlich sind auch Fälle vorgekommen, bei denen durch Überredung (sei es bei bestehenden Schmerzen oder bloß kuriositätshalber) verbrecherische Narkosen ausgeführt werden konnten.

Die gerichtlichen Verfahren haben ergeben, daß die Mehrzahl der zu Beraubungszwecken vorgegebenen Chloroformierungen auf Simulation beruhten. Selbstmord mit Chloroform durch Inhalation und innerlichen Genuß waren früher viel häufiger als jetzt. Oft kam natürlich Erstickung zur Chloroformwirkung, wenn die betreffenden auf dem Gesicht lagen, erbrachen usw. Nicht selten wurden Chloroform und Chloroformöle aus Verwechslung an Stelle von Likören usw. getrunken[1]).

Symptome und Diagnose. Das Chloroform wirkt bei der Inhalation und im Magen lokal reizend.

Im Magen bewirkt es Schmerzen, Brechen, seltener verätzt es die Mundschleimhaut, so daß das Epithel weißlich, milchig erscheint. Wird nicht gebrochen, so treten die allgemeinen Wirkungen schnell auf:

Zuerst folgt ein Stadium mit motorischer Erregung, das oft sehr kurz ist, dann folgen als allgemeine Erscheinungen Somnolenz bei schlechtem, kleinem Puls, Erniedrigung des Blutdruckes, ausgesprochen weite Pupillen.

Die Dosis, die zu diesen Wirkungen führt, ist recht verschieden. Von 5—10 g an kann man schon schwere Symptome beobachten.

Die Diagnose kann meistens auf Grund des Geruches der Atmungsluft gemacht werden.

Die Nachkrankheiten. In erster Linie bestehen ausgesprochene Magenstörungen, oft Blutbrechen (Gefahr der Aspiration beim Erwachen), blutige Stühle, Druck und Schmerzen in der Lebergegend, fast regelmäßig leichter Ikterus, hie und da schwerer Ikterus, Störungen in der Herzaktion, Glykosurie; vasomotorische Störungen bleiben nach anhaltender innerer Vergiftung lange bestehen.

Das Chloroform bildet nach neueren Untersuchungen Additionsprodukte mit den Eiweißkörpern, vermindert die Oxydation und erhöht den Eiweißumsatz, ist also in bezug auf die Organwirkungen entschieden viel schädlicher als der Äther.

Vergiftungen durch Inhalation. Der Haupttypus ist die medizinische Vergiftung durch Narkose. (Ausführung der Narkose s. Lehrbücher der Chirurgie[2]).)

Im ersten Stadium, d. h. bei den ersten Atemzügen wird ein süßlicher Geschmack im Munde verspürt. Viele haben das Gefühl der Erstickung; der Atem wird angehalten. In diesem Stadium kann es zu plötzlichem Chloroformschocktod kommen. Der Puls wird durch die Erregung beschleunigt, es treten oft Brechbewegungen auf, hier und da schüttelndes Zittern, eigenartige Sensation der Sinne und Gedankenflucht.

---

[1]) Das Chloroform wird meistens wieder durch die Lunge ausgeschieden und nur zum Teil verbrannt. Es hat große physikalisch-chemische Affinitäten zu den roten Blutkörperchen, die es stark schädigt. Es verläßt den Organismus auch sehr langsam.

[2]) Wirkungen des Chloroforms auf die Haut, z. B. bei Verschütten von Chloroform und längerer Einwirkung unter feuchter Narkosemaske sind in Form von Rötung, Krustenbildung, sogar von Blasen beobachtet worden.

Bei Kindern und gebärenden Frauen geht dieses Stadium unmittelbar in einen ruhigen Schlaf über. Bei Männern, speziell Alkoholikern tritt ein Erregungsstadium auf, das sehr verschiedenen Charakter haben kann. Die Pupillen werden eng, das Gesicht rötet sich, die Erregung macht sich geltend in vielem Sprechen, Ausgelassenheit, aber auch ängstlichen Erregungen und Krämpfen, seltener sind Muskelstarre und rein tonische Krämpfe. Dann folgt das Stadium der Narkose mit Erschlaffung der Muskeln, Schwinden der Reflexe, gleichmäßiger, langsamer Respiration und weichem Puls. In diesem Stadium ist die Konzentration des Chloroforms im Blut der tödlichen Konzentration recht nahe.

Es kann zu plötzlichem Herzstillstand kommen, speziell bei Herzkranken und Nervösen oder bei Auftreten anderer starker Reize wie Nervendurchschneidungen.

Todesfälle während des Erwachens oder längere Zeit nach dem Erwachen kommen ebenfalls vor, hauptsächlich wurden sie nach wiederholten Narkosen innerhalb kurzer Zeit beobachtet.

Die Gefahren der Chloroformnarkose sind besonders groß bei Herz-, Gefäß- und auch bei Nierenerkrankungen.

Gefährlich sind durch Licht zersetzte, und unreine Chloroforme, da die anderen Chlorprodukte zum Teil stark reizend wirken oder sehr giftig sind (Phosgen etc.).

Therapie. Frische Luft. Koffein, Kampfer. Vorsicht bei Erbrechen wegen Aspiration.

β) **Tetrachlorkohlenstoff CCl_4**
(vgl. Chloroform, Schwefelkohlenstoff).

Verwendung und Vergiftungsgelegenheiten. Die Anwendung des Tetrachlorkohlenstoffes hat sich in den letzten 20 Jahren ungemein verbreitet; er wird in den Gebieten, in denen es möglich ist, immer mehr die feuergefährlichen Extraktions- und Lösungsmittel verdrängen. Er eignet sich auch zu Seifenkombinationen und wasserlöslichen Lösungsmitteln, z. B. Tetrapol usw., ferner bildet er die Grundlage für Kesselsteinschutzmittel, wird also in geschlossenen Räumen verwendet, wo er die Atmosphäre sättigen kann; ebenso ist er Bestandteil vieler anderer Patentprodukte.

Die Vergiftung erfolgt meistens durch Inhalation in gewerblichen Betrieben, die heißen Tetrachlorkohlenstoff verwenden und in geschlossenen Räumen.

Die Aufnahme durch die Haut ist nicht genauer untersucht. Sicher reizt Tetrachlorkohlenstoff die Haut.

Symptome und Diagnose. Die Diagnose wird bei bewußtlos Gefundenen aus dem Arbeitsmilieu und dem Geruch der Atmungsluft festgestellt werden. Bei Inhalation tritt zuerst Hustenreiz, dann benommener Kopf, Brechneigung, kleiner Puls auf. Die Nachwirkungen sind ausgesprochen. Es handelt sich meist auch nicht um ganz reine Produkte, wie Lösungsmittel für Zelluloid-Flugzeuglacke. Längere Einwirkung schädigt die Augen. Schwellung des Sehnerv. Nebelsehen. **Therapie wie bei Chloroform.**

γ) **Trichloräthylen, Tetrachloräthan, Dichloräthylen**
(unter Phantasienamen im Handel: Vitran, Trielin etc.)

Sie haben ganz ähnliche Verwendungsgebiete wie der Tetrachlorkohlenstoff und ähnliche Wirkung (Fettextraktion, Kleiderputzmittel, Glasschleiferei, neuerdings in vielen Gemischen, die als Farb-Lacklösungsmittel verwendet werden).

Sie spielten bis vor kurzem kaum eine Rolle als Ursache von gefährlichen Vergiftungen. In letzter Zeit sollen schwere Ikterusformen beobachtet worden sein, speziell bei der Darstellung und Verwendung als Lacklösungsmittel.

δ) Methylenbichlorid, Äthylenchlorid, Äthylchlorid.

Sie werden im Gegensatz zu diesen eben erwähnten, wegen ihrer Flüchtigkeit und stark narkotischen Wirkung als Zusatz zu Äther verwendet. Sie haben aber die Gefahren des Chloroforms, ebenso das Trichlor- und Tetrachloräthan, die auch als Zusatz zum Äther verwendet wurden.

Dichlorhydrin und Trichlorhydrin, die Glyzerinchloride, sind als flüchtige Lösungsmittel zum Teil in chemischem Gebrauch. (Zur Lösung von Harzen, Lacken, Celluloid, Cellulose.) Sie haben ausgesprochene narkotische Wirkung, wenn auch weniger als die flüchtigen eben behandelten Produkte. Schädigung des Herzens und des Nervensystems ist bekannt, aber noch nicht genau untersucht.

ε) Chloralhydrat $CCl_3 — CO\,H — H_2O$ oder besser $CCl_3\,CH(OH)_2$.

Das Chloralhydrat hat nur medizinische und toxikologische Bedeutung.

Vorkommen und Vergiftungsgelegenheiten. Das Chloralhydrat wurde früher in sehr ausgedehnter Weise als Narkotikum verwendet. Wie auf die erwähnten Chlorprodukte, sind die Menschen auch auf Chloralhydrat recht ungleich empfindlich. Es wird hauptsächlich verwendet bei deliriösen Zuständen, wenn das Herz gesund ist, aber auch bei Schlaflosigkeit (da es sehr schnell Eintritt des Schlafes bewirkt und weil bei vielen Menschen nach dem Erwachen vollständiges Wohlbefinden besteht).

Da das Chloralhydrat ungleich wirkt, wird es zu kriminellen Vergiftungen wenig in Anspruch genommen, jedoch etwa zu Selbstmord, allein oder in Kombination mit anderen Mitteln. Auch Verwechslungen sind beobachtet worden.

Symptome und Diagnose. Die Diagnose ist schwer zu stellen. Bei vielen Menschen tritt bei größeren Gaben eine Reizwirkung von seiten des Magens auf, dann folgt ziemlich schnell die Narkose, oft ohne Erregungsstadien, in anderen Fällen ist die Erregung sehr stark ausgesprochen.

Der Tod tritt in der Narkose durch Herzlähmung ein. Bei geschwächten und Herzkranken kann der Tod schon nach Gaben von 5 g an eintreten. Zur Diagnose ist oft notwendig, das Erbrochene mit Kalilauge zu kochen und im Destillat Chloroform nachzuweisen. Das Chloralhydrat kann auch mit Äther ausgeschüttelt werden.

Nebenwirkungen. Nachkrankheiten. Bei Disponierten können bei kleineren Dosen die Erregungszustände stark in den Vordergrund treten: Rötung des Gesichtes, erregte Angstzustände, Herzpalpitationen, in einzelnen Fällen trophische Störungen der Haut; in anderen Fällen ist das hervortretende, beunruhigende Symptom: Atemnot, Herzschwäche, allgemeine Schwäche während und nach der Wirkung. In einzelnen Fällen tritt wie bei einer ganzen Reihe organischer Chlorprodukte Ikterus auf.

Die chronischen Chloralvergiftungen haben allgemeine Störungen (auch nach dem Entzug) zur Folge. In erster Linie sind allgemeine Erscheinungen wie trophische Störungen der verschiedensten Art, gelbes, verfallenes Aussehen, Herzklopfen, Angst, sogar Neigung zu plötzlichem Herztod, Albuminurie ist häufig; bei jahrelangem Gebrauch regelmässige Zeichen von seiten des Nervensystems wie allgemeine Energielosigkeit, depressive Zustände, melancholische Anfälle, Schlaflosigkeit; die Reflexe sind meist gesteigert. Diese Erregungszustände brechen hauptsächlich in der ersten Zeit des Entzuges aus und können bedrohlich werden wegen deliriöser Erregung und Herzschwäche. Doch kann man Fälle beobachten, bei denen selbst nach 8—10 g täglichem Gebrauch über 10—20 Jahre keine schweren Störungen eintreten.

Die moderne pharmazeutische Technik hat eine große Reihe von analogen Präparaten in den Handel gebracht:

1. Mischungen mit Antipyrin und Äthyl-Urethan.
2. Chlorverbindungen von Butylalkohol, Azeton usw.

In vielen dieser Präparate ist im Namen keineswegs ersichtlich, daß es sich um organische chlorierte Produkte handelt, die alle für das Herz gefährlich sind, wie Dormiol, Hypnal, Isopral.

b) Bromverbindungen der Fettreihe.

α) Bromäthyl, Brommethyl.

Das Brommethyl ist eine stark flüchtige Flüssigkeit, die sich leicht zersetzt. Sie bedingt hauptsächlich technische Vergiftungen bei der Darstellung und bei der Verwendungen zu Methylirungen. (In einer Reihe von Fällen wurde anfänglich ein Lösungsmittel beschuldigt, wie Methylalkohol, Benzin, welche ev. an den Störungen mitbeteiligt waren.)

Symptome und Diagnose. Es handelt sich meistens um schnell eintretendes Unwohlsein, Schwäche, unsicheren Gang, Orientierungsstörungen, Krampfanfälle, Zittern, Ohnmacht. Die Nachwirkungen sind meistens viel länger als beim Bromäthyl. Neuritische Symptome wurden in der letzten Zeit beobachtet, bei schweren Vergiftungen sogar bleibende Verminderung der Sehschärfe und organische Symptome.

Das **Bromäthyl** wird in der chemischen Technik und als Narkotikum verwendet: so zu kurz dauernden Narkosen, speziell der Zahnheilkunde. Es wird bekanntlich auf einmal die gesamte zur Narkose nötige Menge, bis etwa 10 g, auf die Maske aufgegossen und dann unter relativ festem Andrücken die gesamte Menge in ca. 1 Minute zur Einatmung gebracht. Die Narkose tritt meistens innerhalb 1 Minute ein und dauert nur wenige Minuten; die Menschen erwachen schnell und vollständig.

Viele Menschen sind refraktär gegen Bromäthyl und werden nur erregt. Die Gefahren und die Nachwehen sind analog wie beim Chloroform. Es wird relativ lange zurückbehalten. Es sind als Folgen chronischer Wirkungen Neuritiden bei Arbeitern der chemischen Technik beobachtet worden.

β) Äthylenbromid.

Das Äthylenbromid ist dem Äthylbromid verwandt. Es reizt sehr stark bei der Einatmung, es erzeugt ein Gefühl der Niedergeschlagenheit, Schwächezustände mit ängstlichen Erregungen und führt nicht zur Narkose.

Verwechslungen mit Bromäthyl haben zu schweren Vergiftungen und Todesfällen geführt.

Es ist durch seinen knoblauchähnlichen reizenden Geruch charakterisiert.

Die Nachkrankheiten sind sehr ausgesprochen. In erster Linie stehen lokale Reizerscheinungen von seiten der Respirationsorgane, schlechte Erholungsfähigkeit, häufig länger dauernde Herzstörungen.

(Besonders stark reizend wirken die ungesättigten Br-Verbindungen. Allyl-Amyl-Bromid etc. auf Conjunctiva und Respirationsorgane.)

γ) Bromoform CHBr$_3$.

Verwendung und Vergiftungsgelegenheiten. Für Bromoform ist die medizinische Anwendung als Keuchhustenmittel Veranlassung von zu großen Dosen und Verwechslung [1]).

Absichtliche Vergiftungen sind mir keine bekannt.

Symptome und Diagnose. Die Diagnose leitend ist der Bromoformgeruch. Schon medizinische Dosen können schwere Symptome machen. Größere Dosen bedingen brennende Schmerzen im Hals, Magen, schnell eintretendes Unsicherheitsgefühl, auch Erregungen und Narkose, ev. bei großen Dosen Tod durch Aussetzen der Respiration oder Herzstillstand.

Als Nachkrankheit ist auch Bromismus zu nennen.

Therapie. Symptomatisch.

c) Jodverbindungen der Fettreihe.

α) Jodmethyl, Jodäthyl, Äthylenjodid.

Jodmethyl ist ein technisches Produkt, das zu Methylierungszwecken verwendet wird [2]). Vergiftungen erfolgen fast ausschließlich durch Inhalation. Es treten meistens Erregungszustände ein, gleichzeitig mit starkem Unwohlsein, Schwindel.

Die Diagnose kann nur aus der Anamnese gemacht werden.

Weniger intensiv wirkt **Jodäthyl.** Dagegen wirkt **Äthylenjodid** analog dem Äthylenbromid ausgesprochen giftig, bedingt Erregungszustände mit lange anhaltendem Schwäche- und Oppressionsgefühl.

β) Jodoform.

Im Gegensatz zu den bis jetzt besprochenen organischen Jodverbindungen hat das Jodoform eine ausschließlich medizinische Verwendung. Es ist trotz seiner großen Unlöslichkeit in Wasser ein starkes Gift, da die Serumbestandteile dasselbe langsam lösen. Vergiftungsursachen sind fast ausschließlich medizinische Anwendungen, in einzelnen Fällen Verwechslung, ganz selten wird es verwendet zum Selbstmord.

Symptome und Diagnose. Jodoform macht bei empfindlichen Menschen zwei voneinander unabhängige Symptomenreihen, 1. die Symptome von seiten der Applikationsstelle, speziell entzündete Haut und Hautwunden, 2. Symptome der nervösen Zentralorgane. Die beiden Symptomenreihen scheinen vollständig unabhängig voneinander zu sein. Intern genommen wird es selten.

Anwendung auf Haut und Wunden. Auf entzündete Haut (sogar ohne Epitheldefekt) wirkt Jodoform bei empfindlichen Menschen stark entzündungserregend, es treten in leichten Fällen lokale Schwellungen und Rötungen auf, die in schweren Fällen um sich greifen, hauptsächlich tritt dunkelrote Färbung auf, ferner harte, zu Blutung neigende Ödeme, Papeln und Bläschen an der Haut, unter Umständen mit äußerst starker, seröser Absonderung.

Neben dieser unmittelbaren Wirkung können durch die Resorption auch allgemeine Erscheinungen auftreten: so nicht selten Rötungen der Haut, lokale

---

[1]) Es sind auch Fälle bekannt geworden, in welchen wahrscheinlich das Bromoform in Emulsion genommen wurde, so daß die Möglichkeit besteht, daß in einzelnen Dosen mehr Bromoform war als in anderen, wegen Abscheidung oder Auftrieb der Emulsion bei der Differenz des spezifischen Gewichts.

[2]) Es soll hier darauf hingewiesen werden, daß auch andere Substanzen, die zur Methylierung verwendet werden, wie Jodmethyl, Dimethylsulfat und Diazomethan sehr giftige und sehr reaktionsfähige, stark reizende, entzündungerregende, lokal reizende und das Nervensystem schädigende flüchtige Körper sind.

Schwellungen, seltener bläschenförmige Ausschläge. Meist sind diese Erscheinungsformen gemischt. Diese Ausschläge sind oft mit Fieber begleitet und zeigen alle starke Empfindlichkeit und Jucken.

Die schweren inneren Symptome treten meist auf durch Injektion von Jodoform, Jodoformöl, Jodoformäther, Jodoformglyzerin in Wundhöhlen usw., aber auch bei Resorption durch die Haut.

Auch hier werden von einzelnen Menschen ungeheuer große Dosen vertragen (einige 100 g), andere reagieren schon auf wenige Gramm mit schweren Symptomen. Der Beginn ist meistens Mattigkeit, Neigung zu depressiver Stimmung. Die motorischen Störungen sind häufig recht wenig ausgesprochen. Die depressiven Stimmungen und Angstzustände nehmen zu. Es treten auch ängstliche Delirien unbestimmten Charakters auf. Das Verhängnisvolle daran ist die motorische Erregung bei starker Ängstlichkeit. Es kommt zu Fluchtversuchen mit Verkennung der Umgebung, zu Verletzungen, zu stark depressiven Anwandlungen und Krankheitsgefühl begleitet von vollständiger Schlaflosigkeit. Gleichzeitig und auch im Nachstadium tritt Zittern auf, starke Erhöhung der Pulszahl, Fieber, leichter Ikterus, Hautjucken.

Das akute Stadium dauert meist mehrere Tage, kann aber auch in wenigen Stunden ablaufen.

Depressive Zustände dauern meistens längere Zeit an. Selbstmordversuche sind in Betracht zu ziehen, ebenso die Erregbarkeit und Schwäche des Herzens.

Die einen oder anderen Symptome können im Jodoformkrankheitsbild in den Vordergrund treten, so daß Jodoformwirkung recht verschiedene Bilder annehmen kann. Hohes Fieber, hohe Pulszahlen, Schüttelfröste lassen häufig an eine Infektion denken, doch deuten schnell eintretende psychische Symptome, speziell die ängstliche Erregung auf eine toxische Komponente hin, die unter Umständen zuerst im chronischen Alkoholismus gesucht wird.

Komatöse Zustände mit Krämpfen, Nackenstarre und Albuminurie lassen in anderen Fällen an Meningitis denken.

Zum Glück ist der Jodoformgeruch so durchdringend, daß er auch bei subkutan injiziertem Jodoform häufig auffällt, auch treten die Symptome doch meist in den ersten Tagen nach der Jodoformapplikation auf, so daß aus dem Grund der zeitlichen Zusammenhänge eigentlich die Jodoformvergiftungen sehr selten übersehen werden können.

Die chronischen Vergiftungen zeigen hauptsächlich Depressionszustände, Abmagerung, Appetitlosigkeit, ganz außerordentlich auffällig sind jedoch die Verdauungsstörungen, die bei jeder chronischen Einwirkung des Jodoforms sich zeigen.

Bei einzelnen Kranken treten sehr starke Durchfälle auf, Brechen, leichter Ikterus, Sehstörungen, Nebelsehen; in leichteren Fällen nur eine starke Müdigkeit und Schweregefühl.

Diese Symptome zeigen, daß das Jodoform eine andere Wirkung hat, als das in Salz oder Ionenform in den Körper gebrachte Jod. Schnupfen, Jodasthma usw., Jodakne treten selten auf. Daß aber Jod frei wird, beweist die große Empfindlichkeit, z. B. der Konjuktiva auf Calomel bei Jodoformwirkung.

Das organisch gebundene Jod, z. B. im Jodol, im Jodpyrol, macht als Streupulver oder zu Injektionen verwendet ganz ähnliche Symptome, ebenso einige weitere jodhaltige, organische Verbindungen, während das Airol eher die Symptome des eigentlichen Jodismus erzeugt, vgl. Jod.

Es scheint, daß bei der Jodoformwirkung und bei einer Reihe von anderen Vergiftungen die CH_3 Gruppe eine große Rolle zu spielen vermag. Man spricht sogar von spezieller Empfindlichkeit auf die Methylgruppe.

Therapie. Entfernung des Jodoforms und Erhöhung der Diurese sind indiziert, sonst symptomatisch.

d) Salpetersäure- und Salpetrigsäureester der aliphatischen Reihe.
(Vgl. S. 615.)

Alle Salpetersäure-Ester und Nitrokörper sind Gifte. Toxikologisch kommen wesentlich in Betracht das Nitroglyzerin (Dynamit), das Äthylnitrit, das Amylnitrit, Amylnitrat und die Nitrozucker.

[α) Das Nitroglyzerin. (Sprengöl).

Eine süßliche Flüssigkeit, früher im Handel gemischt mit Kieselgur usw., heute fast ausschließlich gemischt mit Nitrocellulose und aromatischen Nitrokörpern (zu Sprenggelatine).

Verwendung und Vergiftungsgelegenheiten. Die Verwendung ist heute eine rein technische, medizinal wird es nur etwa noch von Asthmatikern genommen.

Gewerbliche Vergiftungen. Das Nitroglyzerin verdampft, kann also zum Teil per Inhalationem, aber auch in geringen Mengen durch die Haut aufgenommen werden, z. B. bei der Mischung mit anderen Materialien bei der Verpackung.

Vergiftungen kamen auch schon zustande durch Verwechslung. Mordversuche und Morde durch Beimischen in Liköre und in Nahrungsmittel sind bekannt. Wegen seines unangenehmen süßlichen Geschmackes und Kratzgefühles im Hals ist es zu solchen Zwecken natürlich nicht geeignet.

Symptome und Diagnose. Schon sehr geringe Quantitäten, einige Tropfen und noch weniger, machen unangenehme Symptome: Lokalwirkungen, kratzendes Gefühl im Hals und Speiseröhre, Schwindel, Gefühl von benommenem Kopf. Bei größeren Dosen kommt eine ungleich starke Empfindlichkeit zur Geltung, neben Schmerzen und Reizung im Hals und Magen treten schwere nervöse Symptome auf, beginnend mit Schweregefühl im Kopf und Körper, Gefühl der absoluten Kraftlosigkeit, kalter Schweiß, Gefühl der Kälte. Bei den meisten Fällen ist Lichtscheu beobachtet worden.

Die tödliche Dose ist nicht anzugeben. Es können 10—20 g wohl schwere Störungen machen, aber da häufig Brechen und Durchfall eintritt, kommt nur ein geringer Teil zur Resorption. Der Tod tritt meistens im Koma ein, nach einigen Stunden bis (10) Tagen.

Nachkrankheiten. Magendarmstörungen sind die Regel, ebenfalls körperliche Schwäche. Länger dauernde Einwirkungen führen zu einer chronischen Vergiftung, die hauptsächlich charakterisiert ist durch Schwäche und Anämie sowie Nierenstörungen.

Die Verwendung des Dynamites zu Sprengzwecken führt gewöhnlich nicht zu Vergiftungen mit Nitroglyzerin selbst, sondern dessen Zersetzung bei der Explosion bildet, je nach dem Druck und der Temperatur, verschiedenartige Sprenggase. Bei guter Detonation unter hohem Druck entstehen außer Stickstoff, Kohlensäure und Wasser speziell bei Sprenggelatinen große Mengen Kohlenoxyd, die bei der Einatmung folgende Symptome machen: Meistens starke Kopfschmerzen, Übelkeit, Brechen, kleiner Puls, Ohnmacht, selten Tod. In freie Luft gebracht, erwachen die Arbeiter meistens schnell, fühlen sich aber sehr müde und haben oft einige Stunden sehr quälende Kopfschmerzen, vgl. Kap. Kohlenoxyd. Bei schlechter Detonation speziell bei gefrorenem Dynamit, sog. Auskochern, treten sog. Nitrogase (Stickoxyde) in großen Mengen auf, die in erster Linie stark reizend wirken und Husten auslösen. Da meistens kohlenoxydhaltige Gase beigemischt sind, kommen die oben erwähnten Symptome hinzu. Es ist zu beachten, daß die Nitrosengase die Eigentümlichkeit haben, daß schwere Lungenerscheinungen, Lungenödeme, nach vielen Stunden sich erst zeigen, wenn die anderen Symptome geschwunden sind, besonders nach intensiven Anstrengungen (vgl. ferner Kap. Nitrosegase). In den Sprenggasen kommt ev. auch verdampftes Nitroglyzerin zur Einatmung.

Die Sprengstoffe der heutigen Zeit sind fast nie mehr reines Nitroglyzerin, die aromatischen Nitrokörper treten stark in den Vordergrund.

Therapie. Symptomatisch. Stimulantien, eventuell künstliche Atmung.

β) Amylnitrit $C_5H_{11}NO_2$.

Das Amylnitrit hat fast nur medizinische Bedeutung.

Vergiftungsgelegenheiten. Die Vergiftungen erfolgen meistens durch Inhalation zu therapeutischen Zwecken, seltener bei der Darstellung oder infolge Verwechslung durch innerlichen Genuß.

Symptome und Diagnose. Bei Inhalation erfolgt schnelle Rötung des Gesichtes, Pulsationsgefühl im Kopf. Bei größeren Dosen, auch bei Inhalation, tritt ein Gefühl der Verwirrung, Schwindel, motorische Unsicherheit und Schwäche auf, häufig mit Gelbsehen, mit starker Verminderung des Blutdruckes, sehr weicher Puls und Ohnmachtsgefühl.

Die akuten Inhalationswirkungen sind sehr vorübergehender Art. Die Erholung erfolgt in wenigen Minuten.

Bei innerlichem Genuß von ca. 5 g an treten vor allem Reizungen von seiten des Magens und Husten stark in den Vordergrund, nachher folgt Schwäche, Verwirrung, Bewußtseinsverlust; der tödliche Ausgang ist selten. Die Nachkrankheiten sind mehr Folgen der lokalen Reizwirkung, als spezifische zentrale Störungen, aber manchmal bleibt wochenlang Kopfweh, Schwindelgefühl.

γ) Nitrozucker.

Nitrozucker wurden früher als Sprengstoffe verwendet, sind aber wegen Explosionsgefährlichkeit heute wohl ganz verlassen.

Die Vergiftungserscheinungen sind analog den Wirkungen des Nitroglyzerin.

δ) Nitrozellulose.

Sie ist eine der Hauptkomponenten der Sprenggelatine; ferner wird sie verwendet zu Kollodium, künstlicher Seide usw. Sie ist hoch kolloid und diffundiert nicht, und macht deshalb keine allgemeinen Wirkungen, ist aber brandgefährlich.

e) Sulfate und Sulfoverbindungen.

α) Dimethylsulfat $(CH_3)_2 SO_4$.

Technisches Methylierungsmittel, das leicht verdunstet und sich im Organismus sofort zersetzt.

Vergiftungsgelegenheiten. Bei der bekannten großen Giftigkeit, der starken Reizung der Atmungsorgane und der Augen, arbeitet die chemische Technik sehr vorsichtig damit. Die gewerblichen Vergiftungen entstehen meistens infolge von Unglücksfällen (Bruch von Gefäßen usw.).

Symptome und Diagnose. Hustenreiz, schnell eintretende Beengung mit Schmerzen in der Brust, die sich sukzessive steigern zu schweren Lungensymptomen, Lungenödem, Atemnot, Bluthusten. Es kommt wahrscheinlich gar nicht zu zentralen Störungen, da das Dimethylsulfat sich zur Hauptsache lokal zersetzt und sehr schwere Störungen mit Folgezuständen macht —, zerfallende Pneumonien diffuser Art. Von Allgemeinerscheinungen treten Blutzerfall mit Ikterus und Nephritis häufig dazu.

Die Diagnose ergibt sich aus der Arbeitsweise; die Symptome treten sofort ein, analog wie bei Phosgen, Chlor, Brom, konzentrierten Ammoniakdämpfen. Die bekannten Fälle verliefen fast ausnahmslos schwer.

Die **Therapie** ist symptomatisch. Eine spezifische Therapie gibt es deshalb nicht, weil die Umsetzung des Dimethylsulfats schon nach kurzer Zeit erfolgt ist (vgl. Phosgen und Nitrose Gase, S. 634).

β) Sulfonal, Trional, Tetronal

sind rein medizinische Präparate, in denen Methyl- und Äthylgruppen in das mit $2 SO_2C_2H_5$ Gruppen substituierte Methan eingeführt sind.

aa) Sulfonal.

Tödliche Vergiftungen sind sehr selten, da erst sehr große Dosen zum Tode führen, 20—30 g. Zu leichteren Vergiftungen kommt es einerseits durch Verwechslung, andererseits bei Selbstmordversuchen, wichtiger ist die chronische Vergiftung, die Abschwächung der Alkaleszenz des Blutes und Hämatoporphyrinurie erzeugt.

Symptome und Diagnose. Schlafsucht, leichtere oder schwerere Müdigkeit, selten Brechen oder Verdauungsstörungen. Es gibt jedoch Menschen, die auch auf kleine Dosen mit unangenehmen Symptomen reagieren, wie Anfällen von Herzschwäche und Atemnot, ferner Schwindelgefühl mit sehr ausgesprochener Muskelschwäche verschiedener Muskelgebiete. Es können sich erregte Angstzustände anschließen. Bei größeren Dosen von 10 und mehr Grammen können sich die Symptome steigern und gefahrdrohend werden, besonders die Atemnot, Herzschwäche und Störung der Nierensekretion.

Nachkrankheiten sind nicht sehr ausgesprochen, außer in seltenen Fällen Anurie und chronische Verstopfung. Herzschwäche.

Chronischer Gebrauch hat zwei Hauptgefahren.

1. die kumulative Wirkung und
2. dauernde Störungen, so daß der Begriff des Sulfonalismus geprägt worden ist.

Dieser Zustand besteht aus nervösen Störungen, die den Grad fast vollständiger psychischer Lähmung erreichen können. Schlechte Koordination im Gehen und in der Sprache, Unbesinnlichkeit bis zu vollständigem temporärem Gedächtnisschwund. Seltener sind motorische Störungen peripherer Art, speziell isolierte Neuritiden (wohl mitbedingt durch die Stoffwechselstörungen, Acetose, Hämatoporphyrinurie, Urobilinurie).

bb) Trional, Tetronal.

Das **Trional** und **Tetronal** geben im wesentlichen identische Störungen, bei denen jedoch die psychomotorische Störung zwar gleichartig, aber stärker ausgesprochen ist.

Schwefelwasserstoff vgl. S. 637, Mercaptane. **Schwefelkohlenstoff** vgl. S. 639.

γ) Senföle. Allylsenföl[1]).

Das **Senföl** enthält die Allylverbindung des (Iso)-Sulfocyans, der entsprechende Thioharnstoff ist das Thiosinamin.

Vergiftungsgelegenheiten. Die Senföle können bei der Darstellung Vergiftungen machen, in erster Linie Reizung der Atmungsorgane und der Augen speziell durch Verspritzen. Senföl durchdringt die Haut, reizt die Haut sehr stark bis zu Blasen- und Geschwürbildung. Nach der Resorption entsteht eine Verlangsamung der Herzaktion oder des Pulses, der Atmung, Nierenreizung. In großen Dosen wirkt es narkotisch. Reizung der Blase und Nieren.

(Bei Thiosinamininjektion wurde Fieber, Schwächezustand mit Aufregungen und Angst beobachtet.)

---

[1]) Nicht zu verwechseln mit sogenanntem Senfgas $S(CH_2—CH_2—Cl)_2$.

f) Veronal.

Ein ganz neues Gift, das erst seit wenigen Jahren, aber in einer relativ sehr großen Zahl von Fällen als Vergiftungsmittel benützt wurde (das auch in einzelnen Fällen bei medizinalen Dosen ziemlich starke Nebenerscheinungen macht), ist das Veronal, der Diäthylmalonylharnstoff.

Die Vergiftungen erfolgten meistens mit Dosen von über 5 g, die in der Mehrzahl der Fälle zu Selbstmordzwecken genommen wurden, zum Teil allein, zum Teil in Kombination mit anderen Mitteln (Narcotica).

In seltenen Fällen wurden schon schwere Störungen beobachtet nach Dosen von 1 g.

Symptome und Diagnose. Das Veronal ist ein Narkotikum, das eine Reihe — bei verschiedenen Individuen sehr stark varierender — sehr starker und unangenehmer Nebenerscheinungen hat, die schon bei nicht gefährlichen oder tödlichen Dosen in den Vordergrund treten.

Konstante Symptome bei großen Dosen sind in erster Linie: vorübergehende Unruhe, reizartige Zustände mit Desorientiertheit, Somnolenz (hier und da auf starkes Anreden und auf stärkere Reize vorübergehend zu wecken), dann tiefer Schlaf bei meistens weiten und nur in sehr schweren Fällen nicht mehr reagierenden Pupillen (in anderen Fällen wurden in späteren Stadien enge Pupillen beobachtet). (Differentialdiagnose: Morphium, Atropin). Die Reflexe sind häufig sehr lange auslösbar. Als Nebenerscheinungen zu betrachten, die aber auch bei Vergiftungen in den Vordergrund treten können, sind in erster Linie Erregungszustände, eigenartige hastige Reaktionen und Zustände, die von einzelnen mit hysterischen Anfällen verglichen werden, speziell im Laufe der nicht tödlichen sogar leichter Vergiftungen.

Der Tod tritt meist im Laufe des 2. Tages ein, oft von Schweißausbrüchen, mit Erbrechen begleitet, auch mit Fieber bei Dosen bis ca. 10—15 g, und zwar unter den Erscheinungen der Herzschwäche und der Atemstörung.

Verlauf nicht tödlicher Fälle. Bei Vergiftungen, in denen es nicht zu schweren Schlafzuständen kam, traten als Nebenerscheinungen und Nachwirkungen in erster Linie ausgesprochene Muskelschwäche, abgeschwächte Sehnenreflexe, schlechte Koordination, vor allem langsame gehemmte Bewegung, langsame, undeutliche Sprache ein, und zwar in sehr vielen Fällen auch nach Medizinaldosen, (z. B. nach 0,5 g). Am folgenden Tage können auffällige Verschiebungen im psychischen Verhalten sich noch geltend machen, entweder subjektiv empfundene Schwierigkeiten im Denken und Sprechen, in anderen Fällen Neigung zur Aufregung, gereizten Reaktionen, psychomotorischer Erregtheit, lautem Tun. In seltenen Fällen wird in der Nachperiode der akuten Vergiftung über ausgesprochene Störungen im Sehen, Nebelsehen usw. geklagt.

Die **Differentialdiagnose** ist bis jetzt in den meisten Fällen wesentlich auf Grund von äußeren Umständen und Verdachtsmomenten gestellt und nachher durch chemische Untersuchung des Harns bestätigt worden.

Zunächst werden beim Auffinden von komatösen, in einem schweren Sopor liegenden Patienten die Pupillen Morphium und Atropin ausschließen lassen. Schwieriger kann ein diabetisches und urämisches Koma von einer Veronalvergiftung unterschieden werden, wenn nicht der Geruch der Atmungsluft und die Anamnese, ev. Krämpfe, die bei Veronalvergiftung im Stadium der Bewußtlosigkeit sicher sehr selten sind, den Weg weisen. Wenn die Dosen nicht außerordentlich groß sind, so spricht ein langsamer Verlauf stark für Veronalvergiftung bei noch bestehender Pupillenreaktion.

Die Differentialdiagnose hat in vielen praktischen Fällen der Literatur und der eigenen Erfahrung eine besondere Schwierigkeit darin, weil beim

Selbstmordversuch mit Veronal sehr häufig (um sicher zu gehen) auch andere Narcotica genommen werden, in erster Linie Morphium, Codein und andere, da natürlich die Symptome, speziell die Pupillensymptome dadurch modifiziert werden.

Die Sicherung der Diagnose ist bei der Veronalvergiftung auf chemischen Wegen auffällig schnell möglich: Es besteht meist Retentio urinae, so daß man durch Katheterismus Harn bekommen kann; durch direktes saures Ausschütteln mit Äther kann man aus dem Harn in recht kurzer Zeit Veronalkristalle bekommen, die schon durch ihre große plattenförmige Form auffällig sind und bei ca. 190 ° schmelzen. Im Gegensatz zu Veronal wird bekanntlich Morphium und Codein nur zum geringsten Teil durch den Harn ausgeschieden.

Therapie. Wie bei allen Vergiftungen durch den Mund: Magenspülung mit viel Flüssigkeit. Bei schweren Zuständen Bekämpfung der Herzschwäche, Beförderung der Ausscheidung durch Flüssigkeitszufuhr. Bei irgendwie psychopathisch Veranlagten muß man an die psychischen Einwirkungen denken, die Unsicherheit im Gehen und die hier und da anfallsweise auftretenden Depressionen.

Bei allen diesen synthetischen Narcoticis, speziell bei Sulfonal, Trional, Veronal usw., haben wir unter den Nachkrankheiten Zustände von unangenehmem Charakter, speziell da stuporöse Zustände folgen können oder aber, was besonders unangenehm ist, Halluzinationszustände mit Aufregungen, Furcht, ängstliche Delirien, Verteidigungsreaktionen und gefährliche Furchtreaktionen. (Wenn auch diese Nachkrankheiten selten sind, sind sie doch sehr erwähnenswert wegen ihrer besonderen Gefahr, an die nur der Arzt denken kann.)

Für den praktischen Arzt ist die **Anpassungsfähigkeit** an das Veronal wichtig, weil durch über längere Zeit genommenen Veronaldosen eine chronische Vergiftung eintritt, die in der Schnelligkeit der Entwicklung der chronischen Vergiftung mit der Angewöhnung an Paraldehyde einige Ähnlichkeit hat. Es ist eine schnelle Steigerung der Dosen notwendig, die Empfindlichkeit und Wirkungsfähigkeit auf den Schlaf nimmt also ab. Es treten Nebenerscheinungen auf, die den Symptomen der Nachkrankheiten entsprechen, ausgesprochene Schlaffheit, Müdigkeit im Gehen, Sprechen, Mangel an Energie, psychische Niedergeschlagenheit, Zittern (auch Nierenstörungen, Anämie) und in selteneren Fällen Störungen von seiten des Darmkanals.

Die Gefahr besteht besonders darin, daß man die unangenehmen Nebensymptome zu heben versucht durch eine neue Gabe von Veronal, so daß die Versuchung zu höheren Dosen — analog wie bei Morphium — besteht.

(Noch keine Erfahrung über Adalin (Bromdiaethylacetylharnstoff.)

5. Die einfachen Amino- und Nitroverbindungen und Halogenderivate der aromatischen Reihe.

Bis vor kurzem waren diese Stoffe ausschließlich auf die chemische Industrie beschränkt (inklusive Sprengstoff-, Parfümerien-, Seifenfabriken; Aniline werden ferner verwendet in Haar- und Pelzfärbereien und zur Herstellung photographischer Artikel). In den letzten Jahren sind eine große Zahl zufälliger und verbrecherischer Vergiftungen erfolgt, weil diese Substanzen, speziell auch die unreinen Rückstände, als billige Ersatzmittel und Parfüms verwendet werden. Anilinrückstände als Schmiermittel für Maschinen (in der Landwirtschaft), als Fettersatz beim Einfetten der Schuhe und Lederbestandteile (Kindervergiftungen durch eingefettete Schuhe) und als Grundlage verschiedener Putzmittel.

Ganz besondere Verbreitung haben die Nitrokörper gewonnen. Mononitrobenzol, das sog. Mirbanöl, wird ca. 50 Jahre von der Großseifenfabrikation als Parfümmittel verwendet. Nach unserer Erfahrung ist der Vertrieb dieser Substanz sehr ausgedehnt in Kleinbetrieben (Waschpulverfabriken, Putzmittelfabriken), auch als Zusatz zu Haarmitteln, sogar als Essenzen kommen alkoholische Lösungen als Geheimmittel in den Handel (Kirschwasseressenz, Bittermandelessenz für die Marzipanfabriken und Confiserie). Hier erfolgen die tödlichen Vergiftungen meist durch Verwechslung der Flaschen, auch aus Neugier.

Das Nitrobenzol hat neuerdings dadurch, daß es als Abortivum aufkam, eine Reihe schwerster Vergiftungen erzeugt. Die Chlorderivate, Chlorbenzol, Chlornitrobenzol haben ähnliche Wirkungen. Das Dinitrobenzol, eine feste, aber sehr leicht zerstäubende Substanz, hat beim offenen Mahlen schwerste Vergiftungen erzeugt, neuerdings in der Sprengstoff-Industrie (Roburit, Kölsch u. a.).

Alle diese Verbindungen sind einerseits leicht flüchtig oder verstäubend, so daß sie durch Nase und Mund unwillkürlich aufgenommen werden können — vor allem scheinen alle infolge ihrer großen Fettlöslichkeit durch die intakte Haut aufgenommen zu werden und auf diese Weise die Mehrzahl der akut in Erscheinung tretenden gewerblichen Vergiftungen zu bedingen und zwar die leicht verdampfenden speziell auch ohne daß große Körperoberflächen oder die Kleider in weitem Umfange damit imprägniert werden.

Die Empfindlichkeit auf alle diese Stoffe wird wesentlich gesteigert durch Alkoholismus und schlechte Ernährung und durch andere gewerbliche Gifte.

Gegen diese Gifte gibt es keine Immunität und keine Angewöhnung, im Gegenteil tritt nach Vergiftung eine sukzessive Erhöhung der Empfindlichkeit ein, wenn schon einmal schwere Symptome auftraten.

Alle diese Stoffe sind exquisite Blutgifte; bei langsamer und akuter Einwirkung entsteht Met-Hämoglobin (das selten im Harn erscheint), Poikilozytose bei langsamer Einwirkung; bei akuten Ve-giftungen treten nach einigen Tagen Regenerationserscheinungen im Blutbild auf.

Alle diese Symptome sind bedingt durch die Anlagerung von Seitenketten an das Benzol, denn das Benzol selbst hat diese Art Blutwirkungen nicht, vgl. Benzol.

Akute massige Einwirkungen bedingen in erster Linie Symptome von seiten des Nervensystems (parallel ihrer hohen Fettlöslichkeit), akut auftretende Verwirrung und Koma (z. B. Genuß bei Verwechslungen, aber auch nach Überschütten größerer Körperoberflächen, resp. der Kleider mit solchen Produkten, so nach einigen Schluck Nitrobenzol, das in einer Bierflasche im Küchenschrank aufbewahrt war). In seltenen Fällen zeigen sich Jaktations- und Erregungszustände.

Zu dieser Gruppe gehören Mono- und Dinitrobenzol, Nitroanilin, Chlornitrobenzol, die, soweit heute klinische Untersuchungen bestehen, sehr ähnliche Symptomenbilder erzeugen, auch Phenylhydrazin.

a) Aniline (resp. aromatische Amidoverbindungen).

Symptome. Als erstes Symptom ist häufig objektiv eine bläulichgraue Verfärbung von Lippen, Nase und Ohren zu beobachten. Je nach der einwirkenden Menge folgen früher oder später subjektive Symptome, Unbehagen, Schwindelgefühl, leichte Atembeengung mit beschleunigtem Puls. Häufig ist bei Anilinvergiftung Harndrang mit Reizung der Harnröhre.

Bei akuter Einwirkung größerer Dosen entsteht motorische Erregtheit (Anilinrausch, Anilinpips) mit unsicherem Gang, Verwirrung.

Die Giftempfindlichkeit wird auch hier gesteigert durch schlechte Ernährung, Anämie, Alkohol und Wirkung anderer Gifte.

Prognose und Therapie. Wenn nicht sehr schnell Bewußtseinsstörungen und Koma eintreten, ist bei einer einfachen Vergiftung Heilung in relativ kurzer Zeit (einigen Wochen) zu erwarten, immerhin langsamer als bei analog schweren Vergiftungen durch Nitrokörper. Für die symptomatische Therapie ist folgendes wichtig: Das Herz reagiert im allgemeinen bedeutend besser auf Coffein, als auf Kampfer; Alkohol verschlimmert, ja kann sogar einen schweren, noch latenten Vergiftungszustand zum Ausbruch bringen.

Chronische Vergiftung durch Anilin. Blasses Aussehen, Regenerationserscheinungen im Blut, Pulsverlangsamung mit Blutdruckerhöhung ohne Eiweiß im Harn ist häufig; ziehende und reißende Muskelschmerzen, analog wie beim Schwefelkohlenstoff, werden oft in erster Linie angegeben.

b) Diamine.

Die Diamine, die hauptsächlich in der Haar- und Pelzfärberei verwendet werden, lösen bei disponierten Individuen asthmaähnliche Zustände aus, die sich schnell und wie es scheint, restlos verlieren. Andere Diamine sind schwere Nervengifte.

Metatoluylendiamin scheint als Plasmagift zu wirken (Leber, Nieren).

c) Nitroverbindungen des Benzols und deren einfachen Derivate.

Sie haben große Ähnlichkeit in ihren Wirkungen mit den Anilinverbindungen.

Symptome. Die ganz akuten Vergiftungen verlaufen gleich, jedoch besteht Geruch der Atmungsluft nach Bittermandelöl, speziell bei Nitrobenzol. Langsame Einwirkung giftiger Dosen verändern zuerst das Blut, das Aussehen; bei Aufnahme etwas größerer Mengen treten plötzlich akute Erscheinungen auf mit Sensibilitätsstörungen und Lähmungserscheinungen. Der Geruch der Atmungsluft ist meist im Anfang typisch.

In der neuesten Zeit sind speziell Vergiftungen durch Dinitrobenzole beobachtet worden, die als Desinfektionsmittel und Konservierungsmittel als Zusatz zu Leimen etc. verwendet werden und zu Sprengstoffen. Das Dinitrobenzol (speziell das Metadinitrobenzol) ist im Gegensatz zum Nitrobenzol ein leicht verstaubendes Pulver, das zu einer Reihe von Vergiftungen Anlaß gegeben hat, die man früher, wo es weniger verwendet wurde, nicht beachtet hat. Speziell Kölsch gibt neuerdings Beobachtungen solcher Vergiftungen an, mit Kopfschmerzen, starker Steigerung gegen Abend, Flimmern vor den Augen, Mattigkeit. Selten traten diese Zustände schon am frühen Morgen auf, selten steigerten sie sich bis zur vollständigen Unsicherheit im Gang, Taumeln, Umfallenwollen, Betrunkensein, Hinstürzen. Diese Erscheinungen sind sehr häufig begleitet von Übelkeit, Brechreiz, Bangigkeit, selten Erbrechen. Objektiv fand sich regelmäßig eine Anämie, Blauverfärbung, speziell beobachtbar an den Lippen, auch graugrüne Färbung an den Ohren, an der Nase, bei schwereren Fällen immer mit Körpergewichtsabnahme, oft trotz sehr starken oder gesteigerten Appetits. Diese Symptome gehen in einzelnen Fällen zurück (Angewöhnung?). Wenn aber die Blaugrauverfärbung auftritt, besteht meistens eine schwerere Erkrankung. Bewußtlosigkeit wird weniger beobachtet bei gewerblichen Vergiftungen, die durch Staubeinatmungen und durch die Haut erfolgen. Die Atmung war immer beschleunigt bei kleinem Puls. Im Harn wurde kein Eiweiß, kein Zucker gefunden. Kölsch verweist auf den Nachweis von „Nitrit-Hämoglobin."

Prognose und Therapie. Diese Fälle heilen bei Ruhe und guter Ernährung meist schneller aus als die analog schweren Anilinvergiftungen, aber eine erhöhte Empfindlichkeit bleibt oft bestehen.

In chemischen Fabriken wird man auf die Symptome der Vorstadien der schweren Krankheit achten: Bei Blaßwerden mit allgemeiner ikterischer oder sukzessive auftretender blaugrauer Verfärbung von Lippen, Nase und Ohren wird man durch Änderung der Arbeit den akuten Gesundheitsstörungen zuvorkommen. Häufig finden sich in diesem Stadium objektive Zeichen der Blutregeneration und Anämie und Methämoglobin im Blut, selten Eiweiß im Harn, bei subjektiv starker Ermüdbarkeit. — Wird dieses Stadium nicht beachtet, können sich akute Zustände ausbilden mit schlechter Heilungstendenz, speziell von seiten des Nervensystems, basophile Punktion der roten Blutkörperchen. — Diese Tatsache wird zu wenig beachtet.

Viele schwere Erkrankungen in den Sprengstoffabriken aller Länder — wo Nitrokörper hergestellt und abgefüllt wurden — zeigten nach den akuten Symptomen von seiten des Blutes schwere Lebersymptome (Ikterus, Leberschwellung), viele starben unter dem Bilde der gelben Leberatrophie. Inwieweit besondere gefährliche Nebenprodukte konstant auftreten und mitwirken (wie $C(NO_2)_4$ [Koelsch]), muß noch weiter verfolgt werden.

d) Paranitrochlorbenzol.

Ein sehr häufiges Ausgangsprodukt in der organischen Chemie. In toxischen Dosen eingeatmet, beginnt es oft erst nach mehreren Stunden Symptome zu machen: Blaugrüne Färbung der Lippen, Zunge, oft mit steigender Atemfrequenz, starker Erweiterung der Pupillen, Tod an Respirationslähmung. Es ist bedeutend giftiger als Nitrobenzol und Anilin.

6. Vergiftungen durch mehrere gleichzeitig oder nacheinander wirkende giftige Substanzen.

Im Kapitel Blei und Kohlenoxyd wurde auf dieses Gebiet aufmerksam gemacht. Bekannt ist, daß Alkohol die Erkrankung an einer gewerblichen Vergiftung beschleunigt; umgekehrt wissen wir, daß die Folgen des chronischen Alkoholismus durch aromatische und ungesättigte Stoffe, wie sie in Absinth, Likören, Apperitifs vorkommen, das Krankheitsbild stark modifizieren. Bei chronischen Vergiftungen durch Narkotika haben wir damit zu rechnen, daß sukzessive ganz verschiedene Stoffe genommen werden.

In der Technik verden sehr häufig gleichzeitig oder nebeneinander mehrere Stoffe verwendet oder entstehen als Nebenprodukte oder Endprodukte, so bei der Galvanoplastik Cyan, Schwefelwasserstoff beim Sodaverfahren, bei Gärungen, in der Gerberei, bei der Leuchtgasfabrikation. Arsenwasserstoff tritt als relativ häufiges Nebenprodukt bei Reduktionsprozessen auf (Darstellung mit Säuren und Metallen, Ferrosilicium etc.). In der chemischen Technik sind häufig die Lösungsmittel, die Ausgangsprodukte, Zwischenpiodukte oder Endprodukte giftig (Benzin, Benzol, Äther, Methylalkohol etc. Methylierungsmittel, Nitrokörper etc.). Über alle diese Verhältnisse sind wir wissenschaftlich noch sehr wenig orientiert, weil die quantitativen Verhältnisse im einzelnen Krankheitsfall von kombinierten Vergiftungen praktisch fast nie durchsichtig sind.

Literatur.

I. Vergl. weitere Abschnitte in diesem Werk hauptsächlich:
Meyer, Toxische Erkrankungen des Nervensystems (Bd. V). — Veraguth, Die Krankheiten peripherer Nerven (Bd. V). — Ferner Kapitel: Blutkrankheiten (Bd. IV), Nierenkrankheiten (Bd. III) etc.

II. Lehrbücher über Toxikologie und Pharmakologie.
Erben-Jaksch, Kobert, Kunkel, Lewin und ältere Werke, Hufeland, Orfila, Tardien, Taylor.

III. Zusammenfassende Übersichten über größere Gebiete.
Agasse-Lafont et Heim, Interêt des examens hématologiques pour le dépistage de certaines intoxications professionelles. Paris VI. Question Congrès Bruxelles 1910. — Brissaud, Paralysies toxiques. Thèse de Agrég. 1886. Lit. — Brouardel, Les empoisonnements criminels et accidentels. Paris 1902. — Derselbe, Intoxication. Paris 1904 (Literatur). — Egli, K., Unfälle beim chemischen Arbeiten. Zürich 1903. — Eulenburg, Die schädlichen und giftigen Gase. Braunschweig 1865. — Fischer und Sommerfeld, Liste der gewerblichen Gifte. 1913 — Heim, J., Questions d'hygiène industrielle. Paris 1907. — Heinzerling, Die Gefahren und Krankheiten der chemischen Industrie und die Mittel zu ihrer Verhütung und Beseitigung. Halle 1867. — Kratter, Erfahrungen über einige wichtige Gifte. Arch. f. krim. Anthropologie 1903 13. S. 122. — Lancereaux, Lecons clin. de l'hopital de la Pitié et de l'hotel Dieu. Paris 1892. S. 33. —

Lewin und Guillery, Die Wirkungen von Arzneimitteln und Giften auf das Auge. Handb. f. die ges. ärztl. Praxis. 2. Bd. Berlin 1905. — Oliver, Dangerous trades. London 1902. — Rambousek, Gewerbliche Vergiftungen. Leipzig 1911. — Thoinot, Maladies professionnelles. Paris 1903. — Zangger, Über die Beziehungen der technischen und gewerblichen Gifte zum Nervensystem. Ergebn. der innern Med. Bd. V. 1910. (Lit.)

IV. Gewerbliche Gifte und Unfallfragen.

Curschmann, Vergiftungen und Berufskrankheiten. Lehrb. d. Arbeiterversicherung. Barth. Leipzig. 1913. S. 544. — Lewin, Obergutachten über Unfallvergiftungen. Leipzig. Veit 1912. — Heß, W., Erfahrung über gewerbliche Intoxikationen und deren Beziehung zum schweiz. Fabrikhaftpflichtgesetz. Gerichtl. med. Diss. Zürich 1911. — Müller, Vergiftungen durch Giftkombinationen in der Technik. Gerichtl. med. Diss. Zürich 1919. — Zangger, Kombinierte Vergiftungen. Zentralblatt für Gewerbe-Hygiene und Unfall-Medizin 1914.

Quecksilber.

Biondi, Contribuzioni agli Studi del idrargirismo profess. Riv. clin. med. 39. 40. 1907. — Boesl, Eine seltene Entstehungart von Quecksilberintoxikation. Münch. med. Wochenschr. Nr. 18. S. 960. 1912. — Giglioli, G., Contributo allo studio dell idrargirismo-professionale nel bacino cinabrifero del M. Amiata (Siena). Ramazzini. 1909. 3. S. 230. (Literatur.) — Kölsch, Untersuchungen über die gewerbliche Quecksilbervergiftung. Zentralbl. für Gewerbe-Hygiene 1919. 3. S. 42. (Literatur.) — Kußmaul, Untersuchungen über den konstitutionellen Merkurialismus. Würzburg 1861. (Literatur.) — Letulle, M., Hydrargyrisme — Intoxications par Carnot etc. Traité de Médecine XI. Paris 1907. S. 144. — Meinertz, Eine eigentümliche Form von Quecksilbervergiftung. Med. Klin. 1910. 6. S. 901. — Merkel, H., Zur Kasuistik der medizinalen Quecksilbervergiftung und zur Beurteilung der sog. Idiosynkrasie. Vierteljahrsschr. f. gerichtl. Medizin. 1914. Bd. 47. III. Suppl. S. 193.

Blei.

Außendorf, Zur Kenntnis der pathologischen Anatomie des Zentralnervensystems bei Encephalopathia saturnina. Diss. Leipzig. 1911. — Brouardel, P., Intoxication chronique par le plomb. Ann. d'hyg. publ. 4 sér. 1. S. 132. — Chyzer, Über die im ungarischen Tonwarengewerbe vorkommenden Bleivergiftungen. Schrift der intern. Ver. f. gesetzl. Arbeiterschutz. Jena 1908. Heft 1. — Devoto, Patologia e clinica del lavoro 1902. Verspätete Bleidiagnose. — Lehmann, Über das Eindringen von Giften durch die Haut (namentlich von Metallsalzen). Sitzungsber. d. phys.-med. Gesellsch. Würzburg 1913. — Letulle, M., Saturnisme. Intoxications par Carnot, Lanceraux etc. Traité de Médecine XI. Paris 1907. S. 81. — Lewin, Über eine schwere, in kurzer Zeit tödlich verlaufende Bleivergiftung etc. Obergutachten Reichsversicherungsamt. Mai 1906. — Lewin, Das toxische Verhalten von metallischem Blei und besonders von Bleigeschossen im tierischen Körper. Arch. f. klin. Chir. Bd. 94. 1911. — Meillère, G., Le saturnisme. Etude historique, physologique clinique et thérap. Paris 1903. Soc. de Biol. Apr. 1903. La presse méd. 34. 1903. (Literatur.) — v. Monakow, Zur pathologischen Anatomie der Bleilähmung und der saturnischen Encephalopathie. (Literatur.) Arch. f. Psych. 10. 1880. Heft 2. — Nägeli, O., Beitrag zur Kenntnis der Bleivergiftung mit besonderer Berücksichtigung des Wertes der Symptome. Korrespondenzbl. f. schweiz. Ärzte. 1913. Bd. 43. S. 1483. — Oliver, Th., Some unusual features of lead poisoning. The Hospital. London. May 1909. — Derselbe, Basophilia in and some of the less common aspects of Plumbism. VI. Question. Newcastle upon Tyne. — Pieraccini, L'arte ceramica e la patologia del lavoro. Ramazzini. 1907. S. 466. — Roth, Die gewerbliche Blei-, Phosphor- usw. Vergiftung. Berlin. klin. Wochenschr. 1901. 38. S. 567. — Schmidt, P., Über die Bedeutung der Blutuntersuchung für die Diagnose der Bleivergiftung. Zentralbl. für Gewerbehygiene. II. 1914. S. 8. — Schuler, F., Bleivergiftung bei den Plattstuhlwebern in Appenzell 1902. Ramazzini 1907. — Sternberg, M., Zur Frühdiagnose der Bleivergiftung. Bruxelles. 1910. — Tanquerel des Planches, Traité des maladies du plomb. 1. 2. Paris 1839. — Teleky, Bleivergiftung mit ungewöhnlicher Ursache. Wiener Ärzte-Versamml. 4. Dez. 1908. Wiener klin. Wochenschr. 20. 1907. Nr. 48. — Derselbe, Gewerbliche Bleivergiftungsfälle mit seltener Entstehungsursache. Wochenschr. f. soziale Med. Berlin 1908.

Arsenik.

Anderson a. Webb., Unusual ending in a case of arsenic poisoning. Lancet 1910. 178. S. 1138. — Brouardel, G., Arsenicisme. Thèse de Paris 1897. (Literatur.) — Haberda,

Über Arsenikvergiftung. Vierteljahrsschr. f. gerichtl. Med. 1914. Bd. 47. III. Suppl. S. 216. — Horoszkiewicz, Arsenikvergiftung. Vierteljahrsschr. f. gerichtl. Medizin 1914. Bd. 47. III. Suppl. S. 213. — Schlosser, Über einige seltenere Vorkommnisse nach akuter Arsenvergiftung. Diss. Basel 1896. — Wurtz, R., Arsenicisme. Intoxications par Carnot Lanceraux etc. Traité de Médecine XI. Paris 1907. S. 56.

Arsenwasserstoff.

Chaignot, A., De l'intoxication par les gaz des ballons. Thèse de Paris 1904. — Copemann, A., Ferrosilicium, seine Gefahren beim Transport und Lagern. Riga. Industriezeitung. 1910. 36. S. 380. 1909. S. 319. — Dubitzki, Studien über Arsenwasserstoff. Arch. f. Hygiene. Bd. 73. 1911. — Glaister und Lodge, Industrial pois ning 1907. — Hoffer, Ein Fall von gewerblicher Arsenwasserstoffvergiftung. Zeitschr. f. med. Beamte 1910. S. 565. — Wilson, R., Über gefährliche Eigenschaften des Ferrosiliciums. Zeitschr. f. Gewerbehyg. Wien 1909. Nr. 7. S. 181. — Wilson, The properties of ferro-silicon. Ann. report of the chief-inspector of the factories and workshops. London 1907/08. S. 262.

Antimon.

Schrumpf, Über Antimonvergiftung der Schriftsetzer. Münch. med. Wochenschr. 1910. Nr. 21. S. 1156.

Phosphor.

Lehmann, Über die Giftigkeit der Blausäure und des Phosphorwasserstoffgases. Separatabdruck a. Sitzungsbericht d. phys.-med. Gesellsch. Würzburg 1908. — Rumpf, Th., Über Vergiftung durch Phosphoroxydchlorid. Med. Klinik. Bd. 36. 1908. — Wurtz, R., Phosphorisme, Intoxications par Carnot, Lanceraux etc. Traité de Médecine XI. Paris 1907. S. 48.

Chlorakne.

Jaquet, Sur l'acné chlorique. Semaine médicale 1902.

Phosgen.

Grempe, P. M., Die Gefahren des Phosgen. Zeitschr. f. Gewerbehygiene. 1912. S. 65.

Nitrose Gase.

Czaplewski, Über die Kölner Vergiftungen durch Einatmung von Salpetersäuredämpfen (Nitrose Gase) 1910. Sonderabdr. a. d. Vierteljahrsschr. f. gerichtl. Med. u. öffentl. Sanitätswesen. 3. Folge. XLIII, 2. — Kockel, Verhalten des Organismus gegen die Dämpfe der salpetrigen Säure. Vierteljahrsschr. f. gerichtl. Med. Bd. 15. S. 1. 1898. — Llopart, Erfahrungen über Nitrosegasevergiftung. Gerichtl. med. Diss. Zürich 1912. — Savels, A., Zur Kasuistik der Nitrosenvergiftung durch Inhalation von salpetriger Säure. Deutsche med. Wochenschr. 1910, Nr. 38. S. 1754.

Kohlenoxyd.

Bayer, Das Toximeter von Guasco. Zeitschr. f. Gewerbehygiene. Bd. 20. Nr. 13 u. 14. S. 189. — Friedberg, H., Vergiftung durch Kohlendunst. Berlin. Liebrecht. 1866. — Hauser, Erfahrungen über Kohlenoxydvergiftung. Gerichtl. med. Diss. Zürich. 1914. — Izard, L., Des troubles nerveux consécutifs aux intoxications oxycarbonées. Thèse med. Lyon. 1907/08. — Ledent, Durée de l'elimination de l'oxyde de carbone chez un animal partiellement intoxiqué. Ach. intern. de méd. lég. 1913. — Lemberger, Experimentelles zur Lehre von der Kohlenoxydvergiftung. Vierteljahrschr. f. gerichtl. Med. Bd. 23. 1902. — Lewin und Poppenberg, Die Kohlenoxydvergiftung durch Explosionsgase. Arch. f. exper. Path. u. Pharm. 1909. 60. S. 434. — Nicloux de Renzi, Intossicazione da CO. Nuova rivista clinico-terap. 3, 4. 1908. — Sachs, Die Kohlenoxydvergiftung. 1900. — Schläpfer, Diss. Züich 1914. — Sibelius, Die psychischen Störungen nach akuter Kohlenoxydvergiftung. Monatsschr. f. Psych. u. Neurol. 18. 1905. S. 40. Erg. (Literatur.) — Stierlin, E., Über psycho-neuropathische Folgezustände bei den Überlebenden der Katastrophe von Courrières. Ger. med. Diss. Zürich 1909. (Literatur.) — Sury, Med. Erfahrungen bei Explosionen. Gerichtl. med. Diss. Zürich 1912. — Wachholz, Untersuchungen über die Verteilung des Kohlenoxydes im Blut damit Vergifteter. Vierteljahrsschr. f. gerichtl. Med. 1914. Bd. 47. III. Suppl. S. 205. — Wurtz, R., Intoxications par l'oxyde de carbone. Traité de Médecine XI. Intoxications par Carnot, Lanceraux etc. Paris 1907, S. 68. — Zangger, H., Der Tod im Tunnelbau und im Bergwerk vom gerichtlich-medizinischen Standpunkte. Vierteljahrsschr. f. gerichtl. Med. u. öffentl. Sanitätswesen. 3. Folge. 1909. Suppl.-Heft. — Derselbe, Gerichtlich - medizinische Beobachtungen bei der Katastrophe von Courrières. Vierteljahrsschr. f. gerichtl. Med. 3. Folge. 1907. 34. S. 2. — Zieler, Über Nacherkrankungen der Leuchtgasvergiftung, besonders Leptomeningitis serosa. Diss. Halle 1897.

Schwefelkohlenstoff.

Harmsen, E., Schwefelkohlenstoffvergiftung in Fabrikbetrieb. Vierteljahrschr. f. gerichtl. Med. u. öffentl. Sanitätswesen. III. 30. S. 422. — Köster, Schwefelkohlenstoff-Neuritis. Arch. f. rsych. 1900. 33. S. 872. — Mendel, Schwefelkohlenstoff-Vergiftung. Archiv f. Psych. u. Nervenkrankheiten. Bd. 19. S. 523. — Quensel, F., Neue Erfahrungen über Geistesstörungen nach Schwefelkohlenstoffvergiftung. Monatsschr. f. Psych. u. Neurol. 1904. 16. S. 48, 246. (Literatur.)

Organische Verbindungen.

Bing, R., Beitrag zur Kenntnis der industriellen Vergiftungen mit Methylderivaten. Separatabdr. d. Schweiz. Rundschau f. Medizin 1910. — Bürgi, E., Mitteilung über eine Benznvergiftung. Korrespondenzbl. f. Schweizer Ärzte. 1906. Nr. 11. — Curschmann, F., Die Vergiftungen bei der Anlilinfabrikation und ihre Frühdiagnose. Congrès maladies. prof. Bruxelles 1910. (VI. Quest.). — Jaksch, R., Die Giftigkeit des Holzgeistes. Zeitschr. f. med. Beamte. 1910. Nr. 16. S. 608. — Jaquet, Über Brommethylvergiftung. Deutsch. Arch. f. klin. Med. Bd. 71. S. 370. — Lanceraux, Intoxications par les parfums. Intoxications par Carnot, Lanceraux etc. Traité de Médecine XI. Paris 1907. S. 332. — Derselbe, Intoxications par les boissons alcooliques. Intoxications par Carnot, Lanceraux etc. Traité de Médecine. XI. Paris 1907. S. 205. — Lewin, L., Über eine akute Nitrobenzolvergiftung. (Ein dem Reichsversicherungsamt erstattetes Obergutachten.) Amtl. Nachr. d. Reichs-Versicherungsamtes. 15. Mai 1906. — Marmetschke, G., Über tödliche Bromäthyl- und Brommethylvergiftung. Vierteljahrsschr. f. gerichtl. Med. u. öffentl. Sanitätswesen. 1906. Heft 3. S. 61. — — Steiger, Brommethylvergiftung. Münch. med. Wochenschr. 1918. — Straßmann, Über die im städtischen Asyl zu Berlin beobachteten Vergiftungen. Deutsch. med. Wochenschr. 1912. Nr. 3.

B. Die Vergiftungen durch Alkaloide und andere Pflanzenstoffe.

Von

M. Cloetta-Zürich.

Einleitung.

Die Vergiftungen durch Alkaloide haben für den Mediziner ein besonderes Interesse, weil es sich meistens um sehr stark wirkende Substanzen handelt, mit denen in therapeutischer Absicht täglich vom Arzt gearbeitet wird, weil ferner die Symptome entsprechend der hohen Giftigkeit meistens sehr schwere sind und die Diagnose von solchen Vergiftungen durchaus nicht immer leicht ist. Dabei kommt besonders vom gerichtsärztlichen Standpunkte aus noch in Betracht, daß pathologisch-anatomische Veränderungen zur Feststellung der Diagnose meist fehlen. Auch sonst kommt diesen Intoxikationen ein ganz besonderes allgemein-medizinisches und biologisches Interesse, das sich ja auch enge an unsere therapeutischen Vorstellungen anschließt, zu, so daß es sich wohl lohnt, zunächst einige allgemeine Bemerkungen über Alkaloidvergiftungen vorauszuschicken.

Ganz besonders drängt sich uns bei jedem Vergiftungstodesfall die Frage auf: Woran ist denn das betreffende Individuum eigentlich gestorben; eine Frage, die namentlich mit Rücksicht auf das bereits erwähnte Fehlen pathologisch-anatomischer Veränderungen sehr natürlich ist. Tatsächlich tritt ja auch der Tod lediglich wegen der Topographie der Vergiftung, nicht wegen ihrer Schwere und Unaufhebbarkeit an und für sich ein. Wenn wir z. B. in ein Auge Atropin einträufeln, so können wir durch stete Wiederholung wochen- und monatelang eine komplette Ausschaltung der Irisbewegung herbeiführen, also eine vollständige Funktionslähmung, und trotzdem wird diese Funktion sofort zurückkehren, wenn wir das Mittel nicht mehr verabreichen, und das Auge wird sich nach seiner Erholung nicht von einem normalen in seiner Funktion unterscheiden. Untersuchen wir die Iris eines derartig gelähmten Auges mikroskopisch, so ist es auch morphologisch unmöglich, irgend etwas Anormales daran festzustellen, was für den Zustand dieser schweren Lähmung eine materielle Erklärung abgeben könnte. Wir können anderseits die geschmack-, riech- und schmerzempfindenden peripheren Nervengebilde beliebig lange ausschalten und trotzdem kehren diese Empfindungen prompt zurück nach Aufhören der lokalen Giftzufuhr. Nach den mikroskopischen Untersuchungen am Zentralnervensystem, das unter dem Einfluß lähmender Gifte gestanden, können wir auch keine für die schweren Funktionsänderung charakteristischen morphologischen Veränderungen wahrnehmen. Wir dürfen daraus wohl zunächst den Schluß ziehen, daß prinzipiell zwischen diesen zentralen Funktionsstörungen und jenen an den peripheren Nerven kein Unterschied besteht, daß die Vergiftungen am Zentralnervensystem nicht schwerer und nicht weniger reparierbar sind als z. B. die bei Leitungsanästhesie an einem peripheren Nerven oder den unteren Teilen des Rückenmarks. Was die schwerwiegende Differenz zwischen den erwähnten prognostisch günstigen Funktionslähmungen und den für den Menschen oft letalen Alkaloidvergiftungen bedingt, ist hauptsächlich der Unterschied in der Topographie der Wirkung. Bei allen peripheren Funktionsausschaltungen des Nervensystems, auch denen am Rückenmark, haben wir Zeit, wir können warten, bis der Ausgleich sich wieder hergestellt hat. Zweifelsohne würde nach den meisten Vergiftungen, die letal endigten, auch am Zentralnervensystem die Funktion sich wieder eingestellt haben, wenn nicht in der Zwischenzeit der Gesamtorganismus durch den Ausfall jener lebenswichtigen Zentralfunktionen so geschädigt worden wäre, daß die Voraussetzung einer jeden Entgiftung: die gute Zirkulation und normale Respiration, verunmöglicht worden wäre. Es benimmt sich somit bei manchen Alkaloidvergiftungen der Körper durch einen Circulus vitiosus selber der Möglichkeit, die an und für sich heilbare Vergiftung seines Zentralnervensystems auch wirklich zu beseitigen. Diese ja fast selbstverständlich erscheinende Betrachtungsweise gibt uns auch die Wegleitung für die Therapie solcher Vergiftungen. Es muß von Anfang an, nicht erst wenn die Situation bedrohlich geworden ist, der funktionelle Ausfall durch eine der Norm möglichst adäquate, aber auf andere Weise hervorgerufene Funktionsleistung in seinem schädlichen Ausfall auf den Gesamtorganismus kompensiert werden. Bis zu welchem Grade dies im Einzelfalle gelingt, davon hängt die Prognose jeweilen ab, denn die Vergiftung ist nach dem, was wir oben auseinandergesetzt, an und für sich fast immer nur funktionell und infolgedessen auch heilbar.

Wie die Einwirkung der Alkaloide auf die Gewebe zustande kommt, ist noch unklar. Würden wir allgemein chemische Reaktionen mit den Eiweißmolekülen oder Lipoidkörpern des Organismus annehmen, so wäre, da ja die Verbindungen sich stets nur in molekulärer Proportion vollziehen können, die Menge des Giftes nie hinreichend, um auch nur die Mehrzahl der funktionellen Moleküle zu beeinflussen, da diese Gifte ja oft in sehr geringer Menge schon letal zu wirken vermögen. Wir müssen also zum Mindesten annehmen, daß nur bestimmte numerisch stark beschränkte Zellkomplexe unter den Einfluß des Mittels zu stehen kommen, wobei durchaus nicht gesagt ist, daß diese Zellkomplexe topographisch im Organismus nebeneinander gelegen zu sein brauchen, sie können räumlich ganz voneinander getrennt liegen. Voraussetzung, damit sie von derselben Giftwirkung getroffen werden, ist, daß sie dieselbe Funktionsanlage und somit auch dieselben chemischen Grundcharaktere im Aufbau ihres Protoplasmas aufweisen müssen. Aber auch bei dieser topographischen Einschränkung des Wirkungsgebietes der Alkaloide ist für uns die Annahme ihrer chemischer Wechselwirkungen mit dem Protoplasma sehr erschwert, weil ein bedeutender Anteil mancher Alkaloide unzersetzt wieder aus dem Körper ausgeschieden wird. Wir müssen uns somit vorstellen, daß, falls wir an der chemischen Reaktion zwischen Giftmolekül und Protoplasma festhalten, sich dieselbe nur auf bestimmte, eng umschriebene Gruppen des Moleküls beziehen kann und daß bei der nachherigen Trennung der Alkaloide vom Protoplasma diese vielleicht sehr geringe Veränderung am Alkaloid durch andere Zellfunktionen im Körper oder durch Fermente wieder restauriert werden, so daß das Alkaloid in seinem ursprünglichen Zustand wieder zur Ausscheidung aus dem Körper gelangen kann. Als Beispiel für diesen Vorgang könnte man denken an das Öffnen und Schließen von Hydroxylgruppen, Methylierung und Entmethylierung, an Oxydation und Reduktion. Allerdings tritt uns da sofort die Frage entgegen, wieso denn das Alkaloid unverändert aus dem Körper ausgeschieden werden kann und nicht von neuem Vergiftungserscheinungen auslöst, da es doch, um ausgeschieden zu werden, wieder in die allgemeine Zirkulation gelangen mußte. Diese Frage ist außerordentlich schwierig zu beantworten und das Nächstliegende ist wohl, daran zu denken, daß durch die Berührung des Protoplasmas mit dem Giftmolekül gewisse Veränderungen daselbst hinterbleiben, die eine neue Beeinflussung durch dasselbe Alkaloid kurze Zeit nachher weniger leicht zustande kommen lassen, so lange die Konzentration des betreffenden Alkaloids im Plasma nicht gesteigert wird.

Es wäre nun allerdings auch denkbar, daß es sich bei dieser Einwirkung der Alkaloide auf den Körper nicht um chemische Auseinandersetzung der beteiligten Größen unter sich handeln könnte, sondern daß z. B. lediglich das Eindringen des Alkaloids in das Protoplasma, also schon seine Gegenwart allein, die funktionelle Störung auslöst. Man könnte sich vorstellen, daß die Plasmahaut der Zelle, welche über die Ernährung und damit über die Funktion des Protoplasmas wacht, durch den Prozeß des Durchwanderns des Alkaloids schon so in ihren physikalischen Durchlässigkeitsbedingungen verändert worden ist, daß nun eine anormale Ernährung und damit anormale Funktion von Protoplasma und Kern eintreten muß. Es ist ferner auch denkbar, daß besonders durch das Eindringen hoch molekularer Verbindungen in den flüssigen Zellinhalt eine bedeutende Störung in dem physikalischen Gleichgewicht, welches die Grundlage der normalen Funktion bildet herbeigeführt wird ohne jede eigentliche chemische Umsetzung. Es können dadurch Änderungen in den gegenseitigen physikalischen Lösungsbedingungen der Protoplasmasubstanzen entstehen, die sogar zu Ausflockungen führen können, Vorgänge, die mit dem Verschwinden des Eindringlings vollständig wieder zurückgehen, vorausgesetzt daß die Zirkulation und Ernährung normal bleibt. Mit diesen Vorstellungen würde sich ungezwungen die unveränderte Ausscheidung so vieler Alkaloide erklären. Wenn uns aber auch trotz der oben erwähnten topographisch selektiven Beschränktheit der Wirkung mancher Alkaloide doch die eingeführte Menge viel zu gering erscheint, um auch diese beschränkte Anzahl von Zellkomplexen durch

Beeinflussung nach molekularen oder physikalischen Verhältnissen zu schädigen, so dürfen wir uns daran erinnern, daß gerade beim Zentralnervensystem ein weitgehendes altruistisches Abhängigkeitsverhältnis besteht, so daß schon die Beeinflussung einer einzelnen Zelle genügt, um die Funktion einer ganzen Reihe anderer, welche arbeitsorganisatorisch mit derselben zusammenhängen, ebenfalls funktionell zu schädigen.

Es ist ja sehr fraglich, ob es uns je gelingen wird, über die Details dieser Wirkungen volle Aufschlüsse zu erhalten. Die Klärung dieser Fragen wäre leicht, wenn es gelänge, chemische Reaktionen zwischen dem Alkaloid und chemisch genau differenzierten Bestandteilen des Protoplasmas herbeizuführen. Leider ist dieser Weg nicht beschreitbar, weil es nie möglich sein wird, die chemische Struktur bestimmter Protoplasmabestandteile festzustellen und solche Substanzen als wohl differenzierte Körper zu isolieren, ohne dabei schwere Eingriffe auf das Gesamtmolekül auszuüben, Eingriffe, die mit den Lebensaufgaben, die dem Eiweiß- und Lipoidmolekül in toto zufallen, nicht mehr vereinbar sind. Ein so nach chemischer Methode aus dem Protoplasmaverband heraus gewonnener Körper kann uns somit in bezug auf seine chemischen Beziehungen nichts aussagen über die Vorgänge die beim lebenden unveränderten Protoplasma sich abspielen. Wir müssen also wohl resigniert uns darauf beschränken, die nach außen projizierten Veränderungen der Funktion des Protoplasmas unter dem Einfluß der Gifte zu registrieren und daraus unsere Wahrscheinlichkeitsschlüsse in bezug auf die Art und die Ursache der funktionellen Störungen zu ziehen.

1. Opiumgruppe.

Die Besprechung der einzelnen Alkaloide wollen wir mit der des Morphins beginnen, da diesem unbestritten in toxikologischer Hinsicht die größte Bedeutung zukommt. Naturgemäß sollte einer Besprechung der Morphinvergiftung diejenige der Opiumvergiftung vorausgehen, wobei uns speziell die Frage interessiert, in wie weit sich die Symptome der beiden Vergiftungen decken und worin sie differieren. Es wird bekanntlich von verschiedenen Autoren angenommen, teilweise allerdings nur auf Grund von Tierversuchen, daß die Opiumvergiftung schwerer verlaufe als die mit Morphin. Zur Erklärung hierfür wird darauf hingewiesen, daß die Wirkung der übrigen Alkaloide des Opiums die Morphinwirkung ungünstig beeinflusse und daß namentlich sich noch Erregung und Krampferscheinungen hinzugesellen; diese Anschauung trifft jedenfalls in bezug auf die Vergiftung am Menschen nicht zu. Die akute Opiumvergiftung ist in ihren Grundzügen gleich zu setzen derjenigen durch Morphin, und zwar nicht nur qualitativ sondern auch quantitativ, indem die Intensität einer Opiumvergiftung sich richtet nach der in dem betreffenden Opiumpräparat vorhanden gewesenen Morphinmenge. Es erscheint im Gegenteil, als ob die übrigen Opiumbestandteile sogar die Wirkung des Morphins etwas zu mildern vermöchten, speziell mit Rücksicht auf dessen Wirkung auf das Atmungszentrum. Die therapeutischen Versuche mit Pantopon (Winternitz) haben in der letzten Zeit ergeben, daß die Symptome ausschließlich beherrscht werden durch das zu fünfzig Prozent in demselben vorhandene Morphin. Wird dem Pantopon das Morphin ganz entzogen, so wird also die Gesamtopium-Alkaloidmenge minus Morphin zurückbleiben; es ist aber nach Winternitz die Wirkung eines solchen Präparates auf den Menschen eine sehr schwache. Erst Dosen von 0,5 g an rufen eine leichte Hypnose hervor und von den oft besprochenen erregenden Wirkungen der Opiumalkaloide ist gar nichts wahrzunehmen; es fehlt auch die für Morphin so charakteristische depressive Wirkung auf das Atmungszentrum vollständig. Dieser letztere Umstand würde erklären, warum die Wirkung der Gesamtalkaloide des Opiums eine weniger starke Beeinflussung des Atmungszentrums ergibt im Verhältnis zur sonst hervorgerufenen Allgemeinnarkose als bei Anwendung von Morphin allein.

a) Akute Morphinvergiftung.

Auf die zahlreichen Möglichkeiten und Gelegenheiten, die zu Opium-Morphinvergiftungen führen können, brauche ich nicht näher einzugehen, sie sind allgemein bekannt. Eine große praktische Bedeutung kommt dagegen der Dosierungsfrage zu. Obwohl gerade über Morphinvergiftungen eine große Kasuistik vorliegt, ist es doch noch nicht möglich, eine bestimmte Grenze aufzustellen, innerhalb welcher die toxische Dosis beginnt. Es richtet sich die Wirkung im Einzelfalle sehr nach dem Allgemeinbefinden des betreffenden Individuums. Je kräftiger und besser ernährt dasselbe ist, je normaler sein Zirkulationsapparat funktioniert, umso geringer sind ceteris paribus die toxischen Erscheinungen. Ganz besonders empfindlich scheinen kleinere Kinder und Greise zu sein, ferner Leute mit schweren Zirkulationsstörungen. Speziell dem Kindesalter hat man im allgemeinen eine erhöhte Disposition für Morphinvergiftung vorgeworfen; das ist in dieser allgemeinen Fassung nicht zutreffend. Eine besondere Empfindlichkeit besteht tatsächlich nur bei Säuglingen (Döbeli); dort ist sie viel größer als dem Verhältnis von Dosis: Körpergewicht im Vergleich zu dem Erwachsenen entsprechen würde. Der Charakter der Vergiftung ist auch ein ganz anderer, wie beim ältern Kinde oder Erwachsenen, so daß man wohl mit Recht von einer Idiosynkrasie des Säuglings gegen Opium-Morphin sprechen kann. Ein Tropfen Opiumtinktur oder 3 Milligramm Morphin müssen schon als eine lebensbedrohende Dosis für den Säugling betrachtet werden. Beim älteren Kinde dagegen richtet sich die vergiftende Dosis einfach nach der, welche auch für den Erwachsenen in Betracht kommen würde, unter Berücksichtigung von Alter und Körpergewicht. Für Erwachsene liegt die sicher toxische Dosis bei 0,05 g; natürlich kann auch schon gelegentlich auf 0,03 g ein bedenklicher Zustand eintreten, doch entspricht dies nicht der Norm. Es liegen in solchen Fällen meist noch weitere erschwerende Umstände, namentlich gleichzeitige Wirkung anderer Gifte, vor. Eine besondere Disposition des weiblichen Geschlechts ist nicht bekannt; dagegen besteht (für mich) kein Zweifel, daß Leute mit schweren Veränderungen der Zirkulation, namentlich mit Arteriosklerose und Herzinsuffizienz ganz besonders empfindlich für Morphin sein können. Ich habe mehrfach beobachtet, daß bei solchen Patienten schon 0,01 g tiefe Somnolenz hervorriefen, und ein Kollege, welcher an diesen pathologischen Zuständen litt und 5 mg Morphin subkutan bekam, verfiel in ein 18 Stunden dauerndes Koma mit all den typischen Erscheinungen der Morphinintoxikation. Es ist eine derartige Beeinflussung offenbar zurückzuführen auf die geringe Oxydationskraft der Gewebe infolge mangelnder Zufuhr von Sauerstoff und die verschlechterten Ausscheidungsbedingungen.

Aus dem oben Angeführten ergibt sich, daß es auch schwierig ist, eine letale Dosis für Morphin aufzustellen und daß man eigentlich rationellerweise darauf verzichten sollte, eine solche aufzustellen; sie müßte denn so hoch gegriffen werden, daß unter keinen Umständen ein Individuum diese Dosierung übersteht.

Symptome. Bei der Opiumvergiftung, bei der die Zufuhr des Giftes fast ausschließlich vom Magen her geschieht, verzögert sich der Eintritt der Wirkung oft bedeutend, namentlich bei gefülltem Magen; es kann mitunter mehr als 2 Stunden dauern, bis deutliche Erscheinungen wahrnehmbar werden. Beim

Morphin dauert bei stomachaler Anwendung das Latenzstadium auch wesentlich länger als bei der Injektion. Es kann auch da eine halbe bis eine Stunde betragen, außer das Gift werde gelöst auf den nüchternen Magen verabreicht; unter diesen letzteren Umständen kann schon in 10 Minuten die Wirkung konstatiert werden, also zu gleicher Zeit, wie nach der subkutanen Injektion. Am deutlichsten sind die Erscheinungen der Morphinvergiftung bei der letztgenannten Applikationsweise.

Zuerst empfindet die betreffende Person ein Gefühl der Wärme, das vom Kopfe beginnend sich über Brust und Stamm ausbreitend auf die Glieder erstreckt; damit ist ein gewisses Gefühl der Behaglichkeit verbunden. Sehr rasch stellt sich nun, namentlich bei größeren Dosen, ein eigentümlicher Rauschzustand ein, wie er bei plötzlicher Aufnahme größerer Mengen Alkohol ins Blut beobachtet wird und rasch treten Schwindelerscheinungen auf. Nach diesen einleitenden Symptomen kommen dann die objektiv nachweisbaren schwereren Funktionsstörungen des Zentralnervensystems an die Reihe, die sich namentlich äußern im Beginne von Koordinationsstörungen, in Verlangsamung der Herztätigkeit, Herabsetzung der Atmungsfrequenz und langsam eintretender Benommenheit. Allerdings machen einzelne Leute zwischen dem Reizstadium und dem eigentlichen Lähmungsstadium noch ein Exzitationsstadium durch; doch ist das bei größeren Dosen Morphin entschieden selten, häufiger dagegen bei kleinen.

Vor allem aus interessiert uns die Wirkung des Morphins auf die Zirkulation und Atmung, denn von den funktionellen Störungen dieser Systeme hängt die Prognose der Vergiftung ab. Man bezeichnet allgemein das Morphin als ein Herzgift, und die Ansicht, daß der Puls durch Morphin schlechter werde, ist eine sehr verbreitete. Es muß deshalb hier gesagt werden, daß das durchaus nicht die Regel ist und daß man sehr häufig bei der Morphinvergiftung, wenigstens in den Anfangsstadien, einen sehr guten Puls beobachtet, ja, es erscheint mitunter, als ob die Pulsqualität durch Morphin gebessert werde. Erst wenn die Intoxikation von der Großhirnrinde überspringt auf die Medulla und das Rückenmark, dann kann auch die Zirkulation, wahrscheinlich sekundär beeinflußt, schlechter werden. An und für sich ist aber offenbar das Morphin durchaus kein Zirkulationsgift, weder für das Herz noch für die Gefäße.

Bei fortschreitender Lähmung des Atmungszentrums wird die Sauerstoffaufnahme ungenügend, indem wegen der verminderten Empfindlichkeit für den O-Gehalt des Blutes die Atemzüge seltener und unregelmäßiger werden. Man spricht meist von Cheyne-Stokesscher Atmung, als der typischen für die Morphinvergiftung. Das ist aber nicht zutreffend. Ebenso oft ist die Atmung systemlos unregelmäßig; es können mitunter Minuten vergehen, bis endlich wieder ein Atemzug eintritt. Die Patienten werden cyanotisch, wobei im Gegensatz zu anderen Lähmungsgiften die Pupillen nicht weit werden, sondern stark verengt bleiben.

Die Schmerzempfindung ist herabgesetzt, aber selten ganz aufgehoben, ebensowenig ist das Druckgefühl verschwunden. In auffallendem Kontrast zu dieser Sensibilitätsverminderung steht der sehr häufig auftretende Juckreiz, der für die Mehrzahl der Morphin-Opiumvergiftungen, oft auch für therapeutische Dosen charakteristisch ist. Es beginnt meist in der Nase, zeigt sich an den verschiedensten Körperstellen, namentlich solchen, die schon an und für sich zu Ekzem neigen. Es zeigt diese Beobachtung, daß auch beim Menschen an der Peripherie erregende Wirkungen durch Morphin ausgelöst werden können; denn um eine Lähmung von Hemmungsvorrichtungen wird es sich kaum handeln Der Leib ist meist eingezogen; es rührt dies von der sogenannten Mittelstellung die der Darm unter Morphin einnimmt, her, Meteorismus spricht eher gegen frische Morphinvergiftung. Die Magenentleerung ist verzögert, Stuhl und Urin angehalten, der Urin mitunter reduziert, die Toleranzgrenze für Kohlehydrate ist oft herabgesetzt, was auffallend ist, da kleine Opiumdosen den Diabetes oft günstig beeinflussen. Besonders zu erwähnen ist das Erbrechen, das erfahrungsgemäß sehr häufig bei therapeutischen Dosen, viel seltener bei Intoxikation beobachtet wird. Dasselbe ist sicher zentral bedingt und hängt nicht mit der Ausscheidung des Morphins auf die Magenschleimhaut zusammen, die bekanntlich sehr rasch nach einer subkutanen Morphininjektion sich einstellt. Die Temperatur ist gewöhnlich etwas herabgesetzt, Fieberbewegungen werden im Gegensatz zu Kokain nicht beobachtet.

Die **Diagnose** ist nicht schwierig: Benommenheit, Herabsetzung der Sensibilität, Harn- und Kotverhaltung, enge Pupillen, Cyanose, unregelmäßige Atmung, Puls regelmäßig, anfänglich gut, erst im Koma schwach, Herztöne rein und dumpf.

Für den **chemischen Nachweis** kommt nur der Stuhl in Betracht, da Morphin beim Menschen nicht durch den Urin ausgeschieden wird. Es wird derselbe mit Alkohol und Essigsäure aufgekocht, filtriert, mit essigsaurem Blei versetzt, entbleit, die alkalische Lösung am Besten mit einem Gemenge von Chloroform 2, Isobutylalkohol 1 ausgeschüttelt. Die Auszüge werden verdunstet, mit saurem Wasser aufgenommen, alkalisch gemacht, mit Äther ausgeschüttelt zur Entfernung anderer Alkaloide und sodann wieder mit derselben Chloroformmischung ausgeschüttelt. Im Rückstand kann man Spuren von Morphin mit dem Fröhdeschen Reagens (1 ccm konzentrierte Schwefelsäure + 5 mg molybdän saurem Natrium) durch die intensive violette Farbe nachweisen.

Die **Prognose** richtet sich nach dem Zustand der Atmung und der Zirkulation. Gelingt es die Erregbarkeit des Atmungszentrums wieder allmählich herzustellen, so ist fast stets völlige Heilung in 24 Stunden zu erwarten. Es soll deshalb möglichst früh mit der künstlichen Atmung und mit O_2-Zufuhr eingesetzt werden, damit nicht die Kohlensäureintoxikation zu groß wird und ihre Wirkungen sich zu der des Morphins addieren. — Eine primäre Gefahr von seiten der Zirkulation droht nur bei abnormen Herz- und Gefäßverhältnissen.

Die **Therapie** versucht zunächst das Gift zu entfernen. Da die Ausscheidung des subkutan eingespritzten Morphiums, zum Teil wenigstens, in der ersten bis zweiten Stunde durch die Magenschleimhaut erfolgt, so ist auch bei dieser Art der Einverleibung die Magenspülung, und zwar öfters wiederholt, am Platze. Man kann dazu eine ganz schwache Prozentlösung von Kaliumpermanganat nehmen, wobei vorhandenes Morphin sofort zu einem ungiftigen Produkt oxydiert wird. Da ferner die Ausscheidung des Morphins durch den Darm erfolgt, sind Diuretica überflüssig, dagegen Anregung der Darmtätigkeit zu empfehlen, wobei eventuell Atropin die Spasmen heben kann. Alle weitere Therapie ist rein symptomatisch, da uns ein Antidot nicht zur Verfügung steht.

In erster Linie handelt es sich darum, die Funktion der automatischen Zentren aufrecht zu erhalten: die Patienten werden gewaltsam am Einschlafen verhindert, unterstützend wirken dabei Strychnininjektionen, 2 mg pro Dosi, nach Bedarf wiederholt. Auch mit Coffein und Atropin kann man versuchen, die Medulla zu erregen. Mittel, die erlahmende Herztätigkeit zu heben, nützen im allgemeinen nicht viel, da dies eine sekundäre Störung ist, durch den anderweitigen Funktionsausfall bedingt. Immerhin wäre ein Versuch mit Kampfer zu machen, dessen Wirkung wohl aber mehr auf seinen zentralen Angriffspunkt zurückzuführen wäre.

b) Chronische Morphinvergiftung[1].

Von allen chronischen Alkaloid-Vergiftungen kommt keiner, wenigstens bei der weißen Rasse, eine so große praktische, wissenschaftliche und soziale

---

[1]) Vgl. E. Meyer, dieses Handb. Bd. 5, S. 1059.

Bedeutung zu, wie dem Morphinismus. Man hat zwischen Morphinismus und
Morphinsucht unterscheiden wollen, wobei der letztere Zustand dann anzunehmen
wäre, wenn beim Aussetzen der Morphinzufuhr schwere Ausfallserscheinungen
auftreten, die durch Morphin sofort zu beheben sind (Erlenmeyer). Es handelt
sich aber bei diesen beiden Zuständen nur um graduelle, nicht prinzipielle Unterschiede. Jeder Morphinismus geht mit der Zeit in den Zustand der Sucht
über. In Europa ist der Morphinismus erst seit der Einführung der Subkutan-
spritze von Pravaz (1864) bekannt geworden. Im Orient datiert das Opiumrauchen viel weiter zurück, es sollen dort 5—7 % der Bevölkerung opiumsüchtig
sein (Indien, China). — Die Veranlassung zum Morphinismus wird meist auf
therapeutische Anwendung bei Schmerzen etc. zurückgeführt. Wenn dies
zutreffen würde, so wären wohl 90 % der Menschen dieser Gefahr ausgesetzt.
Das Hauptkontingent liefern jedoch die Neurastheniker, welche für alle die
kleinen und großen Widerwärtigkeiten des Lebens die Heilung in der Spritze
suchen. Leider ist nun mit dem subjektiven Morphinismus auch die objektive
Angewöhnung verbunden, so daß die Dosis andauernd gesteigert werden muß,
um dem subjektiven Bedürfnis zu genügen. Es ist das Morphin der zurzeit
einzig bekannte kristallisierte Körper von bestimmter Konstitution, der bei
chronischer Zufuhr zu einer Immunität führt. Man hat gehofft über den Morphinismus zu einem Verständnis der bakteriologischen Immunitätsvorgänge zu
gelangen. Diese Hoffnung hat sich nicht erfüllt. Über die eigentliche Ursache
der Angewöhnung sind wir noch nicht genügend orientiert. Faust hat gezeigt,
daß bei der akuten Morphinvergiftung ca. 75 % Morphin unverändert im Kot
ausgeschieden werden. Beim Morphinisten verschwindet dagegen das Morphin
vollkommen im Körper, woraus Faust den Schluß zog, daß beim Morphinismus
der Körper resp. das Gehirn eigentlich gar nicht unter die Wirkungen des Morphins zu stehen komme, da dasselbe ja völlig zerstört werde und daß deshalb
von einer chronischen Intoxikation eigentlich nicht gesprochen werden könne.
Diese Auffassung macht jedoch schwer verständlich, warum erstens die Einwirkungen bei der chronischen Vergiftung auf den Körper so schwere sind
und warum ferner der Morphinist jede Herabsetzung der Dosis sofort unangenehm
empfindet, was unverständlich wäre, wenn er ja doch eigentlich wegen der Zerstörung des Morphins nach der Faustschen Auffassung gar nicht mehr unter die
Einwirkung großer Dosen zu stehen käme. Auf Grund eigener zahlreicher
Versuche muß ich daran festhalten, daß der Morphinist unter dem Einfluß der
ganzen Dosis auch zentral steht und daß die von Faust gefundene Zerstörung
ein sehr interessanter aber wahrscheinlich sekundärer Vorgang, also keine
primäre Entgiftung ist. Die bekannten Abstinenzerscheinungen bei Morphin-
entzug dürften sich wohl am ehesten damit erklären lassen, daß durch die kontinuierliche Morphinzufuhr ein neuer pathologisch-physiologischer Stoffwechsel-
zustand sich gebildet hat, eingestellt auf die tägliche Morphinzufuhr und daß
dessen physiologisches Gleichgewicht dann beim Nichtmehreintreffen der Ein-
stellungsursache erheblich gestört wird. Um zum wirklich physiologischen
Zustande der völligen Entgiftung zurückzukehren, müßte somit der Morphinist
durch eine schwere pathologische Periode hindurch, was auch tatsächlich der
Fall ist. Wo die Stätte der Morphinzerstörung beim Morphinisten zu suchen
ist, darüber fehlen bis jetzt die sicheren Anhaltspunkte. Da es nicht gelingt,
im Gehirn Morphin nachzuweisen, anderseits aber dort der Hauptsitz der Wirkung ist, so muß jedenfalls das Gehirn ein gewisses Zerstörungsvermögen für
Morphin besitzen. Ebenso kommt auch der Leber, namentlich am zweiten
bis dritten Tage nach der letzten Morphindosis eine gesteigerte Abbaufunktion
für Morphin zu. Wir werden über die Ursachen der Morphinimmunität erst dann
klare Einsicht bekommen, wenn einmal die Natur der Abstinenzerscheinungen

sicher erkannt worden ist. — Die Dosen, welche Morphinisten zu sich nehmen, sind enorm: 3—4 g pro die sind oft beobachtet; die Angaben mit 10—12 g sind mit Mißtrauen aufzunehmen, da die Morphinisten solchen Grades sich selber nicht mehr klar über die eingespritzten Mengen sind.

Pathologisch-anatomischer Befund. Die Hoffnung, beim Morphinisten Zellveränderungen zu finden, welche uns einen Hinweis geben über die bei der akuten Vergiftung anatomisch nicht nachzuweisenden Veränderungen, hat sich nicht erfüllt. Die Angaben von Merakowski und Tschisch über Veränderungen an der grauen Substanz des Rückenmarks und des Gehirns sind nicht für Morphin charakteristisch. Da der Morphinist zudem seine Bewegungsfähigkeit nach keiner Richtung einbüßt, so wäre auch eine solche anatomische Veränderung der motorischen Ganglien schwer mit den klinischen Symptomen in Einklang zu bringen. Auch am Herzen ist die Hypertrophie des linken Ventrikels durchaus keine regelmäßige Erscheinung; stärkere Grade derselben sind meist durch Schrumpfniere zu erklären. Wir haben also auch bei der chronischen Vergiftung den funktionellen Charakter vorherrschend. Anatomische Veränderungen an den übrigen Organen sind sekundär durch Unterernährung und veränderte abnormale Lebensweise zu erklären. Dieser letztere Punkt führt uns zur Symptomatologie der chronischen Vergiftungen.

Symptomatologie und Therapie. Alle Morphinisten sind abgemagert; es rührt dies von der Abstumpfung des Hungergefühles her; die Abmagerung wäre vielleicht noch größer, wenn die Nahrung nicht so gut ausgenützt würde. Der Durst ist meist erhöht, die Haut wird welk, trocken, die Haare fallen aus und werden grau, die Zunge ist meist belegt; es besteht der Wunsch nach pikanten Speisen. Bei allen Morphinisten sind die durch die Injektion veränderten Hautstellen nachzuweisen. Temperatur meist normal, dagegen bestehen mitunter Fieberbewegungen bis 38°, die, abgesehen von den Komplikationen wie Hautabszesse, Magen-Darmkatarrh etc., offenbar bedingt sind durch zentrale Störungen, die das Morphin hervorgerufen. Einerseits funktioniert der Temperaturregulations-Mechanismus wegen der vasomotorischen Störungen nicht mehr korrekt, anderseits kann auch das Temperaturregulierungs-Zentrum direkt durch Morphin in seiner Einstellung verändert werden, und zwar bei der chronischen Vergiftung im Sinne der Erregung, Einstellung auf höhere Temperatur, wie überhaupt die erregenden Wirkungen viel mehr beim chronischen Gebrauch hervortreten. Am deutlichsten ist dieser Umstand an der intelektuellen Sphäre zu erkennen. Das Stadium der Anregung ist gegenüber der einmaligen Injektion bedeutend verlängert, so daß der Morphinist zu der Zeit den Eindruck eines geistig durchaus angeregten Menschen macht. Ein schwerer Trugschluß aber wäre es, hieraus zu folgern, daß Morphin die geistige Funktion positiv anrege; die krasse Differenz gegenüber dem Abstinenzstadium täuscht diese Wirkung nur vor. Anderseits ist aber auch richtig, daß Morphinisten jahrelang unter dem Einfluß der Injektion Dinge vollbringen, die qualitativ sich gewiß nicht unterscheiden von denen aus der Zeit vor der chronischen Vergiftung; allerdings wenn die Wirkung der einzelnen Injektion verflogen, ist das Niveau dann ein umso tieferes. Dieses Umschlagen der Wirkung nach der Seite der Erregung beim chronischen Morphinismus zeigt sich deutlich auch am Atmungszentrum, denn durch die Injektion wird weder Frequenz noch Größe der Atemzüge herabgesetzt. Für die Zirkulation des Morphinisten ist sogar das Morphin direkt als ein Exzitans zu bezeichnen. Erlenmeier hat sogar diese herztonisierende Wirkung als das gesetzliche Zeichen für den Eintritt der Morphiumsucht betrachtet wissen wollen. Daß die Pupillen der Morphinisten andauernd verengert sind, spricht für eine erregende zentrale Oculomotoriusstörung; eine Sympathicuslähmung ist bis jetzt durch nichts bewiesen. Die Erschlaffung der Körpermuskulatur ist hauptsächlich psychogen verursacht. Die Sensibilität ist herabgesetzt, die Sehnenreflexe aber meist erhalten, bei gleichzeitiger Neurasthenie mitunter sogar gesteigert. Der männliche Morphinist verliert seine Potenz, die Frau häufig ihre Periode.

Die psychischen Veränderungen sind in der Regel schwer; jeder Morphinist wird mit der Zeit neurasthenisch-hysterisch, die Willenskräfte sinken bedenklich, die in der Anlage vorhandenen Charakterfehler treten wieder deutlich hervor, wenn auch das Individuum durch hochtönende Phrasen diese Mängel zu dissimulieren versucht. Diese psychischen Veränderungen tragen auch Schuld an der schlechten Prognose des Morphinismus. Der Umstand, daß so viele nach einer Entziehungskur rezidivieren, darf uns aber nicht hindern, die Kur bei jedem, der sich hierfür bereit erklärt, zu versuchen. Die Therapie selber soll womöglich eine Entziehung, nur in Ausnahmefällen eine Reduktion anstreben.

Alle die geschilderten Symptome pflegen bei der Ausschaltung der Giftzufuhr ins Gegenteil umzuschlagen: die Haut wird feucht, Schweiß bricht aus, die Pupillen werden weit, der Blutdruck sinkt, Erbrechen und Diarrhöen führen weiter zu einer bedenklichen Entkräftigung des Patienten. Eine bestimmte optimale Entziehungsmethode gibt es nicht; die Überwachung des Patienten ist die Hauptsache, namentlich mit Rücksicht auf die Gefahr des Kollapses. Wichtig ist, wie Jastrowitz betont, die Feststellung der individuell nötigen Morphindosis. Da die Patienten dieselbe meist höher angeben, ermittelt man sie durch Injektion von den Patienten unbekannten Mengen und bestimmt hieraus die zunächst vorzunehmende Reduktion. Bei kräftigen Leuten, mit gelinder Gewöhnung von 0,5 g pro die, kann die Entziehung in zwei Tagen durchgeführt werden, bei allen andern nur durch sukzessive Verringerung. Die drohenden Symptome bekämpft man am sichersten mit 1—2 cg Morphin. Der prompte Eintritt der Wirkung solcher Morphininjektionen macht fast den Eindruck einer antitoxischen Wirkung. Man müßte sich in diesem Falle vorstellen, daß der Morphinist eigentlich an zwei Krankheiten leidet: 1. an der Einwirkung des Morphins und 2. an der Einwirkung eines durch dasselbe bedingten Reaktionsproduktes, das seinen Einfluß mit dem Abklingen der Wirkung der ursprünglichen Substanz zur Geltung bringt. Zu verpönen ist die Substitution des Morphins durch andere Alkaloide. Auch Schlafmittel aus der Fettreihe sollen nur ausnahmsweise, jedenfalls ohne Wissen des Patienten angewendet werden, die diätetisch-physikalische Behandlung spielt die Hauptrolle. Im allgemeinen läßt sich eine solche Kur nur in geschlossener Klinik oder einer Anstalt mit Erfolg durchführen; weibliches Überwachungspersonal ist dabei vorzuziehen.

Ganz ähnlich wie die chronische Morphinvergiftung entwickelt sich die mit Opium. In Europa ist sie selten, im Orient fordert sie dagegen zahlreiche Opfer. Am verbreitetsten ist das Opiumrauchen, wobei kleine Opiumkügelchen aus kurzen hölzernen Pfeifchen geraucht werden. Die dabei entstehenden Zersetzungsprodukte verändern etwas den Symptomenkomplex. Es treten die rauschartigen Zustände mehr in den Vordergrund, der Katzenjammer scheint entsprechend der größeren Komplexität bei der Vergiftung ebenfalls größer zu sein als bei reinem Morphin. Die Gesetzmäßigkeit der Dosensteigerung, die Gefahr bei der Entwöhnung, die Neigung zur Rückfälligkeit sind dieselben wie beim Morphinismus.

c) Derivate des Morphins.

Zu derselben Gruppe gehören einige Derivate des Morphins: Kodein, Dionin, Peronin und Heroin. Sie stellen relativ wenig verändertes Morphin dar und werden erhalten, indem eines der beiden Hydroxyle des Morphins ev. auch beide verschlossen werden. — Beim Kodein ist das Phenolhydroxyl des Morphins durch eine Methylgruppe verschlossen, das alkoholische ist frei geblieben. Trotz dieser sehr geringen Veränderung ist die Wirkung namentlich quantitativ stark verringert. Um die charakteristischen Morphinwirkungen auf das Atmungszentrum hervorzurufen braucht man 5—6 mal mehr Kodein, dagegen tritt etwas früher die hustenmildernde Wirkung auf. Eine stark narkotische Wirkung kommt also diesen Körpern, mit Ausnahme des Heroins, überhaupt nicht mehr zu. Für Vergiftungen können deshalb nur sehr große Mengen bis 1 g in Betracht kommen und auch dann sind die Erscheinungen mehr unangenehm als lebensgefährlich; Übelkeit, Darmschmerzen und Koliken, verlangsamte Atmung, Schlafneigung sind die Hauptsymptome. Wie Morphin so wird auch Kodein durch den Darm ausgeschieden und deshalb ist bei Vergiftungen der Funktion dieses Organs Aufmerksamkeit zu widmen. Merkwürdigerweise tritt keine eigentliche Angewöhnung an Kodein ein. Nach den Versuchen von Bouma wird das Kodein bei chronischer Vergiftung auch nicht in höherem Maße zersetzt, wie dies beim Morphin der Fall ist. Dieser Umstand beweist, daß im Sinne der Auseinandersetzungen, wie sie oben bei der Besprechung des Morphinismus gegeben wurden, offenbar bestimmte Beziehungen zwischen Angewöhnung und erhöhter Zerstörung beim Morphin bestehen. — Die Therapie der Kodeinvergiftung hat hauptsächlich das Atmungszentrum zu berücksichtigen; die Zirkulation wird wohl kaum je ernstlich bedroht sein.

Ganz ähnlich wie bei Kodein liegen die Dinge beim Dionin, was schon aus der chemischen Konstitution hervorgeht, indem bei Dionin dasselbe Phenolhydroxyl statt durch Methyl durch Äthyl verschlossen ist, während beim Peronin ein Benzylrest eingetreten ist. Alle diese drei Verschließungsarten derselben Gruppe müssen auch denselben Effekt haben, denn sie verhalten sich gegenüber den Einflüssen des Organismus vollkommen gleich. Wir dürfen annehmen, daß die beiden Alkylreste und der Benzolring nicht abgelöst werden können und daß es somit nicht zu einer eigentlichen Morphinwirkung kommt und daß deshalb auch Vergiftungen mit diesen Substanzen wenig gefahrbringend sind, ebenso ist auch die Angewöhnung aus denselben Gründen nicht zu erwarten.

Die übrigen Opiumalkaloide, wie Thebain, Narkotin, haben keine Bedeutung, weil sie im Handel kaum erhältlich sind und therapeutisch nicht gebraucht werden. Zudem haben die Erfahrungen mit dem morphinfreien Pantopon ergeben, daß die Wirkungen aller dieser Alkaloide sich so sehr denen des Kodeins, Dionins, Peronins anschließen, daß toxikologisch ihre Bedeutung eine sehr geringe ist. Es braucht ca. 1 g der Mischung dieser Alkaloide, um tieferen Schlaf beim Menschen zu erzielen. Eingespritzt können solche Mengen nicht mher werden, und bei stomachaler Einwirkung wird wegen lokaler Reizung die Hauptmenge durch Erbrechen herausbefördert.

Ganz anders liegen die Dinge beim Heroin. Hier sind die beiden Hydroxyle des Morphins durch Essigsäure verschlossen worden, in der Meinung, damit wohl eine ähnliche Entgiftung, wie bei den oben erwähnten Körpern, hervorzurufen (Dreser). Nun ist aber Heroin mindestens doppelt so giftig wie Morphin (Harnack). Es hängt das damit zusammen, daß die Azetylgruppe im Körper sehr leicht abgespalten werden kann und daß dann die beiden frisch freigelegten Hydroxyle des Morphins ganz besonders reaktionsfähig sind. Insofern war die Darstellung des Heroins ein Mißgriff. Man hat geglaubt, daß das Alkaloid ähnlich entgiftet werde, wie z. B. das Anilin im Antifibrin durch die Essigsäure; deswegen ist die Substanz natürlich therapeutisch doch zu gebrauchen, nur treten Vergiftungen des Atmungszentrums besonders leicht auf. Ich habe mehrere sehr bedrohliche Atmungsstillstände schon nach 10—15 mg Heroin beobachtet. Auch die schmerzstillende Wirkung ist sehr ausgesprochen. Die Resorbierbarkeit der Substanz ist noch größer als die des Morphins, so daß die momentane Konzentration im Blut eine größere wird. Die minimal letale Dosis von Heroin bei Gesunden würde ich auf 0,07 g ansetzen. — Die Therapie der Vergiftung ist dieselbe wie beim Morphin. Auch Heroin wird durch den Stuhl ausgeschieden. Wie alle übrigen Morphinderivate kann es nach der angegebenen Isolierungsmethode aus dem Kot gewonnen und mit Fröhdes Reagens nachgewiesen werden. — Wenn die von mir angegebene Vermutung, daß die Azetylgruppen im Körper abgespalten werden, richtig ist, so sollte eigentlich auch eine Angewöhnung an Heroin eintreten können, wenn vielleicht auch etwas schwerer als beim Morphin, entsprechend der höheren Giftigkeit. Das ist denn auch der Fall; ich hatte selber Gelegenheit eine solche Vergiftung zu beobachten. Die betreffende Patientin war bereits Morphinistin gewesen. Der Arzt hatte ihr an Stelle des Morphins das Heroin substituiert, in der Meinung, es trete keine Angewöhnung auf. Innerhalb eines Jahres war die Betreffende auf 0,1 g Heroin angelangt; Unterschiede gegenüber der chronischen Morphinvergiftung konnte ich nicht feststellen.

d) Apomorphin.

Etwas anders als bei Morphin liegen die Verhältnisse bei Apomorphin, obwohl man diese Substanz als Morphin minus 1 H_2O bezeichnen kann. Das ist nach der Elementarformel wohl richtig, aber der Eingriff in die `Morphinstruktur ist ein recht erheblicher, was daraus schon hervorgeht, daß hier 2 Phenolhydroxyle vorhanden sind. — Wir wissen aus dem Vorausgehenden, welche toxische Bedeutung dem einen Phenolhydroxyl im Morphin zukommt. Man darf daher a priori erwarten, daß das Apomorphin etwas stärkere und andere Wirkungen haben muß als Morphin. Tatsächlich tritt ja auch bei ihm die brechenerregende Wirkung sehr in den Vordergrund, während die beruhigende sich schon in kleineren Dosen geltend macht, in größeren jenseits von 2 cg geht sie direkt in Lähmung über, wobei auch wieder das Atmungszentrum besonders getroffen wird. Schon 3 cg Apomorphin sind für den Menschen gefährlich und lediglich die Brechwirkung ist wohl schuld daran, daß nicht mehr Vergiftungen mit dieser Substanz vorgekommen sind. Erschwerend kommt in Betracht, daß häufig die Apomorphine des Handels verunreinigt sind, indem amorphe Substanzen z. B. Trimorphin sich beigemischt finden (Harnack und Hildebrand), denen ausgesprochene kurareartige Wirkung zukommt, während die brechenerregende eines solchen Gemisches verringert ist. Es werden dann von den Ärzten größere Dosen eines solchen Apomorphins angewendet und damit die allgemeine Lähmungsgefahr wesentlich höher gerückt. Therapeutisch sollen nur gut kristallisierte, weiße oder glänzendgrünlich schillernde Präparate verwendet werden, deren Lösung durch Zusatz von Alkalien nach kurzer Zeit sich stark grün färben. Apomorphin gibt mit Eisenchlorid eine rote Färbung. Therapeutisch kommt gegen Apomorphinvergiftung das bei Morphin erwähnte Vorgehen in Betracht. Eine chronische Vergiftung ist unbekannt.

2. Kokaingruppe.

Das therapeutisch für uns so äußerst wichtige Kokain ist ein noch wesentlich stärkeres Gift für den Organismus als das Morphin. Es muß infolgedessen als ein schwerer Mißgriff bezeichnet werden, wenn im Verlaufe der Morphinentziehungskur bei Patienten Kokaininjektionen gemacht werden, um ihnen das Hungergefühl nach Morphin damit zu beseitigen. Allerdings erfüllt das Kokain diesen beabsichtigten Zweck ziemlich gut, aber die Patienten werden dadurch mit einem weit gefährlicheren Gift bekannt gemacht. Wäre nicht der Preis des Kokains so hoch und die anfängliche Wirkung wesentlich weniger einschmeichelnd als die des Morphins, so hätten wir wohl viel mehr Fälle von chronischer Kokainvergiftung. Neuerdings ist der Kokainismus stark gefördert worden durch den Unfug des Kokainschnupfens.

Das Kokain ist der Methylester des benzoylierten Ekgonins. Da das Ekgonin nahe Verwandschaft zum Tropin hat, so zeigen auch die Vergiftungen mit Kokain einige Ähnlichkeit mit denen durch Atropin, anderseits sind aber die Wirkungen auch wieder sehr verschieden. Die lokalen Vergiftungen, die wir in therapeutischer Absicht vornehmen zum Zwecke der Anästhesie-Erzielung sind bedeutungslos. Es ist nicht bekannt, daß bleibende motorische oder sensible Lähmungen nach der lege artis ausgeführten Lokalanästhesie durch Kokain zurückgeblieben wären. Eine Ausnahme kann allerdings die Lumbalanästhesie machen, in dem Sinne, daß die Vergiftungserscheinungen wesentlich schwerer, aber auch nie bleibender Art sind. Die Gefahr tritt entsprechend den in der Einleitung auseinandergesetzten allgemeinen Anschauungen auch erst dann auf, wenn das Kokain im Wirbelkanal nach aufwärts diffundiert und in den Bereich der Medulla oblongata und der Hirnbasis gelangt ist. Dagegen hat unvorsichtige Anwendung des Kokains als Lokalanästhetikum durch die Resorption desselben schon zu schweren akuten Vergiftungen geführt. Die Hauptursache, warum bei der Anwendung als Lokalanästhetikum so leicht allgemeine Vergiftungssymptome auftreten können, ist in der äußerst leichten Diffusionsfähigkeit des Kokains zu suchen. Mit fast unheimlicher Schnelligkeit verschwindet es aus der Applikationsstelle, namentlich wenn dieselbe durch Entzündung hyperämisiert ist. Wegen der raschen Entfernung ist die Anästhesie in solchen Geweben meist auch eine sehr unvollkommene. Aus diesem Grunde versucht man bei der Lokalanästhesie das Kokain durch Erzielung von mechanischer oder funktioneller Anämie möglichst lange an Ort und Stelle festzuhalten und der Allgemeinresorption zu entziehen. Dazu kommt dann ferner, daß manche Personen eine ausgesprochene Idiosynkrasie gegen Kokain besitzen, so daß schon ein Tropfen einer 5%igen Lösung genügt, um von der Konjunktiva aus allgemeine Symptome, wie zum Beispiel Schwindel, Müdigkeit, auszulösen.

Symptome und Therapie. In der Regel beginnt die akute Kokainvergiftung erst bei Dosen jenseits von 0,07 g, während 1,0 g als letale Gabe zu betrachten ist. Namentlich zu warnen ist vor dem Behandeln von Schleimhäuten mit tropfenden Pinseln oder Wattebäuschchen. Auch sollte nie mehr als eine 10%ige Lösung zur Anwendung gelangen. Vor kurzem ist von Gros auf Grund theoretischer Erwägungen empfohlen worden, alkalische Kokainlösungen für die Lokalanästhesie anzuwenden, weil die freie Kokainblase viel stärker anästhesiert als das betreffende Salz. Das mag zutreffen; gleichzeitig steigt aber auch die Gefahr mächtig für die resorptiv-toxischen Wirkungen. Es sind mir persönlich 2 Fälle von schwerer Kokainvergiftung bekannt, die lediglich auf die Anwendung solcher alkalesierter Kokainlösungen zurückzuführen sind. Es muß deshalb vor der allgemeinen Einführung dieses ja an und für sich richtigen Prinzips in die Praxis gewarnt werden.

Die Symptome der Kokainvergiftung treten rasch ein, entwickeln sich rapid, gehen auch meist nach 2—3 Stunden vorüber, so daß das Schicksal der Patienten viel rascher entschieden ist als zum Beispiel bei einer Morphinintoxikation. Je länger die Kokainvergiftung dauert, umso besser wird die Prognose. Die ganz akuten Fälle endigen innerhalb weniger Minuten letal.

Bei der leichten Vergiftung ist es lediglich Schwindel und Angstgefühl, das die Patienten befällt; das Gesicht wird blaß, der Puls bleibt gut. Hinlegen auf den Boden, Kopf tief, genügt hier meist zur Wiederherstellung. Bei höheren Dosen haben wir eine eigentümliche Mischung von Reizung und Lähmung des Zentralnervensystems. Die Patienten rufen plötzlich: wo sind meine Arme — sie haben also das Muskelgefühl verloren; sie behaupten, nicht genügend atmen und nicht mehr schlucken zu können. Tremor, weite Pupillen, intensive Blässe gehören zum Bilde. Von psychischen Erscheinungen ist Bewußtseinstrübung zu erwarten, seltener Schlafsucht, häufiger Aufgeregtsein verbunden mit Halluzinationen, die nicht selten sexueller Natur sind, oft nach der Vergiftung retroaktiv verbleiben und zu Anklagen gegen den betreffenden Arzt führen können. Daraus erfolgt die praktische Lehre, daß womöglich bei psychisch erregbaren Patientinnen der Arzt nie allein Kokainnarkosen durchführen soll. Mitunter ist die Resorption verlangsamt; dann kann der Patient scheinbar gesund den Arzt verlassen und auf der Straße stürzt er plötzlich zusammen. Jeder Kokainisierte soll deshalb mindestens 10 Minuten lang nach dem Eingriff sich hinlegen. — Bei der schweren Form steht der Kollaps im Vordergrund. Starke Dyspnoe, cyanotische Blässe, frequenter kleiner Puls, klonische Krämpfe der Körpermuskulatur, starke Pupillenerweiterung beherrschen das Bild; die Temperatur kann im Gegensatz zum Morphin erheblich gesteigert sein. Häufig wird schon während und namentlich nach Ablauf der Vergiftung über intensive Kopfschmerzen geklagt, zu denen sich auch nicht selten Erbrechen gesellt. Diese beiden letzteren Erscheinungen treten besonders regelmäßig bei der Lumbalanästhesie auf. — Die Prognose ist dubiös. Chloralhydrat und Chloroform nützen bisweilen gegen die Erregungserscheinungen; Zufuhr von Wärme, Anregung der Diurese, Campfer sind zu empfehlen. Die starke Giftigkeit des Kokains äußert sich auch dadurch, daß eigentliche Nachkrankheiten auftreten können, indem mitunter Patienten, die eine Kokainvergiftung durchgemacht haben, längere Zeit hindurch an Zuständen von Angstanfällen leiden.

Kokainismus[1]). Die chronische Vergiftung ist im Heimatlande der Erythroxylon coca sehr häufig durch das dort geübte Kokakauen. Bei uns ist sie, wie schon erwähnt, zum Teil sicher durch die Ärzte bei den Morphinentziehungskuren eingeführt worden. Die Symptome derselben sind wesentlich schwerer als beim Morphinismus, entsprechend dem gefährlicheren Gift. Das körperliche Befinden geht rapid zurück und die Patienten magern wegen Appetitmangel und Schlaflosigkeit hochgradig ab. Die Gesichtsfarbe wird graufahl, das Blut wird stark verdünnt, Ödeme können auftreten, häufig entwickelt sich Tuberkulose. — Ebenso schwer sind die Störungen in psychischer Hinsicht: Reizbarkeit, Halluzinationen des Gehörs und des Gesichts sind sehr häufig, namentlich behaupten die Patienten, daß sie auf der Haut allerlei Empfindungen haben, wie wenn kleine Tiere, Würmer etc. darauf herumkröchen, Sensationen, die nicht etwa auf eine Neuritis sondern auf psychische Veränderungen zurückzuführen sind. Die Patienten klagen ferner über schreckhafte Geräusche, hören drohende und schmähende Reden, so daß eine vollkommene Psychose sich entwickelt mit starken Depressionen und Aufregungen, die zu Selbstmord oder Mord Veranlassung geben können. — Die Kokainisten erreichen auch gegenüber diesem Gift eine gewisse Immunität, so daß sogar Dosen von 0,5 g pro die ohne akute Vergiftungserscheinungen ertragen werden. Die Ausscheidung erfolgt durch den Urin und zwar findet im Gegensatz zum Morphinismus keine völlige Zerstörung des Alkaloides bei der Angewöhnung statt. Merkwürdigerweise geht die Entziehung eher leichter von statten als beim Morphin, vielleicht gerade wegen der mangelnden Zerstörung resp. dem fehlenden Auftreten von Reaktionsprodukten. Dagegen bleiben die psychischen Störungen oft noch lange nach der Entziehung weiter bestehen; auch der physische Marasmus ist oft nicht mehr ganz zu beheben.

Charakteristisch für den Spürsinn der Eingeborenen Südamerikas ist, daß die Kokakauer (Coqueros) die Wirkung zu verstärken suchen durch Zusatz von Pflanzenasche, also von Alkalien, was eine hübsche Bestätigung der schon

---

[1]) Vgl. E. Meyer, dieses Handb. Bd. 5, S. 1061.

oben erwähnten Gross schen Mitteilung über die Verstärkung der lokalanästhesierenden Wirkungen durch Alkalien bildet.

Kokainersatzmittel. Unter den Ersatzmitteln des Kokains kommt als Veranlassung zu akuter Vergiftung gebend eigentlich nur noch das Tropokokain (Benzoylpseudotropein) in Betracht. Die vergiftende Dosis liegt höher als bei Kokain. Auch ist die Wirkungsweise nicht so heftig und es fehlen die Erregungserscheinungen, dagegen treten bei der Lumbalanästhesie mit diesem Mittel ebenfalls heftige Kopfschmerzen und Augenmuskellähmungen auf, dagegen fast nie Fieber. Die übrigen Ersatzpräparate wie Stovain (Dimethylaminobenzoylpentanol) und Novokain (salzsaures Amino-Benzoyl-Diäthylaminoäthanol) haben zu schweren Vergiftungen keine Veranlassung gegeben, da die toxische Dosis weit über der therapeutischen liegt, namentlich wenn die letztere durch gleichzeitige Anwendung von Adrenalin noch herabgedrückt worden ist. Dagegen kann Stovain lokale Entzündungen hervorrufen, zum Teil bedingt durch seine saure Reaktion; es eignet sich infolgedessen nicht für die Injektionsanästhesie.

Orthoform (Amido-Oxybenzoesäuremethylester) und Anästhesin (Amidobenzoesäureaethylester) haben zu allgemeiner Vergiftung keine Veranlassung gegeben. Dagegen ruft namentlich Orthoform bei lokaler Applikation auf schlecht ernährtem Gewebe leicht Nekrosen hervor, z. B. bei Unterschenkelgeschwüren.

Bei allen Injektionen mit den Substanzen der Kokaingruppe sind charakteristische **anatomische Befunde** nicht bekannt.

3. Atropingruppe.

a) Vergiftungen durch Tollkirschen und Stechäpfel.

Die häufigste Veranlassung zu Vergiftungen mit den Substanzen dieser Gruppe gibt der Genuß von Tollkirschen durch Kinder. Da der Genuß der Frucht wegen lokalreizender Stoffe meist Erbrechen auslöst, so ist es sehr schwer, die letale Zahl der Beeren anzugeben. Es wurden dementsprechend auch schon Todesfälle nach Genuß von nur fünf Beeren und Erholung nach zwanzig solcher beobachtet; es kommt dabei natürlich sehr darauf an, ob dieselben gekaut worden sind. Der Genuß des Stechapfels (Datura stramonium) ruft die lokalen Magen- und Darmerscheinungen noch wesentlich stärker hervor, so daß diese Lokalwirkungen sogar zum Teil die Resorptivwirkungen etwas verdecken können. Sonst sind aber im Prinzip die durch die beiden Drogen bedingten Vergiftungserscheinungen die nämlichen.

Symptome und Diagnose. Zuerst tritt das Gefühl des leichten Schwindels auf, so daß die Patienten einen taumelnden Gang annehmen, dann stellt sich als besonders charakteristisch die starke Trockenheit im Halse ein mit heftigem Durstgefühl, Unfähigkeit zu schlucken und heiserer Stimme verbunden. Der Puls wird stark beschleunigt, bis 160; die Haut fängt an sich zu röten, scharlachartig, und zuletzt tritt eine vollkommene und reaktionslose Pupillenerweiterung auf. Die Patienten zeigen oft Delirien mit starker motorischer Unruhe. Man hat bei oberflächlicher Betrachtung den Eindruck, einen an einem akuten fieberhaften scharlachartigen Exanthem Erkrankten vor sich zu haben. Wegen der Pupillenerweiterung und den Schlingbeschwerden hat man auch die Symptome schon mit Kokainvergiftungen verwechselt; doch erscheint dies eigentlich kaum möglich, weil bei Kokain die Patienten stets verfallen und blaß aussehen, bei Atropin hoch gerötet mit eher strotzendem Gewebeturgor. Tritt irgendwo am Körper Blut aus den Gefäßen, so ist bei Atropin das Blut stark hellrot, bei Kokain eher cyanotisch. Die erwähnten Hauptzüge der Vergiftung können ziemlich lange andauern, jedenfalls länger als bei Kokain, und trotzdem ist die

Prognose im ganzen eine ziemlich gute, denn die Mortalität beträgt selbst bei ausgesprochenen Vergiftungen kaum 10%.

Die erste **therapeutische Maßnahme** ist die Magenausspülung; die Sonde muß aber sehr gut geölt werden, da sie sonst wegen der Trockenheit und der Unfähigkeit des Schluckaktes nicht hinuntergeleitet. Gegen die Dilirien, die namentlich bei Kindern maniakalischen Charakter annehmen, hilft am besten Morphin, wobei die Dosis das Doppelte der für das betreffende Individuum normalerweise in Betracht kommenden betragen soll; die Injektion ist nach einer Stunde eventuell zu wiederholen. Von den Symptomen bleibt am längsten die Pupillenerweiterung bestehen; im Blendungsfalle kann sie durch Physostigmin bekämpft werden.

b) Atropin.

Ganz ähnlich wie die Wirkungen bei Vergiftungen mit der Droge sind die bei Anwendung der reinen Substanzen Atropin und Hyoscyamin. Da das Atropin die racemische Verbindung von gleichen Teilen rechts und links Hyoscyamin ist, so sind auch die Wirkungen der drei Stoffe qualitativ gleich, dagegen differieren sie quantitativ recht erheblich. Es hat sich dabei ungefähr folgendes Verhältnis der drei Stoffe zueinander ergeben: rechts Hyoscyamin = 0, oder ganz schwach wirksam, Atropin = 1, links Hyoscyamin = 2—3, so daß also dieser letztere Körper der am stärksten wirkende ist. Die in der Literatur sich findenden Angaben von einer noch viel stärkern, 20—100fach stärkeren Wirkung von links Hyoscyamin sind sicher unrichtig; die verstehenden Zahlen dürften den tatsächlichen Verhältnissen so ziemlich entsprechen.

Bei Vergiftungen mit diesen reinen Alkaloiden fehlen meist die lokalen Reizerscheinungen von seiten des Magens und es fallen daher die diesbezüglichen oben erwähnten Symptome der Drogenvergiftung dahin; im Gegenteil wird häufig schon bestehendes Erbrechen unterdrückt durch Atropin und Hyoscyamin. — Auch bei Atropin ist trotz der Schwere der Symptome die Prognose meistens gut. Die minimal letale Dosis scheint 0,1 g zu sein, doch sind Erholungen auch nach wesentlich größeren Mengen beobachtet worden.

Die **Therapie** ist dieselbe wie bei Belladonnavergiftung. Die Ausscheidung der Alkaloide erfolgt rasch durch den Urin; sie ist meistens nach 48 Stunden beendigt.

Zum **Nachweis** wird der Urin mit neutralem Bleiacetat versetzt, mit Schwefel entbleit, alkalisch gemacht und mit Äther ausgeschüttelt, ein Teil des Ätherrückstandes mit rauchender Salpetersäure, die chlorfrei sein muß, auf dem Wasserbade eingedampft und einige Tropfen einer alkoholischen Lösung von NaOH zugegeben, worauf schon bei $^1/_{100}$ mg eine violette Färbung auftritt.

c) Skopolamin (Hyoscinum hydrobromicum).

Das Skopolamin findet sich ebenfalls in den beiden oben erwähnten Solanaceen. Da es viel toxischer ist als Atropin, so erklärt sich durch seine Anwesenheit auch die im ganzen etwas größere Gefährlichkeit der Drogenvergiftung gegenüber derjenigen mit reinem Atropin. Während 1 cg Atropin fast sicher vom Menschen ertragen wird, ist diese Dosis beim Skopolamin schon meistens letal. Das Vergiftungsbild ist auch wesentlich verschieden von demjenigen des Atropins: die Pulsbeschleunigung ist eine viel geringere, fehlt oft ganz, und nur ausnahmsweise sind Delirien und maniakalische Zustände da. Meist besteht tiefe Somnolenz, nie ist die Haut scharlachartig gerötet und das Blut zeigt cyanotische Farbe. Diese Differenzen gegenüber der Atropinvergiftung rühren von der depressiven Wirkung des Skopolamins auf das Atmungszentrum her. Charakteristisch für die fast ausschließlich narkotische Wirkung auf die

Großhirnrinde ist ferner das Verhalten des Babinskyschen Reflexes; das Rückenmark wird fast nie oder erst bei sehr hohen Dosen durch Skopolamin beeinflußt. Man begreift sehr wohl, wie unter diesen Umständen im Gegensatz zur Atropinvergiftung nie Morphin als Antidot angewendet werden darf und daß die Kombination mit demselben die Gefahr nur erhöhen kann. Nach dem hier Auseinandergesetzten muß die einige Zeit therapeutisch versuchte volle Narkose mit Skopolamin-Morphin als ein Mißgriff bezeichnet werden. Schon Dosen von 0,02 g Morphin + 0,6 mg Skopolamin können schwere Vergiftungen zur Folge haben, wie eine ganze Reihe von Mitteilungen aus der chirurgischen Praxis beweisen. Die hohen Dosen, welche die Psychiater bei Maniakalischen anwenden (1—2 mg) beweisen nichts für die Toleranz bei psychisch Normalen. Gegen derartige Vergiftungen bewährt sich am besten Strychnin in Dosen von 2 mg, ferner Koffein und Campfer. Die Pupillenerweiterung und Trockenheit im Halse sind gleich wie bei Atropinvergiftungen. Auffallend ist, daß in der Literatur die Beurteilung der toxischen Dosis von Skopolamin eine so verschiedene ist. Es rührt dies meines Erachtens davon her, daß die Autoren häufig mit verschiedenen Präparaten gearbeitet haben. Untersuchungen im hiesigen Institut (E. Hug) haben ergeben, daß das Skopolamin, welches gerade wie Atropin aus gleichen Teilen rechts und links Skopolamin sich zusammensetzt, sehr verschieden giftig ist, je nachdem es sich um die racemische Verbindung oder um das links Skopolamin handelt. Wie bei Atropin ist das links drehende tropinsaure Skopolin 2 bis 4 mal giftiger als das optisch inaktive Skopolamin. Man sollte sich deshalb, namentlich in den Kreisen der Chirurgen und Psychiater darüber einigen, daß nur Skopolamin von ganz bestimmter optischer Aktivität für die Therapie zugelassen werde; dann werden wohl auch mit der Zeit die ganz verschiedenen Urteile über die Dosierung und Giftigkeit des verwendeten Skopolamins verschwinden. Dagegen ist die in der Literatur auch vertretene Ansicht, daß die in Ampullen eingeschlossenen Skopolaminlösungen ihren Giftgehalt mit der Zeit bedeutend verringern unrichtig, vorausgesetzt, daß es sich um chemisch einwandfreie Präparate handelt. Bei einzelnen Individuen ist allerdings die Empfindlichkeit sowohl für Atropin wie auch Skopolamin dermaßen gesteigert, daß schon das Einträufeln einer $\frac{1}{2}$%igen Atropinlösung und einer $\frac{1}{10}$%igen Skopolaminlösung in die Conjunctiva genügt, um allgemeine Vergiftungserscheinungen auszulösen. Bei der genannten Anwendung herrschen bei solch Überempfindlichen übrigens auch bei Skopolamin meist die Aufregungssymptome vor. Den extremsten Fall von Atropinempfindlichkeit lernte ich bei einem Apotheker kennen, der bei der Anfertigung von Atropinrezepturen regelmäßig Pupillenerweiterung bekam.

4. Nikotin.

Nikotin ist das einzig medizinisch wichtige Alkaloid (abgesehen noch vom Coniin), das in reinem Zustande ein farbloses und fast geruchloses Öl darstellt. Durch Stehen an der Luft bräunt es sich und nimmt dabei den charakteristischen Tabaksgeruch an. Trotz dieser letzteren Eigenschaft ist es aber nicht der für das Aroma und den Marktwert der Zigarre in Betracht kommende Bestandteil, was vom toxikologischen Standpunkt aus als ein Glück zu betrachten ist, denn voraussichtlich würden gewissenlose Fabrikanten durch künstliche Vermehrung des Nikotingehaltes sowohl Aroma als Giftigkeit gleichzeitig zu steigern versuchen. — Die ersten Tabakblätter sind im Jahre 1510 nach Europa gekommen und 1560 die ersten Samen durch Jean Nicot. Von Posselt und Raymann wurde 1828 das Nikotin entdeckt, welches aber nicht das einzige Alkaloid des Tabaks ist, vielmehr hat Pictet noch drei andere isoliert. die sich allerdings nur in geringer Menge in den Blättern finden. Der Gehalt des Tabaks an Nikotin ist sehr wechselnd, 0,6 bis fast 7 %. In Anbetracht der hohen Giftigkeit des Nikotins würde also schon $^1/_3$ einer nikotinreichen Zigarre genügen, um mit ihrem Alkaloidgehalt einen erwachsenen Menschen rasch zu töten.

Vergiftungen mit der reinen Substanz sind sehr selten. Schon einige Zentigramm des Öls innerlich genommen, führen in ca. 10 Minuten den Tod herbei. Vögel sterben schon beim bloßen Einatmen von Nikotindämpfen. In der Literatur. sind bis jetzt nur zwei Vergiftungen mit der reinen Substanz in verbrecherischer Absicht bekannt gegeben. Wesentlich häufiger war die Intoxikation durch wässerige Auszüge des Tabaks, namentlich in früherer Zeit, da noch Tabakklystiere gegen Verstopfungen und Tabakslaugenumschläge und Bäder gegen Hautkrankheiten therapeutisch verwendet wurden.

Die **Symptome einer solchen akuten Nikotinvergiftung** bestehen in Reizungen und spätern Lähmungserscheinungen an den verschiedenen Partien des Nervensystems. Brennen im Hals, Übelkeit, Salivation, Schweißausbruch, verlangsamter, später beschleunigter Puls, engen Pupillen die beim Kollaps sich erweitern, vermehrte Stuhlentleerung unter Koliken, das sind die Erscheinungen, wenn es sich um leichtere Grade der Vergiftung handelt; sie decken sich auch mit denen, welche Anfänger in der Kunst des Rauchens gewöhnlich durchzumachen haben. Bei schwereren Vergiftungen tritt Bewußtseinsstörung mit klonischen und tonischen Krämpfen in der Skelettmuskulatur hinzu.

Therapeutisch ist Atropin empfohlen worden; gegen die Krämpfe sind Chloroform und Chloralhydrat angezeigt; im Stadium der starken Pulsbeschleunigung wegen Dyspnoe und Vaguslähmung ist vielleicht noch ein Versuch mit Morphin zu machen.

Chronische Tabakvergiftung. Glücklicherweise sind alle diese akuten Vergiftungsfälle, wie bereits erwähnt, selten geworden. Umso wichtiger ist die chronische Vergiftung, die ausschließlich durch den Genuß von Rauchtabak erworben wird, denn der Kautabak enthält gar kein Nikotin. In Anbetracht seines hohen Gehaltes an Nikotin muß man sich eigentlich nur wundern, daß die chronischen Vergiftungen bei der starken Verbreitung der Sitte des Tabakrauchens nicht unendlich viel häufiger sind. Die relative Seltenheit hängt damit zusammen, daß durch den Rauchprozeß der größte Teil des Giftes unschädlich gemacht wird. Beim Rauchen einer Zigarre gelangt nämlich am Anfang überhaupt kein Nikotin in den Körper, weil das vorhandene fast vollständig direkt verbrannt wird. Nun entstehen aber beim Rauchen nach und nach alkalische Produkte infolge der trockenen Destillation organischer Körper, so z. B. auch Ammoniak und durch diese wird das Nikotin aus seiner Verbindung mit Apfel- oder Bernsteinsäure in Freiheit gesetzt. Das dadurch flüchtig gewordene Alkaloid destilliert nun vor der immer mehr zunehmenden Wärme vom vorderen Ende der Zigarre nach hinten und kondensiert sich wieder in deren feuchten und kühleren Teil. Da das Nikotin sehr leicht wasserlöslich ist, wird es durch den Speichel daselbst ausgelaugt und gelangt so in die Mundhöhle. Je weiter der Verbrennungsprozeß der Zigarre nach hinten rückt, umso größer wird die Gefahr einer Konzentrierung der Nikotinlösung und Überfließen einer solchen in die Mundhöhle. Von diesen Erwägungen ausgehend, sollte das letzte Drittel einer Zigarre eigentlich nicht mehr geraucht werden. Aus demselben Grunde sind auch frische, feuchte Zigarren viel giftiger, während trockene das Nikotin leichter und vollständiger verbrennen und als Rauch in die Luft gehen lassen.

In Betreff der vergleichsweisen Giftigkeit von Zigarren und Zigaretten sind die Ansichten vielfach geteilt. Ich habe mich nie davon überzeugt, daß Zigarettenraucher mehr gefährdet seien als die Konsumenten von Zigarren. Am unschuldigsten ist aber jedenfalls der Tabaksgenuß aus langen Pfeifen, weil das Nikotin in den langen Röhren sich kondensiert; allerdings ist der Saft dieser Pfeifen dann äußerst giftig, doch wird er ja durch regelmäßige Reinigung entfernt.

Auch an Nikotin tritt eine Angewöhnung ein, die individuell recht verschieden ist, so daß manche Menschen ganz enorme Quantitäten Nikotin schadlos zu vertragen scheinen.

Unter den **Symptomen der chronischen Tabaksvergiftungen** sind zu trennen die lokalen und die resorptiven. Im Mund und Rachen entstehen durch den warmen Rauch, durch das Nikotin und die anderen reizenden Produkte chronische Entzündungen; sie beeinträchtigen selten die Gesundheit; ihre Beziehung zum Karzinom ist nicht sichergestellt. Unter den Resorptivwirkungen sind es die Herzbeschwerden und Sehstörungen, die den Patienten am ehesten zum Arzte führen. Am Herzen ist es die nervöse Erregbarkeit, die sich äußerst in Palpitation, beschleunigtem Puls, Präkordialangst, Angina pectoris. Von den Gefäßen ist zu erwähnen eine Verengerung des Lumens, teils durch erhöhten Tonus, teils durch anatomische Veränderungen bedingt, womit Drucksteigerung und schließlich zeitweiliger Verschluß peripherer Arterien zusammenhängen kann, was zu intermittierendem Hinken (Erb) und ähnlichen Funktionsstörungen führt. Durch neuere Untersuchungen von Nicolai und Stähelin mittelst des Elektrokardiogramms ist nachgewiesen, daß ein kräftiger Tabakgenuß schon in einigen Monaten zu verminderter Anpassungsfähigkeit der Gefäße führt während das Herz erst viel später und wahrscheinlich nur sekundär verändert wird. Am Optikus treten Ausfallserscheinungen auf, namentlich zentrale Skotome, die auch nur einseitig sein können, ferner Verlust der Empfindung für Rot, seltener für Grün, manchmal auch Nachtblindheit. Auch das Zentralnervensystem leidet: Schlaflosigkeit, Erregbarkeit, Stimmungswechsel, Migräne, Neuralgie, Tremor sind die gewöhnlichen Erscheinungen[1]); Dyspepsie führt zu verminderter Nahrungsaufnahme. Die Salzsäuresekretion ist meist vermindert, die Speichelabsonderung vermehrt. Am Darm wechseln Durchfälle und Obstipation miteinander ab. Alle diese Erscheinungen können auch hervorgerufen werden durch gewerbliche Beschäftigung mit Tabak. So ist z. B. festgestellt worden, daß in amerikanischen Tabakfabriken, trotz guter hygienischer Einrichtungen 10% der Arbeiter, auch wenn sie nicht rauchten, Sehstörungen aufwiesen. Ferner führt der Aufenthalt in stark rauchigen Lokalen, z. B. bei Kellnern und Kellnerinnen, zu Intoxikationen.

Die **Prognose** ist quoad restitutionem auch bei den schweren Formen meist gut. Einige Monate Abstinenz können sogar intermittierendes Hinken und Sehstörungen verschwinden lassen, dagegen bleibt der Betreffende überempfindlich für Tabak und sollte deshalb abstinent bleiben. Schwere neuritische Formen, Degeneration des Herzens, der Gefäße, chronische Magenkatarrhe, Lebererkrankungen sind fast nie durch Nikotin allein bedingt, sondern auf die Mitwirkung von Alkohol oder anderer Schädlichkeiten zurückzuführen.

5. Pilokarpin.

Die Erscheinungen einer akuten Vergiftung mit Pilokarpin gleichen einigermaßen der akuten Nikotinvergiftung; nur ist hier die vasomotorische Lähmung eine viel mehr ausgesprochenere, worauf auch sicher zum Teil die Kollapserscheinungen zurückzuführen sind. Es sollten deshalb alle Personen mit kranken Herzen von der therapeutischen Behandlung durch Pilokarpin ausgeschlossen werden, besonders weil feststeht, daß die medizinalen Gaben von 0,02 g mit-

---

[1]) Vgl. E. Meyer, dieses Handb. Bd. 6, S. 1058.

unter schon zu deutlichen Vergiftungserscheinungen mit Zirkulationsschwäche führen können.

Die Symptome der akuten Pilokarpinvergiftung sind charakterisiert durch die starke Erregung der sämtlichen sekretorischen Vorgänge; besonders gefährlich ist für den Patienten die übermäßige Bronchialsekretion. Tritt dann ein Kollaps auf oder sind die Patienten sowieso schon benommen, so ist die Gefahr der Erstickung infolge ungenügender Lungenventilation gegeben. In solchem Falle scheint therapeutisch das Atropin einigen Erfolg zu versprechen. Sehr häufig besteht heftiger Urindrang. Die Anwendung in der Ophthalmologie gibt wohl nie zu Intoxikationen Veranlassung; eine chronische Vergiftung ist bis jetzt unbekannt.

6. Physostigmin.

Physostigmin ist ein viel stärkeres Gift als Pilokarpin, so daß bereits die Einträufelung ins Auge allgemeine Symptome hervorrufen kann, wobei die Resorption offenbar von den Tränenkanälchen aus stattfindet; dieselben sind deshalb bei empfindlichen Personen während der Instillation zu komprimieren. Speichelfluß, verengte Pupillen mit Akkomodationskrampf, häufige und krampfartige Entleerungen von Harn und Kot, auffallend große Muskelschwäche und allgemeine Mattigkeit sind die Symptome einer akuten Vergiftung. Die Zirkulation wird dagegen weniger beeinflußt als bei Pilokarpin, und der Kollaps, welcher allerdings auch hier oft eintritt, ist nicht durch die Gefäßerweiterung bedingt, sondern durch zentrale Lähmungen. Der Puls ist anfänglich verlangsamt, kräftig, und erst bei sehr großen Dosen wird er infolge nachträglicher Vaguslähmung beschleunigt. Der Tod tritt durch Lähmung des Atmungszentrums ein. Krämpfe werden bei dieser Vergiftung fast nie beobachtet, weil zur Zeit, wo die Erstickung durch Lähmung des Atmungszentrums eintritt, bereits schon die intensive Lähmung des Zentralnervensystems und der Muskulatur vorausgegangen ist. Stärkere katarrhalische Störungen von Magen und Darm bleiben nach dem Überstehen der Vergiftung noch einige Zeit zurück. Die minimal letale Dosis dürfte schon bei 0,01 g liegen. Therapeutisch kommt im Anfang der Vergiftung namentlich Atropin in Betracht. Tritt die zentrale Lähmung, Muskelschwäche usw. mehr hervor, so sind Kampfer, Coffein und Strychnin angezeigt.

7. Strychnin.

Strychnin ist das Hauptalkaloid von Nux vomica, der Brechnuß. Neben demselben findet sich in der Droge noch Brucin, das gleich konstituiert ist wie Strychnin, nur sind 2 Atome H durch Methoxylgruppen ersetzt. Während sonst im allgemeinen die Giftigkeit der Alkaloide mit dem Eintritt von Methylgruppen zunimmt, ist dies hier nicht der Fall, denn Brucin ist ca. 10 mal weniger giftig als Strychnin. Trotz seiner qualvollen Einwirkung auf den Menschen wird Strychnin immer noch ab und zu von Selbstmördern gebraucht. Man sollte auch erwarten, daß es wegen seines äußerst bitteren Geschmackes zum Mord sich durchaus nicht eignet und trotzdem ist es auch zu diesem Zwecke schon oft verwendet worden. Die minimal letale Dosis beträgt 0,03 g, die sicher letale 0,2 g. Die Resorption erfolgt bei Anwendung des reinen Alkaloids sehr rasch. Werden dagegen die gepulverten Krähenaugen oder galenische Präparate verwendet, so dauert es wesentlich länger bis zum Eintritt der Vergiftung.

Symptome. Zunächst macht sich eine Steifigkeit in den Gliedern und daneben namentlich in den Masseteren bemerkbar. Die Muskeln gehorchen nicht mehr recht dem Willen, ein Gefühl von Schwere auf der Brust und eine langsam einsetzende Versteifung des Halses zeigen den drohenden **Tetanus-anfall** an, der dann plötzlich auf äußeren Reiz hin den Patienten befällt. Um diesen auszulösen, genügt oft das geringste Geräusch, die leiseste Erschütterung des Bodens oder des Bettes, ein stärkerer Lichtreiz und dergleichen. Alle Skelett-muskeln kontrahieren sich, so daß das bekannte Bild des Opisthotonus entsteht. Der Brustkorb wird, weil auch das Zwerchfell sich kontrahiert, in eine starre Höhle verwandelt, so daß die Atmung vollständig sistieren muß. Die Patienten werden rasch cyanotisch und der schmerzhafte, angstvolle Blick verrät die furchtbaren Qualen; die Augen werden vorgetrieben, die Pupillen sind erweitert. Nach einer halben bis zwei Minuten löst sich der Krampf, die Cyanose schwindet und völlig erschöpft sinkt der Körper zusammen. Der Anfall wiederholt sich in den schwereren Fällen schon nach wenigen Minuten wieder, in den leichtern gibt es Intervalle von $\frac{1}{4}$ bis $\frac{1}{2}$ Stunde. Der Puls ist während des Anfalles eher verlangsamt, der Blutdruck erhöht, offenbar aber nur durch die infolge der Muskelkontraktur verengerten Gefäße. An und für sich ruft nämlich Strychnin keine Drucksteigerung hervor. Es ist kein konstringierendes Vasomotorengift, sondern es werden im Gegenteil die peripheren Gefäße durch dasselbe erweitert. Der Tod tritt meist während eines Anfalles infolge Erstickung ein, seltener dürfte die allgemeine Erschöpfung durch viele Anfälle die Todesursache sein. Bei sehr leichten Vergiftungen ist lediglich die Reflextätigkeit gesteigert, und die Tätigkeit der Sinnesorgane erhöht, merkwürdigerweise ohne gleichzeitige Anregung der Psyche, obwohl ja auch Hirnnerven, wie Opticus, Olfaktorius, Glossopharyngeus, und Trigeminus an der Vergiftung mitbeteiligt sind.

Die **Prognose** ist immer eine ernste.

Bei der **Therapie** fällt die sonst in erster Linie in Betracht kommende Magenspülung dahin, da dieselbe sofort einen Anfall auslösen würde. Da auch das Schlucken oft erschwert oder verunmöglicht ist, so bleibt als einzige Therapie die sofortige Chloroformierung übrig, wobei aber zunächst die Maske ent-fernt vom Gesicht zu halten ist, damit nicht durch zu große Konzentraiton des Narkotikums ein Reiz auf die Nasenschleimhaut und dadurch wieder ein Anfall ausgelöst werde. Ist dann durch die Narkose etwas Beruhigung eingetreten, so gibt man Chloral per os oder per rectum. Da das Strychnin, was nicht allgemein bekannt zu sein scheint, an und für sich nach den ersten Krampf-anfällen zu einem Lähmungsstadium führt, so muß mit der Narkosetherapie nur so lange fortgefahren werden, als noch Zeichen erhöhter Reflexerregbarkeit vorhanden sind, sonst addieren sich später die beiden lähmenden Wirkungen und das Individuum geht an denselben zugrunde. Vorsicht ist auch bei chro-nisch-therapeutischer Anwendung von Strychnin am Platze, denn es bleibt das Gift gelegentlich einige Zeit unverändert im Körper und zweitens bleibt auch die Reflexsteigerung mitunter länger bestehen, so daß dann die nachfolgenden Dosen schon auf ein sensibiliertes Nervensystem treffen; die Folge davon kann ein Tetanusanfall sein. Eine Angewöhnung an Strychnin scheint nur sehr langsam und unvollkommen einzutreten.

Das Strychnin wird durch den Urin ausgeschieden. Durch Ausschütteln mit Chloro-form aus dem alkalischen Harn wird das Alkaloid isoliert. Es läßt sich physiologisch sehr leicht nachweisen, indem ein Frosch schon auf eine Injektion von $\frac{1}{30}$ mg einen Tetanus-anfall bekommt, desgleichen Mäuse auf $\frac{1}{2}$ mg.

8. Curare.

Das ebenfalls aus verschiedenen Strychnosarten gewonnene Curare hat heute keine toxikologische Bedeutung mehr und ist auch therapeutisch seit seiner bedenklichen früheren Anwendung gegen Wundstarrkrampf verlassen worden;

es ist lediglich zu einem Hilfsmittel der Laboratorien geworden. Bei Intoxikation mit Curare zeigt sich von Anfang an die bei Strychnin erst sekundär auftretende Lähmung der quergestreiften Muskulatur. Der Tod tritt ebenfalls durch Erstickung ein, infolge Lähmung der gesamten Atmungsmuskulatur. Glücklicherweise ist die Ausscheidung von Curare durch den Urin eine so prompte, daß man bei einer Vergiftung hoffen kann, durch künstliche Atmung das Individuum über die gefährliche Zeit der Lähmung hinwegzubringen.

9. Coniin.

Vergiftungen mit dem gefleckten Schierling (Conium maculatum) waren im Altertum und im Mittelalter wohlbekannt. Teilweise als offizielles Hinrichtungsmittel, teils zu Mord- und Selbstmordzwecken diente die Abkochung der Pflanze. Wenn heute noch eine Vergiftung vorkommt, so ist sie lediglich auf Verwechslung des Schierlings mit Meerrettig oder Petersilie zurückzuführen. Der wirksame Bestandteil, das Coniin, ist eine ölartige, intensiv nach Mäuseharn riechende Substanz.

Das Bild der Vergiftung zeigt zunächst eine motorische Lähmung der Muskulatur, die meistens an den Beinen beginnt; manchmal sind auch Sensibilitätsstörungen damit verbunden. Unabhängig von dieser peripheren motorischen Lähmung wird auch das Atmungszentrum direkt angegriffen, so daß der Tod durch Atmungslähmung eintritt, wobei natürlich die zentrale Lähmung unterstützt wird durch die Lähmung der Thoraxmuskulatur, während Zirkulation und Sensorium ziemlich frei bleiben.

Therapeutisch kommt bei der akuten Vergiftung wohl ausschließlich die Magenspülung in Betracht, dann rein symptomatisch in erster Linie die künstliche Atmung und kräftige Wärmezufuhr von außen her.

10. Chinin.

Entsprechend der großen therapeutischen Verwertung des Chinins sind Vergiftungen mit dieser Substanz nicht selten. Durch die Cinchonenrinde selber und deren Präparate werden Chininvergiftungen kaum hervorgerufen, weil die übrigen Bestandteile der Droge es verunmöglichen, so große Mengen davon aufzunehmen, daß eine toxische Wirkung durch das Alkaloid allein möglich wäre. Wegen des intensiv bitteren Geschmackes wird Chinin auch nicht leicht zu Mord oder Selbstmordzwecken verwendet, die dafür nötigen Mengen wären auch zu groß. Die Vergiftungen sind infolgedessen fast ausschließlich medizinaler Art. In früherer Zeit hat man in Ermangelung der besondern synthetischen Fiebermittel das Chinin in hohen Dosen bei Pneumonie und Typhus etc. gebraucht, wobei Intoxikationen selbstverständlich mit unterliefen. Heute kommen Vergiftungen wohl nur noch vor bei der Behandlung der Malaria, namentlich wenn diese unzweckmäßig durchgeführt wird.

Die leichteren Symptome hat man unter der Bezeichnung des Chininrausches zusammengefaßt. Sie bestehen in Schwindelerscheinungen, leichter Bewußtseinstörung, wobei zuerst ein rauschartiger Aufregungszustand vorhanden ist, der dann in Lähmung übergeht. Die Prognose dieser Vergiftung ist sehr gut, falls die Dose 5 g nicht überschritten hat; bei großer Menge, d. h. ca. 10 g, ist dagegen die Möglichkeit der zunehmenden Lähmung des Gehirns und der Medulla gegeben. Die Temperatur sinkt, die Haut wird kühl, cyanotisch, die Pulszahl verringert sich und unter Herzlähmung tritt der Exitus ein, wobei als charakteristisch im Vergleich zu fast allen andern Vergiftungen die starke Verlangsamung des Pulses zu bemerken ist. Besondere Bedeutung beanspruchen die Veränderungen einzelner Nerven, so des Gehörs und des Gesichts, die schon nach relativ kleinen Dosen, 0,5 bis 1 g, auftreten können. Neben den funktionellen Störungen, wie Ohrensausen, Schwerhörigkeit, kommt es auch noch zu anatomischen Veränderungen in Form von Blutungen hinter dem Trommelfell, die dann eine langdauernde Beeinträchtigung des Gehörs zur Folge haben; doch ist auch hier die Prognose meist gut. Weniger häufig, aber doch noch ziemlich oft, treten Sehstörungen auf, die bei leichteren Graden in Skotomen oder Einschränkung des Gesichtsfeldes bestehen. Nicht selten kommt es aber auch zur völligen und zwar fast immer doppelseitigen Amaurosis mit den klinischen und ophthalmoskopischen Symptomen der Optikus-Atrophie; die Pupillen werden fast immer vollständig blaß; ein einziger gegenteiliger Befund von hyperämischem Augenhintergrund liegt in der Literatur vor. Auch die Prognose dieser Störung, die in Krämpfen der Gefäße und in einer trophischen Beeinflussung der Ganglien ihren Grund hat, ist fast immer eine gute; es ist wenigstens bis jetzt kein Fall von bleibender Amaurosis nach akuten Chininvergiftungen bekannt geworden. Allerdings kann die Einengung des Gesichtsfeldes lange bestehen bleiben. Da Chinin in großen Dosen von 0,5—1 g die Kontraktionen des schwangeren Uterus bedeutend verstärkt, so ist es auch schon als Abortivum in verbrecherischer Absicht benutzt worden; die Ansichten über seine Wirksamkeit in dieser Richtung sind aber sehr geteilt. Auf jeden Fall tritt der Abortus, wie dies auch sonst im allgemeinen bei Intoxikationen der Fall ist, wohl mehr als Teilerscheinung einer schweren Allgemeinvergiftung auf und weniger infolge einer spezifischen Einwirkung.

Eine besondere Form der Chininintoxikation bildet das Schwarzwasserfieber. Malariapatienten, die mit Chinin behandelt wurden, erkrankten unter heftigem Schüttelfrost und Blutharnen, dazu kamen noch Blutungen aus Darm und aus den Schleimhäuten. Die Frage, ob hier das Chinin das vergiftende Moment darstelle, ist viel diskutiert worden. Es gibt namentlich bei der tropischen Malaria in Afrika Fälle von Schwarzwasserfieber, die nie vorher Chinin erhalten hatten. Andererseits aber ist der plötzliche Eintritt der Krankheit nach Chinin so häufig festgestellt, daß an einem Zusammenhang wohl nicht zu zweifeln ist. Jedenfalls handelt es sich um eine kombinierte Schädigung der roten Blutkörperchen, bei welcher offenbar die spezifische Art des Malariavirus der ausschlaggebende Faktor ist, was schon daraus hervorgeht, daß die Malariafälle gewisser Gegenden fast nie, trotz großer Chinindosen, Schwarzwasserfieber bekommen, während in anderen Gegenden diese Komplikation sehr häufig auftritt[1]). Es wäre einmal interessant zu prüfen, ob die verminderte Resistenz der roten Blutkörperchen sich auch gegenüber anderen Blutgiften nachweisen läßt, oder ob die Wirkung des Chinins eine ganz spezifische ist. Jedenfalls sind die Ratschläge von Giemsa und Schaumann zu berücksichtigen, daß man Chinin immer nur in kleinen Dosen von 0,2 g 5—6mal pro die verabreichen soll, weil erstens die Einwirkung auf die Malaria eine viel bessere sei und der Körper dabei weniger unverändertes Chinin zur Ausscheidung bringe. Daß dem Chinin aber doch gewisse Beziehungen zum Blut und den Kapillaren zukommen, beweisen die allerdings seltenen Fälle von Blutungen bei Einnahme von großen Chinindosen bei Nichtmalariakranken. Über einen solchen recht schweren Fall hat kürzlich Seiffert berichtet. Es wurden dem Patienten prophylaktisch Chinindosen von 0,5—1 g verabreicht, worauf heftige Blutungen aus Zahnfleisch und Nase eintraten, so daß der Patient annähernd 2 Liter Blut auf diese Weise verlor.

---

[1]) Vgl. Schilling, dieses Handb. Bd. 1, S. 961.

11. Colchicin.

Colchicin ist der stark giftige Bestandteil der Herbstzeitlose. Zurzeit der Blüte ist die Pflanze am giftreichsten und zwar enthalten alle Teile derselben das Gift. Therapeutisch werden die Samen verwendet in Form von Tinkturen und namentlich als Bestandteil verschiedener Geheimmittel gegen Gicht, wie z. B. „Le vin antigoutteux" oder „Le vin du Dr. Laville" etc. Die Vergiftung soll auch schon durch die Milch von Ziegen hervorgerufen worden sein, während durch Kuhmilch derartiges nie berichtet worden ist. Die beobachteten Vergiftungen mit Colchicin sind fast alle zustande gekommen durch die therapeutische Anwendung der reinen Substanz oder der Tinkturen der Droge oder eines der genannten Geheimmittel bei der Behandlung der Gicht. Sie kommen umso eher zustande, als ein therapeutischer Effekt mit Colchicin auf die Gicht eigentlich erst bei leicht toxischen Dosen erreicht wird. Charakteristisch für die Vergiftung ist der ausschließlich späte Eintritt der Wirkung im Vergleich zu anderen Giften; es dauert mindestens 5 Stunden, bis die ersten Symptome, wie Brechneigung, Würgbewegung, Kolik, Durchfall, sich einstellen. Damit ist bei den gewöhnlichen Vergiftungen mit Dosen bis 5 mg das Bild aber auch erschöpft, erst bei höheren Gaben ist die Erkrankung dann eine wirklich schwere. 0,03 g dürfte die letale Dosis darstellen. Das Bewußtsein bleibt auch bei schwerer Intoxikation meist erhalten. Unter sehr heftiger Diarrhoe und Erbrechen, zunehmender Muskelschwäche tritt der Tod infolge von Herzlähmung ein. Die Prognose einer jeden Colchicinvergiftung ist eine ernste, namentlich mit Rücksicht auf den langsam einsetzenden und protrahierten Verlauf. Therapeutisch kommt in erster Linie Magen- und Darmspülung in Betracht, die hier namentlich mit Rücksicht auf die erwähnte langsame Aufnahme des Giftes eine besonders aussichtsreiche therapeutische Maßnahme darstellt. Irgend eine besonders erfolgreiche spezifische Therapie ist nicht bekannt.

12. Aconitin.

Aconitin wird bei uns therapeutisch fast gar nicht mehr gebraucht, dagegen spielt es in Frankreich immer noch eine gewisse Rolle und namentlich macht die Homöopathie ausgiebigen Gebrauch von demselben, allerdings in Dosen, die zu Vergiftungen nie Veranlassung geben dürften. Dies bringt es mit sich, daß Aconitinvergiftungen äußerst selten sind. Entsprechend der heftigen lokalen Wirkung, die das Alkaloid besitzt, tritt zunächst Erbrechen, Speichelfluß ein, dann kommen als Resorptivwirkung Sensibilitätsstörung, Parästhesien an den Extremitäten verbunden mit Krämpfen der Skelettmuskulatur. Diese letzteren gehen nach und nach in motorische Lähmung über, während das Bewußtsein sehr wenig gestört ist. Wegen der Seltenheit der Vergiftungen sind die Symptome beim Menschen nicht so genau bekannt, jedenfalls tritt der Tod unter Verlangsamung der Herztätigkeit und Schwächerwerden des Pulses ein. Als letale Dosis wird 0,012 g genannt; es ist somit das Aconitin das stärkste Gift unter den Alkaloiden. Die Hauptmenge desselben findet sich in den Wurzelknollen des blauen Eisenhutes.

13. Solanin.

Solanin ist ein Glukoalkaloid von unbekannter Zusammensetzung. Es findet sich als normaler Bestandteil in Solanum nigrum, dem Nachtschatten, Solanum dulcamara, Bittersüß, und Solanum tuberosum, Kartoffelknollen, und zwar ist die Hauptmenge des Alkaloides in den Beeren der betreffenden Pflanzen enthalten, während die Knollen derselben wesentlich weniger davon beherbergen, was mit Rücksicht speziell auf die Kartoffeln eine sehr erfreuliche Einrichtung ist. Die normalen, gesund eingekellerten Kartoffeln enthalten in den Monaten Oktober bis Januar ca. 2—3 cg Solanin auf 1 kg und dieser Gehalt kann noch wesentlich verringert werden, wenn man die Kartoffeln schält, weil das Solanin zum Teil sich in den Häuten befindet. Wenn dann im Februar die Kartoffel zu treiben beginnt, so nimmt der Solaningehalt bedeutend zu und kann bis auf 8—10 cg pro kg steigen. Die stärkste Konzentration findet sich an denjenigen Stellen, wo die Schosse abgehen. In ganz ausnahmsweisen Fällen ist der Gehalt ein noch größerer gewesen, und dann ist Gelegenheit zur Vergiftung beim Genuß von Kartoffeln gegeben. Auf solche ausnahmsweise Verhältnisse sind offenbar die Massenvergiftungen, die in Lyon und Straßburg unter den Soldaten beobachtet wurden, zurückzuführen; denn zweifellos handelte es sich dabei um Solaninvergiftungen[1]). Die Symptome sind nicht besonders charakteristisch, sie bestehen in Kopfschmerzen, Leibweh, Durchfällen mit Temperatursteigerung, Trockenheit im Rachen. — Die Prognose ist fast immer eine gute, auch bei den scheinbar schwereren Zuständen, ist in einigen Tagen bei Bettruhe die Heilung eingetreten. Eine besondere Therapie ist infolgedessen bei der einfachen Solaninvergiftung nicht nötig.

14. Xanthinbasen.

Hieher gehören die als Medikamente wie als Genußmittel so wichtigen Substanzen Coffein, Theobromin und Theophyllin. Man kann allerdings im Zweifel sein, ob es sich hier um richtige Alkaloide im engeren Sinne des Wortes handelt, denn der basische Charakter dieser Substanzen ist sehr wenig ausgesprochen. Die Mehrzahl der Autoren steht aber auf dem Standpunkt, daß sie den Alkaloiden anzugliedern seien.

Coffein wurde 1820 von Runge aus den Kaffeebohnen, in denen es zu 1—1,5 % enthalten ist, isoliert. Im Thee findet es sich bis zu 4 %. Der anfänglich konstruierte Unterschied zwischen Coffein und Thein ist längst fallen gelassen worden. Es scheint, daß dem Coffeingehalt der Marktwert der beiden Drogen einigermaßen parallel geht. 1626 kamen die ersten Kaffeebohnen nach Europa (Italien) und trotz vieler Anfeindungen, behördlichen Verboten, ärztlichen Verdammungsurteilen, breitete sich der Gebrauch des Kaffee- und Teetrinkens rasch aus, so daß 1690 in Paris schon 250 Kaffeehäuser bestanden. Die Hauptveranlassung, warum namentlich in Deutschland der Kaffee behördlich so lange bekämpft wurde, ist wohl auf eine ganz natürliche national-ökonomische Überlegung zurückzuführen. Die meisten anderen Länder bauten nämlich sofort den Kaffeebaum in ihren Kolonien an, während Deutschland, das keine solchen besaß, große Summen für die Einführung des Kaffees an das Ausland leisten mußte. Friedrich der Große eiferte ganz besonders gegen den Kaffee und seine „Kaffeeriecher" waren in Berlin höchst unbeliebte Persönlichkeiten. Vergiftungen mit reinem Coffein kommen fast nur medizinal vor; die Symptome treten bei Dosen von 0,5 g auf. Die angenehme Erregung, welche kleine Dosen hervorbringen, kommt bei größeren fast gar nicht mehr zur Geltung, sondern es machen sich sofort Unruhe und Angstgefühle geltend, die vermehrt werden durch Herzklopfen, raschen Puls und unangenehme Sensation im Magen; Schwindel und Schweißausbruch stellen sich weiterhin ein,

---

[1]) Vgl. Hübner, dieser Band, S. 886.

und bei großen Dosen von 2 g an können ausnahmsweise auch psychische Verwirrungen sowie Halluzinationen auftreten; in der Regel aber bleibt selbst bei einer tödlichen Vergiftung das Bewußtsein erhalten. Der Tod tritt bei Coffein ein infolge von Herzlähmung. Therapeutisch kommt gegen die Intoxikation die möglichste Schonung des Patienten, namentlich die Fernhaltung von Reizen in Betracht. Da die Herzlähmung vorher durch das Stadium der Übererregung durchgegangen ist, so ist von Analepticis bei der terminal einsetzenden Lähmung im ganzen wenig zu erwarten. Zweckmäßiger erscheint es deshalb, gleich von Anfang an narkotische Mittel zu verabreichen, um den Konsum der potentiellen Energie des Körpers durch Coffein nicht ad extremum gelangen zu lassen. Am meisten dürften sich für diesen Zweck die Körper der Fettreihe, wie Chloral, Paraldehyd, Veronal, auch in Form von Klysmen eignen, eventuell käme auch Morphin in Betracht.

Die chronische Vergiftung mit Coffein wird fast nur durch übermäßigen Genuß von Kaffee und Tee bedingt; eine regelmäßige Einnahme der reinen Substanz mit chronischen Vergiftungserscheinungen ist so gut wie unbekannt. Allerdings ist diese Vergiftung mit den aus den Drogen bereiteten Getränken nicht als reine Coffeinwirkung zu taxieren, denn es kommen hierbei noch weiter speziell die Röstprodukte des Kaffees, namentlich auch die aus dem Fett entstandenen, mit in Betracht.

Vergleicht man die Wirkungen von Kaffee und Tee im allgemeinen in ihrem Einfluß auf den Körper miteinander, so ergibt sich, daß der Kaffee als das wesentlich schädlichere Getränk zu betrachten ist. Infolgedessen führt auch der starke Genuß von Kaffee rascher zu Gesundheitsstörungen.

Diese Verschiedenheit hängt, nach Beobachtungen von Harnack, hauptsächlich mit der geringeren Oberflächenspannung eines Kaffeeaufgusses zusammen, denn durch eine derartige Flüssigkeit wird die Magenschleimhaut gereizt, die Magenverdauung ungünstig beeinflußt und auf dem Wege des Reflexes werden die Herzstörungen ausgelöst. Es wären diese letzteren also nicht, oder wenigstens nicht in erster Linie als Folge der resorptiven Coffeinwirkung zu betrachten. Die Abnahme der Oberflächenspannung eines Kaffeeaufgusses gegenüber Wasser beträgt ca. 25%, während ein Teeaufguß fast gar keine Differenz zu Wasser aufweist.

Die angenehm anregenden psychischen Wirkungen des Kaffees sind wohl ausschließlich dem Coffein in demselben zuzuschreiben, doch werden dieselben durch die andern Produkte, welche im Kaffeegetränk enthalten sind, entschieden etwas modifiziert und erhöht. Regelmäßig zeigen deshalb Leute mit übermäßigem Tee- und namentlich Kaffeegenuß die Zeichen erhöhter Reizbarkeit des Nervensystems, wie Zittern, Unruhe, Schlaflosigkeit, Präkordialangst, psychische Verstimmungen; daneben bestehen aber auch fast regelmäßig Verdauungsstörungen, die schon objektiv in der stark belegten Zunge sich äußern. — Die Prognose der chronischen Tee- und Kaffeevergiftung ist eine fast absolut gute, falls Abstinenz eintritt, da anatomische Veränderungen bis jetzt nicht nachgewiesen werden konnten. Bei stärkeren nervösen Störungen, die auch nach Aufgabe des Kaffee- und Teetrinkens weiter bestehen, ist zu bedenken, daß eine derartige Grundanlage wohl schon vorher bestanden hat und zum Teil vielleicht die Veranlassung zum übermäßigen Genuß eines Anregungsmittels gewesen ist.

Als weitere coffeinhaltige Genußmittel, deren Abusus ebenfalls zu den typischen Störungen führen kann sind zu nennen die Kola und die Guarana.

Die Kolanüsse, die eigentlich zu unrecht als solche bezeichnet werden, stammen aus Afrika und werden dort von den Negern, die bekanntlich allen narkotisch wirkenden und erregenden Substanzen mit besonderem Eifer nachspüren als Leckerbissen gekaut. Nur den frischen Früchten kommt die erregende Wirkung zu, da beim Trocknen auf dem langen Transport der Coffeingehalt sich ändert. Alle Versuche die Droge bei uns als Genußmittel einzuführen sind wegen dieses Unstandes und wegen des hohen Preises gescheitert. Die zahlreichen Extrakte und Elixire, welche aus Kola bereitet werden, nützen und schaden lediglich entsprechend ihrem Coffeingehalt. Falls derselbe nicht künstlich erhöht wurde, sind die betreffenden Präparate als nicht bedenklich zu bezeichnen. Daß dieselben eine so große Verbreitung als Stimulantien gefunden haben, beweist wiederum, was für eine suggestive Kraft einem exotischen Namen innewohnt.

Die **Guarana**, bei welchem Wort man sich immer die Ergänzung „pasta" hinzu zu denken hat wird gewonnen aus den Samen der Paullinia Cupana Knuth einer Sapindacea aus Südamerika. Die Samen werden in Mörsern mit hölzernen Keilen zerstoßen und mit Wasser zu einem Teig verarbeitet. Diese Pasta wird dann trocken gekaut oder mit Wasser zerrieben getrunken. Der Coffeingehalt ist ein sehr hoher, 7 %, der höchste aller der in Betracht kommenden Drogen. Es wird die Guarana deshalb auch von vielen als chronisches Genußmittel, trotz des hohen Preises sehr geschätzt und benutzt.

Theobromin. Theobrominvergiftungen sind nur medizinal, da das im Cacao vorhandene Theobromin zu gering an Menge ist, um Störungen auszulösen. Jedenfalls ist Theobromin für das Zentralnervensystem wesentlich weniger giftig als Coffein. Das Hauptsymptom ist ein eigentümlicher Kopfschmerz, als ob eine Eisenmaske auf dem Kopf säße. Erst bei sehr hohen Dosen treten krampfartige Symptome, Muskelzittern, Reflexsteigerung usw. auf, die dann allerdings darauf hinweisen, daß das ganze Zentralnervensystem von der Giftwirkung betroffen worden ist.

Wesentlich schwerer können die Erscheinungen sein bei dem dem Theobromin isomeren **Theophyllin** oder **Theocin**. Nach Dosen von 0,5 g hat man schon starke motorische Störungen, auch wieder mit krampfartigem Charakter, beobachtet, während die psychischen Funktionen kaum alteriert werden. Bei diesem Stoff droht dann auch eine Gefahr von seiten der Niere, indem die übermäßige Erregung, die die Funktion dieses Organs erfährt, zu anatomischen Veränderungen oder wenigstens zu Albuminurie oder Hämoglobinurie führen kann.

15. Mutterkorn.

Das Mutterkorn selber ist das Produkt einer Pilzvergiftung. Auf der blühenden Ähre des Roggens oder anderer Getreidearten siedelt sich ein Pilz (Claviceps purpurea) an. Die wuchernden Pilzfäden umgeben nach und nach vollständig den Fruchtknoten der Ähre und dann bildet sich am Grunde eine feste Masse, das hornartige Lager, das sich langsam vergrößert, schließlich eine hahnenspornartige Form und eine Länge von 1—2 cm annimmt. Die Farbe ist blauviolett bis schwarz; die Konsistenz hornartig. Diese, Sklerotium genannte, das Dauermycelium des Pilzes darstellende Form verbleibt so bis im Herbst oder im Frühjahr. Gelangt sie wieder in feuchte Erde, so entwickeln sich daraus von neuem die Pilzschläuche, die die blühende Ähre dann wieder frisch infizieren, worauf der Kreislauf von neuem beginnt.

Die akute und chronische Mutterkornvergiftung war früher eine häufige, ausgesprochen Armeleut-Krankheit. Das Brot war mitunter bei hohem Gehalt an Mutterkorn direkt grau oder bläulich verfärbt. Heute sind solche Vergiftungen dank der Tätigkeit der sanitären Polizei sehr selten geworden oder ganz verschwunden; es kommen nur noch medizinale Intoxikationen vor. Aber auch bei diesen können die beiden Hauptformen, die uns aus den früheren Volksseuchen her bekannt sind, die Kriebelkrankheit (Ergotismus spasmodicus) und die gangränöse Form (Ergotismus gangraenosus, Ignis acer, Ignis St. Antonii) wieder erscheinen. Gemeinsam beiden Formen ist der Anfang der Vergiftung[1]). Sie beginnt immer mit Verdauungsstörung, Brechreiz, krampfartigem Würgen, das dann wieder durch Heißhunger abgelöst wird, und Kopfschmerzen. Auch das darauf folgende Symptom, das Ameisenkriechen und Pelzigwerden der ganzen Körperoberfläche ist noch den beiden Formen gemeinsam. Dann tritt die Trennung der Erscheinungen ein, indem bei der Kriebelkrankheit das eigentliche Kriebeln an der ganzen Körperoberfläche sehr intensiv sich einstellt und nach einigen Tagen bei schweren Vergiftungen schon bald gefolgt wird von den Krampferscheinungen. Bei diesen handelt es sich, im Gegensatz zu anderen toxischen Krämpfen, fast nur um Kontrakturen im Bereich der Flexoren. Die Finger werden eingekrallt, die Zehen plantar flektiert, die Unterarme ebenfalls leicht gebeugt und steif gestellt, so daß die Leute fast ganz bewegungsunfähig werden; selbstverständlich sind diese Zustände auch mit sehr heftigen Schmerzempfindungen verbunden. Meist tritt dann vorübergehend wieder Erschlaffung der Muskeln und tiefer Schlaf ein, nach welchem die Krämpfe wieder von neuem einsetzen. — Die Prognose dieser Form ist im allgemeinen noch eine ziemlich gute, denn meist erfolgt bei Aussetzen der Giftzufuhr die Heilung, allerdings mitunter in Kontrakturstellung, speziell der Oberextremität.

Viel schwerer ist die Vergiftung beim Ergotismus gangraenosus. Nach dem Stadium des Ameisenkriechens bildet sich an irgend einer prominenten Körperstelle, Nase, Ohrmuschel, Kinn, Jochbogen oder an den Extremitäten eine Blase, darunter entsteht rasch ein Substanzverlust und von da ab entwickelt sich der feuchte oder trockene Brand langsam weiter und bringt mit allen schrecklichen Schmerzen der Gangrän dem Patienten auch noch die Gefahr der Sepsis. Die Ursachen der Gangrän sind wohl weniger Gefäßspasmen, wie man früher annahm, als Veränderungen der Intima der kleinen Arterien, die zur Thrombose führen.

In bezug auf die abortive Wirkung im Verlauf der Seuche sind die Angaben sehr verschieden, jedenfalls ist bei beiden Formen des Ergotismus relativ oft Abort vorgekommen, so daß man nicht sagen kann, welche Form eher dazu disponiert, umso mehr, als ja die Anfangserscheinungen, welche wohl auch dem Stadium der Vergiftung entsprechen, wie sie durch höhere therapeutische Dosen ausgelöst würden, bei beiden Formen dieselben sind. Wie der Uterus, so wird auch oft die Blase in Kontraktionszustand versetzt.

Die toxische Wirkung des Mutterkorns vollzieht sich manchmal in einer recht heimtückischen Weise, indem eine Patientin z. B. 2—3 Wochen lang scheinbar das Mittel ganz gut verträgt und dann auf einmal, mitunter erst nach Aussetzen desselben, tritt plötzlich die Gangrän auf. Ich habe einen Fall von Gangrän sämtlicher Finger einer Hand gesehen bei einer Patientin, die wegen eines Uterinleidens drei Wochen lang Extractum secalis cornuti erhalten hatte. Gerade diese heimtückische Wirkungsart sollte eine Warnung für den Arzt sein, die chronische Anwendung von Mutterkorn möglichst ganz zu verlassen, denn man weiß nie, wann das Verhängnis in Form der Gangrän hereinbricht. Von diesem Gesichtspunkte aus scheint mir die von Pozzi seinerzeit empfohlene chronische Mutterkornbehandlung der Uterusmyome durchaus nicht unbedenklich zu sein.

Die Therapie aller Mutterkornvergiftungen ist eine rein symptomatische, bei ganz akuter wird man selbstverständlich Magen und Darm gründlich entleeren. Bei der gangränösen Form bleibt nichts anderes übrig als die Demarkation abzuwarten und dann chirurgisch vorzugehen.

---

[1]) Vgl. E. Meyer, dieses Handb. Bd. 5, S. 1062.

Trotz den vorzüglichen Arbeiten von Barger und Dale und ihren Mitarbeitern in London über die wirksamen Bestandteile des Mutterkorns, als welche Ergotoxin und Paraoxyphenyläthylamin isoliert worden sind, ist es noch nicht sichergestellt, ob in der frischen Droge immer derselbe Stoff, das Ergotoxin, vorhanden ist, der bald für die Gangrän, bald für die Kriebelkrankheit verantwortlich zu machen ist, je nach den Begleiterscheinungen, oder ob nicht zu verschiedenen Zeiten eben ganz verschiedene Gifte in der Droge anwesend waren. Die historische Betrachtung der Seuche spricht für die letztere Auffassung. Die chemische Bearbeitung des Mutterkorns ist wegen der leicht zersetzlichen Substanzen, die sich zum Teil vom Tyrosin ableiten, sehr schwierig und man kann zur Zeit nicht sicher entscheiden, ob die isolierten Substanzen den ursprünglichen namentlich auch in bezug auf ihr relatives Mengenverhältnis genau entsprechen.

16. Haschisch.

Obwohl nicht zu den Alkaloiden gehörend, müssen wir doch dieser narkotisch wirkenden Substanz gedenken, weil sie auch sehr häufig zu akuten und chronischen Intoxikationen Veranlassung gab und noch gibt. Die Droge, aus welcher Haschisch bereitet wird, ist die Cannabis sativa, die sich in nichts von dem gewöhnlichen zur Öl- oder Flachsbereitung kultivierten Hanf unterscheidet. Warum die Pflanze in Indien den Haschisch liefert, ist eigentlich unklar, es läßt sich das nur mit einer Art Rassenzüchtung und Jahrhunderte alter Kultur erklären. Denn werden auswärtige Hanfsamen in Indien angesät, so liefert der daraus gewachsene Hanf keinen Haschisch, erst im Laufe der Zeit erwirbt er diese Eigenschaft, ohne daß aber die Pflanze entsprechende anatomische Veränderungen aufweist.

Der Gebrauch des Haschisch als Genußmittel im Orient scheint schon bis auf 500 v. Chr. zurückzuliegen. Es nimmt dieses Narkotikum gegenüber den anderen betäubenden Giften insofern eine ganz besondere Stellung ein, als seine Verbreitung ziemlich eng verbunden erscheint mit der islamitischen Religion, so daß im Gegensatz zu den anderen Genußmitteln, wie Opium, Kaffee usw., es sich nicht über die ganze Erde ausbreitete. Es stehen bekanntlich die Religionsübungen der Derwische zum Teil wenigstens unter dem Einfluß des Haschisch. Ich habe im Orient Gelegenheit gehabt, mich über den eigentümlichen teils berauschenden, teils fanatisierenden, fröhlich machenden und deprimierenden Einfluß, den der Haschisch auf die Derwische vor, während und nach ihren Tanzübungen besitzt, zu orientieren. Es ist ohne weiteres natürlich, daß eine solche Substanz auch eine große Bedeutung für den Kriegsfall hat, und tatsächlich haben die vielen Gegner der Mohammedaner, zuletzt noch die Russen, die fanatisierende Wirkung des Haschisch auf den kämpfenden Türken erfahren. Allgemein wurden die dem Sultan ergebenen Regimenter, welche unter dem Einfluß des Haschisch auf den Koran geschworen hatten, zu siegen oder zu sterben, während ihrem Ansturm als unwiderstehlich bezeichnet.

Als Präparate, welche die Wirkung des Hanfes vermitteln, kommen die verschiedenartigsten Aufmachungen von Extrakten für den inneren Gebrauch, vermischt mit allerlei Gewürzen, in den Handel. Daneben wird aber Haschisch sehr viel geraucht, wobei speziell die sog. Nargileh (Wasserpfeife) Verwendung findet, bei welcher Gebrauchsweise ganz speziell die rauschartigen Zustände sich einstellen sollen. In den verschiedenen Pharmakopöen waren oder sind noch Extrakte und Trinkturen aus Cannabis indica offizinell gewesen. Unter den Wirkungen, die diese Extrakte auslösen, imponiert uns am meisten diejenige auf die Sinnesempfindungen: Licht, Gehör und Geschmack. Ganz besonders stark entwickelt sind die Licht- und Farbenempfindungen. Der Körper erscheint wie von einem allgemeinen Lichtglanz umflossen, oder auf einfachen Tüchern erscheinen dem Betrachter die prachtvollsten Farben und Figuren hingezeichnet. Die Phantasie, welche die Lichtreize begleitet, ist freilich eine ungezügelte sowohl in bezug auf Vorstellungen wie auch auf Schnelligkeit und Wechsel derselben, wobei allerdings subjektiv scheinbar völlige Klarheit besteht, so daß das Individuum selber nicht das unangenehme Gefühl des Berauschtseins hat, sondern glaubt, bei vollem Bewußtsein und lediglich erhöhter intellektueller und sinnesempfindlicher Leistungsfähigkeit sich zu befinden. Trotz dieser scheinbaren Klarheit ist nach dem Erwachen keine Erinnerung an Einzelheiten mehr vorhanden, jedenfalls weniger als nach lebhaften Träumen. Ganz besonders charakteristisch für den Haschischrausch ist das völlige Fehlen der zeitlichen Begriffe. Die Leute glauben unendlich lange Zeiten, Tage und Wochen in dem angenehmen Rauschzustand verbracht zu haben, während es sich doch nur um 1—2 Stunden gehandelt hat. Auf diese eigentümlichen zeitlichen Desorientierungen sind wohl auch einzelne der bekannten Erzählungen und Wunder, wie sie in „Tausend und eine Nacht" niedergelegt sind, zurückzuführen. Man hat vielfach dem Haschisch direkt produktive Fähigkeiten namentlich auf die geistigen Funktionen und künstlerischen Leistungen zugesprochen. Das ist aber nicht richtig. Vorstellungen, die nicht schon bei dem Genuß der Droge vorhanden gewesen oder nachträglich während der Wirkung derselben geweckt wurden, können durch den Haschisch nicht von sich aus produziert werden, obwohl die Halluzinationen des Gesichts und Gehörs, die im Rauschzustand ja so ausgiebig vorhanden sind, oft Veranlassung zu dieser Täuschung über die Wirkungsgrenze des Mittels geben könnten. Die sexuellen Funktionen werden auch nicht angeregt trotz der vielfachen diesbezüglichen Angaben, im Gegenteil es nimmt die Potenz eher ab und höchstens erotische Vorstellungen können sich an bestimmte Anregungen, in höherem Maße als dies sonst der Fall war, anknüpfen. Eine gewisse Herabsetzung der Sensibilität scheint während des Rauschzustandes vorhanden zu sein, so daß die Leute Verletzungen weniger empfinden, ein Umstand, der ja bekanntlich von den Derwischen bei ihren Gebetsübungen ebenfalls verwendet wird, um sich allen möglichen kleinen Qualen auszusetzen, ein Umstand, der ferner auch die oben erwähnte Todesverachtung und Tollkühnheit der unter dem Einfluß des Haschisch stehenden Mohammedaner förderte.

Der chronische Gebrauch des Haschisch führt zu einem Zustand der Gedächtnisschwäche, Nervosität, und auch zur Abhängigkeit von dem Gifte, wie dies ähnlich beim Opium der Fall ist. Geisteskrankheit scheint häufiger, ähnlich wie bei Alkohol, durch Haschisch hervorgerufen zu werden, jedenfalls öfters als dies beim chronischen Opiumgebrauch der Fall ist. Wenn man bedenkt, daß im Orient noch viele Millionen Menschen dem Haschischgebrauch regelmäßig frönen sollen, so begreift man, welche kolossale soziale Bedeutung dieses Gift besitzt — es übertrifft darin wohl noch das Opium.

Der wirksame Bestandteil der Pflanze ist ein harziges Sekret aus den Drüsenhaaren; aus demselben hat Fränkel einen Körper Cannabinol durch Destillation gewonnen, der bei 215⁰ siedet und den Charakter eines Phenols hat. Es ist aber nicht erwiesen, daß diese Substanz allein der Träger der Wirksamkeit ist; dafür scheinen auch seine berauschenden Wirkungen zu schwach.

17. Vergiftungen mit Glykosiden.

Den Alkaloiden schließen sich in mancher Hinsicht die Glykoside nahe an. Es sind ebenfalls Stoffe des Pflanzenreiches, die spezifische Wirkungen auf die inneren Organe, speziell das Herz bedingen, und ferner rufen sie auch sehr häufig örtliche Reizerscheinungen hervor. Die wirksamsten unter ihnen übertreffen an Giftigkeit beinahe noch die Alkaloide. Im Organismus zerfallen sie meist in ihre beiden chemischen Paarlinge. Die Zucker, die dabei entstehen, sind sehr verschiedener Natur. Die Leichtigkeit, mit der sich die hydrolytische Spaltung der Glykoside vollzieht, ist bei den verschiedenen Substanzen eine sehr verschiedene; einige werden schon durch die normale Salzsäure des Magens zersetzt. Diese letzteren fallen sowohl therapeutisch wie toxikologisch außer Betracht, weil nur dem Gesamtmolekül die betreffenden spezifischen Wirkungen zukommen. Je resistenter demnach ein solches Glykosid sich der Hydrolyse gegenüber verhält, umso intensiver und namentlich nachhaltiger wird seine Wirkung im Körper sein. Als Beispiel dafür ist namentlich das kristallisierende Digitoxin zu erwähnen. Wie bei den Alkaloiden lassen sich auch bei den Glykosiden an den inneren Organen, selbst wenn nur einzelne ganz spezifisch betroffen werden und die Vergiftung letal endigt, keine besonderen anatomischen Veränderungen nachweisen. Am meisten Interesse haben unter den vielen Glukosiden natürlich die Vergiftungen mit den therapeutisch auch am meisten in Betracht kommenden Herzgiften. Andere Glykoside geben so selten Veranlassung zu Vergiftungen und sind deren Symptome beim Menschen infolgedessen auch noch so unklar und wenig beschrieben, daß es sich nicht lohnt, näher auf dieselben einzugehen; sie entbehren der praktischen Bedeutung.

a) Convallamarin und Adonidin.

Convallamarin ist ein Glykosid, das sich in allen Teilen des gewöhnlichen Maiglöckchens findet und das im Tierexperiment digitalisartige Wirkungen hervorruft. Therapeutisch hat sich die Substanz nicht bewährt. Ebenso wenig wie das in der Adonis vernalis vorhandene Adonidin. Dagegen sind in der Literatur einzelne Fälle erwähnt, in welchen starke Maiglöckchenparfüms Herzklopfen bei der Anwendung hervorgerufen haben sollen.

b) Die Digitalisvergiftungen.

Intoxikationen mit Digitalis werden in leichtem Grade häufig vom Arzt absichtlich provoziert, denn nur vermittelst einer toxischen Dosis von Digitalisinfus läßt sich z. B. bei drohender Insuffizienz bei Verabreichung per os schnell genug ein voller Erfolg erzielen. Aber auch so braucht die Vergiftung bis zu ihrer Entwicklung eine gewisse Zeit, mindestens einige Stunden, weil die wirksamen Bestandteile schwer resorbierbar sind. Bei solchen größeren Dosen der Droge treten fast regelmäßig und zwar mitunter ziemlich bald nach der Einnahme Lokalerscheinungen auf, die bedingt sind sowohl durch die Reizwirkung der spezifischen Herzgifte selber, als auch durch die übrigen Bestandteile der Droge. Auch die in reinem Zustand isolierten und per os verabreichten wirksamen Digitaliskörper besitzen eine ausgesprochene lokal reizende Wirkung. Obwohl die Digitalissubstanzen dem Saponin nahestehen, so rufen sie doch keine Hämolyse hervor. Dagegen können die in der Droge noch vorhandenen Begleitsubstanzen, welche typische Saponineigenschaften besitzen, dies tun, falls sie in größerer Menge zur Resorption gelangen. Diese ersten Vergiftungserscheinungen, welche somit am Orte der Applikation sich abspielen, sind also nicht durch Resorptivwirkungen bedingt, obwohl mitunter einige Stunden bis zu ihrem Eintritt vergehen, sondern lediglich der lokalen Einwirkung auf die Magenschleimhaut zuzuschreiben.

Wie erwähnt treten die toxischen Resorptivwirkungen erst $\frac{1}{2}$—1 Tag nach Einnahme der Droge und ihrer Präparate auf. Die beiden Hauptsymptome der Digitalisvergiftung sind gegeben durch Veränderungen, erstens in der Zirkulation und zweitens in den Allgemeinerscheinungen. Die Pulsfrequenz wird stark herabgesetzt und kann nach und nach im Verlaufe von 1—2 Tagen auf 40 und noch weniger pro Minute sinken. Dabei ist der Puls anfänglich meistens noch sehr kräftig, eher hart, was subjektiv dem Patienten die Empfindung der Palpitation bei jedem Herzschlag auslöst. Später kann, wenn die

Vergiftung eine letale wird, der Puls irregulär, zeitweise beschleunigt und klein werden und der Ausgang ist immer eine Herzlähmung bei beschleunigtem und sehr kleinem, schwachem Puls. Regelmäßig zeigen die Patienten in diesem Stadium auch ausgesprochene Dyspnoe, Cyanose, verlangsamte, unregelmäßige Atmung und eine auffallende Schlafsucht mit allgemeiner Muskelschwäche. Es scheint offenbar durch die Digitaliskörper auch eine Wirkung auf das Gehirn ausgeübt zu werden, und zu dieser letzteren gehört sicher auch das spät einsetzende Erbrechen. Bei jeder Digitalisvergiftung sind demnach zwei Arten von Erbrechen zu unterscheiden: erstens einmal das Früherbrechen, das durch die oben bereits erwähnten Lokalwirkungen der verschiedenen Drogenbestandteile auf die Magenschleimhaut bedingt, meist von guter Prognose und durch therapeutische Maßnahmen, namentlich durch anderweitige Applikationsart der Digitalis rasch zu beseitigen ist, und zweitens das toxische zentrale Erbrechen, das erst mit der Pulsverlangsamung einsetzt, wesentlich länger andauert und therapeutisch schwerer zu bekämpfen ist. Um eine spezifische Beeinflussung des Brechzentrums, etwa nach Analogie des Apomorphins, handelt es sich dabei wohl nicht. Vermutlich ist diese Wirkung bedingt durch Zirkulationsveränderungen im Gehirn, sie ist auch meist infolgedessen begleitet von Sehstörungen, Flimmern vor den Augen, Gelbsehen, Herabsetzung der Sehkraft, Störungen der Farbenempfindung; letztere Einwirkung ist allerdings z. T. spezifischer Natur. Die Urinmenge ist nur bei hydropischen und auch dort nur vorübergehend vermehrt, bei nicht wassersüchtigen Individuen ist sie gar nicht gesteigert oder sogar vermindert.

Die **Prognose** einer akuten Digitalisintoxikation richtet sich nach der Verlangsamung des Pulses, Pulsfrequenzen unter 40 sind immer als bedenkliche Zustände aufzufassen. Ganz besonders bedrohlich ist eine rasch einsetzende Pulsbeschleunigung auf über 90 Schläge, namentlich wenn sich dieselbe nach einer vorausgegangenen starken Verlangsamung unvermittelt einstellt. Prognostisch am günstigsten ist das langsame Ansteigen des verlangsamten Pulses im Verlauf von einigen Tagen; aber auch noch am vierten und fünften Tage bei schon eingetretener Besserung kann plötzlich der Tod an Herzkollaps auftreten.

Therapeutisch steht man der akuten Digitalisintoxikation ziemlich machtlos gegenüber. Im Stadium der starken Pulsverlangsamung kann man versuchen, den Vagusanteil derselben durch Atropin zu bekämpfen; vielleicht würde diese Therapie auch dem weiteren Vordringen des Giftes in dem Herzmuskel Schwierigkeiten bereiten und dadurch den weiteren Verlauf der Intoxikation günstig beeinflussen. Von anderweitigen therapeutischen Maßnahmen ist nicht viel zu erwarten, man wird symptomatisch vorzugehen haben, doch ist gegen die langsam einsetzende Herzlähmung im ganzen wenig auszurichten.

Eine eigentliche **chronische Digitalisvergiftung** ist unbekannt. Es tritt auch keine nennenswerte Angewöhnung an die Droge ein, wohl aber hat man Vergiftungen bei der sog. kontinuierlichen Digitaliskur mitunter plötzlich auftreten sehen, selbst wenn die Patientin seit Monaten täglich dieselbe Dosis ohne jede ungünstige Erscheinung eingenommen haben. Da es schwer fällt, unter solchen Umständen, wo doch sicher schon längst der chemische Ausgleich zwischen Zu- und Ausfuhr sich eingestellt hat, eine typische Kumulation im Sinne vermehrter Giftanhäufung im Herzen oder im Gehirn anzunehmen, so halte ich auch in solchen Fällen den plötzlich einsetzenden Brechreiz oder die Sehstörungen, oder plötzliche Veränderungen in der Pulsfrequenz bedingt durch Zirkulationsänderungen im Gehirn. Bettruhe und entsprechend sonstige Behandlung bringen meist, selbst ohne daß dabei die Digitalis ganz oder wenigstens nur temporär ausgesetzt wird, die Sache wieder in Ordnung.

Genau dasselbe wäre im allgemeinen zu sagen über die Vergiftung mit **Strophantus** und **Strophantin.** Der Hauptunterschied zwischen den beiden Drogen beruht mit Rücksicht auf die akute Vergiftung in der wesentlich größeren Heftigkeit der Strophantuswirkung, die aber andererseits auch schneller wieder abklingt entsprechend der rascheren Resorption und Ausscheidung der wirksamen Bestandteile, ein Unterschied, der ja auch sehr deutlich bei der therapeutischen Anwendung von Strophantus zutage tritt und die Inferiorität von Strophantus gegenüber der Digitalis speziell mit Rücksicht auf die Dauerwirkung bedingt. Die in Betracht kommenden wirksamen Substanzen konnten weder bei der Digitalis- noch bei der Strophantusvergiftung bis jetzt im Urin nachgewiesen werden, was allerdings in Anbetracht der äußerst geringen Mengen derselben nicht sicher gegen die Möglichkeit einer, wenigstens teilweise unzersetzten Ausscheidung der Glykoside aus dem Organismus spricht.

c) Colocynthin.

Colocynthin ist ein Glykosid, das in den Koloquinthen enthalten ist. Die therapeutische Wirkung der Droge kann wegen ihrer äußerst heftigen Wirkung auf den Darm auch Allgemeinvergiftungen als Folgeerscheinungen auslösen. Es geht dies schon daraus hervor, daß sehr wirksame Früchte von Koloquinthen bereits in einer Dosis von 3 g den Tod des Individuums herbeiführen können. Wie alle Drastica, so sind auch Koloquinthen als Abortivum verwendet worden, wobei selbstverständlich die Abortwirkung lediglich als Teilerscheinung der schweren Vergiftung, die sich an die heftige Darmerkrankung anschließt, zu betrachten. Es muß speziell betont werden, daß bei der Koloquinthenvergiftung nicht nur der Dickdarm, sondern auch der ganze Dünndarm intensiv mitgeschädigt wird, so daß blutiger Schleim den Entleerungen regelmäßig beigemischt wird und die Patienten über außerordentlich heftige Schmerzen im ganzen Abdomen klagen. Symptome und Therapie ergeben sich aus dem Charakter der Wirkung zur Genüge. Vergleichend mit anderen, ähnliche Erscheinungen am Darm auslösenden, Mitteln ist hervorzuheben, daß bei Colocynthin meist Erbrechen fehlt.

d) Convolvulin.

Convolvulin ist ein in verschiedenen Convolvulaceen speziell in Jalapa vorkommendes Glykosid mit ähnlichen, nur schwächeren Wirkungen als Colocynthin, es gilt infolgedessen das dort Gesagte mit der entsprechenden Korrektur.

18. Vergiftungen durch Pilze.

Wenn auch die Zahl der Pilzvergiftungen dank der Aufklärung des Publikums einerseits und der sanitären Kontrolle andererseits wesentlich zurückgegangen ist, so kommen sie doch noch so häufig vor, daß der praktische Arzt stets mit diesen Vergiftungen rechnen muß. Die Bedeutung derselben wird weiter noch dadurch erhöht, daß die Erkrankungen meist gruppenweise vorkommen, indem gewöhnlich mehr als eine Person von den Giftschwämmen gegessen hat. Bei den wirklichen Giftpilzen, deren Zahl aber eine sehr beschränkte ist, sind die Symptome der Vergiftung meist sehr ernst. Dagegen können eine Reihe von Gesundheitsstörungen nach Genuß von allen möglichen Pilzen vorkommen, die man nicht eigentlich als Vergiftung bezeichnen darf, weil dieselben Pilzarten unter anderen Bedingungen genossen keine Schädlichkeit hervorzurufen pflegen. Bei diesen

sozusagen akzidentiellen Vergiftungen handelt es sich allermeist um die verdorbene Ware an und für sich eßbarer Pilze, so daß mehr die Symptome der einfachen Indigestionen oder der allgemeinen Toxalbuminvergiftung vorliegen.
Bei einem so leicht zersetzlichen und mit einem so hohen Wassergehalt ausgestatteten Material wie den Pilzen ist ein rasches Übergehen in schädliche Produkte
nicht verwunderlich. Es sollen deshalb Pilze stets nur frisch oder sorgfältig
sterilisiert genossen und nach dem Anrichten nicht wieder aufgewärmt
werden. Die Angabe, daß Pilze, welche bei feuchtem Wetter oder von besonders
feuchten Stellen im Walde gesammelt worden sind, mehr Veranlassung zu
Störungen geben, ist wohl allgemein genommen nicht als stichhaltig zu betrachten; höchstens werden eben derartige Pilze, wie oben erwähnt, leichter
der Verderbnis anheimfallen. Ein sicheres Mittel, um giftige Pilze von ungiftigen zu unterscheiden, gibt es nicht; alle diesbezüglichen Angaben haben sich
als unrichtig erwiesen. Wohl aber spielt die Zubereitung manchmal eine für die
Intoxikation resp. für deren Eintritt sehr wichtige Rolle. Die Gifte sind meist
als leicht lösliche Alkaloide in den Pilzen enthalten. Es ist schon mehrfach
festgestellt worden, daß z. B. selbst sehr giftige Sorten, wie der Fliegenpilz und
andere, fast ungiftig werden, wenn sie vorher gründlich im kalten Wasser ausgelaugt, das Wasser abgegossen und dann noch aufgekocht worden sind. Umgekehrt ist natürlich dann das abgegossene Wasser umso giftiger geworden, woraus
gefolgert wurde, daß die Gifte namentlich in den äußeren Partien der Pilze
enthalten sein müssen. (Tailor, III. Bd. S. 263, 1883). Umgekehrt werden
Pilze, die auf andere Weise, ohne Auskochen, zubereitet worden sind, ihr Gift
gewöhnlich in vollem Umfange beibehalten. Als Giftpilze im eigentlichen Sinne
kommen praktisch eigentlich nur zwei Arten in Betracht: erstens die verschiedenen
Amanita-Arten (der Fliegenpilz und der Giftwulstling), zweitens die Lorcheln
oder Morcheln. Von diesen sind zahlreiche beglaubigte Vergiftungen an Menschen
vorgekommen und beobachtet worden. Alle anderen teilweise auch sehr giftigen
Pilze haben zu keinen Vergiftungen am Menschen geführt oder sind wenigstens
dieselben nicht genau als solche erkannt und registriert worden.

a) Amanita phalloides (Knollenblätterschwamm).

Am häufigsten ist die Vergiftung mit Amanita phalloides sive bulbosa
(Knollenblätterschwamm, Giftwulstling), einem kleinen Pilz, der namentlich
in Nadelhölzern wächst und leider oft mit dem gewöhnlichen eßbaren Champignon (Agaricus campestris) verwechselt wird. Allerdings unterscheiden
sich die beiden Arten sehr deutlich durch ihre Farbe, indem die Lamellen auf der
Unterseite des Hutes bei Amanita phalloides stets weiß sind, während sie beim
Champignon rotweiß bis braunrot gefärbt sind. Auch berühren sie bei dem
letzteren den Stiel nicht, gehen jedoch bei dem ersteren in denselben über. Die
Haut des Champignons ist fast immer glatt und seideglänzend, bei dem Knollenblätterschwamm in der Regel mit weißlichen Fetzen belegt. Der Stil des letzteren
zeigt über dem Boden eine knollige Auftreibung, welche auch dem Pilz den
Namen gegeben hat und der Schaft darüber ist in der Regel hohl, Merkmale,
welche beim Champignon fehlen.

Die **Symptome** sind nach den übereinstimmenden Angaben der Literatur
so charakteristisch, daß aus ihnen sehr wohl die Diagnose gestellt werden kann.
Nach dem Genuß der Pilze befinden sich die Leute zunächst ganz wohl, erst
nach 10—12 Stunden treten ziemlich unvermittelt die Symptome auf, meist
mit Magenschmerzen und Übelkeit beginnend, es folgt dann explosionsartiges
Erbrechen mit heftigen Schmerzen verbunden und bald darauf Koliken und
Durchfälle. Die beiden Erscheinungen können eine solche Intensität annehmen,

daß sie an sich schon lebensbedrohend werden. Zwanzig- und mehrmaliges Erbrechen mit reiswasserähnlichen Durchfällen führen eine hochgradige Wasserverarmung des Körpers herbei. Die Patienten sehen verfallen und cyanotisch aus, die Wadenmuskeln werden schmerzhaft und zeigen tonische Zusammenziehung, das Sensorium ist meist noch frei, Temperaturen eher unternormal, der Puls wird beschleunigt, Harn oft reichlich, hell, ohne Eiweiß und Zucker. Man hat das Vergiftungsbild mit Recht mit der Cholera asiatica vergleichen. Am zweiten Tage treten dann häufig etwas Bewußtseinsstörungen auf, die Durchfälle und das Erbrechen werden seltener, der Puls wird schwächer, die Herztöne leise und in diesem Stadium kann der Patient an Herzschwäche zugrunde gehen. Am dritten Tag stellt sich dann regelmäßig eine Vergrößerung der Leber ein, dieselbe ist stark druckempfindlich, Ikterus fehlt jedoch meist dabei. Nach dem dritten Tage ist die Prognose schon wesentlich besser, die enteritischen Erscheinungen sistieren, es kann wieder Flüssigkeit zugeführt werden und die Leberschwellung geht in einigen Tagen zurück. Nach erfolgter Genesung bleibt noch für einige Zeit ein Schwächezustand zurück, was ja auch leicht verständlich ist. Neben dieser enteritischen Form kommt auch noch eine nervöse vor. Im allgemeinen scheint die schwere Vergiftung fast stets mit nervösen Symptomen einherzugehen und außerdem sind Kinder derselben offenbar leichter zugänglich als Erwachsene. Der Beginn der Erkrankung ist der gleiche, aber schon am ersten Tage macht sich Benommenheit geltend und Krämpfe in der Muskulatur treten auf, die tetanischen Charakter annehmen und sogar direkt durch Atmungsbehinderung letal wirken können. Einen typischen Fall dieser letzteren Kategorie hat vor kurzem Schürer beschrieben. Die Prognose dieser nervösen Form ist entschieden noch wesentlich ungünstiger wie die der enteritischen. Der Ausgang bei der Vergiftung mit dem Knollenblätterschwamm ist stets ein dubiöser und fast noch ungünstiger als bei den Fliegenpilzvergiftungen.

Die **Ursache** für die Intoxikation ist ein Alkaloid. Kobert hat seinerzeit geglaubt, das ganze Vergiftungsbild durch ein in den Pilzen enthaltenes hämatolytisches Toxalbumin erklären zu können, doch hat er diese Auffassung selbst wieder fallen gelassen; sie ist auch sicher aus verschiedenen Gründen nicht zutreffend. Es sind also offenbar Alkaloide, über deren Natur wir noch nicht genauer orientiert sind, welche die Vergiftung bedingen. Die lange Inkubationszeit spricht nicht gegen ein Alkaloid als Vergiftungsursache; wir haben ja dieselben Erscheinungen auch bei Colchicin. Vielleicht handelt es sich auch hier darum, daß zunächst Veränderungen der ursprünglichen Substanzen im Körper auftreten, die dann ihrerseits die eigentlichen Vergiftungssymptome erst auszulösen vermögen. Für diese Annahme und nicht für eine verlangsamte Resorption spricht die Beobachtung, daß Vergiftungen mit den wasserlöslichen ausgelaugten Alkaloiden selber ebenfalls lange Zeit bis zum Eintritt der Wirkung beanspruchen.

Die **anatomischen Veränderungen** der Vergiftung sind auch ziemlich charakteristisch: Schwellung der Follikel, des Darms und der Lymphdrüsen im Abdomen, sehr starke Verfettung der Leber (50—70% Fettgehalt), wie sie ähnlich sonst nur bei Phosphorvergiftung angetroffen wird. Ebenso sind Herzmuskel, Nieren und Skelettmuskeln verfettet. Bei Fällen mit schweren nervösen Störungen wurden auch Veränderungen im Gehirn und zwar ausschließlich regressiver nicht entzündlicher Natur festgestellt. Dieselben betreffen sowohl die Nervenzellen als auch die Neuroglia. In den Fällen von Schürer z. B. mußten sie als ganz ungewöhnlich schwere Erkrankung des Zentralnervensystems bezeichnet werden. Blutungen auf den verschiedenen Schleimhäuten sind häufig, ikterische Färbung ist eine sekundäre, von der Leberschwellung abhängige Erscheinung.

Die **Therapie** ist eine ziemlich machtlose und jedenfalls eine rein symptomatische. Erbrechen und Durchfälle sorgen schon für die reichliche Entleerung der Gifte resp. der Drogenreste. Zudem wird wegen der langen Inkubationszeit auch eine gewaltsame Entleerung der Pilzreste nicht mehr viel nützen. — Die Mortalität ist eine relativ hohe, sie beträgt ca. 60 % der Erkrankten.

b) Fliegenpilzvergiftungen.

Der Fliegenpilz (Amanita muscaria) ist eine außerordentlich weit verbreitete Pilzart von allgemein bekannter botanischer Erscheinung. Trotz der vielfachen Warnungen vor demselben hat der Genuß dieses Pilzes schon sehr viele Vergiftungen herbeigeführt, die ausschließlich auf die in ihm enthaltenen Alkaloide zurückzuführen sind. Von diesen letztern ist bis jetzt nur das Muskarin (Schmiedeberg und Koppe) isoliert und genauer studiert worden. Bekanntlich ist das aus dem Pilz isolierte Muskarin in allen Teilen der Antagonist des Atropins und ferner hat sich ergeben, daß einzelne Symptome der Fliegenpilzvergiftung sich decken mit denjenigen der experimentellen Muskarinvergiftung beim Tier, woraus der Schluß gezogen wurde, daß die Fliegenpilzvergiftung als eine durch Muskarin allein hervorgerufene bezeichnet werden müsse. Diese Identifizierung ist aber nach den bei Vergiftungen gemachten Beobachtungen am Menschen sicher unrichtig.

Symptome. Die Hauptsymptome des mit Muskarin vergifteten Tieres: Pupillenenge, starke Pulsverlangsamung, Koliken mit Diarrhöen sind bei der Intoxikation des Menschen nach Pilzgenuß sicher oft nicht vorhanden, wohl aber ist im Gegensatz dazu in der Mehrzahl der Fälle Pupillenerweiterung beobachtet worden. Die Vergiftungssymptome beim Menschen setzen nach Genuß der Pilze relativ rasch, oft schon nach 15 Minuten ein. Zuerst hat man entschieden den Eindruck eines Rausch- und Aufregungszustandes, indem die Augen glänzend hervortreten, zuckende Bewegungen mit den Händen ausgeführt werden, die Bewegungen überhaupt eine ataktische Form annehmen bei noch erhaltenem Bewußtsein. Dann stellt sich nach und nach eine Betäubung des Sensoriums ein, die Leute werden verwirrt, stoßen Schreie aus, können auch Tobsuchtsanfälle bekommen, tanzen und springen herum. Dieses ganze Bild hat manche Ähnlichkeit mit der Atropinvergiftung; doch sind nach Fliegenpilzgenuß die Sekretionen im Gegensatz zu Atropin gesteigert, so daß den Leuten oft der Speichel aus dem Munde fließt, ein Symptom, das seinerseits wieder deutlich an Muskarinwirkungen erinnert. Die Pupillen sind bald erweitert, bald verengt, der Puls verhält sich sehr verschieden, je nachdem er durch die motorische Unruhe beeinflußt wird, an und für sich ist er eher verlangsamt. Koliken, Durchfälle sind durchaus nicht die Regel, wohl ist aber Meteorismus oft beobachtet worden. Nach dem Zustand der Erregung verfallen die Patienten in einen tiefen Schlaf, der aber nicht lange dauert. Nach dem Erwachen aus demselben können sich neue Krämpfe bei den Betreffenden einstellen mit auch erneuten psychischen Aufregungszuständen.

Neben den geschilderten scheint aber noch ein anderes Vergiftungsbild vorzukommen, das etwas deutlicher an die Symptome der Muskarinvergiftung bei Tieren erinnert: Pupillenenge, sehr langsamer Puls, kolikartige Schmerzen gefolgt von schleimigen Entleerungen, Prostration mit leichter Benommenheit, aber ohne die genannten Erregungssymptome. Es müssen also offenbar im Fliegenpilz die quantitativen Verhältnisse der verschiedenen Alkaloide zu einander wechselnde sein, oder dann sind es die Resorptionsbedingungen für die betreffenden Giftstoffe, welche durch verschieden schnellen Eintritt verschiedene Symptome vortäuschen.

Da die Aufregungssymptome mehr bei den Vergiftungen im Norden von Europa und von Asien beobachtet werden, die Muskarinwirkungen häufiger in unseren Gegenden, so hat man infolgedessen die in Rußland und Sibirien

wachsenden Fliegenpilze botanisch verglichen mit den einheimischen, es hat
sich aber absolut kein Unterschied herausgestellt; allerdings ist keine genaue
Untersuchung über die jeweiligen chemischen Bestandteile der verschiedenen
Pflanzen ausgeführt worden.

Nicht so allgemein bekannt wie der Umstand der gelegentlichen Vergiftung
infolge Unkenntnis der toxischen Wirkungen des Pilzes ist der systematische
Gebrauch des Fliegenschwamms als eines Genußmittels in Rußland und
Sibirien. Es findet dort sogar ein schwunghafter Handel mit Fliegenpilzen
als Genußmittel statt. Die getrockneten Schwämme ewrden gekaut und gegessen, 2—4 Stück auf einmal, also eine Dosis, welche bereits die letale für Be-
wohner unserer Gegenden erreicht (vgl. hierüber Enderli). Nach dem Genuß
treten die typischen Erregungssymptome mit starken Halluzinationen des Gehörs und Gesichts während des Rauschzustandes rasch ein mit weitgehender
Amnesie hierüber im Stadium der Erholung. Es ergibt sich aus den Wirkungen
eine gewisse Ähnlichkeit mit denen des Haschischrausches. Der Hauptgrund
aber, weshalb die Völkerschaften Sibiriens den Fliegenschwamm als Genußmittel allgemein verwenden, ist in der Eigentümlichkeit des weiteren Verlaufes
der Vergiftung zu suchen. An den Aufregungszustand schließt sich nämlich
ein tiefer Schlaf mit „die Zukunft enthüllenden Visionen" an. Diese letzt-
genannte Wirkung des Fliegenpilzes läßt diesen sogar dem Alkohol vorziehen,
weil bei dem letzteren die Halluzinationen und Traumbilder nicht so deutlich
auftreten, wenigstens nicht bei der akuten Vergiftung. Als besonderes Kuriosum
sei bei diesem Gebrauch als Genußmittel erwähnt, daß die Vergifteten den Urin
häufig sorgfältig auffangen, weil der Genuß desselben die Symptome von neuem
hervorrufe, ein Gebrauch, der erstens einmal hinweist auf die rasche Ausscheidung
der vergiftenden Alkaloide und zweitens wohl auch zurückzuführen ist auf die
mitunter große Seltenheit des Fliegenpilzes in Sibirien und den dadurch bedingten
hohen Preis.

Trotz der Schwere der Vergiftung soll die **Prognose** im allgemeinen eine
gute sein, was wohl auch durch die erwähnte Verwendung als Genußmittel
belegt ist. Es wird sogar behauptet, daß bei dem mäßigen Gebrauch des Fliegenpilzes die psychische Funktion auf die Dauer weniger leide als bei Alkoholabusus.
Das letztere erscheint höchstens dadurch verständlich, daß in Sibirien Schnaps
im allgemeinen unter 90 % Alkohol nicht verkauft zu werden pflegt und daß
derselbe wohl gelegentlich mit Methylalkohol versetzt ist. Immerhin sind
doch eine Reihe von Todesfällen durch Fliegenpilzvergiftungen vorgekommen.
Der Tod tritt nicht im Aufregungsstadium ein sondern während den sich daran
anschließenden Erschöpfungen ein; seiner Ursache nach ist er wohl immer
ein Herztod.

Die **Diagnose** der Vergiftung läßt sich aus den Symptomen entsprechend
der oben beschriebenen Vielgestaltigkeit wohl nie mit Sicherheit stellen, wenn
es nicht gelingt mit dem Magenschlauch Reste der Pilze herauszufördern.

Diese letztere Prozedur wird auch stets die erste **therapeutische Maßnahme**
sein, ebenso wie die möglichst baldige Entleerung der Därme, wobei Drastika
zu vermeiden sind. Am besten scheint sich hierfür das Oleum Ricini zu bewähren,
dem man sogar eine spezifische antitoxische Wirkung nachgesagt hat. Eine
antidotarische Behandlung kann man auf Grund des allgemeinen Vergiftungs-
bildes nicht durchführen. Handelt es sich um das Vorwiegen des Muskarin-
typus: Pupillenenge, Dyspnoe, Cyanose, langsamer, kleiner Puls, Koliken,
drohenden Kollaps, so ist ein Versuch mit Atropin unter Kombination mit Strychnin angezeigt. Bei Aufregungsformen würde dagegen diese Therapie wohl
schaden, hier dürfte eher Morphin am Platze sein.

c) Vergiftungen mit Morcheln und Lorcheln.

Die Morcheln und Lorcheln (Morchella und Helvella) bilden in ihren verschiedenen Arten eine sehr beliebte Delikatesse. Sie gehören zu den am häufigsten genossenen Pilzen und haben deshalb auch trotz der relativen Seltenheit der Vergiftung ein praktisch toxikologisches Interesse. Boestroem und Ponfick haben die Frage nach der Giftigkeit der Morcheln und Lorcheln klinisch und experimentell genauer studiert. Sie haben dabei festgestellt, daß es keine Lorcheln gibt, die als besonders giftig, ebenso aber auch keine, die als ganz ungiftig zu bezeichnen wären. Der Umstand, daß die Pilze beim Kochen sehr rasch das Gift an das Wasser abgeben, ist wohl der Grund, weshalb Vergiftungen trotz des häufigen Genusses so wenig oft gemeldet werden. Wird die Brühe von den gekochten Schwämmen sorgfältig abgegossen, so ist eine Vergiftung durch dieselben wohl auszuschließen, die Brühe selber dagegen ist stark giftig geworden, namentlich für Tiere. Auch beim Trocknen scheint die Giftigkeit der Pilze etwas abzunehmen. Erwägt man die eben mitgeteilte Tatsache, daß die Schwämme beim Kochen das Gift an das Wasser abgeben, so erscheint es uns eigentlich unverständlich, warum denn bei Leuten, welche die Lorcheln nur geröstet und gebraten genießen, so wenig häufig Vergiftungen beobachtet werden. Man könnte zur Erklärung dieser auffallenden Tatsache höchstens annehmen, daß bei dieser anderen Zubereitungsart höhere Hitzegrade als beim Kochen zur Einwirkung gelangen und dadurch die Giftsubstanzen geschädigt werden.

Was die Natur dieser letzteren anbetrifft, so scheint die Ansicht von Kunkel (l. c. S. 1057) wohl zutreffend, daß zwei Giftstoffe vorhanden seien, nämlich erstens ein solcher, welcher bei Tieren leicht, beim Menschen weniger sicher hämolytische Wirkungen und an diese anschließend dann gewisse Symptome hervorruft, und zweitens ein weiterer noch unbekannter Giftstoff, der hauptsächlich das Nervensystem schädigt.

Die **Erscheinungen** bei dem Verauf sind anfangs die nämlichen wie nach Genuß von Amanita phalloides, indem auch Erbrechen und heftiges Würgen sich einstellt, allerdings ohne eine so deutlich lange Inkubationszeit wie dort; 4—6 Stunden werden aber auch hier als Intervall zwischen Genuß und Vergiftung angegeben. Das Erbrechen, mit dem die Störung gewöhnlich sich einleitet, ist nicht so explosionsartig und unstillbar wie bei Amanita phalloides, es fehlen sehr häufig die Durchfälle, jedenfalls sind sie nicht choleraartig. Am zweiten bis dritten Tag tritt dagegen auch hier ein Ikterus und Leberschwellung auf, die offenbar zum Teil als Folge hämolytischer Wirkung aufzufassen, jedenfalls nicht auf so hochgradige Organverfettung zurückzuführen sind, wie bei dem Knollenblätterschwamm. In leichten Fällen beschränkt sich das Bild auf diese Symptome, bei schweren Vergiftungen, die aber wirklich sehr selten sind, treten dann die schon angedeuteten Störungen im Zentralnervensystem auf. Es können dieselben die verschiedensten Formen annehmen, bald mehr meningitisartig, bald mit starker Erregung, Tetanus, Zuckungen und Krämpfen verlaufend, bald mehr zunehmendes Koma und zentrale Lähmung aufweisend. Form und Verlauf der Vergiftung sind also nicht so gut charakterisiert, wie bei Amanita phalloides, obwohl in mancher Hinsicht qualitativ, aber nicht quantitativ die Vergiftungssymptome Ähnlichkeiten mit einander aufweisen. Die **Diagnose** dürfte infolgedessen auch nur sehr schwierig zu stellen sein, wenn nicht Material beigeschafft werden kann oder überhaupt entsprechende Angaben über die Ursache der Gesundheitsstörung vorliegen. Von **anatomischen Veränderungen** ist die fast konstant vorhandene Nephritis zu erwähnen, die Verfettungen sind auch in der Leber wenig ausgesprochen, die ikterische Verfärbung der Organe dagegen ist stärker entwickelt. — In bezug auf **Therapie** kann nichts allgemein Gültiges gesagt werden, sie wird eine rein symptomatische sein müssen.

19. Vergiftungen durch Mittel gegen Darmparasiten.

a) Filix mas.

Das früher für gänzlich unschuldig gehaltene Extrakt des Rhizoma von Aspidium filix mas hat sich als eine unter Umständen recht gefährliche Substanz erwiesen. Es ist dabei Gewicht auf den Ausdruck Umstände zu legen, weil erfahrungsgemäß nur ein kleiner Prozentsatz an Vergiftungssymptomen erkrankt. Als besonders disponierende Ursache scheint allgemeine Schwächung des Patienten in Betracht zu kommen, ferner Leberleiden, Anämie, Herzschwäche. Solche Leute müssen besonders vorsichtig behandelt werden, denn das Extrakt ist als ein Herz- und Blutgift zu betrachten.

Die wirksamen Bestandteile scheinen Ester des Phlorogluzins zu sein; als solche sind bekannt die Filixsäure (Filizin) als die am stärksten toxische; daneben eine amorphe Substanz Filmaron und ferner noch Flavaspidsäure, Floraspin, Albaspidin und Aspidinol. Daneben ist noch die sog. Filixgerbsäure und eine größere Menge eines grünen Öls in dem Rhizoma enthalten, die ebenfalls in das Extrakt übergehen. Da alle die genannten giftigen Substanzen leicht in Öl löslich sind, so ist wohl anzunehmen, daß gerade das grüne Öl einen bedeutenden Teil derselben gelöst enthalte und dadurch die Resorptionsgefahr steigert. Dieser Umstand ist wohl auch in Betracht zu ziehen bei der Verschiedenartigkeit der Vergiftungen und namentlich ist im Anschluß hieran sofort darauf hinzuweisen, daß die Verabreichung von Rizinusöl als gleichzeitiges Abführmittel als ein Fehler zu bezeichnen ist. Wird das Öl erst etwa 2—3 Stunden später verabreicht, so ist die Gefahr weniger groß, aber im allgemeinen sind andersartige Abführmittel vorzuziehen. Auch in bezug auf die Dosierung scheint Vorsicht nötig, da leider die wirksame Dosis auch schon nahe bei der toxischen liegt. Es sollten deshalb nicht über 8 g eines wirksamen Extraktes verordnet werden; bei Kindern bis zu 14 Jahren nicht über 4 g.

Bei den Symptomen ist zu unterscheiden die örtliche von der Resorptivwirkung. Die lokale Wirkung ist sowohl auf die toxischen wie auf die Begleitsubstanzen zurückzuführen. Schon 2 Stunden nach Einnehmen macht sich Übelkeit und Darmschmerz fühlbar und infolge dieser lokalen Störungen kann es bei empfindlichen Personen bereits zu kollapsähnlichen Zuständen kommen. Nicht so selten werden dann auch die Mittel erbrochen. Viel bedenklicher sind die erst nach mehreren Stunden einsetzenden Resorptivwirkungen, deren Bild sich einfach in das des schweren Kollapses zusammenfassen läßt; wobei die Patienten oft sehr schwach und verfallen aussehen. Zweifelsohne sind die betreffenden Gifte sehr schädlich für den Herzmuskel, aber auch das Zentralnervensystem wird depressiv beeinflußt, namentlich das Atmungszentrum. Wenn im Tierversuch Krämpfe beobachtet wurden, so scheint das für den Menschen, außer bei Kindern, fast nie zuzutreffen. Von besonderen Symptomen die erst am zweiten oder dritten Tag sich einzustellen pflegen, sind zu erwähnen Ikterus und Sehstörungen. Die Genese des ersteren, ob hepato- oder hämatogen, ist noch nicht klar gestellt; nach der Wirkungsart der Droge ist beides möglich; sein Auftreten trübt die Prognose noch weiterhin. Ganz besonders gefährlich ist die eintretende Sehschwäche, die sich in konzentrisch eingeengtem Gesichtsfeld und abnehmender Bildschärfe zeigt. Tritt diese Störung schon im Kollapszustand auf, so ist sie wohl zirkulatorischer Natur und die Prognose dann quoad restitutionem des Sehens wesentlich besser; kommt sie dagegen erst am 2. bis 3. Tage oder noch später zur vollen Entwicklung, dann handelt es sich um eine typische Vergiftung der Opticusfasern und das Resultat ist meist eine teilweise oder totale Opticusatrophie mit entsprechendem ophthalmoskopischem Befund.

Die **Therapie** ist zunächst eine prophylaktische durch Vermeidung zu hoher Dosen und Rizinusöl; sorgfältige Auswahl der Patienten (keine zu Geschwächten, Herz- und Leberkranken) und keine angreifenden Vorbereitungskuren. Die ausgebrochene Vergiftung verlangt zunächst die Entfernung der noch vorhandenen Giftreste aus dem Darm, namentlich durch anregende Einläufe und dann die Behandlung des allgemeinen Kollapses. Mit Rücksicht auf die Gefahr der Sehstörung sollen die Patienten stets in verdunkeltem Zimmer gehalten werden.

Von den sonstigen gegen Darmparasiten verwendeten Mitteln kommen ferner noch in Betracht:

b) Santonin,

Santonin, der wirksame Bestandteil der Blütenköpfchen von Artemisia maritima, ist ein weißes kristallinisches Pulver, das sich an der Luft bald gelb färbt. Die Vergiftungen mit Santonin sind relativ selten, weil das Mittel schwer resorbiert wird, denn die Substanz als solche ist recht giftig. Die Symptome bestehen fast nur in Krampferscheinungen und Sehstörungen. Die ersteren treten immer erst nach einigen Stunden ein; es fehlen dabei die lokalen Symptome und der Kollaps; dementsprechend ist auch die Prognose viel besser als bei Filix mas. Die Krämpfe treten am leichtesten bei Kindern auf, das Bewußtsein ist fast immer erhalten, Puls und Atmung in den Zwischenzeiten gut. Die Sehstörung beginnt mit einer meist nicht beachteten Verbesserung der Farbenempfindung für Violett, entsprechend einem erregenden Einfluß auf die Stäbchenschicht mit vermehrtem Verbrauch von Sehsubstanz, weshalb sich dann bald als bleibende und bemerkbare Erscheinung das Gelbsehen anschließt, wegen sekundären Wegfalls der Komplementärfarbe. Auch diese Störung hat meist eine gute Prognose. Die Behandlung berücksichtigt in erster Linie die Entfernung des noch nicht und die Ausscheidung des schon resorbierten Santonins: Darmentleerung und Diuretica. Gegen die Krampfanfälle wird Chloroform oder Chloral angewendet.

c) Cortex Granati und Pelletierin.

Cortex Granati und das in ihr enthaltene sehr wirksame Bandwurmmittel Pelletierin ist ebenfalls viel weniger toxisch als Filix mas. Die Symptome bei Verabreichung der Granatrinde bestehen fast nur in Lokalerscheinungen, verursacht durch die große Menge der Gerbsäure, welch letztere auch die Resorption des Pelletierins verhindert. Bei Verabreichung der reinen Substanz (im Handel leider meist unrein) kommen auch Resorptivwirkungen vor, die sich anlehnen an die Erscheinungen bei Filix mas und Santonin, so daß Muskelkrämpfe, Sehstörungen und Kollapszustände beobachtet werden. Bis jetzt scheint aber nur 1 Todesfall durch das Mittel verursacht worden zu sein (Eiselt[1]). Die Behandlung ist daher auch nur eine rein symptomatische.

Literatur.

Boehm-Naunyn-v. Boeck, Handb. d. Toxikologie. Leipzig 1876, F. C. W. Vogel. — Boeström, Deutsch. Arch. f. klin. Med. Bd. 32, S. 209. — Boudier, E., Die Pilze in ökonomischer und toxikologischer Hinsicht. Übers. von Husemann, Berlin 1867, Reimer. — J. Bouma, Arch. f. experiment. Pathol. u. Pharm. Bd. 50, S. 353. — Cloetta, Arch. f. exper. Path. u. Pharm. Bd. 50, S. 453. — Döbeli, Korresp.-Bl. f. Schweizer Ärzte 1911, S. 106. — Enderli, Zwei Jahre bei den Tschuktschen und Korjaken. Zit. nach Hartwich S. 257. — Erlenmeyer, A., Die Morphiumsucht und ihre Behandlung. III. Aufl. 1887. — Faust, E., Arch. f. exper. Path. u. Pharm. Bd. 44. S. 217. — Fränkel,

---

[1] Eiselt, ref. Wien. klin. Rundschau, Nr. 17, 1902.

Arch. f. exper. Path. u. Pharm. Bd. 49. S. 275. — Giemsa und Schaumann, Beihefte z. Arch. f. Schiffs- u. Tropenhygiene. Bd. 11, Nr. 3, 1907. — Gros, B., Arch. f. exper. Path. u. Pharm. Bd. 67, Heft 2. — Guegen, F., Toxikologie des Champignons. Revue scient. 19. Sept. 1908. — Harnack, E., Münch. med. Wochenschr. 1911, S. 1868. — Harnack, E. und Hildebrand, Münch. med. Wochenschr. 1910, S. 1745. — Hartwich, C., Die menschlichen Genußmittel. Leipzig 1911, Tauchnitz. — Hirsch, Zeitschr. f. ärztl. Fortbild. 1911, Nr. 9. — Hug, E., Arch. f. exper. Path. u. Pharm. Bd. 68. — Husemann, Handb. d. Toxikol. Berlin 1862, Reimer. — v. Jaksch, Die Vergiftungen. Wien und Leipzig, A. Hölder, II. Aufl., 1910. — Jastrowitz, M., Über Morphinismus. Die deutsche Klinik 1904. Berlin, Urban und Schwarzenberg. — Kobert, St. Petersburger med. Wochenschr. 1891, Nr. 51, 52. — Koppe, Arch. f. exper. Path. u. Pharm. Bd. 3, S. 275. — Kunkel, A. J., Handb. d. Toxikol. Jena 1901, G. Fischer. — Merakowsky, Arch. russ. de Path. Bd. 6, 1898, S. 67. — v. Tschisch, Virchows Arch. 1900, S. 147. — Nicolay - Staehelin, Zeitschr. f. exper. Path. u. Therap. Bd. 8, Heft 2. — Ponfick, Virchows Arch. Bd. 88, S. 445. — Schmiedeberg, Arch. f. exper. Path. u. Pharm. Bd. 3, S. 16. — Schürer, J., Deutsche med. Wochenschr. Nr. 12, 1912. — Seiffert, H., Notizen aus der Tropenpraxis, Nr. 1, 1911. — Winternitz, H., Therapeut. Monatshefte Nr. 3 und Münch. med. Wochenschr. Nr. 16, 1912. — Winterstein und Trier, Die Alkaloide. Berlin, Gebr. Borntraeger, 1910.

III. Vergiftungen durch tierische Gifte.

Von

Edwin Stanton Faust-Würzburg.

Allgemeines.

Tierische Gifte sind **pharmakologisch wirksame Stoffe**, die von den Tieren direkt, d. h. **physiologischerweise** produziert werden, nicht aber solche, welche ihre Entstehung im Organismus Bakterien und anderen Mikroorganismen verdanken oder von letzteren produziert, in fertigem Zustande von außen aufgenommen werden.

Aus dieser Definition ergibt sich, daß weder die sog. Zoonosen (Rotz, Lyssa, Milzbrand) noch die Vergiftungen durch verdorbene Nahrungsmittel tierischen Ursprungs (Botulismus, Allantiasis, Ichthyismus etc.) hierher gehören.

Systematik.

Eine Einteilung des Stoffes nach pharmakologischen Gesichtspunkten ist vorläufig nicht durchzuführen. Das „Gift" ist meistens ein Sekret, d. h. ein Gemisch sehr verschiedenartiger, wirksamer und unwirksamer Stoffe und nur in einigen wenigen Fällen ist bis jetzt die Trennung und Reindarstellung des Trägers der Giftwirkung, der eigentlichen wirksamen Substanz solcher Sekrete, durchgeführt worden.

Ebensowenig durchführbar ist aus denselben Gründen eine Einteilung nach chemischen Eigenschaften.

Es ergibt sich daraus die Notwendigkeit einer Klassifikation der tierischen Gifte vorläufig die **Stellung des giftliefernden Tieres im zoologischen System** zugrunde zu legen. Sie ist nach Lage der Dinge zurzeit die einzig mögliche.

A. Wirbeltiere.

I. Säugetiere.

Unter den Säugetieren finden wir nur ein aktiv[1]) giftiges Tier. Dieses ist **Ornithorhynchus paradoxus** (Platypus), das Schnabeltier.

Das männliche Schnabeltier besitzt an beiden Hinterfüßen je einen an der Spitze durchlöcherten und von einem feinen Kanal von etwa 2 mm Durchmesser durchzogenen, beweglichen **Sporn**, welcher vermittelst eines längeren (5 cm) Ausführungsganges mit einer, in der Hüftgegend gelegenen, etwa 3 cm langen und 2 cm breiten lobulären **Drüse** kommuniziert. Die beiden Drüsen liefern ein eiweißreiches Sekret, welches durch den Ausführungsgang zum Sporn gelangt und durch den letzteren nach außen befördert werden kann. Seine Zusammensetzung und Wirkungen sind von C. J. Martin und Frank Tidswell und später von F. Noc untersucht worden.

Für die Giftigkeit des Sekretes und die Verwendung des ganzen Apparates als Waffe sprechen neben den Erfahrungen von Hill die Angaben von Blainville, Meckel, R. Knox, Spicer und Anderson Stuart. Martin und Tidswell haben das Sekret der Glandula femoralis von Ornithorhynchus chemisch und pharmakologisch untersucht. Nach diesen Autoren ist das Sekret chemisch eine Lösung von Eiweißstoffen; in größter Menge findet sich darin ein zur Klasse der Albumine gehöriger Eiweißkörper, daneben eine geringe Menge einer Albumose. Nukleoalbumine fehlen. Welchem der Bestandteile das Sekret seine pharmakologischen Wirkungen verdankt, ist unentschieden.

Nach subkutaner Injektion entwickelte sich bei einem Kaninchen innerhalb 24 Stunden in der Umgebung der Injektionsstelle eine umfangreiche Geschwulst. Geringe Temperatursteigerung. Eine Blutprobe gerann normal und schien auch mikroskopisch normal. Am fünften Tage nach der Injektion war die Geschwulst vollständig verschwunden und das Versuchstier schien normal.

Bei intravenöser Applikation sank der Blutdruck unmittelbar von 97 auf 60 mm, nach 90 Sekunden auf 27 mm Quecksilber. Die Respiration war zunächst sehr beschleunigt und vertieft und sistierte plötzlich um dieselbe Zeit, als der Blutdruck auf 27 mm gesunken war. Bei der sofortigen Öffnung des Tieres schlug das Herz noch schwach. Im rechten Herzen und im ganzen venösen System war das Blut geronnen. Bei intravenöser Einverleibung sind die Wirkungen wohl als Folge intravaskulärer Gerinnung des Blutes aufzufassen. Darauf deuten u. a. die dsypnöischen Krämpfe und das anfangs sehr rasche, dann, insbesondere nach kleineren Gaben, aber langsame Sinken des Blutdruckes.

In dem stark riechenden Sekret der Analdrüsen von **Mephitis mephitica** hat Aldrich[2]) als Träger des durchdringenden Geruches das auch pharmakologisch wirksame Butylmerkaptan nachgewiesen. Diese Substanz soll Bewußtlosigkeit, Temperaturherabsetzung, Pulsverlangsamung und allgemeine Lähmung des Zentralnervensystems bewirken.

Die drei folgenden Gifte stammen von „passiv giftigen" Säugetieren, zu denen auch der Mensch gehört. Diese Giftstoffe sind aber von hohem praktischem und noch höherem wissenschaftlichen Interesse und müssen daher hier kurz besprochen werden.

Das Adrenalin.

Das Adrenalin (Aldrich, Takamine), auch Suprarenin (v. Fürth) und Epinephrin (Abel) genannt, findet sich in den **Nebennieren** aller darauf untersuchter Säugetiere.

---

[1]) Über „aktiv" und „passiv" giftige Tiere vgl. E. St. Faust, Die tierischen Gifte, Braunschweig 1906, S. 5.
[2]) T. B. Aldrich, A chemical study of the secretion of the anal glands of Mephitis mephitica (Common skunk). The Journal of Experimental Medicine. Vol. I, Nr. 2 (1896).

Neuerdings hat Abel das Vorkommen von Adrenalin im Hautdrüsensekret von Bufo agua chemisch und pharmakologisch nachweisen können. (Vgl. S. 761).

Die Zusammensetzung des Adrenalins entspricht der empirischen Formel $C_9H_{13}NO_3$, Mol-Gewicht 183. Seine Konstitution findet ihren Ausdruck in der Formel

$$HO\diagup\diagdown CHOH \cdot CH_2 \cdot NH \cdot CH_3.$$
$$HO\diagdown\diagup$$

Es wurde im Jahre 1901 fast gleichzeitig von Aldrich und Takamine zuerst in sicher reinem und krystallinischem Zustand gewonnen.

Das Adrenalinmolekül besitzt ein asymetrisches Kohlenstoffatom und ist daher optisch aktiv. Die natürlich vorkommende Verbindung ist das l-Adrenalin, welches auch aus der auf synthetischem Wege gewonnenen racemischen Verbindung hergestellt wird. (Synthetisches Suprarenin des Handels.) R-Adrenalin ist 12—15 mal weniger wirksam als l-Adrenalin (Cushny, Abderhalden und Müller).

Die **Symptome der Adrenalinvergiftung** lassen sich ohne weiteres von seinen **Wirkungen** ableiten. Diese betreffen in erster Linie das **Gefäßsystem** und das **Herz,** also vorwiegend den Zirkulationsapparat. Die kleinen und kleinsten Arterien sowie auch die Kapillaren werden ganz allgemein hochgradig verengert, je nach der Intensität der Wirkung bis zur vollständigen Unterbrechung der Zirkulation. Bestimmte Gefäßgebiete sollen aber andererseits durch Adrenalin erweitert werden. (Coronargefäße, Langendorff). Beim Menschen verhalten sich die Coronargefäße wie die Gefäße im allgemeinen, d. h. auch sie kontrahieren sich auf Adrenalin (Barbour).

Die durch Adrenalin verursachte Gefäßverengerung deckt sich qualitativ mit der durch Sympathicusreizung hervorgerufenen. Viele Autoren verlegen daher den Angriffspunkt der Adrenalinwirkung in die peripheren Endigungen des Sympathicus. Doch ist dabei zu beachten, daß die Gefäßverengerung sich auch dann, und zwar ganz lokal einstellt, wenn man das Adrenalin direkt auf Schleimhäute appliziert. Diese werden dann blutleer und blaß. Daraus darf man schließen, daß das Adrenalin auch direkt auf die kontraktile Substanz der Gefäßwandungen, wenigstens der Kapillaren, wirkt und diese zur Kontraktion bringt.

Die Folge dieser Gefäßwirkung ist **hochgradige Steigerung des Blutdrucks,** welche aber nur prompt nach intravenöser Injektion des Adrenalins eintritt und auch dann schnell abklingt. Bei subkutaner Injektion bleibt das Adrenalin, wegen behinderter Resorption infolge lokaler Gefäßverengerung, der Hauptmenge nach an der Injektionsstelle liegen; resorptive Wirkungen treten dann erst nach Injektion sehr großer Mengen auf. Die blutdrucksteigernde Wirkung des Adrenalins nach intravenöser Injektion wird unterstützt durch seine **Wirkung auf das Herz.** In Versuchen am isolierten Katzenherzen sah Gottlieb Zunahme der Pulsfrequenz und des Pulsvolumens. Hochgradige Steigerung des Widerstandes in den Gefäßen stellt aber große Anforderungen an die Arbeitsleistung des Herzens und es kann daher durch das Überwiegen der Gefäßwirkung im Verlauf der Blutdrucksteigerung das **Herz** ganz plötzlich versagen.

Bei der Wirkung des Adrenalins auf das Herz handelt es sich nicht um eine sekundäre Wirkung verbesserter Zirkulation im Herzen, sondern um direkte Herzwirkung. Wenn man das Herz vorher durch Chloralhydrat oder Kalisalze vergiftet und dann Adrenalin auf das Herz wirken läßt, so schlägt dieses wieder besser, d. h. Pulsfrequenz und Pulsvolumen nehmen zu. Es handelt sich also um eine erregende Wirkung des Adrenalins auf die motorischen

Apparate des Herzens und auf die Herzmuskulatur. Am Herzen in situ wird die Pulszahl in der Regel zuerst vermindert, wegen zentraler Vaguserregung infolge der Blutdrucksteigerung. Erst wenn die Erregung der motorischen Apparate im Herzen diese Hemmung kompensiert oder die Oberhand gewinnt, folgt Pulsbeschleunigung.

Die Wirkungen des Adrenalins treten bei seiner intravenösen Injektion schon nach Einverleibung von Bruchteilen eines Milligramms ein; bei Hunden brachten schon $1/5$ mg, bei Kaninchen $1/20$ mg Adrenalin Steigerung des Blutdruckes auf das Doppelte und — zumal wenn die Vagi durchschnitten waren — auf das Dreifache des Normalen hervor. Die Blutdrucksteigerung ist aber nur von kurzer Dauer und verschwindet selbst nach der Applikation großer Gaben nach wenigen Minuten, wahrscheinlich infolge der raschen Veränderung oder Zerstörung des Adrenalins im Organismus.

Die Zerstörung des Adrenalins im Organismus ist nach G. Embden und O. v. Fürth auf die Alkaleszenz des Blutes und der Gewebe, nicht aber auf eine durch Fermente bewirkte oxydative Zerstörung zurückzuführen. Eine 0,1 prozentige Sodalösung hebt bei 40^0 die Wirksamkeit des Adrenalins schneller auf als Pferdeserum oder Rinderblut unter gleichen Bedingungen.

Daß das schnelle Abklingen der Adrenalinwirkung nicht durch seine rasche Ausscheidung durch die Nieren bewirkt wird, geht aus Versuchen von Czybulski hervor; in dem kurze Zeit nach der intravenösen Einverleibung größerer Mengen von Adrenalin aus der Blase entnommenen Harne fand dieser Autor keine blutdrucksteigernde Substanz.

Für die Annahme einer Mitwirkung von nervösen Apparaten bei dem raschen Abfallen des Blutdruckes nach Adrenalininjektionen sind nach Weiß und Harris[1] keine Anhaltspunkte gegeben. Diese Autoren lassen es auch unentschieden, ob Ermüdung der Gefäßmuskeln oder „Gewöhnung" derselben an das Adrenalin dabei eine Rolle spielt.

Aus dem raschen Abklingen der Wirkung, deren Intensität und Dauer der Giftkonzentration im Blute proportional ist, hat man geschlossen, daß das Gift nur im Momente des Eindringens in die giftempfindlichen Zellen wirkt, bis sich ein Gleichgewichtszustand hergestellt hat (Straub).

Auch nach der subkutanen Injektion des Adrenalins tritt die Wirkung auf Herz und Gefäße ein, nur sind dazu entsprechend größere Gaben erforderlich, um eine gleiche Wirkung hervorzurufen, wobei dann aber Nachwirkungen die noch am zweiten oder dritten Tage zum Tode führen können, einzutreten pflegen.

Nach subkutaner und intravenöser, insbesondere aber nach intraperitonealer Einverleibung von Nebennierenextrakt oder Adrenalin erfolgt bei Tieren, namentlich beim Hunde Ausscheidung von Zucker im Harne (Glykosurie) (F. Blum); bei längere Zeit fortgesetzten Einspritzungen kleiner Mengen dauert die Zuckerausscheidung fort. Die Glykosurie (s. L. Pollak und H. Ritzmann) ist nach Herter und Wakeman eine pankreatische. Auch beim Menschen hat man nach großen Mengen Adrenalin vorübergehende Glykosurie beobachtet.

Die große praktische Bedeutung und die therapeutische Verwendung des Adrenalins beruhen auf seiner gefäßverengernden Wirkung. Diese tritt auch bei lokaler Applikation des Mittels ein und ist daher nützlich bei chirurgischen Eingriffen, wo es darauf ankommt ein möglichst blutleeres Operationsgebiet herzustellen, Blutverluste zu vermeiden oder Blutungen zu stillen.

---

[1] O. Weiß und T. Harris, Die Zerstörung des Adrenalins im lebenden Tier. Pflügers Arch. Bd. 103, S. 510—514, 1904.

Die dem Adrenalin zugeschriebene lokalanästhesierende Wirkung, welche vielleicht nur als eine Folge der Anämie der betreffenden Gebiete angesehen werden kann, ist jedenfalls eine schwache. Man verstärkt sie durch Zusatz stark anästhesierend wirkender Stoffe, wobei aber die resorptionshemmende Wirkung des Adrenalins eine wichtige Rolle spielt.

Die intravenöse Injektion des Adrenalins zu therapeutischen Zwecken am Menschen ist nicht ohne Gefahr. Aus Versuchen D. Gerhardts an Hunden geht hervor, daß bei der Adrenalinwirkung die Herzaktion ganz plötzlich versagen kann, während der Blutdruck hoch über der Norm steht Besonders leicht tritt die Herzlähmung bei geschwächten Herzen ein. Diese Erscheinungen, zusammen mit der nur kurz dauernden Steigerung des Blutdruckes nach intravenöser Einverleibung kleiner Gaben des Adrenalins, haben es bisher verhindert, das Mittel in dieser Weise für therapeutische Zwecke am Menschen z. B. bei Herzkollaps in der Chloroformnarkose zu verwenden, während seine lokale und neuerdings auch subkutane Anwendungsweise eine sehr ausgedehnte ist. Von subkutan injiziertem Adrenalin sollen nur 6 % für die resorptiven Wirkungen in Betracht kommen und 94 % zerstört werden (Ritzmann).

Durch längere Zeit (10 bis 61 Tage) fortgesetzte intravenöse Injektionen von 0,1 bis 1,0 mg Adrenalin konnte W. Erb jun. an Kaninchen regelmäßig schwere Erkrankung der Aorta und bisweilen auch anderer großer Arterien erzeugen.

Die Ausdehnung und der Grad der Aortenerkrankung, welche sich durch die schon von außen erkennbaren zirkumskripten Ausbuchtungen, als parietales Aneurysma charakterisiert, wobei durch Vereinigung und Verschmelzung einzelner kleinerer und flacher näpfchenförmiger Herde größere Aneurysmen entstehen können, scheint im allgemeinen von der Zahl der Adrenalin-Injektionen und der Höhe der injizierten Dosen, d. h. also im wesentlichen von der Gesamtmenge des injizierten Adrenalins abhängig zu sein.

Ob zwischen dieser experimentell an Tieren hervorgerufenen Arterienwandveränderung und der menschlichen Arteriosklerose ein bestimmter Zusammenhang besteht, bleibt vorläufig unentschieden, scheint aber wenig wahrscheinlich nachdem durch zahlreiche andere Gifte (vgl. Bennecke, Loeb, Kunkel), ähnliche Gefäßveränderungen hervorgerufen werden konnten.

Die **Todesursache** bei der akuten Vergiftung mit Adrenalin ist beim Warmblüter entweder Lähmung des Herzens oder Respirationsstillstand (Amberg). Die Atmung wird während der Blutdrucksteigerung in eigenartiger Weise verändert; gänzliches Aussetzen der Respiration wechselt mit Perioden verstärkter und beschleunigter Atmung.

Die tödliche Dosis beträgt bei intravenöser Applikation 1 bis 2 mg, bei subkutaner Einverleibung etwa 6 mg pro kg Hund (Amberg).

Farbenreaktionen des Adrenalins: Mit Eisenchlorid grün, mit Jod rosarot, mit Jodsäure resp. Kaliumbijodat und verdünnter Phosphorsäure beim Anwärmen rosarot, bei sehr verdünnten Lösungen eosinrote Färbung. Bildung der Jodo- oder Jodosoverbindung (S. Fränkel), mit HgCl₂ diffuse Rotfärbung (Comessati).

Diese Reaktionen eignen sich nur dann zur quantitaiven kolorimetrischen Bestimmung, wenn die Substanz in reinem Zustande vorliegt bei annähernd neutraler Reaktion. Anwesenheit freier Säure und andere Umstände können den Ausfall der Reaktion mit Eisenchlorid stören.

Die **Wertbestimmung von Adrenalinlösungen** und der Nachweis[1] des Adrenalins geschieht am sichersten durch den Tierversuch (W. H. Schultz, P. Trendelenburg, Bröking und Trendelenburg, Hoskins).

---

[1] R. Gottlieb und T. M. O'Counor, Über den Nachweis und die Bestimmung des Adrenalins im Blute. Handbuch der biochemischen Arbeitsmethoden (Abderhalden). Bd. 6, S. 585—603 (1912).

1. Durch direkte Messung der Blutdrucksteigerung nach intravenöser Injektion von Adrenalin oder eines Auszuges aus Nebennieren.

2. Reaktionen am Auge.

   a) Verdünnte Lösungen von Adrenalin in den Konjunktivalsack geträufelt bewirken Blutleere und daher Blässe der Konjunktiva, später Pupillenerweiterung. Die Wirkung auf die Konjunktiva tritt noch bei einer Verdünnung von 1 : 200000 ein. Die Wirkung des Adrenalins auf den Dilatator der Iris (und andere Organe!) wird durch eine vorhergehende oder gleichzeitige, sehr kleine, an sich unwirksame Gabe von Kokain hochgradig verstärkt (Fröhlich und Loewi).

   b) Am enukleierten Bulbus (Froschauge) sah Ehrmann selbst bei intensiver Beleuchtung nach 0,000 025 mg Adrenalin regelmäßig Pupillenerweiterung; 0,00001 mg bewirkten unter diesen Bedingungen noch deutliche Erweiterung der Pupille, während 0,000005 mg keine wahrnehmbare Wirkung zeigten.

   c) Bei normalen Menschen, Hunden und Katzen ist Adrenalininstillation in den Konjunktivalsack ohne Einfluß auf die Pupillenweite. Unter besonderen Verhältnissen tritt aber nach O. Loewi Mydriasis ein, so z. B. nach Totalexstirpation des Pankreas (bei Hunden und Katzen), bei manchen diabetischen Menschen und bei manchen Fällen von Basedow.

3. Direkte Messung der gefäßverengernden Wirkung.

   a) Durchblutung von Fröschen mit Adrenalinlösungen nach Läwen und Trendelenburg.

   b) Wirkung auf in Ringerscher Lösung aufbewahrte Querschnitte (Ringe) der überlebenden Arteria subclavia von Rindern nach O. B. Meyer, welcher bei Verdünnungen der Adrenalinlösungen von 1 : 100000000 an diesem Versuchsobjekt die gefäßverengernde Wirkung noch eintreten sah.

4. Messungen am **Kaninchenuterus** (wie sub 3b) nach E. M. Kurdinowsky und A. Fränkel.

5. Wirkungen des Adrenalins auf die **Sekretionen.**

Das Adrenalin verursacht **Steigerung der Speichel- und Tränendrüsensekretion** und der Hautdrüsen des Frosches, nicht aber der Schweißdrüsen. Atropin unterdrückt diese Sekretionen nicht, so daß es sich, wie beim Physostigmin, um eine Wirkung auf das Drüsenparenchym handelt.

Pituitrin, Hypophysin.

Durch die Untersuchungen von v. Cyon, Schäfer, Herring, Garnier und Thaon, Hallion, Carrion u. a. wurde mit Sicherheit festgestellt, daß aus dem Hinterlappen der Hypophyse und dem Hypophysenstiele (**Hypophysis cerebri s. Corpus pituitarium**) gewonnene Extrakte (Pituglandol etc.):

1. den allgemeinen Blutdruck erhöhen, wobei die einzelnen Pulse seltener und größer werden,

2. die meisten Arterien (Methode von O. B. Mayer, vgl. oben, S. 730 sub 3b), darunter auch die Koronararterien, kontrahieren (Pal und de Bories und Susanna),

3. Streifen aus dem distalen Teile der Nierenarterie sich verlängern (Pal), wonach sich diese Arterien erweitern müßten. Damit könnte die von Schäfer und Herring beobachtete starke **Diurese** bei der Wirkung von Hypophysisextrakten zusammenhängen,

4. den Vagus erregen und erregbarer machen (C. Cyon),

5. die Pupille des ausgeschnittenen Froschauges erweitern (Pal, Cramer, Borchardt),

6. Hyperglykämie und Glykosurie bei Kaninchen verursachen (Borchardt),

7. schwach atheromerzeugend auf die Kaninchenaorta wirken (Etienne und Parisot, Meyers).

8. Intravenöse Injektion von kleinen Mengen Pituitrin erhöht bei Katzen und Hunden unter gleichzeitiger Erregung der Blasenmuskulatur die Erregbarkeit der Blasennerven (Nervi pelvici). Die Erregbarkeit der

Nervi hypogastrici (sympathisches System) wird durch Pituitrin nicht geändert (L. von Frankl-Hochwart und A. Fröhlich).

9. der **Uterus** gravider oder laktierender Kaninchen gerät schon durch kleine Mengen Pituitrin in mächtige, manchmal langanhaltende **Kontraktionen.** Unmittelbar nachher werden die Nn. hypogastrici erregbarer. Der ruhende Uterus beginnt gelegentlich nach Pituitrininjektion periodische Spontanbewegungen. Die durch Pituitrin erzeugten Uteruskontraktionen gehen n i c h t parallel mit dem Anstiege des Blutdrucks und sind daher nicht durch diesen bedingt.

Über die **Natur der wirksamen Substanz** ist wenig bekannt. Vielleicht spielt bei dem Zustandekommen der oben genannten Wirkungen das β-Imidazolyläthylamin (Histamin) eine wichtige Rolle (Fühner). Die Wirkung dieser Substanz auf die glatte Muskulatur und ihr Vorkommen im Mutterkorn (Dale und Laidlaw) sind bekannt. Von den Gynäkologen werden Hypophysisauszüge seit geraumer Zeit zur Anregung des Uterus (Verstärkung der Wehen) und bei Blutungen post partum verwendet. Das Pituitrin zeigt in seinen Wirkungen viel Ähnlichkeit mit denjenigen des Adrenalins. Es wirkt ähnlich aber schwächer wie dieses.

Die Gallensäuren.

Über Vorkommen, Bildung, Darstellung und chemische Eigenschaften der verschiedenen Gallensäuren vgl. F. Knoop, in Abderhalden, Biochem. Handlexikon Bd. 3, 1911, S. 310.

Mittels Vakuumdestillation haben Wieland und Weil aus der Cholsäure (Strecker 1848) dargestellt:

1. Cholatrienkarbonsäure, 2. Choladien- und 3. Cholankarbonsäure; der Stammkohlenwasserstoff Cholan $C_{23}H_{40}$ konnte jedoch bisher nicht gefaßt werden.

Bei entsprechender Behandlung der zweiten wichtigen Gallensäure, der Choleinsäure (Latschinoff 1885), haben dann Wieland und Sorge die Beziehungen derselben zur Desoxycholsäure (Mylius 1886) aufklären können. Cholcinsäure und Desoxycholsäure wurden früher ganz allgemein als Isomere angesprochen. Wieland und Sorge stellten fest: Choleinsäure ist Desoxycholsäure + Fettsäure (Palmitin- und Stearinsäure), und zwar in dem bestimmten und konstanten Molekularverhältnis von 8 : 1.

Die Desoxycholsäure addiert aber nicht nur die eigentlichen höheren Fettsäuren, sondern alle Säuren der Fettsäurereihe bis hinab zur Essigsäure; und zwar stets in demselben Mengenverhältnis von 8 : 1! So daß sich nunmehr die nicht nur chemisch, sondern voraussichtlich auch physiologisch wichtige Tatsache der Existenzmöglichkeit einer ganzen langen Reihe von Choleinsäuren ergibt.

Auch Stoffe der aromatischen Reihe addiert die Desoxycholsäure zu „Choleinsäuren"! So die bisher daraufhin untersuchten aromatischen Kohlenwasserstoffe Xylol, Naphthalin, Benzol. Sodann gewisse Terpene, Alkaloide, Phenole etc.

Damit gewinnt die Entdeckung von Wieland und Sorge auch praktisch-pharmakologisch-therapeutisches Interesse; denn es zeigt sich, daß diese Terpen-, Alkaloid- und andere Choleinsäuren ihren sauren Charakter behalten und somit auch Salze bilden, von welchen die Natriumsalze in Wasser mehr oder weniger leicht löslich sind. Vorausgesetzt nun, daß diese wasserlöslichen Verbindungen vom Magendarmkanal leicht resorbierbar wären, so ergäbe sich die praktisch-

therapeutisch wichtige Möglichkeit, wasserunlösliche und schwer resorbier-
bare, oder auch schlecht schmeckende und riechende Stoffe, unter Ausschaltung dieser störenden Eigenschaften verabreichen zu können, unter Sicherung
hinreichender Resorption!!! Das gälte denn z. B. für den Kampfer, das Chinin,
manche Terpene etc. In Tierversuchen (Faust) sind aber bisher mit solchen
„Choleïnsäuren" noch keine befriedigenden Resultate erzielt worden.

Pharmakologische Wirkungen der Gallensäuren. Die Wirkungen der
Gallensäuren, die praktisch-klinisches Interesse haben, betreffen das Nervensystem, die Muskeln, den Zirkulationsapparat und das Blut. Die Galle sowohl
als die reinen Gallensäuren und deren Natriumsalze wirken hämolysierend.
Diese Wirkung ist zuerst von Hünefeld beobachtet, dann von Rywosch und
später von Bayer genauer untersucht worden. Von Rywosch stammen
auch vergleichende Untersuchungen über den Grad der hämolytischen Wirkung
verschiedener gallensaurer Salze.

Die hämolytische Wirkung der Gallensäuren scheint auch im lebenden
Organismus, aber nur bei ihrer Injektion in das Blut zustande zu kommen und
den Übergang von Hämoglobin in den Harn (Hämoglobinurie) zu verursachen,
welcher dann auch Harnzylinder und Eiweiß enthalten kann.

Die weißen Blutkörperchen, sowie auch Amöben und Infusorien werden
ebenfalls durch die Gallensäuren geschädigt.

Die Gerinnung des Blutes wird durch die Gallensäuren (tauro- und cheno-
cholsaures Natrium), wenigstens im Reagenzglasversuche, in der Konzentration
von 1:500 beschleunigt, bei der Konzentration 1:250 dagegen vollständig aufgehoben (Rywosch).

Die Wirkung auf die Muskeln äußert sich zunächst in Verminderung der
Reizbarkeit (Irritabilität), welche bis zur vollständigen Lähmung fortschreiten
kann.

Das Zentralnervensystem erleidet unter dem Einfluß der gallensauren
Salze eine Herabsetzung seiner Funktionsfähigkeit bis zur vollständigen
Lähmung.

Die Wirkungen der Gallensäuren auf den Zirkulationsapparat (Röhrig)
äußern sich in einer Verkleinerung des Pulsvolumens und Verminderung der
Pulsfrequenz, welch letztere besonders beim **Ikterus** häufig beobachtet wird,
und von Frerichs zuerst als eine Folge der Gallenwirkung bei dieser Krankheit
ausgesprochen wurde. Das Sinken des Blutdruckes nach der Injektion von
gallensauren Salzen ist eine Folge der Herzwirkungen. Vielleicht ist dabei auch
eine Gefäßwirkung im Spiele.

Die an Tieren beobachteten Allgemeinerscheinungen nach der subkutanen
Injektion von gallensauren Salzen bestehen in Durchfall, Mattigkeit, Somnolenz,
verminderter Puls- und Atemfrequenz; Einverleibung von größeren Mengen
bewirkt allgemeine Lähmung.

Nach intravenöser Injektion sind mehr oder weniger heftige Krämpfe,
Erbrechen, verlangsamtes Atmen und Tod unter asphyktischen Erscheinungen
und tetanischen Krämpfen beobachtet worden.

Die Gallensäuren gehören pharmakologisch zur Gruppe der Saponine
und Sapotoxine. Mit diesen haben sie qualitativ die Wirkungen auf die
Blutkörperchen, die Muskeln, den Zirkulationsapparat und auf das Nervensystem gemein. Auch gewisse saure Oxydationsprodukte des Cholesterins (F. Flury), welche vielleicht ebenfalls eine Rolle in der menschlichen
Pathologie spielen, gehören hierher.

II. Schlangen, Ophidia.

Systematik und geographische Verbreitung der Giftschlangen. Die nachfolgende Zusammenstellung der wichtigsten Giftschlangen gibt eine Übersicht der bemerkenswertesten Familien und Arten. Für die allgemeine Orientierung ist es wohl zweckmäßig neben den wissenschaftlichen und deutschen Namen Einiges über die geographische Verbreitung, über besondere Merkmale, Lebensgewohnheiten usw. dieser für den Menschen ein besonderes, in manchen Gegenden sogar hervorragendes praktisches Interesse beanspruchenden Gifttiere kurz anzugeben.

1. Proteroglypha, Furchenzähner.

Von großer praktischer Bedeutung sind die zur Gruppe der Colubridae gehörigen **Proteroglypha**, Furchenzähner, welche sich durch zwei kräftige, vorn im Oberkiefer stehende, mit mehr oder weniger tiefen Längsfurchen an der Vorderfläche versehene Giftzähne auszeichnen; die Giftzähne kommunizieren an ihrer Basis mit den Ausführungsgängen der oft mächtig entwickelten Giftdrüsen. In diese Gruppe gehören

1. Die **Hydrophinae**, Seeschlangen, mit abgeplattetem, ruderförmigem Schwanze und seitlich mehr oder weniger zusammengedrücktem Körper; sie leben alle im Meere in der Nähe der Küste mit Ausnahme der Distira semperi, welche einen Süßwassersee, den Taalsee auf Luzon (Philippinen) bewohnt. Man findet sie oft in großen Scharen im Indischen und im ganzen tropischen Teil des Pazifischen Ozeans; sie sollen dagegen an der Ostküste Afrikas ganz fehlen. Alle sind giftig, doch sind die Angaben über ihre Bös- oder Gutartigkeit sehr verschieden. Calmette bezeichnet sie als „sehr bösartig", während Brenning behauptet, daß sie die am wenigsten gefährlichen Giftschlangen sind und auch die relativ kleinsten Giftzähne haben[1]). Ihre Lebensweise im Wasser dürfte jedoch der eigentliche Grund sein, weshalb sie dem Menschen selten gefährlich werden.

Die häufigsten Arten sind:

Platurus fasciatus Latr., die Zeilenschlange, im Indischen und Chinesischen Meere vorkommend. Länge des Giftzahnes 1 mm bei 75 cm Körperlänge.

Platurus laticaudatus L. Giftzähne 2 mm bei 90 cm Totallänge.

Hydrophis cyanocincta Gthr., die Streifenruderschlange, im Meere zwischen Ceylon und Japan. Giftzähne 2 bis 3 mm lang; Totallänge 45 bis 75 cm.

Hydrophis pelamoides Schl., im Indischen Ozean, und

Pelamis bicolor Daud., die Plättchenschlange, die gemeinste giftige Seeschlange, deren Verbreitungsgebiet sich von Madagaskar bis zum Golfe von Panama erstreckt. Die Giftzähne sind sehr fein und $1\frac{1}{2}$ mm lang bei einer Körperlänge des Tieres von 50 cm. Es sollen Menschen vier Stunden nach ihrem Bisse gestorben sein, doch sind Todesfälle nur ausnahmsweise beobachtet worden.

Untersuchungen über das Gift einiger Hydrophinae haben in letzter Zeit Leonard Rogers sowie T. R. Fraser und R. H. Elliot ausgeführt.

Rogers fand, daß das getrocknete Gift von Enhydrina bengalensis gegen Siedehitze erheblich weniger widerstandsfähig ist als Cobragift und daß

---

[1]) Brenning sowie Fayrer haben bei einer großen Anzahl von Giftschlangen die Länge der Giftzähne gemessen. Die bei den einzelnen Schlangen hier wiedergegebenen Zahlen sind der Monographie von Brenning entnommen.

es qualitativ wie letzteres, quantitativ aber bedeutend stärker wirkt. Von dem von Fraser und Elliot untersuchten getrockneten Gifte von Enhydrina valakadien töteten:

Ratten 0,09 mg
Kaninchen 0,06 ,, } pro kg Körpergewicht.
Katzen 0,02 ,,

2. Die **Elapinae, Prunkottern,** unterscheiden sich äußerlich von den Meerschlangen durch ihre fast zylindrische Körperform. Zu dieser Gattung gehört die Mehrzahl der gefährlichsten in **Asien** einheimischen Schlangen, insbesondere Indiens und Indochinas, von welchen die Arten Bungarus, Naja und Callophis besonders gefürchtet sind.

Bungarus fasciatus und B. coeruleus, letztere von den Eingeborenen Krait oder Gedi Paraguda genannt, können eine Körperlänge von 1 bis $1^1/_2$ m erreichen. Trotz ihres häufigen Vorkommens sind sie wegen der kleineren Giftzähne für den Menschen weniger gefährlich als

Naja tripudians, die ostindische Brillenschlange, oder Cobra di Capello, die Hutschlange, häufig auf den Monumenten der Hindu abgebildet, wird $1^1/_2$ bis 2 m lang. Diese Schlange verdankt ihre populären Namen einer brillenartigen Zeichnung auf der dorsalen Halsfläche und der Fähigkeit, die ersten Rippenpaare auszubreiten, so daß der Hals fallschirmartig und viel breiter als der Kopf, etwa wie ein Hut (portugiesisch capello) erscheint. Sie findet sich außer in Ostindien auch auf Java und in Südchina und ist eine der gefährlichsten Giftschlangen. Die Mortalität wird auf 25 bis 30 Prozent der Gebissenen geschätzt.

Ophiophagus elaps, die Königshutschlange, die Sunkerchor (Schädelbrecher) der Indier, welche auch auf den Andamanen, den Sundainseln und in Neuguinea vorkommt, ist die größte und nach Fayrer wahrscheinlich die gefährlichste Giftschlange Ostindiens. Sie wird 3 bis 5 m lang und soll durch ihren Biß einen Elefanten in drei Stunden töten können und auch den Menschen angreifen.

Die verschiedenen Spezies von Callophis sind wegen ihrer bunten und zierlichen Färbung auffallend und bemerkenswert. Sie sind im allgemeinen klein, selten über 70 cm lang; ihr Gift ist von heftiger Wirkung auf kleinere Tiere; für den Menschen sind die Callophis-Schlangen, obgleich bei den Eingeborenen sehr gefürchtet, wegen der geringen Länge ihrer Giftzähne ($3/_4$ mm bei einem 37 cm langen Exemplar, Brenning) jedoch wenig gefährlich.

Callophis intestinalis Gthr., in Indien einheimisch, zeichnet sich durch die Lage ihrer Giftdrüsen aus, welche sich nicht wie bei den meisten Giftschlangen im Maule, sondern in der Bauchhöhle finden.

Callophis japonicus ist eine der wenigen Giftschlangen Japans.

Die wichtigsten der in **Afrika** einheimischen Elapiden sind:

Sepedon haemachates Merr., die Speischlange, fast ebenso giftig wie Naja tripudians und Naja haje, in Süd- und Mittelafrika vorkommend. Die Halsrippen sind wie bei den Najas beweglich und können ausgespreizt werden. Von den Einwohnern der von der Speischlange bewohnten Gegenden wird allgemein angegeben, daß dieselbe ihr Gift mehr als einen Meter weit speien oder schleudern kann und daß, falls die Giftflüssigkeit ins Auge gelangt, die eintretende heftige Entzündung Verlust des Sehvermögens bewirken kann; meistens erfolgt jedoch nur eine mehr oder weniger heftige Bindehautentzündung.

Naja haje Merr., die Uräusschlange, die Aspis der Alten, die ägyptische Brillenschlange, die Schlange der Kleopatra, die Schutzgöttin der Tempel der alten Ägypter, auf den altägyptischen Baudenkmälern häufig abgebildet,

erreicht oft eine Länge von 2 bis $2\frac{1}{4}$ m und findet sich im nördlichen und westlichen Afrika, besonders häufig in Ägypten, wo sie sehr gefürchtet und eifrig
verfolgt, von den Schlangenbeschwörern jedoch viel für deren Vorführungen,
ebenso wie Naja tripudians in Indien, benutzt wird. Bei einem 174 cm langen
Exemplar fand Brenning 6 mm lange Giftzähne. Dieses Reptil soll, wenn
verfolgt, sich tapfer zur Wehr setzen und auch in der Gefangenschaft, die es
aber nicht länger als sechs bis acht Monate erträgt, stets wild und bösartig
bleiben (Calmette).

Von anderen in Afrika einheimischen Najaarten sind zu nennen:

Naja regalis Schl., an der Goldküste, und

Naja nigricollis Reinh., in Guinea, Sierra Leone und an der Goldküste.

In **Australien** sind die Elapinae die einzig vorkommenden Giftschlangen.
Die wichtigsten sind:

Pseudechis porphyriacus Wagl., die Trugotter, „black snake",
in Australien am häufigsten vorkommend, erreicht eine Länge von $1\frac{1}{2}$ bis
$2\frac{1}{2}$ m und wird allgemein wegen ihres oft todbringenden Bisses gefürchtet.

Hoplocephalus curtus Schl., Tigerschlange, Tigersnake, häufig
in der Umgegend von Sidney, deren Biß oft tödlich ist.

Hoplocephalus superbus Gthr., „large scaled" oder „diamond
snake".

Acanthophis antarcticus s. cerastinus, die Todesotter oder
Todesnatter, Deathadder, ist die gefährlichste der australischen
Schlangen, ein häßliches plumpes Reptil. Die Acanthophisarten sind an ihrem
mit dachziegelförmig angeordneten, rauhen und stacheligen Schuppen bedeckten
Schwanze zu erkennen, welcher in einen spitzen Dorn oder Stachel ausläuft.

Von den in **Amerika** vorkommenden Elapiden sind zu nennen:

Elaps corallinus, die Korallenschlange, Coralsnake, findet sich in
Florida, Columbien, Guayana, Venezuela und Brasilien. Sie erreicht eine Länge
von nicht über 80 cm und ist für den Menschen wegen der Kleinheit der Giftzähne und deren ungünstigen Stellung im Kiefer nicht sehr gefährlich, obwohl
das Giftsekret äußerst wirksam ist. Die Farbe dieser Giftschlange ist eine
prachtvoll glänzend rote; außerdem ist der Körper mit 25 bis 27 schwarzen,
bläulich weiß geränderten Ringen geschmückt.

Elaps fulvius L., Harlequinsnake, von sehr eleganter und phan-
tastischer Färbung, und

Elaps euryxanthus, durch weiße, rote und schwarze Querstreifung
(Ringe) ausgezeichnet, finden sich im südlichen Teile der Vereinigten Staaten
und in Arizona bis zu einer Höhe von 1800 m über dem Meeresspiegel. Giftigkeit
wie bei E. corallinus.

In **Europa** fehlen die Colubridae venenosae oder Proteroglyphen gänzlich.

2. Viperidae.

Solenoglypha, Röhrenzähner, zerfallen in zwei Unterabteilungen,
von welchen sich die

I. Crotalinae, Grubenottern, durch eine jederseits zwischen Auge und
Nasenloch gelegene tiefe Grube unterscheiden von den

II. Viperinae, Vipern, bei welchen diese, die Crotaliden charakterisierende
Grube zwischen Auge und Nasenloch fehlt.

I. Crotalinae, Grubenottern.

Über die Bedeutung oder die Funktion der charakteristischen Grube ist
nichts Sicheres bekannt.

Leydig fand bei der histologischen Untersuchung dieses „Organes" einen, am Boden der Grube nach Art des Opticus in der Retina oder des Acusticus im Ohrlabyrinth endigenden dicken Nerv und schloß aus diesem morphologischen Befunde, daß die Grube mit ihren Adnexa ein „sechstes Sinnesorgan" darstellt. Über die Funktion des letzteren wissen wir nichts, auch läßt sich aus den Lebensgewohnheiten dieser Tiere kein Schluß auf die mögliche Funktion des Organs ziehen.

Die Familie der Crotaliden umfaßt die Gattungen Crotalus, Lachesis, Trigonocephalus, Bothrops, Trimeresurus, welche sich im allgemeinen durch sehr lange und kräftige Giftzähne auszeichnen und deshalb zu den gefährlichsten Giftschlangen zu zählen sind.

1. Die Gattung **Crotalus** unterscheidet sich von den übrigen Gattungen dieser Familie und auch von allen anderen Schlangen durch ein am Ende des Schwanzes sitzendes, eigenartiges und charakteristisches Gebilde (Klapper), welches aus einer Anzahl von kegelförmigen, beweglich ineinander greifenden Schuppen oder Hornkegeln besteht. Durch rasche Bewegungen der Schwanzspitze vermag die Schlange mittelst dieses Apparates ein rasselndes Geräusch oder „Klappern" zu erzeugen; diesem Vermögen verdankt die Gattung die Namen „Klapperschlangen" im Deutschen, „rattlesnakes" im Englischen und „serpents à sonnettes" im Französischen.

Die Klapperschlangen finden sich nur in **Amerika**. Sie greifen den Menschen nicht an und sollen angeblich nur beißen, wenn sie überrascht oder angegriffen werden.

Crotalus durissus Daud., die nordamerikanische Klapperschlange, ist die am häufigsten vorkommende Giftschlange der Vereinigten Staaten und wird bis 1,5 m lang. Giftzähne 10 bis 15 mm lang.

Crotalus horridus Daud., die südamerikanische Klapperschlange, die Cascavela oder Boiquira der Brasilianer (nach Stejneger aber auch in Nordamerika vorkommend); Länge 1 bis 1,6 m; Giftzähne 10 bis 13 mm, kräftig und stark gekrümmt. Bei jedem Biß sollen etwa 1,5 g Gift entleert werden. Todesfälle häufig, wenn die Zähne tief eindringen.

Crotalus adamanteus Pall., die Rauten- oder Diamantklapperschlange, wird bis zu $2^1/_2$ m lang und findet sich vorwiegend in Florida und im Südosten der Vereinigten Staaten. Trotz der Größe des Tieres und dessen bedeutenden Giftvorrat sind Todesfälle selten.

2. Bei der Gattung **Lachesis** finden sich an Stelle der Klapper am Schwanzende mehrere Reihen dorniger Schuppen. Die wichtigste Schlange dieser Gattung ist Lachesis rhombeata Pr. Neuwied, s. Lachesis muta Daud., s. Crotalus mutus L., die Surucucu oder der „Buschmeister" der holländischen Kolonisten von Surinam. Sie kommt hauptsächlich in den Urwäldern der Ostküste von Südamerika, am häufigsten in Guayana vor und ist, eine Länge von 3 m erreichend, neben Ophiophagus elaps (vgl. S. 734) die größte Giftschlange. Bei einem 175 cm langen Exemplar betrug die Länge der Giftzähne 20 mm.

3. Die Gattung **Ancistrodon, s. Trigonocephalus** hat einen spitzen Schwanz, ohne Klapper und ohne Dornen, Kopf dreieckig.

Ancistrodon contortrix L. oder Trigonocephalus contortrix Holbrook, „Copperhead", auch „Upland Moccasin", „Chunk Head", „Deaf Adder" und „Pilot Snake" genannt, wird selten über 1 m lang, ist aggressiver als die Klapperschlangen und daher mehr gefürchtet, obwohl Yarrow unter vielen Vergiftungsfällen in der Literatur nur einen Todesfall bei einem sechsjährigen Knaben erwähnt fand.

Ancistrodon s. Trigonocephalus piscivorus Lacépède, die Wassermoccasinschlange, „Water Moccasin" oder „Cottonmouth", erreicht eine Länge von 1,5 m. Giftzähne an einem Kopfskelett 7 mm lang (Brenning).

Das Gift soll weniger wirksam sein als dasjenige der Klapperschlange und Todesfälle sind wohl sehr selten. Diese Schlange findet sich in den sumpfigen und wasserreichen Gegenden der südöstlichen Küstenstaaten der Union bis an die Grenze von Mexiko und ist der Schrecken der in den Reisfeldern arbeitenden Neger, weil sie angeblich jedes sich ihr nähernde Wesen, Menschen und Tiere, angreift. Eine eingehende Schilderung ihrer Lebensgewohnheiten in der Gefangenschaft hat R. Effeldt geliefert.

Trigonocephalus rhodostoma Reinw., ist auf Java und in Siam, wo sie oft in die Wohnungen eindringen soll, sehr gefürchtet. Der Biß soll in weniger als einer Viertelstunde töten. Giftzahn 12 mm lang (Brenning).

4. Die Gattung **Bothrops** zeigt viel Ähnlichkeit mit der Gattung Trigonocephalus. Sie unterscheidet sich von dieser durch ein großes Supraciliarschild auf beiden Seiten des Kopfes.

Bothrops jararaca Neuw,, die Jararaca (Schararaca), die häufigste Giftschlange Brasiliens, bis 1,8 m lang werdend und dem Menschen angeblich besonders gefährlich, weil sie denselben, auch ohne gereizt zu werden, angreifen und sogar verfolgen soll; jährlich ein Todesfall auf 100 bis 200 Einwohner.

Bothrops atrox Dum. (Lachesis atrox), die Labaria der Kolonisten, von den Macusis auch Sororaima genannt, hauptsächlich in den Urwäldern von Guayana und Brasilien. Exemplare von 38, 75 und 85 cm Länge besaßen 4, 9 und 12 mm lange Giftzähne (Brenning). Sehr gefürchtet, weil der Biß fast immer, wenn auch erst spät (24 Stunden), den Tod herbeiführt.

Bothrops lanceolatus Wagl., die Lanzenschlange, „Fer de lance", findet sich auf den Antillen und kommt besonders häufig auf Martinique vor, wo jährlich 50 bis 100 Menschen an den Folgen ihres Bisses sterben. Die Giftzähne sind sehr lang, nach Rufz 25 bis 34 mm; nach Brenning 15 mm bei einem 150 cm langen Exemplar.

5. Von der Gattung **Trimeresurus** ist besonders zu nennen die Habuschlange, Trimeresurus riukiuanus Hilg., auf den Liu-Kiu-Inseln (Japan) so häufig vorkommend und derartig gefürchtet, daß ihr massenhaftes Auftreten die Räumung ganzer Dörfer veranlaßt (vgl. hierzu L. Doederlein).

Aus diesem Grunde hat die dortige Regierung einige japanische Gelehrte mit der Untersuchung der Verhältnisse auf diesen Inseln und des Giftes[1]) der Schlange betraut. Einer der beauftragten Sachverständigen, Herr Professor Takahashi in Tokio, teilte dem Verfasser mit, daß an manchen Orten tatsächlich das massenhafte Vorkommen der Schlange die Einwohner zur Flucht veranlaßt. Die Schlange kann eine Länge von 2 m erreichen; das Gift scheint sehr wirksam zu sein, obwohl der Tod in manchen Fällen erst nach 48 Stunden eintritt. An Fröschen konnte Verfasser mit einer von Prof. Takahashi ihm überlassenen Probe dieses Giftes das späte Eintreten des Todes (72 Stunden) bestätigen.

Aus der vorstehenden Zusammenstellung der wichtigsten Crotalidengattungen und -arten ist ersichtlich, daß diese Unterordnung der Giftschlangen fast ausschließlich auf Amerika beschränkt ist und daß einige der für den Menschen gefährlichsten Thanatophidia derselben angehören.

---

[1]) T. Ishizaka, Studien über das Habuschlangengift. Zeitschrift f. experim. Pathologie und Therapie. Bd. 4, S. 88 (1909).

II. Viperinae, Vipern.

Bei den meisten Vipern sind die Giftzähne kleiner als bei den Grubenottern, können jedoch bei einzelnen Arten diejenigen der Crotalinae an Größe und Stärke erreichen.

Die Gattung **Cerastes, Hornvipern,** ist in Afrika weit verbreitet. Die verschiedenen Arten dieser Gattung zeichnen sich aus durch die warzigen Schuppen, welche den Kopf bedecken und sich über den Augen, vorn am Kopfe, zu hornartigen Gebilden oder Fortsätzen (Hörnern) erheben.

Cerastes aegyptiacus Wagl. ist die von den Schriftstellern des Altertums oft genannte, von Herodot irrtümlich als ungiftig bezeichnete „Hornviper", welche sich in Nordafrika besonders in Ägypten, aber auch in Arabien findet. Länge des Giftzahnes bei einem 51 cm langen Exemplare 6 mm.

Cerastes lophophrys Dum., bekannt unter dem Namen „Helmbuschviper", im südlichen Afrika, am Kap der guten Hoffnung lebend, ist ausgezeichnet durch ein über jedem Auge sitzendes Büschel kleiner Hornfäden, daher Helmbuschviper.

Vipera arietans s. Bitis arietans s. Clotho arietans Gr., die im südlichen und äquatorialen Afrika einheimische Puffotter, erreicht eine Länge von 1,6 m und hat einen dicken, gedrungenen Körper mit kurzem Schwanze. Wird das Tier gereizt, so bläht es den Leib bis zum Doppelten des normalen Volumens auf und führt gegen den Angreifenden Stoßbewegungen aus (puffen). Die Eingeborenen Südafrikas erzählen, daß die Puffotter außerordentlich gut springt, so daß sie z. B. einen Reiter auf dem Pferde erreichen kann. Die Hottentotten verfolgen und jagen sie wegen ihres Giftes, schneiden entweder die Giftdrüsen heraus oder zermalmen den ganzen Kopf zwischen Steinen und verwenden die mit gewissen Pflanzenextrakten vermischte Masse als Pfeilgift. Giftzähne bis 14 mm lang (Brenning).

Bitis gabonica s. Vipera rhinozeros Schl., die Rhinozerosviper, kommt nur im Gabungebiete im westlichen äquatorialen Afrika, an den Ufern des Flusses Ogowe vor und zeichnet sich aus durch ihre Größe (Länge bis zu $2\frac{1}{4}$ m) sowie durch ihr abschreckendes Aussehen. Menschen sollen nie von ihr angegriffen werden, doch ist das Gift sehr wirksam und führt rasch den Tod herbei. Brenning fand an einem Kopfskelett dieser Schlange im Berliner Museum 30 mm lange, sehr kräftige und stark gekrümmte Giftzähne.

In Ostindien, besonders in Birma, findet sich eine äußerst giftige, große und sehr schön gezeichnete Viper, die Vipera Russelii Gthr., s. Daboia Russelii s. Echidna elegans, von den Eingeborenen Katuka Rekula Poda oder auch Bora Siah Chunder genannt, welche eine Länge von 2 m erreichen kann und neben der Brillenschlange die meisten Todesfälle durch ihren Biß verursacht. Länge des Giftzahnes bei einem 110 cm langen Exemplare 14 mm (Brenning). Außer dem Menschen fallen auch weidende Rinder in großer Anzahl dieser Schlange zum Opfer.

In Australien und Amerika fehlen zur Familie der Viperinae gehörige Schlangen gänzlich (A. R. Wallace).

Die **in Europa vorkommenden Giftschlangen** gehören sämtlich zur Familie der Viperinae, Gattung **Vipera.**

Vipera berus Daud. s. Pelias berus Merr., die gemeine **Kreuzotter,** auch unter den Namen Chersea, Prester, Torva bekannt, kommt im ganzen nördlichen Europa bis zum 65. Grade nördlicher Breite und in Höhen bis zu 2000 m, aber auch in Norditalien, Spanien und Portugal vor. In manchen Gegenden Norddeutschlands wird die Kreuzotter zeitweise geradezu eine Landplage (vgl. hierzu J. Blum).

Besonders häufig findet, sie sich im Königreich Sachsen, wo im Bezirke der Amtshauptmannschaft Ölsnitz in den Jahren 1889 bis 1893 je 2140, 3378, 2513, 2480 und 2741 Exemplare, in fünf Jahren also 13452 Stück eingeliefert und für diese Mk. 3670 an Prämien bezahlt wurden.

In Frankreich wurden in den Jahren 1864 bis 1890 im Departement Haute-Saône 300 000 Kreuzottern gegen Prämie getötet und eingeliefert.

Varietäten der Kreuzotter sind die von den Alten unter dem Namen Prester oder Dipsas beschriebene Vipera prester L., die sog. Höllennatter und Vipera chersea L., die Kupferschlange, nicht zu verwechseln mit der amerikanischen „copperhead", vgl. S. 736).

Die Kreuzotter ist schon äußerlich leicht von den in Europa vorkommenden ungiftigen Schlangen zu unterscheiden durch ihre **eigenartigen Zeichnungen:**

1. an einer Reihe über den Rücken laufender, mit den Winkeln aneinander-stoßender Rauten und
2. an den auf der oberen Fläche des Kopfes mit den Konvexitäten sich berührenden, meist dunkler gefärbten Bogenlinien, welche eine einem Andreaskreuze ähnliche Zeichnung bilden. Dieser verdankt das Tier seinen Namen;
3. an den kleinen, zwischen die drei großen, die Augen trennenden Schilder eingeschalteten Schuppen. Die „ungiftigen" Nattern haben zwischen den Augen nur drei große Schilder.

In ausgewachsenem Zustande ist die Kreuzotter selten über 75 cm lang. Die Länge der Giftzähne beträgt 3 bis 4 mm und die Menge des auf einmal entleerten Giftes etwa 0,1 g. Diese Tatsachen lassen schon auf die geringe Gefährlichkeit dieser, unserer einzigen einheimischen Giftschlange schließen; dementsprechend sind es auch in der großen Mehrzahl der Fälle **Kinder,** welche an den Folgen des Kreuzotterbisses sterben, doch sind auch Todesfälle bei Erwachsenen bekannt. Die Erscheinungen sind vorwiegend lokale und bestehen in Verfärbung, Schwellung und Schmerzhaftigkeit der Bißstelle und ihrer Umgebung; zuweilen kann das ganze betroffene Glied stark anschwellen. Die zentral bedingten Wirkungen nach der Resorption des Giftes sollen weiter unten besprochen werden.

Vipera aspis Merr., s. **Vipera Redii Fitz.,** die **Redische Viper,** erreicht eine Länge von 50 bis 75 cm und findet sich im südwestlichen Europa in den Mittelmeerländern, besonders in Südfrankreich, in Italien und in der Schweiz. In Deutschland findet sie sich nur in der Umgebung von Metz und in dem südlichsten Teile von Baden. Sie ist kenntlich an der etwas aufgeworfenen Schnauze und an der Rückenzeichnung, welche durch vier Längsreihen unregelmäßiger, nicht konfluierender, dunkelbraun bis schwarz gefärbter Flecken charakterisiert ist. Die Giftzähne sind etwa 5 mm lang und die bei einem Bisse entleerte Giftmenge beträgt etwa 0,15 g.

Die Todesfälle betreffen in der Mehrzahl der Fälle Kinder. Die Mortalität schwankt zwischen 2 und 4 Prozent.

Vipera ammodytes, die **Sandviper,** von den alten und älteren Autoren schlechtweg als „Viper", von Dioscorides als „Kenchros" bezeichnet, wird bis 1 m lang und findet sich in allen Mittelmeerländern, besonders in Dalmatien und in Griechenland. Sie ist die gefährlichste der europäischen Giftschlangen und leicht kenntlich an einem mit kleinen Schuppen bedeckten, vorn an der Nase sitzenden, hornartigen Auswuchs, welcher schwach nach vorn gebogen und nach oben gerichtet ist.

Die Giftzähne der Sandviper sind etwa 5 mm lang und ihr Biß ist für Kinder häufig, für Erwachsene nicht selten tödlich.

3. Die Giftorgane der Schlangen.

Die Giftorgane der Schlangen bestehen aus den **Giftzähnen** und den damit in Verbindung stehenden **Giftdrüsen.**

Die Stellung und die Größe der Giftzähne ist bei den verschiedenen Giftschlangen sehr verschieden. Diese beiden, für die Intensität der Vergiftung wichtigen Faktoren scheinen in einer gewissen Beziehung zu der Wirksamkeit des Giftes zu stehen[1]).

Die **Giftdrüsen** liegen in der Regel auf beiden Seiten des Oberkiefers hinter und unter den Augen und sind von sehr verschiedener Form und Größe, im allgemeinen aber der Größe des Tieres entsprechend. Bei manchen Schlangen erstrecken sie sich jedoch auch auf den Rücken und bei Callophis liegen sie innerhalb der Bauchhöhle, wo sie sich auf $1/4$—$1/2$ der Länge des ganzen Tieres als langgestreckte drüsige Organe ausdehnen. Ihr Bau charakterisiert sie als acinöse Drüsen und ist den Speicheldrüsen der höheren Tiere analog. Das von diesen Drüsen abgesonderte Gift häuft sich in den Acini und dem an der Basis des Giftzahnes ausmündenden Ausführungsgang an.

Die „ungiftigen" Schlangen besitzen ebenfalls eine Ohrspeicheldrüse (Parotis) und Oberlippendrüsen, deren Sekrete mehr oder weniger giftig sind; nur fehlen diesen die für die Einverleibung des Giftes nötigen Vorrichtungen, d. h. die Giftzähne.

Besondere Beachtung verdient die Tatsache, daß das Blut bzw. das Serum ungiftiger[2]) Schlangen qualitativ wie das Sekret ihrer Speicheldrüsen (Giftdrüsen) wirkt. Es drängt sich daher der Schluß auf, daß die im Blute vorhandene und somit im ganzen Organismus der Schlangen verteilte giftige Substanz von den Speicheldrüsen „selektiv" aus dem Blute aufgenommen und serzerniert wird, nicht aber als Produkt einer „inneren Sekretion" der betreffenden Drüsen von diesen aus in das Blut übergeht.

Die Mengen des abgesonderten Giftes stehen in einem gewissen Verhältnis zur Größe der Giftdrüsen, somit im allgemeinen zur Größe der betreffenden Schlange. Bei einem bestimmten Tiere ist die Menge des auf einmal bei einem Bisse gelieferten Giftes eine schwankende; je nachdem es längere oder kürzere Zeit nicht gebissen hat, doch sind auch andere, schwer zu bestimmende Einflüsse von Bedeutung für diese Verhältnisse, so vielleicht das Allgemeinbefinden der Schlange, nervöse Einflüsse, die Heftigkeit des Bisses, die Temperatur der Umgebung, Wasser und Nahrungsaufnahme und die Art der Nahrung, sowie die Gefangenschaft.

4. Über die Natur der Schlangengifte.

Physikalische und chemische Eigenschaften. Das frische, der lebenden Schlange entnommene giftige Sekret stellt eine klare, etwas visköse Flüssigkeit von hell- bis dunkelgelber, manchmal auch grünlicher Farbe und neutraler oder schwach saurer Reaktion dar, deren spezifisches Gewicht zwischen 1,030 und 1,050 schwankt. Es löst sich in Wasser zu einer trüben, opaleszierenden Flüssigkeit von sehr schwachem, fadem Geruch, die beim Stehen einen mehr oder weniger voluminösen Niederschlag fallen läßt. Dieser besteht aus Eiweiß oder eiweißartigen Stoffen, hauptsächlich Globulinen, Mucin, Epithelzellen oder deren Trümmern.

Die wässerigen Lösungen schäumen beim Schütteln stark und zersetzen sich unter der Einwirkung von Fäulnis- oder anderen Bakterien unter Entwicklung von Ammoniak und von höchst unangenehm riechenden, flüchtigen Fäulnisprodukten, je nach der Temperatur innerhalb längerer oder kürzerer Zeit, wobei

---

[1]) **Faust**, E. St., Die tierischen Gifte. Braunschweig 1906, S. 49 u. 50.
[2]) Über „giftige" und „ungiftige" Schlangen vgl. E. St. **Faust** loc. cit. S. 32.

die Wirksamkeit der Lösung Mlmählich abnimmt und schließlich ganz verloren gehen kann.

Beim Eintrocknen der Schlangengifte bei niederer Temperatur, am besten im Vakuumexsikkator über konzentrierter Schwefelsäure oder geschmolzenem Chlorkalzium, hinterbleibt eine dem Gewichte nach sehr stark variierende Menge Trockensubstanz, deren quantitative Zusammensetzung außerordentlichen Schwankungen unterworfen ist. Die Hauptbestandteile eines derartigen Trockenrückstandes, welcher, ohne an Wirksamkeit einzubüßen, anscheinend lange Zeit aufbewahrt werden kann, sind: 1. durch Hitze koagulierbares Eiweiß (Albumin, Globulin), 2. durch Hitze nicht koagulierbare Eiweißderviate (Albumosen und sog. Peptone), 3. Mucin oder mucinartige Körper, 4. Fermente, 5. Fette, 6. geformte Elemente, Epithel der Drüsen und der Mundhöhle und Epitheltrümmer, 7. Mikroorganismen, welche wohl Zufälligkeiten ihre Anwesenheit verdanken, 8. Salze, Chloride und Phosphate von Calcium, Magnesium und Ammonium.

Der Trockenrückstand hat etwa die Farbe des ursprünglichen frischen, nativen Giftsekretes und hinterbleibt gewöhnlich in Form von Schüppchen oder Lamellen, welche kristallinische Struktur des Rückstandes vortäuschen können.

Aus dem nativen Gifte oder aus einer Lösung des eingetrockneten Giftes in Wasser fällt Alkohol bei genügender Konzentration die wirksame Substanz aus. Der Niederschlag ist in Wasser löslich und hat, wenn der Alkohol nicht durch zu langes Einwirken Koagulation des Eiweißes und Einschluß eines Teiles der Giftsubstanz in dem geronnenen Eiweiß verursachte, an Wirksamkeit nicht eingebüßt.

Die Einwirkung der Wärme auf die Schlangengifte ist bei den von verschiedenen Schlangen stammenden Giften sehr verschieden.

Das Gift der Colubriden (Naja, Bungarus, Hoplocephalus, Pseudechis) kann Temperaturen bis 100° ausgesetzt werden und verträgt sogar kurz dauerndes Kochen, ohne daß seine Wirksamkeit abgeschwächt wird. Durch längeres Kochen oder Erhitzen auf Temperaturen über 100° wird die Wirksamkeit vermindert und schließlich bei 120° vernichtet.

Wenn man durch Erhitzen auf geeignete Temperaturen (75 bis 85°) die koagulierbaren Eiweißkörper des Colubridengiftes ausscheidet und das geronnene Eiweiß durch Filtration entfernt, so erhält man eine klare Flüssigkeit, welche die wirksame Substanz enthält und sich beim Kochen nicht mehr trübt. Der abfiltrierte und gewaschene Eiweißniederschlag ist nicht mehr giftig. Aus dem in der Regel noch Biuretreaktion gebenden Filtrate fällt Alkohol einen die wirksame Substanz enthaltenden Niederschlag, welcher sich auf Zusatz von Wasser wieder löst.

Das Viperngift (Bothrops, Crotalus, Vipern) ist gegen Temperatureinflüsse viel empfindlicher. Erwärmen bis zur Gerinnungstemperatur, etwa 70°, schwächt die Giftigkeit ab, und bei 80—85° wird diese vollkommen vernichtet. Das Bothropsgift verliert seine Wirksamkeit teilweise schon bei 65° (Calmette).

Die Schlangengifte dialysieren nicht. In diesem Verhalten schließen sie sich den Eiweißkörpern eng an, deren bekanntere Reaktionen ihnen ebenfalls zukommen. Alle bisher untersuchten Schlangengifte geben die Biuret-, Millon- und Xanthoproteinreaktion und werden durch Sättigung ihrer Lösungen mit Ammonium- und Magnesiumsulfat abgeschieden; auch durch Schwermetallsalze werden diese Gifte gefällt.

Alkalien und Säuren beeinflussen bei gewöhnlicher Temperatur und bei nicht zu lange dauernder Einwirkung und mäßiger Konzentration die Wirksamkeit der Schlangengifte nicht.

Gegen oxydierende chemische Agenzien scheinen dieselben jedoch sehr empfindlich zu sein. Die Wirksamkeit wird wesentlich herabgesetzt oder gänzlich aufgehoben durch Kaliumpermanganat (Lacerda), Chlor (Lenz, 1832), Chlorkalk oder schneller noch durch unterchlorigsaures Kalzium (Calmette), Chromsäure (Kaufmann), Brom, Jod (Brainard) und Jodtrichlorid (Kanthack). Die genannten Körper hat man wegen dieser schädigenden oder zerstörenden Wirkungen auf das Gift auch therapeutisch zu verwenden gesucht.

Elektrolyse des Schlangengiftes vernichtet dessen Wirksamkeit, wahrscheinlich infolge der Bildung von freiem Chlor aus den Chloriden und von Ozon (Oxydation).

Bei Vermeidung jeglicher Temperatursteigerung wird das Schlangengift durch Wechselströme nicht verändert (Marmier).

Der Einfluß des Lichtes, welcher beim trocknen Gifte gleich Null ist, macht sich nach Calmette beim nativen oder gelösten Gifte in der Weise bemerkbar, daß die Lösungen nach und nach weniger wirksam werden. Bei Luftzutritt bevölkern sich dieselben außerdem rasch mit den verschiedenartigsten Mikroorganismen, für welche das Schlangengift, wahrscheinlich wegen des Eiweißgehaltes und der darin enthaltenen Salze, ein guter Nährboden zu sein scheint, und welche dann ihrerseits vielleicht die Zersetzung der wirksamen Bestandteile beschleunigen.

Durch Chamberland- oder Berkefeldfilter filtriert und bei niedriger Temperatur in gutverschlossenen Gefäßen aufbewahrt, sollen sich dagegen Giftlösungen mehrere Monate lang unverändert aufbewahren lassen.

Die chemische Natur der wirksamen Bestandteile einiger giftiger Schlangensekrete ist erst in letzter Zeit aufgeklärt worden.

Sicher ist, daß es sich nicht um fermentartig wirkende Körper handelt, weil die Wirksamkeit der Fermente durch Erhitzen ihrer Lösungen auf Temperaturen, die die Schlangengifte ohne Verlust ihrer Wirksamkeit noch vertragen, vernichtet wird und weil die Intensität der Schlangengiftwirkungen in einem direkten Verhältniss zur einverleibten Menge des Giftes steht. Mit Ausnahme der wirksamen Bestandteile des Kobra- und des Crotalusgiftes werden die wirksamen giftigen Stoffe der Schlangengifte heute noch ganz allgemein als sog. „Toxalbumine" aufgefaßt, weil es bisher nur bei den beiden genannten Schlangengiften gelungen ist, die wirksamen Bestandteile in eiweißfreiem und wirksamem Zustande zu erhalten.

S. Weir Mitchell und Reichert (1886) fanden als wirksame Bestandteile des Klapperschlangengiftes verschiedene Globuline und ein „Pepton".

C. J. Martin und J. Mc Garvie Smith (1892 und 1895) isolierten aus dem Gifte der australischen „black snake", Pseudechis porphyriacus, eine Heteroalbumose und eine Protalbumose, deren Wirkungen sie genauer untersuchten und mit denjenigen des nativen Giftes übereinstimmend fanden.

Die unter Ehrlichs Leitung ausgeführten Untersuchungen von Preston Kyes (1902—1907) und von Kyes und Sachs (1903) erstrecken sich auf denjenigen Bestandteil des Kobragiftes, welcher seine Wirkungen auf das Blut und dessen geformte Elemente ausübt, und welcher von Kyes in Form einer Verbindung mit Lezithin, einen sog. „Lezithid", isoliert wurde. Die Zusammensetzung und die chemische Natur derartiger aus Kobragift und Lezithin dargestellten Verbindungen hat Kyes später genauer untersucht und dabei Verbindungen erhalten, welche bei der Elementaranalyse konstante prozentische Zusammensetzung und konstante physikalische Eigenschaften zeigten. Die Existenz eines „Cobralezithid" im Sinne Kyes wird jedoch von Bang u. a. bestritten.

Die Untersuchungen von P. Kyes und Kyes und Sachs haben ergeben, daß der Bestandteil des Kobragiftes, welchem die hämolytische Wirkung zukommt, nicht ein sog. „Toxalbumin" ist. Faust hat das auf das Zentralnervensystem wirkende Gift, in dessen Wirkungen bei dieser Vergiftung ohne Zweifel die Todesursache zu suchen ist, von den eiweißartigen Stoffen und anderen Bestandteilen des eingetrockneten Kobragiftes getrennt, chemisch und pharmakologisch genauer untersucht und ihm den Namen **Ophiotoxin** gegeben. Empirische Formel $C_{17}H_{26}O_{10}$. Zusammensetzung: 52,30 % C; 6,66 % H.

Die aus stark wirksamen Lösungen des Ophiotoxins beim Einengen zur Trockne erhaltenen Rückstände sind **stickstofffrei**. Das Ophiotoxin ist nicht flüchtig und dialysiert nicht. Wässerige Lösungen des Ophiotoxins schäumen stark beim Schütteln. Der Rückstand aus solchen Lösungen ist in Alkohol schwer, in Wasser unvollkommen löslich; in den übrigen gewöhnlichen Lösungsmitteln unlöslich. Bei der subkutanen Injektion des Ophiotoxins sind bedeutend größere Mengen erforderlich, um den gleichen Grad der Wirkung wie bei der intravenösen Injektion zu erzielen, vielleicht weil es bei ersterer Art der Einverleibung an Gewebseiweiß gebunden oder fixiert wird. Bei seiner intravenösen Einverleibung kommen die charakteristischen Wirkungen sehr rasch zustande, wie sie nach einer subkutan oder intravenös injizierten Lösung des ganzen Trockenrückstandes des Giftsekretes beobachtet werden.

Aus dieser Tatsache geht hervor, daß der Eiweißkomponent des nativen Giftes auf die Resorptionsverhältnisse von Einfluß ist, d. h. die Resorption ermöglicht und begünstigt:

Im nativen Gifte ist das Ophiotoxin wahrscheinlich salz- oder esterartig an Eiweiß oder eiweißartige Stoffe gebunden und wird durch die Art der Bindung vor den in freiem oder ungebundenem Zustande leicht eintretenden und sein Unwirksamwerden herbeiführenden Veränderungen im Molekül geschützt.

5. Pharmakologische Wirkungen und Nachweis des Ophiotoxins durch den Tierversuch.

Injiziert man einem Kaninchen 0,085—0,10 mg Ophiotoxin pro Kilogramm Körpergewicht in eine Ohrvene, so beobachtet man nach 15—20 Minuten zunächst Veränderungen in der Respiration, welche weniger frequent und zeitweise auffallend vertieft wird. Die Fortbewegung scheint erschwert und erfolgt nur langsam unter scheinbar mühsamem Anziehen der gestreckten Hinterextremitäten. Diese Lähmungserscheinungen machen sich dann auch bald an den vorderen Extremitäten und dem Vorderteil des Körpers bemerkbar, das Tier liegt mit gespreizten Beinen und zur Seite geneigtem oder auf die Unterlage gestütztem Kopf ganz ruhig, während die Frequenz und die Tiefe der Atmung allmählich abnehmen, bis schließlich etwa 45—60 Minuten nach der Injektion die Respiration zum Stillstand kommt und der Tod in soporösem Zustande erfolgt. Nach Eintritt des Respirationsstillstandes schlägt das Herz noch einige Zeit fort.

Die periphere Lähmung kommt beim Hunde nicht in dem Maße wie beim Kaninchen zustande. Die kleinsten tödlichen Mengen von Ophiotoxin sind beim Hunde etwas größer als beim Kaninchen; 0,10—0,15 mg Ophiotoxin pro Kilogramm Hund töten bei Einspritzung in das Blut in etwa 45—50 Minuten.

Beim Frosche genügen 0,05 mg Ophiotoxin, in die Vena abdominalis injiziert, um das Tier nach 10 Minuten vollkommen zu lähmen. Der Tod erfolgt in der Regel aber erst nach 12—16 Stunden. Das Herz schlägt noch kräftig, wenn die vollständige Lähmung des Tieres bereits eingetreten ist.

Die Vergiftungserscheinungen nach Ophiotoxin gleichen also sowohl beim Warmblüter als auch beim Kaltblüter denjenigen fortschreitender allgemeiner Parese und schließlicher allgemeiner Paralyse und stimmen mit den an Menschen und Tieren beobachteten Symptomen nach dem Biß der Kobra und nach Injektion von nativem Kobragift vollkommen überein.

Nach subkutaner Injektion geringerer Mengen Ophiotoxin, 2 mg beim Kaninchen, 4 mg beim Hund, erfolgte der Tod nach 36—72 Stunden, nachdem an der Injektionsstelle Rötung, Schmerzhaftigeit, ödematöse Schwellung, in einzelnen Fällen mit hämorrhagischer Infiltration der Gewebe und aseptischer Abszeßbildung einhergehend, sich entwickelt hatten.

Das reine Ophiotoxin vermag bei genügend langer Wirkungsdauer die roten Blutkörperchen gewisser Tierarten, wenigstens im Reagenzglase, zu lösen.

Ophiotoxin ist das wirksamste bis jetzt rein dargestellte tierische Gift.
Die lokalen Wirkungen des Ophiotoxins, zu denen auch die blutkörperchen-
lösende Eigenschaft gehört, sind nur Begleiterscheinungen, sog. „Nebenwirkungen" und kommen als Todesursache nicht in Betracht.

Das Ophiotoxin ist ein **tierisches Sapotoxin.** Es kann pharmakologisch
als typisches Beispiel für die Wirkungen der Colubridengifte gelten, welche
sich besonders durch die geringfügigen lokalen Wirkungen, die öfters auch
ganz fehlen können, von den Viperngiften unterscheiden.

Als Beispiele für die charakteristischen Unterschiede in den Wirkungen und Erscheinungen nach dem Biß der beiden Unterabteilungen
der Giftschlangen, der Colubridae und der Viperidae, mögen hier die Symptome nach dem Bisse der Cobra und der Vipera Russelii dienen.

Der **Biß der Cobra** ist nach den übereinstimmenden Angaben aller Autoren
wenig schmerzhaft und besonders durch die an der Bißstelle sich bald entwickelnde
Gefühllosigkeit, Anästhesie oder Abstumpfung der Sensibilität, und Muskelstarre charakterisiert. Diese Wirkungen verbreiten sich langsamer oder schneller,
je nach der Schnelligkeit der Resorption und dem Übergang des Giftes in das
Blut, auf den ganzen Körper, worauf der Gebissene allgemeine Erschlaffung
und unüberwindliche Schlafsucht empfindet. Die Atmung wird erschwert und nimmt diaphragmatischen Charakter an. Die Schlafsucht und
Atemnot steigern sich allmählich, wobei der anfänglich rasche Puls nach und
nach langsamer und schwächer wird; die Zunge und die Gesichtsmuskulatur
sind gelähmt, aus dem verzerrten, halbgeschlossenen oder offenen Munde fließt
Speichel und die Augenlider schließen sich (Ptosis). Die allgemeine Lähmung
schreitet langsam fort und der Vergiftete geht in komatösem Zustande nach
einigen krampfhaften Atembewegungen unter Respirationsstillstand innerhalb
zwei bis acht Stunden zugrunde.

Der **Biß der Daboia** oder Vipera Russelii verursacht dagegen heftige
Schmerzen an der Bißstelle, welche sofort stark gerötet, später violett
verfärbt erscheint, und sehr bald läßt sich serös - blutige Infiltration der
benachbarten Gewebe erkennen. Der Vergiftete empfindet brennenden Durst,
quälende Trockenheit im Munde und im Rachen, die Schleimhäute im allgemeinen werden hyperämisch und entzündet. Diese Erscheinungen dauern
oft längere Zeit, manchmal bis zu 24 Stunden an, während dessen hämorrhagische Blutungen in den Augen, dem Magendarmkanal (Mund, Magen
und Darm) und in den Harn- und Genitalorganen auftreten können. Seitens
des Zentralnervensystems bestehen die Erscheinungen in mehr oder weniger
heftigen Delirien (Gehirnkrämpfe nach Sapotoxin!) und, wenn eine letale Menge
des Giftes einverleibt wurde, wenige Stunden nach erfolgtem Bisse in Stupor,
allgemeiner Anästhesie, später Somnolenz, hochgradiger Dyspnoe und schließlich Respirationsstillstand, wobei das Herz noch längere Zeit, manchmal
15 Minuten lang, fortschlägt, nachdem die Atembewegungen vollkommen
aufgehört haben.

Die eben beschriebenen Erscheinungen nach dem Biß der Daboia (Vipera
Russelii) zeigen eine weitgehende Ähnlichkeit mit den Folgen des Bisses der
Kreuzotter und der europäischen Vipern schlechtweg und unterscheiden sich
von letzteren nur in quantitativer Beziehung, beruhend auf der geringeren
Größe unserer einheimischen Giftschlangen und der geringeren Menge des von
ihnen produzierten und einverleibten Giftes, sowie dessen geringerer Wirksamkeit.

Weitgehende Ähnlichkeiten mit dem zuletzt geschilderten Vergiftungsbild
zeigen auch die Vergiftungen durch Bisse der ebenfalls zu den Viperidae gehörigen
Klapperschlangen, d. h. verschiedener Crotalusarten.

In letzter Zeit ist die wirksame Substanz einer Crotalusart (Crotalus adamanteus) rein dargestellt und chemisch und pharmakologisch genauer untersucht worden (Faust). Die Substanz hat den Namen **Crotalotoxin** erhalten. Dieses hat die empirische Zusammensetzung $C_{17}H_{26}O_{10} + \frac{1}{2}H_2O$ und unterscheidet sich vom Ophiotoxin hauptsächlich durch seine ungemein heftigen lokalen Wirkungen. Das Crotalotoxin ist zugleich „Hämolysin", „Hämorrhagin", „Cytolysin", „Cytotoxin" und „Neurotoxin". (Vgl. unten S. 746.) Die resorptiven Wirkungen erstrecken sich wie beim Ophiotoxin hauptsächlich auf das Zentralnervensystem; besonders frühzeitig wird das Respirationszentrum betroffen. Infolgedessen gehen Warmblüter an Respirationsstillstand zugrunde.

Bang und Overton [1] haben die Wirkungen des nativen Kobra- und Crotalusgiftes an Kaulquappen studiert. Sie fanden, daß Chlorcalcium die Giftwirkungen bei diesen Tieren abschwächen kann und daß das Crotalusgift stärker auf das Herz und auf die Hautepithelien wirkt als Kobragift. Crotalusgift soll nach Zusatz geringer Mengen hämolysierter Blutkörperchen mehr als 300 mal giftiger werden! Diese erhöhte Wirksamkeit soll nach Bang und Overton durch die Phosphatide der Blutkörperchen oder durch eines der Spaltprodukte dieser Phosphatide verursacht werden.

Die lähmende Wirkung der Schlangengifte auf das Zentralnervensystem und vielleicht auch die bei manchen Tierarten beobachtete periphere, curarinartige Lähmung dieser Gifte muß wohl als experimentelle Grundlage für die neuerdings vorgeschlagene therapeutische Verwendung des Klapperschlangengiftes betrachtet werden, insbesondere für dessen Verwendung bei der Behandlung der Epilepsie!

Hierbei scheint man sich aber nicht ganz klar darüber zu sein, daß entweder vor oder gleichzeitig mit dem Eintritt, wenigstens der zentralen motorischen Lähmung, auch das Respirationszentrum gelähmt wird, woraus schon allein sich gewisse Gefahren ergeben. Dazu kommt noch, daß das native, also eiweißhaltige Klapperschlangengift zur Verwendung gelangte. Dieses kommt unter dem Namen Crotalin in sterilisierten Ampullen in den Handel. Ist die Sterilisation solchen Ampulleninhalts keine hinreichende, so ist bei seiner Injektion die weitere Gefahr der Entwicklung einer allgemeinen Sepsis gegeben, wie das sich in der Praxis auch schon ereignet haben soll. Wird aber „Crotalin" hinreichend energisch sterilisiert, so wird höchstwahrscheinlich auch das darin enthaltene wirksame Crotalotoxin mehr oder weniger verändert und unwirksam.

Früher wurden Körperteile (Fett, Eier etc.) von Schlangen in größerem Umfange für therapeutische Zwecke [2] verwendet, was wohl auch heute noch in der Volksmedizin häufig vorkommt.

Wirkungen der Schlangengifte auf das Blut.

Die Wirkungen der Schlangengifte [3] auf das Blut sind höchst kompliziert und betreffen sowohl die geformten Elemente als auch das Plasma.

a) Einfluß auf die Gerinnbarkeit des Blutes. Hinsichtlich dieser Wirkung der Schlangengifte zerfallen dieselben in zwei Kategorien:

1. Koagulierende oder koagulationsfördernde Schlangengifte.

2. Koagulationshemmende oder -hindernde Schlangengifte.

---

[1] Ivar Bang und E. Overton, Studien über die Wirkungen des Kobragiftes. Biochemische Zeitschrift, Bd. 31, S. 243 (1911). Dieselben, Studien über die Wirkungen des Crotalusgiftes. Biochemische Zeitschrift Bd. 34, S. 428 (1911).

[2] Vgl. hierzu E. St. Faust, Die tierischen Gifte. S. 31—32 (1906).

[3] Unter „Schlangengift" ist hier das Sekret der Giftdrüsen und nicht ein einzelner, wirksamer Bestandteil zu verstehen.

1. **Koagulationsfördernde Schlangengifte.** Die Viperngifte wirken koagulierend. Diese Wirkung wird durch Erwärmen der Giftlösungen abgeschwächt oder ganz aufgehoben. Auch mit Oxal- oder Zitronensäure versetztes Plasma wird durch die genannten Giftsekrete zur Gerinnung gebracht. Noc hat die quantitatiben und zeitlichen Verhältnisse bei dieser Wirkung einiger Viperngifte genauer untersucht.

2. **Koagulationshemmende Schlangengifte.** In diese Gruppe gehören die Giftsekrete aller Colubriden und als Ausnahmen die Gifte einiger nordamerikanischer Crotaliden, Ancistrodon piscivorus und A. contortrix. Dieselben heben die Gerinnungsfähigkeit des Blutes auf (P. Morawitz) sowohl in vitro als auch im Organismus, im letzteren Falle jedoch nur dann, wenn eine genügend große Menge des Giftes einverleibt wurde. Ein eigenartiges Verhalten zeigt nach C. J. Martin das Gift der australischen Colubridenspezies, Pseudechis porphyriacus, welches bei der intravenösen Injektion von großen Mengen im Tierexperiment oder nach dem Biß kleiner Tiere durch diese Schlange momentan intravaskuläre Gerinnung des Blutes bewirkt, dagegen bei der Injektion von kleinen Mengen in das Blut die Gerinnung vollkommen aufhebt. Die Injektion weiterer Mengen des Giftes bewirkt dann keine Gerinnung des Blutes. (Positive und negative Phase der Blutgerinnung).

b) Wirkung der Schlangengifte auf die roten Blutkörperchen. **Hämolyse.** Die Schlangengifte haben mit einer ganzen Anzahl zum Teil chemisch genauer charakterisierter Stoffe (Sapotoxine, Gallensäuren, Solanin, Ölsäure, Helvellasäure) und vielen Bakteriengiften die Eigenschaft gemein, Austritt des Blutfarbstoffs aus den roten Blutkörperchen zu bewirken.

Die hämolytische Wirkung eines bestimmten Schlangensekretes ist bei verschiedenen Blutarten eine quantitativ wechselnde.

c) Dasselbe gilt von der mit dem Namen **Agglutination** bezeichneten Wirkung mancher Schlangengifte. Diese Wirkung, welche auch gewissen Bakterientoxinen eigen ist, äußert sich in dem Zusammenkleben der roten Blutkörperchen.

d) Anders verhält es sich vielleicht mit dem von S. Flexner und H. Noguchi beschriebenen und mit dem Namen „Hämorrhagin" belegten, aber nicht isolierten Bestandteile mancher Schlangengifte, welcher seine Wirkungen auf das Gefäßendothel entfalten soll. Flexner und Noguchi fassen das „Hämorrhagin" als ein spezifisch oder elektiv auf Endothelzellen wirkendes „Cytolysin" auf[1].

e) Schließlich findet sich in verschiedenen darauf untersuchten Schlangengiften noch ein „Thrombokinase" genanntes Ferment, welches in eigenartiger Weise auf das Fibrinferment aktivierend wirken soll.

6. Künstliche oder experimentelle Immunisierung gegen Schlangengifte.

Die Tatsache, daß mit nicht tödlichen Mengen von Schlangengiften vergiftete Tiere bei weiteren Versuchen mit demselben Gifte gegen dieses weniger empfindlich werden und daher zu solchen Versuchen nicht mehr gebraucht werden konnten, ist von verschiedenen Autoren bestätigt worden. Diese Erfahrungen führten zu der Überlegung, daß es durch wiederholte Einverleibung kleiner, subletaler Mengen von Schlangengift vielleicht möglich wäre, den tierischen Organismus gegen die Wirkungen größerer, sonst tödlicher Mengen

---

[1]) Vgl. hierzu E. St. Faust, Über das Crotalotoxin etc. Arch. f. exper. Pathol. u. Pharmak. **64**, 244 (1911) und oben S. 745.

desselben Giftes zu schützen. Diese Erwartungen sind dann auch realisiert worden.

Solche Immunisierungsversuche hat zuerst H. Sewall (1887) in Ann Arbor, Michigan, mit dem Gifte von Sistrurus catenatus Rafinesque, einer Klapperschlangenart, an Tauben ausgeführt und gefunden, daß diese Tiere bei fortgesetzter Einverleibung allmählich gesteigerter Gaben des genannten Schlangengiftes dagegen immer widerstandsfähiger (immun) werden, ohne dabei irgend welche Störungen in ihrem Allgemeinbefinden zu zeigen. Wurde die Einverleibung von Gift unterbrochen, so nahm die Widerstandsfähigkeit der Tiere gegen dasselbe ab; bei einer Taube dauerte die Immunität jedoch fünf Monate, nachdem mit der Einverleibung des Giftes aufgehört worden war.

Durch diese Versuche war die Möglichkeit einer Gewöhnung an Schlangengifte, welche schon in den Schriften der Alten erwähnt wird, erwiesen. Später haben dann Kaufmann, Phisalix und Bertrand (1894), Calmette und Fraser (1895) derartige Versuche mit verschiedenen Schlangengiften an verschiedenen Tieren ausgeführt, wobei sich dann weiter herausstellte, daß das Serum eines immunisierten Tieres, einem nicht immunisierten Tiere eingespritzt, letzteres gegen die Wirkungen sonst für dasselbe tödlicher Mengen eines gegebenen Schlangengiftes schützen kann.

Eine vorhergehende Abschwächung des Giftes, d. h. eine Verminderung seiner Wirksamkeit durch Erwärmen, zwecks Darstellung eines „Vaccine", ist bei solchen Immunisierungsversuchen nicht erforderlich.

Nachdem diese Versuche von verschiedenen Forschern im Laboratorium an den üblichen Versuchstieren ausgeführt waren und günstige Resultate ergeben hatten, die Möglichkeit der Gewinnung eines „antitoxischen" Serums erwiesen war, faßte Calmette in Lille die praktische Verwertung derartiger Heilsera bei der Therapie des Schlangenbisses ins Auge.

Zur Gewinnung möglichst großer Mengen von Serum dienten bei den im Institut Pasteur in Lille ausgeführten Versuchen eine Anzahl größerer Tiere, hauptsächlich Pferde und Esel. Es gelang Calmette durch fortgesetzte Einverleibung allmählich gesteigerter Mengen von Cobragift, Pferde soweit zu immunisieren, daß sie schließlich die Injektion von 2 g trockenem Cobragift, d. h. die zweihundertfache Menge der sonst tödlichen Gabe (10 mg) reaktionslos vertrugen. Durchschnittlich erfordert die Gewinnung eines hinreichend antitoxischen Serums einen Zeitraum von 16 Monaten.

Die Immunisierung der Pferde bis zu diesem hohen Grade von Widerstandsfähigkeit gegen das Cobragift gelingt nicht regelmäßig. Viele der Tiere gehen im Laufe der Behandlung unter den Erscheinungen der Endokarditis oder Nephritis zugrunde. Auch entwickelten sich bei manchen Versuchstieren nach jeder Injektion aseptische Abszesse, welche sorgfältige Behandlung erforderten und auch dann nur schwer ausheilten; die Tiere bedürfen bei derartigen Versuchen wie bei der Gewinnung von Heilsera überhaupt der sorgfältigsten Pflege.

Ist die Immunisierung eines Versuchstieres bis zum genannten Grade erreicht, so wird das Heilserum in der Weise gewonnen, daß man das immune Tier zur Ader läßt und aus dem entnommenen Blute das Serum gewinnt. Dieses wird durch den Tierversuch auf seine antitoxische Wirkung geprüft.

Die Prüfung geschieht durch Feststellung des Grades der antitoxischen Wirkung des Serums, indem dasselbe im Reagenzglase mit einer bestimmten Menge Cobragift gemischt und die Mischung einem Versuchstiere eingespritzt wird. Ein Heilserum ist genügend wirksam, wenn eine Mischung von 2 ccm Serum mit 1 mg Cobragift keinerlei Vergiftungserscheinungen bei einem Kaninchen hervorruft und wenn 2 ccm Serum, einem 2 kg schweren Kaninchen subkutan injiziert, das Tier gegen die Wirkungen von 1 mg Cobragift, eine Stunde später ebenfalls subkutan eingespritzt, zu schützen vermögen.

Eine weniger Zeit raubende Prüfung des Serums kann am Kaninchen so vorgenommen werden, daß man 2 ccm des zu prüfenden Serums in die Randvene eines Ohres injiziert und nach fünf Minuten eine Injektion von 1 mg Gift in die Vene des anderen Ohres folgen läßt. Falls das Serum den erforderlichen Wirkungsgrad besitzt, darf das Versuchstier keinerlei Vergiftungserscheinungen zeigen.

Das geprüfte Serum wird nun unter Beobachtung der gewöhnlichen aseptischen Vorsichtsmaßregeln, aber ohne Zusatz antiseptischer Mittel, in sterilisierte Fläschchen von etwa 10 ccm Inhalt gebracht und ist dann fertig zum Gebrauch. Es soll sich in allen Klimaten etwa zwei Jahre oder länger halten, ohne an Wirksamkeit zu verlieren (Calmette).

Vorteilhafter und sicherer ist aber die Aufbewahrung des Mittels in trockenem Zustande, in welcher Form es unbegrenzt lange wirksam bleiben soll. Das antitoxische Serum wird zu diesem Zwecke einfach bei niederer Temperatur zur Trockne gebracht und der in Form von Schüppchen oder Lamellen zurückbleibende, gelblich gefärbte Trockenrückstand in Mengen von etwa je 1 g in versiegelten und mit Herstellungs- und Prüfungsdaten versehenen Fläschchen in den Handel gebracht. Zur Verwendung bei Vergiftungsfällen löst man die Substanz in 10 ccm sterilisierten (aufgekochten und wieder abgekühlten) Wassers und injiziert die Lösung dem Vergifteten subkutan, in dringenden Fällen, wenn die Atemnot bereits eine hochgradige und bedrohliche geworden ist, wohl auch intravenös.

Das im Pasteurschen Institut in Lille hergestellte Serum gelangt jetzt, wie es scheint, vielfach zur Verwendung, und die damit in tropischen Ländern, besonders in Indien, gemachten Erfahrungen sollen sehr günstige sein und haben zur Gründung ähnlicher Institute zur Bereitung solcher Sera auch in anderen Ländern geführt, so unter anderen seitens der indischen Regierung in Bombay, in Nord- und Südamerika und in Australien.

Die anfängliche Annahme, daß das Serum eines gegen Cobragift immunisierten Tieres den Menschen und andere Tiere auch gegen die Wirkungen von Schlangengiften im allgemeinen schützen könne, hat sich als Irrtum erwiesen. Es hat sich gezeigt, daß derartige Sera „spezifisch" sind, d. h. daß sie nur gegen das Gift derselben Schlangen oder nahe verwandter Arten derjenigen Schlange, mit deren Gift die Immunisierung vorgenommen wurde, schützen. Calmette hat daher vorgeschlagen, die zur Gewinnung von Heilserum verwendeten Tiere gleichzeitig mit den Giften verschiedener Schlangenarten zu behandeln, um auf diese Weise ein Serum, welches gegen die Gifte mehrerer oder aller Schlangen schützen könne, ein sog. „polyvalentes Serum", zu erhalten. Berichte über praktische Erfahrungen mit solchen Sera liegen meines Wissens noch nicht vor.

Eine der interessantesten und vom Standpunkte der Fortschritte und der neuesten Errungenschaften der Serumtherapie des Schlangenbisses wichtigsten Traditionen über Giftschlangen und Schlangengifte ist die, der zufolge gewisse Kategorien von Menschen eine angeborene oder erworbene Immunität gegen Schlangengifte besitzen sollten. Von solchen gegen Schlangengifte immunen Menschen berichtet schon der Dichter Lucanus, und seitdem wird in den Werken der Dichter und der Gelehrten, bei Romanschriftstellern (z. B. Holmes) und in ernsthaften und zuverlässigen Reisebeschreibungen (Drummond Hay, Quedenfeldt) dieser, in bezug auf den Menschen angeblichen, für Tiere nunmehr aber experimentell bestätigten Tatsache immer wieder Erwähnung getan.

Von den Psylli in Afrika, den Marsi in Italien und von den Gouni in Indien wird berichtet, daß sie immun gegen Schlangenbiß gewesen sein sollen. (Boehmer, Lenz. Über die Psylli finden sich auch Angaben bei Celsus und Plinius).

Angaben ähnlichen Inhalts über die Immunität von Schlangenbeschwörern finden sich auch in Reisebeschreibungen aus neuerer Zeit, so bei Drummond Hay, Quedenfeldt, Davy, Rondot u. a. (vgl. Brehms Tierleben), von welchen die ersteren speziell über die Aissâua (Eisowy, Issâwa), eine Sekte oder Brüderschaft von Schlangenbeschwörern, berichten. Diese hantierten bei ihren Vorstellungen fortwährend mit Schlangen, deren Giftigkeit durch Kontrollversuche an Tieren erwiesen wurde, und ließen sich von denselben auch beißen, ohne irgend welchen Schaden zu nehmen.

Hieran anschließend erzählt Hay dann folgendes über den Ursprung dieser Sekte und über das Zustandekommen der bei ihnen beobachteten Immunität. Der Gründer der Sekte, Seedna Eiser, welcher um die Mitte des 17. Jahrhunderts in Miknäs (Miknâssa) gelebt haben soll, war auf dem Wege durch die Wüste Soos von einer großen Anzahl seiner Anhänger begleitet. Diese hungerten und schrien nach Brot. Er erwiderte ihnen im Ärger mit dem gewöhnlichen arabischen Fluche „Kool sim", d. h. „esset (nehmt) Gift" In ihrem festen Glauben an ihren Propheten taten die Anhänger denn auch buchstäblich, wie ihnen ersterer befohlen und aßen künftig Schlangen und andere Reptilien, seit welcher Zeit sie und ihre Nachkommenschaft gegen Schlangengift immun sind.

Bei den Hottentotten soll es häufig vorkommen, daß Leute den Inhalt der Giftdrüsen einer gefangenen oder getöteten Schlange auspressen und trinken. Sie behaupten, darnach nur von leichtem Schwindelgefühl befallen zu werden und späterhin den Biß einer giftigen Schlange ohne schädliche Folgen ertragen zu können.

In Südamerika, besonders in Brasilien, ist unter den Eingeborenen der Glaube weit verbreitet, daß man sich gegen die Wirkungen des Schlangenbisses durch häufig wiederholtes Ritzen der Haut mit den Giftzähnen von Schlangen schützen könne (Brenning).

In Mexiko wird nach den Angaben von Jacolot ein ähnliches Immunisierungsverfahren seitens der Eingeborenen geübt. Diese benutzen, im festen Glauben an den prophylaktischen Wert des Verfahrens, unter allerlei abergläubischen Formalitäten ebenfalls Schlangengiftzähne zum Ritzen der Haut.

Berücksichtigt man, daß an den bei diesen Verfahren verwendeten Giftzähnen wahrscheinlich noch eingetrocknetes, aber wirksames Gift anhaftet, so lassen sich diese Gebräuche der Eingeborenen genannter Länder doch wohl kaum anders deuten als eine Gewöhnung oder an Immunisierung des menschlichen Organismus gegen Schlangengift, welche auch hier, wie im Tierexperiment, durch wiederholte Einverleibung kleiner, nicht tödlicher Mengen des Giftes zustande kommt. Es ist nicht ausgeschlossen, daß auch bei der Einverleibung von Schlangengift per os (Hottentotten) eine Gewöhnung zustande kommen kann. Ob diese angeblich erworbene Immunität aber in höherem oder geringerem Grade oder gar in vollem Maße vererblich ist, muß vorläufig, bis zur Entscheidung dieser Frage durch das Tierexperiment, dahingestellt bleiben.

Über die Ursachen der Gewöhnung an Schlangengifte, die man noch allgemein als mit den sog. „Toxinen" der Bakteriologen und Serumtherapeuten nahe verwandt, wenn nicht identisch ansieht, ist nichts bekannt. Die weitverbreitete, fast allgemeine Annahme der „Toxin"natur der Schlangengifte wird von manchen Autoren durch die Möglichkeit der Gewinnung eines „Antiserums" gegen diese Gifte als erwiesen betrachtet. Der weitere, negative Beweis für diese Annahme daß es bisher nicht gelungen sei, die wirksamen Bestandteile zu isolieren und chemisch zu charakterisieren, ist nunmehr ganz hinfällig [1]).

---

[1]) Vgl. oben S. 742 und 745.

Somit ist folgender Sachverhalt gegeben:
1. **Immunisierung gegen Schlangengifte ist möglich (Calmette u. a.).**
2. **Die wirksamen Substanzen der Schlangengifte sind tierische Sapotoxine und demnach chemisch charakterisierbare, abiurete Gifte.**

Daraus mußte gefolgert werden, daß eine Immunisierung gegen chemisch definierbare Substanzen, und zwar unter Bildung von Antitoxinen, zunächst gegen bestimmte Sapotoxine tierischer Herkunft (Ophio- und Crotalotoxin), vielleicht aber auch gegen Sapotoxine im allgemeinen, möglich ist. So habe ich mir denn die Frage vorgelegt und ·durch das Tierexperiment zu lösen gesucht, ob nicht vielleicht Tiere auch gegen gewisse, in reinem Zustande leicht erhältliche Sapotoxine pflanzlichen Ursprungs zu immunisieren seien und ob das Serum derartig vorbehandelter Tiere nicht vielleicht ebenfalls antitoxische Wirkungen gegen Schlangengifte, zunächst speziell gegen das Kobragift, zeigen würden [1]).

Für unsere Versuche wählten wir zwei leicht zugängliche pflanzliche Sapotoxine, die in genügend reinem Zustande darstellbar und in weniger reinem Zustande auch im Handel zu haben sind. Es waren diese

a) Saponaria-Sapotoxin aus Saponaria officinalis (Seifenwurzel),
b) Agrostemma-Sapotoxin aus Agrostemma Githago (Kornrade).

Bei der Durchführung der Versuche hatte ich mich zum Teil der Mitarbeit des Herrn Dr. P. D. Lamson aus Boston zu erfreuen.

Es wurden zunächst mit reinstem, selbsthergestelltem Sapotoxin aus Saponaria officinalis folgende

Versuche an Ziegen

angestellt (Lamson):

Ziege   I. Innerhalb 25 Tagen wurden 0,50—14,00 mg reinstes Saponaria-Sapotoxin intravenös injiziert.

Ziege   II. Innerhalb 120 Tagen wurden 1,00—14,00 mg reinstes Saponaria-Sapotoxin intravenös injiziert.

Ziege III. Innerhalb 35 Tagen wurden 1,00—14,00 mg reinstes Saponaria-Sapotoxin intravenös injiziert.

Das Serum aller dieser Tiere zeigte, allerdings in verschiedenem Grade, antitoxische Wirkung gegen Kobragift, und zwar sowohl in vitro als auch in vivo. Jedoch zeigte das Serum bei den Tieren I und III erst **nach dem Einengen im Vakuum** genügend starke antitoxische Eigenschaften, um mit sonst sicher tödlichen Mengen von Kobragift intravenös vergiftete Kaninchen vom Tode zu retten.

Geprüft wurde die antitoxische Kraft (Wirkung) des Immunserums entweder

a) durch Mischen von Antiserum und Kobragiftlösung in verschiedenen Mengenverhältnissen im Reagenzglas und intravenöse Injektion größerer oder kleinerer Mengen der Mischung (Kaninchenohrvene!) oder
b) gleichzeitige Injektion einer letalen Dosis Kobragift in eine Ohrvene und antitoxischen Serums in die Randvene des anderen Ohres (nach Calmette).

---

[1]) E. St. Faust, Biologischer Nachweis der Sapotoxin-Natur wirksamer Bestandteile von Schlangengiften (Ophiotoxin). Ein Beitrag zur Frage der Immunisierung gegen abiurete Gifte. Sitzungsberichte der Physik.-med. Ges. zu Würzburg. 20. Mai, 1915.

Bei den oben beschriebenen Versuchen mit Saponaria Sapotoxin ergaben sich besondere Schwierigkeiten und Komplikationen, weil dieses Sapotoxin, wegen seiner Schwerresorbierbarkeit von Schleimhautflächen, sowie vom Unterhautzellgewebe aus, stets intravenös injiziert werden mußte. Dabei kam es, infolge der lokalen, entzündungserregenden und nekrotisierenden Wirkung des Sapotoxins an der Injektionsstelle, insbesondere aber auf das Gefäßendothel, wenn dieses, ohne vorherige Verdünnung der Sapotoxinlösung durch das Blut mit ersterem in direkte Berührung kam, des öfteren zu aseptischer Abszeßbildung sowie Verstopfung und Verlegung des Gefäßes. Wenn wir auch keines unserer Versuchstiere infolge derartiger Komplikationen (Embolie, Infektion der Abszesse) vorzeitig einbüßten, so war doch natürlich stets größte Vorsicht bei den Injektionen geboten.

Wir wählten daher für eine zweite Versuchsreihe das Agrostemma-Sapotoxin, weil nach der Kasuistik der Vergiftungen mit kornradehaltigem Brot oder Mehl und nach den Angaben von Brandl[1]), der sich eingehend mit diesem Sapotoxin beschäftigt hat, eine teilweise Resorption desselben vom Magen-Darmkanal aus nicht unwahrscheinlich, jedenfalls nicht ausgeschlossen, scheint. Außerdem hat das Agrostemma-Sapotoxin den hier nicht zu unterschätzenden Vorzug der geringeren Giftigkeit, so daß bei seiner Verwendung zu Beginn der Versuche allzu heftig einsetzende Wirkungen leichter vermieden werden konnten.

Versuche mit Agrostemma-Sapotoxin an Hunden.

Zur Verfügung standen zwei von Herrn Kollegen Brandl in München von ihm selbst dargestellte und uns gütigst überlassene Präparate

a) Agrostemma Roh-Sapotoxin,
b) Agrostemma Rein-Sapotoxin.

Hund I. Körpergewicht 12,750—15,100 kg.

Innerhalb 54 Tagen 0,20—1,25 g Rohsaponin per os.

Das Saponin wurde in in Fleisch eingehüllten Geloduratkapseln verabreicht.

Innerhalb 254 Tagen 1,00—22,00 mg Reinsaponin subkutan.

Die subkutanen Injektionen des Rein-A.-Saponin, auch in vorsichtigst sterilisierter Lösung, verursachten jedoch, insbesondere nach den höheren und höchsten Dosen, schwer zu behandelnde und nur sehr langsam ausheilende Abszesse an der Injektionsstelle und deren weiteren Umgebung. Der Harn war stets eiweißfrei! Ab und zu stellten sich leichte Diarrhöen ein (Ausscheidung des Sapotoxins durch den Darm?), die aber sehr bald sistierten, wenn die Injektionen unterbrochen wurden.

Nach dieser, also 308 Tage dauernden Vorbehandlung mit Agrostemma-Sapotoxin wurden dem Tier 20,0 mg natives Kobragift, gelöst in 10,0 ccm 0,85% NaCl-Lösung intravenös eingespritzt, worauf innerhalb drei Tagen nur ganz leichte Vergiftungserscheinungen, bestehend in großem Durst, Appetitlosigkeit und leichtem Durchfall, sich einstellten; drei Tage später scheint das Tier völlig normal.

Nach Verlauf von weiteren drei Tagen wurde das Tier durch Verbluten aus der Carotis getötet. Aus dem defibrinierten Blut wurden ca. 90 ccm ganz klares Serum gewonnen, welches ebenso wie das Ziegenserum in früheren Versuchen (vgl. oben!) antitoxische Eigenschaften gegen Kobragift zeigte. Denn es neutralisierte **Kobragift** sowohl in vitro als auch in vivo!

---

[1]) J. Brandl, Archiv f. exper. Path. u. f. Pharmak. Bd. 54, S. 245—285, 1906 und Bd. 59, S. 245—268 u. 311—321, 1908.

Hund II. Körpergewicht 16,0—18,0 kg.

Innerhalb 29 Tagen 0,20—1,00 g Roh - Saponin per os wie bei Hund I.
Innerhalb 251 Tagen 1,00—25,00 mg Rein - Saponin subkutan.

Sechs Tage nach der letzten Saponin-Injektion wurden dem Tier 30,0 mg
natives Kobragift, gelöst in 15,0 ccm 0,85 % NaCl-Lösung intravenös eingespritzt.

Darauf stellten sich, nach zwei Stunden beginnend, schwere Vergiftungssymptome ein; doch erholte sich das Tier vollständig innerhalb vier Tagen.
Nach seiner Herstellung wurde der Hund wie in Versuch I durch Verbluten
getötet.

Auch das Serum dieses Tieres zeigte antitoxische Eigenschaften, denn
es neutralisierte die Wirkung einer für Kaninchen sicherlich tödlichen Dosis
nativen Kobragiftes, und zwar sowohl in vivo als auch in vitro!

Diese Versuche zeigen, daß

1. Immunisierung gegen abiurete Gifte möglich ist und daß dabei
2. Bildung von sog. „Antitoxin" stattfinden kann und daß
3. Sapotoxine pflanzlichen Ursprungs die Bildung von „Antitoxinen" gegen
   tierische Sapotoxine auslösen können.

Das hämolytisch wirkende Solanin, ein basisches, den Saponinen pharmakologisch verwandtes Glykosid, war bereits früher Gegenstand von Untersuchungen über die Möglichkeit der Immunisierung gegen saponinartige
Stoffe.

Pohl[1]) gab an, durch wiederholte Injektion von Solanin die Schutz-
kraft des Blutserums von Kaninchen gegen die Solaninhämolyse, im günstigsten
Falle um das Zehnfache gesteigert zu haben.

Kobert[2]) hatte Erfolge mit Quillajasäure, während Bashford[3]) und
Besredka[4]) bei Versuchen mit Saponin und Solanin im Gegensatze zu Pohl
keine Immunisierung erzielten.

Über Immunisierung gegen ein Glykosid von Rhus toxicodendron
(also ebenfalls gegen ein abiuretes Gift) berichtete neuerdings Ford[5]).

Über die Wirkungsweise der bei Schlangenbiß mit Erfolg angewandten
Heilsera läßt sich bis jetzt nur sagen, daß der in letzteren enthaltene wirksame Stoff den wirksamen Bestandteil des Giftes chemisch zu binden und dadurch in eine unwirksame Verbindung umzuwandeln scheint.

7. Therapie des Schlangenbisses.

Die in der ganzen medizinischen Literatur von den Schriften der alten Inder
und des Nikander bis auf die Gegenwart eine hervorragende Stellung einnehmende
Behandlung oder Therapie der Vergiftugnen durch Schlangen zeugt in beredten
Worten für das tiefe, praktische Interesse dieser Frage für den Menschen und für

---

[1]) J. Pohl, Über Blutimmunität. Archives intern. de Pharmakodynamie et de
Therapie. Bd. 7, S. 1, 1900; Bd. 8, S. 437, 1901; Bd. 9, S. 505, 1901.

[2]) R. Kobert, Beiträge zur Kenntnis der Saponinsubstanzen. F. Enke, Stuttgart,
1904, S. 53.

[3]) F. Bashford, Über Blutimmunität. Archives intern. de Pharmakodynamie et
de Therapie. Bd. 8, S. 101, 1901.

[4]) Besredka, Zitiert bei E. Metschnihoff, L'Immunité dans les maladies infec-
tieuses. Masson, Paris, 1901, S. 410.

[5]) W. W. Ford, Antibodies to Glucosides, with especial reference to Rhus toxicodendron. The Journal of Infectious Diseases. Bd. 4, Nr. 4, S. 1, 1907. Note on Rhus
toxicodendron. New York Med. Journ., July, 31, 1909. Vgl. auch Syme, Some constituents
of the Poison Ivy Plant. Johns Hopkins Thesis, 1906.

die Aktualität des Kampfes zwischen diesem und den Schlangen. Bei allen Völkern und zu allen Zeiten finden wir Angaben über zahlreiche Mittel (vgl. bei M. Brenning und A. J. Kunkel) aus dem Tier- und Mineralreiche, welchen eine sichere Wirkung nachgerühmt wurde und zum Teil auch heute noch, am häufigsten natürlich in der Volksmedizin, zugesprochen wird.

Die Wichtigkeit und die große praktische Bedeutung der Auffindung geeigneter Mittel und rationeller therapeutischer Maßnahmen gegen Vergiftungen durch Schlangen ergibt sich sofort aus der, obgleich infolge von mancherlei Umständen wahrscheinlich noch sehr lückenhaften und unvollkommenen Statistik und Kasuistik derartiger Vergiftungen.

Die zahlreichen Mittel früherer Zeiten, welche zum Teil auch heute noch von den Eingeborenen einzelner Länder gegen Schlangenbiß verwendet werden, haben für uns nur medizinisch-historisches oder kulturgeschichtliches Interesse und müssen hier, so interessant auch manche der Anwendung solcher Mittel zugrunde liegende Vorstellungen sind, übergangen werden.

Ich erwähne hier nur den „Theriak" der Alten, welchem sich ein noch in der Pharmacopée Française vom Jahre 1866 findendes offizinelles Präparat nachgebildet ist. Dieses für unsere heutigen Begriffe monströse Produkt der Pharmazie enthielt bis zum Jahre 1884 in Anlehnung an den Theriak der Alten auch noch Viperteile (vgl. Humery). In der Ausgabe des französischen „Codex medicamentarius" vom Jahre 1884 findet sich noch ein „Electuaire thériacal" genanntes, 56 Mittel enthaltendes Präparat, welches in der Kompliziertheit seiner Zusammensetzung immer noch die Anlehnung an den „Theriak" der Alten und die Nachbildung desselben erkennen läßt.

Die moderne wissenschaftliche Therapie ist bestrebt, mit möglichst einfachen Mitteln zu arbeiten und vorzugsweise chemisch einheitliche und genau charakterisierte Verbindungen zu Heilzwecken zu verwenden.

Wie bei den Vergiftungen im allgemeinen kommt es auch hier darauf an:

1. Die Resorption des einverleibten Giftes möglichst hintanzuhalten oder zu verhindern;
2. die Ausscheidung von resorbiertem, unverändertem Gift möglichst zu beschleunigen;
3. bereits eingetretene, resorptive oder zentrale Wirkungen zu bekämpfen oder zu beseitigen, sei es mittelst geeigneter pharmakologischer Agentien oder anderer therapeutischer Maßnahmen;
4. bereits resorbiertes Gift auf chemischem Wege zu verändern und in eine für den Organismus unschädliche Form oder Verbindung überzuführen.

1. Die Resorption von einverleibtem Gift kann verzögert werden durch Anlegen einer **Ligatur** an dem gebissenen Gliede oberhalb oder zentralwärts von der Bißstelle. Hierdurch wird die Zirkulation in dem betreffenden Gebiete verlangsamt oder aufgehoben und das Gift gelangt nur sehr langsam und in kleinen Mengen zu den lebenswichtigen Organen (Nervensystem).

Die Abschnürung des verwundeten Körperteiles darf nicht zu lange, nicht länger als etwa eine halbe Stunde, ohne Unterbrechung aufrecht erhalten werden; bei längerer Dauer entstehen leicht unangenehme Störungen des Kreislaufs und die mangelhafte Ernährung der Gewebe kann zu bleibenden Veränderungen derselben führen.

Durch **sofortiges Aussaugen der Wunde** kann unter Umständen ein größerer oder kleinerer Anteil des einverleibten Giftes aus der Wunde und aus dem Organismus entfernt werden, doch ist hierbei darauf zu achten, daß Resorption des Giftes bei der diese Operation vornehmenden Person nicht von der Mundschleimhaut aus erfolgt, was ja bei normalem Zustande der Mundschleimhaut nicht geschieht, wohl aber bei etwa bestehenden Verletzungen der letzteren vorkommen kann. Diese Gefahr läßt sich durch Anwendung von **Schröpfköpfen** vermeiden.

Die Resorption des Giftes und seine resorptiven Wirkungen können ferner verhindert werden durch teilweise oder vollkommene **Zerstörung des Giftes an der Biß- oder Injektionsstelle.** Zu diesem Zwecke hat man die Injektion von Lösungen verschiedener energisch wirkender Oxydationsmittel in die Bißwunde und deren Umgebung empfohlen, weil die Schlangengifte, wenigstens im Reagenzglase, von diesen sehr leicht angegriffen und zerstört, d. h. unwirksam gemacht werden (vgl. oben S. 741). Derartig wirkende Stoffe sind das **Chlorwasser** (Lenz, 1832), das **Kaliumpermanganat**, (Lacerda, 1881, und neuerdings T. Lauder Brunton, Fayrer und Rogers, 1904), das **Chromoxyd** bzw. **Chromsäureanhydrid** (Kaufmann, 1889), der **Chlorkalk** oder das **unterchlorigsaure Kalzium**, **Kalziumhypochlorit**, $Ca(OCl)_2$, von Aron (1883) zuerst an Tieren experimentell erprobt und von Calmette besonders warm empfohlen. Letzteres verdient vor den genannten analog wirkenden Mitteln den Vorzug wegen der geringen Ätzwirkung und der dadurch bedingten geringfügigen lokalen Gewebszerstörung.

Anstatt des Chlorkalkes kann auch die unter dem Namen „**Eau de Javelle**" käufliche Lösung von unterchlorigsaurem Kalium verwendet werden.

Die wässerigen Lösungen der genannten Stoffe werden zwecks Zerstörung des Giftes subkutan in die Bißwunde und deren nächste Umgebung injiziert.

Eine Anzahl von Chlorverbindungen der Schwermetalle, so das in dieser Hinsicht von Pedler (1878) untersuchte Platintetrachlorid, das Zinktetrachlorid, Goldtrichlorid und Quecksilberchlorid, welche von Fayrer und Brunton auf ihre etwaige Verwendung als lokal wirkende, das Gift an der Bißstelle zerstörende Mittel geprüft wurden, haben sich für diesen Zweck nicht bewährt.

Die von Fayrer seiner Zeit empfohlene heroische Methode der Verhinderung der Resorption durch sofortige Amputation eines gebissenen Gliedes (Finger oder Zehe) oder einfaches Abhauen einer Extremität hat sich aus leicht begreiflichen Gründen ebensowenig wie die lokale Behandlung mit dem glühenden Eisen (Ferrum candens) oder durch Abbrennen von Schießpulver auf der Bißstelle einbürgern können, weil dadurch Verstümmelungen geschaffen werden und das gewünschte Resultat, die sichere Entfernung oder Zerstörung des Giftes, doch nicht oder nur in seltenen Fällen erreicht wurde.

2. Die **Ausscheidung von resorbiertem Gifte** erfolgt, wie es scheint, durch verschiedene Drüsen, den Harn und die Magen- und Darmschleimhaut.

Es erscheint demnach rationell, die Ausscheidung des einverleibten Giftes durch die genannten Wege zu unterstützen, was vielleicht durch **reichliche Zufuhr warmer Flüssigkeiten** geschehen kann. Von letzteren wird man wohl am zweckmäßigsten solche wählen, welche neben der Wasserwirkung (**Durchspülung des Organismus**) durch ihren Gehalt an bestimmten Stoffen auf die Sekretionstätigkeit der Nieren, auf das Gefäßsystem und erregend auf das Zentralnervensystem wirken. Diesen Forderungen entsprechen **warmer Tee und Kaffee**, weshalb diese auch häufig von großem Nutzen (schon wegen der Besserung im subjektiven Befinden) sind und oft angewendet werden.

Die Entfernung von resorbiertem, in das Blut bereits übergegangenem Gifte aus dem Organismus hat man auch durch reichlichen **Aderlaß** und Ersatz des entnommenen Blutes durch Kochsalzlösungen öder frisches Blut, durch die sog. **Bluttransfusion**, zu erreichen versucht. Diese Versuche haben jedoch nicht zu praktisch brauchbaren Resultaten geführt.

Über die Erfolge der therapeutischen Verwendung des von Josso (1882) und von Yarrow (1888) bei Schlangenbiß geprüften und empfohlenen **Pilokarpins** läßt sich vorläufig kein Urteil fällen. Die durch Pilokarpin verursachte gesteigerte Sekretionstätigkeit der Drüsen im allgemeinen (vgl. Schmiedeberg) läßt es jedoch nicht unrationell erscheinen, bei solchen Vergiftungen weitere Versuche mit diesem Mittel anzustellen. Vielleicht wird die Ausscheidung des Giftes durch verschiedene Drüsen unter dem Einfluß des Pilokarpins beschleunigt.

Die von Alt an Tieren gemachten Erfahrungen über die Ausscheidung gewisser Schlangengifte durch die Magen- und Darmschleimhaut fordern dazu auf, auch am Menschen bei derartigen Vergiftungsfällen Magenausspülungen vorzunehmen, um die Entfernung des auf diesem Wege etwa ausgeschiedenen Giftes aus dem Organismus zu bewirken.

3. Symptomatologische Behandlung des Schlangenbisses mittelst pharmakologischer Agentien. Zweck und Ziel dieser Art der Behandlung ist in erster Linie die Beeinflussung der von den Wirkungen der Schlangengifte betroffenen Gebiete des Zentralnervensystems, deren Funktionen für das Fortbestehen des Lebens unerläßlich sind. Die zentralen oder resorptiven Wirkungen der Schlangengifte betreffen diejenigen Gebiete des Zentralnervensystems, von welchen die Respiration und die Zirkulation abhängig sind. Auf diese wirken die Schlangengifte lähmend. Demgemäß sind die zu diesem Zwecke geeigneten Substanzen unter denjenigen pharmakologischen Agentien zu suchen, welche erregend auf die genannten Gebiete wirken, wobei aber stets zu beachten ist, daß wir auf diese Weise niemals die Ursache, sondern nur die Folgen der Wirkungen des Giftes bekämpfen, die Behandlung daher eine symptomatologische ist.

Das Ammoniak wurde schon im 18. Jahrhundert von Jussieu, Chaussier, Sage und anderen als eines der sichersten Mittel bei Vergiftungen durch Schlangen gerühmt und auch in neuerer Zeit zur innerlichen und äußerlichen, lokalen Anwendung an der Bißstelle empfohlen. Halford empfahl seine intravenöse Injektion. Den mit dem Ammoniak gemachten, angeblich günstigen Erfahrungen am Menschen stehen die bei Tieren experimentell gewonnenen, fast regelmäßig negativen Resultate gegenüber. Schon Fontana hatte bei Versuchen an Tieren festgestellt, daß das Ammoniak die Wirkungen des Viperngiftes nicht aufzuheben vermag.

Aus allen vorliegenden Untersuchungen scheint hervorzugehen, daß das Ammoniak beim Menschen in manchen Fällen nützlich sein mag, den letalen Ausgang aber nicht verhindern kann, wenn eine tödliche Menge des Giftes einverleibt wurde.

Dasselbe gilt von dem von A. Müller empfohlenen **Strychnin**, dessen primäre, erregende Wirkungen auf das Zentralnervensystem es geeignet erscheinen lassen, die lähmenden Wirkungen der Schlangengifte aufzuheben. Müller und andere berichten über günstige Erfolge. Nach einer von Raston Huxtable (1892) veröffentlichten Statistik scheint das Strychnin als Gegengift jedoch endgültig abgetan. In 426 Fällen von Schlangenbiß wurden 113 Gebissene mit Strychnin behandelt; von diesen starben 15, also 13, 2 %. Von den übrigen 313, nicht mit Strychnin behandelten, starben 13, also 2,4 %.

Diese Mißerfolge erklären sich vielleicht aus der nach Injektion größerer Gaben von Strychnin folgenden Lähmung des Zentralnervensystems, welche sich dann noch zu der schon bestehenden, durch das Schlangengift bedingten Lähmung addiert und die vollständige Lähmung der lebenswichtigen Funktionszentren des Zentralnervensystems noch beschleunigen würde. Die Schwierigkeiten der Strychninbehandlung werden verständlich, wenn wir bedenken, daß die Resorption des Schlangengiftes und die einverleibten Mengen desselben kaum zu übersehen sind und daß deshalb die Dosierung des Strychnins nur nach dem Grade der beobachteten Wirkung geschehen kann, nicht aber etwa nach allgemein vorgeschriebenen Dosen und starren Regeln.

Wenig günstige Resultate hat auch Th. Aron bei seinen Tierversuchen mit dem **Coffein** und **Atropin** als Gegenmittel zu verzeichnen. Die genannten Stoffe vermochten den tödlichen Verlauf der Vergiftung nicht aufzuhalten.

Die bekannten pharmakologischen Wirkungen des **Kampfers,** d. h. seine erregenden Wirkungen auf das Zentralnervensystem im allgemeinen, namentlich aber auf die Funktionszentren des verlängerten Marks, welche die Respiration und die Zirkulation beeinflussen und regulieren, machen es wahrscheinlich, daß der Kampfer bei Vergiftungen durch Schlangen therapeutisch mit Erfolg anzuwenden wäre. Jedenfalls scheint seine therapeutische Verwendung hier, wie in kollapsartigen Zuständen infolge anderer Ursachen, rationell. Weitere Versuche mit diesem Mittel dürften daher wünschenswert und zu empfehlen sein.

Über die therapeutische Verwendung des **Alkohols** bei Vergiftungen durch Schlangen läßt sich vom wissenschaftlich-pharmakologischen Standpunkte wenig sagen. Dem weit verbreiteten, angeblich erfolgreichen Brauche, den Gebissenen alkoholische Getränke bis zum Eintritt einer mehr oder weniger tiefen Narkose zu verabreichen, stehen die an Tieren gewonnenen negativen Resultate gegenüber (Aron, Weir Mitchell und Reichert), nach welchen niemals eine wesentliche Beeinflussung des Verlaufes der Vergiftung durch Alkohol beobachtet wurde.

Die bekannten pharmakologischen Wirkungen des Alkohols **nach seiner Resorption** bieten keinen Anhaltspunkt für die Erklärung einer angeblichen günstigen Beeinflussung der Vergiftung.

In der lokalen entzündlichen Reizung der Magenschleimhaut durch konzentrierten Alkohol und der damit verbundenen Hyperämie der von dieser Wirkung betroffenen Gewebe ließe sich dagegen vielleicht die Schaffung von Bedingungen erblicken, unter welchen die **Ausscheidung des Giftes** rascher erfolgt. Man darf wohl annehmen, daß, wenn in der Zeiteinheit ein bestimmtes Ausscheidungsgebiet infolge dort bestehender Hyperämie von größeren Blutmengen durchströmt wird, die exkretorische Tätigkeit eines solchen Gebietes wahrscheinlich ebenfalls gesteigert ist, so daß in der Zeiteinheit den die Ausscheidung des Giftes besorgenden Zellen mehr Gift zugeführt und durch diese auch ausgeschieden wird. Die Resultate unter ähnlichen Bedingungen ausgeführter Versuche mit Morphin (Mc Crudden), dessen Ausscheidung sicher durch die Magen- und Darmschleimhaut erfolgt, sprechen unzweideutig für diese Auffassung der Alkoholwirkung bei Vergiftungen durch Schlangen.

Wahrscheinlich spielen ähnliche Verhältnisse bei der häufigen **innerlichen Anwendung saponinhaltiger und anderer, lokal reizend wirkende Stoffe enthaltender Pflanzen**[1]) seitens der Eingeborenen verschiedener Länder nach dieser Richtung ebenfalls eine Rolle.

Durch **künstliche Respiration** ist es im Tierexperiment gelungen, den Tod der mit verschiedenen „Schlangengiften" vergifteten Tiere stundenlang hinauszuschieben. Auch liegen Angaben über die Anwendung der künstlichen Respiration beim Menschen vor, doch haben diese Untersuchungen nicht zu praktischen Resultaten geführt; indessen scheinen derartige Versuche, den da niederliegenden Gaswechsel zu beeinflussen und zu verstärken, wünschenswert, wobei vielleicht auch die reflektorische Beeinflussung der Atmung von der Peripherie (Haut) aus von Nutzen sein kann.

---

[1]) Die auch in Deutschland offizinelle Droge **Radix Senegae,** Senegawurzel, von Polygala Senega stammend, welche das zur pharmakologischen Gruppe der Sapotoxine gehörende „Senegin" enthält, wird in Amerika vielfach innerlich gegen Klapperschlangenbiß angewendet und ist dort populär unter dem Namen „Rattlesnake Root" bekannt.

Die größten Erfolge bei der Behandlung des Schlangenbisses hat nach den Angaben der betreffenden Autoren die sog. **Serumtherapie des Schlangenbisses** zu verzeichnen.

Das nach der auf S. 747 angegebenen Methode bereitete Serum oder der in sterilisiertem Wasser wieder gelöste Trockenrückstand eines derartigen Antiserums wird dem Vergifteten subkutan oder intraperitoneal, in dringenden Fällen auch intravenös injiziert.

Die zur Heilung erforderliche Menge des Serums muß um so größer sein, je empfindlicher das Tier gegen das Gift ist. Für eine bestimmte Tierspezies ist bei der gleichen Giftmenge die zur Heilung nötige Menge des Serums um so größer, je später die Injektion des Heilserums nach der Vergiftung erfolgt.

Ein Hund von 12 kg Körpergewicht, welchem 9 mg Cobragift, eine für Kontrolltiere in fünf bis sieben Stunden tödliche Menge, injiziert wurden, wurde durch zwei Stunden später vorgenommene Injektion von 10 ccm des Heilserums völlig hergestellt; drei Stunden nach Einverleibung derselben Giftmenge waren schon 20 ccm Antiserum erforderlich, um das Tier am Leben zu erhalten (Calmette).

Bei einem 60 kg schweren Menschen wirken etwa 14 mg natives Cobragift (Trockenrückstand) tödlich. Eine kräftige Cobra liefert bei jedem Bisse eine Menge Giftsekret, welchem etwa 20 mg Trockenrückstand entsprechen. Es empfiehlt sich daher, von vornherein einen Überschuß von „Antiserum" zu injizieren. Nach zahlreichen Versuchen an Tieren und nach den Resultaten klinischer Erfahrungen reichen 10 bis 20 ccm des Serums aus, um die Wirkungen der bei dem Bisse der Cobra im Durchschnitt einverleibten Giftmenge aufzuheben. Man wird daher zweckmäßig mit der Injektion genannter Mengen des Serums anfangen, dabei aber nicht, wie das auch sonst empfehlenswert ist, nach starren dosologischen und dosometrischen Regeln sondern nach den beobachteten Wirkungen des Antiserums, nach dem Grade der Besserung der Symptome dosieren.

Eine von Fayrer veröffentlichte Statistik über 65 tödlich verlaufene Fälle von Schlangenbiß in Indien ergibt, daß von den Gebissenen

22,06 % in weniger als 2 Stunden,
24,53 „ zwischen 2 und 6 Stunden,
23,05 „ zwischen 6 und 12 Stunden,
 9,36 „ zwischen 12 und 24 Stunden,
21,00 „ später als 24 Stunden

nach erfolgtem Bisse starben.

Diese Fälle verliefen unter den in Indien obwaltenden Verhältnissen tödlich, da dort ärztliche Hilfe oft schwer zu erreichen ist. Die erstgenannten 22,06 % der Fälle wären wohl unter allen Umständen letal verlaufen. Die übrigen 77,94 %, in denen der Tod erst nach 2 bis 24 Stunden erfolgte, hätte jedoch die Anwendung des Calmetteschen Serums, sofern es sich um Cobrabiß handelte, wahrscheinlich gerettet.

Nach den bis jetzt vorliegenden Untersuchungen scheint es sich bei der Wirkung des Antiserums um eine chemische Wechselwirkung zwischen den wirksamen Bestandteilen des Giftes und den „Antikörpern" des injizierten Heilserums zu handeln.

8. Prophylaxe.

Die Verhütung von Vergiftungen durch Schlangen ist in Europa, wo es sich um die kleinen, wenig giftigen und mit nur schwachen und kurzen Giftzähnen ausgestatteten Vipern handelt, nicht schwierig. Es genügt eine Fußbekleidung aus derbem Leder zum Schutz der unteren Extremitäten, da die Giftzähne der europäischen Schlangen nicht durch dieses Material durchdringen können, und die Kreuzotter z. B. ihren Kopf nie höher als einige Zentimeter vom Boden erhebt oder erheben kann. Ferner dürfte es sich empfehlen, Kinder in der Schule insbesondere durch den Anschauungsunterricht über die Kennzeichen, Lebensweise und Gewohnheiten usw., der Kreuzotter eingehend zu unterrichten. Dadurch würde die Kenntnis der Kreuzotter in immer weitere Schichten des Volkes dringen, Unfällen vorgebeugt und wahrscheinlich auch der Vermehrung dieser für Deutschland einzigen in Betracht kommenden Giftschlange Einhalt getan werden.

In den tropischen Ländern genügen derartige Schutzmaßregeln jedoch nicht. Die hohe Mortalität in diesen Ländern ist in erster Linie auf die Häufigkeit des Vorkommens und die große Giftigkeit der Schlangen, zum Teil aber auch auf die Indolenz und Indifferenz der Eingeborenen zurückzuführen, welche außerdem in manchen Schlangen, aus religiösen und mystischen Gründen, zu schützende und zu verehrende Geschöpfe erblicken. Dann kommen aber auch die dortigen Wohnungsverhältnisse und gewisse Sitten der Eingeborenen, so z. B. das Schlafen auf der Erde, in Betracht.

Man hat daher versucht, durch Aussetzen einer Prämie auf jede eingelieferte Schlange die Ausrottung dieser Tiere zu erreichen. Das Prämiensystem hat jedoch in keinem Lande den gewünschten Erfolg gehabt.

III. Eidechsen, Sauria.

Heloderma suspectum und **H. horridum, die Krusteneidechse,** in Zentralamerika und Mexiko einheimisch, ist die einzige giftige Eidechsenart. Der **Giftapparat** besteht, wie bei den Schlangen, aus **Giftdrüsen** und damit in Verbindung stehenden **Giftzähnen,** mittelst welcher die Verwundung und Einverleibung des Giftsekretes bewirkt werden.

Die Zähne (sowohl des Unter- als auch des Oberkiefers) des Heloderma sind gefurcht.

Die Unterkieferdrüsen des Heloderma erreichen eine relativ enorme Größe und Ausbildung. Sie liegen unter dem Unterkiefer und münden an der Basis der gefurchten Zähne. Die Unterkieferdrüsen liefern das giftige Sekret.

Über die chemische Natur und die Zusammensetzung des wirksamen Bestandteiles des Helodermagiftes wissen wir nur, daß der Giftkörper Kochen in schwach essigsaurer Lösung ohne Abnahme der Wirksamkeit verträgt und deshalb nicht zu den Fermenten gezählt werden kann. Santesson glaubt sich auf Grund seiner orientierenden chemischen Untersuchung zu der Annahme berechtigt, daß toxisch wirkende Alkaloide in dem Giftsekrete wahrscheinlich nicht vorhanden sind, und daß die hauptsächlichen giftigen Bestandteile des Helodermaspeichels ihrer chemischen Natur nach teils zu den nukleinhaltigen Substanzen, teils zu den Albumosen gehören.

Um das Giftsekret zu sammeln, ließen S. Weir Mitchell und Reichert ein Heloderma in den Rand einer Untertasse beißen. Dabei träufelte ein klares Sekret in kleinen Mengen aus dem Maule. Die Flüssigkeit verbreitete einen schwachen, nicht unangenehmen aromatischen Geruch; die Reaktion derselben war deutlich alkalisch.

Mitchell und Reichert stellten ihre Versuche teils mit unverändertem, frischem (nativem), teils mit eingetrocknetem und in Wasser wieder aufgelöstem Sekret an Fröschen, Tauben und Kaninchen an.

Zwei Kaninchen, von welchen das eine vagotomiert war, erhielten je 10 mg des getrockneten Helodermagiftes in die Vena jugularis. Das vagotomierte Tier starb nach 1½ Minuten, das nicht vagotomierte nach 19 Minuten; beide Tiere verendeten unter Konvulsionen.

Die Resultate von Michell und Reichert haben in bezug auf die Giftigkeit des Heloderma Sumichrast, Boulenger, A. Dugés, Garman und Bocourt durch eigene Versuche an Tieren bestätigt.

Beim Menschen hat man nach Helodermabiß nur starke Schmerzhaftigkeit und heftiges Anschwellen des betroffenen Gliedes oder Körperteiles beobachtet.

Die Wirkungen des Giftsekretes von Heloderma suspectum haben dann noch C. G. Santesson, J. van Denburgh und O. B. Wight untersucht.

Nach Santesson wirkt die aus einem, von einem Heloderma angebissenen Schwämmchen mit physiologischer Kochsalzlösung ausgelaugte Flüssigkeit, Fröschen, Mäusen oder Kaninchen subkutan beigebracht, immer tödlich. Die Wirkung besteht in einer sich schnell entwickelnden, wahrscheinlich zentralen Lähmung, die anfänglich den Charakter einer Narkose zeigt. Die Ursache der Lähmung ist nicht etwa die darniederliegende Zirkulation; beim Frosch beobachtete Santesson totale Lähmung, während das Herz noch schlug. Die Wirkung des Giftes erstreckt sich jedoch nicht nur auf das Zentralnervensystem; früher oder später gesellt sich zu der zentralen Lähmung noch eine curarinartige Wirkung.

Nach subkutaner Injektion des Giftes sah Santesson an Fröschen lokale Wirkungen des Giftes, bestehend in Schwellung, Ödem und Blutungen. Die Beobachtungen und Versuche, bei welchen Menschen und größere Tiere von Helodermen gebissen wurden, sprechen entschieden dafür, daß das Helodermagift, ähnlich wie das Gift mancher Schlangen, Lokalerscheinungen bewirkt.

Nach J. van Denburgh und O. B. Wight löst das Gift von Heloderma suspectum im Reagenzglase die roten Blutkörperchen auf, macht das Blut ungerinnbar nach vorausgegangener Thrombenbildung und wirkt zuerst erregend, dann lähmend auf das Zentralnervensystem. Atembewegungen und Herzschlag werden erst beschleunigt, dann zum Stillstande gebracht, das Herz auch durch lokale Giftwirkung gelähmt. Speichelfluß, Erbrechen, Abgang von Kot und Harn charakterisieren die ersten Stadien der Vergiftung: der Tod tritt nach diesen Autoren entweder infolge von Atemstillstand oder durch Thrombenbildung und Herzlähmung ein.

IV. Amphibien, Lurche; Amphibia.

Die Hautdrüsensekrete gewisser nackter Amphibien enthalten giftige Substanzen.

1. Ordnung: Anura, schwanzlose Amphibien.

a) Gattung Bufo.

Bufo vulgaris Lin., die gemeine Kröte, bereitet in gewissen Hautdrüsen ein rahmartiges Sekret, in welchem enthalten sind Bufotalin, Bufonin (Faust) und Phrynolysin (Pröscher). Bufotalin findet sich auch im Krötenblut (Phisalix und Bertrand).

Das Bufonin, Zusammensetzung 82,59% C, 10,93% H, kristallisiert aus den alkoholischen Auszügen der Krötenhäute beim Einengen der ersteren in feinen Nadeln oder derberen Prismen, die nach wiederholten Umkristallisieren den Schmelzpunkt 152° zeigen und bei der Elementaranalyse für die Formel $C_{34}H_{54}O_2 = HO.H_{25}C_{17} \cdot C_{17}H_{26}.OH$ gut stimmende Werte gaben. Mol. Gewicht nach Raoult-Beckmann 494.

Das Bufonin ist leicht löslich in Chloroform, Benzol und heißem Alkohol, schwerer löslich in Äther, sehr wenig löslich in kaltem Alkohol und Wasser. Es ist eine neutrale Verbindung, unlöslich in Säuren und Alkalien.

Farbenreaktionen: Löst man ein wenig des Bufonins in Chloroform und schichtet darunter konzentrierte Schwefelsäure, so entsteht zunächst an der Berührungsfläche der beiden Flüssigkeiten eine dunkelrot gefärbte Zone, die an Ausdehnung allmählich zu, nimmt. Mischt man die beiden Flüssigkeiten, so färbt sich das Chloroform zuerst hell-, dann dunkelrot, schließlich purpurfarbig. Die Schwefelsäure zeigt eine grünliche Fluoressenz.

In Essigsäureanhydrid gelöst und mit konz. Schwefelsäure gemischt, zeigt das Bufonin ein ähnliches Farbenspiel wie das Cholesterin, mit welchem es chemisch nahe verwandt zu sein scheint.

Bufonylchlorid $C_{31}H_{52}Cl_2$, Mol.-Gewicht 531, Cl = 13,37% (Faust), entsteht bei der Einwirkung von PCl_5 auf Bufonin. Kristallisiert aus Alkohol in wohlausgebildeten, federartig gruppierten Nadeln, Schmelzpunkt 103⁰.

Das **Bufotalin** $C_{34}H_{46}O_{10}$, Mol.-Gewicht 614. Zusammensetzung: 66,45% C, 7,49% H. Geht bei der Behandlung der Rückstände alkoholischer Auszüge von Krötenhäuten mit Wasser in letzteres über und kann nach vorhergehender Reinigung solcher Lösungen mit Bleiessig, Entfernung des überschüssigen Bleies mittelst Schwefelsäure usw. aus diesem durch Kaliumquecksilberjodid gefällt werden. Aus diesen Fällungen wird es dann in der üblichen Weise mit Silberoxyd freigemacht und hierauf mit Chloroform ausgeschüttelt. Aus seiner Lösung in Chloroform wird das Bufotalin durch Petroläther gefällt. Durch fraktionierte Fällungen mit Petroläther erhält man amorphe, aber in ihrer Zusammensetzung konstante Analysenpräparate.

Das Bufotalin ist leicht löslich in Chloroform, Alkohol, Eisessig und Aceton, unlöslich in Petroläther, ziemlich schwer löslich in Benzol und in Wasser. Die Löslichkeit des Bufotalins in Wasser ist etwa 2½ pro Mille. Seine wässerige Lösung reagiert sauer.

In wässerigen Alkalien, Natronlauge, Kalilauge, Natriumcarbonat und Ammoniak ist das Bufotalin leicht löslich. Seiner sauren Natur gemäß verbindet es sich mit den oben genannten Basen zu ·Salzen. Die wässerigen Lösungen der Alkalisalze reagieren alkalisch, zeigen eine schwache Opaleszenz und schmecken stark bitter.

Das Bufotalin enthält keine Hydroxylgruppen. Acylierung gelang nicht (Faust). Beim Kochen mit konz. Salzsäure während 5 Minuten wird das Bufotalin nicht verändert. Auch tritt bei dieser Behandlung keine Farbenreaktion ein. Die nach dem Kochen mit Salzsäure alkalisch gemachte Flüssigkeit reduziert Kupferoxyd nicht. Das Bufotalin ist demnach kein Glykosid.

Auf Veranlassung von Faust haben Wieland und Weil [1]) die chemische Untersuchung des Bufotalins erneut in Angriff genommen. Es gelang diesen Autoren, aus dem im wesentlichen nach der Darstellungsmethode von Faust gewonnenen, aber, wie es scheint, durch **Bufotalsäure** und vielleicht auch durch **Korksäure** noch verunreinigten, amorphen Produkt ein krystallinisches **Bufotalin** zu gewinnen, dessen Zusammensetzung der Formel $C_{16}H_{24}O_4$, Mol.-Gewicht 280 entspricht. Schmelzpunkt 148⁰; $[a]\dfrac{24^0}{D} = +5\cdot4^0$. Das krystallinische Bufotalin aus Bufo vulgaris ist demnach nicht identisch mit Abels Bufagin aus Bufo agua. Vgl. unten S. 761. Wieland und Weil konnten auch verschiedene, wohl charakterisierte Derivate des krystallinischen Bufotalins darstellen, u. a. die dem Bufotalin isomere, aber amorphe **Bufotalsäure**.

Das krystallisierte Bufotalin von Wieland und Weil ist in Chloroform, Eisessig, Alkohol und Aceton leicht löslich; schwer löslich in Äther und Benzol und sehr wenig löslich in Petroläther und Wasser. Es zeigt also dieselben Löslichkeitsverhältnisse wie das amorphe Bufotalin von Faust. In konzentrierter Schwefelsäure löst sich das krystallinische Bufotalin mit orangeroter Farbe, die beim Stehen tief rot wird und grüne Fluoreszenz zeigt. Diese Farbenreaktion zeigt auch die Cholsäure.

---

[1]) H. Wieland und F. J. Weil, Über das Krötengift. Berichte der Deutschen chem. Gesellschaft, Bd. 46, S. 3315—3327, 1913.

Die pharmakologische Prüfung des krystallisierten Bufotalins und seiner Derivate ist zur Zeit noch nicht abgeschlossen. Ersteres zeigt die gleichen Wirkungen wie das (amorphe) Bufotalin von Faust.

Pharmakologische Wirkungen des Bufotalins: Das Bufotalin entfaltet seine Wirkung, abgesehen von lokaler Reizung, ausschließlich auf das **Herz**, und diese Wirkung stimmt mit der **Digitalinwirkung** dem Charakter nach in allen Punkten überein.

Es vermindert die Zahl der Pulse, bewirkt Verstärkung der Systolen, welcher dann die unter dem Namen „Herzperistaltik" bekannten Unregelmäßigkeiten der Herzkontraktionen folgen und führt schließlich zu systolischem Stillstand des Herzens. Der ganze Verlauf dieser Erscheinungen am Herzen ist genau wie nach einem der Stoffe der Digitalingruppe.

Die Wirkung des Bufotalins auf das Herz ist maßgebend für das Zustandekommen des ganzen Symptomenkomplexes der Bufotalinvergiftung. Alle Erscheinungen, mit Ausnahme der lokalen Wirkungen dieses Giftes, sind auf das Darniederliegen der Zirkulation zurückzuführen, wodurch auch eine Abnahme der Funktionsfähigkeit des Zentralnervensystems bis zur Lähmung bedingt wird.

Schon 0,04—0,05 mg Bufotalin, in 50 ccm Nährflüssigkeit verteilt, bewirken am isolierten Froschherzen eine bedeutende Zunahme des Pulsvolumens und eine Abnahme der Pulsfrequenz.

Das Bufotalin hat keine Wirkung auf das Nervensystem. Eine Wirkung auf die Skelettmuskeln ist ebenfalls nicht nachzuweisen.

Nach der subkutanen Injektion von 5,2 mg traten bei einem Kaninchen von 2050 g Körpergewicht die Vergiftungserscheinungen nach 40 Minuten und der Tod nach 1 Stunde ein.

Bei einem Versuche an einer Katze von 2,3 kg Körpergewicht erfolgte der Tod nach subkutaner Injektion von 2,6 mg Bufotalin unter Konvulsionen (Erstickungskrämpfe!) in 4 Stunden. Erbrechen machte den Beginn der Vergiftung bemerkbar. Dasselbe dauerte während des ganzen Versuchs fort.

Die **letale Dosis** des Bufotalins für das Säugetier ist bei subkutaner Applikation annähernd $\frac{1}{2}$ mg pro Kilogramm Körpergewicht. Bei Fröschen tritt der systolische Herzstillstand nach Einverleibung von $\frac{1}{2}$ mg innerhalb 10 Minuten ein, doch genügt schon die Hälfte dieser Menge, um an dem Herzen in situ die Veränderungen im Rhythmus und im Pulsvolumen deutlich hervortreten zu lassen.

Das Bufonin hat qualitativ die gleiche Wirkung wie das Bufotalin. Die Wirkung ist aber eine sehr schwache.

Bufo agua s. **Bombinator horridus** s. Docidophryne agua, die größte Krötenart, in Zentral- und Südamerika sowie in Mexiko (A. C. Brehm) einheimisch, erreicht in ausgewachsenem Zustande eine Länge von 20 cm und bereitet ebenfalls in besonders stark entwickelten, hinter den Ohren gelegenen Drüsen, den sog. „Parotiden" ein rahmartiges Sekret.

Aus diesem isolierten Abel und Macht eine mit dem Bufotalin pharmakologisch aber nicht chemisch identische kristallinische Substanz, welche sie **Bufagin** nannten. Neben dem Bufagin fanden diese Autoren in dem Sekret Dioxymethylaminoäthylolbenzol, d. h. **Adrenalin** in beträchtlichen Mengen (bis zu 7 % des Rohmaterials!).

Unsere einheimischen Kröten produzieren in ihren Hautdrüsen kein Adrenalin (Wiechowski)[1]).

---

[1]) W. Wiechowski, Über Krötengift. „Lotos". Bd. 62. Sitzungsberichte der biolog. Sektion, 27. Mai 1914.

Das Bufagin $C_{18}H_{24}O_4$, Mol.-Gewicht 304, Zusammensetzung 71,01 % C, 7,95 % H, Schmelzp. 217—218⁰. $(\alpha)\dfrac{24^0}{D} = + 11^0$, ist eine neutrale, in Wasser wenig lösliche Verbindung, welche wie das Bufotalin, also digitalinartig auf das Herz wirkt (vgl. oben). Die Diurese wird bei erhöhtem Blutdruck gesteigert. Abel und Macht nehmen als Ursache der vermehrten Diurese Steigerung des Blutdruckes und Erweiterung der Nierengefäße an und fassen die praktisch-therapeutische Verwendung dieser Substanz ins Auge. Vor der Entdeckung der Digitaliswirkungen durch Withering (1791) wurden bekanntlich Kröten und Krötenhaute als Mittel bei Hydrops viel gebraucht.

b) Gattung Rana.

Das auf elektrische Reizung von Fröschen ausgeschiedene Sekret der Hautdrüsen wurde neuerdings von F. Flury [1]) einer eingehenden und systematischen pharmakologischen und chemischen Prüfung unterzogen. Bei Verarbeitung des Sekrets von mehr als 1500 Wasserfröschen ließ sich zunächst folgendes feststellen.

Im Hautsekret des Wasserfrosches sind, wie bei sämtlichen anderen untersuchten Froscharten, pharmakologisch sehr stark wirksame Substanzen enthalten. Die tödlich wirkende Konzentration der wässerigen Lösung des trockenen Sekrets beträgt für Froschlarven und Fische 1 : 80 000.

Die intravenöse Injektion des frischen Sekrets oder wässeriger Lösungen seines Trockenrückstandes verursacht besonders bei Warmblütern schwere Vergiftungserscheinungen. Bei Kaninchen kommt es zu Respirationsbeschleunigung, Dyspnoe, Krämpfen und allgemeinen zentralen Lähmungserscheinungen. Der Tod erfolgt durch Lähmung der Respiration. Die letale Dosis des getrockneten Sekrets für Kaninchen bei intravenöser Einverleibung schwankte zwischen 6 und 12 mg pro Kilogramm Körpergewicht. Das frische Sekret ist noch weit giftiger. Bei Hunden und Katzen ist außerdem noch erhebliche Verstärkung der Darmperistaltik mit Erbrechen und Durchfall zu beobachten. Dagegen führt die subkutane Injektion selbst sehr hoher Dosen in der Regel nur zu geringen Vergiftungserscheinungen, auch bei Darreichung des Sekrets in den Magen und Darmkanal bleiben resorptive Vergiftungssymptome aus. Dies kommt daher, weil die wirksame Substanz des Sekrets im Organismus gebunden und vom Unterhautzellgewebe und vom Magen-Darmkanal aus nicht oder nur langsam resorbiert wird. Das Froschhautsekret besitzt weiter stark lokal reizende Eigenschaften, die sich schon beim Zerreiben des scharf bitter und kratzend schmeckenden trockenen Sekrets an den Schleimhäuten der Augen und der Atemwege bemerkbar machen. Nach subkutaner Injektion, die sehr schmerzhaft ist, kann es zu Abszessen und Nekrosen kommen, die Einträufelung des Sekrets in den Bindehautsack von Kaninchen verursacht hochgradige Entzündung mit Chemosis, Eiterung, Hornhauttrübung, Leukombildung, Lidverwachsungen usw. Die Muskulatur des Herzens wird schon durch schwache Konzentrationen gelähmt; am isolierten Froschherzen kommt es zum systolischen Stillstand. Die Erscheinungen am Herzen erinnern jedoch mehr an die Wirkungen der Saponine, als der Digitalisstoffe. Die Herzwirkung wird durch Vermischen des Sekrets mit Blut völlig aufgehoben, ein weiterer Beweis für die Bindung des Giftes

---

[1]) F. Flury, Über das Hautsekret der Frösche. Arch. f. exper. Pathol. u. Pharmak. Bd. 81, S. 320—382, 1917.

durch die verschiedenen Zellen und Organe. Auch die Skelettmuskeln des Frosches werden durch sehr verdünnte Sekretlösungen maximal und dauernd kontrahiert; am Zupfpräparat lassen sich die gleichen Veränderungen beobachten wie bei der Einwirkung von Muskelgiften der Purinreihe auf isolierte Muskelfasern. Auch der rhythmisch gereizte isolierte Froschgastrocnemius wird durch Berührung mit Hautsekretlösungen unter zunehmender Verkürzung gelähmt. Glattmuskelige Organe, wie der überlebende, isolierte Meerschweinchen- oder Rattenuterus und der Katzendarm, stellen unter dem Einfluß des Sekrets (1 : 10 000 Ringer) ihre automatischen Kontraktionen fast momentan ein. Wie die Muskeln werden auch die Nerven, gegebenenfalls nach vorausgehender Steigerung der Erregbarkeit, gelähmt. Der Blutdruck sinkt bei intravenöser Injektion an Katzen sowohl nach kleinsten, als auch nach letalen Dosen des Sekrets. Dagegen bewirkt das Hautsekret selbst noch in hoher Verdünnung (1 : 200 000) am Froschgefäßpräparat nach Laewen-Trendelenburg Verengerung und auch völligen Verschluß der Gefäße. Die Pupille des enukleierten Froschbulbus erfährt durch Sekretlösungen (1 : 25 000) maximale, lang andauernde Erweiterung.

Eine weitere sehr charakteristische Eigenschaft ist die intensive hämolytische Wirksamkeit, die an sämtlichen untersuchten Blutkörperchen (Mensch, Hund, Kaninchen, Rind, Schwein, Ziege, Taube, Huhn, Frosch, Esculenta und Temporaria) nachgewiesen werden konnte. Durch Zusatz alkoholischer Cholesterinlösung läßt sich die Hämolyse hemmen oder völlig aufheben.

Nach seiner chemischen Zusammensetzung besteht das Froschhautsekret in der Hauptmenge aus Eiweiß und Eiweißabbauprodukten. Von stickstoffhaltigen Bestandteilen konnten nachgewiesen werden koagulierbares Eiweiß, Muzin, Albumosen, Peptone, Aminosäuren (Leuzin), Nukleoproteide, Purinbasen. Der in organischen Lösungsmitteln (Äther, Chloroform) lösliche Teil enthält im wesentlichen Cholesterin und Cholesterinester, Lezithin und niedere flüchtige Fettsäuren, wie Buttersäure u. dgl., dagegen nur in sehr geringer Menge Glyzerinester. In der Asche fanden sich Kalzium, Magnesium, Kalium, Natrium, Chlor, Phosphorsäure, Schwefelsäure, Kohlensäure und Spuren von Kieselsäure und Eisen. Die Farbenreaktionen des Hautsekrets deuten auf Gegenwart von Histidin, Tryptophan (Pyrrol), Cystin und das Vorhandensein eines Kohlehydratkomplexes. Freies Adrenalin konnte nicht einwandfrei nachgewiesen werden. Das mit Kali- oder Natronlauge versetzte Sekret färbt sich auf Zusatz von Jodlösung prachtvoll violett oder purpurrot.

Der Nachweis der in jeder Körperzelle vorhandenen Kern- und Protoplasmabausteine darf als Beweis dafür gelten, daß es sich beim Froschhautsekret um ein Zerfallsprodukt ganzer Epithelzellen handelt, und liefert somit eine chemische Bestätigung der auf anatomisch-morphologischem Wege gemachten Beobachtungen.

Dem Eskulentenhautsekret schließen sich nach ihren chemischen und pharmakologischen Eigenschaften die Hautsekrete von Rana temporaria, Hyla arborea und Bombinator igneus an. Ersteres ist ärmer an Körnerdrüsensekret und deshalb weniger wirksam, das Unkensekret bewirkt zuerst Agglutination und dann Hämolyse. Im Verhältnis zu diesen Sekreten ist die hämolytische Wirkung des Krötenhautsekretes äußerst gering. Sie kann völlig fehlen. Auch die lokale Reizwirkung tritt gegenüber dem Froschhautsekret stark zurück.

Als Träger der pharmakologischen Wirksamkeit des Eskulentenhautsekrets konnten verschiedene stickstofffreie Substanzen, von teils neutralem, teils saurem Charakter isoliert werden, die im Sekret, wie es scheint, nicht frei, sondern an andere Bestandteile chemisch gebunden sind. Die neutralen Verbindungen haben den Charakter von Säureanhydriden (Laktonen). Nach ihren Farbenreaktionen mit Schwefelsäure (grüne Fluoreszenz) und mit Schwefelsäure-Essigsäureanhydrid (Cholestolreaktion) stehen sie anscheinend sowohl dem Cholesterin und dem Bufotalin des Krötengiftes, als auch den Gallensäuren und Saponinen chemisch nahe.

Auch nach ihren pharmakologischen Eigenschaften gehören die wirksamen Bestandteile des Froschhautsekrets, deren weitergehende chemische Charakterisierung noch nicht durchgeführt werden konnte, ebenso wie manche Schlangengifte (Ophiotoxin und Crotalotoxin) und saure Oxydationsprodukte des Cholesterins zur Gruppe des Sapotoxins und der Gallensäuren.

2. Ordnung: Urodela, geschwänzte Amphibien.

a) Gattung Salamandra.

Salamandra maculosa Laur., der gewöhnliche Feuersalamander, bereitet in gewissen Hautdrüsen der Nacken-, Rücken- und Schwanzwurzelgegend ein rahmartiges, dickflüssiges Sekret, welches zwei pharmakologisch sehr wirksame Basen enthält, die zuerst von Faust in Form kristallinischer Sulfate ein dargestellt wurden.

Samandarinsulfat $(C_{26}H_{40}N_2O)_2 + H_2SO_4$. Mol.-Gewicht 890. Zusammensetzung: 70,11% C, 9,00% H, 6,30% N, 11,01% H_2SO_4. Spezifische Drehung $a_D = -53,69^0$.

Auf Zusatz von Platinchlorid zur salzsauren wässerigen Lösung des Samandarins fällt bei genügender Konzentration das Platindoppelsalz als voluminöser, amorpher, hellbrauner Niederschlag aus. Der amorphe Niederschlag verliert beim Trocknen im Vakuumexsikkator über Schwefelsäure Salzsäure, so daß an Stelle der zu erwartenden Verbindung $(C_{26}H_{40}N_2O \cdot HCl)_2 \cdot PtCl_4$ die Verbindung $(C_{26}H_{40}N_2O)_2 \cdot PtCl_4$ entsteht.

Versetzt man die wässerige Lösung des Samandarinsulfats mit Soda oder Natronlauge, so fällt die freie Base als schwach gelblich gefärbtes Öl aus.

Charakteristische Reaktion des Samandarins. Übergießt man eine geringe Menge der Samandarinsulfatkristalle im Reagenzglase mit konz. Salzsäure und erhält die Flüssigkeit einige Minuten im Sieden, so färbt sich dieselbe zunächst violett, um dann bei längerem Erhitzen eine tiefblaue Farbe anzunehmen. Zum Zustandekommen dieser Blaufärbung scheint Luftzutritt (Sauerstoff) erforderlich zu sein.

Pharmakologische Wirkungen des Samandarins: Die Wirkungen des Samandarins betreffen das Zentralnervensystem und äußern sich zunächst in Steigerung der Reflexerregbarkeit, welche später vermindert ist und zuletzt gänzlich verschwindet. Das Samandarin wirkt zuerst erregend, dann lähmend auf die in der Medulla oblongata gelegenen automatischen Zentren, insbesondere auch auf das Respirationszentrum.

Die Folgen der Erregung des Zentralnervensystems sind zu erkennen in den heftigen **Konvulsionen**, die namentlich an Fröschen, schließlich mit **Tetanus** gepaart sein können. Die Erregung der in der Medulla gelegenen Zentren zeigt sich in beschleunigter Respiration, Erhöhung des Blutdrucks und Abnahme der Pulsfrequenz. Die Todesursache ist beim Warmblüter Lähmung des Respirationszentrums.

Die Dosis letalis des reinen Samandarins beträgt für den Hund bei subkutaner Applikation 0,0007—0,0009 g pro Kilogramm Körpergewicht.

Kaninchen erwiesen sich im Vergleich zum Körpergewicht relativ noch empfindlicher gegen das Gift.

Samandaridin $(C_{20}H_{31}NO)_2^? + H_2SO_4$. Mol.-Gewicht 700. Zusammensetzung 68,57 % C, 8,85 % H, 4,00 % N, 14,00 % H_2SO_4.

Außer dem Samandarin findet sich im Organismus des Feuersalamanders noch ein zweites Alkaloid, welches seiner Zusammensetzung sowohl als auch seiner pharmakologischen Wirkung nach zum Samandarin in naher Beziehung steht.

Das Samandaridinsulfat scheidet sich bei der Darstellung des Samandarins (vgl. oben) aus der heißen, noch die Biuretreaktion gebenden, mit H_2SO_4 neutralisierten Lösung kristallinisch aus.

Setzt man zu der wässerigen Lösung des Chlorhydrats dieses Alkaloids Goldchlorid hinzu, so fällt die Goldverbindung kristallinisch aus.

Aus 1000 Salamandern wurden erhalten 4 g reines Samandarinsulfat, während die Ausbeute an reinem kristallisierten Samandaridinsulfat nur etwa 1,8 g betrug.

Das Samandaridinsulfat kristallisiert in mikroskopischen rhombischen Plättchen oder Täfelchen. Es unterscheidet sich demnach vom Samandarinsulfat sowohl durch seine Kristallform als auch durch seine Schwerlöslichkeit in Wasser. Auch in Alkohol ist es schwer löslich. Das Samandaridin ist optisch inaktiv.

Beim Kochen mit konz. Salzsäure verhält sich dieser Körper wie das Samandarin; bei längerem Kochen wird die Flüssigkeit tiefblau.

Bei der trockenen Destillation mit Zinkstaub liefert das Samandaridin ein stark alkalisch reagierendes Destillat, dessen Geruch Pyridin oder Chinolin vermuten läßt.

Der Schmelzpunkt und der Platingehalt eines Doppelsalzes des bei der trockenen Destillation gewonnenen Zersetzungsproduktes des Samandaridins charakterisieren dasselbe als Isochinolin.

Unter den flüchtigen Zersetzungsprodukten des Samandarins ließ sich durch die bekannte Fichtenspahnreaktion die Anwesenheit von Pyrrol konstatieren.

Beziehungen des Samandarins zum Samandaridin. Wenn man von der einen Formel die andere subtrahiert, so ergibt sich eine Differenz von C_6H_9N. Man darf wohl vermuten, daß es sich hier vielleicht um eine Methylpyridingruppe — $C_5H_5(CH_3)N$ — handelt, die das Samandarin mehr besitzt als das Samandaridin.

Ob im Organismus des Salamanders das eine Alkaloid aus dem anderen entsteht, z. B. das Samandarin aus dem Samandaridin durch Synthese, das letztere aus jenem durch Spaltung, läßt sich zurzeit nicht entscheiden.

Die **Wirkungen des Samandaridins** unterscheiden sich von denjenigen des Samandarins nur in quantitativer Beziehung; es ist etwa die 7—8fache Menge des ersten erforderlich, um die gleiche Wirkung hervorzurufen. Qualitativ ist die Wirkung die gleiche. Hier wie dort stellen sich allgemeine **Konvulsionen** ein.

Bei der Untersuchung des Giftes von **Salamandra atra Laur.**, Alpensalamander, fand Netolitzky eine von ihm „Samandatrin" genannte, in Form ihres schwefelsauren Salzes gut kristallisierende, in Wasser schwer lösliche Base, deren Zusammensetzung vielleicht der Formel $C_{21}H_{37}N_3O_3$ entspricht und welche sich von dem Samandarin und dem Samandaridin des Feuersalamanders hauptsächlich durch ihre Löslichkeit in Äther unterscheiden soll.

Die Wirkungen des „Samandatrins" stimmen mit denjenigen der Alkaloide von Salamandra maculosa überein.

b) Gattung Triton.

Triton cristatus Laur., der gewöhnliche Wassersalamander, Wasser-Molch oder Kamm-Molch, sondert in gewissen Hautdrüsen ebenfalls ein rahmartiges, dickflüssiges Sekret ab, welches nach den Untersuchungen von Vulpian und von Capparelli giftige Stoffe enthält. Das Sekret reagiert in frischem Zustande sauer. Von 300 Tritonen konnte Capparelli 40 g des Sekretes gewinnen. Dieser Forscher untersuchte das Sekret nach der Stas-Ottoschen Methode und fand: 1. daß der wirksame Bestandteil nur aus saurer Lösung in Äther überging 2. daß derselbe stickstofffrei ist und 3. daß außerdem ein bei gewöhnlicher Temperatur flüchtiger, Lackmuspapier rötender Stoff in den Äther überging.

Über die chemische Natur des wirksamen Bestandteiles ist nichts Näheres bekannt.

Die **Wirkungen des Tritonengiftes** untersuchte Capparelli an Fröschen, Meerschweinchen, Kaninchen und Hunden. Warmblüter starben infolge von Zirkulations- und Respirationsstörungen schneller als Frösche.

Die Wirkung auf das Froschherz äußerte sich in Abnahme der Pulsfrequenz, Herzperistaltik und systolischem Stillstand. Beim Warmblüter erfolgt Steigerung des Blutdruckes mit nachfolgender Herzlähmung.

Auf die roten Blutkörperchen wirkt das Tritonengift hämolytisch und zeigt hierin eine weitere Ähnlichkeit mit den Wirkungen des Krötengiftsekretes, mit welchem es auch in den Wirkungen auf die Zirkulation übereinstimmt. Vielleicht ist der für die letztgenannten Wirkungen verantwortliche Körper identisch oder chemisch nahe verwandt mit dem Bufotalin.

V. Fische, Pisces.

Den Arbeiten von Byerley, Günther, Gressin und Bottard verdanken wir in der Hauptsache unsere heutigen Kenntnisse über Giftfische und deren Giftapparate.

Es empfiehlt sich, die Begriffe „Giftfische" und „giftige Fische" scharf zu unterscheiden und auseinanderzuhalten.

I. Unter **Giftfischen**, Pisces venenati s. toxicophori, „Poissons venimeux" der französischen Autoren, sind nur diejenigen Fische zu klassifizieren, welche einen besonderen Apparat zur Erzeugung des Giftes und dessen Einverleibung besitzen.

II. Unter „**giftige Fische**", schlechtweg „Poissons vénéneux" der französischen Autoren, sind dagegen zu verstehen und einzureihen alle Fische, deren Genuß nachteilige oder gesundheitsschädliche Folgen haben kann.

Diese Kategorie zerfällt wiederum in zwei Unterabteilungen:

a) Fische, bei welchen das Gift auf ein bestimmtes Organ beschränkt ist (Barbe),

b) Fische, bei welchen das Gift im ganzen Körper verbreitet ist (Aalblut).

1. Giftfische, Pisces venenati sive toxicophori.

Bei dem mit einem Giftapparate ausgestatteten Fischen unterscheidet man nach dem Vorgange Bottards und analog der Klassifikation der Giftschlangen zweckmäßig nach gewissen charakteristischen, morphologischen Kennzeichen der Giftapparate mehrere Unterklassen. Zunächst sind zu unterscheiden:

A. Fische, welche durch ihren **Biß** vergiften können.

B. Fische, welche durch **Stichwunden** (mit Giftdrüsen verbundene Stacheln) vergiften können.

C. Fische, welche ein giftiges **Hautsekret** in besonderen Hautdrüsen bereiten.

a) Ordnung Physostomi, Edelfische.

Familie Muraenidae. Gattung Muranna.

Muraena helena L., die gemeine Muräne, besitzt einen am Gaumen befindlichen wohl ausgebildeten Giftapparat (Coutiére), welcher aus einer ziemlich großen Tasche oder Schleimhautfalte besteht, die bei einer etwa meterlangen Muräne ½ ccm Gift enthalten kann und mit vier starken, konischen, leicht gebogenen, mit ihrer Konvexität nach vorn gerichteten, beweglichen und erektilen Zähnen versehen ist. Die Gaumenschleimhaut umschließt scheidenartig die Giftzähne und das Gift fließt zwischen den letzteren und jener in die Wunde.

Über die Natur des Giftes und seine chemische Zusammensetzung ist nichts bekannt.

Die **Wirkungen des Giftsekretes** von Muraena helena sind bisher an Tieren nicht untersucht. In einem von P. Vaillant (vgl. Bottard) beschriebenen Falle soll ein Artillerist nach dem Biß dieses Fisches in eine stundenlang andauernde Ohnmacht (Synkope) verfallen sein. Ob diese als lähmende Wirkung des Giftes oder als die Folge des angeblichen reichlichen Blutverlustes aufzufassen ist, läßt sich nach der Beschreibung des Falles nicht beurteilen.

b) Ordnung Acanthopteri, Stachelflosser.

Die in dieser Unterklasse der Giftfische aufgezählten Fische besitzen mit besonderen **Giftdrüsen** in Verbindung stehende **Stacheln,** welche entweder auf dem Rücken in Verbindung mit den Rückenflossen oder am Kiemendeckel oder auch am Schultergürtel sich befinden. An der Basis der Stacheln finden sich die das Giftsekret enthaltenden Behälter oder Reservoire, welche mit dem sezernierenden Epithel ausgekleidet sind.

Bottard, welcher die Giftorgane eingehend untersucht hat, unterscheidet nach morphologischen Merkmalen ihrer Giftapparate folgende Klassen von Giftfischen:

a) Der Giftapparat ist nach außen geschlossen. Es bedarf eines kräftigen mechanischen Eingriffes oder eines stärkeren Druckes auf die Stacheln oder auf die Giftreservoire, um die Entleerung des Giftes zu bewirken.

> Synanceia brachio, Giftstachelfisch,
> Synanceia verrucosa, Zauberfisch,
> Plotosus lineatus,
> Bagrus nigritus, Stachelwels.

b) Der Giftapparat ist halb geschlossen:

> Thalassophryne reticulata,
> Thalassophryne maculosa,
> (Muraena helena), vgl. oben.

c) Der Giftapparat ist offen:

> Trachinus vipera ⎫
> Trachinus draco ⎬ Trachinidae,
> Trachinus radiatus ⎪ Queisen,
> Trachinus araneus ⎭
> Cottus scorpius, Seeskorpion,
> Cottus bubalis, Seebulle,
> Cottus gobio, Kaulkopf, Koppen,
> Callionymus lyra, Leierfisch,
> Uranoscopus scaber, Himmelsgucker, Sternseher,
> Trigla hirundo, gemeine Seeschwalbe,
> Trigla gunardus, grauer Knurrhahn,
> Scorpaena porcus, Meereber,
> Scorpaena scrofa, Meersau,
> Pterois volitans, Rotfeuerfisch, Truthahnfisch,
> Pelor filamentosus, Sattelkopf,
> Amphocanthus lineatus (Perca fluviatilis), Flußbarsch.

Das in den Giftreservoiren von Synanceia brachio enthaltene **giftige** Sekret ist klar, beim lebenden Tiere schwach bläulich gefärbt, besitzt keinen charakteristischen Geruch und reagiert sehr schwach sauer. Nach Bottard wird das Sekret nur sehr langsam, wenn überhaupt regeneriert, falls das Reservoir einmal entleert wurde.

Die Entleerung des Giftes nach außen erfolgt je nach dem auf das Reservoir ausgeübten Drucke mehr oder weniger heftig.

Ganz allgemein scheinen Giftapparate nur bei kleinen und schwachen Fischen vorzukommen. Knochenfische sind häufiger mit diesen Schutzmitteln versehen als Knorpelfische. Unter den Knorpelfischen finden wir bei den **Acanthopteri die meisten Giftfische.** Nicht alle mit Stacheln ausgerüsteten Fische haben Giftdrüsen. Nackthäuter besitzen solche Organe viel häufiger als die beschuppten Fische.

Die **Wirkungen der giftigen Sekrete** der obengenannten Fische bieten, soweit dieselben genauer untersucht sind, in ihren Grundzügen ähnliche Erscheinungen, die sich, wie es scheint, nur in quantitativer Hinsicht unterscheiden. Die **lokalen Wirkungen** bestehen in heftiger **Schmerzempfindung** und schnellem **Anschwellen der Umgebung der Wunde.** Diese Erscheinungen können sich über das ganze betroffene Glied erstrecken. Die Umgebung der Stichwunde färbt sich bald blau, nekrotisiert und wird gangränös. Häufig entwickeln sich Phlegmonen, die den Verlust eines oder mehrerer Phalangen eines verwundeten Fingers bedingen können.

Die Wirkungen des Giftes **nach der Resorption** sind noch nicht genügend erforscht, um ein abschließendes Urteil über das Wesen derselben zu gestatten. Nach den Angaben der meisten Autoren scheinen sie beim Warmblüter in erster Linie **das Zentralnervensystem zu betreffen.** Es treten Krämpfe ein, die vielleicht auf eine primäre Erregung des Zentralnervensystems zurückzuführen sind, worauf später Lähmung folgt.

Meerschweinchen und Ratten starben in der Regel nach einer Stunde, manchmal aber erst nach 14—16 Stunden unter anscheinend heftigen Schmerzen, Konvulsionen und Lähmungserscheinungen (J. Dunbar - Brunton). Die Wunden und deren Umgebung sind heftig entzündet und werden gangränös. Gelegentlich breitet sich die Gangrän weiter aus, oder es treten Geschwüre und Phlebitis an dem betroffenen Gliede auf.

Vergiftungen bei Menschen, besonders bei Badenden, Fischern und Köchinnen sind häufig. Die meist an den Füßen und Händen gelegenen Wunden werden rasch sehr empfindlich, die ganze Extremität schmerzt heftig, Erstickungsnot und Herzbeklemmung treten ein, der Puls wird unregelmäßig, es folgen Delirien und Konvulsionen, die im Kollaps zum Tode führen oder nach stundenlanger Dauer langsam verschwinden können.

Verwundungen durch Synanceia brachio haben beim Menschen schon wiederholt den Tod herbeigeführt. Bottard berichtet über fünf letal verlaufene Fälle, welche sicherlich durch das Gift dieses Fisches verursacht waren und ohne weitere Komplikationen rasch tödlich verliefen.

Bei Fröschen sah Pohl, der an diesen Tieren mit **Trachinus-** und **Scorpänagift** experimentierte, niemals Krämpfe auftreten; auch konnte dieser Autor in keinem Falle eine anfängliche Steigerung der Reflexerregbarkeit wahrnehmen. Pohl stellte fest, daß beim Frosch die Herzwirkung des Giftes von Trachinus das ganze Vergiftungsbild beherrscht und daß die Symptome der Vergiftung — Ausfall spontaner Bewegungen, Hypnose und schließlich Lähmung — auf **Zirkulationsstörungen** zurückzuführen sind. Die Wirkung des Trachinusgiftes auf das Herz äußert sich in Verlangsamung der Schlagfolge bei anfänglich kräftigen Kontraktionen, die allmählich schwächer werden und schließlich ganz aufhören, wobei das Herz in Diastole still steht. Der Herzmuskel ist dann mechanisch nur lokal oder überhaupt nicht mehr erregbar. Atropin und Coffein änderten an dem Verlauf der Vergiftung nichts; der Herzstillstand ist daher

nicht auf eine Wirkung des Giftes auf die nervosen Apparate des Herzens zurückzuführen. Das Trachinusgift wirkt auf den Herzmuskel direkt lähmend. Die Erregbarkeit der Skelettmuskeln und der motorischen Nerven
erleidet keine Änderung.

Die chemische Natur dieser Gifte ist ganz unbekannt. Ihr Nachweis
läßt sich nur auf pharmakologischem Wege erbringen.

Die am Frosche gewonnenen Resultate erklären die beim Warmblüter
beobachteten Wirkungen in befriedigender Weise. Es sind demnach die Krämpfe
nicht auf eine direkte Wirkung des Trachinusgiftes auf das Zentralnervensystem
zurückzuführen; sie sind vielmehr als Folgen des Darniederliegens der
Zirkulation aufzufassen, infolgedessen es zu Erstickungskrämpfen
kommen kann.

Das Gift von **Scorpaena porcus** wirkt nach Pohl qualitativ ganz wie das
Trachinusgift, nur viel schwächer und zeigt außerdem, auch beim Frosche,
eine ausgesprochene lokale Wirkung. Letztere scheint nach Briot von einer
nicht mit dem Herzgift identischen Substanz abhängig zu sein.

c) Cyclostomata, Rundmäuler.

Das Gift wird von Hautdrüsen bereitet. Es fehlen besondere Apparate,
welche das Giftsekret dem Feinde einverleiben.

Petromyzon fluviatilis Lin., Flußneunauge, Pricke, und **Petromyzon
marinus Lin.**, Meerneunauge, Lamprete. Die Neunaugen sondern in
gewissen **Hautdrüsen** ein giftiges Sekret ab, welches nach Prochorow und
Cavazzani gastroenteritische Erscheinungen, mit heftigen, bisweilen
blutigen, **ruhrartigen Diarrhöen**, verursachen kann. Die chemische Natur
der wirksamen Substanz ist unbekannt. Sie scheint durch Erhitzen nicht
zerstört zu werden.

2. Giftige Fische.

a) Das **Gift** ist nicht in besonderen Giftapparaten, sondern in einem
der **Körperorgane** enthalten, nach deren Entfernung der Genuß des Fisches
keinerlei nachteilige oder gesundheitsschädliche Folgen hat. Hierher gehören:

Barbus fluviatilis Agass. s. Cyprinus barbus L., die Barbe,
Schizothorax planifrons Heckel,
Cyprinus carpio L., der Karpfen,
Cyprinus tinca Cuv., die Schleie,
Meletta thrissa Bloch s. Clupea thrissa, die Borstenflosse,
Meletta venenosa Cuv. s. Clupea venenosa, die Giftsardelle,
Sparus maena L., Laxierfisch,
Abramis brama L., der gemeine Brachsen,
Balistes capriscus Gmel., der Drückerfisch,
Balistes vetula Cuv., die Vettel, Altweiberfisch,
Ostracion quadricornis L., der gemeine Kofferfisch, Vierhorn,
Thynnus thynnus L. s. Th. vulgaris C. V., gemeiner Tun,
Sphyraena vulgaris C. V., der gemeine Pfeilhecht,
Esox lucius L., der gemeine Hecht (vgl. unten Würmer),
Tetrodon pardalis Schlegel und andere Tetrodon-, Triodon- und Diodon-
     arten, Kröpfer oder Vierzähner,
Orthagoriscus mola Bl. Sch., der Sonnenfisch, Meermond, Mondfisch,
     Schwimmender Kopf.

Bei den genannten Fischen ist das Gift hauptsächlich auf die **Geschlechtsorgane** oder deren Produkte beschränkt; doch enthalten zuweilen auch andere

Organe, vornehmlich die Leber sowie der Magen und Darm das Gift, dann aber in viel geringerer Menge.

Barbus fluviatilis Agass. s. Cyprinus barbus L., die gewöhnliche Barbe, ist der bekannte giftige Fisch, welcher die sog. **Barbencholera** verursacht (H. F. Authenrieth und C. G. Hesse).

Nur nach dem Genuß des **Barbenrogens** werden die Erscheinungen, welche man unter dem Namen Barbencholera zusammenfaßt, beobachtet. Die Symptome der Vergiftung bestehen in Übelkeit, Nausea, Erbrechen, Leibschmerzen und Diarrhöe und sind denjenigen der Cholera nostras ähnlich.

Hesse experimentierte mit Barbenrogen an Menschen und Tieren. Er berichtet im ganzen über 110 Versuche an Menschen, wobei in 67 Fällen keinerlei oder doch nur sehr leichte Erscheinungen auftraten.

In der Literatur finden sich keine Angaben über letal verlaufene Fälle. Die Barbe bzw. deren Rogen ist am giftigsten zur Laichzeit. **Massenvergiftungen durch Barbenrogen** sind in Deutschland und in Frankreich verschiedentlich beobachtet und beschrieben worden. Die chemische Natur der wirksamen Substanz ist unbekannt.

a) Ordnung Plectognathi, Haftkiefer.

Familie Gymnodontes.

Die Gattungen **Tetrodon**, **Triodon** und **Diodon** kommen hauptsächlich in den tropischen Meeren, aber auch in den gemäßigten Meeren und in Flüssen vor. **Tetrodon Honkenyi Bloch**, welcher am Kap der Guten Hoffnung und in Neu-Kaledonien vorkommt, ist dort unter dem Namen „Toad-fish" bekannt. Sein Genuß hat wiederholt schwere Vergiftungen verursacht.

Das Vorkommen von Fischen, welche unter allen Umständen giftige Eigenschaften besitzen, ist durch die eingehenden Untersuchungen des in Japan unter dem Namen **Fugugift** bekannten und sehr wirksamen, dort zahlreiche Todesfälle verursachenden Giftes verschiedener Tetrodon- und Diodonarten durch Ch. Remy und D. Takahashi und Y. Inoko sicher festgestellt.

Die verschiedenen Spezies von Tetrodon enthalten alle, mit Ausnahme von T. cutaneus, qualitativ gleichwirkende Gifte.

Von den einzelnen Organen ist der **Eierstock** bei weitem am giftigsten, bei T. cutaneus ist er jedoch giftfrei. Der Hoden enthält bei manchen Spezies nur sehr geringe Mengen des Giftes. Die Leber ist weniger giftig als der Eierstock. Die übrigen Eingeweideorgane zeigen im allgemeinen eine minimale Giftigkeit und sind bei einigen Arten ganz ungiftig. In den Muskeln aller untersuchten Spezies war das Gift nicht nachzuweisen. Im Blute von Tetrodon pardalis und T. vermicularis fanden sich geringe Mengen des Giftes.

Die chemische Untersuchung der frischen Ovarien von T. vermicularis ergab, daß das Gift in Wasser und wässerigem Alkohol nicht aber in absolutem Alkohol, Äther, Chloroform, Petroleumäther und Amylalkohol löslich ist. Es wird weder durch Bleiessig noch durch die bekannten Alkaloidreagenzien gefällt, diffundiert sehr leicht durch tierische Membranen und wird durch kurzdauerndes Kochen seiner wässerigen Lösung nicht zerstört. Aus diesem Verhalten des Giftes ergibt sich, daß das **Fugugift weder ein Ferment noch ein Toxalbumin noch eine organische Base ist**. Durch längere Zeit fortgesetztes Erwärmen auf dem Wasserbade, besonders in saurer, aber auch in alkalischer Lösung, wird das Gift in seiner Wirkung abgeschwächt und kann schließlich ganz zerstört werden.

Zur Darstellung des wirksamen Körpers extrahierten Takahashi und Inoko die frischen Eierstöcke zuerst mit Äther, dann mit absolutem Alkohol; hierauf wurde das zerkleinerte Material mit destilliertem Wasser bei Zimmertemperatur extrahiert, die wässerigen Auszüge mit Bleiessig gefällt, das Filtrat vom Bleiniederschlag durch Schwefelwasserstoff von überschüssigem Blei befreit und hierauf mit Phosphorwolframsäure, Kaliumquecksilberjodid oder Quecksilberchlorid die durch diese Reagenzien fällbaren Substanzen, hauptsächlich Cholin, entfernt. Die Filtrate von den letztgenannten Fällungen wurden im Vakuumexsikkator über Schwefelsäure zur Trockne abgedampft und der Rückstand mit absolutem Alkohol mehrmals extrahiert. Der in absolutem Alkohol unlösliche Teil des Rückstandes stellte eine mit anorganischen Salzen vermengte, gelblich gefärbte, amorphe Masse dar und erwies sich als stark giftig.

Y. Tahara hat die von Takahashi und Inoko begonnene chemische Untersuchung des Fugugiftes fortgesetzt und dabei einen pharmakologisch stark wirksamen, in farblosen Nadeln kristallisierenden Körper von neutraler Beschaffenheit, das **Tetrodonin,** und eine amorphe, ebenfalls stark wirksame Substanz von saurem Charakter, die **Tetrodonsäure,** gefunden.

Das Tetrodonin ist geruch- und geschmacklos, reagiert neutral, löst sich leicht in Wasser, schwer in konzentriertem Alkohol. Es ist unlöslich in Äther, Benzol und Schwefelkohlenstoff. Die wässerige Lösung wird nicht durch Platinchlorid, Goldchlorid, Phosphorwolframsäure, Sublimat und Pikrinsäure gefällt.

Die **Wirkungen des Fugugiftes** bestehen in einer bald eintretenden und sich bis zur vollkommenen Funktionsunfähigkeit steigernden **Lähmung** gewisser Gebiete des **Zentralnervensystems,** wobei zuerst das Respirationszentrum und dann das vasomotorische Zentrum betroffen wird. Gleichzeitig entwickelt sich eine kurarinartige Lähmung der peripheren motorischen Nervenendigungen, welche beim Frosche eine vollständige werden kann. Das Herz wird von dem Gifte nicht direkt beeinflußt und schlägt noch nach bereits eingetretenem Atemstillstande. Infolge der Lähmung des Gefäßnervenzentrums sinkt der Blutdruck. Der Puls erfährt eine allmähliche Verlangsamung. Krämpfe treten im ganzen Verlaufe der Vergiftung nicht ein, was vielleicht auf die bestehende Lähmung der motorischen Endapparate zurückzuführen ist.

Die **Sektionsbefunde** ließen keinerlei charakteristische Veränderungen an den Organen erkennen.

Die bei **Vergiftungen von Menschen mit Fugugift** beobachteten Symptome stimmen im wesentlichen mit den Ergebnissen der Tierversuche von Takahashi und Inoko überein. Gastro-enteritische Erscheinungen sind beobachtet worden, fehlen aber meistens. Die lebensgefährliche, rasch tödlich verlaufende Vergiftung, die sich durch Cyanose, kleinen Puls, Dyspnoe, Schwindel, Ohnmacht, Sinken der Körpertemperatur kennzeichnet, läßt die Wirkung des Giftes auf das Zentralnervensystem deutlich erkennen.

Die **Therapie** ist bei schweren Vergiftungen ohnmächtig; vielleicht würden künstliche Respiration und elektrische Reizung des Phrenicus in manchen Fällen von Nutzen sein.

Während der Laichzeit sind die Tetrodonarten giftiger als sonst.

Obwohl die Tetrodonarten den japanischen Fischern sehr genau bekannt sind und diese die giftigen Fische in der Regel sofort nach dem Fange beseitigen, sind **Vergiftungsfälle in Japan,** sei es durch Unkenntnis oder Unvorsichtigkeit einzelner Individuen, sei es in verbrecherischer Absicht oder infolge von Selbstmordversuchen, ziemlich zahlreich. In der ersten Hälfte des Jahres 1884 waren in Japan von 38 Todesfällen durch Gift 23 durch diese Fischart verursacht. In den Jahren 1885 bis 1892 sind in Japan 933 derartige Vergiftungsfälle verzeichnet worden, von welchen **681,** also **73 Prozent,** tödlich verliefen. Ich entnehme folgende Beschreibung einer Vergiftung, welche nach fünf Stunden letal endete, einer Zusammenstellung solcher Fälle bei Takahashi und Inoko.

Ein 41 jähriger Mann aus Kinshin aß um 2 Uhr nachmittags fünf Stück Tetrodon (Spezies nicht bestimmt) nach Entfernung der Eingeweide. Vier Stunden nach der Mahlzeit empfand er ein „unangenehmes" Gefühl im Epigastrium. Um diese Zeit war der Puls normal. Durch Kitzeln am weichen Gaumen wurde Erbrechen bewirkt. **Plötzlich wurde der Kranke unfähig zu gehen, er taumelte und war bald gelähmt.** Die Zungenbewegungen waren erschwert, die Sprache undeutlich. Später Cyanose, Atemfrequenz vermindert, allgemeine Lähmung, stierer Blick, Erweiterung und Reaktionslosigkeit der Pupille. Darauf stellten sich Pulsbeschleunigung bis auf 110 in der Minute, unregelmäßige, stockende Atmung, Schwinden des Cornealreflexes und Sinken der Körpertemperatur bis auf 36⁰ ein. Künstliche Atmung, Injektion von Kampfer und Strychnin ließen keine Besserung eintreten. Der Tod erfolgte ohne Krämpfe um 7 Uhr, also nach fünf Stunden.

b) Das Gift ist im ganzen Organismus verbreitet.

b) Ordnung Physostomi.

Familie Muraenidae.

Neuere Untersuchungen (A. Mosso, Springfeld) haben gezeigt, daß in dem **Blute** aller darauf untersuchter Muräniden ein Stoff vorhanden ist, welcher bei subkutaner, intravenöser und intraperitonealer Injektion den Tod der Versuchstiere herbeiführen kann; aber auch nach stomachaler Einverleibung ist das Aalblut falls es in genügend großer Menge in den Magen gelangt, für den Menschen giftig, wie ein von F. Pennavaria beschriebener Fall beweist. Ein Mann, welcher das frische Blut von 0,64 kg Aal mit Wein vermischt trank, erkrankte schwer. Die **Symptome** bestanden in heftigem Brechdurchfall, Atmungsbeschwerden und cyanotischer Verfärbung des Gesichtes.

Das Serum des Muränidenblutes unterscheidet sich schon durch einen nach 10—30 Sekunden wahrnehmbaren brennenden und scharfen **Geschmack** von dem Serum anderer Fische.

Der im Serum vorhandene giftige Körper, welchem U. Mosso den Namen **Ichthyotoxin** beigelegt hat, muß vorläufig zur Gruppe der sog. „Toxalbumine" gezählt werden. Erhitzen des Serums vernichtet dessen Wirksamkeit; gleichzeitig geht der brennende Geschmack verloren. Seine Wirksamkeit wird durch organische Säuren, schneller und vollständiger durch Mineralsäuren, aber auch durch Einwirkung von Alkalien aufgehoben. Pepsinsalzsäure (künstliche Verdauung) vernichtet nach U. Mosso ebenfalls seine Wirksamkeit. Der wirksame Bestandteil ist in Alkohol unlöslich und dialysiert nicht. Er verträgt das Eintrocknen bei niederer Temperatur. Intraperitoneal oder subkutan injiziert tötet das Serum die Versuchstiere rasch. Das Serum von **Conger myrus** und **Conger vulgaris** ist weniger wirksam als dasjenige von Anguilla und Muraena.

Über die chemische Natur des Ichthyotoxins ist nichts Näheres bekannt. Die **Wirkungen des Serums** von Anguilla, Conger und Muraena hat Mosso an Hunden, Kaninchen, Meerschweinchen, Tauben und Fröschen studiert. Diese Wirkungen können auch zum Nachweis von Aalserum und dessen Gift dienen.

Eine genauere Analyse der Wirkungen des Muränidenserums auf Warmblüter ergibt folgendes.

Die Respiration wird zunächst beschleunigt, später herabgesetzt. Diese Wirkung beruht anscheinend auf einer primären Erregung und darauffolgenden

Lähmung des Respirationszentrums. Künstliche Atmung vermag, wenn nicht allzu große Gaben injiziert wurden, das Leben zu erhalten.

Die Zirkulation wird durch kleinere, nicht tödliche Gaben in weit geringerem Maße als die Respiration beeinflußt. Bei Hunden erfolgt zuerst eine Verstärkung der Herzschläge und eine Abnahme ihrer Frequenz. Später wird der Puls stark beschleunigt. Diese Erscheinungen beruhen wahrscheinlich auf einer anfänglichen Erregung mit darauffolgender Lähmung des Vaguszentrums.

Größere Gaben wirken direkt lähmend auf das **Herz.** Der Blutdruck sinkt dann sehr rasch. Über das Verhalten der Gefäße lassen sich aus den bis jetzt vorliegenden Versuchen keine sicheren Schlüsse ziehen. Das Ichthyotoxin hebt die Gerinnbarkeit des Blutes auf.

Die **Wirkungen des Muränidenserums auf das Nervensystem** äußern sich in Lähmungserscheinungen verschiedener Gebiete desselben. Doch ist sicher auch eine direkte Wirkung des Giftes auf die Muskeln zu berücksichtigen. Die Wirkungen auf das Nervensystem sind direkte und unabhängig von der Zirkulation. Beim Frosche kann z. B. die Erregbarkeit des Nervus ischiadicus total erloschen sein zu einer Zeit, da das Herz noch kräftig schlägt.

Die schon oben (S. 769) angeführten Neunaugen, **Petromyzon fluviatilis** und **Petromyzon marinus** haben nach den Angaben einiger Autoren wie die Muräniden in ihrem Blute ein dem Ichthyotoxin ähnlich wirkendes Gift, welches im Serum gelöst enthalten ist. Cavazzani experimentierte an Fröschen, Kaninchen und Hunden und sah bei diesen Tieren nach Injektion von Petromyzonserum Somnolenz und Apathie, sowie die charakteristischen Wirkungen des Muränidenserums auf die Respiration eintreten

Das Serum von **Thynnus thynnus L. s. Th. vulgaris C. et V.,** des gemeinen Tuns und anderer Tunarten, bewirkt nach Maracci bei seiner intravenösen oder intraperitonealen Injektion an Hunden ähnliche Vergiftungserscheinungen wie das Aal- und Petromyzonserum.

B. Wirbellose Tiere, Avertebrata.

I. Kreis: Mollusca, Weichtiere.

1. Klasse. Cephalopoda, Kopffüßer.

Lo Bianco [1]) machte zuerst die Beobachtung, daß die Cephalopoden beim Fang ihrer Beute ein äußerst wirksames **Gift** absondern, welches von den sogenannten hinteren **Speicheldrüsen** produziert wird und das insbesondere Krebse fast augenblicklich lähmt. Diese Beobachtung ist des öfteren bestätigt worden und die pharmakologische Wirkung des Drüsensekretes sowohl an Krebsen als an höheren Tieren studiert worden [Krause [2]), Livon [3]) und Briot, Baglioni [4])].

Die **chemische Natur des Giftes.** Livon und Briot [3]) behaupteten, das Speicheldrüsengift sei eine durch Alkohol fällbare und durch Hitze zerstörbare

---

[1]) Lo Bianco, Notizie biologiche riguardante specialmente il periodo di maturità sessuale degli animali del golfo di Napoli. Mitteil. d. zoolog. Stat. Neapel. Bd. 13, S. 530, 1899.
[2]) R. Krause, Über Bau und Funktion der hinteren Speicheldrüsen der Octopoden, Sitzungsberichte, Akad. Berlin 1897. 1905.
[3]) Journ. de Physiol. et Pathol. génér. Bd. 8, S. 1, 1905. — Briot, Sur le rôle des glandes salivaires des cephalopodes. C. R. Soc. B., Bd. 58, S. 384. Sur le rôle d'action du venin des cephalopodes. Ibid. S. 386. — Ch. Livon et A. Briot, Les sucs salivaires des cephalopodes est un poison nerveux pour les crustacès. Ibid. S. 878.
[4]) S. Baglioni, Zur Kenntnis der physiologischen Wirkung des Cephalopodengiftes. Zeitschr. f. Biol. Bd. 52, S. 130, 1908.

Substanz, ein sog. „Toxalbumin". Henze fand, daß das Gift durch absoluten Alkohol den Drüsen entzogen werden konnte und resistent gegen Hitze war. Es hatte alle Eigenschaften einer organischen Base (Alkaloid) und wurde in krystallisierter Form erhalten. Mit diesem von Henze dargestellten, krystallisierten Gifte hat dann Baglioni [1]) vergleichende pharmakologische Studien gemacht und sich insbesondere überzeugt, daß die Wirkungen des Drüsensekrets und des isolierten Giftes identisch sind.

Es konnte weiter nachgewiesen werden, daß in dem Gift, neben dem schon früher gefundenen Taurin, noch eine zweite krystallisierende organische Base vorkommt, die ungiftig ist und als Betain erkannt wurde [2]).

Seitdem ist es gelungen, die chemische Konstitution des Giftes aufzuklären [3]) und seine Identität mit **p-Oxyphenyl-Äthylamin** sicherzustellen.

II. 3. Klasse. Gastropoda, Bauchfüßer, Schnecken.

Ordnung: Prosobranchiata, Vorderkiemer.

a) Taenioglossa, Bandzüngler.

Im Speichelsekret einer Anzahl hierher gehöriger Arten finden sich freie Mineralsäuren. Sicher nachgewiesen ist dies bei **Dolium galea Lam.**, der Faßschnecke, **Cassis Lam.**, der Sturmhaube, **Tritonium Cuv.**, der Trompetenschnecke, Tritonshorn, in denen, zum Teil neben Salzsäure, erhebliche Mengen von freier **Schwefelsäure**, angeblich ·bis 4,05% des Sekretes, enthalten sind [Bödeker [4]), de Luca und Panceri [5]), Panceri [6]), Preyer [7]), Maly [8]), Schönlein [9]), Troschel [10])],

Die saure Reaktion des Sekretes kann auch durch freie organische Säuren bedingt sein.

Henze [11]) gibt an, daß es sich bei Tritonium um Asparaginsäure handelt.

---

[1]) S. Baglioni, Zur Kenntnis der physiologischen Wirkung des Cephalopodengiftes. Zeitschr. f. Biol. Bd. 52, S. 130, 1908.

[2]) M. Henze, Chemisch-physiologische Studien an den Speicheldrüsen der Cephalopoden: Das Gift und die stickstoffhaltigen Substanzen des Sekrets. Zentralbl. f. Physiol. Bd. 19, Nr. 26, S. 986, 1906. — M. Henze, Über das Vorkommen des Betains bei Cephalopoden. Hoppe-Seylers Zeitschr. f. Physiol. Chemie. Bd. 70, S. 253, 1911.

[3]) M. Henze, p-Oxyphenyläthylamin, das Speicheldrüsengift der Cephalopoden. Ibid. Bd. 87, S. 51, 1913.

[4]) Bödeker und Troschel, Pharmak. Zentralbl. S. 771, 1854.

[5]) De Luca und Panceri, Recherches sur la salive et sur les organes salivaires de Dolium galea. Compt. rend. Bd. 65, S. 577—579, 712—715. (Ann. des sciences nat. Zool. Série 5, Bd. 8, S. 82—88, 1867.

[6]) Panceri, Nouvelles observations sur la salive des mollusques gastéropodes. Ann. des sciences nat. Zool. Série 5, Bd. 10, S. 89—100, 1868.

[7]) W. Preyer, Über das für Speichel gehaltene Sekret von Dolium galea. Sitzungsber. der niederrhein. Ges. f. Natur- u. Heilk. in Bonn, 1866. S. 6—9.

[8]) R. Maly, Notizen über die Bildung freier Schwefelsäure und einige andere chemische Verhältnisse der Gastropoden, besonders von Dolium galea. Sitzungsber. d. Akad. d. Wiss. Wien. Bd. 81, II. Abt., S. 376, 1880.

[9]) Schönlein, Über Säuresekretion bei Schnecken. Zeitschr. f. Biol. Bd. 36. S. 523, 1898.

[10]) Troschel, Über den Speichel von Dolium galea. Journ. f. prakt. Chemie. Bd. 63, S. 170, 1854. Monatsber. d. Berlin. Akad. S. 486, 1854. — Ann. d. Physik u. Chemie. Bd. 93, S. 614, 1854.

1—7 zit. nach O. v. Fürth, Vergleichende chemische Physiologie der niederen Tiere. S. 208. Jena 1903.

[11]) M. Henze, Über das Vorkommen von Asparaginsäure im tierischen Organismus. Berichte d. deutsch. Chem. Gesellsch. Bd. 34, S. 348, 1901.

Über Bildung und Bedeutung der Säure bei den Gastropoden vgl. Schulz[1]).

b) Toxoglossa, Pfeilzüngler, Giftschnecken.

Die hierher gehörigen Arten besitzen eine unpaare Giftdrüse und sollen nach Taschenberg[2]) mit ihrer sogenannten Zunge beim Menschen heftige Entzündungen der Hände verursachen können.

c) Rhachiglossa, Schmalzüngler.

Nach Untersuchungen von Dubois[3]) läßt sich aus **Murex brandaris L.** und **Murex trunculus** durch Alkohol eine bräunlichgelbe, ölige Flüssigkeit extrahieren, die sich an Fröschen und Fischen sehr giftig erwies. Bei Warmblütern (Hund, Kaninchen, Meerschweinchen) war die Substanz ohne Wirkung.

Unterordnung: Nudibranchiata, Nacktkiemer.

Nach den Angaben von Cuénot[4]) stoßen alle marine Nacktschnecken dieser Gruppe, sobald sie gereizt werden, einen giftigen Schleim aus, der andere in demselben Behälter befindliche Tiere nach kurzer Zeit töten soll.

In der Familie der Aeolidiidae sind die Gattungen Glaucus, Aeolidia, Embletonia und Tergipes durch den Besitz von Nesselkapseln[5]) ausgezeichnet.

Ordnung: Opisthobranchiata, Hinterkiemer.

Unterordnung: Tectibranchiata, Bedecktkiemer.

Familie Aplysiidae, Seehasen. Gattung Aplysia.

Die Aplysien oder Seehasen, in den wärmeren Meeren häufig vorkommende Nacktschnecken, stehen von altersher im Rufe hoher Giftigkeit und wurden angeblich schon von den alten Römern zur Bereitung von Gift- und Zaubertränken benützt; so soll z. B. der Kaiser Domitian seinen Bruder Titus mit dem Gift von Seehasen aus der Welt geschafft haben. Auch Nero beseitigte nach älteren Angaben mißliebige Personen auf diesem Wege. Derartige Mitteilungen wurden von den Schriftstellern des Mittelalters und der Neuzeit leichtgläubig einfach übernommen.

Das violettrot gefärbte, von **Aplysia limacina** abgesonderte Sekret erwies sich im Tierversuch als ungiftig (Flury).

Nach neuerdings an der Zoologischen Station in Neapel begonnenen und in meinem Institut weiter ausgeführten chemischen und toxikologischen Unter-

---

[1]) Fr. N. Schulz, Beiträge zur Anatomie und Physiologie einiger Säureschnecken des Golfes von Neapel. Zeitschr. f. allgem. Physiologie. Bd. 5, S. 206—264, 1905. — Derselbe, Verdauungsdrüsen niederer Tiere. In C. Oppenheimer, Handbuch der Biochemie der Menschen und der Tiere. Bd. 3 (1), S. 238—239, Jena 1909.

[2]) Otto Taschenberg, Die giftigen Tiere. Stuttgart 1909, S. 173.

[3]) Raphael Dubois, Sur le venin de la glande à pourpre des Murex. Compt. rend. de la Soc. de Biol. Bd. 55, S. 81, 1903.

[4]) Cuénot, Moyens de défense dans la série animale Paris. 1893, S. 42. Zit. nach v. Fürth, l. c. S. 317.

[5]) R. Bergh, On the existence of urticating filaments in the Mollusca. Quart. Journ. Microscop. Science. Bd. 2, S. 274, 1862. Vedenskab. Meddel. for Anat. II, S. 309, 1860; zit. nach v. Fürth, l. c. S. 318. — Joh. Leunis, Synopsis der Tierkunde. 3. Aufl. von Hubert Ludwig. Bd. 1, S. 987. Hannover 1883.

suchungen von F. Flury [1]) enthält das auf Reizung von **Aplysia depilans (L.) Gm.** abgesonderte, stark riechende, milchweiße Sekret der Mantelranddrüsen neben schwach wirksamen basischen Stoffen in der Tat eine **giftige Substanz,** die lokal reizend wirkt und kleinere Seetiere aller Art, auch Frösche unter **allgemeinen Lähmungserscheinungen** tötet. Der Herzmuskel von Aplysien und Fröschen wird gelähmt. Die wirksame Substanz ist eine mit Wasserdämpfen flüchtige, farblose ölige Flüssigkeit, die in ihren Eigenschaften an gewisse **Terpene** erinnert. Sie ist stickstoffrei, in Wasser fast unlöslich, dagegen leicht löslich in Alkohol und Äther.

III. Muscheltiere, Lamellibranchiata.

Es kann heute nicht mehr daran gezweifelt werden, daß **ganz frische, lebende Muscheln,** bei welchen also postmortale Zersetzungen oder Veränderungen **als** Ursache der Giftigkeit sicher ausgeschlossen sind, unter bestimmten, noch nicht näher bekannten Bedingungen und Verhältnissen **giftige Eigenschaften** annehmen können, und zwar schon in dem Wasser, in welchem sie leben.

Massenvergiftungen durch Muscheln sind wiederholt beobachtet worden. Das größte Interesse bietet eine Reihe von Muschelvergiftungen, denen im Oktober 1885 mehrere Werftarbeiter auf der Kaiserlichen Werft in Wilhelmshaven zum Opfer fielen. Im ganzen wurden **19 Fälle** beobachtet, von denen **vier letal** verliefen.

Die **Symptome** waren in allen Fällen die gleichen und bestanden in früher oder später auftretendem Gefühl des Zusammenschnürens im Halse, Stechen und Brennen zunächst in den Händen, später auch in den Füßen, Benommenheit und einem eigenartigen Gefühl in den Extremitäten. Pulsfrequenz 80—90°, Körpertemperatur normal. Das Sprechen war sehr erschwert. Gefühl von Schwere und Steifheit in den Beinen, Fehlgreifen beim Versuch Gegenstände zu fassen, Übelkeit und Erbrechen waren weitere Symptome der Vergiftungen. Die Patienten litten an Angstanfällen (Dyspnoe?) und klagten über Kältegefühl bei gleichzeitigem reichlichen Schweiß. Der **Tod erfolgte bei vollem Bewußtsein innerhalb 45 Minuten bis 5 Stunden nach dem Genuß der Muscheln.**

Die oben geschilderte **Symptomatologie** ist charakteristisch für die **paralytische Form** der Vergiftungen durch Muscheln (J. Thesen), welche sich durch akute periphere Lähmungserscheinungen kennzeichnet und manche Ähnlichkeiten mit der **Curare-** und **Atropinvergiftung** aufweist.

Die **Ursachen des Giftigwerdens der Muscheln** (vgl. Husemann) sind noch nicht mit Sicherheit festgestellt.

Den Beweis dafür, daß die Stagnation des die Muscheln umgebenden Wassers die Ursache der Giftigkeit sein **kann,** erbrachte in Übereinstimmung mit den früheren Angaben von Crumpe und Permewan, Schmidtmann, indem er giftige Muscheln aus dem Hafen in offenes Seewasser brachte und umgekehrt frische, ungiftige Muscheln in den Binnenhafen überführte, wobei er nach längerem Aufenthalte der Tiere am neuen Standorte im ersteren Falle die Giftigkeit verschwinden, im letzteren Falle eintreten sah. Zum gleichen Resultate gelangte neuerdings auch Thesen in Christiania, welcher auch nachwies, daß die Bodenbeschaffenheit an dem Standorte der Muscheln für das Giftigwerden derselben ohne Bedeutung ist.

---

[1]) F. Flury, Über das Aplysiengift. Arch. f. exper. Pathol. u. Pharmak. Bd. 79, S. 250, 1915.

Wir müssen jetzt annehmen, daß in dem die Muscheln umgebenden stagnierenden Wasser eine bestimmte, nicht zu jeder Zeit vorhandene Verunreinigung sich findet, welche entweder durch

a) Hervorrufen einer Krankheit bei den Muscheln die Bildung des Giftes im Organismus derselben verursacht, oder daß

b) die in dem Wasser vorhandene Verunreinigung selbst das Gift ist, und daß letzteres von den Muscheln aufgenommen und aufgespeichert wird.

Die Fähigkeit der Muscheln, aus dem Wasser nicht allein das atropinkurarinartig wirkende, für die Wirkung an Menschen und Tieren verantwortliche, spezifische Gift, sondern auch andere stark wirksame Substanzen (Curare, Strychnin) aus dem Wasser aufzunehmen und aufzuspeichern, hat Thesen durch Aquariumversuche dargetan. Hierbei blieben die Muscheln scheinbar ganz gesund.

Über die **chemische Natur des Giftes** ist wenig bekannt. Salkowski fand, daß dasselbe mittelst Alkohol aus den Muscheln extrahiert werden kann und durch Erhitzen auf 110° seine Wirksamkeit nicht verliert, während Einwirkung von Natriumkarbonat in der Wärme das Gift zerstört. Brieger isolierte aus giftigen Muscheln einen von ihm **Mytilotoxin** genannten Körper von der Formel $C_6H_{15}NO_2$, welcher nach diesem Autor das spezifische, curarinähnlch wirkende Gift der Miesmuschel sein soll, ein in Würfeln kristallisierendes Golddoppelsalz vom Schmelzpunkt 182° bildete und bei der Destillation mit Kalilauge Trimethylamin abspaltete. Ob in dem Mytilotoxin in der Tat der wirksame Körper der giftigen Muscheln vorliegt, muß vorläufig noch dahingestellt bleiben. Thesen konnte bei der Verarbeitung eines großen Materials, in Portionen von je 5 kg giftiger Muscheln, in keinem Falle das ,,Mytilotoxin'' aus diesen isolieren. Mäuse gingen an den Wirkungen des von Thesen nach dem Verfahren von Brieger aus Giftmuscheln dargestellten Giftes an Herzlähmung zugrunde; die von den Autoren beschriebene curarin-atropinartige, lähmende Wirkung des Muschelgiftes auf die Respiration sah Thesen bei seinen Tierversuchen mit dem gereinigten Gifte nicht eintreten.

Bei den Vergiftungen mit Austern (**Ostrea edulis**) ist es nach dem vorliegenden literarischen Material schwer zu entscheiden, inwiefern die Erscheinungen bei derartigen Fällen auf die Anwesenheit eines spezifischen, dem Muschelgift ähnlichen, vielleicht mit diesem identischen Gift oder aber auf Fäulnisgifte oder auf in den Austern vorkommende Mikroorganismen [1]) zurückzuführen sind.

IV. Gliederfüßler, Arthropoda.

Von den fünf großen Klassen der Gliederfüßer finden sich in der Klasse der Hexapoden, der Myriapoden und der Arachnoidea eine Anzahl von Tieren, welche mehr oder weniger **giftige Sekrete** bereiten und welche zum Teil mit besonderen, der Einverleibung des Giftes dienenden Apparaten ausgestattet, demnach zu den ,,aktiv'' giftigen Tieren zu zählen sind.

1. Klasse. Spinnentiere, Arachnoidea.

Die Giftigkeit mancher Arachnoiden ist durch zahlreiche Untersuchungen und Mitteilung vieler glaubwürdigen Beobachtungen mit Sicherheit festgestellt; die Giftapparate sind ebenfalls genauer untersucht und nur über die chemische Natur der betreffenden Gifte sind unsere Kenntnisse noch mangelhaft, was wohl

---

[1]) Th. Husemann, Vergiftung und Bazillenübertragung durch Austern und deren medizinalpolizeiliche Bedeutung. Wiener med. Blätter. Nr. 24—28. Wien 1897.

hauptsächlich auf die große Schwierigkeit der Beschaffung ausreichender Mengen des nötigen Tiermaterials zurückzuführen ist. Am besten bekannt und in bezug auf die uns hier interessierenden Verhältnisse am genauesten untersucht ist die, eine Ordnung der Arachnoideen bildende

a) Ordnung Scorpionina.

Arthrogastra, Gliederspinnen.

Der **Giftapparat** der Skorpione liegt in dem letzten Segmente des aus zahlreichen Gliedern zusammengesetzten, schmalen und sehr beweglichen Abdomens und besteht aus einer das Gift sezernierenden, paarigen, birnförmigen, in eine harte Hülle eingeschlossenen **Giftdrüse** und dem **Stachel**. Die kapselartige Hülle endigt in einer scharfen, gekrümmten Spitze. Die Ausführungsgänge der Drüse liegen in dem Stachel und münden unterhalb der Stachelspitze mit zwei kleinen Öffnungen. Die Drüse ist von einer Schicht quergestreifter Muskeln umgeben, durch deren willkürlich erfolgende Kontraktion das Giftsekret nach außen entleert werden kann.

Die Einverleibung des Giftes geschieht in der Weise, daß der Skorpion das Abdomen hoch emporrichtet und dann bogenförmig nach vorn biegt, während er seine Beute mit den Kiefern festhält, das zu stechende Tier also vor sich hat.

Nach erfolgtem Stiche, durch welchen das Gift dem Beutetier oder dem Gegner einverleibt wird, bleibt der Stachel meistens noch geraume Zeit in der Wunde während das Sekret der Giftdrüse durch den, mittelst Kontraktion der sie umhüllenden Muskulatur bewirkten Druck in die Stichwunde gepreßt wird (Joyeux - Laffuie).

Die **chemische Natur** der in dem Giftsekrete der Skorpione vorkommenden wirksamen Stoffe ist unbekannt.

Die **Wirkungen des Sekretes** sind dagegen durch Beobachtungen an vergifteten **Menschen** und durch Versuche an Tieren in ihren Grundzügen bekannt, doch fehlt bis jetzt eine genauere pharmakologische Analyse derselben. Dabei ist zu berücksichtigen, daß wie bei den Schlangengiften, auch hier die Gifte verschiedener Spezies wahrscheinlich quantitative und vielleicht auch qualitative Unterschiede in ihren Wirkungen aufweisen, und daß ferner, wie bei den Vergiftungen durch Schlangen die Lokalität der Wunde, die Menge des einverleibten Giftes, die Jahreszeit (s. Sanarelli) und andere Umstände eine Rolle spielen können.

Der Stich des in ganz Südeuropa vorkommenden **Scorpio europaeus**, welcher kaum länger als $3\frac{1}{2}$ cm wird, scheint beim Menschen nur Schmerz, Rötung und Schwellung, also nur lokale Erscheinungen zur Folge zu haben, während der bedeutend größere, eine Länge bis zu $8\frac{1}{2}$ cm erreichende, ebenfalls in Südeuropa, aber weniger häufig vorkommende **Scorpio occitanus** durch seinen Stich äußerst heftige Schmerzen, phlegmonöse Schwellung der ganzen betroffenen Extremität und außerdem resorptive Wirkungen: Erbrechen, Ohnmacht, Muskelzittern und Krämpfe hervorrufen kann (Jousset de Bellesme).

Tödlich verlaufene Vergiftungen von Menschen durch Skorpionenstiche sind in der Literatur in ziemlicher Anzahl beschrieben, doch handelt es sich in diesen Fällen um die großen, **in tropischen Ländern einheimischen Skorpionenarten**. Guyon berichtet über sechs innerhalb 12 Stunden tödlich verlaufene Fälle, und Cavaroz gibt an, daß in der Gegend von Durango in Mexiko **jährlich etwa 200 Menschen infolge von Skorpionenstich zugrunde** gehen. Dieser Autor sah dort **drei Fälle mit tödlichem Ausgange**, wovon zwei Erwachsene betrafen.

Dalange berichtet über drei in Tunis an **Kindern** beobachtete Fälle von Vergiftungen durch Androctonus funestus und A. occitanus. Zwei dieser Kinder starben innerhalb sechs Stunden, das dritte Kind blieb am Leben.

Thompson sah in Yucatan 13 Fälle von Skorpionenstich, von welchen nur zwei schwerere Erscheinungen, d. h. resorptive Wirkungen erkennen ließen. Diese bestanden in nur wenige Stunden dauernden, lähmungsartigen Zuständen.

Die **Symptomatologie** der schweren, durch die großen tropischen Skorpione verursachten Vergiftungen bestehen in heftigen **Lokalerscheinungen** und nach der Resorption des Giftes in **Trismus**, schmerzhafter Steifheit des Halses, welche sich bald auch auf die Muskeln des Thorax fortpflanzt, und schließlich in **allgemeinen, tetanischen Krämpfen**, unter welchen, anscheinend durch Respirationsstillstand, der Tod erfolgt.

Die **Wirkungen des Skorpionengiftes an verschiedenen Tieren** gestatten einen genaueren Einblick in seine Wirkungsweise. Aus dem 19. Jahrhundert liegen solche Untersuchungen vor von **Bert, Valentin, Joyeux-Laffuie**, denen zufolge das Gift seine Wirkungen, nach Art des **Strychnins**, auf das Nervensystem entfaltet, während **Jousset de Bellesme** und **Sanarelli** in demselben ein **Blutgift** erblicken wollen.

Die ersteren stimmen bezüglich der Wirkungen des Skorpionengiftes darin überein, daß zunächst eine hochgradige Steigerung der **Reflexerregbarkeit** eintritt, welcher später eine vollständige **Lähmung des Nervensystems** folgt.

Joyeux-Laffuie gibt als **Todesursache** die durch eine **curarinähnliche Lähmung der Atmungsmuskulatur** bedingte **Asphyxie** an, während **Valentin** eine curarinähnliche Lähmung der motorischen Nervenendigungen **nicht** feststellen konnte; nach ihm reagieren die motorischen Nerven auf elektrische und mechanische Reize noch ganz normal, wenn das Tier (Frosch) bereits vollständig gelähmt ist. Beide Autoren beobachteten jedoch in Übereinstimmung mit **Bert strychninartige tetanische Krämpfe**, welche im ersten Stadium der gesteigerten Reflexerregbarkeit **durch sensible Reizung**, wie beim Strychnin, **ausgelöst werden**.

Die **Wirkungen des Skorpionengiftes auf das Blut** beobachtete **Jousset de Belessme** an Lilla viridis, einer durch Pigmentarmut ausgezeichneten und deshalb zu diesen Experimenten besonders geeigneten Froschart.

Die Haut der durch den Skorpionenstich verletzten Extremität färbte sich bald violett; diese Färbung, welche nach genanntem Autor auf **kapillare Hyperämie** zurückzuführen ist, dehnte sich dann bald über den ganzen Rumpf aus. In den oberflächlichen Gefäßen schien das Blut geronnen, während an gewissen Schleimhäuten Ekchymosen auftraten, woraus man vielleicht auf eine Veränderung in den Wandungen der Kapillaren schließen darf. Die roten Blutkörperchen werden durch das Gift in der Weise beeinflußt, daß sie zunächst ihre Form und Konsistenz ändern, klebrig werden und infolge der Bildung einer formlosen, viskösen Masse die Gefäße verstopfen (Embolie).

Sanarelli konnte bei Säugetieren keine derartige Veränderung der Erythrocyten beobachten; an den gekernten roten Blutkörperchen von Amphibien, Fischen und Vögeln trat die hämolytische Wirkung deutlich hervor.

Über die **für verschiedene Tiere tödlichen Mengen** des Skorpiongiftes stellten P. **Bert, Calmette, Phisalix** und **Varigny, Joyeux-Laffuie** Versuche an.

Calmette fand, daß 0,05 mg Trockenrückstand des Giftsekretes von Scorpio (Buthus) afer weiße Mäuse, 0,5 mg Kaninchen unter ähnlichen Erscheinungen wie „Schlangengift" töteten.

Phisalix und Varigny sammelten die auf elektrische Reizung in Tropfenform am Stachel austretende visköse Flüssigkeit auf einem Uhrglas, ließen das so gewonnene Sekret im Vakuumexsikkator eintrocknen und bestimmten den Trockenrückstand, von welchem 0,1 mg ein Meerschweinchen tötete.

Die oben geschilderten Erscheinungen traten nur nach subkutaner oder intravenöser Einverleibung des Giftes ein.

Bei der Einverleibung per os scheinen keinerlei Wirkungen zu erfolgen. Plutarch berichtet über Menschen, welche ohne Schaden Skorpione essen konnten. Experimentell stellte Charas diese Tatsache zu Beginn des 18. Jahrhunderts fest und Blanchard kam durch Versuche an Hunden zu demselben Resultate.

Die Skorpione scheinen gegen die Wirkungen ihres eigenen Giftes sehr widerstandsfähig zu sein (Phisalix und Varigny), wie das ganz allgemein bei den verschiedenen, giftige Sekrete liefernden Tieren der Fall ist.

Für die **Therapie des Skorpionenstiches** könnte vielleicht die Zerstörbarkeit des Giftes durch Wasserstoffsuperoxyd (P. Bert, R. Regnard), Ammoniak (P. Bert), Kalziumhypochlorid und Kalkwasser (Calmette) in Betracht kommen. (Vgl. „Therapie des Schlangenbisses" S. 754).

Die größten und gefährlichsten Skorpione sind:

Androctonus funestus Ehrenb. wird bis 9 cm lang; kommt in Nord- und Mittelafrika vor.

Buthus afer Lin., wird 16 cm lang und findet sich in Afrika und Ostindien.

Buthus occitanicus Amour erreicht eine Länge von 8,5 cm und findet sich in Italien, Griechenland, Spanien, Nordafrika.

Euscorpius europaeus Lin. (italicus und germanus Koch, carpathicus Thon, flavicandus de Geer) kommt in Europa vor, wird selten über 3 bis 3,5 cm lang und ist wenig gefährlich.

b) Ordnung Araneina.

Der **Giftapparat der echten Spinnen** besteht aus der oberhalb des starken, kräftig entwickelten Basalgliedes der Chelizeren (Kieferfühler) oder in demselben liegenden, länglichen und von Muskeln umgebenen Giftdrüse und deren Ausführungsgang, welcher sowohl das Basalglied als auch das klauenförmige, zum Verwunden dienende, aber viel kleinere Endglied durchsetzt und in einer länglichen Spalte an dessen Spitze mündet.

Das Sekret der Giftdrüse, das **Spinnengift,** ist eine klare, ölige Flüssigkeit, reagiert sauer und schmeckt stark bitter. Wie bei den Schlangen wird der Giftvorrat durch wiederholte, rasch aufeinander folgende Bisse bald erschöpft. Die Einverleibung des giftigen Sekretes erfolgt beim Beißen in die durch die Chelizeren gemachte Wunde.

Die chemischen Eigenschaften und die Natur der wirksamen Bestandteile des Spinnengiftes sind unbekannt.

Die wirksame Substanz soll weder ein Alkaloid, noch ein Glykosid, noch eine Säure sein. Sie dialysiert nicht und wird beim Eintrocknen unwirksam. Das Sekret der Giftdrüsen und die wirksamen wässerigen Extrakte aus den in Betracht kommenden Körperteilen der Spinnen lassen die Gegenwart von Eiweiß oder eiweißartigen Stoffen durch die bekannten Farben- und Fällungsreaktionen erkennen. Man nimmt daher an, daß es sich um die Wirkungen eines „Toxalbumins" oder eines giftigen Enzyms handle (Kobert).

Die wichtigsten und bekanntesten Giftspinnen sind:

Nemesia caementaria, die Minier- oder Tapezierspinne. Sie findet sich im südwestlichen Europa, wird etwa 2 cm lang und ist von dunkler (erdbrauner) Farbe. Die von Frantzius beschriebene, besonders in Costarica, aber auch in Honduras, Guatemala und Nicaragua vorkommende Minierspinne, von den Eingeborenen „Arana picacaballo" genannt, soll dort an verschiedenen Haustieren (Pferden, Ochsen usw.) großen Schaden verursachen. Sie ist vielleicht eine Spezies der Gattung Nemesia. In Andalusien und in Südfrankreich soll die Nemesia caementaria manchmal Tiere und Menschen beißen und töten.

Theraphosa avicularia Linn. s. Avicularia vestiaria de Geer., die **Vogelspinne,** findet sich in Brasilien, St. Domingo, Cayenne, Surinam und kann eine Körperlänge von 7 cm erreichen. Die Körperfarbe ist schwarzbraun, die Endglieder und die Kiefertaster sind rot gefärbt.

Theraphosa Blondii Latr., die **Buschspinne,** ist in Südamerika und in Westindien einheimisch. Der Körper ist rötlich braun, die Endglieder der Beine sind lehmfarben. Sie erreicht eine Länge von 8—8,5 cm.

Theraphosa Javanensis Walck., kommt auf Java vor und wird 8—9 cm lang. Sie ist rötlich braun gefärbt. Die Beine sind unten zottig behaart.

Die drei letztgenannten Spinnenarten sind stark behaart und haben ihrer Körpergröße entsprechend große Giftapparate und daher auch einen größeren Giftvorrat. Es ist nicht bekannt, ob das Gift auch quantitativ wirksamer ist als das der anderen Giftspinnen. Sie sollen selbst kleine Warmblüter überfallen und töten. Sie gehören zur Gruppe der sog. „Mygalidae", Riesenspinnen oder Würgspinnen und finden sich nur in tropischen Ländern.

Cremer berichtet über tödlich verlaufene Bisse bei vier Mitgliedern einer Familie.

Chiracanthium nutrix Walck., kommt in der Schweiz, Frankreich, Italien und in Deutschland vereinzelt (Rochusberg bei Bingen) vor und wird etwa 6—12 mm lang. Die Folgen des Bisses scheinen nur lokale oder auf die betroffene Extremität beschränkte zu sein und bestehen in einer leichten aber diffusen Anschwellung und Rötung mit heftigem brennendem Schmerze (Bertkau).

Theridium tredecim guttatum F. s. Lathrodectes tredecim guttatus, die **Malmignatte** ist von dunkler Farbe (schwärzlich bis schwarz), mit meist dreizehn roten, dreieckigen oder halbmondförmigen Flecken auf dem Hinterleibe, wird etwa 8—12 mm lang und findet sich in Italien (Toskana), auf Korsika und Sardinien, sowie an der unteren Wolga, wo sie zeitweise massenhaft vorkommt und dem Viehstande großen Schaden bringen soll. Nomadisierende Völker in Südrußland verloren in den Jahren 1838 bis 1839 durch diese Spinnen angeblich 70 000 Stück Rinder (Motchoulsky). Der Biß der Malmignatte verursacht bei 12% der gebissenen Rinder den Tod. (Szczesnowicz.)

Theridium lugubre Koch. s. Lathrodectes lugubris, L. Erebus (vgl. hierzu Thorell), die **Karakurte** (tatarischer Name „Kara-Kurt", d. h. „schwarzer Wolf" auch „schwarzer Wurm"), findet sich hauptsächlich in Griechenland und Südrußland, wird etwa 1 bis 2 cm lang; das Abdomen ist braun bis schwarz, die Beine braungrau gefärbt. Das Gift ist nicht allein in der Giftdrüse vorhanden; es findet sich in den verschiedenen Körperteilen der Spinne und konnte auch in den Eiern nachgewiesen werden. Es diffundiert nicht und wirkt nur bei subkutaner oder intravenöser Einverleibung.

Segestria perfida Stav. (vgl. Staveley), die **Kellerspinne** wird etwa 2 cm lang. Kepholathorax rötlichbraun, Hinterleib braungrau gefärbt. Letzterer zeigt in der Mitte einen schwarzen, gezähnten Streifen. Die Kieferfühler sind grün. Sie findet sich in Mitteleuropa, lebt unter Baumrinden und in Kellern und wird in der Volksmedizin als Heilmittel gegen Hautentzündungen und dergleichen verwendet (Ozanam). Die Wirkungen des Giftes scheinen nur lokaler Natur zu sein.

Lycosa Tarantula L. s. Tarantula Apuliae Rossi., die süditalienische
Tarantel, auch in Spanien und Portugal vorkommend, wird etwa 3 bis 3,5 cm
lang und unterscheidet sich von der russischen Tarantel durch ihre Rückenzeichnung, welche in schwarzen, gelblich weiß geränderten Querstreifen
besteht. Ihr Biß ist wenig gefährlich und verursacht nur lokale Erscheinungen
an der Bißstelle, niemals aber Allgemeinerscheinungen, die auf resorptive
Wirkung zurückgeführt werden könnten. Sie beansprucht trotzdem ein gewisses,
kulturhistorisches Interesse wegen der mit dem Bisse dieser Spinne angeblich
in kausalem Zusammenhange stehenden und nach ihr benannten im Mittelalter
häufig beobachteten Erscheinung der Tanzwut, des Tarantismus, (Chorea saltatoria), (vgl. hierzu Hecker, Hirsch, Kobert), welcher sich nach erfolgtem
Bisse dieses Tieres in unwillkürlichen, heftigen Tanzbewegungen äußern
und tödlich verlaufen sollte, wenn der Zustand nicht rechtzeitig durch Musik
gelindert und geheilt werde.

Lycosa singoriensis Laxmann s. Trochosa singoriensis, die Russische
Tarantel, erreicht eine Länge von 3 bis 3,5 cm, ist dunkelbraun gefärbt, ohne
Zeichnungen und kommt hauptsächlich im südlichen Rußland vor. Die Beine
sind von hellbrauner Farbe und schwarz gefleckt. Sie soll sehr selten beißen.
Bei subkutaner und intravenöser Injektion der durch Extraktion dieser
Spinnen mit physiologischer Kochsalzlösung oder Alkohol gewonnenen Auszüge
ließen sich an Katzen keinerlei Vergiftungserscheinungen wahrnehmen (Kobert).

Epeira diadema Walck., die gewöhnliche Kreuzspinne verdankt ihren
Namen der charakteristischen Zeichnung des Abdomens, welches eine Anzahl
kreuzförmig geordneter, weißer, oft verwischter Flecken zeigt. Grundfarbe gelblichbraun; Länge 10—15 mm. Die Kreuzspinne findet sich in ganz
Europa, in Gebüschen, Gärten und Häusern, gerne in der Nähe von Gräben,
Sümpfen und Seen.

Die Giftigkeit der Kreuzspinne ist vielfach bezweifelt, von Kobert,
welcher mit wässerigen Auszügen dieser Spinne an Tieren experimentierte,
aber sicher festgestellt worden. Die Wirkungen des Giftes sind denjenigen
des Karakurtengiftes ähnlich; letzteres wirkt jedoch stärker als das Kreuzspinnengift. Dieses findet sich auch in den Eiern der Spinne. Die in einer
einzigen weiblichen Kreuzspinne enthaltene Giftmenge soll genügen, um 1000
Katzen zu vergiften.

Wirkungen der Spinnengifte. Die nach dem Bisse giftiger Spinnen beobachteten Erscheinungen sind bedingt durch lokale und resorptive Wirkungen.

Die lokalen Wirkungen bestehen in mehr oder weniger heftiger Schmerzempfindung, Rötung und Schwellung der Bißstelle und deren Umgebung, erstrecken sich aber auch in manchen Fällen auf das ganze betroffene Glied.

Die resorptiven Wirkungen des Spinnengiftes, welche nur nach subkutaner und intravenöser Injektion nicht aber nach der Einverleibung per os
zustande kommen, betreffen das Zentralnervensystem, die Kreislaufsorgane und das Blut. Nach den an verschiedenen Tierarten mit dem Gifte
der Karakurte in großer Zahl ausgeführten Versuchen scheint das Gift dieser
Spinne, welches in Ermangelung mit den Giften anderer Spinnenarten ausgeführter Untersuchungen vorläufig als Prototyp für die Wirkungen der Spinnengifte im allgemeinen gelten muß, mancherlei Ähnlichkeiten mit den Wirkungen
des Rizins und Abrins zu zeigen (Kobert).

Die Wirkungen des Karakurtengiftes auf das Blut (Hund) äußern
sich in der Auflösung der roten Blutkörperchen und dem Austritt des
Hämoglobins aus den letzteren (Hämolyse). Diese Wirkung tritt noch bei
einer Verdünnung des Giftes von 1 : 127 000 ein.

In wässerigen Auszügen von Kreuzspinnen findet sich eine „Arachnolysin" genannte Substanz, welche ebenfalls die Erythrocyten bestimmter Tierarten (Mensch, Kaninchen, Ochs, Maus, Gans) zu lösen vermag (H. Sachs), während die roten Blutkörperchen anderer Tiere (Pferd, Hund, Hammel, Meerschweinchen) nicht angegriffen werden.

Außerdem steigert dasselbe, wenigstens außerhalb des Organismus im Reagenzglasversuche, die Gerinnbarkeit des Blutes (Pferd). Diese letztere Wirkung, welche noch bei einer Konzentration von 1:60000 eintritt, kommt vielleicht auch im Organismus des lebenden Tieres zustande und ist dann für die bei manchen Tierversuchen, aber nicht regelmäßige beobachtete intravaskuläre Gerinnung des Blutes verantwortlich. Diese würde ungezwungen das Zustandekommen der, ebenfalls nicht regelmäßig beobachteten Konvulsionen erklären (vgl. die Versuchsprotokolle Koberts).

Die Konvulsionen wären dann als Erstickungskrämpfe zu deuten, bedingt durch das Darniederliegen der Zirkulation. Diese Annahme findet eine Stütze in der von Kobert gemachten Erfahrung, daß künstliche Respiration den letalen Ausgang nicht hinauszuschieben oder zu verhindern vermag. Der Grad der gerinnungsbefördernden Wirkung im Organismus ist vielleicht abhängig von der Menge des einverleibten oder resorbierten Giftes (vgl. unter Schlangengift, Pseudechis porphyriacus, S. 746).

Auf das isolierte Froschherz wirkt das Karakurtengift lähmend; diese Wirkung tritt noch bei einer Verdünnung des Giftes von 1:100000 ein. Die Ursachen der Herzlähmung sind entweder Lähmung der motorischen Ganglien dieses Organes oder direkte Wirkung auf den Herzmuskel, vielleicht beide der genannten Wirkungen. Die Folgen der letzteren äußern sich in Sinken des Blutdruckes. Seitens des Gefäßsystems scheinen besonders die kleinsten Arterien und die Kapillaren von der Wirkung des Giftes in der Weise betroffen zu werden, daß die Wandungen derselben Veränderungen erleiden und infolgedessen das Blut bzw. Serum durchlassen. Daher treten punktförmige und zirkumskripte Blutungen und Ödeme auf. Am häufigsten und am besten sind diese Ödeme in dem lockeren Lungengewebe zu erkennen; man findet deshalb bei der Sektion die Lunge häufig mit lufthaltiger, schaumiger und manchmal blutiger Flüssigkeit infiltriert. Auch im Magen und im Darme treten derartige Erscheinungen auf, wo sie in der Regel an der Schwellung und Rötung der Schleimhaut zu erkennen sind; manchmal kommt es auch hier zum Blutaustritt. Thrombosierung der Gefäße kann dabei wohl auch eine Rolle spielen, doch würde die Verstopfung der Gefäße allein kaum die Blutextravasate usw. erklären können.

Die Wirkungen des Karakurtengiftes auf das Zentralnervensystem äußern sich in Lähmungserscheinungen, über deren Ursachen vorläufig ein sicheres Urteil nicht gefällt werden kann. Vielleicht handelt es sich um eine direkte lähmende Wirkung, doch ist zu berücksichtigen, daß die oben geschilderten Kreislaufstörungen ähnliche Erscheinungen seitens des Zentralnervensystems bewirken könnten. Insbesondere findet in dieser Annahme das Auftreten von Krämpfen eine befriedigende Erklärung, nachdem doch eine erregende Wirkung des Giftes auf das Zentralnervensystem nicht beobachtet wurde.

Die tödlichen Mengen des Giftes sind bei seiner Injektion in das Blut äußerst kleine. Katzen sterben schon nach intravenöser Einverleibung von 0,20 bis 0,35 mg organischer Trockenrückstände wässeriger Spinnenauszüge pro Kilogramm Körpergewicht; Hunde scheinen weniger empfindlich zu sein. Der Igel ist auch diesem Gifte gegenüber resistenter als andere Tiere. Frösche werden erst durch die 50fache Menge der für Warmblüter pro Kilogramm letalen Menge getötet.

Durch wiederholte Einverleibung nicht tödlicher Mengen kann Gewöhnung an das Spinnengift eintreten.

Über die am Menschen nach dem Bisse giftiger Spinnen, insbesondere der Lathrodectesarten, beobachteten Symptome hat Kobert in seiner Monographie Berichte aus Asien, Australien und Europa zusammengestellt. Die an zahlreichen Orten am Menschen gemachten Beobachtungen stimmen im wesentlichen mit den Versuchen an Tieren überein.

Die **Symptome** dieser ·Vergiftung **beim Menschen** bestehen in heftigen Schmerzen, zu welchen sich auch Rötung und Schwellung (Lymphangitis und Lymphadenitis) gesellen kann. Die Schmerzen sind nicht auf die Bißstelle und das betroffene Glied beschränkt. Erbrechen, Angstgefühl, Dyspnoe und Beklemmung, Ohnmachtsanfälle, Parästhesien, Paresen und zuweilen auch Krämpfe sind die am häufigsten beobachteten Erscheinungen. Die völlige Rekonvaleszenz erfolgt in manchen Fällen nur langsam, wobei große Mattigkeit und Abgeschlagenheit noch lange Zeit bestehen können.

Die **therapeutische Verwendung der Spinnen** beansprucht ein gewisses kulturhistorisches Interesse und möge daher hier kurz erwähnt werden.

Ozanam (1856) empfiehlt die innerliche Anwendung von Taranteln bei Wechselfiebern, vielen Nervenleiden, z. B. Hysterie, Hypochondrie, Epilepsie, Chorea usw.; äußerlich bei der Behandlung von Phlegmonen und Anthrax.

Clubiona medicinalis wird in gewissen Gegenden Amerikas als Vesicans benutzt und Epeira diadema nebst ihrem Gewebe als „Antiperiodicum" und Sudorificum empfohlen. Lathrodectesarten sollen bei Cardialgie, Chorea, Asthma, Gelenkschmerzen und Ikterus nützlich sein. In Brasilien sollen einige Tegenariaarten wegen einer bei innerlichem Gebrauche dem Cantharidin ähnlichen Wirkung auf die Geschlechtsorgane Verwendung finden.

c) Ordnung Solifugae.

Die Solifugen, Solpugen oder Walzenspinnen, deren bekannteste Art Galeodes araneoides Pall. ist, haben in den Kiefern keine Giftdrüsen (R. Hertwig), jedoch kann ihr Biß lokale Reizerscheinungen und heftige Entzündungen hervorrufen, welche zum Teil durch mechanische Reizung vielleicht aber auch durch eine reizende Wirkung des Speichels bedingt sind.

Gewisse Solifugen des Massailandes sollen durch ihren Biß Schafe und Ziegen töten[1]). Von russischen Ärzten liegen Berichte über tödliche Vergiftungen bei Menschen vor (Köppen). Kobert bespricht in seiner Monographie die Erscheinungen nach den Bissen dieser Tiere und kommt zu dem Schlusse, daß diese „wohl keine größere Bedeutung haben als etwa ein Bienenstich".

d) Ordnung Acarina, Milben.

Bei den Milben ist das Abdomen mit dem Kephalothorax verschmolzen. Beide sind ungegliedert. Die Beine sind in der Regel gut entwickelt. Die Mundteile sind mit gewissen Vorrichtungen ausgestattet, mit welchen die Tiere, beißen, stechen oder saugen können. Sie leben teils frei, teils parasitisch, z. B. die Krätzmilbe, Sarcoptes scabiei, und andere beim Menschen und Säugetier schmarotzende Arten.

---

[1]) Vgl. Zoologischer Jahresbericht Bd. 2, 1885, S. 79.

Gattung Argas. Argas reflexus Latr., die Taubenzecke[1]), muschelförmige Saumzecke, von blaßgelber Farbe mit dunkelroten Streifen oder Zeichnungen, wird 4 bis 6 mm lang. Findet sich in Holz- und Mauerwerk, besonders häufig in Taubenschlägen. Auf der Haut des Menschen erzeugt ihr Stich keine Schwellung und ist äußerlich nur an einem kleinen roten Punkt zu erkennen. Der Stich ist schmerzhaft und erzeugt oft acht Tage lang anhaltendes Jucken.

Argas persicus Fischer (s. Oken, Perroncito), die persische Saumzecke, Mianawanze, wird 4 bis 6 mm lang, ist von braunroter Farbe und findet sich besonders in der Stadt Miana in Persien und deren Umgebung, wo sie von den Eingeborenen „Malleh" genannt wird, kommt aber auch in Ägypten vor. Diese Milbe hält sich in den Wohnungen der Menschen auf und wird durch ihren schmerzhaften, heftiges Jucken erzeugenden Stich eine gefürchtete Landplage. Die Eingeborenen sollen allerdings wenig, die Fremden aber sehr unter diesem Tier zu leiden haben.

Die Mundteile des Tieres bestehen aus dem unpaaren, mit zahlreichen kleinen Spitzen besetzten Hypostom und den beiden mit einigen Haken bewehrten Oberkiefern, die als Chelizeren bezeichnet werden. Mit Hilfe dieser Apparate kann sich die Zecke einbohren und fest verankern. Kotzebue [2]) hat zwei Todesfälle unter heftigen Konvulsionen [3]) bei Menschen beschrieben und Blanchard [4]) wirft die Frage auf, ob es sich dabei nicht vielleicht um die Übertragung von Tetanusbazillen durch die Mianawanze gehandelt haben könnte. Blanchards Annahme könnte wohl dem tatsächlichen Sachverhalt entsprechen, insbesondere da Heller [5]) keinen Giftapparat (Giftdrüse usw.) bei Argas persicus nachweisen konnte. Gegen Infektionsübertragung und für die Einverleibung von Gift spricht die relativ sehr kurze Inkubationszeit; doch ist zu bedenken, daß in heißen Klimaten die Tetanusbazillen vielleicht besonders virulent sind und daß diese beim Biß des Tieres unter Umständen direkt ins Blut gelangen können. Von einer anderen Argasidengattung Ornithodorus ist bekannt [6]), daß sie der Überträger des afrikanischen Zeckenfiebers ist.

Argas (Amblyomma) americanus de Geer, die amerikanische Waldlaus, von rotbrauner Farbe und 2 bis 3 mm lang, findet sich in den amerikanischen Wäldern und soll ähnliche Erscheinungen wie Argas persicus verursachen (vgl. bei Brehm).

Holothyrus coccinella, eine auf der Insel Mauritius einheimische Milbe (vgl. Megnin), soll dort unter dem Geflügel (Gänse, Enten) großen Schaden anrichten, indem die Milbe durch ihren Biß im Rachen dieser Tiere Erstickung verursachende Geschwülste hervorruft.

Über das Gift dieser Milben und dessen Natur ist nichts bekannt; die immerhin nicht geringfügigen und lange dauernden Erscheinungen nach ihrem Bisse machen die Anwesenheit eines reizend wirkenden Stoffes, welcher beim Biß oder Stich in die Wunde gelangt, jedoch sehr wahrscheinlich.

---

[1]) K. Metz, Argas reflexus, die Taubenzecke. Gießener vet.-med. Diss. Stuttgart 1911.

[2]) M. Kotzebue, Voyage en Perse à la suite de l'ambassade russe en 1817. VIII, S. 180. Paris 1819.

[3]) Eduard Martiny, Naturgeschichte der für die Heilkunde wichtigen Tiere. S. 437, Gießen 1854.

[4]) R. Blanchard, Traité de Zoologie Médicale. Paris 1890, T. II, S. 333. Literatur!

[5]) C. Heller, Zur Anatomie von Argas persicus. Sitzungsber. der math. nat. Klasse der Akad. der Wiss. zu Wien. Bd. 30, S. 297, 1858.

[6]) K. B. Lehmann, Über Guerib Guez (Argas persicus). Sitzungsber. der Physikal. med. Gesellsch. zu Würzburg 1913. — Vgl. auch A. Eysell, Die Krankheitserreger und Krankheitsübertrager unter den Arthropoden. — C. Mense, Handbuch der Tropenkrankheiten. 2. Aufl. Bd. 1, S. 23—25, 1913.

2. Klasse. Myriapoda, Tausendfüßler.

a) Ordnung Chilopoda.

Die der Ordnung der Chilopoden angehörigen Myriapoden sind mit einem **Giftapparate** ausgestattet, dessen sie sich zum Erlangen ihrer Beute bedienen. Die Beute wird durch Biß getötet. Spinnen und Käfer sind gegen den Biß der Myriapoden sehr empfindlich, Skorpione scheinen der Wirkung des Giftes nur schwer, die Myriapoden selbst derselben kaum zu erliegen.

Familie Scolopendridae.

Scolopendra morsitans Lin., in Südeuropa vorkommend, wird etwa 90 mm lang und ist braungelb, der Kopf, die Fühler und die Ränder der Leibesringe sind grünlich gefärbt.

Scolopendra Lucasii Eyd. et Soul (vgl. Eydoux und Souleyet) ist von rotgelber Farbe mit divergierenden Linien auf den Leibesringen, wird bis 120 mm lang und findet sich auf Isle de France und Bourbon.

Scolopendra gigantea Lin., erreicht eine Länge von 148 bis 244 mm und ist in Ostindien einheimisch. Die Farbe ist hellbraun, am Bauche weiß oder gelblich.

Familie Geophilidae.

Geophilus longicornis Leach., ist hellgelb, Kopf und Fühler sind braun, wird bis 40 mm lang; 48 bis 55 Leibesringe und Beinpaare, in Mitteleuropa häufig.

Der **Giftapparat** der Scolopendra besteht aus einer zylindrischen, sich nach vorn verschmälernden Giftdrüse und einem Ausführungsgange, welcher an der Spitze des Kieferfußes in einer kleinen Öffnung mündet. Der ganze Giftapparat liegt innerhalb der Kieferfüße, welche umgebildete oder modifizierte Brustbeine (erstes Paar) darstellen.

Die chemische Natur des Sekretes der Giftdrüse und der wirksamen Bestandteile dieses Sekretes ist unbekannt.

Beim **Menschen** verursacht der Biß einheimischer Scolopendren nur lokale Erscheinungen. Es bildet sich meistens nur eine kleine Quaddel an der Bißstelle, doch soll im Sommer der Biß oft Entzündungen von erysipelartigem Charakter verursachen, so daß die zunächst an der Bißstelle auftretende Schwellung und Rötung sich über die ganze betroffene Extremität verbreiten kann. Allgemeine Erscheinungen treten nie auf (Dubosq). Eine in Indien einheimische Art, welche eine Länge von 2 Fuß erreichen soll, tötet angeblich durch ihren Biß auch Menschen (v. Linstow).

Mäuse und Murmeltiere werden durch den Biß von Scolopendren gelähmt und gehen an den Wirkungen des Giftes zugrunde (Jourdain).

b) Ordnung Chilognatha s. Diplopoda.

Eine Anzahl der Ordnung der Chilognathen gehöriger Myriapoden besitzen in dem Sekrete gewisser Hautdrüsen Schutzmittel gegen Feinde. Diese Sekrete enthalten flüchtige, zum Teil unangenehm riechende, manchmal auch ätzende Stoffe und werden durch Poren, sog. **Foramina repugnatoria** (M. Weber), welche auf beiden Seiten des Rückens liegen, nach außen entleert.

Über die **chemische Natur** derartiger von Myriapoden ausgeschiedener, flüchtiger Stoffe liegen in der Literatur mehrere Angaben vor, nach welchen es sich bei Fontaria gracilis (Guldensteeden-Egeling) und Fontaria virginica (Cope, Haase) um einen in Benzaldehyd und Blausäure spaltbaren

Körper, bei **Julus terrestris** (Phisalix) um Chinon und bei **Polyzonium rosalbum** (Cook) um einen nach Kampfer riechenden Stoff handeln soll. **Spirostrephon lactarima** sezerniert ein milchiges sehr übelriechendes Sekret.

3. Klasse. Hexapoda, Insekten.

a) Ordnung Hymenoptera, Hautflügler.

Unterordnung Aculeata Stech-Immen.

Familie Ápidae, Bienen.

Unter den Hymenopteren verdienen die **Aculeaten** aus naheliegenden Gründen das besondere Interesse des Arztes und des Laien. Aculeaten nennt man diejenigen Hymenopteren (Hautflügler), welche mit einem **Stachel (Aculeus)** versehen sind und mittelst dieses Stachels **Stichwunden** verursachen können. Gleichzeitig mit dem Stich erfolgt auch eine Entleerung giftiger Flüssigkeit in die Wunde. Die genannten Insekten sind also in die Gruppe der aktiv giftigen Tiere einzureihen. Die bekanntesten Repräsentanten der Aculeaten sind die Honigbiene, **Apis mellifica** Lin., die Wespe **Vespa vulgaris** Lin., die Hornisse, **Vespa crabro** Lin. und die Hummel, **Bombus hortorum** Lin.

Über die anatomischen Verhältnisse des Stachelapparates auf welche hier nicht eingegangen werden kann, finden sich ausführliche Angaben bei **Sollmann**, Zeitschr. f. wissensch. Zoologie S. 528 (1863) und bei **Kraepelin**, ebenda S. 289 (1873).

Über die **chemischen Eigenschaften des Bienengiftes** liegen Untersuchungen von **Brandt** und **Ratzeburg**, von **Paul Bert**, dessen Angaben sich auf das Gift der Holzbiene (Xylocopa violacea) beziehen und von **Carlet** vor.

Den eingehenden und sorgfältigst ausgeführten Untersuchungen von **Josef Langer** verdanken wir in erster Linie unsere Kenntnisse über die chemische Natur und die pharmakologischen Wirkungen des Giftes unserer Honigbiene. **Langer** sammelte das Gift der Bienen (im ganzen von etwa 25000 Stück) in der Weise, daß er das dem Bienenstachel entquellende Gifttröpfchen in Wasser brachte, oder aber, was eine bessere Ausnützung des Materials gestattete, die dem Bienenkörper frisch entnommenen, mit einer Pinzette herausgerissenen Stachel samt Giftblasen in Alkohol von 96 % brachte, in welchem sich der wirksame Bestandteil des Sekretes der Giftdrüse nicht löst. Seine Löslichkeit in Wasser erleidet durch die Alkoholbehandlung keine Veränderung und die charakteristischen Eigenschaften bleiben vollkommen erhalten.

Der in Alkohol unlösliche Rückstand wurde bei 40° getrocknet, zu einem feinen Pulver verrieben und dann mit Wasser ausgezogen. Der filtrierte wässerige Auszug stellte eine klare gelblichbraune Flüssigkeit dar, welche die für das ganze Giftsekret charakteristischen Wirkungen zeigte. Die Wirksamkeit solcher wässeriger Lösungen des Bienengiftes wird durch zweistündiges Erhitzen auf 100° nicht vermindert.

Das frisch entleerte Gifttröpfchen, dessen Gewicht zwischen 0,2 bis 0,3 mg schwankt, ist wasserklar, reagiert deutlich sauer, schmeckt bitter und besitzt einen eigenartigen aromatischen Geruch; sein spezifisches Gewicht ist 1,1313. Beim Eintrocknen bei Zimmertemperatur hinterläßt das native Bienengift etwa 30 % Trockenrückstand.

Die saure Reaktion des nativen Giftes ist wahrscheinlich durch Ameisensäure bedingt, welche aber für die Wirkungen des Giftsekretes nicht in Betracht kommt (vgl. **Langer** S. 387). Letzteres gilt auch für den flüchtigen Körper, welcher den fein aromatischen Geruch des Giftsekretes bedingt und beim Öffnen einer gut bevölkerten Bienenwohnung wahrgenommen wird.

Zur Darstellung des giftigen Bestandteiles des Sekretes sammelte Langer 12000 Stachel samt Giftblasen in Alkohol von 96 %; vom Alkohol wurde abfiltriert, die Stachel bei 40⁰ getrocknet und zu einem Pulver verrieben, letzteres sodann mit Wasser extrahiert. Der klare, bräunlich gefärbte, filtrierte wässerige Auszug wurde durch Eintropfenlassen in Alkohol von 96 % gefällt, der Niederschlag gesammelt, mit absolutem Alkohol und Äther gewaschen. Nach dem Verdunsten des Äthers hinterblieb eine grauweße Substanz in Lamellen, welche noch Biuretreaktion zeigte. Zur weiteren Renigung dieses Produktes wurde dasselbe in möglichst wenig reinem oder schwach essigsäurehaltigem Wasser gelöst und durch Zusatz von einigen Tropfen konzentrierten Ammoniaks die wirksame Substanz nach mehrmaligem Lösen und Fällen **in eiweißfreiem Zustande** erhalten. Die charakteristischen Wirkungen des ganzen Sekretes waren dieser aschefreien Substanz eigen. Die schwach essigsaure Lösung dieses Körpers zeigte keine der bekannten Eiweißreaktionen. Mit einer Reihe von Alkaloidreagenzien dagegen wurden Fällungen erhalten. Man ist daher vielleicht berechtigt, die wirksame Substanz des Bienengiftes als eine organische Base anzusprechen. Die nähere chemische Charakterisierung der Base steht infolge der Schwierigkeiten der Beschaffung genügenden Materials noch aus.

Das Bienengift wird zerstört oder seine Wirksamkeit vermindert durch gewisse oxydierende Agenzien, insbesondere durch Kaliumpermanganat, aber auch durch Chlor und Brom, und ferner durch die Einwirkung von Pepsin, Pankreatin und Labferment (Langer). **Die Empfindlichkeit des Bienengiftes gegen die genannten Stoffe ließ an ihre therapeutische Verwendung beim Bienenstich denken,** doch haben in dieser Richtung und Absicht unternommene Versuche bisher keine praktisch brauchbaren Resultate ergeben.

Die **Wirkungen des Bienengiftes** charakterisieren sich als **heftig schmerz-** und **entzündungserregend.** Außerdem verursacht es an der Injektionsstelle und deren Umgebung lokale **Gewebsnekrose.** In der Umgebung des nekrotischen Herdes entwickeln sich **Hyperämie und Ödem.** Am Kaninchenauge bewirkten 0,04 mg des nativen Giftes, auf die Konjunktiva appliziert, **Hyperämie, Chemosis und darauf eitrige oder kruppöse Konjunktivitis.** Auf die unversehrte Haut appliziert, ist das native Bienengift sowie auch eine 2 %ige Giftlösung ohne jede Wirkung. Die Schleimhäute der Nase und des Auges reagieren dagegen in spezifischer Weise.

Bei der intravenösen Applikation von 6 ccm einer 1,5 %igen Giftlösung (auf natives Gift berechnet) an einem 4,5 kg schweren Hunde erfolgten bald klonische Zuckungen, die sich sehr rasch zu wiederholten Anfällen von allgemeinen klonischen Zuckungen mit Trismus, Nystagmus und Emprosthotonus steigerten. Das Tier ging unter Respirationsstillstand zugrunde.

Bei der Wirkung am Hunde verdient die Blutkörperchen lösende Eigenschaft des Bienengiftes im Organismus hervorgehoben zu werden. Im mikroskopischen Blutpräparate fanden sich nur wenige erhaltene Erythrocyten; das lackfarbene Blut enthielt sehr viel gelöstes Hämoglobin und zeigte, spektroskopisch untersucht, die Anwesenheit von Methämoglobin. Die Sektionsbefunde an dem betreffenden Versuchstiere ließen in allen Organen, mit Ausnahme der Milz, **starke Hyperämie und Hämorrhagien** erkennen. Es erinnern diese Befunde an die Wirkungen gewisser Schlangengifte.

Durch Maceration von Wespen mit Glyzerin erhielt Phisalix eine Flüssigkeit, welche Kaninchen nach subkutaner Injektion gegen das Mehrfache der sonst tödlichen Menge Viperngiftes schützte. Die Resultate dieser Versuche lassen an die Möglichkeit näherer Beziehungen zwischen dem Vipern- und Wespengifte denken. Vielleicht ist die eigentliche wirksame Substanz des Wespengiftsekretes ebenfalls ein Sapotoxin.

Pharmakologisch ist das Bienengift vorläufig in die Gruppe der diffusiblen, Nekrose erzeugenden, nicht flüchtigen Reizstoffe einzureihen, deren Hauptrepräsentant das Cantharidin ist.

Von hohem wissenschaftlichen Interesse und von praktischer Bedeutung ist die den Imkern schon lange bekannte und von Langer genauer studierte Möglichkeit der **Gewöhnung an das Bienengift.**

Langers Angaben beruhen auf den nach der Versendung von Fragebogen an eine große Anzahl von Bienenzüchtern erhaltenen Antworten, wonach beim Menschen unzweifelhaft Gewöhnung an das Bienengift eintreten kann.

Von 164 Imkern gaben an, von vornherein gegen das Bienengift unempfindlich gewesen zu sein 11

Empfindlich gegen das Gift bei Beginn der Bienenzucht waren . . . 153

Weniger empfindlich für das Gift wurden während der Imkerei . . 126

Gleich empfindlich für das Gift wie bei Beginn der Imkerei blieben . 27

Von den 153 anfänglich empfindlichen erfuhren 126 Personen während eines mehrjährigen Betriebes der Bienenzucht eine Herabsetzung ihrer reaktiven (nicht subjektiven!) Empfindlichkeit; von diesen gaben 14 an, giftfest zu sein und betonten, daß sogar mehrere gleichzeitig oder rasch hintereinander applizierte Stiche keinerlei Wirkung bei ihnen hervorriefen, abgesehen von der als Blutpunkt erscheinenden Hämorrhagie an der Stichstelle, die doch wohl nur als eine Folge der mechanischen Läsion durch das Eindringen des Stachels zu betrachten ist.

Bei 21 Imkern verursachten Bienenstiche keine oder eine nur sehr geringfügige und bald verschwindende Schwellung an der Stichstelle und deren Umgebung.

91 Bienenzüchter beobachteten an sich selbst Herabsetzung der Empfindlichkeit gegen das Bienengift. Während sie bei Beginn der Bienenzucht wiederholt an Urticaria, heftiger lokaler Entzündung und Allgemeinerkrankungen litten, blieben diese Wirkungen später aus oder traten doch nur in schwachem Grade auf und dauerten nur sehr kurze Zeit. Bei den Berufsimkern kommt es nicht selten vor, daß sie an einem Tage von 20 bis 100 Bienen gestochen werden und daß auch nach Einverleibung derartiger großer Giftmengen nur geringe reaktive Erscheinungen (Entzündung, Schwellung und resorptive Wirkungen auftreten (Langer).

Bei manchen Individuen scheint dagegen die (relative) Immunität nur schwer zustande zu kommen. Die Immunität gegen das Bienengift scheint niemals eine absolute zu werden und der Grad derselben erfährt leicht eine Verminderung, wenn das Individuum längere Zeit nicht gestochen wird. Manche Bienenzüchter geben an, daß sie nach den ersten Stichen im Frühjahr auffallend stark reagieren, während sie später wieder unempfindlich werden und selbst mehrere Stiche dann keinerlei Wirkung erkennen lassen.

Die beim **Menschen** auf einen Bienen- oder Wespenstich folgenden Lokalerscheinungen sind hinlänglich bekannt und brauchen daher hier nicht weiter erörtert zu werden. Sie entsprechen genau den Resultaten der von Langer an Tieren mit dem von ihm gereinigten Gifte gemachten Versuchen. Allgemeine Erscheinungen oder resorptive Wirkungen werden selten beobachtet; zuweilen stellen sich jedoch bei sehr empfindlichen Personen Frost und leichtes Fieber mit Kopfschmerz ein. In besonderen Fällen, wo Menschen von Bienenschwärmen oder Hornissen überfallen und durch zahlreiche Stiche verwundet und vergiftet wurden, traten schwere **Erscheinungen seitens des Zentralnervensystems,** Ohnmacht,

Schlafsucht und Delirien ein. Insbesondere bei Kindern, aber auch bei
Erwachsenen, sind verschiedene **Fälle mit tödlichem Ausgange** in der Literatur
verzeichnet. v. Hasselt beschreibt einen Fall bei einem dreijährigen Kinde
in Drenthe, Holland (1849), Caffe einen solchen aus Frankreich von einem sechsjährigen Kinde, welches nach einem Stich in die Schläfengegend nach einer
Stunde gestorben sein soll. Bei dem letztgenannten Falle liegen Angaben über
die **Sektionsbefunde** vor; diese ergaben starke Hyperämie der Hirnhäute
und Sinus neben blutig serösem Exsudate in den Hirnventrikeln. (Vgl.
oben Langers Versuch am Hund, S. 788).

In Landshut hat sich 1857 ein Fall mit tödlichem Ausgange nach einer
Viertelstunde ereignet[1]. „Die Bäuerin Maria Stimpfl von Eck in der
Pfarrei Aidenbach, Ldg. Vilshofen, wurde jüngst von einer Biene ins Gesicht
gestochen. Sogleich nach dem Stiche stellte sich Übelbefinden ein, das schnell
zu Krämpfen sich steigerte, und nach einer Viertelstunde war Maria Stimpfl
eine Leiche".

Ein ähnlicher, ebenfalls rasch tödlich verlaufener Fall soll sich nach Berichten der Tagespresse[2] im August 1905 in Sachsen ereignet haben. „Der
Mühlenbesitzer Weinhold in Taubenheim wurde von einer Biene ins linke Ohr
gestochen. Nach zehn Minuten war Weinhold eine Leiche. Nach Aussage des
Arztes war das Bienengift ins Herz gedrungen und hatte den Tod durch Herzschlag herbeigeführt."

Die kurzen Notizen gestatten kein Urteil über diese Fälle, bei welchen
vielleicht hochgradige Idiosynkrasie vorlag, oder sonstige, den raschen letalen
Ausgang begünstigende, nicht näher präzisierte Umstände eine Rolle spielten.

Toxikologisch verdienen die Bienen aber aus einem weiteren Grunde die
Aufmerksamkeit des Arztes. Der von ihnen bereitete **Honig besitzt zuweilen
giftige Eigenschaften,** welche zu gefährlicher Erkrankung, manchmal sogar zu
Todesfällen Veranlassung geben können. Das Vorkommen giftigen Honigs
kann keinem Zweifel unterliegen.

W. J. Hamilton hat die Erzählung Xenophons von der Giftwirkung
des Honigs zu Trapezunt[3] durch Untersuchungen an Ort und Stelle bestätigt.
Strabo und Plinius wissen von dem Gifthonig zu berichten, wie auch Stellen
bei Aristoteles, Dioscorides und Diodorus Siculus darauf hinweisen,
daß diese Tatsache im Altertum ganz bekannt war. Barton teilte 1790 viele
Fälle von Vergiftungen durch Honig in Pennsylvanien und Florida mit. In
Brasilien ist die Vespa Lecheguana wegen ihres giftigen Honigs berüchtigt.
In Altdorf in der Schweiz starben (1817) zwei Hirten durch den Genuß des
Honigs von Bombus terrestris.

Nach Auben sind in Neu-Seeland, hauptsächlich unter den Maoris, Vergiftungsfälle durch wilden Honig nicht selten. Bei schweren Fällen tritt der
Tod schon nach 24 Stunden ein (W. Kühn).

Die Ursache derartiger Wirkungen des Honigs suchte man bei einzelnen
Personen in Idiosynkrasie, besonders wenn die Symptome sich auf Angstgefühl,
Nausea, Magenschmerz und Diarrhöe beschränkten. Der Grund für die Giftig-
keit liegt aber in dem Umstande, daß die Bienen aus den Blüten gewisser
Pflanzen giftige Pflanzenstoffe aufnehmen.

---

[1] Buchners Repertorium für Pharmazie Bd. 6, 1857, S. 420.
[2] Frankfurter Zeitung, Straßburger Post, 21. August 1905.
[3] 10000 Griechen sollen nach dem Genusse von „mel ponticum" bei der Belagerung
von Trapezunt in wilde Delirien verfallen sein.

Von solchen Giftpflanzen, deren Giftstoffe in den Honig übergehen können, sind besonders solche aus den Familien der Apocyneae, Ericaceae, Ranunculaceae zu nennen (vgl. hierzu Archangelsky).

Eine mikroskopische Untersuchung des verdächtigen Honigs auf darin vorhandene Pollenkörner zwecks Bestimmung der Pflanzen, von welchen der Honig bzw. der Blütenstaub gesammelt wurde, um dadurch für die Ätiologie der Vergiftung und womöglich auf für die therapeutische Behandlung Anhaltspunkte zu gewinnen, scheint aussichtslos, weil es sich doch nur um den an den Beinen der Bienen klebenden Pollen handeln könnte, dieser aber nicht in den Honig gelangt.

Sajo [1]) meint, daß der Bienenhonig durch Beimengung von sog. Bienenbrot unter Umständen giftig werden könnte. Letzteres soll von den Bienen gesammelter Blütenstaub sein, den sie in gewissen Zellenlagen der Waben, manchmal aber auch mit Honig zusammen in ein und derselben Zelle unterbringen und als Eiweißquelle (?) benützen, insbesondere wohl für die Brut. Wird das Bienenbrot nicht sorgfältig vom Honig getrennt — durch Wegschneiden oder Zentrifugieren (Ausschleudern) des Honigs —, so gelangt es in den Honig und kann diesem giftige Eigenschaften verleihen, sei es, daß der Blütenstaub von vornherein selbst giftig war, oder daß er Zersetzungen erleidet und dann Fäulnisprodukte und Fäulniserreger, vielleicht auch Bakterien und andere pathogene Mikroorganismen enthält. Sajo denkt auch an die Möglichkeit, daß die Bienen das Bienenbrot durch Ameisensäure aus ihrem Giftsekret (vgl. oben S. 787) konservieren, daß dabei dann aber auch Bienengift hineingelangt und dieses somit auch in den Honig übergehen kann.

Bei derartigen Vergiftungen dürfte es zunächst indiziert sein, die Entfernung des noch im Magen restierenden giftigen Honigs aus dem Organismus durch Erbrechen zu bewirken.

Von historischem Interesse ist die Angabe von Dupuytren, derzufolge die Kreuzfahrer bei der Belagerung von Massa von den Belagerten durch Zuwerfen oder Entgegenwerfen von Bienenkörben stark gedrangsalt wurden. Durch Tacitus, Amoreux und andere erfahren wir, wie durch Bienenschwärme nicht nur bei Kindern, sondern auch bei erwachsenen Menschen ernste Folgen veranlaßt wurden.

Schließlich sei hier noch darauf hingewiesen, daß man auch an die therapeutische Verwendung des Bienengiftes gedacht und angeblich bereits gute Erfolge damit erzielt hat. Bienenstiche sollen nach Keiter [2]) beim Rheumatismus nützlich sein und sogar die Krankheit heilen, und zwar auch die Herzkomplikationen beim chronischen Gelenkrheumatismus.

Familie Formicidae, Ameisen.

Die nach dem Bisse einheimischer Ameisen auftretenden lokalen Erscheinungen sind sehr unbedeutende. An der Bißstelle pflegt sich nur eine geringfügige Entzündung und höchstens Quaddelbildung zu entwicklen.

Die durch gewisse tropische Ameisen verursachten Verletzungen sind dagegen ernsterer Natur und können Allgemeinerscheinungen, Ohnmacht, Schüttelfrost und vorübergehende Lähmungen verursachen (Husemann).

Manche Arten von Ameisen (Myrmica, Ponera) haben einen dem Giftapparat der Bienen analogen Stechapparat, d. h. sie besitzen einen mit einer

---

[1]) K. Sajo, Prometheus. Nr. 1028. Bd. 20, Nr. 40, S. 636—637. 1. Juli 1909. Vgl. auch: Aus der Natur. Heft 18, 1909.

[2]) A. Keiter, Rheumatismus und Bienenstichbehandlung. Mit einem Beitrage von Dr. P. Terc. Wien und Leipzig (Franz Deuticke, Verlags-Nr. 2184). 1914.

Giftdrüse verbundenen **Giftstachel.** Bei anderen Arten liegt die Giftdrüse in der Nähe des Afters; diese spritzen das Sekret der Giftdrüsen in die durch ihren Biß verursachte Wunde, indem sie den Hinterleib nach oben und vorn biegen.

Die morphologischen Verhältnisse des Giftapparates der Ameisen hat Forel eingehend untersucht und beschrieben.

Die chemische Natur des in dem Giftsekret der Ameisen enthaltenen wirksamen Körpers ist nicht mit Sicherheit festgestellt. Man nahm an, daß die in dem Sekrete in großer Menge vorhandene Ameisensäure, H . COOH, das giftige Prinzip sei, wie das auch bei dem Gifte der Honigbiene früher geschah. Die schwache lokal reizende Wirkung des Giftes unserer einheimischen Ameisen könnte allenfalls durch die lokale, ätzende Wirkung der Ameisensäure bedingt sein; für die schwereren, durch gewisse exotische Arten verursachten Erscheinungen kann die Ameisensäure jedoch kaum verantwortlich gemacht werden. Dafür spricht auch die Angabe Stanleys, der zufolge gewisse afrikanische Völkerschaften sich des Giftes bestimmter roter Ameisen als **Pfeilgift** bedienen. Die getrockneten Ameisen werden pulverisiert, das Pulver mit Öl vermischt und das Gemenge auf die Pfeilspitzen gestrichen.

Durch solche Pfeile verursachte Verwundungen sollen rasch den Tod herbeiführen. Es handelt sich wahrscheinlich um die Wirkungen einer noch unbekannten Substanz, welche vielleicht nach Art des in den Brennhaaren der ostindischen Juckbohne (Negretia pruriens, vgl. Vogel) oder in der Brennessel (Urtica dioica, vgl. Haberlandt) enthaltenen Stoffes wirkt.

b) Ordnung Lepidoptera, Schuppenflügler, Schmetterlinge.

Die **Raupen mancher Schmetterlinge** sind nach neueren Untersuchungen unzweifelhaft Gifttiere. In der Mehrzahl der Fälle handelt es sich um passiv giftige Tiere, doch sind auch solche Raupen bekannt, die sich ihres Giftes willkürlich bedienen können.

In die erste Kategorie gehören die Raupen von **Cnethocampa processionea Lin.,** Eichen-Prozessionsspinner, **Cnethocampa pinivora .Tr.,** Kiefern-Prozessionsspinner und **Cnethocampa pityocampa Fabr.,** Pinien-Prozessionsspinner. Nach Knight[1]) gehören hierher auch die Raupen von Ilusia Gamma, Orgia Antiqua und Porthesia Auriflua.

Diese Schmetterlinge, deren Raupen in großer Anzahl in Nestern gesellig zusammenleben, verdanken ihre deutschen Namen der eigentümlichen, geordneten Marschweise, welche sie bei ihren nächtlichen Ausflügen innehaten, wobei eine Raupe voraus, dahinter die übrigen in einer geschlossenen Reihe marschieren, oder so, daß der Zug allmählich zwei- bis mehrgliedrig wird. In letzterem Falle verschmälert er sich aber wieder nach hinten. Am Abend ziehen sie zwecks Nahrungsaufnahme aus und kehren bei Tagesanbruch wieder in das Nest oder Gespinst zurück.

C. processionea findet sich hauptsächlich im nordwestlichen Deutschland im August und September namentlich in der Ebene, C. pinivora vorwiegend in den Tiefebenen und dem Hügellande in der Umgebung der Ostsee im April und Mai. C. pityocampa ist in Südeuropa, namentlich in den Küstenländern des Mittelmeeres, einheimisch.

Die **durch die Prozessionsraupen hervorgerufenen Krankheitserscheinungen** sind seit den Untersuchungen von Réaumur (1756), welcher diese Tiere und ihre Lebensgewohnheiten zuerst genauer beschrieb, gut bekannt. Sie bestehen nach den übereinstimmenden Angaben von Réaumur, Brockhausen,

---

[1]) E. Knight, Venomous Caterpillars. The Hospital. New Series. Bd. 3, Nr. 76, Aug. 22, S. 545, 1908.

Morren, Fabre und anderen Autoren in mehr oder weniger heftiger Entzündung und Schwellung, insbesondere der Schleimhäute der Konjunktiva, des Kehlkopfes und des Rachens; doch kann auch die äußere Haut (Gesicht und Hände) durch das Eindringen der Haare in einen Zustand entzündlicher Reizung (Urticaria) versetzt werden.

Ein von Ratzeburg beschriebener Fall soll sogar tödlich verlaufen sein. Es handelte sich um einen mit dem Einsammeln von Prozessionsraupen beschäftigten Mann, der an einer schweren, von einer verletzten Stelle der Hand ausgehenden und sich über den ganzen Arm verbreitenden Entzündung erkrankte und starb.

Die massenhafte Vermehrung des Kiefern-Prozessionsspinners an der Ostsee küste in den achtziger Jahren des vergangenen Jahrhunderts und das wiederholte Auftreten endemischer Urticaria bei den Bewohnern dieser Gegend und den Gästen der Badeorte Kahlberg, Hela und Dievenov hat schweren wirtschaftlichen Schaden zur Folge gehabt (Laudon).

Die Frage nach den **Ursachen der geschilderten Wirkungen** der Haare dieser Raupen ist durch die Untersuchungen von Fabre entschieden. Nach diesem Autor verursachen die mit Äther sorgfältig extrahierten Haare, die bei dieser Behandlung die Widerhaken nicht verloren, nach der Applikation auf die menschliche Haut keinerlei Erscheinungen, während der nach dem Verdunsten des Äthers zurückbleibende Stoff auf der Haut Schwellung und Bläschenbildung verursachte. Die gleiche Wirkung auf die intakte Haut zeigten auch das Blut dieser Raupen und in weit höherem Grade die Rückstände von Ätherauszügen der **Exkremente** dieser Tiere.

Fabre dehnte seine Untersuchungen dann auch auf eine Reihe anderer Lepidopteren aus und fand in dem Harne aller darauf untersuchter Schmetterlinge (auch von solchen Exemplaren, die eben ausgeschlüpft waren und noch keine Nahrung aufgenommen hatten) einen Stoff, welcher auf der Haut heftige Entzündung verursachte. Demnach ist das Vorkommen eines lokal reizenden und Entzündung erregenden, nach Art des Cantharidins wirkenden Stoffes nicht auf die Prozessionsraupen allein beschränkt, sondern auch bei anderen Lepidopteren erwiesen. Derartig wirkende Stoffwechselprodukte finden sich auch bei anderen Insekten, als den darauf untersuchten Lepidopteren und Coleopteren. Fabre hat bei einigen Hymenopteren und Orthopteren ebenfalls einen blasenziehenden und sogar Geschwürbildung verursachenden Stoff nachweisen können.

Es fragt sich aber, warum von den behaarten Raupen die Prozessionsraupen allein die geschilderten Krankheitserscheinungen verursachen. Fabre findet die Erklärung für diese Frage in der Lebensweise dieser Tiere, welche sich tagsüber dicht gedrängt in ihren mit Exkrementen stark verunreinigten Nestern aufhalten. Die Exkremente haften an den Haaren der Raupen fest und werden dann mit diesen im Freien zerstäubt, so daß auch ohne direkte Berührung der Tiere der entzündungserregende Stoff auf die äußere Haut und die Schleimhäute gelangt und dort seine Wirkungen entfaltet.

Für das Vorkommen von lokal reizend wirkenden Stoffen auch bei anderen als den von Fabre untersuchten Lepidopteren sprechen ferner gewisse, bei den in Seidenfabriken beschäftigten Arbeiterinnen gemachten Erfahrungen. Es handelt sich um die Erscheinungen der in Frankreich „**Mal de Bassine**", in Italien „**Mal della caldajuola**" genannten Affektion. An den Händen der Arbeiterinnen, welche mit dem Abspinnen der in heißem Wasser aufgeweichten Kokons beschäftigt sind, bilden sich häufig Bläschen und Pusteln, wobei es zur Eiterung kommen kann und die Hände stark schmerzen (Potton, Melchiori). Vielleicht handelt es sich hier um die Wirkungen eines im Kokon vorhandenen und aus dem Organismus des Seidenspinners (Bombyx mori) oder dessen Raupe stammenden, kantharidinartig wirkenden Stoffwechselproduktes.

Zu den aktiv giftigen Lepidopteren sind die Larven der Gattung Cerura Schr. s. Harpyia Ochs. (Gabelschwanz) zu zählen, welche sich im Juni bis August an Weiden, Pappeln und Linden finden und bei der Berührung aus einer Querspalte des ersten Ringes unter dem Kopfe (Prothorax) eine stark saure, ätzende Flüssigkeit hervorspritzen. Von Meldola auf Veranlassung von Poulton ausgeführte Analysen des Sekretes (Dicranura) ergaben einen Gehalt von **33 bis 40 Prozent wasserfreier Ameisensäure.**

c) Ordnung Coleoptera, Käfer.

Zahlreiche Käferarten besitzen neben ihrer zum Schutz dienenden Chitinbedeckung noch eigenartige Vorrichtungen zur Bereitung und Absonderung von defensiv zu verwendenden Stoffwechselprodukten. Es kann sich dabei um **Sekrete bestimmter Drüsen** handeln, oder aber um **Giftstoffe, die im ganzen Organismus** der Käfer verbreitet sind. Im ersteren Falle sind es meistens Anal-, Speichel- oder Tegumentdrüsen, die ein spezifisches Sekret von höchst unangenehmem Geruche oder auch von ätzender Wirkung liefern. Im zweiten Falle ist das Gift im Blute enthalten.

Das Blut kann an bestimmten Stellen des Körpers, meistens an den Gelenken, an die Oberfläche treten, und wirkt dann infolge seines Gehaltes an gewissen Stoffen als Abwehr- oder Verteidigungsmittel.

Virey beobachtete zuerst, daß der Maiwurm (Meloe majalis) beim Anfassen eine gelbe Flüssigkeit aus den Beingelenken austreten läßt, welche einen „scharfen" Stoff enthält. Dieser Autor machte auch darauf aufmerksam, daß gerade diese Käferart, ebenso wie die Canthariden, bei denen eine ähnliche Erscheinung des Austretens von Flüssigkeit aus den Gelenkspalten bekannt ist, zu medizinischen Zwecken als entzündungserregendes und blasenziehendes Mittel verwendet wird.

Leydig wies dann (1859) an bestimmten Arten von Coccinella, Timarcha und Meloe nach, daß die aus den Gelenkspalten austretende Flüssigkeit dieselben morphologischen Elemente enthält wie das Blut der genannten Käfer, und Cuénot konnte sich davon überzeugen, daß dieser wahrscheinlich reflektorische Blutaustritt, von ihm als „**Saignée reflexe**" bezeichnet, bei den verschiedensten Chrysomeliden, Coccinelliden und Vesicantien, sowie auch bei gewissen Orthopteren (Eugaster und Ephippiger) zu beobachten ist. Auch bei einzelnen Carabiden ist dieser Vorgang beobachtet worden (C. E. Porter).

Die Art und Weise, wie das Blut aus dem Körper austritt, ist noch nicht mit Sicherheit festgestellt. Cuénot deutet den Vorgang so, daß das Blut durch Kontraktion des Abdomens unter Druck gebracht wird, worauf es die Cuticula an den Stellen des geringsten Widerstandes sprengt und so nach außen gelangt. Nach Lutz wird das Blut bei starker Kontraktion des Abdomens und der Flexoren der Tibia durch präformierte Spalten in den Gelenkhäuten willkürlich herausgepreßt.

Ist man nun auch über den Mechanismus des Blutaustrittes noch nicht im klaren, so darf man doch wohl kaum daran zweifeln, daß das auf die eine oder die andere Weise an die Körperoberfläche gelangte Blut eine Schutzwirkung gegenüber den Feinden dieser Tiere entfaltet. Die Ergebnisse und Beobachtungen der diese Tatsache bestätigenden Tierversuche von Cuénot und von Beauregard lassen kaum eine andere Deutung zu.

Die **chemische Natur** der im Blute der genannten Insekten vorkommenden, scharfen, entzündungserregenden Stoffe ist, mit Ausnahme des im Blute von **Lytta vesicatoria L.**, sich findenden Cantharidins, völlig unbekannt. Über das Cantharidin sind wir jedoch nach den verschiedensten Richtungen, sowohl chemisch als pharmakologisch, auf das genaueste informiert.

Das **Cantharidin** wird aus verschiedenen, der Familie der Pflasterkäfer, **Vesicantia**, angehörenden **Lytta-, Mylabris-** und **Melöarten** gewonnen. Von diesen ist **Lytta vesicatoria**, Spanische Fliege, die bekannteste Art; in getrocknetem Zustande stellt dieser Käfer das offizinelle Präparat „**Cantharides**" der deutschen Pharmakopoe dar.

Die entzündungserregenden und blasenziehenden Eigenschaften der **Lytta vesicatoria** und verwandter Coleopteren haben schon die Aufmerksamkeit der alten Griechen und Römer auf die genannten Käfer gelenkt. **Aristoteles** erwähnt bereits die Canthariden und **Plinius** berichtet über die Giftigkeit und die Heilkraft derselben. Die Giftigkeit der Canthariden war im Altertum allgemein bekannt, da man sie sogar den zum Tode Verurteilten an Stelle des Schierlingstrankes verabreichte.

Hippokrates bediente sich der **Mylabris trimaculata F.** zuerst zu medizinischen Zwecken. Seitdem sind diese Käferarten, innerlich angewendet, bis in die neueste Zeit als **Diuretikum gegen Wassersucht**, bei **Krankheiten der Harn- und Geschlechtsorgane, gegen Gicht, bei Bronchitis und vielen anderen Krankheiten verwendet worden** (s. **Steidel, Galippe, Kobert, Forsten, v. Schroff**).

Auch als vermeintlich den **Geschlechtstrieb steigerndes Mittel**, als **Aphrodisiakum**, haben die Canthariden vielfach Verwendung gefunden (vgl. hierzu **Dühren**). Bei den sog. **Liebestränken** (Philtra) haben die Canthariden von jeher eine große Rolle gespielt.

Vergiftungen mit Canthariden sind keineswegs selten. In der Statistique criminelle von **Brunet** sind für Frankreich allein für das Jahr 1847 und einige Jahre vorher 20 **Giftmorde oder Giftversuche** mit Canthariden aufgezählt. In einem Falle wurden während eines Monats bald kleinere bald größere Mengen von Canthariden in Pulverform den Speisen oder Getränken zugesetzt; in einem anderen Falle, der bekannten „Affaire Poirier", war Cantharidenpflaster der Suppe beigemischt worden[1].

Auch **Selbstmorde** durch innerliche Einnahme von Cantharidenpulver und des Pflasters sind bekannt. Der **Mißbrauch von Canthariden zur Herbeiführung von Abortus hat ebenfalls zur Vergiftung mit tödlichem Ausgange geführt.**

Als Beispiel von **ökonomischen Vergiftungen** durch Canthariden möge hier der von **Frestel** beschriebene Fall dienen, in welchem sechs Studenten sechs Monate lang beim Mittagsmahle einer Verwechslung von Pfeffer mit Cantharidenpulver ausgesetzt waren.

Die Erscheinungen waren, wohl infolge der in größeren Zeitabständen einverleibten kleinen Mengen des Giftes, nur geringfügige. Sie bestanden in **Harndrang und Brennen in der Harnröhre.** Priapismus wurde nicht beobachtet.

Der 1846 zum Leibarzt des Schahs von Persien ernannte **Louis André Ernest Cloquet** (1818 bis 1856) soll in Persien durch einen ähnlichen Irrtum tödlich vergiftet worden sein.

Technische Vergiftungen. Bei der Herstellung der verschiedenen pharmazeutischen Cantharidenpräparate kann es leicht zu mehr oder weniger schweren

---

[1]) **Taylor**, Die Gifte Bd. 2, 1863, S. 553.

Vergiftungen kommen, infolge Einatmens des beim Zerreiben und Pulvern der Canthariden auftretenden Staubes.

Medizinale Vergiftungen durch Canthariden waren früher häufig, so durch:

1. zu große innerliche Gaben, besonders in Form verschiedener Geheimmittel, gegen Hydrophobie, Wassersucht usw. und durch

2. äußerlichen Gebrauch des Pflasters, wobei es infolge von Veränderungen der Haut zur Resorption des Cantharidins mit dessen Folgen kam. Dies gilt besonders für Kinder, bei welchen schwere Vergiftungen mit zum Teil tödlichem Ausgange nach zu lange dauernder Applikation von Cantharidenpflaster beschrieben worden sind (Beck, Leriche, Metz, Pereira u. a.).

3. **Verwechslungen** der Cantharidentinktur mit anderen Spirituosa oder des Pulvers mit Jalappen[1]), Aloe- oder Cubebenpulver.

Christison beschreibt einen Fall, in welchem eine mit Scabies behaftete Frau in dem Spitale zu Windsor nach fünftägigem Leiden starb, nachdem man derselben statt mit Krätzsalbe den ganzen Körper mit Unguentum cantharidum eingerieben hatte.

Das Cantharidin ist, wie bereits oben angegeben, derjenige Bestandteil der Lytta vesicatoria und verwandter Käferarten, welcher die weiter unten beschriebenen charakteristischen Wirkungen hervorruft. Dasselbe kristallisiert in trimetrischen Tafeln, deren Schmelzpunkt bei 218° liegt und deren empirische Zusammnsetzung der Formel $C_{10}H_{12}O_4$ entspricht. Es ist in Wasser schwer löslich, leichter löslich in Alkohol, Schwefelkohlenstoff, Äther und Benzol, sehr leicht löslich in Chloroform, Essigäther und in fetten Ölen.

Das Cantharidin ist von saurer Natur; aus kohlensauren Alkaien macht es Kohlensäure frei unter Bildung von Alkalisalzen, welche ebenfalls sehr wirksam sind. Durch Säuren wird das Cantharidin aus wässerigen Lösungen seiner Alkalisalze abgeschieden. Nach Untersuchungen von H. Meyer ist das Cantharidin, entgegen früheren Annahmen, nicht ein Säureanhydrid, sondern ein β-Lakton einer Ketonsäure, für welches der genannte Autor die Konstitutionsformel [2])

aufstellt.

Die Titration ergibt die Anwesenheit von nur einer Carboxylgruppe. Das Cantharidin wird durch kochende Soda-Permanganatlösung nicht verändert, woraus auf einen vollständig hydrierten Kern geschlossen werden kann.

Der Cantharidingehalt der verschiedenen Coleopteren variiert innerhalb ziemlich weiter Grenzen, auch bei derselben Art. Warner, Bluhm, Rennard, Beauregard u. a. haben die Mengen des Cantharidins quantitativ bestimmt und folgende Zahlen erhalten:

---

[1]) Taylor, Die Gifte Bd. 2, 1863, S. 551.
[2]) Über die Konstitution des Cantharidins vgl. auch Piccard, Homolka, Anderlini, Spiegel.

Cantharis s. Lytta vesicatoria enthält nach Warner . . . . 4,06 %
Cantharis vittata   „   „   „   . . . . . . 3,98 „
Mylabris Cichorii   „   „   „   . . . . . . 4,26 „
Cantharis s. Lytta vesicatoria   „   „   Bluhm . . . . 2,6 „
Mylabris quattuordecim punctata „   „   „   . . . . . 4,8 „
Verschiedene Arten   enthalten   „ Rennard , ... 3,8—5,7 „
Cantharis s. Lytta vesicatoria enthält nach Beauregard . . . . . 3,6—4,9 „
Mylabris pustulata   „   „   „   . . . . . . 3,5 „

Der brasilianische Pflasterkäfer, **Epicauta adspersa,** soll 2,5 % Cantharidin und Meloe majalis über 1 % enthalten (Bernatzik-Vogl).

Die **Wirkungen des Cantharidins** bei äußerlicher Anwendung charakterisieren sich durch äußerst heftige Entzündung an der Applikationsstelle. Schon in Mengen von weniger als **0,1 mg** in Öl gelöst auf die menschliche Haut gebracht, bewirkt es nach einigen Stunden Blasenbildung. Infolge seiner Nichtflüchtigkeit durchdringt das in einem die Hautschmiere lösenden Vehikel auf die Haut gebrachte Cantharidin nur langsam die Epidermis und erzeugt an der Cutis, zunächst aber nicht in den tieferen Schichten, eine **exsudative Entzündung,** welche zur Bildung von Blasen führt. In ähnlicher Weise wirkt das Cantharidin **nach der Resorption,** auch in Form seiner Alkalisalze, auf die verschiedensten drüsigen Organe, seröse Höhlen und Schleimhäute, wo es zur Ausscheidung kommt und verursacht da eine entzündliche Reizung. Die Hauptmenge des resorbierten Cantharidins wird durch die **Nieren** ausgeschieden und deshalb kommt es leicht nach Anwendung von Cantharidinpflastern zu **Nierenreizung** mit Eiweißausscheidung im Harn und später zur ausgebildeten **Nephritis.**

Demme (1887) berichtet über einen derartigen Fall nach Applikation eines großen Blasenpflasters bei einem fünfjährigen Knaben. Die Erscheinungen bestanden in heftigem Erbrechen, schleimig-blutigen Stühlen, Schmerzen in der Nierengegend, heftigem Brennen in der Urethra, Dysurie, spärlichem blutigen Harne. Nach wochenlang andauernder Cystitis erfolgte Genesung.

Außer den oben beschriebenen Wirkungen des Cantharidins auf die genannten Organe wirkt dasselbe nach seiner Resorption aber auch direkt auf das **Zentralnervensystem.** Katzen und Hunde erbrechen heftig nach subkutaner Injektion von wenigen mg eines Alkalisalzes des Cantharidins, die Respiration wird stark beschleunigt, dann tritt Dyspnoe und durch **Respirationsstillstand** der Tod ein, welchem heftige Konvulsionen vorausgehen können.

Das Studium der Wirkungen des Cantharidins auf verschiedene Tierarten hat äußerst interessante Resultate ergeben, zunächst die Tatsache, daß gewisse Tiere gegen das Cantharidin eine relative Immunität besitzen. Frösche und Hühner sind nach den Untersuchungen von Radecki sehr wenig empfindlich. Gaben von 15 bis 30 mg Cantharidin als Kaliumsalz subkutan injiziert verursachen bei Hühnern keinerlei Wirkung; ebenso können Hühner Canthariden und Cantharidin ohne Schaden fressen. Versuche von Harnack, Horvath, Lewin und Ellinger ergaben, daß auch der Igel sehr resistent gegen das Cantharidin ist. Ein Igel von 700 g zeigt nach intravenöser Injektion von 20 mg keine Nierenstörung. Bei diesem Tiere rufen bei subkutaner Applikation 30 bis 50 mg nur eine geringe Nierenbeschädigung hervor; 100 mg verursachen schwere Nephritis und führen nach einigen Tagen zum Tode.

Am Kaninchen bewirkt schon 0,1 mg Cantharidin, subkutan injiziert, Nephritis und 1,0 mg pro kg Tier führt den Tod herbei, wenn der Harn nach Fütterung mit Hafer oder durch Säurezufuhr sauer ist, während bei alkalischer Reaktion nach Fütterung mit Rüben oder Verabreichung von Natrium-

acetat oder Natriumkarbonat die Tiere selbst nach Gaben von 0,50—0,75 mg
Cantharidin pro Kilogramm Körpergewicht keine oder nur geringe Albuminurie zeigen [1]).

Die tödliche Dosis für den Menschen ist nicht mit Sicherheit festgestellt.
Die Autoren nehmen dieselbe allgemein zu etwa **0,03 g** an. Nach den bei der
Liebreichschen Tuberkulosebehandlung mit dem Kaliumsalz des Cantharidins
gewonnenen Erfahrungen rufen bereits 0,2 mg häufig Albuminurie hervor.

Eine Gewöhnung an das Cantharidin tritt auch bei längere Zeit fortgesetzter
Einverleibung nicht ein, wahrscheinlich infolge der Unzerstörbarkeit dieses
Stoffes im Organismus, wie dies auch bei der Oxalsäure (Faust) und beim
Codein (Bouma) aus dem genannten Grunde nachgewiesen ist.

Der **Nachweis** einer stattgehabten Vergiftung mit Cantharidin
oder Cantharidin für forensische Zwecke gelingt leicht; im ersteren
Falle durch die Auffindung der glänzenden, grünlich schillernden Teilchen der
Flügeldecken im Erbrochenen, sowie im Magen- und Darminhalt. Diese werden
nur sehr langsam, wenn überhaupt verändert und können noch lange Zeit nach
dem Tode nachgewiesen werden. Der Darm wird zweckmäßig aufgeblasen,
getrocknet und dann mit der Lupe untersucht, falls die Untersuchung des Darminhaltes nicht schon die Anwesenheit der charakteristischen, kaum zu verkennen-
den Körperteile von Cantharidin ergab.

Über den **chemischen Nachweis des Cantharidins** und die Isolierung des letzteren
aus dem Inhalte des Magendarmkanals finden sich ausführliche Angaben bei Dragendorff.
Auch aus dem Harn kann das Cantharidin in manchen Fällen isoliert werden, wenn große
Mengen desselben einverleibt wurden.

Entsprechend seinen Wirkungen gehört das Cantharidin im pharmakologischen System in die Gruppe der sog. ,,Phlogotoxine", welcher außer diesem
noch das Euphorbin des Euphorbiumharzes, das im spanischen Pfeffer enthaltene Capsaicin, das Mezerein der Seidelbastrinde (Daphne mezereum), das
Anemonin verschiedener Anemone- und Ranunculusarten und besonders
noch das in den Anakardiumfrüchten und dem Giftsumach (Rhus toxicodendron) vorkommende Cardol angehören (s. Schmiedeberg). Das Bienengift,
welches mancherlei Ähnlichkeiten mit dem Cantharidin in pharmakologischer
Hinsicht aufweist, findet auch in dieser Gruppe des natürlichen Systems vorläufig seinen Platz.

Zoologisches über Cantharidin findet sich bei H. Beauregard, Brandt und
Ratzeburg, K. Escherich.

Melolontha vulgaris Fab., der Maikäfer, enthält wahrscheinlich Cantharidin oder einen ähnlich wirkenden Körper, vielleicht auch einen ,,Melolanthin"
genannten Eiweißkörper.

Cetonia aurata L., der Rosenkäfer, enthält wahrscheinlich auch Cantharidin und wird wie die Cantharidin in Abessinien gegen Hundswut therapeutisch
verwendet.

Außer den Cantharidin, deren genaue Kenntnis wir ihrer medizinischen
Verwendung verdanken, kennen wir noch eine Anzahl mit chemischen Waffen,
deren Gebrauch aber ein willkürlicher ist, ausgerüsteter Coleopteren.

Brachinus crepitans L., der Bombardierkäfer, und andere der Gattung
Brachinus angehörige Arten spritzen den sie angreifenden Feinden einen dampf-
förmigen Stoff aus dem Mastdarm entgegen. Die dampfförmige Ejakulation
stammt aus zwei in den Mastdarm mündenden Drüsen, die ein flüchtiges Sekret
bereiten. Auf die Zunge gebracht, soll der Inhalt einer solchen Drüse schmerz-
haftes Brennen verursachen und einen gelben Fleck, wie nach der Einwirkung

---

[1]) A. Ellinger, Münch. med. Wochenschr. Jahrg. 52, Nr. 8, S. 345, 1905.

von Salpetersäure, hinterlassen. Die Substanz erzeugt angeblich auch auf der Haut Jucken und Brennen und färbt dieselbe braunrot. Karsten gibt an, daß das in der Drüse wasserhelle Sekret an der Luft vielleicht Sauerstoff aufnimmt unter Bildung von **Stickoxyd** und von **salpetriger Säure**. Der ausgespritzte Dampf reagiert sauer und riecht nach salpetriger Säure. Schlägt sich der ausgespritzte Dampf auf kalte Gegenstände nieder, so bilden sich gelbe, ölartige Tropfen, die in einer wasserhellen Flüssigkeit schwimmen. Bei dem Zerreißen des Sekretbehälters braust sein Inhalt auf und der flüssige Rückstand färbt sich rot. Dieselbe Farbe nehmen Wasser und Alkohol an, wenn man das Organ in diese Flüssigkeiten bringt. „Die alkoholische Lösung nimmt den Geruch des Salpeteräthers an."

Die von den Eingeborenen von Java als „**Legèn**" bezeichnete, aus Borneo importierte Masse, identisch mit dem Pfeilgift der Dajaks, enthält nach einer Bestimmung von Verschorff 12,47 % Strychnin. Sie hat wohl nichts mit dem Käfer „Dendang" (Epicauta ruficeps) für dessen Exkret sie gehalten wird (Gronemann), zu tun. Allerdings wurde Strychnin mehrmals in Exemplaren von Epicauta gefunden, wahrscheinlich, weil dieselben sich von Strychnosarten genährt hatten. Diese Käfer sollen sehr resistent gegen die Wirkung des Strychnins sein; Injektionen von Mengen dieses Alkaloids bis zu $1/_{200}$ des Körpergewichtes riefen bei ihnen keine Konvulsionen hervor.

Gift der Larven von Diamphidia locusta.

(Pfeilgift der Kalahari.)

In seinem Reisewerk über Deutsch-Südwestafrika berichtet H. Schinz über die **Verwendung einer Käferlarve als Pfeilgift seitens der Buschmänner**. Mit dem von Schinz ihm überlassenen Materiale, bestehend aus einer Anzahl Kokons (Puppen) und mehreren isolierten eingetrockneten Larven von Diamphidia locusta, sowie einigen, zur vollen Entwicklung gelangten Käfern, stellte R. Boehm zunächst fest, daß die Kokonschalen, die die Larven einhüllenden Häutchen und auch die zur vollen Entwicklung gekommenen Käfer ungiftig sind. In der trocknen Larve behält das Gift jahrelang seine Wirksamkeit.

Die Menge des in einer einzelnen Larve enthaltenen Giftes variierte von Fall zu Fall, vielleicht infolge der Zersetzlichkeit des Giftes. Die kleinste Menge, welche bei Kaninchen den Tod herbeiführte, war 0,25 ccm, entsprechend etwa 0,0015—0,0028 g Trockenrückstand.

Die Lösung gab alle die bekannten Reaktionen auf Eiweiß; ihre Wirksamkeit wird durch Kochen aufgehoben. Der Giftstoff ist durch Ammoniumsulfat aussalzbar und dialysiert nicht. Diesem chemischen Verhalten gemäß wurde der Giftstoff der Larven von Diamphidia locusta in die Gruppe der „Toxalbumine" eingereiht. W. Heubner ist es unter Anwendung der Metaphosphorsäure als eiweißfällendes Reagens gelungen, die wirksame Substanz in eiweißfreiem und wirksamem Zustande darzustellen. Dieser Befund verdient ein ganz besonderes Interesse, weil später Haendel und Gildemeister [1]) über Immunisierung von Kaninchen und Gewinnung eines Anti- oder Immunserums gegen dieses Gift berichteten. Ein weiteres Beispiel für die Möglichkeit der „Antitoxin"bildung gegen abiurete Gifte! (Vgl. oben über Gewöhnung an Schlangengift [Faust] und über Gewöhnung an Bienengift.)

---

[1]) L. Haendel und E. Gildemeister, Experimentelle Untersuchungen über das Gift der Larve von Diamphidia simplex Péringuey. Arbeiten aus dem Kaiserl. Gesundheitsamte. Bd. 40, S. 123—142, 1912. Literatur!

Die **Wirkungen des Giftes** der Larven von Diamphidia locusta hat F. Starcke eingehend studiert. Nach subkutaner Einverleibung dieses Giftes zeigten Kaninchen, Hunde und Katzen niemals stürmische Vergiftungserscheinungen. Als erste Symptome der Wirkung treten Abnahme von Munterkeit, verminderte Freßlust, später Entleerung von blutig und ikterisch gefärbtem Harn ein. Bei Katzen können schon nach 1—2½ Stunden paretische Erscheinungen in den hinteren Extremitäten sich einstellen. Im Harn finden sich reichliche Mengen von Eiweiß und Hämoglobin, rotes flockiges Sediment, aber keine veränderten Erythrocyten; Leukocyten und Epithelialzylinder fehlten im Harn. Blutige Darmentleerungen kamen bei Hunden und Katzen nicht vor, bei Kaninchen wurden die Fäces bei längerer Versuchsdauer weich und breiig. Der Tod erfolgt schließlich unter fortschreitender allgemeiner Lähmung, nachdem, insbesondere bei Katzen und Hunden, sich als charakteristisches Symptom im Laufe einiger Stunden eine zur vollkommenen Reaktionsunfähigkeit führende Abnahme der Sensibilität entwickelt hat. Von der Injektionsstelle ausgehend wurden die anliegenden Gewebspartien in weiter Ausdehnung verändert; diese Veränderungen charakterisieren sich je nach der Dauer und Intensität der Wirkung als diffuse, blutig-ödematöse Infiltration oder als eitrige Entzündung. Auch wenn der Einstich sorgfältig nur unter die Haut geschah, pflanzten sich doch wiederholt die Veränderungen, in die Tiefe gehend, durch die Muskeln und Fascien bis in die Brust- oder Bauchhöhle fort.

Wie die Hämoglobinurie während des Lebens zu den charakteristischen Symptomen der Vergiftung mit dem Larvengifte gehört, so zeigen auch von den inneren Organen die **Nieren** regelmäßig bei der Sektion die auffallendsten pathologischen Veränderungen, welche als Folge der durch das Gift bedingten Hämoglobinurie aufzufassen sind. Das Larvengift verändert den Blutfarbstoff nicht; es bewirkt nur dessen Austritt aus den Blutkörperchen in das Plasma; die **Hämolyse** erfolgt sowohl intra vitam als auch extra corpus im Reagenzglas.

Versuche, welche Starcke mit dem Larvengifte an der Conjunctiva und und am Ohre von Kaninchen ausführte, ergaben, daß dasselbe in typischer Form den Symptomenkomplex der Entzündung hervorruft. Die weite Verbreitung der entzündlichen Wirkung spricht dafür, daß das Gift mit dem Lymphstrom sich auf größere Entfernungen unverändert verbreiten kann. Hiernach unterscheidet es sich wesentlich von anderen Entzündung erregenden Stoffen, deren Wirkung eine weit mehr lokalisierte oder zirkumskripte ist.

Die in manchen Fällen beobachteten **Erscheinungen seitens des Zentralnervensystems** sind nach Heubner von der Blutveränderung unabhängig; eine besondere Wirkung des Giftes auf die Nervenzellen ist nicht ausgeschlossen.

Die Einverleibung des Giftes per os blieb bei einigen an Vögeln angestellten Versuchen ohne schädliche Folgen für diese Tiere. Bei intravenöser Applikation traten bei Hunden die Vergiftungserscheinungen nicht früher als bei subkutaner Einverleibung ein.

Blepharida evanida (Familie Chrysomelidae) wird nach Lewin von den Kung-Buschmännern in der nordwestlichen Kalahari ebenfalls als **Pfeilgift** verwendet. Im Tierversuch zeigten wässerige Auszüge der Larven ähnliche Wirkungen wie das Gift von Diamphidia locusta. Der Käfer ist ebenfalls giftig. Lewin hält die wirksame Substanz für ein giftiges Eiweiß.

d) Ordnung Orthoptera, Geradflügler, Schrecken.

Die der Familie **Blattidae,** Schaben, angehörige Gattung Periplaneta, insbesondere Periplaneta orientalis Burm. s. Blatta orientalis L., die gemeine Küchenschabe, Brotschabe, Kakerlak, Tarakane, beansprucht ein gewisses pharmakologisches Interesse wegen ihrer auch heute noch in manchen Ländern (Österreich, Rußland) üblichen Verwendung als Diureticum bei Hydrops.

Nach Steinbrück wurde die Blatta orientalis zuerst in Rußland vom Volke als Arzneimittel verwendet. Bogomolow isolierte aus diesen Insekten den angeblich wirksamen Stoff in Form eines kristallinischen Körpers, den er „Antihydropin" nannte und sah in einer Anzahl Fälle von Hydrops, Nephritis und Urämie günstige Erfolge nach der Behandlung mit dem von ihm dargestellten Stoffe, während Budde, Paul, Wyschinski u. a. weniger günstige Erfahrungen mit dem Mittel machten. Zur Verwendung kommt in den oben genannten Ländern gewöhnlich ein aus den getrockneten Tieren hergestelltes braunes, eigenartig riechendes Pulver, nach dessen Einverleibung in der Regel die Harnmenge vermehrt wird (vgl. die bei Steinbrück wiedergegebenen Fälle). Vielleicht ist dabei eine Reizung der Nierenepithelien durch einen „scharfen", cantharidinähnlichen (?) Stoff im Spiele, deren Folgen sich in gesteigerter Sekretionstätigkeit der Nieren äußern.

In den Exkrementen (Kotstalaktiten) von **Eutermes monoceros,** einer auf Ceylon einheimischen Termitenart [1]), konnte Schuebel [2]) keinen cantharidinähnlichen Stoff nachweisen. Diese Tiere scheiden aus ihrer hornförmig ausgebildeten Nase (daher der Name „Monoceros") bei Annäherung von Feinden oder auf sonstige psychische oder mechanische Reize ein Sekret ab, welches wahrscheinlich als Waffe oder Abwehrmittel dient.

e) Ordnung Diptera, Zweiflügler, Fliegen.

1. Unterordnung: Nematocera, Mücken.

Familie Culicidae, Stechmücken.

Die **Stechmücken** (Schnaken, Gelsen, gnats, mosquitos, moustiques zanzari) zeichnen sich aus durch einen den verhältnismäßig kleinen Kopf um ein Mehrfaches an Länge übertreffenden Stech- und Saugrüssel, mit welchem sie bei der Blutentnahme vom Menschen und von Tieren kleine und wenig schmerzhafte Verwundungen der Haut verursachen. Die verletzte Hautstelle wird bald durch mehr oder weniger heftiges Jucken und durch Bildung einer Quaddel kenntlich. Die genannten lokalen Erscheinungen lassen darauf schließen, daß bei dem Stich oder Biß ein lokal reizend wirkender Stoff in die Wunde gelangt, über dessen Natur nichts bekannt ist.

Die biologisch hoch interessanten und für die Aufklärung der Ätiologie gewisser Infektionskrankheiten hochwichtigen Forschungen [3]) der Neuzeit haben aber ergeben, daß durch den Stich bestimmter Stechmücken eine Übertragung von Krankheitserregern (Protozoen) in das Blut des verletzten Individuums erfolgen kann. So wird z. B. beim Menschen das Wechselfieber, die **Malaria,** durch die Übertragung von Plasmodien durch **Anopheles** (Gabelmücke) verursacht und die **afrikanische Schlafkrankheit,** Nagana, **Trypanosomiasis des Menschen** durch verschiedene Arten der Tsetsefliegen, **Glossinae Wiedemann,**

---

[1]) K. Escherich, Termitenleben auf Ceylon. Jena 1911.
[2]) K. Schübel, Zur Biochemie der Termiten. Über die chemische Zusammensetzung eines Kotstalaktiten von Eutermes monoceros. Arch. f. exper. Pathol. u. Pharmak. Bd. 70, S. 303, 1912.
[3]) Vgl. hierzu R. O. Neumann und M. Mayer, Atlas und Lehrbuch wichtiger tierischer Parasiten und ihrer Überträger. Lehmanns med. Atlanten. Bd. 11. München 1914. Mit 1300 farbigen Abbildungen (Tafeln) und 237 schwarzen Textfiguren.

hervorgerufen, welche auch in gleicher Weise, durch Infektion, oft ganze Rinderherden vernichten. **Stegomyia calopus Blanchard** ist der Überträger des gelben Fiebers. **Phlebotomus papatasii Scopoli** ist der Überträger des Pappatacifiebers, auch Dreitagefieber, Hundskrankheit, Soldatenfieber genannt.

Von den in Europa einheimischen Dipteren, deren Stiche in allgemeinen mehr lästig als gefährlich sind, sind zu nennen:

Stomaxys calcitrans Lin., die gemeine Stechfliege, Wadenstecher, welche etwa 5 mm lang wird und besonders häufig im August und September vorkommt.

Simulia columbacschensis Fabr., die Kolumbaczer Mücke, erreicht eine Länge von 3 bis 4 mm und kommt besonders häufig in den unteren Donaugegenden, in Serbien in der Umgegend des Dorfes Kolumbacz (Gollubatz) vor. Diese Mücken erscheinen im April, Mai und August oft in wolkenartigen Scharen. Sie überfallen Tiere und Menschen, bei welchen dann infolge der zahlreichen Stiche **schwere Vergiftungserscheinungen,** bestehend in Schwellungen, Entzündungen, Fieber und Krämpfen eintreten; zuweilen erfolgt sogar der Tod.

2. Unterordnung: Brachycera.

Die zur 2. Unterordnung der Dipteren gehörige Familie der **Östridae, Dasselfliegen,** insbesondere die Gattung Gastrophilus, beansprucht nach den Untersuchungen von K. R. Seyderhelm und R. Seyderhelm ein besonderes veterinär-medizinisches Interesse, weil nach den genannten Autoren die im Pferdemagen resp. Darm schmarotzenden Larven von Gastrophilus equi Fabr. und Gastrophilus haemorrhoidalis L. einen Giftstoff, das **Östrin,** enthalten, der die infektiöse, perniziöse Anämie der Pferde, von den Franzosen speziell „Typho-anaemie" genannt, verursacht.

Die im Magen des Pferdes schmarotzenden Bremsenlarven entwickeln sich aus den Eiern der Pferdebremsen. Letztere legen Eier auf die Haare, vor allem auf die des vorderen Teiles der Pferde ab. Aus den Eiern entwickeln sich kleine Larven, die von den Pferden durch Lecken aufgenommen werden. Sie gelangen auf diese Weise in den Magen, wo sie an der Schleimhaut haften bleiben und sich weiter entwickeln. Nach etwa 10 Monaten, und zwar von Mai bis September, besonders aber im Juni, lösen sie sich von der Magenschleimhaut ab, gelangen ins Freie, und nach etwa 30 tägiger Puppenruhe in der Erde entwickeln sich aus ihnen die fliegenden Insekten. Das reife Insekt lebt nur kurze Zeit und nimmt keine Nahrung zu sich. (Periodischer Parasitismus.)

Die perniziöse Anämie der Pferde läßt sich nach Seyderhelms künstlich durch Injektionen wässeriger Extrakte der Larven von Gastrophilus equi et haemorrhoidalis im Experiment hervorrufen. Der wirksame Bestandteil, das **Östrin,** ist ein hitzebeständiges (abiuretes?), tierisches Gift, das hauptsächlich beim Pferd (und Esel) wirkt. Es wird auch vom Magen-Darmkanal des Pferdes resorbiert. Gastrophilus haemorrhoidalis liefert viel giftigere Extrakte als Gastrophilus equi. Die durch beide hervorgerufene perniziöse Anämie, sowohl die natürliche als auch die experimentell erzeugte, läßt sich durch das Blut erkrankter Tiere auf gesunde Tiere übertragen.

Es genügt unter Umständen das in 5—6 Gastrophilus equi-Larven enthaltene Östrin, um ein Pferd in wenigen Minuten unter schweren Vergiftungserscheinungen zu töten. Die in einer Gastrophilus equi-Larve enthaltene Menge Östrin beträgt ca. 0,05 mg. Nach den von R. Seyderhelm wiedergegebenen Symptomen bei der akuten Vergiftung mit nicht tödlichen Mengen von Östrin an Pferden erinnert dieses in seinen Wirkungen an das Physostigmin.

Bemerkenswert ist noch, daß ein Serum gewonnen wurde, dem eine „weitgehende Heilkraft" zukommt.

Bei der mikroskopischen Untersuchung der Organe an perniziöser Anämie
verendeter Pferde finden sich in ersteren die zum Teil auch für die perniziöse
Anämie der Menschen charaktersitische Veränderungen; hochgradige Hyperplasie des Knochenmarks und Auftreten myeloischen Gewebes in Leber und
Milz. Die gefundenen Veränderungen in diesen Organen sind so hochgradig
ausgebildet, daß sie lebhaft an den Befund bei einer Leukämie erinnern. Mit
der perniziösen Anämie des Menschen sind folgende Befunde gleichartig: Im
Blute hoher Färbeindex der Erythrocyten, Leukopenie, Lymphocytose, Verminderung der eosinophilen Zellen; in den blutbildenden Organen allgemeine
starke Proliferation sämtlicher Blutzellen, hochgradige myeloide Umwandlung
in Milz und Leber.

Literatur zu Gastrophilus.

K. R. Seyderhelm und R. Seyderhelm, Die Ursache der perniziösen Anämie
der Pferde. Arch. f. exper. Pathol. u. Pharmak. Bd. 76, S. 151—201, 1914. — R. Seyderhelm, Über die perniziöse Anämie der Pferde. Beitr. zur pathol. Anat. u. zur allg. Pathol.
Bd. 58, S. 285—317, 1914. — K. R. Seyderhelm und R. Seyderhelm, Experimentelle
Untersuchungen über die Ursache der perniziösen Anämie der Pferde. Berliner tierärztl.
Wochenschr. Jahrg. 1914, Nr. 34. — R. Seyderhelm, Über echte Blutgifte in Parasiten
der Pferde und des Menschen und ihre Beziehungen zur perniziösen Anämie. Münch. tierärztl. Wochenschr. 68. Jahrg., Nr. 29 u. 30, 1917.

4. Klasse. Crustacea.

Von den der großen Klasse der **Crustacea**, Krebse, angehörigen Arten,
möge hier **Crangon vulgaris Fabr.**, die Garneele, Nordsee-Krabbe, Shrimp
oder Crevette erwähnt werden, weil durch den Genuß dieser Krabbe wiederholt
Massenvergiftungen vorgekommen sind. Im Jahre 1881 ereignete sich bei
Emden eine Massenvergiftung, bei welcher 250 Menschen unter choleraartigen
Erscheinungen nach dem Verspeisen von Krabben erkrankten. Es handelt
sich hier höchstwahrscheinlich, wie bei gewissen Vergiftungen durch Fische
um die Wirkungen nach dem Tode der Tiere entstandener Zersetzungsprodukte.

V. Vermes, Würmer.

1. Klasse der Plathelminthes, Plattwürmer.

Ordnung: Trematodes, Saugwürmer.

Schistosomum japonicum Ts.

In verschiedenen Gegenden Japans ist schon lange eine eigentümliche
Krankheit bekannt, deren Ursache erst in neuerer Zeit durch die verdienst-
vollen Untersuchungen von Fujinami, Katsurada, Tsuchiya u. a. aufgeklärt wurde [1]).

Sie wird nämlich durch einen Parasiten hervorgerufen, dem Tsuchiya
den Namen „**Schistosomum japonicum**" gegeben hat und der die Venen der
Baucheingeweide, besonders aber die kleinen Äste der Pfortader bewohnt.
Außer Menschen werden in den infizierten Gegenden auch Tiere (Hund, Katze,
Pferd und Rind) von der Krankheit befallen. Durch die neuesten Untersu-

---

[1]) Vgl. Yamagiwa, Mitteilungen aus der med. Fakultät der kaiserlichen Universität,
zu Tokio 6, S. 201, 1903—1905 und I. Tsuchiya, Über eine neue parasitäre Krankheit
(Schistosomiasis japonica), über ihren Erreger und ihr endemisches Vorkommen in ver-
schiedenen Gegenden Japans. Virchows Arch. Bd. 193, S. 323—370, 1908, mit 1 Tafel.
Literatur! Vgl. auch A. Looß in C. Mense, Handbuch der Tropenkrankheiten. Bd. 2,
S. 357—364, 1914.

chungen von Fujinami [1]) wurde festgestellt, daß der Parasit, dessen Eier
mit den Fäces in den Ackerboden gelangen und dort ausgebrütet werden, durch
die Haut in den menschlichen resp tierischen Organismus eindringt.

Die **Symptome** sind von äußerst schleichendem Charakter und bestehen in Ernährungsstörungen und starker **Anämie** mit Dyspnöe, Herzklopfen, anämischem Geräusch und hämorrhagischer Diathese. Von den
inneren Organen verdienen die Leber und die Milz wegen ihrer starken Vergrößerung besondere Beachtung, so daß infolgedessen manchmal kolossale
Bauchauftreibung beobachtet wird. In späteren Stadien schrumpft die
Leber und es tritt dann nicht selten Ascites und Ikterus ein. Die Kranken
gehen schließlich zumeist unter hochgradigem Marasmus oder infolge starker
Blutungen zugrunde.

Die von Yagi [2]) untersuchten Würmer stammten von einem Kalb, welches
durch Umherziehen in der infizierten Gegend absichtlich krank gemacht und
nach der Entwicklung deutlicher Symptome getötet und sogleich seziert worden
war. Die Parasiten wurden nach der Herausnahme aus der Vene mit physiologischer Kochsalzlösung gewaschen und in frischer Kochsalzlösung aufbewahrt.

Die Hämolyseversuche wurden mit Rinder-, Katzen- und Kaninchenblut,
welches defibriniert und mit 0,9%iger Kochsalzlösung etwa aufs hundertfache
verdünnt war, sowohl bei Zimmertemperatur als auch im Brutschrank von
37° C angestellt. Die Emulsion der Würmer und ebenso die Kochsalzlösung,
worin die Würmer aufbewahrt waren, hämolysierten sehr schwach aber deutlich.

Etwa 300 Würmer wurden im Exsikkator getrocknet, zerrieben, zweimal
mit Äther extrahiert und das von Äther befreite Extrakt auf seine hämolysierende Wirkung untersucht. Das Resultat war positiv, während sich der
nicht in Äther übergegangene Teil als unwirksam erwies. Die hämolysierende
Substanz der Kochsalzlösung konnte ebenfalls nach Ansäuern mit einem Tropfen
verdünnter Schwefelsäure mit Äther ausgeschüttelt werden.

Yagi schließt aus seinen Versuchen, daß im Organismus von Schistosomum japonicum **Ölsäure** oder eine ähnliche, hämolysierende Substanz (Fettsäure?) auftritt, welche auch nach außen ausgeschieden wird und welche, wie
bei der Bothriocephalusanämie, die Ursache der beobachteten Blutveränderungen sein soll.

Cestodes, Bandwürmer.

Bei Anwesenheit von **Bothriocephalus latus** im Darme, viel seltener bei
Anwesenheit von Taenien [3]), kann sich eine **schwere Anämie** ganz nach Art der
der sog. „perniziösen Anämie" entwickeln.

Die Ursachen dieser schweren Erkrankungen haben E. St. Faust und T. W.
Tallqvist auf experimentellem Wege aufzuklären versucht, indem sie das in Äther
lösliche, stark hämolytisch wirkende „Lipoid" des Bothriocephalus latus chemisch
eingehend untersuchten und als einzigen hämolytisch wirksamen Bestandteil
desselben **Ölsäure** isolierten und erkannten. Die Ölsäure ist im Bothriocephalus-
organismus als Cholesterinester enthalten. Dieser wird im Darm, infolge
von Desintegrationsvorgängen im Parasitenorganismus frei, wird dann wahrscheinlich fermentativ gespalten und die Ölsäure resorbiert, worauf diese
im Blute ihre Wirkungen auf die roten Blutkörperchen entfaltet (**Hämolyse**).
Die geschädigten Erythrocyten verschwinden aus dem Blute und es kommt

---

[1]) Fujinami, Kyoto Igaku Zassi. Bd. 6, Heft 4, 1909. Zitiert nach P. Yagi.
[2]) Yagi, Über das Vorkommen der hämolysierenden Substanzen im Schistosomum
japonicum, Arch. f. exp. Path. u. Pharm. Bd. 62, S. 156, 1910.
[3]) F. Oertel, Anämie und Eosinophilie bei Taenien. Inaug.-Diss. Würzburg 1912.

dann zu einer beträchtlichen Abnahme sowohl der Zahl der roten Blutkörperchen als auch des Hämoglobingehaltes des Blutes, sofern nicht die blutbildenden Organe eine energische regeneratorische Tätigkeit entfalten und den Ausfall an Erythrocyten kompensieren. Durch längere Zeit fortgesetzte Verfütterung von Ölsäure ließen sich bei Hunden ganz analoge Erscheinungen erzielen. (Faust und Schmincke, vgl. auch Tallqvists ausführliche Monographien).

Neuerdings berichtet R. Seyderhelm[1]) über Gewinnung aus einem menschlichen Bandwurm eines nicht extra corpus, wohl aber in vivo beim Kaninchen stark wirkenden Blutgiftes, welches er „Bothriocephalin" nennt und welches nach mehrmaliger intravenöser Injektion eine schwere, primäre Anämie verursachte, einhergehend mit ausgesprochener, extramedullärer Blutbildung in Leber und Milz. Die vorläufig chemisch nicht näher charakterisierte Substanz soll ganz wie das „Ostrin" (vgl. oben S. 802) desselben Autors wirken.

Über den **Giftgehalt der Taenien** liegen Untersuchungen von Messineo und Calamida vor. Die Würmer wurden mit Sand fein verrieben und mit physiologischer Kochsalzlösung extrahiert. Die durch Tonzellen filtrierten oder auch durch Salzfällung gereinigten Extrakte wurden den Versuchstieren nach den üblichen Methoden einverleibt.

Die genannten Autoren glauben nach ihren Versuchen die Gegenwart eines spezifischen Giftes in den Taenien annehmen zu dürfen, obwohl die beobachteten Erscheinungen, sogar nach der intravenösen Injektion, wenig charakteristisch waren. Die Extrakte sollen Wirbeltierblut hämolysieren und im Organismus des lebenden Tieres auf die Leukocyten positiv chemotaktisch wirken.

Picou und Ramond beobachteten, daß Auszüge von Taenien nur sehr schwer, wenn überhaupt faulen und daß dieselben eine ausgesprochene bakterizide Wirkung zeigen.

R. Seyderhelm[1]) nimmt an, daß sein „Taeniin" die wirksame Substanz darstellt.

Gegen die von Faust und Tallqvist begründete Lehre von der Rolle lipoidartiger Stoffe, insbesondere der Ölsäure, bei der Pathogenese der Bothriocephalusanämie und vielleicht auch anderer Anämien haben sich Krehl, Nägeli und Morawitz[2]) ausgesprochen. Hier soll nur nochmals, wie schon früher, hervorgehoben werden, daß bei dieser Kritik der Zeitfaktor von den genannten Autoren nicht genügend berücksichtigt wird.

Taenia echinococcus v. Sieb., der Hülsenbandwurm, Echinokokkusbandwurm, lebt im ausgewachsenen Zustande im Darme des Hundes. Geschlechtsreife Proglottiden und Eier dieses Bandwurmes gelangen durch die Hundefäces zur Ausscheidung und entwickeln sich im Organismus verschiedener Haustiere, aber auch des Menschen zur Finne, welche schwere, unter Umständen tödlich verlaufende Erkrankungen verursachen kann.

Die Finne, Echinokokkus, Hülsenwurm, ist in einer Blase, **Echinokokkusblase,** eingeschlossen. Diese kann die Größe eines Menschenkopfes erreichen und enthält eine größere oder kleinere Menge meistens eiweißfreier Flüssigkeit, in welcher Bernsteinsäure und Zucker vorzukommen pflegen. Echinohokkusblasen finden sich am häufigsten in der Leber, können aber auch in anderen Organen vorkommen.

---

[1]) R. Seyderhelm, Über echte Blutgifte in Parasiten der Pferde und des Menschen und ihre Beziehung zur perniziösen Anämie. Münch. tierärztl. Wochenschr. Jahrg. 68, Nr. 29 u. 30, 1917.

[2]) Morawitz, P., Blut und Blutkrankheiten. Mohr-Staehelin, Handbuch der inn. Med. Bd. 4, S. 196, 1912.

Die Punktion oder spontane **Ruptur einer Echinokokkenblase oder -cyste**
kann auch beim **Menschen Vergiftungserscheinungen** hervorrufen (Intoxication
hydatique. Lit. bei Achard.) Am häufigsten kommt es bei der Punktion
oder Ruptur von Leberechinokokken zu peritonitischen Erscheinungen,
und fast regelmäßig entwickelt sich eine Urticaria. (s. Langenbuch,
Goellner, Posselt, Becker).

Versuche an Tieren haben ergeben (Mourson und Schlagdenhauffen,
Humphrey), daß nach intraperitonealer, intravenöser und sub-
kutaner Injektion von Echinokokkusflüssigkeit Kaninchen und
Meerschweinchen bald starben. Nach subkutaner Injektion von filtriertem
Inhalt einer Echinokokkusblase sah Debove bei zwei Individuen **Urticaria**
auftreten.

Die **chemische Natur** der wirksamen Substanz der Echinokokkusflüssigkeit
ist unbekannt. Brieger isolierte daraus die Platinverbindung einer Substanz,
welche Mäuse schnell tötete.

Die der Ordnung **Turbellaria,** Strudelwürmer, angehörigen **Planarien**
verbreiten einen sehr starken, wahrscheinlich von einer flüchtigen Base
herrührenden Geruch. Bei der Destillation von Planarien mit Kalk wurde
Dimethylamin erhalten (Geddes). Planarien sollen, auf die Zunge gebracht,
Brennen und Schwellung der Schleimhaut verursachen. Diese Würmer
besitzen nach Moseley in der Haut eigenartige Gebilde (Stäbchen, Körperchen),
vergleichbar den Nesselorganen der Coelenteraten.

2. Klasse der Nemathelminthes, Rundwürmer.

Nematodes, Fadenwürmer.

Ascaris lumbricoides Lin., der **Spulwurm des Menschen,** verursacht bei
Kindern vielfach nervöse Erscheinungen, Konvulsionen, Ernährungsstörungen und Anämie. Es fragt sich aber, ob diese Symptome vom Darm
aus auf reflektorischem Wege zustande kommen oder auf ein von diesen Würmern
produziertes Gift (Nuttall) zurückzuführen sind.

In den Ascariden findet sich nach v. Linstow ein flüchtiger Körper von
eigenartigem und unangenehmem, pfefferartigen Geruch, welcher die Schleimhäute heftig reizt. Der genannte Autor hatte Gelegenheit, die lokalen Wirkungen des Stoffes an sich selbst kennen zu lernen, als ihm eine geringe Menge
der Substanz zufällig in das Auge kam, worauf heftige, langdauernde
Conjunctivitis und Chemosis des betroffenen Auges erfolgten.

Arthus und Chanson sahen drei Personen, die von Pferden stammende
Ascariden zergliedert hatten, an Conjunctivitis und Laryngitis erkranken.
Diese Autoren injizierten auch Kaninchen lebenden Spulwürmern entnommene
Flüssigkeit und sahen die Tiere nach subkutaner Einverleibung von 2 ccm
derselben innerhalb 10 Minuten zugrunde gehen.

Die Frage nach der **Giftigkeit der Ascariden** und den Ursachen der zuweilen
beobachteten schweren Erscheinungen bei Ascariswirten ist neuerdings durch
F. Flury auf Grund eingehender chemischer Untersuchungen und zahlreicher
Tierversuche in befriedigender Weise aufgeklärt worden. Die biologische
Sonderstellung der Ascariden als Darmparasiten bedingt daß auch ihr Stoffwechsel von demjenigen der selbständig lebenden Tiere durchaus verschieden
ist. Die aufgenommenen Nahrungsstoffe werden wegen des im Darm der Wirte
herrschenden Sauerstoffmangels unvollkommen verbrannt und vorwiegend
durch Fermente gespalten, so daß hier eine Reihe von Stoffwechselprodukten auftritt, die für die anoxybiotische Lebensweise charakteristisch
sind. Diese von den Ascariden hauptsächlich durch fermentativen Abbau

gebildeten Stoffe erinnern an die durch anaerobe Spaltpilze erzeugten Substanzen, die mit den Produkten der Eiweißfäulnis und gewisser Kohlehydratgärungen weitgehende Übereinstimmung zeigen. Wie bei der Fäulnis und der Buttersäuregärung entstehen im Organismus der Ascariden physiologischerweise Wasserstoff, Ammoniak, Kohlensäure, flüchtige Fettsäuren, Alkohole, Aldehyde und Ester, giftige Basen und ungiftige Eiweißspaltprodukte. Sowohl in der Leibessubstanz als auch in den Ausscheidungen sind zahlreiche Stoffe enthalten, die lokale Reizung, Hyperämie, Entzündung und Nekrose verursachen. Zunächst sind es die von Flury im tierischen Organismus hier erstmalig nachgewiesenen **flüchtigen Aldehyde der Fettsäuren,** die vermutlich durch Reduktionsvorgänge aus den entsprechenden Säuren entstehen, dann die freien flüchtigen **Fettsäuren** selbst, von welchen hauptsächlich Baldriansäure und Buttersäure, in geringerer Menge Ameisensäure, Akrylsäure und Propionsäure isoliert werden konnten. Von lokal reizenden Substanzen kommen in Betracht: Alkohole und Ester der Äthyl-, Butyl- und Amylreihe. Diesen Stoffen muß vor allem die bei Ascariasträgern häufig beobachtete Reizung der Darmschleimhaut zugeschrieben werden. Neben der Reizwirkung kommt vielleicht noch die ätzende Wirkung freier Säuren in Betracht. Durch Resorption flüchtiger Verbindungen der Fettreihe sind die **Erscheinungen seitens des Zentralnervensystems** bedingt. Alle die in der Literatur beschriebenen Störungen dieses Gebietes bei Wurmkranken („Halluzinationen, Chorea, Hysterie, Epilepsie, Tetanus, Krämpfe, Delirien, Geistesstörungen") sind als Folgen akuter oder chronischer Vergiftung durch Aldehyde, insbesondere durch die atypisch wirkenden Verbindungen der Amylreihe zu erklären. Besondere Beachtung verdient hier die in beträchtlichen Mengen gebildete Baldriansäure, sowie die Ameisensäure und Akrylsäure.

Von stickstoffhaltigen Verbindungen wurden ein sepsinartig wirkendes **Kapillargift** und giftige Basen von atropin- und koniinartiger Wirkung nachgewiesen. Außer diesen Stoffen spielen bei der Ascariasis noch **hämolytisch wirkende Stoffe** (Ölsäure, Akrylsäure), gerinnungshemmende und reduzierende Substanzen, sowie Zersetzungsprodukte abgestorbener Tiere (Fäulnisprodukte) eine Rolle. Es handelt sich also nicht um die Wirkungen eines spezifischen Giftes, sondern um **zahlreiche wirksame Substanzen,** die je nach den besonderen Verhältnissen sehr verschiedenartige Symptome hervorzurufen imstande sind.

Neuerdings hat R. Seyderhelm[1]) aus Ascariden einen chemisch noch nicht näher charakterisierten Stoff gewonnen und beschrieben, der ähnlich, aber schwächer wie das Östrin der Gastrophiluslarven (vgl. oben S. 802) wirken soll. Seyderhelm meint, derselbe sei identisch mit dem von Flury beschriebenen Kapillargift (vgl. oben).

Trichina spiralis Owen verursacht schwere Erkrankungen, die sog. **Trichinosis** (vgl. Peiper, Stäubli, Lommel), bei welcher man anfangs Magendrücken, Nausea, Erbrechen, später Durchfälle beobachtet, die zuweilen so heftig werden können, daß die Erscheinungen denjenigen der Cholera ähnlich sind. Es folgen dann die bekannten Erscheinungen seitens der Muskeln und später ein Stadium, welches durch das Auftreten von Ödemen und Hautausschlägen charakterisiert ist. Neben diesen Symptomen bestehen gewöhnlich auch schwere Allgemeinerscheinungen, besonders **Fieber,** welches zeitweise eine beträchtliche Höhe erreichen kann. Diese Symptome zusammen mit den Erscheinungen seitens des Zentralnervensystems (Kopf-

---

[1]) R. Seyderhelm, Münch. tierärztl. Wochenschr. Jahrg. 68, Nr. 29 u. 30, 1917.

schmerzen, Benommenheit, Insomnia) und den Störungen in der Zirkulation sowie gewisse pathologisch-anatomische Befunde (fettige Degeneration der Nierenepithelien) können wohl kaum eine befriedigende Erklärung in der Invasion der Trichinen in die Muskeln finden. Sie nötigten vielmehr zur Annahme einer oder mehrerer von den Trichinen bereiteten giftigen Substanzen.

Die Richtigkeit dieser bisher experimentell nicht begründeten Annahme hat Flury[1]) neuerdings durch eingehende chemische und toxikologische Untersuchungen bewiesen.

Die Trichinen schließen sich in physiologisch-chemischer Hinsicht eng an die ihnen zoologisch am nächsten stehenden Darmhelminthen an. Sie haben während ihrer kurzen Entwicklungsperiode einen außerordentlichen hohen Bedarf an Nahrungsstoffen. Unter diesen spielen die Kohlehydrate eine hervorragende Rolle, weil der Stoffwechsel der Trichine im wesentlichen aus Aufnahme und Abbau von Kohlehydraten besteht. Die jungen Trichinen suchen den Muskel auf, weil er ihnen infolge seines Glykogengehaltes außerordentlich günstige Verhältnisse für ihre Entwicklung bietet.

Der Aufenthalt dieser Parasiten im Muskel führt zu dessen Verarmung an Glykogen, das sich als Reservestoff in ihrem Organismus in großer Menge anhäuft. Wie bei anderen Darmparasiten, z. B. Ascaris, ist der **Stoffwechsel der Trichine im wesentlichen anoxybiotisch und** führt zur Ausscheidung fermentativ unvollständig abgebauter Endprodukte, unter denen freie Fettsäuren vorherrschen. Dabei handelt es sich wohl ebenso wie beim Stoffwechsel von Ascaris um eine Art Buttersäure- und Baldriansäuregärung. Die bei der Entwicklung der Trichinen von diesen im Muskel gebildeten Stoffe verursachen in den befallenen Fasern schwere Schädigungen, an deren Zustandekommen auch noch die Zerfallsprodukte des zerstörten Muskels selbst beteiligt sind. Infolgedessen kann der trichinöse Muskel quantitativ nachweisbare Veränderungen seiner chemischen Zusammensetzung erleiden. Diese finden ihren Ausdruck zunächst in vermindertem Gehalt an Muskelfaser, Gesamtstickstoff, Kreatin, Purinbasen und Glykogen, andererseits in vermehrtem Gehalt an Wasser, Extraktivstoffen, Ammoniak, flüchtigen Säuren und Milchsäure. Morphologisch finden diese chemischen Veränderungen ihren Ausdruck in der Einschmelzung von Muskelsubstanz.

Neben den bekannten morphologischen Veränderungen im Blutbilde [2]) finden sich Störungen physikalisch-chemischer Art im **Blute** des trichinenkranken Tieres, wie Hydrämie und erhöhter Gehalt an Eiweißstoffen und Eiweißabbauprodukten, die normalerweise nicht oder nur in sehr geringer Menge im Blutserum angetroffen werden. Hierher gehören Nucleoproteine, Albumosen und andere chemisch vorläufig nur ungenügend charakterisierbare, offenbar aus der zerfallenen Skelettmuskulatur stammende Substanzen.

Auch die **Leber** verarmt an Glykogen und wird dafür reicher an Stickstoffverbindungen, deren Herkunft aus der zerstörten Muskelsubstanz ebenfalls kaum einem Zweifel unterliegen kann. Die **Nieren** stark trichinöser Tiere wurden wiederholt vollkommen frei von Glykogen gefunden.

Im **Harn** trichinöser Tiere finden sich anormale Zersetzungs- und Stoffwechselprodukte. Die bei der Trichinosis der Fleischfresser in der Regel auftretende **Diazoreaktion** ist zurückzuführen auf die Ausscheidung ringförmiger,

---

[1]) F. Flury, Beiträge zur Chemie und Toxikologie der Trichinen. Arch. f. exper. Pathol. u. Pharmak. Bd. 73, S. 164, 1913.

[2]) C. Stäubli, Trichinosis. Wiesbaden 1909. Literatur!

meist stickstoffhaltiger Substanzen, die wohl ebenfalls aus dem Muskeleiweiß stammen und in chemischer Hinsicht dadurch ausgezeichnet sind, daß sie mit Diazobenzolderivaten unter Bildung von rotgefärbten Azofarbstoffen reagieren. Die Retention von Wasser in der Körpermuskulatur erklärt die geringe Menge und die hohe Konzentration des ausgeschiedenen Harnes, der reich an Purinbasen, Kreatinin, durch Phosphorwolframsäure fällbaren basischen Verbindungen, Ammoniak, Indikan, Phenolen, flüchtigen Fettsäuren und Fleischmilchsäure gefunden wurde.

Auf Grund des nunmehr vorliegenden experimentellen Materials und der klinischen Beobachtungen läßt sich das komplizierte Bild der Trichinosis toxikologisch folgendermaßen zergliedern.

1. Durch die Anhäufung von Stoffwechselprodukten der Parasiten einerseits und der zahlreichen beim Zerfall der Körpermuskulatur gebildeten Substanzen andererseits kommt es in zweifacher Weise zur Vergiftung des Gesamtorganismus.

2. Als **lokal reizend wirkende Substanzen** spielen zunächst die von den Trichinen gebildeten flüchtigen Säuren eine Rolle. Die Extrakte aus trichinösen Muskeln bewirken nach Aufnahme in den Magen und Darmkanal von Hunden und Katzen Erbrechen und Durchfälle.

3. Der trichinöse Muskel enthält stark wirksame **Muskelgifte,** die nach subkutaner Injektion Steifheit und sogar vollkommene Starre der Skelettmuskulatur verursachen können. Es handelt sich hierbei in erster Linie um Purinbasen und deren kolloidale Vorstufen und andere diesen Verbindungen chemisch und pharmakologisch nahestehende Stoffe.

4. Außer den Muskelstarre bewirkenden Giften werden im trichinösen Muskel noch Stoffe gebildet, welche die Erregbarkeit der motorischen Nervenendigungen herabsetzen oder vollständig aufheben. Als solche Nervengifte kommen vor allem in Betracht die basischen Substanzen des Muskels, in erster Linie **Stoffe der Guanidinreihe,** die anscheinend durch Zersetzung des Kreatins und verwandter Stoffe entstehen. Auch die Karnosin- und Karnitinfraktionen der trichinösen Muskeln zeigen **curarinartige Wirkungen.** Diese geben auch stark die Diazoreaktion. Vielleicht hängt mit den Wirkungen solcher Verbindungen die klinische Beobachtung zusammen, daß mit dem Auftreten der Diazoreaktion im Harn die Sehnenreflexe oft verschwinden und meist erst wiederkehren, wenn die Diazoreaktion im Harn verschwindet. Diesen chemisch und pharmakologisch genauer charakterisierbaren Muskel- und Nervengiften des trichinösen Muskels reihen sich gewisse chemisch labile, kolloidale Verbindungen an, die wegen ihrer eigenartigen Wirkungen auf die Muskeln vielleicht zu den bisher chemisch noch wenig erforschten sog. „Ermüdungsstoffen" zu rechnen sind.

5. Im trichinösen Muskel hat Flury dann noch ein hitzebeständiges **Kapillargift** nachgewiesen, das nach intravenöser und subkutaner Injektion bei Katzen und Hunden infolge Schädigung der Kapillarwandungen Hyperämie und Hämorrhagien im Magen-Darmkanal, in der Lunge und in der Leber sowie akutes **Lungenödem** und Lungenblähung verursacht. Auf Wirkungen dieses Kapillargiftes und nicht auf Rupturen, Embolien oder Verstopfung von Gefäßen durch Trichinen sind die in der Literatur beschriebenen, bei der schweren Trichinosis fast regelmäßig auftretenden **Blutungen in den Organen** zurückzuführen, ebenso wie die als Folge der Trichineninvasion in der Regel eintretenden Veränderungen in den Respirationsorganen, die häufig den tödlichen Ausgang der Krankheit bedingen.

Die schweren **Respirationsstörungen** sind sicher nicht ausschließlich auf Insuffizienz der trichinös befallenen Atemmuskulatur, sondern auch auf

derartige Giftwirkungen zurückzuführen, welche das Lungengewebe direkt
betreffen.

Dasselbe gilt auch von den schon in den ersten Tagen auftretenden **Ödemen.**
Da zu dieser Zeit eine Nierenschädigung selten nachweisbar ist, können diese
keinesfalls nephritischen Ursprungs sein. Dieses in der Trichinosis-Literatur
vielfach erörterte Problem findet durch die Erklärung der Ödeme als **Folge**
toxischer Gefäßschädigungen bei gleichzeitig bestehender Hydrämie seine
einfachste Lösung. Durch Injektionen von Nukleoproteiden aus trichinösen
Muskeln lassen sich auch bei Tieren (Frosch, Hund) Ödeme erzeugen.

6. Im trichinösen Muskel sind verschiedenartige temperatursteigernde
Substanzen vorhanden. Neben Temperatursteigerung infolge des verstärkten
Muskelzerfalls und vermehrten Stoffumsatzes kommen also noch direkte
Giftwirkungen als Ursache der Temperatursteigerung in Betracht.
Außer chemisch noch wenig charakterisierbaren kolloidalen Stoffen handelt es
sich bei der Genese des Fiebers sicher auch um Wirkungen gewisser Purin-
substanzen.

7. Was die **Veränderungen des Blutbildes** anlangt, so ist bereits seit längerer
Zeit bekannt, daß sich nach Injektion verschiedener Eiweißsubstanzen, Nu-
kleine, Nukleoproteiden und auch von lokal reizenden Stoffen, die verschiedenartigsten Bilder der Leukocytose und **Eosinophilie** erzeugen lassen.

8. Auch die bei der menschlichen Trichinosis zunächst auffallende Tatsache des im allgemeinen relativ leichten Verlaufes der Krankheit und die
geringe Mortalität bei Kindern findet durch die Versuche von Flury
eine ungezwungene Erklärung. „Nicht in der ungenügenden Verdauung oder
der schwachen Wirkung des kindlichen Magensaftes oder der Kürze und häufigeren Entleerung des Darmkanals, sondern in der Eigenart des wachsenden
Organismus und seinem, von demjenigen des Erwachsenen abweichenden
Stoffwechsel ist es begründet, daß Kinder die Infektion auch bei nachgewiesenermaßen reichlichstem Genuß von trichinösem Fleisch
meist schlafend, häufig ohne Temperaturerhöhung, oft sogar außerhalb des
Krankenbettes, leicht überstehen. Die Zerfallsprodukte des Muskels wirken
hier, wie es scheint, nicht wie beim erwachsenen Individuum nach Art un-
brauchbarer und schädlicher Stoffwechselschlacken als Gifte, sondern sie verlieren offenbar im wachsenden Organismus durch Umwandlung und Verwendung als Bausteine ihre Giftigkeit. Möglicherweise spielt die bei Kindern verhältnismäßig große Leber im Verein mit einer größeren Widerstandsfähigkeit
der Muskelfasern junger Individuen gegen den Zerfall hierbei eine besondere
Rolle."

Die Symptome der Trichinosis sind also nicht durch mechanische Störungen und nicht reflektorisch bedingt. Die Ursachen
der schweren Erscheinungen sind vielmehr **Giftwirkungen.** Die Folgen der
Infektion sind nicht durch ein spezifisches Gift der Trichinen bedingt. Sie beruhen nur darauf, daß die Infektionserreger nicht wie die ihnen
biologisch nahestehenden Darmhelminthen im Darmkanal verbleiben, vielmehr
ihre Entwicklung, also die Hauptperiode ihrer Lebenstätigkeit, in der Muskulatur, demnach in den Geweben des Wirtes vollenden. Außer den durch die
Trichinen selbst produzierten Stoffen müssen hier die gesamten Zerfallsprodukte des zerstörten Muskels berücksichtigt werden. Durch die Zusammen-
wirkung aller dieser Faktoren kommt es zu dem bekannten Krankheitsbilde.

Alle charakteristischen **Symptome der Trichinosis** — Magen- und
Darmerscheinungen, Erbrechen, Durchfälle, lokale Reizung, leichte Ermüdbarkeit, Muskelsteifheit, Muskelstarre, Lähmungserscheinungen, Ödeme, kapillare

Blutungen und Hämorrhagien, Blutveränderungen, Temperatursteigerung und schwere Respirationsstörungen — können im Tierversuch ohne Mitwirkung lebender Trichinen nach Einverleibung aus trichinösen Muskeln gewonnener giftiger Substanzen hervorgerufen werden. Es kann demnach wohl auch kein Zweifel mehr darüber bestehen, daß der gesamte Symptomenkomplex der Trichinosis auf Vergiftung des Organismus durch verschiedene pharmakologisch stark wirksame, chemisch charakterisierbare Verbindungen zurückzuführen ist.

Bei den von Flury und Groll [1]) an trichinösen Hunden, Katzen und Kaninchen ausgeführten **Stoffwechselversuchen** ergab sich im wesentlichen folgendes.

Der Stickstoffhaushalt erfährt im Verlaufe der Trichinosis bedeutende Veränderungen. Im Frühstadium der Muskeltrichinosis kann beträchtlicher Stickstoffansatz erfolgen, der jedoch nicht als Teilerscheinung normalen Wachstums oder besonderen körperlichen Wohlergehens angesehen werden darf, vielmehr ein pathologischer Vorgang ist, bei dem gegebenenfalls unter Zunahme des Körpergewichtes eine Retention stickstoffhaltiger Zerfallsprodukte des Muskels stattfindet. Diese Retention fällt zeitlich mit der Wachstumsperiode der in die Muskeln eingedrungenen jungen Trichinen zusammen. Sobald die Entwicklung der Parasiten bis zur Einrollung und Kapselbildung fortgeschritten ist, zeigt sich auch ein im Stoffwechsel deutlich erkennbarer Umschlag, der als Rückbildungsprozeß der sich vorzugsweise in den Muskeln vollziehenden Änderungen aufzufassen ist und seinen Ausdruck in gesteigerter Stickstoffabgabe findet. Diese vermehrte Stickstoffausfuhr ist offenbar durch die Ausscheidung von Muskelzerfallsprodukten bedingt.

Außer dem Stickstoffhaushalt weist auch der **Purin- und Kreatininstoffwechsel** eigentümliche Veränderungen auf. Sowohl bei der Katze als auch beim Hund ist die Menge der ausgeschiedenen Purinbasen im Anfange vermindert, später dagegen vermehrt. Das Harnkreatinin war auf der Höhe der Krankheit beim Hund verringert, seine Menge nahm aber im weiteren Verlaufe der Trichinosis sehr beträchtlich zu. Diese anfängliche Verminderung in der Kreatininausscheidung war auch bei Kaninchen zu beobachten, während die vermehrte Kreatininausfuhr in den späteren Krankheitsstadien auch bei der Katze sehr deutlich erfolgte. Beim Hunde und bei Katzen zeigte sich während der Muskeltrichinosis intensive Diazoreaktion des Harns; sie fehlte bei Kaninchen. Diese Veränderungen im Stoffwechsel stehen in engem Zusammenhang mit dem Wasserhaushalt des trichinösen Organismus. Während sich beim Beginn der Muskeltrichinosis vorübergehend verstärkte **Diurese** einstellen kann, zeigte sich regelmäßig eine bald eintretende mehr oder weniger starke Verminderung der ausgeschiedenen Harnmenge, die erst beim Abklingen der trichinösen Krankheitserscheinungen erhöhter Diurese Platz macht.

Die Trichinosis ist also von nicht unerheblichen Störungen im Stoffwechsel begleitet, deren Eintritt zeitlich zusammenfällt mit der Einwanderung der jungen Parasiten in die Körpermuskulatur, ihrem Wachstum und ihrer Entwicklung zur Kapseltrichine. Als chemischer Ausdruck der schweren Schädigung des Wirtes geben sie ein anschauliches Bild von der Zerstörung der befallenen Muskelfasern und der darauffolgenden Reaktion des Organismus, die bei normalem Verlaufe der Krankheit nach einer Periode der Retention zur

---

[1]) F. Flury und H. Groll, Stoffwechseluntersuchungen an trichinösen Tieren. Arch. f. exper. Pathol. u. Pharmak. Bd. 73, S. 214, 1913.

Resorption und mehr oder weniger vollständigen Ausscheidung der Zerfallsprodukte führt.

Die schweren Erscheinungen, welche durch **Ankylostoma duodenale Leuk.**, hervorgerufen werden, legten auch hier den Gedanken an die Produktion eines Giftstoffes seitens dieser Parasiten nahe (Bohland); neuerdings hat L. Preti ein **hämolytisches Gift** nachgewiesen, indem er von Menschen stammende Ankylostomen mit physiologischer Kochsalzlösung in einem Mörser zerrieb. Die neutral reagierende, trübe Suspension wirkte auf Erythrocyten verschiedener Tierarten hämolysierend. Die wirksame Substanz ist löslich in Alkohol und in Äther, unlöslich in Wasser. Sie ist lichtbeständig und wird durch Trypsinverdauung aus dem „Lipoid" abgespalten und wasserlöslich.

Filaria (Dracunculus) medinensis Gm. (Guineawurm), schmarotzt im Unterhautzellgewebe des Menschen und verursacht Geschwürbildung. Das Zerreißen des Wurmes beim Herausziehen verursacht angeblich heftige Entzündung mit nachfolgender Gangrän. Inwieweit ein „Toxin" für diese Wirkung verantwortlich ist, bleibt vorläufig unentschieden.

3. Klasse der Annelida, Ringelwürmer.

Lumbricus terrestris L., der gemeine Regenwurm, enthält nach den Angaben von Pauly während der Brunstzeit einen giftigen Stoff. Pauly verfütterte einigen Enten eine größere Anzahl Regenwürmer. Die Tiere wurden von Krämpfen befallen. Gänse und Hühner starben bei ähnlichen Fütterungsversuchen mit Regenwürmern nach einigen Stunden. Das Gift ist in den bei der Sexualfunktion beteiligten Ringen enthalten; von den wässerigen Auszügen dieser Körperteile töteten einige Tropfen Sperlinge; Kaninchen gingen nach der Einverleibung größerer Mengen des wässerigen Auszuges ebenfalls zugrunde. Die Natur des giftigen Stoffes ist unbekannt.

Der Regenwurm enthält nach S. Yagi[1]) eine hämolytisch wirkende Substanz welche von diesem Autor Lumbricin genannt wurde.

Das Lumbricin von Yagi stellte eine gelblich braune, spröde Masse dar, die in Wasser, Alkohol und Chloroform, nicht aber in Aceton, Benzol und Toluol löslich war. Die wässerige Lösung reagierte neutral und dialysierte (?). Lumbricin bildete eine Kadmiumverbindung von der Zusammensetzung $C_{259}H_{528}O_{125}SP_3(CdCl_2)_{19} \cdot 3\,H_2O$ und hämolysierte Hunde-, Ziegen-, Katzen-, Schweine-, Kaninchen- und Rinderblut. Die Hämolyse wurde durch Normalsera und Cholesterin gehemmt, durch Lecithin nicht verstärkt. Lumbricin erwies sich thermostabil, nahm aber beim Erwärmen mit Säuren und Alkalien an Wirksamkeit ab.

In den Mund- und Schlundteilen unseres gemeinen Blutegels, **Hirudo medicinalis L.**, findet sich eine **Hirudin** genannte Substanz. Das Hirudin ist kein tierisches Gift; es kann ohne Schaden für das Tier direkt in das Blut gespritzt werden, wirkt aber dabei auf das Blut in eigenartiger Weise ein, so daß das Blut eines mit Blutegelextrakt (Haycraft) oder Hirudin (Franz) behandelten Tieres seine Gerinnbarkeit auf längere Zeit einbüßt; dabei veranlaßt die wirksame Substanz keine weiteren, direkt wahrnehmbaren Veränderungen des Blutes.

In dem Maße, wie die koagulationshemmende Substanz durch die Nieren ausgeschieden wird oder im Organismus Veränderungen erleidet, wird auch das Blut wieder gerinnungsfähig.

Das Hirudin scheint eine Deuteralbumose (?) zu sein. Es löst sich in Wasser und verdünnten Lösungen von Neutralsalzen, nicht aber in Alkohol, Äther und Chloroform. Es gibt die für Eiweißstoffe charakteristischen Farbenreaktionen

---

[1]) S. Yagi, Über Lumbricin, die hämolytische Substanz des Regenwurms. Arch. internat. de Pharm. et de Thérap. Bd. 21, S. 105—117, 1911.

und wird durch nicht zu lange dauerndes Kochen bei schwach essigsaurer Reaktion nicht unwirksam, ist also kein Ferment, dialysiert nur sehr langsam und nimmt dabei an Wirksamkeit ab. Die gerinnungshemmende Wirkung des Blutegelextraktes und des Hirudins scheint noch nicht genügend aufgeklärt, um eine in allen Punkten befriedigende Erklärung des Vorganges geben zu können (Schittenhelm, Bodong, Fuld und Spiro, Loeb).

VI. Echinodermata, Stachelhäuter.

1. Asteroidea, Seesterne.

Einige Berichte über Fütterungsversuche (Parker, Husemann) mit Seesternen an Hunden und Katzen, bei welchen die letzteren entweder schwer erkrankten oder starben, scheinen den Verdacht auf die Giftigkeit gewisser Seesterne zu rechtfertigen. Genauere Untersuchungen liegen über diese Frage nicht vor.

2. Echinoidea, Seeigel.

Gewisse Seeigel besitzen wohlausgebildete Giftapparate, deren sie sich zur Verteidigung und zum Erlangen ihrer Beute bedienen. Prouho und besonders v. Uexküll haben diese Apparate, deren Funktion und die Art und Weise ihres Gebrauches genauer untersucht. An den Spitzen der Giftzangen oder „gemmiformen" (v. Uexküll) Pedicellarien, tritt das in den früher irrtümlich als Schleimdrüsen betrachteten Giftdrüsen bereitete giftige Sekret aus. Das Gift bzw. der Inhalt der Giftdrüse ist eine klare, leicht bewegliche, nicht visköse Flüssigkeit, welche schwach sauer reagiert und nach der Entleerung aus der Drüse gerinnt.

Die Wirkungen des Giftsekretes scheinen das Zentralnervensystem der vergifteten Tiere zu betreffen.

3. Holothurioidea, Seewalzen, Seegurken.

Die Cuvierschen Organe gewisser polynesischer Arten, nahe verwandt oder identisch mit Holothuria argus, sollen auf der menschlichen Haut schmerzhafte Entzündung und, wenn sie in das Auge gelangen, Erblindung verursachen (Saville-Kent).

VII. Coelenterata, Zoophyta; Pflanzentiere.

Die hier in Betracht kommenden Giftstoffe beanspruchen ein besonderes historisches Interesse, weil sich an ihre Auffindung und genauere Untersuchung die ersten Beobachtungen über die sog. Anaphylaxie (besser „Aphylaxie") knüpfen. (Portier und Richet, 1902.)

Die Cölenteraten zeichnen sich durch den Besitz der nur bei den Schwämmen fehlenden Nesselkapseln aus.

Diese sind bei den Cnidarien, Nesseltieren, am vollkommensten entwickelt. Wird das Tier gereizt, oder will es sich seiner Beute bemächtigen, so wird der Nesselfaden hervorgeschnellt, wobei die neben dem Faden in der Kapsel enthaltene visköse oder gallertige, giftige Masse auf die Oberfläche oder infolge des Eindringens der Fäden in die Tiefe, in den Organismus des Beutetieres oder des Feindes befördert und übertragen wird.

Die lokalen Wirkungen der Sekrete dieser Tiere auf die menschliche Haut bestehen in mehr oder weniger heftigem Jucken und Brennen der betroffenen

Hautpartie; diese Erscheinungen verschwinden nach längerer oder kürzerer Zeit. Bei kleinen Tieren können allgemeine Lähmung und der Tod folgen (Bigelow), aber auch beim Menschen scheinen, besonders durch das Gift der großen Schwimmpolypen (Siphonophora), welche einen Durchmesser von 25—30 cm erreichen, schwere, vielleicht resorptive Erscheinungen nach der Berührung mit diesen Tieren eintreten zu können (Meyen). Ähnliches berichten E. Forbes über **Cyanea capillata** und E. Old über eine nicht näher bestimmte Quallenart.

Die **chemische Natur des Giftes** der Cölenteraten haben Portier und Richet zuerst untersucht. Sie verrieben Filamente (Nesselfäden) von Physalien und anderen Nesseltieren mit Sand und Wasser und erhielten so giftige Lösungen, mit welchen sie an Tieren Versuche anstellten. Die wässerigen Auszüge wirkten tödlich, die Tiere wurden somnolent und der Tod erfolgte durch Lähmung der Respiration. An der Applikationsstelle schien das Gift keine Schmerzempfindung hervorzurufen. Die genannten Autoren nannten die wirksame Substanz **Hypnotoxin.**

Richet ist es gelungen, aus den Tentakeln von Aktinien, durch Behandlung mit Alkohol und Wasser, einen aus Alkohol kristallisierenden, aschefreien Körper, das **Thalassin,** zu gewinnen, welcher unter Zerlegung und Abspaltung von Carbylamin und Ammoniak bei 200⁰ schmilzt. Das Thalassin enthält 10 % Stickstoff, scheint aber keine Base zu sein, da es durch Phosphorwolframsäure, Jod-Jodkalium, Platinchlorid und Silbernitrat nicht gefällt wird. In wässeriger Lösung zersetzt sich das Thalassin rasch unter Entwicklung von Ammoniak. Erhitzen des Thalassins auf 100⁰ zerstört dasselbe dagegen nicht. Intravenös injiziert, soll das Thalassin bei Hunden schon in Mengen von 0,1 mg pro kg Körpergewicht heftiges Hautjucken, Urticaria und Niessen verursachen, jedoch sind auch 10 mg pro kg Körpergewicht nicht tödlich.

Neben dem Thalassin findet sich in den Tentakeln der Aktinien nach Richet eine zweite Substanz, das **Kongestin,** von welchem 2 mg pro kg Körpergewicht Hunde innerhalb 24 Stunden töten. Durch vorhergehende, wiederholte Injektionen von Thalassin konnte die Wirkung des Kongestins stark abgeschwächt werden, so daß nach einer derartigen Vorbehandlung 13 mg erst tödlich wirkten. Thalassin und Kongestin scheinen demnach im Verhältnis von „Toxin" und „Antitoxin" zueinander zu stehen.

Literatur.

Ornithorhynchus paradoxus.

Blainville, Bull. Soc. Philomatique, Paris 1817, S. 82. — Knox, R., Observations on the Anatomy of the Duckbilled Animal of New South Wales. Mem. Wernerian Soc. Nat. Hist. 1824. — Martin und Tidswell, a. a. O. — Martin, C. J. und Tidswell, F., Observations on the femoral gland of Ornithorhynchus and its secretion etc. Proc. Linn. Soc. of New South Wales, July 1894. — Anatomisches bei Meckel, Deutsch. Arch. f. Phys. Bd. 8, 1823; „Descriptio anatomica Ornithorhynchi paradoxi", Lips. 1826. — Noc, F., Note sur la secretion venimeuse de l'Ornithorhynchus paradoxus. Compt. rend. de la Soc. de Biol. Bd. 56, 1904, S. 451. — Spicer, On the effects of wounds inflicted by the spurs of the Platypus. Papers and Proc. Roy. Soc. Tasmania 1876. S. 162. — Anderson Stuart, Royal Soc. of New South Wales. Anniversary address by the President, T.P. Anderson Stuart. 1894.

Adrenalin.

Literaturzusammenstellung bis August 1907 bei Albert C. Crawford, The use of suprarenal glands in the physiological testing of drug plants. U.S. Departement of Agriculture. Bureau of Plant Industry. Bull. Nr. 112, Washington 1907. — Abel, J. J. and Macht, D. I., Two crystalline Pharmacological agents obtained from the tropical toad, Bufo agua. Journ. of Pharm. and Exper. Therap. Bd. 3. 1912, S. 319. — Amberg, S.,

Arch. internat. de Pharmacodynamie et de Therapie Bd. 11, 1902, S. 57—100. —
Barbour, Arch. f. experim. Path. u. Pharmak. Bd. 68, 1912. — Bennecke, A., Studien
über Gefäßerkrankungen durch Gifte. Habilit.-Schrift (Rostock), Berlin 1908. — Blum, F.,
Deutsch. Arch. f. klin. Med. Bd. 71, 1901, Heft 2/3 und Pflügers Arch. Bd. 90, 1902, S. 617.
— Borberg, N. C., Das Adrenalin und der Nachweis desselben. Skand. Arch. f. Phys.
Bd. 27, 1912, S. 341. — Bröking, E. und Trendelenburg, P, Adrenalinnachweis und
Adrenalingehalt des menschlichen Blutes. Deutsch. Arch. f. klin. Med. Bd. 103, 1911,
S. 168. — Czybulski, Gazeta Lekarska Nr. 12, 1895 (polnisch). Vgl. Phys. Zentralbl.
Bd. 9, 1895, S. 172. — Embden und v. Fürth, Hofmeisters Beitr. z. chem. Phys. u.
Path. Bd. 4, 1903, S. 421. — Erbjun., W., Arch. f. exper. Path. u. Pharm. Bd. 53, 1905,
S. 189. — Fraenkel, A., Über den Gehalt des Blutes an Adrenalin bei chronischer Neph-
ritis und Morbus Basedowii. Arch. f. exper. Path. u. Pharm. Bd. 60, 1909, S. 395. —
Fröhlich, A. und Loewi, O., Über eine Steigerung der Adrenalinempfindlichkeit durch
Kokain. Arch. f. exper. Path. u. Pharm. Bd. 62, 1910, S. 159. — v. Fürth, O., Produkte
der inneren Sekretion tierischer Organe. Biochem. Handlexikon (Abderhalden) Bd. 5,
1911, S. 495—503. — Gottlieb, R., Über die Wirkung der Nebennierenextrakte auf
Herz und Blutdruck. Arch. f. exper. Path. u. Pharm. Bd. 38, 1896, S. 99. — Derselbe,
Über die Wirkung des Nebennierenextraktes auf Herz und Gefäße. Ebenda Bd. 43, 1899,
S. 286. — Herter, C. A. und Wakeman, A. J., Virchows Arch. Bd. 169, 1902, S. 479. —
Hoskins, R. G., A consideration of some biologic tests for Epinephrin. Journ. of Pharm.
and Exp. Therap. Bd. 3, 1911, S. 93. — Kunkel, A., Handb. d. Toxikol. S. 463. Jena
1901. — Kurdinowsky, E. M., Physiologische und pharmakologische Versuche an der
isolierten Gebärmutter. Engelmanns Arch. f. Phys., Jahrg. 1904, Suppl., S. 323. —
Läwen, A., Quantitative Untersuchungen über die Gefäßwirkung von Suprarenin. Arch.
f. exper. Path. u. Pharm. Bd. 51, 1904, S. 422. — Langendorff, O., Über die Innervation der Coronargefäße. Zentralbl. f. Phys. Bd. 21, 1907, S. 551. — Loeb, O., Über
experimentelle Arterienveränderungen beim Kaninchen durch aliphatische Aldehyde.
Arch. f. exper. Path. u. Pharm. Bd. 69, 1912, S. 114. — Meyer, O. B., Über einige Eigenschaften der Gefäßmuskulatur. Zeitschr. f. Biol. Bd. 48, 1906, S. 365. — Pollak, L.,
Experimentelle Studien über Adrenalin-Diabetes. Arch. f. exper. Path. u. Pharm. Bd. 61,
1909, S. 149. — Ritzmann, H., Über den Mechanismus der Adrenalinglykosurie. Arch.
f. exper. Path. u. Pharm. Bd. 61, 1909, S. 231. — Schultz, W. H., Quantitative pharmacological Studies: Adrenalin and adrenalinlike bodies. Bull. Nr. 55, Hyg. Lab., U.S.
Pub. Health & Mar. Hosp. Serv. Washington 1909. Literatur! — Derselbe, Exp. criticism
of recent results in testing Adrenalin. The Journ. of Pharm. and exp. Therap. Bd. 1,
1909, S. 291. — Trendelenburg, P., Bestimmung des Adrenalingehaltes im normalen
Blut sowie beim Abklingen der Wirkung einer einmaligen intravenösen Adrenalininjek-
tion mittelst physiologischer Meßmethode. Arch. f. exper. Path. u. Pharm. Bd. 63, 1910,
S. 161. —

Pituitrin oder Hypophysin.

Dale und Laidlaw, Journ. of Phys. Bd. 41, 1910/11, S. 318. — v. Frankl-
Hochwart, L. und Fröhlich, A., Zur Kenntnis der Wirkung des Hypophysins (Pitui-
trins) usw. Arch. f. exper. Path. u. Pharm. Bd. 63, 1910, S. 347. — Fühner, H., Das
Pituitrin und seine wirksamen Bestandteile. Münch. med. Wochenschr. Bd. 59, 1912,
Nr. 16, S. 852. — Kepinow, Über den Synergismus von Hypophysisextrakt und Adrenalin.
Arch. f. exper. Path. u. Pharm. Bd. 67, 1912, S. 247.

Die Gallensäuren.

Bayer, G., Untersuchungen über die Gallenhämolyse. Biochem. Zeitschr. Bd. 5,
1907, S. 368; Bd. 9, 1908, S. 58; Bd. 13, 1908, S. 234. — Flury, F., Über die pharmako-
exper. Path. u. Pharm. Bd. 66, 1911, S. 221. — v. Fürth, O., Über einige Versuche zum
Abbau der Cholsäure. Biochem. Zeitschr. Bd. 20, 1909, S. 375; Bd. 26, 1910, S. 406; Bd. 43,
1912, S. 323. — Hünefeld, Der Chemismus in der tierischen Organisation. Leipzig 1840.
— Knoop, E., In Abderhalden, Biochem. Handlexikon. Bd. 3, 1911, S. 310. — Röhrig,
A., Über den Einfluß der Galle auf die Herztätigkeit. Leipzig 1863. — Rywosch, D.,
Vergleichende Versuche über die giftige Wirkung der Gallensäuren. Arbeiten des Pharm.
Instituts zu Dorpat. Herausgegeb. von R. Kobert, Bd. 2, 1888, S. 102. Daselbst auch
die ältere Literatur ausführlich zusammengestellt. — Wieland H., und Weil, J. F., Unter-
suchungen über die Cholsäure. Zeitschr. f. physiol. Chem. Bd. 80, 1912, S. 287. — Wie-
land, H. und Sorge, H., Untersuchungen über die Gallensäuren. Zeitschr. f. physiol.
Chemie. Bd. 97, 1916, S. 1—28.

Proteroglypha.

Brenning, M., Die Vergiftungen durch Schlangen, S. 22. Stuttgart 1895. —
Calmette, A., Vergiftungen durch tierische Gifte in G. Menses Handb. d. Tropenkrankh.

Bd. 1, S. 297. Leipzig 1905. — Fayrer, J., Thanatophidia of India. London, J. u. A. Churchill, 1872. Daselbst auch farbige Abbildungen der Giftschlangen Indiens. — Fraser, T. R. und Elliot, R. H., Contributions to the Study of the Action of Sea-snake Venoms. Scott. med. and surg. Journ., Jan. 1904, und Proc. Royal Soc. Bd. 73, June 9, London 1904. — Leonard Rogers, Proc. Royal Soc. Bd. 71, p. 481—496 und Bd. 72, p. 305 bis 319, London 1903.

Crotalinae.

Doederlein, L., Die Liu-Kiu-Insel Amami Oshima. Mitteil. d. Deutsch. Gesellsch. f. Natur- u. Völkerk. Ostasiens, Heft 24, S. 22—25. Yokohama 1881. — Effeldt, R., Zoolog. Garten Bd. 15, 1874, S. 1—5. — Leydig, Nova acta Acad. Caes. Leopold. Nat. Curios. Bd. 34, Heft 5, 1868, S. 89—96. — Rufz, Enquête sur le serpent (Fer de lance) de la Martinique, S. 67. Paris 1859. — Yarrow, Amer. Journ. of Med. Soc. (n. s.) Bd. 87, 1884, S. 422—435.

Viperinae.

Blum, J., Die Kreuzotter und ihre Verbreitung in Deutschland. Abhandl. d. Senckenb. Gesellsch. in Frankfurt, Bd. 15, 1888. — Wallace, A. R., Die geographische Verbreitung der Tiere. Deutsche Übersetzung von A. B. Meyer. 1876, S. 426.

3. Die Giftorgane der Schlangen.

Noguchi, H., Snake Venoms; an investigation of venomous snakes, with special reference to the phenomena of their venoms. Published by the Carnegie Institution of Washington. Washington, D. C., 1909.

4. Über die Natur der Schlangengifte.

Bang, Ivar, Kobragift und Hämolyse. Biochem. Zeitschr. Bd, 11, 1908, S. 521; Bd. 18, 1909, S. 441 und Bd. 23, 1910, S. 463. — Derselbe, Zur Frage des Kobralecithids. Zeitschr. f. Immunitätsf. u. exper. Therap. Bd. 8, 1910, S. 202. — v. Dungern und Coca, Über Hämolyse durch Schlangengift. Münch. med. Wochenschr. Bd. 54, 1907, Nr. 47, S. 2317. — Faust, E. St., Über das Ophiotoxin aus dem Gifte der ostindischen Brillen-schlange. Arch. f. exper. Path. u. Pharm. Bd. 56, 1907, S. 236. — Kyes, Preston, Über die Lecithide des Schlangengiftes. Biochem. Zeitschr. Bd. 4, 1907, S. 99—123; Bd. 6, 1907, S. 339. — Derselbe, Berl. klin. Wochenschr. 1902, Nr. 38 u. 39; 1903, Nr. 42 u. 43; 1904, Nr. 19. Zeitschr. f. phys. Chemie Bd. 41, 1904, S. 373. — Kyes und Sachs, Berl. klin. Wochenschr. 1903, Nr. 2—4. — Landsteiner, in Oppenheimer, Handbuch der Biochemie. Bd. II, I, S. 395 und S. 542, 1910. — Lüdecke, K. R., Zur Kenntnis der Glyzerinphosphorsäure und des Lezithins. Inaug.-Diss. München 1905. — Manwaring, W. N., Über die Lezithinase des Kobragiftes. Zeitschr. f. Immunitätsf. u. exper. Therap. Bd. 6, 1910, S. 513—561. — Martin, C. J., und Mc Garvie Smith, J., Proc. Roy. Soc. New South Wales 1892 und 1895; Journ. of Phys. Bd. 15, 1895, S. 380. — Marmier, Ann. de l'Inst. Pasteur Bd. 10. 1906, S. 469. — Weir Mitchell, S. und Reichert, Smithsonian „Contributions to Knowledge". Researches upon the Venoms of Poisonous serpents. Washington 1886.

5. Pharmakologische Wirkungen der Schlangengifte.

Faust, E. St., Über das Crotalotoxin aus dem Gifte der nordamerikanischen Klapperschlange (Crotalus adamanteus). Arch. f. exper. Path. u. Pharm. Bd. 64, 1911, S. 244. — Flexner, S., und Noguchi, H., Snake venom in Relation to Hämolysis, Bacteriolysis and Toxicity. Univ. of Pennsylvania Med. Bull. Bd. 14, 1902, S. 438; Journ. of Exper. Med. Bd. 6, 1902, S. 277. Ferner: The Constitution of Snake Venom and Snake Sera. Univ. of Pennsylvania Med. Bull. Bd. 15, 1902, S. 345—362; Bd. 16, 1903, S. 163. — Martin, C. J., On the physiological action of the Venom of the Australian Black Snake. Read before the Roy. Soc. of New South Wales, July 3, 1895. — Morawitz, P., Über die gerinnungshemmende Wirkung des Kobragiftes. Deutsch. Arch. f. klin. Med. Bd. 80, 1904, S. 340—355. Literatur! — Noc, F., Sur quelques Propriétés physiologiques des differents Venins de Serpents. Ann. de l'Inst. Pasteur Bd. 18, 1904, S. 387—406.

6. Künstliche oder experimentelle Immunisierung gegen Schlangengifte.

Boehmer, M. J. B., De Psyllorum, Marsorum et Ophiogenum adversus serpentes eorumque Ictus virtute. Diss. Lipsiae 1745. — Calmette, Compt. rend. de la Soc. de biol. Bd. 46, 1894, S. 120. — Celsus, Bd. 5, S. 27. — Fraser, Proc. Roy. Soc. Edin-bourgh Bd. 20, 1895, S. 448—474 und Roy. Inst. of Great Britain: Immunisation against Serpents Venom and the treatment of snake-bite with antivenene. An address delivered, March 20, 1896. — Drummond Hay, Western Barbary. London 1844. — Oliver Wendel

Holmes, Elsie Venner, A Romance of Destiny. — **Jacolot**, Note sur les curados de culebras. Arch. de méd. navale 1867. — **Kaufmann**, Du venin de la vipère, Paris 1889 und Compt. rend. de la Soc. de biol. Bd. 46, 1894, S. 113. — **Lenz**, O. H., Schlangenkunde. Gotha 1832, S. 130—132. — **Lucanus**, M. Annaeus, Pharsalia Bd. 9, Vers 835—878; Deutsche Übers. von F. H. **Bothe**, Stuttgart 1856. — **Phisalix und Bertrand**, Compt. rend. de la Soc. de biol. Bd. 118, 1894, S. 288—291. — **Plinius**, Hist. nat. 7, 2; 8, 38; 18, 6; 21, 45; 25, 76. — **Quedenfeldt**, Zeitschr. f. Ethnol. Bd. 18, 1886, S. 686. — **Sewall**, H., Experiments on the Preventive Inoculation of Rattlesnake Venom. Amer. Journ. of Phys. Bd. 8, 1887, S. 203—210.

7. Therapie des Schlangenbisses.

Aron, Th., Experimentelle Studien über Schlangengift. Zeitschr. f. klin. Med. Bd. 6, 1883, Heft 4. — **Brenning**, M., Die Vergiftungen durch Schlangen. Stuttgart 1895, S. 75—165 und **Kunkel**, A. J., Handb. d. Toxikologie 1899, S. 1006—1007. — **Brunton**, T. Lauder, **Fayrer** und **Rogers**, Experiments on a Method of Preventing Death from Snake Bite, capable of common and easy practical Application. Proc. Roy. Soc., May 5, 1904. Beschreibung und Abbildung eines speziell für diesen Zweck konstruierten und leicht transportablen Instrumentes. — **Mc Crudden**, Francis H., Über die Ausscheidung des Morphins unter dem Einfluß den Darm lokal reizender Stoffe. Arch. f. exper. Path. u. Pharm. Bd. 62, 1910, S. 374. — **Halford**, Med. Times and Gaz. 2, S. 90, 170, 224, 323, 461, 575, 712. London 1873 und ibid. 1, 1874, S. 53. — **Humery**, Un dernier mot sur la Theriaque. Thèse de Paris 1905, S. 45. — **Müller**, A., On the Pathology and Cure of Snake Bite. Australas. Med. Gaz. 1888 u. 1889. Snake Poison and its Action. Sydney 1893. Virchows Arch. Bd. 113, 1888, S. 393. — **Schmiedeberg**, Grundriß der Pharmakologie, 7. Aufl., 1913, S. 187.

8. Prophylaxe.

Vgl. hierzu **Blum**, J. Die Kreuzotter und ihre Verbreitung in Deutschland, S. 152 bis 154. — **Stejneger**, L., Venomous snakes of North America S. 482—484. — **Brenning**, M., Die Vergiftungen durch Schlangen S. 2—3. — **Kaufmann**, M., Du venin de la vipère. Paris 1889.

III. Eidechsen, Sauria.

Bocourt, Compt. rend. de l'Acad. des Sc. Bd. 80, 1875, S. 676. — **Boulenger**, Proc. Zoolog. Soc. London 1882, S. 631. — **van Denburgh**, J. and **Wight**, O. B., Amer. Journ. of Phys. Bd. 4, 1900, S. 209; Zentralbl. f. Phys. Bd. 14, 1900, S. 399. — **Dugés**, A., Cinquantenaire de la Soc. de Biol. Volume jubilaire publié par la Société Paris 1899, S. 134. — **Garman**, Bulletin of the Essex Institute, Salem, Mass. Bd. 22. 1890, S. 60—69. — S. Weir **Mitchell** and **Reichert**, Med. News Bd. 42, 1883, S. 209; Science Bd. 1, 1883, S. 372; Amer. Naturalist Bd. 17, 1883, S. 800. — S. Weir **Mitchell**, Century Magazine Bd. 38, 1889, S. 503. — **Santesson**, C. G., Über das Gift von Heloderma suspectum Cope, einer giftigen Eidechse. Nordiskt Medicinskt Arkiv. Festband tillegnadt Axel Key 1896, Nr. 5. — **Sumichrast**, Note on the habits of some Mexican reptiles. Ann. and Magazine of Natural History Bd. 13, 1864, Ser. 3, S. 497.

1. Ordnung: Anura.

Gattung Bufo: Bufo vulgaris.

Faust, E. St., Über Bufonin und Bufotalin, die wirksamen Bestandteile des Krötenhautdrüsensekretes. Arch. f. exper. Path. u. Pharm. Bd. 47, 1902, S. 278; daselbst ausführliche Literaturangaben. — **Phisalix und Bertrand**, Sur le venin des Batraciens. Compt. rend. de l'Acad. des Sc. Bd. 98, 1884, S. 436. — **Pröscher**, Fr., Zur Kenntnis des Krötengiftes. Beiträge z. chem. Phys. u. Path. Bd. 1, 1902, S. 375.

Bufo agua.

Abel, John J., und **Macht**, David I., Two crystalline pharmacological Agents obtained from the tropical toad, Bufo agua. The Journ. of Pharm. and Exper. Therap. Bd. 3, 1912, S. 319. — **Brehm**, A. C., Tierleben, Bd. 7, 1878, S. 602; **Waite**, F. C., Bufo agua in the Berumdas, Science Bd. 13, 1901, S. 342; **Gosse**, P. H., A naturalists sojourn in Jamaica. London 1851, S. 431.

2. Ordnung: Urodela.

a) Gattung Salamandra.

Faust, E. St., Beiträge zur Kenntnis des Samandarins. Arch. f. exper. Path. u. Pharm. Bd. 41, 1898, S. 229; Beiträge zur Kenntnis der Salamanderalkaloide. Arch.

f. exper. Path. u. Pharm. Bd. 43, 1899, S. 84. — Netolitzky, F., Untersuchungen über den giftigen Bestandteil des Alpensalamanders. Arch. f. exper. Path. u. Pharm. Bd. 51, 1904, S. 118.

b) Gattung Triton.

Capparelli, Arch. ital. de Biol. Bd. 4, 1883, S. 72. — Vulpian, Compt. rend. et Mém. de la Soc. de Biol. Bd. 2, 1856, Heft 3, S. 125.

Fische.

Bottard, Les poissons venimeux. Thèse de Paris 1889.; — Byerley, Proc. of the Literary and Philos. Soc. of Liverpool 1849, Nr. 5, S. 156. — Coutière, H., Poissons venimeux et Poissons vénéneux. Thèse de Paris 1899; — Gressin, L., Contribution à l'étude de l'appareil à venin chez les poissons du Genre „Vive" (Trachinus). Thèse de Paris 1884. — Günther, A., Catalogue of Fishes in the British Museum. London 1859—1870. The Study of Fishes, Edinburgh 1880. Artikel „Ichthyology" in dem Encyclopaedia Britannica 1881. On a poison organ in a genus of Batrachoid Fishes. Proc. Zoolog. Soc. 1864, S. 458. — Parker, N., On the poison organs of Trachinus. Proc. Zoolog. Soc. London 1888, S. 359. — Pellegrin, J., Les poissons vénéneux. Thèse de Paris 1899.

1. Giftfische.

a) Physostomi (Muraenidae).

Bottard a. a. O., S. 153. — Coutière, H. M., Sur la non-existence d'un Appareil à venin chez la Murène Hélène. Compt. rend. de la Soc. de Biol. Bd. 54, 1902, S. 787.

b) Acanthopteri.

Morphologisches über die Giftapparate der Fische; vgl. bei Faust, E. St., Die tierischen Gifte. Braunschweig 1906, S. 140—143; daselbst Literatur. — Bottard a. a. O., S. 78. Daselbst Zusammenstellung zahlreicher Vergiftungsfälle infolge von Verwundungen durch Synanceia brachio und andere Giftfische. — Briot, Compt. rend. de la Soc. de Biol. Bd. 54, 1902, S. 1169—1171 u. 1172—1174; Bd. 55, 1903, S. 623; Journ. de Phys. Bd. 5, 1903, S. 271—282. — Dunbar-Brunton, J., The poison bearing fishes, Trachinus draco and Scorpaena scropha; the effects of the poison on man and animals and its nature. Lancet 1896, August 29. Zentralbl. f. inn. Med., Bd. 51, 1896, S. 1318. — Pohl, J., Beitrag zur Lehre von den Fischgiften. Prager med. Wochenschr. 1883, Nr. 4.

c) Cyclostomata.

Cavazzani, Virchows Jahresbericht 1893, Bd. 1, S. 431. — Prochorow, Pharmaz. Jahresbericht 1883/84, S. 1187.

2. Giftige Fische.

a) Barbus fluviatilis.

Die ältere Literatur siehe bei H. F. Autenrieth, Das Gift der Fische, 1833, S. 42—46; sowie bei Carl Gustav Hesse, Über das Gift des Barbenrogens, 1835.

b) Plectognathi.

Rémy, Ch., Compt. rend. de la Soc. de biol. (7 sér.) Bd. 4, 1883, S. 263. — Tahara, Y., Über die giftigen Bestandteile des Tetrodon. Zeitschr. d. med. Gesellsch. in Tokio. Bd. 8, Heft 14. (Ref. bei Maly, Jahresber. d. Tierchemie Bd. 24, 1894, S. 450. — Takahashi, D. und Inoko, Y., Arch. f. exper. Path. u. Pharm. Bd. 26, 1890, S. 401, 453; Mitteil. d. med. Fakultät Tokio Bd. 1, 1892, S. 375, daselbst sehr gute farbige Abbildungen dieser Fische und Kasuistik der Vergiftungen beim Menschen. — Coutière, S. 113 bis 120, a. a. O.

c) Muraenidae.

Mosso, A., Die giftige Wirkung des Serums der Muräniden. Arch. f. experim. Path. u. Pharmak. Bd. 25, 1888, S. 11. — Mosso, U., Ricerche sulla natura del veleno che si trova nel sangue dell' anguilla. Rendiconti della R. Accad. dei Lincei Vol. 5, 1889, S. 804—810. — Pennavaria, F., Il Farmacisto ital. Vol. 12, 1888, S. 328; zit. nach R. Kobert, Über Giftfische und Fischgifte. S. 19, 1905. Vortrag. — Springfeld, Wirkung des Blutserums des Aales. Inaug.-Diss. Greifswald 1889.

Petromyzon.

Cavazzani, E., Arch. ital. de biol. Vol. 18, 1893, S. 182—186.

Thynnus.

Maracci, Sur le pouvoir toxique du sang du Thon. Arch. ital. de biol. Vol. 16, 1891, S. 1.

I. Muscheltiere.

Brieger, Deutsche med. Wochenschr. Bd. 11, Nr. 53, 1885, S. 907; Die Ptomäne Bd. 3, 1886, S. 65—81; Virchows Arch. Bd. 115, 1889, S. 483. — Crumpe und Permewan, Lancet 2, 1888, S. 568. — Husemann, Handb. d. Toxikol. 1862, S. 277. — Hübener, Deutsche med. Wochenschr. 11. Nov. u. 2. Dez. 1885. — Salkowski, Virchows Arch. Bd. 102, 1885, S. 578—593. — Schmidtmann, Zeitschr. f. Medizinalbeamte 1887, Nr. 1 u. 2; Virchows Arch. Bd. 112, 1888, S. 550. — Thesen, Arch. f. exper. Path. u. Pharmak. Bd. 47, 1902, S. 359. — Derselbe, Über die paralytische Form der Vergiftung durch Muscheln. Arch. f. exper. Path. u. Pharmak. Bd. 47, 1902, S. 311.

1. Klasse Spinnentiere.

a) Ordnung Scorpionina.

Bert, P. et Regnard, R., Influence de l'eau oxygenée sur les virus et les venins. Compt. rend. Soc. Biolog. 1882, S. 736—738. — Derselbe, Venin du scorpion. Compt. rend. Soc. Biolog. 1885, S. 574—575. — Derselbe, Venin du scorpion. Compt. rend. Soc. Biol. 1865 und Gazette médicale de Paris 1865, S. 770; Compt. rend. Soc. Biol. 1885, S. 574. — Blanchard, Organisation du Regne animal 1851—1864. Classe des Arachnides, S. 96 bis 99. — Calmette, a. a. O. — Derselbe, Contribution à l'étude des Venins etc. Annales de l'Institut Pasteur Vol. 9, 1895, S. 232. — Cavaroz, M., Duscorpion de Durango et du Cerro de los remedios. Recueil de Mémoires de Médecine militaire (3) Vol. 13, 1865, S. 327. — Dalange, Des piqûres par les scorpions d'Afrique. Mémoires de Médecine militaire, Nr. 6, 1866; (Guyon, Compt. rend. 1864). — Guyon, Du danger pour l'homme de la piqûre du grand scorpion du nord de l'Afrique (**Androctonus funestus**). Compt. rend. Vol. 59, 1864, S. 533. Sur un phénomène produit par la piqûre du scorpion. Compt. rend. Vol. 64, 1867, S. 1000. Vgl. auch Compt. rend. Vol. 60, 1865, S. 16. — Joyeux-Laffuie, Sur l'appareil venimeux et le venin du Scorpion. Arch. de Zoologie exp. Bd. 1, 1884, S. 733 und Compt. rend. Bd. 95, 1882, S. 866. — Jousset de Bellesme, Essai sur le venin du scorpion. Annales des sciences natur. Zool. (5) Bd. 19, 1874, S. 15. — Phisalix, C. et Varigny, H. de, Recherches exp. sur le venin du Scorpion. Museum d'Histoire nature. Bd. 2, 1896, S. 67—73, Paris. — Sanarelli, Über Blutkörperchenveränderungen bei Skorpionenstich. Zentralbl. f. klin. Med. Bd. 10, 1889. — Thompson E. H., On the effect of scorpion stings. Proc. of the Acad. of nat. science of Philadelphia, 1886, S. 299. — Valentin, G., Einige Erfahrungen über die Giftwirkung des nordafrikanischen Skorpions. Zeitschr. f. Biol. Bd. 12, 1876, S. 170.

b) Ordnung Araneina.

Bertkau, vgl. bei Kobert, a. a. O. S. 172, daselbst auch Abb. — Cremer, Schmidts Jahrbücher S. 225, 239. Siehe auch S. 146, 238. — Frantzius, A. v., Vergiftete Wunden bei Tieren und Menschen durch den Biß der in Costarica vorkommenden Minierspinne (Mygale). Virchows Arch. Bd. 47, 1869, S. 235. — Hecker, J. F. C., Die Tanzwut. Berlin 1832. Die großen Volkskrankheiten des Mittelalters. Hist. path. Untersuchungen, gesammelt von A. Hirsch, S. 163—185. Berlin 1865. — Koberts ausführliche Monographie, Beitr. zur Kenntnis der Giftspinnen, Stuttgart 1901, enthält viele histor. Angaben S. 28—37. — Motchoulsky, vgl. bei Koeppen, Über einige in Rußland vorkommende giftige und vermeintlich giftige Spinnen. Beitr. zur Kenntnis des russ. Reiches. N. F. Bd. 4, 1881, S. 180—226. — Ozanam, Ch., Sur le venin des Arachnides et son emploi en therapie, suivie d'une dissertation sur le tarantulisme et le tigretier. Paris 1856. Vgl. auch Schmidts Jahrbücher Bd. 93, 1857, S. 45. — Sachs, H., Zur Kenntnis des Kreuzspinnengiftes. Hofmeisters Beitr. zur chem. Phys. usw. Bd. 2, 1902, S. 125. — Staveley, British Spiders, S. 263. London 1866. Plate II, Fig. 38, Plate XVI, Fig. 4. — Thorell, Remarks on Synonyms of European Spiders, London 1870—73, S. 509. Journal de Chimie méd. 1866, S. 170.

c) Ordnung Solifugae.

Kobert, a. a. O., S. 71—88.

d) Ordnung Acarina.

Brehm, Bd. 9, 1884, S. 687. — Kobert, a. a. O., S. 71—88. — Oken, Über giftige Milben in Persien. Isis, 1818, S. 1567—1570. — Perroncito, I parassiti dell' uomo e degli animali utili. Milano 1882, S. 460, Fig. 200.

a) Ordnung Chilopoda.

Dubosq, O., La glande venimeuse de la Scolopendre. Thèse de Paris 1894. Compt. rend. Bd. 119, 1895, S. 355. Arch. de Zool. exp. (3) Bd. 4, S. 575. Les glandes ventrales et la glande venimeuse de Chaetochelynx vesuviana. Vgl. Zool. Zentralbl. Bd. 3, S. 280. Recherches sur les Chilopodes. Arch. de Zool. exp. Bd. 6, 1899, S. 535. — Eydoux et Souleyet, Voyage de la Bonite. Paris 1841—1852. Zoologie, Aptères, Tab. I, Fig. 12. — Jourdain, S., Le venin des Scolopendres. Compt. rend. Bd. 131, 1900, S. 1007. — Linstow, O. v., Die Gifttiere. Berlin 1894. S. 111. — Megnin, Un Acarien dangereux de l'ile Maurice, l'Holothyrus coccinella (Gervais). Compt. rend. Soc. Biol. (10) Bd. 4, 1897, S. 251—252.

Familie Scolopendridae.

Familie Geophilidae.

b) Ordnung Chilognatha.

Behal und Phisalix, La quinone, principe actif du venin du Julus terrestris. Compt. rend. Bd. 131, 1900, S. 1004. — Cook, O. F., Camphor secreted by an animal (Polyzonium). Science Bd. 12, 1900, S. 516. — Cope, E. D., A Myriopod which produces Prussic Acid; Amer. Naturalist Bd. 17, 1883, S. 337. — Guldensteeden - Egeling, C., Über die Bildung von Cyanwasserstoffsäure bei einem Myriapoden. Pflügers Arch. Bd. 28, 1882, S. 576. — E. Haase, Eine Blausäure produzierende Myriapodenart, Paradesmus gracilis. Sitzungsber. d. Gesellsch. naturf. Freunde 1889, S. 97. — Phisalix, C., Un venin volatil, secretion cutanée du julus terrestris. Compt. rend. Bd. 131, 1900, S. 955. — Weber, M., Über eine Cyanwasserstoff bereitende Drüse. Arch. f. mikr. Anat. Bd. 21, 1882, S. 468—475.

3. Klasse Hexapoda.

a) Ordnung Hymenoptera.

Unterordnung Aculeata.

Familie Apidae.

Archangelsky, Über Rhododendrol, Rhododendrin und Andromedotoxin. Arch. f. experim. Path. Bd. 46, 1901, S. 313. — Auben, British Medical Journal Bd. 1, 1905. Zitiert nach Kühn. — Barton, zitiert nach Husemann, S. 274. — Bert, Paul, Gazette médicale de Paris 1865, S. 771. — Brandt und Ratzeburg, Med. Zoologie Bd. 2, 1833, S. 198. — Caffe, Schmidts Jahrbücher, 1852, S. 311. — Carlet, Compt. rend. Bd. 98, 1884, S. 1550. — Hamilton, W. J., Reise in Kleinasien usw. Deutsch von Schomburgk. Leipzig 1843. — Kühn, W., Pharmazeutische Zeitung Bd. 50, 1905, S. 642. — Langer, J., Arch. f. experim. Path. Bd. 38, 1897, S. 381. — Derselbe, Bienengift und Bienenstich. Bienenvater, Jahrg. 33, Nr. 10, S. 190—195, 1901. — Derselbe, Der Aculeatenstich. Festschr. f. F. J. Pick, 1898. — Phisalix, C., Antagonisme entre le venin des Vespidae et celui de la Vipère: le premier vaccine contre le second. Compt. rend. de la Soc. de Biologie (10) Bd. 4, 1897, S. 1031. — Xenophons, Anabasis IV, Kap. 8.

Familie Formicidae.

Forel, A., Der Giftapparat und die Analdrüsen der Ameisen. Zeitschr. f. wissenschaftl. Zoologie Bd. 30, Suppl. S. 28, 1878. — Haberlandt, G., Zur Anatomie und Physiologie der pflanzlichen Brennhaare. Sitzungsber. d. Wiener Akademie 1. Bd. 93, 1886, S. 130. — Husemann, Th. und H., Handb. d. Toxikologie. Berlin 1862, S. 275—276. — Stanley, H. M., Briefe über Emin Paschas Befreiung. Herausgegeben von J. Scott Keltie. Deutsche Übersetzung von H. v. Wobeser. 5. Aufl. Leipzig 1890, S. 48. — Vogel, Über Ameisensäure. Sitzungsber. d. Akad. d. Wissensch. in München, Math.-phys. Klasse Bd. 12, 1882, S. 344—355.

b) Ordnung Lepidoptera.

Brockhausen, M. B., Beschreibung der europäischen Schmetterlinge. Bd. 3, 1790, S. 140. — Fabre, H. J., Un virus des Insectes. Ann. des sciences nat. (8) Bd. 6, 1898, S. 253—278. — Laudon, Einige Bemerkungen über die Prozessionsraupen und die Ätiologie der Urticaria endemica. Virchows Arch. Bd. 125, 1891, S. 220—238. — Morren, Ch., Observations sur les moeurs de la processionaire et sur les maladies qu' occasionne cet insect malfaisant. Bull. de l'Acad. roy. de Belge (1) 15 (2), 1848, S. 132—144. — Melchiori, G., Die Krankheiten an den Händen der Seidenspinnerinnen. Schmidts Jahrb. Bd. 96, 1857, S. 224—226. — Potton, Recherches et observations sur le mal de vers ou mal de bassine, eruption vesico-pustuleuse qui attaque exclusivement les fileuses de cocons de vers à soie. Annales d'hygiène Bd. 49, 1853, S. 245—255. — Poulton, E. B., The secretion of pure aqueous formic acid by Lepidopterous Larvae for the purpose of defence. British Ass. Report., 1887, S. 765. Trans. Entomological Society. London 1886. — Ratzeburg, J. Th. Ch., Die Forstinsekten, 2. Teil, 1840, S. 57—58. — Réaumur, Des chenilles qui vivent en société. Mémoires pour servir à l'histoire des insectes Bd. 2, 1756, S. 179. — (Morren.)

c) Ordnung Coleoptera.

Beauregrad, H., Recherches sur les insectes vésicants. Journ. de l'Anät. et de Physiol. Bd. 21, 1886, S. 483—524 und Bd. 22, S. 83—108, 242—284. — Bernatzik-Vogl, Lehrb. der Arzneimittellehre, 1900, 3. Aufl., S. 542. — Bluhm, C., Beitr. zur Kenntnis des Cantharidins. Vierteljahrsschr. f. prakt. Pharm. Bd. 15, 1866, S. 361—372. — Bouma, Arch. f. experim. Path. u. Pharmak. Bd. 50, 1903, S. 353—360. — Christison, v. Hasselt, a. a. O. Bd. 2, S. 40. — Cuénot, L., Bull. de la Soc. zoolog. de France Bd. 15, 1890, S. 126. Compt. rend. Bd. 118, 1894, S. 875 und Bd. 122, 1896, S. 328. Arch. de Zoolog. expér. (3) Bd. 4, 1896, S. 655. — Derselbe und Beauregard, Compt. rend. de la Soc. de Biol. (7) Bd. 6, 1884, S. 509. Journ. de l'Anat. et de Phys. Bd. 21, S. 483 und Bd. 22, 1886, S. 83—108, 242—284. Les insectes vésicants, Paris 1890. — Dragendorff, Ermittelung von Giften, 1895, 4. Aufl., S. 321—324. — Dühren, E., Der Marquis de Sade und seine Zeit. Berlin 1900, 2. Aufl., S. 103 u. 599. — Ellinger, Studien über Cantharidin und Cantharidinimmunität. Arch. f. experim. Path. u. Pharmak. Bd. 45, 1900, S. 89. — Escherich, K., Beiträge zur Naturgeschichte der Meloidengattung Lytta Fab. Verhandl. der K. K. zool.-bot. Gesellsch. in Wien 1894. — Faust, Arch. f. experim. Path. u. Pharmak. Bd. 44, 1900, S. 234—237. — Frestel, Symptomes dèterminés par l'ingestion des Cantharides chez des individus qui y ont été accidentellement soumis pendant longtemps. Journ. de Chemie médicale etc. 1847, S. 17. — Forsten, R., Disquisitio medica Cantharidum, historiam naturalem, chemicam et medicam exhibens. Straßburg 1776. — Galippe, L. M. V., Etude toxicologique sur l'empoisonnement par la cantharidine et par les préparations cantharidiennes. Paris 1876. — Gronemann, Untersuchung eines Käfers und seines strychninhaltigen Exkrets. Über das strychninhaltige Legèn und den Käfer Dendang. Geneeskundig Tijdschrift van Nederlandsch-Indie. Neue Serie 10, S. 679, 693; Serie 11, S. 197. Rec. des travaux chim. des Pays-Bas Bd. 2, S. 65, 129. Vgl. Malys Jahresber. Bd. 14, 1884, S. 354. — Karsten, H., Harnorgane des Brachinus complanatus. Arch. f. Anat. u. Phys. 1848, S. 368—374. (Mit Tafeln.) — Kobert, Hist. Studien Bd. 4, S. 129. — Leydig, Arch. f. Anat. 1859, S. 36. — Lutz, Das Bluten der Coccinelliden. Zoolog. Anzeiger Bd. 18, S. 244 und Zoolog. Jahresber. 1895. — Meyer, H., Monatsh. f. Chem. Bd. 18, 1897, S. 393—410 und Bd. 19, 1898, S. 707—726. — Plinius, Hist. nat., Lib. 11, S. 41. — Porter, C. E., Vgl. Zoolog. Jahresber. 1895. — Radecki, Die Cantharidinvergiftung. Inaug.-Diss. Dorpat 1866. — Rennard, E., Das wirksame Prinzip im wässerigen Destillate der Canthariden. Inaug.-Diss. Dorpat 1871. — Schmiedeberg, O., Grundriß der Pharmak. 1913, 7. Aufl. — Steidel, Über die innere Anwendung der Cantharidin. Eine historische Studie. Diss. Berlin 1918. — v. Schroff, Lehrb. d. Pharmak. 1873, 4. Aufl., S. 398. — Virey, J. J., Bulletin de Pharmacie Bd. 5, 1813, S. 108—109. — Warner, Vierteljahrsschr. f. prakt. Pharmazie Bd. 6, 1857, S. 86. Vgl. auch American Journ. of Pharm. Bd. 28, 1856, S. 193.

Diamphidia locusta und Blepharida evanida.

Boehm, R., Arch. f. experim. Path. u. Pharm. Bd. 38, 1897, S. 424. — Heubner, W., Über das Pfeilgift der Kalahari. Arch. f. experim. Path. u. Pharm. Bd. 57, 1907, S. 358. — Lewin, L., Blepharida evanida, ein neuer Pfeilgiftkäfer. Arch. f. experim. Path. u. Pharm. Bd. 69, 1912, S. 59. — Schinz, H., Deutsch-Südwest-Afrika. Forschungsreisen durch die deutschen Schutzgebiete 1884—1887. Oldenburg u. Leipzig. — Starcke, F., Über die Wirkungen des Giftes der Larven von Diamphidia locusta. Arch. f. experim. Path. u. Pharm. Bd. 38, 1897, S. 428.

d) Ordnung Orthoptera.

Bogomolow, Petersburger med. Wochenschr. Nr. 31, Oktober 1876. Zit. nach Steinbrück. — Paul, Bernatzik-Vogl, Lehrb. d. Arzneimittellehre, 3. Aufl., 1900, S. 610. — Steinbrück, O., Über Blatta orientalis. Inaug.-Diss. Halle a. S. 1881. — Wyschinski, Petersburger med. Wochenschr. Nr. 21, 1879. Zit. nach Steinbrück.

I. Plathelminthes.

Cestodes.

Allgemeines.

Peiper, E., Tierische Parasiten des Menschen. Ergebn. d. allgem. Path. usw. von Lubarsch u. Ostertag Bd. 3, 1897, S. 22—72. — Zur Symptomatologie der tierischen Para-

siten. Deutsche med. Wochenschr. Bd. 23, 1897, S. 763. — Vgl. auch O. Seifert, Klinisch-
therapeutischer Teil zu M. Braun, Die tierischen Parasiten des Menschen, 4. Aufl., 1908,
S. 481—623.

Achard, C., De l'intoxication hydatique. Arch. génér. de Méd. Paris (7) Bd. 22,
1887, S. 410—432, 572—591. — Becker, A., Die Verbreitung der Echinokokkenkrankheit in Mecklenburg. Beitr. zur klin. Chir. Bd. 56, 1907, S. 1. — Brieger, vgl. Langenbuch, a. a. O., S. 109 u. 110. — Calamida, D., Weitere Untersuchungen über das Gift
der Taenien. Zentralbl. f. Bakt. I. Abt., Bd. 30, 1901, S. 374. — Debove, M., De l'intoxication hydatique. Bulletins et mémoires de la Soc. méd. des hopitaux, 9 Mars 1888.
— Faust, E. St. und Schmincke, A., Über chronische Ölsäurevergiftung. Arch. f.
experim. Path. u. Pharm., Suppl.-Bd., Schmiedeberg-Festschrift 1908, S. 171. — Vgl. auch
Tallquists ausführliche Monographien: Über experimentelle Blutgift-Anämien. Berlin,
Hirschwald 1900. Zur Pathogenese der perniziösen Anämie mit besonderer Berücksichtigung der Bothriocephalusanämie. Zeitschr. f. klin. Med. Bd. 61, 1907, S. 361, Literatur.
— Faust, E. St. und Tallqvist, T. W., Über die Ursachen der Bothriocephalusanämie.
Arch. f. experim. Path. u. Pharm. Bd. 57, 1907, S. 367. — Geddes, Sur la chlorophylle
animale. Arch. de Zoolog. exp. Bd. 8, 1878/80, S 54—57. — Goellner, A., Die Verbreitung
der Echinokokkenkrankheit in Elsaß-Lothringen. Inaug.-Diss. Straßburg 1902. — Humphrey, An inquiry into the severe symptoms occasionally following puncture of hydatid
cysts of the liver. Lancet Bd. 1, 1887, S. 120. — Langenbuch, C., Chirurgie der Leber
und der Gallenblase, I. Teil. Der Leberechinokokkus, 1894, S. 36—198. — Messinco, E.
und Calamida, D., Über das Gift der Taenien. Zentralbl. f. Bakt. I. Abt., Bd. 30, 1901,
S. 346. — Moseley, H. N., Urticating organs of Planarian worms. Nature Bd. 16, 1877,
S. 475. — Mourson und Schlagdenhauffen, Nouvelles recherches chimiques et physiologiques sur quelques liquides organiques. Compt. rend. de l'Acad. des Sc. (2), Bd. 95,
1882, S. 793. — Picou, R. und Ramond, F., Action bactéricide de l'extrait de Taenia
inerme. Compt. rend. de la Soc. de Biol. Bd. 51, 1899, S. 176—177. — Posselt, Die
geographische Verbreitung des Blasenwurmleidens. Stuttgart 1900.

2. Nemathelminthes.

Nematodes.

Arthus und Chanson, Accidents produits par la manipulation des Ascarides.
Médecine moderne, 1896, S. 38; Zentralbl. f. Bakt. Bd. 20, 1896, S. 264. — Bohland, K.,
Über die Eiweißzersetzung bei Anchylostomiasis. Münch. med. Wochenschr. Bd. 41,
Nr. 46. 1874, S. 901—904. — Flury, F., Zur Chemie und Toxikologie der Ascariden. Arch.
f. experim. Path. u. Pharm. Bd. 67, 1912, S. 275. — Linstow, O. v., Über den Giftgehalt
der Helminthen. Intern. Monatsschr. f. Anat. u. Phys. Bd. 13, 1896, S. 188. Die Gifttiere,
1894, S. 128. — Derselbe, Über den Giftgehalt der Helminthen. Intern. Monatsschr. f.
Anat. u. Phys. Bd. 13, 1896, S. 188—205. — Lommel, Trichinose, dieses Handb. Bd. 1,
S. 1017. — Nuttall, G. H. F., The poison given of by parasitic worms in man and animals. Amer. Naturalist Bd. 23, 1899, S. 247. — Peiper, a. a. O., S. 51—59. — Preti,
L.,.Hämolytische Wirkung von Ankylostoma duodenale. Münch. med. Wochenschr. Nr. 9,
1908, S. 436. — Stäubli, C., Trichinosis 1909. Verlag von J. F. Bergmann, Wiesbaden.

3. Annelida.

Bodong, Andreas, Über Hirudin. Arch. f. expe im. Path. u. Pharm. Bd. 52,
1905, S. 242. — Franz, Friedrich, Über den die Blutgerinnung aufhebenden Bestandteil
des medizinischen Blutegels. Arch. f. experim. Path. u. Pharm. Bd. 49, 1903, S. 342. —
Fuld, E. und Spiro, K., Der Einfluß einiger gerinnungshemmender Agenzien auf das
Vogelplasma. Beitr. z. chem. Phys. u. Path. Bd. 5, 1904, S. 171. — Haycraft, John
B., Über die Einwirkung eines Sekretes des offizinellen Blutegels auf die Gerinnbarkeit des
Blutes. Arch. f. experim. Path. u. Pharm. Bd. 18, 1884, S. 209. — Loeb, Leo, Einige
neuere Arbeiten über die Blutgerinnung bei Wirbellosen und bei Wirbeltieren. Biochem.
Zentralbl. Bd. 6, 1907, S. 893. — Pauly, M., Der Regenwurm. Der illustrierte Tier-
freund, Graz 1896, S. 42 u. 79; zit. nach Phys. Zentralbl. Bd. 10, 1896, S. 682. —
Schittenhelm, A. und Bodong, A., Beiträge zur Frage der Blutgerinnung mit be-
sonderer Berücksichtigung der Hirudinwirkung. Arch. f. experim. Path. u. Pharm.
Bd. 54, 1906, S. 217.

1. Asteroidea.

Parker, C. A., Poisonous qualities of the Star-fish. The Zoologist 5, 1881,
S. 214; Zoolog. Jahresber. Bd. 1, 1881, S. 202. — Husemann, Handb. d. Toxikol.
1862, S. 242.

2. Echinoidea.

Prouho, H., Durôle de pédicillaires gemmiformes des oursins. Compt. rend. del'Acad.
des Sc. Bd. 109, 1890, S. 62. — Uexküll, J. v., Die Physiologie der Pedizellarien. Zeitschr.
f. Biol. Bd. 37, (N. F. 19), 1899, S. 334—403.

8. Holothurien.

Saville - Kent, W., The great Barrier Reef of Australia. London 1893, S. 293.

V. Coelenterata.

Bigelow, R. P., Physiology of the Caravella maxima (Physalia Caravella). Johns
Hopkins University Circular Bd. 10, 1891, S. 93. — Forbes, E., Monograph of the British
naked-eyed Medusae. London 1848, S. 10—11. — Old, E. H., A report of several cases
with unusual symptoms caused by contact with some unknown variety of jelly fish. (Scy-
phoza). Phillipine Journ. of Science, Bd. 3, Nr. 4, 1907, S. 329. — Portier, P. und Richet
C., Sur les effets physiologiques du poison des filaments pêcheurs et des tentacules des
Coelenterés (Hypnotoxine). Compt. rend. del'Acad. des Sc. Bd. 134, 1902, S. 247—248.
— Richet, Charles, Compt. rend. de la Soc. de Biol. Bd. 55, S. 246—248, 707—710,
1071—1073; Malys Jahresber. d. Tierchemie Bd. 33, 1904, S. 709. — Schmidt, O.
und Marshall, W., Brehms Tierleben (niedere Tiere). 3. Aufl. 1893, S. 552—553.

IV. Die Fleisch-, Wurst-, Fisch-, Muschel-, Krebs- und andere Nahrungsmittelvergiftungen auf bakterieller Basis.

Von

E. Hübener-Berlin.

A. Geschichtliches und Allgemeines.

Unter den Vergiftungen hat man von jeher die durch gewisse Nahrungsmittel verursachten Gesundheitsstörungen als besondere Gruppe aus praktischen
und epidemiologischen Gründen von den durch pharmakologische Gifte hervorgerufenen Krankheiten abgetrennt. Die Forschungen der letzten Jahre haben
gelehrt, daß diese Abtrennung auch vom ätiologischen Standpunkte aus durchaus gerechtfertigt ist. Denn für eine große Zahl der durch Nahrungsmittel
verursachten Vergiftungen kommen nicht Gifte im pharmakologischen Sinne,
sondern Lebewesen aus dem großen Reiche der Bakterien in Betracht. Folgerichtig dürfte man eigentlich nur noch von Nahrungsmittelinfektionen
sprechen, da die eigentliche Ursache Mikroorganismen darstellen. Trotzdem
empfiehlt es sich, den Ausdruck der Nahrungsmittelvergiftungen beizubehalten,
da neben der Infektion meist auch eine Intoxikation mit den durch bakterielle
Wirkung erzeugten Giftstoffen stattfindet, und diese Wirkung durch die klinischen Symptome — akuter Beginn, stürmischer, schwerer Verlauf usw. —
in die Erscheinung tritt. Die Bezeichnung bakterielle Nahrungsmittelvergiftungen zum Unterschied der auf wohl charakterisierten, chemischen,
pflanzlichen und tierischen Giften beruhenden Krankheiten dürfte treffend

gewählt sein, da sie die primäre Ursache der schädlichen Wirkung der Nahrungsmittel — nämlich ihre Durchsetzung mit Mikroorganismen — zum Ausdruck
bringt.

Die bakterielle Ätiologie der Nahrungsmittelvergiftungen ist noch jungen Datums.
Früher hatte man geglaubt, daß die nach Nahrungsmittelgenuß auftretenden Krankheiten
durch chemische von den Kochgeräten und Aufbewahrungsgefäßen herrührende Gifte
besonders durch die Salze des Kupfers, Zinks und Bleis bedingt seien.

Unter den Kupferverbindungen hatte man von altersher dem essigsauren Kupfer,
dem Grünspan, eine wichtige Rolle bei der Entstehung von Nahrungsmittelvergiftungen
zugesprochen. Da früher der Gebrauch kupferner Geschirre ein weit verbreiteter war, und
da man in ihnen die Bildung von Grünspan häufig sehen konnte, so ist es ganz erklärlich,
daß im Volke die Anschauung von der Gefährlichkeit der in kupfernen Gefäßen zubereiteten
Speisen festen Fuß faßte, und daß bei Nahrungsmitteln, deren Genuß Gesundheitsstörungen
verursacht hatte, wenn sie zufällig in kupfernen Gefäßen hergestellt waren, in diesem Umstande und nicht in anderen Momenten die Ursache für die Schädlichkeit gesucht und gefunden wurde.

Daß diese Meinung auch bei den Ärzten Platz griff, lag an der damaligen Über-
schätzung der Giftwirkung der Kupferverbindungen. Bei der Nachforschung nach
der Ursache, namentlich der in geschlossenen Anstalten — Kasernen, Gefängnissen, Pen-
sionaten — auftretenden Massenerkrankungen fand man dann auch meist irgendwelche
Mängel an den Kochkesseln und Gefäßen, die namentlich bei sauren, längere Zeit mit
den Gefäßen in Berührung gewesenen Speisen, die Entstehung und Beimengung eines
metallischen Giftes zu dem Inhalt der Kochgefäße wahrscheinlich machten.

Neben den chemischen Giften fing man dann an, die bei der Fäulnis von organischem
Material sich entwickelnden Substanzen, insonderheit die Ptomaine als Ursache der
Nahrungsmittelvergiftungen anzusprechen und suchte auch solche Vergiftungsfälle, in
denen faulige Prozesse an dem Nährmaterial nicht wahrzunehmen waren, auf die Vorstufen
der Fäulnisprodukte, die man für sehr giftig hielt, zurückzuführen. Namentlich sah man
die Fleischvergiftungen als Folgezustände postmortal im Fleisch entstehender Fäulnisgifte an und faßte sie als „putride Intoxikationen" auf, wofür die Darstellung und Wirkung
giftiger Stoffe aus faulem Material im Laboratoriumsexperiment zu sprechen schien.

„Scharfsinnige Geister eilen der Erkenntnis ihrer Zeit voraus", sagt Schottmüller
in der Einleitung seiner klassischen Abhandlung des Paratyphus in diesem Handbuch
(Bd. I, S. 519). Dieser Satz hat auch für die Ätiologie der Nahrungsmittelvergiftungen
seine Richtigkeit. Denn sichere Beobachtungstatsachen ließen Zweifel an der Richtigkeit der Hypothese von den Fäulnisgiften aufkommen und suchte schon um die Mitte des
vorigen Jahrhunderts Heller, Hoppe-Seyler und andere Autoren die Vermutung
aussprechen, daß ein Teil der Nahrungsmittelvergiftungen, die sog. Fleischvergiftungen,
nicht durch tote Substanzen, sondern durch Kleinlebewesen hervorgerufen würden.

Es ist durchaus begreiflich, daß man nach der Entdeckung der Trichinen als Ursache der nach Schweinefleischgenuß beim Menschen beobachteten schweren Gesundheitsstörungen eine Zeitlang diesen Rundwurm ganz allgemein für alle Fleischvergiftungen verantwortlich machte. Dazu berechtigte die Übereinstimmung, welche die Trichinose in
der Zahl der Opfer, in dem explosionsartigen Ausbruch, dem Verlauf und der Mortalität
mit anderen Fleischvergiftungsepidemien zeigte. Die Bedeutung der Trichinen für die
nach Schweinefleischgenuß auftretenden Gesundheitsschädigungen konnte wissenschaftlich erstmalig bei den Epidemien zu Hettstedt 1863 mit 160 Krankheits- und mit 28
Todesfällen und zu Hedersleben 86 mit 337 Erkrankungs- und 101 Todesfällen dargetan
werden. Sie hat heute für die Entstehung von Fleischvergiftungen keine Bedeutung
mehr (vgl. Lommel, dieses Handb. Bd. I, S. 1017).

Sehr sorgfältige Beobachtungen und mikroskopische Untersuchungen hatten damals
gelehrt, daß die Trichinose als selbständige, wohlcharakterisierte Krankheit aus der großen
Gruppe der Nahrungsmittelvergiftungen abzutrennen ist. Wie sehr sich aber die Vorstellung von der belebten Natur des Nahrungsmittelgiftes eingewurzelt hatte, lehrte
die Entdeckung des Milzbranderregers, mit der man nunmehr die Ursache der Fleischvergiftung für aufgedeckt hielt. Auch dieser Irrtum ist erklärlich. Denn die Übertrag-
barkeit des Milzbrandes von Tieren auf Menschen war am längsten bekannt und im Volke
am meisten gefürchtet. Dazu kam die Ähnlichkeit des anatomisch-pathologischen Befundes der milzbrandkranken Tiere und derjenigen Tiere, deren Fleisch Vergiftungen hervorruft. Heute wissen wir, daß Milzbrandinfektionen per os zu den allergrößten Seltenheiten gehören und mit den eigentlichen Fleischvergiftungen nichts zu tun haben (vgl.
Lommel, dieses Handbuch. Bd. I, S. 1028 ff.).

Die Überzeugung der infektiösen Natur dieser Art von Nahrungsmittelvergiftungen
blieb aber bestehen und führte im Verein mit der Ähnlichkeit des klinischen und epidemiologischen Verlaufs gewisser Fleischvergiftungsepidemien mit dem Abdominaltyphus

dazu, ein dem Typhus ähnliches Kontagium auch für diese Krankheiten anzunehmen.

Noch vor der Entdeckung des Typhusbazillus hatte Bollinger eine Fleischvergiftungsepidemie in Kloten als eine besondere Form einer mykotischen Infektion, die mit dem Typhus große Ähnlichkeit habe, angesprochen, sie als ein Abart des Typhus bezeichnet und mit dem Namen „Sepsis intestinalis" belegt.

Was scharfsinnige Köpfe früher vermutet hatten, wurde sehr bald — Ende der achtziger Jahre vorigen Jahrhunderts durch Gärtner sowie Gaffky und Paak bewiesen, indem diese Autoren zum ersten Male eine wohlcharakterisierte Bakterienart, den Bac. enteritidis (Gärtner) als die Ursache für die häufigste Art der Nahrungsmittelvergiftungen, die Fleischvergiftungen, in einwandfreier Weise nachwiesen. Sie haben somit das Verdienst, der Lehre von der bakteriellen Ätiologie der Nahrungsmittelvergiftungen ein sicheres Fundament gegeben zu haben.

Bei einer im Mai 1888 in Frankenhausen nach Genuß des Fleisches einer wegen Darmkatarrh notgeschlachteten Kuh vorgekommenen Massenerkrankung, die 57 Fälle mit einem Todesfall betraf, züchtete Gärtner aus dem angeschuldigten Fleisch und der Milz des Verstorbenen ein lebhaft bewegliches Stäbchen, das bei subkutaner und intraperitonealer Verimpfung sowie bei Verfütterung für Mäuse, Meerschweinchen, Kaninchen, Schafe und Ziegen pathogen war. Die Tiere erkrankten an einer heftigen Enteritis, die häufig hämorrhagischen Charakter hatte, und an der sie zugrunde gingen. Das gleiche Krankheitsbild konnte durch subkutane Impfung und Verfütterung bei 100⁰ erhitzter Bouillonkulturen erzeugt werden. Die Bakterien bildeten also in der Kultur ein hitzebeständiges Gift. Gärtner zögerte daher nicht, dieses Bakterium als Erreger der Epidemie in Frankenhausen anzusprechen.

Gaffky und Paak hatten schon im Jahre 1885 bei einer Massenerkrankung in Röhrsdorf (80 Fälle mit einem Todesfall), die auf das Fleisch, die Leber und die daraus bereitete Wurst von einem mit Abszessen behafteten kranken Pferde zurückgeführt wurde, aus den Organen der mit der Wurst geimpften Tiere ein Bakterium gezüchtet, das mit dem später von Gärtner beschriebenen Bacillus enteritidis in allen Merkmalen übereinstimmte, auch für Laboratoriumstiere bei Verfütterung pathogen war, allerdings keine hitzebeständigen Gifte in den Kulturen bildete, und das unzweifelhaft der Erreger der Röhrsdorfer Epidemie gewesen ist.

Die Befunde der Autoren wurden in der Folgezeit von verschiedenen Forschern insofern bestätigt, als auch von ihnen in Fällen von Fleischvergiftungen dem Gärtnerbazillus ähnelnde Mikroorganismen gefunden wurde. Man glaubte damals aber nicht an eine ätiologische Einheit der Fleischvergiftungen, sondern hielt die in verschiedenen Fällen gefundenen Erreger zwar für Verwandte aber doch verschiedenartige Mikroben, da sie in einzelnen Merkmalen Abweichungen zeigten, und bezeichnete sie ganz allgemein als Enteritisbakterien unter Hinzufügung der Namen ihres Fundortes oder des Autors. Daher rühren die verschiedenen Bezeichnungen Bac. Aertryck, Bac. Meirelbeck, Bac. Flügge-Känsche usw. Erst durch die Arbeiten von Durham und de Nobele wurde festgestellt, daß die bis dahin bekannten Fleischvergiftungsbakterien sich in zwei Gruppen unterbringen lassen, als deren Repräsentanten der Gärtnerbazillus einerseits der Aertryckbazillus andererseits angesprochen wurde. Beide Gruppen von Bakterien verhalten sich kulturell gleich, nur biologisch different, indem sich die Angehörigen der einen durch die Serumreaktionen von den andern trennen lassen.

Von großer Bedeutung für die Erforschung der Nahrungsmittelvergiftungen war die Entdeckung des **Paratyphusbazillus**. Man glaubte zwar zunächst, daß dieser Krankheitserreger in seiner Wirkungsweise dem Typhusbazillus gleiche. Aber Schottmüller hatte schon in seiner ersten Arbeit über den Paratyphus die Ähnlichkeit des Erregers mit dem Gärtnerschen Fleischvergiftungsbazillus hervorgehoben und zwei Jahre später eine Übereinstimmung des klinischen Bildes der durch beide Bakterienarten erzeugten Krankheiten feststellen können.

Der Frage der Beziehungen zwischen den Erregern von Fleischvergiftungen und Paratyphus wurde dann von Trautmann näher getreten, der gelegentlich einer in Düsseldorf nach Genuß gehackten Pferdefleisches aufgetretenen Massenerkrankung aus der Milz eines der Fleischvergiftung erlegenen Knaben ein dem Schottmüllerschen Paratyphus-B-Bazillus gleichendes Bakterium gewann. Er verglich es mit den bisher bekannten Stämmen der Fleischvergiftungsbakterien und dem Paratyphus-B-Bazillus, den er ebenso wie den Düsseldorfer Fleischvergifter als der Gruppe Aertryck nahestehend fand.

Während Trautmann die Erreger des menschlichen Paratyphus und der Fleischvergiftungen unter dem Namen des Bacillus paratyphosus zusammengefaßt wissen wollte, stellte Uhlenhuth der Gärtnergruppe der Fleischvergiftung die Paratyphusgruppe gegenüber, da sich Vertreter dieser letzteren Gruppe von dem menschlichen Paratyphus-B-Bazillus nicht unterscheiden. Damit war der Paratyphus in Beziehung zu der Gärtnerschen intestinalen Form der Fleischvergiftung gebracht, und Trautmann zögerte denn auch nicht, beide Krankheiten d. h. die Fleischvergiftung und den Paratyphus, als verschiedene Erscheinungsformen ein- und derselben Ursache aufzufassen.

Es erhob sich nunmehr die Frage, ob die Paratyphus- oder Gärtnerbazillen die ausschließlichen oder wenigstens hauptsächlichsten Fleischvergifter sind, ob sie in ursächlichen Beziehungen zu Krankheiten der Schlachttiere stehen, und ob sie als Erreger anderer, nicht durch Fleisch verursachter Nahrungsmittelvergiftungen in Betracht kommen.

Alle drei Fragen konnten im Laufe der Zeit im bejahenden Sinne beantwortet werden.

Zunächst häuften sich die Fälle von Fleischvergiftungen mit positivem Befunde von Paratyphus- oder Gärtnerbakterien oder ihnen sehr nahestehenden Mikroben immer mehr, wie aus der im nächsten Kapitel gegebenen Zusammenstellung hervorgeht, während andere Bakterien als Ursache der Giftigkeit unverarbeiteten Fleisches nicht gefunden wurden. Die Forschungen der letzten Jahre lehrten dann weiter, daß diese Mikroorganismen in ursächlicher Beziehung zu Krankheiten der Tiere, insbesondere der Schlachttiere stehen, und lehrten ferner, daß die meisten Fälle anderer, nicht durch Fleisch verursachter Nahrungsmittelvergiftungen ihre Entstehung Paratyphusbazillen verdanken, oder daß umgekehrt die meisten Nahrungsmittelvergiftungen nichts anderes als Paratyphen darstellen.

Nach Schottmüller kann man die sog. Fleischvergiftung, welche bisher als eine Krankheit sui generis aufgefaßt wurde, nicht mehr als Krankheitsbegriff für sich bestehen lassen, sondern muß sie einreihen in eine bestimmte Gruppe der Nahrungsmittelvergiftungen, die wiederum aufgehen in die große Kategorie der Paratyphusinfektionen. Diese sind von ihm in Band I dieses Handbuches besprochen und abgehandelt, so daß — um Wiederholungen zu vermeiden — in vielen Punkten auf sie verwiesen werden kann und verwiesen werden muß. Die folgenden Ausführungen machen daher keinen Anspruch auf Vollständigkeit, stellen vielmehr eine Ergänzung der Schottmüllerschen Arbeit dar. Andererseits ist versucht worden, ein abgerundetes Bild zu geben, und neben den wissenschaftlichen auch den praktischen Bedürfnissen gerecht zu werden. Der Kliniker und der praktische Arzt, der beamtete Arzt und der Gerichtsarzt haben heute mehr als früher mit Nahrungsmittelvergiftungen zu tun, nicht weil sie häufiger sind, und ihre Zahl zugenommen hat, sondern weil man mit der Zunahme unserer Kenntnisse über die Ursachen der Nahrungsmittelvergiftungen der Beschaffenheit der Nahrungsmittel und der Möglichkeit durch sie bedingter Gesundheitsschädigungen eine erhöhte Aufmerksamkeit geschenkt hat. Dazu kommen noch gesetzliche Vorschriften, die zur Verhütung dieser Krankheiten erlassen worden sind, das Nahrungsmittelgesetz vom Jahre 1879, das Gesetz betreffend die Schlachtvieh- und Fleischbeschau von 1900 und das Gesetz betreffend die Bekämpfung der übertragbaren Krankheiten vom 28. August 1905, nach welchem die Fleisch-, Wurst- und Fischvergiftungen unter die Reihe der übertragbaren und daher anzeigepflichtigen Krankheiten gehören.

Außer den spezifischen Fleischvergiftungsbakterien kommen für die Giftigkeit und Gesundheitsschädlichkeit verarbeiteten Fleisches sowie für andere Nahrungsmittel anderweitige Mikroorganismen in Betracht: paratyphusähnliche Bakterien, sog. Varietäten, Koli- und Proteusbakterien, der Bac. botulinus, Fäulnisbakterien und andersartige, z. T. unbekannte Mikroorganismen. Die bakterielle Ätiologie der Nahrungsmittelvergiftung ist also keine einheitliche. Aber nicht jede bakterielle Zersetzung von Speisen bedingt eine Giftigkeit. Diese hängt vielmehr von der Anwesenheit ganz bestimmter Mikroorganismen ab.

Eine Besprechung der bakteriellen Nahrungsmittelvergiftungen vom ätiologischen Standpunkte würde also die Übersichtlichkeit des Stoffes erschweren und die Einheitlichkeit beeinträchtigen. Die bakteriellen Nahrungsmittelvergiftungen stellen komplizierte Vorgänge dar, die das Produkt verschiedener ursächlicher Wirkungen, des infizierenden Mikroorganismus, des infizierten Organismus und begleitender Nebenumstände sind. Letztere sind bei den verschiedenen Nahrungsmittelvergiftungen so mannigfaltige und komplizierte, daß sie in jedem Falle eingehende Berücksichtigung erfordern. Es empfiehlt sich daher, die einzelnen Vergiftungen je nach der Verschiedenheit des betreffenden Nahrungsmittels abzuhandeln.

Unter den verschiedenen bakteriell zersetzten Nahrungsmitteln, nach deren Genuß Vergiftungserscheinungen aufzutreten pflegen, nehmen Schlachtprodukte — Fleisch und Wurst — nebst Gänse- und Fischfleisch die erste Stelle ein; dann folgen die Milch-, Eier- und Mehlspeisen nebst Käse, an dritter Stelle stehen Kartoffeln, an vierter Nahrungsmittelkonserven. Sämtliche aufgezählten Nahrungsmittel stellen einen günstigen Nährboden für die Entwicklung der Nahrungsmittelvergifter dar, und ihr Eiweißgehalt fördert die Produktion akut wirkender Gifte. Beide Bedingungen erfüllen andere Nahrungsmittel, z. B. Brot, Bier, Wein, Gemüse nicht, und es dürfte daher kein Zufall sein, daß man Vergiftungen in unserem Sinne nach Genuß dieser Nahrungsmittel bisher nicht beobachtet hat.

B. Häufigkeit der bakteriellen Nahrungsmittelvergiftungen.

Bezüglich der Häufigkeit der auf bakterieller Grundlage beruhenden Nahrungsmittelvergiftungen lassen sich keine bestimmten Angaben machen. Aber auch schätzungsweise ist es schwer, ja fast unmöglich, festzustellen, wieviel von den häufigen, akuten, nach Nahrungsmittelgenuß auftretenden Gastroenteritiden Bakterien und Bakterienprodukten ihre Entstehung verdanken. Es läßt sich nur so viel sagen, daß Massenvergiftungen im Vergleich zu dem gewaltigen Nahrungsmittelkonsum selten sind. Beispielsweise zählt der Verbrauch von Schlachttieren in Berlin jährlich nach Millionen, und trotzdem ist in der letzten Zeit nicht einmal jährlich eine Massenvergiftung nach Fleischgenuß vorgekommen. Dasselbe gilt von anderen Großstädten. In der preußischen Armee werden täglich ca. ½ Millionen Menschen ernährt, gleichwohl sind Massenerkrankungen sehr selten (Waldmann, Hübener). Nach Mayer kommen in Deutschland jährlich etwa fünf Massenerkrankungen durch Genuß des Fleisches kranker Tiere vor. Im Gegensatz dazu ist man berechtigt, anzunehmen, daß Einzel- und Gruppenerkrankungen an Darmkatarrh häufiger als man denkt, auf bakteriell zersetzte Nahrungsmittel zurückzuführen sind. Als Beweis dafür mögen folgende zwei Beobachtungen dienen:

Bofinger hat im württembergischen Armeekorps, das seit Jahren die größte Zahl von Darmkatarrhen aufweist, neun Monate hindurch die Hälfte aller zugegangenen Darmkatarrhe und Brechdurchfälle — im ganzen 160 — bakteriologisch auf Fleischvergiftungsbakterien untersucht und 74 mal (46%) Paratyphusbazillen und in einem Falle Gärtnerbakterien gefunden, und in einem großen Teil der Fälle durch Agglutinationsprüfung der Krankensera erwiesen, daß diese Bakterien in ursächlichem Zusammenhang mit den Erkrankungen standen.

Über die Ursache der häufig in unseren Kurorten im Sommer bei den Kurgästen auftretenden fieberhaften Magendarmkatarrhe haben Schrumpf und Laquer bemerkenswerte Mitteilungen gemacht, die sich hauptsächlich auf hygienische Mängel des Kurorts von St. Moritz beziehen und, da sie die Frage nach der Häufigkeit der Nahrungsmittelvergiftungen treffend beleuchten, in folgendem kurz wiedergegeben werden mögen.

„Zwei Formen von Krankheiten treten in St. Moritz beinahe epidemisch auf, die Angina und der Magendarmkatarrh. Was die fieberhaften Magendarmkatarrhe, die Engadinkrankheit per se, anbelangt, so kommen sie in ihrer charakteristischen Form nur im Sommer vor. Es handelt sich meistens um leichte bis mittelschwere Enteritiden, mit Fieber und Durchfall, Übelkeit, welche auf Kalomeldarreichung und durch Innehaltung strenger Diät meist nach einigen Tagen in Genesung enden. Es kommen jedoch auch schwerere, oft als Typhus diagnostizierte Fälle, mit schlechtem Allgemeinbefinden, hohem Fieber, Milzschwellung, blutigen Stühlen vor. Als Ursache dieser Erkrankung ist nicht das Klima, nicht die Höhenlage, nicht das (vorzügliche!) Trinkwasser anzusehen, sondern lediglich die Kost, d. h. vorzugsweise der verdorbene Seefisch und das Büchsengemüse. Einwandfreier Seefisch ist, da kein Kühlwaggon bis St. Moritz hinauffährt, in den heißen Sommermonaten im Engadin kaum zu erhalten; nur die trefflichen Süßwasserfische des Bodensees langen frisch an. Das billige Büchsengemüse ist schlecht; das teure ist ebenso teuer wie frisches Gemüse; in den Konservenfabriken wird speziell für die Alpenkurorte Gemüse eingemacht, das nur mangelhaft sterilisiert ist, damit es möglichst den Anschein des frischen Gemüses behält; es hält sich nur kurze Zeit und verdirbt leicht. Die Hotelbesitzer sollten doch endlich einsehen, daß sie die langen Menüs der Tradition, die komplizierten, gewürzten Gerichte aus minderwertigem Rohmaterial, im Sommer vor allem den Seefisch und den Hummer abschaffen müssen; sie sollten eine einfache, kulinarisch und diätetisch vollkommene Küche mit vielem frischen Gemüse und weniger Fleisch verabreichen."

Wer in der Praxis steht, der weiß, daß nicht selten Familien- und Gruppenerkrankungen vorkommen, die eine ähnliche Ätiologie haben. Man ist daher berechtigt, den Anteil bakteriell zersetzter Nahrungsmittel an den Magendarmkatarrhen eher höher als niedriger zu veranschlagen. Diese werden aber ätiologisch gar nicht weiter verfolgt und kommen erst recht nicht zur amtlichen Kenntnis. Daher sind die Zahlen der Sanitätsberichte über Nahrungsmittelvergiftungen äußerst niedrig. Seit der Einführung des Preußischen Seuchengesetzes rangieren die Nahrungsmittelvergiftungen mit positiven bakteriologischen Befunden unter Paratyphus. Nach den Berichten über das Gesundheitswesen im Preußischen Staat hat die Zahl der bakteriellen Nahrungsmittelvergiftungen zugenommen. Diese Zunahme beruht aber zum größten Teil auf der Zunahme der bakteriologischen Untersuchungen bei Magendarmerkrankungen.

Im Typhusbekämpfungsgebiet des Westens wurden in den Jahren 1905—1909 = 1014 Erkrankungen an Paratyphus, die entweder Einzelfälle oder Gruppen von 2—4 Erkrankungen betrafen, bakteriologisch festgestellt, außerdem 16 Epidemien mit 334 Erkrankungen und 8 Todesfällen. Davon waren 10 Epidemien durch Nahrungs- und Genußmittel bedingt (Rimpau).

C. Die Vergiftungen durch die einzelnen Nahrungsmittel.

I. Fleischvergiftungen.

1. Die durch intravitale Infektion der Schlachttiere bedingten Fleischvergiftungen.

Unter den Nahrungsmitteln, die am häufigsten infolge bakterieller Zersetzung in Form von Einzel-, Gruppen- und Massenerkrankungen zu Gesundheitsstörungen führen, stehen Fleisch und Fleischwaren an erster Stelle. Diese Tatsache findet nach Schottmüller ihre hinreichende Erklärung in dem Umstande, daß der Bac. paratyphosus B ein echter tierpathogener Mikroorganismus ist. Dasselbe gilt von dem Gärtnerbazillus. Indem diese Mikroorganismen die Schlachttiere schon bei Lebzeiten befallen und bei ihnen Krankheitsprozesse auslösen, durchsetzen sie intra vitam Fleisch und Organe und verleihen somit den Schlachtprodukten höchst giftige Eigenschaften. Diesem Infektionsmodus gegenüber steht die nachträgliche, postmortale Verunreinigung der ursprünglich von Krankheitskeimen freien Fleischwaren durch die von dem Menschen oder Tiere stammenden Paratyphus- und Gärtnerbakterien. Beide Infektionsarten spielen bei der Entstehung der Fleischvergiftungen eine Rolle. Wir haben im Verein mit anderen Autoren immer den Standpunkt vertreten, daß die intravitale Infektion der Schlachttiere mit den spezifischen Bakterien die hauptsächlichste Ursache der in Form von Massenerkrankungen auftretenden menschlichen Fleischvergiftungen darstellt, und es würde sich erübrigen hierauf näher einzugehen, wenn nicht andere Autoren namentlich auch Tierärzte die entgegengesetzte Ansicht vertreten würden.

So schreibt z. B. Glage: „Die meisten Fleischvergiftungen werden ohne Zweifel durch postmortale Infektion vollwertigen Fleisches veranlaßt insbesondere die sehr zahlreichen Fälle, in denen einzelne Familien erkranken. Die Mehrzahl der Fleischvergiftungen ereignen sich daher auch im Sommer.

Die Annahme, daß besonders Fleisch septischer und pyämischer Tiere Fleischvergiftungen erzeuge, ist seit Bollinger kultiviert worden, ohne je bewiesen zu sein. Bei den Massenerkrankungen nach Fleischgenuß hat es sich bezeichnenderweise meist um Hackfleisch oder andere Präparate gehandelt. Ein Beweis, daß Fleisch notgeschlachteter Tiere enger mit den Fleischvergiftungen zusammenhängt als solches gesunder, ist nicht geführt. Daß die Fleischvergifter Krankheitserreger bei Tieren sind, ist bei den durchweg vergeblichen Versuchen, Schlachttiere (Kälber, Ziegen, Schafe, Pferde, Hunde) durch Verfütterung krank zu machen, nicht erwiesen. Die Bazillen vermehren sich im Blute lebender Tiere bei intravenöser Injektion nicht. Dazu hat man in der Regel in dem Fleisch septisch und pyämisch erkrankter Tiere keine Paratyphusbazillen gefunden. Auch hat das Fleisch nicht schädlich gewirkt. Die Annahme Ostertags, daß positive Bazillenbefunde im Fleisch auf Sepsis des Schlachttiers schließen lassen, geht zu weit. Sekundärinfektionen mit Paratyphusbazillen können vorkommen."

Da die Erkennung, Beurteilung und Bekämpfung einer Krankheit abhängig ist von den jeweiligen Vorstellungen über ihre Entstehung und Ausbreitungsweise, so muß auf die Bedeutung der intravitalen Infektionen oder mit anderen Worten auf die Rolle, welche kranke Schlachttiere bei der Entstehung von Fleischvergiftungen spielen, kurz eingegangen werden.

Im Folgenden sind die in den letzten Jahrzehnten bekannt gewordenen Massenvergiftungen nach der Art der Tiergattungen, der Art der Krankheiten und dem Ergebnis der bakteriologischen Untersuchungen zusammengestellt. Man muß dabei unterscheiden zwischen den Fleischvergiftungen aus der vorbakteriologischen Zeit und den bakteriologisch untersuchten Fällen.

a) Kasuistik

bekannt gewordener Massenerkrankungen nach Genuß des
Fleisches kranker bzw. notgeschlachteter Tiere im Laufe
von 25 Jahren, vor und nach der bakteriologischen Ära
nach Art der Tiere und der Krankheiten geordnet[1]).

1. Puerperale Krankheiten und Euterkrankheiten der Kühe.

Bakteriologisch nicht untersuchte Fälle.

Nr.	Jahr	Ort	Art der Krankheit	Zahl der Krankheits- u. Todesfälle
1	1866	Lahr	Metritis u. Blutharnen	73—4
2	1874	L. bei Bregenz	Retentio placentae	51—0
3	1876	Gießbeckerzell	Jauchige Metritis	22—0
4	1877	Wurzen	Mastitis Sepsis	206—6
5	1878	Sonthofen	Puerperale Sepsis	7
6	1879	Lockwitz u. Niedersedlitz	Gebärmutterverlagerung	40—0
7	1879	Riesa a. E.	Mastitis	30—0
8	1887	Bautzen	Sept. Metritis	120—0
9	1881	Spreitenbach	Puerperale Sepsis	30—0
10	1884	Ort R.	Metritis	83—0
11	1884	Camenz	Puerperale Sepsis	10—0
12	1886	Ludwigshafen	Metritis	90—2
13	1887	Middelburg	Puerperale Sepsis	256—0
14	1887	Gumbinnen	„ „	34—0
15	1887	Reichenau	„ „	150—0
16	1887	Rasheno	„ „	20—2
17	1889	Katrineholm	Sept. Metritis	115—0
18	1891	Kirchlinde-Frohlinde	Metritis	Zahlreiche Pers. —0
19	1891	Waldau i. Schl.	Pyämie	86—0
20	1899	Bromberg	Puerperale Sepsis	16—0
21	1905	Mörs	„ „	Viele —1
22	1907	Frankfurt a. O.	Pyämie	„ —0

[1]) Literatur siehe Hübener, Fleischvergiftungen und Paratyphusinfektionen, Fischer, Jena 1910 und Erben, Vergiftungen, Braumüller, Wien 1910. Ostertag, Handbuch der Fleischbeschau, Enke, Stuttgart. Mayer, Deutsch. Vierteljahrsschrift f. öffentl. Gesundheitspflege. Bd. 45.

Fälle mit positivem Befunde der Fleischvergiftungsbakterien.

Nr.	Jahr	Ort	Art der Krankheit	Zahl der Krankheits- u. Todesfälle
1	1889	Cotta	Mastitis	126—4
2	1892	Rumfleth	Puerperale Sepsis	19—0
	1893	Breslau	,,　　　　,,	86—0
3	1899	Meirelbeck	,,　　　　,,	200—2
4	1905	Leipzig	,,　　　　,,	200—2
5	1907	Rätzlingen	Metritis	21—1
6	1909	K. im Kr. Zabern	Geburtshindernis	29—0
7	1910	Rosenberg	Puerperale Sepsis	32—0
8	1912	Kreis Marienburg u. Elbing	Gebärmuttervorfall und Euterentzündung	— 40—1

2. Enteritis usw. der Kühe und Rinder.

Bakteriologisch nicht untersuchte Fälle.

Nr.	Jahr	Ort	Art der Krankheit	Zahl der Krankheits- u. Todesfälle
1	1872	St. Georgen	Enteritis	18—0
2	1875	Zermen	,,	150—5
3	1876	Nordhausen	,,	400—1
4	1878	Garmisch	Peritonitis	17—0
5	1884	Lauterbach	,,	?—3
6	1887	Schönenberg	,,	50—1
7	1889	Löbtau	,,	200—0
8	1890	Arfenreuth	,,	300—0
9	1889	Reichenau	,,	150—0
10	1889	H. in Sachsen	Peritonitis	30—1
11	1896	Daber	Enteritis	...—0
12	1897	Kalk bei Köln	,,	41—2

Fälle mit positivem Befunde der Fleischvergiftungsbakterien.

Nr.	Jahr	Ort	Art der Krankheit	Zahl der Krankheits- u. Todesfälle
1	1888	Frankenhausen	Enteritis	57—0
2	1895	Haustedt	,,	? — ?
3	1892	Rotterdam	,,	32—0
4	1903	Kiel	,,	84—0
5	1904	Niemveroord	,,	11—0
6	1907	Schleswig	,,	100—0
7	1909	Hamburg	,,	24—1
8	1909	St. Johann	Peritonitis (Blasenruptur)	97—0
9	1910	Reg.-Bez. Gumbinnen	notgeschlachtet	28—0
10	1911	Hamburg	,,	21—1
11	1912	Osterode	,,	64—2

3. Enteritis, Pleuritis, Polyarthritis. Sepsis, Arteriophlebitis umbilicalis der Kälber.

Bakteriologisch nicht untersuchte Fälle.

Nr.	Jahr	O r t	Art der Krankheit	Zahl der Krankheits- u. Todesfälle
1	1862	Detmold	Pleuritis purulenta	150—3
2	1867	Fluntern	Polyarthritis	27—1
3	1878	Kloten	Sepsis	657—9
4	1878	Garmisch	Peritonitis	17—0
5	1879	Birmensdorf	Lähme	8—1
6	1881	Würrenlos	Arteriophlebitis umbilicalis	201—4
7	1882	Zell	krepiert	8—1
8	1896	Sielkeim	Enteritis	70—2
9	1894	Brügge	krepiert	70—2
10	1898	Bülstringen	Pleuritis, Enteritis	40—0
11	1893	Sollberg i. S.	Enteritis	Viele —1
12	1894	Pas de Calais	?	60—3
13	1894	Liegnitz	Pyämie	Viele —0
14	1895	Labiau	Enteritis	41—0
15	1896	Sielkeim	„	41—0
16	1903	Friedrichswill	„	Viele —0
17	1908	Lechhausen	„	Viele —0

Fälle mit positivem Befunde der Fleischvergiftungsbakterien.

Nr.	Jahr	O r t	Art der Krankheit	Zahl der Krankheits- u. Todesfälle
1	1891	Moorseele	Enteritis	80—4
2	1891	Gaustadt	„	81—4
3	1896	Horb	Polyarthritis	150—0
4	1898	Aertryck	Enteritis	?—1
5	1903	Meinersen	„	40—1
6	1904	Ort in Niederlande	„	?—1
7	1907	Schützendorf	„	10—1
	1909	Zazenhausen	„	14—1
9	1909	Posen	—	18—1
10	1909	Liemerik	Enteritis	93—9
11	1910	Braunshain	„	71—1
12	1910	Kr. Geldern	„	23—0
13	1911	Kr. Warburg	„	4—0

4. Septische und pyämische Erkrankungen der Pferde.

Bakteriologisch nicht untersuchte Fälle.

Nr.	Jahr	O r t	Art der Krankheit	Zahl der Krankheits- u. Todesfälle
1	1778	Zittau	Petechialfieber	12—0
2	1890	Altona	Sepsis	20—1
3	1906	Greiffenberg i. Schlesien	?	20—0

Fälle mit positivem Befunde der Fleischvergiftungsbakterien.

Nr.	Jahr	Ort	Art der Krankheit	Zahl der Krankheits- u. Todesfälle
1	1885	Röhrsdorf	Abszesse	80—1
2	1901	Düsseldorf	unbekannt	67—1
3	1903	Neunkirchen	Abszesse	50—3
4	1906	Flandern	Abszesse u. Enteritis	58—0
5	1908	Altkloster	Altersschwäche, Sepsis	68—0
6	1909	Kiel u. Rendsberg, Becken-buch	Sepsis	57—0
7	1910	Jülich	Kolik	17—0
8	1912	Düsseldorf, Elberfeld, Kre-feld	notgeschlachtet	456 - 0

5. Krankheiten der Schweine.

Bakteriologisch nicht untersuchte Fälle.

Nr.	Jahr	Ort	Art der Krankheit	Zahl der Krankheits- u. Todesfälle
1	1896	Kempen	unbekannt	100—1
2	1896	Thurgau	Enteritis	...—1
3	1896	Usseln	?	15—0
4	1903	Sanddorf	Mastitis	45—0

Fälle mit positivem Befunde der Fleischvergiftungsbakterien.

Nr.	Jahr	Ort	Art der Krankheit	Zahl der Krankheits- u. Todesfälle
1	1896	Posen	Enteritis (?)	150—0
2	1898	Sirault	unbekannt	100—3
3	1906	Hessen	Abszesse	32—0
4	1907	Rostok	Kranke Lungen	73—0

b) Die Bedeutung der Schlachttierkrankheiten für die Fleischvergiftungen des Menschen (intravitale Infektion des Fleisches).

Aus der Zusammenstellung geht unzweideutig hervor, daß

1. zwischen Schlachttierkrankheiten und menschlichen Fleischvergiftungen ein ursächlicher Zusammenhang besteht, den bereits vor 34 Jahren Bollinger richtig erkannt hat.
2. Daß es sich immer um dieselben Tierkrankheiten, nämlich um septisch-pyämische Prozesse, wie sie hauptsächlich bei Kühen im Anschluß an die Geburt von Jungen, bei Kälbern im Anschluß an Enteritis, Polyarthritis, Phlebitis umbilicalis, Pleuropneumonie und bei den anderen Tieren im Anschluß an Enteritis, lokale Eiterungen oder Verletzungen entstehen. Und es geht weiter daraus hervor, daß
3. bei diesen Krankheiten die Fleischvergiftungsbakterien eine Rolle spielen müssen.

Dieser Parallelismus zwischen Schlachtierkrankheiten und positiven Bakterienbefunden zwingt zu der Annahme eines inneren Zusammenhanges zwischen Krankheit und Mikroorganismen, d. h. mit anderen Worten einer bei Lebzeiten der Tiere erfolgten Infektion mit den Bakterien. Für eine intravitale Infektion sprechen außerdem folgende Beobachtungen:

1. In einigen Fällen erwies sich das Fleisch bereits wenige Stunden nach der Schlachtung, in denen eine postmortale Verunreinigung und Wucherung der Bakterien unmöglich stattgefunden haben konnte, als giftig.

3. In anderen Fällen zeigten sich die Blutkapillaren mit Bakterienembolien angefüllt und wiesen histologische Veränderungen auf, die nur intra vitam durch die Bakterien erzeugt sein konnten.

3. Wiederholt sind die Fleischvergiftungsbakterien in Reinkultur in dem Mark der großen Röhrenknochen nachgewiesen worden, in die sie nur bei Lebzeiten gelangt sein konnten.

Diese Beobachtungen sind mit der Annahme einer postmortalen Infektion des Fleisches unvereinbar.

Unter den Tierarten stehen obenan die Kühe, dann folgen Kälber, Ochsen, Pferde, Schweine. Die Massenvergiftungen sind in der Hauptsache auf dem Lande oder in kleinen Städten, also in Orten, in denen die Fleischbeschau weniger streng und sachgemäß durchgeführt werden kann (Laienfleischbeschau), vorgekommen. Die meisten Tiere sind wegen Krankheit notgeschlachtet.

Hätten Glage und seine Anhänger Recht mit der Anschauung, daß das Fleisch septischer und pyämischer Tiere ohne Einfluß auf die Entstehung von Fleischvergiftungen beim Menschen sei, daß das Fleisch notgeschlachteter Tiere nicht enger mit den Fleischvergiftungen zusammenhängt als solches gesunder Tiere, dann wären die gesetzlichen Vorschriften über Untauglichkeitserklärungen des Fleisches septisch-pyämisch kranker Tiere und die strenge Durchführung dieser Vorschriften seitens der Veterinärpolizei nicht zu verstehen.

Gerade die Erfahrungstatsache, das daß Fleisch von derartig kranken Tieren bei den Menschen die gefährlichen und gefürchteten Fleischvergiftungen hervorruft, ist die Veranlassung zu § 23—29 der Ausführungsbestimmungen des Schlachtvieh- und Fleischbeschaugesetzes gewesen, nach welchen als untauglich für den Genuß der ganze Tierkörper anzusehen ist, wenn eitrige oder jauchige Blutvergiftung, wie sie sich anschließt namentlich an eitrige oder brandige Wunden, Entzündungen des Euters, der Gebärmutter, der Gelenke, der Sehnenscheiden, der Klauen, des Nabels, der Hufe, der Lungen, des Brust- und Bauchfells, des Darmes festgestellt ist. Als untauglich für den Genuß sind nur die veränderten Fleischteile anzusehen, wenn abgekapselte Eiter- oder Jaucheherde festgestellt sind, das Allgemeinbefinden des Tieres aber kurz vor der Schlachtung nicht gestört war und insbesondere Anzeichen von Blutvergiftung nicht vorhanden sind.

Trotz der seit langer Zeit durch die Erfahrung gewonnenen Erkenntnis, daß die ätiologischen Momente der Fleischvergiftungen beim Menschen mit Krankheiten der Tiere zusammenhängen, und trotz der vor mehr als zwei Dezennien gemachten Entdeckung, daß spezifische Bakterien die Ursache der menschlichen Fleischvergiftungen bilden, war man bis vor kurzem im Unklaren darüber, ob und bei welchen Schlachttierkrankheiten die spezifischen Bakterien der Fleischvergiftungen eine Rolle spielen, und unter welchen Bedingungen sie den Menschen gefährlich werden können. Indem man ganz allgemein in dem Befallensein der Tiere von septisch-pyämischen Prozessen die Gesundheitsschädlichkeit des Fleisches erblickte, unterließ man es, die Bakteriologie dieser Krankheiten zu erforschen und so die Beziehungen zwischen ihnen und den Fleischvergiftungen aufzudecken.

Die Bedeutung der die Fleischvergiftungen beim Menschen verursachenden Mikroorganismen für die Entstehung von Tierkrankheiten hat man erst in jüngster Zeit richtig erkannt und gewürdigt, nachdem man angefangen hat, ohne Beziehungen zu Fleischvergiftungen bei diesen Tierkrankheiten bakteriologische Untersuchungen vorzunehmen und zwischen den gefundenen Erregern vergleichende Untersuchungen anzustellen. Auf die Ergebnisse kann hier im einzelnen nicht eingegangen werden, vielmehr muß in dieser Beziehung auf unsere Monographie über Fleischvergiftung und Paratyphusinfektionen und die Abhandlung der bakteriellen Nahrungsmittelvergiftungen (Ergebnisse der inneren Medizin und Kinderheilkunde) sowie auf die Arbeit über infektiöse Darmbakterien der Paratyphus- und Gärtnergruppe von Uhlenhuth und Hübener im Handbuch der pathogenen Mikroorganismen von Kolle-Wassermann verwiesen werden.

Durch die Untersuchungen ist nunmehr festgestellt, daß Bakterien
der Paratyphus- und Gärtnergruppe bei Enteritis und puerperalen
Krankheiten der Kühe — Metritis, Mastitis, Abortus, Sepsis —
bei Krankheiten der Kälber — der Ruhr, der Polyarthritis, der
Pleuropneumonie, Phlebitis umbilicalis, der Lebernekrose — bei
Krankheiten der Pferde und Schweine und beim Geflügel als Entzündungen, Eiterungen und Septikämie erzeugende Mikroorganismen eine Rolle spielen, wobei die Frage, ob sie die prima causa
der Krankheiten darstellen oder ihre Wirkung sekundärer Natur
ist, noch nicht in allen Fällen endgültig gelöst ist, was für die Beurteilung der Fleischvergiftungen völlig belanglos ist.

Wie häufig mit Eiterungen und Sepsis verbundene Krankheitsprozesse bei unseren
Schlachttieren sind, lehrt die Statistik der Schlachtvieh- und Fleischbeschau. Nach ihr
steht unter den Krankheiten und Mängeln, die zu Beanstandungen führen, an erster Stelle
die Tuberkulose, an dritter Stelle kommen die Entzündungen einschließlich abgekapselter
Eiterherde, eitrige oder jauchige Blutvergiftungen. Zur Verwerfung ganzer Tierkörper
zwingt am häufigsten nächst der Tuberkulose die eitrige und jauchige Blutvergiftung
(Pyämie oder Septikämie). Im Jahre 1906 betrug die Zahl der wegen dieser Krankheiten
im Deutschen Reich beanstandeten Tiere 18 671, die Zahl der wegen anderweitiger Entzündungen einschließlich abgekapselter Eiterherde beanstandeten Schlachttiere aber über
¼ Million.

Die Zahl der jährlich an eitrigen und septischen Prozessen erkrankenden
Schlachttiere ist also enorm hoch, im Vergleich dazu die jährlich nach Fleich-
genuß auftretenden Vergiftungsfälle enorm niedrig! Die Ursache dafür ist einmal in der durch die strenge Fleischbeschau möglichen Ermittelung und Unschäd-
lichmachung des Fleisches kranker Tiere gelegen. Wer aber in der Praxis steht
und mit den Gepflogenheiten kleiner Händler und Fleischer sowie mit den
ländlichen Verhältnissen vertraut ist, der weiß, daß alljährlich in einer großen
Zahl von Fällen Fleisch derartig kranker Tiere genossen wird, und zwar ohne
daß die geringste Gesundheitsschädigung auftritt. Auch in den Ländern ohne
gesetzlich geregelte strenge Fleischbeschau ist nach unseren Kenntnissen die
Zahl der Fleischvergiftungen nicht höher. Der Grund dafür ist einzig und allein
darin zu suchen, daß eben nicht jede Eiterung, nicht jede Sepsis oder Pyämie
dem Fleisch der Schlachttiere eine für den Menschen giftige Beschaffenheit
verleiht, sondern daß dies nach unseren bisherigen Kenntnissen nur der Fall
ist, wenn Bakterien der Paratyphus- oder Gärtnergruppe oder ihm nahe verwandte Mikroorganismen Ursache der Krankheitsprozesse beim Tier waren.
Diese sind aber gar nicht so oft die Erreger der Enteritis, Pyämie und Sepsis
unserer Schlachttiere, wie man auf Grund ihres häufigen Befundes in der
Tier- und Außenwelt annehmen sollte.

Beispielsweise sind Bakterien beider Gruppen bei dem seuchenhaften Kälbersterben
in Dänemark in 47,8%, in Deutschland in 14,4%, in Holland in 13,5%, in Norwegen nur
in 1.4% der bakteriologisch untersuchten Fälle gefunden worden. Viel häufiger waren
die Befunde von Kolibakterien, diese machten in Dänemark 47,4%, in Holland 54,1, in
Deutschland 85,6, in Schweden 62,5% der Fälle aus. Wenn diese Untersuchungen infolge
ihrer noch zu geringen Zahl keinen Anspruch auf Verallgemeinerung machen, so geben sie
doch immerhin einen Fingerzeig für die relative Seltenheit und regionäre Verschiedenheit
der Beteiligung der Paratyphus- und Gärtnerbakterien an Krankheitsprozessen der
Schlachttiere.

Damit stimmen die von einigen Autoren angestellten bakteriologischen Untersuchungen des Fleisches kranker oder notgeschlachteter Tiere überein. Sie wurden entweder
überhaupt nicht (Müller) oder in 1.5—2% der Fälle gefunden (Bugge, Junack, Franke
und Ledschbor, Haffner, Wall-Swen und Hülpers.

In epidemiologischer Beziehung ist aber von Wichtigkeit, daß Bakterien
der in Rede stehenden beiden Gruppen bei sporadisch oder enzootisch auftretenden Krankheiten nicht nur der Schlachttiere, sondern auch anderer

Tiere (Mäusen, Ratten, Meerschweinchen, Kaninchen, Papageien, Kanarienvögeln) ätiologisch eine Rolle spielen und bereits vor der Entdeckung der spezifischen Fleischvergiftungsbakterien als Krankheitserreger bei diesen nicht schlachtbaren Tieren bekannt waren, so die Löfflerschen Mäusetyphusbazillen, die Psittakoserreger, die Erreger der Pseudotubeikulose der Meerschweinchen, die Erreger einer seuchenhaften Rattenenteritis, die sog. Rattenschädlinge usw. Diese Beteiligung der Bakterien an Krankheitsprozessen bei allen möglichen Tieren wurde verständlich durch den Nachweis, daß diese Mikroben im Organismus gesunder Schlachttiere (Kühe, Kälber, Pferde, Schweine, Gänse) und anderer nicht schlachtbarer Tiere (Mäuse, Ratten, Meerschweinchen, Kaninchen, Hunde) und in der Außenwelt ein saprophytisches Dasein führen, und wurde begreiflich durch das eigenartige pathogenetische Verhalten dieser Mikroorganismen, von dem weiter unten die Rede sein wird.

Nach dem Ergebnis der bisherigen Untersuchungen gehören zur Paratyphusgruppe folgende Bakterien:

1. Paratyphus B-Bazillen beim Menschen. 2. Fleischvergifter (Typus Aertryck) beim Menschen, in den Organen und im Fleisch von kranken Schlachttieren gefunden. 3. Erreger der puerperalen Sepsis, Mastitis, Metritis, Enteritis der Kühe und Stuten. 4. Kälberruhrbakterien (bei Enteritis, Septikämie, Pleuropneumonie, Lebernekrose der Kälber). 5. Hogcholera- oder Schweinepestbakterien, häufige Erreger einer sekundären Infektion bei der Schweinepest-Hogcholera. 6. Erreger einer Pseudotuberkulose der Meerschweinchen und Kaninchen. 7. Erreger des Mäusetyphus. 8. Erreger der Psittakose (infektiöse Enteritis der Papageien, Kanarienvögel, Sperlinge). 9. Sepsiserreger bei der Hundestaupe. 10. Im Darm gesunder Schlachttiere vorkommende Bakterien. 11. Im Körper gesunder Menschen vegetierende Bakterien. 12. In der Außenwelt — Fleisch, Wurst, Milch, Wasser, Eis — gefundene Bakterien.

Zur Gruppe der B. enteritidis Gaertner würden zu rechnen sein:

1. Fleischvergifter Gruppe I. Typus Gaertner; beim Menschen und in den Organen von Schlachttieren angetroffen. 2. Erreger der Ruhr und Septikämie der Kälber (Paracoli Jensen). 4. Erreger von Rattenseuchen, die sog. Rattenschädlinge: Bac. Dunbar, Danysz, Issatschenko, Ratinbazillus. 4. In der Außenwelt — Fleisch, Wurst, Milch — gefundene Bakterien.

Eine Unterscheidung der Bakterien einer Gruppe ist selbst mit den feinsten Differenzierungsmethoden (den biologischen Methoden der Agglutination, der Bakteriolyse und der aktiven Immunisierung) bisher nicht möglich, woraus aber noch nicht auf eine absolute Identität der einzelnen Glieder einer Gruppe geschlossen werden darf.

c) Die Identität und Pathogenität der Bakterien der Paratyphus- und Gärtnergruppe.

Für die Beurteilung der Entstehung von Nahrungsmittelvergiftungen besonders der Fleischvergiftungen ist naturgemäß die Frage nach der Identität und Menschenpathogenität der zahlreichen, bei den verschiedensten Tierkrankheiten und in den verschiedenartigsten Medien gefundenen Stämme der Paratyphus- bzw. Gärtnerbakterien von Bedeutung. Sind die zahlreichen einer Gruppe angehörigen Bakterienstämme identisch oder wenigstens bezüglich ihrer Infektiosität und Pathogenität für die einzelnen Tierarten gleichwertig und sind es sämtlich Bakterien, die Nahrungsmittelinfektionen, insbesondere Fleischvergiftungen hervorrufen können oder überhaupt für den Menschen pathogene Eigenschaften besitzen oder erwerben können?

Bisher hat man den einzelnen Stämmen eine artspezifische Wirkung zugesprochen und das in der Benennung der einzelnen Stämme zum Ausdruck gebracht. Man scheidet den menschlichen Paratyphusbazillus von den Erregern der Kälberruhr, diesen vom Schweinepestbazillus und jenen wieder vom

Mäusetyphus usw., obwohl sie sich in der Hand des Forschers nicht trennen vielmehr eine weitgehende Übereinstimmung erkennen lassen.

Die für die einzelnen Tierarten und Tiergattungen spezifische Pathogenität besteht tatsächlich und läßt die relative Seltenheit der Paratyphusinfektion unserer Schlachttiere durchaus verständlich erscheinen. Sie ist aber keine absolute. Im Laboratorium lassen sich die gebräuchlichen Laboratoriumstiere in gleicher Weise infizieren durch Mäusetyphusbakterien, Rattenschädlinge, Psittakosebazillen, Kälberruhrbakterien, Schweinepestbazillen, Fleischvergifter und menschliche Paratyphusbazillen. Unterschiede, die dabei zutage treten, sind durch die verschiedenen Virulenzgrade bedingt. Für die Beurteilung der Entstehung der Fleischvergiftungen besonders wichtig ist die experimentell und durch Beobachtungen in der Praxis erhärtete Tatsache, daß Menschen und Schlachttiere einer Infektion mit verschiedenen Stämmen zugänglich sind. So können Rattenschädlinge für Menschen, Kälber, Hammel, Pferde; Mäusetyphusbazillen außerdem noch für Schweine, Schweinepestbazillen für Kälber, menschliche Paratyphusbazillen für Kälber und Ziegen Pathogenität erlangen.

Eine gelegentliche Pathogenität von Mäusetyphusbazillen für Menschen ist mehrfach beobachtet (Trommsdorff, Georg Mayer, Shibayama, Fleischhanderl, Ungar, Babes und Basila, Langer).

Mit der Verschiedenartigkeit der Pathogenität steht wiederum die Erfahrung in vollständigem Einklang, welche lehrt, daß Erkrankungen der Menschen infolge Infektion mit den Bakterien nicht zu den alltäglichen Erscheinungen, sondern im Vergleich zu der Leichtigkeit und Häufigkeit der Aufnahme der Bakterien zu den Seltenheiten gehören. Die Schweinepest ist eine in allen Ländern der neuen und alten Welt weitverbreitete, und in einem hohen Prozentsatz der Fälle mit einer Sekundärinfektion durch Hogcholerabazillen komplizierte Krankheit, und doch gehören Fleischvergiftungen durch unverarbeitetes Schweinefleisch zu den Seltenheiten und sind menschliche Erkrankungen im Anschluß an Schweinepestepizotien noch nie beobachtet worden. Nach Danysz sind in Frankreich 1903—1904 600 000 Liter Bouillonkultur des Danyszvirus (Gärtnerbazillus) zur Vertilgung von Feldmäusen verwendet und seit 10 Jahren werden wöchentlich einige hundert Liter zur Rattenvertilgung abgegeben. Trotzdem ist kein einziger Fall einer Infektion beim Menschen bekannt geworden. Ähnlich verhält es sich mit den Ratinkulturen (Gärtnerbazillen), die in Deutschland, Dänemark und England in Massen verwendet werden. Auch Mäusetyphusbazillen werden oft in großen Quantitäten ausgestreut, ohne daß Schädigungen der menschlichen Gesundheit beobachtet werden.

Man darf also dreist den Satz aufstellen, die für eine Tierspezies pathogenen Bakterien der Paratyphus- und Gärtnergruppe sind nicht immer gleichzeitig auch pathogen für eine andere Species, wenn man nur die Einschränkung macht, daß sie unter Umständen aber hochpathogene Eigenschaften für diese und somit auch für den **Menschen erwerben können!** Unter welchen Bedingungen eine derartige Pathogenitätsänderung eintreten kann, entzieht sich vorläufig unseren Kenntnissen.

Leider versagen unsere Untersuchungsmethoden zur Unterscheidung pathogener und nichtpathogener Mikroorganismen ein- und derselben Bakterienart gänzlich. Die einzige Methode, welche in beschränktem Maße darüber Auskunft geben kann, ist das Tierexperiment. Aber auch dieses hat nur einen bedingten Wert, da es nur eine beschränkte Zahl von Bedingungen zur Geltung kommen läßt, während in der Natur eine unberechenbar große Zahl von Bedingungen, die nachzuahmen unmöglich ist, eine Rolle spielt oder wenigstens spielen kann. Immerhin aber lehrt das Tierexperiment, daß längeres Fortzüchten auf bestimmten Nährböden und fortgesetzte Tierpassagen in den Bakterien pathogene Eigenschaften in dem einen Falle verschwinden, in dem andern Falle entstehen lassen können. Und wer wollte leugnen, daß in der Natur den Bakterien Gelegenheit gegeben ist, derartige Wandlungen durchzumachen.

d) Das pathogenetische Verhalten der Menschen- und Tierstämme.

Die Wirkungsweise der Paratyphusbazillen beim Menschen hat Schottmüller treffend gekennzeichnet. Nur in seltensten Fällen entsteht beim Menschen nach einer Infektion mit Paratyphusbazillen das Bild des Typhus, viel häufiger das der akuten Gastroenteritis mit toxischen und septischen

Erscheinungen, und zwar entweder in Form von Einzelfällen oder in Form von Epidemien. Bei anderen akuten und chronischen Krankheiten verursachen sie nicht selten eine sekundäre Gastroenteritis mit folgender Bakteriämie oder eine reine Sepsis, oder sie bewirken ohne jedes Zeichen einer typhösen Erkrankung lokale Entzündungen und Eiterungen mit sekundärer Bakteriämie oder mit ausgebildeter Sepsis besonders vom weiblichen Urogenitalapparat aus, oder sie leben im menschlichen Organismus als Saprophyten.

Mit der Wirkungsweise der Krankheitserreger beim Menschen stimmt die Art der krankmachenden Wirkung bei Tieren überein.

Sie können als selbständige Erreger Allgemeinerkrankungen (Enteritis mit Sepsis) in Einzelfällen oder epizootischer Form verursachen, wie z. B. die Kälberruhr, den Mäusetyphus, die Papageienenteritis, oder sie wirken wiederum in Einzelfällen oder in Epizootien als sekundäre Sepsiserreger bei primären allgemeinen Krankheiten, wie z. B. bei der Schweinepest oder bei Lokalerkrankungen, oder sie verursachen drittens ohne Allgemeinerkrankung **primär lokale** entzündliche, eitrige und nekrotische Prozesse mit und ohne nachfolgende sekundäre Septikämie (Mastitis, Metritis der Kühe, Pleuropneumonie, Milz- und Lebernekrose der Kälber, Pseudotuberkulose der Meerschweinchen) oder sie vegetieren im Warmblüterorganismus ohne jede krankmachende Wirkung.

Die Fähigkeit der saprophytischen Existenz in der Außenwelt und des parasitischen Lebens im Organismus ist ein Charakteristikum unserer Bakterienarten und erklärt die scheinbaren Widersprüche ihrer weiten Verbreitung als Saprophyten und ihrer oft erwiesenen großen Pathogenität. Mit anderen Bakterien teilt diese Bakteriengruppe die Eigenschaft, in dem einen Falle ohne weiteres das lebende Gewebe anzugreifen und krankmachend zu wirken, in dem anderen Falle aber erst eine Schädigung des Gewebes, sei es lokaler oder allgemeiner Natur, abzuwarten, um sich hier anzusiedeln und dann erst deletär zu wirken, und im dritten Falle überhaupt keine krankmachenden Einflüsse zu entfalten.

Dieses Verhalten der Bakterien erklärt die Beobachtungstatsache, daß Fleischvergiftungen sich nicht an bestimmte Epizootien anschließen, daß gerade die an Eiterungen und Sepsis leidenden Schlachttiere den Hauptanteil für die menschlichen Fleischvergiftungen darstellen.

Die Quellen der Infektion der Schlachttiere mit den Fleischvergiftungsbakterien.

Es fragt sich nunmehr, wo die Quellen der Infektion der Schlachttiere mit den spezifischen Fleischvergiftungsbakterien zu suchen sind. Steht sie mit menschlichen paratyphösen Erkrankungen in ursächlichem Zusammenhang, oder lassen sich zeitliche und ursächliche Beziehungen zwischen Infektionen der Schlachttiere unter sich oder der Schlachttiere und der Nager (Ratten und Mäuse) nachweisen oder wenigstens mit Wahrscheinlichkeit annehmen oder kommen für die intravitale Infektion unserer Schlachttiere hauptsächlich die Bakterien in Betracht, die in ihnen ein saprophytisches Dasein führen, das sie nur gelegentlich aufgeben, um die Rolle von pathogenen Mikroorganismen zu übernehmen?

Was die erste Frage betrifft, so liegen bisher Tatsachen, die im positiven Sinne der aufgeworfenen Frage sprechen würden, nicht vor. Nirgends ist von einer Koinzidenz des Auftretens paratyphöser Krankheiten der Menschen und des Ausbruchs von Schlachttierkrankheiten die Rede. Nur G. Mayer will Paratyphusbazillen bei der Schweinezucht treibenden Bevölkerung häufiger angetroffen haben als bei anderen Bevölkerungsklassen. Auffällig ist jedenfalls die sich mehrenden Berichte über Infizierungen von Milch mit Paratyphusbazillen durch das das Melkgeschäft besorgende Personal. Man hat bisher vielleicht zu wenig solche Möglichkeiten in Betracht gezogen, und es ist ratsam, in Zukunft auf diese Frage, besonders auf Bazillenausscheider, zu achten.

Bezüglich der zweiten Frage ist zu berücksichtigen, daß es sich bei den Fleischvergiftungen verursachenden kranken Schlachttieren meist um Einzelfälle handelt. Die Schweinepest und Kälberruhr treten zwar in Epizootien auf. Die erstere hat aber für die Entstehung der Fleischvergiftungen beim Menschen gar keine Bedeutung, obwohl der vom Paratyphusbazillus nicht zu unterscheidende Hogcholerabazillus als Nosoparasit häufig bei ihr angetroffen wird. Das Wesen der Kälberruhr ist noch nicht genügend erforscht und geklärt. Sie stellt jedenfalls keine ätiologisch einheitliche Krankheit dar. Es kommen verschiedene Erreger in Betracht. Soviel steht aber fest, daß wenn in einem Kälberbestande eine Paratyphus- oder Gärtnerinfektion ausgebrochen ist, eine starke Ausstreuung der Erreger und dadurch ein Umsichgreifen und Übergreifen der Seuchen stattfindet. Daß von Ratten und Mäusen Infektionskeime auf Schlachttiere übertragen werden können und auch wirklich übertragen werden, ist mehr als wahrscheinlich. Beobachtungen dieser Art liegen unseres Wissens bis jetzt nicht vor.

Was den dritten Punkt betrifft, so sprechen folgende zwei Beobachtungen für das Vorkommen einer sekundären Sepsis durch die im Darm saprophytisch vegetierenden Bakterien. In St. Johann verursachte das Fleisch eines wegen Blasenruptur infolge Blasensteins notgeschlachteten Ochsen, in Kiel und Rendsburg eines wegen Beckenbruchs notgeschlachteten Pferdes Fleischvergiftungen. Beide Epidemien waren durch intravital mit Gärtnerbazillen infiziertes Fleisch verursacht. In beiden Fällen muß man annehmen, daß sie bereits im Tierkörper (Gallenblase, Harnblase, Darm) vorhanden waren und erst infolge der durch die primäre Krankheit herabgesetzten Widerstandskraft als sekundäre Sepsiserreger zu wuchern Gelegenheit fanden.

Anderweitige Bakterien der intravitalen Fleischvergiftung.

Ob noch andere Bakterien als die spezifischen Fleischvergifter der Parathypus- und Gärtnergruppe geeignet sind, durch eine intravitale Infektion des Tieres dem Fleisch eine für den Menschen giftige Beschaffenheit zu geben, ist noch eine offene Frage. In neuerer Zeit hat man bei Gastroenteritiden mehrfach Bakterien gefunden, welche zwischen den Paratyphusbazillen und den Kolibakterien stehen, indem sie mit dieser oder jener Gruppe einige Eigenschaften gemein haben, in anderen aber abweichen. Man bezeichnet sie als intermediäre Gruppe, die zweifelsohne eine Bedeutung für die menschliche Pathologie hat. Bei der nahen Verwandtschaft zu den spezifischen Fleischvergiftern ist anzunehmen, daß sie auch als Erreger von Schlachttierkrankheiten und daher auch als Fleischvergiftungserreger beim Menschen eine Rolle spielen können.

Von Dammann ist als Erreger einer seuchenhaften Enteritis bei Schweinen ein zwischen Typhus- und Paratyphusbazillus stehender Mikrobe der Baz. Voldagsen festgestellt. Ein ihm völlig gleichender Mikroorganismus wurde von Bernhard als Ursache einer Fleischvergiftungsepidemie in 40 Fällen mit einem Todesfall im Kreise Marienburg 1912 nach Genuß des Fleisches einer Kuh, die an Gebärmuttervorfall und Euterentzündung gelitten hatte, ermittelt.

Von den Kolibakterien wissen wir, daß sie ein Sammelname für morphologisch, kulturell und biologisch sich gleich, pathogenetisch aber sich sehr verschieden verhaltende Bakterien sind. Von ihnen ist es mehr als wahrscheinlich, daß unter ihnen Stämme existieren, welche die Eigenschaften der Fleischvergifter haben. Möglicherweise haben Kolibakterien in dem folgenden Falle ätiologisch eine Rolle gespielt:

Auf einem im Kreise Wohlau gelegenen Gute erkrankten Angehörige von fünf Instmannsfamilien nach Genuß des Fleisches eines wegen allgemeiner zunehmender Schwäche geschlachteten achtmonatlichen Kalbes, das tierärztlich nicht besichtigt war. Die Leber des Tieres soll mürbe gewesen sein. Bemerkenswert ist, daß nicht alle Mitglieder der fünf verschiedenen Familien erkrankten, obwohl sie alle von dem Fleisch genossen hatten.

Familie 1 = Familienmitglieder 9 davon erkrankt 8
  „   2 =   „   10   „   „   2
  „   3 =   „   5   „   „   5
  „   4 =   „   8   „   „   2
  „   5 =   „   10   „   „   5

Die Untersuchung der Stuhlgänge im Untersuchungsamt zu Königsberg verlief negativ. Die Untersuchung des größtenteils eingesalzenen Fleisches ergab Kolibazillen (Ges. d. Preuß. St. 1911.).

Noch niemals ist eine Fleischvergiftung beim Menschen nach Genuß des Fleisches von Tieren mit Streptokokken oder Staphylokokkensepsis beobachtet worden. Nicht die Krankheit stellt den Zusammenhang zwischen Notschlachtung und Fleischvergiftung dar, sondern auf die Art der bei der Tierkrankheit beteiligten Erreger kommt es an.

In tierärztlichen Kreisen neigt man vielfach zu der Ansicht, daß reine Toxinämien der Schlachtiere zu Fleischvergiftungen Anlaß geben. Man folgert das meistens aus dem negativen Ergebnis der bakteriologischen Untersuchung des Fleisches, das sich bei der Fütterung an Mäuse giftig erweist. Es wird dabei übersehen, daß das Ausbleiben von Bakterienwachstum auf den gebräuchlichen Nährböden noch lange nicht Keimfreiheit des 'Fleisches beweist. Es gibt eine große Zahl von Mikroorganismen (Gonokokken, Meningokokken, Influenzabazillen), welche hohe und besondere Ansprüche an die Beschaffenheit der Nährböden stellen. Solche könnten in diesen Fällen wirksam sein. Dazu kommt, daß Mäuse gegen Fleischfütterung sehr empfindlich sind, und die Frage nach dem Vorkommen reiner Toxinämien bei den Schlachttieren noch nicht genügend studiert ist. Immerhin muß zugegeben werden, daß in einigen Fällen von Massenerkrankungen durch unverarbeitetes Fleisch bekannte Krankheitserreger nicht gefunden worden sind. Daß also auch noch andere Bakterien in der bisher erörterten Art Fleischvergiftungen verursachen können, soll nicht in Abrede gestellt werden.

In Wald, Kreis Solingen, erkrankten im August 1911 147 Personen in 71 Familien 12 bis 24 Stunden nach Genuß rohen oder leicht gebratenen Pferdefleisches, das als tauglich befunden war, an Brechdurchfall. Krankheitserreger waren weder im Fleisch noch in den Abgängen der Erkrankten zu finden.

e) Die morphologischen, kulturellen, biologischen Eigenschaften der spezifischen Fleischvergifter der Paratyphus- und Gärtnergruppe.

Bezüglich der morphologischen, kulturellen und biologischen Eigenschaften der Fleischvergiftungserreger kann auf die Schottmüllersche Arbeit verwiesen werden. Es bleibt nur noch übrig, einige spezielle Punkte und für die ganze Fleischvergiftungsfrage wichtige Eigenschaften der Erreger hervorzuheben.

α) Widerstandsfähigkeit.

Physikalischen Einflüssen gegenüber ist der Paratyphusbazillus widerstandsfähiger als der Typhusbazillus. Die Dauer seiner Lebensfähigkeit in der Außenwelt (Boden, Stuhl, Wasser) übertrifft jedenfalls die des Typhusbazillus (Kolle - Hetsch).

In eisgekühlter Milch sind sie bis zu 61 Tagen, in einer bei Zimmertemperatur gehaltenen Milch bis zu 64 Tagen und in einer bei 37 ° aufgehobenen Milch bis zu 4½ Monaten lebensfähig (Kersten). In Yoghurt sterben sie in 24 Stunden ab (Hübener). Im Fleisch, das mit Paratyphusbazillen infiziert ist und gepökelt wird, sterben die Bakterien bei Verwendung von 12—19%igem Kochsalz erst nach 75 Tagen ab, bei 10 bis 13%iger Kochsalzlösung sind sie noch nach 80 Tagen lebensfähig.

Gegen Räucherung sind die Paratyphusbazillen widerstandsfähig, daher sind Fleischvergiftungen nach Genuß geräucherter, Fleischvergifter enthaltender Schinken- und Wurstwaren beobachtet (Mathes, Wollenweber und Dorsch), Fromme u. ä. In Bouillonkulturen und Milch sterben Paratyphusbazillen bei einer Temperatur von 60° in einer Stunde ab (Kolle). ½stündige Einwirkung dieser Temperatur genügt nicht zur Abtötung, ebensowenig 25 Minuten langes Erhitzen der Kulturen auf 70° oder fünf Minuten während Einwirkung einer Temperatur von 75° (Fischer). Bei Erhitzung auf 80—100° gehen sie in kurzer Zeit zugrunde.

Kälte von — 5° ertragen sie ohne Schädigung, daher sind sie wiederholt in Eis gefunden.

Im Wurstbrei können nach den Untersuchungen von Uhlenhuth und Hübener Parathypusbazillen zwei Stunden langes Kochen der Wurst aushalten. Nach Rimpau werden mit paratyphusbazillenhaltigem Fleisch gestopfte Würste nach ½—¾stündigem Aufenthalt in heißem Wasser von 95—96° nicht frei von diesen Erregern. Bei der küchenmäßigen Zubereitung von Fisch werden Paratyphusbakterien nach Eckersdorff nicht abgetötet, da im Innern großer Stücke die zur Abtötung notwendigen Hitzegrade nicht erreicht werden. Ein 15 cm langes, 10 cm hohes Stück eines Seehechtes, das künstlich mit Paratyphusbazillen infiziert war und ½ Stunde im geschlossenen Kochtopf gekocht wurde, wies an der Peripherie 100°, im Innern 42° auf. Trotzdem zeigte es die weiße Farbe des gekochten Fischfleisches, das noch massenhaft die eingeimpften Bakterien in lebendem Zustande barg. Ähnliche Verhältnisse walten bei dem Fleisch der Schlachttiere ob. In einem Falle fanden sich lebende Paratyphusbazillen im Kalbfleisch, das im Weckschen Apparat eingekocht war. Das Kalb war notgeschlachtet; sein Fleisch hatte 23 Erkrankungen an Paratyphus verursacht (G. d. Pr. St.).

In Bakteriengemischen haben die Paratyphusbazillen weniger als die Typhusbazillen unter der Konkurrenz der Kolibakterien zu leiden. Werden Kolibakterien und Paratyphusbazillen zu gleichen Teilen in Bouillon gemischt, dann 24 Stunden bei 37° gehalten, so besteht die Kultur aus ²/₃ Kolibakterien und ¹/₃ Paratyphusbazillen, während Typhusbazillen in diesem Falle überwuchert werden. Werden Typhusbazillen mit Paratyphusbakterien in derselben Weise gemischt, so überwuchern die letzteren die ersteren Erreger! Beckers hebt hervor, daß in Galle-Blutgemischen Typhusbazillen von Paratyphusbazillen überwuchert werden, was beim Vorliegen einer Mischinfektion zu berücksichtigen ist. Von Parakolibazillen werden sie innerhalb kurzer Zeit überwuchert und vernichtet (Titze).

In 1%iger Formolbouillon sterben sie nach 40 Minuten ab. Formalinzusatz zu Milch in einem Verhältnis von 1 : 25 000 tötet dagegen die Erreger des Paratyphus innerhalb drei Tagen nicht ab (Kolle). In essigsauren Konserven sterben die Paratyphusbazillen in 2—3 Stunden ab (Sammet). Salzsäurepepsin in 1%iger Lösung, welches nach den Untersuchungen von Bürgers eine Reihe von lebenden Bakterien, unter ihnen auch den Mäusetyphus, verdaut, greift Paratyphusbazillen in unerhitztem Zustande nicht an, wohl aber die auf 60° erhitzten Bakterien.

Bezüglich der Widerstandsfähigkeit physikalischen und chemischen Einflüssen gegenüber gleicht der Gärtnerbazillus dem Paratyphusbazillus.

Martini fand Gärtnerbazillen in zugeschmolzenen Agarröhrchen bis zu drei Jahren lebensfähig. v. Drigalski konnte die Erreger noch nach drei Wochen aus dem Kadaver eines Pferdes gewinnen, und Kathe 14 Tage post exitum aus den faulen Organen einer Kindesleiche züchten.

Fischers Untersuchungen lehren, daß Gärtnerbazillen sich 71 Tage lang im Fleisch virulent erhalten können.

Rimpau ließ gärtnerbazillenhaltigen Fleischsaft ½ Stunde lang im Kochtopf, wobei sich ein Bodensatz von grobflockigem koagulierten Eiweiß bildete, in dem sich die Erreger durch Anreicherung nachweisen ließen. Derselbe Autor stellte fest, daß eine vier Tage lange Lagerung bazillenhaltigen Fleisches in Speiseessig, das sog. Beizen des Fleisches, eine Abtötung der Keime bewirkt.

Nach v. Bernstein wachsen Gärtnerbazillen in borsäurehaltigem Fleisch, und zwar um so ungehinderter, als durch die Borsäure der Einfluß der Saprophyten ausgeschaltet wird. Klein fand in Kalb- und Schweinefleischbouillon, die 0,5 % Borsäure enthielt, reichliches Wachstum. Trautmann stellte fest, daß mit Ausnahme des benzoesauren Natrons die verschiedenen Hacksalze in den für sie vorgeschriebenen Mengen die Erreger der Fleischvergiftungen gar nicht beeinflussen. Nach Serkowski und Tomczak wirkt erst ein Zusatz von 20—25% hemmend auf das Wachstum.

β) Pathogenität.

Die in den einzelnen Fleischvergiftungsepidemien aus dem Fleisch kranker Tiere und aus dem Innern der nach Genuß desselben erkrankten oder gestorbenen Menschen gezüchteten Bakterien sind mehrfach auf ihre Tierpathogenität geprüft. Sie gleichen hinsichtlich ihrer Wirkung auf Laboratoriumstiere völlig den menschlichen Paratyphusbazillen.

Trautmann, Kaensche, Uhlenhuth, Kutscher u. a. fanden die Fleischvergifter hochpathogen für Mäuse und Meerschweinchen, sowohl bei subkutaner, intraperitonealer oder stomachaler Einwirkung, weniger pathogen für Kaninchen und Ratten, für Hunde und Katzen.

Zingle hat systematische experimentelle Untersuchungen über den Verlauf der alimentären Infektion durch Bakterien der Fleischvergiftungsgruppe an Mäusen angestellt und festgestellt, daß zunächst eine primäre Lokalisation des Infektionsprozesses im lymphatischen System (Drüsen und Milz) erfolgt, dann nach Überwindung der natürlichen Schutzkräfte ein Übertritt in die Blutbahn und somit eine Überschwemmung aller Organe und zuletzt der Muskulatur stattfindet. Erst mit dem Moment der Blutinfektion waren an den Versuchstieren klinische Erscheinungen wahrzunehmen. In der Voraussetzung, daß der Infektionsmechanismus bei den Schlachttieren derselbe ist, würde der Nachweis der Fleischvergiftungserreger bei Schlachttieren am sichersten durch die Untersuchung der Fleischlymphdrüsen, der Mesenterialdrüsen, sowie der Milz und Leber zu erbringen sein.

Auch unsere Schlachttiere sind für die menschlichen Paratyphusbazillen empfänglich, wie aus den wenigen bisher vorliegenden Versuchen geschlossen werden muß.

In Versuchen Kutschers und Meinickes erkrankten ein Ziegenlamm und zwei Kälber nach Verfütterung unter schweren Erscheinungen (Temperatursteigerung, verminderte Freßlust, Durchfälle), während andere Tiere — zwei Hammel, drei alte Ziegen, vier Hunde, ein Pferd — entweder nur Fieber- oder gar keine Krankheitserscheinungen erkennen ließen. Die Prüfung des Blutes der auf die Fütterung reagierenden Tiere auf Antigene hatte niemals ein positives Ergebnis. Bei den häufigen Untersuchungen von Stuhl und Blut konnten niemals Paratyphusbazillen gefunden werden, was die Untersucher mit einem schnellen Zerfall der Bakterien im Darm erklären. Schmitt konnte bei Verfütterung von Paratyphusbazillen an Kälber keine krankhaften Reaktionen auslösen, dagegen erwiesen sich dieselben Stämme als hoch pathogen von der Schleimhaut der oberen und mittleren Luftwege aus (Versprayung) und auch bei subkutaner, intravenöser und intraperitonealer Einverleibung. Aus dem Blute der tödlich erkrankten Tiere konnten Paratyphusbazillen in Reinkultur gezüchtet werden. Reinhard und Seibold impften Ziegen Paratyphusbazillen in das Euter, in die Bauchhöhle und den Uterus. In allen Fällen trat tödliche Sepsis auf. Eine Injektion in das Kniegelenk rief eine vorübergehende Entzündung, keine Sepsis, hervor. Zwei Ziegen, die mit Paratyphusbazillen gefüttert wurden, erkrankten nicht. In den Versuchen von Uhlenhuth rief Verimpfung auf Schweine nur leichtes Kranksein hervor. Fraenkel und Much fütterten Hunde monatelang ohne jede krankmachende Wirkung. In den Versuchen Hottingers waren Paratyphusbazillen Katzen und Hunden gegenüber pathogen.

So gut wir über die pathogene Wirkung der bei Fleischvergiftungen gefundenen Bakterien Laboratoriumstieren gegenüber unterrichtet sind, so wenig ist ihre Pathogenität für Schlachttiere oder andere Haustiere im Laboratorium studiert worden, wohl hauptsächlich wegen der nicht unbeträchtlichen Geldopfer, welche solche Versuche erfordern.

Immerhin verdient hervorgehoben zu werden, daß in den Versuchen von Fokker und Philipse Hunde und Katzen nach Fütterung paratyphushaltigen Kalbfleisches eingingen und in ihrem Blut, in der Milz und Leber die Erreger in Reinkultur bargen. Bemerkenswert ist, daß in der von Prigge und Sachs-Müke beschriebenen Fleischvergiftungsepidemie die Verfütterung des angeschuldigten Fleisches an zwei Schweine Enteritis verursachte.

In den Versuchen Gärtners war der Originalstamm hochpathogen für Tauben, Schafe und Ziegen. Auch mit gekochten Kulturen und mit Bouillon, die aus künstlich infiziertem Fleisch hergestellt war, ließen sich die Tiere durch Impfung, die besonders empfängliche durch Verfütterung unter dem Bilde akuter Enteritis und unter Reizungs- und Lähmungserscheinungen seitens des Zentralnervensystems töten.

Zwei mit dem Moorseeler Bazillus (Gärtner aus Kälbern) subkutan und stomachal infizierte Kälber erkrankten an schwerer Enteritis. Ihr Fleisch rief in gekochtem Zustande bei den damit gefütterten Laboratoriumstieren Enteritis und Lähmungen der hinteren Gliedmaßen, bei einem Affen einen richtigen Anfall von Cholera nostras hervor.

Der in der Epidemie zu Cotta ermittelte Erreger (Gärtnerbazillus) verursachte in die Milchgänge einer Kuh injiziert, eine schwere nekrotische und eitrige Entzündung des Euters. Ziegen, die Fischer mit Gärtenerbazillen zu immunisieren versuchte, gingen an Marasmus ein. Der von Poels und Dhont in der Epidemie zu Rotterdam gezüchtete Mikroorganismus rief bei zwei intravenös geimpften Kühen Fieber, Muskelzuckungen, Freßunlust und flüssige Stühle hervor. Uhlenhuth und seine Mitarbeiter konnten bei Schweinen mit Fleischvergiftungsbakterien (Typus Gärtner) schwere Krankheitszustände mit dem klinischen und anatomischen Bilde der Schweinepest erzeugen.

Trautmann und Aumann fütterten Hunde mit natürlich infiziertem Kuhfleisch und künstlich infiziertem Pferdefleisch, das sich als völlig durchwachsen mit Gärtnerbazillen erwies, ohne jede krankmachende Wirkung.

γ) Die giftbildenden Eigenschaften der Fleischvergiftungsbakterien.

Die Fleischvergifter besitzen die Eigenschaft, im Fleisch und in der Kultur giftige Produkte zu bilden. Ob es sich dabei um echte Toxine im Sinne der Diphtherie- und Tetanustoxine handelt, ist noch eine offene Frage. Kraus und v. Stenitzer, Franchetti und Yamanouchi haben versucht, die Frage bei den menschlichen Paratyphusbazillen zu lösen. Die Resultate sprechen eher gegen als für die Existenz eines echten Toxins. Soviel ist aber sicher, daß bei längerem Wachstum der Bakterien im Fleisch oder in flüssigen Medien Gifte entstehen, welche

1. wasserlöslich, 2. hitzebeständig sind, 3. bei Filtration der Kulturen durch bakteriendichte Filter in das Filtrat übergehen, 4. bei subkutanen, intramuskulären, intraperitonealen und — was das wichtigste ist — bei stomachaler Einverleibung Laboratoriumstiere töten können. Man bezeichnet sie als Toxine im allgemeinen Sinne des Worts. Außer den Endotoxinen kommen wahrscheinlich auch Stoffwechselprodukte in Betracht. Wie Kruse hervorhebt, sollte man eigentlich mit Rücksicht auf die verhältnismäßig geringe Abschwächung des Cholera- und Typhusendotoxins durch Siedehitze die Kochfestigkeit des Giftes

der Fleischvergifter für keine bemerkenswerte Eigenschaft halten. Indessen sind die für
die Versuchstiere tödlichen Gaben so gering und weicht deren Fähigkeit so von allen übrigen
Endotoxinen ab, daß man berechtigt ist, das Gift der Fleischvergifter als einen besonderen
Stoff anzusehen. der neben dem Endotoxin in wechselnder Menge gebildet wird. **Die
Eigenschaft der Giftbildung ist variabel.** Es ist daher kein Wunder, daß die verschiedenen Autoren bei der Prüfung ihrer Stämme sehr verschiedene Resultate gehabt
haben. Dazu kommt, daß sie sich einer sehr verschiedenen Methodik zum Nachweis der
Toxine bedient haben. Das Alter der Kultur, die Beschaffenheit der Nährböden, die Höhe
und Dauer der Abtötungstemperatur, die Größe der Dosen, die Applikationsweise sind für
den Ausfall der Prüfungen von großer Bedeutung. Sie variieren bei den einzelnen Untersuchern so sehr, daß man sich über die Verschiedenheit der Ergebnisse nicht wundern darf.
    Auch die Hitzebeständigkeit und Wasserlöslichkeit der Toxine ist die Giftigkeit
der Fleischbrühe in manchen Fällen der Fleischvergiftung zurückzuführen, z. B. in Frankenhausen, Cotta, Kathrineholm, Rumfleth, Lauterbach, Bregenz, Darkehmen. Es verdient das besonders hervorgehoben zu werden, da nach Sobernheim keine Gefahr bestehen
soll, daß etwa hitzebeständige Giftstoffe nach Abtötung der Bakterien durch den Kochprozeß noch gesundheitsschädlich wirken und Vergiftungen herbeiführen.
    P. Hofmann hat die Wirkung der Paratyphustoxine genauer studiert (Dissert.
Heidelberg 1912). Durch die Einwirkung der Toxine pathogener Paratyphus-B-Bazillen
kam es bei weißen Mäusen zur Zerstörung von Erythrozyten und zu konsekutiver Hämo-
siderosis der Milz, Auftreten von Blutbildungsherden in der Leber und Thrombosierung
von Gefäßen; zur Schädigung und herdförmigen Nekrotisierung parenchymatöser Organe,
der Leber, des Darmes, der Nieren und der Mesenterialdrüsen. Die Veränderungen betrafen
die Leber am regelmäßigsten und schwersten und waren denen bei Phosphorvergiftung
zu vergleichen. Durch Injektion von Bouillonkulturfiltraten pathogener Paratyphus-
B-Bazillen gelang es bei weißen Mäusen Krankheitsbilder zu erzeugen, die denen bei Ana-
phylatoxinvergiftung glichen. Die anatomische und physiologische Wirkung der Toxine
war dieselbe wie die der Eiweißspaltprodukte, die durch die Verdauung mit tierischem tryp-
tischen Ferment entstehen. Er nimmt an, daß die Toxine mit Hilfe proteolytischer Fermente im Stoffwechsel von den lebenden Paratyphusbazillen sezerniert werden.

2. Vergiftungen infolge postmortal (sekundär) mit den spezifischen Bakterien der Paratyphus- und Gärtnergruppe infizierten Fleisches.

    Neben der Infektion durch Fleisch von kranken Schlachttieren spielt
die nachträgliche sekundäre oder postmortale Verunreinigung des Fleisches
mit den Fleischvergiftungsbakterien bei der Entstehung der Fleischvergiftungen
eine Rolle. In der Regel handelt es sich um verarbeitetes Fleisch. Die Möglichkeit, daß auch unverarbeitetes Fleisch ähnlich anderen Nahrungsmitteln,
wie z. B. der Milch, die Rolle des Infektionsvermittlers bei den Paratyphus-
und Gärtnerinfektionen übernehmen kann, und daß somit Fleischvergiftungen
durch die sekundäre Infektion ursprünglich einwandfreien unverarbeiteten
Fleisches entstehen können, ist nicht ausgeschlossen. Bei einer von Rolly beschriebenen Leipziger Paratyphusepidemie, die von einem Fleischerladen ihren
Ausgang nahm, liegt die Annahme einer sekundären Infektion um so näher,
als der Genuß des Fleisches nicht eine Gastroenteritis, sondern die typhöse
Form des Paratyphus, zur Folge hatte, die bei den durch intravital infiziertes
Fleisch verursachten Erkrankungen nur in Einzelfällen beobachtet zu werden
pflegt. In Merseburg und Umgebung wurden 1912 zahlreiche Paratyphus-
fälle (119) beobachtet, die sich alle auf ein und denselben Metzgerladen zurückführen ließen, ohne daß Fleisch eines kranken Tieres dafür verantwortlich gemacht werden konnte.
    Die Gelegenheit für eine nachträgliche Infektion des Fleisches vom Schlacht-
tier bis zu dem Munde der Konsumenten ist eine mannigfache. In besonderem
Maße ist auf diesem Wege das verarbeitete und zubereitete Fleisch einer Infektion ausgesetzt.
    Einwandfreies Fleisch kann infiziert werden:
    1. durch Paratyphus- oder Gärtnerbazillen ausscheidende Menschen —
       Kranke, Rekonvaleszenten, Dauerausscheider, Bazillenträger.

2. Durch Berührung mit infiziertem Fleisch (längeres Aufeinanderlagern infizierter und nichtinfizierter Stücke, Durchdrehen durch eine Fleischhackmaschine, die eben infiziertes Fleisch passiert hat, usw.).
3. Durch Aufbewahren auf keimhaltigem Natureis.
4. Durch Fliegen.
5. Durch die Bazillen beherbergende gesunde Schlachttiere.
6. Durch Bazillen ausscheidende gesunde und kranke Mäuse und Ratten.

1. In der Praxis sind bisher nur wenig Fälle bekannt geworden, in welchen sich in absolut einwandfreier Weise die Übertragung von Paratyphus- oder Gärtnerinfektionen vom kranken Menschen durch die Vermittlung von Fleisch auf andere hätte nachweisen lassen. Die Möglichkeit soll keineswegs ausgeschlossen werden.

In der von Kutscher beschriebenen Berliner Epidemie und der von Baehr in Halle bei Soldaten beobachteten und erforschten Massenerkrankung hat man an die Möglichkeit gedacht. In beiden Fällen war verarbeitetes Fleisch — Hackfleisch — die Ursache und in beiden Fällen ließ sich feststellen, daß Metzgergesellen kurz vor dem Ausbruch der Massenvergiftungen leicht krank gewesen waren, und ließ sich nach Ausbruch derselben weiterhin nachweisen, daß sie Fleischvergiftungsbakterien in ihren Fäces ausschieden. In solchen Fällen ist es naturgemäß sehr schwer zu entscheiden, was Ursache und Wirkung ist, ob die Personen die Epidemien hervorriefen, indem sie das Fleisch infolge Unsauberkeit infizierten, oder ob sie selbst Opfer desselben Agens der Epidemie waren.

Der von Trommsdorff und Rajchmann publizierte Fall einer nach Genuß von Schweinefleischpastete aufgetretenen Massenerkrankung von über 100 Personen, von denen 7 starben, läßt sich kaum anders deuten, als daß die Infektion der fertigen Speise bei der Zubereitung durch eine als Bazillenträgerin erkannte Köchin erfolgt ist. Die Länge der Aufbewahrungszeit und vor allen Dingen die Beschaffenheit der Fleischspeise war der Entwicklung der Fleischvergiftungsbakterien besonders günstig. Mayer konnte in einer Metzgerei, aus der die Wurst eine Gruppenerkrankung hervorgerufen hatte, bei dem Personal Paratyphusbazillen nachweisen, ebenso in drei dem Laden entnommenen Wurst- und Fleischproben. Er nimmt an, daß die Ware durch die unsauberen Hände des Ladenpersonals infiziert worden sind.

Wie vorsichtig man bei der Beurteilung und Verwertung solcher Beobachtungstatsachen aber sein muß, zeigt folgender Fall:

Nach dem Bericht über das Gesundheitswesen des preußischen Staates erkrankten im August 1910 im Landkreis Dortmund in den Gemeinden Sodingen, Börnig und Holthausen 135 Personen nach Genuß von rohem und gebratenem Hackfleisch bzw. Mettwurst an gastroenteritischen Erscheinungen. 129 erkrankte Personen hatten vor der Erkrankung von Fleischwaren aus einem Geschäft eines Metzgers in Sodingen gegessen. 86 Kranke hatten rohes Hackfleisch, 28 angebratenes oder durchgebratenes Hackfleisch, 15 Personen hatten gekochte Fleischwurst (polnische Wurst) oder angeräucherte Mettwurst gegessen. 5 Personen, welche fast gleichzeitig und in derselben Weise erkrankt waren, wie die übrigen, hatten keine Fleischwaren aus der verdächtigen Metzgerei gegessen, darunter 2 Kinder, die sich eine Zeitlang in der Familie kranker Personen aufgehalten hatten und 6—24 Stunden später erkrankten, ferner 2 Säuglinge, deren Mütter erkrankt waren. schließlich eine Frau, welche die durch Abgänge eines anderen Kranken stark beschmutzte Wäsche gereinigt hatte und 5 Tage später erkrankte. Die Fleischwurst war z. T. direkt aus dem Geschäft eines Metzgers bezogen, die Mettwurst größtenteils erst durch Vermittlung eines Kolonialwarengeschäfts. Als Ursache wurde der Paratyphusbazillus ermittelt, der bei 71 Personen in den Fäces, den Leichenteilen eines der Vergiftung erlegenen Kindes und in dem beschlagnahmten Fleisch und der Wurst nachgewiesen wurde. In dem Geschäfte des Metzgers waren zur Zeit der Feststellungen 2 Personen — der Lehrling und das Dienstmädchen — krank, schleppten sich außer im Hause herum. Der Lehrling, der das verdächtige Fleisch verarbeitet hatte, war bereits 2—3 Tage früher als die übrigen Personen erkrankt, das Dienstmädchen gleichzeitig mit den anderen nach Genuß von Fleischwurst. Es lag nun nichts näher. als in dem Lehrling den Sündenbock und die Quelle der Paratyphusinfektionen zu suchen, zumal da der Metzger nachweisen konnte, daß er nur amtlich abgestempeltes Fleisch bezogen und verarbeitet und verausgabt hatte. Die Epidemie würde sicher als Beispiel einer postmortalen, sekundären Infektion ursprünglich einwandfreien Fleisches durch den an Paratyphus erkrankten Lehrling gegolten haben, hätte man sich bei der Annahme beruhigt. Die weiteren Nachforschungen ergaben gerade das Gegenteil und lieferten den sicheren Beweis, daß nur intravital infiziertes Fleisch in Betracht kommen konnte. Der Metzger hatte am 22. August ausgelöstes Rindfleisch und Eingeweide von einem auswärtigen Händler aus G. bezogen und dieses mit anderen Fleischstücken zu Hackfleisch und mit den Eingeweiden zur Herstellung von Wurst verarbeitet. Das Fleisch und die Eingeweide mußten von vornherein als sehr verdächtig und mutmaßlich als Ursache der Erkrankungen angesehen werden. Der Verdacht wurde zur Gewißheit, als sich herausstellte, daß in dem benachbarten Orte Werne gleichzeitig nach Genuß von rohem Fleisch derselben Lieferung (150 Pfund) desselben Händlers 54 Personen, in Annen und in einer anderen Ortschaft nach Genuß von ungekochter Mettwurst aus Fleisch von derselben Quelle je 8 bzw. 3 Personen erkrankt waren. Es konnte somit keinem Zweifel unterliegen, das daß Fleisch von einem intra vitam infiziertem Rinde stammte, wenn auch das Äußere des Fleisches zu keinerlei Bedenken Veranlassung gegeben und das gelieferte Stück vom Laienfleischbeschauer, einem Bäcker, mit dem Beschaustempel versehen war. Der betreffende Schlächter stand schon seit längerer Zeit in Verdacht, heimlich minderwertiges Fleisch in den Handel zu bringen. In der Metzgerei zu Werne waren keine Erkrankungen vorgekommen. Drei Personen des Geschäfts wurden aber als Paratyphusbazillenträger festgestellt. Sie würden sicherlich als die Ursache der Epidemie angesprochen worden sein, wenn zufälligerweise alles Fleisch in ein- und dieselbe Metzgerei geliefert worden wäre.

In dem von Bofinger untersuchten und publizierten Fall einer durch Gärtnerbazillen verursachten Massenerkrankung von 187 Soldaten ist die Wahrscheinlichkeit schon eine etwas größere, daß das zur Mittagskost verabreichte gekochte Rindfleisch nach dem Kochen durch das an Darmkatarrh leidende Küchenpersonal mit den Bazillen infiziert worden ist. Drei in der Küche beschäftigte Leute hatten schon vor dem Ausbruch der Massenerkrankung und besonders an dem fraglichen Tage an Durchfällen gelitten, die nach dem Ergebnis der nachträglich vorgenommenen Untersuchung höchstwahrscheinlich durch Gärtnerbazillen bedingt waren, deren Quelle allerdings unbekannt blieb. Von diesen Leuten war das angeblich vom Fleischer einwandfrei gelieferte Fleisch zwei Stunden lang gekocht und nach dem Kochen zu Portionen zerschnitten. Ein unglücklicher Zufall wollte es, daß das Regiment nicht wie angesagt, um 12 Uhr, sondern erst vier Stunden später von einer Übung zurückkehrte, so daß das Fleisch in Stücke warm gehalten werden mußte. Der Autor nimmt an, das die Leute beim Zerkleinern das ursprünglich einwandfreie Rindfleisch nachträglich mit Gärtnerbazillen infiziert haben, die nun während der Aufbewahrung sich vermehrt und die Fleischstücke überwuchert haben. Er stützt seine Annahme mit auf einen Laboratoriumversuch, welcher ergab, daß auf gekochtes Fleisch geimpfte Gärtnerbazillen beim Aufenthalt im Brutschrank in vier Stunden die Oberfläche des portionsgroßen Stückes überwuchern und in 24 Stunden durchwuchern. Daß frisches Fleisch nach künstlicher Impfung der Oberfläche unter günstigen Bedingungen sehr schnell von den Fleischvergiftern durchsetzt werden kann, haben die Experimente von Conradi, Meyer und Rommeler ergeben. An dieser Tatsache kann also kaum noch gezweifelt werden. Trotzdem erheben sich Bedenken gegen die Deutung Bofingers. Zunächst hat das Laboratoriumsexperiment nur einen bedingten Wert, indem nicht alle in der Natur wirksamen Faktoren nachgeahmt werden, wo z. B. die Konkurrenz der Begleitbakterien eine große Rolle spielt. Zweitens sind die nicht auf Fleisch zurückzuführenden Gärtnerinfektionen beim Menschen äußerst selten. Gerade der Umstand, daß Gärtnerbakterien, welche hauptsächlich beim kranken Tier angetroffen werden, und daß nicht die beim Menschen häufiger vorkommenden Paratyphusbazillen die Massenvergiftung veranlaßt haben, spricht für eine intravitale Infektion. Drittens dürfte die zum Warmhalten von Fleisch nötige Temperatur 50⁰ oder mehr betragen haben, bei der das Bakterienwachstum erheblich leidet. Viertens kann man sich kaum vorstellen, wie 187 Fleischportionen beim Zerkleinern haben infiziert werden können. Dazu würde ein so hoher Grad von Unsauberkeit gehören, wie man ihn bei den Köchen kaum annehmen kann. Schließlich spricht das klinische Bild der akuten Intoxikation gegen eine nur vier Stunden zurückliegende Infektion des Fleisches, sondern im Gegenteil für eine während des Lebens des Tieres stattgehabte Durchsetzung und Vergiftung des Fleisches.

Wir haben Gelegenheit gehabt, einen ähnlichen Fall von Massenvergiftung bei einem Truppenteil (Unteroffizierschule in Potsdam) im Frühjahr 1912 zu untersuchen. Auch hier handelte es sich um eine nach Rindfleisch aufgetretene, durch Gärtnerbakterien verursachte Massenerkrankung. Soweit festgestellt werden konnte, war vorschriftsmäßiges auf dem städtischen Schlachthof untersuchtes Fleisch in die Truppenküche gelangt. Für die Garnison waren sechs Ochsen geschlachtet, von denen einzelne Organe (Lungen und Nieren) wegen krankhafter, nicht eitriger Veränderungen verworfen waren. Die gelieferten Fleischstücke stammten wahrscheinlich von verschiedenen Tieren.

Fleischstücke waren zur bakteriologischen Untersuchung nicht mehr zu haben, wohl aber noch die gekochten Knochen — Schenkelknochen und Rippen. — In dem Mark der letzteren wurden Gärtnerbazillen nachgewiesen. Damit war der Beweis erbracht, daß mindestens ein — vielleicht untergeschobenes(?) Fleischstück von einem intra vitam infizierten Tier hergerührt und die Massenerkrankung verursacht hatte.

Solche Fälle mahnen zur äußersten Vorsicht bei der Beurteilung der epidemiologischen Verhältnisse und machen es höchst wahrscheinlich, daß in einer großen Reihe von publizierten Fleischvergiftungen (Breckle, Marx, Bingel, Kutscher, Baehr, Bienwald, Stoll, Friedrichs und Gardiewski, Aumann, Österlen, Bofinger) die Schädlichkeit des Fleisches resp. der Wurst auf intravitale Infektion, also auf kranke Tiere und nicht auf postmortale, sekundäre Verunreinigung bei der Aufbewahrung und Zubereitung des Fleisches zurückzuführen ist. Dagegen spricht auch nicht die Tatsache, daß das Fleisch in einigen Fällen vorschriftsmäßig untersucht und abgestempelt war. Denn die durch die spezifischen Fleischvergifter verursachten septischen Zustände können im Frühstadium ohne schwere Symptome verlaufen und sind als kryptogenetische Septikämien bekannt. Werden die Tiere in solchen Stadien geschlachtet und werden die Schlachtprodukte längere Zeit unter einer für die Entwicklung der Bakterien günstigen Temperatur, z. B. in den Sommermonaten auf dem Lande, wo Kühlvorrichtungen zu fehlen pflegen, aufbewahrt, so kann es zur schrankenlosen Durchseuchung des frischen, anscheinend unschädlichen Fleisches kommen.

2. Daß einwandfreies Fleisch durch Berührung mit infiziertem z. B. bei längerem Lagern im Laden des Metzgers eine giftige Beschaffenheit annehmen kann, hatte bereits die Epidemie in Andelfingen gelehrt. Diese war durch Fleisch von kranken Kälbern verursacht. Es erkrankten aber auch Personen, die nichts von dem Kalbfleisch gegessen, wohl aber Rindfleisch von demselben Metzgerladen genossen hatten, das offenbar durch das Kalbfleisch infiziert war.

In einem von Fromme publizierten Fall verursachte die Leber eines gesunden Rindes, die mit einem mit Abszessen durchsetzten Schinken, dessen Genuß eine Massenerkrankung zur Folge hatte, zusammengelegen hatte, typische Fleischvergiftung mit positivem Bazillenbefund, während die übrigen Teile des Rindes ohne Schaden genossen wurden. Ein Analogon zu diesem Falle haben Jacobitz und Kayser publiziert. Sie fanden, daß ein mit Fleischvergiftungsbakterien durchsetzter Schinken einen danebenliegenden einwandfreien Schinken infiziert hatte.

In der im Landkreis Dortmund 1910 durch Rindfleisch verursachten Epidemie hatte auch Schweinefleisch, welches die von dem Rindfleisch infizierte Hackmaschine passiert hatte, Erkrankungen und sogar einen Todesfall verursacht.

3. Daß Natureis Fleischvergiftungsbakterien enthalten kann, hat Rommeler nachgewiesen. Ob jemals auf diese Art Fleischwaren in einer für den Menschen schädlichen Weise infiziert worden sind, ist nicht bekannt.

4. Es ist beobachtet worden, daß Tiere nach Ablauf der klinischen Erscheinungen einer Sepsis noch längere Zeit die Erreger in bestimmten Organen — Leber, Milz, Gallenblase — beherbergen können, ohne daß klinisch Krankheitszeichen wahrzunehmen oder pathologisch-anatomische Veränderungen an dem Tier bei der Fleischbeschau festzustellen sind. Basenau hat experimentell nachweisen können, daß sein Bacillus morbificans bovis, der bei Verwendung großer Mengen Keime durch Infektion vom Peritoneum aus tötete, von nicht todbringenden Infektionsherden aus sich im Organismus zu verbreiten und bei gutem Befinden der Versuchstiere mindestens mehrere Wochen in keimfähigem Zustande daselbst sich zu erhalten imstande war.

Insonderheit ist aber an die nach überstandenen septischen Krankheiten zurückgebliebenen abgekapselten Eiterherde zu denken. Werden solche nicht entdeckt und bei der Fleischbeschau entfernt, so kann der Inhalt bei der Verarbeitung des Fleisches (Hackfleisch, Wurst) sich diesen beimischen und so die Fleischwaren infizieren. Werden diese dann unter den für die Entwicklung der Krankheitserreger günstigen Bedingungen aufbewahrt, so können sie eine giftige Beschaffenheit annehmen. Wir glauben, daß auf diese Weise manche Fälle von Fleischvergiftung zu erklären sind, in denen das Fleisch ohne jeden

Nachteil genossen wurde, in denen aber die aus den Organen desselben Tieres
zubereiteten Fleischspeisen — Würste, Preßkopf, Pasteten — schädlich waren.

So hatte in der von Kußmaul beschriebenen Epidemie in Lahr (173 Krankheits-
und 5 Todesfälle) das Fleisch einer an Blutharnen leidenden abgezehrten Kuh keinerlei
Vergiftungserscheinungen hervorgerufen, dagegen der Genuß von frisch aus dem Fleisch
und den Nieren bereiteten Schwartenmagen in kleinsten Mengen schwere Gastroenteritis
mit starker Beeinträchtigung des Nervensystems in fünf Fällen sogar den Tod verursacht.

Im Gegensatz dazu glauben wir, daß die in den Fäces gesunder Tiere vorkommenden Bakterien der Paratyphusgruppe keine Bedeutung für die sekundäre Außeninfektion des Fleisches haben, da sie einmal nur in geringer Zahl
vorkommen und zweitens avirulent sind.

5. Von den Mäusen und Ratten wissen wir, daß sie die Bakterien der
Fleischvergiftung beherbergen und daß sie sich mit Vorliebe in Schlachthäusern,
Fleischkellern und Vorratskammern aufzuhalten pflegen.   Eine sekundäre Verunreinigung der Schlachtprodukte durch ihre Ausscheidungen ist also sehr
wohl möglich.   Bisher ist kein Fall mit einer derartigen Infektionsquelle beschrieben.

Jedenfalls erscheint es aber vom hygienischen Standpunkt aus sehr bedenklich,
zur Vertilgung der Ratten und Mäuse in den Schlachthäusern, Fleischkellern usw. Kulturen von Bakterien der Gärtnergruppe zu verwenden, wie sie die verschiedenen Ratten-
vertilgungsmittel — Ratin, Virussanitar usw. — enthalten.

Unter den zubereiteten Fleischwaren nehmen die **Wurstwaren** die erste
Stelle ein.   Die Infektion der Wurst kann durch Verwendung bereits infizierten
Materials oder durch Unsauberkeit bei der Bereitung zustandekommen.   Wir
glauben, daß die erstere Art die Hauptquelle darstellt.   Oft mag es sich nur um
ursprünglich minimale Mengen der spezifischen Bakterien handeln, die erst
durch unzweckmäßige Aufbewahrung der Würste bei hoher Außentemperatur
eine schrankenlose Vermehrung erfahren.   Daß speziell der Wurstbrei einen
vorzüglichen Nährboden für Bakterien darstellt, haben die Untersuchungen
von Mayer ergeben, der in 1 g Wurstsubstanz bis zu 16 Millionen Keime nachwies.   „Solche Würste werden gegessen, ohne groben Schaden zu nehmen, ein
Beweis, welche Mengen von Bakterien der gesunde Verdauungsorganismus
des Menschen zu ertragen und zu vernichten vermag.“   Erwähnt sei auch hier
noch einmal, daß das Kochen und Räuchern der Würste und Schinken die Fleischvergifter keineswegs mit Sicherheit abtötet.

Nach der erstmaligen Feststellung von Paratyphusbazillen als Ursache einer nach
Pferdehackfleisch in Düsseldorf aufgetretenen Massenvergiftung durch Trautmann,
sind diese Erreger oder Gärtnerbazillen mehrfach bei Vergiftungen gefunden. die nach
Genuß zubereiteter Fleischspeisen aufgetreten sind, ohne daß eine Erkrankung des
Fleisch spendenden Tieres nachgewiesen werden konnte.

In den letzten Jahren sind mehrfach Fälle von Vergiftungen publiziert,
die nach Genuß von zubereitetem **Gänsefleisch** aufgetreten und durch Paratyphusbazillen bedingt waren.   Sie sind schon lange bekannt und sind auch in den
Sanitätsberichten der einzelnen Staaten verzeichnet.   Wahrscheinlich ist ihre
Häufigkeit eine weit größere, als man aus jenen Zahlen schließen kann.   Sie
gelangen aber selten zur amtlichen Kenntnis, da es sich naturgemäß meist um
Familien- und Gruppenerkrankungen handelt.

Über eine Massenerkrankung hat 1890 Wildner berichtet.   Es erkrankten ca. 90 Personen nach Genuß gebratener Gänse, welche 12 Stunden dicht in einer Kiste verpackt gelegen und dann noch einen Tag unausgeweidet im Keller gehangen hatten.   Die Leber war
besonders giftig.   Diese Massenvergiftung hat ein Analogon in einer von Fowler in einer
Messe im Hafen von Gibraltar beobachteten Massenerkrankung.   Es erkrankten 64 Personen
ca. 70 Stunden nach einem Abendessen, das aus sechs Gänsen, die gut konserviert aus England gekommen waren, und neuen Kartoffeln bestand, an akutem Paratyphus.   Ein Kranker
starb am fünften Tage.   Man fand eine intensive Gastroenteritis mit frischer Pleuritis und
Peritonitis.   Der Magendarminhalt und das Blut enthielten Paratyphusbazillen in Menge.
Das Serum von vier Kranken agglutinierte sie.

Der erstmalige Nachweis von Paratyphusbazillen als Ursache dieser Krankheiten scheint 1906 in Berlin durch das Institut für Infektionskrankheiten erbracht zu sein. In diesem Jahre kamen drei Vergiftungen in drei Familien nach Genuß von geräucherter Gänsebrust resp. geräucherter Gänsekeule bzw. gepökeltem Gänsefleisch vor. In allen drei Fällen wurden in Proben des Gänsefleisches und in den Entleerungen der Kranken Paratyphusbazillen nachgewiesen.

In jedem der nächstfolgenden Jahre sind nach den Sanitätsberichten Gruppenerkrankungen an Paratyphus nach verarbeitetem Gänsefleisch, namentlich Pasteten beobachtet worden. Sobernheim und Seligmann_fanden die Erreger in mehreren aus Rußland importierten Spickgänsen.

3. Die Klinik der spezifischen Fleischvergiftungen.

Die nach Genuß intra vitam oder postmortal mit den genannten Bakterien infizierten oder zersetzten Fleisches auftretenden Krankheitserscheinungen sind in der Hauptsache gastrointestinale. Man hat daher nach dem klinischen Bilde diese Form der gatsrointestinalen Fleischvergiftung von einer rein nervösen Form, deren Ursache der Bacillus botulinus ist, abgetrennt (S. 861). Diese Unterscheidung ist sowohl vom klinischen wie ätiologischen Standpunkt aus durchaus gerechtfertigt.

Schon vor 30 Jahren wies Bollinger auf die Mannigfaltigkeit der Erscheinungen hin. Er konnte eine förmliche Stufenleiter von den einfachen Verdauungsstörungen, dem Magenkatarrh, Brechdurchfall an bis zu den schweren Erkrankungen, die gelegentlich unter dem Bilde des Ileotyphus oder der Dysenterie verlaufen, konstatieren. Er unterscheidet drei Gruppen, die ohne scharfe Grenze ineinander übergehen können:
1. choleraähnliche Erkrankungen mit profusen Diarrhöen;
2. choleraähnlich einsetzende und typhusähnlich weiter verlaufende Erkrankungen;
3. typhusartige Krankheitsbilder mit länger dauernder Inkubation und mit nervösen Störungen.

Diese drei verschiedenen Krankheitsbilder werden auch heute noch nach Fleischvergiftungen beobachtet. Man unterscheidet heute in ähnlicher Weise:
1. die Form der akuten Gastroenteritis;
2. die akute choleraähnliche Form;
3. die thypöse Erkrankungsform.

An Häufigkeit steht die erste Gruppe allen anderen voran, ihr folgt die zweite, dann die dritte, die seltener zur Beobachtung gelangt. Alle drei Formen können nebeneinander beobachtet werden. Matthes sah, daß bei einer durch Paratyphusbazillen bewirkten Fleischvergiftung der eine Teilnehmer an dem Essen bereits zwei Stunden später an einer äußerst heftigen, aber binnen 24 Stunden ablaufenden Gastroenteritis erkrankte, während eine zweite Teilnehmerin am dritten Tage von einer typhusähnlichen Erkrankung befallen wurde. (Vgl. auch dieses Handbuch, Bd. 1, S. 528 ff., 536 ff.).

1. Die Form der akuten Gastroenteritis (Gastroenteritis paratyphosa nach Schottmüller).

Der Beginn ist fast immer ganz akut, wenige Stunden nach dem Genuß des infizierten Nahrungsmittels treten in den meisten Fällen die ersten Zeichen auf. In anderen Fällen können 24, sogar 48 Stunden vergehen. So stellten sich in der Braunshainer Epidemie die ersten Krankheitszeichen bei einigen bereits zwei Stunden, bei den meisten 12—18 Stunden, in einem Fall sogar erst 48 Stunden nach Aufnahme des giftigen Fleisches ein.

Die Temperatur beginnt mit dem Auftreten der ersten Erscheinungen, oft nach Vorausgang eines Schüttelfrostes, der aber keineswegs die Regel bildet, zu steigen. Schon nach wenigen Stunden erreicht sie eine Höhe von 40—41°, um an einem der nächsten Tage lytisch oder in Form der Krise öfter bis unter die Norm zu sinken, so daß mehrere Tage subfebrile Temperaturen bestehen können. Bei längerer Dauer des Fiebers ist meist ein unregelmäßiger Verlauf, keine Kontinua vorhanden. Es kommen aber auch Fälle vor, in denen die Temperatur sich nur wenig oder gar nicht über die Norm erhebt. Mitunter stellt sich nach einigen Tagen fieberfreien Intervalls ein kurzer erneuter Fieberanstieg ein.

Der Puls schnellt im allgemeinen mit der Temperatur steil in die Höhe. Zahlen von 120—160 sind keine Seltenheiten. Die Qualität — Füllung, Spannung und Schlagfolge — ist sehr verschieden. Sie kann in einzelnen Fällen kaum eine Abweichung erkennen lassen, in anderen dagegen, besonders beim Vorherrschen von Intoxikationserscheinungen, eine Abnormität (Kleinheit) aufweisen, was immer ein bedenkliches Zeichen ist. Im Stadium der subnormalen Temperaturen kann es zu abnormer Verlangsamung und Unregelmäßigkeiten kommen. Bedrohliche Anfälle von Herzschwäche und Kollapszustände sind im Anfang nicht selten, am häufigsten allerdings bei der choleraähnlichen Form.

Übelkeit, Erbrechen, kolikartige Leibschmerzen spielen im Anfang eine wichtige Rolle. Der Appetit liegt gänzlich danieder, meist besteht Ekel vor Speisen. Oft wird der Versuch, Nahrung zu sich zu nehmen, von heftigen Würgbewegungen begleitet. Infolge des abnormen Wasserverlustes besteht starker Durst. Das Erbrechen kann lange anhalten, mitunter sekundär durch Gehirnreizungen ausgelöst werden und dann die Prognose trüben.

Nicht selten bestehen im Anfang influenzaartige Symptome, Rötung der Augenlidbindehäute, der Rachengebilde, bronchitische Geräusche, Trockenheit im Schlunde, Angina, Heiserkeit, ja völlige Aphonie kommen vor. Herpes labialis ist eine sehr häufige Erscheinung.

Der Leib kann aufgetrieben, ebenso häufig eingesunken und eingezogen sein. Das Epigastrium und Hypogastrium erweist sich druckempfindlich, namentlich ist die Leber- und Gallenblasengegend druckschmerzhaft. Eine Vergrößerung der Leber wird nicht gefunden. Dagegen besteht oft ein Ikterus verschiedenen Grades. Die Milz kann schon am zweiten Tage deutlich palpabel sein und sich weiterhin vergrößern, oft genug aber während der ganzen Erkrankung keine Vergrößerung erkennen lassen. Es hängt das wahrscheinlich davon ab, ob mehr die Intoxikations- oder Infektionserscheinungen das Krankheitsbild beherrschen.

Die Harnabsonderung läßt bei dem starken Wasserverlust durch Erbrechen und Durchfall bald nach. Selbst nach Infusion von 4—5 Liter Kochsalzlösung wird mitunter innerhalb der ersten 24 Stunden kein Tropfen Harn gelassen. Die Menge bleibt lange Zeit gering, das spezifische Gewicht hoch. Schon frühzeitig und gar nicht so selten kann im Harn Albumen sich finden, das recht beträchtlich werden kann, aber schnell mit dem Nachlassen der allgemeinen Krankheitserscheinungen verschwindet. In einzelnen Fällen sind die Zeichen einer akuten Nephritis, in anderen Fällen länger dauernde Hämaturie beobachtet. Die Diazoreaktion wird öfter positiv gefunden.

Auf der Haut kommt es zuweilen zu urticaria- oder roseolaähnlichen Effloreszenzen, die mit dem Nachlassen des Fiebers wieder verschwinden. Häufig ist auch ein scharlachähnliches, mit nachfolgender ausgedehnter Abschilferung der Epidermis einhergehendes Exanthem vorhanden. In schweren Fällen werden echte Hämorrhagien wie beim Petechialfieber auf der Haut und an Schleimhäuten beobachtet. Unter den Erscheinungen von Herzschwäche pflegen ödematöse Schwellungen an den unteren Extremitäten aufzutreten. Auch Gelenkschwellungen sind beobachtet worden.

Der Stuhl ist dünnflüssig, oft aashaft stinkend, zuweilen fade, von gelblicher oder grünlicher, zuweilen teerartiger Farbe, nicht selten schleimig-blutig, so daß bei bestehendem Tenesmus, der eine häufige Begleiterscheinung ist, das Bild der Dysenterie vorgetäuscht werden kann. Die Zahl der Stuhlgänge ist wechselnd. 15—20 Stuhlgänge in den ersten 24 Stunden sind keine Seltenheiten. Die Durchfälle halten kurze Zeit an und ziehen in der Regel Verstopfung nach sich. Meist bleibt aber eine starke Empfindlichkeit des Darmes längere Zeit bestehen, die bei Diätfehlern wieder zu Durchfällen führt. Diese sind zwar die Regel, doch kommt auch Verstopfung vor. So beobachtete Breckle in zwei Fällen hartnäckige Obstipation, während alle anderen Patienten derselben Massenvergiftung an heftigen Diarrhöen litten.

Im Blute finden sich nach den bisherigen spärlichen Untersuchungen keine Veränderungen der morphologischen Bestandteile. Die Leukocyten sind weder vermehrt noch vermindert. Die Krankheitserreger selbst können schon in den ersten Tagen im Blute angetroffen werden.

Störungen im Gebiete der Nervenbahnen sind meist vorhanden. Sie können mitunter im Vordergrund der Erscheinungen stehen, und zwar wiederum hauptsächlich beim Vorwiegen der toxischen Form der Krankheit. Kopfschmerzen, Schwindel, Unruhe, Schlaflosigkeit, ziehende Schmerzen in den Gliedern und Gelenken, Supra- und Okzipitalneuralgien, Parästhesien, Wadenkrämpfe sind häufige Begleiterscheinungen. Außerdem kommen auch — wohl ebenfalls als Ausdruck schwerster toxischer Wirkung auf das Zentralnervensystem — ausgesprochene Delirien, allgemeine Krämpfe, klonisch-tonische Krämpfe der Extremitätenmuskulatur vor oder auch tiefes Coma. In der Braunshainer Epidemie lagen ein Kind und ein Erwachsener wie im Starrkrampf totenähnlich da, so daß sie totgesagt wurden und eine Gerichtskommission zur Vornahme der Obduktion sich einstellte, um unverrichteter Sache wieder abzuziehen.

Lähmungen der Schlund-, Augen- und Extremitätenmuskeln gehören in nicht ganz seltenen Fällen zum Bilde der akuten Form der gastrointestinalen Fleischvergiftung. Demgemäss werden Schlingbeschwerden, Ptosis, Akkommodationslähmungen, Mydriasis, Paresen der Gliedmaßen beobachtet. In solchen Fällen hat man eine Mischinfektion mit Botulismusgift angenommen, aber niemals beweisen können. Diese Annahme hat sehr wenig Wahrscheinlichkeit für sich, da das Botulismusgift sich niemals intravital entwickelt und durch Erhitzung abgetötet wird, während die Toxine der Paratyphusbazillen der Hitze widerstehen können und eine Affinität zum Nervensystem besitzen. Zum Teil mag es sich in solchen Fällen nicht um zentrale Schädigungen sondern um Ausfallserscheinungen handeln, wie sie durch die allgemeine Schwäche bedingt werden können.

2. Die choleraähnliche Form.
(Cholera nostras paratyphosa nach Schottmüller.)

Bei der choleraähnlichen Form der Nahrungsmittelvergiftung stehen die toxischen Erscheinungen im Vordergrunde des Krankheitsbildes. Stürmischer Beginn mit Erbrechen, Durchfall mit reiswasserähnlichen Stühlen, Leibschmerzen, starker Verfall, große Schwäche, kleiner, frequenter Puls, Fieber, heftige Wadenschmerzen, Urinverhaltung, eingesunkene Augen, trockene kalte Haut, livide Gesichtsfarbe, kühle Extremitäten, intensives Frösteln.

Die Temperatur sinkt meist nach hohem Anstieg unter die Norm oder ist von vornherein subnormal. Unter Zunahme der Herzschwäche und Auftreten eines Lungenödems erfolgt dann der Tod meist innerhalb der ersten 24 Stunden. Diese schweren und rasch auftretenden Intoxikationserscheinungen werden durch die in und auf dem Fleisch gebildeten giftigen Stoffwechselprodukte bedingt. Nach Sacquepée Bellot und Combe tritt bei dieser Form trotz enormer Mengen von Bazillen im Darm keine Septikämie auf.

3. Die typhöse Form.
(Paratyphus abdominalis nach Schottmüller.)

Die typhöse Form der Nahrungsmittelvergiftungen kann entweder sich an das Stadium der akuten gastrointestinalen Form anschließen oder sich von vornherein als solche entwickeln. Im ersten Falle dauern Fieber und Durchfälle in geringerer Intensität an. Ersteres kann die drei charakteristischen Stadien des Ansteigens, der Continua und des Absteigens zeigen. Doch sind die Stadien meist kürzer und weniger deutlich ausgeprägt. Häufig ist das Fieber aber durch Unregelmäßigkeit oft mit tiefen Remissionen ausgezeichnet.

Einen in dieser Beziehung interessanten Beitrag hat Jacob geliefert. In einem Lehrerseminar zu Würzburg war nach dem Genuß von Leberwurst eine große Anzahl von Seminaristen an akuter Gastroenteritis erkrankt. Der Beginn der Erkrankung war bei allen Patienten gleichzeitig, und die Symptome der ersten Tage unterschieden sich nur durch ihre Schwere. Im weiteren Verlauf waren deutlich zwei Formen zu unterscheiden.

Bei der Gruppe I (23 Kranke) dauerte die ganze Krankheit nicht viel länger als eine Woche. Nach vier bis sechs höchstens sieben Tagen kehrte die Temperatur zur Norm zurück und zwar meistens in ziemlich steilem Abfall, so daß die Patienten in ein bis zwei Tagen fieberfrei wurden und auch die übrigen Symptome schwanden.

Bei der II. Gruppe (9 Kranke) schloß sich an das Stadium des akuten Brechdurchfalls ein typhusähnliches an mit länger dauerndem Fieber, staffelförmigen Abfall, Milzschwellung, relativer Pulsverlangsamung. Ähnliche Beobachtungen sind von Levy, Prigge und Sachs - Müke, Walker gemacht.

Mit Schottmüller kann man annehmen, daß der verschiedene Verlauf durch die verschiedene Lokalisation der Krankheitserreger bedingt wird. Die gastroenteritische Form ist eine akute Vergiftung mit lokaler Schädigung der Magendarmschleimhaut durch die Gifte, die typhöse Form eine Sepsis mit Einwanderung der Erreger in die Blutbahn und mit sekundärer Lokalisation vorwiegend im Darm aber auch in anderen Organen.

Auf der Rachenschleimhaut und den Tonsillen können den Darmgeschwüren ähnliche Ulcera auftreten (Rolly, Schottmüller). Die Stuhlgänge können erbsenbreiartige Beschaffenheit annehmen. Milzschwellung, Leukopenie, Bronchitis, leichte Benommenheit vervollständigen dann das typhusähnliche Krankheitsbild. Der Krankheitsverlauf ähnelt oft nur dem des Typhus, ohne ihm in allen Punkten zu gleichen.

Die **Dauer** der Krankheit kann eine sehr verschiedene sein. Fieber, Erbrechen und Durchfall können nur 2—3 Tage anhalten, und zwar ohne daß es zu anderweitigen nachweisbaren Veränderungen der Organe kommt. Mit dem Nachlassen der Durchfälle sinkt die Temperatur zur Norm und die Rekonvaleszenz geht schnell und ohne Störung von statten. In anderen Fällen zieht sich die Krankheit über Wochen hin. Unregelmäßiges Fieber, leichte Durchfälle, Nierenreizung, Bronchitis beherrschen dann das Krankheitsbild. In der Gaustadter Epidemie trat in einem Falle der Tod erst am 27. Krankheitstage ein.

Ebenso verschieden wie der Verlauf der Krankheit gestaltet sich die **Rekonvaleszenz.** Sie ist abhängig von dem Verlauf der vorausgegangenen Krankheit und von individuellen Verhältnissen (Alter, Geschlecht, Beruf, Ernährungszustand, Konstitution). Das häufigste länger anhaltende Symptom ist eine allgemeine Schwäche und eine Herzschwäche im besonderen. Manche Kranke erholen sich nur langsam. Kopfschmerzen, Appetitlosigkeit, Empfindlichkeit des Darms, Anämie können die Rekonvaleszenz sehr verzögern. Die Veränderungen am Nervensystem bilden sich, ohne Spuren zu hinterlassen, zurück.

Rückfälle kommen, wenn auch selten, bei der akuten Form vor. Gonzenbach und Klinger haben einen solchen Fall beschrieben, ebenso Rolly.

Die Mortalität ist sehr verschieden. Es sind umfangreiche Epidemien beschrieben, in denen alle Kranken mit dem Leben davon kamen, während in anderen Epidemien kleineren Umfangs mehrere Todesfälle zu verzeichnen waren. Vgl. Zusammenstellung S. 7 ff.

Die Gefahr der Übertragung der Krankheit durch Kontakt ist nach den bisher vorliegenden Erfahrungen gering. Daß sie in seltenen Fällen vorkommen kann, lehren, abgesehen von Beobachtungen in früheren, bakteriologisch nicht untersuchten Epidemien, einige Feststellungen, die bei bakteriologisch eruierten Massenerkrankungen gemacht worden sind, so von Rimpau, Prigge, SachsMüke, Mathes, Wollenweber und Dorsch. Letztere Autoren sahen zwei Säuglinge, die von ihren Müttern genährt wurden, 6 bzw. 24 Stunden später als die Mütter erkranken.

Dauerausscheider scheinen bei der gastrointestinalen Form der Fleischvergiftung nicht vorzukommen. In der mehrfach genannten Epidemie im Landkreis Dortmund fanden sich die Krankheitserreger in 6 Fällen bis zum 30. und in einem bis zum 39. Krankheitstage später nicht mehr. Brummund beobachtete einen Fall von drei Monate dauernder Ausscheidung.

Ob nach Überstehen der gastrointestinalen Form der Fleischvergiftung eine Immunität eintritt, ist noch nicht sicher.

Der pathologisch-anatomische Befund der akuten Form steht oft im Gegensatz zu dem schweren klinischen Bilde. Die Veränderungen sind natürlich wesentlich von der Dauer der vorausgegangenen Krankheit abhängig. Dasjenige Organ, welches noch am häufigsten und konstantesten Abweichungen von der Norm aufweist, ist der Darm. Aber selbst der kann außer geringem Ödem und stärkerer Gefäßfüllung der Schleimhaut normalen Befund zeigen, sogar in Fällen, in denen während des Lebens Durchfall und Blutungen bestanden hatten. Wichtig und geradezu charakteristisch sind oft kleine, punktförmige oder auch größere Blutungen, die sich vorzugsweise in der Schleimhaut des ganzen Verdauungstraktus, aber auch auf den serösen Häuten (Pleura und Perikard), sowie in der Haut finden und somit das Bild widerspiegeln, das man am häufigsten im Tierexperiment nach Injektion von Reinkulturen erhält. Daneben besteht meistens eine starke Blutfüllung der Leber, Milz und Nieren. Letztere weisen dann auch hämorrhagische Entzündungen auf. Nach längerer Dauer der Krankheit können sich im Darm Schwellungen der Follikel, ja sogar ulzeröse und gangränöse Prozesse und an den großen Organen der Bauchhöhle fettige Degenerationen finden.

Behandlung. Die Behandlung ist abhängig von der Pathogenese der Krankheitsformen oder vorsichtiger ausgedrückt von den Vorstellungen, die wir von dem Zustandekommen der Krankheit haben. Man nimmt an, daß die akute Form durch Giftstoffe, welche mit den Erregern zusammenhängen und welche die Magendarmschleimhaut schädigen, ausgelöst werde. Welcher Natur aber diese Giftstoffe sind — ob Sekretionsprodukte der Erreger, oder die toten Leiber der Bakterien, ob Abbauprodukte des Nährmaterials vor allen Dingen der Eiweißstoffe dabei in Betracht kommen — darüber haben wir noch keine Kenntnis. Deshalb kann von einer spezifischen Therapie bis jetzt keine

Rede sein. Man muß daher in anderer Weise entgiftend zu wirken suchen. Das kann einmal geschehen durch Entfernung der noch im Magen-Darmkanal befindlichen Giftstoffe und zweitens durch Eliminierung oder Verdünnung der im Blut zirkulierenden Gifte. Daß solche wirklich im Blute kreisen, dafür sprechen die schon frühzeitig auftretenden Nierenreizungen und Schädigungen. Man wird daher möglichst durch Anwendung des Magenschlauchs und Einläufe, sowie durch Darreichung von Abführmitteln, den Magendarmkanal zu reinigen suchen. Wenn nicht zu starke Brechneigung vorhanden ist, soll man Ricinusöl andernfalls Calomel geben, sich aber nicht einbilden, daß dieses Mittel den Darm desinfiziere. Bei häufigem Erbrechen, starken Koliken, Unruhe, Krämpfen leisten nach unseren Erfahrungen Morphiumeinspritzungen gute Dienste, deren Anwendung sich ganz nach dem Zustande des Herzens richtet. Kleinere oder größere Gaben von Alkohol sind in jedem Falle gut. Bei bestehender Herzschwäche und Kollapserscheinungen sind Exzitantien (Digalen, Kampfer, Koffein) unentbehrlich. Warme Umschläge auf den Leib und warme Bäder pflegen bei starken Leibschmerzen und bei Stuhldrang gute Dienste zu leisten. Zur Anwendung antipyretischer Mittel braucht man in der Regel nicht zu greifen. Bei allen mittelschweren und schweren Fällen sollte man nicht versäumen, subkutane und intravenöse Kochsalzinfusionen vorzunehmen. Sie wirken entschieden entgiftend. Aus diesem Grunde könnte auch einmal eine Venäsektion in Betracht kommen,

Die Ernährung hat sich in den ersten Tagen auf Verabfolgung von Tee und Schleimsuppen zu beschränken. Da Milch und Fleischbrühe einen vorzüglichen Nährboden für die Fleischvergifter darstellen, so tut man gut, mit ihrer Verabfolgung zu warten und zunächst kohlehydrathaltige Nährmittel in Breiform zu geben. Im allgemeinen pflegt sich der Darm selbst nach schwerem Anfalle schnell zu erholen, so daß man in der Ernährung nicht die Vorsicht wie beim Typhus walten zu lassen braucht.

4. Vergiftungen durch faules Fleisch.

Bisher hat man das faule Fleisch als Ursache der Fleischvergiftungen namentlich auch der Hackfleischvergiftungen überschätzt. Man sprach auch in solchen Fällen von Fäulnis-Fleischvergiftungen, in denen das Fleisch kaum Zersetzungserscheinungen erkennen ließ, trotzdem aber höchst giftig wirkte, und beruhigte sich in solchen Fällen mit der Hypothese, daß in den Vorstadien der Fäulnis besonders giftige Produkte entstünden, die mit dem Fortschreiten der Fäulnis wieder verschwinden. Damit erklärte man auch die namentlich bei den Naturvölkern häufig gemachte Beobachtung, daß hochgradig faulige Nahrungsmittel von diesen mit Vorliebe und ohne jeden Schaden genossen werden.

Loshelson berichtet über seine Reise in Sibirien, daß Eingeborene in totale Fäulnis übergegangene Fische, Renntiere, Vögel, der Grönländer faule Seehunde ohne Schaden essen. Die Afrikakrieger erzählen, daß die Hottentotten jedes gefallene noch so aashaft stinkende Stück Fleisch ohne Bedenken und ohne nachteilige Folgen verzehren. Von den Chinesen ist bekannt, daß sie faule Eier als Delikatesse schätzen. Und von den Feinschmeckern unter den Europäern wissen wir, daß sie Wildbret im Anfangsstadium der Fäulnis, mit sog. Hautgout, dem frischen Wild vorziehen, ohne Schaden an ihrer Gesundheit zu nehmen.

Bollinger berichtet, daß ein krepiertes, in einer Mistgrube vergrabenes Kalb wieder ausgegraben und ohne Schaden verzehrt wurde. Nach van Ermengem erwies sich der Genuß eines hochgradig verfaulten Schinkens unschädlich, während ein anderer mit ihm zusammengepökelter Schinken ohne Zeichen der Fäulnis schwere Krankheitszustände (Botulismus) auslöste.

Diese sind begründet durch die scheinbaren Widersprüche und Unkenntnis der Vorgänge bei der Fäulnis insonderheit der Beschaffenheit der dabei entstehenden Produkte. Gewöhnlich begnügt man sich, die Untersuchungsergebnisse von Panum, Schmiedeberg und v. Bergmann, Zuelzer und Sonnenschein, sowie Brieger anzuführen und hält damit das Wesen der Fäulnis für erforscht. Tatsächlich wies Panum in faulen Massen ein für Tiere starkes Gift nach. v. Bergmann und Schmiedeberg sowie Faust isolierten aus fauler Bierhefe, Zuelzer und Sonnenschein aus faulem Säugetierorganismus einen stickstoffhaltigen kristallinischen Körper, der alle charakteristischen Wirkungen des Rohmaterials zeigte und atropinähnliche Wirkungen entfalten soll, den die ersteren Autoren Sepsin nannten, dessen Existenz aber nach Brieger noch gar nicht erwiesen ist. Selmi bezeichnete die bei der Fäulnis entstehenden alkaloidartigen Salze als Ptomaine ($\pi\tau\tilde{\omega}\mu\alpha$), eine Bezeichnung, mit der in der Folgezeit mehr Mißbrauch getrieben als Nutzen gestiftet wurde.

Sehr eingehende Untersuchungen über die Produkte der Fäulnis stellte Brieger an. Er isolierte eine große Zahl zur Gruppe der Amine und Diamine gehörige Substanzen, von denen nur ein kleiner Teil sich dem Tierkörper gegenüber giftig verhielt. Für diese ungiftigen Glieder der Fäulnisprodukte behielt Brieger den Namen Ptomaine bei, während er die giftigen, in ihren Salzen kristallinischen Formen, welche kurare- und muskarinartige Wirkungen haben, als Toxine bezeichnete. Dazu gehören hauptsächlich Neurin, Muskarin, Mydatoxin, Mydalëin, Äthylendianin, Methylguanidin. Bieger fand diese Produkte nicht in allen Fäulnisprozessen, häufig nur während einer bestimmten Periode und sah sie im weiteren Verlauf des Fäulnisprozesses infolge Einwirkung von Mikroorganismen wieder verschwinden. Ob sie bei der Fäulnis-Fleischvergiftung des Menschen eine Rolle spielen, darüber äußert er sich sehr vorsichtig, indem er es nur als höchstwahrscheinlich bezeichnet, daß Fischvergiftungen auf sie zurückzuführen sind.

Faust erhielt aus 5 kg fauler Preßhefe = 0,03 schwefelsaures Sepsin von der Formel $C_5H_{14}N_2O_2 + H_2SO_4$. Er stellt eine sehr leichte, voluminöse weiße Masse dar, die aus verfilzten Nadeln besteht und dem salzsauren Morphin vergleichbar ist.

Hunde von 7—8 kg, die 20 mg Sepsin intravenös bekamen, erkrankten an Erbrechen, blutigem Durchfall und gingen in 4 Stunden in komatösem Zustande ohne Krämpfe ein, an Erscheinungen, wie sie nach intravenöser Einspritzung der faulen Stoffe selbst beobachtet wurden. Auch die pathologisch-anatomischen Veränderungen zeigten in beiden Fällen dasselbe Bild, nämlich eine deutliche Färbung und sametartige Schwellung der Schleimhaut des Magendarmkanals ohne Beteiligung der Peyerschen Plaques und Blutaustritte in den einzelnen Organen. Mikroskopisch vollziehen sich die Veränderungen als Kapillarhyperämien ohne Embolien. (Abbildungen siehe Archiv für experimentelle Pathologie und Pharmakologie.)

Kaninchen erkrankten wohl nach intravenöser Erscheinung derselben Dosis, gingen aber nicht ein, ebenso erholten sich Hunde wieder, wenn ihnen nur 10 g eingespritzt wurden.

Aus der Ähnlichkeit der Sepsinwirkung im Tierexperiment mit den Erscheinungen, wie sie konstant bei Vergiftungen mit gewissen faulenden Stoffen und auch bei der gastrointestinalen Form der Fleischvergiftung beobachtet werden, schließt Faust, daß das Sepsin derjenige Bestandteil sei, von welchem solche Vergiftungen abhängen. Nach ihm entsteht das Sepsin beim Abbau der hochmolekularen, in der Hefe vorhandenen Verbindungen unter bakteriellen Einflüssen und stellt die Muttersubstanz, die Vorstufe, des Kadaverins dar. Bei wenig eingreifenden Vorgängen soll das Sepsin in das unschädliche Kadaverin übergehen.

Mit der Erkenntnis, daß die wesentliche Ursache einer Fleischvergiftung eine bakterielle Infektion darstellt, hat man auch in den Fällen der Fäulnisfleischvergiftung angefangen, bestimmte Bakterien, namentlich Proteusbakterien, aber auch Colibazillen, als Ursache der giftigen Beschaffenheit einer Fleischware anzuschuldigen.

Während Schmiedeberg aus Reinkulturen von Proteus keine Sepsindarstellung gelang, glaubt Levy nachgewiesen zu haben, daß das Sepsin ein Produkt der Proteusbazillen sei. Er konnte durch intravenöse Injektion von 5—10 ccm einer verflüssigten Gelatinekultur bei Hunden, Mäusen und Kaninchen das typische Bild der Sepsinvergiftung hervorrufen. Wie die Kulturen, wirkte ein durch Fällung in Alkohol oder mit Chlorcalcium nach der Methode von Roux und Yersin hergestellter Niederschlag, ein eiweißhaltiges Pulver, welches das Sepsin mitgerissen enthalten soll.

Carbonne gewann aus Reinkulturen von Proteusbakterien giftige Ptomaine, nämlich Cholin, Äthylendiamin, Guadinin, Trimethylain.

Fornet und Heubner züchteten aus Hefe, die nach Luftzutritt toxisch geworden war, eine Anzahl verschiedener Organismen und untersuchten die verschiedenen Kulturen — die getrockneten Bakterienleiber — resp. Extrakte von Agarkulturen auf Sepsinwirkung. Es wirkten 6 zu 11 Stämmen giftig. Besonders rief Emulsion des Kulturrasens eines koliähnlichen Bazillus, den sie Bacillus sepsinogenes nennen, ein der Sepsinvergiftung gleichendes Krankheitsbild, Kapillarhyperämie infolge Lähmung der kontraktilen Elemente, bei Tieren hervor. Das Gift wirkt auch bei subkutaner Injektion und wird durch viertelstündiges Kochen nicht geschädigt. Wie weitere Untersuchungen ergaben, ist dieses aus der Leibessubstanz des Bakteriums gewonnene Gift kein Sepsin sondern eine identisch wirkende kolloidale Substanz, wahrscheinlich eiweißartiger Natur. Aus dieser Feststellung wird der Schluß gezogen, daß das putride Gift der Fäulnisgemische häufig gar nicht Sepsin gewesen sei, und die Hypothese aufgestellt, daß sowohl in Fäulnisgemischen wie im Organismus aus kolloidalen, eiweißartigen Giften Sepsin entstehe und dann auch das eigentlich wirksame giftige Molekül darstelle.

Nach Kruse und Selter enthalten nicht nur faulende Eiweißsubstanzen sondern fast alle Bakterien saprophytische wie pathogene in ihren Leibern Stoffe, welche das Vergiftungsbild der Sepsinwirkung erzeugen. Kruse ist der Meinung, daß die putride Intoxikation (Sepsinvergiftung bei Fleischfressern) in das Gebiet der Anaphylaxie gehöre; Seitz konnte in der Tat mit Anaphylatoxin d. h. einem Gift, welches bei Mischung von Bakterienleibern und frischem Meerschweinchenserum entsteht, denselben Symptomenkomplex bei Kaninchen hervorrufen wie mit faulender Hefe. (Sepsin.)

Schittenhelm und Weichardt erhielten nach intravenöser Injektion der Leibessubstanz von Typhus- und Kolibazillen das für die Sepsinvergiftung typische Bild der Kapillarvergiftung. Sie sind der Meinung, daß bei der Aufspaltung verschiedener Eiweißkörper verschiedener Struktur neben gleichartigen auch besondere Spaltprodukte entstehen.

Durch die bisherigen Untersuchungen ist die Art der Entstehung und der Charakter der für den Menschen vom Magendarmkanal aus wirksamen Gifte faulenden Fleisches noch nicht restlos geklärt. Von den meisten Autoren ist als Ausgangsmaterial faulende Hefe und nicht faulendes Fleisch gewählt worden. Die Art des Eiweißes ist aber für die Entscheidung der Gifte von großer Bedeutung. Werden doch z. B. bei der Fäulnis des Kaseins keine für den Menschen giftigen Produkte gebildet. Die von den Autoren dargestellten chemischen Körper sind nicht einheitlicher Natur. Aus der Ähnlichkeit ihrer Wirkung im Tierversuch kann nicht auf ihre Identität geschlossen werden. Insbesondere darf aus der Beobachtung der giftigen Wirkung der Stoffe bei Tieren nach intravenöser Einverleibung nicht der Schluß gezogen werden, daß sie bei Menschen per os giftig wirken. Wir müssen uns bescheiden einzugestehen, daß wir über das eigentlich giftig wirkende Prinzip bei den Fäulnisfleischvergiftungen nicht im klaren sind, daß wir noch nicht wissen, ob Abbauprodukte des Fleischeiweißes allein oder außerdem Sekretions- und Stoffwechselprodukte der Bakterien oder Bakterieneiweißstoffe oder alle drei Faktoren in Kombination dabei in Betracht kommen. (Vergl. auch Kapitel über Vergiftungen durch faule Fische.)

Wir wissen nur, daß die Fäulnis einen höchst komplizierten, unter der Einwirkung bestimmter Bakterien auftretenden Zersetzungsprozeß organischer, eiweißartiger Körper mit Zerfall in Detritus und Bildung übelriechender Gase darstellt. Die Produkte, die dabei entstehen, sind verschieden je nach der chemischen Konstitution des Substrats, nach der Art der beteiligten Bakterien und den äußeren Bedingungen (Sauerstoff, Temperatur und Feuchtigkeit), unter denen die Fäulnis stattfindet. Forster ist der Ansicht, daß auch bei 0 Grad Fäulnis vor sich gehen kann. Er fand in Fleischbrei, der 16 Tage bei 0° aufbewahrt war, ebensoviel Zersetzungsprodukte als in Fleisch, das 6—7 Tage im Keller oder 2 Tage bei Zimmertemperatur aufbewahrt war. Nach unseren bisherigen Kenntnissen kommt nur wenigen wohlcharakterisierten anaëroben Bakterienarten eine wirklich ätiologische Bedeutung bei der Fäulnis zu.

Nach Bienstock spielt der Bacillus putrificus die Hauptrolle. Daß aber auch aërobe Bakterienarten Fäulnis erzeugen können, haben Poppe und Lange neuerdings nachgewiesen. Wichtig ist nun, daß andere zufällig im Substrat vorhandene Bakterien das durch die eigentlichen Fäulniserreger begonnene Werk fortsetzen und zwar je nach ihren verschiedenen Arten in durchaus regelloser Weise. Erst durch die sekundäre Mitwirkung dieser aëroben Bakterien bilden sich ganz bestimmte Produkte, z. B. Indol und Skatol. Von den Coli- und Aërogenesarten, von den Staphylokokken, Streptokokken, Vibrionen, Proteus- und Subtilisarten, fluoreszierenden und farbstoffbildenden Bakterien vermag nach Bienstock kein einziger eine faulige Zersetzung des Eiweißmoleküls hervorzurufen. Die ersteren entfalten vielmehr eine antagonistische Wirkung. Darauf soll z. B. das Ausbleiben der Fäulnis der rohen Milch beruhen. Diese fault nur, wenn der Einfluß der Colibakterien ausgeschaltet wird. Im Darm soll die Tätigkeit der Colibakterien eine allzu intensive für den Körper schädliche Fäulnis hintanhalten. Wenn das auch zunächst nur eine Hypothese ist, so ist doch soviel sicher, daß der Colibazillus kein Fäulniserreger ist, daß er mit Unrecht als solcher bezeichnet wird. Demgegenüber kommt den Proteusbakterien keine fäulnishemmende Wirkung zu. Er vermag vielmehr an sich allein tiefgehende Spaltungen des Eiweißes hervorzurufen, andererseits die Spaltungsprodukte der anaeroben Bakterien weiter zu zersetzen.

Proteusbakterien.

Proteusbakterien sind in der Natur sehr verbreitet. Alle Anzeichen deuten darauf hin, daß die Bezeichnung ein Sammelname für zwar ähnliche, stammverwandte aber bezüglich ihrer Dignität oder Pathogenität doch recht verschiedene Bakterienarten ist. Die Proteusgruppe gleicht in dieser Beziehung der Paratyphusgruppe, die bisher nur besser erforscht ist. Man muß annehmen, daß einige Arten unter bisher noch unbekannten Bedingungen die Fähigkeit besitzen — ganz allgemein gesagt — auf eiweißhaltigen Nährsubstraten die Bildung von Giften zu bewirken, daß andere dagegen invasive Fähigkeiten haben und den menschlichen Körper nach Art der Paratyphusbazillen überschwemmen und infizieren können.

Wir erinnern an die Befunde von Jaeger bei fieberhaftem Ikterus, an einen Fall Rotkays, der bei einer typhösen Erkrankung in der Milz und Ausstrichen von Darmgeschwüren fast Reinkulturen von Proteusbazillen fand, an die Beobachtung van Loghems, der einen nicht Indol bildenden Proteusstamm als Ursache einer fieberhaften Krankheit feststellte. Nach Erben sollen die Toxine des Proteus die Virulenz der Eitererreger (Streptokokken) steigern und der Eiterung jauchigen Charakter verleihen.

Fleischvergiftungen mit positivem Befunde von Proteusbakterien sind von verschiedenen Autoren beschrieben worden (Haupt, Wesenberg, Silberschmidt, Pfuhl, Schumburg, Gutzeit u. a.).

Ob in diesen Fällen die Proteusbakterien auch wirklich die Ursache der Vergiftungen gewesen sind, kann zweifelhaft erscheinen, da der bloße Nachweis der Bakterien in den Nahrungsmitteln nicht genügt, um sie für die Fleischvergiftungen verantwortlich zu machen, und da nach Trautmann ein mit Proteus durchsetztes Fleisch sich sehr früh durch äußere Merkmale des Aussehens und Geruches als genußuntauglich zu erkennen gibt, diese Merkmale aber in einigen Fällen fehlten. In den von Levy, Glücksmann, Berg publizierten Fällen sind aber die ursächlichen Beziehungen der Proteusbakterien zu den Krankheitsfällen kaum von der Hand zu weisen. In einwandfreier Weise sind von Dieudonné Proteusbakterien als Ursache einer Massenerkrankung nach Genuß von Kartoffelsalat festgestellt. (Siehe Kartoffelvergiftungen.)

Im Falle Levys erkrankten im August 1893 in Straßburg 18 Personen unter den Erscheinungen des akuten Brechdurchfalls mit blutigem Erbrechen und blutigen Stühlen, Abgeschlagenheit und geringem Fieber unmittelbar nach dem Genuß von garem kalten Fleisch, das sie in einer Wirtschaft genossen hatten. Ein alter Mann starb. Noch bei Lebzeiten wurde in seinen Entleerungen massenhaft Proteus nachgewiesen. Ebenso konnten sie aus dem bei der Sektion gewonnenen Darminhalt gezüchtet werden. Eine Untersuchung der Wirtschaft ergab, daß der Eisschrank, dem das Fleisch entnommen war, sich in sehr unreinlichem Zustand befand, und daß in seinem Bodensatz ebenfalls Proteus in großer Menge vorhanden war.

In dem Glückmannschen Falle handelte es sich um Fleisch von einem notgeschlachteten Schwein. Das Fleisch hatte in gekochtem Zustand nicht giftig gewirkt, dagegen bei zwei Konsumenten, die es roh oder halbgeräuchert genossen hatten, schwere Vergiftungserscheinungen hervorgerufen, denen der eine erlag. Aus dem Fleisch und aus den Organen des Opfers wurde von Glücksmann der Proteus gezüchtet.

In einem von Berg publizierten Falle waren wenige Stunden nach Genuß einer frisch vom Metzger geholten Blutwurst drei Kinder einer Familie am 21. Dezember 1908 erkrankt, die ältere Tochter an schnell vorübergehendem Übelsein mit Erbrechen ohne Durchfall, die beiden anderen Geschwister, ein zwei- und ein sechsjähriges Mädchen, mit den Erscheinungen eines schweren Brechdurchfalles, denen das sechsjährige Kind am dritten Tage, das zweijärige Kind am vierten Tage erlag. Bei der erst am 3. Januar erfolgten Leichenöffnung wurde ein bemerkenswerter Befund nicht erhoben. Nur konnten aus allen Leichenteilen in dem Bonner hygienischen Institut Proteusbakterien gezüchtet werden. In einem anderen Falle waren in Eller nach Genuß von Hackfleisch, das im Juli im Eisschrank aufbewahrt war, 28 Personen in verschieden heftiger Weise an Brechdurchfall erkrankt, dem ein 16jähriger junger Mensch nach 2½ Tagen erlag. Die Obduktion ergab eine hämorrhagische Entzündung der Darmschleimhaut. Aus den Organen, dem Blut, der Galle, dem Harn- und Darminhalt wurden Proteusbakterien gezüchtet. Die mit Organsäften geimpften Tiere gingen binnen 12 Stunden ein. Ihre Organe und ihr Blut enthielten Proteusbakterien. Dieselben Mikroorganismen wurden in dem beschlagnahmten Fleisch und in Stuhlproben der ebenfalls erkrankten Angehörigen gefunden.

Bemerkenswert ist, daß es sich in allen Fällen um verarbeitetes Fleisch gehandelt hat.

Morphologie und kulturelle Eigenschaften der Proteusbakterien. Der von Hauser zuerst beschriebene Bacillus proteus ist ein dem Paratyphus B-Bazillus morphologisch und kulturell sehr ähnliches Stäbchen.

Milchzucker wird nicht vergoren, wohl aber Traubenzucker. In Lakmusmolke wird Alkali, in Peptonbouillon Indol gebildet. Milch wird nicht zur Gerinnung gebracht. Zum Unterschied von den Paratyphusbazillen wird Gelatine verflüssigt. Nach Levy kann der Proteus bei Fortzüchtung die Eigenschaft Gelatine zu verflüssigen verlieren.

Colibakterien.

Von den Colibakterien als Fleischvergifter gilt dasselbe, was von den Proteusbakterien gesagt ist. Ihr Nachweis in einem zersetzten Fleisch spricht an sich nicht für ihre Bedeutung als Ursache einer nach Genuß desselben aufgetretenen Gesundheitsstörung. Denn bei der Verbreitung dieser Bakterien in der Natur sind Colibakterien in einwandfreiem Fleisch anzutreffen. Ihre ursächliche Bedeutung wird aber in hohem Grade wahrscheinlich gemacht, wenn z. B. die Fähigkeit der Bildung hitzebeständiger Gifte bei ihnen nachgewiesen wird, wie das von Fischer gelegentlich zweier in Grünthal und Glückstadt nach Genuß von Leberwurst bzw. Leberpasteten aufgetretenen Fleischvergiftungen geschehen ist.

Die Colibakterien bildeten in der Kultur hitzebeständige Gifte und töteten Mäuse unter den Erscheinungen einer hämorrhagischen Enteritis. Daß der Colibazillus kein Fäulniserreger ist, ist bereits erwähnt.

Anderweitige angebliche sekundäre Fleischvergiftungsbakterien.

Außer Colibazillen ist noch eine Reihe anderer Mikroorganismen für die Schädlichkeit sekundär infizierten Fleisches verantwortlich gemacht.

So hat Sacquépée eine nach Genuß geräucherten Specks aufgetretene Massenvergiftung auf Enterokokken zurückgeführt, die er in dem Speck und in den Stühlen der Kranken fand, die für Mäuse und Meerschweinchen virulent waren und in Bouillonkultur ein hitzebeständiges Gift bildeten.

Von Lubenau ist der Bac. peptonificans, ein zur Gruppe der von Flügge gefundenen peptonisierenden Heubazillen gehöriger Mikrobe, als Erreger einer Fleischvergiftung angesprochen, an der ca. 300 Personen der Lungenheilstätte in Beelitz nach Genuß von älterem, zu Klopsen verarbeiteten Fleisch erkrankten. Parkes beobachtete eine Haus-epidemie nach Genuß prodigiosushaltigen Fleischpuddings. Ridder hat den Bac. faecalis alcaligenes mit Wahrscheinlichkeit als Erreger eines sporadischen Falles einer Fleischver-giftung festgestellt. Er fand ihn im Blut eines nach Genuß von Pökelfleisch an akuter Gastroenteritis erkrankten Patienten.

Damit ist aber die Reihe der saprophytischen Bakterien, die in sekundär infiziertem Fleisch als Vergifter in Betracht kommen, nicht erschöpft. In den Sanitätsberichten über das Gesundheitswesen des preußischen Staates sind in den letzten Jahren nach Genuß von Schinken, Wurst oder Hackfleisch auf-getretene Einzel- oder Gruppenerkrankungen erwähnt, bei denen teilweise recht schwere Vergiftungserscheinungen mit vorzugsweiser Beteiligung der Nerven beobachtet sind, und bei denen die bakteriologischen Untersuchungen negativ verlaufen sind. Es ist nicht ausgeschlossen, daß bisher noch unbekannte, vielleicht anaërobe Bakterien existieren, welche ohne sinnfällige Veränderungen ein dem Botulismusgift ähnliches Toxin produzieren.

Ustvedt macht darauf aufmerksam, daß nach seinen Beobachtungen fertige Nahrungsmittel durch chronisch Diarrhöekranke infiziert werden und bei den Konsumenten das Bild der Nahrungsmittelvergiftung hervorrufen können, ohne daß spezifische Bakterien gefunden werden.

5. Hackfleischvergiftungen.

Die Hackfleischvergiftungen hat man bisher als eine ätiologisch von den übrigen Fleischvergiftungen zu trennende Krankheit aufgefaßt, weil man sie nach Fleisch von gesunden Tieren, das im gekochten Zustande ungiftig war, und außerdem nur in der heißen Jahreszeit auftreten sah. Die Hackfleischvergiftungen unterscheiden sich aber von den übrigen Fleischvergiftungen einzig und allein dadurch, daß das Fleisch von den Konsumenten in rohem oder halbgarem Zu-stande genossen zu werden pflegt, daß infolge der Herstellungs- und Aufbewah-rungsart die Möglichkeit einer sekundären Infektion mit den spezifischen Fleisch-vergiftungsbakterien eine größere ist, und daß infolge der lockeren und luft-haltigen Beschaffenheit des Fleisches eine schnellere Durchsetzung mit den saprophytischen Bakterien stattfindet.

Nach Trautmann ist Hackfleisch experimentell biologisch nicht anders zu beur-teilen als eine Mischkultur von Bakterien in gutem Nährboden. Die Keimzahlen des käuf-lichen Hackfleisches weisen von vornherein Werte von vielen Millionen Bakterien in 1 g Fleisch auf. Diese gewaltigen Zahlen erhöhen sich nach 24—28 Stunden, zumal bei einer gewissen Wärme und Feuchtigkeit, zu den fast unglaublichen Werten von zuweilen vielen Milliarden in 1 g Fleisch. Die Gefährlichkeit dieses Nahrungsmittels wird noch erhöht durch die Unsitte, mittelst bestimmter Salze die Unansehnlichkeit des Hackfleisches, die nach Trautmann das Produkt der bei seiner Zersetzung frei werdenden Gase — Kohlen-säure, Schwefelwasserstoff, Wasserstoff — ist, zu beseitigen und so eine genußtaugliche frische Ware vorzutäuschen.

Die eigentlich wirksamen d. h. vergiftenden Bakterien sind aber dieselben, die bei den anderen Fleischvergiftungen in Betracht kommen. Es kann sich dabei sowohl um intravital infiziertes, d. h. vom kranken Tiere stammendes Fleisch wie auch sekundär infiziertes und zersetztes Fleisch handeln.

In ersterer Beziehung sei nur an die erwähnten Epidemien in Nordhausen, Wurzen, Lochwitz, Frankenhausen, Altena, Reichenau erinnert, in denen das in Gestalt von Hack-fleisch genossene Fleisch von kranken Tieren stammte. Es handelt sich also bei den Hack-fleischvergiftungen keineswegs um eine im Wesen verschiedene Erscheinung!

Zusammenfassend ist also zu sagen, daß sekundär mit anderen Bakterien als den spezifischen Fleischvergiftungsbakterien durchsetztes und durchwucher-tes Fleisch auch zu Gesundheitsstörungen Veranlassung geben kann, daß solches Fleisch meist durch grobsinnlich wahrnehmbare Veränderungen (Farbe, Ge-ruch) zu erkennen ist, und daß die Erkrankungen meistens schneller, weniger

schwer zu verlaufen und gewöhnlich nur einzeln oder gruppenweise aufzutreten
pflegen.

6. Klinik der nicht spezifischen Fleischvergiftungen.

Klinisch tritt diese Art der Fleischvergiftung, die nicht auf den spezifischen Bakterien der Paratyphus- und Gärtnergruppe beruht, unter dem
Bilde einer akuten, sehr rasch verlaufenden mit und ohne Fieber einhergehenden Gastroenteritis auf und zwar meistens 4—24 Stunden nach dem Genuß
der Fleischspeise. Die ersten Symptome sind Übelkeit, Erbrechen, Kopfschmerzen, Leibschmerzen, häufige dünnflüssige, übelriechende, auch Blut
enthaltende Stühle, Schwächezustände und Gliederschmerzen. Die Schwere
des Krankheitsbildes ist abhängig von der Menge des genossenen Fleisches,
sowie von dem Alter und der Widerstandsfähigkeit der Erkrankten. Die
Dauer richtet sich nach dem Aufenthalt der Ingesta im menschlichen Darm.
Je früher und gründlicher sie beseitigt werden, desto schneller folgt die Genesung,
die in den allermeisten Fällen eintritt.

Die **Behandlung** ist eine rein symptomatische und gleicht der im vorigen
Kapitel beschriebenen.

Mit der Feststellung von Proteus- oder Colibakterien in dem angeschuldigten Fleisch oder in den Entleerungen der Erkrankten ist ihre ätiologische
Bedeutung in dem jeweilig vorliegenden Falle noch nicht erwiesen. Wichtig
kann die Feststellung der Tatsache vorliegender Fäulnis zur Zeit des Genusses
eines verdächtigen Fleisches sein. Bei vorgeschrittener Fäulnis wird man leicht
aus den Angaben über Aussehen, Beschaffenheit und Geruch des Fleisches
genügend Anhaltspunkte gewinnen. Auf den Ausfall einer chemischen Untersuchung wird man nur dann Wert legen können, wenn eine nachträgliche Fäulnis
des Fleisches bis zum Zeitpunkt der Untersuchung auszuschließen ist, was
selten der Fall sein dürfte. Die chemische Untersuchung auf Fäulnisalkaloide
läßt meistens völlig im Stich oder gibt keine eindeutigen Resultate. Durch
die E b e r sche Salmiakfäulnisprobe, die sich auf den Nachweis von freiem Ammoniak gründet, lassen sich dagegen schon geringe Fäulnisgrade nachweisen.
Man verfährt dabei in folgender Weise:

Ein Glasröhrchen wird mit einer Mischung von 1 Teil Salzsäure, 3 Teilen Alkohol,
1 Teil Äther etwa 2 cm hoch gefüllt, verschlossen und geschüttelt. Mit einem Glas-
stabe wird von dem zu prüfenden Fleisch eine Probe entnommen und schnell in das
mit Chlorwasser-, Alkohol-, Ätherdämpfen gefüllte Röhrchen eingeführt, so daß sie etwa
1 cm über dem Flüssigkeitsspiegel entfernt bleibt. Bei Gegenwart von Ammoniak entsteht nach wenigen Sekunden ein starker Nebel, welcher je nach dem Grade der Fäulnis
an Intensität zunimmt. Zu bedenken ist, daß diese Probe bei frischem Pökelfleisch
wegen des dabei normalerweise vorkommenden Trimethylamins positiv ausfallen kann.

7. Die Bedeutung der Hilfsursachen für die Entstehung der bak-
teriellen Nahrungsmittelvergiftungen, insonderheit der
Fleischvergiftungen.

Jede Infektionskrankheit ist ein biologischer Vorgang, der sich zwischen
zwei lebenden Organismen abspielt, und dessen Gestaltung von der jeweiligen
Beschaffenheit dieser beiden Faktoren und von der Summe der äußeren Bedingungen, unter denen die gegenseitige Einwirkung stattfindet, als dem dritten
Faktor abhängig ist. Das gilt auch für die Fleischvergiftungen, deren Zustandekommen das Produkt einer Reihe komplizierter Prozesse ist, bei denen die spezifischen Bakterien den Hauptanteil haben.

Daß die jeweilige Beschaffenheit des Organismus des infizierten Individuums für die Entstehung einer Infektionskrankheit eine Rolle spielt, ist eine bekannte Tatsache.

Wie große Bedeutung sie haben kann, zeigt die bei einer Fleischvergiftungsepidemie unter Soldaten gemachte Beobachtung Aumanns, daß von den nachweisbar mit den spezifischen Bakterien infizierten Leuten etwa nur die Hälfte erkrankte. In der Epidemie zu Werne waren in vier einzelnen Familien alle Personen nach Genuß des Fleisches erkrankt, in anderen nur einzelne Personen, andere dagegen gesund geblieben.

In einem anderen Falle erkrankte kurze Zeit nach Genuß eines mit Paratyphusbazillen durchsetzten Schweinekotelett ein Kind an schwerer akuter Gastroenteritis, der es 22 Stunden später erlag. Aus Magen, Darm, Milz, Nieren und Blase wurden die Erreger gezüchtet. Ein Onkel, der gleichzeitig von den Kotelett gegessen hatte, erkrankte nicht, obwohl er massenhaft Paratyphusbazillen im Blut hatte. Erst 14 Tage später traten diese massenhaft im Stuhl und Harn ohne klinische Symptome auf (G. Mayer).

Von den begleitenden Nebenumständen ist zunächst die Menge der aufgenommenen Bakterien von Belang. Die ungleiche Verteilung der Bakterien im Körper der intra vitam infizierten Tiere oder der sekundär verunreinigten Schlachtprodukte oder anderer Nahrungsmittel bringt es mit sich, daß sich von ein und demselben Tiere stammende Fleischteile in dem einen Falle bakterienhaltig und infolgedessen auch schädlich erweisen, in dem anderen bakterienarm und daher unschädlich zeigen. Das ist namentlich bei den Eingeweiden gegenüber den Muskeln der Fall. In mehreren Epidemien erwiesen sich gerade die inneren Organe resp. die daraus hergestellten Fleischspeisen als besonders giftig.

Die Verteilung im Organismus des Tieres ist wieder abhängig von der Art, der Schwere und der Dauer der Krankheit des Tieres bis zum Zeitpunkt der Schlachtung.

Auf die Menge der Bakterien hat weiter die Zeit und Art der Aufbewahrung von der Schlachtung bis zum Verbrauch und die Art der Zubereitung großen Einfluß. Aus der Praxis sind Fälle bekannt, in denen der Genuß des frischen, nur wenige Bazillen der Paratyphusgruppe enthaltenden Fleisches keine oder nur geringe Krankheitserscheinungen auslöste, wohl aber der Genuß des von demselben Tier stammenden, mehrere Tage aufbewahrten, reichlich Bakterien enthaltenden Fleisches schwere Krankheitszustände hervorrief.

Zwischen der Menge des genossenen Fleisches und der Schwere der Erkrankung besteht kein gerades Verhältnis. In mehreren Epidemien waren diejenigen am schwersten erkrankt, die am wenigsten gegessen hatten.

So wurden in der Epidemie zu Werne nach dem Genuß von ganz kleinen Fleischmengen ebenso schwere oder gar schwerere Erkrankungen beobachtet als nach Einführung von großen Quantitäten.

In der Breslauer von Känsche beschriebenen Massenvergiftung hatten in einem Falle 20 g Fleisch genügt, um eine schwere Krankheit auszulösen, und in dem Selbstversuch des Schlachthofinspektors zu Gent hatten einige dünne Wurstscheiben sogar den Tod herbeigeführt.

In der Epidemie des Landkreises Dortmund hatten manche Kranke ½ Pfund, andere einen Teelöffel oder 1 Messerspitze von dem schuldigen Hackfleisch gegessen, drei Kinder hatten in einer Familie nach den Angaben der Mutter „nur eben an den Eßgeräten geleckt". Im allgemeinen betrafen aber die schweren Fälle Personen, die besonders große Mengen von dem Fleisch genossen hatten.

In der in Hagen nach Crêmeschnittchen aufgetretenen Paratyphusepidemie hatten sich drei Personen in ein Crêmeschnittchen geteilt. Alle erkrankten, eine 49jährige Frau starb.

Wahrscheinlich wirken in gewissen Fällen mitgenossene Stoffe infektionsfördernd. In erster Linie kommen dabei Fäulnisprodukte und veränderte Eiweißstoffe und Konservierungsmittel in Betracht.

Die Art der Zubereitung spielt insofern eine Rolle, als durch den Prozeß des Kochens und Bratens ein großer Teil der Nahrungsmittelvergifter und ihre Gifte vernichtet wird.

Jedenfalls ist mehrfach die Beobachtung gemacht, daß immer die Personen erkrankten, die rohes Fleisch genossen hatten, während die anderen, die gebratenes oder gekochtes gegessen hatten, gesund blieben, z. B. in Altkloster. In Werne verzehrte in einer Familie der Vater seine Fleischportion in rohem Zustande und erkrankte, seine neun Angehörigen aßen von demselben aber gebratenen Fleisch und blieben gesund.

In anderen Fällen zeigte sich das gekochte oder gebratene Fleisch weniger giftig als das rohe, z. B. in Gaustadt, Neunkirchen, Bologna, Dortmund, Marienburg und in vielen Fällen, wo nur rohes Fleisch genossen wurde, verliefen die Erkrankungen besondrs schwer, z. B. in Düsseldorf, Berlin, Hildesheim, Breslau, Dortmund. In vielen Epidemien war das gekochte oder gebratene Fleisch höchst giftig, z. B. in Rumfleth, Greifswald, Rumänien, St. Johann. Bei der im Landkreis Dortmund aufgetretenen Epidemie unterschieden sich die Krankheitserscheinungen bei 15 Personen, welche infiziertes Hackfleisch in Gestalt polnischer Wurst, die ½ Stunde geräuchert und dann 1 Stunde gekocht war, genossen hatten, nicht wesentlich von den Erkrankungen nach Genuß rohen Hackfleisches.

Einlegen in Essig oder das sogenannte Einkochen in Sauer vernichtet die Fleischvergifter (Rimpau). In einer durch Aal verursachten Gruppenerkrankung an Paratyphus enthielt nur der frisch gebratene nicht der sauergekochte Aal Paratyphusbazillen (R. Müller).

8. Prophylaxe der Fleischvergiftungen.

Gemäß der Teilung der Fleischvergiftungen in zwei große Gruppen — Fleisch von infizierten, kranken Tieren und Fleisch von gesunden Tieren, das erst nach der Schlachtung durch unzweckmäßige Behandlung infiziert ist — haben sich die prophylaktischen hygienischen Maßnahmen nach zwei Richtungen zu erstrecken. Gegen die Gefahren, die von der ersten Gruppe drohen, schützt lediglich eine durchgeführte gesetzlich geregelte Fleischbeschau. In Deutschland ist der Verkehr mit Lebensmitteln durch reichsgesetzliche Maßnahmen geregelt. Die Grundlagen bildet das im Jahre 1879 (R.G.Bl. 145) eingeführte Gesetz betreffend den Verkehr mit Nahrungsmitteln, Genußmitteln und Gebrauchsgegenständen vom 14. Mai 1879, das sowohl in wirtschaftlicher wie gesundheitlicher Hinsicht eine weittragende Bedeutung erlangt hat. Neben dem Nahrungsmittelgesetz sind noch besondere Bestimmungen für die Regelung des Fleischverkehrs erlassen und zwar durch das Gesetz betreffend die Schlachtvieh- und Fleischbeschau vom 3. Juni 1900. Nach diesem Gesetz muß jedes Tier, dessen Fleisch zum Genuß für Menschen verwendet werden soll, vor und nach der Schlachtung einer amtlichen Untersuchung unterworfen werden. Nur bei Schlachttieren, deren Fleisch ausschließlich im eigenen Haushalt des Besitzers verwendet werden soll, darf die Untersuchung unterbleiben, sofern sie keine Merkmale einer die Genußtauglichkeit ausschließenden Erkrankung zeigen.

Die Gründe dafür, daß Fleisch von kranken Tieren in den Konsum gelangt, sind dreifacher Art:

1. kann es sich um Fleisch handeln, das der sachgemäßen Fleischbeschau unterlegen hat, dessen Gefährlichkeit aber vom Sachverständigen nicht erkannt ist;
2. kann es sich um zum Gebrauch im eigenen Haushalt geschlachtete und daher nicht von sachverständiger Seite untersuchte Tiere handeln, deren Fleisch der Laie als gesundheitsschädlich nicht erkannt hat;
3. kann als gesundheitsschädlich erkanntes, aber in betrügerischer Absicht in den Verkehr gegebenes Fleisch in Betracht kommen.

In einem gewissen Prozentsatz der Fälle läßt sich aus dem klinischen und anatomisch-pathologischen Befund allein die Gesundheitsschädlichkeit nicht erkennen. Das ist einzig und allein durch eine bakteriologische Untersuchung möglich, die aber in der Praxis auf dem Lande oft genug nicht ausgeführt werden kann. Im Kaiserlichen Gesundheitsamt ist ein Entwurf von einheitlichen Bestimmungen zur technischen Durchführung der bakteriologischen Fleischbeschau ausgearbeitet worden, der auch vom Reichsgesundheitsrat gut geheißen worden ist, so daß die baldige Einführung zu erwarten ist.

Die Befreiung der Hausschlachtungen vom Beschauzwang ist auf dem Wege von Polizeiverordnungen mehr und mehr eingeschränkt.

Der Gewissenlosigkeit mancher Menschen, welche in betrügerischer Absicht gesundheitsschädliches Fleisch unter die Menschen bringen, kann nur durch Anwendung der ganzen Schärfe des Gesetzes gesteuert werden. Leider fallen die Bestrafungen noch immer zu milde aus.

Gegen die Gefahr einer Gesundheitsschädigung durch sekundär infiziertes Fleisch schützt im allgemeinen nur die Grundlage aller hygienischen Maßnahmen, die Sauberkeit, sowohl was Transport, Hantierung, Aufbewahrung und Verarbeitung des Fleisches betrifft. Neben der erwähnten ordentlichen Fleischbeschau besteht noch eine außerordentliche, d. h. die Überwachung der öffentlichen Fleischmärkte und der privaten Fleischverkaufsstätten, sowie der gewerblichen Betriebe, in denen Erzeugnisse aus Fleisch hergestellt werden. Durch sie soll dasjenige Fleisch ermittelt und dem Verkehr entzogen werden, das infolge nachträglicher Zersetzung und infolge Behandlung mit differenten Konservierungsmitteln eine gesundheitsschädliche Veränderung erfahren hat. Gleichzeitig soll durch die außerordentliche Fleischbeschau über Geflügel, Fische, Wildbret eine Kontrolle ausgeübt werden.

Für die Art und Beschaffenheit der Schlachtstätten, der Verarbeitungs- und Zubereitungs-, der Aufbewahrungs- und Verkaufsräume, der Transportmittel und der Geräte zur Verarbeitung des Fleisches sollten generelle Vorschriften erlassen werden.

II. Botulismus.

Geschichtliches. Seit langer Zeit sind Vergiftungen bekannt, die nach Genuß von Wurst, Schinken, Pökelfleisch aufzutreten pflegen und durch einen ganz bestimmten Symptomenkomplex, der auf eine schwere Schädigung der Nervenzentren schließen läßt, charakterisiert sind. Wegen ihrer Häufigkeit nach Wurstgenuß hat man sie als Botulismus oder Allantiasis bezeichnet. Dasselbe Krankheitsbild hat man aber auch nach Genuß von Fleischpasteten (Cohn), Büchsenfleisch (Nesni, Barker), konservierten Krickenten (Quincke), gefüllten Gänsen (Guttmann), gepökelten Makrelen (Madsen), Büchsenbohnen (Fischer) beobachtet.

Unter den Würsten waren hauptsächlich die in Württemberg und Baden früher üblichen Blunzen stark vertreten. Dieselben wurden aus wenig gekochtem Fleisch, Blut, Hirn, verschiedenen Organen, Mehl, Semmel und Milch bereitet, ungenügend geräuchert und meist in Schweinsmagen gestopft und dicht aufeinandergepresst gelagert.

Die erste genaue wissenschaftliche Darstellung der eigenartigen sehr charakteristischen Vergiftungsfälle stammt von dem württembergischen Dichter und Arzt Julius Kerner aus dem Jahre 1820. Bis zum Jahre 1822 war die Zahl der in jenen Ländern bekannt gewordenen Fälle auf 122 gestiegen, von denen 84 (!) letal verlaufen waren.

Über das Wesen der Krankheit und die Natur des Giftes wurden die verschiedensten Hypothesen aufgestellt. Kerner nahm als Giftstoff eine Fettsäure an. Christison erkannte sehr richtig, daß die spezifischen Wirkungen des Giftes nicht das Produkt der gewöhnlichen Fäulnis animalischer Stoffe sein könnten und schuldigte daher eine „modifizierte Fäulnis" als Ursache an.

Liebig sah in dem Wurstgift das Produkt eines Fermentkörpers und hielt es für eine organische Base aus der Klasse der Alkaloide. Heller führte die Giftigkeit der Würste auf Pilze zurück. Dieser Ansicht schlossen sich später Wittig, Kasper u. a. an.

Mit der Entdeckung der Trichine als Ursache schwerer und umfangreicher Fleischvergiftungsepidemien glaubte man eine Zeitlang die Ätiologie der Wurstvergiftungen geklärt zu haben. Virchow und Husemann wiesen jedoch diese Auffassung als unrichtig zurück. Und in der Praxis wurden mehrere Fälle von Wurstvergiftung beobachtet, in denen der Nachweis der Trichinen nicht gelang. Die Abtrennung der Wurstvergiftung von der Trichinose und den übrigen Fleischvergiftungen wurde auf Grund der Regelmäßigkeit und Eigenartigkeit der klinischen Symptome aufrecht erhalten. Ebenso blieb die Vermutung bestehen, daß es sich bei dem Botulismus um eigenartige Gärungs- oder Fäulnisprozesse im Innern der Würste handle, und daß diese unter noch unbekannten Bedingungen in der Wurst entstehenden Produkte im menschlichen Körper die charakteristischen Symptome hervorrufen.

Daß in dieser Beziehung Erfahrung und klinische Beobachtung der exakten Wissenschaft vorausgeeilt waren, ergab die Entdeckung van Ermengems, der als die Ursache des Botulismus einen ganz spezifischen giftbildenden Bazillus nachweisen und somit in das bisherige Dunkel der Frage nach der Ätiologie der Wurstvergiftung Licht und für die eigenartige Symptomatologie der Krankheit volle Aufklärung bringen konnte. Er fand in dem intermuskulärem Bindegewebe eines Schinkens, der zu Ellezelles (Hennegau) im Dezember 1895 30 Fälle von Botulismus, darunter drei Todesfälle verursacht hatte, einen schwach beweglichen, anaëroben, sporenbildenden Bazillus, der in verschiedenen Kulturmedien ein starkwirkendes Gift bildete, mit dem an Tieren die Erscheinungen des Botulismus hervorgerufen werden konnten. Der Schinken stammte von einem gesunden Schwein, dessen Fleisch ohne Gesundheitsschädigung gegessen war. Er war gepökelt worden und hatte auf dem Boden des Pökelfasses mit Pökellauge bedeckt gelegen, dabei einen muffig-ranzigen Geruch, blasse Farbe und weiche Konsistenz angenommen. In derselben Weise wie die Kulturflüssigkeiten wirkten auch wässerige Auszüge des Schinkens, die keimfrei filtriert waren. Die Körperflüssigkeiten und Gewebe der an Vergiftung eingegangenen Tiere erwiesen sich stets frei von Mikroorganismen. Durch Weiterimpfung von Organstückchen dieser Tiere gelang es nicht, Krankheitssymptome auszulösen. van Ermengem faßte daher den Botulismus als echte Vergiftung auf, bei der die Giftstoffe durch die Lebensfähigkeit des Bazillus außerhalb des Körpers auf totem Nährsubstrat gebildet werden, und bezeichnete diesen folgerichtig und zutreffend als „toxigenen Saprophyten". van Ermengem hat 11 Jahre später eine Gruppenerkrankung (8 Fälle) von Botulismus in einer Familie ebenfalls nach Genuß eines Schinkens beobachtet und in diesen einen dem Ellezeller-Bazillus gleichenden Erreger nachgewiesen.

Derselbe Mikroorganismus ist dann später von Römer in einem Schinken, der in sehr reichlicher, gasbildender Lake gepökelt worden war, und dessen Genuß 5 Fälle von Botulismus verursacht hatten, gefunden worden. Einen ihm gleichenden Mikroben wiesen Landmann und Gaffky in Büchsenbohnen nach, die 1904 in Darmstadt in einer Haushaltungsschule 21 Vergiftungsfälle mit 11 Todesfällen hervorgerufen hatten. Madsen fand ihn in einer in Salzlake konservierten Makrele, deren Genuß eine botulismusartige Vergiftung bei 3 Personen hervorgerufen hatte. Neuerdings hat Schumacher eine Gruppe von sechs klassischen Botulismus in der Eifel nach Genuß verdorbenen Schinkens beobachtet und dabei einen Bazillus isoliert, der mit dem von van Ermengem gefundenen identisch sein soll. Ob und wie oft er noch in anderen klinischen Fällen von Botulismus gefunden ist, entzieht sich der Beurteilung. In der Literatur sind zwar zahlreiche Fälle von Botulismus publiziert, diese sind aber entweder nicht bakteriologisch untersucht, oder die bakteriologische Untersuchung ist bei ihnen negativ ausgefallen.

Häufigkeit. Was die Häufigkeit dieser Art von Vergiftungen betrifft, so scheinen sie im Laufe der Jahre immer seltener geworden zu sein. Sicher ist, daß Massenerkrankungen wie die Ellezeller oder Darmstädter in den letzten Jahren nicht vorgekommen sind, während Gruppenerkrankungen oder Einzelfälle wahrscheinlich häufiger sind, als man gemeinhin anzunehmen pflegt. Es braucht nämlich nicht in jedem Falle von Botulismus zu dem schweren, der Bulbärparalyse gleichenden Krankheitsbilde zu kommen, sondern es können Sehstörungen, hauptsächlich Akkommodationsstörungen, die einzigen subjektiven und objektiven Symptome der von Botulismus Befallenen sein. Daher erklärt sich die Tatsache, daß solche Fälle meistens in der Literatur der Augenheilkunde publiziert werden und ätiologisch durch bakteriologische Untersuchungen nicht geklärt werden und oft auch wegen Mangels von Untersuchungsmaterial nicht geklärt werden können. Nach den Berichten der Augenärzte müßte man eine relative Häufigkeit des Botulismus annehmen. Nun ist aber in der ophthalmologischen Literatur der Botulismus ein Sammelname für alle möglichen Vergiftungen — Muschel-, Austern-, Fisch-, Hummer-, Fleischvergiftungen — soweit diese analoge Krankheitsbilder darbieten. Es ist daher schwer zu sagen, welche Fälle dem echten Botulismus zuzurechnen sind, und welche ihre Entstehung einer anderen Ätiologie verdanken. Andererseits lassen manche Publikationen keinen Zweifel darüber, daß echter Botulismus vorgelegen haben muß, wenn auch der Erreger nicht nachgewiesen ist.

In den Jahresberichten über das Gesundheitswesen des preußischen Staates sind mehrfach Fälle mitgeteilt, die auf Grund der epidemiologischen Verhältnisse und des klinischen Befundes keinen Zweifel an der Richtigkeit der Diagnose Botulismus aufkommen lassen können. Ebenso verhält es sich mit den Publikationen einiger Autoren, z. B. von Petzl, Moselli, Ruge, Kob u. a. Man geht daher in der Annahme nicht fehl, daß Massenerkrankungen an Botulismus gegen früher abgenommen haben, daß Gruppen- oder Einzelerkrankungen höchstwahrscheinlich häufiger sind, als man annimmt.

Der Bacillus botulinus. Der Bazillus ist ein ziemlich großes, etwa 4—6 μ langes, 1,0 μ breites, mit feinen Geißeln versehenes aber nur schwach bewegliches Stäbchen mit abgerundeten Ecken, das sich nach Gram gut färben läßt.

Er ist ein streng anaërobes Bakterium.

Das Temperaturoptimum liegt zwischen 25° und 30°. Bei 37° wächst er nur spärlich, bildet schnell Involutionsformen ohne Gift zu erzeugen.

In Bouillon, die getrübt wird, bildet er längere und kürzere Fäden. Gelatine wird verflüssigt.

Auf Traubenzuckergelatine entstehen kreisrunde, anfangs durchsichtige, später trübe, leicht gelbliche, granulierte Kolonien, die von einem Hof flüssiger Gelatine umgeben sind und strahlige Ausläufer aufweisen können.

In Traubenzuckergelatine oder Agar findet starke Gasbildung statt. Bei Stichkulturen wird die Agarsäule stark auseinandergerissen.

Milchzucker und Rohrzucker wird nicht zersetzt.

Milch wird nicht koaguliert. In sauren Nährböden findet kein Wachstum statt. Alle Kulturen, in denen der Bazillus sich entwickelt, haben einen starken ranzigen Geruch. In Traubenzuckernährböden bildet er endständige, ovale, endogene Sporen, die wenig widerstandsfähig sind und bei 80° innerhalb einer Stunde abgetötet werden.

Der Bazillus selbst ist gegen äußere Einflüsse und chemische Reagentien wenig widerstandsfähig. Er ist weder für Menschen noch für Tiere infektiös. Nach Homen sind eingespritzte Reinkulturen nach 24 Stunden im Tierorganismus nicht mehr nachweisbar, auch im Verdauungstraktus geht er ohne Wirkung schnell zugrunde. Kaninchen und Meerschweinchen, die mit massenhaft sporenhaltigem, atoxischem Kulturmaterial gefüttert wurden, blieben völlig gesund.

Das Botulismustoxin. Der Bacillus botulismus hat die Eigenschaft unter bestimmten Bedingungen auf toten Substraten — am besten in flüssigen Nährböden — ein akut wirkendes echtes Toxin zu bilden.

Van Ermengem gelang es, in einem wässerigen Auszuge des Schinkens, der die Vergiftung in Ellezelles hervorgerufen hatte, durch subkutane Impfungen von 0,1—1 mg bei Katzen ein dem menschlichen Botulismus völlig gleichendes Krankheitsbild hervorzurufen, und bei Affen, Kaninchen, Meerschweinchen, Mäusen partielle oder komplette Lähmungen zu erzeugen. In kleinen Quantitäten vom Magendarmkanal aus gegeben, verursachte der Extrakt und der Schinken selbst bei Affen, Meerschweinchen, Mäusen dieselben Erscheinungen. Ein mit 1—2 Tropfen Kulturflüssigkeit angefeuchtetes Brot genügt, um Meerschweinchen in 24—36 Stunden zu töten. Diese Wirkung des Botulismusgiftes verdient gegenüber den meisten anderen Toxinen einschließlich des Schlangengiftes, welche per os unwirksam sind, besonders hervorgehoben zu werden. Im Gegensatz dazu konnten

Katzen, Hunde und Hühner große Quantitäten davon verzehren, ohne schwere Symptome zu zeigen. Vögel sind ebenfalls empfänglich, wenn auch in geringerem Grade wie die Nager. Fische und Frösche sind refraktär. Sterilisiertes Schweinefleisch, das mit einigen Tropfen des wässerigen, offenbar bazillenhaltigen Extrakts geimpft und gegen Sauerstoffzutritt durch eine dicke Fettschicht abgeschlossen und aufbewahrt wurde, nahm giftige Eigenschaften an und tötete dann bei Verfütterung die empfänglichen Tiere, indem es die charakteristischen Symptome des Botulismus hervorrief. Diese Befunde sind von verschiedenen Autoren bestätigt worden. So töteten in Versuchen von Leuchs Rindfleischbouillongifte bei subkutaner Injektion in.Dosen von 0,004 bis 0,00005 ccm Meerschweinchen in kurzer Zeit. Einträufelungen in die Augen der Versuchstiere haben keine Wirkung.

Abgesehen von dem Sauerstoffabschluß, der zu seiner Entwicklung unbedingt nötig ist, bedarf der Bacillus botulinus zur Gifterzeugung bestimmte Temperaturen, deren Grenzen bei 20° und 30° liegen. Bei 37° tritt keine oder nur schwache Giftbildung auf. Daher findet auch im Warmblüterorganismus keine Giftproduktion statt. Dieselbe ist außerdem von dem Alkaleszenzgrad der Nährböden abhängig. Leuchs fand in dieser Beziehung eine individuelle Verschiedenheit der Erreger. Während der aus der Schinkenvergiftung zu Ellezelles gewonnene Stamm schon bei neutraler Reaktion des Nährbodens ein sehr wirksames Gift bildete, hatte der aus der Bohnenvergiftung zu Darmstadt gezüchtete Stamm einen gewissen Alkaligehalt des Nährbodens nötig. Ein Unterschied in der Art der Wirksamkeit der beiden Gifte sowie in ihrem Verhalten gegenüber schädigenden Einflüssen bestand nicht.

Das Gift ist seiner physiologischen Beschaffenheit nach dem Diphtherie- und Tetanustoxin sehr ähnlich. Zum Unterschied von diesen wirkt es auch per os sowohl beim Menschen wie bei Tieren. In den Tierversuchen Kobs zeigte die toxische Wirkung Ähnlichkeit mit der des Diphtherietoxins aber keine Identität. Es fehlte die Rötung und Schwellung der Nebennieren und das Pleuratranssudat; dagegen waren subperitoneale Blutungen, Stauung der Galle und des Harns vorhanden. Das Gift ist sehr labil. Temperaturen von 70—80° und Zusatz von 3 % Sodalösungen und 10 % Natriumkarbonatlösungen zerstören es rasch, Einwirkung von Licht und Luft schwächen es ab. van Ermengem gelang es das Gift durch Alkohol, Tannin- und Neutralsalze auszufällen. In trockenem Zustande oder in Röhrchen im Dunkeln aufbewahrt, bleibt es jahrelang wirksam. In faulen Stoffen verhält es sich unverändert, verdünnte Säuren greifen es an.

Die Symptome treten nicht sofort sondern erst nach einem Latenzstadium von 6—12 Stunden auf.

Durch Injektion des Giftes in eine Extremität oder in eine einer Extremität nahe gelegene Körperstelle läßt sich bei Meerschweinchen und Kaninchen ein dem lokalen Tetanus analoges Phänomen erzeugen, indem als erstes Krankheitszeichen meist schon 20 Stunden nach der Injektion eine Lähmung der betreffenden Extremität auftritt.

Die pathologisch-anatomischen Veränderungen sind bei Tieren, die der Vergiftung erlegen sind, sehr gering. Starke Blutfüllung der inneren Organe, Hämorrhagien im Rückenmark hauptsächlich der Vorderhörner und an den Ganglienzellen der Bulbärkerne sind häufig die einzigen Veränderungen. Nach van Ermengem ruft das Gift in den Endothelien, in den sekretorischen Zellen der Leber, Nieren, Speicheldrüsen, in den quergestreiften Muskelfasern eine fettige Degeneration hervor. Beginnende Degeneration und Erweichungsherde an den Bulbärkernen (Abnahme der chromatophilen Elemente mit Kernzerfall) sind von Marinesco, Römer und Stein beobachtet. Die große Affinität des Giftes zur Nervensubstanz, die in dem klinischen Bilde zum Ausdruck kommt, konnte Landmann experimentell im Reagenzglase dadurch nachweisen, daß er Meerschweinchengehirn mit tödlichen Dosen des Giftes mischte und stehen ließ. Dadurch trat völlige Entgiftung ein. Nach Kempner und Schepilewsky genügt 1 ccm Hirnsubstanz um die dreifache für eine Maus tödliche Dosis des Toxins zu neutralisieren. Lecithin, Chole-stearin, Fette wirken ebenso.

Epidemiologisches. Von den bisher besprochenen Fleischvergiftungen unterscheiden sich die Fälle von Botulismus prinzipiell.

1. Es kommen nur sekundär infizierte Nahrungsmittel speziell Schlacht-produkte niemals intravital befallenes Fleisch in Betracht.
2. Es handelt sich entweder um längere Zeit aufbewahrte oder konser-vierte Nahrungsmittel, die ohne vorherige Aufkochung genossen werden.
3. Es wirken lediglich die bakteriellen, in den Nahrungsmitteln gebildeten Produkte — Toxine — nicht die Bakterien gesundheitsschädlich, so daß der Botulismus eine echte Intoxikations- keine Infektions-krankheit darstellt.

Der Bacillus botulinus ist ein Saprophyt. Ob er in der Natur sehr ver-breitet ist, und wo er sich vorzugsweise aufhält, wissen wir nicht, da entsprechende systematische Untersuchungen fehlen. Nur einmal ist er bisher in den Exkre-menten von gesunden Schweinen gefunden worden (Kempner und Pollack). Es ist möglich, daß er auf konservierten Nahrungsmitteln häufiger anzutreffen ist, als man denkt. Zu seiner Entwicklung und zur Giftbildung ist Sauerstoff-abschluß oder wenigstens Sauerstoffarmut notwendig. Daher kommt es, daß man ihn im Innern von Würsten, Schinken, Pasteten aber nicht in den äußeren Schichten findet, und daher erklärt sich auch die in manchen Fällen beobachtete Ungiftigkeit der Randpartien gegenüber der Giftigkeit der zentralen Teile von Nahrungsmitteln (Kaatzer, Schröter). Im Falle van Ermengems waren nur die Muskelfasern, nicht der Speck des Schinkens giftig. Daß er sich auch in anderen als animalischen Nahrungsmitteln entwickeln kann, ist bereits erwähnt. Symbiose mit Sauerstoff absorbierenden Bakterien begünstigt seine Entwicklung. Van Ermengem weist darauf hin, daß nicht zu alte tierische und pflanzliche Gewebe an sich energisch reduzierende Eigenschaften be-sitzen und so den gelösten Sauerstoff zu absorbieren vermögen. Unter solchen Umständen ist es leicht begreiflich, daß Schinken, Fische usw. in der Salzlake Nährmedien darstellen können, die auch strengsten Anaërobiern zusagen, trotzdem die Luft nicht aus dem Substrat entfernt worden ist. Bemerkenswert ist, daß die schädlichen Speisen oft kaum wahrnehmbare Veränderungen zeigen, daß jedenfalls Zeichen vorgeschrittener Fäulnis stets fehlen.

Die giftigsten Speisen werden durch Aufkochen oder Erwärmen über 70° unschädlich.

Die krankmachenden und letalen Mengen der Speisen sind wechselnd. In dem Darmstädter Fall löste eine Gabel Bohnensalat, in einem anderen Falle (Quincke) ein walnußgroßes Stück Krickente, im Falle Cohns ein kleiner Löffel Pastete Krankheitserscheinungen aus. In Darmstadt bewirkten 2 Löffel Bohnensalat, in Ellezelles 2 g Schinken den Tod!

Klinische Erscheinungen. Das klinische Bild des Botulismus ist von dem durch Fleischvergiftungsbakterien der Paratyphusgruppe verursachten gänzlich verschieden. Beim Menschen treten die ersten Krankheitszeichen 12 bis 24 Stunden, zuweilen früher, oft genug später, sogar bis zu 9 Tagen nach Genuß der betreffenden Fleischware auf. In einem von Kaatzer beschriebenen Falle lag nur ½ Stunde zwischen Nahrungsaufnahme und Ausbruch der Krankheit in einem von Böhm und Müller beobachteten 9 Tage! Die ersten Krankheits-zeichen sind allerdings allgemeiner Art — Krankheitsgefühl, Kopfschmerzen, Erbrechen, Magenschmerzen, Durchfall mit nachfolgender Obstipation, Ziehen in den Gliedern — und können im Beginn differentialdiagnostische Schwierig-keiten bereiten. Es stellen sich aber so frühzeitig nervöse Störungen ein, daß die

Zweifel bald gehoben werden. In den Vordergrund des klinischen Bildes treten Erscheinungen seitens der Hirnnerven, deren Kerne von den Giften angegriffen werden und zwar 1. Augenstörungen, 2. bulbäre Muskellähmungen, 3. sekretorische Störungen.

Beim Menschen ist am empfindlichsten derjenige Teil des Oculomotoriuskernes, welcher die Akkommodation bewirkt.

Infolge Akkommodationslähmung zeigt sich zuerst eine enorme Erweiterung und völlige Reaktionslosigkeit der Pupille. Subjektiv wird über undeutliches Sehen, Nebelsehen, Funkensehen geklagt. Daß es aber auch Ausnahmen gibt, lehren die Darmstädter Fälle mit mittelweiten, reagierenden Pupillen (Fischer). Ob es sich bei den von Scheby-Buch publizierten fünf Botulismusfällen mit normalen Pupillen um echten Botulismus gehandelt hat, ist eine offene Frage. Infolge Schädigung des Abducens- und Trochleariskerns macht sich eine Einschränkung der Beweglichkeit der Augen bemerkbar, Strabismus mit Doppelsehen und als ein häufiges und charakteristisches Symptom Ptosis. Totale Ophthalmoplegie, selbst komplette Amaurose kommen vor. Die Sehstörungen sind oft die ersten und mitunter die einzigen Zeichen und führen die Patienten zum Augenarzt.

Nach Erben ist die Dysphagie als Ausdruck der Schädigung des Glossopharyngeuskernes das zweite wichtigste Symptom des Botulismus. Sie steigert sich am 4.—10. Tage zur Aphagie, indem zur Lähmung der Pharynx- und Ösophagusmukulatur noch Lähmung des Choanenverschlusses und des M. mylohyoideus hinzukommt. Die Folge davon sind Aspirationspneumonien. Weiterhin sind Ohrensausen, Schwerhörigkeit, komplette Taubheit beobachtet worden. Fazialisparese ist selten. In schweren Fällen kommt es zur Lähmung des Phrenikus mit Stillstand des Zwerchfells und Tod durch Erstickung. Das Versiegen der Speichelsekretion und der Schweißproduktion ist seltener und deutet auf Veränderungen im Rückenmark, wofür auch die beobachteten Blasen- und Sphinkterlähmungen sprechen. Dagegen wird Versiegen der Tränenabsonderung, Trockenheit der Schleimhäute — Nasen- und Darmschleimhäute — infolgedessen hartnäckige Obstipation öfter beobachtet. Krämpfe, Lähmungen der Extremitäten, Sensibilitätsstörungen, Atrophien pflegen zu fehlen. Das Bewußtsein bleibt erhalten. Herzschwäche, kleiner Puls, subnormale Temperatur, frequente Atmung, Kälte und Livor der abnorm trockenen Haut, Schlaflosigkeit und Delirien vervollständigen das traurige Krankheitsbild. Nach Erben kann selbst in extremster Cyanose infolge von Atemlähmung jede Erscheinung von Dyspnoe fehlen. Diese Respirationslähmung kann schon in den ersten Tagen der Erkrankung eintreten und zum Tode führen. Meist aber sterben die Kranken erst später bis zu drei Wochen nach Beginn unter den Zeichen zunehmender Erschöpfung an Marasmus, indem „das Leben wie eine Lampe ohne Öl erlischt" (Kerner) oder an Aspirationspneumonien. Fieber tritt nur als Folge sekundärer Krankheiten auf. Im Harn wird Eiweiß und Zucker vermißt. Die Mortalität kann 30—50 % betragen.

Die Genesung zieht sich wochenlang ja monatelang hin. Die am frühsten aufgetretenen Erscheinungen gehen am spätesten, die zuletzt aufgetretenen am frühesten zurück. So schwanden im Falle Morsellis Urinbeschwerden am 16., Doppelsehen am 35., Schlingbeschwerden am 43., Trockenheit am 60. Tage. Diese Symptome waren zeitlich in umgekehrter Reihenfolge aufgetreten.

Differentialdiagnostisch kommen Atropin-, Hyoscianin- und Hyoscinvergiftungen in Betracht, da auch sie Mydriasis, Akkomodationsparese, Dysphagie usw. verursachen. Diese Zeichen treten aber sofort ohne Inkubation auf und sind von anderen beim Botulismus fehlenden Symptomen — Delirien, Halluzinationen, Manie, Koma, hochgradiger Pulsbeschleunigung begleitet. Sehr große Ähnlichkeit hat der Botulismus mit der Methylalkoholvergiftung. Bei dieser kommt es höchst selten zu Lähmungen der Augenmuskeln, so daß Doppelsehen, Strabismus und Ptosis für Botulismus und umgekehrt hochgradige Amaurose bzw. Amblyopie, die beim Botulismus verhältnismäßig selten, bei schwerer Methylalkoholvergiftung häufig ist, für letztere Vergiftung spricht. Sind Bewußtlosigkeit und Krämpfe vorhanden, so kann man Botulismus ausschließen. Wichtig ist ferner die Anamnese und die Untersuchung des Mageninhalts auf Methylalkohol, sowie die quantitative Bestimmung der Ameisensäure im Harn, die bei Methylalkoholvergiftung stets vermehrt ist. In der Leiche kann der Methylalkohol noch nach Wochen nachgewiesen werden, speziell in der Leber und im Gehirn (Bürger). Intra vitam käme die Untersuchung des Blutserums auf Botulismustoxin differentialdiagnostisch in Betracht. Kob konnte am 9. Tage mit 2 ccm Serum des Aderlaßblutes durch subkutane Impfung Meerschweinchen unter den Erscheinungen des Botulismus töten, so daß man annehmen muß, daß das Botulismustoxin lange Zeit in beträchtlicher Menge im Blut kreist.

Sind Proben von dem verdächtigen Nahrungsmittel zu erhalten, so ist die Anlegung einer anaëroben Kultur auf Zuckeragar oder Zuckergelatine, Verfütterung der Proben an Mäuse, Verimpfung eines wässerigen Auszuges davon, sowie eines keimfreien Filtrats einer mehrere Tage alten bei 24° gehaltenen Leber-Bouillonkultur auf Meerschweinchen und Kaninchen erforderlich.

Die Tiere erkranken oder sterben unter den Erscheinungen verschiedenartiger lokaler oder generalisierender motorischer Paresen. Von anderen Krankheiten kämen differentialdiagnostisch postdiphtherische Lähmungen, bei denen Pupillenerweiterungen und Sekretionsstörungen zu fehlen pflegen, die akute und chronische Bulbärparalyse nebst multipler Sklerose in Betracht. Über Irrtümer wird die Anamnese und die weitere Entwicklung der Krankheit hinweghelfen. Daß es auch bei der gastrointestinalen Form der Fleischvergiftung zu vorübergehenden Augenstörungen und Lähmungen kommen kann, ist in dem betreffenden Kapitel bereits erwähnt.

Pathologische Anatomie. Der pathologisch-anatomische Befund läßt häufig kaum irgendwelche Abweichungen erkennen. Meist sind starke Hyperämie und fettige Degeneration der inneren Organe die einzigen makroskopischen Veränderungen. Mitunter besteht Ödem der Lungen, Injektion der Magen-Darmschleimhaut und wässerige Durchtränkung des Gehirns und seiner Häute In Zukunft wird man bei der mikroskopischen Untersuchung Degenerationen der Ganglienzellen besonders in den Kernen der Augenmuskeln und im Vaguskern finden, nachdem solche Veränderungen im Tierexperiment festgestellt sind. Beim Menschen fehlen bisher derartige Befunde. Im Gegensatz dazu finden sich bei Methylalkoholvergiftungen die Veränderungen hauptsächlich in den Ganglienzellen der Netzhaut, in den Sehnerven und in den Kerngebieten des verlängerten Marks (Pick, Bürger, Birsch-Hirschfeld). Bei der Atropinvergiftung fehlen solche Veränderungen, da das Gift die Nervenendapparate lähmt.

Therapie. Durch Immunisierung von Ziegen gelang es zuerst Kempner ein antitoxisches Serum herzustellen, welches im Tierversuch heilend wirkte, selbst wenn schwere Vergiftungserscheinungen ausgebrochen waren. Auch Froßmann erhielt durch Vorbehandlung von Ziegen ein wirksames Serum. Er zeigte, daß man kleine Tiere mit einem durch Wärme abgeschwächten Toxin immunisieren kann. Leuchs versuchte durch 9 resp. 10 Monate lange Vorbehandlung von Pferden mit Giften des Stammes Ellerzelles und Darmstadt ein antitoxisches Serum zu gewinnen. Das mit Gift E vorbehandelte Pferd lieferte ein sehr wirksames, das mit Gift D vorbehandelte Pferd ein sehr wenig wirksames Serum.

Während gegen die zehnfach tödliche Dosis des Toxins E 0,001 ccm des homologen Serums einen absoluten Schutz verliehen, blieben 5 ccm des heterologen Serums D vollkommen wirkungslos. Umgekehrt wurde die zehnfach tödliche Dosis des Giftes D durch 0,1 ccm des Serums D glatt neutralisiert, nicht jedoch durch die erhebliche Menge von 5 ccm des hochwertigen heterologen Serums E, eine Dosis, welche das 5000fache Multiplum der zur Neutralisation des homologen Giftes nötigen Dosis darstellt. Diese sehr interessanten Feststellungen könnten die Wirksamkeit einer Serumbehandlung bei Botulismus in Frage stellen, da man nicht wissen kann, ob das Antiserum gegenüber dem Gift des jeweils vorliegenden Stammes wirksam ist. Dem könnte dadurch in etwas abgeholfen werden, daß man ein polyvalentes Serum herstellt. Jedenfalls aber empfiehlt es sich in der Praxis, von der Serumbehandlung Gebrauch zu machen. Dazu ermuntert die eklatante Wirkung im Tierversuch! Bemerkenswert ist, daß Kob bei Impfung von Tieren mit sicher tödlichen Dosen diese durch gleichzeitige Einspritzung von Antidiphtherieserum vor dem Tode bewahren konnte. Im Institut Robert Koch Berlin wird antitoxisches Botulismus-Serum vorrätig gehalten. Im übrigen ist die Behandlung rein symptomatisch. Entleerung des Magendarmkanals durch Magenschlauch und Einläufe oder Abführmittel — Rizinus, Kalomel —, Verdünnung des Giftes in der Blutbahn durch rektale, subkutane, intravenöse Kochsalzeinspritzungen und durch Aderlässe sind zu empfehlen. Eine große Hauptsache ist eine gute Ernährung. Gegen Verabfolgung von Alkohol ist nichts einzuwenden.

III. Fischvergiftungen.

1. Häufigkeit.

An die Fleischvergiftungen reihen sich die Fischvergiftungen, die an absoluter und relativer Häufigkeit, in Deutschland wenigstens, hinter den Fleischvergiftungen zurückbleiben. Hier verhält sich der jährliche Verbrauch des Schlachttierfleisches zum Fischfleisch wie 12 : 1, und die Fleischvergiftungen verhalten sich nach den Sanitätsberichten zu den Fischvergiftungen ungefähr wie 20 : 1. Es ist aber zu bedenken, daß es bei den Fischvergiftungen selten zu Massenerkrankungen häufiger zu kleinen Gruppenerkrankungen kommt, die an Bösartigkeit den Fleischvergiftungen zwar nicht nachstehen, aber seltener zur öffentlichen oder amtlichen Kenntnis als die Fleischvergiftungen gelangen.

Eine ausführliche Zusammenstellung älteren Datums findet sich bei Husemann, der für die Jahre 1836—1848 228 Fälle aus der Literatur aufzählt. Eine der größten Massenerkrankungen mit 85 Fällen hat Schaumont aus Sidi Bel Abbes beschrieben. In Rußland sind Fischvergiftungen häufiger. Im Jahre 1878 wurden in Petersberg allein 103 Fälle gemeldet.

Ursache und Wesen der Fischvergiftungen.

Im Gegensatz zu den Fleischvergiftungen sind Ursachen und Wesen der Fischvergiftungen noch wenig geklärt. In klinischer Beziehung besteht insofern eine Übereinstimmung mit den Fleischvergiftungen, als nach Fischgenuß neben einer akuten Gastroenteritis ein dem Botulismus sehr ähnliches Krankheitsbild, das man im Gegensatz zum Ichthyismus choleriformis als Ichthyismus neuroticus bezeichnet, beobachtet wird. Andererseits ist zwischen dem giftigen Fleisch der Warmblüter und dem der Fische ein Unterschied vorhanden, indem bei letzterem nicht allein bakterielle, sondern auch organisch-chemische, auf der natürlichen Zusammensetzung des Fischfleisches beruhende

Stoffe in Betracht kommen. Die bakterielle Zersetzung kann ähnlich wie beim Schlachttier schon intra vitam erfolgen oder erst postmortal stattfinden. Man hat also zu unterscheiden erstens zwischen Giftfischen, zweitens intra vitam infizierten und dadurch erst giftig gewordenen Fischen und drittens zwischen postmortal — sekundär — zersetzten Fischen von giftiger Beschaffenheit. Die Giftfische sind im Abschnitt IV von Faust abgehandelt, worauf hier verwiesen werden kann.

In den Tropen sollen Fische durch giftige Nahrung (Manzinellafrüchte) eine giftige Beschaffenheit annehmen (Schenk), desgleichen in Südamerika durch Aufnahme der Früchte eines kleinen Strauches (Hermesia casteneaefolia [Erben]). Diese Fälle gehören nicht in das Kapitel der bakteriellen Nahrungsmittelvergiftungen. Sie haben aber für die Differentialdiagnose Bedeutung.

a) Vergiftungen durch intra vitam infizierte Fische.

Daß unter Fischen verheerende, auf Protozoen beruhende Seuchen auftreten können, ist bekannt. Auch Bakterien sind für gewisse lokalisierte Seuchen verantwortlich gemacht, so für ein Massensterben von Barschen im Genfer See, von Forellen in einer Züchterei (Emmerich und Weibel), von Weißfischen des Züricher Sees (Wyss), des Luganer Sees (Vogel), von Fischen einer Züchterei zu Petersburg (Sieber), in Bukarest (Babes und Riegler). (ausführliche Literatur findet sich bei den zuletzt genannten Autoren). In diesen Fällen wurden aus kranken und toten Fischen typhus-, coli- oder proteusähnliche Bakterien gezüchtet, von denen nicht einmal feststeht, ob sie die Ursache des Massensterbens gewesen sind, geschweige denn, daß sie für die beim Menschen nach Fischgenuß auftretenden Vergiftungen eine ätiologische Bedeutung haben. Es ist eher das Gegenteil anzunehmen. Jedenfalls war der Genuß von den der Seuche im Luganer See erlegenen Fischen ohne nachteilige Folgen.

In dem Bericht über das Gesundheitswesen des preußischen Staates 1910 ist von einem Paratyphus der Forellen in der Bode (Harz) die Rede, und mit den in Thale aufgetretenen Paratyphuserkrankungen in Beziehung gebracht worden. Nähere Angaben fehlen leider.

R. Müller macht im Anschluß an eine nach Aalgenuß aufgetretene und von ihm bakteriologisch untersuchte Gruppenerkrankung, bei der Paratyphusbazillen im gebratenen Aal und in den Darmentleerungen der Kranken nachgewiesen wurden, darauf aufmerksam, daß Aale Aasfresser sind und sich möglicherweise intra vitam infiziert haben. Bei der Bewertung solcher Beobachtungen muß man sehr kritisch verfahren. Es ist nicht ausgeschlossen, daß die Paratyphusbazillen erst nachträglich bei der Zubereitung in die Fische gelangt sind.

Konstansoff hat in Petersburg eingehende Untersuchungen über das Wesen des Fischgiftes angestellt und bemerkenswerte Resultate erzielt, dieselben unseres Erachtens aber falsch gedeutet. Er fand einen Unterschied zwischen dem Gift, das sich aus solchen nicht faulen Fischen herstellen ließ, deren Genuß zu dem schweren Bilde der Fischvergiftung mit vorwiegender Beteiligung der Nerven führt, und dem Gift der faulen Fische. Er führt die Entstehung beider Gifte auf dieselbe Ursache, nämlich Fäulniserreger und die verschiedene Wirkung auf die Verschiedenheit des Mechanismus des Infektionsprozesses der Fische zurück. Werden die Fische von Fäulnisbakterien intra vitam in Gestalt einer Septikämie gleichmäßig durchsetzt, so entsteht nach seiner Ansicht nach dem Tode sofort, d. h. im Anfangsstadium der Fäulnis in allen Teilen des Fisches das furchtbare Nervengift. Dringen dieselben Fäulnisbakterien post mortem von außen und der Oberfläche her allmählich in die Tiefe, so entsteht das gewöhnliche Fäulnisgift, indem die Produkte des Anfangsstadiums der Fäulnis sogleich wieder in ungiftige Abbauprodukte zerlegt werden. Das mit denselben Bakterien intra vitam infizierte Fischfleisch soll Träger des furchtbaren Nervengiftes sein, das den botulismusähnlichen Ichthyismus hervorruft, während das mit denselben Bakterien postmortal durchsetzte Fischfleisch nur die gewöhnliche Fäulnisvergiftung, die putride Intoxikation, hervorrufen soll (vgl. u. S. 871).

b) Fischvergiftungen infolge postmortaler, sekundärer, bakterieller Zersetzungen.

α) Faule Fische.

In erster Linie kommen hierbei faule Fische in Betracht. In dieser Beziehung ist aber dasselbe zu sagen, was bei den Vergiftungen durch faules Fleisch hervorgehoben ist, daß nämlich nicht jeder faule Fisch für den Menschen schädlich ist, sondern daß die Giftigkeit der faulen Fische neben anderen uns noch völlig unbekannten Faktoren abhängig ist, von der Art und der Wirkungsweise bestimmter Mikroorganismen, über die unsere Kenntnisse auch noch mangelhaft sind. Daß das Fleisch der Fische außerordentlich schnell bakteriellen Zersetzungen unterliegt, ist ja bekannt. Es beruht das einmal auf dem großen Wasserreichtum des Fischfleisches und ferner auf dem Bau des Fischmuskels, der infolge mangelnden Bindegewebes ein schnelles Eindringen in die Tiefe gestattet. Manche Fische besitzen ein ganz besonders leicht zersetzliches, wenig haltbares, der Fäulnis schnell anheimfallendes Fleisch. Faule Fische wurden und werden auch heute noch, sei es aus Liebhaberei oder aus Not, ohne Gesundheitsschädigung verzehrt.

So bereiteten die Römer aus faulenden Makrelen eine stinkende aber pikant schmekkende „teuer bezahlte Brühe", das „Garum" (Erben). Nach Smolenski wurden früher ganze Schiffsladungen pestilenzialisch stinkender Fische von Astrachan, Wolga aufwärts, nach dem Innern Rußlands geführt, wo sie bei den Tschuwaschen, Wotjaken und Mordwinen reißenden Absatz fanden. Grönländer, Chinesen, Indier und andere Völkerstämme sollen noch heute faule Fische mit Vorliebe und ohne Schaden genießen. Manche dieser Völkerschaften vergraben die Fische und lassen sie faulen, um sie dann erst mit Appetit zu verzehren. Nach Babes sind in Rumänien akute Fischvergiftungen nicht bekannt, obwohl Fische in großer Menge getrocknet, gesalzen und mit ausgesprochener Fäulnis in den Handel kommen und von den Landleuten reichlich genossen werden.

In der Literatur liegen verschiedene Berichte über Untersuchungen des Fischgiftes vor. Diese sind aber unter sehr verschiedenen Bedingungen und von verschiedenen Gesichtspunkten aus angestellt. Manche Untersuchungen erstrecken sich auf Fische, die beim Menschen Vergiftungen hervorgerufen haben, andere Autoren haben unabhängig von Krankheitsfällen die Entwicklung und Entstehung von Giften im Fischfleisch nachzuweisen versucht. Die einen untersuchten faule oder noch nicht zersetzte rohe, die anderen konservierte Fische, die dritten gekochtes entweder verändertes oder noch nicht verändertes Fischfleisch. Manche Untersuchungen beziehen sich lediglich auf den Nachweis chemisch wirkender Gifte, während andere Wert auf den Nachweis bestimmter Bakterien legten. Es fehlt an systematischen, von einheitlichen Gesichtspunkten aus durchgeführten Untersuchungen.

Zum Nachweis der chemischen Gifte wurden entweder rohe oder gekochte faule Fische verwendet.

Gautier und Etard isolierten 1884 aus faulen rohen Makrelen eine giftige Base, das Hydrokollidin, das für Versuchstiere sehr giftig war, indem es tetanusartige Erscheinungen und Herzstillstand hervorrief.

Beckowski fütterte Hunde mit rohen Fischen, die sich in verschiedenen Stadien der Fäulnis befanden, ohne irgendwelche Krankheit erregende Symptome.

Brieger hat aus vorher faulen Dorschen eine Base hergestellt, die dem Äthylendiamin ähnlich aber nicht gleich ist.

Konstansoff hat die Natur der Fäulnis-Fischgifte experimentell näher studiert. Er ließ Fische bei verschiedenen Temperaturgraden, verschieden lange Zeit faulen und salzen. Andere tote Fische infizierte er mittelst Injektionen mit Bouillonkulturen von Proteus- und Colibakterien und behandelte sie dann ebenso. Aus dem Fischfleisch stellte er sich Filtrate her und erhielt so ein Gemenge von Giften, die im allgemeinen nicht kochfest waren, sich in Alkohol und Äther nicht aber in Wasser lösten, in das Destillat übergingen, sich aber nicht durch Auswaschen des Fischfleisches gewinnen ließen. Durch spezielle Versuche über die Einwirkungen von Salzlösungen auf die Mikroben stellte er fest, daß bei Verwendung einer 15%igen Kochsalzlösung alle Mikroben mit Ausnahme der sporeetragenden im Verlauf von drei bis fünf Tagen abstarben. Gerade im giftigsten Fischfleisch fand er keine Mikroben.

Sehr eingehende Untersuchungen über das Giftigwerden von gekochten Fischen sog. Schmorfischen hat Kutscher angestellt und dabei bemerkenswerte Resultate gehabt. Schmorfische sind in Portionsstücke geschnittene, panierte, in Fett gebratene Seefische — Schellfisch, Seelachs, Kabeljau — die in Kisten verpackt versandt werden und für Massenverpflegung Verwendung finden. Sie werden vor dem Genuß nicht noch einmal aufgekocht, sondern nur im Dampf aufgewärmt. Durch Extraktion mit physiologischer Kochsalzlösung erhielt Kutscher aus anfangs einwandfreier Schmorfischen nach fünftägiger Aufbewahrung bei Zimmer- oder Brutschranktemperatur, ohne daß Fäulniserscheinungen an ihnen wahrzunehmen waren, für Hunde, Kaninchen, Meerschweinchen sehr giftige Stoffe. Sie riefen bei ersteren Tieren nach intravenöser Einverleibung Erbrechen, blutige Durchfälle, Lähmungen, Herzschwäche hervor. Extrakt von rohen, bei Zimmertemperatur ebensolange aufbewahrten Fischen war ungiftig. Solche Fische wurden aber giftig, wenn sie gebraten und dann 2 Tage lang bei Zimmertemperatur aufbewahrt wurden, ohne daß Fäulnisgeruch eingetreten war. In den unter denselben Bedingungen gehaltenen rohen Fischen waren trotz hochgradiger bakterieller Zersetzung noch keine Gifte aufgetreten. Durch Siedehitze sterilisiertes ungiftiges Fischfleisch nahm ein für Laboratoriumstiere giftige Beschaffenheit an, wenn es einige Tage offen an der Luft gestanden hatte. Vorsichtiges 10 Minuten langes Erwärmen vernichtete die Giftstoffe nicht. Ihre Wirkung ist ähnlich dem Sepsin (Faust) oder dem Gift des Bac. sepsinogenes Fornet-Heubner. Kutscher sieht in Abbauprodukten des Fischeiweißes das giftig wirkende Prinzip.

Sieht man von den sogenannten Giftfischen ab, an denen die japanischen Gewässer reich sind, so gilt der Satz, daß die giftige Beschaffenheit des Fischfleisches allein auf bakterieller Durchsetzung beruht.

Es besteht aber kein Zweifel, daß Fäulnisprozesse im Fischfleisch an sich dasselbe nicht giftig machen. Die durch die Erfahrung und Beobachtungen in der Praxis erhärtete Tatsache, daß der Genuß in Zersetzung begriffener Fische Vergiftungserscheinungen auslösen kann, macht es im hohen Grade wahrscheinlich, daß die Giftigkeit in solchen Fällen durch besondere Umstände und nicht durch den Fäulnisprozeß allein und an sich hervorgerufen wird. Man geht wohl nicht fehl in der Annahme, daß diese „besonderen Umstände" in der Hauptsache in ganz spezifischen Mikroorganismen zu suchen sind, welche durch ihre Lebensfähigkeit im Fischfleisch diesem den Stempel der Giftigkeit aufdrücken, und welche bei den gewöhnlichen Fäulnisprozessen wahrscheinlich fehlen oder falls sie vorhanden sind, durch die Symbiose mit anderen Bakterien oder auch durch den Mangel geeigneter Lebensbedingungen (Feuchtigkeits- und Wärmegrad) an der Entfaltung ihrer giftig wirkenden Kräfte verhindert werden. Außerdem spielt aber die Art des Eiweißes oder die Stufe des Eiweißabbaues bei dem Zustandekommen der Gifte eine Rolle.

β) Fischvergiftungsbakterien.

1. Bakterien der Typhus-Coli- und Proteusgruppe.

Von einer Reihe von Autoren ist nach bestimmten Fischvergiftungsbakterien gefahndet und geforscht worden, ohne daß es gelungen wäre, in einwandfreier Weise spezifische Mikroorganismen als Ursache der Fischvergiftungen nachzuweisen. Jedoch haben die Untersuchungen immerhin zu bemerkenswerten Resultaten geführt.

Ulrich fand in rohem und gekochtem Fischfleisch 4 große Gruppen von Bakterien: 1. Gelatine verflüssigende (Proteus, Bac. fluorescens liquefaciens, Heubazillen), 2. Gelatine nicht verflüssigende (Koli und koliähnliche Bakterien), 3. Mikrokokken und Sarcinen. 4. Anaërobe Arten (schlanke, bewegliche, sporenhaltige, peptonisierende, stinkendes Gas bildende Bazillen). An Zahl überwiegen Koli- und Proteusarten. Auch das $\frac{1}{2}$ Stunde bei 90° und 1 Stunde bei 100° gekochte Fischfleisch enthielt Koli- und Proteusbakterien, letztere in sehr viel geringerer Zahl als Kolibakterien. Damit erklärt Ulrich die Beobachtung, daß die grobsinnlich wahrnehmbaren Fäulniserscheinungen im gekochten Fischfleisch später auftreten als im rohen unter gleichen Bedingungen gehaltenen Fleisch. Wurde gekochtes Fischfleisch mit Proteus- und Paratyphusbazillen infiziert und bei Zimmertemperatur in Sauer und Wasser aufbewahrt, so waren die mit Proteus infizierten Stücke schon nach einigen Tagen durch einen unangenehmen Geruch ausgezeichnet und nach einer Woche in einen übelriechenden Brei aufgelöst. Die mit Paratyphusbazillen infizierten ließen sich nicht von den Kontrollstücken unterscheiden. Im Tierversuch erwies sich die Brühe vom gekochten Fisch giftig und sogar giftiger als der wässerige Auszug von rohem Fischfleisch. Nach subkutanen Injektionen von 0,2 ccm bis 0,5 ccm Brühe gingen Mäuse und Meerschweinchen in 1—2 Tagen ein.

Nach den Untersuchungen Kutschers ist der Keimgehalt gekochter Fische (Schmorfische) verschieden je nach der Jahreszeit, der Dauer der Aufbewahrung und der Temperatur. Selbst bei Aufbewahrung der Schmorfische im Eisschrank steigt die Keimzahl rasch an. Kutscher züchtete aus Schmorfisch ein dem Bac. sepsinogenes gleichendes Bakterium. Bouillonkulturen des Erregers riefen bei Hunden und Kaninchen dieselben Erscheinungen — heftige hämorrhagische Gastroenteritis mit blutigem Erbrechen und Stuhl — wie die wässerigen Extrakte des Fischfleisches hervor.

Arustamoff züchtete gelegentlich einer durch Sterlett bedingten Gruppenerkrankung von fünf Fällen, von denen drei tödlich endeten, aus dem Fischfleisch und der Leiche eines gestorbenen einen typhusähnlichen Bazillus, dessen Kulturen bei Kaninchen tödlich wirkten und bei Hunden und Katzen Erbrechen hervorriefen. Bemerkenswert ist, daß auch gekochte Kulturen giftig wirkten, und daß derselbe Autor ganz ähnliche Bakterien aus der Leiche eines nach Genuß von Hausen und eines nach Genuß von Störfleisch Verstorbenen gewonnen hat. Nach Konstansoff sind die isolierten Mikroorganismen Coli- und Proteusbakterien.

Stewart fand in mehreren durch Fische verursachten Gastroenteritiden den Bacillus enteritidis sporogenes Klein und hält ihn für die Ursache der Fischvergiftungen.

Wir selbst konnten in einer durch gebratene Fischkotelettes (Kabeljau) verursachten Massenerkrankung an akuter Gastroenteritis Proteusbakterien in den Resten der Fischkotelettes, dem Erbrochenen und den Ausleerungen der Erkrankten feststellen. Eine ähnliche Massenerkrankung hat Mayer beobachtet.

Von großem Interesse ist ferner der Nachweis von Paratyphusbazillen als Ursache von Fischvergiftungen in einer Reihe von Fällen. Nach dem im Kapitel der Fleischvergiftungen über die Verbreitung und Eigenschaft der Paratyphusbazillen als Nahrungsmittelvergifter Gesagten ist das ja nichts Auffälliges und Wunderbares, da es sich in allen Fällen um zubereiteten Fisch gehandelt hat, der sekundär infiziert worden ist.

Im Jahre 1905 berichtete Stoll über sieben Fälle von Fischvergiftungen, von denen zwei starben. Es handelte sich um eine Sendung Meerhechte, die sich mehrere Tage lang auf dem Transport befunden hatten und verschieden lange Zeit nach der Zubereitung — 24, 36 und 48 Stunden — genossen waren. Der Länge der Aufbewahrungszeit parallel ging die Schwere der Krankheitserscheinungen.

In Frankfurt a. M. erkrankten im Sommer 1906 in einer Pension 28 Personen wenige Stunden nach Genuß von Seehecht an akuter Gastroenteritis. In dem in keiner Weise veränderten Fischfleisch wurde der Bazillus Paratyphus B nachgewiesen (Eckersdorff).

In Neunkirchen verursachte der Genuß von Seebarsch bei fünf Familienmitgliedern akute Gastroenteritis paratyphosa (Rommler).

Wiechert sah nach Fischgenuß fünf Familienmitglieder an akutem Paratyphus erkranken, der in einem Falle am 18. Tage tödlich endete.

Nach dem Bericht über das Gesundheitswesen des Preußischen Staates (1908) wurde in einem Ort für eine Paratyphuserkrankung der Genuß von geräucherten Fischen angesehen.

Im Juni 1910 erkrankten in zwei Dörfern bei Bielefeld etwa 120 Personen nach dem Genuß geräucherter Fische, die eine Fabrik für ihre Arbeiter und Angestellten in Säcken aus Bremen hatte schicken lassen und die verdorben waren. In einigen Fischstücken sowie in einer Stuhl- und Urinprobe fand sich der Bac. enteritidis Gärtner, in anderen nicht. Die Erkrankungen verliefen leicht und rasch. Todesfälle kamen nicht vor.

Eine sechs Personen betreffende Gruppenerkrankung an Paratyphus nach Genuß frischen gebratenen Aals ist bereits erwähnt. In Görlitz erkrankten einmal 56 Soldaten nach Genuß von Seelachs, der am Tage vorher in gefrorenem Zustande angekommen, sofort aufgetaut und in der warmen Küche bis zur Zubereitung am anderen Morgen aufbewahrt war. Als Ursache wurde der Gärtnerbazillus festgestellt. Das andere Mal erkrankten 149 Soldaten an Paratyphus mit größter Wahrscheinlichkeit infolge Genusses von Fischkotelettes. (Sanitätsbericht über die Königl. Preußische Armee 1910/11.)

Einzelerkrankungen an Paratyphus nach Genuß von Fischen — Aal, Hering, Schellfisch — sind in den Berichten über das Gesundheitswesen des Preußischen Staates mehrfach erwähnt.

Nach demselben Bericht verursachte der Genuß von Kaviar und von Hering in je einem Falle akuten Paratyphus.

Eine aus Heringen hergestellte und zu einer Sülze verabfolgte Mayonnaisensauce rief in einer Heilstätte eine Massenerkrankung an choleraartigem Paratyphus mit schweren Erscheinungen hervor (Gebser).

In Frankreich starben drei Personen nach Genuß von Ölsardinen, aus denen Paracolibazillen isoliert wurden (Lesguillon). Daselbst sind sowohl in der Armee wie in der Marine nach Genuß von gesalzenem Fisch Vergiftungen mit den klinischen Erscheinungen des Paratyphus vorgekommen. Nach Sacquepée: il est fort vraisemblable, et l'étude clinique corrobore cette hypothèse, qu'un certain nombre de cas d'ichtyosisme gastrointestinal sont provoqués par des salmonelloses.

Nach Ulrich ist das Fischfleisch ein ausgezeichneter Nährboden für Paratyphus- und Proteusbakterien.

Die klinischen Erscheinungen des choleriformen Ichthyismus.

Daß die Fischvergiftungen nach den klinischen Erscheinungen sich in zwei große Gruppen teilen lassen, in solche, bei denen Störungen des Verdauungs-Apparates in den Vordergrund stehen, und solche, bei denen Schädigungen nervöser Zentralorgane dem Krankheitsbilde ein ganz charakteristisches Gefüge geben, ist am Eingang des Kapitels erwähnt. Damit soll aber nicht gesagt sein, daß nicht beim choleriformen Ichthyismus auch nervöse Störungen auftreten können, und daß nicht umgekehrt beim Ichthyismus neuroticus oder neuroparalyticus auch gastroenteritische Erscheinungen vorhanden sein können. Man muß aber an einer Trennung beider Arten von Fischvergiftungen festhalten, da auch ihre Ätiologie offenbar eine verschiedene ist, indem für die neurotische Form die Wirkung ganz spezifischer Mikroorganismen in Betracht kommt, während die choleraartige Form nach bakteriell zersetzten oder faulen Fischen zustande kommt.

Im Gegensatz zu den Fleischvergiftungen, bei denen die gastroenteritische Form. die häufigere ist, haben die Fischvergiftungen von vornherein mehr choleraartigen Charakter und dokumentieren dadurch ihre größere Bösartigkeit. Die Symptome treten sehr schnell d. h. wenige Stunden nach dem Genuß des giftigen Fischgerichts ein. . Übelkeit, Magen- und Kopfschmerzen, Schwindel und Erbrechen. Große Mattigkeit und Hinfälligkeit, schwacher Puls pflegen die ersten Erscheinungen zu sein. Die Temperatur sinkt nach einem steilen Anstieg unter die Norm oder ist von vornherein subnormal. Trockenheit der Haut, starker Durst, Verfall der Gesichtszüge, livide Gesichtsfarbe, Kälte der Extremitäten, dünne wasserähnliche Stühle mit und ohne Blutbeimengungen vervollständigen das choleraartige Krankheitsbild. Meteorismus, Tenesmus, Ikterus, blutiges Erbrechen und blutige Stühle werden nicht selten beobachtet und deuten auf eine starke Reizung der Magendarmschleimhaut hin, während Kopfschmerzen, Mydriasis, Ptosis, Anurie und Strangurie, Krämpfe und Halluzinationen selten sind und als Folgeerscheinungen einer Intoxikation des Zentralnervensystems aufgefaßt werden müssen. Im Harn kann vorübergehend Albumen auftreten. Stoll berichtet über einen im Anschluß an die Vergiftung auftretende akute Nephritis.

Meist gehen die anfangs sehr bedrohlichen Symptome schnell vorüber und die Patienten erholen sich ebenso schnell, als sie erkrankt sind.

Die Prognose ist im allgemeinen günstig. Auf den Ausgang haben Konstitution und Alter der Kranken einen bestimmenden Einfluß. Der Tod kann infolge Herzlähmung und Lungenödems schon frühzeitig eintreten, während Todesfälle in den späteren Stadien der Krankheit im Gegensatz zum Ichthyismus neuroticus selten sind. Die Mortalität entspricht derjenigen der akuten gastroenteritischen Fleischvergiftung. Auch die Therapie ist dieselbe wie bei dieser Krankheit, so daß hier auf das entsprechende Kapitel verwiesen werden kann.

2. Fischvergiftungen durch sekundär mit dem Bacillus botulinus oder ihm ähnlichen Bakterien infiziertes Fischfleisch.

α) Kasuistik.

Neben der choleriformen Art der Fischvergiftung ist gar nicht selten eine andere Art beobachtet und als Ichthyismus neuroticus oder neuroparalyticus beschrieben worden, der dem Botulismus sehr ähnlich ist.

Nur in einem Falle ist bisher bei dieser Form der Fischvergiftung der Bacillus botulinus von Madsen gefunden worden.

In Orö (Dänemark) waren 1901 drei Personen nach Genuß einer konservierten Makrele an botulismusähnlichen Symptomen erkrankt. Eine Person war innerhalb 24 Stunden gestorben. Der Fisch, der 4—5 Wochen nach der Verarbeitung untersucht wurde, besaß einen buttersäureähnlichen Geruch und enthielt spärliche anaërobe, dem Bac. botulinus gleichende Bazillen. Nach Filtrieren der Salzlake erhielt Madsen ein toxisches Produkt, dessen giftige Wirkung durch ein von Frostmann mittelst des Bac. botulinus von Ellezelles hergestelltes antitoxisches Serum neutralisiert werden konnte.

Es unterliegt keinem Zweifel, daß er oder wenigstens ein ihm in seiner Wirkung sehr ähnlicher Mikroorganismus in manchen Fällen von Fischvergiftungen ursächlich in Betracht kommt. Zu dieser Annahme berechtigt erstens der klinische Verlauf mancher Fischvergiftung, der dem Botulismus in allen Punkten gleicht; zweitens die epidemiologische Tatsache, daß die Vergiftung hauptsächlich nach Genuß rohen bzw. gesalzenen nicht zersetzten Fischen, die in gekochtem Zustande sich als unschädlich erwiesen (Husemann, Erben), oder konservierten, von dem Genuß nicht aufgekochten Fischen beobachtet ist, drittens der Umstand, daß der Bacillus botulinus ein Saprophyt ist, der nicht nur im Fleisch der Warmblüter, sondern auch in den Fischen zur Entwicklung kommen kann. Viertens der negative pathologisch-anatomische Befund, fünftens die Bösartigkeit der Vergiftungen, die wie der Botulismus eine hohe Mortalität aufweisen, und schließlich die Ergebnisse der experimentellen Untersuchung Konstansoffs.

Auch die Tatsache, daß oft nur ein und der andere Fisch sich als giftig erweist, während andere unter gleichen Bedingungen gefangene, konservierte, aufbewahrte und genossene Fische unschädlich sind, spricht für eine spezifische bakterielle Durchsetzung der Fische. Auch in Ellezelles enthielt nur der eine von 2 gleichartig konservierten Schinken den Bac. botulinus, während der andere frei davon und daher ungiftig war. Wyssokowitsch hat früher einen anaëroben, dem Ödembazillus ähnlichen Mikroorganismus im giftigen Fischfleisch gefunden, der möglicherweise mit dem Bac. botulinus identisch ist. Die Art der Konservierung und die Art der Fische spielt keine Rolle. Es ist der Ichthyismus neuroticus beobachtet worden nach gesalzenen rohen Fischen — Hausen, Sterlet, Stör, Lachs, Makrelen — nach gedörrtem Stockfisch, Bücklingen nach Salzheringen, nach gekochten und in Essig eingelegten Schleien nach Ölsardinen.

Der Fisch, der die typische Fischvergiftung hervorruft, sieht im Gegensatz zum verdorbenen vollkommen gut aus, ist schmackhaft und offenbart seine giftigen Eigenschaften durch keine irgendwie auffallende Erscheinung.

An Versuchen das Gift des typischen Ichthyismus neuroticus darzustellen, hat es nicht gefehlt.

v. Anrep gewann aus gesalzenem Stör, nach dessen Genuß in Charkow 1885 mehrere Personen darunter 5 mit tödlichem Ausgang erkrankt waren, ein atropinähnliches Gift, das Robert als Ptomatropin bezeichnet. Er fand es auch im Mageninhalt, Leber, Gehirn, Milz, Blut, Harn der Verstorbenen. Es tötete Kaninchen unter den Erscheinungen der Mydriasis, Erbrechen, Trockenheit der Schleimhaut, durch Dyspnoe, Herzlähmung. Er fand außerdem eine muskarinartige Base.

Robert und Schmidt fütterten Katzen mit giftigem Störfleisch. Sie erkrankten unter denselben Erscheinungen, wie sie die kranken Menschen dargeboten hatten, und wie sie von v. Anrep an den Kaninchen nach Injektion des Ptomatropins wahrgenommen sind.

Dagegen konnte Kobert niemals den von Anrep gefundenen Körper gewinnen. Ebenso erhielt Lilienthal ein ganz anderes Alkaloid als Anrep. Es hatte bitteren Geschmack und Belladonna ähnlichen Geruch.

Baschiri stellte gelegentlich einer in Forlin 1906 vorgekommenen Fischvergiftung ein wirksames Ptomain dar. Jede rein chemische Untersuchung des Fischgiftes trägt aber, wie Konstansoff bemerkt, einen rein subjektiven Charakter. Wahrscheinlich haben diese Körper ebensowenig für die Fischvergiftung eine Bedeutung, wie sie für die Fleischvergiftung eine Rolle spielen.

Konstansoff stellte sich aus giftigem Fischfleisch eine Emulsion her und filtrierte durch Pasteur - Chamberland - Filter, wobei der Rückstand dreimal mit destilliertem Wasser gewaschen wurde. Die Filtration ergab eine vollkommen klare Flüssigkeit von grünlicher Farbe, mit leichtem, dem gesalzenen Fisch eigenen Geruch. Das Fischfleisch selbst verlor dabei vollkommen seine Gifte, die wasserlöslich sind und in das Filtrat übergehen. Dem Gift gegenüber zeigten sich Mäuse sehr empfindlich, indem 0,05 ccm des Filtrats bei subkutaner Injektion in 20 Stunden, 1,0 ccm in sechs Stunden tödlich wirkten. Kaninchen waren weniger empfindlich. Das Gift wurde durch Erwärmung zerstört und zwar begann die Abschwächung schon bei 45 °. Halbstündiges Erwärmen auf 50 ° zerstörte das Gift vollständig. In Alkohol und Äther ist es unlöslich. Das mit diesen Chemikalien behandelte Fischfleisch behielt seine Giftigkeit und der Rückstand des Filtrats enthielt keine Giftstoffe. Der Autor konnte weiter feststellen, daß die Giftstoffe sich nicht gleichmäßig im Organismus des Versuchstiers verteilen, daß sie sich hauptsächlich in den Muskeln und im Nervengewebe anhäufen, daß dagegen Blut, Milz und Leber nur Spuren zu enthalten pflegen.

Nach Konstansoff ist das Fischgift, wie bereits erwähnt ist, das Produkt der Anfangsstadien eines Fäulnisprozesses im Fischfleisch, der sich nur bei denjenigen Fischen entwickelt, welche intra vitam an einer Septikämie mit Fäulnisbakterien vom Magen aus gelitten haben, bei dem also mit Eintritt des Todes und mit Beginn der postmortalen Zersetzung eine gleichmäßige Durchsetzung des Fischfleisches mit den Bakterien vorliegt. Damit steht nach seiner Meinung die Tatsache im Einklang, daß häufig durch Fäulnisbakterien bedingte Epizootien bei Fischen vorkommen. Mit seiner Schlußfolgerung steht aber im Widerspruch, daß eine gleichmäßige bakterielle Durchsetzung des Fischfleisches oft gar nicht nachweisbar ist, daß die größte Giftigkeit oft die vorher gesalzenen Fische aufweisen, während doch nach seinen eigenen Beobachtungen das Salzen die vegetativen Formen der Fäulnisbakterien abtöten soll, und steht ferner die Tatsache in Widerspruch, daß Fische erst nach längerer Zeit der Aufbewahrung infolge postmortaler Zersetzung Giftigkeit annehmen.

Wir glauben daher in Übereinstimmung mit anderen Autoren, daß der dem Botulismus ähnliche Ichthyismus durch das Gift ganz bestimmter Bakterien hervorgerufen wird, die mit den Fäulnisbakterien nicht identisch sind, sondern sekundär nach Art des Bacillus botulinus das Fischfleisch befallen und Gifte produzieren, wollen indes die Möglichkeit einer intravitalen Infektion mit toxinbildenden Bakterien nicht ausschließen. Die Natur des Giftes, seine spezifische Wirkung und die Art seiner Entstehung spricht für ein Bakterientoxin. In letzterer Beziehung ist besonders wichtig, daß durch das Salzen der Fische die Sporen von Bakterien nicht abgetötet werden, was ja auch bei dem Bacillus botulinus nicht der Fall ist.

Durch die Prüfung des Giftes auf die Fähigkeit einer Antitoxinproduktion, die unseres Wissens noch nicht festgestellt ist, würde die Frage nach dem Charakter des spezifischen Fischgiftes der Entscheidung näher gebracht werden.

β) Klinische Erscheinungen.

Im Gegensatz zum choleriformen Ichthyismus stellen sich bei der neurotischen Form Krankheitszeichen nicht sofort nach dem Genuß des giftigen Fischgerichts sondern meist erst 24 Stunden oder noch später selten früher ein. Sie sind anfangs in geringerem Grade vorhanden, steigern sich dann allmählich und halten längere Zeit an. Der Tod pflegt nicht sofort sondern meist erst nach Tagen einzutreten, eine Erscheinung, die nach Arustamoff sich schwer mit der chemischen Natur des Giftes vereinigen läßt. Gastroenteritische Symptome fehlen meist, können aber vorhanden sein, und sind dann nur Begleiterscheinungen. Erbrechen tritt oft später ein und ist zentralen Ursprungs. Das Bewußtsein und das Empfindungsvermögen bleibt erhalten, die Temperatur ist meist normal oder sinkt unter die Norm. An den nervösen Krankheitszeichen treten die Augenmuskelstörungen, Lähmungen des Gaumensegels, der Schlund- und Kehlkopfmuskulatur, das Versagen der Sekretionsorgane mit Trockenheit im Munde und Schlunde und mit dem Gefühl des Zusammenschnürens des Halses und hartnäckiger Obstipation in den Vordergrund. Die klinischen Erscheinungen stimmen also vollkommen mit den beim echten Botulismus beobachteten überein.

In der von Madsen untersuchten Gruppenerkrankung, der einzigen, bei der bisher der Bac. botulinus gefunden ist, waren ophthalmoplegische Störungen (Mydriasis, Ptosis, Akkommodationsparese), Trockenheit der Schleimhäute der Verdauungsorgane, hartnäckige Obstipation, allgemeine Muskelschwäche vorhanden.

Arustamoff gliedert die von ihm beobachteten Krankheitserscheinungen in 5 Gruppen: 1. Allgemeine Schwäche, dumpfe Schmerzen im Leibe, erschwertes Atmen. 2. Erweiterung der Pupillen, beeinträchtigtes Sehvermögen, Nebel vor den Augen, nicht selten Diplopie und Schwindel. 3. Ein paretischer Zustand der Sekretionsorgane, vollständige Trockenheit der Mundschleimhaut und Zunge, Unmöglichkeit zu schlingen, Verlust der Stimme. 4. Eine so starke Stuhlerhaltung, daß Abführmittel und Klystiere nicht imstande sind, den Darminhalt zu entleeren. 5. Keine Temperatursteigerung, eher Abfall unter die Norm.

v. Anrep beobachtete Schwindel, Übelkeit, Blässe der Haut, Diurese, Schwäche, Pupillenerweiterung, Ptosis, Kälte der Extremitäten, Sinken des Pulses und der Temperatur.

In der von Schreiber beobachteten Gruppenerkrankung hatte die Krankheit bald nach Genuß der Schleie eingesetzt mit Übelkeit und öfterem Erbrechen. Nach einer gut verbrachten Nacht der Patienten waren am anderen Morgen Trockenheit im Munde, Verdunkelung der Augen, Doppeltsehen aufgetreten. Der weitere Verlauf war bei den einzelnen Patienten sehr verschieden. Bei einer Frau traten totale Ptosis, Mydriasis, Ophthalmoplegie, Gaumen- und Schlucklähmung, Trockenheit der Schleimhäute, hartnäckige Stuhlverstopfung bei erhaltenem Sensorium, normaler Temperatur, kaum verändertem Pulse ein. Berühren der Pharynxwand mit den Fingern löste keine Reizbewegungen aus. Auf den Mandeln bildete sich ein diphtherieähnlicher Belag. Das Schlucken war sehr erschwert. Meist traten dabei schwere dyspnoische Anfälle auf, so daß immer die Gefahr des Verschluckens bestand. $3\frac{1}{2}$ Wochen nach Beginn der Krankheit starb sie unter den Erscheinungen der Atem- und Herzlähmung. Bei einer zweiten Patientin waren die Symptome ähnlich aber weniger stark ausgeprägt. Bei ihr traten Erregungszustände auf. Auch sie starb. Die übrigen konnten bald nach Beginn der Krankheit ihren Beschäftigungen nachgehen, hatten aber noch sehr lange unter Trockenheit im Halse und Pupillenerweiterung zu leiden. Eine Person die auch von dem giftigen Fischgericht gegessen hatte, erkrankte nicht.

Im Falle Davids waren Augenmuskel-, Gaumensegel- Kehlkopf- Schluck-, Blasen- und Mastdarmlähmung vorhanden. Ausgang in Heilung.

In der von Hirschfeld beschriebenen Gruppenerkrankung traten bei 4 von 5 erkrankten Personen 13—20 Stunden nach der Mahlzeit gastroenteritische Symptome: Übelkeit, Erbrechen, Leibschmerz, Tenesmus, Augen- und Schlingbeschwerden auf. Darnach würde man in Zweifel sein können, ob die Vergiftung unter den Ichthyismus neuroticus zu rechnen ist. Diese Zweifel werden aber behoben, wenn man liest, daß die fünfte Person 25 Stunden post cenam unter den typischen Erscheinungen des Ichthyismus neuroticus erkrankt und gestorben ist: allgemeine Schwäche, Doppelsehen, Ptosis, Mydriasis, Pupillenstarre, Trockenheit im Munde, Versiegen der Tränensekretion, Schlingbeschwerden, Obstipation, Tod infolge Herzlähmung bei vollem Bewußtsein, also auch hier das Bild des klassischen Botulismus!

Für die weitgehende Übereinstimmung beider Krankheitsbilder seien ferner die von Preobraschensky nach Genuß von Kaviar, Bücklingen und Lachs in Moskau beobachteten, von Erben zitierten Krankheitserscheinungen angeführt. Ohne irgendwelche Prodromalerscheinungen (Erbrechen, Durchfall, Fieber) traten Lähmungen der Augenmuskeln (Diplopie) und Ptosis, Akkommodationsparese, Fazialisparese, Gaumensegellähmung, Lähmung der Zunge, des Halses, der Bauchmuskulatur, lähmungsartige Schwäche der Extremitäten bei erhaltenem Sensorium und inaktiver Sensibilität auf. Die Rückbildung der Nervenstörungen dauerte Monate.

Solche Fälle kommen zwar nicht häufig vor. Daß sie aber nicht gar so selten sind, lehrt ein Blick in die jährlichen Berichte des Gesundheitswesens des Preußischen Staates.

Erben trennt von dem Ichthyismus neuroticus die der Atropinvergiftung ähnliche Fischvergiftung als **Ptomatropinismus** ab, die sich vom Botulismus durch die kurze Inkubationszeit (4—5 Stunden), durch das Auftreten viel heftigerer Schlundkrämpfe, stärkerer Magenschmerzen und heftigeren Angstgefühls und endlich durch die rasche Genesung unterscheidet, welche beweisen soll, daß die starken Degenerationen der Nervenkerne, wie sie beim Botulismus vorhanden sind, hier fehlen. Es handelt sich dabei mehr um einen graduellen als prinzipiellen Unterschied.

Die **Diagnose** Ichthyismus neuroticus macht keine Schwierigkeiten. Da das Bewußtsein erhalten ist, so leitet die Anamnese sofort auf die richtige Spur. Die differential-diagnostisch in Betracht kommenden Krankheiten sind bei der Klinik des Botulismus erwähnt, worauf hier verwiesen werden kann.

Die **Prognose** ist im allgemeinen sehr ernst. Es kommen zwar sehr leicht verlaufende Fälle vor, bei denen Augenstörungen die einzigen Krankheitszeichen sind und zwar von so geringer Intensität, daß sie den Patienten gar nicht zum Arzt führen. In anderen Fällen sind aber wie beim Botulismus die Schädigungen der nervösen Zentralorgane so ausgeprägt und irreparabel, daß sie allmählich zum Tode führen. Dieser kann erst nach Wochen nach erfolgter Intoxikation eintreten und zwar infolge von Schluckpneumonien oder infolge von Atem- und Herzlähmung. Die schweren Augensymptome, welche für Patienten und Arzt sehr beängstigend sind, pflegen sich meist, wenn auch langsam, zurückzubilden. Die Mortalität kann 50% und mehr betragen.

Die **Therapie** ist eine rein symptomatische. Sie hat sich zunächst auf die Entfernung des noch etwa im Magen, Darm und Blut vorhandenen Giftes zu erstrecken. Daher sind Aushebung des Magens, Entleerung des Darmes durch wiederholte und hohe Darmeinläufe und Blutentziehungen (Aderlaß) angezeigt. Aus dem gleichen Grunde sind wiederholte und reichliche subkutane, intravenöse und rektale Kochsalzinfusionen angebracht, die gleichzeitig gegen die oft sehr hartnäckige Obstipation mit angewendet werden können. Strychnin- und Eserininjektionen gegen die Lähmungen sind meist ohne jeden Erfolg. Bemerkenswert ist, daß Schreiber nach Atropin- resp. Eserineinträufelungen eine über die toxische Erweiterung hinausgehende Dilatationsfähigkeit resp. Verengerung der Pupillen bei seinen Patienten beobachtete. Protrahierte Bäder — Kohlensäure und Sauerstoffbäder — sowie die Anwendung des galvanischen Stromes und des Sauerstoffapparates sind zu empfehlen. Besonderer Wert ist auf eine sehr sorgfältige und roborierende Ernährung nötigenfalls mit der Schlundsonde zu legen, an deren Gebrauch die Kranken schon frühzeitig zu gewöhnen sind.

Der **pathologisch-anatomische Befund** hat nichts Charakteristisches, er zeichnet sich höchstens durch das negative Ergebnis aus. Von sekundär aufgetretenen Veränderungen abgesehen, findet man makroskopisch nichts Krankhaftes. Schreiber hat in einem Falle die Medulla oblongata, das Rückenmark, die Nervi oculomotorii und glossopharyngei mikroskopisch untersucht, aber selbst in diesen letzteren in vivo am meisten affiziert erschienenen Organen keine sicher pathologische Veränderung weder in gefärbten noch in ungefärbten, in Quer- und in Längsschnittpräparaten nachweisen können. Es ist anzunehmen, daß mit der verbesserten Technik und Färbemethodik in Zukunft Veränderungen an den nervösen Zentren gefunden werden.

IV. Durch Krustaceen und Mollusken verursachte Vergiftungen.

Auch bei den durch Krustaceen und Mollusken verursachten Vergiftungen kann es sich wie bei den Fischvergiftungen um drei in ihrer Ätiologie prinzipiell verschiedene Erscheinungen handeln, indem einmal intra vitam physiologischerweise gebildete, giftige Substanzen, zweitens intra vitam erfolgte, bakterielle Infektionen (Austern) und drittens postmortale, sekundäre bakterielle Zersetzungen in Betracht kommen.

1. Daß Krebse, Hummern, Muscheln zu bestimmten Zeiten des Jahres giftig und daher ungenießbar sind, ist ja bekannt. Die Erörterung dieser Art von Vergiftungen gehört nicht in den Rahmen dieses Kapitels.

Großes Aufsehen erregte die im Jahre 1885 in Wilhelmshaven nach Genuß von Miesmuscheln aufgetretene Massenvergiftung, die von Faust in diesem Bd., Abschnitt 4, beschrieben ist. Als Ursache wurde von Salkowski ein hitzebeständiger Körper von curareähnlicher Wirkung festgestellt. Brieger isolierte aus den giftigen Miesmuscheln eine giftige Base, das Mytilotoxin. Die Herkunft und Entstehung des Giftes in den Muscheln ist nicht aufgeklärt. Sicher ist nur, daß die Muscheln krank und als solche äußerlich erkennbar waren. Ob aber die Krankheit eine bakterielle Infektion darstellte, wie das Schmidtmann annimmt, oder auf anderen Ursachen beruhte, ist eine offene Frage geblieben.

2. Daß analog den Fleischvergiftungen menschenpathogene Bakterien intra vitam die genannten Seetiere infizieren und so durch sie in den menschlichen Körper gelangen können, haben die nach Austerngenuß beobachteten Typhusinfektionen gelehrt. Broadbent hat zuerst auf diese Infektionsquelle beim Typhus aufmerksam gemacht. Seitdem sind von englischen, amerikanischen, französischen, italienischen, deutschen Autoren durch Austerngenuß verursachte Typhuserkrankungen publiziert worden. Berüchtigt sind die Austern aus venetianischen und neapolitanischen Gewässern, vor deren Genuß sogar in den Reisebüchern gewarnt wird.

Was den Typhusbazillen recht ist, ist den Paratyphusbazillen und den anderen bekannten Nahrungsmittelvergiften billig. Jedenfalls sind in Austern Coli-, Proteus-, Enteritis-Bakterien gefunden worden. Es ist daher wahrscheinlich, mehr kann nach dem heutigen Stande unserer Kenntnisse nicht gesagt werden, daß die als Austernvergiftungen bekannten, unter dem Bilde der akuten Gastroenteritis oder Cholera verlaufenden Erkrankungen zum Teil auf intravitalen Infektionen der Tiere mit den genannten Bakterien oder ihnen ähnlichen Mikroorganismen beruhen, wobei ähnlich wie bei den Fleischvergiftungen den durch die Lebensfähigkeit der Mikroben entstehenden Giften der Hauptanteil an der Gesundheitsschädlichkeit zuzuschreiben sein würde.

Was von den Austernvergiftungen gesagt ist, das gilt auch von den durch Krabben verursachten Massenvergiftungen, wie sie früher an der niederländischen und der norddeutschen Küste wiederholt beobachtet sind. Auch diese Art der Vergiftungen verläuft unter dem Bilde der akuten Gastroenteritis und ist höchstwahrscheinlich durch die infolge bakterieller Zersetzung entstehenden Produkte bedingt.

Als Ursache einer schweren, durch eßbare Muscheln hervorgerufenen Massenerkrankung mit Hämorrhagien und Ikterus fanden Galeotti und Zardo einem der Gruppe der hämorrhagischen Septikämie angehörigen Bazillus in den Schnecken, der filtrierbare Toxine lieferte und im Tierversuch ein der menschlichen Erkrankung ähnlichen Symptomenkomplex mit besonderer Affektion der Leber verursachte.

3. Daß neben der intravitalen Infektion der Seetiere auch die postmortale sekundäre Verunreinigung der zubereiteten und konservierten Tiere mit den bekannten Nahrungsmittelvergiftungsbakterien eine Rolle spielen kann, ist ohne weiteres klar. Jedoch ist es im Einzelfalle nicht so leicht zu sagen, welche Art des Infektionsmodus vorgelegen hat. Aus den oft sehr schwer verlaufenden Infektionen muß man schließen, daß wie das Fleisch der Warmblüter und Fische so auch das Fleisch der Schalen- und Weichtiere einen günstigen Nährboden zur Entwicklung der Mikroben und vor allen Dingen zur Giftbildung darstellt. Von besonderem Interesse ist auch hier wieder, daß unter den bakteriologisch untersuchten Fällen sekundärer Verunreinigung Paratyphusbazillen festgestellt sind. So führt der Bericht über das Gesundheitswesen des Preußischen Staates je einen schweren Fall von Paratyphus nach Genuß von Hummern resp. Austern an. Meinertz hat einen Fall von Paratyphus nach Genuß von Krabben beobachtet. Es ist wahrscheinlich, daß man mit der Zunahme bakteriologischer Untersuchungen in solchen Fällen diesen Erregern häufiger begegnen wird!

V. Milch-, Eier-, Mehl-, Vanillespeisenvergiftungen.

1. Geschichtliches.

Neben dem Fleisch und den Fischen spielen süße Milch- und Eierspeisen eine nicht zu unterschätzende Rolle in der Geschichte der bakteriellen Nahrungsmittelvergiftungen. Namentlich hatten in Frankreich nach vanillehaltigen süßen Speisen aufgetretene Massenerkrankungen die Aufmerksamkeit der Ärzte und Hygieniker auf sich gezogen. Da in den meisten Fällen die Speisen vanillehaltig waren und das Vanillin giftig wirkt, so schuldigte man in der vorbakteriologischen Zeit dieses Präparat an und erblickte in ihm die Ursache der Vergiftung, obwohl in vielen Fällen eine Giftigkeit der verwendeten Vanille gar nicht nachgewiesen werden konnte. Hirschberg hat schon 1874 behauptet, daß Zersetzungsvorgänge der Bestandteile der Speisen und nicht die Vanille als der schuldige Teil anzusehen sind. M. Wassermann hat als erster nachzuweisen versucht, daß auch diese Art von Vergiftungen Bakterien und Bakterienprodukten ihre Entstehung verdankt.

Im Berlin hatte im Jahre 1898 eine in einem Restaurant genossene Vanillespeise bei 19 Personen Erscheinungen der Cholera nostras ausgelöst. Wassermann fand die Vanille vollkommen ungiftig und rein, dagegen mit Vanillin versetzte, bis 24 Stunden gehaltene Milch, die ohne Vanillin unschädlich war, für Mäuse höchst giftig. Er nahm an, daß in der Milch vorhandene anaörobe Bakterien durch die reduzierenden Eigenschaften des Vanillins in ihrem Wachstum und in der Produktion gefördert würden und Ursache der eigentlichen Vergiftung seien. Ein Beweis für diese Hypothese wurde nicht gebracht. Immerhin hat er das Verdienst, zuerst auf eine bakterielle Zersetzung der Speisen als Ursache der giftigen Beschaffenheit aufmerksam gemacht zu haben.

Eine bakterielle gesundheitsschädliche Zersetzung der Speisen kann dadurch erfolgen, daß entweder die zu ihrer Herstellung verwendeten Bestandteile

— Milch-, Eier-, Mehl- oder andere Zutaten — von Hause aus pathogene Keime enthalten, oder daß diese erst nach Fertigstellung in die Speisen gelangen und hier während der Aufbewahrung zur Wucherung und Giftproduktion gelangen. Für diese sekundären Infektionen kommen dieselben bei der postmortalen Fleischinfektion erörterten Möglichkeiten in Betracht. Es ist kein Zufall, daß bakterielle Nahrungsmittelvergiftungen nach Genuß gerade solcher Speisen und nicht nach der Aufnahme anderer Nahrungsmittel, z. B. eingemachtem Obst, Fruchtgelees, Weincrême beobachtet werden. Es hat das seinen Grund in der chemischen Zusammensetzung und Beschaffenheit der Speisen, welche der Entwicklung von Bakterien und von Giftstoffen — vermutlich wegen des Eiweißgehaltes — besonders günstig sind.

2. Milch.

Die Art der Gewinnung und des Transports der Milch bis in die Hand des Konsumenten bringt es mit sich, daß in dieser kurzen Zeit eine Verunreinigung mit allen möglichen Bakterien stattfindet, die sich innerhalb weniger Stundem ins Unendliche vermehren und die Milch zersetzen können. Die Menge der in 1 ccm der Handelsmilch vorhandenen Keime zählt nach Millionen und nimmt mit der Länge der Aufbewahrung zunächst zu, dann ab, wobei die Temperaturverhältnisse, die Säuerung und der Antagonismus der Bakterien von großem Einfluß sind. Neben saprophytischen Bakterien können Erreger bestimmter Infektionskrankheiten, namentlich von Typhus, Ruhr, Cholera, Tuberkulose, Diphtherie in die Milch gelangen und durch sie auf den Menschen übertragen werden. Vor dieser Gefahr suchen die Produzenten namentlich die großen Molkereien und Milchzentralen der großen Städte die Konsumenten dadurch zu schützen, daß sie die Milch $\frac{1}{2}$—$\frac{3}{4}$ Stunde einer Temperatur von 68—69^0 aussetzen (pasteurisieren), wodurch die genannten Infektionserreger abgetötet werden, und dann in eisgekühltem Zustand in die Häuser liefern. Hier pflegt der Konsument einer weiteren bakteriellen Zersetzung dadurch vorzubeugen, daß die Milch aufgekocht wird. Dadurch werden alle für den Menschen in Betracht kommenden infektiösen Keime abgetötet, und die in der Milch infolge bakterieller Zersetzung präformierten Gifte zum größten Teil zerstört. Manche dieser Gifte sind aber hitzebeständig. Daher kommt es, daß selbst gekochte Milch giftige Eigenschaften entfaltet. Andererseits können auch nach dem Kochen durch Unsauberkeit — durch Hände, Gefäße, Wasser, Staub, Fliegen — menschenpathogene Keime in die Milch gelangen und hier um so ungehinderter wuchern, als durch das Kochen die Konkurrenz saprophytischer Bakterien ausgeschaltet wird.

Die Zersetzung der rohen Milch mit manchen Bakterienarten macht sich durch Veränderung ihres Aussehens bemerkbar. So entsteht durch Wucherung des Bacillus cyanogenes eine Bläuung, durch Entwicklung des Bacillus prodigiosus, sowie eines rotfärbenden Mikrokokkus eine Rötung, durch Vegetation des Bacillus synxanthus eine Gelbfärbung der Milch. Ebenso beruht die schleimige und fadenziehende Beschaffenheit auf bakterieller Einwirkung. Infolge der sichtbaren Veränderung hütet sich jeder vor dem Genuß solcher Milch in rohem Zustande, die durch den Kochprozeß die ihr etwa anhaftende Gesundheitsschädlichkeit verliert. Daß in die Milch infolge Verabfolgung schlechten Futters an die Tiere oder durch die Aufnahme schädlicher Pflanzen oder Medikamente Gifte im pharmakologischen Sinne übergehen und bei dem Konsumenten Vergiftungen hervorrufen können, soll der Vollständigkeit wegen erwähnt werden.

Bakterielle Vergiftungen werden beim Menschen in der Hauptsache durch Genuß der Milch von kranken, an infektiösen Prozessen leidenden

Tieren hervorgerufen. Aber nicht jede infektiöse Krankheit der Milchtiere verleiht der Milch eine für den Konsumenten giftige Beschaffenheit, sondern es kommt auch hier wie bei den übrigen Nahrungsmittelvergiftungen auf die Art und Beschaffenheit der Infektionserreger an. Es ist nichts Sonderbares, sondern im Gegenteil etwas ganz Natürliches und eigentlich Selbstverständliches, daß in dieser Beziehung diejenigen Bakterien in erster Linie von Bedeutung sind, welche bei den Tieren jene Krankheiten verursachen, welche beim Menschen zu Fleischvergiftungen Anlaß geben, also Bakterien der großen Typhus-Coli-Gruppe, unter ihnen insonderheit Vertreter der Paratyphus- und Gärtnergruppe. Wir haben diese als Erreger von Enteritiden, puerperalen Septikämien, Metritis und Mastitis der Kühe kennen gelernt und müssen es als etwas Selbstverständliches annehmen, daß die Milch derartig kranker Tiere mit ihnen infiziert wird und bei dem Menschen in ungekochtem Zustande eine der gastrointestinalen Form der Fleischvergiftung ähnliche Krankheit hervorruft.

Es sind in der Literatur bisher wenig Fälle bekannt geworden, da man erst in jüngster Zeit entsprechende bakteriologische Untersuchungen vorgenommen hat.

In der Fleischvergiftungsepidemie zu Fluntern 1867, die ein an Polyarthritis leidendes Kalb verursacht hatte, waren gleichzeitig mehrere Personen nach Genuß der Milch des an ausgedehnter Mastitis leidenden Muttertieres an akuter Gastroenteritis erkrankt, der einige Kinder sogar erlegen sein sollen. Nach dem Stande unserer jetzigen Kenntnisse über die Entstehung von Fleischvergiftungen, darf man annehmen, daß die Erreger der Kalbfleischvergiftung und der Milchvergiftung identisch gewesen sind und der Paratyphusgruppe angehört haben. Später hat dann B. Fischer eine Massenerkrankung an Paratyphus (50 Personen) infolge Milchgenusses auf dem Gut Futterkamp (Plön) beschrieben. Die Milch war aller Wahrscheinlichkeit nach durch zwei an akuter durch Paratyphusbazillen verursachten Enteritis leidender Kühe, in deren Organen die Erreger gefunden wurden, infiziert worden. In einem von Faust beobachteten Falle rief Milch von einer an Mastitis leidenden Kuh bei den Konsumenten akuten Paratyphus hervor. Als Erreger der Mastitis wurden ebenfalls Paratyphusbazillen festgestellt. Nach dem Bericht über das Gesundheitswesen des Preußischen Staates 1910 erkrankten sieben Personen im Kreise Meisenheim an Paratyphus nach Genuß der Milch einer Kuh, die an Kälberfieber litt. Gaffky beobachtete drei Fälle von akuter hämorrhagischer Enteritis bei Personen, welche die rohe Milch einer an hämorrhagischer Enteritis kranken Kuh genossen hatten, und ist der Meinung, daß solche Fälle öfter vorkommen. Aus den Fäces der Kranken und der Kuh isolierte Gaffky ein und denselben coliartigen Bazillus. Er spricht die Vermutung aus, daß die große sich mindestens auf 600 Personen erstreckende Gastroenteritisepidemie, die 1888 in Christiania auftrat und von Huseman beschrieben ist, durch bakteriell infizierte Milch verursacht war.

In Neuwied erkrankten 1909 gleichzeitig zahlreiche Personen an Paratyphus in solchen Haushaltungen, die Milch von einem Gute bezogen. Auf demselben waren gleichzeitig drei Schweizer und ein Kind einer Vogtfrau an Paratyphus erkrankt. Man hatte nahe dem Gutshof in einen Weiher, an dem der Vogt wohnte, kurze Zeit vor Ausbruch der Epidemie verendetes Vieh geworfen und das Weiherwasser zum Ausspülen der Milchgefäße benutzt.

Klein züchtete bei einer im St. Bartholomäushospital in London beobachteten, 59 Fälle umfassenden Epidemie von schwerer Diarrhöe, die auf den Genuß von Milch zurückgeführt wurde, sowohl aus dieser Milch als auch aus den Entleerungen der Erkrankten einen Anaërobier, den Bacillus enteritidis sporogenes (Klein) und sieht ihn als Ursache der Epidemie an. Derselbe Keim wurde auch von Zammit bei einer Erkrankung an Cholera nostras, die sich auf 17 Personen in fünf Häusern erstreckte, sowohl in den Entleerungen der Kranken als auch in der Ziegenmilch, auf deren Genuß die Erkrankungen zurückgeführt wurden, nachgewiesen. Andererseits konnten Hewlett und Barton den Bacillus enteritidis sporogenes in 60% der Londoner Milchproben nachweisen und messen seiner Anwesenheit keine besondere Bedeutung bei.

Wenn man die Literatur durchforscht, so ist man erstaunt über die zahlreichen, ätiologisch nur in chemischer Richtung oder überhaupt nicht weiter verfolgten und daher unaufgeklärt gebliebenen Gruppen- und Massenerkrankungen zum Teil mit tödlichem Ausgang, die nach Genuß von Milch oder Buttermilch aufgetreten sind.

So verursachte Buttermilch in Posen 20 Krankheitsfälle und einen Todesfall, in Ostpriegnitz 10 Fälle, in Solingen 20 Fälle usw., Milchgenuß bewirkte in Kinderbewahranstalten zu Remscheid 48 Fälle von Enteritis, in Hagen zahlreiche Erkrankungsfälle unter den Insassen. Genuß roher und gekochter Milch einer an Gebärmutterentzündung erkrankten Kuh verursachte in Wiedenbrück sieben Erkrankungen. Milch einer kranken Kuh im Kreise Regenwalde vier Fälle usw.

Außer vom kranken Tier kann die Milch vom kranken oder gesunden, Paratyphusbazillen oder ähnliche Bakterien ausscheidenden Menschen oder durch paratyphushaltiges Wasser infiziert werden. — Wie beim Typhus spielt die Milch auch beim Paratyphus als Infektionsvermittler eine große Rolle. (Siehe Schottmüller, Paratyphus).

Außer den Fleischvergiftungsbakterien und ihnen ähnlichen Mikroorganismen kommen hauptsächlich die von der Streptokokkenmastitis stammenden Streptokokken für die Gesundheitsschädlichkeit der Milch in Betracht. Durch Milchstreptokokken verursachte epidemische Erkrankungen an Halsentzündung, Kolik und Durchfall sind von Holst, Stokes und Wegefarth, Blek, Kenwood und Savage u. a. publiziert. Nach Lameris und Harrevelt ist Milch von Kühen mit Streptokokkenmastitis sogar in gekochtem Zustande fähig, Diarrhöen hervorzurufen. Die Ursache der Milk siekness, einer früher in Amerika nach Milchgenuß häufig, jetzt selten beobachteten, mit Erbrechen, Verstopfung und großer Schwäche verbundenen Krankheit, ist noch nicht ermittelt. Adametz berichtet über gastroenteritische Erscheinungen bei den Konsumenten, die Milch getrunken hatten, welche große Mengen des Bacillus pyocyaneus enthielt.

Aus den angeführten Beispielen geht hervor, daß Milch gar nicht so selten Trägerin von Nahrungsmittelvergiftungsbakterien ist, und daß man an sie bei der Aufklärung von Milchspeisenvergiftungen sehr wohl denken muß. Ein Beispiel dafür ist ein von Wernicke beobachteter Fall, in dem mehrere Personen nach Genuß einer Vanilletorte an Paratyphus erkrankten, zu deren Herstellung Sahne aus einer mit Paratyphus verseuchten Molkerei verwendet worden war.

3. Eier.

Neuerdings hat man in Frankreich als Ursache der Vergiftungen nach Rahmkuchen das Eiweiß angeschuldigt. Nach André le Coq sollen sogar ganz frische Eier toxisch wirken können.

Nach Charles Baize sollen die Vergiftungen nach Rahmkuchengenuß von dem Eiweiß des Rahms herrühren, das unter dem Einfluß der aëroben und anaëroben Bakterien sehr rasch verdirbt, wodurch Gifte entstehen. Auch Weikard führt eine Gruppenerkrankung an akuter Gastroenteritis nach Genuß von Pudding, zu dem älteres Eiweiß benutzt worden war, auf Ptomaine zurück, die nach Fresenius hergestellt wurden und Meerschweinchen unter Lähmungen töteten. Cameron berichtet über eine Massenerkrankung (70 Personen) an Gastroenteritis nach einem Pudding, zu dessen Herstellung altes Eiweiß Verwendung gefunden hatte. Eine ähnliche Gruppenerkrankung hat Glasmacher nach einer Sauce beobachtet, die mit einer Woche altem Hühnereiweiß bereitet worden war.

Daß Eier Träger von spezifischen Nahrungsmittelvergiftungsbakterien sein können, haben Cao und Chrétien nachgewiesen, und Poppe hat experimentell die Möglichkeit eines Hindurchwachsens der Bakterien durch die Hühnereischale festgestellt.

Es ist aber wahrscheinlich, daß in den aufgeführten Vergiftungen das Eiweiß erst während der Aufbewahrungszeit eine bakterielle Zersetzung erfahren hat, deren Natur nicht festgestellt ist.

4. Vanillehaltige Speisen.

Die Häufigkeit von Nahrungsmittelvergiftungen nach Genuß vanillehaltiger süßer Milch- und Eierspeisen ist eingangs betont. Da Milch und Eier von Hause aus Nahrungsmittelvergiftungsbakterien enthalten können, ist es erklärlich, daß auch das aus ihnen hergestellte Produkt von vornherein Träger dieser Bakterien sein kann. So beobachtete Gieseler eine Vergiftung sowohl nach Vanilleeis als auch nach Kaffee, welcher mit derselben Sahne wie das Eis zubereitet war. Umgekehrt waren in anderen Fällen nur die Vanillespeisen und nicht andere mit derselben Milch hergestellte Speisen giftig (Vaughan). Die nachträgliche Infektion der fertigen Speise, die einen vorzüglichen Nährboden zur Vermehrung und zur Giftproduktion der Bakterien abgeben, ist höchstwahrscheinlich der häufigere Infektionsmodus.

Der erste, der als eine der Ursachen der Vanillespeisenvergiftungen Paratyphusbazillen nachwies, war v. Vagedes. Diese sind dann später in einer großen Reihe ähnlicher Vergiftungen wieder gefunden worden.

In dem von ihm beobachteten Fall handelte es sich um eine aus Grieß, Zwieback, Äpfeln, Enteneiern, Milch und Vanillezucker bestehende Speise, nach deren Genuß fünf Familienmitglieder an schwerer Gastroenteritis erkrankten, der ein 14jähriger Sohn nach zwei Tagen erlag. Die Speise war tags zuvor, an einem Julitage, bereitet, in frischem Zustande ohne Schaden genossen, dann in der Speisekammer 24 Stunden aufbewahrt worden und in dieser Zeit in die höchst giftige Ware umgewandelt worden.

Levy und Fornet haben dann später einen ähnlichen Fall beschrieben.

Im Bezirk Hildesheim verursachte ein Vanillepudding bei sechs Personen einer Familie akuten Paratyphus.

Eine nach Genuß einer Vanillespeise aufgetretene Massenerkrankung an Paratyphus von 22 Fällen, unter denen eine Person der Vergiftung erlag, hat Curschmann publiziert. Das Gericht war am Abend zuvor im Juni bereitet und bis zum nächsten Mittag in dem Vorraum eines Fleischkellers aufbewahrt.

Im August 1911 erkrankten in Borkum 33 Personen an Fieber, Schwindel und Kopfschmerzen, einige an Diarrhöen, die meisten an Stuhlverstopfung nach Genuß von roter Grütze aus einem Hotel. Einige Tage vorher waren bereits in ähnlicher Weise Personen erkrankt, die aus demselben Hotel stammenden Ananaspudding genossen hatten. Die Krankheitserscheinungen setzten 24 Stunden nach dem Genuß der Grütze und des Puddings mit großer Heftigkeit ein. Die bakteriologische Untersuchung der Blut-, Stuhlund Urinproben ergab Paratyphusbazillen. Die betreffenden Speisen waren wahrscheinlich durch einen im Hotel Bediensteten infiziert, der einige Tage vor der Masseninfektion an Magendarmkatarrh gelitten hatte, und in dessen Blut Paratyphusbazillen nachgewiesen wurden.

Gaffky ermittelte als Ursache einer nach vanillehaltigen Sahnenballen aufgetretenen Hausepidemie von fieberhaftem Brechdurchfall ein zur Gruppe der hämorrhagischen Septikämie gehöriges Bakterium.

Es darf angenommen werden, daß in früherer Zeit nach ebensolchen Speisen unter denselben Erscheinungen aufgetretene Massenerkrankungen durch die nämlichen Erreger bedingt worden sind. Massenerkrankungen sind namentlich in Frankreich vorgekommen und von Sacquepée zusammengestellt.

So ereigneten sich 116 Fälle mit drei Todesfällen im März 1901 in Valence d'Ageu; 150 Fälle mit zwei Todesfällen im Juni 1902 in Bordeaux, in demselben Jahr 50 Fälle mit einem Todesfall in Auteuil, 25 Fälle mit einem Todesfall 1904 in Saint-Denis und 40 Fälle mit einem Todesfall 1904 in Saint-Mandé.

In den Jahresberichten über das Gesundheitswesen des Preußischen Staates sind mehrfach Gruppenerkrankungen nach Genuß von vanillehaltigen Speisen aufgeführt (1902 = 10 Personen, 1904 = 1 Familie, 1907 = 7 Personen [1 Todesfall], 1908 = mehrfache Erkrankungen in den Regierungsbezirken Breslau und Wiesbaden).

Daß in diesen Fällen nicht das Vanillin der schuldige Teil gewesen ist, geht schon aus der Tatsache hervor, daß dieselben Vergiftungen mit denselben Bakterienbefunden nach ebensolchen aber vanillefreien Speisen beobachtet sind.

5. Crêmehaltige vanillefreie Konditoreiwaren und Speisen (Puddings).

Crêmehaltige vanillefreie Konditoreiwaren haben mehrfach zu Vergiftungen geführt. Als Ursache sind in den letzten Jahren von verschiedenen Seiten

Paratyphusbazillen festgestellt, so von Walker bei einer in der Schweiz durch Crêmeschnittchen verursachten Massenerkrankung, von Prigge und Sachs-Müke bei einer im Typhusbekämpfungsgebiet des Westens ebenfalls durch Crêmeschnittchen verursachten Epidemie, von Liebetrau gelegentlich einer nach Genuß von Crêmeschnittchen und Sahnenballen aufgetretenen schweren Infektion, bei der drei Fälle tödlich endeten.

In dem Priggeschen Falle war der Konditor an Paratyphus krank. In den Liebetrauschen Fälle waren die Waren entweder durch eine im Hause des Bäckers wohnende Krankenpflegerin, die eine paratyphuskranke Frau gepflegt hatte und selbst erkrankt war, oder durch einen aushilfsweise angenommenen Bäckergesellen infiziert.

Buchan weist auf die Häufigkeit der durch Speiseeis verursachten Paratyphen hin und fordert behördliche Überwachung dieses Nahrungsmittelzweiges.

Vergiftungen durch Konditoreiwaren sind häufiger, als man im allgemeinen anzunehmen pflegt. Aus den Berichten über das Gesundheitswesen des Preußischen Staates seien folgende Fälle angeführt:

1902 Lüneburg 30 Personen. — 1903 Jänichau 10 Personen. — 1904 Hotel eines Seebads 100 Personen. — 1905 Speiseeis und Hochzeitskuchen 5 resp. 12 Personen. — 1907 Mühlheim crêmehaltige Backware 70 Personen. — 1911 Nessenröders (Hildesheim) Pudding, der an einem sehr heißen Tage 10 Stunden aufbewahrt war, 9 Familienmitglieder Bac. ent. Gärtner.

Aus Milch und Mehl hergestellte, paratyphusbazillenhaltige Faden-nudeln riefen 1910 bei Soldaten eine leichte Massenerkrankung an Paratyphus hervor (Jacobitz und Kayser).

VI. Käsevergiftungen.

Von Käsevergiftungen hörte man früher häufiger als heute. Wenn es auch an kasuistischen Mitteilungen solcher Fälle in den letzten Jahren nicht gefehlt hat, so sind doch diese Vergiftungen seltener geworden, insonderheit haben Massenerkrankungen, wie sie früher in Amerika öfter beobachtet wurden, nicht mehr stattgefunden.

Die Ursache ist keine einheitliche, was bei einem so verschiedenartig behandelten Produkt, wie es der Käse darstellt, nicht wundernimmt. Man hat auch bei den Käsevergiftungen früher an die Wirkung pharmakologischer Gifte gedacht.

Yaughan hat vor 25 Jahren aus Käse ein giftig wirkendes Alkaloid dargetstellt, das er als Tyrotoxikon bezeichnet hat. Seitdem sind ähnliche Feststellungen nicht gemacht worden.

Daß Bakterien und ihre Produkte auch bei dieser Art von Vergiftungen eine Rolle spielen, ist nach Analogie anderer Nahrungsmittelvergiftungen anzunehmen.

In den früheren Kapiteln ist immer betont worden, daß Fäulnis der Nahrungsmittel an sich nicht gleichbedeutend mit Giftigkeit ist, sondern daß die Schädlichkeit der faulen oder nicht faulen Nahrungsmittel abhängig ist von ganz besonderen Umständen, unter denen die Lebenstätigkeit spezifischer Organismen neben der Einwirkung der Temperatur, Feuchtigkeit, Beschaffenheit des Nährsubstrats usw. die größte Bedeutung hat. So ist auch die in manchen Fällen beobachtete Giftigkeit des Käses das Produkt spezifischer Bakterien resp. ihrer Gifte.

1. Bakterien der Paratyphusgruppe.

Als erster hat Holst bei einigen nach Käsegenuß aufgetretenen Gastroenteritiden die in Norwegen keine Seltenheit darstellen sollen, einige wohlcharakterisierte Stämme gezüchtet die er wegen der Übereinstimmung mit den Jensenschen Parakolibazillen, den

Erregern der Kälberruhr, als solche ansprach. Von diesen hat Zupnik bei seinen vergleichenden Untersuchungen der Paratyphus- und Fleischvergiftungsbakterien zwei Stämme „Backer" und „Strian Erichsen" mit geprüft und in vollständig gleiches Verhalten, wie es die Paratyphus B-Bazillen zeigen, festgestellt. Nachdem durch Uhlenhuth und Hübener die Zugehörigkeit der Jensenschen Parakolibazillen zur großen Paratyphus- und Gärtnergruppe nachgewiesen ist, unterliegt es keinem Zweifel mehr, daß die Holstschen Käsevergiftungsbazillen nichts anderes als diese Mikroorganismen darstellen. Damit stimmt auch die Angabe von Holst überein, daß die Erreger durch Verunreinigung der Milch mit Kot enteritiskranker Kühe in den Käse gelangt sind. Fonteyne fand bei einer Massenvergiftung (40 Fälle) durch verdorbenen Käse ein dem Paratyphusbazillus völlig gleichenden Mikroben.

Eine Beobachtung von Berg hat die ätiologische Bedeutung dieser Bakterien für einen Teil von Käsevergiftungen außer Frage gestellt, indem er sie im Innern eines nach Genuß von Tilsiter Käse gestorbenen Mannes nachwies und feststellte, daß das Serum von zwei gleichzeitig und gleichartig erkrankten Familienmitgliedern Paratyphusbazillen agglutinierte.

Zwei Fälle von akutem Paratyphus nach Käsegenuß erwähnt der Bericht des Gesundheitswesens des Preußischen Staates 1909. Nach demselben Bericht des Jahres 1910 erkrankten vier Geschwister nach Genuß von verdorbenem Käse an Gastroenteritis paratyphosa.

Vaughan und Perkins gewannen bei einer Käsevergiftung aus Käse einen Bazillus der Coligruppe, der für Laboratoriumstiere hochpathogen war und ein stark wirkendes hitzebeständiges Toxin in der Kultur bildete. Durch ein Versehen wurden 10 Tropfen einer sterilisierten Milchkultur dieses Bazillus einem Patienten injiziert. Nach 30 Minuten trat Schwindel, Erbrechen, Durchfall, nach zwei Stunden völlige Taubheit mit Delirien, nach drei Stunden ein schlafsüchtiger Zustand ein. Alle Erscheinungen waren nach 12 Stunden verschwunden.

Dold fand im Käse, dessen Genuß eine Gruppenerkrankung verursacht hatte, weder organische noch anorganische Gifte, dagegen einen für Kaninchen pathogenen, dem Bac. acidi lactici ähnlichen Mikroben.

Die von verschiedenen anderen Autoren — Ehrhardt, Healey und Hughes, Wallace, Pflüger, Rottler — publizierten, bakteriologisch nicht untersuchten Fälle von Käsevergiftungen sind mit hoher Wahrscheinlichkeit ebenfalls durch Bakterien der Typhus-Coli-Gruppe verursacht worden. Zu dieser Annahme berechtigt der klinische Verlauf, der in allen Fällen größte Ähnlichkeit mit der gastrointestinalen Form der Fleischvergiftung gehabt hat.

2. Botulismusartige Käsevergiftungen.

Die Ähnlichkeit der klinischen Symptome eines Teiles der Käsevergiftungen mit dem Botulismus hat zu der Vorstellung und Annahme geführt, daß der Bacillus botulinus oder ein ähnlich wirkender Mikroorganismus ursächlich für die Käsevergiftungen in Betracht komme. Am vollständigsten gleicht das von Federschmidt gelegentlich einer Käsevergiftung beobachtete und beschriebene Krankheitsbild dem Botulismus. Er ist aber bisher in keinem Falle nachgewiesen.

VII. Kartoffelvergiftungen.

Für die im Vergleich zu dem ungeheuren Konsum von Kartoffeln sehr seltenen Kartoffelvergiftungen hat man lange Zeit ein in der Kartoffel vorhandenes chemisches Gift — das Solanin — verantwortlich gemacht. Als die moderne Bakteriologie als Ursache für viele Nahrungsmittelvergiftungen Bakterien und ihre Gifte festgestellt hatte, suchte man nach Solanin bildenden Bakterien. Weil fand auch zwei solche Arten in schwarzen Flecken der Kartoffeln und glaubte damit das Wesen der Kartoffelvergiftung als Solaninvergiftung aufgeklärt zu haben. Seine Befunde wurden aber von keiner Seite bestätigt. Die Seltenheit der Vergiftungen sowie der Umstand, daß unter gleichen Bedingungen aufbewahrte, tagelang zuvor genossene Kartoffeln derselben Sorte und Herkunft unschädlich waren, daß es sich stets um gekochte bei hoher Temperatur aufbewahrte Kartoffeln handelte, hätten die Solanintheorie schon längst in Frage stellen und die Ursache in einer akzidentellen, die gekochten Kartoffeln treffenden Schädlichkeit suchen lassen sollen. Der Glaube an die Solaninwirkung bei den Kartoffelvergiftungen wurde erst erschüttert, als die auf Veranlassung der Medizinalabteilung des preußischen Kriegsministeriums durch Wintgen ausgeführten Versuche ergaben, daß der Solaningehalt der Kartoffeln sehr verschieden, im allgemeinen aber beträchtlich kleiner ist, als nach den Durchschnittszahlen in der Literatur zu erwarten war, daß längeres Lagern oder krankhafte Veränderungen der Kartoffeln keine Zunahme des Solaningehalts bedingen, daß Solaninbildung durch Bakterien nicht stattfindet. Dazu kommen die Untersuchungen von Haselbergs, welcher nachwies, daß in Vergiftungsfällen von den einzelnen Autoren Solanin gar nicht in reiner Form dargestellt ist, daß es sich vielmehr um Verunreinigung mit kristallinischen Eiweißstoffen gehandelt hat, und daß man somit über die eigentlich toxisch wirkende Dosis des Solanins im Unklaren ist. Er konnte gleichzeitig durch einen Selbstversuch zeigen, daß die krankmachende Dosis weit oberhalb der bisher angenommenen Grenze liegt.

Auch bei den Kartoffelvergiftungen handelt es sich um akzidentelle bakterielle Verunreinigungen der ursprünglich einwandfreien und unschädlichen gekochten Kartoffeln [1]).

1. Proteusbakterien.

Dieudonné hat zuerst eine Proteusart dafür verantwortlich gemacht und zwar bei folgender Massenvergiftung:

Im Lager Hammelburg erkrankten im August 1903 ganz plötzlich ca. 180 Mann eines Bataillons schon zwei Stunden nach dem Mittagessen an Erbrechen, Kopfschmerzen, Durchfällen, Kollapserscheinungen, Wadenkrämpfen ohne Temperaturerhöhung. Nach sieben Stunden schwanden die Symptome wieder, nur bei einigen blieben noch längere Zeit Kopfschmerzen, Benommenheit und Kollapserscheinungen bestehen; doch gingen auch diese wieder vorüber. Als Ursache der Massenerkrankung wurde Kartoffelsalat festgestellt, der bei der bakteriologischen Untersuchung massenhaft Proteusbakterien enthielt. Die Kartoffeln waren am Abend vorher gekocht und geschält in Körben bei schwüler Temperatur (im August) bis zum nächsten Tage aufbewahrt worden. Die Vermehrung der Bakterien und die Bildung von Zersetzungsprodukten war dann weiterhin durch den hohen Wassergehalt der noch jungen Kartoffeln begünstigt worden.

Die mit dem Salat gefütterten Mäuse starben nach 24 Stunden an schweren Magen-Darmerscheinungen.

Bouillonkulturen waren für Laboratoriumstiere völlig wirkungslos. Dagegen töteten innerhalb 12 Stunden bei 18° und darüber auf Kartoffeln oder auf Fleisch gezüchtete Kulturen bei Verfütterung Mäuse, Ratten, Meerschweinchen, Kaninchen innerhalb 24 Stunden unter den Erscheinungen eines schweren Darmkatarrhs. Dieselben Kulturen waren aber denselben Tieren gegenüber bei subkutaner Einverleibung ohne krankmachende Wirkung. Bei 10—12° gehaltene Kulturen auf Kartoffeln und Fleisch riefen auch bei Verfütterung keine Krankheitserscheinungen hervor. Für die pathogene Wirkung bei Mäusen mußten also drei Bedingungen erfüllt sein: Aufnahme per os, Wachstum auf Kartoffeln, Wachstum bei einer Temperatur über 18°. Dieudonné nimmt an, daß es sich um Bildung von Giften handelt, die nur bei der genannten Temperatur und auf besonderen Nährsubstraten entstehen. Die Bedingungen waren in den vorliegenden Fällen besonders günstige.

Einen ähnlichen Fall von Massenerkrankungen an leichter Gastroenteritis nach Kartoffelsalat haben wir bei einem Garderegiment beobachtet.

Auch in diesem Falle handelte es sich um Kartoffelsalat, für den die Kartoffeln 24 Stunden vorher gekocht und geschnitten und dann in einer mit Zinkblech ausgeschlagenen Fleischkiste in der Küche aufbewahrt und von Proteusbakterien durchwuchert waren. Beweisend für die akzidentale bakterielle Verunreinigung der Kartoffeln war die Tatsache,

---

[1]) Vgl. Cloetta, diesen Band S. 709.

daß dasselbe Gericht (Hering-Kartoffelsalat) aus denselben Bestandteilen in der Küche für die Unteroffiziere, von denen niemand erkrankte, bereitet war — nur mit dem Unterschied, daß die Kartoffeln erst kurz vor ihrer Verwendung gekocht waren.

2. Colibakterien.

Die Colibakterien, die als Ursache von Kartoffelvergiftungen verantwortlich gemacht sind, gehören wahrscheinlich einer besonderen giftproduzierenden Art an.

Bei 85 Mann eines Truppenteiles trat 1—2 Stunden nach dem Mittagessen, das aus Erbsensuppe, Eiern und Kartoffelsalat bestanden hatte, unter heftigen Leibschmerzen ein in 1—5 Tagen ablaufender Magen-Darmkatarrh auf, der bei einem Manne vorübergehend sehr starke Erscheinungen bot. Die Kartoffeln waren an einem Juliabend gekocht, dann geschält und in Scheiben geschnitten über Nacht aufbewahrt worden, bis am folgenden Vormittag die Zubereitung des Salates erfolgte. Als Ursache wurden von Jacobitz und Kayser Colibakterien festgestellt, die auf den Kartoffeln üppig gewuchert waren. Ihre ursächliche Beziehung zu der Massenerkrankung wurde dadurch erwiesen, daß das Serum der Kranken in einer Verdünnung 1 : 200 prompt den betreffenden Colistamm agglutinierte. Einen ähnlichen Fall hat Döderlein publiziert. Die Kartoffeln waren auch in diesem Falle Tags zuvor gekocht, geschält und über Nacht aufbewahrt worden.

3. Bakterien der Paratyphus- und Gärtnergruppe.

Bei dem ausgedehnten Konsum von Kartoffeln und der Verbreitung der spezifischen Fleischvergiftungsbakterien nimmt es nicht wunder, daß auch diese gelegentlich einmal zubereitete Kartoffeln befallen und unter günstigen Bedingungen sich vermehren, Gifte produzieren und so in analoger Weise wie bei den sekundären Fleischvergiftungen eine Kartoffelvergiftung hervorrufen. Bisher liegen nur wenige derartige Beobachtungen in der Literatur vor.

In dem einen Falle hatte die Familie eines Offiziers Kartoffelsalat zum Abendessen genossen. Alle Beteiligten bekamen 6—7 Stunden später einen fieberlosen, etwa 12 Stunden anhaltenden intensiven Brechdurchfall. In den Proben des Salats wurden Paratyphusbakterien gefunden, die vom Serum der Erkrankten 1: 100 prompt agglutiniert wurden (Jacobitz und Kayser). Als Ursache einer unter den Soldaten nach Kartoffelsalat aufgetretenen Massenerkrankung ermittelten Bofinger und Dieterlen Gärtnerbakterien. Nach dem Bericht des Gesundheitswesens des Preußischen Staates erkrankten fünf Personen in einer Familie nach Genuß von Büchsensülze und Kartoffelsalat akut an Paratyphus. Da von der Sülze andere Personen gegessen hatten und gesund geblieben waren, kann nur der Kartoffelsalat die Ursache der Vergiftung gewesen sein.

Die in der Literatur bekannt gewordenen Kartoffelvergiftungen betreffen fast ausschließlich Massenerkrankungen von Militärpersonen. Unter 48 vom Jahre 1890—1908 aufgetretenen von Waldmann zusammengestellten Massenerkrankungen in der Armee waren 18 durch Kartoffeln bedingt. In fast all diesen Fällen, die zum allergrößten Teil in die Sommermonate fallen, waren die betreffenden Kartoffeln am Tage vor einem Sonn- oder Feiertag zubereitet und aufbewahrt worden. Die klinischen Erscheinungen bestanden in einer meist schnell vorübergehenden Gastroenteritis, die in keinem Falle zum Tode führte. Es ist in hohem Grade wahrscheinlich, daß diese bakteriologisch nicht untersuchten Vergiftungen auf dieselben Vergiftungsbakterien zurückzuführen sind, wie die angeführten Fälle.

In prophylaktischer Beziehung ist es erforderlich, daß Kartoffeln kurz vor der Verabfolgung gekocht und zubereitet werden, auf keinem Fall längere Zeit in der warmen Küche aufbewahrt werden. Im Privathaushalt wird im allgemeinen so verfahren, oft aber auch dagegen gefehlt. Wie oft es hier aber zu leichten Einzelerkrankungen kommen mag, entzieht sich vollständig der Beurteilung.

VIII. Konservenvergiftungen.

Denselben Bakterien, die wir als Erreger der Fleisch-, Fisch-, Milch-speisen-, Käse- und Kartoffelvergiftungen kennen gelernt haben, begegnen wir auch bei den durch Büchsenkonserven verursachten Vergiftungen. Im Gegen-satz zu anderen Mikroorganismen, welche Büchsenkonserven verderben und wahrscheinlich in großer Zahl existieren, rufen diese keine grobsinnlich wahr-nehmbaren Veränderungen des Büchseninhaltes hervor, der gerade deshalb dem Konsumenten verhängnisvoll wird. Die bakterielle Verunreinigung des Büchseninhalts findet in den allermeisten Fällen nach dem Sterilisierungsprozeß infolge der beim Lagern und Transport entstehenden Undichtigkeiten der Büchsen statt, denn bei dem allgemein üblichen lege artis ausgeführten Sterili-sierungsverfahren gehen alle lebenden Bakterien zugrunde. Immerhin verdient ein Fall Beachtung, in welchem von einem kranken Kalbe stammendes, mit Paratyphusbazillen durchsetztes Kalbfleisch, dessen Genuß 23 Erkrankungen hervorgerufen hatte, auch nach der Einkochung im Weckschen Apparat noch den lebenden Infektionserreger enthielt. Offenbar war in dem Apparat die Temperatur nicht erreicht, die bei der fabrikmäßigen Herstellung der Büchsen-konserven erzielt wird. (Bericht über das Gesundheitswesen des Preußischen Staates 1910.)

Bei den meisten bakteriellen Verunreinigungen der Büchsenkonserven handelt es sich um Fäulnisbakterien und andere, stinkende Produkte bildende Mikroorganismen, so daß sich das Verdorbensein durch Geruch und Aussehen bemerkbar macht, wodurch die Verwendung der Konserven und somit jede weitere Gefahr ausgeschaltet wird.

Die Zahl der Vergiftungen ist im Vergleich zu den immer mehr zunehmen-den Verbrauch der Büchsenkonserven gering.

1. Bacillus botulinus.

Zum ersten und bis jetzt einzigen Male wurde 1904 bei einer in Darmstadt nach Genuß aus Bohnenkonserven hergestellten Salats aufgetretenen Ver-giftung der Bacillus botulinus von Gaffky und Landmann als Ursache festgestellt.

Die zum Salat verwendeten Bohnen waren in der Kochschule eines Pensionats von einer Köchin, die selbst der Vergiftung erlag, in einer verlöteten Blechbüchse eingekocht worden, die beim Öffnen zwar durch einen eigentümlich ranzigen Geruch ähnlich wie nach Parmesankäse aufgefallen war, aber keine Zeichen einer stärkeren Zersetzung dargeboten hatte. Die Bohnen waren sehr zart und „butterweich" und wurden deshalb nicht mehr vorher gekocht, sondern, wie sie aus der Büchse kamen, nach Abspülen angerichtet; beim Stehen des angemachten Salates nahm der ranzige Geruch zu. Bemerkenswert ist, daß diejenigen, die den gleichen Salat gegessen hatten, der kurze Zeit auf dem Herd gestanden und so durch Zufall ins Kochen geraten war, gesund blieben, während alle anderen 21 Pen-sionäre erkrankten, von denen 11 der Vergiftung erlagen. Die Krankheit begann 24—28 Stunden nach der Mahlzeit und zeigte das charakteristische Bild des Botulismus.

2. Bakterien der Paratyphus- und Gärtnergruppe.

Im Januar 1906 erkrankten in Leipzig 250 Angestellte eines Warenhauses wenige Stunden nach Genuß von Bohnenkonserven an akuter Gastroenteritis, die nach kurzer Zeit in Genesung überging. In den Bohnen wurden Paratyphus- und Colibakterien von Rolly nachgewiesen. Erstere bildeten hitzebeständige Gifte.

Aumann fand in einer geöffneten Konservenbüchse mit Spinat, dessen Genuß eine Familienerkrankung hervorgerufen hatte, Gärtnerbazillen und nimmt an, daß sie die Ursache der Gruppenerkrankung waren.

Zwei Gruppenerkrankungen an Paratyphus nach Genuß von Büchsenbohnen resp. Bohnensalat sind in den Berichten über das Gesundheitswesen des Preußischen Staates erwähnt.

3. Anderweitige Bakterien.

Bucherau schuldigt als Ursache einer durch fünf Jahre altes verdorbenes Büchsenfleisch unter Militärpersonen in Frankreich hervorgerufenen Massenerkrankung von akuter Gastroenteritis eine die Gelatine verflüssigende Streptokokkenart an.

D. Diagnose der Nahrungsmittelvergiftungen.

Bezüglich der klinischen Erscheinungen usw. unterscheiden sich die Nahrungsmittelvergiftungen der Gruppen IV—VI nicht von der Gruppe I—III, so daß in dieser Beziehung auf die betreffenden Kapitel verwiesen werden kann.

Die Diagnose der Nahrungsmittelvergiftungen stützt sich auf epidemiologische und klinische Tatsachen und die bakteriologische Untersuchung. Die sichere Erkennung der Nahrungsmittelvergiftung kann nur mit Hilfe der bakteriologischen Untersuchung erfolgen. Das Ergebnis dieser bildet gewissermaßen aber nur den Schlußstein in dem Aufbau der für eine bakterielle Nahrungsmittelvergiftung sprechenden Beweise. Das plötzliche Auftreten von klinisch als Vergiftungserscheinungen imponierenden Symptomen im Anschluß an den Genuß einer Speise bei bis dahin völlig gesunden Personen, das Freibleiben von Personen, die nichts davon gegessen haben, lassen den Schluß einer abnormen d. h. giftigen Beschaffenheit der Speise zu. Diese kann entweder chemischer oder bakterieller Natur sein. Wenn man früher den Fehler begangen hat, jede Nahrungsmittelvergiftung als eine Vergiftung im pharmakologischen Sinne aufzufassen, so darf man heute nicht in den umgekehrten Fehler verfallen und jede nach Nahrungsmittelgenuß unter dem klinischen Bilde einer Vergiftung auftretende Gesundheitsschädigung als eine auf bakterieller Grundlage beruhende Vergiftung ansprechen. Wie sehr hier Voreingenommenheit schaden kann, hat das Beispiel der Methylalkoholvergiftung der Asylisten zu Berlin gelehrt.

Neisser macht darauf aufmerksam, daß in geschlossenen Anstalten nicht selten Massenerkrankungen nach den an Sonn- und Festtagen genossenen Speisen aufzutreten pflegen, nachdem tagszuvor eine Reinigung der Küchengeräte namentlich der Kessel mit Säuren und anderen Putzmitteln vorgenommen ist, und hält somit die Entstehung und Beimengung chemischer Gifte zu den Speisen nicht für ausgeschlossen. Waldmann hat in der Tat für 30 in der deutschen Armee vorgekommene, durch Nahrungsmittel verursachte Massenerkrankungen nachweisen können, daß 60% derselben an Sonn- und Feiertagen oder an dem unmittelbar darauffolgenden Tage stattgefunden haben. Er gibt aber auch gleichzeitig die richtige Erklärung dafür, indem anzunehmen ist, daß die Nahrungsmittel schon längere Zeit vorher zur Abgabe fertig gestellt, aber ungenügend gegen äußere Verunreinigungen geschützt oder in mangelhafter Weise aufbewahrt wurden, so daß Zersetzungsvorgänge statthaben konnten, die dann ihrerseits den Anlaß zu den Erkrankungen gaben. Man kann ihm auch darin beistimmen, daß selbst in Fällen, in denen eine bakteriologische Untersuchung erfolglos war, die Annahme einer bakteriellen Vergiftung immer noch wahrscheinlicher ist als die durch ein metallisches oder organisches Gift.

Handelt es sich in Fällen von Nahrungsmittelvergiftungen um eine zusammengesetzte fertige Speise, so ist der die Vergiftung verursachende Bestandteil zu ermitteln. Ist Fleisch als Ursache festgestellt, so wird die Herkunft, ob vom gesunden oder kranken Tier, die Möglichkeit einer sekundären Verunreinigung und Zersetzung nach Art der Aufbewahrung und Behandlung festzustellen sein. In jedem Falle ist aber eine bakteriologische Untersuchung der angeschuldigten Speise bzw. ihrer Bestandteile vorzunehmen. Es ergibt sich daraus die Notwendigkeit, sofort, ehe weitere Zersetzungen eintreten, Überreste des Fleisches oder Proben der Speise, Stuhl, Urin, Blut oder Erbrochenes der Kranken einer bakteriologischen Untersuchungsstelle zuzusenden.

Freilich ist mit dem Nachweis von Bakterien der Paratyphus- oder Gärtnergruppe die Diagnose einer Fleischvergiftung noch nicht gestellt. Noch viel weniger gestattet der positive Befund der spezifischen Bakterien ohne weiteres einen Rückschluß auf die Herkunft des Fleisches, ob vom kranken oder gesunden Tier. In dieser Beziehung kann aber die Menge dieser Bakterien und die Art ihrer Verteilung im Fleisch, ob oberflächlich oder in der Tiefe, ob außerhalb oder innerhalb von Gefäßen, sowie die Zahl der bei den Menschen positiven Befunde im Urin mit den epidemiologischen Feststellungen von ausschlaggebender Bedeutung sein. Die Annahme eines kausalen Zusammenhangs zwischen den gefundenen Bakterien und einer bestehenden, für Fleischvergiftung charakteristischen Krankheit erhält aber eine Stütze durch den Nachweis gewisser, für die Bakterien spezifischer reaktiver Symptome im Blut der Erkrankten, unter denen die Agglutinine die Hauptrolle spielen. Die endgültige Diagnose kann und darf nur immer auf Grund des Gesamtergebnisses des bakteriologischen, klinischen und epidemiologischen Befundes gestellt werden.

Bezüglich der zur Isolierung und Differenzierung der Fleischvergifter bewährten Methoden kann auf Schottmüller (Paratyphus) verwiesen werden. Nur bezüglich der Agglutination seien folgende Besonderheiten hervorgehoben: 1. Frisch isolierte Bakterien sind oft weniger gut agglutinabel. Wiederholt fortgesetzte Überimpfung der Kulturen ist notwendig. 2. Hochwertige agglutinierende Sera werden bei Paratyphus am besten durch Vorbehandlung mit abgetöteten, bei Gärtnerbazillen mit lebenden Kulturen gewonnen.

Literatur.

Geschichtliches und Allgemeines.

Bollinger, Intestinale Sepsis und Abdominaltyphus. Vortrag. 24. 4. 80. — Durham, Brit. Med. Journ. 1898. — Heller, Ziemßens Handb. d. Path. u. Therap. d. inn. Krankh. — Hoppe-Seyler, Spezielle Pathol. Ziemßens Handb. — Gärtner, Korresp.-Bl. ärztl. Ver. Thüringen. Nr. 3. 1888. — Gaffky und Paak, Arbeiten a. d. Kaiserl. Gesundheitsamt. 6. — de Nobele, Annal. de la Soc. méd. Gaud. 1899 u. 1902. — Schottmüller, Deutsch. med. Wochenschrift. 1900. — Trautmann, Zeitschr. f. Hyg. 45. 1903. — Uhlenhuth, v. Leuthold, Gedenkschr. 1. Verl. Hirschwald, Berlin. 1906.

Häufigkeit der bakteriellen Nahrungsmittelvergiftungen.

Bofinger, Deutsch. med. Wochenschr. 1912. — Laquer, Deutsch. med. Wochenschr. Nr. 21. 1912. — Rimpau, Arb. a. d. Kaiserl. Gesundheitsamt. Bd. 41. 1912. — Schrumpf, Zeitschr. f. Balneol. Bd. 4. Nr. 16.

Fleischvergiftungen.

Literatur ausführlich in der Arbeit Uhlenhuth und Hübener, Über infektiöse Darmbakterien im Handbuch der pathogenen Mikroorganismen Kolle-Wassermann, ferner bei Hübener, Die bakteriellen Nahrungsmittelvergiftungen. Ergebn. d. inn. Med. Bd. 9, 1912

Aumann, Zentralbl. f. Bakteriol. 57. — Baehr, Hyg. Rundschau. 1908. Nr. 9. — Bernhardt, Zeitschr. f. Hyg. u. Infektionskrankh. — Bienstock, Arch. f. Hyg. 36. — Bienwald, Inaug.-Diss. Gießen. — Bingel, Münch. med. Wochenschr. 1909. — Brieger, Ptomaine. Vortr. Berlin. 85—86. — Bofinger, Deutsche med. Wochenschr. 1910. Nr. 35. — Breekle, Münch. med. Wochenschr. 1910. 43. — Carbonne, Zentralbl. f. Bakt. 1903. — Dammann, Hyg. Rundschau. 1902. — Erben, Vergiftungen. Braumüller, Wien. 1910. — Faust, s. Brieger. — Fornet und Heubner, Hyg. Rundschau. Ref. 99. — Friedrich und Gardiewski, Zentralbl. f. Bakt. 51. — Fromme, Zentralbl. f. Bakt. 43.

— Jacobitz und Kayser, Zentralbl. f. Bakteriol. 53. — Kutscher, Zeitschr. f. Hyg. 1906. Berl. klin. Wochenschr. 1907. — Levy, Arch. f. exper. Pathol. und Pharm. 34. — v. Loghem, Zentralbl. f. Bakteriol. — Loshelson s. Konstansoff. — Marx, Zentralbl. f. Bakteriol. — Mayer, G., Deutsche Vierteljahrsschr. f. öffentl. Gesundheitspflege. Bd. 45. — Österlen, Deutsche Militärärztl. Zeitschr. 1911. — Panum, Virchows Arch. Bd. 60. — Rommeler Zentralbl. f. Bakteriol. 50. — Rotkay, Deutsch. med. Wochenschr. 1910. — Selmi, Arch. f. Hyg. — Schmiedeberg und v. Bergmann, Zentralbl. f. med. Wissenschaft. 1868. — Stoll, Vierteljahrsschr. f. gerichtl. Med. 1911. — Trommsdorf u. Rajchmann, Journ. of Hyg. 1. 1911. — Zuelzer und Sonnenschein s. Erben.

Botulismus.

Birsch - Hirschfeld, Graefes Arch. f. Ophth. 1901. — Bürger, Bericht d. XXVIII. Hauptvers. d. Preuß. Med. — Christison, Über die Gifte. Aus dem Engl. Weimar 1831. — Cohn, Arch. f. Augenheilk. 9. 1880. — Ermengem, v., Handb. d. path. Mikroorg. Kolle-Wassermann. — Gaffky, s. Landmann, Hyg. Rundschau. 14. 1904. — Heller, Arch. f. phys. und pathol. Chem. 1841. — Wittig, Vierteljahrsschr. IV. — Husemann, Real-Enzyklop. Eulenburg. 7. 1895. — Kaatzer, Deutsch. med. Wochenschr. 7. 1881. — Kasper, Vierteljahrsschr. 1858. XIII. — Kerner, Neue Beobachtungen über die in Württemberg vorkommenden Vergiftungen durch Genuß geräucherter Würste. Tübingen 1820. — Kempner und Pollack, Deutsch. med. Wochenschr. 23, 1897. — Kempner u. Schefsilewsky, Zeitschr. f. Hyg. 27. 2. — Kob, Med. Klinik. 1. 1905. — Landmann, Hyg. Rundschau. 1904. — Leuchs, Zeitschr. f. Hyg. 1910. — Liebig, Organische Chemie. Braunschweig 1841. — Marinesco, Zentralbl. f. Bakteriol. Ref. 24. 1898. — Mesnil, Ann. d'Hyg. Publ. 1. 1875. — Morselli, s. Römer, Zentralbl. f. Bakteriol. 27. 1900. — Petzl, Wien. med. Wochenschr. 54. 1904. — Pick, Deutsch. med. Wochenschr. 1912. Beamten-Ver. 1912. — Quincke, Ref. Schmidt Jahrb. 216. 1887. — Römer, Zentralbl. f. Bakteriol. 27. — Ruge, Klin. Monatsschr. f. Augenheilk. 40. 1902. — Scheby-Buch, Graefes Arch. 17. 1871. — Schröter, s. Erben. — Stein, s. Möbius, Vierteljahrsschr. f. gerichtl. Med. 1912. — Virchow, Jahresber. 1867.

Fischvergiftungen.

Abraham, Deutsch. med. Wochenschr. 32. 1906. — Alexander, Bresl. ärztl. Zeitschr. 10. 1888. — Arustamoff, Zentralbl. f. Bakteriol. 10. 1891. — Babes und Riegeler, Zentralbl. f. Bakteriol. Ref. 33. 1903. — Baschieri, Bull. science med. 1907. — Cohn, Arch. f. Augenheilk. 9. 148. 1880. — David, Deutsch. med. Wochenschr. 25. 1899. — Eckersdorff s. 15. — Emmerich und Weibel, Arch. f. Hyg. 21. 1894. — Fürst, Deutsch. med. Wochenschr. 25. 1899. — Galli, Ref. Ärztl. Sachv. Ztg. 13. 1907. — Gebser, Private Mitteilung. — Gordman, Zit. n. Erben. Vergiftungen. Wien. 1910. — Hirschfeld, Vierteljahrsschr. f. ger. Med. 43. 1885. — Kobert, Handb. d. Intoxikat. Stuttgart 1893. — Konstansoff, Zentralbl. f. Bakteriol. 38. — Kutscher, noch nicht publ. — Lesguillon, Gaz. hebd. de med. 49. 1902. — Handbuch der Technik und Methodik der Immunitätsforschung, Kraus u. Levaditi. Bd. 2. — Morrow, Bost. med. and surg. 135. 1896. — Morwan, Ref. Schmidts Jahrb. 97. 1857. — Preobrashensky, Zeitschr. f. Nervenheilk. 16. 1900. — Roepke, Arch. f. Verdauungskr. 13. 1907. — Rommeler, Deutsch. med. Wochenschr. — Schaumont, Hyg. Rundschau. 1897. — Schenk, Vierteljahrsschr. f. ger. Med. 15. 1898. — Schreiber, Berl. klin. Wochenschrift. 21. 1884. — Sieber, Arch. de science biol. 3. 1894. — Stewart, Vierteljahrsschr. f. ger. Med. 22. 1901. — Stoll, Korr. f. Schweiz. Ärzte. 35. 1905. — Smolenski, Hyg. Rundschau. 7. 1887. — Ulrich, Zeitschr. f. Hyg. 53. — Vogel, Zeitschr. f. Hyg. 44. 1903. — Wiechert, Zentralbl. f. Bakteriol. Ref. — Wyss, Zeitschr. f. Hyg. 53. 1906.

Vergiftungen durch Mollusken und Krustazeen.

Broadbent, Brit. med. Journ. 1. 1895. — Galeotti und Zardo, s. Erben. — Meinertz, Med. Klin. 1910. H. 10. — Schmidtmann, s. Brieger. — Salkowski, Virchows Arch. 102. 1885. — Virchow, Berl. klin. Wochenschr. 22. 85.

Vergiftungen durch Milch-, Eier- und Vanillespeisen.

Adametz, Österr. Monatsschr. f. Tierhlk. 14. 1890. — André le Coq, Thèse de Paris 1906. — Beck, Deutsch. med. Wochenschr. 1892. — Buchan, Zeitschr. f. Medizinalbeamte. 1901. S. 228. — Cameron, Brit. med. Journ. 1890. — Cao, Giorn. roy. soc. Ital. d' Ig. 1908. — Charles Baize, Thèse de Paris 1906. — Chrétien, d'Hyg. de la viande et de lait. 1908. — Curschmann, Zeitschr. f. Hyg. 1905. — Faust, Monatsschr. f. prakt. Tierheilk. 20. 1909. — Fischer, Zeitschr. f. klin. Med.

59. 1906. — Gaffky, Deutsch. med. Wochenschr. 92. — Derselbe, Kochs Festschrift. 1903. — Gieseler, Diss. Bonn. 1896. — Glasmacher, Berl. klin. Wochenschr. 23. 1886. — Hewlett und Barton, Journ. of Hyg. 1907. Vol. 7. — Hirschberg, Zeitschr. f. Unters. d. Nahrungs- u. Genußmittel. — Holst, Zentralbl. f. Bakter. Nr. 20. 1896. — Kenword und Savage, Brit. med. Journ. 1. 1904. — Lameris und Harrevelt, Zeitschr. f. Fl. u. Milchhyg. Bd. 61. 1910. — Levy-Fornet, Zentralbl. f. Bakteriol. 41. — Liebetrau, Zentralbl. f. Med. Beamt. 1901. — Poppe, Arbeiten aus dem Kaiserl. Gesundheitsamt. 33. — Prigge und Sachs-Müke, Klin. Jahrb. 21. — Sacquepée, Les empoisements. Paris 1910. — Stokes und Wegefarth, Journ. of State Med. 1897. — Vagedes Klinisches Jahrbuch. 1909. — Vaughan, Arch. f. Hyg. 7. — Walker, Inaug.-Diss. Zürich. 1908. — Wassermann, M., Zeitschr. f. Diät. u. phys. Therap. 96. — Zammit, Brit. med. Journ. 1. 1900.

Käsevergiftungen.

Berg, Zentralbl. f. Med. Beamt. 16. 1910. — Dold, Zentralbl. f. Bakteriol. Ref. 1910. — Ehrhardt, Vereins-Bl. d. Pfälzer Ärzte. 1887. — Federschmidt, Münch. med. Wochenschr. 54. 1907. — Fonteyne, Zentralbl. f. inn. Med. 53. — Heally und Hughes, Lancet. 1232. 1899. — Holst, Zentralbl. f. Bakteriol. 20. — Jacob, Münch. med. Wochenschr. 1912. Nr. 48. — Pflüger, Württ. Korr.-Blätt. 64. 1894. — Rottler, Med. Woche. 4. 1903. — Vaughan, Arch. f. Hyg. 7. — Wallace, Med. chron. 2. 1887. — Yauhgan und Perkins, Arch. f. Hyg. 27. — Zupnik, Zeitschr. f. Hyg. 52.

Kartoffelvergiftungen.

Bofinger und Dieterlen, Deutsch. med. 1911. — Dieudonné, Deutsche Milit.-ärztl. Zeitschr. 1904. — Döderlein, Münch. med. Wochenschr. 55. 1908. — v. Haselberg, Med. Klin. 1909. — Jacobitz und Kayser, Zentralbl. f. Bakteriol. 53. — Waldmann, Kongreßber. f. inn. Med. Budapest. 1900. — Weil, Arch. f. Hyg. 68. — Wintgen, Zeitschr. f. Unters. d. Nahrungs- u. Genußmittel 1902.

Konservenvergiftungen.

Bucheran, Arch. de méd. et de pharm. Militär. 13. 1889. — Gaffky, Kochs Festschrift. 1903. — Landmann, Hyg. Rundsch. 14. 1904. — Rolly, Münch. med. Wochenschr. 5. 3. 1906.

Generalregister[1].

I. Autorenregister.

Die kursiv gedruckten Zahlen beziehen sich auf die Literaturverzeichnisse.

Aagard III 1234, *1278.*
Aaron III *1064.*
Abadie I *231;* IV 439; V *507,* 681.
Abbée II *1276.*
Abderhalden I 48; III 16, 40, *141, 143,* 150, 157, *184,* 347, 349, 350, 1386; IV 111, 122, 124, 130, 150, 174, 227, 228, *334, 336, 338, 340, 342,* 575—577, 579, 580, 649, 677, *694,* 698; VI 210, *232,* 245, 257, 284, *291,* 365, 377, 729, 731, *815.*
Abderhalden u. Müller VI 727.
Abdi IV *420.*
Abel I 243, *276;* II *159;* III 1238; VI 726, 727.
Abel, J. J. u. Macht VI 762, *814.*
Abel, J. J., Macht u. David, J. VI 817.
Abelous III 1295, 1382, 1383, 1385, 1386, *1401.*
Abercrombie III 294.
Abraham V *503. 505;* VI *891.*
Abrahams VI 229.
Abrahamson V 899, 905, *970.*
Abram IV 643, *695;* V 666.
Abramow III 18, *141.*
Abrand III 277.
Abrikossof IV 271, *343.*
Accolas IV 199.
Ach III *333;* V 1050; VI 32, 36.
Achard I 520, *572, 582,* 708; II 721; III 1190, 1260, *1278,* 1349; IV 152, *338,* 509; VI *822.*
Achelis II 599, *805, 1281.*
Ackermann I 318, *339;* III 271, *275;* IV 755.
Acosta IV 782.
Adam II 599, *1273;* V *598.*
Adam, A. II *159.*
Adam, H. II *972, 1276.*
Adametz VI 882, *891.*
Adamkiewicz V 143, *501, 503.*

Adams II 945, 1212, *1267;* IV 391; VI 272.
Addis IV 315.
Addison IV 180, 185, *340,* 491.
Addison, Thomas VI *350.*
Adelmann III 333.
Adler III 34, *142,* 391, 516, *1225;* IV 116, *335,* 465, *528;* V *506, 508;* VI 184.
Adler u. Thaler VI 334, *350.*
Adolf III *666.*
Adrian I 210; III 725, 1221, *1225,* 1744, 1750, 1753, *1842;* IV 16, *89;* V 122.
Affanassieff I 197; III 20, *141.*
Agadschanianz IV 593, *695.*
Agasse-Lafont u. Heim VI *682.*
d'Agata VI 24, *36.*
Agéron III 766.
Aggazzotti IV 116, *335,* 465, *528.*
Agramonte I 997.
Ahlers II 792.
Ahlfeld I 87: VI 159, *174,* 247, *257,* 295.
Ahmann I 697.
Ahna, de I 289.
Aikin V *891.*
Aitken III 1837, *1844.*
Ajello IV 309, 310, *344.*
Akimow-Peretz III 643, *666.*
Albanese IV 120, *335.*
Albanus I 338.
Albarran I *339;* III 1190, 1197, 1199, 1200, *1225,* 1737, 1738, 1739, 1757, 1760, 1769, 1796, 1808, 1811, 1817, 1822, 1830, 1836, *1841, 1842, 1844;* IV 21, 22, 53, 65, *89, 90,* 317, *344;* VI 100.
Albeck III 1769, 1770, 1771, 1780, *1842;* IV 37, *90;* VI 277, 278, *291.*
Alber III *184.*
Albers I 203.
Albers-Schönberg II 260, 901,

1270; III 457, 685, 1804; IV 84, *91,* 771; V 99, *507;* VI *149,* 289, *291, 347,* 412.
Albert III 1537.
Albertoni III 725.
Albrand VI 567.
Albrecht I 905, 908, 911, 912, *915;* III 240, 309, 569, *612, 1403,* 1748, *1749, 1842;* IV 140, 321, *337, 345, 694;* VI 178, 287, *291,* 296.
Albrecht, E. II 817, 975, 1029, *1273, 1624.*
Albrecht, W. II *159.*
Albu II *1287;* III *547,* 631, 634, 651, 654, 663, *666,* 672, 798, *818,* 1015, *1061, 1064, 1246, 1278;* IV 468, 471, *528,* 562—564, *572.*
Albut II 1223.
v. Aldor III 499, 623, 631, 643, 646, *666, 672,* 708, 730, 995, 997, *1065.*
Aldrich VI 726, 727.
Alerand IV 297, *343.*
Alessandrini I 847, *852;* IV 327, *346.*
Alexander II 629; III 70, *143,* 504, *666,* 806, *818;* IV 251, 342, 345, 455, *526;* V *503, 507, 509, 585;* VI 130, *449, 891.*
— A. II 11, 40, *159.*
— -Adams VI 272.
Alexandrow IV 113, 336; VI 173, *174.*
Algave III 1762, 1763, *1842.*
Algyogyi IV 380, *419.*
Alkan I 30.
Allard II 694, *808;* IV 516, 580—582, *694;* V 289, 692.
Allbut III 1308, 1373.
Allen V *508.*
— A. I 339.
Allers V *874.*
Almagia III 974, *1064;* IV *698.*
Almkvist III 224.

Belfield IV 509, 512.
Beling V 604.
Belkowski V *510*.
Bell V 570, 729.
Bellesme, de Jousset VI 778, 779.
Bellot VI 850.
Belski II 950, 951, ·*1267*.
Benard III *143*.
Benario III *1854*, 1857; V·538, 553, 561, 570, 576, 582.
Bence III 1251, 1252, *1278*; IV 119, 228, 230—232, *335, 342, 445.*
Benczur, v. III 1277, *1278*; IV 110, *334*; V *1014.*
Benda I 857—861, *875*; II 485, 608, 1015, 1129, 1131, 1132, 1137, 1138, 1141, 1142, 1144, 1147, *1282, 1283, 1284*; IV 247, 257, *342, 343*, 481, 482, *530*; V *466, 510.*
Bendig III 59.
Bendix IV 648, *697*, 713.
Bendiz III *143.*
Benecke II 598; III 267, 269, 270, 271, 273, *290*, 321, 325, 689. 715, 725, *788*, 1511, *1618*; IV 393, 540, 541, 558, 565; V 641.
Benedict IV 116, *335*, 652, *695*, *698*; VI 370.
Benedikt IV 614; V 699, 729, 880, 905, 963, 964; VI 247, 248, *257*, 457.
Beneke I 835, 840, *853*; II 291, 294, 301, *802*, 1219, *1276, 1285, 1287*; IV *571.*
Benelli III *828*, 828.
Benjamin IV 258, 262, 279, 282, *344*, 472, 714, *723.*
Bennecke III *144*; VI 729, 815.
Benöhr I 681.
Benoist V 1001, *1014.*
Bensaude I 520, *572*; III 802, *818*; IV 132, 311, *337, 344, 345.*
Bensch II 103.
Bensen I ˙*368.*
Bentley I 962.
Benza II 972.
Benzon III 1759.
Béraud V 679.
Berblinger III 1851.
Berendes III 492, *546.*
Berenger-Ferand IV 692.
Berg V *504*, 732; VI 855, 856, 885, *892.*
Bergeat II 23, *159*; VI 7, *36.*
Bergell I 503; III 522.
Bergengrün II *159.*
Bergenholtz I 800.
Berger II *1273, 1283*; III 518, *547*; IV 48, *90*, 188, *340*,

484; V 331, 338, *501, 503, 506*, 667, 670, 884, 927, 928, 966, 967; VI 25.
Berggrün III 508.
Bergh, van der I 317, *339*; III *1401*; IV 324.
Bergh, R. VI 775.
Berghaus I 266, *276.*
Bergkammer I 857, 859.
Bergmann II 1090, *1279*; VI *105*, 544.
— v. I 879, *897*, 1037, *1269*; III 9, *141*, 171, 182, *185, 186*, 309, 316, *323*, 352, 420, 421, 435, 443, *458, 460, 461*, 476, 499, 500, 529, *546, 613*, 633, 646, 661, *666, 672*, 729, 760, 761, 762, 764, 767, *788*, 811, 818, *1061*, 1286, 1290, *1314*; IV 129, 231, 296, *336, 344*, 449, *526*, 575, 653, *694, 698*, 756; V 411, *507, 509*, 567; VI 853, 891.
— — A. II *159.*
— — E. II 54, *159, 204.*
Bergmark V *503.*
Bergson V 994, 997.
Bériel V *512.*
Berkefeld VI 742.
Berkeley V *971.*
Berkhan III 317, *323.*
Berlatzki III 350.
Berlin V *506.*
Bernard II 830; III 4, 5, *141*, 149, 494, 498, 729, 730, *788*, 1165, 1189, 1190, *1226, 1466*, 1473, 1486, *1503*, 1852; IV 125, 592, *695, 732, 755*; V 924, 926, *971.*
Bernardt V 967.
Bernatzik-Vogl VI 797, *821.*
Bernecke V *509.*
Bernert II 1147; III 1478, *1503.*
Bernet II *1273.*
Bernhard III 601, *822*; VI 597, 838.
Bernhardt IV *421*, 767, *769*; V *503*, 505, *509, 511*, 540, 544, 576, 578, 580, 609, 667, 693, 699, 703, 718, 731, 734, 735, 737, *740, 742*, 890, 926, 942, 944, 947—949, 956, 963, 964, 972; VI *890.*
Bernhardt-Zichen IV 513.
Bernheim II 498; III 200, *224*; V 386, 396, 504, *505*, 570; VI 22, 172, *174.*
Bernheimer V 318, 342, *500, 501, 503*; VI 550.
Bernoulli II 270, *801*; III 795, 818.
Bernstein I *192*; II 884, 1048,

1273; IV 479, 480, 494, 610, *695.*
Bernstein v. VI 840.
— R. II *1288.*
Bernutz I 233.
Bert IV 783, *785*; V 710.
— Paul VI 779, 780, 787, 820.
— P. u. Regnard, R. VI *819.*
Bertelli IV 431, 444, 464, 485, 500, *526, 530, 531.*
Bertelsmann I 666, 670, 703, 710, 711, 715; III 1768; IV 13, *89.*
Berthold III 266.
Berti V 736, 738.
Bertino, A. VI 302, 303.
Bertkau VI 781, *819.*
Bertoletti IV 526, *532.*
Bertolotti V 706, *740.*
Bertoye IV 432.
Bertrand IV 647; VI 747, 759, *817.*
Besançon I 445, *572*; II 385, *804*; III 726.
Besold V 708, 716.
Besredka I 47, 49, 63, 503; VI 752, *752.*
Bessau IV 685, *698.*
Besser I 361.
Best III 509, *547*, 581, *612.*
Besta IV 466; V 726.
Bethe II 859; V 529, 542.
Bethmann V 675, 706, 732.
Betke III 512, *547.*
Betkiewicz III 502.
Bettelheim II *1289.*
Bettmann III 27, *141*; IV 141, *337*; V 912.
Betz IV 352.
Betzold II 1211.
de Beurmann II *819.*
Beuttenmüller II *1268.*
Beuzier, v. V 994.
Bewley VI 25.
Beyer III 1781; V 821, 832.
— W. III *1843.*
Beyermann V 578.
Beyle II 742.
Bezançon IV 117, 130, *333, 335, 337—340.*
Bezold II *1267*; V 379, 381, *504*; VI 430, *447.*
Bezzola II 382, *804.*
Biach II 750, *809*; V 658, 713, *739.*
Bial III 803, *818*; IV 648, *697.*
Bianchi V *501*; VI 345, *351*, 593.
Bianco, L. v. VI 773.
Biberfeld III 1150, *1226*; IV 677, *698.*
Bibergeil II 292, *802*; IV 99, *334.*
Bichat II 1118.
Bickel III 12, *141*, 165, *185*, 340, 341, 342, 343, 344,

Botez III 1743, 1750, 1751, *1842.*
Bothe, F. H. VI *817.*
Botkin, S. 569, 570, *572.*
Botonet VI 208, *233.*
Bottard VI 766, 767, *818.*
Bottazzi III 1169, 1170, *1226;* IV 112, 113, *335.*
Böttcher I 338.
Bottermund VI 151, *174.*
Böttiger V *511,* 524, 967, *972.*
Bottini IV 65.
Bouchard I 198, 752; II *204,* 628; III 17, 857, *1062,* 1199, 1294, 1316, 1317, 1380, 1381, 1382, 1388, *1401;* IV 213, *341,* 651, *698;* V *423, 508,* 577, 720.
Bouché V *740.*
Boudet III 540.
Boudier, E. VI *724.*
Bouget II 783, *809.*
Bouillaud I 743, 753, *758;* II 425; V 384.
Boulenger VI 759, *817.*
Boullay V 1008.
Bouma, J. VI 695, *724,* 798, *821.*
le Bourdellès II 647, 806.
Bourgard V 940.
Bourgeois I 1036.
Bourges V 654.
Bourget III 498, 532, 533, *548, 549,* 647, 650, *667,* 766, 768, 776, *787.*
Bourilhet V *936.*
Bourmoff IV *339.*
Bourneville IV 448, 459, *527;* V 160, 650—652, 654, 656, 659, 661, 663, *739.*
Bourret III 272; IV *338.*
Bousquet I 235, 334.
Bouveret III 497, 568, 609, *615,* 618, 630, 632, 638, *667,* 727, 772.
Boveri II *1282;* V 712.
Bowis III *572, 612.*
Bowman III 1430.
Box V 652.
Boxwell III 763.
Boyce IV 446; V *500.*
Boycott IV 105, *334,* 779.
Boyle VI 40.
Braasch III 1751, 1794, *1841,* *1842.*
Bracht II *1267, 1288.*
v. Brackel III *1844.*
Braddon I 992.
Bradford III 1164, 1203, 1220, *1226,* 1308, 1315, 1321, 1326, 1350, 1376, 1377, 1385, *1401,* 1443, *1466,* 1640.
Brahm IV 649, *698.*
v. Brahmann VI 117.
Brainard VI 741.

Bramann VI 332, 545.
— v. I 137; V 408, 477, *510,* 667.
Bramwell I 853; IV 493; V *504, 511,* 683, 708, 710.
Branch VI 22.
Brand IV 693, *698.*
Brandenburg II 856, 857, 990, *1271, 1274, 1275;* III 23, 528; IV 117, 118, 164, *335, 339.*
Brandl VI 751.
Brandt III 344.
— u. Ratzeburg VI *820;* VI 787, 798.
— J. VI 751.
Brasch I 859; III 1221, 1222, 1226, 1261, 1290, *1312,* 1727; IV 586, *694;* V *510,* 712, *891.*
Brat IV 648, *697.*
Bratz V 867, *875,* 1055.
Brauer II 166, 168, 169, 199, 214, 465, 497, 628, 642, 644, 645, 646, 742, 743, 747, 753, 760, *806, 809,* *1278, 1279;* III 257, 1664, *1720;* IV 322, *345;* V 99, 185, *502;* VI 13, 16, 24, 25, *36,* 82, 286, *291.*
Brauer-Meltzer VI 35.
Brault III 1442, 1443, *1466.*
Braumüller VI 829, *890.*
Braun II 615, 798, *810, 1264,* *1278;* III 315, 915, *1062,* 1077, 1078, 1091, 1102, 1104, *1115,* 1310, *1856;* IV *346,* 499, *531,* 664; V *544;* VI *105, 112, 127,* 246, *257.*
— L. II *1281.*
— M. I *1027;* VI *822.*
Braune I 230, *231.*
Brauner III *457, 672.*
Bräunig II 854.
Bräuning II *1265;* III 1854.
Brauns III 930.
Braunstein III 522; V *509.*
Braunwarth II 1007.
Bréaudat I 999.
Brecke IV 293, *344.*
Breckle VI 845, 849.
Brécq V *509.*
Brée II 358.
Breekle VI *890.*
Breger I 179.
Bregmann V 116, 251, *500,* *508, 509,* 906, *970.*
Brehm VI 785, *819.*
— A. C. VI *817,* 761.
Brehmer II 466, 525, 598.
Breinl I 361, 977.
Bremen, v. IV *698.*
Bremer IV 147, *338.*
Brenner III 324, 537; V 583.
Brenning, M. VI 732, 734,

735, 737, 738, 749, *815,* *817.*
Brenning u. Kunkel, A. J. VI 753, *817.*
Brentano II *1288.*
Bresche II 1103.
Bresgen V 1036.
Bresler V 726.
Bressel I 700.
Bret V 983.
Breton V 713.
Brétonneau II 358; III 872.
Bretschneider V *1015.*
Breuer II 211; III *694;* IV 102, 435, *527;* V 496, 1021, *1028;* VI 432.
Breul IV 589, *695.*
Breus III 276; IV 456, 458, *527.*
Breuß IV 459, 516, *532.*
Brewitt III 172, *185.*
Brieger I 13, 46, 61, *63,* 263, 277, 1202; III 544, 809; IV 128, 129. *336.* 577, *694;* VI 419, *448,* 777, 806, *819,* *822,* 853, 870, 878, *890, 891.*
Briegleb I 800.
Bright III 1228, 1261, 1280, 1281, 1316, 1325, 1338, 1339, 1379, 1396, 1429, 1430, *1466.*
Brin III *1844.*
Brinton III 569, 719, 738.
Brion I 397, 520, 548, 565, *572.*
Briot VI 769, 773, *818.*
Brisard V 540.
Brissaud II *204,* 1216; IV 515, 516, 519, 522, 524, *532;* V *502*—506, 509, *511,* 539, 545, 548, 550, 573, 601, 612, 651—653, 706, 732, 943, 944, 951, 952, 954, 958, 966, *970,* 972, 993, *998;* VI *682.*
Broadbent I 197; II 602; V *504,* 908; VI 878, *891.*
Broca III 280; V 327, *504,* 657.
Brocard VI 240, *256.*
Brockaert V 585.
Broeckaert II 147, *159.*
Brockbank II 1058.
Brockhausen, M. B. VI 792, *820.*
Broden I 974, 978, 979.
Brodie III 1155, 1156, *1226;* IV 119, 130, *335, 337,* 494.
Brodmann V 320, 321, 323, 338, 372, 397, *500.*
Brodzki III *1312.*
Bröking (Broeking) III *1312.*
— u. Trendelenburg VI 294; VI *815,* 729.
Broll II 504.
Brommer V 878, *890.*

Broemstrup VI 596.
Bromwell II 863.
Brongersma III 1754, 1783, *1842*.
Brösicke II 106.
Brosch III 269, *270*, 310, 317, *323*.
Brouardel I 185, *194, 339*; IV 722; V 666; VI 626, *682*.
— G. VI *683*.
— P. VI *683*.
Brous III 224.
Broussais II 465; III 694.
Browicze II 813.
Brown I 47, 122, 472; II 43; IV 71, *91*; V 701, 703.
Brown-Séquard II 1210; III 725, *788*; IV 493; V *501*; VI 314.
Brubacher IV 717.
Bruce I *340*, 917, 918, 922, *975*; V *500*, 701.
Bruch V 542, 666.
Bruck I 51, 52, 55, 59, *64*, 664, *715, 787*; II 508, *806*; V 84, 477, *510*.
Brückner II 328, *802*; V 652.
Brudi II 1244.
Brügel III 412, 413, 421, 434, 440, *459, 460*, 470, *546*; VI *149*.
— u. Wilms VI 148.
Brügelmann II 36, *159, 803*.
Brugsch II *1269, 1289*; III 6, 7, 9, 24, 115, *141*, 153, 154, 155, 157, 158, 166, 173, *184, 185, 354*, 389; IV 152, *338*, 621, 666, 677—681, 684, 689, *695, 698*.
Brühl I 293; V 537.
Bruhns II *1283*.
Bruine IV 694.
— Ploos van Amstel VI 160.
Bruining IV 646, *697*.
Brukhart II 1146.
Brummund VI 851.
Brun II 939; V 575.
Brunet VI 795.
Brüning I *191*; II 91, 486; III 288, *290*, 1114; V 899, 904.
— W. II *159*.
Brünings II 157; III 315; V 588; VI 435, 436, *447*.
v. Brunn III 165, *185, 547*.
Brunnberg VI 352.
Brunne III 538.
Brunner I 690, 710; III 748, 786, *788*; VI 224, *233*, 607.
Brünning II 1119; III 1849.
Bruns I 233, *239*; II *204*, 215, 218, 221, 231, 232, 270, 294, 671, 743, 744, 746, 747, *799, 800, 801*,

807, 809, 1094; III *818*; V *52*, 60, 135, 398, *502* bis 507, *509, 510*, 540, 552, 568, 589, 602, 605, 607, 618, 638, 639, 641, 701, *740*, 817, 818, *832*, 892, *934, 971*, 988, 991, *1014*; VI 13, *105*.
Bruns v. IV 74, *91*, 327, *346*, 453.
— O. II *798*, 644, 669, 679, *802*, 1224, *1276*.
— u. Stölting VI 535.
Brunton III *1720*; VI 22.
— u. Lander, T. VI 754.
— Lander, F., Fayrer und Rogers VI *817*.
— J. VI 768, *818*.
Brustmann II *1288*.
de Bruyn, Lobry III 5.
Bryan, Robinson II 1090.
Bryden I 313.
Bubnoff V *501*.
Buch III 688, 941, 942, 944, 945, *1063*; V 889, *891*; VI 866, *891*.
Buchan VI 884, *891*.
Buchanan I 352, 373, *572*; II 880; IV 131, *337*.
Bucheran VI 889, *892*.
Buchheim III 509.
Buchholz V *511*, 652.
Buchmann II 343, 346, 352, *803*.
Buchner I 13, 24, 34, *63*, 280; VI 790.
Buchwald III 1840, *1844*.
Buck, de III *667*; V 699.
Bücker IV 228.
Bücking III 310.
Bücklers III 1106; V *507, 509*.
Bucquoy III 757.
Bucura VI 309, 310, *348*.
Buday I 737; IV 525, *532*.
Budd I 372, *572*.
Budde VI 801.
Buder V *511*.
Budge III 1210; III 725.
Budges V 1021.
Büdingen III 563, *567*, 1401.
Büdinger IV 398, *420*.
Bugarszky IV 95, 113, 115, *333, 335*.
Bugge VI *834*.
Buglia III 5, 141.
Buhl I 372, *572*, 857; II 536; III *1466*.
Buhlig I 859.
Bührer II *1285*.
Bülau VI 4, 5.
Bulins I *875*.
— u. Kretschmar VI 189.
Bull III 1832, *1844*.
— Ch. I 800.
Bulloch I 39; IV 313.
Bülow I 800, 808, *853*.

Bulter III 880.
Bultschenko IV 445.
Bumke V 260, *502, 503, 511*, 754, 805, *831, 832*, 863, *875, 1065*; VI 560, 563, 575.
— O. VI 151.
Bumm I 600, 613, 620, 629, *714*; V *500*; VI 166, 172, 174, 189, 192, 197, 204, 232, 266, *290*, 314, *347*.
— v. III 513.
Bunge II *1279*; IV 111, 222, 537.
— v. II 524.
Büngner V 542.
Bunz III 721.
Buraczinski III *143*.
Burckhard, H. II 631, 633.
Burckhardt II 479; III 276, 278, *325*, 560, *566*; IV 59, 68, *91*; VI 159, 192.
— E. II 690.
— M. II 497, 498, 512, *806*.
Burg, van der I 990.
Bürger II 23, 60, 64, 93, *144*, 1030, *1289*, 1758, *1842*; VI 867, *891*.
Bürker IV 102, 103, 130, 173, 228, *337, 340*.
Bürkner VI *447*.
Büssem IV 712.
Büttner (Buettner) III *614*; VI 284, *291*.
Burger I 179; II 149.
— H. II *159*.
Burghart IV 441.
Burgi, E. VI *685*.
Burian IV 678.
Burke II *1281*.
Burkhardt II 526, 527; V *504*.
— u. Landois VI 26.
Burmeister III *1720*.
Burnet II 529.
Burney VI 56, 57.
Burr V *503*, 716, 735.
Burri I 925.
Burrows II 859, *1266*.
Burton V 727, 899.
Burwinkel II *1278*.
Busch III 721, *788*; V 581.
Buschan II 1197, 1198; IV 433, 436, *527*; V 658, *739*.
Buser II 77.
Busquet I 445, *572*; V 939, *972*.
Busse I 446, 447, *572*, 875; III 689, *694*, 726, *788*, 1829; VI 298, 301.
Bussenius II 134.
Busson III 1385, 1386, *1401*.
Butler II 950, 951, *1267*.
Butry II 385, *804*.
Butterfield IV 139, 231, *337*, *339, 342*.
Buttermann III *1312*.

Duyon IV *695*.
Dwotrenko II *1275*.
Dybowski VI 252, *257*, 287, *291*.
Dyes I 334, *339*; IV 224, *341*.
Dyleff V 933, *971*.

Eajazarjantz V 924, *971*.
Earl III 1834, *1844*.
Eastwood II 471.
Ebbinghaus II 1227, 1230, 1231, *1288*.
Ebermaier I *573*.
Ebers V *875*.
Ebert II 816; III 326.
Eberth I 371, 374, *573*; II 813, 814, *1264*, *1286*; III 232.
— u. Schimmelbusch VI 190.
Ebing VI *378*.
Ebner II 813; III *1065*; V *1014*.
— v. II *1264*.
— u. Dreesmann VI 89.
Ebstein I 1016, 1027; II 248, 360, *799*, *800*, *803*, 869, 871, *1268*, *1276*, *1285*; III 68, 88, *143*, *144*, 260, 541, *548*, 619, 644, *667*, *712*, 714, 725, 860, 873, *1062*, *1147*, *1466*, *1795*, *1796*, *1843*, 1851, *1854*; IV 38, *90*, 236, 247, 264, 267, *342*, *343*, 405, *418*, *421*, 491, *531*, 579, 604, *622*, 643, 648, 662—666, 670, 671, 673—675, 683, 684, 687, 694, *695*, *697*, *698*; V *502*, 918, *970*, *1014*, *1049*; VI 380, *447*.
— E. II 235, *1264*.
— W. I 194, *798*.
Eccard I 500, *573*.
Echinger V 63.
Eckard IV 592, *695*.
Eckardt III 23.
Eckart I 978.
Eckehorn III 1774, *1843*.
Eckenstein, van Alberda III 5.
Ecker V *500*.
Eckersdorff I 562, 567, 568, *573*; II 809; VI 839, 872, *891*.
Eckhard II 826.
Eckhardt III 1165, 1166, 1167, *1226*, 1852, 1854.
Eckstein VI *149*.
Economo, v. *501*, *503*, 914, *970*.
Edebohls III 1603, 1766, *1842*; VI 104, 226.
Edel I 445; III 1415, 1416, 1417, 1421, 1422, 1426, *1427*, *1720*.
Edelberg 133, *337*.
Edelmann III 350; VI 430.

Edelstein IV 718.
Eden V 581.
Edens II 485, 486, 487, *803*, *806*, 889, 931, 952, 960, 989, 1046, *1275*.
Edgreen II *1283*, *1286*; IV 561; V 394.
Edinger II 1216; IV 569; V 62, 88, 89, 90, 233, 250, 298, 300, 301, 304, 306, 312—314, 316—319, 325, 326, 343, 371, *500* bis *502*, *506*, 570, 572, 706, 709, *739*, *740*, 877—880, 890, *891*, 930; VI 428.
Edkins III 342.
Edling III 431, 440, *460*.
Edmunds II 944, *1272*.
Edsall III 276; V 955, *972*.
Edwards IV 410.
Effeldt, R. VI 737, *816*.
Egger II 241, 308, 559, 634, *799*, 802, *806*; IV 226, 602, 604, 974, *1013*.
Egli, K. VI 607, *682*.
Ehrenberg II 1096; III 809, *818*.
Ehrendorfer VI 220, *233*.
Ehrenreich III 375, 377, 378, 380, *394*, *460*, 616, 625, *667*, 703, *712*.
Ehret I 435; II *1269*; III 107, 124, 134, *143*, *144*, *145*; V 623.
Ehrhardt III 1836, *1844*; V 692; VI *892*.
Ehrich V 673.
Ehrlich I 16, 18, 27, 28, 31 bis 35, 37, 40—43, 56, 61—64, 263, 265, *277*, *281*, 288, *291*, 954, *971*, 978, 979; II *1284*; III 239, 272, *278*, 285, *290*, 322, 323, 1156; IV 93, 98, 99, 141, 142, 145, 146, 150, 151, 153 bis 155, 157, 158, 161, 162, 165, 168, 172—176, 179, 180, 186, 193, 197, 198, 205, 232, 242, 320, 323, *333*, *334*, *337*—*342*, *345*; VI 295, 742.
— M. VI 304.
— P. II 466, 472, 624.
Ehrmann III 60, *143*, 156, *184*, 343, *460*, 496, 648, 656, *670*, *673*, 1291, *1312*; IV 494, *531*, 597, *695*; V 539, 582, 988, 993, *1014*; VI 345, *351*.
Eich II *1284*; VI 160.
Eichel II *1279*.
Eichelberg I 55, 801, 804; V *506*.
Eichhorst I *193*, *798*, 800; II 383, 386, 689, 696, 703,

730, 731, 732, 749, 752, 763, *808*, *809*, 1033, 1043, 1211, 1253, *1273*, *1280*; III 82, *143*, 619, 702, 706, 763, 1628, *1637*; IV 185, 186, 235, *341*, *342*, 664, 666, *698*; V 59, 161, *503*, *508*, *510*, 544, 688, 699, 703, 897, *970*; VI 303, 304, 588.
Eichhorst u. Hertz VI 155.
Eichler III *1312*.
Eicken, v. II 105; III 315.
Eigner IV *572*.
Einhorn II 376, *1273*; III 159, *184*, 258, 290, 492, 500, 504, 518, 534, 537, 538, 539, *548*, 568, 588, 592, 612, 618, 650, 651, 652, 654, 655, 657, 659, *667*, *673*, 706, 727, 876, 879, 985, *1061*, *1062*, *1064*.
Einstein III *673*.
Einthoven II 221, *798*, 873, 874, 917, 919, 920, 922, 923, 938, *1270*.
Eiselsberg I 580, 717.
— v. II 52, *1279*; III 725, *788*, 1044, 1829;· IV 439, 440, 444, 451, 453, 455, 466, 471, 483, 488, *527*, *530*; V 274, 471, 692, 917, 918; VI 44, 108, 110.
Eiselt VI 724.
Eisenhardt III 342, 343, *712*, 746.
Eisenhart VI 213, *233*.
Eisenlohr I 231, *853*; III 744; IV 240, 243, *342*; V *506*, *509*, *512*, 550, 681.
Eisenmann IV *698*.
Eisenmenger II *1279*.
Eisler III *461*.
Eismann VI *232*.
Eisner II 696, 726, *808*.
Ejikmann I 993.
Ekehorn III 1815.
Ekenstein, v. IV 645, 646, *697*.
Ekgren II *1276*.
Elbe IV 400, *421*.
Elder V *504*, *506*, *1014*.
Elfer II 479, 480.
Elgood IV 702.
Elischer III 398, *458*; V 908.
Ella V 161.
Eller IV 457, *527*.
Ellermann I 809, *853*; II 566; IV 235, 236, 258, *342*, *343*.
Ellern III 1850, *1854*.
Elliesen III 275.
Ellinger II 880; III *141*, 149, 177, *184*, *186*, 350, 393, *394*, *673*, 730, 808, *818*, 1167, 1168, *1228*, *1279*; IV 124, *336*, 577, *694*; V *1066*; VI 797, *821*.

Ellinger A. VI 798.
Elliot III 352, 1299.
— R. H. VI 732, 734, *816.*
Ellis I 992, 993, 999.
Eloesser III 170, 172, 175, *185.*
Elsässer IV 493, *531.*
Elschnig III 1375, 1677; V 376; VI 488, 515.
Elsenberg I 1040.
Elsner 285, *290,* 307, 383, III *394, 549,* 595, *613,* 626, *667, 673,* 1062; V 661, 1000; VI 205, *232.*
Elving VI 18, *37.*
Ely VI 202.
Elzholz IV 102.
Embden I *191;* III 6, 8, 9, 36, *141, 142;* IV 579, 580, 582, 595, 598, 603, 610 bis 612, *694, 695;* V *1066;* VI 728.
— u. v. Fürth VI *815.*
Emerson III 803, 808, *818.*
Emmerich I 261, 262, 317, 319, 320, *339;* IV 322, 323, *345.*
— u. Weibel VI 869, *891.*
Emmet I *854.*
Emminghaus III 1235, *1279;* IV 570, *572.*
Empedokles IV 535.
Emsmann III 343.
Emura Teizo III 651, *673.*
Enderlen II 387; III *333,* 350; IV 20, *89,* 451, 471, *527, 529;* V *507;* VI 16, 32, 34, 35, *36,* 260, *290,* 332.
— u. Borst VI *349.*
Enderli VI 721, *724.*
Endo I *573.*
Endriß II 28, *159.*
Engel I 507; II 516, 824, *1271;* III *143,* 593, *612,* 1387, 1411, *1427,* 1580, 1618, *1618,* 1849; IV 114, 117, 141, 175, 198, 199, *335, 338, 340, 341,* 445, 572, *772.*
— H. II 591.
Engel-Bey I 896.
Engel-Reimers III 59.
Engelen V *1014.*
Engelhard, J. VI *377.*
Engelhardt II 495, *806;* III 369; VI 374.
Engelmann II 274, 600, *806,* 826, 827, 855, 859, 917, 938, 941, 946, 1210, *1264, 1267,* 1271; III 420.
Engels III *1279.*
Engelsmann II 600, *806.*
Engländer III *1148.*
Englisch IV 20, 42, 51, 52, *89, 90.*

Enke VI 829.
Enriquez III 560, *566,* 641, 642, *666,* 771; IV 441.
Ensgraber II *1281.*
Ephippiger VI 794.
Ephraim II *159,* 378, *803.*
Eppinger I 437, *1038;* II 214, 215, 225, 226, 232, 359, 446, 672, 695, 699, *798, 799, 803, 805, 808,* 921, 931, 1050, 1147, 1148, 1212, 1238, *1271, 1272, 1273, 1289;* III 3, 13, 18, 20, *141, 142, 184,* 429, 430, 438, *459, 460,* 598, *614, 615,* 633, *667,* 729, 833, 841, *842,* 877, 971, 973, 999, *1064, 1618;* IV 170, 429, 431, 432, 436, 444, 446, 464, 492, 494, 501, *527, 529, 531,* 593, 597, 598, *695;* V 95, 101, 889, 909, 919, 920, 978, 1027, *1028.*
— u. Heß VI *377.*
— u. Pötzl VI 358.
Epstein II 506, *1285;* III 45, 209.
Erb I 826, 829; II 1120, 1121, 1128, 1176, 1185, 1259, *1283, 1284, 1286;* III 208, 611, 1247, *1279;* IV 79, 107, 164, 250, *334, 339, 342,* 499, *538;* V 83, 84, 96, 124, 148, *159,* 161, 183, 265, 267, 498, *503, 508, 510, 511,* 568, 653, 675, 678, 679, 682, 687 bis 689, 690, 698, 699, 718, 729, 730, 732, *739—741,* 909, 912, 920, 922, 927, 928, 938, 944, 945, 967, *971, 972,* 1008, 1009, 1011 bis 1015, 1058; VI 703.
— u. Moeli VI 528.
— W. jun. II 1109, *1283;* VI *815.*
Erben II *1281;* III 1285, 1381, *1401;* IV 109, 111, 112, 124, 125, *334, 336,* 363, *418;* V 188, 955, 1064; VI 829, 855, 866, 869, 870, 874, 877, *890, 891.*
Erben-Jaksch VI *682.*
Ercklentz II 1233, *1288.*
Erdheim IV 425, 448, 461, 465—468, 470, 472, 475, 476, 480, 482, 484—486, 488, *527, 529, 530;* V 909, 914, 918, 919; VI 336, 338, 350.
— u. Stumme VI 319, *348.*
Erhardt VI 885.
Erichsen V 820.
Erisman VI 210.
Erklentz V 983, *1013.*

Erlandsen II 566.
Erlanger II 855, 857, 858, 948, 1216, *1265, 1267;* III 797, *818,* 1416, 1417, *1427.*
Erlenmeyer V 652, 708, 896, *1066;* VI 593, 692, 693.
— A. VI *724.*
Ermengem, van VI 852, 862, 863, 864, 865, *891.*
Erne III *1226.*
Ernst V 529; VI 376.
d'Errico III 1234.
Esau I *875;* IV 401, *421.*
Esbach VI 95.
Escat IV 71, *91;* V 884.
Esch III *1402;* VI *290.*
Escherich I *192,* 243, *798;* II 432, 506, 517, *804;* IV 31, *89,* 289, *344,* 461, 462, 464—468, *470,* 471, *529,* 713; V 903, 909, 919, 921, 923, *971;* VI 597, *821.*
— K. VI 798, 801.
Esmarch I 3; V 611.
Esmein II 950, *1268, 1272;* III *1403.*
Esmien II 863.
Esquirol VI 358.
Esser III 955, *1063.*
Esthlander VI 6, 7.
Etard VI 870.
Eternod III 322, *323.*
Etien II 1145.
Etienne I 707; II 1249; IV 506; V 699.
— u. Parisot VI 730.
Eugaster u. Ephippiger VI 794.
Eulenburg II *1286;* III 611; IV *334, 763,* 767, *769;* V 514, 679, 681, 691, 692, 699, 730, 733, *740, 742,* 878, 943, 951, 955, 957 bis 959, 967, *972,* 981, 1000, 1001; VI *682, 891.*
Euler III 224.
Evert III 276.
Ewald I 354, 507; II 746, *1274;* III 88, 123, 144, 145, 240, *290,* 360, 361, 363, 478, 502, 517, 527, 531, 538, 620, 632, 643, 652, *667, 673,* 697, 706, 719, 725, 726, 727, 728, 729, 735, 737, 738, 745, 746, 749, 752, 763, 766, 768, 769, 771, 773, 776, 777, 778, 785, 787, *787, 788,* 797, 816, *818, 842,* 863, 869, 875, 885, 966, 1000, 1029, *1061, 1062, 1063, 1065,* 1085, *1147,* 1282, *1312,* 1440; IV 119, *335,* 382, *419,* 432, 452, 457, 468, *527,* 654, *698;*

Finny III 762.
Finsen I 176; II 641; IV 140, *344.*
Finsterer III 442, *461,* 816.
Fiorentini I 919.
Fischel III 209; VI 206, *232.*
Fischer I 55, 354, *368;* II 486, 1007, 1128, 1227, *1279, 1286, 1287, 1289;* III 59, *143,* 278, 310, *323,* 392, *394,* 477, 515, *546,* 560, *566,* 616, 646, *667,* 806, 809, *819,* 1241, 1242, 1243, *1279, 1312, 1503, 1854;* IV 99, 160, 366, 567, 575, 577, 592, 626, *694, 695;* V 489, *506,* 704; VI 829, 839, 840, 841, 856, 861, 866, *891.*
— u. Sommerfeld VI *682.*
— v. III 1759.
— A. I 24.
— B. II 1109; IV 126, 127, *336,* 482, 486, 526, *530;* VI 881.
— Bernh. I 313, *573;* VI 199.
— E. IV *418,* 676.
— H. II 669; V 67.
— L. V 1009, *1015.*
— M. H. IV 110.
— O. V 998, *1014.*
— W. II 362, *803.*
Fischer-Benzon v., III *1842.*
Fischl I 482; III 605, *614, 1427, 1618;* V *509,* 734.
Fischler III 12, 32, 69, *142, 143,* 526, 854, 1053, *1065;* V *511,* 608.
Fittig III 258.
Fitz III 166.
Fitzgerald IV 229.
Fitzwilliams V 666, *739.*
Flack II 853, 854, 856, 938, *1267.*
— M. W. II *1266.*
Flaischlen VI 210, *232.*
Flamini I 952.
Flashar III 776.
Flatau I 286; III 513; IV 366, *418,* 752, 753, *755;* V 23, 51, *52,* 57, 77, *509,* 711, 716, 970, 1038.
Flatow III 503; IV 579, *694.*
Flatten I 763, *798.*
Flechsig V 83, 143, 240, 323 bis 325, 379, 385, *500, 501, 504,* 908.
Fleck VI 43.
Fleckseder III 151, *184,* 493, *673,* 767, 1263.
Fleig III 98, *144,* 500.
Fleiner III 262, *290,* 281, 293, 296, 326, 488, 516, 536, *548, 549,* 549, 550, 555, *566, 613,* 643, *667,* 727, 765, *788,* 846, 852, 853,

873, 973, *1062, 1064;* IV 464, 468, 471, *529;* V 759, *831,* 912, 915.
Fleischer III 472, 544, *667,* 1316, 1318, 1377, *1402;* IV *694;* V 164; VI 359.
Fleischhanderl VI 836.
Fleischl, v. III 1231.
Fleischmann II 274, *1275;* IV 251, *342,* 444, 465, *527, 529;* VI *232.*
Fleisetl IV 101.
Fleming IV 480, 494, 499, *531;* V 544.
Flesch I *191;* IV 176, 206, 208, *340, 341;* V *511,* 657.
Fletscher I 992, 993; III 678, *688.*
Flexner I 341, 342, 786, 787, 791—793, 795, *798,* 808 bis 810, 814, 818, 819, 840, 848—850, *853;* II 394, 790; III 826, 827; IV 321, *345.*
— S. u. Noguchi, H. VI 746, *816.*
Flies II 34; VI 151, *174.*
Fließ, W. II 39, *160.*
Flindt I 71.
Flint II 1063.
Flockemann II *809.*
Floresco IV 133, 134, *337.*
Florian V *1014.*
Flörken IV 473.
Flörsheim V 502.
Flourens V 327, *501.*
Floyer II 358.
Flügge I 6, *64,* 277, 318, *339,* 523; II 493; VI 856.
Flury IV 732, 775, 776.
— F. VI 762, 806, 807, 808, 809, 810, 811, *815, 822.*
— u. Groll, H. VI 811.
Foà IV 492.
Focke II 989, *1275.*
Foedel I *1008.*
Föderl (Foederl) I 1008; III *145.*
Fodor IV 117, *335;* VI 634.
Foges III *1065.*
Fokker u. Philipse VI 841.
Foley I 969.
Folin IV 578, *694.*
Follet V *507, 1013.*
Follin III 226.
Fonio III 519, 767, 1633.
Fontano VI 755.
Fonteyne VI 885, *892.*
Foote III 786.
Forbes II 1204; VI *823.*
— E. VI 814.
Forcart IV 90.
Force IV 748.
Ford I 352; VI 752.
— W. W. VI *752.*
Forde I 922, 972.

Forel IV 78, *91;* V *500;* VI 352.
— A. VI *820.*
Forest V 738.
Forlanini II 642, 643, 645, 647, *806;* III 1318, 1319, 1347, 1369; VI 13.
— u. Murphy VI 16.
Fornario V 716.
Fornet I 494, *573;* VI 883, *892.*
— u. Heubner VI 854, 871, *890.*
Forschbach II 221, 231, 670, 739, *799,* 965; III 375, 378, *394,* 629, *667,* 1849, 1850, *1854;* IV 432, *527,* 595, 644, *695.*
Forsell III 398, 400, 401, 402, 406, 407, 425, *458, 459,* 551.
Forßmann IV 140, *337.*
Forßner I 824, 839; IV 611, 617, *695.*
Forsten VI 795.
— R. VI *821.*
Forster I 8, 399, 436, *573;* IV 111, *334;* V *505;* VI 854.
— v. VI 531.
Förster (Foerster) I 801, 816, 824, 829, 848, *853;* III 243, 274, 569; V 94, 101, 102, 104, 107, 150, 153, 181, 189, 195, 271, 274, 359, 362, 375, 430, *503,* 903, 908, *970;* VI 120, *127,* 507, 577.
Foerster u. Dietze VI 120.
Försterling VI *351.*
Fosatti VI 240, *256.*
Foster II 1227, 1228.
Fournier III 210, 827; IV 407; V 83, 84, 99, 100, *511,* 652, 661, 665, 699.
Fraipont I 732.
Fowler VI 846.
Franchetti VI *149.*
— u. Yamanouchi VI 841.
Franchini IV 480, 525, *532.*
France II 505.
Franceschi V 537.
Francillon IV 509, 510.
Franck I 149; III 793, *818.*
Fränckel IV 115, 116, 333, *333,* 335, *335.*
François-Franck II 35, 1227, *1279, 1282, 1287, 1288.*
Frangenheim III *333;* IV *422;* VI *36.*
Frank III 13, 157, *184,* 1166, *1226,* 1293, 1304, *1313,* 1352, 1474, *1503,* 1546, *1618,* 1783, 1794, 1851, *1854;* IV 325, *345,* 487, 677, 678, 682, *698;* V 341,

Gauckler III 835, *842*; V 667, *739*.
Gaudard IV 623, *695*; V 652.
Gaujoux V *508*.
Gaule IV 227, *342*.
Gaupp V *511*, *832*; VI 473, 565.
Gauser V *1065*.
Gauß VI 222, *233*, 266, *290*, 312.
— u. Lembecke VI *148*, *347*.
Gaussel V 925, 936, *971*.
Gauster I 197.
Gauthier I 691; II 1204; III 756; IV 436.
Gautier IV 164, *339*.
— u. Etard VI 870.
Gautrelet IV 495, *531*.
Gautret II 446, *805*.
Gavares III 695.
Gavarret IV 123, *333*, *336*.
Gavoy IV 314, *345*.
Gay I 818.
Gayler III 1533, *1618*.
Gebhardt II 467.
Gebser VI 873, *891*.
Geddes VI 806, *822*.
Gee II 728.
Geelmuyden IV 600, 611, 614, 615, *695*.
Gegenbauer III *141*, *184*.
Gegenbaur II *1266*; V 666.
Gehuchten, van I *853*, 1040; V 27, 233, 241, 250, 267, 281, 335, *500*, *502—505*, *511*, 542, 568, 574, 653; VI 550.
Geigel II 752, *800*, *809*, *1268*; III 1289, *1402*, *1466*; VI 571.
— R. II 873.
Geinitz IV 514.
Geipel I 870, *875*; II 484, *1267*, *1278*, *1289*; V *675*; VI 217, *233*.
Geirswold I 800, 809, 814, *853*.
Geis III *1402*, *1721*.
Geisböck (s. a. Gaisböck) I 1022, 1023, *1028*. II *1269*; IV 229, *342*.
Geiße I *1028*.
Geißler II *1276*.
Geitlin V 652.
Gelinsky III 889.
Gellin VI 340, *350*.
Gelpke II 790, *810*.
Gemell u. Petersen VI 260, *290*.
le Gendre VI *233*.
Gendrin I 200; II 466.
Generali IV 461; V 909, 91**9**; VI 333, *350*.
Genersich I 336.
Gengou I 38, 51, 52, *64*, 197, *207*, 787, 918; IV 130, *337*.

Genouville IV 2.
Genzken III 756.
Geoffroy III 861; V 543.
Georgii VI 155, *174*.
Georgopulos II *1268*.
Geppert II 318, 671, *802*, *1274*; IV 118, 122, *335*.
Geraghti III 1190, *1228*, 1740, *1841*.
Gérard V 160, *1014*.
Gerber II 43, 52, 54, 62, 95, *160*; III 374.
Gerhard IV 766.
Gerhards V 900.
Gerhardt I 71, 102, *207*, *231*, 234, 235, 238, 737, 752, *855*, 911; II 135, 149, 200, 389, 575, 724, *800*, *804*, *806*, 863, 1095, 1215; III 10, 21, 23, 33, 87, 88, 113, 115, *141*, *142*, *144*. 254, 337, 497, *673*, 735, 746, *1063*, 1265, 1396, 1409, 1612, 1846, 1853, *1854*, *1855*; IV 373, *419*, 433, 468, 584, 611, 614, *595*; V 293, 356, 436, *503*, *510*, 540, 585, 595, 613; VI 26, *36*, 176, 177, 304, 417.
— C. II 297, 346, 406, 467, 778, *803*, *809*, 949, 983, 1044, 1064, 1102, 1103, 1116, 1145, 1151, 1244, *1264*, *1268*, *1274*, *1281*, *1286*; IV 277, *344*.
— D. II 210, 217, 230, 231 bis 233, 416, 697, 698, 699. 700, 729, 735, *798*, *799*, *808*, 943, 944, 945, 948, 949, 950, 960, 991, 1043, 1044, 1045, 1052, 1053, 1055, 1109, *1264*, *1267*, *1269*, *1272*, *1275*, *1280*, *1282*, *1286*; III 108, 203, *334*; VI 729.
— K. III 1612.
Gerhartz II 696, 697, 727, *802*, *808*, 873, 877, 878; III *1279*.
Gerlach I 891.
Gerlier V 736, 896.
Géronne I 181, *193*; II 425.
Gerota IV 2, *88*.
Gerrard V 999, 1000.
Gerstein III *830*.
Gersuny III 863, *1062*; IV 51; VI 69, 223, 226.
Gerulanos V 540.
Gesell II *1272*.
Geselschap II 725, *808*.
Geßler V 732, 733.
Geßner VI 295.
Getzova IV 456, *527*.
Gewin I 270.
Geyger VI *694*.
Ghedini I *64*; III 98; V 5.

Ghika IV 473.
Ghilarducci V 706.
Ghiron III 1160, 1216, *1226*.
Ghon I 696, 905, 908, 911, 912, *915*; II 489, 544, *806*, 1012.
Giacomini V 657.
Gianelli V 706.
Gibb I 196, 198.
Gibson II 863, 950, 955, 1117, *1264*, *1267*, *1272*, *1286*; III *1402*.
Gielczynski II 436, *805*.
Giemsa I 952—954, 956; IV 98, 154.
— u. Schaumann VI 707, 72**5**.
Gierke, v. IV 165.
Gierlich V *509*, 668, 692, 693, 695, *740*.
Giese V *509*, *512*, *970*, *1067*.
Gieseler VI 883, *892*.
Gieson, v. IV 752.
Giesse III 295.
Giffhorn III 325, *325*.
Giglioli VI *683*.
Gigon II 279, *801*; III 153, *184*, 335, 549, 694, 823; IV 608—610, 643, *695*.
Gilbert II 726, 825; III 27, 38, *142*, 496, 648, *667*; IV 142, 247, 311, *342*, *345*, 517, 643, 696, 722, *732*; V *511*.
Gilbert-Carnot III *141*.
Gildemeister I 377, 493, 545, *573*; VI 799.
Gilder II 920.
Gilewski II 1148.
Gille VI 212.
Gilles de la Tourette IV 408, *421*; V *503*, 890, 898, 899, 958, *970*.
Gimbert II 628.
Ginestons V 636.
Ginsberg IV 590, *696*.
Ginski III 232.
Gioja V 679, 683.
Gipson IV 427.
Girard III 316.
Girode II 602.
Gizelt III 492, 498, 500, *547*.
Glage VI 828, 833.
Glaister VI 606.
— u. Lodge VI *684*.
Glas II *160*.
— u. Kraus VI 173, *174*.
Glaesel IV 327, 328, 330, *346*.
Glaser I 445, *573*, 737; IV 757.
Gläser I 277.
Glasmacher VI 882, *892*.
Gläßner (Glaeßner) III 6, 9, 15, 35, *141*, *142*, 149, 150, 154, 177, 179, *184*, *186*, 371, *394*, 435, 442, *460*, *461*, 497, 512, *547*, 614,

Härting II 768, *809*.
Hartl VI 164.
Härtl III 241.
Hartley II 766, *798, 805, 809*.
Hartmann I *228*, 356, 359,
368, 921, 922, 980; II 28,
75, 77; III *673, 757, 788*,
804, *819*, 1823; IV 130,
337; V 366, 376, 402, 407,
458, 474, 497, *503, 506*,
509, 510, 512, 536, *890*;
VI 286, *291*.
— A. II *160*.
Hartogh IV 596, *696*.
Hartung I 277; VI *233*.
Hartwich, C. VI *725*.
— S. VI *724*.
Harvey II *824*; III 1075, 1093.
Hasebroeck II 820, 834, 958,
963, 982, 1133, 1207, *1264*,
1269, 1273, 1277, 1281;
III 1296, *1313, 1721*.
Haselberg, v. VI *886, 892*.
Hasenfeld II 1047, 1115, *1268*,
1280, 1281; III 943, *1063*,
1294.
Hasenknopf I *192*.
Häser (Haeser) I 210, 298, 305.
Hassan-Pascha I *915*.
Hasse II 1241; V 599, 617.
Hasselbalch II 210, 212, 214,
666, *798, 807*; IV *335*.
Hasselt, v. VI *790, 821*.
Haßlauer V *509*.
Haßler I 347, 684.
Hässner III *1503*.
Hasterlick I 317.
Hata I 971; III 7, *141*.
Hatcher II *1275*.
Hatschek V *500, 501, 512*,
576.
Hatten V 544.
Hauber V 887, *891*.
Hauberrisser III *1279*.
Hauch III *1721*.
Haudek III 409, 429, 431,
435, 439, 440, 443, *458*,
459, 460, 461, 586, 596,
612, 613, 761.
Hauemüller I *192*.
Haun II 881.
— R. G. V 999.
— S. V *1014*.
Haupt VI 855.
Hauptmann V 824, *832*, 836;
VI, 201 232.
Hauschild I *191*.
Hauser I 582; II 792, *810*;
III 714, 719, 720, 721,
723, 724, 734, 753, 754,
755, *788*, 803, *819, 1063*;
VI 629, *684*, 856.
Haushalter I 197; V 678, 720,
741.
Hausmann III 355, *394*, 495,
496, *614*, 746, *788, 825*,

826, 827, 828, *828*, 829,
830, 861, 1015, 1031, 1032,
1052, *1065*, 1206.
Hausschild III 809, *819*.
Hauszell III *224*.
Hay II 863, 950, 951, *1267*;
III 510, 513.
— Drummond VI 748, 749,
816.
Haycraft IV 647, *697*.
— John B. VI *822*.
Hayem I 449; III 38, 494,
495, *549*, 609, 610, *615*,
619, 632, 639, 641, 643,
652, *668*, 694, 696, 702,
703, 705, 709, *712*, 714,
720, 727, 737, 753, 754,
756, *788*, 826, 827, 828,
828; IV 97, 132, 145, 169,
172, 175, 193, 207, 311,
323, *333, 337, 340, 345*,
361; V 699, 700.
Hayem-Lion III 823, 824.
Haymann VI 365.
Head II 240, 241, 1117, 1176,
1187, *1273, 1286*; III 355,
394, 680, *688*, 1122; IV
359, *418*; V 42, *503, 532*,
533, 546, 613, 1021.
— H. II *799*.
Healy u. Hughes VI 885, *892*.
Heanly I *1013*; III 1070.
Heath V *739*.
Heaton VI 229.
Heatstroke IV *755*.
Heberden I 136, 198; IV 382.
Hebra I 131, 136, 152, 153;
II 51.
Hecht I 53; III 129, *144, 673*.
Heckenwolf V 125.
Hecker I 74, 185, 747, *758*,
897, 898, *916*; III 135,
145, 605, *614*, 746; IV 142,
338; VI 782.
— J. F. C. VI *819*.
Heckmann IV 388, *419*.
Hectoen I 66, *191*, 580.
Hedderich III 62, *143*.
Hedenius III 272; IV 280,
344.
Hedin III *1402*; IV 95, 129,
334, 336.
Hedinger II 573, *806*, 862;
III *1173, 1228*, 1252, 1262,
1280, 1618; IV 140, 321,
337, 345, 473, 492, 500,
530, 531, 601, *696*; V *512*.
Heffter III 512, 1181, *1227*.
Hegar II 1250; IV 505, 538,
540—542, *571*; VI 313,
347; 355, 359, 360, 363.
365. 367.
— A. VI *378*.
Hegars VI *234*.
Hegener VI 127, *449*.
— u. Schäfer VI *449*.

Heger I 445, *574*.
Hegler I 1022, 1023; III *185*.
Hegner V 585, 588.
Hehner III 367.
Heiberg I 586; III 173, 174,
186, 1853, *1855*.
Heide, V. O. II *1277*.
Heidemann II *1279*.
Heiden V *159*.
Heidenhain I 361; II 220, 244,
800, 813; III 147, *184*,
1150, 1155, 1156, 1160,
1168, 1169, *1227*, 1234,
1236, 1237, 1239, 1264,
1279, 1406, 1739; IV 137,
138; V *501*, 1007.
— B. II 826.
— M. II *1264*.
Heilbronner III 835, 839; V
357, 395, *504—506, 511*,
703, 723, *741*, 875, 907,
1065; VI 352, 367.
Heiligenthal IV 390, *420*.
Heilner III 1388, *1402*; IV
650, *698*.
Heim I 136; III 1017; VI
640, *682*.
— J. VI *682*.
Heimann III 791, 794, *819*;
V *509*.
— u. Kastl VI *175*.
Heine I 800, 814, *815*, 816,
817, 826, *853*; IV 628,
696; V *507, 509*; VI 127,
448, 509, 511, *579*.
Heinecke II 362, *803*, 863,
1267; III 1172, 1173, 1203,
1227, 1228, 1269, *1279*,
1290, 1309, *1313, 1314*,
1321, 1486, *1503*, 1582,
1637, 1640; V *739*.
Heineke II 239, 863; IV 142,
160, 170, 172, 195, 244,
251, 255, *338, 339, 341*
bis *343*; V 670.
Heinicke II 950, 1215; V 661.
Heinrichsdorf III 1846.
Heinsheimer III 495, 524,
668; IV 594. *696*,
Heinz II 265, *801*; III *1279*;
IV 141, 142, 197, 325,
338, 341, 345.
Heinze II 607.
Heinzerling VI *682*.
Heisler III *290, 546*.
Heitz II 897.
Hekma III 347.
Helber IV 163, 172, 173, 255,
339, 340, 342.
Held V 141, 500, 530.
Heldenbergh V *971*.
Helenius V 1052, *1065*.
Helleda V 878.
Hellendal II *1288*.
Hellendall II 773, *809*.

Maximow I 837; IV 137, 154, 156, 160, 161, 163, 173, *338—340*, 472, *530*.
Maximowitsch II 933.
Maxwell I 286.
May I 696; II 591; IV 354; V 324, 635.
May-Grünwald IV 98; V 126.
Maydl III *1147*.
Mayeda III 45, *143*.
Mayendorf, v. V 397, *505, 506*.
Mayer I *193*, 862, *875*; III *458, 547*, 1152, 1155, 1170, 1204, 1360; IV 123, 261, *336, 343*, 566, 575, 588, *694, 695*; VI 247, 257, 801, 827, 829, 843, 846.
— A. VI 260, *290*.
— C. E. Louis VI 378.
— E. V *1014*.
— F. V *1067*.
— G. VI *837, 891*.
— Georg VI 836, 859.
— O. I 413, *574*.
— W. V *971*.
Mayet III 1290, 1297, *1313*.
Mayo III 756, 757, 762, 784; IV 439; VI 90, 251, 257.
— u. Moynihan VI 44.
Mayo-Robson III 156, 186, 756, 757. 1815.
Mayr I 66; V 908, *970*.
Mayrhofer III *225*.
Mayser V *501*.
Meckel II *1278*; III 1432, *1467*, 1796; IV 314, *345*; VI 79, 344, *351*, 726, *814*.
Medea V *502*, 538, 542, 543.
Medin O, I 800, 812, 814, 815, 823, 824, 826, 830, 831, 848, *854*.
Medwedeff II 472.
Mech IV *698*.
Meerwein V 683.
Megnin VI *820*.
Mehlhausen I *340*.
Mehlhose I 198.
Mehnert III 230, 231, *233*.
Mehrdorf II 769, *809*.
Meier I 55, 878; III 265, *1619*, 1633; IV *529*.
— G. I 54.
Meige IV 506, 516, 524, *532*; V 624, 943—945, 947, 950, 952, 954, 956, 960, 961, 962, *972*, 1006, *1014*.
Meijers V *970*.
Meilhorn V *1066*.
Meillère VI 597, *683*.
Meinecke I 347, 808, *854*.
Meinel II 656; III 524, 578, *612*, 636, *669*.
Meinert IV 210, 341, 563, *572*, 746, *755*.

Meinertz IV 275, *344*; V *971*; VI *683*, 879, *891*.
Meinicke VI 840.
Meirowitz V 907.
Meißen II 629, *806*.
Meißer II *161*.
Meißl III 6, *141*; IV 649, *698*.
Mejers V 897.
Melchior I 467, 472, *574*; III *143*, 907, *1063*, 1780, *1843*; IV 21, 22, 89, 401, 421; VI *105*, 109, *112*.
Melchiori VI 793.
— G. VI *820*.
Meldola VI 794.
Mellinger III 601, *614*.
Mellus V *502*.
Melnikow III 1080.
Melnikow-Raswedenkow V 410, *507*.
Melotti V 718.
Meltzer III 229, 233, *233*, 239, 240, 288, *290*, 349, 509, 537, *547*, *1280*; V 209, 383, *799*, *804*; V 665, *739*; VI 35.
Melzer I 713; III 296.
Ménard I 177.
Mende I 754; II *1271*.
Mendel II *1275*; IV 135, *337*, 433; V *52*, *159*, 161, *508*, 678, 708, 882, 889, 938; VI 571, *685*.
— E. V 891, 997.
— G. V 705.
— K. V 681, 927, 930, 932 bis 934, *972*, 1024, *1028*.
Mendelsohn II 933; IV 539, 548, 549, *572*; VI *291*.
Mendelssohn V *502*, 511.
Ménétrier IV 341, 204.
Menge III 1764, *1842*; VI *232*, 355.
Mengel II 1044, 1076.
Menhede V *511*.
Menière VI 433.
Menko I *193*.
Menschikoff IV 740, *742*.
Mense II 798; VI 803.
— C. I *984*; VI 785.
Menzel V 706, 713.
Menzer I 654, 737—739, 757, 758.
Merakowsky VI *725*.
Merakowsky u. Tschisch VI 693.
Mercier II *1269*.
Mercken II 1243.
Mering v. III 150, 151, 344, 345, 479, 1738; IV 324, 345, 593, 595, 689, *696*.
Merkel I 1026, 1027, *1028*; II 325, 518, 519, 661, *807*; III 723, 724; V 306; VI 204, *232*.
— H. VI *683*.

Merkens VI *448*.
Merklen III 751.
Merle V 699.
Mermot III 272, 275.
Mertschinski IV 753, *755*.
Méry II *802*, 805.
Méryon V 679, 699.
Merzbacher V 477, *506, 510, 511*, 706, 718, 719, *741*.
Merzkowsky V 634.
Mesernitzky IV *699*.
Meslay IV 730, *733*.
du Mesnil III 494, 502; VI *891*.
Messedaglia IV 479, *530*.
Messineo, E. VI *822*.
— u. Calamida VI 805.
Meßta IV 575, 576, *694, 696*.
Mestrezat V *508*.
Metschnikoff I 16, 21, 23, 24, 35—37, *64*, 316, 317, 338; II 529, 533, 534; III 353, 474; IV 143, 155, 164, 250, *339*; V 477, *510*.
— E. VI *752*.
Mett III *394*.
Mettenheimer I 203, 240.
Mettetal II 505.
Metz IV 796.
— K. VI 785.
Metzer III 1238.
Metzger III 643, *671*; IV 593, *696*; VI 238, *256*.
Metzner III *1227*; IV 2, 3, *89*.
Meunier I 210; V *511*.
Meusburger III *326*.
Meyen VI 814.
Meyer I 18, *64*, 192, 503, *572*, 630, 653, 734; III 151, 153, 1165, *1227*, 1421, 1735, *1841*; IV 107, 127, 142, 244, 321, *334, 343*, 352, 466, 471, 595, *694, 696*; V 713, 900, *972*, *1023, 1038*; VI, 222, *233*, 295, 304, *682*, 844, 872.
— Arthur II 597, 806, *1275*.
— A. B. VI *816*.
— C. I 376.
— E. I 798; II 373, 601, *799*; III 396, 1166, 1167 1168, 1169, 1206, *1227*, 1277, *1280*, 1496, 1846, 1848, 1849, 1850, 1851, *1852*, 1853, 1854, 1855; IV 142, 147, 152, 154, 158, 160, 164, 195, 206, 219, 221, 251, 322—324, *338, 339, 341, 345*, 579, 581; V *506, 511*, 632, 636, *971*, 997, *1065*; VI 360, 363, 364, 368, 371, 373, 374, 377, *378*, 650, 651, 691, 698, 703, 712.
— Edm. II 22, 57, 73, 149, *161, 162*.

Meyer, Erich II 239; V 918.
— F. I 655.
— F. G. A. II 61.
— Fr. II 995.
— Fritz I 63, 399, *574, 716,*
737; II 129.
— Georges II 268, *801.*
— H. I 16, *64;* II 274, 696,
808; III 8, 509, 510, 512,
516, *547,* 871, *1064, 1227;*
IV 116, *336;* VI 796, *821.*
— Hans Horst II 175, *801;*
III 508, 926, 997, *1227.*
— J. S. III *672.*
— L. F. IV 126, 127, *337.*
— M. III 539; V 967.
— O. V 93, *504.*
— O. B. VI 730, *815.*
— P. V 544.
— S. V *505, 506.*
— Willy VI 37.
Meyer-Betz III 395, 1782,
1843; IV 352.
Meyer-Hüni I 200.
Meyer-Lierheim III 1531,*1619.*
Meyer-Ruegg VI 181, 302,
303.
Meyerhoff III 276, *278.*
Meyers IV 321; VI 730.
Meyerstein I 377; II 725, 760,
808, 809; III 1172, *1227,*
1269, *1279.*
Meynet I 746, *758.*
Meynert V *501,* 908.
Michael II *1268.*
Michaelis II *801;* III 348,
1482, 1782, *1843;* IV 97,
126, 154, *334, 336, 337,*
339, 603, *696.*
— L. I 54, 130, 29, 233, 460,
655, 664, *715, 716,* 737.
Michaeloff II 821.
Michaelski u. Mirabeau VI
276.
Michailow II *1265.*
Michalski III *1844;* VI *291.*
Michaud III 12, 13, *142,* 335,
549, 713, 1163.
Michel I 670; II 28, *161,*
1169.
— v. V *504;* VI 483, 484, *579.*
Micheli III 809, *819.*
Miczkowski v. III *145,* 517.
Miene I 942.
Miescher II 220; IV 101.
— Fr. II *799.*
Miescher-Rüsch II 211.
Migake III 623.
Migata VI *291.*
Migay III 344, 502, 617, 636,
669.
Mignot V *504.*
Mikulicz, v. I 1016, *1016;* II
52, *161;* III 165, *185,* 224,
225, 228, 229, *233,* 237,
238, 273, 275, *290,* 296,

307, 315, 383, 751, 756,
817, 1120; IV 441, 454;
V 667; VI 39, *105,* 109,
142.
Miller I 192; II 863, 950,
1267; III *225, 265,* 344;
IV 388, *420, 699;* V 952.
Millner III 726.
Mills V 352, 380, 460, *502,*
504—506, 510.
Milne IV 410, *422.*
Milton IV·77; VI 32.
Minea IV 445, *528;* V 543.
Minet V 718.
Mingazzini V 388, 393, *501,*
502, 510, 511, 713, *741.*
Miniotti V 576.
Minkowski II 214, *799,* 813,
1269, 1275, 1286; III 10,
11, 12, 18, 27, 134, *142,*
150, 151, 800, *819,* 1147,
1148, 1274; IV 116, 280,
282, *336, 344,* 587, 588,
593, 595, 599, 614, 641,
666, 669, 671, 675, 678,
680—682, *695, 696, 698;*
V 265, 267, 338, 339, *502,*
926, 932, *971.*
Minnich IV 192, *341,* 434, 453,
454, *528.*
Minor V 623, *1065.*
Minski III 263.
Mintz II *1279;* III 502; VI
23.
Miquee, J. I 896.
Mirabeau VI 276, 278, *291.*
Mirallié V *505,* 576, 732.
Mircoli IV 719, 728; V 900.
Mirto V 706, 708, 712.
Misch V 410, *507.*
Mislawsky V 331.
Mita II 393.
Mitchell I 736; V 670, 734,
735, 883, *891,* 955; VI 211.
— Weir u. Reichert VI 756,
758, 759.
Mitlin II 734.
Mittendorf V 877.
Mitulescu II 497; IV 111,
335.
Miura V *275, 506,* 637, 713,
736, 896.
Miwa IV 718.
Miyata u. Albrecht VI 287.
Mizuo VI 490.
Moacanin III 659, *674.*
Möbius I 202; III 142; IV 426,
429, 430, 433—437, 441,
504, *528, 532,* 774; V 83,
93, 311, *501,* 561, 586, 667,
685—687, 700, *739,* 790,
792, 881—891, 899, 937,
938, 994—998; VI 376,
891.
Model III *323.*
Modrakowski III 325, 339,

343, 345, 462, 493, 500,
501, 505, 541, 615.
Mohr I 34, 38; III 4, 13, *141,*
211, 256, *290,* 513, *1062,*
1186, 1260, 1261, *1619,*
1847, *1855;* IV 139, 189,
231, *338, 342, 421,* 587,
588, 595, 596, 609, 610,
680, *695, 696, 733;* V *510,*
578, 722, 950, 955, *972;*
VI 204, *232.*
— L. II 588, 667, *807, 860,*
1043, *1280.*
Mohr-Staehelin VI 805.
Möhring III 73, *144.*
Moeli V *1065;* VI 528.
Moll IV 124, *337,* 695.
Möllendorf V 888.
Möller I 6, 81, *191;* II 478;
III *667—789;* IV 305, 744,
753, 755.
— C. VI 127.
Möllers II 479, *806.*
Molnár III 343, 499; IV 430,
498, *526.*
Moltrecht I 203.
Mommsen III 1796, *1843.*
lo Monaco IV 473.
Monakow v. III 1171, 1172,
1173, *1227,* 1588, *1619;*
V 320, 324, 328, 357, 358,
362, 364, 365, 368, 369,
372, 378, 386—388, 390,
392—396, *501, 502, 504,*
505, 508, 512, 544, 614,
651, 908; VI 548, *579;*
683.
Mönckeberg I *854;* II 848,
849, 851, 862, 863, 927,
950, 976, 1082, *1266, 1268,*
1283, 1030, *1274;* V 529,
919.
Mond VI 635.
Mondière III 280.
Money V 898.
Monier-Vinard II *810.*
Monjour I 270.
Monkorvo I 197.
Monossohn III 501, 528, *547,*
642, *669.*
Monro IV 50, *90;* V 983.
Monti I 149, *278;* II 383, 528.
Montier V 396.
Moon II 1201.
Moor II 1153.
Moore II 863, 950, *1267, 1285;*
III 253, 1243, *1280;* V
1006.
Moorstadt V 540.
Moos V 569.
Moraczewski, v. IV 112, *335,*
581, 582, *694.*
Morawitz II 221, 391, *800,*
804, 1222, *1286;* III 23,
142, 1280; IV 112, 120,
130, 131, 139, 141, 145,

Rosenbusch I 361; II *1283.*
Rosendorf II *1274.*
Rosenfeld II 1157; III 4, 6, 15, *141, 142, 144,* 395, *458,* 644, *670,* 791, 805, *819;* IV 611, 642, 649, 662, *697, 698;* V 990, *1014;* VI 356, *378.*
Rosengart III 552, *566, 694.*
Rosenheim III 65, *143, 145,* 229, 237, 259, 260, 261, *262,* 271, 273, 275, 280, 281, 288, *290, 291,* 296, 315, *323,* 496, 497, 534, 540, 643, 648, 652, *670, 674,* 695, 751, 755, 766, 768, 854, 1004, 1006, 1007, 1057, *1061, 1062, 1064, 1065,* 1139.
Rosenow II 394.
Rosenquist IV 191, 227, *341, 342,* 588, 610, *695, 697.*
Rosenstein I 944; II 336, 1052, *1274, 1280;* III 218, 1233, *1280,* 1318, 1319, 1331, 1332, 1347, 1358, 1359, 1374, 1375, *1403,* 1433, 1439, *1467;* IV 621, *697;* V 637; VI 201, 202, 203, *232.*
Rosenstern IV 739, *742.*
Rosenthal I 353, 630; III 308, 310, 317, 397, 407, 408, *457, 458,* 604, *614, 670,* 1853, *1855;* IV *755;* V 942, 947, 998.
— J. II 244, 386, *800, 801.*
Rosin I 459; III 33, 34, *142, 670;* IV 99, *334,* 646, *697.*
Rosner IV 229.
Roß, R. I 932, 947, 949, 973, *984.*
Roß-Ruge I 925.
Roßbach II 244, 274, *800, 801;* III 537, 639, *670,* 1303, *1314;* IV 762; V 885.
Rossel II 628.
Rössel II 1118.
Rossi V *512.*
Rossiwall I *192.*
Rößle II 1119; III 725, 726, 727, 732, 733, 734, *789,* 1252, 1622; VI 321, *348.*
Rossolimo V 221, *503, 512,* 692, 712, 886, *891.*
Rossy V 937.
Rost III 414.
Rosthorn, v. IV 541, *570* bis *572;* VI 160, 162, 163, 206, 222, *232, 233,* 295.
— u. Fraenkel VI *175.*
Rostoski I 8, 29, 30, 50; IV 358, 362, 418.
Rot III 344; V *890.*
Roth I 233, 240, 376; II *799,* 946, 1213; III 27, 119,

142, 145, 521, 657, *670,* 675, 724, 1171, 1520, 1521, *1721,* 1738, *1841;* IV 114, *335,* 431, 494; V 680; VI 211, *232, 683.*
Roth-Dräger VI 5.
Roth-Schulz III 1187, 1207, 1208, *1227,* 1258, *1279,* 1283, 1284, *1402, 1619.*
Rothacker II 601, *806.*
Rothberger II 921, 927, 936, 945, 1210, 1211, *1271, 1272, 1273.*
Rothe I 1007, *1009;* II 480, *806;* V 634.
Rothenberger II 825.
Rothera IV 575, *694.*
Rothermund III 1247, *1280,* 1285.
Rothmann I *855;* II *161;* III *1062,* 1330; V 90, 240, 243, 249, 256, 892, 952; VI *449.*
Rothschild IV 60, *91,* 488, *527;* V 590.
Rotkay VI 855, *891.*
Rotky V *507.*
Rotmann II 313, *802.*
Rotter III 1064, *1147;* VI 226, 227.
Rottler VI 885, *892.*
Roubier II 783, *802.*
Roubitschek III 496, 648, 809, *819.*
Rouffinet V 708.
Rougain II 242, 245.
Rougel II 818.
Rouma V *1049.*
Rous V *506.*
Roussy V 472; V 368, 371, 403, *506,* 667, *739.*
Rouvillois V 927.
Roux I 14, 64, 243, 262, 263, 281, 289, 316, 338, 914, 1039; II 818; III *612, 613,* 788, 1045, *1061, 1062,* 1076, *1721;* IV 655, *698;* V 477, *505, 510,* 713, 714, 887, 993, *1014;* VI 11, 33, *37,* 558.
Roux-Berger VI 25.
Roux u. Yersin VI 853.
Rovelli III 1080, 1083.
Rovsing III 425, *460, 566,* 1030, 1750, 1751, 1769, 1771, 1772, 1778, 1780, 1782, 1824, *1842, 1843, 1844;* IV 20, 21, 22, 23, 35, 36, 37, *89, 90.*
Rowntree III 1190, *1228,* 1740, *1841.*
Roy III *1226;* IV 479, 524, 525, *530, 532;* VI 323, *348.*
la Roy II *161.*
Royer, H. I 238, *240,* 653.

Rozenraad I 290.
Rozenrath IV 649, *698.*
Rubaschoff VI 21.
Rueben II 601, *806.*
Rubens I 89; V 728.
Rubin I *575.*
Rubitschek III *670.*
Rubner III 462, 463, 467, 468, 474, *1226;* IV 594, 596, 610, 629, 637, 649, 651, 652, *697, 698,* 745, *755, 756, 763.*
Rubow II 231, *800, 1274, 1289;* III 617, 618, 624, *670,* 729, 789.
— u. Wuerzen VI *149.*
Rübsamen VI 329, 330, *349.*
Rückert V 678.
Rüdin V *511.*
Rudinger III *142, 184;* IV 429, 432, 441, 445, 446, 464, 466—468, 492, 494, *527* bis *529, 531,* 593, 597, 598, *695;* V *909,* 916, 919, 920, *970, 978,* 985.
Rüdinger II 934; III 13; V 637.
Rudisch IV 643, *697.*
Rudzki V 652.
Ruegg VI 181, 302, 303.
Ruel V *506.*
Rufz VI 737, *816.*
Ruge I 352, 367, *368,* 932, 939—941, 946, 955, 962, 963, 973, *984;* II 633, *806, 1284;* III 195, 1561; IV 147, *338;* VI *106,* 863, *891.*
Rüger I 317.
Ruhemann I 210, *228;* IV 763; V 928, *972.*
Rühle II 174, 1081, *1282.*
Rumpel I 123, *340;* IV *89,* 519, 521; V *508;* VI *105.*
Rumpf I 305, 306, 324, *339, 340;* II 1179, *1277, 1287, 1289;* IV 108, 112, 117, *335, 336,* 618, *697, 763;* V 545.
— Th. VI *684.*
Rumpff II 127.
Rundl V 421.
Runeberg II 311; III *394,* 1135, *1148;* IV 195, *341.*
— u. Loppez VI 16.
Runge V 540, 664; VI 159, *175,* 217, 218, *233,* 368, 369, 371, 374, 375, 376, *378,* 709.
Ruotte III 84, *144.*
Rupp II 42, *161.*
Ruppanner IV 24, *89.*
Ruppel I 630, 653, 734, 761, 786, *799;* II 473, 507.
Rupprecht, B. I *1028.*
Rusch V 988, *1014.*

II. Sachregister.

Arteriosklerose,
— Karellkur bei II 1124.
— Koronarsklerose und II 1114.
— lokalisierte II 1116.
— Lungentuberkulose und II 545.
— Magen- III 693.
— Menièrescher Symptomenkomplex bei V 892, 893.
— mesenteriale III 940.
— Nasenbluten bei II 28.
— Netzhautvenenpuls, progressiver peripherer, bei VI 493.
— Niererenkrankungen und III 1295, 1307 ff.
— Ohrensausen und VI 445.
— Röntgenbild II 917, 1113.
— Tabes dorsalis und V 129.
— zerebrale II 1111, 1116; V 435.
Arthralgie, tuberkulöse II 608.
Arthritis
— alcaptonurica IV 582.
— chronica, Diagnose IV 383.
— — Literatur IV 419.
— — primäre IV 373.
— — sekundäre IV 369, 370.
— — Therapie IV 385.
— deformans IV 373.
— — Röntgentherapie VI 146.
— gonorrhoica IV 372.
— rheumatoides IV 373.
— urica (s. a. Gicht) IV 663.
— — Ohrmuscheltophi bei VI 380.
Arthritismus, Bronchialasthma und II 359.
Arthropathien,
— Syringomyelie und IV 397, 398; V 211.
— Tabes und V 116; IV 397, 398.
Artorhexis III 969.
Ärtryckbazillengruppe, Nahrungsmittelvergiftungen und VI 825.
Aryknorpel,
— Nekrose bei Typhus abdominalis I 437.
— Perichondritis II 118.
— Überkreuzung der II 114.
Askariden, Giftwirkungen VI 806.
Ascaris
— canis III 1101.
— lumbricoides, Gallenwege und III 140.
— — Klinisches III 1107, 1113.
— — Zoologisches III 1100; 1859.

Ascaris,
— maritima III 1101.
— texana III 1101.
Aschoff-Tawaraknoten II 843, 850, 851.
Ascites
— chylosus (chyliformis) III 1146, 1147.
— — Literatur III 1148.
— — Endocarditis septica und II 1016.
— Leberzirrhose und III 74.
— Myodegeneratio cordis und II 1085.
— operative Behandlung VI 82.
— Tachykardie, paroxymale, und II 1202.
Aspergillosis
— pharyngea II 67.
— pulmonum II 790.
Aspermatismus IV 84.
Asphyxie,
— Gaswechsel bei II 220.
— Pupillen, weite, bei VI 471.
Aspiration,
— kontinuierliche, bei
— — Pleuraempyem II 734.
— — Pyopneumothorax II 766.
— Pleuraerguß und VI 3, 4.
Aspirationsapparate II 722.
Aspirationspneumonie II 430, 431, 436.
— Infektionsmodus II 381.
Astasie-Abasie bei Hysterie V 804.
Asthenopie,
— Chlorose (Anämie) und VI 512.
— Menstruation und VI 501.
— Nasennebenhöhlenerkrankungen und II 16.
— nervöse VI 575.
— Tonsillarhyperplasie und II 81.
Astigmatismus, Epilepsie und VI 576.
Ästivoautumnalfieber I 939.
Asthma
— brionchale (s. a. Bronchialasthma) II 358.
— cardiale II 1207.
— dyspepticum II 360, 1189.
— humidum II 331.
— nasale II 32.
— sexuale II 360.
— Stein- II 687.
— uraemicum II 225, 371.
Asthmabronchitis der Säuglinge II 359.
Asystolie II 958.
Ataxien,
— akute V 66, 134.

Ataxien,
— heredo-familiäre V 707.
— — Augenerkrankungen (-symptome) bei dens. VI 571.
— — spastische mit Zerebralerscheinungen V 720.
— hysterische V 807.
— progressive lokomotorische (s. a. Tabes dorsalis) V 82.
— Stimmlippen- II 153.
— tabische V 102.
— vasomotorische V 976.
— zerebellare bei Mittelohr (Labyrinth)-Eiterung VI 408, 409.
Atelomyelie V 671.
Atemgymnastik, Kreislaufsinsuffizienz und II 1001.
Atemkrämpfe, hysterische II 227.
Atemnot s. a. Dyspnoe.
— Ovarialkystom und VI 156.
— Uterusmyom und VI 156.
Atemzentrum, Respirationsstörungen bei Schädigungen dess. II 325, 326.
Äther, Gefäße und ihre Beeinflussung durch II 995.
Äthernarkose,
— Bronchopneumonie und II 431.
— Gefahren und Vorteile VI 655.
— Pupillen in der VI 523.
Ätheromanie V 1057; VI 656.
Äthervergiftung VI 655.
Athetose, Augensymptome bei VI 577.
Athétose double, pränatal entstandene V 653.
Äthylalkoholvergiftung VI 649.
Äthyläthervergiftung VI 655.
Äthylbromidvergiftung VI 672.
Äthylchloridvergiftung VI 671.
Äthyljodidvergiftungen VI 673.
Athyreosen IV 442; VI 327.
— Behandlung VI 110.
— Literatur VI 349.
Atmung, s. a. Respirations-.
— Innervation II 211.
— Kreislauf und II 214.
— künstliche II 268.
— — Schlangenbißvergiftungen und VI 756.
— Lymphbewegung und II 215.

Neuralgien,
— Gelenkrheumatismus und
I 750.
— Gicht und IV 673.
— Influenza und I 221.
— Injektionstherapie V 557.
— Lungentuberkulose und II
609.
— operative Eingriffe bei VI
122.
— Pseudo-, hysterische V
802.
— Röntgentherapie VI 144.
— Schwangerschaft und VI
369.
— Typhus abdominalis und I
473.
Neurasthenie V 746.
— Augensymptome VI 575.
— Blasenstörungen bei IV
48.
— Cholera und I 324.
— Flimmerkotom bei VI 578.
— Genital- und Magenbe-
schwerden bei N. der
Frauen VI 215, 216.
— Gesichtsfeldeinschränkung
bei VI 476.
— Gicht und IV 673.
— Herz und II 1183, 1256.
— kindliche V 772.
— — Behandlung V 788.
— Lungentuberkulose und II
604, 611.
— Ohrensausen bei VI 446.
— Schwangerschaft und VI
369.
— Schwindel bei V 892, 894.
— sexuelle V 760.
Neuritis V 541.
— alcoholica V 1056.
— Amöbenruhr und I 366.
— Bazillenruhr und I 347.
— Diabetes mellitus und IV
626.
— Erysipel und I 726.
— infantilis hypertrophica
progressiva V 712.
— — Augensymptome VI
571.
— Influenza und I 221.
— Lungentuberkulose und II
545, 608.
— multiple, s. Polyneuritis.
— olfactoria II 30.
— optica, s. weiter unten die
besondere Rubrik.
— peripherica, operative Eingriffe VI 122.
— professionelle V 537, 539.
— Schwangerschaft und VI
370.
— Wochenbett und VI 376.
Neuritis optica,
— Athetose und VI 577.
— Beri-Beri und I 996.

Neuritis optica,
— Cerebrospinalmeningitis u.
I 767; VI 483.
— Encephalitis haemorrhagi-
ca, akute primäre, und
VI 556.
— Gelenkrheumatismus und
I 750.
— Leukämie (Pseudo-
leukämie) und VI 515.
— Meningitis purulenta und
VI 557.
— Myelitis und VI 536.
— — congenita und VI 571.
— Poliomyelitis und I 831.
— Polyzythämie und VI 514.
— retrobulbaris,
— — Anämie (Chlorose) und
VI 512.
— — Diabetes mellitus und
IV 628.
— — Methylalkoholvergif-
tung VI 518.
— — Nikotinvergiftung und
VI 519.
— — Rückenmarksabszeß u.
VI 537.
— — Sklerose, multiple, und
VI 535.
— Variola und VI 482.
Neurofibromatosis V 640.
Neurome,
— Einteilung der V 639.
— Ranken- V 638.
Neuromuskuläre Erkran-
kungen V 650.
Neuromyositis IV 352.
Neuronophagen I 837, 839,
840.
Neuroretinitis, s. a. Seh-
nerven-.
— albuminurica VI 498.
— — Scharlach und VI 482.
— Myxödem und VI 504.
— syphilitica VI 558.
Neurosen,
— Augensymptome bei VI
577.
— traumatische V 820.
— — Augensymptome VI
576.
— — Begutachtung V 826.
— — Hitzetrauma und IV
751.
— — Kopfschmerz, vaso-
paralytischer, und V
878.
— — Prophylaxe und Thera-
pie VI 577.
— — Schwindel und V 892,
894.
— — Simulation und deren
Feststellung VI 576,
577.
— trophische V 973.
— vasodilatatorische V 976.

Neurosen,
— vasomotorische V 973.
— vasomotorisch-trophische,
der Augenlider und
Bindehaut VI 579.
— viszerale V 1027.
Neutuberkulin Kochs II
503, 625.
Nickelkarbonylvergif-
tung VI 635.
Niere,
— Aktinomykose III 1833.
— Atheromzysten der III
1830.
— bewegliche III 1754.
— Bildungsfehler der III
1743, 1744.
— — chirurgische Eingriffe
bei dens. VI 96.
— — Literatur III 1842.
— Form- und Lageanomalien
der III 1744, 1747.
— Geburt und VI 282, 284,
287.
— — Literatur VI 291.
— Genitalerkrankungen des
Weibes und VI 287.
— — Literatur VI 291.
— Gesamtfunktion ders. und
ihre Prüfung III 1740.
— Geschlechtsorgane, weib-
liche, und VI 281.
— Granularatrophie III 1654.
— — gichtische IV 671.
— große glatte, mit Prae-
sklerose (Arterioskle-
rose) III 1654.
— weiße (blasse) III 1512.
— Konstitutionsanomalien an
der IV 565.
— L-förmige III 1745.
— Lungentuberkulose und II
606, 609.
— Menstruation und VI 281.
— — Literatur VI 291.
— Miliartuberkulose der I
863, 870.
— Nervenversorgung III
1164.
— Neubildungen, zystische
III 1829, 1830, 1831.
— — solide III 1822.
— Pneumonia crouposa und
II 407.
— Schwangerschaft und VI
281.
— — Literatur VI 291.
— Senkungserscheinungen
bei Frauen VI 259.
— S-förmige III 1745.
— Solitärzysten der III
1830.
— Stauungs- III 1408.
— Steinkrankheit der III
1795.
— Syphilis III 1833.

68*

Printed in the United States
By Bookmasters